《机械加工工艺手册》（第3版）总目录

U0180078

"十四五"时期国家重点出版物出版专项规划项目

机械加工工艺手册

第 3 版

第 4 卷　工艺系统技术卷

主　　编　王先逵

副 主 编　李　旦　　孙凤池　　赵宏伟

卷 主 编　常治斌

卷副主编　刘成颖

机械工业出版社

CHINA MACHINE PRESS

第3版手册以机械加工工艺为主线，将数据与方法相结合，汇集了我国多年来在机械加工工艺方面的成就和经验，反映了国内外现代工艺水平及其发展方向。在保持第2版手册先进性、系统性、实用性特色的基础上，第3版手册全面、系统地介绍了机械加工工艺中的各类技术，信息量大、标准新、内容全面、数据准确、便于查阅等特点更为突出，能够满足当前机械加工工艺师的工作需要，增强我国机电产品在国际市场上的竞争力。本版手册分4卷出版，包含加工工艺基础卷、常规加工技术卷、现代加工技术卷、工艺系统技术卷，共36章。本卷包括成组技术、组合机床及自动线加工技术、数控加工技术、计算机辅助制造支撑技术、柔性制造系统、集成制造系统、虚拟制造技术、智能制造系统、绿色制造、常用标准与资料。

本手册可供机械制造全行业的机械加工工艺人员使用，也可供有关专业的工程技术人员和工科院校师生参考。

图书在版编目（CIP）数据

机械加工工艺手册 . 第 4 卷，工艺系统技术卷/王先逵主编 . —3 版 . —北京：机械工业出版社，2022.11
"十四五"时期国家重点出版物出版专项规划项目
ISBN 978-7-111-71698-3

I. ①机… II. ①王… III. ①金属切削-工艺学-手册 IV. ①TG506-62

中国版本图书馆 CIP 数据核字（2022）第 179825 号

机械工业出版社（北京市百万庄大街 22 号　邮政编码 100037）
策划编辑：李万宇　王春雨　　责任编辑：李万宇　王春雨　李含杨
责任校对：陈　越　贾立萍　　封面设计：马精明
责任印制：邓　博
盛通（廊坊）出版物印刷有限公司印刷
2023 年 9 月第 3 版第 1 次印刷
184mm×260mm · 66. 25 印张 · 3 插页 · 2334 千字
标准书号：ISBN 978-7-111-71698-3
定价：399.00 元

电话服务　　　　　　　　　　网络服务
客服电话：010-88361066　　机 工 官 网：www.cmpbook.com
　　　　　010-88379833　　机 工 官 博：weibo.com/cmp1952
　　　　　010-68326294　　金 书 网：www.golden-book.com
封底无防伪标均为盗版　　　机工教育服务网：www.cmpedu.com

赠参加《机械加工工艺手册》编审会议

诸君同志

科技存典奥，

传佈恃辛勚。

竞求高质量，

重任在诸君。

沈鸿

一九八七年十月二十日于北京

注：这是沈鸿同志为《机械加工工艺手册》第 1 版写的题辞。

《机械加工工艺手册》 第1版

编辑委员会

参编人员名单

第3版前言

2015 年，我国提出了实施制造强国战略第一个十年的行动纲领——《中国制造 2025》。立足国情，立足现实，制造业要特别重视创新性、智能性和精密性，才能实现制造强国的战略目标。这对制造业发展来说是一个战略性要求。

制造业是国家工业化的关键支柱产业，制造技术的进步是其发展的基础。制造一个合格的机械产品，通常分为四个阶段：

1）产品设计。包括功能设计、结构设计等。

2）工艺设计。指产品的工艺过程设计，最终落实为工艺文件。

3）零件的加工工艺过程。保证生产出合格的零件。

4）零件装配成产品。保证产品的整体性能。

可以看出，机械产品制造过程中只有第 1 阶段属于产品设计范畴，其第 2、3、4 阶段均为工艺范畴。《机械加工工艺手册》就包括了工艺设计、零件加工和装配的相关内容。

2019 年 6 月，《机械加工工艺手册》的 20 多位主要作者和机械工业出版社团队齐聚长春，启动本手册第 3 版的修订和出版工作。

本版手册分为 4 卷出版，共有 36 章：

1）第 1 卷，加工工艺基础卷，共 8 章。

2）第 2 卷，常规加工技术卷，共 8 章。

3）第 3 卷，现代加工技术卷，共 10 章。

4）第 4 卷，工艺系统技术卷，共 10 章。

与第 2 版相比，第 3 版手册具有如下一些特点：

1）更加突出工艺主体。贯彻以工艺为主体的原则，注重新工艺、新技术的研发和应用，去除一些落后、已淘汰的工艺，使本版手册更加精练。

2）更加实用便查。在保持部分原有图、表的基础上，大量引入近年来企业生产中的实用数据。

3）更加注重技术先进性。手册编入了新工艺、新技术，展示了科技的快速发展成果，并注意收集先进技术的应用案例，提高了手册的技术水平。

4）全部采用现行标准。标准化是制造业发展的必经之路，手册及时反映了加工工艺方面的标准更新情况，便于企业应用。

手册第 3 版的编写得以顺利完成，离不开有关高等院校、科研院所的院士、教授、专家的帮助，在此表示衷心的感谢。由于作者水平有限，书中难免存在一些不足之处，希望广大读者不吝指教。

王先逵
《机械加工工艺手册》第 3 版编辑委员会主任

第2版前言

《机械加工工艺手册》第1版是我国第一部大型机械加工工艺手册。时光易逝、岁月如梭，在沈鸿院士、孟少农院士的积极倡导和精心主持下，手册自20世纪90年代出版以来，已过了15个年头，广泛用于企业、工厂、科研院所和高等院校等各部门的机械加工工艺工作实践中，得到了业内人士的一致好评，累计印刷5次，3卷本累计销售12万册，发挥了强有力的工艺技术支撑作用。

制造技术是一个永恒的主题，是设想、概念、科学技术物化的基础和手段，是国家经济与国防实力的体现，是国家工业化的支柱产业和关键。工艺技术是制造技术的重要组成部分，工艺技术水平是制约我国制造业企业迅速发展的因素之一，提高工艺技术水平是提高机电产品质量、增强国际市场竞争力的有力措施。目前我国普遍存在着"重设计、轻工艺"的现象，有关部门已经将发展工艺技术和装备制造列为我国打造制造业强国的重要举措之一，提出了"工艺出精品、精品出效益"的论断。工艺技术是重要的，必须重视。

（1）工艺是制造技术的灵魂、核心和关键

现代制造工艺技术是先进制造技术的重要组成部分，也是其最有活力的部分。产品从设计变为现实是必须通过加工才能完成的，工艺是设计和制造的桥梁，设计的可行性往往会受到工艺的制约，工艺（包括检测）往往会成为"瓶颈"。不是所有设计的产品都能加工出来，也不是所有设计的产品通过加工都能达到预定技术性能要求。

"设计"和"工艺"都是重要的，把"设计"和"工艺"对立起来和割裂开来是不对的，应该用广义制造的概念将其统一起来。人们往往看重产品设计师的作用，而未能正确评价工艺师的作用，这是当前影响制造技术发展的关键之一。

例如，当用金刚石车刀进行超精密切削时，其刃口钝圆半径的大小与切削性能关系十分密切，它影响了极薄切削的切屑厚度，刃口钝圆半径的大小往往可以反映一个国家在超精密切削技术方面的水平，国外加工出的刃口钝圆半径可达2nm。又如，集成电路的水平通常是用集成度和最小线条宽度来表示，现代集成电路在单元芯片上的电子元件数已超过10^5个，线宽可达$0.1\mu m$。

（2）工艺是生产中最活跃的因素

同样的设计可以通过不同的工艺方法来实现，工艺不同，所用的加工设备、工艺装备也就不同，其质量和生产率也会有差别。工艺是生产中最活跃的因素，通常，有了某种工艺方法才有相应的工具和设备出现，反过来，这些工具和设备的发展又提高了该工艺方法的技术性能和水平，扩大了其应用范围。

加工技术的发展往往是从工艺突破的，由于电加工方法的发明，出现了电火花线切割加工、电火花成形加工等方法，发展了一系列的相应设备，形成了一个新兴行业，对模具的发展产生了重大影响。当科学家们发现激光、超声波可以用来加工时，出现了激光打孔、激光焊接、激光干涉测量、超声波打孔、超声波检测等方法，相应地发展了一批加工设备，从而与其他非切削加工手段在一起，形成了特种加工技术，即非传统加工技术。由于工艺技术上的突破和丰富多彩，使得设计人员也扩大了眼界，以前有些不敢设计之处，现在敢于设计了。例如，利用电火花磨削方法可以加工直径为0.1mm的探针；利用电子束、离子束和激光束可以加工直径为 0.1mm 以下的微孔，而纳米加工技术的出现更是扩大了设计的广度和深度。

（3）广义制造论

近年来加工工艺技术有了很大的发展，其中值得提出的是广义制造论，它是 20 世纪制造技术的重要发展，是在机械制造技术的基础上发展起来的。长期以来，由于设计和工艺的分离，制造被定位于加工工艺，这是一种狭义制造的概念。随着社会发展和科技进步，需要综合、融合和复合多种技术去研究和解决问题，特别是集成制造技术的问世，提出了广义制造的概念，也称为"大制造"的概念，它体现了制造概念的扩展，其形成过程主要有以下几方面原因，即制造设计一体化、材料成形机理的扩展、制造技术的综合性、制造模式的发展、产品的全生命周期、丰富的硬软件工具和平台以及制造支撑环境等。

（4）制造工艺已形成系统

现代制造技术已经不是单独的加工方法和工匠的"手艺"，已经发展成为一个系统，在制造工艺理论和技术上有了很大的发展，如在工艺理论方面主要有加工成形机理和技术、精度原理和技术、相似性原理和成组技术、工艺决策原理和技术，以及优化原理和技术等。在制造生产模式上出现了柔性制造系统、集成制造系统、虚拟制造系统、集群制造系统和共生制造系统等。

由于近些年制造工艺技术的发展，工艺内容有了很大的扩展，工艺技术水平有了很大提高；计算机技术、数控技术的发展使制造工艺自动化技术和工艺质量管理工作产生了革命性的变化；同时，与工艺有关的许多标准已进行了修订，并且制定了一些新标准。因此，手册第 1 版已经不能适应时代的要求。为反映国内外现代工艺水平及其发展方向，使相关工程技术人员能够在生产中进行再学习，以便实现工艺现代化，提高工艺技术水平，适应我国工艺发展的新形势、新要求，特组织编写了手册第 2 版，并努力使其成为机械制造全行业在工艺方面的主要参考手册之一。

这次再版，注意保留了手册第 1 版的特点。在此基础上，手册第 2 版汇集了我国多年来工艺工作的成就和经验，体现了国内外工艺发展的最新水平，全面反映现代制造的现状和发展，注重实用性、先进性、系统性。手册第 2 版的内容已超过了机械加工工艺的范畴，但为了尊重手册第 1 版的劳动成果和继承性，仍保留了原《机械加工工艺手册》的名称。

手册第 2 版分 3 卷出版，分别为工艺基础卷、加工技术卷、系统技术卷，共 32 章。虽然是修订，但未拘泥于第 1 版手册的结构和内容。第 1 版手册 26 章，第 2 版手册 32 章，其中全新章节有 12 章，与手册第 1 版相同的章节也重新全面进行了修订。在编写时对作者提出了全面替代第 1 版手册的要求。

在全体作者的共同努力下，手册第 2 版具有如下特色：

（1）工艺主线体系明确

机械加工工艺手册以工艺为主线，从工艺基础、加工技术、系统技术三个层面来编写，使基础、单元技术和系统有机结合，突出了工艺技术的系统性。

（2）实践应用层面突出

采用数据与方法相结合，多用图、表形式来表述，实用便查，突出体现各类技术应用层面的内容，力求能解决实际问题。在编写过程中，有意识地采用了组织高校教师和工厂工程技术人员联合编写的方式，以增强内容上的实用性。

（3）内容新颖先进翔实

重点介绍近年发展的技术成熟、应用面较广的新技术、新工艺和新工艺装备，简要介绍发展中的新技术。充分考虑了近年来工艺技术的发展状况，详述了数控技术、表面技术、劳动安全等当前生产的热点内容；同时，对集成制造、绿色制造、工业工程等先进制造、工艺管理技术提供了足够的实践思路，并根据实际应用情况，力求提供工艺工作需要的最新数据，包括企业新的应用经验数据。

（4）结构全面充实扩展

基本涵盖了工艺各专业的技术内容。在工艺所需的基础技术中，除切削原理和刀具、材料和热处理、加工质量、机床夹具、装配工艺等内容，考虑数控技术的发展已比较成熟，应用也十分广泛，因此，将其作为基础技术来处理；又考虑安全技术十分重要且具有普遍性，因此也将其归于基础技术。在加工技术方法方面，除有一般传统加工方法，还有特种加工方法、高速加工方法、精密加工方法和难加工材料加工方法等，特别是增加了金属材料冷塑性加工方法和表面技术，以适应当前制造技术的发展需要。在加工系统方面，内容有了较大的扩展和充实，除成组技术、组合机床及自动线加工系统和柔性制造系统内容，考虑计算机辅助制造技术的发展，增加了计算机辅助制造的支撑技术、集成制造系统和智能制造系统等；考虑近几年来快速成形与快速制造、工业工程和绿色制造的发展，特编写了这部分内容。

（5）作者学识丰富专深

参与编写的人员中，有高等院校、科研院所和企业、工厂的院士、教授、研究员、高级工程师和其他工程技术人员，他们都是工作在第一线的行业专家，具有很高的学术水平和丰富的实践经验，可为读者提供比较准确可用的资料和参考数据，保证了第2版手册的编写质量。

（6）标准符合国家最新

为适应制造业的发展，与国际接轨，我国的国家标准和行业标准在不断修订。手册采用了最新国家标准，并介绍最新行业标准。为了方便读者的使用，在手册的最后编写了常用标准和单位换算。

参与编写工作的包括高等院校、科研院所和企业的院士、教授、高级工程师等行业专家，共计120多人。从对提纲的反复斟酌、讨论，到编写中的反复核实、修改，历经三年时间，每一位作者都付出了很多心力和辛苦的劳动，从而为手册第2版的质量提供了可靠的保证。

手册不仅可供各机械制造企业、工厂、科研院所作为重要的工程技术资料，还可供各高等工科院校作为制造工程参考书，同时可供广大从事机械制造的工程技术人员参考。

衷心感谢各位作者的辛勤耕耘！诚挚感谢中国机械工程学会和生产工程学会的大力支持和帮助，特别是前期的组织筹划工作。在手册的编写过程中得到了刘华明教授、徐鸿本教授等的热情积极帮助。承蒙艾兴院士承担了手册的主审工作。在此一并表示衷心的感谢！

由于作者水平和出版时间等因素所限，手册中会存在不少缺点和错误，会有一些不尽人意之处，希望广大读者不吝指教，提出宝贵意见，以便在今后的工作中不断改进。

王先逵

于北京清华园

第1版前言

机械工业是国民经济的基础工业，工艺工作是机械工业的基础工作。加强工艺管理、提高工艺水平，是机电产品提高质量、降低消耗的根本措施。近年来，我国机械加工工艺技术发展迅速，取得了大量成果。为了总结经验、加速推广，机械工业出版社提出编写一部《机械加工工艺手册》。这一意见受到原国家机械委和机械电子部领导的重视，给予了很大支持。机械工业技术老前辈沈鸿同志建议由孟少农同志主持，组织有关工厂、学校、科研部门及学会参加编写。经过编审人员的共同努力，这部手册终于和读者见面了。

这是一部专业性手册，其编写宗旨是实用性、科学性、先进性相结合，以实用性为主。手册面向机械制造全行业，兼顾大批量生产和中小批量生产。着重介绍国内成熟的实践经验，同时注意反映新技术、新工艺、新材料、新装备，以体现发展方向。在内容上，以提供工艺数据为主，重点介绍加工技术和经验，力求能解决实际问题。

这部手册的内容包括切削原理等工艺基础、机械加工、特种加工、形面加工、组合机床及自动线、数控机床和柔性自动化加工、检测、装配，以及机械加工质量管理、机械加工车间的设计和常用资料等，全书共26章。机械加工部分按工艺类型分章，如车削、铣削、螺纹加工等。有关机床规格及连接尺寸、刀具、辅具、夹具、典型实例等内容均随工艺类型分别列入所属章节，以便查找。机械加工的切削用量也同样分别列入各章，其修正系数大部分经过实际考查，力求接近生产现状。

全书采用国家法定计量单位。国家标准一律采用现行标准。为了节省篇幅，有的标准仅摘录其中常用部分，或进行综合合并。

这部手册的编写工作由孟少农同志生前主持，分别由第二汽车制造厂、第一汽车制造厂、南京汽车制造厂、哈尔滨工业大学和中国机械工程学会生产工程专业学会五个编写组组织编写，中国机械工程学会生产工程专业学会组织审查，机械工业出版社组织领导全部编辑出版工作。参加编写工作的单位还有重庆大学、清华大学、天津大学、西北工业大学、北京理工大学、大连组合机床研究所、北京机床研究所、上海交通大学、上海市机电设计研究院、上海机床厂、上海柴油机厂、机械电子工业部长春第九设计院和湖北汽车工业学院等。参加审稿工作的单位很多，恕不一一列出。对于各编写单位和审稿单位给予的支持和帮助，对于各位编写者和审稿者的辛勤劳动，表示衷心感谢。

编写过程中，很多工厂、院校、科研单位还为手册积极提供资料，给予支持，在此也一并表示感谢。

由于编写时间仓促，难免有前后不统一或重复甚至错误之处，恳请读者给予指正。

《机械加工工艺手册》编委会

目　　录

────── 第 1 章　成组技术 ──────

第3章　数控加工技术

第4章　计算机辅助制造支撑技术

第5章 柔性制造系统

第6章 集成制造系统

第7章　虚拟制造技术

第8章 智能制造系统

第9章 绿色制造

第10章 常用标准与资料

第 1 章

成 组 技 术

主 编　吴　丹（清华大学）
参　编　郭晓风（沈阳第一机床厂）

成组技术（group technology，GT）是一种制造的哲理和理念，其理论基础是相似性。它从 20 世纪 50 年代出现的成组加工，到 20 世纪 60 年代发展为成组工艺，出现了成组生产单元和成组加工流水线，其范围也从单纯的机械加工扩展到整个产品的制造过程。20 世纪 70 年代以后，成组工艺与计算机技术和数控技术结合，发展成为成组技术，出现了用计算机对零件进行分类编码，以成组技术为基础的柔性制造系统，并被系统地运用到企业内的产品设计、制造工艺、生产管理等诸多环节。进入 21 世纪，信息技术和网络技术迅猛发展，极大地影响了制造企业的生产和运作模式，由此提出了大成组技术概念，这是一种基于互联网的跨企业、跨行业、大范围成组技术应用的制造系统新模式，它将成组技术的思想和方法从企业内部推广到企业群，同时关注企业内部和企业群在设计、工艺和管理等多方面的成组优化。

1.1　概述

1.1.1　成组技术的基本原理

随着人类生活水平的提高和社会的进步，人们追求个性化、特色化的思想日益普遍。作为提供人类日常生活所需各种产品的制造业，大批量的产品生产模式越来越少，单件小批量的产品生产模式越来越多。随着我国经济的高速发展，社会对机械产品需求多样化的趋势也越来越明显。传统的针对小批量生产的组织模式会存在一些矛盾：①生产计划、组织管理复杂化；②零件从原材料到成品的总生产时间较长；③生产准备工作量大；④产量小，使得先进制造技术的应用受到限制。因此，制造技术的研究者利用事物之间的相似性，提出了成组技术的科学理论及实践方法，它能从根本上解决生产中品种多、产量小带来的矛盾。

成组技术不仅是一种制造哲理和理念，也是一门生产技术科学。它研究如何识别和发掘生产活动中有关事物的相似性，并对其进行充分利用，即把相似的问题归类成组，寻求解决这一组问题相对统一的最优方案，以取得所期望的经济效益。成组技术应用于机械加工方面，就是按零件的相似性分类成组，在零件的设计和制造中充分利用这种相似性。它将多个零件按其结构和工艺的相似性分类成组以形成零件族（组），按零件族进行结构设计和工艺制订，以及相应的生产组织和制造，这样就巧妙地把品种多转化为"少"，把生产量小转化为"大"，以便于采用高效率的生产方法，从而提高了劳动生产率，为多品种、小批量生产提高经济效益开辟了一条途径。

成组技术依靠设计标准化而有效地保持不同产品之间的结构-工艺继承性；通过工艺标准化，从而充分利用零部件之间的结构-工艺相似性。结构-工艺继承性是设计标准化的前提，结构-工艺相似性则是工艺标准化的基础。成组技术通过一定的分类成组方法将设计标准化和工艺标准化联系起来。从方法论的角度来看，成组技术是一种使杂乱无章的事物合理化、系统化、标准化的有效方法。

成组技术的基本原理是符合辩证法的，所以它可以作为指导生产的一般性方法。实际上，人们很早以来就在应用成组技术的哲理指导生产实践，如生产专业化、零部件标准化等都可以认为是成组技术在机械工业中的应用。现代发展了的成组技术已广泛应用于设计、制造和管理等各个方面，并取得了显著的效益。

1.1.2　成组技术的发展历程

成组技术作为指导生产实践的一般性方法，在生产中早有应用和报道。1925 年，美国人 R. Flanders 发表了一篇论文，介绍了一种应用于某机械制造公司的生产组织形式，它实际上就是后来的成组技术。在 1937 年，苏联人 A. Sokolovskiy 提出实现工艺过程典型化，即在一定的生产条件下将结构和功能相似的零件按照一个标准工艺过程进行加工和生产组织。它的作用在于防止不必要的工艺多样性，保证采用先进的制造工艺，同时便于按照大批量的流水线方式进行生产。由于实现工艺过程典型化必须具备相同的生产条件和相同的零件类型，因此它的使用范围和作用是有限的，对于齿轮和标准件应用较好，但对其他零件只能在具体编制时起一定的参考作用。1949 年，瑞典人 A. Korling 提出了成组生产的概念，其核心思想是在批量生产中采用流水线生产技术。A. Korling 在论文中详细介绍了如何把为数众多的零件分成独立的零件族，并为每个零件族零件的加工配置相应的机床和刀具。

尽管如此，成组技术较完整的科学理论体系还是由苏联人 S. Mitrofanov 于 20 世纪 50 年代中期提出来的。他在 1959 年出版的《成组技术科学原理》一书中总结了苏联在成组技术方面的实践经验和研究工作。当时，苏联将成组技术主要应用于零件的机械加工方面，被称为成组加工，即按工序成组。S. Mitrofanov 在长期的生产实践中发现，在多品种成批生产条件下，由于产品品种和规格繁多、批量较小、产品更新频繁，使得工艺准备工作十分繁重，但在一类机床上加工的零件有一定的结构工艺相似性。如果把这些相似的零件归并成组，则同组零件的工艺过程便可进一步统一，然后有可能按照统一的工艺过程来设计和调整工装，这样就可以大大缩短工艺准备时间，节约制造资源。这种成组加工方式，使各类产品的零件按工序相似性，分别安排在不同组内加工，突破了批量的限制。S. Mitrofanov 在论著中还论述了成组技术在生产组织管理方面，如生产组织、计划、技术定额和流水生成等方面的应用；提出成组技术应用的成功条件在于提高成组生产量，并认为可借助机器零部件及工艺规程的标准化和统一化来提高成组生产量。

20 世纪 50 年代末 60 年代初，作为成组技术初级阶段的成组加工迅速在苏联和欧洲得到广泛应用和发展。仅苏联，到 1965 年，就有 800 多个工厂应用了成组加工。成组加工的应用范围由机械加工扩充到铸造、锻压、焊接、冲压、注塑、热处理等其他领域，成组加工也因此改为成组工艺。20 世纪 60 年代初，结合成组加工的应用，捷克斯洛伐克机床与金属切削研究所提出了一个十分简明实用的零件分类编码系统（4 位码），适用于零件特征统计和小型企业初期实施成组技术。德国亚琛工业大学 H. Optiz 教授在许多实用研究基础上，开发了 Optiz 零件分类编码系统，堪称零件分类编码系统的经典，成为以后零件分类编码系统研制的重要参考，他还提出了计算机辅助零件分类成组的方法。分类编码系统为识别事物的相似性和继承性提供了有效的途径。利用零件分类编码系统，不仅可以建立一个企业所生产产品的零件频谱，还可以实现零件的分类和检索。分类编码的出现使成组技术的推广应用有了强有力的工具，并且使成组工艺从工艺领域扩展到产品设计领域，乃至推向企业生产活动的各个方面。

英国也是应用成组技术较早的国家之一，它发展成组技术的特点是重视生产单元的建立，侧重于生产单元的设备布置、组织管理和经济效果的评定等工作。20 世纪 60 年代中期，英国的 Burbidge 提出了生产流程分析原理，借以找出工艺相似的零件组，以建立与之对应的生产单元，从而使企业的物流路线和生产流程更为合理。这种生产单元的组织形式，有效地解决了多工序零件的成组加工问题，特别是生产管理问题。由此使成组工艺进一步发展成为一种将生产技术与组织管理合为一体的综合技术，即成组技术。

在美国，成组技术的应用和研究较晚。1969 年，新泽西州某制造厂在全美率先应用了成组技术。他们采用拍照方式对零件进行分类成组，并因此将传统的机群式布置改为按零件族加工工艺布置。实施成组技术后，生产率提高 50%，生产准备时间由数周缩短到数天。

我国在成组技术的理论研究和生产实践也经历了不同阶段。

早在 20 世纪 60 年代，我国就在纺织机械、飞机、机床及工程机械等机械制造业中推广应用成组技术，并初见成效。改革开放以来，为适应我国经济建设的需要，原机械委设计研究总院负责组织编制了我国机械零件分类编码系统 JLBM-1，对我国推广应用成组技术起到推动作用。此外，还在分组方法和作业排序研究、设计图册和相似零件族建立、成组工艺规程和成组夹具设计、成组作业排序等方面开展了理论研究和生产实践，极大地推进了成组技术的发展和工程应用。某些行业部门还制定了实施成组技术的规划，并选定了试点工厂。一些工厂实践经验表明，应用成组技术的技术经济效益十分显著。

进入 20 世纪 80 年代，随着数控技术、柔性制造、计算机集成制造等自动化理念和技术的快速发展，成组技术与自动化密切结合，发挥出更加显著的作用，将生产推向新的高潮。之后，成组技术又与精益生产相结合，通过实施成组技术的"成组升格"和"留同变异"，将精益生产的应用从大批量生产扩大到小批量生产，扩大了精益生产应用范围。

成组技术虽然使用提高成组批量的方法来提高企业生产率、降低生产成本，但局限在一个企业的内部是不能充分发挥其优越性的，它更适合在一个大范围内按照相似性来组织专业化生产。而进入 21 世纪，计算机技术和网络技术在企业应用更加深入，网络化制造、敏捷制造、云制造等多种先进生产模式出现，都为实施大范围成组技术提供了契机，由此提出了大成组技术的理念及技术。大成组技术就是通过自组织和分布化的组织管理模式，在多个企业组成的大范围内实施成组技术，对企业群体进行整体优化，实现企业群的产品设计、工艺和生产的信息资源有序化，从而促进企业间的合作共赢。特别是在"制造即服务"理念基础上提出的云制造，则将先进的信息技术、制造技术和新兴物联网技术相结合，支持制造业在广泛的网络资源环境下，为产品提供高附加值、低成本和全球化制造的服务。而实现如此庞大的制造资源的优化配置，以及如此之多的服务内容和服务企业，没有成组技术的支持是难以实现的。

成组技术在世界各国的广泛应用和深入研究，使 S. Mitrofanov 最早提出的成组技术科学原理得到了极大的丰富和发展，今天，成组技术已成为企业生产合理化和现代化的一项基础技术。

1.1.3　实施成组技术的方法和步骤

要想使成组技术产生较好的实施效果，必须满足一定的生产条件。成组技术的实施特别适合以下生产条件：

1）企业采用传统的成批生产方式，机床采用机群式布置。这种方式导致物料运输时间长，库存量大，生产准备时间长。

2）零件具有相似性，可以分类成组形成零件族。这是一个必要条件。每一个生产单元都用来加工一个或几个特定的零件族。

一个企业要实施成组技术，两个技术难题接踵而至。

1）确定零件族。假设工厂生产 10000 种不同的零件，那么要分析如此多的零件并把它们分类成组形成零件族，这是一个工作量巨大的工作。

2）将设备布置成生产单元。这也是一个费时费钱的工作，而且在调整机床期间，工厂的生产将被迫停止。

除了以上技术难题，企业领导的周密规划与领导、员工的积极参与配合也是实施成组技术成败的关键。因此，实施成组技术将会涉及企业诸方面深刻的技术改造和对员工的宣传教育及培训工作；需要坚强的组织领导，周密的统筹规划；需要一定的技术和物质条件，需要花费大量的精力、时间和投资。因此，在做出实施成组技术的决策之前不能不有充分的认识。

实施成组技术对企业来说是一个需要全面考虑、总体规划的工作。实施成组技术之前，需要做全面的调查研究，明确实施成组技术的目标和任务，制订切实可行的近期和远期规划和实施步骤，以便有成效地按计划推进成组技术的实施。

一旦确定了实施成组技术的总体规划，在技术工作中首当其冲的就是要制订一个适合本企业使用的产品零件分类编码系统，它是后续各项工作的基础。零件经过分类编码，设计部门可根据零件的分类码来检索同类相似零件的图样和其他设计信息，或者对该类零件进行标准化工作。工艺部门则可据此并结合生产流程分析建立其工艺相似零件组，制订其标准工艺和相应的生产单元；劳动工资部门也可以据此制订和检索同类相似零件的标准工时定额资料；财务部门可以据此核算和检索同类相似零件的标准成本资料。

通过以上各项工作的标准化，便可积累大量各种标准化的资料。

生产单元是实施成组技术的基本生产组织形式。它不同于现行多品种小批量生产企业沿用的机群制生产小组，它要求现有企业重新按生产单元来改建车间，重新调整和分配生产设备。企业必须在全面考虑实施成组技术的总体规划基础上，有计划、分步骤地依次建立生产单元。

实施成组技术的方法和步骤如图 1.1-1 所示。

1.1.4　成组技术的效益分析

成组技术是应用系统工程学的观点，将中小批生产中的设计、制造和管理等方面作为一个生产系统整体，统一协调生产活动的各方面，全面实施成组技术，以取得最优的综合经济效益。下面结合成组技术在实际生产中的应用来分析实施成组技术的效果，以及给企业带来的效益。

（1）产品设计方面

多年来，人们一直在孜孜不倦地追求用减少重复设计的方法来提高设计效率、缩短设计周期，并提高设计的可靠性与继承性。毫无疑问，产品的三化（标准化、系列化、通用化）是减少重复设计、基本零件种数的基本方法。

成组技术的思想与产品三化的目标不谋而合。成组技术的主导思想是将分散在各种产品中的形状结构相似、工艺相似的零件集中起来，分成零件族组织生产。成组批量突破了传统的批量概念，从而可以在中小批量生产中采用某些大批量生产的手段，达到提高生产率的目的。正是由于这一主导思想，成组技术要求在新产品设计中尽量采用已有产品的零件，减少零件形状、零件上的功能要素和尺寸的离散性。成组技术要求各种产品间的零件尽可能相似，尽可能重复使用，不仅在同系列产品之间如此，在不同系列产品之间也尽可能如此。

由于使用成组技术指导设计，赋予各类零件以更大的相似性，这就为在制造管理方面实施成组技术奠定了良好的基础，使之取得更好的效果。此外，由于新产品具有继承性，使往年累积并经过考验的有关设计和制造的经验再次应用，这有利于保证产品质量的稳定。以成组技术为指导的设计合理化和标准化工作将为实现计算机辅助设计（CAD）奠定良好的基础；为设计信息最大限度地重复使用，加快设计速度，节约时间做出贡献。据统计，当设计一种新产品时，往往有 3/4 以上的零件设计可参考借鉴或直接引用原有的产品图样，从而减少新设计的零件，这不仅可免除设计人员的重复性劳动，也可以减少工艺准备工作和降低制造费用。

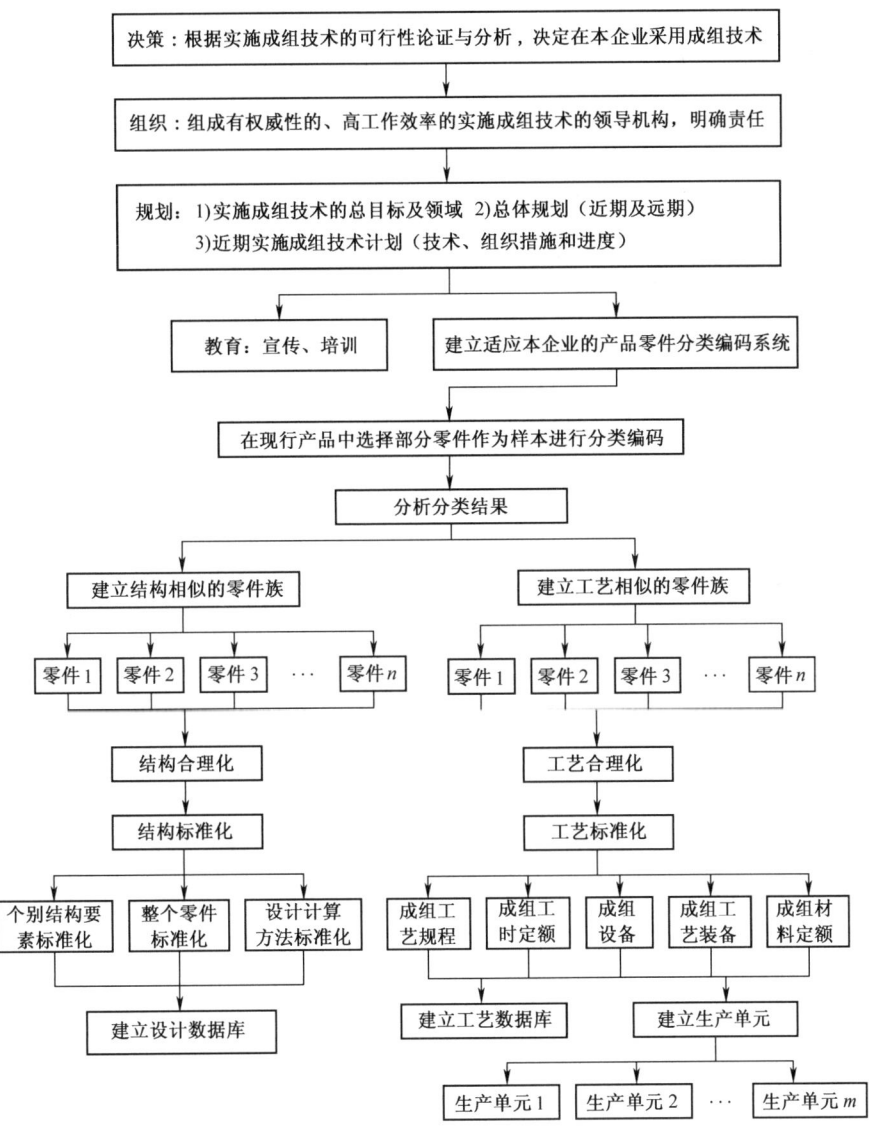

图 1.1-1 实施成组技术的方法和步骤

（2）制造过程设计方面

成组技术在制造工艺方面最先得到广泛应用。开始是用于成组工序，即把加工方法、安装方式和机床调整相近的零件归结为零件组，设计出适用于全组零件加工的成组工序。成组工序允许采用同一设备和工艺装置，以及相同或相近的机床，通过调整实现全组零件的加工。这样，只要能按零件组安排生产调度计划，就可以大大缩短由于零件品种更换所需要的机床调整时间。此外，由于零件组内诸零件的安装方式和尺寸相近，可设计出适用于成组工序的公用夹具——成组夹具。只要进行少量的调整或更换某些零件，成组夹具就可适用于全组零件的工序安装。成组技术也可应用于零件加工的全工艺过程。为此，应将零件按

工艺过程相似性分类以形成加工族，然后针对加工族设计成组工艺过程。成组工艺过程是成组工序的集合，能保证按标准化的工艺路线采用同一组机床加工同一组内的各个零件。设计成组工艺过程、成组工序和成组夹具都应该以成组年产量为依据。因此，成组加工允许采用先进的生产工艺技术。以成组技术指导的工艺设计合理化和标准化为基础，不难实现计算机辅助工艺设计（CAPP）及计算机辅助成组夹具设计。

（3）生产组织管理方面

成组加工要求将零件按工艺相似性分类形成加工组，加工同一组零件有其相应的一组机床设备。因此，成组生产系统要求按模块化原理组织生产，即采

取成组生产单元的生产组织形式。在一个生产单元内有一组工人操作一组设备，生产一个或若干个相近的加工组，在此生产单元内可完成各零件全部或部分的生产加工。零件成组后，成组批量比原来的批量扩大很多，因此可以经济有效地采用可调的高效机床或数控机床进行加工，迅速提高生产率。成组加工机床的主要特征是具有适应同一加工组内所有零件的连续生产柔性，因此传统的机床设计结构也因之发生变化，数控机床、加工中心等先进设备就能在成组加工中得到广泛的应用。

图 1.1-2 显示了一个按照传统机群式布置的车间

的加工工艺及其物料流动的情况。这种布置方式完全是按照机床的功能来布置的，如车床、铣床、钻床等。在这种布置的车间内加工零件时，零件必须在不同的机群中流动，甚至在同一个机群内要穿梭几次。这种方式使物料传输时间加长，在制品数量增加，所需工艺装备数量也随之增加，从而使整个生产准备周期延长，成本提高。图 1.1-3 所示为基于成组技术的车间布局，它包含几个生产单元，每个生产单元加工完成一个特定零件族的加工。这样物料运输时间缩短，装夹次数减少，在制品数量减少，因而缩短了整个生产准备时间。

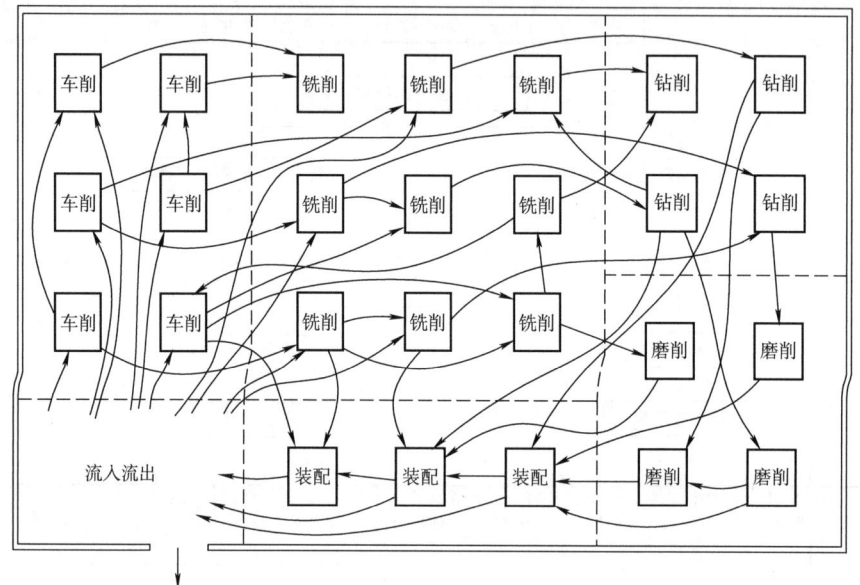

图 1.1-2　传统的机群式布置及其物料流动

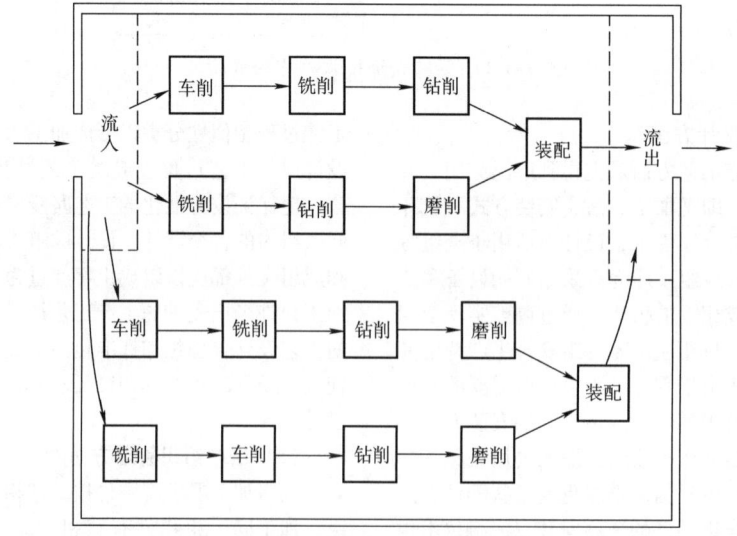

图 1.1-3　基于成组技术的车间布局

成组技术同时也是计算机辅助管理系统技术的基础之一,因为运用成组技术的基本原理将大量信息分类成组,并使之规格化、标准化,这将有助于建立结构合理的生产系统公共数据库,可大量压缩信息的储存量;由于不再是分别针对一个工程问题和任务设计程序,可使程序设计优化。此外,采用编码技术是计算机辅助管理系统得以顺利实施的关键性基础技术工作。

由此可知,根据成组技术的基本原理,在充分利用零部件结构的工艺继承性和相似性的基础上,成组技术具有以下优点:

1) 由于被加工零件只限于一个生产单元内的移动,而不是整个工厂,因此物料运输时间大大减少;

装夹时间也会减少,生产准备时间也因此减少。这些都简化了生产技术准备工作,缩短了生产准备时间,使企业能经济而迅速地开发新产品,从而保证企业具有竞争优势。

2) 有效扩大批量,使企业能采用先进制造技术和先进生产组织管理方法。

3) 成组技术促进了企业产品工艺、工艺设计、工装设计等工作,提高了设计标准化和工艺标准化水平,有利于企业按照同类零部件组织专业化生产。

4) 同类相似零部件集中生产,可显著缩短频繁变更加工对象所引起的调整时间。

实施成组技术的经济效果如图 1.1-4 所示。

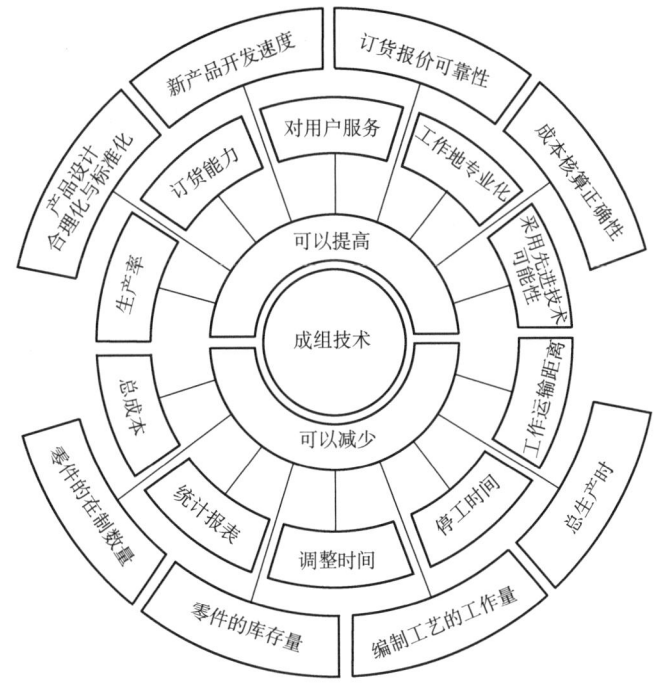

图 1.1-4 实施成组技术的经济效果

1.2 零件分类编码系统

零件分类编码系统已经成为成组技术原理的重要组成部分,也是有效实施成组技术的重要手段,因此在实施成组技术过程中,建立相应的零件分类编码系统,成为一项首要的技术准备工作。

1.2.1 零件的代码和零件分类编码的作用

1. 零件的代码

零件的代码是一种数学描述。为了标识零件的设

计、制造等属性并保证该零件表示的唯一性,在零件的设计、制造和管理中,每个零件具有两个代码,即识别码和分类码。

(1) 零件的识别码

为了便于生产的组织与管理,使人们都能知道每个外购与自制的基本零件属于哪个产品中的哪个部件,以便在领料、加工、入库、装配时能够识别和区分,因此产品中每种基本零件都必须由自己唯一的标识码,即识别码,借以与产品中的其他零件相区别。这种零件的识别码,一般是零件的零件号或图号。零

件的识别码是唯一的，不能重复，即每个零件应有且只能有一个零件号或图号。如果不同的基本零件具有相同的零件号或图号，在生产中就会产生差错，引起设计与生产制造的混乱。

（2）零件的分类码

零件的分类码是为了适应成组技术实施要求而提出的。识别码只能表示该零件在某产品中的位置，不能反映零件的任何结构和工艺特征，因此即使两个不同基本零件的结构工艺特征相似度很大，也无法利用识别码将两个零件归并成组。为了推行成组技术，零件除了必须拥有自己唯一的识别码，还必须拥有分类码。借助一定的分类编码系统所生成的零件分类码可以反映零件固有的功能、名称、结构、形状、工艺、生产等信息。相同分类码的零件表示它们是相似的，可以归为一类，即一个零件族。由此可知，零件的分类码不同于识别。分类码对每个零件而言并非唯一的，可以重复，即同一分类码可以为许多不同基本零件所共有。正是利用零件分类码的这一特点，使之能按结构相似或工艺相似的要求，划分出结构相似的零件族或工艺相似的零件族。前者可供产品设计部门检索结构相似的零件和实施零件结构标准化用，后者可供工艺部门对工艺相似零件制订并检索标准工艺资料用。

综上所述，当按成组技术组织生产时，零件的代码必须同时将其识别码和分类码结合起来应用。

2. 零件分类编码的作用

尽管零件的分类码是为了区分零件的结构和工艺属性，并将具有相似属性的零件归并成组，但在企业实际生产中具有更为广泛和重要的作用。

（1）利用零件分类编码结果可以得出企业的零件频谱

分类码中的每位代码分别反映了零件的某个或某些结构工艺特征。汇总全部产品中自制零件的分类码，并统计出每个码位上的每个代码出现的频率，便可得出企业产品零件总体在每个结构工艺特征上的统计分布。这些统计分布便构成企业的产品零件特征频谱，它集中反映了企业在产品设计、制造工艺和生产等方面的基本属性数据，可以作为企业进行生产合理化和技术改造的重要原始数据。

（2）零件分类编码的结果是实现设计、工艺标准化的基础

通过整理零件分类编码的结果，能总结出具有相似结构或相似工艺的零件族，这就为实现相似零件的标准化、通用化和系列化，以及为制造相似零件所用的工艺规程及其工艺装备的标准化、专业化、自动化奠定了基础，从而显著提高企业在产品设计和工艺准备方面的标准化水平，大大缩短新产品开发的生产技术准备周期，降低新产品开发费用，保证产品质量。

（3）零件分类编码的结果提供了有效的检索手段

利用分类编码结果，按类和族来整理已有的有关零件的各种技术和生产方面的资料，即可按零件的分类码进行检索，这样就使企业多年积累的得到实际生产验证的资料得到重复利用。充分利用这些企业的财富，不仅可以大大减少重复劳动，做到物尽其用，而且更利于保证和提高新产品的质量。

（4）零件分类编码系统的应用是企业信息化的基础

人类社会正步入一个崭新的信息时代，企业信息化的需求越来越迫切。产品设计、制造、生产组织、质量管理等各个环节的所有信息都与零件有关，而零件的信息是离散型的，如果按每个零件各自存贮与其有关的信息，则难免会使相同或相似零件的信息出现大量重复存贮的现象，也不便于信息的检索。建立统一的零件分类编码系统，并扩充至企业所有与产品开发相关信息的编码，就可以实现产品信息的有效管理。

1.2.2　零件分类和编码的基本原理

1. 零件的分类原理

分类是人类认识客观世界的重要工具，是科学赖以产生的基础。分类首先是利用客观事物的相异性使事物彼此区分，即所谓"分"；再利用客观事物的相似性使事物互相聚合，即所谓"合"。分类是分与合的矛盾统一体，它既使相似或相同事物聚合在一起，又使相异事物彼此分开。这种分与合的过程贯穿于分类的始终。

分类系统是为了达到一定分类目的和要求而采用的相应分类原理、规则和步骤所构成的一个体系的总称，如图1.2-1所示。虽然一个分类系统往往采用图表的表现形式，但这些分类系统图或表的本身结构组成，无不隐含着它们所遵循的分类原理、分类规则和分类步骤。

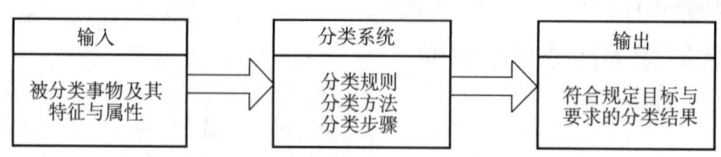

图 1.2-1　分类系统的含义和作用

分类系统可以看成是一系列分类环节和分类标志的总和。分类环节是事物在分类过程中所经历的每个层次或步骤，由于分类总是要经过许多层次或步骤才能达到一定的分类目的和要求，因此整个分类系统被划分成许多环节。分类环节可进一步细分成横向环节和纵向环节。由于横向环节被赋予较笼统的分类标志，所以它具有粗分类的作用。对于某个指定横向环节内的各纵向环节的分类标志，则是对此横向环节分类标志的进一步具体化和细化。

分类环节越多，则分类系统所包含的分类标志也必然越多，因此对被分类事物的描述也更为详细，但分类过程变得复杂起来，分类过程中可能出现的差错概率也越高。由于分类系统是为一定的分类目的服务的，所以分类环节的多少应根据所要达到的分类目的来考虑。原则上，在满足一定的分类目的的前提下，分类环节应该越少越好。因此，正确确定一个分类系统分类环节的多少，是分类系统设计中的一个重要问题。

分类标志是事物赖以进行分类的依据。分类标志往往选取被分类事物所固有的特征和属性。分类标志的选择必须根据分类系统所要达到的一定分类目的来考虑，同时还要考虑对被分类事物的特征或属性进行调查研究和统计分析，只有这样，才能最终挑选出适宜的分类标志。

2. 零件的编码原理

编码的目的是用简单而既定的字符表示复杂的概念。这种复杂的概念如果用文字描述，一定是冗长和累赘的。将编码技术用于成组技术的零件分类系统中，也就是用规定的字符按照一定的分类标志表示零件的结构和工艺属性。这种符号化的表示方法，不仅便于记忆和应用，而且特别适合计算机的处理，因为计算机具有很强的处理数字和字符信息的能力。利用零件分类码可以方便地实现零件特征的频谱分析，还可按照零件的结构或工艺划分零件组。

零件分类中所用代码可以采用三种类型：第一种是用阿拉伯数字（0，1，…，9）作为代码，这种数字码易于阅读，便于交流；第二种是用英文字母（A，B，…，Z）作为代码，这种代码的应用范围比数字要窄一些，因为英文字母并非为世界各国人们所认识；第三种是用数字和字母混合作为代码。在上述三种代码类型中，一般零件分类编码系统以采用数字代码为主，少量系统用数字-字母代码，而纯粹用字母代码者极少。

选择代码时一般遵循以下原则：

1）紧凑性。作为代码应力求紧凑而不宜冗长。因为代码本身就是要用简单的代码表示复杂的概念。

如果代码不紧凑，便失去了代码最基本的作用。

2）易辨识性。作为代码还必须易于辨认，只有这样才便于记忆和彼此区分，以防止发生混淆和差错。

3）具有计算机处理的可能性。从数据处理角度来看，零件分类属于大宗数据处理的范畴，因此零件分类结果采用代码表示后，应该具有能适用计算机处理分类结果的可能性；否则，若用人工处理，就有点费力不讨好。

1.2.3 零件族的基本概念和零件分类方法

1. 零件族的基本概念

零件族（part family）是一个具有相似属性的零件组合，这种相似性包括零件在尺寸、形状和工艺等方面的相似性。尽管零件族内每一个零件都各不相同，但它们之间的相似性又可以将它们集中在一起，以考虑其设计和制造。图 1.2-2 和图 1.2-3 所示为具有两个不同特点的零件族。

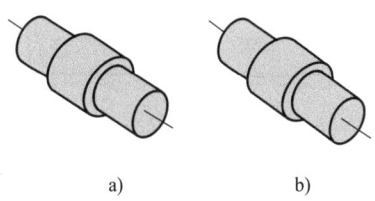

a)   b)

图 1.2-2　几何形状相同、制造工艺不同的零件族
a）生产批量 1000000 件/年，±0.25mm，材料为 45 钢
b）生产批量 100 件/年，极限偏差为
±0.025mm，材料为不锈钢

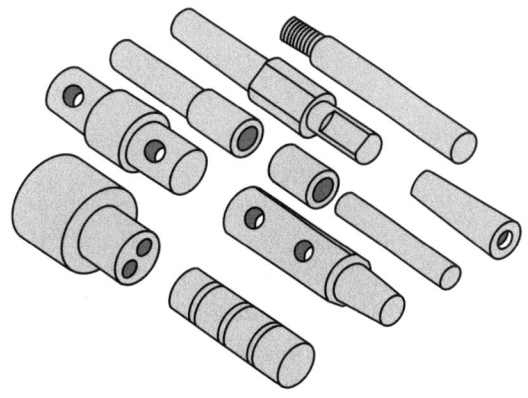

图 1.2-3　制造属性相似但设计属性不同的零件族

在图 1.2-2 所示的零件族中，零件在几何形状和结构上具有很大的相似性，但其制造工艺有很大的差别，因为这两个零件在加工精度、生产批量和材料方

面都完全不同。而图 1.2-3 中包含 10 个零件的零件族，尽管它们的几何形状不仅相同，单纯从设计角度看它们之间的相似性很差，但从制造角度看，这些零件却具有相似性，它们都可以棒料为原材料，主要采用车削加工完成，少数零件需要进行钻削或铣削加工。

2. 零件族的分类方法

成组技术的核心是利用事物的相似性，将相似的问题归类成组以便提出统一的最佳解决方案。零件分组正是寻求零件的相似性，将相似的零件归并为零件族，这是实施成组技术的基础。这里所说的零件相似性包括零件结构形状的相似性和加工工艺的相似性。目前，将零件分类成组常用的方法有以下三种：

1）视检法（visual inspection）。视检法是由有生产实践经验的工程技术人员通过对零件图样仔细阅读，根据个人的经验，将具有相似特征的零件归为一类；其分类的依据可以考虑结构形状、尺寸的相似，也可以考虑工艺特征的相似，甚至可以按生产批量大小来分类。这种分类成组方法显然要求有丰富生产实践经验的工程技术人员来进行，其效果主要取决于个人的生产经验，多少带有主观性和片面性。当被加工的零件数量不太多时，可以采用这种方法。

2）零件编码分类法（parts identification and coding）。该方法首先将待分类的各零件按照一定的编码系统标准进行编码，即将与零件有关的设计、制造等方面的信息用一定的代码（代码可以是数字或数字、字母兼用）描述和标识。由于零件有关信息的代码化，编码分类就是根据零件的代码对零件进行分类成组。在分类之前，要制定各零件族的相似性标准，根据这一相似性标准进行零件的分组。采用零件分类编码系统使零件信息代码化，将有助于计算机辅助成组技术的实施。由于这种方法比较的是零件具体的特征指标，因此可应用于精确分类的场合。

3）生产流程分析法（production flow analysis）。该方法以零件加工工艺过程及加工设备明细表等技术文件为依据，通过分析零件加工工艺，可以将工艺过程相似的零件归为一类，形成加工族，并安排在一个生产单元内加工。采用此法分类的正确性与分析方法和所依据的企业技术资料有关。由于生产流程分析法主要依据的是制造工艺数据而非设计数据，其目的是寻求企业中已客观存在的加工族及其相应的加工设备组，这个方法比较全面地反映了现有生产条件的相似性，而且可以克服在零件分类编码方法进行零件分类成组时遇到的问题：其一，几何形状不同的零件，其

工艺可能完全不同；其二，几何形状相同的零件，其工艺也可能完全不同。因此，这种方法在生产实践中得到广泛应用。

1.2.4 零件分类编码的内容与结构

1. 对零件分类编码系统的基本要求

零件分类编码系统对成组技术实施有重要作用，故应满足以下基本要求。

1）系统内各个特征代码应含义明确、无多义性，结构应力求简单，使用方便。

2）标识零件几何形状的特征代码应具有永久性，以保持分类编码系统的延续性。

3）系统应能满足企业产品零件的使用要求，并为新产品发展留有余地。

4）系统要便于用计算机进行处理。

5）零件分类编码系统已有国家标准和行业标准的应尽量采用，不能满足时可建立本企业或部门的系统。

对于代码的长度问题，即分类系统中横向分类环节的多少问题，当横向分类环节数量被确定后，零件的分类代码长度也随之而定。

2. 零件分类编码的内容

零件分类编码的目的是用代码表示零件的结构和工艺属性，以便于零件的设计、制造和生产组织。因此，零件分类标志可选择一些与零件设计、制造和生产有关的特征信息，这些特征一般包括以下三个方面：

1）结构特征。零件的结构特征包括零件的几何形状、尺寸大小、结构功能和毛坯类型等。

2）工艺特征。零件的工艺特征包括零件的毛坯形状、加工精度、表面粗糙度、加工方法、材料、定位夹紧方式和选用机床类型等。

3）生产组织与计划特征。零件的生产组织与计划特征包括零件加工批量、制造资源状况、工艺路线跨车间、工段和厂际协作等情况。

3. 零件分类编码系统的编码结构

为了表达零件的各种特征，必须采用相应的分类标志来表示，并由分类系统中相应环节来描述。根据分类环节的数量，零件的分类系统可分为多级和单级两大类。

表 1.2-1 列出了多级和单级分类系统的结构形成，包括分类结构形式、分类环节及其分类标志、示例和特点。鉴于零件的复杂性，目前多采用多级分类系统，各级又有多个分类环节来描述。

成组工艺多级分类系统中又有链式、树式和混合式三种结构，如图 1.2-4 所示。

表 1.2-1　多级和单级分类系统的结构形式

项目	零件多级（间接）分类系统	零件单级（直接）分类系统
分类结构形式	类—级—组—型	类—组
分类环节及其分类标志	类：零件功用相同 级：主要结构特征相似 组：主要结构尺寸相近 型：具有共同工艺过程	类：加工所用的设备规格型号相同 组：能在同一规格型号的设备上采用 　　共同工艺装备和调整方法
示例	轴—{光轴—{大型—{棒料/锻件}，中型，小型}，阶级轴，花键轴，空心轴}	转塔车床—{轴—{第一种调整组，第二种调整组…}，套筒—{第一种调整组，第二种调整组…}，盘、盖—{第一种调整组，第二种调整组}}
特点	分类标志考虑工艺方面的因素较少，考虑结构方面的因素较多 采用单一分类标志 零件分类后便不复变更，可给出固定不变的分类编码代号 分类较细，有时不易扩大批量 是实现典型工艺过程的手段	分类标志偏重于工艺因素 采用综合分类标志 对于多工序零件，会产生同时属于几个类组，因此无法给出固定不变的分类编码代号 分类较粗，能扩大批量 是实现工序成组加工的手段

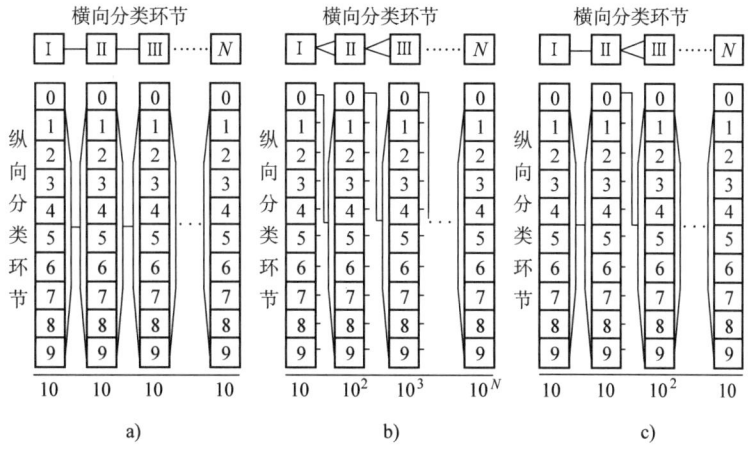

图 1.2-4　成组工艺多级分类系统结构形式
a）链式结构　b）树式结构　c）混合式结构

1）链式结构。横向分类环节之间的关系是链式的，若纵向分类环节为 10 个，每个横向分类环节有 10 个纵向分类环节，则总的分类环节数 $= M \times N$。式中，M 是横向分类环节数；N 是纵向分类环节数。横向分类环节用罗马数字表示，它们之间的关系用符号 "—" 表示。

2）树式结构。横向分类环节之间的关系是树式的。若纵向分类环节是 10 个，则横向分类环节的第Ⅰ位有 10 个纵向分类环节，由于每个纵向分类环节又有 10 个下一位纵向分类环节，故横向分类环节的第Ⅱ位就有 10^2 个纵向分类环节，依此类推，第 N 位就有 10^N 个纵向分类环节，则总的分类环节数 $= M + M^2 + \cdots + M^N = \sum_{i=1}^{N} M^i$。式中，M、N 分别是纵向和横向分类环节数。横向分类环节之间的关系用符号"<"表示。

3）混合式结构。它是链式结构和树式结构的混合，即有些横向分类环节的位间关系是链式的，有些是树式的，视描述特征的标志数量而定。由于树式结构的分类环节太多，链式结构的分类环节在某些位之间又不够用，故采用混合式结构较多。

对于横向分类环节所用分类标志的先后顺序安排，应首先安排与设计检索有关的，然后安排与工艺有关的。当安排与工艺有关的分类标志时，应考虑回转体类零件和非回转体类零件上一般加工表面形状的先后加工顺序。至于纵向分类环节所用分类标志的先后顺序安排，一般应遵循由简到繁，由一般到特殊的原则。

1.2.5　典型零件分类编码系统

各国常用的机械零件分类编码系统见表 1.2-2。现重点介绍几个典型系统。

表 1.2-2　各国常用的机械零件分类编码系统

序号	国别	系统名称	系统码位	特点及应用情况
1	俄罗斯	Mitrofanov	回转体 45 位码，非回转体 80 位码	用于成组加工和设计检索
2		НИИТМАШ	10~15 位码，主码 1~6 位，辅助码 7~15 位（由用户自定）	用于标识零件及成组加工，不太适用于生产管理
3	德国	OPITZ	主码 5 位+辅助码 4 位，另加一套加工补充码	广泛用于机械制造、设计及生产管理
4		STUTTGART	6~9 位码	主要用于成组加工，不太适用于设计检索
5		ZAFO	26 位码	广泛用于机械制造、设计及生产管理
6	捷克	VUOSO	4 位码	主要用于零件统计及成组加工
7	瑞典	PGM	10 位码	侧重于成组加工，也用于产品设计
8	日本	KK-1	13 位码	适用于中型以上规模的机械制造企业的加工、设计、管理等
9		KK-2	13 位码	
10		KK-3	21 位码	
11		东芝	11 位码，其中第 10、11 位码是加工方法的辅助补充码	用于机械制造企业的制造、设计和管理
12	法国	OTP	11 位码	用于中小型机械制造企业的生产制造和产品设计
13	英国	BRISCH	4~6 位码+辅助码	可用于企业的设计、制造、管理等各个方面
14	美国	BUCCS	主码 5 位，辅助码 7 位	可用于企业的设计、制造、管理等各个方面
15		CODE	8 位码（16 进制）	用于制造、产品设计和生产管理

（续）

序号	国别	系统名称	系统码位	特点及应用情况
16	瑞士	SULZER	(15+5+9) 位码	用于生产过程各个方面的多功能系统
17	中国	JLBM-1	主码9位，辅助码6位	各类机械零件
18		JCBM-1	主码5位，辅助码4位	机床零件
19		HFU	16位码	航空附件行业
20		NJBM	主码10位、辅助码3位	农机产品零件
21		BLBM-1	15位码	兵器工业

1. VUOSO 零件分类编码系统

VUOSO 零件分类编码系统出现在 20 世纪 50 年代末期，由捷克斯洛伐克金属切削机床研究所在的 Koloc 教授领导下开发的，是用于成组技术中最早的一个零件分类编码系统。现有的零件分类编码系统，包括德国的 OPTIZ 系统和日本的 KK-3 系统等，大体上都是由 VUOSO 系统演变而来的，因而继承了 VUOSO 的一些特点。

（1）系统结构

VUOSO 零件分类编码系统是一个十进位的 4 位代码系统，其横向分类环节由类—级—组—型 4 位组成，纵向分类环节为 10 项。该系统的基本结构，如图 1.2-5 所示，其分类编码系统见表 1.2-3。

由图 1.2-5 可知，该系统的第 I 位"类"是区分零件种类，将零件分为回转体零件、非回转体零件和采用机械加工以外的其他工艺方法（如弯曲、焊接等）所获得的零件。第 I 位横向分类环节下设有 8 个纵向分类环节，其中代码 1~5 供回转体（指一般回转体类和带齿形或花键的回转体类）零件用，代码 6 与 7 供非回转体（指不规则型体类和箱体类）零件用，代码 8 供其他工艺方法制成的零件用，而 0 与 9 两个空代码留着备用。

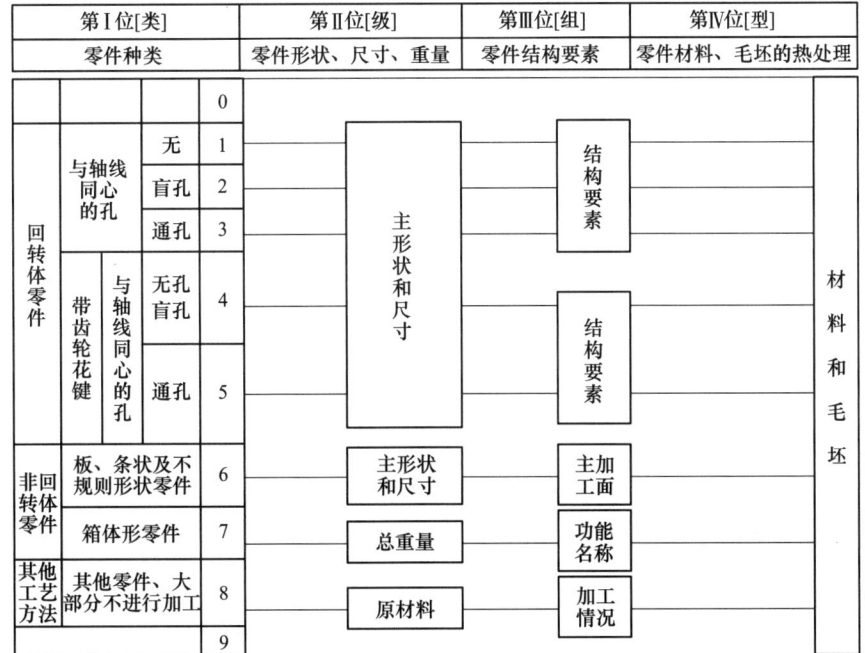

图 1.2-5 VUOSO 零件分类编码系统的基本结构

表 1.2-3　VUOSO 零件分类编码系统

零件种类（Ⅰ）	回转体零件						板、条状及不规则形状零件		箱体形零件	基本上不加工的其他零件	零件形式（Ⅳ）
零件等级（Ⅱ）	与轴线同心的孔			带齿形或花键与轴线同心的孔			6		7	8	材料种类、热处理
	无孔 1	盲孔 2	通孔 3	无孔、盲孔 4	通孔 5				重量/N	原材料种类	
0	D/mm		L/D		总体形状		总体形状	L_{max}/mm			
1	0~40		<1				条状 L/B>5	0~200	0~300	轧制材料	非金属
2			1~6					>200	>300~2000	棒料	普通钢
3			>6				板状 L/B<5	0~200	>2000~5000	管料	表面硬度要求
4	>40~80		<1					>200	>5000~10000	板料	热处理
5			1~4				杠杆状	0~200	>10000	线料	
6			>4					>200			硬度要求
7	>80~200		<3				不规则形状	0~200			铸铁件
8			>3					>200		其他	铸钢件
9	其他		>30				方柱状	>200		其他	有色金属铸件

（Ⅳ 材料种类、热处理栏：优质钢、合金钢、有色金属、其他合金；棒料、管料、板料、线料；铸件）

零件组别（Ⅲ）	0	1、2、3	4、5	6	7	8
				主要加工面及其相互位置		
0	形状简单光滑	圆柱齿轮	花键	其他：平面，其他	机架、主轴箱 〔平直件〕	不加工
1	带同心螺纹		其他	平面，其他	机座、主柱	局部加工
2	带与轴线不同心孔	锥齿轮	花键	回转面，平行	床身、底座 〔弯曲件〕	不加工
3	有花键和槽		其他	回转面，其他	摇臂架、支座	局部加工
4	1+2	蜗轮蜗杆	花键	平面、平行：回转面、平行	工作台、滑鞍 〔冲压件〕	不加工
5	1+3		其他	平面、平行：回转面、平行	盖板	局部加工
6	2+3	带两个以上齿轮	花键	平面、其他：回转面、平行	底盘、油箱 〔焊接件〕	不加工
7	1+2+3		其他	平面、其他：回转面、其他		局部加工
8	带锥度	其他齿轮	花键	带齿零件	配重	
9	非圆形、多轴心零件		其他			

注：L—零件长度（mm）；

D—零件直径（mm）；

B—零件宽度（mm）。

第Ⅱ位"级"用于区分零件形状、尺寸和重量，也可同时描述零件的基本形状。对于回转体零件，采用最大长度 L 与最大外径 D 之比 L/D，即可容易地区分回转体零件中的盘盖类、短轴与套筒类、长轴类。由此可见，利用零件的尺寸关系，既反映了零件的基本形状和尺寸大小，又有助于选择加工时所需要的机床规格和装夹方法。根据最大外径 D 可以确定机床的中心高，根据 L/D 可以确定装夹方法。当 $L/D \leq 1$ 时，一般采用卡盘装夹；当 $1 < L/D \leq 3$ 时，常用卡盘或卡盘加后顶尖装夹；当 $3 < L/D \leq 10$ 时，用前后顶尖加拨盘装夹；当 $L/D > 10$ 时，除用前后顶尖加拨盘装夹，还需用中心架或跟刀架以提高工件的刚度。虽然有些分类编制似乎表达的是结构信息，但它们在反映零件结构信息的同时也反映了零件的工艺特征。对于非回转体零件，用零件的最大长度 L 与零件宽度 B 之比 L/B 表达结构和隐含的工艺信息。利用这样的尺寸关系，可将非回转体零件中的杆状、板状和块状等零件区分开来。对于非回转体中的箱体、床身等零件，还可以用重量 W 表示该类零件的大小和轻重。根据重量可以考虑所需生产设备的规格，特别是加工过程中所需起重运输设备的规格。

第Ⅲ位"组"用于描述零件的结构形状和结构要素。它主要是在前两个横向分类环节所确定的零件基本形状的基础上，进一步描述零件结构形状的细节。对于一般回转体零件，第Ⅰ位横向分类环节上的代码1、2和3，对应着第Ⅲ位横向分类环节的一组纵向分类环节，而第Ⅰ位横向分类环节上的代码4和5，对应着第Ⅲ位横向分类环节的另一组描述齿形和花键的纵向分类环节。

VUOSO 系统中的前3个横向分类环节都是关联环节，这样使得系统能在横向分类环节较少的情况下尽可能获得较多的纵向环节总数。

第Ⅳ位"型"用于描述零件的材料、毛坯、热处理属性。这个横向分类环节是独立的，并不从属于前面的横向分类环节。

图 1.2-6 所示为分类编码零件示例。图 1.2-7 所示为按 VUOSO 系统分类编码示例。由此可以看出零件分类编码的妙处，即用简单的4位数字勾画出一个零件的形状、尺寸和材料。通过对企业产品零件的分类编码，就可以把属于相同分类编码的零件图纸、工艺文件、工艺装备资料、工时定额、材料定额和单件成本等分别集中，可以图册和表格形式，也可以数据库形式存储起来，供以后检索和实施标准化用。

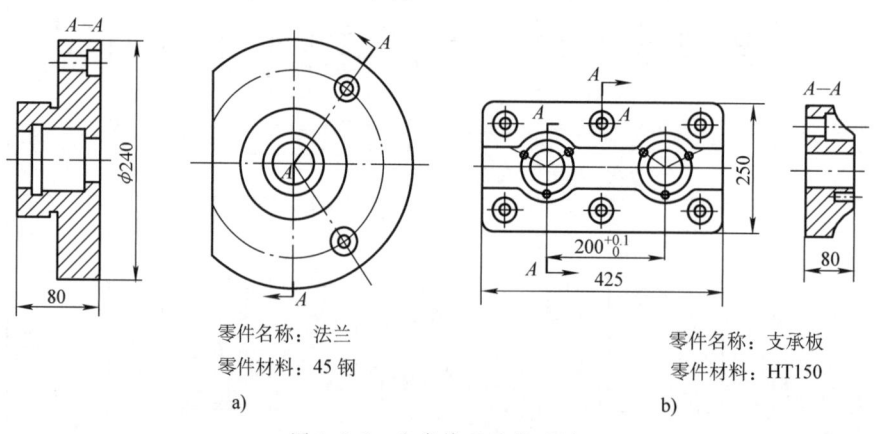

零件名称：法兰
零件材料：45 钢

a)

零件名称：支承板
零件材料：HT150

b)

图 1.2-6 分类编码零件示例

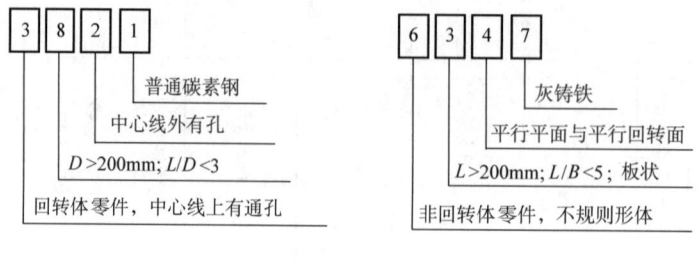

a)

b)

图 1.2-7 按 VUOSO 系统分类编码示例
a) 回转体零件　b) 非回转体零件

当设计人员要想设计一个图 1.2-6 所示的法兰时，可以根据自己的构思确定相应的分类代码：3820，然后从事先已经汇总好的所有属于分类代码为3820 的现有零件图册（供手工检索用）或图形库（供计算机检索用）中选择可用的现有零件图，这样可大大减轻设计人员的设计工作量，同时在一定程度上减少新零件的数量。工艺人员也可同样按此检索出已有零件中属于分类代码为 3820 的零件所用的工艺文件和工艺装备。

由于将分类代码为 3820 的零件图样汇总在一起，因而便于对这类零件进行设计标准化；同样，将分类代码为 3820 的零件的工艺文件、工艺装备资料、工时定额、材料定额等与工艺相关的文件分别汇集，也可实现对这些文件的标准化。由此可知，零件分类编码对于实现企业各项工作的标准化起着非常重要的作用。

（2）系统特点

1）位数少，结构简单，易于记忆，使用方便。

2）采用多层次的综合分类标志，减少了分类环节，使系统结构紧凑。

3）采用了"三要素全组合排列"，使分类标志含意明确、结构严密、便于记忆。

4）对回转体零件采用 D 与 L/D 作为尺寸分类标志；对非回转体零件采用 L 与 L/B 作为尺寸分类标志，既考虑了零件的尺寸大小，又考虑了零件的基本形状，从而反映了零件的工艺特点，便于工艺设计，同时也考虑了零件的重量，以便于毛坯的制造和起重运输。由此可知，VUOSO 系统在选用分类标志上，确实能抓住本质，因此能用一个分类标志提供尽可能多的结构-工艺信息。

系统中采用的"三要素全组合排列"是一种便于记忆的编排分类标志方法，即首先选定 3 个基本分类标志，然后将这 3 个基本分类标志进行完全组合，从而派生出其他综合标志。例如，设 A、B、C 为 3个基本分类标志，经过完全组合，便可得出 A+B、A+C、B+C 和 A+B+C 4 个综合分类标志，连同前面 3个基本分类标志，总共形成 7 个分类标志。这些分类标志的各自具体内容无须分别记住，而只需记住 3 个基本分类标志的内容即可，其余均可按完全组合的原理推导出来。VUOSO 系统的第三横向分类环节中便应用了这一原理。

系统的不足之处在于横向分类环节数量较少，因而所容纳的纵向分类环节也较少，以致对零件的描述比较粗糙、不够细致。例如，分类标志中未考虑零件的加工精度，对于形状细节的描述也不够，有些分类环节，如第Ⅰ位第 9 项未充分应用。

尽管 VUOSO 系统存在上述缺点，但瑕不掩瑜，

它在早期的零件分类编码系统中不失为一种简洁而易于应用的系统。它首创的零件尺寸关系、关联环节结构、多层次的分类标志等原理和方法，至今仍为许多零件分类编码系统所沿用。

2. OPTIZ 零件分类编码系统

OPTIZ 零件分类编码系统是 20 世纪 60 年代初由联邦德国亚琛（Aachen）工业大学 H. Opitz 教授领导的机床和生产工程实验室开发的，是一个典型的具有参考意义的系统，在成组技术中受到广泛应用。

（1）系统结构

OPTIZ 零件分类编码系统是一个十进制 9 位代码的混合结构系统，其基本结构如图 1.2-8 所示。其横向分类环节分为主码和辅助码，主码为 5 位，辅助码4 位。

OPTIZ 系统前 5 个横向分类环节主要用于描述零件的基本形状要素。第Ⅰ位横向分类环节为零件类别码，用于区分回转体零件与非回转体零件。对于回转体零件，用 L/D 区分盘类、短轴和细长轴类零件，并将它们与带变异回转体零件或特殊零件分开处理，这些零件包括用各种多边形型钢制成的回转体零件，以及偏心零件和多轴线零件等。对于非回转体零件，则用 A/B 与 $B/C(A>B>C)$ 来区分杆状、板状和块状零件；同样，在非回转体类零件中也考虑了特殊形状零件。系统的第Ⅱ~Ⅴ位横向分类环节是针对第Ⅰ位横向分类环节确定的零件类别的形状细节做进一步的描述并细分。对于无变异回转体零件，则按外部形状—内部形状—平面加工—辅助加工、齿形和成形加工这样的顺序细分；对于有变异回转体零件，则按总体形状—回转加工—平面加工—辅助加工、齿形和成形加工的顺序细分。对于回转体与非回转体中的特殊零件，则其第Ⅱ~Ⅴ位横向分类环节的分类标志内容均留给用户按各自产品中的特殊零件结构-工艺特征来确定。

OPTIZ 系统从第Ⅵ~Ⅸ位为辅助码部分，主要用来描述零件的与工艺有关信息，而且是公用的，不分零件的类别。该部分各横向分类环节为独立环节，与前面的主码无关。OPTIZ 系统的第Ⅵ个横向分类环节用于划分零件的主要尺寸，回转体零件用其最大直径 D 表示，非回转体零件用最大长度 A 表示；第Ⅶ位横向分类环节以零件材料种类作为分类标志，其中也表示一些热处理信息；第Ⅷ位横向分类环节的分类标志为毛坯原始形状，材料信息和毛坯原始形状信息结合在一起就能清楚表示零件具体的毛坯信息；第Ⅸ位横向分类环节用于说明零件加工精度的分类标志，其作用是提示零件上哪种加工表面有精度要求，以便在安排工艺时加以考虑。

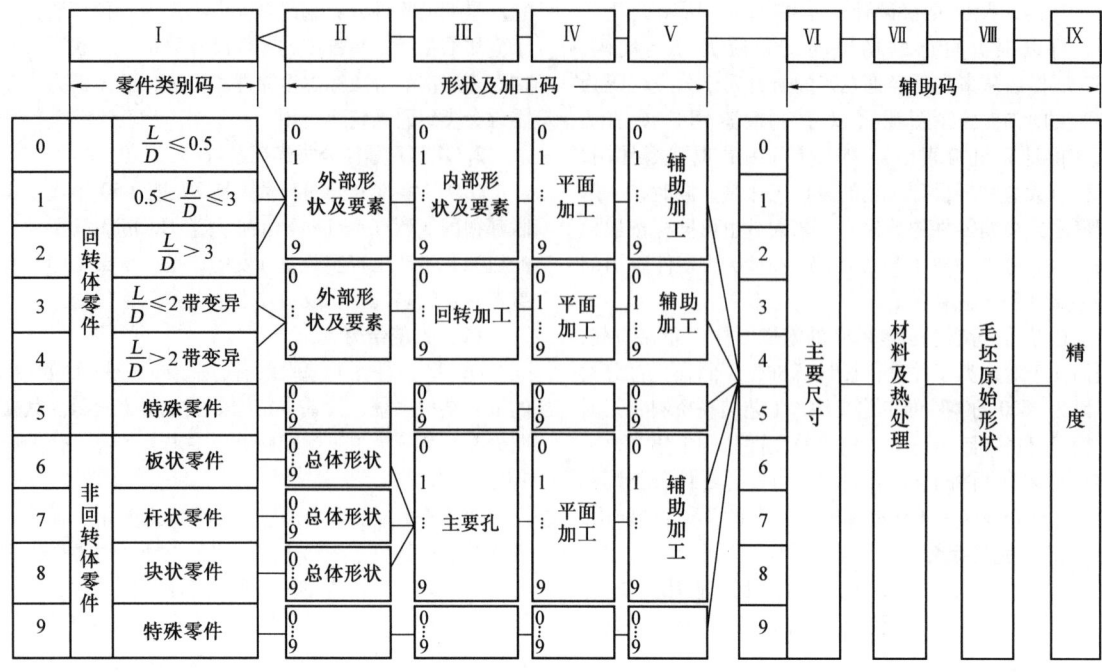

图 1.2-8　OPTIZ 零件分类编码系统的基本结构

图 1.2-9 所示为按 OPTIZ 分类编码系统对图 1.2-6　所示零件的分类编码。

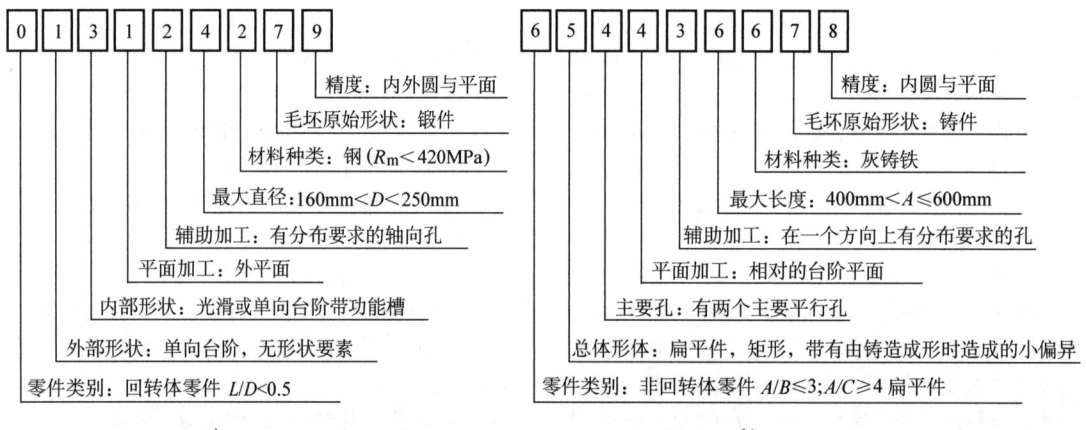

图 1.2-9　按 OPTIZ 系统对图 1.2-6 所示零件的分类编码

a) 回转体零件　b) 非回转体零件

（2）系统特点

1）系统的结构比较简单，横向分类环节数量适中，便于记忆和分类。

2）主码虽主要用来描述零件的基本形状要素，但实际上隐含工艺信息。例如，零件的尺寸分类标志，既反映零件在结构上的大小，也反映零件在加工中所用机床和工艺装备的规格。OPTIZ 系统在横向分类环节的前后顺序安排，如外部形状—内部形状—平面加工—辅助加工、齿形与成形加工，这本身就体现了回转体零件工艺过程的基本工序顺序。

3）在系统的纵向分类环节的信息排列中，有些采用了选择排列法，结构上欠严密，易出现多义性。

4）系统通过辅助码考虑了工艺信息的描述，虽简单一些，但却是一个进步。

5）与 VUOSO 系统相比，该系统所描述的信息要详尽得多，因此应用广泛。

3. KK-3 零件分类编码系统

KK 零件分类编码系统是由日本通产省机械技术研究所提出草案，再经日本机械振兴会成组技术研究会下属的零件分类编码系统分会讨论修改，通过有关企业的实际使用后修订、颁布的。KK-3 系统是它的第 3 个版本，于 1976 年颁布，是一个供大型企业用的零件分类编码系统。

（1）系统结构

KK-3 零件分类编码系统是一个十进制 21 位代码的混合结构系统，其基本结构见表 1.2-4 和表 1.2-5，前者适用于回转体零件，后者适用于非回转体零件。这两类零件在横向分类环节的前 7 位和第 XXI 位的分类标志基本上是相同的，而从第 VIII～XX 位，这两类零件各有自己独立的一套关于各部形状与加工的分类方法。

表 1.2-4　KK-3 零件分类编码系统的基本结构（回转体零件）

码位	I	II	III	IV	V	VI	VII	VIII	IX	X	XI	XII	XIII	XIV	XV	XVI	XVII	XVIII	XIX	XX	XXI
分类项目（组）	功能名称		材料		主要尺寸		基本形状及主要尺寸比	各部形状与加工													精度
分类项目（子组）								外表面						内表面			端面	辅助孔			
分类项目	粗分类	细分类	粗分类	细分类	长度(L)	直径(D)	基本形状及主要尺寸比	基本外形	同心螺纹	功能槽	异形部分	成形(平)面	周期性表面	内廓形状	内曲面	内平面与内周期面	端面	规则排列	特殊孔	非切削加工	精度

表 1.2-5　KK-3 零件分类编码系统的基本结构（非回转体零件）

码位	I	II	III	IV	V	VI	VII	VIII	IX	X	XI	XII	XIII	XIV	XV	XVI	XVII	XVIII	XIX	XX	XXI
分类项目（组）	功能名称		材料		主要尺寸		外廓形状与尺寸比	各部形状与加工													精度
分类项目（子组）								弯曲形状		外表面				主孔		主孔以外的内表面	辅助孔				
分类项目	粗分类	细分类	粗分类	细分类	长度(A)	宽度(B)	外廓形状与尺寸比	弯曲方向	弯曲角度	外平面	外曲面	主成形面	周期面与辅助成形面	方向与阶梯	螺纹与成形面	主孔以外的内表面	方向	形状	特殊孔	非切削加工	精度

KK-3 系统采用多环节的方式，因此它包含的分类标志数量比较多，对零件的结构工艺特征描述更细。该系统使用 13 个横向分类环节表示零件的各部形状和加工，比已有的 VUOSO 系统、OPTIZ 系统描述得更为细致。以回转体零件为例，OPTIZ 系统仅用一个横向分类环节描述零件外部形状，而 KK-3 系统却用了 6 个横向分类环节来表示。

图 1.2-10 所示为按 KK-3 系统对图 1.2-6 所示零件的分类编码，由此可以进一步了解 KK-3 系统的分类编码方法和特点。

（2）KK-3 系统特点

1）系统将与设计检索有较密切关系的横向分类环节排在前 7 位，以便于设计部门使用，同时又将功能、名称作为标志，也是为了便于设计部门检索。

2）它是一个结构和工艺并重的分类编码系统，在横向分类环节的安排上，基本上考虑了零件表面的加工顺序。

3）系统采用了链式和树式的混合结构，这样既增加了分类标志的容量，又不会使分类环节增多。

4）系统的横向分类环节较多，结构上显得复杂，但在码域信息的排列上尽量采用"三要素全组合排列"，便于记忆和应用。

5）在系统的横向分类环节中，有些环节利用率不高，可减缩以使整个系统结构紧凑，更加实用。

6）由于系统结构复杂，适于运用计算机进行处理。

4. JLBM-1 机械零件分类编码系统

JLBM-1 机械零件分类编码系统作为我国的行业标准（指导性技术文件）于 1986 年 3 月 1 日起实施（2001 年 10 月 1 日作废），它是一套通用零件分类编码系统，适于中等及中等以上规模的多品种、中小批量生产的机械厂使用，为产品设计、制造工艺和生产管理等方面开展成组技术提供了条件。

零件功能：回转体、支承件	2
零件名称：法兰	7
材料：普通碳素钢(R_m<420MPa)不热处理	1
毛坯原始形状：热锻件	7
主要尺寸：50mm<L≤100mm	2
主要尺寸：160mm<D≤240mm	4
基本形状及主要尺寸比：L/D≤0.5	0
基本外形：单向台阶	1
同心螺纹：无	0
功能槽：无	0
异形部分：无	0
成形面：切口	1
周期性表面：无	0
内廓形状：台阶通孔、有功能面	3
内曲面：无	0
内平面与内周期面：无	0
端面：平整	0
辅助孔排列位置：轴向孔	1
辅助孔孔形：埋头孔	1
非切削加工：无	0
精度：内外圆与平面	3

a)

零件功能：非回转体、支承件	7
零件名称：垫块	5
材料：低强度灰铸铁	0
毛坯原始形状：铸件	0
主要尺寸：360mm<A≤600mm	6
主要尺寸：240mm<B≤360mm	5
外廓形状与尺寸比：A/B≤3；A/C>4，板状	1
弯曲方向：无	0
弯曲角度：无	0
外平面：两侧台阶平行平面	3
外曲面：无	0
主成形面：无	0
周期面与辅助成形面：无	0
主孔：两个平行光滑主孔	3
螺纹与成形面：无	0
主孔以外的内表面：无	0
辅助孔方向：单侧单向排列孔	2
辅助孔孔形：台阶孔	1
特殊孔：无	0
非切削加工：无	0
精度：孔与平面	2

b)

图 1.2-10　按 KK-3 系统对图 1.2-6 所示零件的分类编码

a) 回转体零件　b) 非回转体零件

(1) 系统结构

JLBM-1 机械零件分类编码系统是一个十进制 15 代码的主辅码混合结构系统，其基本结构如图 1.2-11 所示。在横向分类环节上分为零件名称类别码、形状及加工码和辅助码，零件名称类别码表示了零件的功能、名称；辅助码表示了与设计和工艺有关的信息。与 JLBM-1 机械零件分类编码系统相关的分类表见表 1.2-6~表 1.2-10。

从图 1.2-11 中可以看出，JLBM-1 系统吸取了 OPTIZ 系统的基本结构和 KK-3 系统的优点，克服了 OPTIZ 系统分类标志不全和 KK-3 系统环节过多的缺点。例如，相比于 OPTIZ 系统，JLBM-1 系统扩充了形状及加工码，将零件类别码改为零件名称类别码，将热处理标志从 OPTIZ 系统中的材料热处理码中独立出来，主要尺寸码也由原来一个环节扩充至两个环节；该系统采用零件名称类别码，也正是吸取了 KK-3 系统的特点。此外，扩充的形状及加工码也是从 KK-3 系统借鉴而来的。

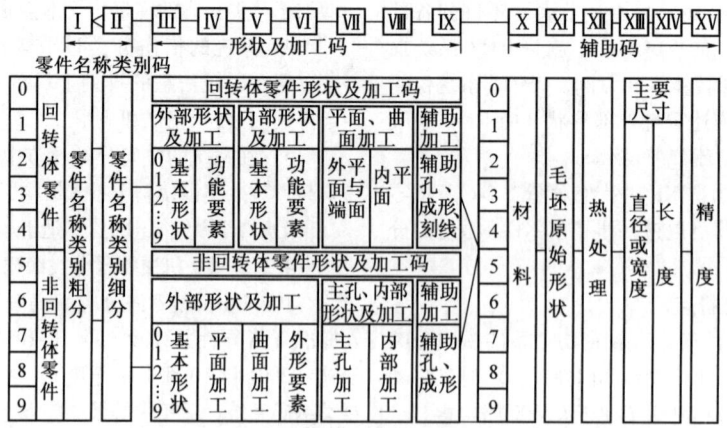

图 1.2-11　JLBM-1 机械零件分类编码系统的基本结构

表 1.2-6　JLBM-1 机械零件分类编码系统的零件名称类别分类表

码位	I	特征项号	0	1	2	3	4	5	6	7	8	9
类别	零件名称类别粗分		零件名称类别细分（第 I、II 位）									
0	轮盘类（回转体零件）		盘、盖	防护盖	法兰	带轮	手轮、捏手	离合器体	分度盘、刻度盘环	滚轮	活塞	其他
1	环、套类		垫圈、片	环套	螺母	衬套、轴套	外螺纹套、接管接头	法兰套	半联轴节	油缸、气缸		其他
2	销、杆、轴类		销、堵、短圆柱	圆柱、圆管	螺栓、螺钉	阀杆、阀芯、活塞杆	短轴	长轴	蜗杆、丝杆	手把、手柄、操纵杆		其他
3	齿轮类		圆柱外齿轮	圆柱内齿轮	锥齿轮	蜗轮	链轮、棘轮	弧齿锥齿轮	复合齿轮	圆柱齿条		其他
4	异形件		异形盘套	弯管接头、弯头	偏心件	扇形件、弓形件	叉形接头、叉轴	凸轮、凸轮轴	阀体			其他
5	专用件											
6	杆、条件（非回转体零件）		杆、条	杠杆、摆杆	连杆	撑杆、拉杆	扳手	键镶（压）条	梁	齿条	拨叉	其他
7	板、块类		板、块	防护板盖板、门板	支承板、垫板	压板、连接板	定位块、棘爪	导向块、滑块、板	阀块、分油器	凸轮板		其他
8	座、架类		轴承座	支座	弯板	底座、机架	支架	机身				其他
9	箱体、壳体类		罩、盖	容器	壳体	箱体	立柱	机身	工作台			其他

表 1.2-7　JLBM-1 机械零件分类编码系统回转体零件形状及加工码分类表

回转体零件形状及加工码分类表（第Ⅲ～Ⅸ位）

码位	Ⅲ 外部形状及加工 基本形状	Ⅳ 外部形状及加工 功能要素	Ⅴ 内部形状及加工 基本形状	Ⅵ 内部形状及加工 功能要素	Ⅶ 平面、曲面加工 外平面与端面	Ⅷ 平面、曲面加工 内平面	Ⅸ 辅助加工、成形、刻线
0	光滑	无	无轴线孔	无	无	无	无
1	单向台阶（第一轴线）	环槽	非加工孔	环槽	单一平面、不等分平面	单一平面、不等分平面	轴向（均布孔）
2	双向台阶	螺纹	光滑 单向台阶（通孔）	螺纹	平行平面、等分平面	平行平面、等分平面	径向（均布孔）
3	球、曲面	1+2	双向台阶	1+2	槽、键槽	槽、键槽	轴向（非均布孔）
4	正多边形	锥面	单侧（盲孔）	锥面	花键	花键	径向（非均布孔）
5	非圆对称截面	1+4	双侧	1+4	齿形	齿形	倾斜孔
6	弓形、扇形或截面 4、5 以外（多轴线）	2+4	球、曲面	2+4	2+5	3+5	各种孔组合
7	平行轴线	1+2+4	深孔	1+2+4	3+5 或 4+5	4+5	成形
8	弯曲、相交轴线	传动螺纹	相交孔、平行孔	传动螺纹	曲面	曲面	机械刻线
9	其他	其他	其他	其他	其他	其他	其他

表 1.2-8 JLBM-1 机械零件分类编码系统非回转体零件形状及加工码分类表

非回转体零件形状及加工码分类表（第 Ⅲ ～ Ⅸ 位）

码位	Ⅲ	Ⅳ	Ⅴ	Ⅵ	Ⅶ	Ⅷ	Ⅸ
项目	基本形状	外部形状及加工 平面加工	非回转体外形状及加工 曲面加工	外形要素	主孔、内部形状及加工 主孔及加工	内部加工	辅助加工 辅助孔、成形
0	轮廓边缘由直线组成	无	无	无	无	无	无
1	轮廓边缘由直线和曲线组成	一侧平面及台阶平面	回转面加工	外部一般直线沟槽	光滑、单一向台阶或单向盲孔	单一轴向沟槽	圆周排列的孔
2	板或条与圆柱体组合	两侧平行平面及台阶平面	回转定位槽	直线定位导向槽	双向台阶、双向盲孔	多个轴向沟槽	直线排列的孔
3	轮廓边缘由直线或曲线组成	直交面	一般曲线沟槽	直线定位导向凸起	平行轴线	内花键	两个方向配置孔
4	板或条与圆柱体组合	斜交面	简单曲面	1+2	垂直或相交轴线	内等分平面	多个方向配置孔
5	块状	两个两侧平行平面（即 4 个平面及需加工）	复合曲面	2+3	单一轴线	1+3	单个方向排列的孔
6	有分离面	2+3 或 3+5	1+4	1+3 或 1+2+3	多轴线	2+3	多个方向排列的孔
7	矩形体组合	6 个平面需加工	2+4	齿形齿纹	有其他功能要素（功能锥、功能槽、球面、曲面等）单一轴线	异形孔	无辅助孔
8	矩形体与圆柱体组合	斜交面	3+4	刻线	多轴线	内腔平面及窗口平面加工	有辅助孔
9	其他	其他	其他	其他	其他	其他	其他

行分类说明：
- Ⅲ 基本形状：板或条（无弯曲、有弯曲）、块状、箱完座架（有分离面、无分离面）、其他
- Ⅳ 平面加工：单向平面、双向平面、多向平面
- Ⅶ 主孔及加工：无螺纹（单一轴线、多轴线）、有螺纹（单一轴线、多轴线）
- Ⅷ 内部加工：主孔内
- Ⅸ 辅助孔、成形：均布孔（单方向）、非均布孔、成形

表 1.2-9　JLBM-1 机械零件分类编码系统材料、毛坯原始形状和热处理分类表

材料、毛坯原始形状和热处理分类表（第 X ~ XII 位）		
码位	X	XI	XII

码位	X	XI	XII
项目	材料	毛坯原始形状	热处理
0	灰铸铁	棒材	无
1	特殊铸铁	冷拉材	发蓝
2	普通碳素钢	管材（异形管）	退火、正火及时效
3	优质碳素钢	型材	调质
4	合金钢	板材	淬火
5	铜及铜合金	铸件	高、中、工频感应淬火
6	铝及铝合金	锻件	渗碳+4 或 5
7	其他有色金属及其合金	铆焊件	渗氮处理
8	非金属	注塑成型件	电镀
9	其他	其他	其他

表 1.2-10　JLBM-1 机械零件分类编码系统主要尺寸和精度分类表

主要尺寸和精度分类表（第 XIII ~ XV）							

码位	XIII						XIV	XV
	主要尺寸							
项目	直径或宽度（D 或 B）/mm			长度（L 或 A）/mm			项目	精度
	大型	中型	小型	大型	中型	小型		
0	≤14	≤8	≤3	≤50	≤18	≤10	0	低精度
1	>14~20	>8~14	>3~6	>50~120	>18~30	>10~16	1	内外回转面加工 (中等精度)
2	>20~58	>14~20	>6~10	>120~250	>30~50	>16~25	2	平面加工
3	>58~90	>20~30	>10~18	>250~500	>50~120	>25~40	3	1+2
4	>90~160	>30~58	>18~30	>500~800	>120~250	>40~60	4	外回转面加工 (高精度)
5	>160~400	>58~90	>30~45	>800~1250	>250~500	>60~85	5	内回转面加工
6	>400~630	>90~160	>45~65	>1250~2000	>500~800	>85~120	6	4+5
7	>630~1000	>160~440	>65~90	>2000~3150	>800~1250	>120~160	7	平面加工
8	>1000~1600	>440~630	>90~120	>3150~5000	>1250~2000	>160~200	8	4 或 5、或 6 加 7
9	>1600	>630	>120	>5000	>2000	>200	9	超高精度

JLBM-1 系统作为机械行业在机械加工中推广成组技术用的一种零件分类编码系统，力求能满足行业中各种不同产品零件的分类之用。然而，要想达到这个目标是很难的，因为机械产品小如精密仪器，大至重型机械，产品零件的品种范围极广，所以要想用一个产品零件分类编码系统包罗万象，那是不可能的。为此，系统中的形状及加工环节完全可以由企业根据各自产品零件的结构工艺特征自行设计安排，而零件功能，如名称、材料种类与毛坯类型、热处理、主要尺寸、精度等环节则应该成为 JLBM-1 系统的基本组成部分。

图 1.2-12 所示为按 JLBM-1 系统对图 1.2-6 所示零件的分类编码。

名称类别粗分：回转体、轮盘类	0
名称类别细分：法兰	2
外部基本形状：单向台阶	1
外部功能要素：无	0
内部基本形状：双向台阶通孔	5
内部功能要素：有环槽	1
外平面与端面：单一平面	1
内平面：无	0
辅助加工：均布轴向孔	1
材料：普通钢	2
毛坯原始形状：锻件	6
热处理：无	0
主要尺寸（直径）：$D>160\sim400$mm	5
主要尺寸（长度）：$L>50\sim120$mm	1
精度：内外圆与平面	3

a)

名称类别粗分：非回转体、板块类	7
名称类别细分：支承板	2
外部基本形状：由直线与曲线组成轮廓	1
外部平面加工：侧平行平面	2
外部曲面加工：无	0
外形要素：无	0
主孔加工：无螺纹、多轴线孔	3
内部加工：无	0
辅助加工：其他	2
材料：灰铸铁	0
毛坯原始形状：铸件	5
热处理：无	0
主要尺寸（宽度）：$B>180\sim410$mm	7
主要尺寸（长度）：$L>250\sim500$mm	5
精度：内孔与平面	3

b)

图 1.2-12　按 JLBM-1 系统对图 1.2-6 所示零件的分类编码示例

a）回转体零件　b）非回转体零件

（2）系统特点

1）系统横向分类环节数量适中，结构简单明确，规律性强，便于理解和记忆。

2）系统力求能够满足在机械行业中各种不同产品零件的分类，因此在形状及加工码上有广泛性，不是针对某种产品零件的结构——工艺特征。

3）系统吸收了 KK-3 系统的零件功能名称分类标志，有利于设计部门使用，但却将与设计较密切的一些信息放到辅助码中，从而分散了设计检索的环节，影响了设计部门的使用。

4）系统只在横向分类环节的第 I、II 位间为树式结构，其余均为链式结构，因此虽然比 OPTIZ 系统增加了 6 位横向分类环节，但实际上纵向分类环节增加不多，所以系统存在标志不全的现象，如一些常用的热处理组合在系统中没有反映。

1.2.6 制订企业零件分类编码系统的方法

制订一个符合企业产品特点和生产条件的零件分类编码系统是企业实施成组技术的关键，一般采用以下三种方法。

1. 企业自主开发

由于这种方法完全是从企业需求自主开发的零件分类编码系统，因此该系统切合企业实际情况，但人力、物力、财力消耗较多，而且时间也比较长。其工作流程如图 1.2-13 所示。

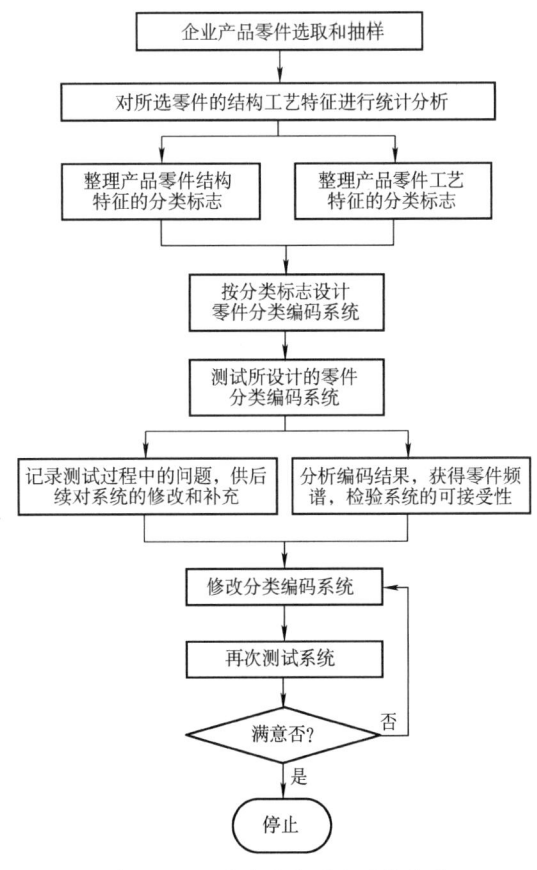

图 1.2-13　企业自主开发零件分类编码系统的工作流程

企业自主开发零件分类编码系统，首先要从企业的产品中找出结构、工艺均有代表性的产品，或者从投产的产品零件中随机抽样，根据代表产品中的零件或随机抽样得到的样本零件进行有关零件的结构、工艺特征信息的统计分析，即可得到零件频谱。根据每一结构、工艺特征的零件出现率的分布情况，便可选择必要的分类标志，确定相应的分类环节，并最终设计出零件分类编码系统。然后再选一批产品零件按此分类编码系统进行测试，对测试得到的分类编码结果进行频谱分析，并审查其合理性。若不合理，则对上述分类编码系统进行修订。多次循环，直到得到满意的结果为止。

企业自主开发零件分类编码系统一般只适用于资金和技术力量都比较雄厚的大企业，一般的中小型企业使用这种方法并不经济实用。

2. 采用商品化系统

商品化系统是由专门的技术咨询公司开发的分类编码系统，可作为商品在市场上销售。这种系统并非拿来即可使用，需要根据企业的具体情况，由出售产品的公司派专门的技术人员进行定制。图 1.2-14 所示为采用商品化系统的工作流程。

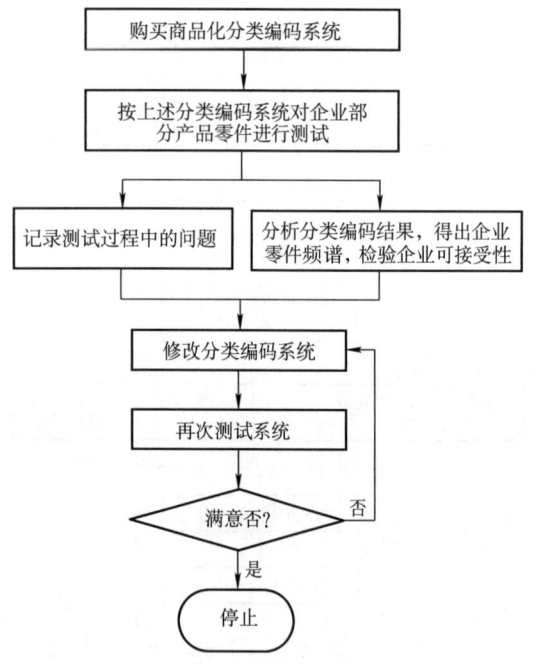

图 1.2-14　采用商品化系统的工作流程

直接采用商品化系统需要比较大的投资，但比企业自主开发投入的时间要少些，它使企业能够迅速而可靠地应用零件分类编码系统。

3. 改进公开出版的系统

目前在世界范围内已经由许多公开发表和出版的分类编码系统，但对企业而言，这种系统并非拿来直接可用，而必须根据企业的具体情况，制订适合本企业需求的零件分类编码系统。相对于第一种方法，它使企业能比较快地获得一种实用的分类编码系统。现在很多企业都采用这种方法来开发自己的分类编码系统。图 1.2-15 所示为采用公开出版系统的工作流程。

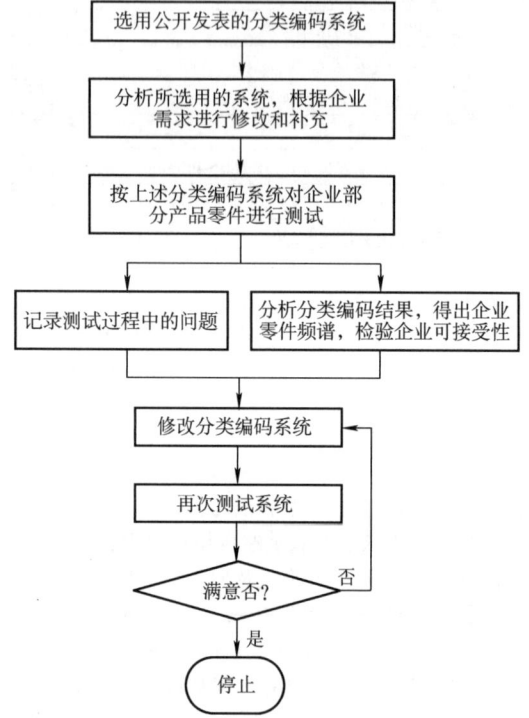

图 1.2-15　采用公开出版系统的工作流程

1.2.7　计算机辅助编码

计算机辅助编码是由计算机辅助技术人员，根据确定的零件分类编码系统规则，通过人机交互界面由计算机自动产生零件的编码。相对于人工编码，计算机辅助编码的效率高、柔性好，特别是当编码系统规则发生变化时，只需修改编码规则，计算机就能自动更新编码。在当前计算机技术应用越来越普遍的今天，计算机辅助编码在企业中应用得越来越广泛。

计算机辅助编码的方式一般有以下几种：

1）是否式。这是一种人机对话方式。计算机运行预先按编码系统编制的软件，在屏幕上逐项提出问题，编码人员通过键盘回答"是"或"否"（"Y"或"N"），直至回答完所有提出的问题，计算机根据答复自动编制零件代码。

2）选择式。这是另一种人机对话的自动编码方式。计算机在屏幕上按所采用的编码系统用菜单方式逐项显示一组提示，要求编码人员从中挑选一项，并将所选定的项号输入计算机，即能在回答一次后确定一个代码。因此，只要逐位选择菜单项，即能编出零件代码。这种方式的对话时间较是否式少些。

3）是否和选择组合式。这是将上述两种方式结合起来的人机对话方式。对人机对话中不易出错的码位采用选择式编码，如功能名称、材料、毛坯、热处理等信息码位，而其他码位则采用是否式对话编码。

1.3　零件分类成组的方法

所谓零件分类成组，就是按照一定的相似性准则，将产品中品种繁多的零件归并成几个具有某些相似特征的零件族。

零件分类成组的方法很多，如视检法、编码分类法和生产流程分析法。下面将详细介绍后两种方法。

1.3.1　编码分类法

编码分类是根据零件的编码来进行分类成组。在分类之前，首先要确定一个零件分类编码系统，利用该系统对需要分类的零件进行编码；然后制订各零件族的相似性标准，根据这一相似性标准进行零件的归组。制订零件族相似性标准的方法有特征码位法、码域法和特征位码域法，对应三种编码分类法。

1. 特征码位法

当进行零件分组时，如果利用零件整个分类编码作为相似性标准进行分组，那么零件的分组数必然很多，而每组内零件的种数却极少，因为要求零件整个分类编码完全相同，那就意味着这些零件不是简单的相似，而是几乎接近于完全相同，但在产品零件中，出现分类编码完全相同的零件的概率就很小。因此，以零件整个分类编码作为相似性标准不尽合理，特别是在代码较长的情况下。由此出现了特征码位法，即从零件整个分类编码中选择和划分出与结构相似或工艺相似零件组密切相关的部分代码作为分组的依据，凡零件编码中相应码位的代码相同者归属于一组。这种方法首先是由德国亚琛工业大学的 Optiz 教授提出的。

如图 1.3-1 所示，选取 1、2、6、7 码位为特征码位，在零件编码中，只要这几个码位相同，就归为一组，其他码位可不考虑，为全码域。

这种分类方法的关键是要根据待选零件来确定特征码位，可借助零件的特征频数分析，其他分类成组方法的结果等来选定。

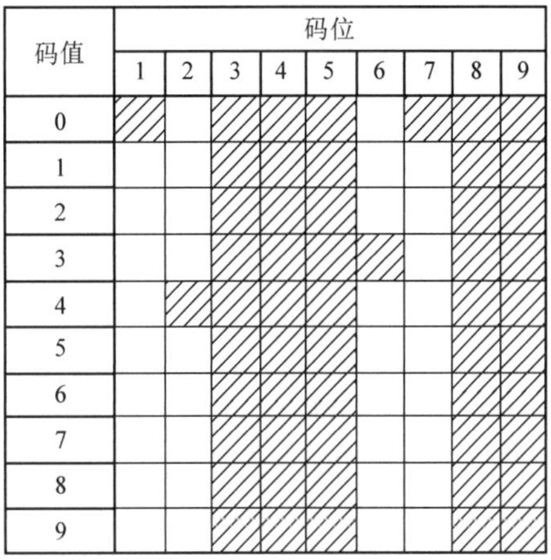

2. 码域法

规定每一码位的码域（码值），凡零件编码中每一码位值均在规定的码域内，则归属于一组，称之为码域法。如图 1.3-2 所示，码位 1 选定码域为 1~2，

码值	码位								
	1	2	3	4	5	6	7	8	9
0									
1									
2									
3									
4									
5									
6									
7									
8									
9									

　　　　　　041003072
例如，零件　042033075　为一分类组
　　　　　　047323072

图 1.3-1　零件的特征码位法分类

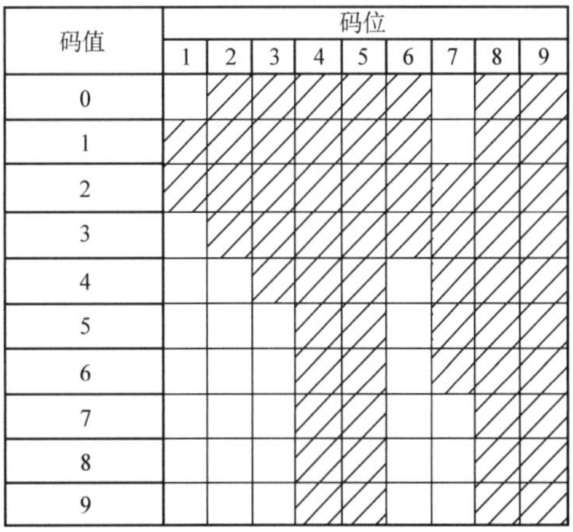

码值	码位								
	1	2	3	4	5	6	7	8	9
0									
1									
2									
3									
4									
5									
6									
7									
8									
9									

　　　　　　110300500
例如，零件　124202603　为一分类组
　　　　　　220103200

图 1.3-2　零件的码域法分类

其码域值为 2；码位 2 选定码域为 0~3，其码域值为4；全码域值为10。各码位均有码域，若零件编码在这些码域内，则称该零件与此特征矩阵匹配，可归属

于一组。这时零件可出现的编码数 F 可按下式计算：

$$F = \prod_{i=1}^{n} M_i$$

式中　n——特征矩阵中的码位数；

　　　M——码位选定的码域值；

　　　$\prod$——连乘符号。

3. 特征位码域法

这种方法是上述两种方法的综合，如图 1.3-3 所示。其中码位 3、5 为特征码位，其余码位均有码域，这样既考虑了零件分类的主要特征，同时又适当放宽了相似性要求。

编码分类法简单易行，其关键问题有两个：①要有一个合适的零件分类编码系统；②要制订一个合适的零件族相似性标准。特别是后者，对零件分类成组的影响很大，制订时的难度也很大，可参考视检法、生产流程分析法等的分类效果作为依据。

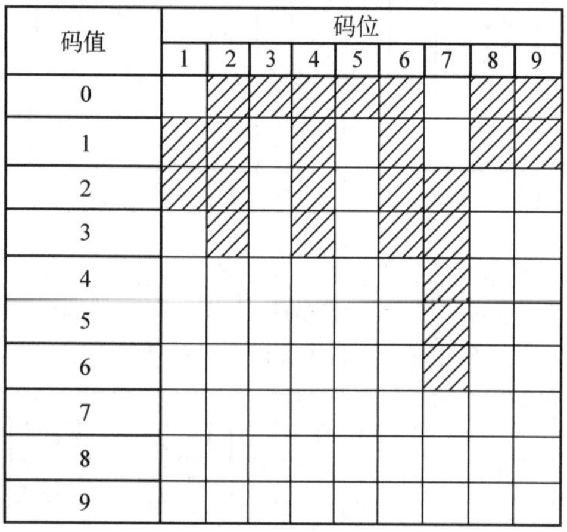

码值	码位								
	1	2	3	4	5	6	7	8	9
0									
1									
2									
3									
4									
5									
6									
7									
8									
9									

例如，零件　100300500　为一分类组
　　　　　 110301310
　　　　　 220103200

图 1.3-3　零件的特征位码域法分类

由于大多数零件分类编码系统所反映的分类标志主要偏重于零件的结构形状，而对于零件的工艺信息考虑较少，因此往往造成许多工艺相同而结构不同的零件无法划分在同一组中，而工艺不同结构相似或完全相同的零件却被划分到同一组中。图 1.2-2、图 1.2-3 所示零件就是这种分组情况的例子，这是编码分类法的缺点之一。

其次，编码分类得到的分组结果只是单个零件而已，它不可能得出与这些零件组相对应的机床单元，而且得出的并非最终零件组。实际上，这样的零件组还需通过对组内零件进行详细的工艺分析和制订出零件组的成组工艺规程，才能最终形成工艺相似零件

组。这说明零件分组和建立对应的机床单元并非同时完成，这是编码分类法的另一个缺点。

另外，通过编码分类法得到的结果比较粗糙，因为它仅用了部分分类代码作为分组依据；编码分类完的结果还不是最终的零件组，必须参照其他方法才能最终分组。此外，这种方法受人们的主观因素影响极大，选择相似性标准常常因人而异，缺乏科学性，经验成分比较多。

尽管编码分类法存在上述缺点，但它作为成组技术早期曾经使用过的一种分组方法，对于结构形状简单或已经通过结构标准化处理的零件，仍然不失为一种可以应用的方法。

1.3.2　生产流程分析法

生产流程分析（production flow analysis，PFA）是另一种零件分类成组方法，它以零件的加工工艺过程为依据，将工艺过程相近似的零件归为一类，形成加工族，并安排在一个加工单元内加工。生产流程分析法最早并非为成组技术而开发，它是为企业生产合理化而提出的一种分析企业内部物料流动并使之简化的有效方法。英国的 Burbidge 教授在研究生产单元时将生产流程分析原理引入成组技术中，寻找工艺相似的零件组及其对应的机床单元。完整的生产流程分析包括企业流程分析、车间流程分析、单元流程分析和机床流程分析，而用于零件分组的主要是车间流程分析。它是在企业流程分析的基础上，以各个车间的零件明细表和设备明细表为依据，分析零件图样，以及经过合理化处理的工艺流程卡。由于生产流程分析法主要依据的是制造工艺数据而非设计数据，因此它可以克服在零件分类编码方法进行零件分类成组时遇到的问题：①几何形状不同的零件，其制造工艺可能完全不同；②几何形状相同的零件，其制造工艺也可能完全不同。

1. 生产流程分析的步骤

应用生产流程分析法进行零件的分类成组时，首先要定义分类成组零件的范围和数量，是生产的所有零件还是一些典型零件，一旦确定了零件的范围，就可以按照下述步骤来进行分析：

(1) 数据收集

所收集的数据包括零件号、加工工艺。这些都可以从企业现有的工艺规程卡和工序卡中获得。每一个工序都有相应的加工机床，因此确定加工顺序就是确定所采用的加工机床的顺序。此外，生产批量、时间定额等也是确定生产能力的必需数据。

(2) 工艺路线分类

即将零件按照其工艺路线的相似性分类。为了简

化分类工作，所有加工工序都用代码表示，见表 1.3-1。对每一个零件，其加工的工序代码按照其加工工艺路线的顺序排列。按照这些方法就可以形成许多零件"包"。有些零件包只包含一个零件，表明了这个零件加工工艺的唯一性，而有些零件包可能包含多个零件，这些零件将组成一个零件族。

表 1.3-1　用于生产流程分析的工序或机床代码（高度简化）

工序或机床	代码
切断	01
普通车床	02
转塔车床	03
铣削	04
普通钻削	05
数控钻削	06
磨削	07

（3）绘制零件-机床关联矩阵

将每个零件的工艺表示在零件-机床关联矩阵中，见表 1.3-2。矩阵中的元素 $x_{ij}=1$ 或 0。$x_{ij}=1$ 表示零件 i 需要在机床 j 上加工；$x_{ij}=0$ 表示零件 i 无须在机床 j 上加工。为了使矩阵清晰可见，矩阵中只表示出取值为 1 的元素，取值为 0 的地方为空格。

表 1.3-2　零件-机床关联矩阵

零件	机床							
	1	2	3	4	5	6	7	8
1	1		1			1		1
2	1				1			
3		1		1				1
4	1		1		1			
5				1			1	
6		1		1				1
7				1			1	
8	1		1		1			
9				1			1	
10		1						1

（4）分类成组

对零件-机床关联矩阵进行分析，使具有相似加工顺序、相同加工机床的零件组合在一起。表 1.3-3 是经过分类成组后的零件-机床关联矩阵，它可分为 3 个零件或机床组合。有些零件可能不属于任何一个零

件组合，则需要修改该零件的工艺，使其能归入某一个零件组合中。如果这些零件的工艺不能修改，那么它们就只能采用传统的机床布置方式进行加工。

表 1.3-3　分类成组后的零件-机床关联矩阵

零件	机床							
	1	6	3	8	5	2	7	4
1	1	1	1	1				
4	1		1		1			
8	1		1		1			
2	1				1			
3				1		1		1
6				1		1		1
7							1	1
10						1		1
5							1	1
9							1	1

生产流程分析法的弱点在于它所依据的零件-机床关联矩阵的数据来源于零件的现有加工工艺数据。由于零件的加工工艺往往是由不同的工艺人员制订的，其工艺不一定是最优的、最合理的和必须的。因此，应用生产流程分析法得出的机床组合可能是局部最优。尽管如此，相对于零件分类编码法，应用生产流程分析法进行零件的分类成组具有更高的效率，这也是生产流程分析吸引众多企业将成组技术应用于车间布局中的理由之一。

下面介绍生产流程分析法中应用比较多的几种分类成组方法，即关键机床法和聚类分析法，其中聚类分析法由于所用数学方法不同，又分为单链聚类分析法、循序聚类分析法和排序聚类分析法。

2. 生产流程分析法中常用的分类成组方法

（1）关键机床法

关键机床法又称核心机床法。它是按每台机床上所加工的零件种数多少得出一个机床使用频数。显然，一个机床的使用频数越高，该设备加工的零件种数便越多，而使用频数低的机床，却常常为少数甚至个别零件服务。因此，当寻找工艺相似的零件组及其对应的加工单元时，应首先从使用频数高的机床着手，以使用频数高的机床为核心，看看有哪些零件要用到它，以它为核心聚集在一起；然后再查看已聚集在一起的这些零件中还用到哪些机床，再按这些机床的使用频数由高到低地形成工艺相似零件组及其对应

的加工单元。根据零件的加工工艺路线，分析其关键机床，从而完成分组。其分组步骤如下：

1）列出各零件的工艺路线，形成按工序所用机床排列的工艺路线表。表1.3-4列出了10个零件根据其工艺路线卡归纳而成的工艺路线表，共使用了8台机床。

表 1.3-4　零件工艺路线表

零件	机床							
	1	2	3	4	5	6	7	8
1	○		○			○		○
2	○					○		
3		○			○			
4	○					○		○
5				○			○	
6		○		○				○
7				○				
8	○					○		
9				○			○	
10		○					○	

2）分析关键机床，找出基本零件。在表1.3-4中，机床1、6、8使用较多，为关键机床，按关键机床找出各自的基本零件。

3）将基本零件合并成零件组，同时也形成了相应的机床组，见表1.3-5。将10个零件分成3个零件组，即零件1、4、8、2为一组，零件3、6、7为一组，零件10、5、9为一组。

表 1.3-5　用关键机床法分组后的零件工艺路线表

零件	机床							
	1	6	3	8	5	2	7	4
1	○	○	○	○				
4	○	○		○				
8	○	○						
2	○	○						
3					○	○		
6				○		○		○
7					○	○		

（续）

零件	机床							
	1	6	3	8	5	2	7	4
10						○	○	
5							○	○
9							○	○

4）检查各机床的负荷率。对于有些可同时在几个不同机床组合时，就可以根据机床的负荷率进行适当调整，保持负荷率的基本平衡。

关键机床法分析过程比较烦琐，特别是当被分析的机床数量很多时，分组的效率较低。因此，这种方法主要用于机床数量不太多的场合。

（2）聚类分析法

聚类分析法是用一些数学方法来定量确定零件之间的相似程度，进行聚类成组。由于所用数学方法不同，有多种不同的聚类分析法。

1）单链聚类分析法。单链聚类分析法是通过计算零件之间的相似系数进行聚类，具体过程如下：

① 相似系数的计算。定义下式为两个零件的相似系数：

$$S_{ij} = \frac{N_{ij}}{N_{ij} + N_i + N_j} = \frac{N_{ij}}{N_I + N_J - N_{ij}}$$

式中　S_{ij}——零件 X_i 与零件 X_j 之间的相似系数；

N_{ij}——零件 X_i 与零件 X_j 共同使用的机床数；

N_i——零件 X_i 单独使用的机床数；

N_j——零件 X_j 单独使用的机床数；

N_I——零件 X_i 使用的机床数，$N_i = N_I - N_{ij}$；

N_J——零件 X_j 使用的机床数，$N_j = N_J - N_{ij}$。

对于每对零件，共同使用的机床数量越多，相似程度越高。若两个零件所共用的加工机床的类型与数量完全相同，则 $S_{ij} = 1$；若无共用的机床，则 $S_{ij} = 0$。因此，一般相似系数值在0~1范围内变化。

若有 n 个零件，则需计算的相似系数总数为 $n(n-1)/2$。

② 单链聚类。单链聚类首先从相似系数最大的一对零件开始，然后按相似系数递减顺序依次聚类。高一级聚类与次一级聚类用单链形式连接，形成聚类树形图。根据不同相似性的要求，即可从树形图中得出相应的零件分类成组。

以表1.3-4的零件工艺路线为例，用单链聚类分析法进行分类成组。

a. 计算各零件之间的相似系数，得出原始相似系数矩阵。由于该矩阵是对称的，故只写出一半，见表1.3-6。

表 1.3-6　原始相似系数矩阵

零件	零件									
	X_1	X_2	X_3	X_4	X_5	X_6	X_7	X_8	X_9	X_{10}
	相似系数									
X_1										
X_2	0.50									
X_3	0.17	0								
X_4	0.75	0.67	0							
X_5	0	0	0	0						
X_6	0.17	0	1.00	0	0					
X_7	0.20	0	0.67	0	0	0.67				
X_8	0.75	0.67	0	1.00	0	0	0			
X_9	0	0	0	0	1.00	0	0	0		
X_{10}	0	0	0.25	0	0.33	0.25	0	0	0.33	

b. 根据原始相似系数矩阵画出聚类树形图,如图 1.3-4 所示。从图 1.3-4 中可以看出,如果选定相似系数为 0.50,则从相似系数 0.50 处画一横线,它与树枝的交点即为零件分组数,这时共有 4 组。

第 1 组:零件 1、4、8、2,共 4 件。

第 2 组:零件 3、6、7,共 3 件。

第 3 组:零件 5、9,共 2 件。

第 4 组:零件 10,只有 1 件。

如果相似系数取 1.0,则零件分为 7 组;若相似系数取 0.30,则零件分为 3 组。

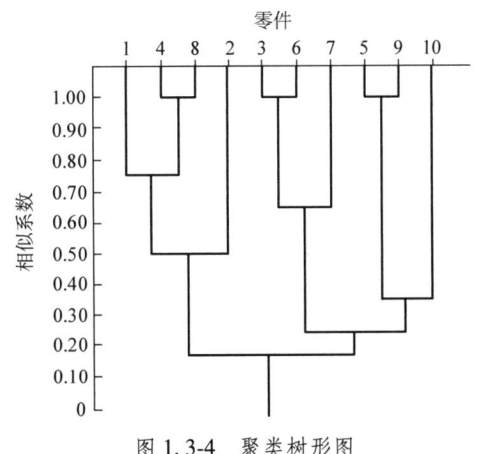

图 1.3-4　聚类树形图

2) 循序聚类分析法。

① 原理。循序聚类分析法应用零件之间的相似性进行聚合,其运算过程如下:

a. 计算每对零件之间的相似系数,据此建立一个原始相似系数矩阵。

b. 在原始相似系数矩阵中搜索最大相似系数值,若有若干个相同的最大值,可任选一个。

c. 将相似系数值最大的那对零件聚合为新零件类。

d. 计算新零件类与其他零件、零件类之间的类相似系数,修改相似系数矩阵,从而完成了一次聚合。

e. 重复进行过程 b、c、d,根据所给定的相似系数值来判断终止。

f. 将聚合的各零件类整理成组。

② 相似系数计算。从上述聚类运算过程可知,相似系数有零件之间的相似系数,新零件类与零件、零件类之间的相似系数,后者称为类相似系数。

零件之间相似系数的计算方法见单链聚类分析法。

新零件类与零件、零件类之间类相似系数的计算方法如下:

任意一个零件(类)X_k 与新零件类 X_r[由零件(类)X_p 和零件(类)X_q 合成]之间的类相似系数 S_{kr} 可按递推公式计算

$$S_{kr} = \alpha_p S_{kp} + \alpha_q S_{kq} + \beta S_{pq} + \gamma \mid S_{kp} - S_{kq} \mid$$

式中　　　S_{kp}——零件(类)X_p 与零件(类)X_k 之间的类相似系数;

S_{kq}——零件(类)X_q 与零件(类)X_k 之间的类相似系数;

α_p、α_q、β、γ——聚类参数。

聚类参数的计算有三种方法:

a. 最近距离法。取两个零件(类)中所有零件之间的各相似系数的最大值为类相似系数。

b. 最远距离法。取两个零件（类）中所有零件之间的各相似系数的最小值为类相似系数。

c. 类平均法。取两个零件（类）中所有零件之间的各相似系数的算术平均值为类相似系数。

此外，还有中值法、可变类平均法、可变法等多种方法。实践证明，类平均法有较好的分类效果。上述三种计算方法的聚类参数见表 1.3-7。

表 1.3-7　聚类参数

计算方法	α_p	α_q	β	γ
最近距离法	1/2	1/2	0	1/2
最远距离法	1/2	1/2	0	−1/2
类平均法			0	0

将表 1.3-7 中类平均法的聚类参数代入递推公式中，即可得到类平均法的类相似系数。

$$S_{kr} = \frac{n_p}{n_p + n_q} S_{kp} + \frac{n_q}{n_p + n_q} S_{kq}$$

式中　n_p、n_q——零件（类）X_p、X_q 的零件数。

③ 循序聚类分类。以表 1.3-5 的 10 个零件工艺路线为例，用循序聚类分析法分类：

a. 计算每对零件的相似系数，得到原始相似系数矩阵，见表 1.3-6。

b. 在相似系数矩阵中搜寻最大相似系数，表 1.3-6 中相似系数为 1 的共有 3 个，取零件 X_3 和 X_6 这一对，将零件 X_3 和 X_6 合成一个新零件类 X_{11}。

c. 计算新零件 X_{11} 与其他零件的类相似系数，利用类平均法计算结果如下：

$$S_{1,11} = \frac{n_3}{n_3 + n_6} S_{1,3} + \frac{n_6}{n_3 + n_6} S_{1,6}$$
$$= \frac{1}{2} \times 0.17 + \frac{1}{2} \times 0.17 = 0.17$$

$$S_{10,11} = \frac{n_3}{n_3 + n_6} S_{10,3} + \frac{n_6}{n_3 + n_6} S_{10,6}$$
$$= \frac{1}{2} \times 0.25 + \frac{1}{2} \times 0.25 = 0.25$$

d. 根据类相似系数的计算结果，建立第 1 次聚合的相似系数矩阵，见表 1.3-8。

表 1.3-8　第 1 次聚合相似系数矩阵

零件	X_1	X_2	X_4	X_5	X_7	X_8	X_9	X_{10}	X_{11}
	相似系数								
X_1									
X_2	0.50								
X_4	0.75	0.67							
X_5	0	0	0						
X_7	0.20	0	0	0					
X_8	0.75	0.67	1.00	0	0				
X_9	0	0	0	1.00	0	0			
X_{10}	0	0	0	0.33	0	0	0.33		
X_{11}	0.17	0	0	0	0.67	0	0	0.25	

e. 重复上述过程，进行第 2~6 次聚合，第 6 次聚合相似系数矩阵见表 1.3-9。每聚合一次，零件（类）就少一个，因此相似系数矩阵逐渐缩小；同时，相似系数的值也逐渐减小。例如，在第 6 次聚合后，零件分为 X_{15}、X_{16}、X_{17}（由 X_{10} 和 X_{13} 合成）3 组，类相似系数为 0.33。

表 1.3-9　第 6 次聚合相似系数矩阵

零件	X_{10}	X_{13}	X_{15}	X_{16}
	相似系数			
X_{10}				
X_{13}	0.33			
X_{15}	0.17	0		
X_{16}	0	0	0.05	

f. 将聚合的结果整理出零件组，见表 1.3-10，可见与单链聚类分析法的结果一致。

表 1.3-10　聚合结果

聚合次数	新零件类	聚合零件（类）		组成零件	类相似系数	零件组数
原始	X_{11}	X_3	X_6	X_3，X_6	1.00	9
第 1 次	X_{12}	X_4	X_8	X_4，X_8	1.00	8
第 2 次	X_{13}	X_5	X_9	X_5，X_9	1.00	7
第 3 次	X_{14}	X_1	X_{12}	X_1，X_4，X_8	0.75	6
第 4 次	X_{15}	X_7	X_{11}	X_7，X_3，X_6	0.67	5
第 5 次	X_{16}	X_2	X_{14}	X_2，X_1，X_4，X_8	0.60	4
第 6 次	X_{17}	X_{10}	X_{13}	X_{10}，X_5，X_9	0.33	3

3）排序聚类分析法。排序聚类分析法（rank order clustering）是一种常用的、简单的生产流程量化分析方法，其主要思想是将零件-机床关联矩阵按行列交替排序聚合，即利用二进制权将零件-机床关联矩阵中左边具有"1"的行移到最上部，把上部具有"1"的列移到最左边，从而使零件进行归组。这种方法简单可行。其具体排序过程可以表 1.3-5 的 10 个零件工艺路线为例进行说明。

① 将表 1.3-5 的 10 个零件工艺路线用零件-机床矩阵表示，见表 1.3-11。表 1.3-11 中零件为列排列（纵向），机床为行排列（横向）。

表 1.3-11　零件-机床矩阵

零件	二进制权								等效十进制数	排序
	2^7	2^6	2^5	2^4	2^3	2^2	2^1	2^0		
	机床									
	1	2	3	4	5	6	7	8		
1	1		1			1		1	165	1
2	1					1			132	4
3		1			1			1	73	5
4	1		1			1			164	2
5			1				1		18	8
6		1			1			1	73	6
7				1			1		9	10
8	1		1			1			164	3
9			1				1		18	9
10		1					1		66	7

② 在矩阵的行上给出二进制权，计算每一行按所给出二进制权的等效十进制数，如零件 1 的等效十进制数为 $1\times2^7+1\times2^5+1\times2^2+1\times2^0=165$。将这 10 个等效十进制数依降序排列，见表 1.3-12。

表 1.3-12　第 1 次列排序后的零件-机床关联矩阵

零件	机床								二进制权
	1	2	3	4	5	6	7	8	
1	1		1			1		1	2^9
4	1		1			1			2^8
8	1		1			1			2^7
2	1					1			2^6
3		1			1			1	2^5
6		1			1			1	2^4

（续）

零件	机床								二进制权
	1	2	3	4	5	6	7	8	
10		1					1		2^3
5			1				1		2^2
9			1				1		2^1
7				1			1		2^0
等效十进制数	960	56	896	6	49	960	14	561	
排序	1	5	3	8	6	2	7	4	

③ 在矩阵的列上给出二进制权，计算每一列按所给出二进制权的等效十进制数，将该 8 个等效十进制数数依降序排列，见表 1.3-13。

表 1.3-13　第 1 次行排序后的零件-机床关联矩阵

零件	二进制权								等效十进制数	排序
	2^7	2^6	2^5	2^4	2^3	2^2	2^1	2^0		
	机床									
	1	6	3	8	2	5	7	4		
1	1	1	1	1					240	1
4	1	1	1						224	2
8	1	1	1						224	3
2	1	1							192	4
3				1	1	1			28	5
6				1	1	1			28	6
10					1		1		10	8
5						1	1		3	8
9						1	1		3	10
7			1				1		20	7

④ 交替重复上述过程，得到表 1.3-14，这时行排序已完成；继而得到表 1.3-15，表示列排序也已完成。

表 1.3-14　第 2 次列排序后的零件-机床矩阵

零件	机床								二进制权
	1	6	3	8	2	5	7	4	
1	1	1	1	1					2^9
4	1	1	1						2^8
8	1	1	1						2^7
2	1	1							2^6

（续）

零件	1	6	3	8	2	5	7	4	二进制权
	机床								二进制权
3				1	1	1			2^5
6				1	1	1			2^4
7				1		1			2^3
10					1		1		2^2
5							1	1	2^1
9							1	1	2^0
等效十进制数	960	960	896	568	52	56	7	3	
排序	1	2	3	4	6	5	7	8	

表 1.3-15　第 2 次行排序后的零件-机床矩阵

零件	2^7	2^6	2^5	2^4	2^3	2^2	2^1	2^0	等效十进制数	排序
	1	6	3	8	5	2	7	4		
1	1	1	1	1					240	1
4	1	1	1						224	2
8	1	1	1						224	3
2	1	1							192	4
3				1	1	1			28	5
6				1	1	1			28	6
7				1	1				24	7
10						1	1		6	8
5							1	1	3	9
9							1	1	3	10

⑤ 当行列降序排列均已完成后，即可在零件-机床矩阵上看出零件分组情况。其中，零件 1、4、8、2，零件 3、6、7，零件 10、5、9 分别形成 3 个组（见表 1.3-15），其结果与上述两种聚类分析法相同。

在上述示例中，零件和机床可以按照相似性划分成完全独立的 3 个零件-机床组合。这是一种非常特别的情况，因为此时零件族及相关的加工单元是完全隔离和独立的。然而，实际情况并非都是如此，因为有时两个机床组合之间会有重叠，即一个给定的零件需要在两个或两个以上的加工单元中加工。在这种情况下，可以增加同种类型机床的数量；或者修改零件的结构设计和工艺设计，使它们能在相对独立的加工单元中加工；或者通过外购或外协方式获得这些零件，而不是自制。

1.3.3　势函数法

势函数法（potential function method）是一种确定性的非线性分类方法，其核心思想是依据给定算法计算每个零件的势函数值，通过势函数值来确定零件之间的相似性。利用势函数法进行零件分类成组的过程如图 1.3-5 所示，其分类步骤如下：

1）将欲分类的零件用二维特征矩阵进行描述。例如，可用 8×9 的二维矩阵来描述零件的几何特征和工艺特征，在图 1.3-5 中，$X_t = (X_{t1}, X_{t2}, \cdots, X_{t72})$。

为了便于光电扫描输入，该二维矩阵用黑白表示，黑的为"1"，白的为"0"。

2）用光电扫描装置依次把各个零件的二维矩阵读入计算机。

3）计算机用势函数方程计算出各个零件的势函数值。

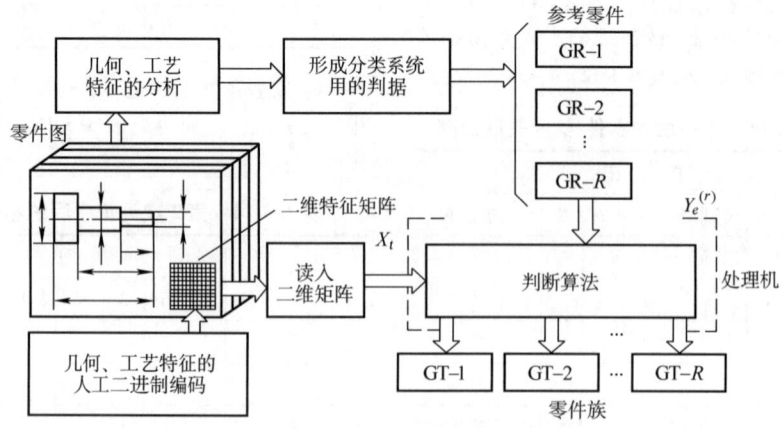

图 1.3-5　利用势函数法进行零件分类成组的过程

4) 为各零件族选定一个参考零件,它应尽可能包括该族零件的各种特征,参考零件的几何特征和工艺特征同样也用 8×9 的二维矩阵描述,在图 1.3-5 中,$Y_e^{(r)} = (Y_{e1}^{(r)}, Y_{e2}^{(r)}, \cdots, Y_{e72}^{(r)})$。

5) 将输入分类零件的势函数值与参考零件的势函数值进行比较,通过规格化,使参考零件的势函数值为 1,对零件的势函数值在 0~1 之间的、具有相近

势函数值的零件即可归组。

图 1.3-6 所示为利用势函数法进行零件分类的示例。零件 No.1 为参考零件,其势函数值为 1,其他零件的势函数值见图 1.3-6 中的表。

利用势函数法进行零件分类实际上是用势函数值来表达零件之间的相似性。该法可在计算机上进行,效率高,效果好,是一种计算机辅助零件分类方法。

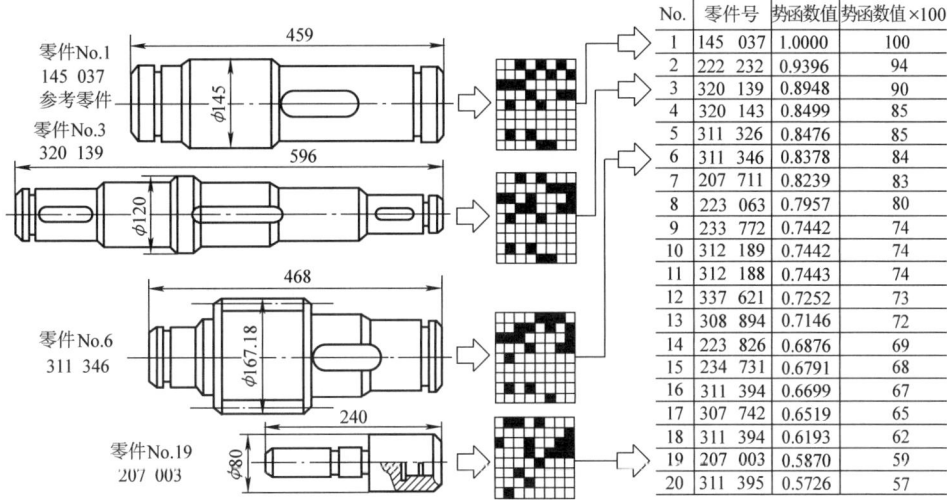

No.	零件号	势函数值	势函数值×100
1	145 037	1.0000	100
2	222 232	0.9396	94
3	320 139	0.8948	90
4	320 143	0.8499	85
5	311 326	0.8476	85
6	311 346	0.8378	84
7	207 711	0.8239	83
8	223 063	0.7957	80
9	233 772	0.7442	74
10	312 189	0.7442	74
11	312 188	0.7443	74
12	337 621	0.7252	73
13	308 894	0.7146	72
14	223 826	0.6876	69
15	234 731	0.6791	68
16	311 394	0.6699	67
17	307 742	0.6519	65
18	311 394	0.6193	62
19	207 003	0.5870	59
20	311 395	0.5726	57

图 1.3-6 利用势函数法进行零件分类的示例

1.4 成组技术的应用

1.4.1 成组技术在产品设计中的应用

在成组技术的实践中,人们发现设计是关键,设计阶段决定了产品成本的 70%。以成组技术原理指导产品设计,不仅能保证最大限度地重复使用原有的设计信息,而且还赋予产品零部件间以更高的相似性,这为后续的生产活动实施成组技术奠定了良好基础。因此,成组技术的应用从最初的制造领域推广到设计领域,使成组技术成为一种贯穿产品全生命周期的系统技术。

根据一份美国工业调查报告,一个新产品中大约

有 20% 的零件可以完全重用以前的零件,40% 的零件只需在已有零件基础上进行修改即可获得,只有剩下的 40% 的零件需要重新设计。因此,可以利用成组技术原理指导设计工作,对长期积累和不断创新的设计信息,通过分类、分析、综合和总结,并以一定形式存储起来,以便在后续的新产品开发过程中,通过检索最大限度地重复使用它们,减少重复性劳动,而把节省下来的时间用于从事创造性工作,以提高产品设计质量和缩短设计周期。

图 1.4-1 所示为基于成组技术基本原理的产品零件设计。

图 1.4-1 基于成组技术基本原理的产品零件设计

在产品设计中应用成组技术主要是致力于设计的标准化，使设计结果合理化，再通过应用计算机技术使之实现计算机化，从而极大地提高设计效率和质量。在产品设计中应用成组技术具有以下优点：① 可有效地构成零件族；② 能有效地实现设计信息或数据的检索；③ 易于达到标准化和简单化；④ 可获得经济制造的优化设计；⑤ 能避免或减少重复性的设计。

1. 产品设计标准化

产品设计标准化是一个广义概念，指在产品设计工作中实施零部件的通用化、标准化、规格化、系列化和模块化。产品设计标准化指在新产品的设计工作中，大量采用标准零部件或尽量重用已有的设计成果，以减少新产品中新设计零件的数量。这样不仅能减轻设计人员的重复工作量，大大加快设计进度，更重要的是能显著减轻后续新产品工艺准备工作。

显然，一种零部件如果能被不同产品多次借用，就表明这种零部件具有一定的结构继承性，而零部件的这种继承性正是实现零部件标准化的前提和基础。因此，在新产品中重用已有产品中的零件，实际上是为提高产品设计标准化的水平创造了便利条件。

产品设计标准化涉及的内容很多，此处只介绍与成组技术实施密切相关的内容，即零件名称标准化、零件结构要素标准化和零件整体标准化。

(1) 零件名称标准化

零件名称是描述零件的一个综合分类标志，在一定程度上反映了整个零件的结构形状和功用。当零件名称实现了标准化，如果用零件名称作为检索关键词，就会使设计人员迅速而方便地检索到相关零件及其各种设计资料。零件名称标准化的具体过程如下：

1) 准备阶段。首先应将企业全部产品的零件明细表汇集在一起，得到全企业的零件名称汇总表；然后对现行零件名称按照一定准则进行初步整理，如不允许在零件名称中附带尺寸概念，零件名称不宜含材料类型，零件名称不必表示用途，对结构功用相同的零件，其名称应统一等。

2) 制订零件的标准名称。这是零件名称标准化中的关键步骤，必须保持仔细和谨慎的态度。应尊重传统和大多数人的习惯。当审订零件标准名称时，应对每一个零件标准名称给出严密而准确的定义。对于每条定义，除有文字阐述，最好附上必要的正误图例，以便对新零件命名时，设计人员可按上述定义明确规定其标准名称。

3) 对企业现有产品的零件名称进行试用。试用过程中应详细记录存在的矛盾和问题，以及设计人员的建议，为后续修改提供依据。

4) 认真分析试用中产生的问题，并对标准名称草案提出必要的修正和补充。

经过重新修订和补充后的零件标准名称表便成为一种企业标准而予以颁布、贯彻和执行。

(2) 零件标准化

1) 零件标准化流程。在成组技术条件下，对零件进行分类编码，为零件标准化创造了良好的前提条件。可以将具有相同分类编码的零件汇集在一起，这些零件的结构形状相同或相似，是零件标准化的对象。零件标准化流程如图 1.4-2 所示。由图 1.4-2 可知，零件标准化最重要的工作是汇集零件分类编码，并统计除相同分类编码零件的出现频数，然后找出其中出现频数高的零件作为拟标准化的零件对象，这样将使标准化工作收到最显著的效益。

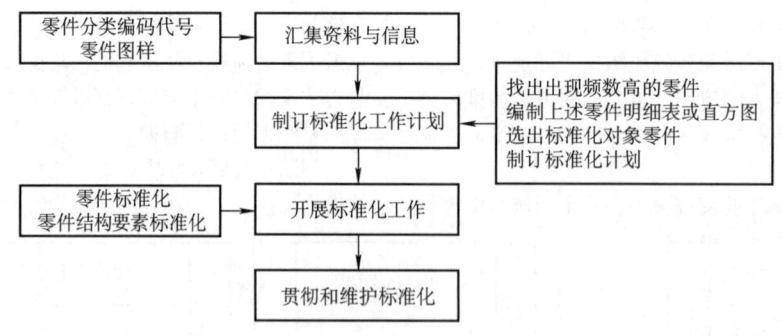

图 1.4-2　零件标准化流程

2) 零件标准化的原理。零件设计信息可从 4 个方面描述：①功能要素，指零件在产品工作中起一定功用的各种形状要素；②基本形状，指零件的主要轮廓形状，包括内部和外部轮廓形状；③功能要素的配置，指功能要素在零件基本形状上的配置位置；④主要尺寸指零件主要功能尺寸。设计人员在设计一个零件时，可以从零件的基本形状、功能要素及其配置、主要尺寸和其他设计参数 4 个方面进行设计，也就是说设计人员具有 4 个设计自由度。设计人员拥有的设计自由度越多，则设计零件的标准化程度越低；反之，所设计零件的标准化程度越高。实现零件设计的标准化，就是要实现上述 4 个要素的标准化。按标准化程度，机器零件可分为以下四种类型，即标准件、重复使用件、相似类型件和特殊件。

标准件是四个要素全被标准化，设计人员无设计自由度而言，仅需按现行标准选用即可。设计时尽量采用标准件，这样不仅可以减少设计工作量，还可以降低产品成本。

如果新产品零件与原有产品零件相同时，就可以直接引用原有图样，此类零件被称为重复使用件。这些零件结构合理并有一定使用频率，而且一般不允许设计人员修改。为便于检索，企业应编制重复使用件图册资料。

相似类型件是具有一定相似性的各类零件，设计人员在主要尺寸及参数上具有设计自由度。这类零件在产品中出现的频数较高。实际上，重复使用件也属于相似类型件的范畴，只是根据统计它的使用频数较低，对它们进行标准化工作得不偿失，而把它们从相似类型件中分离出来作为重复使用件。

特殊件的特点是与其他零件相似性较少，结构复杂，一般为机器的重要基础件，如床身、机架等，在产品中所占比较小，为 5% ~ 10%。对这类零件，应着重于功能要素及参数标准化工作。

3）确定标准化的零件对象。对于零件标准化，关键在于找出高出现频数的相似零件，因此，可按照零件分类编码结果去寻找，然后再按相同的分类编码来汇集并统计出高出现频数的相似零件，这个工作借助于计算机可以非常容易地完成。在此基础上，按统计结果绘制统计直方图，按照一定的筛选标准，确定出标准化零件的候选对象。一般可取出现频数为 5% 的水平取舍线，因此凡是出现频数低于 5% 者，便被舍去而不考虑其标准化；只有出现频数高于 5% 的，才被接受而列为标准化零件的候选对象。依据标准化相似零件的候选对象，编制出高出现频数相似零件明细表，在表中列出零件名称、零件形状代码、零件图号、工时定额和累计图纸张数等信息。零件形状代码可供绘制零件形状的码域矩阵用，从该矩阵可以了解到同名相似零件结构形状要素的分布和特点；零件图号用于汇集零件图样，便于进一步研究这类零件的标准化细节，而零件工时定额和累计图样数，可作为对入选标准化对象的有限顺序的判定准则。对于那些出现频数高、工时定额大（即制造劳动量大）的零件，应优先进行标准化，这样能使企业经济效益显著提高。

4）按计划实施零件标准化。标准化计划明确规定：按优先顺序一次排列标准化对象的零件名称、累计图样张数、经标准化后欲达到的图样减少率，以及实施标准化的工作进度。

零件标准化工作包括零件整体标准化和结构要素标准化。前者针对在功能名称、材料、主要尺寸、精度、结构形状相似度很大的零件，通过分析以实现零件整体的标准化，而后者主要是对不能实现完全标准化的零件只进行零件结构要素的标准化。毕竟能够实现完全标准化的零件品种数量未必很多，因此在零件标准化工作中，大量的工作还是零件结构要素的标准化。

对零件整体标准化，首先根据零件分类编码，对每个码位上的数字代码所代表的特征信息进行统计，由此做出零件设计四要素的频谱，以了解这些标准化要素的分布情况。根据统计分析结果，将其中功能名称、材料、主要尺寸、精度、结构形状等代码都相同的零件确定为实施整体标准化对象，并分别对上述信息进行标准化。

对零件结构要素的标准化，就是制订一些标准化的结构形式以供设计检索和使用。对于那些既不能实现完全标准化，又不能实现结构要素标准化的零件，可对其中的个别功能要素进行标准化，如辅助孔的孔型标准化（图 1.4-3）等，因为功能要素的标准化，对工艺上实现工序或工步的标准化和工艺装备的标准化都有着十分重要的意义。

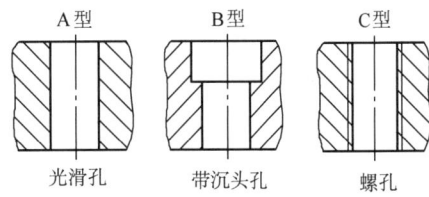

图 1.4-3 辅助孔的孔型标准化

综上所述，成组技术在促进和提高企业产品设计标准化水平方面起着十分重要的作用。设计参数，如公差、圆角半径、倒角尺寸、孔尺寸、螺纹尺寸等的简化和标准化都简化了设计过程，减少了零件种类；设计标准化也减轻了生产准备工作，如减少钻头的种类与尺寸、车刀刀尖半径尺寸变化等；设计标准化还减少了企业的数据和信息量。新零件越少，设计属性、刀具、紧固件的数量也越少，设计文档、工艺规程及其他数据记录也将相应减少。有了零件设计及其相似性数据，并利用对相似零件设计数据的检索功能，就可以将所提出的设计与原有的设计加以比较分析，使设计数据和过程合理化。如果原有的设计可完全重复利用，照搬即可；若已有相似的设计，则修改后再用；如果没有相应的零件族，就着手设计新零件。在这种设计模式及其实现系统支持下，企业设计效率和质量会得到很大的提高。

2. 成组技术在 CAD 中的应用

应用 CAD 技术进行产品设计时，系统将产生大量信息，科学地分析和处理这些信息对于提高 CAD 系统性能具有重要意义。若将成组技术应用于 CAD 中，可以将有关设计信息按其相似性进行分类，则可大大压缩信息的存储量和简化程序的设计；应用编码，则有助于信息的迅速检索和处理。此外，以成组技术为指导建立的 CAD 系统可避免传统的"从头开始"的设计思想方法，充分利用已有的设计成果，减少了设计错误，使设计更趋合理化；同时，CAD 系统采用了成组技术，可提高零件的通用化、标准化、系列化和模块化的水平，缩短设计周期，减少工艺准备和降低制造费用。

当应用 CAD 系统进行产品设计时，为了充分利用已有设计成果，首先要对设计信息进行分析并以一定方式存储在计算机中，再借助编码系统实现设计信息的检索。由此可知，建立适合于企业的编码系统对于设计信息的有效存储、检索和利用至关重要。

应用基于成组技术的 CAD 系统时，关键是根据零件的编码确定该零件的类型，即重用件、相似件和新设计零件。若属于重复件，则不必进行零件构思设计，可直接输出零件工作图；若属于相似件，则可以借助于相似件设计数据库进行修改式设计；若属于新设计零件，则按照系统提供的标准化设计程序进行交互式设计，保证新设计的零件能满足结构、功能要素等方面的标准化要求。

建立这种交互式的 CAD 系统，一般是在已有的商品化 CAD 系统基础上进行二次开发，其中数据库、程序库和交互式界面的设计和开发是一项很重要的工作，需要花费很大的精力。前面所介绍的有关零件设计标准化的方法为建立数据库中设计指导文件提供了理论基础。

1.4.2 成组技术在制造过程设计中的应用

1. 成组工艺设计

成组技术最早应用于工艺设计，这是由于人们在生产实践中发现了零件加工工艺之间的相似性，并提出了成组工艺的概念。成组工艺不强调零件整个工艺过程的标准化，而是着眼于缩小工艺标准化的范围，从构成零件工艺过程中的一道道工序出现，使工序实现标准化。因此，只要一群零件的某道工序能在同一

型号设备上、采用相同的工艺装备和调整方法进行加工，则这群零件在这道工序上便可归并成组。成组工艺有以下两种设计方法。

(1) 复合零件法

复合零件法的思路是先按各零件族设计出能代表该族零件特征的复合零件，制订复合零件的工艺过程，即为该零件族的成组工艺过程，再由成组工艺过程经过删减等处理产生该族各个零件的具体工艺过程。

1) 复合零件的产生。在一个零件族中，选择其中一个能包含这组零件全部加工表面要素的零件作为该族的代表零件，或者称之为样件，即为复合零件。如图 1.4-4 所示，该零件族由 17 个零件组成，可选择其中的第 9 个零件为复合零件。该零件虽然在结构上与其他零件有差异，如零件 9 和零件 15，两者在螺钉孔上正好反向，但从加工表面要素来看，零件 9 能包含组中所有零件。

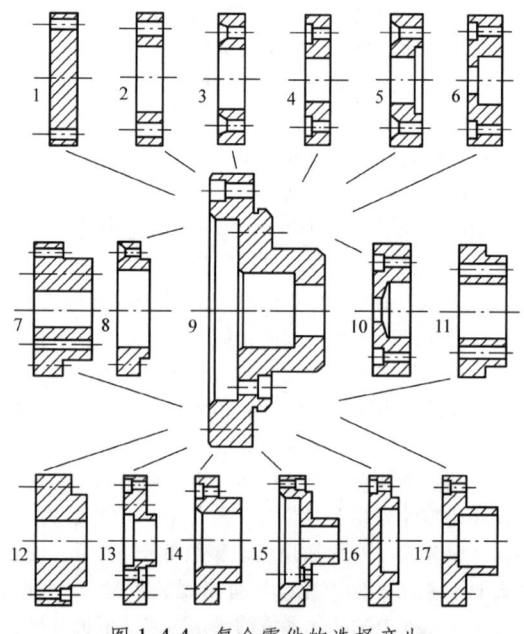

图 1.4-4　复合零件的选择产生

如果在零件族中不能选择出复合零件，则可以设计一个假想零件或称虚拟零件，作为复合零件。其具体方法是先分析零件族内各个零件的型面特征，将它们组合在一个零件上，使这个零件包含了全组的型面特征，即可形成复合零件。图 1.4-5 所示为复合零件的设计产生过程。该零件族由 4 个零件组成，通过分解共有 6 个型面特征，将它们集中在一起就形成了图示的复合零件。

2) 成组工艺的制订。对复合零件，制订其工艺过程即为该零件族的成组工艺。如图 1.4-6 所示，成

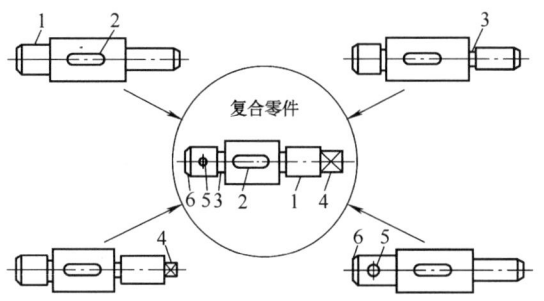

图 1.4-5　复合零件的设计产生过程

组工艺过程为 C1—C2—XJ—X—Z，表示在车床 1、车床 2、键槽铣床、立式铣床和钻床上加工。对成组工艺过程进行删减，可分别得到各个零件的工艺过程，如图 1.4-6 中每个零件下所列。

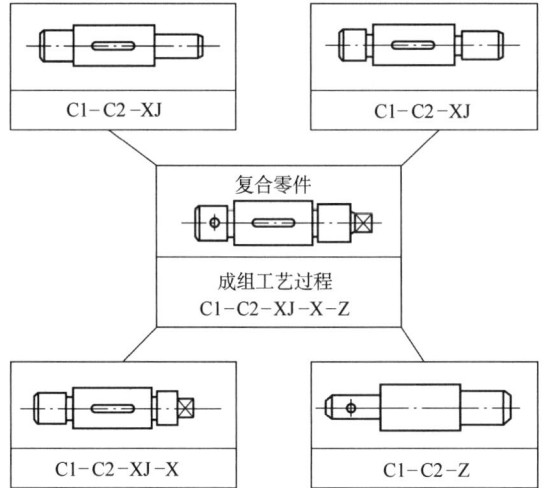

图 1.4-6　按复合零件法设计组工艺示例

C1—车一端外圆、端面、倒角

C2—调头，车另一端外圆、端面、倒角

XJ—铣键槽　X—铣方头各平面　Z—钻径向辅助孔

（2）复合工艺路线法

复合工艺路线法的思路是直接从零件族（组）中各个零件的工艺路线产生一个能包含全组零件的工艺路线，即为成组工艺路线。其产生的方法有两种。

1）复合工艺路线的选择产生。从一个零件中选择一个零件的工艺路线，它能够包含所有零件的工艺路线，就以它作为该零件组的成组工艺。如图 1.4-7 所示，该零件组由 4 个非回转体零件组成，其中零件 3 的工艺路线最复杂、工序最多，可以将它作为全组的工艺路线，即 X1—C—Z—X3。

2）复合工艺路线的设计产生。零件分类成组后，先制订出一个零件族（组）中各个零件的工艺路线，将它们复合起来，形成一个假想的工艺路线，

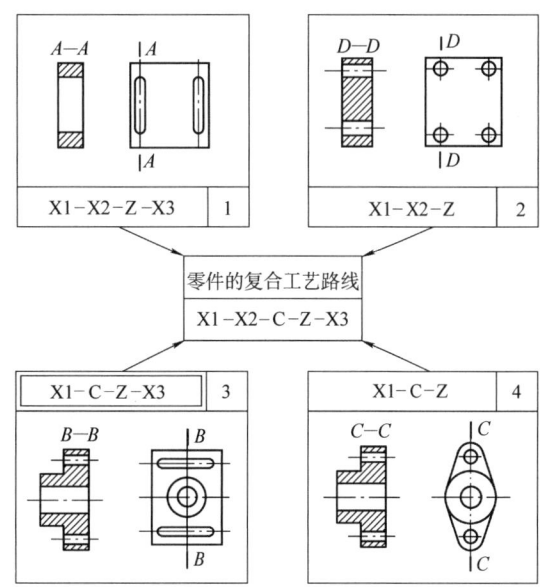

图 1.4-7　按复合工艺路线法选择成组工艺示例

X1—铣一个平面　X2—铣另一平面

C—车端面、钻孔、镗孔

Z—钻铣槽用孔或辅助孔　X3—铣槽

它最复杂、全面，包含了该组所有零件的工艺路线，即为成组工艺路线。如图 1.4-7 所示，复合工艺路线为 X1—X2—C—Z—X3。

当可以从组中选择出某个零件的工艺路线作为全组的成组工艺路线时，就不必设计复合工艺路线。比较图 1.4-7 中零件 3 的工艺路线和按 4 个零件设计的复合工艺路线，两者是一致的，因为对于零件 1、零件 2，工序 X1 和 X2 可以合为一个工序。

成组工艺过程设计在成组技术中占有十分重要的地位，它与计算机辅助工艺设计中的派生法关系密切、思路相近、方法相同，派生法实际上是利用了成组技术的原理和思想。因此，在计算机辅助工艺设计、计算机辅助加工中，成组技术和相似性工程是一个重要的技术理论基础。

2. 成组夹具设计

（1）成组夹具的基本概念

成组夹具是适用于一个具有工艺相似性的零件组的共同工序，经过调整（如更换、增加一些元件）可用于一组零件的定位夹紧。成组夹具有两个特点，一是专用，专门用于一组零件共同工序的加工；二是可调，当从一个零件转到另一个零件加工时，用调整（或更换）个别元件的方法来适应组内不同零件的加工。

成组夹具由两部分组成，即基础部分和调整部分。前者是成组夹具的通用部分，一般包括夹具体、

夹紧机构及传动机构等，这部分结构主要是根据零件组中各零件轮廓尺寸、夹紧方式和切削力等因素来确定；调整部分允许采用一定的调整方式以适应零件组内各个零件的安装，这部分一般包括一些定位、夹紧和导向等元件的可换件和可调件。

成组夹具一般采用四种方式进行调整：

1）更换式。采用更换调整部分的元件或合件的方法，实现组内不同工件的安装。其优点是精度高、可靠性好；缺点是随着零件组内零件品种的增加，可换件的数量也增加，费用因此而增加，同时给保管工作带来不便。这种方法多用于精度较高的定位和导向元件。

2）调节式。借助改变夹具可调元件位置的方法，以实现组内不同工件的安装。其主要优点是仅用有限数目的可调元件，就可以适应组内各种工件的安装，并使夹具保管工作方便；缺点是活动的可调元件及其相应的调节机构可能会降低夹具的精度和刚度。因此，它用于加工精度不高或工件的次要定位等场合。

3）综合式。兼用更换式和调节式，即同一套成组夹具既采用可换元件又采用可调元件，取两者之长，故可获得较好的效果。

4）组合式。将一组零件的有关安装元件（有时也包括导向元件）同时组合在一个夹具体上，以适应同组内各零件先后加工的安装需要。这样，一种工件安装仅需使用其相应的一套安装元件，并占据其各自的确定的安装位置。由于免除了有关元件的更换与调节，节约了夹具的调整时间。这种形式的成组夹具主要用于同组零件种类少、批量较大的场合。

（2）成组夹具的设计要求和设计步骤

根据成组夹具的特点，设计时应注意以下几个问题：

1）零件组内任一零件的定位、夹紧均能迅速、可靠地完成，以获得满意的加工质量。因此，应全面分析全组零件的加工技术要求和加工受力情况，并以零件组中零件的最高加工技术要求和最不利的加工条件为设计依据。

2）夹具调整和元件更换应方便、迅速、准确，必要时应配备专用的校准元件和防误措施。

3）具有良好的工艺继承性，以适应产品不管更新换代、新零件品种增多的要求，这样可以延长成组夹具的使用期，加速新产品的投产。

4）基础部分应优先选用先进且典型的专用、通用及组合夹具中的零部件，即使所设计的夹具尽量按标准化设计。

5）满足一般夹具的设计要求，如结构紧凑、刚

度好等等。

成组夹具和专用夹具的设计过程大体相同，其主要差别在于成组夹具使用对象不是一个零件而是一组零件，因此设计时综合分析的工作量较大，即需要针对一组零件的图样、成组工艺及加工条件等做全面的综合分析，以确定最佳的工件安装方案和夹具的调整形式。成组夹具的设计流程如图1.4-8所示。

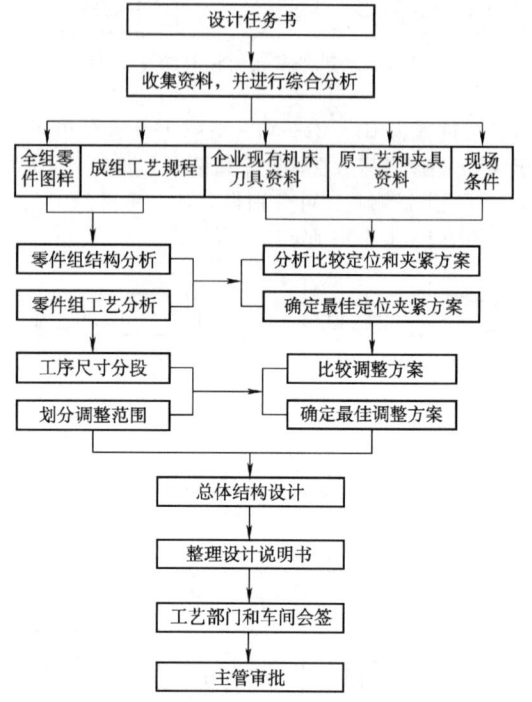

图1.4-8 成组夹具的设计流程

3. 成组技术在数控程序编制中的应用

成组技术与数控技术都以提高多品种、小批量生产水平为主要目标。前者采取对加工对象的合理组织方式，而后者则是通过实现工序的柔性自动化。如果将两种技术相结合，可以充分发挥其长处，使它们产生最大的效益。

成组技术在数控加工中最大的应用就是参数化数控程序编制。通常的数控加工编程工作都是对每个零件单独进行的，需要花费很多的人力、时间和费用。即使采用计算机辅助编程，也需要人来进行零件的工艺分析、书写源程序，然后再加上计算，直至制成数控程序。不仅工作量大，编程周期长，而且其中经常有许多重复的工作。如果实施成组技术，按零件族组织生产，则由于零件族中的各零件具有相似的工艺特征，故其数控加工程序也必然相似。此时，可为每个零件族研制一个统一的数控加工程序系统，其中包括该零件族同一数控加工工序的全部共同的或相似的程

序单元,并以计算机程序的形式存入计算机,作为各零件族数控加工编程的基础,这就是所谓的"零件族编程"。当为某一零件编制数据加工程序时,只要调用对应零件族的主程序,并输入该零件少量的不同信息,便可在零件族主程序的基础上编制出该零件的数控加工程序。

将成组技术应用于数控程序编制,利用参数化编程技术,同一零件族内的不同零件只需编写一个通用加工程序,使编程劳动强度降低,出错概率减小,同时数控程序文件的数量及文件管理与存储占用空间也大大减少。实践表明,采用参数化加工编程方式比传统加工程序编写方式的编程效率可提高 50% 以上。

1.4.3　成组技术在生产组织与管理中的应用

成组技术虽然首先是作为一项改善生产技术准备工作的新技术和方法提出来的,但要在生产中付诸实施,并取得最大的技术经济效果,还必须通过一定的生产组织形式和管理模式来实现。因此,生产组织和管理问题对于有效推行成组技术具有十分重要的意义。

1. 成组生产单元的设计

传统的机床布局常采用两种形式:①机床设备按零件工艺路线排列,组成流水线;②机群式布置,将功能类同的机床排列在一起,组成如车床组、铣床组等。前者仅限于大批量生产中,后者适于多品种单件小批生产。对于那些具有相似性,多品种、中小批量的零件生产,可应用成组技术按零件族进行成组加工,以形成较大的成组生产量。成组生产系统最适宜的基本生产组织形式是成组生产单元,又称成组机床单元。

(1) 成组生产单元的类型和布局形式

根据生产单元内机床的数量,以及机床之间物料流动的自动化程度,成组生产单元可以分为四类。

1) 单机成组生产单元。这种生产单元只包含一台加工机床,以及相应的刀具和夹具,故又称为成组单机,如图 1.4-9 所示。这种类型的生产单元主要用于单一工序或少工序的零件成组加工,即适应于形状较简单、相似程度较大、能在一台机床,如铣床、车床上完成加工的零件。单机成组生产单元与传统的机群式布置虽类同,但在生产方式上还是有着本质的区别。在单机成组生产单元上执行的是成组工序,要求针对加工族设计成组工序、成组工装和成组工艺调整方案,而且生产任务是按加工族中的若干种成组安排的。

2) 多机成组生产单元。一般所说的成组生产单

图 1.4-9　单机成组生产单元

元都属于这种类型,它用于多工序零件的成组加工,适应于一个或几个零件族的加工,机床之间的物料传输完全由人来完成。这种生产单元常设计成 U 形布局,如图 1.4-10 所示。这种布局方式很适合物料流动方式经常发生变化的情况,也允许具有多种技能的工人同时操作几台机床。由于加工族各零件的加工工序顺序和数量不尽相同,而且机床之间物料流动完全是靠人工实现的,因此允许某些零件在生产单元内做非单向流动或"跳跃"某些工序机床。

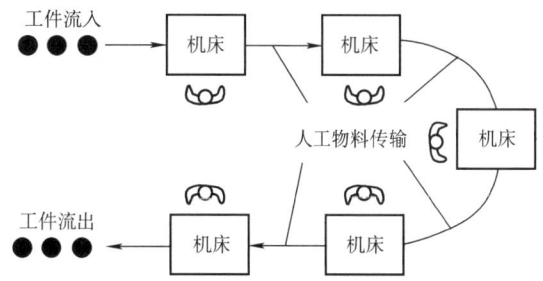

图 1.4-10　采用手工物料传输方式的多机
成组生产单元的 U 形布局

这种类型的生产单元有时也可采用原有传统的机床布局形式,只是需要把适于某零件族加工的所有加工机床放在一起,而且这种机床组合只限于加工特定的零件族。这样无须按照成组技术的方式进行生产单元内机床的重新布局,就可以获得成组技术带来的效益。

3) 流水成组生产单元。这种生产单元采用机械化的传输系统,如传输带等,以完成生产单元内机床之间的物料传输。常用的布局形式如图 1.4-11 所示。

4) 自动化成组生产单元。这种生产单元采用自动小车进行物料传输,形成集成的物料传输控制系统,它是成组生产单元中自动化程度最高的一种,实现了成组生产单元的自动化,也可称为柔性自动生产线。柔性制造系统或单元实质上就是自动化的成组生产单元,它能加工多种工艺相似的零件,具有较大的柔性,而且设备利用率也很高。

成组生产单元究竟采用哪种类型的成组生产组织形式,必须根据生产纲领、零件相似性、设备负荷和企业发展规划进行综合分析考虑。根据需要,在生产中可同时选用几种类型的成组生产单元,也可保留传统的机群式布置,以便加工不能归类成组的其余零

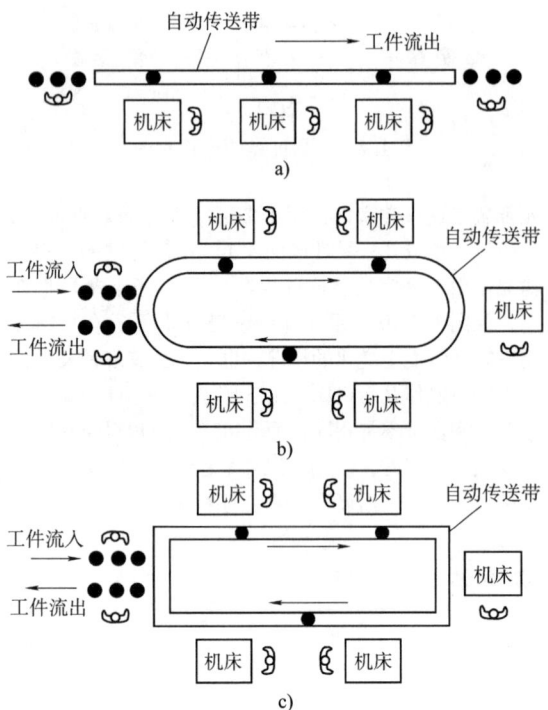

图 1.4-11　流水成组生产单元的机床布局形式
a）直线布局　b）循环布局　c）矩形布局

件，或者应付特殊加工任务。

（2）生产单元内零件移动类型

生产单元内机床的排列顺序取决于零件加工工艺路径。一般来说，在一个生产单元内零件移动主要有四种类型，即循环移动、顺序移动、逆序移动和旁路移动，如图 1.4-12 所示。图 1.4-12 中从左至右定义为零件前进（顺序）流动方向。

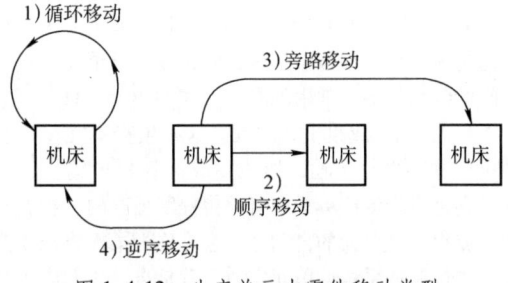

图 1.4-12　生产单元内零件移动类型

1）循环移动。在同一台机床上完成一个连续的工序操作，零件无须在机床之间移动。

2）顺序移动。零件按照前进方向从当前机床流动到相邻的机床。

3）旁路移动。零件按照前进方向从当前机床流动到相邻机床前方的机床。

4）逆序移动。零件按照后退方向从当前机床流动到另一台机床。

当实际应用只需要零件顺序移动时，生产单元内的机床可采用直线布局或 U 形布局形式，其中 U 形布局更便于生产单元内操作人员之间的交流；当实际应用只包括循环移动时，常采用具有多工位的组合机床；对于那些具有旁路移动的生产单元，最合适的机床布局是 U 形布局；如果生产单元内有逆序移动，采用矩阵布局或环形布局可以适应生产单元内零件之间的循环移动。

确定机床的布局形式，除了考虑生产单元内零件的移动类型外，还需要考虑以下两个因素：

1）生产单元的工作量。包括零件的年生产量，以及在每一个工位的加工或装配时间。这些因素确定了生产单元必须完成的工作负载，由此可以确定机床的数量、工序成本和生产单元的投资。

2）零件尺寸、形式、重量及其他物理特性。这些因素确定了物料运输的大小和类型，以及所需的处理设备。

（3）机床布局的量化分析方法

利用排序聚类或其他分析方法确定零件-机床组合后，下一步的工作就是合理安排机床顺序。下面介绍两种简单而有效的方法，它们都是由美国学者 Hollier 提出的，故称为 Hollier 法。这两种方法都以显示物料移动的 From-To 表（表 1.4-1）中的数据为依据来排列机床顺序，以保证生产单元内零件顺序移动的比例最大。

表 1.4-1 中第一列表示物料移动的起始机床，第一行表示物料移动的目的机床，机床分别用数字"1、2、3、4"表示。From-To 表很清楚地表示了生产单元内机床之间的物料流动量。

表 1.4-1　From-To 表

	To	1	2	3	4
From	1	0	5	0	25
	2	30	0	0	15
	3	10	40	0	0
	4	10	0	0	0

1）Hollier 法 1。这种方法主要利用 From-To 表中每台机床的"From"之和与"To"之和来确定机床顺序。实际上，每台机床的"From"之和表示了从该机床流向生产单元内其他机床的零件数量之和，而"To"之和表示了从生产单元内其他机床分别流向该机床的零件数量之和。利用 Hollier 法 1 确定生产单

元内机床顺序的主要步骤如下：

① 根据零件加工工艺数据确定 From-To 表。表中数据表示了生产单元内机床之间零件移动的数量。该表并不表示进入和流出生产单元的零件数量。

② 计算每台机床的"From"之和与"To"之和，即分别确定每台机床流出零件与流入零件数量之和，具体计算时就是分别计算表中每行和每列元素数据之和。

③ 根据"From"之和与"To"之和数据的最小值来排列机床。首先选择具有最小"From"之和或"To"之和的机床。如果最小值是一个"To"之和，那么这台机床应安排在生产单元最开始的位置；如果最小值是一个"From"之和，那么这台机床应安排在生产单元最末尾的位置；如果出现两个相等的最小值，应根据以下具体情况具体分析。

a. 如果两个相等的最小值分别是两台机床的"From"之和，或者是"To"之和，那么就应该进一步计算这两台机床的"From"之和与"To"之和的比值，比值小的机床放在生产单元的最末尾位置。

b. 如果两个相等的最小值分别是某台机床的"From"之和与"To"之和，可先不考虑该机床在生产单元中的位置，而考虑比上述最小值稍大一点的"From"之和与"To"之和。

c. 如果两个相等的最小值分别是两台不同机床的"From"之和与"To"之和，那么"To"之和最小的机床放在生产单元最开始的位置，而"From"之和最小的机床放在最末尾的位置。

④ 重排 From-To 表。剔除在生产单元已有确定位置的机床所在的行与列，形成一个新的"From-To"表，再分别计算生产单元内剩下机床的"From"之和与"To"之和。

重复上述步骤③和④，直到生产单元内所有机床顺序排列完成为止。

下面通过一个示例来介绍 Hollier 法 1 的计算与分析过程。

例 1.4-1： 假设某个生产单元包含四台机床，分别用"1""2""3""4"表示。该生产单元完成 50 个零件的加工，其 From-To 表见表 1.4-1。所有加工的 50 个零件都是通过机床 3 进入生产单元的，其中有 20 个零件在机床 1 上加工以后就流出生产单元，30 个零件在机床 4 上加工以后流出生产单元。试利用 Hollier 法 1 确定该生产单元内机床的排列顺序。

求解过程：分别计算表 1.4-1 中每台机床的"From"之和与"To"之和，见表 1.4-2。

表 1.4-2　第一次迭代时的"From"之和与"To"之和

To		1	2	3	4	"From"之和
From	1	0	5	0	25	30
	2	30	0	0	15	45
	3	10	40	0	0	50
	4	10	0	0	0	10
"To"之和		50	45	0	40	135

由此可知，最小值是机床 3 的"To"之和，因此将机床 3 放在生产单元的首位。将机床 3 所在的行与列划掉，得到新的 From-To 表，见表 1.4-3。在这张表中，最小值是机床 2 的"To"之和，因此将机床 2 顺序放在机床 3 之后。

表 1.4-3　第二次迭代（去掉机床 3）时的"From"之和与"To"之和

To		1	2	4	"From"之和
From	1	0	5	25	30
	2	30	0	15	45
	4	10	0	0	10
"To"之和		40	5	40	

划掉表 1.4-3 中机床 2 所在的行与列，得到新的 From-To 表，见表 1.4-4。此时最小值是机床 1 的"To"之和，故将机床 1 顺序放在机床 2 之后，这样机床 4 放在生产单元的最末尾位置。因此，该生产单元的机床排列顺序为"3→2→1→4"。

表 1.4-4　第三次迭代（去掉机床 2）时的"From"之和与"To"之和

To		1	4	"From"之和
From	1	0	25	25
	4	10	0	10
"To"之和		10	25	

2）Hollier 法 2。这种方法利用每台机床的"From"之和/"To"之和值来确定机床顺序。"From"之和表示从该机床流出零件的总数，"To"之和表示流入该机床的零件的总数。Hollier 法 2 主要有三个步骤：

① 根据零件加工工艺数据确定 From-To 表。这个步骤与 Hollier 法 1 是一致的。

② 确定每台机床的"From"之和/"To"之和

值。实际上，只要计算每台机床所在行的元素之和就得到"From"之和，计算每台机床所在列之和就得到"To"之和，两者之商即为"From"之和/"To"之和值。

③根据"From"之和/"To"之和值的大小按降序排列相应机床的顺序。在生产单元内，从"From"之和/"To"之和值大的机床上流出的零件数比较多，而流入的零件数较少；相反，从"From"之和/"To"之和值小的机床流出的零件数较少，而流入的零件数较多。因此，按照"From"之和/"To"之和值降序排序机床，即将"From"之和/"To"之和值大的机床放在最前面，而比值小的机床放在最后面。当出现"From"之和/"To"之和值相等时，"From"之和取值大的机床放在"From"之和取值小的机床前面。下面通过一个示例来介绍如何应用 Hollier 法 2 来确定生产单元内机床的顺序。

例 1.4-2：该示例中的原始数据仍为例 1.4-1 数据，见表 1.4-1。试用 Hollier 法 2 确定机床顺序。

求解过程：表 1.4-5 是在表 1.4-2 基础上增加了每台机床的"From"之和/"To"之和值得到的。将每台机床的"From"之和/"To"之和的值按降序排列，即得到机床的顺序为："3→2→1→4"，与用 Hollier 法 1 的解算结果一致。

表 1.4-5　实例 1.4-1 中"From"之和、"To"之和及"From"之和/"To"之和

To		1	2	3	4	"From"之和	"From"之和/"To"之和
From	1	0	5	0	25	30	0.60
	2	30	0	0	15	45	1.0
	3	10	40	0	0	50	∞
	4	10	0	0	0	10	0.25
"To"之和		50	45	0	40	135	

为了定量而可视化地表示生产单元内机床之间零件移动情况，可采用数据流图，如图 1.4-13 所示。数据流图中的始发点和目标点分别用节点表示，用箭头表示数据的流向。

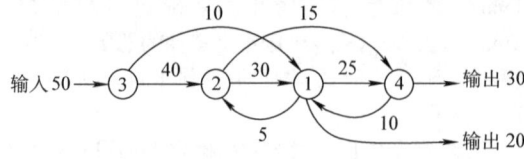

图 1.4-13　例 1.4-1 和例 1.4-2 中生产单元的数据流图

由图 1.4-13 可以看出，该生产单元内零件流动主要是顺序流动，也有一些逆序移动。设计生产单元的物料传输方式时必须考虑这些问题。对于顺序移动，可采用机械化的自动传输装置；对于逆序移，动则通过人工方式来传输物料。

对于表 1.4-1 所列的生产单元原始数据，利用 Hollier 法 1 和 Hollier 法 2 的解算结果是一致的。在实际生产中，大多数情况下，这两种算法的解算结果是一致的，但在极少数情况下，利用这两种方法得出的结果不一致。到底哪种方法的解算结果更为合理，要视具体情况而定。在有些情况下，Hollier 法 1 的解算结果优于 Hollier 法 2，而在另外一些情况下，Hollier 法 2 的解算结果却优于 Hollier 法 1。为此，Hollier 针对不同问题，就其提出的方法进行了比较。

当 Hollier 法 1 和 Hollier 法 2 的解算结果不一致时，如何分析和比较两种结果的合理性？可利用以下两个性能指标进行评价。

1）顺序移动百分比：定义为生产单元内顺序移动次数之和与所有移动次数之和的比值。

2）逆序移动百分比：定义为生产单元内逆序移动次数之和与所有移动次数之和的比值。

一般而言，顺序移动百分比大的机床布局更好。

下面通过一个示例来介绍顺序移动百分比和逆序移动百分比的计算方法，以及成组生产单元内机床顺序排列的性能评价。在图 1.4-13 中，顺序移动次数 = 40+30+25 = 95，逆序移动次数 = 5+10 = 15，总移动次数 = 135。因此，顺序移动百分比 = 95/135 = 0.704 = 70.4%，逆序移动百分比 = 15/135 = 0.111 = 11.1%。这种机床布局具有更好的性能。

（4）成组生产单元的特征

成组生产单元具有以下特征。

1）有与加工族相对应的一组设备。

2）设备组集中布置在车间最适宜的区域内。

3）有一组精练强干的生产人员。在非自动化成组生产单元内，操作人员数量可少于机床设备台数，以便操作人员能根据需要在不同机床上操作，这将增加操作人员活动的自由度，从而能激发操作人员的主观能动性。

4）以加工族为生产对象的产品专业化或工艺专业化的一个生产单位。

5）生产管理上有一定的独立性。

因此，成组生产单元不仅仅是一种设备布置的形式，它还涉及生产对象、生产人员及生产计划和管理等方方面面的内容，构成了一个最完整的、最基层的生产组织。在多品种、中小批量生产中采用成组生产单元具有以下优点：

1）简化生产管理。成组生产单元集中一组设备加工一个加工族或若干个相近的加工族，一般能完成零件的全加工过程，因此可大大简化生产管理，便于在成本核算、作业计划和质量控制等方面应用科学的生产管理技术。

2）合理的物料流程。零件在全生产过程中有最短的运行路线。在成组生产单元内集中生产的零件工序间不一定要按"批"转移，可实现工序间的逐件转移。由于合理的物料流程，不仅缩短了零件输送时间，还减少了在制品数量，加速了资金的周转。

3）生产周期大大缩短。成组生产单元具有合理的物料流程、最少的在制品数量，并采用与成组生产相适应的先进加工工艺和生产管理技术，因而会使生产周期大大缩短。

4）便于实行生产经济责任制。成组生产单元内的所有成员具有共同的生产任务和经济利益，这有利于提高操作人员的工作责任感和生产的积极性，并能保证产品质量。

2. 成组技术在生产管理中的应用

在成组技术条件下，常采用的生产管理方法是短间隔期、小批量的控制方式。国外在成组技术基础上建立起来的"准时生产（just in time）"，正是为实现批量等于1而仍然可以采用高度柔性自动化的生产系统的一种尝试。

短间隔期，意味着生产周期短，生产率高，资金周转快；小批量，则相当于在制品库存量小，对应的资金积压小。缩短生产周期、减少资金积压、加快资金周转，正是企业提高生产经营效果的关键。

短间隔期、小批量控制方式的特点是同一零件组中的每个零件都要采用同一的投产间隔期和同一的投产提前期，如图 1.4-14 所示。零件 A 的重新投产点 O_A 与零件 B 的重新订货点 O_B 在时间上是重叠的，或者说是同步的。另外，这种控制方式下的各种自制零部件的批量，则是按照保证计算期所生产的产品对零部件的配套要求来确定的。

根据上述短间隔期、小批量控制方式的特点，对比库存控制方式，可以看出它具有以下明显的优点：

1）企业的生产环节和销售流通环节彼此紧密联系。本计划期所生产的也正是本计划期所要销售的。

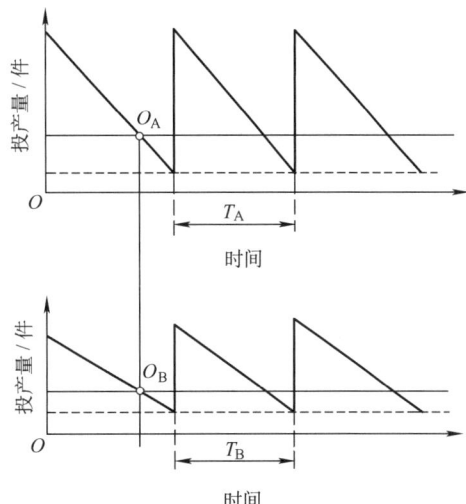

图 1.4-14 短间隔期、小批量控制方式的特点
注：属于同一零件组的两个零件 A 与 B 按短间隔期、小批量控制方式时，两者具有相同的生产间隔期和订货点，但两者的投产批量不同。

2）由于生产间隔短、投产批量小，能使在制品—库存量减至最小，从而使在制品—库存资金的积压大幅度减少。

3）每个计划期所投产的自制零部件都是根据产品配套的要求确定的，而不再是随机地按库存变动情况来确定的，因此生产任务的波动不是很大。

4）每个计划期的生产任务比较稳定，所以每个计划期内各工种的负荷或所需要的生产能力也保持相对稳定。

5）自制零部件的投产批量严格按照产品的配套要求确定，因此零部件的库存量基本上也是配套的。这样一来，一旦产品停产而使库存积压，则积压的零部件仍然可以装配成最后一批产品出售。即使个别零部件不配套，则其数量也极少，造成的积压损失也很少。

6）各自制零部件的投产间隔期和提前期是相同的，所以能保证同一零件组的零件一同投产。

综上所述，企业要实施成组技术，除了生产组织上必须使机床采用按零件族工艺要求布置的"生产单元"形式，在生产计划管理上也必须贯彻"短间隔期、小批量"的计划管理方法。

1.5 成组技术在企业中的实施方法与实例

1.5.1 实施成组技术的条件

为了使成组技术顺利实施，初次实施成组技术的企业应具备以下条件：

1）属多品种、中小批量的生产类型。此类企业实施成组技术的效果明显，也容易见效。原因不仅仅是成组技术比较适合此类企业，而且此类企业由于受到产品竞争，企业生存的压力较大，对推行成组技术有较高的积极性。大批量生产企业不是不能实施成组技术，而是效益和迫切性差些。

2) 具备完善的资料。这些资料包括在制产品的图样、工艺文件、设备清单、工艺装备资料，以及近几年生产、销售方面的完整和准确的资料，这是零件分类成组、制订成组工艺、设计成组夹具、合理安排机床（包括平衡机床负荷）、建立成组生产单元等工作不可缺少的基础数据。

以上两点是企业实施成组技术的必要条件，但根据成组技术的特点，并结合国内外实施成组技术的经验和教训，还必须考虑以下条件：

1) 订货多、任务量大。对订货少、任务量不足的企业可暂缓实施成组技术。这主要是由于这样的企业有可能转产，产品方向有待明确。此外，成组技术不能改变这种企业经济效益差的局面，反而会因实施成组技术提高了生产率而使企业的人员和设备进一步"过剩"，因而意义不大。只有订货多、任务量大的企业实施成组技术，才具有实际意义。

2) 近几年内主要产品不会发生根本性变化。为了保证企业产品的相对稳定性，首先要对市场有比较准确的预测，否则花费在成组技术上的人力、物力和财力就有可能付诸东流；然后要规划新产品，以充分发挥成组技术的优势。成组技术的优势之一就是新产品开发周期短、投产快，如果一个企业的新产品方向不明，将使成组技术的优越性不能得到充分发挥。

3) 具有一个组织领导核心。由于成组技术是一项涉及企业设计、工艺、生产管理等多个部门的综合性技术，因此如何将上述各部门组织调动起来至关重要。实践证明，只有企业主要领导直接出面，才能使成组技术顺利实施。

从整体上说，一个企业推行成组技术最好先做一些试点工作，国内外的实践证明，这是一条成功的经验。这不仅仅在于成组技术内容广泛、牵扯部门多，全面铺开难度较大，而且各企业产品性质、技术水平、人员素质等方面不同，推行成组技术没有固定模式可循。只有先试点，才能不断深化对成组技术的理解，使成组技术产生最大的效益，从而增强企业实施成组技术的信心。同时，通过试点可以掌握第一手资料，找到适合本企业实施成组技术的内容、方法、深度和广度。此外，先试点也可为全面铺开积累经验，并做好物质和舆论上的准备，从而为全面实施创造条件。

1.5.2　成组技术在企业中的应用实例

沈阳第一机床厂是沈阳机床股份有限公司的直属企业，是我国规模最大的综合性车床制造厂和国家级数控机床开发制造基地。产品主要包括数控机床、专用机床、普通机床三大类，并以一流的质量和优质的服务闻名海内外。

沈阳第一机床厂根据产品结构的特点，将工厂生产制造系统分成两类：一类是以 CA6140 系列普通车床为代表的单一品种大批量生产形式；另一类是多品种中小批量生产形式。大批量生产线的效率、经济效益数倍于多品种小批量生产线，这是由于它采用了高效率的刚性生产线；"八五"规划前，多品种中小批量生产是典型的离散型生产过程，而且按产品组织封闭生产，没有形成零部件专业化生产，致使其生产率低、经济效益差。市场需求的多样化，暴露出这种产品结构和内部组织结构不适应市场发展的弊端，一方面批量生产的产品积压；另一方面多品种、小批量产品又供不应求，生产能力满足不了市场需求。因此，对产品生产线实施技术改造，增强其适应市场变化的能力是关系企业生存发展的重大课题。

在"八五"期间，为了满足市场需求，改善工厂多品种生产线封闭式、离散型生产模式，沈阳第一机床厂采用成组技术对工厂的生产线实施了技术改造，重新组建了轴杠、箱体、床身大件、齿轮、奇形、轴套、数控刀架和标准件 8 个加工车间，按零部件组织专业化和实行开放式的成组加工模式，扩大零件的相对批量，以提高生产率，增加经济效率。在此基础上开发了计算机辅助零件编码分类系统（S1-CAPC），它由零件编码系统（S1-LJBM）和零件分类系统（S1-LJFL）两部分组成，并进行了成组工艺的实施，开发了计算机辅助工艺设计系统。这些系统的开发对工厂进一步实施成组技术及工厂长远的技术进步具有十分重要的意义。

1. 沈阳第一机床厂零件编码系统（S1-LJBM）

(1) S1-LJBM 系统的开发基础

沈阳第一机床厂共有九大系列 100 多个品种的产品，数万种机床零件，尽管零件千差万别，但在结构、工艺特征方面存在明显的相似性，如 CW6163B 和 S1-286 两种系列结构完全不同的产品，但其零件结构统计分析结果却显示出一定的相似性，各种不同类型零件的出现率具有相对的稳定性。零件间这种客观存在的相似性，正是工厂开发零件编码系统、应用成组技术的技术依据。原有的生产组织结构严重地束缚了企业的发展，为制订 S1-LJBM 系统提出了客观的要求。

沈阳第一机床厂在改造前的产品生产组织形式为封闭式结构形式，大而全小而全，即按产品生产组织封闭车间，车间按功能机群来布置加工设备，划分生产组织。实践证明，这种生产组织结构已不适应多品种、小批量生产的需要，急需进行成组加工和专业化调整改造，这种形式为开发零件编码系统提出了客观的要求。沈阳第一机床厂"八五"期间对品种线的生产结构进行全面调整，应用成组技术思想和专业化加工原则，打破原来的产品封闭车间，重新组建若干成组车间和专业化车间，从而为S1-LJBM系统提供了实施条件。

(2) S1-LJBM系统的开发方法和步骤

沈阳第一机床厂结合工厂产品结构和制造系统特点，通过分析比较已有零件分类编码系统，选择了自行开发的道路。这种自行开发并非从零开始，而是充分借鉴国内外同类技术方面已经取得的积极成果和成熟经验，选择与工厂情况比较相近的编码系统，以其基本框架为基础，结合工厂实际情况进行二次开发。

经过反复分析比较，沈阳第一机床厂选择了《机床行业 计算机辅助企业管理信息代码系统—机床零件编码系统 LJBM系统》作为主要参考系统，因为该系统是在总结国内外机床行业许多编码系统的基础上开发的，其系统容量、适用范围及给用户提供的回旋余地都较大，便于二次开发。

按照选定的LJBM系统，对沈阳第一机床厂CW6163B普通车床、CK6150A数控车床和S1-227A凸轮轴车床的2000余种专用件进行试套，并记录试套中出现的存疑零件、存疑码位和码值，对码值设置进行优化。该项工作的目的是使系统中的码值设置更趋于合理，码值负荷尽可能趋于均衡，主要体现在：对要素加工矩阵以外的形状码、材料毛坯码按照码值出现频数均衡原则进行必要的合并和调整；对尺寸码按零件出现频数符合正态曲线的原则进行尺寸段重新划分；对精度码根据精度要求所对应的加工方法进行码值适当组合；对要素加工矩阵中的码值排列，采取了按加工方法分区的办法，即将全部可能出现的加工要素及其组合依据加工方法相似原则分成若干组，然后将其分配在要素矩阵的相应区中。

经过上述修改后，所开发的S1-LJBM系统完全适用于沈阳第一机床厂大批量产品（40系列）以外的所有产品（含调装）的机械加工专用零件、通用零件和自制标准件。

(3) S1-LJBM系统的信息内容描述

编码系统的信息内容由编码的用途来决定，是确定系统结构的主要依据。零件编码的过程是对零件信息进行完整描述的过程，系统信息必须满足设计、工艺及生产管理方面的要求。根据沈阳第一机床厂零件的实际情况，S1-LJBM系统包含的信息内容包括形状及功能名称信息、尺寸信息、精度信息、材料及热处理信息四种。

1）形状及功能名称信息。形状信息用于描述零件的几何形状和加工要素；功能名称信息是按照功能与形状相结合的原则，用于描述零件在机械系统的功能或零件几何形状分类的信息。零件按形状可分为回转体与非回转体两大类。回转体零件几何形状简单，适于采用几何形状和要素信息进行描述；非回转体零件几何形状复杂，难以用较少的几何形状与要素信息码位加以确切描述，因此采用功能名称与形状要素结合的方法进行描述。

2）尺寸信息。用于描述零件的主体形状与要素尺寸的信息，零件的尺寸信息由主体形状尺寸信息和要素主要尺寸信息两部分组成。回转体零件的主体形状尺寸用外径（D）、长径比（L/D）和内外径比（d/D）3个码位描述；非回转体零件的主体形状尺寸用宽度（B）、长宽比（L/B）和高宽比（H/B）3个码位描述。尺寸段的设置是建立在大量零件尺寸信息统计资料基础之上的，因此零件分布在各尺寸段的频数基本符合正态曲线。

3）精度信息。用于描述零件及要素精度的信息。零件的精度信息可归纳为三组数据：尺寸精度、表面粗糙度及几何公差。在信息描述中，分别把上述三组数据划分为低中级精度、高级精度、超高级精度3个码域。

4）材料及热处理信息。对零件或毛坯的热处理及表面处理、材料种类和毛坯准备形式信息进行描述。

在所有信息描述中，充分考虑了工厂的生产组织形式，工艺路线和加工工艺特点。

(4) 系统横向分类环节的设置

系统横向分类环节的设置要满足系统信息容量的要求。横向分类环节设置是否恰当，直接决定系统开发的成败。如果系统码位设置较少，则不能满足信息容量要求；反之，如果码位设置太多，则不但容易出现同一零件特征的重复描述，即所谓"二一性"，并且容易造成系统庞大，操作复杂，运行速度低的缺点。因此，问题的关键在于用尽可能少的码位满足全面、准确进行零件描述的目的。该系统共设17位码，其中主体形状及功能名称码7位，尺寸码4位，精度码3位，材料与热处理码3位。具体设置说明如下：

1）主体形状及功能名称描述。回转体零件的几何形状是对零件主体形状及结构要素的描述，要素是从属于某种主体形状的，主体形状又是外部、内部形状构成的，相应的要素也必然有内、外要素，这样用4位码就可以准确地对零件进行充分的描述。回转体除正常的回转加工外，还有许多平面加工，其形成的要素种类比较多，故采用二维矩阵（10×10）形式。仅用两个码值就提供了100种要素特征空间，在不增加系统码值的前提下，扩大了系统容量。对辅助孔也进行了专项描述，辅助孔虽不及主体形状重要，但鉴于其也是零件的重要组成部分，同时其加工也有一些特殊要求，用一位码即可进行充分描述。对非回转体零件，由于形状复杂，其主体形状采用功能名称与加工要素相结合的描述方法，与回转体对应地设置4个码位。其中，第一位为功能名称粗分类；第二位与第一位是树式关系，按功能名称和主体形状对第一位进行细分类；第三位为外形平面加工；第四位描述主孔形状及位置。

2）尺寸描述。零件尺寸分为主体形状尺寸和局部要素尺寸，因此需要对应地设置主体形状尺寸和要素尺寸码位。回转体的主体形状尺寸为外径（D）、内径（d）和长度（L），用外径（D）、长径比（L/D）和内外径比（d/D）3个码位描述；非回转体的主体形状尺寸为长度（L）、宽度（B）和高度（H），用长度（L）、长宽比（L/B）和高宽比（H/B）3个码位描述。采用上述尺寸码形式，不但能描述零件各

主体尺寸项的绝对数值，还可以清晰地描述各主要尺寸项的对应关系。

3）辅助尺寸描述。根据零件的基本外形分别设置辅助码。主要描述零件重要结构要素尺寸，如螺纹类型、模数和锥度类型等。

4）精度描述。机械加工零件的主体形状与要素精度概括起来可归结为三组数据的描述，即尺寸精度、表面粗糙度和公差。对上述精度描述，相应地设置了3个码位，其中主体形状精度用于描述零件的尺寸精度和表面粗糙度；主体形状几何公差用于描述零件的几何公差；要素精度及特殊部位用于描述零件主体精度以外的要素精度或特殊部位精度，如齿轮精度、平面要素精度、环槽和锥度等精度与公差。

5）热处理信息描述。热处理码设置一位，用于对零件热处理与表面处理进行描述，不涉及热处理内部工艺内容。

6）材料信息描述。材料码设置两位，分别按材料性质、毛坯形式设置。

（5）系统结构

S1-LJBM 系统结构采用 10×17 固定表格形式，横向设置 17 个特殊项，称之为位，每一位下辖列向 10 个特征项，称之为码，如图 1.5-1 所示。它是集树式、链式和二维矩阵于一体的混合结构形式。

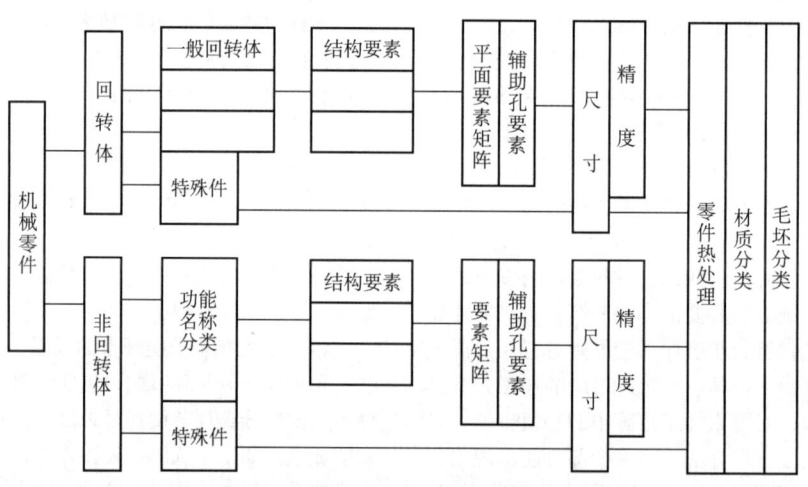

图 1.5-1　S1-LJBM 系统结构

S1-LJBM 系统中的树式结构如图 1.5-2 所示。系统中第一、第二位之间构成树式关系。零件主体形状可分为回转体和非回转体两大类，每一类又可根据其几何形状、功能名称分为若干类，如回转体分为一般回转体（只有沿唯一轴线旋转而获得母线，径向可以有落差的零件）、有偏异回转体、有齿回转体，非回转体按功能名称分为杆条类、板块类、座架类。机械零件是树根，回转体和非回转体是它们的子树，各

子树又有它们各自的分枝。树式结构的特点是信息容量大，可以逐步细化研究对象。

链式结构的特点为操作方便，但信息容量小。回转体零件的结构要素可分为回转要素、平面要素和辅助孔要素，每一类零件即子树分枝，都有与其他子树分枝无关的特殊回转要素，所以这些回转要素和子树分枝没有分枝关系，只有线性结构中的链式关系。图1.5-3 所示的第二位、第三位之间就属于这种结构。

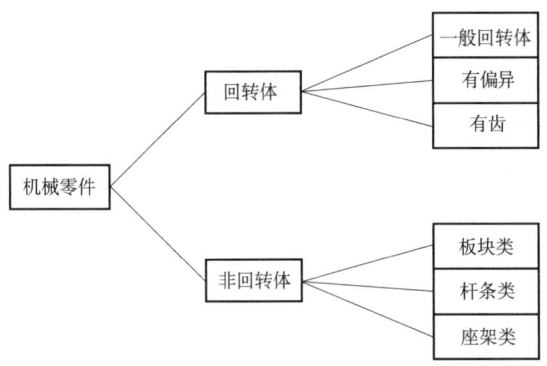

图 1.5-2　S1-LJBM 系统中的树式结构

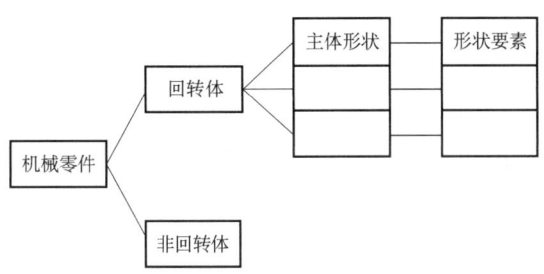

图 1.5-3　S1-LJBM 系统中的链式结构

零件的尺寸信息受子树（两大类）的影响，各类有其独自特点，因此和子树是链式关系。精度信息分两部分，一部分精度和子树为线性关系，而另一部分精度，如齿轮精度则与子树分枝是线性关系。材料与热处理信息，由于对各类零件均具有共性，所以为链式关系。

二维矩阵结构实质是树式关系。为扩大系统信息容量，共设置了 4 个 10×10 阶二维矩阵，它们分别是回转体零件的平面加工要素矩阵、非回转体零件的要素加工矩阵、回转体特殊件功能名称矩阵、非回转体特殊件功能名称矩阵。

系统特征信息容量指编码系统整体所容纳的不同零件特征信息总数量。S1-LJBM 系统的特征信息容量计算如下：

$R_1 = 5 + 3 \times 10 \times 3 + 10 \times 10 + 11 \times 10$

$R_2 = 3 + 3 \times 10 + 2 \times 10 + 10 \times 10 + 8 \times 10$

$R_3 = 2 + 10 \times 10 \times 2$

$R_4 = 3 \times 10$

所以 S1-LJBM 系统总的特征信息容量 $R = R_1 + R_2 + R_3 + R_4$。

系统编码容量指编码系统整体所能容纳的不同零件编码的总数量。S1-LJBM 系统的零件编码容量为 $X = 8 \times 10^{16} + 2 \times 10^{8}$。

（6）系统纵向码位设置说明

编码系统纵向分类环节的设置，不仅是机械加工零件信息的反应，而且还应对企业多方位的信息有所体现。该系统总体上对零件进行了回转体和非回转体两大类的划分，每一类又根据其各自特点，对系统中的主体形状及功能名称码、尺寸码、精度码及材料与热处理码分别设置 0~9 十个特征项，进行有选择的排列，如图 1.5-4 所示。

通过特征项对零件信息的标识，达到对横向分类环节的进一步细化和说明的目的。其具体设置如下。

系统设置纵向分类环节时，采用按码值（0~9）所表征零件信息的出现频数，信息的简单与复杂程度和码值负荷基本均衡的原则，对零件的信息进行由高到低、由简到繁的优化排列和适当组合的排列方式，同时对信息出现频数较低的划归一类，独辟一个码值进行描述，如编码系统中，回转体主体形状码的第一、二、三、四位码，分别是对零件的内部、外部形状及要素信息进行描述。在描述过程中，是以零件形状和要素在编码中出现的频数，随次序号的增加分别按由高到低、由简单到复杂、由常见到特殊及码值负荷基本均衡的规律排列；同时，对一些如加工方法、功能等相近的信息进行了必要的归类，使其各种特征项能够按照各自特殊的选择方式排列，达到优化的目的，防止出现"二一性"，如普通螺纹与锥管螺纹的结合。对零件信息出现频数较低的统一划归为码值 9，如第二、三位码值 9 的其他项。在编码系统中，非回转体的第三、四位码分别是对零件外形加工与主孔位置的描述。在描述过程中，分别以加工方法与主孔的相对位置，随次序号的增加由简单到复杂、由常见到特殊的方式排列。材料码第十六、十七位码是对材料种类和毛坯准备形式信息的描述，其设置与上述选择方式相同。根据功能类别设置的特殊件码位，系统采用二维矩阵的方式进行描述。它们是机床零件中的形状特殊、工艺复杂、精度要求高、功能重要，并且难以用几何形状等具体方法确切描述清楚的零件，如主轴、三杠、床身、三箱等。根据要素加工工艺相似性原则，对加工要素采用二维矩阵方式，并进行分区设置。在码位设置上充分地考虑设计与工艺的对应关系，以及机床功能的合理利用、单元划分。对 10×10=100 二维矩阵分成若干区域，如立铣、卧铣、插削、拉削、钻削及其组合，这样既可满足编码等方面的需要，又能够达到直观明了、便于记忆的目的（见编码系统第五、六位）。

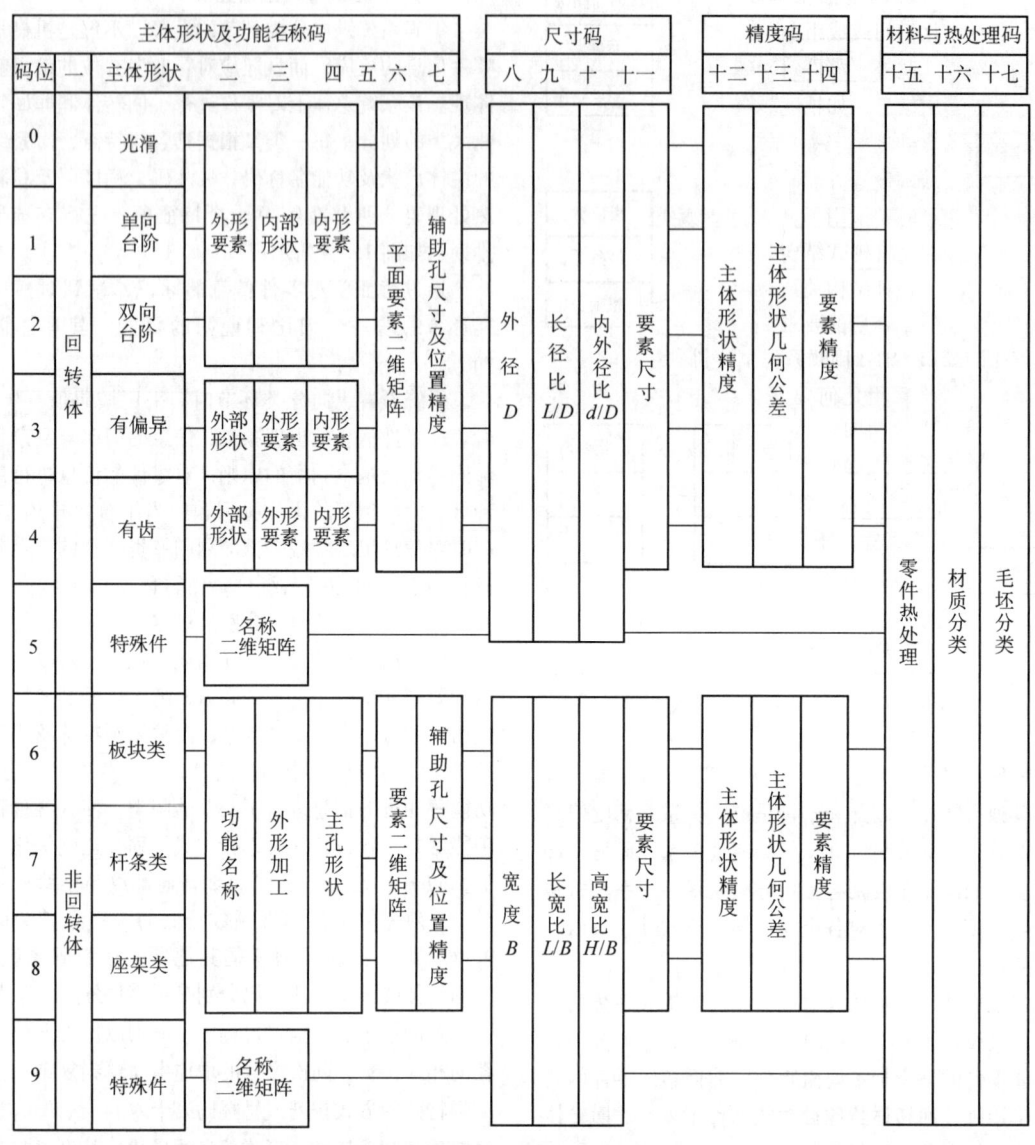

图 1.5-4　S1-LJBM 编码系统

根据零件尺寸分布符合正态曲线规律，对尺寸特征项进行尺寸段划分，确定起始值。其设置是建立在大量零件尺寸信息统计资料基础上的，零件分布符合特定规律，同时各码段有一定的规律，便于记忆，通过尺寸的划分可以确定零件的总体轮廓（见编码系统中的尺寸码）。

根据工艺方法和工艺路线特征的相似性原则，在热处理码位的设置上，对零件热处理与表面处理种类进行归类组合排列，便于工艺路线的确定，同时对热处理信息出现频数较少的划归为码值9的其他项。

对精度码值的确定，是依据横向分类环节所确定的尺寸精度、表面粗糙度及几何公差，进一步划分为低中级精度、高级精度、超高级精度三个码域，对零件信息进行描述。其码值的划分是依据零件的加工工艺特征及加工工艺相似性这一特定的选择方式，对其精度特征项的码值进行适当的归类组合，并随次序号的增加按由低级向高级有选择的排列。

（7）S1-LJBM 系统的特点

该系统应用目标为企业全部技术和生产活动的整体，信息设置完整，用途广泛。不同的技术部门和生产部门，都可以根据自己特定的业务需要，从零件编码中获取有价值的信息。例如，采用不同的分类条件，可以从零件编码中抽象出面向零件设计的设计族、面向专业化车间或成组单元的加工族和面向材料准备的备料族。此外，零件编码还可以提供产品零件构成的其他有用信息，如精度要求、尺寸分布、用材种类和数量及热处理要求等。

该系统在结构设置方面吸收了其他编码系统的积极成果和成功经验，采用了灵活的结构形式。系统中既有链式结构，又有树式结构，还有功能名称和加工要素二维矩阵，各种结构关系有机结合，在结构紧凑前提下满足了信息容量的要求。

以往的编码系统对回转体和非回转体两大类零件的主体形状均采用几何要素描述法，这种方法对几何形状相对简单的回转体零件是适用的，可以用有限的特征项加以准确描述，但该方法对于非回转体零件却显得力不从心，往往出现存疑零件。该系统以适用为开发目标，不刻意追求形式上的工整。在非回转体主体形状描述方法上，大胆地摈弃了传统的单纯几何形状描述方法，创造性地采用了功能名称与几何要素相结合的描述方法，满足了零件描述准确的要求。

系统在纵向码值设置上做到了精益求精。在大量的统计数据基础上，依据不同的优化原则进行了反复多次的调整。例如，依据零件的加工工艺特征对精度特征项的码值进行适当的归类组合；根据工艺方法和工艺路线特征相似原则对热处理特征项进行归类组合；依据零件尺寸分布符合正态曲线规律对尺寸特征进行尺寸段划分；依据要素加工工艺相似原则对加工要素二维矩阵进行分区；依据功能类别对特殊件二维矩阵进行分区等。对其他无专门要求的特征项，则按照码值所表征的零件信息出现频数、信息的简单和复杂程度及码值负荷基本均衡原则进行由高到低、由简到繁的优化排列和适当组合，做到了码值设置合理、条理清晰，便于记忆和掌握，并为制订零件分类条件奠定了良好的基础。

为了使该系统具有一定的通用性和开放性，系统中开辟了若干未定义码域，增加了系统的柔性，如用户在使用过程中发现新的特征信息，只需在相应的未定义码域上进行简单的增加即可，无须涉及系统整体结构和其他码值设置。

2. 沈阳第一机床厂零件分类系统（S1-LJFL）

零件分类是根据特定分类条件将零件群体分成若干特定相似的零件族，而所谓特定分类条件是依据特定分类目标而制订的。沈阳第一机床厂"八五"期间要打破传统的产品封闭式制造格局，实施零部件专业化和成组工艺路线调整，这一变化无疑将带来技术和生产管理方面的根本变革和一系列复杂的技术准备工作。其中，根据"八五"规划确定的车间专业化分工原则，准确、科学地将工厂数万个机械加工专用零件和通用零件分配到各个专业化车间和成组车间的相应工段或单元，是亟待解决的重大技术问题之一，因此零件分类是实施成组技术和零部件专业化生产的基础工作和必要前提。此外，在实施成组技术之前进行零件分类，还可以为合理确定专业化分工，进行车间和单元设计提供科学的依据。

（1）零件分类方法

根据沈阳第一机床厂的产品构成复杂、品种繁多，零件种类多样、数量大和车间分工原则多样化的实际特点，确定采用综合分类方法，即特征位码域编码分类法、尺寸约束条件编码分类法和物代号分类法，下面分别介绍这三种方法。

1）特征位码域编码分类法。该方法是编码分类法的一种，它兼备特征位法和码域法的优点，其基本原理是以零件编码系统为基础，以由车间分工原则和单元（工段）设备功能所确定的零件分类条件选择确定编码特征位。特征位的选择以满足分类目的要求为原则，分类目的不同，选择的特征位也不同，然后将每一位特征位所辖的全部码值分成若干区段，称之为码域。不同特征位的任意码域组合就构成了分类条件。

设编码系统位数 N，码数为 M，选择的特征位数为 $N_1(N_1 < N)$，各特征位的特征码为 $j_n(n = 1, 2, \cdots, N_1)$，很显然 $j_n \leqslant M$，则可能组合的全部分类条件数为

$$T = \prod_{n=1}^{N_1} j_n = j_1 j_2 j_3 \cdots j_{n_1}$$

事实上，按上述方法组合成的分类条件中有许多是实际中不存在的，因此在制订分类条件时要结合具体情况加以选择。

2）尺寸约束条件编码分类法。在采用特征位码域编码分类法时，其分类条件是由反映零件特征的编码值描述的，而零件编码中的尺寸码反映的不是零件的具体尺寸，而是其尺寸范围，一些特殊尺寸零件（如细长轴、长套等）在编码时其尺寸范围往往是边缘值（如 0、9），而边缘值所反映的尺寸范围比较大，因此对这类零件分类时必须附加具体尺寸条件约束，这样才能得出合理的分类结果。

3）物代号分类法。沈阳第一机床厂"八五"期间调整后的车间分工原则是多样化的，大部分按零件特征相似原则划分，少部分则按零件所属部件种类划分，如数控刀架、液压、气动件，对于此类零件，只需按物代号标准中规定的零件号即可进行分类，不需要考虑零件的实际结构特征和工艺特点。零件编码分类系统的基本原理如图 1.5-5 所示。

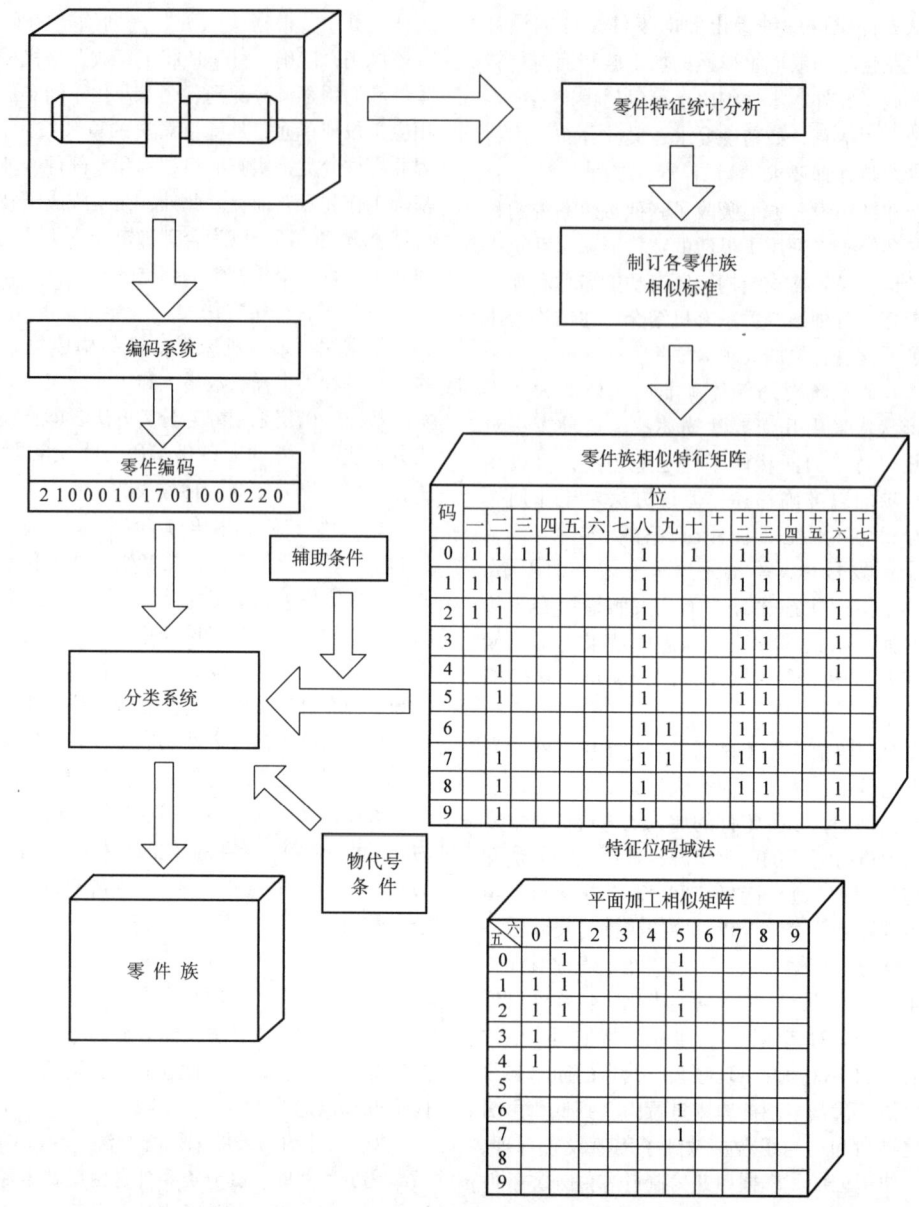

图 1.5-5　零件编码分类系统的基本原理

（2）S1-LJFL 系统的特点

1）适用范围广，零件覆盖面宽。S1-LJFL 系统是建立在零件编码系统（S1-LJBM 系统）和工厂物代号编制系统（W01-4）之上的，因此其适用范围决定于上述两个系统的适用范围。S1-LJBM 系统的对象为品种线的机械加工零件，W01-4 系统的对象为全厂各类产品部件和零件，因此 S1-LJFL 系统的对象为上述两个系统对象的交集，其适用对象为全厂品种线各类机械加工零件和部件。

2）系统实用性强。S1-LJFL 系统开发过程中始终紧密结合工厂实际情况，除主要根据零件（或部件）的工艺相似性制订分类条件（或相似性标准）划分零件族，同时也充分考虑工厂长期形成的分类习惯及"八五"规划制订的车间划分特点，并在分类条件中给予体现，因此对该厂而言，该系统是一个实用性很强的分类系统。

3）分类条件完整准确。所谓分类条件完整性指分类对象总体中的每一个零件都能在分类条件集合中找到其对应的分类条件，即不会出现不能分类的条件；所谓分类条件准确性指分类对象总体中的任何一个零件在分类条件集合中只能找到一个与之相匹配的分类条件，即不会出现分类零件的"二一性"。

沈阳第一机床厂将分类对象全体中的所有零件分成十六大类,即床身、大件、箱体、主轴、三杠、齿轮、轴、盘、套、花键轴、回转体奇形、非回转体奇形、大奇形、标准件、数控刀架和气动液压件。对上述各类零件,工厂共制订了280项分类条件。在分类条件制订过程中,运用了布尔代数和集合论的思想和方法,从而使系统分类条件满足了完整性和准确性的要求。

4)系统分类方法灵活。为了满足各种不同情况的分类要求,适应沈阳第一机床厂零件构成复杂、车间划分原则多样化的需求,S1-LJFL系统灵活运用了多种分类方法,创造性地采用了以编码分类法为主、尺寸约束编码分类法和物代号分类法为辅,各种分类法有机结合的分类方法,取得了满意的零件分类效果。

5)分类条件代码化、矩阵化。沈阳第一机床厂对制订出的280项分类条件全部进行了代码化处理,即分类条件由特征代码表示,上述代码化分类条件又将其转化为280项、520个分类矩阵,为实现计算机辅助分类提供了条件。

在上述零件编码系统(S1-LJBM系统)和零件分类系统(S1-LJFL系统)的支持下,沈阳第一机床厂组织开发了计算机辅助工艺设计专家(S1-ZPTCAPP)系统。该系统以成组技术为基础,按零件结构和工艺相似性划分零件族,并在总结工厂现有专家经验的基础上,按类别制订出工艺规程决策规则,形成一整套决策规则数据库集,作为自动生成零件工艺规程的依据。运用基元法的原理,按照从左到右、先外后内的原则,对零件的型面信息进行描述,推理机通过专家智能系统对零件综合信息与工艺规程设计决策规则进行逻辑推理,由此自动生成零件的各种工艺文件。

由于所开发的S1-ZPTCAPP系统按成组技术哲理设计,在结构上吸取了工艺专家的设计思维,采用专家系统的结构特点,将理论与实践有机地融为一体,具有实践性和适用性强的特点,而且成倍地提高了工艺设计的效率和质量,使工艺人员从烦琐、重复劳动中解脱出来,同时为工厂节约了大量的人员及物料开支,为工厂降低产品成本、能够适应快速多变的市场经济做出了贡献。

1.6 大成组技术

1.6.1 大成组技术的基本原理

大成组技术被定义为一种基于互联网的、跨企业跨行业的、大范围成组技术应用的制造系统新模式。

大成组技术是将经典成组技术的思想和方法从企业内推广到企业群,同时关注企业群的发展和企业内的成组优化。图1.6-1所示为如何从经典成组技术拓展到大成组技术。

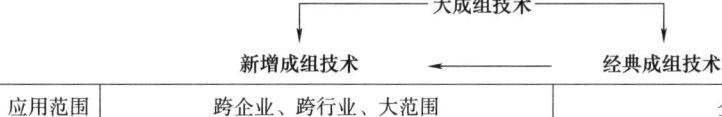

	新增成组技术	经典成组技术
应用范围	跨企业、跨行业、大范围	企业内部
实施方法	自组织、分布化优化;自下而上	集中式优化;自上而下
使用工具	基于互联网、面向分散企业的产品族设计与信息集成,组织专业化分工	企业内零件的成组分析,基于相似性的成组生产
优化目标	满足个性化产品需求,成本和效率接近大批量生产	满足多品种小批量产品需求,成本接近批量生产
实现方法	采用大批量定制方法,提高产品模块化水平,以大批量生产的效益生产个性化产品	在多品种小批量生产中,尽可能提高成组批量,取得规模经济效应
组织机制	虚拟企业、分布式制造、模块化企业	成组制造、单元制造、虚拟单元
发展方向	企业专注于发展自己的核心能力和建立高效的供应链	企业专注于发展自己高效的产品设计和生产能力

图1.6-1 如何从经典成组技术拓展到大成组技术

从图1.6-1可以看出,大成组技术并非取代经典成组技术,而是在经典成组技术上的进一步扩展。大成组技术与经典成组技术主要存在以下不同点:

1)应用范围不同。经典成组技术局限在企业内部,主要解决企业内部的成组设计、工艺与生产问题;大成组技术是在跨企业、跨行业的更大范围内实施成组技术，这样有可能使成组批量更大，最终实现大系统的全局优化，追求多企业的合作共赢。

2）实施方法不同。经典成组技术采用集中式优化方法，企业内部自上而下实施；实施大成组技术时，由于实施主体是分散式企业，因此采用自组织、分布式优化方法，自下而上实施。

3）使用工具不同。经典成组技术一般采用人工或单个计算机进行成组设计分析和应用；大成组技术充分利用网络技术，将分散企业的分布式信息进行集成、协同的设计分析和应用。

4）优化目标和实现方法不同。经典成组技术在成组分析的基础上，将具有相似性的多种零件聚类成组、扩大批量，在企业内部进行生产，以达到提高生产率、降低成本的目的；大成组技术则从产品设计源头着手，充分挖掘和利用客户所需的小批量多样化产品之间的相似性，形成具有标准化、模块化和系列化特点的产品族，并进行分散化制造，使对客户而言的定制化产品的成本接近于企业批量产品的成本，从而使客户和企业均获得较高的满意度。

5）组织机制不同。经典成组技术主要采用企业内部自成体系的成组制造系统、单元制造系统，具有稳定持久的刚性特点；大成组技术则希望构建一个柔性系统，以适应动态多变的产品需求和企业环境，因而较多采用具有模块化、可重构、分布化的制造系统。

因此，从经典成组技术到大成组技术的组织演变表现为在按产品族组合、矩阵组合的基础上，进一步向模块化组合、分散网络化组合、自相似组合等方向发展。

6）发展方向不同。经典成组技术专注于发展和提升企业自身的产品设计、工艺设计和生产能力，追求大而全；大成组技术则聚焦自身核心能力的发展，希望通过相似零部件的标准化和特殊零部件的外协加工，减少企业自身制造深度，借助于完整高效的供应链体系来保证企业最终产品生产的质量、效率和成本，满足客户多样化的需求。

通过上述分析，可以总结出两者的本质区别：经典成组技术利用产品结构和工艺的相似性，通过设计和工艺的标准化，实现企业内部的成组生产，保证生产全过程的科学合理；大成组技术则将成组思想拓展到企业群，实现生产的专业化和社会化，这样就可以使每个企业聚焦提升自己的核心技术和能力。例如，零部件生产企业因生产批量增大而有条件采用新方法和新技术，不仅可提高企业效益，也形成了企业在某类零部件制造领域的技术优势。

1.6.2　大成组技术的体系结构

大成组技术源于经典成组技术，因此在经典成组技术理论体系和方法的基础上建立了基于网络的大成组技术体系结构，如图 1.6-2 所示。

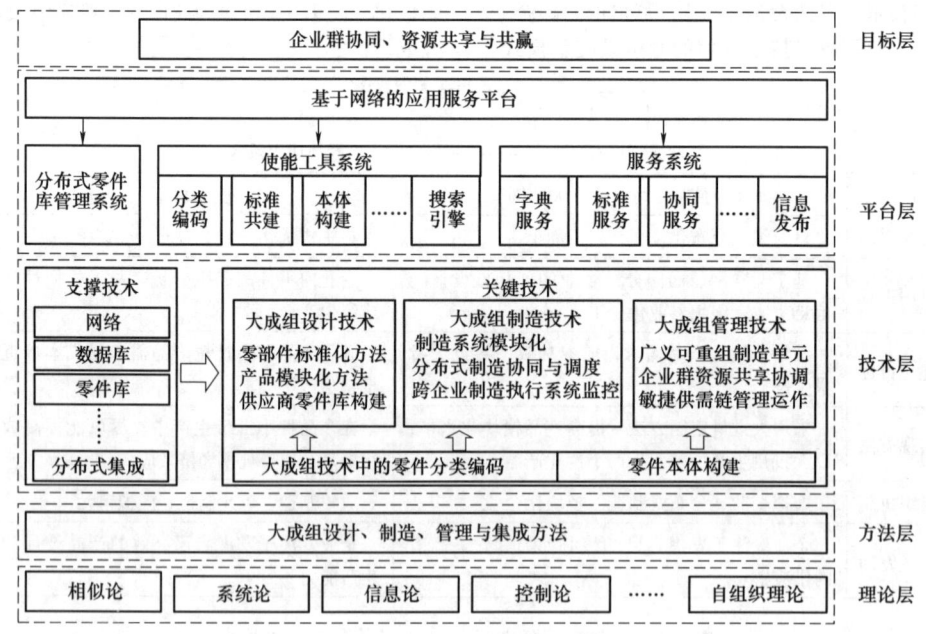

图 1.6-2　大成组技术的体系结构

（1）理论层

大成组技术是在多方面理论支持下实现的，其中

相似论和自组织理论最为重要。相似论认为，任何一门学科都是该学科对其研究的对象由相似现象认识开

始，逐渐进入结构相似、过程相似、功能相似，最后研究其关系的相似，从而达到对该事物规律的认识。基于相似论的成组技术用于产品设计与开发，则是充分发现和利用产品及制造过程中的相似性，实现全过程的优化。另一方面，大成组技术要跨企业实施，因此需要采用分散、自组织机制和方法。自组织理论主要研究系统怎样从混沌无序的初态向稳定有序的终态的演化过程和规律。基于自组织理论，大成组技术探索一个由多个企业组成的开放式生产系统，如何通过企业之间的自治和协同，使整个企业群形成稳定有序的结构优化运行。

（2）方法层

相比经典成组技术，大成组技术要解决的是一个由跨企业组成的更为复杂的系统。在设计方法上，经典的零件频谱和特征标准化不能满足多企业的要求，因为企业多且有差异，难以组织进行集中统一的零件频谱分析，而是需要研究大范围情况下零件标准化和产品模块化的设计方法。在制造方法上，经典成组技术利用流程分析法或聚类分析法进行零件族划分和成组单元确定的方法不再适用，而是需要将成组制造思想和方法应用于由跨企业组成的大系统中，在市场需求的牵引下，快速分工协作，实现大范围内的资源优化配置。在管理和集成方法上，经典的成组单元通过车间或企业进行集中协调和管理，但在大成组技术中，各企业的地理位置分散、信息分布，这就依赖于一套适合异地分布式企业和信息的集成管理和协调方法。

（3）技术层

大成组技术依赖于多个技术，可分类两大类，即支撑技术和关键技术。支撑技术包括网络技术、数据库技术、零件库技术、分布式集成技术、本体技术等，关键技术包括零件分类编码技术、零件本体构建技术、大成组设计制造和管理技术。

在零件分类编码方面，经典成组技术用到的零件信息分类编码系统只适应于小范围的零件信息处理。在基于网络的分布式企业群中实施零件信息分类编码，就需要分类编码原理、技术和实施方案具有更好的开放性、柔性、可扩展性和可维护性，以便实现零件信息描述的规范化和标准化，满足跨企业信息集成的需要。

在大成组技术中，零件数据源来源于不同的企业，具有分布、异构、自治的特点。零件本体能够将这类零件资源库集成起来，并提供统一的查询和检索入口，使整机厂设计人员或零部件供应商能快速方便地找到自己所需的信息，因此零件本体构建是实现大成组技术的关键，构建零件本体需要有一套系统的方

法和技术支撑。

大成组设计技术主要解决基于网络的分布式企业的零部件设计标准化和产品设计模块化的问题。通过建立通用设计模块，实现多企业之间零部件资源共享和重用，以缩短产品设计开发周期的目的。大成组设计技术的关键是供应商零件库的构建方法和技术。

大成组制造技术主要解决如何在跨企业范围内建立更加柔性化的制造系统，以满足不断变化的市场环境和客户需求。常用的做法是采用模块化思想，将整个制造系统分为多个分布在不同企业的制造单元。通过跨企业制造单元的组合，不仅能满足不同生产任务的需要，而且每个制造单元都表现出大批量生产特性。要达到这样的目的，就需要一套关键技术，包括制造系统模块化、分布式制造协同与调度和跨企业制造执行系统监控技术等。

大成组管理技术主要研究各企业间的协调和管理，涉及的主要技术有广义可重组制造单元的运作方法与技术，企业群共享资源的协调、控制、运行与维护技术，企业间敏捷供应链的管理、运作方法与技术。

（4）平台层

大成组技术应用服务平台面向整机制造商和零部件供应商，主要由三部分组成，即分布式零件库管理系统、使能工具系统和服务系统。

分布式零件库管理系统应具有以下主要功能：①提供共享的、无歧义的、动态扩展的零部件描述方法及相应工具，保证零部件供求过程中的信息准确完整；②零部件模型的建立、发布和维护；③零部件快速检索，满足不同用户需求；④支持多用户参与的零部件建设与维护，促进零部件资源的通用化和标准化；⑤分布式零部件库信息管理。

使能工具系统是实现大成组技术的各种理论方法和关键技术的应用系统，包括零件分类编码、零件标准共建、零件本体共建和搜索引擎等。服务系统主要为用户提供各种应用服务，如信息发布服务、企业协同服务和数据字典服务等。

1.6.3 大成组技术中的零件分类编码模型

零件分类编码系统实际上是一种零件信息描述模型。在实施大成组技术时，应描述零件两个层面的信息，即领域内零件结构化信息和具体零件（零件的简单族）信息。这样一种零件信息描述框架应满足开放、柔性好、易于共享、信息表达完备的要求，显然经典成组技术的分类编码体系及其他传统分类法不能很好地满足大成组技术对分散零件资源的有效组织和管理需求。

大众分类法（folksonomy）是一种新的网络信息

分类方法，它是用户基于个人信息管理的目的，使用自己定义的标签对信息进行标注，以便再次查找和使用。相同的标签能够聚合整个信息空间的所有相似内容，实现资源的共享。系统把相同标签的信息归类在该标签下，从而建立以这些标签为索引的信息分类。相比传统分类法，大众分类法摆脱了固化现象，并且与大众认知程度密切结合，同时也为群体用户和信息之间建立了"一座联系桥梁"。因此，这种以自定义标签形式的大众分类在现下流行的社会性网络服务中得到了广泛的应用。

由于大众分类法具有大成组零件分类编码系统所需的开放性、柔性和共享特性，所以可用该方法中的标签对零件进行分类编码，但大众分类法存在标签使用随意的缺点，易导致零件信息表达的模糊性，会影响零件资源的检全率和准确率，这可以通过采用本体

技术来解决。利用零件库标准 ISO 13584-10、24、42 部分内容，通过基于数据字典的标准本体模型和扩展本体模型来准确表达零件特性。因此，采用大众分类法和零件本体相结合的方法可以有效组织和表达不断增长的零件资源。

图 1.6-3 所示为一种面向大成组技术的零件分类编码模型。它是参考 JLBM-1 分类编码系统，针对通用机械加工零件而建立的。

大成组分类编码系统中的标签应尽量使用零件本体中定义的语义概念，如名称、材料、功能等，以满足零件资源共享的需要。此外，将 JLBM-1 的各个分类表自动转化为一种公共标签，用户一般要优先使用这些公共标签。设计标签库时，应对库中的名词术语进行详细定义说明。利用 JLBM-1 分类表设计标签库时，对分类表进行特征拆分，如图 1.6-4 所示。

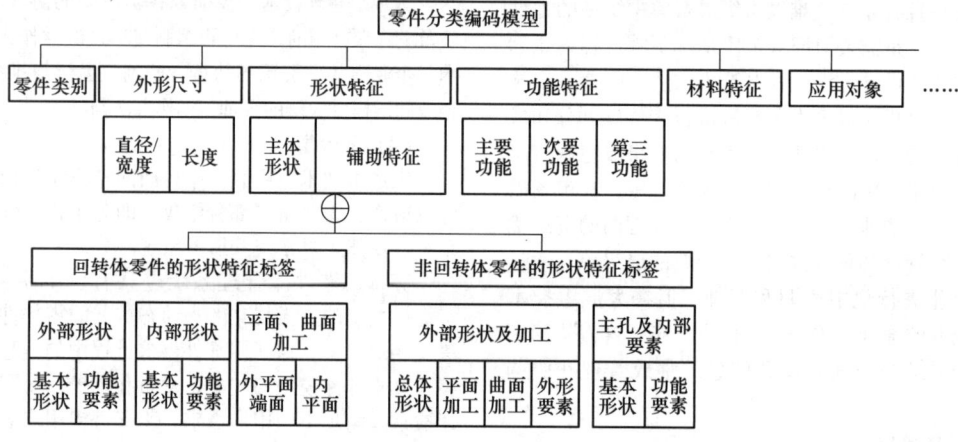

图 1.6-3　面向大成组技术的零件分类编码模型

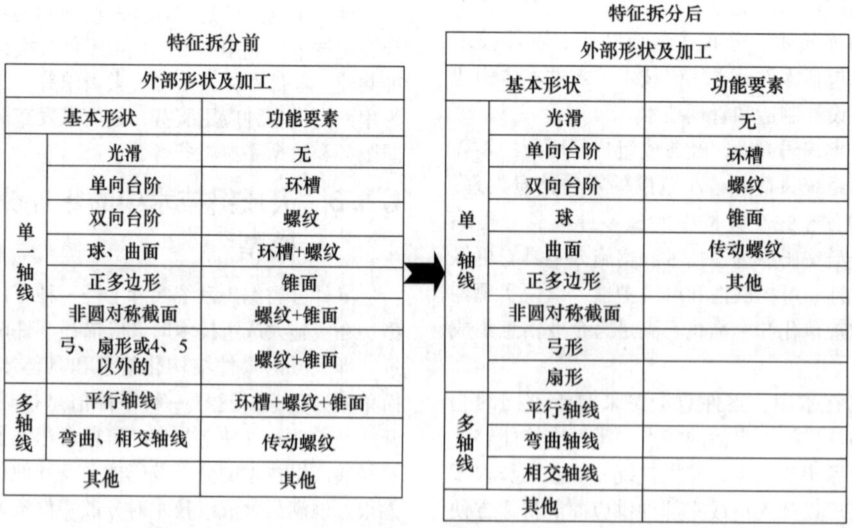

图 1.6-4　特征拆分

图 1.6-3 所示的零件分类编码模型是一种基于语义的概念化零件模型。利用该模型对图 1.2-5 所示零件进行编码，其标签编码结果为：标签集 = {支承板，HT150，板块类，直线 & 曲线轮廓，两侧平行平面，支承，长度 = 450，2009-9-11，通用件，……}。

采用经典成组技术编码系统 JLBM-1 的编码结果是 721200302050753，采用 OPITZ 系统的编码结果是 654436078。

比较上述大成组技术和经典成组技术对同一个零件的编码结果可以看出，基于大成组技术的编码方法具有以下特点：

1）具有更好的柔性、灵活性和语义表达。经典成组技术的两种编码系统虽然可采用计算机编码方式，但码位的顺序是固定的，且各码位仅限于编码系统规定的 10 个数值；大成组技术采用的标签编码吸收了柔性编码系统的优点，不仅其长度可变，而且各码位顺序也可变。这种编码方式表现出更好的柔性，而且可以定义零件更多的信息，从而更为准确地描述零件。

2）增加了零件的分类功能。例如，法兰类零件按照零件本体分类层次，可分为整体法兰、螺纹法兰、对焊法兰、带颈平焊法兰等；若按机械行业标准、化工行业标准等又分别有不同的分类层次。因此，通过标签技术，可以把这些行业分类以标签的形式表达，便于不同行业用户使用。此外，根据统计学和相关性分析原理，可方便地对标签以不同方式进行聚类和过滤，如按功能、结构、材料等多要素进行聚类，形成诸如"传动类"等新的分类科目。

3）利用标签帮助构建零件本体。系统可以自动记录和统计分析用户使用的标签标注。使用次数最多的标签作为该零件的标准本体，其他作为相似本体，并建立起标准本体与相似本体的映射关系。向用户推荐这些信息，可以显著提高检全率和准确率。此外，可以统计不同用户对同一零件的标准标签集，使用频数高的标签作为该类零件的基本特性，在零件本体构

建中优先推荐。

4）通过标签，可以将零部件设计、制造、采购、供应，以及对该零部件感兴趣的用户集成起来，帮助零部件库用户建立更加广阔的联系，寻找更多更好的合作伙伴。

5）基于标签/关键词的分类系统的建立过程是动态发展的，随着使用人数增多而逐步完善和发展，可满足动态变化的市场需求。

1.6.4 从大成组技术到大规模定制生产

大规模定制生产（mass customization，MC）是根据每个客户的特殊需求以大批量生产的成本提供定制产品的一种生产模式，它实现了客户的个性化和大批量生产的有机结合，以大批量的效益（成本和交货期）进行单件定制产品的生产。

由于大成组技术以最新的网络通信和计算机技术为基础，通过充分利用跨企业、跨行业的产品设计制造过程中的相似性，将不同产品中的相似零部件，甚至不同零件中的部分相似结构信息聚类处理，形成"成组大批量"，合理组织产品的协作生产，以最快的速度、最低的成本生产出用户满意的产品，使效益最大化。因此，大成组技术是实现大规模定制生产的重要技术支撑和实施途径。

图 1.6-5 所示为大规模定制生产、大成组技术和经典成组技术的关系。

从经典成组技术到大成组技术，再到大批量定制是一个渐进演变过程。经典成组技术是大批量生产模式和定制生产模式向大批量定制模式发展中的一种中间状态；大成组技术也是一种中间状态，只不过是朝大批量定制方向更迈进了一步。随着网络技术的发展，企业间的合作也将更加便利和丰富，因此成组技术的应用范围也将越来越大。尽管生产不同批量产品的企业的发展模式不尽相同，但各企业保证质量、提高效率、降低成本的努力方向和目标是一致的。

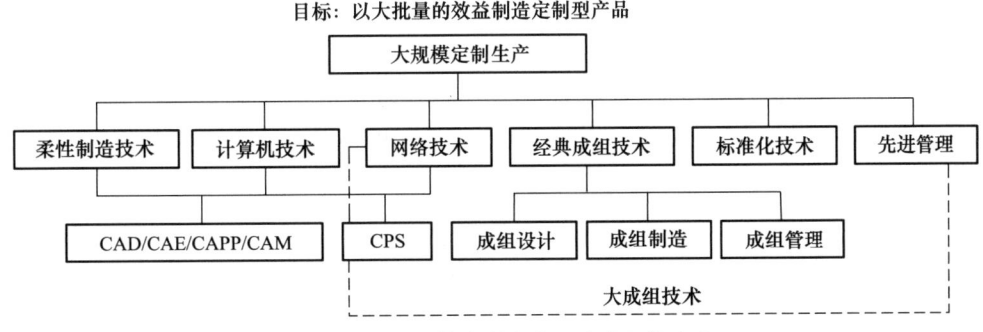

图 1.6-5 大规模定制生产、大成组技术和
经典成组技术的关系

1.6.5 模块化技术及其应用

模块化技术是成组技术的核心技术之一，应用该技术可以在满足用户个性化和多元化需求的，同时降低产品成本和缩短产品周期，并通过提高生产率，显著降低资源消耗，减少环境污染。

制造业的复杂性主要源于产品的复杂性。在设计阶段，模块化技术通过选择已有的零件级、部件级和产品级等不同层级的设计模块，快速设计出满足用户个性化需求的产品，从而降低产品的复杂性，进而提高设计、制造和服务效率，降低成本。

在制造阶段，模块化技术有助于解决企业产品变形多、批量小、交货期短和成本压力越来越大的问题。在产品工艺设计、生产计划、采购、加工装配、库存管理和运输等环节，通过产品模块化，可促进分工专业化和协同化，简化物流和管理，提高零件成组批量，进而根据批量法则，提高制造效益。同时，面对制造过程海量的数据，模块化技术有助于减少管理的复杂性。

在销售和售后服务阶段，通过挖掘不同用户需求的共性，将它们做成单个模块，让用户像搭积木一样选择不同的服务模块，就可以在满足灵活性的同时使模块标准化，最终降低成本。此外，制造服务标准化也可使企业节约成本，减少资源浪费，提高服务质量可控性，而服务标准化的形成有助于企业形象的定位。另一种思想是服务产品模块化，即对一定范围内的不同功能或相同功能而不同性能、不同规格的服务产品，在进行功能分析的基础上，划分并设计出一系列功能模块，通过模块的选择和组合构成不同的产品或功能，以满足客户不同需求。

参 考 文 献

[1] 王先逵. 计算机辅助制造 [M]. 北京：清华大学出版社，1999.

[2] 蔡建国. 成组技术 [M]. 上海：上海交通大学出版社，1996.

[3] 许香穗，蔡建国. 成组技术 [M]. 2版. 北京：机械工业出版社，2003.

[4] GROOVER M P. 自动化、生产系统与计算机集成制造 [M]. 4版（影印本）. 北京：清华大学出版社，2011.

[5] 机械振兴协会. 采用成组技术的指南：成组技术 [M]. 姜文柄，张建民，池梦骊，等译. 北京：国防工业出版社，1979.

[6] 阿恩 E A. 成组技术 [M]. 成组技术翻译组，译. 北京：中国农业机械出版社，1982.

[7] 陈玉琨，王宣武，黄树新. 实用成组技术 [M]. 北京：机械工业出版社，1992.

[8] 人见胜人，中岛胜，吉田照彦，等. 采用成组技术的生产管理系统 [M]. 姜文炳，译. 北京：机械工业出版社，1983.

[9] BURBIDGE J L. 成组技术导论 [M]. 蔡建国，译. 上海：上海科学技术出版社，1986.

[10] 普拉克. 成组技术的理论与实践 [M]. 田振海，姜文炳，校. 北京：国防工业出版社，1987.

[11] 吴锡英、仇晓黎. 从成组技术到大规模定制生产 [J]. 中国机械工程，2001，12（3）：319-321.

[12] 顾新建、林纪烈、韩永生. 经典成组技术到大成组技术的演变模式研究 [J]. 成组技术与生产现代化，2005，22（1）：1-4.

[13] 祁国宁、顾新建. 21世纪成组技术的发展方向初探 [J]. 成组技术与生产现代化，2005，22（2）：1-5.

[14] 杨光薰. 成组技术的发展有利于推动制造业的现代化 [J]. 成组技术与生产现代化，2005，22（3）：1-3.

[15] 刘丹. 大成组技术中的若干关键技术研究 [D]. 浙江大学，2009.

[16] 顾新建、陈芨熙、纪杨建，等. 云制造中的成组技术 [J]. 成组技术与生产现代化，2010，27（3）：1-4.

[17] 顾新建，祁国宁，马军，等. 模块化技术的应用现状和趋势 [J]. 成组技术与生产现代化，2012，29（1）：1-6.

[18] 鲍滕霄、顾新建. 电子制动器智能化生产线模块化设计方法的研究 [J]. 成组技术与生产现代化，2021，38（2）：1-6.

第 2 章

组合机床及自动线加工技术

主　编　付承云（江苏高精机电装备有限公司）

参　编　徐秀兵（江苏高精机电装备有限公司）

　　　　郑金来（江苏高精机电装备有限公司）

　　　　丁　玲（江苏高精机电装备有限公司）

　　　　罗秀珍（江苏高精机电装备有限公司）

主　审　陈雨峰（江苏高和智能装备股份有限公司）

2.1 组合机床及其自动线的组成、应用范围和标准化

2.1.1 组合机床及其自动线的组成、分类和适用范围

1. 组合机床的组成

组合机床是根据被加工工件的需要，由通用部件和专用部件组成，其通用部件一般占 70% 以上。图 2.1-1 所示为一台三面立式组合机床的组成。

2. 组合机床的分类和适用范围

1) 按工艺分类，可分为组合钻床、组合镗床、组合铣床、组合攻螺纹机床、组合镗孔车端面机床及复合加工工艺的组合机床等。

2) 按配置形式分类，可分为单工位和多工位两大类，而每类中又有多种配置形式，见表 2.1-1。

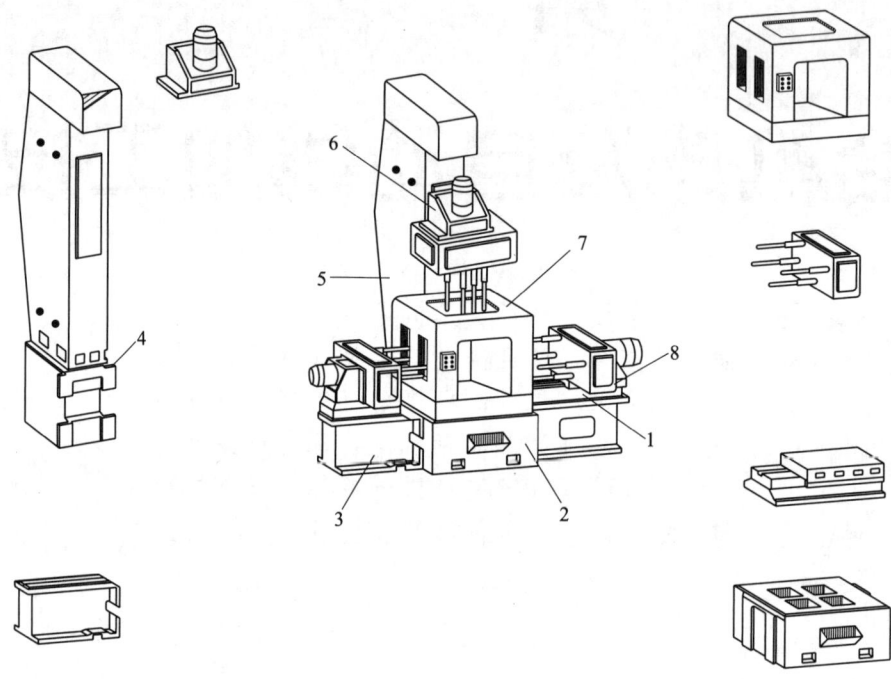

图 2.1-1 三面立式组合机床的组成

通用部件：1—动力滑台 2—中间底座 3—侧底座 4—立柱底座 5—立柱
6—动力箱专用部件 7—夹具 8—主轴箱及刀具

表 2.1-1 组合机床的基本配置形式及其适用范围

类别	刀具对工件的加工顺序	组合机床配置形式	示 意 图	说 明	适用范围
单工位组合机床	平行加工	单面	进给方向	机床带有一套固定式夹具，根据所需的加工面数布置动力部件。动力部件可以立式、卧式或倾斜式安装	适于加工各种工件的孔和平面。采用简单刀具时，通常只能完成单道工序。能保证各加工表面有较高的相互位置精度。机床生产率较低
		双面			

（续）

类别	刀具对工件的加工顺序	组合机床配置形式	示　意　图	说　明	适用范围
单工位组合机床	平行加工	三面		机床带有一套固定式夹具，根据所需的加工面数布置动力部件。动力部件可以立式、卧式或倾斜式安装	适于加工各种工件的孔和平面。采用简单刀具时，通常只能完成单道工序。能保证各加工表面有较高的相互位置精度。机床生产率较低
		四面			
		多面（四面以上）			
多工位组合机床	平行顺序加工	回转输送方式　分度回转工作台		通过工作台的回转分度，将装在工作台上的工件顺次送往各工位进行加工。动力部件可以立式、卧式或倾斜式安装　工作台台面直径一般小于 1600mm，工位数为 2~12	适于加工各种中、小工件复杂形状的孔、精密孔及面。通常只从一个方向进行加工。除双工位回转工作台式机床，通常设有单独的上下料工位，生产率较高。每个工位分别采用独立的动力部件形式，适用于大型工件的加工，也可用于几个方向的同时加工

（续）

类别	刀具对工件的加工顺序	组合机床配置形式	示　意　图	说　明	适用范围
多工位组合机床	顺序加工	回转输送方	鼓轮式	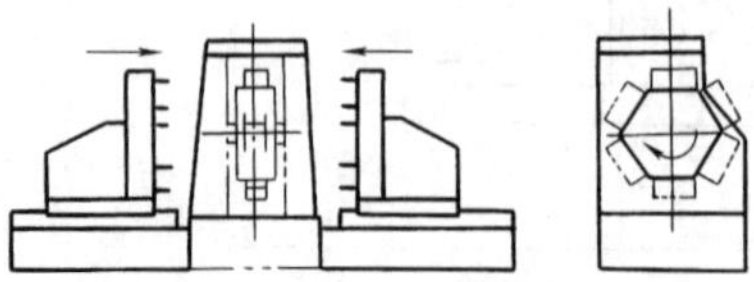 工件装夹在鼓轮的棱面或端面上，通过鼓轮的分度回转，将工件顺次送往各工位进行加工。通用部件通常都是卧式安装 鼓轮外径通常在小于1000mm，工位数为3~8	适于加工各种中、小工件复杂形状孔、精密孔及面，甚至大型工件。特别适用于有相互垂直要求的复杂工件。一般设有单独的上下料工位
		中央立柱式或环形回转工作台	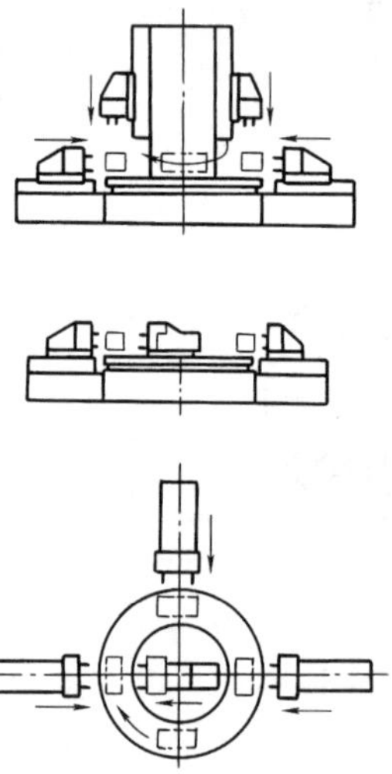	机床带有环形分度回转工作台，通过工作台的回转分度将工件顺次送往各工位进行加工。可在中央立柱上布置立式动力部件，可在工作台周围布置卧式或倾斜式动力部件。不用中央立柱时也可在中央布置卧式动力部件 环形工作台外径通常小于3000mm，工位数为4~10	适于加工各种中、小工件复杂形状孔、精密孔及面，甚至大型工件。特别适用于有相互垂直要求的孔和面的复杂工件。一般设有单独的上下料工位
	平行加工和顺序加工相结合	直线输送方式	移动工作台	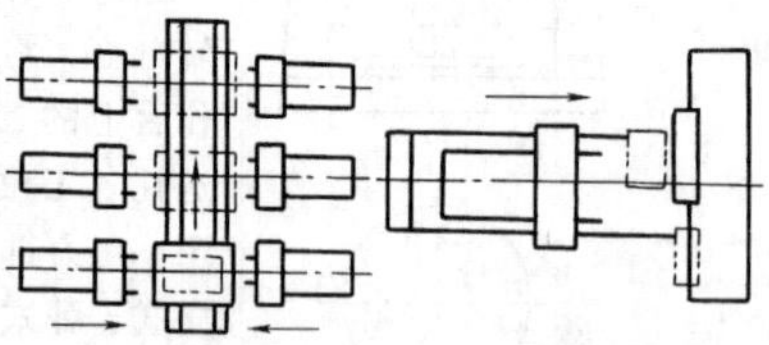 通过移动工作台的移动和定位，带动工件沿各工位顺序逐一进行加工。动力部件可以是立式、卧式或倾斜式安装，工位数可达到几十个	适于加工各种大、中、小工件复杂形状的孔、精密孔及面。机床生产率较低，可用于中批量生产中，也适用于特大型复杂工件中批生产。可设或不设单独的上下料工位

除表2.1-1所列组合机床的基本配置形式，按照工序集中程度和不同批量生产的需要还有其他几种配置形式。

① 工序高度集中的组合机床：在基本配置形式的基础上，增设动力部件来加工工件的更多表面，如图2.1-2所示。这些形式都是结合工件的特定情况配置的。

② 用于大批量生产的组合机床：为了提高生产率，除注意缩短加工时间和辅助时间，尽可能做到使辅助时间和加工时间重合，还可以考虑在每个工位上安装几个工件同时进行加工，或者在一个工位（或一台机床）上设置几套夹具，对工件进行多次安装，从而加工不同的面，如图2.1-3所示。

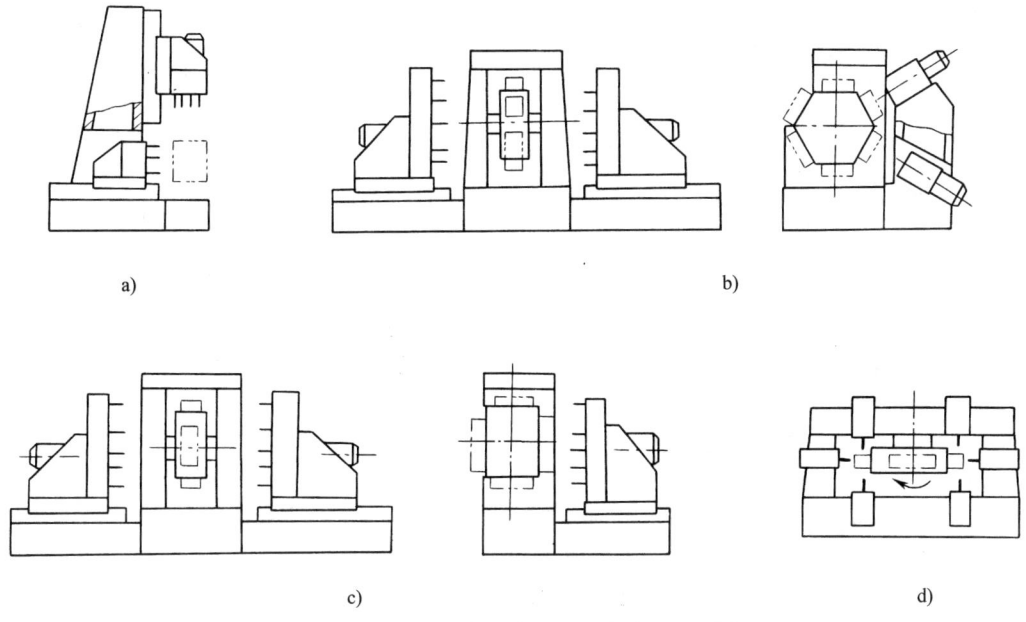

图 2.1-2　工序高度集中的组合机床配置形式
a）跨挡式立柱中增设卧式动力部件　b）鼓轮式组合机床上增设辐射安装动力部件
c）鼓轮式组合机床上增设后动力部件　d）倒挂工作台式

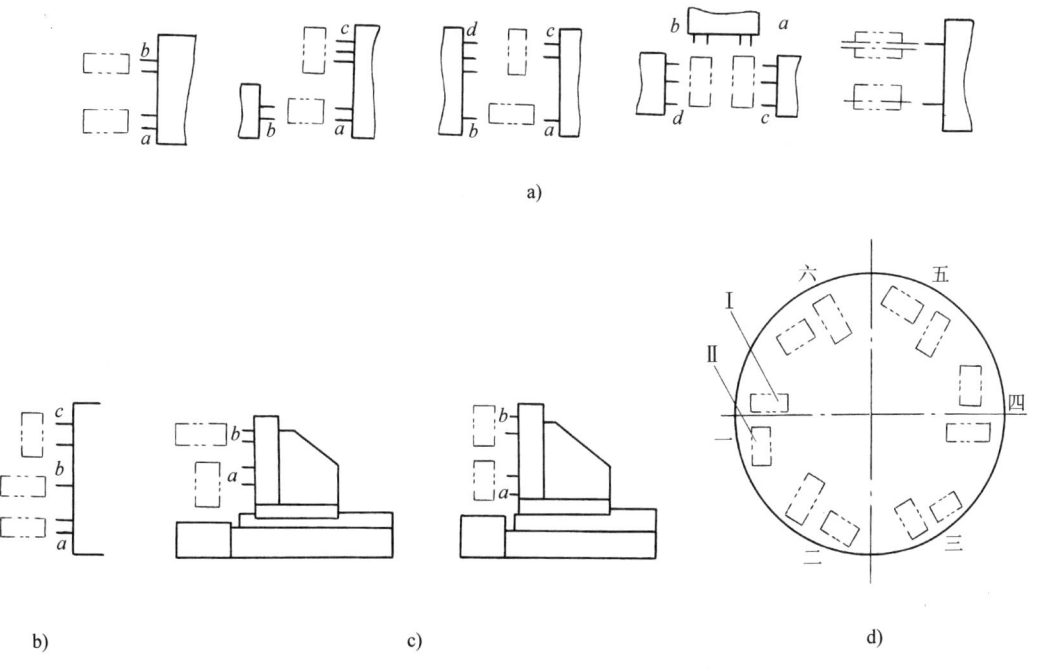

图 2.1-3　采用多次不同安装对工件不同面进行加工
a）水平两次安装　b）水平三次安装　c）垂直两次安装　d）回转工作台或鼓轮上两次安装
a、b、c、d—不同加工面　一、二、……、六—不同工位
Ⅰ、Ⅱ—安装次序

③ 用于中小批量生产的组合机床：这类机床常采用可调式通用部件、转塔头、自动换刀或自动更换主轴箱式动力头，有时还采用成组加工工艺，使组合机床能进行多品种加工。

④ 可调式组合机床：采用可调支承部件、主轴可调头来调整加工主轴的中心位置，通过更换刀具、夹具，改变主轴转速、进给量、行程长度、工作循环等环节来适应不同加工对象。图 2.1-4 所示为由可调通用部件组成的组合机床。其支承部件可在 x、y、z 三个方向调整位置，使重调工作简便省时。这种组合机床适用于几种工件的轮番生产。

⑤ 转塔头式及转塔动力箱式组合机床：通过转塔头或转塔动力箱的转位将各个主轴箱逐一引入加工位置，对工件顺序加工。转塔动力箱上通常可装 4 个或 6 个主轴箱，可以完成对工件一个面上的主要加工工序。工件还可以装在回转工作台上实现更多面的加工。转塔头或转塔动力箱也可用于组成单面、多面或多工位等各种配置形式的组合机床，如图 2.1-5 所示。

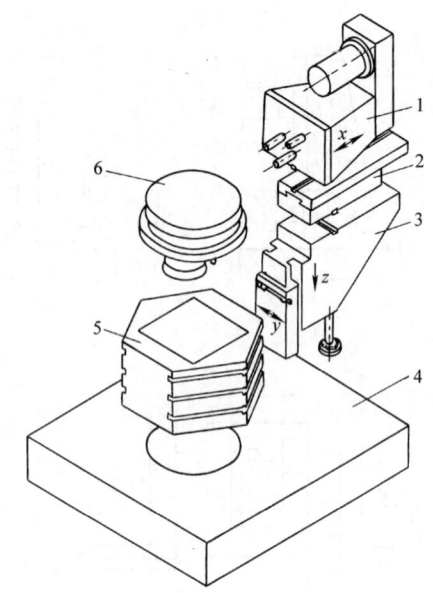

图 2.1-4　由可调通用部件组成的组合机床
1—轴可调头　2—滑台　3—可调支架　4—底座
5—多边形中间底座　6—分度回转工作台

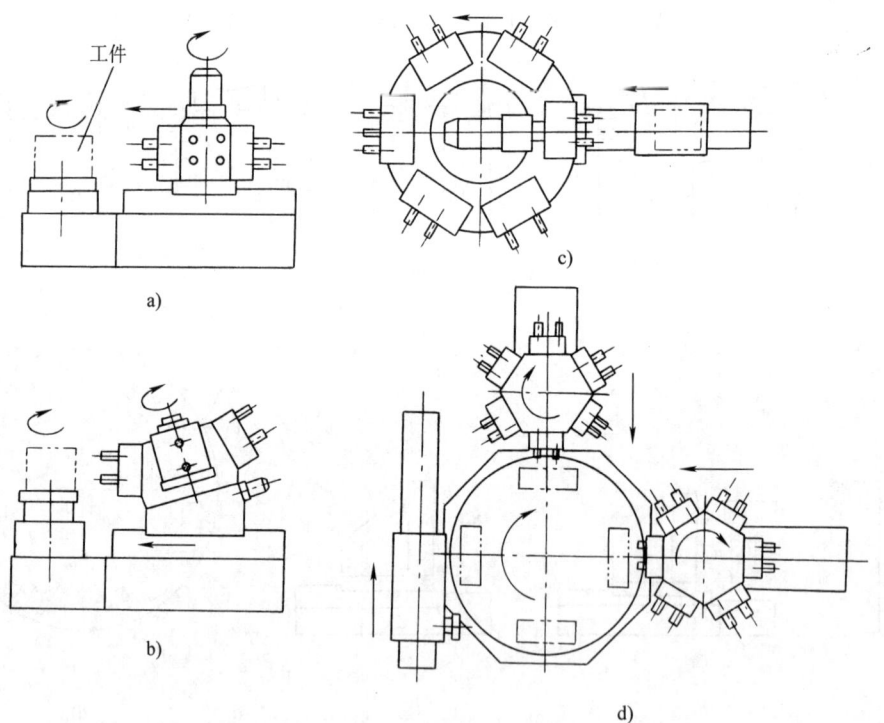

图 2.1-5　转塔头式及转塔动力箱式组合机床

⑥ 自动换刀式和自动更换主轴箱式组合机床：自动换刀式组合机床上通常由自动换刀式切削头组成，它带有可储存多把刀具（或多轴小主轴箱）的

刀具库，由切削头上的机械手自动更换刀具对工件进行顺序加工。工件还可以装在回转工作台上进行转位，以便自动完成各面的加工。由于需要自动变换切

削用量、工作循环及行程长度，机床有时采用数字控制。自动更换主轴箱式组合机床带有各种形式的主轴箱储存库（回转式、多层回转式、步移式、多格仓库式），依靠输送装置和更换装置更换动力箱上的主轴箱，对工件进行顺序加工。有的主轴箱储存库可储存多达几十个主轴箱，用专用小车输送和更换主轴箱。

自动换刀式组合机床适用于加工孔数较少的工件，自动更换主轴箱式组合机床适用于加工孔数较多、外形尺寸较大的工件，如图 2.1-6 所示。

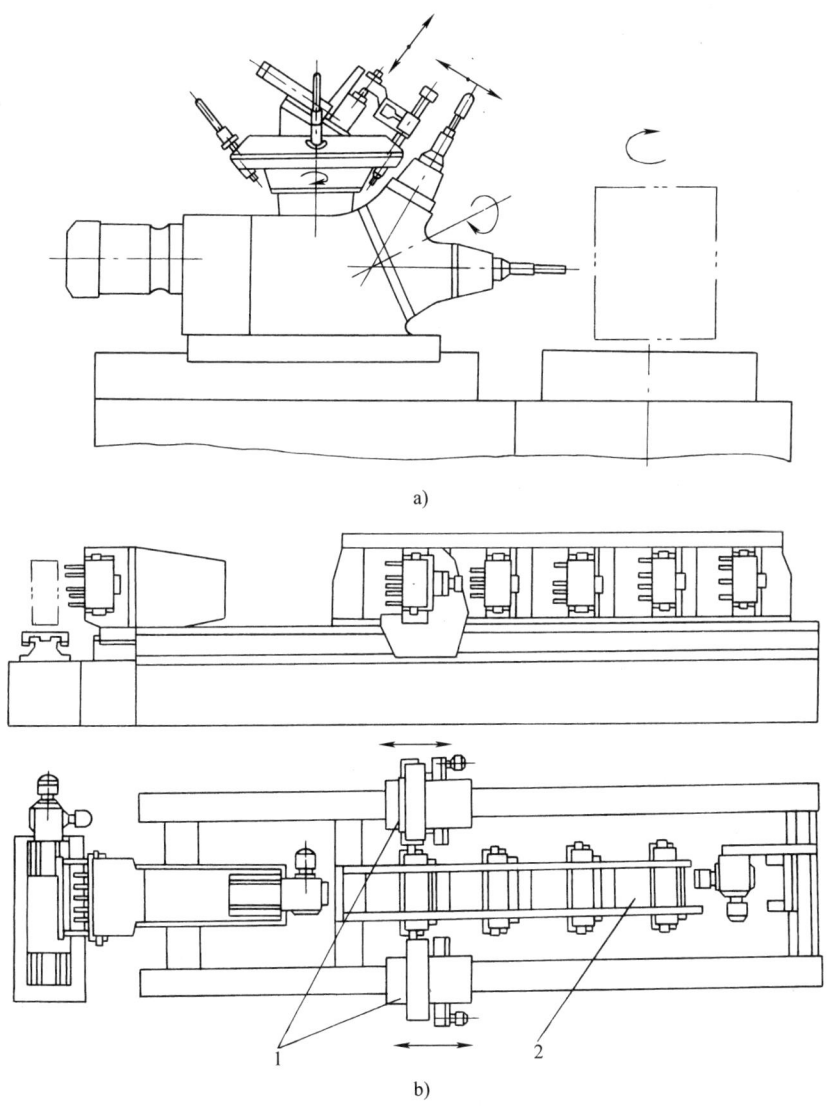

a)

b)

图 2.1-6　自动换刀式和自动更换主轴箱式组合机床
a）自动换刀式组合机床　b）自动更换主轴箱式组合机床
1—输送主轴箱小车　2—主轴箱储存库

⑦ 工件多次安装与多工位相结合的组合机床：工件在机床上进行多次安装与采用多工位回转工作台或移动工作台相结合的加工方式，使一台组合机床能对工件进行多次加工。图 2.1-7 所示为几种常用的方案。图 2.1-7a 所示为两次安装与双工位移动工作台相结合，可完成四次加工；图 2.1-7b 所示为两次安装与双工位回转工作台相结合，可完成四次加工；图 2.1-7c 所示为四次安装，每次完成一个面的加工，工作台每次旋转 180° 以对两个不同安装的工件进行加工，主轴箱上设有加工四种不同安装位置工件用的主轴或备用主轴。

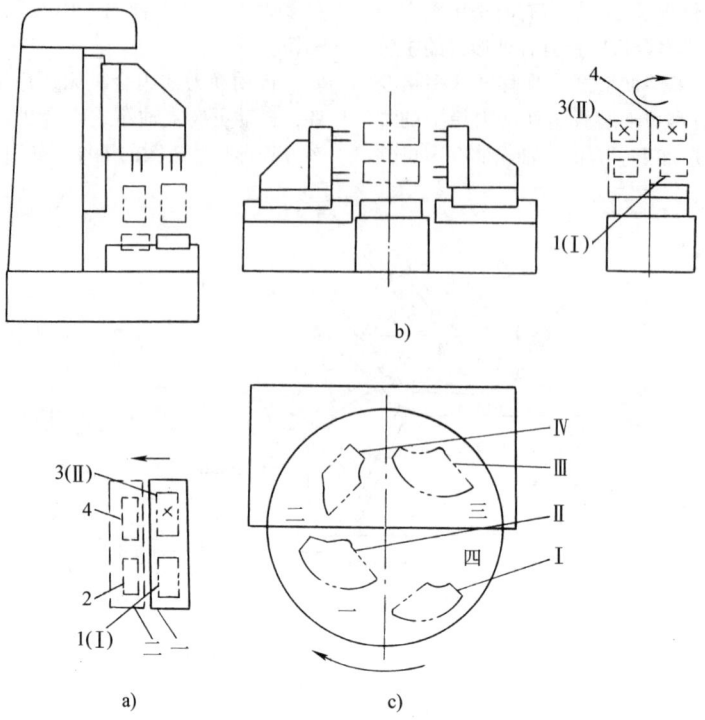

b)

a)　　　　　　　　c)

图 2.1-7　工件多次安装与多工位相结合的几种常用方案
Ⅰ、Ⅱ、Ⅲ、Ⅳ—安装次序　一、二、三、四—不同工位
1、2、3、4—加工次序

⑧ 成组加工组合机床：将若干种加工工艺相近似的工件合并加工，可增大中批量生产的加工件数。例如，采用一台立式四工位回转工作台式组合机床加工 8 种工艺相近的工件，在其工作台面的 4 个位置上分别装有装夹拨叉、手柄、支架等 8 种不同工件的夹具（图 2.1-8），主轴箱上设有 43 根主轴，同时分别对装在 3 个

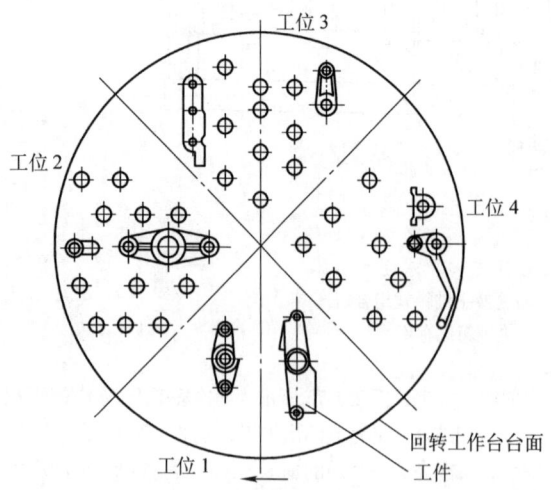

图 2.1-8　拨叉等 8 种工件夹具在工作台面上的安装
⊕—主轴箱主轴中心位置

工位上的 6 种工件进行加工。工作台每转位一次就有两种加工好的工件在上下料工位等待卸下，工作台每转完一圈，就可以加工出一套 8 种不同工件。

3. 组合机床自动线的分类

组合机床自动线可分为直接输送和间接输送两大类，如图 2.1-9 所示。

1）直接输送自动线的被加工工件具有良好的运送基面，工件可直接从一台机床向另一台机床移动。这类自动线按照工件在机床间移动方式的不同，又可分为通过式输送带和非通过式（外移式）输送带，如图 2.1-9 所示。

2）间接输送自动线用于加工没有稳定定位和运送基面的工件。工件在加工前，先要在装料工位上安装并固定在专用夹具（称为"随行夹具"）上，并随夹具一起从一台机床移到另一台机床，加工完毕后返回原位。这种自动线也称为随行夹具自动线。

根据随行夹具在机床之间的移动方式，这类自动线也分为通过式和非通过式。其输送带有棘爪式、摆杆式、抬起式和吊起式 4 种。根据随行夹具返回输送带的不同形式，自动线又分有上方返回、水平返回、下方返回和斜上方返回等形式。近几年来，托盘式输送方式也得到广泛应用。

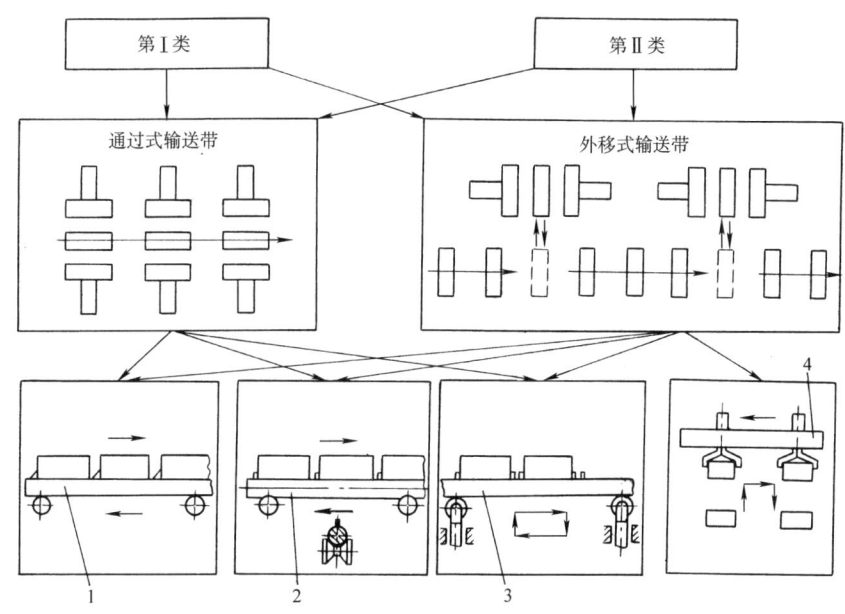

图 2.1-9　组合机床自动线的分类
1—棘爪式输送带　2—摆杆式输送带　3—抬起式输送带　4—吊起式输送带

4. 组合机床自动线的布局

20世纪60年代以来，国外组合机床的生产有很大的发展，产量和产值的增长幅度远远大于机床总的增长幅度。在技术发展方面，仍然是提高组成部件的通用化程度，提高自动化水平和生产率，提高加工精度和精度保持性，提高可靠性和机床利用率，以及提高组合机床及其自动线的数控化、柔性化水平，向机电一体化迈进。

进入 20 世纪 70 年代以来，进一步扩大了工艺范围，增加了检验功能以提高孔深、孔径、毛坯定位的可靠性，并涌现出清洗、排屑、去污、光饰、过滤等各种功能的辅助装置。组合机床通用部件除传统的动力部件、输送部件和支承部件，发展了大功率强力铣削头和铣削滑台、高精度镗台和滑台，并出现了适于批量生产的快调动力部件、转塔头、数控三坐标加工模块、自动换刀、换箱装置等；组合机床通用部件的运动速度也有很大提高，滑台快进速度达到 15m/min 以上；组合机床加工精度也提高了很多，孔位精度可达 ±0.02mm，孔的精度 H6，孔的几何精度可达 0.005mm，孔的同轴度误差 0.01~0.015mm，精度保持性都在 7~10 年。

随着组合机床技术的发展，目前的组合机床自动线已实现数控化、柔性化，并进一步发展了计算机控制的可变加工系统。通常采用的柔性自动线（FTL）是由传统的通用部件和转塔动力头、数控三坐标加工单元、可调快速部件及加工中心组成。为了装夹及输送工件方便，进线的加工中心多为卧式加工中心。

图 2.1-10 所示为用于加工拖拉机传动箱的柔性自动线。全线除选用两台多轴加工的换箱式组合机床，还有一台龙门式铣床，两台加工中心和一条组合机床自动线。

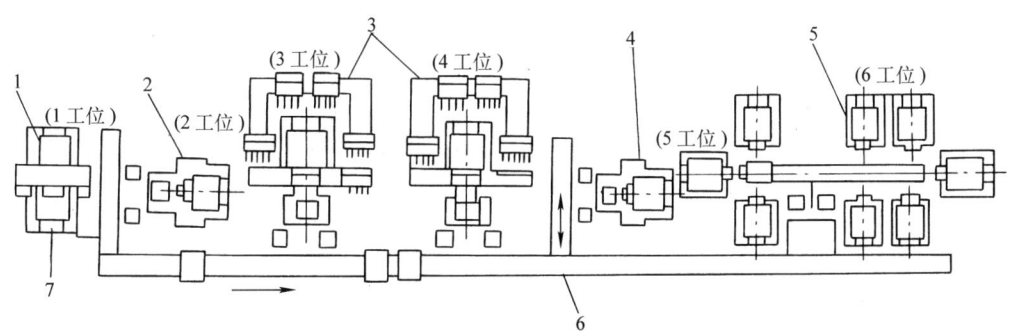

图 2.1-10　用于加工拖拉机传动箱的柔性自动线
1—龙门铣床　2、4—加工中心　3—换箱机床　5—组合机床自动线　6—滚道运输带　7—工件堆放

图 2.1-11 所示为加工气缸头的柔性自动线。全 线由 16 台多轴转塔机床组成，工件用托板输送。

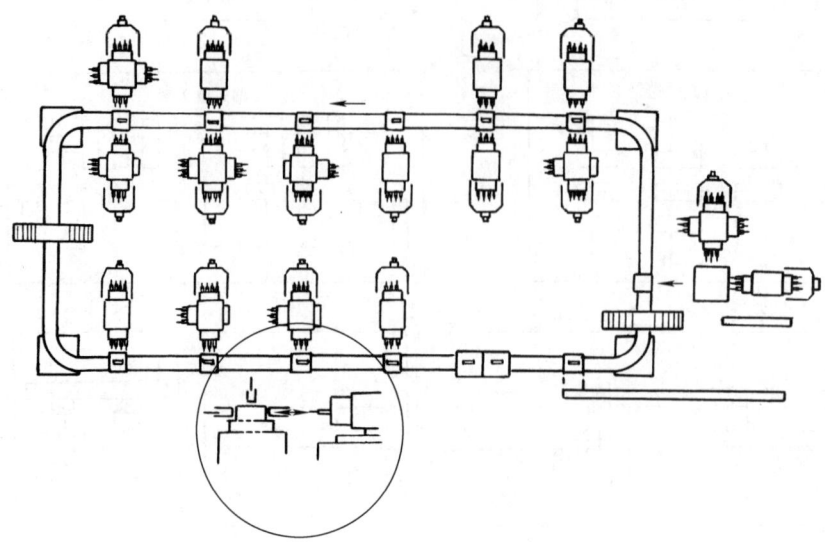

图 2.1-11　加工气缸头的柔性自动线

在机械制造业中应用的 FMS（柔性制造系统），由于集高效率、高柔性、高精度于一体，成功地解决了中小批量多品种生产存在的生产率低、周期长、成本高、质量差、适应性不强等一系列问题，大大增强了企业对市场的应变能力和竞争能力。但必须注意，FMS 是一种技术密集度高，资金密集度高，涉及机械、电子、测量等诸多技术，如果使用不当或可靠性得不到保证，将为巨大的投资带来很大的风险。柔性自动线是适用于中大批量、多品种生产的自动化手段，是一种具有适度柔性，并具有高效率的柔性设备，其组成的标准部件、基础模块与 FMS 有一定的通用性。

柔性化组合机床及其组件系统一般以下述原则进行开发：

1）模块化。这和一般组合机床通用部件一样，柔性化组合机床及其自动线的组成部件，按系列化原则设计成通用柔性模块，并以此模块组成典型的加工单元，如转塔式加工单元、换向式加工单元和三坐标加工单元等。

2）单轴多轴加工混合使用。组合机床主要加工对象是箱体零件，它的加工工序中约有 80% 为多轴加工的钻孔、扩孔、镗孔、铰孔和攻螺纹等工序。在汽车、拖拉机箱体件加工量的分配中，平面铣削加工占 25%~30%，镗孔、扩孔、铰孔加工占 35%~40%，攻螺纹则占 30%~35%。像汽车发动机箱体零件的每一个面上大都有 10~40 个孔，均要求多轴加工以保证生产线的高效率，但这些箱体件上需要单轴加工的工序也占有很重要的地位，尤其是精加工的工序，则

更需采用单轴加工方式。新的组件系统必须既满足单轴加工，又满足多轴加工的要求。

3）加工中心化。组合机床向柔性化发展，应移植加工中心机床技术，功能应向加工中心机床靠拢。短节拍的加工中心适用于完成箱体零件高精度大孔的柔性加工。

4）工位间工件运输以混流式为主。柔性自动线主要用于中大批量生产，其工位间工件运输宜采用自由输送辊道结构混流式运输系统。虽然其柔性化水平低一点，但对于中大批量柔性化生产是一种经济可靠的方案。

柔性化组合机床及其组成部件包括 X 轴滑台模块、Z 轴滑台模块、Y 轴滑台模块、$X+Z$ 十字滑台模块、多轴箱动力模块、回转台模块、换刀模块、换向模块和转塔模块等柔性组合模块。典型加工单元的单元式机床模块（即将原来的通用部件扩大到以构成一个加工工位的单台机床）有卧式单坐标机床模块、卧式二坐标机床模块、三坐标单元式机床模块、分离式三坐标换刀换箱机床、转塔主轴箱式加工单元、单坐标双面换箱式加工单元、主轴箱可两个坐标移动的双面换箱加工单元、具有有轨小车的柔性制造单元和无轨小车的柔性制造单元等。

柔性化组合机床的控制技术包括由柔性化组合机床组成的生产系统，其柔性化程度不是要求很高，重要的是高生产率和灵活性的结合，其控制技术并不一定需要追求全部 CNC 化。如果柔性线内无 CNC 控制的单元式机床模块，全线应采用 PC 控制；线内如果有单独采用 CNC 控制的单元式机床模块时，如并入

加工中心、数控模块等，则应采用两级（PC+CNC）控制，需要时可再与上一级的生产管理计算机相衔接。组合机床柔性化主要实现加工动力头主运转速度的可调可变和进给运动的柔性化，其控制系统除全面移植加工中心的 NC 技术，即采用直流伺服驱动装置和通用的数控系统，还采用由各种功能模块构成的可灵活配置的、具有组合机床加工特点的模块化结构，有高性能单坐标轴位置伺服模块、可扩充的 PC 模块、用于 2~10 坐标轴及以上的多轴数控模块、联网通信模块，以及其他辅助性模块组成的柔性组合机床数控系统。

2. 1. 2　组合机床及其自动线的设计特点和选用原则

1. 组合机床设计特点

组合机床及其自动线是"量体裁衣"产品，产品设计工作是一个关键，不仅设计工作量大，而且要求一次设计成功，还要有创新能力。

组合机床设计步骤：

1）制订工艺方案。

2）分析和确定机床各部件间的相互关系。

3）选择通用部件和刀具，计算切削用量和生产率。

4）进行组合机床的部件设计（又称为技术设计）。

5）施工图设计。

组合机床设计时应考虑：采用先进的加工工艺，制订最佳的工艺方案；合适地确定机床工序集中程度；合理地选择通用部件；选择恰当的配置形式；合理地选择切削用量；设计高效可靠的夹具、工具、刀具及主轴箱等。

2. 影响组合机床形式的因素

组合机床的形式主要取决于工件的结构和加工精度、所采用的工艺方案，以及所要求的生产率，同时还要着重考虑工件的定位夹紧方式、夹具结构形式、排屑、操作安全及自动化、环保等问题。对加工多种工件用的组合机床还必须考虑其可调性、可变性。

选定机床形式时，应对几种不同的影响因素进行分析比较：

1）机床的负荷率。

2）可达到的加工精度。

3）使用方便性。

4）机床的可调性。

5）切屑排除的方便性。

6）机床部件的通用化程度。

7）机床占地面积。

8）环保。

3. 专用部件设计

组合机床夹具是保证工件加工精度的主要部件，是根据工件形状和要求加工工序设计制成的。

1）夹具的特点。夹具除设置定位夹紧机构和刀具导向装置，为了提高机床自动化程度，有时还设有工件自动升降、自动转位等机构，并采用电、气、液压等传动系统来驱动，由机床总控制系统控制，实现整台机床工作循环的自动化。

夹具的技术要求及保证措施见表 2.1-2。

2）刀具导向方式的选择。刀具导向方式有两种：一种是刀具运动直接由导向套来导向；另一种是由导向套限制刀具接杆或镗杆的运动来实现对刀具的导向。导向套有固定的、滑动的和螺旋的三类。通过接杆导向时，杆部的结构形式有开油沟、镶铜条、带直齿和带弧齿四种。滑动导向套的镗杆支承部分可装设滑动轴承或滚珠、滚锥、滚针轴承。各种导向套的布置和应用范围见表 2.1-3。

表 2. 1-2　夹具的技术要求及保证措施

技术要求	保　证　措　施
定位夹紧可靠，在切削过程中应保证工件不产生移动	1）在多面组合机床上，夹紧力应按最大切削力或切削力的最大合力考虑，不考虑相对两面切削力的相互抵消作用 2）最好采用自锁式夹紧机构。夹具受力部位和支承部位做成封闭式结构，以提高夹具的刚性 3）以"一面两销"定位时，可以考虑定位销承受一定的切削力 4）要确保定位基面的定位精度。高精度组合机床夹具可在定位支承面上设小孔，用气压检查定位情况
保证所加工孔的位置精度与尺寸精度	1）采用分布合理并有相应精度的导向套 2）高精度夹具的导向套与夹紧支架分开 3）高精度镗孔夹具可采用静液压轴承的旋转导向套，高速精镗轻金属工件的夹具可采用气压轴承旋转导向套 4）提高导向套中心距的制造精度。对高精度且中心偏差很小的导向套孔采用坐标磨床来磨制，中心距偏差保持±0. 003~±0. 005mm 5）将导向装置安装在回转工作台台面或回转鼓轮上，减少转位误差

（续）

技术要求	保证措施
工件定位夹紧实行自动化或机械化	1）用液压缸驱动伸缩式定位销实现工件定位自动化 2）用气缸、液压缸驱动夹紧机构实现工件夹紧自动化 3）用连杆及其他机构实现压板自动移动（或回转）工件 4）用气缸、液压缸升降工件，进行自动让刀，防止退刀时划伤已加工表面 5）在夹具上装设限位开关和相应的挡铁，实现夹具本身各动作与其他部件动作间的互锁，保证自动工作循环的可靠
为顺利装卸工件创造条件	1）在夹具上设立限位块或初定位块，便于将工件吊入或推入夹具 2）当工件较重并用手推入夹具时，采用弹簧支承的浮动滚道 3）对需要推入装料而又放不稳的工件，采用装料小车（或托板） 4）采用自动上下料装置
防止切屑堆积影响工件准确定位	1）将易于堆积切屑的面做成大于30°的倾斜面，实现自动排屑 2）将工件倾斜安装以便于切屑自动排除 3）在支承板上开槽或采用光滑平面的支承板以利于清除切屑 4）夹具做成敞开式便于清除切屑。采用刚性主轴加工，使夹具敞开便于排屑

表 2.1-3　各种导向套的布置和应用范围

导向类别	工艺方法	加工示意图	导向长度 l_1/mm	导套至工件端面的距离 l_2/mm	推荐的应用直径/mm	应用速度范围（导向部分的最大线速度）/(m/min)	刀具与主轴的连接形式
固定套导向	钻孔		$(1 \sim 2.5)d$ 小直径取大值，大直径取小值	钻钢件时：$(1 \sim 1.5)d$ 钻铸铁件时：$\approx d$ d 过大或过小时，上述规律不适应，应对计算值做适当增减 l_2：5~35	$d \leqslant 40$	<20	刚性
	扩孔或铰孔	 后导向　前导向	单导向：$(2 \sim 4)d$ 双导向：$(1 \sim 2)d$ 小直径取大值，大直径取小值，前导向可比后导向短些	扩孔：$(1 \sim 1.5)d$ 铰孔：$(0.5 \sim 1.5)d$ 直径小、加工精度要求高时取小值	开油沟导向 $d \leqslant 40$ 镶铜条导向 $d \leqslant 80$ 直齿导向 $d \leqslant 60$ 弧齿导向 $d \leqslant 60$	<20 <25	刚性或浮动 当导向长度较大和有两个以下导向时，应采用浮动连接

（续）

导向类别	工艺方法	加工示意图	导向长度 l_1/mm	导套至工件端面的距离 l_2/mm	推荐的应用直径/mm	应用速度范围（导向部分的最大线速度）/（m/min）	刀具与主轴的连接形式
滑动套导向	镗孔或车外圆	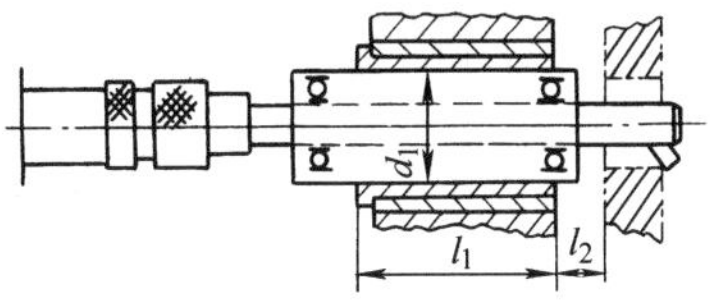	$(2\sim3)d$ 当刀杆悬伸较大时应取大值 双导向加工时，前导向可比后导向短些，前导向可用旋转导向套	20~50 视结构许可而定	70 ~ 200	装滚动轴承 $d_1>50$ 装滚珠轴承 $d_1>70$ 装滚锥轴承 $d_1>85$ 装滚针轴承 $d_1>55$	可用于高速切削。其速度只受轴承转速及刀具许用切削速度的限制	浮动
螺旋套导向	钻、扩、镗	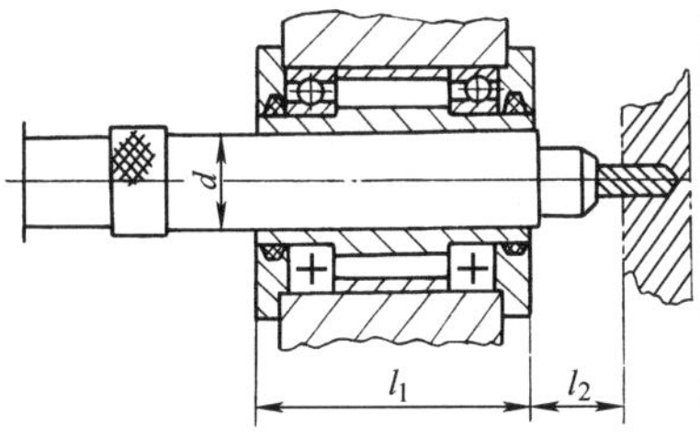	$(2.5\sim2.5)d$		$d\leqslant80$	可用于高速切削及切削负荷不均匀时	刚性或浮动

4. 典型组合机床夹具示例

（1）用于钻、镗、攻螺纹工序的单工位组合机床夹具

1）双面钻孔夹具（图 2.1-12）。该夹具用于钻气缸体顶面和一个侧面的钻孔。其特点如下：工件用"一面两销"定位，手动操作。用气缸、自锁凸轮进行夹紧。两个气缸置于夹具一侧，通过两个压板和压柱夹紧工件，夹紧机构占用顶盖位置较小，以便在顶部安装导套。为了便于推入工件，采用了浮动滚道，工件推入夹具后靠初限位螺钉限位。工件加工完毕，移开初限位螺钉，从夹具后端卸出。

2）精镗箱体件孔用夹具（图 2.1-13）。该夹具的特点：工件用固定定位销定位，用气缸和楔铁机构夹紧。先将工件放在气缸操纵的 4 个小圆柱上，小圆柱下降使工件套在定位销上定位。当小圆柱升起时，将工件抬离定位面，便于镗孔前引入镗杆，镗杆退刀时不留刀痕。气缸动作时通过连杆带动压板回转撤离工件，以便装卸工件。为了避免镗模架受力。镗模架与夹紧支架是分开的。为了保证加工精度，夹具上设置了中间导向，工件只能用吊装法吊入夹具。

3）三面攻螺纹机床夹具（图 2.1-14）。该夹具用于对箱体工件底面和两侧面攻螺纹。攻螺纹时工件底面朝上。工件顶面为半圆形，不易放稳，因此夹具上附有装料小车，工件先装入小车中，再推入夹具；工件定位时，由 V 形块抬起工件，向上定位并夹紧。

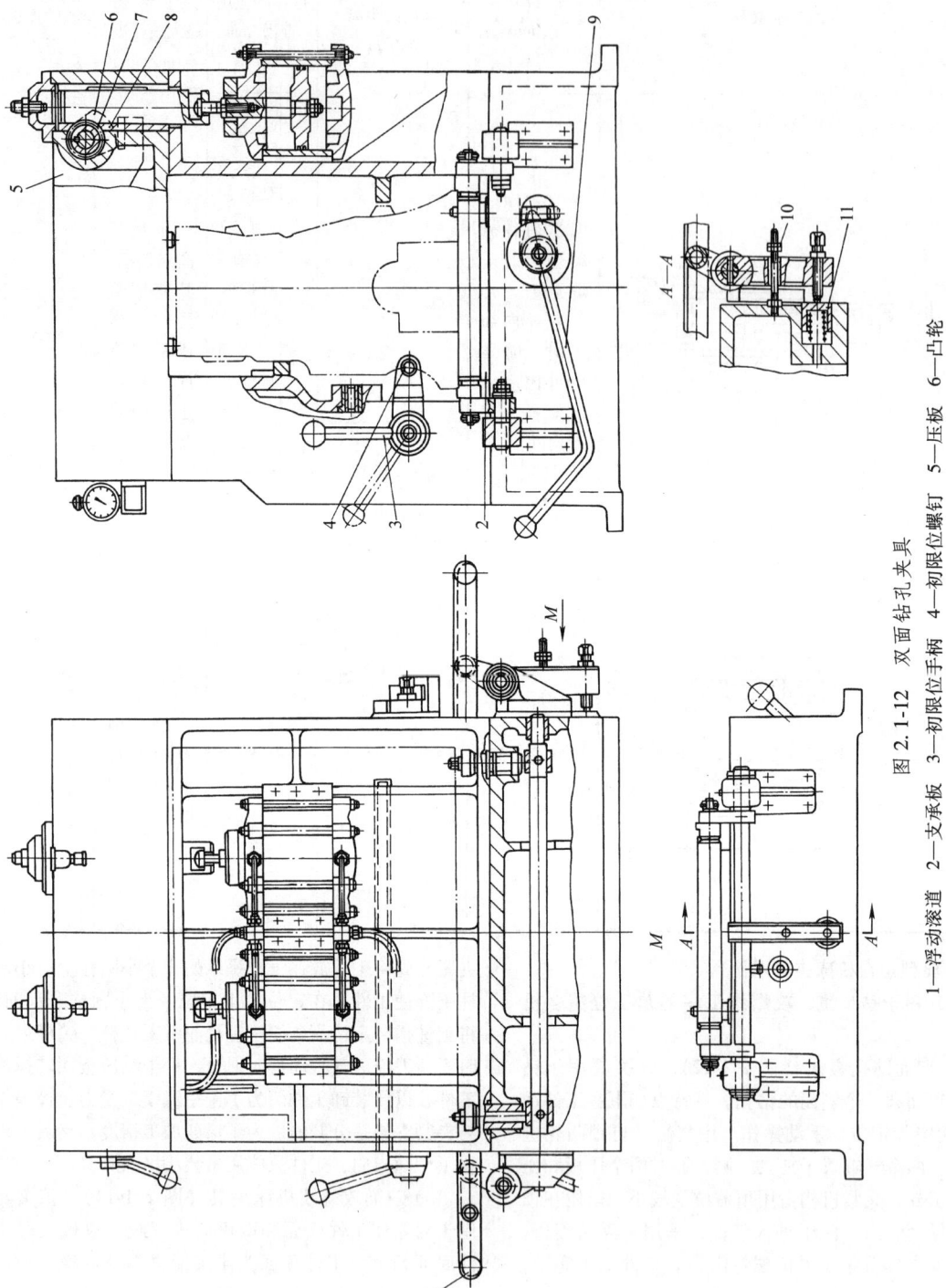

图 2.1-12 双面钻孔夹具

1—浮动滚道 2—支承板 3—初限位手柄 4—初限位螺钉 5—压板 6—凸轮
7—齿轮 8—齿条 9—定位销操作手柄 10—限位螺钉 11—滚道滚动弹簧

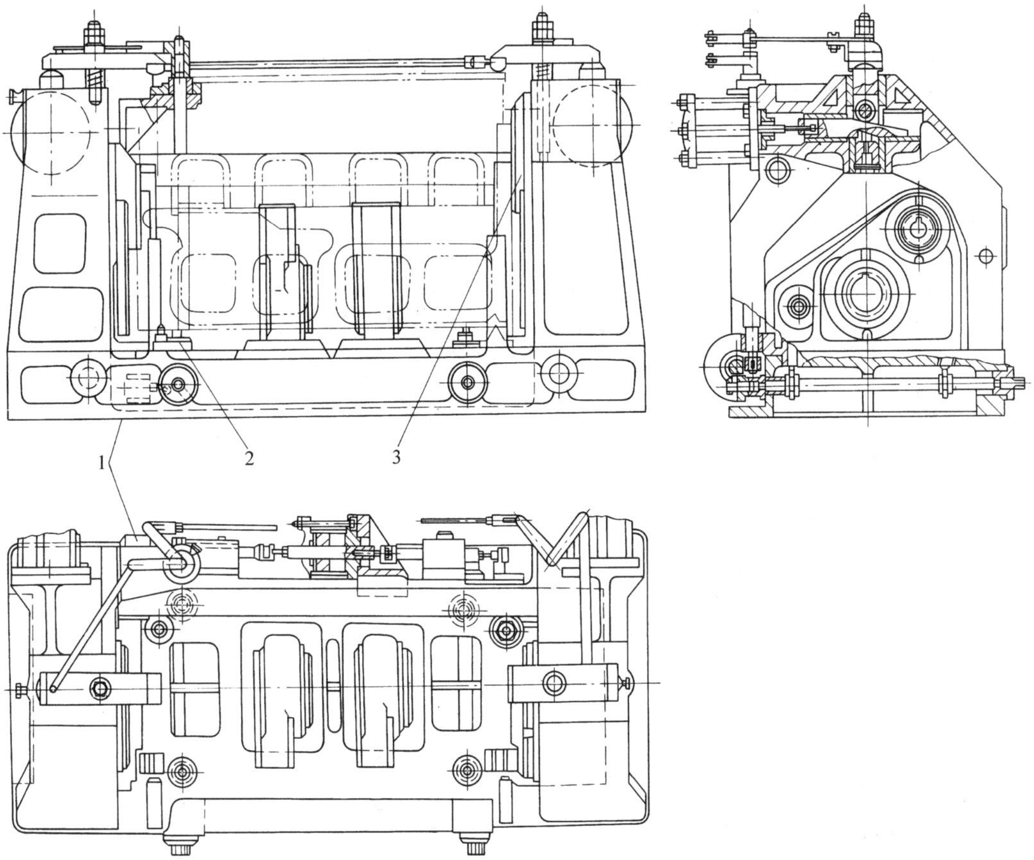

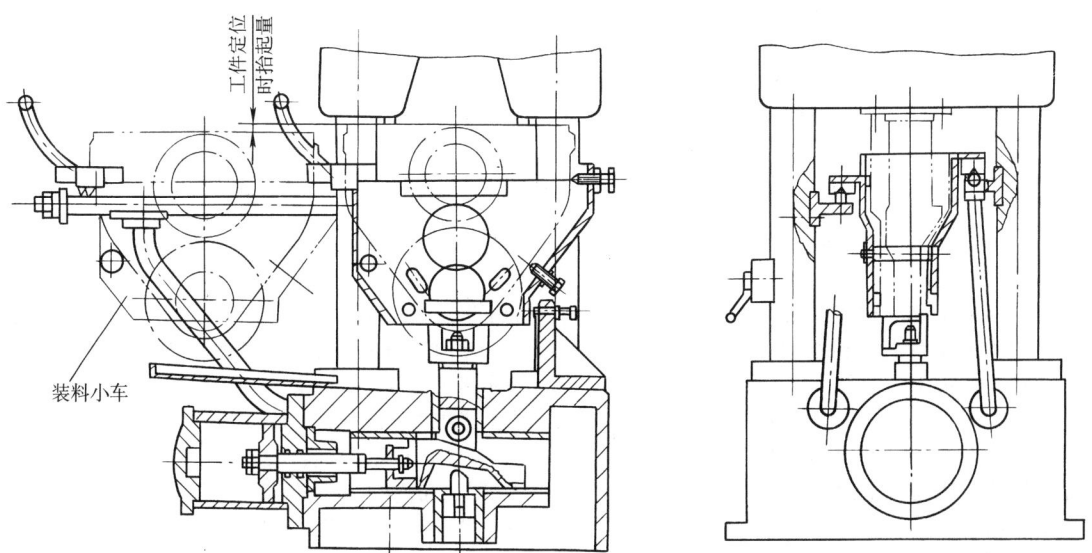

图 2.1-13　精镗箱体件孔用夹具
1—互锁用限位开关　2—升降工件用小圆柱　3—限位板

图 2.1-14　三面攻螺纹机床夹具

（2）用于钻、镗工序的多工位组合机床夹具

1）分度回转工作台夹具。刀具导向部分可以直接装在夹具上，也可以装在活动钻模板上。活动钻模板的形式比较灵活，导向套可根据各工位相应刀具设计，便于布置刀具，但加工位置精度不如导向套直接装在夹具上。

图 2.1-15 所示为一独立安装的四工位回转工作台夹具。采用自动定心虎钳，用机械扳手同时夹紧两个工件。定位销 6 使活动钻模板在工作台上定位，在三个加工工位的夹具上，选其中两个距离较远的定位销与活动模板定位。夹具上设有下导向，与活动钻模板上的上导向配合使用。

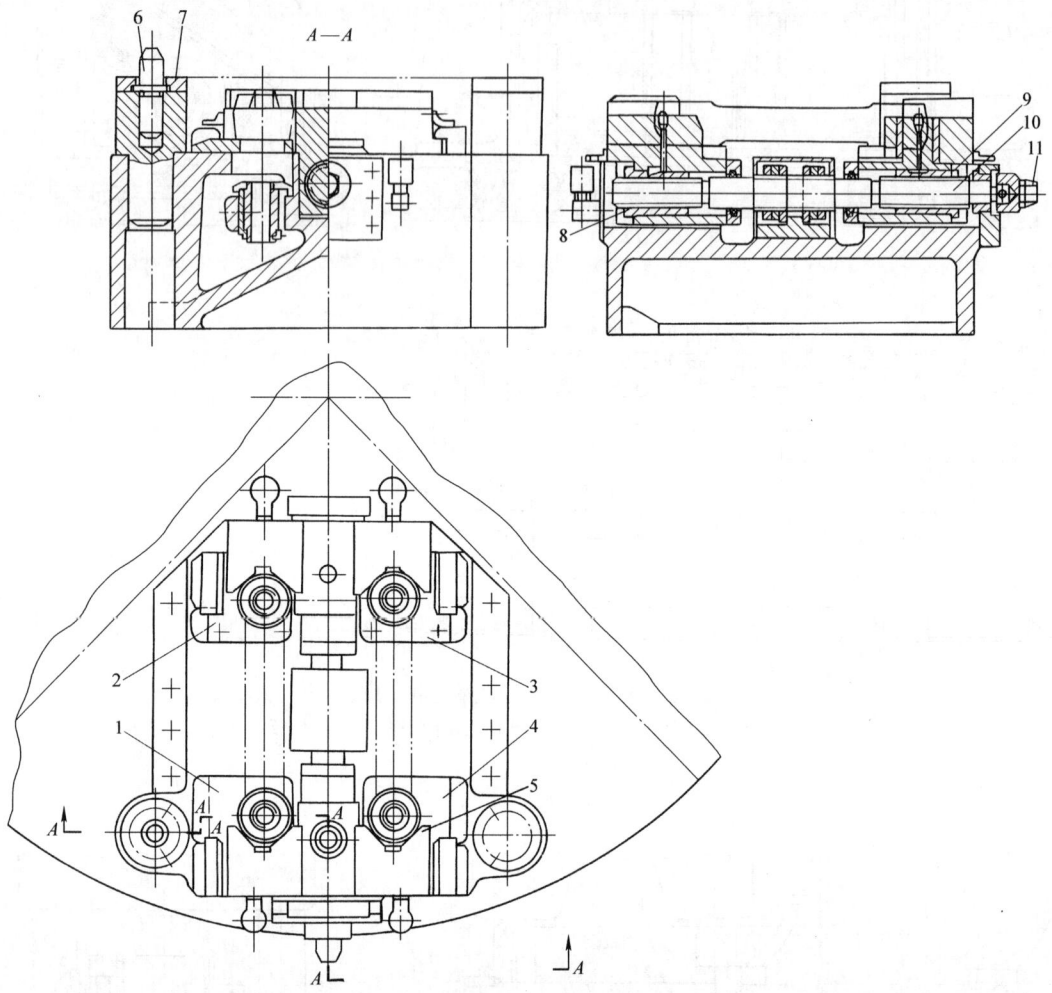

图 2.1-15　四工位回转工作台夹具

1、2、3、4—支承板　5—V 形块　6—定位销　7—垫圈　8、9—螺母套　10—丝杠　11—六方头

2）悬挂式活动钻模板。图 2.1-16 所示为一个与立式回转工作台夹具相配的钻模板，用 4 根拉杆悬挂在主轴箱上。主轴箱下降开始加工前，活动钻模板的两个定位套在夹具定位销上定位；主轴箱退至原始位置时活动钻模板与夹具脱开，夹具才能转位。钻模板上设有导向套与各工位刀具导向部分相适应。

3）分度鼓轮式夹具。工件大多数装在鼓轮的棱面上，也可以装夹在鼓轮的端面上，根据工件形状及

加工部位来决定。定位元件与夹紧机构直接装在鼓轮上。导向套通常装在鼓轮两侧的支架上。图 2.1-15 所示为工件装在鼓轮棱面的夹具。鼓轮本身还可以带有夹紧机构，以免加工时晃动。

4）双工位（双层）夹具。图 2.1-17 所示为一个上下二层的双工位（双层）夹具，工件先后在两个工位进行加工。为了减轻体力劳动，在夹具前设有气动工件升降台，在夹具后端设有卸下工件的推料气缸。

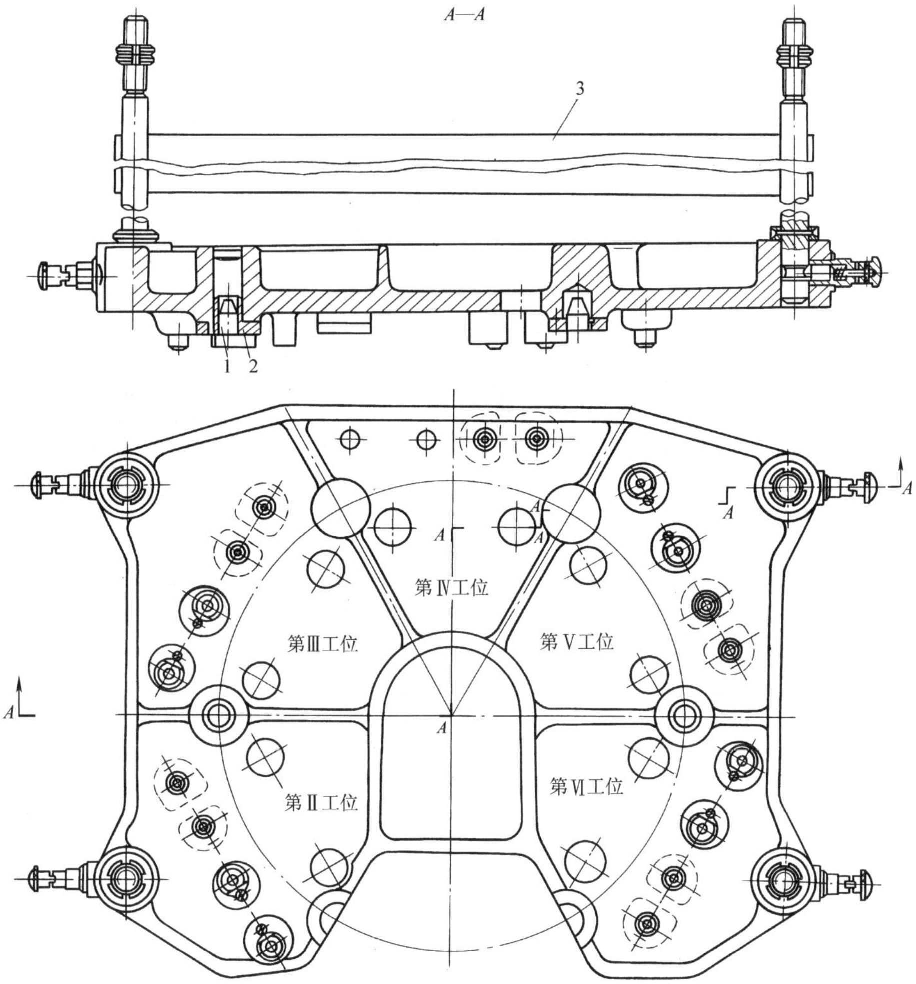

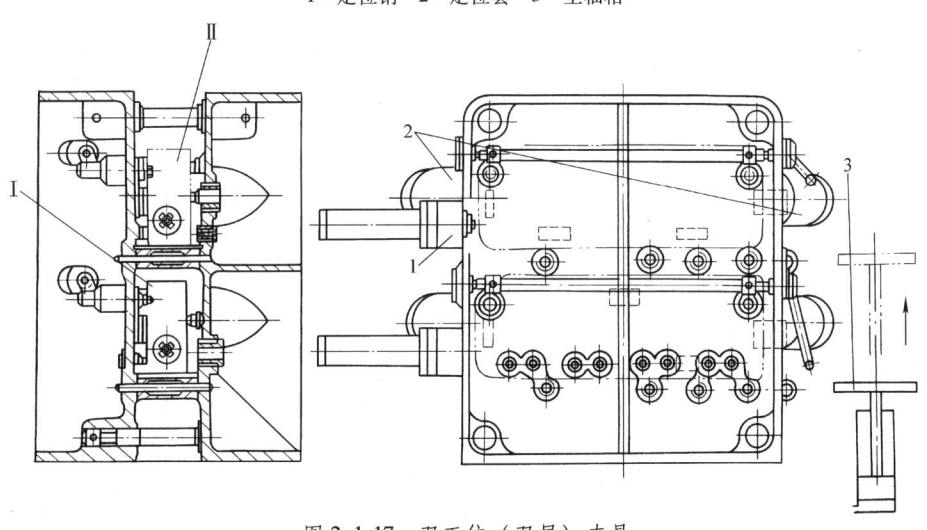

A—A
3
1
2
A
A
A
A
A
A
第Ⅳ工位
第Ⅲ工位
第Ⅴ工位
第Ⅱ工位
第Ⅵ工位

图 2.1-16　悬挂式活动钻模板

1—定位销　2—定位套　3—主轴箱

Ⅱ
Ⅰ
2
3
1

图 2.1-17　双工位（双层）夹具

1—推料气缸　2—工件夹紧气缸　3—气动工件升降台

Ⅰ—第一工位　Ⅱ—第二工位

5）多工位移动工作台夹具。图 2.1-18 所示为一种液压缸驱动反靠定位的四工位移动工作台夹具。第二、三两工位用活动定位销定位面与固定定块定位面反靠定位，第一、四工位用台面端面挡块与两端定位块紧靠定位。台面向前移动和退回反靠及最后退回原位均由装在底座一侧的行程节流阀、限位开关及锁住定位销上端位置插销的互相配合来实现。

移动工作台夹具的刀具导向部分有两种安装方式：一种直接装在夹具上，另一种装在模板上。模板分别装在各工位的主轴箱上，其作用和选用原则与回转工作台夹具导向的安装方式一样。

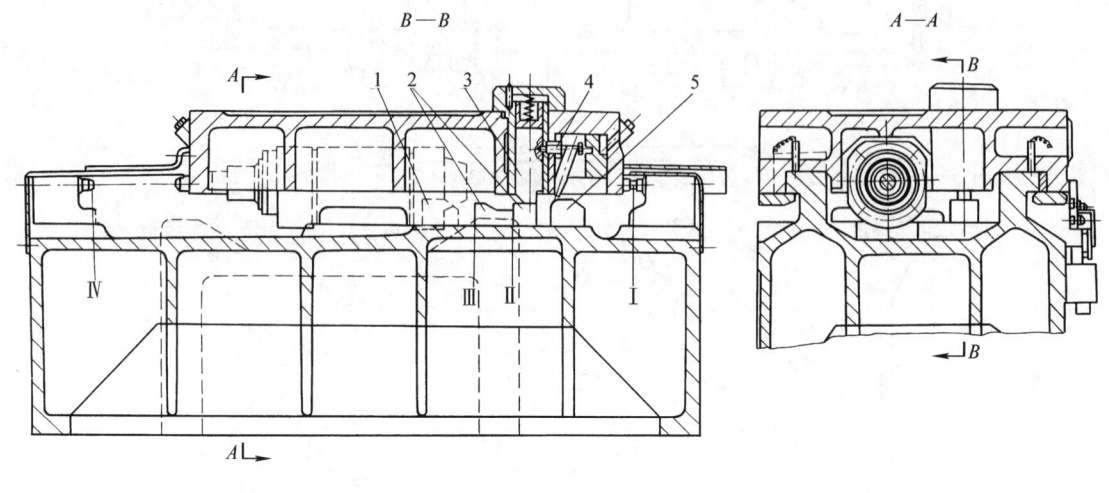

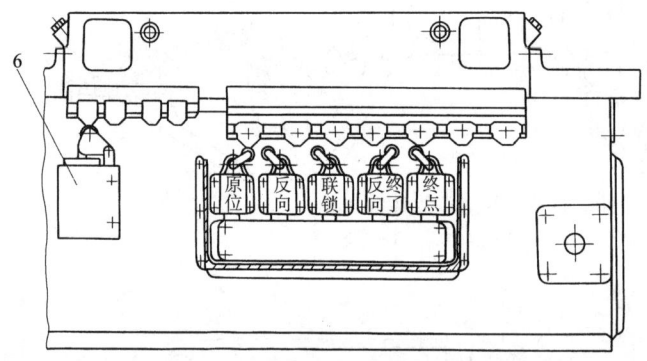

图 2.1-18 四工位移动工作台夹具

1—最后抬起定位销挡铁 2—定位挡铁 3—活动定位销 4—定位销上端位置插销
5—插销退离定位销挡铁 6—行程节流阀
Ⅰ、Ⅱ、Ⅲ、Ⅳ—第一、第二、第三、第四工位定位面

5. 典型组合机床主轴箱示例

（1）各种主轴箱的结构及用途

1）齿轮传动钻削主轴箱（图 2.1-19）。这种主轴箱由主轴箱体、前盖、后盖、侧盖、上盖、主轴、传动轴、六方头手柄轴、齿轮、润滑油泵、分油器等主要通用零件及各种轴承组成。主轴箱体、前盖的铸件是通用零件，按需要进行镗孔，各主轴通过传动齿轮获得必须的转速。这种主轴箱通常用于有导向的

钻、扩、铰、倒角、锪孔和镗孔等工序。

2）攻螺纹主轴箱（图 2.1-20）。攻螺纹主轴箱的结构与钻削主轴箱基本相同，但不带前盖，直接固定于侧底座上，前盖位置换成一块攻螺纹模板。当主轴数超过 8 个时，需要安装电磁制动器、电容或抱闸制动器来控制主轴停止位置。在箱体一侧设有攻螺纹行程控制机构（见主轴箱附加机构）。

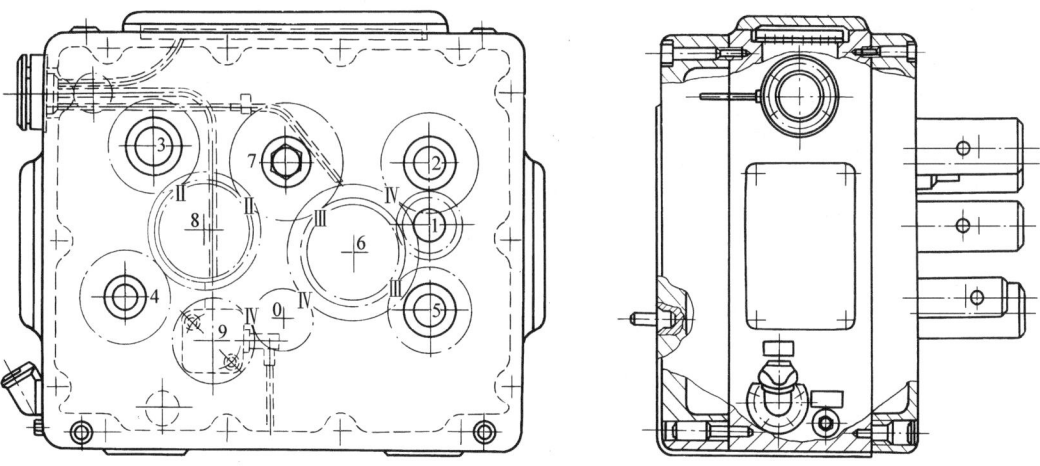

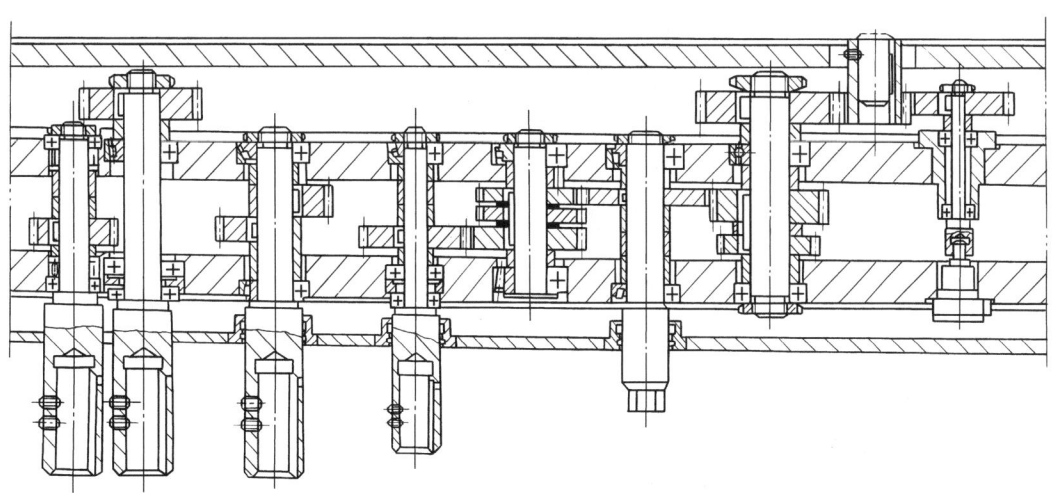

图 2.1-19　齿轮传动钻削主轴箱

1、2、3、4、5—主轴　0、6、8、9—传动轴　7—六方头手柄轴　Ⅱ、Ⅲ、Ⅳ—传动齿轮啮合部位

3）钻孔攻螺纹复合主轴箱（图 2.1-21）。将钻削主轴箱和攻螺纹主轴箱拼合在一起，用两个电动机分别驱动钻削与攻螺纹主轴。攻螺纹靠模装在活动攻螺纹模板上，模板连接到主轴箱上。这种主轴箱用于多工位钻孔攻螺纹复合组合机床。

4）刚性主轴箱（图 2.1-22）。当镗削高精度孔而通用的镗削头不适用时，须设计制造专用的刚性主轴箱，其特点是主轴刚度大、有较高的回转精度，镗削时可以不用导向。这类主轴箱通常由专用零件组成。图 2.1-22 所示为一种刚性主轴箱结构。主轴轴承的结构形式，除可采用各种滚动轴承，当精度要求较高时，也可采用静液压轴承或动液压轴承；当高速精镗铝合金工件时，还可以采用气压轴承。

5）曲拐传动主轴箱。曲拐传动是利用曲拐带动拐板，再由拐板带动各主轴进行旋转。这种传动方式结构简单紧凑，主轴轴间距可以较近。各主轴转速相同，适合于钻削等直径小孔，但运动不够平稳，润滑情况较差，磨损较快。图 2.1-23 所示为一种曲拐传动主轴箱。其拐板用夹布胶木制成，曲拐主轴是整体式，强度较好，但工艺上比较复杂。主轴转速以小于 700r/min 为宜。

（2）钻小孔、攻螺纹时主轴箱最小轴间距（见表 2.1-4~表 2.1-6）。

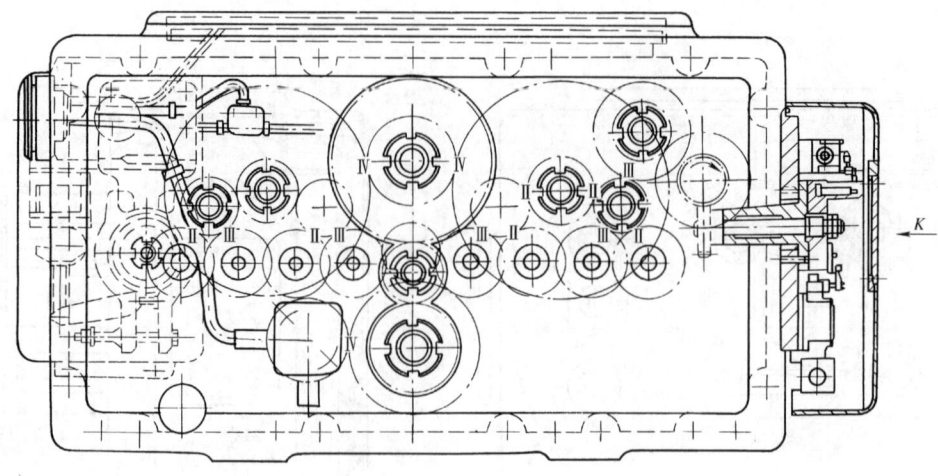

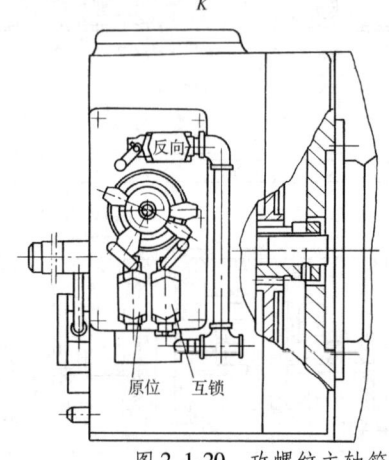

图 2.1-20　攻螺纹主轴箱

Ⅱ、Ⅲ、Ⅳ—传动齿轮啮合部位

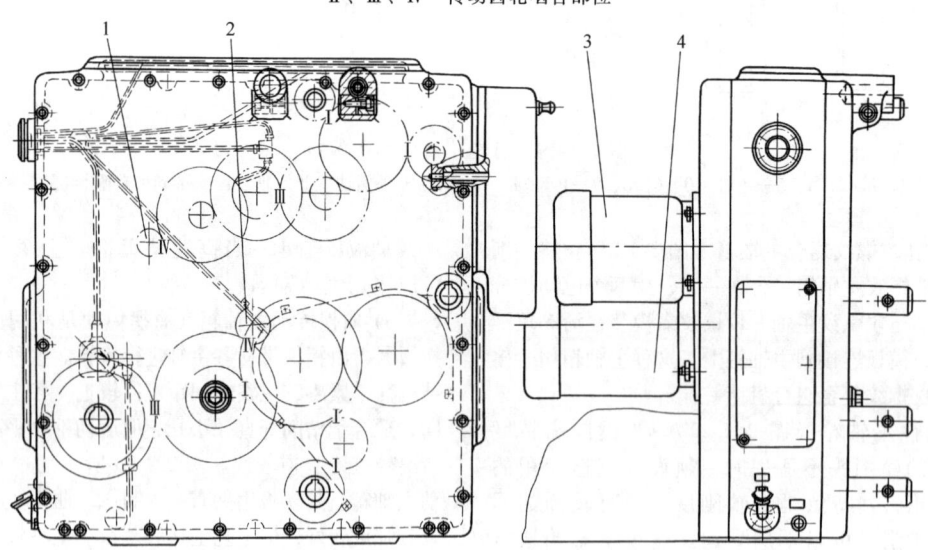

图 2.1-21　钻孔攻螺纹复合主轴箱

1—攻螺纹电动机轴中心　2—钻孔电动机轴中心　3—攻螺纹电动机　4—钻孔电动机

Ⅰ、Ⅲ、Ⅳ—传动齿轮啮合部位

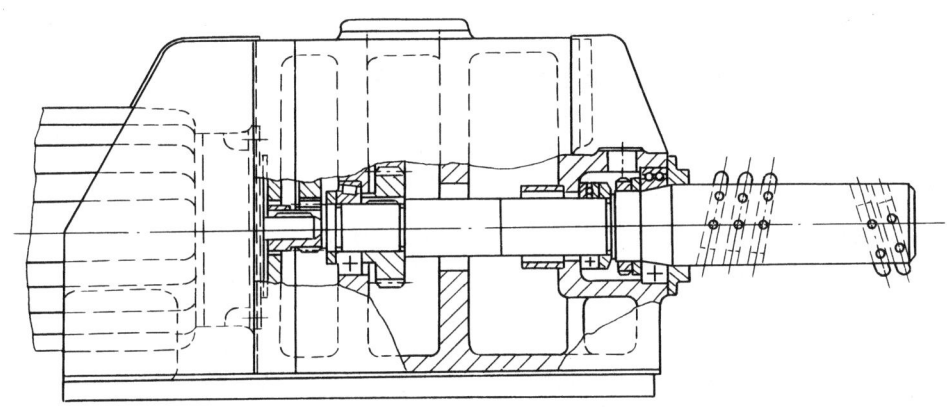

图 2.1-22　刚性主轴箱结构

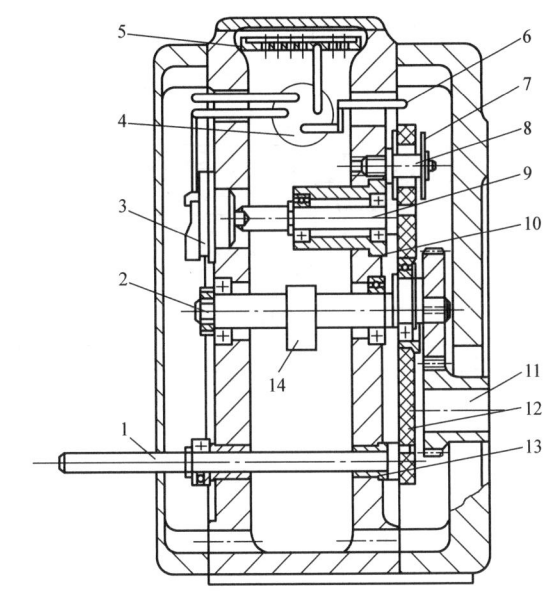

图 2.1-23　曲拐传动主轴箱

1—曲拐主轴　2—主拐轴　3—油泵　4—分油器　5—油盘　6—油管　7—垫　8—销
9—油泵传动轴　10—轴承套　11—动力箱输出轴　12—拐板　13—铜套　14—平衡块

表 2.1-4　在钢件上钻小孔时主轴箱最小轴间距　　　　　　　　　　　　　（mm）

钢件上钻孔直径	4	6	10
主轴箱最小轴间距	12.5	16.5	20.5

表 2.1-5　用动力头在钢件上攻螺纹时主轴箱最小轴间距　　　　　　（mm）

钢件上攻螺纹直径	M4	M6	M8	M12
主轴箱最小轴间距	12.5	14.5	16.5	19.5

表 2.1-6　用攻螺纹靠模装置攻螺纹时主轴箱最小轴间距　　　　　（mm）

螺孔直径	M10 NPT 1/8	M14 NPT 1/4	M20 NPT 3/8	M27 NPT 11/4
主轴箱最小轴间距	25（卧式） 28（立式）	36.5	53	63
主轴直径	15	20	25	30

（3）主轴箱尺寸与滑台尺寸的关系

主轴箱尺寸与相配滑台滑鞍宽度的关系见表 2.1-7。

表 2.1-7　主轴箱尺寸与相配滑台滑鞍宽度的关系（根据 GB/T 3668.1—1983）　（mm）

主轴箱尺寸	最小	320×250	400×320	500×400	630×500	800×630	1000×800
（宽×高）	最大	630×400	800×500	1000×630	1250×800	1250×1000	1250×1250
滑鞍宽度		250	320	400	500	630	800

（4）主轴箱附加机构

为了对主轴运动进行某种控制，需要采用主轴箱附加机构，如攻螺纹行程控制机构、主轴慢转和径向定位机构、主轴进给加速（或减速）机构等。

1）攻螺纹行程控制机构。这是用靠模攻螺纹时控制攻螺纹主轴运转的机构。它装有 3 个限位开关，由 3 个挡铁来控制，分别发出原位、反向和必要的互锁 3 个信号。攻螺纹行程控制机构有直线移动式和回

转式两种形式。直线移动式（图 2.1-24）是由螺杆控制只能轴向运动的小杆，杆上装有 3 个挡铁分别用来控制三种不同信号。回转式（图 2.1-20）是 3 个挡铁装于一个圆盘上，分别控制攻螺纹主轴的原始位置、攻至规定深度后反转及互锁信号，圆盘经蜗轮副与主轴箱传动系统相连。回转式可安装在主轴箱侧面，直线移动式只能安装在主轴箱后盖或前盖上，结构比较简单，但不便于装在一个密封小箱内。

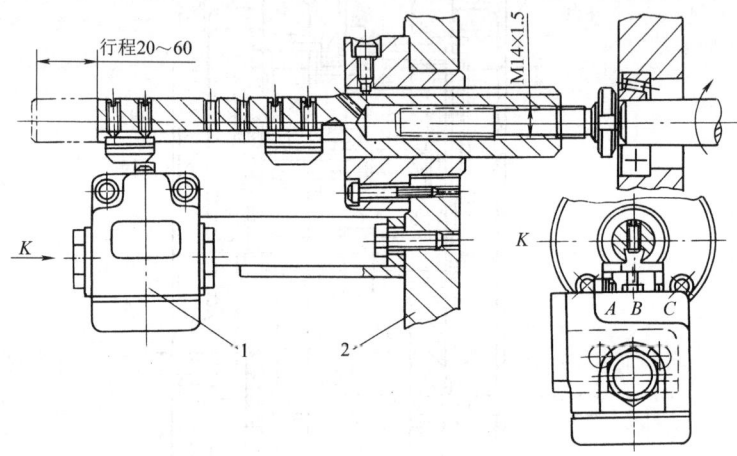

图 2.1-24　直线移动式攻螺纹行程控制机构
1—多级行程开关　2—主轴箱后盖（或前盖）
A—反向　B—互锁　C—原位

2）主轴慢转和径向定位机构。在镗孔组合机床上，有时要求带有镗刀的镗杆自动引入带刀槽的导向，或者对已镗好的孔表面上不允许留下退刀刀痕时，都要求主轴箱主轴能慢转至规定径向位置实现自动定位。

3）主轴进给加速（或减速）机构。这种加（减）速进给通常是通过齿轮、齿条、推杆机构来获得与正

常进给方向相同或相反的附加进给运动，使同一主箱上的主箱有不同的进给速度，满足同一个主轴箱上实现钻孔与铰孔两种工序。图 2.1-25 所示为用于单主轴的进给加速机构。当主轴箱体前进，推杆 5 碰上预先设置的挡块时，主轴箱体继续向前会使推杆向后移动，通过齿轮和滑套使主轴得到附加进给运动，主

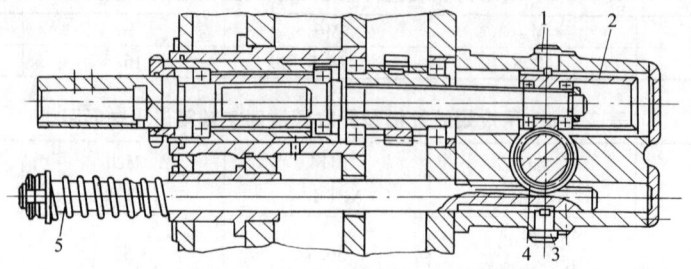

图 2.1-25　单主轴进给加速机构
1、3—键　2—滑套　4—齿轮　5—推杆

轴的进给速度为主轴箱进给速度与附加进给速度之和，本图所示机构是进给速度增加一倍。将齿轮 4 换成齿数不同的两个齿轮来驱动滑套，选用恰当的齿数比，可以获得所需的附加进给速度。当轴数较多时，可将一组主轴装在一个大套筒内，使套筒实现加（减）速进给速度。

2.1.3　组合机床通用部件和标准化

组合机床是由标准化的通用部件为主组成的专用机床。通用部件是根据组合机床部件的特定功能要求，按系列化、通用化、标准化原则设计的。通用部件的品种、结构和性能决定组合机床的工作性能、技术水平、工艺可能性和技术经济性。所以，通用部件是组合机床及其自动线的基础，其性能的优劣在很大程度上决定着组合机床的水平。

1. 组合机床通用部件的分类

按其功能可分为五大类，每大类中又有很多品种：

动力部件
- 动力滑台
- 垂直移动动力滑台
- 动力头
- 动力箱
- 钻削头
- 铣削头
- 镗削头
- 镗孔车端面头
- 主轴可调头
- 十字滑台
- 转塔头
- 自动换刀头
- 自动更换主轴的动力箱

支承部件
- 立柱
- 立柱底座
- 侧底座
- 支架
- 可调支架
- 中间底座
- 工作台底座

输送部件
- 分度回转工作台
- 分度鼓轮
- 环形工作台

控制部件
- 操纵台
- 电气柜
- 液压站
- 数控系统
- 控制挡铁

辅助部件
- 夹紧装置
- 冷却装置
- 润滑装置
- 排屑装置
- 清洗装置

2. 组合机床通用部件的标准化

我国组合机床行业已颁布的标准中主要有下列国家标准和行业标准，见表 2.1-8～表 2.1-10。

3. 典型通用部件

1）动力部件的主运动。动力部件的主运动多数情况是采用交流电动机驱动。钻孔直径 3mm 以下的小型钻削头也可采用高频直流电机驱动。需要变速的切削头可采用交流变速电机驱动。

2）动力部件的进给运动。大规格动力部件的进给驱动有机械驱动、液压驱动和机电结合驱动（交流伺服驱动）等。前两类应用较广，后一类是新发展的。液压驱动进给量易实现无级调速，但其工作稳定性及快进速度不如机械驱动，而交流伺服驱动既具有液压驱动的易实现无级调速的优点，又具有机械驱动工作稳定性好的长处，还可存储和自动变换加工程序。小规格动力部件的进给驱动有气动、机械凸轮、气动液压、液压和气-电结合等。

3）典型动力部件种类。主要有电传动风动动力头、凸轮进给动力头（圆柱凸轮箱体移动式动力头和平板凸轮滑套式动力头）、液压钻深孔动力头、液压滑台、机械滑台、动力箱、钻削头、攻螺纹头、镗削头、镗孔车端面头、静压镗头、偏心镗头、多轴可调头、机械精镗头和转塔头等。

4. 典型动力部件示例

1）电传动风动动力头（图 2.1-26）。这种动力头的主运动用电动机驱动，进给运动及控制采用压缩空气为动力源，能实现半自动及全自动循环。适宜加工直径 0.5～13mm 及空间成交叉角度的群孔加工。全部控制装置都装在动力头内。其主要技术性能见表 2.1-11。

2）机械滑套式动力头。这种动力头的主运动和进给运动是用一个电动机驱动的，自成独立加工单元。它是滑套移动式的，由平板凸轮推动主轴套筒实现刀具的进给。它可根据被加工零件的工艺要求进行单轴加工，也可在其套筒前端安装多轴，进行多轴加工，如图 2.1-27 所示。

1LHJ 系列为原位不停电动机的机械滑套式动力头，表 2.1-12 中的最大钻孔直径指在一定的主轴转速和进给量时在 45 钢上的钻孔直径。1LHJ$_b$ 系列则为原位停进给电动机的机械滑套式动力头（图 2.1-28）。

表 2.1-8　国家标准（组合机床通用部件）

序号	标 准 名 称		标准号
1	组合机床通用部件	多轴箱箱体和输入轴尺寸	GB/T 3668.1—1983
2	组合机床通用部件	支架尺寸	GB/T 3668.2—1983
3	组合机床通用部件	回转工作台和回转工作台用多边形中间底座尺寸	GB/T 3668.3—1983
4	组合机床通用部件	滑台尺寸	GB/T 3668.4—1983
5	组合机床通用部件	动力箱尺寸	GB/T 3668.5—1983
6	组合机床通用部件	滑台侧底座尺寸	GB/T 3668.6—1983
7	组合机床通用部件	中间底座和立柱尺寸	GB/T 3668.7—1983
8	组合机床通用部件	立柱侧底座尺寸	GB/T 3668.8—1983
9	组合机床通用部件	主轴部件尺寸	GB/T 3668.9—1983
10	组合机床通用部件	多轴箱主轴端部和可调接杆尺寸	GB/T 3668.10—1983
11	组合机床通用部件	有导轨立柱尺寸	GB/T 3668.11—1983
12	组合机床通用部件	落地式有导轨立柱尺寸	GB/T 3668.12—1983
13	组合机床通用部件	安装多轴箱用的法兰盘和端面传动键尺寸	GB/T 3668.13—1983

表 2.1-9　机械工业行业标准（组合机床通用部件）

序号	标 准 名 称		标准号
1	组合机床通用部件	第1部分：多轴转塔动力头 参数和尺寸	JB/T 2462.1—2015
2	组合机床通用部件	第2部分：多轴转塔动力箱 参数和尺寸	JB/T 2462.2—2015
3	组合机床通用部件	第3部分：单轴转塔动力头 参数和尺寸	JB/T 2462.3—2015
4	组合机床通用部件	第4部分：单轴转塔动力头用传动轴 参数和尺寸	JB/T 2462.4—2015
5	组合机床通用部件	第5部分：单轴转塔动力头用钻削轴 参数和尺寸	JB/T 2462.5—2015
6	组合机床通用部件	第6部分：单轴转塔动力头用镗削轴 参数和尺寸	JB/T 2462.6—2015
7	组合机床通用部件	第7部分：单轴转塔动力头用铣削轴 参数和尺寸	JB/T 2462.7—2015
8	组合机床通用部件	第8部分：滑台（长台面型）参数和尺寸	JB/T 2462.8—2017
9	组合机床通用部件	第9部分：十字滑台 参数和尺寸	JB/T 2462.9—2017
10	组合机床通用部件	第10部分：单轴攻螺纹动力头 参数和尺寸	JB/T 2462.10—2017
11	组合机床通用部件	第11部分：多轴钻削头 参数和尺寸	JB/T 2462.11—2017
12	组合机床通用部件	第12部分：多轴攻螺纹动力头 参数和尺寸	JB/T 2462.12—2017
13	组合机床通用部件	第13部分：圆盘底座 尺寸	JB/T 2462.13—2017
14	组合机床通用部件	第14部分：落地式中间底座 尺寸	JB/T 2462.14—2017
15	组合机床通用部件	第15部分：侧支架（辐射型）尺寸	JB/T 2462.15—1999
16	组合机床通用部件	第16部分：多边形中间底座 参数和尺寸	JB/T 2462.16—1999
17	组合机床通用部件	第17部分：底座 尺寸	JB/T 2462.17—1999
18	组合机床通用部件	第18部分：可调支架 尺寸	JB/T 2462.18—1999
19	组合机床通用部件	第19部分：固定支架 尺寸	JB/T 2462.19—1999
20	组合机床通用部件	第20部分：立柱（长台面滑台用）尺寸	JB/T 2462.20—1999
21	组合机床通用部件	第21部分：复合立柱 尺寸	JB/T 2462.21—1999

（续）

序号	标 准 名 称	标准号
22	组合机床通用部件　第22部分：风动动力头 参数和尺寸	JB/T 2462.22—1999
23	组合机床通用部件　第23部分：风动动力头用可调圆柱支架 参数和尺寸	JB/T 2462.23—1999
24	组合机床通用部件　第24部分：单轴钻削头 尺寸	JB/T 2462.24—1999
25	组合机床通用部件　第25部分：单轴铣削头 尺寸	JB/T 2462.25—1999
26	组合机床通用部件　第26部分：单轴镗削与车端面头 尺寸	JB/T 2462.26—1999
27	组合机床通用部件　第27部分：车端面刀盘 尺寸	JB/T 2462.27—1999
28	组合机床通用部件　第28部分：多工位移动工作台 尺寸	JB/T 2462.28—1999

表 2.1-10　机械工业行业标准（精度及技术条件）

序号	标 准 名 称	标准号
1	组合机床　铣削头 精度检验	JB/T 3038—2011
2	组合机床　镗削头 精度检验	JB/T 3039—2011
3	组合机床　钻削头 精度检验	JB/T 3040—2011
4	组合机床　镗孔车端面头 精度检验	JB/T 3041—2011
5	组合机床　夹紧油缸 系列参数	JB/T 3042—2011
6	组合机床　多轴箱 精度检验	JB/T 3043—2011
7	组合机床　夹具 精度检验	JB/T 3044—2011
8	钻镗组合机床　精度检验	JB/T 3045—2008
9	铣削组合机床　精度检验	JB/T 3046—2008
10	攻丝组合机床　精度检验	JB/T 3047—2011
11	组合机床自动线　精度检验	JB/T 3048—2008
12	组合机床　回转工作台 精度检验	JB/T 3556—2011
13	组合机床滑套进给式动力头 精度检验	JB/T 4170—2011
14	小型组合机床　第1部分：精度检验	JB/T 7448.1—2006
15	小型组合机床　第2部分：技术条件	JB/T 7448.2—2006
16	组合机床　侧底座 精度检验	JB/T 9882—2013
17	组合机床　立柱 精度检验	JB/T 9883—2013
18	组合机床 精镗头 精度检验	JB/T 9884—2013
19	组合机床 液压滑台 技术条件	JB/T 9885—2013
20	组合机床 镗孔车端面头 技术条件	JB/T 9886—2013
21	组合机床 镗削头 技术条件	JB/T 9887—2013
22	组合机床 机械滑台 技术条件	JB/T 9888—2013
23	组合机床 滑台 精度检验	JB/T 9889—2013
24	组合机床 多工位移动工作台 精度检验	JB/T 9890—2013
25	组合机床 多轴箱 技术条件	JB/T 9891—2013
26	组合机床 动力箱　第1部分：精度检验	JB/T 9892.1—2013
27	组合机床 动力箱　第2部分：技术条件	JB/T 9892.2—2013

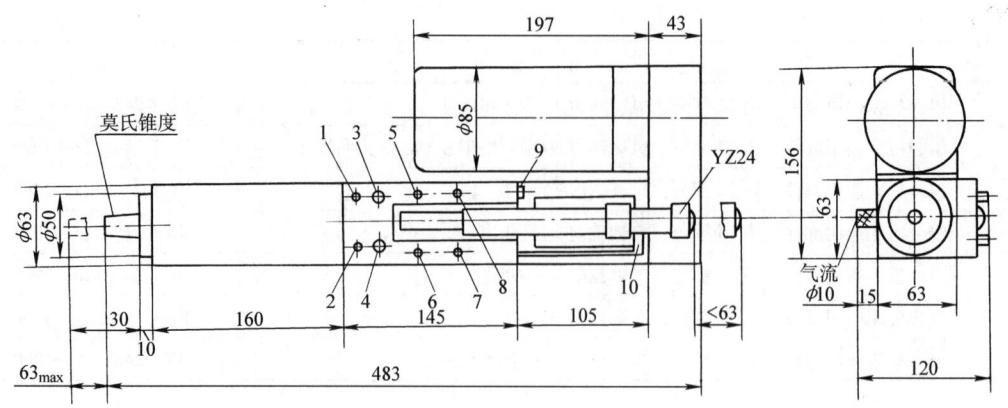

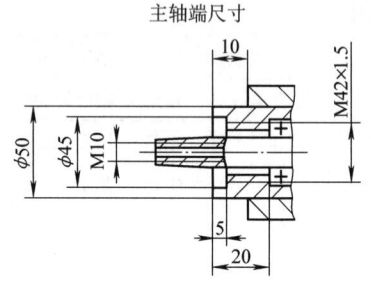

主轴端尺寸

图 2.1-26　电传动风动动力头

1—向后速度调节　2—向前速度调节　3—向后按钮　4—向前按钮　5—向后接头　6—向前接头
7—原位按头　8—前位接头　9—向后开关　10—原位开关

表 2.1-11　电传动风动动力头的主要技术性能

形式	型号	夹住直径/mm	转速/(r/min)	钻孔直径/mm	推力/N	最大行程/mm	最大耗气量/(L/min)	电压/V	功率/W	重量/kg
顶置式	LHF63D-4700	63	4700	0.5~13	1200	63	16.7	三相380	240	12.5
	LHF63D-4000		4000							
	LHF63D-2800		2800							
	LHF63D-1900		1900							
	LHF63D-1600		1600							
	LHF63D-1000		1000							

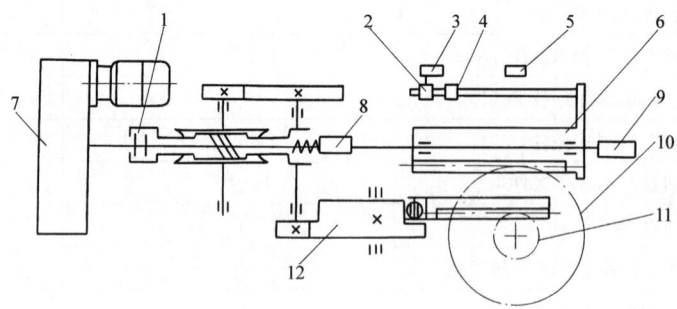

图 2.1-27　1LHJ 机械滑套式动力头传动系统（原位不停电动机）

1—摩擦片式离合器　2—原位挡铁　3—原位开关　4—终点挡铁　5—终点开关　6—齿条套筒
7—传动装置　8—花键　9—主轴　10—进给大齿轮　11—进给小齿轮　12—平板凸轮

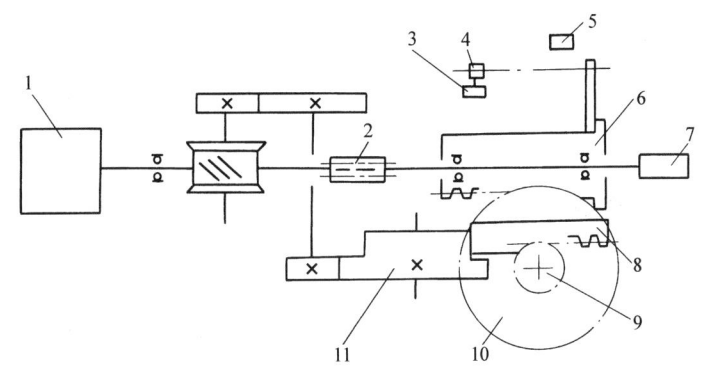

图 2.1-28　1LHJ$_b$ 系列机械滑套式动力头传动系统（原位停进给电动机）

1—传动装置　2—花键　3—原位开关　4—电气挡铁　5—终点开关　6—齿条套筒
7—主轴　8—进给齿条　9—进给小齿轮　10—进给大齿轮　11—凸轮

表 2.1-12　1LHJ、1LHJ$_b$ 系列机械滑套式动力头的主要技术性能

型号	总宽度 /mm	滑座底面长度 /mm	主轴中心高 /mm	主轴套筒最大行程 /mm	箱体在滑座上最大调整量/mm	最大钻孔直径 /mm	有效进给力（不小于）/N	主轴转速范围 /(r/min)	电动机最大功率 /kW
1LHJ12 1LHJ$_b$12	125	360	130	50	110	3	400	200～2500	0.37
1LHJ16 1LHJ$_b$16	160	400	160	63	120	6	800	125～2000	0.75
1LHJ20 1LHJ$_b$20	200	450	190	80	130	10	1600	125～1600	1.1
1LHJ25 1LHJ$_b$25	250	500	225	100	140	16	3200	125～1600	1.5

3）液压滑台（图 2.1-29）。它是用来实现进给运动的动力部件，可根据被加工零件的工艺要求，在其上安装动力箱（须配多轴箱）和各种切削头，并与支承部件相配套组成不同形式的组合机床。这种滑台有三种精度等级、两种导轨材料（优质铸铁和镶钢导轨），并采用框式结构的箱体。1HY40 型液压滑台的主要技术性能见表 2.1-13。

表 2.1-13　1HY40 型液压滑台的主要技术性能

滑台型号	台面宽度 /mm	台面长度 /mm	行程/mm	最大进给力 /N	工进速度 /(mm/min)	快移动速度 /(m/min)	精度等级
1HY40	400	800	400	20000	125～500	8	普通级
1HY40M			630				精密级
1HY40G			1000				高精度级

4）动力箱（图 2.1-30）。它是传递主轴旋转运动的部件，在它的前端可装设多轴箱。动力箱装在滑台上，由滑台实现进给运动。

5）多轴可调头（图 2.1-31）。它用模板可以组成钻孔和攻螺纹两种多轴可调头，适用于多品种中小批零件轮番生产，对多轴可调头的柔性特点有较高的要求，既能适应工件的频繁更换，又能适应保证重新调整的加工精度及调整的灵活性。

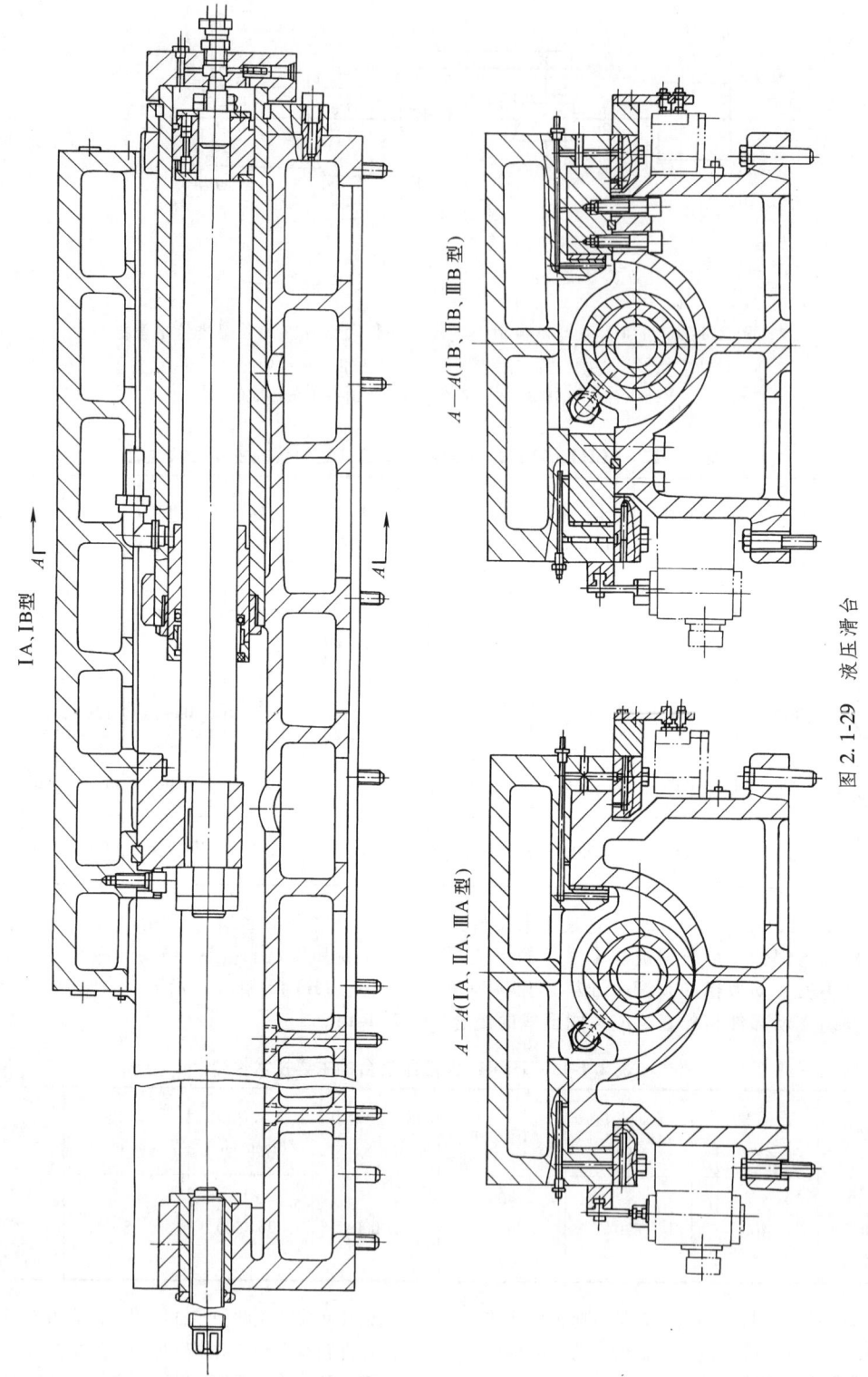

IA、IB型

$A-A$(IB、IIB、IIIB型)

$A-A$(IA、IIA、IIIA型)

图 2.1-29 液压滑台

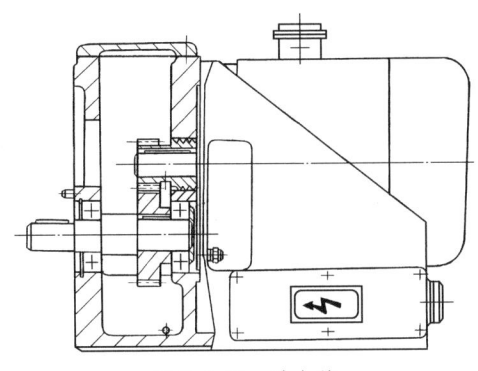

图 2.1-30　动力箱

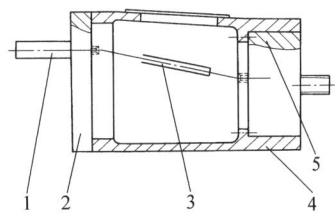

图 2.1-31　多轴可调头
1—钻孔主轴、攻螺纹主轴　2—模板　3—联轴器接杆
4—多轴可调头箱体　5—多轴可调头主轴鼓

5. 典型支承部件示例

1) 侧底座 (图 2.1-32)。它是供滑台卧式安装时的支承部件。侧底座上部带有Ⅱ形槽，一侧设有安装电气接线板用的壁龛。可用键或锥销与中间底座定位。

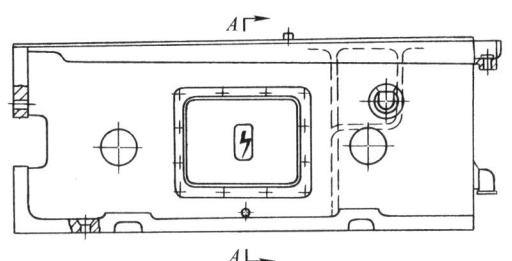 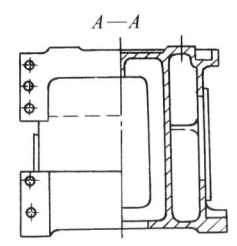

图 2.1-32　侧底座

2) 立柱 (图 2.1-33)。它是供滑台立式安装时的支承部件。立柱内部装有平衡滑台台面及多轴箱等运动部件用的重锤。

6. 典型输送部件示例

1) 分度回转工作台。它是工件沿水平圆形轨道输送的部件，由台面回转将工件从一个工位送到另一个工位。分度回转工作台的精度直接影响工件的加工精度，因而要求定位精度高、定位刚度好，分度定位时间短、工作可靠。圆形分度回转工作台台面直径一般小于 1500mm；环形分度回转工作台台面直径可达 3000mm，通常用于中央立柱式组合机床，分度数通常为 2～12。

分度回转工作台的驱动方式可分为机械驱动、液压驱动和气动液压驱动等。定位方式有插销式、反靠式、齿盘式和多销式等。台面有带夹紧和不带夹紧机构的。安装形式有整体式和装入式两种。

① 装入式反靠定位分度回转工作台 (图 2.1-34)：这种回转工作台的驱动装置是独立的，既可用液压 (液压缸和齿条齿轮) 驱动，也可用机械 (双电动机和减速箱) 驱动，可根据需要选用。分度数为 2、3、4、5、6、8、10、12。分度回转工作时，台面用气缸或液压缸抬起，以减少台面的磨损。工件台采用装在台面下的与工位数相应的定位块靠固定挡块进

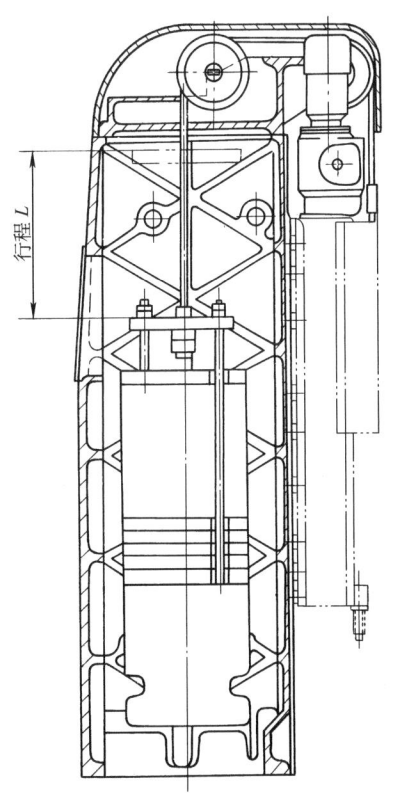

图 2.1-33　立柱

行定位，用修磨定位块的定位面来达到定位精度。台面用气缸或液压缸进行夹紧，必要时还可装设自锁装置来锁紧台面，防止切削力大时台面晃动。对四工位回转工作台，回转一工位需 5.6～5.8s。定位精度可达±7″，相当于定位块所在半径处的定位精度为±0.01mm。由于传动装置位于靠近地面的内腔，调整维修不太方便。

　　② 液压驱动齿盘定位分度回转工作台（图

2.1-35）：工作台中设有两个液压缸，一个套装在中心轴上，用于回转前抬起台面，定位后夹紧台面；另一个液压缸用于分度回转。定位齿盘的齿数必须为分度数的整数倍。定位精度可达±2″～±5″，重复定位精度为±1″～±2″。工位数很多的工作台用这种定位法尤为简单。这种定位法还有容易改变分度和实现不等分分度等优点，但制造工艺比较复杂。

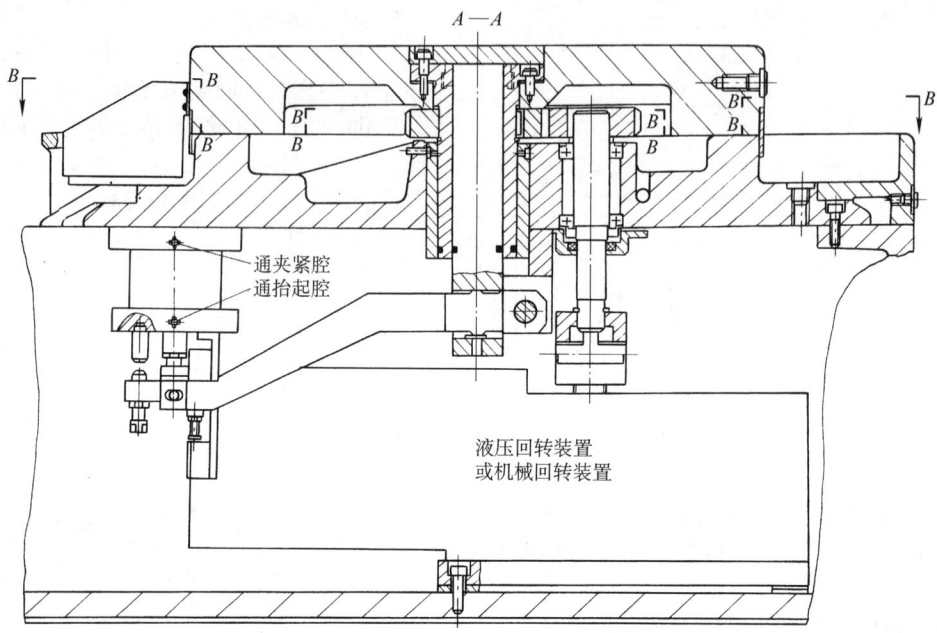

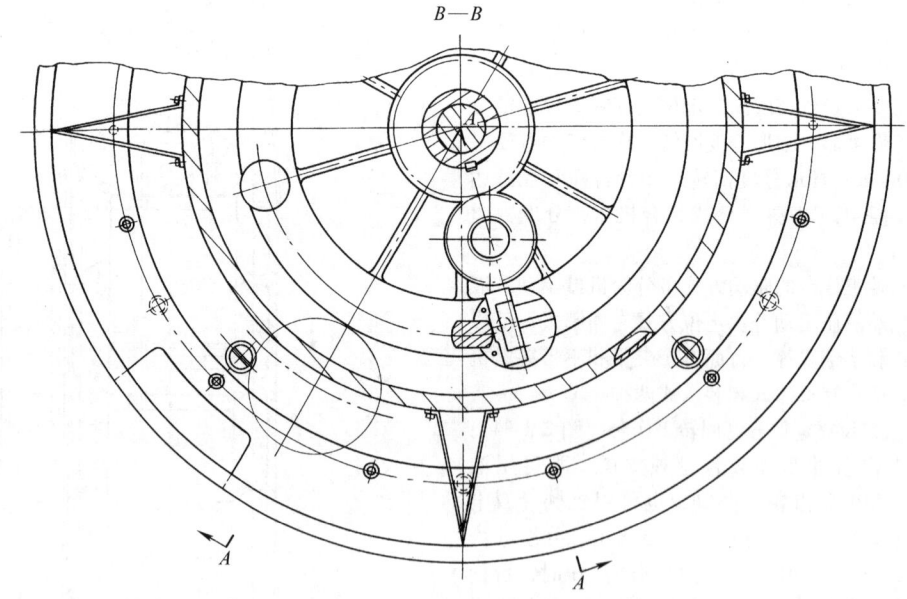

图 2.1-34　装入式反靠定位分度回转工作台

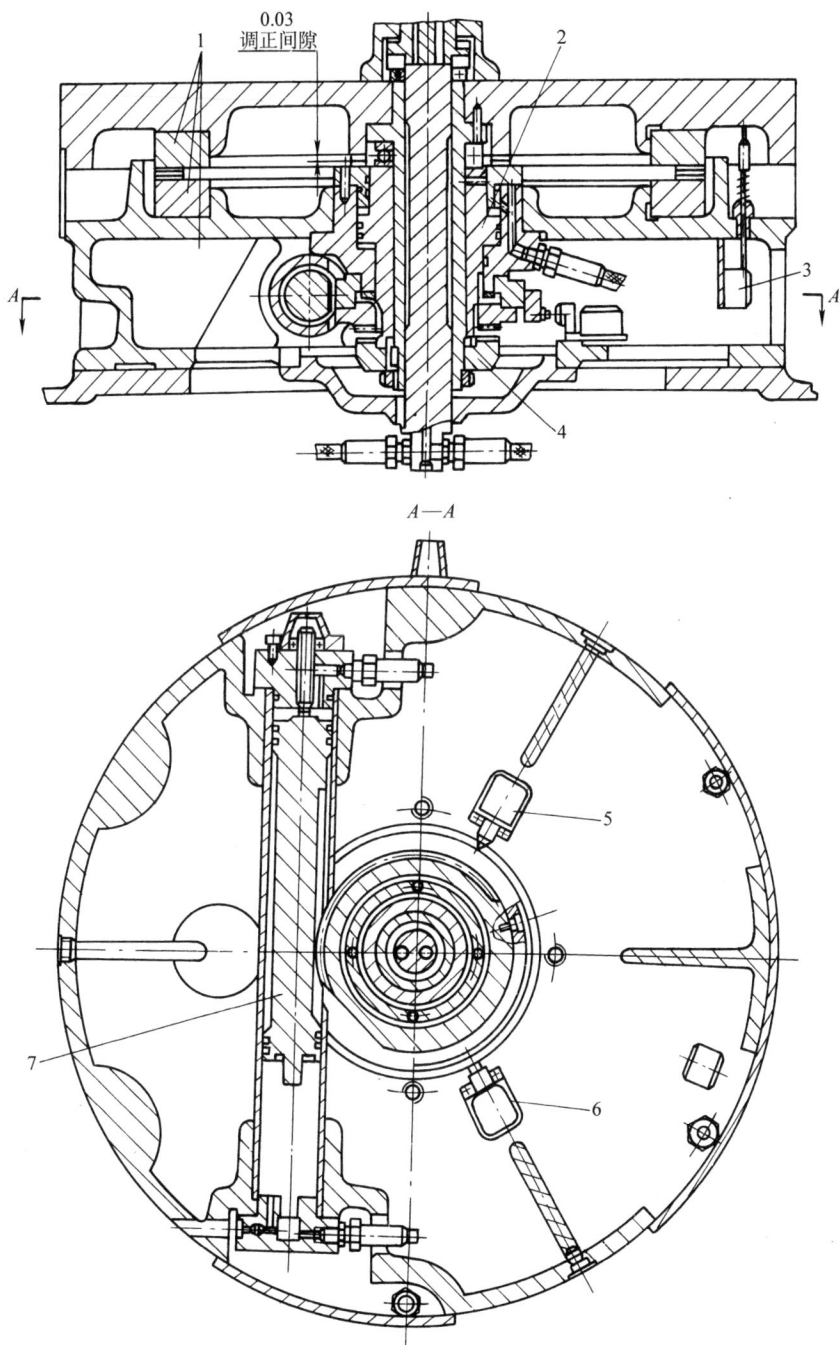

图 2.1-35　液压驱动齿盘定位分度回转工作台

1—定位齿盘　2—台面抬起夹紧液压缸　3、5、6—发信用限位开关

4—离合器　7—分度回转液压缸

2）分度鼓轮（图 2.1-36）。它将工件从一个工位沿垂直圆形轨道输送到另一个工位，其驱动方式、定位方式等都与分度回转工作台相似。

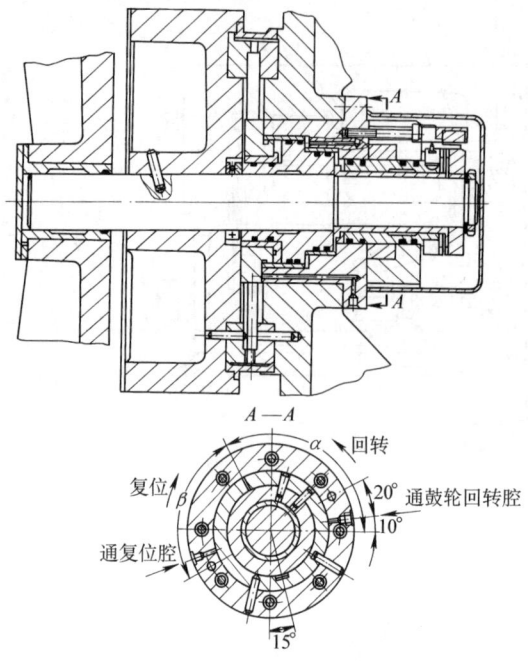

$A—A$

回转
复位
α
β
20°
10°
15°
通鼓轮回转腔
通复位腔

图 2.1-36　回转液压缸驱动齿盘定位分度鼓轮部件

用电动机、减速箱与内啮合马氏机构进行分度双销定位夹紧的分度鼓轮部件如图 2.1-37 所示。

7. 组合机床通用部件的选用原则

根据工件的工艺和生产率的要求，以及组合机床的类型、配置形式和驱动方式等选用通用部件，主要是选定动力部件，其他通用部件都是与动力部件配套使用的（分度回转工作台除外）。

动力部件的选用一般遵循下述原则：

1）进给力和功率应能满足加工所需的最大计算进给力和所需的计算功率（包括切削所需功率、空运转功率及传动损失）。

2）应能实现所要求的工作进给速度。

3）应能安装所需主轴箱。根据加工时主轴中心分布面积可大致算出主轴箱尺寸，即主轴箱宽（或高）＝ 最远主轴中心距＋（150 ~ 200）mm；再根据所需主轴箱尺寸选择动力部件的规格。

4）动力滑台通常只具有常用的钻削工作循环，即快进、工作进给、靠死挡铁工作、快退、到原位停止。需要其他工作循环时须增加挡铁或附件。

在选择动力滑台的规格时，必须能全面满足上述 4 个原则。当按原则 1）选定的滑台规格满足不了 2）或 3）的要求时，则应选用较大的规格。

分度回转工作台可按所需定位精度、工作台台面直径（根据估计或夹具的草图）、工位数及驱动方式选用。定位精度要求较低时可用圆销定位方式，较高时宜选用反靠定位或齿盘定位方式。

8. 组合机床及其自动线的电气控制系统

组合机床及其自动线是由多个动力头和工作部件按照严格的顺序和规定的工作循环，借助控制系统来完成工件的多工序加工。目前在我国机械加工行业中，大量采用的控制系统是具有固定接线逻辑的控制装置。这种控制系统线路简单，易于掌握，维修方便，但变更程序困难，可靠性差。为适应机械加工设备具有应变灵活可调性的要求，可编程序控制器（PLC）已成为满足这种要求的理想控制装置。在中大批量机械加工领域中，特别是以高度集中工序的原则实现数控化和柔性化方面，OMRON 和 FANUC 系列交流伺服数控系统也是理想的控制装置。

组合机床及其自动线电气控制系统示例：

1）卧式双面扩孔组合机床控制线路。本机床是由两个 HY 型液压滑台和固定式夹具组成的卧式双面组合机床。机床可完成"半自动"和"调整"两种工作循环状态，由旋钮 SA 进行选择。其控制线路如图 2.1-38（主回路未绘出）所示。图示为"半自动"工作循环状态，其工作原理为合上电源开关 QF，使控制系统接入电网，再合上自动开关 QF_1、QF_2、QF_3，其动合触点闭合。按"起动"按钮 SB_2、KM_1、KM_2、KM_3 接电互锁。左、右主轴和液压电动机 M_1、M_2、M_3 起动旋转。装上工件，按"夹紧"按钮 SB_5，KA_5 接电，发出滑台向前主令信号，使左、右滑台向前继电器 KA_1、KA_3 分别接电并自锁，各自接通向前电磁铁 YV_1、YV_3，左、右滑台同时快进，快进完由液压行程阀转工进，进行加工。加工到终点，各自压下 SQ_3、SQ_4，切断 KA_1、KA_3，使 YV_1、YV_3 断电，同时使左、右滑台向后继电器 KA_2、KA_4 接电并自锁，分别接通向后电磁铁 YV_2、YV_4，使左右滑台快退。退到原位，各自压下 SQ_1、SQ_2，切断 KA_2、KA_4，使 YV_2、YV_4 断电，左、右滑台停止于原位。

按"松开"按钮 SB_6，使 YV_6 接电，工件松开。至此，一个工作循环结束。取下已加工好的工件，装上新工件，准备下次工作。

将 SA 板至"调整"位置，再扳动 SA_1 ~ SA_5，按相应按钮，可进行各部件的单独调整。例如，在主轴不旋转且不装工件的情况下进行左滑台的单独调整时，应断开 SA_1、SA_2 和 SA_5，按"起动"按钮 SB_2，使液压电动机起动工作，再按"向前"按钮 SB_3，进行左滑台向前点动调整，按"向后"按钮 SB_4，则可进行左滑台向后点动调整。按此方法，也可进行右滑台的单独调整。

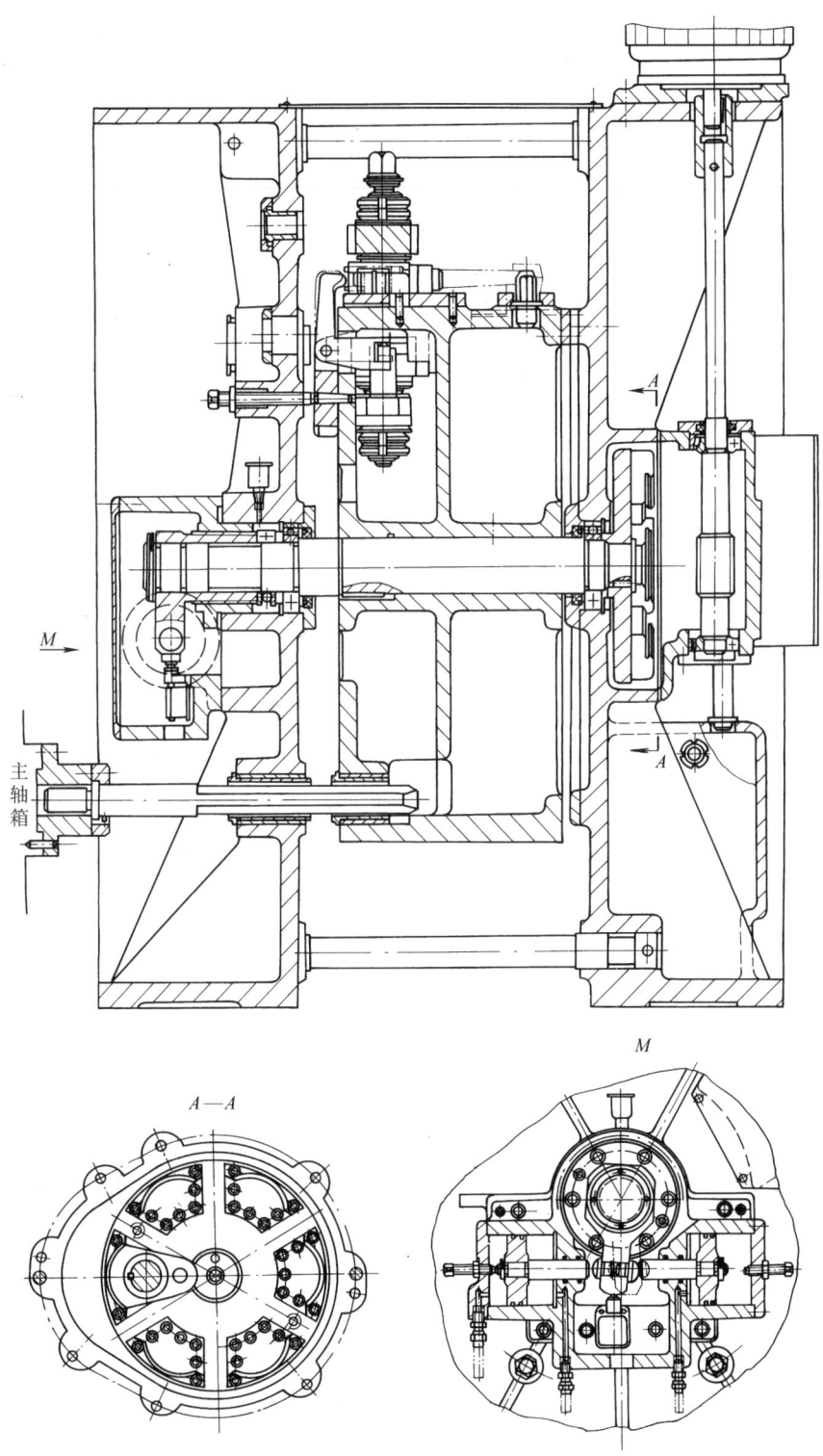

图 2.1-37 内啮合马氏机构分度双销定位夹紧的分度鼓轮部件

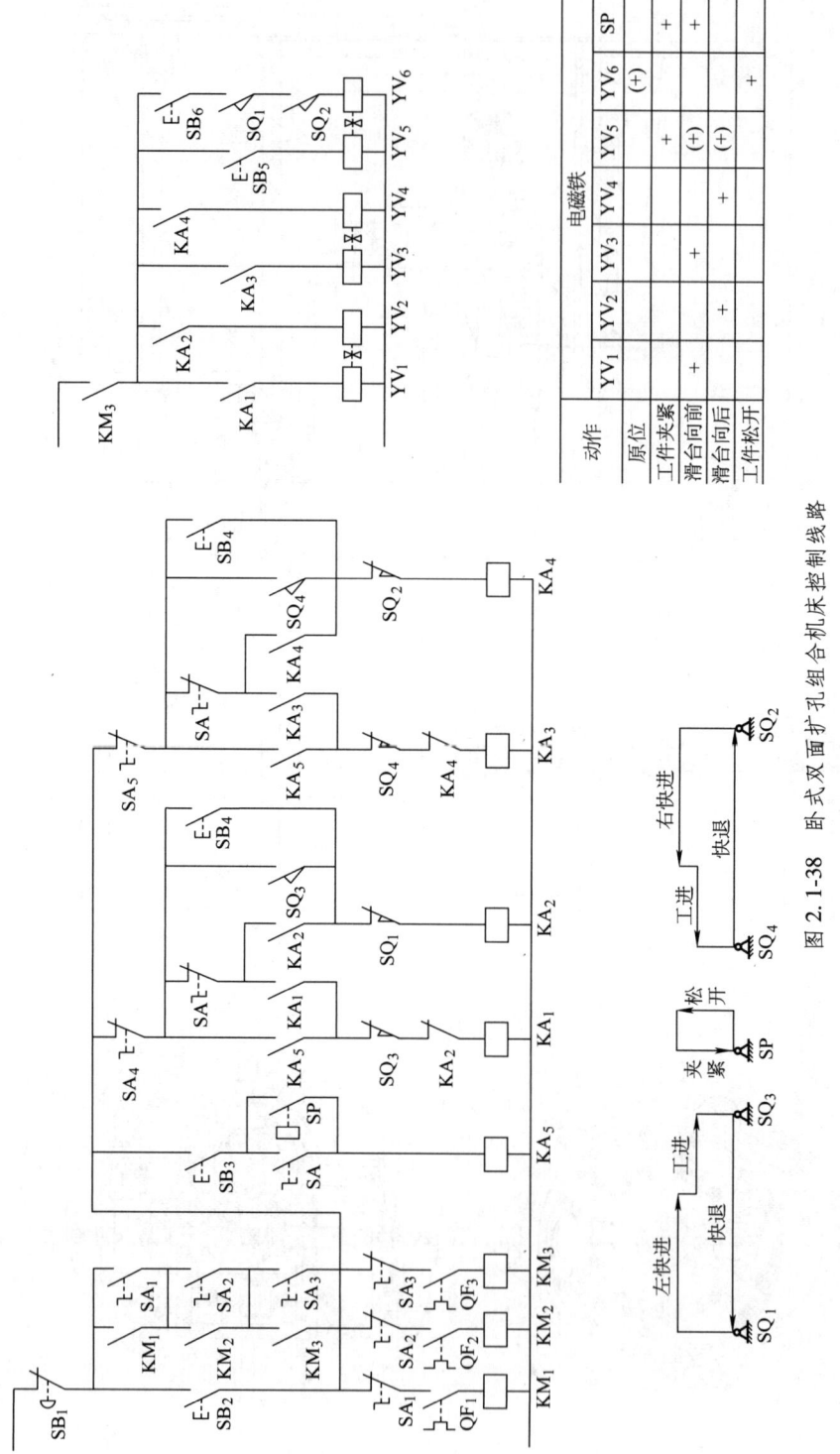

图 2.1-38 卧式双面扩孔组合机床控制线路

SQ₁、SQ₂—左、右滑台原位 SQ₃、SQ₄—左、右滑台终点开关

动作	电磁铁						SP
	YV₁	YV₂	YV₃	YV₄	YV₅	YV₆	
原位						(+)	
工件夹紧	+				+		+
滑台向前		+	+		(+)		+
滑台向后				+	(+)		
工件松开						+	

2）可编程序控制器（以 CQM1H 系列为例）。这是一种结构紧凑的、运行速度快的可编程序控制器，I/O 点可达 512 个，而且 I/O 模块互换。它具有功能齐全，编程简单，抗干扰能力强等特点，以人们熟悉的逻辑符号、梯形图为编程方式，其输入/输出点数可以根据需要任意选用模块，如主机 64 点（32 点输入/32 点输出）由四个模块组成。可选用 16 点输入模块两个，共 32 点做输入，另选 16 点输出模块两个，共 32 点做输出；也可选一个 32 点模块做输入，另外三个输出模块可由两个（8 点）模块和一个（16 点）模块组成。同理，还可以选三个输入模块（两个 8 点、一个 16 点），一个输出模块（32 点）。这样的配置形式灵活，经济效益也好。该控制器的接线采用端子板或连接器形式，设在 PLC 端面的前端。可将来自机床的主令开关按钮、行程开关、压力继电器等信号及电磁铁、接触器等执行元件的控制信号直接接到端子板或连接器上。该 PLC 的用户目标程序存储器 EPROM 容量为 16K 字节，I/O 点数最基本模块分为 8、16、32 点三种基本单元，可扩展到 512 点。输入电压 AC 100～240V；DC 24V；输出电压 AC 100～250V /0.4A～2A，DC 4.5V～26.4V /50mA～2A，计时器/计数器 512 个，计时/计数范围（000～999）。中间继电器至少 2528 个，可以在程序中任意使用。外形尺寸（$W \times H \times D$）为（187～603）mm × 110mm × 107mm，其中 W 根据 I/O 单元数而定。PLC 代替常规的继电器逻辑控制，可直接按原来的控制线路进行编程。

CQM1H 编程功能键见表 2.1-14。

表 2.1-14　CQM1H 编程功能键

键	正确输入	Shift 键输入	键	正确输入	Shift 键输入
MONTR	功能代码	…	AR/HR	HR 地址	AR 地址
SFT	SFT（10）指令	…	ADN	LD 指令	…
NOT	NC 条件或微分指令	…	OUT	OUT 指令	…
SHIFT	上档模式	…	TIM	定时器指令（TIM）或定时器地址	…
AND	AND 指令	…	EM/DM	DM 地址	EM 地址
OR	OR 地址	…	CH/*DM	间接 DM 地址	IR/SR 地址
CNT	计数器指令（CNT）或计数器地址	…	CONT/#	常数	位地址
TR	TR 地址	…	EXT	扩展指令	…
*EM/LR	LR 地址	间接 EM 地址	CHG	数据改变	…

（续）

键	正确输入	Shift 键输入	键	正确输入	Shift 键输入
SRCH	搜索操作	…	VER	验证	…
SET	强制置位	…	WRITE	写入	…
DEL	删除	…	↑	移到上一个内存，位或字地址	上升沿微分
MONTR	监视	…	↓	移到下一个内存，位或字地址	下降沿微分
RESET	强制复位	…	A 0		
INS	插入	…	F 5	输入数字 0 到 9	输入十六进制数字 A 到 F
CLR	清除显示或取消操作	…	9		

3）交流伺服数控系统（以 FANUCoi 系列为例）。该系列数控系统用于控制轴数，基本控制轴数为 3 轴，扩展控制轴数最多为 4 轴。可控伺服电动机（以 αi 伺服电动机为例），若转速为 3000/10000 ~ 1500/7000r/min，输出功率则为 0.55/1.1kW ~ 11/15kW。具备超程检测、异常负载检测和自动报警功能。当刀具移动超出机床限位开关设定的行程终点时，限位开关动作，刀具减速并停止，显示超程报警；同样，当伺服及主轴电动机因机械冲击等原因使其负载扭矩异常时，CNC 输出报警。手摇脉冲发生器数量可以为 2~3 个，在手轮进给方式下，可通过旋转手摇脉冲发生器使机床微量移动，通过手轮进给轴选择信号选择机床移动轴。该系统具有程序测试、机床锁住和程序再启动功能。加工开始前，先执行自动运行检测，用

以检测所生成的程序是否正确。在不运行机床的条件下，通过观测位置显示的变化进行检测或通过实际运行机床进行检测。程序再启动具有两种重新启动方式，即刀具损坏后再启动和休息后再启动。工件加工可分为直线增补和非直线插补，刀具的移动距离和终点坐标值都是可编程的，其进给速度控制分为快速移动和切削进给。当进行高速高精度加工时，还可采用预读控制功能。用此功能可抑制随着进给速度的加快而导致的伺服系统延时和加、减速延时的增加，因而可减少加工形状的误差。对主轴速度波动的检测功能时，当主轴速度偏离指定速度时，会产生过热报警，并发出主轴速度波动检测报警信号。此外，该系统还具备灵活的刀具选择功能和辅助功能等。总之，该系统特别适合组合机床及其自动线。

2.2 组合机床加工工艺范围及工艺方案的制订

组合机床加工工艺范围近年来不断扩大，除传统的用于完成钻孔、扩孔、铰孔、镗异形孔、拉削、攻螺纹、镗孔车端面或加工大直径内外螺纹、铣削平面、锪端面、铣槽、套车外圆等，现在还可完成精拉内孔、拉削沟槽，以及滚压内孔、滚压螺纹、滚光平

面，甚至中间装配工序、自动检测、分组、打印、自动试验等非切削工序，实现综合自动化加工。

2.2.1 制订组合机床工艺方案的原则

从组合机床的加工特点出发，制订工艺方案的原

则如下：

1）采用高效先进可靠的加工工艺。采用高效可靠的加工工艺能保证加工质量稳定、生产率高，不需经常调整就能正常运转。对尚未在组合机床上应用过的新工艺，应先进行充分的工艺试验或生产验证才能应用。

2）工序要合理集中。工序集中是组合机床的加工特点之一，但过度集中也往往给机床带来不良后果，影响机床的加工精度，不利于机床的操作与维护。一般原则是：对加工有位置精度要求的各孔的刀具集中在一个主轴箱上；同类型刀具可集中在同一主轴箱上，而粗精加工刀具应分布在不同工位；还要考虑刀具的刃磨、调整与更换的方便性。

从工件夹紧可靠和机床零件结构强度出发考虑工序集中，采用多轴多刀多面同时加工，切削力较大，在考虑工序集中时，应注意工件能否可靠地夹紧和允许的最大变形，主轴箱上主轴密集，最小轴间距受到零件强度及结构的限制，要注意主轴是否能布置得开。

3）采用复合刀具。通常有下列情况：

① 提高同一轴线上孔的同轴度，常用相同工艺的复合刀具，如复合扩孔钻、复合铰刀、复合镗刀等。

② 受机床工位数和工步数限制时，常用不同工艺的复合刀具，如复合钻、钻-扩、钻-镗、扩-铰等复合刀具。

③ 为提高生产率可采用复合刀具同时加工几个表面。

复合刀具结构复杂，排屑不便，切削用量选用难以合理，加工时互相影响，不同工艺的复合刀具应尽可能少用。

2.2.2　用组合机床加工零件定位基准的选择

1. 选择工艺基面的原则及应注意的问题

工艺基面应尽量选择已加工好的设计基面，并与所加工的孔有相互位置关系且能稳定定位的基面。当不具备较理想的工艺基面时，可适当增加辅助支承面，或者通过附加的夹具来间接定位，必要时可在工件上加工专用的工艺基面。总之，要求尽量减少设计与工艺基面的不重合，减少重复定位的误差，保证加工精度。选择工艺基面时还要保证一次安装后，能对尽可能多的面进行加工，并要求尽可能遵循统一基面的原则，以减少安装误差，易于使机床夹具通用化，缩短设计制造周期，提高技术经济效益。此外，选择工艺基面还应考虑夹紧方便，夹具结构简单。

2. 箱体零件和非箱体零件工艺基面的选择

对箱体零件，常采用一面两孔或三个平面的定位方法，并以一面两孔定位方法为最多。图 2.2-1 所示为"一面两孔"定位方法。为保证可靠定位，定位孔直径不宜太小。根据箱体零件的大小，定位销孔直径一般应在 12~25mm 的范围内，也可按工件重量的大小参考下表选用。

按工件重量选择定位销孔直径

工件重量/kg	≤20	>20~50	>50~100	>100
定位销孔直径/mm	12	16	20	25

定位销孔精度一般为 H7 级。两孔中心距（L）尽可能大一些，其公差一般为 $\pm 0.02 \sim \pm 0.05$mm。定位平面的表面粗糙度 Ra 为 $2.2 \sim 1.6\mu$m，平面度为 $0.03 \sim 0.08$mm。

对非箱体零件，如轴类工件，常采用 V 形块定位方法；法兰类工件常采用一孔（或外圆）及一面的定位方法；壁厚均匀刚度较好的套筒工件常采用外圆自动定心；薄壁易变形的套筒类工件常采用内圆自动定心的定位方法等。

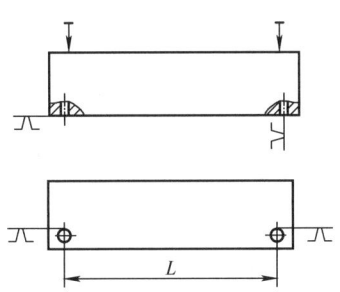

图 2.2-1　"一面两孔"定位方法

3. 确定零件夹压位置应注意的问题

1）要保证工件夹压后定位稳定。为使工件在重负荷切削过程中不产生位移和晃动，工件必须牢固夹住，夹压合力应落在定位平面之内，并要具有足够的夹压刚度。

2）夹压点应避免放在工件加工部位的上方，力求使其靠近箱体的筋或壁，以减少夹压变形而影响加工精度。

3）对于刚性较差、精度要求高的工件，力求使夹压点对着支承点，有的则应采用多点夹压，使夹压力均布，如采用液体塑料和弹性薄膜夹具等。

2.2.3　组合机床加工工艺

1. 平面铣削

在组合机床上加工平面，一种方案是铣削头不做进给运动，进给运动由移动工作台带动工件而实现；另一种方案是工件不动，由铣削头实现进给运动。这两种方案都可以实现单面、双面及三面的同时铣削。

随着高效精密铣削技术的发展，组合机床精加工平面的精度已有很大提高，平面度可达 0.03mm/1000mm～0.05mm/1000mm。平面表面粗糙度 Ra 可达 1.6μm；铣削效率也提高很多，对铸铁件，粗铣进给速度可达 3m/min 以上，精铣为 2～2.5m/min。组合机床加工平面常用工艺方案见表 2.2-1。

表 2.2-1　组合机床加工平面常用工艺方案

平面类型	表面粗糙度 Ra /μm	加工工艺	备 注
小孔口端面	12.5～6.3	锪	端面宽度小于 20mm
	2.2～1.6	粗锪、精锪	
法兰端面	12.5～6.3	镗车	
	2.2～1.6	粗镗车、精镗车	
大平面	12.5～6.3	铣	
	2.2～1.6	粗铣、精铣	

2. 钻孔

它是组合机床最常见的加工工序，钻孔有一般钻孔和钻深孔两种情况。在组合机床上的钻孔多数是用标准麻花钻，当钻孔直径为 20～60mm 时也可用扁钻。组合机床钻孔工序大多是扩铰工序前加工底孔及

加工螺纹底孔的，在铸铁件上钻孔精度一般可达 H11，表面粗糙度 Ra 为 12.5μm，钻孔位置精度一般为 ±0.20mm。在严格控制钻头切削刃摆差和导向间隙及合理导向长度的情况下，钻孔位置精度根据钻孔直径大小可达±0.10～±0.15mm。

图 2.2-2 所示为钻孔时钻头导向结构及参数。在图 2.2-2 中，导套长度 L_1 一般（2～4）d，小直径时取大值，大直径时取小值；L_2 对孔的位置精度影响很大，又要考虑排屑通畅，一般取（1～1.5）d；L_3 为钻头切出长度，一般取 $\frac{1}{3}d+(3\sim8)$mm，出口平面已加工时取小值，反之取大值。

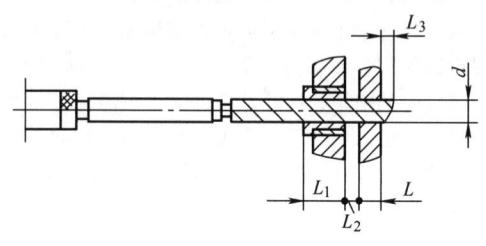

图 2.2-2　钻孔时钻头导向结构及参数

3. 扩孔、铰孔、镗孔

扩孔、铰孔、镗孔是组合机床常用的加工工艺。为了保证被加工工件的精度，这些工艺又常常配合使用。按所需加工精度及在铸铁箱体件上加工孔系可按表 2.2-2 和表 2.2-3 所推荐的内容选配工艺方案。

表 2.2-2　加工铸铁件不同精度孔的工艺方案

加工精度		在实体上加工	在铸孔内加工
1 级			扩（镗）、精镗、细镗
2 级	φ16mm 以下	钻、镗（φ5 左右小孔） 钻、扩、镗 钻、扩、铰	镗、粗铰、精铰；扩、半精镗、精镗；粗镗、半精镗、精镗
	φ16～φ40mm	钻、粗镗、精镗 钻、扩、铰 钻、扩、粗铰、精铰	
3 级	φ20mm 以下	钻、扩、铰 钻、铰复合 钻、镗复合	扩、半精镗、精镗 粗镗、精镗 镗、扩、铰
	φ20～φ50mm	钻、扩、铰	
4～5 级	φ50mm 以下	钻、扩	扩、镗 镗二次

注：加工其他材质时，可根据其切削性能对工步数进行适当增减。

表 2.2-3　箱体孔系加工工艺方案

箱体零件典型孔系	加工工艺
1）两层壁上直径相同的大直径孔 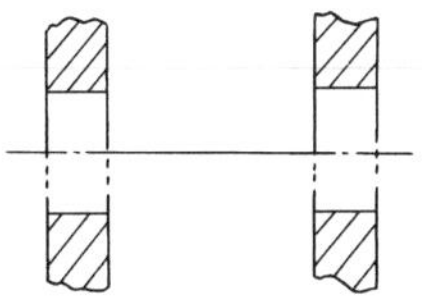	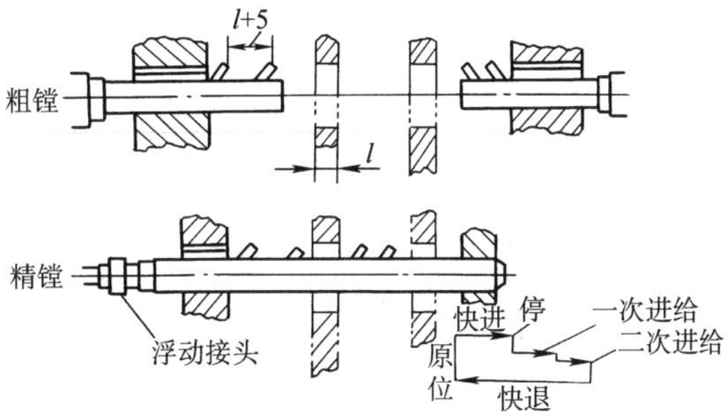 粗镗：由两面同时镗削 精镗：由一面进行镗削。引进镗杆前，镗杆径向定位，工件从定位面抬起，镗杆引入至图示位置，工件定位后夹紧进行镗孔，全部过程可以自动完成
2）多层壁上直径相同的大直径孔 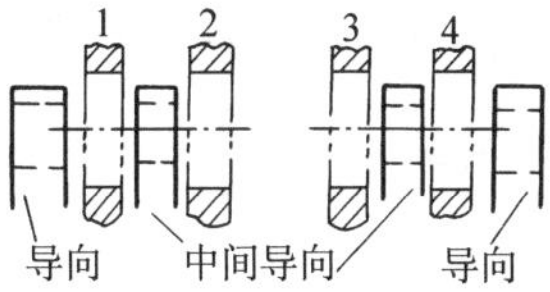 导向　中间导向　导向	粗镗：由两面同时进行，一面粗镗 1、2 层壁孔，另一面粗镗 3、4 层壁孔半精镗、精镗、细镗由一面进行加工，引入镗杆方同 1）。要求同轴度高时，如发动机气缸体曲轴轴承孔，须增加细镗工序
3）两层壁上直径差别较大的同轴孔 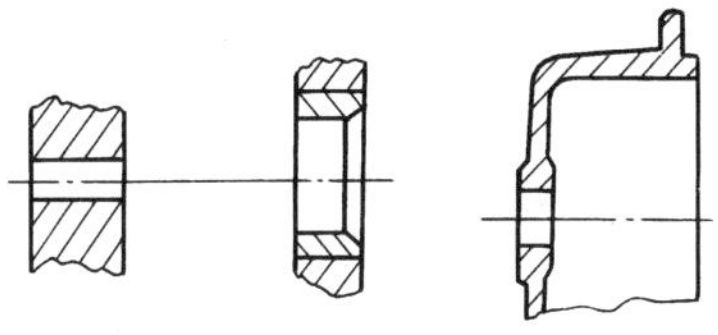	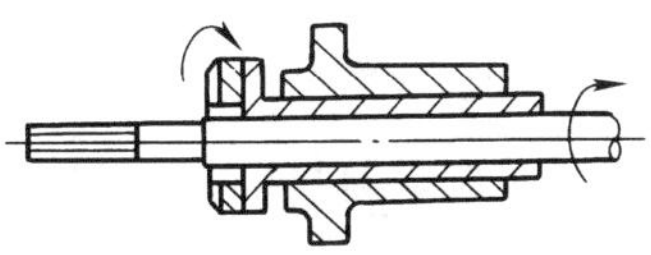 采用双层套装主轴加工。内主轴转速较高，用于加工小孔，外层主轴转速较低，用于加工大孔。内外主轴如可分别轴向进给，可以减少振动，有利于减少两孔同轴度误差，降低加工表面粗糙度参数值

组合机床上采用扩孔、铰孔、镗孔等工艺加工一般孔时，通常都采用导向套的加工方案。导向套的结构和主要参数可按表 2.2-4 进行选择。

表 2.2-4　导向套的结构和主要参数

加工工序	加工方法示意图	主要参数			导向套结构特点	刀杆（或接杆）与主轴的连接方式	适用范围
		导向套内径公差 刀具或刀杆外径公差	$l^{①}$/mm	$l_1^{②}$/mm			
钻孔	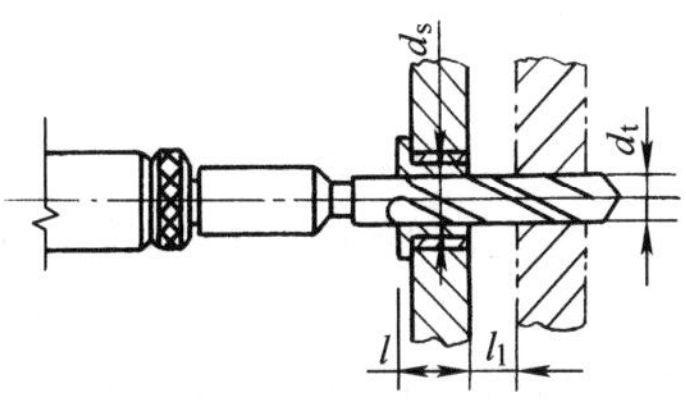	G7 或 F8 钻头外径	$(2\sim4)d_s$	钢件： $(0.7\sim1.5)d_t$ 铸件： $(0.3\sim1)d_t$	刀杆（或刀具）与导向套有相对转动	刚性	$d_s<40$mm 的低、中速度

（续）

加工工序	加工方法示意图	主要参数			导向套结构特点	刀杆（或接杆）与主轴的连接方式	适用范围
		导向套内径公差 / 刀具或刀杆外径公差	$l^{①}$/mm	$l_1^{②}$/mm			
扩孔		粗加工：$\dfrac{G7\ 或\ H7}{g6}$ 精加工：$\dfrac{G7\ 或\ H7}{h6}$	单导向：$(2\sim4)d_s$ 双导向：$(1\sim2)d_s$	$(1\sim1.5)d_t$	刀杆（或刀具）与导向套有相对转动	刚性或浮动，当导套长度较大或双导向时，应采用浮动	$d_s<80$mm 的低、中速度
铰孔		粗加工：$\dfrac{G7\ 或\ H7}{g6}$ $\dfrac{G7\ 或\ H7}{h6}$ 精加工：$\dfrac{G6\ 或\ H6}{g5}$ 或 $\dfrac{G6\ 或\ H6}{h5}$	单向导：$(2\sim4)d_s$ 双导向：$(1\sim2)d_s$	$(0.5\sim1.5)d_t$	刀杆（或刀具）与导向套有相对转动	刚性或浮动，当导向套长度较大或双导向时，应采用浮动	$d_s<80$mm 的低、中速度
镗孔		粗加工：$\dfrac{H7}{g6\ 或\ h6}$ 精加工：$\dfrac{H6}{g5\ 或\ h5}$	单导向：$(2\sim3)d_s$ 双导向：$(1\sim2)d_s$	$20\sim50$ 由结构许可而定	刀杆与导向套有相对转动，或无相对转动（高速用）	浮动	$d_s<40$mm 的中、高速度

① d_s 值小或加工精度高 l 取大值，反之取小值。扩、铰、镗采用双导向，前导向可比后导向短些，并保证开始加工时导杆进入导套长度大于 $l/2$。选用数值要根据工件和刃具具体情况适当增减。

② d_t 值小或加工精度高时 l_1 取小值，反之取大值，采用双导向时也取大值。选用数值要根据工件和刃具具体情况适当增减。

1）扩孔。在组合机床上可以扩圆柱孔、圆锥孔、锪窝、锪平台及扩成形孔等。图 2.2-3 所示为扩孔钻加工。

扩孔工序多为精铰或精镗前的粗加工工序，对一些精度要求不是很高的孔，也可以用扩孔作为最后精加工工序。在铸铁件上扩孔，孔的精度能达 6~5 级，表面粗糙度 Ra 为 $6.3\mu m$ 左右，孔的位置精度可以达到 $±0.1$mm。

2）铰孔。在组合机床上可以铰圆柱孔、阶梯孔和锥孔。铰孔直径多在 40mm 以下，但有时也有铰直径为 40~100mm 的孔。精铰孔的精度可达 3~2 级，表面粗糙度 Ra 为 $3.2\sim1.6\mu m$；对铸铁件，在采用良好润滑的情况下，表面粗糙度 Ra 可达 $0.80\mu m$，铰孔是在精密导向中进行，孔的位置精度可达 $±0.03\sim$

$±0.05$mm。

3）镗孔。当孔径大于 40mm 时，组合机床上多采用镗削方法加工，但当被加工孔较短，甚至 $\phi10$mm 左右小孔，也可采用镗削工艺。

组合机床上镗孔可达 2 级~1 级精度，表面粗糙度 Ra 在 $1.6\mu m$ 以下，加工有色金属（如巴氏合金、青铜等）时的表面粗糙度 Ra 可达 $0.80\sim0.40\mu m$。孔间的位置精度能达到 $±0.02\sim±0.05$mm。孔的同轴度，用一根镗杆镗孔系时可达 $0.01\sim0.02$mm；用两根镗杆从两端加工时可达 $±0.025\sim±0.05$mm。

在组合机床上经常采用复合刀具加工阶梯孔，孔径精度能够达到 2 级，表面粗糙度 Ra 为 $1.60\mu m$。

图 2.2-4 所示为组合机床加工阶梯孔的典型形状。

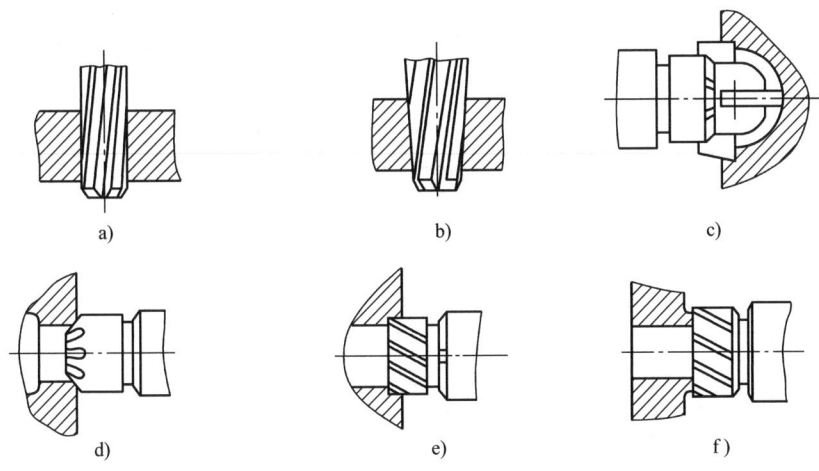

图 2.2-3　扩孔钻加工

a) 扩圆柱孔　b) 扩圆锥孔　c) 扩球面　d) 倒角　e) 锪窝　f) 锪平台

图 2.2-4　组合机床加工阶梯孔的典型形状

表 2.2-5 列出了同类工序复合刀具的加工方法。　表 2.2-6 列出了不同类工序复合刀具的加工方法。

表 2.2-5　同类工序复合刀具的加工方法

加工工序	工件名称及材料	加工方法示意图	切削用量		备注
			$v/(m/min)$	$f/(mm/r)$	
复合钻	直通阀体35钢		21.5	0.25	采用短钻头及刚性主轴
	主轴箱体 HT150		11	0.09	
复合扩	转向横拉杆45锻钢		18.9	0.39	从刀杆中心输进切削液以进行冲屑及润滑冷却
	主轴箱体 HT150		10.8	0.15	
复合铰	转向横拉杆45锻钢		5.55	0.57	从刀杆中心输进切削液以进行冲屑及润滑冷却
	主轴箱体 HT150		1.95	0.83	
复合镗	左右壳体 ZG270-500		53	0.3	采用刚性主轴和硬质合金刀具粗镗
	气缸体 HT150		90	0.114	采用外液式导向套和硬质合金刀具精镗

注:v 为最大直径刀具的切削速度。

表 2.2-6　不同类工序复合刀具的加工方式

加工工序	工件名称及材料	加工方法示意图	切削用量			备注
			v/(m/min)	f_1/(mm/r)	f_2/(mm/r)	
钻、扩	齿轮箱体 HT200	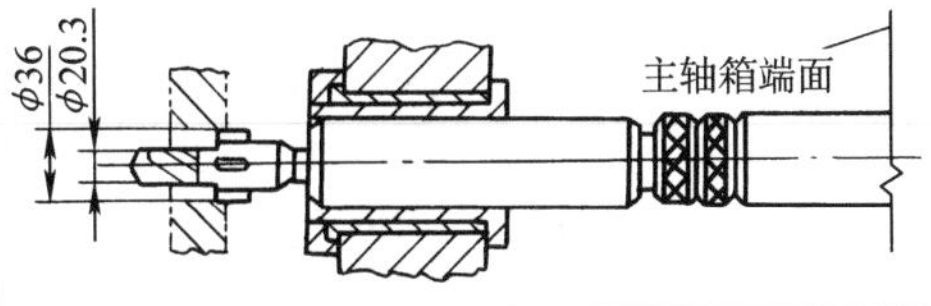	钻：11.2 扩：19.8	0.2		采用内滚式导向套
钻、铰	变速箱壳 HT200	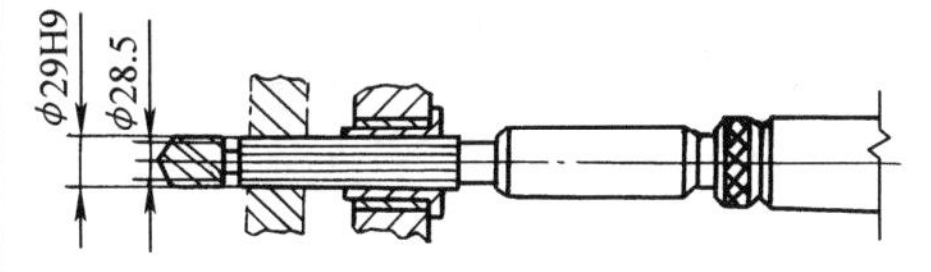	14.6	0.2		
钻、镗	前后制动鼓 HT200	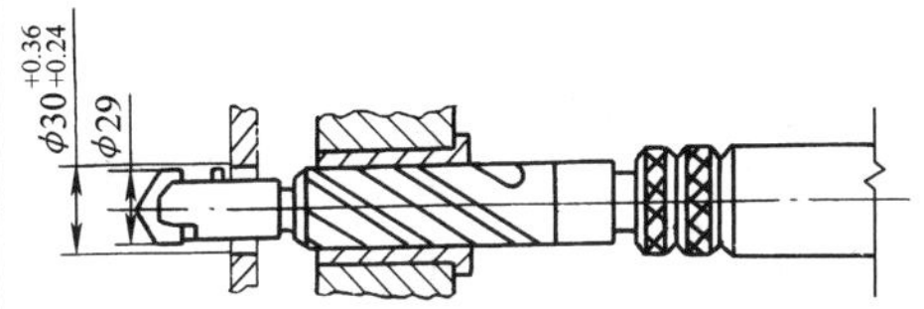	钻：18.2 镗：18.8	0.15		采用扁钻钻孔
钻、攻	转向器壳体 HT200	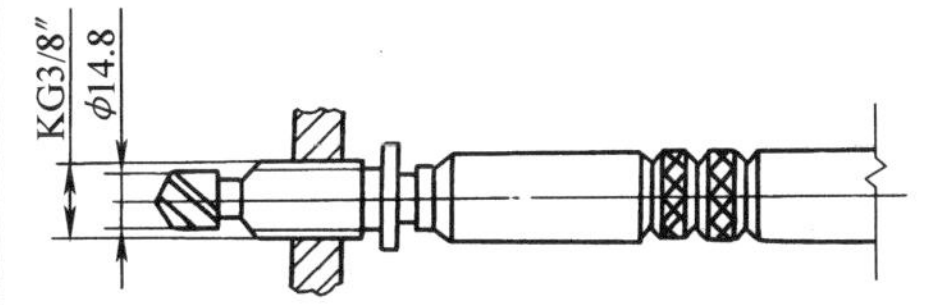	钻：10 攻：12	钻：0.2	攻：1.411	
钻、倒角	前后制动鼓 HT200	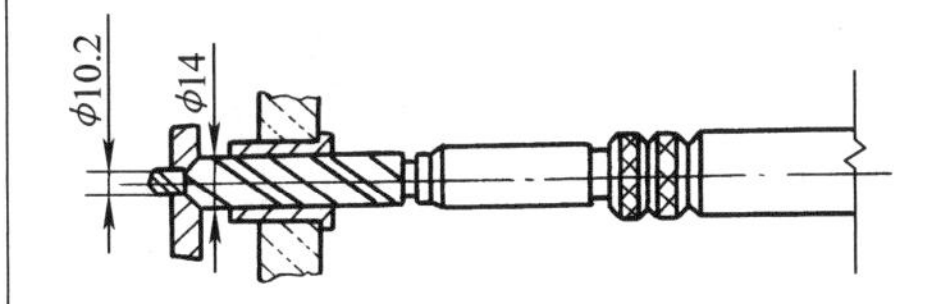	9.6	0.1		
钻、倒角、划端面	壳体铸铁	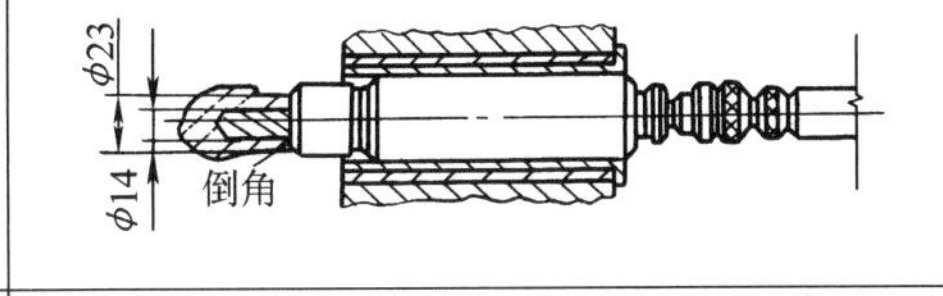	钻：20.3 端面：36	0.307	0.125	采用内滚式导向套
扩、铰	气缸体 HT150	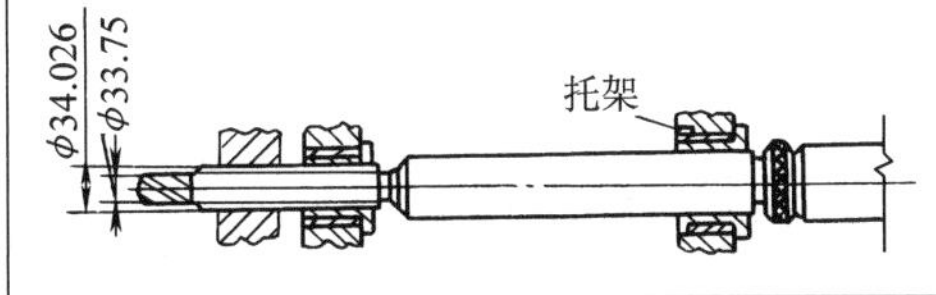	10.7	0.5		
扩、镗	主轴箱体 HT150	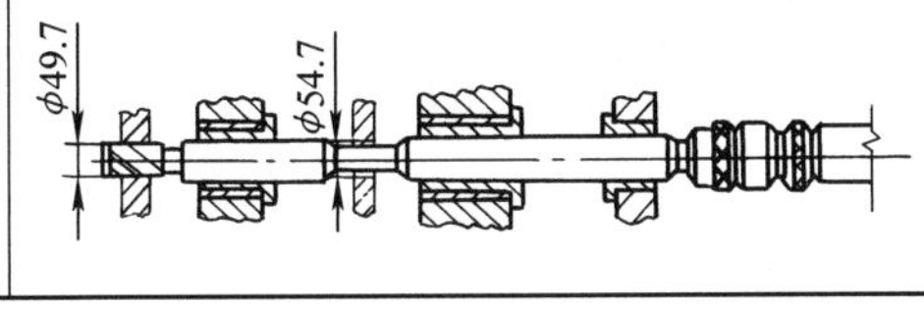	镗：22.8	0.15		

4. 高精度孔的镗削

对孔径为 1 级、表面粗糙度 Ra 在 0.80μm 以下及孔距误差在 0.03mm 以内的高精度孔，它的镗削特

点是使用单刃刀具；采用高速、小进给量和小切削深度；可用刚性主轴或具有导向系统的装置进行加工。

采取下列措施可以提高镗孔的质量：

1）改善工件的定位和装夹。工件需有足够的刚度，定位基面要稳定，夹紧力要均匀、不能过大，避免孔壁变形，并应调整工件精镗前孔的轴线与主轴轴线的同轴度，使切削深度均匀。

2）提高镗杆的刚度。尽可能增大镗刀及镗杆的截面积，减少镗刀在镗杆外的悬伸长度。镗孔直径 D、镗杆直径 d 及镗刀截面 $B \times B$ 之间关系大致为 $1/2(D-d) = (1 \sim 1.5)B$。如果镗孔直径很大，可采用在镗杆上装刀夹的方法。采用弹性模量较大的硬质合金镗杆提高其刚性，同时采用各种减振装置，以减少镗杆的振动。

3）合理的刚性主轴结构。刚性主轴的主要参数如图 2.2-6 所示。

$$\frac{L}{l} = 2 \sim 3 \qquad \frac{L}{D} = 4 \sim 7 \qquad \frac{d}{D} \leqslant 5$$

4）提高刀具寿命。刀具材料可用硬质合金、立方氮化硼、陶瓷或金刚石等，并采用刀具自动补偿装置来自动补偿刀具的磨损，以保证稳定的加工精度。

5）提高进给系统的运动精度和刚度。采用刚性主轴加工时更应重视，如采用三导轨等。

6）正确选用导向系统的结构。有单导向（外滚式或内滚式）、双导向（前导向为外滚式、后导向为内滚式，或均用外滚式）和多导向（外滚式）三种形式（图 2.2-5）。内滚式的导向套尺寸比外滚式为

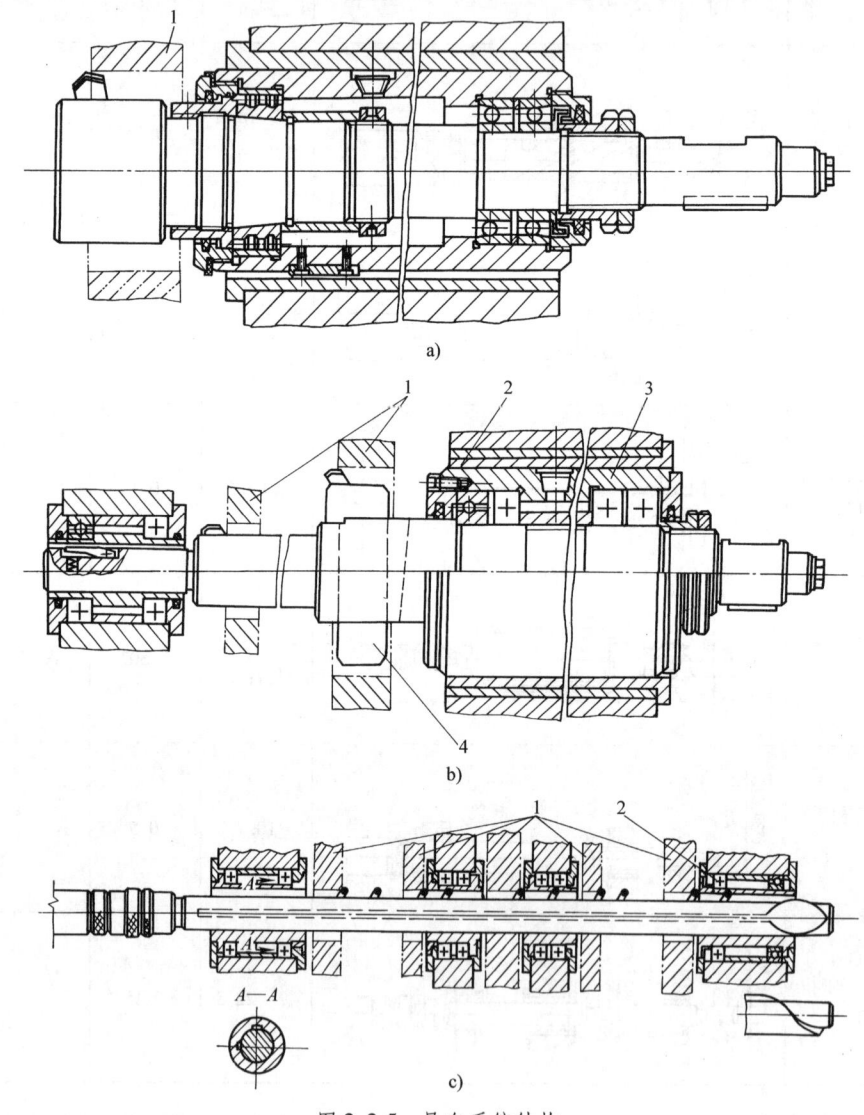

图 2.2-5 导向系统结构

a) 单导向镗孔 b) 双导向镗孔 c) 多导向镗孔

1—工件 2—导向套 3—滑动套 4—刀夹

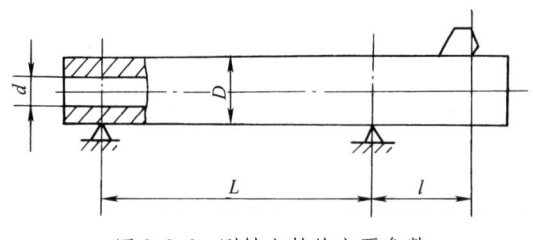

图 2.2-6　刚性主轴的主要参数

大，一般多用于较大直径刀具或作为后导向。滑动套与导向套（内滚式）或刀杆与导向套（外滚式）应无相对转动。

表 2.2-7 列出了采用内滚式单导向镗孔时导向系统精度对镗孔精度的影响情况。

7）采用让刀装置避免裂痕。使刀夹或镗刀进行微移，或者通过主轴定向装置使刀尖停在一定位置上，并使工件相对移动一段距离来实现。

表 2.2-7　导向系统精度对镗孔精度的影响

精度项目	机床型式	滑动套与夹具导向套的间隙	滑动套				镗杆轴颈处的圆度	轴承间隙	轴承精度	实际导向长度的变化
			外圆		轴承座孔的圆度	轴承座孔与外圆的同轴度				
			圆度	锥度						
位置精度	卧式	△				△		△	△	
	立式					△				
圆度	卧式		△		△		△			
	立式		△		△		△		△	
锥度	卧式	△		△						△
	立式	△		△						△

注：△表示有影响。

8）保证孔间位置精度。当进行多孔镗孔时，各刚性主轴间或导向套间的位置精度约为工件位置精度的 1/3。

9）采用支承导向块。当镗杆的刚度很差（特别是精镗小孔）时，宜在镗刀头的周边上设置硬质合金的支承导向块（类似深孔镗），起支承和挤压孔表面的作用。

对气缸缸体孔加工现在常采用往复镗削的加工方法，即前进时进行精镗，退回时镗削微调进行细镗，这种加工方法可以达到理想的加工精度。

5. 镗孔车端面

镗孔车端面，即采用轴向、径向进给与正、反向进给连用在一次工作循环中完成镗孔、倒角、镗止口、车端面、切槽、反向镗孔等多道工序（图 2.2-7）。

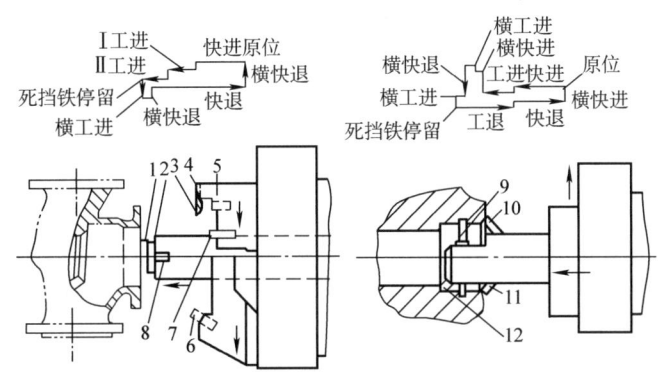

图 2.2-7　轴向、径向与正、反向进给连用在一次工作循环中完成多表面的加工
1、12—镗孔刀　2、11—倒角刀　3—镗车后端面刀　4—后端面倒角刀　5—外圆倒角刀
6—镗车外圆刀　7、10—镗车端面刀　8—锪端面刀　9—切槽刀

6. 高精度止口深度的镗削

当止口深度公差在 0.05mm 以内，特别是多轴同时镗削时，可利用装在各主轴的特殊工具中的挡套，分别与工件端面进行定位。图 2.2-8 所示为精镗止口

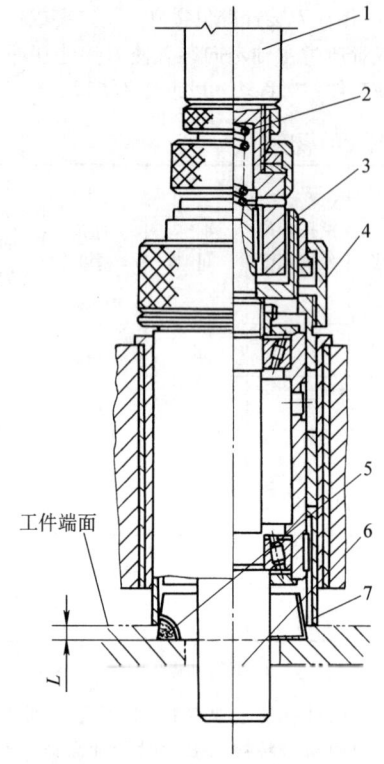

图 2.2-8　精镗止口加工方法
1—主轴　2—弹簧　3—调整套　4—调整螺母
5—刀具　6—刀杆　7—挡套

加工方法。采用挡套控制止口深度 L，挡套定位后，主轴继续进给压缩弹簧，刀杆不进给，当各轴都进给至规定深度后，再一起退回。使用时要保证挡套与工件接触面的清洁。

7. 深孔加工

当加工孔的长度与直径之比达 10 倍左右，特别是对精度及表面粗糙度又有较高要求时，使用一般的孔加工方法就较难满足要求，因而采取深孔加工，但须解决以下几个问题：

1）刀具细长刚度差，易引起刀具偏斜及与孔壁摩擦，因此在刀头上均具有导向支承块，利用已加工孔进行导向，在切入前则采用刀具导向套来保证正确引入，同时根据需要设置刀杆支承套以减少刀杆的变形和振动。

2）切屑不易排出，采用分级进给或通过高压切削液的内排和外排刀具结构排出切屑。

3）刀具冷却困难，通入高压切削液对刀具进行充分冷却。

枪钻可一次钻出所需要的深孔，表面粗糙度 Ra 可达 $3.2\mu m$，需要高压切削液系统进行冷却。枪铰须用枪钻钻出后再经枪铰铰孔，适应于发动机连杆螺栓孔、气缸盖气门挺杆孔等加工。

在组合机床上采用麻花钻头按分级进给方法加工时，每次钻削深度可按表 2.2-8 进行选择。

表 2.2-8　组合机床加工小直径深孔工艺方案

表面粗糙度 $Ra/\mu m$	采用刀具	加工工艺	备　注		
12.5	接长的普通麻花钻头	用分级进给法分级钻出	每级钻深值		
			工件材料	孔深≤20d	孔深>20d
			铸铁	(4~6)d	(3~4)d
			钢	(1~2)d	(0.5~1)d
			一般采用卧式加工		
	大螺旋角（45°~60°）麻花钻头	在铸铁件上可以一次钻出深度为 30~40 倍直径的孔	d—孔径 钻出孔中心线偏移较小，可用于立式加工		

8. 活塞裙部异形外圆加工

为了提高发动机的工作性能,活塞外圆设计为变椭圆中凸形,即沿活塞高度方向要求变径,还要呈腰鼓形。这种活塞外圆的高效加工一般有两种加工方法,一是采用数控车床,二是采用带靠模系统的活塞异形外圆加工专用机床。

图 2.2-9 所示为采用组合机床进行活塞异形外圆加工。其加工原理为斜截圆柱体形成椭圆,而沿活塞裙部高度改变斜截面得出变椭圆,同时改变椭圆的向径(刀具的回转半径)以获得中凸形或锥形及其他形状。如图 2.2-9 所示,套车头与活塞轴线形成一个夹角,随着这个夹角的改变形成变椭圆,刀盘中有一靠模(称桶形靠模),可以根据工作的要求进行设计,加工出中凸形或其他形状。

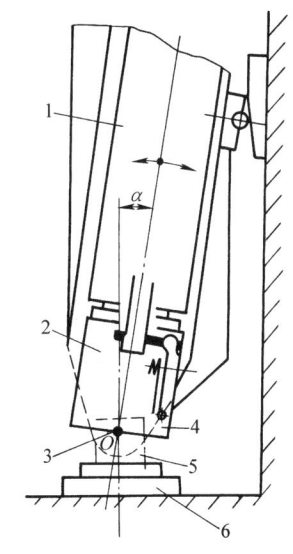

图 2.2-9　活塞异形外圆加工
1— 套车头　2—刀盘　3—交点 O　4—刀具
5—工件　6—夹具

9. 镗车-枪铰复合加工

在气缸盖的生产中,加工进排气阀座及导管孔是一个关键工序。阀座要求加工精密锥面,导管孔是精密深孔加工,孔的精度要求达到 2 级,表面粗糙度 Ra 为 0.80μm 以下,并要求阀座锥面对导管孔同轴度偏差不大于 0.03mm,为了可靠地保证此项加工要求,组合机床采用镗车阀座锥面和枪铰导管孔的加工方法,如图 2.2-10 所示。加工时,锪刀以 $v = 95\text{m}/\text{min}$ 锪阀座锥面,加工完后镗头后退 0.3~0.5mm,铰刀以镗杆内导向套作导向,以 $v = 82.3\text{m}/\text{min}$ 铰导管孔,然后以镗刀开始精镗阀座锥面,加工中采用大流量切削液进行冷却、润滑,并冲排切屑。这种加工方法可有效地保证要求的加工精度。

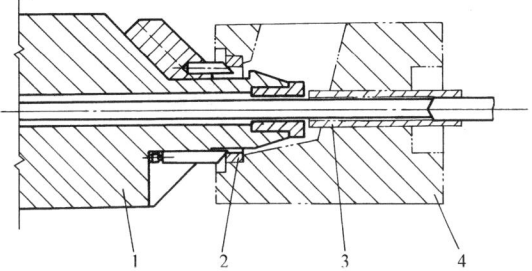

图 2.2-10　阀座锥面及枪铰导管孔加工
1—镗杆　2—进气阀座　3—气门导管　4—气缸盖

10. 攻螺纹

当加工直径小于 30mm 的螺孔时,采用如下三种加工方法:

1)具有丝杆进给的攻螺纹动力头。由于它的结构比较复杂、灵活性差,加工精度较低,故没有广泛应用。

2)攻螺纹装置。它是由丝锥、丝锥卡头和攻螺纹靠模组成的(图 2.2-11),在一面或多面仅有螺孔加工工序时常用。

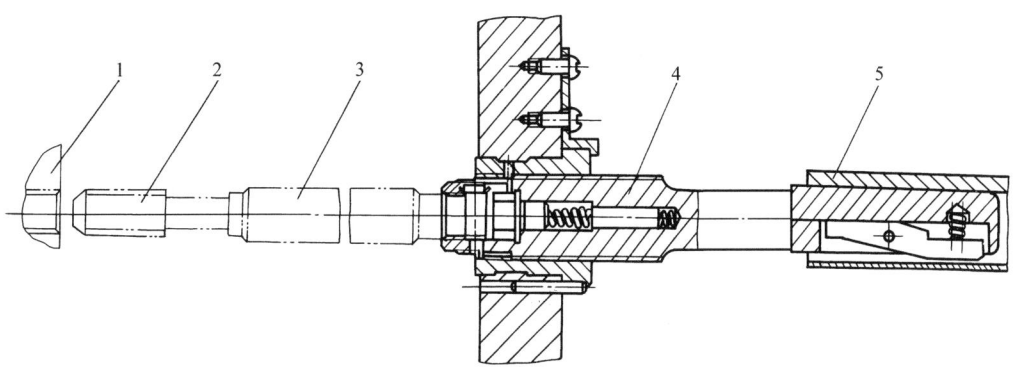

图 2.2-11　攻螺纹装置
1—工件　2—丝锥　3—心杆　4—攻螺纹靠模　5—主轴

3）攻螺纹模板。它是由丝锥、心杆和攻螺纹靠模组成（图 2.2-11），用于在一面同时完成攻螺纹工序及其他工序。

丝锥卡头除夹紧丝锥，主要作用是能使丝锥自动对准螺纹底孔中心线，保证顺利地攻入，并能轴向补偿主轴进给量（或靠模螺母螺距）与丝锥螺距之差（注意靠模攻螺纹，丝锥钝时，易发生攻深不够），以保证丝锥自引攻螺纹。表 2.2-9 列出了几种常用的带轴向补偿的丝锥卡头的结构形式、特点及适用范围。

当加工直径≥30mm 的螺孔时，常采用旋风铣、行星铣及自动涨缩内螺纹切头等三种加工方法（图 2.2-12）。

表 2.2-9　带轴向补偿的丝锥卡头的结构形式、特点及适用范围

形式	结构示意图	结构特点	适用范围
丝锥"超前"进给的单向补偿		补偿时，心杆 4 拉杆拉伸弹簧 1 在卡头 3 和扁销 2 上向外伸出，丝锥 5 固定在心杆 4 中，扁销 2 固定在卡头 3 上，穿过心杆 4，用以限制它的轴向移动，并传递扭矩	补偿不灵活，与攻螺纹靠模配合，适于加工精度不高的螺母
		补偿时，心杆 4 拉伸弹簧 1，丝锥 5 通过弹簧胀套固定在心杆 4 中，钢球 3 在卡头体 2 及心杆 4 轴向移动的槽中滚动，并传递扭矩	补偿比较灵活，单独使用或与攻螺纹靠模配合，适于加工精度不高的螺孔
丝锥"滞后"进给的单向补偿		补偿时，心杆 4 压缩弹簧 1，丝锥 5 通过弹簧胀套固定在心杆 4 中，销子 3 固定有心杆 4 上，并插入卡头体 2 的槽内，以限制它轴向移动，并传递扭矩	补偿不灵活，单独使用或与攻螺纹靠模配合，适于加工精度不高的螺孔

（续）

形式	结构示意图	结构特点	适用范围
丝锥"滞后"进给的单向补偿		补偿时，装有套 5 的心杆 6 压缩压簧 1，在卡头体 2 中的钢球 4 作轴向导向支承，丝锥 7 通过弹簧胀套固定在心杆 6 中，轴承 3 固定在心杆 6 上，并穿过卡头体 2 的槽以限制它轴向移动，并传递扭矩	补偿比较灵活，与攻螺纹靠模配合，适于加工精度很高的螺孔
双向补偿		在卡头 3 中，用销子 4 将套 5 固定，弹簧 6 及 2 分别作用于套 5 两个端面和可动壳体 1 底部及心杆 7 尾端，这样便能实现轴向两个方向的补偿，丝锥 8 通过快换卡头固定在心杆 7 中	补偿不灵活，单独使用，适于加工精度不高的螺钉

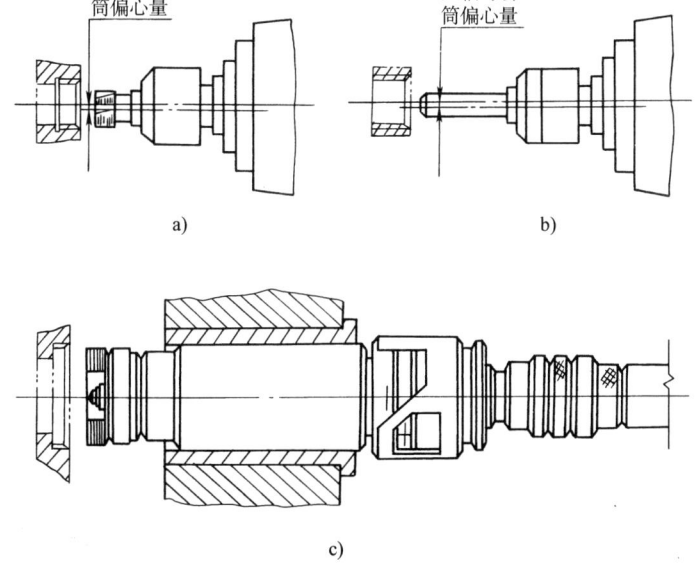

图 2.2-12　大直径螺孔加工方法

a）旋风铣　b）行星铣　c）自动胀缩（利用特殊工具）

2.2.4 组合机床加工余量的确定和刀具结构的选择

1. 加工余量的确定

为了使加工过程能正常进行，保证加工精度，还必须合理地确定工序间的余量。在组合机床上进行孔加工时通用的工序间余量见表2.2-10。

表 2.2-10 孔加工常用工序间余量 （mm）

加工工序	加工直径	工序特点	工序间（直径上）余量
扩孔	10~20	钻孔后扩孔	1.5~2.0
		粗扩后精扩	0.5~1.0
	>20~50	钻孔后扩孔	2.0~2.5
		粗扩后精扩	1.0~1.5
铰孔	10~20		0.1~0.2
	>20~30		0.15~0.25
	>30~50		0.2~0.3
	>50~80		0.25~0.35
	>80~100		0.3~0.4
半精镗	20~80		0.7~1.2
	>80~150		1.0~1.5
精镗	≤30		0.2~0.25
	>30~130		0.25~0.4
	>130		0.35~0.5

当制订工艺方案、划分工序间余量时，可根据具体情况参考表中的推荐范围进行选择，但一般要注意下列问题：

1）粗镗时，考虑工件的冷硬层、铸孔的铸造黑皮和铸造偏心。粗镗余量（直径上）一般不得小于6mm。

2）当工件需重新安装，如果是同一套夹具，定位误差不至出现太大，定位误差较大时，余量应当增大。当工件不需要重新安装，而在一次安装下进行半精和精加工时，则最后精加工的余量就可减少，但精镗时（1级~2级）直径上余量一般不应超过0.4mm或0.5mm。

3）在确定镗孔余量时，还需注意加工余量对镗杆直径的影响。尤其是在工作需要让刀以便通过刀具时（用多刀加工多个同心孔时），由于加工余量和工件让刀量的影响，往往要减少镗杆直径。此时若有必要，可稍为减少粗镗的切削量。

2. 刀具结构的选择

为了使一个加工过程能顺利进行，正确地设计、

制造刀具是极其重要的环节。在组合机床上常常又是多刀具（无论是数量或种类上）加工，这一点就显得更为重要。根据工艺要求与加工精度的不同，组合机床上经常采用的刀具有一般刀具、复合刀具及特种工具等。刀具设计对机床整个工艺方案的拟定有很大的影响。在确定加工工艺时，对刀具结构的选择应注意的问题如下：

1）在制订工艺方案时，只要条件允许，应首先选取标准刀具。

2）为了提高工序集中程度或达到更高的精度，可以采用复合刀具，但在确定复合刀具的结构时，应尽可能采用组装式复合刀具，如装有几把镗刀的镗杆、几把扩孔钻或铰刀的刀杆、同时加工孔及端面的镗刀头等。

对整体式复合刀具，如复合钻头、钻铰复合刀具及扩铰复合刀具等，制造时刃磨比较困难，造价昂贵，仅在采用这种刀具后可以节省工位或机床台数，或者保证加工精度所必须时才应选用。

3）镗刀和铰刀的采用原则。在组合机床上完成大孔和小孔的精加工工序时，镗和铰的工艺均有采用，但铰刀直径不宜做得过大，一般用于加工φ100mm以下的孔。铰削工艺在多工位的回转工作台和鼓轮机床上采用较多，这是因为在多工位机床上，特别是回转鼓轮式机床上加工时易产生振动，采用镗削有时会引起加工孔的圆度误差，而采用铰削工艺就较为有利。此外，这类机床一般采用铰刀较为合适，因为铰刀是预先刃磨好的，装上即可使用，不需要在机床上进行对刀，而且铰刀寿命较长。

在加工同轴孔系而孔直径小于40mm时，若采用镗削方法，因镗杆太细，会影响加工精度，这时也宜采用铰削工艺，但只要所选工艺方案可以采用刚性较好的镗杆和对刀方便，以及加工中不至于有振动时，还是采用镗削方法为好，这是因为镗刀制造简单，刃磨方便。

4）选择刀具结构时，必须认真考虑工件材料的特点，如加工淬火铸铁时，由于其硬度较高，宜采用多刃铰刀或镗刀头加工，以提高刀具的寿命。

2.2.5 组合机床切削用量的选择

1. 切削速度、进给量、切削力

组合机床大都使用多刀、多刃，刀具数量较多，为了尽量减少换刀时间和刀具的消耗，保证机床的生产率及经济效果，所采用的切削速度v和进给量f值比在通用机床上用单刀、单刃加工时约低30%。用硬质合金刀具加工铸铁，$v=8~10$m/min；加工铝件，$v=12~20$m/min。用切削深度较小的精镗头镗孔时；

加工铸铁，v 为 100～150m/min；加工钢件，v 为 150～250m/min；加工铝合金，v 为 200～400m/min；加工巴氏合金，v 为 250～500m/min。加工各种材料工件的 f 均为 0.03～0.10mm/r。

扩、铰、镗的切削深度可按表 2.2-10 的加工余量考虑，当工件的加工直径较大及需转位或两次安装时，则取较大值；当工件的加工直径较小及要求较高的加工精度和表面要求光滑时，则取较小值。

关于镗削力、功率及镗刀寿命的计算；钻削力、扭矩、功率及钻头寿命的计算；攻螺纹扭矩、功率及丝锥寿命的计算等可查阅本手册有关章节。

2. 确定切削用量时应注意的问题

切削用量的选择要尽可能达到合理地利用所有刀具，充分发挥其性能。例如，对同一个动力头，除有钻、镗，还有刮端面工序，那就应该将刮端面安排在动力头工作循环的最后进行，这就可以用二次进给使之按要求的小进给量工作，达到合理地使用刀具。

复合刀具切削用量选择的特点：其进给量按复合刀具最小直径选择，切削速度按复合刀具最大直径选择，如钻、铰复合刀具，进给量按钻头选择，切削速度按铰刀选择。由于整体式复合刀具常常强度较低，故切削用量应稍选低一些。

对带有对刀运动镗孔主轴转速的选择，各镗孔主轴的转速一定要相等或成整倍，这是组合机床对刀结构设计的需要。

在选择切削用量时，应注意工件生产批量的影响。当生产率要求不是很高时，就没有必要把切削用量选得很高，以免增加刀具的损耗。当然，也不应选得太低，只要不低于某个极限值，而是有利于提高刀具的使用寿命的，也可以减少所需要的切削功率。

在选择切削用量时，还必须考虑通用部件的性能，如所选的进给量一般要高于动力头允许的最小进给量，这在采用液压驱动的动力头时更为重要。

2.2.6　确定组合机床及其自动线工艺方案时应注意的问题

一个正确的组合机床及其自动线工艺方案的确定，必须正确地处理粗加工和精加工、工序集中和分散、单一工序和混合加工等矛盾，才能使组合机床很好地满足加工工艺的要求。

1. 组合机床及其自动线完成工艺时常遇到的限制

1）工件的形状、尺寸和材料的影响。对复杂又不规则的零件，安排工艺时要考虑创建工艺基准的工序；对自动线，还要确定运动基面，或者采用特殊的输送方式，如抬起步伐式、托盘式等输送方法。对特大尺寸的零件，宜考虑工件不动，而由动力部件实现各种运动；对尺寸很小的工件，应考虑多工件同时安装。当加工钢件时，对同样精度要求的孔，其工序应比铸铁件多安排几道，还要充分考虑断屑和排屑问题。

2）工件工艺和精度的影响。在组合机床上加工箱体件的多壁孔时，要求呈阶梯形分布，即外面孔大，里面孔小，向一个方向递减，其孔径之差的一半不应小于加工余量，以便刀具引入和退出。当同一轴线上有几个等直径且有严格同轴度要求的孔时，则要采取让刀送进的加工方法，此时孔径一般不宜小于 50mm。对同一轴线上孔的分布是中间孔大而两端孔小且加工工艺性差的工件，要认真分析，必要时可采用偏心镗削头进行加工。

3）对组合机床流水线和自动线，要考虑生产率、车间平面布置和装料高度的影响。当产量很高时，为平衡生产线的工作节拍，有时要考虑增设平行支线或同时加工的工件数；当产量不大时，为简化生产线，要设法使工件多次通过生产线以完成全部工序加工，或者采用柔性制造线实现多品种生产。

布置生产线时，要考虑前后工序的衔接、工件流向，以及车间电源、压缩空气管道的位置和方向，特别要注意车间面积，有时本来可以直线布置，受面积限制而不得不改为折线形式。

要考虑机床装料高度与车间原有滚道高度一致。组合机床装料高度的国际标准为 1060mm。

2. 确定工艺过程中应考虑的原则和问题

1）力求先粗后精，粗精分开。对于大面大孔粗加工应放在生产线前端机床上进行，对易出现废品的高精度孔也应提前进行粗加工。高精度精加工工序一般应在最后进行，注意将粗精加工工序拉开一些，以免粗加工热变形对精加工的影响。加工余量是否均匀对孔加工的几何精度有很大影响，安排工艺时要把精加工和半精加工都放在生产线最后进行。

2）适当考虑单一工序。在确定组合机床工艺时，应把相同工序集中在同一工位或一台机床上。大量的钻孔和镗孔最好分开，不要集中在一个主轴箱上；大量攻螺纹工序可集中在专门的攻螺纹机床上进行，不要与大量钻孔和镗孔工序集中在一个主轴箱或一台机床上；小直径深孔钻削也应集中在深孔机床进行，不要与钻削一般短孔集中在一台机床上。由于切削用量差异，铰孔和镗孔也不宜集中在一个主轴箱上进行。

在拟定工艺方案时，要合理处理好单一工序和混合加工的问题，也不应片面追求单一工序。

3）相关工序应集中安排在同一个工位上进行。相互垂直孔及同一平面孔，有条件的都应在同一个工位上进行加工。对固定用的螺栓孔，除应在一个工位进行加工，还应尽量考虑从结合面的方向进行加工，以保证孔的位置精度，便于装配。

4）适当集中，合理分散。确定工序集中程度时必须充分考虑零件刚度、粗精加工工序的安排问题，以及机床调整方便和提高工作可靠性问题。

5）要留有一定精度储备，一般应为加工公差的1/3。对组合机床加工精度必须充分分析且留有余地，并应根据工件具体情况注意留足储备。

当对镗孔同轴度要求在 0.03mm 以内时，精加工应从一面进行，尤其是多轴加工及同一轴线有多层孔加工时更应如此。当对孔的相互位置精度要求在±0.05mm 以内时，最好在同一工位上进行加工。对于镗孔机床，应注意精加工后孔的表面是否允许留有退刀的刀痕。对于钻阶梯孔，应先加工大孔，后钻削小孔。当制订加工一个工件的几台成套机床或流水线的工艺过程方案时，应尽可能使精加工集中在所有粗加工之后进行，攻螺纹工序应尽量放在最后进行等。

3. 组合机床及其自动线排屑、冷却、集中润滑和清洗等应考虑的原则和问题

1）排屑。通畅的排屑是组合机床和自动线工作可靠的必要条件。当制订组合机床和自动线方案及设计时，要认真考虑切屑从加工空间的排除，从夹具底座经中间底座的排除，对自动线还要考虑将各台机床切屑集中排除的问题。

在机床夹具镗模架和工件之间要有足够的排屑空间，尽量减小夹具的积屑面积，这对于加工钢件尤为重要。可在夹具底座上对应的加工部位开设排屑窗口，需要时应采取大流量切削液冲排。

目前，切屑排除已有传动带排屑装置、刮板排屑装置、链式排屑装置、螺旋排屑装置、磁性排屑装置及冲洗式排屑装置等。

图 2.2-13 所示为传动带排屑装置，主要用于输送粒状铸铁屑，输送切屑量不宜大于 25m³/h。表 2.2-11 列出了传动带排屑装置的主要参数。

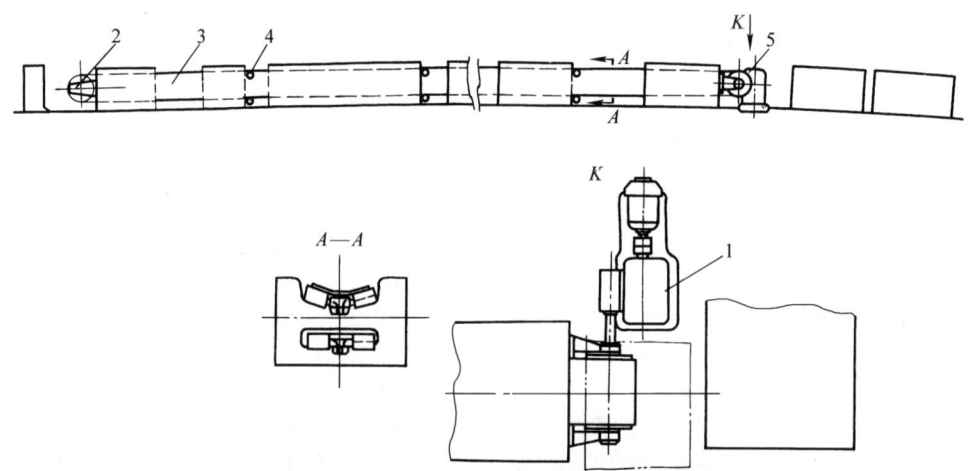

图 2.2-13　传动带排屑装置

1—传动装置　2—张紧轮鼓　3—胶带　4—支承辊　5—主动轮鼓

表 2.2-11　传动带排屑装置的主要参数

参数	参数值					
排屑量/(m³/h)	5	10	16	8	16	25
轮鼓转速/(r/min)	10			16		
传动带宽/mm	300	400	500	300	400	500
每 10m 长运输装置所需驱动功率/kW	0.05	0.08	0.12	0.08	0.12	0.2

图 2.2-14 所示为平板链式排屑装置，它是一种通用的排屑装置，能够很快地输送大量的长螺旋状切屑。输送切屑量为 5~25m³/h。表 2.2-12 列出了平板链式排屑装置的主要结构参数。

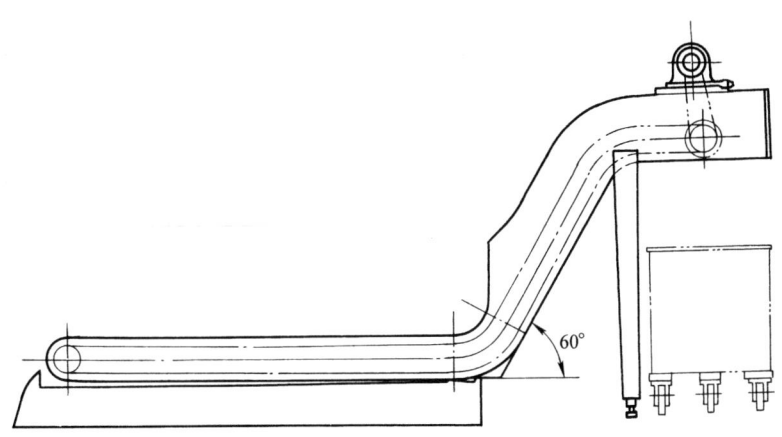

图 2.2-14　平板链式排屑装置

表 2.2-12　平板链式排屑装置的主要结构参数

型　号	排屑槽高 H/mm	排 屑 槽 宽 B/mm								长度/m
		200	250	300	400	500	600	700	800	
1QPJL15	150									
1QPJL22	220									
1QPJL40	400									

图 2.2-15 所示为螺旋排屑装置，适用于输送卷状、块状短铁屑和铝屑，输送切屑量小于 8m³/h。

表 2.2-13 列出了螺旋排屑装置的主要结构参数。

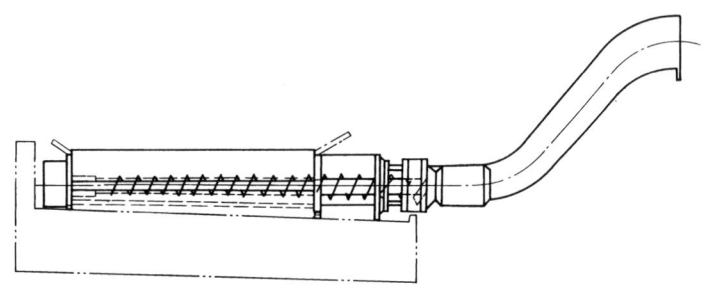

图 2.2-15　螺旋排屑装置

表 2.2-13　螺旋排屑装置的主要参数　　　　　　　　　　　　　　（mm）

型号	螺旋外径 D	排屑槽宽 B	排屑槽高 H	排屑槽长 L	总长	总高
1QPJX10-Ⅰ				600	1625	
1QPJX10-Ⅱ				800	1825	
1QPJX10-Ⅲ	100	340	160	900	1925	613
1QPJX10-Ⅳ				1000	2025	
1QPJX10-Ⅴ				1200	2225	

对于组合机床及其自动线，近年来越来越多地采用切削液冲洗的办法进行排屑。淋浴式冲洗将切屑从加工空间冲到机床下方的沟槽中，用高压大流量将切屑冲到切削液及切屑的处理装置中。

2）冷却。组合机床及自动线工序集中程度很高，正确地选择切削液，并设计好的冷却装置，以保证刀具、工件获得充分的冷却，这对提高刀具寿命，减少因换刀造成的停车时间损失具有重要意义。由于组合机床有不同的配置形式、结构及多轴加工等情况，其冷却系统也有特殊要求，主要包括：

① 切削液要充分，确保刀具获得连续和充分的冷却，使刀具在加工中保持较低的温度。

② 组合机床上常常是多点冷却，其冷却管路必须布置恰当，以保证冷却点都能有充分的切削液。当各冷却点对切削液有不同流量要求时，应在管路上设置调节开关。

③ 组合机床冷却系统一般都采用电泵。当冷却系统在需要大流量的同时还要求有较高的压力，如带内冷的深孔加工，则应采用特殊的刀具，使切削液从刀具中喷出，以便对刀具进行充分冷却，并将加工中的铁屑排出。

④ 切削液必须在开始进给时就供给，确保在整个加工过程中连续不断，并根据机床实际工作情况，配置切削液防护罩，以免切削液飞溅。

3）集中润滑。通常采用集中润滑装置，以齿轮泵进行供油，机器各润滑点采用定量分配器实现定量供给，供油节拍依靠计数器控制。定量分配器分1、2、3、4、5出口，可任意根据要求组合，排量一般为0.03～1.5mL/行程。

4）清洗。在组合机床生产线上，为了提高产品的清洁度及清除切屑，常采用多种形式的清洗机。通常设在采用煤油或润滑油作冷却液的加工工序后面；某些中间装配工序之前；孔径检查装置之前；在随行夹具返回输送带上。机械加工结束后的清洗机可设在线上，也可单独布置。

表2.2-14列出了QXLT系列通过式清洗机的主要参数。该清洗机由清洗区、漂洗区和吹干区组成，自动化程度高，对水温、液面、活塞、排污油和排雾等都能自动控制，并具有油水分离、切屑排除和清洗液过滤等综合功能。该系列清洗机不用地坑，不必单打地基。

表2.2-14　QXLT系列通过式清洗机的主要参数

型号	QXLT40-Ⅰ	QXLT40-Ⅱ	QXLT70-Ⅰ	QXLT70-Ⅱ	QXLT100-Ⅰ	QXLT100-Ⅱ
名称	通过式两室清洗、吹干机	通过式三室清洗、漂洗、吹干机	通过式两室清洗、吹干机	通过式三室漂洗、吹干机	通过式两室清洗、吹干机	通过式三室清洗、漂洗、吹干机
可清洗零件最大尺寸/mm（宽×高）	400×250(520)①		700×560		1000×800	
装料高度/mm	850②		1060		1060	
外形尺寸/mm（长×宽×高）	2400×1150×1800	4000×1150×1800	4100×2400×3500	6400×2400×3500	4900×5000×3800	7900×3000×3800
总重量/kg	≈1100	≈1600	≈3000	≈4000	≈5000	≈6500
清洗压力/MPa	0.3		0.5		0.5	
清洗、漂洗液温度	从室温至75℃连续可调，液温自动控制调节，数码显示温度					
加热方式③	电加热或蒸气加热		电加热或蒸气加热		电加热或蒸气加热	
输送速度/（m/min）	0.9(0.6)④		0.18～1.8，连续无级调速			
输送网带承载能力/（kg/m²)	500		700		1000	
水箱容积/m³	0.37	2×0.37	1	2×1	2	2×2
喷嘴数量/个	90	180	84	168	84	168

(续)

型号		QXLT40-Ⅰ	QXLT40-Ⅱ	QXLT70-Ⅰ	QXLT70-Ⅱ	QXLT100-Ⅰ	QXLT100-Ⅱ
名称		通过式两室清洗、吹干机	通过式三室清洗、漂洗、吹干机	通过式两室清洗、吹干机	通过式三室漂洗、吹干机	通过式两室清洗、吹干机	通过式三室清洗、漂洗、吹干机
总功率/kW	电加热	19.55	38.55	109	215	207	411
	蒸气加热	4.55	8.55	18	33	25	47
过滤及排渣		抽屉网精密过滤报警排渣及自动过滤自动排渣，两者组合使用					
蒸气(0.4~0.6MPa)耗气量/(t/h)		0.1	0.2	0.3	0.6	0.6	1.2
吹干用压缩空气耗气量/(m³/h)		45		63		100	

① 可通过零件最大高度，可提高到 320mm，用户可在订货时提出。

② 装料高度 1060mm 是国际标准，若用在装料高度为 1060mm 的滚道流水线上，可以下装 210mm 垫块。

③ 加热方式，用户可在订货时提出。

④ 如须用 0.6m/min 的输送速度，用户可在订货时提出。

此外，还有多种功能的配套辅机可供组合机床及其自动线选用，如 QPCD250 型磁性排屑装置，利用磁体吸引铁屑达到从冷却液中分离铁屑，并输送到指定地点，排屑钢带宽 250mm，电泵流量 250L/min；QLGZ 型综合纸带过滤机是一种大流量冲铁屑的过滤设备，适用于冷却、润滑和排屑，最大过滤量为 10m³/L，机床润滑泵流量为 45mL/min，排屑水泵电动机功率为 1.5kW；QQDL250 型振动光筛机是一种利用离心力使滚筒中的工件与磨料相互磨削而进行光筛加工的辅机，适用于对金属、非金属、塑料和陶瓷等零件进行倒角、去毛刺、抛光和去污加工，加工质量比手工加工均匀，表面粗糙度 Ra 可达 0.2~0.1μm，工作效率可提高 10~100 倍，容量为 250L，功率为 1.5kW，噪声为 85dB；QLEP300 型轮盘式浮油排除装置主要用于排除浮在乳化液表面上的混入油，也可用于其他液面上浮油的回收和排除，不但可以大大地延长冷却液的使用寿命，而且可以防止发臭，以减少污油对环境的污染，便于废油再生，最大排除污油量为 5kg/min，轮盘直径为 300mm。

2.3　自动上下料装置

2.3.1　概述

1. 分类（图 2.3-1）

坯料自动上下料装置多用于冲压设备和自动机床，件料自动上下料装置多用于各种机床。件料自动上下料装置的特点及适用范围见表 2.3-1。

2. 件料自动上下料装置的组成

件料自动上下料装置的组成及其作用见表 2.3-2。

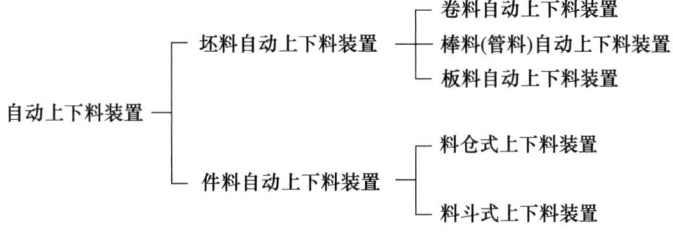

图 2.3-1　自动上下料装置分类

表 2.3-1　件料自动上下料装置的特点及适用范围

类型	料仓式上下料装置	料斗式上下料装置
结构简图	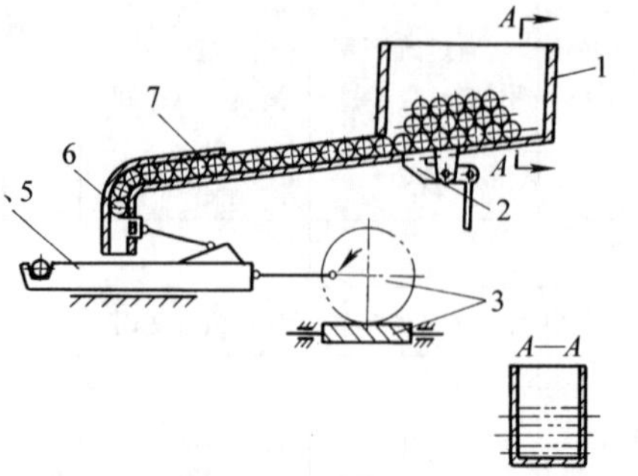 1—贮料器　2—搅拌器　3—驱动机构　4—上料机构 5—下料机构　6—隔料器　7—料道	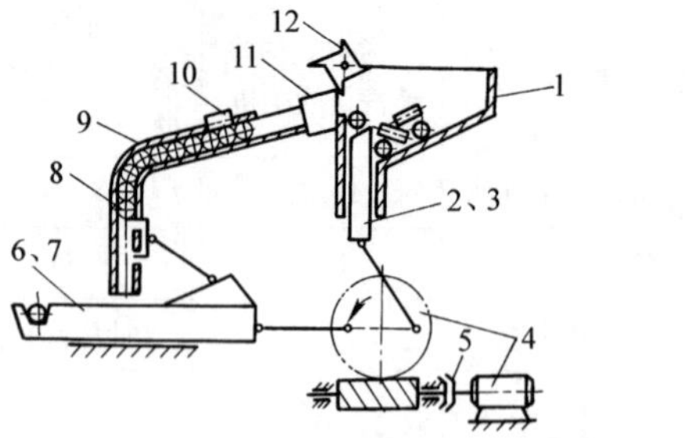 1—贮料器　2—定向机构　3—搅拌器　4—驱动机构 5—安全机构　6—上料机构　7—下料机构　8—隔料器 9—料道　10—检测机构　11—二次定向机构　12—剔除器
特点	工件靠人工定向排列，然后靠机构自动送到工作地点	工件任意放入贮料器中，通过定向机构实现自动定向排列，然后自动地送到工作地点
适用范围	用于因尺寸、重量或几何形状的特点而难于自动定向排列的工件，或者单件工序时间较长的工件	用于形状简单、尺寸和重量较小，并且工序时间较短、批量很大的工件

表 2.3-2　件料自动上下料装置的组成及其作用

序号	组成	主　要　作　用	料仓式	料斗式
1	贮料器	贮存工件	必有	必有
2	输料槽	将工件从贮料器送至上料机构	可能有	有
3	上料机构	将已定向的工件按一定的生产节拍和方位送到工作地点	必有	必有
4	下料机构	从工作地点取下工件并将其送出	可能有	可能有
5	定向机构	使散乱的工件定向排列	无	必有
6	隔料器	逐个地从料道（输料槽）中放出工件	有	有
7	搅拌器	搅拌工件以便消除工件的堵塞，增加工件的定向概率	一般无	可能有
8	安全机构	当发生卡料等事故时，能使上料装置自动停车或保险机构打滑（常用安全离合器或摩擦传动机构等）	一般无	有
9	剔除器	剔除定向不正确或多余的工件	无	可能有
10	检测机构	检测工件定向情况并控制上料装置动作	一般无	可能有
11	驱动机构	带动定向机构或其他机构运转	有	有

3. 设计选用自动上下料装置的注意要点

1）上料生产率越高，人工上料的劳动强度越大，越有必要采用自动化程度高的上下料装置。

2）根据工件的类型、尺寸、形状和重量，以及机床的布局和生产的节拍，合理地选择上下料装置的类型及结构形式，应保证上下料装置的供料能力大于机床生产率的 15%～25%。

3）工作稳定可靠，运转噪声小，不会损伤工件表面，使用寿命长，经济性好。

4）结构简单，通用性好。某些部件应能进行调整，以适应多品种成批生产的需要。

2.3.2　料仓式上下料装置

料仓式上下料装置是一种半自动上下料装置，需要定期地将一批工件按规定的方向和位置依次排列在料仓中，然后由输料槽和上料机构自动地将工件送到工作地点。

1. 料仓

料仓式上下料装置的贮料器称为料仓，其作用是贮存已整理好的工件，它的结构形式随工件的形状特征、贮存量及上料方式的不同而异。料仓的主要类型、工件输送方式、结构特点及适用范围见表 2.3-3。

表 2.3-3　料仓的主要类型、工件输送方式、结构特点及适用范围

类型		简　图	工件输送方式	结构特点	适用范围
斗式料仓	立式		自重输送	结构简单，贮存量大。出口处易堵塞，应加搅拌器	适用于细长的圆柱、轴、管、套类零件
	摆槽式	*B—B*　*A—A* 1—摆动输料槽　2—弹簧加载的驱动连杆　3—装件高度 4—固定的进给管道　5—支枢点　6—背面平板	自重输送	贮存量大，对工件有一定的搅拌作用	适用于圆柱、轴、管类工件，特别是小直径的细长工件
	卧式圆盘		强制输送	贮存量大，送料平稳。为防止出口处工件堵塞，可设置搅拌器	适于扁平的片、环、盖类工件
	振动斜盘式		强制输送	贮存量大，送料平稳。为防止出口处工件堵塞，可设置搅拌器	适于扁平的片、环、盖类工件

（续）

类型		简　图	工件输送方式	结构特点	适用范围
槽式料仓	直槽式		自重输送	贮存量较小,可垂直(闭式结构)或倾斜安装。可兼作输料槽	适于柱、轴、套、环、片、块类工件
	弯槽式		自重输送	贮存量较直槽式大,可有缓冲作用,能兼作工序间的输料槽	适用于球、环、柱、轴、套等回转体工件
	螺旋槽式		自重输送	贮存量较直槽、弯槽式大,占地面积较大	适用于球、环、柱、轴、套等回转体工件
杆式料仓	固定式		自重输送	构成料仓的三杆或四杆固定在本体上,与工件的配合间隙大于工件外径的1/50～1/10	适用于盘、片、环类工件

（续）

类型		简　图	工件输送方式	结构特点	适用范围
杆式料仓	可调式		自重输送	杆的位置可调，以适应于不同尺寸工件的需要	适用于盘、片、环类工件
	重锤式		强制输送	靠重锤水平推送工件，推力为常数，贮存量较大	适用于盘、环类工件
	弹簧式		强制输送	靠弹簧水平推送工件，推力由大变小，贮存量不宜过大	适用于盘、环类工件
管式料仓	圆管式		自重输送	贮存量较小，料仓上开有观察长槽，宜于垂直安装，也可斜装兼作输料槽。圆管式料仓也可用细钢丝绕成柔性的	适用于球、柱、轴、盘、环状类工件
	方管式		自重输送		适用于柱、轴、矩形片、板类工件

（续）

类型		简　图	工件输送方式	结构特点	适用范围
摩擦料仓	轴式	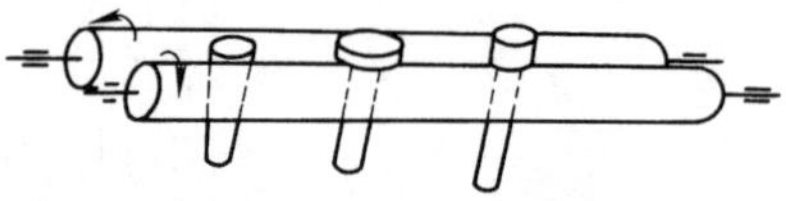	强制输送	双轴式，反向旋转，送料平稳	适用于锥轴、带肩轴类工件
	带式	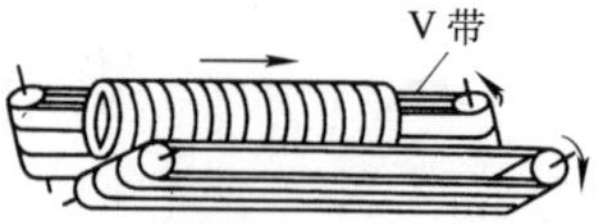 V带	强制输送	V形带式，反向旋转，送料平稳	适用于圆圈、环、柱类工件
	盘式	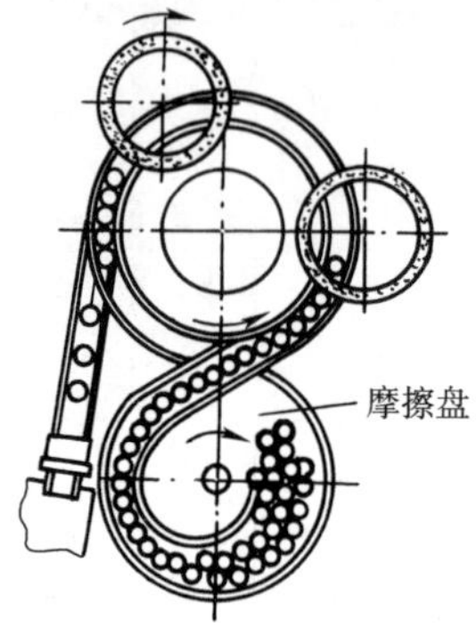 摩擦盘	强制输送	贮存量较大，摩擦盘式结构	适用于圆环类扁形工件
其他料仓	轮式	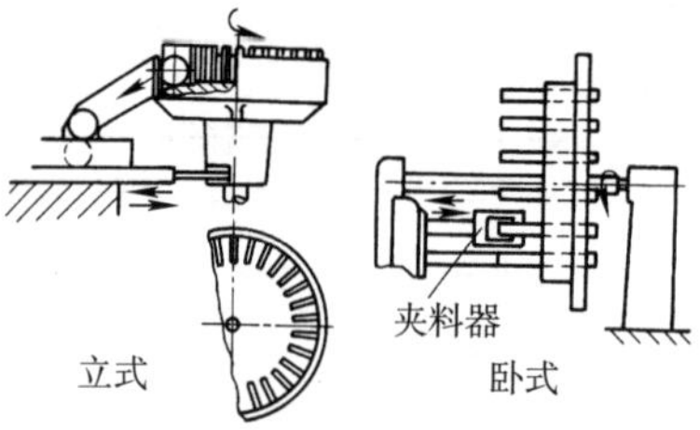 夹料器 立式　　卧式	强制输送	转盘做间歇或连续转动，分立式和卧式两种	适用于外形较复杂、重量较大的轴、盘类工件
	链式	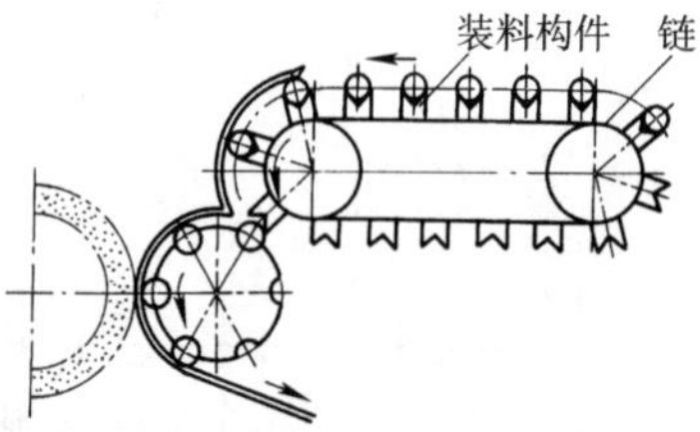 装料构件　链	强制输送	送料带可做间歇或连续运动，可水平、倾斜或垂直安装，占地较多	适用于大、中型较复杂的轴类、箱体类工件

2. 消除料仓堵塞的机构

常用的消除料仓堵塞的搅拌器见表2.3-4。

3. 输料槽

输料槽的作用是将工件从料仓（或料斗）输送到上料机构，有时也兼作贮料器。输料槽可分为滚道、滑道和辊子道三类。

1）滚道。滚道的主要类型见表2.3-5。

工件的计算直径确定见表2.3-6。

工件端面与滚道侧面间隙的确定见表2.3-7。

滚道侧壁高度的确定见表2.3-8。

当倾角较大或滚道较长时，因工件滚动速度大，应在滚道中途或底部设置减速装置。滚道中常见的减速器见表2.3-9。

2）滑道。滑道的主要类型见表2.3-10。

滑道主要参数的确定见表2.3-11。

3）辊子道。辊子道的主要类型见表2.3-12。

表 2.3-4　常用的消除料仓堵塞的搅拌器

简　　　图	结构特点
 1—杠杆　2—料仓　3—工件	利用杠杆的拨动消除工件堵塞
 1—凸轮　2—料仓　3—工件	利用旋转凸轮的搅拌作用消除工件堵塞
 1—杠杆　2—料仓　3—工件　4—菱形摆块	利用杠杆和料仓上部设有的菱形摆块消除工件的堵塞
 1—电磁消除器　2—料仓　3—工件	利用电磁振动的作用消除工件的堵塞，可用于重量较轻的工件，对工件的损伤小
 1—消除器　2—料仓　3—工件	上料机构工作表面做成波纹或齿纹状，在往复运动中搅动工件。对工件损伤小，可使机构合理利用

表 2.3-5　滚道的主要类型

类型	简图	特点及适用范围
开式		结构简单。适用于 $\alpha = 5° \sim 20°$ 的小倾角长距离的轴、盘类工件
闭式		可防止工件滚动时掉出槽外。适用于输送距离较短、倾角较大，且工件滚动速度较快的轴、盘类工件
杆式		用圆钢或扁钢拼焊而成，底部不易积聚污物，刚性、可拆性差。适用于输送圆盘、环类工件
曲折式		可使工件滚动时减速缓冲，防止工件偏斜、转向；可减轻底部工件的压力。适用于倾角较大或垂直输送
可调式		滚道的侧壁或侧壁及盖板可根据工件进行调整，通用性广。适用于输送成批生产的轴、盘类工件
组合式		用钢板组装而成，底部不易积聚污物，滚动阻力小。适用于输送轴、盘类、母线为曲线或带肩的轴、轮类工件
隔离式		利用摆动的挡块将工件隔离输送。适用于输送外形较复杂、易相互咬接的工件或已精加工过的工件

表 2.3-6　工件的计算直径确定

简　图	公　式	简　图	公　式
	$d_P = d$		$d_P = d - a$
	$d_P = \dfrac{d}{2} + r$		$d_P = d - (a + a_1)$
	$d_P = d - a$		$d_P = d - a$
	$d_P = d - 2a$		$d_P = d - (a + k + a_1)$
	$d_P = \dfrac{d}{2}$		$d_P = d - (a + a_1)$
	$d_P = \dfrac{d}{2} - a$		$d_P = d - a$

注：d_P—工件的计算直径；d—工件直径；B—滚道宽度；L_P—工件的计算长度；Δ—工件端面与滚道侧面间隙。

表 2.3-7　工件端面与滚道侧面间隙的确定

简　图	公　式	备　注
	$$A=\frac{\sqrt{d_P^2+l^2}}{\sqrt{1+\mu^2}}-l$$ 校核式：$$A\geq \Delta l+\Delta B+A_{min}$$	d_P、l—工件的计算直径和计算长度 μ—工件与滚道侧壁的滑动摩擦因数，$\mu=0.15\sim0.3$ Δl—工件长度公差 ΔB—滚道宽度公差 A—工件端面与滚道侧壁间隙 A_{min}—工件端面与滚道侧壁的最小间隙，$A_{min}=0.5\sim3mm$，工件滚动性好的取小值

表 2.3-8　滚道侧壁高度的确定

截面简图	侧壁高度 H	截面简图	侧壁高度 H
	对于圆形工件 $H=(0.5\sim0.6)d$ 对于盘类工件 $H=(0.7\sim0.8)d$		$$H=\frac{d-d_1}{2}-\Delta$$ $\Delta=0.5\sim1mm$
	$H=(0.8\sim1)d$		$H=(0.5\sim0.6)d$
	$H=0.8d$ $H_1=d+\Delta$ $\Delta=0.5\sim1.5mm$		$H=(0.5\sim0.6)d_1$
	$$H=\frac{d-d_1}{2}+\Delta$$ $\Delta=0.5\sim1mm$		$H=(0.7\sim0.8)d$

注：H、H_1—滚道侧壁高度；d、d_1—工件直径；Δ—工件外圆与滚道上、下底部间隙。

表 2.3-9　滚道中常见的减速器

类型	敛纹底面减速	挡板减速	弹簧挡销减速	压块减速
简图				

表 2.3-10　滑道的主要类型

类型	简　图	特点及使用范围	类型	简　图	特点及使用范围
槽式滑道	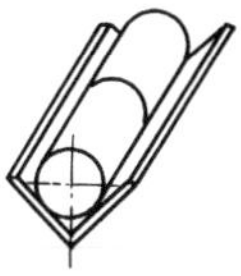	夹角为 90°，可用标准角铁。适用于输送较小的轴、盘类工件	轨式滑道	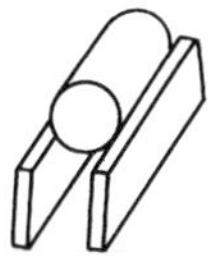	底部漏空，不易积聚污物。适用于输出较大的轴类工件
槽式滑道	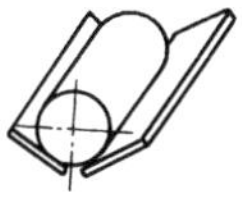	夹角 > 90°，用扁钢拼焊而成。适用于轴向输送较大的轴类工件	轨式滑道		板型滑轨。适用于输送带肩工件
管式滑道	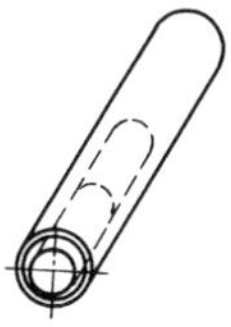	整体刚性管材。适用于工件传输时需密闭的场合	轨式滑道	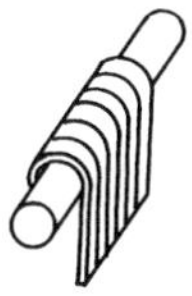	杆型滑轨。适用于输送带弯钩的工件
管式滑道	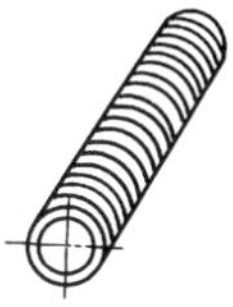	柔性弹簧圈式。适用于相对运动部件之间输送轴类工件	箱式滑道		闭式箱型滑道。适用于密闭输送带肩工件或盘类工件
管式滑道	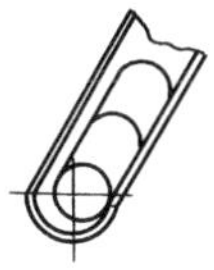	半管式滑道。适用于轴向输送较大的轴、盘类工件	箱式滑道		开式箱型滑道。适用于带肩及盘类工件的输送，且输送时需观察工件状况的场合

表 2.3-11　滑道主要参数的确定

类型	参数	简　图	公　式	备　注
直槽式滑道	滑道宽度 B	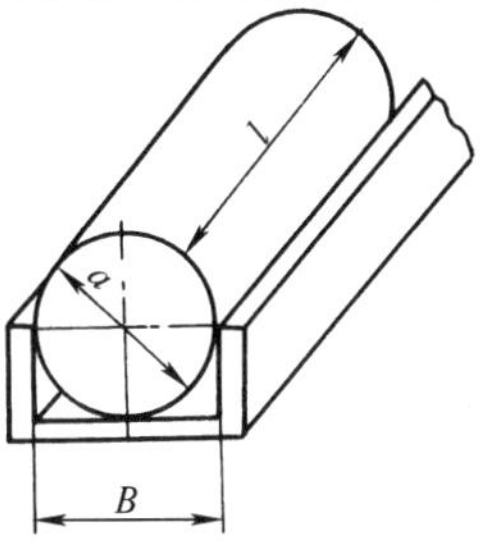	$B = \dfrac{\sqrt{a^2 + l^2}}{\sqrt{1 + \mu^2}}$	l—工件长度 a—工件宽度或直径 μ—工件与滑道间的滑动摩擦因数，一般取 $\mu = 0.15 \sim 0.30$ c—工件与滑道内壁的间隙，可按 a 为基本尺寸，取 6～7 级公差值得出 s—工件与滑道外侧壁的间隙 R—滑道外侧壁半径
直槽式滑道	滑道倾角 γ	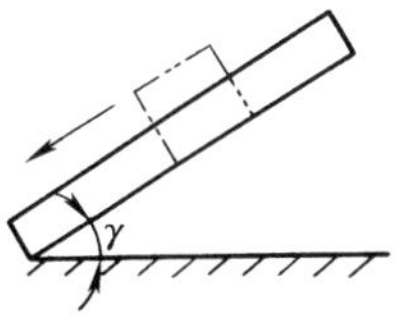	$\gamma \approx (1.2 \sim 1.5)\arctan\mu$	
直槽式滑道	滑道弯曲部分宽度 B_0	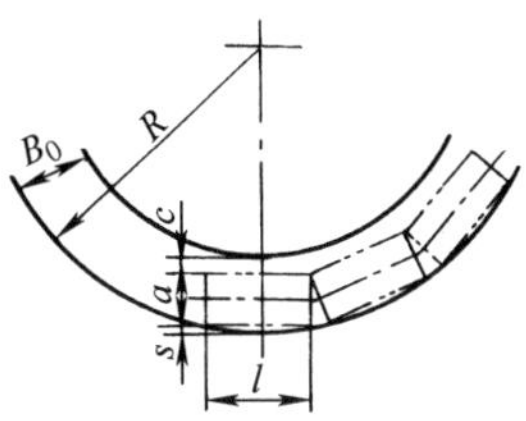	$B_0 = a + c + s$ $s = R - 0.5\sqrt{4R^2 - l^2}$	

（续）

类型	参数	简　图	公　式	备　注
V形槽滑道	滑道半角 β	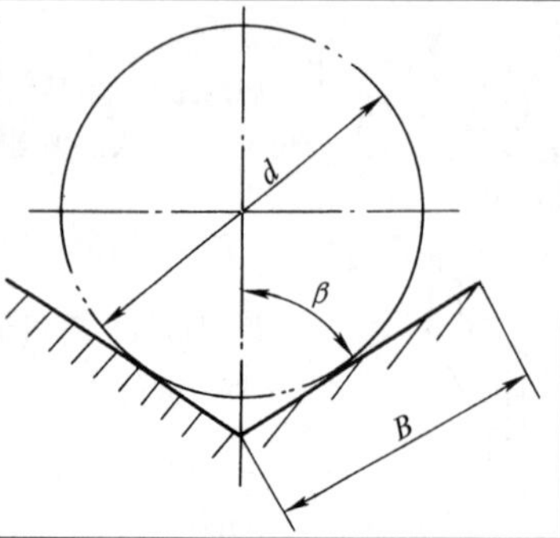	重量较小的工件取 $\beta=45°$ 重量较大的工件取 $\beta=60°$	d—工件直径 μ—工件与滑道间的滑动摩擦因数 μ'—V形滑道的等效摩擦因数
	滑道侧壁宽度 B		重量较小的工件取 $B=(0.7\sim0.8)d$ 重量较大的工件取 $B=(0.6\sim0.7)d$	
	滑道倾角 γ		$\gamma=(1.5\sim3)\arctan\mu'$ $\mu'=\mu/\sin\beta$	
轨道型滑道	校核式 K	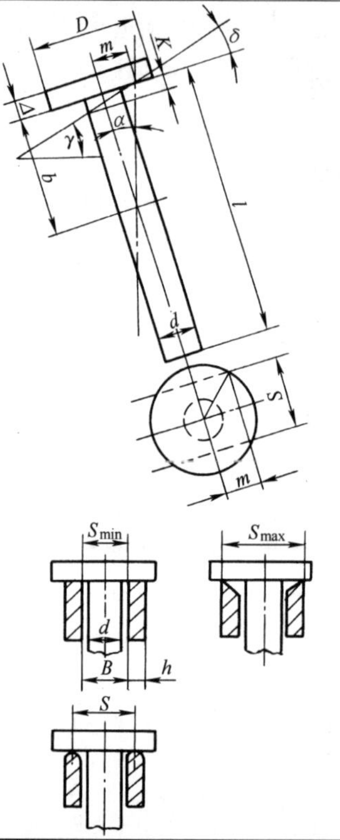	$K>\Delta$ 式中 $K=\dfrac{1}{2}(\sqrt{D^2-S^2}+d)\tan\delta$ $\delta=\gamma-\arctan\dfrac{m}{b}$ $m=\dfrac{1}{2}\sqrt{D^2-S^2}$ $b=\dfrac{1}{2}\dfrac{d^2l^2-D^2\Delta^2}{d^2l+D^2\Delta}$	Δ—工件头部高度 D—工件头部直径 d—工件杆部直径 δ—轨道表面与工件支承面的夹角 m—工件支承点至轴线的距离 l—工件重心至支承面的距离 l—工件杆部长度 为了避免工件滑速过大而产生冲击，滑道末端应做得较平或采用减速器
	两轨道支承点间距离 S		$S=B+h$ $S_{min}=1.1d$ $S_{max}=0.8D$	
	两轨内壁间距离 B		$B=1.1d$	
	轨道高度 H		$H\geqslant\dfrac{l}{2}$	
	轨道水平倾角 γ		$\gamma=30°\sim50°$	

表 2.3-12　辊子道的主要类型

类型	轮　式	辊　式	轴承式
简图	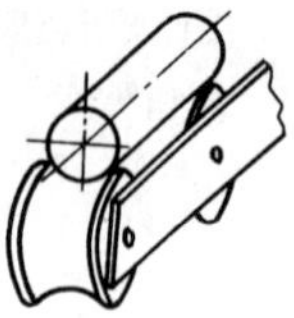	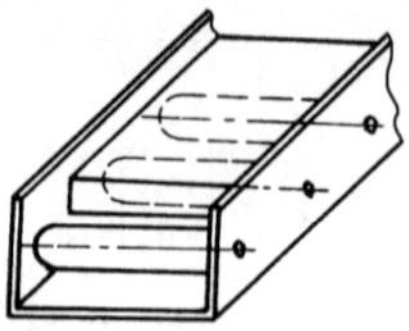	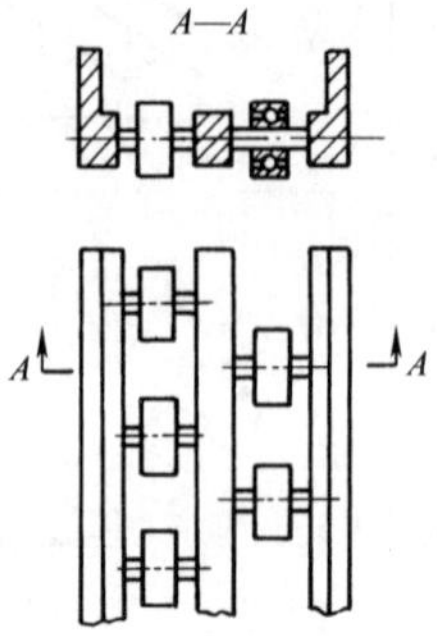

（续）

类型	轮 式	辊 式	轴 承 式
特点及适用范围	适用于轴向输送柱、轴、套、管类工件 中小型工件可用槽形轮或半圆形轮，定向要求高时可采用 V 形轮 倾角<10°	适用于传送板、块、箱体类工件 倾角<12°	用轴承代替辊轮，摩擦力小。适用于传送较精密的板、块、箱体类工件 倾角<5°

4. 隔料器

隔料器的作用是将输料槽中的工件分隔输送。隔料器的主要类型见表 2.3-13。

5. 分路器及合路器

分路器是将一路工件交替分为两路，以便使用一台上料装置供应两个工位或两台机床。合路器则相反。

分路器及合路器的主要类型见表 2.3-14。

6. 上料机构

典型的上料机构见表 2.3-15。

表 2.3-13 隔料器的主要类型

类型	简 图	特点及适用范围	类型	简 图	特点及适用范围
往复运动式		上料兼隔料，适用于套、管、环类工件。隔料速度小于 150 件/min	摇摆运动式		单独隔料，适用于球、柱、轴、套类工件。隔料速度为 150~200 件/min
		上料兼隔料，适用于球、柱、轴、套、管类工件。隔料速度小于 150 件/min			可两路同时隔料，每次隔 5 个工件，适于球、柱、轴、套类工件的自动装配。隔料速度为 150~200 件/min
		单独隔料，适用于球、柱、套、管及片状工件。隔料速度小于 150 件/min	旋转运动式		连续隔料，有推送作用。适用球、短柱、环类工件。隔料速度可大于 200 件/min，工作平稳
		单独隔料，适用于球、柱、轴、套类工件。隔料速度小于 150 件/min			连续隔料，适用于盘类工件，隔料速度可大于 200 件/min，工作平稳
摇摆运动式		单独隔料，适用于球、柱、轴、套类工件。隔料速度为 150~200 件/min			可使用两路不同的工件交替排列，适用于球、柱、环、螺母、短螺钉等工件。隔料速度可大于 200 件/min

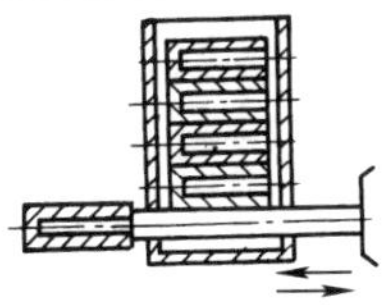

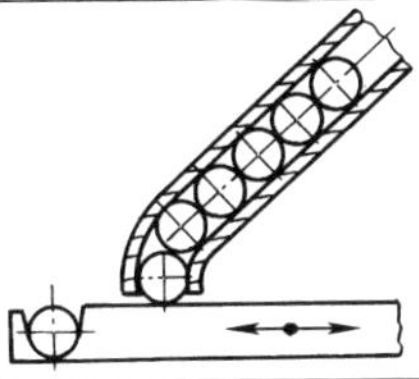

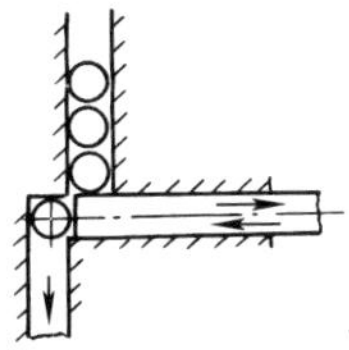

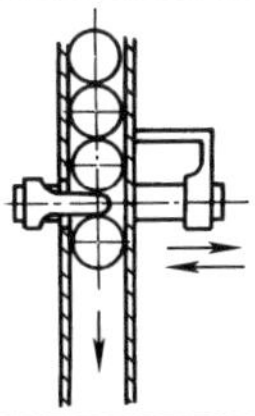

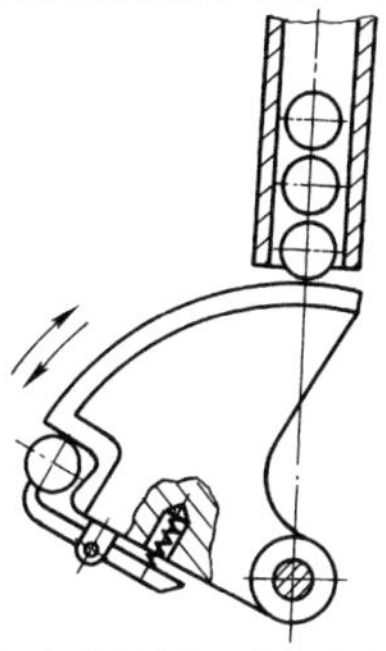

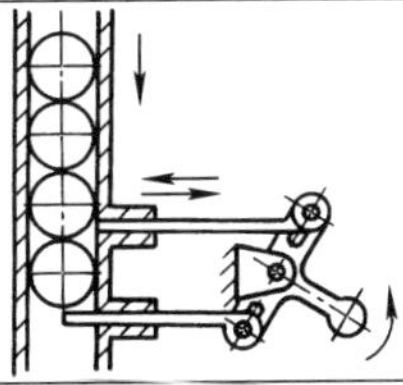

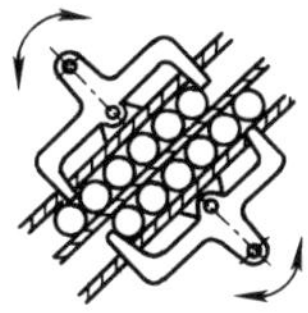

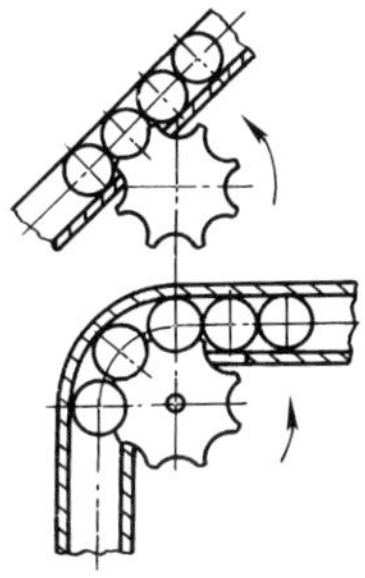

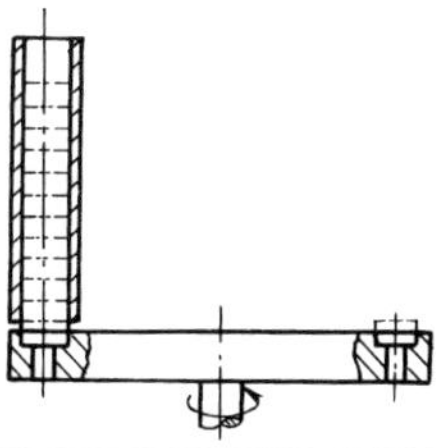

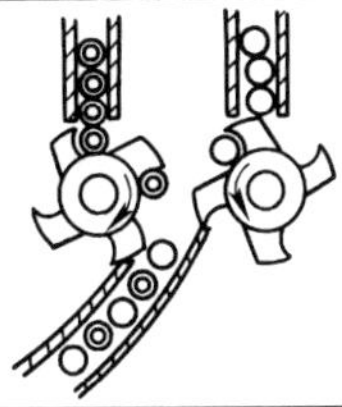

表 2.3-14　分路器及合路器的主要类型

类型	分路器			合路器
	自重式	外力式	电磁铁推动式	
简图	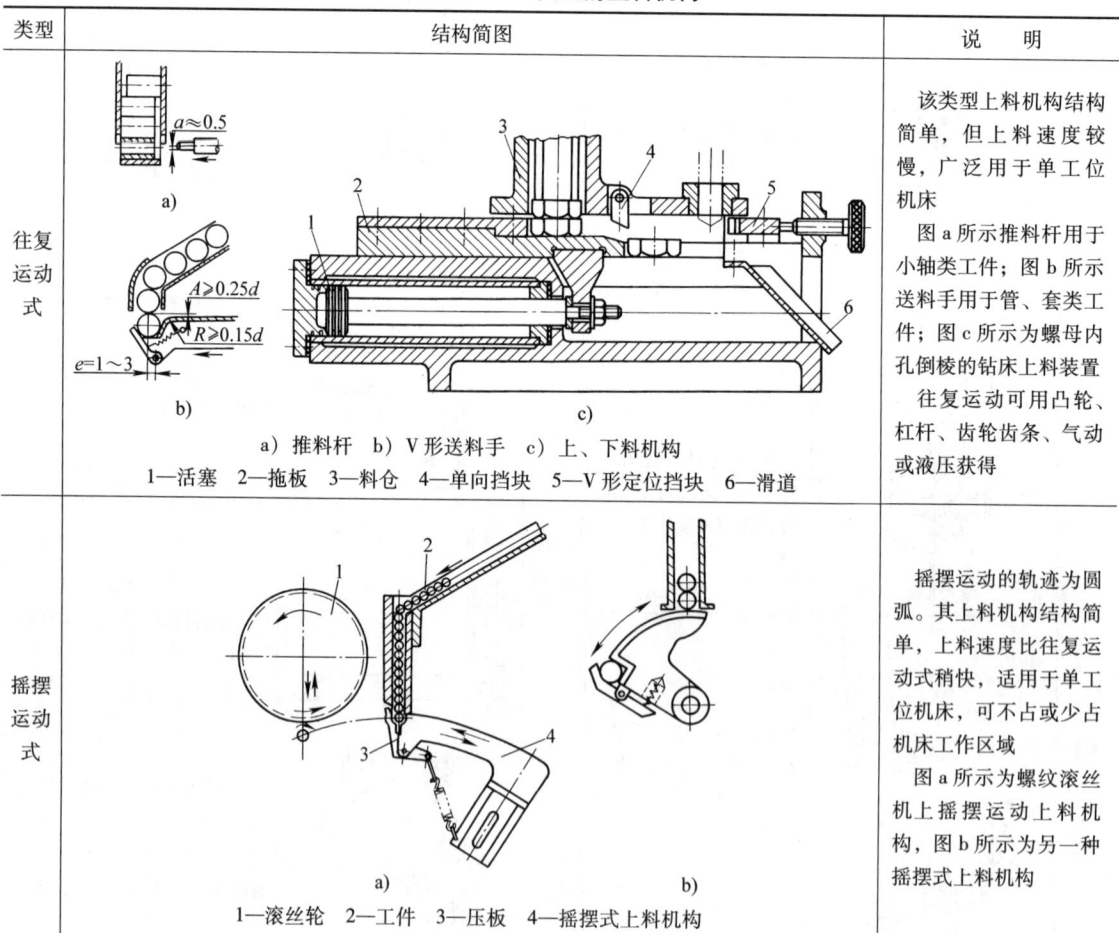			
特点及适用范围	靠工件自重推动分路摇板，一般垂直放置，适用于小型工件分路	靠外力推动工件使摇板分路，常水平放置，适用于较大的工件及块状、箱体类工件分路	靠电磁铁推动分路板，常倾斜放置，适用于小型工件。可设计成多分路器，常用于自动检测分选机	滑板往复运动，将两路工件合一。适用于中、小回转体及片、块状工件合路，常用于自动装配

表 2.3-15　典型的上料机构

类型	结构简图	说　明
往复运动式	a）推料杆　b）V形送料手　c）上、下料机构 1—活塞　2—拖板　3—料仓　4—单向挡块　5—V形定位挡块　6—滑道	该类型上料机构结构简单，但上料速度较慢，广泛用于单工位机床 图a所示推料杆用于小轴类工件；图b所示送料手用于管、套类工件；图c所示为螺母内孔倒棱的钻床上料装置 往复运动可用凸轮、杠杆、齿轮齿条、气动或液压获得
摇摆运动式	a）　　　b） 1—滚丝轮　2—工件　3—压板　4—摇摆式上料机构	摇摆运动的轨迹为圆弧。其上料机构结构简单，上料速度比往复运动式稍快，适用于单工位机床，可不占或少占机床工作区域 图a所示为螺纹滚丝机上摇摆运动上料机构，图b所示为另一种摇摆式上料机构

（续）

类型	结构简图	说　明
回转运动式	1—夹压顶尖　2—下料道　3—间歇旋转的圆盘　4—料仓　5—工件	回转运动的轨迹为圆周。该机构上料平稳，生产率很高，适用于多工位机床或要求高效、连续作业的场合，但结构复杂，占地较多 该图所示为磨床的回转运动上料机构。开有许多容纳工件槽孔的圆盘 3 旋转时，槽孔顺次经过料仓 4 的开口处，工件 5 逐个推入槽孔而被带到工作地点，由前后夹压顶尖 1 夹紧
复合运动	1—料仓　2—工件　3—夹持器　4—主轴	复合运动的轨迹为直线、圆弧等复合运动。该机构结构复杂，上料速度不快，适用于在上料过程中工件有转位等特殊要求的场合 该图中的料仓 1 中的工件 2 落入夹持器 3，送料杆在前进右行过程中靠螺旋槽旋转 90°，工件就处于能进入机床主轴 4 的位置

7. 下料机构

在大多数情况下，下料机构是用一弹簧或推杆或顶板将工件推离主轴等工作地点，使之落入料箱。图 2.3-2 所示为一种弹簧式卸料杆式的弹簧夹头下料机构。

有时上料机构和下料机构是结合在一起的。表 2.3-15 中"往复运动式"上料机构中图 c 所示就是一种典型示例。

2.3.3　料斗式上料装置

料斗式上料装置是一种全自动化的上料装置。定向机构可将成批倒入料斗中的杂乱无章的工件自动定向，使之按规定的方位整齐排列起来，并按一定的节拍自动送到加工部位。

料斗式上料装置主要由贮料器、定向机构、输料槽、隔料器及上料机构等组成。

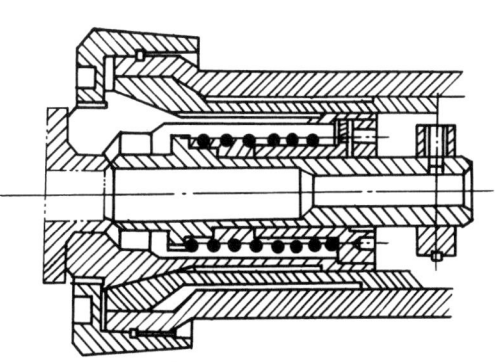

图 2.3-2　弹簧式卸料杆式的弹簧夹头下料机构

1. 料斗的类型及主要技术特性

料斗的类型及主要技术特性见表 2.3-16。

表 2.3-16　料斗的类型及主要技术特性

料斗类型	简　图	技术特性			特点及适用范围	定向方式
		最大供料能力/(件/min)	定向机构最高速度/(m/s)	上料系数 k		
振动式	 1—料斗　2—弹簧杆　3—衔铁 4—电磁铁　5—机座	100~200		0.6~0.9	利用振动与摩擦，使工件在惯性力和摩擦力的综合作用下运动，并在运动中实现自动定向 　适用于 $d<50mm$ 的盘环；$l<80mm$、$d<40mm$ 的轴、套及各种片、块类工件	料道定向
上下往复式	管式		80~100	0.2~0.4	0.4~0.6	中心管或贮料器做上下往复运动 　适用于 $d>20mm$ 的球；$d<15mm$、$l=(1.1~1.25)d$ 的短轴及套类工件	型孔选取法定向
	半管式		80~100	0.2~0.5	0.3~0.5	利用上下往复运动的两个半管搅动工件 　适用于 $d<3mm$、$l/d>5$ 的小杆，$0.8<l/d<1.4$ 的短轴类工件	
	侧边刮板式		50~180	0.4~0.6	0.3~0.5	利用上下往复运动的刮板搅动工件，利用刮板顶部的槽口定向 　适用于 $l/d>2$、$6mm<d<38mm$、$12mm<l<150mm$ 的柱、销类工件	槽隙法定向

（续）

料斗类型		简　图	技术特性			特点及适用范围	定向方式
			最大供料能力/(件/min)	定向机构最高速度/(m/s)	上料系数 k		
回转式	水平转盘式		100~180	0.5~1	0.2~0.6	水平转盘带动工件运动 适用于 $d<30mm$，$h/d<1$ 的圆盘、环形工件；$d<20mm$，$l=(1.1~2.5)d$ 的圆柱形工件；两端对称的片、块状工件	型孔选取法定向
	周边缺口转盘式		100~150	0.3~0.6	0.4~0.8	适用于 $d<30mm$ 的球；$d<30mm$、$h=(0.1~0.3)d$ 的盘、环类工件	槽口选取法定向
	径向槽盘式		100~150	0.6~0.8	0.2~0.6	适用于 $d<30mm$、$h<d$ 的盘、环、螺母；$d<20mm$，$l<60mm$ 的光轴、螺钉、铆钉类工件	槽隙法定向
	双盘旋转式		100~250	0.5~1	0.6~0.9	工件在离心力和摩擦力的作用下，随两个互相成一定角度设置的转盘运动，并自动实现定向排列，由料道槽口剔出定向不规则工件 适用于 $d<40mm$，$l<80mm$ 的回转体工件及各种片、块类工件	槽口选取法定向

（续）

料斗类型		简　图	技术特性			特点及适用范围	定向方式
			最大供料能力/(件/min)	定向机构最高速度/(m/s)	上料系数 k		
回转式	型孔转盘式	 1—圆盘　2—圆环　3—转筒　4—料斗 5—柱套　6—工件　7—储料槽	60~100	0.3~0.5	0.3~0.5	工件6成批倒入料斗4后进入转筒3中，利用与工件型面相当的柱套5，使只有开口向左定向正确的工件落入转动着的圆环2和圆盘1的缝隙中，之后被带出型孔进入储料槽7中 适用于 $d<60mm$、$h<d$ 的圆盘类工件	型孔选取法定向
	叶轮式	 1—桨叶　2—间歇传动机构 3—剔出器　4—工件	80~150	0.15~0.3	0.2~0.5	在桨叶1上开有型槽 适用于 $d<10mm$、$l<60mm$ 的小螺钉、螺栓、铆钉，M12以下的螺母；$d<10mm$、$h=3~12mm$ 的圆环、片类工件，以及凹凸型薄片工件	
	鼓轮式	 1—取料板　2—转筒　3—工件 4—滑槽　5—振动器	40~60	0.2~0.6	0.3~0.6	工件3被取料板1由转筒2的底部带到高处，散落在定向滑槽上，定向正确的工件可沿滑槽4进入贮料器 适用于 $d=5~10mm$、$l=8~15mm$ 的带肩工件；$d<30mm$、$h=5~15mm$ 的圆盘、环类工件及Ⅱ形片状工件	槽隙法定向

（续）

料斗类型		简　图	技术特性			特点及适用范围	定向方式
			最大供料能力/(件/min)	定向机构最高速度/(m/s)	上料系数 k		
回转式	钩式	1—工件　2—转盘　3—钩子	120~140	0.2~0.5	0.4~0.6	工件 1 被转盘 2 上的钩子 3 抓走，滑入受料槽中 适用于 $d=5\sim20mm$、$l<70mm$、$t>0.3mm$、$l>d$ 的套、管、杯状工件	抓取法定向
摆动式	扇形板	1—摇杆导杆机构　2—剔除器 3—扇形取料板　4—料斗	50~110	0.6~0.9	0.3~0.5	适用于 $d\leqslant25mm$、$l\leqslant150mm$ 的带肩短轴和螺钉；$d<40mm$，$h=3\sim10mm$ 的盘类；$l/b=1\sim3$、$b/h=5\sim6$ 的板类工件 扇形板定向槽形状可据工件决定	槽隙法定向
循环式	链带式	1—储料槽　2—链轮　3—拨销 4—链带　5—夹板　6—工件　7—料斗	60~150	0.1~0.4	0.2~0.4	装在料斗 7 内的工件 6 不断被搅动，杆部落入两片平行的提升夹板 5 的缝内，被链条上的拨销 3 带到最高点，后靠自重滑入储料槽 1 中 适用于 $d<15mm$、$l=(1.5\sim7.5)d$ 的螺钉类工件；$l<(0.1\sim0.9)d$、$d=10\sim150mm$ 的杯、环、盖类工件	抓取法定向

（续）

料斗类型		简 图	技术特性			特点及适用范围	定向方式
			最大供料能力/(件/min)	定向机构最高速度/(m/s)	上料系数 k		
循环式	磁性带式	1—永久磁铁 2—传送带 3—料道 4—工件 5—导向器 6—挡板 7—料斗	60~200	0.1~0.4	0.3~0.4	在封闭的传送带 2 的中间装有多块永久磁铁 1，在低处料斗 7 中，部分工件被磁铁吸住，向上带入导向器 5，导向器 5 在宽度和高度上均装有挡板 6，刮除多吸工件，只允许单个排列通过。传送至最高点被刮入料道 3 中 适用于圆环、圆片、块状工件的自动定向上料和提升	抓取法槽隙定向
流体式	喷油搅拌式	1—底孔 2、3—弯管	10~15		0.1~0.5	油从底孔 1 喷出，后由弯管 2 向右下方喷油，弯管 3 向左下方喷油，搅动工件使之落入型孔中定向 适用于 $l<10$ mm、$d<10$mm、$h<5$mm 的特小型轴、环、板、盖类工件和弹簧等易咬接的工件	型孔选取法定向

注：l—长度（mm），d—直径（mm），h—厚度（mm），b—宽度（mm），t—壁厚（mm）。

2. 振动式料斗

1）基本原理与特点。图 2.3-3 所示为直槽式振动上料原理。工件安放在与水平面稍有升角 α 的输料槽上，输料槽支承在两个斜放的弹簧片 3 上，电磁铁线圈 4 通以半波整流后的脉动电流，吸引输料槽做约 50 次/s 的振动。由于弹簧片倾斜 β 角设置，输料槽在向左移动时还稍向下运动，使其与工件间的摩擦力减少；输料槽在向右移动时还稍向上移动，使其与工件间的摩擦力增大，从而使工件沿输料槽单方向向上运动。圆盘式振动上料的原理与此类似，只是输料槽做成螺旋形，往复振动变为扭转振动。

振动式料斗的特点：

① 上料平稳，没有强烈的搅动、撞击等现象。可用于已精加工过的工件，以及薄壁、脆性、弹性工件的上料。

② 上料速度快，直径为 300mm 的振动式料斗的上料速度可达 4~10m/min。

③ 通用性广，可用于各种形状的尺寸小于 100mm、重力小于 1N 的中、小型工件。

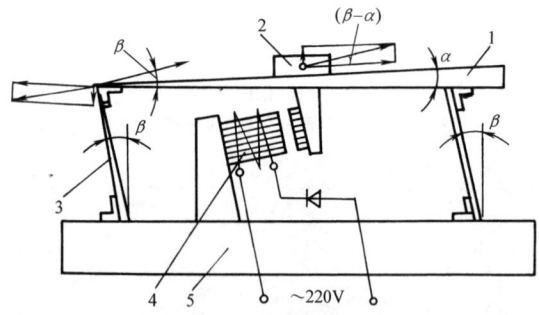

图 2.3-3 直槽式振动上料原理
1—输料槽 2—工件 3—弹簧片 4—电磁铁 5—机座

④ 结构简单、工作可靠，不易发生工作堵塞，上料速度可无级调节。

但振动式料斗不能运送有油污、水渍、很轻的薄片和细小工件。

2）工件运动过程和特性。因设计和调整时参数不同，振动式料斗中工件的运动可能有表 2.3-17 所列的三种情况。

表 2.3-17　工件运动过程和特性

简　图	条件	工作状态	适用范围
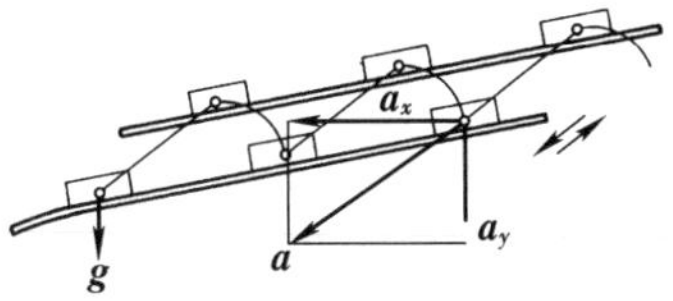	β 角、振幅、吸引力较大，$a \geq g$	工件瞬时腾空，跳跃前进，送料速度较快，平稳性较差	形状简单，定向不复杂，未精加工的工件和要求较快上料速度时
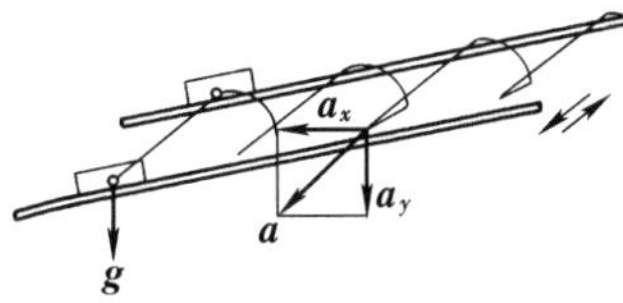	β 角、振幅、吸引力中等，$a \approx g$	工件瞬时腾空时间小于在料槽上的下行时间，平稳性较好，送料速度较慢	介于两者之间
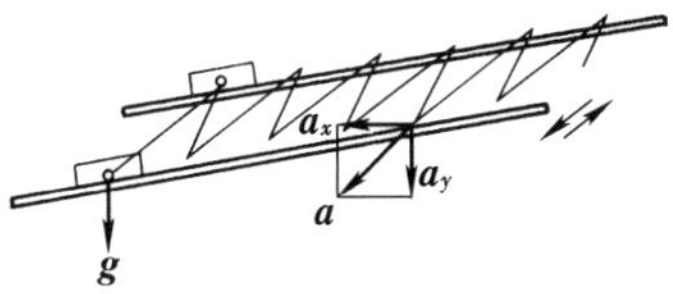	β 角、振幅、吸引力较小，$a \leq g$	工件不能瞬时腾空，而是曲折前进，平稳性好，送料速度慢	精密、细小、表面精加工过的工件和要求较高的上料平稳性时

注：a—输料槽加速度，a_x—输料槽水平加速度分量，a_y—输料槽垂直加速度分量，g—工件的重力加速度，β—料道振动斜角。

3）振动式料斗的类型（见表 2.3-18）。　　　　① 振动式料斗几何参数的确定（见表 2.3-19）。

4）振动式料斗的设计要点。　　　　　　　　② 振动式料斗弹性系统参数的确定（见表 2.3-20）。

表 2.3-18　振动式料斗的类型

分类	形式	简图与特性
按输料槽形式分	直槽式	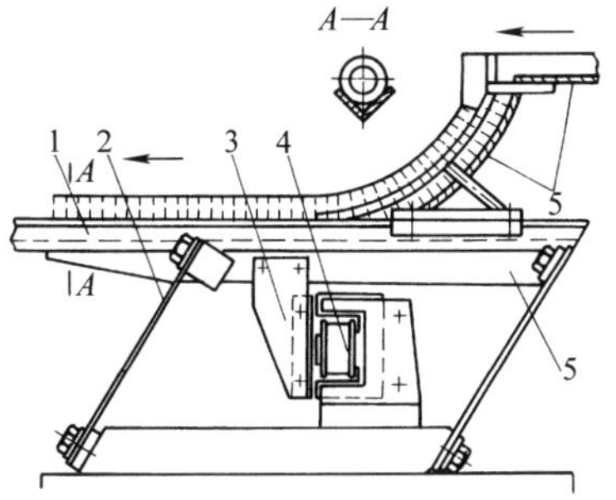 1—槽　2—弹簧片　3—衔铁　4—电磁铁　5—V 形槽 特性：单电磁铁，双弹簧片往复振动，适用于上料、运输
	螺旋槽圆盘型	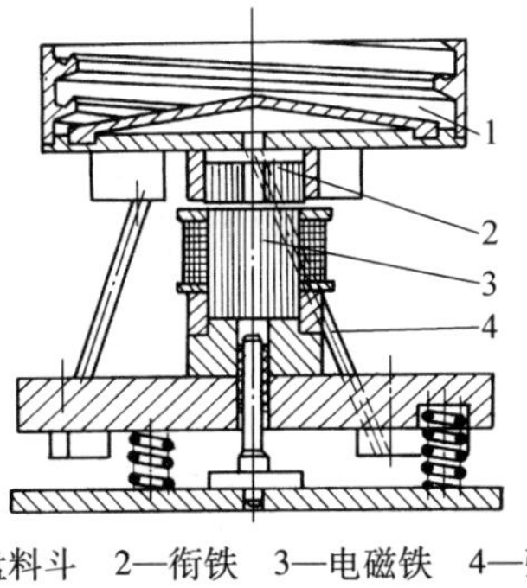 1—圆盘料斗　2—衔铁　3—电磁铁　4—弹簧杆 特性：单电磁铁，三弹簧杆扭转振动，中心定位杆限止偏振，适用于小工件上料定向，通用性较广

分类	形式	简图与特性
按振动方式分	电磁铁激振	定向上料型 1—电磁铁　2—弹簧片　3—工件　4—料斗 特性：四电磁铁、四弹簧片扭转振动，适用于中、小工件的定向上料 运输提升型 1—出料口　2—螺旋槽　3—入料口　4—电磁铁　5—弹簧杆　6—整流二极管 特性：电磁铁使螺旋槽扭转及稍做上下振动，工件由入料口进入，被提升运输至出料口 圆柱储存型 1—上圆盘　2—弹簧杆　3—电磁铁　4—下圆盘　5—受料盘 特性：上下两层外螺旋槽反向扭转振动，可抵消机座的振动，用作大容量的储存器 圆盘储存型 1—上贮料盘　2—下贮料盘　3—电磁铁　4—弹簧杆　5—机座 特性：上下两层带阿基米德螺旋槽的贮料盘反向扭转振动，上层储满后储入下层，充分利用空间

（续）

分类	形式	简图与特性
按振动方式分	机械式激振	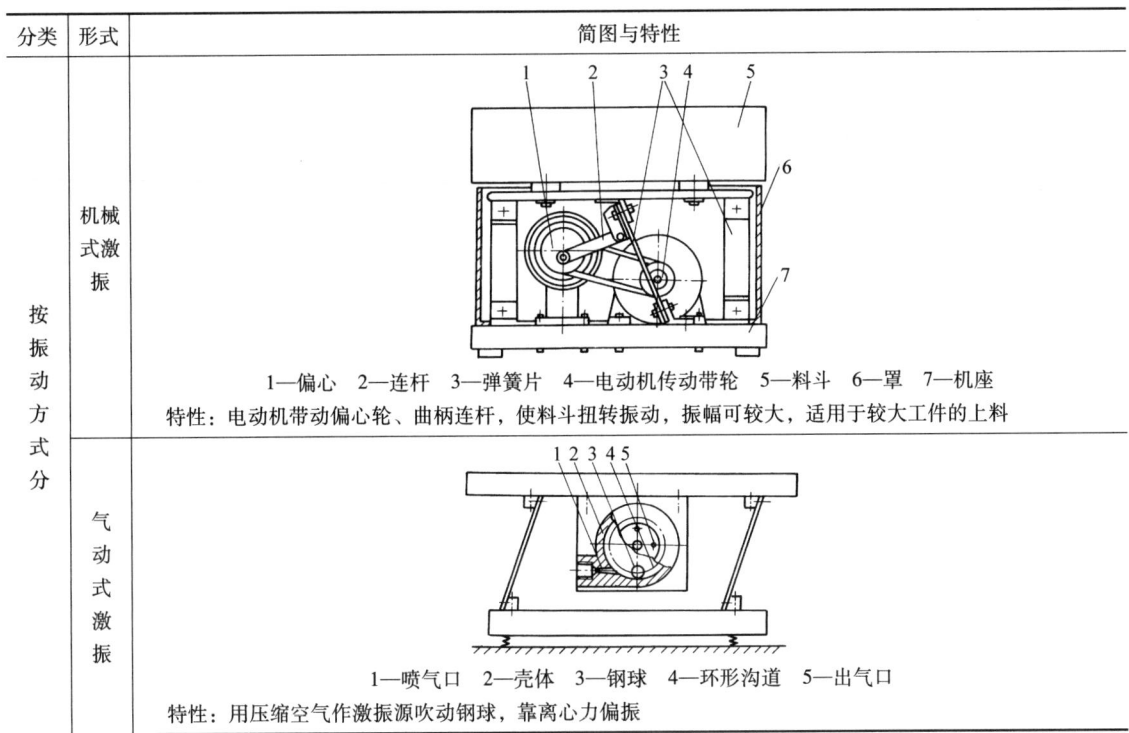 1—偏心　2—连杆　3—弹簧片　4—电动机传动带轮　5—料斗　6—罩　7—机座 特性：电动机带动偏心轮、曲柄连杆，使料斗扭转振动，振幅可较大，适用于较大工件的上料
	气动式激振	1—喷气口　2—壳体　3—钢球　4—环形沟道　5—出气口 特性：用压缩空气作激振源吹动钢球，靠离心力偏振

表 2.3-19　振动式料斗几何参数的确定

简图及注意事项	几何参数	公式	符号说明
φ 角除参考工件输送状态选择，对采用不经整流电源的电磁铁，可取 $10°\sim16°$；采用经半波整流电源的电磁铁，可取 $20°\sim25°$ 为提高送料的平稳性，振动料斗输料槽的重心和机座重心的连线应与振动方向一致，当偏差较大时，应给予适当修正 输料槽表面可涂绝缘材料，防止产生静电；可开设小孔或做成微观不平，以利于带油污工件的输送 当工件贮量较大时，应采用辅助贮料器向料斗提供工件	贮料器中径 D_0	$D_0=\dfrac{1}{\pi\tan\theta}$ 或 $D_0=\lambda l$	l—工件长度 λ—工件形状系数 对盘类工件，$\lambda=6\sim8$； 对板类工件，$\lambda=7\sim10$； 对轴类工件，$\lambda=8\sim10$； 对形状复杂工件 $\lambda=(10\sim14)$ d—工件直径（mm） e—贮料器壁厚（mm） h—工件在输料槽上的高度（mm） a—输料槽厚度（mm） d_e—支承弹簧固定点分布圆直径（mm） k—上料系数（表 2.3-16）
	贮料器外径 D	$D=D_0+l+2e$	
	输料槽宽度 b	$b=d+(2\sim3)$	
	贮料器高度 H	$H=(0.2\sim0.4)D_0$	
	螺旋槽节距 t	$t\approx1.6h+a$	
	输料槽螺旋角 θ	$\theta=1°\sim3°$ （中小型工件）	
	输料槽振动方向的水平倾角 β	$\beta=10°\sim25°$	
	支承弹簧安装倾角 φ （与垂直面夹角）	直槽式振动料道： $\varphi=\beta$ 圆形振动料道： $\varphi=\arctan\left(\dfrac{D_0}{d_e}\tan\beta\right)$	
	平均供料能力 Q	$Q=\dfrac{60v}{l}k$ （应比机床生产率大 $15\%\sim20\%$）	

表 2.3-20　振动式料斗弹性系统参数的确定

参数	公式	符号说明	注意事项
料斗自振频率 f_0	$f_0 = \dfrac{1}{2\pi}\sqrt{\dfrac{K}{M}}$		
料斗换算质量 M	$M = \dfrac{m_1 \cdot m_2}{m_1 + m_2}$	K—支承弹簧刚度（N/cm） m_1—考虑工件重量时的贮料器换算质量（kg） m_2—机座质量（kg） Q—振动料斗平均供料能力（件/min） l—工件长度（cm） ω—激振圆频率（rad/s） κ—上料系数，见表2.3-16 E—支承弹簧材料的弹性模量（Pa） $i = 3$ 或 4—支承弹簧数 y—弹簧弯曲挠度（cm）， $y = 0.8A_0$ $[\sigma_{-1}]$—弹簧材料的弯曲疲劳许用应力（Pa）	支承弹簧刚度在输送中型及较大型工件时应选得较小，以便料斗在共振状态下工作，增大振幅并减少功耗。对小型工件则选得较大，使料斗在强迫振动状态下工作，以保证送料平稳 振动料斗应有隔振措施，最大限度地减少动载荷对机座的影响（一般应减少至1/20） 振动料斗的工作性能对负载量的变化很敏感，为改善供料特征可采取以下措施：①设置负载量检控装置和辅助贮料器，及时控制调节料斗中的工件数量；②料斗自振频率 f_0 略大于电磁铁的外激频率 f 5% ~ 10%；③采用可控激振电源，根据反馈信号及时控制料斗振幅的稳定 各支承弹簧的倾角及刚度应尽量一致，以防料斗产生偏振，降低上料速度，产生撞击和噪声
输料槽宽度中央振幅 A_0	$A_0 = \dfrac{Ql}{30\omega\kappa}$		
支承弹簧 抗弯断面惯性矩 I	$I = \dfrac{\pi^2 f_0^2 L^3 M}{3Ei}$		
支承弹簧 最小长度 L	$L \geqslant \sqrt{\dfrac{6EIy}{Z\omega[\sigma_{-1}]}}$		
支承弹簧 宽度 b	$b = \dfrac{12I}{h^3}$		
支承弹簧 高度 h	$h = \dfrac{1}{3}b$		
支承弹簧 圆形截面直径 d_0	$d_0 = 2\times\sqrt[4]{\dfrac{4\pi^2 f_0^2 L^3 M}{3Ei}}$		
支承弹簧 机座自振圆频率 ω_1	$\omega_1 \leqslant \dfrac{1}{5}\omega$		
支承弹簧 机座质量 m_2	$m_2 = (5\sim10)m_1$		

③ 电磁铁参数的确定。电磁铁激振电源可采用不经整流或半波整流的 220V 或 380V 交流电。不经整流的振动频率较高，可达 100Hz，并且线路简单，但振幅较小、噪声较大，适用于小而轻的工件。经半波整流的电源振动频率为 50Hz，振幅较大，一般用于较大的料斗或上料速度要求较快的场合。

对于Ⅲ型或Ⅱ型铁心的电磁铁，要注意与衔铁的气隙调整均匀一致，以防气隙小的地方产生撞击和噪声。

电磁铁参数的近似计算见表 2.3-21。

表 2.3-21　电磁铁参数的近似计算

计算步骤与参数	公式	符号说明
确定单个电磁铁功率 P	参照表 2.3-22 选取	k_1—整流修正系数，不整流时 $k_1 = 1$；半波整流 $k_1 = 1.2\sim1.3$ k_2—间隙修正系数，平均间隙 $\Delta = 0$，$k_2 = 1$；$\Delta = 0.5$mm 时，$k_2 = 1.3\sim1.5$；$\Delta = 1$mm 时，$k_2 = 1.7\sim1.9$； U—绕组承受的电压（V）
计算铁心截面 S	$S = 1.2\sqrt{P}$	
求出铁心舌宽 a、叠厚 b	$a\times b = S$	
计算绕组每伏匝数 N_0	$N_0 = \dfrac{45}{S}k_1 k_2$	
计算绕组总匝数 N	$N = N_0 \cdot U$	
计算绕组电流 I	$I = P/U$	
计算绕组导线直径	$d = 0.7\sqrt{I}$	

表 2.3-22　振动料斗的技术数据

电压/V	220								
工件长度/mm	3~4	6~10	>10~16	>16~20	>20~25	>25~30	>30~40	>40~60	>60~70
工件最大重力/N	0.5	3	7	20	50	100	150	300	600
料斗直径/mm	60	100	160	200	250	315	400	500	630
总体高度/mm	110	190	205	320	330	410	440	640	665
电流/A	0.087	0.22	0.22	0.44	0.44	1.09	1.09	2.73	2.73
功率/W	20	50	50	100	100	250	250	600	600
工件最大移动速度/(m/min)	0.5	1.0	2.0	2.0	4.0	5.0	6.0	8.0	10.0
振动料斗重力/N	11	28	38	105	205	515	715	1020	1220

3. 定向机构

1) 定向机构的平均供料能力（见表 2.3-23）。

2) 振动式料斗的定向机构。工件在振动料斗中定向主要是根据工件形状的差异和重心偏置等特点，利用制造和安装在螺旋或直线形输料槽上的沟槽、挡板、型孔、抓取机构等，使定向正确的工件得以通过，定向不正确的工件被迫落回贮料器。

振动式料斗中常用的定向机构可见表 2.3-24。

表 2.3-23　定向机构的平均供料能力

类型	平均供料能力 Q	示例	符号说明
间歇抓取供料	$Q=znmk$	如管式、扇形板式料斗	z—抓取机构数目 m—抓取机构每次最多抓取的工件数 n—抓取机构每分钟转速或双行程数 v—工件平均供料速度（mm/min） l—工件长度或直径等（mm） k—上料系数可参照表 2.3-16 选取
连续抓取供料	$Q=\dfrac{v}{l}k$	如水平转盘式、振动式料斗	

表 2.3-24　振动式料斗中常用的定向机构

工件类型	简　图	设计要点
圆柱类工件	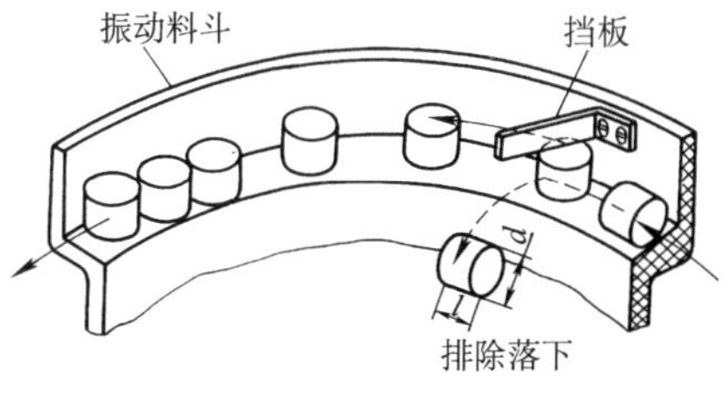	利用挡板将以柱面输送的工件排除。适用于直径 d 大于长度 l 的短圆柱体工件
	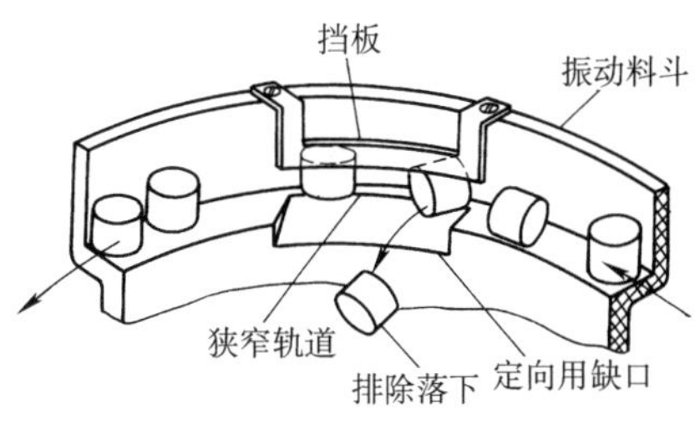	利用挡板和狭窄轨道排除以柱面输送的工件。适于直径 d 小于长度 l 的圆柱体工件

（续）

工件 类型	简　图	设计要点
带凸肩的圆柱类工件	定向棒　挡板　振动料斗 定向段落　排除落下　定向用缺口	利用挡板、定向用缺口排除排列不规则的工件，之后利用定向棒定向
	气缸 滑板　挡块	利用工件重心的偏移，工件大端朝下落入料道，要求料道孔径略大于工件大端直径
	挡板　定向轨道　振动料斗 至滚道　定向用缺口　排除落下	利用定向轨道、缺口及挡板使两端不对称的圆柱体工件定向
圆筒类工件	定向孔　振动料斗 零件排除口　定向壁	利用定向壁和定向孔实现定向。适用于圆柱类、圆筒类及以柱面输送、工件长度大于直径的情况
	定向键　振动料斗 排除落下　变向滑道	借助定向键使工件转位 90° 朝下落入料道，也可用于带凸肩的圆柱体工件

（续）

工件类型	简　图	设计要点
圆筒类工件		利用挡板和缺口实现圆筒类工件的定向
锥体类工件		利用三角形缺口定向。输料槽缺口张角为 $\sin\theta \geqslant \dfrac{d}{2D}$
		利用挡板和定向沟定向，适用于工件长度大于锥体大端直径的情况
圆盘类工件		利用凸起的金属块定向
		利用挡板和定向沟定向
		利用挡板和缺口及反转滑道定向

（续）

工件类型	简　图	设计要点
异形工件	振动料斗　挡板 过渡板 排除落下	利用挡板和过渡板定向
	振动料斗　舌簧　挡板 排除落下	利用挡板和带舌簧的落料槽定向
	定向用挡板　排除落下　振动料斗 至加工机器　排除落下	利用定向挡板定向

4. 双盘旋转式供料器

1）工作原理及特点。双盘旋转式供料器是由两个绕相互成一定角度的相交轴线同向旋转的料盘组成的。其中一个是用于储存工件的贮料盘，另一个是使工件完成定向整理的定向输料盘。双盘旋转式供料器有内盘输出和外盘输出两种结构形式。

图 2.3-4 所示为外盘输出型双盘旋转式供料器的工作原理图。当工件进入贮料盘后，在摩擦力的带动下，工件随贮料盘的旋转到达图中箭头所指的跨移区域，在贮料盘锥面和旋转离心力的作用下，使工件在跨移区域过渡到定向输料盘上。在定向输料盘转动的过程中，利用设置在送料轨道附近的定向元件或设置在料道上的定向轨道对工件进行定向整理。

根据料盘设置角度的不同，外盘输出型双盘旋转式供料器可分为图 2.3-5 所示的三种类型。

双盘旋转式供料器具有下述特点：

① 供料速度快，采用旋转式上料，速度可达 60m/min。

② 运动平稳，可用于易损物品及不能接受振动输送物品的自动上料。

③ 工件噪声小。

④ 结构简单、制造方便、通用性广。

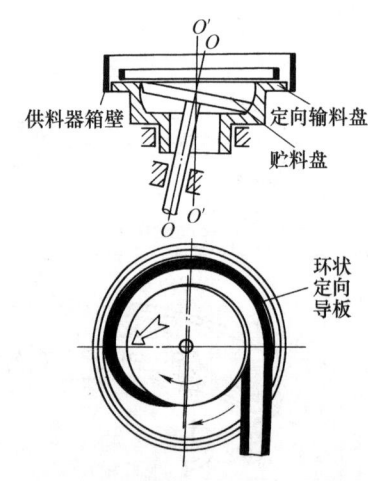

图 2.3-4　外盘输出型双盘旋转式供料器的工作原理

⑤ 不宜用于细薄工件的供料，当需用于这些场合时，应注意调整好各相对运动部件间的缝隙，以免发生嵌插或卡死现象。

2）设计要点。

① 定向机构：常用的外盘输出型双盘旋转式供料器的定向机构见表 2.3-25；内盘输出型双盘旋转式供料器的定向机构见表 2.3-26。

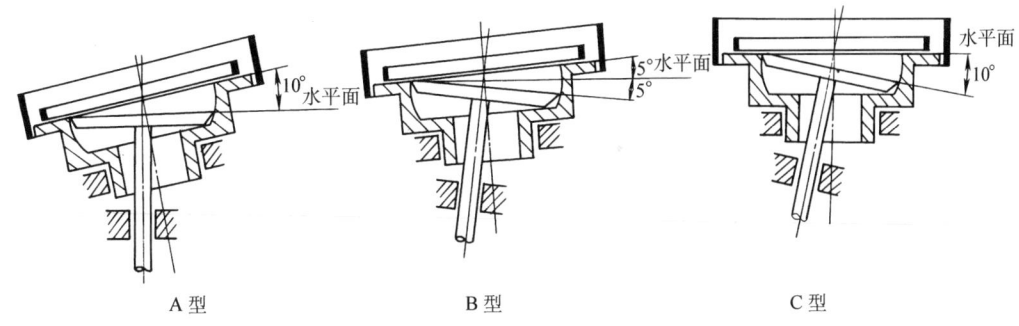

图 2.3-5　外盘输出型双盘旋转式供料器的三种类型

表 2.3-25　外盘输出型双盘旋转式供料器的定向机构

定向机构	工件	排列方向	设计要点
			采用 B 型供料形式（图 2.3-5）：密度小的工件在离心力作用下发生浮动现象而造成麻烦，所以两个圆盘的速度不能太快；在停止信号发出后，由于电动机的惯性还可能排出 10 个左右工件。为此，当在料道上设置停车用传感器时，要注意安装的位置
			采用 C 型供料形式（图 2.3-5）：对于易滚动的工件，在 ▼ 处易发生大量堆积现象，工件之间产生冲突，为防止工件排出时出现麻烦，要十分注意调整贮料盘和定向输料盘的转速
			采用 B 型供料形式：易滚动的工件在很小的离心力作用下即可从贮料盘跨移到定向输料盘上。为不使工件在跨移时发生冲突，定向输料盘的转速应尽量快 当工件的 l/d 很大时，贮料盘的极低速回转与定向输料盘的高速甚至超高速回转是定向装置的设计要点
			采用 C 型供料形式：在供料器中将工件沿轴向排成一列送出，经分隔机构，由姿势矫正机构完成最后定向 需要注意控制圆盘的转速，不使工件发生顶住现象

（续）

定向机构	工件	排列方向	设计要点
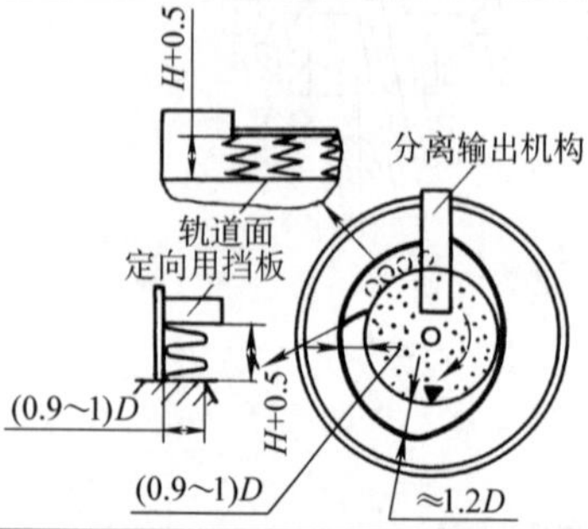	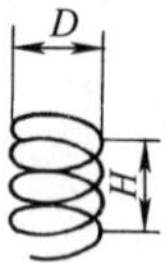		采用 C 型供料形式：由于工件之间易发生镶嵌现象，所以要十分注意控制从贮料盘向定向输料盘跨移的工件的数量 要考虑贮料盘工件投入量和料斗工作之间的协调性

注：图中▼处为工件由贮料盘向定向输料盘跨移的地方。

表 2.3-26　内盘输出型双盘旋转式供料器的定向机构

定向机构	工件	排列方向	设计要点
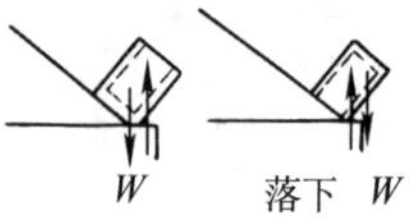	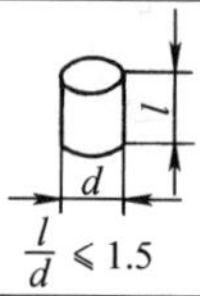 $\frac{l}{d} \leqslant 1.5$		利用重心差与离心力
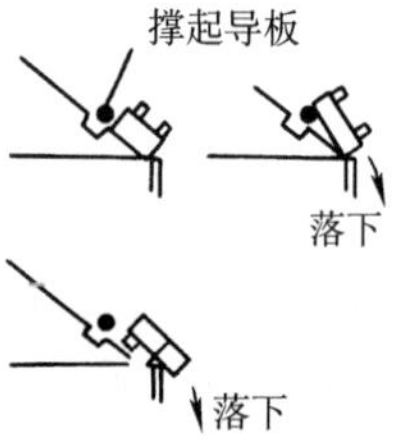	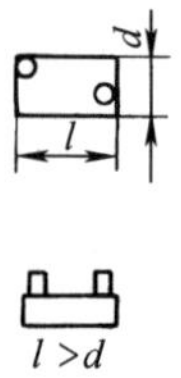 $l > d$	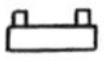	当排列方向的形状与相反形状分辨得清楚时，因为 $l>b$，可利用撑起导板
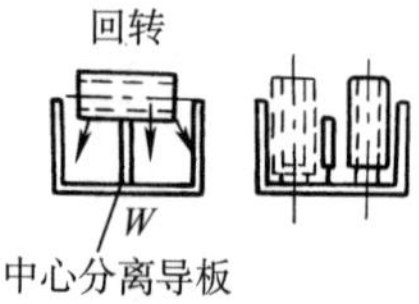	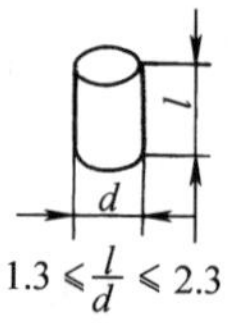 $1.3 \leqslant \frac{l}{d} \leqslant 2.3$		利用中心分离导板及工件的垂心位置将零件左右分开来进行选择
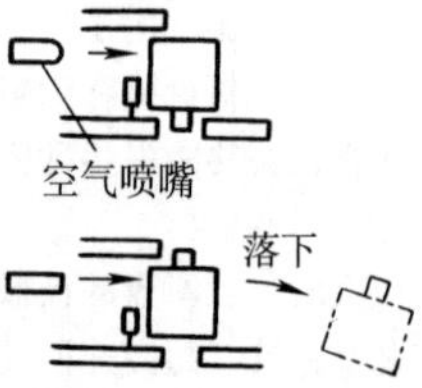			利用工件的凸出部分进行选择，用空气排出
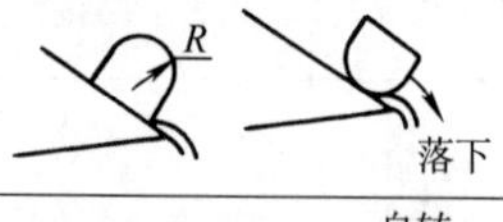			利用工件的 R 部与倾斜面
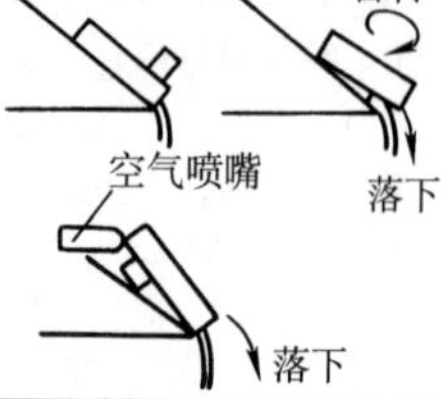		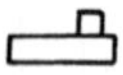	以工件的凸起部分作支点使其自转并落下，同时在工件撑高处安装空气喷嘴进行选择

（续）

定向机构	工件	排列方向	设计要点
	$D > 1.3d$		利用不同直径进行悬吊选择，或者使导板具有一定的角度，以利于不整齐排列的工件落下

双盘旋转式供料器的定向元件是靠固定在送料轨道附近的悬臂支承件支承的，因此设计时要注意其刚度。

② 典型结构：双盘旋转式供料器的典型结构如图 2.3-6 所示。

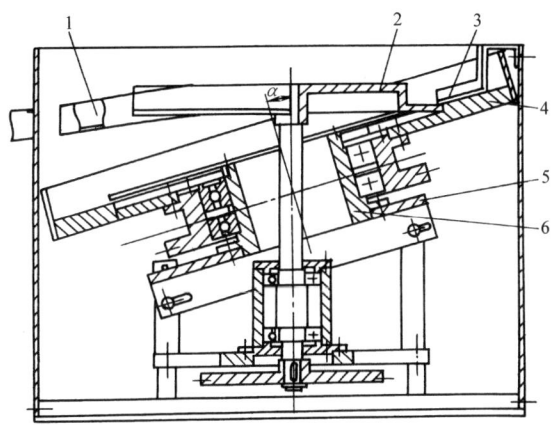

图 2.3-6　双盘旋转式供料器的典型结构
1—输料槽　2—定向输料盘　3—使工件跨移的挡板
4—贮料器　5—可调支承　6—空心轴承支承

设计结构时应注意：

a. 为适应不同的上料要求，转速应能在较大的范围内进行无级调节。

b. 两盘夹角应尽量设计成可调的。

c. 为保证定向输料盘送料轨道上有足够的工件，应使贮料盘在工件跨移处的线速度大于定向输料盘在该处的线速度，以使供料器具有较高的供料能力。

d. 料盘的工作表面可根据耐磨、耐蚀、减少噪声等不同要求，涂覆不同的材料。

③ 工件跨移机构：为避免工件在跨移区堵塞卡死，除适当选择两盘转速以减少工件的堆积，还应设计合理的跨移机构。表 2.3-27 列出了双盘旋转式供料器的跨移机构。

3）供料能力的估算。双盘旋转式供料器的供料能力为

$$N = \frac{\pi DnPk}{\sum L_i P_i} \qquad (2.3-1)$$

式中　N——供料能力（件/min）；

　　　　D——定向输送盘送料轨道中心所在圆直径（mm）；

　　　　n——定向输料盘转速（r/min）；

　　　　P_i——工件第 i 种姿势的概率；

　　　　L_i——第 i 种姿势工件在输送方向的长度（mm）；

　　　　P——工件正确姿势的概率；

　　　　k——上料系数，一般可取 0.6～0.7，对于长径比较小的圆柱形工件可取 0.8～0.9。

表 2.3-27　双盘旋转式供料器的跨移机构

工件形状	简　图	说　明
块状	贮料盘　供料器箱壁　弹性挡板（自由状态）　弹性挡板（受工件挤压状态）　定向输料盘	根据跨移区工件的堆积情况，利用弹性挡板的弹性，自动地调节楔形区出口的大小。该机构即可保证工件的跨移，又能释放可能引起堵塞的多余工件

（续）

工件形状	简　图	说　　明
片状	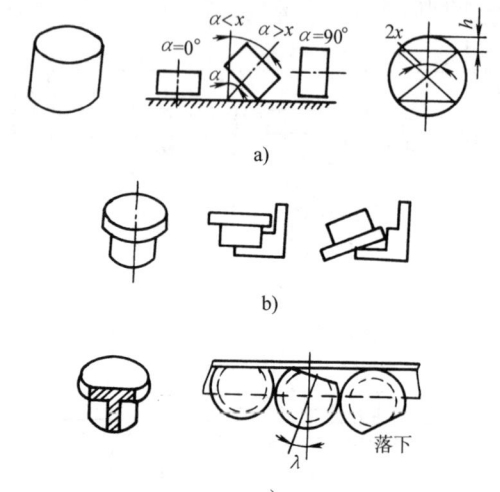 1—定向输料盘　2—贮料盘　3—旋转拨盘 4—弹性拨爪　5—工件	片状工件采用了强制跨移的方法。图中带有弹性拨爪 4 的旋转拨盘 3 由定向输料盘 1 驱动，将工作从贮料盘拨到定向输料盘上 　　弹性拨爪底面与送料轨道面的高度通常取工件厚度的 1.2 倍左右，为避免工件过多重叠，拨爪数取 1~3 个

2.3.4　工件姿势的识别

1. 工件姿势的概率

在自动供料系统中，工件一般都是以随机状态进入供料器贮料装置中的。研究自然落入料斗中工件姿势的概率，不仅可为自动供料系统的设计或选用提供理论依据，也可为供料系统供料能力的预测和分析提供必要的参数。

1）用倾倒临界角计算工件姿势的概率。倾倒临界角 x 指工件从静止位置绕其棱边转动到重心至滚转支轴的垂线垂直于支承面时所转过的角度。

如果将工件各种姿势的概率之和用整球表示为 1，那么工件各种姿势出现的概率可由相应临界角所含的球表面积与整球表面积之比来计算（图 2.3-7）。

用倾倒临界角计算工件姿势的概率见表 2.3-28。

图 2.3-7　利用倾倒临界角计算工件姿势概率

表 2.3-28　用倾倒临界角计算工件姿势的概率 P

类　　型	公　　式
圆柱体工件端面着地的姿势概率（图 2.3-7a）	$P = 1 - \cos x$
法兰大端朝下的姿势概率（图 2.3-7b）	$P = \dfrac{1}{2}(1 - \cos x)$
削边法兰在 λ 角度内的姿势概率（图 2.3-7c）	$P = \dfrac{\lambda}{2\pi}(1 - \cos x)$

2）用工件落下时重心的分布计算工件姿势的概率。当工件自由落下时，重心初始位置的分布决定了各种姿势出现的概率。表 2.3-29 列出了用工件落下时重心的分布计算姿势概率。

表 2.3-29　用工件落下时重心的分布计算姿势概率 P

假设条件	简　图	计算公式	备　注
静态概率 　设工件姿势沿角度 θ 均匀分布		$P_A = \dfrac{\theta_0}{\pi/2}$ $P_B = 1 - P_A$	P_A、P_B 分别表示工件重心处于 A、B 点的稳定的姿势概率 $\theta_0 = \operatorname{arccot} \dfrac{b}{a}$ a、b 分别为工件的两个棱边长度

（续）

假设条件	简　图	计算公式	备　注
准动态概率 设工件姿势按落下时的势能均匀分布		$P_A = \dfrac{1+\sin\theta_0 - 2\cos\theta_0}{2(1-\cos\theta_0)}$ $P_B = 1 - P_A$	P_A、P_B 分别表示工件重心处于 A、B 点的稳定的姿势概率 $\theta_0 = \mathrm{arccot}\,\dfrac{b}{a}$ a、b 分别为工件的两个棱边长度
动态概率 设工件姿势按动能为零时的势能均匀分布		$P_A = \dfrac{1-\cos\theta_0}{2-\cos\theta_0 - \sin\theta_0}$ $P_B = 1 - P_A$	

3）由能障假设计算工件姿势的概率。工件各姿势出现的概率与下述因素有关：贮料器底面的软硬程度；工件开始倒向静止姿势时所具有的能量；由工件形状决定、改变自身姿势时重心变化所需克服的能障（energy barrier）。

对截面为正多边形的各种柱体工件，根据柱体长度 L 与横截面外接圆直径 D 之比（L/D），其姿势概率均可利用图 2.3-8 查出。

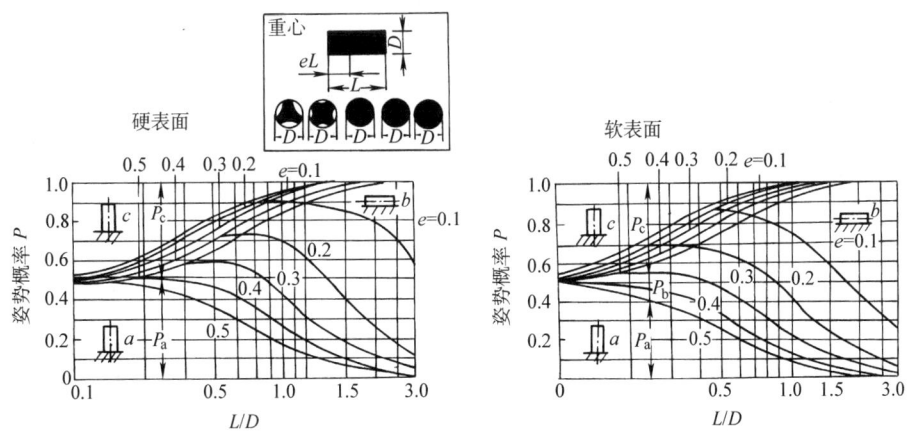

图 2.3-8　柱体工件的姿势概率

4）用临界角面积计算工件姿势的概率。当工件从某静止姿势绕其棱边翻转时，如果转过的角度超过了临界角，工件则会变成另一种姿势。若工件静止时的支承面为 m 角形，那么它以该面静止时的临界角就有 m 个。如果将回转角及各临界角均用矢量表示，并过各临界角的矢端作与之正交的直线，可组成一个 m 角形区域，这个区域称为该工件姿势的临界角面。临界角面的面积越大，该姿势工件的概率也越大。

图 2.3-9 所示为五面体工件的临界角面。图中 G 为工件重心，绕棱边 A、B、C、D、E 翻转的临界角分别为 θ_A、θ_B、θ_C、θ_D、θ_E，各临界角矢量所组成的五边形 $abcde$ 则为工件该表面的临界角面。

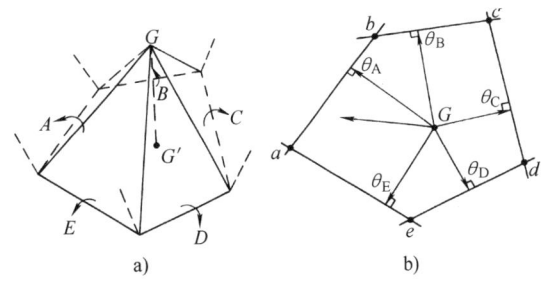

图 2.3-9　五面体工件的临界角面

设工件第 i 个表面的临界角面面积为 S_n，则工件以表面 i 静止时的姿势概率 P_{S_i} 为

$$P_{S_i} = \frac{S_i}{\sum\limits_{i=1}^{n} S_i} \qquad (2.3\text{-}2)$$

式中　n——工件的姿势数。

图 2.3-10 所示为正方形截面柱体和圆柱体工件姿势概率的计算结果。

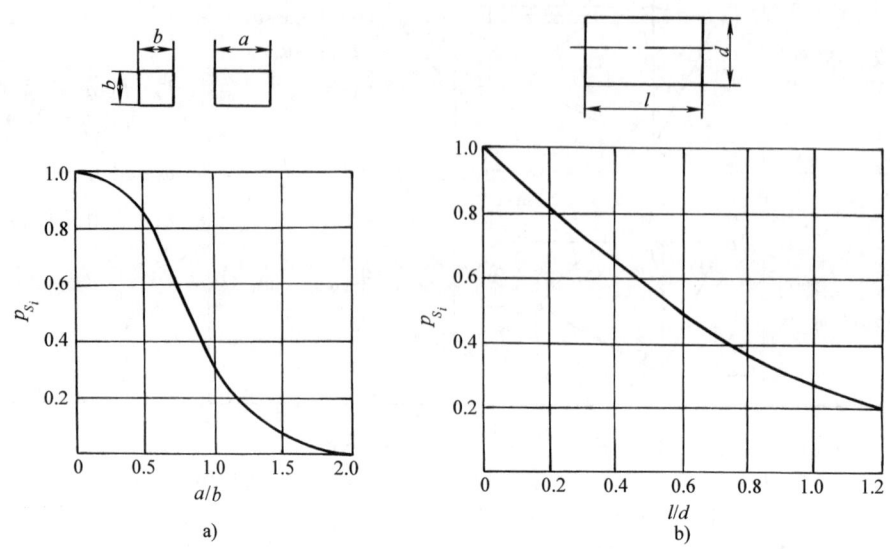

图 2.3-10　正方形截面柱体和圆柱体工件姿势概率的计算结果
a）正方形截面柱体　b）圆柱体

2. 工件姿势的识别方法

工件姿势的识别有两个作用：①从杂乱的工件中识别出姿势正确的工件；②区分各种姿势不正确的工件，以便将其剔除或对其进行姿势的调整分类等。

识别工件姿势的方法一般有两种：一种是机械式姿势识别，即利用工件形状的差异或重心偏置等特点，借助挡板、型孔、抓钩等机械手段，使姿势正确的工件定向排列输出，剔除姿势不正确的工件或进行强制定向整理；另一种是光电式姿势识别，即利用光电元件识别工件所处的状态，这是一种精度高、工作可靠的极有前途的识别方法。

1）利用光点的矩阵排列识别工件的姿势。这种识别方法是利用多个光电元件所组成的矩阵，当工件到来时，根据各元件的受光情况，经过数据处理以对

工件的姿势进行识别，进而控制相应的定向机构对工件进行定向调整。这种方法若借助计算机的数据处理能力，则可对较复杂的工件姿势进行识别。

图 2.3-11 所示为梯形工件的八种输送姿势。在与工件传输方向垂直的位置上设置了 4 个光电元件（图 2.3-12a），这些光电元件受光状态为"0"，不受光状态为"1"，只要按一定的时钟频率读取工件经过时的数据，通过数据分析即可判断出工件的姿势。图 2.3-12b 所示为第一种姿势的工件经过时光电元件阵列的受光情况及输入计算机的数据。

2）利用投影图重叠法识别工件的姿势。这种方法的原理是将工件各种姿势的投影重叠在一起，根据不同姿势的特征设置光电元件的位置，通过对光电元件受光状态的分析来判别工件的姿势。

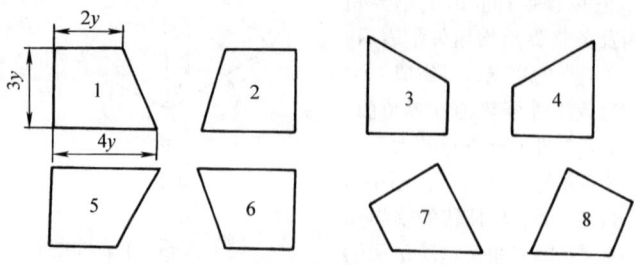

图 2.3-11　梯形工件的八种输送姿势

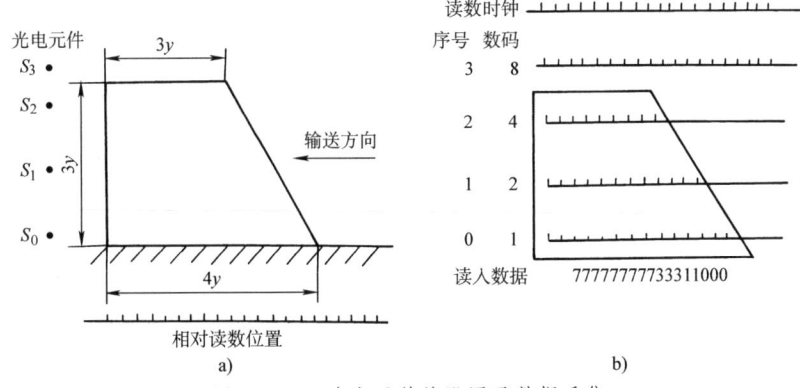

图 2.3-12　光电元件的设置及数据采集

图 2.3-13a 所示为工件输送过程中的两种不同的姿势。图 2.3-13b 所示为将两种不同姿势的投影重叠起来。显然，剖面线部位是反映姿势特征的位置。如果将光电元件设置在两点 A_1、B_1 或 A_2、B_2 相对应的

位置上，即可区分两种不同的姿势。

若姿势 1 为正确姿势，则需将光电元件设在 A_1、B_1 所对应的位置上，其逻辑判断见表 2.3-30。

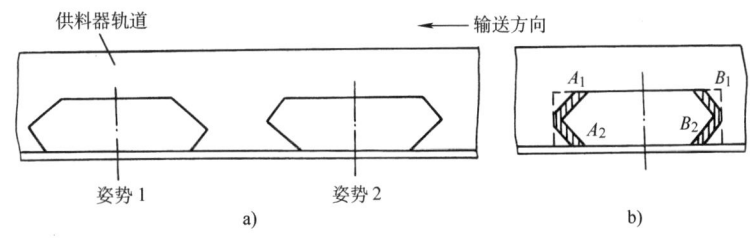

图 2.3-13　投影图形重叠法识别工件姿势的原理

表 2.3-30　工件姿势的逻辑判断

工件姿势	光电元件状态		逻辑式	结果	备　注
	A_1	B_1			
1	0	0	$J = AB$	通过	光电元件状态：0—受光 1—不受光
2	1	1		排出	除外定向机构：$J=1$—动作 $J=0$—不动作

投影图形重叠法也可用于强制定向的姿势识别，如图 2.3-14 所示。对工件传输的四种不同姿势，根

据投影图形重叠的原理，可设置如图 2.3-14 所示的 4 个光电元件 A、B、C、D。不同姿势时光电元件的受

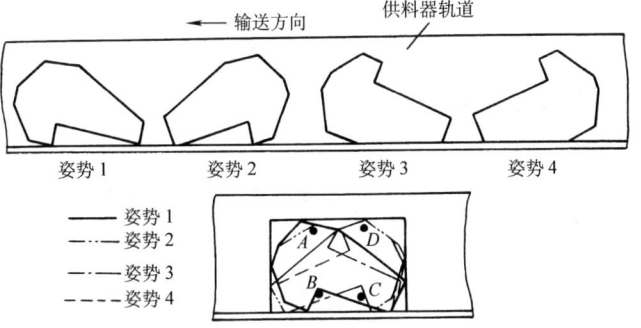

图 2.3-14　强制定向时姿势识别光电元件的设置示例

光状态见表 2.3-31。根据这些状态即可利用微机进行姿势的识别，并控制相应的定向机构，以对工件进行姿态的强行调整。图 2.3-15 所示为将工件强制定向为姿势 4 的程序流程。

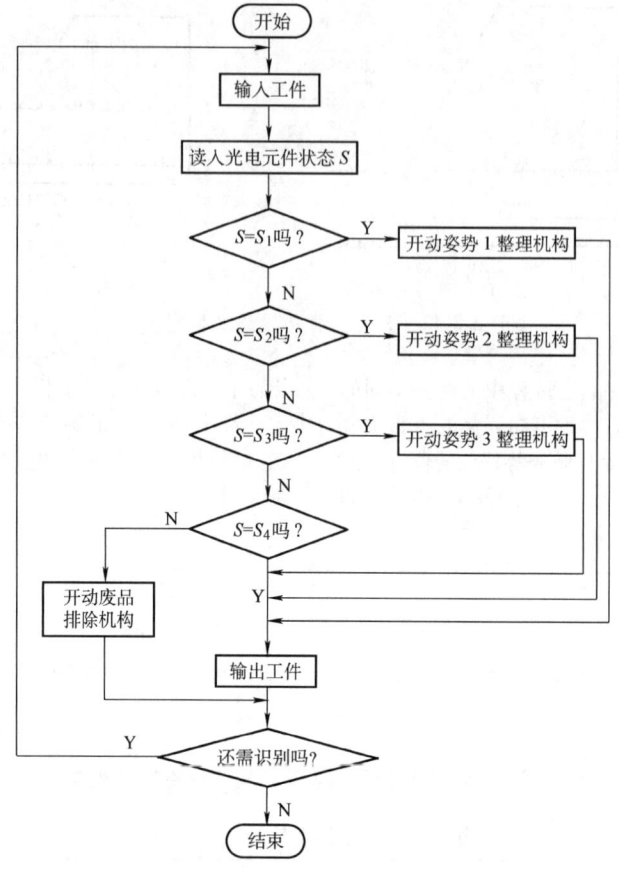

图 2.3-15 强制定向的程序流程

表 2.3-31 不同姿势时光电元件的受光状态

姿势	光电元件状态				识别代码	备注
	A	B	C	D		
1	1	0	1	0	S_1	光电元件： 0—受光 1—不受光
2	0	1	0	1	S_2	
3	1	1	1	0	S_3	
4	0	1	1	1	S_4	

2.4 旋转体零件加工自动线

旋转体零件加工自动线用以加工盘类、环类、轴类、齿轮等中小尺寸的零件。在切削加工过程中，除铣、钻某些工序，通常工件是旋转的。在机械加工中，旋转体零件的加工工时在机械加工总工时中所占的比重大于非旋转体零件，但旋转体零件加工自动线没有组合机床自动线采用得广泛。

2.4.1 旋转体零件加工自动线机床的类型与特点

旋转体零件加工自动线通常由通用的自动机床、经自动化改装的通用机床、专用自动化机床或专门化自动机床和数控机床组成加工设备，这些加工设备的工序集中程度对自动线的工艺方案影响很大。在一般情况下，旋转体零件加工自动线的机床工序集中程度不如组合机床，其部件的通用化程度也不如组合机床，因此，工艺分析和选用机床是旋转体零件加工自动线设计的首要任务。旋转体零件加工自动线所用机床的类型与特点见表 2.4-1。

表 2.4-1　旋转体零件加工自动线所用机床的类型与特点

机床类型	特点及联入自动线的要求	生产率及经济效果
通用自动机床与半自动机床，如单轴或多轴自动车床	1）机床本身的工作循环是自动的 2）机床在布局和结构上通常已具备联入自动线的可能性和方便性 3）机床所实现的工艺过程和主要机构在联入自动线时基本不变 4）根据联线需要机床可做些改装，如增设联锁保护；半自动机床要增设自动上下料装置	1）机床在自动线中的生产率接近其在流水线中或单机的生产率 2）由于工艺过程基本未变，联线的效果主要是减少操作工、辅助工并减轻劳动强度
经自动化改装的通用机床	1）机床只有经过自动化改装才能适应自动工作循环要求，但在改装时受若干具体条件的限制，存在较大的局限性，常使自动线带有先天性缺陷 2）应从工艺和结构上进行全面分析，确定改装设计方案，实现自动工作循环和自动上下料，应使改装部分简单可靠 3）机床应具有足够的精度和刚度，以适应自动线工艺要求 4）由于受原机床的结构限制，工序基本上是单一化的	1）由于通用机床在设计时并未考虑实现自动化改装和联入自动线的要求，当改装工作量大时应进行必要的经济分析，以确定利用现有通用机床建立自动线是否适当 2）由于工艺过程通常不会有显著变化，机床生产率也就不会有明显提高，联线的效果主要是减少操作工，减轻劳动强度
专用自动机床或专门化自动机床	1）这类机床是专为完成某一工件某一工序而设计的，以工件的工艺分析作为机床设计的基础，所以机床传动系统和结构简单，夹具与机床结构联系密切（有时成为机床的一个组成部件），在联入自动线时也常需做某些改装（如联锁保护） 2）根据自动线总体设计要求而新设计的专用自动机床，可以全面考虑实现自动化要求，在设计自动上下料装置时，有条件的可考虑全线结构上的通用化和典型化 3）新设计的某些部件由于不够成熟，未经生产考验，可能要花费较多的初始调整时间	1）制造这类机床通常属于单件或小批生产，致使造价较高，建线费用高，只有自动线加工产品结构稳定、年产纲领大时才有较好的经济效果 2）这类机床属于高生产率机床，适合大量生产用的自动线
数控机床	1）工序高度集中 2）自动化程度高 3）可以优化工艺过程 4）具有柔性，适合组成多品种加工自动线	数控机床自动线可在规定范围内实现多品种加工，使自动线的经济批量大大降低，是中小批生产中提高劳动生产率的根本途径

2.4.2　旋转体零件加工自动线对毛坯的要求

旋转体零件毛坯多为棒料、锻件和精铸件。锻件和铸件应采用先进的制造工艺，如精密模锻、精密铸造，以提高毛坯的精度与质量。毛坯必须符合自动线加工应具备的要求：

1）毛坯的尺寸精度、几何形状及相互位置精度应比流水线生产的要求更严格。

2）毛坯的尺寸一致性好，以保证加工余量均匀和传送的可靠性。

3）毛坯硬度变化范围小，同一加工面硬度不均可能引起刀具损坏，并影响加工质量的稳定性。

2.4.3　旋转体零件加工自动线对刀具的要求

自动线的生产率、加工质量和可靠性，在很大程度上取决于刀具的工作性能是否与自动线的要求相适应。由于自动线是多机床自动化生产，同时工作的刀具数量多，若其中一把刀具的选择或使用不当，断屑不合要求，过早磨损或损坏（崩刃、折断）而未能及时发现，将会造成事故，产生废品或损坏机床设备，破坏整条自动线的正常运转。

自动线应尽量采用先进的高生产率刀具，除了应满足一般单机用刀具所具备的基本条件，对自动线刀具还有下列特殊要求。

1. 刀具断屑应满足的要求及断屑措施

（1）刀具断屑应满足的要求

1）不产生紊乱的带状切屑，切屑不缠绕在刀具、工件及机床其他装置上。

2）不易断屑的刀具必须保证稳定的卷屑。

3）切屑不飞溅，避免过于细碎的切屑。

4）精加工时切屑不影响工件已加工表面质量。

5）切屑不划伤、不堆积在机床导轨或其他部件上。

6）切屑流出时不妨碍切削液浇注。

（2）断屑措施

1）利用刀片上压制成的断屑槽。

2）改变刀具几何参数和调整切削用量。

3）用刀具上的断屑器或专门设计的断屑装置。

2. 为保证刀具材料稳定的切削性能，精加工刀具应有较长的尺寸寿命

1）尽量采用机夹可转位刀片，避免采用镶焊结构。选用耐磨性好的刀具材料，确定合理的刀具几何参数，选择适当的切削用量，以减少刀具的尺寸磨损。

2）采用工件尺寸自动测量和控制系统。尺寸控制系统包括自动测量装置、控制装置和补偿装置。工件尺寸的变化经自动测量装置发出信号由控制装置传递给自动补偿装置，使刀具按预定的数值产生微量位移，以补偿刀具磨损等原因所造成的工件尺寸变化。

3）采用刀具寿命监控装置。

3. 保证刀具精确、迅速地调整

1）采用可调整刀具，线外对刀，减少与调整刀具有关的时间损失。

2）提高刀具调整精度，缩小工件尺寸分布区，以提高加工精度和刀具尺寸寿命。

4. 快速或自动换刀

为减少自动线因换刀所造成的时间损失，必须实现刀具的快速更换。刀具更换有三种基本方法，即更换刀片、更换刀体和更换刀夹，按具体情况选定。对于寿命短的刀具或加工难切削材料时易磨损的刀具，应尽可能在自动线工作循环中实现自动换刀，以便通过增加换刀次数并适当提高切削用量，从而提高自动线生产率。

5. 刀具过载保护及破损检测

对钻头、丝锥等细长刀具应设置刀具过载保护装置，防止刀具过载造成崩刃或折断损坏。刀具破损必须立即报警，否则将发生事故，因此自动线应设置刀具破损信号显示及报警装置。

2.4.4 旋转体零件加工自动线传送系统和布局形式的特点

（1）柔性连接

旋转体零件加工自动线上的工件传送比较方便，机床和其他辅助设备布置灵活，通常为柔性连接。各工序机床之间的料道、料仓有贮存工件的作用，并可在限制性工序机床前后或自动线分段处设置工件贮存装置，以减少自动线的停车时间损失，提高自动线的利用率。工件贮存装置的容量与前后机床的生产率和工件类型特点有关，一般应保证连续工作 2h 以上，对于尺寸较大的工件通常不低于 30min。

（2）传送方式

形状规则、结构简单且易于定向的小型旋转体零件宜采用料斗式上料装置；中间传送可采用靠零件自身重力在槽形输送料道中以外圆为支承面、两端面为限位面直接滚送或滑送。除滚动性好的小型环类、盘类零件，这种重力输送方式的可靠性较差。尺寸较大的或不易定向的旋转体零件宜采用料仓式上料装置和机械手传送。轴类工件通常以两端轴颈为支承面，采用链条式输送装置传送，也可以外圆为支承面，从一端面推动工件沿料道"料顶料"滑送；盘、环类零件则以端面为支承面，采用链板式输送装置传送。

（3）单机串联与并联

根据自动线节拍和机床工序集中或分散的情况确定自动线各单机是串联或并联。单机串联时工件传送系统比较简单，轴类零件串联自动线机床可纵排（图 2.4-1a）或横排（图 2.4-1b）；盘类、环类零

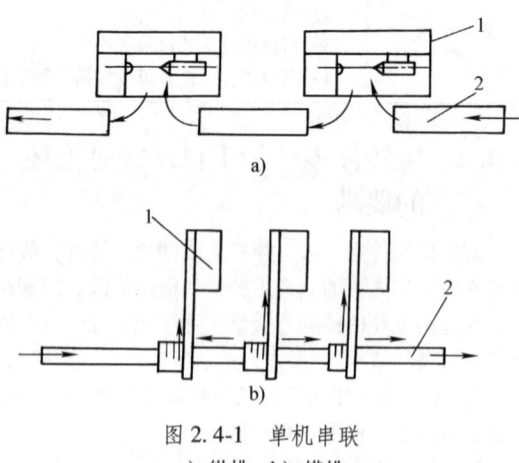

图 2.4-1 单机串联

a）纵排 b）横排

1—机床 2—工件传送系统

件串联自动线机床排列灵活，主要取决于自动线总体布局的要求。单机并联时传送系统要实现工件分配功能。工件分配有两种形式：

1）顺序分料。工件依次填满并联各单机的各分段料道或料仓，各单机依次先后逐步工作，这种分料方式也称为"溢流式"，如图 2.4-2 所示。

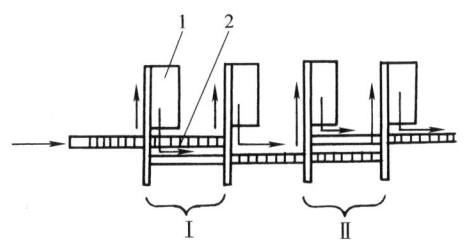

图 2.4-2　顺序分料
1—机床　2—工件传送系统

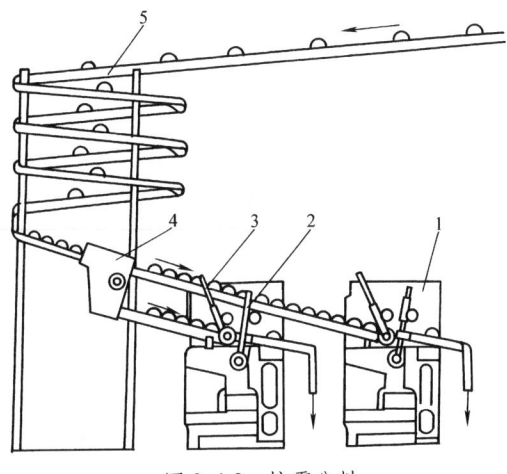

图 2.4-3　按需分料
1—机床　2—下料机械手　3—上料机械手
4—分路机构　5—料道

2）按需分料。由一个分配装置或料仓同时向并联各单机分配工件，如图 2.4-3 所示。

（4）布局形式

旋转体零件加工自动线机床和传送系统的平面和空间布局形式比较灵活，往往在机床布局设计时已着重考虑了机械手及上下料装置布局的合理性。典型的加工自动线布局形式有下列三种。

1）贯穿式：机床多为横向排列，传送系统设在机床之间，大多采用附机式机械手（图 2.4-4 和图 2.4-5）。

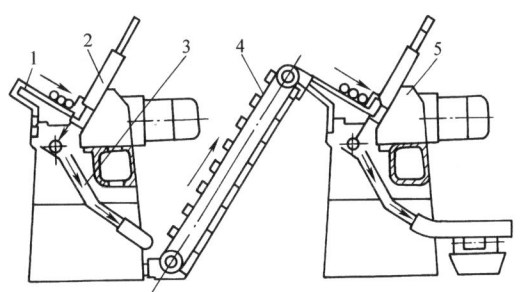

图 2.4-4　贯穿式传送轴类工件加工自动线布局
1—上料道　2—上料装置　3—下料道
4—提升装置　5—机床

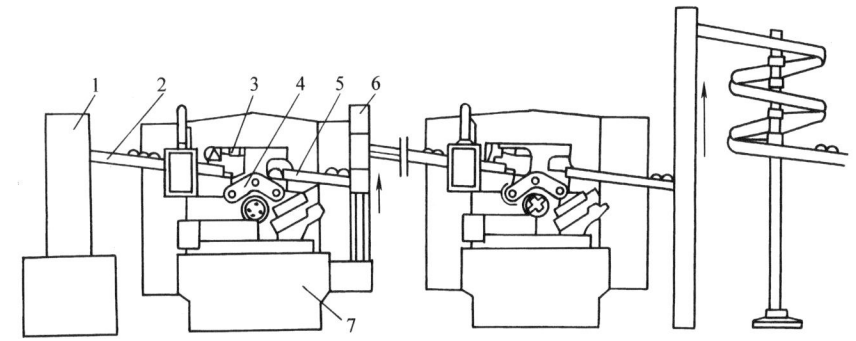

图 2.4-5　贯穿式传送盘环类工件加工自动线布局
1—料仓　2—上料道　3—隔料装置　4—上下料机械手　5—下料道　6—提升装置　7—机床

2）架空式：传送系统设在机床上方，大多采用架空式机械手，机床可纵向排列（图 2.4-6）或横向排列（图 2.4-7）。表 2.4-2 列出了几种架空式传送系统的典型布局形式，机床可横排或纵排，布置灵活。

3）前侧式：传送系统设在机床前侧，采用附机式或落地式机械手，机床可纵向排列（图 2.4-8），也可面对面双排纵向排列（图 2.4-9）。

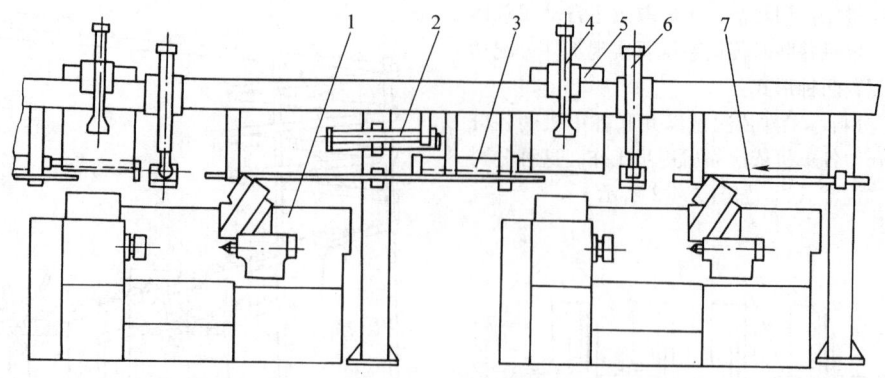

图 2.4-6　架空式传送系统加工自动线布局（纵向排列）

1—机床　2、3—拨料机构　4—提升机械手

5—料仓　6—上下料机械手　7—料道

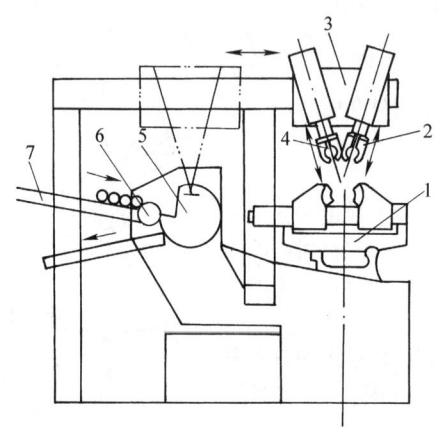

图 2.4-7　架空式传送系统加工自动线布局（横向排列）

1—机床　2—上料机械手　3—双臂机械手机座　4—下料机械手

5—转料器　6—隔料器　7—料道

表 2.4-2　几种架空式传送系统的典型布局形式

机械手形式	简　图	布局特点
单臂双手爪回转		空架桥在机床前上方，机械手在空架桥上移动，双手爪分别实现上料和下料动作。料道或料仓设在机床一侧。上下料辅助时间较短。空架桥较短。适于短轴、环类零件
双臂交叉，机械手同步移动，单独伸缩		空架桥在机床上方。上下料机械手交叉布置在同一个机座上，可同步移动、单独伸缩，分别实现上料和下料动作。料道或料仓设在机床两侧。上下料辅助时间较短。广泛用于轴类零件

（续）

机械手形式	简　图	布局特点
上下料机械手平行配置	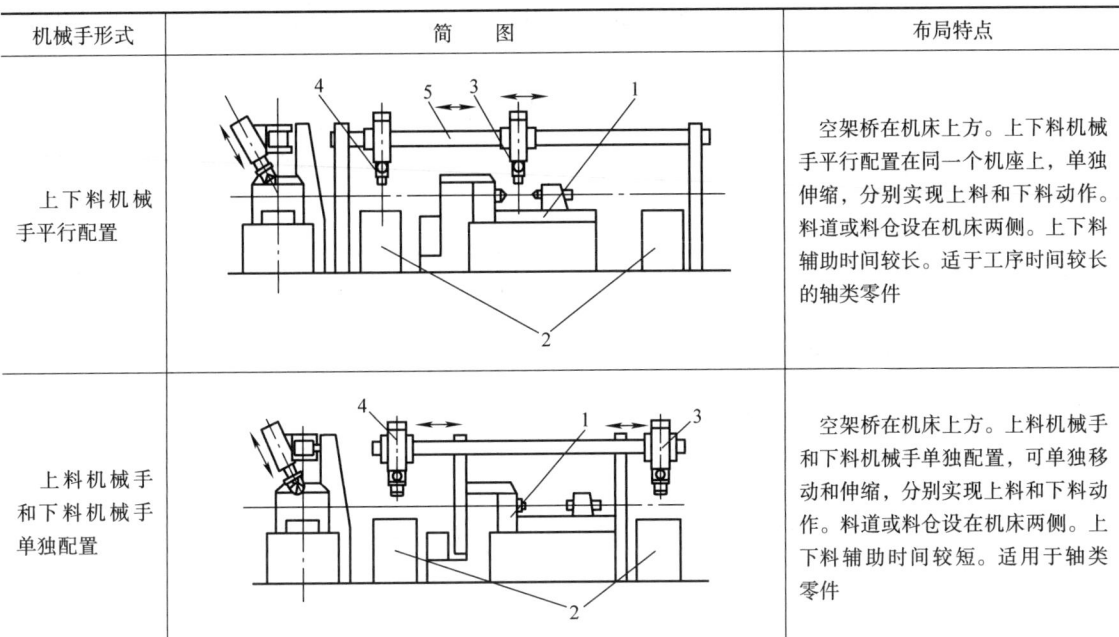	空架桥在机床上方。上下料机械手平行配置在同一个机座上，单独伸缩，分别实现上料和下料动作。料道或料仓设在机床两侧。上下料辅助时间较长。适于工序时间较长的轴类零件
上料机械手和下料机械手单独配置		空架桥在机床上方。上料机械手和下料机械手单独配置，可单独移动和伸缩，分别实现上料和下料动作。料道或料仓设在机床两侧。上下料辅助时间较短。适用于轴类零件

注：1—机床；2—料道或料仓；3—上料机械手；4—下料机械手；5—机械手机座。

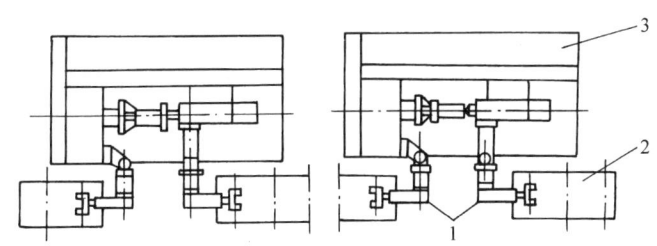

图 2.4-8　机床纵从排列的轴类工件车削自动线布局
1—上下料机械手　2—料道　3—机床

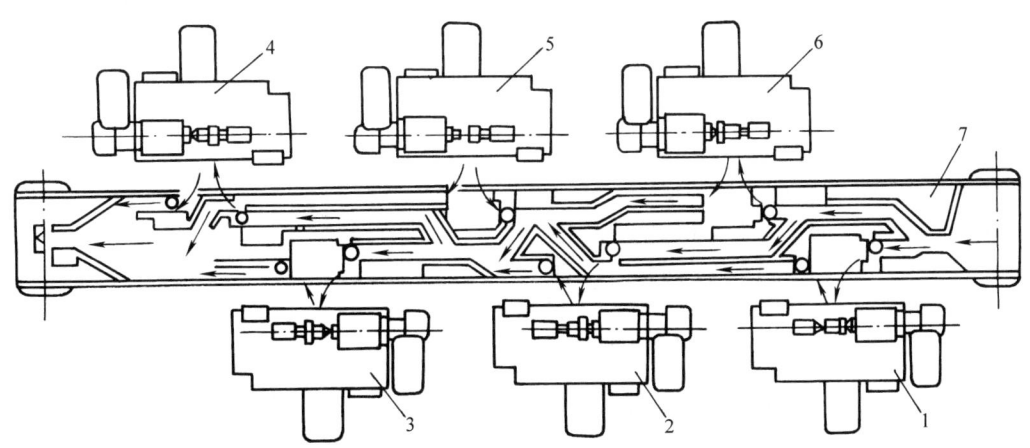

图 2.4-9　双排机床纵向排列的加工自动线布局
1~6—机床　7—链板式输送装置
注：在机床 1、2、6 上完成第一道工序，在机床 3~5 上完成第二道工序。

2.5 组合机床及其自动线的安装、调试、维护和使用中应注意的问题

组合机床的总装、调整、试车及精度检验是组合机床设计、制造的最后阶段。在这一阶段中，主要的工作是组合机床部件装配、总装及精度检验、空运转试验和切削试验。

组合机床的几何精度是影响机床加工精度及其能否持久保持的重要因素。因此，在组合机床总装调试过程中，经常需要多次调整机床的某项几何精度。首先，为了装配各部件，需初调机床的几何精度；在组合机床进行空运转试验后，需第二次精调机床几何精度，以保证各部件都处于良好的工作状态，而在组合机床切削试验后，还需第三次最终检验机床的几何精度，以比较切削前后机床各部件间相对位置的变化，并应保证切削前后两次精度检验结果均在允差范围内，以满足被加工零件的精度要求。

在总装调试过程中，一般需要检验下列项目：

1) 机床的安装水平。

2) 机床导轨的直线度和平面度。

3) 主轴的径向跳动。

4) 主轴回转轴线对滑座导轨的平行度。

5) 导套孔轴线对滑座导轨的平行度。

6) 主轴回转轴线与导套孔轴线（或样件孔轴线）的同轴度。

2.5.1 组合机床总装和试车前工具的准备

当进行组合机床部装及总装时，为了测量机床的装配精度，必须准备一定数量的测量工具和必要的工艺装备，才能保证机床装配的顺利进行。下面介绍几种常用的专用检测工具。

1) 平尺与平板。常用的平尺有桥形平尺、平行平尺、角形平尺与多棱体尺（检验分度精度），平尺是刮研和测量机床导轨精度的基准工具（图 2.5-1）。

平行平尺有两个平行工作面，角形平尺主要用于刮研和检查燕尾导轨。平板是用来以涂色法检验导轨的平面度、平行度，也可用于测量基准和检验零件的尺寸精度或几何误差。

2) 方尺与角尺。方尺与角尺是用来检验部件之间垂直度的测量工具（图 2.5-2）。

3) 水平桥。水平桥用于测量较大平面或机床导轨面（图 2.5-3）。

4) 方筒。在组合机床装配时，为了便于使用千分表、水平仪等进行精度检查，例如检查部件间的平行度和垂直度等，常常还需要一些过渡的基准件，一

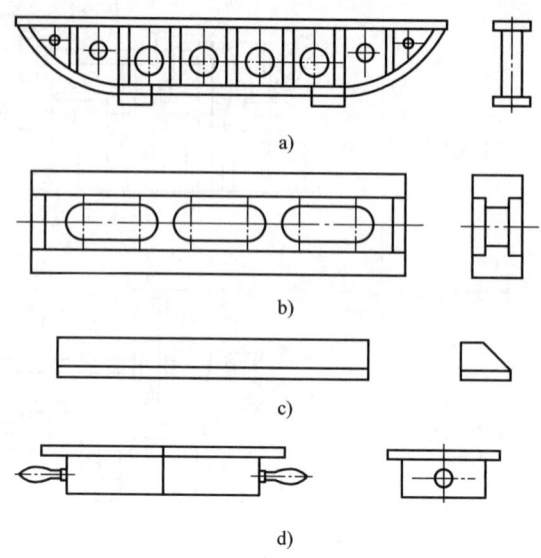

图 2.5-1 平尺与平板

a）桥形平尺 b）平行平尺寸 c）角形平尺 d）平板

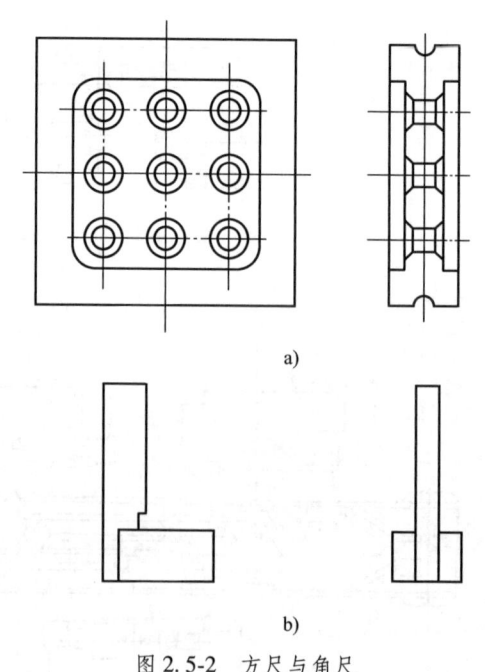

图 2.5-2 方尺与角尺

a）方尺 b）角尺

般用得最多的是方筒。

5) 垫铁。垫铁是用来检验导轨精度的通用工具，主要用作水平仪及千分表架等测量工具的垫铁，常用的有凹、凸形的 V 形垫铁和直角垫铁（图 2.5-4）。V

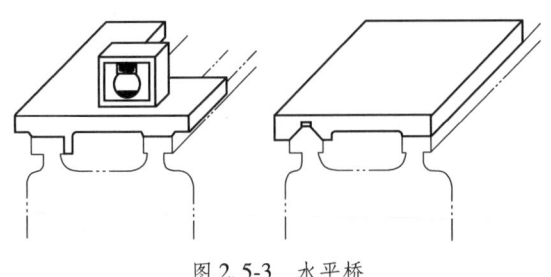

图 2.5-3　水平桥

形垫铁的角度可以是 90°，也可以是 55°，有等边的也有不等边的。

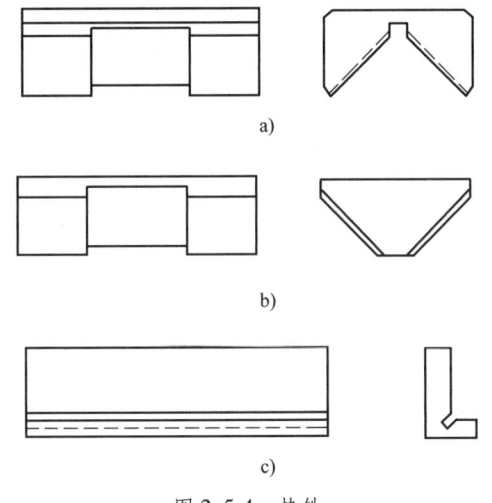

a)

b)

c)

图 2.5-4　垫铁

a) 凹形等边 V 形垫铁

b) 凸形等边 V 形垫铁　c) 直角垫铁

6）检验棒。检验棒用于检验主轴、轴套类零部件的径向跳动、轴向窜动，以及同轴度、平行度等项目。检验棒（直棒）的锥度有莫氏锥度、米制锥度或专用锥度（如 7∶24）等。长检验棒常用于检验径向跳动、同轴度、平行度等（图 2.5-5a）；短检验棒的端部镶有钢球，可用于检验轴向窜动（图 2.5-5b）。

2.5.2　组合机床的部件装配和精度检验

在组合机床总装之前，必须首先进行组合机床的部件装配，如滑台、动力头、进给液压缸、主轴箱、中间底座、夹具（回转工作台或回转鼓轮、移动工作台）和工具，以及其他辅助设备的装配，并按其独自的精度标准进行检查。

组合机床部件装配质量在很大程度上影响着整个机床的性能和精度，因而部件装配必须按图纸规定的技术要求及装配工艺进行（除了其专用技术要求，通用技术均要求按图纸规定），不允许随意增加图纸

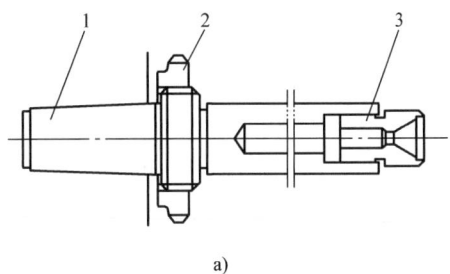

a)

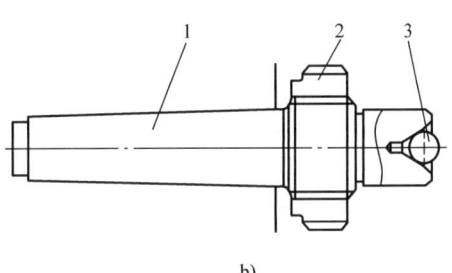

b)

图 2.5-5　检验棒

a) 长检验棒　b) 短检验棒

1—棒体　2—拆卸螺母　3—堵头或钢球

未规定的垫片或套等。现以小型主轴箱（图 2.5-6）装配为例说明如下：

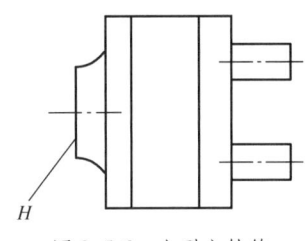

图 2.5-6　小型主轴箱

1）对照零件图分别对箱体、前后盖、主轴、套等主要零件进行检查、去刺，两滑套孔中心距重点检查一下。

2）分别压入定位销套和衬套（使用二类工具），箱体是铝件，压套之前孔内上油，不允许有啃切现象。

3）分别对前盖、后盖、上盖板箱体配作螺孔。注意外形美观。如果发现差异太大可在铣床上进行修正。

4）再次用风管和压力油冲洗箱体。

5）装配主轴时注意：齿轮的啮合宽度应该不小于齿轮宽度的 85%；平面轴承注意松圈与紧圈的方向；轴向活动间隙滚动轴承允差为 0.01mm，滚针轴承允差为 0.10mm。

6）自检每一根主轴，发现问题立即修理。

7）与支架导轨装配，要求动力头在导柱上滑动轻松自如。

8）与动力头和导柱托架综合性地配刮 H 面。刮 H 面时，腔内用布封住，以免铝屑进入主轴箱体内。

9）空运转 1h，腔内加润滑脂。

10）交检。

2.5.3 组合机床的总装与调整

组合机床在部件装配之后进行总装。现以卧式双面（或单面）组合机床总装为例说明如下：

1）床身连接。

① 在侧床身和中间底座上划中心线。

② 在大平板上用拉钢丝的方法使侧床身和中间底座的中心线对齐，然后以侧床身对中间底座号孔。

③ 用夹具对中间底座号孔（中间底座和夹具上的定位销孔若未加工出，可用画线来对准位置）。

④ 对中间底座钻孔、攻螺纹。

⑤ 调中间底座的安装水平，调好后用压板压实。调侧床身水平，在侧底座和中间底座不贴合的情况下进行间隙测量，用塞尺或块规检查上下 4 个角的间隙，并检查水平面上的贴合情况，根据测定数值 δ_1、δ_2 等决定侧床身立面的返修量（图 2.5-7），一般要修多次。

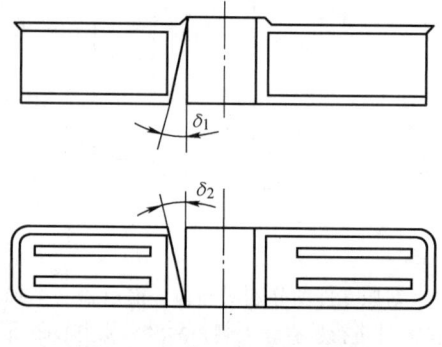

图 2.5-7 中间底座和侧床身

⑥ 侧床身修好后，将它与中间底座装在一起，调好水平后用螺钉拧紧，并打上定位销（可不用打到底，留此量总装交检后再打到底）。

若侧床身的中间底座连接后，其总长度不超过导轨磨床的加工范围，则可不修侧床身的立面，直接将准备好的底座吊到导轨磨上修磨上平面，直至各上平面互相平行为止。

2）动力箱与滑台的连接。动力箱装到滑台上时的初定位借助于方箱找正，将动力箱放到滑台台面上（纵向位置按总图尺寸画线定），使方箱靠紧动力箱侧立面，以滑台的侧导轨面为基准，用表拉方箱侧

面，使之与导轨面平行；然后让动力箱的立面贴紧方箱，找好后即可钻孔，并攻螺纹。重装时拧紧螺钉，不打定位销。

3）将主轴箱、动力箱、滑台装成一体（称主轴箱滑台动力部件）。部件装好后，当采用机械滑台时，将部件吊到平台上进行检查，将两个表座固定在平台上，使表分别打在主轴的上母线和侧母线上，移动滑台体，根据侧母线上表的读数调整动力箱在滑台面上的位置，使侧母线上表的读数值尽可能小，这时上母线上表的读数就是主轴与滑台运动方向在垂直面内的平行度误差。测好后，根据测量结果对动力箱底面进行返修，重装后复检返修结果，步骤同上。上母线及侧母线对滑台运动方向的平行度合格后，应拧紧螺钉，打上定位销。当采用液压滑台时，则将部件吊到液压试验台上进行检查，方法同上。测检时应消除主轴振摆影响，使箱体距最远的两主轴对导轨面等高，并在这两根主轴上进行测量。

4）将夹具装到中间底座上，复检导套孔对安装基面的平行度，并检查导套孔之间的位置精度；检查工件定位面对安装基面的平行度（或垂直度），不符合要求时修正夹具；若中间底座和夹具上未预制定位销孔，用画线方法也无法确定所需位置时，则夹具在中间底座上的位置按"主轴箱滑台动力部件"定，定好位后钻孔，并攻螺纹。

5）将"主轴箱滑台动力部件"吊到侧床身上，准备对侧床身进行钻孔。这时应找正主轴与夹具导套孔的相互位置，找正时可借助方箱或滑台导轨面，使主轴上检棒的侧母线与导套中检棒的侧母线对齐（主轴检棒与导套检棒用于测量的外圆尺寸是一致的），同时测出主轴孔与导套孔的高度差 δ，测好后即可对侧床身号孔、钻孔和攻螺纹。滑台下面的调整垫按 $\delta+0.02mm$ 进行修磨。测量时要消除主轴的振摆影响，并在两根相距最远的主轴上测量。

6）将配好的调整垫垫到侧床身上，吊上"滑台主轴箱动力部件"，拧上螺钉（不拧死），找主轴轴线与夹具上导套孔轴线的同轴度。找正时尽量采用拖表法检查（即找主轴检棒和导套检棒的上母线、侧母线），以导轨面或找正后的方箱为测量基准。当不能采用拖表法找正时，也可采用转表法进行检查，但应排除表倒置时的表本身误差。为了使表杆下悬的影响尽可能小，规定表杆的悬伸长度不大于 140mm，并应尽量选用较粗的表杆。精度找好后，连接螺钉应全部紧固，并打上定位销，锥销不打到底，留一定量在复检后打到底。

7）装配各种辅助装置，如防护板、电器接电、接各种管路，装上刀、辅具等。

8）调试。空运转 2h，试切零件 10~50 件。

9）复检机床精度，合格后将定位销打到底。

10）重新油漆机床。

2.5.4　组合机床的空运转试验和切削试验

在组合机床总装与调整完成后，通常还要进行空运转试验和切削试验，而空运转试验是切削试验前必不可少的一个步骤。通过空运转试验可以发现在设计、制造中的质量问题，审核机床电气、液压系统的合理性与可靠性，以便及时采取措施，排除暴露出来的问题，为机床切削试验的顺利进行做好准备。机床空运转试验通常应检验下列项目：

1）机床总装与调整完成后，一般要不间断地空运转 2h，复杂的组合机床及其自动空运转 3~4h。

2）空运转中机床所有的动力头和各种辅助机构都要能灵活而正确地完成所规定全部转换动作，运动部件之间的互锁应严密可靠。

3）机床所有机构的工作应平稳，部件的运动不应有冲击、振动、爬行和其他异常现象。

4）所有电气、液压、气动控制系统和润滑、冷却系统的工作应正常而没有失灵现象，防护和保险装置应工作可靠。

5）各电动机空运转功率测量结果应记入检验单内。

6）每重新开动一次机床，液压进给部件在开动后第 1 分钟内进给量的变动不得超过规定值±2mm；继续运动时，每分钟进给量的变动不得超过规定值的±1mm。

7）空运转过程中液压进给部件的压力不超过表 2.5-1 中所列数值。

表 2.5-1　液压进给部件压力数值

液压缸直径/mm	65	90	105	120	125	150	165	180
快速行程/MPa	1.5	1.2		1.0		0.8		
工作进给/MPa	0.8	0.7	0.6	0.5		0.4		

8）液压系统工作时，油箱内的油温一般不得超过 60℃；当环境温度≥38℃时，连续工作 4h 后，油箱内的温升一般不得超过 70℃。

9）空运转结束时，对主轴温度，滑动轴承不应超过 60℃，滚动轴承不应超过 70℃，其他机构的轴承不应超过 50℃；当环境温度≥38℃时，滑动轴承不应超过 65℃，滚动轴承不应超过 80℃。对主轴根部附近箱体壁，一般用手摸感到不热或微温时即可。

10）在空运转中，如果发现某一项不符合上述要求时，则要在消除缺陷后，从头进行空运转试验。

切削试验（试切）是组合机床设计和制造的最后考核项目。由于组合机床是根据各种不同工件加工的具体要求设计制造的，因此它的实际加工精度能否达到预想的要求，将是考验机床质量优劣的重要标准，因而在机床空运转试验合格后，必须进行机床的切削试验，以进一步检验机床的工作性能和加工精度。切削试验内容如下：

1）先进行单个零件的加工，并检查加工精度，合格后再按规定的加工零件数量进行连续切削试验。一般规定加工零件数量见表 2.5-2。

当每个工位上不止安装一个零件时，加工零件数量应按比例增加。

表 2.5-2　一般规定加工零件的数量

机床类型	零件数量
单工位钻孔、攻螺纹和粗镗组合机床	10 个
多工位组合机床	工位数的 5 倍
铰刀、精镗孔和铣床	15 个

2）对多品种加工的机床，除对一种工件进行全面试验，对其余各种工件也需进行切削试验。每种工件至少要连续切削试验 5 个，以检验机床各调整部位的正确性。

3）测量被加工零件的加工精度，要求全部合格，做好分析，并将实测数值记入检验单中。

4）在切削试验时，机床所有机构（包括电气、液压系统）均应正常工作，不应有明显的振动、冲击和过高的噪声。

5）测量各电动机的功率，所有电动机应在额定功率以下工作。

6）在切削试验过程中，液压系统的最大压力不得超过液压设备的允许工作压力，油箱内的油温应符合空运转试验有关规定。

7）在切削试验过程中，刀具不应有任何损坏，机床所有零件均不应产生明显变形。

8）切削试验结束时，主轴温度也应符合空运转试验有关规定。

9）测定机床的循环时间，应符合设计规定。

10）在切削试验过程中，如不符合上述要求，则要在消除缺陷后，重新进行切削试验。

2.5.5 组合机床自动线的装配、调整、试车和安装

组合机床自动线所属的机床及部件的装配和要求与单个组合机床的装配和要求是一样的，它的特殊点在于怎样将这些机床和辅助设备连线，并调整其相互间的位置精度。在自动线所属机床及辅助设备装配和初步调整后，即可进行自动线的连线工作。

在自动线完成装配连线后就可进行调试工作。自动线的调试可按下列顺序进行：自动线运转前的准备工作→全线空运转试验→按调整循环试切工件→按自动循环进行切削试验。

自动线运转前要将自动线所有设备调整到能够工作的状态，其中首先是液压设备和润滑装置。当润滑泵（阀）未调好、导轨上无充足润滑油时，不能进行空运转试验。在起动动力头电动机后，要注意观看主轴箱润滑油泵的供油情况，只有在供油情况良好时才允许主轴箱继续工作。在动力头空运转试验后，装上刀具，使动力头带刀运转10min，检查刀具的紧固情况，不许有歪斜、拉研和严重发热等现象。在空运转过程中，输送带和转位装置的各滑动表面润滑情况要良好，所有机构运动平稳，转换灵活可靠，各管路不许乱振动和严重泄漏；一般全线空运转2h，复杂的自动线要不间断地空运转3~4h。在输送带和转位装置空运转试验合格后，装上几个工件（或随行夹具），按调整循环将其运送并通过全线，以检查工件在各机床夹具上的定位夹压情况，并检查和调整在工件定位后输送带棘爪和工件间的距离，一般应为0.5~1.0mm。为了避免发生意外事故，试切工件时，可将各动力头的进给速度降低20%~30%，镗削和铣削的加工余量减少30%左右，并加大各机床的切入行程，确保在动力部件快进时刀具不至于碰到工件。一般要求自动线连续切削试验的零件数量不少于两倍的自动线生产率，并且应不少于自动线的工位数，通常至少要连续加工20个零件；在切削试验中，还要注意自动线的节拍、排屑情况及各设备的工作可靠性，其停车次数应不大于规定数（一般规定在100个循环中停车10次）。切削试验合格后进行关键精度复检。

当进行组合机床自动线的装配时，应根据自动线的复杂程度制订相应的装配顺序和要求。自动线地基

浇灌时应根据自动线底平面及地脚螺钉孔位置图进行。除考虑自动线的机床、工件输送带，以及其他设备的安装位置和地脚螺钉位置，还必须考虑向自动线供水、供气（压缩空气）和电气走线管道的地沟位置。对安装铁屑输送设备的地沟，其两端应比排屑设备加长3~4m，以便于拆卸和维修。自动线上的精加工机床应安装在单独的地基上，使之与自动线整个地基隔开，以防止振动影响。考虑垫铁的高度，以便在安装机床垫铁后，机床和其他设备的底平面能与车间地平面一致。当自动线安装完毕并检查合格后，即可进行空运转和切削试验。

1. 组合机床的安全防护和检查保养

组合机床及其自动线的自动化程度比较高，为保证零件加工的正常进行，需要有严格的安全互锁，要有安全防护设施。为了保持组合机床及其自动线的持久精度和加工质量，必须对主要部件，如液压管路、电气设备、各种导轨面、运动部件、夹具、刀具和安全装置等进行定期的检查与保养。

2. 组合机床的常见故障和排除

1）滑台爬行。一般是导轨的制造精度和装配质量低或润滑不当所致，还会因液压系统中混入空气等原因造成。通常采用调整楔铁、压板的方法使导轨间隙均匀、适宜而消除爬行；若只是由于结合面的接触不良而产生爬行，在导轨的表面涂上一层薄薄的氧化铬，研合几次也可消除爬行；有时滑台在承载较大和运动速度较低时产生爬行，可使用抗压强度较高的润滑来消除；若液压系统内混入空气而产生爬行，则通过改进密封即可消除。

2）轴承发热。滚动轴承发热的原因通常是主轴弯曲或箱体孔同轴度误差过大；装配质量低，游隙调整不当；轴承精度过低，润滑不良，内有杂质或传动带过紧等，针对上述原因采取相应措施便可消除。

3）振动。机床周围环境有振源，机床刚度差。排除的方法是开防振沟或迁出有冲击的设备。一般由于刀杆、接杆刚度差，安装不良，刀具几何角度不合适或磨钝，工件余量不匀、偏心，工件装夹不稳固，切削用量选用不当等原因造成，须采取相应改进措施消振。

4）噪声。轴与轴承的噪声，一般是由于装配不良，滚动轴承游隙不合适；轴承精度低或磨损过度；轴变形弯曲或轴箱孔同轴度差；轴颈圆度误差过大，轴承磨损，润滑不良等引起。油泵外部的噪声通常是由于油泵吸油口密封不严，空气侵入；油池中的油液不足；吸油管侵入油池太少；油泵吸油位置太低，油液黏度太大，增加流动阻力；吸油口截面过小，吸油不畅；滤油器表面污物阻塞等引起的。油泵内部的噪

声是由于齿轮泵的齿形精度不高，叶片泵的叶片卡死、断裂或配合不良；活塞泵的柱塞移动不灵活或卡死，泵内轴承磨损或损坏；油泵内零件磨损或轴向、径向间隙过大、油量不足压力易波动，联轴节不同心等引起的。针对上述原因采取相应措施便可排除噪声。

参 考 文 献

［1］薛靖，田争，刘洋，等．机械工业常用国家标准和行业标准目录（2020）［M］.北京：机械科学研究总院中机生产力促进中心，2020.

［2］李洪．实用机床设计手册［M］.沈阳：辽宁科学技术出版社，1999.

［3］李家宝．机械加工自动化机构［M］.哈尔滨：哈尔滨工业大学出版社，1989.

［4］徐英南．组合机床及其自动线的使用与调整［M］.北京：劳动人事出版社，1987.

［5］李旦，李家宝，侯作勋．双盘旋转式自动供料器的试验研究［J］.组合机床与自动化加工技术，1985（8）：15-19，50

第 3 章

数控加工技术

主　编　富宏亚（哈尔滨工业大学）

参　编　金鸿宇（哈尔滨工业大学）

　　　　　孙守政（哈尔滨工业大学）

3.1　数控加工概述

3.1.1　数控加工基本概念及工作原理

1. 数控加工的定义、内容

机床的数字控制或数控（numerical control 或 NC）指用数字化信号对机床运动及其加工过程进行控制的方法。数控加工实质上是由数控装置或系统代替人操纵机床进行机械零件加工的自动化加工方法。所用机床设备称为数字控制机床，简称数控机床或 NC 机床。

数控加工工艺是用数控机床加工零件的工艺方法。

数控加工与通用机床加工在方法与内容上有许多相似之处，不同点主要表现在控制方式上。以机械加工为例，用通用机床加工零件时，就某道工序而言，其工步的安排，机床运动的先后次序、位移量、走刀路线及有关切削参数的选择等，都是由操作工人自行考虑和确定的，并且是用手工操作方式来进行控制的。如果采用自动车床、仿形铣床加工，虽然也能达到对加工过程实现自动控制的目的，但其控制方式是通过预先配制的凸轮、挡块或靠模来实现的，而在数控机床上加工时，情况就完全不同了。在数控机床加工前，我们要把原先在通用机床上加工时需要操作人员考虑和决定的操作内容及动作，如工步的划分与顺序、走刀路线、位移量和切削参数等，按规定的数码形式编排程序，记录在控制介质上（目前常用的控制介质有纸带、磁盘），它们是人与机器联系起来的媒介物。加工时，控制介质上的数码信息输入数控机床的控制系统后，控制系统对输入信息进行运算与控制，并不断地向直接指挥机床运动的机电功能转换部件——机床的伺服机构发送信号，伺服机构对信号进行转换与放大处理，然后由传动机构驱动机床按所编程序进行运动，就可以自动加工出我们所要求的零件形状。不难看出，实现数控加工的关键在编程，还包括编程前必须要做的一系列准备工作及编程后的善后处理工作。一般来说，数控加工主要包括以下几个方面的内容：

1）选择并确定进行数控加工的零件及内容。

2）对零件图样进行数控加工的工艺分析。

3）数控加工的工艺设计。

4）对零件图形的工艺处理。

5）编写加工程序单（自动编程时由计算机自动生成目标程序，即加工程序）。

6）程序的校验与修改。

7）受监视加工与现场问题处理。

8）数控加工工艺技术文件的定型与归档。

2. 数控加工的工作原理

数控加工，首先要将被加工零件图样上的几何信息和工艺信息用规定的代码和格式编写成加工程序，然后将加工程序输入数控装置，按照程序的要求，经过数控系统信息处理、分配，使各坐标移动若干个最小位移量，实现刀具与工件的相对运动，完成零件的加工。

在轮廓加工控制（contouring control）中，包括加工平面曲线和空间曲线两种情况。对于平面（两维）曲线，要求刀具沿曲线轨迹运动，进行切削加工。将曲线分割成 n 段微线段，用直线（或圆弧）代替（逼近）这些线段，当逼近误差相当小时，这些微线段之和就接近了曲线。由数控机床的数控装置进行计算、分配，通过两个坐标最小单位量的单位运动（Δx、Δy）的合成，连续地控制刀具运动，不偏离地走出直线（或圆弧），从而非常逼真地加工出平面曲线。对于空间（三维）曲线中的 $f(x, y, z)$，同样可用一段一段的折线（Δl_i）去逼近它，只不过这时 Δl_i 的单位运动分量不仅是 Δx 和 Δy，还有一个 Δz。

这种在允许的误差范围内，用沿曲线（精确地说，是沿逼近函数）的最小单位移动量合成的分段运动代替任意曲线运动，以得出所需要的运动，是数字控制的基本构思之一。轮廓控制也称连续轨迹控制（continuous path control），它的特点是不仅对坐标的移动量进行控制，而且对各坐标的速度及它们之间的比率都要严格控制，以便加工出给定的轨迹。

通常将数控机床上刀具运动轨迹是直线的加工称为直线插补；刀具运动轨迹是圆弧的加工称为圆弧插补。插补（interpolation）是在被加工轨迹的起点和终点之间插进许多中间点，进行数据点的密化工作，然后用已知线型（如直线、圆弧等）逼近。一般的数控系统都具有直线插补和圆弧插补。随着科学技术的迅速发展，许多生产数控系统的制造商，逐渐推出了具有抛物线插补、螺旋线插补、极坐标插补、样条曲线插补、曲面直接插补等功能丰富的数控系统，以满足用户的不同需要。

机床的数字控制是由数控系统完成的。数控系统包括数控装置、伺服驱动装置、可编程控制器和检测装置等。数控装置能接收零件图样加工要求的信息，进行插补运算，实时地向各坐标轴发出速度控制指令。伺服驱动装置能快速响应数控装置发出的指令，驱动机床各坐标轴运动，同时能提供足够的功率和扭矩。伺服控制按其工作原理可分两种控制方式，即关断控制和调节控制。关断控制是将指令值与实测值在关断电路的比较器中进行比较，相等后发出信号，控制结束。这种方式用于点位控制。调节控制是数控装置发出运动的指令信号，伺服驱动装置快速响应跟踪指令信号。检测装置将坐标位移的实际值检测出来，反馈给数控装置的调节电路中的比较器，有差值就发出运动控制信号，从而实现偏差控制；不断比较指令值与反馈的实际值、不断发出信号，直到差值为零，运动结束。这种方式适用于连续轨迹控制。

在数控机床上，除了上述轨迹控制和点位控制，

还有许多动作，如主轴的启停、刀具更换、冷却液开关、电磁铁的吸合、电磁阀启闭、离合器的开合，各种运动的互锁、连锁，运动行程的限位、急停、报警，以及进给保持、循环启动、程序停止、复位等，这些都属于开关量控制，一般由可编程控制器（programmable controller 简称 PC，也称为可编程逻辑控制器 PLC，又称为可编程机床控制器 PMC，下文均称为 PLC）来完成，开关量仅有"0"和"1"两种状态，可以很方便地融入机床数控系统中，实现对机床各种运动协调的数字控制。

3. 数控加工的特点及适应性

数控加工的优缺点及适应性见表 3.1-1。

表 3.1-1　数控加工的优缺点及适应性

优点	自动化程度高，可减轻劳动强度	数控加工过程是按照输入程序自动完成的，一般情况下，操作人员只要在机床旁边观察和监督机床的运行情况，做一些装卸零件的工作
	加工零件一致性好，质量稳定	数控机床本身的定位精度和重复定位精度都很高，很容易保证零件尺寸的一致性，也大大减少了通用机床加工中人为造成的失误，故数控加工不但可以保证零件获得较高的加工精度，而且指令稳定
	生产率高	数控机床加工能在一次装夹中加工出很多待加工的部位，既省去了通用机床加工时的不少工序，也大大缩短了生产准备时间
	便于产品研制	数控加工一般不需要很多复杂的工艺装备，就可以通过编程将形状复杂和精度要求较高的零件加工出来，故当设计更改时，也很容易用改变程序的方法做相应更改，一般不需要重新设计制造工装
	便于实现计算机辅助制造	将用计算机辅助设计出来的产品图样及数据变为实际产品的最有效途径，就是采取计算机辅助制造技术直接制造出零部件。数控机床及其加工技术正是计算机辅助制造系统的基础
缺点	加工成本一般较高	数控加工设备费用高及首次加工准备周期较长，其零配件价格较高，维修成本也高
	只适宜于多品种小批量或中批量生产	由于数控加工对象一般为较复杂零件，又往往采用工序相对集中的工艺方法，在一次装夹中加工出许多待加工面，势必将工序时间拉长。与专用多工位组合机床或自动机床形成的生产线相比，在生产规模与生产率方面仍有很大差距
	加工中难以调整	由于数控机床是按程序运行自动加工的，一般很难在加工过程中进行实时的人工调整，即使可以局部调整，其可调范围也不大
适应性	最适应类	形状复杂，加工精度要求高的零件 用数学模型描述的复杂曲线或曲面轮廓零件 具有难测量、难控制进给、难控制尺寸的壳体或盒型零件 必须在一次装夹中合并完成铣、镗、锪、铰或攻丝的零件
	较适应类	一旦质量失控会造成重大经济损失的零件 在通用机床上加工必须制造复杂的专用工装的零件 需要多次更改设计后才能定型的零件 在通用机床上加工需要进行长时间调整的零件

（续）

适应性	不适应类	生产批量大的零件（不排除其中个别工序用数控机床加工） 装夹困难或完全靠找正来保证加工精度的零件 加工余量很不稳定的零件 必须用特定的工艺装备协调加工的零件

4. 数控机床的组成

数控机床与普通机床在整体布局上有很多相似之处，但数控机床必须具备普通机床不可能有的两大部分：一是数控机床的"指挥系统"，即数控系统；二是使数控机床执行运动的驱动系统，即伺服系统，它包括驱动主轴运动的控制单元、主轴电动机、驱动进给运动的控制单元及进给电动机。可见，数控机床基本上由机床本体、数控系统及伺服系统所组成（图3.1-1）。这是从根本上判断某台机床是否是数控机床的着眼点。需要注意的是，不可把用数字显示器装备起来的数显机床，或者用可编程控制器（PLC）进行控制的机床当作数控机床，数控机床在控制信息处理上与之有原则性的区别。从机床本体到数控系统之间的虚线，表示在某些数控机床上具有把加工零件过程中的一些运动值通过特殊的测量元件反馈给数控装置，以便调整误差的性能。

5. 数控机床的分类

数控机床的品种规格很多，分类方法也各不相同。一般可根据功能和结构，按表3.1-2所列原则分类。

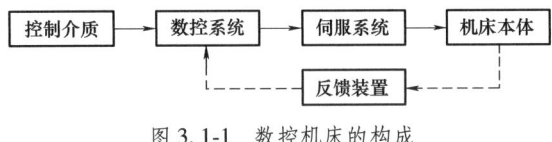

图 3.1-1　数控机床的构成

表 3.1-2　数控机床的分类

原则	类别	注　释
按控制轨迹分类	点位控制数控机床	只要求控制机床的移动部件从一点移动到另一点的准确定位，对于点与点之间的运动轨迹的要求并不严格，在移动过程中不进行加工，各坐标轴之间的运动是不相关的
	直线控制数控机床	除了控制点与点之间的准确定位，还要控制两相关点之间的移动速度和运动路线（轨迹），但其运动路线只是与机床坐标轴平行移动，即同时控制的坐标轴只有一个
	轮廓控制数控机床	能对两个或两个以上运动坐标的位移和速度同时进行控制。为了满足刀具沿工件轮廓的相对运动轨迹符合工件加工要求，必须将各坐标运动的位移控制和速度控制按照规定的比例关系精确地协调
按伺服控制方式分类	开环控制数控机床	伺服驱动是开环的，即没有检测反馈装置，一般它的驱动电动机为步进电动机。数控系统输出的进给指令信号通过脉冲分配器来控制驱动电路，它以变换脉冲的个数来控制坐标位移量，以变换脉冲的频率来控制位移速度，以变换脉冲的分配顺序来控制位移方向
	半闭环控制数控机床	将编码器等转角检测反馈元件直接安装在伺服电动机或丝杠端部。由于大部分机械传动环节未包括在系统闭环环路内，因此可获得较稳定的控制特性
	闭环控制数控机床	将位置反馈装置安装在机床的最终移动部件上，直接检测机床坐标的直线或回转位移量，通过反馈可以消除整个机械传动链中的传动误差，得到很高的机床定位精度

(续)

原则	类别	注　释
按数控系统的功能水平分类	低档	系统分辨力在 $10\mu m$ 数量级，采用开环和步进电动机控制，联动轴数 $2\sim3$ 个，使用 8 位或 16 位 CPU。经济型数控化改造机床多属于这个档次
	中档	系统分辨力在 $1\mu m$ 数量级，采用半闭环和伺服电动机控制，联动轴数 $3\sim4$ 个，使用 32 位 CPU，快速移动速度达到 $15\sim25m/min$。具有基本的通信能力
	高档	系统分辨力在 $0.1\mu m$ 数量级，采用全闭环控制，联动轴数最多可达 5 轴或 5 轴以上，具有 RS232、DNC、MAP 等高性能通信能力
按加工机床用途分类	金属切削类数控机床	采用车、铣、镗、铰、钻、磨、刨等切削加工工艺的数控机床，如数控车床、数控铣床、加工中心等
	金属成形类数控机床	采用挤、冲、压、拉等成形工艺的数控机床。常用的有数控压力机、数控折弯机、数控旋压机等
	特种加工类数控机床	主要有数控电火花线切割机、数控电火花成形机、数控火焰切割机、数控激光加工机等
	测量绘图类数控机床	主要有三坐标测量仪、数控对刀仪、数控绘图仪等

3.1.2　数控机床的选用

1. 数控机床规格的选用

数控机床的规格应根据确定的典型工件进行。数控机床的最主要规格是几个数控坐标的行程范围和主轴电动机及进给电动机的功率。机床的 3 个基本直线坐标（ X 、 Y 、 Z ）行程反映该机床允许的加工空间。一般情况下工件的轮廓尺寸应在机床的加工空间范围之内，如典型零件是 $450mm\times450mm\times450mm$ 的箱体，那么应选取工作台面尺寸为 $500mm\times500mm$ 的加工中心。选用工件台面比典型零件稍大一些是考虑到安装夹具所需的空间。加工中心的工作台面尺寸和 3 个直线坐标行程都有一定的比例关系。因此，工作台面的大小基本确定了加工空间的大小。

主轴电动机功率反映了数控机床的切削效率，也从一个侧面反映了机床在切削时的刚性，现今一般的加工中心多配置了功率较大的直流或交流调速电动机，可用于高速切削，但在低速切削中转矩受到一定限制，这是由于调速电动机在低转速时功率输出下降。因此，当需要镗削大直径和余量很大的工件时，必须对低速转矩进行校核。

2. 机床精度的选择

选择机床的精度等级应根据典型零件关键部位加工精度的要求来定。加工中心的精度项目很多，其关键项目见表 3.1-3。

表 3.1-3　加工中心精度的关键项目

精度项目	普通型	精密型
单轴定位精度/mm	$\pm0.05/300$ 或全长	0.01/全长
单轴重复定位精度/mm	±0.006	±0.003
铣圆精度/mm	$0.03\sim0.04$	0.02

数控机床的其他精度与表中所列数据都有一定的对应关系。定位精度和重复定位精度综合反映了该轴各运动元部件的综合精度，尤其是重复定位精度，它反映了该控制轴在行程内任意定位点的定位稳定性，这是衡量该控制轴能否稳定可靠工作的基本指标。目前，数控系统的软件功能非常丰富，一般都具有控制轴的螺距误差补偿功能和反向间隙补偿功能，能对进给传动链上各环节系统误差进行稳定的补偿，如丝杠的螺距误差和累积误差可以用螺距补偿功能来补偿；进给传动链的反向死区可用反向间隙补偿来消除。但这是一种理想做法，实际造成这些反向运动量损失的原因是，存在驱动元部件的反向死区、传动链各环节的间隙、弹性变形和接触刚度变化等因素，其中有些误差是随机误差，它们往往随着工作台的负载大小、移动距离长短、移动定位的速度改变等反映出不同的损失运动量。这不是一个固定的电气间隙补偿所能全部补偿的。所以，即使是经过仔细的调整补偿，还是存在单轴定位重复性误差，不可能得到高的重复定位精度。

铣圆精度是综合评价数控机床有关数控轴的伺服跟随运动特性和数控系统插补功能的指标。测定每台机床铣圆精度的方法是用一把精加工立铣刀铣削一个标准圆柱试件；中小型机床圆柱试件的直径一般为 200~300mm。将标准圆柱试件放到圆度仪上，测出加工圆柱的轮廓线，取其最大包络圆和最小包络圆，两者的半径差即为其精度（一般圆轮廓曲线仅附在每台机床的精度检验单中，而机床样本只给出铣圆精度允差）。

从机床的定位精度可估算出该机床在加工时的相关精度，如在单轴上移动加工两孔的孔距精度为单轴定位精度的 1.5~2 倍（具体误差值与工艺因素密切相关）。因此，普通型加工中心可以批量加工出 8 级精度零件，精密型加工中心可以批量加工出 6~7 级精度零件，这些都是选择数控机床的一些基本参考因素。需要指出的是，要想获得合格的加工零件，选取适用的数控机床设备只解决了问题的一半，另一半必须采取工艺措施来解决。

3. 数控系统的选择

当今世界上数控系统的种类规格繁多。为了能使数控系统与所需机床相匹配，在选择数控系统时应遵循下述几条基本原则。

1）根据数控机床类型选择相应的数控系统。一般来说，数控系统有适用于车、铣、磨、冲压等加工类别，所以应有针对性地选择。

2）根据数控机床的设计指标选择数控系统。在可供选择的数控系统中，它们的性能高低差别很大，不能片面地追求高水平、新系统，而应该对性能和价格等进行一个综合分析，选用合适的系统。

3）根据数控机床的性能选择数控系统功能。一个数控系统具有许多功能，有的属于基本功能，即在选定的系统中原已具备的功能；有的属于选择功能，只有当用户特定选择了这些功能后才能提供的。数控系统制造商对系统的定价往往是只具备基本功能的系统很便宜，而具备选择功能却较贵。所以，对选择功能一定要根据机床性能需要来选择，如果不加分析地要，许多功能就用不上，也会大幅度增加产品成本。

4）订购数控系统时要考虑周全。订购时将需要的系统功能一次订全，不能遗漏，避免由于漏订而造成数控机床机能降级，甚至有的不能使用。

4. 工时和节拍的估算

选择机床时必须进行可行性分析：一年之内该机床能加工出多少典型零件。对每个典型零件，按照工艺分析，可以初步确定一个工艺路线，从中挑出准备在数控机床上加工的工序内容；根据准备给机床配置的刀具情况来确定切削用量，并计算每道工序的切削时间 $t_{切}$ 及相应辅助时间 $t_{辅}$（$t_{辅}=10\% t_{切}~20\% t_{切}$）。中小型加工中心每次的换刀时间为 5~15s，这时单工序时间为 $t_{工序}=t_{切}+t_{辅}+(5~15)s$。

例如，一个典型零件上要加工两个 $\phi30H8$ 的孔，其切削用量见表 3.1-4，零件总工时为 $t_{总}=314s$。

表 3.1-4　切削用量表

工序内容	主轴转速/(r/min)	进给速度/(mm/min)	走刀长度/mm	$t_{切}$/s	$t_{辅}$/s	刀具准备/s
钻 $\phi29$	300	90	31+10	27×2	8	15
半精镗 $\phi29.8$	600	50	31	37×2	11	15
精镗 $\phi30H8$	500	35	31	53×2	16	15

按 300 个工作日，两班制，一天有效工作时间 14~15h 计算，就可以算出机床的年生产能力。在算出所占工时和节拍后，考虑设计要求或供需平衡要求，可以重新调整在加工中心的加工工序数量，达到整个加工过程的平衡。对于典型零件品种较多，有希望经常开发新零件的加工，在机床的满负荷公式计算中，必须考虑更换工件品种时所需的机床调整时间。作为选机估算，可以根据变换品种多少乘以修正系数。这个修正系数可根据用户单位的使用技术水平高低估算得出。

3.1.3　典型数控系统介绍

1. FANUC 数控系统

FANUC 数控系统以其高质量、低成本、高性能、较全的功能，适用于各种机床和生产机械等特点，在市场的占有率远远超过其他的数控系统，主要特点体现在以下几个方面。

1）系统在设计中大量采用模块化结构。这种结构易于拆装，各个控制板高度集成，使可靠性有很大提高，而且便于维修、更换。

2）有很强的抵抗恶劣环境影响的能力。其工作环境温度为 0~45℃，相对湿度为 75%。

3）有较完善的保护措施。FANUC 对自身的系统采用比较好的保护电路。

4）FANUC 系统所配置的系统软件具有比较齐全的功能和选项功能。对于一般的机床，基本功能完全能满足使用要求。

5）提供大量丰富的 PMC 信号和 PMC 功能指令。这些丰富的信号和编程指令便于用户编制机床侧 PMC 控制程序，而且增加了编程的灵活性。

6）具有很强的分布式数字控制（DNC）功能。系统提供串行 RS232 传输接口，使 PC 和机床之间的数据传输能够可靠完成，从而实现高速度的 DNC 操作。

7）提供丰富的维修报警和诊断功能。FANUC 维修手册为用户提供了大量的报警信息，并且以不同的类别进行分类。

FANUC 数控系统的主要产品系列见表 3.1-5。

表 3.1-5　FANUC 数控系统的主要产品系列

产品系统	特点及适用范围
高可靠的 Power Mate 0 系列	用于控制两轴的小型机床，取代步进电动机的伺服系统；可配画面清晰、操作方便、中文显示的 CRT/MDI，也可配性能/价格比高的 DPL/MDI
普及型 CNC0-D 系列	0-MD 用于铣床及小型加工中心，0-TD 用于车床，0-GCD 用于圆柱磨床，0-GSD 用于平面磨床，0-PD 用于压力机
全功能型的 0-C 系列	0-TC 用于车床，0-MC 用于铣床、钻床、加工中心，0-GCC 用于内、外圆磨床，0-GSC 用于平面磨床，0-TTC 用于双刀架 4 轴车床
高性能价格比的 0i 系列	高速、高精度加工，并具有网络功能。0i-MB/MA 用于加工中心和铣床，4 轴 4 联动；0i-TB/TA 用于车床，4 轴 2 联动；0i-mate MA 用于铣床，3 轴 3 联动；0i-mate TA 用于车床，3 轴 3 联动
具有网络功能的超小型、超薄型 CNC16i/18i/21i 系列	控制单元与 LCD 集成于一体，具有网络功能，超高速串行数据通信。其中 FS16i-MB 的插补、位置检测和伺服控制以纳米为单位。16i 最大可控 8 轴，6 轴联动；18i 最大可控 6 轴，4 轴联动；21i 最大可控 4 轴 4 轴联动

下面以 FANUC 0i 为例，说明其主要功能及构成。

（1）主要功能及特点

1）0i 系列均为模块化结构。主 CPU 板上除了主 CPU 及外围电路，还集成了 FROM&SRAM 模块、PMC 控制模块、存储器和主轴模块、伺服模块等。其集成度较 FANUC0 系统更高，因此 0i 控制单元的体积更小，便于安装排布。

2）采用全数字键盘，可用 B 类宏程序编程，使用方便。

3）用户程序区容量比 0MD 大一倍，有利于较大程序的加工。

4）使用编辑卡编写或修改梯形图，携带与操作都很方便，特别是在用户现场扩充功能或实施技术改造时更为便利。

5）使用存储卡存储或输入机床参数、PMC 程序及加工程序，操作简单方便，使复制参数、梯形图和机床调试程序过程十分快捷，缩短了机床调试时间，明显提高了数控机床的生产率。

6）系统具有高速矢量响应（HRV）功能，伺服增益设定比 0MD 系统高一倍，理论上可使轮廓加工误差减少一半。以切削圆为例，同一型号机床 0MD 系统的圆度误差通常为 0.02~0.03mm，换用 0i 系统后圆度误差通常为 0.01~0.02mm。

7）在快速移动或进给移动过程中有不同的间隙补偿参数自动补偿。该功能可以使机床在快速定位和切削进给工作状态下，反向间隙补偿效果更为理想。

8）0i 系统可预读 12 个程序段，比 0MD 系统多。结合预读控制及前馈控制等功能的应用，可减少轮廓加工误差。对模具三维立体加工有利。

9）与 0MD 系统相比，0i 系统的 PMC 程序基本指令执行周期短，容量大，功能指令更丰富，使用更方便。

10）0i 系统的界面、操作、参数等与 18i、16i、21i 基本相同。熟悉 0i 系统后，自然会方便地使用上述系统。

11）0i 系统比 0M、0T 等产品配备了更强大的诊断功能和操作信息显示功能，给机床用户使用和维修带来了更大方便。

12）在软件方面，0i 系统比 0 系统也有很大提高，特别在数据传输上有很大改进，如 RS232 串行通信波特率达 19200b/s，可以通过高速串行总线（HSSB）与 PC 相连，使用存储卡实现数据的输入/输出。

（2）基本构成

FANUC 0i 系统由主板和 I/O 两个模块构成。主板模块包括主 CPU、内存、PMC 控制、I/O Link 控制、伺服控制、主轴控制、内存卡 I/F 和 LED 显示等；I/O 模块包括电源、I/O 接口、通信接口、MDI 控制、显示控制、手摇脉冲发生器控制和高速串行总 线等。FANUC 0i 系统控制单元如图 3.1-2 所示。

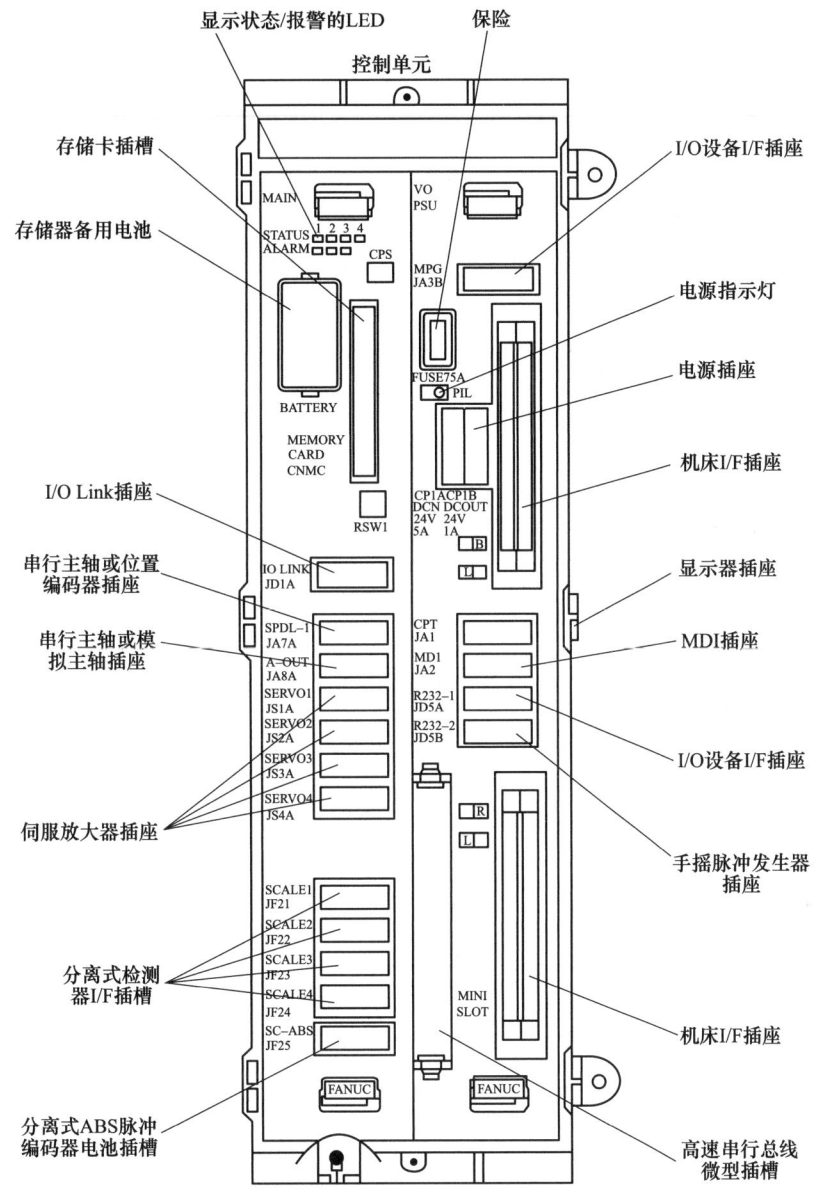

图 3.1-2　FANUC 0i 系统控制单元

（3）部件的连接

FANUC 0i 系统的连接如图 3.1-3 所示。系统输入电压为 DC 24V±2.4V，电流约 7A。伺服和主轴电动机为 AC 200V 输入。这两个电源的通电及断电顺序是有要求的，不满足要求会出现报警或损坏驱动放大器。原则是要保证通电和断电都在 CNC 的控制之下。

伺服连接分为 A 型和 B 型，由伺服放大器上的一个短接棒控制。A 型连接是将位置反馈线接到 CNC 系统；B 型连接是将其接到伺服放大器。0i 和近期开发的系统采用 B 型。这两种接法不能任意使用，与伺服软件有关。连接时，最后的放大器 JX1B 需插上 FANUC 提供的短接插头，如果遗忘会出现#401 报警。

FANUC 系统的伺服控制可任意使用半闭环或全闭环，只需设定闭环时的参数和改变接线即可。主轴电动机的控制有两种接口，即模拟（0~10DVC）输出和数字（串行传送）输出。当采用 FANUC 主轴电动机时，主轴上的位置编码器信号应接到主轴电动机的驱动器上（JY4 口）。

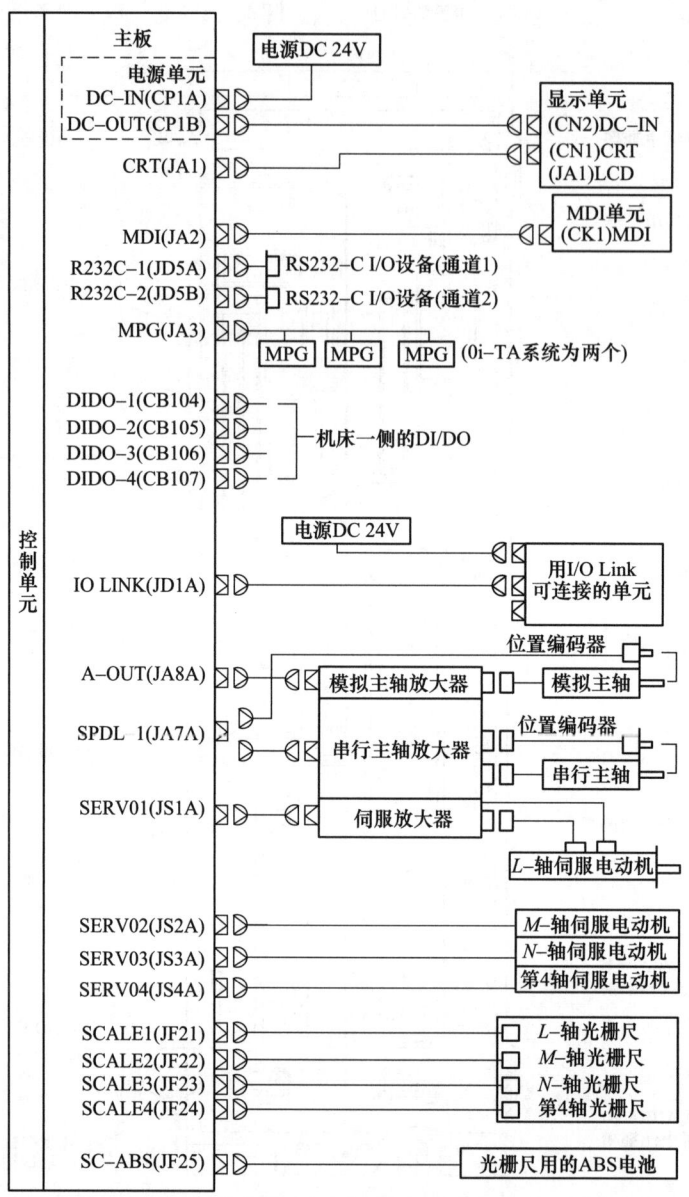

图 3.1-3　FANUC 0i 系统的连接

（4）机床参数

机床参数决定了数控机床的功能、控制精度、正确执行用户编写的指令，以及解释连接在它上面的不同部件等，CNC 必须知道机床的特定数据。数控机床在出厂前，已将所采用的 CNC 系统设置了许多初始参数，以配合、适应相配套的每台数控机床的具体情况，部分参数还要经过调试来修正。FANUC 0i 系列（0i-TA、0i-MA）包括坐标系、加减速度控制、伺服驱动、主轴控制、固定循环、自动刀具补偿和基本功能等 43 个大类的机床参数，这些参数的数据形式见表 3.1-6。对于位型和位轴型参数，每个数据号由 8 位组成，每一位都有不同的意义。轴型参数允许分别设定给每个控制轴，如 0000 号参数的有效位如图 3.1-4 所示，其含义见表 3.1-7。

表 3.1-6　机床参数的数据形式

数据形式	数据范围	说明
位型	0 或 1	有些参数中不使用符号
位轴型		
字节型	−128~127	
字节轴型	0~255	
字型	−32768~32767	
字轴型	0~65535	
双字型	−99999999~99999999	
双字轴型		

表 3.1-7　0000 号参数有效位的含义

数据形式	位型		
TVC	是否进行 TV 检查	0	不进行
		1	进行
ISO	数据输出式的代码	0	EIA
		1	ISO
INI	输入单位	0	公制
		1	英制
SEQ	是否进行自动插入顺序号	0	不进行
		1	进行

	#0	#1	#2	#3	#4	#5	#6	#7
0000			SEQ			INI	ISO	TVC

图 3.1-4　0000 号参数的有效位

2. SIEMENS 数控系统

SIEMENS 数控系统以较好的稳定性和较优的性能价格比,在我国数控机床行业被广泛应用。主要包括 SINUMERIK 808、828、840 等系列。SIEMENS 数控系统的主要产品系列见表 3.1-8。

表 3.1-8　SIEMENS 数控系统的主要产品系列

产品系列	特点及适用范围
SINUMERIK 808	基于操作面板的普及型数控系统,结构紧凑,具有完美的基本特征:操作简便,调试维修方便,成本最优。最多控制 5 根进给轴/主轴。SINUMERIK 808D ADVANCED 专为铣削和车削工艺完美设计,可满足一系列应用需要,从普通标准铣床、简易加工中心,到循环控制车床和全功能数控车床,均可胜任
SINUMERIK 828	适用于大批量加工、模块化程度较低的标准机床。无论是 SINUMERIK 828D BASIC、828D,还是 SINUMERIK 828D ADVANCED,都是一款高性价比的数控系统,结构紧凑,数控性能高,便于调试。最多控制 10 根进给轴/主轴和两根辅助轴,可以控制两个加工通道。程序段切换最快约 1ms(铣削),可管理 768 把刀具、1536 个刀刃,10MB 用户存储器
SINUMERIK 840	具有极高的开放性和灵活性,是定制机床所用数控系统的最佳选择 SINUMERIK 840D sl BASIC 基于 SINAMICS S120 Combi 驱动器,采用最先进的多核处理器技术,基于驱动的高性能 NCU(数控单元),适用于具有模块化和灵活配置选择的六轴以内的高端机床。最多控制 93 根进给轴/主轴和任意数量的 PLC 轴,最多控制 30 个加工通道

下面以 SINUMERK 840D sl 数控系统为例,介绍其组成及功能。

(1) 主要功能及特点

1) SINUMERIK 840D sl 将 CNC、HMI、PLC、闭环控制和通信任务组合在一个 SINUMERIK NCU(NCU 710.3 PN、NCU 720.3 PN、NCU 730.3 PN)上。

2) NCU 的数控软件中已集成了相应的 HMI 软件,可在高性能 NCU 多处理器模块上运行。可以使用 SINUMERIK PCU 50.5 工业 PC 来提高操作性能。

3) 一个 NCU/PCU 上可运行最多 4 个分布式操作面板。操作面板可以作为客户机安装在最远 100m(328ft)距离内。

4) 高性能 NCU 多处理器模块可安装在 SINAMICS S120 变频器系统的整流装置左侧。必要时,NCU 可单独安装在最远 100m(328ft)距离处。

西门子的 MOTION-CONNECT DRIVE-CLiQ 电缆用于连接。SINUMERIK 840D sl 提供了集成 PROFINET 功能，并支持 PROFINET CBA 和 PROFINET IO。

5）完全按照"混合搭配"（mix and match）的原则，各系统组件能够完美相互匹配，既可根据机床制造商的要求进行量身定制，又能适应机床的后续运行环境。

6）采用 NCU 710.3B PN 时，SINUMERIK 840D sl 支持总共 8 根轴，而采用 NCU 720.3 PN/NCU 730.3 PN 时，支持的轴数可多达 31 根。配合 CBE30-2 链接模块使用时，可支持总共 3×31 根轴。

7）西门子已将其全部铣削专业技术整合为 SINUMERIK MDynamics 工艺包，以协助用户在铣削时取得最佳的表面质量、精度、质量和速度。

8）在模具制造和高速切削（high-speed-cutting,

HSC）领域对动态响应和精度有极高的要求，因此建议使用 NCU 720.3 PN 或 NCU 730.3 PN。

9）用户可以充分利用自己的专业知识设计符合自身需求的控制方案。SINUMERIK 840D sl 提供一直到 NCK 层的开放性，能够根据各种先进的机床运动系统对 CNC 功能进行灵活快速且经济的匹配调整。附加的工艺专用功能可作为编译循环进行补充装载。

10）SINUMERIK 840D sl 内集成了安全功能，符合 Cat 3 及 EN ISO 13849-1 标准的性能等级 PL d 和 EN 61508 标准的安全完整性等级 SIL 2 的要求，可以轻松、经济地满足重要的功能安全要求。

（2）系统基本构成

SINUMERK 840D sl 数控系统的基本构成如图 3.1-5 所示，其主要内容见表 3.1-9。

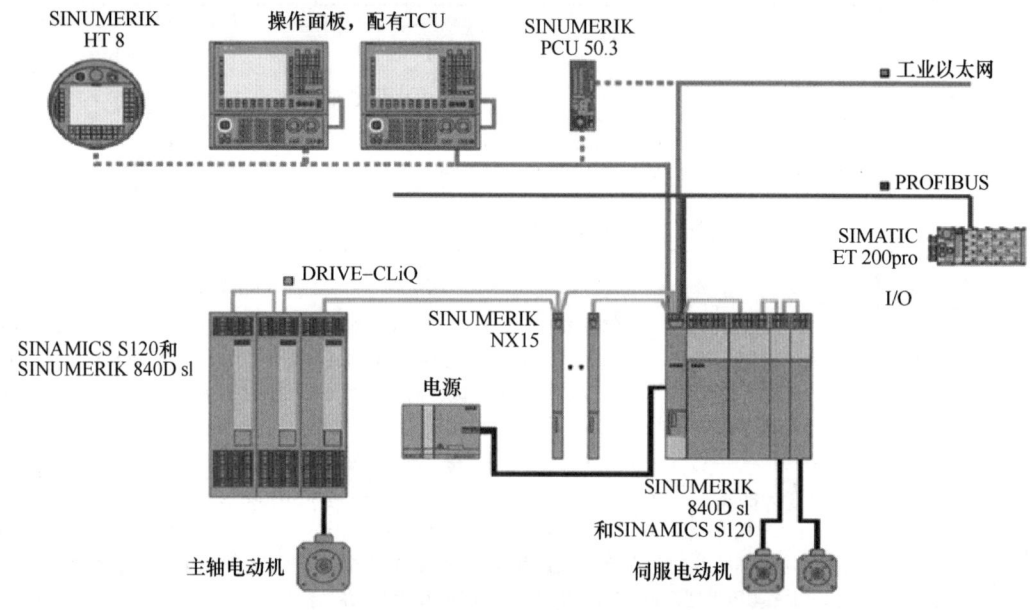

图 3.1-5　SINUMERK 840D sl 数控系统的基本构成

表 3.1-9　**SINUMERK 840D sl 数控系统的主要内容**

内容	注　释
数控单元电源	主要提供+5V、+15V、−15V、+24V、−24V 直流电源，用于各板的供电，24V 直流电源用于单元内继电器控制
主电路板	应用模块式组合，连接各功能板、故障报警等。主 CPU 在该板上
基本轴控制板	提供 X、Y、Z 和其他轴的进给指令，接收从 X、Y、Z 和其他轴位置编码器反馈的位置信号
存储器板	接收系统操作面板的键盘输入信号，提供串行数据传送接口、首要脉冲发生器接口、主轴模拟量和位置编码器接口，存储系统参数、刀具参数和零件加工程序等
伺服系统	由 FM354 和 SPWM、SIMODRIVE611、1FK7/1FT7/1FT5D 等组成，实现对机床的运动控制
位置检测系统	实现机床的闭环检测

（续）

内容	注　释
操作面板	使用全数控键盘布局
机床控制面板	机床控制面板按钮使用图形符号，使操作更加容易
显示器	选用 10.4in 彩色显示器，便于观察机床运行状态
输入/输出接口	通过两个 RS232C 和 RS422/485 实现与外部设备的连接

具有四种网络连接方式：以太网连接、DRIVE-CLiQ 网络连接、PROFIBUS 网络连接、PROFINET 网络连接。

（3）单元模块

1）SINUMERIK 840D sl NCU 模块。NCU 模块（图 3.1-6）是 SINUMERIK 840D sl 的数控单元，是 SINUMERIK 的中央处理器，它用于处理所有 CNC、PLC 通信任务，也包含相应的数控软件和 PLC 控制软件。

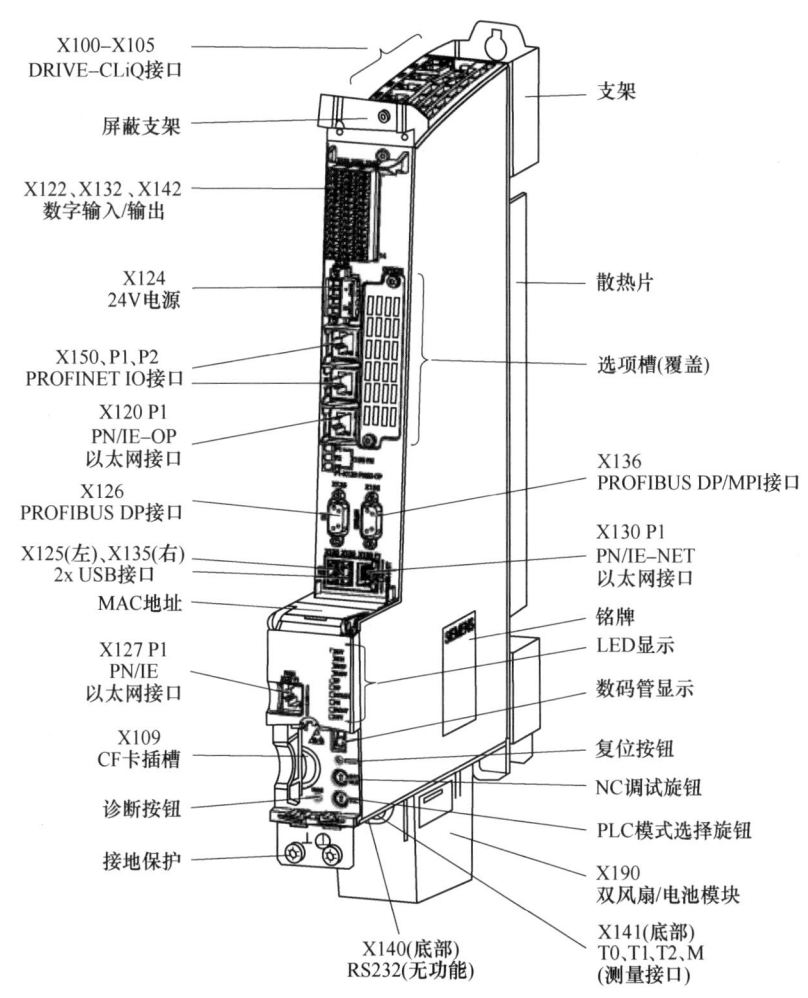

图 3.1-6　NCU 模块

2）NX 模块。NCU 模块内置的驱动控制器最大控制 6 根轴，当系统控制的轴数超过 6 根时，通过连接 NX 模块（图 3.1-7）扩展驱动来控制轴数量。目前有 NX10.3（最多控制 3 根轴）和 NX15.3（最多控制 6 根轴）两种驱动控制器模块。NX1x.3 的 NX 模块可用于 NCU7x0.3。

NX 模块含有 4 个 DRIVE-CLiQ 接口 X100-X103、X122 数字输入/输出接口及 X124 电源接口，其端子定义与 NCU 同名端子一样。所有 NX 模块上的　　DRIVE-CLiQ 接口 X100 必须直接连接到 NCU 上。

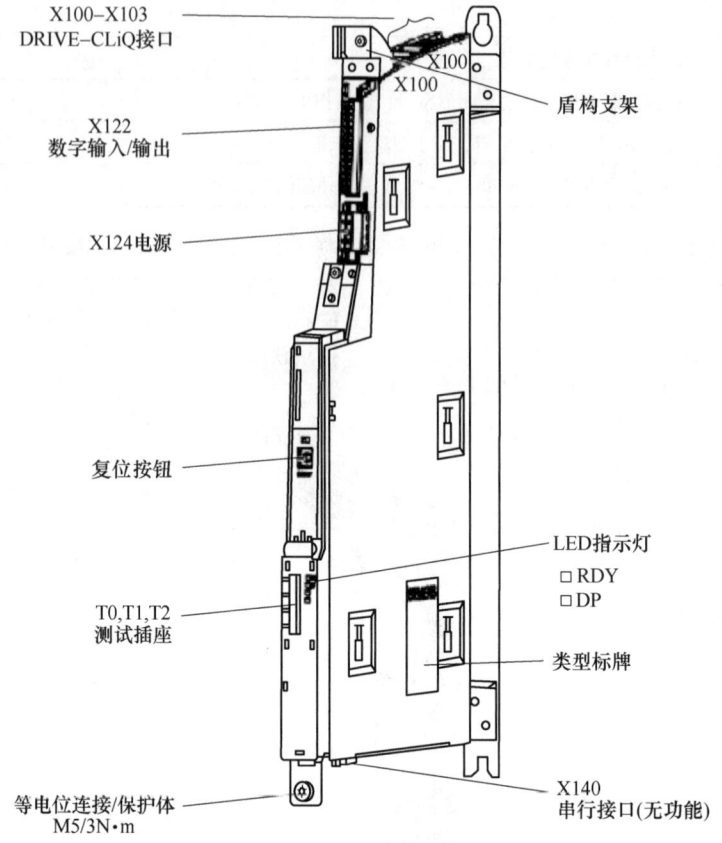

图 3.1-7　NX 模块

3）PLC 输入/输出（I/O）接口模块。840D sl NCU 集成 PLC、NCU 和驱动系统，NCU 不能直接识别 PLC 输入/输出模块（I/O 模块，图 3.1-8），必须通过 Simatic ET 200 模块或 PP 72/48 模块进行连接。

ET200系列	ET 200M	ET 200S	ET 200SP	…
		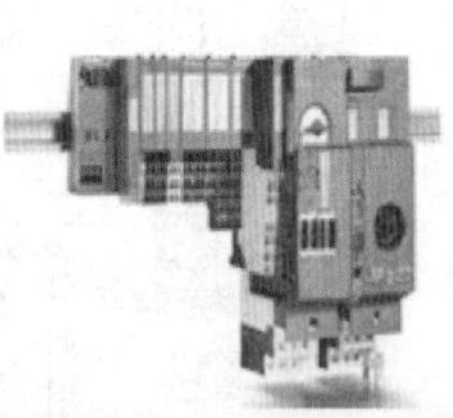		…
接口模块 DP: PROFIBUS PN: PROFINET	IM153-1 DP IM153-4 PN …	IM151 DP IM151 DP HF IM151 PN …	IM155-6 DP HF IM155-6 PN ST IM155-6 PN HF …	…

a)

图 3.1-8　I/O 接口模块

a）ET 200 模块

订货号	PP 72/48 DP 6FC5611-0CA01-0AA1	PP 72/48D PN 6FC5311-0AA00-0AA0	PP 72/48D 2/2A PN 6FC5311-0AA00-1AA0
图片			PROFINET X2 Port 2　Port 1　　S1　LEDs H1…H6 X1 X3 屏蔽层 接地螺钉　　X333　　X222　X111
总线接口	PROFIBUS	PROFINET	PROFINET
数字I/O	72/48	72/48	72/48
模拟量	无	无	2入/2出(16位)

b)

图 3.1-8　I/O 接口模块（续）

b）PP T2/48 模块

4）机床操作部件。机床操作部件包括 MCP、PCU、TCU、Mini 手轮、HT2、OP 等，如图 3.1-9 所示。以太网接口部件连接到 NCU 的 X120 接口，PROFIBUS 接口部件连接到 NCU 的 X126 或 X136 接口。

PCU 是一个功能强大的工业计算机，它有独立的 CPU，还可以带硬盘。主要用于人机可视化交换，如操作、程序编辑、诊断等前台程序的运行。

TCU 相当于无盘终端。通过网络与 PCU 或 NCU 连接，从 PCU 或 NCU 装载操作系统，以显示 PCU 或 NCU 的人机操作界面。

Mini 手轮通过转接插头连接到 MCP 上。

OP 操作面板包括显示屏和 MDI 键盘两部分，显示屏主要显示相关的坐标位置、程序、图形、参数、诊断和报警等信息，MDI 键盘可以进行程序、参数、机床指令的输入及系统功能的选择。

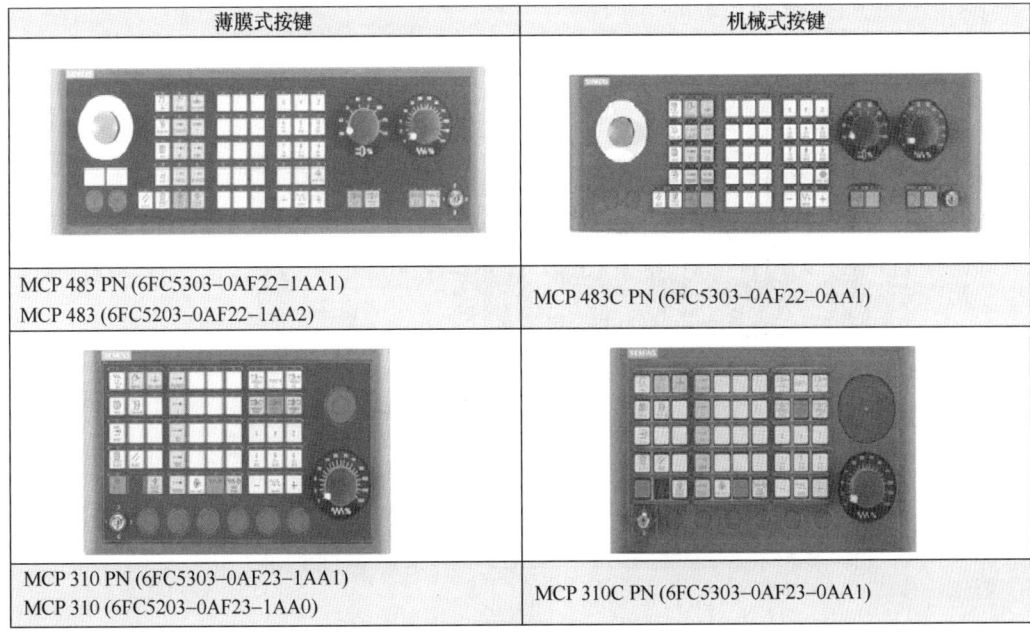

薄膜式按键	机械式按键
MCP 483 PN (6FC5303-0AF22-1AA1) MCP 483 (6FC5203-0AF22-1AA2)	MCP 483C PN (6FC5303-0AF22-0AA1)
MCP 310 PN (6FC5303-0AF23-1AA1) MCP 310 (6FC5203-0AF23-1AA0)	MCP 310C PN (6FC5303-0AF23-0AA1)

a)

图 3.1-9　机床操作部件

a）MCP

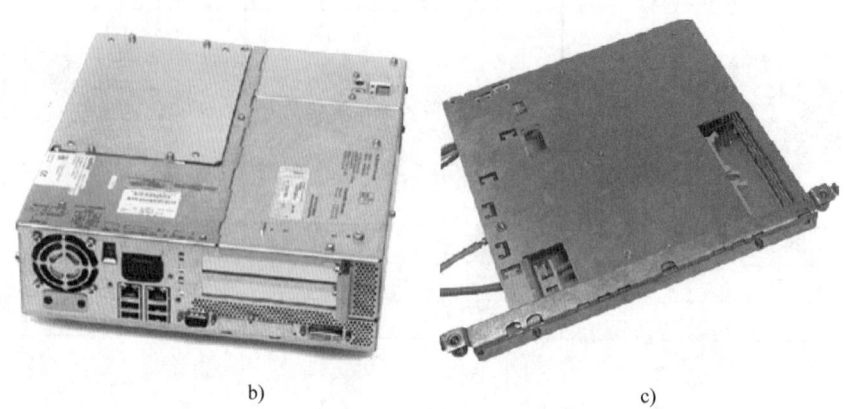

b)   c)

Mini手轮	HT2
6FX2007–1AD03(1.5m螺旋线) 6FX2007–1AD13(5m直线)	6FC5303–0AA00–2AA0
5个轴选择键+6个用户自定义键 急停+使能	4行显示，每行显示32字符， 4行5列20个按键 急停+倍率+使能
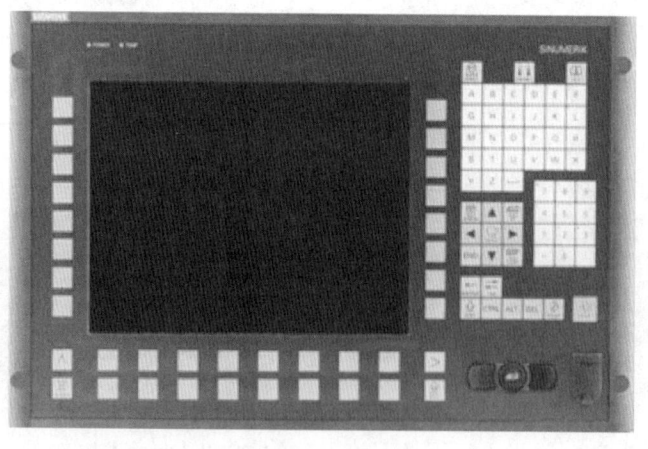	

d)   e)

f)

图 3.1-9 机床操作部件（续）

b）PCU c）TCU d）Mini手轮 e）HT2 f）OP

5）电源模块。非调节型电源模块（SLM）（图
3.1-10a）只有 5kW、10kW 的 SLM 没有 DRIVE-CLIQ
接口。含有 DRIVE-CLIQ 接口的 SLM 与 ALM 接法相
同。该电源模块电网换相反馈不可控，即直流母线电

压不可控，为了减少电源谐波必须添加电抗器。

　　调节型电源模块（ALM）（图 3.1-10b）带有双向的 IGBT，其换相反馈可控，借助伺服电动机的动态性能减少电源谐波，稳定直流链路电压，可以大幅度提高电动机的利用率。ALM 具有 DRIVE-CLIQ 接口，由 840D sl X100 接口引出的驱动控制电缆 DRIVE-CLIQ 连接到 ALM 的 X200 接口，由电源模块的 X201 连接到下一个相邻的电动机模块的 X200，按此规律连接所有电动机模块。

　　6）电动机模块（图 3.1-11）。

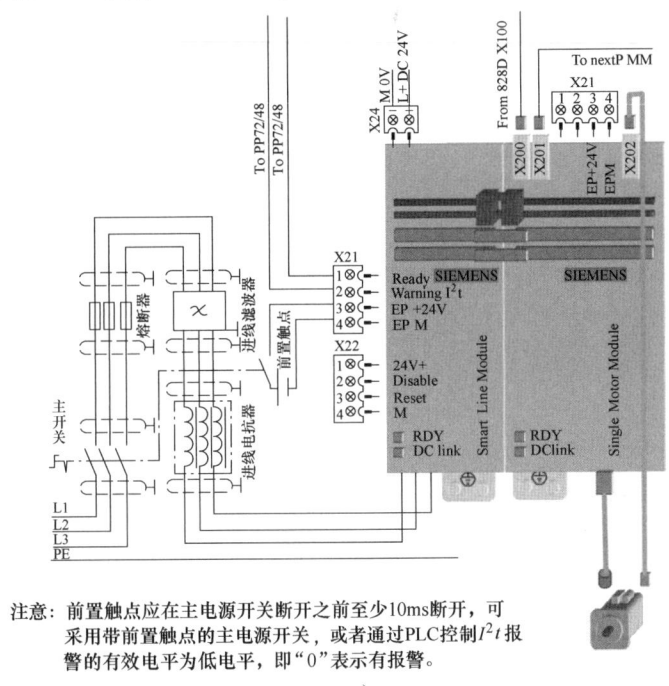

　　注意：前置触点应在主电源开关断开之前至少10ms断开，可采用带前置触点的主电源开关，或者通过PLC控制 I^2t 报警的有效电平为低电平，即"0"表示有报警。

a)

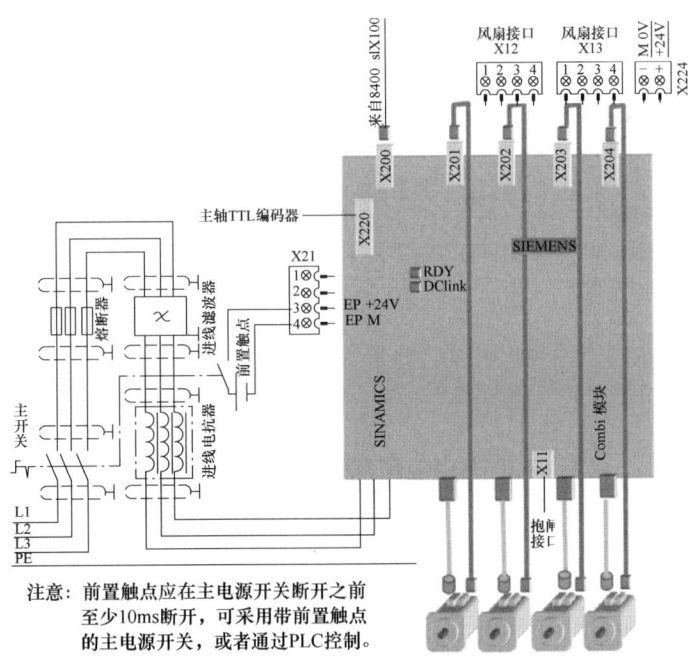

　　注意：前置触点应在主电源开关断开之前至少10ms断开，可采用带前置触点的主电源开关，或者通过PLC控制。

图 3.1-10　电源模块

a）非调节型电源模块（SLM）　b）调节型电源模块（ALM）

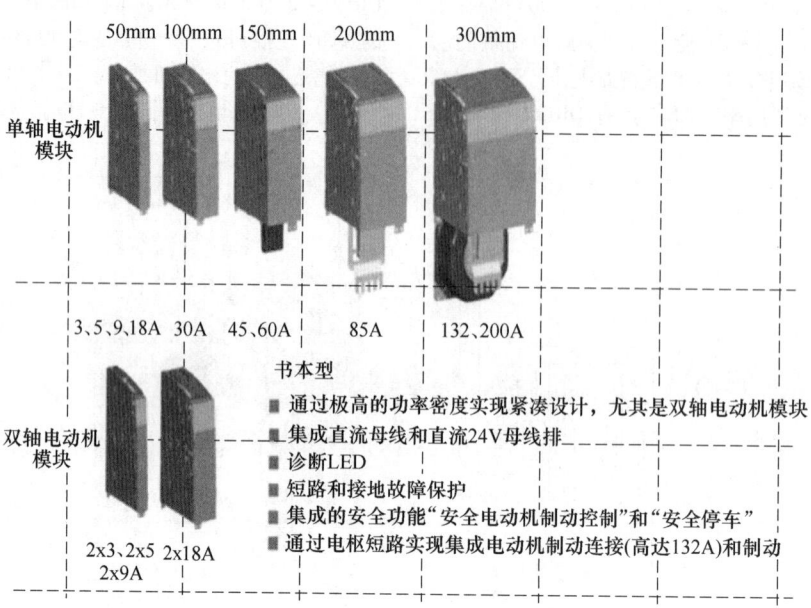

图 3.1-11　电动机模块

3. 华中数控系统

华中 8 型总线式系列数控单元（HNC-808、HNC-818、HNC-848）采用先进的开放式体系结构，内置嵌入式工业 PC，配置 7.5in 或 9.4in 彩色液晶显示屏和通用工程面板，集成进给轴接口、主轴接口、手持单元接口、内嵌式 PLC 接口于一体，支持硬盘、电子盘等程序存储方式，以及软驱、DNC、以太网等程序交换功能，具有低价格、高性能、配置灵活、结构紧凑和易于使用的特点。

（1）HNC-8 铣削系统功能

1）最大联动轴数为 4 根。

2）可选配各种类型的脉冲式或模拟式交流伺服驱动单元或步进电动机驱动单元，以及 HSV-11 系列串口式伺服驱动单元。

3）除标准机床控制面板，配置 4096 路开关量输出接口、手持单元接口、主轴控制与编码器接口。最大可配置 10 个通道。

4）采用全中文操作界面、故障诊断与报警、多种形式的图形加工轨迹显示和仿真，操作简便，易于掌握和使用。

5）采用国际标准 G 代码编程，与各种流行的 CAD/CAM 自动编程系统兼容，具有固定循环、旋转、缩放、镜像、刀具补偿和宏程序等功能。

6）小线段连续加工功能特别适合于 CAD/CAM 设计的复杂模具零件加工。

7）具有独创的 SDI 曲面插补高级功能，可实现高效高质量的曲面加工。

8）巨量程序加工能力，不需 DNC，配置硬盘可直接加工单个高达 2GB 的 G 代码程序。6MB Flash RAM（可扩至 72MB）程序断电存储，8MB RAM（可扩至 64MB）加工内存缓存区。

（2）技术规格

华中数控 HNC-8 数控单元技术规格见表 3.1-10。

表 3.1-10　华中数控 HNC-8 数控单元技术规格

项目		HNC-808		HNC-818		HNC-848	
		M	T	M	T	M	T
进给轴/通道/个	标配	3	2	3	2	5	4
	最大	4	3	9			
主轴/通道/个	标配				1		
	最大	1		2		4	

（续）

项目		HNC-808		HNC-818		HNC-848	
		M	T	M	T	M	T
通道数/个	标配	1		1			
	最大			2		10	
最大同时运动轴数/根		3	2	8		80	20
最大进给轴数/根		4	3	9		64	
最大联动轴数/通道/个		3	2	4	2	9	3
PMC 控制轴数		3	2	4		32	
插补周期/ms		4	4	0.5~4		0.125~4	
最大支持输入/输出点数		128/128		2048/2048		4096/4096	
适用范围		数控铣床、全功能车		加工中心、车削中心		车铣复合，多轴多通道高档数控机床	

（3）部件的连接

HNC-8 型数控单元外部接口如图 3.1-12 所示。由于采用总线结构，I/O 单元、驱动单元都通过 NCUC 总线环形连接到 IPC 的接口上。加工中心驱动部分的典型连接如图 3.1-13 所示。其中主轴驱动一般都有电抗器和外接制动电阻，垂直轴有抱闸装置。

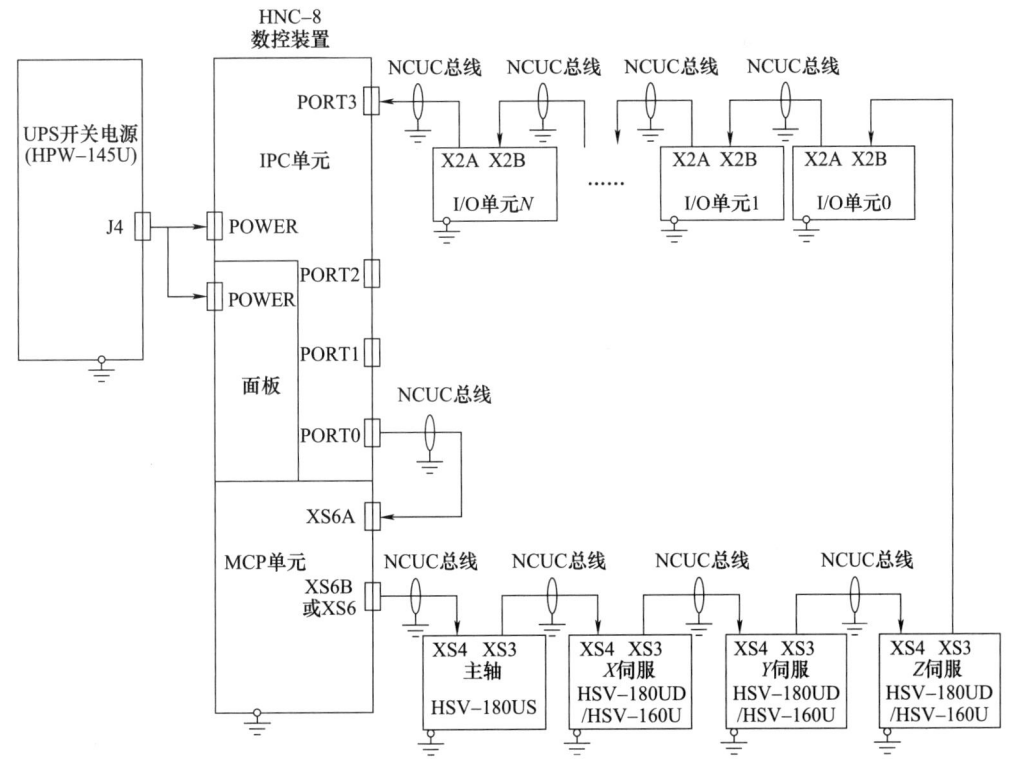

图 3.1-12　HNC-8 型数控单元外部接口

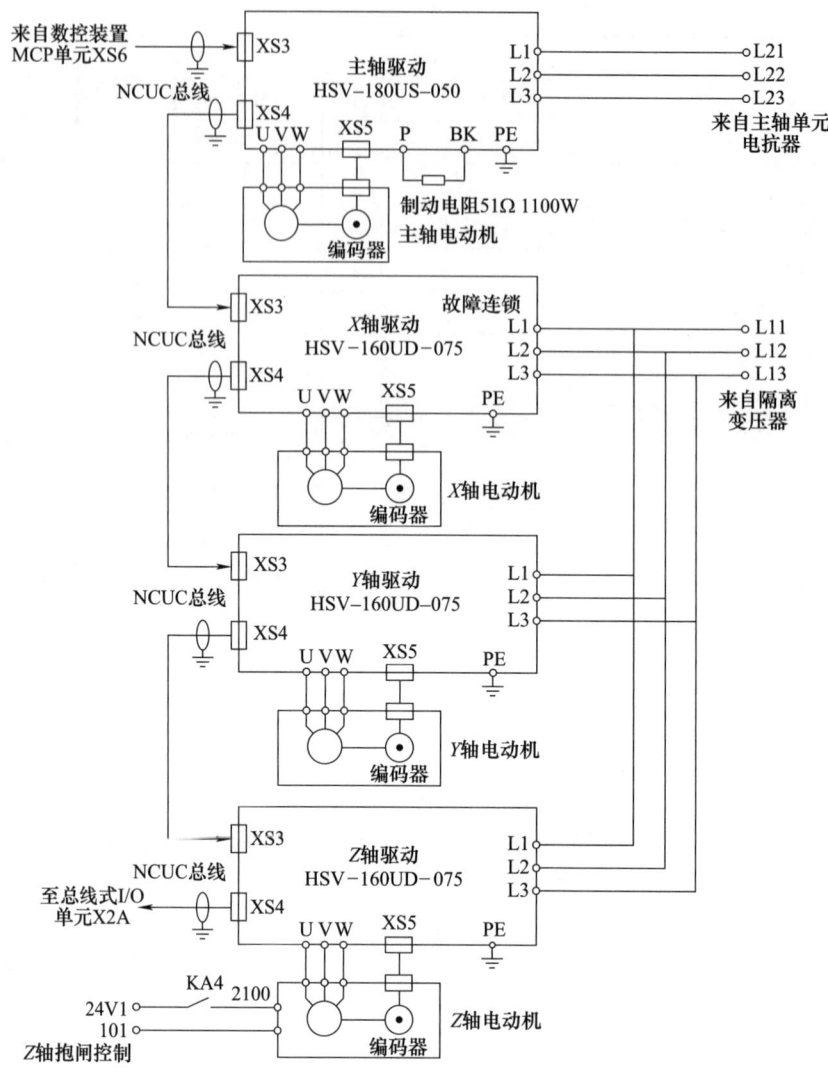

图 3.1-13 加工中心驱动部分的典型连接

3.1.4 数控系统新技术

1. 开放式数控系统

基于 PC 的开放式数控系统是在微电子技术和计算机技术的发展速度越来越快的背景下产生的。PC 作为世界范围内的标准化产品，其设计生产是世界范围内的各高技术企业的优化组合，其性能也是世界性高科技的结晶。良好的可靠性、兼容性是一般专用控制器所不具备的。传统专用数控系统的系统设计、生产能力都无法与通用 PC 的设计和生产能力相比拟，传统专用计算机数控系统的硬件始终落后于通用 PC 的发展。为充分利用通用计算机技术高速发展的新成果和丰富资源及利于发展延续，基于 PC 的 CNC（简称 PC CNC），已经成为目前的发展方向；同时，CNC

除进一步向高速、高精控制能力发展，还正向着开放式体系结构发展，以适应下一代的集成化、网络化的先进制造模式需要，并能及时方便地纳入新技术、新方法。

基于 PC 的开放式数控系统具有如下几个重要技术特征：

1）即插即用。数控功能采用模块化的结构，而且各模块具有即插用的能力，以满足具体控制功能要求。用户可以在开放式环境下扩充系统的功能，如开发最适合自己用途的人机界面，或者利用标准 NC 控制功能开发自己的专有控制功能。

2）移植性。功能模块可运行于不同的控制系统内，各模块相互独立。在此平台上，系统制造商、机床制造商及最终用户都可很容易地将一些专用功能和其他有个性的模块加入其中。当进行系统开发设计时，还能允许各模块进行独立开发。

3）可扩展性。功能相似、接口相同的模块之间可相互替换，使随技术进步而更新软硬件成为可能。用户可以在较大范围内根据需要选择和配置硬件，如主轴数、伺服轴数和 PLC—IO 点数等。

4）可缩放性。控制系统的大小（模块的数量与实现），可根据具体的应用增减，成为规模化系列产品，实现 CNC、PLC、RC（robotcontrol）和 CC（cell-control）等在内的控制功能。

5）互操作性。模块之间能相互协作（交换数据），容易实现与其他自动化设备互连。系统能够直接运行其他标准应用软件，如 CAD、数据库等，利用现有软件开发出能最佳满足自己产品要求的控制系统。

由于计算技术、信息技术、网络技术的迅速发展，数控系统的开放式体系结构的优越性已为越来越多的系统制造商、设备制造商和用户所认识和欢迎，迅速使数控系统在通用化、柔性化、智能化和网络化方面大大发展，推动数控技术并使其得到更广泛的应用。因此，近年来，许多国家纷纷采取措施，投入大量人力、财力进行开放式体系结构的研究与开发，如美国科学制造中心（NCMS）与空军共同领导的下一代工作站/机床控制（the next generation workstation/machine control，NGC），其核心即是开放体系结构的研究；1995 年，在 NGC 基础上，美国通用汽车公司（GM）等三大汽车公司进一步提出开放式模块化结构控制器（open modular architecture controller，OMAC）；欧共体也联合进行了自动化系统中控制的开放式体系结构（open system architecture for control within automation systems，OSACA）研究；日本也提出了控制器的开放系统环境（open system environment for controller）计划等。

伴随着计算机软件取得的重大成果，开放式数控系统产生了三种结构类型：

1）专用 CNC+PC 型。即在传统的专用计算机数控中简单地嵌入 PC 技术，使整个系统可以共享一些计算机的软、硬件资源，而计算机主要完成辅助编程、分析、监控、指挥生产和编排工艺等工作。该系统是以 PC 为硬件平台，DOS、Windows 操作系统及其丰富支持软件为软件平台的开放式体系结构，与传统 CNC 系统相比，这种系统具有软硬件资源的通用性、丰富性、透明性，软件的可再生性，便于引入新技术进行升级、换代的优点。这种数控系统由于其开放性只在 PC 部分，其专业的数控部分仍处于瓶颈结构。

2）运动控制器+PC 型。即完全采用以 PC 为硬件平台的数控系统，将机床运动控制、逻辑控制功能由独立的运动控制器完成。运动控制器通常由以 PC 硬件插件的形式构成系统。数控上层软件（数控程序编辑、人机界面等）以 PC 为平台，是 Windows 等主流操作系统上的标准应用，并支持用户定制。控制器以美国 Deltatau 公司生产的 PMAC 多轴运动控制器最为出色，控制器本身具有 CPU，同时开放包括通信端口、结构在内的大部分地址空间，辅以通用的 DLL，并与 PC 结合得最为紧密。这种系统的特点是灵活性好、功能稳定、可共享计算机的所有资料，目前已达到远程控制等先进水平。当然，类似 PMAC 这样的系统仍然存在不足。CNC 的核心部分运动控制和伺服控制仍是封闭的，这使得用户仍然要依赖于专用运动控制卡（虽然支持用户通过标准接口对系统控制核心的有限访问），还没有达到整个控制器产品的硬件通用化。在界面风格和通信协议上还没有形成统一的标准，软件的可重用性、跨平台性不强。

3）纯 PC 型。即完全采用 PC 的全软件形式的数控系统。全软件式数控将运动控制（包括轴控制和机床逻辑控制）器通常以应用软件的形式实现，除了支持数控上层软件（数控程序编辑、人机界面等）的用户定制，其更深入的开放性还体现在支持运动控制策略（算法）的用户定制，外围连接主要采用计算机的相关总线标准，这类系统已完全是通用计算机主流操作系统（实时扩展）上的标准应用。但是由于存在操作系统的实时性、标准统一性及系统稳定性等问题，这种系统目前正处于探求阶段，还没有大规模投入实际的应用中，但它将是开放式数控系统的一个里程碑。这种系统支持运动控制策略的用户定制，体现了一种核心级的开放思想。从这种系统开始，数控系统将进入"完全开放"时代。

基于 PC 的开放式数控系统的主要优点：

①向未来技术开放。由于软、硬件接口都遵循公认的标准协议，只需要少量的重新设计和调整，新一代强大的通用软硬件资源就可能被现有的系统所采纳、吸收和兼容，这意味着系统的开发费用将大大降低，而系统性能将不断得到改善，并处于一个较长的生命周期。

②标准化的人机界面和编程语言方便了用户使用，降低了与操作效率直接有关的劳动消耗。

③向用户特殊要求（更新产品；扩充能力）开放，提供可选择的硬软件产品的各种组合，以满足特殊应用需求；它可给用户提供一个方法，从低级控制器开始，逐步提高，直至达到所要求的性能为止。另外，用户自身的技术也能方便地融入，创造出自己的名牌产品。

④可减少产品品种,便于批量生产、提高可靠性和降低成本,增强了市场供应能力和竞争能力。

基于 PC 的开放式数控系统由于采用了标准的 PC 硬件和标准的操作系统,使专用控制器数控系统的局限性得到了根本的解决。

总之,基于 PC 的开放式数控系统由于 PC 的软件支持已很完善和成熟,操作系统具有良好的可靠性、兼容性和开放性,尽管目前基于 PC 的开放式数控系统在普及应用还有一段路要走,但随着计算机技术的迅速发展,传统专用计算机数控系统被基于 PC 的开放式数控系统所取代是不可避免的。

2. 分布式数控系统

20 世纪 80 年代前,分布式数字控制(DNC)技术仅局限于用一台中央计算机控制多台 CNC 机床,当时主要是为了解决纸带的制作、管理与维护等问题。之后,随着计算机技术与网络技术的发展,DNC 概念产生了质的变化,现在所讲的 DNC,其基本含意为对加工作业进行分散控制与集中监测及管理,并可全方位相互交换信息,已成为功能强大、全面、可靠的车间信息网络。

DNC 系统是实施柔性制造系统(FMS)和计算机集成制造系统(CIMS)的必要基础,它利用一台计算机管理多台数控机床,通过通信网络完成加工信息、加工参数和 NC 代码的传送与管理。DNC 系统面向车间的生产计划、技术准备、加工操作等基本作业,对其进行集中监控和分散控制。系统的目标任务通过网络分配给子系统,子系统之间进行信息交换,协调完成各项任务。DNC 系统可通过计算机上的 CAD/CAM 软件自动生成加工代码,并对加工任务进行统一管理。DNC 侧重于信息流的集成,它将加工准备过程、加工代码的生成与生产过程融合在一起,具有提高加工效率、优化管理、降低劳动强度等显著优点。另外,因其首先着眼于车间的信息集成,并且对物流系统可根据用户需要进行扩充,从而使系统具有更好的适应性。

由于数控机床品种繁多且来自不同的制造商,如何方便、可靠地构成易于扩展的通信网络就成为实现 DNC 的技术关键。从数控系统的外部通信接口来看,它基本上可以划分为三类,即提供有标准的串行通信接口、提供有磁带录音机接口、仅提供纸带阅读机和纸带穿孔机接口。第一类数控系统提供了实现计算机直接控制数控机床必要的硬件环境,对于第二类和第三类,需要通过适当的转换才能与计算机实现联网。除了通信接口不一致,各种数控系统的通信协议都不尽相同,因此在开发 DNC 系统时需采取统一的硬件接口、兼容的软件协议的总体方案,以适应与各种数控机床联网时的实际需要。另外,我国大多数机械加工车间既有数控机床,又有普通机床,配置比较分散,因此在联网时还应解决长距离信号传输问题,再加上机械加工车间动力设备比较多,产生的干扰比较强且频带较宽,因此在设计时还应采取多种抗干扰措施,以提高 DNC 系统的可靠性。

DNC 有两种典型的结构形式,即环形结构和星形结构。环形结构采用双向传输方式,布线简单,但要求现场设备本身具有网络控制器;星形结构虽然连线比较多,但不需要专门的网络控制器,当一台机床出现问题时也不会影响其他机床的正常工作,且硬件投资较少,性价比高。

整个 DNC 系统由企业管理层和车间管理层组成,企业管理层通过局域网对车间管理层实施加工计划、调度、工艺等的管理职能;车间管理层由计算机及相关的外围设备组成,主要用于完成 CAD/CAM、零件程序的管理及传送、加工信息管理等功能。车间级计算机通过智能通信接口卡与 N 台机床相连,通信接口采用标准的 RS-232C 串行通信接口。若机床本身未提供 RS-232C 接口,或者为了操作更方便,可为机床增加智能接口控制器,它可以完成串行通信接口与磁带录音机接口、纸带阅读机和纸带穿孔机接口之间的数据转换功能,并且具有程序缓存、检索、呼叫等功能。当车间级计算机与机床之间的距离超过 30m 时,需使用无源光隔离长线收发器,以满足数据可靠传输的实际需要。

3. 采用 STEP-NC 标准的数控系统

STEP 标准(ISO 10303)是一个应用广泛的国际标准。它规定了描述和交换电子产品信息的方法和数据模型。其核心内容是一个工程定义库,即一系列的集成资源。利用库中定义的集成资源构件,根据不同行业的产品信息要求,组装成各种数据模型,形成某行业领域的应用协议(application protocol)。

STEP 标准是为了克服传统图形交换规范(IGES)存在的缺陷而制定的。IGES 标准仅能交换几何图形数据,因此它只适应于 CAD 系统,而且计算机根本不能识别这种数据结构。当采用 IGES 在两个不同的 CAD 系统间交换数据时,要经过至少两次的数据转换。为了解决上述问题,人们开始探索一种新的数据交换机制。1984 年,国际标准化组织(ISO)启动了新的产品数据交换规范的研究计划,目标是要定义一种中性的、无歧义的、可扩展的、计算机可识别的产品数据模型,能够使产品数据描述在其生命周期中保持不变。这一新的数据模型于 1994 年正式形成国际标准,即所谓的 STEP 标准。现在大多数的 CAX 系统都支持这一数据接口,全球采用此标准的 CAD 系统用户已经突破 100 万。

在数控加工领域，为了解决传统的 ISO 6983 标准（G 代码）所具有的信息量少、信息交换与共享困难等一系列不足，各发达国家纷纷启动了新的数控标准研究项目，试图将 STEP 标准扩展到制造领域。新的数控标准被称为 STEP-NC（ISO 14649），由国际标准化组织工业自动化与集成技术委员会（TC184）下属的第一分委会和第四分委会负责编写。STEP-NC 与 ISO 6983 最大的区别在于，前者面向对象，着眼于加工什么；后者面向过程，着眼于如何加工。

STEP-NC 标准采用 STEP 的描述语言及实现方法，描述制造过程中出现的各种概念，如工步、制造特征、刀具和加工方法等。STEP-NC 是 STEP 标准在数控方面的扩展，使产品数据在 CAD/CAM/CNC 系统之间实现了双向流动，丰富了数控程序的信息含量，使 CNC 具有更强的自我规划与自我决策等智能化功能。

采用 STEP 的数据格式后，CNC 的结构、功能都发生了很大的改变。从结构上来看，STEP-CNC 的 I/O 接口与伺服系统将保持不变，后处理器消失；从系统功能来看，STEP-CNC 将 CAM 的一部分甚至全部的功能内嵌在其内部，随着 CNC 读取信息量的大幅度增加，其智能化程度将不断提高。

根据 CNC 实现 STEP-NC 的不同程度，STEP-CNC 可划分为三种类型，即传统控制器、新控制器和智能控制器。

第一种控制器读取 STEP 文件，通过后处理器生成 G 代码，再输入到现有的控制器指示机床加工。嵌入插件程序后，CAM 系统就可以识别 STEP 数据模型，将 STEP-NC 的数据结构转化成系统内部的数据结构，以后的工作就与未采用 STEP 数据结构时一样。所以，严格说来，这种控制器不能称之 STEP-CNC，因为它不能直接读取 STEP-NC 程序。

第二种控制器自带一个 STEP-NC 译码器，能够直接读取 STEP-NC 数控程序。这种控制器可以按照获取的信息，自动生成刀具轨迹，驱动机床运动，按顺序执行数控程序中的加工工步。换句话说，这种控制器除了可以生成刀具轨迹，没有任何其他智能化功能。现在世界上开发的 STEP-CNC 样机都属于这一类。

最后一种是 STEP-CNC 发展比较成熟之后的控制器，是控制器以后的发展目标。这种 STEP-CNC 可以完成大多数的智能功能，即自动识别特征、自动生成无碰撞的刀具轨迹、自动选择刀具、自动选择切削参数、检测机床状态和自动恢复，以及反馈加工状态与结果。

STEP-NC 的发展使 STEP 标准延伸到了自动化加工的底层设备，建立了一条贯穿整个制造网络的高速公路。它不仅影响数控系统本身，而且还会影响其他相关的 CAX 技术（如 CAD、CAPP、CAM、CAE、PDM、ERP 等）、刀具、机床本体和夹具等的发展，以及先进生产模式的实施等。仅就目前的研究成果而言，可以预见的影响主要有以下几方面：

1）简化数控编程，易于修改。STEP-CNC 编程界面简单，现场编程方便，而且代码易于再利用；产品数据统一管理，任何阶段的数据修改都能够实时进行并被存储，程序代码修改更加便捷。

2）CAX 系统分工重新分配。采用 STEP-NC 作为接口后，CNC 具备了更强的自我规划、自我检测与自我决策功能。新的 STEP-CNC 控制器可以将现有的 CAM 与 CNC 功能集于一身，直接读取 CAD 生成的工件几何信息，完成工艺规划，生成刀具轨迹。

3）提高加工质量和效率。STEP-NC 改变了目前 CNC 系统被动执行者的地位。CNC 功能的加强不仅有利于产品质量和加工效率的提高，而且还能提高其上游环节的效率。据美国 STEP Tools 公司统计，STEP-NC 能够节省 35% 的加工工艺准备（CAM）时间，节省 75% 的生产数据准备（CAD）时间，减少 50% 的实际加工时间。

4）实现数据共享与网络化制造。STEP-NC 使 CNC 系统不仅是一个数据接收者，同时也是一个数据提供者。CNC 中的信息修改可以实时地反馈到其上游环节，实现了数据的双向流通，为基于网络的制造模式和技术创造了条件。

目前，世界各国对 STEP 及 STEP-NC 的研究都处于起步阶段。尽管各国相关项目都已经取得了一定的成果，但仍然有许多问题需要解决。STEP-NC 相关技术的成熟尚需时日，全球仅有数家数控装置供应商参与了 STEP-NC 的研发项目。从当前的发展来看，真正成熟的 STEP-NC 数控装置的出现还需要一段时间。

3.1.5　数控机床的安装、调试及验收

1. 安装、调试

安装、调试工作指机床到用户后，安装到工作场地，直至能正常工作的这一阶段所做的工作。对于小型数控机床，这项工作比较简单；对于大中型数控机床，由于机床制造商发货时已将机床解体成几个部分，到用户后要进行组装和重新调试，工作就较复杂。现以需要组装的机床为例介绍安装、调试过程。

（1）机床初就位

在机床到达之前，用户应按机床制造商提供的机床基础图做好机床基础，在安装地脚螺栓的部位做好

预留孔。机床拆箱后，首先找到随机的文件资料，找出机床装箱单，按照装箱单清点各包装箱内零部件、电缆、资料等是否齐全；然后按机床说明书中的介绍，将组成机床的各大部件分别在地基上就位。就位时，垫铁、调整垫板和地脚螺栓等也应相应对号入座。

（2）机床连接

机床各部件组装前，首先去除安装连接面、导轨和各运动面上的防锈涂料；然后将机床各部件组装成整机，如将立柱、数控柜、电气柜装在床身上，刀库、机械手装到立柱上，在床身上装上接长床身等。组装时，要使用原来的定位销、定位块和定位元件，使安装位置恢复到机床拆卸前的状态。

部件组装完成后就可进行电缆、油管和气管的连接。机床说明书中有电气接线图和气、液压管路图，应据此将有关电缆和管道按标记一一对号接好。连接时特别要注意清洁工作和可靠的接触及密封，并检查有无松动和损坏。电缆插上后一定要拧紧紧固螺钉，保证接触可靠；油管、气管连接时要特别防止异物从接口进入管路，造成整个液压系统故障。电缆和油管连接完毕后，要做好各管线的就位固定，防护罩壳的安装，保证整齐的外观。

（3）数控系统的连接和调整

1）外部电缆的连接。外部电缆连接指数控装置与外部 MDI/CRT 单元、强电柜、机床操作面板、进给伺服电动机、主轴电动机信号线的连接，以及与手摇脉冲发生器等的连接。

应使这些连接符合随机提供的连接手册的规定，最后还应进行地线连接。地线要采用一点接地型，即辐射式接地法。这种接地法要求将数控柜中的信号地、强电地、机床地等连接到公共接地点上，而且数控柜与强电柜间应有足够粗的保护接地电缆，如截面积为 $5.5 \sim 14\text{mm}^2$ 的接地电缆。总的公共接地点必须与大地接触良好，一般要求接地电阻小于 $4 \sim 7\Omega$。

2）数控系统电源线的连接。应在切断数控柜电源开关的情况下连接数控柜电源变压器原边的输入电缆。检查电源变压器和伺服变压器的绕组抽头连接是否正确，尤其是进口的数控系统或数控机床更是如此。

3）设定的确认。数控系统内的印制电路板上有许多用短路棒短路的设定点，需要对其适当设定，以适应各种型号机床的不同要求。一般来说，用户购入的整台数控机床，这项设定已由机床制造商完成，用户只需确认一下即可。设定确认工作应按随机维修说明书的要求进行。设定确认的内容随数控系统而异，一般有以下三个方面。

① 确认数控单元上的设定。主要确认主板、ROM 板、连接单元、附加轴控制板，以及旋转变压器或感应同步器控制板上的设定。这些设定与机床返回基准点的方法、速度反馈用检测元件、检测增益调节及分度精度调节等有关。

② 确认速度控制单元上的设定。在直流速度控制单元和交流速度控制单元上都有许多设定点，用于选择检测元件种类、回路增益及各种报警等。

③ 确认主轴控制单元上的设定。无论是直流或是交流主轴控制单元上，均有一些用于选择主轴电动机电流极限和主轴转速等的设定点，但数字式交流主轴控制单元上已用数字设定代替短路棒设定，故只能在通电时才能进行设定和确认。

4）输入电源电压、频率及相序的确认。

① 检查并确认变压器的容量是否满足控制单元和伺服系统的电能消耗。

② 检查电源电压波动范围是否在数控系统的允许范围之内。一般日本的数控系统允许在电压额定值的 $85\% \sim 110\%$ 范围内波动，而欧美的一些系统要求较高一些，否则需要外加交流稳压器。

③ 对于采用晶闸管控制元件的速度控制单元和主轴控制单元的供电电源，一定要检查相序。在相序不对的情况下接通电源，可能会使速度控制单元的输入保险熔断。

相序检查方法有两种：一种是用相序表测量，当相序接法正确时，相序表按顺时针方向旋转；另一种是用双线示波器来观察两相之间的波形，两相波形在相位上相差 $120°$。

5）确认直流电源单元的电压输出端是否对地短路。各种数控系统内都有直流稳压电源单元，为系统提供所需的 $+5\text{V}$、$\pm15\text{V}$、$+24\text{V}$ 等直流电压。因此，在系统通电前，应检查这些电源的负载是否有对地短路现象。这可用万用表来确认。

6）接通数控柜电源，检查各输出电压。在接通电源之前，为了确保安全，可先将电动机动力线断开，这样在系统工作时不会引起机床运动。但是，应根据维修说明书的介绍对速度控制单元做一些必要的设定，不致因断开电动机动力线而造成报警。

检查各印制电路板上的电压是否正常，各种直流电压是否在允许的波动范围之内。一般来说，对 $+5\text{V}$ 电源要求较高，波动范围在 5%，因为它是供给逻辑电路用的。

7）确认数控系统各种参数的设定。设定系统参数（包括 PC 参数等）的目的，是当数控装置与机床相连接时，能使机床具有最佳的工作性能。即使是同一种数控系统，其参数设定也随机床而异。随机附带的参数表是机床的重要技术资料，应妥善保存，不得遗失，否则将给机床的维修和恢复性能带来困难。

显示参数的方法，随各类数控系统而异，大多数可通过按压 MDI/CRT 单元上的"PARAM"（参数）键来显示已存入系统存储器的参数。显示的参数内容应与机床安装调试完成后的参数表一致。

8）确认数控系统与机床侧的接口。现代数控系统一般都具有自诊断的功能。在 CRT 屏幕上可以显示数控系统与机床接口及数控系统内部的状态，可以反映出从 NC 到 PC，从 PC 到 MT（机床），以及从 MT 到 PC，从 PC 到 NC 的各种信号状态。至于各个信号的含义及相互逻辑关系，随每个 PC 的梯形图（即顺序程序）而异。用户可根据机床制造商提供的梯形图说明书（内含诊断地址表），通过自诊断画面确认数控系统与机床之间的接口信号状态是否正确。

完成上述步骤，可以认为数控系统已经调整完毕，具备了与机床联机通电试车的条件。此时，可切断数控系统的电源，连接电动机的动力线，恢复报警设定。

（4）通电试车

机床通电操作可以是一次各部件全面供电或各部件分别供电，然后再进行总供电试验。分别供电比较安全，但时间较长；通电后首先观察有无报警故障，然后用手动方式陆续起动各部件。检查安全装置是否起作用，能否正常工作，能否达到额定的工作指标。例如，起动液压系统时，先判断油泵电动机转动方向是否正确，油泵工作后液压管路中是否形成油压，各液压元件是否正常工作，有无异常噪声等。

为了预防万一，应在接通电源的同时做好按压急停按钮的准备，以备随时切断电源。例如，伺服电动机的反馈信号线接反了或断线，均会出现机床"飞车"现象，这时就需要立即切断电源。在正常情况下，电动机首次通电的瞬时可能会有微小转动，但系统的自动漂移补偿功能会使电动机轴立即返回。此后，即使电源再次断开、接通，电动机轴也不会转动。

在检查机床各轴的运转情况时，应用手动连续进给移动各轴，通过 CRT 或 DPL（数字显示器）的显示值检查机床部件移动方向是否正确。若方向相反，则应将电动机动力线及检测信号线反接才行，然后检查各轴移动距离是否与移动指令相符。若不符，应检查有关指令、反馈参数及位置控制环增益等参数设定是否正确。

随后，再用手动进给，以低速移动各轴，并使它们碰到超程开关，用以检查超程限位是否有效，数控系统是否在超程时发出报警。

最后还应进行一次返回基准点动作。机床的基准点是以后机床进行加工的程序基准位置，因此必须检查有无基准点功能及每次返回基准点的位置是否完全一致。

（5）机床精度和功能的调试

在已经固化的地基上用地脚螺栓和垫铁精调机床主床身的水平，找正水平后移动床身上的各运动部件（立柱、溜板和工作台等），观察各坐标全行程内机床的水平变化情况，并相应调整机床几何精度使之在允差范围之内。使用的检测工具有精密水平仪、标准方尺、平尺和平行光管等。在调整时，主要以调整垫铁为主，必要时可稍微改变导轨上的镶条和预紧滚轮等。一般来说，只要机床质量稳定，通过上述调试可将机床调整到出厂精度。

让机床自动运动到刀具交换位置（可用 G28，Y0，Z0 或 G30，Y0，Z0 等程序），用手动方式调整机械手相对主轴的位置。在调整中采用一个校对心棒进行检测，有误差时可调整机械手的行程，移动机械手支座和刀库位置等，必要时还可以修改换刀位置点的设定（改变数控系统内的参数设定）。调整完毕后，装上几把接近规定允许重量的刀柄，进行多次从刀库到主轴的往复自动交换，要求动作准确无误，不撞击、不掉刀。

仔细检查数控系统和 PC 装置中参数设定值是否符合随机资料中的规定数据，然后试验各主要操作功能、安全措施、常用指令执行情况等，如各种运行方式（手动、点动、MDI、自动方式等）、主轴挂档指令及各级转速指令等是否正确无误。

（6）试运行

数控机床安装调试完毕后，要求整机在带一定负载条件下经过一段较长时间的自动运行，以较全面地检查机床功能及工作可靠性。运行时间尚无统一的规定，一般采用每天运行 8h，连续运行 2~3 天或 24h 连续运行 1~2 天。试运行中采用的考机程序中应包括主要数控系统的功能使用，自动更换取用刀库中三分之二的刀具，主轴的最高、最低及常用的转速，快速和常用的进给速度，工作台面的自动交换，主要 M 指令的使用等。试运行时，机床刀库上应插满刀柄，取用刀柄重量应接近规定最大重量，交换工作台面上也应加上负载。在试运行时间内，除操作失误引起的故障，不允许机床有故障出现，否则表明机床的安装、调试存在问题。

对一些机电一体化设计的小型机床，它的整体刚性很好，对地基没有什么要求，而且机床到安装地后也不必再组装连接，一般只要通上电源，调整床身水平后就可以投入使用。

2. 验收

（1）机床几何精度检查

数控机床的几何精度是综合反映该设备的关键机械零部件和组装后的几何形状误差。数控机床的几何精度检查和普通机床的几何精度检查基本类似，使用的检测工具和方法也很相似，但检测要求更高。以下列出一台普通立式加工中心的几何精度检测内容：

1）工作台面的平面度。

2）各坐标方向移动的相互垂直度。

3）X 坐标方向移动时工作台面的平行度。

4）Y 坐标方向移动时工作台面的平行度。

5）X 坐标方向移动时工作台面 T 形槽侧面的平行度。

6）主轴的轴向窜动。

7）主轴孔的径向跳动。

8）主轴箱沿 Z 坐标方向移动时主轴轴心线的平行度。

9）主轴回转轴线对工作台面的垂直度。

10）主轴箱在 Z 坐标方向移动的直线度。

目前，国内检测机床几何精度的常用检测工具有精密水平仪、直角尺、精密方箱、平尺、平行光管、千分表或测微仪、高精度主轴芯棒及一些刚度较好的千分表杆等。每项几何精度的具体检测办法见各机床的检测条件规定，但检测工具的精度等级必须比所测的几何精度要高一个等级。

在几何精度检测中对机床地基有严格要求。必须在地基及地脚螺栓的固定混凝土完全固化以后才能进行。精调时，要将机床的主床身调到较精密的水平面，然后再精调其他几何精度。鉴于水泥基础不够稳定，一般要求在使用数个月到半年后再精调一次机床水平。有一些中小型数控机床的床身大件具有很高的刚度，可以在对地基没有特殊要求的情况下保持其几何精度，但为了长期工作的精度稳定性，还是需要调整到一个较好的机床水平，并且要求有关垫铁都处于垫紧的状态。

有一些几何精度项目是互相联系的，如在立式加工中心检测中，若发现 Y 轴和 Z 轴方向移动的相互垂直度误差较大，则可以适当调整立柱底部床身的地脚垫铁，使立柱适当前倾或后仰，以减小这项误差，但这样也会改变主轴回转轴线对工作台面的垂直度误差。因此，对数控机床的各项几何精度检测工作应在精调后一气呵成，不允许检测一项调整一项，分别进行，否则会造成由于调整后一项几何精度而将已检测合格的前一项精度调成不合格。

机床的几何精度在机床处于冷态和热态时是不同的，检测时应按国家标准的规定，即在机床稍有预热的状态下进行，所以通电后机床各移动坐标往复运动几次，主轴按中等的转速回转几分钟之后才能进行检测。

（2）机床定位精度检查

数控机床的定位精度有其特殊意义，它是表明所测量的机床各运动部件在数控装置控制下运动所能达到的精度。因此，根据实测的定位精度数值，可以判断出这台机床以后自动加工中能达到的最好的工件加工精度。

定位精度主要检查内容：

1）直线运动定位精度（包括 X、Y、Z、U、V、W 轴）。

2）直线运动重复定位精度。

3）直线运动轴机械原点的返回精度。

4）直线运动失动量的测定。

5）回转运动定位精度（转台 A、B、C 轴）。

6）回转运动的重复定位精度。

7）回转轴原点的返回精度。

8）回转运动失动量测定。

测量直线运动的检测工具有测微仪和成组量规、标准长度刻线尺和光学读数显微镜及双频激光干涉仪等，标准长度测量以双频激光干涉仪为主。回转运动检测工具有 360 齿精确分度的标准转台或角度多面体、高精度圆光栅及平行光管等。

（3）机床切削精度检查

机床切削精度检查实质是对机床的几何精度和定位精度在切削和加工条件下的一项综合考核。一般来说，进行切削精度检查的加工，可以是单项加工或加工一个标准的综合性试件，我国多以单项加工为主。

对于加工中心，主要单项精度有：

1）镗孔精度。

2）端面铣刀铣削平面的精度（XY 平面）。

3）镗孔的孔距精度和孔径分散度。

4）直线铣削精度。

5）斜线铣削精度。

6）圆弧铣削精度。

对卧式机床，还有

7）箱体掉头镗孔同心度。

8）水平转台回转 90° 铣四方加工精度。

对有特殊要求的高效机床，还要做单位时间金属切削量的试验等。对切削加工试件材料，除特殊要求，一般都为一级铸铁，并使用硬质合金刀具按标准的切削用量切削。

用精调过的多齿端面铣刀铣削平面精度主要反映 X 轴和 Y 轴两轴运动的平面度及主轴中心线对 XY 运

动平面的垂直度（直接在阶梯上表现）。一般精度数控机床的平面度和阶梯差在 0.01mm 左右。

镗孔的孔距精度和孔径分散度检查是以快速移动进给定位精镗 4 个孔，测量各孔位置的 X 坐标和 Y 坐标的坐标值，以实测值和指令值之差的最大值作为孔距精度测量值。对角线方向的孔距可由各坐标方向的坐标值经计算求得或各孔插入配合紧密的检验心轴后用千分尺测量对角线距离求得，而孔径分散度则是由在同一深度上测量各孔 X 坐标方向和 Y 坐标方向的直径的最大差值求得。

直线性铣削精度的检查可由 X 坐标及 Y 坐标分别进给，用立铣刀侧刃精铣工件周边，测量各边的垂直度、对边平行度、邻边垂直度和对边距离尺寸差，这项精度主要考核机床各向导轨运动的几何精度。

斜线铣削精度检查是用立铣刀侧刃精铣工件周边，用同时控制 X 和 Y 两坐标来实现的。所以，该精度可以反映两轴直线插补运动的品质特性。当进行这项精度检查时，有时会发现在加工面上（两直角边

上）出现一边密一边稀的很有规律的条纹，这是由两轴联动时其中一轴的进给速度不均匀造成的，可以通过修调该轴速度控制和位置控制回路来解决。少数情况下，机械负载变化不均匀，如导轨低速爬行、机床导轨防护板不均匀摩擦及位置检测反馈元件传动不均匀等也会造成上述条纹。

圆弧铣削精度检测是用立铣刀侧刃精铣试件外圆表面，然后在圆度仪上测出圆度曲线。一般加工中心类机床铣削 φ200～300mm 工件时，圆度可达到 0.03mm 左右，表面粗糙度 Ra 在 3.2μm 左右。

3. 五轴联动数控机床 S 形试件加工验收方法

S 形试件是由一个呈 S 形状的、3～8mm 的直纹面等厚缘条和一个矩形基座组合而成，如图 3.1-14 所示。S 形试件曲面比较特殊，不是由圆弧和直线组成的，上下两条曲线也不一样。S 形试件是在总结飞机结构零件曲面外形主要特征的基础上加以抽象、简化得来的。

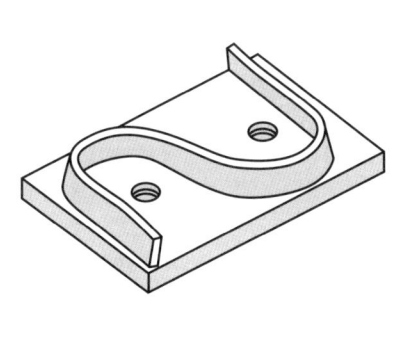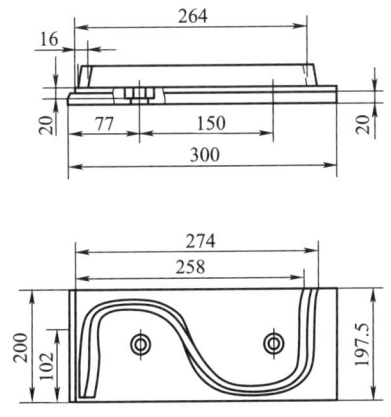

图 3.1-14　S 形试件

S 形试件加工检验的加工性能包括壁薄件加工性能、频繁换向性能、表面粗糙度、轮廓尺寸精度、回转轴与直线轴传动刚度的匹配性能等。

S 形试件的主体是一个呈 S 形走向的扭曲曲面形成的等厚度缘条，曲面形状复杂。使用棒刀加工时，刀具轴向必须连续变换，机床必须能完美执行五轴联动的坐标连续换向。在加工过程中，机床进行五轴联动的坐标连续换向，因而能集中反映机床的几何精度、定位精度、动态特性和反向误差等特性。

如果加工机床的几何精度、动态精度有问题，S 形试件编程精度较差，或者机床控制系统的运动控制方法不佳等，都会影响 S 形试件的加工质量，出现缘条厚度不均、缘条表面尺寸精度无法保证、缘条表面出现明显折痕和表面波纹现象。目前，该试件基本已

经被国际标准化组织采用，用于检验五轴联动机床的加工性能。只要五轴机床能够加工出合格的 S 形试件，那么该五轴联动机床就完全安全用于加工曲面零件，特别是加工一些复杂型面的薄壁零件。S 形试件主要用于检测五轴联动机床动态加工精度，它可以检验整机的几何精度、定位精度、综合加工效率、综合表面加工质量、整机振动及颤振等一系列问题，也可以发现和寻找影响机床加工精度的原因，并可以解决机床精度丧失或降低后修复问题等。

合格 S 形试件的验收要求一般包括以下几个方面：

1）外形轮廓尺寸要求。尺寸极限偏差为 ±0.05mm（对于铝材料零件来讲，该要求比较严格，其中包含了零件的变形因素）。

2）S形试件壁厚要求。厚度为3mm，极限偏差要求±0.1mm。

3）曲面表面粗糙度要求 $Ra = 3.2\mu m$。

4）零件加工效率要求。这一点视机床而定，如果是主轴转速超过 24000r/min 的高速机床一般要求为 15min，如果主轴转速为 8000~24000r/min 的机床一般要求为 25min，主轴转速小于 8000r/min 的机床一般要求 40min。

3.2 数控加工工艺基础

3.2.1 数控加工工艺分析

1. 数控加工工艺过程的特点和主要内容

数控加工工艺过程的特点：

1）由于数控机床较普通机床的刚度高，所配的刀具也较好，因而在同等条件下，所采用的切削用量通常要比普通机床大，加工效率也较高。选择切削用量时要充分考虑这些特点。

2）由于数控机床功能复合化程度越来越高，因此工序相对集中是现代数控加工工艺的特点，明显表现为工序数量少，工序内容多，并且由于在数控机床上尽可能安排较复杂的工序，所以数控加工的工序内容要比普通机床加工的内容复杂。

3）由于数控机床加工的零件比较复杂，因此在确定装夹方式和夹具设计时，要特别注意刀具与夹具、工件的干涉问题。

4）在数控机床上加工时，具体的工艺问题不仅仅是数控工艺设计时必须认真考虑的内容，而且还必须做出正确的选择并编入加工程序中。不像通用机床加工中可由操作者根据自己的实践经验和习惯自行决定。

5）数控机床自动化程度高，但自适应能力差。数控加工工艺设计时必须注意加工过程中的每一个细节（包括一个小数点或逗号），力求准确无误。不可由操作者在加工时灵活自由地进行人为调整。

数控加工工艺过程的主要内容：

1）选择并确定进行数控加工的内容。

2）对零件图样进行数控加工的工艺分析。

3）零件图形的数学处理及编程尺寸设定的确定。

4）数控加工工艺方案的制定。

5）工步、进给路线的确定。

6）选择数控机床的类型。

7）刀具、夹具、量具的选择和设计。

8）切削参数的确定。

9）加工程序的编写、校验与修改。

10）首件试加工与现场问题处理。

11）数控加工工艺技术文件的定型与归档。

2. 数控加工零件的工艺性分析

下面列举出一些经常遇到的工艺性问题，作为对数控加工零件进行工艺性分析的要点。

1）图样尺寸的标注方法是否方便编程？构成工件轮廓图形的各种几何元素的条件是否充分必要？各几何元素的相互关系（如相切、相交、垂直和平行等）是否明确？有无引起矛盾的多余尺寸或影响工序安排的封闭尺寸？

2）零件所要求的加工精度、尺寸公差是否都可以得到保证？特别要注意过薄的腹板与缘板的厚度公差，因为加工时产生的切削力及薄板的弹性退让极易产生切削面的振动。根据实践经验，当面积较大的薄板厚度小于3mm时，就应充分重视这一问题。

3）内槽及缘板之间的内转接圆弧是否过小？因为这种内圆弧半径常常限制刀具的直径。如图 3.2-1所示，若工件的被加工轮廓高度低，转接圆弧半径也大，可以采用较大直径的铣刀来加工，当加工其腹板面时，走刀次数也相应减少，表面加工质量也会好一些，因此工艺性较好；反之，数控铣削工艺性较差。一般来说，当 $R < 0.2H$（被加工轮廓面的最大高度）时，可以判定为零件该部位的工艺性不好。

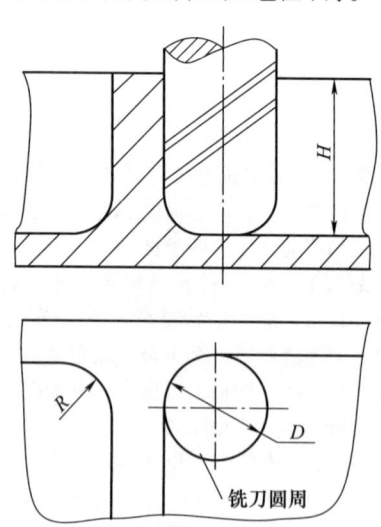

图 3.2-1　缘板高度和内转接圆弧对
加工工艺性的影响

4）零件铣削面的槽底圆角或腹板与缘板相交处的圆角半径 r 是否太大？如图 3.2-2 所示，r 越大，铣刀端刃铣削平面的能力越差，效率也越低；当 r 大到一定程度时，甚至必须用球头刀加工，这是应当尽量避免的。因为铣刀与铣削平面接触的最大直径 $d=D-2r$（D 为铣刀直径），当 D 越大而 r 越小时，铣刀端刃铣削平面的面积越大，加工平面的能力越强，铣削工艺性当然也越好。有时候，当铣削的底面面积较大，底部圆弧 r 也较大时，我们不得不用两把 r 不同的铣刀（一把 r 小些，另一把 r 符合零件图）进行两次切削。

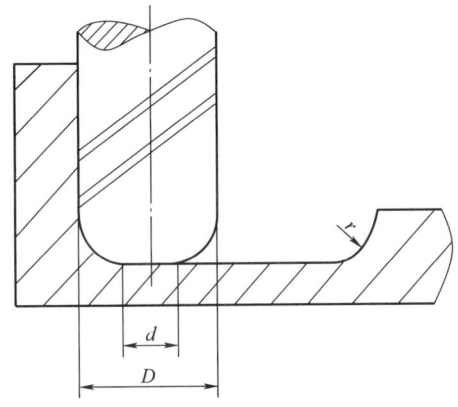

图 3.2-2　零件底面圆弧对加工工艺性的影响

5）零件图中各加工面的凹圆弧（R 与 r）是否过于零乱，是否可以统一？因为在数控铣床上多换一次刀要增加不少新问题，如增加铣刀规格、计划停车次数和对刀次数等，不但给编程带来许多麻烦，延长生产准备时间而降低生产率，而且也会因频繁换刀增加了工件加工面上的接刀阶差而降低了表面质量。所以，在一个零件上的这种凹圆弧半径在数值上的一致性问题对数控铣削的工艺性显得相当重要。一般来说，即使不能寻求完全统一，也要力求将数值相近的圆弧半径分组靠拢，达到局部统一，以尽量减少铣刀规格与换刀次数。

6）零件上有无统一基准以保证两次装夹加工后其相对位置的正确性？有些工件需要在铣完一面后再重新装夹铣削另一面。由于数控铣削时不能使用通用铣床加工时常用的试削方法来接刀，往往会因为工件的重新安装而接不好刀（即与上道工序加工的面接不齐或造成本来要求一致的两对应面上的轮廓错位）。为了避免上述问题的产生，减小两次装夹误差，最好采用统一基准定位，因此零件上最好有合适的孔作为定位基准孔。如果零件上没有基准孔，也可以专门设置工艺孔作为定位基准（如在毛坯上增加

工艺凸耳或在后继工序要铣去的余量上设基准孔）。如果实在无法制出基准孔，起码也要用经过精加工的面作为统一基准。如果连这也办不到，则最好只加工其中一个最复杂的面，另一面放弃数控铣削而改由通用铣床加工。

7）分析零件的形状及原材料的热处理状态，会不会在加工过程中变形？哪些部位最容易变形？因为数控铣削最忌讳工件在加工时变形，这种变形不但无法保证加工的质量，而且经常造成加工不能继续进行，"半途而废"。这时就应当考虑采取一些必要的工艺措施进行预防，如对钢件进行调质处理；对铸铝件进行退火处理；对不能用热处理方法解决的，也可考虑精加工及对称去余量等常规方法。此外，还要分析加工后的变形问题，考虑采取什么工艺措施来解决。

8）毛坯的加工余量是否充分，批量生产时的毛坯余量是否稳定？毛坯主要指锻、铸件，因模锻时的欠压量与允许的错模量会造成加工余量多少不等，铸造时也会因铸型误差、收缩量及金属液体的流动性差不能充满型腔等造成加工余量不等。此外，锻、铸后，毛坯的翘曲与扭曲变形量的不同也会造成加工余量不充分、不稳定。在通用铣削工艺中，对上述情况，常常采用画线时串位借料的方法来解决，但当采用数控铣削时，一次定位将决定工件的"命运"，加工过程的自动化很难照顾到何处加工余量不足的问题。因此，除板料，无论是锻件铸件还是型材，只要准备采用数控铣削加工，其加工面均应有较充分的加工余量。经验表明，数控铣削中最难保证的是加工面与非加工面之间的尺寸，这一点应该引起特别重视。在这种情况下，如果已确定或准备采用数控铣削，就应事先对毛坯的设计进行必要更改，或者在设计时就加以充分考虑，即在零件图上注明的非加工面处也增加适当的加工余量。

9）分析毛坯在装夹方面的适应性，即考虑毛坯在加工时的装夹方面的可靠性与方便性，以便充分发挥数控铣削在一次装夹中加工出许多待加工面的优势。因此，主要是考虑要不要另外增加装夹余量或工艺凸台来定位与夹紧，什么地方可以制出工艺孔或要不要另外准备工艺凸耳来特制工艺孔。值得注意的是，对某些看上去很难装夹的或缺少定位基准孔与定位面的工件，只要在毛坯上想想办法，就能迎刃而解。

10）分析毛坯的余量大小及均匀性。主要是考虑在加工时要不要分层切削，分几层切削，也要分析加工中与加工后的变形度，考虑是否应采取预防性措施与补救措施。例如，对于热轧中、厚铝板，经淬火

时效后很容易在加工中与加工后变形，最好采用经预拉伸处理后的淬火板坯。

数控车床主要采用镶嵌式机夹可转位刀片的刀具。常见的可转位刀片的夹紧方式有楔块上压式、杠杆式、螺钉上压式（图 3.2-3）。对于给定加工工序的最合适的夹紧方式见表 3.2-1。其中适应性分为 1~3 三个等级，3 级表示最合适的选择。

3.2.2　数控加工工序的设计

1. 数控刀具的选择
（1）数控车削刀具的选择

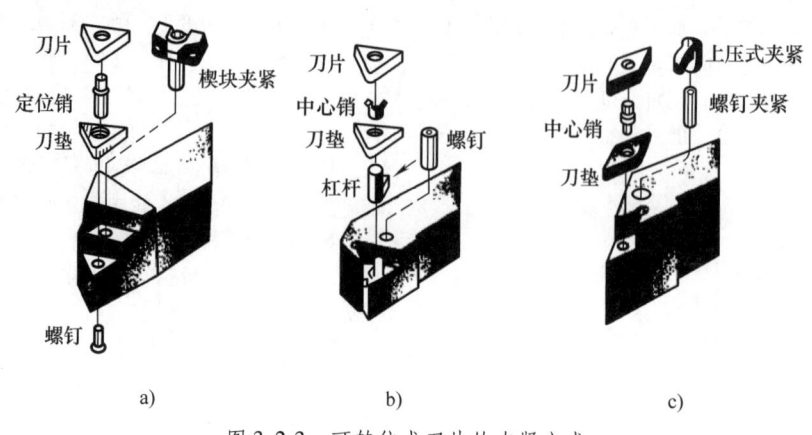

a)　　　　　　　　b)　　　　　　　　c)

图 3.2-3　可转位式刀片的夹紧方式

a) 楔块上压式　b) 杠杆式　c) 螺钉上压式

表 3.2-1　对于给定加工工序最合适的夹紧方式

加工工序	杠杆式	楔块上压式	螺钉上压式
仿形加工/易接近性	2	3	3
断续加工	3	2	3
外圆加工	3	1	3
内圆加工	3	3	3

刀片形状主要依据被加工工件的表面形状、切削方法、刀具寿命和刀片的转位次数等因素来选择。刀片形状与加工性能的关系如图 3.2-4 所示。表 3.2-2 列出了被加工表面对应的刀片形状。

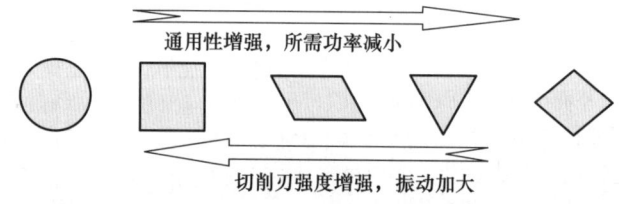

通用性增强，所需功率减小

切削刃强度增强，振动加大

图 3.2-4　刀片形状与加工性能关系

表 3.2-2　被加工表面对应的刀片形状

	主偏角	45°	45°	60°	75°	95°
车削外圆表面	刀片形状及加工示意图	45° ←	45° ←	60° ←	75° →	95° →
	推荐选用刀片	SCMA SPMR SCMM SNMM-8 SPUN SNMM-9	SCMA SPMR SCMM SNMG SPUN SPGR	TCMA TNMM-8 TCMM TPUN	SCMM SPUM SCMA SPMR SNMA	CCMA CCMM CNMM-7

（续）

	主偏角	75°	90°	90°	95°
车削端面	刀片形状及加工示意图	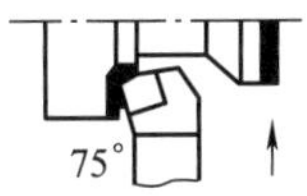 75°	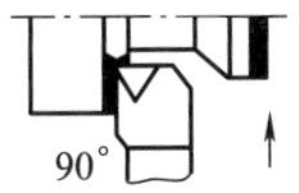 90°	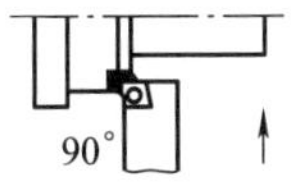 90°	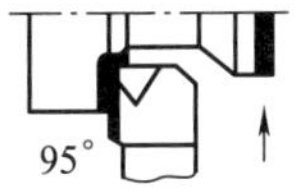 95°
	推荐选用刀片	SCMA SPMR SCMM SPUR SPUN CNMG	TNUN TNMA TCMA TPUM TCMM TPMR	CCMA	TPUN TPMR
车削成形面	主偏角	15°	45°	60°	90°
	刀片形状及加工示意图	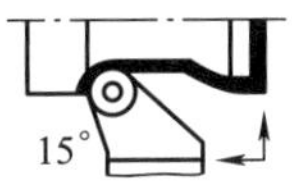 15°	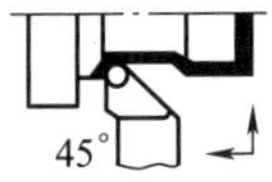 45°	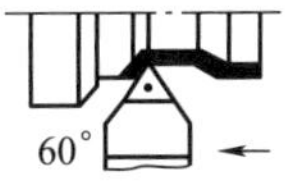 60°	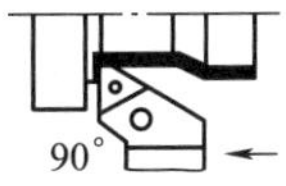 90°
	推荐选用刀片	RCMM	RNNG	TNMM-8	TNMG

（2）数控铣削刀具的选择

数控铣刀类型的选择见表3.2-3。

表3.2-3　数控铣刀类型的选择

名称	形状	适宜的被加工表面
立铣刀	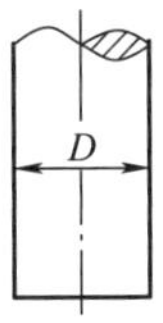 D	凸台、凹槽、平面凸轮及平面零件轮廓
球头铣刀	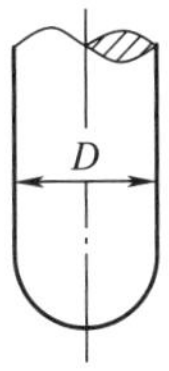 D	曲面
环形铣刀	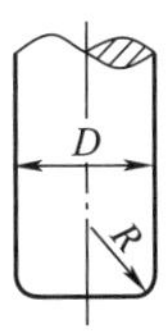 D R	较平坦的曲面
盘铣刀	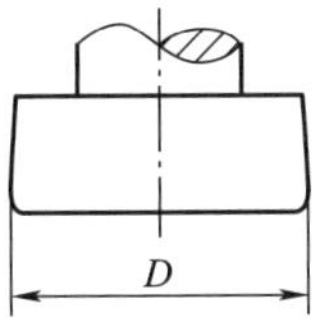 D	较大的平面

（续）

名称	形状	适宜的被加工表面
鼓形铣刀	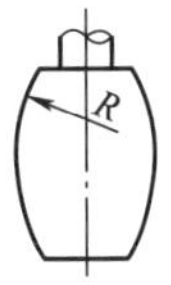 R	变斜角面

按下述推荐的经验数据，选取立铣刀的有关尺寸参数。

1）刀具半径 R 应小于零件内轮廓面的最小曲率半径 ρ，一般取 $R=(0.8\sim0.9)\rho$。

2）零件的加工高度 $H\leqslant(1/6\sim1/4)R$，以保证刀具有足够的刚度。

3）对不通孔（深槽），选取 $L=H+(5\sim10)\mathrm{mm}$（L 为刀具切削部分长度，H 为零件高度）。

4）加工外形及通槽时，选取 $L=H+r_1+(5\sim10)\mathrm{mm}$（$r_1$ 为端刃底圆角半径）。

5）加工肋时，刀具直径为 $D=(5\sim6)b$（b 为肋的厚度）。

（3）加工中心刀具的选择

在加工中心上除了可以使用各种铣削刀具，主要是使用孔加工刀具。在加工中心上钻孔，因无夹具钻模导向，受两切削刃上切削力不对称的影响，容易引起钻孔偏斜，故要求钻头的两切削刃必须有较高的刃磨精度（两刃长度一致，顶角对称于钻头中心线）。

钻削加工直径 $d=20\sim60\mathrm{mm}$ 的中等浅孔时，可选用可转位浅孔钻，其结构是在带排屑槽及内冷却通道钻体的头部装有两个刀片（多为凸多边形、菱形和四边形），交错排列，切屑排除流畅，钻头定心稳定。另外，多采用深孔刀片，通过该中心压紧刀片。靠近钻心的刀刃用韧性较好的材料，靠近钻头外径刀片选用较为耐磨的材料，这种钻具有刀片可集中刃磨，刀杆刚度高，具有允许切削速度快、切削效率高及加工精度高等特点，最适于箱体零件的钻孔加工。为提高刀具的使用寿命，可以在刀片上涂镀 TiC 涂层。使用这种钻头钻箱体孔，比普通麻花钻提高效率 4~6 倍。

对深径比大于 5 而小于 100 的深孔，由于加工中散热差，排屑困难，钻杆刚度差，易使刀具损坏和引起孔的轴线偏斜，影响加工精度和生产率，故应选用深孔刀具加工。

镗刀多用于加工箱体孔。当孔径大于 80mm 时，一般用镗刀加工，精度可达 IT7~IT6，表面粗糙度为 $Ra6.3~0.8\mu m$，精镗可达 $Ra0.4\mu m$。镗刀种类很多，按切削刃数量可分为单刃镗刀和双刃镗刀。单刃镗刀可镗削通孔、阶梯孔和不通孔，单刃镗刀刚度差，切削时易引起振动，所以镗刀的主偏角选得较大，以减小径向力。

镗铸铁孔或精镗时，一般取主偏角等于 90°；粗镗钢件孔时，取主偏角在 65°~75°之间，以提高刀具的使用寿命。单刃镗刀一般均有调整装置，效率低，只能用于单件小批生产。但结构简单，适应性较广，粗、精加工都适用。

为了消除镗孔时径向力对镗杆的影响，可采用双刃镗刀。工件孔径尺寸与精度由镗刀径向尺寸保证，且调整方便。它的两端有一对对称的切削刃同时参加切削，与单刃镗刀相比，每转进给量可提高一倍左右，生产率高。

镗孔刀具选择面临的主要问题是刀杆的刚度，要尽可能地防止或消除振动，其考虑要点如下：

1) 尽可能选择大的刀杆直径，接近镗孔直径。

2) 尽可能选择短的刀杆臂（工作长度）。当工作长度小于 4 倍刀杆直径时可用钢制刀杆，加工要求高的孔时最好采用硬质合金刀杆；当工作长度为 4~7 倍的刀杆直径时，小孔用硬质合金刀杆，大孔用减振刀杆；当工作长度为 7~10 倍的刀杆直径时，要采用减振刀杆。

3) 选择主偏角（切入角）接近 90°或大于 75°。

4) 选择涂层的刀片品种（刀刃圆弧小）和小的刀尖圆弧半径（0.2mm）。

5) 精加工采用正切削刃（正前角）刀片和刀具，粗加工采用负切削刃刀片的刀具。

6) 镗深的不通孔时，采用压缩空气或切削液来排屑和冷却。

加工中心上使用的铰刀多是通用标准铰刀。此外，还有机夹硬质合金刀片单刃铰刀和可调浮动铰刀等。加工精度可达 IT9~IT8 级，表面粗糙度为 $Ra1.6~0.6\mu m$。通用标准铰刀有直柄、锥柄和套式三种，锥柄铰刀直径为 10~32mm，直柄铰刀直径为 6~20mm，小孔直柄铰刀直径为 1~6mm，套式铰刀直径为 25~80mm。

对于铰削精度为 IT7~IT6 级，表面粗糙度为 $Ra1.6~0.8\mu m$ 的大直径通孔，可选用专为加工中心设计的可调浮动铰刀。可调浮动铰刀既能保证在换刀和进给过程中刀片不会从刀杆的长方孔中滑出，又能较准确地定心。它有两个对称刃，能自动平衡切削力，在铰削过程中又能自动抵偿因刀具安装误差或刀杆的径向跳动而引起的加工误差，所以加工精度稳定。可调浮动铰刀的寿命比高速钢铰刀高 5~8 倍，且具有直径调整的连续性，因而一把铰刀可当几把使用，修复后可调复原尺寸，这样既节省刀具材料，又可保证铰刀精度。

2. 切削用量的确定

数控加工中切削用量确定的原则与普通机床加工基本相同，即根据切削原理中规定的方法，以及机床的性能和规定的允许值、刀具的使用寿命等来选择和计算，并结合实践经验确定。

下面介绍用球铣刀加工曲面时与切削精度有关的工艺参数的确定方法。

(1) 步长 l（步距）的确定

步长 l（步距）是用来控制刀具步进方向两个刀位点位置之间距离的长度，决定刀位点数据的多少。一般数控系统按用户给定的步长（步距）计算刀具轨迹，同时系统对生成的刀具轨迹进行优化处理，删除处于同一直线上的刀位点位置，在保证加工精度的前提下提高加工的效率。因此，用户给定的是加工的最小步长，实际生成的刀具轨迹中的步长可能大于用户给定的步长。曲线轨迹步长 l 的确定方法如下：

1) 直接定义步长法。即在编程时直接给出步长值，系统按给定步长计算各刀位点位置。步长是根据零件的加工精度要求来确定的，因此采用此法需要一定的经验。

2) 间接定义步长法。即通过定义逼近误差 e_r（也有直接称为公差或轮廓精度等）来间接定义步长，即步长 $l = \sqrt{8e_r r}$，（r 为轮廓曲率半径）。步长确定后，要求实际切削进给速度 $F \leqslant l/T$（T 为数控系统的插补周期），这样可以保证插补步长小于参数步长（步距），即保证插补误差小于逼近误差。

（2）逼近误差 e_r 的确定

逼近误差表示实际切削轨迹偏离理论轨迹的最大允许误差。对曲面的三轴数控加工而言，刀具的运动是通过对三个坐标轴进行线性插补完成的，这意味着刀具运动轨迹是由相应的直线段组成的。为了确保被加工零件的加工精度，必须根据实际加工要求指定合理的逼近误差值，若零件曲面已给出了形状公差，逼近误差应小于零件曲面形状公差。在指定逼近误差时有三种定义逼近误差方式可供选用。

1）指定外逼近误差，如图 3.2-5 所示。

2）指定内逼近误差，如图 3.2-6 所示。

3）同时指定内、外逼近误差，如图 3.2-7 所示。

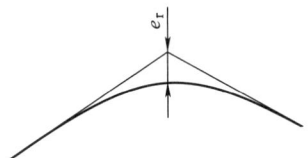

图 3.2-5　指定外逼近误差

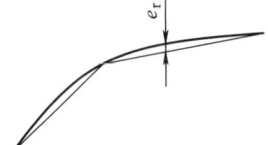

图 3.2-6　指定内逼近误差

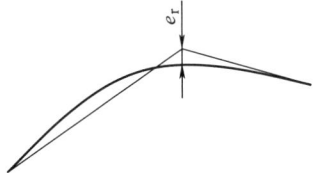

图 3.2-7　指定内、外逼近误差

对于精度要求较高的大型复杂零件（如模具型面），在实际加工中一般采用指定外逼近误差的方法。为保证其数控机床加工后具有高精度，钳工研修工作量小，确保研修后零件表面形状的失真性在要求的范围内，同时考虑生成刀位轨迹时不产生过多的刀位点，型面精加工和精清根加工的逼近误差（公差）一般选为 0.015~0.03mm。

（3）行距 S（切削间距）的确定

行距 S（切削间距）指加工轨迹中相邻两行刀具轨迹之间的距离。在数控工艺参数中，行距的选择是非常重要的，它关系到被加工零件的加工精度和加工费用。行距小，则加工精度高，钳工的研修工作量小，但所需加工时间长，费用高；行距大，则加工精度低，钳工的研修工作量大，研修后零件型面失真性较大，难以保证零件的加工精度，但所需加工时间短。由此可知，行距必须根据加工精度要求及占用数控机床的机时来综合考虑。在实际数控工艺参数确定中，可采用如下两种方法来定义行距。

1）直接定义行距 S。该方法通过直接定义两相邻切削行之间的距离来确定行距。该方法的特点是算法简单、计算速度快，适于零件的粗加工、半精加工和形状比较平坦零件的精加工的刀具运动轨迹的生成。对粗加工，行距一般选为所使用刀具直径的一半左右；对平坦零件的精加工，行距一般选为所使用刀具直径的 1/10 左右。

2）用残留高度 h 来确定行距 S。残留高度指沿被加工表面的法矢量方向上两相邻切削行之间残留沟纹的高度 h（图 3.2-8 中的 CE 值），h 大则表面粗糙度值大，必将增大钳修工作难度及降低零件最终加工精度，但行距 S 选得太小，虽然能提高加工精度，减小钳修工作困难，但程序冗长，占机加工时间成倍增加，效率降低。

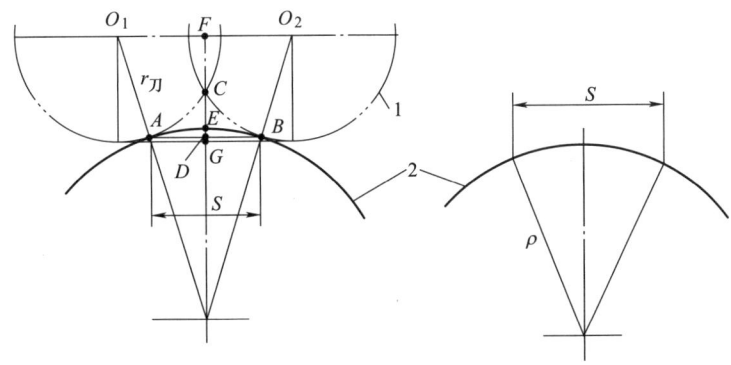

图 3.2-8　行距的计算
1—球头铣刀　2—工件曲面

在图 3.2-8 中，当球头刀半径 $r_{刀}$ 与曲面上曲率半径 ρ 相差较大，并且 h 较小时，可以取行距 S 的近似值为

$$S = 2\sqrt{2r_{刀}h} \qquad (3.2\text{-}1)$$

式中，当零件曲面在 AB 段内是凸时取正号，凹时取负号。

实际编程时，如果零件曲面上各点的曲率变化不大，可取曲率最大处作为标准计算。有时为了避免曲率计算的麻烦，也可用式 (3.2-2) 近似计算行距 S，即

$$S \approx 2\sqrt{h(2r_{刀} - h) \cdot \frac{\rho}{r_{刀} \pm \rho}} \qquad (3.2\text{-}2)$$

从工艺角度考虑，粗加工时，行距 S 可选得大些，精加工时选得小一些。有时为了减小刀峰高度，也可以在原来的两行距之间（刀峰处）加密行切一次，即进行去刀峰处理，这相当于将 S 减小一半，实际效果更好些。

该方法的特点是，能根据被加工零件形状的复杂程度，以给定的残留高度为依据，自动地计算出行距，从而有效地保证被加工零件的加工精度。对一般模具曲面来说，大曲率半径的曲面，残留高度取为 0.1mm 左右；曲率半径小于 10mm 的圆弧过渡面，残留高度取 0.05mm 左右。

3. 对刀点与换刀点的确定

(1) 数控车削手动对刀

如果采用相对坐标方式，程序的第 1 段要用 G92（或 G50）进行坐标系设定。如图 3.2-9 所示，假定程序原点设在工件左端面，那么坐标系设定中的 Z 向数据可用 L_1 或 L_1+l_1 描述。使用 L_1 是以刀尖作为注视点。L_1 的长度可用两种方法得到：一是将刀架手动向左移动，直到刀尖与定位块的右端面对齐为止，此时将 Z 向显示值置零，再把刀架移回起始位，此时的 Z 向显示值就是 L_1 值，此种方法的 L_1 值的准确度取决于刀尖与定位块右端面对齐的精确度；二是将刀架向左移动，并将工件右端面再精车一刀，测出车过后的工件长度 N，并用上述方法得到 M，$N+M$ 即为 L_1。此法测出的 L_1，已包括让刀修正，所以最准确，尤其是精车这一刀的吃刀量与此刀实际加工的 Z 向吃刀量大体相同时更是如此。这种以刀尖为注视点的方式应设定第 1 把刀的刀补值为零（开始时），接着用上面两种方法中的任何一种测出第 2 把刀的 L_2 值。L_2-L_1 是第 2 把刀对第 1 把刀的 Z 向位置差 ΔL，此处是负值。如果程序中从第 1 把刀转到第 2 把刀时使用 ΔL 变换坐标设定（即坐标平移），那么注视点就移到了第 2 把刀的刀尖上，所以第 2 把刀的刀补值仍设定为零；如果程序中第 1 把刀转到第 2 把刀时不变换坐标，那么在使用第 2 把刀时注视点仍在第 1 把刀处于切削位置时的刀尖上，所以第 2 把刀的 Z 向刀补值应设定为 $-\Delta L$ 值。由于此例中 ΔL 是负值，所以 $(-\Delta L)$ 就是正值。

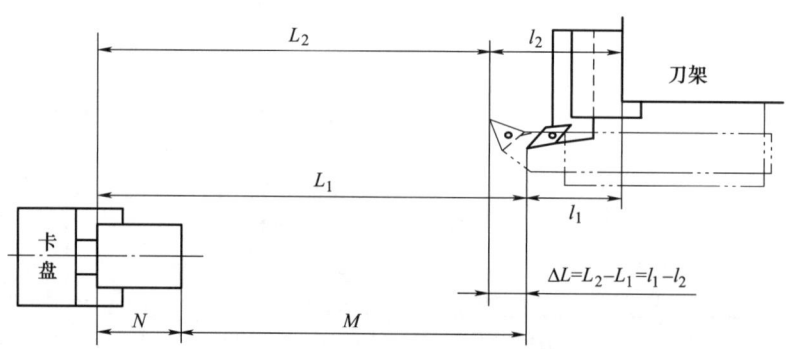

图 3.2-9　手动对刀方法

程序的第一段也可以用 (L_1+l_1) 作为坐标系设定的 Z 向数据，这时所有的刀具都以刀架上的 A 点作为注视点，即刀架端面为 Z 向注视面。(L_1+l_1) 可以直接测量，或者将刀架移动到其端面与定位块端面对齐后进行测量，也可以将刀架向左移动一段，再测量余下的那一段，并加起来。用点 A 作为注视点的特点是包括第 1 把刀在内时所有刀的设定刀补值均不为零。这里，第 1、2 把刀的 Z 向刀补值分别设定为 l_1 和 l_2，且均为正值。l_1 和 l_2 可用量具直接或间接地进行测量。值得注意的是，上述对刀方法对出的刀补值都是设定值，由于对刀误差和切削让刀等原因，在多数情况下，刀补值还要在切削过程中修正。

(2) 数控铣削手动对刀

数控铣削手动对刀是测定工件坐标系的原点在机床坐标系中的坐标值，如图 3.2-10 所示。拉表找正零件夹具并装夹后，在主轴中置一标准检轴，使机床 X 轴、Y 轴回零，然后分别移动 X 轴、Y 轴，使夹具定位面与检轴接近，再用千分量规准确测出检轴与定

位面之间的距离 H，则工件坐标系为

$$\begin{cases} X_W = - |X_M + H + R| \\ Y_W = - |Y_M + H + R| \end{cases}$$

式中　H——量规尺寸；

　　　　R——检轴半径；

　　　　X_M——工作台 X 向移动距离；

　　　　Y_M——工作台 Y 向移动距离。

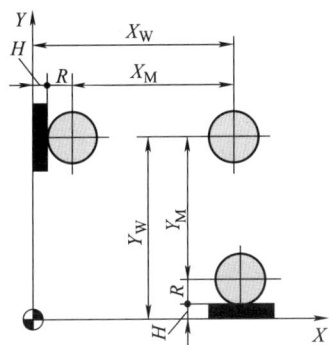

图 3.2-10　数控铣削手动对刀

4. 确定走刀路线

走刀路线是刀具在整个加工工序中相对于工件的运动轨迹，它是编写程序的依据之一。因此，在确定走刀路线时最好画一张工序简图，将已经拟定出的走刀路线画上去（包括进、退刀路线），这样可为编程带来不少方便。以下是确定走刀路线时应注意的几个问题。

1）铣削平面零件外轮廓时，刀具切入工件，应避免沿零件外轮廓的法向切入，而应沿外轮廓曲线延长线的切向切入，以避免在切入处产生刀具的刻痕而影响表面质量，保证零件外轮廓曲线平滑过渡（图3.2-11）。同理，在切离工件时，也应避免在工件的轮廓处直接退刀，而应该沿零件轮廓延长线的切向逐渐切离工件。有些数控系统为了编程方便备有此特殊功能代码。在无此功能的数控机床上，就要用适当的走刀路线来解决。

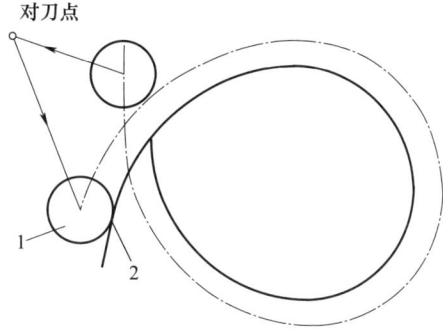

图 3.2-11　外轮廓加工刀具的切入和切出过渡
1—刀具　2—切入点

2）铣削封闭的内轮廓表面时（图 3.2-12）。若内轮廓曲线允许外延，则应沿切线方向切入切出；若内轮廓曲线不允许外延，刀具只能沿内轮廓曲线的法向切入切出，此时刀具的切入切出点应尽量选在内轮廓曲线几何元素的交点处。当内部几何元素相切无交点时，为防止刀补取消时在轮廓拐角处留下凹口（图 3.2-13a），刀具切入切出点应远离拐角（图3.2-13b）。

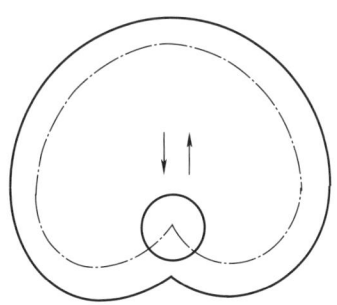

图 3.2-12　内轮廓加工刀具的
切入和切出过渡

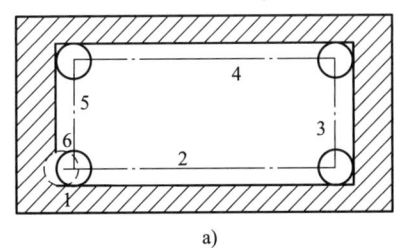

a)

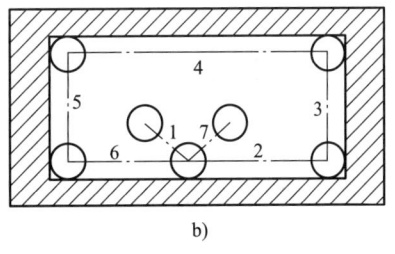

b)

图 3.2-13　相切无交点内轮廓加工刀具的切入切出

3）用圆弧插补方式铣削外圆弧时（图3.2-14），加工完毕后不要在切点处直接退刀，而应让刀具沿切线方向多运动一段距离，以免取消刀补时刀具与工件表面相碰，造成工件报废；铣削内圆弧时也要遵循从切向切入的原则，最好安排从圆弧过渡到圆弧的走刀路线，如图3.2-15所示，这样可以提高内孔表面的加工精度和加工质量。

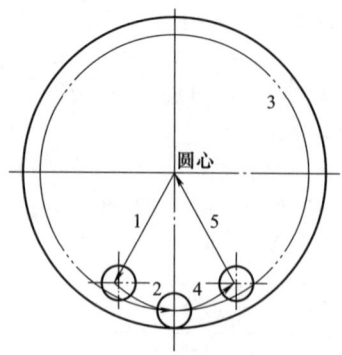

图3.2-15 铣削内圆弧

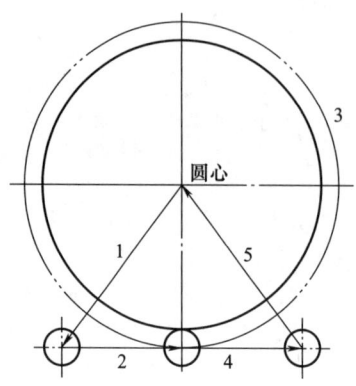

图3.2-14 铣削外圆弧

4）对于孔位置精度要求较高的零件，当精镗孔系时，镗孔路线上各孔的定位方向应一致，即采用单向趋近定位点的方法，以避免传动系统反向间隙误差或测量系统的误差对定位精度的影响。如图3.2-16a所示，当加工孔Ⅳ时，X方向的反向间隙将会影响Ⅲ、Ⅳ两孔的孔距精度；如果改为图3.2-16b所示的走刀路线，可使各孔的定位方向一致，从而提高了孔距精度。

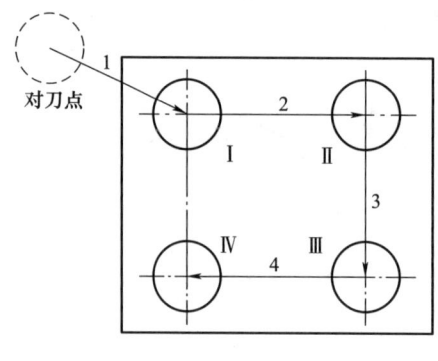

a)

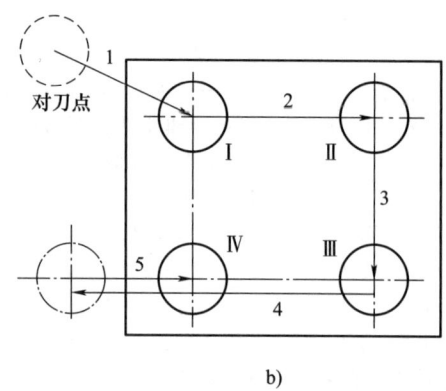

b)

图3.2-16 孔系走刀路线方案比较

5）对于点位加工，刀具先从初始平面快速移动到参考平面，然后按工作进给速度加工，设定的参考平面（图3.2-17）距工件表面的距离R一般按表3.2-4考虑。

表3.2-4 刀具引入点距离R （mm）

工序	零件表面状态	
	已加工表面	毛坯表面
钻孔	2~3	5~8
镗孔	3~5	5~8
铰孔	3~5	5~8
攻螺纹	5~10	5~10

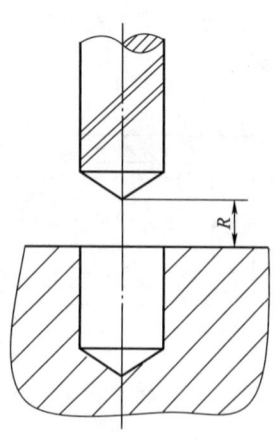

图3.2-17 钻孔的轴向参考平面位置

6）在数控车床上车螺纹时，沿螺距方向的 Z 向进给应和车床主轴的旋转保持严格的速比关系，应避免在进给机构加速或减速的过程中切削，为此要有引入距离 δ_1 和超越距离 δ_2。如图 3.2-18 所示，δ_1 和 δ_2 的数值与车床拖动系统的动态特性、螺纹的螺距及其精度有关。一般 δ_1 为 2～5mm，对大螺距和高精度的螺纹取大值，δ_2 一般取 δ_1 的 1/4 左右。若螺纹收尾处没有退刀槽时，收尾的形状与数控系统有关，一般按 45°退刀收尾。

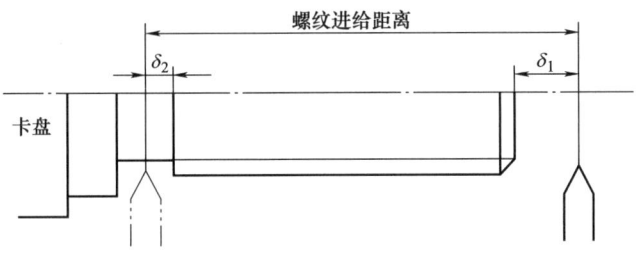

图 3.2-18 车螺纹时的引入距离和超越距离

7）铣削曲面时，常用球头刀采用行切法进行加工。对于边界敞开的曲面加工，可采用两种走刀路线，如图 3.2-19 所示。采用图 3.2-19a 所示的加工方案时，每次沿直线加工，刀位点计算简单，程序量少，加工过程符合直纹面的形成，可以准确保证母线的直线度；当采用图 3.2-19b 所示的加工方案时，符合这类零件数据情况，便于加工后检验，叶形准确度较高，但程序量多。

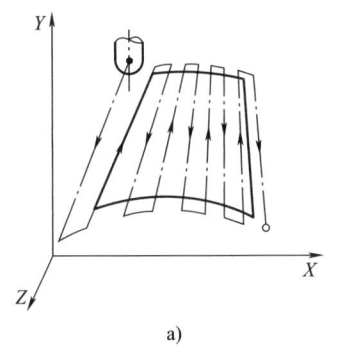
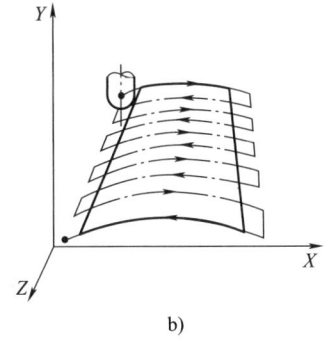

a)   b)

图 3.2-19 曲面加工的两种走刀路线

8）应使数控加工的走刀路线尽可能短，减少刀具空行程时间，如图 3.2-20 所示。按照一般习惯，总是先加工均布于同一圆周上的 8 个孔，再加工另一圆周上的孔（图 3.2-20a），但是对于点位控制的数控机床而言，定位过程应尽可能快，因此这类机床应按空程最短来安排走刀路线（图 3.2-20b），以节省加工时间。

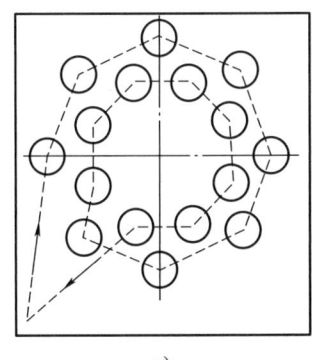
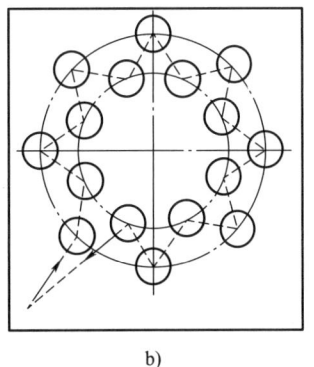

a)   b)

图 3.2-20 最短走刀路线选择

3.2.3 数控加工的数学处理

1. 非圆曲线的数学处理方法

非圆曲线类零件包括平面凸轮类、样板曲线、圆柱凸轮，以及数控车床上加工的各种以非圆曲线为母线的回转体零件等。其数值计算过程，一般可按以下步骤进行。

1）选择插补方式。即应首先决定是采用直线段逼近非圆曲线，还是采用圆弧段或抛物线等二次曲线逼近非圆曲线。

2）确定编程允许误差，即应使 $\delta \leqslant \delta_{允}$。

3）选择数学模型，确定计算方法。非圆曲线节点计算过程一般比较复杂，目前生产中采用的算法也较多。在决定采取什么算法时，主要应考虑的因素有两个：一是尽可能按等误差的条件确定节点坐标位置，以便最大限度地减少程序段的数目；二是尽可能寻找一种简便的算法，简化计算机编程，省时快捷。

4）根据算法，绘制计算机处理流程图。

5）用高级语言编写程序上机调试程序，并获得节点坐标数据。

常用的计算方法如下：

1）等间距法直线段逼近。等间距法是沿 x 轴方向取 Δx 为等间距长，根据已知曲线的方程 $y = f(x)$，可由 x_i 求得 y_i，$x_{i+1} = x_i + \Delta x$，$y_{i+1} = f(x_{i+1})$。如此求得的一系列点就是节点。

由于要求曲线 $y = f(x)$ 与相邻两节点连线间的法向距离小于允许的程序编制误差 $\delta_{允}$，Δx 值不能任意设定。一般先取 $\Delta x = 0.1$ 进行试算。实际处理时，并非任意相邻两点间的误差都要验算，对于曲线曲率半径变化较小处，只需验算两节点间距离最长处的误差，而对曲率半径变化较大处，应验算曲率半径较小处的误差，通常由轮廓图观察确定校验的位置。

2）等程序段法直线逼近的节点计算。等程序段法是使每个程序段的线段长度相等。由于零件轮廓曲线 $y = f(x)$ 的各处曲率不等，因此首先应求出该曲线的最小曲率半径 R_{min}，由 R_{min} 及 $\delta_{允}$ 确定允许的步长 l，然后从曲线起点 a 开始，按步长 l 依次截取曲线，得点 b、c、d、……，则 $ab = bc = \cdots\cdots = l$，即为所求各直线段。

计算步骤如下：

a. 求最小曲率半径 R_{min}。设曲线方程为 $y = f(x)$，则其曲率半径为

$$R = \frac{(1 + y'^2)^{3/2}}{y''} \qquad (3.2\text{-}3)$$

取 $\dfrac{dR}{dx} = 0$，即 $3y'y''^2 - (1 + y'^2)y''' = 0$

根据 $y = f(x)$ 依次求出 y'、y''、y'''、x，利用上式即得 R_{min}。

b. 确定允许步长 l。以 R_{min} 为半径作圆，由几何关系可知

$$l = 2\sqrt{R_{min}^2 - (R_{min} - \delta_{允})^2} \approx 2\sqrt{2R_{min}\delta_{允}} \qquad (3.2\text{-}4)$$

c. 求出曲线起点 a 的坐标 (x_a, y_a)，并以该点为圆心，以 l 为半径，所得圆方程与曲线方程 $y = f(x)$ 联立求解，可求得下一个点 b 的坐标 (x_b, y_b)，再以点 b 为圆心进一步求出点 c，直到求出所有节点。

3）等误差法直线段逼近的节点计算。设所求零件的轮廓方程为 $y = f(x)$，首先求出曲线起点 a 的坐标 (x_a, y_a)，以点 a 为圆心，以 $\delta_{允}$ 为半径作圆，与该圆和已知曲线公切直线的切点分别为 $P(x_a, y_a)$、$T(x_a, y_a)$，求出此切线的斜率，过点 a 作 PT 的平行线交曲线于点 b，再以点 b 为起点用上法求出点 c，依次进行，这样即可求出曲线上的所有节点。由于两平行线间距离恒为 $\delta_{允}$，因此任意相邻两节点间逼近误差为等误差。

计算步骤如下：

a. 以起点 $a(x_a, y_a)$ 为圆心，$\delta_{允}$ 为半径作圆，则

$$(x - x_a)^2 + (y - y_a)^2 = \delta_{允}^2 \qquad (3.2\text{-}5)$$

b. 求圆与曲线公切线 PT 的斜率，用以下方程联立求 x_T、y_T、x_P、y_P。

$$\begin{cases} \dfrac{y_T - y_P}{x_T - x_P} = -\dfrac{x_P - x_a}{y_P - y_a} \\[2mm] y_P = \sqrt{\delta^2 - (x_P - x_a)^2} + y_a \\[2mm] \dfrac{y_T - y_P}{x_T - x_P} = f'(x_T) \\[2mm] y_T = f(x_T) \end{cases} \qquad (3.2\text{-}6)$$

则 $k = \dfrac{y_T - y_P}{x_T - x_P}$

c. 过点 a 与直线 PT 平行的直线方程为 $y - y_a = k(x - x_a)$。

d. 上式与曲线联立求解点 b 坐标。

e. 按以上步骤顺次求得各节点 c、d…的坐标。

4）曲率圆法圆弧逼近的节点计算。已知轮廓曲线方程为 $y = f(x)$，曲率圆法是用彼此相交的圆弧逼近非圆曲线。其基本原理是从曲线的起点开始，作与曲线内切的曲率圆，求出曲率圆的中心。以曲率圆中心为圆心，以曲率圆半径加（减）$\delta_{允}$ 为半径，所作的圆（偏差圆）与曲线 $y = f(x)$ 的交点为下一个节点，并重新计算曲率圆中心，使曲率圆通过相邻两节点。重复以上计算，即可求出所有节点坐标及圆弧的

圆心坐标。

计算步骤如下：

a. 以曲线起点 (x_n, y_n) 开始作曲率圆，圆心坐标及半径为

$$
\begin{cases}
\zeta_n = x_n - y'_n \dfrac{1 - (y'_n)^2}{y''_n} \\
\eta_n = y_n + \dfrac{1 + (y'_n)^2}{y''_n} \\
R_n = \dfrac{[1 + (y'_n)^2]^{3/2}}{y''_n}
\end{cases}
\tag{3.2-7}
$$

b. 偏差圆方程与曲线方程 $y = f(x)$ 联立求解得交点 (x_{n+1}, y_{n+1})。

c. 求过 (x_n, y_n) 和 (x_{n+1}, y_{n+1}) 两点、半径为 R_n 的圆的圆心，该圆即为逼近圆。

5）三点圆法圆弧段逼近的节点计算。三点圆法是在等误差直线段逼近求出各节点的基础上，通过连续三点作圆弧，并求出圆心点的坐标或圆的半径。首先从曲线起点开始，通过 P_1、P_2、P_3 三点作圆。圆的方程为

$$
x^2 + y^2 + Dx + Ey + F = 0 \tag{3.2-8}
$$

式中

$$
D = \frac{y_1(x_3^2 + y_3^2) - y_3(x_1^2 + y_1^2)}{x_1 y_2 - x_3 y_2}
$$

$$
E = \frac{x_3(x_2^2 + y_2^2) - x_1(x_2^2 + y_2^2)}{x_1 y_2 - x_3 y_2}
$$

$$
F = \frac{y_3 x_2(x_1^2 + y_1^2) - y_1 x_2(x_3^2 + y_3^2)}{x_1 y_2 - x_3 y_2}
$$

其圆心坐标为 $x_0 = -\dfrac{D}{2}$，$y_0 = -\dfrac{F}{2}$，半径为

$$
R = \frac{\sqrt{D^2 + E^2 - 4F}}{2}
$$

在实际应用中，往往希望以最少的圆弧段来逼近曲线，因此在使用三点作圆方法时不一定非用邻近的三点，也可用相间隔的三点来做圆，如用 P_1、P_5、P_9 作一圆，将其他中间各点的 x 坐标或 y 坐标代入该圆方程，计算出相应点的 y 坐标或 x 坐标，与原节点坐标值比较，若差值小于 $\delta_允$，则可认为逼近成功；否则要重新选点再做，再比较。

2. 列表曲线的数学处理方法

实际零件的轮廓形状除了可以用直线、圆弧或其他非圆曲线组成，有些零件图的轮廓形状是通过实验或测量的方法得到的。零件的轮廓数据在图样上是以坐标点的表格形式给出，这种由列表点（又称为型值点）给出的轮廓曲线称为列表曲线。与非圆曲线比较，列表曲线在数据输入的形式上比较简单，除了给出各列表点的坐标数据，只需再给出端点条件，将这些数据输入计算机中，用事先编制好的可以处理列表曲线的计算机处理程序进行自动处理，很快便可获得结果。

目前处理列表曲线的方法通常采用二次拟合法，即在对列表曲线进行拟合时，第一次先选择直线方程或圆方程之外的其他数学方程式来拟合列表曲线，称为第一次拟合；然后根据编程允差的要求，在已给定的各相邻列表点之间，按照第一次拟合时的数学方程（称为差值方程）进行插点加密求得新的节点。目前比较一致的意见是，采用三次参数样条函数对列表曲线进行第一次拟合，然后使用双圆弧样条进行第二次逼近。

为了在给定的列表点之间得到一条光滑的曲线，对列表曲线逼近一般有以下要求。

1）方程式表示的零件轮廓必须通过列表点。

2）方程式给出的零件轮廓与列表点表示的轮廓凹凸性应一致，即不应在列表点的凹凸性之外再增加新的拐点。

3）光滑性。为使数学描述不过于复杂，通常一个列表曲线要用许多参数不同的同样方程式来描述，希望在方程式的两两连接处有连续的一阶导数或二阶导数，若不能保证一阶导数连续，则希望连接处两边一阶导数的差值应尽量小。

列表曲线的数学处理常用方法见表 3.2-5。

表 3.2-5 列表曲线的数学处理常用方法

名称	原理	特点及应用
牛顿插值法	用相邻三个列表点建立二次方程拟合	计算简单，但曲线段连接处一阶导数不连续，用于列表曲线比较平滑的拟合
三次参数样条拟合	在两个支点间的样条函数是一个以二阶导数为系数的三次样条函数，且其一阶导数和二阶导数均连续。将分段的三次样条曲线递推到整个型值点范围，补充整个曲线的端点条件，便可拟合出整条三次样条曲线	分段的三次多项式，且一阶、二阶导数连续，整体光滑，应用广泛

（续）

名称	原　　理	特点及应用
双圆弧法	在每两个型值点间用两段彼此相切的圆弧来拟合一个给定的列表曲线；或者对已知的三次样条曲线进行第二次逼近计算	数学处理简单，节点数少，分段曲率相等，总体上为一阶光滑，可满足数控加工要求，是一种较好的方法
圆弧样条拟合	过每一型值点作一段圆弧，使相邻两段圆弧在相邻两型值点连线的中垂线上的一点相切。所构成的圆，即圆弧样条曲线，在总体上为一阶光滑、分段等曲率的圆弧	计算简单，二阶导数不连续，适用于曲率变化不大，比较平坦的列表曲线的拟合。只限于描述平面曲线，不适于描述空间曲线

尽管在数学处理时，可以满足轮廓逼近的一般要求，但若给出的列表点存在某种不足，仍会给加工后的零件带来某种误差而造成不光顺。这主要由于列表数据多数是通过实验或测量方法获得，故必然会产生某种误差，而且在设计数据的多次传递过程中，也会产生人为误差，使得列表点中产生若干个"坏点"。若首先对输入的列表数据进行检查，找出坏点，并予以修正，则可达到光顺处理的目的。

3. 曲面的数学处理方法

通常，提供给工艺的曲面数学模型主要有两种，一种是数学方程表达式，以二次圆锥曲线旋转而成的曲面为多见；另一种是经过计算机处理的点阵或直接从数据库中调出的数据点阵，以网格点阵为多见，同时给出每个点的三维坐标值。

曲面数学处理的主要内容有以下三部分：

1）等距曲面的计算。由于数控铣削曲面时往往要求提供球头铣刀的中心运动轨迹，有时又由于零件的内外形存在一个料厚问题，常常需要在提供的原曲面数据的情况下，再建立一个供编程加工用的等距曲面。建立等距曲面的关键在于求得原始曲面的法向矢量，不同形式的曲面方程算法也不同，下面介绍两种等距曲面建立的计算方法。

①曲面方程为 $y = f(x, z)$，根据微分学，曲面上任一点的方向余弦为

$$\begin{cases} \cos\alpha = \dfrac{\partial f}{\partial x}/S \\ \cos\beta = -1/S \\ \cos\gamma = \dfrac{\partial f}{\partial z}/S \end{cases} \quad (3.2\text{-}9)$$

式中，$S = \pm\sqrt{1 + \left(\dfrac{\partial f}{\partial x}\right)^2 + \left(\dfrac{\partial f}{\partial z}\right)^2}$，其正负号按实际需要确定。

设等距曲面的距离（料厚或铣刀半径）为 δ，原始曲面上任一点 P 的坐标为 (x, y, z)，其在等距曲面上的对应点 Q 的坐标为 (u, v, w)，则得等距曲面的参数方程为

$$\begin{cases} u = x + \delta\cos\alpha \\ v = y + \delta\cos\beta \\ w = z + \delta\cos\gamma \end{cases} \quad (3.2\text{-}10)$$

若 $\cos\gamma > 0$，即 S 的正负号与 $\partial f/\partial z$ 一致，则 δ 值取正为原始曲面的外等距面，δ 取负为内等距面。

②原始曲面方程为参数形式，即

$$\begin{cases} x = x(t, \lambda) \\ y = y(t, \lambda) \\ z = z(t, \lambda) \end{cases}$$

令原始曲面上任一点的 t 向切矢为 $\vec{U}$，λ 向切矢为 $\vec{V}$，其法矢为 $\vec{N}$，则

$$\begin{cases} \vec{U} = (x_t, y_t, z_t) \\ \vec{V} = (x_\lambda, y_\lambda, z_\lambda) \end{cases}$$

式中，x_t，y_t，z_t 及 x_λ，y_λ，z_λ 分别为 x，y，z 对参数 t 及 λ 的偏导数，其法矢为

$$\vec{N} = \vec{U} \times \vec{V} = \begin{vmatrix} \vec{i} & \vec{j} & \vec{k} \\ x_t & y_t & z_t \\ x_\lambda & y_\lambda & z_\lambda \end{vmatrix}$$

设 $\vec{N} = (J_x, J_y, J_z)$，则

$$J_x = \begin{vmatrix} y_t & z_t \\ y_\lambda & z_\lambda \end{vmatrix} \quad J_y = \begin{vmatrix} z_t & x_t \\ z_\lambda & x_\lambda \end{vmatrix} \quad J_z = \begin{vmatrix} x_t & y_t \\ x_\lambda & y_\lambda \end{vmatrix}$$

单位法矢 $\vec{n} = \vec{N}/|\vec{N}| = (J_x/S, J_y/S, J_z/S)$，式中，$S = \sqrt{J_x^2 + J_y^2 + J_z^2}$。

即得等距曲面参数方程为

$$\begin{cases} u = x + \delta J_x/S \\ v = y + \delta J_y/S \\ w = z + \delta J_z/S \end{cases} \quad (3.2\text{-}11)$$

2）确定行距。行距 S 的大小直接关系到加工后曲面上残留沟纹高度的大小，大了则表面粗糙度大，选得太小虽然能提高加工精度，但程序冗长，占机加

工时间成倍增加，效率降低。因此，行距的选择应力求做到恰到好处。一般来说，行距 S 的选择取决于铣刀半径 $r_刀$ 及所要求或允许的刀峰高度 h 和曲面的曲率 ρ。计算时，可考虑用下面的方法：

$$S = 2\sqrt{h(2r_刀 - h)}\frac{\rho}{r_刀 \pm \rho} \quad (3.2\text{-}12)$$

式中，当零件曲面凸时 S 取正号，凹时 S 取负号。

实际编程时，如果零件曲面上各点的曲率变化不大，可取曲率最大处作为标准计算。若零件曲面的曲率半径远远大于刀具半径，并且残留高度远远小于刀具半径，也可按式（3.2-13）近似计算行距 S，即

$$S \approx 2\sqrt{2r_刀 h} \quad (3.2\text{-}13)$$

从工艺角度考虑，粗加工时行距可选大一些，精加工时选得小一些，有时为了减少刀峰高度，也可在原来两行之间（刀峰处）加密行切一次，即进行一次去刀峰处理，这样相当于将行距减小一半，实际效果更好些。

3）确定步长。步长 L 的确定方法与平面轮廓曲线加工时步长的计算方法相同，取决于曲面的曲率半径 ρ 与插补误差 $\delta_允$（其值应小于零件加工精度），则

$$L = 2\sqrt{\delta_允(2\rho - \delta_允)} \approx 2\sqrt{2\rho\delta_允} \quad (3.2\text{-}14)$$

实际应用时，可按曲率最大处进行近似计算，然后用等步长法编程，这样做要方便得多。此外，若能将曲面的曲率变化划分为几个区域，也可以分区域确定步长，而各区插补段长不相等，这对于在一个曲面

上存在着若干个凸出或凹陷面（即曲面有突变区）的情况是十分必要的。

3.2.4　数控加工专用技术文件的编写

编写数控加工专用技术文件是数控加工工艺设计的内容之一。这些专用技术文件既是数控加工、产品验收的依据，也是需要操作人员遵守、执行的规程；有的则是加工程序的具体说明或附加说明，目的是让操作者更加明确程序的内容、装夹方式、各个加工部位所选用的刀具及其他问题。

为加强技术文件管理，数控加工专用技术文件也应该走标准化、规范化的道路，但目前还有较大困难，只能先做到按部门或按单位局部统一。准备长期使用的程序和文件要统一编号，办理存档手续，建立借阅（借用）、更改、复制等管理制度。下面介绍几种常用数控加工专用技术文件，供用户参考。

1. 数控加工工序卡片

这种卡片是编制加工程序的主要依据和操作人员配合数控程序进行数控加工的主要指导性工艺文件。在工序加工内容不十分复杂的情况下，用数控加工工序卡的形式较好，可以将零件加工图、尺寸、技术要求、工序内容及程序要说明的问题集中反映在一张卡片上，做到一目了然。加工图 3.2-21 所示零件的数控加工工序卡片见表 3.2-6。

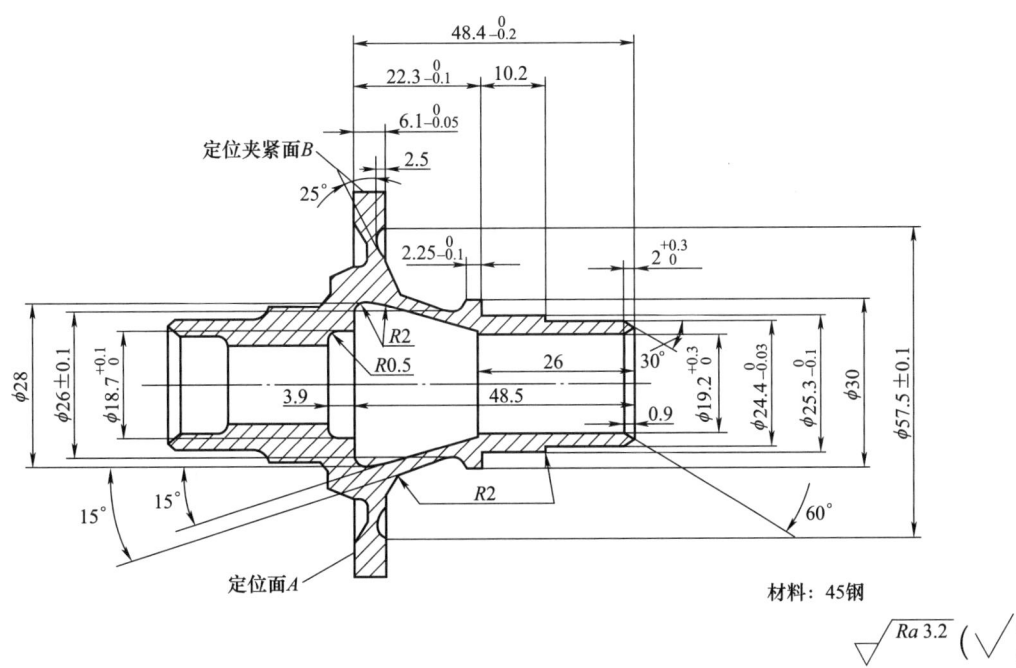

材料：45钢

图 3.2-21　轴套件零件

表 3.2-6 数控加工工序卡片

（工厂）	数控加工工序卡片	产品名称或代号		零件名称		材料		零件图号	
						45 钢			
工序号	程序编号	夹具编号			使用设备			车间	
工步号	工步内容	加工面	刀具号	刀具规格/mm	主轴转速/(r/min)	进给量/(mm/r)	背吃刀量/mm	备注	
1	粗车外表面分别至尺寸 φ24.68mm、φ25.55mm、φ30.3mm		T01		1000	0.2~0.25			
	粗车端面				1400	0.15			
2	半精车外锥面，留精车余量 0.15mm		T02		1000	0.1，0.2			
3	粗车深度 10.15mm 的 φ18mm 内孔		T03		1000	0.1			
4	钻 φ18mm 内部深孔		T04		550	0.15			
5	粗车内锥面及半精车内表面分别至尺寸 φ27.7mm、φ19.05mm		T05		700	0.1 0.2			
6	精车外圆柱面及端面至尺寸		T06		1400	0.15			
7	精车 25° 外圆锥面及 R2 圆弧面至尺寸		T07		700	0.1			
8	精车 15° 外圆锥面及 R2 圆弧面至尺寸		T08		700	0.1			
9	精车内表面至尺寸		T09		1000	0.1			
10	加工深处 $\phi18.7_0^{0.1}$mm 内孔及端面至尺寸		T10		1000	0.1			
编制		审核		批准		共 1 页		第 1 页	

2. 数控加工程序说明卡

根据应用实践，一般应对加工程序做出说明的主要有以下内容：

1）所用数控设备型号及控制机型号。

2）程序原点、对刀点及允许的对刀误差。

3）工件相对于机床的坐标方向及位置（用简图表述）。

4）镜像加工使用的对称轴。

5）所用刀具的规格、图号及其在程序中对应的刀具号，必须按实际刀具半径或长度加大或缩小补偿值的特殊要求（如用同一条程序、同一把刀具并利用加大刀具半径补偿值进行粗加工），更换该刀具的程序段号等。

6）整个程序加工内容的顺序安排（相当于工步内容说明与工步顺序），使操作者明白先干什么后干什么。

7）子程序说明，对程序中编入的子程序应说明

其内容，使人明白每条子程序的功用。

8）其他需要特殊说明的问题，如需要在加工中更换夹紧点（挪动压板）的计划停车程序段号、中间测量用的计划停车程序段号、允许的最大刀具半径和长度补偿值等。

3. 数控加工走刀路线图

为防止刀具在运动中与夹具、工件等发生意外的碰撞，应设法告诉操作人员关于程序中的刀具运动路线（如从哪里下刀，在哪里抬刀，哪里是斜下刀等），使操作人员在加工前就有所了解，并计划好夹紧位置及控制夹紧元件的高度，这样可以减少上述事故的发生。此外，对有些被加工零件，由于工艺性问题，必须在加工过程中挪动夹紧位置，也需要事先告诉操作人员，如在哪个程序段前挪动，夹紧点在零件的什么地方，然后更换到什么地方，需要在什么地方事先备好夹紧元件等。这些用程序说明卡和工序卡是难以说明或表达清楚的，若用走刀路线图加以附

加说明效果就会更好。精车内表面的走刀路线如图 3.2-22 所示。

4. 数控车削加工刀具卡片

刀具卡片是组装刀具和调整刀具的依据，内容包括与工步相对应的刀具号、刀具名称、刀具型号、刀片型号和牌号、刀尖半径等。表 3.2-7 列出了数控车削加工刀具卡片。

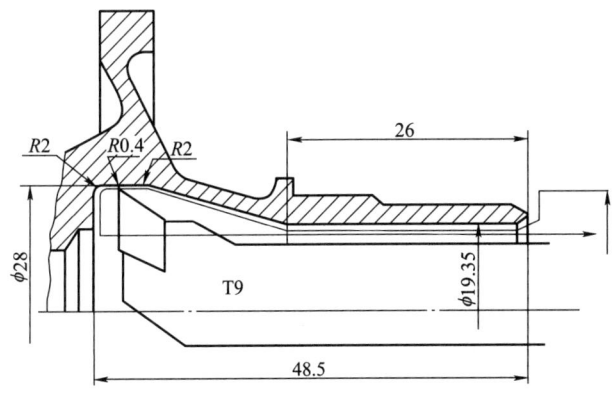

图 3.2-22 精车内表面的走刀路线

表 3.2-7 数控车削加工刀具卡片

产品名称或代号		零件名称		零件图号		程序编号	
工步号	刀具号	刀具名称	刀具型号	刀片		刀尖半径/mm	备注
				型号	牌号		
1	T01	机夹可转位车刀	PCGCL2525-09Q	CCMT097308	GC435	0.8	
2	T02	机夹可转位车刀	PRJCI2525-06Q	RCM9060200	OC435	3	
3	T03	机夹可转位车刀	PTJCL1010-09Q	TCMT090204	GCA35	0.4	
4	T04	$\phi 18$mm 钻头					
5	T05	机夹可转位车刀	PDJNL1515-11Q	DNMA110404	GC435	0.4	
6	T06	机夹可转位车刀	PCGCL2525-08Q	CCMW080304	GC435	0.4	
7	T07	成形车刀				2	
8	T08	成形车刀				2	
9	T09	机夹可转位车刀	PDJNL1515-11Q	DNMA110404	GC435	0.4	
10	T10	机夹可转位车刀	PCL1515-06Q	CCMW060204	GC35	0.4	
编制		审核		批准		共 1 页	第 1 页

5. 数控加工刀具调整图

刀具调整图如图 3.2-23 所示。在刀具调整图中，要反映如下内容：

1）本工序所需刀具的种类、形状、安装位置、预调尺寸和刀尖圆弧半径等，有时还包括刀补组号。

2）刀位点。若以刀尖为刀位点时，则刀具调整图中 X 向和 Z 向的预调尺寸终止线交点即为该刀具的刀位点。

3）工件的安装方式及待加工部位。

4）工件的坐标原点。

5）主要尺寸的程序设定值。

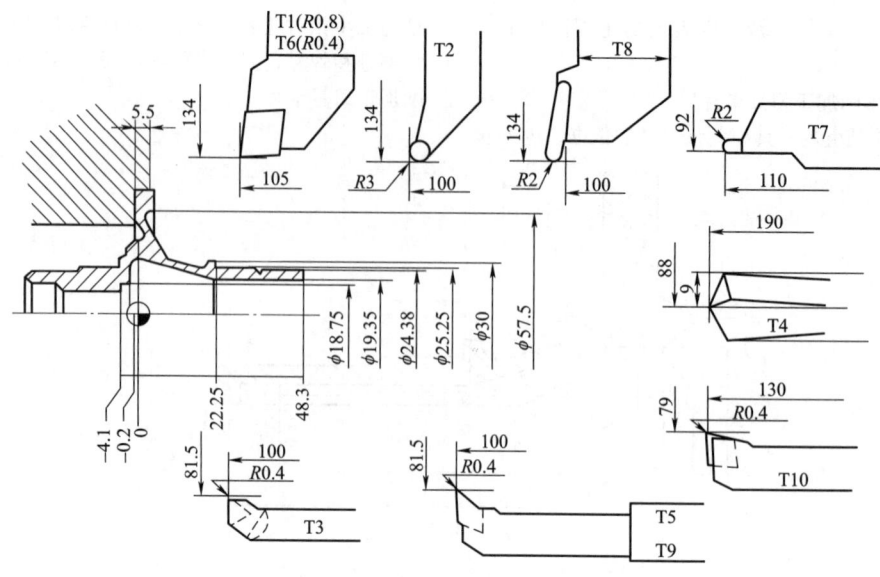

图 3.2-23　刀具调整图

3.3　数控加工刀具选型

3.3.1　刀具材料

1. 刀具材料应具备的性能

刀具材料的发展过程实际上是不断地提高刀具材料耐热性、耐磨性、切削速度及表面加工质量的过程。刀具材料性能的优劣直接影响切削加工能否正常进行。合理地选择刀具材料,既要充分发挥刀具材料的特性,又要从经济性角度来满足切削加工的要求。

图 3.3-1 所示为刀具材料的发展,显示了各种刀具材料开发的时间及所能达到的切削速度。横坐标是刀具开发年份,纵坐标对应该种材料所能达到的切削速度。

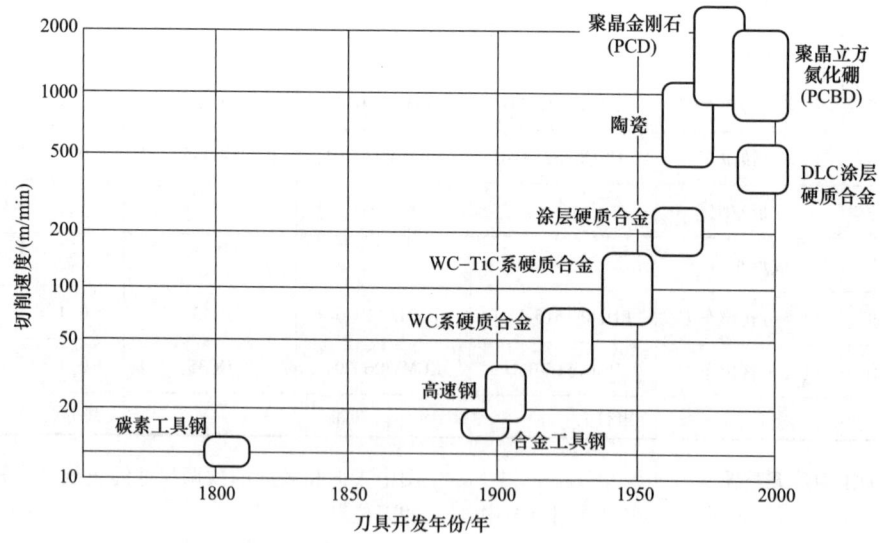

图 3.3-1　刀具材料的发展

刀具在高温下进行切削工作,同时还要承受切削力、冲击及振动,因此刀具材料应具备以下基本要求。

1) 高硬度:刀具材料必须具有高于被加工材料的硬度,一般刀具材料的常温硬度均在 62HRC 以上。

2）高韧性（抗弯强度）：为了承受切削力、冲击和振动，刀具材料应具有足够的强度，即具备一定的耐崩刃性和耐破损性。

3）高耐热性：耐热性指刀具材料在高温下保持硬度的性能。

4）良好化学稳定性：刀具材料应具有耐氧化性、耐扩散性。

5）良好热传导能力：刀具材料应具有良好的耐热冲击性、耐热裂纹性。导热系数越大，则由刀具传出的热量越多，有利于降低切削温度和提高刀具寿命。

6）低亲和力：刀具材料应具有耐熔着、凝着（粘刀）性。

7）良好工艺性：为了便于制造，要求刀具材料具有较好的可加工性，包括锻、轧、焊接、切削加工和可磨削性、热处理特性等。

2. 刀具材料的种类

刀具材料的种类有碳素工具钢、合金工具钢、高速钢、硬质合金、陶瓷、天然和人造金刚石及立方氮化硼等。主要刀具材料的种类如图 3.3-2 所示。

各种刀具材料的物理力学性能见表 3.3-1。

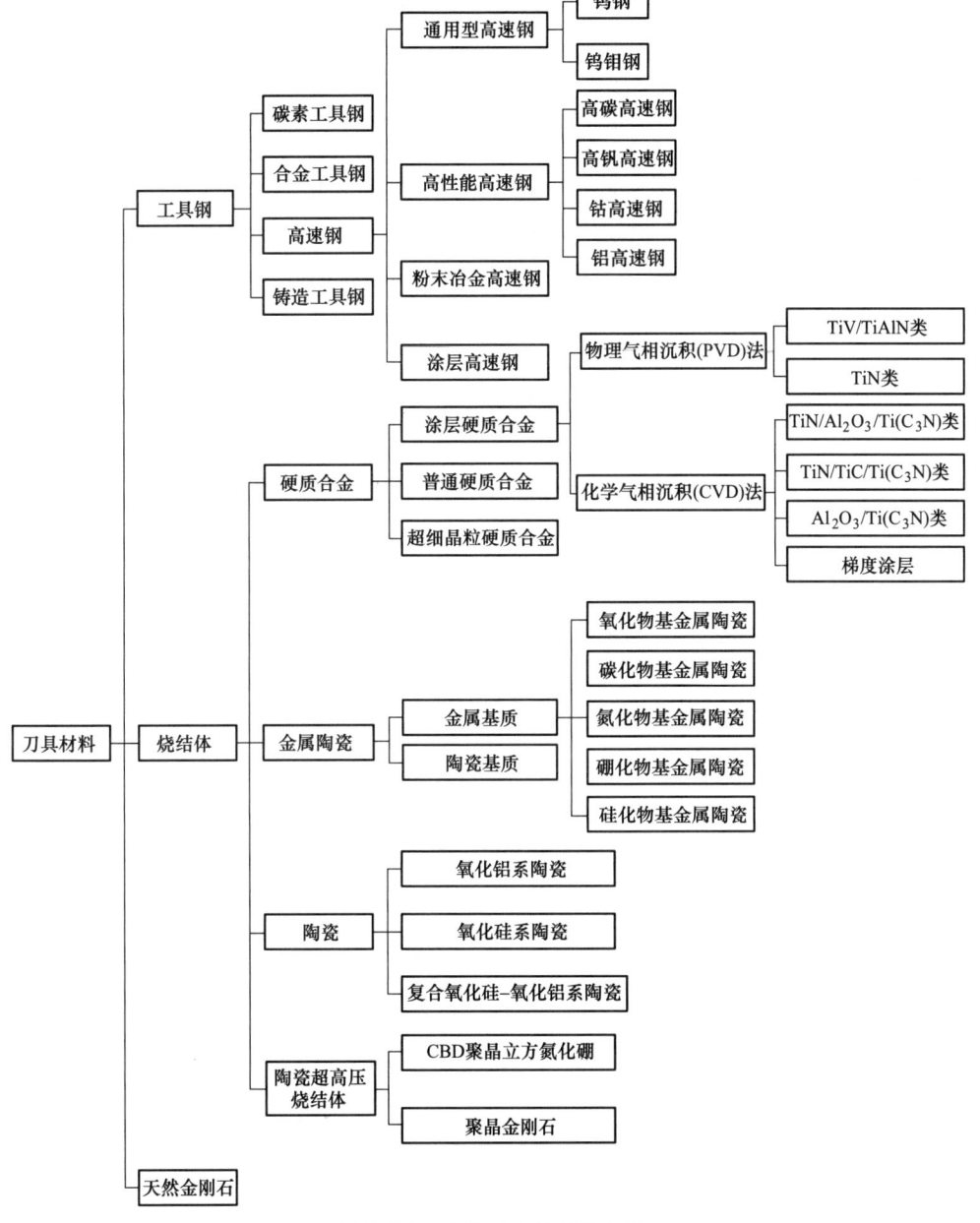

图 3.3-2　主要刀具材料的种类

表 3.3-1　各种刀具材料的物理力学性能

材料种类	硬度	密度 /(g/cm³)	抗弯强度 /GPa	冲击韧度 /(kJ/m²)	热导率 /[W/(m·K)]	耐热性 /℃
碳素工具钢	63~65HRC	7.6~7.8	2.2	—	41.8	200~250
高速钢	63~70HRC	8.0~8.8	1.96~5.88	98~588	16.7~25.1	600~700
硬质合金	89~94HRA	8.0~15	0.9~2.45	29~59	16.7~87.9	800~1000
陶瓷	91~95HRA	3.6~4.7	0.45~0.8	5~12	19.2~38.2	1200
立方氮化硼	8000~9000HV	3.44~3.49	0.45~0.8	—	19.2~38.2	1200
金刚石	10000HV	3.47~3.56	0.21~0.48	—	19.2~38.2	1200

3. 高速钢刀具材料及其刀具选用

高速钢是一种加入了较多的钨（W）、铬（Cr）、钒（V）、钼（Mo）等合金元素的高合金工具钢，有良好的综合性能。高速钢具有较高的硬度（一般硬度为 62~67HRC）和耐热性，在切削温度高达 500~650℃时仍能进行切削；其强度和韧性是现有刀具材料中最高的，抗弯强度是一般硬质合金的 2~3 倍，是陶瓷的 5~6 倍；韧性很好，可以在有冲击、振动的场合应用。它可用于加工有色金属、结构钢、铸铁和高温合金等范围广泛的材料。高速钢的分类、牌号、性能及适用范围见表 3.3-2。

表 3.3-2　高速钢的分类、牌号、性能及适用范围

分类	牌号	硬度 (HRC)	抗弯强度 /GPa	冲击韧度 /(kJ/m²)	600℃时的硬度 (HRC)	使用性能	适用范围
通用高速钢	W18Cr4V	63~66	3.0~3.4	0.2~0.3	48.5	钨系通用高速钢具有较高的硬度、热硬性及高温硬度，淬火范围较宽，但不易过热，易于磨削加工（可用普通砂轮磨削）；缺点是热塑性低、韧性稍差。该钢种曾经用量最大，但 20 世纪 70 年代后期使用减少	主要用于制作高速切削的车刀、钻头、铣刀、铰刀等刀具，还用于制作板牙、丝锥、扩孔钻、拉丝模、锯片等，但不宜用热成形法制造刀具
	W6Mo5Cr4V2	63~66	3.5~4.0	0.3~0.4	47~48	W-Mo 系通用型高速钢是当今各国用量最大的高速钢，具有较高的硬度、热硬性及高温硬度，热塑性好，强度和韧性优良；缺点是钢的过热与脱碳敏感性较大，耐热性稍次于 W18Cr4V	用于制作要求耐磨性和韧性配合良好的并承受冲击力较大的刀具和一般刀具，如插齿刀、锥齿轮刨刀、铣刀、车刀、丝锥、钻头等

（续）

分类	牌号	硬度（HRC）	抗弯强度/GPa	冲击韧度/（kJ/m²）	600℃时的硬度（HRC）	使用性能	适用范围
通用高速钢	W14Cr4VMnXt[①]	64~66	≈4.0	≈0.31	50.5	与 W18Cr4V 相当，但改善了热塑性	可用于制作各种刀具，适于加工一般钢与铸铁
	W9Mo3Cr4V	63~66	4.0~4.5	0.35~0.4	—	W-Mo 系通用型高速钢，使用性能与 W18Cr4V 和 W6Mo5Cr4V2（M2）相当，耐热性、热塑性、热处理性能均较好，综合工艺性能优于 W18Cr4V 和 W6Mo5Cr4V2，钢合金成本也较低	与 W18Cr4V 和 W6Mo5Cr4V2 制作各种刀具，用于加工一般钢与铸铁
高性能高速钢-高碳高钒	W12Cr4V4Mo[②]	66~67	≈3.2	≈0.1	52	因钒含量高，故硬度及耐磨性高，但强度及韧性较低，耐热性比通用型高速钢高。可磨性差，需用单晶刚玉砂磨削	用于制作对耐磨性要求高的刀具
	W6Mo5Cr4V3	65~67	≈3.2	≈0.25	51.7	高碳高钒型高速钢因含钒量高，其耐磨性优于 W6Mo5Cr4V2，强度及韧性较低，脱碳敏感性较大，故硬度及耐磨性高，耐热性比通用型高速钢高。需用单晶刚玉砂磨削	用于制作要求特别耐磨的工具和一般刀具，如拉刀、滚刀、螺纹梳刀、车刀、刨刀、丝锥、钻头等。由于钢的磨削性差，制作复杂刀具需用特殊砂轮加工
	W9Cr4V5[①]	63~66	≈3.2	≈0.25	51	因含钒量高，故硬度及耐磨性高，但强度及韧性较低，耐热性比通用型高速钢高。可磨性差，需用单晶刚玉砂磨削	用于制作对耐磨性要求高的刀具

（续）

分类	牌号	硬度（HRC）	抗弯强度/GPa	冲击韧度/(kJ/m²)	600℃时的硬度（HRC）	使用性能	适用范围
高性能高速钢-含钴	W6Mo5Cr4V2-Co8①	66~68	≈3.0	≈0.3	54	高碳 W-Mo 系通用型高速钢，由于碳含量提高，淬火后的表面硬度也提高，而且高温硬度、耐磨性和耐热性都比 W6Mo5Cr4V2 高，但强度和韧性有所下降，抗冲击性不强	适于制作对切削性能要求较高的刀具，常用于加工高温合金、钛合金、奥氏体不锈钢等难加工材料
高性能高速钢-高碳高钒含钴	W12Cr4V5Co5	66~68	≈3.0	≈0.25	54	高碳高钒含钴高速钢具有较高的硬度和超高的耐磨性，但可磨性差，需用单晶刚玉砂轮磨削。综合了含钒钢耐磨性好与含钴钢耐热性高的优点	用于加工高温合金、不锈钢等，但刃磨困难，不适于制作复杂刀具
	W9Cr4V5Co3①	—	—	—	—	综合了含钒钢耐磨性好与含钴钢耐热性高的优点，但可磨性差，需用单晶刚玉砂轮磨削	用于加工高温合金、不锈钢等，但因磨削困难，不适于制作复杂刀具
高性能高速钢-含钴超硬型	W2Mo9Cr4VCo8	67~69	2.7~3.8	0.2~0.3	55	W-Mo 系高碳含钴超硬型钢相当于美国 M42 型钢，是一种用量最大的超硬型高速钢，具有较高的热硬性和高温硬度，易磨削加工，但韧性较差，可谓综合性能好，但价格高	用于制作各种复杂的高精度刀具，如精密拉刀、成型铣刀、专用车刀、钻头及各种高硬度刀具，可用于对难加工材料，如钛合金、高温合金、超高强度钢等的切削加工

（续）

分类	牌号	硬度（HRC）	抗弯强度/GPa	冲击韧度/（kJ/m²）	600℃时的硬度（HRC）	使用性能	适用范围
高性能高速钢-含钴超硬型	W7Mo4Cr4-V2Co5	67～69	2.5～3.0	0.2～0.3	54	可磨性次于W2Mo9Cr4VCo8	适于制作各种刀具，可用于加工高强度钢、高温合金、碳合金等难加工材料
	W9Mo3Cr4-V3Co10①	66～69	≈2.4	0.2～0.3	54	与W12Mo9Cr4VCo8性能相当，但强度和韧性较低，可磨性差	
	W12Cr4V3-Mo3Co5Si②	67～69	2.4～3.3	0.1～0.2	54	为低钴超硬高速钢，性能与高钴高速钢相近，可磨性差	
	W6Mo5Cr4-V2Al	67～69	2.9～3.9	0.2～0.3	55	性能与W2Mo-9Cr4VCo8相近，但可磨性稍差，过热敏感性稍大，价格较低	可代替高钴高速钢，用于加工难加工材料
高性能高速钢-无钴超硬型	W6Mo5Cr4-V5SiNbAl②	66～68	3.6～3.9	0.2～0.3	51	耐磨性高、耐热性高、可磨性差	可代替高钴高速钢，用于加工难加工材料
	W10Mo4Cr-4V3Al②	67～69	3.1～3.5	0.2～0.3	54		

① 非标在用牌号。

② 曾用牌号。

4. 硬质合金材料及其刀具选用

硬质合金是用高硬度、难熔的金属碳化物（WC、TiC 等）和金属黏结剂在高温条件下烧结而成的粉末冶金制品。硬质合金的常温硬度达 89～93HRA，760℃时的硬度为 77～85HRA，800～1000℃时硬质合金还能进行切削。刀具寿命比高速钢刀具高几倍甚至几十倍，可加工包括淬硬钢在内的多种材料。但是，强度和韧性比高速钢差，常温下的冲击韧性仅为高速钢的 1/30～1/8，因此硬质合金承受切削振动和冲击的能力较差。硬质合金是常用的刀具材料之一，常用于制造车刀和面铣刀，也可用于制造深孔钻、铰刀、拉刀和滚刀。尺寸较小和形状复杂的刀具可以采用硬质合金制造，但成本较高，其价格是高速钢刀具的 8～10 倍。根据 GB/T 2075—2007，硬质合金可分为 P、M、K、N、S、H 六类，P 类硬质合金主要用于加工除不锈钢的所有带奥氏体结构的钢和铸钢，用蓝色作为标志；M 类主要用于加工奥氏体型不锈钢或铁素体型不锈钢及铸钢，用黄色作为标志；K 类主要用于加工灰铸铁、球墨铸铁及可锻铸铁，用红色作为标志；N 类主要用于加工铝、其他有色金属和非金属材料，用绿色作为标志；S 类主要用于加工基于铁的耐热特种合金，包括镍、钴、钛及钛合金等，用褐色作为标志；H 类主要用于加工硬化钢、硬化铸铁材料、冷硬铸铁等，用灰色作为标志；字母后面的阿拉伯数字表示其性能和加工时承受载荷的情况或加工条件，数字越小，硬度越高，韧性越差。国内硬质合金牌号常用 Y+G/T/W+X 表示，其中 Y 表示硬质合金，G/T/W 表示硬质合金成分特性，附加字母 X 用以表示颗粒属性及其他微量元素添加情况。例如，YG8 表示钴含量（质量分数，后同）为 8%，碳化钨含量为 92% 的钨钴合金；YT15 表示碳化钛含量为 15%，钴含量为 6%，碳化钨含量为 79% 的钨钛钴合金；YW2 表示碳化钨含量为 85%，碳化钛含量为 4%，碳化钽含量为 4%，钴含量为 7% 的通用合金。国内硬质合金刀具材料的牌号、性能及适用范围见表 3.3-3。

表 3.3-3　国内硬质合金刀具材料的牌号、性能及适用范围

合金牌号（株洲/自贡）	相当于ISO标准	硬度HRA	抗弯强度/MPa	密度/(g/cm³)	主要性能	适用范围
YT05、YN10	P05	92	1100	6.3	红硬性及耐磨性较好	常用于调质钢、合金钢、淬火钢的精加工
YC10、YC12	P10	90.9	1650	10.3	红硬性及耐磨性较好	用于车削、仿形切削、车螺纹和铣削、高切削速度的小或中切削截面加工。常用于合金钢和淬火钢的精加工
YC20.1	P20	90.5	1750	11.7	红硬性好、耐磨性高	用于车削、仿形切削、铣削、中切削速度和切削截面、小切削截面的刨削。常用于钢、调质钢的半加工、精加工
YC30、YT35	P30	90.1	1850	12.5	抗冲击性能、抗热振性较好，红硬性及耐磨性较高	用于车削、铣削、刨削、中或低切削速度、中或大切削截面，也可在加工环境较为不利条件下使用。常用于钢、铸钢的粗加工和半精加工
YC40、YC45	P40	89.9	2200	13.1	抗冲击性能好、抗热振性较好	用于车削、刨削、插削、低切削速度、大切削截面加工，可在不利条件下加工大切削角，可在自动机床上使用。常用于钢、铸钢的粗加工及重力切削
ZP01、YT726	P10	92.5	1610	14.2	红硬性及耐磨性较好	用于车削、仿形切削、车螺纹和铣削、高切削速度的小或中切削截面加工。常用于调质钢、合金钢及淬火钢的精加工
ZP10、YT715	P10	91.5	1400	11.3	红硬性及耐磨性较好	用于车削、仿形切削、车螺纹和铣削、高切削速度的小或中切削截面加工。常用于调质钢、合金钢及淬火钢的精加工
ZP20、YT758	P20	91.5	1620	13.3	红硬性好、耐磨性高	用于车削、仿形切削、铣削、中切削速度和切削截面、小切削截面的刨削。常用于高强度钢的连续切削或间断切削
ZP30、YT730	P30	91	1850	11.26	抗冲击性能、抗热振性较好，红硬性及耐磨性较高	用于车削、铣削、刨削、中或低切削速度、中或大切削截面，也可在加工环境较为不利条件下使用。常用于钢、铸铁的粗加工和半精加工

（续）

合金牌号 （株洲/自贡）	相当于 ISO 标准	硬度 HRA	抗弯强度 /MPa	密度 /（g/cm³）	主要性能	适用范围
ZP40、 YT535	P40	90	1760	12.7	抗冲击性能好、抗热振性较好	用于车削、刨削、插削、低切削速度、大切削截面加工，可在不利条件下加工大切削角，可在自动机床上使用。常用于钢、铸铁的粗加工及断续切削
YM051	M10	92	1250	12.5	抗粘接性能较好	用于车削的精加工、中或高切削速度、小或中的切削截面。常用于高锰钢、耐热不锈钢的精加工
YM10	M10	91.5	1230	12.0	抗粘接性能较好	用于车削的精加工、中或高切削速度、小或中的切削截面。常用于合金钢、调质钢、耐热不锈钢的精加工
YM20	M20	91.5	1450	13.9	抗粘接性能较好	用于车削、铣削、中切削速度和切削截面。常用于钢、铸钢、锰钢和可锻铸铁的粗加工
YM30	M30	91.5	2000	14.5	抗粘接性能较好、红硬性好、耐磨性高	用于车削、铣削、刨削、中切削速度、中或大切削截面。常用于马氏体、铁素体、奥氏体、耐热不锈钢及合金钢的粗加工和精加工
YC30T	M30	90.5	1600	11.4	抗粘接性能较好、红硬性好、耐磨性高	用于车削、铣削、刨削、中切削速度、中或大切削截面。常用于马氏体、铁素体、奥氏体、耐热不锈钢及合金钢的粗加工和精加工
YC40T	M40	89.9	1700	13.1	韧性好、抗热振性好	用于车削、切断、特别适用于自动化机床的成形车削。常用于各种不锈钢、合金钢的粗加工
YT767	M10	92	1580	13.1	抗粘接性能较好	用于车削的精加工、中或高切削速度、小或中的切削截面。常用于高锰钢、不锈钢的粗、精加工
ZM10	M10	91	1200	13.2	抗粘接性能较好	用于车削的精加工、中或高切削速度、小或中的切削截面。常用于耐热钢、高锰钢、不锈钢的精加工
YW2A	M15	91	1620	13.0	红硬性好、耐磨性高	常用于耐热钢、高锰钢、不锈钢的粗加工和精加工
YG532	M20	90.5	1760	14.1	抗粘接性能较好	用于车削、铣削、中切削速度和切削截面。常用于不锈钢、高温合金钢、铸铁的粗加工

（续）

合金牌号 （株洲／自贡）	相当于 ISO 标准	硬度 HRA	抗弯强度 /MPa	密度 /（g/cm³）	主要性能	适用范围
YG813	M20	91	1750	14.4	抗粘接性能较好	用于车削、铣削、中切削速度和切削截面。常用于马氏体、铁素体、奥氏体、耐热不锈钢及合金钢的粗加工和精加工
ZM30	M30	90.5	1800	13.7	抗粘接性能较好、红硬性好、耐磨性高	用于车削、铣削、刨削、中切削速度、中或大切削截面。常用于马氏体、铁素体、奥氏体、耐热不锈钢及合金钢的粗加工和精加工
YG640	M40	91	2000	13.2	韧性好、抗热振性好	用于车削、切断、特别适用于自动化机床的成形车削。常用于不锈钢、合金钢的粗加工
YD05	K01	94	1200	14.8	耐磨性良好	用于车削的精加工、镗削、铣削、刮削。常用于淬火钢、热喷焊材料的粗加工和精加工
YD10.2	K05	93.5	1700	12.9	耐磨性良好	常用于钛合金、高锰钢的半精加工和精加工
YS8	K10	92.5	1570	13.9	耐磨性好、韧性一般	用于车削、铣削、钻孔、镗削、拉削、刮削。常用于铁基、钴基高温合金的粗加工和精加工
YD20	K20	90.5	1900	14.8	韧性好、耐磨性好	用于要求高韧性硬质合金的车削、铣削、刨削、镗孔、拉削。常用于冷硬铸铁、钛合金、高温合金的粗加工和精加工
YS2T	K40	91.5	2200	14.5	韧性好、抗热振性好	用于车削、铣削、刨削、插削，适用于不利条件下的加工，可用于大切削角的加工。常用于不锈钢、镍基合金、钛合金的粗加工
YG610	K05	93.5	1340	14.7	耐磨性良好	常用于高铬铸铁、高温合金、淬火钢的精加工
YG643	K10	91.5	1700	14.92	耐磨性好、韧性一般	用于车削、铣削、钻孔、镗削、拉削、刮削。常用于球墨铸铁、冷硬铸铁的粗加工和精加工
ZK20	K20	90	1720	14.95	韧性好、耐磨性好	用于要求高韧性硬质合金的车削、铣削、刨削、镗孔、拉削。常用于铸铁、有色金属、非金属材料半精加工

（续）

合金牌号（株洲/自贡）	相当于ISO标准	硬度HRA	抗弯强度/MPa	密度/(g/cm³)	主要性能	适用范围
ZK30	K30	89	1800	14.7	抗冲击、抗震性好	用于车削、铣削、刨削、插削，适用于不利条件下的加工，可用于大切削角的加工。常用于铸铁、有色金属、冷硬铸铁的粗加工、精加工
YG546	K40	89	2060	14.6	韧性好、抗热振性好	用于车削、铣削、刨削、插削，适用于不利条件下的加工，可以用于大切削角的加工。常用于铸铁、不锈钢、有色金属的粗加工

5. 陶瓷材料及其刀具选用

制作刀具的陶瓷材料是以天然或合成化合物（Al_2O_3 和 Si_3N_4）为原料，在高压下成形和高温下烧结而成的一类无机非金属刀具材料。它有很高的硬度和耐磨性，耐热性高达 1200℃ 以上，化学稳定性好，与金属的亲和力小，可提高切削速度 3~5 倍，但陶瓷的最大弱点是抗弯强度低，冲击韧性差，因此主要用于钢、铸铁、有色金属等材料的精加工和半精加工。按成分分类，陶瓷可分为以下几种，即高纯氧化铝陶瓷、复合氧化铝陶瓷、复合氮化硅陶瓷。陶瓷刀具主要是用于硬质合金刀具不能加工的普通钢和铸铁的高速切削加工，以及难加工材料的加工。每种陶瓷刀具都有其特定的加工范围。

1）氧化铝基陶瓷材料刀具：适用于加工各种钢材和各种铸铁，也可加工铜合金、石墨、工程塑料和复合材料，加工钢材优于氮化硅基陶瓷，但由于其基体含有 Al 元素，在加工铝及铝合金时存在较大的亲和力，刀具会出现较大的黏结磨损和扩散磨损，故不宜加工铝合金。同样，Al_2O_3/TiC 和 Al_2O_3/（W，Ti）C 的"黑色"陶瓷刀具中含有 Al 及 Ti 元素，在加工铝及铝合金和钛及钛合金时存在较大的亲和力，故不宜于加工铝和钛及其合金。

SiCw 颗粒或晶须 SiCw 增韧的 Al_2O_3 陶瓷刀具在加工镍基高温合金、纯镍和高镍合金时表现出优良的切削性能，但加工钢件时，SiCw 很容易在切削高温的作用下与钢料中的 Fe 发生反应，使 SiCw 晶须原有的硬度和耐磨性能降低，晶须与基体的结合强度削弱，刀具材料急剧磨损。所以，添加晶须 SiCw 增韧的 Al_2O_3 陶瓷刀具不适合加工钢件和铸铁。

2）Si_3N_4 基陶瓷材料刀具：其断裂韧性和抗热裂性高于氧化铝基陶瓷材料刀具，其在铸铁和镍基合金的切削加工中得到广泛应用。

Si_3N_4 基陶瓷材料刀具高速切削铸铁时主要发生磨料磨损，而高速切削碳钢时主要发生化学磨损。由于 Si_3N_4 和 Fe 之间存在较大的亲和力，Si 与 Fe 之间也易于相互扩散，因此 Si_3N_4 基陶瓷材料刀具不适合于对铁和碳钢等材料进行高速切削。Si_3N_4 基陶瓷材料刀具最适用于高速加工铸铁和高温合金。

国内部分牌号陶瓷刀具的特点与主要用途见表 3.3-4。

表 3.3-4　国内部分牌号陶瓷刀具的特点与主要用途

生产厂家	牌号	特点与主要用途
山东大学	LT55	可加工多种钢（55HRC）和铸铁，特别适用于超高强度钢和高硬铸铁的加工
	SG4	可加工各种钢和铸铁，特别适用于加工淬硬钢（60~65HRC）
	JX-1	适用于加工高温镍合金
	LP-1	适用于加工各种钢和铸铁
	LP-2	适用于加工各种钢和铸铁，适于断续切削
	FG-2	适用于加工各种钢和铸铁，特别适于加工淬硬钢
	FH1-1	适用于加工各种钢和铸铁，特别适于加工淬硬钢
	FH1-2	适用于加工各种钢和铸铁，特别适于断续切削钢、淬硬钢的加工

（续）

生产厂家	牌号	特点与主要用途
北京清华紫光 方大高技术 有限公司	FD05	抗热振性极好，强度高，抗冲击性好，但不适于切削高强度钢、硬度<62HRC 铸铁的粗加工、断续切削、高速大进给切削
	FD01	耐高温性能好，强度不如 FD05，但耐磨性稍好，适于硬度<65HRC 的高合金铸铁的粗加工及合金钢、高锰钢的粗加工
	TD04	耐高温性能好，适于铸铁大进给量加工及铣削加工，常用于加工高硬铸铁、球墨铸铁、淬硬钢和合金铸铁
	FD22	耐磨性极好、可实现淬硬钢的以车代磨或以铣代磨，也可用于 65HRC 的淬硬钢或合金铸铁的精加工

6. 涂层刀具的选用

涂层刀具是在强度和韧性较好的硬质合金或高速钢基体表面上，利用气相沉积方法涂覆一耐磨性好的难熔金属或非金属化合物薄膜而获得的（也可涂覆在陶瓷、金刚石和立方氮化硼等超硬材料刀片上）。涂层作为一个化学屏障和热屏障，减少了刀具与工件间的扩散和化学反应，从而减少了月牙槽磨损。涂层刀具具有表面硬度高、耐磨性好、化学性能稳定、耐热耐氧化、摩擦因数小和热导率低等特性，切削时可比未涂层刀具提高刀具寿命 3~5 倍以上，提高切削速度 20%~70%，提高加工精度 0.5~1 级，降低刀具消耗费用 20%~50%。因此，涂层刀具已成为现代切削刀具的标志，在刀具中的使用比例已超过50%。目前，切削加工中使用的各种刀具，包括车刀、镗刀、钻头、铰刀、拉刀、丝锥、螺纹梳刀、滚压头、铣刀、成形刀具、齿轮滚刀和插齿刀等都可采用涂层工艺来提高它们的使用性能。常用的涂层材料有 TiC、TiN 和 Al_2O_3 等。除上述单层涂层刀片，还有 TiC+TiN、TiC+TiN+ Al_2O_3 等两层、三层的复合涂层，其性能更优，但涂层刀具不适宜加工高温合金、钛合金及非金属材料，也不适宜粗加工有夹砂、硬皮的锻铸件。

目前生产上常用的涂层方法有两种，即物理气相沉积（PVD）法和化学气相沉积（CVD）法。前者沉积温度为 500℃，涂层厚度为 2~5μm；后者的沉积温度为 900~1100℃，涂层厚度可达 5~10μm，并且设备简单，涂层均匀。因 PVD 法未超过高速钢本身的回火温度，故高速钢刀具一般采用 PVD 法，而硬质合金大多采用 CVD 法。CVD 法和 PVD 法各自的选用范围见表 3.3-5。

表 3.3-5 CVD 法和 PVD 法各自的适用范围

涂层常用方法	CVD 法	PVD 法
适合的加工条件	1）切削温度较高的加工（高速加工、大进给加工） 2）大批量加工 3）一定背吃刀量的加工 4）刀具直线进给	1）微小背吃刀量的加工 2）大进给加工 3）表面要求高的加工 4）易黏结工件材料的加工 5）背吃刀量变化的加工 6）刀具曲线、多角进给
主要涂层物质	TiC、TiCN、TiN、Al_2O_3 等	TiC、TiCN、TiN、（Al, Ti）N、（Al, Ti, Si）N、CrN 等
优点	1）可涂覆热稳定性优异的 Al_2O_3，可用于高速切削加工 2）基体与涂层的密合性好，可形成比较厚的涂层，耐磨性优异，使用寿命长 3）通过更换原料气体，可以在同一装置中连续涂覆多种物质。容易涂覆多层材料	1）可以在较低温度条件下（700℃以下）进行涂覆，因此对基体的制约少。可适用于高速钢、焊接刀具、硬质合金、金属陶瓷等多种材料 2）切削刃强度（韧性）下降少。可适用于锋利刃口的刀具 3）涂层膜上产生残余压应力，耐磨性、耐热龟裂性强 4）涂层表面比较光滑，适用于精加工

（续）

涂层常用方法		CVD 法	PVD 法
缺点		1) 需要在高温（900~1100°C）条件下进行处理，因此对基体材料有限制，不适用于高速钢、焊接刀具。基体只局限于硬质合金 2) 可能会引起表面与切削刃强度的下降。不适用于易发生破损的锋利刃口刀具 3) 涂层膜上产生残余拉伸应力，会导致耐破损性下降。需要使用专用的硬质合金基体材料 4) 涂层表面易起毛，精加工时有可能会发生粘接	1) 涂层不导电的各种氧化物（绝缘物）比较困难 2) 基体很难与涂层密合，不适合厚膜涂层 3) 涂层的结合力比 CVD 法差
对各种刀具的适应性	普通车削用刀片	适合	比较适合
	普通铣削用刀片	适合	适合
	钻削用刀片	适合	适合
	精密加工用刀片	比较适合	适合
	整体、焊接立铣刀	不适合	适合
	整体、焊接钻头	不适合	适合

7. 超硬刀具材料及其刀具选用

超硬刀具材料指比陶瓷材料更硬的刀具材料，包括单晶金刚石、聚晶金刚石（polycrystalline diamond，PCD）、聚晶立方氮化硼（polycrystalline cubic boron nitride，PCBN）和 CVD（化学气相沉积）金刚石等。超硬刀具主要是以金刚石和立方氮化硼为材料制作的刀具，其中以 PCD 刀具及 PCBN 刀具占主导地位。超硬刀具以其独特的优势成为切削加工中不可缺少的工具，极大促进了切削加工及先进制造技术的飞速发展。

（1）PCD 刀具

PCD 刀具具有硬度高、抗压强度高、导热性及耐磨性好等特性，可在高速切削中获得很高的加工精度和加工效率。金刚石刀具的上述特性是由金刚石晶体状态决定的。在金刚石晶体中，碳原子的 4 个价电子按四面体结构成键，每个碳原子与 4 个相邻原子形成共价键，进而组成金刚石结构，该结构的结合力和方向性很强，从而使金刚石具有极高硬度。由于聚晶金刚石（PCD）的结构是取向不一的细晶粒金刚石烧结体，虽然加入了结合剂，其硬度及耐磨性仍低于单晶金刚石，但由于 PCD 烧结体表现为各向同性，因此不易沿单一解理面裂开。

PCD 刀具的主要优势：

1) PCD 的硬度可达 8000HV，为硬质合金的 8~12 倍。

2) PCD 的热导率为 700W/（m·K），为硬质合金的 1.5~9 倍，甚至高于 PCBN 和铜，因此 PCD 刀具热量传递迅速。

3) PCD 的摩擦因数一般仅为 0.1~0.3（硬质合金的摩擦因数为 0.4~1），因此 PCD 刀具可显著减小切削力。

4) PCD 的热膨胀系数仅为 $0.9 \times 10^{-6} \sim 1.18 \times 10^{-6} °C^{-1}$，仅相当于硬质合金的 1/5，因此 PCD 刀具热变形小，加工精度高。

5) PCD 刀具与有色金属和非金属材料间的亲和力很小，在加工过程中切屑不易黏结在刀尖上形成积屑瘤。

PCD 刀具主要应用于以下两方面：一是难加工有色金属材料的加工，用普通刀具加工难加工有色金属材料时，往往产生刀具易磨损、加工效率低等缺陷，而 PCD 刀具则可表现出良好的加工性能；二是难加工非金属材料的加工，PCD 刀具非常适合石材、硬质碳、碳纤维增强塑料（CFRP）、人造板材等难加工非金属材料的加工，用 PCD 刀具加工这些材料可有效避免刀具易磨损等缺陷。

PCD 刀具的选用原则：

1) 合理选择 PCD 刀具粒度。PCD 粒度的选择与刀具加工条件有关，如设计用于精加工或超精加工时，应选用强度高、韧性好、抗冲击性能好、细晶粒的 PCD 刀具，而粗晶粒 PCD 刀具则可用于一般的粗加工。PCD 材料的粒度对于刀具的磨损和破损性能影响显著。研究表明，PCD 粒度号越大，刀具的抗磨损性能越强。采用 DeBeers 公司 SYNDITE 002 和 SYNDITE 025 两种 PCD 材料的刀具加工 SiC 基复合材料时的刀具磨损试验结果表明，粒度为 2μm 的 SYN-DITE 002PCD 材料较易磨损。

2）合理选择 PCD 刀片厚度。通常情况下，PCD 刀片的层厚为 0.3~1.0mm，加上硬质合金层后的总厚度为 2~8mm。较薄的 PCD 层厚有利于刀片的电火花加工。DeBeers 公司推出的 0.3mm 厚 PCD 复合片可降低磨削力，提高电火花的切割速度。PCD 复合片与刀体材料焊接时，硬质合金层的厚度不能太小，以免因两种材料结合面间的应力差而引起分层。

3）刀具几何参数与结构的选用。PCD 刀具的几何参数取决于工件状况、刀具材料与结构等具体加工条件。由于 PCD 刀具常用于工件的精加工，切削厚度较小（有时甚至等于刀具的刃口半径），属于微量切削，因此其后角及后刀面对加工质量有明显影响，较小的后角、较高的后刀面质量对于提高 PCD 刀具的加工质量可起到重要作用。

4）刀具切削参数的选用。

①切削速度：PCD 刀具可在极高的主轴转速下进行切削加工，但切削速度的变化对加工质量的影响不容忽视。虽然高速切削可提高加工效率，但在高速切削状态下，切削温度和切削力的增加可使刀尖发生破损，并使机床产生振动。加工不同工件材料时，PCD 刀具的合理切削速度也有所不同，如铣削 Al₂O₃ 强化地板的合理切削速度为 110~120m/min；车削 SiC 颗粒增强铝基复合材料及氧化硅基工程陶瓷的合理切削速度为 30~40m/min。

②进给量：PCD 刀具的进给量过大，将使工件上残余几何面积增加，导致表面粗糙度增大；若进给量过小，则会使切削温度上升，切削寿命降低。

③吃刀量：增加 PCD 刀具的吃刀量会使切削力增大、切削热升高，从而加剧刀具磨损，影响刀具寿命。此外，吃刀量的增加容易引起 PCD 刀具崩刃。

④失效特性：刀具的磨损形式主要有磨料磨损、黏结磨损（冷焊磨损）、扩散磨损、氧化磨损和热电磨损等。PCD 刀具的失效形式与传统刀具有所不同，主要表现为聚晶层破损、黏结磨损和扩散磨损。研究表明，采用 PCD 刀具加工金属基复合材料时，其失效形式主要为黏结磨损和由金刚石晶粒缺陷引起的微观晶间裂纹；当加工高硬度、高脆性材料时，PCD 刀具的黏结磨损并不明显，而加工低脆性材料（如碳纤维增强材料）时，刀具的磨损增大，此时粘接磨损起主导作用。

（2）PCBN 刀具

PCBN 刀具是聚晶立方氮化硼刀具，其在高温的时还能保持高硬度的特性。立方氮化硼（cubic boron nitride, CBN）是 20 世纪 50 年代首先由美国通用电气（GE）公司利用人工方法在高温高压条件下合成的，其硬度仅次于金刚石而远远高于其他材料。CBN 具有较高的硬度、化学惰性及高温下的热稳定性，因此作为磨料 CBN 砂轮广泛用于磨削加工中。由于 CBN 具有优于其他刀具材料的特性，因此人们一开始就试图将其应用于切削加工，但单晶 CBN 的颗粒较小，很难制成刀具，并且 CBN 烧结性很差，难于制成较大的 CBN 烧结体；直到 20 世纪 70 年代，苏联、中国、美国、英国等国家才相继研制成功作为切削刀具的 CBN 烧结体——聚晶立方氮化硼（PCBN）。从此，PCBN 以它优越的切削性能应用于切削加工的各个领域，尤其在高硬度材料、难加工材料的切削加工中更是独树一帜。经过多年的开发应用，已出现了用以加工不同材料的 PCBN 刀具材质。

PCBN 刀具的主要优势：

1）具有很高的硬度和耐磨性。CBN 单晶的显微硬度为 8000~9000HV，是已知的第二高硬度的物质，PCBN 复合片的硬度一般为 3000~5000HV。因此，用于加工高硬度材料时具有比硬质合金及陶瓷更高的耐磨性，能减少大型零件加工中的尺寸偏差或尺寸分散性，尤其适用于自动化程度高的设备中，可以缩短换刀、调刀的辅助时间，使其效能得到充分发挥。

2）具有很高的热稳定性和高温硬度。耐热性可达 1400~1500℃，在 800℃时的硬度为 Al₂O₃/TiC 陶瓷的常温硬度，因此当切削温度较高时，会使被加工材料软化，与刀具间硬度差增大，有利于切削加工进行，而对刀具寿命影响不大。

3）具有较高的化学稳定性。具有很高的抗氧化能力，在 1000℃时也不产生氧化现象，与铁系材料在 1200~1300℃时也不发生化学反应，但在 1000℃左右时会与水产生水解作用，造成大量 CBN 被磨耗，因此用 PCBN 刀具湿式切削时需注意选择切削液种类。一般情况下，湿切对 PCBN 刀具寿命无明显提高，所以使用 PCBN 刀具时往往采用干切方式。

4）具有良好的导热性。CBN 材料的热导率低于金刚石但大大高于硬质合金，并且随着切削温度的升高，PCBN 刀具的热导率不断增大，因此可使刀尖处热量很快传出，有利于工件加工精度的提高。

5）具有较低的摩擦因数。CBN 与不同材料的摩擦因数在 0.1~0.3 之间，大大低于硬质合金的摩擦因数（0.4~0.6），而且随摩擦速度及正压力的增大而略有减小。因此，低的摩擦因数及优良的抗黏结能力，使 CBN 刀具切削时不易形成滞留层或积屑瘤，有利于加工表面质量的提高。

PCBN 刀具主要应用于以下几方面：一是适用于高速及超高速切削加工，尤其是铸铁、淬硬钢等材料的高速加工；二是适用于较高速下的硬态切削加工技术，如可以以车代磨对淬硬件（硬度 HRC55 以上）进行精加工；三是适用于较高速下的干切削加工，由于 PCBN 刀具红硬性和热稳定性极好，同时还有较好的耐磨性和抗黏结性等特点，更适于高速条件下的干式切削加工，用 PCBN 刀具对灰口铸铁进行干切和湿切的对比发现，在高速干切情况下，PCBN 刀具比湿切具有更长的使用寿命；四是适用于自动化加工及难加工材料加工，PCBN 刀具有很高的硬度及耐磨性，能在高切削速度下长时间地加工出高精度零件（尺寸分散性小），大大减少换刀次数，缩短刀具磨损补偿停机所花费的时间。因此，很适于数控机床及自动化程度较高的加工设备，并且能使设备的高效能得到充分发挥。在难加工材料应用方面，PCBN 刀具也显示出卓越的性能，见表面喷焊（涂）材料的加工。

PCD 刀具的选用原则：

1）选取合理的 CBN 粒度和含量。PCBN 刀具的耐磨性与烧结体中 CBN 晶粒的大小有关。CBN 晶粒的大小影响刀具的强度，细晶粒可使晶粒的晶界面积增加，从而提高烧结强度及抗裂纹扩展能力，增加 PCBN 刀具的耐磨性。当粒径增大 1 倍时，刀具寿命要降低 30%~50%。由此可见，当加工超硬与难加工材料时，应优先选用粒度较小的 PCBN 刀具。

2）选取合适的刀具几何参数。PCBN 刀具的强度比硬质合金刀具低，因此在硬态切削加工情况下，一般都采用负前角、较大的后角和负倒棱，这不仅有利于对切削刃进行补强，而且具有很好的耐磨性。通常负倒棱尺寸取（0.1~0.5）mm×（10°~30°）为宜。若对切削刃进行适当的钝化处理，效果会更好。此外，在可能的情况下，尽量采用小主偏角和大的刀尖圆弧半径，这有助于保护切削刃，延长刀具的使用寿命。

3）选取合适的切削用量。

①切削速度：一般来讲，其切削速度可比硬质合金刀具高 2 倍左右，高的切削速度产生大的切削热量，使被加工材料的塑性增大，有利于控制切屑和降低切削力。

②进给量：由于 PCBN 刀具一般带有负倒棱，因而在可能的情况下，进给量的选择要大于倒棱宽度。PCBN 刀具的吃刀量一般较小，进给量需相对大些以保证充分的金属软化效应，但一般进给量不宜大于 0.2mm/r。

③吃刀量：PCBN 刀具主要用于精加工及半精加工，吃刀量大多在 1mm 以下，但由于加工切削硬度大于 50HRC 的硬质材料时，小切削用量易造成刀具快速磨损，因此吃刀量一般选择不要小于 0.3mm。

3.3.2　数控车削刀具

1. 车削刀具的分类

车削刀具简称车刀，是用于车削加工的、具有一个切削部分的刀具，是切削加工中应用最广的刀具之一。车刀的工作部分就是产生和处理切屑的部分，包括切削刃、使切屑断碎或卷拢的结构、排屑或容储切屑的空间、切削液的通道等结构要素。车刀是金属切削加工中应用最广泛的刀具，可用于卧式车床、立式车床、转塔车床、镗床、自动车床及数控加工中心上，用于加工工件的回转表面。

按照加工工件的表面类型，车刀可分为外圆车刀、扩孔刀、螺纹车刀、端面车刀等。

1）外圆车刀。又称尖刀，主要用于车削外圆、平面和倒角，如图 3.3-3a 所示。

2）扩孔刀。又称镗孔刀，用于加工内孔，它可以分为通孔刀和不通孔刀两种。通孔刀的主偏角小于 90°，一般在 45°~75° 之间，副偏角为 20°~45°，扩孔刀的后角应比外圆车刀稍大，一般为 10°~20°，不通孔刀的主偏角应大于 90°，刀尖在刀杆的最前端，为了使内孔底面车平，刀尖与刀杆外端距离应小于内孔的半径，如图 3.3-3b 所示。

3）螺纹车刀。螺纹按牙型有三角形、方形和梯形等，相应使用三角形螺纹车刀、方形螺纹车刀和梯形螺纹车刀等。螺纹的种类很多，其中以三角形螺纹应用最广。采用三角形螺纹车刀车削米制螺纹时，其刀尖角必须为 60°，如图 3.3-3c 所示。

4）端面车刀。端面车削指刀尖始终处于与主轴轴线某点相交的直线上，以获得一个过该点并与主轴轴线垂直的平面或锥面。端面车刀指主切削刃能够对工件端面进行切削的刀具，如图 3.3-3d 所示。

5）切断、切槽刀。切断刀的刀头较长，其切削刃也狭长，这是为了减少工件材料消耗和切断时切到中心。因此，切断刀的刀头长度必须大于工件的半径。切槽刀与切断刀基本相似，只不过其形状应与槽间一致，如图 3.3-3e 所示。

6）成形车刀。成形车刀是加工回转体成形表面的专用刀具，其刃形是根据工件廓形设计的，可用在各类车床上加工内外回转体的成形表面。用成形车刀加工零件时，可一次形成零件表面，操作简便、生产率高,加工后能达到公差等级 IT8～IT10、表面粗糙度 Ra 为 10～5μm,并能保证较高的互换性,但成形车刀制造较复杂、成本较高,切削刃工作长度较宽,故易引起振动。成形车刀主要用于加工批量较大的中、小尺寸带成形表面的零件,如图 3.3-3f 所示。

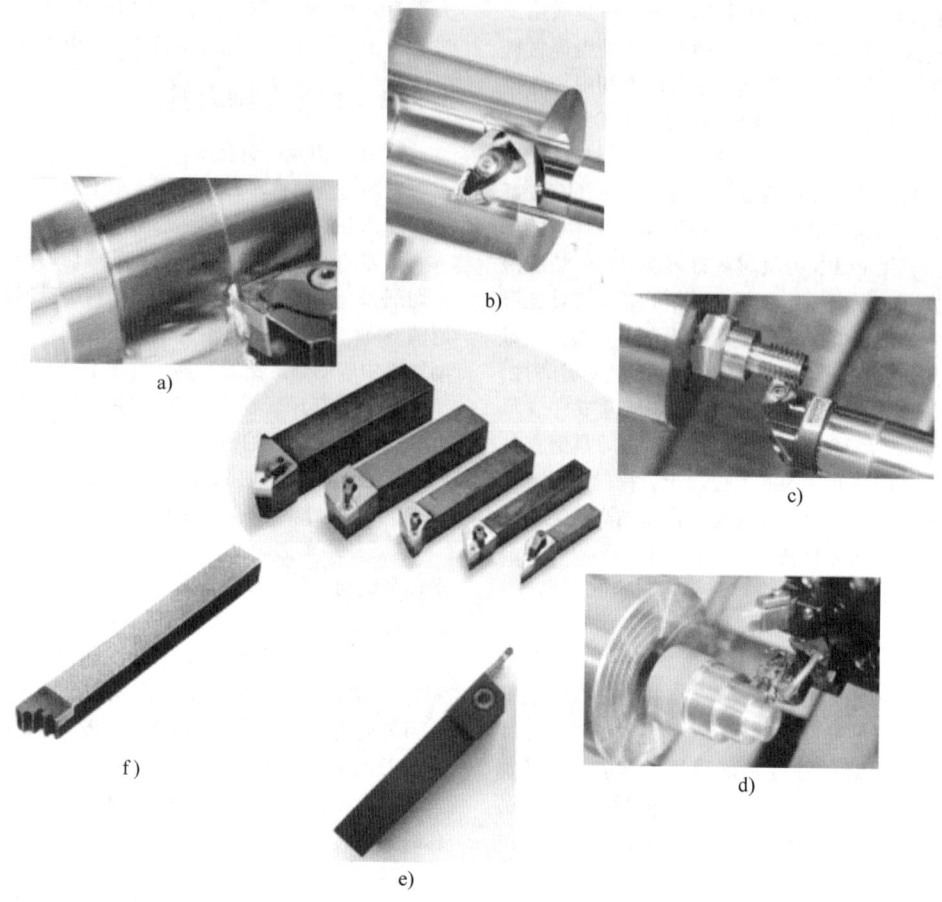

图 3.3-3　根据加工工件表面类型的车刀种类划分

按照刀具结构划分,车刀可分为整体车刀、焊接车刀、机夹车刀及可转位车刀等。

1）整体车刀。相对于焊接车刀,整体车刀的工作部分和柄部都是同类材料,或者相对于可转位刀具,它指不可拆卸的整体式结构。整体车刀常选用普通高速钢或高性能高速钢来制作,刀具的刚性好,操作人员可根据加工需要,将切削部分刃磨成直面、斜面及各种成形面,如图 3.3-4a 所示。

2）焊接车刀。以焊接方式对切削刃部分和刀体部分进行连接,通过脱水硼砂、铜片、锰铁、玻璃粉等钎料,经高温熔化,让合金、高速钢、立方氮化硼、金刚石、陶瓷等材质刀片与槽形一致的刀杆粘接在一起,以满足机械加工作业的使用要求,如图 3.3-4b 所示。

3）机夹车刀。指用机械方法定位、夹紧刀片,通过刀片体外刃磨与安装倾斜后,综合形成刀具角度的车刀。可用于加工外圆、端面、内孔,其中车槽车刀、螺纹车刀、刨刀应用较为广泛。机夹车刀的优点在于避免焊接引起的缺陷,刀柄能多次使用,刀具几何参数设计选用灵活,如图 3.3-4c 所示。其特点如下:

①刀片不经高温焊接,避免了因焊接而引起的刀片硬度下降、易产生裂纹缺陷等问题,提高了刀具的使用寿命。

②由于刀具使用寿命提高,使用时间较长,换刀时间缩短,提升了生产率。

③刀杆可重复使用,既节省了钢材又提高了刀片的利用率,刀片由制造商回收再制,提高了经济效益,降低了刀具成本。

④刀片重磨后,尺寸会逐渐变小,为了恢复刀片

的工作位置，往往在车刀结构上设有刀片的调整机构，以增加刀片的重磨次数。

4）可转位车刀。是将可转位的硬质合金刀片用机械方法夹持在刀杆上形成的。刀片具有供切削时选用的几何参数（不需磨）和 3 个以上供转位用的切削刃。当一个切削刃磨损后，松开夹紧机构，将刀片转位到另一切削刃后再夹紧，即可进行切削，当所有切削刃磨损后，则可取下再代之以新的同类刀片。可转位车刀是一种先进刀具，由于其不需重磨、可转位和更换刀片等优点，从而可降低刀具的刃磨费用和提高切削效率，如图 3.3-4d 所示。可转位刀具的主要优势：

①刀具使用寿命长。由于刀片避免了由焊接和刃磨高温引起的缺陷，刀具几何角度完全由刀片和刀杆槽保证，切削性能稳定，刀具寿命长。

②生产率高。由于机床操作人员不再磨刀，可大大缩短停机换刀等辅助时间。

③益于推广新技术、新工艺。采用可转位刀具有利于推广使用涂层、陶瓷等新型刀具材料。

④有利于降低刀具成本。由于刀杆使用寿命长，大大减少了刀杆的消耗和库存量，简化了刀具管理工作，降低了刀具成本。

⑤能获得稳定的断屑。断屑槽在刀片制造时压制成形，槽形尺寸稳定，选用合理的断屑槽后，断屑稳定、可靠。

可转位车刀由于具有上述优点，被公认为首选的车刀结构，也是应用的发展方向。

可转位车刀刀片夹紧要求主要包括：

①要求刀杆刀槽定位精度高。刀片转位或更换新刀片后，刀尖位置的变化应在工件精度允许的范围内。

②刀片夹紧可靠。应保证刀片、刀垫、刀杆接触面紧密贴合，抗冲击和振动能力强。夹紧力也不易过大，应力分布应均匀，以免压碎刀片。

③排屑流畅。保证切屑排出流畅，并容易察觉。

④使用方便。转换切削刃和更换新刀片方便、迅速，小尺寸刀具结构要紧凑。在满足以上要求时，尽可能使结构简单，制造和使用方便。

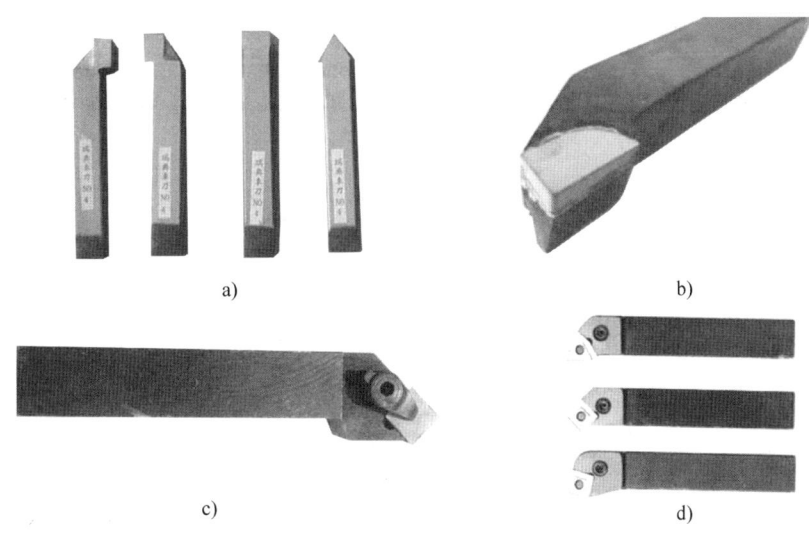

a)　　　　　　　　　　b)

c)　　　　　　　　　　d)

图 3.3-4　按照刀具结构的车刀种类划分

2. 车削刀具的选用

在实际的切削加工中，车刀的选择合理与否直接影响刀具使用寿命和加工效率，也将影响加工成本。对车刀的选择，首先应根据被加工工件材料来选择最佳的刀具材料，然后根据实际切削中不同的加工形态选择刀片形状、刀具几何角度、刀片断屑槽形等，再采用合理的切削用量，达到车刀优选的目的。

(1) 车刀几何参数的选择

1）前角：前刀面与基面的夹角。前角的大小影响切削刃锋利程度及强度。前角的数值与工件材料、加工性质和刀具材料有关。选择前角的大小主要根据以下几个原则：

①工件材料软，可选择较大的前角；工件材料硬，应选择较小的前角。车削塑性材料时，可取较大的前角；车削脆性材料时，应取较小的前角。

②粗加工，尤其是车削有硬皮的铸、锻件时，为了保证切削刃有足够的强度，应取较小的前角；精加工时，为了减小工件的表面粗糙度，一般应取较大的

前角。

③车刀材料的强度、韧性较差，前角应取小值；反之，可取较大值。

车刀的前角一般选择−5°~25°。车削中碳钢（45钢）工件，用高速钢车刀时，选取20°~25°；用硬质合金车刀时，粗车选取10°~15°，精车选取13°~18°。

2) 后角：主后刀面与切削平面间的夹角，其作用为减小后刀面与工件之间的摩擦。它也和前角一样影响刃口的强度和锋利程度。后角太大，会降低切削刃和刀头的强度；后角太小，会增加后刀面与工件表面的摩擦。选择后角主要根据以下几个原则：

①粗加工时，应取较小的后角（硬质合金车刀为5°~7°，高速钢车刀为6°~8°）；精加工时，应取较大的后角（硬质合金车刀为6°~9°；高速钢车刀为8°~12°）。

②工件材料较硬，后角宜取小值；工件材料较软，则后角取大值。副后角一般磨成与后角相等，但在切断刀等特殊情况下，为了保证刀具的强度，副后角应取很小的数值1°~2°。

3) 主偏角：主切削刃与进给方向间的夹角。其作用体现在影响切削刃工作长度、背向力、刀尖强度和散热条件。主偏角越小，背向力越大，切削刃工作长度越长，散热条件越好。常用车刀的主偏角有45°、60°、75°和90°等几种。

①选择主偏角首先应考虑工件的形状，如加工台阶轴之类的工件，车刀主偏角必须等于或大于90°；加工中间切入的工件，一般选用45°~60°的主偏角。

②工件的刚度高或工件的材料较硬，应选较小的主偏角；反之，应选较大的主偏角。

4) 副偏角：副切削刃与进给反方向间的夹角。其作用是影响已加工表面的表面粗糙度。减小副偏角，可以减小工件的表面粗糙度。相反，副偏角太大时，刀尖角就减小，影响刀头强度。

①副偏角一般采用6°~8°。

②当加工中间切入的工件时，副偏角应取得较大（45°~60°）。

③精车时，如果在副切削刃上刃磨修光刃，则取0°。

5) 刃倾角：主切削刃与基面间的夹角。主要作用是影响切屑流动方向和刀尖的强度。

①一般车削时（指工件圆整、切削厚度均匀），取0°的刃倾角。

②断续切削和强力切削时，为了增加刀头强度，应取负的刃倾角：−15°~−5°。

③精车时，为了减小工件的表面粗糙度，刃倾角应取正值：0°~8°。

车刀的主要几何参数，如图3.3-5所示。

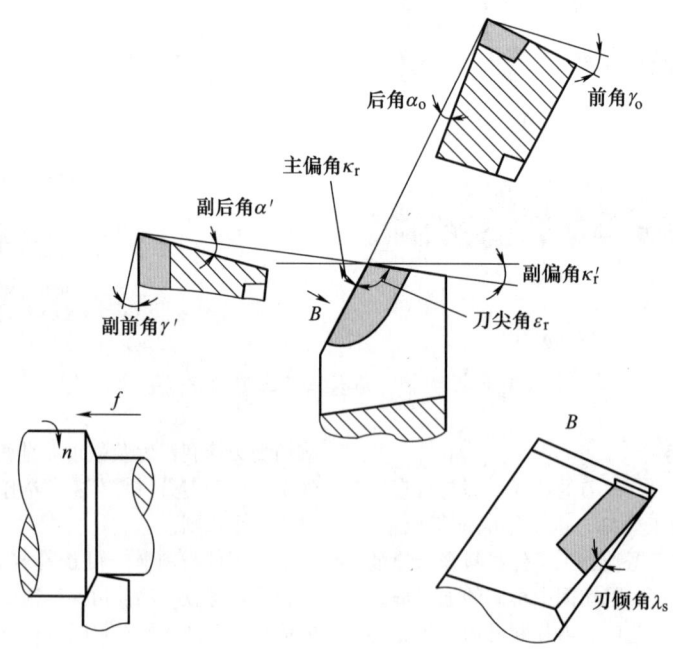

图 3.3-5　车刀的主要几何参数

依据工件材料不同，常用硬质合金车刀的合理几何参数推荐值与选用，见表3.3-6~表3.3-9。

表 3.3-6　硬质合金车刀前角推荐值

工件材料	合理前角 γ/(°)	
	粗车	精车
碳素结构钢 Q235	20~25	25~30
优质碳素结构钢 45（正火）	15~20	20~25
合金结构钢 45Cr（正火）	13~18	15~20
不锈钢奥氏体（12Cr18Ni9Ti）	15~20	20~25
铸铁（连续切削）	5~10	10~15
铜及铜合金（脆，连续切削）	5~10	10~15
铝及铝合金	30~35	35~40
钛合金 $R_m \leqslant 1.17$GPa	5~10	

表 3.3-7　硬质合金车刀后角推荐值

工件材料	合理后角 α/(°)	
	粗车	精车
碳素结构钢 Q235	3~6	8~11
优质碳素结构钢 45（正火）	5~7	6~8
合金结构钢 45Cr（正火）	5~7	6~8
不锈钢奥氏体（12Cr18Ni9Ti）	6~8	8~10
铸铁（连续切削）	4~6	6~8
铜及铜合金（脆，连续切削）	4~6	6~8
铝及铝合金	8~10	10~12
钛合金 $R_m \leqslant 1.17$GPa	10~15	

表 3.3-8　车刀主偏角的选用

主偏角 κ_r/(°)	适合工作条件
10~30	系统刚性好，背吃刀量小，进给量较大，工件材料硬度高
30~45	系统刚性好（$L/d<6$），加工盘类工件
60~75	系统刚性差（$L/d=6$~12），背吃刀量较大或有冲击时
90~93	系统刚性差（$L/d>12$），车阶梯轴、仿形车削、切槽及切断

表 3.3-9　车刀副偏角及刃倾角的选用

适合工作条件	副偏角 κ_r'/(°)	适合工作条件	刃倾角 λ_s/(°)
精车	5~10	精车外圆和内孔	0~4
粗车	10~15	粗车外圆和内孔	−5~−10
外圆车刀	6~10	精车有色金属	5~10
切槽、切断	1~3	切槽、切断	0
由中间切入的切削	30~45	有冲击的情况下断续切削	−10~−15
宽刃车刀及有修光刃的车刀	0	大刃倾角刀具薄切削	−45~75
高强度、高硬度材料的车削	4~6	断续加工淬硬钢	−20~−30

（2）车刀切削用量的选用

切削用量（a_p、f、v）选择是否合理，对于能否充分发挥机床潜力与刀具切削性能，实现优质、高产、低成本和安全操作具有很重要的作用。车削用量的选择原则可以概括为：粗车时，首先考虑选择一个尽可能大的背吃刀量 a_p，其次选择一个较大的进给量 f，最后确定一个合适的切削速度 v。增大背吃刀量 a_p 可使走刀次数减少，增大进给量 f 有利于断屑，因此根据以上原则选择粗车切削用量对于提高生产

率，减少刀具消耗，降低加工成本是有利的。精车时，加工精度和表面粗糙度要求较高，加工余量不大且较均匀，因此选择精车切削用量时，应着重考虑如何保证加工质量，并在此基础上尽量提高生产率，因此精车时应选用较小（但不太小）的背吃刀量 a_p 和进给量 f，并选用切削性能高的刀具材料和合理的几何参数，以尽可能提高切削速度 v。

硬质合金车刀的切削用量选用见表 3.3-10。

表 3.3-10　硬质合金车刀的切削用量选用

工件材料	粗加工			精加工		
	切削速度 v/(m/min)	进给量 f/(mm/r)	背吃刀量 a_p/mm	切削速度 v/(m/min)	进给量 f/(mm/r)	背吃刀量 a_p/mm
碳素钢	220	0.2	3	260	0.1	0.4
低合金钢	180	0.2	3	220	0.1	0.4
高合金钢	120	0.2	3	160	0.1	0.4
普通铸铁	80	0.2	3	140	0.1	0.4
不锈钢	80	0.2	2	120	0.1	0.4
钛合金	40	0.3	1.5	60	0.1	0.4
灰铸铁	120	0.3	2	150	0.15	0.5
球墨铸铁	100	0.2	2	120	0.15	0.5
铝合金	1600	0.2	1.5	1600	0.1	0.5

（3）外圆端面车刀刀杆和刀片的选择

1）外圆车刀刀杆的选择。选择车刀刀杆需要考虑加工形态、刀具强度和经济性等因素。

①刀杆选择主要根据加工形态。车削部位（外圆、端面、仿形等）与车刀的移动方向（前进式或后退式进给）不同，能够使用的刀杆种类也各不相同。

②各刀杆可以对应的加工形态由安装刀片时的主偏角决定。一般不要求 90° 垂直切削（直角加工）时，如果选择主偏角小于 90° 的车刀杆，可以选用正方形刀片的刀杆，比较经济。端面采用后退进给方式切削时，由于切屑处理的要求，需选择主偏角大于 105° 的车刀杆与刀片。主偏角小于 95° 时切屑处理非常困难，不推荐使用。主偏角小于 90° 时不可以进行后退加工。在倒角加工中选择主偏角为 45°~60° 的刀杆。负的副偏角为端面切削专用。

2）外圆端面车刀刀片的选择。车刀刀片的选择与刀具材料的选择同样重要，需要考虑加工工序、工件材质和切削条件等。选择最佳刀片可以提高加工效率、降低加工成本。

①刀片形状的选择需要综合考虑加工形态、切削

刃强度、夹紧强度和经济性等。CNC 车床越来越普及，可以同时加工外圆和端面的刀片应用最多。适合这些加工的 80° 菱形刀片可以对应粗加工到精加工的广泛领域；仿形加工则使用 55° 菱形或 35° 菱形刀片，切削刃强度虽不如 80° 菱形，但却能对应最广泛加工形态的形状。是选择 55° 还是 35°，需要根据工件形状而定。其他的还有适合螺纹加工、切槽加工和切断加工等的刀片形状。

②刀片刀尖角越大切削刃强度越高，有利于断续切削，但易受加工形态的制约。在连续切削等稳定的切削加工中，使用切削刃强度稍差一些、但刃数较多的正三角形刀片比较有效。选用刀尖角为 82° 的不等边不等角六边形的三角形刀片，可弥补此缺陷。当背吃刀量小时，使用保证切削刃强度的、等边不等角六边形（80°）刀片也很有效。圆形刀片强度最佳，最适于要求良好的加工面时使用，由于背向分力大，加工细长、薄壁工件时易发生振动，更换刀角时的管理也较困难。刀片尺寸大、厚或立装式刀片的夹紧强度大，适合重切削。80° 菱形刀片的切削刃长，可以两面定位，所以夹紧强度大，利于断续切削和重切削。

③使用负角刀片时，正方形刀片最为经济，因为

正方形刀片单面4个刃、两面8个刃都可以使用，而且刀尖角为90°，强度高；次之的是单面3个刃、两面6个刃的正三角形刀片。

④刀尖圆弧半径指刀片刀尖的圆弧大小。刀尖圆弧半径越大，加工面精度越高、刀尖强度也越大，但会造成背向分力增大，易引起振动、切屑处理较难。另外，切削刃位置后退，加工直径变大。相反，刀尖圆弧半径减小，加工直径随之减小。一般使用的刀尖圆弧半径范围是0.4~1.2mm，但从刀尖强度角度考虑，重切削时要选择大的刀尖圆弧半径，精加工时则选择较小的刀尖圆弧半径。

（4）内孔加工时刀片形式的选择

内孔加工时刀片形状的选择基本上与外圆加工时方法相同，但内孔加工时刀具的悬伸量较大，无法进行重切削，因此几乎不需考虑不同形状的夹紧强度问题。

1）随着刀尖圆弧半径增大，背向分力增大。背向分力使刀杆产生弯曲变形，必须防止振动。背吃刀量小时需要注意刀尖圆弧半径增大引起的切屑处理性恶化及切屑排除方向发生变化的问题。内孔加工时须从工件的内部排出切屑，排屑方向发生微小的变化就有可能造成切屑排出困难。

2）进行小径的内孔加工时，为了防止刀片与内壁面干涉，若使用负角刀片，则需选用大的负前角。这样做会使切削力增大，易引起高频振动，所以内孔加工中通常使用刀片带后角的正角刀片。若加工直径较大，从经济性角度考虑使用负角刀片较为妥当。

3. 可转位刀具断屑槽形的选用

从理论上讲，在金属切削过程中，切屑是否容易折断主要由工件材料的性能和切屑的变形这两个方面因素所决定。对第一个因素材料，如果工件材料的强度越高、伸长率越大，冲击韧性越好，切削时切屑就越不容易折断，如切削高韧性合金钢、不锈钢、紫铜等材料比切削碳素钢时更难断屑。对第二个因素，它由两个部分组成，一部分为基本变形，是刀具切削时不受任何阻力自然弯曲的变形；另一部分为附加变形，是切屑在流动和卷曲过程中所受的变形，即改变切屑流动方向之卷曲。影响基本变形的主要因素为刀具前角、负倒棱、切削速度和刀具的主偏角，但在一般情况下，切削过程中的基本变形还不能达到断屑的目的，必须增加一个附加变形才能达到断屑的目的。迫使切屑经受附加变形最简单的方法，是在刀片上压制出或磨出一定形状的断屑槽，以及增加一个断屑器，使切屑流入断屑槽或碰到断屑器后受到弯曲变形，当切屑受到弯曲变形后进一步硬化和脆化，切屑就很容易被折断。

断屑问题主要体现在车削加工中，可转位车刀片在使用中如何选择断屑槽形和槽宽，才能在切削加工中达到断屑呢？一般是根据使用车床型号的大小来确定可转位车刀片的型号。对于普通碳素钢和合金钢的切削加工，目前国内普遍使用有A、H、C、Y、V五种槽形，其中重车重切削一般用H、V、Y槽形，精车精切削一般用A、C、V槽形，而断屑槽的宽度与进给量和吃刀量有一定的关系。进给量给定的屑槽宽度的变化对切屑卷和变形影响很大，当屑槽宽度适当时，切屑变形后断屑；当屑槽宽度过大时，切屑弯曲半径小，变形大，使切屑形成崩碎小片，易在切削过程中产生振动。另外，屑槽宽度与吃刀量也要相适应，当吃刀量大而屑槽宽度小时，切屑比较宽，流动较自由，变形不够充分也不易断屑，所以断屑槽的宽度要根据切削参数来选择。对于高韧性材料切削加工，要想满足断屑的要求，须从以下几个方面考虑：

1）刀片选择。要选用断屑效果好的槽形，如K、V、M、W槽形，在工件刚度允许的情况下，尽量使用断屑槽宽度小的刀片。

2）切削参数。在切削用量没要求的情况下，可降低切削速度，增大进给量。

常见断屑槽形代号、型式与适用范围，见表3.3-11。

表3.3-11 常见断屑槽形代号、型式与适用范围

代号	型式	特征	适用范围
A		前后等宽，开口不通槽，这种槽形断屑范围比较窄。槽宽（mm）有2、3、4、5、6、8、10七种，可根据被加工材料及切削用量选用	主要用于切削用量变大不大的外圆、端面车削，其左刀片也用于内孔镗刀
C		前后等宽、等深、开口半通槽，切削刃带有6°正刃倾角	断屑范围较大，单位切削力小，排屑效果好

（续）

代号	型式	特征	适用范围
D		沿切削刃有一排半圆球形的小凹坑	主要用于可转位钻头用刀片，切屑成宝塔形，效果较好
H		槽形同 A 型相似，但槽沿切削刃一边全开通	主要适用于主偏角为 45°、75° 的车刀，可进行较大用量的切削
J		槽形与 H 型相似，但槽宽不等，为前宽后窄的外斜式	断屑范围较大，适用于粗车
K		前窄后宽、开口半通槽。其目的是当背吃刀量小时，在刀片的靠刀尖处切削，槽窄些；当背吃刀量较大时，槽也相应地宽些，切削变形较复杂，容易折断，切削范围较宽	在断屑比较困难的端面车削情况下，其断屑效果较好
V		前后等宽的封闭式通槽，是最常见的一种槽形。断屑范围较大，当背吃刀量及进给量较小时，也能很好断屑	可用于外圆、端面、内孔精车、半精车及镗削。刀尖强度比开口槽的刀片要高一些，适用粗车
W		属三级断屑的封闭式通槽。断屑范围大，背吃刀量和进给量很小时也能断屑，但由于这种槽形的前角较小，切削力比较大，切屑也容易飞溅	适用于切削用量变化范围大和机床、工件刚度大的仿形车床、自动车床的加工
Y		前宽后窄、斜式半通槽。这种槽形的断屑范围宽，切削轻快、排屑流畅，多是管形螺旋屑或锥形螺旋屑	主要用于粗车，断屑效果较好
M		两级断屑槽、断屑范围比单级断屑槽要宽些	多用于背吃刀量变化较大的仿形车削
3C		刀片刀尖角为 82°，而 C 型槽为前后等宽、等深的开口半通槽，目前生产的槽宽（mm）有 2、3、4、5、6 等	主要用于精车、半精车及冲击负荷不大的粗车
Z		与 A 型槽很相似，但比 A 型槽前角小些，卷屑角大些，两角由直线相接构成，也比 A 型槽深和宽些	主要适用于韧性较大材料的粗加工

3.3.3　数控铣削刀具

1. 铣刀的分类

铣刀是用于铣削加工的、具有一个或多个刀齿的旋转刀具。工作时各刀齿依次间歇地切去工件的余量。铣刀主要用于在铣床上加工平面、台阶、沟槽、成形表面和切断工件等。按照功能，铣刀可以分为以下几类。

（1）圆柱形铣刀

用于卧式铣床上加工平面。刀齿分布在铣刀的圆周上，按齿形分为直齿和螺旋齿两种。按齿数分为粗齿和细齿两种。螺旋齿粗齿铣刀齿数少，刀齿强度高，容屑空间大，适用于粗加工；细齿铣刀适用于精加工。

（2）面铣刀

用于立式铣床、端面铣床或龙门铣床上加工平面，端面和圆周上均有刀齿，也有粗齿和细齿之分。其结构有整体式、镶齿式和可转位式。

（3）立铣刀

用于加工沟槽和台阶面等，刀齿分布在圆周和端面上，工作时不能沿轴向进给。当立铣刀上有通过中心的端齿时，可轴向进给。

（4）三面刃铣刀

用于加工各种沟槽和台阶面，其两侧面和圆周上均有刀齿。

（5）角度铣刀

用于铣削成一定角度的沟槽，有单角和双角铣刀两种。

（6）锯片铣刀

用于加工深槽和切断工件，其圆周上有较多的刀齿。为了减少铣切时的摩擦，刀齿两侧有 $15' \sim 1°$ 的副偏角。此外，还有键槽铣刀、燕尾槽铣刀、T 形槽铣刀和各种成形铣刀等。

（7）模具铣刀

模具铣刀用于加工模具型腔或凸模成形表面。模具铣刀是由立铣刀演变而成的，按工作部外形可分为圆锥形平头、圆柱形球头和圆锥形球头三种。硬质合金模具铣刀用途非常广泛，除可铣削各种模具型腔外，还可代替手用锉刀和砂轮磨头清理铸、锻、焊工件的毛边，以及对某些成形表面进行光整加工等。该铣刀可装在风动或电动工具上使用，生产率和寿命比砂轮和锉刀提高数十倍。

（8）齿轮铣刀

按仿形法或无瞬心包络法工作的切齿刀具，根据形状的不同分为盘形齿轮铣刀和指形齿轮铣刀两种。

（9）螺纹铣刀

通过三轴或三轴以上联动加工中心实现铣削螺纹的刀具。

此外，还有键槽铣刀、燕尾槽铣刀、T 形槽铣刀和其他成形铣刀等，如图 3.3-6 所示。

立铣刀　圆柱形铣刀　面铣刀　双角度铣刀　三面刃铣刀　成形铣刀

图 3.3-6　一些常见铣刀

按产品结构分类，铣刀主要分为：

1）整体式。刀体和刀齿制成一体。

2）整体焊齿式。刀齿用硬质合金或其他耐磨刀具材料制成，并钎焊在刀体上。

3）镶齿式。刀齿用机械夹固的方法紧固在刀体上。这种可换的刀齿可以是整体刀具材料的刀头，也可以是焊接刀具材料的刀头。刀头装在刀体上刃磨的铣刀称为体内刃磨式铣刀；刀头单独刃磨称为体外刃磨式铣刀。

2. 铣刀的特点及用途

（1）圆柱形铣刀

1）生产率高。铣削时铣刀连续转动，并且允许较高的铣削速度，因此具有较高的生产率。

2）连续铣削时每个刀齿都在连续切削，尤其是端铣，铣削力波动大，故振动是不可避免的。当振动的频率与机床的固有频率相同或成倍数时，振动最为严重。另外，当高速铣削时，刀齿还要经过周期性的冷热冲击，容易出现裂纹和崩刃，使刀具寿命下降。

3）多刀多刃切削铣刀的刀齿多，切削刃的总长度大，有利于提高刀具的耐用度和生产率，优点不少，但也存在下述两个方面的问题：一是刀齿容易出现径向跳动，这将造成刀齿负荷不等，磨损不均匀，影响已加工表面质量；二是刀齿的容屑空间必须足够，否则会损害刀齿。

4）铣削方式不同。根据不同的加工条件，为提高刀具的耐用度和生产率，可选用不同的铣削方式，如逆铣、顺铣或对称铣、不对称铣。

（2）面铣刀

1）面铣刀（也有称之为端铣刀）的主要用途是加工较大面积的平面。

2）面铣刀优点：生产率高、刚度大，能采用较大的进给量、能同时多刀齿切削，工作平稳；采用镶齿结构使刀齿刃磨及更换更为便利，刀具的使用寿命延长。

3）面铣刀直径的选择。

①加工平面面积不大时，要选择直径比平面宽度大的刀具或铣刀，这样可以实现单次平面铣削。当平面铣刀的宽度达到加工面宽度的 1.3 ~ 1.6 倍时，可以有效保证切屑的较好形成及排出。

②加工平面面积大时，需要选用直径大小合适的铣刀，分多次铣削平面。其中，由于机床的限制、切削深度和宽度，以及刀片与刀具尺寸的影响，铣刀的直径会受到限制。

③加工平面较小、工件分散时，需选用直径较小的立铣刀进行铣削。为使加工效率最高，铣刀应有 2/3 的直径与工件接触，即铣刀直径等于被铣削宽度的 1.5 倍。顺铣时，合理使用刀具直径与切削宽度的比值，将会保证铣刀在切入工件时有非常合适的角度。如果不能肯定机床是否有足够的功率来维持铣刀在这样的比率下切削，可以将轴向切削厚度分两次或

多次完成，从而尽可能保持铣刀直径与切削宽度的比值。

（3）立铣刀

1）立铣刀的分类。

①平头立铣刀：进行精铣或粗铣，铣凹槽，去除大量毛坯，小面积水平面或轮廓精铣。

②球头立铣刀：进行曲面半精铣和精铣；小刀可以精铣陡峭面/直臂的小倒角。

③平头立铣刀带倒角：可做粗铣去除大量毛坯，还可精铣细平整面（相对于陡峭面）小倒角。

④倒角立铣刀：倒角立铣刀按外形与倒角形状相同，分为铣圆倒角和斜倒角立铣刀。

⑤T 形立铣刀：可铣 T 形槽。

⑥齿形立铣刀：铣出各种齿形，如齿轮等。

⑦粗皮立铣刀：针对铝铜合金切削设计的粗铣刀，可实现快速加工。

2）立铣刀的常见材料。立铣刀常见的有两种材料，即高速钢和硬质合金。相对高速钢，硬质合金硬度高、切削力强，可提高转速和进给量，提高生产率，让刀不明显，并可用于加工不锈钢/钛合金等难加工材料，但成本更高，而且在切削力快速交变的情况下容易断刀。

3）立铣刀的振动。

①由于立铣刀与刀夹之间存在微小间隙，所以在加工过程中刀具有可能出现振动现象。振动会使立铣刀圆周刃的吃刀量不均匀，并且切扩量比原定值增大，影响加工精度和刀具使用寿命，但当加工出的沟槽宽度偏小时，也可以有目的地使刀具振动，通过增大切扩量来获得所需槽宽，这种情况下应将立铣刀的最大振幅限制在 0.02mm 以下，否则无法进行稳定地切削。在正常加工中立铣刀的振动越小越好。

②当出现刀具振动时，应考虑降低切削速度和进给速度，如两者都已降低 40% 后仍存在较大振动，则应考虑减小吃刀量。

③如果加工系统出现共振，其原因可能是切削速度过大、进给速度偏小、刀具系统刚度不足、工件装夹力不够，以及工件形状或工件装夹方法等因素所致，此时应采取调整切削用量。

（4）三面刃铣刀

1）三面刃铣刀的分类。

①按齿形分类：分为直齿和错齿两类。直齿的用于铣削较浅定值尺寸凹槽，也可铣削一般槽、台阶面、侧面光洁加工；错齿的用于加工较深的沟槽。

②YG 类三面刃铣刀：适用于有色金属及合金、铸铁、耐热合金的加工，适用切削铸铁件、生铁等。

③YT 类三面刃铣刀：适用于碳素钢与合金钢、

钢锻件的加工，适合切削碳素钢件、熟铁等。

④YW 类三面刃铣刀：适用于耐热钢、高锰钢、不锈钢和高级合金钢的加工等。

2）三面刃铣刀的用途。用于中等硬度、强度的金属材料的台阶面和槽形面的铣削加工，也可用于非金属材料的加工；超硬材料三面刃铣刀用于难切削材料的台阶面、槽形面的铣削加工。

（5）角度铣刀

角度铣刀用于铣削成一定角度的沟槽，有单角和双角两种。尺寸规格一般为外径 60~160mm，孔径为 16~32mm。单角铣刀的角度为 18°~90°，厚度为 6~35mm；双角铣刀的角度为 30°~120°，厚度为 10~45mm。刀具材料一般为锻打 W6Mo5Cr4V2 和 W18Cr4V 等高性能高速钢。角度铣刀主要用于加工各种角度，或者用于加工沟槽和角度槽等。

（6）锯片铣刀

锯片铣刀的分类：锯片铣刀按大类分为中小规格锯片铣刀和大规格锯片铣刀。中小规格锯片铣刀分为粗齿、中齿、细齿三类。中小规格锯片铣刀的技术要求：铣刀表面不应有裂纹，切削刃锋利，不崩刃、钝口及退火等影响其性能的缺点。

大规格锯片铣刀：为了节省高速钢并方便制造，一般设计成镶片结构。

（7）T 形铣刀

加工 T 形槽的专用工具。直槽铣出后，可一次铣出精度达到要求的 T 形槽，铣刀端刃有合适的切削角度，刀齿按斜齿、错齿设计，切削平稳、切削力小。

3. 铣刀的几何角度及选用

铣刀的种类、形状虽多，但都可以归纳为圆柱铣刀和面铣刀两种基本形式，每个刀齿可以看作是一把简单的车刀，所不同的是铣刀回转、刀齿较多。因此，只通过对一个刀齿的分析，就可以了解整个铣刀的几何角度。在此以面铣刀为例来分析铣刀的几何角度。面铣刀的标注角度如图 3.3-7 所示。

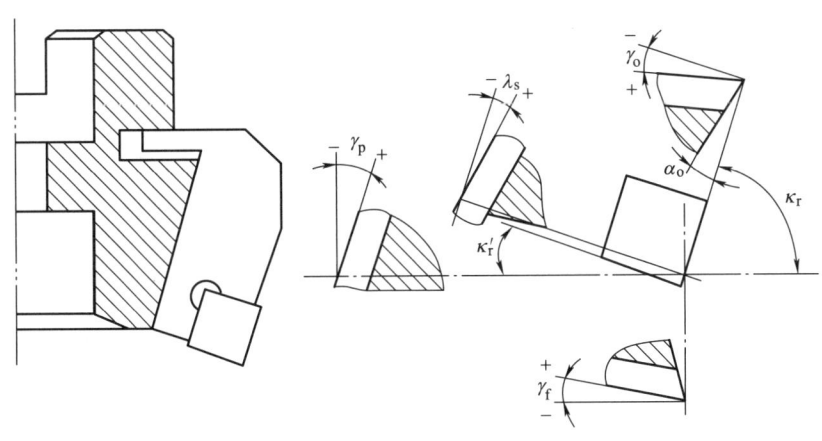

图 3.3-7　面铣刀的标注角度

面铣刀的一个刀齿相当于一把小车刀，其几何角度基本与外圆车刀类似，所不同的是铣刀每齿基面只有一个，即以刀尖和铣刀轴线共同确定的平面为基面。因此，面铣刀每个刀齿都有前角（γ_o）、后角（α_o）、主偏角（κ_r）、副偏角（κ_r'）和刃倾角（λ_s）5 个基本角度。在设计、制造、刃磨时，还需要进给、背吃刀量剖面系中的有关角度，如侧前角（γ_f）和背前角（γ_p）。下面分别介绍铣刀中常见几何角度的功用和选用方法。

1）前角：前面与基面之间的夹角，在正交平面中测量。前角是刀具上最重要的一个角度。增大前角，切削刃锐利，切削层金属的变形小，减少切屑流经前刀面的摩擦阻力，因此切削力和切削热会降低，但刀具切削部分的强度和散热能力将被削弱。显然，

前角取得太大或太小都会缩短刀具的寿命。前角的合理数值主要根据工件材料来确定，加工强度、硬度低、塑形变形大的金属，应取较大的前角，而加工强度、硬度高的金属，应取较小的前角。由于硬质合金的抗弯强度较低、性脆，所以在相同条件下其合理前角的数值通常均小于高速钢刀具。

铣刀的前角应根据刀具和工件的材料确定，铣削时常有冲击，故应保证切削刃有较高的强度。一般情况下，铣刀前角小于车刀前角，高速钢比硬质合金刀具要大。当铣削塑性材料时，由于切削变形较大应取较大的前角；当铣削脆性材料时，前角应小些；当加工强度大、硬度高的材料时，还可采用负前角。铣刀前角的选用参考值见表 3.3-12。

表 3.3-12　铣刀前角的选用参考值

工件材料 R_m/MPa		高速钢铣刀 γ_o/(°)	硬质合金铣刀 γ_o/(°)
钢材	<600	20	15
	600~1000	15	-5
	>1000	10~12	-10~-15
铸铁		5~15	-5~5

2）后角：是后面与切削平面之间的夹角，在正交平面中测量。后角的主要作用是减少后刀面与工件间的摩擦，同时后角的大小也会影响刀齿的强度。由于铣刀每齿的切削厚度较小，所以后角的数值一般比车刀的大，以减少后刀面与工件间的摩擦。粗加工铣刀或加工强度、硬度较高的工件时，应取较小的后角，以保证刀齿有足够的强度。当加工塑性大或弹性较大的工件时，后角应适当加大，以免由于已加工表面的弹性恢复，使后刀面与工件的摩擦接触面过大。

在铣削过程中，铣刀的磨损主要发生在后刀面，采用较大的后角可以减少磨损，当采用较大的负前角时，可以适当增加后角。铣刀后角的选用参考值见表3.3-13。

表 3.3-13　铣刀后角的选用参考值

铣刀的类型		后角 α_o/(°)
高速钢铣刀	粗齿	12
	细齿	16
高速钢锯片铣刀	粗、细齿	20
硬质合金铣刀	粗齿	6~8
	细齿	12~15

3）刃倾角：指主切削刃与基面之间的夹角。立铣刀和圆柱铣刀的外圆螺旋角 β 就是刃倾角，它使刀齿可以逐渐地切入和切出工件，提高铣削的平稳性。增加 β 可以使实际前角增大，切削刃锋利，同时也使切屑易于排出。对于铣削宽度较窄的铣刀，增大螺旋角 β 的意义不大，故一般取 $\beta=0$ 或较小的值。铣刀外圆螺旋角 β 的选用参考值见表3.3-14。

表 3.3-14　铣刀外圆螺旋角 β 的选用参考值

铣刀类型	螺旋齿圆柱铣刀		立铣刀	三面刃、两面刃铣刀
	疏齿	密齿		
螺旋角 β/(°)	45~60	25~30	30~45	15~20

4）主偏角与副偏角：指主/副切削平面与假定工作平面间的夹角，在基面中测量。面铣刀主偏角的作用及其对铣削过程的影响，与车刀主偏角在车削中的作用和影响相同。常用的主偏角有45°、60°、75°、90°，工艺系统的刚性好，取小值，反之取大值。铣刀主偏角的选用参考值见表3.3-15。副偏角一般为5°~10°。圆柱铣刀只有主切削刃，没有副切削刃，因此没有副偏角，主偏角为90°。

4. 铣刀的其他选用原则

（1）铣刀的选择流程

1）零件形状（考虑加工型面）：加工型面一般可为平面、深型、腔槽和螺纹等，不同加工型面使用的刀具不同，如圆角铣刀可铣削凸曲面，但不能铣削凹曲面。

2）材料：考虑其可加工性、切屑成形、硬度及含有的合金元素等方面。刀具制造商一般将材料分为钢、不锈钢、铸铁、有色金属、高温合金、钛合金和硬质材料等。

表 3.3-15　铣刀主偏角的选用参考值

主偏角 κ_r/(°)	特点	应用
90	该角度的主偏角铣刀切削力主要产生在进给的背向分力，进给分力压力小。适合低强度结构或薄壁件的铣削加工	主要用于薄壁零件及装卡较差零件的铣削，也可用于要求获得直角成形的场合及方肩铣
45	该角度的主偏角铣刀的背向和进给切削力大小接近一致，切削平稳，并对机床功率的要求较小，在切削开始时切削更轻便。当以大悬臂或小刀柄铣削时，会减弱振动趋势，同时该角度铣刀能减少切屑厚度，在保持中等切削刃负荷的情况下，其工作台进给范围更大，提高生产率	适用于普通用途的面铣及短切屑材料的铣削

（续）

主偏角 $\kappa_r/(°)$	特点	应用
10	该角度的主偏角铣刀允许在非常高的切削参数下进行切削，其工作台进给非常高但切屑厚度小。切削力主要产生在进给方向上，因此可降低振动趋势并获得很高的材料切除率	主要在高进给和插铣刀具上使用
圆刀片	圆刀片铣刀随吃刀量不同，刀片的主偏角和切屑负荷均会有所变化。此刀片有可多次转位的非常坚固的切削刃，具有高工作台进给功率，是有效且高材料切除率的粗加工工具	最适合耐热合金和钛合金的加工及大余量、高进给的加工

3）加工条件：包括机床-夹具-工件系统稳定性及刀柄装夹情况等。

4）机床-夹具-工件系统稳定性：这需要了解机床的可用功率、主轴类型和规格及机床使用年限等，并且要结合刀柄悬伸缩量及其轴向/径向跳动情况。

5）加工类别及子类别：包括方肩铣削、平面铣削、仿形铣削等，需要结合刀具的特点、应用进行选刀。

（2）铣刀刀片槽形的选择

铣刀刀片槽形对断屑、已加工表面的表面性能、表面质量等有着重要意义，常见铣刀刀片槽形的选用见表 3.3-16。

表 3.3-16　铣刀刀片槽形的选用

轻型切削槽形	普通槽形	重型槽形
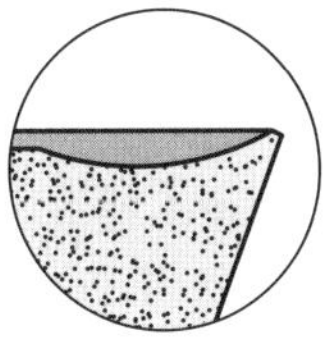	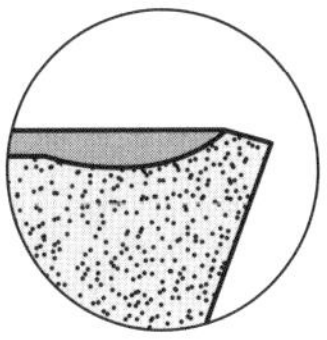	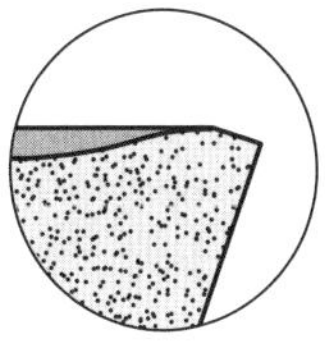
具有锋利的正前角切削刃，适用于要求具有平稳的切削性能、低进给量、低机床功率和低切削力等的加工	适用于混合加工的正前角槽形及中等进给量的加工	用于最高安全性要求、高进给量的加工

（3）铣刀齿数的选择

为获得最佳的性能，没有一个确定铣刀齿数的通用规定，但在做出选择时有两个因素应予以考虑：一是齿数不能太多，如果太多，在齿牙到切削点之间排屑槽的空间就会被减小，这样不利于铣削屑的排出。二是排屑槽必须很平滑，不能具有尖角，否则会阻塞排屑槽。

铣削韧性材料时会产生连续的或卷曲的铣削屑，这样最好选用具有较大排屑槽的刀具。粗齿铣刀比细齿铣刀更容易允许铣削屑的排出，而且可以帮助消除刀具异响。对于较薄材料的铣削，细齿铣刀可以减小刀具和工件的振动，以及刀齿对工件的"跨骑"及插入趋势；对于纵切铜和其他较软的有色金属材料，要么是倒角的齿，要么是平齿，以 V 形齿为最好。

铣刀齿数多，可提高生产率，但受容屑空间、刀齿强度、机床功率及刚度等的限制，不同直径的铣刀的齿数均有相应规定。为满足不同用户的需要，同一直径的铣刀一般有粗齿铣刀、中齿铣刀和密齿铣刀三种类型。

1）粗齿铣刀：适用于普通机床的大余量粗加工和软材料或切削宽度较大的铣削加工；当机床功率较小时，为使切削稳定，也常选用粗齿铣刀；当稳定性和功率有限时，为了达到最高生产率，可使用不等齿距或减少刀片数量。可用于长悬伸刀具、小型机床及锥度为 40° 的刀柄。

2）中齿铣刀：系通用系列，使用范围广泛，具有较高的材料切除率和切削稳定性。适用于普通铣削和混合加工。

3）密齿铣刀：主要用于铸铁、铝合金和有色金属的大进给速度切削加工。在专业化生产（如流水线加工）中，为充分利用设备功率和满足生产节奏要求，也常选用密齿铣刀（此时多为专用非标铣刀）。适用于短断屑材料、耐热材料等。

（4）铣削方式的选择

1）进给方式。改进铣削加工的另一种方式是优化面铣刀的铣削策略。当对平面铣削进行加工编程时，用户必须首先考虑刀具切入工件的方式。通常，铣刀都是简单地直接切入工件，如图 3.3-8a 所示。这种切入方式通常会伴随很大的冲击噪声，这是因为当刀片退出切削时，铣刀所产生的切屑最厚所致。由于刀片对工件材料形成很大的冲击，往往会引起振动，并产生会缩短刀具寿命的拉应力。

一种更好的进给方式是采用滚动切入法，即在不降低进给量和切削速度的情况下，铣刀滚动切入工件，如图 3.3-8b 所示。这意味着铣刀必须顺时针旋转，确保其以顺铣方式进行加工。这样形成的切屑由厚到薄，从而可以减小振动和作用于刀具的拉应力，并将更多切削热传入切屑中。通过改变铣刀每次切入工件的方式，可使刀具寿命延长 1~2 倍。为了实现这种进给方式，刀具路径的编程半径应采用铣刀直径的 1/2，并增大从刀具到工件的偏置距离。虽然滚动切入主要用于改进刀具切入工件的方式，但相同的加工原理也可应用于铣削的其他阶段。对于大面积的平面铣削加工，常用的编程方式是让刀具沿工件的全长逐次走刀铣削，并在相反方向上完成下一次切削。为了保持恒定的背吃刀量，消除振动，采用螺旋下刀和滚动铣削工件转角相结合的走刀方式通常效果更好。

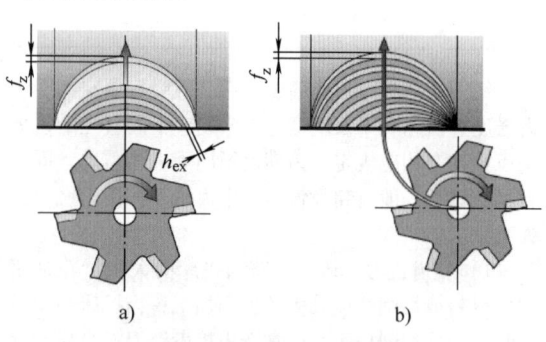

图 3.3-8　铣削进给方式
a）直接切入　b）滚动切入
f_z—每齿进给量　h_{ex}—最大切屑厚度

2）逆铣和顺铣。根据铣削时切削层参数变化规律的不同，圆周铣削有逆铣和顺铣两种方式，如图 3.3-9 所示。

①逆铣：当铣刀与工件接触面的旋转方向和切削进给方向相反时称为逆铣。当工件表面有硬皮，机床的进给机构有间隙时多选用逆铣。其优点在于刀齿是从已加工表面切入，不会崩刀；机床进给机构的间隙不会引起振动和爬行。

②顺铣：铣刀对工件的作用力在进给方向上的分力与工件进给方向相同时称之为顺铣。当工件表面无硬皮，机床进给机构无间隙时，应选用顺铣。其优点在于零件表面的质量好，刀齿磨损小。适于铝镁合金、钛合金和耐热合金等的加工。

③铣削方式的选择：顺铣的功率消耗要比逆铣时小，在同等切削条件下，顺铣功率消耗要低 5%~15%，同时顺铣也更加有利于排屑。一般应尽量采用顺铣法加工，以提高被加工零件表面的质量（降低粗糙度），保证尺寸精度，但当切削面上有硬质层、积渣、工件表面凹凸不平较显著时，如加工锻造毛坯，应采用逆铣法。

此外，顺铣时，切屑由厚变薄，刀齿从未加工表面切入，对铣刀的使用有利。逆铣时，当铣刀刀齿接触工件后不能马上切入金属层，而是在工件表面滑动一小段距离，在滑动过程中，由于强烈的摩擦，就会产生大量的热量，同时在待加工表面易形成硬化层，降低了刀具的寿命，影响工件表面质量，给切削带来不利。

另外，逆铣时，由于刀齿由下往上（或由内往外）切削，且从表面硬质层开始切入，刀齿受很大的冲击负荷，铣刀变钝较快，但刀齿切入过程中没有滑移现象，切削时工作台不会窜动。逆铣和顺铣，因为切入工件时的吃刀量不同，刀齿和工件的接触长度不同，所以铣刀磨损程度不同。实践表明，顺铣时，铣刀寿命比逆铣时提高 2~3 倍，表面粗糙度也可降低，但顺铣不宜用于铣削带硬皮的工件。

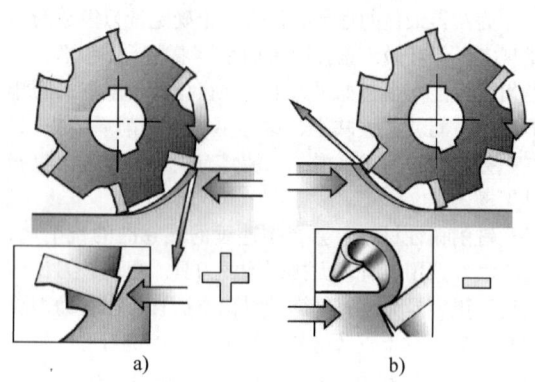

图 3.3-9　铣削方式
a）顺铣　b）逆铣

（5）常见铣削问题的解决方法

在铣削过程中，由于工件材料、切削参数和刀具几何参数等因素的影响，常出现刀具磨损、崩刃和积

屑瘤等现象。铣削过程中常见问题的解决方法见表 3.3-17。

表 3.3-17　铣削过程中常见问题的解决方法

问　题		原　因	解决方法
后刀面磨损	磨损过快导致表面质量差或超差	1）切削速度过高 2）刀具耐磨性不足 3）进给量过低	1）降低切削速度 2）选择更耐磨的牌号 3）提高进给量
	磨损太大导致刀具寿命短	1）振动严重 2）切屑再切削 3）零件上形成毛刺 4）表面质量差 5）产生切削热过大 6）噪声过大	1）提高进给量 2）向下铣削 3）使用压缩空气有效排屑 4）检查推荐的切削参数
月牙洼磨损	磨损太大削弱切削刃。切削刃后缘的破损会导致表面质量下降	由于前刀面上切削温度过高而引起的扩散磨损	1）选择 Al_2O_3 涂层牌号 2）选择正前角刀片槽形 3）先降低切削速度以降低切削温度，然后降低进给量
塑性变形	切削刃塑性变形、下塌或后刀面凹陷，导致切屑控制差、表面质量差及刀片破裂	切削温度和压力过高	1）选择更耐磨（更硬）的牌号 2）降低切削速度 3）降低进给量
崩刃	没参与切削的部分切削刃因切屑冲击而破损。刀片的上刀面和支撑结构都可能被损坏，导致不良表面纹理和过大的后刀面磨损	切屑折回到切削刃	1）选择韧性更好的牌号 2）选择切削刃更坚固的刀片 3）提高切削速度 4）选择正前角槽形 5）在切削开始时减小进给 6）提高稳定性
	切削刃的细小崩碎导致表明质量变差和后刀面过度磨损	1）刀片太脆 2）刀片槽形过于薄弱 3）积屑瘤	1）选择韧性更好的牌号 2）选择槽形强度更高的刀片 3）提高切削速度或选择正前角槽形 4）在切削开始时减小进给量
沟槽磨损	沟槽磨损会引起表面质量下降和切削刃破裂	1）加工硬化材料 2）表皮和锈皮	1）降低切削速度 2）选择韧性更好的牌号 3）提高切削速度
热裂	垂直与切削刃的细小裂纹会引起刀片崩碎及表面质量降低	由于温度的变化而引起的热裂纹是由于间断加工和周期供应切削液所产生的	1）选择能抵抗热冲击韧性的牌号 2）切削液应供给充足，或者采用干切削

（续）

问　　题		原　因	解决方法
积屑瘤	积屑瘤将会引起表面质量的降低，去掉积屑瘤时会引起切削刃崩碎	1）切削区域温度过低 2）易黏结的材料，如低碳钢、不锈钢和铝	1）提高切削速度 2）更换更合适的刀片槽形
	工件材料黏结在切削刃	1）切削速度低 2）每齿进给量低 3）负前角槽形 4）表面质量差	1）提高切削速度 2）提高每齿进给量 3）选择正前角槽形 4）使用油雾或切削液
振动	振动过大	夹具刚性差	1）分析切削力的方向并提供充分的支撑或改善工具 2）减少背吃刀量 3）选择正前角切削、疏齿和不等齿距刀具 4）选择具有小圆角半径和小平行刃带的 L 槽形
		工件轴向刚度差	1）考虑正前角槽形的方肩刀具（90°主偏角） 2）选择具有 L 槽形的刀片 3）减小轴向切削力 4）较低的背吃刀量、较小的圆角半径和平行刃带 5）选择具有不等齿距的疏齿刀具
		刀具悬伸过长	1）减少悬伸量 2）选择具有不等齿距的疏齿刀具 3）平衡径向和轴向切削力 4）提高每齿进给量 5）使用轻型切削刀片槽形 6）减小轴向切削深度 7）在精加工中使用向上铣削
		用刚度差的主轴铣削方肩	1）选择尽可能小的刀具直径 2）选择正前角和轻快切削的刀具和刀片 3）尝试向上铣削
		圆角处的振动	编程中使用大圆角半径，减少进给量
切屑堵塞	当进行全槽铣削时通常存在障碍，特别是加工长屑材料时容易出现这种情况	1）崩刃和破裂 2）切屑再切削	1）使用充足的和指向正确的切削液或压缩空气改善排屑 2）降低每齿进给量 3）将深切削分为几次走刀 4）在深槽加工中尝试向上铣削，使用疏齿刀具
切屑再切削	出现在全槽铣和加工型腔时，特别是在钛合金材料中。在立式机床上铣削深型腔和凹窝时也经常出现这种情况	1）切削刃破裂 2）损害刀具寿命和安全性 3）切屑堵塞	1）使用压缩空气或充足的切削液排除切屑 2）改变刀具位置和刀具路径 3）降低每齿进给量 4）将深切削分为几次走刀

3.3.4　工具系统

1. 工具系统介绍

（1）工具系统概述

由于在加工中心上要适应多种形式零件不同部位的加工，故刀具装夹部分的结构、形式、尺寸也是多种多样的。将通用性较强的几种装夹工具（如装夹铣刀、镗刀、扩铰刀、钻头和丝锥等）系列化、标准化就是通常所说的工具系统，即工具系统是要求与数控机床配套的刀具必须可快速更换和高效切削而发展起来的，是刀具与机床的接口，如图 3.3-10 所示。除刀具本身，还包括实现刀具快速更换所必需的定位、夹紧、抓取及刀具保护等机构，而刀柄是机床和刀具的最后连接环节，对整个工具系统的性能有着很重要的作用。由于在高速切削状态下，工具系统受离心力的影响，因此要求工具系统有更小的质量、更高的平衡精度和具有保持夹紧力的能力。为此，各大刀具厂商纷纷推出新型工具系统（图 3.3-11），以适应对高速、重载切削的加工要求。

图 3.3-11　新型工具系统

图 3.3-10　切削过程中的工具系统

数控机床工具系统除了具备普通工具的特性，主要有以下要求：

1）精度要求。较高的换刀精度和定位精度。

2）刚度要求。数控加工属大进给量、高速强力切削，要求工具系统具有较高的刚度。

3）装卸调整方便的要求。

4）标准化、系列化和通用化的要求。此"三化"便于刀具在转塔和刀库上的安装，简化机械手的结构和动作，还能降低刀具制造成本，减少刀具数量，扩展刀具的适用范围，有利于数控编程和工具管理。

（2）工具系统的分类

1）镗铣类数控工具系统。数控机床工具系统分为镗铣类数控工具系统和车床类数控工具系统。镗铣类数控工具系统是主轴到刀具之间各种连接刀柄的总称，包括刀具部分、工具柄部（刀柄）、接杆（接柄）及夹头等装夹工具部分，其主要作用是连接主轴与刀具，使刀具达到所要求的位置与精度、传递切削所需扭矩及保证刀具的快速更换。镗铣类数控工具系统按结构又可分为整体式工具系统、模块式工具系统和新型工具系统等，如图 3.3-12 所示。

整体式工具系统

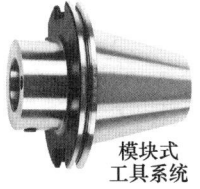

模块式工具系统

新型工具系统

图 3.3-12　镗铣类数控工具系统

①整体式工具系统：整体式工具系统（简称 TSG 工具系统）的刀具柄部与夹持刀具的工作部分连成一体，这种刀柄刚度较好且精度较高，但对机床与零件的变换适应能力差。为了适应零件与机床的变换，用户必须储备各种规格的刀柄，使得品种繁多，管理不便，因此刀柄利用率较低。

②模块式工具系统：模块化工具系统（简称 TMG 工具系统）是一种比较先进的工具系统，其每

把刀柄都可以通过各种系列化的模块组装而成。针对加工不同的零部件和使用机床，采取不同的组装方案，可以获得多种刀柄系列，从而提高了刀柄的适应能力和利用率，具有经济、灵活、快速、可靠和通用性强等特点，但由于刀柄在使用过程中要与各类和多件模块组装，因此其精度不如整体式结构。

③新型工具系统：主要指空心短锥结构的工具系统，其特点是定心精度高、静动态刚度高（采用锥度和端面同时定位）、重量轻、尺寸小、结构紧凑、便于清理污垢等。该系统虽然有诸多优点，适合高速、高精度的加工需求，但也有一定局限性，并不能完全取代目前所用的 BT（7∶24）锥度及 ABS（圆柱+端面）等工具系统。其典型结构和产品包括德国 HSK 工具系统、美国 Kennametal 公司的 KM 工具系统、日本日研（NIKKEN）公司的 NC5 工具系统、瑞典 Sandvik Coromant 公司的工具系统等。

2）车床类数控工具系统。车床类数控工具系统是车床刀架与刀具之间的连接环节（包括各种装车刀的非动力刀夹及装钻头、铣刀的动力刀柄）的总称，它的作用是使刀具能快速更换和定位，以及传递回转刀具所需的回转运动。通常是固定在回转刀架上，随之做进给运动或分度转位，并从刀架或刀塔刀架上获得自动回转所需的动力。该系统主要由两部分组成：一部分是刀具；另一部分是刀夹（夹刀器）。更完善的包括自动换刀装置、刀库、刀具识别装置和刀具自动检测装置。数控车削工具系统主要为模块式车削工具系统，如图 3.3-12 所示。其特点如下：

①一般只有主柄模块和工作模块，较少使用中间模块，以适应车削中心较小的切削空间，并提高工具系统的刚度。

②主柄模块有较多的结构形式。根据刀具安装方向的不同，有径向模块和轴向模块；根据加工的需要，有装夹车刀的非动力式模块，也有安装钻头、立铣刀并使用回转的动力式模块；根据刀具与主轴相对位置的不同，有右切模块和左切模块。此外，根据机床换刀方式的不同，有手动换刀模块或自动换刀模块。主柄模块通常都有切削液通道。

③工作模块主要有两大类型：一类是连接柄和刀体做成一体的各种刀具模块，如用于外圆、端面、键孔、钻孔和切槽等加工的刀具模块；另一类是由于装夹钻头、丝锥和铣刀等标准工具或专用工具的夹刀模块。工作模块是换刀的更换单元，在结构上一般具备机械手夹持的部位、安装刀具识别磁片的部位，以适应自动换刀车削中心的需要。

为了使工具系统与机床的连接实现通用化和扩大互换性，常用的主柄模块有两种形式，一种是德国 DIN 69880 的形式（图 3.3-13）；另一种是德国机械及设备制造厂协会（VDMA）推荐的结构，由圆柱柄定位，端面法兰盘固定。前者具有重复定位精度高、夹持刚度好、互换性强等特点，适用于车床盘形刀架端面安装刀柄的场合；后者适用于车床盘形刀架多边形周边上安装刀柄的场合。对车削加工工具系统模块连接结构的设计要求与对加工中心工具系统模块连接结构的要求相同。有些工具制造商已实现了这两种工具系统的通用化，进一步增加了工具系统的柔性，并方便使用和管理，如德国 Krupp Widia 公司与美国 Kennametal 公司联合开发的 Widaflex UTS（KM）工具系统、Ceratizit 公司的 MaxinexUTS 工具系统等。

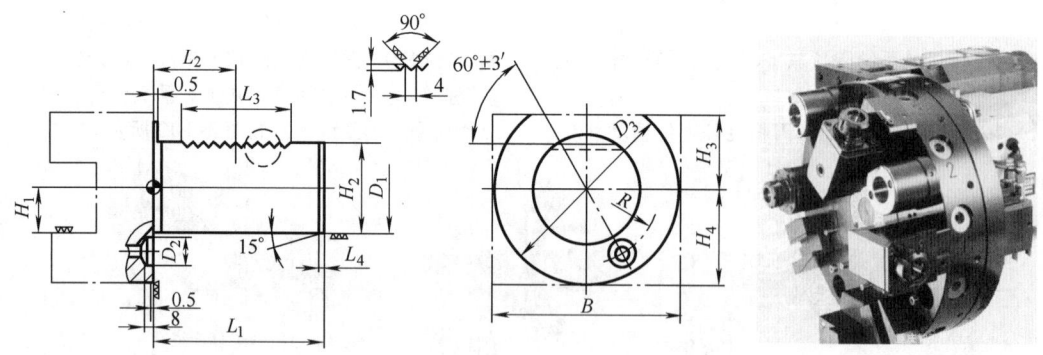

图 3.3-13　DIN 69880 标准结构与模块式车削工具系统

3）按设计分类。目前，工具系统按设计分类大致可以分成以下两类。

①采用 7∶24 大锥度、长锥柄结构：该结构能够保持刀体的良好强度及较高的动态径向刚度，是在原有锥柄结构基础上进行的改进，如 BT 刀柄、Big-plus 刀柄等。

②改变锥柄锥度的结构设计：典型的结构是采用 1∶10 锥度和 1∶20 锥度的锥柄结构设计，如 CAPTO 刀柄、HSK 刀柄、KM 刀柄等。

数控工具系统按设计分类如图 3.3-14 所示。

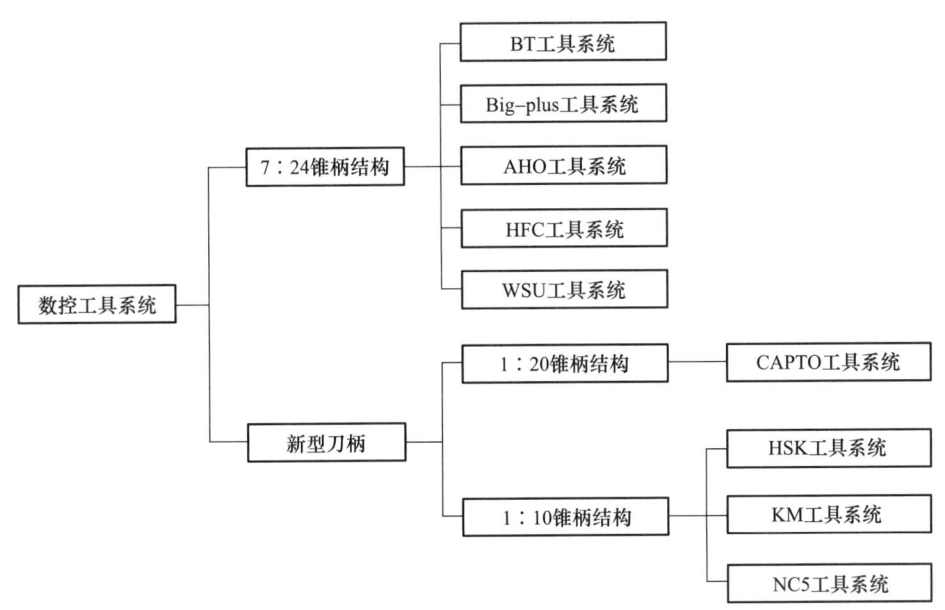

图 3.3-14　数控工具系统按设计分类

（3）工具系统与刀具的连接方式

工具系统与刀具的连接方式大致有以下三种。

1）夹紧连接方式：该连接方式多用于圆柱面工具的夹紧，以夹紧形式可分为两种：①三点式夹紧，如钻夹头刀柄；②360°夹紧，如弹簧夹头刀柄、热缩刀柄。

2）压紧连接方式：该连接方式多用于圆柱面和平面工具的夹紧，以压紧作用方向可分为以下两种：①径向压紧，如侧固式刀柄；②轴向压紧，如面铣刀刀柄。

3）圆锥面自定位连接方式：该连接方式以锥面之间的静摩擦力传递扭矩。

2. 整体式工具系统

（1）TSG 工具系统简介

TSG 工具系统属于整体式结构，是专门为加工中心和镗铣类数控机床配套的工具系统。其优点是结构简单、整体刚度大、使用方便、工作可靠、更换迅速等；缺点是锥柄的品种和数量较多。该系统的主要特点是刀体采用整体式结构与机床的连接、定位采用 7∶24 锥柄，锥柄与连杆连成一起。大规格锥柄适用于重型切削机床，小规格锥柄适用于高速轻切削机床。应用该系统可完成钻、扩、铰、镗、铣和攻丝等多种切削加工，是一套非常完善的加工工具系统。

（2）TSG 工具系统的表示方法

TSG 工具系统的表示形式由工具柄部形式、柄部尺寸规格、工具用途、工作长度和工具规格组成，如图 3.3-15 所示。

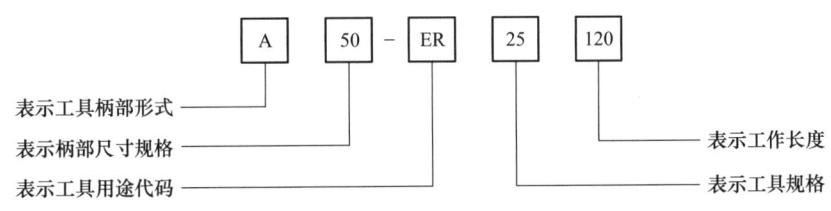

图 3.3-15　TSG 工具系统的表示形式

1）工具柄部形式：镗铣类数控机床用工具系统中 A 型柄、AD 型柄、U 型柄、UD 型柄、UF 型柄的尺寸按 ISO 7388-1：2007 的规定，J 型柄、JD 型柄和 JF 型柄的尺寸按 ISO 7388-2：2007 的规定，ST 型柄的尺寸按 GB/T 3837—2001 的规定，HSK 柄的尺寸按 GB/T 19449.1—2004 的规定，TS 型柄的尺寸按 ISO 26622-1：2008 的规定，PSC 型柄的尺寸按 ISO 26622-2：2008 的规定。TSG 工具柄部形式见表 3.3-18。

表 3.3-18　TSG 工具柄部形式

型号	说明	型号	说明
A	按 ISO 7388-1：2007 的 A 型柄	JF	按 ISO 7388-2：2007 的 JF 型柄
AD	按 ISO 7388-1：2007 的 AD 型柄	ST	按 GB/T 3837—2001 的手动换刀柄
AF	按 ISO 7388-1：2007 的 AF 型柄	STW	按 GB/T 3837—2001 的手动换刀柄，但无锥柄尾部圆柱部分
U	按 ISO 7388-1：2007 的 U 型柄	MT	按 GB/T 1443—1996 的莫氏锥柄，有扁尾部分
UD	按 ISO 7388-1：2007 的 UD 型柄	MW	按 GB/T 1443—1996 的莫氏锥柄，无扁尾部分
UF	按 ISO 7388-1：2007 的 UF 型柄	HSK	按 GB/T 19449.1—2004 的 HSK 型柄
J	按 ISO 7388-2：2007 的 J 型柄	TS	按 ISO 26622-1：2008 的 TS 型柄
JD	按 ISO 7388-2：2007 的 JD 型柄	PSC	按 ISO 26622-1：2008 的 PSC 型柄

2）柄部尺寸：对柄锥表示相应的 ISO 锥度号，对圆柱柄表示直径。

3）工具用途代码：表示工具用途，见表 3.3-19。

表 3.3-19　工具用途代码及规格

代号	规格参数表示的内容
ER	按 ISO 15448：2003 的卡簧外锥锥度半角为 8°的弹簧夹头
QH	按 ISO 10897：1996 的卡簧外锥锥度半角为 1：10 的弹簧夹头
G I	I 型攻丝夹头
G II	II 型攻丝夹头
M	按 GB/T 1443—1996 的装带扁尾的莫氏圆锥工具柄
MW	按 GB/T 1443—1996 的装无扁尾的莫氏圆锥工具柄
TQC	倾斜型粗镗刀
TQW	倾斜型微调镗刀
TZC	直角型粗镗刀
TZW	直角型微调镗刀
XMA	装按 GB/T 5342.1—2006 的 A 类套式面铣刀刀柄
XMB	装按 GB/T 5342.1—2006 的 B 类套式面铣刀刀柄
XMC	装按 GB/T 5342.1—2006 的 C 类套式面铣刀刀柄
TS	双刃镗刀
TW	小孔径微调镗头
XP	按 GB/T 6133.1 的削平型直柄刀具夹头
XPD	2°削平型直柄刀具夹头
XS	按 DIN 6360：1983 的三面刃铣刀刀柄

（续）

代号	规格参数表示的内容
XSL	按 ISO 10643：2009 的套式面铣刀和三面刃铣刀刀柄
RZ	热装夹头
QL	强力铣夹头
YQ	液压夹头
Z	装莫式短锥钻夹头的刀柄
ZJ	装贾式短锥钻夹头的刀柄
ZL	带有螺纹拉紧式钻夹头的刀柄

4）工具规格：表示工具的工作特性。如轮廓直径尺寸 D 和应用范围 L。

5）工作长度：表示工具的设计工作长度（锥柄大端直径处到端面的距离）。

（3）TSG 工具系统的选用

数控工具系统是高柔性化的加工系统，刀具数量多，要求更换迅速。因此，刀辅具的标准化和系列化十分重要。发达国家对刀辅具的标准化和系列化都十分重视，不少国家不仅有国家的标准，而且一些大的公司也都制定了自己标准和系列。我国除了已制定的标准工具系列，还建立了 TSG82 数控工具系统。该系统是铣镗类数控工具系统，是一个联系数控机床（含加工中心）的主轴与刀具之间的辅助系统。编程人员可以根据数控机床的加工范围，按标准刀具目录和标准工具系统选取和配置所需的刀具和辅具，供加工时使用。

TSG82 工具系统是与数控镗、铣类数控机床，特别是与加工中心配套的辅具。该系统包括多种接长杆、连接刀柄、镗铣刀柄、莫氏锥孔刀柄、钻夹头刀柄、攻丝夹头刀柄、钻孔、扩孔、铰孔等各类刀柄和接长杆，以及镗刀头等少量的刀具。用这些配套，数控机床就可以完成铣、钻、镗、扩、铰、攻丝等加工工艺。TSG82 工具系统各种辅具和刀具具有结构简单、紧凑、装卸灵活、使用方便和更换迅速等优点，但也具有锥柄的品种和数量较多的缺点。

3. 模块式工具系统

模块式工具系统就是把工具的柄部和工作部分分割开来，制成各种系列化的模块，然后经过不同规格的中间模块，组装成一套套不同用途、不同规格的模块工具。这样，既方便了制造，也方便了使用和保管，大大减少了用户的工具储备。目前，世界上出现的模块式工具系统不下几十种，它们之间的区别主要在于模块连接的定心方式和锁紧方式不同，但无论哪种模块式工具系统都是由下述 3 个部分所组成。

1）主柄模块：模块式工具系统中直接与机床主轴连接的工具模块。

2）中间模块：模块式工具系统中为加长工具轴向尺寸和变换连接直径的工具模块。

3）工作模块：模块式工具系统中为了装夹各种切削刀具的模块。

（1）TMG 工具系统的分类及表示方法

我国镗铣类模块式工具系统采用其汉语拼音词组的字头 TMG 来表示，为了区别各种不同连接结构的模块式工具系统，在 TMG 之后加上两位数字，以表示结构的特征，见表 3.3-20。前标数字（即十位数字）表示模块连接的定心方式，后标数字（即个位数字）表示模块连接的锁紧方式。

表 3.3-20　国内镗铣类模块式工具系统的表示方法

标记位置	标记	标记意义
前标数字	1	短圆锥定心
	2	单圆柱面定心
	3	双键定心
	4	端齿啮合定心
	5	双圆柱面定心
	6	异形锥面定心
后标数字	0	中心螺钉拉紧
	1	径向销钉锁紧
	2	径向楔块锁紧
	3	径向双头螺栓锁紧
	4	径向单侧螺钉锁紧
	5	径向两螺钉垂直方向锁紧
	6	螺纹连接锁紧
	7	内部弹性锁紧
	8	内部钢球锁紧

常见的镗铣类模块式工具系统有 TMG10、TMG21 和 TMG28 等，由表 3.3-20 可知它们的结构特征。

1）TMG10 模块式工具系统：其结构特点为短圆锥定心，轴向用中心螺钉拉紧；主要用于工具组合后不经常拆卸或加工件具有一定批量的情况。

2）TMG21 模块式工具系统：具有径向销钉锁紧的连接特点，它的一部分为孔，而另一部分为轴，两者插入连接构成一个刚性刀柄，一端和机床主轴连接，另一端则安装上各种可转位刀具便构成了一个先进的工具系统。主要用于重型机械、机床等各种行业。

3）TMG28 模块式工具系统：为单圆柱面定心，在模块接口凹端部分装有锁紧螺钉和固定销两个零件，在模块接口凸端部分装有锁紧滑销、限位螺钉和端键等零件。

（2）常见的 TMG 工具系统

1）Novex 工具系统：是由德国 Walter 公司开发的，其接口形式为圆锥定心，锥孔、锥体与所在模块同轴，轴线上用螺钉拉紧，锥孔端面与锥孔轴线垂直，锥体根部环形端面与锥体轴线垂直，并可与锥孔端面贴合。锥孔锥角略大于锥体锥角，造成结合时小端接触，拉紧后接触区会产生弹性变形，直至端面贴合，压紧为止。锥体中间的同轴孔有易于变形且不影响螺纹松紧的作用，锥度配合面的角度差可大到 20′。端面互相压紧后首先是外缘相接触，为此至少有一个端面是轻微内凹的（或在端面大径区有一条轻微轴向高出端面的接触带）。

上述结构系轴向拉紧，使用中组装不太方便。Walter 公司又推出了径向锁紧的 Novex-RADIAL 结构。其接口部分包括互相嵌合的锥度部分及轴向延伸的拉钉，接纳孔的一端由端面、定心锥孔和夹紧装置组成。延伸拉钉上有个角度很大的锥面（与回转轴线同心）。锁紧元件在双头螺钉带动下开合移动，其上有锥形锁紧面以使与拉钉上的锥面贴合，内、外锥度表面和拉钉的轴线都要与旋转轴线重合。夹紧元件由双头螺栓传动，螺栓轴线位于拉钉蘑菇头的上方。

2）ABS 工具系统：是由德国 Komet 公司开发的，其接口形式为两模块之间有一段圆柱配合，起定心作用。在配合孔的一端同一直径上有两个螺孔，孔中分别装带有圆锥头和圆锥坑的螺钉。在轴线的垂直方向上有一横向孔，孔中有一夹紧销可沿轴向滑动，夹紧销的两端制成圆锥头（或圆锥坑）与螺钉的端部相适应，螺钉与夹紧销的轴线之间有一偏心距离，以达到轴向压紧的目的。Komet 公司 1990 年又将 ABS 工具系统做了少许改动，申请了新的专利。其核心内容是改进了配合孔壁厚，以增加径向夹紧锁轴向受力时孔的弹性，从而增加配合部位的轴与孔的公差带宽度。这样，夹紧后套筒在滑动轴线的横向，由于弹性变形，局部直径变小而压向配合轴所对应的区域。

3）Widaflex UTS（又称 KM）工具系统：是由德国 Krupp Widia 公司与美国 Kennametal 公司合作开发的一种新的工具系统，其接口是用圆锥定心（锥角 5°43′）、端面压紧来保证轴向定位精度和加大刚度。当夹紧时，移动中间拉杆，由于拉杆上斜坡的作用，使两钢球方向相反地压在空心柄薄壁的斜孔孔壁上，使空心柄扩张，紧贴装夹孔，并产生轴向拉紧力，使端面压紧，从而提高轴向连接精度与刚度。

4）MC 工具系统：是由德国 Hertel 公司 1989 年开发的，其接口的定心方式与 ABS 工具系统相同，夹紧方式相仿，将锥面、锥孔接触改为可转动钢球与夹紧销斜面的面接触。斜面与夹紧销轴向夹角为 25°，钢球与螺钉之间有弹簧可使球上斜面复位。为了弥补轴向夹紧分力小的弱点，接触的环形端面上做出 Hirth 齿（Hertel 公司 FTS 系统的成熟技术），其中间的夹紧销用硬质合金制造。

5）Varilock 工具系统：是由瑞典 Sandvik 公司 1980 年研制的轴向拉紧工具系统，它是双圆柱配合，起导向及定心作用，用中心螺钉拉紧，模块装卸显得不太方便。1988 年，该公司研制成径向锁紧的 Varilock 工具系统。连接接口包括一个有内导向面的孔及与之配合的接头（双圆柱面），接头端部突出一个两面带齿的扁尾。齿形分布在轴线两侧。内导向面两侧有两个螺母，这两个螺母位于垂直于内导向面的同一轴线上，可相向和背向滑动，每个螺母都有一端制出相应于扁尾的齿形，夹紧螺栓与螺母位于同一轴线上，并穿过扁尾。齿形单面接触，产生轴向压紧力，使接口连接在一起。

6）Capto 工具系统：Capto 工具系统是由瑞典 Sanvdik 公司 1990 年开发的，定心采用弧面的三棱锥，夹紧是从三棱锥内部拉紧，使端面紧密贴合。这种接口刚度大，传递扭矩大，但制造时设备要求高，必须用许多数控机床才能实现。据介绍，这种工具系统可用于车削，也可用于镗、铣加工，是一种万能型的工具系统。

（3）TMG 工具系统的选用

尽管模块式工具系统有适应性强、通用性好、便于生产、使用和保管等许多优点，但并不是说整体式工具系统将全部被取代，也不是说都改用模块式组合刀柄就最合理。正确的做法是根据具体加工情况来确定用哪种结构，因为单是满足一项固定的工艺要求，一般只需配一个通用的整体式刀柄即可，若选用模块

式组合结构，经济上并不合算。只有在要求加工的品种繁多时，采用模块式结构才是合算的。另外，精镗孔往往要求长长短短许多镗杆，应优先考虑选用模块式结构，而在铣削箱体外廓平面时，以选用整体式刀柄为最佳。对于已拥有多台数控镗铣床、加工中心的制造商，尤其是这些机床要求使用不同标准、不同规格的工具柄部时，选用模块式工具系统将更经济。因为除了主柄模块外，其余模块可以互相通用，这样就减少了工具储备，提高了工具的利用率。至于选用哪种模块式工具系统，应考虑以下几个方面：

1）模块接口的连接精度、刚度是否能满足使用要求。因为有些工具系统模块连接精度很好，结构又简单，使用很方便，如 Rotaflex 工具系统作为精加工（如坐标镗床用）效果挺好，但对既要粗加工又要精加工时，就不是最佳选择，在刚度和拆卸方面都会出现问题。

2）所选用的结构国内是否有生产厂家。专利产品在未取得生产许可、也未与外商合作生产的情况下，是不能仿制成商品销售的。因此除非是使用厂多年来一直采用某一国外结构，需要补充购买相同结构的模块式工具外，刚开始选用模块式工具的厂家最好选用国内独立开发的新型模块式工具系统为宜，因为经检测，国内独立开发的新型模块接口，在连接精度、动刚度、使用方便性等方面均已达到较高水平。

3）在机床上使用时，模块接口是否需要拆卸。在重型行业应用时，往往只需更换前部工作模块，这时要选用侧紧式，而不能选用中心螺钉拉紧结构。如果在机床上使用时模块之间不需要拆卸，而是作为一个整体在刀库和主轴之间重复装卸使用，中心螺钉拉紧方式的工具系统因其锁紧可靠，结构简单，比较实用。

4）在选用模块式工具时，应以某一种结构为主，品种不宜太杂。

5）要了解工具制造商的产品质量情况、供货情况和价格情况等。

6）要考虑产品安全可靠、精度质量、装卸快速方便和性价比等。

4. 高速切削用工具系统

高速加工是集材料科学、工程力学、机械动力学和制造科学于一体的高新加工技术，在汽车制造、航空航天和机械加工等多个行业得到了越来越广泛的应用。据了解，高速加工中有 40% 来自高速铣削加工，而在高速铣削过程中，工具系统的性能将在很大程度上影响加工质量和加工效率。因此，高速铣削工具系统的研究与开发备受国内外机械工程专家和学者的关注。

半个多世纪以来，传统的 BT（7∶24 锥度）工具系统在机械加工中发挥了重要的作用。高速加工时，主轴转速能够达到每分钟数万转，在离心力的作用下，主轴孔的膨胀量比实心的刀柄大，使锥柄与主轴的接触面积减少，导致 BT 工具系统的径向刚度、定位精度下降；在夹紧机构拉力的作用下，BT 刀柄的轴向位置发生变化，轴向精度下降，从而影响加工精度；机床停车时，刀柄内陷于主轴孔内很难拆卸。另外，由于 BT 工具系统仅使用了锥面定位、夹紧，还存在着换刀重复精度低、连接刚度低、传递扭矩能力差、尺寸大、重量大和换刀时间长等缺点。为了解决上述问题，德国、美国、日本等工业发达国家相继开发了若干新型工具系统，以满足现代机械加工生产的要求，如 HSK 工具系统、KM 工具系统、Big-plus 工具系统和 Coromant Capto 工具系统等。

（1）HSK 工具系统及选用

HSK 工具系统的结构特点是空心、薄壁和短锥，锥度为 1∶10，使用由内向外的外胀式夹紧机构。在主轴中的定位为过定位，端面与锥面同时定位、夹紧。夹紧时，由于锥部有过盈，所以锥面受压产生弹性变形，同时刀柄向主轴锥孔轴向移动，以消除初始间隙，实现端面之间的贴合，这样就实现了双面同步夹紧。

在高速铣削加工中，根据加工要求正确、合理地选用 HSK 刀柄十分重要。HSK 刀柄分为 A、B、C、D、E 和 F 六种型号，在选择 HSK 刀柄的型号和规格时，主要考虑的因素包括主轴的最高转速、刀柄的结构特点和承载能力、刀具及配套件的普及程度等。

1）刀柄型号的选择。由 HSK 刀柄的结构特点可知，A、B 型刀柄主要用于带有自动换刀装置机床的中高速加工；C、D 型刀柄主要用于采用手动换刀的中高速加工，而 E、F 型刀柄由于是无任何槽和切口的对称结构，动平衡性较好，因此适用于超高速加工。

国内采用 DIN 6989b-1 中的 A 型和 C 型标准，如 HSK50A、HSK63A 及 HSK100A 等。HSK50 和 HSK63 刀柄的主轴转速可达 25000r/min，HSK100 刀柄可达 12000r/min，精密平衡后的 HSK 刀柄的主轴转速最高可达 40000r/min。但是，随着转速增加，径向刚度将有所降低。

2）刀柄规格的选择。选择 HSK 刀柄规格时，主要应考虑刀柄的承载能力（包括极限弯矩和极限扭矩），应根据实际加工时切削力产生的弯矩和扭矩对比刀柄的临界弯矩和扭矩值进行选择。

当接近临界弯点时，连接强度已经不够，尽管此时刀柄的法兰面与主轴端面还保持全面接触，但弯矩已接近使两者分离的临界值。这个临界弯矩的大小主要取决于拉紧力，因此加大拉紧力可以提高最大弯矩。这一点对悬伸较长的刀具具有特殊的意义，但加大拉紧力会增加作用在刀柄夹紧斜面上的总载荷。这一点在高转速下尤其明显，因为在离心力的作用下，虽然内部夹爪所施加的夹紧力随之增加，致使夹紧的可靠性得以提高，但另一方面却使刀柄最薄的部位承受很大的载荷，导致刀柄损坏。HSK 工具系统的型号、结构特点和应用场合见表 3.3-21。

表 3.3-21　HSK 工具系统的型号、结构特点和应用场合

型号	结构特点	应用场合
HSK-A	具有供机械手夹持的 V 形槽，有放置控制芯片的圆孔，有内部切削液通道，锥体尾部有两个传递转矩的键槽	推荐用于自动换刀，也可手动换刀。适用于中等转矩，中到高转速加工，达到一定转速需要进行动平衡
HSK-B	相同的锥体直径，圆柱直径比 A 型大一号，有穿过圆柱部分的外部切削液通道，传递转矩的键槽在圆柱端面	推荐用于自动换刀，也可手动换刀。适用于较大的转矩，中到高速加工，也需要进行动平衡
HSK-C	圆柱面没有机械手夹持的 V 形槽，其余同 A 型	适用于手动换刀的一般加工
HSK-D	圆柱面没有机械手夹持的 V 形槽，其余同 B 型	适用于手动换刀的车削加工
HSK-E	与 A 型相似，但完全对称，没有键槽和缺口，转矩由摩擦力传递	适用于低转矩、超高速、自动换刀加工
HSK-F	相同的锥体直径，圆柱部分直径比 E 型大一号，其余同 E 型	适用于大的径向力下高速加工，常用于自动机床和木材加工

（2）KM 工具系统及选用

KM 工具系统同样也是采用了 1∶10 的空心短锥配合和双面定位方式，具有高刚度、高精度、快速装夹和维护简单等优点。其动刚度比 HSK 工具系统还高。KM 刀柄使用钢球斜面锁紧，夹紧时钢球沿拉杆凹槽的斜面被推出，卡在刀柄上的锁紧孔斜面上，将刀柄向主轴孔拉紧，刀柄产生弹性变形使刀柄端面与主轴端面贴紧。

标准的 KM 刀柄有 KM32、KM40、KM50、KM63、KM80 和 KM100 六种型号。研究表明，相对于 HSK 工具系统，KM 刀柄/主轴具有更大的径向过盈量，是 HSK 的 2~5 倍，其中 KM 刀柄的拉紧力与锁紧力明显大于 HSK 刀柄，而由于锁紧力较大，故刀柄/主轴的连接刚度较强，所以在 BT 工具系统、HSK 工具系统和 KM 工具系统中，KM 工具系统的性能最优。常见 KM、HSK 和 BT 刀柄的性能比较见表 3.3-22 所示。

表 3.3-22　常见 KM、HSK 和 BT 刀柄的性能比较

刀柄型号	KM63	HSK-63B	BT40
拉紧力/kN	11.2	3.5	12.1
锁紧力/kN	33.5	10.5	12.1
过盈量/μm	10~25	3~10	—

另外，KM 工具系统本身支持带中心内部冷却的刀具，只要刀具和机床都具有中心内部冷却通道，KM 工具系统就提供使切削液顺利到达刀具切削区域的可能，从而为充分发挥刀具性能提供了进一步的保障。但是，由于专利保护，KM 工具系统仅在美国和日本的某些型号的机床上得到推广应用，国内使用的还不多。

（3）Big-plus 工具系统及选用

Big-plus 工具系统与现有的 7∶24 刀柄锥度完全兼容，它将主轴端面与刀具法兰间的间隙量分配给主轴和刀柄各一半，分别加长主轴和加厚刀柄法兰的尺寸，实现主轴端面与刀具法兰的同时接触。Big-plus 工具系统的工作原理是将刀柄装入主轴时（锁紧前）端面的间隙小，锁紧后利用主轴内孔的弹性膨胀补偿间隙；装入刀柄时，伴随主轴孔的扩张使刀具轴向移动，并使刀柄与主轴端面贴紧。

由于将刀柄装入主轴时（锁紧前）端面的间隙小（40 号刀柄间隙为 0.02mm±0.005mm）。锁紧后利用主轴内孔的弹性膨胀补偿间隙，使刀柄与主轴端面贴紧，所以 Big-plus 工具系统具有以下优点：刀柄与主轴的接触面积增大使刚性增强，振动衰减效果提高；端面的矫正作用使自动换刀的重复精度提高，端面的定位作用使轴向尺寸稳定。

与 BT 锥柄相比，Big-plus 锥柄对弯矩的承载能力因有一个加大的支撑直径而提高，从而增加了装夹稳定性。Big-plus 工具系统的夹持刚度高，因此在高速加工中可减少刀柄的跳动，提高重复换刀精度，但 Big-plus 刀柄由于过定位安装，必须严格控制锥面基准线与法兰端面的轴向位置精度，与之相应的主轴也必须控制这一轴向精度，使其制造工艺难度大，这一点甚至比 HSK 刀柄要求还要高。

（4）几种高速切削用工具系统的比较

根据当前高速切削中使用较多的几种工具系统的结构特点和工作原理，这几种工具系统的选取要求和适用场合如下：HSK 工具系统主要从主轴的最高转速、刀柄的结构特点和承载能力、刀具及配套件的普及程度等来选取 HSK 工具系统的型号和规格，其使用范围非常广泛；KM 工具系统的拉紧力与锁紧力更大，所以 KM 工具系统的性能更优，但由于专利保护，KM 工具系统仅在美国和日本的某些型号的机床上得到推广应用，国内使用的还不多，目前 KM 工具系统主要应用于 Mori Seiki、Okuma、Daewoo mazak 和 Tsugami 等品牌的机床上；Big-plus 工具系统的特点是与现有的 7∶24 刀柄锥度完全兼容，不会增加额外的刀具成本，已获得德国专利，并且德国和瑞士的许多刀具制造商已得到生产许可；Capto 工具系统采用了多面体结构，能产生更高的抗弯刚度，这种工具系统可用于高速铣削，也可用于镗削、车削加工，是一种万能型的工具系统。在机床工具系统中，夹紧结构是重要的组成部分，用于提供足够大的夹紧力，保证主轴与工具可靠连接。一个优良的工具系统必须被充分夹紧，设计时必须考虑夹紧力的产生、放大和传递等功能在夹紧机构上的实现。四种常见高速切削用工具系统的结构及性能比较见表 3.3-23。

表 3.3-23　四种常见高速切削用工具系统的结构及性能比较

结构及性能	HSK 刀柄	KM 刀柄	Big-plus 刀柄	Capto 刀柄
定位面形式	2 面定位	3 面定位	2 面定位	2 面定位
刀柄锥度	1∶10	1∶10	7∶24	1∶20
锥柄长度	短锥	短锥	长锥	长锥

（续）

结构及性能	HSK 刀柄	KM 刀柄	Big-plus 刀柄	Capto 刀柄
夹紧机构	悬挂式夹爪 斜楔夹紧机构	球面斜楔式	拉钉拉紧，锥 柄直接传力	气动弹簧 夹紧机构
传力元件	弹性夹爪、拉杆	钢球、拉杆	拉钉、拉杆	三棱圆
夹紧力	$A_{ax} = \dfrac{1}{\tan(\alpha + \rho_1)\tan(\beta + \rho_2)}$ $A_{rad} = \dfrac{1}{\tan(\alpha + \rho_1)}$ 轴向夹紧力 A_{ax} 和径向夹紧力 A_{rad} 为拉杆楔角 α、β 和前摩擦角 ρ_1、ρ_2 的函数	3.5	拉钉直接传递	—
冷却形式	可以内冷	可以内冷	可以内冷	可以内冷
互换性 （与传统 7：24 刀柄比较）	不可互换	不可互换	可以与 BT 刀柄 互换	不可互换
椎体形式	空心薄壁	空心薄壁	实心椎体 （带内部冷却 孔道）	空心
存在问题	刀柄中空，刀具夹持部分悬伸量大	夹紧时主轴锥面有变形，主轴轴承必须后置	由于端面定位，刀柄不能后移，高速下可能出现锥面不接触	加工成本高

实际上，工具系统通常随机床作为附件一起购买，并能使用很长一段时间，它是随机床一起折旧的，也就是说它是一次性投资。研究表明，工具系统的成本不及总加工成本的 0.45%。因此，通过削减工具系统的成本来达到降低加工成本是不值得的，而选取高品质的工具系统在切削中会达到事半功倍的效果。

3.4　数控加工的编程基础

3.4.1　数控编程概述

1. 数控加工的过程

利用数控机床完成零件的数控加工过程如图 3.4-1 所示，主要包括下列步骤。

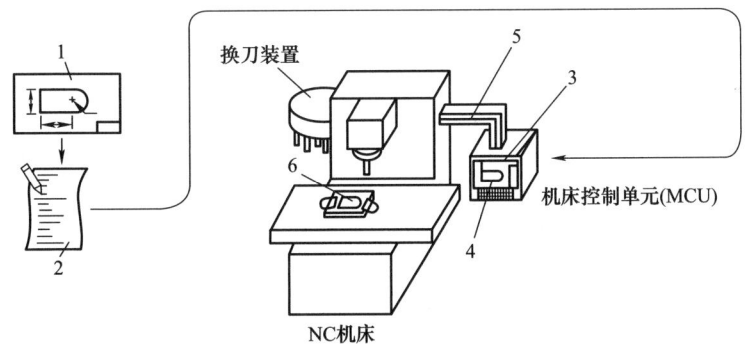

图 3.4-1　数控加工过程

1—零件工艺分析　2—编写零件的加工程序　3—向 MCU 输入零件的加工程序

4—显示刀具路径　5—程序输送到 NC 机床　6—加工零件

1）根据零件加工图样进行加工工艺分析，确定加工方案、工艺参数和位移数据。

2）用规定的程序代码和格式编写零件加工程序单，或者用自动编程软件进行 CAD/CAM 工作，直接生成零件的加工程序文件。

3）程序的输入或传输。由手工编写的程序，可以通过数控机床的操作面板输入程序；由编程软件生成的程序，通过计算机的串行通信接口直接传输到机床控制单元（MCU）。

4）对输入或传输到数控机床的加工程序进行试运行、刀具路径模拟等。

5）通过对机床的正确操作，运行程序，完成零件的加工。

由此可见，数控编程是数控加工的重要步骤。当采用数控机床对零件进行加工时，首先对零件进行加工工艺分析，以确定加工方法、加工工艺路线，正确地选择数控机床刀具和装夹方法；然后按照加工工艺要求，根据所用数控机床规定的指令代码及程序格式，将刀具的运动轨迹、位移量、切削参数（主轴转速、进给量、背吃刀量等）及辅助功能（换刀、主轴正转/反转、切削液开/关等）编写成加工程序单，传送或输入 MCU 中，从而指挥机床加工零件。

2. 数控编程的内容与方法

数控编程一般包括以下几个方面的工作内容。

（1）加工工艺分析

编程人员首先要根据零件图，对零件的材料、形状、尺寸、精度和热处理要求等进行加工工艺分析，合理地选择加工方案，确定加工顺序、加工路线、装夹方式、刀具及切削参数等；同时还要考虑所用数控机床的指令功能，充分发挥机床的效能；加工路线要短，正确地选择对刀点、换刀点，减少换刀次数。

（2）数值计算

根据零件图的几何尺寸确定工艺路线及设定坐标系，计算零件粗、精加工运动的轨迹，得到刀位数据。对于形状比较简单的零件（如直线和圆弧组成的零件）的轮廓加工，要计算几何元素的起点、终点、圆弧的圆心、两几何元素的交点或切点的坐标值，有的还要计算刀具中心的运动轨迹坐标值；对于形状比较复杂的零件（如非圆曲线、曲面组成的零件），需要用直线段或圆弧段逼近，根据加工精度的要求计算出节点坐标值。这种数值计算一般要用计算机来完成。

（3）编写零件加工程序单

加工路线、工艺参数及刀位数据确定以后，编程人员根据数控系统规定的功能指令代码及程序段格式，逐段编写加工程序单。此外，还应附上必要的加

工示意图、刀具布置图、机床调整卡、工序卡及必要的说明。

（4）制备控制介质

把编制好的程序单上的内容记录在控制介质上，作为数控装置的输入信息。通过程序的手工输入或通信传输送入数控系统。

（5）程序校对与首件试切

编写完的零件加工程序单和制备好的控制介质，必须经过校验和试切才能正式使用。校验的方法是直接将控制介质上的内容输入数控装置中，让机床空运转，以检查机床的运动轨迹是否正确。在有 CRT 图形显示的数控机床上，用模拟刀具与工件切削过程的方法进行检验更为方便，但这些方法只能检验运动是否正确，不能检验被加工零件的加工精度。因此，要进行零件的首件试切。当发现有加工误差时，分析误差产生的原因，找出问题所在，加以修正。数控编程的内容及步骤如图 3.4-2 所示。

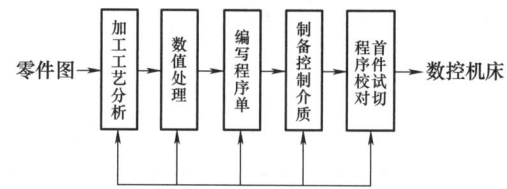

图 3.4-2　数控编程的内容及步骤

3. 数控机床的坐标系和运动方向

规定数控机床坐标轴及运动方向，是为了准确地描述机床运动，简化程序的编制，并使所编程序具有互换性。目前，国际标准化组织已经统一了标准坐标系，GB/T 19660—2005《工业自动化系统与集成　机床　数值控制　坐标系和运动命名》，对数控机床的坐标系和运动方向进行了明文规定。

（1）坐标系和运动方向命名的原则

机床在加工零件时是刀具移近工件，还是工件移近刀具，为了根据图样确定机床的加工过程，特规定：永远假定刀具相对于静止的工件坐标而运动。

（2）坐标系的规定

五轴联动加工中心的坐标系如图 3.4-3 所示。

为了确定机床的运动方向、移动的距离，要在机床上建立一个坐标系，这个坐标系就是标准坐标系，也称机床坐标系。在编制程序时，以该坐标系来规定运动的方向和距离。

数控机床采用右手直角坐标系，如图 3.4-4 所示。在图 3.4-4 中，大拇指的方向为 X 轴的正方向，食指为 Y 轴的正方向，中指为 Z 轴正方向；绕 X、Y 和 Z 轴回转的轴分别称为 A、B 和 C 轴。图 3.4-5 和

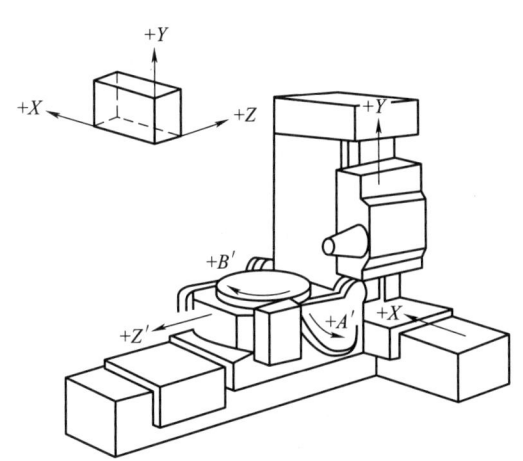

图 3.4-3　五轴联动加工中心的坐标系

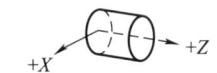

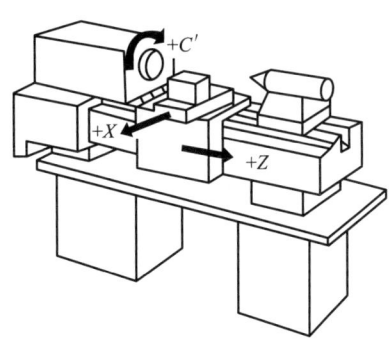

图 3.4-5　卧式车床的标准坐标系

图 3.4-6 所示为卧式车床和立式铣床的标准坐标系。

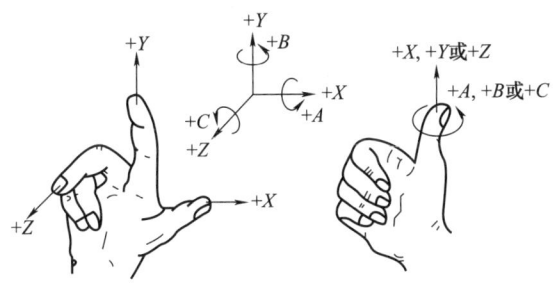

图 3.4-4　右手直角坐标系

（3）运动方向的确定

1）Z 轴的运动。Z 轴的运动由传递切削力的主轴决定，与主轴轴线平行的坐标轴即为 Z 轴。对于车床、磨床等主轴带动工件旋转；对于铣床、钻床、镗床等主轴带动刀具旋转，如图 3.4-5 和图 3.4-6 所示；如果没有主轴的机床，Z 轴垂直于工件装夹面。

Z 轴的正方向为从工件到刀架的方向。例如，在钻床加工中，钻入工件的方向为 Z 轴的负方向，退出方向为正方向。

2）X 轴的运动。X 轴为水平的且平行于工件的装夹面，这是在刀具或工件定位平面内运动的主要坐标。对于工件旋转的机床（如车床、磨床等），X 轴的方向是在工件的径向，且平行于横刀架，刀具离开工件旋转中心的方向为 X 轴正方向，如图 3.4-5 所示。对于刀具旋转的机床（如铣床、镗床、钻床等），X 轴的正方向指向右方，如图 3.4-6 所示。

3）Y 轴的运动。Y 轴垂直于 X、Z 轴，Y 轴的正方向根据 X 和 Z 轴的正方向按右手直角坐标系来判断。

A、B 和 C 的正方向相应地表示在 X、Y 和 Z 轴

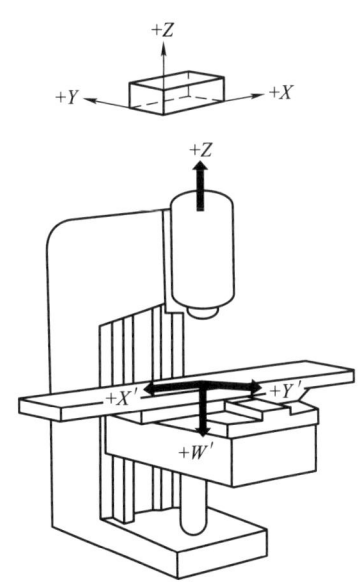

图 3.4-6　立式铣床的标准坐标系

正方向上按照右手螺旋前进的方向。

（4）机床的主要运动

1）刀具移动。刀具移动时，其移动的正方向与轴的正方向相同，正方向移动用 +X、+Y、+Z、+A、+B……来指定。

2）工件移动。工件移动时，其移动的正方向与轴的正方向相反，为表示其相反的方向，工件正方向移动用 +X′、+Y′、+Z′、+A′、+B′……来指定。

4. 程序的结构

（1）加工程序的结构

数控加工中，为使机床运行而送到 CNC 的一组指令称为程序。每一个程序都是由程序号、程序内容和程序结束三部分组成。程序的内容则由若干程序段

组成，程序段是由若干字组成，每个字又由字母和数字组成，如图 3.4-7 所示。即字母和数字组成字，字组成程序段，程序段组成程序。

一个程序段

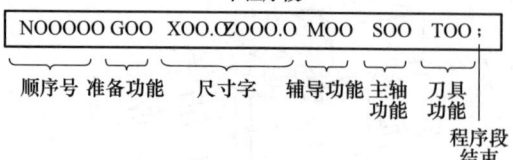

图 3.4-7　程序段构成

数控加工中，零件加工程序的组成形式随数控系统功能的强弱而略有不同。功能较强的数控系统加工程序可分为主程序和子程序，如图 3.4-8 所示。

（2）加工程序的组成

1）程序号。程序号为程序的开始部分，为了区别存储器中的程序，每个程序都要有程序编号，在编号前采用程序编号地址码。例如，在 FANUC 系统中，采用英文字母"O"作为程序编号地址，而其他系统有的采用"P""%"或"："等。

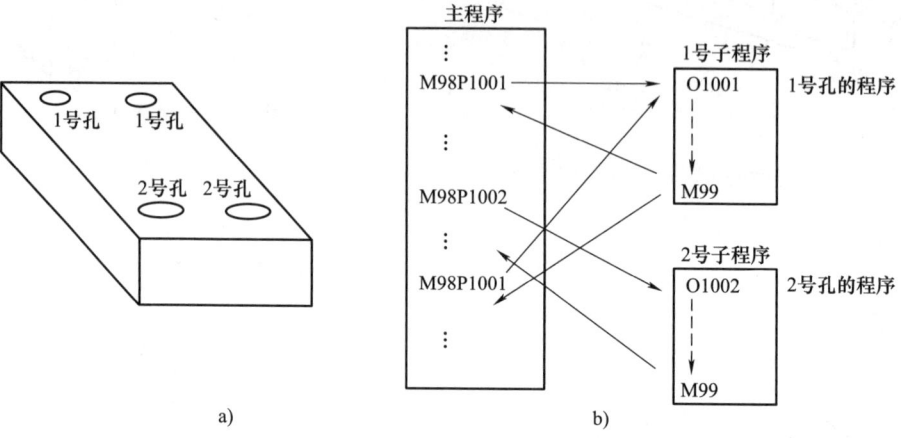

图 3.4-8　主程序和子程序

a）零件　b）程序结构

2）程序内容。程序内容是整个程序的核心，由许多程序段组成，每个程序段由一个或多个指令组成，表示数控机床要完成的全部动作。

3）程序结束。以程序结束指令 M02 或 M30 作为整个程序结束的符号，以结束整个程序。

（3）程序段内各字的说明

字——地址程序段由语句号字、数据字和程序段结束组成，常用于表示地址的英文字母的含义见表 3.4-1，常用辅助功能 M 代码、含义及用途见表 3.4-2，主要地址和指令值范围见表 3.4-3。

表 3.4-1　地址码中英文字母的含义

功能	地址	含义
程序号	O	程序号
顺序号	N	顺序号
准备功能	G	指定移动方式（直线、圆弧等）
尺寸字	X、Y、Z、U、V、W、A、B、C	坐标轴移动指令
	I、J、K	圆弧中心的坐标
	R	圆弧半径
进给功能	F	每分钟进给位移量，每转进给位移量
主轴速度功能	S	主轴速度
刀具功能	T	刀号
辅助功能	M	机床上的开/关控制
	B	工作台分度等

（续）

功能	地址	含义
偏置号	D、H	偏置号
暂停	P、X	暂停时间
程序号指定	P	子程序号
重复次数	P	子程序重复次数
参数	P、Q	固定循环参数

表 3.4-2 常用辅助功能 M 代码、含义及用途

功能	含义	用 途
M00	程序停止	实际上是一个暂停指令。当执行有 M00 指令的程序段后，主轴的转动、进给、切削液都将停止。它与单程序段停止相同，模态信息全部被保存，以便进行某一手动操作，如换刀、测量工件的尺寸等。重新启动机床后，继续执行后面的程序
M01	选择停止	与 M00 的功能基本相似，只有在按下"选择停止"后，M00 才有效，否则机床继续执行后面的程序段；按"启动"键继续执行后面的程序
M02	程序结束	该指令编在程序的最后一条，表示执行完程序内所有指令后，主轴停止、进给停止、切削液关闭，机床处于复位状态
M03	主轴正转	用于主轴顺时针方向转动
M04	主轴反转	用于主轴逆时针方向转动
M05	主轴停止转动	用于主轴停止转动
M07	冷却液开	用于切削液开
M08	冷却液开	用于切削液开
M09	冷却液关	用于切削液关
M30	程序结束	除表示执行 M02 的内容，还返回到程序的第一条语句，准备下一个工件的加工
M98	子程序调用	用于调用子程序
M99	子程序返回	用于子程序结束及返回

注：各种机床的 M 代码规定有差异，编程时必须根据说明书的规定进行。

表 3.4-3 主要地址和指令值范围

功能		地址	米制输入	寸制输入
程序号		O	1~9999	1~9999
顺序号		W	1~99999	1~99999
准备功能		G	0~99	0~99
尺寸字	增量单位 IS-B	X、Y、Z、U、V、W、C、I、J、K、R	±99999.999mm	±9999.9999in
	增量单位 IS-C		±9999.9999mm	±999.99999in
每分钟进给位移量	增量单位 IS-B	F	1~240000mm/min	0.01~9600.00in/min
	增量单位 IS-C		1~100000mm/min	0.001~4000.00in/min

（续）

功能		地址	米制输入	寸制输入
每转进给位移量		F	0.001~500.00mm/r	0.0001~9.9999in/r
主轴速度功能		S	0~20000	0~20000
刀具功能		T	0~999999999	0~99999999
辅助功能		M	0~999999999	0~99999999
		B	0~999999999	0~99999999
偏置号		H、D	0~400	0~400
暂停	增量单位 IS-B	X、P	0~99999.999s	0~99999.999s
	增量单位 IS-C		0~9999.9999s	0~9999.9999s
程序号指定		P	1~9999	1~9999
子程序重复次数		P	1~999	1~999

1）语句号字。用以识别程序段的编号，由地址码 N 和后面的若干位数字组成。例如，N20 表示该语句的句号为 20。

2）功能字。功能字主要包括准备功能字（G 功能字）、进给功能字（F 功能字）、主轴转速功能字（S 功能字）、刀具功能字（T 功能字）和辅助功能字（M 功能字），各功能字均由相应的地址码和后面的数字组成。

3）尺寸字。尺寸字由地址码、+、-符号及绝对（或增量）数值构成。尺寸字的地址码有 X、Y、Z、U、V、W、P、Q、R、A、B、C、I、J、K、D、H 等，尺寸字的"+"可省略。

4）程序段结束。写在每一程序段之后，表示程序结束。当用"EIA"标准代码时，结束符为

"CR"；用"ISO"标准代码时为"NL"或"LF"；有的用符号"："或"＊"表示；有的直接按 Enter 键即可。

3.4.2 车床数控系统的功能与指令代码

数控系统是数控机床的核心。数控机床根据功能和性能要求配置不同的数控系统。数控系统不同，其指令代码也有差别，因此编程时应按所使用数控系统代码的编程规则进行编程。

1. 车床数控系统的通用指令代码

数控车床常用的功能指令有准备功能 G、辅助功能 M、刀具功能 T、主轴转速功能 S 和进给功能 F。几种常用的典型数控车削系统的 G 功能代码见表 3.4-4~表 3.4-7。

表 3.4-4　SIEMENS 802S/C 系统常用 G 指令

路径数据	代码	路径数据	代码
绝对/增量尺寸	G90, G91	路径数据	
公制/英制尺寸	G71, G70	程序结束	M02
半径/直径尺寸	G22, G23	主轴运动	
可编程零点偏置	G158	主轴速度	S
可设定零点偏置	G54~G57, G500, G53	旋转方向	M03/M04
轴运动		主轴速度限制	G25, G26
快速直线运动	G00	主轴定位	SPOS
进给直线运动	G01	特殊车床功能	
进给圆弧插补	G02/G03	恒速车削	G96/G97
中间点的圆弧插补	G05	圆弧倒角/直线倒角	CHF/RND
路径数据		刀具及刀具偏置	
定螺距螺纹加工	G33	暂停时间	G04
接近固定点	G75	刀具	T
回参考点	G74	刀具半径补偿选择	G41, G42
进给量	F	刀具偏置	D
准确停/连续路径加工	G09, G60, G64	转角处加工	G450, G451
在准确停时的段转换	G601/G602	取消刀具半径补偿	G40
暂停时间	G04	辅助功能	M

表 3.4-5　中华世纪星 HNC-21/22T 数控车系统的 G 代码

代码	组别	功能	代码	组别	功能
G00		快速定位	G57		坐标系选择 4
G01	01	直线插补	G58	11	坐标系选择 5
G02		圆弧插补（顺时针）	G59		坐标系选择 6
G03		圆弧插补（逆时针）	G65		调用宏指令
G04	00	暂停	G71		外径/内径车削复合循环
G20	08	寸制输入	G72		端面车削复合循环
G21		米制输入	G73	06	闭环车削复合循环
G28	00	参考点返回检查	G76		螺纹车削复合循环
G29		参考点返回	G80		外径/内径车削固定循环
G32	01	螺纹切削	G81		端面车削固定循环
G36	17	直径编程	G82		螺纹车削固定循环
G37		半径编程	G90	13	绝对编程
G40		取消刀尖半径补偿	G91		相对编程
G41	09	刀尖半径左补偿	G92	00	工件坐标系设定
G42		刀尖半径右补偿	G94	14	每分钟进给
G54		坐标系选择 1	G95		每转进给
G55	11	坐标系选择 2	G96	16	恒线速度切削
G56		坐标系选择 3	G97		恒转速切削

表 3.4-6　FANUC 0i-T 系统常用 G 指令

G 代码			组	功能	G 代码			组	功能
A	B	C			A	B	C		
G00	G00	G000		快速定位	G70	G70	G72		精加工循环
G01	G01	G01	01	直线插补（切削进给）	G71	G71	G73		外圆粗车循环
G02	G02	G02		圆弧插补（顺时针）	G72	G72	G74		端面粗车循环
G03	G03	G03		圆弧插补（逆时针）	G73	G73	G75	00	多重车削循环
G04	G04	G04		暂停	G74	G74	G76		排屑钻端面孔
G10	G10	G10	00	可编程数据输入	G75	G75	G77		外径/内径钻孔循环
G11	G11	G11		可编程数据输入方式取消	G76	G76	G78		多头螺纹循环
G20	G20	G70	06	寸制输入	G80	G80	G80		固定钻循环取消
G21	G21	G71		米制输入	G83	G83	G83		钻孔循环
G27	G27	G27	00	返回参考点检查	G84	G84	G84		攻丝循环
G28	G28	G28		返回参考位置	G85	G85	G85	10	正面镗循环
G32	G33	G33	01	螺纹切削	G87	G87	G87		侧钻循环
G34	G34	G34		变螺距螺纹切削	G88	G88	G88		侧攻丝循环
G36	G36	G36	00	自动刀具补偿 X	G89	G89	G89		侧镗循环
G37	G37	G37		自动刀具补偿 Z	G90	G77	G20		外径/内径车削循环
G40	G40	G40		取消刀尖半径补偿	G92	G78	G21	01	螺纹车削循环
G41	G41	G41	07	刀尖半径左补偿	G94	G79	G24		端面车削循环
G42	G42	G42		刀尖半径右补偿	G96	G96	G96	02	恒表面切削速度控制
G50	G92	G92	00	坐标系或主轴最大速度设定	G97	G97	G97		恒表面切削速度控制取消
G52	G52	G52	00	局部坐标系设定	G98	G94	G94	05	每分钟进给
G53	G53	G53		机床坐标系设定	G99	G95	G95		每转进给
G54~59			14	选择工件坐标系 1~6	—	G90	G90	03	绝对值编程
G65	G64	G65	00	调用宏指令	—	G91	G91		增量值编程

表 3.4-7　FAGOR 8055T 系统常用 G 代码功能

G 代码	功　　能	G 代码	功　　能
G00	快速定位	G54~G57	绝对零点偏置
G01	直线插补	G58	附加零点偏置
G02	顺时针圆弧插补	G59	附加零点偏置
G03	逆时针圆弧插补	G60	轴向钻削/攻丝固定循环
G04	停顿/程序段准备停止	G61	径向钻削/攻丝固定循环
G05	圆角过渡	G62	纵向槽加工固定循环
G06	绝对圆心坐标	G63	径向槽加工固定循环
G07	方角过渡	G66	模式重复固定循环
G08	圆弧切于前一路径	G68	沿 X 轴余量切除固定循环
G09	三点定心圆弧	G69	沿 Z 轴余量切除固定循环
G10	镜像取消	G70	以英寸为单位编程
G11	相对于 X 轴镜像	G71	以毫米为单位编程
G12	相对于 Y 轴镜像	G72	通用和特定缩放比例
G13	相对于 Z 轴镜像	G74	机床参考点搜索
G14	相对于编程的方向镜像	G75	探针运动直到接触
G15	纵向轴选择	G76	探针接触
G16	用两个方向选择主平面	G77	从动轴
G17	主平面 XY 纵轴为 Z	G77S	主轴速度同步
G18	主平面 ZX 纵轴为 Y	G78	从动轴取消
G19	主平面 YZ 纵轴为 X	G78S	取消主轴同步
G20	定义工作区下限	G81	直线车削固定循环
G21	定义工作区上限	G82	端面车削固定循环
G22	激活/取消工作区	G83	钻削固定循环
G28	第二主轴选择	G84	圆弧车削固定循环
G29	主轴选择	G85	端面圆弧车削固定循环
G30	主轴同步（偏移）	G86	纵向螺纹切削固定循环
G32	进给量"F"为时间倒数	G87	端面螺纹切削固定循环
G33	螺纹切削	G88	沿 X 轴开槽固定循环
G36	自动半径过渡	G89	沿 Z 轴开槽固定循环
G37	切向入口	G90	绝对坐标编程
G38	切向出口	G91	增量坐标编程
G39	自动倒角连接	G92	坐标预置/主轴速度限制
G40	取消刀具半径补偿	G93	极坐标原点
G41	左手刀具半径补偿	G94	直线进给量 mm(in)/min
G42	右手刀具半径补偿	G95	旋转进给量 mm(in)/r
G45	切向控制	G96	恒速切削
G50	受控圆角	G97	主轴转速 r/min

2. 车削系统固定循环

对数控车床而言，非一刀加工完成的轮廓表面、加工余量较大的表面，采用循环编程，可以缩短程序段的长度，减少程序所占内存。各类数控系统复合固定循环的形式和使用方法（主要是编程方法）相差甚大。

（1）FANUC0i-TA 系统的固定循环

FANUC0i-TA 车削数控系统分为简单固定循环、多重复合固定循环和钻孔固定循环三类，在此主要介绍前两类。

1）简单固定循环。简单固定循环有三种，即外径/内径切削固定循环、螺纹切削固定循环和端面切削固定循环。其代码、编程格式及其用途见表 3.4-8，循环指令中的地址码含义见表 3.4-9。

表 3.4-8　FANUC0i-TA 系统的简单固定循环的代码、编程格式及其用途

G 代码	编程格式	用途
G90	G90　X（U）＿ Z（W）＿ F＿	直线切削外径/内径固定循环
	G90　X（U）＿ Z（W）＿ R＿ F＿	锥形切削外径/内径固定循环
G92	G92　X（U）＿ Z（W）＿ F＿	圆柱螺纹切削固定循环
	G92　X（U）＿ Z（W）＿ R＿ F＿	锥螺纹切削固定循环
G94	G94　X（U）＿ Z（W）＿ F＿	平端面切削固定循环
	G94　X（U）＿ Z（W）＿ K＿ F＿	锥形端面切削固定循环

表 3.4-9　FANUC0i-TA 系统的简单固定循环指令中地址码的含义

地址	含义
X（U）＿ Z（W）＿	X、Z 为圆柱面切削终点坐标值；U、W 为圆柱面切削终点相对于循环起点的增量值
R＿	R 为切削始点与圆锥面切削终点的半径值
K＿	K 为端面切削始点与切削终点的在 Z 方向的增量值
F＿	F 为进给量

2）多重复合固定循环。FANUC0i-TA 车削系统的多重复合固定循环的代码、编程格式及其用途见表 3.4-10，循环指令中的地址码含义见表 3.4-11。

表 3.4-10　FANUC0i-TA 车削系统的多重复合固定循环的代码、编程格式及其用途

G 代码	编程格式	用途
G71	G71P（ns）Q（nf）U（△u）W（△w）D（△d）F_S_T_	外圆粗车循环
G72	G72P（ns）Q（nf）U（△u）W（△w）D（△d）F_S_T_	端面粗车循环
G73	G73P（ns）Q（nf）I（△i）K（△k）U（△u）W（△w）D（△d）F_S_T_	固定形状粗车循环
G74	G74P（ns）Q（nf）	精车循环

表 3.4-11　FANUC0i-TA 车削系统的多重固定循环指令中地址码的含义

地址	含　义
ns	循环程序段中第一个程序段的顺序号
nf	循环程序段中最后一个程序段的顺序号
△i	粗车时，径向切除的余量（半径值）
△k	粗车时，轴向切除的余量
△u	径向（X 轴方向）的精车余量（直径值）
△w	轴向（Z 轴方向）的精车余量
△d	每次吃刀量（在外径和端面粗车循环）或粗车循环次数（在固定形状粗车循环）

（2）SIEMENS 系统固定循环

SIEMENS 系统车削常用固定循环见表 3.4-12～表3.4-14。

表 3.4-12　开槽循环-CYCLE93

格式	CYCLE93 (SPD, SPL, WIDG, DIAG, STA1, ANG1, ANG2, RCO1, RCO2, RCI1, RCI2, FAL1, FAL2, IDEP, DTB, VARI)
功能	加工对称和不对称的外槽孔和内槽孔

参数说明	图　示
SPD：横轴上的起点（不输入正负号） SPL：纵轴上的起点 WIDG：开槽宽度（不输入正负号） DIAG：开槽深度（不输入正负号） STA1：轮廓与纵轴之间的角度 ANG1：腹角1：凹槽上由起点定义的一侧 ANG2：腹角2：位于另一侧（不输入正负号） RCO1：半径/圆角1，外侧（位于起点定义的一侧） RCO2：半径/圆角2，外侧 RCI1：半径/圆角1，内侧（位于起点定义的一侧） RCI2：半径/圆角2，内侧 FAL1：凹槽底部的最终切削余量 FAL2：凹槽的最终切削余量 IDEP：进给深度（不输入正负号） DTB：凹槽底部的停留时间 VARI：切削类别	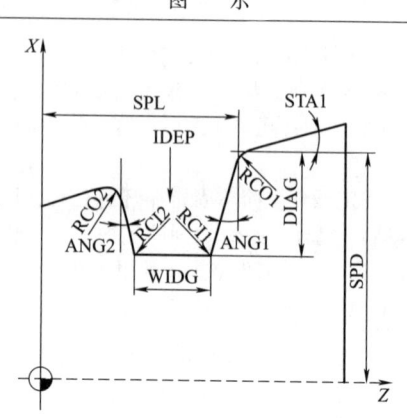

表 3.4-13　毛坯循环-CYCLE95

格式	CYCLE95 (NPP, MID, FALZ, FALX, FAL, FF1, FF2, FF3, VARI, DT, DAM, _VRT)
功能	在毛坯料上切削出于子程序中设定的轮廓

参数说明	图示
NPP：轮廓的子程序名称 MID：进给深度（不输入正负号） FALZ：纵轴最终切削余量（不输入正负号） FALX：横轴最终切削余量（不输入正负号） FAL：沿轮廓最终切削余量（不输入正负号） FF1：无凸纹车削的粗加工进给速度 FF2：用于插入凸纹车削元素的进给速度 FF3：精加工进给速度 VARI：加工类型 DT：粗加工过程中断屑停留时间 DAM：每次粗加工车削中断屑处理的路径长度 _VRT：根据起始直径的可变后退距离	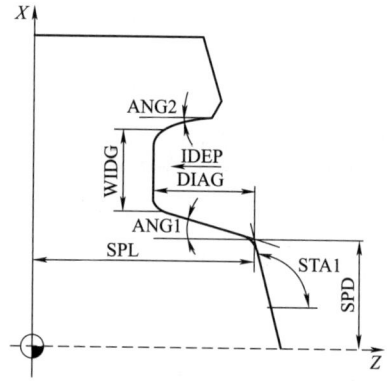

表 3.4-14　螺纹切削-CYCLE97

格式	CYCLE97 (PIT, MPIT, SPL, FPL, DM1, DM2, APP, ROP, TDEP, FAL, IANG, NSP, NRC, NID, VARI, NUMT, _ VRT)
功能	加工圆柱形或锥形内外螺纹

参数说明	图示
PIT：节距（不输入正负号） MPIT：螺纹节距 SPL：纵轴上的螺纹起点 FPL：纵轴上的螺纹终点 DM1：起点的螺纹直径 DM2：终点的螺纹直径 APP：进给路径（不输入正负号） ROP：退刀区段（不输入正负号） TDEP：螺纹区段（不输入正负号） FAL：最终切削余量（不输入正负号） IANG：进给角度 NSP：第一个螺纹的起点偏移值（不输入正负号） NRC：粗加工次数（不输入正负号） NID：空切削次数（不输入正负号） VARI：螺纹加工类型 NUMT：螺纹数（不输入正负号） _ VRT：根据起始直径的可变后退距离	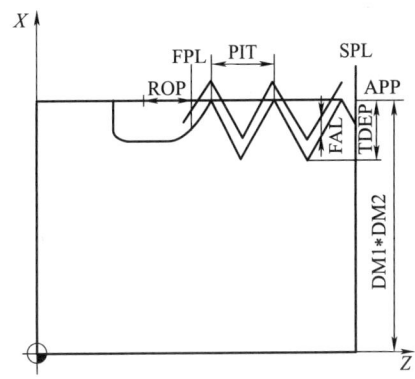

3.4.3　铣削数控系统的功能与指令代码

1. 铣削系统的通用指令代码

数控铣床数控系统常用的功能指令有准备功能 G、辅助功能 M、刀具功能 T、主轴转速功能 S 和进给功能 F。表 3.4-15～表 3.4-17 列出了几种常用的典型数控铣削系统的 G 功能代码，供读者参考。根据功能和性能要求，数控机床配置不同的数控系统。数控系统不同，其指令代码也有别，因此编程时应按所使用数控系统代码的编程规则进行编程。

表 3.4-15　SIEMENS802S/C 系统常用指令

地址	含义及赋值	说明	编程
T	刀具号 0～32000 整数，不带符号	可以用 T 指令直接更换刀具，也可由 M6 进行，由机床数据设定	T…
D	刀补号 0~9 整数，不带符号	用于某个刀具 T…的补偿参数：D0 表示补偿值＝0，一个刀具最多有 9 个 D 号	D…
S	主轴转速，在 G4 中表示停留时间	主轴转速单位是 r/min，在 G4 中作为暂停时间	S…
F	进给速度（与 G4 一起可以编程停留时间）	刀具/工件的进给速度，对应 G94 或 G95，单位分别为 mm/min 或 mm/r	F…
M	辅助功能 0～99 整数，无符号	用于进行开关操作，一个程序段中最多有 5 个 M 功能	M…
G	G 功能（准备功能字）已事先规定	按 G 功能组划分，一个程序段中只能有一个 G 功能组中的一个 G 功能指令	G…

（续）

地址	含义及赋值	说明	编程
G0	快速移动	运动指令（插补方式），模态有效	G0X…Y…Z…
G1	直线插补		G1X…Y…Z…F…
G2	顺时针圆弧插补		圆心和终点：G2X…Y…Z…I…K…；半径和终点：G2X…Y…CR=…F…；张角和圆心：G2AR:I…J…F…；张角和终点：G2AR:X…Y…F…
G3	逆时针圆弧插补		G3…；其他同 G2
G5	中间点圆弧插补		G5X…Y…Z…IX=…JY=…KZ=…F…
G33	恒螺距的螺纹切削		S…M…：主轴转速，方向 G33Z…K…在 Z 方向上带补偿夹具攻丝
G4	暂停时间	特殊运行，程序段方式有效	G4P…或 G4S…；自身程序段有效
G63	带补偿夹具切削内螺纹		G63Z…F…S…M…
G74	回参考点		G74X…Y…Z…；自身程序段有效
G75	回固定点		G75X…Y…Z…；自身程序段有效
G158	可编程的偏置	写存储器，程序段方式有效	G158X…Y…Z…；自身程序段有效
G258	可编程的旋转		G258RPL=…；在 G17～G19 平面中旋转，自身程序段有效
G259	附加可编程旋转		G259RPL=…；在 G17～G19 平面中附加旋转，自身程序段有效
G25	主轴转速下限		G25S…；自身程序段有效
G26	主轴转速上限		G26S…；自身程序段有效
G17	X/Y 平面	平面选择，模态有效	G17…所在平面的垂直轴为刀具长度补偿轴
G18	Z/X 平面		
G19	Y/Z 平面		
G40	刀尖半径补偿方式的取消	刀尖半径补偿，模态有效	
G41	调用刀尖半径补偿，刀具在轮廓左侧移动		
G42	调用刀尖半径补偿，刀具在轮廓右侧移动		
G500	取消可设定零点偏置	可设定零点偏置，模态有效	
G54～G57	第一～第四可设定零点偏置		
G53	按程序段方式取消可设定零点偏置	取消可设定零点偏置	
G60	准确定位	定位性能，模态有效	
G64	连续路径方式		

（续）

地址	含义及赋值	说明	编程
G70	英制尺寸	英制/公制尺寸，模态有效	
G71	公制尺寸		
G90	绝对尺寸	绝对尺寸/增量尺寸，模态有效	
G91	增量尺寸		
G94	进给速度 F，单位 mm/min	进给/主轴，模态有效	
G95	主轴进给量 F，单位 mm/r		

表 3.4-16　**FANUC0i-MA 系统常用指令**

功能及代码	说　明	编程格式
定位 （G00）	IP 起始点	G00 IP _
直线插补 （G01）	IP 起始点	G01 IP _
圆弧插补 （G02、G03）		$G17\begin{Bmatrix}G02\\G03\end{Bmatrix}X\_\ Y\_\begin{Bmatrix}R\_\\I\_\ J\_\end{Bmatrix}F\_$ $G18\begin{Bmatrix}G02\\G03\end{Bmatrix}X\_\ Z\_\begin{Bmatrix}R\_\\I\_\ K\_\end{Bmatrix}F\_$ $G19\begin{Bmatrix}G02\\G03\end{Bmatrix}Y\_\ Z\_\begin{Bmatrix}R\_\\J\_\ K\_\end{Bmatrix}F\_$
螺旋插补 （G02、G03）		$G17\begin{Bmatrix}G02\\G03\end{Bmatrix}X\_\ Y\_\begin{Bmatrix}R\_\\I\_\ J\_\end{Bmatrix}a\_\ F\_$ $G18\begin{Bmatrix}G02\\G03\end{Bmatrix}X\_\ Z\_\begin{Bmatrix}R\_\\I\_\ K\_\end{Bmatrix}a\_\ F\_$ $G19\begin{Bmatrix}G02\\G03\end{Bmatrix}Y\_\ Z\_\begin{Bmatrix}R\_\\J\_\ K\_\end{Bmatrix}a\_\ F\_$
暂停 （G04）		$G04\begin{Bmatrix}X\_\\P\_\end{Bmatrix}$

（续）

功能及代码	说　明	编程格式
准确停止 （G09）		$G90\begin{cases}G01\\G02\\G03\end{cases}IP\_$
极坐标指令 （G15、G16）		G17G16Xp_ Yp_ G18G16Xp_ Yp_ G19G16Xp_ Yp_ G15；取消
平面选择 （G17、G18、G19）		G17 G18 G19
英制/公制转换 （G20、G21）		G20；英制输入 G21；公制输入
返回参考点检测 （G27）		G27IP_
返回参考点 （G28） 返回第二参考点 （G30）		G28IP_ G30IP_
从参考点 返回起始点 （G29）		G29IP_
跳转功能 （G31）		G31IP_ F_
螺纹切削 （G33）		G33IP_ F_ F：导程

（续）

功能及代码	说　明	编程格式
刀具半径补偿 C （G40~G42）		$\begin{Bmatrix}G17\\G18\\G19\end{Bmatrix}\begin{Bmatrix}G41\\G42\end{Bmatrix}D$ D：刀具偏置号 G40：取消
刀具长度补偿 B （G43、G44、G49）		$\begin{Bmatrix}G17\\G18\\G19\end{Bmatrix}\begin{Bmatrix}G43\\G44\end{Bmatrix}\begin{Bmatrix}Z\_\\Y\_\\X\_\end{Bmatrix}H$ $\begin{Bmatrix}G17\\G18\\G19\end{Bmatrix}\begin{Bmatrix}G43\\G44\end{Bmatrix}H\_$ H：刀具偏置号 G49：取消
刀具长度补偿 C （G43、G44、G49）		$\begin{Bmatrix}G43\\G44\end{Bmatrix}a\_\ H\_$ a：单轴地址 H：刀具偏置号 G49：取消
刀具偏置 （G45~G48）		$\begin{Bmatrix}G45\\G46\\G47\\G48\end{Bmatrix}IP\_\ D\_$ D：刀具偏置号
比例缩放 （G50、G51）		$G51X\_\ Y\_\ Z\_\begin{Bmatrix}P\_\\I\_\ J\_\ K\_\end{Bmatrix}$ P、I、J、K：比例缩放倍率 X、Y、Z：比例缩放中心坐标 G50：取消
可编程镜像 （G50.1、G51.1）		G51.1IP_ G50.1：取消
机床坐标系选择 （G53）		G53IP_
工件坐标系选择 （G54~G59）		$\begin{Bmatrix}G54\\ \vdots\\G59\end{Bmatrix}IP\_$

（续）

功能及代码	说 明	编程格式
坐标系旋转 （G68、G69）	 （XY平面）	G68 {G17X_ Y_ / G18Z_ X_ / G19Y_ Z_} Ra G69；取消
固定循环 （G73、G74、G80~G89）	简化编程功能	{G73 / G74 / G81 / ⋮ / G89} X_ Y_ Z_ P_ Q_ R_ F_ K_ G80；取消
绝对指令/增量指令编程 （G90/G91）		G90_ ；绝对指令 G91_ ；增量指令 G90_ G91_ ；并用
工件坐标系变更 （G92）		G92 IP_
工件坐标系预置 （G92.1）		G92.1 IP 0
每分/每转进给位移量 （G94、G95）		G94F_ G95F_
恒定端面切削速度控制 （G96、G97）		G96S_ G97S_
返回起始点/返回R点 （G98、G99）		G98_ G99_

注：IP_ ：绝对值指令时，是终点的坐标值；增量值指令时，是刀具移动的距离。

表 3.4-17　FAGOR8055M 系统常用 G 代码

G 代码	功　　能	G 代码	功　　能
G00	快速定位	G54、G57	绝对零点偏置
G01	直线插补	G58	附加零点偏置 1
G02	顺时针圆弧插补	G59	附加零点偏置 2
G03	逆时针圆弧插补	G60	轴向钻削/攻丝固定循环
G04	停顿 1 程序段准备停止	G61	径向钻削/攻丝固定循环
G05	圆角过渡	G62	纵向槽加工固定循环
G06	绝对圆心坐标	G63	径向槽加工固定循环
G07	方角过渡	G66	模式重复固定循环
G08	圆弧切于前一路径	G68	沿 X 轴的余量切除固定循环
G09	三点定义圆弧	G69	沿 Z 轴的余量切除固定循环
G10	图像镜像取消	G70	以英寸为单位编程
G11	图像相对于 X 轴镜像	G71	以毫米为单位编程
G12	图像相对于 Y 轴镜像	G72	通用和特定缩放比例
G13	图像相对于 Z 轴镜像	G74	机床参考点搜索
G14	图像相对于编程的方向镜像	G75	探针运动直到接触
G15	纵向轴的选择	G76	探针接触
G16	用两个方向选择主平面	G77	从动轴
G17	主平面 XY 纵轴为 Z	G77S	主轴速度同步
G18	主平面 ZX 纵轴为 Y	G78	从动轴取消
G19	主平面 YZ 纵轴为 X	G78S	取消主轴同步
G20	定义工作区下限	G81	直线车削固定循环
G21	定义工作区上限	G82	端面车削固定循环
G22	激活/取消工作区	G83	钻削固定循环
G28	第二主轴选择	G84	圆弧车削固定循环
G29	主轴选择	G85	端面圆弧车削固定循环
G30	主轴同步（偏移）	G86	纵向螺纹切削固定循环
G32	进给量 F 用作时间的倒函数	G87	端面螺纹切削固定循环
G33	螺纹切削	G88	沿 X 轴开槽固定循环
G36	自动半径过渡	G89	沿 Z 轴开槽固定循环
G37	切向入口	G90	绝对坐标编程
G38	切向出口	G91	增量坐标编程
G39	自动倒角连接	G92	坐标预置/主轴速度限制
G40	取消刀具半径补偿	G93	极坐标原点
G41	左手刀具半径补偿	G94	直线进给量 mm(in)/min
G42	右手刀具半径补偿	G95	旋转进给量 mm (in)/r
G45	切向控制	G96	恒速切削
G50	受控圆角	G97	主轴转速为 r/min

2. 铣削系统的固定循环

（1）FANUC 钻镗削常用固定循环指令见表 3.4-18

表 3.4-18　FANUC 钻镗削常用固定循环指令

指令功能	指令格式	图示
高速深孔钻循环（G73）：执行间歇切削进给直到孔的底部，同时从孔中排除切屑。能够通过修改系统参数设定较小的回退值。当在固定循环中指定刀具长度偏置（G43 等）时，在定位到 R 点的同时加偏置	G73X_ Y_ Z_ R_ Q_ F_ K_ X_ Y_：孔位置数据 Z_：指定孔底平面位置 R_：指定 R 平面位置 Q_：每次切削进给的深度 F_：切削进给速度 K_：重复次数	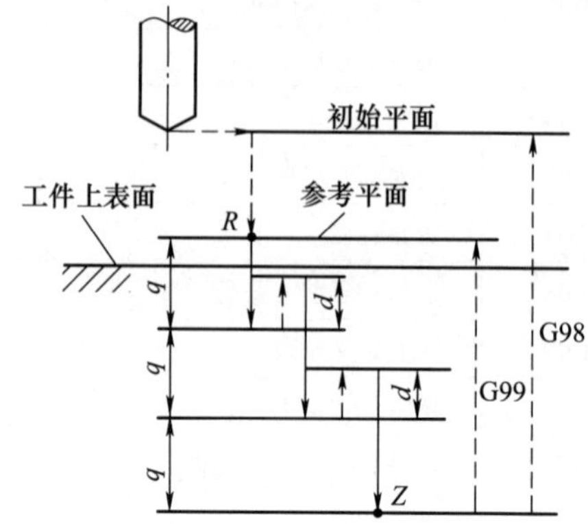
左旋攻丝循环（G74）：执行左旋攻丝。在左旋攻丝循环中，当到达孔底时，为了退回，主轴顺时针旋转	G74X_ Y_ Z_ R_ P_ F_ K_ X_ Y_：孔位置数据 Z_：指定孔底平面位置 R_：指定 R 平面位置 P_：孔底暂停时间 F_：切削进给速度 K_：重复次数	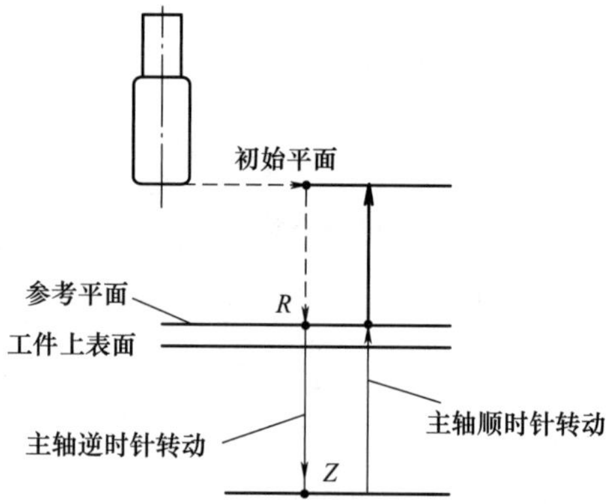
精镗循环（G76）：用于镗削精密孔。当到达孔底时，主轴在固定的旋转位置停止，并且刀具以刀尖的相反方向移动退刀，以保证加工面不被破坏，实现精密和有效的镗削加工	G76X_ Y_ Z_ R_ Q_ P_ F_ K_ X_ Y_：孔位置数据 Z_：指定孔底平面位置 R_：指定 R 平面位置 Q_：孔底的偏移量 P_：孔底暂停时间 F_：切削进给速度 K_：重复次数	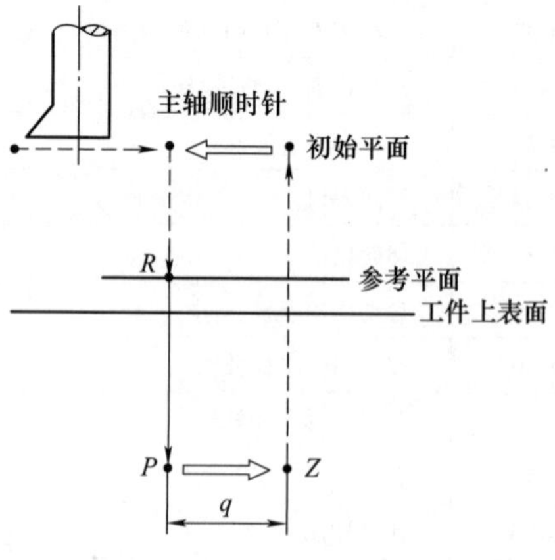

（续）

指令功能	指令格式	图　示
钻孔循环（G81）：用作正常钻孔。切削进给执行到孔底，然后刀具从孔底快速移动退回	G81X_ Y_ Z_ R_ F_ K_ X_ Y_：孔位置数据 Z_：指定孔底平面位置 R_：指定 R 平面位置 F_：切削进给速度 K_：重复次数	
锪孔循环（G82）：用作正常钻孔。切削进给到孔底时执行暂停，然后刀具从孔底快速移动退回	G82X_ Y_ Z_ R_ P_ F_ K_ X_ Y_：孔位置数据 Z_：指定孔底平面位置 R_：指定 R 平面位置 P_：孔底暂停时间 F_：切削进给速度 K_：重复次数	
排屑钻孔循环（G83）：执行深孔钻，间歇切削进给到孔的底部，钻孔过程中从孔中排除切屑	G83X_ Y_ Z_ R_ Q_ F_ K_ X_ Y_：孔位置数据 Z_：指定孔底平面位置 R_：指定 R 平面位置 Q_：每次切削进给深度（增量值） F_：切削进给速度 K_：重复次数	

（续）

指令功能	指令格式	图 示
攻丝循环（G84）：完成正螺纹（右旋）的加工。在攻丝循环中，主轴正转，刀具进给。当刀具到达孔底时，进给暂停，主轴反转，刀具以进给速度返回	G84X_ Y_ Z_ R_ P_ F_ K_ X_ Y_：孔位置数据 Z_：指定孔底平面位置 R_：指定 R 平面位置 P_：孔底暂停时间 F_：切削进给速度 K_：重复次数	
镗孔循环（G85）：用于镗孔加工	G85X_ Y_ Z_ R_ F_ K_ X_ Y_：孔位置数据 Z_：指定孔底平面位置 R_：指定 R 平面位置 F_：切削进给速度 K_：重复次数	
背镗孔循环（G87）：沿着 X 和 Y 轴定位以后，主轴在固定的旋转位置上停止；刀具在刀尖的相反方向移动，并在孔底（R 点）定位（快速移动）；然后刀具在刀尖的方向上移动且主轴正转，沿 Z 轴的正向镗孔直到 Z 点	G87X_ Y_ Z_ R_ Q_ P_ F_ K_ X_ Y_：孔位置数据 Z_：指定孔底平面位置 R_：指定 R 平面位置 Q_：刀具的偏移量 P_：孔底暂停时间 F_：切削进给速度 K_：重复次数	

（2）SIEMENS 常用固定循环见表 3. 4-19~ 表 3. 4-27

表 3. 4-19　钻孔、定中心-CYCLE81

格式	CYCLE81（RTP，RFP，SDIS，DP，DPR）
功能	刀具以编程的主轴速度和进给速度钻出编程的最终钻孔深度

参数说明	图　　示
RTP：后退平面位置（绝对） RFP：基准平面位置（绝对） SDIS：安全距离（不输入正负号） DP：最终钻孔深度（绝对） DPR：相对于基准平面（不输入正负号）的最终钻孔深度	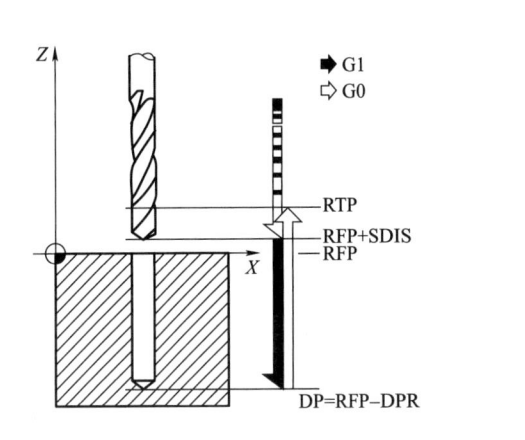

表 3. 4-20　钻孔、平头钻-CYCLE82

格式	CYCLE82（RTP，RFP，SDIS，DP，DPR，DTB）
功能	刀具以编程的主轴速度和进给速度钻出编程的最终钻孔深度。当达到最终钻孔深度时，可以容许掉过停留时间

参数说明	图示
RTP：后退平面位置（绝对） RFP：基准平面位置（绝对） SDIS：安全距离（不输入正负号） DP：最终钻孔深度（绝对） DPR：相对基准平面的最终钻孔深度（不输入正负号） DTB：到达最终钻孔深度时的停留时间（铁屑断屑）	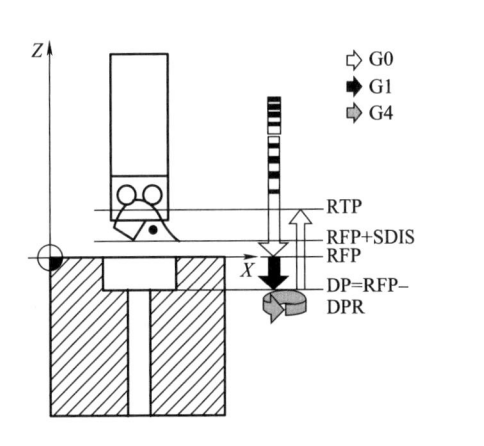

表 3. 4-21　深孔钻-CYCLE83

格式	CYCLE83（RTP，RFP，SDIS，DP，DPR，FDEP，FDPR，DAM，DTB，DTS，FRF，VART，_ AXN，_ MDEP，_ VRT，_ DTD，_ DIS1）
功能	以最大可定义深度进给数次，逐渐增加至最终钻孔深度。钻孔可以在每次断屑的进给深度或断屑后退 1mm 之后，后退至基准平面+安全距离

（续）

参数说明	图示
RTP：后退平面位置（绝对） RFP：基准平面位置（绝对） SDIS：安全距离（不输入正负号） DP：最终钻孔深度（绝对） DPR：相对于基准平面的最终钻孔深度（不输入正负号） FDEP：第一个钻孔深度（绝对） FDER：相对于基准平面的第一个钻孔深度（不输入正负号） DAM：凹陷量（不输入正负号） DTB：到达最终钻孔深度时的停留时间（断屑） DTS：在起始点及断屑停留时间 FRF：第一次钻孔深度的进给速度系数（不输入正负号） VART：加工类型 _ AXN：刀具轴 _ MDEP：最小钻孔深度 _ VRT：断屑时可变后退距离（VARI＝0）： _ DTD：在最终钻孔深度停留时间 _ DIS1：在孔重新插入的可编程限制距离	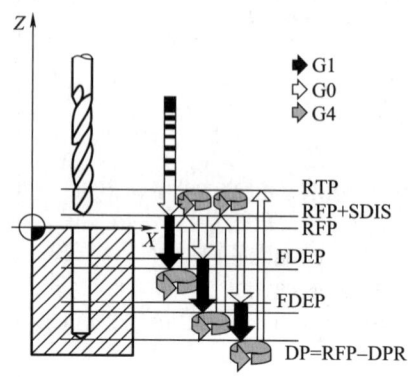

表 3.4-22　刚性攻丝-CYCLE84

格式	CYCLE84（RTP，RFP，SDIS，DP，DPR，DTB，SDAC，MPIT，PIT，POSS，SST，SST1，_ ANX，_ PTAB，_ TECHNO，_ VARI，_ DAM，_ VRT）
功能	刀具以编程的主轴速度和进给速度执行刚性攻丝操作

参数说明	图示
RTP：后退平面位置（绝对） RFP：基准平面位置（绝对） SDIS：安全距离（不输入正负号） DP：最终钻孔深度（绝对） DPR：相对于基准平面的最终钻孔深度 DTB：到达最终钻孔深度时的停留时间（断屑） SDAC：循环结束后的旋转方向 MPIT：螺距同螺纹大小（有符号） PIT：螺距（有符号） POSS：循环中定位主轴停止的位置（以度为单位） SST：攻丝速度 SST1：后退速度 _ AXN：刀具轴 _ PTAB：螺距 PIT 的单位 _ TECHNO：技术设定 _ VARI：加工类型 _ DAM：渐增钻孔深度 _ VRT：断屑时可变后退距离	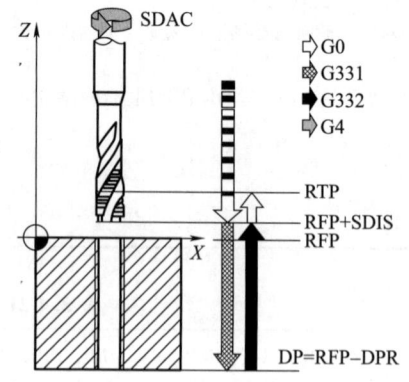

表 3.4-23　镗孔 1-CYCLE85

格式	CYCLE85（RTP，RFP，SDIS，DP，DPR，DTB，FFR，RFF）
功能	刀具以设定的主轴速度和进给速度镗孔，达到最终镗深后，向内和向外动作以分别指定至 FFR 和 RFF 的进给速度来执行

参数说明	图示
RTP：后退平面位置（绝对值） RFP：基准平面位置（绝对值） SDIS：安全距离（不输入正负号） DP：最终钻孔深度（绝对值） DPR：相对于基准平面的最终钻孔深度（不输入正负号） DTB：到达最终钻孔深度时的停留时间（断屑） FFR：进给速度 RFF：后退进给速度	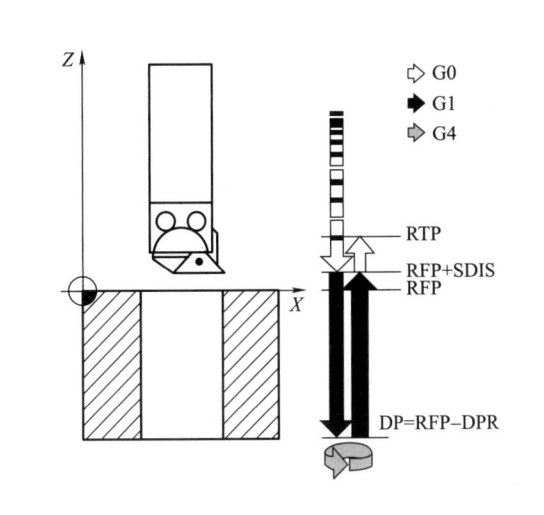

表 3.4-24　镗孔 2-CYCLE86

格式	CYCLE86（RTP，RFP，SDIS，DP，DPR，DTB，SDIR，RPA，RPO，RPAP，POSS）
功能	一旦达到镗孔深度，则以 SPOS 指令启动定位主轴的停止；然后以快速横切逼近编程的后退位置，此处即是后退平面

参数说明	图示
RTP：后退平面位置（绝对值） RFP：基准平面位置（绝对值） SDIS：安全距离（不输入正负号） DP：最终钻孔深度（绝对值） DPR：相对于基准平面的最终钻孔深度 DTB：到达最终钻孔深度时的停留时间（断屑） SDIR：旋转方向 RPA：沿启动平面横坐标后退（渐增，以符号输入） RPO：沿启动平面纵坐标后退（渐增，以符号输入） RPAP：沿启动平面高度坐标后退（渐增，以符号输入） POSS：在循环中定位主轴停止位置（以度为单位）	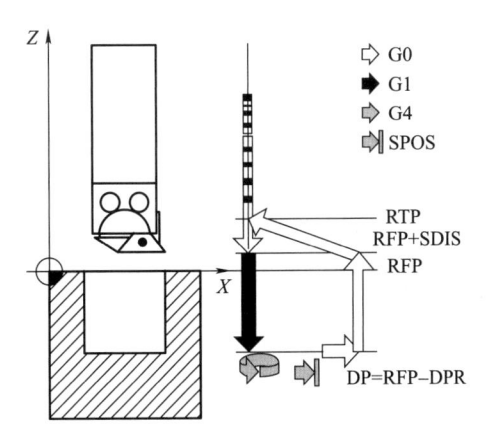

表 3.4-25 镗孔 3-CYCLE87

格式	CYCLE87（RTP, RFP, SDIS, DP, DPR, SDIR）
功能	当达到镗孔深度时，执行无定位的主轴停止。按 NC START 键，继续以快速横切模式后退，直至达到后退平面为止

参数说明	图示
RTP：后退平面位置（绝对） RFP：基准平面位置（绝对） SDIS：安全距离（不输入正负号） DP：最终钻孔深度（绝对） DPR：相对于基准平面的最终钻孔深度（不输入正负号） SDIR：旋转方向	

表 3.4-26 铣削矩形腔-POCKET1

格式	POCKET1（RTP, RFP, SDIS, DP, DPR, LENG, WID, CRAD, CPA, CPO, STA1, FFD, FFP1, MID, CDIR, FAL, VARI, MIDF, FFP2, SSF）
功能	在加工平面上任何位置对矩形腔进行粗加工和精加工

参数说明	图示
RTP：后退平面位置（绝对值） RFP：基准平面位置（绝对值） SDIS：安全距离（不输入正负号） DP：最终腔深度（绝对值） DPR：相对于基准平面的最终腔深度（不输入正负号） LENG：腔长度（不输入正负号） WID：腔宽度（不输入正负号） CRAD：圆角半径（不输入正负号） CPA：腔中心点，横坐标（绝对值） CPO：腔中心点，纵坐标（绝对值） STA1：纵轴和横坐标之间的角度 FFD：深度进给的进给速度 FFP1：表面加工的进给速度 MID：最大进给深度（不输入正负号） CDIR：铣削方向（2 对于 G2，3 对于 G3） FAL：腔边缘的最终切削余量（不输入正负号） VARI：加工类型（1=粗加工，2=细加工） MIDF：精加工的最大进给速度 FFP2：精加工的进给速度 SSF：精加工速度	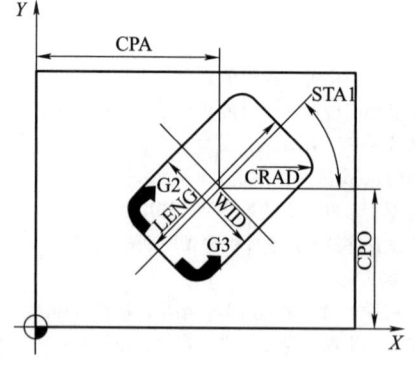

表 3.4-27　铣削圆形腔-POCKET2

格式	POCKET2（RTP, RFP, SDIS, DP, DPR, PRAD, CPA, CPO, FFD, FFP1, MID, CDIR, FAL, VARI, MIDF, FFP2, SSF）
功能	在加工平面上任何位置对圆形腔进行粗加工和精加工

参数说明	图示
RTP：后退平面位置（绝对值） RFP：基准平面位置（绝对值） SDIS：安全距离（不输入正负号） DP：最终腔深度（绝对值） DPR：相对于基准平面的最终腔深度（不输入正负号） PRAD：腔半径（不输入正负号） CPA：腔中心点，横坐标（绝对值） CPO：腔中心点，纵坐标（绝对值） FFD：深度进给的进给速度 FFP1：表面加工的进给速度 MID：最大进给深度（不输入正负号） CDIR：铣削方向（2 对于 G2，3 对于 G3） FAL：腔边缘的最终切削余量（不输入正负号） VARI：加工类型（1＝粗加工，2＝细加工） MIDF：精加工的最大进给速度 FFP2：精加工的进给速度 SSF：精加工速度	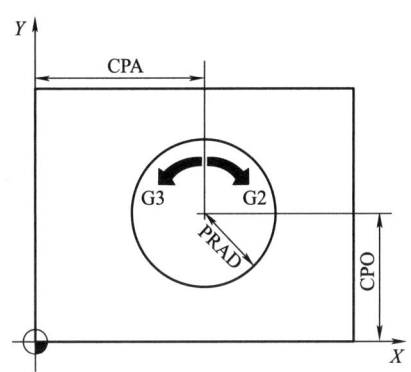

3.4.4　数控系统宏指令编程

　　虽然子程序对编制相同加工操作的程序非常有用，但用户宏程序允许使用变量、算术和逻辑运算及条件转移，使得编制机上加工操作的程序更方便、更容易。可将相同加工操作编为通用程序，如型腔加工宏程序和固定加工循环宏程序。使用时加工程序可用一条简单指令调出用户宏程序，这与调用子程序完全一样。

1. FANUC 系统宏变量及常量

　　在常规的主程序和子程序内，总是将一个具体的数值赋给一个地址。为了使程序更具有通用性，更加灵活，在宏程序中设置了变量，即将变量赋给一个地址。

　　变量可以用"#"号和跟随其后的变量序号来表示，即#i（i=1，2，3，…），如#5、#109 和#501。

　　局部变量和公共变量可以有 0 值或下面范围中的值 $-10^{47}\sim-10^{-29}$ 或 $10^{-29}\sim10^{47}$，如果计算结果超出有效范围，则发出 P/S 报警。

　　变量根据变量号可以分成四种类型，见表 3.4-28。

表 3.4-28　变量类型

变量号	变量类型	功　能
#0	空变量	该变量总是空，没有值能赋给该变量
#1~#33	局部变量	只能用在宏程序中存储数据，如运算结果。当断电时，局部变量被初始化为空。调用宏程序时，自变量对局部变量赋值
#100~#199 #500~#999	公共变量	在不同的宏程序中的意义相同。当断电时，变量#100~#199 初始化为空。变量#500~#999 的数据保存，即使断电也不丢失
#1000~	系统变量	有固定用途的变量，用于读写 CNC 运行时各种数据的变化，如刀具的当前位置和补偿值

2. FANUC 系统用户宏程序 A 指令

（1）算术运算指令（见表 3.4-29）

表 3.4-29　算术运算指令

代　码	功　能	定　义	示　例
G65H01	定义，置换	$\#i = \#j$	G65 H01 P#101 Q#1005；（#101＝#1005）
G65H02	加法	$\#i = \#j + \#k$	G65 H02 P#101 Q#102 R#103；（#101＝#102+#103）
G65H03	减法	$\#i = \#j - \#k$	G65 H03 P#101 Q#102 R#103；（#101＝#102−#103）
G65H04	乘法	$\#i = \#j \times \#k$	G65 H04 P#101 Q#102 R#103；（#101＝#102×#103）
G65H05	除法	$\#i = \#j \div \#k$	G65 H05 P#101 Q#102 R#103；（#101＝#102÷#103）
G65H21	平方根	$\#i = \sqrt{\#j}$	G65 H21 P#101 Q#102；（#101＝$\sqrt{\#102}$）
G65H22	绝对值	$\#i = \|\#j\|$	G65 H22 P#101 Q#102；（#101＝|#102|）
G65H27	复合平方根 1	$\#i = \sqrt{\#j^2 + \#k^2}$	G65 H27 P#101 Q#102 R#103；（#101＝$\sqrt{\#102^2 + \#103^2}$）
G65H28	复合平方根 2	$\#i = \sqrt{\#j^2 - \#k^2}$	G65 H28 P#101 Q#102 R#103；（#101＝$\sqrt{\#102^2 - \#103^2}$）

（2）逻辑运算指令（见表 3.4-30）

表 3.4-30　逻辑运算指令

代　码	功　能	定　义	示　例
G65H11	逻辑或	$\#i = \#j. OR. \#k$	G65 H11 P#101 Q#102 R#103；（#101＝#102 OR#103）
G65H12	逻辑与	$\#i = \#j. AND. \#k$	G65 H12 P#101 Q#102R#103；（#101＝#102 AND#103）
G65H13	异或运算	$\#i = \#j. XOR. \#k$	G65 H13 P#101 Q#102R#103；（#101＝#102 XOR#103）

（3）三角函数指令（见表 3.4-31）

表 3.4-31　三角函数指令

代　码	功　能	定　义	示　例
G65H31	正弦	$\#i = \#j \cdot SIN(\#k)$	G65 H31 P#101 Q#102 R#103；（#101＝#102·sin#103）
G65H32	余弦	$\#i = \#j \cdot COS(\#k)$	G65 H32 P#101 Q#102 R#103；（#101＝#102·cos#103）
G65H33	正切	$\#i = \#j \cdot TAN(\#k)$	G65 H33 P#101 Q#102 R#103；（#101＝#102·tan#103）
G65H34	反正切	$\#i = ATAN(\#j/\#k)$	G65 H34 P#101 Q#102 R#103；（#101＝arctan#102/#103）

（4）控制类指令（见表 3.4-32）

表 3.4-32　控制类指令

代　码	功　能	定　义	示　例
G65H80	无条件转移	GOTOn	G65 H80 P120；（转移到 N120）
G65H81	条件转移 1	IF#j＝#k，GOTOn	G65 H81 P1000 Q#101 R#102；（当#101＝#102，转移到 N1000 程序段；若#101≠#102，执行下一程序段）
G65H82	条件转移 2	IF#j≠#k，GOTOn	G65 H82 P1000 Q#101 R#102；（当#101≠#102，转移到 N1000 程序段；若#101＝#102，执行下一程序段）
G65H83	条件转移 3	IF#j＞#k，GOTOn	G65 H83 P1000 Q#101 R#102；（当#101＞#102，转移到 N1000 程序段；若#101≤#102，执行下一程序段）
G65H84	条件转移 4	IF#j＜#k，GOTOn	G65H84 P1000 Q#101 R#102；（当#101＜#102，转移到 N1000 程序段；若#101≥#102，执行下一程序段）
G65H85	条件转移 5	IF#j≥#k，GOTOn	G65 H85 P1000 Q#101 R#102；（当#101≥#102，转移到 N1000 程序段；若#101＜#102，执行下一程序段）
G65H86	条件转移 6	IF#j≤#k，GOTOn	G65 H86 P1000 Q#101 R#102；（当#101≤#102，转移到 N1000 程序段；若#101＞#102，执行下一程序段）
G65H99	发生报警	发生 P/S500 + n 报警	

3. FANUC 系统用户宏程序 B 指令

（1）算术运算指令（见表 3.4-33）

表 3.4-33　算术运算指令

运算指令	功　能	定　义
＝	定义，置换	#i＝#j
＋	加法	#i＝#j+#k
－	减法	#i＝#j−#k
×	乘法	#i＝#j×#k
/	除法	#i＝#j/#k
OR	逻辑或	#i＝# j OR#k
AND	逻辑与	#i＝# j AND#k
XOR	异或运算	#i＝# j XOR#k
SQRT（函数）	平方根	#i SQRT#j
ABS（函数）	绝对值	#i＝ABS#j
BIN（函数）	从 BCD 向二进制转换	#i＝BIN（#j）
BCD（函数）	从二进制向 BCD 转换	#i＝BCD（#j）
SIN（函数）	正弦	#i＝SIN（#j）
COS（函数）	余弦	#i＝COS（#j）
TAN（函数）	正切	#i＝TAN（#j）
ATAN（函数）	反正切	#i＝ATAN（#j）
FIX（函数）	小数点以下舍去	#i＝ FIX（#j）
FUP（函数）	小数点以下进位	#i＝ FUP（#j）
ROUND（函数）	四舍五入	#i＝ ROUND（#j）

使用时，运算指令可以单个使用，也可以多个运算指令与［，］、#、＊、＝等代码符号一起任意组合使用。运算顺序为先括号内，后括号外，以及按函数、乘除法、加减法的次序运算，如#1＝SIN［［#2+#5］＊3.14+#5］＊ABS［#10］；使用时还要注意运算精度。

（2）控制指令

由以下指令可以控制用户宏程序主体的程序流程。控制指令包括转移和重复。

1）转移。转移类指令的格式为

IF［＜条件式＞］GOTO n

其中，n为转移到的程序段顺序号；条件式为程序转移的条件。若条件成立，从顺序号n的程序段之后执行。变量或变量＜式＞可以代替n，这样执行的程序段可以改变；若条件不成立，执行下一个程序段；如果省略了IF［＜条件式＞］，会无条件地执行下一个

程序段。IF［＜条件式＞］有以下种类：#jEQ#k，表示#j等于#k；#jNE#k，表示#j不等于#k；#jGT#k，表示#j大于#k；#jLT#k，表示#j小于#k；#jGE#k，表示#j大于等于#k；#jLE#k，表示#j小于等于#k；使用变量＜式＞可以代替#j，#k。

2）重复。重复执行的格式为

WHILE［＜条件式＞］DOm；m为识别号码，m＝1，2，3…

ENDm；

＜条件式＞成立期间，从DOm程序段到ENDm程序段之间重复执行；＜条件式＞（＜条件式＞的种类同上）不成立时，从ENDm的下一个程序段执行。WHILE［＜条件式＞］也可省略，省略时，从DOm程序段到ENDm程序段之间无限重复执行。WHILE［＜条件式＞］DOm与ENDm必须成对使用，由识别号码m识别对方。

3.5 数控自动编程

3.5.1 自动编程的基本概念

1. 自动编程的特点

数控编程技术经历了三个发展阶段，即手工编程、APT语言编程和交互式图形编程。由于手工编程难以承担复杂曲面的编程工作，因此自第一台数控机床问世不久，美国麻省理工学院即开始研究自动编程的语言系统，称为APT语言。经过不断发展，APT语言编程能够承担复杂自由曲面的编程工作。然而，由于APT语言是开发得比较早的计算机数控编程语言，而当时计算机的图形处理能力不强，因而必须在APT源程序中用语言的形式去描述本来十分直观的几何图形信息及加工过程，再由计算机处理生成加工程序，致使其直观性差，编程过程比较复杂且不易掌握。目前已逐步为图形交互编程系统所取代。

图形交互自动编程系统是以计算机辅助设计（CAD）软件为基础，利用CAD软件的图形编辑功能将零件的几何图形绘制到计算机上，形成零件的图形文件，然后调用数控编程模块，采用人机交互的方式在计算机屏幕上指定被加工的部位，再输入相应的加工参数，计算机便可自动进行必要的数学处理并编制出数控加工程序，同时在计算机屏幕上动态地显示出刀具的加工轨迹。图形交互自动编程方法已成为目前国内外先进的CAD/CAM软件所普遍采用的数控编程方法。

当前所说的自动编程通常特指图形交互自动编程方法，与手工编程和APT语言自动编程相比有以下特点：

（1）简便、直观、便于检查和修改

图形交互自动编程方法既不用手工编程那样需要复杂的数学计算，以确定各节点坐标数据，也不需要像APT语言编程那样，用数控编程语言去编写描绘零件几何形状、加工进给过程及后处理的源程序，而是在计算机上直接面向零件的几何图形，以光标指点、菜单选择和交互对话的方式进行编程。所以，该方法具有简便、直观、便于检查和修改的优点。

（2）数据处理能力强，能快速准确自动生成数控加工程序，编程效率高

自动编程软件有很强的数据处理能力，在编程过程中，图形数据的提取、节点数据的计算、刀位轨迹的形成、程序的编制及输出都是由计算机自动完成。因此编程速度快、效率高、准确性好。

（3）后处理程序灵活多变，应用范围广

图形交互自动编程功能强、后处理程序灵活多样，可为多种数控机床进行编程，故使用范围广泛。

（4）程序自检、纠错能力强

复杂零件的数控加工程序往往很长，要一次成功是不现实的。自动编程能够借助仿真功能在计算机屏幕上对数控程序进行动态模拟，连续、逼真地显示刀具运动轨迹（前置处理后的仿真）和刀具加工轨迹、零件加工轮廓（后处理后的仿真），发现问题及时修改，快速又方便。

（5）可实现CAD/CAM一体化，便于与数控系统通信

图形交互自动编程软件（CAM 部分）和相应的 CAD 软件是有机联系在一起的一体化软件系统，既可以进行计算机辅助设计，又可以直接调用造型好的零件图形进行交互编程。编好的加工程序可以通过计算机和数控系统的通信接口直接输入数控机床的数控系统中，控制数控机床加工，而且可以做到边输入、边加工，不必考虑数控系统内存不够大。

2. 自动编程相关术语

自动编程中常用名词术语及含义见表 3.5-1。

表 3.5-1 自动编程中常用名词术语及含义

名词术语	例图	含义
基点、节点、刀位点、刀位轨迹	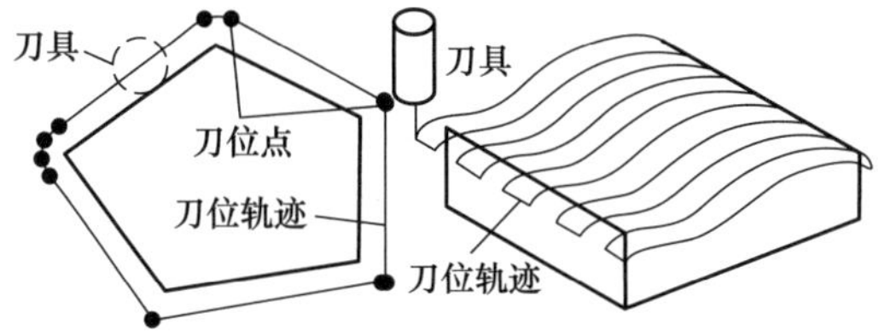	基点：组成零件轮廓几何元素（如直线、圆弧等）的交点 节点：在满足误差要求的情况下，用小直线段逼近曲线，而直线的交点称为节点 刀位点：数控加工刀具中心轨迹是由一系列简单的线段连接而成的折线组成，折线上的结点称为刀位点 刀位轨迹：刀位点的连线（刀位点轨迹或刀具中心轨迹）
刀触点、行距、步长、插补误差、残留高度	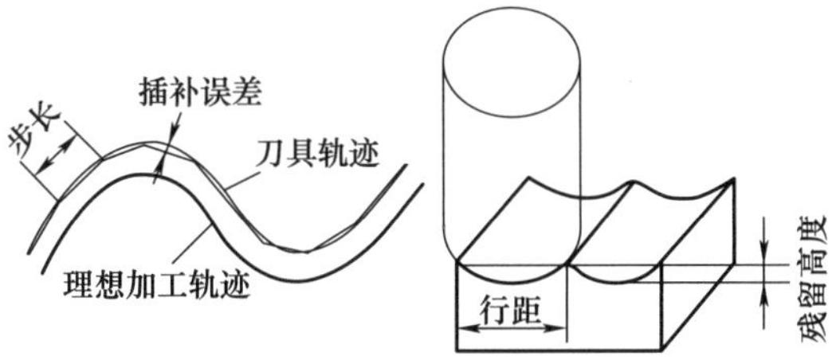	刀触点：加工时，刀刃与工件接触的点 行距：加工曲面采用"行切加工"时，刀位点分布在与刀轴（Z 轴）垂直的一组平行平面内，两平行平面间的距离称为行距 步长：用小线段逼近曲线时，小线段的长度称为步长，也称刀位点之间的距离 插补误差：用小线段逼近曲线时，小线段与所逼近曲线段之间的"弓高"距离 残留高度：相邻两条数控刀轨之间会留下未切削区域，由此造成的加工误差（最大值）称为残留高度
行切刀位轨迹	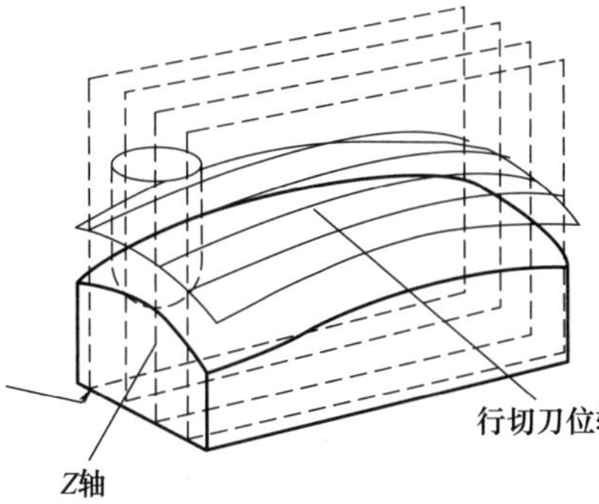	行切刀位轨迹：所有刀位点都分布在一组与刀轴（Z 轴）平行的平面内

（续）

名词术语	例图	含义
等高线 刀位轨迹	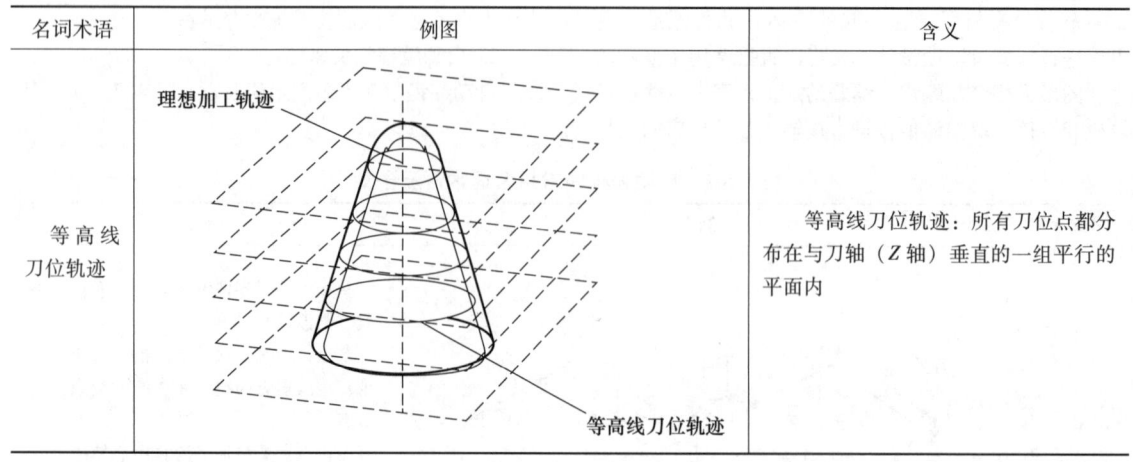	等高线刀位轨迹：所有刀位点都分布在与刀轴（Z轴）垂直的一组平行的平面内

3. 自动编程的分类

自动编程有多种分类方法，按计算机联网方式分为单机工作和网络工作两种；按编程信息输入方式分为批处理和人机对话式两种；按机床坐标轴及联动性分为二坐标、三坐标、四坐标、五坐标自动编程；按软件种类分为数控语言自动编程和计算机高级语言自动编程。

随着开放式数控、智能数控和使用新的数控产品数据交换标准（STEP-NC）而采用的面向对象语言（Express）编程等技术的发展，自动编程会产生变革性的发展，将 CAM 的功能逐渐交给了 CNC 系统。

通常，自动编程分为语言自动编程系统、图形交互自动编程系统、语音自动编程系统和数字化自动编程系统，见表 3.5-2。

表 3.5-2　自动编程的分类

名称	内容特点	类型	优点	缺点	应用范围
语言自动编程	发展比较早的自动编程系统，用数控语言编写源程序，输入计算机，由编程软件处理，得到加工程序	美国的 APT：APT Ⅰ、APT Ⅱ、APT Ⅲ、APT Ⅳ、APAPT；德国的 EXAPT Ⅰ、EXAPT Ⅱ、EXAPT Ⅲ；法国的 IFAPT-P、IF-APT-C；日本的 FAPT、HAPT；中国的 SKC、ZCX 等	系统庞大，品种多，功能强，可用于各种复杂零件自动编程	图形功能不强，大多为批处理方式，不易中间检查修改，不直观，掌握困难，价格昂贵	20 世纪 80 年代以前得到广泛应用。目前某些大型系统还在采用
图形交互自动编程：CAD/CAM 软件	以 CAD/CAM 一体化技术为基础，人机交互自动编程。将零件图形几何信息自动转化为数控加工程序	NX（美国 PTC 公司）；Pro/E（Pro/Engrneer）（美国通用汽车公司的 EDS 公司）；CATIA（法国 Dassault 公司）；SolidWorks（美国 SolidWorks 公司）；Cimatron（以色列 Cimatron 公司）；MasterCAM（美国 CNC Software 公司）；CAXA（中国北航海尔）等	简化了编程过程，速度快、精度高、直观性好、使用方便、便于检查修改	必须有图形文件，即需要对零件进行造型，编程过程中的工艺处理依赖经验	目前广泛应用的 CAD/CAM 一体化的自动编程方法

(续)

名称	内容特点	类 型	优 点	缺 点	应用范围
语音自动编程	使用计算机的声音识别技术,程序员用送话器讲出系统的各种词汇和数字进行编程	随着计算机声音识别技术的发展,分为低级和高级语音自动编程系统	便于操作,可免除打字错误,编程速度快,编程效率高	目前还处于发展阶段,需要进一步完善	应用前景广泛
数字化自动编程	实物模型输入,使用坐标测量机进行测量,数字化		实物编程	需要精密数字化测量设备	有模型或实物而无尺寸的零件加工编程

3.5.2　图形交互自动编程系统

1. 图形交互自动编程的基本实现过程和内容

基于 CAD/CAM 软件的图形交互自动编程已成为目前国内外普遍采用的数控自动编程方法。

一个典型的 CAD/CAM 集成系统应具有以下几个功能模块:

1) 造型设计。二维草图设计、曲面设计、实体和特征设计、曲线曲面的编辑(过渡、拼接、裁减、等距和投影等)、NC 加工特征单元定义、装配功能(对单个零件的 CAD/CAM 集成数控编程系统不要求有此功能;对于型腔模具零件的 CAD/CAM 集成数控编程系统要求有装配功能,使型腔型芯自动生成)等。

2) 在三维几何造型的基础上,自动生成二维工程图,并具有自动标注尺寸功能。

3) 数控加工编程。包括多坐标加工刀具轨迹生成、刀具轨迹编辑、刀具轨迹验证、通用后处理等。

一个典型的 CAD/CAM 集成数控编程系统中的数控加工编程模块应具有的功能:

1) 编程功能。如点位、轮廓、平面区域、曲面区域和约束面/线的控制加工等。

2) 刀具轨迹计算方法。参数线法、截平面法和投影法等。

3) 刀具轨迹编辑功能。轨迹的快速图形显示、轨迹的编辑与修改、轨迹的几何变换、轨迹的优化编排和轨迹的读入与存储。

4) 刀具轨迹验证功能。轨迹的快速与实时显示、截平面法轨迹验证和动态图形显示等。

图形交互自动编程的核心是刀位点的计算。对于复杂零件,其刀位点的人工计算十分困难,而 CAD 三维造型包含了数控编程所需要的完整的零件表面几何信息,计算机软件可针对这些几何信息进行数控加工的刀位自动计算。绝大部分数控编程软件(包括

在 CAM 中)都具有 CAD 功能,因此称为 CAD/CAM 一体化软件。图形交互自动编程的基本实现过程和内容如图 3.5-1 所示。

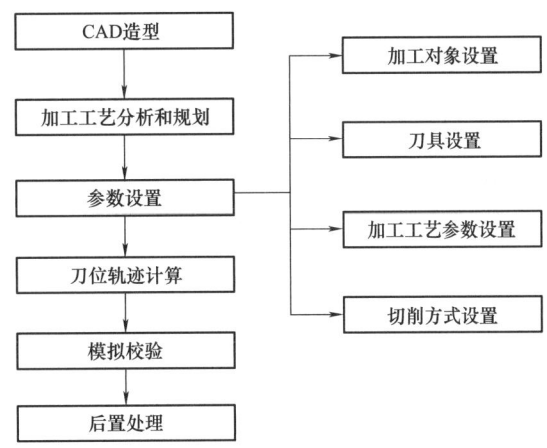

图 3.5-1　图形交互自动编程的基本实现过程和内容

从图 3.5-1 可以看出,CAD 造型是编程的基础。加工工艺分析和规划、参数设置(加工对象设置、刀具设置、加工工艺参数设置、切削方式设置)统称为工艺处理,这是编程人员主要考虑的工作,要体现规范化、标准化,它特别依赖经验。工艺处理后,即可将参数设置的结果提交 CAD/CAM 系统进行刀位轨迹计算,这一过程是由 CAD/CAM 软件自动完成的。为了确保程序的安全,必须对生成的刀位轨迹进行仿真校验,校验的方式可采用对刀位轨迹进行逐行(层)观察,或者进行模拟加工,直接在计算机屏幕上观察加工效果。后处理实际上是一个文本编辑处理过程,其作用是将计算出的刀位运动轨迹,以规定的标准格式转化为所使用数控机床的 NC 代码。

2. 图形交互自动编程的工艺处理

(1) 加工工艺分析和规划

图形交互自动编程加工工艺分析和规划的主要内容包括加工对象及加工区域规划、加工工艺路线规

划，以及加工工艺和加工方法规划。

1) 加工对象及加工区域规划。该规划是在对加工对象仔细分析的基础上，将加工对象合理地分成不同的加工区域，分别采用不同的加工工艺和加工方式进行加工，目的是提高加工效率和质量。

常见的需要分区域加工的几种情况见表 3.5-3。

2) 加工工艺路线规划。对工艺路线设计，首先

要考虑加工顺序的安排，即从粗加工到精加工的流程及加工余量的分配。加工顺序的安排应根据零件结构和毛坯状况、定位安装和夹紧的需要，保证工件刚度，保证加工精度。其具体原则见表 3.5-4。

3) 加工工艺和加工方法规划。这是实施加工工艺路线的细节设计，如刀具、加工工艺参数、切削方式（刀位轨迹形式）选择等，其内容见表 3.5-5。

表 3.5-3 需要分区域加工的几种情况

序号	分区域加工的情况	示 例
1	加工表面形状差异较大，需要分区域加工	加工表面由水平平面和自由曲面组成，对这两种表面应分区域、采用不同的加工方式。对水平平面采用平头铣刀加工，刀位轨迹的行距可超过刀具半径，以提高加工效率；对曲面部分则应使用球头铣刀加工，行距远小于刀具半径，以保证要求的表面粗糙度
2	加工表面不同区域的尺寸差异较大，需要分区域加工	较为宽阔的型腔可采用较大的刀具加工，以提高加工效率；对于较小的型腔或转角区域，大尺寸刀具不能进行彻底加工，应采用小刀具加工
3	为有效控制加工后的残留高度，需要分区域加工	对曲率变化较大的曲面，可分区域、采用不同刀位轨迹形式和不同行距进行分区加工

表 3.5-4 加工工艺路线规划的具体原则

项目	具 体 原 则
1	上道工序的加工不能影响下道工序的定位与夹紧
2	加工顺序应由粗加工到精加工逐步进行，加工余量由大到小
3	先进行内腔加工工序，后进行外形加工工序
4	尽可能采用相同的定位、夹紧方式或同一把刀加工的工序，减少换刀次数与挪动压紧元件次数
5	在同一次装夹中进行的多道工序加工，应先安排对工件刚度破坏较小的工序
6	考虑数控加工工序与普通工序的衔接。数控加工工序常常穿插于零件加工的整个工艺过程中间，要协调吻合、全面考虑，不产生矛盾。建立下一道工序向上一道工序提出工艺要求的机制，如加工余量、定位面和定位孔的精度、几何公差、矫形工序的技术要求，以及对毛坯热处理的要求等

表 3.5-5 加工工艺和加工方法规划的内容

序号	项目	内 容
1	刀具选择	为不同的加工区域、加工类型选择合适的刀具
2	刀位轨迹形式选择	针对不同的加工区域、加工类型、加工工序选择合适的刀位轨迹形式
3	误差控制	确定合理的编程误差，给其他误差留有余地
4	残留高度控制	根据刀具参数、加工表面特征确定合理的刀位轨迹行距，在保证表面质量的前提下，尽可能提高加工效率
5	切削工艺控制	包括切削用量（背吃刀量、进给量、主轴转速）、加工余量、进退刀、冷却液控制等诸多内容，这是影响加工精度、表面质量和加工损耗的重要因素
6	安全控制	包括安全高度、避让区域的确定

(2) 参数设置

参数设置可视为工艺分析和规划的具体实施，它构成了利用 CAD/CAM 软件进行 NC 自动编程的主要操作内容，直接影响 NC 程序的生成质量。参数设置包括加工对象和加工区域设置、刀具选择及参数设置、切削方式设置、加工工艺参数设置等。

1) 加工对象和加工区域设置。指用户通过交互手段指定加工的几何体或其中的加工分区、毛坯和避让区域等。CAM 软件是根据加工对象计算刀位轨迹的，这是 CAM 必须以 CAD 为前提的主要依据。CAD 建立加工对象的几何模型，称为产品的三维造型（或二维），其中包括了零件的完整的几何信息（也包括显示信息）。图形交互编程的第一步就是明确指定加工对象的几何造型，通知 CAM 软件有哪些加工对象（几何造型）需要数控加工，以便进行编程计算。

加工对象（或编程对象）与加工工序有密切关系，并不仅仅是产品的几何造型，还包括毛坯的几何造型等；另外，对于同一加工对象，往往需要进行分区加工，因此还要进行加工区域的划分和设置，见表 3.5-6。

几何造型有三种表达方式：

① 实体造型：包含物体的三维几何信息，是最完整的表达方式，既可用于表达产品的几何信息，也可用于表达毛坯的几何信息。

② 曲面造型：包含物体表面的几何信息，主要用于表达产品，但不适于作为毛坯的表达方式。

③ 边界轮廓：由封闭的平面曲线段组成，用于表达截面形状不变的柱状形体，一般用于表达毛坯的几何信息或具有多个水平平面的加工对象的几何信息。

在 CAM 软件中，加工对象的几何造型有两个来源：

① 直接从 CAD 软件（已完成的产品几何造型）中调入。这是常用的方式。

② 临时生成。一是 CAM 软件在粗加工数控程序生成之后，自动生成的半成品几何造型，用于后续的自动编程。二是编程人员临时构造的，用于表达毛坯的边界轮廓（平面封闭曲线）。

表 3.5-6　加工对象及加工区域设置

加工对象	应用	几何体类型	几何体生成方式
产品几何造型	各加工工序	实体、曲面、边界轮廓	实体和曲面造型从 CAD 软件导入，边界线可临时生成
毛坯几何造型	粗加工工序	实体、边界轮廓	
半成品几何造型	中间加工工序	实体、曲面	
局部加工区域	局部加工	产品几何体局部或以边界线指定	
非加工区域或避让区域	局部非加工或局部避让	与局部加工区域同一性质，用于非加工区域或避让区域	

2) 刀具选择及参数设置。

数控刀具具有刚度好，精度高，抗震及热变形好；互换性好，便于快速换刀；寿命长，切削性能稳定、可靠等特点。数控刀具应能可靠地断屑或卷屑，做到系列化、标准化，以利于编程和刀具管理。

数控编程时与刀具有关的操作包括刀具的选择和刀具参数的设置。

数控编程时与刀具参数相关的注意事项包括刀具夹持装置（刀柄与刀夹）与工件的干涉问题和刀具参数对相关加工工艺参数（如转速、进给速度）的影响。

①数控加工刀具种类。为了适应数控机床对刀具寿命、稳定、易调可换等的要求，近几年来，机夹式

可转位刀具得到广泛应用，在数量上达到整个数控刀具的 30%~40%，金属切除量占总数的 80%~90%，特别是可转位铣刀已广泛应用于各行业的高效高精度铣削加工，其种类基本覆盖了现有全部铣刀类型。

表 3.5-7 列出了机夹可转位铣刀的类型、结构、齿数（齿距）、刀片几何槽形和硬质合金牌号的选择。

②刀柄与刀夹。一个完整的工具系统除铣刀外，还包括拉钉（或叫拉杆）、刀柄、刀夹、接长杆、夹头。刀柄及刀夹是机床主轴和刀具之间的接口设备。好的刀柄不应对二者产生任何负面影响。表 3.5-8 列出了加工中心刀柄与刀夹的选择。

表 3.5-7　机夹可转位铣刀的类型、结构、齿数、刀片几何槽形和硬质合金牌号的选择

类型		结构	齿数（齿距）	刀片几何槽形	硬质合金牌号的选择
可转位面铣刀	平面粗铣刀、平面精铣刀、平面粗精复合铣刀	机夹可转位铣刀由刀片、定位元件、夹紧元件和刀体组成 刀片排列方式： 1）平装结构铣刀刀片径向排列，一般用于轻型和中型的铣削加工 2）立装结构铣刀刀片切向排列，可进行大背吃刀量、大进给量切削，适用于重型和中型的铣削加工	铣刀齿数多使生产率提高，但受容屑空间、刀齿强度、机床功率和刚度等的限制。不同直径的可转位铣刀的齿数均有相应规定 同一直径的可转位铣刀一般有四种： 1）疏齿铣刀适用于普通机床的大余量粗加工和软材料或切削宽度较大的铣削加工。机床功率较小时，为使切削稳定，也常采用疏齿铣刀 2）中齿铣刀是通用系列，使用范围广泛，具有较高的金属切除率和切削稳定性 3）密齿铣刀主要用于铸铁、铝合金和有色金属的大进给量切削加工 4）不等分齿距铣刀在铸钢、铸铁件的大余量粗加工中建议优先选用，可以防止工艺系统出现共振，使切削平稳	刀片几何槽形有 L 形、M 形、H 形 L 形 L 形槽形适用于轻载荷加工，切削力较低，进给量小。可获得较高的加工效率和较好的表面质量 H形 H 形槽形刀片切削刃强度高，适用于重载荷切削、进给量大、切削力大的加工情形 M形 M 形介于 L 形、H 形两者之间	大多数可转位刀具所用的刀片是带涂层的硬质合金刀片 切削加工用硬质合金按排屑类型和被加工材料分为 P、M、K、N、S、H 六大类 根据被加工材料及适用的加工条件，每大类中又分为若干组，用两位阿拉伯数字表示，每类中数字越大，其耐磨性越低，韧性越高
	立铣刀、孔槽铣刀、球头立铣刀、R 立铣刀、T 形立铣刀、倒角铣刀、螺旋立铣刀、套式立螺旋铣刀				
可转位立铣刀					
可转位槽铣刀	三面刃铣刀、两面刃铣刀、精切槽铣刀				
可转位专用铣刀	电动机转子槽铣刀、曲轴铣刀、螺杆铣刀、叶轮铣刀、轮缘铣刀等				
可转位组合铣刀	由两个或多个铣刀组装而成，可一次加工出形状复杂的一个或几个成形面				

表 3.5-8　加工中心刀柄与刀夹的选择

项目	要求	普通 7：24 刀柄	高速加工刀柄（HSK）	刀具刀柄系统的分类	刀柄按其夹持形式和用途分类
同心度	机床主轴旋转轴线和刀柄刀夹旋转轴线必须保持同心	特点 1）不自锁、换刀方便。与直柄相比，有较高的定位精度和刚度 2）刀柄通过拉钉固定在主轴上。刀柄的锥度部分有良好的圆度，与刀具主轴锥孔的接触面积在 80% 以上，最主要的接触部位应是靠近基准径的部位，即锥部的大端 3）由沟槽及键槽的宽度和长度，以及刀柄尾部螺孔的规格进行划分，刀柄及拉钉的标准有日本的 BT 标准、欧洲的 DIN 标准、美国的 CAT/ANSI 和国际标准 ISO。各标准依据柄部直径又有各种大小尺寸，最常用的是 40 号及 50 号的刀柄	当转速大于 5000r/min 或锥孔外径线速度达到 30m/s～40m/s 时，离心力使锥孔扩张，增大径向间隙，夹持力降低。 端面定位　1:10锥面定位 HSK 系列短锥刀柄采用锥和端面双重定位，刀柄为中空、短锥体，轻型化。消除了 Z 向定位误差，提高了轴向和径向定位精度，减少了转动惯量 高速短刀柄常用的形式还有 KM、NCS 和 BBT 等，已经系列化，均已列入国际标准	1）整体式刀具系统，在刀具长度不大的情况下使用 2）模块式刀具系统，由刀柄、中间接杆和工作头组成。中间接杆有等径和变径两类，根据不同的内外径及长度将刀柄和工作头模块相连接。工作头有可转位钻头、粗镗刀、精镗刀、扩孔钻、立铣刀、面铣刀、弹簧夹头、丝锥夹头、莫氏锥孔接杆、圆柱柄刀具接杆等多种类型	1）钻夹头刀柄，用于夹持直径小于 13mm 的直柄钻头、中心钻、铰刀等 2）侧固式刀柄，也称为削平型直柄刀柄，在圆刀柄上削出一平直部分，以螺钉压紧。该刀柄具有结构简单、夹持力强的特点，但因使用单面的螺钉压紧，造成同心度稍差。可夹持单一直径的直柄刀具进行铣削，适合加工中心的粗加工 3）面铣刀刀柄，以刀柄端部的锥度与铣刀锥孔进行配合，用于较大直径的面铣刀，因其刀柄短、扭矩大，可以进行较高速度的平面铣削 4）莫氏锥度刀柄，该刀柄分为带扁尾莫氏圆锥孔刀柄和不带扁尾莫氏圆锥孔刀柄，可与莫氏圆锥柄类刀具配合，进行钻铰加工 5）弹簧夹头刀柄，该刀柄具有精度高、夹持适应性好的特点，配不同系列的双锥形式的弹簧夹套，可夹持各种直柄刀具进行铣、铰加工。夹持范围从小到大，具有连续性。可用于夹持面铣刀或直柄钻头等 6）强力夹头刀柄，特点是精度高、夹持力大、稳定性强、连接系统广泛，是进行强力切削的较为理想的工具，但它的价格相对较贵 7）特殊刀柄，如攻螺纹的浮动刀柄、加工不通孔的轴向浮动刀柄、角度头刀柄、多轴钻刀柄、增速刀柄等
夹持强度	刀柄、刀夹必须能够牢固地夹持刀具				
平衡	刀柄、刀夹的装置必须与主轴一样地进行平衡				

③加工不同形状工件的刀具选择。选取刀具时，要使刀具的尺寸与被加工表面的尺寸相适应。刀具直径的选用取决设备的规格和工件的加工尺寸，还要考虑所需功率应在机床功率范围内。表 3.5-9 列出了不同形状工件加工时的刀具选择。

表 3.5-9　不同形状工件加工的刀具选择

加工类型	孔加工	平面零件周边轮廓加工	平面铣削	空间曲面和变斜角轮廓外形加工	凸台、凹槽、箱口面加工	细小部位加工	盘类零件周边轮廓的铣削
特点	精度由刀具保证	轮廓加工	粗铣:效率 精铣;精度	易干涉和过切	加工尺寸小	刚度差	内轮廓曲率小
选用刀具	1) 在实体零件上加工孔时,①用中心钻或球头刀打中心孔,用于引正钻头;②用较小的钻头钻孔至所需深度;③用较大钻头进行钻孔;④最后用所需的钻头进行加工,以保证孔的精度 2) 深孔加工时,用深孔钻削循环指令进行编程加工,可以保证排屑和冷却	1) 轮廓加工采用立铣刀 2) 铣平面时选面铣刀 3) 平面零件周边轮廓加工选面铣刀 4) 加工凸台凹槽选高速钢立铣刀 5) 加工毛坯表面或粗加工孔选取镶硬质合金刀片的玉米铣刀 6) 对一些立体型面和变斜角轮廓外形加工常采用球头铣刀、环形铣刀、锥形铣刀和盘形铣刀	选用不重磨硬质合金面铣刀、立铣刀、可转位面铣刀等。采用二次走刀 1) 粗铣选用面铣刀,沿工件表面连续走刀,使接痕不影响精铣精度。为提高效率可选大直径铣刀;加工余量大又不均匀时,铣刀直径要选小些 2) 精加工时,铣刀直径选大些,能包容加工面的整个宽度 3) 表面要求高时,选择有修光效果的刀具 4) 用可转位密齿面铣刀可以达到很高的加工质量,甚至可以实现以铣代磨 5) 精切平面时,可以设置 6~8 个齿,直径大的刀具甚至可以超过 10 个齿	在保证不干涉和工件不被过切的前提下,无论是曲面粗加工还是精加工,都应优先选择平头刀或 R 刀加工空间曲面和变斜角轮廓外形 当曲面形状复杂时,为避免干涉,选球头刀	使用镶硬质合金刀片的面铣刀和立铣刀。为了提高铣槽的加工精度,减少铣刀的种类,加工时采用直径比槽宽小的铣刀,先铣槽的中间部分,然后再利用刀具半径补偿功能对槽的两边进行铣削加工	使用整体硬质合金刀具可以取得较高的加工精度,但要注意刀具悬伸不能太大,否则不但让刀量大,易磨损,而且会有折断的危险	采用立铣刀。所用立铣刀的半径一定要小于零件内轮廓的最小曲率半径。一般取最小曲率半径的 80%~90% 即可。Z 方向的背吃刀量最好不要超过刀具的半径

加工中心刀具系统是一个复杂的系统。如何根据实际情况进行正确选择，并在 CAM 软件中设定正确的参数，是数控编程加工人员必须掌握的。只有对刀具系统有充分的了解，并不断积累经验，才能在实际工作中灵活运用。

3）切削方式设置。切削方式指数控刀位轨迹形式（类型）和进给方式，它影响数控加工效率和效果，需要根据加工对象的几何形状特征、刀具特性等进行合理选择。

①二轴或二轴半加工的刀位轨迹形式。多数 CAD/CAM 软件可以对绘制的二维轮廓直接编程加工，特别是对于以 AutoCAD 为主要绘制工具的企业，只要读入 DWG 图形文件即可进行快速编程，而且二维和三维可以在单一作业环境中整合成单一 NC 程序。对于三维模型加工作业，有些程序使用二维加工模式来完成会更简易有效，可以采用直接撷取三维模型的边线来制作二维加工程序，并且可以直接参考加工轮廓的 Z 值作为加工高度值。常见的两轴、两轴半加工的刀位轨迹形式有钻孔加工、切槽加工和外形加工。

②三轴加工的刀位轨迹形式。三轴加工的刀位轨迹形式比较多，一般软件多提供 10 种以上的刀位轨迹形式，而且在三轴加工中，包括了两轴或两轴半的全部刀位轨迹形式。

a. 等高切削。等高切削通常也称为层铣，它是按等高线一层一层加工，以移除加工区域的加工材料。

表 3.5-10 列出了等高切削的特点、应用范围、刀具路径形式和加工示例。

表 3.5-10　等高切削的特点、应用范围、刀具路径形式和加工示例

特点	应用范围	刀具路径形式	加工示例
1）刀具受力均匀 2）刀具使用没有限制：平刀、球刀、圆鼻刀等均可 3）能自动侦测斜倒区域 4）提供多样化的刀具路径形式 5）产生刀具受力均匀的加工路线 6）具有加工素材和成品体的概念，在不改变 CAD 模型的情形下，能便利地进行粗加工、精加工的计算 7）可对不同面设定不同的加工余量 8）提供多种进/退刀方式 9）可以进行负余量的切削 10）提供陡峭程度的自动判别；层铣精加工适合于陡峭侧壁的加工 11）在不同区域设定不同的背吃刀量	1）平面 2）直壁或斜度不大的侧壁加工，受力大的粗加工 3）外形比较陡峭的侧面精加 4）清角加工 5）太陡、太深部位加工（等高切削可防止偏摆和振动） 6）高速切削也使用等高切削	分为：平行切削、环绕切削、沿边环绕切削等 又可分为单向、双向 还可分为顺铣、逆铣等	毛坯为六面光的长方体，脱模斜度为 1°，采用等高切削 步骤如下 1）粗加工：利用等高切削的粗加工进行毛坯切削，保留加工余量；使用圆鼻刀（R 刀）进行环绕切削 2）精加工侧面：利用等高切削的精加工，对侧面进行精铣 3）精加工顶平面：利用等高切削的粗加工方式，选择平行切削方式，选择所有面为加工面，定义顶面的边线为刀具中心限制轮廓，定义起始高度与终止高度为 0 4）清角：选择清角刀加工，用等高切削定义起始高度与终止高度为 -40，即可在侧面的底部做清角加工

b. 沿面切削。简称为面铣，包括各种按曲面铣削的刀具轨迹，如沿面加工、沿线投影和沿面投影等方式。沿面切削是按一定的方式将刀具路径投影到曲面上生成的。具体分为沿面加工、平行轴向投影加工、曲面轮廓加工和曲面区域加工等，表 3.5-11 列出了沿面切削的类型、特点和加工示例。

表 3.5-11　沿面切削的类型、特点和加工示例

类　型	特　点	加工示例
1）沿面加工：选择整个曲面作为参考区域，加工路径沿曲面的 UV 参数线方向产生刀具路径 2）平行轴向投影加工：直接对整个曲面群以刀轴方向将切削线投影在加工表面上，并且进行刀具的半径补偿，产生刀具路径。可以定义多个复杂的边界作为加工区域限制 3）曲面轮廓加工：提供封闭的边界线素，系统将以平行边界环绕的方法对整个加工表面铺上三维间距均等的刀具路径，可以完成等量、等方向的切削。通常用于整体表面的精修 4）曲面区域加工：生成在曲面上封闭区域内的刀具轨迹，在指定的范围内，刀位轨迹按指定的角度、步距将加工路径均匀分布在三维模型上	1）刀具使用没有限制 2）提供多样化的进给方式，实现平行切削、环绕切削和放射切削等 3）控制精铣后的零件表面粗糙度，沿面切削可以提供多种控制表面粗糙度的方法，如控制残留高度、控制刀具路径间距等 4）提供多种进/退刀方式，如水平方向的法向、切向、圆弧等；在垂直方向可以直接进/退刀、扩展进/退刀、圆弧进/退刀，可以制定进/退刀点 5）可以进行负余量的切削	鼠标凸模加工。以下几个部分的加工使用了沿面切削 1）半精加工，用曲面区域加工，制定切削方向为 45°，保证加工余量，用 R 刀切削 2）精加工顶面浅色部分，用曲面轮廓加工，选定浅色的边缘为限定轮廓，用 R 刀切削 3）精加工圆角深色部分，使用沿面加工；按垂直方向的参数线方向进行往复切削，使用球头刀加工

　　c. 插式加工。也称为钻铣加工或直捣式加工。当加工较深的工件时，可以使用两刃插铣以钻铣的方式进行快速粗加工，这是加工效率最高的去除残料的加工方法。钻铣完成后，可用时选用以插刀方式对轮廓进行精铣。

　　d. 曲线加工。该加工生成三维曲线的刀具轨迹，也可以将曲线投影到曲面上，进行沿投影线的加工。通常用于生成型腔的沿口和刻字等。

　　e. 清角加工。可以侦测用大刀具铣削后留下的残留余料区域，再以小刀针对局部区域进行后续处理。这种刀位轨迹形式可以自动分析并侦测出模穴的角落及凹谷部分，针对复杂的模型也有运算能力。自动清角刀具路径主要分三种：①单刀清角；②单刀再加以左右补正的多刀清角；③参考前一把刀的清角。多刀清角的路径可指定由外而内或由内而外的清角铣削，避免刀具一次吃料太多。常用的有两种方法：一是自动残料交线清角加工，只需指定前一步骤使用刀具的大小，即可直接计算残留余量的区域，在针对此区域进行多刀沿面精修，同时可自动分析加工表面的倾斜度，以等高切削方式先解决陡峭区域加工；二是自动残料多刀清角加工，此方法能自动辨识加工件凹处的残料区域，直接对曲面的交线处以最快的方式一刀走过，从而清除材料。

　　f. 混合加工。某些软件利用等高环绕加工及曲面投影加工这两种刀位轨迹形式的互补特性，以指定限制倾角，系统将自动对三维模型划分出平缓或陡峭的区域，较陡峭的表面进行等高降层环绕加工，较平坦的表面进行投影加工。有的软件提供针对层间曲面或平缓区域的二次加工方法，可以是等高加投影加工或等高加水平夹角加工的组合。

　　③走刀方式选择。针对相同的刀位轨迹形式还可以选择不同的走刀方式，通常走刀方式有平行切削、环绕切削、螺旋切削和放射切削等，走刀方式影响表面加工质量。表 3.5-12 列出了几种走刀方式的选择。

表 3.5-12　几种走刀方式的选择

走刀方式	简图和特点	应用
平行切削（也称行切法加工）	 刀具以平行走刀的方式切削工件，可以选择单向或往复两种方式，并可以指定角度，切削步距可以达到刀具直径的 70%~90%	粗加工时，平行切削具有最高的效率；精加工时，平行切削具有广泛的适应性，其刀痕一致，整齐美观，但对边界不规则的凸模或型腔，在零件侧壁的残留余量较大

（续）

走刀方式	简图和特点	应用
环绕切削（也称环切加工）	其加工方式是以绕着轮廓的方式由里向外（或由外向里）清除材料，并逐渐加大轮廓，直到无法放大为止，如此可减少提刀，提高铣削效率	可以将轮廓及岛屿边缘加工到位，是进行粗加工和精加工时较好的一种选择
毛坯环切（也称沿边环绕切削）	刀具按照成形部分等距离偏移，直到到达中心或边界。该法粗加工留料均匀，切削负荷稳定	在等高加工的粗加工中应用，是"深陡加工面"加工最好的选择
螺旋切削	刀具路径从中心以螺旋方式向内或向外移动，螺旋切削的横向进刀则是平滑地向外部螺旋展开，刀具路径方向不会突然改变。螺旋切削导向平滑	适于高速加工
放射切削（也称辐射式加工）	刀具由零件上的任一点或空间指定的一点沿着向四周散发的路径加工零件，此法可以获得较为平均的残留余量以及较高品质的加工表面	适于在接近放射中心点的部分曲率比较大而远离放射中心的部分曲率比较小的零件，如半球形零件

4）加工工艺参数设置。图形交互自动编程加工工艺包括切削用量（背吃刀量、刀具进给量、主轴转向和转速）的计算与选择、进退刀控制方法、起止高度与安全高度、刀具半径补偿与长度补偿、行距（用于控制残留高度）、加工余量和切削液控制等诸多内容，在此仅介绍几种常用的参数设置方法。

①切削用量的计算与选择。切削用量的计算与选择见表 3.5-13。

表 3.5-13　切削用量的计算与选择

名称	符号	计算公式	选择
背吃刀量	a_P/mm	a_P=加工余量 （由机床、工件、刀具刚性决定）	根据粗加工、半精加工、精加工确定背吃刀量。具体值由机床说明书、刀具说明书、切削用量手册及经验决定 精加工余量：0.2～0.5mm
切削宽度 （步距）	L/mm	L 与刀具有效直径 d 成正比，与背吃刀量 a_P 成反比	平底刀切削时 L=（0.6~0.9）d 式中　d—刀具有效直径（mm）（圆鼻刀加工：$d=D-2r$，D 是刀具直径，r 是刀尖圆角半径）
切削速度 （单齿切削量）	V_C/（m/min）	刀具手册或刀具说明提供推荐值	V_C 增加可提高生产率，但刀具寿命下降，V_C 还要根据材料硬度进行调整
主轴转速	N/(r/min)	$N=V_C \times 1000/（\pi \times D_C）$ 式中　D_C—刀具直径（mm） 　　　V_C—切削速度（m/min） 使用球头刀时，刀具直径的值用计算直径代替，即 $D_{eff}=[D_C^2-（D_C-2 \times a_P）^2] \times 0.5$	根据切削速度选定 主轴转速还可由机床面板上的主轴倍率开关修调
进给速度	f/(mm/min)	$f=n \times z \times f_z$ 式中　n—主轴转速（r/min） 　　　z—刀具齿数 　　　f_z—每齿进给量（mm/齿），由刀具供应商提供	精铣：f=20~25mm/min 精车：f=0.1~0.2mm/min Z 轴下刀或由高向低走时（面铣受力大）选较慢的进给速度；平面的侧向进给（全刀切削）选较慢的进给速度；轮廓加工拐角处要降低进给速度； f 可通过机床面板的进给倍率开关修调

在实际加工过程中，可能会对各个切削用量参数进行调整，如使用较快的进给速度进行加工，虽然刀具寿命有所降低，但节省了加工时间，反而能有更好的效益。对于加工中不断产生变化的情况，数控加工中的切削用量选择在很大程度上依赖编程人员的经验。

②进/退刀控制方法。数控加工前的进/退刀有两种形式，即垂直方向进（下刀）/退刀和水平方向进/退刀，见表 3.5-14。

表 3.5-14　进/退刀控制方法

进/退刀方式	类型	简图	特点	应用
垂直方向进/退刀	直接垂直向下进给	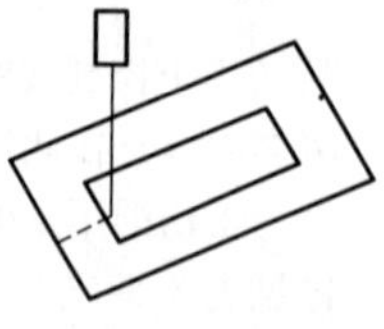	切削负荷重	用于具有垂直吃刀能力的键槽铣刀，对于其他类型的刀具，只用很小的背吃刀量时才可使用

（续）

进/退刀 方式	类型	简图	特点	应用
垂直方向 进/退刀	斜线轨迹 进给	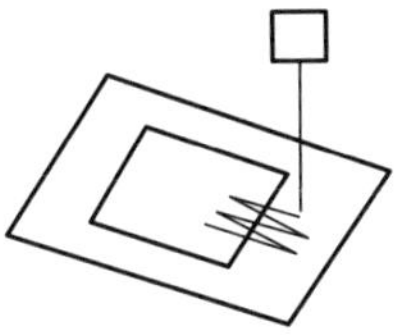	斜线进给螺旋进给靠铣刀的侧刃逐渐向下铣，可以改善进给的切削状态，保证较高的速度和较低的负荷 CAM 加工编程时，对进/退刀有较详细的设置，包括螺旋角度、倾斜角度、螺旋半径和斜线长度等	用于端面铣削能力较弱的面铣刀（如常用的可转位硬质合金刀）的向下进给
	螺旋轨迹 进给	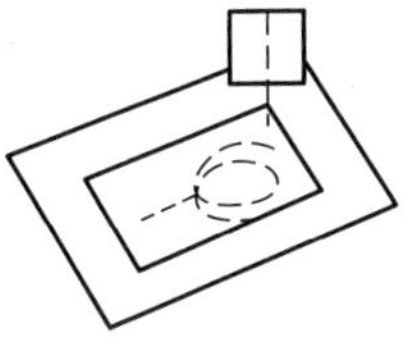		
水平方向 进/退刀	直线水平方向进给	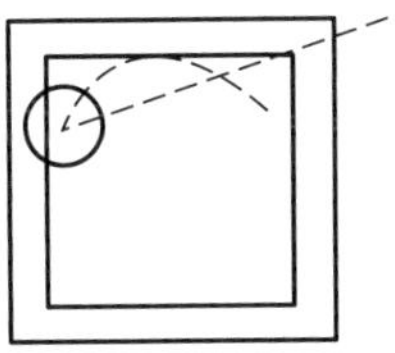	改善铣刀接触工件和离开工件表面时的负荷状况，以与被加工表面相切的圆弧方式接触和退出工件表面。包括圆弧半径值与圆弧所对圆心角的值两项设置	尽量使用水平进给。精加工时，应用圆弧进给。粗加工时，可以不考虑水平进给方式，或者使用法向进给，以节省时间；还可定义进给起点和退刀结束点相重合的距离，主要用于消除铣削时可能残留于下刀点的残留料
		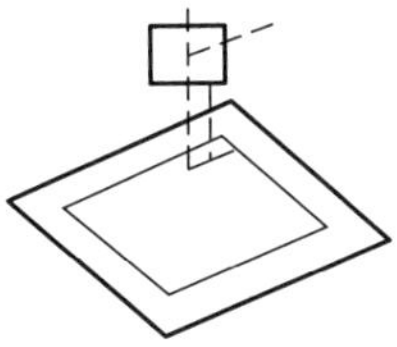	以被加工表面法线方向进入接触和退出工件表面。须设置直线的长度	
	圆弧水平方向进给	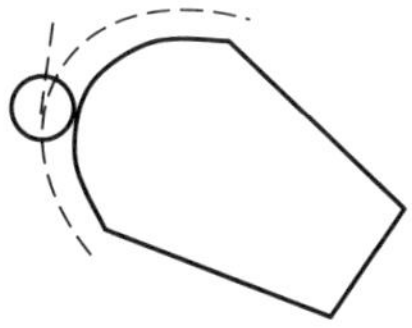	以被加工表面切线方向进入接触和退出工件表面	

③起止高度与安全高度。与起止高度与安全高度　有关的参数设置见表 3.5-15。

表 3.5-15　与起止高度与安全高度有关的参数

参数	含义	设置注意事项
起止高度	进/退刀的初始高度，程序开始和结束时刀具都将达到这一高度	起止高度应大于或等于安全高度

（续）

参数	含义	设置注意事项
安全高度	安全高度是为了避免刀具碰撞工件而设定的高度（Z 值）	不同的加工面可以选择不同的安全高度。此值一般情况下应大于零件的最大高度，即高于零件的最高表面
慢速下刀距离	刀具以 G00 快速下刀时到达的指定位置	该值通常为相对值。即使在空的位置下刀，使用该值也可以使机床有缓冲过程，保证下刀位置准确。该值不易取得太大，以免影响加工效率
抬刀控制	加工过程中在两点间移动，为了安全起见，将刀具移到安全平面	有时也可以不做抬刀运动，这样可以节省抬刀时间，但必须注意在移动路径中不能有干涉的零件部位。粗加工时，对较大面积的加工通常建议使用抬刀，以便在加工时可以暂停，对刀具进行检查；精加工时，常采用不抬刀以便加快加工速度，特别是角落部分的加工，抬刀将造成加工时间延长

（3）刀位轨迹计算和刀具轨迹的生成

刀具轨迹一般指刀位点的轨迹，它是由切削点（即刀触点）偏移过来的。刀位点的集合即为刀具轨迹。

1）刀位点的计算。如果刀具中心能够完全按照理想刀位轨迹运动的话，其加工精度无疑是最理想的，但由于数控机床通常只能完成直线和圆弧线的插补运动，因此只能在理想刀位轨迹上以一定间距计算刀位点，即按步长计算刀位点。步长大小取决编程允许误差。编程允许误差越大，则刀位点的间距越大，即步长越长，反之越小。CAM 软件中实际采用的计算方法要复杂得多，而且随着软件的不同会有许多具体变化。

在各种 CAM 软件中，无论刀位点计算有多么复杂多样，其技术核心都只有一点，即以一定的形式和密度在被加工面的偏移面上计算出刀位点。

刀位点的密度不仅与刀位轨迹的行距有关，而且与刀位轨迹的步长有关，它们是影响数控编程精度的主要因素。

利用 CAD/CAM 系统进行刀位轨迹计算是根据设定的加工对象和加工参数，由 CAD/CAM 软件自动完成的。

2）刀具轨迹的生成。图形交互自动编程刀具轨迹的生成是面向屏幕上的图形交互进行的。首先调用刀具路径生成功能，然后根据屏幕提示，用光标选择相应的图形目标，选择相应的坐标点，输入所需的各种参数。软件将自动从图形中提取编程所需的信息，进行分析判断，计算节点数据，并将其转换为刀具位置数据，存入指定的刀位文件中或直接进行后处理并生成数控加工程序，同时在屏幕上模拟显示刀具运动轨迹图形。

3）刀位轨迹的编辑和修改。CAD/CAM 软件提供多种编辑手段（如增加、删除和修改刀位轨迹段等），使用户能够对编制的数控刀位轨迹进行修改。

3. 图形交互自动编程的后处理

在自动编程中，经过 CAD 造型和刀具轨迹计算，产生了由刀位数据（大量的刀位点坐标值）组成的刀位源文件（cutter location source file，CLSF），将刀位源文件转换成可执行的数控加工程序的过程称为后处理（post processing）。后处理是按各个数控机床所规定的指令代码及程序格式将刀位数据转化为该机床能执行的 NC 代码程序。

后处理实际上是一个文字处理过程（文本编辑处理），它是按解译方式执行的，即每读出刀位源文件中的一个完整记录（行），便分析该记录的类型，根据所选择的数控机床进行坐标变换或文件代码转换，生成一个完整的数控程序段，并写到数控程序文件中去，直到刀位源文件结束。

后处理系统分为专用后处理系统和通用后处理系统，通用后处理系统使用较为广泛。

（1）专用后处理系统

专用后处理系统是针对专用数控系统和特定的数控机床开发的专用后处理程序，通常直接读取刀位源文件中的刀位数据，根据特定数控机床的指令集和代码格式以数控程序输出。后处理系统在一些专用（非商品化）编程系统中比较常见，这是因为其刀位源文件格式简单，不受"IGES 标准"的过程约束，机床特性一般直接编入后处理程序中，而不需要输入数控系统特性文件。后处理过程的针对性很强，指令较少，程序结构比较简单，实现也比较简单。

（2）通用后处理系统

1）通用后处理系统的原理及设计条件。通用后处理系统一般指后处理程序功能的通用化，要求能针对不同类型的数控系统对刀位源文件进行后处理，输出数控程序。通用后处理系统要求输入标准格式的刀位源文件、数控系统（特性）数据文件或机床数据文件，输出的是符合该机床数控系统指令集和格式的数控程序。

尽管不同类型数控机床（主要指数控系统）的指令和程序格式不尽相同，彼此之间有一定的差异，但仍然可以找出它们之间的共性，主要体现在以下几个方面：

① 数控程序都是由字符组成的。

② 地址字符意义基本相同。

③ 准备功能 G 代码和辅助功能 M 代码大部分已标准化。

④ 文字地址加数字的指令结合方式基本相同，如 G01、M03、X13.6、G41 和 S600 等。

⑤ 数控机床坐标轴的运动方式种类有限。

2）通用后处理系统的应用。一般来说，一个通用后处理系统是某个数控编程系统的一个子程序，要求刀位源文件是由该数控编程系统刀位计算之后生成的，因此对数控系统特性文件的格式有严格要求。

如果某数控编程系统输出的刀位源文件格式符合 IGES 标准，那么只要其他某个数控编程系统输出的刀位源文件也符合 IGES 标准，该通用后处理系统便能处理其输出的刀位源文件，即后处理系统在不同数控编程系统之间具有通用性。目前，在国际上流行的商业化的 CAD/CAM 集成系统中，数控编程系统的刀位源文件格式都符合 IGES 标准，它们所带的通用后处理系统一般可以通用。

数控系统特性文件的格式说明附属于通用后处理系统说明之中，一般情况下，软件商提供给用户的是应用较为广泛的用 ASCII 码编写的数控系统数据文件，如 MasterCAM 系统中就提供了市场上常见的各种数控系统的数据文件（.pst）。如果用户在使用过程中还有其他数控系统，则可以根据数控系统特性文件的格式说明，在已有的数控系统特性文件的基础上生成所需的数控系统特性文件。

也有的软件商提供给用户一个生成数控系统数据文件的交互对话程序，用户只需要运行该程序，一一回答其中的问题，便能生成一个所需的数控机床的数控系统数据文件。

3）通用后处理的编制方法。下面几种方法可供选用：

①利用高级语言编写，该方法工作量大，编写和修改困难。

②数控软件厂商提供一个通用的后处理软件，用户可以通过人机对话的形式，回答一些问题，确定一些具体参数，然后就形成了针对具体机床的后处理程序。该方法使用简便，缺点是当遇到一些特殊问题

时，常因无法修改源程序而不能解决问题。

③数控软件厂商提供一个后处理软件编制工具包，用宏处理 TMP 语言编制出针对具体机床的后处理程序（其中要加入 POST 专用命令）。

（3）机床资料文件和刀位源文件

后处理时，必须要调用机床资料文件（机床控制器的性能参数）和刀位源文件（刀具各运动步骤的坐标值和加工参数）。

1）机床资料文件。机床资料文件包括以下几个方面的内容。

①编程协议：机床有关参数的限制值（X、Y、Z 最大行程，主轴的最大转速，最大进给量等）、编程方式（绝对/相对）和测量单位（公制/英制）等。

②功能描述代码：将准备功能代码（G 代码）、辅助功能代码（M）等输入以变量的形式存储下来，以备后处理采用。

③数值的输出格式：在数控指令中，字符地址后面要跟它的数值。不同控制系统对指令中的数值格式要求不一样，而在同一数控系统中不同类别的数值格式也不一样。输出数值要满足机床控制系统的要求。

2）刀位源文件。刀位源文件是数控编程系统生成的描述整个加工过程的中性文件，如 NX 的 CLSF 文件、MatserCAM 的 NCL 文件，它既包括刀具在切削过程中经过的各点坐标值，也包括整个加工过程所选用的工艺参数。由于后处理程序是按刀具轨迹文件的顺序逐条记录输入、逐字处理，因此在刀位源文件中的专用词汇、符号、数值必须以一种稳定的形式进行组合，才能被后处理程序识别处理。

对于每一个特定的刀位源文件，它都是根据上述格式建立的，并且包含了相应的坐标值及工艺参数，通过后处理程序的处理生成相应的加工指令。

3.5.3　常用自动编程系统

CAD/CAM 系统由几何造型、刀具轨迹生成、刀具轨迹编辑、刀具轨迹验证、后处理、图形显示、几何模型内核、运行控制和用户界面等功能模块组成，如图 3.5-2 所示。

几何模型内核是 CAD/CAM 系统的核心；在几何造型模块中，常用的造型方法有表面（线框）造型、实体造型、加工特征单元造型；几何模型表示方法有边界表示和结构化实体几何表示；多轴联动刀具轨迹生成模块，直接采用几何模型中加工（特征）单元的边界表示模式，根据所选的刀具及加工参数进行刀位计算，生成数控加工刀位轨迹；刀具轨迹编辑模块根据加工单元的约束条件，对刀具轨迹进行裁减、编辑和修改；刀具轨迹验证模块检验刀具轨迹是否正

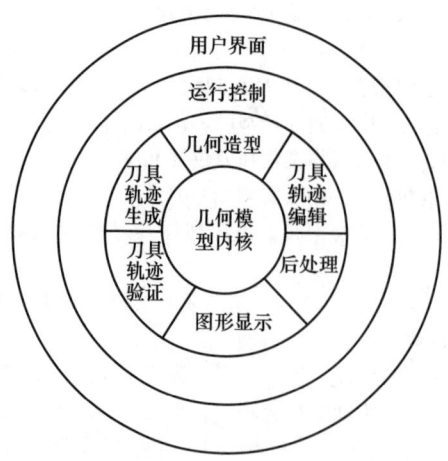

图 3.5-2　CAD/CAM 系统的组成

确，检验刀具与加工单元的约束面的干涉和碰撞；图形显示模块贯穿整个设计和编程过程；用户界面模块提供用户一个良好的交互操作环境；运行控制模块支持用户界面的输入输出到各功能模块之间的接口。

目前 CAD/CAM 软件种类繁多，下面介绍几种常用自动编程系统。

1. CAXA 制造工程师

CAXA 制造工程师是由北航华正软件工程研究所开发的一套中文三维 CAD/CAM 软件，适合三维产品设计造型和数控自动编程，为数控铣削、线切割等提供强大的造型编程工具。产品设计造型完成后，工艺人员只要给定工艺条件就可自动得到所需数控编程代码文件。

CAXA 制造工程师具有强大的造型功能，可生成直线、圆弧、任意公式曲线、样条线、直纹面、旋转面、扫描面、放样面、边界面、网格面、异动面和等距面等多种曲线、曲面。可以对曲线和曲面进行编辑，对曲线可以进行快速修剪、打断、过渡、倒角、尖角、组合、拆散、光顺和几何变换等，对曲面提供多次裁剪、系列面过渡、三面过渡、延伸、光顺和几何变换等，可以生成效果逼真的渲染图，在屏幕上可看出实际产品的真实形状。

CAXA 制造工程师还具有强大的加工编程功能，可自动生成二轴、二轴半到三轴的加工代码，加工方式有参数加工、限制线加工、曲面轮廓加工、曲面区域加工、空间曲线加工、粗加工、点位加工、二维平面加工和带锥度的二轴半加工等；提供工艺参数表，可根据实际要求填入工艺参数；刀具库管理功能和刀具轨迹编辑功能可满足一般或特殊的工艺要求，通用后处理满足各种数控系统的加工指令格式；反读代码功能可用于校验由手工编写的加工程序，动态模拟可在计算机上直接模拟机床加工过程和加工效果。

CAXA 制造工程师还有四轴和五轴可选模块，可针对制备制定专用后处理模块，提供多坐标侧刃铣削、端刃铣削等功能。

CAXA 制造工程师 2019 版主要功能如下：

1）数据接口丰富，接受各种 CAD 模型。标准数据接口有 IGES、STEP、STL、VRML，直接接口有 DXF、DWG、SAT、Parasolid、Pro/E NGINEER、CATIA。

2）提供复杂形状的曲面实体混合造型功能。提供基于实体的特征造型、自由曲面造型，以及实体和曲面混合造型功能，可实现对任意复杂形状零件的造型设计。通过剪切、融合等方式，使曲面与实体模型融为一体。

3）提供多种粗加工方法。

①等高线粗加工：对于凹凸混合的复杂模型可一次性生成粗加工路径。

②直捣式粗加工：采用立式面铣刀的直捣式加工，可生成高效的粗加工路径，适用于大中型模具的深腔加工。

③摆线式粗加工：以等高线为基础，使刀具在负荷一定情况下进行区域加工，可提高模具型腔粗加工效率，延长刀具使用寿命。

4）提供等高线、扫描线、三维等距、平坦区域和导动等多种精加工方法。精加工生成加工轨迹的效率高，可以识别平坦部分和陡峭部分，根据不同部分的加工特性自动选择最适合的走刀方式，同时避免重复加工；针对模具中的深筋槽提供筋条加工、导动线加工和曲线加工等特别加工方式。

5）提供等高补加工、清根补加工和区域补加工等多种留量加工方式。留量加工方式可以自动识别前道工序不能加工到的部分，针对未加工部分生成加工轨迹，提高加工效率。等残留高度加工、摆线加工等加工方式使刀具负荷在加工过程中保持一定、延长了使用寿命。

6）支持高速加工。可设定斜向切入和螺旋切入等接近和切入方式，拐角处可设定圆角过渡，轮廓与轮廓之间可通过圆弧或 S 字形方式来过渡形成光滑连接、生成光滑刀具轨迹，有效地满足高速加工对刀具路径形式的要求。

7）支持 4~5 轴加工。4~5 轴加工模块提供曲线加工、平刀面加工、参数线加工和侧刃铣削加工等多种 4~5 轴加工功能。标准模块提供 2~3 轴铣削加工，4~5 轴加工为选配模块。

8）通用后处理匹配各种主流数控系统。全面支持 SIEMENS、FANUC 等多种主流机床控制系统。开放的后置配置系统，可以针对各种控制系统所需要的后置格式，直接生成 G 代码文件；可生成详细的加工工艺清单，方便 G 代码文件的应用和管理。

9）加工模拟与代码验证。可直观、精确地对加工过程进行模拟，对代码进行反读校验。

2. Mastercam

该软件为美国 CNC Software 公司研制开发的基于 PC 平台上的 CAD/CAM 系统。作为基于 PC 平台开发的 CAD/CAM 软件，虽然不如工作站软件功能全、模块多，但就其性能价格比来说更有灵活性。它对硬件要求较低，并且具有操作灵活、易学易用的特点，能使企业很快见到效益。在国际 CAD/CAM 领域中，Mastercam 是装机量最多的软件之一，特别在中小企业中应用较为广泛。在我国，Mastercam 由于其价格相对较低，又是在 PC 平台下应用，硬件投入少，所以用户相对较多。

Mastercam 在使用线框造型方面较有代表性，它是偏重于 2~5 轴数控铣、车、线切割、钣金和冲压加工编程的软件，具有很强的加工功能，特别是在复杂曲面自动生成加工代码方面具有独到的优势。

可直接调用 AutoCAD、CADKEY、SurfCAM 和 UniMOD 等设计造型文件，设有多种零件库、图形库和刀具库，还具有加工时间预估、切削路径显示、过切检验及消除等功能。

Mastercam 包括四大模块，即设计、铣削、车削和线切割。

1）设计（mastercam design）模块不仅可以设计、编辑复杂的二维、三维空间曲线，还能生成方程曲线。采用 NURBS、PARAMETRICS 等数学模型，有十多种曲面生成方法。强大的实体功能以 PARASOLID 为核心。Matercam 可以直接输入中文，并支持 Turetype 字体。

2）铣削（mastercam mill）模块主要用于生成铣削刀具路径，包括二维加工系统及三维加工系统。二维加工系统包括外形铣削、型腔加工、面加工及钻孔、镗孔、螺纹加工等，三维加工系统包括曲面加工、多轴加工和线架加工系统。在多重曲面的粗加工及精加工中提供了丰富的加工方法；在多轴加工系统中包括五轴曲线加工、五轴钻孔、五轴侧刃铣削、五轴流线加工和四轴旋转加工等，可以直接与机床控制器进行通信。

3）车削（mastercam lathe）模块用于生成车削加工刀具路径，可以进行精车、粗车、车螺纹、径向切槽、钻孔和镗孔等加工。

4）线切割（mastercam wire）模块是非常优秀的线切割软件，它能高效地编制任何线切割程序。用它可快速设计、加工机械零件，无论是三维几何建模、两轴线切割编程，还是四轴线切割编程。

3. Pro/ENGINEER

该软件是美国 PTC 公司研制和开发的，它开创了三维 CAD/CAM 参数化的先河。该软件具有基于特征、全参数、全相关和单一数据库的特点，可用于设计和加工复杂的零件。它是唯一的一整套机械设计自动化软件。该软件已广泛用于模具、工业设计、汽车、航天、玩具等行业，在国际市场上占有较大份额。

该软件还具有零件装配、机构仿真、有限元分析、逆向工程和同步工程等功能，有较好的二次开发环境和数据交换能力。Pro/ENGINEER 系统核心技术具有以下特点：

1）基于特征。将某些具有代表性的平面几何形状定义为特征，并将其所有尺寸存为可变参数，进而形成实体，以此为基础进行更为复杂的几何形体构建。

2）全尺寸约束。将形状和尺寸结合起来考虑，通过尺寸约束实现对几何形状的控制。

3）尺寸驱动设计修改。通过编辑尺寸数值可以改变几何形状。

4）全数据相关。尺寸参数的修改导致其他模块中的相关尺寸得以更新。如果要修改零件的形状，只需修改零件上的相关尺寸即可。

Pro/ENGINEER 的常用模块如下：

1）Pro/DESIGNIER。该模块是工业设计模块的一个概念设计工具，能够使产品开发人员快速、容易地创建、评价和修改产品的多种设计概念。可以生成高精度的曲面几何模型，并能够直接传送到机械设计和/或原型制造中。

2）Pro/PERSPECTA-SKETCH。该模块能够使产品的设计人员从图纸、照片、透视图或任何其他二维图像中快速地生成一个三维模型。

3）Pro/PHOTORENDER。该模块能够很容易地创建产品模型的逼真图像，这些图像可以用来评估设计质量，生成图片。

4）Pro/DETAIL。由于具有广泛的标注尺寸、公差和生成视图的能力，该模块扩大了 Pro/Engineer 生成的设计图纸，这些图纸遵守 ANAI、ISO、DIN 和 JIS 标准。

5）Pro/NOTEBOOK。该模块以"自顶向下"的方式对产品的开发过程进行管理，同时对复杂产品设计过程中涉及的多项任务自动分配，以增强工程的生产率。

6）Pro/SURFACE。该模块能够使设计人员和工程人员直接对 Pro/ENGINEER 的任一实体零件中的几何外形和自由形式的曲面进行有效的开发，或者开发整个的曲面模型。Pro/WELDINGTM 参数化地定义焊接装配体中的对接要求，使用户很容易地确认焊接点，避免装配零件与焊接点之间发生干涉，在文件编制和制造中消除错误成本。

7）Pro/MECHANICA CUSTOM LOADS。利用该

模块用户可以将自定义载荷输入，清楚地编辑和连接到 Pro/MACHANICA MOTION 的图形用户界面上。

8）Pro/MACHANICA MOTION。该模块使机械工程师在指定环境下创建和评价装配体的运动；对设计进行优化，决定哪些参数应该修改，以便更好地满足工程和性能的要求。

9）Pro/MACHANICA STRUCTURE。该模块能够使设计工程师评价和优化一个设计的结构性能，揭示产品在真实环境中多个载荷作用下的运行情况；灵敏度研究显示了哪些设计参数对结构的性能具有最大影响；设计优化指出哪些参数应该改变，如何改变。

10）Pro/MFG。该模块扩展了完全关联的 Pro/ENGINEER 环境，使其包含了铣、车、线切割、电火花加工，以及轮廓线加工等制造过程。生成加工零件所需的加工路线并显示其结果，通过精确描述加工工序提供 NC 代码。

11）Pro/MOLDESIGN。该模块为模具设计师和塑料制品工程师提供使用方便的工具，以创建模腔的几何外形；产生模具模芯和腔体；产生精加工的塑料零件和完整的模具装配体文件。自动生成模具基体、冷却道、起模杆和分离面。

12）Pro/NC-CHECK。通过对 NC 操作进行模拟，帮助制造工程人员优化制造过程，减少废品和再加工。加工和操作开始以前，让用户检查干涉情况和验证零件切割的各种关系。

13）Pro/NC POST。该模块允许制造工程师开发和维护任意型号的 CNC 设备和 NC 后处理器。

14）Pro/REVIEW。该模块为用户提供了查看企业 Pro/ENGINEER 中发布的信息的机会，如实体模型、设计图纸、装配体及制造信息。标注功能还允许评审人员在对产品不做任何改变的情况下对模型或图纸进行评审标注。

15）Pro/CAT。该模块在 Pro/ENGINEER 和 Dassault 系统的 CADAM 之间提供无缝集成和简洁的几何模型交换，允许企业在移植到 Pro/ENGINEER 环境的同时保护其现有投资。

16）Pro/CDT。该模块提供一个直接的接口，将二维设计图纸从主机 CADAM 和专业 CADAM 中转移到 Pro/ENGINEER 中。

17）Pro/DRAW。该模块能够使用户很容易地从现存的二维数据库中输入或更新设计图纸，保护企业在传统工具上的投资，同时移植到 Pro/ENGINEER 的高级功能上来。

18）Pro/LEGACY。该模块使工程人员能对二维和三维传统数据（线框和曲面几何外形）进行维护、修改和集成（无须重新生成）。

19）Pro/LIBRARYACCESS。该模块提供了进入数据库的路径，数据库中包含标准零件、特征、工具、模具基体、接头、管路装配、符号和人体尺寸。

4. NX CAD/CAM

该软件由美国 GM（通用汽车公司）的子公司 EDS 并入的 NX 公司开发经销，是世界上处于领先地位的最著名的几种大型 CAD/CAM 软件之一，在国际市场上占有较大的份额。不仅有复杂的造型和数控加工功能，还具有管理复杂产品装配，进行多种设计方案对比分析和优化功能。

NX 提供复合建模模块，以及功能强大的逼真照相的渲染、动画和快速的原型工具。NX 软件中具有 CAE 辅助分析模块，包括有限元分析（scenario for FEA）、有限元（FEA）、机构学（mechanisms）和注塑模分析（MF part adviser），还为钣料（sheet metal）开发专用模块。该软件具有较好的二次开发环境（NX Ⅱ CRIP）和数据交换能力。庞大的模块群为产品设计、产品分析、加工装配、检验、过程管理和虚拟运作等提供全系列的技术支持。

NX 共有近 40 个模块，其中与 CAM 有关的模块功能介绍如下：

1）NX 加工基础（NX/CAM Base）。NX 加工基础模块提供如下功能：在图形方式下观测刀具沿轨迹运动的情况、进行图形化修改，如对刀具轨迹进行延伸、缩短或修改等，点位加工编程功能，用于钻孔、攻丝和镗孔等，按用户需求进行灵活的用户化修改和剪裁，定义标准化刀具库、加工工艺参数样板库，使粗加工、半精加工、精加工等操作常用参数标准化，以减少培训时间并优化加工工艺。

2）NX/Post Execute 后处理（NX/Post Builder 加工后处理）。NX/Post Execute 和 NX/Post Builder 组成了 NX 加工模块的后处理。NX 的加工后处理模块使用户可方便地建立自己的加工后处理程序，适用于目前世界上大多数主流 NC 机床和加工中心，该模块在多年的应用实践中已被证明适用于 2~5 轴或更多轴的铣削加工、2~4 轴的车削加工和电火花线切割。

3）NX/Nurbs 样条轨迹生成器（NX/Nurbs Path Generator）。NX/Nurbs 样条轨迹生成器模块允许在 NX 软件中直接生成基于 Nurbs 样条的刀具轨迹数据，使得生成的轨迹拥有更好的精度和表面粗糙度，而加工程序量比标准格式减少 30%~50%，实际加工时间则因为避免了机床控制器的等待时间而大幅度缩短。该模块是希望使用具有样条插值功能的高速铣床（FANUC 或 SIEMENS）用户必备工具。

4）NX 车削（NX/Lathe）。NX 车削模块提供了粗车、多次走刀精车、车退刀槽、车螺纹和钻中心孔等加工类型，准确控制进给量、主轴转速和加工余量等参数，能在屏幕上模拟显示刀具路径，可检测参数设置是否正确，并生成刀位原文件（CLS）等功能。

5）NX 型芯、型腔铣削（NX/Core & Cavity Milling）。NX 型芯、型腔铣削模块可完成粗加工单个或多个型腔，沿任意类似型芯的形状进行粗加工大余量去除，对非常复杂的形状产生刀具运动轨迹、确定走刀方式。通过容差型腔铣削，可加工曲面之间有间隙和重叠的形状，而构成型腔的曲面可达数百个；当发现型面异常时，它可以或自行更正，或者在用户规定的公差范围内加工出型腔。

6）NX 平面铣削（NX/Planar Milling）。NX 平面铣削模块可完成多次走刀轮廓铣、仿形内腔铣、Z 字形走刀铣削、规定避开夹具和进行内部移动的安全余量，提供型腔分层切削功能、凹腔底面小岛加工功能，实现对边界和毛坯几何形状的定义、显示未切削区域的边界，提供一些操作机床辅助运动的指令，如冷却、刀具补偿和夹紧等。

7）NX 定轴铣削（NX/Fixed Axis Milling）。NX 定轴铣削模块可完成产生三轴联动加工刀具路径、加工区域选择功能，实现多种驱动方法和走刀方式选择，如沿边界切削、放射切削、螺旋切削及用户定义方式切削。在沿边界驱动方式中，又可选择同心圆和放射状等多种走刀方式，提供逆铣、顺铣控制及螺旋进给方式，自动识别前道工序未能切除的未加工区域和陡峭区域，NX 定轴铣削可以仿真刀具路径，产生刀位文件，用户可接受并存储刀位文件，也可删除并按需要修改某些参数后重新计算。

8）NX 自动清根（NX/Flow Cut）。NX 自动清根模块可自动找出待加工零件上满足"双相切条件"的区域（一般情况下，这些区域正好是型腔中的根区和拐角），可直接选定加工刀具，该模块将自动计算对应此刀具的"双相切条件"区域作为驱动几何，并自动生成一次或多次走刀的清根程序。当出现复杂的型芯或型腔加工时，该模块可减少精加工或半精加工的工作量。

9）NX 可变轴铣削（NX/Variable Axis Milling）。NX 可变轴铣削模块支持定轴和多轴铣削功能，可加工 NX 造型模块中生成的任何几何体，并保持主模型相关性。该模块提供多年工程使用验证的 3～5 轴铣削功能，提供刀轴控制、走刀方式选择和刀具路径生成功能。

10）NX 顺序铣（NX/Sequential Milling）。NX 顺序铣模块可完成控制刀具路径生成过程中的每一步骤的情况，支持 2～5 轴的铣削编程并和 NX 主模型完全相关，以自动化的方式获得类似 APT 直接编程一样

的绝对控制，允许用户交互式地一段一段地生成刀具路径，并保持对过程中每一步的控制。提供的循环功能使用户可以仅定义某个曲面上最内和最外的刀具路径，由该模块自动生成中间的步骤。该模块是 NX 数控加工模块中与自动清根等功能一样的 NX 特有模块，适合于高难度的数控程序编制。

11）NX 线切割（NX/Wire EDM）。NX 线切割模块可完成 NX 线框模型或实体模型造型，进行两轴和四轴线切割加工；具有多种线切割加工方式，如多次走刀轮廓加工、电极丝反转和区域切割。支持定程切割，允许使用不同直径的电极丝和不同大小的功率，可以用 NX/Postprocessing 通用后处理器来开发专用的后处理程序，生成适用于某个机床的数据文件。

12）NX 切削仿真（NX/Vericut）。NX 切削仿真模块是集成在 NX 软件中的第三方模块，它采用人机交互方式模拟、检验和显示 NC 加工程序。通过定义被切削零件的毛坯形状，调用 NC 刀位文件数据，就可检验由 NC 生成的刀具路径的正确性。该模块可以显示加工后并着色的零件模型，用户可以容易地检查出不正确的加工情况。作为检验的另一部分，该模块还能计算出加工后零件的体积和毛坯的切除量，因此可容易确定原材料的损失。该模块提供了许多功能，其中有对毛坯尺寸、位置和方位的完全图形显示，可模拟 2～5 轴联动的铣削和钻削加工。

参 考 文 献

［1］FUNUC 数控系统应用中心 . FUNUC 数控系统连接与调试［M］. 北京：高等教育出版社，2011.

［2］韩振宇，付云忠，等 . 机床数控技术［M］. 哈尔滨：哈尔滨工业大学出版社，2013.

［3］金属加工杂志社，哈尔滨理工大学 . 数控刀具选用指南［M］. 2 版 . 北京：机械工业出版社，2018.

［4］袁哲俊，刘献礼 . 金属切削刀具设计手册［M］. 2 版 . 北京：机械工业出版社，2018.

［5］单岩，王卫兵 . 实用数控编程技术［M］. 北京：机械工业出版社，2003.

［6］杨伟群 . 数控工艺培训教程数控铣部分［M］. 2 版 . 北京：清华大学出版社，2006.

［7］朱晓春 . 数控技术［M］. 3 版 . 北京：机械工业出版社，2019.

［8］席子杰 . 最新数控机床加工工艺编程技术与维护维修实用手册［M］. 吉林：吉林电子出版社，2004.

［9］徐宏海 . 数控加工工艺［M］. 2 版 . 北京：化学工业出版社，2008.

第4章

计算机辅助制造支撑技术

主　编　赵　彤（清华大学）

参　编　赵慧婵（清华大学）

　　　　叶佩青（清华大学）

4.1　计算机辅助制造支撑技术的内涵

1. 计算机辅助制造的定义

计算机辅助制造（computer aided manufacturing，CAM）的定义有狭义和广义之分：

狭义上讲，CAM 指使用计算机软件创建详细的数控指令，用以驱动数控（numerical control，NC）机床制造零部件。

广义上讲，CAM 的概念是随着制造定义的发展而不断演变的。制造的定义从机电产品的机械加工工艺过程，向机电产品的产品设计、物料选择、生产计划、生产过程、质量保证、经营管理、市场销售和服务，直至报废拆解再制造等全生命周期内相关活动和工作的总称发展演进。

因此，计算机辅助制造的广义定义为：应用计算机技术辅助进行机电产品从产品原型研发到产品回收再制造的全生命周期各个阶段，包括设计、生产、物流、销售和服务等一系列相互联系的价值创造活动。

需要关注的是，制造技术正向智能制造方向发展演进，这意味着辅助的成分越来越少，自感知、自决策、自执行、自适应和自学习等特征越来越多，并将成为主流。但是，正如周济院士所言，"我国制造企业，特别是广大中小企业还远远没有实现'数字化制造'，必须扎扎实实完成数字化'补课'，打好数字化基础"，计算机"辅助"还将存在相当长的一段时间。

除非特别指明，本章后续部分所述的计算机辅助制造采用广义的定义。

2. 计算机辅助制造支撑技术的定义

兼顾现状与前瞻，计算机辅助制造支撑技术应考虑对智能制造的支撑作用。根据智能制造系统架构（图 4.1-1），计算机辅助制造支撑技术由知识、硬件技术、软件技术等构成，如图 4.1-2 所示。

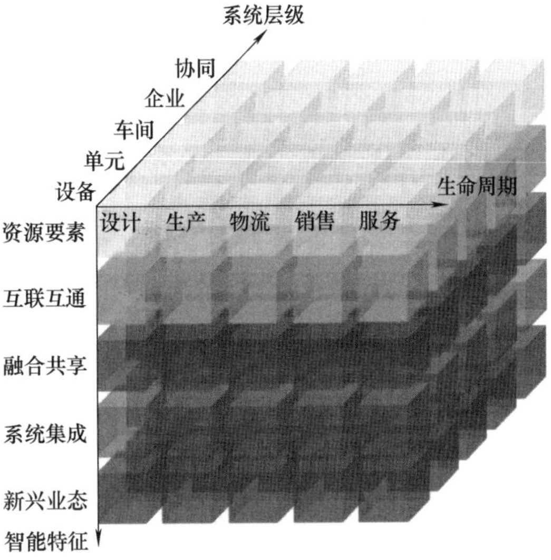

图 4.1-1　智能制造系统架构

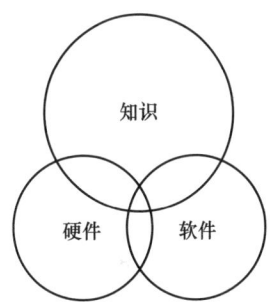

图 4.1-2　计算机辅助制造支撑技术的构成

计算机辅助制造支撑技术的具体内容包含系统硬件、计算机软件、数据及数据库、通信网络等技术。

4.2　计算机辅助制造系统硬件

本节所述系统硬件不是常规的计算机系统，其应为兼有运算处理、信息采集和数据传输功能的新型智能计算机系统，应用范围覆盖图 4.1-1 所示制造系统架构的生命周期、系统层级和智能特征的三个维度。

4.2.1　运算处理单元

用于计算机辅助制造的运算处理单元形式如下：
1）个人计算机（personal computer，PC）。
2）工作站和服务器。
3）DSP、FPGA 和单片机等。

1. 个人计算机及工作站和服务器

个人计算机以满足常规工作和个人需求为设计目标，形式主要分为台式机和笔记本。台式机最为常见，其主要构成如图 4.2-1 所示，包括主板、硬盘、显示器、键盘和鼠标等。其性能参数主要体现在 CPU 主频、内存和硬盘的容量及速度上等。

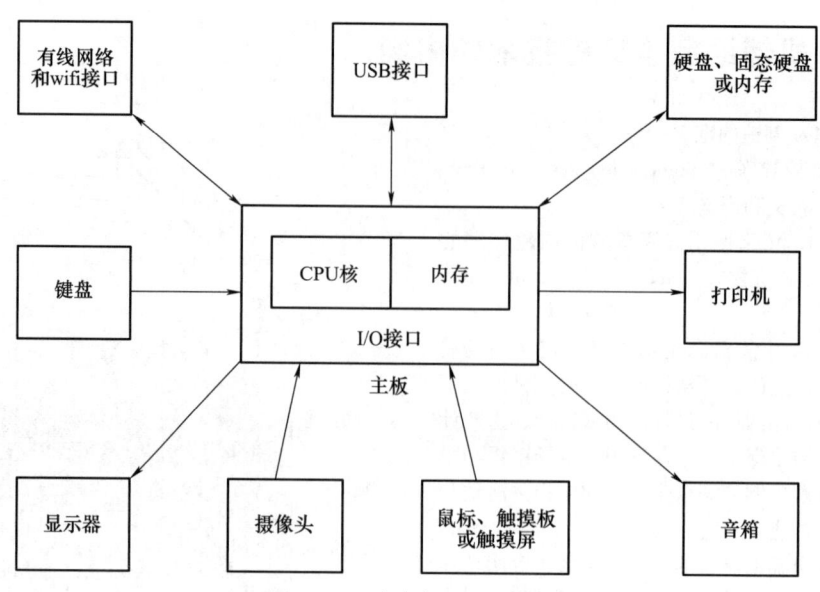

图 4.2-1 台式机的主要构成

（1）CPU

中央处理器（central processing unit，CPU）是计算机的运算和信息处理单元。个人计算机的主流 CPU 主要有 Intel 的酷睿 CORE 系列和 AMD 的锐龙 RYZEN 系列。

Intel 酷睿 i3、i5、i7 和 i9 的性能参数见表 4.2-1。

表 4.2-1 Intel 酷睿 i3、i5、i7 和 i9 的性能参数

型号名称		Intel 酷睿 i9 12900K	Intel 酷睿 i7 12700K	Intel 酷睿 i5 12600K	Intel 酷睿 i3 12100
性能参数	CPU 主频/GHz	3.9	3.6	3.6	3.3
	最高睿频/GHz	5.2	5	4.9	4.3
	核心数量/个	16	12	10	4
	线程数量/个	24	20	16	8
	二级缓存/MB	14	12	9.5	5
	三级缓存/MB	30	25	20	12
	热设计功耗/W	125	125	125	60
	最大加速功耗/W	241	190	150	89
显卡参数	集成显卡	Intel UHD Graphics 770			Inte UHD Graphics 730
	显卡最大动态频率/GHz	1.55	1.50	1.45	1.40
	多种格式编解码器引擎数/个	2			1
	执行单元	32			24
封装规格	散热解决方案	PCG 2020A			PCG 2020C

工作站和服务器均为满足特定专业需求的高性能计算机，两者侧重点不同：工作站以满足高速计算、高容量和高稳定性等性能为目标，如图形工作站；服务器用于提供网络服务，强调大量并发连接的处理能力，以及长期稳定工作的可靠性等性能。

工作站和服务器的主流 CPU 主要有 Intel 的至强（XEON）系列和 AMD 的霄龙（EPYC）系列。Intel Xeon Platinum 8280L 和 AMD 霄龙 7742 的性能参数见表 4.2-2。

表 4.2-2　Intel Xeon Platinum 8280L 和 AMD 霄龙 7742 的性能参数

型号名称		Intel Xeon Platinum 8280L	AMD 霄龙 7742
基本参数	CPU 系列	Xeon Platinum	EPYC 7002
	制作工艺/nm	14	7
	核心代号	Skylake-SP	Zen 2
性能参数	核心数量/个	28	64
	线程数量/个	56	128
	CPU 主频/GHz	2.7	2.25
	动态加速频率/GHz	4	3.4
	L3 缓存/MB	38.5	256
	热设计功耗/W	205	225

另外，基于国产化的需求，面向个人计算机、服务器类应用的 CPU 龙芯三号 3A5000/3B5000 的性能参数如下：

1）主频 2.3~2.5GHz。

2）峰值运算速度 160GFLOPS。

3）核心个数 4。

4）处理器核。支持 LoongArch ®指令系统；支持 128/256 位向量指令；四发射乱序执行；4 个定点单元、两个向量单元和两个访存单元。

5）高速缓存。每个处理器核包含 64KB 私有一级指令缓存和 64KB 私有一级数据缓存；每个处理器核包含 256KB 私有二级缓存；所有处理器核共享 16MB 三级缓存。

6）内存控制器。两个 72 位 DDR4-3200 控制器；支持 ECC 校验。

7）高速 I/O。两个 HyperTransport3.0 控制器；支持多处理器数据一致性互连（CC-NUMA）。

8）其他 I/O。1 个 SPI、1 个 UART、两个 I2C、16 个 GPIO 接口。

9）功耗管理。支持主要模块时钟动态关闭；支持主要时钟域动态变频；支持主电压域动态调压。

10）典型功耗。35W@2.5GHz。

（2）内存

内存（memory）是计算机的重要部件，用于暂时存放 CPU 中的运算数据，以及与硬盘等外部存储器交换的数据，其性能直接影响计算机整体发挥的水平。

按工作原理分类，内存分为只读存储器（read only memory，ROM）和随机存储器（random access memory，RAM）。

ROM 一般用于存放计算机的基本程序和数据，如 BIOS ROM，即使机器停电，这些数据也不会丢失。现在比较流行的只读存储器是闪存（flash memory），它属于电擦除可编程只读存储器（EEPROM）的升级，可以通过电学原理反复擦写。

RAM 既可以从中读取数据，也可以写入数据，但当机器电源关闭时，存于其中的数据会丢失。内存条（SIMM）就是将 RAM 芯片集成在电路板上，通常插入计算机主板的内存插槽使用。内存条主要性能指标为容量、核心频率和时钟频率等。目前，市场上常见的内存条容量有 4G、8G、16G 和 32G 等；核心频率是内存芯片内部存储单元的工作频率，是内存工作的基础频率；时钟频率又称内存总线频率，是主板时钟芯片提供给内存的工作频率。

（3）硬盘

硬盘是计算机最主要的存储设备，容量是其最主要的性能参数。硬盘的容量以兆字节（MB）或千兆字节（GB）为单位，1GB = 1024MB，1TB = 1024GB，但硬盘厂商在标称硬盘容量时通常取 1G = 1000MB，因此在 BIOS 中或在格式化硬盘时看到的容量会比厂家的标称值要小。目前，常用的硬盘形式为机械硬盘（hard disk drive，HDD）和固态硬盘（solid state disk，SSD）两种。

机械硬盘由一个或多个铝制或玻璃制的碟片组成，碟片外覆盖有铁磁性材料，数据通过磁头读写，如图 4.2-2 所示。

图 4.2-2　机械式硬盘

固态硬盘是用固态电子存储芯片阵列制成的硬盘。为保证兼容性，在接口的定义、功能及使用方法上与机械硬盘的相同，在产品外形和尺寸上基本与机械硬盘一致，但新兴的 U.2、M.2 等形式的固态硬盘尺寸和外形与机械硬盘差异较大。与机械硬盘相比，固态硬盘具备读写速度快、重量轻、能耗低及体积小等优点，目前阶段尚存在价格较为昂贵、容量较低、一旦硬件损坏数据较难恢复、寿命较短等缺点。

（4）磁盘阵列

在需要巨大存储容量和极高可靠性等场合可应用磁盘阵列（redundant arrays of independent disks，RAID），其意为由数块独立硬盘构成具有冗余能力的阵列。磁盘阵列利用个别磁盘提供数据所产生加成效果提升整个磁盘系统效能；利用奇偶校验（parity check）、热备源盘等技术提高可靠性。

2. 单片机、数字信号处理器和现场可编程门阵列等微处理器系统

在计算机辅助制造系统的设备层级，也要求其提升智能化程度，因而也需要一定的运算能力。可以选择单片机（single-chip microcomputer）、数字信号处理器（digital signal processor，DSP）、现场可编程门阵列（field programmable gate array，FPGA）等构成的运算处理系统。

（1）单片机

单片机是采用超大规模集成电路技术，将 CPU、RAM、ROM、多种 I/O 接口，以及中断、定时器/计数器等单元，甚至显示驱动电路、脉宽调制电路、AD/DA 转换器等电路，集成到一块芯片中，从而构成一个小而完善的微型计算机系统，它在工业控制领域应用广泛。例如，STM32F303 单片机，采用运行于 72MHz 的 ARM® Cortex®-M4 内核的混合信号微控制单元（microcontroller unit，MCU）（单片机的另一种习惯用名），该芯片配有：

1）最多 7 个快速和超快速比较器（25ns）。

2）最多 4 个具有可编程增益的运算放大器。

3）两个 12 位 DAC。

4）4 个 5MSPS 的超快速 12 位 ADC。

5）3 个 144 MHz 的快速电动机控制定时器（分辨力<7ns）。

6）全速 USB 和 CAN 2.0B 通信接口。

（2）DSP

DSP 是由大规模或超大规模集成电路芯片组成的用于完成数字信号处理任务的处理器。根据数字信号处理的要求，DSP 芯片一般具有如下的一些主要特点：

1）在一个指令周期内可完成一次乘法和一次加法。

2）程序和数据空间分开，可以同时访问指令和数据。

3）片内具有快速 RAM，通常可通过独立的数据总线在两块中同时访问。

4）具有低开销或无开销循环及跳转的硬件支持。

5）快速的中断处理和硬件 I/O 支持。

6）具有在单周期内操作的多个硬件地址产生器。

7）可以并行执行多个操作。

8）支持流水线操作，使取指、译码和执行等操作可以重叠执行。

例如，美国德州仪器公司生产的 TMS320C6678 是一款八核 C66x 的定点/浮点 DSP，支持高性能信号处理应用，支持 DMA 传输，可用于高端图像处理设备、高速数据采集和生成、机器视觉和信号分析仪等。其主要性能指标如下：

1）运算能力。每核心主频 1.0GHz/1.25GHz/1.4GHz，单核可高达 44.8GMACS（giga multiply add calculation per second，10^9 次/s 乘加运算）定点运算和 22.4GFLOPS（giga floating-point operations per second，10^9 次/s 浮点运算，可以是浮点加、乘或乘加）浮点运算，每核心 32KB L1P、32KB L1D、512KB L2，4MB 多核共享内存，8192 个多用途硬件队列。

2）支持双千兆网口。带有由 1 个数据包加速器和 1 个安全加速器组成的网络协处理器。

3）支持 PCIe、SRIO、HyperLink 和 EMIF 等多种

高速接口，同时支持 I2C、SPI、UART 和 GPIO 等常见接口。

（3）FPGA

FPGA 由 PAL、GAL 等可编程器件发展而来，是一种半定制器件，可以根据需要通过可编辑的连接将 FPGA 内部的逻辑块连接起来，既解决了 ASIC（专用集成芯片）灵活性的不足，又克服了原有可编程器件门电路数有限的缺点。

Xilinx（赛灵思）是全球领先的可编程逻辑完整解决方案的供应商。Xilinx 的主流 FPGA 分为两种：一种侧重低成本应用，容量中等，性能可以满足一般的逻辑设计要求，如 Spartan 系列；另一种侧重于高性能应用，容量大，性能能满足各类高端应用，如 Virtex 系列。以其 28nm 节点的 Spartan®-7 系列 FPGA 产品为例，其性能指标如下：

1）6000~102000 个逻辑单元。

2）功耗不足 1W。

3）增强型 DSP 模块在 551MHz 频率下可达 176 GMACS 定点运算能力。

4）具有运行速率超过 200DMIPS⊖ 的 MicroBlaze™ 软核处理器。

5）高达 4.2MB 的集成存储器模块容量。

6）36000 个模块可分成两个独立组，每组含有 18000 个 Block RAM。

7）1.2~3.3V 的 I/O 标准和协议。

8）差分 I/O 接口高达 1.25Gb/s LVDS 的数据速率，汇聚带宽高达 240Gb/s。

9）每个存储器控制器具有 800Mb/s DDR3 线速和 25.6Gb/s 的峰值带宽。

4.2.2　信息采集装置

随着制造系统智能化水平的提升，以及大数据等方法的应用，要求计算机辅助制造系统具有动态感知的能力，对信息的需求无论是从数量还是从类型角度都在迅速增加，即需要数量更多、类型更广的传感器及相应的处理装置。

在制造业中，基本传感器类型可以分为如下六类：

1）机械传感器，用来测定力、运动、振动、扭矩、流量和压力等。

2）热传感器，将热能（或热能的影响）转换成相应的能以进行进一步处理。

3）电传感器，用来测定电荷、电流、电位、电场、电导率和介电常数等。

4）磁传感器，将磁信号转换为电信号。

5）辐射传感器，将入射的辐射信号能量转换为电信号。

6）化学传感器，用于对气体、液体的识别和状态测量。

除上述分类，传感器还可以按如下方式分类：

1）按被测物理量，如力、压力、位移、温度和角度传感器等。

2）按工作原理，如应变式传感器、压电式传感器、压阻式传感器、电感式传感器、电容式传感器和光电式传感器等。

3）按转换能量的方式，①能量转换型：如压电式、热电偶、光电式传感器等；②能量控制型：如电阻式、电感式、霍尔式等传感器，以及热敏电阻、光敏电阻、湿敏电阻等。

4）按传感器输出信号的形式，①模拟式：传感器输出为模拟电压量；②数字式：传感器输出为数字量，如编码器式传感器。

传感器的基本特性包含静态特性和动态特性两个方面。静态特性包括线性度、重复性、灵敏度、分辨力和阈值、漂移和稳定性等；动态特性指输入量随时间变化时输出和输入之间的关系，包括含暂态误差和稳定误差的动态误差，以及传感器的传递函数。例如，PCB 加速度传感器的主要性能参数见表 4.2-3。

目前，传感器技术向着智能传感器方向发展，其最大特点是将传感器、前级信号调理电路、微处理器和后端接口电路集成在一起，直接实现信息的检测、处理、存储和输出。其主要功能如下：

1）自动调零、自动调节平衡、自动校准、自标定功能。

2）自动进行检验、自动补偿、自选量程、自寻故障功能。

3）自动采集数据，并对数据进行预处理。

4）数据存储、记忆功能。

5）通信功能。

例如，基恩士（KEYENCE）公司配备 AI 功能的图像识别传感器 IV2 系列的性能参数见表 4.2-4。

⊖　DMIPS（dhrystone million instructions executed per second）主要用于测整数计算能力。其中 dhrystone 是测量处理器运算能力的最常见基准程序之一，MIPS（million instructions executed per second，每秒执行百万条指令）用来表示每秒执行了多少百万条指令。

表 4.2-3 PCB 加速度传感器的主要性能参数

型号：356A16		三轴 ICP® 加速度计	
单位制		英制	国际单位制
性能参数	灵敏度（± 10 %）	100mV/g	10.2mV/(m/s^2)
	量程	± 50g（峰值）	± 490m/s^2（峰值）
	频率范围（±5%）（Y 轴、Z 轴）	0.5~5000Hz	
	频率范围（±5%）（X 轴）	0.5~4500Hz	
	频率范围（±10%）	0.3~6000Hz	
	谐振频率	≥25kHz	
	相位响应（±5°）	1.0~5000Hz	
	带内分辨力（1~10000Hz）	0.0001g（有效值）	0.001m/s^2（有效值）
	非线性度	≤1%（零基准，最小二乘直线法）	
	横向灵敏度	≤5%	
环境参数	过载极限（冲击）	±7000g 峰值	±68600m/s^2 峰值
	工作温度范围	−65~+176℉	−54~+80℃
电气参数	激励电压	DC20~30V	
	恒流激励	2~20mA	
	输出阻抗	≤ 200Ω	
	输出偏置电压	DC8~12V	
	放电时间常数	1.0~3.0s	

表 4.2-4 基恩士公司图像识别传感器 IV2 系列的性能参数

传感器						
型号		IV2-G500CA	IV2-G500MA	IV2-G150MA	IV2-G300CA	IV2-G600MA
类型		标准型		窄视野型	广视野型	
基准距离/mm		20~500		40~150	40~300	40~600
视野/mm		安装距离 20：10(H)×7.5(V)至安装距离 500：200(H)×150(V)		安装距离 40：8(H)×6(V)至安装距离 150：32(H)×24(V)	安装距离 40：42(H)×31(V)至安装距离 300：275(H)×206(V)	安装距离 40：42(H)×31(V)至安装距离 600：550(H)×412(V)
图像接收元件		1/3in 彩色 CMOS	1/3in 黑白 CMOS	1/3in 黑白 CMOS	1/3in 彩色 CMOS	1/3in 黑白 CMOS
	像素数	752(H)×480(V)				
焦点调节		安装时可自动调节焦点位置				
曝光时间/s		1/10~1/50000		1/20~1/50000	1/25~1/50000	1/50~1/50000
照明	光源	白色 LED				红外 LED
	亮灯方式	脉冲亮灯/DC 亮灯,可切换			脉冲亮灯	

（续）

控制器			
型号		IV2-G30F	IV2-G30
类型		学习/标准型	标准型
工具	配备模式	学习模式/标准模式	标准模式
	标准模式配备工具	轮廓识别、颜色面积（仅限彩色型）、面积（仅限黑白型）、边缘像素、彩色识别（仅限彩色型）、亮度平均（仅限黑白型）、宽度、直径、有无边缘、节距、OCR、防止错位、位置修正、高速位置修正（1 轴边缘/2 轴边缘）	
	配置数	识别工具：16 个工具，位置修正工具：1 个工具	
设定切换（程序）		128 个程度（使用 SD 卡时）/32 个程序（未使用 SD 卡时）	
图像历史（内部的存储器）	保存张数	1000 张	
	保存条件	仅限 NG/NG 与阈值附近的 OK[*5]/全部，可选择	
图像数据传输	传输目标	SD 卡/FTP 服务器，可选择	
	传输格式	bmp/jpeg/iv2p/txt，可选择	
	传输条件	仅限 NG/NG 与阈值附近的 OK（仅限学习模式）/全部，可选择	
分析信息〔可在触控面板（IV2-CP50）或 IV2 软件（IV2-H1）上显示〕	运行显示	按工具一览（判断结果、一致度、一致度栏显示）	
	运行信息	OFF/柱状图/处理时间/技术/输出监控，可切换 柱状图：柱状图、一致度（MAX、MIN、AVE）、OK 数、NG 数 处理时间：处理时间（最新值、MAX、MIN、AVE）、拍摄间隔（最新值、MAX、MIN、AVE） 计数：触发数、OK 数、NG 数、触发错误数、选脉冲错误数 输出监控：各输出 ON/OFF 状态	
其他功能	拍摄功能	后台拍摄、拍摄范围、数码缩放（×2、×4）、HDR、高增益、彩色滤光片（仅限彩色型）、白平衡（仅限黑白型）、亮度补偿	
	工具的功能	学习模式：追加学习 标准模式：轮廓无效化、屏蔽功能、抽取颜色/派出颜色（仅限彩色型）、彩色柱状图功能（仅限彩色型）、黑白柱状图功能（仅限黑白型）、缩放功能	
	实用功能	发生 NG 传感器一览、NG 保持、测试运行、I/O 监视器、保密设定、模拟器（可通过 IV2 软件 IV2-H1 使用）	
指示灯		PWR/ERR、OUT、TRIG、STATUS、LINK/ACT、SD	
输入		无源触点输入/电压输入 可切换 无源触点输入时：ON 电压 2V 以下、OFF 电流 0.1mA 以下、ON 电流 2mA（短路时） 电压输入时：最大额定输入电压 26.4V、ON 电压 18V 以上、OFF 电流 0.2mA 以下、ON 电流 2mA（24V 时）	
	点数	8 点（IN1～IN8）	
	功能	IN1：外部触发，IN2～IN8：可分配任意功能使用 可分配的功能：程序切换、错误清除、外部主控图像注册、SD 卡保存停止	
输出		集电极开路输出，可切换 NPN/PNP、可切换 N.O./N.C. NPN 集电极开路输出时：最大额定值 26.4V、50mA，残余电压 1.5V 以下 PNP 集电极开路输出时：最大额定值 26.4V、50mA，残余电压 2V 以下	
	点数	8 点（OUT1～OUT8）	
	功能	可分配任意功能使用 可分配的功能：综合判断（OK/NG）、运行、BUSY、就绪、选通脉冲、位置修正结果、各工具的判断结果、各工具的逻辑运算结果、错误、SD 卡错误	

(续)

控制器		
以太网	规格	100BASE-TX/10BASE-T
	连接器	RJ45 8pin 连接器
网络功能		FTP 客户端、SNTP 客户端
支持接口	内置以太网	EtherNet/IP™、PROFINET、TCP/IP 无协议通信
	通信单元（连接通信单元 DL 系列时）	EtherCat®、CC-Link、DeviceNet™、PROFIBUS、RS-232C
扩展存储器		SD 卡（SD/SDHC）
额定值	电源电压	DC24V±2.4V
	消耗电流	1.8A 以下（包含通信单元、输出负载）

注：（H）表示水平方向，（V）表示竖直方向。

4.3　计算机辅助制造系统软件

根据 GB/T 36475—2018《软件产品分类》的规定，软件可分为系统软件、支撑软件、应用软件、嵌入式软件、信息安全软件、工业软件和其他软件七大类。

1）系统软件是能够对硬件资源进行调度和管理、为应用软件提供运行支撑的软件，包括操作系统、数据库管理系统、固件和驱动程序等。

2）支撑软件是支撑软件开发、运行、维护和管理，以及和网络连接或组成相关的支撑类软件，包括开发支撑软件、中间件、浏览器、搜索引擎、虚拟化软件、大数据处理软件和人工智能软件等。

3）应用软件是解决特定业务的软件，包括通用应用软件、行业应用软件和其他应用软件三个类别。

4）嵌入式软件是嵌入式系统中的软件部分，且仅包括与硬件紧密结合部分，不包括运行于嵌入式系统中可独立发布、安装和卸载的软件，它与系统中的硬件高度结合，一般在可靠性、实时性和效率等方面具有更高的要求，包括通信设备、电子测量仪器、装备自动控制、信息系统安全产品、计算机应用产品和终端设备等产品的嵌入式软件。

5）信息安全软件是用于对计算机系统及其内容进行保护，确保其不被非授权访问的软件，包括基础类、网络与边界、终端与数字内容、专用、安全测试评估与服务类、安全管理等安全软件。

6）工业软件是在工业领域辅助进行工业设计、生产、通信和控制的软件，包括工业总线、计算机辅

助设计（CAD）、计算机辅助工程（CAE）、计算机辅助工艺设计（CAPP）、计算机辅助制造（CAM）、计算机集成制造系统（CIMS）、工业仿真、可编程控制器（PLC）、产品生命周期管理（PLM）和产品数据管理（PDM）等软件。其中，计算机辅助制造不同于本章给出的定义，指利用计算机对产品制造作业进行规划、管理和控制的软件。

7）其他软件是不属于以上类别软件的其他软件。

下面对与本章所述计算机辅助制造系统密切相关的操作系统、开发支撑软件、工业软件进行详细介绍，数据库及网络通信软件将在后续小节中专门介绍。

4.3.1　计算机操作系统

操作系统（operating system，OS）是使硬件可用的系统程序，是现代计算平台的基础与核心支撑系统，负责管理硬件资源、为应用软件提供运行环境、控制程序运行等。4.2.1 节所述运算处理单元中 DSP、FPGA、单片机的运行可以不使用操作系统，而个人计算机、工作站和服务器则需要使用操作系统。操作系统有 3 个通用的功能，即文件管理、存储器管理和处理器管理。对用户而言，文件管理和在处理器中运行程序是最直观的。

1. 操作系统的分类

随着计算机的应用场合越来越多，从大型计算到传感器的支持，操作系统的需求不尽相同，出现了各

种类型的操作系统。

（1）大型机操作系统

操作系统的高端是用于大型机的操作系统，房间般大小的计算机与个人计算机的主要差别是其 I/O 处理能力，通常拥有 1000 个磁盘和几百万 G 的字节数据。大型机的操作系统主要面向多个作业的同时处理，主要提供三类服务，即批处理、事务处理和分时。大型机操作系统的一个例子是 OS/390，但大型机操作系统正在逐渐被 Linux 所替代。

（2）服务器操作系统

下一个层次是服务器操作系统。服务器可以是大型的个人计算机、工作站甚至是大型机。通过网络同时为若干个用户服务，并且允许用户共享硬件和软件资源。服务器可提供打印服务、文件服务或 Web 服务。

（3）多处理器操作系统

可以将多个 CPU 连接成单个的系统以获得强大的计算能力，依据其连接和共享方式的不同，这些系统称为并行计算机、多计算机或多处理器。它们需要专门的操作系统，不过通常采用的操作系统是配有通信、连接和一致性等专门功能的服务器操作系统的变体。

（4）个人计算机操作系统

最为常见的是个人计算机操作系统。现代个人计算机操作系统都支持多道程序处理，在启动时通常有几十个程序开始运行。

（5）掌上计算机操作系统

平板计算机、智能手机和其他掌上计算机系统的操作系统。

（6）嵌入式操作系统

嵌入式操作系统通常用于控制设备的运算处理系统，如 DSP、FPGA 和单片机等，一般具有系统内核小、专用性强、系统精简和实时性高等特点。

（7）传感器节点操作系统

有许多用途需要配置微小传感器节点网络。每个传感器节点是一个配有 CPU、RAM、ROM，以及一个或多个环境传感器的微型计算机系统。其操作系统是事件驱动的，可以响应外部事件，或者基于内部时钟进行周期性的测量，同时该操作系统必须小且简单，因为这些节点的 RAM 很小，而且电池寿命是一个重要问题。

（8）物联网操作系统

与个人计算机操作系统和掌上计算机操作系统不同，物联网操作系统的内核具有尺寸伸缩性、实时性强等特点，能够适应不同配置的硬件平台。例如，用于内存和 CPU 性能都很受限的传感器时，其内核尺

寸可能在 10K 以内，具备基本的任务调度和通信功能即可，而用于高配置的智能物联网终端时，则需要具备完善的线程调度、内存管理、本地存储、复杂的网络协议和图形用户界面等功能。

（9）实时操作系统

实时操作系统的特征是将时间作为关键参数，必须在限定的时间内进行规定的操作，分为硬实时系统和软实时系统两类。硬实时系统必须提供绝对保证，让某个特定的动作在给定的时间内完成，通常采用定时器的方法，而软实时系统则允许偶尔违反最终时限。

2. 常用操作系统介绍

常用的商用操作系统有 Windows、UNIX、Linux、Android、macOS、iOS 和华为鸿蒙系统等。

（1）Windows 操作系统

Windows 操作系统由美国微软公司（Microsoft）研发，问世于 1985 年，是目前应用最广泛的操作系统。

Windows 采用了图形用户界面（graphical user interface，GUI），架构从 16 位、32 位至现在的 64 位，系统版本从最初的 Windows 1.0 发展到 Windows 95、Windows 98、Windows 2000、Windows XP、Windows Vista、Windows 7、Windows 8、Windows 8.1、Windows 10、Windows 11 及 Windows Server 服务器企业级操作系统。

（2）UNIX

UNIX 是 20 世纪 70 年代初出现的一个操作系统，是一个分时系统，在大型计算、服务器方面应用广泛。目前常见的有 Sun Solaris、IBM AIX、HP-UX 和 FreeBSD 等。

（3）Linux

Linux（也被称为 GNU/Linux），内核由林纳斯·本纳第克特·托瓦兹于 1991 年 10 月 5 日首次发布，是一个基于可移植操作系统接口的多用户、多任务、支持多线程和多 CPU 的操作系统。具有开放源码、技术社区用户多等特点。开放源码使得用户可以自由裁剪，灵活性高，功能强大，成本低。

（4）Android

Android（中文名为安卓）是一种基于 Linux 内核的开放源代码操作系统，由美国 Google 公司和开放手机联盟领导及开发，以 Apache 开源许可证的方式授权，主要用于移动设备，如智能手机和平板计算机。

（5）macOS 和 iOS

两者均由 Apple 公司开发，运行依赖于该公司相应的硬件设备，属于类 Unix 的商用操作系统。

macOS 运行于 Apple 公司的 PC 上，出现于 1984 年，命名历经 Mac OS、Mac OS X、OS X，于 2016 年改为 macOS。因架构与 Windows 不同，很少受到电脑病毒的袭击。

iOS 运行于 Apple 公司的移动设备上，出现于 2007 年。macOS 和 iOS 两者有融合迹象。

（6）华为鸿蒙操作系统

鸿蒙操作系统（HarmonyOS）是华为公司开发的一款基于微内核、面向 5G 物联网和全场景的分布式操作系统，是与安卓、iOS 不一样的操作系统。

4.3.2 计算机编程语言

支撑软件用于为用户开发软件提供各种工具，以缩短软件开发周期、提高软件产品质量，计算机编程语言及其开发环境是其中重要内容之一。

1. 计算机编程语言的分类

计算机编程语言从其发展历程可分为三个阶段，也对应着三大类，即机器语言、汇编语言和高级语言。

（1）机器语言

机器语言是用二进制代码表示的计算机能直接识别和执行的一种机器指令的集合，具有直接执行和速度快等特点，但应用极为困难，对编程人员要求高，编写程序的效率低，编出的程序直观性差，已很少有人直接应用。

（2）汇编语言

汇编语言也称符号语言，是一种用助记符表示的面向机器的计算机语言。由于采用了助记符号来编写程序，汇编语言比机器语言编程要方便些，且能面向机器并发挥机器的特性，得到质量较高的程序，但必须通过汇编程序将源程序翻译成目标程序，即机器语言程序，才能够被计算机执行。

汇编语言使用起来还是比较烦琐，通用性也差，属于低级语言，但在编制系统软件和过程控制软件时，其目标程序占用内存空间少、运行速度快，是高级语言不可替代的，故在 DSP、单片机等微处理器、微控制器编程中还有较为普遍的应用。

（3）高级语言

高级语言是与自然语言相近并为计算机所接受和执行的计算机语言，是独立于机器、面向用户的语言。与汇编语言一样，计算机并不能直接接受和执行用高级语言编写的源程序，需要通过编译或解释，才能被计算机执行。编译是事先应用编译程序将源程序整体翻译成用机器语言表示的目标程序，然后由计算机执行；解释是解释程序边扫描源程序边解释，进而计算机执行一句，不产生目标程序。

每一种高级程序设计语言都有规定的专用符号、关键字、语法规则和语句结构。高级语言与自然语言更接近，与硬件功能相分离，便于广大用户掌握和使用，通用性强，兼容性好，便于移植。

高级语言一般配套集成开发环境软件，可以方便编程、编译、链接和调试。

2. 常用程序设计语言介绍

目前，常用的程序设计语言有 C、C++、C#、Java、JavaScript、Visual Basic 和 Python 等。

（1）C 程序设计语言

C 程序设计语言最早由 Dennis Ritchie 于 1973 年设计并实现。其影响深远，C++、Java 等都是在其基础上发展而来的。

美国国家标准协会（ANSI）为其制定了一个精确的标准，该标准被称为"ANSI C"或"C89"标准，于 1989 年 12 月完成，1990 年初发布。C89 标准保持了 C 的表达能力、效率、小规模及对机器的最终控制，同时还保证符合标准的程序可以从一种计算机与操作系统移植到另一种计算机与操作系统而无须改变。C89 标准同时也被国际标准化组织（ISO）接受为国际标准，被称为"ISO C"或"C90"标准，两者内容一致。1999 年发布的 ISO/IEC 9899：1999 被称为"C99"标准。2011 年发布的 ISO/IEC 9899：2011 被称为"C11"标准。ISO/IEC 9899：2018 于 2018 年 6 月公布，被称为"C17"或"C18"标准，为现行标准，但目前应用较为广泛的是 C11 标准。

C 程序设计语言的特点是简洁、灵活、高效，生成的目标代码执行效率仅比汇编语言低一些，在系统开发、底层设计和嵌入式开发等场合应用具有突出的优势。

C 程序设计语言的集成开发环境为 Turbo C 2.0、Visual C++及 Visual Studio 系列、CFree、CodeBlocks、Dev C++，以及在苹果系统中的 XCode 等。

（2）C++程序设计语言

C++程序设计语言由 Bjarne Stroustrup 自 1979 年秋开始创建，当时的名字是"带类的 C"；于 1984 年改名为"C++"，1985 年发布了第一个商业版本。正如 C++的一个名字"带类的 C"一样，C++特性集合包括类、派生类、公有/私有访问控制、构造函数和析构函数，以及带实参检查的函数声明等，并随着 C++标准的不断推出，特性集合也在极大地丰富。

1998 年，第一个 ISO C++标准（ISO/IEC 14882：1998）被批准，称为"C++98"标准，其最大的变革是引入了标准模板库（standard template library，STL）；该标准的"错误修正版"于 2003 年发布，被称为"C＋＋03"标准。2011 年批准的 ISO/IEC 14882：2011 标准被称为"C++11"标准。C++14、C++17、C++20 等标准也已陆续发布，但目前应用较为广泛的是 C++11 标准。

C++的明显特征为封装性、继承性和多态性。C++的用途极为广泛，在系统构架、操作系统、嵌入式系统、驱动程序、科学计算、图形图像处理和语音识别等均有应用。

C++程序设计语言的集成开发环境为 Visual C++及 Visual Studio 系列、Dev C++、CodeBlocks、C-Free、C++ Builder 和 CodeLite 等。

（3）C#程序设计语言

C#读作 C Sharp，微软公司在 2000 年 6 月发布，主要由 Anders Hejlsberg 主持开发，是第一个面向组件的编程语言，是由 C 和 C++衍生出来的面向对象的编程语言，是运行于 .NET Framework、.NET Core 或 Xamarin 等之上的高级程序设计语言。对非独立运行的 C#程序，如果计算机上没有安装 .Net Framework 等运行环境，将不能够被执行，这样做的好处是占用资源较少。

2005 年，C# 2.0 随 Visual Studio 2005 一同发布，之后的版本随 Visual Studio 或 .NET Framework、.NET 一同发布，最新版 11.0 预览版于 2022 年 2 月在 Visual Studio 版本 17.1.0 中发布。

因其是面向对象、面向组件、结构化语言、易学习、易产生高效率的程序，以及可在多种计算机平台上编译，是 Net Framework 的一部分等特点，C#可用于控制台应用程序、Windows 应用程序、数据库应用程序、WEB 应用程序、WEB Services 和网络应用程序等，但无法应用于不能提供其运行环境的嵌入式系统。

C#程序设计语言的集成开发环境为 Visual Studio 系列 2015 之后的版本。

（4）Java 程序设计语言

Java 是 1995 年由 Sun 研究院院士詹姆斯·戈士林博士设计完成的，Sun 公司发布的跨平台、面向对象的程序设计语言的语法规则和 C++类似。Java 语言编写的程序代码经过编译之后转换为一种称为 Java 字节码的中间语言，Java 虚拟机（JVM）将对字节码进行解释和运行。编译只进行一次，而解释在每次运行程序时都会进行。

Java 主要分为三个版本，即 Java SE、Java EE 和 Java ME。Java SE 是 Java 的标准版，主要用于桌面应用程序开发，它包含了 Java 语言基础、JDBC（Java 数据库连接）、I/O、TCP/IP 网络、多线程等核心技术；Java EE 是 Java 的企业版，主要用于开发服务器

应用程序，如网站、服务器接口等，其核心为 EJB（企业 Java 组件），Java EE 版本兼容 Java SE 版本；Java ME 是 Java 的微应用版本，主要用于移动设备开发，是在 Java SE 基础上进行一些改造和压缩，包括虚拟机和一系列标准化的 Java API。

Java 因具有简单易学、面向对象、分布式、健壮性、安全性、平台独立与可移植性、多线程、动态性等特点，广泛用于编写桌面应用程序、Web 应用程序、分布式系统和嵌入式系统应用程序等。

Java 程序设计语言的集成开发环境为 Eclipse、NetBeans、IntelliJ IDEA 和 MyEclipse 等。

（5）JavaScript 脚本语言

JavaScript 是 1995 年由 Netscape 公司的 Brendan Eich 为 Navigator 2.0 浏览器的应用开发的脚本语言，也是一种通用的、跨平台的、基于对象和事件驱动并具有安全性的脚本语言，与 Java 程序设计语言差异较大。JavaScript 编写的脚本不需要进行编译，而是直接联入 HTML 页面中，将静态页面转变成支持用户交互非响应相应事件的动态页面。

JavaScript 是 ECMAScript 标准（又称为"ECMA-262 标准"）的实现和扩展。

JavaScript 被广泛用于 Web 应用开发，常用来为网页添加各式各样的动态功能，为用户提供更流畅美观的浏览效果。

JavaScript 程序设计语言的集成开发环境为 WebStorm、HBuilder 等。

（6）Visual Basic 程序设计语言

Visual Basic 是源自 BASIC 的可视化编程语言。Visual 是"可视化的"意思，通过可视化界面设计开发应用程序，故语言与其开发环境密切相关。从实用化出发，本段不另行区分语言与其开发环境。Microsoft 公司于 1991 年 4 月推出了 Visual Basic 1.0 Windows 版本，之后陆续推出 2.0 直至 6.0 版，2002 年引入 .NET Framework 后推出 Visual Basic .NET 2002 和 Visual Basic .NET 2003，2005 年更名为 Visual Basic 2005，两年后推出 Visual Basic 2008，2010 年起并入 Visual Studio 系列。

因其具有可视化编程、事件驱动机制、支持面向对象的程序设计、支持多种数据库访问机制、ActiveX 技术和强大的网络功能等特点，使 Visual Basic 可用于开发数据库，开发集声音、动画、视频于一体的多媒体应用程序和网络应用程序等。

因微软公司的相关决策，VB 有被 C#取代的趋势。

（7）Python 程序设计语言

Python 程序设计语言由荷兰数学和计算机科学研

究学会的 Guido van Rossum 于 20 世纪 90 年代初设计，是一种解释型语言，开发过程中没有编译环节；是一种交互式语言，可以在 Python 提示符 >>> 后直接执行代码；是一种面向对象的语言，支持面向对象的风格或代码封装在对象里的编程技术；是初学者的语言，支持广泛的应用程序开发。

Python 2 于 2000 年 10 月 16 日发布，稳定版本是 Python 2.7；Python 3 于 2008 年 12 月 3 日发布，不完全兼容 Python 2；目前的版本是 3.10，于 2021 年 10 月 4 日发布。所有的 Python 版本都是开源的。

Python 程序设计语言因其如读英语一般简单易学，具有面向对象的编程、多平台可移植性强、解释性直接从源代码运行程序、开源的高级语言、可扩展性和丰富强大的标准库等特点，2022 年 3 月在 Tiobe 编程语言排行榜上位列第一，在人工智能、数据分析、网站构建和运行维护、自动化测试等方面应用广泛。

Python 程序设计语言的集成开发环境为 IDLE（Python 内置 IDE、随 python 安装包提供）、PyCharm、PythonWin、SPE（Stani's Python Editor）、Ulipad、WingIDE、Eric、PyScripter 和 PyPE 等。

4.3.3 专业软件

在计算机辅助系统中，计算机辅助设计（CAD）、计算机辅助工程（CAE）、计算机辅助制造（CAM）、计算机辅助工艺设计（CAPP）、产品数据管理（PDM）及产品生命周期管理（PLM）等为机械制造专业软件。随着技术的进步，上述各软件有集成、融合为一个软件的趋势，同时专业软件也包括为特定行业开发的上述软件独立模块或集成软件，如模具制造等。

1. CAD 软件

CAD 软件主要用于进行与二维绘图、三维建模等设计相关的工作，但现代 CAD 软件还应具有如下功能：设计组件重用、简易的版本控制功能、相关标准组件的自动产生、设计规则检验、设计模拟、装配件的自动设计和 BOM 等工程文档的输出、向生产设备的直接输出、向快速原型设备的直接输出等。

目前常用的软件有 AutoCAD、SolidWorks、Creo（Pro/E）和 NX 等，主要运行在 Windows 系统上。

（1）AutoCAD

AutoCAD 应用范围较广，主要用于二维绘图，起到替代绘图板的作用。其基本特点如下：具有完善的二维图形绘制功能；具有强大的图形编辑功能；可以采用多种方式进行二次开发或是用户制定；容易上手，适用于各种用户。

（2）SolidWorks

SolidWorks 主要用于自三维建模开始的工程设计，符合现代设计理念，应用简单、易上手。其主要功能为：零件立体建模、曲面建模、钣金设计、装配体设计、零件图绘制、装配图绘制、尺寸自动标注、干涉检查、图形输出和特征识别，以及一些初级的有限元仿真、加工规则校验等，并且 SolidWorks 拥有自带标准库，其包含螺栓、螺母、螺钉、螺柱、键、销、垫圈、挡圈、密封圈、弹簧、型材和法兰等常用零部件，模型数据可被直接调用。

（3）Creo（Pro/E）

Creo 是美国 PTC 公司整合了 Pro/ENGINEER 的参数化技术、CoCreate 的直接建模技术和 ProductView 的三维可视化技术，于 2010 年 10 月推出 CAD 软件包，功能强大。其 8.0 版本主要功能为：

三维零件和装配设计功能包括参数和自由式曲面设计、二维绘图、基于模型的定义（MBD）（图 4.3-1）、机构设计、紧固件设计、概念设计、塑料零件设计、布线系统设计、人力因素设计、工业设计、逆向工程、渲染和三维动画、增强现实等。

分析功能包括结构、热、模态、疲劳、运动、模具、漏电和间隙距离等分析。

辅助制造功能包括增材制造、工具和冲模设计、产品数据管理、曲面铣削、四轴车削和电火花加工等。

（4）NX

NX 是 Siemens PLM Software 公司出品的一款集成化的 CAD/CAM/CAE 系统软件。

NX12 之后，从 2019 年起，NX 软件采用了全新的版本命名方式，软件的更新方式也改为持续发布（continuous release）的模式，NX1847 为该系列的第一个版本，目前的版本为 NX2019（2022 年 3 月发布版本），并且用户可以申请购买云服务，在云端进行相关设计工作。

NX 为工程设计人员提供了非常丰富、强大的应用工具，使用这些工具可以对产品进行设计（包括零件设计和装配设计）、工程分析（有限元分析和运动机构分析），绘制工程图和编制数控加工程序等，详细的功能与 Creo 类似，不再赘述。

（5）CATIA 及 3DEXPERIENCE

CATIA 是法国达索系统（Dassault System）公司旗下跨平台的商用三维 CAD 设计软件，功能强大，广泛应用于航空航天、汽车制造、造船、机械制造、电子及电器、消费品等行业。

3DEXPERIENCE 平台结合了达索系统软件品牌

的关键应用程序，是一个简单的统一 PLM 环境。在该平台上，能够实现面向包括 CAD 等不同软件、系统、设备等不同的数据、业务的集成，所有应用程序之间无缝传输产品数据，为用户提供一个易于使用的单一界面。

达索系统三维设计软件（含 CATIA）的发展历程如图 4.3-2 所示。

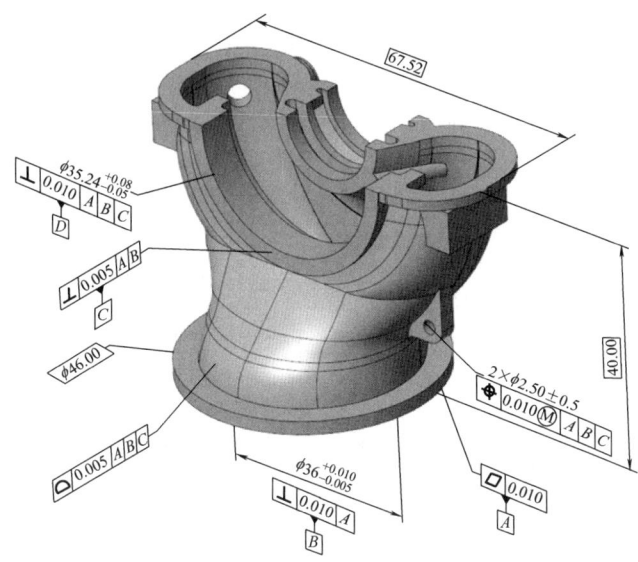

图 4.3-1　一个零件在 Creo 中的三维建模和尺寸标注

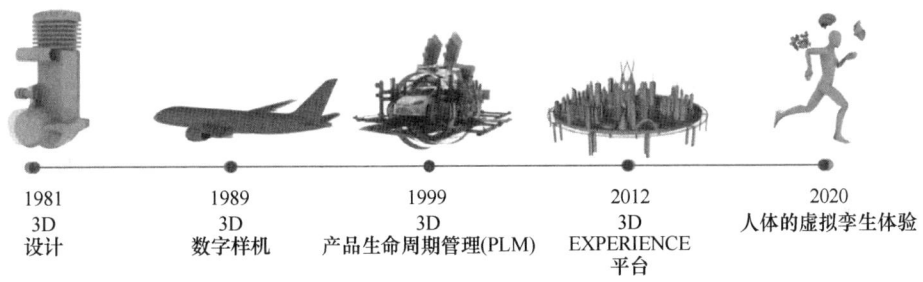

图 4.3-2　达索系统三维设计的发展历程

第一个阶段始于 20 世纪 80 年代 CATIA 的发布，客户可以使用 3D 技术创建并设计部件和装配。

第二个阶段始于 20 世纪 80 年代末 90 年代初，数字样机（digital mock-up, DMU）兴起并取代了物理样机。在飞机和汽车等设计中，客户可以使用 3D 部件虚拟模型的整体设计环境进行虚拟原型设计。

第三个阶段始于 20 世纪末，将 3D 数据延伸到了的产品生命周期管理（PLM）。

第四个阶段，3DEXPERIENCE 平台的发布，将虚拟技术拓展到超越 PLM 的领域，帮助客户在参与式的产品开发（从设计到回收）中将消费者置于核心位置。

第五个阶段，人体的虚拟孪生体验（virtual twin experience of humans）。

上述五个阶段，也应该是 CAD 软件发展的必由之路，如图 4.3-2 所示。

（6）国产 CAD 软件

国产 CAD 软件有 CAXA、浩辰 CAD、新迪 3D、华天 SINOVATION、中望 CAD、天河 PCCAD 和尧创 CAD 等，以及若干手机看图应用。

2. CAE 软件

计算机辅助工程（computer aided engineering, CAE）指用计算机辅助求解产品结构强度、静刚度、动力学响应、屈曲稳定性、热传导、三维多体接触、弹塑性、电磁场和电磁力等性能分析计算的一种近似的数值分析方法。CAE 软件的主体是有限元分析（finite element analysis, FEA）软件。其求解过程一般为：

1）建立或导入求解对象几何及边界等模型。

2）离散化相关模型。

3）设定载荷和边界条件等。

4）求解。

5）输出结果。

根据所需要计算的物理量的不同，有许多 CAE 软件，在前述的 CAD 软件中也有 CAE 组件。这里介绍几种常用的软件，如 ANSYS、ABAQUS、ADAMS 和 COMSOL Multiphysics。

（1）ANSYS

ANSYS 是美国 ANSYS 公司研制的集结构、流体、电场、磁场和声场等分析于一体的大型通用有限元分析（FEA）软件，能与多数 CAD 软件接口实现数据的共享和交换。产品中 ANSYS Workbench 是一个集成众多数值分析软件的协同仿真平台，具有良好的用户交互界面，使用简便，功能强大。ANSYS 在机械制造、航空航天、国防军工、造船、核工业、铁道、石油化工、能源、汽车交通、电子、土木工程、生物医学、轻工、地矿、水利和日用家电等领域有着广泛的应用。软件主要包括三个部分，即前处理模块、分析计算模块和后处理模块。

（2）ABAQUS

ABAQUS 是达索系统公司旗下的一款基于有限元方法的工程分析软件。不但可以进行单一零件的力学和多物理场分析，如静态和准静态的分析、模态分析、瞬态分析、弹塑性分析、接触分析、碰撞和冲击分析、爆炸分析、断裂分析、屈服分析、疲劳和耐久性分析等结构和热分析，而且还可以进行流固耦合分析、压电和热电耦合分析、声场和声固耦合分析、热固耦合分析、质量扩散分析等。同时，ABAQUS 还能够进行系统级的分析和研究，特别是能够出色地实现极其复杂、庞大的系统性问题和高度非线性问题的模拟和计算。

（3）ADAMS

机械系统动力学自动分析软件（automatic dynamic analysis of mechanical systems，ADAMS）是美国 MDI（Mechnical Dynamics Inc.）公司开发的机械系统运动学与动力学仿真计算的商用软件，后被美国 MSC 公司收购。ADAMS 以计算多体系统动力学为基础，包含多个专业模块和专业领域的虚拟样机开发系统软件，用于建立复杂机械系统的运动学和动力学模型，其模型可以是刚性体或柔性体及刚柔混合模型，可进行静力分析、线性分析（模态）、运动学和动力学计算，也可进行参数化设计，以及试验设计、验证和优化计算。

（4）COMSOL Multiphysics

COMSOL Multiphysics 是 COMSOL 集团推出的一款大型的多物理场数值仿真软件，以有限元法为基础，通过求解偏微分方程（单场）或偏微分方程组（多场）来实现真实物理现象的仿真，范围涵盖流体流动、热传导、结构力学和电磁分析等多种物理场，在结构力学、传动现象、热传导、电磁学、流体动力学、声学、半导体、生物科学、燃料电池、微系统、化学反应、弥散、地球科学、微波工程、光学、光子学、多孔介质、量子力学、射频和波的传播等领域得到了广泛的应用。

（5）国产 CAE 软件

国产 CAE 软件目前的主流产品有元计算（天津）科技发展有限公司的 FELAC. IDE、广州中望龙腾软件股份有限公司的 ZWMeshWorks 和北京云道智造科技有限公司的 Simdroid 等。

3. CAM 软件

这里的 CAM 是狭义的计算机辅助制造软件，指使用计算机软件应用程序创建详细的数控指令（G-代码），以驱动数控机床制造零部件。目前常用的 CAM 软件有 NX CAM、Mastercam、PowerMILL、Cimatron、Hypermill 等。

独立运行的 CAM 软件主要完成以下四方面工作：

1）二维或三维造型。完成待加工零件的二维平面图形的绘制工作，或者建立三维模型，也可以通过导入 CAD 软件模型完成造型工作。

2）生成刀具路径。工艺人员通常凭借加工经验，利用系统提供的功能选择合适的刀具、材料、工艺参数和路径生产规则等，由 CAM 软件自动生成刀具路径。

3）生成数控程序。工艺人员选择加工机床（数控系统），CAM 软件在刀具路径的基础上自动生成数控程序。

4）模拟加工过程。用户可以在屏幕上预见"实际"的加工效果，观察加工过程，判断刀具轨迹和加工结果是否正确。

（1）NX CAM

NX CAM 是 Siemens 公司 NX 系列软件中的一个重要部分，可以使用附加到三维模型的产品制造信息（PMI），以自动或交互的方式进行 NC 编程。其功能包括车、铣、车铣、钻、线切割、测量、增材制造、多轴沉积和机器人加工等。集成的 CAD 工具有助于更快地创建优化且无碰撞的刀具路径；同步技术可实现快速零件模型准备。

（2）Mastercam

Mastercam 是美国 CNC Software 公司开发的一套

CAD/CAM 软件，其功能包括 2~5 轴铣削、铣削和车削；两轴和四轴线切割放电加工；二维、三维设计和制图；曲面和实体建模；艺术浮雕切削；车铣等。

（3）PowerMILL

PowerMILL 是英国 Delcam 公司推出的一款独立运行的 CAM 系统，现属美国 Autodesk 公司，是 Fusion 360 系列产品的一部分，其包含的功能可更轻松地实现三轴和五轴编程、模拟和验证，适用于减材、增材和混合加工。

（4）Cimatron

Cimatron 是以色列 Cimatron 公司推出的用于设计和制造工具的集成 CAD/CAM 软件，其功能覆盖两轴半铣削、钻孔，甚至复杂的五轴加工，可为模具、冲模、板材和离散制造的 CNC 和 EDM（电火花加工）制造进行数控编程。

（5）Hypermill

Hypermill 是 OPEN MIND 公司推出的整套高性能 CAM 解决方案，可完美精确地对 2.5D、3D、五轴铣削，以及车削、车铣、钻孔、超声加工、线切割、增材制造和在机检测等任务进行编程，也可用于叶轮和叶盘、涡轮叶片、弯管加工和轮胎加工等特殊用途，可直接与 SolidWorks、Autodesk Inventor 等主流 CAD，以及 OPEN MIND 自己的 "CAM 专用 CAD" 进行系统集成。

（6）国产 CAM 软件

国产 CAM 软件目前的主流产品有北京数码大方科技股份有限公司（CAXA）的 CAM 制造工程师、山东山大华天软件有限公司的 SINOVATION、广州中望龙腾软件股份有限公司的中望 3D、西安精雕软件科技有限公司的 SurfMill 等。

4. CAPP 软件

CAPP 是根据被加工零件的几何信息（图形）和加工工艺信息（材料、热处理、批量等），由计算机生成并输出零件的工艺路线和工序内容等工艺文件的过程。类似的名称还有计算机辅助规划（computer-aided planning，CAP）、计算机自动工艺过程设计（computer automated process planning，CAPP）、制造规划（manufacturing planning）、工艺工程（process engineering）、工艺过程设计（或工艺过程规划）（process planning）及加工路线安排（machine routing）等。CAPP 属于工程分析与设计范畴，是重要的生产准备工作之一，是设计与制造之间的桥梁。工艺数据同时是企业编排生产计划、制订采购计划和生产调度的重要基础数据，在企业的整个产品开发及生产中起着重要的作用。

随着企业信息化程度的提高，各类信息孤岛，如

CAD、CAM 等，也包括 CAPP，都趋向于集成，形成统一的信息系统。在这种需求的背景下，CAPP 逐步融入了 PLM 系统。例如，上海思普信息技术有限公司的斯普产品全生命周期管理系统 SIPM/PLM 中包含了工艺管理模块，其功能如下：

1）工艺基础信息管理。包括工艺文件管理、工艺检查管理、工艺数据管理、工艺装备管理、工艺人员管理、制造工时管理、特殊工艺管理和统计报表管理等。

2）工艺数据生命周期管理。包括制造物料清单（bill of material，BOM），以及从设计、审核到生效的全生命周期管理。

3）以制造 BOM 为核心管理所有工艺数据。包括工艺路线、材料定额、工艺资料、工艺过程卡、工程图、2D/3D 图档等信息，构建了成套的 360° 全局工艺数据管理体系。

4）应用自定义计算公式进行材料定额计算与维护。

5）基于制造 BOM 的智能化工艺设计。在制造 BOM 上直接调用标准工艺库进行工艺设计，并自动输出卡片。

6）对多工艺方式的全面支持。提供多版本工艺的支持，允许企业对同一零件编制多套工艺方法和工艺文件，进而实现多工厂生产的支持。提供一个设计 BOM 可以对应任意多个制造 BOM 的功能，从而解决在集团企业中同一产品在不同工厂制造采用不同工艺的问题。

真正用好 CAPP 功能，不但要有相应的软件支持，更为重要的是对企业工艺知识的积累、整理和提炼，形成工艺知识库。

5. PDM 及 PLM 软件

PDM 软件是为了有效管理产品开发过程产生的各种数据和文档，保证数据和文档的正确引用，促进数据共享和重用，其基本功能包括数据仓库、版本管理、产品结构管理、产品配置管理和工作流管理等。

PLM 是在 PDM 基础上，强调以产品的整个生命周期过程为主线，从时间上覆盖产品市场调研、概念设计、详细设计、工艺设计、生产准备、产品试制、产品定型、产品制造、产品销售、运行维护、产品报废和回收利用等的全过程，从空间上覆盖企业内部、供应链上的企业及最终用户之间的产品设计、生产、营销、采购、服务和维修等部门，实现对产品生命周期过程中各类数据的产生、管理、分发和使用。

其系统功能应包括文档管理、产品结构管理、工作流管理、批注、电子签名、CAD 集成、工艺管理（包括工艺数据查询和重用）、汇总报表、BOM 管理、产品配置管理、变更管理、项目管理和编码管

理等。

目前，PLM 以平台、云端等技术形态提供服务。

国外 PLM 软件厂商，达索（3DEXPERIENCE）、西门子（Teamcenter）、PTC（Windchill）等通过并购整合、拓展产品线和探索新领域等方式，在 CAD/CAE/CAM/CAPP/PLM 集成领域占据市场的主导地位。

国内 PLM 软件厂商，思普（SIPM/PLM）、天喻（IntePLM）、开目（eCOL PLM）、数码大方（CAXA PLM）、用友（用友 PLM）、艾克斯特（Extech PLM）和华天软件（PLM-Inforcenter）等已有长足进步，争取早日实现全面国产替代。

4.4 数据及数据库

数据是计算机辅助制造的基础，数控库技术是计算机辅助制造的重要基础技术。随着计算机、网络等技术的普及、发展，近年来两者均有较大的变化。数据量大、形式多样、关系复杂及分布式等特征日益突出。

4.4.1 数据的定义及分类

1. 定义

数据的定义有多种表述，根据 GB/T 41302—2022《工业产品数据字典通用要求》中引用的定义，数据（data）是一种形式化的信息表达，它适合于人或计算机进行通信、解释或处理。进一步地，从应用角度来看，数据是描述客观事物的符号记录，可以是数字、文字、图形或图像等，经过数字化处理后存入计算机。必须说明的是，事物可以是可触及的对象，如一个零件、一台机床等，也可以是抽象事件，如车削、装配等，还可以是事、物之间的联系，如装配关系、工艺顺序等。

目前，数据具有明显的 4V 特性：

1）价值（value）。数据价值由先前的少量局部数据的价值转向大量全局数据之间的价值，不断涌现出数据仓库、数据挖掘、分布式数据分析等技术。

2）大量（volume）。随着数字化、网络的普及，以及传感器、物联网等新技术的发展，数据量在急剧增加。

3）高速（velocity）。计算机硬件及网络等速度在快速提升，数据产生的速度也随之飞速提升。

4）多样（variety）。数据从数字、符号等信息，拓展为 HTML 文档、办公文档、文本、图片、XML、各类报表、图像和音视频信息等各种结构形式。

2. 分类

（1）数据类型

数据类型决定了数据在计算机中的存储格式，代表不同的信息类型。常用的数据类型有：

1）整数数据类型，如 short、int、long 等。

2）浮点数数据类型，如 float、double 等。

3）字符串数据类型，如 char。

4）布尔数据类型：占 1 位，有 TRUE 和 FALSE 两个值，一个表示真，一个表示假，一般用于表示逻辑运算。

（2）数据结构

数据从结构类型可以分为如下四种：

1）结构化数据。包括预定义的数据类型、格式和结构的数据，如事务性数据。

2）半结构化数据。具有可识别的模式并可以解析的文本数据文件，如自描述和具有定义模式的 XML 数据文件。

3）"准"结构化数据。具有不规则数据格式的文本数据，通过使用工其可以使之格式化，如包含不一致的数据值和格式的网站点击数据。

4）非结构化数据。没有固定结构的数据，通常保存为不同类型的文件，如文本文档、PDF 文档、图像和视频。

4.4.2 数据库的定义及分类

1. 定义

数据库的定义也有多种表述，根据 GB/T 15387.2—2014《术语数据库开发指南》中引用的定义，数据库（database，DB）是按照预定结构组织成的数据集合；GB/T 5271.17—2010《信息技术 词汇 第 17 部分：数据库》中的定义，数据库是支持一个或多个应用领域，按概念结构组织的数据集合，其概念结构描述这些数据的特征及其对应实体间的联系；还有一种普遍认可的观点认为，数据库是一个长期存储在计算机内的，有组织的、可共享的、统一管理的数据集合，是一个按数据结构来存储和管理数据的计算机软件。

2. 分类

数据库按其技术特征可以分为两大类：

1）关系型数据库。常被称作结构化查询语言（structured query language，SQL）类数据库，其原因是几乎所有关系型数据库都采用 SQL。

2）非关系型数库。常被称作 NoSQL（not only SQL）类数据库。

目前 SQL 类数据库仍是主流，NoSQL 类数据库近些年发展迅速。

NoSQL 类数据库的分类方法也有多种，较为常见的分为如下四大类：

1）键值存储（key-value）数据库。主要采用哈希表技术，存储特定的键和指向特定的数据指针。该模型简单、易于部署。

2）文档型数据库。以嵌入式版本化文档为数据模型，支持全文检索、关键字查询等功能。

3）列存储数据库。指数据存储采用列式存储架构，相比传统的行式存储架构，数据访问速度更快，压缩率更高，支持大规模横向扩展。

4）图（graph）数据库。以图论为理论根基，用节点和关系所组成的图为真实世界直观建模，支持百亿乃至千亿量级规模的巨型图的高效关系运算和复杂关系分析。

4.4.3 常用数据库介绍

目前常见的数据库产品包括 Microsoft Office Access、MySQL、Oracle、Microsoft SQL Server 和 Neo4j 等，前四种是 SQL 类数据库，Neo4j 是 NoSQL 类数据库。

（1）Microsoft Office Access

Microsoft Office Access 是由微软公司发布的关系型数据库管理系统。它结合了 Microsoft Jet Database Engine 和图形用户界面两项特点，是 Microsoft Office 的系统程序之一，专业人士用来进行数据分析。

（2）MySQL

MySQL 是一个小型关系型数据库管理系统。因其体积小、速度快、成本低及源码开放等特点，目前被广泛应用在 Internet 上的中小型网站中。

（3）Oracle

Oracle 数据库系统是美国 ORACLE（甲骨文）公司提供的关系型数据库管理系统产品。Oracle 通常应用于大型系统的数据库，具有完整的数据管理功能和强大的安全机制，目前提供基于云的服务。

（4）Microsoft SQL Server

Microsoft SQL Server 是微软公司开发的大型关系型数据库系统。SQL Server 的功能比较全面、效率高，可以作为中型企业或单位的数据库平台。

（5）Neo4j

Neo4j 是由 Java 实现的开源 NoSQL 图数据库。Neo4j 的源代码托管在 GitHub 上，技术支持托管在 Stack Overflow 和 Neo4 Google 讨论组上。目前，Neo4j 已广泛应用网络管理、软件分析、科学研究、路由分析、组织和项目管理、决策制订等方面。Neo4j 实现

了专业数据库级别的图数据模型的存储，包括 ACID 事务的支持、集群支持、备份与故障转移等，适合企业级生产环境下的各种应用。

4.4.4 数据交换及标准

计算机辅助制造系统中数据的用途不同，并且目前建成的系统中，CAD、CAPP、CAE、CAM 等可能由多家产品构成，各种数据格式和结构上有较大差异，相互配合使用时存在数据交换的问题。解决的方法有三种：

1）统一数据定义与格式。在系统内部可行。

2）数据交换接口程序。将一个系统的数据通过接口程序转换为另一系统能识别和处理的数据，不同系统间都需要对应的接口程序，不利于数据的广泛交换和管理，接口程序的维护和升级也很不方便。

3）数据交换标准。制定产品等数据的交换标准以方便不同系统直接的数据交换。美国标准初始图形交换规范（initial graphics exchange standard，IGES，其文件后缀为 *.igs、*.iges）、国际标准产品数据交换标准（standard for the exchange of product model data，STEP，其文件后缀为 *.step、*.stp）等相继制定并颁布。另外，国际一些知名 CAD 产品文件格式也较为常用，如 Unigraphics/NX 的 *.prt；PTC Creo 的 *.prt、*.asm 等；SolidWorks 的 *.sldprt、*.sldasm、*.slddrw；ACIS 的 *.sat；AutoCAD 的 *.dwg、*.dxf；CATIA Graphics 的 *.cgr 等，以及用于 3D 打印的 *.stl、*.3mf 等。其中，IGES 和 STEP 的详细介绍如下。

IGES（对应我国的标准号是 GB/T 14213—2008）是美国 1981 年发布的。在应用过程中，IGES 的一些缺点，如元素范围有限、占用的存储空间较大及时常发生传递错误等问题逐渐地暴露出来，不能满足复杂的工业流程中数据交换的需求；同时，国际标准化组织（ISO）也在制定产品模型数据交换标准 STEP，美国在其中起主导作用。

STEP 国际标准号为 ISO 10303，名称为 *Industrial automation systems and integration — Product data representation and exchange*，对应我国的标准号为 GB/T 16656，名称为《工业自动化系统与集成 产品数据表达与交换》。GB/T 16656.1—2008《工业自动化系统与集成 产品数据表达与交换 第 1 部分：概述与基本原理》中明确，GB/T 16656 的所属各部分又组成多个子系列：第 1 部分~第 19 部分规定了描述方法；第 20 部分~第 29 部分规定了实现方法；第 30 部分~第 39 部分规定了一致性测试方法与框架；第 40 部分~第 59 部分规定了集成通用资源；第 100 部分~

第 199 部分规定了集成应用资源；第 200 部分~第 299 部分规定了应用协议；第 300 部分~第 399 部分规定了抽象测试套件；第 400 部分~第 499 部分规定了应用模块；第 500 部分~第 599 部分规定了应用解释构造；第 1000 部分~第 1999 部分规定了应用模块。

ISO 10303-11：2004 *Industrial automation systems and integration — Product data representation and exchange — Part 11：Description methods：The EXPRESS language reference manual*，GB/T 16656.11—2010《工业自动化系统与集成　产品数据表达与交换　第 11 部分：描述方法：EXPRESS 语言参考手册》定义了 EXPRESS 语言作为描述产品数据的工具。

另外，GB/T 38555—2020《信息技术 大数据 工业产品核心元数据》、GB/T 40016—2021《基础零部件通用元数据》、GB/T 40019—2021《基础制造工艺通用元数据》等国家标准也已发布。元数据是定义和描述其他数据的数据（GB/T 18391.1—2019）。

4.4.5　数据分析与应用

制造系统中存在着大量的数据，其运行需要实现产品数据流、生产数据流、供应链数据流将数据在正确的时间将正确的数据以正确的形式传递给正确的对象。在制造系统的设计阶段需要对既往数据进行分析，以便得到正确、优化的流程和关键设计指标；在建设阶段需要对调试数据进行分析，以便对设备及流程进行验证及故障排除；在运行阶段需要对长期运行数据进行分析，以便监测设备及流程优化。随着传感器技术、网络技术、计算机技术和数据分析建模技术的发展，数据体量急剧增加、形式不断丰富，并向着大数据方向发展；数据分析已从统计分析逐步向数据挖掘方向发展，数据的应用已从流程实现向数字样机、数字孪生方向发展。

1. 数据科学与制造系统的大数据

数据科学（data science）的主要目的是从数据中获得知识（knowledge）。数据科学使用的数据不是原始数据（raw data），而是经过加工的有意义或有价值的数据，称为信息（information）。知识就是相连接的信息，即将具有关联、因果等关系的信息连接起来形成知识。主动应用知识解决问题即为智能。

制造系统中的数据目前多数为信息，但随着系统向产品全生命周期扩展、多种传感器的引入、物联网系统的发展等，制造系统中原始数据的量在急剧增加，而其信息含量的增长速度相对较慢。因而，制造系统中的大数据急需应用数据科学的方法获取知识，指导制造系统的运行与升级。

2. 数据挖掘与数据融合

数据挖掘（data mining，DM），或者称为数据库中的知识发现（knowledge discover in database，KDD），是数据科学的一项重要技术，是从大量不完全的、有噪声的、模糊的或随机的数据中提取事先不知道的、有价值的信息和知识。其步骤通常为：

1）数据清理，以消除噪声和删除不一致的数据。

2）数据集成，可以将多种数据源组合在一起。

3）数据选择，从数据库中提取与分析任务相关的数据。

4）数据转换，通过汇总或分割，将数据变换和统一成适合挖掘的形式。

5）数据挖掘，使用人工智能方法提取信息与知识。

6）解释与评估，对找出的信息与知识进行解释与评估，判断其是否具有参考价值；如果没有，则回到前面步骤，进行调整后重新进行数据挖掘或终止。

7）知识表示，使用可视化和知识表示技术，向用户提供挖掘出的知识。

步骤 1）~4）是数据预处理的不同形式，为挖掘准备数据，其先后顺序可以不同。

数据融合（data fusion，DF），或者称为信息融合（information fusion，IF），通常指多源数据融合，源于多传感器数据融合，是通过合适的融合规则，将来自于不同传感器的信息进行组合等处理，从而得到被观测目标或现象的综合信息。广义地讲，传感器不仅包括物理意义上的各种传感器系统，也包括与观测环境匹配的各种信息获取系统。与单传感器系统相比，多传感器系统提高了系统的抗干扰能力、扩展了空间及时间覆盖范围，进而提高了可信度。多源数据融合主要进行如下三个层次的融合：

1）数据级融合，是最低层次的融合，直接对数据源数据进行融合处理，然后基于融合后的结果进行特征提取和判断决策。其优点是数据损失量小、精度最高，但要求数据同类型，相对而言计算量大、抗干扰性差。

2）特征级融合，是中间层次的融合，各数据源先抽象出自己的特征向量，由融合中心完成特征向量的融合处理。其优点是数据大量压缩，降低了通信带宽的要求，有利于实时处理，但可能会损失一部分有用信息，导致融合性能有所降低。

3）决策级融合，是高层次的融合，各数据源基于自己的数据做出决策，由融合中心完成局部决策的融合处理。其优点是通信量小、抗干扰能力强，对数据源依赖小，不要求是同质数据源，融合中心处理代价低等，但相对而言，数据损失量最大、精度最低。

本质上讲，数据融合丰富了数据的信息、知识含量。数据融合可为数据挖掘提供数据预处理方法，数据挖掘方法也可用于数据融合的具体实现。因此，两者在知识的获取方面，其方法可以互相借鉴。

3. 数字孪生与数字样机

数字孪生（digital twin）也称数字映射或数字双胞胎，是物理产品或系统的数字化体现，输入相应的运行环境信息后，可以实时动态地反映物理产品或系统的真实运行状态。数字孪生可将采集、模拟、假设的环境等数据输入数字孪生体，观测其输出，以便了解过去、洞悉现在、预测外来，进而有效地监测、模拟和控制设备或流程，达到优化性能、效率、运营、服务和供应链等目的。

数字样机（digital mock-up，DMU）概念出现早于数字孪生，指机械产品整机或子系统的数字化模型，与真实物理产品之间具有1:1比例和精确尺寸表达，其作用是验证物理样机的功能和性能。产品数字样机形成于产品的设计阶段，主要用于产品干涉检查、运动分析、性能仿真、制造仿真和维修规划等方面。

因此，数字样机是数字孪生的基础，能对外界输入做出实时、真实反映的数字样机可称为数字孪生。

数字孪生为智能制造提供了重要的基础。目前，数字孪生包括设备数字孪生和产线数字孪生。由于设备、产线等物理实体的复杂性，数字孪生尚不能准确实时地模拟物理实体的真实反应，但在某些性能方面可以做出模拟。更为全面、真实的数字孪生，需要通过大数据、数据挖掘或物理实验方法等进行深入地建模研究。

4.5　制造系统的通信网络

随着产品全生命周期管理的需求、制造系统全球化的进程，云计算、万物互联、数字孪生等概念及技术的提出、发展，智能传感器及多种个人终端等产品的出现、普及，制造系统中应用的网络形式更加丰富、传输速度越来越快。目前，工业现场总线、计算机网络、互联网（因特网）、物联网及移动网络等在制造系统中均有应用。

4.5.1　网络的基本概念

1. 定义和分类

网络（计算机网络）的定义并不统一，以下定义较为适于制造系统所应用的网络：计算机网络主要是由一些通用的、可编程的硬件互连而成的，而这些硬件能够用来传送多种不同类型的数据。计算机网络所连接的硬件，并不限于一般的计算机，而是包括了智能手机、嵌入式系统等"可编程的硬件"，这种硬件一定包含运算处理单元。

网络有多种类别，下面进行简单的介绍。

（1）按照网络的作用范围进行分类

1）广域网（wide area network，WAN）。广域网的作用范围通常为十几到几千千米。连接广域网各节点交换机的链路一般是高速链路，具有较大的通信容量。

2）城域网（metropolitan area network，MAN）。城域网的作用范围一般是一个城市，可跨越几个街区甚至整个城市，其作用距离为5~50km。目前很多城域网采用的是以太网技术，因此有时也常并入局域网的范围进行讨论。

3）局域网（local area network，LAN）。局域网一般用微型计算机或工作站通过高速通信线路相连，地理上则局限在较小的范围（如1km左右）。学校或企业大都拥有许多个互连的局域网（常称为校园网或企业网）。

4）个人区域网（personal area network，PAN）。个人区域网是在个人或微型企业工作的地方将属于个人使用的电子设备（如便携式计算机等）用无线技术连接起来的网络，因此也常称为无线个人区域网（wireless PAN，WPAN），其范围很小，大约在10m左右。

（2）按照网络的使用者进行分类

1）公用网（public network）。它是电信公司（国有或私有）出资建造的大型网络，"公用"的意思是所有愿意按电信公司的规定交纳费用的人或单位均可以使用这种网络。因此，公用网也可称为公众网。

2）专用网（private network）。它是某个单位或部门为满足本单位的特殊业务工作的需要而建造的网络。这种网络不向本单位以外的人提供服务。

此外，按网络拓扑结构，可分为环形网、星形网、总线形网和树形网等；按通信介质，可分为双绞线网、同轴电缆网、光纤网和无线卫星网等。

2. 性能指标

网络的主要性能指标如下所述。

（1）速率

网络技术中的速率指的是数据的额定传输速率，称为数据率（data rate）或比特率（bit rate），单位是

bit/s（比特每秒）。比特（bit）是一个"二进制数字"，一个比特就是二进制数字中的一个 1 或 0。比特率较高时，可在 bit/s 的前面加上一个字母，通常为 K（kilo）= 10^3 = 千，M（mega）= 10^6 = 兆，G（giga）= 10^9 = 吉，T（tera）= 10^{12} = 太，P（peta）= 10^{15} = 拍。需要特别注意区分的是，在计算机领域，数的计算使用二进制，因此 K = 千 = 2^{10} = 1024，M = 兆 = 2^{20}，G = 吉 = 2^{30}，T = 太 = 2^{40}，P = 拍 = 2^{50}。此外，计算机中的数据量往往用字节 B（byte）作为度量的单位，1B = 8bit。

（2）带宽

"带宽"（bandwidth）有以下两种不同的意义：

1）带宽本来指某个信号具有的频带宽度。信号的带宽指该信号所包含的各种不同频率成分所占据的频率范围。例如，在传统的通信线路上传送电话信号的标准带宽是 3.1kHz（从 300Hz ~ 3.4kHz，即语音的主要成分的频率范围）。

2）在计算机网络中，带宽用来表示网络中某通道传送数据的能力，即在单位时间内网络中的某信道所能通过的"最高数据率"，单位为 bit/s。

（3）吞吐量

吞吐量（throughput）表示在单位时间内通过某个网络（或信道、接口）的实际数据量。吞吐量受网络带宽或网络额定速率的限制。例如，对于一个带宽为 1Gbit/s 的以太网，即其最高速率是 1Gbit/s，那么该以太网吞吐量的上限值不超过 1Gbit/s，而其实际的吞吐量可能只有 100Mbit/s，甚至更低。吞吐量也可用每秒传送的字节数或帧数来表示。

（4）时延

时延（delay 或 latency），也称为延迟或迟延，指数据（一个报文或分组，甚至比特）从网络（或链路）的一端传送到另一端所需的时间。

（5）往返时间

往返时间（round-trip time，RTT）指发送方至少要经过多少时间才能知道所发送的数据是否被对方接收。

此外，还有可靠性、可扩展、可升级，以及是否便于管理和维护等方面的性能要求。

3. 传输介质

（1）网线

网线通常指内部是四对八芯双绞线的铜介质导线，可分为无屏蔽双绞线（unshielded twisted pair，UTP）和屏蔽双绞线（shielded twisted pair，STP）。

双绞和屏蔽的目的是抗干扰，双绞程度越高，抗干扰能力越强。例如，3 类线的绞合长度是 7.5 ~

10cm，而 5 类线的绞合长度是 0.6 ~ 0.85cm，则 5 类线比 3 类线的传输速率高很多。屏蔽双绞线的抗干扰能力优于无屏蔽双绞线，但成本高。可以四对双绞线整体屏蔽，分别屏蔽效果更好，最好的是分别屏蔽加整体屏蔽，当然价格也最高。按照 ANSI/TIA-568-D 或 IEC 61156 标准，目前常用的双绞线有：

1）五类线。带宽 100MHz，传输速率为 100Mbit/s（距离 100m），常采用 RJ45 形式的连接器。

2）超五类线。带宽 125MHz，传输速率为 1Gbit/s（距离 100m）。

3）六类线。带宽 250MHz，传输速率为 10Gbit/s（距离 35 ~ 55m）。

4）超六类线。带宽 500MHz，传输速率为 10Gbit/s（距离 100m）。

5）七类线。带宽 600MHz，传输速率为 10Gbit/s（距离 100m）。

6）八类线。带宽 2000MHz，传输速率为 25Gbit/s 或 40Gbit/s（距离 30m）。

随着光纤网线成本的降低，光进铜退，七类线和八类线应用较少。

（2）光纤

光纤通信是利用光导纤维传递光脉冲进行通信，有光脉冲相当于 1，而没有光脉冲相当于 0。由于使用的光频率非常高，约为 10^8MHz 的量级，因此光纤通信系统的传输带宽（25000GHz ~ 30000GHz）远远大于目前使用的其他各种传输媒体的带宽。

光纤由纤芯和包层构成双层通信圆柱体，光波在纤芯进行传导，遇包层后折射回纤芯，这个过程不断重复，使光沿光纤传输。

可以存在多条不同角度入射的光线在一条光纤中传输，称为多模光纤。

光纤的优点如下：

1）通信容量非常大。

2）传输损耗小，中继距离长。

3）抗雷电和电磁干扰性能好。

4）保密性好，不易被窃听或截取数据。

5）体积小，重量轻。

目前，华为技术有限公司利用 C+L 波段的 EDFA 实现了 124Tbit/s 信号在 600km 的传输。

（3）无线

网络的传输媒体可以分为导引型和非导引型两类，前述的网线、光纤属于导引型，无线传输则属于非导引型。WiFi、移动通信、红外通信和激光通信等使用无线传输媒体。

可使用的无线电频谱受各国政府相关机构控制。

4.5.2　计算机网络与互联网

1. 计算机网络、互联网与因特网

计算机网络的定义有多种表述，根据 GB/T 5271.1—2000《信息技术　词汇　第 1 部分：基本术语》中的定义，计算机网络（computer network）是为数据通信目的将数据处理结点互连起来的一种网络，而数据通信是功能单元之间按照管理数据传输和交换协调的规则集传送数据。

互联网（internet，首字母小写），泛指由多个计算机网络互连而成的计算机网络，其通信规则不限于使用 TCP/IP 协议。

因特网（Internet，首字母大写），指当前全球最大的、开放的、由众多网络相互连接而成的特定互联网，其通信规则采用 TCP/IP 协议族。

2. TCP/IP 协议族

通俗地讲，如同发送快递一样，在网络上传递数据需要知道目的地址、包裹类型等信息，不同的是大的数据包通常会被拆分成小的数据包，然后交给网络自动处理设备进行传递，接收后再组装起来还原成原始数据。为了方便进行这一过程，需要制定规则，以便网络自动处理设备知道如何处理，这便有了各种网络协议，如 TCP/IP 协议族，以及 IPX/SPX、NetBIOS 和 NetBEUI、MAP、TOP 等协议。其中 TCP/IP 协议族应用最为广泛。

TCP/IP 并不是单指 TCP 和 IP 这两个具体协议，而是表示互联网所使用的整个 TCP/IP 协议族（protocol suite），为四层结构，如图 4.5-1 所示。

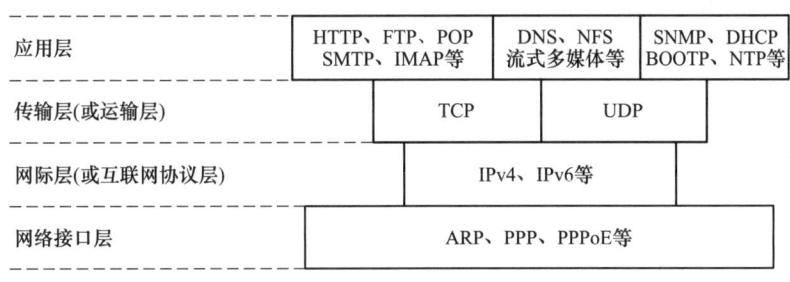

图 4.5-1　TCP/IP 协议族

（1）应用层

应用层（application layer）的任务是通过应用进程间的交互来完成特定网络应用，其协议是应用进程间通信和交互的规则。应用层交互的数据单元称为报文（message）。互联网中的应用层协议有很多，如 HTTP、FTP、POP、SMTP、IMAP、DNS、NFS、SNMP、DHCP、BOOTP 和 NTP 等。

1）超文本传输协议（hyper text transfer protocol，HTTP）用于万维网（world wide web，WWW）网页。

2）文件传输协议（file transfer protocol，FTP）用于文件传输。

3）邮局协议（post office protocol，POP）用于电子邮件的接收。

4）简单邮件传输协议（simple mail transfer protocol，SMTP）用于电子邮件发送。

5）互联网消息访问协议（internet message access protocol，IMAP）用于电子邮件的接收。

6）域名系统（domain name system，DNS）用于主机名与 IP 地址映射。

7）网络文件系统（network file system，NFS）用于文件共享。

8）简单网络管理协议（simple network management protocol，SNMP）用于网络管理。

9）动态主机配置协议（dynamic host configuration protocol，DHCP）用于主机 IP 地址等信息的动态配置。

10）自举协议（bootstrap protocol，BOOTP）用于无盘工作站的引导。

11）网络时钟协议（network time protocol，NTP），用于互联网中的节点实现时间同步。

（2）传输层

传输层（transport layer）也被译为运输层，任务是负责向两台主机中进程之间的通信提供通用的数据传输服务，应用进程利用该服务传送应用层报文。运输层主要使用以下两种协议：

1）传输控制协议（transmission control protocol，TCP）是一个需要建立连接的协议，提供的是可靠的数据传输服务。在 TCP 控制下，从一台机器发出的数据应无差错地发往互联网上的其他机器，若有问题将重发；同时，TCP 还进行流量控制，避免快速发送方向低速接收方发送过多报文而使接收方无法处理。其数据传输的单位是报文段（segment）。

2）用户数据报协议（user datagram protocol，UDP）是一个无连接协议，提供的数据传输服务不保证数据传输的可靠性，其数据传输的单位是用户数据报。

（3）网际层

网际层或互联网协议（internet protocol，IP）层是整个模型的关键部分，传输层发送的数据通过本层发往任何网络（接收是其逆过程），即屏蔽了底层物理网络的差异，从而实现了异构网络之间的互联。网际层最主要的协议是互联网协议（IP），还包括与之配套的网际控制报文协议（internet control message protocol，ICMP）等。

互联网协议（IP）是一种不可靠的、无连接的协议，不保证数据的可靠传输。目前最为常用的IPv4，其次是其升级版本IPv6。IPv4的协议数据单元是数据报（datagram），而IPv6的协议数据单元为分组（packet）。IPv6相较于IPv4，有如下主要变化：

1）地址空间扩大。IPv4的地址已于2011年分配完，IPv6将地址从IPv4的32位增大到128位，使地址空间增大了2^{96}倍，在可预见的将来不会用完；同时，IPv6的地址可以划分为更多的层次。

2）支持即插即用。IPv6不需要使用DHCP。

3）允许协议继续扩充。

4）IPv6路由简化。IPv6基本首部中去除了校验和字段，提高了路由器的处理性能等。

（4）网络接口层

TCP/IP本身并没有真正描述网络接口层（network interface layer），只是指出主机必须使用某种协议与网络连接，以便传递IP数据报。ARP、PPP、PPPoE等协议可以归入此层：

1）地址解析协议（address resolution protocol，ARP）用于处理路由及主机地址的解析。

2）点到点协议（point to point protocol，PPP）是用户计算机与互联网服务供应者进行通信时使用的数据联络层协议。早期用于通过电话线路接入互联网。

3）以太网上的PPP（PPP over ethernet，PPPoE）实现了以太网技术与点到点技术的融合，是宽带上网的基础。

3. 网络硬件

网络硬件主要包括以下几部分：

1）主机及其网络接口设备，如服务器、工作站、微机等各种类型的计算机及网卡等设备。

2）各类终端设备，如共享打印机等。

3）传输介质，如网线、光纤等。

4）通信控制设备，如中继器、集线器、网桥、

交换机和路由器等。

① 中继器（repeater，RP）是一种放大模拟或数字信号的网络连接设备，用于转发信号。

② 集线器（hub）是一个多端口的转发器，对接收到的信号进行再生整形放大，以扩大网络的传输距离；同时将所有节点集中在以它为中心的节点上，可以用集线器建立一个物理上的星形或树形网络结构。以集线器为中心设备时，网络中某条线路产生了故障并不影响其他线路的工作。

③ 网桥（bridge）用于在数据链路层（TCP/IP中的网络接口层）将两个相似的网络连接起来，并对网络数据的流通进行管理。

④ 交换机（switch）可以将一个网络从逻辑上划分成几个较小的段；与网桥相似，能够解析地址信息，相当于多个网桥，每一个端口都扮演一个网桥的角色；为每台设备都提供了独立的信道，在传输大量数据和对时间延迟要求比较严格的信号时（如视频会议）能够全面发挥网络的能力且更加安全。

⑤ 路由器（router）是互联网的主要结点设备，工作在TCP/IP中的网络层，是不同网络之间互相连接的枢纽，在网络间起网关（gateway）的作用，是读取每一个数据包中的地址然后决定如何传送的专用智能性的网络设备。作为多端口设备，可以连接不同传输速率并运行于各种环境的局域网和广域网，也可以采用不同的协议。

4.5.3 工业现场总线

1. 现场总线的定义及特点

现场总线（fieldbus）是自动化领域中底层数据通信网络，是一种应用于生产现场，在现场设备之间、现场设备与控制装置之间实行双向、串行、多节点数字通信的技术。其技术特点如下：

1）系统的开放性。现场总线网络系统是开放的，各不同制造商的设备之间可进行互连并实现信息交换。

2）互可操作性与互用性。互连设备间、系统间可按设计的逻辑关系进行操作，不同制造商的性能、规格相同的设备可进行互换。

3）通信的实时性。现场总线能提供相应的通信机制、时间发布与管理功能，保证严格的时序要求。

4）现场设备的智能化与功能自治性。现场总线将传感测量、补偿计算与控制等功能分散到现场设备中完成，仅靠现场设备即可完成自检测及自动控制的基本功能，简化了系统结构，提高了可靠性。

5）现场环境的适应性。使用双绞线、同轴电缆、光缆、射频、红外线及电力线等传输介质，具有

较强的抗干扰能力，并可用于一些恶劣、严苛的工业现场环境。

由于具有以上特点，应用现场总线技术具有硬件数量少、选型容易、易于安装调试、维护成本低、可靠性高等优点，因而发展迅速、应用广泛。

2. 现场总线的标准

国际电工技术委员会/国际标准协会（IEC/ISA）自 1984 年起着手现场总线标准制定工作，IEC 61158 陆续发布了 20 余种现场总线。每种总线都有各自的应用领域，并有国际组织和大型跨国公司支持背景。

我国也陆续采用国际标准或制定了如下现场总线相关标准。

1）GB/T 16657.2—2008《工业通信网络　现场总线规范　第 2 部分：物理层规范和服务定义》。

2）GB/T 20540《测量和控制数字数据通信　工业控制系统用现场总线　类型 3：PROFIBUS 规范》。

3）GB/T 25105《工业通信网络　现场总线规范　类型 10：PROFINET IO 规范》。

4）GB/T 29001《机床数控系统　NCUC-Bus 现场总线协议规范》。

5）GB/T 29910《工业通信网络　现场总线规范　类型 20：HART 规范》。

6）GB/T 31230《工业以太网现场总线 Ether-CAT》。

7）GB/T 33537《工业通信网络　现场总线规范　类型 23：CC-Link IE 规范》。

8）GB/Z 26157《测量和控制数字数据通信　工业控制系统用现场总线　类型 2：ControlNet 和 Ether-Net/IP 规范》。

9）GB/Z 29619《测量和控制数字数据通信　工业控制系统用现场总线　类型 8：INTERBUS 规范》。

3. 现场总线基本参考模型

现场总线可以广泛应用的根本原因之一是其相关标准定义了硬件接口和通信协议。国际标准化组织的开放系统互联协议（ISO/IEC 7498-1，GB/T 9387.1—1998 采用）是为计算机互连网络而制定的七层参考模型，虽然实用性不强，却较为完善地描述了网络通信的路径。现场总线也不例外地参考了 OSI 七层协议标准，并且大都采用了其中的第 1 层、第 2 层和第 7 层，即物理层、数据链路层和应用层，如图 4.5-2 所示。

（1）物理层

物理层定义了信号的编码与传送方式、传送介质、接口的电气及机械特性、信号传输速率等。

（2）数据链路层

数据链路层对信号进行发送和接收控制，保证数

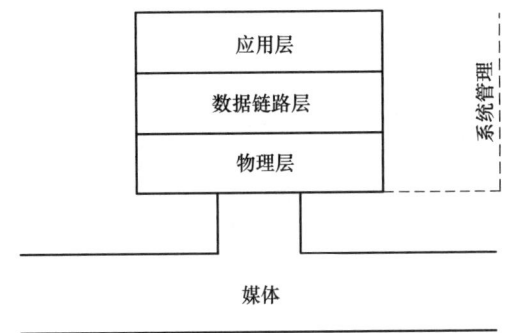

图 4.5-2　现场总线的基本参考模型

据传送到指定的设备上。现场总线网络中的设备可以是主站，也可以是从站，主站有控制收发数据的权利，而从站只有响应主站访问的权利。

（3）应用层

应用层为用户提供服务并实现数据链路层的连接，定义了如何应用读、写、中断和操作信息及命令，完成初始化、统计等管理功能。

4. 常用现场总线

目前常用的现场总线有 CAN、PROFIBUS、HART、CC-Link、基金会现场总线（foundation fieldbus，FF）、DeviceNet、LonWorks、INTERBUS 和 ControlNet 等，常用的工业以太网标准有 EtherCAT、IDA、Ethernet/IP、Ethernet Powerlink、PROFINET、HSE 和 EPA 等。下面主要介绍一下 RS-485、CAN、PROFIBUS、EtherCAT 和 NCUC-Bus。

（1）RS-485

RS-485 尚不能称其为现场总线，但它是现场总线的鼻祖，能在远距离（100kbit/s 以下时 1200m）条件下及电子噪声大的环境下有效传输信号（最高 10Mbit/s），并且成本低廉，仍有许多设备连接采用该通信协议。RS-485 有两线制和四线制两种接线，两线制接线方式通过半双工模式，可以实现真正的多点双向通信，最多可以挂接 32 个节点。

（2）CAN

控制器局域网（controller area network，CAN）总线协议最早由德国 BOSCH 公司推出，已被国际标准组织制定为国际标准，广泛用于离散控制领域。CAN 协议分为两层，即物理层和数据链路层。CAN 总线传输时间短，具有自动关闭功能和较强的抗干扰能力；支持多主方式工作，网络上任一节点均可任意时刻主动向其他节点发送信息，支持点对点、一点对多点和全局广播方式接收或发送数据；其信号传输介质为双绞线，通信速率最高可达 1Mbit/s（40m 时），直接传输距离最远可达 10km（5kbit/s 时），可挂接设

备多达 110 个。

（3）PROFIBUS

PROFIBUS 是德国标准（DIN 19245）和欧洲标准（EN 50170）的现场总线标准，由 PROFIBUS-DP、PROFIBUS-FMS 和 PROFIBUS-PA 系列组成。DP 用于分散外设间高速数据传输，适用于加工自动化领域；FMS 适用于纺织、楼宇自动化、可编程控制器和低压开关等；PA 用于过程自动化。PROFIBUS 支持主从系统、纯主站系统、多主多从混合系统等几种传输方式。PROFIBUS 的传输速率为 9.6kbit/s~12Mbit/s，直接最大传输距离为 1200m（9.6kbit/s 时），通信速率最高可达 1.5Mbit/s（200m 时）。传输介质为双绞线或光纤，最多可挂接 127 个站点。

（4）EtherCAT

用于控制和自动化技术的以太网（ethernet for control automation technology，EtherCAT）是以以太网为基础的现场总线协议，最早由德国的 Beckhoff 公司研发，于 2007 年成为国际标准。它具有高速、高数据传输效率的特点，支持多种设备连接拓扑结构，可扩展至 65535 个从站规模。在机器控制及测量、医疗、汽车和移动设备等方面应用广泛。EtherCAT 使用分布式时钟且具有非常短的循环周期，因而具有高同步性和实时性，适用于伺服运动多轴控制。

（5）NCUC-Bus

数控系统联盟总线（NC union of China field bus，NCUC-Bus）是由中国机械工业联合会提出，大连光洋科技工程有限公司、武汉华中数控股份有限公司、广州数控设备有限公司、沈阳高精数控技术有限公司和浙江中控电气技术有限公司起草，应用于数控系统的现场总线协议。采用包含物理层、数据链路层和应用层的三层结构，支持的网络拓扑结构为环形和线形结构。支持五类、超五类双绞线及光纤传输介质，通信速率最高可达 100Mbit/s，挂接设备数可达 255 个。

4.5.4 物联网与无线通信

1. 物联网的定义

物联网（internet of things，IoT），1999 年由美国麻省理工学院 Auto-ID 研究中心提出并定义为："物联网是将所有物品通过射频识别（RFID）和条码等信息传感设备与互联网连接起来，实现智能化识别和管理。其实质是将 RFID 技术与互联网相结合加以应用"。随着智能感知、无线通信等技术的发展，物联网的定义在逐步扩展，目前尚未形成统一的定义。

我国《2010 年国务院政府工作报告》所附注释中第 3 条，"物联网是指通过信息传感设备，按照约定的协议，把任何物品与互联网连接起来，进行信息交换和通信，以实现智能化识别、定位、跟踪、监控和管理的一种网络。它是在互联网基础上延伸和扩展的网络。"

GB/T 33745—2017《物联网 术语》中，将物联网定义为"通过感知设备，按照约定协议，连接物、人、系统和信息资源，实现对物理和虚拟世界的信息进行处理并做出反应的智能服务系统。"其中，"物"指的是物理实体。

综上进行推论，物联网的功能及流程为：

1）感知。通过各种类型的传感器对物质性质、环境状态、行为模式等参数信息进行获取。

2）通过网络传递，将感知到的数据接入互联网或虚拟世界。

3）应用处理。对感知到的数据、信息进行深层次的处理、挖掘、分析，进而对结果进行处置。

从而实现智能化感知、识别、定位、跟踪、监控和管理等目的。

2. 无线通信技术

物联网的关键技术包括传感技术、无线通信技术、网络通信技术和数据分析处理技术等。下面具体介绍一下无线通信技术，其余三项技术见前面章节内容。

无线通信（wireless communication）通常指利用电磁波信号可以在自由空间中传播的特性进行信息交换的一种通信方式。按照工作频段或传输手段可分为中波通信、短波通信、超短波通信、微波通信和卫星通信。按照传输距离可分为近距离通信和远距离通信。

物联网中常用的无线通信技术为 RFID、NFC、Bluetooth、ZigBee、WiFi、LoRa、WiMAX、NB-IoT 与 2G/3G/4G/5G 移动通信等。

1）射频识别（radio frequency identification，RFID）技术，又称电子标签技术，当带有 RFID 标签的物品进入 RFID 阅读器读写范围时，标签被阅读器激活，标签内的信息传输给阅读器，然后信息通过其他通信网络传递给信息应用处理系统，反之也可以进行写操作。

2）近场通信（near field communication，NFC）是由 RFID 及互连互通技术整合演变而来的在设备彼此靠近时进行数据交换的技术，实现"一碰即传"。通过在单一芯片上集成感应式读卡器、感应式卡片和点对点通信的功能来实现。

3）蓝牙（bluetooth）技术是由东芝（Toshiba）、国际商用机器公司（IBM）、英特尔（Intel）、爱立信（Ericsson）和诺基亚（Nokia）于 1998 年 5 月联合宣布的一种短距离无线通信技术。蓝牙技术规定每一对设备之间一个为主设备，另一个为从设备，通信时由主设备进行查找，发起配对，配对成功后，双方即可收发数据。理论上，一个蓝牙主设备可同时与 7 个从设备进行通信。

4）ZigBee，也称紫蜂，是一种经济、高效、低速（低于 250kbit/s）和短距离传输的无线网络技术，工作于 2.4GHz 开发频段，支持异步数据业务为主，也支持同步数据业务，可星形或网状组网通信，网络容量理论节点为 65300 个。

5）WiFi 是 WiFi 联盟制造商的商标，通常被认为是 IEEE 802.11 无线局域网技术的同义术语，在此按照应用习惯也不加以区分。WiFi 是目前最为常用的局域网技术，载波频率可分为 2.4GHz 和 5GHz 两频段，最新版本是 WiFi7。

6）5G 是第五代移动通信技术（5th generation mobile communication technology）的简称，是具有高速率、低时延和大连接特点的新一代宽带移动通信网络技术。5G 技术是正在发展的技术，目前的目标是用户体验速率达 1Gbit/s，时延低至 1ms，用户连接能力达 100 万连接/km²。国际电信联盟（ITU）定义了 5G 的三大类应用场景，即增强移动宽带（eMBB）、超高可靠低时延通信（uRLLC）和海量机器类通信（mMTC）。

4.5.5　网络信息安全

1. 网络信息安全的目标

网络信息安全指分布在主机、链路和转发结点中的信息受到保护，不因偶然的或恶意的原因而遭到破坏、更改和泄露。

网络环境下信息安全的目标包括信息的以下方面：

1）可用性。指保证有权使用信息的个人、过程或设备在指定时间、指定位置使用信息的可能性。

2）完整性。指保护信息免遭非授权修改或破坏。

3）保密性。指保护信息不被泄露给未授权的个人、过程或设备。

4）不可抵赖性。指信息交互过程中，所有参与者不能否认曾经完成的操作或承诺的特性。

5）可控性。指对信息的传播过程及内容具有控制能力的特性。

2. 常用技术手段

网络信息安全常用的技术手段如下：

1）信息加密。应用加密算法将明文转换为密文，使用时再应用解密算法转换为明文。

2）应用报文摘要算法将任意长度报文转换为固定长度的报文摘要以实现完整性检测。

3）应用密钥、用户名和口令、证书和私钥等技术进行主体身份识别。

4）使用 IPsec 协议族、SSL 和 TLS、DNS Sec、SET 和 PGP 等安全协议保障网络安全。

5）使用虚拟局域网（virtual LAN，VLAN）等技术保障以太网安全。

6）使用 WEP、TKIP、CCMP、WAP2 和 WAPI 等安全协议保证无线局域网安全。

7）使用防火墙、入侵检测系统、虚拟专用网络（VPN）、防路由项欺骗、网络地址转换（NAT）、流量控制和虚拟路由器冗余协议（VRRP）等技术提高互联网的安全性、可靠性和容错性。

8）使用病毒防御技术保护计算机和网络的安全。

网络信息安全事关国家安危、企业效益和个人隐私等方面，是网络建设、运行维护和升级改造中必须重点考虑、极为重要的问题。

参 考 文 献

[1] 王立平. 智能制造装备及系统 [M]. 北京：清华大学出版社，2020.

[2] 工业和信息化部. 国家智能制造标准体系建设指南（2021 版）[R/OL].（2021-11）[2021-11-17]. http://www.gov.cn/zhengce/zhengceku/2021-12/09/content_ 5659548. htm.

[3] 张雄伟、陈亮，曹铁勇. DSP 芯片的原理与开发应用 [M]. 北京：电子工业出版社，2009

[4] 屯肖夫，稻崎. 制造业传感器 [M]. 杨树人、刘瑞平，李泽，译. 北京：化学工业出版社，2005.

[5] 吴建平. 传感器原理及应用 [M].3 版. 北京：机械工业出版社，2015.

[6] 杨喜权. 数字逻辑电路 [M]. 成都：电子科技大学出版社，2004.

[7] 陈海波，夏虞斌，等. 现代操作系统原理与实现 [M]. 北京：机械工业出版社，2020.

[8] 恩格兰德. 现代计算机系统与网络 [M]. 朱利，译. 北京：机械工业出版社，2019.

[9] 塔嫩鲍姆，博斯. 现代操作系统 [M]. 陈向群，马洪兵，等译. 北京：机械工业出版社，2021.

[10] 王先逵. 计算机辅助制造 [M].2 版. 北京：清华大学出版社，2008.

[11] 蔡苏北，范志军. 大话 C 语言 [M]. 北京：清华大学出版社，2020.

[12] 克尼汉，里奇. C 程序设计语言 [M]. 徐宝文、李志，译.2 版. 北京：机械工业出版社，2021.

[13] 斯特劳斯特鲁普．C++程序设计语言：第 1~3 部分—原书第 4 版［M］．王刚，杨巨峰，译．北京：机械工业出版社，2016.

[14] 谢丙堃．现代 C++语言核心特性解析［M］．北京：人民邮电出版社，2021.

[15] 明日科技．C#项目开发实战入门［M］．长春：吉林大学出版社，2017.

[16] 明日科技．零基础 C#学习笔记［M］．北京：电子工业出版社，2021.

[17] 明日科技．Java 从入门到精通［M］．6 版．北京：清华大学出版社，2021.

[18] 明日科技．JavaScript 从入门到精通［M］．3 版．北京：清华大学出版社，2019.

[19] 林信良．JavaScript 技术手册．北京：清华大学出版社，2020.

[20] 明日科技．Visual Basic 从入门到精通［M］．5 版．北京：清华大学出版社，2019.

[21] 马瑟斯．Python 编程：从入门到实践［M］．袁国忠，译．北京：人民邮电出版社，2016.

[22] PTC．基于模型的定义［OL］．https：//www.ptc.com/cn/technologies/cad/model-based-definition.

[23] CAD/CAM/CAE 技术联盟．UG NX 12.0 中文版从入门到精通［M］．北京：清华大学出版社，2019.

[24] CAD/CAM/CAE 技术联盟．ABAQUS2020 有限元分析从入门到精通［M］．北京：清华大学出版社，2021.

[25] 丁源．ABAQUS2020 有限元分析从入门到精通［M］．北京：清华大学出版社，2021.

[26] 李增刚，李保国．ADAMS 入门详解与实例［M］．北京：清华大学出版社，2021.

[27] 陈峰．ADAMS2020 虚拟样机技术从入门到精通［M］．北京：清华大学出版社，2021.

[28] 黄奕勇，李星辰，田野，等．COMSOL 多物理场仿真入门指南［M］．北京：机械工业出版社，2020.

[29] CAD/CAM/CAE 技术联盟．UG NX 12.0 中文版数控加工从入门到精通［M］．北京：清华大学出版社，2020.

[30] 梁秀娟，李志尊，胡仁喜．Mastercam 2021 中文版标准实例教程［M］．北京：机械工业出版社，2021.

[31] 杜雷．计算机辅助设计与制造［M］．杭州：浙江大学出版社，2021.

[32] 胡志林．Cimatron13 三轴数控加工实用教程［M］．北京：机械工业出版社，2018.

[33] 胡志林．Cimatron13 五轴数控加工实用教程［M］．北京：机械工业出版社，2020.

[34] 李强．中望 3D 从入门到精通．北京：电子工业出版社，2020.

[35] 全国技术产品文件标准化技术委员会．机械产品生命周期管理系统通用技术规范：GB/T 33222—2016［S］．北京：中国标准出版社，2016.

[36] 张帜．Neo4j 权威指南［M］．北京：清华大学出版社，2017.

[37] 张华．Oracle 19C 数据库应用：全案例微课版［M］．北京：清华大学出版社，2022.

[38] 柳俊，周苏．大数据存储：从 SQL 到 NoSQL［M］．北京：清华大学出版社，2021.

[39] 西尔伯沙茨，科思，苏达尔尚．数据库系统概念：原书第 7 版［M］．杨冬青，等译．北京：机械工业出版社，2021.

[40] 宋翔．Access 数据库创建、使用与管理从新手到高手［M］．北京：清华大学出版社，2021.

[41] 郁鼎文，陈恳．现代制造技术［M］．北京：清华大学出版社，2006.

[42] 陈允杰．Python 数据科学与人工智能应用实战［M］．北京：中国水利水电出版社，2021.

[43] 韩家炜，KAMBER M，裴健．数据挖掘：概念与技术（原书第 3 版）［M］．范明，孟小峰译．北京：机械工业出版社，2012.

[44] RAOL R J．数据融合数学方法：理论与实践［M］．王刚，贺正洪、王睿等译．北京：国防工业出版社，2021.

[45] 韩崇昭，朱洪艳，段战胜．多源信息融合［M］．3 版．北京：清华大学出版社，2022.

[46] 胡玉兰，郝博，王东明．智能信息融合与目标识别方法［M］．北京：机械工业出版社，2018.

[47] 施战备，秦成，张锦存，等．数物融合：工业互联网重构数字企业［M］．北京：人民邮电出版社，2020.

[48] 谢希仁．计算机网络［M］．北京：电子工业出版社，2021.

[49] 谈仲纬，吕超．光纤通信技术发展现状与展望［J］．中国工程科学，2020，22（03）：100-107.

[50] 寇晓蕤，蔡延荣，张连成．网络协议分析［M］．2 版．北京：机械工业出版社，2017.

[51] 王相林．IPv6 网络：基础、安全、过渡与部署［M］．北京：电子工业出版社，2015.

[52] 李正军，李潇然．现场总线与工业以太网

[M]. 武汉：华中科技大学出版社，2021.

[53] 李正军，李潇然. 现场总线及其应用技术 [M]. 2 版. 北京：机械工业出版社，2016.

[54] 张文广，王朕，肖支才. 现场总线技术及应用 [M]. 北京：北京航空航天大学出版社，2021.

[55] 全国机床数控系统标准化技术委员会. 机床数控系统 NCUC-Bus 现场总线协议规范 第 2 部分：物理层：GB/T 29001.2—2012 [S]. 北京：中国标准出版社，2012.

[56] 高泽华，孙文生. 物联网：体系结构、协议标准与无线通信（RFID、NFC、LoRa、NB-IoT、WiFi、ZigBee 与 Bluetooth）[M]. 北京：清华大学出版社，2020.

[57] 沈鑫剡，等. 网络安全 [M]. 北京：清华大学出版社，2017.

[58] 全国工业过程测量控制和自动化标准化技术委员会. 工业通信网络 网络和系统安全 术语、概念和模型：GB/T 40211—2021 [S]. 北京：中国标准出版社，2021.

第 5 章

柔性制造系统

主　编　叶仲新（湖北汽车工业学院）

副主编　陈君宝（湖北汽车工业学院）

　　　　殷安文（东风汽车有限公司）

参　编　周学良（湖北汽车工业学院）

　　　　张　震（东风汽车有限公司）

5.1　柔性制造系统的结构原理、分类及应用

柔性制造系统（flexible manufacturing system, FMS）是由数控加工设备、物流贮运装置和计算机控制系统组成的自动化制造系统，它包括多个柔性制造单元，能根据制造任务或生产环境的变化迅速进行调整。适用于多品种、中小批量生产。

5.1.1　柔性制造系统的结构原理

FMS 的结构可用图 5.1-1 来描述。图中垂直方向代表 FMS 的信息流动状况，水平方向代表物料流动状况。FMS 由如下单元组合而成：

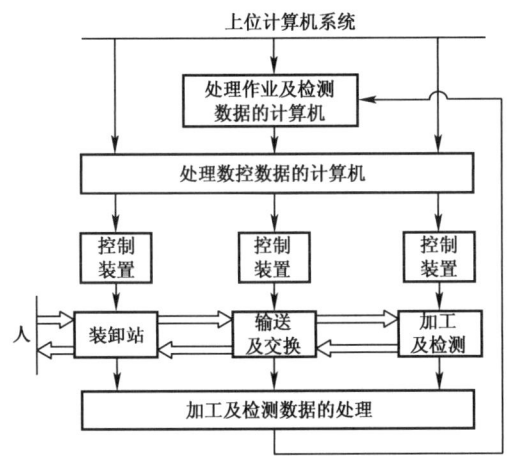

图 5.1-1　FMS 的结构

1）加工设备。有立式加工中心、卧式加工中心、五面体加工中心、数控铣床和数控车床等。

2）装配设备。如由装配站和机器人组成的装配单元。

3）检测设备。有清洗机、三坐标测量机和测量用机器人等。

4）输送装置。有输送带、堆垛机、有轨小车（RGV）和自动导引车（AGV）等。

5）交换装置。如自动托盘交换器（automatic pallet changer，APC）、上料机器人等。

6）装卸站。毛坯安装到托盘上，工件从托盘上取下，这一过程通常由人在装卸站完成。

7）保管装置。如托盘缓冲站（平面仓库）、立体自动仓库等。

8）信息管理及控制装置。它由计算机网络系统和 FMS 管理与控制软件构成，管理 FMS 的信息，控制 FMS 各设备协调一致工作的网络系统，可采取由中央计算机（公司级）、主计算机（工厂级）、单元

控制器（车间级）、CNC 系统和 PLC（设备级）组成的多级分布式结构。FMS 的管理与控制软件是一个庞大的计算机软件系统，包括系统管理软件包、工具管理软件包、工具室管理软件包、作业计划软件包、统计管理软件包、系统故障诊断与维护软件包。

9）辅助设备。如切屑处理装置。

5.1.2　柔性制造系统的分类及应用

柔性制造系统可分为柔性制造单元（FMC）、柔性生产线（FTL）和柔性制造系统（FMS）。

1. 柔性制造单元

柔性制造单元（FMC）由主机、刀具自动交换装置（ATC）和托盘交换装置（APC）三部分组成，若备有较大的托盘缓冲站，FMC 可以实现长时间无人运转。FMC 能承担由多种零件组成的混流作业计划，这就是它的"柔性"。

一般柔性制造单元的构成分为如下两大类：

1）由加工中心配上自动托盘交换系统。这类柔性制造单元以托盘交换系统为特征，一般具备 5 个以上的托盘，组成环形或直线形托盘库。对环形托盘库（图 5.1-2 和图 5.1-3），托盘支撑在环形导轨上，由内侧的环链拖动而回转，链轮由电动机驱动。托盘的选定和停位，由可编程控制器（PLC）、终端开关和光电识码器完成。这样的托盘系统具有存贮、运送功能，工件和刀具的归类功能，切削状态监视功能等。加工中心上托盘的交换由设在环形交换系统中的液压或电动推拉机构来实现。如果再设置一个托盘工作站，则托盘系统可以通过该工作站与其他系统发生联系。若干个柔性制造单元通过这种方式可以组成一条柔性制造生产线。对直线形托盘库（图 5.1-4），有回转式托盘交换装置，托盘库直线布置，有轨运输车输送托盘。这种柔性制造单元易于扩展成更大规模的 FMC，甚至 FMS。

2）数控机床（或数控机床和加工中心）配以工业机器人。这类柔性制造单元的最一般形式是由两台数控车床配上机器人（或机械手），加上工件传输系统组成。在图 5.1-5 中，主机由加工中心和 NC 车床组成，工件放在料台上，由固定安装的回转式机器人上下料，适于小型回转体零件。图 5.1-6 所示为门式高架机器人上下料的 FMC。主机由加工中心和 CNC车床组成，门式高架机器人搬运工件，搬运设备占用场地较少，适于回转体零件。这类柔性制造单元还有多种组合形式，如美国 Cincinnati Milacron 公司生产

的 FMC，由一台车削中心、一台立式加工中心和一台卧式加工中心及一台工业机器人组成。机器人安装在一台传输小车上，小车安装在固定轨道上，由机器人实现机床至机床之间的工件传送。

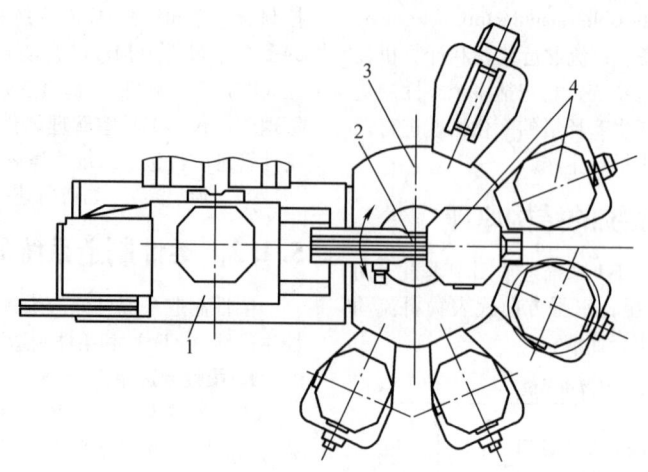

图 5.1-2　圆形托盘库 FMC

1—加工中心工作台　2—交换装置　3—托盘库　4—托盘

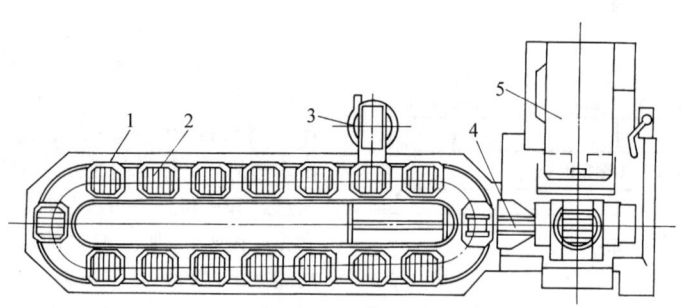

图 5.1-3　椭圆形托盘库 FMC

1—托盘库　2—托盘　3—装卸站　4—交换装置　5—加工中心

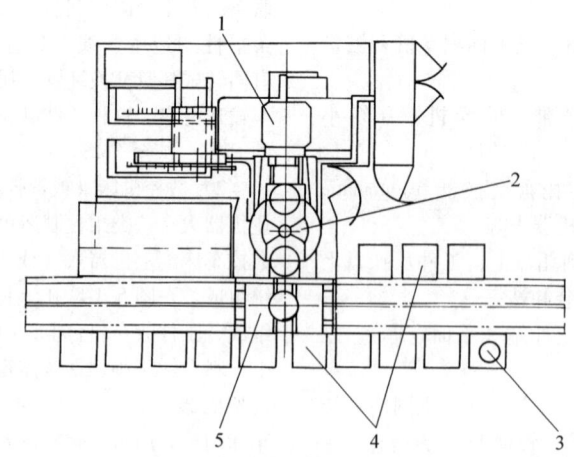

图 5.1-4　直线形托盘库 FMC

1—加工中心　2—交换装置　3—装卸工位　4—托盘库　5—托盘运输车

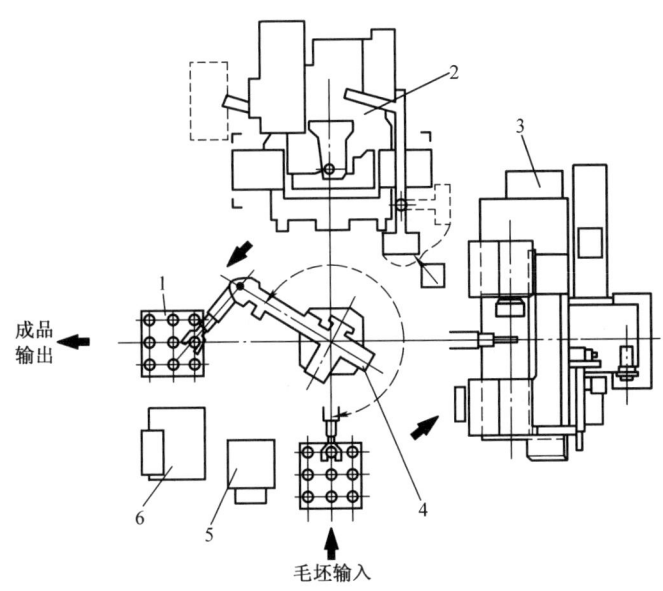

图 5.1-5　回转机器人上下料的 FMC

1—料台　2—加工中心　3—NC 车床　4—回转式搬运机器人　5—机器人控制柜　6—液压站

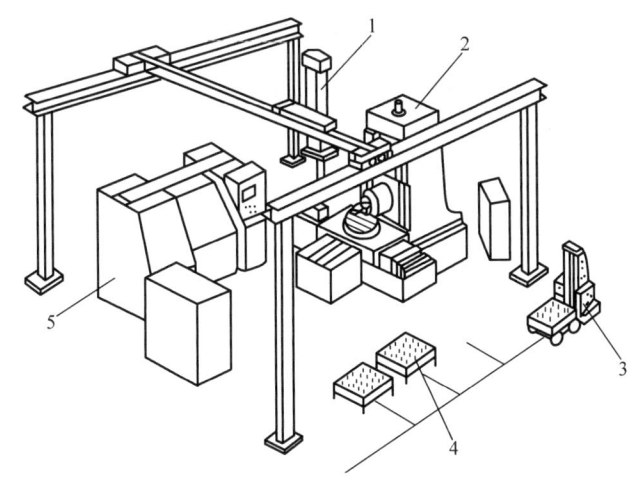

图 5.1-6　门式高架机器人上下料的 FMC

1—门式高架机器人　2—加工中心　3—台面可升降 AGV　4—料台　5—CNC 车床

2. 柔性生产线

柔性生产线（FTL）也可称为柔性自动线或可变自动线。机床多采用专用的高效机床，如数控组合机床、多轴头机床、换箱机床、转塔机床和专用 NC 机床等。工件一般装在托盘上输送。对于外形规整，有良好的定位、输送、夹紧条件的工件，也可以直接输送。多采用步伐式输送带同步输送，节拍固定，也可采用辊道及工业机器人实现非同步输送。FTL 的中央控制装置可选用带微处理机的顺序控制器和微型计算机。FTL 是在传统组合机床及其自动线的基础上，主要通过对各类工艺功能的组合机床进行数控化而形成的。它与传统的刚性自动线的区别在于它能同时或依次加工少量不同的工件。FTL 常用来作为大批量生产的制造系统，加工对象主要是箱体类零件。

图 5.1-7 所示为托盘平面返回式 FTL，用于加工三种汽车发动机进气管。加工设备是数控机床和转塔组合机床；工件装在托盘上，由抬起步伐式输送杆输送，托盘由返回输送带平面返回。图 5.1-8 所示为用于加工 8 缸和 12 缸气缸盖的 FTL。加工设备是数控换箱机床、转塔机床和组合机床。线中还设置了一个

清洗工位和两个刀具破损检查工位。

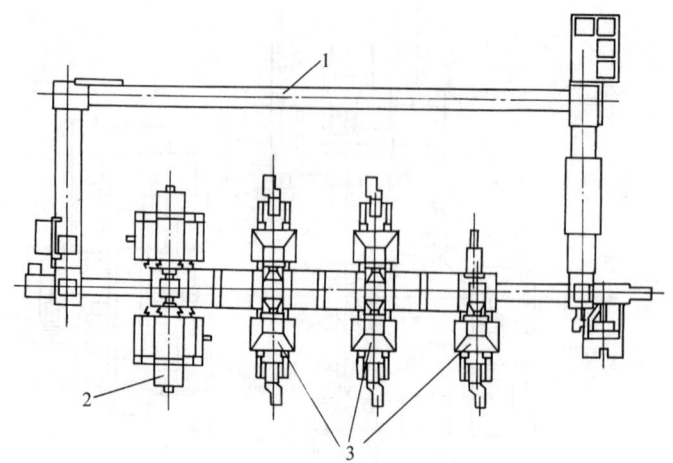

图 5.1-7 托盘平面返回式 FTL
1—返回输送带 2—机床 3—转塔组合机床

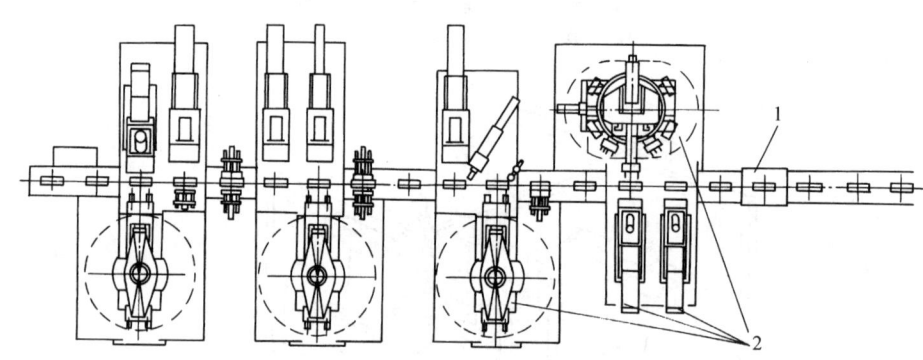

图 5.1-8 加工气缸盖的 FTL
1—托盘及输送带 2—机床

3. 柔性制造系统

柔性制造系统是制造业更完善、更高级的发展阶段，适用于中小批量、较多品种的制造，具有高柔性、高智能特点。柔性制造系统由加工系统、物料贮运系统、控制系统和软件系统组成。详细内容在本章其后各节和其他章节介绍。

一般认为，FMC、FTL、FMS 有着较多的共同点。FMC 可以作为 FMS 中的基本单元，FMS 可由若干个 FMC 发展组成。FMC 与 FMS 之间的区别可以归纳为，FMC 是由单台（或少数几台）制造设备构成的小系统，而 FMS 可以是由很多设备构成的大系统；

FMC 只具有某一种制造功能，而典型 FMS 应该有多种制造功能，如加工、检测、装配等；FMC 是自动化制造孤岛，而典型 FMS 应该与上位计算机系统联网并交换信息；一个小 FMS 的功能也比复杂 FMC 强大得多。FMS 与 FTL 的区别是，FTL 中的工件沿着一定的路线输送，而不像 FMS 那样可以灵活输送；FTL 更适于大批量生产。

柔性制造系统由下列三大部分组成，即多工位的数控加工系统、自动化物料贮运系统和整个系统运行的计算机控制系统。

5.2 柔性制造系统的加工系统

柔性制造系统的加工系统能以设定顺序自动加工各种工件，并能自动地更换工件和刀具。通常由若干

台对工件进行加工的 CNC 机床和所使用的刀具构成。

以加工箱体类工件为主的柔性制造系统配备数控

加工中心；以加工回转体工件为主的柔性制造系统多数配备 CNC 车削中心和 CNC 车床（有时也有 CNC 磨床）；能混合加工箱体类工件和回转体工件的柔性制造系统既配备有 CNC 加工中心，也配备 CNC 车削中心和 CNC 车床；典型工件，如齿轮加工的柔性制造系统除配备 CNC 车床，还配备 CNC 齿轮加工机床。

柔性制造系统的加工能力由它所拥有的加工设备决定。柔性制造系统中的加工中心所需的功率、加工尺寸范围和精度则由待加工的工件族决定。由于箱体、框架类工件在采用柔性制造系统加工时经济效益特别显著，故在现有的柔性制造系统中，加工箱体类工件的柔性制造系统占的比重较大。

5.2.1 柔性制造系统对自动化加工设备的要求

目前使用的柔性制造系统绝大多数承担着零件机械加工的任务，金属切削机床是其内核。为了将某机床纳入柔性制造系统，人们改进了它的结构和性能。随着柔性制造自动化技术的不断发展，用于 FMS 的机床便形成了一些不同于其原型机床的特点。

（1）结构布局便于工件自动交换

为了方便工件自动交换，卧式加工中心的结构由床鞍移动式改进成立柱移动式，因为立柱移动便于搬运设备抵达同一工件交换位置，进行工件的交换。

为了提高工件交换的可靠性和效率，还把本属于物流系统的设备划作机床的部件，从整体上对原型机床重新布局。例如，一些生产厂商将加工中心和托盘交换器设计制造成一台整机，将车削中心与上下料机器人设计成一台整机。

（2）有大容量刀库或辅助刀库

FMS 在运行中要使用大批刀具，因此用于 FMS 的机床应备有大容量刀库。例如，FMS 往往要求加工中心的固定刀库具有 60～200 把刀具的容量。为了满足 FMS 的需要，有些机床还有辅助刀库。机床刀库与辅助刀库之间的一批刀具交换，可以在 FMS 运行过程中完成。为了保证 FMS 安全运行，比较先进的机床都具备刀具管理功能。

（3）综合加工能力强

为了提高生产率，根据工序分散原则，刚性自动线按等节奏、快节拍的流水作业方式来布置机床和设备，只要求机床具有专用性。

同样也是为了提高生产率，FMS 却将尽可能多的切削加工作业集中在一道工序中完成，因为这一技术措施能够有效地缩短工件交换、找正等辅助加工时间，增加机床的切削加工时间。根据这一原则，FMS 要求机床具有很强的综合加工能力，机床的结构也因

此发生了重大变化。例如，20 世纪 90 年代初出现的五面体加工中心便综合了立式加工中心和卧式加工中心的能力，在一次装夹中能加工出工件的各个侧面和顶面。五面体加工中心与卧式加工中心的区别，仅在于其主轴头可以在立式和卧式之间自由转换。

有些生产厂商采取提高主轴旋转精度和速度的技术措施，使加工中心能夹持磨具完成磨削加工作业；通过提高工作台旋转速度，使加工中心能完成车削加工作业。有些加工中心还具有主轴头交换功能，能在一次走刀中用多把刀具加工多个表面。

为了工序集中，不少生产厂商还将不同类型机床的关键模块组合起来，构筑出一些新型机床，如车削中心就是 NC 车床和 NC 铣床综合的产物。

（4）高性能

强切削和高速切削是提高生产率的基本措施，因此 FMS 选用刚度大的机床，并要求机床具有较高的主轴转速和进给速度，要求主轴电动机和进给电动机具有较大功率。

在相同制造环境下，FMS 的机床精度高于常规的通用机床精度。例如，绝大多数加工中心各个数控轴的定位精度和重复定位精度都不大于 0.01mm，可代替普通坐标镗床完成具有较高位置公差要求的孔系加工。

（5）通信接口

通信接口是数控机床进入 FMS 的必要条件。

此外，很多 FMS 要求机床配备大流量切削冷却液设备。切削液从机床的各个方位喷射到工件、夹具、工作台上，不仅能将工件和托盘基面清洗干净，还可将切屑冲刷到切屑收集槽中，机床内部增设的自动排屑装置可将槽中的切屑送出机床。

比较先进的机床还具有功率监测和自适应控制功能，自动检测和补偿功能，突发性事故监视和处理功能。

5.2.2 柔性制造系统对自动化加工设备的控制与集成

没有控制技术支撑，制造过程就不可能实现自动化。在制造过程中，单一机械设备的自动运行离不开自己的控制装置；缺少集中控制装置，各种设备就不能协调一致地连续工作。

可编程控制器（PLC）、数控（NC）、计算机数控（CNC）装置是实现柔性制造自动化的三种基本控制设备。它们担负着数据处理、顺序控制、伺服控制的任务，并沿着各自方向不断发展，形成了具有鲜明个性的技术特色。价格低廉的微型计算机，其性能已经得到很大提高，能取代 FMS 的小型计算机，作为

FMS 的主控设备。随着柔性制造自动化技术的发展，传统 PLC 和通用 NC 装置的结构和性能也发生了深刻变化。

PLC、NC、CNC 装置沿着各自方向发展的同时，相互之间也进行了技术渗透，从而推出了一些具有复合功能的控制设备。制造商在研制通用 CNC 系统的同时，就将内藏 PLC 功能作为 CNC 的一个重要开发目标。高性能 FMS 单元控制器具有数值处理和直接数控（DNC）双重功能，它能处理来自上位计算机的信息，控制下位 NC 机床、机器人、物料搬运设备的运行。有的制造商还开发出了 PLC/NC 一体化的设备。

在柔性制造系统中，功用各不相同的 PLC、NC、CNC 装置常常采用 DNC 结构或多级分布式结构协同工作，控制整个制造系统协调运行。

柔性制造系统是一个自动化程度很高、由多种先进技术和设备复合而成的复杂系统，因而可能发生故障的部位较多。为了使 FMS 能在无人（或人数很少）的条件下可靠地长期运行，将自动监视技术和系统用于 FMS，就不是一项可有可无的工作。

（1）可编程控制器（PLC）

PLC 是顺序控制系统的高级发展阶段。最早出现的继电器顺序控制系统，依靠动合触点与动开触点的组合，以及时间继电器的延时、定时功能，控制自动化系统中各设备按照预先设计的流程有序地启动、运转、停止。

电控触点多、接线复杂、故障率高是继电器顺序控制系统的突出缺点。借助大规模集成电路和微处理器技术开发的可编程控制器，成功地克服了这些缺点，成为自动化系统广泛使用的顺序控制装置。PLC 的编程语言依然沿用继电器顺序控制系统的梯形图。

随着柔性制造自动化技术的发展，PLC 的应用范围在不断扩大，单纯的顺序控制已不能满足人们的需要，PLC 的功能和结构也因此发生了很大变化。

面对日益复杂的被控设备和控制作业，PLC 的功能沿着以下方向发展：

1）数据处理与数值运算功能。除了行程开关等器件发出的开关信号，一些智能化传感器监测到的信号也能成为 PLC 的输入信号。此外，柔性制造自动化系统还常常要求 PLC 与上位计算机或控制器通信。所以，不少制造商推出了拥有数据处理和数值运算命令的 PLC，能完成字符串处理、常用数学公式计算和浮点运算等。

2）高性能 CPU 和大容量内存。柔性制造自动化系统要求 PLC 具有高速处理信息的能力，还要求 PLC 运行较大程序，以数据文件方式传送信息。不少制造商推出了拥有高性能 CPU 和大容量内存的 PLC，能完成大量信息的高速处理。

3）外围设备多样化。为了扩大应用范围，不少制造商推出的 PLC 能采用多种外围设备，如条码阅读机、CRT、打印机、微型计算机、便携式计算机、位置检测控制设备和伺服控制装置等。

4）网络功能。作为柔性制造自动化系统的基本控制设备，PLC 应具备网络功能。因为拥有数台 PLC 的较大规模自动化系统，不仅要求 PLC 之间能交换数据，还要求 PLC 高速地与上位计算机和控制器通信，传送制造命令、生产统计、故障分析等信息。为了能与不同设备联网，PLC 网络功能的建立以开放式通信协议标准为基础。

5）故障诊断。面对复杂的系统结构和复杂的控制内容，不少制造商推出的 PLC 拥有故障诊断功能。

为了适应柔性制造自动化对设备的增设、改造、移迁的需求，减少制造费用和缩短工期，可以将 PLC 的输入、输出由集中式改成远程分布式，即模块化的 PLC。模块化 PLC 由 PLC 主机、通用连接器、发送部件、地址部件、传感器终端和功率终端等部件组成，通用电缆将分散在不同作业点的部件连接成一体。

（2）数字控制（NC）

数控机床是大规模集成电路与高精度电动机位置伺服控制系统、转速控制系统、多坐标机床结合的产物。采用硬件进行逻辑控制，用可编程控制器 PLC 进行加工动作和辅助动作的程序控制，由内存来存储 NC 和 PLC 程序，并由数字电路硬件来完成 NC 程序中的移动指令和插补运算。因此，NC 系统具有 NC 程序编制支持功能，操作人员可在系统上手工编程；同时，也应具有通信功能，接受自动编程机或 CAD/CAM 系统生成的 NC 程序。

数控机床上的自适应控制主要完成以下 3 个方面功能：

1）检测及识别加工环境中影响所需性能的随机性变化。

2）决定如何修正控制策略，或者修正控制器的某些部分，以获得最优的加工性能。

3）修正控制策略，以实现期望的决策。

由此可见，自适应控制的 3 个基本任务是识别、决策和修改。在金属切削加工中，自适应控制应用主要是：

1）当切削宽度或深度发生变化时，调整刀具的进给量。

2）当工件硬度、强度等切削条件发生变化时，调整进给量和切削速度。

3）对刀具磨损的补偿及进给量调节。

4）当切削加工中处于非切削状态时，可以提高刀具运动速度。

切削加工中采用自适应控制，可提高机床生产率，延长刀具寿命，避免工件在加工中损坏，减少人工干预。

为了满足 NC 系统的需要，必须对刀具和工件的位移及转角、驱动装置的速度、切削力和扭矩、刀具与切削面的距离、刀具温度和吃刀量等参数进行测量。为此，需要设置位置与速度传感器、温度传感器、力和力矩传感器、触觉传感器、光学传感器、接近传感器、安全传感器、工件材质传感器和声学传感器等。

（3）计算机数字控制（CNC）

CNC 系统与 NC 系统的功能基本相同，只不过系统中包含有一套计算机系统。逻辑控制、几何数据处理及 NC 程序执行等许多控制功能由计算机来实现，具有更强的柔性。

在 CNC 控制器中，插补运算可采用全部软件实现、部分软件（粗插补）部分硬件（精插补）实现和全部硬件实现三种方式。

CNC 系统通常采用多处理器 CPU 的结构，每个微处理器的 CPU 都有各自的存储器和局部总线。几个处理器协同并行工作，可以提高控制系统的性能。

20 世纪 90 年代的 CNC 系统，其 NC 程序编程功能进一步增强。除了常规的编程方法，CNC 系统还具有面向车间的编程（workshop oriented programming，WOP）。WOP 的目标是，有实践经验的机床操作者，不必掌握数控编程语言的专门知识，只需将精力集中在加工任务上，通过清晰易懂的人机界面，就可以在现场进行数控编程工作。

WOP 与常规编程的区别在于编程数据的输入方式。常规编程通常用功能指令编制程序，其最大缺点是抽象，必须要求操作人员先掌握这种语言方能进行编程，而 WOP 是由操作人员根据加工零件的形状尺寸，用图形交互输入方法生成数控程序，操作人员仅进行零件的描述，具体的数控程序（加工顺序、轨迹控制）由 WOP 系统自己生成；同时，加工工艺数据（刀具的选用、切削数据的确定及有无切削冷却等）和加工零件几何形状数据的定义是分离的，即操作人员可以充分利用 WOP 系统推荐的工艺数据，根据自己的生产经验进行优化修正。

在 WOP 中，借助快速的图形处理器可使工件以三维方式在屏幕上显示，并可进行空间旋转。除工件，数控系统屏幕上还可显示装夹位置和刀具在加工中的运动过程。在开始加工前，通过加工过程的模拟，可以及早发现程序中的错误和加工碰撞，以帮助操作人员使其加工的第一个零件就合格。WOP 和加工过程模拟可与加工同时进行，以减少停车时间，提高机床加工效率。

WOP 的主要特点：

1）统一的编程方法。WOP 的目标是能在统一的基础上进行数控编程，而与数控系统制造商无关。对于同一种加工方式（如车削），都有统一的编程方法。不论采用哪一种数控系统，对于不同的加工方式（如车削、铣削等），则具有统一的编程结构和用户接口。

2）图形交互输入。WOP 的操作简单，编程员无须使用抽象的指令语言，只要以图形交互方式输入必要的信息即可，同时还免除了编程员的辅助计算和刀具轨迹运算工作。

3）加工过程图形动态。WOP 要求通过零件加工程序在屏幕上模拟加工过程，进而检查程序有无错误。在屏幕上能显示毛坯和成品形状及刀具夹具轮廓；能以实际或可调整的速度比例来模拟实际加工过程；可以应用图形缩放功能，更清楚地观察关键加工段；还可以在整个加工空间对应用的刀具夹具的干涉碰撞进行校验。

4）程序的修正和优化。WOP 的目标是简化编程方法，其数控系统接收的加工程序是由 WOP 系统自身生成的，这就要求程序的修正和优化也要用与程序输入同样的图形交互方式进行，并由 WOP 系统对修正和优化后的信息在原来生成的加工程序上进行自动修正。

5）工艺过程生成及工艺参数制定。WOP 应当具有加工过程和加工准备的辅助功能，也就是说，它能推荐按照一定加工策略初步优化的加工过程和工艺参数（包括刀具夹具数据的选择）。与此同时，WOP 系统允许操作工人根据自己的实践经验和知识自行选择，这时，WOP 系统应能提供相应的刀具夹具的数据和图形库。

6）车间和技术科室使用同样的系统。WOP 系统要求操作人员现场编程和技术人员在科室编程具有统一的界面，从而可使集中的零件几何形状定义编辑得以进行，而在车间加工现场进行结合实际的工艺过程制订，实现加工柔性和编程的统一。

7）在 CIM（计算机集成制造）中的集成。WOP 系统的进一步发展需要有接口与 CAD 的几何图形数据相连接。在连接中，首先对加工必须的几何信息进行选择，剔除多余的图纸信息，将有效信息转换为 IGES 格式，分类以后连续送给 WOP 系统，以替代零件几何形状的描述编程。

WOP 作为一种新的数控编程方法，它的显著优点是考虑了当前机械加工行业的生产特点——多品种、小批量，从而提高了生产的柔性和适应性；在此基础上还考虑了车间技术工人的专门知识和经验；同时，由于它的直观性，将更容易为人们所接收和使用。WOP 对实现以人为中心的集成制造技术具有极大的促进作用。

（4）加工设备的通信集成

1）点到点的通信集成。通常 NC 或 CNC 系统具有串行数据通信接口，可用于实现 NC 程序的双向传送功能。

如果 CNC 系统支持 DNC 功能，则可通过串口及计算机网络来连接 FMS 控制器。

如果 CNC 系统不支持 DNC 功能，一般较难集成到 FMS 系统中，但也可以对原有机床的 PLC 进行一些改造，使 CNC 系统能够接收简单的加工动作控制指令，并可反馈一些必须的加工和动作状态，这样也可以通过串口来连接 FMS 控制器。

2）通过网络的通信集成。现代的 CNC 系统提供了通过 PLC 网络和通过 CNC 系统直接支持以太网的通信集成方式。它具有通信可靠、通信速度快、系统开放性好及控制功能全的优点，是目前和未来 DNC 系统发展和应用的方向。

5.2.3 柔性制造系统用自动化加工机床的特点

集成于柔性制造系统的加工机床具有以下特点：

1）加工工序集中。柔性制造系统是适应小批量多品种加工生产的高度自动化制造系统，造价昂贵，这就要求加工工位的数目较少，而且能够接近满负荷工作。根据统计，80%的现有柔性制造系统的加工工位数目不超过 10 个。此外，加工工位较少，还可减轻工件流的输送负担。所以，加工工序集中就成为柔性制造系统中机床的主要特征。

2）控制方便。柔性制造系统所采用的机床必须适合纳入整个控制系统。因此，机床的控制系统不仅要能够实现自动加工循环，还要能够适应加工对象的改变，易于重新调整，即要具有"柔性"。计算机数字控制系统和可编程序控制器在柔性制造系统的机床和输送装置的控制中获得日益广泛的应用。

3）兼顾柔性和生产率。为了适应多品种零件加工的需要，就不能像大批量生产那样采用为某一特定工序设计的专用机床，但又不能像单件生产那样采用普通万能机床，万能机床虽然具备较大的柔性，但生产率不高。

柔性制造系统有两种加工机床选择和配置方案，

即"互替"机床和"互补"机床。

1）"互替"机床，即纳入系统的机床是互相可以代替的。例如，由加工中心组成的柔性制造系统，在加工中心上可以完成多种工序的加工，有时一台加工中心就能完成零件的全部工序，工件可随机地输送到系统中任何恰好空闲的加工工位，系统具有较大的和较宽的工艺范围，可以实现较高的时间利用率。从系统的输入和输出的角度来看，它是并联环节，增加了系统的可靠性，即当某台机床发生故障时，系统仍能正常工作。

2）"互补"机床，即纳入系统的机床是互相补充的，各自完成某些特定的工序，各机床之间不能互相取代，工件在一定程度上必须按顺序经过加工工位。它的特点是生产率较高，对机床的技术利用率较高。但是，"互补"机床的柔性较低，由于工艺范围较窄，负荷率往往不满。从系统的输入和输出的角度来看，"互补"机床是串联环节，它减少了系统的可靠性，即当其中某一台机床发生故障时，系统就不能正常工作。

5.2.4 加工中心

1. 加工中心应用特点

加工中心是典型的集高新技术于一体的机械加工设备，它的发展代表了一个国家设计、制造的水平，受到高度重视。加工中心综合加工能力较强，工件一次装夹后能完成较多的加工步骤，加工精度较高。对于中等加工难度的批量工件，其效率是普通设备的 5~10 倍。加工中心对形状较复杂、精度要求高的单件加工或中小批量多品种生产更为适合，特别是对于必须采用工装和专机设备来保证产品质量和效率的工件，采用加工中心加工，可以省去工装和专机，这为新产品的研制和改型换代节省大量的时间和费用，从而使企业具有较强的竞争能力。因此，它也是判断企业技术能力和工艺水平标志的一个方面。如今，加工中心已成为现代机床发展的主流方向，广泛用于机械制造中。与普通数控机床相比，它具有以下几个特点。

1）工序集中。加工中心备有刀库，能自动换刀，并能对工件进行多工序加工。现代加工中心可使工件在一次装夹后实现多表面、多工位的连续、高效、高精度加工，即工序集中。这是加工中心最突出的特点。

2）加工精度高。加工中心与其他数控机床一样具有加工精度高的特点，而且加工中心可一次装夹工件，实现多工序集中加工，减少了多次装夹带来的误差，故加工精度更高，加工质量更加稳定。

3）适应性强。加工中心对加工对象的适应性强。当改变加工零件时，只需重新编制（更换）程序，就能实现对新零件的加工，这对结构复杂零件的单件、小批量生产及新产品试制带来极大的方便；同时，它还能自动加工普通机床很难加工或无法加工的精密复杂零件。

4）生产率高。加工中心带有刀库，在一台机床上能集中完成多种加工，因而可缩短工件装夹、测量和机床的调整，以及工件半成品的周转、搬运和存放时间，机床的切削利用率（切削时间与开动时间之比）高。

5）经济效益好。当采用加工中心加工零件时，虽分摊在每个零件上的设备费用较昂贵，但在单件、小批生产的情况下，可以节省许多其他方面的费用。由于是数控加工，加工中心不必准备专用钻模等工艺装备，加工前节省了画线工时，零件安装到机床上以后可以缩短调整、加工和检验时间。另外，由于加工中心的加工稳定，减少了废品率，使生产成本进一步下降。

6）自动化程度高，劳动强度低。加工中心加工零件是按事先编好的程序自动完成的，操作人员除了操作键盘、装卸零件、进行关键工序的中间测量，以及观察机床的运行，不需要进行繁重的重复性手工操作，劳动强度可大为减轻。

7）有利于生产的现代化管理。采用加工中心加工零件，能够准确地计算零件的加工工时，并有效地简化检验和工夹具、半成品的管理工作，有利于使生产管理现代化。当前有许多大型 CAD/CAM 集成软件已经开发了生产管理模块，实现了计算机辅助生产管理。加工中心使用的数字信息与标准代码输入最适宜计算机联网及管理。

加工中心的工序集中加工方式有其独特的优点，但也带来一些问题。

1）工件由毛坯直接加工为成品，一次装夹中金属切除量大，几何形状变化大，没有释放应力的过程。加工完成一段时间后内应力释放，工件变形。

2）粗加工后直接进入精加工阶段，工件的温升来不及回复，冷却后尺寸变动，影响零件精度。

3）装夹工件的夹具必须满足既能承受粗加工中大的切削力、又能在精加工中准确定位的要求，并且零件夹紧变形要小。

4）切削不断屑时切屑的堆积、缠绕等会影响加工的顺利进行及工件的表面质量，甚至损坏刀具，产生废品。

2. 加工中心的分类

根据加工中心的结构和功能，有以下几种分类形式。

（1）按工艺用途分

1）镗铣加工中心。镗铣加工中心是机械加工业应用最多的一类加工设备。其加工范围主要是铣削、钻削和镗削，适用于多品种小批量生产的箱体、壳体，以及复杂零件特殊曲线和曲面轮廓的多工序加工。

2）钻削加工中心。钻削加工中心的加工以钻削为主，刀库形式多为转塔头。适用于中小零件的钻孔、扩孔、铰孔、攻螺纹等多工序加工。

3）车削加工中心。车削加工中心以车削为主，主体是数控车床，机床上配备有转塔式刀库或由换刀机械手和链式刀库组成的刀库。

4）复合加工中心。在一台设备上可以完成车、铣、镗、钻等多工序加工的加工中心称之为复合加工中心，可代替多台机床实现多工序加工。工件一次装夹后，能完成多个面的加工。复合加工中心多指五面加工中心，它的主轴或工作台可进行水平和垂直转换，这种加工中心兼有立式和卧式加工中心的功能，在加工过程中可保证工件的位置精度。

（2）按机床形态分

1）立式加工中心。主轴为垂直状态的加工中心，能完成铣削、镗削、钻削、攻螺纹等多工序加工。立式加工中心适宜加工高度尺寸较小的零件。

2）卧式加工中心。主轴处于水平状态的加工中心，通常都带有自动分度的回转工作台，具有 3~5 个运动坐标。卧式加工中心适宜加工箱体类零件，一次装夹可对工件的多个面进行加工，特别适合孔与定位基面或孔与孔之间有相对位置要求的箱体零件加工。

3）龙门式加工中心。形状与龙门铣床相似，主轴多为垂直设置，除带有自动换刀装置，还带有可更换主轴头附件。数控装置的功能较齐全，能一机多用，适合大型工件和形状复杂工件的加工。

4）五面加工中心。主轴或工作台可立、卧式兼容，多方向加工而无须多次装夹工件。编程较复杂，主轴或工作台刚度受到一定影响。适于多面、多方向或多坐标复杂零件的加工。

5）并联运动机床（虚拟轴加工中心）。改变了以往传统机床的结构，通过连杆的伸缩和连杆支点的移动，实现主轴多自由度运动，完成工件复杂曲面的加工。虚拟轴加工中心一般采用六根可以伸缩的伺服轴，支承并连接装有主轴头的上平台与装有工作台的下平台。采用构架结构形式取代传统的床身、立柱等支承结构。

（3）按加工精度分

1）普通加工中心。分辨力为 1μm，最大进给量为 15~25m/min，定位精度 10μm 左右。

2）高精度加工中心。分辨力为 0.1μm，最大进给量为 15~100m/min，定位精度为 2μm 左右。定位精度介于 2~10μm 之间的，以 5μm 较多，称为精密级加工中心。

（4）按其他形式分

1）按加工中心运动坐标数和同时控制的坐标数。分为三轴二联动、三轴三联动、四轴三联动、五轴四联动、六轴五联动等。三轴、四轴等指加工中心具有的运动坐标数，联动指控制系统可以同时控制运动的坐标数。

2）按工作台的数量和功能。分为单工作台加工中心、双工作台加工中心和多工作台加工中心。多工作台加工中心有两个以上可更换的工作台，通过运送轨道可将加工完的工件连同工作台（托盘）一起移出加工部位，然后将装有待加工工件的工作台（托盘）送到加工部位。

3. 加工中心的型号

目前，我国机床型号的编制方法遵循 GB/T 15375—2008《金属切削机床　型号编制方法》的规定。加工中心的型号编制方法，根据通用或专用机床型号的编制方法套用。以数控铣镗床为基础的加工中心，型号通常用 TH；以数控铣床为基础的加工中心，型号通常用 XH；H 为加工中心通用特性代号（自动换刀）。组别、系列代号用阿拉伯数字组成，位于类别代号或通用特性代号之后，第一位数字表示组别，第二位数字表示系列。机床主参数用阿拉伯数字表示，阿拉伯数字表示的是机床主参数的折算值；加工中心用两位数字表示工作台宽度的 1/10。机床重大改进顺序号，在原机床型号后用 A、B、C、D 等英文字母表示。

加工中心型号示例：

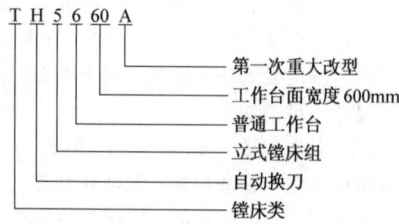

TH 5 6 60 A
- 第一次重大改型
- 工作台面宽度600mm
- 普通工作台
- 立式镗床组
- 自动换刀
- 镗床类

4. 卧式加工中心

卧式加工中心按立柱是否运动分为固定立柱型和移动立柱型。

（1）固定立柱型

1）工作台十字运动。工作台做 X、Z 向运动，主轴箱在立柱上有正挂、侧挂两种形式，做 Y 向运动。适用于中型复杂零件的镗、铣等多工序加工。

2）主轴箱十字运动。主轴箱做 X、Z 向运动，工作台做 Y 向运动，如图 5.2-1 所示。适用于中小型零件的镗、铣等多工序加工。

3）主轴箱侧挂在立柱上，做 Y、Z 向运动。这种布局形式与刨台型卧式铣镗床类似，工作台做 X 向运动。适用于中型零件镗、铣等多工序加工。

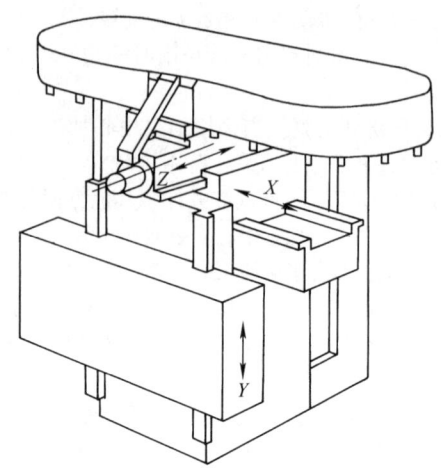

图 5.2-1　主轴箱十字运动的卧式加工中心

（2）移动立柱型

1）刨台型。床身呈 T 字形，工作台在前床身上做 X 向运动，立柱在后床身上做 Z 向运动，主轴箱在立柱上有正挂、侧挂两种形式，做 Y 向运动。适用于中大型零件，特别是长度较大零件的镗、铣等多工序加工。图 5.2-2 所示为主轴箱正挂在立柱上的刨台型卧式加工中心。

2）立柱十字运动型。立柱做 Z、U（与 X 向平行）向运动，主轴箱在立柱上做 Y 向运动，工作台在前床身上做 X 向运动。适用于中型复杂零件的镗、铣等多工序加工。

3）主轴滑枕进给型。主轴箱在立柱上做 Y 向运动，主轴滑枕做 Z 向运动，立柱做 X 向运动。工作台是固定的或装有回转工作台，可配备多个工作台。适用于中小型多个零件加工，工件装卸和切削时间可重合。

4）落地型。立柱做 X、Z 向运动，主轴箱在立柱上做 Y 向运动。可配备落地式工作台（图 5.2-3）或回转工作台。适用于大型零件（特别是较长的零件）或中型零件的多面多工序加工。

（3）卧式加工中心主要结构

1）加工中心主轴组件。加工中心主轴组件除了具有一般数控机床主轴组件所具有的主轴、主轴支承及装在主轴上的传动件和密封件，还具有刀具自动夹紧、主轴自动准停和主轴装刀孔吹净等装置。

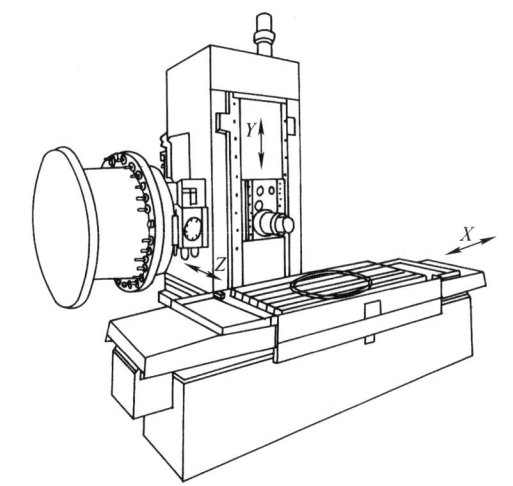

图 5.2-2　主轴箱正挂在立柱上的刨台型卧式加工中心

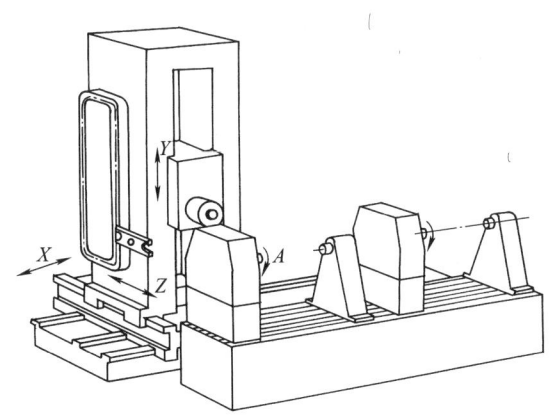

图 5.2-3　移动立柱落地型卧式加工中心

加工中心主轴结构随主轴系统设计要求的不同而具有各种形式。主轴的主要尺寸参数包括主轴直径、内孔直径、悬伸长度和支承跨距。主轴是空心的，用于安装自动换刀需要的松开夹紧装置。刀具自动夹紧机构是数控机床特别是加工中心的特有机构，它具有自动松开和夹紧刀具功能，通常安装在主轴的内部。主轴前端一般有 7∶24 的锥孔，用于装夹刀柄或刀杆；主轴端面有一端面键，既可通过它传递刀具的扭矩，又可用于刀具的周向定位。

图 5.2-4 所示为 THK4680 型卧式加工中心的主轴组件。主轴的前支承由双列圆柱滚子轴承和双列向心推力球轴承组成，后支承采用双列圆柱滚子轴承。主轴内部安装刀具自动夹紧机构。卡爪 4 夹持刀柄拉钉 12，通过拉杆 10 向右移动（由成组碟形弹簧施力，未示出）将刀柄拉紧于主轴锥孔内。放松刀具则由主轴尾端的液压缸活塞（未示出）推动拉杆 10、拉

钉 12 从卡爪 4 中脱出。

图 5.2-5 所示为具有刀柄自动松开拉紧的主轴组件。刀柄为 7∶24 大锥度锥柄，锥柄尾端装有刀柄拉钉 5（GB/T 10944.5），在碟形弹簧 3 的作用下拉杆 2 始终保持约 10kN 的拉力，通过拉杆头部的钢球 4 将刀柄拉紧在锥孔内。当需要松开刀柄时，液压油进入主轴箱后部的液压缸右腔，活塞 1 推动拉杆 2 左移，压缩碟形弹簧 3。当拉杆头部左移到使钢球 4 位于主轴孔径较大处时，解除了对刀柄的拉力，即可换刀。当新刀具装入锥孔时，液压油进入液压缸左腔，活塞 1 向右退回原位，碟形弹簧 3 又通过拉杆 2 拉紧刀柄。当活塞 1 处于左右两个极限位置时，限位开关 8、9 发出松开和拉紧的信号。活塞 1 中心钻有压缩空气通道，端部接有压缩空气，当活塞左移碰到拉杆尾端时，压缩空气经过活塞中孔和拉杆 2 的中孔吹出，将主轴锥孔清理干净。通过钢球拉紧刀柄拉钉的结构如图 5.2-5b 所示。由于钢球与拉钉为点接触（A 点接触应力最大），不适宜用于传递更大的拉紧力。当要求拉紧力较大时，可用卡爪代替刚球，卡爪与拉钉为面接触（图 5.2-4）。

主轴定向准停有以下作用：自动装刀时，使主轴端键对准刀柄上的键槽；精镗孔后主轴定向准停，然后刀尖退离已加工表面再退出刀具，可避免刀尖划伤精镗过的表面；可扩大工艺用途，如镗刀越过箱体外壁小孔镗内壁大孔、反锪端面、反倒角等；当每次向主轴装刀时，刀尖与主轴的圆周相对位置不变，提高刀具安装精度，从而提高镗孔精度。

主轴定向准停可采用机械准停装置和电气准停装置。

机械准停装置有 V 形槽定位盘准停、端面螺旋凸轮准停等方式。较典型的 V 形槽定位盘准停机构如图 5.2-6 所示。带有 V 形槽的定位盘 1 与主轴连接；当执行主轴准停指令时，主轴已降速至设定的低速；当无触点开关 2 有效信号被检测到后，主轴电动机停转，主轴依惯性继续空转，同时准停液压缸 3 的定位销伸出并反向接触定位盘。当定位盘 V 形槽与定位销对正，由于液压缸的压力，定位销插入 V 形槽，准停到位检测开关 LS2 信号有效，表明主轴准停动作完成。LS1 为准停释放信号。采用这种准停方式，必须有一定的逻辑互锁，即当 LS2 有效时，才能进行诸如换刀等动作；只有当 LS1 有效时，主轴电动机才能启动运转。

电气准停装置主要有磁传感器式、编码型方式和数控系统控制方式。由主电动机准确制动使主轴定向准停的方法不需脱开主电动机与主轴的传动联系，当需要主轴准停时，磁感应片接通无触点开关发出准停

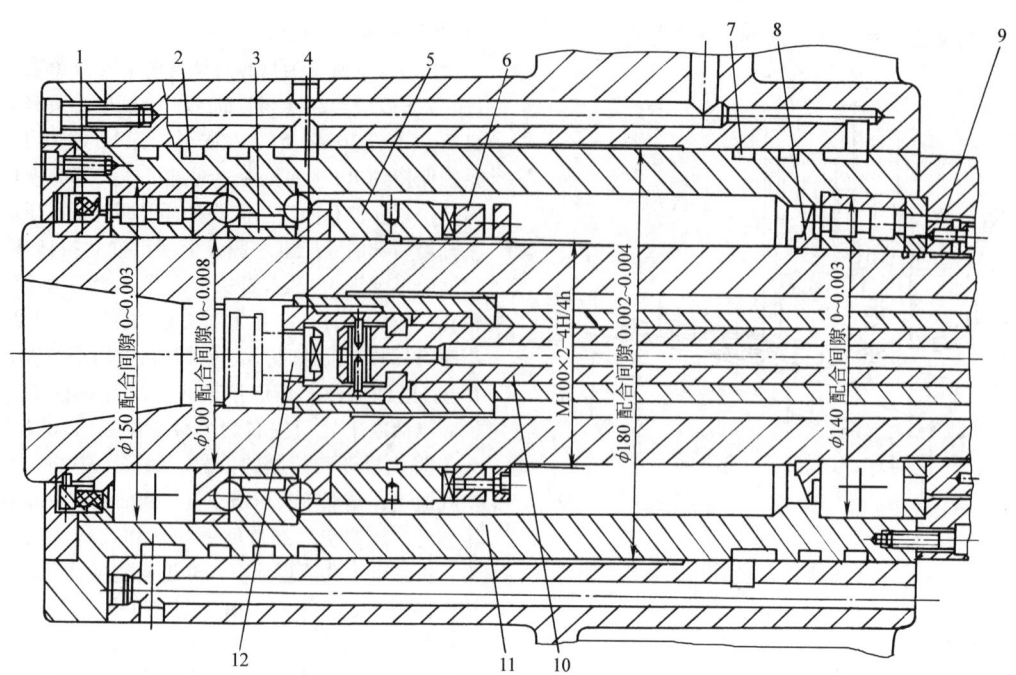

图 5.2-4　THK4680 型卧式加工中心的主轴组件

1、8—调整圈　2、7—冷却轴承用螺旋槽　3—隔套　4—卡爪　5—带导向配合的螺母
6、9—锁紧螺母　10—拉杆　11—主轴套筒　12—刀柄拉钉

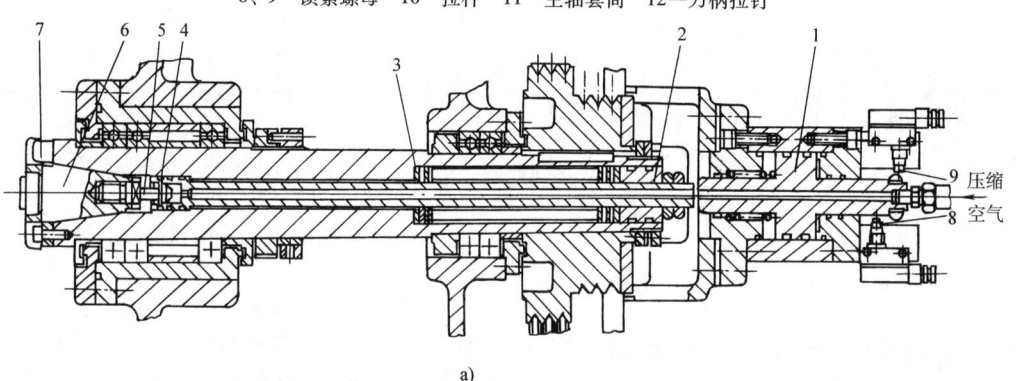

a)

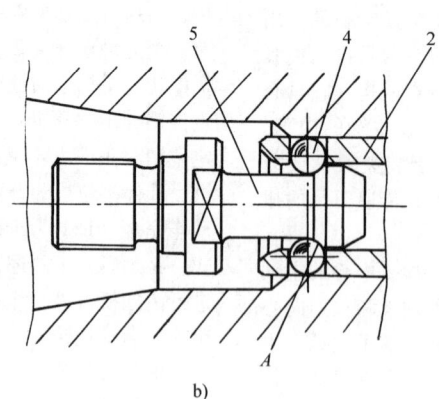

b)

图 5.2-5　具有刀柄自动松开拉紧机构的主轴组件

a) 主视图　b) 局部放大图

1—活塞　2—拉杆　3—碟形弹簧　4—钢球　5—刀柄拉钉　6—刀柄　7—端键　8、9—限位开关

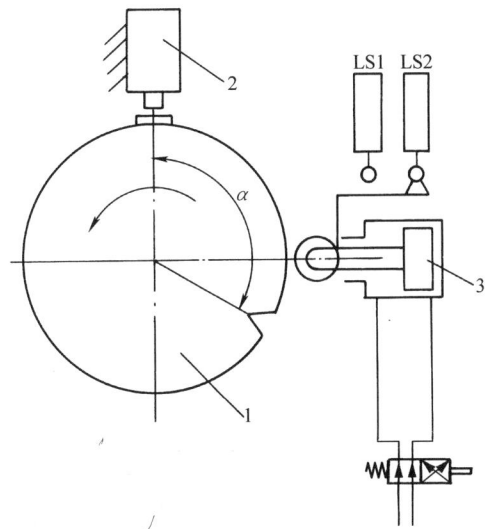

图 5.2-6　V 形槽定位盘准停机构

1—定位盘　2—无触点开关　3—准停液压缸

信号，或者由编码器检测主电动机旋转位置，控制主电动机准确制动而实现主轴定向准停，加工中心多数采用这种方法。数控系统控制方式要求主轴驱动控制器具有闭环伺服控制功能。采用接近开关准停是最简单的控制方式：当主轴转动中接收到数控系统发来准停信号，主轴减速至某一准停速度（如 10r/min）；当主轴到达准停位置（即接近开关对准）时，主轴即刹车停止。准停完成后，主轴驱动系统输出信号给数控系统，进行自动换刀或其他动作。

为保证加工中心的加工质量、刀具寿命和工作可靠性，应减少工件热变形、刀具发热磨损及切屑热对机床热变形的影响。冷却系统一般采取两种方式，即冷却液直接浇注冷却和喷雾冷却。冷却液直接浇注冷却可以回收利用冷却液，但冷却效果较差；喷雾冷却难回收冷却液，但冷却液用量不大，冷却效果较好。图 5.2-7 所示为一种喷雾冷却结构。装于主轴 3 前轴承外的支撑套 1 内有雾化冷却液通过孔，可在主轴端

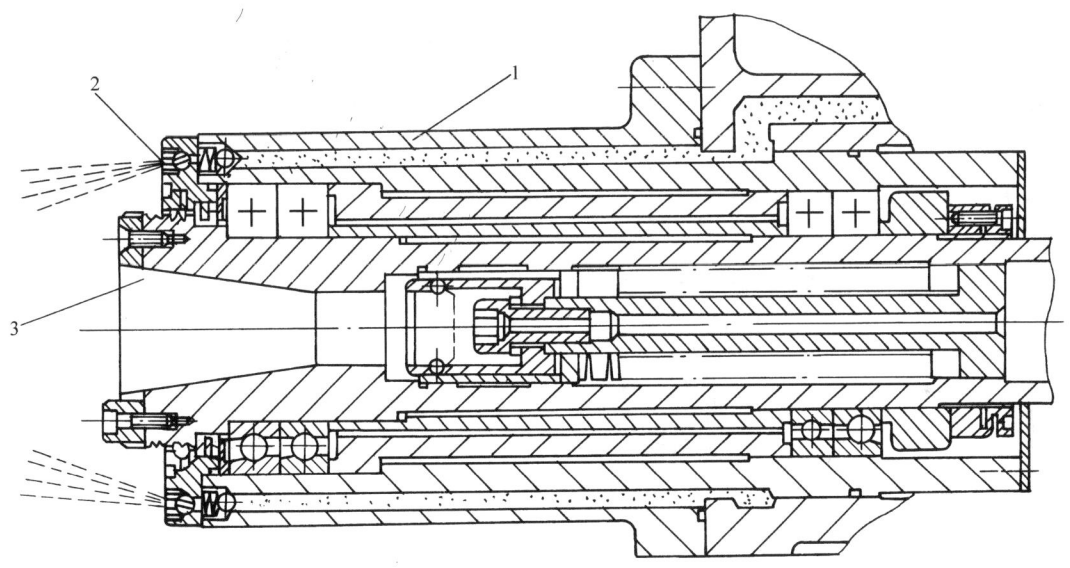

图 5.2-7　喷雾冷却结构

1—支撑套　2—喷孔　3—主轴

部喷孔 2 处喷出雾化液。此外，还可以单独设置冷却液喷嘴；有些加工中心在刀具的中心设有冷却液通过孔，雾化冷却液可在刀具前端喷出，喷嘴到切削刃的距离以 30~50mm 为宜。

2）基础支承件。基础支承件指床身和立柱。

床身主要取决于机床布局形式，按导轨的配置分为两类：一类是纵向配置导轨的床身，它在技术继承性方面具有优势，但工作台在横向（X 向）的行程较短；另一类是横向配置导轨的床身，如刨台式床身（图 5.2-2），横向（X 向）行程可加长，以适应加工需要和设置交换工作台；Z 向行程可以扩大，由立柱沿后床身导轨运动或主轴滑枕运动实现。大型卧式加工中心的床身常采用焊接结构。

立柱有侧面导轨型和正面导轨型。侧面导轨型立柱便于机床的总体设计，制造成本较低，并易于与非数控卧式铣镗床建立模块化系列关系，但机床工作时立柱受力状况较差，热变形的对称性较差；正面导轨型立柱多采用门式结构（图 5.2-3），有较好的热对称结构和受力条件，多数加工中心采用这种立柱形式。

3）排屑装置。加工中心的自动化程度高，净切

削时间长，切屑堆积会影响机床运行和操作安全，切屑的热量会导致机床热变形。加工中心应设有完善的排屑装置。卧式加工中心的排屑条件通常比立式加工中心好，一般配备排屑器、切屑箱（切屑收集器）或切屑运输小车等。

5. 立式加工中心

立式加工中心可按立柱是否移动分为固定立柱型和移动立柱型。

（1）固定立柱型

1）十字工作台型（图 5.2-8）。布局与单柱立式坐标镗床或十字工作台型数控立式钻床类似，适用于高度尺寸较小的板盖类零件的多工序加工。

2）十字桁架型（图 5.2-9）。主轴箱在行车或桁架上做 X、Y 向运动，主轴滑枕做 Z 向运动，适用于高度尺寸较小的中小型零件的多工序加工。

（2）移动立柱型

1）工作台固定型。主轴箱正挂于立柱上做 Z 向运动，立柱做 X、Y 向运动。由于工作台固定，承载能力较大，机床整体刚度高。适用于 X 向尺寸不过长的中小型零件的多工序加工。

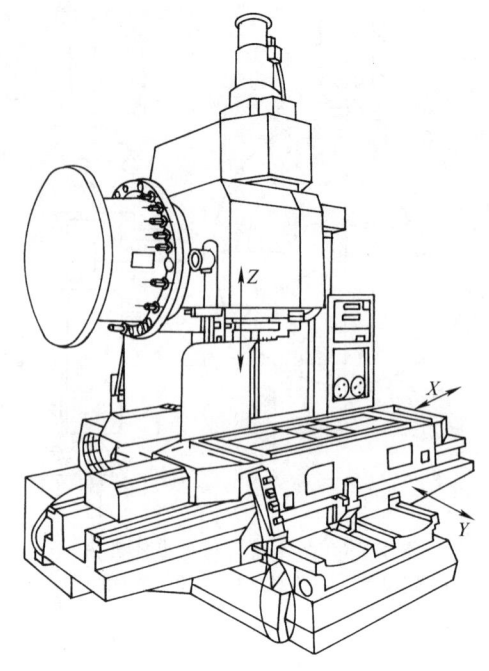

图 5.2-8　固定立柱十字工作台型立式加工中心

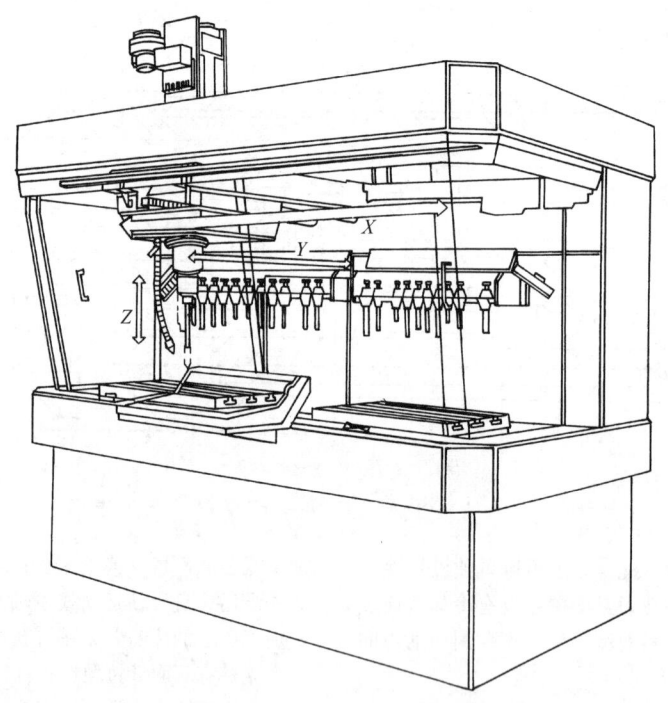

图 5.2-9　固定立柱十字桁架型立式加工中心

2）工作台移动型（图 5.2-10）。立柱做 Y 向运动，主轴箱在立柱上做 Z 向运动，工作台做 X 向运动，各方向的运动行程可以较大。适用于加工精度要求较高、行程范围要求较大的零件的多工序加工。

3）落地型。立柱做 X、Y 向运动，主轴箱在立柱上做 Z 向运动。工件安装在落地平台上，其质量和长度受限制较小。适用于大型（特别是长度尺寸大）零件的多工序加工。

立式加工中心还可以在工作台上安放一个回转轴，用以加工螺旋线类和圆柱凸轮等零件。

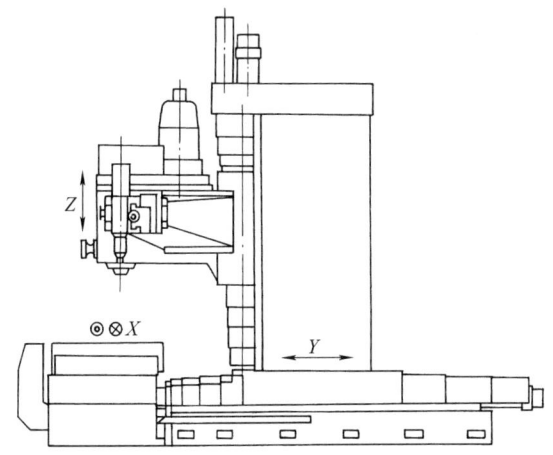

图 5.2-10　移动立柱工作台移动型立式加工中心

6. 龙门加工中心

（1）龙门加工中心性能特点

龙门加工中心在数控龙门铣（或镗铣、铣镗）

床的基础上，配备自动换刀装置、附件头库及其交换装置。与其他形式的加工中心相比，龙门加工中心的结构与性能特点是：

1）主机为数控龙门铣镗床，其基本零部件有模块相似性，易按模块化设计形成类型多、规格系列化的龙门加工中心。

2）由于龙门式结构刚度高、主轴功率大，故可进行强力重载荷切削和精密加工。

3）配备有多功能镗铣附件头及其自动交换装置，有些附件头还能实现 4×90°自动转位，可完成工件的五面加工，成为龙门五面加工中心。

4）当配备自动双摆角附件头（图 5.2-11g）及五轴联动数控系统时，可完成任意空间曲面体的五坐标联动数控加工。

5）X 轴行程可以很长，适宜加工长度大的大型、重型工件。

6）当配备仿形装置及仿形数控系统时，可进行数控仿形加工。

（2）龙门加工中心类型及适用范围（表 5.2-1）

表 5.2-1　龙门加工中心类型及适用范围

类型		简图	结构与性能特点	适用范围
工作台移动式	定梁		工作台纵向运动（X 轴），镗铣头沿横梁横向运动（Y 轴），滑枕垂直运动（Z 轴）。工作台工作面宽度为 1250～3250mm。工作台承载能力受床身导轨单位承载能力的限制，机床占地面积较大	适于扁平的工件，如印刷机、纺织机的墙板、模具等的五面加工
	动梁		除 X 轴、Y 轴运动，横梁沿双立柱垂直升降运动（Z 轴），滑枕垂直运动（W 轴）。双立柱由横梁连接。带有动梁调平装置。工作台工作面宽度为 1250～6000mm。横梁升降传动及横梁调平装置较复杂。机床占地面积大	适于高度变化大的长型工件的五面加工
龙门架移动式（桥式）	定梁	a) b)	床身工作台连体（图 a）或分离（图 b），前者工作台工作面宽度为 1000～2000mm，后者工作台工作面宽度为 2500～4500mm。由于工作台固定不动，承载能力大。机床占地面积较小。工作台也可位于地坑中	适于扁平的、高度变化小的长型工件的五面加工

（续）

类型		简图	结构与性能特点	适用范围
龙门架移动式（桥式）	动梁	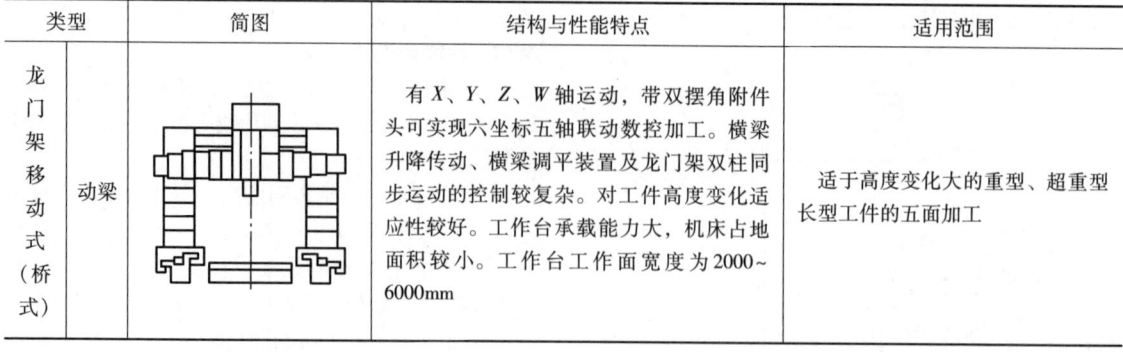	有 X、Y、Z、W 轴运动，带双摆角附件头可实现六坐标五轴联动数控加工。横梁升降传动、横梁调平装置及龙门架双柱同步运动的控制较复杂。对工件高度变化适应性较好。工作台承载能力大，机床占地面积较小。工作台工作面宽度为2000~6000mm	适于高度变化大的重型、超重型长型工件的五面加工

（3）龙门加工中心主要结构

1）工作台或龙门架的纵向运动传动机构。工作台或龙门架的纵向运动（X 轴）行程较长。受滚珠丝杠长度的限制，通常在行程超过 6m 时，不采用滚珠丝杠，而采用齿轮齿条或静压蜗杆蜗母条传动。这两种传动机构行程不受限制。齿轮齿条传动采用双齿轮传动链以消除间隙，要消耗额外动力，传动效率不高；静压蜗杆蜗母条无消除间隙的预紧力消耗，传动刚度高，传动链短，传动效率高，承载能力大，但静压蜗杆蜗母条结构较复杂，制造精度要求高。当 X 轴的位置控制采用半闭环控制时，装在静压蜗杆轴上的光电编码器作为检测元件；当采用闭环控制时，反射式金属光栅尺作为检测元件，在 10m 行程内定位精度可达 0.015mm。

2）镗铣头滑枕主轴。镗铣头滑枕主轴包括的机构：

① 刀具和附件头的自动拉紧及放松机构。

② 安装、夹紧附件头的安全保险装置（在滑枕端面）。

③ 主轴定向准停、附件头 $4×90°$ 转位准停机构（由主变速箱中的一个光电编码器控制）。

④ 滑枕端部装有附件头主轴中心冷却液接头，以及附件头主轴自动换刀所需液源的快换接头。

⑤ 滑枕端部装有一组磁感应开关组成的附件头电磁识别装置（识别附件头种类及其位置）。

⑥ 主轴轴线前后倾角调整机构（在溜板的导轨上）。

⑦ 滑枕装有平衡液压缸，用以减少滑枕升降进给力的差值，保证运动平稳性。通常对称配置两个平衡液压缸。

3）镗铣头溜板。溜板可在横梁导轨上做 Y 轴运动，通常采用静压导轨并有由碟形弹簧、滚动轴承等组成的卸荷装置；横梁上的两条导轨采用前后偏置的结构，以减少镗铣头自重和切削力产生的颠覆力矩的影响；滑枕沿溜板上的两条垂直导轨运动，滑枕主轴

轴线在 X 轴方向尽可能靠近这两条导轨面，以减少滑枕悬伸，保证 Z 轴运动的位置精度和加工精度。

4）附件头及其交换系统。龙门加工中心可在滑枕主轴上安装不同形式的附件头，以完成工件的五面加工，扩大机床的工艺可能性。龙门加工中心常用的附件头如图 5.2-11 所示。

附件头库设在机床一侧（放置刀库的一侧），容量约 12 个。附件头的更换是在镗铣头滑枕固定位置上进行的，由机械手或运输小车把附件头送到固定位置更换。

7. 五面加工中心

五面加工中心的主要特点是主轴或工作台具有转换空间方位的功能，因而其工艺范围比立式和卧式加工中心都大，工序集中的程度更高，特别适于加工复杂箱体类零件。实现主轴转换的形式主要有交换型主轴头（也称附件头）和回转型主轴头，实现工作台转换的形式主要有立卧变换转台和转摆复合工作台。

（1）五面加工中心的主轴转换形式

1）交换型主轴头。具有交换型主轴头的五面加工中心多数为龙门型五面加工中心。主轴滑枕为垂直安装方式，也有非滑枕型主轴。图 5.2-12 所示为普通滑枕型主轴，主轴可以在转架 3 上做 A 轴回转，转架又可在头架 2 上做 C 轴回转。图 5.2-13 所示为立卧兼容滑枕型主轴，在滑枕头部分别设立、卧主轴装刀锥孔 3 和 2，相当于具有立、卧式主轴交换功能。

主轴头的类型如图 5.2-14 所示，龙门型五面加工中心应用的其他类型的主轴头（附件头）如图 5.2-11 所示。

主轴头自动交换系统主要有下列两种：

① 附件车。可交换的主轴头置于附件车顶部，附件车可沿轨道移动到主轴头更换位置，由主轴箱在该位置卸下用过的主轴头，装上待用的主轴头。另外，还设有刀库，由换刀机械手交换主轴头上的刀具。

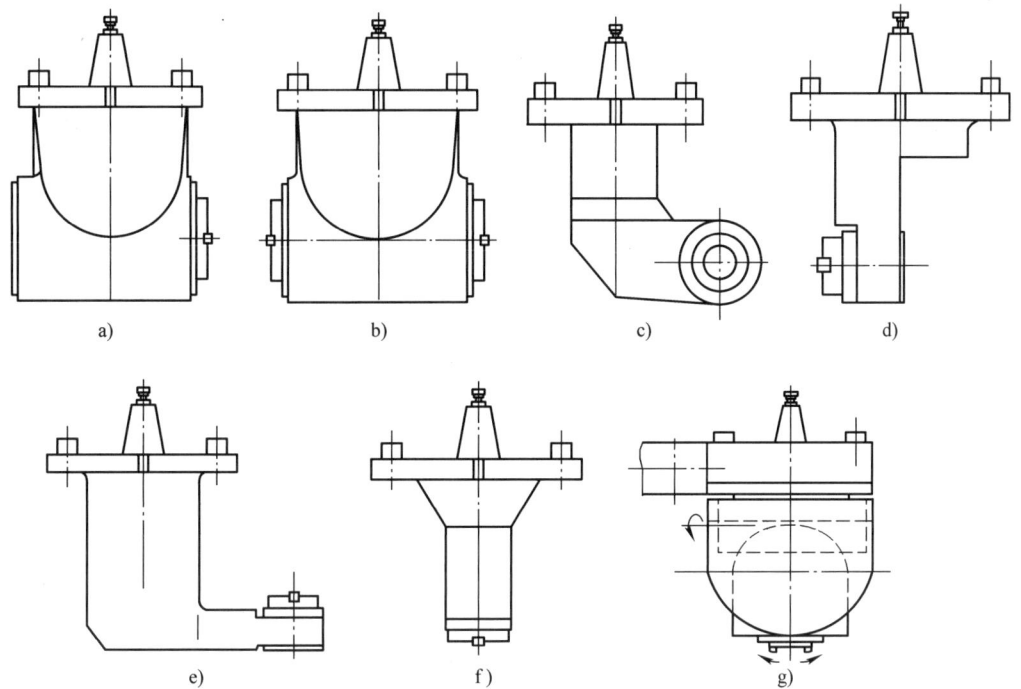

图 5.2-11　龙门加工中心常用的附件头

a) 单端面直角附件头　b) 双端面直角附件头　c) 插入式铣镗附件头
d) 窄型单端面直角附件头　e) 反划附件头　f) 加长主轴附件头　g) 自动双摆角附件头

　　② 附件头库。附件头库储存多种主轴头，由机械手配合附件头库在主轴箱的某一固定位置交换主轴头，机械手还可以完成刀库与主轴头之间的刀具交换。

　　图 5.2-15 所示为进行五面加工时主轴头的交换过程及加工顺序。图中左上方所示为工件各加工表面。

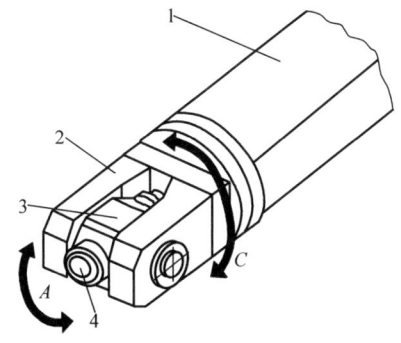

图 5.2-12　普通滑枕型主轴
1—滑枕　2—头架　3—转架　4—主轴锥孔

　　2）回转型主轴头。回转型主轴头能以与水平方向成 45°的轴线回转，使主轴立卧转换。自动定位的回转型主轴头如图 5.2-16 所示。主电动机 1 经传动轴 2 及锥齿轮 3、4、9、11 驱动主轴 12 旋转。转位

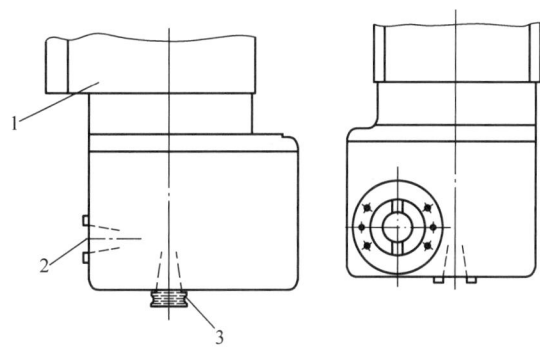

图 5.2-13　立卧兼容滑枕型主轴
1—滑枕　2—卧式主轴锥孔　3—立式主轴锥孔

时，液压缸 5 的活塞使端齿盘 6 脱开，离合器 8 啮合，仍由主电动机 1 经传动锥齿轮 3、4 和离合器 8 使主轴壳体 13 连同主轴 12 绕转位中心轴 10 转动。当转动到位时，主轴 12 由立式变成卧式，液压缸 5 卸荷，由几组碟形弹簧 7 使端齿盘 6 啮合定位并压紧，其压紧力可达 70kN，主轴转位精度可以达到 3″。摆动及转摆复合主轴头如图 5.2-17 所示。图 5.2-17a 所示为转摆复合主轴头，主轴可在转盘上摆动，转盘可回转 360°。图 5.2-17b 所示为摆动主轴头，主轴只能在 120°~180° 范围内摆动。

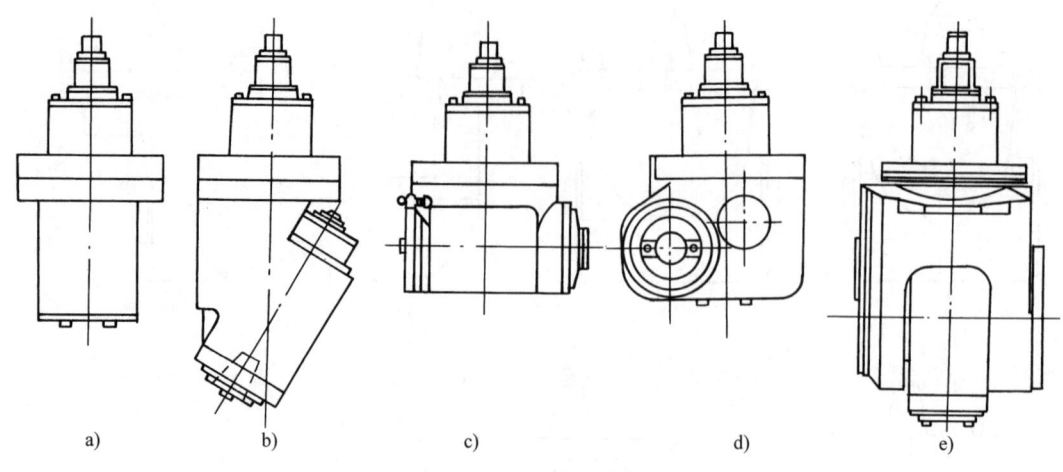

图 5.2-14 主轴头的类型

a）直装型 b）角度型 c）直角型 d）立卧型 e）万向型

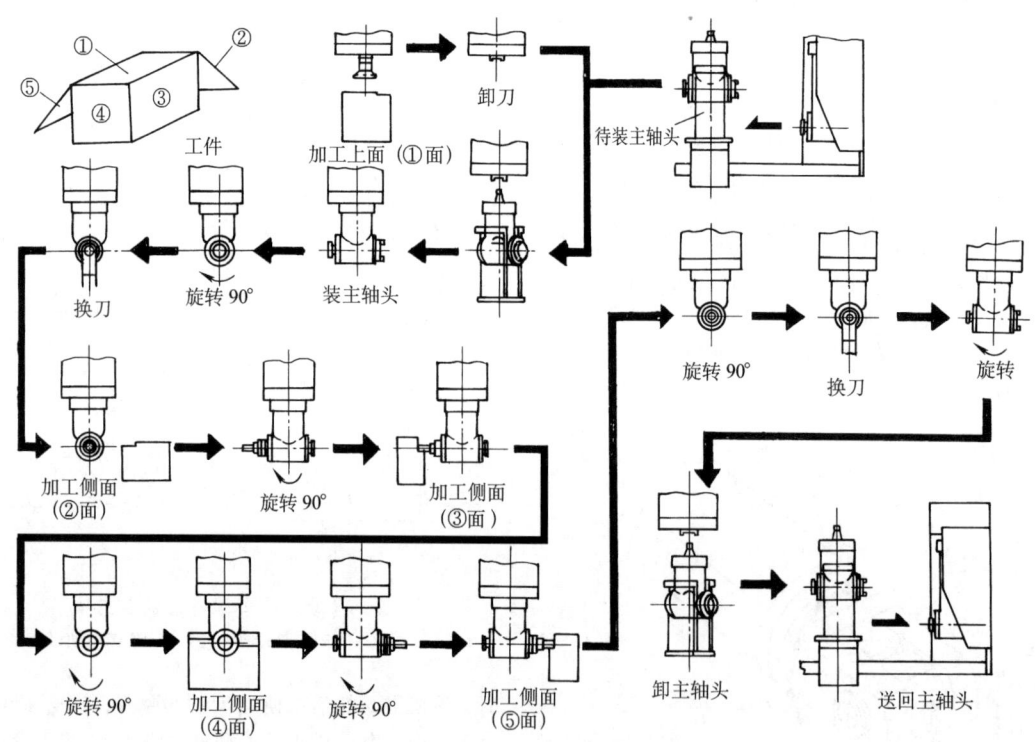

图 5.2-15 主轴头的交换过程及加工顺序

（2）五面加工中心的工作台转换形式

1）立卧变换转台。如图 5.2-18 所示，可 360°回转的转台 1，通过一对端齿盘连接在能绕与垂直线成 45°的轴线（图 5.2-18 中的 OO 线）回转的基座 2 上。当回转 180°时，转台即可实现立卧变换。

2）转摆复合工作台。图 5.2-19 所示为配备转摆复合工作台的五面加工中心。回转工作台 1 置于摆动支架体 2 上，后者可在摆动支架座 3 上摆动并定位。

8. 加工中心的自动换刀装置

（1）自动换刀装置应满足的基本要求

1）可靠性高。加工中心故障中有半数以上与自动换刀装置有关，所以提高自动换刀装置的换刀可靠

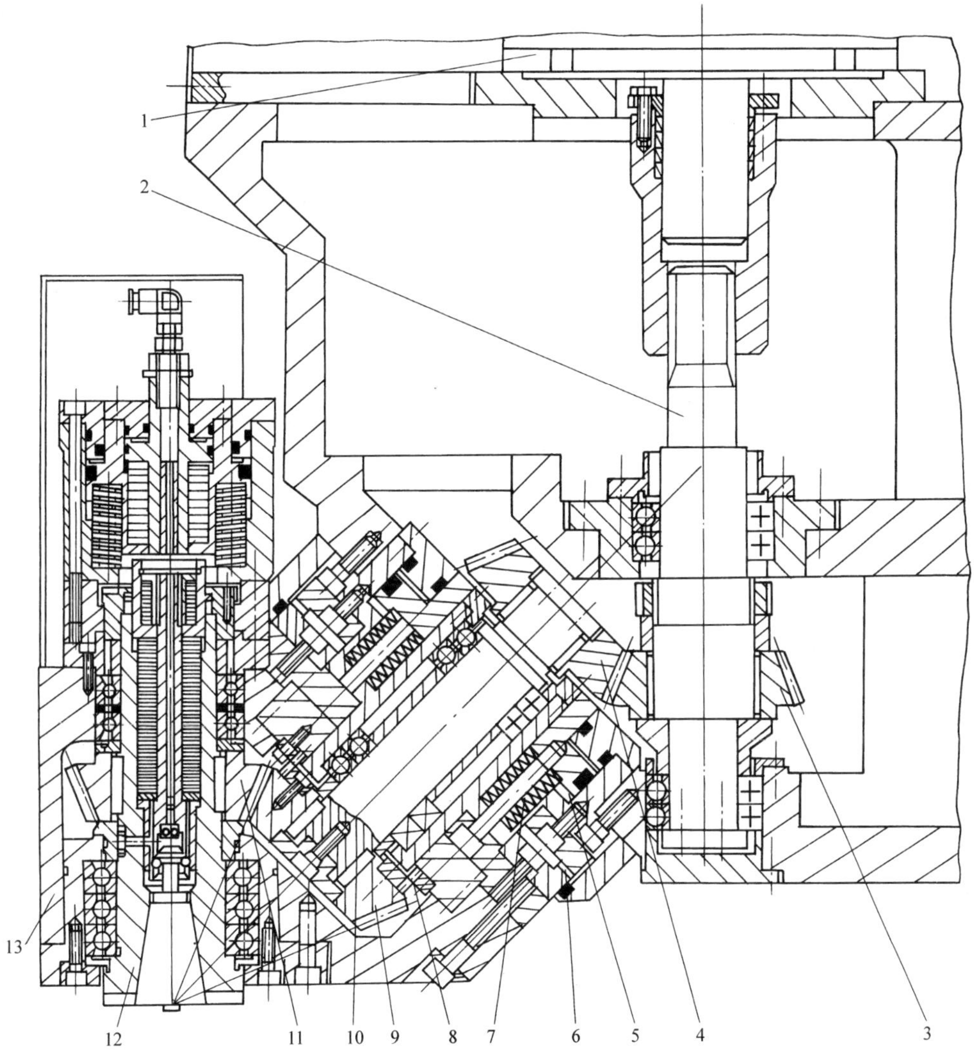

图 5.2-16 自动定位的回转型主轴头

1—主电动机 2—传动轴 3、4、9、11—锥齿轮 5—液压缸 6—端齿盘
7—碟形弹簧 8—离合器 10—转位中心轴 12—主轴 13—主轴壳体

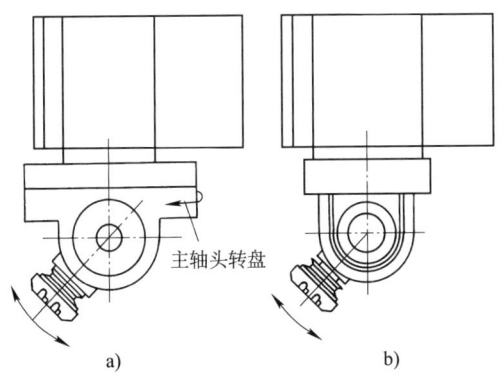

图 5.2-17 摆动及转摆复合主轴头

a) 转摆复合主轴头 b) 摆动主轴头

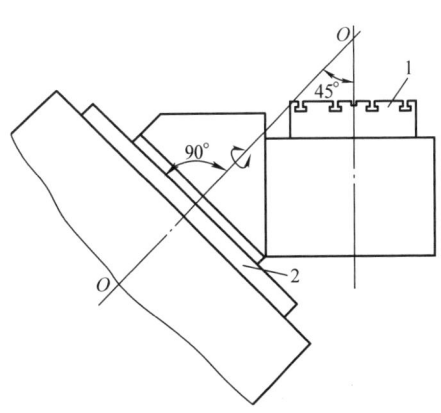

图 5.2-18 立卧变换转台

1—转台 2—基座

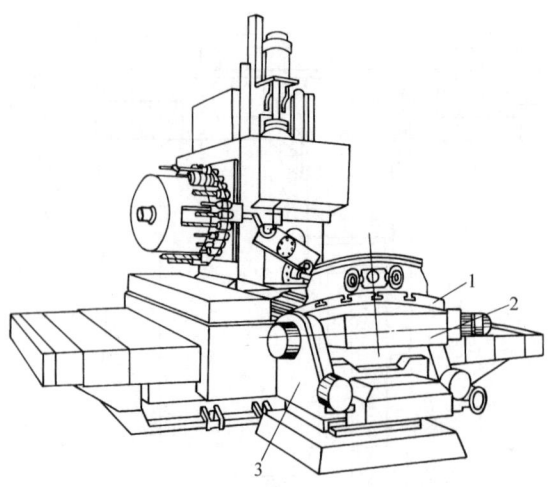

图 5.2-19　配备转摆复合工作台的五面加工中心
1—回转工作台　2—摆动支架体　3—摆动支架座

性十分重要。在初期试运转时，通常要求自动换刀装置连续运转 72~240h 无故障。

2）换刀时间尽可能短。加工中心换刀频繁，如果每一次换刀过程稍长一点，会使完成工件整个加工过程换刀所占用的辅助时间的比例很大，影响加工中心生产率的提高。应根据加工中心的类型、工艺范围、所用刀具数量合理选择自动换刀装置的类型，尽可能使换刀时间中的一部分与机床加工时间重合（如刀库的选刀运动），并采用快速动作的机械手，使换刀时间最短。

3）换刀过程对加工精度的影响尽可能小。如果换刀时主轴箱位置不变（任意位置换刀），就可以避免在加工同轴线异径孔时因主轴箱运动的重复定位精度而影响被加工孔的同轴度。当刀库安装在主轴箱上、立柱侧面或顶部时，刀库选刀运动若与机床加工时间重合，则刀库运动的不平稳性会影响加工表面质量。分置于机床外落地安装的刀库就不会有这种影响。

4）有利于机床看管的方便性和安全性。主要指监视自动换刀装置工作状况和机床加工状况的方便性；管理刀库的方便性，可方便地向刀库装刀或更换刀具；保护刀库中的刀具（尤其是刀柄）免受切屑和冷却液的污染；设有保护罩或活动门及必要的安全联锁控制，保证安全。

5）自动换刀装置各部件模块化。有可能改变刀库容量而不必对自动换刀装置及机床有关部件做大的改动，以满足不同用户的需要。

（2）自动换刀装置类型

1）转塔头式自动换刀装置。

① 无刀库的转塔头式自动换刀装置。一些无刀

库的加工中心采用转塔头式的换刀方式。刀具主轴都集中在转塔头上，转塔头转位即可实现换刀，一般为顺序换刀。转塔头与主电动机和变速箱可做成一个整体部件，共同沿机床导轨运动，这种结构较紧凑，但移动部件较重；也可将主电动机和变速箱固定在机床上，只有转塔头沿机床导轨运动，使移动部件较轻，并且振动及热量不会传到转塔头中。对于转塔头式自动换刀装置，由于转塔头结构受限制，刚度较低；由于每把刀具都需要一个主轴，刀具数一般不超过10把。

② 附设刀库的转塔头式自动换刀装置。为弥补转塔头刀具数不足的缺点，可采用附设的刀库，刀库与转塔头主轴之间换刀。要求换刀主轴准停定位和自动松夹刀具，这使转塔头和主轴结构复杂化。图5.2-20所示为转塔头-刀库式立式加工中心。转塔头刀具主轴数一般为 6 个，通常只需要其中某几个主轴换刀；刀库容量很小即可满足需要，使用频繁的刀具都装在转塔头主轴上。

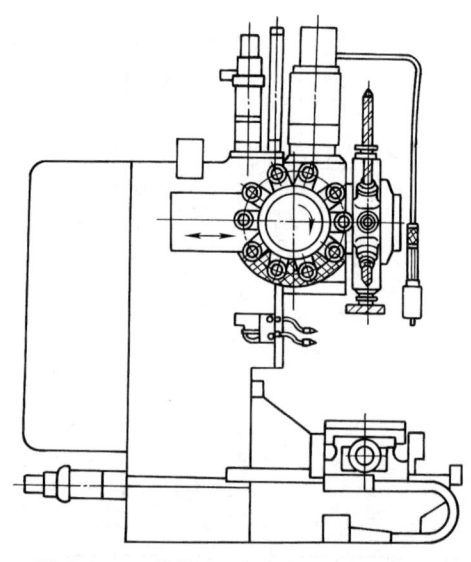

图 5.2-20　转塔头-刀库式立式加工中心

③ 带多轴头的转塔式自动换刀装置。转塔头上安装若干个多轴头，适用于以钻、扩、铰、攻螺纹为主的立式加工中心，如图 5.2-21 所示。

2）刀库式自动换刀装置。加工中心多数采用带有刀库的自动换刀装置。只需要一个夹持刀具进行加工的主轴。当需要某一刀具进行加工时，将该刀具自动地从刀库交换到主轴上。采用这种自动换刀装置，主轴需要具有刀具自动松开-夹紧装置和主轴定向准停装置。由于有了单独存储刀具的刀库，刀库容量可以增大，有利于加工复杂工件。适当选择刀库的安装位置使其离开加工区，可消除很多不必要的干扰。主

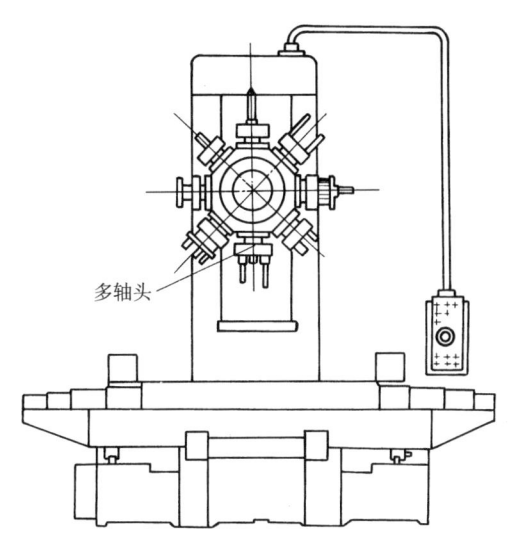

多轴头

图 5.2-21 转塔头-多轴头式立式加工中心

轴不像转塔头式自动换刀装置那样受限制，主轴刚度可以提高。

9. 加工中心主传动系统

加工中心主传动系统包括主轴电动机、主传动系统和主轴组件。

（1）主轴电动机

加工中心上常用的主轴电动机为交流调速电动机和交流伺服电动机。

交流调速电动机通过改变电动机的供电频率可以调整电动机的转速。大多数加工中心将该类电动机与调速装置配套使用，电动机的电参数（工作电流、过载电流、过载时间、启动时间和保护范围等）与调速装置一一对应。主轴电动机的工作原理与普通交流电动机相同。为便于安装，其结构与普通的交流电动机不完全相同。交流调速电动机制造成本较低，但不能实现电动机轴在圆周任意方向的准确定位。

交流伺服电动机是近几年发展起来的一种高效能的主轴驱动电动机，工作原理与交流伺服进给电动机相同，工作转速比一般的交流伺服电动机要高。交流伺服主轴电动机可以实现主轴在任意方向上的定位，并能以很大转矩实现微小位移。用于主轴驱动的交流伺服电动机的电功率通常在十几千瓦至几十千瓦之间，成本比交流调速电动机高出数倍。

（2）主传动系统

加工中心的主传动要求具有较宽的调速范围，以保证在加工时能选用合理的切削用量。加工中心的调速是按照控制指令自动进行的，因此变速机构必须适应自动操作要求。在主传动系统中，目前多采用无级调速系统。为扩大调速范围，适应低速大扭矩的要求，也经常应用齿轮有级调速和电动机无级调速相结合的调速方式。

图 5.2-22 所示为 VP1050 加工中心的主轴传动结构。主轴转速范围为 10~4000r/min。当滑移齿轮 3 处于下位时，主轴在 10~1200r/min 间实现无级调速。但当数控加工程序要求较高的主轴转速时，PLC 根据数控系统的指令，主轴电动机自动实现快速降速；当主轴转速低于 10r/min 时，滑移齿轮 3 开始向上滑移；当到达上位时，主轴电动机开始升速，使主轴达到程序要求的转速。

高速主轴要求在极短时间内升降速，在指定位置快速准停。通过齿轮或传动带结构，常会引起较大振动和噪声，而且增加了转动惯量。为此，将主轴电动机与主轴合而为一，制成电主轴，实现无中间环节的直接传动，是高速主轴单元的理想结构。目前已有商品化高速主轴，如瑞士 IBAG 主轴制造厂生产的主轴单元，转速达到 12000~80000r/min；美国 Precise 公司研制的 SC40/120 主轴，最高转速达到 120000r/min。

主轴组件请参阅本节各类型加工中心中关于主轴组件的介绍。

10. 加工中心进给传动系统

（1）对进给传动系统的要求

进给运动是机床成形运动的一个重要部分，其传动质量直接关系到机床的加工性能。加工中心对进给系统的要求如下：

1）高的传动精度与定位精度。加工中心进给系统的传动精度和定位精度，是机床最重要的性能指标之一。普通精度级的定位精度已从 0.012mm/300mm 提高到 0.005~0.008mm/300mm；精密级的定位精度已从 0.005mm/全行程提高到 0.0015~0.003mm/全行程，重复定位精度也提高到 0.001mm。影响传动精度与定位精度的因素很多，具体实施中经常通过提高进给系统刚度、传动件精度和消除传动间隙来实现。

2）宽的进给量范围。为保证加工中心在不同工况下对进给量的选择，进给系统应该有较大的调整范围。普通加工中心的进给量一般为 3~10000mm/min；低速定位要求为 0.1mm/min 左右；快速移动速度则高达 40m/min。宽的调整范围，是加工中心实现高效精加工的基本条件，也是进给伺服系统设计上的难题。

3）快的响应速度。所谓快速响应，是进给系统对指令信号的变化跟踪要快，并能迅速趋于稳定。为此，应减小传动中的间隙和摩擦，减小系统转动惯量，增大传动刚度。目前，加工中心已较普遍地采用伺服电动机不通过减速环节直接连接丝杠带动运动部件实现运动的方案。随着直线伺服驱动电动机性能的不断提高，由电动机直接带动工作台运动已成为可能。

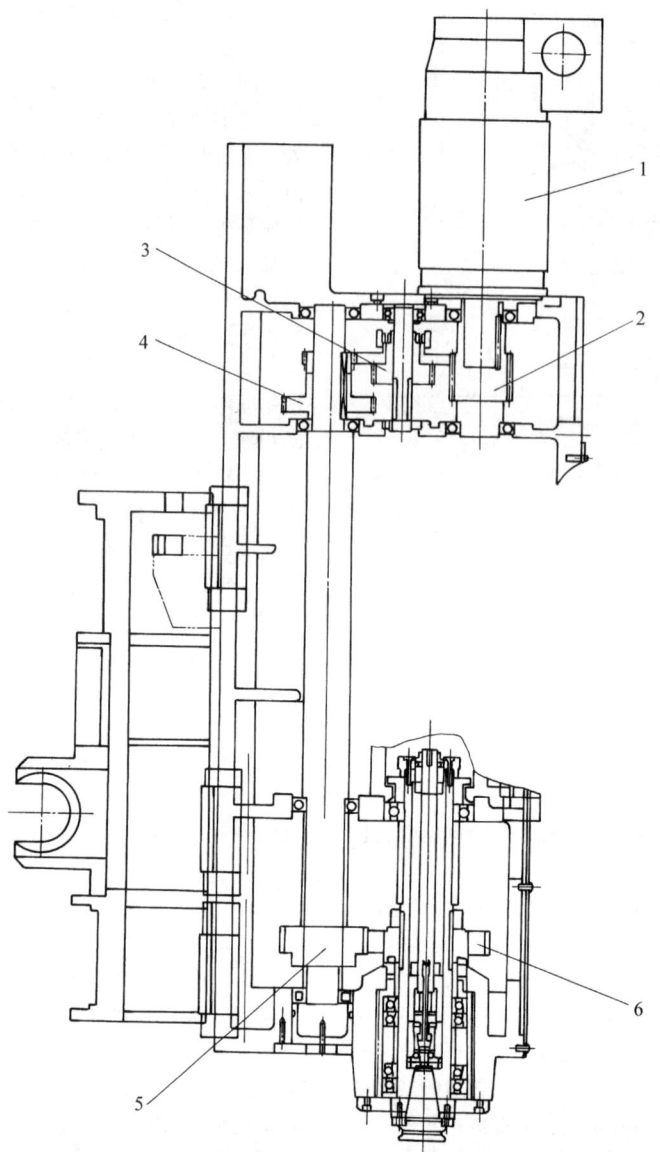

图 5.2-22　VP1050 加工中心的主轴传动结构
1—主轴驱动电动机　2、5—主动齿轮　3—滑移齿轮　4、6—从动齿轮

(2) 进给系统的机械结构及典型元件

1) 伺服电动机与丝杠的连接。伺服电动机与丝杠的连接必须保证无间隙。在数控机床中，伺服电动机与滚珠丝杠主要采用三种连接方式，即直联式、齿轮减速式和同步带式。在加工中心进给驱动系统中大都采用直联式。如图 5.2-23 所示，采用膜片弹性联轴器将伺服电动机与滚珠丝杠连接起来。由于利用了锥环的胀紧原理，可以较好地实现无键、无隙连接。

2) 滚珠丝杠螺母副。滚珠丝杠螺母副是在丝杠和螺母间以滚珠为滚动体的螺旋传动机构。其结构的

主要特点是将普通丝杠螺母间的滑动摩擦转变为滚动摩擦，因而摩擦因数小，传动效率可达 90%～95%。在施加预紧后，轴向刚度好，传动平稳，不易产生爬行，随动精度和定位精度都较高。

图 5.2-24 所示为 V400 加工中心进给系统结构。交流伺服电动机 1 通过联轴器 2 以直联方式联结在滚珠丝杠 6 上。交流伺服电动机以其端面的止口定位、螺栓锁紧安装在轴承支座 3 上。轴承支座由销钉定位，螺栓锁紧与床身相连，承受该方向的切削载荷。滚珠丝杠由一对 60°接触角向心推力球轴承 4 支承，

轴向间隙由修配两轴承间的隔套调整。

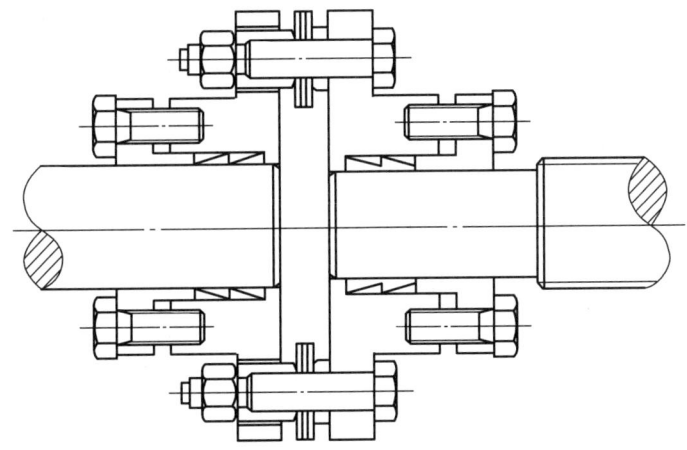

图 5.2-23　电动机与丝杠直联结构

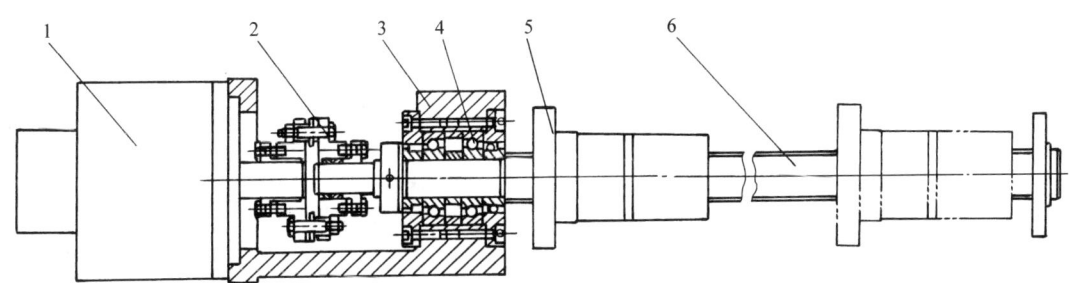

图 5.2-24　V400 加工中心进给系统结构

1—交流伺服电动机　2—联轴器　3—轴承支座　4—轴承　5—螺母　6—滚珠丝杠

11. 加工中心的安装与调试

(1) 加工中心的安装

用户在机床到达之前应按机床制造商提供的机床基础图做好机床基础。一般小型数控机床不用地脚螺栓紧固，只用支承钉来校正机床的水平；大中型机床一般都需要做地基，并用地脚螺栓紧固；精密机床需要在周围做防振沟。

电网电压的波动应控制在 10% ~ 15% 之间。数控机床应远离各种干扰源，如电焊机、中高频热处理设备和一些高压或大电流的设备。数控机床的环境温度应符合说明书规定，不能安装在有粉尘产生的车间里。

加工中心一般都属于大中型数控机床，出厂时一般都需解体后分别装箱运输，到厂后须按说明书要求重新拼装成整机。拼装时，先将机床各个部件在地基上分别就位，使垫铁、调整垫铁、地脚螺栓对号入座，并找正安装的基准面，然后再进行组装。组装前，要把导轨和滑动面、接触面上的防锈涂料清洗干净，并涂上一层薄润滑油；然后将机床各零部件按图

样分别安装到基础件或主机上，如立柱、刀库安装到床身上；数控电气柜、交换台等按要求就位。安装中，应仔细清理各结合面，去除由于磕碰而形成的毛刺。有精度要求的部件在组装过程中随时按要求找正。组装时使用原来的定位销、定位块等定位元件，以保证下一步精度调整的顺利进行。

部件组装完成后，根据机床说明书中的电气接线图和气、液管路图，进行电缆、油管和气管的连接。连接时要注意清洁工作和可靠的接触及密封，保证接触可靠。

各控制单元间的电缆线连接，主要是数控装置、强电控制柜与机床操作台、MDI/CRT 单元、进给伺服电动机和主轴电动机动力线、反馈信号线的连线，以及与各辅助装置之间的连接，还包括数控柜电源变压器输入电缆的连接。这些连接必须符合随机提供的连接手册的规定，并做好机床的安全接地工作。

(2) 加工中心的调试

1) 加工中心通电试车。机床调试前，应做好油箱及过滤器的清洗工作，按机床说明书要求给机床润

滑油箱、润滑点灌注规定的油液和油脂，液压油事先要经过过滤。接通外界输入的气源。

机床通电操作可以是一次性全面供电，也可以是各部件分别供电，然后再做总供电试验。分别供电比较安全，但时间较长。通电后，首先观察有无报警故障，然后用手动方式陆续启动各部件，检查安全装置是否起作用，能否达到额定的工作指标；然后调整机床的床身水平，粗调机床的主要几何精度，再调整重新组装的主要运动部件与主机的相对位置，如机械手、刀库与主机换刀位置的校正，APC 托盘站与机床工作台交换位置的找正等。这些工作完成后，就可以用快干水泥灌注主机和各附件的地脚螺栓，将各个预留孔灌平，等水泥完全干固以后，就可进行下一步工作。

当检查机床各轴的运转情况时，应用手动连续进给移动各轴，通过 CRT 或 DPL（数字显示器）的显示值检查机床部件移动方向是否正确，如果方向相反，则应将电动机动力线及检测信号线反接才行；然后检查各轴移动距离是否与移动指令相符，如果不符，应检查有关指令、反馈参数及位置控制环增益等参数设定是否正确。

随后，再用手动进给，以低速移动各轴，并使它们碰到行程开关，用以检查超程限位是否有效，数控系统能否在超程时发出报警。

最后，还应进行一次返回机械零点动作。机床的机械零点是以后机床进行加工的程序基准位置，应检查机械零点功能，以及每次返回机械零点的位置是否一致。

2）加工中心的几何精度与功能调试。

① 机床主体几何精度的调试。在机床安装到位并粗调的基础上，还要对机床进行进一步的微调。在已经固化的地基上用地脚螺栓和垫铁精调机床床身的水平，找正水平后移动床身上的各运动部件（立柱、主轴箱和工作台等），观察全行程内机床水平的变化情况，并相应调整机床，保证机床的几何精度在允许范围之内。

② 换刀动作调试。加工中心一般采用机械手换刀和由伺服轴控制主轴头换刀。

使用机械手换刀时，让机床自动运行到刀具交换位置，用手动方式调整装刀机械手和卸刀机械手与主轴之间的相对位置。调整中，在刀库中的一个刀位上安装一个校验芯棒，根据校验芯棒的位置检测抓取准确性，确定机械手与主轴的相对位置。有误差时可调整机械手的行程、移动机械手支座和刀库位置等，必要时还可以修改换刀位置点的设定（改变数控系统内与换刀位置有关的 PLC 整定参数），调整完毕后紧固各调整螺钉及刀库地脚螺栓。

对由伺服轴控制主轴头换刀，由于减少了机械手，使得加工中心换刀动作的控制简单，制造成本降低，安装调试过程相对容易。这一类型的刀库，刀具在刀库中的位置是固定不变的，即刀具的编号和刀库的刀位号是一致的。换刀动作可以分为两部分，即刀库的选刀动作和主轴头的还刀和抓刀动作。刀库的选刀动作是在主轴还刀以后进行，PLC 程序控制刀库将刀号（刀位）移动至换刀位。主轴头实现的动作是还刀→离开→抓刀。通常以主轴部件为基准，调整刀库刀盘相对于主轴端面的位置。调整中，在主轴上安装标准刀柄（如 BT40 等）的校验芯棒，以手动方式将主轴向刀库移动，同时调整刀盘相对于主轴的轴向位置，直至刀爪能完全抓住刀柄，并处于合适的位置。记录下此时的坐标值，作为自动换刀时的位置数据使用。调整完毕，应紧固刀库螺栓，并用锥销定位。

③ 交换工作台调试。带 APC（交换工作台）的加工中心通常有两个工作台。首先利用机床使工作台运动到交换位置，调整托盘站与交换台面的相对位置，使工作台自动交换时动作平稳、可靠、正确；然后在工作台面上加装 70%～80% 的允许负载，进行多次自动交换动作，达到正确无误后紧固各有关螺钉。

④ 伺服系统的调试。伺服系统在工作时由数控系统控制，是加工中心进给运动的执行机构。为使数控机床有稳定高效的工作性能，必须调整伺服系统的性能参数，以使其与数控机床的机械特性匹配，同时在数控系统中设定伺服系统的位置控制性能要求，使处于速度控制模式的伺服系统可靠工作。

⑤ 主轴准停定位的调试。主轴准停是加工中心进行自动换刀的重要动作。在还刀时，准停动作使刀柄上的键槽能准确对正刀盘上的定位键，让刀柄以规定的状态顺利进入刀盘刀爪中；在抓刀时，实现准停后的主轴可以使刀柄上的两个键槽正好卡入主轴上用来传递转矩的端面键。主轴的准停动作一般由主轴驱动器和安装在主轴电动机中用来检测位置信号的内置式编码器来完成；对没有主轴准停功能的主轴驱动器，可以使用机械机构或通过数控系统的 PLC 功能实现主轴的准停。

⑥ 其他功能调试。仔细检查数控系统和 PLC 装置中参数设定值是否符合随机资料中规定的数据，然后试验各主要操作功能、安全措施、常用指令执行情况等。例如，各种运行方式（手动、点动、MDI、自动方式等）、各级转速指令等是否正确无误，检查辅助功能及附件的工作是否正常。

3）加工中心的试运行。加工中心在带有一定负载的条件下，经过较长时间的自动运行，能比较全面地检查机床功能及工作可靠性，这种自动运行称为数控机床的试运行。试运行的时间，一般采用每天运行 8 小时，连续运行 2~3 天，或者每天，24 小时，连续运行 1~2 天。

试运行中采用的程序称为考机程序，可以采用随箱技术文件中的考机程序，也可自行编制一个考机程序。一般考机程序中应包括数控系统的主要功能指令、自动换刀、主轴转速（在标称的最高、中间及最低在内五种以上速度的正传、反转及停止等运行）、快速及常用的进给速度及工作台面的自动交换等。试运行时，刀库应插满刀柄，刀柄质量应接近规定质量，交换工作台面上应加有负载。

4）加工中心的精度检验。精度检验一般是机床安装调试中的最后一项，其参考标准有 GB/T 17421.1—1998《机床检验通则　第 1 部分：在无负荷或精加工条件下机床的几何精度》或 JB/T 8771.2—1998《加工中心检验条件　第 2 部分：立式加工中心　几何精度检验》等。普通立式加工中心精度检验主要可分为几何精度检验、定位精度检验和切削精度检验三项。

① 加工中心几何精度检验。几何精度检验内容和方法与普通机床类似，但检测要求更高，一般按机床几何精度检验单逐项检验。普通立式加工中心的几何精度检验内容主要有工作台面的平面度、各坐标方向移动的相互垂直度、X、Y 坐标方向移动时工作台面的平行度、X 坐标方向移动时工作台面 T 形槽侧面的平行度、主轴的轴向窜动、主轴孔的径向圆跳动、主轴箱沿 Z 坐标方向移动时主轴轴心线的平行度、主轴回转轴心线对工作台面的垂直度和主轴箱在 Z 坐标方向移动的直线度。

从上述几项精度要求中可以看出，第一类精度要求是对机床各大运动部件，如床身、立柱、溜板、主轴箱等运动的直线度、平行度、垂直度的要求；第二类是对执行切削运动的主轴回转精度及直线运动精度（切削运动中进刀）的要求。这些几何精度综合反映了该机床的机械坐标系的几何精度和代表切削运动的主轴在机械坐标系的几何精度。工作台面及台面上 T 形槽相对机械坐标系的几何精度要求，是反映加工中心加工中的工件坐标系对机械坐标系的几何关系，因为工作台面及 T 形槽都是工件或工件夹具的定位基准。

② 加工中心定位精度检验。加工中心定位精度指机床各坐标轴在数控系统控制下所能达到的位置精度。普通机床由手动进给，定位精度主要取决于读数误差；加工中心的运动是靠程序指令实现的，故定位精度取决于数控系统和机床传动误差。加工中心各运动部件的运动是在数控系统的控制下完成的，各运动部件在程序指令控制下所能达到的位置精度直接反映加工零件所能达到的精度。所以，定位精度是一项很重要的检测内容。加工中心的定位精度主要检测以下内容：直线运动坐标轴的定位精度和重复定位精度、各直线运动坐标轴机械原点的复归精度、直线运动各轴的反向误差、回转运动（主要有回转工作台）的定位精度和重复分度精度、回转运动的反向误差、回转轴原点的复归精度。

③ 加工中心切削精度的检验。加工中心的切削精度是一项综合精度，它不仅反映了机床的几何精度和定位精度，还包括了试件的材料、环境温度、刀具性能及切削条件等各种因素造成的误差。在切削试件和试件计量时，应尽量减少这些非机床因素的影响。立式加工中心切削精度检验的主要内容是形状精度、位置精度及加工面的表面粗糙度，具体项目有镗孔形状精度、镗孔的孔距精度和孔径精度、端面铣刀铣平面的平面度和阶梯差、立铣刀铣侧面的直线度、立铣刀铣侧面的直角精度、立铣刀铣圆弧的精度、两轴联动的加工精度。

当单项定位精度中有个别项目不合格时，可以以实际的切削精度为准。一般情况下，各项切削精度的实测误差为允许误差值的 50% 是比较好的，个别关键项目应在允许误差值的 1/3 左右。

经精度检测后即可完成加工中心的验收工作，若精度检测中发现影响机床使用的关键项目超差，应视为不合格，须据理索赔。

12. 加工中心的合理使用与维护

（1）加工中心的选定

1）确定典型加工工件。加工中心种类繁多，每一种加工中心都有其最佳加工的典型件。确定选购加工中心之前，应首先明确准备加工的对象。例如，卧式加工中心适用于加工箱体、泵体、壳体等，立式加工中心适用于加工模具、箱盖、壳体和平面凸轮等单面加工零件。如果要求箱体的侧面与顶面在一次装夹中加工，可选用五面体加工中心。倘若在立式加工中心上加工卧式加工中心的典型零件，则需要更换夹具和倒换工艺基准来加工零件的不同加工面，这样会降低加工精度和生产率。若将立式加工中心的典型件在卧式加工中心上加工，则需要增加弯板夹具，降低工件加工工艺系统的刚性。

2）机床规格的选择。应根据被加工典型件的大小选用相应规格的加工中心。加工中心的主要规格包括工作台尺、几个数控坐标的行程范围和主轴电动机功率。选用工作台尺寸应保证工件能顺利装夹，被加工工件的加工尺寸应在各坐标有效行程内。加工中心的工作台面尺寸和3个直线坐标行程有一定比例关系。例如，机床的工作台尺寸为500mm×500mm，其 X 轴行程一般为 700~800mm，Y 轴为 550~700mm，Z 轴为 500~600mm，因此工作台的大小基本确定了加工空间的大小。

此外，选择加工中心时还应考虑工件与换刀空间的干涉、工作台回转时与护罩等附件干涉等一系列问题，还要考虑机床工作台的承载能力。

3）机床精度的选择。选择机床的精度等级应根据被加工工件关键部位加工精度要求来确定，对批量生产的零件，实际加工出的精度数值一般为机床精度的 1.5~2 倍。加工中心按精度等级分为普通型和精密型。加工中心的精度项目很多，关键的项目有直线定位精度、重复定位精度和铣圆精度。

加工中心的直线定位精度和重复定位精度综合反映了该方向各运动部件的综合精度，尤其是重复定位精度，它反映了该方向在全行程范围内任意点的定位稳定性，这是衡量该方向能否稳定可靠工作的基本指标。普通型加工中心的直线定位精度一般为 ±0.01mm/ 300mm 或全长，重复定位精度为 ±0.006mm；精密型加工中心的直线定位精度一般为 ± 0.005mm/300mm 或全长，重复定位精度为 ±0.003mm。

铣圆精度是综合评价加工中心有关数控轴的伺服跟随运动特性和数控系统插补功能的指标。加工中心具有圆弧插补功能，可以采用铣削方式加工大直径圆弧曲线。测定加工中心铣圆精度的方法是用一把精加工立铣刀铣削一个标准圆柱试件。中小型机床圆柱试件的直径一般为 200~300mm。将标准圆柱试件放到圆度仪上，测出加工圆柱的轮廓线，取其最大包络圆和最小包络圆，两者间的半径差即为其精度。

4）数控系统的选择。数控系统的种类规格很多，在我国使用比较广泛的有日本 FANUC、德国 SIEMENS 等公司的产品，我国国产的数控系统的功能也日渐完善。不要片面追求高水平、新系统，而应该对性能和价格等有一个综合分析，选用合适自己的系统。

5）刀具自动交换装置和刀库容量的选择。刀具自动交换装置（ATC）的工作质量直接影响整个加工中心的质量。ATC 的工作质量主要表现为换刀时间和故障率。据统计，加工中心故障中有 50% 以上与 ATC 工作有关。ATC 的投资常常占整台机床投资的 30%~50%。为了降低整机的价格，用户应在满足使用要求的前提下，尽量选用结构简单和可靠性高的 ATC。

加工中心的刀库容量不宜选得太大，因为容量大，刀库的结构复杂，成本高，故障率也会相应地增加，刀具的管理也相应地复杂化。在立式加工中心上选用 20 把左右刀具容量的刀库，在卧式加工中心上选用 40 把左右刀具容量的刀库较为适宜，基本上就能满足工作要求。

(2) 加工中心的日常维护与保养

加工中心是一种自动化程度高、结构复杂且又昂贵的先进加工设备，在企业生产中有着至关重要的地位。为了充分发挥加工中心的效益，要做好预防性维护，使数控系统少出故障，以延长系统的平均无故障时间。预防性维护的关键是加强日常的维护和保养，主要的维护工作有下列内容：机床开机后，操作面板上的所有指示灯是否显示正常；经常检查各坐标轴是否处在原点位置上；检查主轴端面、刀夹及其他配件是否有毛刺、破裂或损坏现象，保持主轴周围干净；定期检查一个试验程序的完整运转情况。

加工中心操作人员应严格遵守操作规程和日常维护制度。数控系统的编程、操作和维修人员必须经过专门的技术培训，熟悉所用设备的机械、数控、液压、气动等部分，以及规定的使用环境（加工条件）等，并要严格按机床及数控系统使用手册的要求正确、合理地使用，尽量避免因操作不当而引起故障。例如，操作人员必须了解机床的行程大小、主轴转速范围、主轴驱动电动机功率、工作台面大小、工作台承载能力大小、切削和进给时的速率，以及 ATC 所允许最大刀具尺寸，最大刀具重量等。在液压系统中要了解液压泵功率、最大工作压力、流量、油箱容量。电气方面要了解电动机功率等。

平时的维护工作有：

1）在操作前必须确认主轴润滑油与导轨润滑油是否符合要求。如果润滑油不足，应按说明书的要求加入合适牌号、型号的润滑油。确认气压是否正常。

2）空气过滤器的清扫。如果数控柜空气过滤器灰尘积累过多，会使柜内冷却空气流通不畅，引起柜内温度过高而使数控系统工作不稳定。应根据周围环境温度状况，定期检查清扫。电气柜内电路板和元器件上积累有灰尘时，也得清扫。应每天检查数控装置上各个冷却风扇工作是否正常。视工作环境的状况，每半年或每季度检查一次过滤通风道是否有堵塞现象。如果过滤网上灰尘积聚过多，应及时清理，否则将导致数控装置内温度过高（一般温度为 55~60℃），致使 CNC 系统不能可靠地工作，甚至发生过热报警。

3）适时对各坐标轴进行超程限位试验，尤其是对于硬件限位开关。由于切削液等原因，硬件限位开关会产生锈蚀，平时又主要靠软件限位起保护作用，如果关键时刻因锈蚀硬件限位开关不起作用将产生碰撞，严重时会损坏滚珠丝杠，影响其机械精度。试验时，只要用手按一下限位开关看是否出现超程报警，或者检查相应的接口输入信号是否变化。

4）定期检查电气部件，如各插头、插座、电缆、各继电器的触点是否接触良好，检查各印制电路板是否干净。检查主电源变压器、各电动机的绝缘电阻是否在 $1M\Omega$ 以上。平时尽量少开电气柜门，以保持电气柜内清洁。夏天用开门散热法是不可取的。

5）机床长期不用期间要定期通电，并进行机床功能试验程序的完整运行。要求每 1~3 周通电试运行一次，尤其是在环境湿度较大的梅雨季节，应增加通电次数，每次空运行 1h 左右，利用机床本身的发热来降低机内湿度，使电子元件不致受潮，同时也能发现有无电池报警发生，以防系统软件、参数丢失。

6）定期更换存储器用电池。数控系统中部分 CMOS 存储器件的存储内容在关机时靠电池供电保持，当电池电压降到一定值时就会造成参数丢失。要定期检查电池电压，在一般情况下，即使电池尚未失效，也应每年更换一次。更换电池时，一定要在数控系统通电状态下进行，这样才不会造成存储参数丢失。为防意外，应做数据备份。

7）备用印制电路板长期不用容易出现故障。对备用印制电路板，应定期装到 CNC 装置上通电运行一段时间，以防损坏。

8）经常监视数控系统装置的电网电压。CNC 装置通常允许电网电压在额定值的 85%~110% 的范围内波动，如果超出此范围就会造成系统工作不正常，轻则使数控系统不能稳定工作，重则会造成重要的电子元件损坏。对于电网质量比较恶劣的地区，应及时配置数控系统用的交流稳压装置，这将使故障率有比较明显的降低。

9）定期进行机床水平和机械精度检查并校正。机械精度的校正方法有软硬两种。软方法主要是通过系统参数补偿，如丝杠反向间隙补偿、各坐标定位精度定点补偿、机床回参考点位置校正等；硬方法一般要在机床进行大修时进行，如进行导轨修刮、滚珠丝杠螺母间隙调整等。

13. 加工中心的故障诊断

(1) 加工中心故障诊断方法

数控机床的故障种类繁多，产生的原因也比较复杂。目前国内使用的数控系统，大多数故障自诊断能力还比较弱，不能对系统的所有部件进行测试，也不能将故障原因定位到具体的元器件上。如何从一个报警信号所指示出的众多故障原因中迅速定位故障原因

就成了非常棘手的问题。常用的故障诊断方法如下。

1）直观法。这是最基本和首先使用的方法。利用人体的感觉器官，注意发生故障时光、声、味等异常现象，往往可使故障缩小到一个模块或一块印制电路板上。这要求操作和维修人员具有丰富的实践经验、较宽的知识和综合判断的能力。

2）自诊断功能法。机床发生异常，会在 CRT 上显示报警信息或用发光二极管指示故障的大致起因。利用自诊断功能，能显示出系统与主机之间接口信号的状态，从而判断出故障是发生在机械部分还是数控系统部分，并指示故障的大致部位。当前，这种方法是维修加工中心最为有效的一种方法。

3）功能程序测试法。所谓功能程序测试法就是将数控系统的常用功能和特殊功能，如直线定位、圆弧插补、螺纹切削、固定循环和用户宏程序等用手工编程或自动编程方法，编制成一个功能测试程序，存储在相应的介质上，需要时送入数控系统中，启动数控系统使之运行，以检查机床执行这些功能的准确性和可靠性，进而判断故障发生的可能起因。

4）参数检查法。数控系统的参数是经过一系列试验、调整而获得的重要数据。参数通常存放在磁泡存储器或由电池保持的 CMOS RAM 中，一旦电池电压不足或系统长期不通电或受到外部干扰，会使参数丢失或混乱，从而使系统不能正常工作。此时，通过核对、修正参数，就能将故障排除。当机床长期闲置或无故出现不正常现象或有故障而无报警时，就应根据故障特征，检查和校对有关参数。

另外，经过长期运行的加工中心，由于机械传动部件磨损、电气元器件性能变化等原因，也需对其有关参数，如坐标轴精度定点补偿、丝杠间隙补偿、有关电气时间参数设定等进行调整。

5）转移法。在加工中心中，常有型号完全相同的电路板、模板、集成电路和其他零部件。将相同部分互相交换，观察故障转移情况，就能快速确定故障的部位。这种方法常用于 CNC 系统功能模块和伺服进给驱动装置的故障检查。

6）测量比较法。CNC 系统生产商在设计印制电路板时，为了调整、维修方便，通常在印制电路板上设计了许多检测用端子。用户可利用这些端子比较测量正常的印制电路板和有故障的印制电路板之间的差异，分析故障的起因及故障所在的位置。

7）隔离法。有些故障，如轴抖动、爬行，一时难以确定是数控部分还是伺服系统或机械部分造成的，此时可采用隔离法，将机电分离，数控与伺服分离，或者将位置闭环分离做开环处理。这样就可化整为零，将复杂问题简单化，能较快地找到故障原因。

8) 局部升温法。CNC 系统经过长期运行后元器件均会逐步出现老化，性能变坏。当它们尚未完全损坏时，故障会时有时无。这时，可用热吹风机或电烙铁等来局部升温被怀疑的元器件，以加速暴露故障部件。

9) 敲击法。数控系统由多块印制电路板组成，每块板上又有许多焊点；板间或模块间通过插接件及电缆组成。任何虚焊或接触不良都可能引起故障。当用绝缘物轻轻敲打有虚焊或接触不良的疑点处时，故障会重复出现。此时再根据故障可能所在的部位进行进一步仔细检查，重新焊接，即有可能修复。

10) 原理分析法。根据 CNC 系统组成的原理，可以从逻辑上分析各点的逻辑电平和特征参数（如电压值与波形），然后用万用表、逻辑笔、示波器或逻辑分析仪进行测量、分析和比较，从而对故障进行定位。

(2) 加工中心的机械系统故障诊断

发生机械故障的多数原因是操作人员的错误动作和程序错误。加工中心的机械部件主要有主轴、进给系统、刀库和换刀装置等。常见的机械系统故障主要有：

1) 主轴部件故障。

① 主轴运转发生异常的声音。若主轴运转发生异常的声音和振动，应检查主轴轴承是否破损。一般来说，当机床购进几年后，会发生主轴轴承损伤的现象，特别是在铸铁件、铸钢件的重切削加工条件下。轴承损伤的主要原因有缺少润滑脂；小带轮与大带轮转动平衡情况不佳；连接主轴与电动机的 V 带过紧。

② 主轴在强力切削时丢转或停转。原因可能是连接主轴与电动机的 V 带过松；V 带表面有油污；V 带使用时间太久而失效。

③ 主轴发热。原因可能是主轴前后轴承损伤或轴承不清洁；主轴前端盖与主轴箱体压盖研伤；轴承润滑油脂耗尽或润滑油脂涂抹过多。

2) 进给系统故障。进给传动链普遍采用滚珠丝杠，故障大部分是运动质量下降、定位精度下降、反向间隙过大、机械爬行、轴承噪声大等。具体表现在下列方面。

① 滚珠丝杠润滑状况不良。检查 X、Y 轴滑座，取下罩壳，涂上润滑脂。

② 工作台 X、Y 向移动不稳定。检查机床各坐标上的电动机与丝杠联轴节上的螺钉是否松动，调整工作台移动导轨的间隙，使各坐标轴能灵活移动；用砂布擦掉导轨面上的伤痕，检查润滑油情况；调整滚珠丝杠的间隙。

③ 反向误差大、加工精度不稳定。丝杠联轴器

锥套松动；丝杠轴滑板配合过紧或过松；丝杠轴预紧力过紧或过松；滚珠丝杠制造误差大或有较大轴向窜动。

④ 滚珠丝杠副噪声。滚珠丝杠轴承压盖压合不良；滚珠丝杠润滑不良；滚珠产生破损；电动机与丝杠联轴器松动。

⑤ X、Y 坐标轴抖动现象。检查机械传动链、伺服电动机和数控系统；检查电动机电缆接触情况。

3) 自动换刀装置故障。

① ATC 机构回转不停或不能回转。因刀具没有放松或没有夹紧、换刀位置误差过大、机械手夹持刀柄不稳定、机械手运动误差过大等。刀具不能夹紧时，要检查气泵气压，检查增压是否漏气，检查刀具卡紧液压缸是否漏油，检查刀具松卡弹簧上的螺母是否松动；刀具卡紧后不能松动时，要检查松锁刀的弹簧压力，若过紧则旋转松锁刀弹簧上的螺母，使其最大载荷不超过额定数值。

② 刀库中的刀套不能夹紧刀具。检查刀套上的调整螺母、咬紧弹簧、顶紧卡紧销是否损坏。

③ 刀套不能拆卸或停留一段时间才能拆卸。操纵刀套 90° 拆卸的气阀没有动作；气压不足；刀套的转动轴锈蚀等。

④ 刀具从机械手中脱落。检查刀具重量是否超重，机械手卡紧销是否损坏。

⑤ 机械手换刀速度过快。气压太高或节流阀开口过大。应旋转节流阀至换刀速度合适为止。

4) 程序错误引起的故障。若机床控制程序出现错误，会引起加工不良或发生冲撞。机床数控系统应有避免产生程序错误的功能，使机械故障防患于未然。

(3) 加工中心的数控系统故障诊断

数控系统是高技术密集型产品，要想迅速而正确地查明原因并确定其故障部位，不借助诊断技术将是很困难的，有时甚至是不可能的。随着微处理器的不断发展，诊断技术也由简单的诊断朝着多功能的高能诊断或智能化方向发展。诊断能力的强弱也是评价数控装置控制系统性能的一项重要指标。目前所使用的数控装置控制系统的诊断方法归纳起来大致可分为三大类。

1) 启动诊断。启动诊断指 CNC 系统每次从通电开始到进入正常的运行准备状态为止，系统内部诊断程序自动执行的诊断。诊断的内容为系统中最关键的硬件和系统控制软件，如 CPU、存储器、I/O 单元模块，以及 CRT/MDI 单元等装置或外部设备。有的 CNC 系统启动诊断程序还能对配置进行检查，用以确定所有指定的设备模块是否都能正常工作。只有当

全部项目都确认正确无误后，整个系统才能进行正常运行的准备状态。

2）在线诊断。在线诊断指通过 CNC 系统的内装程序，在系统处于正常运行状态时对 CNC 系统本身及与 CNC 装置相连的各个伺服单元、伺服电动机等进行自动诊断、检查。只要系统不停电，在线诊断就不会停。

在线诊断的内容很丰富。一般来说，包括自诊断功能的状态显示和故障信息显示两部分。

自诊断功能状态显示有上千条，常以二进制的 0、1 来显示其状态，借助状态显示可以判断故障发生的部位。这些信息大都以报警号和适当的注释形式出现，一般可分为下述几大类：过热报警类、系统报警类、存储器报警类、编程/设定类（这类故障均为操作、编程错误引起的软故障）和伺服类（与伺服单元和伺服电动机有关的故障报警、行程开关报警、印制电路板间的连接故障等）。

3）停机检查。这主要指 CNC 系统制造商或专业维修中心，利用专用的软件和测试装置在 CNC 系统出现故障后进行的检查。

随着电信技术的发展，一种新的通信诊断技术——海外诊断技术也正在进入应用，它是利用电话通信线，将带故障的 CNC 系统和专业维修中心的专用通信诊断计算机通过连接进行测试诊断。

当数控系统出现报警、发生故障时，维修人员不要急于动手处理，而应多进行观察和试验。主要有两条：

① 充分调查故障现场。这是维修人员取得第一手材料的重要手段：一方面，要向操作人员调查，详细询问出现故障的全过程，查看故障记录单，了解发生过什么现象，曾采用过什么措施等；另一方面，对现场要做细致的勘查，从系统的外观到系统内部各印制电路板都应细心查看是否有异常之处。在确认系统通电无危险的情况下，方可通电，观察系统有何异常，察看 CRT 显示的内容等。

② 认真分析产生故障的原因。由于数控系统发生故障的原因各异，当前的 CNC 系统还不能自动诊断出发生故障的确切原因和部位，往往是同一报警号可以有多种起因。当分析故障的起因时，思路要缜密和开阔。

（4）加工中心伺服系统故障诊断

进给伺服系统的故障报警形式通常有三种：一是利用软件诊断程序在 CRT 上显示报警信息；二是利用进给伺服驱动单元上的硬件（如发光二极管、熔断器等）报警；三是机床处于不正常运动状态但没有报警指示报警。

1）软件报警形式。现代数控系统都具有对进给系统进行监视、报警的能力。在 CRT 上显示进给驱动的报警信号大致可分为三类：

① 伺服进给系统出错报警。这类报警的起因，大多是速度控制单元方面的故障，或者主控制印制电路板内与位置控制或伺服信号有关部分的故障。

② 检测出错报警。起因是检测元件（测速发电机、旋转变压器或脉冲编码器）或检测信号方面的故障。

③ 过热报警。起因是伺服单元、变压器及伺服电动机过热。

2）硬件报警形式。硬件报警包括速度单元上的报警指示灯和熔丝熔断，以及各种保护用的开关跳开等报警。

① 大电流报警。此故障多为速度控制单元上的功率驱动模块损坏。检查方法是在切断电源的情况下，用万用表测量模块集电极和发射极之间的阻值，以确认该模块是否损坏。

② 高电压报警。主要原因有输入的交流电源电压超过额定值10%，电动机绝缘能力下降，速度控制单元的印制电路板故障或接触不良。

③ 低电压报警。由输入电压低于额定值的85%或电源连接不良引起。

④ 速度反馈断线报警。主要原因有伺服单元与电动机间的动力电源线连接不良，伺服单元有关检测元件的参数或型号设定错误，无加速度反馈电压或反馈信号电缆与连接器接触不良。

⑤ 保护开关动作。此故障应首先分清是何种保护开关动作，然后再采取相应的措施解决。若伺服单元上热继电器动作，应先检查热继电器的设定是否有误，然后再检查机床工作时的切削条件是否太苛刻或机床摩擦力矩是否太大。

⑥ 过载报警。造成过载报警的原因有机械负载不正常，或者速度控制单元上电动机电流的上限值设定得太低。

3）不正常运动状态报警。机床处于不正常运动状态但没有任何报警提示，这可能导致重大故障，需要操作人员和维修人员及时感觉和处理。不正常运动状态大多会以机床不正常振动和噪声表现，应予以注意。

4）主轴伺服系统常见故障。交流主轴伺服系统的常见故障与处理方法有：

① 电动机过热。原因可能有负载过大、电动机冷却系统太脏、电动机的冷却风扇损坏、电动机与控制单元之间连接不良等。

② 主轴电动机不转或达不到正常转速。原因可能有机床未给出主轴旋转信号；触发脉冲电路故障，没有产生脉冲；主轴电动机动力线断线或与主轴控制单元连接不良；高/低档齿轮切换用的离合器切换不

好；机床负载太大；三相电源相序不对，缺相或电压不正常；伺服控制单元上的电源开关设定错误；伺服单元上的增益电路和颤抖电路没调整好；电流反馈回路没调整好；电动机轴承故障。

③ 主轴电动机有异常噪声和振动。这类故障若在减速过程中产生，则故障发生在再生回路，此时应检查回路处的熔丝是否熔断及晶体管是否损坏；若在恒速下产生，则应先检查反馈电压是否正常，然后突然切断指令，观察电动机停转过程中是否有噪声。若有噪声，则故障出现在机械部分；否则，多在印制电路板上。若反馈电压不正常，则需检查振动周期是否与速度有关。若有关，应检查主轴与主轴电动机尾部的脉冲发生器是否不良；若无关，则可能是印制电路板调整不好或不良，或者是机械故障。

④ 电动机速度超过额定值。可能原因是设定错误、所用软件不对或印制电路板故障。

⑤ 伺服电动机不转。数控系统没有速度控制信号输出，使能信号没有接通，带电磁制动的伺服电动机电磁制动没有释放，速度控制单元有故障，伺服电动机有故障。

5.3 柔性制造系统的物料输送储存系统

物料输送系统是柔性制造系统的一个重要组成部分。在一个工件从毛坯到成品的整个生产过程中，只有相当小的一部分时间是在机床上进行切削加工，大部分时间消耗于物料的储运过程中。合理地选择柔性制造系统的物料输送系统，可以大大减少物料的运送时间，提高整个制造系统的柔性和效率。物料输送储存设备的分类如图 5.3-1 所示。

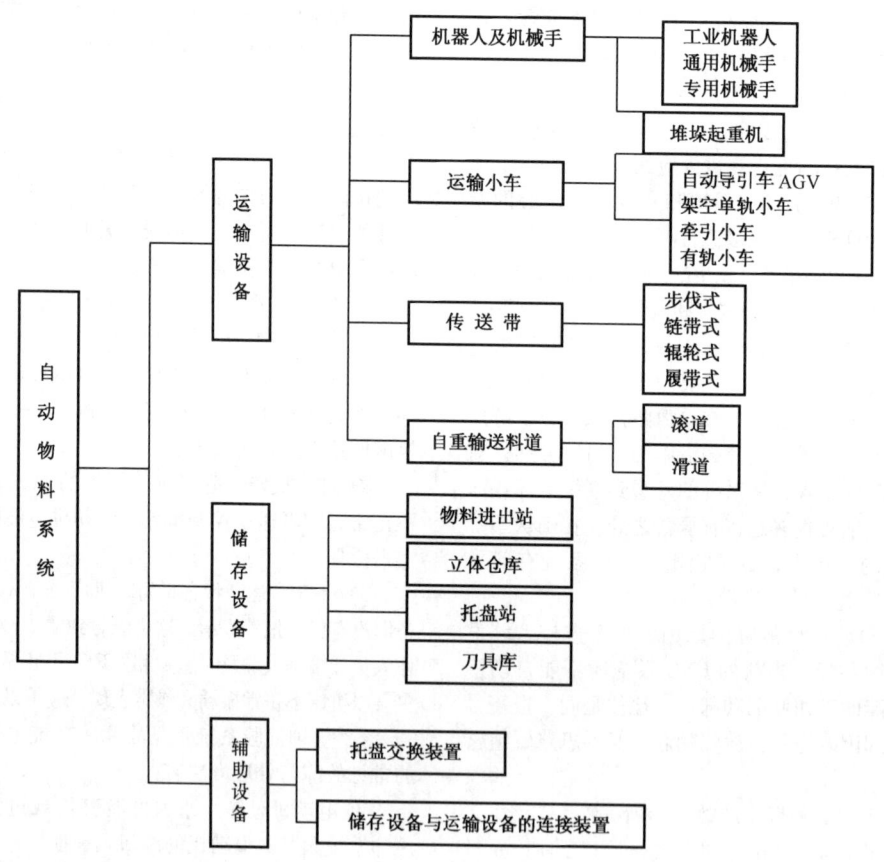

图 5.3-1　物料输送储存设备的分类

5.3.1 柔性制造系统的物料输送系统

在 FMS 中，自动化物流输送系统有四种，即传送带式输送系统；有轨输送系统；无轨输送系统和工业机器人输送系统。

1. 柔性制造系统的传送带式输送系统

传送带式输送系统的传动装置带动工件（或随行夹具）向前运动，当要到达要求位置时减速慢行，使工件准确定位。工件（或随行夹具）定位、夹紧完毕后，传动装置使输送带快速复位。输送行程较短时一般多采用机械传动，行程较长时常采用液压传动。由于气动传动的运动速度不易控制，输送不够平稳，因而应用较少。机械传动输送带的传动装置由机械滑台传动装置和输送滑台组成，液压传动输送带的传动装置有较大的驱动力，实现缓冲也较容易。

（1）工件的输送方式

1）按工件输送轨迹形式分。

① 直线输送：如图 5.3-2a 所示，输送轨道成直线，使用各种输送带。主要用于顺序传送，输送工具是各种传输带或自动输送小车，这种系统的储存容量较小，常需要另设储料库。

② 环形（矩形）输送：如图 5.3-2b 所示，输送轨道呈环形或矩形，使用各种输送带及转位装置。机床一般布置在环形输送线的外侧或内侧，输送工具除各种类型的轨道传输带，还有自动输送车或架空轨道悬吊式输送装置。

③ 圆形输送：如图 5.3-2c 所示，工件沿圆形轨迹输送，常使用回转工作台或回转鼓轮，也有的使用星形回转架输送装置。

2）按工件与机床间的关系分。

① 通过式输送：如图 5.3-3a 所示，输送带或回转工作台上的工件（或随行夹具）直接通过机床，生产节拍短。

② 外移式输送：如图 5.3-3b、c 所示，当工件移送到机床旁时，通过一定的移送装置将工件由输送带移送至机床上；加工完毕后，再将工件送到输送带上。移出装置多为专用机械手或各种起吊器，机械手或起吊器上可以设置回转机构，完成对工件的转位。外移式输送要求机床和夹具的敞开性好，利用外移式输送可以将已有的独立机床连接成自动线，但生产节拍较长。

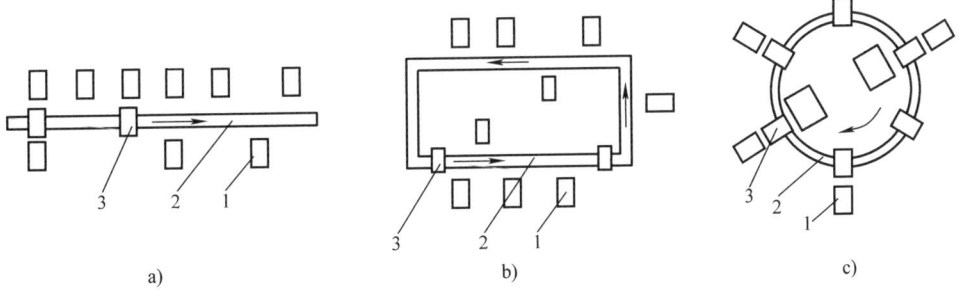

图 5.3-2　工件输送轨迹形式

a）直线输送　b）环形输送　c）圆形输送

1—机床　2—输送装置　3—工件或随行夹具

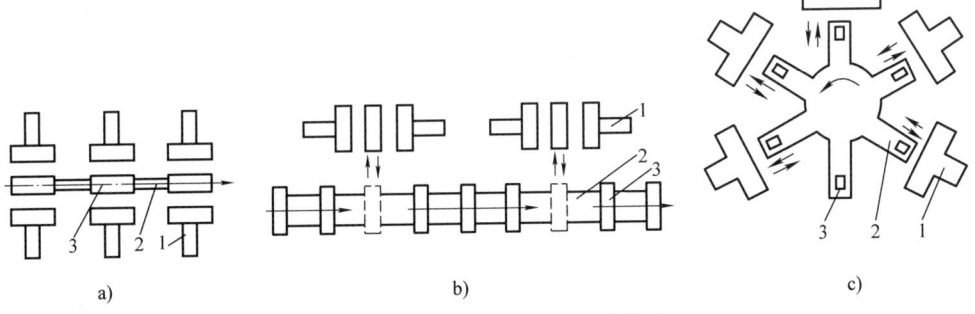

图 5.3-3　通过式输送与外移式输送

a）通过式输送　b）外移式输送　c）外移式输送（用星形回转架）

1—机床　2—输送装置　3—工件与随行夹具

3）按输送节拍的变化情况分。

① 同步输送：工件按固定节拍输送，又称强制输送，多用于加工自动线。输送带、回转工作台均为常用的同步输送装置。

② 非同步输送：工件输送节拍依生产情况而变化，多用于柔性加工生产线和自动装配线，也称柔性输送或自由流动输送，便于进行自动线线段间的连接和上下料输送。

形状简单的工件可以用输送装置直接进行传输；形状复杂、定位夹紧困难或缺少良好输送基面的工件，常使用随行夹具将工件先定位于随行夹具中，输送装置将随行夹具和工件一起在机床间进行传输。对于一些非金属工件，为保护基面不受损伤，有时也采用随行夹具。随行夹具送到机床后，定位夹紧在机床固定夹具中。因此，工件的加工误差不仅与工件在随行夹具中的定位夹紧有关，而且与随行夹具在固定夹具中的定位夹紧有关。在使用随行夹具的自动线中应配置随行夹具返回装置，以实现随行夹具周而复始的调用。

对于一些不能直接在输送装置的支承板上移动的畸形工件，或者对一些非金属工件，为避免输送过程中的磨损，有时采用托盘式输送装置（图5.3-4）进行工件传输。托盘上设有定位限位元件，但托盘只起承放和传输工件的作用，到达每个工位后，工件需转换到机床夹具上进行定位夹紧。因此，采用托盘输送时，托盘定位精度不会直接影响工件的加工精度，所以对托盘的精度要求不高。

但是，采用托盘装置输送工件时，要求每个工位的固定夹具上设置相应的装卸机构，因此，结构比较复杂，而且在一些本不需要固定夹具的空工位上，也不得不设置固定夹具，以适应托盘输送的要求。

（2）步伐式工件输送系统

步伐式工件输送系统是加工箱体类、杂类的组合

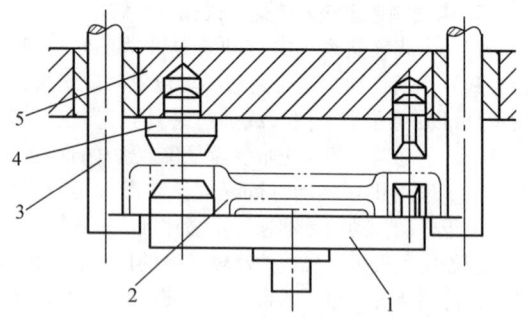

图5.3-4 托盘式输送装置
1—托盘 2—工件 3—压板
4—机床夹具定位销 5—机床夹具

机床自动线中典型的工件输送系统。它是一种刚性连接装置，将全线联为一个整体，以同一步伐将工件从一个工位移到另一个工位，输送时有严格的节奏性。

1）弹性棘爪步伐式输送带。弹性棘爪步伐式输送带（图5.3-5）由传动装置9向前推进时，棘爪5前端接触工件（或随行夹具或托盘），后端被支销7挡住，从而推着工件前进。当工件到位后被定位夹紧，输送带返回。返回时，棘爪被压下。离开工件后，在弹簧4的作用下，棘爪抬起，恢复原位。输送带步距 t 是将工件或随行夹具由一个工位输送到另一个工位的距离，t 的标准值（单位为 mm）为200、250、320、360、400、450、500、560、630、710、800、900、1000、1120、1250、1400、1500、1600、1800。机床之间的距离 T 通常为 t 的整数倍（图5.3-6）。

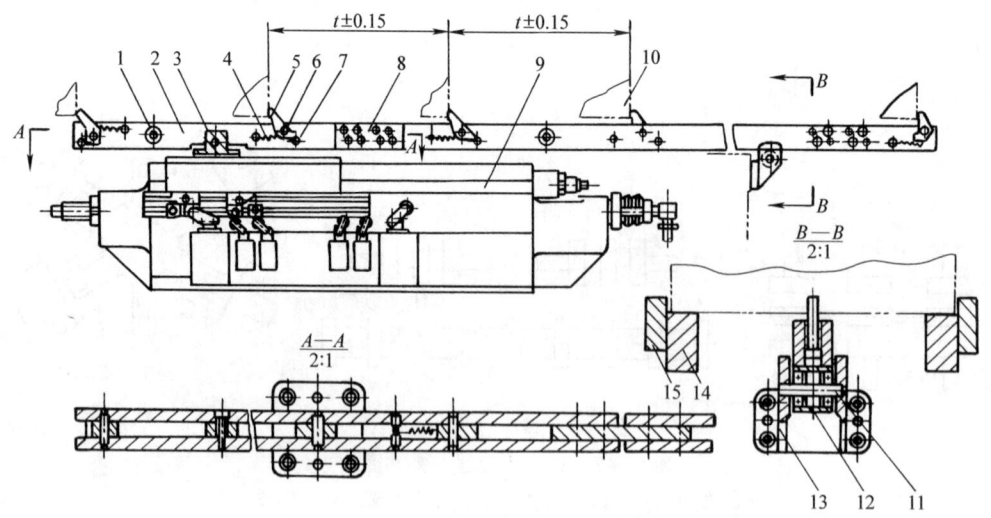

图5.3-5 弹性棘爪步伐式输送带
1—垫圈 2—输送杆 3—拉架 4—弹簧 5—棘爪 6—棘爪销 7—支销 8—连接板
9—传动装置 10—工件 11—辊子轴 12—辊轮 13—支承滚架 14—支承板 15—侧限位板

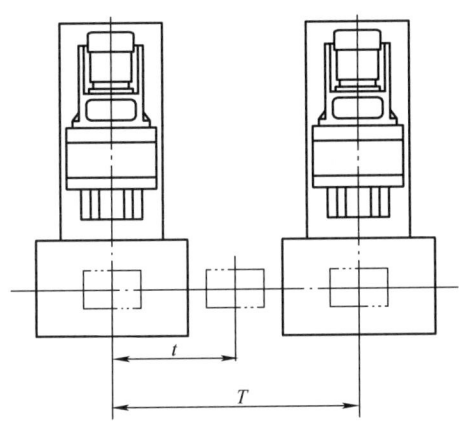

图 5.3-6　工件输送带步距 t 与机床之间的距离 T

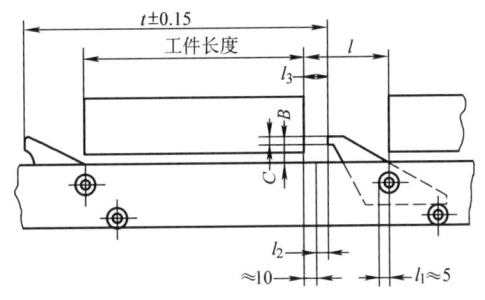

B	C	l	l_1	l_2	l_3
15	12	67	52	8	18
25	15	84	69	15	25

图 5.3-7　棘爪与工件间的联系尺寸

图 5.3-7 所示为棘爪高度 B 为 15mm、25mm 时，棘爪与工件间的联系尺寸，其中 l_3 为棘爪的超程量。

使输送带往复运动的传动装置是液压滑台或机械滑台。机械滑台驱动的输送带传动装置如图 5.3-8 所示。动作顺序为：输送带拖动工件向前，减速缓移使工件准确到位，当工件（或随行夹具）在固定夹具上定位、夹紧时，输送带在死挡铁处停留；待工件（或随行夹具）定位夹紧完毕后，输送带快速退回，经缓冲后在原位停止。

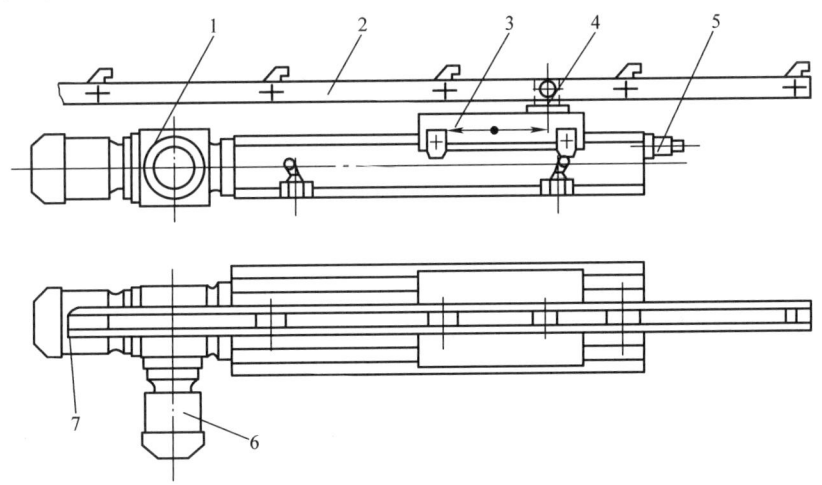

图 5.3-8　机械滑台驱动的输送带传动装置
1—机械滑台传动装置　2—输送带　3—输送滑台　4—拉架
5—行程调节螺钉　6—快速进给电动机　7—慢速进给电动机

弹性棘爪步伐式输送带结构简单，通用性强，但由于不便于在工件前方设置挡块，在输送过程中，工件在惯性力作用下产生前冲，不能保证工件输送终了时的准确位置，限制了输送速度的提高（一般不大于 16m/min）。另外，该结构不便于密封，切屑易使棘爪卡死而发生停车事故。

2）摆杆步伐式输送带。摆杆步伐式输送带（图 5.3-9）的圆管形摆杆 1 上装有若干个刚性拨爪 2 和限位挡块 3，在驱动液压缸作用下，通过刚性拨爪 2 和限位挡块推动工件（或随行夹具）前进一个步距 t。待工件或随行夹具输送至终点定位夹紧后，输送带回转液压缸反转，带动刚性拨爪 2 和限位挡块 3 转过一角度，使之能自由地从工件或随行夹具的侧面通过，然后摆杆退回原位并再正转复位，为输送下一个工件做好准备。

摆杆步伐式输送带的圆管形摆杆用无缝钢管制成，直径 D 为 40mm、50mm、60mm 或 70mm。行程短时可用液压缸直接带动摆杆前后运动，行程长时可采用传动装置。输送带设有缓冲装置，以减少行程终点时的冲击。摆杆的回转运动由回转机构驱动。拨爪和限位挡块间的距离比工件或随行夹具长 1~2mm。由于设置了限位挡块，允许采用较高的输送速度并能保证输送工件的准确位置。其中，结构尺寸 A 与随行夹具结构相匹配，已标准化、系列化。结构尺寸 A（单位是 mm）为 250、320、400、500、630、800、1000。

图 5.3-10 所示为摆杆步伐式输送带的结构。图中摆杆 1 用两个腰形支承辊 7 支承，输送带由两端设有缓冲器 6 的传动液压缸 5 传动，输送带运动到终点时能平稳地停止。由于摆杆要往复转动，所以活塞杆与摆杆要用回转接头 3 连接。

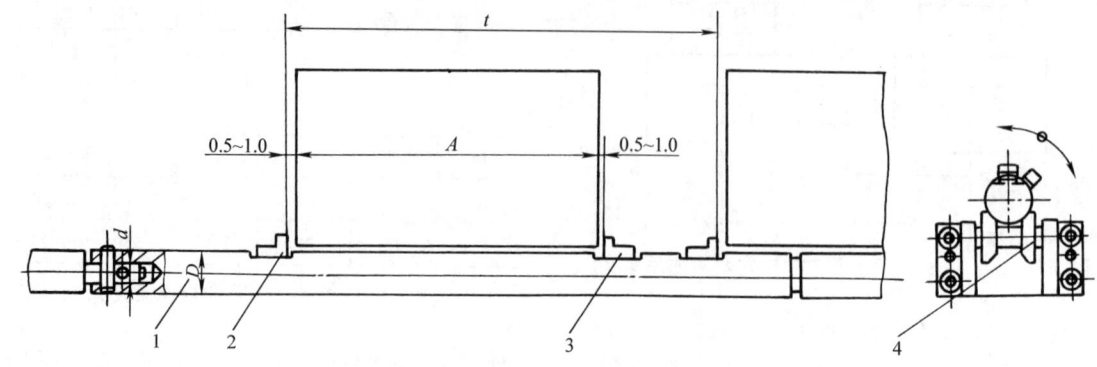

图 5.3-9 摆杆步伐式输送带
1—摆杆　2—刚性拨爪　3—限位挡块　4—支承辊　t—步距

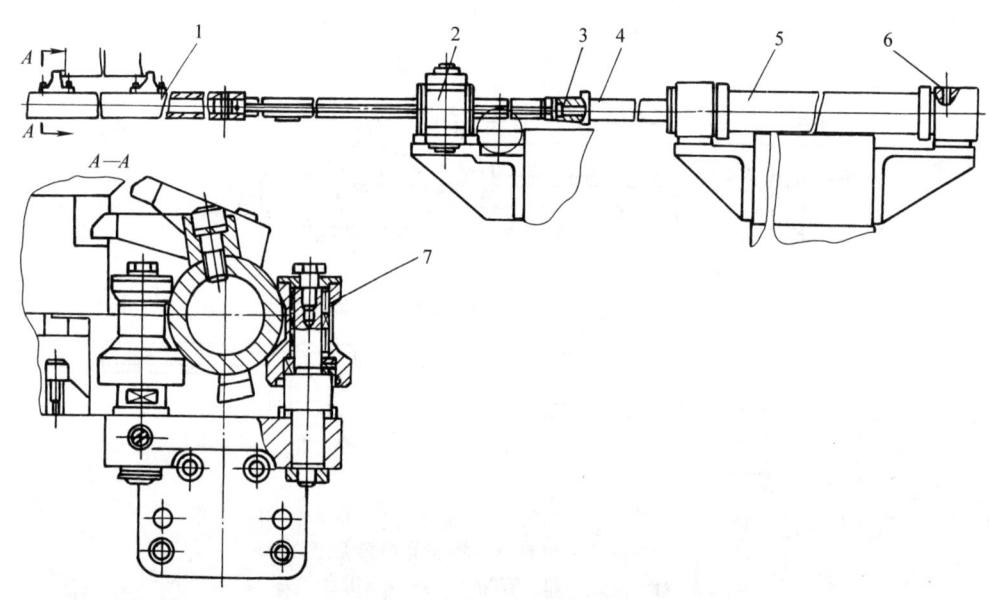

图 5.3-10 摆杆步伐式输送带的结构
1—摆杆　2—回转机构　3—回转接头　4—活塞杆　5—传动液压缸　6—缓冲器　7—腰形支承辊

摆杆步伐式输送带的回转机构如图 5.3-11 所示。摆杆能自由通过回转齿轮套 3，摆杆与回转齿轮套之间用导键 6 连接。当带齿条的液压缸活塞 5 移动时，通过回转齿轮套 3 带动摆杆旋转，其旋转角由限位开关 2 控制，并用调节螺钉 4 及挡块 1 来调整转角大小。

摆杆步伐式输送带结构比弹性棘爪步伐式输送带复杂，但由于有限位挡块，定位较精确，输送速度可提高至 20m/min。

3）抬起步伐式输送带。曲轴抬起步伐式输送带的结构如图 5.3-12 所示。当输送时，曲轴 1 先由液压缸 5 驱动齿条 6，再经齿轮齿条使支承辊轮 7 上升，使输送带 3 抬起一定高度，输送带 3 上的支承 V 形块 2 将曲轴从固定夹具的支承 V 形块 8 上托起，然后再由传动装置 4 带动曲轴向前移动一个步距，当到达下一工位固定夹具的支承 V 形块 8 上方时，输送带 3 开始下降，使曲轴落入下一工位固定夹具的支承 V 形块 8 上，输送带继续下降至终点，使输送带 3 的限位元件完全脱开工件后，输送带再迅速水平运动返回原位。

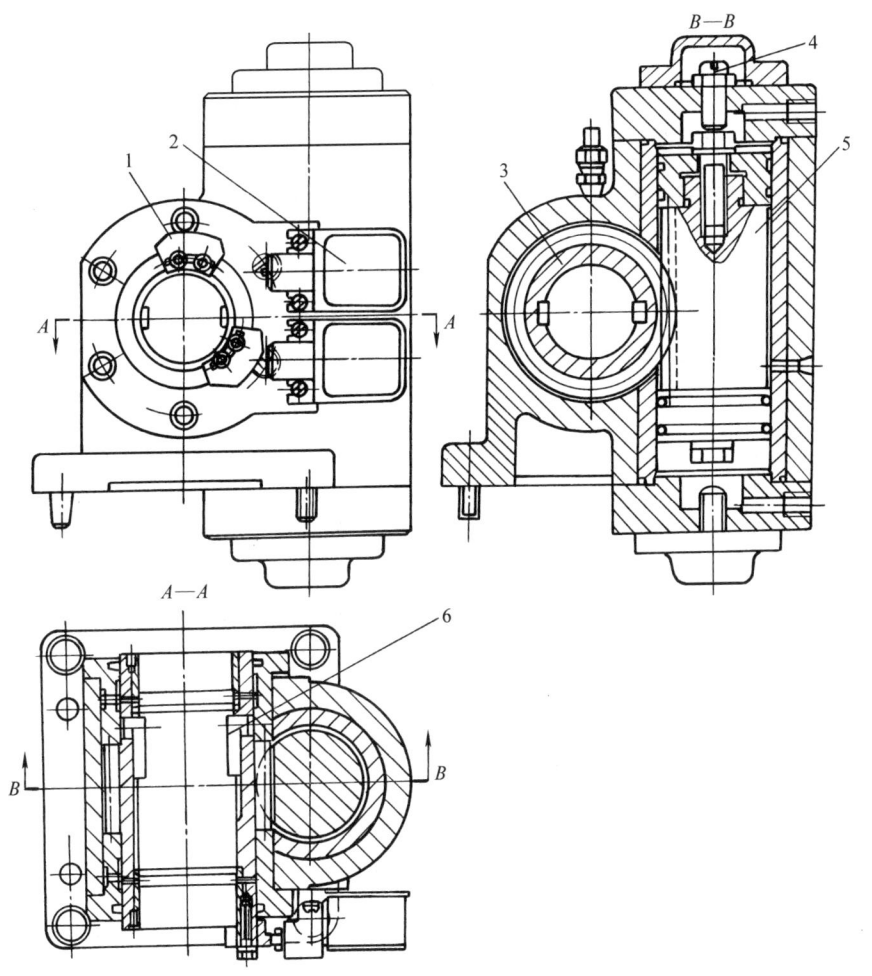

图 5.3-11　摆杆步伐式输送带的回转机构

1—挡块　2—限位开关　3—回转齿轮套　4—调节螺钉　5—液压缸活塞　6—导键

　　这种输送带可用于输送缺乏良好输送基面的工件，以及要保护基面的有色金属工件和高精度工件。其采用的齿轮齿条升降机构，比采用凸轮升降机构的行程大。为了保证输送工作可靠，在输送带上要设置保持工件位置稳定的定位元件；为了让输送带及工件通过，固定夹具的上下方要留有足够的敞开空间。

　　抬起步伐式输送带用于传送不便于输送的畸形工件或软质材料工件，可避免工件的磨损，而且可省掉随行夹具，但要求固定夹具在上下两方向的敞开性要好，以便于输送带的运行。

　　步伐式输送带伴有换向冲击，对工件或随行夹具的定位精度有一定影响。采用摆线机构、正弦机构、伺服驱动可以减小或避免换向冲击，实现平稳运动，如图 5.3-13 所示。

　　4）托盘步伐式输送装置。与其他步伐式输送不

同之处是，采用托盘步伐式输送装置，工件不在支承板上滑动，而是放在托盘中由步伐输送带运走。图 5.3-14 所示为在卧式镗床上加工连杆大小头孔用的自动线立式托盘步伐式输送装置。托盘 2 采用立式布置，它与输送带 1 连接，其顶部装有两个 V 形辊轮 4，辊轮 4 在固定不动的圆柱导向杆 5 上滚动，以保持托盘输送时的正确方向。该托盘装有两个连杆，利用工件大头的两个台肩挂在托盘两个定位支承块 7 上，并用定位限位板 8、9 及侧定位限位板 6、10 限位，再用弹簧销 3 压紧工件。在托盘中设置定位元件的目的是为了在输送时能保持工件的正确位置，以及工件在固定夹具上正确定位。托盘输送到位后，固定夹具上的钩形压板 11 在液压缸作用下将工件从托盘中拉到固定夹具上定位并夹紧。卸料时，钩形压板 11 松开，同时推料板 12 将工件推到托盘上。

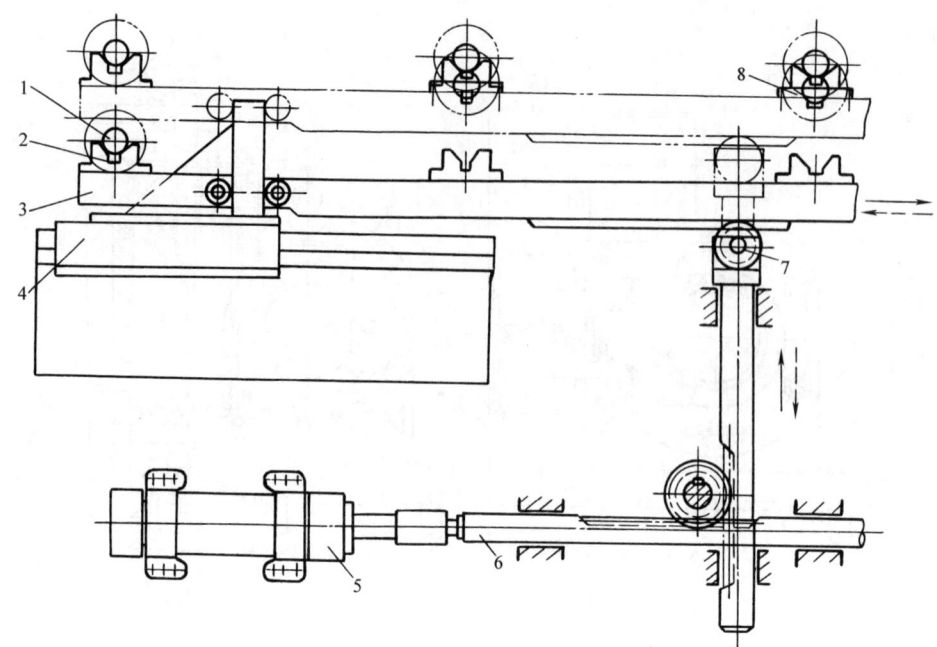

图 5.3-12 曲轴抬起步伐式输送带的结构

1—曲轴 2、8—V 形块 3—输送带 4—传动装置 5—液压缸 6—齿条 7—支承辊轮

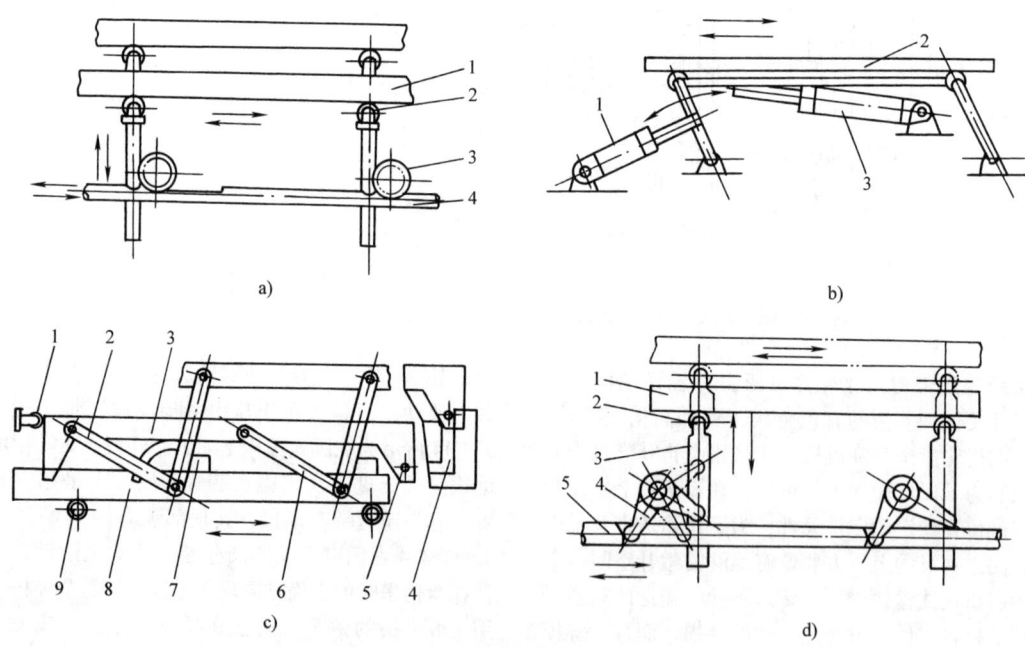

图 5.3-13 抬起步伐式输送带的驱动机构

a）齿轮齿条式
1—输送板 2—支承辊 3—齿轮 4—抬起驱动杆
b）摆动液压缸式
1—抬起液压缸 2—输送板 3—输送液压缸
c）支架导槽式
1—死挡铁 2—活动支架 3—输送板 4—导槽 5—导向销
6—限位销 7—支承块 8—移动板 9—支承辊
d）拨爪杠杆式
1—输送板 2—支承辊 3—抬起杆 4—抬起拨爪 5—抬起驱动杆

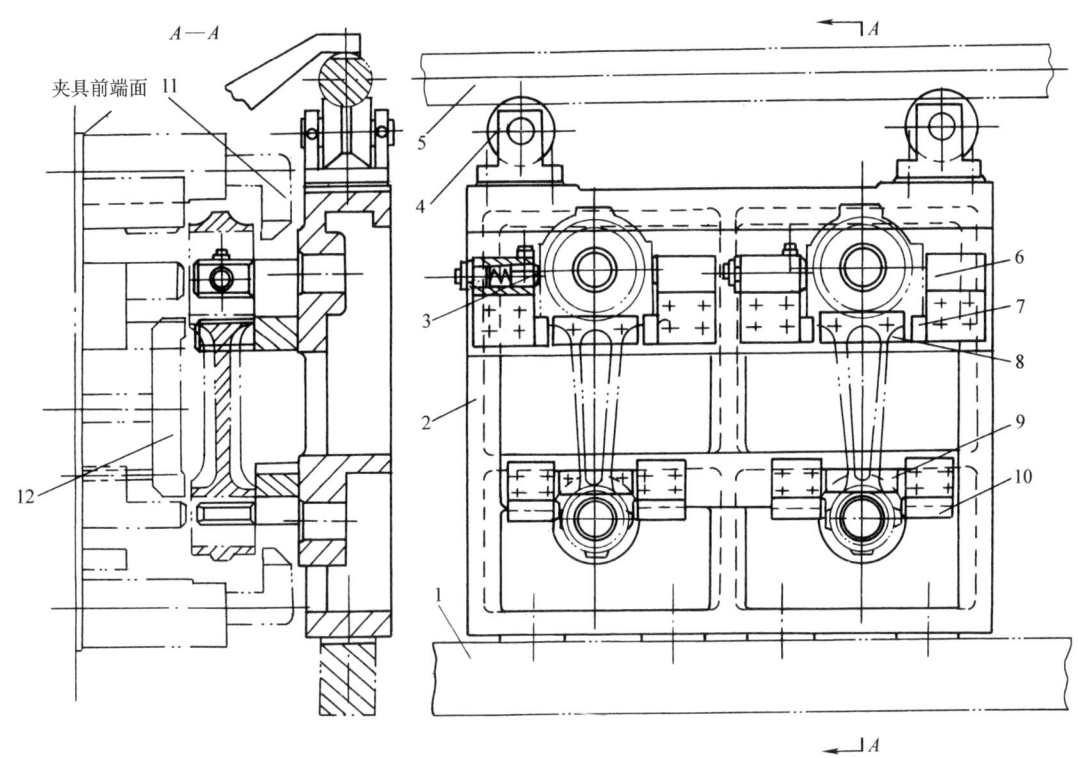

图 5.3-14　立式托盘步伐式输送装置

1—输送带　2—托盘　3—弹簧销　4—V 形辊轮　5—圆柱导向杆
6、10—侧定位限位板　7—支承板　8、9—定位限位板　11—钩形压板　12—推料板

托盘步伐式输送装置的工作过程如下：工件装在托盘上以后，输送带向前移动一个步距，输送到位时，即将工件从托盘中拉出并装到固定夹具上；然后输送带退回半个步距，使托盘处于两个工位之间，以免妨碍刀具加工。加工完毕后，托盘输送带再退回半个步距，以便托盘在上一工位将工件从加工工位的固定夹具上卸下并装到托盘上。这样便完成了一个工作循环。

托盘输送适用于输送异形工件及需要保护基面的软质工件或精加工工件，它还适合于输送配偶件（如连杆体和连杆盖）或成组加工中的一组零件。

托盘步伐式输送的优点：①托盘仅起输送工件的作用，对托盘的精度要求不高；②托盘固定在输送带上，随输送带一起返回，不需另设一套复杂的返回装置，使自动线总体布局紧凑；③固定夹具的定位面一般设在上方或侧面，不易黏附切屑，有利于保证定位精度；④可以不用随行夹具，工件直接在机床的固定夹具上加工，因此自动线各工位可以根据各工序特点来确定定位夹紧方式，灵活性大。

托盘步伐式输送的缺点：需要在机床固定夹具上和空工位上增设装卸工件的机构，从而增加了夹具的复杂程度；各工位增添了从托盘到固定夹具之间的装

卸料时间，工作循环时间长，使生产率受到损失。

5）非同步输送带。非同步输送带具有一定柔性，可以实现不等距输送，互锁简单。图 5.3-15 所示为利用钢带离合器实现非同步输送。链轮 4 套在链轮轴 5 上，当离合器钢带 6 在弹簧 7 的作用下处于张紧状态时，链轮 4 就固紧于链轮轴 5 上，夹具被传送链 9 带向下一工位。当凸块 8 由停止机构作用向上抬起时，离合器钢带松开，链轮空转，夹具停止运动。工作完毕，松开停止机构，钢带重新张紧，又进行下一个工件的输送工作。

图 5.3-16 所示为利用摩擦离合器实现非同步输送。链轮 2 套在轴 5 上，摩擦离合器 7 通过弹簧压紧链轮，由链条 4 传送运动。当夹具碰到工位上的停止机构时，离合器打滑，链轮空转，夹具停止在工位上。用链板带传动装置也可构成非同步输送机构，在链板或带上自由放置随行夹具，靠链板或带上的附件与随行夹具之间的摩擦力带动随行夹具前进。

图 5.3-17 所示为利用塑料辊子链传动的非同步输送带。电动机 2 经链轮链条 4 带动塑料滚子链运动，托盘 6 自由放在辊子链上，借助辊子链与托盘下底面间的摩擦力使托盘运动。

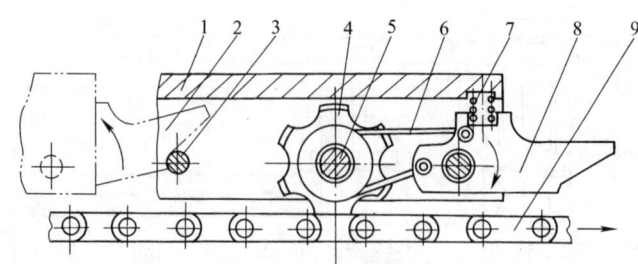

图 5.3-15　钢带离合器式非同步输送带
1—夹具体　2—后面夹具的凸块　3—制动杆　4—链轮
5—链轮轴　6—离合器钢带　7—弹簧　8—凸块　9—传送链

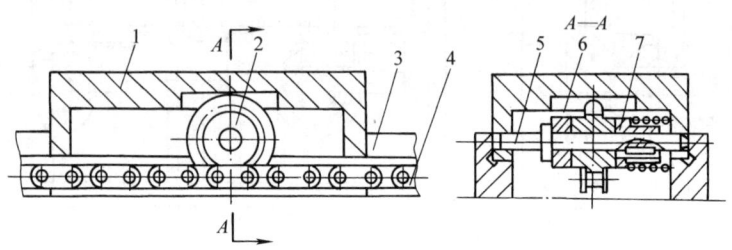

图 5.3-16　摩擦离合器式非同步输送带
1—夹具体　2—链轮　3—导轨　4—链条　5—轴　6—垫圈　7—摩擦离合器

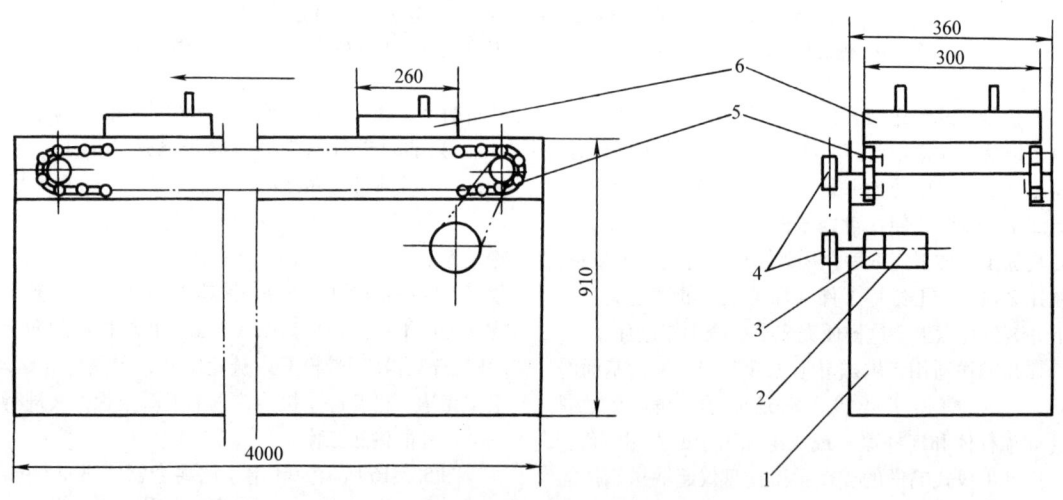

图 5.3-17　塑料辊子链传动式非同步输送带
1—底座　2—电动机　3—减速器　4—链轮链条　5—塑料辊子　6—托盘

非同步输送带在自动加工线上应用较少,常见于自动装配线上。

6) 自动辊道输送装置。也称为自驱辊道、动力辊道,它是利用链条、锥齿轮或胶带等驱动辊子,借助辊子与工件间的摩擦力,完成对箱体工件或托盘的输送,常用于自动线、自动机的上下料及线间的工件输送,而且可以完成小角度的倾斜输送,如图 5.3-18

所示。

2. 柔性制造系统的有轨输送系统

有轨输送指用有轨小车 (RGV) 往返输送物料,如图 5.3-19 所示。加工系统由 4 个 FMC 组成。物料输送系统包括一辆有轨小车、32 个托盘储存站和两个装卸站,装卸站设在中间位置上。物料控制器控制有轨小车运行,主计算机协调各部分工作。

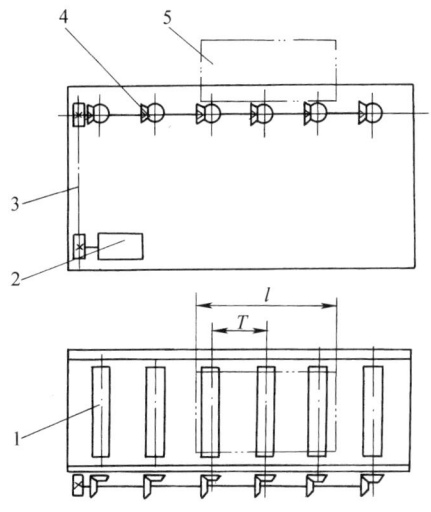

图 5.3-18　链轮链条锥齿轮
传动式自动辊道输送装置
1—辊子　2—电动机　3—链轮链条
4—锥齿轮　5—工件

有轨小车通常由五部分组成：①地面设施，包括轨道、悬挂电缆；②运行设施，包括车身、减速器、认址装置；③托盘交换装置；④车上控制装置；⑤液压传动装置，如图 5.3-20 所示。有轨小车多为专用设计，表 5.3-1 列出了有轨小车的相关参数。表中参数代号含义见图 5.3-20。

有轨小车的牵引方式有两种：一种是由车上的电动机牵引；另外一种是由链索牵引，沿地面上布设的固定沟槽移动，如图 5.3-21 所示。

有轨小车的轨道可采用轻型导轨，为保证轨道的直线性及两根导轨的共面性，可将导轨铺设在钢板上。有轨小车的驱动电动机可采用伺服电动机，也可采用直流电动机。车上装有液压驱动装置，可完成车的锥销定位及托盘交换工作。有轨小车可采用计数法、编码器等方法认址，到位后可通过二次定位保证定位精度：车身上装有无触点开关，地板上装有挡块，通过开关信号，降低车速；而后，电动机断电并制动车轮，实现一次定位。随后，液压装置驱动定位销实现二次定位，可保证定位精度为 ±0.2mm。

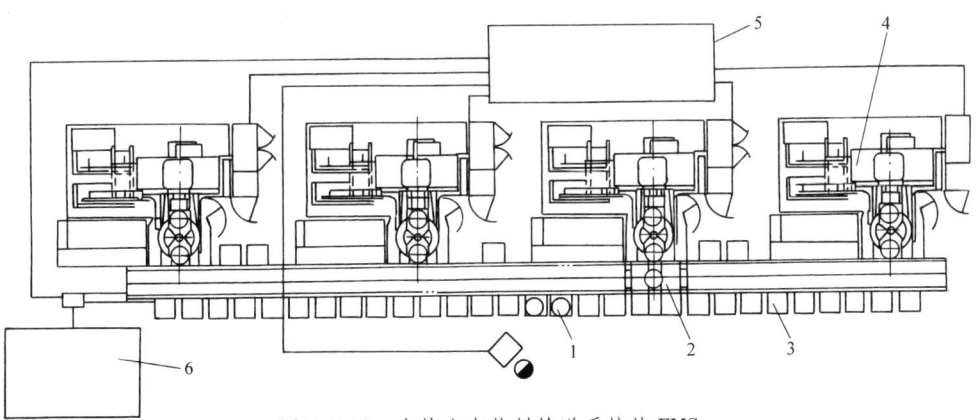

图 5.3-19　有轨小车物料输送系统的 FMS
1—装卸站　2—有轨小车　3—托盘库　4—FMC　5—主控计算机　6—物料控制器

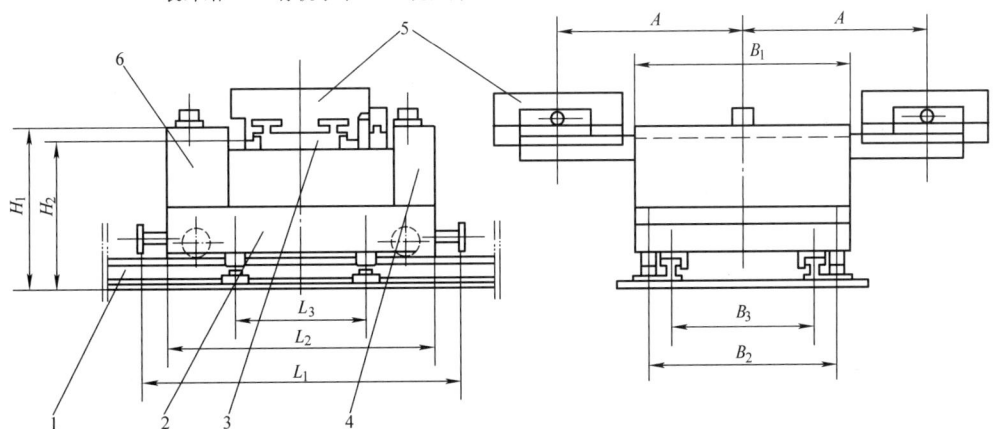

图 5.3-20　有轨小车的组成
1—地面设施　2—运行设施　3—托盘交换装置　4—车上控制装置　5—托盘　6—液压传动装置

表 5.3-1　有轨小车的相关参数

规格（名义尺寸）	运载托盘尺寸（长×宽）/mm	车体总长 L_1 /mm	车体长 L_2 /mm	定位锥销长向位置 L_3 /mm	车体宽 B_1 /mm	定位锥销宽向位置 B_2 /mm	车轨中心距 B_3 /mm	车体高 H_1 /mm	托盘输送基面高度 H_2 /mm	托盘输送机构行程 A /mm	输送速度 v /(m/min)	最大承载量 Q /kg	电动机功率 /kW
40	400×400 400×500	1600	1300		630		500	1100	1060	710		500	
50	500×500 500×630	2000	1700	750	1000	850	630	1100	1060	875	40①	800	1.5
63	630×630 630×800	2000	1700	750	1000	850	630	1100	1060	935		1250	
80	800×800 800×1000	2600	2100	1100	1600	1400	1100	1250	1060	1300		2000	2.5
100	1000×1000 1000×1250	2600	2100	1100	1600	1400	1100	1250	1060	1400	30	3200	2.5
125	1250×1250 1250×1600	3600	2600	1700	2000	1400	1100	1250	1060	2000		5000①	

① 国外有的产品最高输送速度可达 60m/min，最大承载量达 8000kg。

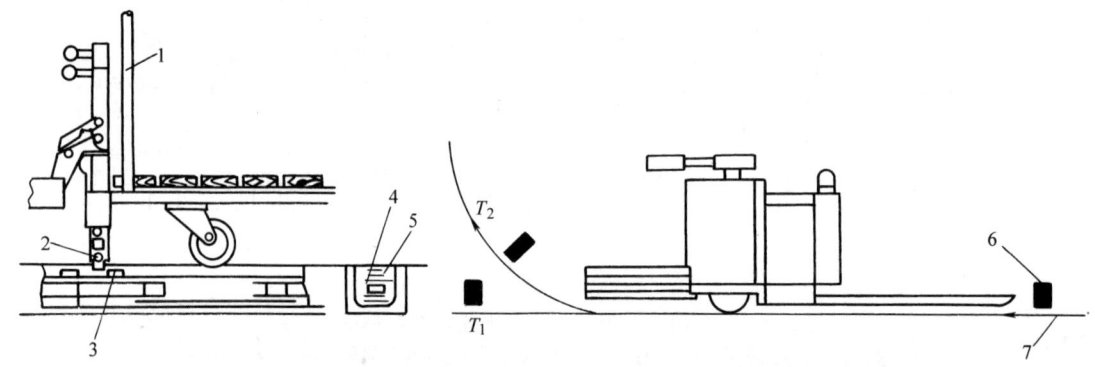

图 5.3-21　有轨小车的牵引方式
1—车辆　2—销　3—拖钩　4—链条　5—轨道　6—识别站　7—导引线或导引标志

　　有轨小车的控制通常采用两级控制：一级控制是利用车上控制面板进行手动或半自动控制；二级控制是由地面控制器通过电缆通信实现自动输送运行，地面控制器与主系统通信实现托盘调运。

　　有轨小车应设有相应的安全防范措施，这些安全措施包括手动循环、自动循环、半自动循环的互锁；必要的警示信号、报警灯；车身前后方应设置安全杠，当车在行进中遇到障碍物时及时发出信号，紧急制动停车；轨道两端应设置极限开关，一旦有轨小车控制失灵超出正常行车范围时，极限开关将发出信号，实现紧急停车；在有轨小车控制面板及地面控制

面板上应设有紧急制动开关，以防不测事故的发生；托盘交换装置应备有超程极限开关，以防托盘交换时超程。

　　有轨小车有三种工作方式：

　　1）在线工作方式。有轨小车接受上位计算机的指令工作。

　　2）离线自动工作方式。可利用操作面板上的键盘来编制工件输送程序，然后按启动按钮，使其按所编程序运行。

　　3）手动工作方式。有轨小车沿轨道方向有较高的定位精度要求（一般为±0.2mm），通常采用光电

码盘检测反馈的半闭环伺服驱动系统。

有轨小车的优点主要是其加速过程和移动速度都比较快,适合搬运重型工件;轨道固定,行走平稳,停车时定位精度较高,输送距离大;控制系统相对于无轨小车来说要简单许多,因而制造成本较低,便于推广应用。控制技术相对成熟,可靠性比无轨小车好。

有轨小车的缺点是一旦将轨道铺设好,就不便改动;转弯的角度不能太小。

3. 柔性制造系统的无轨输送系统

无轨输送采用无轨自动导引车(AGV)输送物料。AGV 系统是目前自动化物流系统中具有较大优势和高技术密集的搬运设备。AGV 系统已成为现代自动化物流系统中的主要搬运设备之一,如图 5.3-22 所示。加工系统由镗铣类和车削类柔性制造单元组成,用立体仓库式储存库储存工件,AGV 沿环行路线运行输送工件,中央控制系统设在系统的一端。

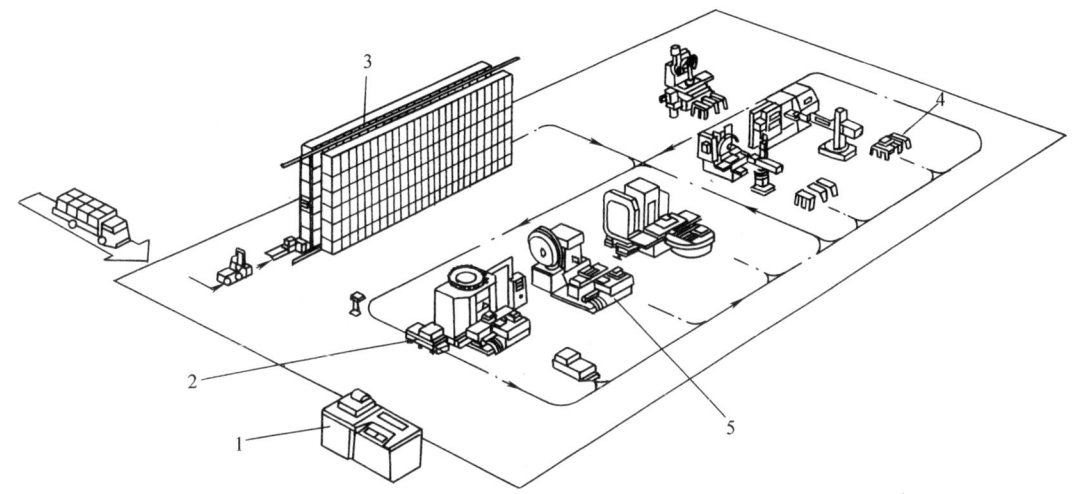

图 5.3-22 有轨小车物料输送系统的 FMS
1—中央计算机 2—有轨小车 3—立体仓库 4、5—FMS

AGV 系统由运输车、地板设备和系统控制器组成(图 5.3-23)。AGV 系统的制导方式主要有电磁制导、激光制导、光反射制导和标记跟踪制导等,其控制原理如图 5.3-24 所示。

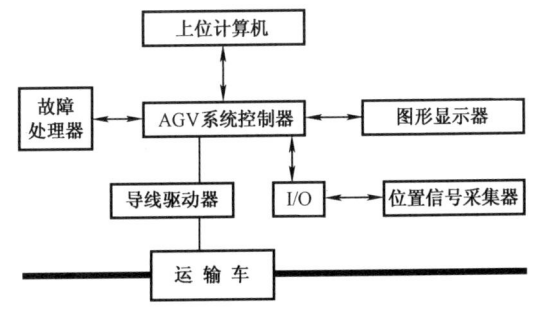

图 5.3-23 AGV 控制系统的组成

在柔性制造系统中用得较多的是电磁制导方式。电磁制导方式是将控制导线埋于地面下的沟槽内,由信号源发出的高频控制信号在控制导线内流过。电磁导向原理如图 5.3-25 所示。AGV 车体下部的检测耦合线圈接收制导信号。当车偏离正常路线时,两个线圈 1 接收信号产生差值并作为输出信号,此信号经转

向控制装置处理后,传至转向伺服电动机 4,实现转向和拨正行车方向。在停车地址监视传感器所发出的监视信号,经程序控制装置处理(与设定的行驶程序相比较)后,发令给传动控制装置,控制行驶电动机,实现运输车的启动、加减速、停止等动作。

在柔性制造系统中,AGV 具有以下功能:①将工件、刀具和夹具输送到加工、排序和装配站,以及从加工、排序、装配站输送工件、刀具和夹具到指定地方;②将毛坯输送到加工单元;③从系统将加工完成的工件输送到装配地点;④将工件、刀具和夹具输送到自动存储和检索系统,以及从自动存储和检索系统将工件、刀具和夹具输送到其他地方;⑤输送废屑箱;⑥将托盘自动升、降到加工和排序站里的短程运输机械上的记录位置,进行装卸工作。

AGV 与 RGV 的根本区别在于:AGV 是将导引轨道(一般为通有交变电流的电缆)埋设在地面下,由 AGV 自动识别轨道的位置,并按照中央计算机的指令在相应的轨道上运行的"无轨小车";RGV 是将轨道直接铺在地面上或架设在空中的"有轨小车"。AGV 还可以自动识别轨道分岔,因此 AGV 比 RGV 柔性更好。

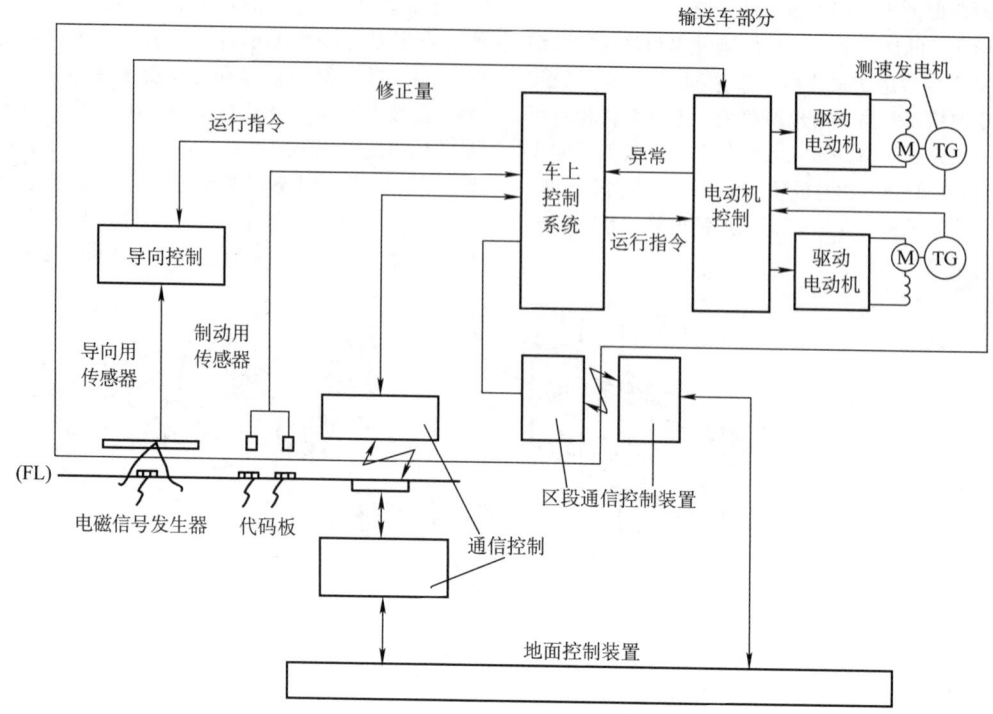

图 5.3-24　AGV 系统的控制原理

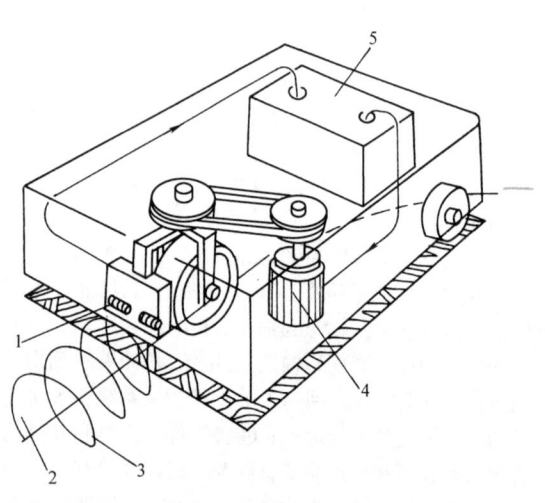

图 5.3-25　电磁导向原理
1—线圈　2—回路　3—磁场
4—转向伺服电动机　5—放大器

AGV 系统的特点：①配置灵活，可实现随机存取，几乎可完成任意回流曲线的输送任务。当主机配置有改动或增加时，很容易改变巡行路线及扩展服务对象，适应性、可变性好，具有一定的柔性；②由于不设输送轨道等固定式设备，不占用车间地面及空间，使机床的可接近性好，便于机床的管理和维修；

③保证物料分配及输送的优化，托盘的使用量最少，减少了产品损坏和运输的噪声；④使托盘和其他物料储存库简化，并远离加工设备区，能够与各种外围系统，如机床、机器人和传输系统相连接；⑤AGV 能以低速运行，一般在 10~70m/min 范围内运行，通常 AGV 由微处理器控制，能与本区的控制通信，可以防止相互之间的碰撞，以及工件卡死的现象；⑥制造成本较高，技术难度较大。

5.3.2　工业机器人

1. 工业机器人的组成

机器人是一种自动化的机器，所不同的是这种机器具备一些与人或生物相似的智能能力，如感知能力、规划能力、动作能力和协同能力，是一种具有高度灵活性的自动化机器。所谓工业机器人就是面向工业领域的多关节机械手或多自由度机器人。

工业机器人是能模仿人体某些器官的功能（主要是动作功能）、有独立的控制系统、可以改变工作程序和编程的多用途自动操作装置。工业机器人在工业生产中能代替人做某些单调、频繁和重复的长时间作业，或者危险、恶劣环境下的作业，如在冲压、压力铸造、热处理、焊接、涂装、塑料制品成形、机械加工和简单装配等工序上，以及在原子能工业等部门中，完成对人体有害物料的搬运或工艺操作。

工业机器人由机械部分、传感部分和控制部分三大部分组成，这三大部分可分成驱动系统、机械结构系统、感受系统、机器人-环境交互系统、人机交互系统、控制系统六个子系统，如图 5.3-26 所示。

（1）工业机器人的组成部分

1）机械部分。多指执行机构，是机器人赖以完

成工作任务的实体，通常由一系列连杆、关节或其他形式的运动副所组成。以关节机器人为例，从功能的角度可分为手部、腕部、臂部、腰部和机座，如图 5.3-27 所示。

手部，工业机器人的手部也称为末端执行器，是装在机器人手腕上直接抓握工件或执行作业的部件。

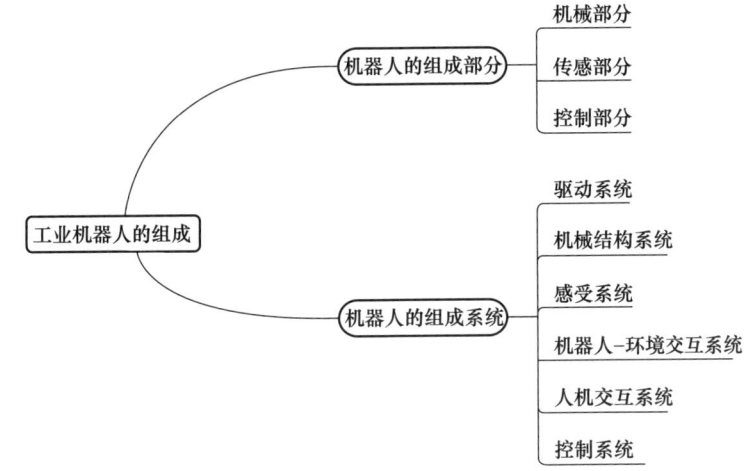

图 5.3-26　工业机器人的组成

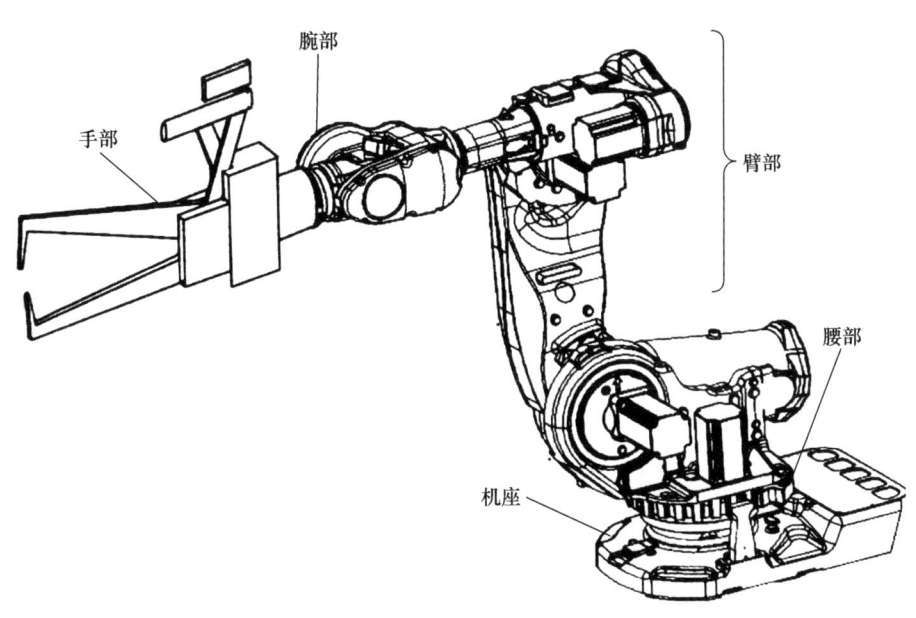

图 5.3-27　工业机器人的组成

腕部：工业机器人的腕部是连接手部和臂部的部件，起支撑手部的作用。机器人一般具有六个自由度才能使手部达到目标位置和处于期望的姿态，腕部的自由度主要是实现所期望的姿态，并扩大臂部运动范围。

臂部：工业机器人的臂部是连接腰部和腕部的部

件，用来支撑腕部和手部，实现较大运动范围。臂部一般由大臂、小臂（或多臂）所组成。

腰部：腰部是连接臂部和基座的部件，通常是回转部件。由于它的回转，再加上臂部的运动，就能使腕部完成空间运动。

机座：机座是整个机器人的支持部分，有固定式

和移动式两类。

2）传感部分。这是机器人的重要组成部分，按其采集信息的位置，一般可分为内部和外部两类传感器。内部传感器是完成机器人运动控制所必需的传感器，如位置、速度传感器等，用于采集机器人内部信息，是构成机器人不可缺少的基本元件；外部传感器用于检测机器人所处环境、外部物体状态或机器人与外部物体的关系。常用的外部传感器有力觉传感器、触觉传感器、接近觉传感器和视觉传感器等。一些特殊领域应用的机器人还可能需要具有温度、湿度、压力、滑动量和化学性质等感觉能力方面的传感器。

3）控制部分。也指控制系统，它的任务是根据机器人的作业指令程序及从传感器反馈回来的信号支配机器人的执行机构，以完成固定的运动和功能。若工业机器人不具备信息反馈特征，则为开环控制系统；若具备信息反馈特征，则为闭环控制系统。工业机器人的控制系统主要由主控计算机和关节伺服控制器组成，工业机器人通常具有示教再现和位置控制两种方式，而工业机器人的位置控制方式有点位控制和连续路径控制两种。

（2）机器人的组成系统

1）驱动系统。要使机器人运行起来，需要给各个关节即每个运动自由度安置驱动装置，这就是驱动系统。

2）机械结构系统。工业机器人的机械本体类似于具备上肢机能的机械手，由手部、腕部、臂部和机身（有的包括行走机构）组成。

3）感受系统。感受系统由内部传感器模块和外部传感器模块组成，获取内部和外部环境状态中有意义的信息。智能传感器的使用提高了机器人的机动性、适应性和智能化的水平。人类的感受系统对感知外部世界信息是极其灵巧的，但对于一些特殊的信息，传感器比人类的感受系统更有效。

4）机器人-环境交互系统-机器人-环境交互系统是实现机器人与外部环境中的设备相互联系和协调的系统。机器人与外部设备集成为一个功能单元，如加工制造单元、焊接单元和装配单元等。

5）人机交互系统。人机交互系统是人与机器人进行联系和参与机器人控制的装置：指令给定装置和信息显示装置。

6）控制系统。控制系统的任务是根据机器人的作业指令程序及从传感器反馈回来的信号，支配机器人的执行机构去完成规定的运动和功能。如果机器人不具备信息反馈特征，则为开环控制系统；如果具备信息反馈特征，则为闭环控制系统。根据控制原理控制系统可分为程序控制系统、适应性控制系统和人工

智能控制系统；根据控制运动的形式可分为点位控制和连续轨迹控制。

2. 工业机器人的分类

（1）按系统功能分类

1）专用机器人：这种机器人在固定地点以固定程序工作，无独立的控制系统，具有动作少、工作对象单一、结构简单、实用可靠和造价低的特点，如附属于加工中心机床的自动换刀机械手，比较适用于在大批量生产系统中使用。

2）通用机器人：它是一种具有独立控制系统、动作灵活多样、通过改变控制程序能完成多种作业的机器人。它的结构较为复杂，工作范围大，定位精度高，通用性强，适用于不断变换生产品种的柔性制造系统。

3）示教再现式机器人：这种机器人具有记忆功能，可完成复杂动作，适用于多工位和经常变换工作路线的作业。它能采用示教法进行编程，即由操作者通过手动控制"示教"机器人做一遍操作示范，完成全部动作过程后，其存储装置便能记忆所有这些工作的顺序；此后，机器人便能"再现"操作者教给它的动作。

（2）按驱动方式分类

1）气压驱动机器人：它是一种以压缩空气来驱动执行机构运动的机器人，具有动作迅速、结构简单、成本低的特点。因空气具有可压缩性，工作速度稳定性较差；气源压力较低，一般抓重不超过30kg。适用于在高速轻载、高温和粉尘大的环境中作业。

2）液压驱动机器人：这种机器人抓重可达数百千克，传动平稳、结构紧凑、动作灵敏，使用极为广泛。若采用液压伺服控制机构，还能实现连续轨迹控制。这种机器人要求有严格的密封和油液过滤，以及较高的液压元件制造精度，并且不宜于在高温和低温环境下工作。

3）电力驱动机器人：它由交、直流伺服电动机、直线电动机或功率步进电动机驱动，不需要中间转换机构，故机械结构简单。近年来，机械制造业大多采用这种电力驱动机器人。

（3）按结构形式分类

1）直角坐标机器人：直角坐标机器人的主机架由三个相互正交的平移轴组成，具有结构简单、定位精度高的特点，如图5.3-28a所示。

2）圆柱坐标机器人：圆柱坐标机器人由立柱和一个安装在立柱上的水平臂组成。立柱安装在回转座中，水平臂可以伸缩，它的滑鞍可沿立柱上下移动。它具有一个旋转轴和两个平移轴，如图5.3-28b所示。

3）球坐标机器人：球坐标机器人由回转机座

俯仰铰链和伸缩臂组成，具有两个旋转轴和一个平移轴。可伸缩摇臂的运动结构与坦克的转塔类似，可实现旋转和俯仰，如图 5.3-28c 所示。

4) 关节机器人：关节机器人手臂的运动类似于人的手臂，由大小两臂和立柱等机构组成。大小臂之间用铰链连接形成肘关节，大臂和立柱连接形成肩关节，可实现三个方向的旋转运动。它能够抓取靠近机座的物件，也能绕过机体和目标间的障碍物去抓取工件，具有较高的运动速度和极好的灵活性，如图 5.3-28d 所示。

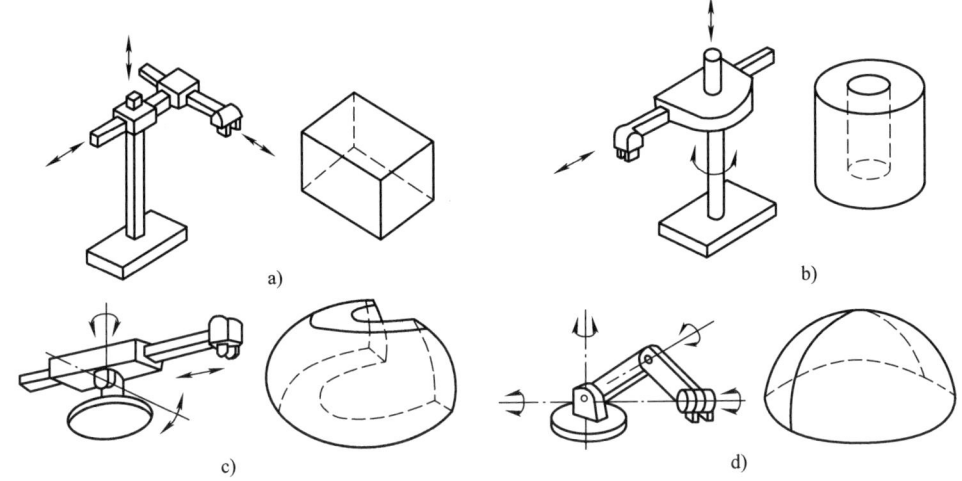

图 5.3-28　按机器人结构形式分类

a) 直角坐标机器人　b) 圆柱坐标机器人　c) 球坐标机器人　d) 关节机器人

工业机器人按其本体机械结构的不同，还可分为 SCARA 型、平行杆型和多关节等几种典型机构。

(1) SCARA 型机构

SCARA 是 selective compliance assembly robot arm 首字母的缩写，意思是具有选择顺应性的装配机器人手臂。它具有平行的肩关节和肘关节，关节轴线共面。这种机器人在水平方向有顺应性，而在垂直方向则具有很大的刚性。由于各个臂都只沿水平方向旋转，故又称为平面关节型机器人，多用于装配，也称为装配机器人。

SCARA 机器人大多采用四自由度结构，这是由于装配操作对姿态的要求只需绕 Z 轴转动，故一般是由 4 个关节组成。根据作业要求，少部分操作机在手腕处再增加一个沿 Z 轴的微小移动。图 5.3-29 所示为采用伺服电机驱动的 SCARA 机器人（DAIKIN 的 S1400 操作机）。

(2) 平行杆型机构

平行杆型机构又称并联平行四边形机构，其特点是机器人的上臂通过一根拉杆驱动，拉杆与下臂组成一个平行四边形的两条边，故而得名。图 5.3-30 所示为平行杆型机器人 Motoman-L10 操作机。图 5.3-31 所示为 Motoman-L10 的传动示意。

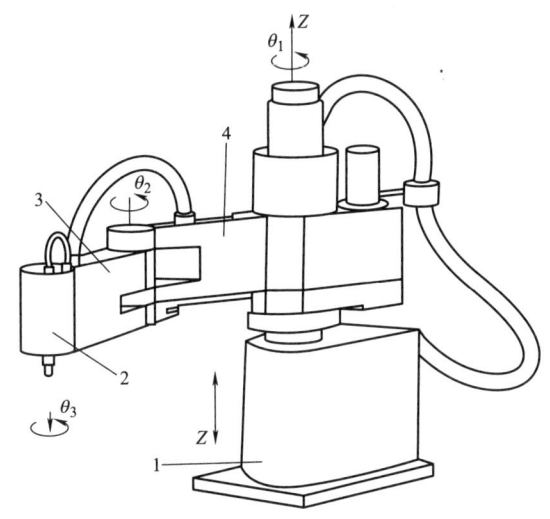

图 5.3-29　SCARA 机器人 S1400 操作机

1—机座　2—手部　3—腕部　4—臂部

(3) 多关节机构

多关节机器人一般是由多个转动关节串联若干连杆组成的开链式机构，是模拟人类腰部到手臂的基本结构而构成的。其机械本体部分通常包括机座（即底部和腰部的固定支撑）结构、腰部关节转动装置、大臂结构及大臂关节转动装置、小臂结构及小臂关节转动装置、手腕结构及手腕关节转动装置和末端执行

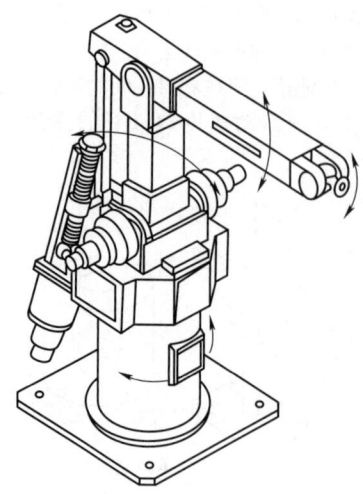

图 5.3-30　平行杆型机器人
Motoman-L10 操作机

器（即手部）。小臂和大臂间的关节称为肘关节，大臂和底座间的关节称为肩关节，绕底座旋转的关节称为腰关节。腰、肩和肘三个关节一般为旋转关节，其中两个关节轴线平行，构成较为复杂形状的工作范围，用于决定手部的空间位置，其腕部一般具有翻转、俯仰和偏转三个自由度，用于决定手部的姿态，如图 5.3-32 和图 5.3-33 所示。

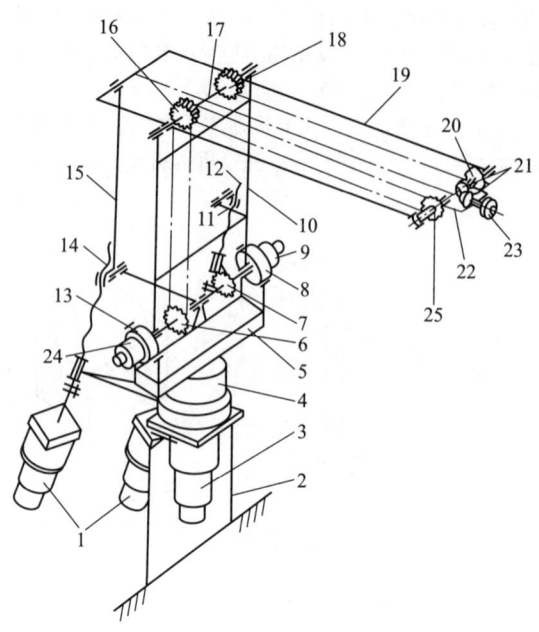

图 5.3-31　Motoman-L10 传动示意

1、3、9、24—电动机　2—机座　4、8、13—谐波减速器
5—回转壳　6—链轮Ⅰ　7—链轮Ⅱ
10—下臂杆　11—凸耳　12、14—丝杠
15—拉杆　16—双联链轮Ⅰ　17—销轴　18—双联链轮Ⅱ
19—上臂杆　20、25—链轮　21—锥齿轮
22—腕壳　23—手部法兰

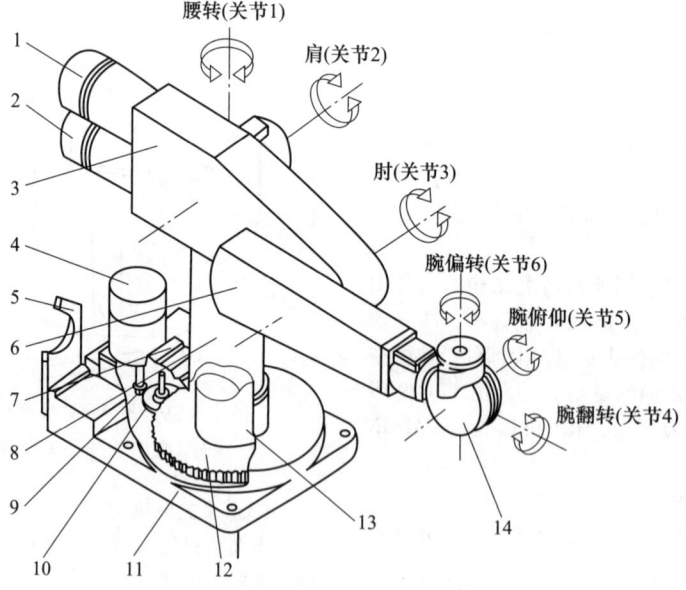

图 5.3-32　PUMA-262 多关节机器人

1—关节 2 电动机　2—关节 3 电动机　3—大臂　4—关节 1 电动机
5—小臂定位夹板　6—小臂　7—气动阀　8—立柱　9—直齿轮
10—中间齿轮　11—机座　12—主齿轮　13—管形连接轴　14—手腕

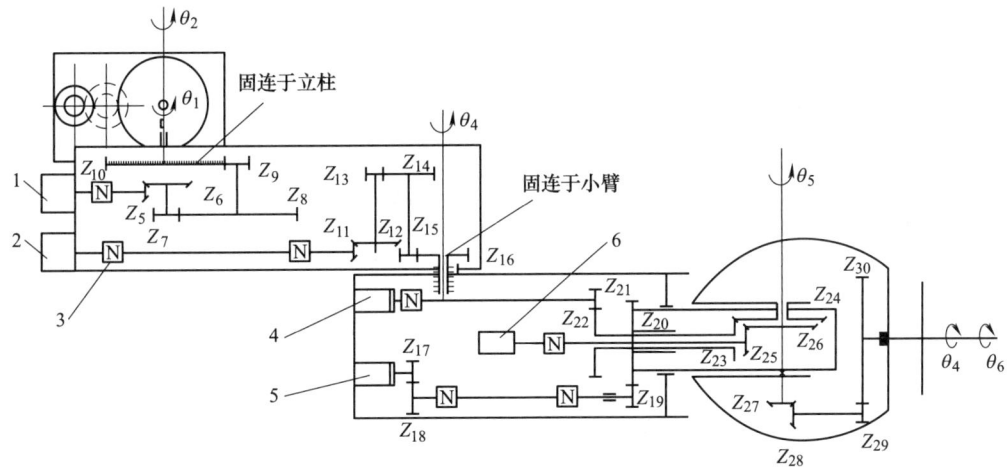

图 5.3-33　PUMA-262 多关节机器人传动原理

1—关节 2 电动机　2—关节 3 电动机　3—联轴器　4—关节 5 电动机　5—关节 4 电动机　6—关节 6 电动机

早期开发的平行四边形机器人工作空间比较小（局限于机器人的前部），难以倒挂工作。20 世纪 80 年代后期开发的新型平行四边形机器人，已能将工作空间扩大到机器人的顶部、背部及底部，机器人的刚度又比关节机器人高，从而得到普遍的重视。这种结构形式不仅适于轻型机器人，也适于重型机器人。近年来，点焊用机器人（负载 100~150kg）大多选用平行四边形结构形式的机器人。

关节机器人是一种广泛使用的拟人化机器人，其特点是结构紧凑、工作范围大而占用空间小、动作灵活、具有很高的可达性，可以轻易避障和伸入狭窄弯曲的管道内操作，对多种作业都有良好的适应性，已广泛用于代替人完成装配作业、货物搬运、电弧焊接、喷涂和点焊等作业场合，成为使用最为广泛的机器人。

3. 工业机器人的性能特征

工业机器人的性能特征影响机器人的工作效率和可靠性，通常应考虑如下几个方面：

1）自由度。自由度数是衡量机器人技术水平的主要指标之一。自由度数越多，机器人可以完成的动作越复杂，通用性越强，应用范围也越广，但相应地带来的技术难度也越大。一般情况下，通用机器人有 3~6 个自由度。

2）工作空间。工作空间指机器人运用手爪进行工作的空间范围。机器人的工作空间取决于机器人的结构形式和每个关节的运动范围。直角坐标机器人的工作空间是矩形体，圆柱坐标机器人的工作空间为圆柱体，而球坐标机器人工作空间是球体，如图 5.3-28 所示。工作空间是选用机器人时应考虑的一个重要参数。

3）提取重量。提取重量是反映机器人负载能力的一个参数，根据提取重力的不同范围，可将机器人大致分为：微型机器人，提取重力在 10N 以下；小型机器人，提取重力为 >10~50N；中型机器人，提取重力为 >50~300N；大型机器人，提取重力为 >300~500N；重型机器人，提取重力在 500N 以上。在目前的实际应用中，绝大多数为中小型机器人。

4）运动速度。运动速度影响机器人的运动周期和工作效率，它与机器人所提取的重量和位置精度都有密切的关系。运动速度快，机器人所承受的动载荷变大，并同时承受着加减速时较大的惯性力，从而影响机器人的工作平稳性和位置精度。

5）位置精度。位置精度是衡量机器人工作质量的又一项重要指标。位置精度的高低取决于位置控制方式，以及机器人运动部件本身的精度和刚度，此外还与提取重量和运动速度等因素有密切的关系。典型的工业机器人的定位精度一般在 ±0.02~±5mm 的范围内。

4. 工业机器人的控制和驱动

伺服控制工业机器人的控制硬件与 CNC 机床相似，每一个运动轴都是单独驱动的，运动轨迹由计算机控制。

如图 5.3-34 所示，关节型机器人的控制程序都包含一个转换程序。对这个转换程序，需要输入速度和腕部的坐标位置（x, y, z），并将它们转换成肩关节和肘关节的角位置和角速度，这些角度值是机器人臂部控制回路的参考信号。机器人每个关节都具有相似的控制回路。应注意，在三坐系中，两相邻值之间的运动路线是没有规定的，若要生成一条连续的轨迹，必须沿轨迹规定许多小间隔轨迹点。

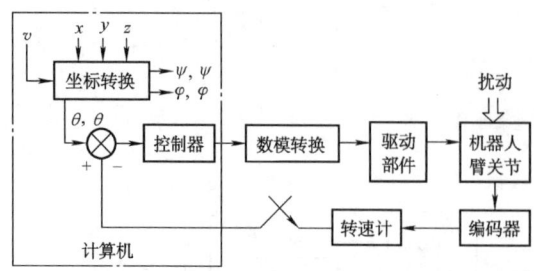

图 5.3-34　关节型机器人的控制框图

在点位控制机器人中，每个运动轴通常都用直流伺服电动机或液压驱动器驱动，每一轴都有一个位置反馈装置，最常用的是增量编码器。编码器用来分配电压脉冲，每一个脉冲对应一个运动轴，移动一个基本分辨单位，运动轴所需要的位置在计算机内用基本分辨单位的累加来表示。计算机以等速将指令信号送给每一个运动轴。因此，所有的轴总是以相同的速度运动，所以不控制手部由一个点至下一个点的轨迹，仅借助计算机控制点的最终位置。但是，每个运动轴都配置有一个位置计数器，用来对相应编码器的脉冲计数，并在达到所要求点时停止轴的运动。在连续轨迹机器人中，每个运动轴也是单独驱动的，而且均是一个闭环控制系统。在大多数中、小型工业机器人中，控制驱动采用直流伺服电动机。

机器人的结构是一个空间开链机构，其各个关节的运动是独立的，为了实现末端点的运动轨迹，需要多关节的运动协调。因此，其控制系统与普通的控制系统相比要复杂得多，具体如下：

1）机器人的控制与机构运动学及动力学密切相关。机器人手足的状态可以在各种坐标下进行描述，应当根据需要选择不同的参考坐标系，并做适当的坐标变换。经常要求正向运动学和反向运动学的解，此外还要考虑惯性力、外力（包括重力）、哥氏力及向心力的影响。

2）一个简单的机器人至少要有 3~5 个自由度，比较复杂的机器人可能有十几个甚至几十个自由度。每个自由度一般包含一个伺服机构，它们必须协调起来，组成一个多变量控制系统。

3）将多个独立的伺服系统有机地协调起来，使其按照人的意志行动，甚至赋予机器人一定的智能，这个任务只能由计算机来完成。因此，机器人控制系统必须是一个计算机控制系统；同时，计算机软件担负着艰巨的任务。

4）描述机器人状态和运动的数学模型是一个非线性模型，随着状态的不同和外力的变化，其参数也在变化，各变量之间还存在着耦合。因此，仅仅利用位置闭环是不够的，还要利用速度甚至加速度闭环。系统中经常使用重力补偿、前馈、解耦或自适应控制等方法。

5）机器人的动作往往可以通过不同的方式和路径来完成，因此存在一个"最优"的问题。较高级的机器人可以采用人工智能的方法，用计算机建立起庞大的信息库，借助信息库进行控制、决策、管理和操作。根据传感器和模式识别的方法获得对象及环境的工况，按照给定的指标要求，自动地选择最佳的控制规律。

（1）点位（PTP）控制方式

这种控制方式的特点是只控制工业机器人末端执行器在作业空间中某些规定的离散点上的位姿。控制时，只要求工业机器人快速、准确地实现相邻各点之间的运动，而对达到目标点的运动轨迹则不做任何规定。这种控制方式的主要技术指标是定位精度和运动所需的时间。由于其控制方式易于实现，对定位精度要求不高的特点，因而常被应用在上下料、搬运、点焊和在电路板上安插元件等只要求目标点处保持末端执行器位姿准确的作业中。一般来说，这种方式比较简单，但要达到 $2 \sim 3\mu m$ 的定位精度是相当困难的。

（2）连续轨迹（CP）控制方式

这种控制方式的特点是连续地控制工业机器人末端执行器在作业空间中的位姿，要求其严格按照预定的轨迹和速度在一定的精度范围内运动，而且速度可控，轨迹光滑，运动平稳，以完成作业任务。工业机器人各关节连续、同步地进行相应的运动，其末端执行器即可形成连续的轨迹。这种控制方式的主要技术指标是工业机器人末端执行器位姿的轨迹跟踪精度及平稳性。弧焊、喷漆、去毛边和检测作业机器人通常都采用这种控制方式。

（3）力（力矩）控制方式

在完成装配、抓放物体等工作时，除要准确定位，还要求使用适度的力或力矩进行工作，这时就要利用力（力矩）伺服方式。这种方式的控制原理与位置伺服控制原理基本相同，只不过输入量和反馈量不是位置信号，而是力（力矩）信号，因此系统中必须有力（力矩）传感器，有时也利用接近、滑动等传感功能进行自适应式控制。

（4）智能控制方式

机器人的智能控制是通过传感器获得周围环境的知识，并根据自身内部的知识库做出相应的决策。采用智能控制技术，使机器人具有了较强的环境适应性及自学习能力。智能控制技术的发展有赖于近年来人工神经网络、基因算法、遗传算法和专家系统等人工智能的迅速发展。

5. 工业机器人的软件结构及编程语言

机器人的系统软件由于机器人的特征及应用目标的不同而有很大差别。一些软件简单，编程复杂，难于应用；有些软件复杂，编程简单，易于应用。按系统元件执行功能的不同，机器人系统软件可用图5.3-35 所示的分级方法概括。目前的机器人大多数不具备全部级别，但高级别软件必须以低级别软件为基础。机器人的软件级别是区别机器人先进性的重要标志。

机器人的编程语言是机器人系统软件的重要组成部分，它与机器人技术同步发展，与系统软件的分级结构相对应。机器人语言有四种主要类型，从低级到高级分别包括：面向点位控制的机器人语言、面向运动的机器人语言、结构化编程语言、面向任务的机器人语言。

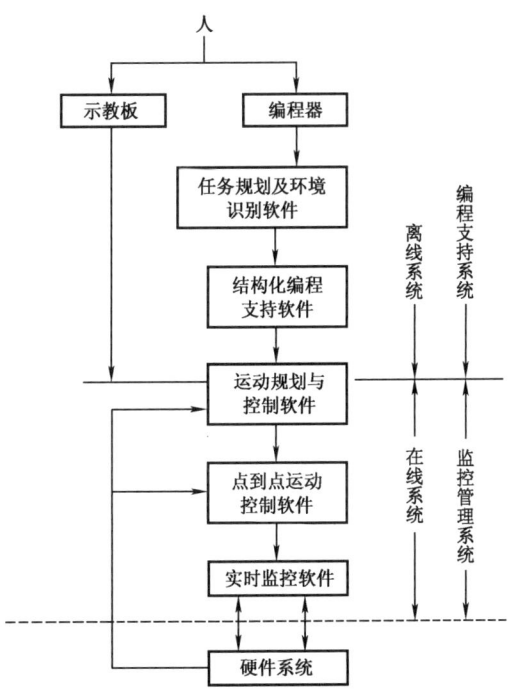

图 5.3-35　机器人系统软件的分级方法

6. 工业机器人在 FMS 中的应用

工业机器人是柔性制造单元（FMC）和柔性制造系统（FMS）的主要组成部分，主要用于物料、工件的装卸和储运。可用它将工件从一个输送装置送到另一个输送装置，或者将加工完的工件从一台机床安装到另一台机床。

图 5.3-36 所示为由两台车削中心、四台加工中心、一条往复式传输带和两台工业机器人组成的一个柔性制造系统。这两台机器人的任务是完成工件装卸和搬运工作。第一台机器人为两台车削中心服务，第二台机器人为四台加工中心服务。FMS 除了采用典型的搬运机器人，有的也采用龙门吊车式机械手或在运输小车上安装机械手完成搬运工作。机器人的提升重量有限，通常只用于质量在 1~20kg 范围内的工件。

由工业机器人参与建立的柔性制造与装配系统，能自动完成中小型、中等复杂程度的零件加工与产品装配过程，适于中小批量生产的制造与装配，可实现自动装卸、传送、检测、装配、监控、判断和决策等机能，如图 5.3-37 所示。该柔性装配系统采用四自由度的圆柱坐标装配机器人，它既能够完成工件的抓取、传送和装配的工作，又能自动更换和使用装配工具。机器人由计算机控制，它能使机器人的 4 个关节按规定的速度运动，并达到预定的位置。位置、速度和工具的操纵，由示教及简单的开关语言来确定其程序。

7. 关节机器人的种类及应用

(1) 焊接机器人

焊接机器人是在工业机器人的末轴法兰上装接焊钳或焊（割）枪，使之能进行焊接、切割或热喷涂的机器人。目前，焊接机器人是工业机器人的一个广泛应用领域，占工业机器人总数的 25% 左右。

① 焊接机器人系统组成。完整的焊接机器人系统一般由如下几部分组成：机械手、变位机、控制器、焊接系统（专用焊接电源、焊枪或焊钳等）、焊接传感器、中央控制计算机和相应的安全设备等，如图 5.3-38 所示。

② 焊接机器人的主要结构形式及性能。焊接用机器人基本上都属关节机器人，绝大部分有 6 个轴。其中，1、2、3 轴可将末端工具送到不同的空间位置，而 4、5、6 轴解决工具姿态的不同要求。焊接机器人本体的机械结构主要有两种形式：一种为多关节型机构，一种为平行杆型机构，如图 5.3-39 所示。

多关节型机构的主要优点是上、下臂的活动范围大，使机器人的工作空间几乎能达一个球体。因此，这种机器人可倒挂在机架上工作，以节省占地面积，方便地面物件的流动。但是，这种结构形式的机器人，2、3 轴为悬臂结构，降低了机器人的刚度，一般适用于负载较小的机器人，用于电弧焊、切割或喷涂。

平行杆型机器人的工作空间能达到机器人的顶部、背部及底部，又没有多关节机器人的刚度问题，从而得到普遍的重视，不仅适合于轻型机器人，也适合于重型机器人。

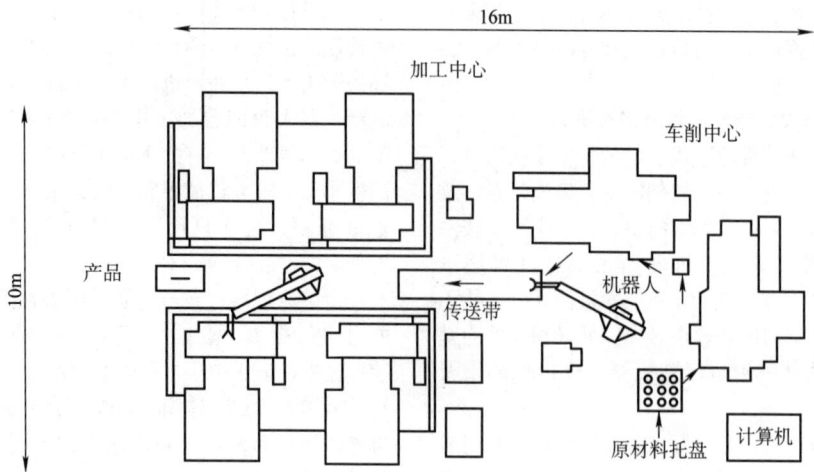

图 5.3-36　机器人在 FMS 中的应用

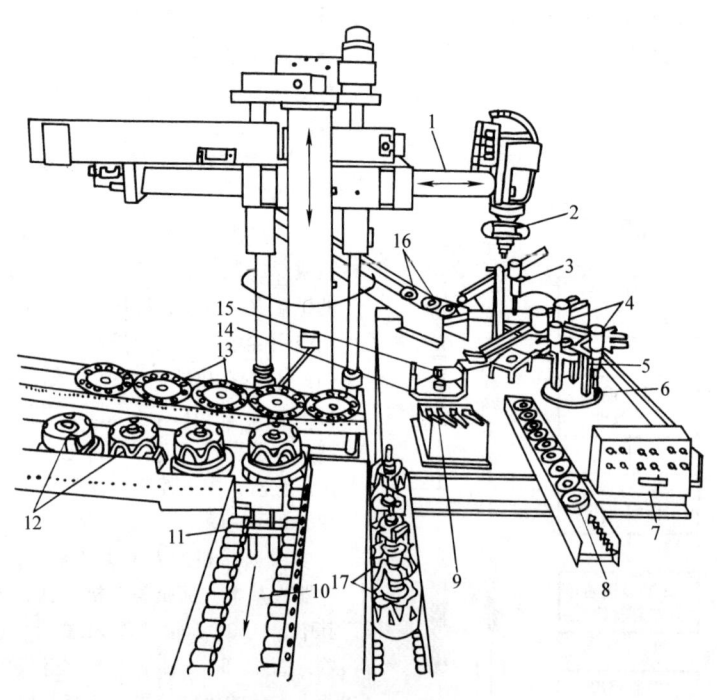

图 5.3-37　机器人柔性装配系统

1—机器人的臂部　2—弹性随动腕部　3—工具架　4—工具库　5—定位夹具　6—工具转台
7—计算机示教系统　8—带轮　9—风扇垫片　10—产品输料道　11—产品出口　12—电动机后壳体
13—电动机风扇　14—主要装配夹具　15—辅助装配夹具　16—电动机前壳体　17—电动机转子

1）点焊机器人。点焊机器人（spot welding robot）指用于点焊自动作业的工业机器人。

① 点焊机器人的组成和基本功能。点焊机器人由机器人本体、计算机控制系统、示教盒和点焊焊接系统几部分组成。点焊机器人机械本体一般具有六个自由度，即腰转、大臂转、小臂转、腕转、腕摆及腕捻。其驱动方式有液压驱动和电气驱动两种，其中电

气驱动应用更为广泛，如图 5.3-40 所示。

点焊作业对所用机器人的要求不是很高。因为点焊只需点位控制，至于焊钳在点与点之间的移动轨迹没有严格要求，这也是机器人最早只能用于点焊的原因。点焊机器人需要有足够的负载能力，而且在点与点之间移位时速度要快捷，动作要平稳，定位要准确，以减少移位的时间，提高工作效率。

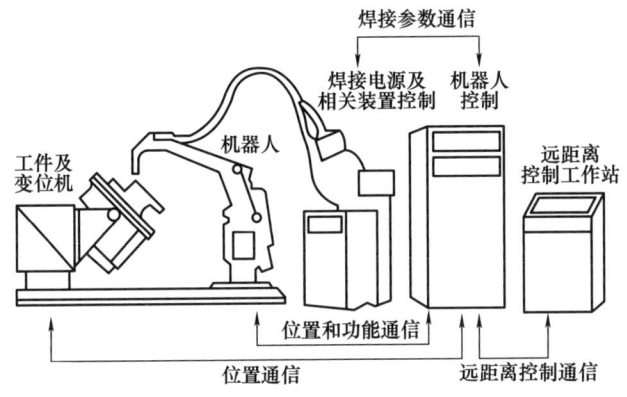

图 5.3-38　焊接机器人系统组成

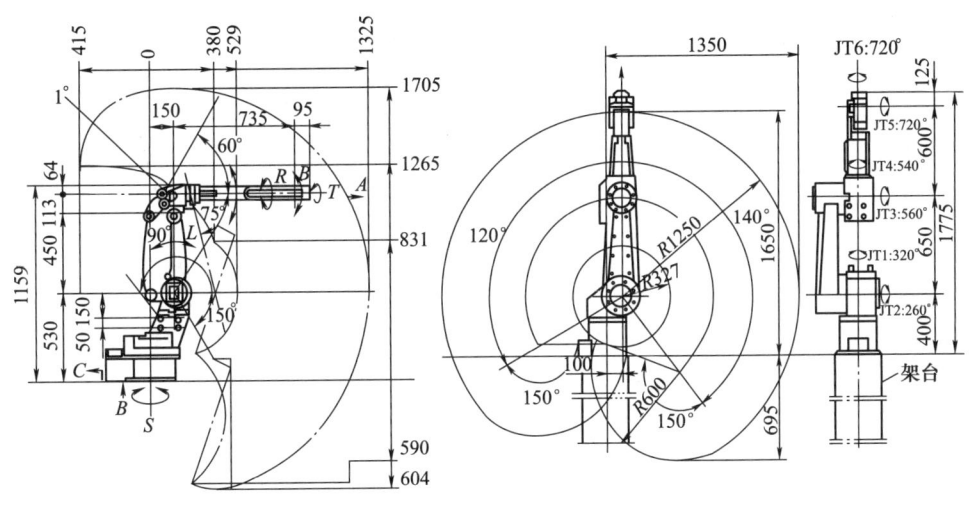

a)　　　　　　　　　　　　　　　　　　　　　b)

图 5.3-39　焊接机器人的基本结构形式
a) 平行杆型机构　b) 多关节型机构

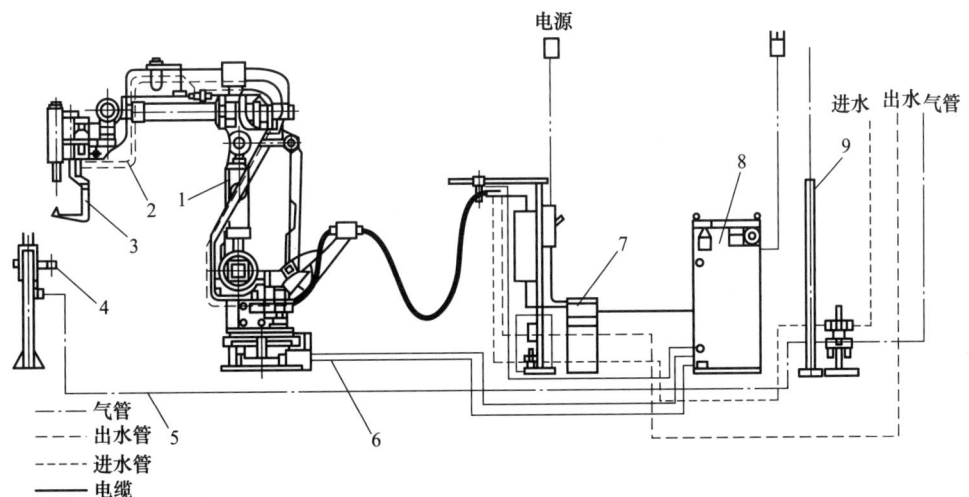

图 5.3-40　点焊机器人的组成
1—机械臂　2—进水、出水管线　3—焊钳　4—电极修整装置　5—气管
6—控制电缆　7—点焊定时器　8—机器人控制柜　9—安全围栏

② 点焊工艺对机器人的基本要求。

a）点焊作业一般采用点位（PTP）控制，其重复定位精度≤±1mm。

b）点焊机器人工作空间必须大于焊接所需的空间（由焊点位置及焊点数量确定）。

c）按工件形状、种类、焊缝位置选用焊钳。

d）根据选用的焊钳结构、焊件材质与厚度及焊接电流波形（工频交流、逆变式直流等）来选取点焊机器人额定负载，一般在 50~120kg 之间。

e）机器人应具有较高的抗干扰能力和可靠性（平均无故障工作时间应超过 2000h，平均修复时间不大于 30min）；具有较强的故障自诊断功能，如可发现电极与工件发生"黏结"而无法脱开的危险情况，并能做出电极沿工件表面反复扭转直至故障消除。

f）点焊机器人示教记忆容量应大于 1000 点。

g）机器人应具有较高的点焊速度（如 60 点/min 以上），以保证单点焊接时间（含加压、焊接、维持、休息、移位等点焊循环）与生产线物流速度匹配，其中 50mm 短距离移动的定位时间应控制在 0.4s 以内。

h）需采用多台机器人时，应研究是否选用多种型号；当机器人布置间隔较小时，应注意动作顺序的安排，可通过机器人群控或相互间连锁作用避免干扰。

③ 点焊机器人的焊接设备。点焊机器人的焊接设备主要有阻焊变压器、焊钳、点焊控制器，以及水、电、气路及其辅助设备。

④ 点焊机器人的应用。引入点焊机器人可以取代笨重、单调、重复的体力劳动；能更好地保证焊点质量；可长时间重复工作，提高工作效率 30% 以上；可以组成柔性自动生产系统，特别适合新产品开发和多品种生产，增强企业应变能力。

2）弧焊机器人。弧焊机器人（arc welding robot）指用于进行自动弧焊的工业机器人。

① 弧焊机器人的组成和基本功能。弧焊机器人一般由示教盒、控制盘、机器人本体及自动送丝装置、焊接电源等部分组成。弧焊机器人机械本体通常采用关节机械手。虽然从理论上讲，有 5 个轴的机器人就可以用于电弧焊，但对复杂形状的焊缝，需选用 6 轴机器人。其驱动方式多采用直流或交流伺服电动机驱动，如图 5.3-41 所示。

弧焊过程比点焊过程要复杂得多，工具中心点（TCP），也就是焊丝端头的运动轨迹、焊枪姿态、焊接参数都要求精确控制。所以，弧焊机器人应能实现连续轨迹控制，并可以利用直线插补和圆弧插补功能焊接由直线及圆弧所组成的空间焊缝，还应具备不同摆动样式的软件功能，供编程时选用，以便作摆动焊，而且摆动在每一周期中的停顿点处，机器人也应自动停止向前运动，以满足工艺要求。此外，还应有接触寻位、自动寻找焊缝起点位置、电弧跟踪及自动再引弧功能等。

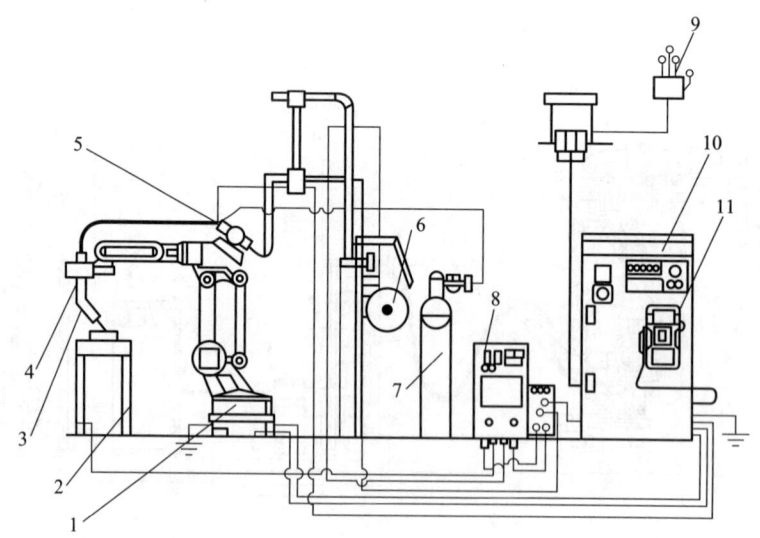

图 5.3-41　弧焊机器人组成

1—机械手　2—工作台　3—焊枪　4—防撞传感器　5—送丝机　6—焊丝盘

7—气瓶　8—焊接电源　9—电源　10—机器人控制柜　11—示教盒

② 弧焊工艺对机器人的基本要求。

a）弧焊作业均采用连续路径（CP）控制，其定位精度应≤±0.5mm。

b）弧焊机器人可达到的工作空间必须大于焊接所需的工作空间。

c）按焊件材质、焊接电源、弧焊方法选择合适种类的机器人。

d）正确选择周边设备，组成弧焊机器人工作站。弧焊机器人仅仅是柔性焊接作业系统的主体，还应有行走机构及移动机架，以扩大机器人的工作范围；同时，还应有各种定位装置、夹具及变位机。多自由度变位机应能与机器人协调控制，使焊缝处于最佳焊接位置。

e）弧焊机器人应具有防碰撞及焊枪矫正、焊缝自动跟踪、熔透控制、焊缝始端检出、定点摆焊及摆动焊接、多层焊、清枪剪丝等相关功能。

f）机器人应具有较高的抗干扰能力和可靠性（平均无故障工作时间应超过 2000h，平均修复时间不大于 30min；在额定负载和工作速度下连续运行 120h，工作应正常），并具有较强的故障自诊断功能（如"黏丝""断弧"故障显示及处理等）。

g）弧焊机器人示教记忆容量应大于 5000 点。

h）弧焊机器人的抓重一般为 5～20kg，经常选用 8kg 左右。

i）在弧焊作业中，焊接速度及其稳定性是重要指标，一般情况下焊速取 5～50mm/s，在薄板高速 MAG 焊中，焊接速度可能达到 4m/min 以上。因此，机器人必须具有较高的速度稳定性，在高速焊接中还对焊接系统中电源和送丝机构有特殊要求。

j）由于弧焊工艺复杂，示教工作量大，现场示教会占用大量生产时间，因此弧焊机器人必须具有离线编程功能。其方法为：①在生产线外另安装一台主导机器人，用它模仿焊接作业的动作，然后将生成的示教程序传送给生产线上的机器人；②借助计算机图形技术，在显示器（CRT）上按焊件与机器人的位置关系对焊接动作进行图形仿真，然后将示教程序传给生产线上的机器人，目前已经有多种这方面商品化的软件包可以使用，如 ABB 公司提供的机器人离线编程软件 Program Maker。由于计算机技术发展，后一种方法将越来越多地应用于生产中。

③ 弧焊机器人的焊接设备。弧焊机器人的焊接设备主要有弧焊电源、焊枪送丝机构和焊接传感器等。

④ 弧焊机器人的应用。弧焊机器人的应用范围很广，除了汽车行业，在通用机械、金属结构、航天、航空、机车车辆及造船等行业都有应用。

（2）搬运机器人

搬运机器人（transfer robot）是主要从事自动化搬运作业的工业机器人。所谓搬运作业指用一种设备夹持工件，从一个加工位置移到另一个加工位置。工件搬运和机床上下料是工业机器人的一个重要应用领域，在工业机器人的构成比例中占有较大的比重。

搬运机器人系统由搬运机械手和周边设备组成。搬运机械手可用于搬运重达数百千克及 1 吨以上的负载。微型机械手可搬运轻至几克甚至几毫克的样品，用于传送超净实验室内的样品；周边设备包括工件自动识别装置、自动启动和自动传输装置等。搬运机器人可安装不同的末端执行器（如机械手爪、真空吸盘及电磁吸盘等），以完成各种不同形状和状态的工件搬运工作。

最早的搬运机器人出现在 1960 年的美国，Versatran 和 Unimate 两种机器人首次用于搬运作业。20 世纪 80 年代以来，工业发达国家在推广搬运码垛的自动化、机器人化方面得到了显著的进展。日本、德国等国家在大批量生产，如机械、家电、食品、水泥及化肥等行业广泛使用搬运机器人。

（3）喷漆机器人

喷漆机器人是用于喷漆或喷涂其他涂料的工业机器人。

1）喷漆机器人系统组成。喷漆机器人主要由机器人本体、计算机和相应的控制系统组成，配有自动喷枪、供漆装置、变更颜色装置等喷漆设备，如图 5.3-42 所示。

喷漆机器人采用液压驱动较多。液压驱动的喷漆机器人还包括液压油源，如油泵、油箱和电动机等。喷漆机器人多采用五或六自由度关节型结构，手臂有较大的运动空间，并可做复杂的轨迹运动。其腕部一般有 2～3 个自由度，可灵活运动。较先进的喷漆机器人腕部采用柔性手腕，既可向各个方向弯曲，又可转动，其动作类似人的手腕，能方便地通过较小的孔伸入工件内部，喷涂其内表面；动作速度快、有良好的防爆性能，其示教方式以连续轨迹示教为主，也可点位示教。

喷漆机器人的电动机、电器接线盒、电缆线等都应密封在壳体内，使它们与危险的易燃气体隔离，同时配备一套空气净化系统，用供气管向这些密封的壳体内不断地送入清洁的、不可燃的、高于周围大气压的保护气体，以防止外界易燃气体的进入。机器人按此方法设计的结构称为通风式正压防爆结构。

2）喷漆机器人的应用。计算机控制的喷漆机器人早在 1975 年就投入运用。由于能够代替人在危险和恶劣环境下进行喷漆作业，所以喷漆机器人日益广泛应用于汽车车体、仪表、家电产品、陶瓷和各种塑料制品的喷涂作业。

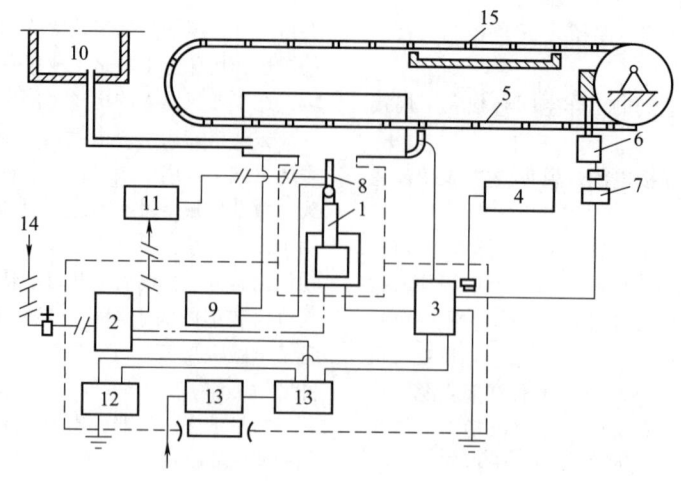

图 5.3-42 喷漆机器人系统组成

1—机械手 2—液压站 3—机器人控制柜 4、12—防爆器 5—传送带
6—电动机 7—测速电动机 8—喷枪 9—高压静电发生器 10—塑粉回收装置
11—粉桶/高压静电发生器 13—电源 14—气源 15—烘道

（4）装配机器人

装配机器人（assembly robot）是为完成装配作业而设计的工业机器人。装配作业的主要操作是，垂直向上抓起零部件，水平移动它，然后垂直放下插入。通常要求这些操作进行得既快又平稳，因此一种能够沿着水平和垂直方向移动，并能对工作平面施加压力的机器人是最适于装配作业的。

装配机器人的大量工作是轴与孔的装配，为了在轴与孔存在误差的情况下进行装配，应使机器人具有柔顺性，即自动对准中心孔的能力。与一般工业机器人相比，装配机器人具有精度高、柔顺性好、工作范围小、能与其他系统配套使用等特点，主要用于各种电器制造（包括家用电器，如电视机、录音机、洗衣机、电冰箱、吸尘器）、小型电机、汽车及其部件、计算机、玩具、机电产品及其组件的装配等方面。

1）装配机器人的组成。装配机器人是柔性自动化装配系统的核心设备，由机器人操作机、控制器、末端执行器和传感系统组成。

2）装配机器人的种类和特点。水平多关节机器人（图5.3-43a），由连接在机座上的两个水平旋转关节、沿升降方向运动的直线移动关节、末端手部旋转轴共4个自由度构成。它是特别为装配而开发的专用机器人，其结构特点表现为沿升降方向的刚度高，水平旋转方向的刚度低，因此称之为SCARA机器人。它的作业空间与占地面积比很大。

直角坐标机器人（图5.3-43b），具有3个直线移动关节。空间定位只需要3轴运动，末端姿态不发生变化。该机器人的种类繁多，从小型、廉价的桌面型到较大型应有尽有，而且可以设计成模块化结构以便加以组合，是一种很方便的机器人。它的缺点是尽管结构简单，便于与其他设备组合，但与其占地面积相比，工作空间较小。

垂直多关节机器人（图5.3-43c），通常由转动和旋转轴构成六自由度机器人，它的工作空间与占地面积之比是所有机器人中最大的，控制6个自由度就可以实现位置和姿态的定位，即在工作空间内可以实现任何姿态的动作。因此，它通常用于多方向的复杂装配作业，以及有三维轨迹要求的特种作业场合。

8. 工业机器人的语言及编程方法

随着机器人的发展，机器人语言也得到发展和完善。机器人语言已成为机器人技术的一个重要部分。机器人的功能除了依靠机器人硬件的支持，相当一部分依赖机器人语言来完成。早期的机器人由于功能单一、动作简单，可采用固定程序或示教方式来控制机器人的运动。随着机器人作业动作的多样化和作业环境的复杂化，依靠固定的程序或示教方式已满足不了要求，必须依靠能适应作业和环境随时变化的机器人语言编程来完成机器人的工作。

（1）工业机器人的语言

几乎每个机器人制造商都开发了自己的专有机器人语言。可以通过学习Pascal语言，熟悉其中的几个。但是，当每次开始使用新的机器人时，仍然需要学习新的语言。

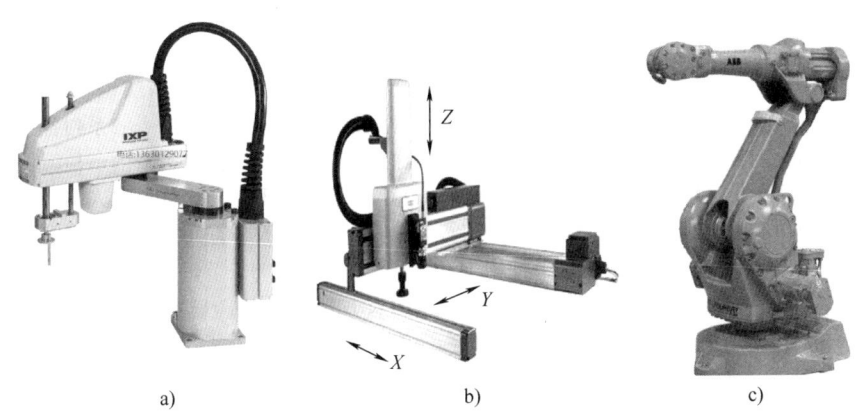

图 5.3-43　装配机器人
a）水平多关节　b）直角坐标　c）垂直多关节

BASIC 和 Pascal 是几种工业机器人语言的基础。BASIC 是为初学者设计的（它代表初学者通用符号指令代码），这使它成为一个非常简单的语言。Pascal 旨在鼓励良好的编程习惯，并介绍构造，如指针，是一个从普通版到复杂语言的"敲门砖"。

机器人语言的产生和发展是与机器人技术的发展和计算机编程语言的发展紧密相关的。编程系统的核心问题是操作运动控制问题。

一般用户接触到的语言都是机器人制造商自己开发的针对用户的语言平台，通俗易懂。在这一层次，每一个机器人制造商都有自己语法规则和语言形式，它是给用户示教编程使用的。在这个语言平台之后，是一种基于硬件相关的高级语言平台，如 C 语言、C++语言、基于 IEC61131 标准语言等，这些语言是机器人制造商进行机器人系统开发时所使用的语言平台，这一层次的语言平台可以编写、翻译、解释程序，将用户示教的语言平台编写的程序进行翻译并解释成该层语言所能理解的指令，该层语言平台主要进行运动学和控制方面的编程，再底层就是硬件语言，如基于 Intel 硬件的汇编指令等。

商用机器人制造商提供给用户的编程接口一般都是自己开发的简单的示教编程语言系统，如 KUKA、ABB 等，机器人控制系统提供商提供给用户的一般是第二层语言平台。在这一平台层次，控制系统供应商可能提供了机器人运动学算法和核心的多轴联动插补算法，用户可以针对自己设计的产品和应用自由地进行二次开发，该层语言平台具有较好的开放性，但用户的工作量也相应增加。这一层次的平台主要是针对机器人开发厂商的平台，如欧系一些机器人控制系统供应商就是基于 IEC61131 标准的编程语言平台，而最底层的汇编语言级别的编程环境一般不用太关注，这些是控制系统芯片硬件厂商的事。

各个工业机器人制造商的机器人编程语言都不相同，但不论变化多大，其关键特性都很相似。例如，Staubli 机器人的编程语言是 VAL3，风格和 Basic 相似；ABB 的是 RAPID，风格和 C 相似；Adept Robotics 的是 V+，Fanuc、KUKA、MOTOMAN 都有专用的编程语言，但大都是相似。这是由于机器人的发明公司 Unimation 最开始使用的语言就是 VAL。VAL 语言是美国 Unimation 公司于 1979 年推出的一种机器人编程语言，主要配置在 PUMA 和 UNIMATION 等机器人上，是一种专用的动作类描述语言。

VAL 语言是在 BASIC 语言的基础上发展起来的，所以与 BASIC 语言的结构很相似。在 VAL 的基础上，Unimation 公司推出了 VAL 语言；而后来 staubli 公司收购了 Unimation 公司后，又发展了 VAL3 的机器人编程语言。

机器人编程语言分为专用操作语言（如 VAL 语言、AL 语言、SLIM 语言等）、应用已有计算机语言的机器人程序库（如 Pascal 语言、JARS 语言、AR-BASIC 语言等）、应用新型通用语言的机器人程序库（如 RAPID 语言、AML 语言 KAREL 语言等）三种类型。目前主要应用的是 SLIM 语言。

自机器人出现以来，美国、日本等机器人的原创国也同时开始进行机器人语言的研究。美国斯坦福大学于 1973 年研制出世界上第一种机器人语言——WAVE 语言。WAVE 是一种机器人动作语言，即以描述机器人的动作为主，兼以力和接触的控制，还能配合视觉传感器进行机器人的手、眼协调控制。

在 WAVE 语言的基础上，1974 年，美国斯坦福大学人工智能实验室又开发出一种新的语言，称为 AL 语言。这种语言与高级计算机语言 ALGOL 结构相似，是一种编译形式的语言，带有一个指令编译器，用户编写好的机器人语言源程序经编译器编译后可以对机器人进行任务分配和作业命令控制。AL 语言不仅能描述手爪的动作，而且可以记忆作业环境和该环境内物体和物体之间的相对位置，实现多台机器人的协调控制。

美国 IBM 公司也一直致力于机器人语言的研究，取得了不少成果。1975 年，IBM 公司研制出 ML 语言，主要用于机器人的装配作业。随后，该公司又研制出另一种语言——AUTOPASS 语言，这是一种用于装配的更高级语言，它可以对几何模型类任务进行半自动编程。

20 世纪 80 年代初，美国 Automatix 公司开发了 RAIL 语言，该语言可以利用传感器的信息进行零件作业的检测。同时，麦道公司研制了 MCL 语言，这是一种在数控自动编程语言——APT 语言的基础上发展起来的一种机器人语言。MCL 特别适合由数控机床、机器人等组成的柔性加工单元的编程。

机器人语言品种繁多，而且新的语言层出不穷。这是因为机器人的功能不断拓展，需要新的语言来配合其工作。另一方面，机器人语言多是针对某种类型的具体机器人而开发的，所以机器人语言的通用性很差，几乎一种新的机器人问世，就有一种新的机器人语言与之配套。

（2）机器人编程语言分类

机器人编程是机器人运动和控制问题的结合点，也是机器人系统最关键的问题之一。当前实用的工业机器人常为离线编程或示教，在调试阶段可以通过示教控制盒对编译好的程序一步一步地进行，调试成功后可投入正式运行。

机器人语言操作系统包括 3 个基本的操作状态：监控状态，用来进行整个系统的监督控制；编辑状态，为操作者提供编制程序或编辑程序；执行状态，用来执行机器人程序。

按照其作业描述水平的程度机器人编程语言分为动作级编程语言、对象级编程语言和任务级编程语言三类。

1）动作级编程语言。动作级编程语言是最低一级的机器人语言，它以机器人的运动描述为主，一条指令通常对应机器人的一个动作，表示从机器人的一个位姿运动到另一个位姿。动作级编程语言的优点是比较简单，编程容易。其缺点是功能有限，无法进行繁复的数学运算，不接受浮点数和字符串，子程序不含有自变量；不能接受复杂的传感器信息，只能接受传感器开关信息；与计算机的通信能力很差。典型的动作级编程语言为 VAL 语言，如 AVL 语言语句"MOVE TO（destination）"的含义为机器人从当前位姿运动到目的位姿。

动作级编程语言编程时分为关节级编程和末端执行器级编程两种。

① 关节级编程。关节级编程是以机器人的关节为对象，编程时给出机器人一系列各关节位置的时间序列，在关节坐标系中进行的一种编程方法。对于直角坐标机器人和圆柱坐标机器人，由于直角关节和圆柱关节的表示比较简单，这种方法编程较为适用；对具有回转关节的关节机器人，由于关节位置的时间序列表示困难，即使一个简单的动作也要经过许多复杂的运算，故这一方法并不适用。

关节级编程可以通过简单的编程指令来实现，也可以通过示教盒示教和键入示教实现。

② 末端执行器级编程。末端执行器级编程在机器人作业空间的直角坐标系中进行。在此直角坐标系中给出机器人末端执行器一系列位姿，组成位姿的时间序列，连同其他一些辅助功能，如力觉、触觉、视觉等的时间序列，同时确定作业量、作业工具等，协调地进行机器人动作的控制。

这种编程方法允许有简单的条件分支，有感知功能，可以选择和设定工具，有时还有并行功能，数据实时处理能力强。

2）对象级编程语言。所谓对象即作业及作业物体本身。对象级编程语言是比动作级编程语言高一级的编程语言，它不需要描述机器人手爪的运动，只要由编程员用程序的形式给出作业本身顺序过程的描述和环境模型的描述，即描述操作物与操作物之间的关系。通过编译程序机器人即能知道如何动作。

这类语言典型的例子有 AML 及 AUTOPASS 等语言，其特点为：

① 具有动作级编程语言的全部动作功能。

② 有较强的感知能力，能处理复杂的传感器信息。可以利用传感器信息来修改、更新环境的描述和模型，也可以利用传感器信息进行控制、测试和监督。

③ 具有良好的开放性。语言系统提供了开发平台，用户可以根据需要增加指令，扩展语言功能。

④ 数字计算和数据处理能力强。可以处理浮点数，能与计算机进行即时通信。

对象级编程语言使用接近自然语言的方法描述对象的变化。它的运算功能，作业对象的位姿时序、作业量，作业对象承受的力和力矩等都可以以表达式的形式出现。系统中机器人尺寸参数、作业对象及工具等参数一般以知识库和数据库的形式表达，系统编译程序时获取这些信息后对机器人动作过程进行仿真，再进行实现作业对象合适的位姿，获取传感器信息并处理，回避障碍，以及与其他设备通信等工作。

3）任务级编程语言。任务级编程语言是比前两类更高级的一种语言，也是最理想的机器人高级语言。这类语言不需要用机器人的动作来描述作业任务，也不需要描述机器人对象物的中间状态过程，只需要按照某种规则描述机器人对象物的初始状态和最终目标状态，机器人语言系统即可利用已有的环境信息和知识库、数据库自动进行推理、计算，从而自动生成机器人详细的动作、顺序和数据。例如，一装配机器人欲完成某一螺钉的装配，螺钉的初始位置和装配后的目标位置已知，当发出抓取螺钉的命令时，语言系统从初始位置到目标位置之间寻找路径，在复杂的作业环境中找出一条不会与周围障碍物产生碰撞的合适路径，在初始位置处选择恰当的姿态抓取螺钉，沿此路径运动到目标位置。在此过程中，作业中间状态作业方案的设计、工序的选择、动作的前后安排等一系列问题都由计算机自动完成。

任务级编程语言的结构十分复杂，需要人工智能的理论基础和大型知识库、数据库的支持，目前还不是十分完善，是一种理想状态下的语言，有待于进一步的研究。但可以相信，随着人工智能技术及数据库技术的不断发展，任务级编程语言必将取代其他语言而成为机器人语言的主流，使机器人的编程应用变得十分简单。

（3）工业机器人编程方法

通常来讲，机器人编程可分为示教在线编程和离线编程。目前，大多数工业机器人都具有采用示教方式来编程的功能。

1）示教在线编程。示教在线编程一般可分为手把手示教编程和示教盒示教编程两种方式。

① 手把手示教编程。主要用于喷漆、弧焊等要求实现连续轨迹控制的工业机器人示教编程中。具体的方法是利用示教手柄引导末端执行器经过所要求的位置，同时由传感器检测出工业机器人各关节处的坐标值，并由控制系统记录、存储下这些数据信息。在实际工作中，工业机器人的控制系统会重复再现示教过的轨迹和操作技能。

手把手示教编程也能实现点位控制，与 CP 控制不同的是，它只记录个轨迹程序移动的两端点位置，轨迹的运动速度则按各轨迹程序段对应的功能数据输入。

② 示教盒示教编程。它是利用示教盒上所具有的各种功能按钮来驱动工业机器人的各关节轴，按作业所需要的顺序进行单轴运动或多关节协调运动，完成位置和功能的示教编程。示教盒示教一般用于大型机器人或危险条件作业下的机器人。

③ 示教在线编程在应用中存在的问题。示教在线编程过程烦琐、效率低，精度完全是靠示教者的目测决定，而且对于复杂的路径示教，在线编程难以取得令人满意的效果。

2）离线编程。工业机器人仿真系统是通过计算机对实际的机器人系统进行模拟的技术。机器人仿真系统可以通过单机或多台机器人组成工作站或生产线。这些工业机器人的仿真软件，可以在制造单机和生产线产品之前模拟出实物，这不仅可以缩短生产的工期，还可以避免不必要的返工。

离线编程的优势表现在，减少机器人的停机时间，当对下一个任务进行编程时，机器人仍可在生产线上进行工作；使编程者远离了危险的工作环境；适用范围广，可对各种机器人进行编程，并能方便地实现优化编程。可对复杂任务进行编程。便于修改机器人程序。

① RobotMaster。Robotmaster 来自加拿大，由上海傲卡自动化公司代理，是目前全球离线编程软件中顶尖的软件，几乎支持市场上绝大多数机器人品牌（KUKA，ABB，Fanuc，史陶比尔、柯马机器人、三菱、DENSO 电装机器人、松下机器人……），Robotmaster 在 Mastercam 中无缝集成了机器人编程、仿真和代码生成功能，提高了机器人编程速度。优点：可以按照产品数模，生成程序，适用于切割、铣削、焊接、喷涂等；独有的优化功能，运动学规划和碰撞检测非常精确，支持外部轴（直线导轨系统、旋转系统），并支持复合外部轴组合系统。缺点：暂时不支持多台机器人同时模拟仿真（即只能做单个工作站），基于 MasterCAM 做的二次开发，价格昂贵，企业版在 20W 左右。

② RobotArt。RobotArt 是我国品牌离线编程软件中最顶尖的软件。该软件可根据几何数模的拓扑信息生成机器人运动轨迹，之后的轨迹仿真、路径优化、后置代码一气呵成，同时集碰撞检测、场景渲染、动画输出于一体，可快速生成效果逼真的模拟动画。广泛应用于打磨、去毛刺、焊接、激光切割、数控加工等领域。RobotArt 教育版针对教学实际情况，增加了模拟示教器、自由装配等功能，帮助初学者在虚拟环境中快速认识机器人，快速学会机器人示教器的基本操作，大大缩短学习周期，降低学习成本。

优点：支持多种格式的三维 CAD 模型，可导入扩展名为 step、igs、stl、x_t、prt（NX）、prt（ProE）、CATPart、sldpart 等格式；支持多种品牌工业机器人离线编程操作，如 ABB 机器人、KUKA 机器人、Fanuc 机器人、Yaskawa 机器人、Staubli 机器人、KEBA 系列机器人、新时达机器人、广数机器人等；拥有大量航空航天高端应用经验；自动识别与搜索

CAD 模型的点、线、面信息生成轨迹；轨迹与 CAD 模型特征关联，模型移动或变形，轨迹自动变化；一键优化轨迹与几何级别的碰撞检测；支持多种工艺包，如切割、焊接、喷涂、去毛刺、数控加工；支持将整个工作站仿真动画发布到网页、手机端。

缺点：不支持整个生产线仿真（不够万能），对国外小品牌机器人也不支持。不过作为机器人离线编程，还是相当给力的，功能一点也不输给国外软件。

③ RobotWorks。RobotWorks 是来自以色列的机器人离线编程仿真软件，与 RobotMaster 类似，是基于 Solidworks 进行的二次开发。使用时，需要先购买 Solidworks。

功能：全面的数据接口：Robotworks 是基于 Solidworks 平台开发的，Solidworks 可以通过 IGES、DXF、DWG、PrarSolid、Step、VDA、SAT 等标准接口进行数据转换。

强大的编程能力：从输入 CAD 数据到输出机器人加工代码只需四步。

第一步：从 Solidworks 直接创建或直接导入其他三维 CAD 数据，选取定义好的机器人工具与要加工的工件并组合成装配体。所有装配夹具和工具客户均可用 Solidworks 自行创建调用。

第二步：利用 Robotworks 选取工具，直接选取曲面的边缘或样条曲线进行加工，产生数据点。

第三步：调用所需的机器人数据库，开始进行碰撞检查和仿真，在每个数据点均可以自动修正，包含工具角度控制、引线设置、增加或减少加工点、调整切割次序、在每个点增加工艺参数。

第四步：Robotworks 自动生成各种机器人代码，包含笛卡儿坐标数据、关节坐标数据、工具与坐标系数据、加工工艺等，并按照工艺要求保存不同的代码。

强大的工业机器人数据库：系统支持市场上主流的大多数工业机器人，提供主流工业机器人各个型号的三维数模。

完美的仿真模拟：独特的机器人加工仿真系统可对机器人手臂，以及工具与工件之间的运动进行自动碰撞检查、轴超限检查，自动删除不合格路径并调整，还可以自动优化路径，减少空跑时间。

开放的工艺库定义：系统提供了完全开放的加工工艺指令文件库，用户可以按照自己的实际需求自行定义、添加、设置自己的独特工艺，添加的任何指令都能输出到机器人加工数据里面。

优点：生成轨迹方式多样、支持多种机器人、支持外部轴。

缺点：Robotworks 基于 Solidworks，Solidworks 本身不带 CAM 功能，编程烦琐，机器人运动学规划策略智能化程度低。不会用 sw，只会用 NX、PROE 等。

④ ROBCAD。ROBCAD 是西门子公司的软件，较庞大，重点在生产线仿真，价格也是同软件中最贵的。该软件支持离线点焊，支持多台机器人仿真，支持非机器人运动机构仿真，可进行精确的节拍仿真。ROBCAD 主要应用于产品生命周期中的概念设计和结构设计两个前期阶段。现已被西门子收购，不再更新。

优点：与主流的 CAD 软件（如 NX、CA T IA、IDEAS）无缝集成，可实现工具工装、机器人和操作者的三维可视化，制造单元、测试及编程的仿真。

缺点：价格昂贵，离线功能较弱，Unix 移植过来的界面，人机界面不友好。

⑤ DELMIA。DELMIA 是达索旗下的 CAM 软件，CATIA 也是达索旗下的 CAD 软件。DELMIA 有 6 大模块，其中 Robotics 解决方案涵盖汽车领域的发动机、总装和白车身，航空领域的机身装配、维修维护，以及一般制造业的制造工艺。

DELMIA 的机器人模块 Robotics 是一个可伸缩的解决方案，利用强大的 PPR（产品、工艺和资源）集成中枢快速进行机器人工作单元的建立、仿真与验证，是一个完整的、可伸缩的、柔性的解决方案。

优点：从可搜索的含有超过 400 种以上的机器人资源目录中，下载机器人和其他的工具资源；利用工厂布置规划工程师所完成的工作；对加入工作单元中工艺所需的资源进一步细化布局。

缺点：DELMIA 属于专家型软件，操作难度较高。

⑥ RobotStudio。RobotStudio 是瑞士 ABB 公司配套的软件，支持机器人的整个生命周期，使用图形化编程、编辑和调试机器人系统来创建机器人的运行，并模拟优化现有的机器人程序。

优点：CAD 导入方便，可方便地导入各种主流 CAD 格式的数据，包括 IGES、STEP、VRML、VDAFS、ACIS 及 CATIA 等；AutoPath 功能，该功能通过使用待加工零件的 CAD 模型，仅在数分钟之内便可自动生成跟踪加工曲线所需的机器人位置（路径），而这项任务以往通常需要数小时甚至数天；程序编辑器，可生成机器人程序，使用户能够在 Windows 环境中离线开发或维护机器人程序，可显著缩短编程时间、改进程序结构；路径优化，如果程序中包含接近奇异点的机器人动作，RobotStudio 可自动检测出并发出报警，从而防止机器人在实际运行中发生这种现象；仿真监视器是一种用于机器人运动优化的可视工具，红色线条显示可改进之处，以使机器人按照最有效方式运行；可以对 TCP 速度、加速度、奇异点或轴线等进行优化，缩短周期；可达性分析，通过 Autoreach 可自动进行可到达性分析，使用十分方便，用户可通过该功能任意移动机器人或工件，直到所有位置均可到达，在数分钟之内便可完成工作单元平面布置验证和优化；虚拟示教台，是实际示教台的图形显示，其核心技术是 VirtualRobot，从本质上讲，所有可以在实际示教台上进行的工作都可以在虚拟示教台（QuickTeach）上完成，因而是一种非常出色的教学和培训工具；事件表，一种用于验证程序的结构与逻辑的理想工具，程序执行期间，可通过该工具直接观察工作单元的 I/O 状态，可将 I/O 连接到仿真事件，实现工位内机器人及所有设备的仿真；碰撞检测功能可避免设备碰撞造成的严重损失，选定检测对象后，RobotStudio 可自动监测并显示程序执行时这些对象是否会发生碰撞；VBA 功能，可采用 VBA 改进和扩充 RobotStudio 功能，根据用户具体需要开发功能强大的外接插件、宏、或者定制用户界面；直接上传和下载，整个机器人程序无须任何转换便可直接下载到实际机器人系统，该功能得益于 ABB 独有的 VirtualRobot 技术。

缺点：只支持 ABB 品牌机器人，机器人间的兼容性很差。

⑦ Robomove。Robomove 来自意大利，同样支持市面上大多数品牌的机器人，机器人加工轨迹由外部 CAM 导入。

优点：与其他软件不同的是，Robomove 走的是私人定制路线，根据实际项目进行定制；软件操作自由，功能完善，支持多台机器人仿真。

缺点：需要操作者对机器人有较为深厚的理解，策略智能化程度与 Robotmaster 有较大差距。

⑧ 其他。安川机器人的 motosim，kuka 机器人的 simpro，Fanuc 机器人的 robguide，其他国产软件也在陆续开发中。

5.3.3 柔性制造系统的自动储存和检索系统

柔性制造系统的自动储存和检索系统与机器人、AGV 和传输线等其他设备相连，可以提高加工单元和 FMS 的生产能力。对大多数工件来说，可将自动储存和检索系统视为库房工具，用以跟踪、记录材料和工件的输入，对储存的工件、刀具和夹具，必要时可随时对它们进行检索。

1. 柔性制造系统的工件装卸站

在 FMS 中，工件装卸站是工件进出系统的地方。在这里，装卸工作通常采用人工操作完成。如果 FMS 采用托盘装夹运送工件，则工件装卸站必须有可与小车等托盘运送系统交换托盘的工位。工件装卸站的工位上安装有传感器，与 FMS 的控制管理系统相连，指示工位上是否有托盘；工件装卸站设有工件装卸站终端，也与 FMS 的控制管理系统相连，用于装卸工装卸结束的信息输入，以及要求装卸工装卸的指令输出。

2. 柔性制造系统的托盘缓冲站

在 FMS 物流系统中，除了必须设置适当的中央料库和托盘库，还必须设置各种形式的缓冲区来保证系统的柔性，因为在生产线中会出现偶然的故障，如刀具折断或机床故障。为了不致阻塞工件向其他工位的输送，输送线路中可设置若干个侧回路或多个交叉点的并行物料库，以暂时存放故障工位上的工件。托盘缓冲站是托盘在系统中等待下一工序系统加工服务的地方，必须有可与小车等托盘运送系统交换托盘的工位。为了节省地方，可采用高架托盘缓冲站；在托盘缓冲站的每个工位上安装传感器，直接与 FMS 的控制管理系统相连。

3. 柔性制造系统的自动化仓库

自动化仓库指使用巷式堆垛起重机的立体仓库，是柔性制造系统的一个重要组成部分。立体仓库能大大提高物料储存与流通的自动化程度，提高管理水平。以自动化仓库为中心，组成一个毛坯、半成品、配套件或成品的自动存储、自动检索系统，包括库房、堆垛起重机、控制计算机、状态检测器及信息输入设备（如条形码扫描器）等。由于自动化仓库具有节约劳动力、作业迅速准确、提高保管效率、降低物流费用等优越性，不仅在制造业，而且在商业、交通、码头等领域也受到了广泛重视。

典型的自动化仓库的库房由一些货架组成，货架之间留有巷道，根据需要可以有一到若干条巷道。一般情况下，入库和出库都布置在巷道的某一端，有时也可以设计成由巷道的两端入库和出库。每个巷道都有自己专有的堆垛起重机。堆垛起重机可采用有轨和无轨方式，其控制原理与运输小车相似，只是起重的高度比较高。巷道的长度一般有几十米，货架通常由一些尺寸一致的货格组成。进入高仓位的工件通常先装入标准的货箱内，然后再将货箱装入高仓位的货格中。每个货格存放的工件或货箱的重量一般不超过 1t，其尺寸大小不超过 1m。对于过大的重型工件，因搬运提升困难，一般不存入自动化仓库中，如图 5.3-44 所示。

堆垛起重机是一种安装了起重机的有轨或无轨小车。为了增加工作的稳定性，一般都采用有轨方式。对于比较高的货架，一般应采用上下均装有导轨的设计。堆垛起重机上装有检测横向移动和起升高度的传

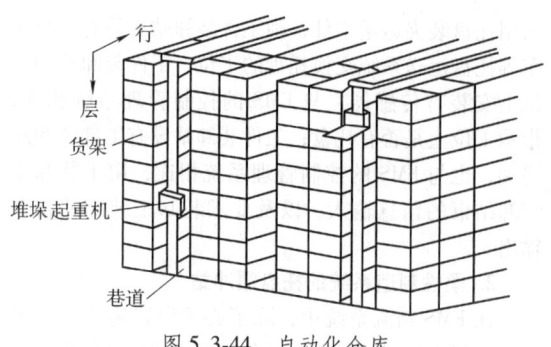

图 5.3-44 自动化仓库

感器，以辨认货位的位置和高度，还可以阅读货箱内工件的名称以及其他信息；堆垛起重机由装在上面的电动机驱动堆垛起重机移动和托盘的升降，一旦堆垛起重机找到需要的货位，就可以将工件或货箱自动推入货架，或者将工件和货箱从货架上取出。

自动化仓库包括仓库管理自动化和入库、出库的作业自动化。仓库管理自动化包括对货箱、账目、货格及其他信息管理的自动化；入库、出库的作业自动化包括货箱工件的自动识别、自动认址、货格状态的自动检测，以及堆垛起重机各机动作的自动控制。

自动化仓库的计算机系统具备以下功能：

1) 信息的输入及预处理。对货箱进行条形码的识别，认址检测器、货格状态检测器信息的输入，以及对这些信息的预处理。

2) 计算机管理系统。它是全仓库进行物资管理、账目管理、货位管理及信息管理的中心。

3) 各机电设备的计算机控制。包括堆垛起重机的计算机控制，入库运输机的计算机控制等。

自动化仓库是多排和多层结构，并且采用了自动存取的堆垛起重机。随之而来的一个关键问题就是要解决存取物料时，如何保证准确、可靠地自动寻址和堆垛起重机自动停准位置。

在实际生产中，物流系统不可能完全排除各种光、电等信号的干扰。认址检测系统需要具备自动排除干扰信号的自检能力，这种自检能力可以通过采用不同的地址编码方法和传感检测方案来获得。下面介绍两种认址检测系统。

1) 循环校验的认址编码系统。自动化仓库的认址检测系统有两项任务，一是实现自动寻址，即使堆垛起重机自动找到被指定到达的位置；二是自动准确停位，即堆垛起重机找到指定位置后，停在规定的精度范围内。

自动寻址一般通过累加（累减）计数方法实现。每经过一个地址，累加器加一（减一），计数值不断与目的地址比较，随时掌握现到达地址与目的地址间

的距离，判断寻址方向。为满足自动计数的需要，设一位二进制编码就足够了。

这种检测系统是目前国内使用最普遍的相对认址检测系统。它的特点是，各地址认址形式相同，只需两个传感器，因此系统十分简单，扩展性好，软件设计简单。

2) 简化条形码认址识别系统。条形码具有很高的信息容量和极低的阅读误差率，将条形码的原理用于自动仓库地址检测是一种新的尝试。

由于这种条形码制作方便，信息的增减容易实现，使用者可根据需要任意增加条码，扩大信息容量，以完成各种特殊的功能。普通的光电传感器可用来对运动中的条形码进行扫描，检测出正确的信息。这种条形码编译系统可靠性高，成本低，通用性好，适用于任意规模的自动化仓库的地址检测。

5.3.4 柔性制造系统对刀具配置与运作的要求

刀具的配置与管理系统在 FMS 中占有重要的地位，其主要职能是负责刀具的运输、存储和管理；适时地向加工单元提供所需的刀具；监控管理刀具的使用；及时取走已报废或寿命已耗尽的刀具。在保证正常生产的同时，最大限度地降低刀具成本。刀具管理系统的功能和柔性程度直接影响整个 FMS 的柔性和生产率。

1. 柔性制造系统对刀具的基本要求

1) 控制刀具的数量。柔性制造自动化要求配备数量庞大的刀具。拥有 2000~3000 把刀具的 FMS 并不少见，配齐这些刀具不仅需要足够资金的投入，还需要很大的保管空间，以及对它们进行维护和保管。因此，要想降低 FMS 的运行成本，就应综合考虑相关因素，将刀具数量控制在最小的范围。

2) 刀具自动交换。在 FMS 运行过程中，刀具交换是自动完成的。由于刀具自动交换装置的抓重能力有一定限度，为了使尺寸或重量超过额定要求的刀具也能自动交换，就应对其结构做出改进。

3) 高可靠性。FMS 是在无人条件下长时间运行的制造自动化系统，而刀具破损是影响其正常运行的重要因素之一。为了让 FMS 达到设计目标，就应让刀具保持高可靠性。

2. 柔性制造系统的刀具合理配置

(1) 刀具合理配置与管理的重要性

在柔性制造系统的费用分析中，刀具和机床投资已大致相当。所以，单从刀具构成的成本而言，就应像对待机床投资一样重视刀具的选用和维护保养。刀具已成为整个加工系统的一个重要

组成部分，刀具与企业的整个物料供应工作有着密切的联系，必须认真系统地进行组织管理。刀具管理的工作难点是：

1) 很多目标是相互对立的。例如，一方面，将刀具按工件材料、形状与机床性能的配合进行分类，提供多种多样的刀具；另一方面，则要求减少库存的刀具形式和类别，从而减少刀具的投资、管理和组织费用。

2) 在最佳切削参数和刀具寿命之间进行优化选择。

3) 在集中管理和分散管理之间进行权衡。

总而言之，刀具已成为柔性制造系统的重要生产资源，必须纳入企业的物料流和信息流。刀具管理的复杂性还在于刀具的预调、调整数据的传送、分散和集中，以及刀库的最佳组合、刀具补偿和寿命监控等活动，要求系统能鉴别和控制每一种、甚至每一把不同的刀具。没有刀具的合理配置与管理，就没有真正的现代化柔性制造系统。

（2）刀具的准备过程

典型的 FMS 的刀具管理系统通常由刀库系统、刀具预调站、刀具装卸站和刀具交换装置，以及管理控制刀具流的计算机系统组成。FMS 的刀库系统包括机床刀库和中央刀库两个独立部分：机床刀具库存放加工单元当前所需要的刀具，其刀具容量有限，一般 40～120 把刀具；中央刀具库的容量很大，有些 FMS 的中央刀库可容纳数千把各种刀具，可供各个加工单元共享。在大多数情况下，刀具是人工供给的，即按照工艺规程或刀具调整单的要求，将某一加工任务的刀具在刀具预调仪上调整好，放在手推车或刀具运输小车上，送到相应的机床。如果使用模块化刀具，则在刀具预调前还要进行刀具组装。预调好的刀具，如果暂时不用，可以放在临时刀库中。使用后的刀具要经过拆卸和清洗，一部分刀片报废，一部分重新刃磨后使用。要将这么多的刀具在正确的时间送到正确的位置，是件不容易的事。因此，刀具的存放、运输、组织和管理的合理化是一个艰巨的任务。

（3）刀具在机床上的配置

按照理想情况，将所有加工所必需的刀具都存放在机床链式刀库中，使得机床刀库容量庞大，甚至达到 120 把以上；在刀库中找寻刀具的时间要延长，这是一个缺点。另外，它不能使用别的机床刀库中目前不用的刀具。因此，这种方法只能适用于固定任务的加工或任务转换不很频繁的情况。此外，在加工过程中，更换机床刀库中的刀具有一定困难，必须在停机的条件下进行。

3. 柔性制造系统的刀具运作过程

（1）制订刀具准备计划

制订刀具准备计划，要从 MIS（管理信息系统）和 CAPP（计算机辅助工艺设计）中获取必要信息。制订刀具半年（或月）准备计划，应依据 MIS 的半年（或月）生产计划、CAPP 的工艺信息、刀具管理系统的刀具信息；制订周（或日）刀具准备计划所需要的周（或日）生产计划，是车间控制器（或单元控制器）提供的；反之，车间控制器（或单元控制器）也能获得周（或日）刀具准备信息。

（2）刀具准备

刀具准备计划制订后，便根据库存刀具的信息自动制订刀具装配计划；确定应出库装配的刀具，并将装配信息、预调信息传输给"刀具预调仪接口"与"立体仓库接口"；"刀具堆垛起重机"把有关刀具从立体仓库取出，送给刀具预调室。操作工人根据装配信息装配刀具，根据预调信息在刀具预调仪上测量出刀具的实际尺寸，输入刀具补偿值，并将条码打印机打印的条形码和有关参数明码粘贴在刀柄上。刀具调度室的职能是制订并打印刀具分配清单，刀具准备好后，操作工人按照清单将刀具送到中央刀库。

（3）刀具入库

一个生产计划完成后，应该将下一个生产计划并不使用的刀具回收入库；同时，还应对破损、磨损、超过使用期限的刀具进行检验、刃磨、预调和编码。

刀具回收入库的操作由机床控制器启动。单元控制器获得机床控制器发出的刀具回收入库信息，便触发相关程序，制订刀具回收清单。刀具调度室打印出刀具回收清单，操作工人对照清单向机床收回刀具。应该入库的刀具经过检验、刃磨、预调和编码，被送到刀具进出站；"立体仓库接口"驱动刀具堆垛起重机将它们回收入库，让"库存管理"对其进行记录和管理。

刀具交换通常由换刀机器人或刀具运输小车来实现。它们负责完成在刀具装卸站、中央刀库，以及各加工单元（机床）之间的刀具传递和搬运。

FMS 的刀具交换包含如下三个方面的内容：

1) 机床刀具库与工作主轴之间的刀具交换。FMS 中的所有加工中心都备有刀具自动交换装置（ATC），用于将机床刀库中的刀具更换到机床主轴上，并取出使用过的刀具放回机床刀库。

目前常用的加工中心机床自动换刀的方式有如下几种。

① 顺序选择方式：这种方式是将所需使用的刀具按加工顺序依次放入刀库的每个刀座内。每次换刀时，ATC 按顺序转动一个刀座的位置，取出所需的刀

具，并将已使用过的刀具放回原来的刀位。这种方式不需要刀具识别装置，驱动控制比较简单，可以直接由刀库的分度机构来实现；缺点是同一刀具在不同工序中不能重复使用，装刀顺序不能搞错，否则将产生严重事故。

② 刀具编码方式：这种方式采用特殊结构的刀柄对每把刀具进行编码。换刀时，根据控制系统发出的换刀指令代码，通过编码识别装置从刀库中寻找出所需的刀具。由于每把刀具都有代码，因而刀具可放入刀库中任何一个刀座内，每把刀具可供不同工序多次重复使用，使刀库容量减小，可避免因刀具顺序的差错造成的加工事故。

③ 刀座编码方式：刀座编码方式是对刀库的刀座进行编码，并将与刀座编码相对应的刀具一一放入指定的刀座内，然后根据刀座编码选取刀具。这种方式可以使刀柄结构简化，能够采用标准的刀柄。与顺序选择方式相比，其突出的优点是刀具可以在加工过程中多次重复使用。

2) 刀具装卸站、中央刀库与各机床之间的刀具交换。在 FMS 的刀具装卸站、中央刀库与各加工机床之间进行远距离的刀具交换，必须有刀具运载工具的支持。刀具运载工具有许多种，常见的有换刀机器人和刀具自动导引车（AGV）。若按运行轨道的不同，刀具运载工具可分为有轨和无轨两种。无轨刀具运载工具价格昂贵，而有轨的价格相对较低且工作可靠，因此在实际系统中多采用有轨交换装置。

有轨刀具运载工具又可分为地面轨道和高架轨道两种。高架轨道的空间利用率高，结构紧凑，但技术难度较地面轨道要大一些。高架轨道一般采用双列直线式导轨，平行于加工中心和中央刀库布置，这样便

于换刀机器人在加工中心和中央刀库之间移动。

刀具装卸站是刀具进出 FMS 的门户，其结构为多框架式，是一种专用的刀具排架。刀具交换装置是一种在刀具装卸站、中央刀具库和机床刀具库之间进行刀具传递和搬运的工具。

3) 运载工具、刀架与机床刀库之间的刀具交换。有些柔性制造系统是通过 AGV 将待交换的刀具输送到各台加工机床上，在 AGV 上放置一个装载刀架，该刀架可容纳 5~20 把刀具，由 AGV 将这个刀架运送到机床旁边，再将刀具从 AGV 装载刀架上自动装入机床刀库，其方法通常有以下几种：

① 采用过渡装置　利用机床主轴作为过渡装置，将刀具由 AGV 装载刀架自动装入机床刀库。这种方法要求装载刀架设计得便于主轴抓取，由 AGV 像运送托盘/工件那样，将该装载刀架送到机床工作台上；然后利用主轴和工作台的相对移动，将刀具装入机床主轴；最后通过机床自身的自动换刀装置，将刀具一个个地装入机床刀库。这种方法简单易行，但需占用机床工时。

② 采用专门的刀具取放装置。在中央刀库和每台机床上都配备一台刀具取放装置。装载刀架为鼓形结构，可容纳 20 余把刀具。由 AGV 将装载刀架运送到机床尾部，通过刀具取放装置将刀架上的刀具逐个装入机床刀库内，并将旧刀具运回装载刀架。这种方法的优点是可在机床工作时进行刀具交换，其不足之处是增加了设备费用。

③ AGV-机械手换刀方式。在 AGV 上装设专用换刀机械手，当 AGV 到达换刀位置时，由机械手进行刀具交换操作，如图 5.3-45 所示。

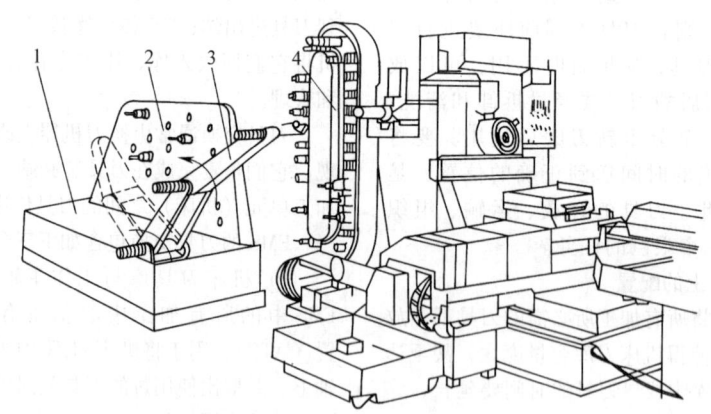

图 5.3-45　AGV-机械手换刀方式
1—AGV　2—刀具取放装置　3—机械手　4—刀库

④ 更换刀库以实现刀具的交换。将机床刀库作为交换对象进行刀具交换。机床上的刀库可以拆卸，

另一个备用刀库放在机床旁边的滑台上。交换时，将机床上的刀库滑到 AGV 上，将滑台上的刀库装入机床。这种可交换式刀库的容量较小，大约有 25 把刀。这是一种新型刀具交换方式。

4. 柔性制造系统的刀具监控

FMS 工作时，刀具始终处于动态的变化过程中，刀具监控主要是为了及时地了解所使用刀具的磨损、破损等情况。目前，刀具的监控主要从刀具寿命、刀具磨损、刀具断裂及其他形式的刀具故障等方面进行。刀具寿命值可以用计算法或试验法求得，求得的寿命值记录在各刀具文件中。刀具装入机床后，通过计算机监控系统统计各刀具的实际工作时间，并将这个数值适时地记录在刀具文件内。当班管理员可通过计算机查询刀具的使用情况，由计算机检索刀具文件，并经过计算分析向管理员提供刀具使用情况报告，其中包括各机床工作站缺漏刀具表和刀具寿命现状表。管理员可根据这些报告，查询有关刀具的供货情况，并决定当前刀具的更换计划。

刀具的实际工作状态对加工质量、切削效率、制造系统正常运行有直接影响。统计指出：机床配置刀具监控系统，可使故障停机时间减少 75%，使机床利用率提高 50%；防范因刀具引发的工件报废和机床故障，能使制造费用降低 30% 以上。刀具监控有直接监控和间接监控两种途径。

刀具磨损或破损的监测需要采用专门的监测装置，有利用切削力、切削功率对刀具磨损进行监测的，也有利用噪声频谱、红外发射、探针测量等方法进行监测。

(1) 刀具直接监控

直接测量刀具的几何形状，可以判断出刀具的使用状况。刀具直接监控的常用方法有：

1）图像匹配法。摄像机摄取的刀具图像经过处理后与刀具标准图像对照比较，能够做出刀具正常、磨损、破损等判断。

2）接触法。用接触传感器、靠模、磁间隙传感器等工具检测切削刃的位置，也能判断刀具状态。

(2) 刀具间接监控

在切削加工过程中，正常刀具、磨损刀具、破损刀具不仅给工件表面留下各不相同的形貌，还能引起某些物理量的显著变化。检测某物理量的实际数值，以它为依据来判断刀具的状态，这就是刀具间接监控。其常见方法有：

1）工件表面质量监测。用激光（或红外）传感器检测工件加工面的表面粗糙度。

2）切削温度监测。用热电偶检测工件与刀具之间的切削温度。

3）超声波监测。用超声波换能器与接受器检测主动发射超声波的反射波。

4）振动监测。用加速度计或振动传感器检测加工过程中的振动信号。

5）切削力监测。用应变力传感器或压电力传感器检测切削力、切削分力的比值。

6）功率监测。用互感器、分流器、功率传感器等检测主电动机或进给电动机的功率。

7）声发射监测。用声发射传感器检测加工中的声发射信号及其特征参量。

(3) 刀具破损声发射监测

固体因变形或破坏而释放出能量，并转变成声波向四周传播，这种现象就是声发射。在切削加工中，刀具如果锋利，切削就轻快，刀具释放的变形能就小，声发射的信号就微弱；刀具磨损会使切削抗力上升，从而导致刀具的变形增大，声发射的信号变强；破损前夕，其声发射的信号则会急剧增加。

利用上述规律，人们开发出了刀具破损声发射监测设备，通过连续监视声发射器信号来掌握刀具的工作状态，预报刀具破损。声发射装置的传感器布置在主轴前轴承盖内，声发射被衬套接受后，经油膜传播到声发射装置传感器。

5. 柔性制造系统的刀具管理

(1) 刀具运作过程的信息管理

FMS 中的刀具信息可以分为动态信息和静态信息。动态信息指使用过程中不断变化的一些刀具参数，如刀具寿命、工作直径、工作长度，以及参与切削加工的其他几何参数。这些信息随加工过程的进行而不断发生变化，直接反映了刀具使用时间的长短、磨损量的大小、对工件加工精度和表面质量的影响等，而静态信息是一些加工过程中固定不变的信息，如刀具的编码、类型、属性、几何形状及一些结构参数等。

借助计算机能确定当前加工需要何种刀具及其寿命，经过优化，保证在系统运行时刀具的交换次数最少。刀具管理的主要目标：①减少与刀具有关的调整和停机时间；②系统能识别刀具传输与有关刀具的数据；③刀具拥有量最小，通过刀具寿命管理，充分利用刀具，使刀具费用最低。

为了能对刀具流的全过程进行支持，刀具管理的任务不仅要向机床控制系统提供由刀具预调确定的刀具尺寸，而且也向上级管理系统提供刀具数据。人工输入数据可利用刀具数据单、条形码、便携式终端、刀具数据集成块等不同形式。当在单独机床上需要提供直接数据支持时，采用便携终端是一种省钱的办法，但要直接传送数据、管理整个刀具流中的数据、得到刀具剩余寿命及预报刀具需求计划等，就必须采用计算机系统来完成。

刀具管理的基础是刀具数据管理。刀具数据管理与载体有很大的关系。传统的刀具数据是记录在纸上的（数据表），这种方式只能由人来识别，很难实现计算机处理；另一种数据载体是条形码，条形码可以用条形码阅读器读取，由计算机处理，但条形码的数据量是有限的，并且很难记录变化的属性数据。集成块是较为先进的数据载体，它具有读写方便、数据容量大、便于计算机处理等一系列优点。

刀具数据载体和识别方法是实现刀具数据合理组织和信息流自动化的关键，如图 5.3-46 所示。

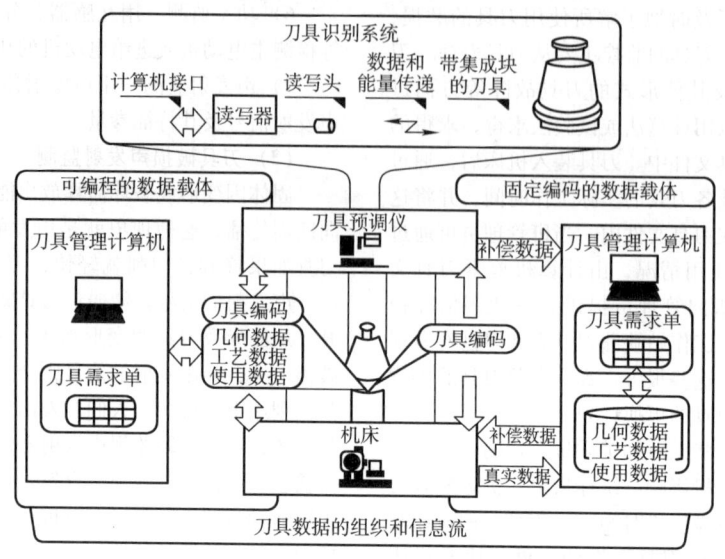

图 5.3-46　刀具数据的组织和信息流

1) 刀具识别系统。刀具数据载体可以是数据单、条形码和集成块。现以集成块为例来说明刀具识别的过程。刀柄的侧面或尾部装有直径为 6～10mm 的集成块，作为刀具数据的载体。机床刀具预调仪上都配备有数据读写装置，它与计算机通过接口相连。当刀具与读写头位置相对应时，就可读出或写入与该刀具有关的数据，实现数据的传输。如果不采用集成块方案，则在刀具预调好后，由打印机打印出刀具数据单或条形码，然后贴在刀柄上，由人工和条形码阅读器加以识别。

2) 可编程数据载体。可编程数据载体通常采用集成块，由计算机进行识别和管理。刀具预调仪和机床都通过计算机系统进行数据交换。

3) 固定编码的数据载体。固定编码的数据载体通常是条形码。机床和刀具预调仪之间的数据交换是通过条形码阅读器来读取信息。刀具预调仪将刀具补偿数据传输给刀具管理计算机，计算机再将这些数据传输给机床，机床将实时数据再反馈给计算机。刀具预调仪和机床之间不能进行数据通信。

柔性制造中的刀具是一个刀具组件，作为一个整体装到机床上使用。所以，刀具计划的首要任务是进行刀具组件总装配和拼装，供刀具管理、装配和预调时使用。

要对刀具组件进行有效而方便的管理，就要建立刀具及其组成元件的图形库，利用计算机迅速完成刀具设计和拼装。建立图形库后，根据加工要求，确定刀具的需求。此时，调用图形库中的元件图形，在屏幕上拼装刀具，列出刀具组成元件清单，绘制刀具预调图，并给出刀具的寿命。刀具准备人员根据刀具组成元件清单，从仓库中挑选出刀具元件，按照所设计的刀具预调图装配好刀具，并在预调仪上进行测量。刀具计划与计算机辅助工艺设计系统集成后，可合理地选择机床和加工工序（工步），使刀具的寿命利用更加合理，换刀次数最少。刀具计划还应安排刀具在什么时刻、从哪里取、放到哪里的问题。

(2) 刀具管理系统的设备配置

FMS 的刀具种类多、数量大，普遍采用模块化结构。此外，FMS 还要求刀具以较快的速度在系统内自动（或半自动）地流动。刀具管理系统是 FMS 的重要组成部分之一，包括以下设备：

1) 管理站。在管理站配置一个计算机终端，终端显示器可以显示出将要加工的工件种类和数量，操作人员可依据这些信息选择出相应的刀具和组装刀具的零件。

2) 零件柜。零件柜中保存着刀具的零部件，零件柜上的打印机能输出管理站的提示信息，操作人员可依据提示信息备齐组装刀具所需的零件。

3）刀具组装站。操作人员可在刀具组装站组装刀具，并将刀具信息写进标识块中。

4）刀具预调仪。借助刀具预调仪，操作人员可调整并测量刀具的长度和直径等数据，并将这些数据写进标识块。

5）刀具缓冲站。刀具组装、预调好后，临时存放到刀具缓冲站。

6）加工中心盘形刀库。将加工中心所需的刀具装到盘形刀库上，刀具随同刀库一起被送到指定机床。

7）NC 车床的回转刀架。

8）换刀机械手。

9）备用刀具库。备用刀具库的刀具与回转刀架的刀具，由换刀机械手来交换。

10）盘形刀库交换器。其职能是完成盘形刀库的交换。

11）读写器。刀具预调时写进标识块中的数据可用读写器读出或改写。

12）盘形刀库用托盘。托盘是实现刀具输送自动化的辅助工具，刀库放在托盘上，自动导引车就能方便地将刀具管理室的刀库送给机床，或者从机床取回刀库。

13）控制器。控制器的职能是管理刀具管理系统的设备和软件，使其协调地工作。

14）夹具调整装置。使用该装置可以快速地为夹具更换卡爪、心轴、法兰等构件，以满足新工件的加工需要。

6. 柔性制造系统的刀具识别与换刀装置

在 FMS 的加工过程中常见的故障是刀具状态的变化。刀具状态识别、检测与监控是加工过程检测与监控关键的技术之一，它对降低制造成本、减少制造环境的危害，保证产品质量，具有十分重要的意义。

(1) 刀具的识别与选择方式

刀具编码是刀具识别的前提，不同刀具管理系统采用的编码方法也不尽相同，但让一个刀具码对应一把刀具则是它们都应达到的共同目标。按数控系统的刀具选择指令，从刀库中挑选各工序所需刀具的操作称为自动选刀。常用的选刀方式有顺序选刀和任意选刀两种。

1）顺序选刀。顺序选刀是将刀具按加工工序的顺序，依次放入刀库的每个刀座内，刀具顺序不能出错。更换加工工件时，刀具在刀库上的排列顺序也要改变。这种方式的缺点是同一工件上的相同刀具不能重复使用，因此刀具的数量增加，降低了刀具和刀库的利用率，但其控制及刀库运动等则比较简单。

2）任意选刀。任意选刀是预先将刀库中的每把刀具（或刀座）都编上代码，按照编码选刀，刀具在刀库中不必按工件的加工顺序排列，而是按刀具编码方式、刀座编码方式和计算机记忆方式等任意选择。

① 刀具编码方式。这种选择方式采用编码环代表刀具码。如图 5.3-47 所示，在刀柄尾部的拉紧螺杆 3 上套装一组等间隔的编码环 1，并由锁紧螺母 2 将它们固定。编码环由外径不同的凸圆环面和凹圆环面组成，两种外径不同的编码环分别表示二进制数的"1"和"0"。通过两种圆环的不同排列组合，就可以得到一个二进制的刀具码。换刀时，读码器的触头能与凸圆环面接触，而不能与凹圆环面接触，将凸凹几何状态转变成电路通断状态，即"读"出二进制的刀具码，根据换刀指令代码，在刀库中寻找出所需要的刀具。由于每一把刀具都有自己的代码，因而刀具可以放入刀库的任何一个刀座内，这样不仅刀库中的刀具可以在不同的工序中多次重复使用，而且换下来的刀具也不必放回原来的刀座，这对装刀和选刀都十分有利。编码环刀具识别系统可靠性差，使用寿命短（接触式、磨损大），逐渐被条形码刀具识别系统取代。图 5.3-47 中所示的编码环中有 7 个编码环，能够区别出 127 种刀具（2^7-1）。通常全部为 0 的代码不许使用，以免与刀座中没有刀具的状况相混淆。

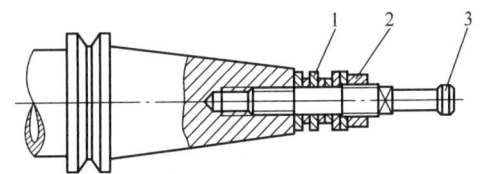

图 5.3-47　编码刀柄
1—编码环　2—锁紧螺母　3—拉紧螺杆

② 刀座编码方式。这种方式是对刀库中各刀座预先编码，将每把刀具放入相应刀座后，就具有了相应刀座的编码，刀具在刀库中的位置是固定的。在编程时，需要指出哪一把刀具放在哪个刀座内，这种编码方式必须将用过的刀具放回原来的刀座内。由于这种编码方式取消了刀柄中的编码环，使刀柄结构大大简化，刀具识别装置的结构就不受刀柄尺寸的限制，可放置在较为合理的位置，刀具在加工过程中可重复多次使用；缺点是必须将用过的刀具放回原来的刀座。

③ 计算机记忆方式。这种方式目前应用最多，特点是刀具号和存刀位置或刀座号（地址）对应地记忆在计算机的存储器或可编程控制器的存储器内，无论刀具存放在哪个地址，都始终记忆着它的踪迹，

这样刀具可以任意取出，任意送回。刀柄采用国际通用的型式，没有编码条，结构简单，通用性好；刀座上也不编码，但刀库上必须设有一个机械原点（又称零位）。对于圆周运动选刀的刀库，每次选刀正转或反转都不得超过180°的范围。

（2）刀具（刀座）识别装置

刀具（刀座）识别装置是自动换刀系统的重要组成部分，常用的有接触式与非接触式两种。

1）接触式刀具识别装置。接触式刀具识别装置应用较广，特别适于空间位置较小的刀具编码，其识别原理如图5.3-48所示。图中有5个编码环，在刀库附近固定一刀具识别装置，从中伸出几个触针，触针数量与刀柄上的编码环个数相等。每个触针与一个继电器相连，当编码环是小直径时与触针不接触，继电器不通电，其数码为"0"；当编码环是大直径时与触针接触，继电器通电，其数码为"1"。当各继电器读出的数码与所需刀具的编码一致时，由控制装置发出信号，使刀库停止转动等待换刀。接触式刀具识别装置的结构简单，但可靠性较差，寿命较短，不能快速选刀。

2）非接触式刀具识别装置。非接触式刀具识别采用磁性或光电两种方法。非接触磁性刀具识别方法的工作原理是利用磁性材料和非磁性材料磁感应的强弱不同，通过感应线圈读取代码。编码环分别由软钢和黄铜（或塑料）制成，前者代表"1"，后者代表"0"，将它们按规定的编码排列。图5.3-49所示为一种用于刀具识别的非接触式磁性识别装置。刀柄上装有非导磁材料编码环和导磁材料编码环，与编码环相对应的是由一组检测线圈组成的非接触式刀具识别装置。当编码环通过线圈时，只有对应于软钢圆环的那些线圈才能感应出高电位，其余线圈则输出低电位，然后通过识别电路选出所需要的刀具。磁性识别装置没有机械接触和磨损，因此可以快速选刀，而且具有结构简单、工作可靠、寿命长等优点。

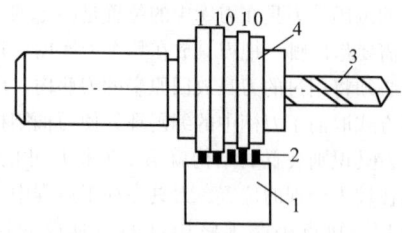

图 5.3-48 接触式刀具识别装置的识别原理
1—刀具识别装置 2—触针 3—刀具 4—编码环

非接触式光电刀具识别方法的工作原理（图5.3-50）是机床的链式刀库上带着刀座1和刀具2依

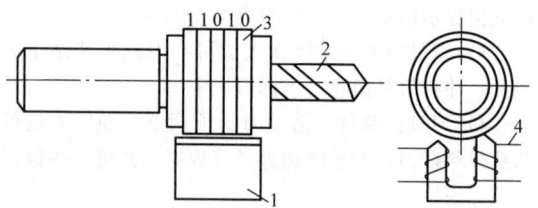

图 5.3-49 非接触式磁性刀具识别装置
1—刀具识别装置 2—刀具 3—编码环 4—线圈

次经过刀具识别位置 I，在此位置上安装了投光仪3，通过光学系统将刀具的外形及编码环投影到由无数光敏元件组成的屏板5上形成刀具图样。装刀时，屏板5将每一把刀具的图样转换成对应的脉冲信息，经过处理将代表每一把刀具的"信息图形"记入存储器；选刀时，当某一把刀具在识别位置出现的"信息图形"与存储器内指定刀具的"信息图形"相一致时，便发出信号，使该刀具停在换刀位置，由机械手4将刀具取出。这种识别系统不但能识别编码，还能识别图样，因此给刀具的管理带来方便。

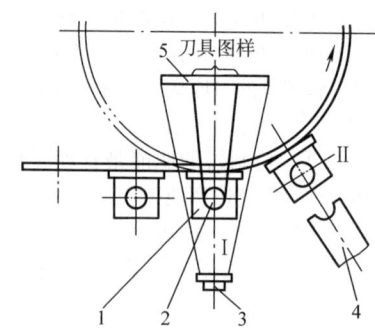

图 5.3-50 非接触式光电刀具识别方法的工作原理
1—刀座 2—刀具 3—投光仪 4—机械手 5—屏板

（3）标识块刀具识别系统

1）标识块刀具识别系统的组成。标识块刀具识别系统由标识块、读写器和识别控制单元三个基本部件组成，它们在系统中的地位和作用分别为：①标识块，是信息的载体，它与被监视的物料（如托盘、工件、刀具）固联，块内存储着该物料的数据，借助标识块能使信息与物料同步流动；②读写器，是标识块和识别控制单元之间的信息桥梁，它能读出标识块内的数据，或者将数据写入块内；③识别控制单元，是标识块识别系统与可编程控制器或上位计算机的接口。

2）标识块刀具识别系统的工作原理。标识块刀具识别系统的元器件较小。标识块为短圆柱体，它嵌在刀柄侧面（也可以嵌在拉钉的尾部）。存储在标识块内的信息由用户设置，它们可以分为4类：①刀具信息，包括刀号、刀具代码、刀具名、刀具直径和长度；②刀具补偿信息，包括刀具直径补偿值、长度补偿值；③切削用量信息，包括主轴转速、进给速度；④刀具管理信息，包括刀具寿命、刀具使用时间、刀具使用次数，以及刀具开始使用日期、存放地点、替代刀具。

在柔性制造自动化系统中，标识块、读写器和识别控制单元被安装在相关设备的适当位置上。识别控制单元安装在刀具预调仪内，它与配有刀具管理软件的微型计算机连接后，计算机就可以向标识块写入必要的刀具信息。该计算机与 FMS 主计算机通信，能将刀具信息传播到各个相关作业区。

对于机床，读写器固定在刀库（或主轴箱）上。刀具随机地插入刀库，刀库只需转动一圈，读写器就能读出各刀具信息，并将它们传送给数控装置。

3）刀具预调。数控加工中，刀具半径和长度的实际数值直接影响数控程序的执行和零件的加工质量。在刀具预调仪上，将刀具的半径和长度调整到设定的范围，并将其转换成半径补偿值和长度补偿值，这项作业就是刀具预调。对钻头、立铣刀等固定式刀具来说，所谓刀具预调只是测量出刀具半径和长度的当前值。

刀具预调仪是一种精密测量仪器，其关键部件有：①测量头，包括显微投影仪和接触式测微仪，能以手动或自动操作方式让测量头沿测量架上下（即 Z 轴）移动；②测量架，能以手动或自动操作方式让测量架（载测量头）左右（即 X 轴）移动；③刀架，将刀具安装在刀架上进行预调。

X 轴和 Z 轴均采用直线滚动导轨、滚珠丝杠、无侧隙的精密减速器，刀架的刀具旋转轴支承选用了高精度滚动轴承。采取这些技术措施，能保证刀具半径测量误差不超过 $1\mu m$，刀具长度测量误差不超过 $10\mu m$。刀具预调步骤如下：①将刀具组装好，拉紧到刀架上；②以自动方式让测量架和测量头快速抵达刀具的某一恰当位置；③以手动方式让测量架和测量头缓慢靠近刀尖；④一边让刀具绕轴线摆动，一边微细地调整测量架和测量头的位置；若采用显微投影仪，则让刀尖的横刃与水平线相切、侧刃与垂直线相切；若采用接触式测微仪，则让千分表的测头与刀尖接触指示出预定值；⑤察看显示器上的 X、Z 数值，若符合要求，则操作计算机记录该数据。

（4）刀具交换装置

在数控机床的自动换刀装置中，实现刀库与机床主轴之间传递和装卸刀具的装置称为刀具交换装置。刀具的交换方式通常分为无机械手换刀和有机械手换刀两大类。

1）无机械手换刀。无机械手换刀是利用刀库与

机床主轴的相对运动实现刀具交换（图 5.3-51）。刀具的交换过程如下：当本工步工作结束后执行换刀指令，主轴准停，主轴箱沿 Y 轴上升，这时刀库上刀位的空档位置正好处在交换位置，装夹刀具的卡爪打开（图 5.3-51a）。主轴箱上升到极限位置，被更换的刀具刀杆进入刀库空刀位，即被刀具定位卡爪钳住；与此同时，主轴内刀杆自动夹紧装置放松刀具（图 5.3-51b）。刀库伸出，从主轴锥孔中将刀拔出（图 5.3-51c）。刀库转位，按照程序指令要求将选好的刀具转到最下面的位置，同时压缩空气将主轴锥孔吹净（图 5.3-51d）。刀库退回，同时将新刀插入主轴锥孔。主轴内刀具夹紧装置将刀杆拉紧（图 5.3-51e）。主轴下降到加工位置后起动，开始下一工步的加工（图 5.3-51f）。这种换刀机构不需要机械手，结构简单、紧凑。由于交换刀具时机床不工作，所以不会影响加工精度，但会影响机床的生产率；其次受刀库尺寸限制，装刀数量不能太多。因此，这种换刀方式常用于小型加工中心。

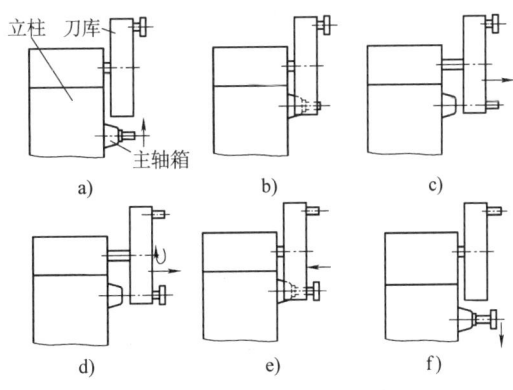

图 5.3-51　无机械手换刀过程

2）机械手换刀。采用机械手进行刀具交换有较大的灵活性，而且可以缩短换刀时间。机械手的结构形式是多种多样的，因此换刀运动也有所不同。

现以 TH65100 卧式镗铣加工中心为例，说明采用机械手换刀的工作原理。该机床采用的是链式刀库，位于机床立柱左侧。由于刀库中存放刀具的轴线与主轴轴线垂直，故而机械手需要有 3 个自由度。机械手沿主轴轴线的插拔刀动作由液压缸来实现；90°的摆动送刀运动及 180°的换刀动作分别由液压马达实现。其换刀过程如图 5.3-52 所示。抓刀爪伸出，抓住刀库上的待换刀具，刀库刀座上的锁板拉开（图 5.3-52a）。机械手带着待换刀具绕竖直轴逆时针旋转 90°，与主轴轴线平行；另一个抓刀爪抓住主轴上的刀具，主轴将刀杆松开（图 5.3-52b）。机械手前移，将刀具从主轴锥孔内拔出（图 5.3-52c）。

机械手后退，将新刀具装入主轴，主轴将刀具锁住（图5.3-52d）。抓刀爪缩回，松开主轴上的刀具。机械手绕竖直轴顺时针旋转90°，将刀具放回刀库的相应刀座上，刀库上的锁板合上（图5.3-52e）。最后，抓刀爪缩回，松开刀库上的刀具，恢复到原始位置（图5.3-52f）。

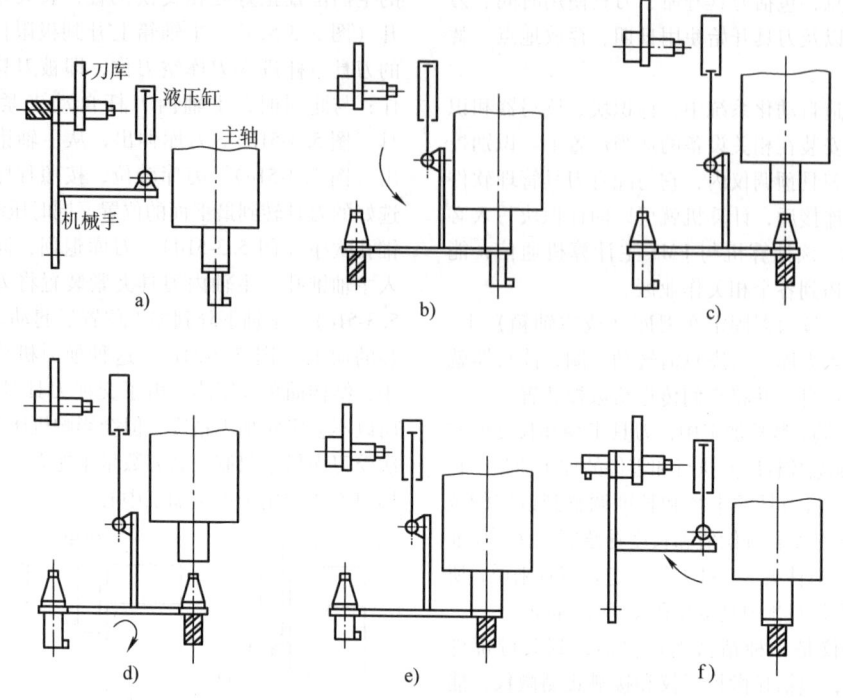

图5.3-52　机械手换刀过程示意图

5.4　柔性制造系统的计算机控制系统

柔性制造系统中的信息由多级计算机进行处理和控制，其主要任务是：组织和指挥制造流程，并对制造流程进行控制和监视，向柔性制造系统的加工系统、物流系统（储存系统、输送系统及操作系统）提供全部控制信息并进行过程监视，反馈各种在线检测数据，以便修正控制信息，保证安全运行。

5.4.1　柔性制造系统的信息流模型及数据类型、联系和特征

1. 柔性制造系统的信息流模型

柔性制造系统的基本特点是能以中小批量、高效率和高质量地加工多种零件。要保证FMS的各种设备装置与物流能自动协调工作，并具有充分的柔性，能迅速响应系统内外部的变化，及时调整系统的运行状态，关键是要准确地规划信息流，使各个子系统之间的信息有效、合理地流动，从而保证系统的计划、管理、控制和监视功能有条不紊地运行。

柔性制造系统的信息流模型从上到下，可以分为五层：

1）计划层。这是属于工厂一级，包括产品设计、工艺设计、生产计划和库存管理等。

2）管理层。这是属于车间或系统管理级，包括作业计划、工具管理、在制品及毛坯管理、工艺系统分析等。

3）单元层。这是指系统控制级，包括各分布式数控、运输系统与加工系统的协调，工况和机床数据采集等。

4）设备控制层。这是指设备控制级，包括各机床数控、机器人控制、运输和仓储控制等。

5）动作执行层。通过伺服系统执行控制指令而产生机械运动，或者通过传感器采集数据和监控工况等。

管理层和单元层可分别由高性能微机或超级微机作为硬件平台，而设备控制层大多由具有通信功能的数控系统和可编程控制器来承担。单元控制器主要的任务是协调工件、刀具装卸站及物料运输系统和加工系统，主控计算机则承担在制品及毛坯管理、工具管理、线外工作地管理。

2. 柔性制造系统的数据类型、联系和特征

（1）FMS 系统有三种不同类型的数据

1）基本数据。这是在柔性制造系统开始运行时一次建立的，并在运行中逐渐补充。包括有关系统配置的数据，如机床编号、类型、存储工位号、数量等；物料的基本数据，如刀具几何尺寸、类型、寿命；托盘的基本规格，相匹配的夹具类型、尺寸等。

2）控制数据。即有关加工零件的数据，包括工艺规程、数控程序和刀具清单（技术控制数据）；加工任务单，指明加工任务种类、批量及完成期限（组织控制数据）。

3）状态数据。它描述了资源利用的状况，包括设备的状态数据，如机床、加工中心、清洗机、测量机、装卸系统、输送系统等装置的运行时间、停机时间及故障原因；物料的状态数据，表明随行夹具、刀具等有关信息，如刀具寿命、破损断裂情况及地址识别；零件实际加工进度，如零件实际加工工位、加工时间、存放时间、输送时间的记录，以及成品数、废品数的统计等。

（2）特征

在系统运行过程中，这些数据互相之间产生了各种联系，主要表现为以下三种形式：

1）数据联系。这是指系统中不同功能模块或不同任务需要同一种数据或有相同的数据关系时，就产生数据联系。例如，编制作业计划、制定工艺规程及安装工件时，都需要工件的基本数据，这就要求将各种必须的数据文件存放在一个相关的数据库中，以共享数据资源，并保证各功能模块能及时迅速地交换信息。

2）决策联系。当各个功能模块对各自问题的决策有相互影响时，就产生决策联系，这不仅是数据联系，更重要的是逻辑和智能的联系。例如，编制作业计划时，工件如何混合分批，就有不同的效果。利用仿真系统就有助于迅速地做出正确决定。

3）组织联系。系统运行的协调性对 FMS 来说是极其重要的。工件、刀具等的流动要求在不同地点、不同时刻完成。这种组织上的联系不仅是一种决策联系，而且具有实时动态性和灵活性。因此，协调系统是否完善将成为 FMS 有效运行的前提。

从信息集成的观点来说，FMS 是在计算机管理下，通过数据联系、决策联系和组织联系，将制造过程的信息流连成一个有反馈信息的调节回路，从而实现自动控制过程的优化。

（3）特征

FMS 管理控制信息流由作业计划、加工准备、过程控制与监控等功能模块组成，具有如下特征：

1）结构特征。按照计算机分级分布式控制系统的要求，FMS 控制系统可以划分为制订与评价管理、过程协调控制及设备控制 3 个层次。这种模块化的结构在功能上和时间上既独立又相互联系。这样，尽管系统复杂，但对于每个子模块可分解成各个简单的、直观的控制程序，以完成相应的控制任务。实现结构化特征的前提是各个层次间必须有统一的通信语言，规定明确的接口。除了建立中央数据库统一管理，还应设置局部数据缓冲区，并保持人工介入的可能性，有友好的用户界面。

2）时间特征。根据信息流的组成模块，它们对通信数据量与时间的要求不尽相同。作业计划模块内的通信主要是文件传送和数据库查询、更新，需要存取、传送大量数据，往往需要较长时间；过程控制模块只是平行地交换少量信息（如指令、命令响应等），但必须及时传递，实时性较强。

5.4.2　柔性制造系统的网络通信结构

实现覆盖企业生产和经营全过程的各类计算机及自动化设备的互联，以及支持的系统信息集成的计算机网络，构成了制造自动化系统（manufacturing automation system，MAS）的重要支撑系统。

1. 柔性制造自动化系统的互联结构

从企业产品制造过程看，制造自动化系统（MAS）可分为两个主要层次，即制造单元中加工、装配及检测过程的自动化和车间范围内管理过程的自动化。前者是在一个制造单元内实现各生产设备的单机自动化和单元制造过程的综合自动化，后者则是将车间/厂区范围内各自动化孤岛相互连接起来，实现企业产品制造全过程的自动控制和管理。实现各生产设备的单机自动化和单元制造过程综合自动化的网络通信称为底层设备互联通信。

（1）底层设备互联通信的特点

最具有代表性的制造单元通信网络互联结构是FMS 局域网，它是计算机集成制造系统（CIMS）网络中的一个子网，也是一个独立的局域网系统。

从计算机集成制造系统递阶控制系统结构来看，FMS 属 CIMS 递阶控制结构的底三层，即单元层、工作站层和设备层，采用分层递阶控制策略。FMS 网络采用总线局域网，形成递阶的互联结构和对等式总线互联结构。从功能看，FMS 网络的任务是通过网络将系统内各种设备，如各类数控加工设备、机器人或机械手、物流储运系统（AGV、立体仓库、托盘、传输带等）及各种检测设备等集成起来。这些设备一般采用可编程控制器、数控机床控制器、机器人或机械手控制器、数据采集控制系统等作为各自的主控装置，通过现场总线或串行通信接口将各种设备、工作站、单元控制器连接在一起，传递控制信息，形成协调、统一的制造系统。

底层设备传输的信息大多是设备监控信息，其信息传输位于具体的制造加工环境中。所以，底层设备互联通信一般具有如下特点：

1) 通信环境恶劣，容易受温度、湿度、尘埃、电压波动、机械振动和电磁场干扰等因素的影响。

2) 信息传递主要在设备与设备之间进行，对通信可靠性要求高。

3) 通信环境相对稳定，即通信的内容和时间一般都可以预先设定，随机、自发产生的信息相对较少，可使通信协议大大简化。

4) 由于有较多的监控信息，故要求具有很好的实时性。

5) 要求具有一定的故障诊断和容错能力。

6) 通信距离短，但通信频度高。

7) 信息形式主要包括设备控制指令、系统状态反馈、报警和同步信息等。

(2) 底层设备通信联网的拓扑结构

制造单元内部的通信互联网络一般有下述三种方式：

1) 以单元控制器或设备工作站为中心的点对点互联结构。指以制造单元控制主机或设备工作站为中心，以星形拓扑结构连接各个设备，该结构具有如下特点：

① 该结构的通信为主-从式，即单元控制机为主机，各设备上的智能化设备为辅机，通信过程完全由主机控制，生产设备的通信必须通过主机。

② 该结构体现了集中-分散控制相结合的思想。分散控制指各个设备的智能化控制器中预先设定的程序能分散控制各个设备的操作；单元内的各设备又在主机的统一监控下实现单元内加工、装配过程的同步集中控制。

③ 点与点之间常采用 RS-232C 或 RS-422 作为通信接口标准。RS-232C 是由美国电子工业协会公布的一种串行数据通信接口标准（RS 是推荐标准，232 是标准序号，C 是标准的版本号），它定义了数据终端设备（DTE）和数据电路终端设备（DCE）不同的接口电气特性。这种连接方式具有成本低、可靠性高、网络协议简单等优点。

④ 由于 RS-232C 标准限制线路长度为 50ft（1ft=0.3048m），采用的是串行通信方式，故上述互联结构常用于小规模的网络系统。

⑤ 也有采用电流环式数据传送的点对点之间的通信接口，如能采用现场总线标准则更好。

2) 基于总线结构的主-从式互联通信。可以通过共享总线式拓扑结构将单元内部的设备连接到单元控制主机或设备工作站。该结构具有如下特点：

① 互联结构为递阶控制，层次分明。

② 设备工作站与各设备之间的连接采用现场总线网，工作站之间的连接可通过局域网实现。

③ 虽然设备共享总线，但通信方式仍为主-从式。

3) 站点对等式总线互联结构。单元内部的设备通信，可以通过一条共享总线将单元控制主机和各种设备平等地连接起来，形成对等式总线互联结构。这种互联结构具有如下特点：

① 连接在总线上的每个站点都可与其他站点自由地进行通信，而无主-从之分。

② 通信机制灵活，有利于单元控制容错系统和引入虚拟单元，进一步提高了系统的可靠性和效率。

2. 柔性制造系统的单元控制系统

典型的较大规模的 FMS 单元控制系统，分为三级控制：它的第一级主要是对机床和工件装卸机器人进行控制，包括对各种加工作业的控制和监测；第二级相当于 DNC 控制，包括对整个系统运行的管理、工件流动的控制、工件加工程序的分配，以及第一级生产数据的收集；第三级控制负责生产管理，主要是编制日程进度计划，将生产所需的信息，如工件的种类和数量、每批生产的期限、刀夹具种类和数量等，送到第二级系统管理计算机。主计算机可以与 CAD 相连，因此也可以利用 CAD 的工件设计数据进行数控编程，然后将数控数据送到第二级控制系统。

通常 FMS 控制系统包括单元控制器、工作站控制器、设备控制器。其中单元控制器在 FMS 的运行管理中起着核心的作用。单元控制系统的信息输入来源主要有：

1) 计算机辅助生产管理系统，包括生产作业计划、物料需求计划、能源需求计划等信息。

2) 计算机辅助工艺规划，包括工艺计划、工件制造参数、刀具需求信息、工件数控加工程序等信息。

3) 单元控制系统，包括从数控加工设备、数控测量设备、工件清洗设备、物料自动储运系统、刀具自动储运系统等执行机构中获得指令执行情况和系统状态情况。

单元控制系统的输出信息主要有面向生产监控与统计的生产执行情况统计信息，以及面向计算机辅助质量管理的产品质量信息。这些信息的交换均由单元控制系统的通信网络实现。单元控制器内部信息流主要由一些进程管理信息和系统状态信息组成，单元控制器与各工作站层计算机系统传递的主要信息有调度指令信息和设备状态信息。

3. 柔性制造系统的生产计划调度与控制系统框架模型

从制造自动化系统的生产计划调度与控制的观点看，单元控制器的任务是实现单元层及其以下层次的生产任务管理及系统资源分配与利用管理，尽可能以最优方式完成车间层下达的生产任务。

FMS 生产计划调度与控制问题，也称为 FMS 生产调度管理决策问题。下面从时间和空间两方面来描述 FMS 生产管理决策问题框架模型。

（1）从时间方面来看

在单元控制器的计划展望期内，FMS 生产计划调度与控制系统不断对制造资源所面临的多种选择做出判断决策。例如，当有多个工件在排队等待某一加工中心加工时，生产计划调度与控制系统必须选取某一等待中的工件并将送到加工中心加工。在制造单元生产活动中，每一个可能出现多种判断选择的环节称为 FMS 生产计划调度的决策点。从运筹学的观点看，每一个决策点对应一个决策优化问题；同样，在 FMS 生产活动控制中也存在若干决策点。FMS 计划调度与控制各阶段的决策点是相互影响的，即一个决策点的求解方案将影响与它相关的其他决策点的求解。明确 FMS 计划展望期内的决策点，是研究 FMS 生产计划调度与控制问题的先决条件。

（2）从空间方面来看

FMS 生产计划调度与控制分为 4 个层次，即 FMS 作业计划（或称 FMS 生产作业计划）、FMS 静态调度、FMS 实时动态调度及 FMS 系统资源管理。

FMS 作业计划的主要任务是接受车间订单，并根据工件交货期的先后顺序制订出 FMS 系统的作业计划或班次作业计划，其主要优化目标是在保证按订单规定的交货期内完成所有加工任务的前提下，为单元的生产创造优良运行环境。

FMS 静态调度是日或本班次作业计划的细化，其优化目标是尽可能提高设备资源的利用率，缩短系统调整时间。静态调度要完成工件分组、工件组间的排序、加工设备负荷分配及工件静态排序等任务。

FMS 实时动态调度是在 FMS 加工过程中进行的，它的调度对象主要是系统内正在加工和在装夹站前排队等待加工的工件，它根据系统资源的实时状态动态地安排工件的加工顺序。

FMS 系统资源管理是在 FMS 运行过程中（有时也包括系统开始运行前），对刀具、自动导引车（AGV）、托盘与夹具、NC 程序及人力资源等的管理，目标是提高系统内资源的利用率。

FMS 生产计划调度与控制问题可通过递阶控制结构在时间及空间上得到分解。当考虑 FMS 生产运行管理问题时，不同的 FMS 运行管理者提出了不同的优化目标。最常见的有：

1）在一定的时间周期内系统的产出最高。
2）加工一组工件时系统占用的加工场地最小。
3）尽量满足任务的优先级或交货期。
4）系统生产所花费的成本最少。
5）系统内设备的利用率最高。
6）关键（瓶颈）设备的利用率最高。
7）系统内的在制品最少。
8）加工单个工件时通过系统的时间最短。

一般来说，当优化目标不同时，FMS 计划调度模型和算法也要发生相应变化。计划调度可能采用多个优化目标，即将上述优化目标中的几个一起作为评价系统生产管理优化程度的准则，此时模型和算法的复杂性也相应增加。即使采用单目标，通常也将与该目标关系紧密的其他目标作为优化问题的约束条件。

5.5　柔性制造系统的数控工具系统

5.5.1　柔性制造系统的典型数控工具系统

为了保证柔性制造系统的正常高效运行，必须配备所需的工夹具及有关装置，建立完善的工夹具系统，即广义的数控工具系统。将通用性较强的刀具和配套装夹的工具系列化、标准化就成为通常所说的数控工具系统。

广义数控工具系统包括刀具、辅具和夹具等工具，在柔性制造系统中还包括加工程序的控制介质（磁盘、U 盘、PCMCIA 卡等）及工具系统的记录、存储和处理系统（数据库）。图 5.5-1 所示为广义的数控工具系统及其作业流程。

狭义数控工具系统通常只包括刀具和辅具，以及有关信息的记录、存储和处理设施。其基本作业内容主要包括：

①根据加工系统的特点，按一定的原则配置相应的刀具和辅具，建立工具系统；②建立工具文件；③工具的准备、组装和预调；④工具的储存、输送和管理。

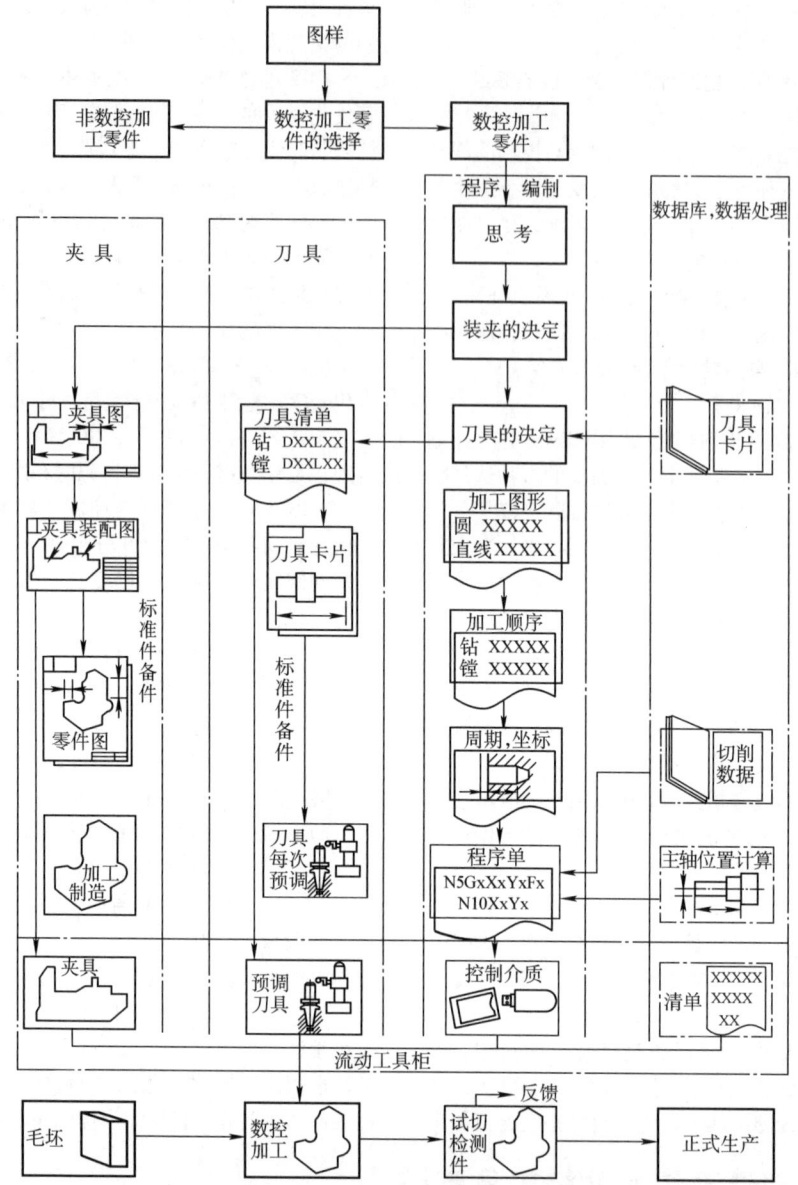

图 5.5-1 广义的数控工具系统及其作业流程

在柔性制造系统中，刀具数量多，要求换刀迅速。为此，需要标准化和系列化程度较高的刀具和辅具（含刀柄、刀夹、接杆和接套等）。工具系统与数控机床配套的刀具是刀具与机床的接口。由于在高速切削状态下，数控工具系统受到离心力的影响，因此要求工具系统有更小的质量、更高的平衡精度和保持夹紧力的能力。为此，各大刀具制造商纷纷推出新型的工具系统，以适应高速和重载切削的加工要求。

1. 数控工具系统分类

（1）按结构分类

按结构分类，数控工具系统可分为车床类和镗铣类数控工具系统，主要由两部分组成：一是刀具部分，二是工具柄部、接杆和夹头装夹工具部分。镗铣类数控工具系统按结构又分为整体式数控工具系统和模块式数控工具系统。

整体式数控工具系统的刀柄与夹持刀具的工作部分连成一体，该种刀柄刚度较好且精度较高，但对机床与零件的变换适应能力较差。为适应机床与零件的变换，用户需储备各种不同规格的刀柄，使得刀柄品种多，管理不便，利用率较低。

模块式数控工具系统是将各种刀柄通过系列化的模块组装而成，针对加工不同的零件与机床采用不同的组装方案，以获得各种刀柄系列，从而提高了刀柄的适应能力和利用率，具有经济、灵活、快速、可靠、通用性强等特点，但由于刀柄在使用过程中要与各类多件模块组装，其精度不如整体式数控工具系统。

（2）按设计分类

工具系统按刀柄结构设计方式可分为两类：一类是采用 7∶24 大锥度长锥柄结构，以保持刀体的良好强度和较高的动态径向刚度，如 BT 刀柄、BIG-plus 刀柄等；另一类是采用 1∶10 锥度和 1∶20 锥度结构，如 CAPTO 刀柄、HSK 刀柄、KM 刀柄等。

数控刀柄属于机床附件的一种，数控加工常用刀柄主要分为钻孔刀具刀柄、镗孔刀具刀柄、铣刀类刀柄、螺纹刀具刀柄和直柄刀具类刀柄。不同的刀柄需要安装不同的数控刀具才能发挥作用。在选择数控刀柄时需要注意很多事情，如刀头和刀柄是否契合，刀柄的结构形式、规格大小都需要考虑在内，最好是选择原厂配件，否则可能出现过大、过小、无法使用的问题。

数控刀柄型号包括：JT—自动换刀机床用 7∶24 工具柄和 40/50 号圆锥柄；BT—自动换刀机床用 7∶24 工具柄和 BT 型工具柄；ST—手动换刀机床用 7∶24 工具柄（没有机械卡爪槽）；MT—带扁尾莫氏圆锥工具柄；MW—无扁尾莫氏圆锥工具柄；ZB—直柄工具柄。

数控刀柄 BT 和 JT 的区别：BT 刀柄和 JT 刀柄锥度是一样的，都是 7∶24，但两种刀柄的制造标准不一样，BT 刀柄是日本标准 MAS-403，JT 刀柄是德国标准 DIN 69871；机械手夹持部分与拉钉不同，BT 刀柄法兰厚度较大，机械手夹持槽靠近刀具一侧，两个端键槽的深度相同且不铣通，而 JT 刀柄法兰厚度较小，有一装刀用的定位缺口，两个端键槽的深度不同且铣通。

2. 数控刀柄的选择

（1）数控刀柄结构形式

数控机床刀具刀柄的结构形式分为整体式刀柄与模块式刀柄两种。整体式刀柄装夹刀具的工作部分与它在机床上安装定位用的柄部是一体的，它对机床与零件的变换适应能力较差。为适应零件与机床的变换，用户必须储备各种规格的刀柄，因此刀柄的利用率较低。模块式刀具系统是一种较先进的刀具系统，其每把刀柄都可通过各种系列化的模块组装而成。针对不同的加工零件和使用机床，采取不同的组装方案，可获得多种刀柄系列，从而提高刀柄的适应能力和利用率。刀柄结构形式的选择应兼顾技术先进与经济合理：①对一些长期反复使用、不需要拼装的简单

刀具，以配备整体式刀柄为宜，使工具刚性好，价格便宜（如加工零件外轮廓用的立铣刀刀柄、弹簧夹头刀柄及钻夹头刀柄等）；②在加工孔径、孔深经常变化的多品种、小批量零件时，宜选用模块式刀柄，以取代大量整体式镗刀柄，降低加工成本；③对数控机床较多，尤其是机床主轴端部、换刀机械手各不相同时，宜选用模块式刀柄。由于各机床所用的中间模块（接杆）和工作模块（装刀模块）都可通用，可大大减少设备投资，提高工具利用率。

（2）数控刀柄规格

数控刀具刀柄多数采用 7∶24 圆锥工具刀柄，并采用相应形式的拉钉拉紧结构，以与机床主轴相配合。刀柄有各种规格，常用的有 40 号、45 号和 50 号。选择时应考虑刀柄规格与机床主轴、机械手相适应。

（3）数控刀柄的规格数量

整体式数控工具系统包括 20 种刀柄，其规格数量多达数百种，用户可根据所加工的典型零件的数控加工工艺来选取刀柄的品种规格，既可满足加工要求又不致造成积压。鉴于数控机床工作的同时还有一定数量的刀柄处于预调或刀具修磨中，因此通常刀柄的配置数量是所需刀柄的 2~3 倍。

（4）数控刀具与刀柄的匹配

关注刀柄与刀具的匹配，尤其是在选用攻螺纹刀柄时，要注意配用的丝锥传动方头尺寸。此外，数控机床上选用单刃镗孔刀具可避免退刀时划伤工件，但应注意刀尖相对于刀柄上键槽的位置方向：有的机床要求与键槽方位一致，而有的机床则要求与键槽方位垂直。

（5）选用高效和复合数控刀柄

为提高加工效率，应尽可能选用高效率的刀具和刀柄。例如，粗镗孔可选用双刃镗刀刀柄，既可提高加工效率，又有利于减少切削振动；选用强力弹簧夹头不仅可以夹持直柄刀具，也可通过接杆夹持带孔刀具等。对于批量大、加工复杂的典型工件，应尽可能选用复合刀具。尽管复合刀具与刀柄价格较为昂贵，但在加工中心上采用复合刀具加工，可将多道工序合并成一道工序、由一把刀具完成，有利于减少加工时间和换刀次数，显著提高生产率。对于一些特殊零件，还可考虑采用专门设计的复合刀柄。

5.5.2　数控工具系统的型号、型式和尺寸

1. 数控工具系统的自动换刀 7∶24 圆锥工具柄尺寸和标记

GB/T 10944—2013《自动换刀 7∶24 圆锥工具柄》分为 5 个部分。

第 1 部分：A、AD、AF、U、UD 和 UF 型柄的尺

寸和标记。

　　第 2 部分：J、JD 和 JF 型柄的尺寸和标记。

　　第 3 部分：AC、AD、AF、UC、UD、UF、JD 和 JF 型拉钉。

　　第 4 部分：刀柄的技术条件。

　　第 5 部分：拉钉的技术条件。

GB/T 10944.2—2013 规定了 7∶24 圆锥工具柄 J、JD 和 JF 型的尺寸，它适合在带有一个为从刀库输送工具到主轴，或者从主轴输送工具到刀库的自动夹持系统的自动换刀机床上使用。7∶24 圆锥工具 J 型柄的结构如图 5.5-2 所示。J 型柄的尺寸见表 5.5-1。详情见 GB/T 10944.2—2013/ISO 7388-2∶2007。

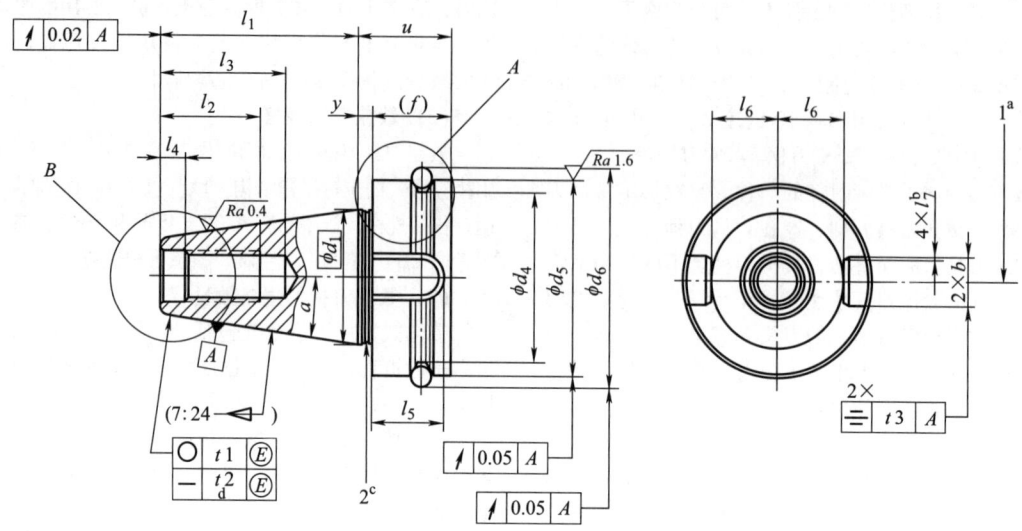

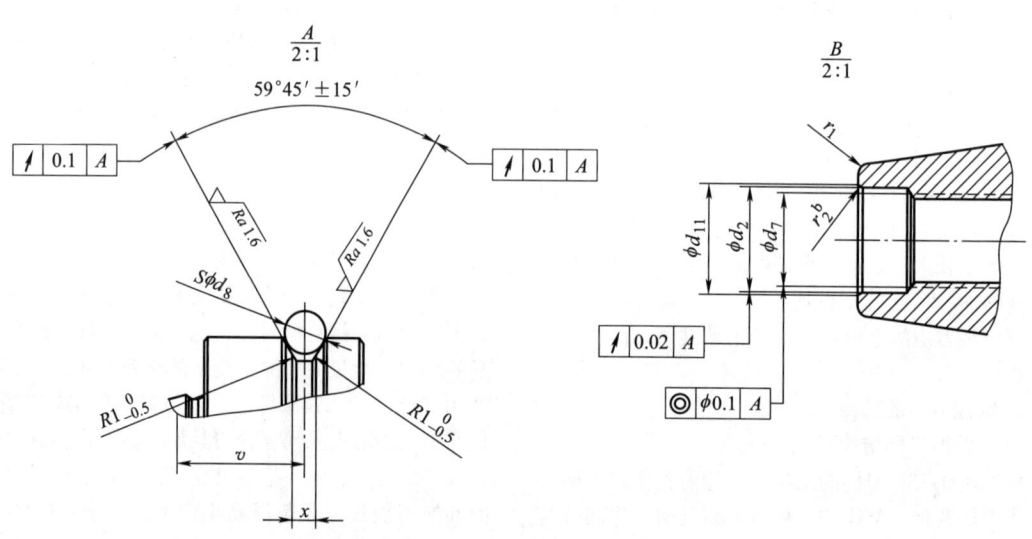

图 5.5-2　J 型柄的结构

1—切削刃

2—圆锥和法兰间的部分

a—右旋单刃切削刃的位置（能旋转 180°，对称设计）

b—由制造商确定（倒圆或倒角）

c—由制造商选择

d—不允许凸

符合本部分的 7∶24 圆锥工具柄标记如下：

a）"工具柄"。

b）标准号，如 "GB/T 10944.2"。

c）分隔线 "-"。

d）型式，如 J、JD 或 JF。

e）锥柄号。

f）带有数据芯片孔结构时，加 "-" 和字母 "D"。

示例：

按照 GB/T 10944.2 设计，J 型，锥柄号 40，带有数据芯片孔结构的 7∶24 圆锥工具柄标记为

工具柄 GB/T 10944.2-J40-D

表 5.5-1　J 型柄的尺寸　　　　　　　（mm）

尺寸	锥柄号				
	30	40	45	50	60
$b^{+0.2}_0$	16.1		19.3	25.7	
$d_1$①	31.75	44.45	57.15	69.85	107.95
d_2H8	12.5	17	21	25	31
$d_{4-0.5}^{\ 0}$	38	53	73	85	135
d_5h8	46	63	85	100	155
$d_6\pm0.05$	56.03	75.56	100.09	118.89	180.22
$d_7$6H	M12	M16	M20	M24	M30
d_8	8	10	12	15	20
$d_{t11\ max}$	14.5	19	23.5	28	36
f②	20	25	30	35	45
$l_1\pm0.2$	48.4	65.4	82.8	101.8	161.8
$l_{2\ min}$	24	30	36	45	56
$l_{3\ min}$	34	43	50	62	76
$l_4^{+0.5}_{\ 0}$	7	9	11	13	16
$l_{5\ min}$	17	21	26	31	34
l_6	16.3	22.6	29.1	35.4	60.1
l_6 公差	$^0_{-0.3}$			$^0_{-0.4}$	
$l_{7-0.5}^{\ 0}$	1.6			2	
r_1	0.5		1		
$r_2$③ $^0_{-0.5}$	0.8	1	1.2	1.5	2
t_1	0.001		0.002		0.003
t_2	0.002		0.003		0.004
t_3	0.12			0.2	
u_{min}	22	27	33	38	48
$v\pm0.1$	13.6	16.6	21.2	23.2	28.2
x	4	5	6	7	11
$y\pm0.4$④	2		3		
a	8°17′50″				
a 公差	$^{+4″}_0$				

① d_1 在测量平面上定义的基准直径。

② 仅供参考。

③ 可以用倒圆或倒角两种形式，尺寸应限制在 d_{11} 范围内。

④ 针对 JF 型刀柄尺寸公差为±0.1。

2. 镗铣类数控机床用工具系统的型号表示规则

GB/T 25669.1—2010规定了镗铣类数控机床用工具系统的型号表示规则，适用于镗铣类数控机床用工具系统。镗铣类数控机床用工具系统简称为TSG工具系统。TSG工具系统中的工具型号由三部分组成，各部分之间用横线隔开，如图5.5-3所示。

第1部分用1~5个大写英文字母和符号表示柄部型式，其后××（数字）表示对应标准中的某一尺寸规格，见表5.5-2。

第2部分用1~3个大写字母表示工作部分的型号。允许在所规定的型号之后，增加一个字母表示结构特征。其后××（数字）表示装夹工具直径（或孔径）、加工范围的起始值，或者与刀具、附件接口的尺寸，见表5.5-3。

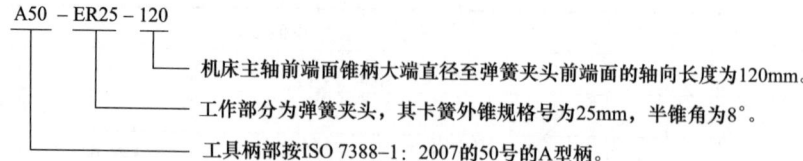

A50 – ER25 – 120

└─── 机床主轴前端面锥柄大端直径至弹簧夹头前端面的轴向长度为120mm。

└─── 工作部分为弹簧夹头，其卡簧外锥规格号为25mm，半锥角为8°。

└─── 工具柄部按ISO 7388-1：2007的50号的A型柄。

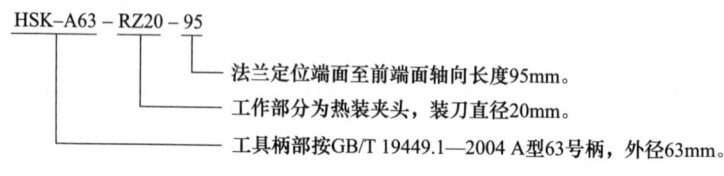

HSK–A63 – RZ20 – 95

└─── 法兰定位端面至前端面轴向长度95mm。

└─── 工作部分为热装夹头，装刀直径20mm。

└─── 工具柄部按GB/T 19449.1—2004 A型63号柄，外径63mm。

图 5.5-3　TSG 工具系统中的工具型号表示形式

表 5.5-2　TSG 工具系统柄部型号与规格

柄部型号与规格	说　　明
A××	按 ISO 7388-1：2007 的 A 型柄
AD××	按 ISO 7388-1：2007 的 AD 型柄
AF××	按 ISO 7388-1：2007 的 AF 型柄
U××	按 ISO 7388-1：2007 的 U 型柄
UD××	按 ISO 7388-1：2007 的 UD 型柄
UF××	按 ISO 7388-1：2007 的 UF 型柄
J××	按 ISO 7388-2：2007 的 J 型柄
JD××	按 ISO 7388-2：2007 的 JD 型柄
JF××	按 ISO 7388-2：2007 的 JF 型柄
ST××	按 GB/T 3837—2001 的手动换刀柄
STW××	按 GB/T 3837—2001 的手动换刀柄，但无锥柄尾部圆柱部分
MT××	按 GB/T 1443—1996 的莫氏锥柄，有扁尾部分
MW××	按 GB/T 1443—1996 的莫氏锥柄，无扁尾部分
HSK-A××	按 GB/T 19449.1—2004 的 HSK-A 型柄
HSK-C××	按 GB/T 19449.1—2004 的 HSK-C 型柄
TS××	按 ISO 26622-1：2008 的 TS 型柄
PSC××	按 ISO 26623-1：2008 的 PSC 型柄

表 5.5-3　TSG 工具系统工作部分型号与规格

工作部分的型号与规格	说　　明
ER××	按 ISO 15488：2003 的卡簧外锥锥度半角为 8° 的弹簧夹头
QH××	按 ISO 10897：1996 的卡簧外锥锥度为 1：10 的弹簧夹头
G I ××	I 型攻丝夹头
G II ××	II 型攻丝夹头
M××	按 GB/T 1443—1996 的装带扁尾莫氏圆锥工具柄
MW××	按 GB/T 1443—1996 的装无扁尾莫氏圆锥工具柄
TQC××	倾斜型粗镗刀
TQW××	倾斜型微调镗刀
TZC××	直角型粗镗刀
TZW××	直角型微调镗刀
XMA××	装按 GB/T 5342.1—2006 的 A 类套式面铣刀刀柄
XMB××	装按 GB/T 5342.1—2006 的 B 类套式面铣刀刀柄
XMC××	装按 GB/T 5342.1—2006 的 C 类套式面铣刀刀柄
TS××	双刃镗刀
TW××	小孔径微调镗头
XP××	按 GB/T 6133.1 的削平型直柄刀具夹头
XPD××	2° 削平型直柄刀具夹头
XS××	按 DIN 6360：1983 的三面刃铣刀刀柄
XSL××	按 ISO 10643：2009 的套式面铣刀和三面刃铣刀刀柄
RZ××	热装夹头
QL××	强力铣夹头
YQ××	液压夹头
Z××	装莫氏短锥钻夹头的刀柄
ZJ××	装贾氏短锥钻夹头的刀柄
ZL××	带有螺纹拉紧式钻夹头的刀柄

第 3 部分表示刀柄与编程有关的工作长度。如从机床主轴前端面到刀尖或刀具定位面的距离，或者到刀柄前端面的长度。

3. 镗铣类数控机床用工具系统的柄部型式和尺寸

镗铣类数控机床用工具系统中 A 型柄、AD 型柄、AF 型柄、U 型柄、UD 型柄、UF 型柄的尺寸按 ISO 7388-1：2007 的规定；J 型柄、JD 型柄、JF 型柄的尺寸按 ISO 7388-2：2007 的规定；ST 型柄的尺寸按 GB/T 3837—2001 的规定；HSK 型柄的尺寸按 GB/T 19449.1—2004 的规定；TS 型柄的尺寸按 ISO 26622-1：2008 的规定；PSC 型柄的尺寸按 ISO 26623-1：2008 的规定。

4. 镗铣类数控机床用工具系统中各种常用工具的结构、型号与尺寸

(1) 直角型粗镗刀（TZC）的结构、型号与尺寸（图 5.5-4 和表 5.5-4）

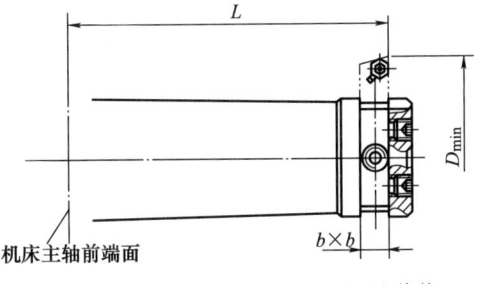

图 5.5-4　直角型粗镗刀（TZC）的结构

表 5.5-4 直角型粗镗刀（TZC）的型号与尺寸 （mm）

直角型粗镗刀型号	工作长度 L（参考）	刀头方孔 $b \times b$	最小镗孔直径 D_{min}
TZC25	135	8×8	25
TZC38	180	10×10	38
TZC50	180~240	13×13	50
TZC62	180~270	16×16	62
TZC72	225~280	19×19	72
TZC90	180~300		90
TZC105	195~285	25×25	105

注：L、b、D_{min} 的含义见图 5.5-4。下同。

（2）倾斜型粗镗刀（TQC）的结构、型号与尺寸 （图 5.5-5 和表 5.5-5）

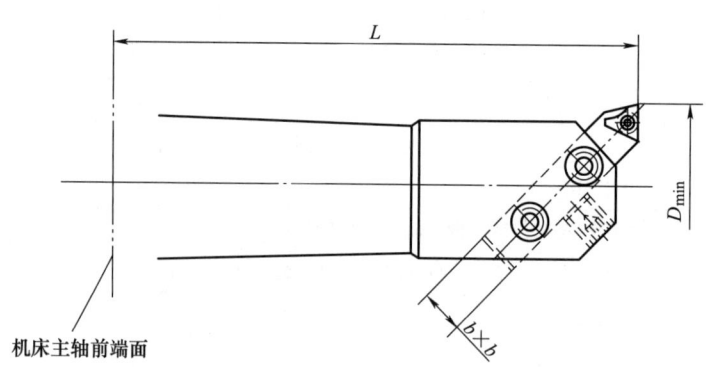

图 5.5-5 倾斜型粗镗刀（TQC）的结构

表 5.5-5 倾斜型粗镗刀（TQC）的型号与尺寸 （mm）

倾斜型粗镗刀型号	工作长度 L（参考）	刀头方孔 $b \times b$	最小镗孔直径 D_{min}
TQC25	135	8×8	25
TQC30	165		30
TQC38	180	10×10	38
TQC42	210		42
TQC50	180~240	13×13	50
TQC62	180~270	16×16	62
TQC72	180~285	19×19	72
TQC90	180~300		90

（3）直角型微调镗刀（TZW）的结构、型号与　　尺寸（图 5.5-6 和表 5.5-6）

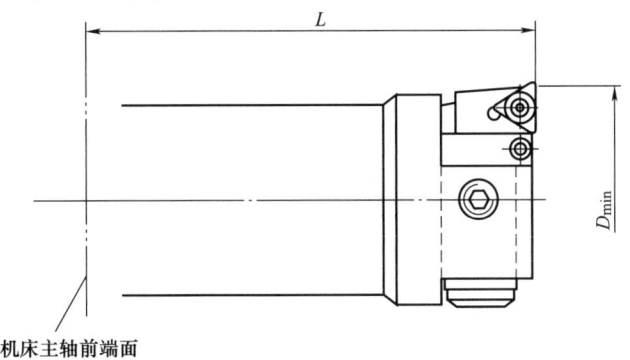

机床主轴前端面

图 5.5-6　直角型微调镗刀（TZW）的结构

表 5.5-6　直角型微调镗刀（TZW）的型号与尺寸　　　　　（mm）

直角型微调镗刀型号	工作长度 L（参考）	最小镗孔直径 $D_{\min}$
TZW××	95~115	××
TZW××	100~125	××
TZW××	105~130	××
TZW××	120~145	××
TZW××	125~140	××
TZW××	150~175	××
TZW××	165~190	××

注：××表示最小镗孔直径数值，可由制造厂自定。

（4）倾斜型微调镗刀（TQW）的结构、型号与　　尺寸（图 5.5-7 和表 5.5-7）

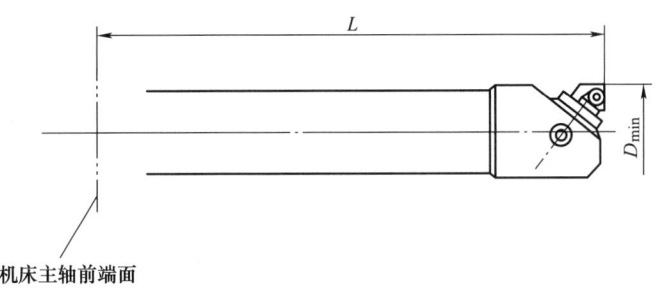

机床主轴前端面

图 5.5-7　倾斜型微调镗刀（TQW）的结构

表 5.5-7　倾斜型微调镗刀（TQW）的型号与尺寸　　　　　（mm）

倾斜型微调镗刀型号	工作长度 L（参数）	最小镗孔直径 $D_{\min}$
TQW××	135	××
TQW××	150~210	××
TQW××	180~315	××
TQW××	210	××

注：××表示最小镗孔直径数值，可由制造厂自定。

(5) 小孔径微调镗刀（TW）的结构、型号与尺   寸（图 5.5-8 和表 5.5-8）

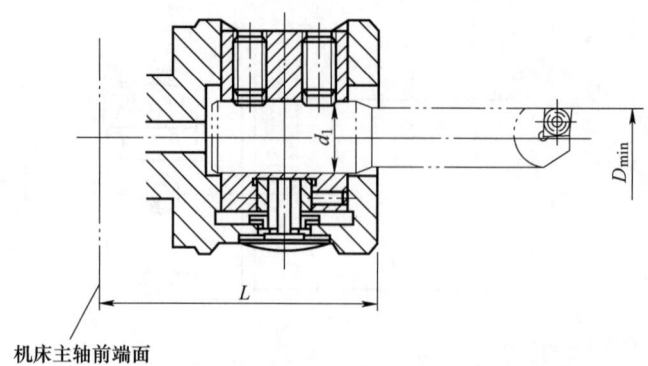

机床主轴前端面

图 5.5-8　小孔径微调镗刀（TW）的结构

表 5.5-8　小孔径微调镗刀（TW）的型号与尺寸　（mm）

小孔径微调镗头型号	工作长度 L（参考）	d_1	最小镗孔直径 D_{min}
TW16	65~90	16	3

(6) 80°双刃镗刀（TS80）的结构、型号与尺寸　（图 5.5-9 和表 5.5-9）

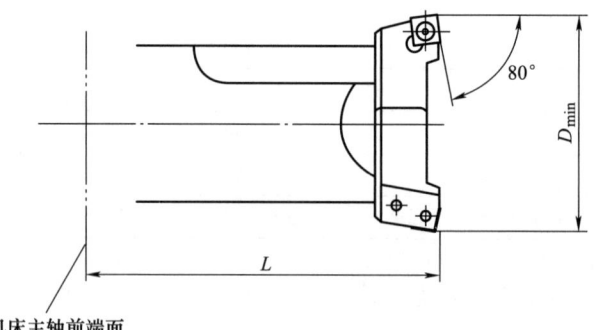

机床主轴前端面

图 5.5-9　80°双刃镗刀（TS80）的结构

表 5.5-9　80°双刃镗刀（TS80）的型号与尺寸　（mm）

80°双刃镗刀型号	工作长度 L（参考）	最小镗孔直径 D_{min}
TS80××	85~110	××
TS80××	105~125	××

注：××表示最小镗孔直径数值，可由制造厂自定。

(7) 90°双刃镗刀（TS90）的结构、型号与尺寸　（图 5.5-10 和表 5.5-10）

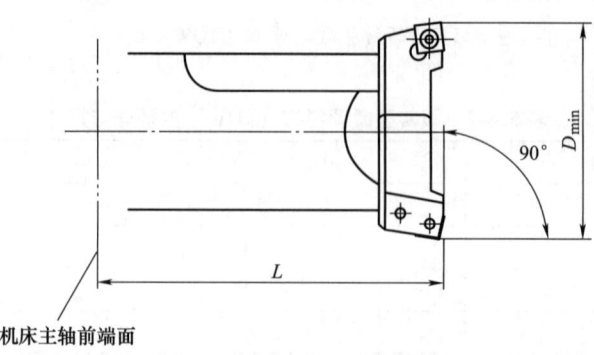

机床主轴前端面

图 5.5-10　90°双刃镗刀（TS90）的结构

表 5.5-10　90°双刃镗刀（TS90）的型号与尺寸　　　　　　　　　　（mm）

90°双刃镗刀型号	工作长度 L（参考）	最小镗孔直径 D_{min}
TS90××	85~110	××
TS90××	105~125	××

注：××表示最小镗孔直径数值，可由制造厂自定。

5.5.3　TSG82 工具系统

TSG82 工具系统主要是与柔性自动化加工系统中镗铣类数控机床配套的辅具。该系统包含多种长接杆，连接刀柄，镗、铣刀柄，莫氏锥孔刀柄，钻夹头刀柄，攻丝夹头刀柄，钻孔、铰孔、扩孔等类刀柄和接杆，也有少量刀具（如镗刀头），用以完成平面、斜面、沟槽、铣削、钻孔、铰孔、镗孔和攻丝等加工工艺。TSG82 工具系统各类辅具（或刀具）具有结构简单，使用方便，装卸灵活，调换迅速等特点，是柔性加工系统不可缺少的工具。

1. TSG82 工具系统各种工具的型号

TSG82 工具系统中各种工具型号由汉语拼音字母和数字组成。工具型号分前、后两段，在两段之间用"－"号相连。其组成、表示方法和书写格式见表 5.5-11。在该系统中，各种工具柄部的型式和尺寸代号，以及工具系统代号的意义见表 5.5-12 和表 5.5-13；一些零部件的代号见表 5.5-14。

表 5.5-11　TSG82 工具系统工具型号的组成、表示方法和书写格式

型号的组成	前　　　段		后　　　段	
表示方法	字母表示	数字表示	字母表示	数字表示
符号意义	柄部的型式	柄部的尺寸	工具用途、种类或结构形式	工具的规格
举例	JT	50	KH	40-80
书写格式	JT50-KH40-80			

表 5.5-12　TSG82 工具系统工具柄部的型式和尺寸代号的意义

柄部的型式		柄部的尺寸	
代号	代号的意义	代号的意义	举例
JT	加工中心机床用锥柄柄部，带机械手夹持槽	ISO 锥度号①	50
ST	一般数控机床用锥柄柄部，无机械手夹持槽	ISO 锥度号①	40
MTW	无扁尾莫氏锥柄	莫氏锥度号	3
MT	有扁尾莫氏锥柄	莫氏锥度号	1
ZB	直柄接杆	直径尺寸	32
KH	7：24 锥度的锥柄接杆	锥柄的 ISO 代号	45

① ISO 锥度有 30、40、45、50 四种锥度号，锥度为 7：24。

表 5.5-13　TSG82 工具系统的代号和意义

代号	代号的意义	代号	代号的意义	代号	代号的意义
J	装接长杆用刀柄	C	切内槽工具	TZC	直角型粗镗刀
Q	弹簧夹头	KJ	用于装扩、铰刀	TF	浮动镗刀
KH	7：24 锥度快换夹头	BS	倍速夹头	TK	可调镗刀
Z（J）	用于装夹钻头（贾氏锥度加注 J）	H	倒锪端面刀	X	用于装铣削刀具
		T	镗孔刀具	XS	装三面刃铣刀用
MW	装无扁尾莫氏锥柄刀具	TZ	直角镗刀	XM	装面铣刀用
M	装有扁尾莫氏锥柄刀具	TQW	倾斜式微调镗刀	XDZ	装直角面铣刀用
G	攻螺纹夹头	TQC	倾斜式粗镗刀	XD	装面铣刀用
规格	用数字表示工具的规格，其含义随工具不同而异。对有些工具，该数字为其轮廓尺寸 D—L；对有些工具，该数字表示应用范围。还有表示其他参数值的，如锥度号等，见有关表格				

表 5.5-14　TSG82 工具系统零部件代号

代　　号	零部件名称
QH	夹簧
LQ	螺母与外夹簧组件
GT	攻螺纹夹套
TQW	倾斜微调镗刀组件

由表 5.5-11～表 5.5-14 可知 TSG82 工具系统中各种辅具的型号意义。例如，标识为 JT50-KH40-80

的刀辅具，表示该辅具是加工中心用 7：24 的 50 号锥柄，锥柄中有 7：24 的 40 号快换夹头锥柄孔，其锥柄大端至螺母端尺寸为 80mm。

2. TSG82 工具系统图

图 5.5-11 所示为 TSG82 工具系统图。该图表明了 TSG82 工具系统中各种工具的组合形式及其系统中的部分辅具与标准刀具的组合形式，供选用时参考。图中凡属本系统的辅具或刀具都标有相应的型号。

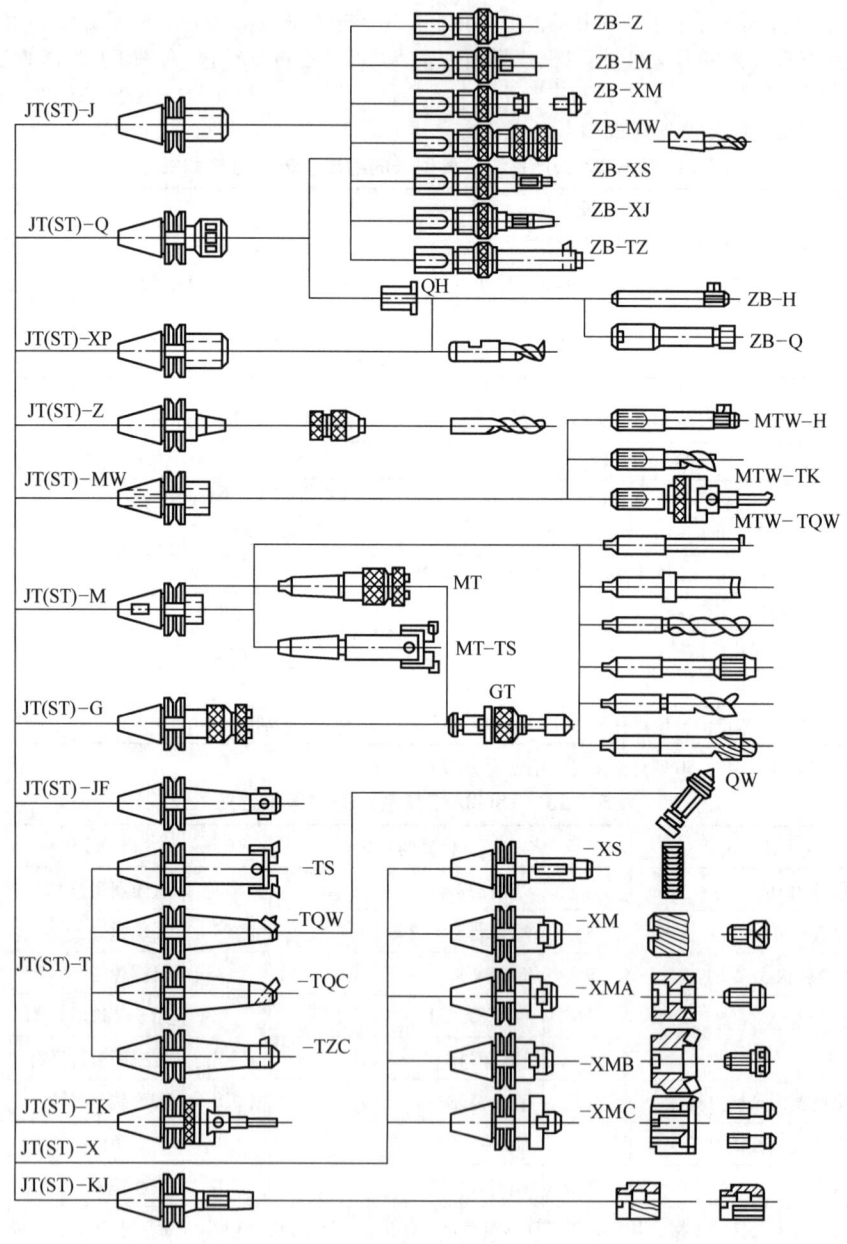

图 5.5-11　TSG82 工具系统图

3. 接长杆刀柄及其接长杆

JT（ST）-J 接长杆刀柄可与 ZB-Z 直柄钻夹头接长杆等七种接长杆组合，在接长杆上再装配相应的通用辅具（如莫氏短锥柄钻夹头）和标准刀具（如麻花钻、铰刀、铣刀等），就能组成各种不同用途的刀具，以适应加工工艺对刀具的需求。接长杆刀柄与接长杆的各种组合形式和主要用途见图 5.5-12 和表 5.5-15。

表 5.5-15 中各种组合形式的刀具都通过接长杆上的调整螺母调整刀具的长度尺寸。各种接长杆刀柄和接长杆的尺寸系列见表 5.5-16~表 5.5-23（表中数据仅供参考）。

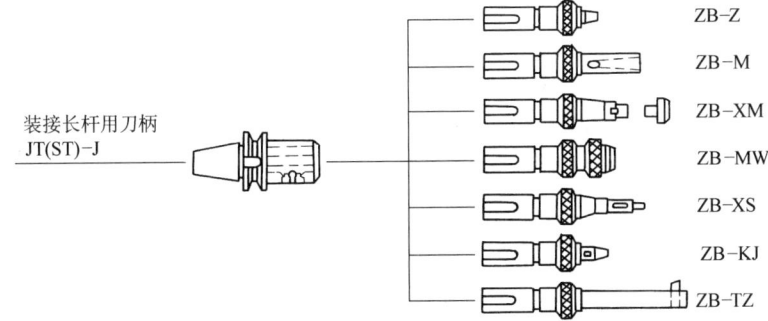

图 5.5-12　接长杆刀柄与接长杆的组合形式

表 5.5-15　接长杆刀柄和弹簧刀柄与接长杆各种组合形式的主要用途

组合形式		主要用途
刀柄代号和名称	接杆代号和名称	
JT（ST）-J 接长杆刀柄或 JT（ST）-Q 弹簧夹头刀柄	ZB-Z 直柄装钻夹头接长杆	配莫式短锥柄或贾氏锥柄的钻夹头
	ZB-M 有扁尾莫氏锥孔接长杆	装夹有扁尾莫氏锥柄的接杆或刀具
	ZB-XM 套式面铣刀接长杆	装夹套式面铣刀
	ZB-MW 无扁尾莫氏锥孔接长杆	装夹粗齿短柄立铣刀
	ZB-XS 三面刃铣刀接长杆	装夹三面刃铣刀
	ZB-KJ 扩孔钻、铰刀接长杆	装夹扩、铰刀
	ZB-TZ 小直角镗刀接长杆	装夹镗刀块

表 5.5-16　JT（ST）-J 接长杆刀柄尺寸系列　　　　　　　　（mm）

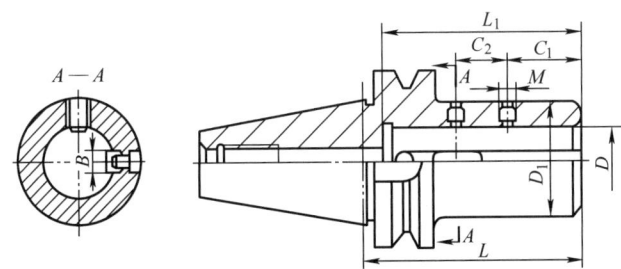

型号	D（H6）	L	D_1	L_1	C_1	C_2	M（螺纹外径 h5）	B（h8）
JT40-J 16-75	16	75	36	70	25	15		—
JT40-J 20-80	20	80	40	75	25	15	M8	—
JT40-J 26-85	26	85	46	80	30	20		8

（续）

型号	D (H6)	L	D_1	L_1	C_1	C_2	M(螺纹外径 h5)	B (h8)
JT40-J32-95	32	95	52	90	35	25	M10	10
JT40-J40-125	40	125	60	110	45	30		12
JT45-J16-80	16	80	36	75	25	15	M8	—
JT45-J20-85	20	85	40	80	25	15		—
JT45-J26-90	26	90	46	85	30	20		8
JT45-J32-100	32	100	52	95	35	22	M10	10
JT45-J40-120	40	120	60	115	45	35		12
JT50-J16-90	16	90	36	85	25	15	M8	—
JT50-J20-95	20	95	40	90	25	15		—
JT50-J26-100	26	100	46	95	30	20		8
JT50-J32-110	32	110	52	105	35	25	M10	10
JT50-J40-125	40	125	60	120	45	30		12

表 5.5-17　ZB-Z(J) 直柄装钻夹头接长杆尺寸系列　　　　　　（mm）

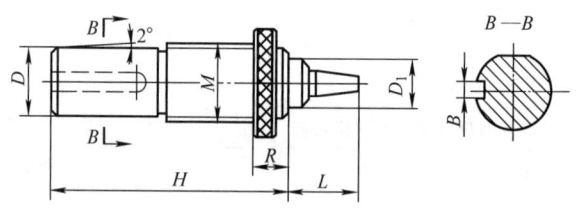

型　号	短锥形式		D (h5)	B (H8)	M (螺纹外径 h5)	H	L	R	D_1
ZB32-Z10-45	莫氏短锥	B10	32	10	T32×3	105	45	15～40	25
ZB32-Z12-45		B12							
ZB32-Z16-45		B16							
ZB32-Z18-45		B18							
ZB32-ZJ1-45	贾氏锥度	1							
ZB32-ZJ2S-45		2（短）							
ZB32-ZJ2-45		2							
ZB32-ZJ33-45		33							
ZB32-ZJ6-45		6							
ZB40-Z10-45	莫氏短锥	B10	40	12	T40×3	135	45	15～55	35
ZB40-Z12-45		B12							
ZB40-Z16-45		B16							
ZB40-Z18-45		B18							
ZB40-ZJ1-45	贾氏锥度	1							
ZB40-ZJ2S-45		2（短）							
ZB40-ZJ2-45		2							
ZB40-ZJ33-45		33							
ZB40-ZJ6-45		6							

表 5.5-18　ZB-M 直柄带扁尾莫氏圆锥孔接长杆尺寸系列　　　　（mm）

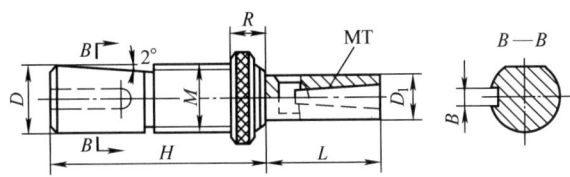

型　　号	D（h5）	B（H8）	M（螺纹外径 h5）	R	H	L	D₁	莫氏锥度(MT)号
ZB32-M1-75	32	10	T32×3	15~40	105	75	25	1
ZB32-M1-150						150		
ZB32-M2-85						85	28	2
ZB32-M2-150						150		
ZB40-M1-75	40	12	T40×3	15~55	135	75	25	1
ZB40-M1-150						150		
ZB40-M2-85						85	28	2
MB40-M2-150						150		
ZB40-M3-105						105	25	3
ZB40-M3-160						160		

表 5.5-19　ZB-XM 直柄套装面铣刀接长杆尺寸系列　　　　（mm）

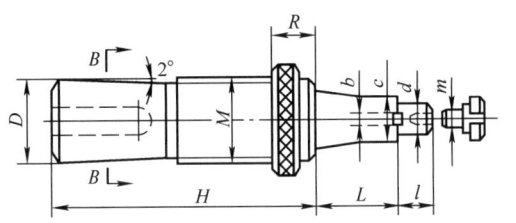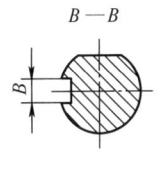

型　　号	D（h5）	B（H8）	M（螺母外径）	R	H	d	L	l	c	b	m	面铣刀直径
ZB32-XM16-30	32	10	T32×3	15~40	105	16	30	14	28	8	M8	40
ZB32-XM16-90							90					
ZB40-XM22-45	40	12	T40×3	15~55	135	22	45	16	36	10	M10	50
ZB40-XM22-105							105					
ZB40-XM27-60						27	60	18	36	12	M12	63
ZB40-XM27-135							135					80

表 5.5-20　ZB-MW 直柄无扁尾短莫圆锥孔接长杆尺寸系列　　　　　　（mm）

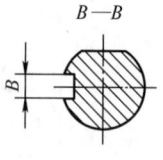

型　　号	D（h5)	M	B（H8)	L	莫氏短锥号	H	装粗齿短柄立铣刀直径
ZB32-MW2-75	32	T32×3	10	75	2	65	14、16、18、20
ZB32-MW2-150				150			
ZB40-MW2-75	40	T40×3	12	75	2	80	22、25、28
ZB40-MW2-150				150			
ZB40-MW3-75				75	3		
ZB40-MW3-150				150			

表 5.5-21　ZB-XS 直柄三面刃铣刀接长杆尺寸系列　　　　　　（mm）

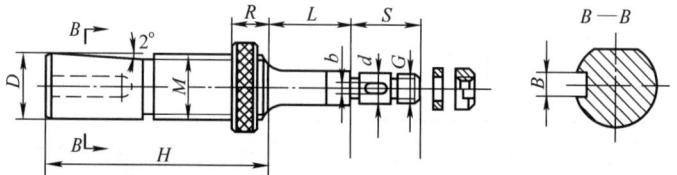

型　　号	D（hS)	B（H8)	M（螺纹外径 h5)	R	H	d	L	S	b	G	铣刀直径
ZB32-XS16-60	32	10	T32×3	15～40	105	16	60	45	4	M14	50
ZB32-XS16-90							90				
ZB32-XS22-60	40	12	T40×3	15～55	135	22	60	50	6	M20	63
ZB32-XS22-105							105				
ZB40-XS27-60						27	60	55	7	M24	80
ZB40-XS27-105							105				

表 5.5-22　ZB-KJ 直柄扩孔钻、铰刀接长杆尺寸系列　　　　　　（mm）

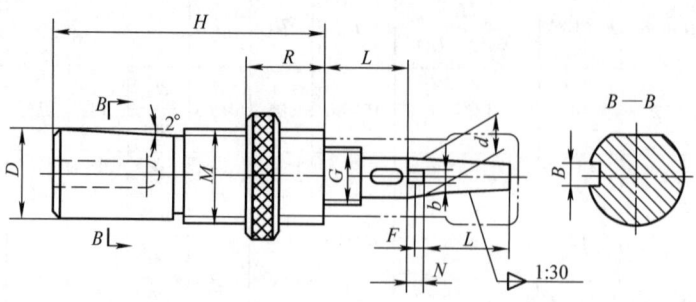

（续）

型　　号	D (h5)	B (H8)	M (螺纹外径 h5)	R	H	d	L	G	b	N	F	刀具直径
ZB32-KJ13-60	32	10	T32×3	15~40	105	13	60	M16	4	4.6	2	扩孔钻： 25~35 铰刀： 25~30
ZB32-KJ13-95							95					
ZB32-KJ16-75						16	75	M18	5	5.6		扩孔钻： 36~45 铰刀： 32~35
ZB32-KJ16-110							110					
ZB40-KJ19-90	40	12	T40×3	15~55	135	19	90	M22	6	6.7	2.5	扩孔钻： 46~52 铰刀： 36~42
ZB40-KJ19-130							130					
ZB40-KJ22-90						22	90	M27	7	7.7		扩孔钻： 55~62 铰刀： 45~50
ZB40-KJ22-130							130					

表 5.5-23　ZB-TZ 直柄小直角镗刀接长杆尺寸系列　　　　　（mm）

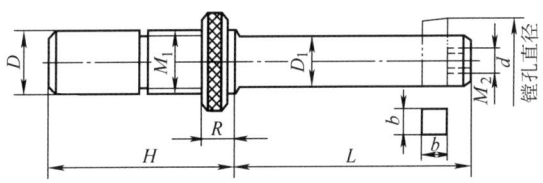

型　　号	D (h5)	d (镗孔直径)	M_1 (螺纹外径 h5)	H	L	R	D_1	$b×b$	M_2
ZB16-TZ13-60	16	13~25	T16×2	65	60	8~20	12	6×6	M6
ZB16-TZ13-85					85				
ZB16-TZ13-110					110				
ZB20-TZ18-60	20	18~30	T20×2	70	60	10~25	16	6×6	M6
ZB20-TZ18-90					90				
ZB20-TZ18-120					120				
ZB26-TZ24-90	26	24~40	T26×2	80	90	10~25	22	8×8	M8
ZB26-TZ24-140					140				
ZB26-TZ24-180					180				

4. 弹簧夹头刀柄及其接杆

弹簧夹头刀柄与接杆、卡簧等辅具的组合形式如图 5.5-13 所示，各种组合形式的主要用途见表 5.5-24，其尺寸系列见表 5.5-25～表 5.5-29（表中数据仅供参考）。

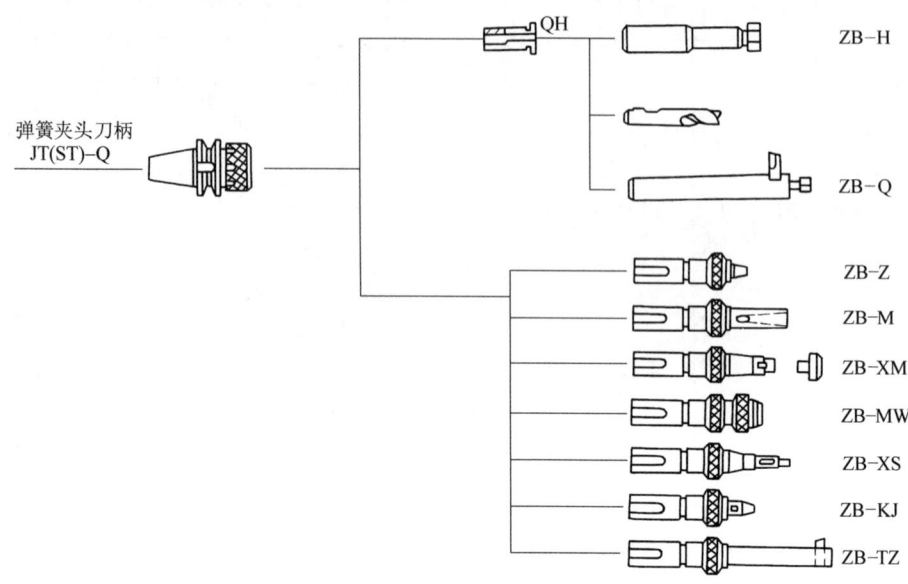

图 5.5-13 弹簧夹头刀柄与接杆、卡簧等辅具的组合形式

表 5.5-24 弹簧夹头刀柄与接杆和卡簧各种组合形式的主要用途

组合形式		主要用途	夹持直径/mm
刀柄	配 装 件		
JT（ST）-Q 弹簧夹头刀柄	QH 卡簧	装夹直柄刀具或 ZB-Q 夹头	6、8、10、12、20、25、32
	ZB-Q 直柄小弹簧夹头＋LQ 外夹簧组件	装夹直柄刀具或 QH 内卡簧	6、8、10
	QH 卡簧＋ZB-Q 直柄小弹簧夹头＋LQ 外夹簧组件	装夹直柄刀具或 QH 内卡簧	6、8、10
	QH 卡簧＋ZB-Q 直柄小弹簧夹头＋LQ 外夹簧组件＋QH 内卡簧	装夹直柄刀具	3、4、5
	ZB-H 直柄倒锪端面镗刀[①]	倒锪端面	
	QH 卡簧＋ZB-H 倒锪端面镗刀		

① ZB-H 直柄倒锪端面镗刀杆在 TSG82 工具系统中不列尺寸系列表，可借用 ZB-TZ 直柄小直角镗刀接长杆。

表 5.5-25 JT（ST）-Q 弹簧夹头刀柄尺寸系列 （mm）

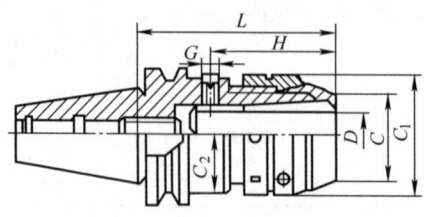

（续）

型　　号	D	L	C	C_1	C_2	H	G	配用卡簧
JT40-Q16-65	16	65	27	55	37	—	①	QH16
JT40-Q16-100		100						
JT40-Q32-85	32	85	50	75	57	54	M12	QH32
JT40-Q32-100		105						
JT45-Q16-70	16	70	27	55	37	—	①	QH16
JT45-Q16-100		100						
JT45-Q32-80	32	80	50	75	57	54	M12	QH32
JT45-Q32-120		120						
JT45-Q40-95	40	95	70	94	75	68	M16	QH40
JT45-Q40-120		120						
JT50-Q16-80	16	80	27	55	37	—	①	QH16
JT50-Q16-120		120						
JT50-Q32-85	32	85	50	75	57	54	M12	QH32
JT50-Q32-135		135						
JT50-Q40-100	40	100	70	94	94	68	M16	QH40
JT50-Q40-135		135				83		

① 装夹 ϕ16mm 以下直柄刀具时，刀柄上没有紧定螺钉 G。

表 5.5-26　QH 卡簧尺寸系列　　　　　　　　　　　　　　（mm）

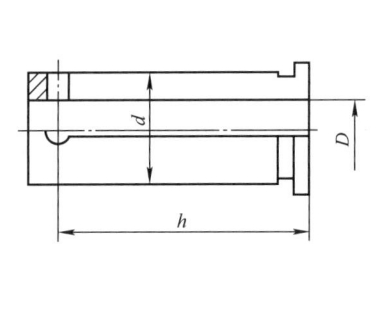

型　　号	D	d	h
QH16-6	6	16	—
QH16-8	8		
QH16-10	10		
QH16-12	12		
QH32-20	20	32	54
QH32-25	25		
QH40-25	25	40	68
QH40-32	32		

表 5.5-27　ZB-Q 直柄小弹簧夹头尺寸系列　　　　　　　（mm）

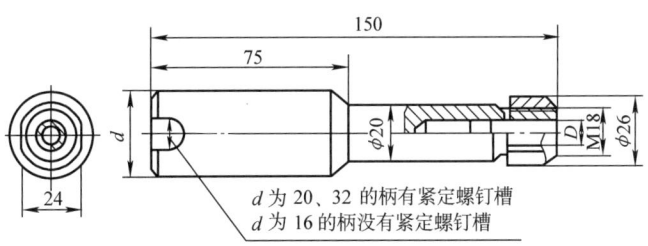

d 为 20、32 的柄有紧定螺钉槽
d 为 16 的柄没有紧定螺钉槽

（续）

型　　号	柄部直径 d	夹持直径 D
ZB-Q16	16	6、8、10、3、4、5
ZB-Q20	20	
ZB-Q32	32	

表 5.5-28　LQ 螺母与外夹簧尺寸系列　　　　　（mm）

型　　号	夹持直径 D
LQ6	6
LQ8	8
LQ10	10

表 5.5-29　QH 内卡簧尺寸系列　　　　　（mm）

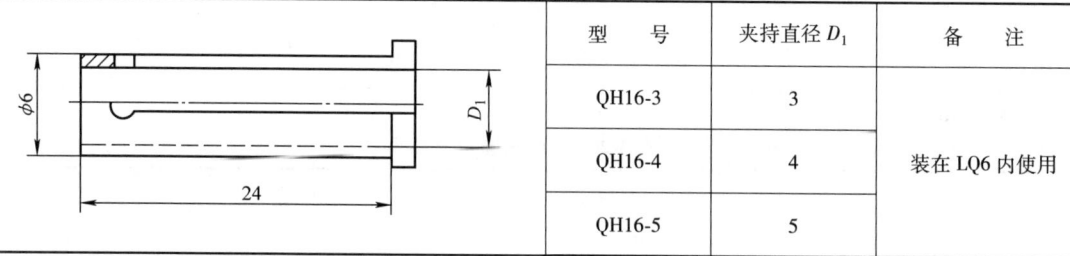

型　　号	夹持直径 D_1	备　　注
QH16-3	3	装在 LQ6 内使用
QH16-4	4	
QH16-5	5	

5.7：24 锥柄快换夹头刀柄及其接杆

7：24 锥柄快换夹头与各种接杆的组合形式如图 5.5-14 所示，各种组合形式的主要用途及尺寸系列见表 5.5-30～表 5.5-39（表中数据仅供参考）。

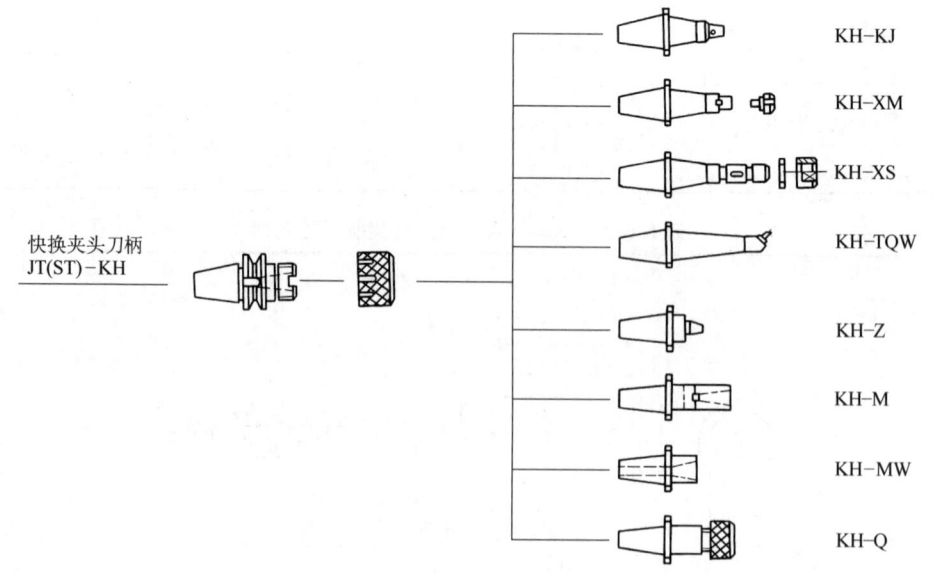

图 5.5-14　7：24 锥柄快换夹头刀柄与各种接杆的组合形式

表 5.5-30　7：24 锥柄快换夹头刀柄及其接杆各种组合形式的主要用途

组合形式		主要用途
刀　柄	接　杆	
JT（ST）-KH 7：24 锥柄快换夹头刀柄	KH-XS　7：24 圆锥快换三面刃铣刀接杆	装夹三面刃铣刀，铣刀直径 50～80mm
	KH-TQW 快换倾斜微调镗刀接杆	装夹倾斜式镗刀块
	KH-Z（J）7：24 圆锥快换钻夹头接杆	配莫氏短锥或贾氏锥柄的钻夹头
	KH-M 有扁尾莫氏圆锥孔快换接套	装夹有扁尾莫氏锥柄的刀具或接杆
	KH-MW 无扁尾莫氏圆锥孔快换接套	装夹无扁尾莫氏锥柄的刀具或接杆
	KH-Q　7：24 圆锥快换弹簧夹头接杆	装夹直柄刀具或 QH 卡簧
	KH-KJ　7：24 圆锥快换扩孔钻、铰刀接杆	装夹扩孔钻、铰刀
	KH-XM　7：24 圆锥快换面铣刀接杆	装夹面铣刀，铣刀直径 40～80mm

表 5.5-31　JT（ST）-KH7：24 锥柄换夹头刀柄尺寸系列　　　　　（mm）

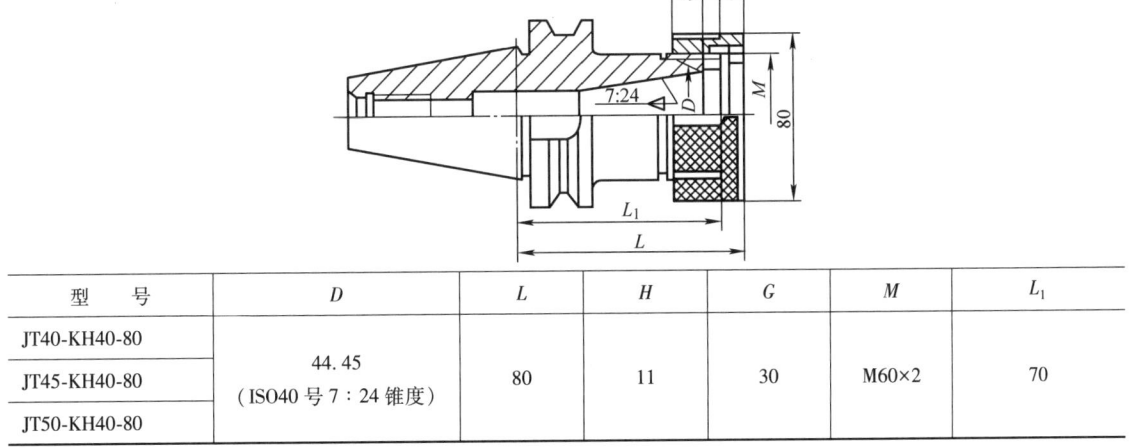

型　号	D	L	H	G	M	L_1
JT40-KH40-80	44.45 （ISO40 号 7：24 锥度）	80	11	30	M60×2	70
JT45-KH40-80						
JT50-KH40-80						

表 5.5-32　KH-XS7：24 圆锥快换三面刃铣刀接杆尺寸系列　　　　　（mm）

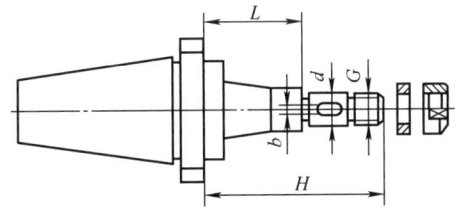

型　号	B、C、D、D_2、 E、F、J、K	d	L	H	b	G	铣刀直径
KH40-XS16-55	分别与表 5.5-34 中的对应尺寸相 同	16	55	100	4	M14	50
KH40-XS16-85			85	130			
KH40-XS22-55		22	55	105	6	M20	63
KH40-XS22-100			100	150			
KH40-XS27-55		27	55	110	7	M24	80
KH40-XS27-100			100	155			

表 5.5-33　KH-TQW7：24 圆锥快换倾斜微调镗刀接杆尺寸系列　　　　　（mm）

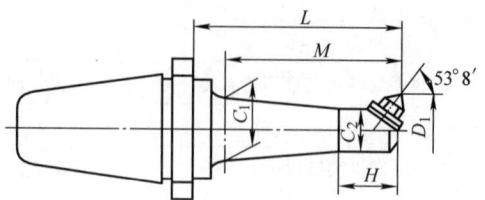

型　　号	B、C、D、D$_2$、E、F、J、K	D$_1$	L	H	C$_2$	C$_1$	M	镗刀头型号[①]	备注
KH40-TQW22-115	分别与表 5.5-34 中的对应尺寸相同	22～29	115	25	19	22	105	TQW1	镗刀头采用焊接刀片
KH40-TQW29-130		29～41	130	28	24	27.5	120	TQW2	
KH40-TQW29-160			160			28.5	150		
KH40-TQW40-130		40～50	130	40	33	36	120	TQW3-1	
KH40-TQW40-190			190			38	180		
KH40-TQW48-130		48～65	130	50	41	44	120	TQW3-2	
KH40-TQW48-190			190			46	180		

①　镗刀头型号及尺寸参见表 5.5-53。

表 5.5-34　KH-Z（J）7：24 圆锥快换钻夹头接杆尺寸系列　　　　　（mm）

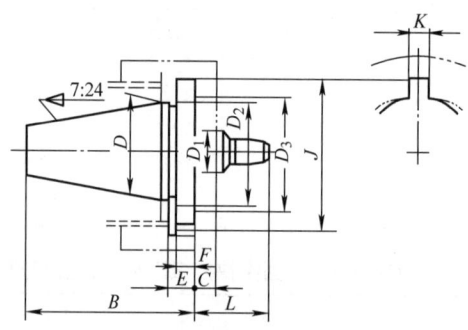

型　　号	短锥形式		D	L	K	B	C	E	F	J	D$_1$	D$_2$	D$_3$
KH40-Z10-35	莫氏短锥	B10	44.45（ISO40 号 7：24锥度）	35	12.7	76.5	7	11.1	9.5	63.5	30	48	49.5
KH40-Z12-40		B12		40									
KH40-Z16-45		B16		45									
KH40-Z18-50		B18		50									
KH40-ZJ1-30	贾氏锥度	1		30									
KH40-ZJ2S-35		2（短）		35									
KH40-ZJ2-35		2											
KH40-ZJ33-40		33		40									
KH40-ZJ6-40		6											

表 5.5-35　KH-M 有扁尾莫氏圆锥孔快换接套尺寸系列（摘自 JB/GQ 5010—1983）　　（mm）

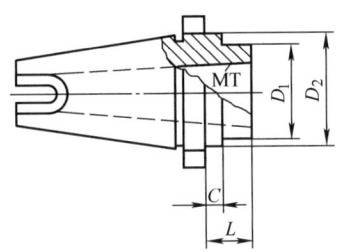

型　　号	B、C、D、D₂、E、F、J、K	L	D₁	莫氏锥度（MT）号
KH40-M1-25		25	25	1
KH40-M2-25	分别与表 5.5-34 中的对应尺寸相同	25	30	2
KH40-M3-40		40	38	3
KH40-M4-65		65	48	4

表 5.5-36　KH-MW 无扁尾莫氏圆锥孔快换接套尺寸系列　　　　　　　　（mm）

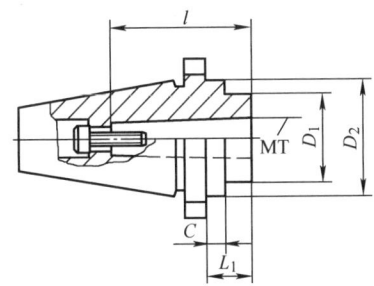

型　　号	B、C、D、D₂、E、F、J、K	L_1	l	D_1	莫氏锥度（MT）号
KH40-MW1-10		10	61	26	1
KH40-MW2-30	分别与表 5.5-34 中的对应尺寸相同	30	72	32	2
KH40-MW3-45		45	89	40	3
KH40-MW4-75		75	112	48	4

表 5.5-37　KH-Q7：24 圆锥快换弹簧夹头接杆尺寸系列　　　　　　（mm）

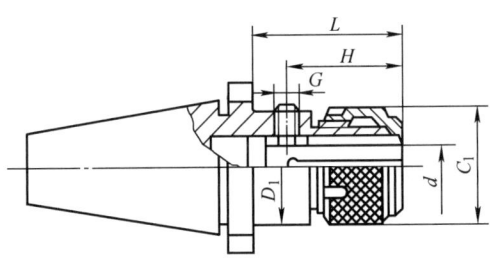

（续）

型　号	B、C、D、D_2、E、F、J、K	d	L	C_1	G	H	D_1	配用卡簧
KH40-Q16-60	分别与表5.5-34中的对应尺寸相同	16	60	42	—	—	49.5	QH16
KH40-Q16-95			95					
KH40-Q32-70		32	70	70	M12	54	49.5	QH16
KH40-Q32-100			100					

表 5.5-38　KH-KJ7:24 圆锥快换扩孔钻、铰刀接杆尺寸系列　　　　（mm）

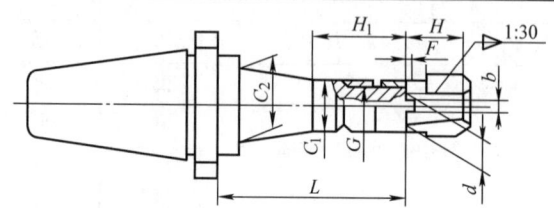

型　号	B、C、D、D_2、E、F、J、K	d	L	H	H_1	G	b	C_1	C_2	扩孔钻直径	铰刀直径
KH40-KJ13-70	分别与表5.5-34中的对应尺寸相同	13	70	45	—	M16	4	24	24	25~35	25~30
KH40-KJ13-130			130		80				32		
KH40-KJ16-80		16	80	50	—	M18	5	31	31	36~45	32~35
KH40-KJ16-165			165		110				35		
KH40-KJ19-100		19	100	56	—	M22	6	35	35	46~52	36~42
KH40-KJ19-180			180		130				45		
KH40-KJ22-110		22	110	63	—	M27	7	40	40	55~62	45~50
KH40-KJ22-205			205		150				49.5		

表 5.5-39　KH-XM7:24 圆锥快换面铣刀接杆尺寸系列　　　　（mm）

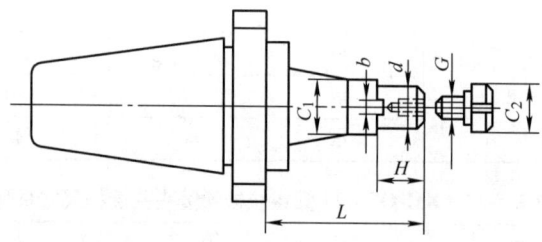

型　号	B、C、D、D_2、E、F、J、K	d	L	H	C_1	C_2	G	b	面铣刀直径
KH40-XM16-65	分别与表5.5-34中的对应尺寸相同	16	65	14	34	20	M8	8	40
KH40-XM16-125			125						
KH40-XM22-65		22	65	16	42	28	M10	10	50
KH40-XM22-125			125						
KH40-XM27-55		27	55	18	49.5	33	M12	12	63、80
KH40-XM27-115			115						

6. 钻夹头刀柄

钻夹头刀柄可与莫氏短锥或贾氏锥柄的钻夹头配装,主要用以装夹各种直柄刀具,其组合形式如图5.5-15所示,尺寸系列见表5.5-40~表5.5-51(表中数据仅供参考)。

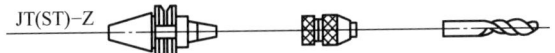

图 5.5-15　钻夹头刀柄与钻夹头、钻头的组合形式

表 5.5-40　JT(ST)-Z 钻夹头刀柄尺寸系列　　　　　　　　　　　　（mm）

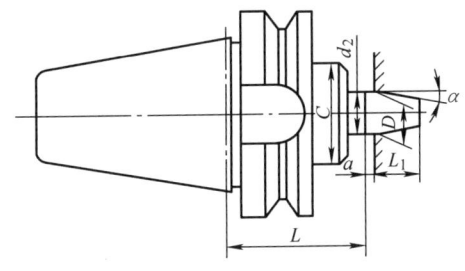

型　　　号	莫氏短锥号	D	L	L_1	a	d_2	C	2α
JT40-Z10-45	B10	10.094	45	—	3.5	10.3	30	2°51′26″
JT40-Z10-90	B10	10.094	90	—	3.5	10.3	30	2°51′26″
JT40-Z12-45	B12	12.065	45	—	3.5	12.2	30	2°51′26″
JT40-Z12-90	B12	12.065	90	—	3.5	12.2	30	2°51′26″
JT40-Z16-45	B16	15.733	45	—	5	16	30	2°51′41″
JT40-Z16-90	B16	15.733	90	—	5	16	30	2°51′41″
JT40-Z18-45	B18	17.780	45	—	5	18	30	2°51′41″
JT40-Z18-90	B18	17.780	90	—	5	18	30	2°51′41″
JT45-Z10-45	B10	10.094	45	—	3.5	10.3	30	2°51′26″
JT45-Z10-90	B10	10.094	90	—	3.5	10.3	30	2°51′26″
JT45-Z12-45	B12	12.065	45	—	3.5	12.2	30	2°51′26″
JT45-Z12-90	B12	12.065	90	—	3.5	12.2	30	2°51′26″
JT45-Z16-45	B16	15.733	45	—	5	16	30	2°51′41″
JT45-Z16-90	B16	15.733	90	—	5	16	30	2°51′41″
JT45-Z18-45	B18	17.780	45	—	5	18	30	2°51′41″
JT45-Z18-90	B18	17.780	90	—	5	18	30	2°51′41″
JT50-Z10-45	B10	10.094	45	—	3.5	10.3	30	2°51′26″
JT50-Z10-105	B10	10.094	105	—	3.5	10.3	30	2°51′26″
JT50-Z12-45	B12	12.065	45	—	3.5	12.2	30	2°51′26″
JT50-Z12-105	B12	12.065	105	—	3.5	12.2	30	2°51′26″
JT50-Z16-45	B16	15.733	45	—	5	16	30	2°51′41″
JT50-Z16-105	B16	15.733	105	—	5	16	30	2°51′41″
JT50-Z18-45	B18	17.780	45	—	5	18	30	2°51′41″
JT50-Z18-105	B18	17.780	105	—	5	18	30	2°51′41″

表 5.5-41　JT(ST)-ZJ 贾氏锥度钻夹头刀柄尺寸系列　　　　　　　　（mm）

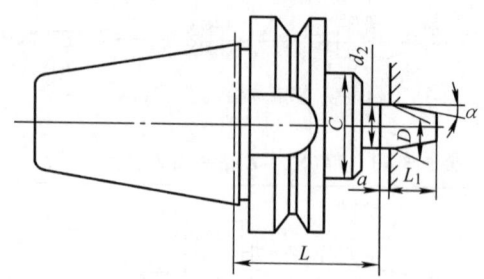

型　号	贾氏锥度号	D	L	a	L_1	C	$d_2 \approx$	锥度
JT40-ZJ1-45	1	9.754	45	3	15	30	10	0.07709
JT40-ZJ1-90			90					
JT40-ZJ2S-45	2(短)	13.940	45		18		14.2	0.08155
JT40-ZJ2S-90			90					
JT40-ZJ2-45	2	14.199	45		20		14.5	0.08155
JT40-ZJ2-90			90					
JT40-ZJ33-45	33	15.850	45	4	24		16.1	0.06350
JT40-ZJ33-90			90					
JT40-ZJ6-45	6	17.170	45		24		17.4	0.05191
JT40-ZJ6-90			90					
JT40-ZJ3-45	3	20.599	45	5	28	35	20.9	0.05325
JT40-ZJ3-90			90					
JT45-ZJ1-45	1	9.754	45	3	15	30	10	0.07709
JT45-ZJ1-90			90					
JT45-ZJ2S-45	2(短)	13.940	45		18		14.2	0.08155
JT45-ZJ2S-90			90					
JT45-ZJ2-45	2	14.199	45		20		14.5	0.08155
JT45-ZJ2-90			90					
JT45-ZJ33-45	33	15.850	45	4	24		16.1	0.06350
JT45-ZJ33-90			90					
JT45-ZJ6-45	6	17.170	45		24		17.4	0.05191
JT45-ZJ6-90			90					
JT45-ZJ3-45	3	20.599	45	5	28	35	20.9	0.05325
JT45-ZJ3-90			90					
JT50-ZJ1-45	1	9.754	45	3	15	30	10	0.07709
JT50-ZJ1-105			105					
JT50-ZJ2S-45	2(短)	13.940	45		18		14.2	0.08155
JT50-ZJ2S-105			105					

（续）

型　号	贾氏锥度号	D	L	a	L_1	C	$d_2 \approx$	锥度
JT50-ZJ2-45	2	14. 199	45		20		14. 5	0. 08155
JT50-ZJ2-105			105					
JT50-ZJ33-45	33	15. 850	45	4	24	30	16. 1	0. 06350
JT50-ZJ33-105			105					
JT50-ZJ6-45	6	17. 170	45		24		17. 4	0. 05191
JT50-ZJ6-105			105					
JT50-ZJ3-45	3	20. 599	45	5	28	35	20. 9	0. 05325
JT50-ZJ3-105			105					

7. 无扁尾莫氏锥孔刀柄及其接杆

无扁尾莫氏圆锥孔刀柄及其接杆组合形式如图 5.5-16 所示，各种组合形式的主要用途和刀柄尺寸系列见表 5.5-42~表 5.5-44（表中数据仅供参考）。

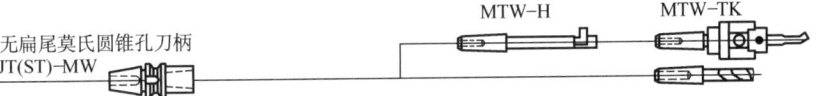

图 5.5-16　无扁尾莫氏圆锥孔刀柄及其接杆组合形式

表 5.5-42　JT(ST)-MW 无扁尾莫氏锥孔刀柄与接杆和刀具各种组合形式的主要用途

组　合　形　式		主　要　用　途
刀　柄	配　装　件	
JT(ST)-MW 无扁尾莫氏锥孔刀柄	MTW-TK 莫氏圆锥柄可调镗刀	装夹镗刀,镗削范围 $\phi5~\phi165$mm
	MTW-H 莫氏锥柄倒锪端面镗刀①	倒锪端面
	带无扁尾莫氏锥柄的刀具(如立铣刀)	铣槽、键槽

① MTW-H 莫氏锥柄倒锪端面镗刀, 在 TSG82 工具系统中尚无尺寸系列。需要时, 可自行配制。

表 5.5-43　JT(ST)-MW 无扁尾莫氏圆锥孔刀柄尺寸系列 　　　（mm）

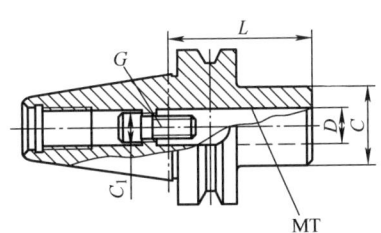

型　号	莫氏圆锥号	D	L	C	C_1	G
JT40-MW1-45	1	12. 065	45	25	10	M6×1
JT40-MW2-60	2	17. 780	60	32	13. 5	M10×1. 5
JT45-MW1-45	1	12. 065	45	25	10	M6×1
JT45-MW2-45	2	17. 780		32	16	M10×1. 5
JT45-MW3-60	3	23. 825	60	40	18	M12×1. 75

（续）

型　　号	莫氏圆锥号	D	L	C	C_1	G
JT50-MW1-45	1	12.065	45	25	10	M6×1
JT50-MW2-45	2	17.780		32	16	M10×1.5
JT50-MW3-60	3	23.825	60	40	18	M12×1.75
JT50-MW4-75	4	31.267	75	50	20.5	M16×2
JT50-MW5-100	5	44.399	100	60	20.5	M16×2

表 5.5-44　MTV-TK 莫氏圆锥柄可调镗刀杆尺寸系列（摘自 JB×GQ 5010—1983）　（mm）

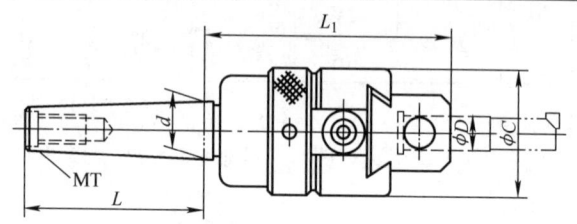

型　　号	莫氏圆锥号	L	d	L_1	ϕD	ϕC	镗削范围
MT3W-TK16-150	3	81	23.825	150	16	90	$\phi5 \sim \phi165$
MT4W-TK16-150	4	102.5	31.267				
MT5W-TK16-150	5	129.5	44.399				

8. 有扁尾莫氏锥孔刀柄及其接杆

有扁尾莫氏圆锥孔刀柄与接杆和刀具的组合形式

如图 5.5-17 所示，组合形式的主要用途及刀柄尺寸系列见表 5.5-45~表 5.5-48（表中数据仅供参考）。

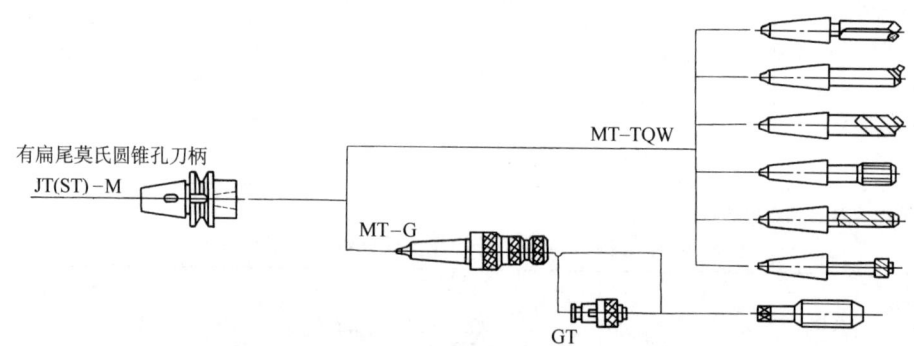

图 5.5-17　有扁尾莫氏圆锥孔刀柄与接杆和刀具的组合形式

表 5.5-45　有扁尾莫氏锥孔刀柄与接杆和刀具各种组合形式的主要用途

刀　　柄	组合形式	主　要　用　途
	配　装　件	
JT(ST)-MW 无扁尾莫氏圆锥孔刀柄	MT-TQW 莫氏圆锥柄倾斜微调镗刀杆	装夹 TQW 镗刀头,镗孔
	MT-G 莫氏圆锥柄攻螺纹夹头	装夹丝锥,攻螺孔
	MT-G 莫氏圆锥柄攻螺纹夹头+GT 攻螺纹夹套	装夹丝锥,攻螺孔
	有扁尾莫氏圆锥柄镗刀	镗孔
	有扁尾莫氏圆锥柄钻头	钻孔
	有扁尾莫氏圆锥柄铰刀	铰孔
	有扁尾莫氏圆锥柄扩孔钻	扩孔
	有扁尾莫氏圆锥柄沉头扩钻	钻沉孔

表 5.5-46　JT(ST)-M 带扁尾莫氏圆锥孔刀柄尺寸系列 （mm）

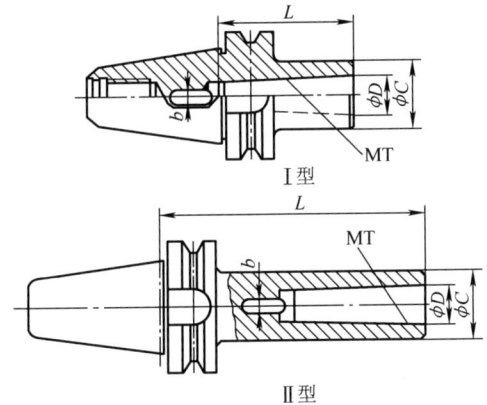

Ⅰ型

Ⅱ型

型　号	莫氏圆锥号	ϕD	L	ϕC	b	型　式
JT40-M1-45	1	12.065	45	25	5.2	Ⅰ型
JT40-M1-120			120			Ⅱ型
JT40-M2-60	2	17.780	60	32	6.3	Ⅰ型
JT40-M2-120			120			Ⅱ型
JT40-M3-75	3	23.825	75	40	7.9	Ⅰ型
JT40-M3-135			135			Ⅱ型
JT40-M4-95	4	31.267	95	50	11.9	Ⅰ型
JT40-M4-165			165			Ⅱ型
JT45-M1-45	1	12.065	45	25	5.2	Ⅰ型
JT45-M1-120			120			Ⅱ型
JT45-M2-45	2	17.780	45	32	6.3	Ⅰ型
JT45-M2-135			135			Ⅱ型
JT45-M3-75	3	23.825	75	40	7.9	Ⅰ型
JT45-M3-150			150			Ⅱ型
JT45-M4-90	4	31.267	90	50	11.9	Ⅰ型
JT45-M4-180			180			Ⅱ型
JT45-M5-120	5	44.399	120	70	15.9	Ⅰ型
JT50-M1-45	1	12.065	45	25	5.2	Ⅰ型
JT50-M1-120			120			Ⅱ型
JT50-M1-180			180			
JT50-M2-45	2	17.780	45	32	6.3	Ⅰ型
JT50-M2-135			135			Ⅱ型
JT50-M2-180			180			
JT50-M3-75	3	23.825	75	40	7.9	Ⅰ型
JT50-M3-150			150			Ⅱ型
JT50-M3-180			180			

（续）

型 号	莫氏圆锥号	ϕD	L	ϕC	b	型 式
JT50-M4-75	4	31.267	75	50	11.9	Ⅰ型
JT50-M4-180			180			Ⅱ型
JT50-M5-110	5	44.399	110	70	15.9	Ⅰ型

表 5.5-47　JT（ST）-TQW 莫氏圆锥柄倾斜微调镗刀杆尺寸系列　　　（mm）

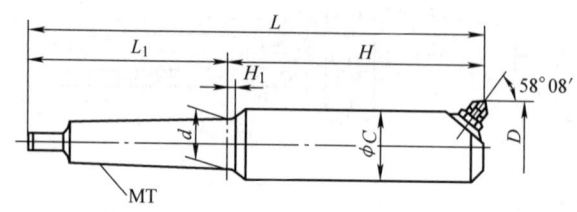

型 号	加工范围 $D_{min} \sim D_{max}$	莫氏锥度号	d	L	L_1	ϕC	H	H_1	镗刀头型号①	备注
MT3-TQW22-100	22～29	3	23.825	194	94	19	100	5	TQW1	镗刀头采用焊接刀片
MT3-TQW29-110	29～41			204		24	110		TQW2	
MT3-TQW29-150				244			150			
MT3-TQW40-110	40～50			204		33	110		TQW3-1	
MT3-TQW40-160				254			160			
MT3-TQW48-120	48～65			214		41	120		TQW3-2	
MT3-TQW48-180				274			180			
MT4-TQW22-100	22～29	4	31.267	217.5	117.5	19	100	6.5	TQW1	
MT4-TQW29-90	29～41			207.5		24	90		TQW2	
MT4-TQW29-135				252.5			135			
MT4-TQW40-120	40～50			237.5		33	120		TQW3-1	
MT4-TQW40-160				277.5			160			
MT4-TQW48-90	48～65			207.5		41	90		TQW3-2	
MT4-TQW48-130				247.5			130			
MT4-TQW48-180				297.5			180			
MT4-TQW62-130	62～90			247.5		54	130		TQW4	镗刀头采用可转位刀片
MT4-TQW62-180				297.5			180			
MT4-TQW62-225				342.5			225			
MT5-TQW22-110	22～29	5	44.399	259.5	149.5	19	110	6.5	TQW1	镗刀头采用焊接刀片
MT5-TQW29-110	29～41			259.5		24	110		TQW2	
MT5-TQW29-150				299.5			150			
MT5-TQW40-120	40～50			269.5		33	120		TQW3-1	
MT5-TQW40-180				329.5			180			

（续）

型号	加工范围 $D_{min} \sim D_{max}$	莫氏锥度号	d	L	L_1	ϕC	H	H_1	镗刀头型号[①]	备注
MT5-TQW48-120	48~65	5	44.399	269.5	149.5	41	120	6.5	TQW3-2	镗刀头采用焊接刀片
MT5-TQW48-180	48~65			329.5		41	180		TQW3-2	镗刀头采用焊接刀片
MT5-TQW48-240	48~65			389.5		41	240		TQW3-2	镗刀头采用焊接刀片
MT5-TQW62-180	62~90			329.5		54	180		TQW4	镗刀头采用可转位刀片
MT5-TQW62-240	62~90			389.5		54	240		TQW4	镗刀头采用可转位刀片
MT5-TQW62-315	62~90			464.5		54	315		TQW4	镗刀头采用可转位刀片
MT5-TQW82-180	82~110			329.5		68	180		TQW5	镗刀头采用可转位刀片
MT5-TQW82-240	82~110			389.5		68	240		TQW6	镗刀头采用可转位刀片
MT5-TQW82-330	82~110			479.5		68	330		TQW6	镗刀头采用可转位刀片

① 镗刀头型号及主要尺寸参见表 5.5-53。

表 5.5-48 MT-G 莫氏圆锥柄攻丝夹头尺寸系列　　　　　（mm）

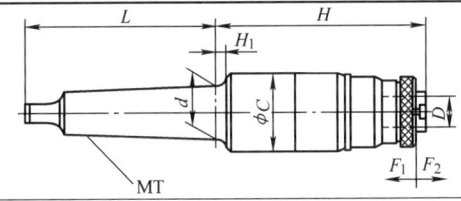

				第　一　系　列					浮动量		配用攻丝夹头
型号	使用范围	莫氏锥度号	d	H	D	L	H_1	ϕC	F_1	F_2	配用攻丝夹头
MT3-G3-100	M3~12	3	23.825	100	19	94	5	45	5	15	GT3-3-12
MT3-G12-130	M12~24	3	23.825	130	30	94	5	63	10	20	GT12-12-24
MT4-G3-115	M3~12	4	31.267	115	19	117.5	6.5	45	5	15	GT3-3-12
MT4-G12-130	M12~24	4	31.267	130	30	117.5	6.5	63	10	20	GT12-12-24
MT5-G3-135	M3~12	5	44.399	135	19	149.5	6.5	45	5	15	GT3-3-12
MT5-G12-145	M12~24	5	44.399	145	30	149.5	6.5	63	10	20	GT12-12-24
MT5-G24-175	M24~42	5	44.399	175	52	149.5	6.5	92	10	20	GT24-24-42

				第　二　系　列					浮动量		配用攻丝夹头
型号	使用范围	莫氏锥度号	d	H	D	L	H_1	ϕC	F_1	F_2	配用攻丝夹头
MT3-G3-100	M3~12	3	23.825	100	19	94	5	38	5	15	GT3-3-12
MT3-G4-110	M4~16	3	23.825	110	25	94	5	48	8	20	GT4-4-16
MT3-G12-130	M12~24	3	23.825	130	30	94	5	56	10	20	GT12-12-24
MT4-G3-115	M3~12	4	31.267	115	19	117.5	6.5	38	5	15	GT3-3-12
MT4-G4-115	M4~16	4	31.267	115	25	117.5	6.5	48	8	20	GT4-4-16
MT4-G12-130	M12~24	4	31.267	130	30	117.5	6.5	56	10	20	GT12-12-24
MT5-G3-135	M3~12	5	44.399	135	19	149.5	6.5	38	5	15	GT3-3-12
MT5-G4-135	M4~16	5	44.399	135	25	149.5	6.5	48	8	20	GT4-4-16
MT5-G12-145	M12~24	5	44.399	145	30	149.5	6.5	56	10	20	GT12-12-24
MT5-G18-175	M18~36	5	44.399	175	45	149.5	6.5	78	10	25	GT18-18-36

9. 攻丝夹头刀柄

攻丝夹头刀柄可与 GT3 攻丝夹套配装,用以装夹丝锥。图 5.5-18 所示为攻丝夹头刀柄与攻丝夹套和丝锥的组合形式。夹头、夹套的尺寸系列见表 5.5-49 和表 5.5-50(表中数据仅供参考)。

图 5.5-18　攻丝夹头刀柄与攻丝夹套和丝锥的组合形式

表 5.5-49　GT 攻丝夹套尺寸系列　　　　　　　　　　　(mm)

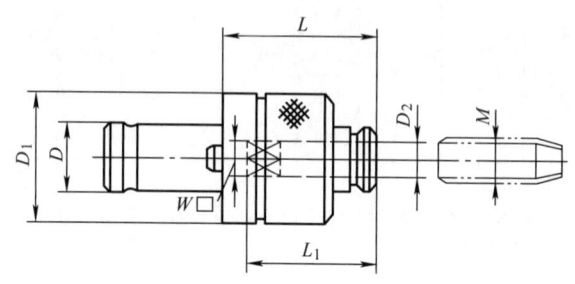

第　一　系　列							第　二　系　列						
型　号	M	D_2	L	D_1	D	L_1	W	型　号	M	D_2	L	D_1	D	L_1	W
GT3-3	3	3.15				26.5	2.5	GT4-4	4	4.0				26.5	3.15
GT3-4	4	4.0				27.5	3.15	GT4-5	5	5.0				27.5	4.0
GT3-5	5	5.0				28.5	4.0	GT4-6	6	6.3				30	5.0
GT3-6	6	6.3	40	38	19	32	5.0	GT4-8	8	8.0	48	48	25	32	6.3
GT3-8	8	8.10				33	6.0	GT4-10	10	10.0				33	8.0
GT3-10	10	10.0				35	8.0	GT4-12	12	9.0				34	7.1
GT3-12	12	9.0				34	7.1	GT4-14	14	11.2				41	9.0
GT12-12	12	9.0				36	7.1	GT4-16	16	12.5				42	10.0
GT12-14	14	11.2				41	9.0	GT18-18	18	14.0				47	11.2
GT12-16	16	12.5				42	10.0	GT18-20	20	14.0				47	11.2
GT12-18	18	14.0	58	58	30	47	11.2	GT18-22	22	16.0				49	12.5
GT12-20	20	14.0				47	11.2	GT18-24	24	18.0	65	78	45	51	14
GT12-22	22	16.0				49	12.5	GT18-27	27	20.0				54	16
GT12-24	34	18.0				51	14.0	GT18-30	30	20.0				54	16
GT24-24	24	18.0				55	14.0	GT18-33	33	22.4				56	18
GT24-27	27	20.0				58	16.0	GT18-36	36	25				58	20
GT24-30	30	20.0				62	16.0								
GT24-33	33	22.4	80	75	52	65.5	18.0								
GT24-36	36	25.0				68	20.0								
GT24-39	39	28.0				72	22.4								
GT24-42	42	28.0				75	22.4								

表 5.5-50　**JT(ST)-G 攻丝夹头尺寸系列**　　　　　　　　　　　（mm）

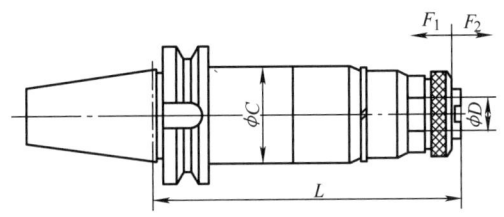

型　　号	使用范围	ϕD	L	ϕC	浮动量		配用攻丝夹套
					F_1	F_2	
第 一 系 列							
JT40-G3-100	M3~12	19	100	45	5	15	GT3-3-12
JT40-G12-140	M12~24	30	140	63	10	20	GT12-12-24
JT45-G3-115	M3~12	19	115	45	5	15	GT3-3-12
JT45-G12-130	M12~24	30	130	63	10	20	GT12-12-24
JT50-G3-135	M3~12	19	135	45	5	15	GT3-3-12
JT50-G12-145	M12~24	30	145	63	10	20	GT12-12-24
JT50-G24-190	M24~42	45	190	92	15	25	GT24-24-42
第 二 系 列							
JT40-G3-100	M3~12	19	100	38	5	15	GT3-3-12
JT40-G4-110	M4~16	25	110	48	8	20	GT4-4-16
JT40-G12-130	M12~24	30	130	55	10	20	GT12-12-24
JT45-G3-115	M3~12	19	115	38	5	15	GT3-3-12
JT45-G4-115	M4~16	25	115	48	8	20	GT4-4-16
JT45-G12-130	M12~24	30	130	56	10	20	GT12-12-24
JT50-G3-135	M3~12	19	135	38	5	15	GT3-3-12
JT50-G4-135	M4~16	25	135	48	8	20	GT4-4-16
JT50-G12-145	M12~24	30	145	56	10	20	GT1-12-24
JT50-G18-175	M18~36	45	175	78	10	25	GT18-18-36

10. 镗刀类刀柄

　　TSG82 数控工具系统中的镗刀类刀柄装上相应的
镗刀头，可用于各种粗、精镗孔中。镗刀类刀柄与镗
刀头的组合形式及其用途分别见图 5.5-19 和表
5.5-51。刀柄及镗刀尺寸系列见表 5.5-52~表 5.5-57
（表中数据仅供参考）。

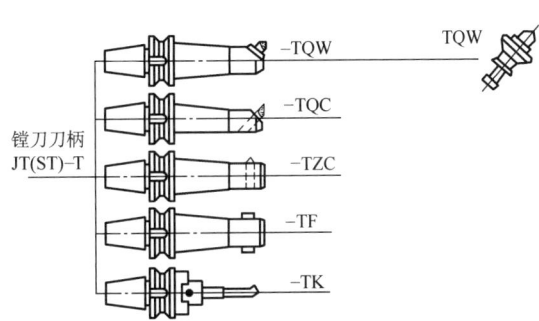

图 5.5-19　镗刀类刀柄与镗刀头的组合形式

表 5.5-51　**镗刀类刀柄与镗刀头各种组合形式的用途**

组　合　形　式		用　　途
刀　柄	刀　头	
JT(ST)-TQW 倾斜型微调镗刀柄	TQW 倾斜型微调镗刀头	精镗孔,加工范围 $\phi20~\phi200$
JT(ST)-TQC 倾斜型粗镗刀柄	TQC 倾斜型粗镗刀头	粗镗孔,加工范围 $\phi25~\phi285$
JT(ST)-TZC 直角型粗镗刀柄	TZC 直角型粗镗刀头	粗镗阶梯孔,加工范围 $\phi25~\phi190$
JT(ST)-TF 浮动铰(镗)刀柄	浮动镗刀头	精镗通孔,加工范围 $\phi30~\phi230$
JT(ST)-TK 可调镗刀头刀柄	镗刀头	镗孔,加工范围 $\phi5~\phi165$

表 5.5-52　JT(ST)-TQW 倾斜型微调镗刀柄尺寸系列　　　　　　　　(mm)

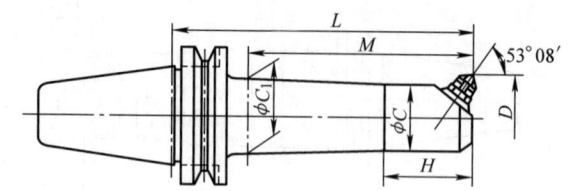

型　　号	加工范围 $D_{min} \sim D_{max}$	L	H	ϕC	ϕC_1	M	镗刀型号	备　　注
JT40-TQW20-135	20~27	135	25	17	19	108	TQW1	镗刀采用硬质合金焊接刀片或整体高速钢
JT40-TQW26-150	26~34	150	30	22	24	123	TQW2	
JT40-TQW26-180		180				153		
JT40-TQW33-150	33~44	150	40	30	32	123	TQW3-1	
JT40-TQW33-210		210				183		
JT40-TQW43-150	43~60	150	45	40	42	123	TQW3-2	
JT40-TQW43-210		210				183		
JT40-TQW58-150	58~86	150	60	52	56	123	TQW4	
JT40-TQW58-210		210				183		
JT40-TQW80-150	80~110	150	80	65	60	—	TQW5	镗刀采用硬质合金可转位刀片
JT40-TQW80-210		210						
JT40-TQW100-150	100~140	150	100	85			TQW6	
JT40-TQW100-210		210						
JT45-TQW20-135	20~27	135	25	17	19	95	TQW1	镗刀采用硬质合金焊接刀片或整体高速钢
JT45-TQW26-135	26~34	135	30	22	24	95	TQW2	
JT45-TQW26-180		180				140		
JT45-TQW33-135	33~44	135	40	30	32	95	TQW3-1	
JT45-TQW33-195		195				155		
JT45-TQW43-135	43~60	135	45	40	42	95	TQW3-2	
JT45-TQW43-180		180				140		
JT45-TQW43-225		225				185		
JT45-TQW58-150	58~86	150	60	52	56	115	TQW4	
JT45-TQW58-210		210				170		
JT45-TQW58-285		285				245		
JT45-TQW80-150	80~110	150	80	65	68	115	TQW5	镗刀采用硬质合金可转位刀片
JT45-TQW80-210		210				175		
JT45-TQW80-285		285				250		
JT45-TQW100-150	100~140	150	100	85	78	—	TQW6	
JT45-TQW100-210		210						
JT45-TQW100-285		285						

（续）

型　　号	加工范围		L	H	ϕC	ϕC_1	M	镗刀型号	备　注
	$D_{min} \sim D_{max}$								
JT50-TQW20-150	20~27		150	25	17	19	100	TQW1	镗刀采用硬质合金焊接刀片或整体高速钢
JT50-TQW26-150	26~34		150	30	22	24		TQW2	
JT50-TQW26-180			180				130		
JT50-TQW33-165	33~44		165	40	30	32	115	TQW3-1	
JT50-TQW33-195			195				145		
JT50-TQW43-165	43~60		165	45	40	42	115	TQW3-2	
JT50-TQW43-225			225				205		
JT50-TQW58-240	58~86		240	60	52	56	190	TQW4	镗刀采用硬质合金可转位刀片
JT50-TQW58-330			330				280		
JT50-TQW80-240	80~110		240	80	65	68	190	TQW5	
JT50-TQW80-315			315				265		
JT50-TQW100-240	100~140		240	100	85	88	197	TQW6	
JT50-TQW100-315			315				265		
JT50-TQW130-210	130~170		210	120	115	90	—		
JT50-TQW160-210	160~200		210	140	145	90			

表 5.5-53　TQW 倾斜微调镗刀的加工直径范围及主要系列尺寸　　　　（mm）

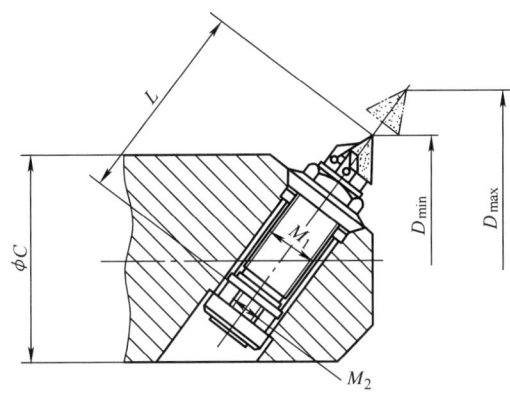

镗刀型号	加工范围		L	ϕC	M_1	M_2	备　　注
	$D_{min} \sim D_{max}$						
TQW1	20~27		18	17	M6×0.5	M3	镗刀采用硬质合金焊接刀片或采用整体高速钢
TQW2	25~34		24	22	M8×0.5	M4	
TQW3-1	33~44		32	30	M10×0.5	M5	
TQW3-2	43~60		40	40			
TQW4	58~86		55	52	M14×0.5	M6	TPUR110204-V
TQW5	80~110		70	65	M20×1	M8	可转位刀片 TPUR160304-V
TQW6	100~140		90	85	M27×1	M10	
	130~170			115			
	160~200			145			

表 5.5-54   JT(ST)-TQC 倾斜型粗镗刀柄尺寸系列   (mm)

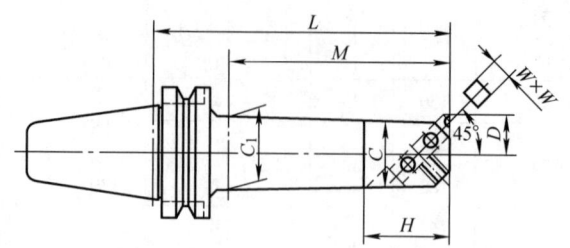

型　　号	加工范围 $D_{min} \sim D_{max}$	L	H	C	C_1	W	M	镗刀型号
JT40-TQC25-135	25~38	135	35	20	22	8	108	TQC1
JT40-TQC30-165	30~42	165	40	24	26		138	
JT40-TQC38-180	38~52	180	50	30	33	10	153	TQC2
JT40-TQC42-210	42~56	210	60	34	37		183	
JT40-TQC50-180	50~65	180	65	40	44	13	153	TQC3
JT40-TQC50-225		225					198	
JT40-TQC62-180	62~90	180	80	50	56	16	153	TQC4
JT40-TQC62-240		240					213	
JT40-TQC72-180	72~110	180	95	60	66	19	153	TQC5
JT40-TQC72-240		240					213	
JT40-TQC90-180	90~125	180	110	75			—	
JT45-TQC25-135	25~38	135	35	20	22	8	95	TQC1
JT45-TQC30-165	30~42	165	40	24	26		125	
JT45-TQC38-180	38~52	180	50	30	33	10	140	TQC2
JT45-TQC42-210	42~56	210	60	34	37		170	
JT45-TQC50-180	50~65	180	65	40	44	13	140	TQC3
JT45-TQC50-225		225					185	
JT45-TQC62-195	62~90	195	80	50	56	16	155	TQC4
JT45-TQC62-270		270					230	
JT45-TQC72-195	72~110	195	95	60	66	19	155	TQC5
JT45-TQC72-285		285					245	
JT45-TQC90-195	90~125	195	110	75	75		160	
JT45-TQC90-285		285			85		250	
JT50-TQC25-135	25~38	135	35	20	22	8	95	TQC1
JT50-TQC30-165	30~42	165	40	24	26		125	
JT50-TQC38-180	38~52	180	50	30	33	10	140	TQC2
JT50-TQC42-210	42~56	210	60	34	37		170	
JT50-TQC50-180	50~65	180	65	40	44	13	140	TQC3
JT50-TQC50-240		240					200	
JT50-TQC62-195	62~90	195	80	50	56	16	155	TQC4
JT50-TQC62-270		270					230	
JT50-TQC72-195	72~110	195	95	60	66	19	155	TQC5
JT50-TQC72-285		285					245	
JT50-TQC90-210	90~125	210	110	75	80		170	
JT50-TQC90-300		300					260	

表 5.5-55　JT(ST)-TZC 直角型粗镗刀柄尺寸系列　　　　　　　　　　（mm）

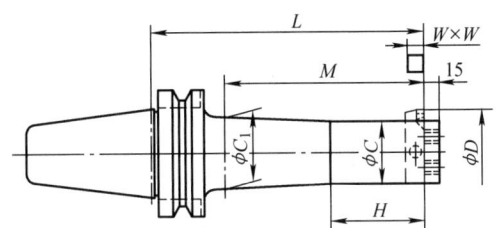

型　号	加工范围 $D_{min} \sim D_{max}$	L	H	ϕC	ϕC_1	W	M	镗刀型号
JT40-TZC25-135	25~50	135	35	20	22	8	108	TZC1
JT40-TZC38-180	38~70	180	55	30	33	10	153	TZC2
JT40-TZC50-180	50~90	180	70	40	44	13	153	TZC3
JT40-TZC50-225	50~90	225	70	40	44	13	198	TZC3
JT40-TZC62-180	62~115	180	80	50	56	16	153	TZC4
JT40-TZC62-225	62~115	225	80	50	56	16	198	TZC4
JT40-TZC72-180	72~135	180	95	60	66	19	153	TZC5
JT40-TZC72-225	72~135	225	95	60	66	19	198	TZC5
JT40-TZC90-180	90~150	180	115	75	66	19	—	TZC5
JT40-TZC90-225	90~150	225	115	75	66	19	—	TZC5
JT45-TZC25-135	25~50	135	35	20	22	8	95	TZC1
JT45-TZC38-180	38~70	180	55	30	33	10	140	TZC2
JT45-TZC50-180	50~90	180	70	40	44	13	140	TZC3
JT45-TZC50-225	50~90	225	70	40	44	13	185	TZC3
JT45-TZC62-195	62~115	195	80	50	56	16	230	TZC4
JT45-TZC62-275	62~115	275	80	50	56	16	140	TZC4
JT45-TZC72-195	72~135	195	95	60	66	19	155	TZC5
JT45-TZC72-285	72~135	285	95	60	66	19	245	TZC5
JT45-TZC90-195	90~150	195	115	75	75	19	160	TZC5
JT45-TZC90-285	90~150	285	115	75	80	19	250	TZC5
JT45-TZC105-195	105~190	195	—	90	—	25	162	TZC6
JT45-TZC105-285	105~190	285	135	90	—	25	252	TZC6
JT50-TZC25-135	25~50	135	35	20	22	8	95	TZC1
JT50-TZC38-180	38~70	180	55	30	33	10	140	TZC2
JT50-TZC50-180	50~90	180	70	40	44	13	140	TZC3
JT50-TZC50-240	50~90	240	70	40	44	13	200	TZC3
JT50-TZC62-195	62~115	195	80	50	56	16	155	TZC4
JT50 -TZC62-270	62~115	270	80	50	56	16	230	TZC4
JT50-TZC72-195	72~135	195	95	60	66	19	155	TZC5
JT50-TZC72-285	72~135	285	95	60	66	19	245	TZC5
JT50-TZC90-210	90~150	210	115	75	80	19	170	TZC5
JT50-TZC90-300	90~150	300	115	75	80	19	260	TZC5
JT50-TZC105-195	105~190	195	—	90	—	25	155	TZC6
JT50-TZC105-285	105~190	285	135	90	94	25	245	TZC6

表 5.5-56　JT(ST)-TF 浮动铰（镗）刀柄尺寸系列　　　　　　　　　　（mm）

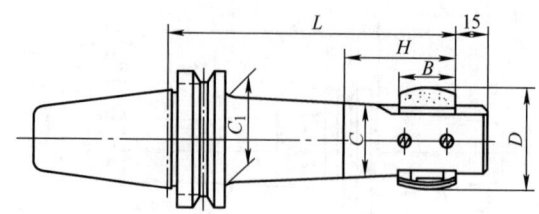

型　　号	L	C	C_1	H	镗刀块截面尺寸 宽×厚($B×S$)	镗孔直径范围 D
JT40-TF20-150	150	22	25	35	20×8	30~33、33~36
JT40-TF20-195	195					
JT40-TF25-180	180	30	36	50	25×12	36~40、40~45
JT40-TF25-240	240					45~50、50~55
JT40-TF30-195	195	45	52	65	30×16	55~60、60~65、65~70
JT40-TF30-255	255					
JT40-TF30-210	210	60	—	—		70~80、80~90、90~100
JT40-TF30-270	270					
JT40-TF35-195	195	90	62	100	35×20	100~110、110~120
JT40-TF35-255	255					120~135、135~150
JT45-TF20-150	150	22	25	35	20×8	30~33、33~36
JT45-TF20-195	195					
JT45-TF25-180	180	30	36	50	25×12	36~40、40~45
JT45-TF25-240	240					45~50、50~55
JT45-TF30-195	195	45	52	65	30×16	55~60、60~65、65~70
JT45-TF30-255	255					
JT45-TF30-240	240	60	70	80		70~80、80~90、90~100
JT45-TF30-300	300					
JT45-TF35-210	210	90	78	100	35×20	100~110、110~120
JT45-TF35-270	270					120~135、135~150
JT50-TF20-165	165	22	25	35	20×8	25~28、28~31
JT50-TF20-210	210					30~33、33~36
JT50-TF25-195	195	30	36	50	25×12	36~40、40~45
JT50-TF25-255	255					45~50、50~55
JT50-TF30-210	210	45	52	65	30×16	55~60、60~65、65~70
JT50-TF30-300	300					
JT50-TF30-240	240	60	70	80		70~80、80~90、90~100
JT50-TF30-360	360					
JT50-TF35-225	225	90	—	—	35×20	100~110、110~120
JT50-TF35-315	315		96	100		120~135、135~150
JT50-TF35-210	210	140	80	100		150~170、170~190
JT50-TF35-300	300					190~210、210~230

表 5.5-57　JT(ST)-TK 可调镗头刀柄尺寸系列　　　　　　　　　（mm）

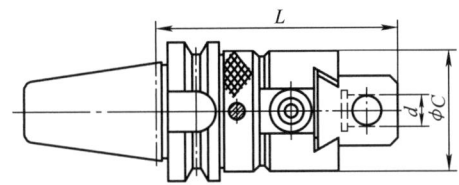

型　　号	d	L	ϕC	镗削范围
JT40-TK16-200	16	200	90	$\phi5\sim\phi165$
JT45-TK16-150		150		
JT50-TK16-150				

11. 铣刀类刀柄

铣刀类刀柄与铣刀组合形式如图 5.5-20 所示,铣刀类刀柄的用途及其系列尺寸见表 5.5-58～表 5.5-62(表中数据仅供参考)。

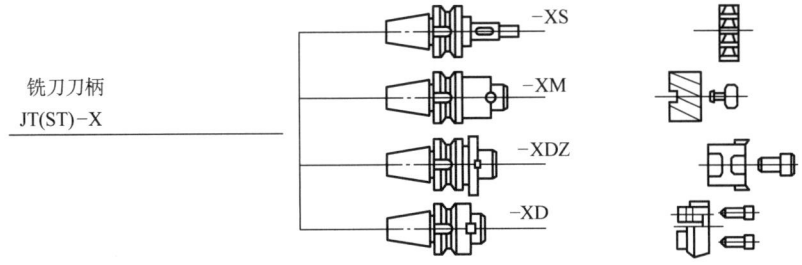

图 5.5-20　铣刀类刀柄与铣刀的组合形式

表 5.5-58　铣刀类刀柄的用途

刀柄种类	用　　途	铣刀直径范围
JT(ST)-XS 三面刃铣刀刀柄	装夹三面刃铣刀	$\phi50\sim\phi200$
JT(ST)-XM 套式面铣刀刀柄	装夹套式面铣刀	$\phi40\sim\phi160$
JT(ST)-XDZ 直角面铣刀刀柄	装夹面铣刀	$\phi50\sim\phi100$
JT(ST)-XD 面铣刀刀柄	装夹面铣刀	$\phi80\sim\phi200$
JT(ST)-KJ 套式扩孔钻和铰刀刀柄	装夹套式扩孔钻和铰刀	扩孔钻 $\phi25\sim\phi90$、铰刀 $\phi25\sim\phi70$

表 5.5-59　JT(ST)-XS 三面刃铣刀刀柄尺寸系列　　　　　　　　　（mm）

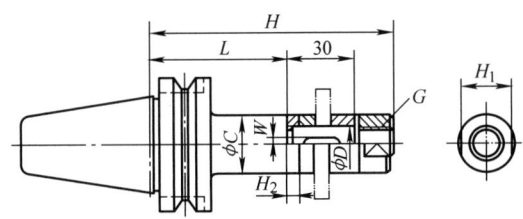

（续）

型　号	ϕD	L	H	H_1	ϕC	W	G	铣刀直径
JT40-XS16-75	16	75	121	23	26	4	M14	$\phi50$
JT40-XS16-105		105	151					
JT40-XS22-75	22	75	126	29	34	6	M20	$\phi63$
JT40-XS22-120		120	171					
JT40-XS27-75	27	75	130	32	40	7	M24	$\phi80$
JT40-XS27-120		120	175					
JT40-XS32-90	32	90	150	42	46	8	M30	$\phi100$、$\phi125$
JT45-XS16-90	16	90	136	23	26	4	M14	$\phi50$
JT45-XS16-120		120	166					
JT45-XS22-90	22	90	141	29	34	6	M20	$\phi63$
JT45-XS22-135		135	186					
JT45-XS27-90	27	90	145	32	40	7	M24	$\phi80$
JT45-XS27-135		135	190					
JT45-XS32-90	32	90	150	41	46	8	M30	$\phi100$、$\phi125$
JT45-XS32-135		135	195					
JT50-XS16-90	16	90	136	23	26	4	M14	$\phi50$
JT50-XS16-120		120	166					
JT50-XS22-90	22	90	144	29	34	6	M20	$\phi63$
JT50-XS22-135		135	186					
JT50-XS27-90	27	90	145	32	40	7	M24	$\phi80$
JT50-XS27-135		135	190					
JT50-XS32-90	32	90	150	41	46	8	M30	$\phi100$、$\phi125$
JT50-XS32-135		135	195					
JT50-XS40-90	40	90	156	46	55	10	M36	$\phi160$、$\phi200$
JT50-XS40-135		135	201					

表 5.5-60　JT(ST)-XM 套式面铣刀刀柄尺寸系列　　　　（mm）

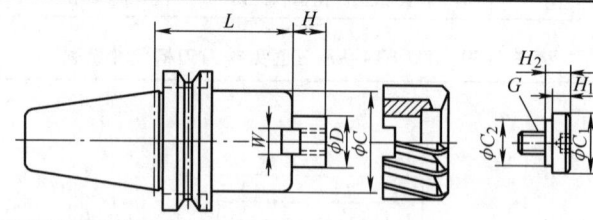

型　号	ϕD	L	H	ϕC	W	ϕC_1	ϕC_2	H_1	H_2	G	面铣刀直径
JT40-XM16-60	16	60	14	34	8	20	15	8	10	M8	$\phi40$
JT40-XM16-120		120									
JT40-XM22-60	22	60	16	42	10	28	20	9	11	M10	$\phi50$
JT40-XM22-120		120									

（续）

型　号	ϕD	L	H	ϕC	W	ϕC_1	ϕC_2	H_1	H_2	G	面铣刀直径
JT40-XM27-45	27	45	18	50	12	33	24	10	12	M12	$\phi 63$、$\phi 80$
JT40-XM27-105		105									
JT40-XM32-45	32	45	20	60	14	40	28	12	16	M16	$\phi 100$
JT40-XM32-75		75									
JT45-XM16-60	16	60	14	34	8	20	15	8	10	M8	$\phi 40$
JT45-XM16-120		120									
JT45-XM22-60	22	60	16	42	10	28	20	9	11	M10	$\phi 50$
JT45-XM22-120		120									
JT45-XM27-45	27	45	18	50	12	33	24	10	12	M12	$\phi 63$、$\phi 80$
JT45-XM27-105		105									
JT45-XM32-45	32	45	20	60	14	40	28	12	16	M16	$\phi 100$
JT45-XM32-75		75									
JT50-XM16-75	16	75	14	34	8	20	15	8	10	M8	$\phi 40$
JT50-XM16-120		120									
JT50-XM22-75	22	75	16	42	10	28	20	9	10	M10	$\phi 50$
JT50-XM22-120		120									
JT50-XM27-60	27	60	18	50	12	33	24	10	12	M12	$\phi 63$、$\phi 80$
JT50-XM27-105		105									
JT50-XM32-45	32	45	20	60	14	40	28	12	16	M16	$\phi 100$
JT50-XM32-75		75									
JT50-XM40-45	40	45	23	70	16	50	36	16	20	M20	$\phi 125$
JT50-XM40-75		75									
JT50-XM50-60	50	60	26	90	18	62	46	16	20	M24	$\phi 160$

表 5.5-61　JT(ST)-XDZ 直角面铣刀刀柄尺寸系列　　　　　（mm）

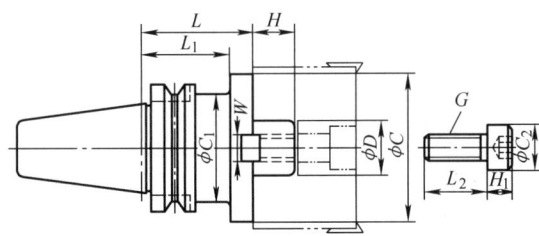

型　号	ϕD	L	L_1	L_2	H	H_1	ϕC	ϕC_1	ϕC_2	W	G	面铣刀直径
JT40-XDZ22-45	22	45	—	30	18	6/9	45	—	15	10	M10	$\phi 50/\phi 63$
JT40-XDZ22-90		90										
JT40-XDZ27-60	27	60	50	35	20	12	70	50	19	12	M12	$\phi 80$
JT40-XDZ27-90		90	80									

（续）

型　号	ϕD	L	L_1	L_2	H	H_1	ϕC	ϕC_1	ϕC_2	W	G	面铣刀直径
JT40-XDZ32-60	32	60	50	35	22	15	80	60	25	14	M16	$\phi100$
JT40-XDZ32-75		75	65									
JT45-XDZ22-45	22	45	—	30	18	6/9	45	—	15	10	M10	$\phi50/\phi63$
JT45-XDZ22-120		120										
JT45-XDZ27-60	27	60	—	35	20	12	70	—	19	12	M12	$\phi80$
JT45-XDZ27-120		120										
JT45-XDZ32-60	32	60	—	35	22	15	76	—	25	14	M16	$\phi100$
JT45-XDZ32-105		105										
JT45-XDZ22-60	22	60	—	30	18	6/9	45	—	15	10	M10	$\phi50/\phi63$
JT45-XDZ22-105		105										
JT45-XDZ22-150		150										
JT45-XDZ27-45	27	45	—	35	20	12	70	—	19	12	M12	$\phi80$
JT45-XDZ27-90		90										
JT45-XDZ27-150		150										
JT45-XDZ32-45	32	45	—	35	22	15	85	—	25	14	M16	$\phi100$
JT45-XDZ32-75		75										
JT45-XDZ32-105		105										

表 5.5-62　JT(ST)-XD 面铣刀刀柄尺寸系列　　　　　　　　（mm）

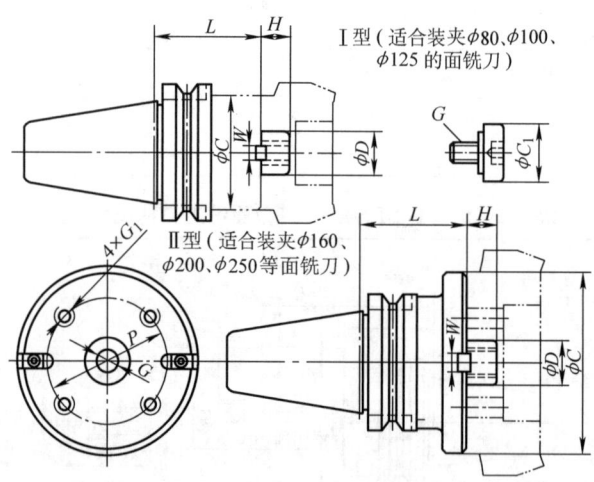

Ⅰ型（适合装夹$\phi80$、$\phi100$、$\phi125$ 的面铣刀）

Ⅱ型（适合装夹$\phi160$、$\phi200$、$\phi250$等面铣刀）

型　号	ϕD	L	H	ϕC	ϕC_1	W	G	G_1	P	型式	面铣刀直径
JT40-XD27-60	27	60	26	80	35	12	M12	—	—	Ⅰ型	$\phi80$
JT40-XD27-90		90									
JT40-XD32-60	32	60			42	14[①]	M16	—	—		$\phi100$
JT40-XD32-90		90									
JT40-XD40-60	40	60		85	52	16	M20	—	—		$\phi100$、$\phi125$

（续）

型　号	ϕD	L	H	ϕC	ϕC_1	W	G	G_1	P	型式	面铣刀直径
JT45-XD27-60	27	60	26	80	35	12	M12	—	—	Ⅰ型	$\phi 80$
JT45-XD27-120		120									
JT45-XD32-60	32	60		80	42	$14^{①}$	M16	—	—		$\phi 100$
JT45-XD32-120		120									
JT45-XD40-60	40	60		85	52	16	M20	—	—		$\phi 100$、$\phi 125$
JT45-XD40-105		105									
JT45-XD40Ⅱ-65		65		110	—		—	M12	66.7	Ⅱ型	$\phi 160$
JT50-XD27-45	27	45	26	80	35	12	M12	—	—	Ⅰ型	$\phi 80$
JT50-XD27-90		90									
JT50-XD27-150		150									
JT50-XD32-45	32	45		80	42	$14^{①}$	M16	—	—		$\phi 100$
JT50-XD32-75		75									
JT50-XD32-120		120									
JT50-XD40-45	40	45		85	52	16	M20	—	—		$\phi 100$、$\phi 125$
JT50-XD40-75		75									
JT50-XD40-105		105									
JT50-XD40Ⅱ-75		75		110	—		—	M12	66.7	Ⅱ型	$\phi 160$
JT50-XD60-75	60	75	25	140	—	25.4	M16	101.6			$\phi 200$

①　这是 SANDVIC（$D = 32$mm）面铣刀的键宽，我国 $D = 32$mm 面铣刀的键宽 $W = 12$mm。

12. 套式扩孔钻和铰刀刀柄

套式扩孔钻和铰刀刀柄的组合形式如图 5.5-21 所示，其刀柄尺寸系列见表 5.5-63（表中数据仅供参考）。

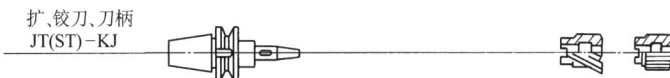

图 5.5-21　套式扩孔钻、铰刀刀柄与刀具的组合形式

表 5.5-63　JT(ST)-KJ 套式扩孔钻和铰刀刀柄尺寸系列　　　　　（mm）

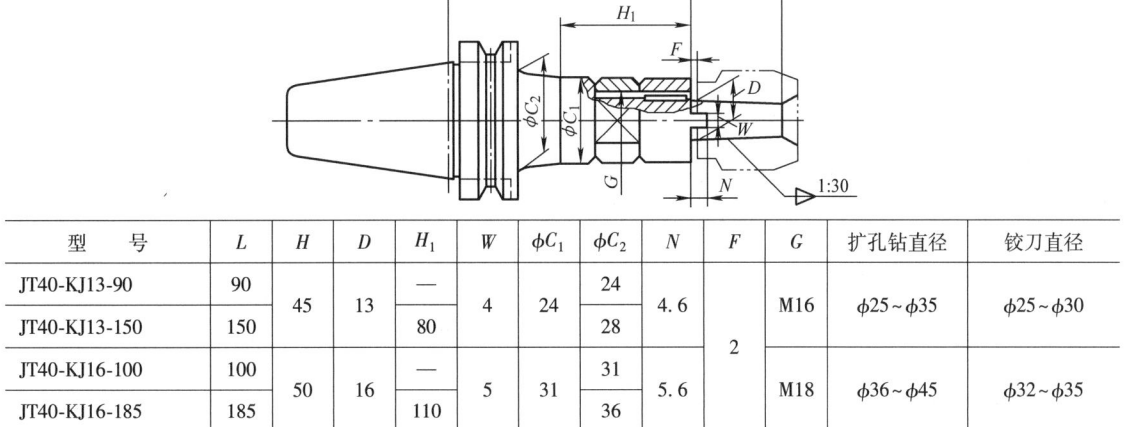

型　号	L	H	D	H_1	W	ϕC_1	ϕC_2	N	F	G	扩孔钻直径	铰刀直径
JT40-KJ13-90	90	45	13	—	4	24	24	4.6	2	M16	$\phi 25 \sim \phi 35$	$\phi 25 \sim \phi 30$
JT40-KJ13-150	150			80			28					
JT40-KJ16-100	100	50	16	—	5	31	31	5.6		M18	$\phi 36 \sim \phi 45$	$\phi 32 \sim \phi 35$
JT40-KJ16-185	185			110			36					

（续）

型　　号	L	H	D	H_1	W	ϕC_1	ϕC_2	N	F	G	扩孔钻直径	铰刀直径
JT40-KJ19-120	120	56	19	—	6	35	35	6.7	2.5	M22	$\phi46\sim\phi52$	$\phi36\sim\phi42$
JT40-KJ19-200	200			130			40					
JT40-KJ22-130	130	63	22	—	7	40	40	7.7		M27	$\phi55\sim\phi62$	$\phi45\sim\phi50$
JT40-KJ22-225	225			150			46					
JT40-KJ27-150	150	71	27	—	8	50	50	8.8		M30	$\phi65\sim\phi75$	$\phi52\sim\phi60$
JT40-KJ27-225	225			150			56					
JT40-KJ32-120	120	80	32	—	10	54	54	9.8	3	M36	$\phi80\sim\phi90$	$\phi62\sim\phi70$
JT40-KJ32-200	200			130			60					
JT45-KJ13-90	90	45	13	—	4	24	24	4.6	2	M16	$\phi25\sim\phi35$	$\phi25\sim\phi30$
JT45-KJ13-165	165			95			28					
JT45-KJ16-100	100	50	16	—	5	31	31	5.6		M18	$\phi36\sim\phi45$	$\phi32\sim\phi35$
JT45-KJ16-185	185			110			36					
JT45-KJ19-120	120	56	19	—	6	35	35	6.7		M22	$\phi46\sim\phi52$	$\phi36\sim\phi42$
JT45-KJ19-200	200			130			40					
JT45-KJ22-130	130	63	22	—	7	40	40	7.7	2.5	M27	$\phi55\sim\phi62$	$\phi45\sim\phi50$
JT45-KJ22-225	225			150			46					
JT45-KJ27-150	150	71	27	—	8	50	50	8.8		M30	$\phi65\sim\phi75$	$\phi52\sim\phi60$
JT45-KJ27-225	225			150			56					
JT45-KJ32-120	120	80	32	—	10	54	54	9.8	3	M36	$\phi80\sim\phi90$	$\phi62\sim\phi70$
JT45-KJ32-200	200			130			60					
JT50-KJ13-100	100	45	13	—	4	24	24	4.6	2	M16	$\phi25\sim\phi35$	$\phi25\sim\phi30$
JT50-KJ13-185	185			110			28					
JT50-KJ16-100	100	50	16	—	5	31	31	5.6		M18	$\phi36\sim\phi45$	$\phi32\sim\phi35$
JT50-KJ16-185	185			110			36					
JT50-KJ19-120	120	56	19	—	6	35	35	6.7		M22	$\phi46\sim\phi52$	$\phi36\sim\phi42$
JT50-KJ19-200	200			130			40					
JT50-KJ22-130	130	63	22	—	7	40	40	7.7	2.5	M27	$\phi55\sim\phi62$	$\phi45\sim\phi50$
JT50-KJ22-225	225			150			46					
JT50-KJ27-150	150	71	27	—	8	50	50	8.8		M30	$\phi65\sim\phi75$	$\phi52\sim\phi60$
JT50-KJ27-225	225			150			56					
JT50-KJ32-120	120	80	32	—	10	54	54	9.8	3	M36	$\phi80\sim\phi90$	$\phi62\sim\phi70$
JT50-KJ32-200	200			130			60					

5.5.4　TMG 工具系统

1. TMG 工具系统图

TMG 工具系统（图 5.5-22）是采用 7∶24 短圆锥定心、用螺栓在模块中心线上拉紧的镗铣类模块式工具系统。TMG10 工具系统由主柄模块，中间模块和工作模块组成（图 5.5-23）。

主柄模块：模块式工具系统中直接与机床主轴相连接的工具模块。

中间模块：模块式工具系统中为了加长工具轴向

尺寸和变换连接直径的工具模块。

工作模块：模块式工具系统中为了装夹各种切削工具的模块。

TMG 工具系统除 TMG10，还有 TMG21 和 TMG28。TMG21 是单圆柱面定心，径向销钉锁紧，

主要用于重型机械和重型机床行业；TMG28 是单圆柱面定心，具有互换性好，连接重复精度高，组装与拆卸方便，连接牢固可靠，结合刚度高，切削性能好等特点，主要用于高速切削。

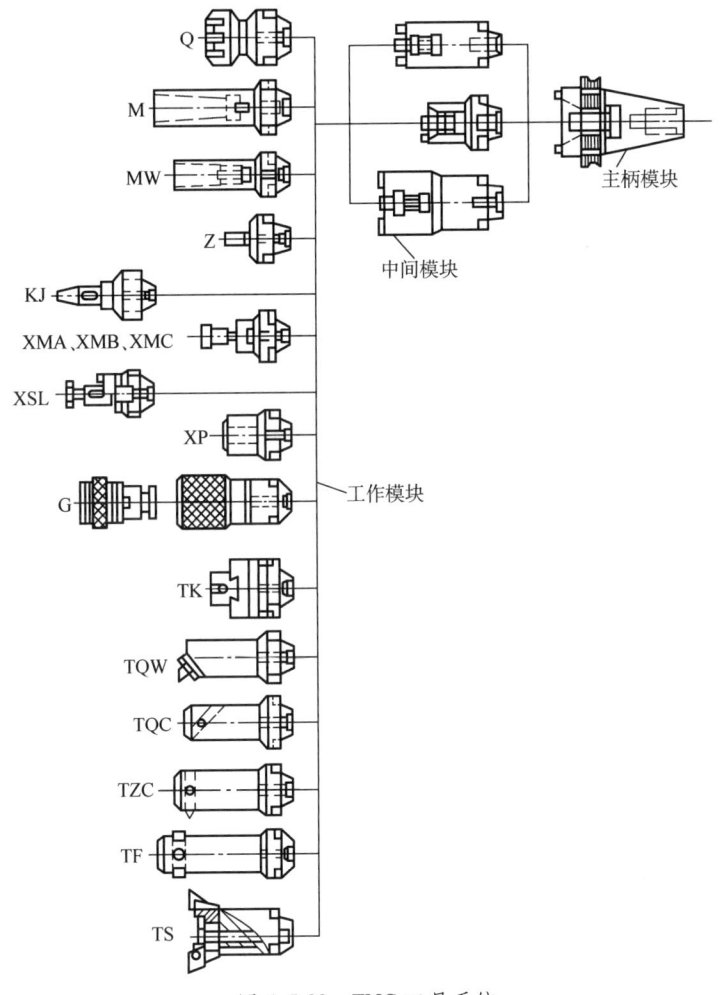

图 5.5-22　TMG 工具系统

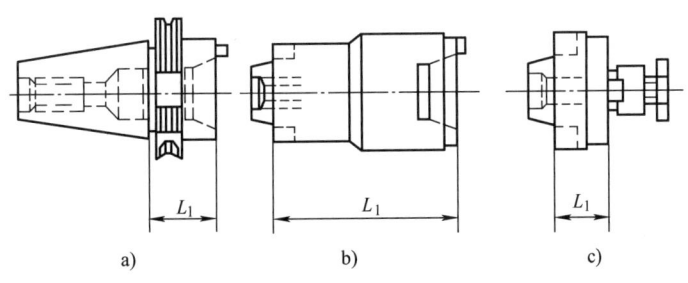

图 5.5-23　TMG10 工具系统的基本模块

a）主柄模块　b）中间模块　c）工作模块

2. TMG 工具模块型号编制方法和 TMG10 型号尺寸

（1）主柄模块型号

主柄模块型号由代表一定含义的字母和数字代号按一定顺序排列组成，共有 7 个号位并在特定位置用圆点和短线分隔开。

$$× × A \bullet × × \bullet × - ×$$
$$① ② ③ \quad ④ ⑤ \quad ⑥ \quad ⑦$$

各号位分别表达如下内容：

第一号位用阿拉伯数字表示工具模块连接的定心方式，见表 5.5-64。

第二号位用阿拉伯数字表示工具模块连接的锁紧方式，见表 5.5-65。

第三号位用字母 A 表示此模块为主柄模块。

第四号位用两个字母表示柄部形式，见表 5.5-66。

第五号位用两位数字表示柄部规格。

第六号位表示模块连接部位外径 D。

第七号位表示从锥柄大端直径到前端面的距离 L_1。

TMG10 工具主柄模块 JT、BT 型号与尺寸见表 5.5-67 和表 5.5-68（表中数据仅供参考）。

表 5.5-64　工具模块连接的定心方式代号

代号	模块连接的定心方式
1	7∶24 短圆锥定心
2	单圆柱面定心

（续）

代号	模块连接的定心方式
3	双键定心
4	端齿啮合定心
5	双面柱定心

表 5.5-65　工具模块连接的锁紧方式代号

代号	模块连接的锁紧方式
0	中心螺钉拉紧
1	径向销钉锁紧
2	径向楔栓锁紧
3	径向双头螺栓锁紧
4	径向单侧螺钉锁紧
5	径向两螺钉垂直方向锁紧
6	螺纹连接锁紧

表 5.5-66　工具模块连接的柄部型式代号

字母代号	柄部型式
JT	参考 GB/T 10944—2013 的相关规定执行
BT	参考 GB/T 25669.1—2010《镗铣类数控机床用工具系统　第 1 部分：型号表示规则》和 GB/T 25669.2—2010《镗铣类数控机床用工具系统　第 2 部分：型式和尺寸》的规定执行

主柄模块型号示例：

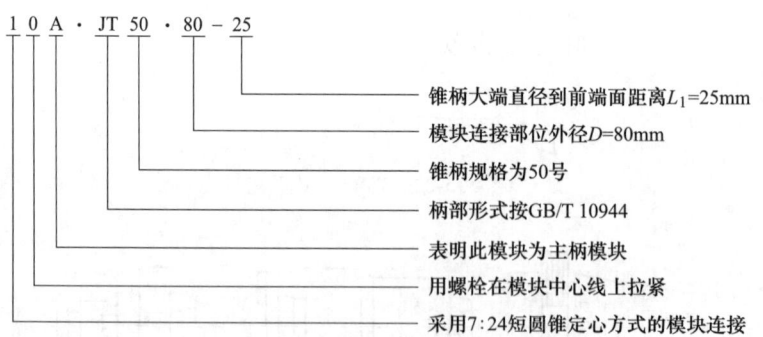

10 A · JT 50 · 80 - 25

- 锥柄大端直径到前端面距离 L_1=25mm
- 模块连接部位外径 D=80mm
- 锥柄规格为 50 号
- 柄部形式按 GB/T 10944
- 表明此模块为主柄模块
- 用螺栓在模块中心线上拉紧
- 采用 7∶24 短圆锥定心方式的模块连接

表 5.5-67　TMG10 工具主柄模块 JT 型号与尺寸　　（mm）

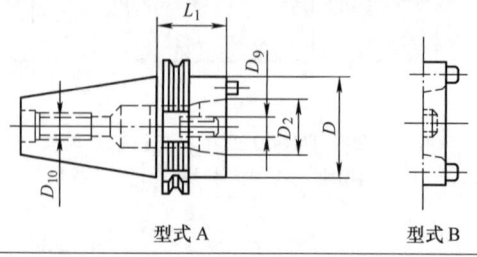

型式 A　　　　　　型式 B

（续）

型　　号	锥度号	D	D_2	D_9	D_{10}	L_1	型　　式
10A·JT40·25-20	40				M16		A（单键）
10A·JT45·25-20	45	25	15.875	M8	M20	20	
10A·JT50·25-20	50				M24		
10A·JT40·32-20	40				M16		A
10A·JT45·32-20	45	32	15.875	M8	M20	20	
10A·JT50·32-20	50				M24		
10A·JT40·40-30	40				M16	30	A
10A·JT45·40-30	45	40	25.4	M12	M20	30	
10A·JT50·40-20	50				M24	20	
10A·JT40·50-30	40				M16	30	A
10A·JT45·50-30	45	50	25.4	M12	M20	30	
10A·JT50·50-20	50				M24	20	
10A·JT40·63-40	40				M16	40	B（双键）
10A·JT45·63-20	45	63	31.75	M16	M20	20	
10A·JT50·63-20	50				M24	20	
10A·JT50·80-30	50	80	44.45	M20	M24	30	B

表 5.5-68　**TMG10 工具主柄模块 BT 型号与尺寸**　　　　　（mm）

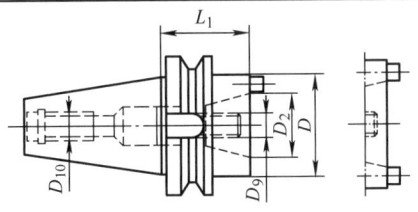

型式 A　　　　　　　　型式 B

型　　号	锥度号	D	D_2	D_9	D_{10}	L_1	型式
10A·BT40·25-30	40	25	15.875	M8	M16	30	A
10A·BT40·32-30	40	32	15.875	M8	M16	30	A
10A·BT40·40-30	40	40	25.4	M12	M16	30	A
10A·BT40·50-30	40	50	25.4	M12	M16	30	A
10A·BT40·63-40	40	63	31.75	M16	M16	40	B
10A·BT45·25-35	45	25	15.875	M8	M20	35	A
10A·BT45·32-30	45	32	15.875	M8	M20	35	A
10A·BT45·40-40	45	40	25.4	M12	M20	40	A
10A·BT45·50-40	45	50	25.4	M12	M20	40	A
10A·BT45·63-40	45	63	31.75	M16	M20	40	B
10A·BT50·25-40	50	35	15.875	M8	M24	40	A
10A·BT50·32-40	50	32	15.875	M8	M24	40	A
10A·BT50·40-40	50	40	25.4	M12	M24	40	A
10A·BT50·50-40	50	50	25.4	M12	M24	40	A
10A·BT50·63-40	50	63	31.75	M16	M24	40	B
10A·BT50·80-40	50	80	44.45	M20	M24	40	B

（2）中间模块型号

中间模块型号六个号位组成，在特定位置用圆点、斜线和短横线分隔开。

$$\underset{①}{×}\ \underset{②}{×}\ \underset{③}{B}\ \underset{④}{●}\ \underset{⑤}{×}\ /\ \underset{⑥}{×}-×$$

各号位分别表达如下内容：

第一号位用阿拉伯数字表示工具模块连接的定心方式，见表 5.5-64。

第二号位用阿拉伯数字表示工具模块连接的锁紧方式，见表 5.5-65。

第三号位用字母 B 表示此模块为中间模块。

第四号位表示近主柄模块接口模块外径。

第五号位表示近工作模块接口模块外径。

第六号位表示此中间模块的接长长度尺寸 L_2。

TMG10 等径型、缩径型和扩径型工具中间模块型号与尺寸见表 5.5-69~表 5.5-71（表中数据仅供参考）。

表 5.5-69　TMG10 等径型工具中间模块型号与尺寸　　　　（mm）

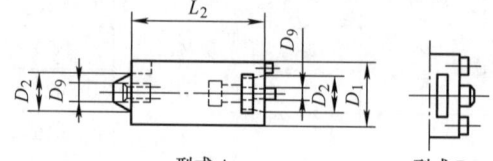

型式A　　　　型式B

型　　号	D_1	D_2	D_9	L_2	型　　式
10B·25/25-50	25			50	
10B·32/32-50	32	15.875	M8	50	A
10B·32/32-75	32			75	
10B·40/40-70	40			70	
10B·50/50-70	50	25.4	M12	70	A
10B·50/50-100	50			100	
10B·63/63-80	63	31.75	M16	80	
10B·63/63-160	63	31.75	M16	160	B
10B·80/80-100	80	44.45	M20	100	
10B·80/80-160	80	44.45	M20	160	B

表 5.5-70　TMG10 缩径型工具中间模块型号与尺寸　　　　（mm）

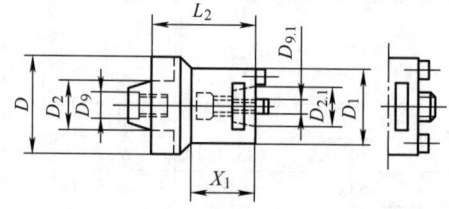

型式A　　　　型式B

型　　号	D	D_1	D_2	$D_{2.1}$	D_9	$D_{9.1}$	L_2	X_1	型　式
10B·63/25-50		25		15.875		M8	50	20	
10B·63/25-50	63	25	31.75	15.875	M16	M8	50	20	A
10B·63/40-70		40		25.4		M12	70	45	
10B·63/50-70	63	50	31.75		M16		70		A
10B·80/40-80	80	40	44.45	25.4	M20	M12	80	45	
10B·80/50-80	80	50	44.45		M20		80		
10B·80/63-80	80	63	44.45	31.75	M20	M16	80	60	B

表 5.5-71　TMG10 扩径型工具中间模块型号与尺寸　　　　　（mm）

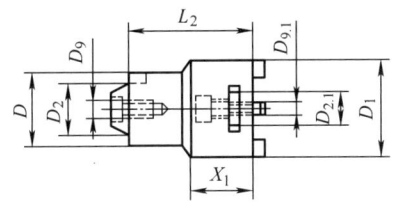

型　　　号	D	D_1	D_2	$D_{2.1}$	D_9	$D_{9.1}$	L_2	X_1
10B·63/80-90	63	80	31.75	44.45	M16	M20	90	55

（3）工作模块型号

工作模块型号由七个号位组成,在特定位置用圆点和短线分隔开。

×　×　C　●　×　-　×　×　-×
①　②　③　　④　　⑤　⑥　⑦

各号位分别表达如下内容:

第一号位用阿拉伯数字表示工具模块连接的定心方式,见表 5.5-64。

第二号位用阿拉伯数字表示工具模块连接的锁紧方式,见表 5.5-65。

第三号位用字母 C 表示此模块是工作模块,用于装夹不同的刀具。

第四号位表示模块接口部位的外径。

第五号位表示此工作模块的用途（表 5.5-72）。

第六号位表示此工作模块的规格（表 5.5-72）。

第七号位表示工作模块的有效长度 L_3。

弹簧夹头模块、有扁尾莫氏圆锥孔模块和无扁尾莫氏圆锥孔模块型号与尺寸见表 5.5-73 ~ 表 5.5-75（表中数据仅供参考）。

表 5.5-72　工作模块用途代号与规格含义

用途代号	工作模块名称	规格含义
Q	弹簧夹头模块	最小夹持直径
MW	无扁尾莫氏圆锥孔模块	莫氏锥度号
M	有扁尾莫氏圆锥孔模块	莫氏锥度号
Z	装钻夹头短锥模块	莫氏短锥号
ZJ		贾氏短锥号
G	攻丝夹头模块	最小攻丝规格
XSL	装三面刃铣刀、套式立铣刀模块	刀具内孔直径
XMA	装 A 类面铣刀模块	
XMB	装 B 类面铣刀模块	刀具内孔直径
XMC	装 C 类面铣刀模块	
TS	双刃镗刀模块	最小镗孔直径
TQW	倾斜微调镗刀模块	最小镗孔直径
TZC	直角粗镗刀模块	最小镗孔直径
TQC	倾斜粗镗刀模块	最小镗孔直径
JF	浮动铰刀模块	浮动铰刀块宽度
KJ	装扩孔钻、铰刀模块	1:30 锥度大端直径
TK	可调镗刀架模块	装刀孔直径
XP	削平圆柱柄铣刀模块	装刀孔直径

表 5.5-73   TMG10 弹簧夹头模块型号与尺寸   （mm）

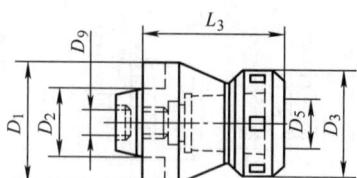

型　　号	D_1	D_2	D_3	D_5	D_9	L_3
10C·40-Q3-60	40	25.4			M8	
10C·50-Q3-60	50	25.4	40	3~10	M12	60
10C·63-Q3-60	63	31.75			M16	
10C·63-Q6-90	63	31.75	55	6~20	M16	90
10C·80-Q6-90	80	44.45	55	6~20	M20	90
10C·80-Q10-105	80	44.45	70	10~25	M20	105
10C·80-Q28-105	80	44.45	80	28~32	M20	105

表 5.5-74   TMG10 有扁尾莫氏圆锥孔模块的型号与尺寸   （mm）

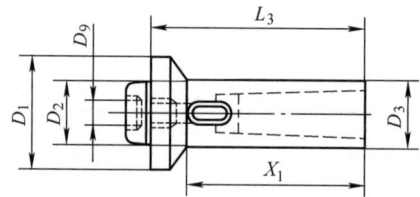

型　　号	D_1	D_2	D_3	D_9	L_3	X_1	莫式锥孔号
10C·40-M1-95			25	M12	95	75	MT1
10C·40-M2-105	40	25.4	32	M12	105	86	MT2
10C·40-M3-120			40	M12	120	120	MT3
10C·63-M3-130	63	31.75	40	M16	130	107	MT3
10C·63-M4-155	63	31.75	48	M16	155	132	MT4
10C·80-M4-155	80	44.45	48	M20	155	132	MT4
10C·80-M5-190	80	44.45	63	M20	190	165	MT5

表 5.5-75   TMG10 无扁尾莫氏圆锥孔模块型号与尺寸   （mm）

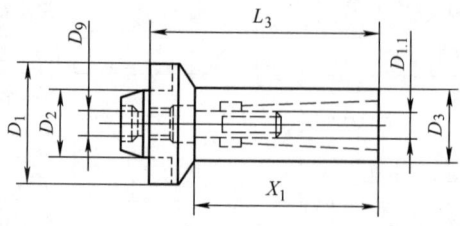

（续）

型　　号	D_1	D_2	D_3	D_9	$D_{1.1}$	L_3	X_1	莫式锥孔号
10C・40-MW1-95	40	25.4	25	M12	M6	95	62	MT1
10C・50-MW1-95	50	25.4	25	M12	M6	95	62	MT1
10C・63-MW2-115	63	31.75	32	M16	M10	115	82	MT2
10C・63-MW3-125	63	31.75	40	M16	M12	125	97	MT3
10C・63-MW3-155	63	31.75	50	M16	M16	155	130	MT3
10C・80-MW4-155	80	44.45	50	M20	M16	155	125	MT4
10C・80-MW5-190	80	44.45	70	M20	M20	190	153	MT5

5.6　柔性制造系统的加工工艺编制与典型工艺介绍

5.6.1　柔性制造系统的加工工艺编制

1. 零件加工工艺的制订

在设计柔性制造系统的零件加工工艺时，既要遵循普通加工工艺设计的原则和方法，还要结合柔性制造系统加工的特点与加工程序的编制要求，将加工部位的全部工艺过程及相关工艺参数编制为数控加工程序。

（1）工艺方案的确定

1）工件加工工序的划分与加工顺序的安排。在确定柔性制造系统加工工序的划分与加工顺序的安排时，除应按照基本工艺设计原则，划分工步时还要根据数控机床（加工中心和柔性制造单元）等设备加工工序高度集中的特点，采用按所用刀具来划分工步的原则，即用同一把刀具加工完工件上所有需要用该刀具加工的各个部位后，再换下一把刀具进行加工，以减少换刀次数和时间。基于加工中存在重复定位误差，对于同轴度要求很高的孔系，就不能采用上述原则，而应在一次定位后，通过顺序连续完成该同轴孔系的全部孔加工后，再加工其他坐标位置的孔，以提高孔系的同轴度。

2）工件定位基准的选择。在选择柔性制造系统中工件的定位基准时，除了要遵循有关定位基准（粗基准和精基准）选择原则，还要考虑所选基准应力求使设计基准、工艺基准与编程原点统一，以减少基准不重合误差和数控编程中的计算工作量。当零件的定位基准与设计基准难以重合时，应认真分析装配图，确定该零件设计基准的设计功能。通过尺寸链计算，严格控制定位基准与设计基准的尺寸公差和几何公差。对于带有自动测量功能的数控系统，可在工艺中安排坐标系测量、检查工步，由程序自动控制、检测设计基准，CNC 系统根据测量值自动修正坐标系，从而保证各加工部位与设计基准间的几何关系。

3）工件的装夹与定位。在选择柔性制造系统中工件的装夹与定位时，应尽量减少工件的装夹次数。要求在一次定位装夹后尽可能多地完成各个工序或工步。为此，要考虑便于各个表面被加工的定位方式。例如，对于箱体类零件，最好采用一面两销的定位方式，以便于刀具对其他各表面的加工，而对于轴类零件，一般以重要的外圆面作为粗基准定位加工出中心孔，再以轴两端的中心孔为精基准定位。

工件的夹紧对加工精度有较大的影响，在考虑夹紧方案时，夹紧力应力求靠近主要支承点，或者在支承点组成的三角内，并力求靠近切削部位刚度好的部位，避免夹紧力落在工件的中空区域，尽量不要在被加工孔的上方，同时必须保证最小的夹紧变形；必须协调工件、夹具、托盘和机床坐标系之间的尺寸关系。

（2）加工方法与刀具的选择

1）刀具材料及刀具选择。应根据机床的加工能力、工件材料的性能、加工工序、切削用量及其他相关因素正确选用刀具及刀柄。选择刀具时，主要考虑其安装调整方便，刚度好、寿命长和精度高。刀具选择的基本要求：①良好的切削性能，能承受高速切削和强力切削并且性能稳定；②较高的精度，刀具的精度指刀具的形状精度和刀具与装夹装置的位置精度；③配备完善的工具系统，满足多刀连续加工的要求。

在满足加工要求的前提下，尽量选择较短的刀柄，以提高刀具加工的刚度，选择时应注意以下几个方面：

①应选用切削性能好、寿命长的刀具材料或涂层刀具，一般原则是尽可能选用硬质合金、立方氮化硼（CBN）和聚晶金刚石刀具（PCD）。

②为适应柔性设备对刀具耐用、稳定、易调、可换等要求，应尽量采用可转位刀片，以减少刀具磨损

后的更换和预调时间。

③选择标准刀柄，以便使钻、镗、扩、铣等工序用的标准刀具能迅速、准确地装到机床主轴或刀库上去。编程员应了解机床上所用刀柄的结构尺寸、调整方法、调整范围，以及刀库容量、刀库承重和刀具的最大长度与直径，以便在编程时确定刀具的径向和轴向尺寸及刀具数量。

2）平面加工方法及铣刀的选择。铣削平面时应选用不重磨硬质合金铣刀。铣削时，尽量采用二次走刀加工方式，当平面度和表面粗糙度要求较高时，应采用密齿铣刀加工。当连续切削工件表面时，应选好走刀宽度和铣刀直径，减少刀痕的影响。对加工余量大又不均匀的粗加工，宜选较小直径的铣刀，以减少切削扭矩；精铣时，可选大直径铣刀，尽量能包容工件加工面的宽度，以提高效率。

当铣削平面轮廓时，应选用立铣刀，以侧刃切削；当铣削空间轮廓时，应选用球头铣刀，以铣刀的球头和侧刃切削。对一些立体型面和变斜角轮廓外形的加工，应采用球头铣刀、环形铣刀、锥形铣刀和盘形铣刀。当铣削内凹轮廓时，刀具半径 r 应小于内凹轮廓面的最小曲率半径 ρ，一般取 $r = (0.8 \sim 1)\rho$，切削量（径向）应小于刀具半径 r 的 $1/6 \sim 1/4$；当铣削外凸轮廓时，刀具半径应尽量选得大些，以提高刀具的刚度和寿命。当铣削凸台、窗孔和凹槽时，最好采用硬质合金立铣刀。为了提高槽的加工精度，不能将槽一刀铣成，而是采用直径比槽小的立铣刀先铣削槽的中间部分，再用刀具偏移功能铣削槽的两边。

3）孔加工方法及刀具选择。柔性加工钻孔时刚度较差，应满足孔深 L 与孔径 D 之比小于 5。钻孔前，应选大直径钻头或中心钻先钻一个导引锥孔。钻孔表面有硬皮时，可用硬质合立铣刀先铣去孔口硬皮后再钻孔。钻削大孔时，可用刚度较大的硬质合金扁钻。

柔性加工铰孔时用加工中心铰孔。铰孔前，要求底孔的表面粗糙度达到 $Ra6.3\mu m$。铰刀两切削刃对称度要控制在 $0.02 \sim 0.05mm$ 之内。当用精镗或镗刀用于悬臂加工时，应采用对称的两刃或两刃以上的镗刀进行切削，以平衡径向力，减轻镗削振动。

（3）切削用量的选择

1）选择柔性加工切削用量时，应考虑数控加工设备的特点。一般要根据数控加工设备说明书中的规定和要求及刀具寿命去选取和计算，并结合实践确定。

2）选择切削用量要保证刀具加工完一个零件，或者保证刀具寿命不低于一个工作日，最少不低于一个工作班。

3）轮廓加工中，应考虑由于惯性或工艺系统的变形而造成轮廓拐角处的"超程"或"欠程"现象。要选择变化的进给量，即在接近拐角处应适当降低进给量，过拐角后再逐渐升高，以保证加工精度。

（4）数控编程中的工艺处理

1）确定对刀点与换刀点。对刀点是加工时刀具相对于工件运动的起始点，又是程序运行的起点，因此对刀点又称为"程序起点"和"起刀点"。

对刀点的选择原则是便于数据处理和简化程序编制；在机床上易于找正；在加工中便于检查；对加工误差影响小。

加工中心在换刀时应规定换刀点。换刀点指不同工序之间的换刀位置。加工中心常用换刀机械手换刀，因此换刀点常为固定点。在确定对刀点和换刀点时要注意：

① 对刀点可设在工件上，也可设在工件外（夹具或机床上），但必须与被加工工件的定位基准有一定的尺寸关系，以确定机床坐标系与工件坐标系的关系，如图 5.6-1 中所示的 X_0 和 Y_0。

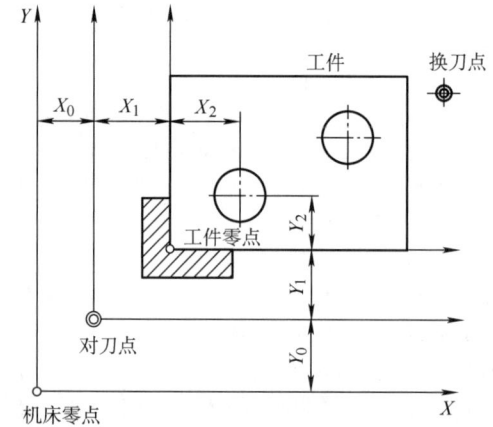

图 5.6-1　对刀点和换刀点

② 当加工部位精度要求不高时，可直接选用工件或夹具上的某些表面作为对刀面；当精度要求高时，应尽量选在工件的设计基准或工艺基准上，如以孔为定位基准的工件，应以孔的中心作为对刀点，刀具的位置则以此孔来找正。

③ 对刀点应选在方便对刀的地方。当采用相对坐标编程时，对刀点可选在工件孔的中心上、夹具专用对刀孔或两垂直平面的交线上；当采用绝对编程时，对刀点可选在机床坐标系的原点（机床零件），或者距原点某一确定值的点上。在安装工件时，工件坐标系应与机床坐标系有确定的尺寸关系。

④ 在加工过程中如需换刀，要规定换刀点。换刀点应设在工件、夹具的外部，以换刀时不碰相关部

件为准，同时使刀具在换刀前后运动的空行程最小，其设定值可用计算法或实际测量法确定。

⑤ 当对刀时，应使"刀位点"与"对刀点"重合，所谓刀位点指刀具位置的特征点。立铣刀、面铣刀的刀位点是刀具轴线与刀具底面的交点，即刀头底面的中心；球面铣刀的刀位点是球头中心；车刀和镗刀的刀位点是刀尖；钻头的刀位点是钻头横刃。

⑥ 成批生产时，对刀点经常既是程序的起点，也是程序的终点，因此要考虑对刀点的重复精度。该精度可用对刀点距机床坐标系原点的坐标值 X_0 和 Y_0 来校核。

2）确定走刀路线　走刀路线是刀具在加工过程中相对于工件的运动轨迹。走刀路线一经确定，零件加工程序中各程序段的先后次序也就确定了。确定走刀路线的原则：①应保证工件加工精度与表面粗糙度的要求；②应使加工路线尽量短；③应使数值计算工作简单，程序编制工作量小。

3）采用多次走刀的加工方式。为了提高精度和降低表面粗糙度，可采用多次走刀，使最后一次走刀的切削余量达到加工要求。对于点位加工，刀具相对

工件的运动路线应力求刀具空行程最短。例如，钻孔时刀具的轴向进给尺寸由被加工工件的孔深 Z_d 决定，还应考虑一些辅助尺寸（图 5.6-2）。图 5.6-2 中切入 $Z_入$、切出 $Z_出$ 点的参考距离见表 5.6-1。

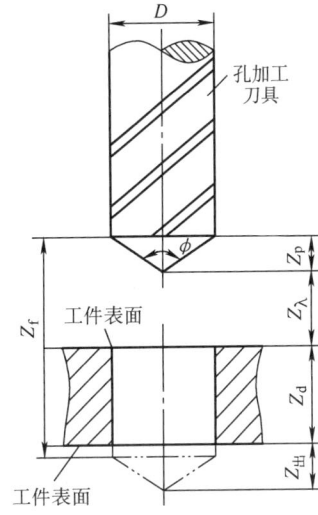

图 5.6-2　钻孔时的轴向行程

表 5.6-1　刀具切入、切出点的参考距离

加工方式	切入时刀尖距工件表面的距离 $Z_入$/mm		刀具切出时刀尖距工件表面的距离 $Z_出$（通孔）	
	已加工表面	毛坯表面	已加工表面	毛坯表面
钻孔	3～5	在 5～10 之间，视毛坯情况任选	$\dfrac{D}{2}\cos\dfrac{\phi}{2} + (2\sim4)\,\mathrm{mm}$	在已加工表面切出数据的基础上加 5～10mm，并依据毛坯制造方法确定
扩孔	3～5		$Z_p + (1\sim3)\,\mathrm{mm}$	
铰孔	3～5		$Z_p + (10\sim30)\,\mathrm{mm}$	
镗孔	3～5		2～4mm	
攻螺纹	3～5		$Z_p + (2\sim4)\,\mathrm{mm}$	

注：D—刀具直径，ϕ—钻头刀尖角度，Z_p—切削刃导向部长度。

对于孔的位置精度要求较高的孔系零件，精镗时，要特别注意镗孔路线与各孔的定位方向要一致，即采用单向趋近定点的方法，避免传动系统反向间隙误差或测量系统误差对定位精度的影响。从图 5.6-3 可以看出，按图 5.6-3b 所示路线加工时，由于孔 5、6 与孔 1、2、3、4 定位方向相反，Y 方向反向间隙会使定位误差增加，而影响孔 5、6 与其他孔的位置精度。按图 5.6-3c 所示路线加工完孔 4 后向上多移动一段距离到点 P，然后再折回来加工孔 5、6，这样方向一致，可避免反向间隙的引入，提高孔 5、6 与其他孔的位置精度。这一过程可以通过数控系统的准备功能 G60 来实现。

当采用立铣刀的侧刃铣削平面工件的外轮廓时，

铣刀的切入点和切出点应沿零件轮廓曲线的延长线切向切入和切出零件表面，以保证工件轮廓的平滑过渡，而不应沿法向直接切入零件，以免加工表面留下刀痕；当铣削封闭的内轮廓时，若内轮廓曲线不允许外延，刀具只能沿内轮廓曲线的法向切入切出，此时刀具的切入点和切出点尽量选在内轮廓两几何元素的交点处，否则会留下刀痕，如图 5.6-4 所示。

如图 5.6-5 所示，铣削凹形槽封闭轮廓类零件时，为了保证铣削凹形槽侧面时能达到图样要求的表面粗糙度，宜采用图 5.6-5c、图 5.6-5d 所示的走刀路线，使凹槽侧面的最终轮廓由最后一次走刀连续加工而成，以获得较好的表面质量。图 5.6-5b 所示的走刀路线则会出现明显的加工痕迹。

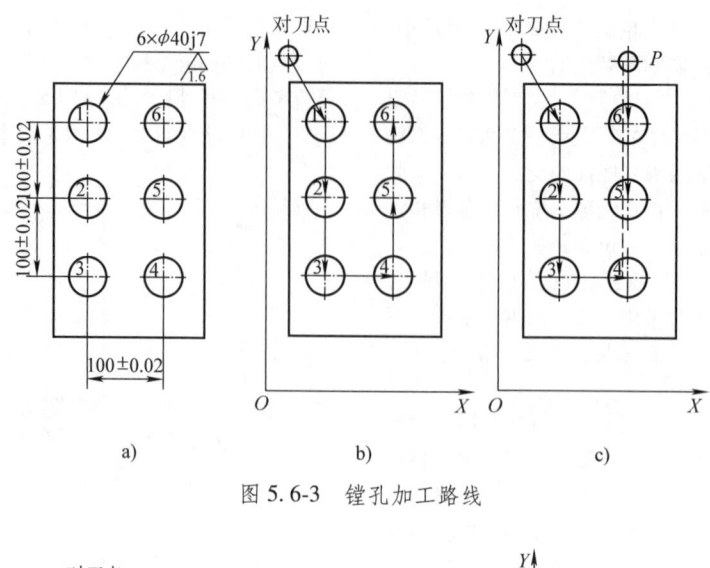

图 5.6-3　镗孔加工路线

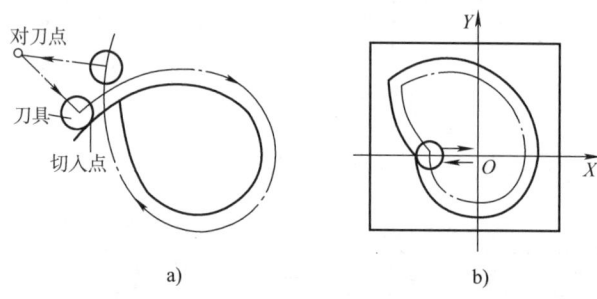

图 5.6-4　内外轮廓加工刀具的切入切出方式
a）外轮廓　b）内轮廓

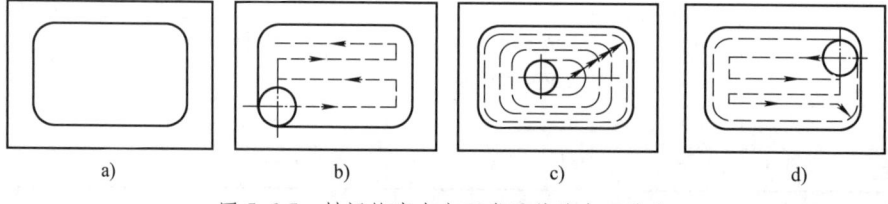

图 5.6-5　封闭轮廓内表面类零件的走刀路线

如图 5.6-6 所示，当采用圆弧插补方式铣削外圆时，刀具应沿切向进入圆周进行铣削加工；当整圆加工完毕时，不要在切入点直接退刀，要让刀具沿切线方向多走一段距离，防止在取消刀具补偿时与工件表面相碰。当铣削内圆弧时，也要遵守切入切出的原则，最好安排从圆弧过渡到圆弧的加工路线。

当铣削直纹曲面时，常用球头刀采用行切法加工。所谓行切法指刀具与零件轮廓的切点轨迹是一行一行的，行间距按零件加工精度要求确定。对于边界敞开的曲面，其加工可采用两种走刀路线，如图 5.6-7 所示。当采用图 5.6-7a 所示方案时，每次沿直线加工，刀具位置计算简单，程序段少，加工过程符合直纹面的形成，可准确保证母线直线度；当采用图

5.6-7b 所示方案时，沿曲线加工时准确度较高，便于加工后的检验，但程序段较多。当编制其加工程序时，可根据曲面边界的敞开与否，适当地对曲面进行延伸，以便球头铣刀从边界外开始加工，减小加工曲面边界时铣刀的吃刀量。

当采用两坐标联动铣削曲面轮廓时，常采用三坐标行切法加工，直线轴 X、Y、Z 中任意两轴做联动插补，第三轴做单独的周期进刀，称为两轴半联动。如图 5.6-8a 所示，在行切法中，要根据轮廓表面粗糙的要求及刀头不干涉相邻表面的原则选取 ΔY。行切法加工中通常采用球头铣刀（也称指状铣刀）。球头铣刀的刀头半径应选得大些，有利于散热，但刀头半径不应大于曲面的最小曲率半径。

当采用三坐标联动铣削曲面轮廓时，直线轴 X、Y、Z 可同时联动插补，称为三轴联动。采用图

5.6-8b所示走刀路线加工曲面时，此时铣刀轨迹是一条空间曲线，因此需要 X、Y、Z 三轴联动才能完成。

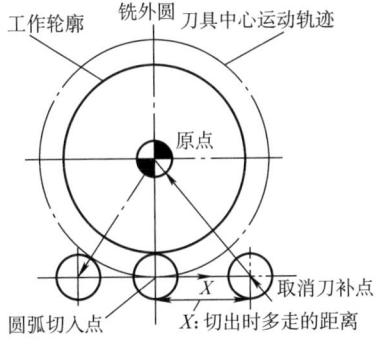
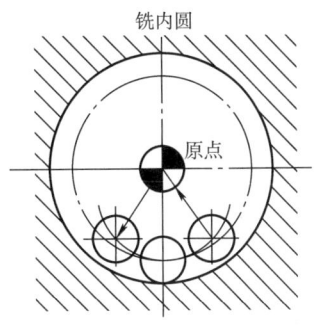

图 5.6-6　用圆弧插补方式铣削内外圆零件的走刀路线

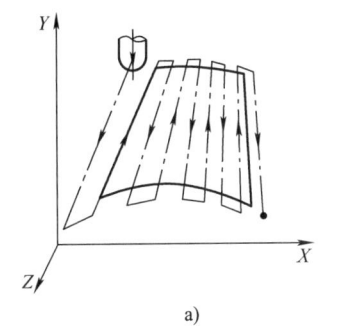
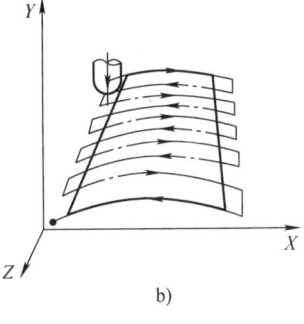

图 5.6-7　用球头刀铣削直纹曲面的走刀路线

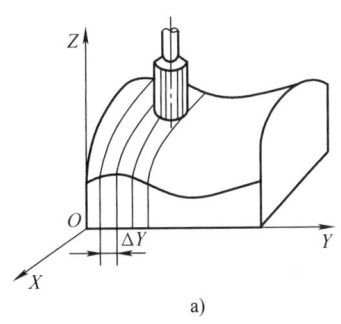
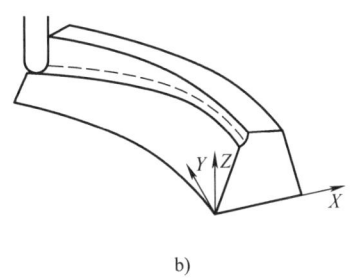

图 5.6-8　三坐标行切法加工法

当采用四坐标铣削曲面轮廓时，不仅是直线轴 X、Y、Z 进行插补运动，与之对应的旋转轴 A（或 B 或 C）也要参与运动。如铣削图 5.6-9 所示侧面为直纹扭曲面工件时，若在三坐标联动的机床上用圆头铣刀按行切法加工，不但生产率低，而且表面粗糙度值大。采用圆柱铣刀周边铣削，为了保证刀具与工件型面在全长范围内始终贴合，除直线轴 X、Y、Z 进行插补运动，刀具还应绕 O_1（或 O_2）做摆角运动。

当采用五坐标铣削曲面轮廓时，零件形状普遍相当复杂。典型零件是螺旋桨，其叶片的形状和加工原

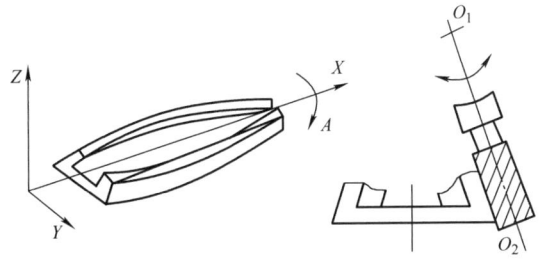

图 5.6-9　四坐标铣削曲面轮廓加工法

理如图 5.6-10 所示。在半径为 R_i 的圆柱面上与叶面的交线 AB 为螺旋线的一部分，螺旋角为 ψ_i，叶片的径向叶型线（轴向割线）EF 的倾角 α 为后倾角。螺旋 AB 采用极坐标加工方法，并且以折线段逼近。逼近段 mn 是由 C 坐标旋转 $\Delta\theta$ 与 Z 坐标位移 ΔZ 的合成。当 AB 加工完成后，刀具径向位移 ΔX（改变 R_i），再加工相邻的另一条叶型线，依次加工即可形成整个叶面。由于叶面的曲率半径较大，所以常采用面铣刀加工，以提高生产率并简化程序。为保证铣刀端面始终曲面贴合，铣刀还应做由坐标 A 和坐标 B 形成的 θ_1 和 ψ_1 的摆角运动。在做摆角运动的同时，不应做直角坐标的附加运动，以保证铣刀端面中心始终位于编程值所规定的位置上，因此需要采用五坐标加工。

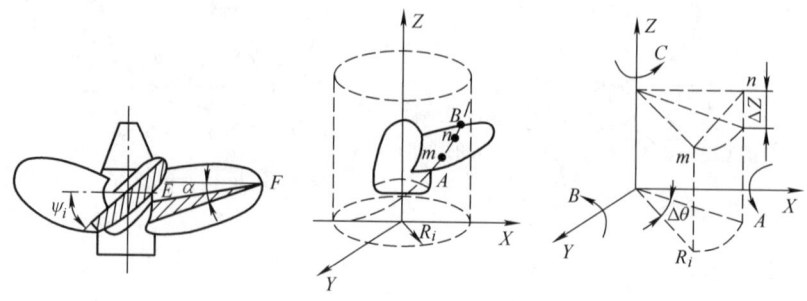

图 5.6-10　螺旋桨叶片的形状和加工原理

4）零件加工程序编制的国际标准和国家标准。零件数控加工程序中所用的各种代码，如坐标尺寸值、坐标系命名、数控准备机能指令、辅助动作指令、主轴运动和进给速度指令、刀具指令，以及程序和程序段格式等方面都已制订了一系列的国际标准，我国也参照相关国际标准制定了相应的国家标准，这样极大地方便了数控系统的研制及数控机床的设计、使用和推广，但在编程过程中考虑相关细节时，还应按照具体机床编程手册中的有关规定来进行。

目前，由于计算机技术的飞速发展及其在数控技术中的应用，绝大多数数控系统采用通用计算机编码，并提供与通用微型计算机完全相同的文件格式，以保存、传送数控加工程序，因此纸带被现代化的信息介质所取代。

常用的数控标准：①数控的名词术语；②数控机床的坐标轴和运动方向；③数控机床的字符编码（ISO 代码、EIA 代码）；④数控编程的程序段格式；⑤准备机能（G 代码）和辅助机能（M 代码）；⑥进给功能、主轴功能和刀具功能。

（5）零件加工计算机程序的编制

计算机零件程序的编制或称计算机零件编程指编程员根据零件图和工艺要求，使用有关 CAD/CAM 软件，先利用其 CAD 功能模块进行造型，然后利用其 CAM 模块产生刀具路径，进而用后置处理程序产生 NC 代码。一般要经过制定加工工艺、CAD 建模、编制加工程序、制作控制介质和程序校验与试切削 5 个步骤，与手工编程相比，具有编程时间短、减轻编程员劳动强度，出错机会少，编程效率高等优点。因此，这种编程也称为自动编程或计算机辅助编程。

2. 确定合理的加工工艺方案

在编制数控程序之前，必须根据被加工零件的几何特性，以及毛坯、材料、刀具、夹具和数控设备等因素，确定合理的切实可行的工艺方案。只有合理的工艺方案才能保证数控加工的顺利进行，否则可能发生刀具与夹具干涉，被加工部位得不到保证等问题。确定好工艺方案，就可以进入实际数控编程阶段。

3. 数控自动编程的基本步骤

1）创建或读入 CAD 模型。

2）工艺准备。设计加工、刀具参数，包括加工中所需的所有工序、工步，每道工步的装夹、定位方式和切削用量（主轴转速 S、走刀速度 F、加工余量）及刀具的尺寸、刀具的切削参数（刀具齿数、切削速度 V_c、每齿进给量、每转进给量等），刀具材料、类型及刀具编号、走刀方式、步进长度、下刀方式、切入切出方式和加工、安全、回退平面等；设计加工方式，包括粗加工、半精加工、精加工、清根加工等。

3）自动生成刀具的走刀路线。进入 CAM 模块，将 CAD 加工模型按实际加工的装夹方式摆放好，定好加工坐标，选择加工类型（平面加工、曲面加工、铣轮廓、钻孔、镗孔、攻丝、多轴加工等），进入其参数设计模块，选取加工部位，确定加工工艺参数。系统将根据 CAD 加工模型和所给的工艺参数，自动生成走刀路线。

4）校验与编辑。自动编程所生成的走刀路线是否符合要求，需要做充分的验证才能进行实际加工。根据 CAM 提供的相应校验功能，一般可以进行如下的校验工作。

① 动态实体加工仿真功能：利用实体仿真方法再现数控加工中材料去除的过程，如果选择的加工部位不正确，走刀路线不合理，或者提刀高度不够，就能很形象地发现走刀路线中存在的问题，并给出相应的提示，如红色或声响提示过切或撞刀等，还可以通过放大旋转、剖切、透视等功能进一步观察加工细节或内部情况，帮助编程员在零件实际加工之前及早发现问题，及时更正走刀路线，避免损失。

② 刀柄、刀杆碰撞与干涉检查：实体仿真只是检查了刀具与工件间相互关系，无法检验刀杆、刀柄等部分与工件、夹具等是否会发生碰撞。在加工过程中，一般希望刀具长度越短越好，以提高刀具的刚度，实现最好切削性能，但夹刀长度越短，越可能发生刀柄、刀杆与工件间的碰撞。编程员非常希望能够知道每个工序最短的夹刀长度是多少，在给定的刀长情况下是否会发生碰撞。有些系统能够提供此功能。

③ 机床环境运动仿真：对三轴以上的联动方式，如四轴联动加工、五面体加工，五轴联动加工等，机床运动方式相当复杂，编程员很难通过 NC 程序想象机床的实际运动过程，也很难预测可能发生的碰撞、干涉等问题。一些高级的 CAM 软件或专业的软件系统能够提供机床运动仿真功能，在计算机屏幕上再现整个机床运动部件，接近实际的加工运动过程。此外，目前有部分数控系统提供了动态图形走刀路线显示功能，可在屏幕上再现刀具的走刀路线的几何图形及运动状态，帮助操作人员正确操作并直观检验刀具的走刀路线是否正确，是否是合理的走刀路线。通过以上检验，如果刀具路线不能满足加工要求，可以重新设定加工方式、加工参数，重新生成新的刀具路线，或者对已经产生的刀具路线进行编辑修改。

④ 后处理：经过校验后的走刀路线，只能反映刀具与工件之间的相对运动关系，不能用于数控加工，必须通过自动编程系统的后处理，生成特定数控机床所能识别的 G、M 代码。一般 CAM 系统提供了一些常用的后处理器，由于现在不同的机床制造商设定的 G、M 代码不大相同，因此一般要根据特定数控机床进行定制。至此，数控自动编程的工作基本结束，将所生成的 NC 文件存成特定的文件，通过 DNC 通信系统传输给数控设备的控制系统；最后根据各厂柔性加工的动作情况，利用 CAM 系统相应功能生成指导生产的车间工艺文件。

4. 加工前的准备工作

加工前的准备工作主要是采用对刀仪器测量刀具的相关尺寸（刀具直径、刀具长度）、标注编号（T01、T02、……），以及在刀库中相应刀套上的

安装；夹具或零件的找正、对刀，并在数控机床上设定加工坐标系、刀长修正、刀径修正等基本参数。

自动编程只是保证零件加工的正确形状，并符合加工的工艺要求，以及确定零件安装后在机床中的理论位置。在加工零件前，必须保证其在夹具中的找正与对刀。

自动编程的操作方式如下：自动编程所生成的 NC 指令实际上是在工件坐标系 G54~G59 下的程序，工件坐标系的原点是 CAD 几何模型的原点位置，通过找正与对刀操作，找出在夹具或零件上该原点的位置，实现编程工件坐标系与机床坐标系间的联系与统一，就能将加工部位精确地控制在所需的位置上。首先，保证零件的摆放方向与几何模型的方向一致。分别测量 X、Y 两个方向的基准，通过计算得知工件坐标系原点在机床坐标系下的坐标值，将其输入数控系统的 G54~G59（局部坐标系）的 X、Y 参数中，即实现了坐标系的统一，完成了找正操作。Z 方向的找正是靠对刀完成的，一般采用对刀芯轴进行对刀。调整刀具到 Z 方向的某个基准面，通过机床坐标系和对刀芯轴计算出 G54~G59 的原点坐标，输入控制系统中，实现刀具的对刀，能够保证数控加工正好需要的深度。

5. 数控通信

当编程与准备工作完成之后，操作人员即可正式开始实际产品的数控加工，但必须要将 NC 指令传输给数控机床的控制系统。这需要根据数控机床的接口情况而定，一般有如下几种方式。

1）通过网络。对于最新式的 CNC 控制系统，有的提供网络接口，直接并入企业 CAD/CAM 网络中。NC 指令文件直接可以通过网络存入控制系统中。

2）通过磁盘驱动器。目前只有极少数数控设备配有软盘驱动器，可以通过软盘将 NC 文件复制到数控系统中，缺点是数控文件不宜超过软盘容量（1.44M），因此软盘已基本上不适应目前应用的需要，取而代之的是 U 盘和 CF 卡。有时受数控系统内存空间的限制，可以对数控系统进行容量扩展，同时也可以采用 DNC 通信方式进行数据传输。

3）通过 RS-232 串口。几乎所有的数控设备都配置了 RS-232 串口，通过串口可以很方便地将 NC 文件输入数控机床。当 NC 指令文件超过内存的容量时，可以通过在线式 DNC 通信，实现边传输边加工，解决海量程序的加工问题。

5.6.2 柔性制造系统典型零件的加工工艺实例介绍

1. 汽车发动机缸盖的柔性加工工艺介绍

汽车发动机缸盖作为发动机的主要部件之一，安

装在缸体的上方,从上部密封气缸并构成燃烧室。由于它经常与高温高压燃气接触,承受很大的热负荷和机械负荷,因此它的整体制造技术也一直是业界关注的焦点。随着计算机技术、数控技术和机器人技术的快速发展,汽车发动机缸盖的加工方式已逐步由专机加工生产线、专机+局部柔性机床组成的生产线向全面柔性生产线转变。

(1) 柔性生产线的特点

由高速加工中心、机器人或桁架机械手、物料运输管理系统和自动检测系统等组成的柔性生产线,加工对象可在一定范围内变化,甚至可以同时加工几种不同的类似零件,可以分阶段投产达到量产目标。其主要特点有:

1) 重用性。构成柔性加工线的各种资源在制造环境发生变化时整线不发生改变,或者只需发生少量改变,即可成为新柔性生产线的组成部分。

2) 重构性。当制造环境发生重大变化时,能够根据新线的加工特点及一定的原则重新选取原有设备,即可成为新的柔性生产线。

3) 自适应性。柔性生产线能够进行局部调整、在线地适用各种加工设备故障及加工任务的增、减变化。

在发动机缸体、缸盖的加工工艺上采用柔性生产线,产量从起步的几万台/年到几十万台/年都可以采用。在起步纲领到目标纲领的建设过程中,可充分应用柔性加工线的重用性和重构性的特点,根据市场的变化,分期增加设备进行重构,实际滚动发展,降低投资风险。

(2) 柔性生产线布局方式

1) 串联式(工序分散型)。整个零件的加工工序比较分散,全部工序由线上的全部设备一起完成,机床之间相互补充,不能替代。如果加工过程中有一台设备出现故障,会涉及整线停产。为了将损失降到最小,大多情况下会设计两条或以上相同的串联线。

2) 并联式(工序集中型)。整个零件的加工工序高度集中,零件的全部工序由线上的几台设备一起完成,整线上配置了若干相同工位的机床,机床之间可以相互替代,加工过程中若有一台设备出现故障,整线可以继续生产。

(3) 柔性加工系统在汽车发动机气缸盖中应用实例

1) 气缸盖的结构特点。

① 气缸盖应具有足够的强度和刚度,以保证在气体的压力和热应力的作用下能够可靠地工作。

② 气缸盖的形状一般为六面体,系多孔薄壁件,常见的四缸机缸盖加工孔的数量多达 100 多个,铸造最薄处只有几毫米。

2) 缸盖材料与毛坯制造。

① 缸盖的材料:对于缸盖的材料,现在的发动机生产厂家一般选用铝合金。因为铝合金导热性能较好,有利于适当提高压缩比,重量也较轻,可以减轻整车、整机的重量,但铝合金缸盖的刚度差,使用过程中容易变形。

② 缸盖附件的材料:以前,气门座材料一般采用耐热合金铸铁,气门导管一般采用铸铁;现在,粉末冶金在气门阀座和导管上运用的越来越多了,而且很多复杂的形状也能铸造成形,不需要再加工,但耐磨性不如铸铁。

③ 缸盖毛坯的要求:缸盖毛坯一般采用铸造成形。在大批量生产时,采用机器造型,并能实现机械化流水作业。现在在产品设计和开发初期阶段,缸盖毛坯或样件一般采用快速成型的方法获得。对于缸盖毛坯的技术要求是:毛坯不应该有裂纹、冷隔、浇不足、表面疏松(密集性针眼)、气孔、砂眼、粘砂等缺陷,并且保证定位基面(粗基准)、夹紧点和粗传送点光滑,一致性好。

3) 缸盖的加工难点。

① 平面加工工艺。缸盖的顶面、底面和进排气面都是大面积平面,对精度要求高,这就对机床的几何精度和刀具的调整精度要求比较高。以前,缸盖大平面加工大都采用硬质合金刀片加工,并配一个金刚石修光刃;现在,如果毛坯情况好的话,全部采用金刚石刀片进行加工,可以很好地提高加工后的表面粗糙度和加工效率。

② 高精度孔的加工气。缸盖上的气门阀座、导管孔、气门垫片孔安装孔和凸轮轴孔等孔系,有配合关系,其尺寸精度、位置精度和表面粗糙度要求极为严格。因此,这些高精度孔系的加工工序是缸盖制造工艺中的核心工序。

③ 缸盖气门阀座、气门导管精加工。缸盖气门阀座、气门导管同时与发动机气门配合,对同轴度要求比较高;气门阀座与气门锥面进行密封配合,对圆度要求也非常高。随着气门阀座和气门导管材料的变化,加工过程中选用的刀具也在不断地发生变化。以前的硬质合金刀片逐渐被 PCD 刀片所替代,极大地提高了加工效率和加工质量。

④ 缸盖凸轮轴孔的加工。缸盖凸轮轴孔是缸盖上最长的孔,如果分段加工的话,虽然可以保证凸轮轴孔的加工精度,但无法满足凸轮轴孔的同轴度要求,所以要求精加工一次加工成形。对于长度为 500mm 左右的刀杆,重点如何消除刀杆自身重力所产生的影响。对于专机自动线而言,一般都带有镗模架以消除这种影响;对于比较大的发动机,有可能带有好几个镗模

架。对于加工中心，现在基本已经取消镗模架，可利用刀具的自导向来消除刀杆重力的影响。

刀杆的结构特点：在刀杆的圆周上均匀布置一个切削刃和三个导向条。刀杆数量一般是一长一短。加工过程如下：先由短刀杆加工一个凸轮轴孔（至半精加工尺寸），再由长刀杆完成所有凸轮轴孔的半精加工和精加工。

⑤ 缸盖加工过程的毛刺。对于铝合金缸盖，因为是塑性材料，加工过程中不可避免地会产生毛刺。对于加工过程中的毛刺，除了要合理选用加工参数、刀具参数，还可以通过提高工件材料的硬度，也可以弱化加工过程中毛刺的产生。在加工过程中，目前主要有以下几种方式去除加工毛刺：一是尼龙毛刷去除毛刺，多用于大的加工表面和大的孔系；二是高压水去除毛刺，多用于深油孔，也有利用旋转水柱去除大面或大孔的毛刺；三是表面喷丸或表面抛丸，多用于铸件表面的毛刺、飞边处理，会影响工件的清洁度；四是电火花去除毛刺，用于比较难去除的毛刺，如合金钢的毛刺，对于不规则的毛刺，去除比较困难；五是氢氧爆破去除毛刺，利用氢氧燃烧产生的压力和高温气流，将附于工件表面产生的毛刺去除，但对于工件毛坯要求比较高，补焊、裂纹、冷隔都有可能导致工件报废。

⑥ 缸盖的清洗。缸盖清洗工序是缸盖的主要辅助工序之一，因为发动机对缸盖的清洁度要求非常严格，而缸盖又是一个多孔型腔组成的复杂铸造箱体，如清洗不彻底而使砂子和铝屑等进入发动机的润滑系统或气缸中，则会直接影响发动机的工作和使用寿命。所以，应该充分重视缸盖的清洗工序。对于缸盖清洗机而言，现在一般都带有射流清洗工位，相当于预清洗工位，工件在水箱中翻转，清洗喷嘴带有压缩空气的水流，从而达到工件初步清洗的效果。对于有装配需求或不易清洗干净之处，清洗机上一般配备有顶点定位清洗工位，可以将规定部位清洗干净。

4）典型缸盖加工工艺流程。

① 不带凸轮轴瓦盖的缸盖，如图5.6-11所示。

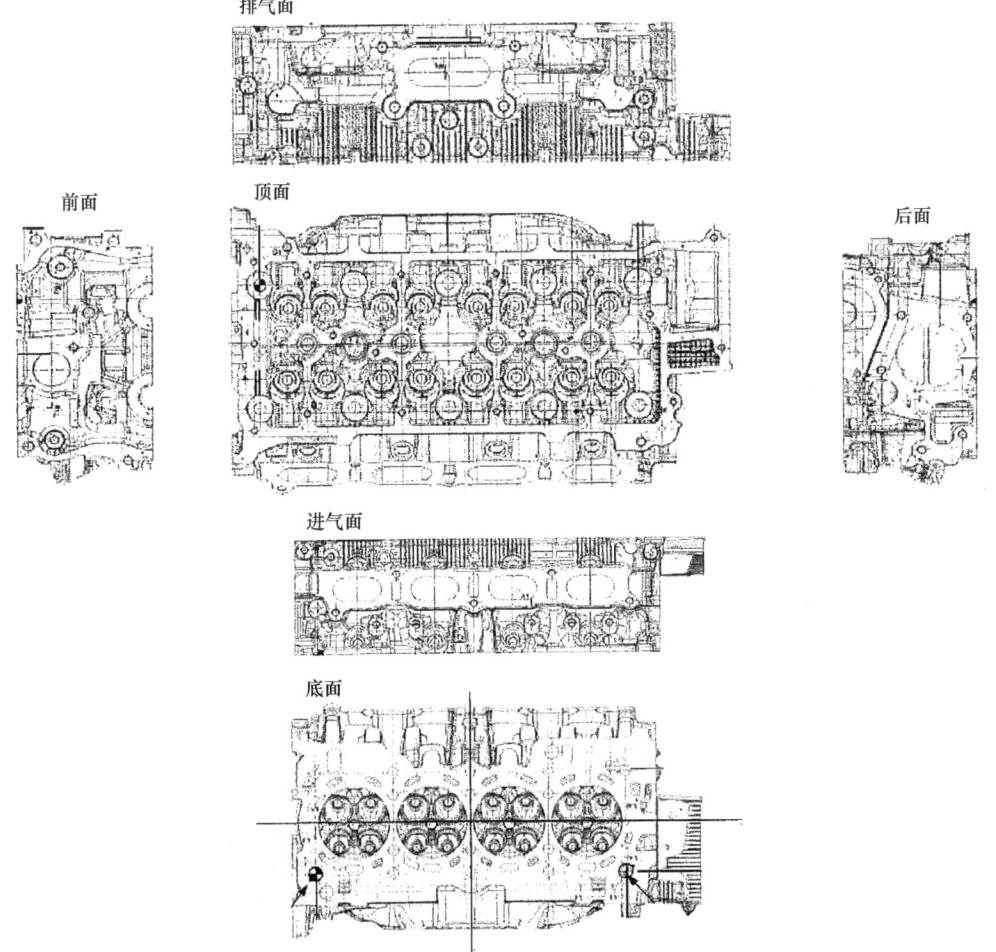

图 5.6-11　不带凸轮轴瓦盖的缸盖

② 典型加工工艺流程（工序集中型）。

工序 1、OP10：以底面上的三个毛坯基准点定位，粗铣缸盖顶面，粗加工气门垫片孔安装孔，钻、铰顶面上的定位孔，以及加工螺栓凹座面和油孔等面上的孔系。

工序 2、OP20：以顶面上及顶面上的定位孔（一面两销）定位，粗铣缸盖底面、进排气面，钻、铰底面上的定位孔，粗加工导管、阀座孔，以及加工螺栓过孔和油孔等面上的孔系。

工序 3、OP30：以底面上及底面上的定位孔（一面两销）定位，加工缸盖前后端面、止推面和凸轮轴半圆孔、喷油嘴孔及面上的孔系。

工序 4、OP40：以底面上及底面上的定位孔（一面两销）定位，精铣顶面，精加工气门垫片孔安装孔，导管、阀座孔和瓦盖安装孔等孔系，并去除毛刺。

工序 5、OP50：中间清洗。

工序 6、OP60：中间试漏，缸盖油道和水道试漏。

工序 7、OP70：水套试漏。

工序 8、OP80：导管座圈压装。

工序 9、OP90：凸轮轴瓦盖装配。

工序 10、OP100：精加工阀座、导管孔及其孔系。

工序 11、OP110：精铣缸盖底面，精加工凸轮轴孔及其孔系。

工序 12、OP120：最终清洗。

工序 13、OP140：堵盖压装。

工序 14、OP140：最终试漏。

工序 15、OP150：摇臂支座室及气道试漏。

工序 16、OP160：总成检测。

带导管座圈和凸轮轴瓦盖的缸盖，如图 5.6-12 所示。

排气面

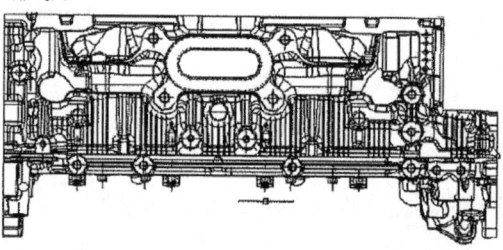

前面　　　　　顶面　　　　　　　　　　　　　　　后面

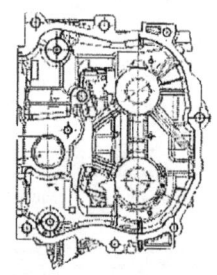 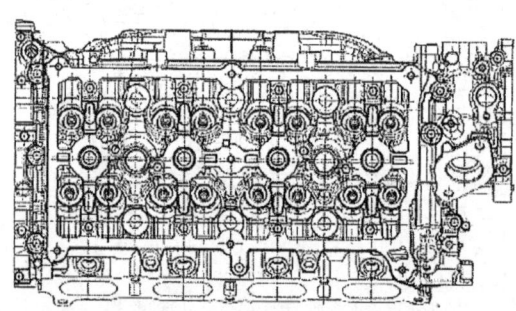 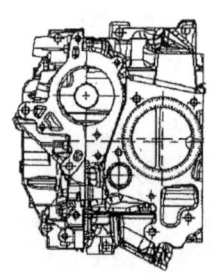

进气面

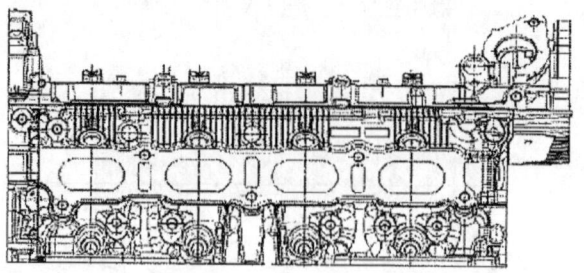

图 5.6-12　带导管座圈和凸轮轴瓦盖的缸盖

底面

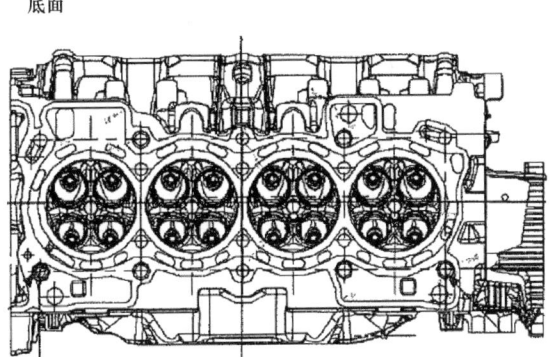

图 5.6-12　带导管座圈和凸轮轴瓦盖的缸盖（续）

2. 回转体零件的柔性加工工艺介绍

加工回转体零件的柔性制造系统由三个基本系统，即信息流系统、物流系统和加工系统组成。

信息流系统由文件服务器、中央计算机/单元控制器、工作站 1 计算机、工作站 2 计算机、计算机视觉系统和可编程控制器（PLC）组成；物流系统由两台工业机器人、一个链式辊轮传输系统、毛坯存储库和成品存储库组成；加工系统由一台加工中心和一台

车削中心组成；整个系统由文件服务器、中央计算机、视觉系统和两台工作站计算机组成的 NOVELL 网络进行控制，如图 5.6-13 所示。

（1）柔性制造系统的引进计划

通常研制和开发 FMS 多以用户的"FMS 设备计划书"为基础，根据用户的加工对象、加工技术与技巧、生产能力、生产计划等，由用户与供应商或制造商（多数为对设计、制造 FMS 有丰富经验和大量

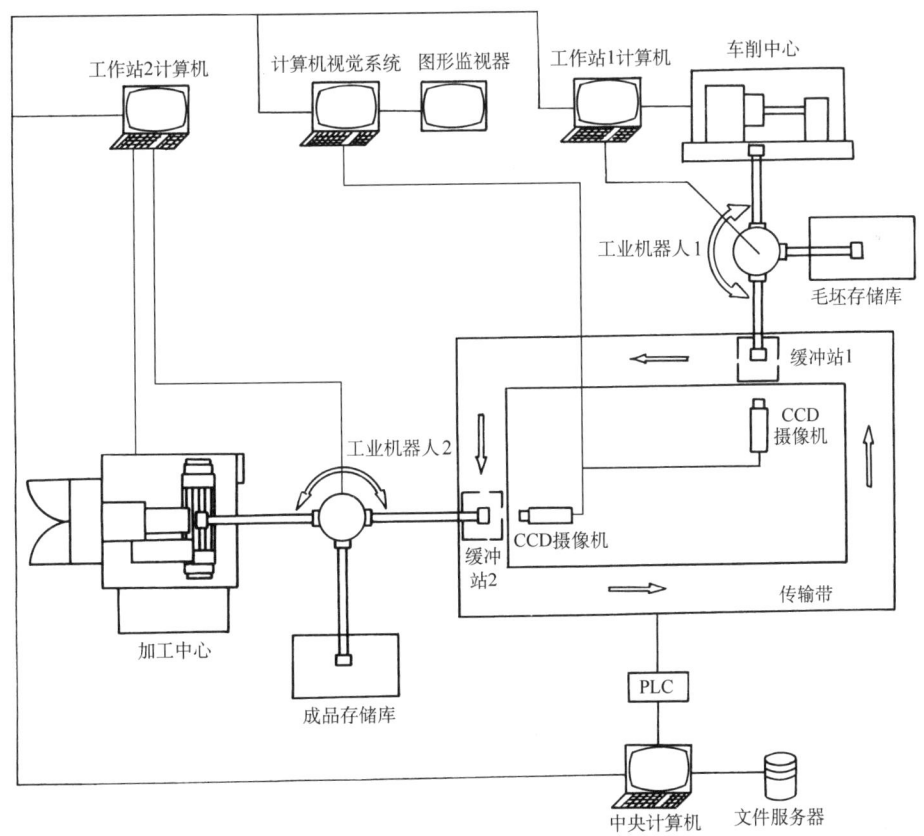

图 5.6-13　加工回转体零件的柔性制造系统结构

实际的机床厂）的工程技术人员一起共同承担和实施。值得一提的是，FMS 是一种制造工具，因此在制订 FMS 设备计划时，为了解决系统中的加工方法、加工精度、工装夹具、新型高效切削刀具的应用等问题，必须事先进行各种试加工实验；在此基础上，再决定系统的控制方法、自动化程度，以及柔性和规模。FMS 的引进计划一般按图 5.6-14 所示顺序进行。

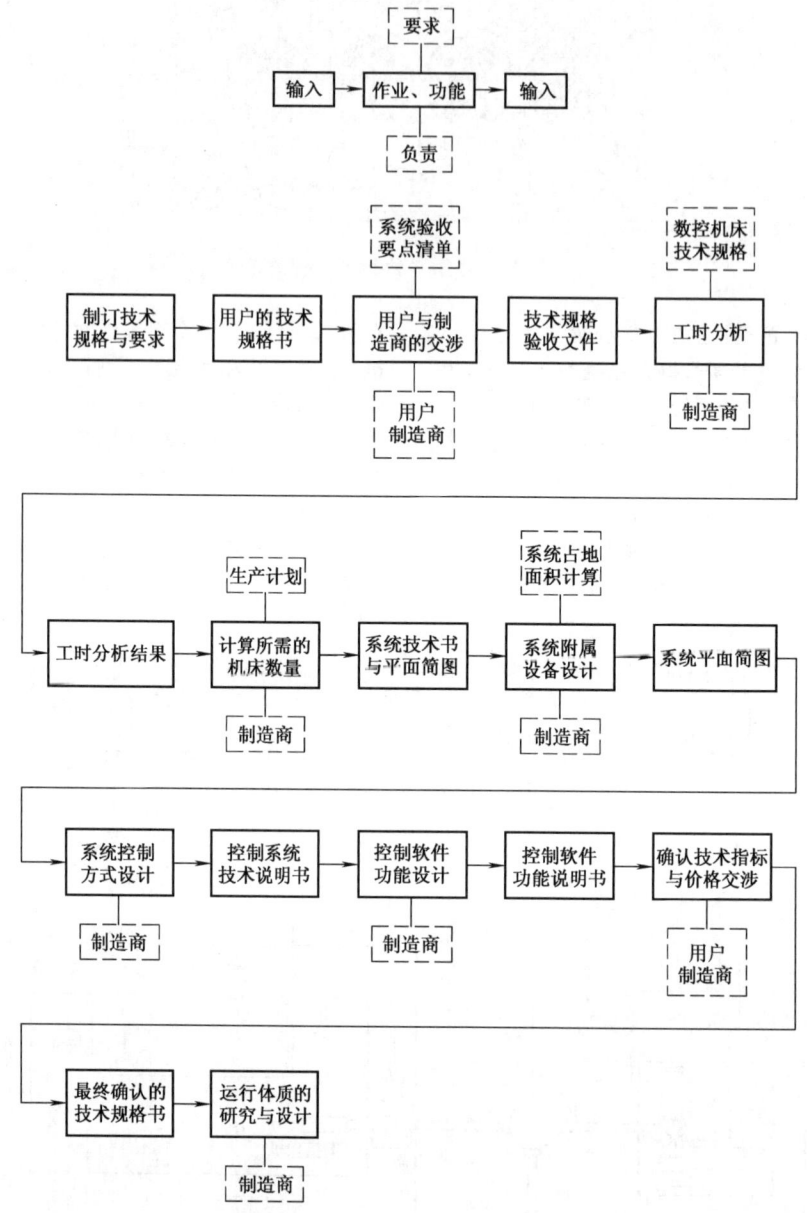

图 5.6-14　FMS 引进计划的步骤

（2）实施 FMS 过程中应注意的问题

1）实施 FMS 的基本原则。应与企业的经营计划和发展方向挂钩，做到目标明确、资金落实。具体地、仔细地分析企业的技术力量和需求，做到技术落实。分析引进设备后对生产管理方面的影响，做到组织落实。制订与设备引进相关的人才培训计划，做到人员落实。

2）加工对象的选择和分析。实施 FMS 时首先应选择适当的加工对象，决定加工内容、工件种类、形状、材料、批量及批量变化幅度、生产量与生产量的变化幅度。

3）实施方法。实施方法可采用外购、用户与制造商共同研制开发、用户自行开发三种方式。无论采用哪种方式，应首先考虑用户现有设备、固有技术和特长的应用与发展。

4）设备投资费用的试算。FMS 投资费用高，这对企业是个不小的负担，引进是否适当，将很大程度上左右企业的效益。为此，在技术上选用适合用户的最佳系统的同时，还必须在经济上对系统设备投资进形核算，筛选出对企业经营最合适的系统。

5）系统的扩展性。由于很多不可预测的因素，如生产计划的变动、加工对象种类的增加等，实施时应充分考虑系统的可扩展性。

6）自动化程度。考虑加工工件的种类、数量、加工内容等技术方面的问题和在保证经济效益的前提下，判断哪些作业使用工人，哪些作业实现自动化，然后选用相应的数控机床、输送装置、装卸装置、缓冲装置、存储装置、计算机、网络数据库等系统构成要素和系统构成方案。

7）明确系统技术要求。总结和整理前 6 项得出的结论，明确技术要求，并让系统设计、制造商提交相应的技术文本，如"FMS 技术规格书""自动化系统技术规格说明书""搬运系统技术规格说明书""加工中心验收明细表"和"软件功能及使用说明书"等。

3. 柔性制造系统设计方案的评价

柔性制造系统的设计是一项复杂的决策过程，涉及许多方面的问题。这些问题分属战略层、设计层和操作层等几个层面。对柔性制造系统进行评价也有不同的衡量模式。

（1）衡量柔性的标准

柔性制造系统柔性的关键是生产设备适应产品数量和产品品种组合变化的能力。一般可从以下几方面考虑：

1）设备的柔性。它衡量了设备适应新产品和现有品种改进的能力，用闲置成本来表示。所谓闲置成本指设备利用率低而造成的一种机会成本。能力强的设备一般总是有闲置成本，它也反映了系统对原材料增加附加值的一种机会。

2）过程的柔性。它衡量了对零件制造过程发生变化的适应性。过程的柔性差会导致产生大量的在制品，而在制品与待加工产品的等待时间成正比，所以过程的柔性可以用等待成本来衡量。由于过程的柔性提供了增加原材料附加值的机会，所以它也是一种机会成本。

3）产品的柔性。多变而激烈的市场需要现有的产品不断改进，也需要新产品不断涌现。产品柔性主要考虑产品组合变化而增加产品价值的机会。这些变

化在品种增加时会在较短寿命周期内和较小批量规模中产生。较小的批量意味着较高的准备费。在 FMS 中，准备费的降低意味着更短的生产流程和更短的机器闲置时间，从而得到更多的利润。

4）需求的柔性。它衡量了对需求变化的适应性。在 FMS 中需要考虑两种需求，即顾客对成品的需求和企业自身对原材料的需求。因此需求的柔性可以用成本的存贮成本来表示。需求的柔性衡量了由于改变工作进度和需求预测的产品附加值的机会，也可以用机会成本来核算。

5）人的柔性。它衡量了生产线上直接变化的适应性。素质好、柔性强的工作人员可以减少操作时间，并能及时排除生产中发生的现场问题，因此可以用闲置成本来衡量。

6）管理的柔性。管理的柔性可以用机会成本中的其他费用来衡量。

（2）质量衡准

产品质量的提高不仅使企业在市场上更具竞争力，占有更大市场，取得更大利润，还能使企业内部为维持产品质量而产生的成本减少。维持产品质量的成本包括以下几方面：

1）预防成本。与策划、执行和维持 FMS 的质量标准有关的费用。

2）评估成本。为保证材料和产品符合质量标准而发生的费用。

3）内部故障成本。当材料和产品不符合质量标准，以及在制造过程中产生废品损失时而发生的费用。

4）外部故障成本。当次品销售给顾客时发生的成本。

5）保障成本。即产品在保修期或连锁销售中给予的免费服务或优惠服务。

质量衡准对 FMS 方案的成本分析是必要的。

4. 加工零件的信息流系统及其工作原理

信息流系统是整个柔性制造系统的神经中枢，用以实现对柔性制造系统的总体控制，完成对系统的监控，对生产过程、物流系统辅助装置、加工设备的控制，以及运行状态数据存储、调用、校验和网络通信等功能。信息流系统的主要通信网络如图 5.6-15 所示。

中央计算机和文件服务器是信息流系统的控制核心。在 FMS 系统运行时，中央计算机检查传输带和托盘的状态、机床和工业机器人的状态，以及来自计算机视觉系统的信息。通过这些信息，中央计算机可判别每个工作站的任务类型和状态，并根据生产任务和调度决策，将相应的控制命令发送到工作站计算机。

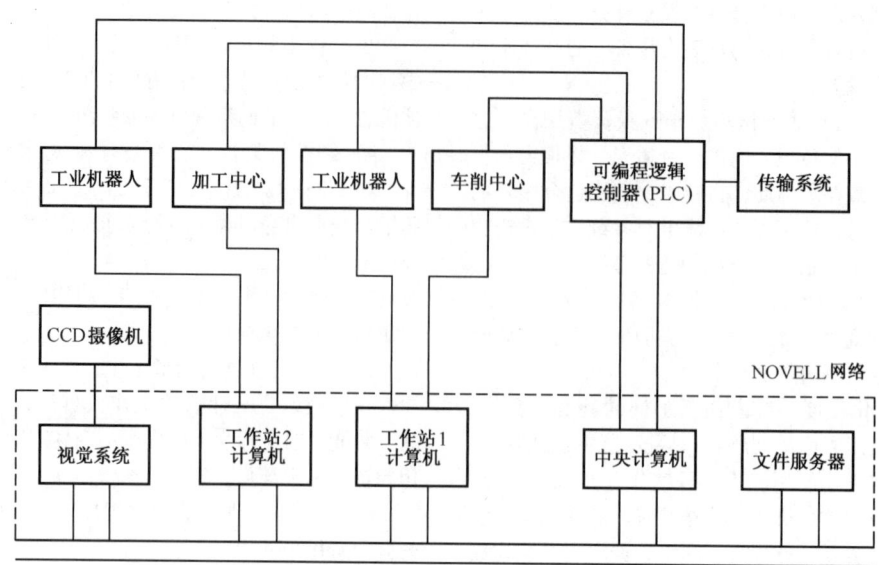

图 5.6-15　信息流系统的主要通信网络

柔性制造系统中的各个设备/用户注册到网络系统中后，就可以自动启动该制造系统。此时在中央计算机的屏幕上会出现两个窗口：一个是状态窗口，另一个是信息窗口。状态窗口主要显示工作站计算机、CNC 机床、机器人、视觉系统的所有工作状态，以及每个工作站的任务完成情况；信息窗口主要显示整个系统的加工进度信息，送到和来自所有工作站计算机、视觉系统、可编程控制系统的指令和信号，以及当错误发生时的出错信号。

计算机视觉系统是采用计算机对加工零件的图像信息输入并进行处理与识别的装置，是 FMS 的辅助系统。该系统有两种操作方式，即学习模式和 FMS 运行模式。视觉系统主要用于对特定工作站托盘上零件的毛坯、半成品进行外形等参数的识别，并将识别的结果返回给计算机，辅助中央计算机确定下一步零件的加工任务（加工程序）和加工设备，发送相应的控制指令，控制机床的加工，以及工业机器人与传输带组成的物流系统的运行，参与 FMS 系统整个加工过程的管理和调度，从而实现各种零件的同时加工和对 FMS 系统生产的智能调度，以提高生产率。

中央计算机与文件服务器、视觉系统和两台工作站计算机通过 NOVELL 网络进行连接。中央计算机与可编程控制器（PLC）通过 RS-485 接口卡连接。

5. 加工零件的加工系统及其工作原理

加工系统是柔性制造系统的制造核心。在图 5.6-13 所示的柔性制造系统中设置了一台加工中心和一台车削中心，它们分别由两台工作站计算机控制，以完成给定的生产任务。每个工作站计算机控制系统都提供加工用的控制程序，并都能读取 ISO 格式的 G 码和 M 码。工作站计算机用读命令集文件的方法给数控机床和工业机器人分配工作。当柔性制造系统运行时，每个工作站计算机控制系统都将通过网络从中央计算机接收指令。当接收到控制指令时，工作站计算机对接收到的指令进行解释和分解，用软件将工业机器人路径程序通过 RS 232 接口 2 传送到工业机器人控制器，将数控加工程序通过 RS 232 接口 1 传送到 CNC 计算机数控机床。当工业机器人和数控机床完成任务时，工作站计算机将工业机器人和数控机床返回的信息综合成任务结束信号，并传送到中央计算机。

该加工系统有两种运行模式，即独立运行模式和系统运行模式。前者用于非 FMS 情况，此时工作站计算机自主控制机床或工业机器人；后者用于系统运行，工作站计算机通过网络接收中央计算机发出的控制指令，控制加工设备和工业机器人动作。当工作站计算机一旦接收到一个装载零件的任务，工作站计算机将从文件服务器读取和打开一个相对应的命令集文件，并自动完成指定的装载任务。

当出现故障时，如命令集文件丢失或数控文件丢失，工作站计算机控制系统将停止工作，并发出出错信息，在工作站计算机屏幕上显示；同时，工作站计算机控制系统也将通过网络发出这个出错信息到中央计算机，以示这个任务将不能完成。

车削中心和加工中心在工作站计算机的控制下完成给定的加工任务。车削中心的刀盘可以容纳 12 把刀具，加工中心的刀盘可以容纳 16 把刀具。

6. 加工零件的物流系统及其工作原理

物流系统是整个柔性制造系统加工的连接纽带，该柔性制造系统中的物流系统包括毛坯/成品存储库、物料传输线和工业机器人，主要用于将毛坯、半成品零件从毛坯存储库或缓冲站传送到每个加工单元以进行加工，并将加工好的零件传送到成品存储库。

两台工业机器人作为物流系统中的一部分，在工作站计算机和工业机器人控制器直接控制下，执行所有在机床上装卸零件、从毛坯存储库传送到机床或传输线，以及传送产品到产品存储库的传送任务。

传输线由可编程控制器（PLC）直接控制，通过传感器和气缸控制整个传输系统和两台 CNC 机床的自动开门、关门等机械动作，PLC 通过传感器和气缸控制托盘的升降和传输，并将托盘准确定位在相应的工位上。

5.6.3 典型零件柔性制造系统的运行与操作

为了保证柔性制造系统能正常起动，顺利地按照所设计的调度规则正常运行和加工，操作人员应当严格按操作规程进行操作。在运行系统前，应注意以下几点：

1）确保刀具情况良好。严格检查刀具是否安装正确，刀尖上是否发现有严重磨损，如果在切削刃或刀具的边缘上发现有任何磨损，应立即更换刀片或刀具，并重复刀具的安装和设置过程。

2）去除所有的刀具、CNC 车削中心的三爪卡盘和刀盘、加工中心夹具上的切屑，在冷却液槽中或工作台上的过量切屑可能会引起机床、工件和刀具的严重损害。

3）检查各工作站网络线是否连接可靠，确保从计算机到控制器 I/O 接口的 RS-232C 电缆连接良好。

4）检查 CNC 机床液压系统压强调节是否恰当：对于中碳钢材料，标定施加的压强是 $25\mathrm{kgf/cm^2}$（$1\mathrm{kgf/cm^2}=98.0665\mathrm{kPa}$）；对于一些可塑性的材料，如铝、铜，施加的压强可调低到 $25\mathrm{kgf/cm^2}$。

5）如果控制面板上的警示灯被点亮，应检查示警原因，在排除告警提示后，才能进入 FMS 运行模式。

1. 开启文件服务器

文件服务器是信息流系统的控制核心，用于存放网络操作系统、集成化 FMS 网络管理与控制软件，以及所有共享的加工文件与数据。

文件服务器的开启步骤：①先打开文件服务器电源；②文件服务器自动初始化；③在显示器屏幕上显示信息窗口，选择连接信息。

2. 开启中央计算机

中央计算机用于对系统整个生产过程进行管理与监控，检测各工作站的状态与返回信息，根据生产任务、作业计划和并发事件的调度规则，对各工作站下达控制指令，实现自动化加工制造。

中央计算机的开启步骤：

① 开中央计算机电源，显示系统模式选择项。

② 选择相应的 FMS 操作平台后，屏幕出现系统初始化、准备与维护、运行、自检、退出、帮助等选项。

③ 选择"系统初始化"模式，进入下一级选择菜单，可以对系统中的组成设备分别执行初始化，也可以同时进行系统中所有设备的初始化。在系统初始化完成后，选择"退出"，系统将退出初始化操作。

④ 进入"系统运行"模式，FMS 系统加工将被完全启动。中央计算机进入"FMS 总控模块"，将按用户设计的程序进行加工，并在"状态窗口""信息窗口"分别实时动态提示系统运行时各设备运行和调用命令集文件的详细信息。在整个加工过程中，无须人工干预。

3. 设置加工系统及数控机床

（1）车削中心

在工作站 1 计算机控制下，实现对回转体零件的加工任务。设置车削中心，使其工作于 DNC 方式，进入自动加工运行模式：①确认车削中心的防护门是打开的；②打开机床控制面板上的电源开关；③起动机床控制器；④按下关闭卡盘按钮；⑤在刀具设置模式中，选择和安装加工所用的刀具，并设定刀具的补偿值；⑥对机床初始化，使 X、Y 轴返回机床原点；⑦按下"自动"按钮，设置机床处于自动运行方式；⑧按下"冷却自动"按钮，使机床进入程控自动喷洒冷却液状态。

（2）加工中心

在工作站 2 计算机控制下，实现对复杂曲面零件的加工任务。

设置加工中心，使其工作于 DNC 方式，进入自动加工运行模式：①确认加工中心的防护门是打开的；②打开机床的总电源开关；③起动机床控制器；④在 2 号工作站计算机上输入命令，打开安装在加工中心托盘上的工件夹具；⑤选择加工刀具，并设定每把刀具的补偿值；⑥对机床初始化，使 X、Y、Z 轴返回机床原点；⑦按下"冷却自动"按钮，使机床进入程控自动喷洒冷却液状态。

4. 运行物流系统

物流系统由工业机器人、传输线和毛坯/成品储存库组成。传输线由可编程控制器（PLC）控制，通过托盘升、降或传输带控制，将托盘准确定位在相应的工位上。在传输线上，被识别的零件由工业机器人从传输线上传送到 CNC 机床加工。传输线开启步骤：①接通压缩空气源的电源，开始供气（提供气压为 6kgf/cm²）；②启动可编程控制器（PLC）。

5. 启动工作站 1 计算机

工作站 1 计算机控制系统通过网络从中央计算机接收命令，从文件服务器读取和打开命令集文件，给车削中心和工业机器人 1 分配工作，通过网络返回信息和任务完成信息。

（1）工作站 1 计算机与机床通信连接

工作站 1 计算机与机床通信连接的步骤：①启动工作站 1 计算机，将工作站 1 计算机登录到 FMS 网络系统中；②登录后，在工作站 1 计算机的目录中选择"运行 FMS 系统"模式；③系统将进入"集成化 FMS 网络管理与控制系统工作站 1"主控平台。该平台提供三种可选操作模式，即单机模式 S、系统运行模式 F 和退出系统模式 Q。

（2）工作站 1 计算机在单机运行模式下对工业机器人 1 进行直接控制

在单机运行模式下对工业机器人 1 进行初始化：①检查工业机器人 1 控制器电源是否已开启；②检查工作站 1 计算机，屏幕显示 SYSTEM READY! 信息；③在工业机器人示教板上按<Control On/Off>键，使其受控，在工业机器人示教板显示器上将显示信息 CONTROL ENABLED；④在工作站 1 计算机键盘上输入指令，使工业机器人所有轴返回初始位置。

（3）进入单机运行模式

在单机运行模式下，工作站 1 计算机对数控机床进行直接控制。首先可通过工作站 1 计算机与机床（车削中心）的连接与通信实现对车削中心的初始化和直接控制；其次对车削中心进行初始化：①按<卡盘夹紧>键；②选择机床控制面板上的激活手动模式选项，在工作站 1 计算机上输入关门命令，关闭车削中心机床门；③选择方向和进给控制，旋转手轮，移动刀盘，使刀盘离开机床坐标系原点；④按<HOME>键，使刀盘自动返回机床参考点（复位）；⑤选择程控方式；⑥选择 DNC 自动运行模式。⑦按<循环开始>键，车削中心完成初始化。

（4）进入系统运行模式

在工作站 1 计算机主界面上选择"系统运行模式 F"，工作站 1 计算机进入"集成化 FMS 网络管理与控制系统工作站 1 系统运行模式"，在此模式下，工作站 1 计算机自动完成与机床和工业机器人的通信联络。在确认通信设置就绪后，将显示提示信息"RS-232 通信口初始化完成。"如果中央计算机未登录入

网，在工作站 1 计算机上将显示"等待中央计算机入网…"信息。

当中央计算机入网登录后，将提示"等待与中央计算机建立 SPX 方式通信进行初始化…"，以及执行来自中央计算机的所有命令；然后进行如下步骤：①确认工业机器人控制器电源已起动，检查工业机器人示教板上的提示信息，使其处于受控状态；②在车削中心机械操作面板上选择 DNC 运行模式，检查循环开始键的灯应是关闭状态，三爪卡盘应为夹紧零件状态。这时工作站 1 计算机将接收来自中央计算机的初始化命令和加工指令。

6. 启动工作站 2 计算机

工作站 2 计算机控制系统与工作站 1 计算机一样，将通过网络从中央计算机接收命令，从文件服务器读取和打开命令集文件，给加工中心和工业机器人 2 分配工作，通过网络返回设备信息和任务完成信息。

（1）工作站 2 计算机与机床通信连接

工作站 2 计算机与机床通信连接的步骤：①启动工作站 2 计算机，将工作站 2 计算机登录到 FMS 网络系统中；②登录后，在工作站 2 计算机的目录中选择"运行 FMS 系统"模式；③系统将进入"集成化 FMS 网络管理与控制系统工作站 2"主控平台。该平台提供三种可选操作模式，即单机模式 S、系统运行模式 F 和退出系统模式 Q。

（2）工作站 2 计算机在单机运行模式下对工业机器人 2 进行直接控制

在单机运行模式下对工业机器人 2 进行初始化：①检查工业机器人 2 控制器电源是否已开启；②检查工作站 2 计算机，屏幕显示 SYSTEM READY! 信息；③在工业机器人示教板上按<Control On/Off>键，使其受控，在工业机器人示教板显示器上将显示信息 CONTROL ENABLED；④在工作站 2 计算机键盘上输入指令，使工业机器人 2 所有轴返回初始位置。

（3）进入单机运行模式

在单机运行模式下，工作站 2 计算机对数控机床进行直接控制。首先可通过工作站 2 计算机与机床（加工中心）的连接与通信实现对加工中心的初始化和直接控制；其次对加工中心进行初始化：①选择机床控制面板上的激活手动模式选项；②选择方向和进给控制，旋转手轮，移动刀盘，使刀盘离开机床坐标系原点；③按<HOME>键，使刀盘自动返回机床参考点（复位）；④选择 DNC 自动运行模式；⑤用 DNC 方式在工作站 2 计算机输入命令，将加工中心上的夹具打开；⑥检查加工中心门是否关闭。关闭加工中心门，加工中心完成初始化。

（4）进入系统运行模式

在工作站 2 计算机主界面上选择"系统运行模式 F"，工作站 2 计算机进入"集成化 FMS 网络管理与控制系统工作站 2 系统运行模式"，在此模式下，工作站 2 计算机自动完成与机床和工业机器人的通信联络。在确认通信设置就绪后，将显示提示信息"RS-232 通信口初始化完成。"如果中央计算机未登录入网，在工作站 2 计算机上将显示"等待中央计算机入网…"信息。

当中央计算机入网登录后，将提示"等待与中央计算机建立 SPX 方式通信进行初始化…"，以及执行来自中央计算机的所有命令；然后进行如下步骤：①确认工业机器人控制器电源已起动，检查工业机器人示教板上的提示信息，使其处于受控状态；②检查加工中心工作台上的夹具状态。在操作面板上按<AUTO>键，选择 DNC 运行模式；③工作站 2 计算机将接收来自中央计算机的初始化命令和加工指令。

7. 开启计算机视觉系统

计算机视觉系统用于在加工过程中检测与识别零件的外形，辅助中央计算机对生产过程进行管理和控制，实现不同外形的各种零件的同时加工。开启计算机视觉系统的步骤：①打开视觉系统计算机电源；②打开系统上所有的 CCD 摄像机电源和照明电源；③选择 FMS 运行系统；④系统将自动进入"视觉系统主菜单"；⑤选择"实时运行模式"，确认此前系统已通过"学习模式"将当前所需加工的各种零件的外形轮廓信息记录在服务器中；⑥进入"计算机视觉实时处理系统"。

计算机视觉系统将自动与中央计算机建立通信，在中央计算机的控制下分别采集与识别工作站 1 计算机缓冲站、工作站 2 计算机缓冲站上的零件图像，并将实时采集的被加工零件的当前视图与存储在服务器中的样品零件视图分别显示在屏幕上。

8. 系统正常关机

当所有预定的生产任务完成后，可关闭系统。关机操作应遵循以下步骤：

1）工作站计算机控制系统和视觉系统。首先检查各工作站计算机，应显示所有任务已全部完成；然后退出工作站计算机，关闭电源；最后退出计算机视觉系统，关闭计算机视觉系统电源，关闭 CCD 摄像机和照明电源。

2）中央控制系统。当退出中央计算机后，关闭中央计算机电源。

3）可编程控制器（PLC）。在 PLC 控制面板上按停止键，关闭 PLC 控制器电源。

4）传输系统。正常关闭系统后，关闭主气压阀。

5）工业机器人。检查工业机器人的位置，设置工业机器人返回位置，关闭工业机器人控制器电源。

6）工作站中的 CNC 机床。在机床控制面板上选择手动操作方式，移动工作台或刀盘离开初始位置，关闭控制器电源和机床的三相电源。

7）关闭文件服务器。退出计算机，使整个 FMS 网络系统退出 NOVELL 网络系统，关闭服务器电源。

9. 系统暂停和复位

一般规则：如果系统是在紧急情况下停机的，则应该执行复位操作。为了避免对已出故障的机床、机器人和其他机械造成更严重的损害，所有复位步骤必须手动执行。

5.6.4　开放式柔性制造系统

1. 开放式柔性制造系统的产生

随着技术、市场、生产组织结构等多方面的快速变化，如今，对数控系统的柔性和通用性提出了更高的要求：希望能够根据不同的加工需求迅速、高效、经济地构筑面向客户的控制系统；逐渐降低数控机床生产厂家对控制系统的依赖性；大幅度降低维护和培训的成本；改变目前数控系统的封闭型设计，以适应未来车间面向任务和订单的生产组织模式，使底层生产控制系统的集成更为简便和有效。因此，必须重新审视原有控制系统的设计模式，建立新的开放式的系统设计框架，使数控系统向模块化、平台化、工具化和标准化发展。在这种背景下，对数控系统开放技术的研究正引起各国的广泛重视。

2. 开放式柔性制造系统的优点

（1）开放式柔性制造系统的概念

开放式系统的定义："一个开放式系统应能使各种应用系统可以有效地运行于不同供应商提供的不同平台之上；可以与其他应用系统相互操作，并具有风格一致的用户交互界面。"一般来说，对于开放式数控系统都强调 5 个方面的性能特征。

1）即插即用：数控功能采用模块化的结构，且各模块具有即插即用的能力，以满足具体控制功能要求。

2）可移植性：功能模块可运行于不同的控制系统内。

3）可扩展性：功能相似、接口相同的模块之间可相互替换，有随技术进步而更新软硬件的可能。

4）可缩放性：控制系统的大小（模块的数量与实现）可根据具体的应用增减，成为规模化系列产品；

5）互操作性：模块之间能相互协作（交换数据），容易实现与其他自动化设备的互连。

因此，一个完全开放的数控系统应该是：以分布式控制原则，采用系统、子系统和模块分级式的控制结构，其构造应该是可移植的和透明的；系统的拓扑结构和性能应是可缩放的，以便根据需要可方便实现重构、编辑，实现一个系统具有多种用途，即可实现CNC、PLC、RC和CC等控制功能；系统中各模块相互独立，在此平台上，系统厂、机床厂及最终用户都可很容易地将一些专用功能和其他有个性的功能模块加入其中，进行系统开发设计时，允许各模块进行独立开发，为此要有方便的支撑工具，各模块接口协议应明确，具有一种较好的通信和接口协议，以便各相对独立的功能模块通过通信实现信息交换，通过信息交换满足实时控制要求，同时使来自不同供应商的模块之间具有相互操作性。只有这样才能保证机床厂、用户可对系统进行补充、扩展或修改。

(2) 开放式柔性制造系统的优点

正是开放式系统的特性，使其具有传统数控系统无法比拟的优点，成为数控技术发展的方向。开放式数控系统的优点主要：

1) 向未来技术开放。由于软、硬件接口都遵循公认的标准协议，只需少量的重新设计和调整，新一代的通用软硬件资源就可能被现有系统所采纳、吸收和兼容，这将使系统的开发费用大大降低，而系统性能与可靠性将不断改善，并处于长生命周期。

2) 标准化的人机界面，标准化的编程语言，方便用户使用。

3) 向用户开放。通过更新产品、扩充功能，提供可供选择的硬软件产品的各种组合，以满足用户特殊应用要求，给用户提供一个方法，从低级控制器开始，逐步提高，直至达到所要求的性能为止。另外，用户自身的技术能方便地融入，创造出自己的产品。

4) 可减少产品品种，便于批量生产、提高可靠性和降低成本，增强了市场响应能力和竞争能力。

现阶段，真正实现数控系统的完全开放还难以做到，一些数控系统只是具备了开放式系统的特点，或者开放程度相对大一些而已。目前，利用现有PC的软硬件规范设计开放式数控系统，从研究进展及实现技术上看，主要有以下三种：

1) 数控专用模板嵌入通用PC构成的数控系统。这种数控系统在PC上嵌入的数控（NC）专用模板有内装式PLC单元、光电隔离开关量输入板、光电隔离开关量输出板及多功能板。系统的位置单元接口可根据使用伺服单元的不同而有不同的具体实现方法：当伺服单元为数字式交流伺服时，位置单元接口采用串口通信；当伺服单元为模拟式交流伺服时，位置单元接口采用位置环板。系统带RS232C接口，可直接与CAD/CAM连接，带网络卡可连入工厂网络。这种数控系统的结构如图5.6-16所示。

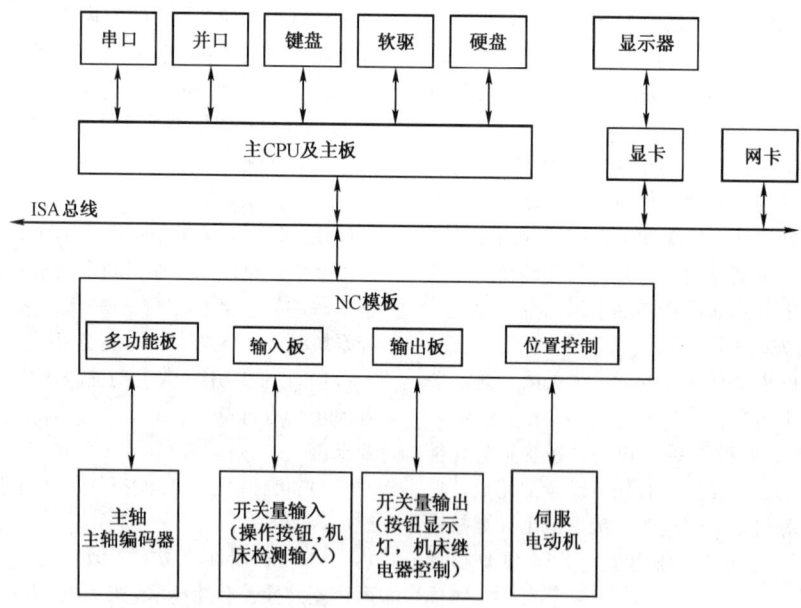

图 5.6-16 数控专用模板嵌入通用 PC 数控系统的结构

数据专用模块嵌入通用 PC 数控系统的软件结构如图 5.6-17 所示。底层软件为软件平台，其中的 RAM 为实时多任务管理模块，负责 CNC 系统的任务调度；NCBIOS 为基本输入/输出系统，管理 CNC 系统所有的外部控制对象，包括设备驱动程序的管理（对应不同的硬件模块，应用不同的驱动程序，故更换模块只需更换驱动程序，配置很灵活）、位置的控制、PLC 的调度、插补计算和内部监控等。上层软件（过程软件）相当于前后台型软件结构中的背景程序，负责零件程序的编辑、解释，参数的设置，PLC 的状态显示，MDI 及故障显示等任务的完成。通过 NCBIOS 将它与底层软件隔开，使得过程软件不依赖于硬件。

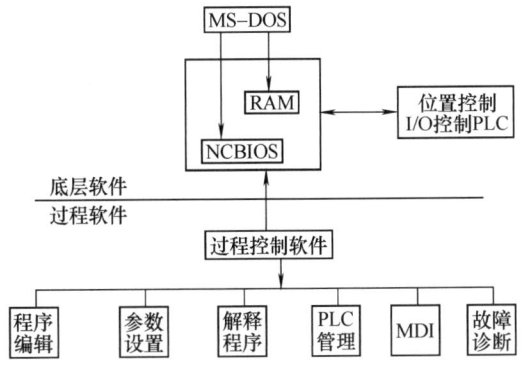

图 5.6-17　数据专用模板嵌入
通用 PC 数控系统的软件结构

这种数控系统的控制软件以 DOS 操作系统为软件支持环境，构造了一个具有实时多任务控制的数控软件平台，支持用户定制；用户可以在此平台上进行修改、增删，灵活配置派生出不同 CNC 控制装置，并提供了一种标准风格的软件界面，是一个初步开放的软件系统。

2）通用 PC 与开放式可编程运动控制器构成的数控系统。机床运动控制、逻辑控制功能由独立的运动控制器完成，运动控制器通常由以 PC 硬件插件的形式构成系统。上层软件（数控程序编辑、人机界面等）以 PC 为平台，是 Windows 等主流操作系统上的标准应用，并支持用户定制。以美国 DELTA TAU 公司 20 世纪 90 年代推出的可编程多轴控制器（PMAC）为代表，DELTA TAU 公司利用 NGC 和 OMAC 等协议，用 PC+PMAC 控制卡构成的 PMAC 开放式数控系统，获得了良好的应用效果。

PMAC 提供了运动控制、离散控制、内务处理、与主机交互等数控的基本功能，借助 Motorola 的 DSP56001/56002 数字信号处理芯片，可同时控制 1~8 个轴，它的速度、分辨力和带宽等指标远优于一般的控制器。

PAMC 具有开放性的特点，给系统集成者和用户提供了更大的柔性，它允许同一控制软件在三种不同总线（PC-TX 和 AT、VME、STD）上运行，由此提供了多平台的支持特性，并且每轴可以分别配置成不同的伺服类型和多种反馈类型。

图 5.6-18 所示为采用 PMAC 的开放式微机数控系统。该数控系统在通用 PC 的基础上，采用 PMAC 和双端口 RAM。通用 PC 主要实现系统的管理功能，PMAC 主要控制轴的运动及面板开关量。

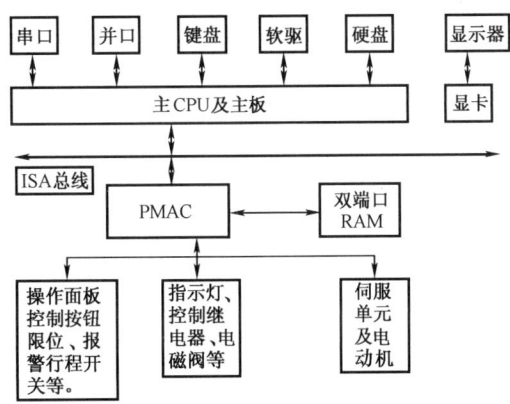

图 5.6-18　采用 PMAC 的开放式微机数控系统

这种数控系统在软件构成上可分为 PMAC 实时控制软件和上层软件两部分。实时控制软件的设计充分考虑了软件的开放性，用户可以根据某些具体要求增加软件的功能模块。PMAC 实时控制软件如图 5.6-19 所示。

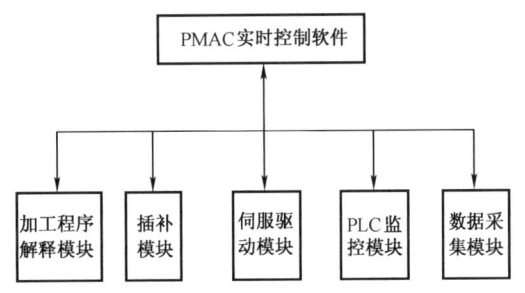

图 5.6-19　PMAC 实时控制软件

上层软件主要实现系统配置、数控程序编辑、系统诊断和通信功能，可采用 VC、VB 语言编制，利用 Windows 丰富的功能来实现友好的人机界面。

由于处理机性能的日新月异和操作系统技术的不断进步，使得以硬件方式出现的运动控制器部件，在可预见的时间内，完全可以用应用软件的方式来实现。这种"硬件功能软件化"不仅不会导致任何系统性能损失，而且软件实现的灵活性与硬件平台的无关性将有利于系统实现更深入的开放性和系统性能的快速增长。全软件式数控计算机代表了数控系统的发展方向，将对数控系统产生革命性的影响。

3）全软件式数控计算机将运动控制（包括轴制和机床逻辑控制）以应用软件的形式实现。除了支持上层软件（数控程序编辑、人机界面等）的用户定制，其更深入的开放性还体现在支持运动控制策略（算法）的用户定制。外围连接主要采用计算机的相关总线标准，这类系统已完全是在通用计算机主流操作系统（实时扩展）上的标准应用。

全软件式数控计算机的主要特征：

① 系统的表现形式与目前常见的 CAD/CAM 等系统所用软件（设备驱动软件）一致。

② 完整的机床控制器功能（PC、MC、AC、PLC）。

③ 外围连接采用标准规范。伺服和离散 I/O 信号通过一种信号转接器连接到运行软件数控的计算机，伺服、离散 I/O 和信号转接器的连接可以是光纤、屏蔽双绞线等，信号转接器和计算机的连接可以是网络、IEEE1394、USB、RS485、SCSI 等。

④ 核心开放体系结构支持人机界面和运动控制算法的用户定制，对采用智能控制策略有充分的考虑。

⑤ 支持 COM 或 COBRA 等软件技术规范，可与 CAD/CAM 软件无缝集成。

⑥ 加工单元代理功能支持 FMS、CIMS、虚拟制造等先进制造的上层应用。全软件式数控系统的一种结构模式如图 5.6-20 所示。

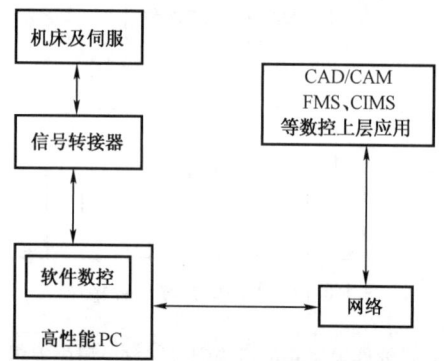

图 5.6-20　全软件式数控系统一种结构模式

参 考 文 献

[1] 机械工程手册、电机工程手册编辑委员会 . 机械工程手册 [M]. 北京：机械工业出版社，1997.

[2] 机械加工工艺装备设计手册编委会 . 机械加工工艺装备设计手册 [M]. 北京：机械工业出版社，1998.

[3] 吴启迪 . 柔性制造自动化的原理与实践 [M]. 北京：清华大学出版社，1997.

[4] 李福生 . 数控机床技术手册 [M]. 北京：北京出版社，1996.

[5] 张培忠 . 柔性制造系统 [M]. 北京：机械工业出版社，1998.

[6] 孙竹，何善亮 . 加工中心编程与操作 [M]. 北京：机械工业出版社，1999.

[7] 孙大勇 . 先进制造技术 [M]. 北京：机械工业出版社，2000.

[8] 唐跃华，吴锋 . 柔性制造系统性能的评价 [J]. 西安：西安科技学院学报，2000.

[9] 徐杜，蒋永平，张宪民 . 柔性制造系统原理与实践 [M]. 北京：机械工业出版社，2001.

[10] 惠延波，沙杰，等 . 加工中心的数控编程与操作技术 [M]. 北京：机械工业出版社，2001.

[11] 盛晓敏，邓朝辉，等 . 先进制造技术 [M]. 北京：机械工业出版社，2002.

[12] 高德文 . 数控加工中心 [M]. 北京：化学工业出版社，2003.

[13] 沙杰 . 加工中心结构、调试与维护 [M]. 北京：机械工业出版社，2003.

[14] 马履中，周建忠 . 机器人与柔性制造系统 [M]. 北京：化学工业出版社，2007.

[15] 刘延林 . 柔性制造自动化概论 [M]. 2 版 . 武汉：华中科技大学出版社，2010.

[16] 王隆太 . 先进制造技术 [M]. 2 版 . 北京：机械工业出版社，2015.

[17] 张根宝 . 自动化制造系统 [M]. 4 版 . 北京：机械工业出版社，2017.

[18] 龚仲华，夏怡 . 工业机器人技术 [M]. 北京：人民邮电出版社，2017.

[19] 王爱民 . 制造系统工程 [M]. 北京：北京理工大学出版社，2017.

[20] 沈向东 . 柔性制造系统 [M]. 北京：机械工业出版社，2018.

[21] 刘杰，王涛，等 . 工业机器人应用技术基础 [M]. 武汉：华中科技大学出版社，2019.

[22] 周骥平，林岗，朱兴龙 . 机械制造自动化技术 [M]. 4 版 . 北京：机械工业出版社，2019.

[23] 吴祖育，童劲松，陆志强 . 柔性自动化核心技术的展望：开放式数控系统 [J]. 机电产品开发与创新，2000，5（64）：181-185.

第6章

集成制造系统

主　编　刘成颖（清华大学）

副主编　叶仲新（湖北汽车工业学院）

6.1 集成制造系统的基本概念与发展

集成制造系统在我国的研究、开发和应用经历了两个时期，走了一条与国外相比有相当创新的发展道路。第一个时期主要是计算机集成制造系统（computer integrated manufacturing system，CIMS），其特征是集成，使能技术主要是计算机技术；第二个时期是现代集成制造系统（contemporary integrated manufacturing system，CIMS），其特征是集成和优化，使能技术主要是计算机技术和系统技术。

6.1.1 计算机集成制造系统的概念

1. 计算机集成制造的基本概念

计算机集成制造是 1973 年美国约瑟夫·哈灵顿（J. Harrington）博士在其所著的 *Computer Integrated Manufacturing* 一书中提出的理念，由英文单词的首字母组成，称为 CIM 理念，它是信息时代的一种组织、管理现代工业企业生产的理念。

计算机集成制造的概念包含了两个基本的观点：一是系统的观点，即企业生产的各个环节，包括市场分析、产品设计、加工制造、经营管理及售后服务的全部生产活动，是一个不可分割的整体，彼此紧密相连，任一生产活动都应在企业整体框架下统一考虑；二是信息的观点，即整个生产制造过程实质上是信息的采集、传递和加工处理的过程，最终形成的产品可以看作是"信息"的物质体现。计算机在整个制造过程中起着重要的作用。

2. 计算机集成制造系统的定义

计算机集成制造系统体现 CIM 理念，它是在自动化技术、信息技术和制造技术的基础上，通过计算机及其软件，将制造企业全部生产活动所需的各种分散的自动化系统有机地集成起来，是适于多品种、中

小批量生产的总体高效益、高柔性的智能制造系统。

计算机集成制造系统在网络、数据库支持下，由计算机辅助设计为核心的工程信息处理系统，以及以计算机辅助制造为中心的加工、装配、检测、储运、监控自动化工艺系统和经营管理信息系统所组成。

从计算机集成制造系统的概念中可以看到，在功能上，计算机集成制造系统包含了一个企业的全部生产经营活动，即从市场预测、产品设计、加工工艺设计、制造、管理到售后服务及报废处理的全部活动，因此计算机集成制造系统比传统的企业自动化的范围要大得多，是一个复杂的大系统。在集成上，计算机集成制造系统涉及的自动化不是工厂各个环节的自动化的简单叠加，而是在计算机网络和分布式数据库支持下的有机集成。这种集成主要是体现在以信息和功能为特征的技术集成，即信息集成和功能集成，以便缩短产品开发周期、提高质量、降低成本；这种集成不仅是物质（设备）的集成，而且也是人的集成。

总之，计算机集成制造系统是以企业的全部经营活动作为一个整体，对企业内部的各种信息进行加工处理，借助信息处理工具——"计算机"进行"集成化"的制造、生产和管理。"计算机"是工具，"制造"是目的，"集成"是 CIMS 区别于其他生产方式并将计算机与制造生产连接在一起的关键，是这种生产方式的核心。

3. CIM 和 CIMS 的区别

对于 CIM 和 CIMS，至今还没有一个全世界公认的定义。实际上，它们的内涵是不断发展的。表 6.1-1 列出了部分不同时期、不同国家、不同的专家学者提出的关于 CIM 和 CIMS 各种不同的定义，表达了不同的认识和看法。

表 6.1-1 CIM 和 CIMS 的定义

时间	国家	组　织	定　义
1982 年	欧洲共同体	欧洲共同体 SEPRIT	CIMS 包含了制造过程的全局和系统的计算机化。这类系统将利用一个公共的数据库，将计算机辅助设计、计算机辅助制造，以及计算机辅助工程、测试、维修和装配集成起来
1985 年前	美国	美国制造工程师学会计算机与自动化系统协会（SME/CASA）	在计算机技术的支持下，实现企业经营、生产等主要环节的集成，如图 6.1-1 所示。
1985 年	德国	德国经济生产委员会（AWF）	CIM 指在所有与生产有关的企业部门中集成地采用电子数据处理，CIM 包括了在生产计划与控制（PPC）、计算机辅助设计（CAD）、计算机辅助工艺规划（CAPP）、计算机辅助制造（CAM）、计算机辅助质量管理（CAQ）之间信息技术上的协同工作，其中为生产产品所必需的各种技术功能和管理功能应实现集成

（续）

时间	国家	组　　织	定　　义
1988 年	中国	国家"863"计划 CIMS 主题专家组	CIMS 是未来工厂自动化的一种模式。它把以往企业内相互分离的技术（如 CAD、CAM、CAM、FMC、MRPII）和人员（各部门、各级别），通过计算机有机地综合起来，使企业内部各种活动高速度、有节奏、灵活和相互协调地进行，以提高企业对多变竞争环境的适应能力，使企业经济效益取得持续稳步的发展
1990 年	欧洲	欧洲标准 ENV 40003	CIMS 是信息技术和制造技术的联合应用，依靠将一个企业的所有功能、信息和组织方面变为一个集成的整体的各个部分，以提高制造企业的生产率和响应能力
1991 年	日本	日本能率协会	为实现企业适应今后企业环境的经营战略，有必要从销售市场开始，对开发、生产、物流、服务进行整体优化组合，CIMS 是以信息作为媒介，用计算机把企业活动中多种业务领域及其职能集成起来，追求整体效益的新型生产系统
	欧洲共同体	欧洲共同体 CIM/OSA	CIM 是信息技术和生产技术的综合应用，旨在提高制造型企业的生产率和响应能力，由此企业的所有功能、信息和组织管理方面都是集成进来的整体的各个部分
1992 年	—	国际标准化组织 ISO TC184/SC5/WG1	CIM 是把人和经营知识及能力，与信息技术、制造技术综合应用，以提高制造企业的生产率和灵活性，由此将企业所有的人员、功能、信息和组织诸方面集成为一个整体
1993 年	美国	美国制造工程师学会 SME	与前相比改变之处：将用户作为制造业一切活动的核心，强调了人、组织和协同工作，以及基于制造基础设施、资源和企业责任之下的组织、管理生产等的全面考虑。图 6.1-2 所示为其系统结构
1998 年	中国	中国"863"/CIMS 主题计划	将信息技术、现代管理技术和制造技术相结合，并应用于企业产品全生命周期（从市场需求分析到最终报废处理）的各个阶段。通过信息集成、过程优化及资源优化，实现物流、信息流、价值流的集成和优化运行，达到人（组织、管理）、经营和技术三要素的集成，以加强企业新产品开发的时间（T）、质量（Q）、成本（C）、服务（S）、环境（E），从而提高企业的市场应变能力和竞争能力。这实质上已将计算机集成制造发展到现代集成制造

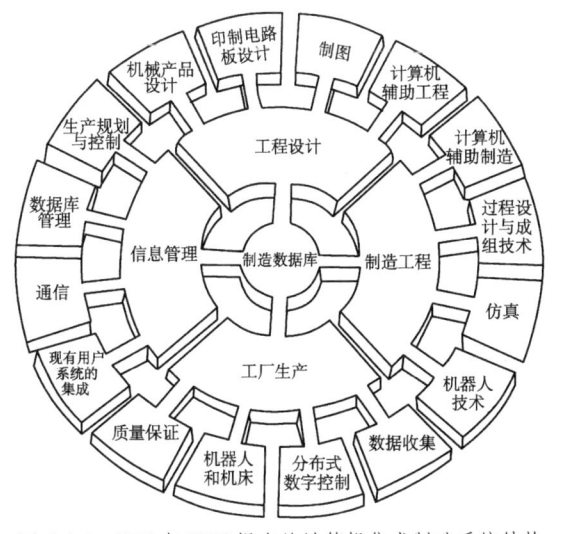

图 6.1-1　1985 年 SME 提出的计算机集成制造系统结构

从表 6.1-1 可以看出，1985 年前，美、德等国对 CIM 均强调了信息和集成。美国制造工程师学会（SME）1985 前提出的 CIMS 结构是以数据库为核心的，1993 年就变成了以用户的需求为核心。我国在 1988 年提出的 CIMS 的定义，比此前的定义发展之处在于考虑了人的因素，并且将 CIMS 的目标（提高企业对多变竞争环境的适应能力，使企业经济效益取得持续稳步的发展）明确地表达出来；我国 1998 年提出的定义实际上已经将计算机集成制造发展到现代集成制造。

4. 计算机集成制造系统的结构组成

（1）CIMS 的三要素

根据 CIM 及 CIMS 的定义，通常认为系统集成包括经营、技术及人/机构 3 个要素，如图 6.1-3 所示。这 3 个要素互相作用、互相支持，使制造系统达到优化。根据这 3 个要素相互间的关系，可以看出存在 4 类集成的问题。

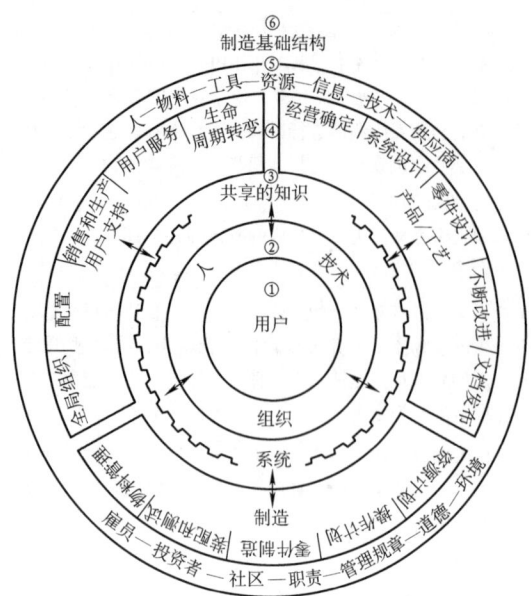

图 6.1-2　1993 年 SME 提出的计算机集成制造系统结构

图 6.1-3　系统集成的三要素

1）利用计算机技术、自动化技术、制造技术及信息技术等支持企业达到预期的经营目标，如缩短产品设计与开发周期，提高产品质量，减少库存量等，即经营目标是企业建立集成的目的，而技术则仅仅是一种手段。

2）利用技术支持企业中各种人员的工作，使之能互相配合、协调一致，如通过共享数据库，使产品设计人员能及时了解产品制造的可行性。

3）通过改进组织机构、培训人员及提高人员素质，支持企业达到经营目标，即人/机构和技术一样也是实现集成的一个重要手段。

4）统一管理并实现经营、人/机构及技术三者的集成。

系统集成的基础是信息集成，系统集成的主要技术包括系统数据库管理技术、计算机网络技术、系统集成平台和产品数据交换技术。

（2）计算机集成制造系统组成

计算机集成制造系统涉及一个制造企业的设计、制造和经营管理 3 个方面，在分布式数据库、计算机网络和指导集成运行的系统技术等所形成的支撑环境下将三者集成起来。图 6.1-4 从功能上给出了一个计算机集成制造系统的组成。可以看出，企业 CIMS 主要由 6 部分组成，包括 4 个应用分系统，即生产经营管理信息分系统、工程设计自动化分系统、制造自动化分系统和质量保证分系统；两个支撑分系统，即计算机网络分系统和数据库分系统。

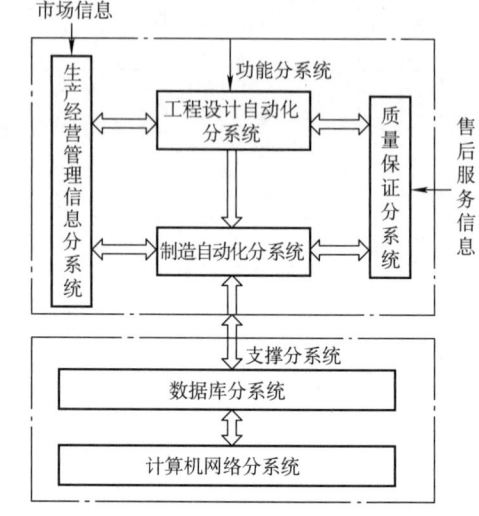

图 6.1-4　计算机集成制造系统的组成

1）生产经营管理信息分系统。一般来讲，它是一个多级递阶系统，主要功能是进行信息处理，提供决策信息。在经营方面，包括上层的市场预测和中长期发展战略计划；在管理方面，包括生产规划、人力资源计划、生产、销售、供应、财务、成本、设备、工具和仓库等各种管理等。

2）工程设计自动化分系统。其主要功能是进行工程设计、分析，包括计算机辅助设计（CAD）、计算机辅助工艺规划（CAPP）、计算机辅助制造（CAM）、计算机辅助工装（如夹具、刀具、量具等）设计，以及各种计算机辅助工程（CAE）及计算机辅助测试（CAT）、面向制造的设计（DFM）及面向成本的设计（DFC）等。

3）制造自动化分系统。它是 CIMS 中信息流和物流的交汇点，随着行业的不同会包含不同的内容。在离散制造行业，主要指机械加工车间、装配车间和自动（数控）单元等，包括加工工作站、物料输送及存储工作站、检测工作站、夹具工作站、刀具工作站、装配工作站、清洗工作站和机器人等。

4）质量保证分系统。其主要功能是制定质量计划，进行质量检测（数据采集、评估）及质量跟踪等，包括产品质量计划、产品加工和装配的检测规划、量具质量管理、生产过程质量管理等。

5）数据库/计算机网络分系统。它是 CIMS 集成的支撑系统，是集成的主要工具平台，提供网络和通信，以及提供数据库。

在人的参与及全局集成规划指导下，各分系统之间正确的数据传递与信息交互构成了 CIMS 有机集成的整体。

6.1.2　现代集成制造系统的基本概念与特征

1. 现代集成制造系统的基本概念

现代集成制造系统是计算机集成制造系统新的发展阶段，在继承计算机集成制造系统优秀成果的基础上，它不断吸收先进制造技术中的相关思想精华，从信息集成、过程集成向企业集成方向迅速发展，在先进制造技术中处于核心地位。它将传统的制造技术与现代信息技术、管理技术、自动化技术、系统工程技术进行有机的结合，通过计算机技术使企业产品在全生命周期中有关的组织、经营、管理和技术有机集成和优化运行，在企业产品全生命周期中实现信息化、智能化、网络化、集成优化，达到产品上市快、服务好、质量优、成本低的目的，进而提高企业的柔性、鲁棒性和敏捷性，使企业在激烈的市场竞争中立于不败之地。从集成的角度看，早期的计算机集成制造系统侧重于信息集成，而现代集成制造系统的集成概念在广度和深度上都有了极大的扩展，除了信息集成，还实现了企业产品全生命周期中的各种业务过程的整体优化，即过程集成，并发展到优势互补的企业之间的集成阶段。

现代集成制造系统由我国科技人员在"国家高技术研究发展计划（863 计划）"十多年的实践基础上提出的。现代集成制造在广度上和深度上拓宽了计算机集成制造的内涵。"863"/CIMS 主题提出，现代集成制造是一种组织、管理和运行现代制造类企业的理念。它将传统的制造技术跟现代信息技术、管理技术、自动化技术、系统工程技术等有机结合，使企业产品全生命周期各阶段活动中有关的人/组织、经营管理和技术三要素及其信息流、物流和价值流有机集成并优化运行，以使产品（P）上市快（T）、高质（Q）、低耗（C）、服务好（S）、环境清洁（E），进而提高企业的柔性、鲁棒性、敏捷性，使企业赢得市场竞争。

现代集成制造系统是一种基于现代集成制造理念构成的数字化、信息化、智能化、绿色化、网络化、集成优化的制造系统，可以称为具有现代化和信息时代特征的一种新型生产制造模式。这里的制造是"广义制造"的概念，它包括了产品全生命周期中的各类活动——市场需求分析、产品定义、研究开发、设计、生产、支持（包括质量、销售、采购、发送、服务）及产品最后报废、环境处理等的集合。其中，价值流是以产品的 T、Q、C、S、E 等价值指标所体现的企业业务过程流，如成本流等。

现代集成制造对"计算机集成制造"理念在如下几方面进行了拓展：

1）细化了现代市场竞争的内容（T、Q、C、S、E）。

2）提出了 CIMS 的现代化特征，即数字化、信息化、智能化、网络化、集成优化和绿色化。

3）强调了系统的观点，拓展了系统集成优化的内容，即信息集成、过程集成和企业间集成优化；企业活动中三要素和三流的集成优化；CIMS 相关技术和各类人员的集成优化。

4）突出了管理与技术的结合，以及人在系统中的重要作用。

5）指出了 CIMS 技术是基于传统制造技术、信息技术、管理技术、自动化技术和系统工程技术的一门发展中的综合性技术，其中特别突出了信息技术的主导作用。

6）拓展了 CIMS 应用范围，包括离散型制造业、流程及混合型制造业。因此，现代集成制造更具广义性、开放性和持久性。

图 6.1-5 所示为现代集成制造理论和方法的技术体系。

2. 现代集成制造系统的特征

与传统制造系统相比较，现代集成制造体现出以下特征：

1）现代集成制造是面向 21 世纪的制造理念。CIM 理念代表制造技术的最新发展阶段，体现了能够有效地控制制造系统中的物质流、信息流和价值流的工程技术；CIM 理念反映了 21 世纪现代集成制造系统发展的现代化特征，即数字化、信息化、智能化、集成优化和绿色化。

2）以提高企业综合效益为目标的系统性。CIM 理念旨在提高企业对多变市场环境的适应能力和竞争能力，促进国家的经济发展和综合实力的提高，而且注重在工业企业中推广应用并产生最好的实效。其目标从提高各个部门的局部效益转变到整体上适应市场需求和提高整体的综合效益，体现出其系统性特征。

3）覆盖从产品市场研究到终结处理等制造活动的全过程性。CIM 内容覆盖了市场需求、开发设计、生产准备、加工制造、产品销售、使用维修及终结处理等全过程。

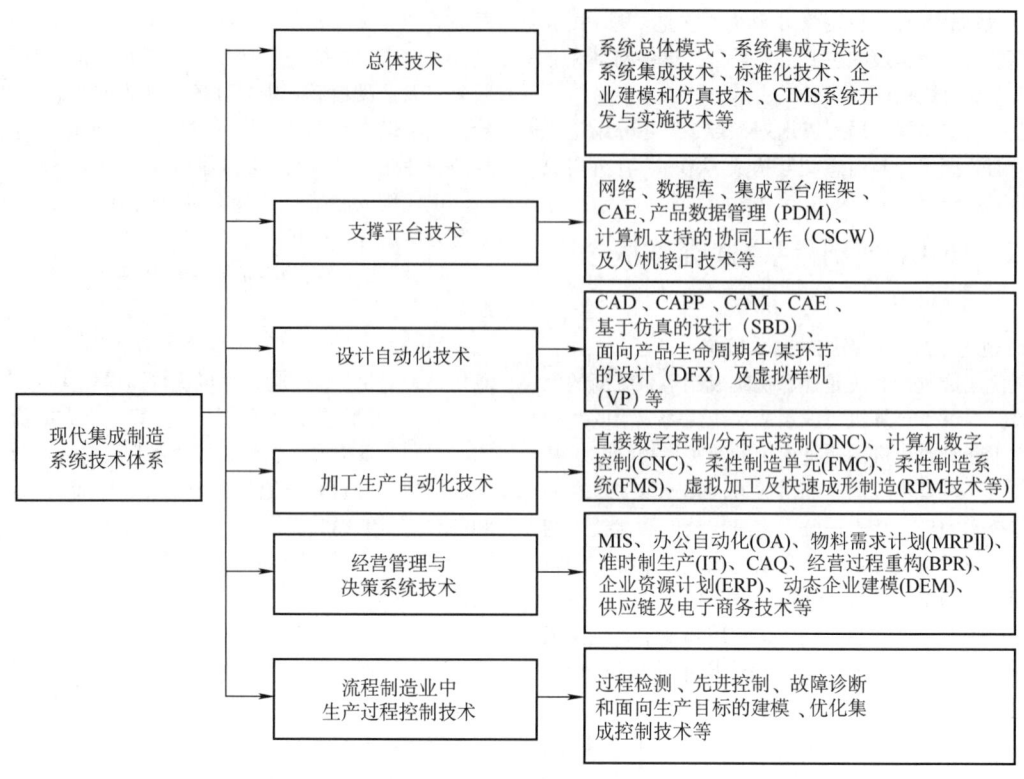

图 6.1-5 现代集成制造系统理论和方法的技术体系

4) 现代集成制造的多学科交叉融合性进一步增强。CIM 理念从早期 CIM（计算机集成制造）发展而来，更体现了各种专业、学科之间不断的渗透、交叉、融合，其中的界限逐渐淡化甚至消失，使现代集成制造趋于系统化、集成化。CIM 已发展成为集机械、电子、信息、材料和管理等技术于一体的新兴交叉技术体系。

5) 现代集成制造理念更加强调技术、管理、人员/组织的有机集成。CIM 理念的方法和模式，如并行工程、准时制造、全面质量管理、精益生产、敏捷制造和大批量定制等都比早期 CIM 更体现了技术、经营管理和人/机构三者紧密结合这一特点。在实施现代集成制造技术的过程中，要注重技术、经营管理和人/机构管理三者的有机集成，使制造全过程能够达到优化运行，组织管理模式更加灵活化、合理化。

6) 现代集成制造理念的普遍性。CIM 理念是由许多具体的生产组织模式、方法等集中提炼、发展而来。不同的企业、不同的时期往往需要不同的动作方法，既不能生搬硬套，忽视具体应用的特殊性，也不能因为一两次的失败而否认所具有的普遍指导意义。

7) 现代集成制造理念的发展性。CIM 理念本身是从早期 CIM 发展而来的，必然也是吐故纳新、不断充实、不断发展的。因此，应坚持跟踪先进、脚踏实地、着眼未来的原则，努力推动 CIM 理念的发展，保持 CIM 理念的先进性、代表性和普遍性。

3. 现代集成制造系统的组成

计算机集成制造系统的组成是企业基础信息化（如 CAD/CAM、MRP II、质量保证系统和车间自动化等）在网络和数据库支持下的信息集成，而现代集成制造系统则是计算机集成制造系统的扩展。它的组成应包括：

1) 先进的生产组织和管理模式，如企业经营过程重组、敏捷制造、大批量定制生产等。这些生产组织和管理模式本身并不是物理系统，但没有它们便不是一个现代集成制造系统。

2) 在企业基础信息化及其信息集成的基础上，进一步实施如下的一些技术，如并行工程、虚拟制造、网络化制造、敏捷制造、供应链管理和电子商务等。由此可见，企业的优化运行是现代集成制造的重点内容。

现代集成制造系统的组成如图 6.1-6 所示。

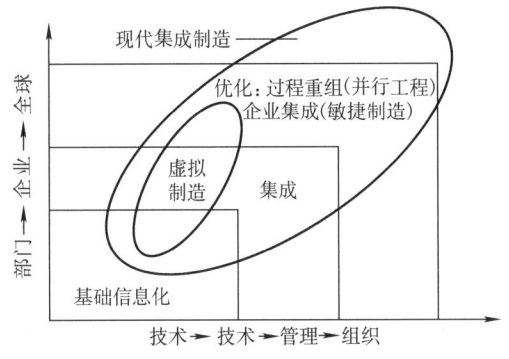

图 6.1-6　现代集成制造系统的组成

这样的组成反映了集成和优化的特点，又有利于企业在集成和优化的指导下，按照企业的实际需要，选择合适的技术，以进一步提高企业的市场竞争能力。

现代集成制造系统是在计算机集成制造系统基础上发展起来的，图 6.1-7 所示为计算机集成制造系统向现代集成制造系统转变的过程。从图 6.1-7 可以看出，计算机集成制造系统的核心是信息集成，而现代集成制造系统则是建立在价值链基础上的大系统，它以信息集成为基础，以企业优化为目标。

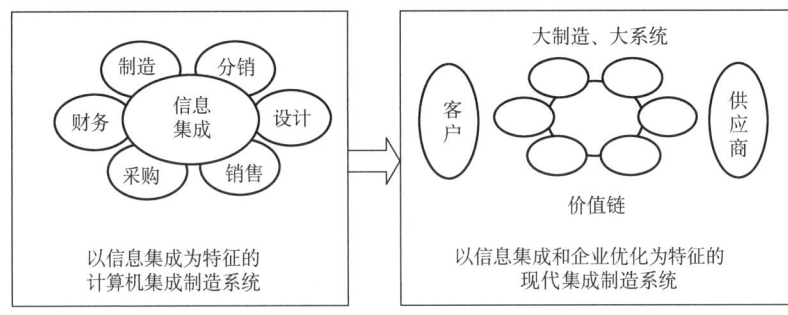

图 6.1-7　计算机集成制造系统向现代集成制造系统转变的过程

任何企业都是由不同层次的部门组成，如一个企业包含若干个工厂，一个工厂包含若干个车间，一个车间包含若干制造单元（相当于柔性制造单元、生产线），一个制造单元包含若干工作站（由几台设备组成），一个工作站包含若干设备（如一台机床、一台输送装置），这就形成了企业的层次结构，即企业层、工厂层、车间层、制造单元层、工作站层和设备层共 6 层。各层的职能不同，信息特点可能也不同。层次越高，信息越抽象，处理信息的周期越长；层次越低，信息越具体，处理信息的时间要求越短。

集成制造系统可以由上述全部 6 层组成，也可以由企业以下的 5 层组成，还可以由工厂以下的 4 层组成等。各层之间采取递阶控制的方式，企业层控制工厂层、工厂层控制车间层、车间层控制制造单元层、制造单元层控制工作站层、工作站层控制设备层。

CIMS 源于制造业，首先是在制造业应用并发展起来的。目前，CIMS 生产管理一体化、信息化的系统设计思想已经应用到流程工业、加工业等众多工业领域。

4. 现代集成制造系统的发展趋势

1）集成化。从当前企业内部的信息集成和功能集成，发展到过程集成（以并行工程为代表），并正在步入实现企业间集成的阶段（以敏捷制造为代表）。

2）数字化/虚拟化。从产品的数字化设计开始，发展到产品全生命周期中各类活动、设备及实体的数字化。在数字化基础上，虚拟化技术正在迅速发展，主要包括虚拟现实（VR）应用、虚拟产品开发（VPD）和虚拟制造（VM）。

3）网络化。从基于局域网发展到基于 intranet/internet/extranet 的分布网络制造，以支持全球制造策略的实现。

4）柔性化。正积极研究发展企业间动态联盟技术、敏捷设计生产技术和柔性可重组机器技术等，以实现敏捷制造。

5）智能化。智能化是制造系统在柔性化和集成化基础上进一步的发展与延伸，通过引入各类人工智能和智能控制技术，实现具有自律、分布、智能、仿生、敏捷和分形等特点的新一代制造系统。

6）绿色化。包括绿色制造、环境意识的设计与制造、生态工厂、清洁化生产等，它是全球可持续发展战略在制造业中的体现，是摆在现代制造业面前的一个崭新课题。

现代集成制造系统应用发展主要表现在：已遍及发达国家及一些发展中国家；从机械制造业扩展到各类制造业；从多品种、小批量生产方式发展到多种生产方式；从简单产品扩展到复杂产品；系统开发与实施技术更为成熟，成功率大大提高；有力地促进了 CIMS 技术和产业的发展。

CIMS 与计算机综合自动化制造系统是同义词，是自动化程度不同的多个子系统的集成，如管理信息系统（MIS）、制造资源计划（MRPⅡ）、计算机辅助设计系统、计算机辅助工艺设计系统、计算机辅助制造系统和柔性制造系统等，它面向整个企业，覆盖企业的多种经营活动，包括生产经营管理、工程设计和生产制造各个环节，即从产品报价、接受订单开始，经计划安排、设计、制造直到产品出厂及售后服务等的全过程。

自 1989 年以来，"863"/CIMS 主题已在我国机械、家电、航空、航天、汽车、石油、纺织、轻工、冶金、煤炭、化工、邮电、服装等行业中的几百家企业实施了各种类型的 CIMS 应用示范工程。结果表明，CIMS 应用示范工程的实施，使企业显著地增强了竞争能力，CIMS 应用是我国企业实现两个根本转变的一种有效途径。

6.2 现代集成制造系统中的集成技术

现代集成制造技术以系统集成优化为核心技术。从计算机集成制造到现代集成制造，"集成"的理念在不断地延伸和拓展，由企业的信息集成入手，从信息集成向过程集成（过程重构和优化）及企业间集成的方向发展。

6.2.1 现代集成制造系统的信息集成

1. 现代集成制造系统的信息联系

信息集成是现代制造系统高效运行的基础。在现代制造系统中，有多种形式的信息联系，其中数据联系、决策联系和组织联系是最常见的信息联系形式。

1）数据联系。当各个部门或不同任务需要分别存储在各个计算机子系统内，而信息集成处理则要求这种面向计算机的数据存储系统必须转换为一种数据或相同的数据关系时，就产生数据联系。例如，产品设计、工艺规程编制、生产计划、生产控制、加工制造、物料采购、成本核算及产品销售都需要零件明细表的信息。如果数据文件的管理是相互独立的，必然有大量数据是重复的，导致费用增高，还会使各部门之间产生不必要的数据差错。因此，应该把不同任务所需的数据文件存放在一个共同的数据库中，以共享数据资源，并有可能使各个部门之间及时、迅速地交换信息。

2）决策联系。当各个部门对各自问题的决策之间存在相互影响时，就产生决策联系。决策联系不仅是数据的联系，更重要的是逻辑的和智能的联系。人与系统之间将通过智能用户终端进行交互。例如，决策联系可能出现在销售部门与生产计划和控制部门之间：工厂在某一时期拟投入一批某种产品，但这种产品需要大量的准备工作，对生产计划部门来讲，为了降低成本，就要增加批量，而当销售部门正好没有这种产品的足够数量的订货任务，或者有更重要的订货任务时，这两个部门之间就产生了矛盾。如何权衡利弊做出正确的决策，是发挥企业效益的关键。借助计算机集成系统的决策支持专家系统和人工智能用户接口，可以迅速地做出正确的决定。

3）组织联系。生产任务的协调性对企业来说是极其重要的。企业下达生产任务时，总是把一个总任务分解为若干个子任务下达，这些子任务在不同地点或不同部门完成，这时不同生产环节之间就存在着一种组织联系。组织联系不仅是一种决策联系，而且更具有实时动态性和灵活性。如果各子任务不能以相互匹配的进度完成，单独一项子任务的提前完成对总的生产周期的缩短是没有作用的，相反可能造成某种浪费。处理好各生产环节之间的组织联系，就有可能实现各项子任务的协调，达到准时生产的目标。协调系统是否完善将成为集成生产系统有效运行的前提。

2. 现代集成制造系统的信息集成

有效的信息联系是保证现代制造系统高效运行的关键，而信息集成则是实现信息联系的重要手段。信息集成是在中央计算机的管理下，通过数据联系、决策联系和组织联系，将各部门及其相应的信息流和数据流通过各类专家系统连接成一个有反馈信息的调节回路。在这个整体系统中，数据资源的共享和各部门间的有效联系及协调合作使生产过程更加合理、更为优化。

以往，企业中各种生成和处理的数据都与描述对象相对应的数据存储系统。此外，在企业中还有许多数据，它们是通过不同的载体传送，并且平行地执行有关功能。当对产品生产过程做出经济评价，以及组织管理需要时，往往都要用到这些数据，但由于这些数据渗透到各个主要功能部门之中，往往易造成数据冗余。

用信息集成的观点建立的模型，在一定程度上避免了数据冗余，保证了数据实时处理的可靠性和数据的连续性，它同时又是一个开放型系统，可根据企业的要求不断扩展数据处理功能，这就将企业的信息管理提高到一个更高的水平。因此，信息集成的内涵就是在设计、管理和加工制造中存在的自动化孤岛间实现信息的正确、高效共享和交换的方法，是改善企业技术和管理水平，改善企业 T（上市时间）、Q（质量）、C（成本）、S（服务）的必要手段。

信息集成要从技术上实现各部门之间的信息共享，同时要从系统运行的角度保证系统中每个部分在运行的每个阶段都能将正确的信息在正确的时间、正确的地点，以正确的方式传送给正确的需要该信息的人（或者为需要该信息的人所获取）。这是评判信息集成的标准，实际上是一个要求很高、很不容易实现的标准。

3. 现代集成制造系统的信息集成技术

企业的各个应用系统有不同的功能、不同的软件平台、不同的数据结构，这就使得系统中包含了不同的操作系统、控制系统、数据库及不同厂商的应用软件，即构成了异构的环境。要实现信息共享和集成，需要将企业现有的信息系统和设备资源有效集成，打破企业内可能已经形成的一个个自动化孤岛，使系统中的信息能有效地进行交换，保证信息传递与交换的效率和质量，进而解决企业产品设计、制造和管理过程中的 T、Q、C、S 问题。为解决异构环境下信息集成问题，国内外主要采用下列主要关键技术和方法。

（1）信息建模方法

在集成制造系统中要实现信息共享和集成，首先需要对全系统内需要共享的、为集成所需要的信息进行统一的描述和管理。这就要求在总体设计的基础上，完成系统的信息建模。下列为目前经常采用的具体建模方法，可根据企业具体需求选定。

1）信息建模方法 IDEF1x。IDEF1x 是 IDEF 系列方法中 IDEF1 的扩展版本。该方法主要是针对关系数据库的信息建模，用于生成一个信息模型，描述在该环境（或系统）中的信息结构和语义。

IDEF1x 模型的结构件要素是实体、联系和属性/关键字。

① 实体：表示具有相同属性或特性的一个现实或抽象事务的集合。实体分为两类：一类是"独立标识实体"，简称"独立实体"，指从不依赖于其他实体存在的实体；另一类是"从属标识实体"，简称"从属实体"，指必须依赖其他实体才能存在的实体。

IDEF1x 用矩形表示实体，其中方角矩形表示独立实体，圆角矩形表示从属实体，如图 6.2-1 所示。

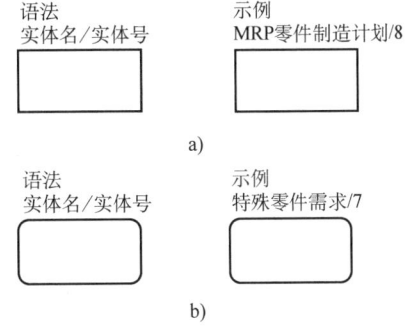

图 6.2-1　实体的语法
a）独立标识实体　b）从属标识实体

② 联系：用于描述实体之间的关系。联系有多种，表示方法也不尽相同，包括可标定连接联系、非标定连接联系、分类联系和非确定联系。

③ 属性/关键字：属性表示实体的特征或性质。一个属性实例是实体的一个成员的具体特性（也称为属性值），一个实体必须有一个或一组属性，其值唯一地确定该实体的每一个实例，这个属性称为主关键字（也称"主键"）；除主关键字，一个实体还可能有次关键字（也称"次键"）和外来关键字（也称"外来键"）。例如，"MRP 零件制造计划编号"作为主键可唯一地确定该实体的一个实例，"计划名称"和"计划部门"属性组也可以唯一确定零件制造计划的实例，但把它们看成"次键"，"计划制定日期"是外来键。

IDEF1x 建模过程可按一定的步骤进行。IDEF1x 建模过程分为五个阶段，各个阶段定义了工作内容、方式和目标。这五个阶段的划分并不十分严格，但在每个阶段必须形成完整的分析和设计方案。表 6.2-1 列出了 IDEF1x 建模过程的五个阶段及工作内容与方式。

表 6.2-1　IDEF1x 建模过程的五个阶段及工作内容与方式

阶段名称	工作内容与方式
零阶段：设计开始	明确划分建模的对象及定义系统的边界，制定建模的目标 1）制定建模目标：包括目标说明和范围说明 2）制定建模计划：建模计划应概述要完成的任务和这些任务的开发顺序。一般包括项目计划、收集数据、定义实体、定义关系、定义键、定义属性、确认模型和评审验收等阶段 3）组织队伍：为了科学、合理地建模，需要多个层次的开发人员协调一致、共同努力，以能得到正确的模型 4）收集源材料：收集的源材料可以包括调研结果、观察结果、策略和产生过程、系统中的输入和输出报表、数据库和文件说明等，为建模做准备。收集材料可以采用与有关人员交谈、观察、查看实际文件等方法 5）制定约定：制定不违反 IDEF1x 技术规定的约定，以促进模型的各个部分能被更好地理解

（续）

阶段名称	工作内容与方式
一阶段：定义实体	标识和定义待建模问题范围内的实体 1）标识实体：前一阶段收集的材料可以直接或间接地标识绝大部分实体。由实体表示的成员（实例）集合有共同的属性集或特征集 2）定义实体：定义实体名，定义实体和实体同义词
二阶段：定义关系	定义实体之间的自然语义关系 1）标识相关实体：用标识相关实体-关系的方法构造实体-关系矩阵，描述两个实体之间的关联 2）定义关系：确定关系名称，通常选择简单的动词或动词短语；编写关系说明，定义联系所涉及的两个实体间的依赖关系，定义的关系必须是具体的、简明的和有意义的，同时可以在附加说明中详细说明关系的含义 3）构造实体级图：实体级图是简化的模型，用方框表示实体。如果在一张图中可以画出所有的实体，则它可以反映模型的全貌，否则可以画多张图，并保持它们之间的一致性
三阶段：定义键	1）分解不确定关系：将模型中的不确定关系分解成确定关系。分解的方法是构造一个新实体，作为两个实体的子实体，新实体与两个父实体之间用确定关系代替 2）标识键属性：找到实体中可以作为键的一个或多个属性。根据选出的属性，确定为主键、次键和外来键等 3）迁移键：对于关系连接的实体，需要在实体之间迁移，完成外来键的定义 4）确认键和联系：完成上述工作以后，还需要进一步确认和检查 5）阶段模型：给出阶段数据模型，最后将本阶段的工作在实体-关系图上正确反映，并编制相关的说明文件
四阶段：定义属性	1）标识非键属性：收集与问题相关的所有属性，并将它们列表形成属性池。为每一个属性赋予一个明确的有意义的名字 2）建立实体属性：将每一个属性分配到实体中，并加以确认，要求属性的定义必须是精确的、具体的、完整的和完全可理解的，这时也可以给属性定义别名或取值范围及数据格式等 3）改善模型：进一步地确认和检查即将完成的模型，综合运用上述几个阶段的规则验证模型的正确性；检查属性之间的函数依赖关系，根据范式理论将实体分解成范式形式，并重新绘制实体-关系矩阵；最后提交评审委员会专家评审，通过评审后才能最终得到模型 4）最终模型：形成完整的模型设计报告。在最终模型中需要包括涉及各个阶段形成的图表和文档，其中实体-关系矩阵和相应说明文档是模型的核心

2）面向对象的信息建模方法——UML 类图。标准建模语言（unified modeling language，UML）是已被对象管理组织（object management group，OMG）批准作为标准的面向对象的信息语言。UML 建模方法的定义包括语义和表示法两个部分。

UML 的语义通过其元模型（meta-model）来严格定义。元模型为 UML 的所有元素在语义和语法上提供了简单、一致、通用的定义型说明，使开发者在语义上取得了一致，消除了各种因人而异的表达方法所造成的不良影响。UML 规定了四层元模型结构，见表 6.2-2。

表 6.2-2　UML 四层元模型结构

元模型层次	作用	例子
元-元模型	元模型结构的基础结构，定义了详述元模型的语言	元类（meta-class） 元属性（meta-attribute） 元操作（meta-operation）

（续）

元模型层次	作用	例子
元模型	元-元模型的一个实例，定义了详述模型的语言	类（class） 属性（attribute） 操作（operation）
模型	元模型的一个实例，定义了信息域详述的语言	外协件 外协件交付时间 计算外协件最佳定购量
用户对象（用户数据）	模型的一个实例，定义了一个专用的信息域	外协件电动机 电动机交付时间 3 个月计算电动机最佳定购量

UML 采用的是一种图形表示方法，是一种可视化的图形建模语言，它定义了建模语言的文法，如类图中定义了类、关联、多重性等概念在模型中是如何

表示的。为了支持从不同角度考察系统，UML 定义了 5 类 10 种模型图。其中，类图是面向对象信息建模的关键，用于描述系统中的对象、这些对象的内部结构和它们之间的联系。UML 类图的模型成分主要由类、属性、操作，以及关联、聚集和泛化等概念组成。

类是对一类具有相同特征的客观事物的抽象描述。类所描述的事物称作对象。任何一个对象，都是某个类的实例。对象的基本特征为属性和操作两类。属性描述对象的状态和静态特征。定义属性的语法为可见性名称：类型 = 默认值（约束特性）操作用于描述类的动态行为。定义操作的语法为可见性名称（参数表）：返回类型表达式（约束特性）。

关联表示类（或类的实例）之间存在的某种关系通常用一个无向线段表示。每个关联可以附带一个名称，以表明这个关联的真实含义。

类图提供聚集和组成这两个概念，用于描述对象间存在的整体与部分的关系。聚集描述的是部分与整体之间的关系，如"……是……的一部分""……包含……"；组成是由聚集演变而来的，其含义是：一个部分对象仅属于一个整体对象，并且部分对象通常与整体对象并存亡。类图用"泛化"描述对象之间由一般到特殊的分类关系。

3）面向对象建模的 IDEF4 方法。该方法是一种利用面向对象（object-oriented）技术的建模方法。图 6.2-2 所示为 IDEF4 模型的组织框架。它由类子模型和方法子模型两部分组成，并通过分配映射联系起来。这两个结构包括了设计模型中体现的全部信息。在图 6.2-2 中，方角矩形代表子模型类型和分配映射，圆角矩形代表图的类型和 IDEF4 模型的数据单。

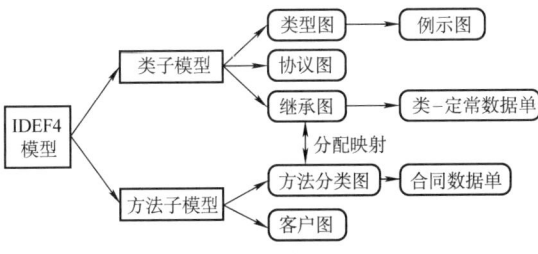

图 6.2-2　IDEF4 模型的组织框架

类子模型由类型图、协议图、继承图、例示图和类-定常数据单（class invariant data sheet，CIDS）组成，显示了类继承关系和类组成结构。其中，继承图详细说明了类间的继承关系，如图 6.2-3 所示。类"填满的矩形"继承了直接来自类"矩形"和类"填满的对象"，以及间接来自类"对象"的结构和行为。

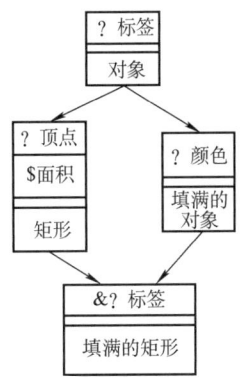

图 6.2-3　继承图

类型图（图 6.2-4）详细说明了通过某个类的属性定义的类之间的关系；这些类或者具有作为另一类的实例的值，或者由哪一类的实例组成。在图 6.2-4 中，类"双轮的"具有特征"轮 1"和"轮 2"，这些特征返回来是类"轮子"的实例，而类"轮子"就其特征"直径"来说，又返回来是类"实数"的一个值。

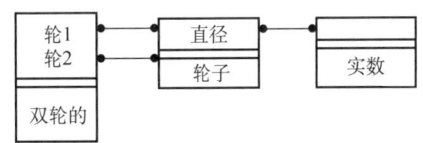

图 6.2-4　类型图

协议图（图 6.2-5）详细说明了该方法所引用的类参数类型。从图 6.2-5 中可以很明显地看出，"填充的封闭对象"将接受类"多边形"的一个实例作为它的主要（自身）参数，接受类"颜色"的一个实例作为次要参数，并将返回一个"多边形"的实例。

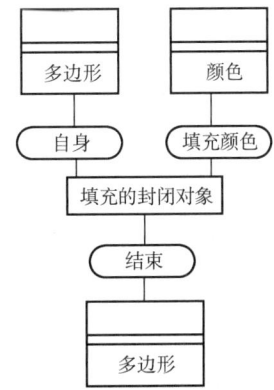

图 6.2-5　协议图

例示图和类子模型中的类型图相联系。例示图描述了用于验证设计的实例化对象间合成连接的可能情况。

类-定常数据单（CIDS）是和继承图相联系的专门的数据单，详细说明应用于一个特定对象类的每一个实例的限制。每一个类都有一个 CIDS。

方法子模型由客户图、方法分类图和合同数据单（CDS）组成。其中，客户图（图 6.2-6）说明了客户和提供者这一例程-类对，双箭头从被调用的例程指向调用它的例程。如图 6.2-6 所示，附着于类"可重新显示的对象"的"重新显示"例程，调用了类"可擦除的对象"的"擦除"例程和类"可绘制的对象"的"绘图"例程。

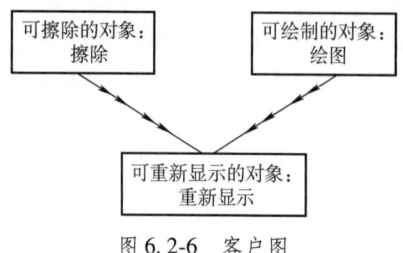

图 6.2-6 客户图

方法分类图（图 6.2-7）通过行为的相似性对方法进行分类，根据分类中表示的加在方法集上的限制来划分特定的系统行为类型。箭头指出加在方法集上的附加的限制。在图 6.2-7 所示的"打印"的方法分类图中，分类中的方法集是根据加在每一集里方法上的附加约定来分组的。在这个示例中，第一个方法集"打印"，有如下约定，即"对象必须是可打印的"；"打印文本"方法集约定则一定有这样的限制，即"要打印的对象必须是文本"。

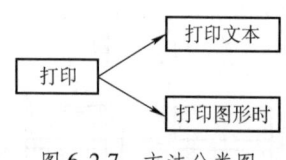

图 6.2-7 方法分类图

合同数据单（CDS）和方法分类图中的方法相联系，详细说明了方法集中实现了的方法必须满足的合同。每一个方法集都有一个 CDS。

（2）网络与数据库技术

网络和数据库是集成制造系统中的两个核心和支撑技术。

1）计算机网络。它是用通信线路将分散在不同地点、具有独立功能的多个计算机系统互相连接，按照网络协议进行数据通信，实现共享资源（如网络中的硬件、软件、数据等）的计算机、线路、设备的集合。网络系统的具体硬件组成包括数据处理的主机、通信处理机、集中器、多路复用器、调制解调器、终端、通信线路、异步通信适配器、网络适配器，以及网桥和网间连接器（又称网关、信关）等。这些硬件设施和各种功能的网络软件相结合，就能实现不同条件下的通信，支持制造系统的集成。

网络的种类很多，按通信距离分类，有局域网（local area network，LAN）和广域网（wide area network，WAN）。局域网一般用于一个企业或一个单位内部，直径在几公里到几十公里的范围内，而广域网应用于地理上比几十公里更大跨度的网络。现代集成制造系统中使用了许多计算机辅助的自动化系统，其中网络支持环境系统是最重要的子系统，它是制造系统管理与控制的中枢。在集成制造系统中，通信网络形式主要是以局域网为主，以城域网（metropolitan area network，MAN）或广域网为辅。在厂区内通过互连主机、工作站和单元控制器等，实现各个子系统的透明合成，使之成为统一的通信网络，完成数据、声音和图像的传送，以及电子邮件、文件传送、资源共享、虚拟终端和分布式数据库访问等多种网络服务。

按拓扑结构，网络可分为点对点传输结构，包括环形、星形、树形和网状形（分布式）；广播式传输结构，包括总线式、微波式和卫星式，如图 6.2-8 所示。

此外，还有各种考虑其他特点的分类。除了必要的网络硬件和软件，要实现网络的通信和交换信息，必须有共同语言和通信的规则，才能正确地发送或收取所需的信息给所需的人员，这种进行交流的规则的集合称为协议。在集成信息系统实施中，应用得最多的工业标准协议是 TCP/IP 和 MAP/TOP。

TCP/IP（传输控制协议/网际协议）是由美国国防高级研究计划局（DARPA）开发的两个协议，已得到广泛的应用，并形成了一个完整的协议族。除了原来的两个协议，还包括工具协议、管理协议和应用协议等其他协议。这些协议有自己的体系结构，不遵从开放系统互联（OSI）标准。一般说来，TCP 可对应于 OSI 传输层协议，IP 可对应于 OSI 的网络层协议，并可提供网间的数据传输。

制造自动化协议（manufacturing automating protocol，MAP）是由美国通用汽车公司（GM）开发的一种专门用于工厂自动化环境的局域网协议。技术和办公协议（technical and office protocol，TOP）是由波音公司的计算机服务公司开发的，是广泛用于技术环境和办公自动化环境的协议。MAP 与 TOP 都支持 OSI 参考模型，但在第 1、2、7 层有所不同。

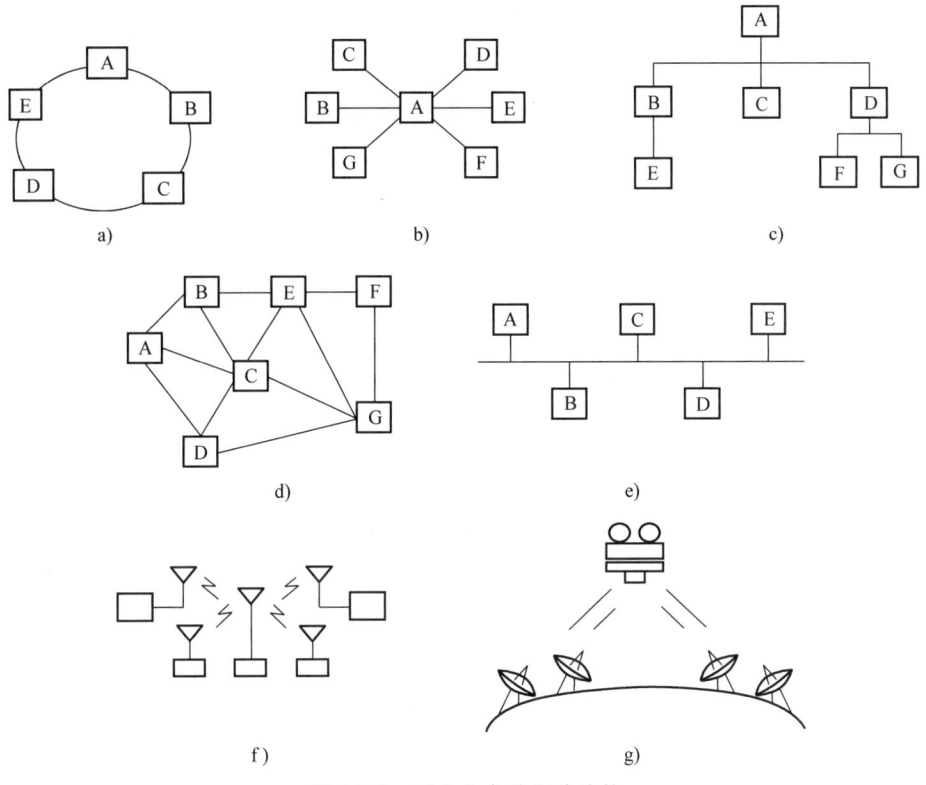

图 6.2-8　网络的各种拓扑连接

a）环形　b）星形　c）树形　d）网状形　e）总线式　f）微波式　g）卫星式

MAP 采用国际标准化组织（International Organization for Standardization，ISO）提倡并设计的开放系统互联（OSI）参考模型。该模型是一个分层结构，从低到高分为物理层、数据链路层、网络层、传送层、会话层、表示层和应用层 7 层，如图 6.2-9 所示。模型中的 7 层之间既相互独立又相互联系，其中第 1~3 层（称为底层协议）与原始数据的物理传输相关，主要解决各种情况下数据传输的可靠性和完整性问题；第 4 层（传输层）是模型中最重要的一层，用于保证将较低层的数据以能够被较高层识别的格式向上层传输；第 5~7 层（高层协议）与网络应用相关，主要为应用所需的专门服务。

其他应用比较广泛的国外商品网络有 Ethernet、NOVELL、DECNET 和 SNA 等，国内不少单位都引进应用。制造系统的底层则用场地总线网（field bus），如 Intel 公司的位总线（bit bus）实现通信。

目前，在局域网上同时存在多种工业标准协议，如 ISO/OSI、TCP/IP 等。不同的网络协议对信息共享和有效传递造成了一定困难，因此为实现信息集成，最好采用统一的协议。符合 ISO/OSI 的 MAP/TOP 得到了许多计算机厂商和控制设备厂商的支持，但由于其价格原因至今在我国尚未普遍使用，而TCP/IP 随着 Internet 深入而广泛的应用得到了普遍的使用。因此，今天在基础网络环境的通信协议方面，还处于多种网络协议共存，并逐步向 ISO/OSI 过渡的阶段。

2）数据库技术。实现信息集成，除了在总体设计时构造信息模型和对数据进行总体规划，还要在具

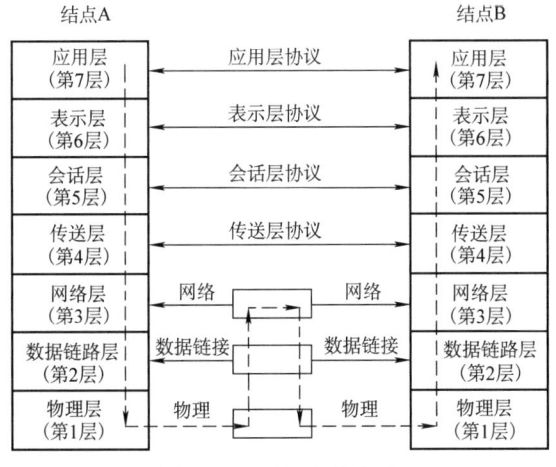

图 6.2-9　OSI 参考模型

体物理实现时特别注意数据库技术，包括数据库管理系统和异构数据库的集成及应用，只有解决好这些问题，信息集成才能有可靠的技术基础。

① 数据库：企业中需要采集、传递处理的数据包括结构化、半结构化和非结构化的数据，数量巨大。按数据模型的不同，数据库可以分为 3 类，即网状型、层次型和关系型。20 世纪 70 年代初是层次型和网状型数据库技术时代，20 世纪 70 年代至 20 世纪 80 年代初期是关系型数据库技术时代，而到了 20 世纪 90 年代中期则是数据仓库技术时代。

数据仓库（data warehouse）的概念是在关系型数据库的基础上提出的，但二者有本质的不同。数据库只是一个现成的产品，而数据仓库是一个综合的解决方案，是面向主题的、集成的、稳定的和随时间变化的数据集合，用以支持管理决策的过程。数据仓库支持对原始操作数据进行各种处理并转换成有用信息的处理过程，主要用于帮助有关主管部门做出更符合业务发展规律的决策。数据仓库需要一个功能十分强大的数据库引擎来驱动它。除了数据仓库，还有数据集市。数据仓库是企业级的，能为整个企业各个部门的运行提供决策支持手段，而数据集市则是部门级的，一般只能为某个局部范围内的管理人员服务，因此也称为部门级数据仓库（departmental data warehouse）。

表 6.2-3 列出了目前应用较多的数据库管理系统及其特点与适应的环境，在选用时必须根据工作环境和需求进行具体分析。

表 6. 2-3　目前应用较多的数据库管理系统及其特点与适应的环境

数据库名称	研制公司	特点与适应的环境
Oracle	美国 Oracle 公司	是具有支持面向对象特性的关系型数据库。具有开放性、可移植性、可连接性和较强的分布处理能力等特点，可在大、中、小服务器上运行；具有相应的软件开发工具，利用可视化方法可生成应用系统。在分布处理功能上具有一定特色，如客户端程序可以连接到本地（local）数据库服务器，在该服务器上可建立数据库链（database link），也可以连接到其他数据库服务器（称为远程数据库）上。在 UNIX 环境下，Oracle 产品在市场上占较大比例
Sybase	美国 Sybase 公司	是一个实现真正开放和分布的关系型数据库管理系统。最大特点在于处理面向事务的实时数据管理的效率及网络服务的能力方面，表现在其客户/服务器体系结构适宜于在网络环境下应用，因此 Sybase 数据库的所有产品均可运行在一个或多个全部提供网络环境的计算机系统上 客户软件是一套工具软件，为用户提供开发应用工具并支持用户与系统进行交互；服务器软件是一个支持联机的关系型数据库管理系统；接口软件支持网上连接，特别是异构系统连接
SQL Server	Microsoft 公司	在 NT 环境下运行，受其影响，它的规模有一定限制，在中小型应用中广泛应用；价格相对便宜；能够很好地与微软的其他产品集成
DB2	IBM 公司	是通用数据库服务器，支持面向对象的数据模型，可处理多媒体数据

目前 IBM、微软等数据库制造商都在原有数据库产品的基础上，向数据仓库进行了一定的扩展。

② 异构数据库的相互访问：集成制造系统环境下的数据十分复杂，涉及面广，归纳起来具有以下一些特点。

a）数据类型复杂：包括产品、设计、工艺规程、生产、资源和经营管理等工程技术和管理两类数据，这两类数据又可以细分为数字、文本、图形、超长文本、超媒体、矩阵、向量和有序集等各种类型。

b）数据结构复杂：包括结构化和非结构化两大类。结构化数据又分为关系、网状、层次、ER、EER（扩展 ER）及 NF2（非-范式关系）等结构；非结构化数据又分为图形、超长文本、数控代码、语音和图像等结构。

c）数据的载体多种多样：可以是多维空间加时间的数据、动画、声音、图像、图形和超文本等。

d）数据赖以存在和处理的软硬件环境复杂：各种数据可能运行、存储于不同类型、不同型号的计算机硬件系统及操作系统、数据库管理系统的异构环境中。

e）数据间的语义关系复杂：数据对象间具有依赖、继承、递归等特性，可以用 ER 模型、语义关联模型及面向对象模型等不同模型来表示。

f）数据散布于各个不同的物理地点和自动化孤岛中。

在异构的集成系统环境下，数据的复杂性导致了数据库的复杂性，在实现异构信息集成方面，目前在多个数据库互联和集成的体系结构上主要有分布式数据库系统与多数据库系统两种。分布式数据库系统适用于完全重新构建集成制造系统的企业；而多数据库系统适用于那些已经形成自动化孤岛、有多个异构的数据库系统的企业，一般来说，这种环境下的数据库是异构分布式多数据库的集成和管理系统。所谓多数据库系统就是一种能够接受和容纳多个异构数据库的系统，对外呈现出一种集成结构，而对内又允许各个异构数据库的"自治性"。多数据库系统主要采用自下而上的信息集成方法，这样既可以解决异构信息集成，又可以保护原有信息资源，使原有的各局部数据库享有高度的"自治性"。

欲解决异构分布多数据库的集成，首先应解决集成的机制问题，即以什么样的模式将不同的数据模型集成起来。迄今为止，这种集成机制还没有完美的解决方案，应用较多的是全局模式多数据库系统和联邦数据库系统两种机制，这两种机制原则上都可以支持自下而上的异构分布多数据库的集成。

全局模式多数据库系统机制：以一种全局模式来定义整个数据库系统的概念视图。全局模式多数据库是每个局部数据库所要共享的局部数据库的集合。全局概念模式是局部概念模式的一个并集。当全局概念模式形成以后，系统就可以为需要进行全局存取的用户定义全局外模式，即用户视图。全局外模式和全局概念模式的定义不一定要使用相同的数据模型和数据语言。

联邦数据库系统机制：这种机制给各局部数据库以较大的"自治性"，一般不改变原有各子系统的数据库文件和使用方式，对用户透明，事务处理是分布式的，它包括 5 种模式，即局部模式、成员模式、输出模式、联邦模式和外模式。

目前，基于上述两种机制的数据库软件产品尚不成熟，处于开发或原型阶段，离真正实用的商业软件尚有一定距离。

(3) 产品数据交换技术

在集成制造系统实施中，如果信息编码没有做好标准化的工作，各部门之间就根本没有共同语言。制造过程中最主要的信息传递是围绕产品的物料、零件、部件和设备等信息，所以产品数据交换标准是工程设计中首先要考虑的问题。

在 CAD/CAPP/CAM 环境中，要实现产品生命周期内产品数据完整一致的描述和交换，从而使产品的模型为生成制造处理指令、直接质量控制测试和产品支持功能提供全面的信息，就必须采用产品数据交换技术。可以说，产品数据交换技术是信息集成的基础。

1）IGES 标准。初始图形交换规范（initial graphics exchange specification，IGES）是国际上产生最早，应用最成熟、最广泛的数据交换标准，是 1980 年由美国国家标准局开发和推出的。其基本思想是，每个 CAD 系统都有一个前置处理器和一个后

置处理器，数据发送时，将发送系统的内部模型经前置处理器翻译成符合 IGES 规范的"中性模型"，而接受此数据的 CAD 系统，则经过后置处理器将此"中性模型"翻译成接受系统的内部模型，其工作过程如图 6.2-10 所示。

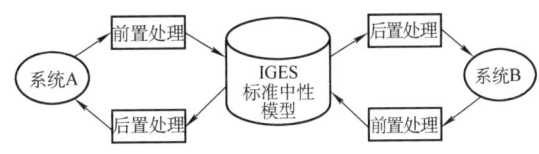

图 6.2-10　IGES 工作过程

IGES 标准后经多次修改版本，补充新的内容，但还存在某些固有的缺点，即它仅传输几何图形及其尺寸标注，即几何信息，缺少工艺信息，因此不能满足集成制造系统中的集成要求。解决的办法是在计算机辅助设计中自行开发符合 IGES 的工艺信息，提供给计算机辅助工艺设计等下游过程，进行集成，这是一种可行方法，为早期的信息集成所采用。

2）STEP。产品模型数据交换标准（standard for exchange of product model data，STEP）是国际标准化组织推出的一个比较理想的国际标准，它以中性文件的格式完整地描述产品生命周期内集成所需的信息，包含几何信息、制造信息、监测和商务信息等。STEP 采用应用层（信息结构）、逻辑层（数据结构）和物理层（数据格式）3 层模式，定义了 EXPREE 语言作为描述产品数据的工具。STEP 的中性机制使它能独立于任何具体的计算机辅助设计软件系统，支持广泛的应用领域；它具有多种实现形式，不仅适用于中性文件交换，而且支持应用程序内的产品数据交换，同时也是实现和共享产品数据库的基础。

STEP 在当前的集成制造系统中已得到广泛且成功的应用，如目前主要的 CAD、PDM 制造商都宣布支持 STEP；STEP 在某些领域，如汽车制造等的应用已比较成熟。美国通用汽车公司是第一个将 STEP 用于生产的汽车公司，成功实现了 EDS Unigraphics 的 CAD 三维设计结果用 STEP 的 AP203 协议交换到 IBM/Dassault CATIA 系统；美国航空工业也大力支持 STEP，如波音公司将其 CATIA 系统产生的数据转换到罗尔斯-罗伊斯公司的 CV/CADDS5 系统中；英国国防部、日本工业界等都积极推动 STEP 应用。STEP 涉及的面非常广，还有大量的开发工作需要继续进行。

3）电子数据交换。在集成系统中实现信息/数据交换的另一项关键技术是电子数据交换（electronic data interchange，EDI）技术，也称"电子资料通联"，它是一种在公司之间传输订单、发票等商业文

件的电子化手段。它通过计算机通信网络将贸易、运输、保险、银行和海关等行业信息，用一种国际公认的标准格式，实现各有关部门或公司与企业之间的数据交换与处理，并完成以贸易为中心的全部过程。

国际标准化组织将 EDI 描述为"将贸易（商业）或行政事务处理按照一个公认的标准形成结构化的事务处理或信息数据格式，从计算机到计算机的电子传输。"联合国对 EDI 使用的定义是"用约定的标准编排有关的数据，通过计算机向计算机传送业务往来信息。"我国对 EDI 公认的较为精确的定义是"按照协议的结构格式，将标准的经济信息经过电子数据通信网络在商业伙伴的电子计算机系统之间进行交换和自动处理。"

从 EDI 的定义不难看出，EDI 包含了三方面的内容，即计算机应用、通信网络和数据标准化，其中计算机应用是 EDI 的条件，通信网络是 EDI 应用的基础，数据标准化是 EDI 的特征，这三方面相互衔接、相互依存，构成了 EDI 的基础框架。

4）可扩展置标语言（extensible markup language，XML）。它是目前在电子商务环境下实现数据交换的一种新的技术手段，已成为热点技术，是置标语言大家族中的一个新成员。作为一种置标语言，它和其他置标语言，如 HTML 一样，依赖于描述一定规则的标签和能够读懂这些标签的应用处理工具来发挥它的强大功能；不同的是它是可扩展的（extensible）。XML 并非像 HTML 那样提供了一组事先定义好了的标签，而是提供了一个标准，利用这个标准，可以根据实际需要定义新的置标语言，并为这个置标语言规定它特有的一套标签。准确地说，XML 是一种元置标语言，允许根据它所提供的规则，制定各种各样的置标语言，这也是 XML 语言制定之初的目标所在。与以往的各种置标语言相比，XML 有不可比拟的优点，这也正使它得到越来越多的关注，并且开始在越来越多的领域发挥作用。

① XML 打破了标记定义的垄断，允许不同的行业、不同的组织和个人根据自己独特的需要制定自己的一套标记，建立适合自己需要的标记库，并且这个

标记库可以迅速投入使用。实际上，现在许多行业、机构都已经利用 XML 定义了自己的置标语言，典型的例子是化学置标语言 CML（chemistry markup language，作者 Peter Murray Rust）和数学置标语言 Math ML（mathematical markup language 10 规范，1998年4月7日 W3C 的建议）。

② XML 不仅允许定义自己的一套标记，而且这些标记不必仅限于对显示格式的描述。在 XML 中，显示样式从数据信息中抽取出来，放在样式单文件中。如果需要改动信息的表现方式，无须改动信息本身，只要改动样式单文件即可。另外，在 XML 中，数据搜索可以简单高效地进行。搜索引擎没必要再去遍访整个 XML 文件，它只需找一找相关标记下的内容即可。由于 XML 是自我描述语言，因此即便对于一个预先对文件内容一无所知的人，这个文件也是清晰可读的。信息之间的某些复杂关系，如树状结构、继承关系，在这里也都得到了很好的体现。

③ XML 遵循严格的语法要求，不但要求标记配对、嵌套，而且还要求严格遵守文件类型定义（DTD）的规定。这使网页文件有良好的语法结构，具有较好的可读性和可维护性，大大减轻了浏览器开发人员的负担，提高了浏览器的时间空间效率。XML 也便于不同系统之间的信息传输，简单易读，可以标注各种文字、图像，甚至二进制文件，只要有了 XML 处理工具，就可以轻松地读取并利用这些数据。XML 是一种非常理想的网际语言，可用于帮助实现不同平台、不同数据库软件之间的信息传输。另外，XML 还具有较好的保值性，它不但能够长期作为一个通用的标准，而且很容易向其他格式的文件转化。

（4）信息及信息系统安全

随着信息系统在企业经营过程中发挥的作用越来越大，企业对这些系统的依赖程度也越来越高。如果信息系统出现问题，将会影响企业整个经营活动，因此信息和信息系统安全越来越受到重视。

在集成制造系统中，影响信息和信息系统安全的主要问题及其可采用的应对策略见表 6.2-4。

表 6.2-4　信息系统安全的主要问题及应对策略

系统安全的主要问题		应　对　策　略
设备硬件的安全性问题	设备可靠性问题引发的设备故障	可以采用冗余备份或具有容错特性的设备，使用专用设备也可以降低设备的故障率
	设备可用性问题产生的设备故障	提高设备质量，保证采购可正常运行，采用具有故障恢复功能的设备
	系统部件一致性或兼容性产生的问题	在软硬件选型时进行合理的系统配置

（续）

系统安全的主要问题		应　对　策　略
设备硬件的安全性问题	网络互联性产生的运行问题	在网络设计时考虑好网络联通和隔离的矛盾，同时提高网络布线的施工质量
	环境安全性产生的设备故障	提高配电、接地、防护等运行环境的保障水平
系统的安全保密问题		为了防止计算机中的程序、数据、运行结果与执行过程的泄密，防止进入计算机系统、网络系统、信息系统的防御措施的泄密，防止个人专用信息和隐私的泄密，一个企业需要建立完善的安全保密机制 1）在制度上保证每一个工作人员的安全职责和安全操作规范 2）使用加密技术隐蔽和保护需要保密的信息，使未授权者不能获取信息，或者即使获取了信息也难以解读、难以理解
计算机操作系统的安全问题		目的是既要防止操作系统本身的隐患和不安全漏洞，也要防止对操作系统的滥用、破坏和窃取服务。可采取的措施 1）不断跟踪相关操作系统（如 Windows、UNIX 等）的最新信息，及时对系统进行升级和修补 2）对于政府、国防等关键部门的信息系统，应尽可能使用国产操作系统或开放源代码的操作系统，提高对操作系统的控制能力
软件的安全问题		应用软件系统由于开发过程中的问题往往会存在漏洞，造成与操作系统或其他应用软件的不兼容，从而产生意想不到的结果或操作，这些问题会影响软件的使用。可采取的措施：在软件设计开发中注意标准规范的约定，同时在提交之前做好测试工作
数据与信息的安全问题		数据、文档和信息通常以文件或命名结构的形式存放在磁盘、磁带等存储设备中，因此对数据的保护就涉及对文件结构的保护和对磁盘结构的保护，任何对上述两种结构的破坏都会使数据丢失或被改动。可采取的措施：及时进行数据备份
恶意程序和计算机病毒问题		1）安装防病毒软件并不断升级 2）加强关键信息系统的使用规定，避免不必要的操作，减少病毒入侵的概率，同时做好病毒流行的预警和预报工作
计算机网络的安全问题		1）防火墙、网关、加密/解密机等软硬件设备的使用，可以发挥一定的作用 2）对许多关系国计民生的信息系统，要采用物理断路的方式保证计算机网络的安全

应该说，信息系统赖以存在的网络计算和分布式计算环境基于开放性技术，而开放性与安全性、易用性/友好性与安全性是两对基本的矛盾。在计算机网络和以网络为基础的各类信息系统的建设中，这个矛盾贯穿发展的始终。因此，不可能存在一劳永逸、绝对安全的系统安全策略和安全机制，安全的目标和实施的安全策略只是在一定条件（环境与技术）下具有合理性，需要根据情况、条件和技术的发展不断提高。

（5）以通用对象请求代理体系结构（CORBA）**为代表的分布式对象技术**

在集成制造环境中，应用通常是分布式的，应用之间需要交换信息和数据，如 CAD 和 CAM 之间，

CAD、CAM 和制造资源计划（MRP Ⅱ）之间，甚至不同的 CAD 系统之间都会发生数据的交互。分布式对象技术的出现和发展有力地促进了集成技术的发展，并为此提供了基础设施和框架。目前，在分布式对象技术的主流技术中，对于跨平台、异构的企业级应用，CORBA 无疑是最佳的。

CORBA 的优点：①开发代价小，效率高；②服务对象可以透明地被分布在本地和网络上的客户所调用，扩大了服务对象的使用范围；③CORBA 系统作为"软件总线"，可以为服务对象提供"即插即用"功能；④可以有效地集成"遗留系统"（Legacy System）。

目前，国际上一些大的 CAD、PDM、ERP 制造

商在他们的产品中纷纷采用 CORBA 作为支撑技术，如 PTC 公司推出的 WindChill 系统等。一些组织和大的制造企业也将 CORBA 作为他们信息系统的应用框架，如美国半导体联合会正积极地为半导体制造企业较好地控制设备而开发基于 CORBA 的框架；波音公司在其"定义和控制飞机配置/生产资源管理"（Define and Control Airplane Configuration/Manufacturing Resource Management，DCAC/MRM）计划中以 CORBA 为基础建立信息系统，开发周期从 24 个月缩短到 6 个月。

6.2.2 现代集成制造系统的过程集成

信息集成在很大程度上提高了生产率，但传统的串行设计、开发方法往往造成产品开发过程的经常反复，这无疑使产品开发周期延长，成本增加。在此背景下，提出了过程集成的需求。

1. 现代集成制造系统的过程集成内涵

过程可以定义为完成企业某一目标（或任务）而进行的一系列逻辑相关的活动的集合。制造企业是一个复杂系统，用过程的观点看，企业由一个个经营过程组成；对于现代制造企业，经营过程指企业运行所需的所有过程。过程又是由子过程和基本活动组成的，活动与活动之间的相互作用与相互联系构成了企业的经营过程。

过程集成的内涵是以并行的思想综合考虑产品全生命周期内的所有活动，实现企业产品全生命周期内各种业务过程的整体优化。过程集成是信息集成在广度和深度上的扩展和延伸，更多地考虑了系统的优化。过程集成又是企业集成的基础，体现在平行或并行过程之间的集成，以及上下游过程之间或时间上先后过程之间的集成。在实际的过程集成中，这两方面的集成是交织在一起的。

进行过程集成，是要在各个过程之间开发各种接口，使各个过程能够互通信息、交互作用，因此必须打破各种可能出现的障碍，实现各个过程之间为了企业经营的战略目标而互相支持、互相促进、优化运行。例如，并行工程提出的设计过程中上游工序考虑下游工作的需要，下游工序参与上游工作，不断反馈意见，实现设计的一次成功，缩短整个开发周期，就是一个典型的过程集成示例。因此，过程集成可定义为"在完成过程之间的信息集成和协调的基础上，进行过程之间的协调，进一步消除过程中各种冗余和非增值的子过程（活动），以及由人为因素和资源问题等造成的影响过程效率的一切障碍，使企业过程总体达到最优。"

过程之间的信息集成，不仅表明过程集成需要信息集成，而且表明过程集成是建立在信息集成之上更高的一个层次。过程之间协调，表明过程之间存在相互影响和相互作用。使企业过程总体达到最优，表明过程集成的目的是全局优化，而非局部过程最优。

2. 现代集成制造系统的过程集成技术
（1）过程建模方法

在集成制造系统中要实现过程集成首先需要对过程进行描述和分析，因此必须建立过程模型。以下是目前应用较多的几种具体建模方法，可根据企业具体需求选定。

1）IDEF3。IDEF3 是 IDEF 系列建模方法中的过程描述获取方法，它是用一些基本图形和一些描述性的表格，将领域专家对某一过程的了解比较确切、清楚地描述出来的方法。IDEF3 用场景描述和对象这两个基本组织结构来获取对过程的描述。

场景描述可以被看作：① 在一个组织中，需要用文件记录下的一种特殊的重复出现的情景；② 描述由一个组织或系统阐明的一类典型问题的一组情况；③ 过程赖以发生的背景。场景的主要作用就是要将过程描述的前后关系确定下来，故必须重视给场景以恰当的命名。场景的名称通常为动词、动名词或动词短语。识别对象、抽取特征和对场景描述命名是建立 IDEF3 的重要步骤。命名合适与否直接关系到能否正确反映现实世界的情况，如实施工程修改、处理用户意见、开发键盘孔板的铸模设计等都可以作为过程流场景描述的名称。

对象则是任何物理的或概念的事物。这些事物是领域中的参加者认识到的或谈到的那些发生在该领域中的过程描述的一部分。对象的识别、抽取特征和恰当命名也是 IDEF3 的重要步骤，然后是进行过程流描述和对象状态转换描述。

每个 IDEF3 描述可以有一个或多个场景，一个或多个对象，它们组成了描述结构的各个部分。一个场景可以有、也可以没有与之相联系的对象流图，这就是它可能尚未被细化；一个对象可能有、也可能没有一张对象状态转换网图与之相联系，但仍然是整个描述的一部分。

在 IDEF3 中，过程流网（process flow network，PFN）作为获取、管理和显示以过程为中心的知识的主要工具，图中包含了专家和分析员对事件与活动、参与事件的对象及驾驭事件的行为约束关系等知识；用对象状态转换网图（object state transition net work diagram，OSTN）作为获取、管理和显示以对象为中心的知识的基本工具，可用于表示一个对象在多种状态间的演进过程。

2）ARIS 经营过程建模。集成信息系统体系结构（architektur integrierter informations system，ARIS）是由德国 Saarbrüecken 大学的 A. W. Scheer 教授提出的。由于 Scheer 教授创立的 IDS 公司在此基础上开发了一套完整的 ARIS 建模分析软件工具（ARIS Toolsets），将各个视图的信息进行了有效的关联，并提供了基本的仿真分析手段，因此在商业上取得了很大的成功，成为最流行的过程建模分析软件之一。全球最大的 ERP 软件供应商 SAP 注资 IDS 公司，使用 ARIS 作为其 ERP 软件实施前期进行企业建模、分析、诊断的工具，并指导 SAP 的实施，ARIS 得以在企业建模、经营过程重构的实践中得到广泛的使用。ARIS 方法及其软件工具还在不断地发展完善过程中。

ARIS 中包括组织、数据、功能和控制 4 个视图，而控制视图中包括了一系列的过程建模方法（见表 6.2-5），因此也称为过程视图。控制视图用于记录和维护组织、数据、功能视图之间的关系，并将它们联系在一起。

在控制视图中，最重要的建模方法是扩展事件过程链图。在该图中包含了其他 3 个视图的所有元素，并将它们关联起来。由于 ARIS 使用面向对象技术，实现了 4 个视图多种建模方法之间的信息勾连和许多自动转化方式，并在这些转化过程中提供了许多分析和仿真的手段。

使用 ARIS 建立企业的经营过程，可按下列步骤进行：

① 建立企业经营过程的现有模型，主要是从组织、过程/控制、功能和信息 4 个方面入手，分别建立企业各个方面的模型。在建立过程模型时，先使用增值链图宏观地描述顶层经营活动，即整个企业的经营过程框架。由于增值链图中各个活动都是企业相应的功能模块或功能活动，因此与功能视图中的功能树产生了自然的联系。

表 6.2-5　ARIS 控制视图的建模方法

序号	建模方法	功　　能
1	拓展事件过程链（e EPC）图	将组织视图和功能视图关联到一起
2	功能/组织图等	
3	事件控制-事件驱动过程链（event control-event-driven process chains）图	将功能与数据关联起来
4	功能分配图（function allocation diagram）	
5	信息流图（information flow diagram）	
6	事件图（event diagram）等	
7	拓展事件过程链/过程链图（e EPC/PCD）	将组织、功能和数据视图关联起来
8	增值链图（value added chain diagram）	
9	规则图（rule diagram）	
10	通信图（communications diagram）	
11	分类图（classification diagram）等	
12	类图（class diagram）	对于面向对象的建模
13	过程选择矩阵（process selection matrix）	描述过程变量
14	带物流的 e EPC 图和物流图	对物流进行建模
15	产品/服务交换框图（product/service exchange diagram）	执行阶段的建模方法
16	产品/服务树（product/service tree）	
17	产品分配图（product allocation diagram）	
18	产品树（product tree）	
19	产品选择矩阵（product selection matrix）	
20	竞争模型（competition model）	

② 使用拓展事件过程链图（e EPC）逐层深入地得到各个过程的细节，得到整个企业的经营过程模型。中间还可以使用功能分配图等来进行进一步描述功能活动所需要的资源、数据，以及与之相关的组织和人员，这种描述将过程视图和组织、数据、功能视图关联到一起。在此基础上，将各个视图的信息关联

起来，形成一个有机的整体模型。

③ 使用 ARIS 提供的仿真和分析工具进行过程的分析，遍历整个过程模型，并跟踪过程的时间和成本；另一方面，还可以参照咨询专家提供的参考模型，进行比较分析，找到需要调整的环节。

3) 角色活动图（role activity diagram，RAD）。该方法的原型是由美国学者 Holt 等提出的，用以表述协同工作中存在的问题。随着 RAD 图形描述方法的语义和语法逐步发展完善，RAD 又扩展应用到企业经营过程的建模和分析中。

RAD 方法通过对过程中的角色划分、企业的过程目标、角色的活动定义、角色间的协作和经营规则 5 个方面概念的阐述建立过程模型，并通过一定的图形元素符号全面描述企业过程的主要特征（目标、角色和决策等）。RAD 中包括：① 系统视图，表示过程主体间的相互影响和作用，是一种结构化视图；②目标视图，描述相互作用的目标；③方法视图，表明交互行为的目标如何实现。RAD 作为一种结构化过程建模技术，它强调角色、角色间的相互作用和活动，以及与外部事件的连接。

在使用 RAD 方法建立的过程模型中，角色通常指由担负一定职责的个人或部门所完成的一组活动，与角色相关联的是为完成这一角色而必需的资源。过程中的角色是相对独立的，利用各自的资源集合完成

相应的活动，并通过与其他角色的交互作用进行协同工作。过程目标表述了一种功能性的状态，即过程试图达到的一种状态或状态集合。角色的活动定义用于确定各个活动的发生顺序，通过前置状态和后续状态形成了一种时间流序列。角色间的协作描述了角色间的交互作用，因为企业内人们的工作并不是相互独立的，无疑过程也包含了许多个人或部门的合作，这些合作是通过各种形式的交互作用实现的，而交互作用常常伴随对象的传递，在有些情况下，则是对象的互换；角色、目标、活动和作用这些概念在 RAD 中都有专门的符号表示。经营规则将顺序、决策和并行性等联系在一起，有两种标识符，分别是路径选择和并行路径。

对于传统的系统分析工具，其层次化的结构特点使问题的表述规范、简单和便于理解，也是处理复杂问题的有效途径。不过，有时企业经营过程并不太适合结构化分解，而更趋向于多维网络结构，解决这种 RAD 建模复杂性问题的方法就是将活动或作用拓展成一个新的 RAD。

4) 甘特图和计划评审技术（PERT）图。甘特图是 Henry L. Gantt 发明的，它是项目管理技术中的核心技术，利用非常直观的条形图表示项目任务的时间和进度信息，横轴表示时间，纵轴表示任务名称。图 6.2-11 所示为甘特图示例，图中的实线和阴影线表示了任务的预定进度。

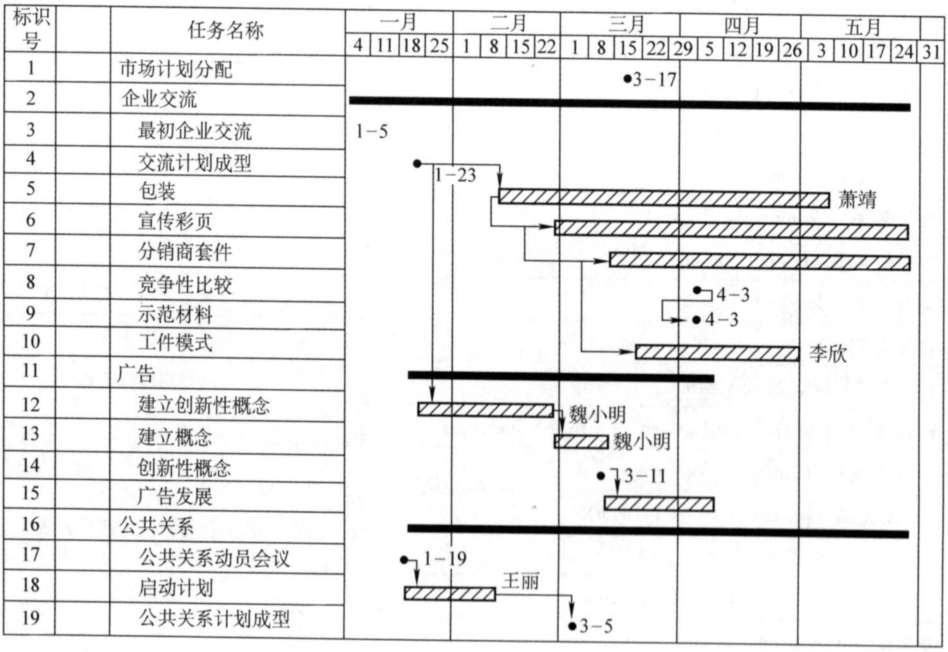

标识号	任务名称	一月				二月				三月					四月				五月				
		4	11	18	25	1	8	15	22	1	8	15	22	29	5	12	19	26	3	10	17	24	31
1	市场计划分配											●3-17											
2	企业交流																						
3	最初企业交流	1-5																					
4	交流计划成型					1-23																	
5	包装																		萧靖				
6	宣传彩页																						
7	分销商套件																						
8	竞争性比较												●4-3										
9	示范材料												●4-3										
10	工件模式																	李欣					
11	广告																						
12	建立创新性概念									魏小明													
13	建立概念										魏小明												
14	创新性概念											●3-11											
15	广告发展																						
16	公共关系																						
17	公共关系动员会议					1-19																	
18	启动计划					王丽																	
19	公共关系计划成型								●3-5														

图 6.2-11　甘特图示例

现在使用的甘特图是在传统的甘特图基础上增加了许多信息，主要包括以下内容：

① 将任务名称一栏换为工作分解结构的表格，在甘特图中显示项目的任务分解关系。

② 在甘特图上显示项目的里程碑信息,使项目的时间进度显示更有层次性。

③ 使用细的箭头线将甘特条关联起来,表示任务之间的逻辑依存关系,更清楚地表达任务之间的先后次序和条件关系,为项目计划的自动编排提供帮助。

④ 在甘特图上同时显示计划信息和实际情况的跟踪信息,直观地显示项目的进展情况。

⑤ 在甘特图上标注任务所对应的资源信息。

⑥ 在同一水平线上标注多个甘特条,以反映一个相对于时间是离散的任务或周期发生的任务。

在不同的应用领域,甘特图在基本的条形图基础上会有某种变化,以反映特定领域项目管理所需的特定信息。

PERT 图是美国海军于 1950 年首先使用的项目管理方法。PERT 图弥补了甘特图的以下缺点:①无法显示各任务间的相互关系;②每项任务可以延迟开工和完工时间。

PERT 图将一个项目分成许多任务或事件,每一项任务用一圆圈或方框表示,并用直线表示任务之间的相互关系,任务需要的执行时间标注在连接线的上方,如图 6.2-12 所示。

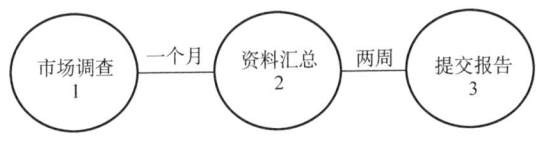

图 6.2-12　PERT 图

(2) 团队协同技术

产品开发团队是并行工程的重要组成因素,良好的团队协同工作环境是实施并行工程的必要条件与关键因素。在竞争全球化与信息技术飞速发展的影响下,有关计算机支持协同工作（CSCW）的研究在国内外受到了广泛关注。在支持团队协同工作的技术工具研究与开发方面,人们逐渐意识到,资源共享、协同的数据信息与过程管理,以及团队特定活动支持技术是发挥团队协同工作优势的关键,因而研究与开发工作多集中于发挥计算机网络通信、分布式计算和移动式计算等技术优势,建立基于计算机互联网络的集成框架,以增强资源共享及通信的便利性,实现对团队特定活动的支持。

(3) 并行产品开发工具

对于面向并行过程的开发,需要同时采用考虑产品设计目标和约束的系统性方法,即面向制造、质量和环境等多方面的设计方法,综合称为 Design For X（DFX）的设计模式。这种模式要求在设计阶段尽早地考虑与制造、质量、环境等方面的约束,综合评价产品的设计,对于提高产品综合竞争能力具有重要意义。DFX 的方法包括经验法、定量评估法、基于特征的方法及人工智能的方法。当前研究的关键技术包括计算机辅助概念设计、集成产品信息模型、产品可制造性模型及其评价方法、并行设计分析等。目前,该领域中已有商业化的软件推出,其中典型的是 Boothroyd Dewhurst 公司的 DFX 系列产品,主要包括面向制造与装配的设计工具（DFMA）、面向维护（Service）的设计工具（DFS）、面向环境的设计工具（DFE）等。

(4) 经营过程重构（business process reengineering, BPR）

实现过程集成,一个重要的步骤是对传统产品周期内的各个过程进行重组,使经营达到最优化,因而企业重构是过程集成的一个重要内容。

20 世纪 90 年代初,“经营过程重构”风靡了全世界的工业界。在工业实践中,人们越来越清楚地看到,引进先进技术并不是企业提高竞争能力的唯一途径;管理模式的改进、过程的合理化甚至具有更大的潜力,是对企业业务流程的根本性思考和彻底重建,其目的是在成本、质量、服务和速度等方面取得显著的改善,使企业能最大限度地适应以顾客、竞争、变化为特征的现代企业经营环境。

从对过程进行急剧的、革命性的改造来说,经营过程重构是一个新的概念,但实际上,它是被人们一直在用各种方式实践着的,从这个意义上说,它又不是一个新概念。多年来,人们在实施“全面质量管理”“精益生产”（lean production）和系统集成时,都涉及过程改造和合理化的问题,涉及组织机构改造的问题,只是这种改造是一种稳步的、连续性的改良。实践证明,急剧的、革命性的重构和稳步的、连续性的改良不是对立的、互相排斥的,而是在不同环境和条件下采用的不同决策。

不同的作者都曾对 BPR 有过各种各样的定义,海默和潜培对 BPR 的定义是,“对经营过程彻底地重新构思,根本地重新设计,以达到在一些诸如成本、质量、服务和速度等关键性能方面的显著提高。”一般可以将 BPR 涉及的经营过程分为 3 类,即操作过程、支持过程和管理过程。操作过程直接与满足的需求相关;支持过程指为保证操作过程的顺利执行,在资金、人力、设备管理和信息系统支撑方面的各种活动;管理过程指企业整体目标和经营战略产生的过程,这些过程指导了企业整体运作方向,确定了企业的价值取向,所以是一类比较重要的过程。

企业中可以实施 BPR 的过程,覆盖了企业活动的各个方面和产品的全生命周期,包括设计过程、生产过程、管理过程和营销过程等，而且可以对各种岗位、各种过程中的员工所做的工作提出重构的设想。

BPR是一项复杂的系统工程，既能产生巨大的效益，也有很大的风险，一定要有一套正确的方法和实施指南，才能引导企业走上成功之路。表6.2-6列出了一种BPR实施的步骤和工作内容。

表 6.2-6　BPR 实施的步骤和工作内容

阶段名称	工　作　内　容
第 1 阶段 BPR 项目 启动阶段	确立发起人的地位，以高层次的发起人来领导和支持企业经营过程重构。发起人应该完成下列活动 1）描述经营过程重构的预期结果并传递给组织的各个方面 2）建立对目标的统一定义 3）任命领导小组和项目小组 4）将正确的人安排在正确的位置，提供支持，解决行政问题，消除组织前进的障碍 5）监视进程和结果
第 2 阶段 经营过程 重构计划 拟订阶段	1）组建一个高水平的领导小组，应包括所有的股东或股东代表、有关经理，以及对组织设计的新原则所知甚深、对各种可用工具了解透彻的顾问，也可以包括发起人和用户 2）对组织和环境开展调查，正确评价当前公司的状况、经营环境及面临的关键问题，明确对变革的需求，找出优先解决的问题，并描绘出变革的方式，决定实施何种改良措施 3）制定长期的变革计划，包括列出所有可能的变革项目，排定次序，安排时间表，该计划为管理层提供一幅完整的、富有建设性的变革蓝图
第 3 阶段 项目团队 建立阶段	新型组织中必须建立一个团队。团队成员必须努力工作，避免"从众思维"心理和分裂性倾向，可以开发解决问题的适当方法；实施过程改进的团队将承担分析整个系统的任务。组建团队要求 1）项目团队的规模不能太大 2）团队应该有正确的混合型技能和经验，应该包括发起人、执行者和权益相关者。项目团队应该接受领导小组的领导，应该有对目标过程所跨越职能部门很了解的人，有目标过程用户的代表，有信息技术小组的代表，有能够起指导作用的相关领域专家和 BPR 顾问 3）团队应拥有不同管理层次的代表，以获得更全面的视角 4）项目团队不一定要求全时工作，但主要精力应该集中于此；所有成员应被赋予代表职能部门做决定的权力 5）团队的目标必须清晰、现实、有挑战性和可测量 6）项目团队必须讲求效率，物质和精神上的奖励非常重要
第 4 阶段 目标过程现状 分析阶段	过程分析是要了解已有过程是如何工作的、发生了什么问题，以及什么组织因素引起了这些问题，从中获得的信息被用来设计新的系统。过程分析包括 3 个步骤 1）叙述性描述：是为后面的改进提供基准的。一般写成摘要形式，内容涵盖过程做什么、目标是什么、输入输出是什么、供应商和用户是谁，以及其他任何明显的问题。涉及对当前组织的描述、工作设计信息，以及支持现有过程的信息技术是什么等内容 2）技术系统分析：技术系统可以包括成员使用的工具、技术、方法和程序，以及所需要的输入和所转化的输出。技术系统分析包括过程主要步骤的定义、过程中存在的问题，以及如何更好地进行控制等信息。分析完成时，团队将了解工作流程的阶段、每一阶段的输入和输出、引起的问题、问题的起因、组织因素作用于关键问题区域的范围等信息 3）社会系统分析：社会系统包括与组织中的人相关的各个方面，如态度和信心、雇员和雇主之间的契约、信息系统、公司政策，以及个体和群体之间的相互关系、权力、文化、动机、承担的学习等。社会系统分析能够提供对系统性能影响的有关信息，即有关组织结构和工作设计改善的信息，以及性能测量系统、奖励系统、培训和信息系统等影响组织性能的有关因素的指标
第 5 阶段 目标过程 重新设计 阶段	讨论并确定设计工作的基本原则，尤其是与过程重构密切相关的组织重新设计的基本原则。一般包括 1）构造有助于控制关键偏差的组织，以便每一个工作组控制过程的一个阶段 2）工作的基础单元是"整个工作"，以激发员工的主人翁精神，有效实行控制 3）组织的构建模块是自调节的工作组，而不是个人 4）提供信息反馈系统，以便员工发现和预测偏差，并采取行动，以从源头起有效控制偏差的发生 5）员工在专家系统的支持下进行工作，并对结果负责 6）收集信息的人同时校验和处理信息，将控制过程与信息过程集成 7）使设计能够激发员工的工作热情，提倡参与，鼓励创新，使工作团队成为一个学习系统

（续）

阶段名称	工 作 内 容
第5阶段 目标过程 重新设计 阶段	8）保证数据的一致性 9）使用信息技术获取、处理和分享信息 开发变革的方法，一般采用脑激励法（也称"头脑风暴"）产生新思想，然后团队进行分析设计。建议的设计过程如下 1）首先考虑组织的核心结构，以便控制关键偏差 2）功能部门成为支持者，工作团队才是执行者，在团队的基础上设计个体的工作 3）设计自调节的、拥有新文化的、支持核心过程的基础结构 4）开发一个对财务、客户服务和关键偏差控制等性能平衡测量的尺度 5）建立合理的精神和物质奖励制度，对技能的获取和团队的工作成绩实施奖励 6）建立企业的培训系统，保证向新的组织转换及构建新过程的变革能够成功 7）形成支持信息技术的战略，使 IT 支持紧紧地与经营战略联系在一起
第6阶段 新设计 实施阶段	实施新设计是一项系统工程，在这一阶段需要注意下面几个问题 1）关注实施所面临的特殊问题，克服一切阻力 2）触动每一个人，进行文化的变革 3）采用适当的奖惩，处理与组织性能相关的问题 4）正确理解什么是好的工作，是改进文化的关键 5）使用桥头堡战略，循序渐进地实施变革
第7阶段 持续改进阶段	改进过经营过程重构后，保持变革的动力，不退回到老路上的方法是监督新过程的执行并设置新的变革目标。持续改进阶段的工作 1）要建立一个体现主要权益人意愿的过程优化团队，定义优化目标 2）绘制过程流程图，形成改进项目的计划；项目处理时，一般先明确根本原因，开发解决方案，实施变革，进行结果评估 3）对成果进行精炼，将其推广到其他相似的过程中 为了有效地实施持续改善计划，需要使用一些辅助手段，包括过程控制框图、脑激励法、Pareto 图、5W1H（What、Why、Who、When、Where、How）问题
第8阶段 重新启动 阶段	指导小组要通过刷新经营战略、改进计划和选择其他过程进行优化，继续经营过程改善的另一个周期

（5）工作流系统技术

工作流管理联盟（work flow management coalition, WFMC）将工作流定义为一类能够完全或部分自动执行的经营过程，它根据一系列过程规则、文档、信息或任务能够在不同的执行者之间进行传递与执行。

工作流技术是通过对企业业务过程建模、仿真、优化、管理与集成，从而最终实现业务过程自动化的核心技术。对企业利用工作流技术进行业务过程的建模和深入分析，不仅可以规范企业的业务流程，发现业务流程中不合理的环节，进而对企业的业务过程进行优化重组，而且所建立的业务过程模型本身就是企业非常重要的知识库和规则库，可以成为指导企业实施计算机管理信息系统的模型。在深入分析企业需求基础上建立的企业业务模型，可以在最大程度上提高企业实施企业资源计划（ERP）或其他管理信息系统的成功率。

工作流管理系统是一种智能化的信息系统，它完成工作流的定义和管理，并按照在计算机中预先定义好的工作流逻辑推进工作流实例的执行，将相关信息以电子方式自动地传送到经营过程中指定的地点，并管理和协调这些信息。市场上已经出现了许多工作流产品，许多工作流模型来自不同的工作流产品，有些模型则来自专门的研究项目，或者直接由某位学者提出。由于工作流首先必须清楚描述一个经营过程是怎样进行的。因此，许多工作流模型都是从过程的描述入手，如流程图、状态图、活动网络图等，这类基于有向图模型的优点是比较直观，容易理解。一般情况下，这些图中的节点表示过程中的活动或状态，而有向弧则表示节点间的时序依赖关系。对于工作流建模，还可以采用本节介绍的其他过程建模方法。目前已经有大量的基于工作流概念的管理信息系统，如 Lotus 公司的 Lotus Notes、德国 File ombh 公司的 File

Net Visual Flow、IBM 公司的 MQSerises workflow、Action Technologies 公司的 Metro 等，许多著名的 ERP 和 PDM 产品都具有相应的工作流管理功能。

6.2.3 现代集成制造系统的企业集成

企业集成包含两层意思：一层是"企业内集成"（intra enterprise integration），指在实现过程集成的基础上，在企业内全面实现"人、经营、技术"三者的集成。从企业内各部门（或组织单元）之间则又实现了纵向（上、下级之间）和横向（各兄弟单位之间）的集成；另一层是"企业间集成"（inter enterprise integration），有两个方面：一是不同类型企业沿着供应链（supply chain）的集成；二是同类型企业基于不同的核心能力，为追逐一个市场机遇（或开发一种新产品）而形成虚拟企业（动态联盟）所实现的集成。

1. 现代集成制造系统的企业集成内涵

企业要提高市场竞争能力，不能走"小而全""大而全"的模式，必须要面对市场竞争全球化的新形势，充分利用全球制造资源，以更快、更好、更省的方式响应市场，这客观上要求企业要走出"家门"，与其他企业结成"动态联盟"，实现优势互补、资源共享，从而提高企业的竞争能力，企业间集成就是在这种要求下产生的。其内涵是，企业在综合运用先进信息技术、制造技术等的基础上，实现与其他优势企业的联合，形成以产品为中心的"虚拟企业"，以求最大优化企业内、外部资源。企业间集成以美国提出的敏捷制造为代表。

敏捷制造企业采用多变的动态组织结构，其组织形式是企业之间针对某一特定产品，建立企业动态联盟（即所谓虚拟企业）。敏捷制造实现"虚拟企业"和产品型企业形成扁平式企业组织管理结构和"哑铃型企业"，增强新产品的设计开发能力和市场开拓能力，应该是"两头大、中间小"。"两头大"，即强大的新产品设计、开发能力和强大的市场开拓能力；"中间小"指加工制造的设备能力可以小，多数零、部件可以靠协作解决，这样企业可以在全球采购价格最便宜、质量最好的零、部件，这是企业优化经营的体现。敏捷制造企业克服了传统企业的弊端，将企业结构调整为适应全球经济、全球制造（既竞争又联合）的新模式。

2. 现代集成制造系统的企业集成技术

（1）电子商务时代的 ERP

ERP 是在 MRP Ⅱ 系统基础上经过扩充与进一步完善发展来的。与 MRP Ⅱ 相比，ERP 更加面向全球市场，它是站在全球市场环境下，从企业全局角度对经营与生产进行的计划方式，是制造企业综合的集成经营系统。目前，国际上著名的 ERP 软件产品有荷兰 BAAN 公司的 BAANIV、德国 SAP 公司的 R/3、瑞典 Scala 公司的 Scala 系列软件、美国 EMS 公司的 TCM-EMS 和 Symix 公司的 Stye 系列软件等。

在互联网技术高度发展的今天，ERP 与互联网相结合，在作用范围与功能上产生了重大的突破。ERP 结合互联网技术，使企业的制造、采购供应链系统更为畅通，可保证企业在最短的时间里将正确的产品和服务传递给客户；使企业的商业流程自动化，并连接其供应商和事业伙伴，从而减少企业运营成本、提高运作效率；获取并分析客户、供应商、雇员及合作伙伴的相关信息，并通过共享商业智能系统来帮助企业做出更好的商业决策。

（2）供应链管理与敏捷供需链

供应链是在相互关联的部门或业务伙伴之间所发生的物流、资金流和信息流，覆盖从产品（或服务）设计、原材料采购、制造、包装到支付给最终用户的全过程。

供应链管理在以最小成本并满足客户需要的服务水准下，对从供应商、制造商、分销商、零售商，直到最终用户之间的整个渠道进行整体管理。供应链管理是借助信息技术（IT）和管理技术，将供应链上业务伙伴的业务流程相互集成，从而有效地管理从原材料采购、产品制造、分销到交付给最终用户的全过程，在提高客户满意度的同时降低整个系统的成本，提高各企业的效益。供应链管理是实现"开放式"的设计、开发与生产转化，形成"分散的网络化制造"的一种有效手段。

从供应链管理的定义来看，就是要沿供应链实现图 6.2-13 所示的物流、信息流、资金流的集成。

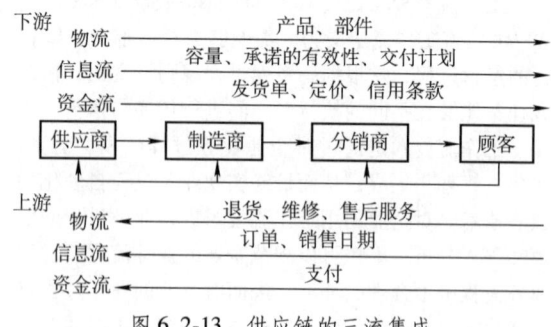

图 6.2-13　供应链的三流集成

供应链管理是在 MRP Ⅱ 和 ERP 技术基础上发展起来的一种现代管理方法与技术。从 MRP Ⅱ 发展到 ERP，虽然信息集成范围扩大到了企业外部，但传统的 ERP 所擅长的是管理性的事务处理，它所做的仅是事务处理，而供应链管理强调的是随着发展和变化不断地对计划进行优化，它强调在把握真实需求的基础上，对供应链的信息流、物流、资金流、价值流和工作流等各个流程的集成和优化。

由于供应链对实现企业间集成有重要影响，对供应链技术与系统的研究与开发已逐步成为国内外的热点。许多研究机构和公司取得了研究上的一系列成果，如 SAP 公司在基 R/3 系统的基础上推出的供应链优化、计划及执行的解决方案（SAPSCOPE）。为了使企业能够更好地适应竞争、合作、动态的市场环境，供应链系统应具有很好的开放性、互操作性及可重构性，以便快速适应需求的变化。因此，在传统供应链概念的基础上，敏捷供需链的研究引起了广泛的关注。敏捷供需链指在竞争、合作、动态的环境中，由若干供应商、客户（需方）等（自主）实体构成的快速响应环境变化的动态供需网络。敏捷供需链管理系统的关键技术包括代理技术及多代理间的协调技术、过程管理与控制技术系统的建模、仿真及经营决策技术信息的封装与集成技术、系统的重构技术及网络安全技术等。

供应链管理有以下原则：

1）强调核心竞争力。

2）工作外包（outsourcing）。

3）合作性竞争。

4）以用户满意度为目标的服务化管理。

5）物流、信息流、资金流的集成。

6）借助信息技术实现管理目标。

7）延迟（postponement）制造原则。

8）更加关注物流企业的参与。

9）缩短物流周期与缩短制造周期同等重要。

（3）标准化技术

在"虚拟企业"环境中，要实现不同企业之间的协调、合作和通信，必须要采用标准化技术，而连续采办与全生命周期支持（Continuous Acquisition and Life-cycle Support，CALS）标准对解决敏捷制造标准化问题提供了有力的支持。20 世纪 90 年代以来，CALS 越来越受到人们的重视，其应用不但由国防领域向民用领域扩展，并且由美国迅速向英国、法国、加拿大、日本、韩国、澳大利亚和中国等国家传播。美国工业界领导人也在 1993 年的 CALS 杂志上撰文说，CALS 是制造业全面发展的战略。CALS 实质是一种战略思想，一种组织现代化生产的模式。它从用户的角度出发，通过以信息技术为核心的一系列先进制造技术的综合应用，建立一个开放的、集成化的数据环境，进而实现企业内部有机集成，以及不同地域或全球范围内的企业间集成，并使用户能更多地参

与、控制和管理高技术产品的研制、开发、生产和维护，达到快捷获取/提供目标产品，做到产品全生命周期支持的目的。CALS 的集成数据环境为企业间集成提供了完整的基础设施。由于许多承包商出于能承接军方订货的目的，都积极采用 CALS 标准，所以 CALS 已形成了一套较为完整的、经过实践验证的标准。这套标准对敏捷制造的发展无疑是一有力的支持与促进。

（4）客户关系管理

现代企业不再"以产品为中心"，而是"以客户为中心"，客户已成为企业生存、发展的基础，盈利的源泉，因此客户关系管理（client relation management，CRM）对企业的发展至关重要。

CRM 指管理企业与其客户的关系。"关系"指客户整个生命周期的买卖关系，应关注长期的买卖关系；"管理"指加强和延长企业与客户的长期买卖关系。根据市场营销中的结论，一般开发新客户的困难是留住老客户的 5 倍。客户关系管理指企业为了赢取新客户、保持老客户，以不断增进企业利润为目的，透过不断地沟通和了解客户，达到影响客户购买行为的方法。电子商务的客户关系管理系统是客户管理的商务策略与信息技术策略的集成。

客户关系管理是通过提高产品性能、增强客户服务、提高客户交付价值和客户满意度，与客户建立长期、稳定、相互信任的密切关系，为企业吸引新客户，锁定老客户，提供效益和竞争优势。

对于企业来说，CRM 主要涉及产品销售、市场销售、市场情报和客户服务等，同时也涉及产品设计、制造、质量控制等，需要整个企业信息集成和功能配合。从具体操作来说，CRM 体现在企业与客户的每次交互上，这些交互都可能加强或削弱客户与企业合作的意愿。

CRM 具有以下两个方面的功能：

1）在线服务。通过 Web 和电子邮件（E-mail）等手段为客户提供有效的服务。在线服务的内容包括 Web 市场营销和账户自服务。Web 市场营销可使世界范围内的客户都能随时访问企业的信息、品牌介绍、产品目录和产品的详细资料，通过搜索引擎和智能代理，可以帮助客户方便地过滤不相关的信息，找到有用信息，从而改善与客户的关系。其关键技术包括 Web 服务器、数据库、搜索引擎和智能代理。

账户自服务实现了立即网上定购。系统能自动检索库存、生产调度，快速反馈定购信息；客户能随时跟踪订单状态，检查账户信息（定购和付账情况等）；客户能修改订单，并立即获得系统反馈。Web 在与客户交互的每一过程中，都自动收集客户信息，

整理客户所购商品的信息，分析客户偏好，找出客户行为模式，更好地为客户服务。此外，还会有一些个性化的服务。

2）客户联系中心。客户联系中心要集成各种客户联系渠道，它所提供的销售自动化功能，可以从客户在 Web 上查看产品信息、打电话或 E-mail 问询产品信息开始，将客户行为加入有关账户管理数据库，根据客户过去的行为自动回复 E-mail，生成个人主页，立即为客户指定一个销售代表；通过 E-mail 订单为销售员安排任务。如果是老客户，应将客户的基本信息及偏好、行为特征等信息通过 E-mail 发送给销售员，帮助销售人员制订客户联系、管理、日程安排，实时查询企业内部信息，收集客户信息以及生成销售报告等。通过以上手段提高销售人员的工作效率，加快销售过程，使客户获得及时服务，减少客户等待时间，改善客户关系。当客户在使用产品遇到困难时，可以通过 Web 自服务，如常见问题（FAQ）和公告板系统（BBS）解决；如果客户不能自己解决，可以通过任何渠道联系到售后服务部门，而系统立即将客户所买产品的交易信息、产品的技术资料等发 E-mail 给维修人员，帮助维修人员进行故障诊断、技术支持，帮助进行维修记录、收集用户反馈，这样的售后服务支持能提高客户满意度。通过以上手段，可提高售后服务的质量和速度，还可定时提醒用户进行预防性维修和保养。

（5）电子商务

电子商务是近年来随着互联网技术的发展而新出现的一种商务模式，至今尚无统一的定义，英文也有不同的名称，如 Electronic Commerce、ECommerce、ICommerce（i-Commerce）、Internet Commerce、Digital Commerce、ETrade、Internet Trade、EBusiness、EDI 和 ECS 等。

1）1997 年 11 月 6~7 日，巴黎世界电子商务会议提出，电子商务是对整个贸易活动实现电子化。从其涵盖范围上讲，是交易各方以电子方式进行商业交易；从技术上讲，是一种多技术的集合体，包括交换数据（EDI、E-mail）、获得数据（共享数据库、BBS）及自动捕获数据（条形码）等。

2）联合国经济合作和发展组织（Organization for Economic Cooperation and Development，OECD）给出的定义是，电子商务是通过数字通信进行商品和服务的买卖以及资金的转账，包括 E-mail、文件传输、传真、电视会议和远程计算机联网所能实现的全部功能。

3）美国政府在其《全球电子商务纲要》中给出的定义是，通过 Internet 进行的各项商务活动，包括

广告、交易、支付和服务等活动。全球电子商务将涉及世界各国。

4）全球信息基础设施委员会（GIIC）电子商务工作委员会报告草案中给出的定义是，电子商务是运用电子通信作为手段的经济活动，通过这种方式，人们可以对带有经济价值的产品进行宣传、购买和结算。这种交易方式不受地理位置、资金多少或零售渠道的所有权影响，公有企业、私有企业、公司、政府组织、各种社会团体、一般公民，甚至企业家都能自由地参加广泛的经济活动，其中包括各行各业及政府的服务业。电子商务能使产品在世界范围内交易，并向消费者提供多种多样的选择。

5）欧洲议会给出的定义是，电子商务是通过电子方式进行的商业活动，包括数据传递（文本、声音和图像等）、电子贸易和服务、在线数据传递、电子资金划拨、电子证券交易、电子货运单证、商业拍卖、合作设计和工程、在线资料、公共产品获得，以及传统活动（健身、教育）和新型活动（虚拟购物、虚拟训练）。

归纳上述定义，对电子商务可以得到如下几个方面的共识：电子商务是对整个贸易活动实现电子化；是通过电子方式完成的商务活动；是各参与方之间以电子方式，而不是以物理交换或直接物理接触方式完成任何形式的业务交易；是在互联网上进行的重要事务，不仅仅是商业交易；是在从售前服务到售后支持的各个环节实现电子化、自动化；是利用互联网进行的商务交易；是一种支持商务交易和涉及价值交换的商业事件的处理过程；是 EDI 在互联网上的推广使用；是一个以互联网/内联网（Internet/Intranet）为构架，以交易双方为主体，以银行支付和结算为手段，以客户数据库为依托的全新商业模式。

广义上，电子商务指利用 IT 技术对整个商务活动实现电子化，包括利用互联网、内联网、外网、局域网和广域网等不同形式的计算机网络，以及信息技术进行的商务活动；狭义上仅指利用 Internet 开展的交易或与交易有关的活动，两者形成了电子商务的概念体系。因此，电子商务是一种在更大范围上的集成。

6.2.4 CIMS 信息集成、过程集成和企业集成的相互关系及应用

1. CIMS 信息集成、过程集成和企业集成的相互关系

从以上分析可以清楚看出，信息集成、过程集成和企业集成三者之间存在下述关系。

1）信息集成是过程集成的基础。只有在信息集

成构建的信息通道基础之上，各功能单元才能克服时间上、空间上及异构环境的障碍，进行良好的沟通和协调，以实现过程集成。

2）信息集成和过程集成为更好地实现企业集成创造了条件。在实现企业集成的关键技术中，必须广泛地采用信息集成和过程集成的技术成果（如通过信息集成实现的资源共享、信息服务和网络平台等，通过过程集成实现的并行工程、虚拟制造等），才能建立在信息集成和过程集成基础之上的企业集成。因此，信息集成和过程集成是制造企业实现企业集成的主要手段。

3）信息集成和过程集成对企业集成的支持是充分的但不是必要的。信息集成、过程集成与企业集成之间并没有必然的因果关系，信息集成和过程集成只是为现代企业实现企业集成提供了技术支持和先进的集成手段。

4）企业集成的发展促进信息集成和过程集成向更高层次发展。现代集成制造环境下的企业集成，是从制造系统优化的角度对信息集成和过程集成在深度和广度上的扩展，因此必然对信息集成和过程集成提出了更高的要求，从而促进两者的发展。

综上所述，信息集成、过程集成与企业集成是互为推动的关系，而不是一种谁替代谁的关系。另外，三者的集成技术都在不断地向前发展，其更高层次将可能是知识集成。

2. CIMS 信息集成、过程集成和企业集成的应用

信息集成为企业引入先进的设计、生产和管理技术，改善企业三要素（人、技术、经营/组织）、三流（物料流、信息流、资金流）的集成状况，提高企业整体效益打下了坚实的技术基础。从实际应用看，以信息集成为核心的系统集成在我国制造企业中的应用已取得了良好的效果。可以说，无论是现在还是将来，信息集成都是企业信息化的主要内容，也是实施并行工程等其他先进技术的基础。在我国，以信息集成为主要内容的 CIMS 应用工程，仍将是今后大多数企业实现信息化需要经历的过程。过程集成是企业实现产品生命周期内各种业务过程的集成和整体优化，是信息集成在广度和深度上的扩展和延伸。过程

集成不但要采用信息集成这一技术手段，还必须通过对企业经营过程进行重构，应用并行工程等技术，将传统串行过程变为并行过程，使上游环节尽可能多地考虑下游环节的可行性，达到缩短产品研制开发周期，提升质量、降低成本，提高企业效益的目的。

随着全球经济一体化进程的加快，企业要想适应市场、制造资源的全球化形势，在动态多变、不可预测、日趋激烈的市场竞争中获得胜利，仅依靠企业内部的集成是远远不够的，必须借助多方优势力量，充分利用全球的制造资源（包括智力资源），以更快、更好、更经济地响应市场需求，提高企业竞争力。这种优势互补、资源共享、动态联盟的企业集成方式将制造系统从企业内扩展到企业外，将制造系统的集成优化推向了一个新的台阶。

根据信息集成、过程集成和企业集成的内涵、技术及相互关系，可以看出，信息集成、过程集成和企业集成的前后顺序是随着研究和实践的深入而带来的研究重点的转移，并非先后的替代关系。这三种集成方法的集成对象是不同的：信息集成重点针对设计、管理和加工制造的分立问题，实现企业内信息的共享；过程集成的目的在于改变制造企业传统的串行工作方式，实现并行作业；企业集成重在打破企业自身封闭发展的格局，实现企业间的优势互补和强强联合。

企业选择什么样的集成方式，应完全根据企业的技术现状和发展需求，以选择适当的集成方式和技术内容。企业在实施改造的过程中，要重点树立系统集成优化的观念，体会和把握这三种集成方法的思想精髓，在技术上不应该一味追高求新，在形式上不应该徒具其表、不具其实。

针对我国众多的传统制造企业的技术现状，为能够迅速适应当前的市场需求，在企业中应用现代集成制造技术的重点仍是信息集成，信息集成将是大多数企业实现信息化必然要经历的过程。当然，企业实施集成化工程时也可以从较高的起点出发，过程集成和企业集成的思想和部分工具均可同时借鉴和应用。今后，随着企业技术进步和管理水平的提高，过程集成和企业集成将自然地进入企业家的思想意识，成为企业进一步发展的新的推动力。

6.3　现代集成制造系统的设计与实施

现代集成制造系统的建设是一项技术综合性强、投资大、复杂的系统工程，因此所带来的风险也是巨大的。为了确保工程开发的成功，对项目要做好充分的论证、总体设计和规划，并在软件工程的指导下，进行工程设计工作。

现代集成制造系统设计是自顶向下逐步分解、不断深入细化的过程，系统的实施则是由底向上逐步集成的过程。根据这些特点，集成制造系统开发过程按其生命周期一般可分为 6 个阶段，即明确用户需求、可行性论证、初步设计、详细设计、工程实施、系统

运行和维护。每个阶段工作完成后要进行严格审查，审查合格后才能进行下一阶段的活动。一个集成制造系统往往又可分为多个分系统或子系统，每个分系统或子系统都涉及生命周期的 6 个阶段。当然，在生命周期的 6 个阶段中，分系统或子系统之间是密切的相互联系的。

6.3.1 现代集成制造系统的设计

1. CIMS 的总体设计

任何工程设计都要求先进行总体规划，即从全局和长远发展的立场出发，确定用户的需求和系统的目标，从而提出实施系统的总体方案，然后再分步实施。CIMS 是由多个不同的子系统构成的集成系统，是极其复杂的大型工程系统，因而总体规划就显得更为重要。在总体规划过程中，应根据企业的需求，提出对各子系统的需求，划清子系统间的界面，使之可以单独实施；然后根据企业需求的紧迫性，确定分步实施的进度计划，使之互相配合，从而更好地发挥作用。

CIMS 的总体设计包括 3 个部分：

1）需求分析。确定系统目标。

2）总体方案设计。确定系统体系结构。

3）分系统方案设计。各分系统的总体设计及其目标的确定。

（1）CIMS 的需求分析

需求分析的任务是分析研究用户的需求，从而确定待开发系统的目标。需求分析是系统设计的出发点和依据。由于不同的企业在产品、工艺、生产经营方式、现有基础和未来目标等方面的差别，导致不同的企业具有不同的 CIMS 模式。因此，必须针对具体企业的具体情况进行需求分析，才能明确企业需要什么样的 CIMS，需要什么样的功能和性能，为什么需要，以及各种需要的紧迫程度如何。只有需求明确，按需求建立起来的 CIMS 才能达到预期的目标，取得预定的经济效益。最紧迫的需求是找到促进企业生存发展的关键或阻碍生产发展的瓶颈，由此确定 CIMS 重点突破的目标。建立 CIMS 的需求和目标不明确，就难免走弯路，造成巨大浪费。因此，这一阶段的主要工作是要明确需求和目标，分析确定企业建立 CIMS 的必要性，能否从中获益。用户需求阶段的工作任务见表 6.3-1。

表 6.3-1 用户需求阶段的工作任务

序号	项目名称	任 务 内 容
1	组成工作小组	组成精干的工作小组，制定本阶段工作计划。通过对企业内外环境的初步调研，结合企业的长远规划，确定主要目标，向最高决策层提出一份立项所需的建议书。所以，队伍不必很大，调研时间不必很长
2	市场分析和变化趋势分析	分析本企业在市场上的地位、所占份额 分析国内外竞争对手在市场上的地位、所占份额 对比分析本企业和竞争对手的长处和短处，找出本企业在市场竞争中的薄弱环节
3	确定企业发展方向，提出初步的具体定量指标	企业新产品的品种开发和生产发展规划目标 生产发展规划目标，如生产率增长指标、质量改进指标 提高竞争能力、增强企业实力的目标，如缩短新产品设计及准备周期的指标；增加生产及装配柔性，提高设备利用率；降低库存、在制品，减少工时，降低成本等
4	确定方针政策	提出一些原则性解决问题的途径，如引进技术还是自行研制，投资预计和制订资金筹措方案；车间平面布置是否要重大更改；多项目标的优化排序等；组织机构、运行体制应做怎样的改革；从战略上对开发各阶段的规模和速度提出建议等
5	编写报告	按上述 2、3、4 项分析结果编写报告。这份报告主要是为企业领导而写，因而要让领导明确需求，对竞争形势知己知彼，做出是否实施 CIMS 及原则上如何实施的决策

1）企业现状分析。CIMS 一般是在企业原有基础上建立起来的，所以 CIMS 的实现必须结合企业实际。企业现状分析是需求分析的起点，应包括以下内容。

① 企业概况。介绍企业的规模、水平、经济实力及其地位，包括：

a）企业所属行业，企业在行业及整个国民经济中的地位。

b）企业人数及其人员素质情况。

c）企业的资产、产值和利税等生产经济指标。

d）企业的地理分布、分散状况及交通情况。

e）企业的历史及其演变过程。

f）企业的体制、组织机构等信息。

g）企业其他有关情况。

②企业生产经营特点。

a）企业产品特点：种类及型号、产品技术含量、产品结构特点。

b）企业所属行业特点：行业类型和生产方式的特点是离散的、连续的，还是半连续的；生产方式是中小批量、按订单组织生产，还是按库存组织生产。

c）企业工艺特点：生产流程特点及其先进程

度等。

d）企业设备特点：设备的先进程度、精密程度、自动化水平和数字化程度等。

e）企业经营特点：经营体制、销售策略等。

f）企业财务成本管理特点：财务制度、成本核算和独立核算等。

不同性质的行业，有着不同的生产经营特点，在CIMS构成方面有很大的差别，见表6.3-2。

表 6.3-2　离散制造业与流程工业的差别

行业		离散制造业	流程工业
典型行业		机械制造业	化工业
物流	物流状况（原料、半成品）	形状固定、固体、离散	形状不固定，可为液、气、固体、粉末状、连续
	物流状态（成品）	机械装置、包装箱	液、固、粉、罐、包装袋
	批量	大、中、小、单件	一般较大
	加工过程	经常间断	不间断、局部间断
	物流传输	小车、周转箱	密封管道、传送带
工艺	工艺流程	随机可变	基本不变
	工艺参数	多变	变化有限
	生产柔性	强	弱
	质量检验	测试检验	抽样检验
设备	工序	热加工、冷加工、装配	物理、化学、生化，多而杂
	设备	通用性强	专用、类型多、结构杂
	控制	数控	多参数、分布参数控制
	工艺装备	多样、复杂	专用、固定
	生产条件	常温	高温、高压、易燃、易爆
设计		按型号、台、件设计	一次定型设计
管理	产品	结构复杂	品种少、相对简单
	信息量	信息量大，实时数据较少	信息量小，实时数据较多
优化目标		缩短供货周期、提高质量优化排产、降低成本、提高设备利用率	安、稳、长、满、优降低成本、提高质量

③企业组织机构与工作流程分析。不同的企业，由于其规模、性质、生产方式和面临的市场竞争不同，因而组织机构也不相同。企业管理组织机构主要有直线制、职能制、直线-职能制、事业部制、矩阵组织和多维立体组织等形式，各种组织机构均有其适

合的对象，对具体的企业要具体分析，以确定那种组织机构适合该企业。分析完企业的总体组织机构后，还需研究企业各职能部门的工作内容、职责范围和工作流程。

工作流程分析可分为两部分，即跨部门工作流程

分析和各部门内部（各业务活动）工作流程分析。工作流程分析目的有两点：一是使 CIMS 设计人员尽快了解企业目前的实际工作内容；二是确定工作流程是否合理与通畅。

④ 企业生产流分析。生产流指生产规模大、产品种类多的大型企业组织其各种产品及构件的生产方式。生产流分析包括生产流程、工艺路线、物流过程，以及工厂、车间布局等合理性分析。通过合理性分析，找出企业生产环节中的不合理环节并加以改进。生产流分析的表达方式有工艺流程图和物流过程图。

⑤ 产品市场占有率分析。通过产品市场占有率的分析，可以解析企业的竞争能力。通过分析企业未来市场的占有率，可在此基础上制订企业未来的生产经营目标和 CIMS 系统的总目标。

⑥ 企业技术现状分析。CIMS 的实施必须有一定的技术基础。首先要对企业现有的技术设备进行分析，从而为 CIMS 的集成度和技术路线提供依据，确定对企业现有技术设备的处理建议，即保留、改造或淘汰等。

2）企业面临的问题及对策分析。

① 企业经营目标的确定。

a）根据企业长远的市场需求，确定企业的产品结构、产品产量与目标。

b）根据企业在本行业的竞争能力，确定企业在行业中的地位。

c）确定企业的产值、利税的经济指标。

d）企业经营目标的制订。

e）考虑技术、经济、人才及社会环境等方面的制约。

f）企业经营目标与企业领导人的能力、作风的关系。

g）国有企业要考虑国家需要、政府支持及上级主管部门的意见。

② 现状与目标间的差距分析。确定了企业的现状和经营目标后，就可以通过现状与目标之间的对比，寻找差距，从而找出存在的问题。差距分析可从以下几个方面进行：

a）产品品种差距分析。产品品种差距可从国内外同行的比较、产品技术的先进性、产品的系列化和标准化程度、产品结构的合理化等方面进行分析。

b）生产能力差距分析。企业的生产能力决定了企业生产能否达到一定规模。对企业生产能力差距的分析可从两个方面进行：一是设备能力差距分析，包括设备的台数、设备有效工作时间、作业面积及作业定额；二是工程设计能力差距分析，包括正常生产的

各项技术准备工作和新产品设计开发的各项技术准备工作。要解决企业生产能力上的差距有两个途径：一是增加新的设备，以满足各工序间的能力匹配；二是改变生产计划模式，减少物流环节，加强信息的集成性、实时性，充分利用企业现有生产能力。

c）生产周期与新产品开发周期的差距分析。生产周期指从投料开始到产品出厂的全过程所占用的时间。生产周期直接影响生产成本、生产能力、产品交货期等方面。新产品开发周期则直接影响新产品的上市时间和产品市场竞争力。新产品开发周期需要增加技术评价、市场分析及试制和修改通过的过程。

d）产品质量差距分析。产品质量指产品满足规定需要和潜在需要的特征和特性的总和。任何产品都是为满足用户的使用需要而制造的，产品质量应当用产品质量特性或特征去描述。产品质量特性依产品的特点而异，表现的参数和指标也多种多样，反映用户使用需要的质量特性归纳起来一般有 6 个方面，即性能、寿命（耐用性）、可靠性与维修性、安全性、适应性、经济性。产品质量指的是在商品经济范畴，企业依据特定的标准，对产品进行规划、设计、制造、检测、计量、运输、储存、销售、售后服务和生态回收等全程的必要的信息披露。产品质量表示生产和工作的优劣程度，是以满足客户需求为目标。产品质量是企业参与市场竞争并赢得市场占有率的关键要素之一。形成产品质量的过程大体上可分为设计和制造两个阶段。分析产品质量要具体到各个设计和制造阶段，找出影响产品质量的根本问题。

e）成本差距分析。产品成本是企业为生产产品而发生的各种消耗与支出的总货币表现。产品成本反映了企业在生产和经营活动中经营管理水平的一项综合性指标，直接影响企业的利润，是企业经济指标的主要内容。成本差距的分析，可按生产费用、产品生产要素和产品成本项目进行分类，还可按产品成本范围大小、计算产品成本的方法、成本与产量的关系等进行分类。逐类计算成本并与企业过去和竞争对手比较，寻找差距和原因。

差距分析实际上是企业诊断，需要注意以下几点：

① 不仅有技术方面的问题，也有管理方面的问题。

② 需要企业领导、各部门主管与专业人员一起参与。

③ 不仅需要进行单项分析，还需要在此基础上进行综合差距分析。

④ 通过差距分析，查找企业的本质问题，即企业生产经营的瓶颈问题。

3）CIMS 的需求与目标。

① 对 CIMS 的需求。CIMS 的任务是解决企业生产经营中的瓶颈问题，缩短以至消除现状与经营目标之间的差距：一是在解决企业的差距时要考虑当前的技术水平和企业的经济实力等限制条件；二是要把企业对管理的需求分析转化为对技术上的需求。

CIMS 对企业的支持是显著的。企业在产品品种、生产能力、交货期、产品成本和产品质量等多方面的问题都不是孤立存在的，这些问题交织在一起，相互作用、相互影响、一环扣一环，为解决这些问题，必须将企业视为一个整体，从上到下全面规划、实施与反馈，再从下到上具体实施。

② CIMS 的目标。基于 CIMS 的阶段性和复杂性，将企业对 CIMS 的需求进一步明确和细化，即可得到 CIMS 的目标。

a）CIMS 的总目标。确定一个企业 CIMS 最终的发展方向，是为实现企业生产经营战略目标而服务的，是全局性的重要问题。在 CIMS 指导下，完善与提高现有计算机辅助生产管理系统，扩充与强化计算机辅助设计系统，建立计算机辅助工艺设计系统，在主要生产车间建立具有 FMS 和 DNC 的车间制造自动化系统，组建支持 CIMS 运行环境的网络、数据库系统，最终实现功能强、信息共享、性能优良和效益显著的计算机集成制造系统，为企业生产经营管理科学化、工程设计现代化、生产制造自动化提供技术。

企业的总目标也是阶段目标，可先确定两年左右达到的近期目标，再确定 4~5 年的远期目标。近期目标要明确、具体、可操作性强，不宜定得过大；远期目标可以粗些，等转入近期目标时再予以细化。确定总的阶段目标后，还要针对每个分系统自身的特点给出各自的阶段目标。实现阶段目标可分为三步：首先完成 CIMS 所需的基础工作，其次完成各子系统的实施，最后实现 CIMS 初步集成。

b）CIMS 的多维目标。CIMS 的目标可用多个指标描述，并按实施阶段和分系统给出其各项指标，从而形成多维目标体系，其表达形式为矩阵式，见表 6.3-3。

表 6.3-3　CIMS 目标矩阵

阶段	目 标 名			
	效益目标	功能目标	应用目标	集成目标
第一阶段				
第二阶段				
第三阶段				

效益目标：指出实现上述功能和应用后对解决企业存在问题并产生经济效益所做的贡献。

功能目标：指出系统所具有的功能和性能，针对企业的生产经营活动，指出可以实现的计算机应用技术内容，包括单元技术应用和集成的水平。

应用目标：指出企业 CIMS 所具有功能的应用覆盖面。

集成目标：指出系统在各阶段应达到的集成度，包括功能集成度、信息集成度、物理集成度和系统的开放性等。

CIMS 目标的实现不可避免地受企业内外部条件的制约，主要制约因素有系统范围、资金约束和资源约束。

2. CIMS 总体方案的制订

（1）制订 CIMS 总体方案的指导思想

CIMS 总体方案是对企业发展的中长期规划，将直接为实现企业生产经营战略目标服务；是指导 CIMS 的近期实施，以保证分期实施部分是可以集成的。制订 CIMS 总体方案有以下几点指导思想：

1）面向全局。首先，CIMS 是面向整个企业的，它覆盖企业全部生产经营活动；其次，对于社会大环境，企业是社会生产流通中的一个环节，必须考虑企业的外部环境，包括市场机制下的供需关系，国家、部门、行业的要求和限制及生态环境等因素。

2）面向未来。CIMS 总体方案是对企业发展的一项中长期规划，必须具备面向未来的思想。面向未来的思想表现为两个方面：一方面要考虑企业经营活动的改进、发展和壮大，使总体方案与其相匹配；另一方面要考虑 CIMS 相关技术的发展趋势，可能出现或已经出现的新产品、新理论、新方法，并结合企业发展的可行性，以提高 CIMS 的先进性。

3）开放性。系统的开放性指采用一组标准、规范或约定来统一系统内各个部件的接口、通信及与系统外部的连接，使系统能容纳不同制造商提供的设备及其软件产品，同时又能适应未来新技术的发展。CIMS 必须具备开放性的两个方面：一是为了适应市场环境和技术的发展和变化，二是由于现实环境下，CIMS 所需设备大都来自多个制造商。

4）充分利用现有资源。CIMS 的建立是基于企业的现有技术基础上的，因此必须充分利用企业的现有资源，减少工程投资，缩短开发周期。CIMS 总体设计中需重点考虑的现有资源有计算机资源（包括硬件、系统软件和应用软件）、设备资源（包括加工制造设备、控制设备和物流运输存储设备)、技术人才和技术资料。

5) 与企业的技术改造相结合。企业的技术改造,尤其是大型技术改造费用很大,往往需要单独立项,专项管理。如何将其与 CIMS 紧密结合,不仅非常重要且有相当的难度。为此应注意以下几个方面的问题:

① 协调 CIMS 与技术改造项目的目标、内容和进度要求。

② 将技术改造纳入 CIMS 总体方案中,统一考虑集成问题,从而避免孤立的技术改造。

③ 在资金方面,可以统一筹措和使用 CIMS 与技术改造的资金。

④ 对 CIMS 立项前的技术改造成果按企业原有资金考虑利用。

6) 与企业的机制改革相结合。在 CIMS 的实施中,技术上的问题可以通过 CIMS 的实施和企业的技术改造加以解决;管理运行机制方面的问题,则需要通过改进运行机制、加强管理来解决。因此,在 CIMS 总体设计过程中,除了进行技术方案设计,同时还要进行运行机制的改革与设计,达到实现经营过程的重组。

(2) CIMS 总体设计的内容

1) CIMS 的体系结构。目前国际上已有多种 CIMS 体系结构模型和建模方法,其中大多数是按产品生命周期法展开的。CIMS 体系结构是描述该系统的宏观框架,是该系统运行的总体结构。主要包括 CIMS 信息系统的构成、应用软件系统的构成、计算机硬软件互联系统的构成和规划体系等。

2) CIMS 的功能设计。CIMS 的功能模型描述了企业经营过程和企业活动的组成,即说明 CIMS 所包括的功能行为、功能间的相互联系,以及实现这些功能所需的资源和约束。

3) CIMS 的信息设计。CIMS 的信息模型用于描述系统信息数据的基本模式及其联系。各类功能信息的处理过程必须在信息系统的支持下完成。

4) CIMS 的资源设计。CIMS 的功能实现和信息的组织管理需要各类硬软件资源及其人力资源。

5) CIMS 的组织设计。CIMS 的组织设计是提出 CIMS 运行的组织机构。

6) CIMS 分系统的总体设计。CIMS 是一个复杂的大型系统,包括若干个分系统。在 CIMS 的总体设计中,必须对每个分系统分别从体系结构、功能、信息、资源和组织等方面进行总体设计。

(3) CIMS 的功能设计

1) 功能树。功能树也称为系统运行模型,是将 CIMS 中各种功能逐层分解展开形成的一种树状结构,可覆盖 CIMS 所具有的全部功能。

2) 功能模型图。功能树只能表达系统所具有的功能,但无法表达各功能之间的信息联系。要想表达 CIMS 各功能之间的信息联系,还需要采用 IDEF0 方法描述以得出功能模型图。

3) 流程图。为描述企业的经营过程,可用流程图来表示企业的一系列功能活动。企业活动是企业内部的各个单一的功能,而企业的经营过程则是一系列企业活动的顺序。

企业活动过程可分为以下 3 类:

1) 企业与外部相互联系的过程,如订货、采购、报价等。

2) 企业内部过程,如机构变动、人事处理、人员调动等。

3) 企业计划的制订、执行、汇报、统计等过程。

(4) CIMS 的信息设计

CIMS 要处理的信息包括其所有功能所涉及的信息,即包括企业内部和外部全部信息。CIMS 的各种功能都与企业信息密不可分。CIMS 信息集成的目的:一是为了对信息进行加工、处理和集成,建立信息模型;二是为了便于计算机进行识别和处理,必须对信息进行分类编码。

1) 信息模型建立。信息模型的作用是采集和整理数据库,设计所需的共享信息数据的基本模式及其联系。目前,CIMS 总体设计的信息建模方法主要是 IDEF1X 方法。对信息的描述是通过描述其基本要素实现的。信息的基本要素主要有以下几种:

① 实体,一个具有相同特征和性质的现实和抽象事物的集合。

② 实例,实体集合中的一个元素。

③ 独立实体,即"独立标识符实体"。该类实体的每个实例的唯一标识依赖于该实体与其他实体的联系。

④ 从属实体,即"从属标识符实体"。当实体的每个实例的唯一标识依赖于该实体与其他实体的联系或以一个完全外来键为实体主键的全部或部分时,称该实体为从属实体。

⑤ 属性,实体所具有的一种特征或性能。

⑥ 主键,也称主码或主关键字,是能唯一确定某实体的属性或属性组。

⑦ 次键,也称次码或次关键字,若某实体有几

个不同的属性或属性组能唯一确定此实体，则从中选取一个作为主键，其余的称之为次键。

⑧ 外来键，若两个实体之间存在确定联系或分类联系，则构成父实体或一般实体的主键属性将被子实体或分类实体所继承，这种继承属性称为"外来键"。它可以是主键的全部或部分，可以是次键，也可以是非键属性。

确定实体的属性之后，还必须描述实体之间的联系。实体之间的联系主要有连接联系、分类联系和非确定联系。

2）信息分类编码。在建立信息模型之后，将进行信息分类编码。信息分类编码有以下优点：

① 可避免重复采集、收集、加工、存储的情况，尽可能消除因名称不一致所造成的误解和分歧。

② 可保证信息的可靠性、可比性和适用性，使之真正成为连接 CIMS 各组成部分的纽带。

③ 可将冗长的自然语言变换为简洁的代码，使信息能够被更好地处理和利用。

（5）CIMS 的资源设计

CIMS 各种功能的实现需要资源的支持。资源在 IDEF0 中作为"支撑机制"出现在功能模型图中。资源的作用有两点：一是资源支持功能的实现，即完成信息的转化过程；二是资源支持信息的采集、存储、传递和处理。

CIMS 中的资源包括以下 3 类：

① 硬件资源，包括各种生产设备、工艺装备和设施，各种能源设备、运输设备、计量设备等辅助设备，以及计算机、各类信息控制和转换设备。

② 软件资源，包括计算机系统软件和应用软件。

③ 人件资源配置，人件用于表示人的资源。人的能力包括人所具有的知识、技能和体力等，统称人的综合素质的描述。

CIMS 是一个人机系统，应充分发挥人与机械的作用，使之统一协调运行。人与机械有着明确的分工，人处于系统的主导地位，机械是为人服务的，用于减轻人的体力和脑力劳动。各类先进机械的出现，对人的素质提出了更高和更新的要求。因此，也对人员的配置与企业组织机构设置的关系提出了更高要求。在 CIMS 总体设计过程中应充分注意这一点。

（6）CIMS 的组织设计

在对 CIMS 的功能、信息、资源设计之后，还需对 CIMS 的组织进行设计。将企业的各种资源统一起来，按不同职责完善组织机构的设置。

1）企业组织机构的设置和运行的基本原则。

① 按任务目标确定组织机构及其人员要求。

② 高效精简原则。

③ 有利于统一指挥原则。

④ 分工协作原则。

⑤ 职责与权力相对应原则。

⑥ 集中与分散适度原则。

⑦ 有效幅度和合理层次原则。

2）职责设计任务。企业的组织机构应将企业的各种资源（硬件、软件和人件）统一起来，明确 CIMS 系统中各种人员的职责和访问权限等。组织设计应完成的任务包括功能的组织、信息的组织和资源的组织，以实现机构内的人员与计算机系统共同完成工作任务。

3. CIMS 分系统的总体设计

（1）概述

由于 CIMS 是一项大型复杂的工程系统，因此在总体设计阶段还需对构成 CIMS 的各个分系统进行进一步的分解和集成，在体系机构、功能、信息、资源和组织机构等方面对每个分系统进行设计，以形成完整的 CIMS 总体设计方案。

1）分系统总体设计在 CIMS 总体设计中的作用。

① 分系统总体设计是 CIMS 总体设计的组成部分。CIMS 是由多个分系统构成的复杂大系统，每个分系统又由多个子系统组成，只有对分系统进行总体设计后，才能完成 CIMS 的总体方案设计。

② 分系统总体设计是保证 CIMS 集成的需要。CIMS 的核心问题是集成，CIMS 总体设计就是要重点解决总体集成问题，包括分系统间的集成和分系统内的集成。因此，不对分系统进行深入的分析和设计就难以保证 CIMS 的总体集成。

③ 分系统设计更能体现 CIMS 工程特点。每个企业的 CIMS 工程设计必须从企业的特点和实际情况出发，而这些特点是通过各个分系统的设计体现出来的。不同行业、不同生产方式和不同规模的企业对 CIMS 的构成会有很大的影响，不仅仅会影响 CIMS 的总体结构，还会影响分系统的结构。只有进行分系统的总体设计，才能充分反映一个企业 CIMS 工程特点，才能满足企业的需求。

2）分系统总体设计的一般原则。

① 分系统总体设计必须在 CIMS 总体设计框架下，以 CIM 哲理为指导，在 CIMS 环境下考虑分系统的设计。

② 分系统总体设计不仅要从分系统所涉及的企

业经营过程的需求出发，进行功能、信息、资源和组织设计，解决分系统内部的集成问题，还要考虑其他分系统的分工和联系，以解决与其他分系统的集成问题。

③ 要认清分系统的体系结构是 CIMS 的体系结构的一部分，并表明各分系统所在的层次。

3）分系统总体设计的注意事项。

① 深入分析企业特点和需求。从企业全局出发，局部服从全局，从全局需要来确定各分系统的目标和功能。

② 注意分系统之间及分系统与总体的一致性。分系统之间或分系统与总体之间可能出现各种矛盾，包括目标、结构、技术路线、进度计划和资金分配等，因此应加强总体协调，统筹兼顾。

③ 采用正确的设计方法和技术路线。在分系统设计中可采用与总体设计相同的建模方法，但需注意以下两点：一是系统分解方法不是单一的，要根据企业的组织结构和分系统的运行特点进行分解；二是由于各分系统的学科特点各不相同，需要采用不同的优化方法和人工智能方法。

④ 把握总体，防止陷入技术细节陷阱。过分考虑细节会占用大量人力和物力，从而忽略了对总体的注意力。

⑤ 避免重复。将分系统报告作为总报告的一章。

（2）CIMS 各分系统的覆盖范围

1）生产经营管理分系统。生产经营管理分系统应覆盖企业的所有管理部门。从层次上看，覆盖厂级决策层和管理层；从职能范围上看，一般包括经营决策、计划、生产、设备、物质、劳资、人事、后勤和厂级领导职能，在某些特殊情况下，可将厂级质量管理功能和技术管理功能纳入生产经营管理分系统；从功能范围上看，应与一般企业的管理信息系统（MIS）基本一致，这也是制造资源计划（MRP Ⅱ）的主要功能，一般包括生产预测、销售管理、主生产计划、财务管理、成本核算、库存管理、人事管理、设备管理、经营和生产规划、物资需求计划、能力需求计划、技术和生产数据管理等。

CIMS 的生产经营管理分系统的功能范围与管理信息系统和制造资源计划是一致的，但仍有所不同，在实际应用中必须结合实际情况，加以分析改造。可从两方面进行改造：一是改造 MRP Ⅱ软件，使之适应 CIMS 工程的需要；二是在 MRP Ⅱ基础上进一步提高。

2）工程设计分系统。工程设计分系统的覆盖范围包括企业的所有工程设计部门，以及产品设计全过程（产品设计、零部件设计、工艺过程设计、数据编程和工装设计等）。从层次上看，工程设计分系统一般在工厂层，但当企业规模庞大及产品结构复杂时，也会将工艺设计和数据编程等功能分散到分厂或车间。

产品设计全过程主要有以下 4 大步骤：

① 产品设计。产品设计是从产品构思到最终形成图样文件的所有活动。可分为功能分析、产品定义、总体设计和详细绘图 4 个阶段。

② 工艺过程设计。工艺过程设计的任务是将产品设计信息转换为工艺规划，以便零部件的制造，指导生产制造的各个阶段，包括从选择原材料开始到制造出零件形成产品的全过程。

③ 数据编程。数控编程包括对所有采用的数控设备（数控机床、工业机器人和数控检测设备等）进行程序设计。进行数控编程必须完成 3 项基本任务：编译符合相应语言书写格式的程序；根据相关加工信息，计算刀位轨迹和各类工艺数据；由后处理器将刀位信息转换成 NC 代码，用以操控所有的数控设备。

④ 工装设计。工艺装备设计简称工装设计。工艺装备是制造产品所需的刀具、夹具、模具、量具和工位器具的总称。工艺装备不仅是制造产品所必须的，而且作为劳动资料对于保证产品质量，提高生产率和实现安全文明生产都有重要作用。工装设计是对制造产品过程中所需的刀具、夹具、模具、量具和工位器具等进行设计的全过程。

3）制造自动化分系统。制造企业的根本在于其加工制造的能力。CIMS 的基本组成部分是制造自动化分系统。制造自动化分系统覆盖了企业所有车间的全部生产经营活动，并给出各车间的具体功能和层次结构模型。

各车间的差异体现在：①规模不同；②职能权限不同；③自动化程度不同；④组织方式不同；⑤流程性质不同。

车间功能及层次结构：车间的功能可分为两大类，一类是直接完成物料的运输、存储、加工处理，以及测试、检验等生产制造活动；另一类是围绕生产制造过程所进行的管理、调度和控制活动，以及与其他分系统进行的双向信息交换活动。典型的企业递阶结构模型有 5 层，其中车间占有 4 层，即车间层、单元层、工作站层和设备层。

4）质量保证分系统。产品质量是决定企业市场竞争能力的关键。企业实施 CIMS 的一个重要目的是保证和提高企业的产品质量。为保证企业产品质量，需单独设立一个质量保证分系统，以确保企业的产品满足质量要求。

质量保证体系是保证产品质量，满足产品规定和潜在的要求。由组织机构、职责、程序、活动、能力和资源等构成的有机整体。质量保证体系贯穿于产品质量形成的全过程，包括市场调研、产品设计、物料采购、工艺准备、生产制造、检验和试验、包装和储存、销售和发运、安装和运行、技术服务和维护等。

质量保证分系统的功能可分为以下 4 类：

① 质量计划功能，包括检测计划生成、检测规程生成和检测程序生成。

② 质量检测功能，包括质量数据采集、检测设备的标定和鉴定。

③ 质量评价与控制功能，包括外购外协质量评价、各工序控制点的质量评价与控制、产品设计资料评价、售后产品质量分析、质量成本分析和企业质量综合指标统计与分析。

④ 质量信息管理功能，包括质量报表的生成、质量综合查询、质量文档管理、检验人员及其印章管理等。

5）计算机支撑分系统。CIMS 的核心技术是信息集成，计算机支撑分系统保证了 CIMS 的信息集成功能，覆盖了 CIMS 中信息系统维的计算机系统层、网络层、数据库层和集成平台层。

① 计算机系统层。计算机系统层是计算机集成环境的基础，不仅支持其上的应用软件的开发和运行，并通过计算机网络等支持集成运行。计算机系统层涉及的内容包括工作环境、主机系统、外部存储器系统、外部设备、计算机软件、系统物流安全和中文信息处理等。

② 网络层。网络层是保证 CIMS 实现信息的纵向和横向的通信功能，包括网络的体系结构、网络分层、网络互联、网络管理、网络应用接口、网络新技术和 CIMS 网络。

③ 数据库层。CIMS 的信息集成离不开数据，信息的传递是通过各种类型数据的传输、交换和处理得以实现。在 CIMS 中，要对所涉及的数据进行全面管理，既要保证这些数据的正确性、一致性和完整性，又要求各分系统、子系统可以及时获得相关数据，共享信息资源。

CIMS 中涉及了多种类型的数据，按照企业经营活动的对象类型可分为产品信息（包括产品结构、零件等信息）、工艺信息（包括工艺特征、工艺文件等信息）、生产状态信息（包括指令单、完工报告、质量状态等信息）、计划信息（包括经营计划、生产计划和物料采购计划、库存计划等信息）、资源信息（包括人员、资金、设备、物资等信息）、组织信息（包括组织机构、职责任务、隶属关系等信息）和经营信息（包括市场、供应商、客户、订单及其经营指标等信息）。

④ 集成平台层。集成平台的产生和发展，使应用软件的开发方式较传统方式发生了很大变化，使应用系统的维护、扩展的难度和费用大为减少。CIMS 应用集成平台的产生一方面来自企业实际应用对软件系统的需求，另一方面也是计算机软件技术的迅猛发展所致。计算机应用软件正在向着不依赖于特定硬件和操作系统的方向发展。开发 CIMS 应用集成平台的目的是为企业实施 CIMS 提供开放的、易维护的、可重构的系统运行集成支持工具。

集成平台提供的功能包括屏蔽异构操作系统、屏蔽异种计算环境、屏蔽异种数据库系统和提供集成各类应用的统一接口模型，其应用的目的是，使应用可以在无须知道信息存放地点的情况下，以正确的存取权限，在正确的时间，从正确的地点存取整个系统的正确信息，从而保证信息的一致性。

4. CIMS 总体设计方案的可行性论证

（1）主要任务

CIMS 总体设计方案可行性论证的主要任务是分析企业建立集成制造系统的必要性和可行性。需要了解企业/系统的战略目标及内外现实环境；确定系统的总体目标和主要功能；拟定集成的总体方案和实施的技术路线，并从技术、经济和社会条件等方面论证总体方案的可行性；制订投资规划和开发计划；编写可行性论证报告。通过专家评审后，做出企业实施集成制造可行性的结论。

（2）主要工作内容

可行性论证是工程能否立项的关键，十分重要，要高度重视。只有充分揭露矛盾，反复比较利弊，才能降低风险，提高投资效益。可行性论证工作是在对企业制造系统充分研究和分析的基础上，由企业的主管人员与高水平的专家合作完成。论证工作应紧紧围绕战略目标，针对主要瓶颈，突出核心竞争能力，最终体现在各种效益上。可行性论证阶段的主要工作内容见表 6.3-4。

表 6.3-4 可行性论证阶段的主要工作内容

序号	工作项目名称	主要工作内容
1	组织工作队伍，拟订工作计划	组成多学科的工作队伍，拟订工作计划（一般用 3~4 个月）和明确工作内容
2	分析企业的市场环境，提出经营目标和应采取的市场策略	更清楚地分析本企业面临的市场竞争形势，包括企业的原材料、标准件、外协件供应情况、产品质量状况及交货期保证程度、用户（或本企业产品的零售商）对产品意见，与竞争对手情况进行对比分析，找出争取订单的关键所在 按企业的战略发展目标及上述分析，提出应采取的市场策略
3	调查和分析企业的内部资源情况，找出瓶颈	调查和分析企业生产经营活动流程，包括信息流、物料流、资金流，计算出各部门在流程中占用的时间，分析其存在问题；调查和分析现有生产设备及计算机硬软件资源的性能及应用情况；调查和分析企业组织机构及人力资源状况，特别是计算机应用人员结构与水平；找出企业运行瓶颈及资源短缺的症结
4	提出系统建设/改造的需求，确定目标及主要功能	基于对上述内容条件的分析及企业战略目标，提出企业建设/改造需求，可以包括功能需求、性能需求、柔性及可重组性需求、人机接口需求、安全和控制需求、可用性和可存储性需求、可维护性需求、数据信息需求等
5	拟订集成制造系统总体集成方案和技术路线	建立管理信息系统、工程设计系统、制造自动化系统和质量控制系统等的基本方案 提出可能应用的数据库管理系统及计算机通信网络系统的基本方案，拟订准备采取的技术路线
6	提出系统开发过程中的关键技术项目及解决途径	提出关键技术项目及要求，委托研究单位解决或企业内外联合攻关
7	明确组织机构调整或变革需求及可能造成的影响	按集成制造系统生产运行体制需求，明确各类运行人员职责要求，分析运行体制及人员管理职责的改变可能造成的影响，提出改革过渡办法
8	进行投资概算及初步成本效益分析	提出投资概算及按资金筹措的可能性，提出分步实施方案，核算经济效益、综合效益及投资回收期
9	拟订系统开发计划	按总体规划需求及实际条件约束，将系统开发计划分为若干阶段，并就各阶段的工作目标、进度、人力、经费安排等提出具体计划
10	编写可行性论证报告	报告编写内容见文中所述
11	专家评审	组织企业外有关的技术专家和领导机关的技术专家对提出的报告进行评审，主要评审其分析是否符合实际，建设/改造目标是否适合企业需求；集成方案是否可行；投资概算是否合理；资金筹措是否落实；最后做出是否同意本企业实施集成制造系统的结论，或者明确指出要做哪些重大修改后才能同意实施的结论

（3）可行性论证报告

可行性论证的表现形式是可行性论证报告，其主要内容大多已格式化。可行性报告完成后，要组织专家进行评审，通过评审方可进行下一阶段的工作。评审未通过，需修改可行性报告再评审，或者决定终止项目。

可行性论证提供了未来系统发展的基线，也是初步设计和详细设计的基本依据。为此，建议报告应包括下列内容：

1）本企业生产经营基本情况、资源和产品特点。

2）市场分析和企业 5~10 年的经营战略目标。

3）实施信息化改造企业的需求。

4）全企业信息系统集成方案和运行环境的建议。

5）各分系统（或称单项技术）的技术方案、软硬件设备配属及拟采取的实施技术路线。

6）关键技术和解决途径。

7）组织机构的变动方案，以及信息系统设计和实施队伍的组成。

8）投资概算和资金筹措途径。

9）成本效益分析。

10）开发计划。

在整个报告中，各部分内容都可以分别说明是长期的还是短期的，或者分阶段的。因为要实现制造系统的集成本身是一个长期的过程，必须阐明长远目标，但又提出踏踏实实地逐步实现的蓝图。

下面给出一份可行性报告参考提纲。

可行性报告参考提纲

前言

说明企业建立集成制造系统的意图、目的和意义，指导思想和技术路线，参加此项目工作人员及其分工，目录

一、企业现状

概括介绍企业的地理位置，现有组织机构设置、设备工艺状况、产品状况及企业的经济实力。其目的是让初步接触本企业的人员快速了解企业。

1.1　企业生产经营特点

1.2　企业主要信息流和物流

1.3　企业系统集成的现状

二、需求分析

2.1　企业生产经营战略

2.2　市场及竞争状况分析

2.3　实现战略目标的优势

2.4　企业对集成制造系统的需求

三、总体目标

3.1　系统总体目标

3.2　功能目标

3.3　应用目标

3.4　集成目标

3.5　系统效益目标

四、系统总体结构

4.1　制订总体结构指导思想

4.2　系统的总体结构

4.3　分系统划分

4.4　系统的层次结构和信息关系

五、分系统概述

5.1　生产经营分系统

5.2　分厂自动化分系统

5.3　计算机网络/数据库分系统

六、技术路线和进度计划

6.1　技术路线

6.2　进度计划

七、系统实施的组织机构

7.1　组织机构设置原则

7.2　组织机构设置方案

7.3　人员需求及培训计划

八、投资概算

8.1　系统总投资

8.2　分期投资

8.3　资金来源

九、经济效益分析

9.1　可量化的经济效益

9.2　不可量化的经济效益

十、结论

从组织上、技术上和经济上分析论证该集成制造系统工程的可行性。

5. 现代集成制造系统的初步设计

（1）主要任务

初步设计是可行性报告的进一步深化和具体化，其主要任务是确定集成制造系统的需求，建立目标系统的功能模型和初步信息模型的实体和联系，探讨经营过程的合理化问题，提出系统实施的主要技术方案。在系统需求分析和主要技术方案设计方面，应深入到各子系统，对各子系统内部的功能需求进一步明确，并产生相应的系统需求说明。

（2）主要工作内容

初步设计的工作可分为准备、设计和开发、文档编写和评审几个阶段，其主要工作内容见表6.3-5。

表 6.3-5 初步设计的主要工作任务

序号	项目名称	主要任务内容
1	建立初步设计组织	建立初步设计组织机构，明确分工及职责，制订本阶段的工作计划，确定初步设计大纲，下达各分系统初步设计任务书
2	系统需求分析	将可行性论证中提出的需求分析具体化为已经有具体技术实现方案的需求，并确定系统的主要技术指标
3	设计系统的总体结构	明确总的开放系统体系结构的框架，应从多个层面、多个视图加以描述；从技术集成的角度明确本企业的集成信息系统由哪些应用分系统与支撑分系统组成，阐明分系统划分原则，每个分系统内涵及各分系统之间的关系
4	确定分系统技术方案	根据企业现有基础，提出各分系统的具体可实现的技术方案，分系统提出方案后，要从整体角度做较大的协调和平衡工作 例如，分系统分成几个子系统，其相互关联关系；各子系统所需的软件采用什么原理，已有什么，要补充什么，是购买现成的还是要另行开发；底层制造自动化部分的自动化程度要提到多高，哪些设备要增添或改造，车间平面布置如何改动；质量控制与各生产环节如何配合，什么设备或软件要增添；数据库管理系统与局域网的方案如何，已有系统如何与新系统相衔接（或如何过渡）；从全企业来看，应增添多少、什么样的计算机，其选型和配置要求如何等
5	设计系统的功能模型	建立系统功能模型（建议采用 IDEFO 方法），对可以提出定量的技术性能指标的，应尽可能有明确的指标
6	初步确定信息模型的实体和联系	建立系统的信息模型（推荐采用 IDEF1x 方法）。完成到 IDEF1x 建模的第三阶段，即确定实体——联系中的主键。也可根据各单位设计组的工作习惯，采用其他方法来设计信息模型，如采用 E/R、IDEF1、MERISE、DFD、EXPRESS-G 等方法
7	建立过程模型和提出的其他模型	可以采用 IDEF3、ARIS 等过程建模建立过程模型
8	提出系统集成的内部、外部接口需求	包括各分系统之间的外部软、硬件接口及通信接口，以及各分系统内各模块间数据传递和功能调用的内部接口
9	提出拟采用的开发方法和技术路线	分别就各分系统及总系统集成的技术方案，阐明其开发方法和实现的技术路线，必须保证系统所要求的可用性、可靠性、可测试性、可改变性（柔性）、响应特性及实现的经济性
10	提出关键技术及解决方案	在初步设计工作基础上准确地确定出关键技术项目及其技术要求，某些需求招标的项目应写出标书，某些已明确要委托某个研究单位进行研究攻关的，则必须落实承担单位，明确具体要求和工作步骤，并应以协议形式确定下来
11	确定系统配置	经调查研究，在总系统和分系统设计的基础上，确定系统软、硬件设备（含计算机系统）及辅助设施的详细清单，包括设备型号、规格性能及功能模块项目、数量。在满足需求的前提下，力求采用最小配置，若可以分阶段，要做出逐步推进的安排
12	规划集成环境下的组织机构	提出一个集成系统环境下适用的组织结构，按照集成制造系统的需求，合理地划分人- 机之间的界线和交连，充分考虑人在系统中的作用，必须尽量减少管理层次，规划出优化的组织机构
13	经费预算	按已确定的技术方案及系统配置，较准确地做出系统的经费预算，注意要充分考虑软、硬件开发和攻关所需的经费，做好相应的预算
14	技术经济效益分析	计算可量化的经济效益，估计不可量化的综合效益
15	确定详细设计任务、实施进度计划	根据初步设计实际进展，按总进度要求，明确详细设计、实施阶段的任务及计划进度，由于各个分系统、子系统的任务是不同的，因此进度会有很大差别
16	编写初步设计报告	编写初步设计报告，内容见文中所述
17	专家评审	集成信息系统总设计师在审定全部报告文档后，向上级领导部门提出评审申请报告；经主管部门负责人同意后，提出评审委员会组成名单；设计组应提前 10~15 天将初步设计报告送评委审阅；然后召开会议，从完备性、可行性、合理性、通用性、先进性和标准化等方面来进行评审

初步设计的开始，标志着整个工程的正式启动，已进入了实施阶段。在条件具备的情况下，应当采用项目管理系统对整个过程进行科学管理；同时，要做好组织、人员、经费等各种资源的落实工作。由于初步设计的奠基性，一般将初步设计文件当作整个系统开发的"法律性文件"。因此，要严肃认真地做好初步设计工作。

（3）初步设计工作流程

初步设计的工作流程可划分为 4 个阶段。

1）准备阶段。

① 接受和理解上级下达的初步设计任务书。

② 制订初步设计大纲。

③ 组织队伍、明确分工。

④ 下达各分系统初步设计任务书。

2）设计阶段。完成初步设计第 2～第 15 项工作（见表 6.3-5）。

3）文档报告编写阶段。初步设计报告正文可按下面提供的目录编写，同时还应提供下列文档：

① 初步设计任务书（上级下达的系统需求）。

② 各分系统初步设计任务书（总设计师对各分系统提出的需求）。

③ 系统功能模型图册。

④ 系统信息模型的实体及联系图册。

⑤ 系统过程模型图册。

⑥ 分系统初步设计报告。

⑦ 详细设计任务书。

⑧ 关键设备引进报告。

⑨ 关键技术研制任务书。

（4）初步设计方案评审

初步设计完成后，需要组织专家对设计方案进行评审，以确保项目的成功。对初步设计，可从完备性、可行性、合理性、通用性、先进性和标准化等方面来进行评审。

完备性：初步设计文档是否齐全；初步设计是否贯彻了系统可行性论证报告的主要目标；初步设计是否体现了用户需求。

可行性：系统方案（包括总系统和分系统）在技术上是否现实、可行；系统方案在经济上是否可行；运行体制、组织机构是否与系统相适应，组织机构调整是否可行；关键技术及主要困难是否都预见到了；关键技术及主要困难的解决方案、实施方法是否可行。

合理性：系统分解是否合理，界面是否清楚；总系统、分系统功能是否合理；是否充分考虑了系统约束条件；系统硬件、软件结构及配置是否合理（是否既满足要求又便于扩充和更改）；系统投资计划是否合理；实施计划是否符合人力、物力的可能而又不保守；是否充分利用了原系统资源，其向新系统过渡转移是否合理。

通用性：系统中单元技术是否尽量采用了标准规范；设计的系统是否具有开放性；系统建成后能否向同类企业推广。

先进性：采用的技术是否先进；是否充分考虑了系统集成；系统实现后的水平如何；设计方法是否先进；设计工具是否先进。

标准化：初步设计是否按规范进行；是否充分考虑了我国的各种现行标准。

评审结果要给出评审结论，并将各方面专家的意见整理分类，交给各有关分系统在详细设计中参考处理。

（5）初步设计报告

初步设计工作最终要写出初步设计报告，报告分为总项目的初步设计报告和各分系统初步设计报告两部分，最后合成为一个初步设计报告。

下面给出一份初步设计报告参考提纲，可以依此为框架，根据实际需要增删。

初步设计报告参考提纲

一、前言

说明初步设计的依据、采取的策略及初步设计的目标。

二、摘要

初步设计报告各部分的简要说明。

三、需求分析

1. 工厂生产经营概况

2. 生产经营目标，包括近期和长远目标

3. 信息化目标（近期和远期）

4. 信息化的功能要求、信息要求、性能要求等技术指标和约束

（续）

四、系统结构与功能设计

1. 总体结构及功能与系统功能模型顶层图对照，说明总体集成的考虑

2. 分系统结构及功能与分系统功能模型对照说明

3. 制订系统中采用的信息分类编码体系（包括标准的和自定义的）

五、分系统技术方案

从上述结构和需求出发，分别说明各分系统满足需求的技术方案，有的还需有近期远期之分。

建立下列各分系统的功能模型

1. 管理信息系统

2. 工程设计系统

3. 制造自动化系统

4. . 质量控制系统

5. 数据库系统

6. 通信网络系统

六、系统信息模型

1. 系统信息类型分清各部分信息的人机界线，哪些属于人工输入、人工处理或机器处理等

2. 信息模型的实体及联系与模型图册对照说明

七、系统过程模型

1. 企业经营活动的场景划分，准备经营过程和经营活动的清单

2. 建立每一个过程所包含活动的逻辑和时间关系，形成过程模型

八、集成所需的接口要求

1. 内部接口　说明子系统内部模块间的功能调用及模块间数据传送关系。

2. 外部接口　说明系统与支撑软件间的接口、硬件接口和通信接口，以及与后续工程的接口。

九、实现方法和技术路线

1. 拟采用的方法和技术路线

2. 实施步骤与过渡方法

十、关键技术

1. 关键问题描述

2. 关键技术应达到的指标

3. 建议的攻关方法或方案

十一、系统配置

1. 硬件配置　说明配置原则和方案，包括计算机和各种生产设备等。

2. 软件配置　从系统全局说明配置方案。

3. 其他辅助设施　如电源、基建设施等。

十二、组织机构及人员配置

1. 适应集成信息系统环境的组织机构及改革、过渡方案

2. 人员配置要求

3. 人员培训计划

十三、实施进度计划

总体进度和分期实施的内容和进度。

十四、经费预算

1. 总投资预算

2. 分系统投资预算

3. 分类投资、硬件、软件、总体设计，以及其他费用等的投资预算

十五、效益分析

1. 可量化的经济效益，如从产品的供货周期、技术准备周期、质量成本、劳动生产率等方面进行分析，计算外部收益率、年金值、投资回收期等做法

2. 不可量化的效益　主要是各种竞争因素造成的战略效益和其他效益

十六、缩写词表及其定义

十七、参考资料目录

6. 现代集成制造系统的详细设计

（1）主要任务

详细设计是对初步设计的进一步完善和具体化，主要任务是在分系统和子系统水平上对关键技术组织研究、试验；对应用软件系统的开发，需要给出软件结构、算法、代码编写说明，细化到能够开始编写程序；对硬件设备，需要完成所有说明书和图纸工作及安装施工设计；对数据库系统，应完成概念、逻辑和物理结构设计；对通信网络，需要完成接口、协议及管线施工图等。此外，还需要确定系统实施组织机构、人员配置和培训计划。总之，详细设计需要提出子课题实施任务书，其成果是各个分系统开始实施的基本依据。

（2）主要工作内容

详细设计的工作也可分为准备、设计和开发、文档编写和评审几个阶段，其 主要工作内容见表 6.3-6。

根据工程实践经验，详细设计可以和实施工作密切结合，这样针对性更强。对于外购的软硬件内部不必进行详细设计，可要求供应方提供相关资料。信息分类编码是一项涉及面广、任务繁重的基础性工作，关系到全局信息集成，必须及早组织力量完成。

表 6.3-6　详细设计的主要工作内容

序号	工作项目名称	主要工作内容
1	建立详细设计组织	基本保持原初步设计组织，确定详细设计组织，明确分工及职责；制订详细设计计划，并下达各子系统详细设计任务书
2	确定系统的详细需求	细化对每个子系统、每个模块、每个接口及相应设备在功能、信息、资源和组织等方面的需求，提出满足这些需求的方案和措施
3	细化系统功能模型	采用 IDEF0 方法，将初步设计的系统功能模型按设计需求做进一步分解，直到满足设计要求为止
4	完成系统信息模型	采用 IDEF1x 方法，将初步设计的系统信息模型的实体和联系按设计需求做进一步分解，直到满足设计要求为止
5	应用软件系统设计	将功能模型所描述的需求和功能活动的逻辑关系转化为软件结构模型，并进行细化和优化 将软件结构模型分解为程序模块的描述，设计其处理逻辑及算法、程序模块涉及的数据结构等 以程序描述语言（PDL）描述软件程序
6	接口设计	包括软件间通信接口、人机交互屏幕格式、输入输出信息格式和设备接口等内、外部接口设计或硬件接口的设计
7	数据库系统设计	建立和完善信息模型——完成所有的键和属性，建立系统信息模型视图 数据库逻辑设计——将信息模型转换为与数据库管理系统类型相对应的逻辑模型，并进行模型优化 数据库物理设计——确定数据库的物理规模、物理组织形式、访问和修改数据的方式、安全及权限需求，事故备份和恢复需求，DBMS 数据处理软件的特征，所用硬件的特点、处理响应时间的要求等
8	系统设备资源设计	对自制设备提出具体的任务书，完成总装图、原理图、电气原理图、零件图等设计，并编写设计计算书、设备使用说明书、验收标准、安装图和装箱图等全套设计文档 对外购设备订货并完成安装环境设计，包括设备安装、地基、供电、空调、供气、供水等全套设计资料

(续)

序号	工作项目名称	工作任务内容
9	信息分类编码设计	根据系统设计要求，按照国家或行业现行标准，建立企业的信息分类编码
10	关键技术的研究、试验	根据实际需要，由承制单位切实安排进行
11	调整与确定系统组织机构	调整与确定系统组织机构制定人才引进、职工教育及培训计划，及早安排
12	修正投资预算和效益分析，进行资金规划	根据子系统设计结果进行修正
13	拟订系统实施计划	实施过程是自底向上的逐步集成过程，实际的制约条件很多，因此要切实与协作单位协调好，订好详细的实施计划和要求
14	编制详细的系统测试计划	在详细设计阶段，要给出测试环境、条目、合格标准及试验对象，以便安排实施阶段的工作
15	编写详细设计报告和文档	根据上述内容编写
16	专家评审	对各子系统的详细设计进行评审，审查通过后进行子系统实施

（3）详细设计工作流程

详细设计的工作流程可以分为 4 个阶段。

1）准备阶段。

① 接受和理解上级下达的详细设计任务书。

② 制订详细设计大纲。

③ 组织队伍，明确分工。

④ 下达各子系统详细设计任务书。

2）设计阶段。完成详细设计内容中第 2～11 项工作（见表 6.3-4），其中特别是对软件设计方面，提出下列参考性的要求（或称建议）：

① 采用结构化程序设计方法。

② 尽量减少程序模块的复杂性，保证程序的可维护性。

③ 按集成信息系统软件工程规范，希望用结构图方法描述程序结构，用程序描述语言对程序处理逻辑进行说明。

④ 对整个系统中自行开发的软件，确定一种主语言。

⑤ 对程序的描述，应该为编码提供足够的信息。

⑥ 详细规定各个程序模块之间的接口，包括共享外部数据和函数调用关系。

⑦ 尽量采用标准规范和辅助工具。

⑧ 程序设计应包括出错信息提示和出错处理。

⑨ 程序模块的组合应有效地支持功能模块的实现。

3）文档报告编写阶段。详细设计报告正文可按下面提供的目录编写，此外还应包括下列文档：

① 详细设计任务书。

② 改进和细化的系统功能模型图册。

③ 完整的信息模型图册。

④ 完整的过程模型图册。

⑤ 自制硬件设备设计图样。

⑥ 硬件设备安装环境施工图。

⑦ 设备、软件引进报告。

⑧ 关键技术研制合同书。

4）评审阶段。详细设计主要在子系统水平上进行，完成时间参差不齐，同时与实施阶段是交错进行的，因此评审只要求由总设计师（或者再邀请少数专家）组织进行就可以了。审查通过后就可进行子系统实施。详细设计报告评审原则包括完备性、先进性、合理性和通用性等，应具体、详细、有实在感。

（4）详细设计报告

详细设计工作最终要写出详细设计报告。下面给出一份详细设计报告参考提纲，可以依此为框架，根据实际需要增删。从可行性论证到初步设计再到详细设计，其工作内容从条目上看似乎有些重复，但实质内涵是一个不断深化和具体化的过程。

详细设计报告参考提纲

一、前言

说明详细设计的依据、采取的策略及详细设计的目标。

二、摘要

对详细设计报告各部分的简要说明。

三、需求分析

1. 需求

（1）功能规定　用列表的方式逐项定量和定性地描述对系统的功能要求：说明输入什么量，经怎样处理、得到什么输出；说明在什么环境中使用，有否使用权限限制。

（2）性能规定　说明数据精度、时间特性（响应时间、处理周期、更新时间和传送时间）、质量要求（可靠性、效率、可维护性）等，以及其他性能方面要求。

2. 运行环境规定

（1）设备　列出系统运行时所需要的设备及其型号、功能、性能和数量。

（2）支持软件　列出支持软件，包括操作系统、数据库、通信软件、编程语言、开发工具、测试支持软件及管理软件等。

（3）接口　说明软件之间的接口、数据通信协议等。

（4）限制　说明项目开发在投资、进度、设计和实施等方面的限制。

四、系统功能结构及相应软件设计

1. 系统功能结构　用系统结构图与表格的形式说明本系统包含的系统元素（子系统、各层模块、子程序和公用程序等）、各系统元素的标识符和功能、各元素之间的联系和控制与被控制的关系。

2. 子系统软件设计说明　包括软件的功能需求、结构组成、模块分割、人机接口、处理算法和输入输出信息等。其中功能需求与各模块的关系还可用表 1 矩阵图表示。

表　1

	模块 1	模块 2		模块 m
功能需求 1				
功能需求 2				
⋮				
功能需求 n				

3. 模块处理逻辑说明　希望用程序描述语言说明各模块处理过程、算法及输出结果。

五、系统中硬件设备设计说明

1. 自制设备的原理、设计计算结果。

2. 外购设备的各制造商方案比较及最终选择说明。

六、接口设计

1. 用户接口　说明将向用户提供的命令和它们的语法结构，以及软件的回答信息、屏幕格式。

2. 外部接口　说明本系统同外界的所有接口，包括软件与硬件之间的接口、本系统与各支持软件间的接口等。

3. 内部接口　说明本系统内各个模块之间的接口安排。

七、数据库设计

1. 设计依据　说明系统对信息方面的要求、现有系统信息环境及对信息的约束。

2. 概念设计　即信息模型的建立，用 IDEF1x 或 E/R 图等方式说明数据库将反映的客观世界的实体、属性、键，以及实体间的联系。

3. 逻辑设计　将数据库的概念结构转换成与选定的数据库管理系统类型（关系、网状、层次）相对应的信息模式，说明这种逻辑结构设计的基本考虑。

4. 物理设计　给出本系统的物理规模，以及所使用的每个数据结构中每个数据项的存储安排、访问、方法，以及存取的物理组织、安全保密、事故备份、响应时间、所用硬件等。

（续）

5. 数据字典设计　对数据库设计中涉及的各种项目，如数据项、记录、系、文卷、模式和子模式等一般要建立数据字典，以及它们的标识符、同义名及有关信息，以及对数据字典设计的基本考虑。

6. 数据结构与模块关系　对各个数据结构与访问这些数据结构的功能模块之间的对应关系，可用表 2 的矩阵形式表示。

表　2

	模块 1	模块 2		模块 m
功能需求 1				
功能需求 2				
⋮				
功能需求 n				

八、系统配置设计

说明本系统为完成系统功能需要的硬件（包括生产设备）、软件及其他辅助设施，说明新增或改造设备安装施工设计的基本考虑，设计图册可作为报告的附件。

九、网络设计

1. 设计依据　说明本系统对计算机通信网络的需求、现有系统环境和对新系统网络的约束因素。

2. 网络结构　说明组网原则、本系统网络结构、通信协议、通信软件、通信硬件配置和安全保密等基本考虑。

3. 网络施工设计　站点布置和管线图可作为报告的附件。

十、对企业经营过程重构和组织机构调整的建议

十一、关键技术研制

1. 关键技术主要问题　说明关键技术内容及存在的主要难点、在系统中所起的作用。

2. 研制途径　先要确定负责单位，是通过招标确定的外单位，还是本单位自行组织力量开发；然后安排实现的具体办法。

3. 技术方案　已经提出的技术方案、研制进展和试验情况。

十二、系统质量保证计划

1. 质量要求　如可靠性、运行速度、效率、可维护性及可移植性等。

2. 质量保证措施　说明在组织上和技术上所采取的措施。

3. 系统、分系统测试计划　说明测试内容、方法、检验准则、所需设备、测试步骤和日程安排等。

十三、组织机构及人员配置

1. 组织机构及其相应的任务和职责。

2. 人员配置方案和新增人员的要求。

3. 人员培训计划　培训对象、类型、数量、培训内容及时间安排。

十四、实施计划

1. 任务分解及人员分工　项目分解后须指明各项工作的负责人和参加人员，明确各自的任务和责任。

2. 实施进度　给出需求分析、设计、安装、实现、测试、培训和移交等各项工作任务的预定开始日期、完成日期及所需资源，规定各项工作的先后顺序及表征每项工作任务完成的标志性事件。

3. 支持条件　说明本项目开发需要的条件和设施，包括计算机支持环境、需用户支持的工作及由外单位承担的工作等。

十五、经费投资预算

列出系统的基本建设费、其他一次性投资、非一次性投资、分期投资项目和数额，说明与初步设计提交的预算的异同。

十六、效益分析

1. 收益　分别列出一次性收益、非一次性收益和不可量化的收益。

2. 收益/投资比　求出系统整个生命周期的收益/投资比值。

3. 灵敏度分析　找出一些关键因素，如当系统生命期长短、系统的工作负荷、处理速度要求、设备和软件的配置变化时，对开支和收益影响最灵敏的范围估计，在此基础上进行选择比单一选择的结果好一些。

4. 投资回收期　预计收益的累计数开始超过支出的累计数的时间。

6.3.2　现代集成制造系统的实施

1. 主要任务

初步设计和详细设计属于工程立项后的设计阶段，而工程实施阶段的主要任务是将设计变为现实，产生一个能被用户接受的可运行系统。在这一阶段，主要工作是按照已确定的总体方案进行环境建设、子系统和分系统的实施，由下而上地逐步安装、调试、

测试和集成，以及组织机构落实和人员定岗等。各项工作最终都要达到可运行的程度。实施阶段可能会发现很多设计中的错误与漏洞，必须及时修正，最后衡量标准就是用户接受。

2. 主要工作内容

工程实施阶段的工作内容见表 6.3-7。

表 6.3-7　工程实施阶段的工作内容

序号	工作项目名称	工　作　内　容
1	修订落实工程实施计划	根据设计开发计划，按项目安排落实承担单位，将指标要求、职责及进度计划以合同形式定下来
2	建立集成环境	1）包括软件和硬件设备购置，硬件设备制造，购买商品化的软件系统。硬件设备包括计算机设备和生产设备两大类。对于软件、硬件设备，无论是国内还是国外订货，都要签订正式合同，并安排培训、验收接机、交货期等事项；自制设备应做好向制造商技术交底及跟产工作 2）提前做好集成环境中软硬件设备的安装、调试的准备，并按各类专业测试、验收标准进行测试验收 3）计算机系统安装、测试与验收 4）生产设备安装、测试与验收 5）网络布线施工，系统安装、测试与验收
3	应用系统实施	1）制订自行开发应用软件编程的约定。各部分应用软件应有一些共同的约定，以便检查、交流和最后保证集成运行 2）编制程序。按照软件工程的规定编写程序，对内部文档、数据语句构造、输入输出等问题进行认真安排，要求逻辑简明清楚、易懂易读 3）单元测试。对软件的各个模块分别进行测试，评价各模块接口、局部数据结构、重要的执行通路、出错通路，以及影响这些特性的边界条件。完成后写出测试报告 4）程序调试。在不同生产设备连接的条件下进行软件（子）系统联调，可以按软件工程规定的自顶向下或自底向上或混合方法等进行调试。要结合本单位实际情况，根据测试工具、测试驱动器、存根程序（Stub）的难易等来决定所采用的测试方法。完成调试后编写软件系统调试报告 5）确定集成系统测试内容。根据系统的技术性能要求，提出集成系统的测试项目及其评价标准，准备测试所必需的测试工具、测试驱动器、测试数据发生器及测试分析程序等测试环境 6）子系统及分系统的联调测试。按设计要求及测试计划要求，完成子系统和分系统的调试、测试，并写出联调及测试报告 7）总系统联调及测试。鉴于集成系统联调的技术复杂性，联调前必须做好充分准备（制订好联调工作大纲、测试工作程序），必须在分系统完成联调达到性能要求后，方可进入总联调。根据实际情况，逐步由两个分系统联合运行扩展到更多分系统联合运行，最后总系统集成运行。完成联调和测试后，写出联调和测试报告
4	数据库系统实施	按合同规定，要求供应商完成数据库系统安装并经测试符合要求 建立试验数据库，以典型试验数据加载，进行数据库管理系统的软件测试 组织并完成正式生产用数据加载工作，完成集成环境下异构数据库之间的连接，达到数据库管理系统设计要求。该项工作应在各部门专业技术人员参与下进行，以保证数据的正确性
5	组织机构的调整落实	运行模式的转换、组织机构的调整，确定岗位操作规范，完成各类人员培训，并逐步进入运行和维护班子。安排系统运行和维护人员从测试、调试阶段便介入工作，参加前应接受专门培训
6	文档编制和完善	按测试结果最后确定各种技术文档，包括子系统参考手册、用户手册、软硬件系统操作规程、数据库维护规程及系统中各类维修手册等文档，还包括实施阶段的项目合同书、各项测试验收报告及集成制造系统工程开发总结报告，最后全部文件归档

工程实施涉及企业的方方面面，包括技术、经济、社会诸方面，企业主管必须亲自组织和指挥，根据企业的基础和能力，确定实施的策略。要做到：领导落实、队伍落实、经费落实和时间进度落实。

工程实施后要进行验收、鉴定等工作。验收的目的是全面考察工程是否按预定目标、计划完成，并进行系统运行测试。应从功能、性能、可靠性、使用性（方便、安全、维修、事故判断）和完整性等进行测试，以保证系统正常运行，而鉴定工作强调了工程的技术先进性和水平。

系统的测试反映了整个工程的质量，由于工程的复杂性，测试标准可按各行业所制定的执行，如软件工程规范、计算机硬件测试标准和机床设备测试标准等。

实施阶段应提交的文档：

1）项目合同书。

2）各项测试、验收报告。

3）用户使用手册。

4）CIMS工程开发总结报告。

6.3.3 现代集成制造系统的运行和维护

1. 主要任务

这一阶段的主要工作是保证集成制造系统的正常运行和必要的维护，达到集成制造系统的目标。系统的运行指将已建成的系统投入运行，系统从试运行到正式运行一般可能要进行多次的修改和完善；系统的维护指对已投入运行的系统进行调整和修改，以保证系统正常高效地运行。改正在开发阶段产生而在调试阶段又未发现的错误，包括软硬件装置的修改完善，以及企业运行机制、运行程序组织结构和人员职能等多方面的调整和改进；还包括为使系统适应外界环境的变化，实现功能的扩充和性能的改善而进行所需要的修改。最后，对系统的运行效果进行评价。

系统的维护工作有主动维护和被动维护两方面，有发现问题进行修改的改正性维护、客观条件变化需要扩大功能的适应性维护及性能改善的完善性维护等。系统维护的工作量和难度都是很大的，而且需要投入的资金是较多的，一般是开发工作量的3~4倍，对此要有充分考虑，因为它是系统正常运行的保证，应给予足够重视。

2. 主要工作内容

运行和维护阶段的主要工作内容见表6.3-8。

运行和维护阶段应提交的文档：

1）系统运行报告。

2）软件问题报告。

3）软件修改报告。

4）系统评价报告。

5）评审意见书记意见处理汇总表。

表 6.3-8 运行和维护阶段的主要工作任务

序号	项目名称	主要工作内容
1	完善各种操作和维护规程	在系统运行期间，根据实践对已制订的规程进行修正和补充
2	做好后备工作	各种应用软件也同系统软件一样定期复制备份，已备系统失灵时作恢复用
3	技术培训	定岗、定责，按岗位制订培训计划，对系统应用（操作）人员和维护人员进行培训，考核合格者上岗
4	系统运行状况纪录	系统运行状况记录包括生产任务的交接、系统维护及为推广集成系统应用积累经验所需要的资料
5	制订维护手册	制订详细的系统维护手册，系统操作人员必须按该维护手册执行相关操作
6	软硬件资源维护	硬件资源维护：逐步掌握设备资源（生产设备或计算机硬件）故障规律，做好主动维护。应用软件维护：保留少数高水平软件开发人员参加维护，不断解决在实践中发现的应用软件问题，进行修改或新功能的扩展。这一工作有相当的工作量和难度
7	数据库、网络、系统软件的维护	在系统运行开始的一段时期，此种维护非常重要，通常要与相关的软件供应商共同制订维护的要求和做法
8	数据和数据文件维护	数据操作及相应的安全保密控制对集成制造系统正常运行十分必要
9	机构和人员调整	根据系统运行的经验进行机构和人员的优化组合
10	定期进行系统运行评价	做出阶段评价报告，包括问题报告、软件修改报告及修改后的测试报告等

6.4　现代集成制造系统的设计标准与规范

6.4.1　现代集成制造系统的标准化工作

现代集成制造系统的最基本特征是"集成"。标准化是制造系统集成的重要基础。由于 CIMS 的开发是一项综合性强、复杂程度高的系统工程，设计与实施工作涉及面宽，技术难度大，开发周期长，参加的人员多，在开发过程中必须要有统一的目标，统一的要求，以及共同遵守的规定和约定，即工程开发需要规范化和标准化，才能保证系统开发的进度和系统质量。

CIMS 标准涉及面非常广泛，相应的标准也十分繁多，并且发展很快。目前，我国将标准分为国内标准和国外标准，国内标准又分为国家标准和行业标准；国外标准又分为国际标准、国家标准和行业标准，其中国际标准影响最大，各国往往在用国际标准来作为国家标准和行业标准。在集成制造系统方面，标准化工作应为统一术语定义、统一设计与实施方法、统一体系结构、统一数据交换方法、统一信息分类编码、统一接口规范和统一支撑环境，以便于系统集成和资源共享，并为实现系统开放性打下基础。

加强我国 CIMS 标准化研究工作，将有利于我国的 CIMS 战略更全面、更快速地实施，促进我国 CIMS 研究工作的深入开展，从而使我国的 CIMS 实施工作走在世界前列。

6.4.2　现代集成制造系统的国际标准

1. CIMS 国际标准化机构

CIMS 国际标准化工作通常由国际标准化组织（ISO）和国际电工委员会（IEC）分工负责，IEC 主要负责电工、电子领域，其余各领域均属 ISO 的工作范畴。由于 CIMS 标准涉及许多具体的领域，因而在 ISO 和 IEC 中有多个技术委员会（technology committee，TC）承担有关 CIMS 标准化的工作，其中的主要技术委员会见表 6.4-1。

与 CIMS 相关的国际标准化机构主要有两个：ISO/TC184 和 ISO/IECJTC1。ISO/TC184 的业务领域集中了 CIMS 的重要标准或专用标准，是 CIMS 标准体系的主体。ISO/TC184 设有工业自动化指导委员会，综合考虑 CIM 标准化问题，协调 IEC 和 ISO 的有关工作。ISO/IECJTC1 是信息技术标准化技术委员会，其中许多分技术委员会的工作与 CIM 有关。在上述其余各 TC 制定的标准中，也包括不少 CIMS 的重要标准，但大多为通用的或单元技术的 CIMS 相关标准。

表 6.4-1　ISO 和 IEC 的技术委员会

序号	编号	名称
1	ISO/TC184	工业自动化系统与集成技术委员会
2	ISO/IEC JTC1	第一联合技术委员会
3	ISO/TC10	技术产品文件委员会
4	ISO/TC39	机床技术委员会
5	IEC/TC3	电气图形符号及文件编制委员会
6	IEC/TC44	机床电器设备技术委员会
7	IEC/TC65	工业过程控制和测量技术委员会
8	IEC/TC93	自动化设计技术委员会

（1）ISO/TC184 组织简介

国际标准化组织（ISO）的 TC184 技术委员会（简称 ISO/TC184）成立于 1982 年，主要从事制造业信息化的标准开发，是制造业信息化领域国际标准的主要发源地之一。40 余年的工作历程正逢制造业自动化在信息技术发展的带动下经历深刻变革的时期，其名称、战略方向、工作范围、工作组织都在不断调整。其中，战略方向发生了三次调整：第一次战略调整发生在 1990 年，该技术委员会的名称从原来的"工业自动化系统"改为"工业自动化系统与集成"，其战略方向调整为"集成"；1998 年，TC184 又将战略方向调整为先进制造技术（AMT），将实现"集成"的重点定位到先进制造技术之上；2002 年，TC184 开始第三次战略调整，在进行机构重组的同时，制定了新的战略——"协同制造"。

ISO/TC184 的专业范围是工业自动化与集成领域的标准化，涉及离散部件制造业和多种技术的应用，如信息技术、机器和设备及通信等技术的标准化工作。其专业项目包括企业建模和系统体系结构、机床的数控、机器人系统及物理接口、产品数据和零件库、制造管理信息系统、制造通信系统、制造软件、制造自动化术语、制造系统各元素的集成和控制等。

ISO/TC184 现有 21 个参加成员（包括中国），19 个观察成员。TC184 下设 4 个分技术委员会（SC），见表 6.4-2，具体承担标准的制定工作，而任务的合作、控制、监控、评估由 TC 级进行。TC184 目前工作的重点在于集成技术，主要包括通信系统的集成、数据的集成和体系结构内的集成等不同层次的集成。集成技术方面的标准主要由 SC4 和 SC5 来完成。与

ISO/TC184 对口的国内秘书处单位为北京机械工业自　动化研究所。

表 6.4-2　ISO/TC184 下设的 4 个分技术委员会及其职责

编号	名称	职 责	国内对口秘书处单位
SC1	物理设备控制分委会	负责物理设备控制专业的标准化工作,包括代码、信息格式、运动格式、运动命名、数据结构、命令语言和相关的系统方式、编程方法,以及物理设备控制(数控)用的信息交换的技术条件等标准化工作	北京机床研究所有限公司
SC2	工业机器人分委会	负责制造环境中工业机器人的定义、特性表示、术语、性能规范及其测试方法、安全、机械接口、编程方法、信息交换的技术条件等的标准化工作	北京机械工业自动化研究所有限公司
SC3	工业数据分委会	负责制造应用数据和语言方面的标准化工作,包括产品数据表达与交换、零件库结构和制造管理数据等的标准化工作	北京斯泰普产品数据技术中心、中国标准研究院
SC4	体系结构和通信及集成框架分委会	负责企业体系结构、通信和过程领域的标准化工作,包括制造报文规范、自动化词汇、企业建模、过程表达、全局编程环境的需求、工业界实用的制造专业规范、制造软件能力专业规范、通用设备接口、企业控制系统集成、开放系统应用集成框架、过程规范语言等的标准化工作	北京机械工业自动化研究所有限公司

(2) ISO/IEC JTC1 组织简介

ISO/IEC JTC1(国际标准化组织/国际电工委员会第一联合技术委员会)是一个信息技术领域的国际标准化委员会。ISO/IEC JTC1 是在原 ISO/TC97(信息技术委员会)、IEC/TC47/SC47B(微处理机分委员会)和 IEC/TC83(信息技术设备)的基础上,于 1987 年合并组建而成的。JTC1 设有一个秘书处,负责开展日常事务工作,对所有 JTC1 的活动负责。JTC1 下设 17 个分技术委员会(见表 6.4-3)和两个报告小组,17 个分技术委员会分别处于不同的 12 个技术领域,承担各自领域的标准化活动和标准制定工作,各分技术委员会根据任务需求成立若干个专题研究工作组。JTC1 的工作范围限于信息技术的国际标准化,包括系统和工具的规范、设计和开发,涉及信息的采集、表示、处理、安全、传送、交换、显示、管理、组织、存储和检索等内容。到目前为止,JTC1 共制定了 1000 多项国际标准,尤其是近年来,每年都制定了 100 多项,供各国和各种组织广泛应用,满足商务和用户的需求。

JTC1 的成员类型分为 3 种,即参加成员、观察成员和联络成员。参加成员或观察成员应是 ISO 的成员国或 IEC 的成员国(NB)。参加成员有表决权并应履行规定的义务;观察成员无表决权,但可参加会议、发表意见和获得文件;联络成员无表决权,但可有选择地参加某些会议和获得一些文件。目前,JTC1 有 27 个参加成员(包括中国)、38 个观察成员、16 个内部联络成员(指 ISO 和 IEC 范围内的技术委员会),以及 22 个外部联络成员(其他组织或机构)。

表 6.4-3　JTC1 下设的分技术委员会及其工作领域

技术领域	JTC1 各分技术委员会	工 作 领 域
应用技术	SC36—教育技术	支持学生、教育机构和教育资源的自动化信息技术领域的标准化
文化和语言适用性与用户接口	SC2—编码技术	图形字符集及其特性、相关的控制功能,其信息交换的编码表示和编码扩充技术的标准化
	SC35—用户接口	用户(含有特殊需求的人员)与系统间接口领域的标准化,包含信息技术环境中输入和输出装置的标准化,优先考虑满足 JTC1 有关文化和语言适应性的要求
数据采集与识别系统	SC17—卡与身份识别	识别和相关文件,以及行业应用和国际交换中使用的卡及相关设备领域的标准化
	SC31—自动识别与数据采集技术	处理自动识别和数据采集用的数据格式、数据语法、数据结构、数据编码及各种技术的标准化

（续）

技术领域	JTC1 各分技术委员会	工 作 领 域
数据管理服务	SC32—数据管理与交换	局部的和分布式的信息系统环境内及其之间的数据管理的标准化，提供的技术能够促进跨越不同部门专用领域数据管理设施的协调
文件描述语言	SC34—文件描述与处理语言	有关描述和处理复合文件和超媒体文件所用的文件结构、语言及相关设施领域的标准化
信息交换媒体	SC11—数字数据交换用软磁媒体	为数字数据交换目的，软磁媒体（如磁带、磁带盒、盒式磁带和盒式软磁盘）、媒体上数据的记录和数据无损压缩算法的标准化
	SC23—信息交换用盒式光盘	信息处理系统间媒体和信息交换用的盒式光盘（包括其各册和卷结构）的标准化
多媒体与表示	SC24—计算机图形与图像处理	在窗口化和非窗口化环境中接口的标准化，用于计算机图形、图像处理，以及与信息的交互作用和信息的视频表示
	SC29—音频、图像和多媒体及超媒体信息的编码	音频、图片、多媒体和超媒体信息的编码表示，以及用于此种信息的压缩和控制功能集的标准化
联网与互连	SC6—系统间的通信与信息交换	涉及开放系统（包括系统功能、规程、参数、设备及其使用条件）之间的信息交换的通信领域标准化。这种标准化包括支持物理、数据链路、网络和运输服务（包含专用综合业务网）的低层网络，以及支持应用协议和服务的高层网络
	SC25—信息技术设备的互连	信息技术设备用的接口、协议和有关互连媒体的标准化，通常用于商务和住宅环境。不包括通信网络和与之接口的标准制定
办公设备	SC28—办公设备	办公设备和产品，以及由办公设备组合而成的系统的基本特性、性能、测试方法和其他相关方面的标准化
程序设计语言与软件接口	SC22—程序设计语言、其环境和系统软件接口	程序设计语言、其环境和系统软件接口（如规范技术；公共设施和接口）的标准化
安全	SC27—信息技术安全和技术	信息技术安全的一般方法和技术的标准化
软件工程	SC7—软件与系统工程	软件产品和系统工程化用的过程、支持工具和支持技术的标准化

2. CIMS 国际标准

ISO/TC184 有关工业自动化系统和集成领域的国标标准见表 6.4-4 和表 6.4-5。

表 6.4-4　ISO 在工业自动化系统和集成领域中的国际标准

序号	国际标准代号	名　称
1	ISO 841：2001	工业自动化系统与集成　机床数值控制　坐标系和运动命名
2	ISO 2806：1994	工业自动化系统　机床数字控制　词汇
3	ISO 3592：2000	工业自动化系统　机床数字控制　NC 处理器输出：文件结构和语言格式
4	ISO 4343：2000	工业自动化系统　机床数字控制　NC 处理程序输出　后处理指令
5	ISO 9506-1：2003	工业自动化系统　制造报文规范　第 1 部分：服务定义
6	ISO 9506-2：2003	工业自动化系统　制造报文规范　第 2 部分：协议规范
7	ISO 11161：2007	机械安全　集成制造系统　基本要求
8	ISO 13281-1：1997	工业自动化系统　制造自动化编程环境（MAPLE）第 1 部分：功能体系结构
9	ISO 13283：1998	工业自动化　严格时间通信授权　严格时间通信系统的用户需求和网络管理
10	ISO 14258：1998	工业自动化系统　企业建模概念和规划

（续）

序号	国际标准代号	名 称
11	ISO 369：2009	机床 机床上出现的指示符号
12	ISO 4342：1985	机床数字控制 NC 处理程序输入 基本零件源程序参考语言
13	ISO 6983-1：2009	自动化系统 集成 数控机床 程序格式和地址字定义 第1部分：点位、直线运动和轮廓控制系统的数据格式
14	ISO 13584-102：2006	工业自动化系统与集成 零件库 第102部分：符合STEP一致性规范的视图交换协议
15	ISO 9409-1：2004	操纵型工业机器人 机械接口 第1部分：板
16	ISO 9283：1998	操纵型工业机器人 性能规范及测试方法
17	ISO 8373：2021	机器人学 词汇
18	ISO/WD 11031：2016	操纵型工业机器人测试应用 轨迹控制测试（弧焊/密封/胶焊）
19	ISO 11593：1996	操纵型工业机器人 末端执行器自动交换系统：词汇和特性表示
20	ISO 9787：2013	机器人和机器人装备 坐标系和运动术语
21	ISO 9946：1999	操纵型工业机器人 特性表示
22	ISO 9409-2：2002	操纵工业机器人 机械接口 第2部分：轴
23	ISO 10303-1：2021	工业自动化系统与集成 产品数据表达与交换 第1部分：概述和基本原理
24	ISO 10303-11：2004	工业自动化系统与集成 产品数据表达与交换 第11部分：描述方法 EXPRESS语言参考手册
25	ISO 10303-22：1998	工业自动化系统与集成 产品数据表达与交换 第22部分：实现方法 标准数据访问接口
26	ISO 10303-31：1994	工业自动化系统与集成 产品数据表达与交换 第31部分：一致性测试方法和框架 一般概念
27	ISO 10303-32：1998	工业自动化系统与集成 产品数据表达与交换 第32部分：一致性测试方法和框架 对测试实验室和客户的要求
28	ISO 10303-34：2001	工业自动化系统与集成 产品数据表达与交换 第34部分：一致性测试方法和框架 应用协议实现的抽象测试方法
29	ISC 10303-104：2000	工业自动化系统与集成 产品数据表达与交换 第104部分：集成应用资源 有限元分析
30	ISO 10303-207：1999	工业自动化系统与集成 产品数据表达与交换 第207部分：应用协议 钣金模具的规划和设计
31	ISO 10303-212：2001	工业自动化系统与集成 产品数据表达与交换 第212部分：应用协议 电工设计和安装
32	ISO 10303-215：2004	工业自动化系统与集成 产品数据表达与交换 第215部分：应用协议 船舶布置
33	ISO 10303-216：2003	工业自动化系统与集成 产品数据表达与交换 第216部分：应用协议 船模
34	ISO 10303-218：2004	工业自动化系统与集成 产品数据表达与交换 第218部分：应用协议 船结构
35	ISO 10303-219：2007	工业自动化系统与集成 产品数据表达与交换 第219部分：应用协议 尺寸检验信息交换
36	ISO 13584-1：2001	工业自动化系统与集成 零件库 第1部分：综述与基本原理
37	ISO 13584-20：1998	工业自动化系统与集成 零件库 第20部分：逻辑模型 通用资源
38	ISO 13584-24：2003	工业自动化系统与集成 零件库 第24部分：逻辑模型 供应商库的逻辑模型
39	ISO 13584-26：2000	工业自动化系统与集成 零件库 第26部分：逻辑模型 供应商标识
40	ISO 13584-31：1999	工业自动化系统与集成 零件库 第31部分：实现方法 几何编程接口

（续）

序号	国际标准代号	名　称
41	ISO 13584-42：2010	工业自动化系统与集成　零件库　第 42 部分：描述方法　结构化零件族方法学
42	ISO 13584-101：2003	工业自动化系统与集成　零件库　第 101 部分：参数化程序的几何视图交换协议
43	ISO/TS 18876-2：2003	工业自动化系统与集成　交换、访问和共享的工业数据集成　第 2 部分：集成和映射方法
44	ISO/TS 18876-1：2003	工业自动化系统与集成　交换、访问和共享的工业数据集成　第 1 部分：体系结构概观和描述
45	ISO/TS 10303-1514：2010	工业自动化系统与集成　产品数据表达与交换　第 1514 部分：高级边界表示
46	ISO/TS 10303-1512：2004	工业自动化系统与集成　产品数据表达与交换　第 1512 部分：应用模式　有小平面边界的表示
47	ISO/TS 10303-1511：2004	工业自动化系统与集成　产品数据表达与交换　第 1511 部分：应用模式　拓扑边界表面
48	ISO/TS 10303-1510：2004	工业自动化系统与集成　产品数据表达与交换　第 1510 部分：应用模式　几何有界线框
49	ISO/TS 10303-1509：2014	工业自动化系统与集成　产品数据表达与交换　第 1509 部分：应用模式　各种表面
50	ISO/TS 10303-1507：2014	工业自动化系统与集成　产品数据表达与交换　第 1507 部分：应用模式　几何有界表示
51	ISO/TS 10303-1502：2004	工业自动化系统与集成　产品数据表达与交换　第 1502 部分：应用模式　基于壳的线架
52	ISO/TS 10303-1501：2004	工业自动化系统与集成　产品数据表达与交换　第 1501 部分：应用模式　基于边的线架
53	ISO/TS 10303-1358：2004	工业自动化系统与集成　产品数据表达与交换　第 1358 部分：应用模式　表征的位置规定
54	ISO/TS 10303-1307：2010	工业自动化系统与集成　产品数据表达与交换　第 1307 部分：应用模式　AP239 工作定义
55	ISO/TS 10303-1306：2005	工业自动化系统与集成　产品数据表达与交换　第 1306 部分：应用模式　AP239 任务规范方法
56	ISO/TS 10303-1294：2004	工业自动化系统与集成　产品数据表达与交换　第 1358 部分：应用模式　接口使用铸命
57	ISO/TS 10303-1293：2005	工业自动化系统与集成　产品数据表达与交换　第 1358 部分：应用模式　AP239 部件定义信息
58	ISO/TS 10303-1292：2010	工业自动化系统与集成　产品数据表达与交换　第 1358 部分：应用模式　AP239 产品定义信息
59	ISO/TS 10303-1251：2010	工业自动化系统与集成　产品数据表达与交换　第 1251 部分：应用模式　接口
60	ISO/TS 10303-1241：2004	工业自动化系统与集成　产品数据表达与交换　第 1241 部分：应用模式　信息权限
61	ISO/TS 10303-1134：2004	工业自动化系统与集成　产品数据表达与交换　第 1134 部分：应用模式　产品结构
62	ISO/TS 10303-1026：2014	工业自动化系统与集成　产品数据表达与交换　第 1134 部分：应用模式　组装结构
63	ISO/TS 10303-28：2007	工业自动化系统与集成　产品数据表达与交换　第 28 部分：实现方法　EXPRESS 模式和数据的 XML 表示
64	ISO/TS 15745-1：2003	工业自动化系统与集成　开放系统应用集成框架　第 1 部分：一般参考说明
65	ISO 15745-2：2003	工业自动化系统与集成　开放系统应用集成框架　第 2 部分：基于 ISO 11898 的控制系统的参考说明
66	ISO 13281-2：2000	工业自动化系统与集成　制造自动化编程环境（MAPLE）　第 2 部分：服务和接口

（续）

序号	国际标准代号	名　称
67	ISO/TR 10314-1：1990	工业自动化　车间生产　第1部分：标准参考模型和要求识别的方法论
68	ISO/TR 10314-2：1991	工业自动化　车间生产　第2部分：标准参考模型和方法论的应用
69	ISO/TR 11065-1992	工业自动化词汇表

注：TS—技术规范；TR—技术报告。

表 6.4-5　ISO/TC184 正在制定/修订的标准项目

序号	国际编号	名　称
1	ISO/NP 11060	运动控制的数字式数据键
2	ISO/CD 11061	制造环境的视觉系统集成
3	ISO/DIS 6132	工业自动化系统　机床数字控制　扩展的格式和数据结构
4	ISO/DIS 6983-22	机床的数字控制　程序格式和地址字定义　第2部分：准备功能 M 的编码和维护
5	ISO/DIS 6983-3	机床的数字控制　程序格式和地址字定义　第3部分：辅助功能 M 编码
6	ISO/CD 3592：2000	机床的数字控制 NC 处理程序输出逻辑结构（和主词）
7	ISO/NP 4342：1985	基本零件编程参考语言的扩展
8	ISO/WD 4343	后置处理命令的扩展
9	ISO/WD 11031：2016	操纵型工业机器人测试应用-轨迹控制测试（弧焊/密封/胶焊）
10	ISO/WD 11513：2019	机器人编程语言（PLR）
11	ISO/CD 9283-2	操纵型工业机器人　面向应用的测试　点焊　第2部分：点焊比较测试方法
12	ISO/NP 9283-3	操纵型工业机器人　面向应用的测试-轨迹控制应用　第3部分：轨迹比较测试方法
13	ISO/NP 9283-4	操纵型工业机器人　面向应用的测试　第4部分：离线编程测试方法
14	ISO/DTR 13309	操纵型工业机器人　测试设备的信息指南（依据 ISO9283）
15	ISO/NP 10303-33	工业自动化系统与集成　一致性测试：抽象测试套的结构和应用
16	ISO/NP 10303-48	工业自动化系统与集成　集成通用资源：结构特征
17	ISO/NP 10303-103	工业自动化系统与集成　集成应用资源：电工/电子连通性
18	ISO/NP 10303-205	工业自动化系统与集成　应用协议：用曲面表示法造型的机械设计
19	ISO/NP 10303-206	工业自动化系统与集成　应用协议：用线框表示法造型的机械设计
20	ISO/NP 10303-208	工业自动化系统与集成　应用协议：生命周期产品变更过程
21	ISO/NP 10303-211	工业自动化系统与集成　应用协议：电子测试诊断与再制
22	ISO/CD 10303-213	工业自动化系统与集成　应用协议：机加工零件的数控工艺规程
23	ISO/NP 10303-217	工业自动化系统与集成　应用协议：船管道系统
24	ISO/CD 13584-10	工业自动化系统与集成　零件库　概念模式
25	ISO 13584-102：2006	工业自动化系统与集成　零件库　第102部分：用 ISO 10303 的一致性规范复审交换协议
26	ISO 9506-1：2003	工业自动化系统　生产信息规范　第1部分：服务定义
27	ISO 9506-2：2003	工业自动化系统　制造信息规范　第2部分：协议规范
28	ISO/NP 11167	MMS 命名事件条件表
29	ISO/NW1	MMS 测试目标
30	ISO/NW1	MMS 抽象测试组
31	ISO/NW1	MMS 应用协议的一致性测试
32	ISO/WD 13282	MMS 在严格时间通信系统中的使用
33	SCSN 154	CIM 系统集成结构框架
34	ISO/NP	开放系统环境和 MMS 通信协议接口
35	ISO/NP	应用对象建模和报文语言

6.4.3 现代集成制造系统国家标准

1. CIMS 国家标准化机构

我国内在 CIMS 标准制定方面的机构主要有两个，一个是"全国工业自动化系统与集成标准化技术委员会"，另一个是"全国信息技术标准化技术委员会"。

（1）全国工业自动化系统与集成标准化技术委员会

"全国工业自动化系统与集成标准化技术委员会"（standardization administration of china/technical committee，SAC/TC），编号为 SAC/TC159，其秘书处承担单位是北京机械工业自动化研究所有限公司，是由国家质量监督检验检疫总局、中国标准化管理委员会领导，从事工业自动化系统与集成领域的全国性跨行业、跨部门的专业标准化技术工作组织，负责本专业领域国内外标准化技术的归口工作。SAC/TC159 标准化委员会对应国际标准化组织 ISO/TC184 技术委员会。SAC/TC159 成立于 1990 年 4 月，由国家技术监督局领导，主要负责我国先进制造和自动化系统与集成领域的专业标准化工作。这些专业领域涉及的内容包括先进自动化装备的数控、机器人技术，制造业信息化工程中设计制造数字化、管理数字化、生产过程数字化和装备数字化等多种相关的技术应用，以及网络化制造与系统集成技术、系统集成软件接口技术、产品生命周期管理技术、企业资源计划、供应链管理和客户关系管理等现代集成技术的应用，同时还包括工业自动化的通信、网络、开放系统应用集成框架和协同技术等。

SAC/TC159 标准化委员会的专业范围涉及离散部件制造和围绕多种技术应用，即信息技术、机器、装置及通信的工业自动化系统与集成等标准化工作，直接为制造业信息化及国家高科技先进制造自动化领域服务。SAC/TC159 现共有委员、分委会委员和顾问委员 134 名，下设 4 个分技术委员会（简称分委会，SC），其机构概况见表 6.4-6。

表 6.4-6 SAC/TC159 下设的 4 个分委会的机构概况

分委会名称（编号）	专业范围	对应 ISO	秘书单位
物理设备控制分委会（SAC/TC159/SC1）	负责物理设备控制（即数控等）专业的标准化工作，包括代码、信息格式、运动格式、运动命名、数据结构、NC 数据模型、命令语言和相关的系统方式、编程方法及物理设备控制用信息交换的技术条件等标准化工作	ISO/TC184/SC1	北京机床研究所有限公司数控中心
工业机器人分委会（SAC/TC159/SC2）	负责制造环境中工业机器人的定义、特性表示、术语、性能规范及其测试方法、安全、机械接口、编程方法、信息交换的技术条件等的标准化工作	ISO/TC184/SC2	北京机械工业自动化研究所有限公司机器人中心
工业数据分委会（SAC/TC159/SC4）	负责制造应用数据和语言方面的标准化工作，包括产品数据表达与交换、零件库结构和制造管理数据等的标准化工作	ISO/TC184/SC4	中国标准化研究院
体系结构和通信分委会（SAC/TC159/SC5）	负责体系结构和通信及集成框架的标准化工作。工作范围涉及企业建模与体系结构、网络通信和过程领域的标准化，以实现制造系统集成、交互和可操作性。包括制造报文规范、自动化词汇、企业建模、企业参考体系结构和方法论、过程表达、全局编程环境的需求、工业界实用的制造专业规范、制造软件能力专业规范、通用设备接口、企业控制系统集成、开放系统应用集成框架、过程规范语言等的标准化工作	ISO/TC184/SC5	北京机械工业自动化研究所有限公司

4 个分委会的主要工作任务如下：

1）跟踪国际标准的发展趋势，研究并向国家有关部门提出本专业标准化工作的方针、政策和技术措施的建议。

2）负责组织制定本专业标准体系。

3）提出制定和修订本专业国家标准和行业标准的规划和年度计划的建议。

4）组织本专业国家标准和行业标准的制定、修订和审查及复审等工作。

5）负责组织本专业国家标准和行业标准的宣讲、解释工作；对本专业已颁布的标准的实施情况进行调查和分析，做出报告。

6）受有关省、市和企业委托，承担本专业地方标准、企业标准的制定、审查和咨询等技术服务工作。

7）负责国际标准化组织 ISO/TC184 的技术业务归口工作。

8）负责本专业国内外标准和资料的收集、保管、翻译、汇编及建档工作。

9）负责产品质量监督检验、认证、评价或认可及实施强制性标准认定工作。

10）在机电产品型号管理工作中，承担归口专业产品型号的注册管理业务。

（2）全国信息技术标准化技术委员会

"全国信息技术标准化技术委员会"编号为 CITS/TC28，秘书处设在中国电子技术标准化研究院，在中国标准化管理委员会和信息产业部的共同领导下，负责全国信息技术领域，以及与 ISO/IEC JTC1（国际标准化组织/国际电工委员会第 1 联合技术委员会）和 IEC/TC74（国际电工委员会第 74 技术委员会）对应的标准化工作，并作为这方面的国内归口管理单位。CITS/TC28 成立于 1983 年，技术工作范围是信息技术领域标准化，包括涉及信息采集、表示、处理、安全、传输、交换、表述、管理、组织、存储、检索系统和工具的规定、设计、研制。目前，CITS/TC28 下设 24 个分技术委员会和特别工作组，是目前国内最大的标准化技术委员会。其下属分技术委员会的机构概况见表 6.4-7。

表 6.4-7 CITS/TC28 下属分技术委员会的机构概况

分技术委员会名称（编号）	对口 ISO 或 IEC 的 TC/SC	秘书单位
词汇分技术委员会（SC1）		中国电子技术标准化研究院
字符集和编码分技术委员会（SC2）	ISO/IEC JTC1/SC2	中国电子技术标准化研究院
数据通信分技术委员会（SC6）	ISO/IEC JTC1/SC6	中国电子技术标准化研究院
软件工程分技术委员会（SC7）	ISO/IEC JTC1/SC7	中国电子技术标准化研究院
磁盘分技术委员会（SC10）		中国电子技术标准化研究院
柔性磁媒体分技术委员会（SC11）	ISO/IEC JTC1/SC11	中国电子技术标准化研究院
数据元表示分技术委员会（SC14）	ISO/IEC JTC1/SC31	中国标准化研究院
开放系统互连分技术委员会（SC21）	ISO/IEC JTC1/SC22	中国电子技术标准化研究院
程序设计语言分技术委员会（SC22）		中国电子技术标准化研究院
光盘分技术委员会（SC23）	ISO/IEC JTC1/SC23	清华大学
微处理机分技术委员会（SC26）		中国电子技术标准化研究院
信息技术安全分技术委员会（SC27）	ISO/IEC JTC1/SC27	西南通信研究所
办公机器、外围设备及消耗品分技术委员会（SC28）	ISO/IEC JTC1/SC28	中国电子技术标准化研究院
多媒体分技术委员会（SC29）	ISO/IEC JTC1/SC29	中国电子技术标准化研究院
中文平台特别技术分技术委员会（SC30）		中国电子技术标准化研究院
非键盘输入分技术委员会（SC31）		863 计划 306 主题办公室

2. CIMS 国家标准

表 6.4-8、表 6.4-9 列出了我国工业自动化系统与集成领域现行的部分标准和正在制定的标准项目，供读者参考。

表 6.4-8　我国工业自动化系统与集成领域现行的部分标准

序号	标准代号	标 准 名 称
1	GB/T 3168—1993	数字控制机床　操作指示形象化符号
2	GB/T 8129—2015	工业自动化系统　机床数值控制　词汇
3	GB/T 11292—2008	工业自动化系统　机床数值控制　NC 处理器输出　后置处理命令
4	GB/T 12646—1990	数字控制机床的数控处理程序输入　基本零件源程序参考语言
5	GB/T 20867—2007	工业机器人　安全实施规范
6	GB/T 12642—2013	工业机器人　性能规范及其试验方法
7	GB/T 12643—2013	机器人与机器人装备　词汇
8	GB/T 12644—2001	工业机器人　特征表示
9	GB/T 14283—2008	点焊机器人　通用技术条件
10	GB/T 14468.1—2006	工业机器人　机械接口　第 1 部分：板类
11	GB/T 14468.2—2006	工业机器人　机械接口　第 2 部分：轴类
12	GB/T 16977—2019	机器人与机器人装备　坐标系和运动命名原则
13	GB/T 17887—1999	工业机器人　末端执行器自动更换系统　词汇和特性表示
14	GB/T 14213—2008	初始图形交换规范
15	GB/T 10091—1995	事物特性表　定义和原理
16	GB/T 17825.8—1999	CAD 文件管理　标准化审查
17	GB/T 17825.9—1999	CAD 文件管理　完整性
18	GB/T 17825.10—1999	CAD 文件管理　存储和维护
19	GB/T 17304—2009	CAD 通用技术规范
20	GB/T 17825.1—1999	CAD 文件管理　总则
21	GB/T 19150—2013	零件库术语
22	GB/T 17645.1—2008	工业自动化系统与集成　零件库　第 1 部分：综述与基本原理
23	GB/T 17645.20—2002	工业自动化系统与集成　零件库　第 20 部分：逻辑资源—表达式的逻辑模型
24	GB/T 17645.24—2003	工业自动化系统与集成　零件库　第 24 部分：逻辑资源—供应商库的逻辑模型
25	GB/T 17645.26—2000	工业自动化系统与集成　零件库　第 26 部分：信息供应商标识
26	GB/T 17645.31—1998	工业自动化系统与集成　零件库　第 31 部分：实现资源：几何编程接口
27	GB/T 17645.42—2013	工业自动化系统与集成　零件库　第 42 部分：描述方法学：构造零件族的方法学
28	GB/T 16656.1—2008	工业自动化系统与集成　产品数据表达与交换　第 1 部分：概述与基本原理
29	GB/T 16656.11—2010	工业自动化系统与集成　产品数据表达与交换　第 11 部分：描述方法：EXPRESS 语言参考手册
30	GB/T 16656.21—2008	工业自动化系统与集成　产品数据的表达与交换　第 21 部分：实现方法：交换文件结构的纯正文编码
31	GB/T 16656.31—1997	工业自动化系统与集成　产品数据表达与交换　第 31 部分：一致性测试方法论与框架：基本概念
32	GB/T 16656.32—1999	工业自动化系统与集成　产品数据表达与交换　第 32 部分：一致性测试方法论与框架：对测试实验和客户的要求
33	GB/T 16656.34—2002	工业自动化系统与集成　产品数据表达与交换　第 34 部分：一致性测试方法论与框架：应用协议实现的抽象测试方法

（续）

序号	标准代号	标 准 名 称
34	GB/T 16656.41—2010	工业自动化系统与集成　产品数据表达与交换　第41部分：集成通用资源：产品描述与支持原理
35	GB/T 16656.42—2010	工业自动化系统与集成　产品数据表达与交换　第42部分：集成通用资源：几何与拓扑表达
36	GB/T 16656.43—2008	工业自动化系统与集成　产品数据表达与交换　第43部分：集成通用资源：表达结构
37	GB/T 16656.44—2008	工业自动化系统与集成　产品数据表达与交换　第44部分：集成通用资源：产品结构配置
38	GB/T 16656.45—2013	工业自动化系统与集成　产品数据表达与交换　第45部分：集成通用资源：材料和其他工程特性
39	GB/T 16656.46—2010	工业自动化系统与集成　产品数据表达与交换　第46部分：集成通用资源：可视化显示
40	GB/T 16656.47—2008	工业自动化系统与集成　产品数据表达与交换　第47部分：集成通用资源：形状变化公差
41	GB/T 16656.49—2003	工业自动化系统与集成　产品数据表达与交换　第49部分：集成通用资源：工艺过程结构和特性
42	GB/T 16656.101—2010	工业自动化系统与集成　产品数据表达与交换　第101部分：集成应用资源：绘图
43	GB/T 16656.105—2010	工业自动化系统与集成　产品数据表达与交换　第105部分：集成应用资源：运动学
44	GB/T 16656.201—1998	工业自动化系统与集成　产品数据表达与交换　第201部分：应用协议：显式绘图
45	GB/T 16656.202—2000	工业自动化系统与集成　产品数据表达与交换　第202部分：应用协议：相关绘图
46	GB/T 16656.203—1997	工业自动化系统与集成　产品数据表达与交换　第203部分：应用协议：配置控制设计
47	GB/T 16656.501—2005	工业自动化系统与集成　产品数据表达与交换　第501部分：应用解释构造：基于边的线框
48	GB/T 16656.502—2005	工业自动化系统与集成　产品数据表达与交换　第502部分：应用解释构造：基于壳的线框
49	GB/T 16656.503—2004	工业自动化系统与集成　产品数据表达与交换　第503部分：应用解释构造：几何有界二维线框
50	GB/T 16656.513—2004	工业自动化系统与集成　产品数据表达与交换　第513部分：应用解释构造：基本边界表达
51	GB/T 16656.520—2002	工业自动化系统与集成　产品数据表达与交换　第520部分：应用解释构造：相关绘图元素
52	GB/T 18755.1—2002	工业自动化系统　制造自动化编程环境（MAPLE）功能体系结构
53	GB/T 18755.2—2003	工业自动化系统　制造自动化编程环境（MAPLE）第2部分：服务与接口
54	GB/T 19114.1—2003	工业自动化系统与集成　工业制造管理数据　第1部分：综述
55	GB/T 19903.1—2005	工业自动化系统与集成　物理设备控制　计算机数值控制器用数据模型　第1部分：概述和基本原理
56	GB/T 19659.1—2005	工业自动化系统与集成　开放系统应用集成框架　第1部分：通用的参考描述
57	GB/T 19659.2—2006	工业自动化系统与集成　开放系统应用集成框架　第2部分：基于ISO 11898的控制系统的参考描述

（续）

序号	标准代号	标 准 名 称
58	GB/T 19659.3—2006	工业自动化系统与集成　开放系统应用集成框架　第 3 部分：基于 IEC 61158 控制系统的参考描述
59	GB/T 19659.4—2006	工业自动化系统与集成　开放系统应用集成框架　第 4 部分：基于以太网控制系统的参考描述
60	GB/T 19902.1—2005	工业自动化系统与集成　制造软件互操作性能力建规　第 1 部分：框架
61	GB/T 19902.2—2005	工业自动化系统与集成　制造软件互操作性能力建规　第 2 部分：建规方法论
62	GB/T 19902.3—2006	工业自动化系统与集成　制造软件互操作性能力建规　第 3 部分：接口服务、协议及能力模板
63	GB/T 20719.1—2006	工业自动化系统与集成　过程规范语言　第 1 部分：概述与基本原理
64	GB/T 16642—2008	企业集成　企业建模框架
65	GB 16655—2008	机械安全　集成制造系统　基本要求
66	GB/T 19660—2005	工业自动化系统与集成　机床数字控制　坐标和运动命名
67	GB/T 19662—2005	工业自动化系统　制造报文规范　术语
68	GB/T 16720.1—2005	工业自动化系统　制造报文规范　第 1 部分：服务定义
69	GB/T 16720.2—2005	工业自动化系统　制造报文规范　第 2 部分：协议规范
70	GB/T 16980.1—1997	工业自动化系统　车间生产　第 1 部分：标准化参考模型和确定需求的方法论
71	GB/T 16980.2—1997	工业自动化系统　车间生产　第 2 部分：标准化参考模型和方法论的应用
72	GB/T 18757—2008	工业自动化系统　企业参考体系结构与方法论的需求
73	GB/T 18999—2003	工业自动化系统　企业模型的概念与规则
74	GB/T 16978—1997	工业自动化　词汇
75	GB/TZ 19219—2003	工业自动化　时限通信体系结构　时限通信系统的用户需求和网络管理
76	GB/T 15312—2008	制造业自动化　术语
77	GB/T 18726—2011	现代设计工程集成技术的软件接口规范
78	GB/T 18725—2008	制造业信息化　技术术语
79	GB/T 18729—2011	基于网络的企业信息集成规范
80	GB/Z 18727—2002	企业应用产品数据管理（PDM）实施规范
81	GB/Z 18728—2002	制造业企业资源计划（ERP）功能结构技术规范
82	GB/T 18784—2002	CAD/CAM 数据质量
83	GB/T 18784.2—2005	CAD/CAM 数据质量保证方法
84	GB/Z 19257—2003	供应链数据传输与交换
85	GB/T 18759.1—2002	机械电气设备开放式数控系统　第 1 部分：总则
86	GB/T 18975.1—2003	工业自动化系统与集成　流程工厂（包括石油和天然气生产设施）生命周期数据集成第 1 部分：综述与基本原理
87	GB/T 5271.24—2000	信息技术　词汇　第 24 部分：计算机集成制造
88	GB/Z 18219—2008	信息技术　数据管理参考模型
89	GB/T 18714.3—2003	信息技术　开放分布式处理　参考模型　第 3 部分：体系结构
90	GB/T 16642—2008	企业集成　企业建模框架
91	GB/T 13017—2018	企业标准体系表编制指南

（续）

序号	标准代号	标 准 名 称
92	GB/T 16977—2019	机器人与机器人装备 坐标系和运动命名原则
93	GB/Z 9098—2003	机械产品数字化定义的数据内容及其组织
94	JB/T 5063—2014	搬运机器人 通用技术条件
95	GB/T 26154—2010	装配机器人 通用技术条件
96	GB/T 20723—2006	弧焊机器人 通用技术条件
97	GB/T 15497—2017	企业标准体系 产品实现
98	GB/T 15498—2017	企业标准体系 基础保障
99	GB/T 19273—2017	企业标准化工作 评价与改进
100	GB/T 20720.1—2019	企业控制系统集成 第1部分：模型和术语
101	GB/T 20720.2—2020	企业控制系统集成 第2部分：企业控制系统集成的对象和属性
102	GB/T 36147.1—2018	供应链安全管理系统 电子口岸通关（EPC）第1部分：消息结构

表 6.4-9 我国工业自动化系统与集成领域正在制定的标准项目

序号	标准代号	标 准 名 称
1	GB/T xxxxx-xxxxx	面向对象的企业信息集成技术的软件接口规范
2	GB/T xxxxx-xxxxx	供应链管理系统功能体系结构
3	GB/T 16656.515-xxxxx	工业自动化系统与集成 产品数据表达与交换 第515部分：构造实体几何
4	GB/T 16656.517-xxxxx	工业自动化系统与集成 产品数据表达与交换 第517部分：机械设计几何表达

　　现代标准由于含有主要的技术信息量、提供世界前沿技术的展望而成为技术发展的先导。技术的竞争往往体现在标准的竞争，因为标准是未来产品市场的技术基础，处于产业最上层阶段。采用了标准，特别是国际标准的产品往往更有生命力。因此，我国应不断加强标准化工作，不仅需要加强对国际和国外先进标准的概况、动态进行跟踪、研究和传播，还要对重要的标准进行专门的研究和制定，力争在某些领域成为国际标准的制定者。

6.5 现代制造系统的运行与管理

6.5.1 概述

　　现代制造企业大多具有生产经营规模庞大、组织结构复杂、经营目标多元化、决策因素众多、管理功能齐全、环境多变等特点，由此形成极为复杂的各类制造系统。在这种情况下，如何合理地实现系统稳定、优化运行，充分利用人力、物力、财力、设备、能源和信息等各种资源，取得最大的经济效益和社会效益，便成为制造系统研究和应用领域的重要课题。

　　（1）现代集成制造系统运行的概念

　　现代集成制造系统的运行是在系统的支撑环境条件下将制造资源不断转换成产品的复杂过程。图 6.5-1 所示为现代集成制造系统运行体系。从图 6.5-1 中可以看出，在一定的市场环境下，现代集成制造系统的运行体系一般由调查研究、经营决策、产品开发、技术准备、组织生产和销售服务等环节有机组成，各个环节之间存在着复杂的物流、能量流和信息流联系。从总体上看，该体系头尾衔接，是一个闭环系统，并且各环节之间都可能存在局部信息反馈，如组织生产和销售服务环节发现的问题反馈回来，会引起产品开发和技术准备环节对设计和工艺进行修改，甚至还会引起经营决策环节对有关计划进行调整等。不同的制造系统，因其产出的产品不同，生产工艺不同，其各环节组织结构的具体形式是不同的。不同的国家，不同的文化背景，不同的领导作风，都会影响制造系统运行的管理行为。此外，任何制造系统的运行模式都不是一成不变的，内部和外界环境的变化，都可能引起工作流程产生较大的变化。

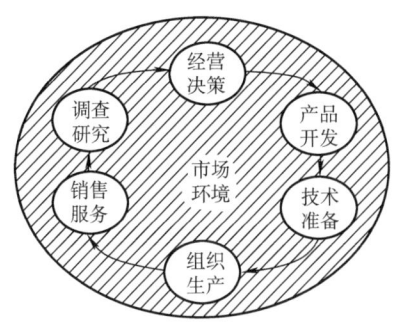

图 6.5-1 现代集成制造系统运行体系

（2）现代集成制造系统的运行管理与控制

现代集成制造系统的运行管理与控制是根据给定的目标和要求，发挥人的智慧，利用计算机作为手段，对系统运行的全过程进行合理控制，达到优化生产、优化经营的一门技术。完成管理与控制任务的系统称为管理控制系统，它是现代制造系统中一个非常重要的子系统。管理控制系统在制造系统中的地位就像大脑在人体中的地位一样，是整个系统的管理和控制中心。

从"大制造"的角度看，管理控制系统的控制对象是制造系统运行中所涉及的所有过程，包括从输入制造资源开始到输出产品和为用户服务的全过程，除涉及直接生产过程，还包括对市场（销售市场、供应市场）、财务（资金来源与支出）、工程设计（产品和工艺设计）、人力资源和信息运作等的管理。

现代集成制造系统的管理与控制必须强调人的作用，通过人机最佳结合，才有可能实现制造系统运行管理与控制的最优化。

6.5.2 现代集成制造系统运行管理与控制系统的总体结构

现代集成制造系统的运行管理与控制是非常复杂的，为便于实施，一般将整个系统的运行管理任务分解为若干层次的子任务，通过递阶控制方式予以实现。据此思路构成的现代集成制造系统运行管理与控制系统的总体结构如图 6.5-2 所示。由图 6.5-2 可见，现代集成制造系统运行管理与控制功能由以下几个层次的子控制系统来实现。

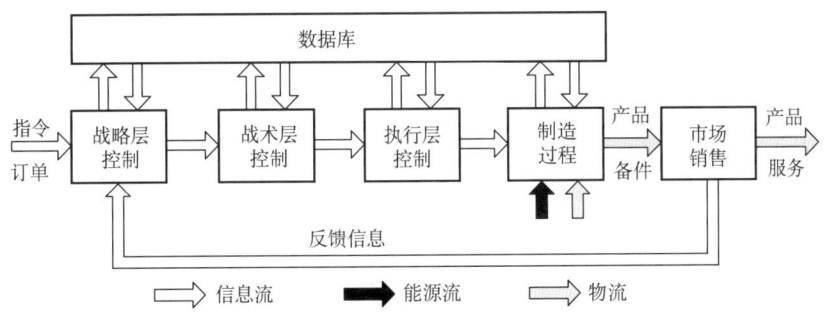

图 6.5-2 现代集成制造系统运行管理与控制系统的总体结构

1）战略层控制。它的主要任务是从全局对制造系统的运行进行决策和规划。因此，该层十分重要，它对制造系统而言可谓是"牵一发而动全身"，"一着失误，全盘皆输"。这里，制造系统战略层的决策指根据客户订单、市场情况、环境状况等信息，对市场需求进行分析和预测，并根据制造系统的实际情况，对制造系统未来某一时期（如几年）内的总体运行方向和目标（如现有产品的生产、新产品的发展等）进行决策。

制造系统战略层的规划指根据决策结果，制订企业总体经营计划、新产品的研制开发计划、现有产品的综合生产计划和主生产计划、粗能力计划等。

2）战术层控制。它的任务是对战略层控制任务进行细化，生成可行的具体实施计划，并监督其实施。该层的内容主要包括物料需求计划、能力需求计划（又称细能力计划）、生产作业计划、外协与采购计划等。

3）执行层控制。它的任务是实施战术层制订的计划，通过对制造过程中车间层及车间以下各层物料流的合理计划、调度和控制，提高系统的生产率。主要内容包括计划分解、作业排序、动态调度和过程控制等。

其中，过程控制又可进一步分解为加工控制、物流控制、质量控制、刀具控制、状态监控、成本控制、库存控制和采购控制等子控制任务。

4）制造过程和市场销售。它是管理控制系统的控制对象，是最终实现制造系统生产与经营目标的环节。制造过程包括加工、装配、检验、物料运输存储等过程；市场销售包括市场开拓、产品销售及售前、售后服务等环节。

由上述可知，制造系统的运行管理是通过制订计划和根据计划对制造系统运行过程进行有效控制来实现的。制造系统的运行管理是分层次的，因此各种计划也是分层次的，而且这些计划不是孤立的，而是相互联系的。随着管理层次的降低，计划的成分在减弱，控制的成分在增强，而在执行控制层中更强调控制。制订计划、执行计划及对计划执行过程的控制是一个不断改善的过程，其终极目标是为了盈利。在社会主义市场经济体制下，制造系统内部的活动，包括各种计划与控制都是受外部环境强烈影响的，是动态的连续时变的过程，因此在处理制造系统管理与控制问题时，必须十分重视市场与环境的动态多变性和供应与需求的高度随机性。

6.5.3 现代集成制造系统战略层控制

现代集成制造系统战略层控制通过战略经营计划、综合生产计划和主生产计划实现。

1. 现代集成制造系统战略经营计划

（1）概念及内容

现代集成制造系统战略经营计划通过对制造系统内部自身条件、外部环境等的分析，确定制造系统发展目标，以及为实现目标所进行的高层次、大范围的活动计划，通过对系统内部资源的最优利用，使制造系统具备更强的竞争优势。现代集成制造系统战略经营计划的内容涉及战略计划的分析、制订过程、决策支持系统及其结构等，具体内容为：

1）经营方向确定系统的经营范围、特点，以及以产品方向和服务内容为代表的未来较长时间内主要从事的活动。

2）经营目标是经营方向在一定时间段上的分解和具体化，一般包括提高系统外部竞争地位和优化系统内部资源配置两个方面。根据时间段的长短，目标划分为中长期目标和近期目标。中长期目标涉及市场开拓、生产能力扩大、技术创新等，近期目标是对中长期时间和目标的分解和明确化。

3）经营策略和政策策略是实现经营目标应采取的发展途径、方式和步骤；政策是实现目标而具体采取的重大措施。策略倾向于表示实现目标的多种途径，而政策则是对途径的优化选择。

（2）现代制造系统战略经营计划编制过程

图 6.5-3 所示为现代制造系统战略经营计划编制的一般过程，供参考。

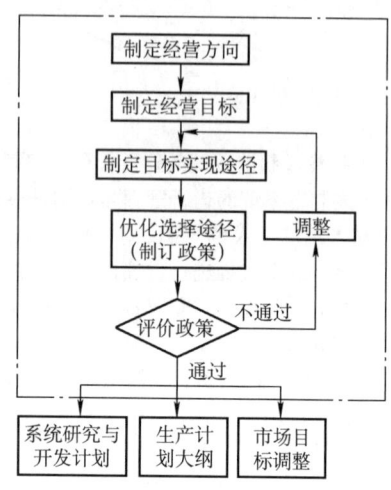

图 6.5-3 现代制造系统战略经营计划编制的一般过程

2. 现代制造系统综合生产计划

（1）概念及内容

现代制造系统综合生产计划是对企业战略经营计划的细化，其计划的对象是产品类，一般可以用表格的形式表示。表格的形式有多种，但在综合生产计划中都需要说明 3 个方面的问题：

1）每类产品在未来一段时间内需要制造多少？

2）需要何种数量的何种资源来制造上述产品？

3）采取哪些措施协调总生产需求与可用资源之间的差距？

表 6.5-1 列出了某汽车制造公司的综合生产计划。

表 6.5-1 某汽车制造公司的综合生产计划

产品类别	时间/月												
	1月	2月	3月	4月	5月	6月	7月	8月	9月	10月	11月	12月	合计
轿车/台	1200	1200	1300	1350	1500	1500	1500	1500	1350	1350	1300	1200	15250
自卸车/台	500	500	500	550	600	600	750	750	600	500	500	500	6850
卡车/台	1000	1000	1000	1000	1000	1200	1300	1300	1550	1400	1200	1000	14150
汇总/台	2700	2700	2800	2900	3100	3300	3550	3550	3500	3250	3000	2700	36250

可以看出，综合生产计划给出的不是某一具体产品的产量，而是产品类的产量，对于某类产品中的具体规格不再细分。综合生产计划中还要包括分年度列出的每类产品的月生产量及所有产品的月汇总量，并

且所有产品类的年汇总量要与经营计划中的市场需求相适应。

（2）综合生产计划编制过程

图 6.5-4 所示为综合生产计划编制的一般过程。对于不同的生产环境，综合生产计划的表格形式和内容可能不同，编制综合生产计划初稿和定稿的方法步骤也不完全相同。

对于面向库存生产环境的情况，编制综合生产计划时需要着重考虑：

1）维护库存的成本开销。

2）改变生产水平的开销。

为此，当编制综合生产计划初稿时，要设定基于预测需求和库存水平的目标，计算总生产量，然后在计划展望期（计划覆盖的时间周期）内，将总产量按月分配。其具体步骤为：

1）将市场预测产量分布在计划展望期内的每一时间段（按月份）上。

2）计算期初库存。

3）计算库存水平的变化。

4）计算总生产需求。

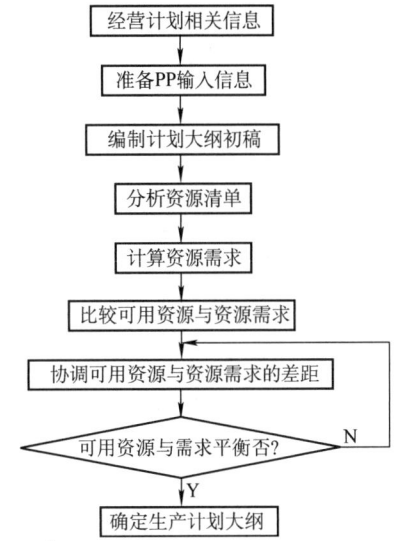

图 6.5-4　综合生产计划编制的一般过程

5）将总生产需求和库存改变分布在计划展望期的每一时间段上。

面向库存的综合生产计划初稿的形式见表 6.5-2。

表 6.5-2　面向库存的综合生产计划初稿的形式

时间段	1 月	2 月	3 月	4 月	…	9 月	10 月	11 月	12 月	合计
销售预测					…					
生产计划大纲					…					
期初库存					…					
预计库存					…					
库存改变量						总产量				

对于面向订单的生产环境，综合生产计划初稿是根据预测和未完成的订单目标确定产量。其具体步骤为：

1）将市场预测产品分布在计划展望期内的各时间段上。

2）按交货期将未完成的订单分布在计划展望期内的各时间段上。

3）计算未完成订单的改变量。

4）计算总产量。

5）将总产量分配到计划展望期内的各时间段上。面向订单的综合生产计划初稿的形式见表 6.5-3。

表 6.5-3　面向订单的综合生产计划初稿形式

时间段	1 月	2 月	3 月	4 月	…	9 月	10 月	11 月	12 月	合计
销售预测					…					
期初未完成订单					…					
预计未完成订单					…					
生产计划大纲					…					
未完成订单改变量						总产量				

3. 现代集成制造系统主生产计划

生产计划大纲的输出作为下层主生产计划的输入。

（1）概念及内容

主生产计划（master production scheduling，MPS）是对综合计划的具体化，其计划的对象是具体的最终产品。这里的最终产品主要指对于企业来说最终完成、要出厂的产成品，可以是直接用于消费的消费品，也可以是供其他企业使用的部件或配件。

主生产计划的制订受综合生产计划的约束，并将综合生产计划进一步细化，主生产计划所确定的生产总量必须等于综合生产计划确定的生产总量；主生产计划还将直接影响随后的物料需求计划制订的准确度和执行的效果。因此，它起着承上启下，从宏观计划向微观计划过渡的作用。从短期上讲，主生产计划是制订物料需求计划、能力需求计划、生产作业计划、外协采购计划的依据；从长期上讲，主生产计划是估计企业生产能力和资源需求的依据。

主生产计划的作用是确定每一具体最终产品在每一具体时间段的生产数量。即主生产计划描述了在可用资源条件下，制造系统在一定时间内生产什么产品，生产多少，什么时间生产的问题。

主生产计划制订后，要检验它是否可行，就要对制造系统的资源能力进行评估，包括设备能力、人员能力、库存能力、流动资金总量等，其中最重要的是要编制粗能力计划，即对生产过程中的关键工作中心（工序）进行能力和负荷的平衡和分析，以确定工作中心的数量和关键工作中心是否满足需求。当制订主生产计划时，要根据产品的轻重缓急来分配资源，将关键资源用于关键产品。

将实际可用的能力和计划需求能力比较之后，就可以得出目前的生产能力是否满足需求的结论。当出现实际能力和需求能力（即负荷）不匹配时，则要对能力和主生产计划进行调整和平衡，这可以通过修改主生产计划，如取消部分订单、延迟部分订单或将部分订单外包等方法予以实现。如果同意主生产计划，则利用它来继续生成后续的物料需求计划。主生产计划一般用表格形式表示，见表6.5-4。

表 6.5-4　主生产计划简化形式表

项目	时间周期									
	1	2	3	4	5	6	…	$n-2$	$n-1$	n
A 型号发动机	200	150			150	150	…	180	240	
B 型号发动机			300	100			…			300
C 型号发动机			150	200	200	150	…	150		
D 型号发动机	100	250					…		200	150
周合计	300	400	450	300	350	300	…	330	440	450

主生产计划的制订一般比较复杂，国内外许多研究人员对其进行了大量研究，得到了一些可行的方法，如借助计算机和最优化数学工具的通过集结和散结两个步骤求解最优主生产计划的方法。

（2）主生产计划的制订过程

图 6.5-5 所示为主生产计划的制订过程，供参考。

由于主生产计划（MPS）时间较长，在此期间内，生产活动对主生产计划实施有直接影响，导致生产计划不能按预期执行。因此，主生产计划制订后并非一成不变，而是需要根据制造系统内部环境和外部环境的变化予以调整。

6.5.4　现代制造系统战术层控制

1. 物料需求计划（MRP）

（1）概念及内容

产品的主生产计划一旦确定，就需进一步解决零部件的生产问题。解决这一问题已有多种方法，其中物料需求计划（material requirement planning，MRP）的理论与方法是一种最基本的方法。

物料需求计划的概念是1970年在美国生产与库存控制协会的一次会议上首次提出的，其定义为：物料需求计划是根据主生产计划、物料清单、库存纪录和已订未交的订单等资料，经过计算而得到各种相关需求物料的需求情况，同时补充提出各种新订单的建议，以及修正各种已开出订单的一种实用技术。这里的物料是一个广义的概念，不仅指原材料，还包含自制品、半成品、外购件和备件等。

物料需求计划的实现过程：首先根据产品的结构关系，将产品逐层分解为部件、零件直至原材料，并根据企业实际情况和供应市场情况确定需要自制的零部件和外购的零部件及原材料；然后通过计算各类物料的详细需求，制订出物料需求计划；最后以此为依

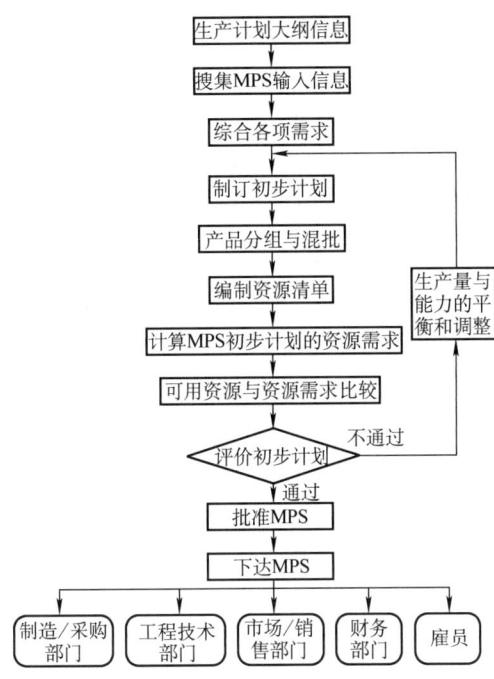

图 6.5-5　主生产计划的制订过程

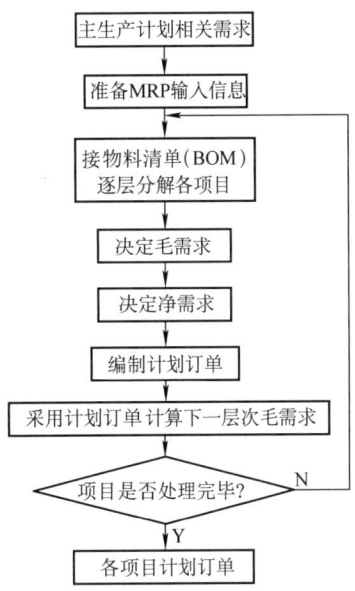

图 6.5-6　物料需求计划的制订过程

据产生战术层的生产控制指令：对内下达生产任务，对外发放采购订单。在这两个生产控制指令中，包含下列内容：①采购或制造什么，采购或制造多少；②何时开始采购或制造；③何时完成采购或制造。

（2）物料需求计划的优点

实际应用表明，在制造系统的战术层管理与控制中采用物料需求计划具有以下优点：

1）物料需求计划将企业的各职能部门，包括决策、计划、生产、供应、销售和财务等有机地结合在一起，在一个系统内进行统一协调的计划和监控，从而有利于实现企业运行的整体优化。

2）物料需求计划系统集中管理和维护企业数据，各信息子系统在统一的集成平台和数据环境下工作，使各职能部门的信息达到最大限度的集成，从而有效提高了信息处理的效率和可靠性。

3）物料需求计划系统为企业高层管理人员进行决策提供了有效的手段和依据。

物料需求计划的优点最终将使企业的运行效率提高，库存显著减小，生产成本降低，对市场动态变化的响应速度加快，竞争能力增强。

（3）物料需求计划的制订过程

图 6.5-6 所示为物料需求计划的制订过程，供参考。当制订 MRP 时，需要考虑产品的结构，考虑物料之间的相关性，从而决定每个物料在何时生产或采购，生产或采购多少，还应考虑每个物料的现有库存情况。

由于 MRP 是按时间周期处理各种数量，在编制时，还要考虑各项目的制造采购提前期，以保证按时供给物料。对于采购项目而言，提前期包括从向供应商订货到入库成为可用项目的这段时间；对于自制项目的提前期，包括订单准备、分拣物料、物料运送、生产准备时间、加工时间和运送入库等时间。

2. 能力需求计划（CRP）

（1）能力需求计划的定义

能力需求计划（capacity requirements planning，CRP）是对物料需求计划（MRP）所需能力进行核算的一种计划管理方法。

能力需求计划的具体任务：对各生产阶段和各工作中心（工序）所需的各种资源进行精确计算，得出人力负荷、设备负荷等资源状况，并据此对生产能力与生产负荷进行平衡，形成可行的能力需求计划。

（2）能力需求计划的分类

能力需求计划可分为两类：

1）无限能力计划。根据实际负荷，动态调整工作中心的能力（如加班、转移负荷、替代工序、外协加工等）。该方法体现了企业以市场为中心的战略思想。

2）有限能力计划。认为工作中心的能力是不变的，计划的安排按照优先级别进行。

（3）制订能力需求计划的步骤

下面是编制能力需求计划的主要步骤，供参考。

1）收集数据。制订能力需求计划所应收集的数据包括任务单数据、工作中心数据、工艺路线数据及工厂生产日历等。

2）计算负荷。根据任务单和工艺路线对有关工作中心的负荷进行精确计算。

3）分析负荷情况。对能力与负荷的平衡情况进行分析，找出存在的问题。能力负荷不匹配问题一般源自主生产计划、物料需求计划、工作中心和工艺路线等。

4）能力/负荷调整。当能力负荷不匹配时需对其进行调整。调整方法有转负（转移负荷）、提能（提高能力）、转负与提能相结合等。

对于能力调整，针对短期的办法有改变雇佣水平、加班和分包等；考虑长期的办法有新增设备、扩建厂和车间等。

5）确认能力需求计划。为保证数据和计划的正确性，最后需对所生成的能力需求计划进行确认。通过确认后方可实施。

6.5.5 现代集成制造系统运行层的生产调度与控制

1. 现代集成制造系统的生产调度

现代集成制造系统生产调度的根本任务是完成战术层下达的生产作业计划。计划是一种理想，属于静态的范畴；调度则是对理想的实施，具有动态的含义。

在离散生产环境下，现代集成制造系统中零部件繁多，物流复杂、现场状态瞬息万变，没有好的调度，再优的生产计划也难以产生好的生产效益。因此，调度控制在现代制造系统的管理控制中具有非常重要的地位。制造系统的调度控制问题指如何控制工件的投放和在系统中的流动，以及资源的使用，最好地完成给定的生产作业计划。调度控制问题可分解为若干子问题，子问题的多少取决于制造系统底层制造过程的类型和具体结构。对于自动化程度较高的现代集成制造系统，调度控制一般包括以下几类子问题：

1）工件投放控制。

2）工作站输入控制。

3）工件流动路径控制。

4）刀具调度控制。

5）程序与数据的调度控制。

6）运输调度控制。

2. 现代集成制造系统的生产调度方法

解决调度控制问题的方法和系统可分为两大类，即静态调度和动态调度。所谓动态调度指调度控制系统能对外部输入信息、制造过程状态和系统环境的动态变化做出实时响应的调度控制方法和系统。如果达不到此要求，则只能称为静态调度。

（1）基于排序理论的调度方法

1）流水排序调度方法。流水排序问题可描述为：设有 n 个作业和 m 台设备，每个作业均需按相同的顺序通过这 m 台设备进行加工。要求以某种性能指标最优（如制造总工期最短等）为目标，求出 n 个作业进入系统的顺序。

基于流水排序的调度方法（简称流水排序调度方法），是一种静态调度方法，其实施过程是先通过作业排序得到调度表，然后按调度表控制生产过程运行。如果生产过程中出现异常情况（如工件的实际加工时间与计划加工时间相差太大，造成设备负荷不均匀、工件等待队列过长等），则需重新排序，再按新排出的调度表继续控制生产过程运行。

实现流水排序调度的关键是流水排序算法。目前在该领域的研究已取得了较大进展，研究出多种类型的排序算法，概括起来可分为以下几类：

① 单机排序算法。对于 n 个作业单机排序，可采用最短加工时间优先原则的算法。

② 两机排序算法。对于 n 个作业两机排序，可采用约翰逊法。

③ 三机排序算法。对于 n 个作业三机排序，可采用分支定界法。

在现代集成制造系统中，某些情况下可以采用成组技术等方法组织生产，对被加工工件（作业）进行分批处理，这样可使每一批中的工件具有相同或相似的工艺路线。此时，由于每个工件均需以相同的顺序通过制造系统中的设备进行加工，因此其调度问题可归结为流水排序调度问题，可通过流水排序方法予以解决。

2）非流水排序调度方法。非流水排序调度方法的基本原理与流水排序调度方法相同，即先通过作业排序得到调度表，然后按调度表控制生产过程运行。如果生产过程中出现异常情况，则需重新排序，再按新排出的调度表继续控制生产过程运行。因此，实现非流水排序调度的关键是求解非流水排序问题。

非流水排序问题可描述为：给定 n 个作业，每个作业以不同的顺序和时间通过 m 台机器进行加工。要求以某种性能指标最优（如制造总工期最短等）为目标，求出这些作业在 m 台机床上的最优加工顺序。

非流水排序问题的求解难度比流水排序大得多，到目前为止还没有找到一种普遍适用的最优化求解方法。对于某些特殊情况，可以得到最后的调度方案，如两个作业 m 台机床非流水排序的图解方法。然而，对于更复杂的非流水排序问题，如较大规模的 $n \times m$ 问题，求其最优解是不可能的。

（2）基于规则的调度方法

1）基于优先和启发式规则的调度方法。基于规则的调度方法的基本原理是：针对特定的制造系统设计或选用一定的调度规则，系统运行时，调度控制器根据这些规则和制造过程的某些易于计算的参数（如加工时间、交付期、队列长度和机床负荷等），确定每一步的操作（如选择一个新零件投入系统、从工作站队列中选择下一个零件进行加工等），由此实现对生产过程的调度控制。

实现规则调度方法的前提是必须有适用的规则。目前研究出的调度规则已达一百多种，这些规则概括起来可分为 4 类，即简单优先规则、组合优先规则、加权优先规则和启发式规则。

① 简单优先规则：它是一类直接根据系统状态和参数确定下一步操作的调度规则。这类规则的典型代表有：

a）先进先出（first in first out，FIFO）规则。根据零件到达工作站的先后顺序来执行加工作业，先来的先进行加工。

b）最短加工时间（shortest processing time，SPT）规则。优先选择具有最短加工时间的零件进行处理。SPT 规则是经常使用的一种规则，它可以获得最少的在制品、最短的平均工作完成时间及最短的平均工作延迟时间。

c）最早到期日（earliest due date，EDD）规则。根据订单交货期的先后顺序安排加工，即优先选择具有最早交付期的零件进行处理。这种方法在作业时间相同时往往效果较好。

d）最少作业数（fewest operation，FO）规则。根据剩余作业数来安排加工顺序，剩余作业数越少的零件越先加工。这是基于较少的作业意味着有较少的等待时间，因此使用该规则可使平均在制品较少，制造提前期和平均延迟时间缩短。

e）下一队列工作量（work in next queue，WINQ）。优先选择下一队列工作量最少的零件进行处理。所谓下一队列工作量指零件下一工序加工处的总工作量（加工和排队零件工作量之和）。

f）剩余松弛时间（slack time remained，STR）规则。剩余松弛时间越短的越先加工。剩余松弛时间是将在交货期前所剩余的时间减去剩余的总加工时间所得的差值。该规则考虑的是，剩余松弛时间值越小，越有可能拖期，故 STR 最短的任务应最先进行加工。

② 组合优先规则：它是根据某些参数（如队列长度等）交替运用两种或两种以上简单优先规则对零件进行处理的复合规则。例如，FIFO/SPT 就是

FIFO 规则和 SPT 规则的组合，即当零件在队列中的等待时间小于某一设定值时按 SPT 规则选择零件进行处理，若零件等待时间超过该设定值，则按 FIFO 规则选择零件进行处理。

③ 加权优先规则：它是通过引入加权系数对两类以上规则进行综合运用而构成的复合规则。例如，SPT+WINQ 规则就是一个加权规则，其含义是，对 SPT 和 WINQ 分别赋予加权系数 W_1 和 W_2，进行调度控制时，先计算零件处理时间与下一队列工作量，然后按照 W_1 和 W_2 对其求加权和，最后选择加权和最小的零件进行处理。

④ 启发式规则：这是一类更复杂的调度规则，它将考虑较多的因素并涉及人类智能的非数学方面。例如，Alternate Operation 规则就是这样一条启发式调度规则，其决策过程如下：如果按某种简单规则选择了一个零件而使得其他零件出现"临界"状态（如出现负的松弛时间），则观察这种选择的效果，如果某些零件被影响，则重新选择。

一些研究结果表明，组合优先规则、加权优先规则和启发式规则比简单优先规则有较好的性能。

利用上述各类规则实现系统的调度，计算量小，实时性好，易于实施，但这种方法不是一种全局最优化的方法。一种规则只适应特定的局部环境，找不到一种规则，对于任何系统环境在各种性能上都优于其他规则。因此，基于优先和启发式规则的调度方法难以用于更广泛的系统环境，更难用于动态变化的系统环境。

2）规则动态切换调度控制方法。静态、固定地应用调度规则不易获得好的调度效果，为此应根据制造系统的实际状态动态地应用多种调度规则来实现调度控制。由此构成的调度控制系统称为规则动态切换调度控制系统。

规则动态切换调度控制系统的实现原理：根据制造系统的实际情况，确定适当调度规则集，并设计规则动态选择逻辑和相关的计算决策装置。当系统运行时，根据实际状态，动态选择规则集中的规则，通过实时决策实现调度控制。

规则动态切换调度控制系统的实现框图如图 6.5-7 所示。图中，R_1、R_2、……、R_r 为调度规则集中的 r 条调度规则。动态选择模块是一个逻辑运算装置，可根据输入指令和系统状态动态选择规则集中的某一条规则；计算决策模块的作用是，根据被选中的规则计算每一后选调度方案对应的性能准则值，然后根据准则值的大小做出选择调度方案的决策，并向制造过程发出相应的调度控制指令。

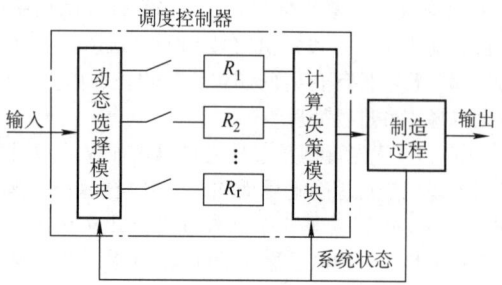

图 6.5-7　规则动态切换调度控制系统的实现框图

3. 基于仿真的调度方法

基于仿真的调度方法实质上是一种以仿真作为制造系统控制决策的决策支持系统，辅助调度控制器进行决策优化，实现制造系统优化控制的方法，其基本原理如图 6.5-8 所示。图中计算机仿真系统的作用是，用离散事件仿真模型模拟实际的制造系统，从而使制造系统的运行过程用仿真模型（以程序表示）在计算机上进行描述。这样当调度控制器（其功能可由人或计算机实现）要对制造系统发出实际控制作用前，先将多种控制方案在仿真模型上模拟，分析控制作用的效果，并从多种可选择的控制方案中选择出最佳控制方案，然后以这种最佳控制方案实施对制造系统的控制。

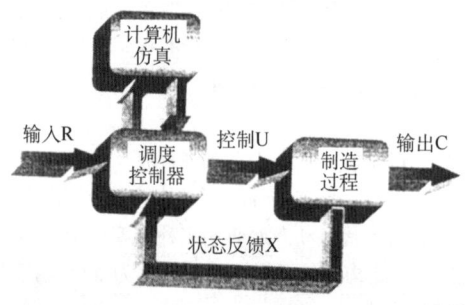

图 6.5-8　基于仿真的调度方法的基本原理

基于仿真的调度控制系统的运行过程为，当调度控制器接收到来自上级的输入信息（作业计划等）和来自生产现场的状态反馈信息后，通过初始决策确定若干后选调度方案，然后将各方案送往计算机仿真系统进行仿真，最后由调度控制器对仿真结果进行分析，做出方案选择决策，并据此生成调度控制指令，以控制制造过程运行。

在理论方法还不成熟的情况下，用仿真技术来解决制造系统调度与控制问题的方法得到了广泛的应用。

4. 智能调度方法

为解决排序调度方法、规则调度方法、仿真调度

方法等存在的问题，国内外的许多研究人员对基于人工智能的调度控制方法（简称智能调度方法）进行了深入研究，取得大量研究成果，并在生产实际中得到应用。下面介绍几种典型方法。

（1）规则智能切换控制方法

规则智能切换控制方法是一种将规则调度方法与人工智能技术相结合而产生的一种智能调度方法，其基本原理是，根据制造系统的实际情况，确定适当的调度规则集。当系统运行时，根据生产过程的实际状态，通过专家系统动态选择规则集中的规则以进行调度控制。

规则智能切换调度控制系统的实现框图如图 6.5-9 所示。它与"规则动态切换调度控制系统"的主要不同之处是，以基于人工智能原理的规则选择专家系统替代了规则动态切换调度控制系统中的动态选择逻辑。

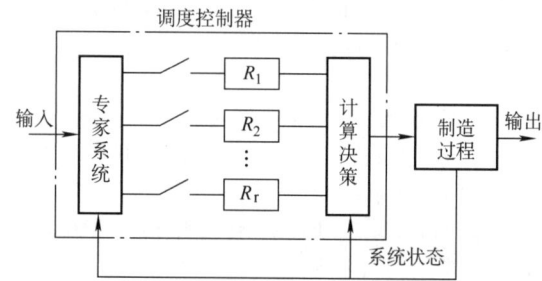

图 6.5-9　规律智能切换调度控制系统的实现框图

动态选择逻辑只具有简单的逻辑判断功能，对于复杂情况不易得到好的控制效果；动态选择逻辑的功能是在设计阶段确定的，在系统运行阶段难以对其进行改进。规则选择专家系统的功能是由其中的知识和推理机构确定的，可以模仿人的智能，对复杂情况的处理能力明显优于前者。此外，通过改变知识库中的知识，即可提高规则选择专家系统的功能和性能，因此规则智能切换调度控制系统具有很强的柔性和可扩展性。

（2）规则动态组合控制方法

规则智能切换控制方法虽然可以动态地应用多种调度规则对生产过程进行调度控制，但它在一个时刻只能使用一条规则进行决策，只能考虑某一方面的性能，难以同时顾及其他方面。因此，该方法难以满足制造系统对综合性能的要求。规则动态组合控制方法为解决这一问题提供了新的途径。该方法的基本思想是，通过动态加权调制，同时选取多条调度规则并行进行决策，从而可更加全面地考虑系统的实际状态，有利于实现兼顾各方面要求，使总体性能更优；同时，通过该方法可将有限的调度规则转换为无限的调

度策略。由于这样的调度策略是连续可调的，因此便于通过模糊控制等方法实现规则数量化控制。

规则动态组合调度控制器是关键，其基本结构如图 6.5-10 所示。

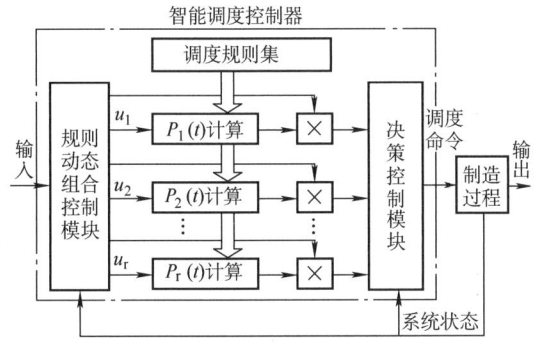

图 6.5-10　规则动态组合调度控制器的基本结构

其中，规则动态组合控制模块是该控制器的核心，它由基于模糊数学方法构成的模糊推理机、模糊控制知识库等组成。其作用是根据系统输入信息和状态反馈信息进行模糊推理，产生加权控制信息 u_1、u_2、……、u_r。$P_1(t)$、$P_2(t)$、……、$P_r(t)$ 为性能准则计算模块，其任务是根据系统当前状态计算 r 条规则的性能准则值。带×号的矩形块为加权调制模块，其作用是根据加权控制信息对各规则的贡献进行控制。决策控制模块的作用是根据综合性能准则值，对选择最优方案进行综合决策，并根据决策结果向制造过程发出调度控制信息。

（3）多点协调智能调度控制方法

在现代制造系统，特别是自动化制造系统中，为实现底层制造过程的动态调度控制，往往涉及多个控制点，如工件投放控制点、工作站输入控制点、工件流动路径控制点、运输装置控制点等。为实现总体优化，这些控制点的决策必须统一协调进行，为此需采用具有多点协调控制功能的调度控制系统。基于多点协调调度控制方法所构成的多点协调调度控制系统由智能调度控制器和被控对象（制造过程）两部分组成，如图 6.5-11 所示。

其中，具有多点协调调度控制功能的智能调度控制器是该系统的核心，其基本结构如图 6.5-11 中的点画线框部分所示。其中，控制知识库和调度规则库是该控制器最重要的组成环节，其中存放着各种类型的调度控制知识和调度规则。工件投放控制、流动路径控制、……、运输装置控制等 m 个子控制模块，是完成各决策点调度控制的子任务控制器。智能协调控制模块是协调各子任务控制器工作的核心模块，执行控制模块是实施调度命令、具体控制制造过程运行

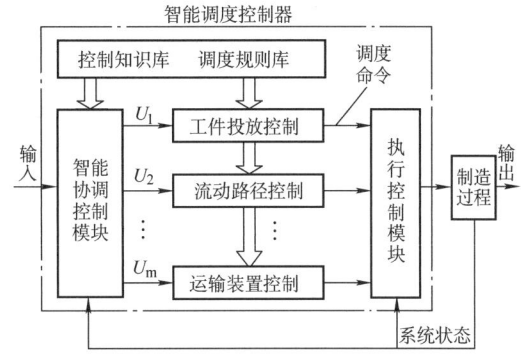

图 6.5-11　多点协调智能调度控制系统

的模块。

该系统的工作原理为，当调度控制器接收到来自上级的输入信息（作业计划等）和来自生产现场的状态反馈信息后，首先由智能协调控制模块产生控制各控制模块的协调控制信息 U_1、U_2、……、U_m；然后各子控制模块根据协调控制信息的要求及相关的输入和反馈信息对自己管辖范围内的调度问题进行决策，并产生相应的调度控制命令；最后由执行控制模块将调度命令转换为现场设备（如工件存储装置、交换装置、运输装置等）的具体控制信息，并通过现场总线网络实施对制造过程运行的控制。

（4）自学习调度控制方法

解决知识获取问题的一条有效途径就是学习，特别是通过系统自己在运行过程中不断进行自学习。基于这一思想，可构成一种具有自学习功能的智能调度控制系统。

自学习调度控制系统的基本结构如图 6.5-12 所示。该系统的特点是以自学习机构为核心的自学习控制环。在自学习闭环控制下，可对知识库中的知识进行动态校正和创成，从而将静态知识库改变为动态知识库。这样，随着动态知识库中知识的不断更新和优化，系统的调度控制性能也将得以不断提高。

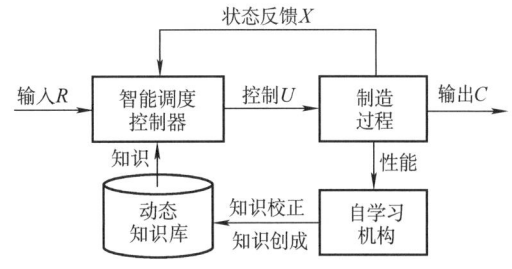

图 6.5-12　自学习调度控制系统的基本结构

为实现自学习调度控制，需进行知识校正，使其

不断完善。知识校正原理如图 6.5-13 所示。由知识控制器与知识使用过程（被控对象）等组成一闭环控制系统，按照反馈控制原理工作：知识控制器将根据被控量的期望值与实际值之间的偏差来产生控制作用，对被控对象进行控制，使被控量的实际值趋于期望值。

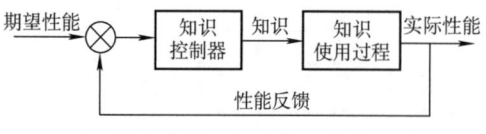

图 6.5-13　知识校正原理

确切地说，这里的被控量是系统的性能指标，控制作用表现为对知识的校正，被控对象为知识的使用过程。因该系统为一基于偏差调节的自动控制系统，知识控制器将以系统期望性能与实际性能间的偏差最小为目标函数，不断对知识库中的知识进行校正。因此，在该系统的控制下，经过一定时间，最终将使知识库中的知识趋于完善。

（5）仿真自学习调度控制方法

自学习调度控制系统是以实际的制造系统环境实现自学习控制的，学习周期长，并且在学习的初始阶段，制造系统的效益往往得不到充分发挥。为了提高自学习控制的效果，可进一步将仿真系统与自学习调度控制系统相结合，构成仿真自学习调度控制系统，其基本结构如图 6.5-14 所示。

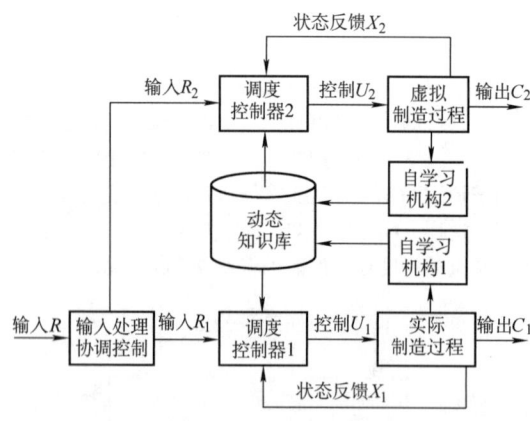

图 6.5-14　仿真自学习调度控制系统的基本结构

该系统的基本原理是，通过计算机仿真对自学习控制系统进行训练，从而加速自学习过程，使自学习控制系统在较短时间内达到较好的控制效果。

为达到上述目的，该系统由两个自学习子系统组成：

1）由调度控制器 1、实际制造过程、自学习机构 1 和动态知识库组成的以实际制造过程为控制对象的自学习控制系统（简称实际系统）。

2）由调度控制器 2、虚拟制造过程、自学习机构 2 和动态知识库组成的以虚拟制造过程为控制对象的自学习控制系统（简称仿真系统）。

仿真自学习调度控制系统可以工作于两种模式，即独立模式和关联模式。

当系统以独立模式运行时，先启动仿真系统，实际系统暂不工作。仿真系统启动后，在调度控制器 2 的控制下，整个系统以高于实际系统若干倍的速度运行，从而对动态知识库中的知识进行快速优化。当仿真系统运行一段时间后，系统进行切换，转为实际系统运行。由于此时知识库中的知识已是精炼过的知识，实际系统就可缩短用于初始自学习的时间，从而提高系统的效益。

当系统以关联模式运行时，实际系统与仿真系统同时工作。由于仿真系统的运行速度比实际系统要快得多，因此发生在仿真系统中的自学习过程也较实际系统快得多。由于仿真自学习的超前运行，相对于实际系统，仿真系统对知识库中的知识校正与创建将是一种预见性的知识更新，即提前为实际系统实现智能控制做好了知识准备；而实际系统中的自学习机构所产生的自学习作用，则是对仿真自学习作用的一种补充。通过这两个自学习环的控制，系统性能的提高将更快、更好。

6.5.6　现代集成制造系统的过程控制

过程控制是制造系统管理控制的底层控制功能，其主要任务是分解执行调度控制系统给出的调度指令，并将执行结果和制造现场的有关状态向上级反馈。

在现代制造系统中，过程控制任务繁多，控制系统结构也相应比较复杂。图 6.5-15 所示为过程控制系统的基本结构。该系统为一分布式递阶控制系统：第一级为过程主控制级，主要任务是负责与调度控制系统通信，进行任务分解，协调整个过程控制系统的运行，将来自下级的状态信息进行汇总和处理，并向上级反馈；第二级为分布式子任务控制级，由加工控制、刀具控制、物流控制、质量控制和状态监控等子控制系统组成。

1. 现代集成制造系统的过程主控

现代集成制造系统过程主控的主要任务是进行分解与协调控制，即对调度指令指示的任务进行分解，并对制造过程中有关环节的运行进行协调。以 CIMS 单元制造系统为例，过程主控的主要内容如下。

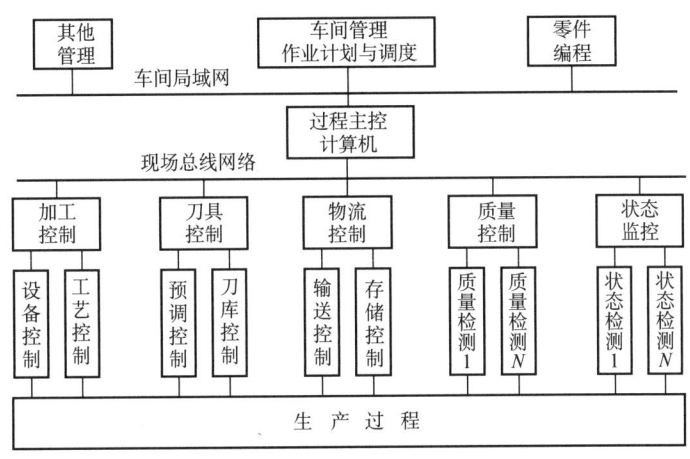

图 6.5-15　过程控制系统的基本结构

(1) 调度任务的分解

将调度控制系统发出的调度指令，即底层制造过程当前应完成的调度任务（如某机床某时刻开始对某零件的某道工序进行加工）分解成能够完成这一任务的具体步骤，以及各执行环节应该怎样协调动作。过程控制系统接到调度指令后，将进一步分解成下列更细化的控制各环节运行的指令，主要包括：

1）工件装夹指令。根据调度指令中所包含的工件号和工序号，查寻资源数据库得到所需的夹具和托盘编号，然后向装卸站发出包含工件号、夹具号、托盘号等信息的工件装夹指令。

2）工件输送指令。根据调度指令中所包含的工件号和机床号，以及查询装卸站反馈信息得到的装卸工位号，确定运输装置编号，并计算其起始位置和终点位置，然后据此生成工件输送指令并发往工件输送控制系统。

3）程序传输指令。根据工件号、工序号和机床号，查询数控程序库得到所需的程序号，并将对应数控程序从程序库中调出，通过网络系统传送到指定机床的数控系统中，使该机床做好加工准备。

4）刀具准备指令。根据机床号、工件号和工序号，检查机床刀库中是否有所需刀具。若没有，则向刀具流系统发出刀具准备指令。

5）机床开工指令。当工件由输送装置送达机床后，如果所需的数控程序和加工刀具已经就绪，则向机床发出开工指令。机床数控系统按此指令控制机床启动，并根据对应的数控程序控制机床运行，完成该工件当前工序的加工控制任务。

通过上述各细化指令的执行，才有可能完成调度指令给定的任务。

(2) 任务执行过程的协调

一条调度指令的完成，可能涉及制造过程中多个环节的运行。显然，这些环节的运行不是独立的，不能各自为战，相互之间必须严格协调。从具体实施上看，就是要使这些指令的执行不但要满足严格的逻辑关系，而且还需遵守严格的时序关系。只有这样，调度指令才能得以正确实施，制造过程才能有条不紊地进行。

(3) 制造过程的信息管理

为高效完成上述控制任务，过程主控一般还需完成制造过程的信息管理任务，其主要内容包括：①数控程序管理；②机床信息管理；③夹具信息管理；④刀具信息管理。

2. 现代集成制造系统的集成化设备控制系统

将数控机床等制造设备进行联网，实现信息集成，由上级计算机进行统一管理、调度和控制，是解决单件小批生产劳动生产率问题的有效途径。在各种制造系统的开发应用中，底层设备级的联网集成控制问题是一个必须首先解决的关键问题。

图 6.5-16 所示为以现场总线 CAN 为基础构成的集成化设备控制系统的总体结构。该系统在硬件上为多 CPU 结构，软件上为多任务并行处理结构。其中 Pentium4 为系统的主处理器，主要完成系统管理、人机交互、动态显示、预处理及插补计算等任务。CAN处理器为专用的现场总线网络通信处理器，其上运行网络通信程序，完成实时通信任务，并通过高速双口 RAM 与主 CPU 交换信息。数控系统的伺服控制部分采用高速 DSP 作为处理器，通过转角-线位移双闭环实现机床运动轨迹的高精度控制。

该系统可工作于两种主工作方式，即离线方式和在线方式。当系统工作于离线方式时，机床操作人员可通过操作面板和软盘、U 盘等输入加工所需信息，并可通过系统提供的编辑功能，对已输入的信息进行修改；机床的运行由操作人员通过键盘或触摸屏进行

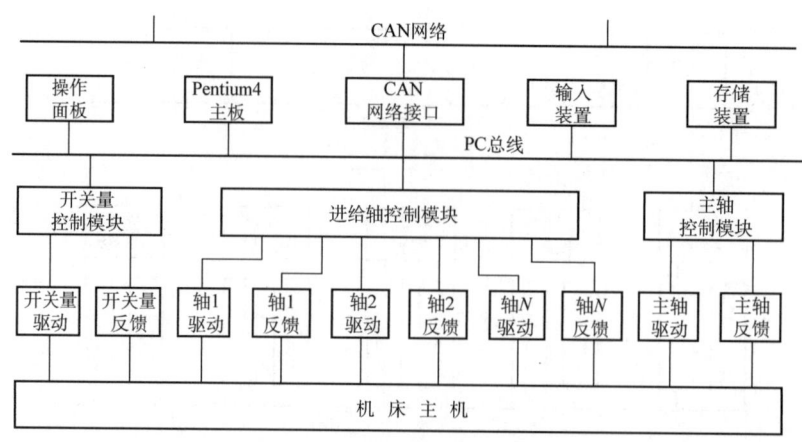

图 6.5-16 集成化设备控制系统的总体结构

控制；系统运行的有关信息将通过彩色显示器以图形和数据形式显示出来。当系统工作于在线方式时，数控系统通过通信子系统与上级计算机联网，可与网上的计算机（如管理计算机、监控计算机、NC 编程计算机等）交换信息和实现资源共享。此时，上级管理计算机将直接控制数控系统的运行，并实时获取数控系统和机床的有关状态信息，以便做出优化决策，实现最优化集成控制。

3. 现代集成制造系统的刀具系统管理与控制

刀具是制造系统中的重要资源，由于现代产品结构复杂、零部件众多，完成其制造任务所需的刀具数量相当可观，需占用大量资金。因此，如何提高集成制造系统中刀具的使用效率，降低生产成本，便成为制造过程管理控制中的重要环节之一。刀具系统的管理与控制主要内容包括刀具集中管理、刀具交换控制和刀具预调控等，见表 6.5-5。

表 6.5-5 刀具系统的管理与控制

序号	项目	管理内容	管理方法
1	刀具集中管理	刀具寿命管理：新刀具或重磨过的刀具进入系统，其预期使用寿命便可记录在数据库中	在系统运行过程中，根据刀具实际使用的时间和相关情况，借助一定模型即可计算出剩余寿命。若刀具剩余寿命不足以完成加工任务，则需要进行重磨，并再次进入系统。刀具寿命管理可借助数据库技术予以有效实施
2	刀具交换控制	刀具交换控制的主要任务是对中央刀库和机床刀库之间的刀具交换进行合理有序的控制 完成刀具交换的输送设备可以是自动导引车、搬运机器人或单轨架空输送装置等	刀具交换控制系统可根据零件加工程序获取刀具需求清单，并根据调度指令获得刀具开始使用和更换的确切时间。在工件到达机床之前，控制系统应检查刀具情况，明确是否所有的刀具已在机床刀库中，或者不在机床刀库而在中央刀库中。如果不具备上述两个条件，则该工件不能加工，应退出系统。如果只具备后一个条件，则需要进行刀具交换 当刀具交换控制系统发出刀具交换指令时，刀具输送装置即按指令中给出的刀具位置坐标，移向中央刀库相应位置并抓取所需的刀具，送到对应机床并装到机床刀库中。采用类似的过程将不再使用或已磨损的刀具，从机床回送到中央刀库中去。实际换刀过程的控制还要考虑中央刀库的管理方式，包括存放刀具的位置管理、现有加工任务所需的刀具检索及机床占用刀具的信息管理。通常采用条形码作为刀具标识码，利用激光阅读器进行读取并传给控制计算机
3	刀具预调控制	将所要使用的刀具预先调整好，并将有关数据存入数据库中。在机床工作过程中，控制系统随时可对刀具数据进行调用，从而可大幅度缩短生产准备时间，提高机床利用率	可通过 CCD 摄像头调刀，摄像头可直接和计算机连接，在屏幕上清楚显示切削刃轮廓，直接由计算机进行数据处理。在此基础上，通过通信网络即可实现刀具预调仪与刀具管理控制系统间的信息交换

4. 现代集成制造过程的物流控制

制造系统中物料流的运动过程如图6.5-17所示。由图6.5-17可见,制造物料在制造系统内的流动过程中,除了加工、处理、装配、检验等生产作业,其余时间要么处于输送过程中,要么处于库存状态,即输送和库存是制造物料的两种主要状态。因此,对制造系统中物流的控制主要包括两个方面:①物料的输送控制;②物料的库存控制,见表6.5-6。

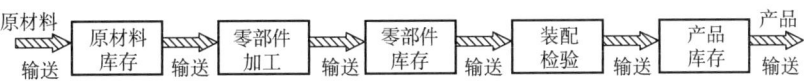

图 6.5-17　制造系统中物料流的运动过程

表 6.5-6　制造系统中物流的控制

项目	内容	控　制
物料的输送控制	常规输送装置的控制	制造系统中的常规物料输送装置有辊式输送机、链式输送机、带式输送机、搬运机械手等。这些常规输送装置的控制多属于开关量控制,如输送行程的到位与否、输送物料的步进位移等,因此这类控制一般可通过可编程序控制器(PLC)来实现
	自动导引车系统(automated guided vehicle system, AGVS)的控制	控制中的关键问题是如何使自动导引车在计算机控制下沿规定的路径运行。根据自动导引车采用的引导方式,有不同的控制原理 AGVS 的控制系统一般为三级递阶控制系统,其基本结构如图 6.5-18 所示 中央控制:①与制造系统管理计算机进行通信并接受其管理和控制;②向上级计算机报告 AGVS 的运行状况;③对 AGVS 实施管理;④进行交通管制和运行优化 地面控制:①通信处理;②AGV 命令生成;③AGV 反馈信息处理并向中央计算机报告 车载控制:①实时记录 AGV 的位置和状态,并向地面控制器反馈;②解释并执行从地面控制器传来的命令;③监控车上的安全装置
物料的库存控制		在制造系统中,一定量的库存可以起到平衡物流和资金流,维持生产和销售稳定的作用。但过大的库存又会产生过多占用资金、增加管理费用、掩盖矛盾等问题。因此,对库存进行合理控制,也是制造系统管理控制中的一个重要问题之一

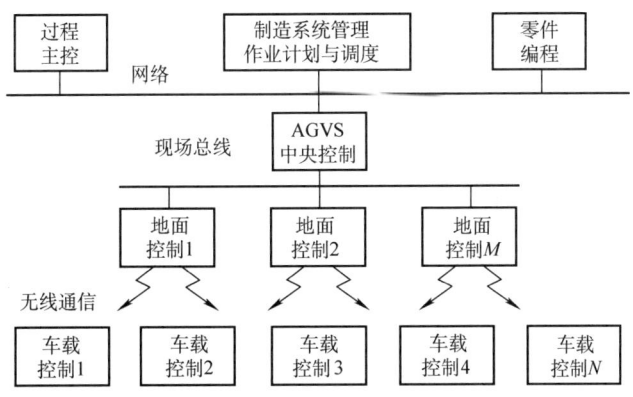

图 6.5-18　AGVS 控制系统的基本结构

5. 现代集成制造过程的动态工艺控制

在传统制造系统中,对底层制造过程一般采用静态工艺控制,主要原因之一是,传统制造过程是按照"定位-加工"模式进行零件加工的。在这一模式下,零件加工前的工艺设计阶段不仅必须确定零件在加工过程中的加工路线,而且还需确定工件在每道工序的设备上应处的状态(工件在机床上的位置与姿态),并按这些规定的状态预先确定工件在各工序加工时的刀具运动路径（生成相应的零件 NC 程序），而在以后的工艺实施阶段，则必须按照这些预先规定的工艺路线、工件状态和控制信息按部就班地完成加工任务。实际应用中发现，这种静态工艺控制方法存在以下问题：为实现生产过程的动态调度，需要根据生产过程的实际状态，对加工过程进行动态实时控制，需要动态调整工艺路线。然而，工艺路线的调整是受多种因素制约的。其中，夹具的限制就是一主要因素。

动态工艺控制的基本思想包括两方面：①可快速响应市场的动态变化，易于实现产品的快速切换生产；②可快速响应制造系统内部的状态变化，易于实现生产过程的动态调度。实现的方法之一是采用"寻位-加工"模式，其核心概念是，通过主动寻位并顺应工件实际位置与姿态，实现无须对被加工零件进行精确定位（简称无定位）的高效敏捷加工。

"寻位-加工"与"定位-加工"的重大差别是，它以主动寻位代替被动定位，以顺应现实灵活加工代替按既定关系强制加工。因此"寻位-加工"是一种可适应动态工艺控制要求的新型加工模式。

图 6.5-19 所示为网络化动态工艺控制系统的总体结构。该动态工艺控制系统需将智能寻位、工艺规划、加工信息生成、加工设备控制等分布于制造系统中不同物理位置的独立单元，借助实时控制网络集成为一有机整体，实现动态工艺控制所需的单元间的高速信息交换，并通过管理计算机中的动态调度软件协调整个系统的高效运行。

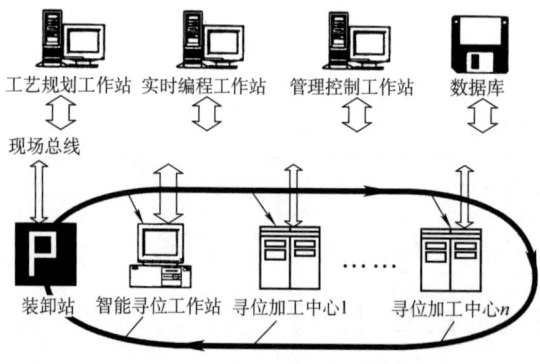

图 6.5-19 网络化动态工艺控制系统的总体结构

将该系统接到新加工任务后，无须像传统制造系统那样花很多时间为被加工零件准备精密夹具，只要根据零件设计信息、加工工艺要求及毛坯信息等，在管理控制系统控制下即可起动开始加工。

其具体运行过程为：装卸站的操作人员根据管理控制系统发出的调度指令，用通用紧固夹持元件和装置将工件固定于托盘上，并将工件/托盘复合体送往

智能寻位工作站。该工作站以智能化方法主动获取工件表面宏观及微观信息，实时求解出工件的实际状态，并通过现场总线将工件实际状态信息送往实时编程工作站。该工作站将根据设计信息、工艺信息和被加工零件的实际状态信息，通过实时规划生成被加工工件本次入线在各个机床上加工的刀具运动路径文件，并通过现场总线将刀具路径文件送往相应的机床控制系统（一种新型位姿自适应数控系统），使其做好准备。一旦工件由物流系统送达该机床即可进行加工。工件本次入线的所有工序完成后，由物流将其送往出口装卸站，由操作人员将工件从托盘上卸下，托盘则回到系统入口处，准备装载新的工件。

在这一由现场总线网络构成的集成环境下，工件寻位与加工操作可并行进行。例如，有若干个工件 P_1、P_2、P_3、……进入系统进行加工，则当加工中心在对先进入系统的工件（如 P_1）进行加工时，寻位工作站可同时对后续进入系统的工件（如 P_2）进行寻位处理，而此时装卸站还可将新工件（如 P_3）装上托盘准备送入系统，所有这些操作完全是并行进行的，整个系统将在调度系统控制下有条不紊地高效工作。

6. 现代集成制造过程的质量控制

制造过程是由众多工序组成的，工序是制造过程的基本组成环节。在离散制造系统中，不仅产品零部件繁多，而且每一个零部件的制造过程又涉及众多工序。只有有效保证各工序的质量，才能保证产品的制造质量。因此，工序质量控制也就成为制造过程质量控制活动的主要内容。

工序质量控制指为将工序质量的波动限制在规定的界限内所进行的活动。

工序质量控制的对象是该工序的质量特性值的波动范围（即工序能力 6σ，σ 为标准差）及质量特性值波动的中心位置（平均值）。

由于工序能力是受人、机器、材料、方法、测量和环境（简称 5M1E）等因素影响的。因此，工序质量控制的核心就是控制这 6 大因素，以实现对工序能力及分布中心位置的控制。5M1E 因素使质量产生波动的原因有偶然性原因和系统性原因两方面。

偶然性原因包括原材料成分、质量上的微小变化，机床的微小振动，刀具的正常磨损，夹具的微小松动，工人操作中的微小变化等。由偶然性原因引起的质量波动属于微小范围的随机波动，对产品总体质量影响很小，所以一般认为是正常波动，不需要加以控制。

系统性原因主要来自以下几个方面：原材料成分、规格的显著变化，机床、刀具、夹具等安装调整

不当，设备故障，夹具损坏、刀具过度磨损，工人违反操作规程等。由于系统性原因引起的质量波动一般比较明显，对产品总体质量影响较大，因此应严加控制。同时，系统性原因引起的质量波动往往具有一定的规律性，可以通过一定的技术手段进行测量、检查和识别，因而对其进行控制也是可行的。

工序质量控制是通过对工序质量特性值的测量、检查和识别，找出其系统性原因，进而采取措施加以控制。工序质量控制系统的总体结构如图 6.5-20 所示。其中，质量要求是工序质量控制系统的给定环节，其作用是根据设计和工艺要求制订具体的质量控制指标。质量检测环节的作用是对工艺过程（包括加工对象）的有关状态和参数进行检测，并将检测结果反馈给分析控制环节。分析控制环节的作用是根据来自给定环节的输入指令和来自检测环节的反馈信息，对工序质量状况进行分析，并产生控制工艺过程的工序调节信息。在集成制造系统中，分析控制环节一般由人和计算机组成，通过人的智能分析能力与计算机的高速信息处理能力的结合，共同完成工序质量状况分析，并快速产生所需的控制信息。工序调节环节是具体执行质量控制任务的环节，其作用是按照分析控制环节给出的质量控制信息，对被控对象，即工艺过程的有关参数进行调节，使工艺过程运行于正常状态。工艺过程是工序质量控制系统的被控对象，包括工序使用的设备、工装、技术方法及被加工的工件等。质量分析与控制是图 6.5-20 所示工序质量控制系统的核心任务。完成该任务的一种基本方法为控制图法。

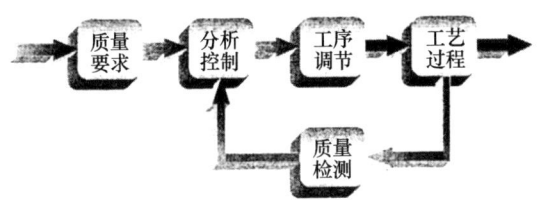

图 6.5-20　工序质量控制系统的总体结构

7. 现代集成制造过程的状态检测与监控

底层制造过程是整个制造系统的基础，为保证现代制造系统高效、可靠运行，在底层制造过程中，需实时地对各个组成环节的运行状态进行检测和监控。对制造过程进行检测和监控是通过检测与系统运行状态有关的信息，如机床的运行情况、机器人的工作状态、自动小车的运行状况、托盘站的存储状态、零件的加工情况，以及影响系统正常运行的其他情况，并将这些信息处理后传送给监控计算机，以实现对异常情况做出快速处理，保证系统正常运行。

制造过程是一个动态的过程，其状态检测与监控具有如下特点：

1）离散性与断续性。就离散制造系统而言，信息的主要形式是离散的，如零件尺寸、加工精度等。从零件加工过程来看，系统中有关状态的变化一般都是非连续的，如数控机床的进给速度和主轴转速，都是随着零件加工表面的不同而非连续变化的。

2）缓变性与突变性。在固定的加工条件下，一台机床的动态特性是缓变的，如机床的温升、零件磨损、应力分布等，而刀具破损、折断等则是在瞬间出现的，具有突变性。

3）随机性与趋向性。一方面，由于机械加工过程中的随机因素干扰大，因此加工过程中各种物理量的变化，如切削力的变化、机床负荷状态的变化等都具有随机性；另一方面，与环境因素有关的物理量，如刀具磨损与刀具寿命和切削条件的关系往往具有一定的趋向性。

4）模糊性。在现象与因果关系上，大部分具有模糊性。往往一部分因果关系是透明的，而另一部分是非透明的。因此，在加工过程监控中，需采用多种模型，对于同一检测信号进行多种分析。

5）单一性与复杂性。对加工过程中检测到的某些信息可以只做简单处理即可使加工过程继续进行，如检测刀具破损，只需刀具流系统换上新刀即可，而对有些检测信息，必须进行复杂的分析过程，才能做出具体的决策，如检测到零件加工精度达不到要求等。

6）多层次性。现代制造系统是一个典型的多层次系统，其实时监控系统也必然是多层次的，主要包括设备层、单元层、车间层等。其中，基础设备层是过程监控与质量监控的具体执行者，也是高层监控系统所需信息的提供者。

上述特点决定了制造过程实时监控系统必须有很强的数据采集、数据分析与处理及控制能力，还应建立完整的监控数据库及信息传递网络。概括起来，对实时监控系统的主要要求有以下几方面：

1）实时在线采样。实时在线采样是进行实时检测、实时分析及自动监控的基础。在制造过程实时监控系统中要求能实时多通道同时采样，采样频率和采样点数可通过人机对话方式任意设置。

2）数据处理多功能化。监控系统应集中多种时域、频域信号处理软件，以及多种性能优良的故障诊断和预报软件，并可由现场操作人员通过人机对话方式方便地加以调用。

3）可自动进行状态评价及故障诊断。应能自动区分有无故障，进一步还应区分故障类型、位置、程度、原因、状态及发展趋势，并给出处理方法。

4）及时反馈控制功能。根据检测到的信息，经过数据处理和分析以后，能及时给出加工过程的调整策略，使加工过程稳定地进行。

制造过程实时监控的主要项目和内容见表6.5-7。制造过程运行状态检测与监控的两个主要技术为数据采集和信息分析处理。针对不同的检测与监控对象可选择不同的检测手段，基于光学、声学、电子学和机械学等原理的检测仪器均被广泛应用于制造过程的检测与监控中。因此，应注意以多学科结合的方法和多传感器信号融合的技术来实现制造过程的实时检测与监控。

表 6.5-7　制造过程实时监控的主要项目和内容

序号	监测项目	主要监测内容
1	机床状态信息	机床是否正常工作；机床主轴工作情况；机床工作台工作情况；换刀机构工作情况；影响加工质量的振动情况；主要电器的工作情况；停机时间和原因
2	刀具状态信息	刀具是否损坏；属于哪台机床；刀具型号；损坏的形式；有无更换刀具；是否已处理；刀具使用情况统计；中央刀库刀具情况
3	物流运行状态信息	小车位置状态；小车工作状态；装卸站工作状态；托盘站存储状态；机器人工作状态；工件流动情况
4	在线尺寸测量信息	合格信息；不合格信息（包括可返工和报废情况）；尺寸变化趋势；工件质量综合信息
5	系统安全情况信息	电网电压情况；火灾情况；温度情况；湿度情况；人员情况

6.6　现代集成制造系统实例

6.6.1　计算机集成制造系统实验工程

1. CIMS 实验系统概述

国家 CIMS 工程研究中心是我国"863"高技术发展计划在"七五"期间的重点建设项目，由清华大学、航空航天部 625 所、204 所、机电部北京机械工业自动化研究所、北京机床研究所 5 个单位组成联合总师组，由华中理工大学、北京航空航天大学等约 250 名科技人员共同建成的。从 1987 年 6 月开始可行性论证，到 1993 年 3 月通过国家科委的鉴定和验收，历时近 6 年。

CIMS 工程研究中心（CIMS-ERC）是以系统集成为主要目标，实现了在计算机网络及分布式数据库支持下，将不同类型的计算机及设备控制器按信息共享、柔性生产的目的集成起来，即实现了从工程设计、生产调度与控制到加工制造的集成实验制造系统。

2. CIMS 工程研究中心（CIMS-ERC）的组成

CIMS 工程研究中心是一个包含实际工厂主要功能（设计、制造及管理）的实验系统。它以最小的机械配置提供，一个实际生产环境，以实现信息集成的研究。

CIMS 实验工程由信息系统实验室与制造系统实验室组成，两个实验室相距约 1000m，它们之间的信息是通过光缆及网桥相连和传递的。图 6.6-1 所示为 CIMS 实验工程系统结构。可以看出，它是一个包含设计、制造及管理的多层递阶结构。

（1）信息系统

信息系统用于实现对制造系统的管理和控制，接收制造系统反馈的各制造设备的状态信息，并及时根据反馈信息进行管理和控制的调整。它包括自动化各层的递阶规划与控制、工程设计（CAD/CAPP/CAM）所需的软硬件，以及支持上述两个系统的局域计算机网络、分布式数据库和系统仿真 3 个支持系统。

CIMS 实验工程的网络系统是一个异型机种互联网，由信息网和以太网组成，中间有一对光桥合联。在网上有 SUNOS、HP-UNIX、VMS 等多种操作系统同时运行。通过本地终端、远程终端及终端服务器，可保证 300 人在网络环境下上机，共享网上的硬件、软件和信息资源。

CIMS 实验工程的共享数据库由 ORACLE 分布式数据库管理系统进行管理，统一管理全部共享数据，并保证共享数据的一致、正确。共享数据分布在多台计算机上，包括 HP9000/840 上的 0840 数据库（存放工厂计划和车间管理的数据）、HP9000/825 上的 0825 数据库（存放单元管理数据）、VAX 3400 上的 TLDB 数据库（存放刀具和物流数据）、ACER 的 FXDB 数据库（存放夹具数据）、SUN3 上的 CAD 及 CAPP 数据库（存放 CAD 和 CAPP 数据）。

（2）制造系统

图 6.6-2 所示为 CIMS-ERC 制造系统实验室平面布置，它由 3 个部分组成：

1）加工、检测系统。包括 1 台卧式加工中心、1

台立式加工中心、1 台车削加工中心和 1 台坐标测量机，可以覆盖箱体类零件和回转体零件的一些主要工序的加工和检测。

2）物料储运系统。包括一个 92 个货位的立体仓库、一辆无轨自动导引车（AGV）、毛坯/零件装卸台及若干个缓冲站等。

3）刀具管理系统。包括中央刀库、刀具准备间、对刀仪和刀具进出站。

制造系统的运行由单元控制器根据上级的计划、命令和制造系统的状态信息进行作业调度。图 6.6-3 所示为 CIMS-ERC 制造系统设备配置及流程原理。

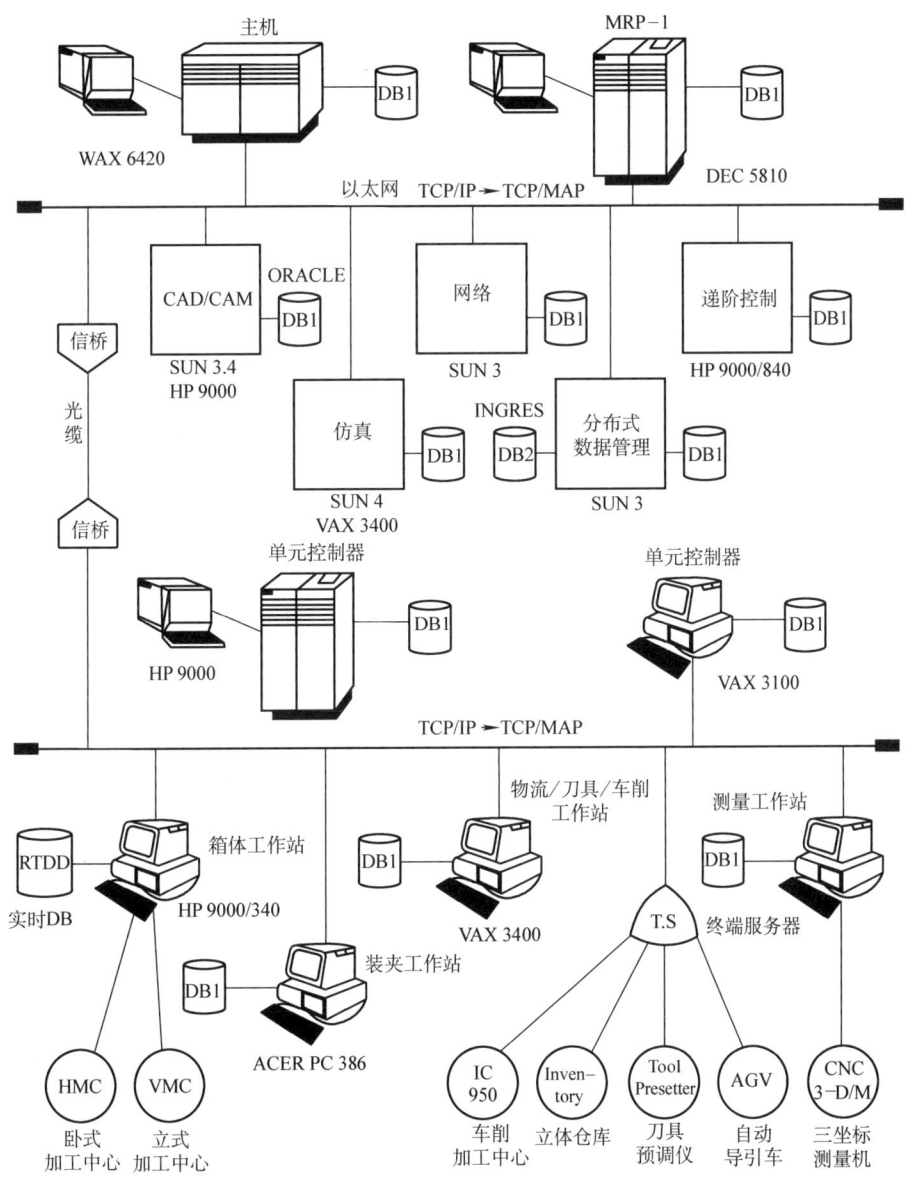

图 6.6-1　CIMS 实验工程系统结构

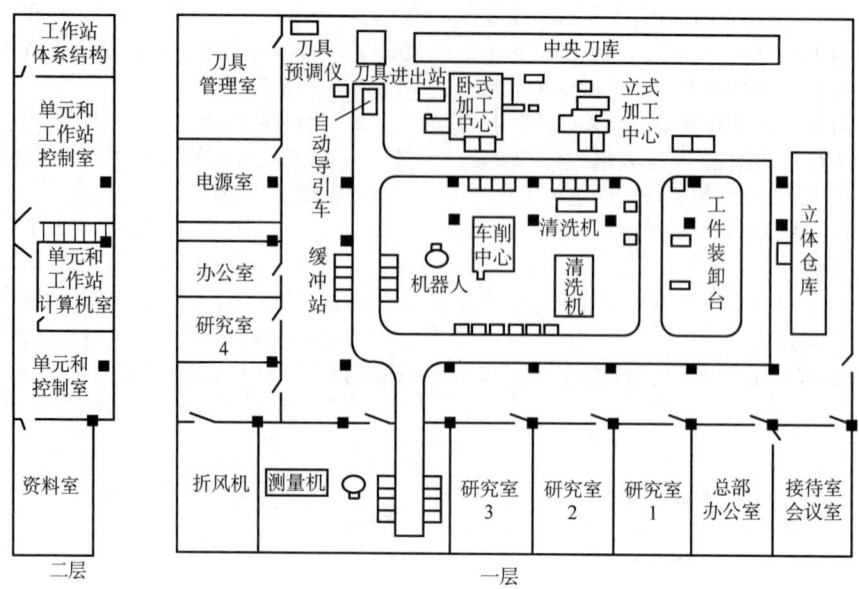

图 6.6-2　CIMS-ERC 制造系统实验室平面布置

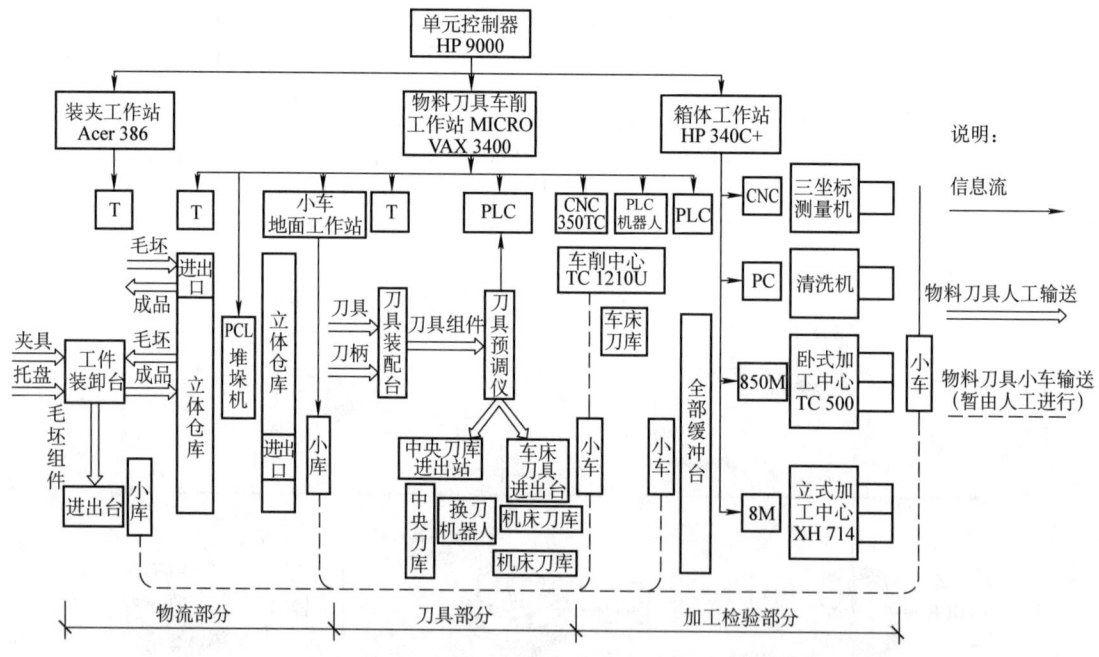

图 6.6-3　CIMS-ERC 制造系统设备配置及流程原理

CIMS-ERC 的整个加工过程从工厂/车间计划开始，向设计部门及单元控制器分别下达零件设计计划及周生产计划；根据设计计划，CAD 进行零件设计及详细设计，生成零件图；CAPP/CAM 再根据 CAD 的结果，进行工艺设计，生成工艺路线、工序及 NC 代码，夹具 CAD（CAFD）生成组合夹具组装图。根据周生产计划，单元控制器将形成双日滚动计划，并

通过调度模块生成作业单（下发给各有关工作站），最后通过监控模块对各工作站进行监控。刀具工作站根据作业单准备好刀具，在对刀仪上测量刀具尺寸后，将刀具装到加工中心的辅助刀库上。物流工作站准备好毛坯，并将毛坯运到装夹站，装夹站人员根据 CAD 产生的组合夹具组装图在托盘上装好待加工的毛坯，然后由自动导引车（AGV）将它们运送到缓冲站/

加工中心；与此同时，加工工作站根据调度指令，将向加工中心加载 NC 代码，控制加工中心进行加工。

3. CIMS-ERC 的总体集成

信息集成是 CIMS 的关键，也是 CIMS-ERC 的主要目标。CIMS-ERC 实现了系统的总体集成，主要体现在 3 个方面，即工厂/车间-单元-工作站-设备四级的信息集成、CAD/CAPP/CAM 的集成和制造设备的集成。

（1）工厂/车间-单元-工作站-设备四级的信息集成

CIMS-ERC 实验系统在体系结构上采用工厂/车间层、单元层、工作站层、设备层四级递阶控制结构，如图 6.6-4 所示。

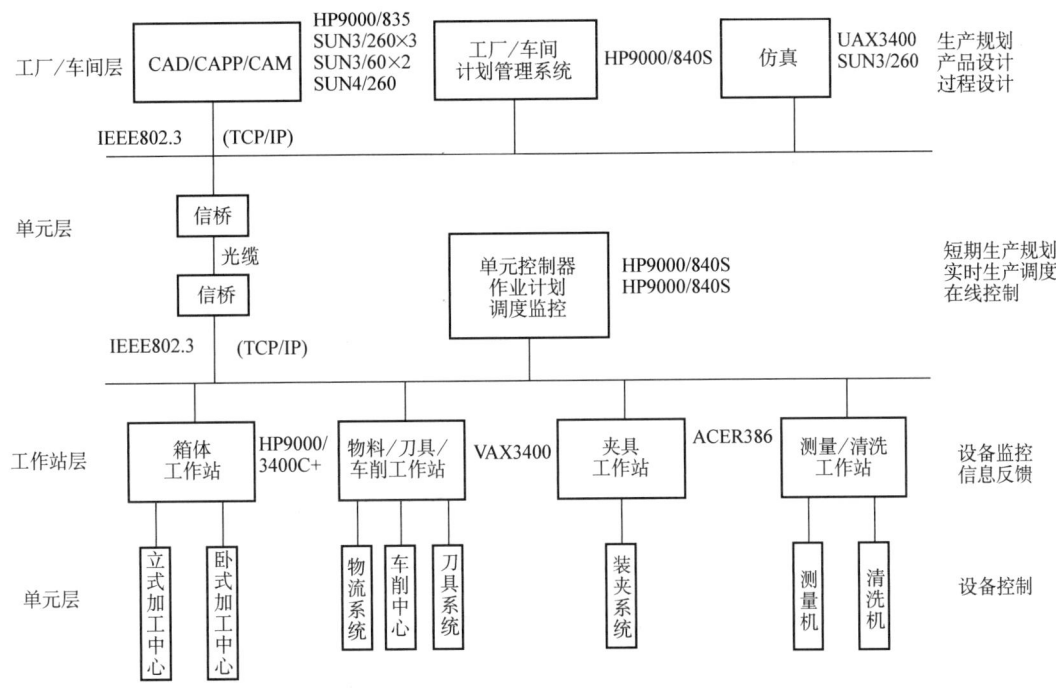

图 6.6-4　CIMS-ERC 实验系统

1）工厂/车间层可根据给出的指令性计划生成周生产计划。

2）单元层根据周生产计划和车间的实际生产能力及生产完成情况，生成双日滚动计划，然后通过仿真软件进行仿真和适当调整，最后由调度软件根据 CAPP 制定的工艺规划对当日要加工的零件进行排序，生成调度单，并完成对各工作站的实时调度与监控。

3）工作站层根据单元控制器下达的作业单调用 NC 代码，对各设备进行控制并协调各种设备动作，实现对当日生产零件的加工，同时还将设备状态实时地反馈给单元控制器。

4）设备层，即制造设备，可参见下面的"制造设备的集成"。

这四级控制器分布在不同的地理位置，前两级控制器是在信息系统实验室，后两级控制器是在制造系统实验室。各层控制器通过分布式数据库实现数据共享；通过远程文件传送，实现信息交换；通过报文通信，实现实时加工控制。

（2）CAD/CAPP/CAM 的集成

CIMS-ERC 对部分零件已实现了从部件设计、零件设计到工艺设计，以及 NC 代码生成的信息集成，大大缩短了工程设计的时间。

1）部件方案设计专家系统可根据用户的要求自动进行部件（如减速箱）的设计，并给出主要零件的结构尺寸。

2）典型零件设计软件根据专家系统给出的结构尺寸进行零件的三维造型，进行有限元分析及其他分析计算，然后转换成二维视图，并通过 IGES 标准图形文件传递给另外一个 CAD 软件，进行二维详细设计，生成符合我国标准的工程图。

3）自行研制的创成式 CAPP 软件可以在上述基础上输入必要的零件工艺信息，生成工艺路线卡、工序卡及装夹定位示意图。

4）CAM 软件根据 CAD 及 CAPP 的信息生成刀位文件，并进行刀位轨迹仿真，同时利用夹具 CAD 软件生成夹具拼装图，后置处理软件生成加工中心的 NC 代码。

（3）制造设备的集成（图 6.6-5）

在制造系统实验室配置了 8 个制造工作站。工作站所控制的制造设备来自 8 个不同的制造商，并能进行中等复杂程度机械零件的加工制造。

1）自动化立体仓库（92 个货位）。它能通过物流储运工作站的指令实现毛坯、加工成品的自动入库及出库。通过自行研制的管理和控制软件，可用条形码对货箱和托盘进行识别，按照一定的库存原则进行货位分配，实现毛坯、半成品混流入库和出库，并将有关数据送入数据库，同时实现与单元控制器的通信，接受单元控制器的指令。

2）装夹工作站。能根据装夹图（由计算机辅助夹具设计软件生成，并通过计算机网络传递到车间装夹工作站的图形显示器上）进行人工装夹。

3）一台卧式加工中心（从德国引进）。为了实现信息集成，对这台加工中心的控制器（西门子 850M）进行了剖析，实现了与上位机的通信。

4）一台立式加工中心（由我国自行制造）。为能与卧式加工中心交换加工零件及对刀具进行统一管理，在交换工作台及机床刀库方面进行了改进，同时研制了 DNC 接口，使该加工中心能与上位计算机直接相连。

5）一台车削加工中心及一台装卸零件用的机器人。分别从两个不同公司引进单机，利用自行开发的控制软件，实现车削加工中心与机器人的协调工作。

6）一台自动导引车（AGV）及缓冲站（带有传感器）。是一套能自动储运托盘组件的设备。通过这套储运设备，可将装夹工作站装好的托盘组件输送到加工设备或缓冲站上，也可在不同加工设备或缓冲站之间交换托盘组件。加工完的零件可送回装夹站，经拆卸夹具后，零件可送回立体仓库暂存。

7）刀具管理系统。可对整个车间的刀具进行管理，包括刀具库存管理、刀具作业计划管理及刀具参数预调等功能。

8）一台三坐标测量机（国产）。自行开发了测量机控制软件、计算机辅助测量工艺软件，以及测量工作站控制与管理软件。

通过上述 3 个方面的集成及系统的总体集成，可做到根据计划要求在较短时间内完成零件的设计（包括三维实体造型、工程分析、二维详细设计、工艺设计）并生成 NC 代码，然后由单元控制器按照生产计划对当日的零件进行柔性加工——可同时加工几种不同类型的零件，每天加工零件的种类及数量均可不同，还可根据需要，临时插入急件进行加工，或者临时改变生产计划，实现了多品种柔性生产运行。

图 6.6-5　制造设备的集成

4. CIMS 实验工程的单元层控制

1）单元层控制器的软硬件结构。单元层控制器的硬件结构由 HP9000/840 和 HP9000/825 两台多用户超小型计算机组成，软件结构包括 HP-UNIX 操作系统、HP/C 语言编译器、ORACLE 分布式数据库管理系统、MONITROL 软件开发平台、TCP/IP 网络及 XII 窗口软件等。

2）单元层控制器的任务。在 CIMS 环境下的单元层控制系统中，单元层控制器以分布式数据库方式接受工厂/车间层管理信息及工程设计信息，同时根据制造和检测的状态对整个制造系统实时下发作业调度单以进行调度和控制。工作站层包括箱体、物流、车削、刀具、测量和装夹 6 个工作站，其中箱体工作站用来控制立式加工中心和卧式加工中心。工作站层计算机通过 TCP/IP 网络接收单元层控制器下发的作业调度单，根据任务要求实时控制底层设备运行。设备层的完成信息和状态信息经过工作站处理后上报给单元层控制器，单元层控制器根据工作站上报的信息实时控制整个制造车间的运行，同时单元层控制器还要统计每天/每周作业计划的完成情况，并输入数据库，供工厂/车间统计生产计划完成情况和成本核算用。

3）单元层控制器的主要功能。单元层控制器的功能及与外部信息关系如图6.6-6所示。

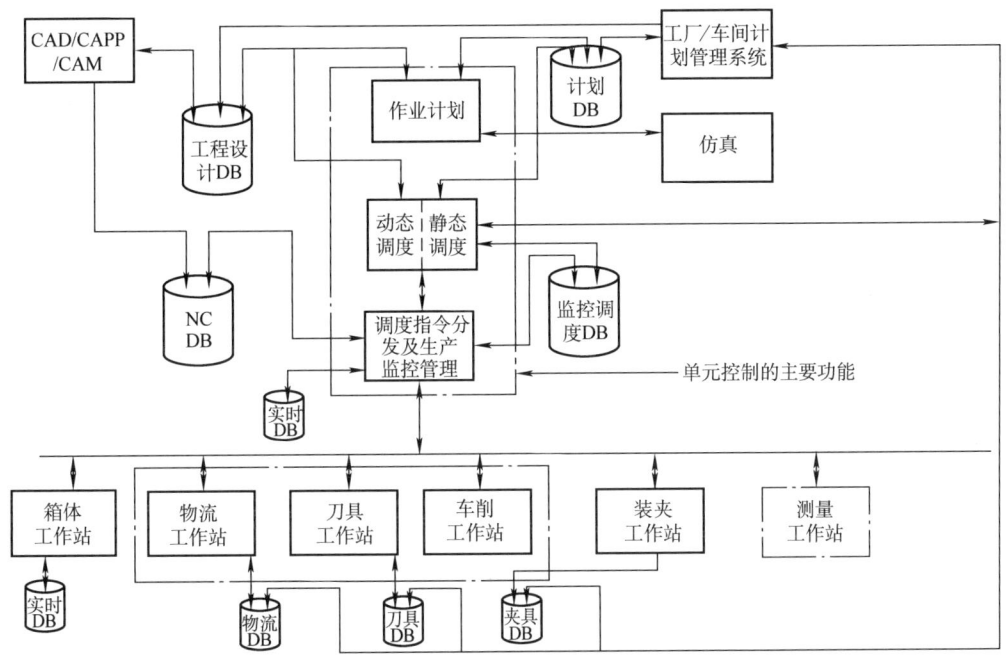

图 6.6-6　单元层控制器的功能及与外部信息关系

① 制订双日滚动作业计划：单元层控制器能够通过分布式数据库获得工厂/车间的周作业计划和工程设计信息，将工厂层生产计划在单元层资源的约束下转化为单元层优化的日作业计划，包括生成第二天要加工零件的准备计划，如刀具、夹具、毛坯和检具等，同时做好急件和普通件的优先级排队。单元层控制器还具有人机输入设计信息的功能，以便在脱离工厂/车间层自治运行的情况下，仍能进行实时生产调度。作业计划可以根据不同的目标要求制订几种不同的方案，以供生产人员选择，也可以根据人的经验修改计划。

② 进行作业调度控制：单元层控制器有 3 种调度方式，即静态调度、动态调度及手工调度。静态调度的原理是使用作业排序的方法并根据一定的优先准则，排出一个静态的加工顺序表，由调度单分发模块实时下发调度指令；动态调度的原理是根据作业计划、工艺顺序的要求和现场反馈的信息，对设备进行实时控制，动态调度具有急件插入、偶发事件处理及一定的故障处理能力；手工调度主要用于系统的调试。

③ 监控功能：单元层控制器的监控功能包括调度单分发级网络报文接收处理、制造车间自动引导车通信控制及网络报文通信、制造车间各工作站控制器及低层设备实时状态与初始状态采集、制造车间的作业统计和报表生成。其中，作业统计除了能够显示当天和周作业计划的完成情况，还将这些信息写入分布式数据库，供工厂/车间层查询。此外，还具有控制图形显示及对底层工作站和设备进行监控的功能。

④ 单元控制器的总控和人机接口：单元控制器与外部接口如图6.6-7所示，单元控制器实现框图如图6.6-8所示。由图可以看出，单元层控制器的4个功能中只有制订双日滚动作业计划属于离线，其他3个功能都是在线的，所以除作业计划与其他3个模块的接口是通过 ORACLE 数据库进行，单元层控制器其他模块之间均采用实时数据库和消息队列作为接口。实时数据库常驻内存，实时性好。总控模块根据用户需求启动各项应用模块进行工作。单元层控制器采用 XII 窗口图形作为人机界面，用户可以通过人机接口选择单元层控制器的主要功能：a）选择计划输入来源，用户既可以从作业计划数据库取得作业计划，也可以通过人机交互输入作业计划；b）对 3 种

调度方式进行选择；c）对运行环境进行选择，确定仿真运行还是实际运行；d）选择系统工作方式，确定制造系统哪些设备联机、哪些设备脱机；e）偶发事件入口和急件插入；f）通过实时网络报文通信和分布式数据库获得制造系统的初始状态。

CIMS 是在当代计算机技术、信息技术、自动化技术迅猛发展的基础上，用计算机及其软件将一个工厂的全部生产活动统一管理起来，形成一个优化的生产系统，以缩短产品开发周期，提高应变能力，适应日益激烈的市场竞争。但是，要在一个企业全部实施CIMS，技术难度大、投资高，各企业应根据自身的实际状况，有计划、有步骤地应用和实施，特别是对CIMS 的思想和哲理及一些分系统的应用，各企业应予以充分重视。

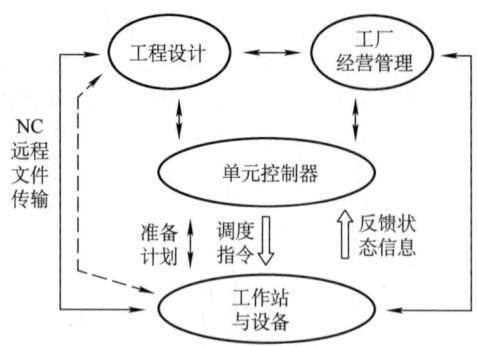

图 6.6-7　单元控制器与外部接口

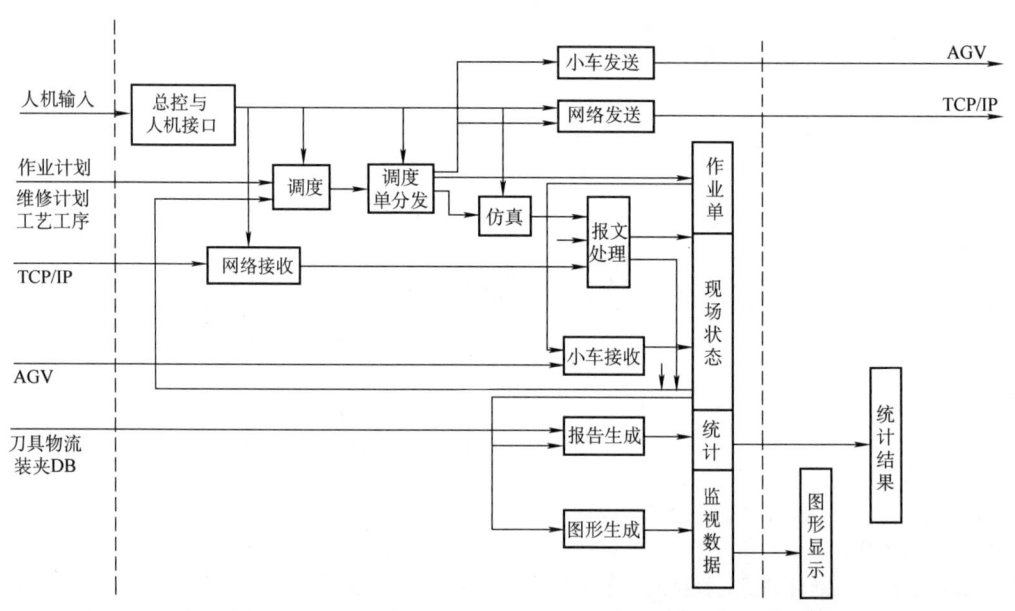

图 6.6-8　单元控制器实现框图

6.6.2　波音767-X 并行设计工程

1. 概况

随着民用飞机的不断发展，波音公司在原有产品开发模式下的成本不断增加，并且积压的飞机越来越多。那么，在激烈的市场竞争当中，波音公司是如何用较少的投资设计制造出高性能的飞机呢？资料分析表明，产品设计制造过程中存在巨大的潜力，节约开支的有效途径是减少更改、错误和返工所带来的消耗。一个零件从设计完成后，要经过工艺规划、工装设计、制造和装配等过程。在这一过程内，设计费用约占15%，制造费用占85%左右，任何在零件图样交付前正确的设计变更都能节约其后85%的费用。

过去的飞机开发大都沿用传统的设计方法，按专业部门划分设计小组，采用串行的开发流程。大型客机从设计到原型制造多则十几年，少则七八年。波音公司在767-X 的开发过程中采用了"并行产品定义"的全新概念，通过优化设计过程，采用新的项目管理办法，改善设计，提高飞机制造质量，降低成本，改进计划，实现了三年内从设计到一次试飞成功的目标。

在767-X 飞机的开发中，波音公司全面应用CAD/CAM 系统作为基本设计工具，使得设计人员能够在计算机上设计出所有的零件三维图形，并进行数字化预装配，获得早期的设计反馈，便于及时了解设计的完整性、可靠性、可维修性、可制造性和可操作性；同时，数字化设计文件可以被后续设计部门共享，从而在制造前获得反馈，减少设计变更。设计组或设计制造团队签字批准，做出相应的变更，再根据数字化预装配重新检查干涉。

并行产品设计是对并行设计及其相关过程（包括设计、制造、保障等）的集成它要求设计人员在设计初期就考虑与产品开发过程相关的所有因素，包括质量、成本、计划、用户需求等。

波音公司在 767-X 飞机的并行设计中采取了以下措施：

1）多方面培养设计人员，合理配置设计制造团队，集成产品设计、制造及保障过程。设计制造团队是一个由设计、管理、协调、材料和财务等人员注册组成的独立团体，目标在于提高可制造性设计，减少设计变更、错误及返工，实现设计的一次性成功。

2）在产品开发过程中，制订了集成化计划。集成化计划参与设计、计划、制造、测试和飞机交付等过程的管理，并进行自动超差控制，即提供在线式电子化拒收单，管理整个拒收过程。自动超差控制缩短了拒收过程，可提供统计控制数据并及时向上级报告。

3）利用 CAD/CAE/CAM 保证并行、协同的产品设计，共享产品模型和设计数据库。

① 建立计算机辅助工装设计系统，进行数字化工装设计，并利用零件数据集来设计和检验工装。计算机系统存储"工装-工装""工装-零件"有关工装定位数据。

② 进行"零件-工装""工装-工装"的数字化预装配。利用三维数字化数据集模拟零件、工装，检查安装配合情况。

③ 利用数字化数据集进行产品插图处理。图文并茂的制造计划有助于更好地理解工作任务。计算机绘制成的三维产品插图取代了手工绘制插图。

④ 采用综合工作站存储工程数据（如附注、材料清单等）、制造数据、工装数据（如附注、明细表）、财务数据等。综合工作站在早期产品研制中就开始投入使用，其作用在研制过程中不断地增强。所有零件、工装设计员发放的数据集都应是唯一的。在零件制造及部装、总装的过程中，任何拒收单都要求工程配合情况，然后发图生产。

⑤改进材料清单。使用数字化输入，减少图形与材料清单之间的不匹配。

⑥在地面保障设备和技术出图中应用 CATIA 系统。地面保障设备用三维实体形式设计建模，并进行数字化预装配。技术出图过程将直接利用工程传递来的数据。

4）利用多种分析工具优化产品设计、制造和保障过程。表 6.6-1 列出了波音公司 767-X 开发方式与传统方式的比较。

表 6.6-1　767-X 开发方式与传统方式的比较

工作成员	767-X 方式	传统方式
工程设计员	在 CATIA 上设计和发图 利用数字化预装配设计管路、线路和机舱 利用数字化整机预装配确保满足要求 利用数字化整机预装配检查、解决干涉 利用 CATIA 进行产品插图	在硫酸纸上设计发图 在硫酸纸上设计 利用样机 在生产制造过程处理 利用样件手工绘制
工程分析员	用 CATIA 进行分析 发图前完成设计载荷分析	用图样分析 鉴定期完成
制造计划员	与设计员并行工作 在 CATIA 上设计工程零件树，用 CATIA 建立插图计划 检查重要特征，利用软件辅助设计改型管理	常规顺序 设计 900 零件，绘制工程图 无
工装设计员	与设计员并行工作 用 CATIA 设计工装并发图 用 CATIA 预安装检查、解决干涉问题，零件-工装预装配，确保满足要求	常规顺序 用硫酸纸设计 在生产工装时处理 在生产工装时处理
NC 程序员	与设计员并行工作 用 CATIA 生成和检查 NC 过程	常规顺序 用其他系统
用户服务组	与设计员并行工作 用 CATIA 设计所有地面保障设备并发图，技术出版利用工程数据出版资料 零件与地面保障设备预装配，确保满足要求	常规顺序 用硫酸纸设计 手工插图 生成零件/工装
协调人员	设计制造团队	各种机构

实现"设计—计划—制造—保障"过程的集成化产品开发对于波音每个机构或员工都是一个挑战。计算机技术的推广应用和其他新技术的逐渐发展应用，影响了波音公司原有的工作模式。采用 100% 数字化产品设计，预示着波音经营管理的巨大改革，但更多的是组织机构的改革，以适应计算机工具的应用要求和新的操作规程。概括地说，波音实施 CAE 的主要方法和技术有：

① 按飞机的部件组成了两百多个集中办公的多功能产品开发队伍。

② 改进产品开发流程。

③ 采用面向装配的设计/面向制造的设计（DFA/DFM）等工具，以在设计早期尽快发现下游的各种问题。

④ 利用巨型机支持的产品数据管理系统辅助并行设计。

⑤ 大量应用 CAD/CAM 技术，实现无图纸生产。

⑥ 仿真技术与虚拟现实技术。

2. 集成产品开发团队

波音公司在民用飞机制造领域积累了几十年的开发经验，成功地推出了 707～777 等不同型号的飞机。在这些型号飞机开发中，产品开发的组织模式在很大程度上决定了产品开发周期。图 6.6-9 所示为波音公司民用飞机开发组织结构的演变过程。

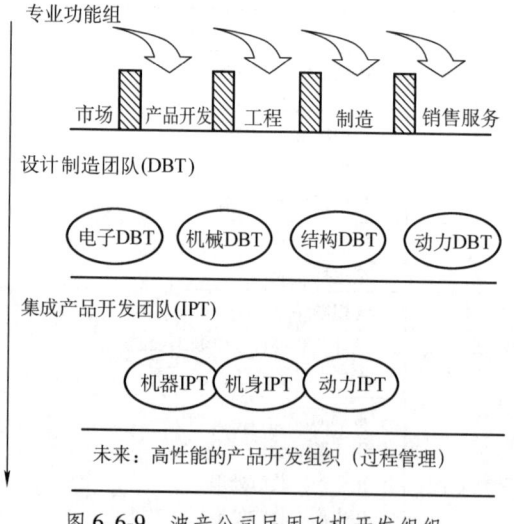

图 6.6-9　波音公司民用飞机开发组织
结构的演变过程

767-X 的集成产品开发团队（IPT）是按功能划分的，如动力 IPT、机身 IPT、结构 IPT 等，如图 6.6-10 所示。IPT 工作的目标是：

1）提高质量。团队的每个成员均对用户需求和质量需求负责。

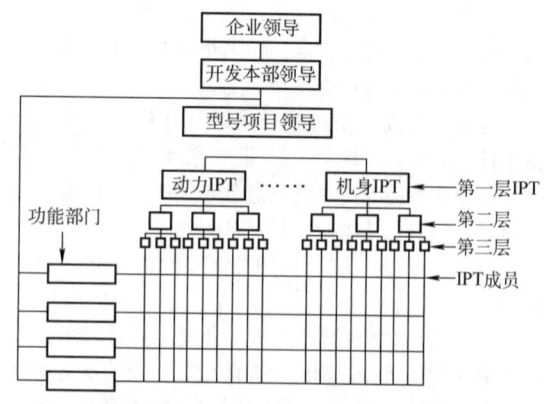

图 6.6-10　波音公司某型号集成产品
开发团队的组织结构

2）降低成本。团队制工作方式显著减少了变更、错误和返工。

3）缩短开发周期。通过增加预发布和并行协同工作，保证对用户需求和设计变更做出快速反应。

设计制造团队由各个专业的技术人员组成，在产品设计中起协调作用，最大限度地减少设计变更、错误和返工。设计制造团队的任务是进行飞机结构和主要系统设计，他们参与制造计划、工装设计、NC 加工和用户服务等。设计制造团队从制造部门和其他小组那里获得可制造性和可维修性反馈信息；工装设计员利用数字化预装配工具检查零件-工装、工装-工装之间的配合和干涉情况；用户服务组利用三维/二维设计数据研制地面保障设备，出版相应的技术资料。在获得下游组织的反馈、完成零件设计、完成最终干涉配合检查后，进行零件模型的发图和生产。

3. 改进产品开发过程

为什么波音公司在过去的十多年中也采用了 CAD/CAM 系统却没有明显地加快进度、降低费用和提高质量呢？究其原因，是其开发过程及管理还停留在原有的水平上。波音 767-X 采用全数字化的产品设计，在设计发图前，设计出 767-X 所有零件的三维模型，并在发图前完成所有零件、工装和部件的数字化整机预装配；同时，采用其他的计算机辅助系统，如用于管理零件数据集与发图的 IDM 系统，用于线路图设计的 WIRS 系统，集成化工艺设计系统，以及所有下游的发图和材料清单数据管理系统。由于采用了一些先进的计算机辅助手段，波音公司在 767-X 开发时改进了相应的产品开发过程，如在发图前进行系统设计分析，在 CATIA 上建立三维零件模型，进行数字化预装配，检查干涉配合情况，增加设计过程的反馈次数，减少设计制造之间的大返工。CAD/CAM 系统的应用有效地减少了设计变更和返工的次数，设计进程也大大加快，由此而带来的效益远大于减少设计变更和返工所带来的直接效益。

767-X 数字化产品设计活动起始于用户需求。当项目开发的任务单下发后，设计制造团队就开始安排第一阶段的工作任务，制造部门根据项目进度确定初步的生产周期，生产部门则制订各种计划。下面对 767-X 几个主要的设计过程进行详细的描述。

1）工程设计研制过程。设计研制过程起始于三维模型的建立，它是一个反复循环的过程。设计人员用数字化预装配工具检查三维模型，完善设计，直到所有的零件配合满足要求为止。最后，建立零件图、部装图、总装图模型，二维图形完成并发图。设计研制过程需要设计制造团队来协调，主要包括以下步骤。

① 建模：对飞机零件进行三维数字化设计，在飞机坐标系中建立初步模型。当设计定型后，设计出详细的零件图、部装图、总装图。

② 共享：将三维零件图、部装图、总装图作为数字化预装配共享文件的输出。每个设计员必须及时将设计结果传送到共享数据库中，以与有关成员共享。

③ 协同：由于零件处在设计过程中，其定位尺寸可能会不断变化，因此应经常通过数字化预装配查阅有关零件位置的变动情况，保证各个部分设计的协调性。通过零件之间的数字化预装配，检查干涉配合及系统布置情况。这一步要求有关设计人员同制造工程师一起解决干涉问题或其他设计问题。

④ 分析：分析 CATIA 系统产生的数字化模型，将分析结果连同存在问题的设计模型储存在反馈文件中，反馈给设计人员。分析员同相关设计人员解决存在的设计问题。

⑤ 检查：检查数字化预装配数据、制造数据，获得早期的可制造性反馈信息。计划员、工程设计员、制造工程师共同解决干涉及可制造性问题，并将干涉模型或有关可制造性问题存放于制造反馈文件中。

⑥ 协调：解决所有干涉配合问题，并根据工程分析的要求进行设计变更。值得注意的是，所有在线方式反馈过程并不能取代电话联系或个人联络协调，它们只是进一步加强了联系协调过程。设计变更的结果再次存入数字化共享文件，确保该文件中设计数据是最新结果。

⑦ 重复：不断重复上述过程，直到设计满足要求为止。也就是说，这个循环过程一直要持续到零件装配完成，并且不产生干涉问题。当三维设计定型时，设计员完成二维设计，标注尺寸、附注及重要特

性等。

⑧ 冻结：冻结有关数据集。

⑨ 修改：进一步修改数据集，如有必要，根据上述过程输入制造信息。

⑩ 发图：即释放相关数据集。

2）数字化预装配过程。数字化预装配过程利用 CAD/CAM 系统进行有关三维飞机零部件模型的装配仿真与干涉检查，确定零件的空间位置，根据需要建立临时装配图。数字化预装配过程主要包括以下 7 个步骤，波音公司要求每个设计员都必须养成循环这 7 步工作的习惯。

① 建模：利用三维实体建立装配模型。

② 共享：数字化预装配要求共享有关设计人员所完成的零件、部件或子装配件，波音用 COMMENT 软件共享设计模型。

③ 管理：管理与数字化预装配相关的数据。管理员检查模型内容、格式及属性等，模型拷贝及其历史信息都存入共享文件。

④ 搜索：每个设计员利用数据库管理软件工具搜索指定零件，该软件可以根据零件的位置和功能进行搜索。

⑤ 检查：每个设计员参照数字化预装配要求检查干涉、配合、同轴度和飞机各段的区域设计。

⑥ 解决：设计员协调解决相关问题，并用一个在线式反馈文件传送存在问题的零件模型。

⑦ 再共享：将模型重新存入共享文件。修改后的模型经过反复的数字化预装配检查，直到所有零件设计满足要求。作为对数字化预装配过程的补充，设计员接受工程分析、测试、制造的反馈信息。数字化预装配模型的数据管理是一项庞大、繁重的工作，它需要一个专门的数字化预装配管理小组来完成，确保所有用户能方便地进入系统，并在发图前进行最后的检查。

3）数字化样件设计过程。它负责每个零件设计和样件安装检查。数字化样件设计过程包括以下 3 个主要阶段：

① 工程设计组根据有关条件建立零件基本外形、包络面，并确定空间位置，它是一个"初步的结构/系统配合设计"的里程碑。三维实体数字化纵剖面就是根据该阶段的模型生成的。

② 在产品数据集发图前，工程设计员利用数字化预装配改进总体设计。这一过程也包括各阶段设计小组间的协调。零件形状已设计完成，但更详细的细节还没有进行。这个阶段已能够检查飞机设计的可达性、维修性、可靠性、设计费用、工厂要求及地面保障设备的兼容性，但更详细的安装和总装设计还不能

提供。通常利用该阶段进行工装设计、制订产品工艺路线等，它是一个"结构系统设计、主要地面保障设备设计"的里程碑。

③ 该阶段完成零件图、管理、线路、电缆、机舱、进气道、燃油系统、液压系统、接线柱、支架、紧固件及相关孔的设计。数字化预装配完成所有零件干涉检查。

4）区域设计。这是飞机区域零件的一个综合设计过程，它利用数字化预装配过程设计飞机区域的各类模型。区域设计不仅检查零件干涉，而且包括装配间隙、零件互换、包装、系统布置美学、支座、重要特性、设计协调情况等。区域设计由每个设计组或设计制造团队成员组成，各工程师、设计员、计划员、工装设计员都应参与区域设计。设计制造团队区域设计的主要任务包括：

① 在设计小组或设计制造团队间协调设计。

② 提供数字化预装配数据。

③ 管理飞机资料。

④ 检查干涉。

⑤ 辅助设计员查找零件。

⑥ 建库和共享文件。

⑦ 及早报告干涉情况。

⑧ 保存变更记录。

⑨ 监视内部共享文件。

5）设计制造过程。它结合工程、加工、材料、用户服务及其组织的特殊要求进行工作。设计制造过程采用了一些约定，改进零件的可制造性，最大限度地使设计与可制造性相结合。利用数字化设计工具进行飞机系统与结构的并行设计；利用数字化预装配，检查每个零件的干涉与配合情况；完成了足够的计划和工装设计后，制造部门将检查零件的可制造性。

6）综合设计检查过程。它用于检查所有设计部件的分析、部件树、工装、数控曲面的正确性。综合设计检查过程涉及设计制造团队和有关质量控制、材料、用户服务和子承包商，一般在发图阶段进行。有关人员定期检查情况，对不合理的地方提出更改建议。综合设计检查是设计制造团队任务的一部分。

7）集成化计划管理过程。这是一个提高联络速度和制订制造工艺计划、测试计划及飞机交付计划的过程。集成化计划管理过程不但制订了一些专用过程计划，而且对整个开发过程的各种计划进行综合。具体地说，集成化计划包括以下几个方面：

① 制订并行化系统设计、结构设计及发图计划。

② 进行工程设计分析、计划研究，确保发图、测试和鉴定等几个重要过程的进行。

③ 制订数字化预装配、设计冻结期和设计检查计划。

④ 增强所有机构参与能力，辅助下游设计过程。

4. 应用 CAD/CAE/CAM 技术

1）采用 100% 数字化技术设计飞机零部件。采用 CATIA 系统设计零件的三维数字化实体模型，易于在计算机上进行模拟装配，以检查干涉与配合情况，也可利用计算机精确计算重量、平衡、应力等零件特性。另外，可以很容易地从实体中得到剖视图。利用数字化设计数据驱动数控机床加工零件，产品外形设计直观，产品插图也能更加容易、精确地建立。用户服务组可利用 CAD 数据编排技术出版物和用户资料。767-X 中的所有零部件都采用数字化技术进行设计，所有零件设计都只形成唯一的数据集，提供给下游用户。针对用户的特殊要求，只对数据集进行修改，图样会自动修改。每个零件数据集包括一个三维模型和二维图，数控过程可采用三维线架或曲面模型。

2）建立飞机设计的零件库与标准件库。

① 尽量减少新的零件设计能极大地节约费用。基于这一认识，767-X 开发中建立了大量的零件库，包括接线柱、角材、支架等。零件库存储于 CATIA 系统中，并与标准件库相协调，设计人员可以方便地查找零件库。充分利用现有的零件库资源，能有效减少零件设计、工艺计划、工装设计、NC 加工程序等带来的费用。

② 标准件包括紧固件、垫圈、连接件、垫片、轴承、管道接头、压板等，这些标准件存储于 CATIA 标准件库中。设计人员可直接从标准件库中选择所需的零件。

3）采用 CAE 工具进行工程特性分析。

① 应力分析：技术人员直接利用三维数字化零件模型进行设计应力计算、载荷数据分析和元件安全系数计算等。利用数字化方法可使应力分析人员与设计人员并行工作。

② 重量分析：重量是飞机设计中必须考虑的重要因素。分析人员利用三维数字化零件模型进行重量分析，可获得精确的零件重量、重心、体积和惯性矩等。当进行整机数字化模型总装时，分析人员能跟踪各部件重量、重心的装配情况。

③ 可维修性分析：设计人员在设计时还应考虑飞机维修时对飞机的结构、系统的空间要求，设计相应的维修口盖，保障维修顺利进行。这一步在数字化设计时完成。

④ 噪声控制工程：利用飞机外形详图进行飞机外形鉴定和噪声数据分析，所得结果传送给有关的设计人员。这一过程利用计算机工具在 Apollo 工作站上

完成。

4）CAM 与 NC 编程过程。计算机辅助制造（CAM）通过提供可生产性输入和增加附加信息到数据库以改进工程设计，从而满足部装和总装要求。在工程发图前，NC 程序员利用 CATIA 工具进行零件线架和表面的数控编程，必要时在计算机上模拟数控加工的过程，从而减少了设计变更、报废和返工，并缩短了开发流程。

5）计算机辅助工装设计。工装设计人员利用三维零件数字化模型设计工装的三维实体模型或二维标准工装，保证零件基准，计算机系统将存储有关工装定位数据；同时，建立工装的数字化预装配系统，利用三维数字化数据集检查零件-工装、工装-工装之间的干涉与配合情况。将工装数据集提供给下游用户，如工装计划用于工装分类和制造计划；NC 工装程序提供给 NC 数据集，用于 NC 验证或给车间进行生产。

5. 用巨型机支持的产品数据管理系统

要充分发挥并行设计的效能，支持设计制造团队进行集成化产品设计，还需要一个覆盖整个功能部门的产品数据管理系统的支持，以保证产品设计过程的协同进行，共享产品模型和数据库。

767-X 采用了一个巨型机支持的产品数据管理系统，用于存储和提供管理控制，控制多种类型的有关工程、制造和工装数据，以及图形数据、绘图信息、资料属性、产品关系、电子签字等，同时对所接收的数据进行综合控制。

管理控制包括产品研制、设计、计划、零件制造、部装、总装、测试和发送等过程，它保证将正确的产品图形数据和说明内容发送给使用者。通过产品数据管理系统进行数字化资料共享，可实现数据的专用、共享、发图和控制。

传统的发图方法是将包括许多图样和材料清单的零件图从工程设计部门传递给制造部门，每份图样包含一个或多个零件，并具有唯一的图号，图样中的每个零件也有相应的图号。

数据集是设计过程唯一的设计依据，数据集释放后进入数据库系统。对工程数据的修改，需要有关人员的签字。数据集的发放过程：首先，工程师将已验证的数据集准备好，并在发放期将它提供给释放单元。待释放的数据集包括一个数字化模型（三维实体图形、二维图形和下游需要的有关数据）、材料清单和一个在线的释放单元清单。仅有的纸上条文是列有由谁查阅在线数据集及进行电子签字的报告。为准备发图，数字化模型以只读格式共享，进行电子签字及在线跟踪。当所有签字完成后，该模型将处于共享状态。其次，验证待释放数据集的完整性。最后，发

图员在数据库中将该模型状态改为发图状态，释放相应的数据集进行发图。采用数字化产品设计的每个模型都有一个完整的零件号，以便图形在发放时进行跟踪检查。

6. 并行工程技术的应用效果

并行工程技术的有效运用会带来以下几方面的效益：

1）提高设计质量，极大地减少了早期生产中的设计变更。

2）缩短产品研制周期，与常规的产品设计相比，并行工程设计明显地加快了设计进程。

3）降低了制造成本。

4）优化了设计过程，减少了废品率和返工率。

6.6.3　新型基层敏捷制造系统

1. 产生的背景

20 世纪 80 年代，随着信息技术和各种先进制造技术的应用和发展，以及全球统一市场的形成，制造业市场由过去相对稳定的市场演变成动态、多变、难以预测的市场。

在新的竞争环境下，市场竞争由过去相对狭小的区域性竞争发展成为全球范围内的广域竞争，制造企业面临更多更强大的竞争对手，而产品的开发周期和生命周期越来越短，制造企业只有快速开发和制造出新产品，才能获得更大的利润和效益，在竞争中立于不败之地。

在这种竞争环境下，企业不可能完全依靠自己的资源和投资来开发和研制新产品。目前，市场竞争的内容和含义发生了根本性的变化，不但强调竞争，而且强调合作，强调通过联合和结盟，寻求与自己优势互补的伙伴企业进行合作，共同承担风险，共同参与竞争，充分利用现有的企业外部的资源和优势，以最大限度地减小投资风险，缩短新产品的上市时间。敏捷制造（agile manufacturing，AE）的理念就是在这样的背景下提出的。

2. 概念

敏捷制造的理念是，在柔性生产技术的基础上，针对某一市场机遇，通过企业内部的多功能项目组（团队）与企业外部的多功能项目组（团队）组成虚拟公司这种多变的动态组织结构，将全球范围内的各种资源，包括人的资源集成在一起，实现技术、管理和人的集成，从而能够在整个产品生命周期内最大限度地满足用户的需求，提高企业的竞争力，获取企业的长期效益。

敏捷制造系统是敏捷制造理念的工程应用系统。图 6.6-11 所示为敏捷制造系统的体系结构，其中敏

捷虚拟企业是实现敏捷制造的主体。在敏捷制造战略下，以敏捷制造方法论为指导，利用企业的敏捷制造综合基础，完成虚拟企业由组建、运行、解散（清算）全生命周期的各种活动，如图 6.6-12 所示。

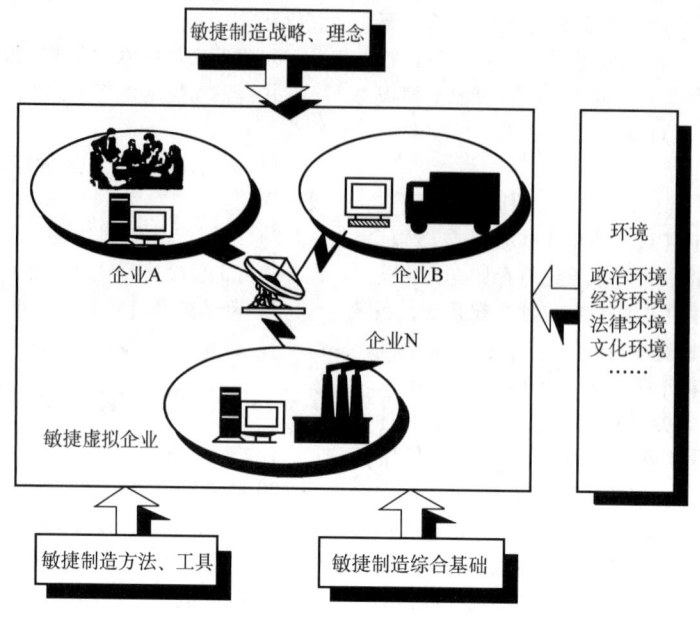

图 6.6-11　敏捷制造系统的体系结构

敏捷制造是一种新的制造模式，因此敏捷制造下的制造系统的概念、经营管理模式和运行特点等都与传统的制造系统有所不同。

图 6.6-12　敏捷制造系统体系开发和运行环境

3. 机电产品敏捷制造

现结合国家自然科学基金重点项目"使能技术研究"和清华大学 985（一期）先进制造学科群学科建设重点基金项目"网络化敏捷设计支持系统"来介绍实现敏捷制造的支持技术。

（1）敏捷企业特点

虚拟企业是实现敏捷制造的重要手段和形式，是为了快速响应市场，由来自跨地区的、具有不同个性企业形成的灵活的和可重构的合作联合体。这种"插件兼容"式的企业对设计、生产制造系统的结构和管理提出了不同的要求。

从企业内部的角度看，敏捷企业与传统企业有两个重要的不同点，即无处不在的合作（内部合作和外部合作）及业务流程和商务流程的紧密结合，如图 6.6-13 所示。

图 6.6-13　敏捷企业与传统企业业务流程比较

从两种业务流程看，传统企业与外部的联系只发生在有限的几个步骤中，而现代企业为了缩短响应时间，几乎在所有的业务环节上都与外部保持紧密的联系，这在新兴的电子产品制造业尤为明显。在这种模式下，传统的通过单一口径（如供应商）来实现外部交流的方法变得效率低下，需要新的方法和工具来支持，即考虑商务流程的协同产品设计技术、协同工艺设计技术、协同分析技术和协同中的质量保障技术等。

（2）敏捷制造网络支持环境——梦溪平台

计算机网络可以使全国乃至全球的工厂网络化，从而使企业间的动态集成和虚拟公司的建立真正成为可能，而分布式综合信息系统，可使一个企业内部的或一个虚拟公司中几个相互合作的企业中分布在不同地域的、不同的多功能项目组之间能够按照并行工程方法进行协同工作，用于选择、评估、发送与接收数据，分析技术方案，并使设计迅速地投入生产，为敏捷制造提供了一个强大的支撑环境。因此，要进行敏捷制造，首先需要进行网络支持环境的建设，建立一个全新的、虚拟合作的网络环境，使处于分布的、异构的、运行在不同环境下的各企业通过网络实现资源共享，异地设计与制造，及时、最佳地建立动态联盟。

敏捷制造网络支持环境——梦溪平台（图6.6-14）是一个面向敏捷制造的网站，主要是针对联盟企业网上设计与制造、信息沟通、网上制造服务等提供基础支持环境。敏捷制造联盟的各个合作伙伴（如产品设计人员、模具设计人员、工艺规划人员、项目管理人员等）都能根据各自任务的需要，通过梦溪平台来配置自己的个人工作室，从而实现信息共享、通信联络、资源配置等操作，以达到敏捷制造联盟所需的各种功能。

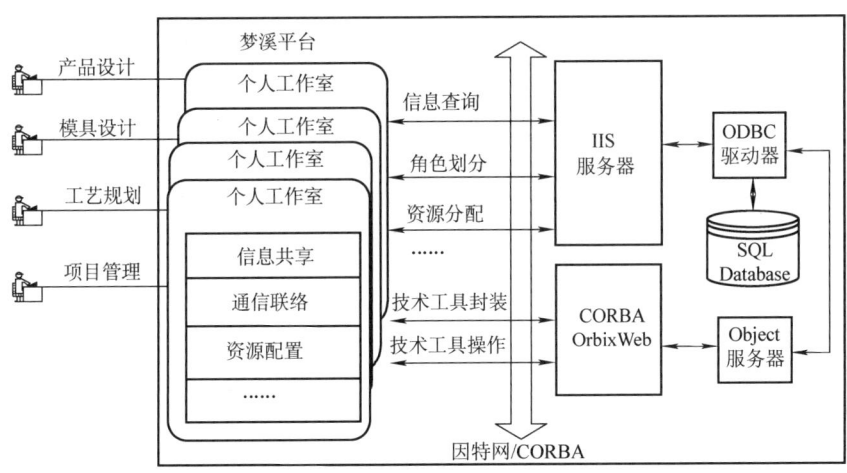

图 6.6-14　敏捷制造网络支持环境——梦溪平台

（3）协同产品设计技术

机械产品概念设计是设计过程中最能体现设计人员创造性一个设计阶段，因此需要多种设计工具与有效的信息管理系统支持。

概念设计涉及两个过程，即需求空间至功能空间映射和功能空间至物理空间的映射。由于在概念设计的两个映射过程中不存在一对一的映射关系，使得概念设计变得错综复杂，因此建立计算机支持的概念设计系统是一种必然的趋势。

敏捷制造环境下，概念设计具有以下新特点：

1）分布式的各种知识库。敏捷制造环境下，承担产品设计任务的各成员企业一般都拥有各自的概念设计知识库，如原理库、功能结构库、创新知识库等，如果能实现这些知识库的共享无疑会增强总体的设计能力。鉴于合作的暂时性及保密等实际情况，通过协商进行这方面的信息共享以提高概念设计能力是很有意义的。

2）分布式综合评价支持系统。由于概念设计对产品全生命周期的经济效益具有重大影响，因此对各种概念设计方案进行评价以做出正确的决策是非常重要的。由于敏捷制造环境下，概念设计人员在地理位置上的分散性，因此需要一个分布式的评价系统，以使所有的概念设计人员能提交自己的评价意见，并浏览其他设计人员的评价意见。

3）分布式概念设计产品的数据管理。通常，承担设计任务的成员企业都有各自的概念设计系统，因此需要建立一个全局的概念设计数据模型，并能完成对各成员企业概念设计数据模型的映射；同时，考虑概念设计方案的多样性和易变性，需要一个有效的数据版本管理系统的支持。

4）集成的设计过程。即使是单纯考虑概念设计阶段，由于多个企业同时参与，使设计任务的划分和调度，以及设计过程中可能出现的冲突都是一个重要的问题。如果将产品开发中的其他过程考虑进来，问题就更为复杂，而且设计过程都分布在不同的企业内，各种设计资源和能力的规划将更加复杂。

基于 Web 的面向概念设计的产品综合设计系统总体结构如图 6.6-15 所示。

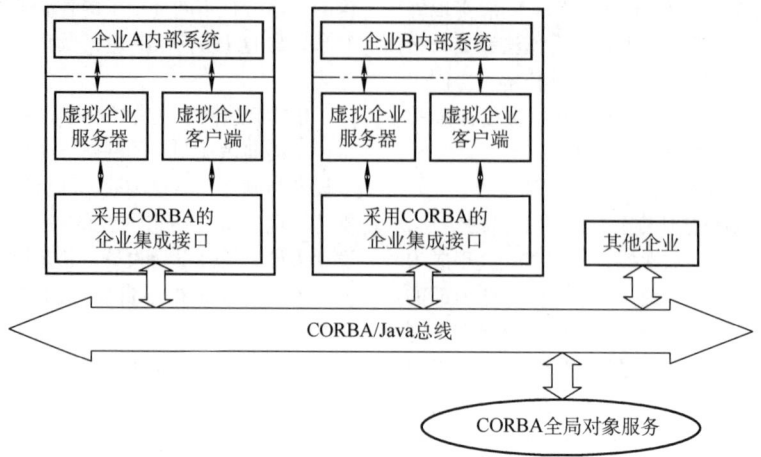

图 6.6-15　基于 Web 的面向概念设计的产品综合设计系统总体结构

图 6.6-16 所示为 Web PDM 系统的体系结构。Web PDM 基于 Web 技术实现，整个系统采用流行的四层构架，由客户层、Web 服务层、应用服务层和数据服务层构成。在客户层中，用户使用网络浏览器访问产品数据管理（PDM）系统，通过网页和 Java Applet 界面与系统进行交互，用户本地机不需要安装任何应用程序（但需要安装控件和 Java 插件）。Web 服务层采用微软 IIS 服务器，将应用服务输出信息以网页和 Java Applet 标准界面形式提供给客户，并为因特网环境下文档管理提供 ftp 服务支持。应用服务层是 PDM 系统应用逻辑实现层，以面向对象的信息模型为基础，实现系统管理、文档管理、产品结构与配置管理、零部件供应商管理、可视化浏览与批注和工作流管理各项功能。数据服务层负责系统信息维护，应用服务层使用 JDBC 和 ODBC 对数据层进行操作。由于关系型数据库技术目前最为成熟，并且具有较为强大的功能，在此选用关系型数据库管理系统构建数据服务层。

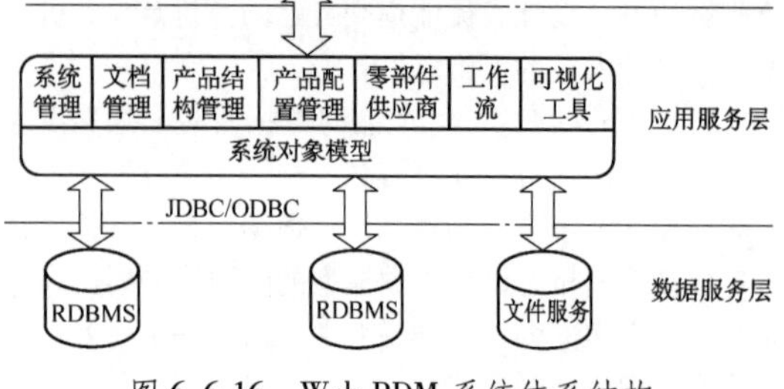

（4）协同工艺设计技术

敏捷制造环境下的工艺设计活动可以发生在制造联盟组建和运行两个生命周期内。在联盟组建阶段，企业加盟竞标中的技术支持活动不同于实际生产中生产准备过程中的技术活动，主要区别在于，这些活动产生的结果不是直接用于指导实际生产，而是用于支持加盟竞标。因此，加盟竞标活动中的工艺设计不同于常规的工艺设计，其设计结果不是直接用于指导实际生产，而是支持联盟组建时的伙伴选择。图 6.6-17 所示为基于因特网/企业内部网的"招投标"伙伴选择方式。

在联盟组建过程中，信息交换可以通过网络来实现，盟主方在网上（如用广播的方式）发布每个任务的竞标要求，这样所有可能的候选者都能收到这些信息，那么想要承担一项或更多项任务的公司就可以发送标书争取加入联盟。

在图 6.6-17 中，双点画线左侧的方框代表联盟的发起者（盟主）-招标方，双点画线右边的方框代表潜在的伙伴-投标方，空心箭头表示双方的信息交流。方框内的实箭头代表各自内部的过程流。双方各通过企业内部网与因特网相连，实现信息的交互。

图 6.6-16　Web PDM 系统体系结构

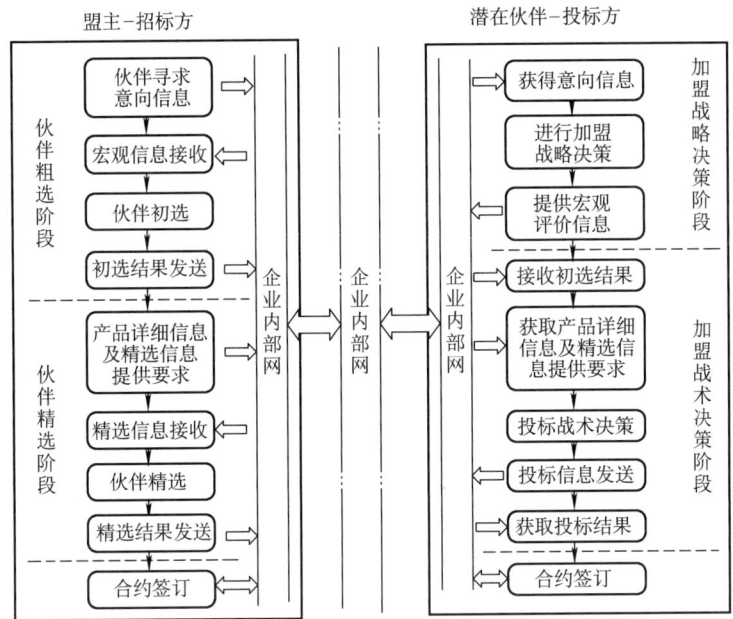

图 6.6-17　基于因特网/企业内部网的"招投标"伙伴选择方式

对于盟主一方,一个新的合作项目可能含有多个合作子项,因此盟主方首先要对项目进行分解,以确定需要哪几种合作伙伴参与合作。下面以一个合作子项为例简述伙伴的选择过程。

盟主的制造伙伴选择过程分为 4 个主要阶段:

1)制造伙伴粗选阶段。包括 3 项活动:① 发布伙伴寻求意向信息及接收宏观信息;② 接收伙伴初选信息;③ 根据接收的信息进行伙伴初选,得到宏观评价结果,即入围企业列表。在这一阶段,有些候选企业可能被淘汰。

2)制造伙伴精选阶段。制造伙伴精选阶段是在初选结果的基础上进行伙伴的进一步选择,也包括 3 项活动:①发布合作项目详细信息;②接收精选信息;③根据接收的信息进行伙伴精选,得到制造成本低、质量好、满足生产时间约束的企业优选序列,为最终的决策提供参考。

3)群组决策阶段。根据精选结果(排名顺序),在充分考虑一些有关的非技术性因素后,由决策组确定最终合作伙伴;

4)合约签订阶段。合约签订阶段以法定的形式最终确立合作关系。

至此,完成了制造伙伴的选择。当针对新项目的合作伙伴全部确定后,该动态联盟的组织体系、信息基础结构就基本确定下来。

对于投标方,与招标方制造伙伴选择的过程相配合,其加盟竞标过程分为 3 个主要阶段:

1)加盟战略决策阶段。包括盟主伙伴选择意向信息的获取、加盟战略决策和宏观评价信息提供三项活动。

2)加盟战术决策阶段。包括产品详细信息及精选信息要求获取、投标战术决策、投标信息发送三项活动。其中,投标战术决策活动是加盟方投标加盟活动中的核心活动,包括制造资源能力评估、工艺设计、成本估算和报价、投标数据汇总等技术支持活动,以及依据这些技术支持活动提供的决策支持数据进行的投标决策活动。

3)合约签订阶段:合约签订阶段以法定的形式最终确立合作关系。

图 6.6-17 仅重点描述了通过"招投标"方式的流程和信息交互过程,在整个过程中还应穿插实地考察和信息准确性的确认过程。

(5)协同分析技术——网络化仿真

材料加工过程中大量非线性问题的计算及企业对工艺设计快速响应的需求,可以通过仿真技术来加以解决。因此,材料加工工艺过程的模拟仿真是实现其敏捷化工艺设计的重要方法,有利于加快产品开发过程,降低产品成本,提高或保证产品的质量,还有利于提高精密加工的技术水平。

图 6.6-18 所示为网络化加工仿真系统结构。

客户端:用户可以采用 WWW 浏览器访问本系统。Web 服务器层面主要的工作是用户注册、安全控制、信息发布服务、远程仿真使能服务等,其中远程仿真使能服务主要包括铸造工艺仿真服务、锻压工艺仿真服务、冲压工艺仿真服务、焊接工艺仿真服务和切削工艺仿真服务。网络化机械加工仿真服务系统的主要功能如图 6.6-19 所示。

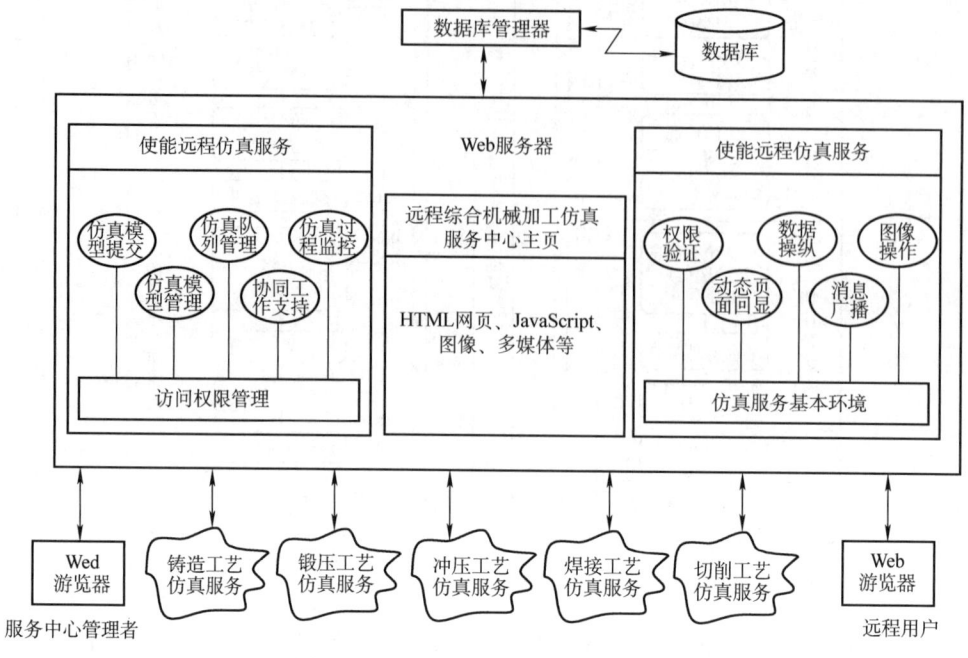

图 6.6-18　网络化加工仿真系统结构

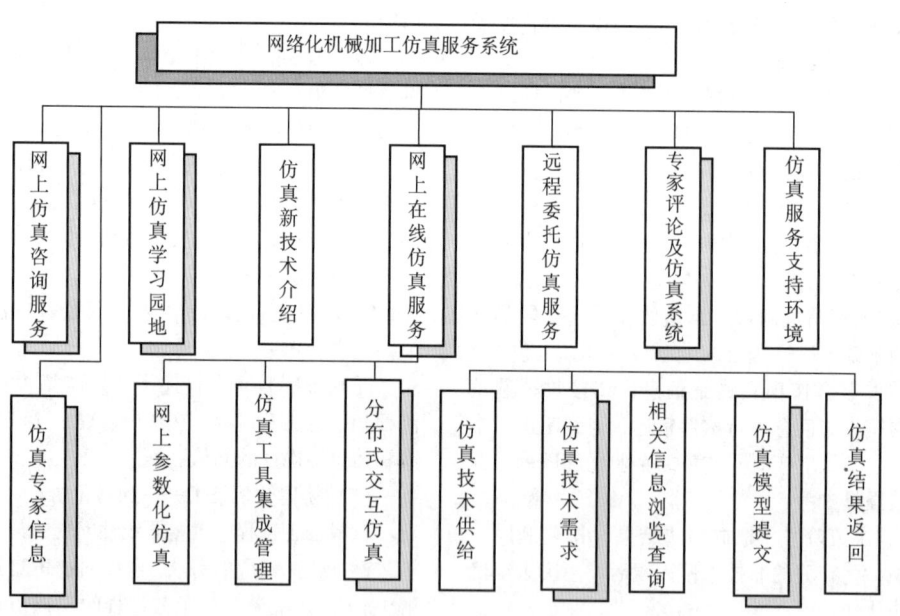

图 6.6-19　网络化机械加工仿真服务系统的主要功能

1) 网上仿真咨询服务。机械加工仿真是一项比较复杂的任务,它涉及制造、材料、数学、力学、计算机等多学科领域,因此在网上以专家"坐诊"的方式,可以及时、快捷地回答远程用户的咨询,帮助解决在实际仿真中所遇到的问题。

2) 网上仿真学习园地。以文字、图片、动画及各类仿真实例帮助用户更好地掌握机械加工仿真各方面的知识,让更多的人更好地了解、学习机械加工仿真技术。

3) 仿真新技术介绍。在网上发布材料加工仿真方面的新技术、新知识及发展新趋势，便于信息共享。

4）网上在线仿真服务。提供基于 Web 的机械加工仿真集成环境，实现对众多分布式机械加工仿真工具的统一管理，这些工具可为虚拟企业用户提供实时、在线仿真服务。

5）远程委托仿真服务。对于较为复杂的仿真对象（如铸造、锻造仿真等），可通过委托仿真系统提供商进行工艺模拟与优化。建立远程仿真模型提交与委托仿真的条件与环境，建立用户与仿真系统提供商之间的通信环境，通过系统提供的委托仿真平台，进行仿真模型、仿真结果的相互传送。

6）专家评论及仿真系统。建立网上专家评论系统，对各仿真系统的性能指标进行打分和评价，为用户选择仿真系统提供参考。

（6）协同中的质量保障技术

制造模式的转变必然导致质量需求、质量功能和质量定义本身的内涵与外延会发生巨大的改变，不同于以往制造模式下的质量定义。概括起来，敏捷化虚拟企业的质量保证系统，首先是虚拟企业分布式质量控制，保证异地加工的产品质量的透明性，质量信息被跨地区和变化着的企业共享；其次是质量保证系统如何具备足够的适应性、应变能力，以及敏捷质量保证系统的模块化重构和集成技术；最后能确保产品质量问题在敏捷企业间得到准确解决和快速响应。

虚拟企业的一个显著特征是分布式协作关系，它以松散耦合的组织形式与动态的生产方式面对市场，这就要求敏捷制造模式下的分布式质量控制系统是以因特网为中心可重组的。虚拟企业中的各个成员（盟主或盟员）将参考市场机遇和参与的角色，提供或授权自己的共享专家知识、软件工具和产品数据对象组件，基于因特网信息流形成了一个完整的质量控制系统。

图 6.6-20 所示为支持可重构的质量保证流程体系结构。体系结构借助支撑技术体现离散化制造的松散耦合特点，使在虚拟企业组成的同时，相应的系统组件也随着产品的设计制造过程，分配到各个虚拟企业成员中。它们具有可重用性、可重组性和可系列化的特点，同时大多数的功能节点（虚拟企业成员）需要满足分布自治和协调合作的要求，运行和控制是由按照体系结构设计在因特网上的各个节点共同协调完成的。

在图 6.6-20 中，最上面一层是敏捷制造质量保证的生命周期，它使整个敏捷企业质量保证建模和实施构成一个闭环。在前端的需求分析中，根据质量保证业务分析定义组织、资源，确定功能和信息模型；在系统设计阶段，利用工作流设计工具启动程序文件模板，创建过程模型，调整功能、资源和组织进行过程重组，这个阶段可以调用仿真分析功能以优化系统要素；在系统实施阶段，将多方位模型加载到工作流的引擎中，实例化过程模型，它解决了建模方法、体系结构规划设计和系统实施之间的脱节问题。

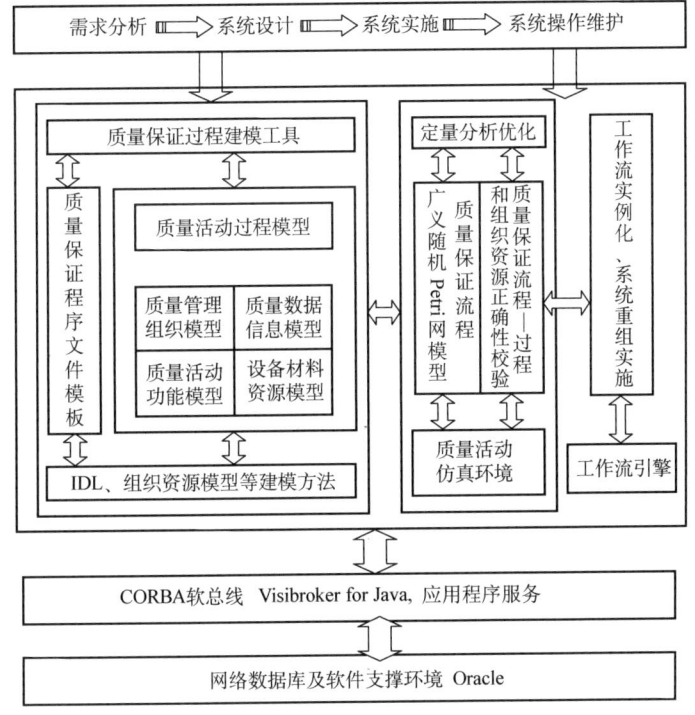

图 6.6-20　支持可重构的质量保证流程体系结构

6.6.4　宁德时代智能工厂实践与创新

1. 宁德时代企业简介

宁德时代新能源科技股份有限公司（以下简称宁德时代）是全球领先的锂离子电池研发制造公司之一，公司专注于新能源汽车动力电池系统、储能系统的研发、生产和销售，致力于为全球新能源应用提供一流解决方案。宁德时代的发展目标是以先进电池和风光水等可再生能源的高效电力系统，替代传统化石能源为主的固定和移动能源系统，并以电动化+智能化为核心，实现市场应用的集成创新。为此，持续在材料体系、系统结构、绿色极限制造及商业模式四重维度突破创新。

宁德时代拥有电化学储能技术国家工程研究中心、福建省锂电池企业重点实验室、中国合格评定国家认可委员会（CNAS）认证的测试验证中心，设立了"博士后科研工作站""福建省院士专家工作站"，正在建设致力于新能源前沿技术研发的宁德时代21C创新实验室。宁德时代在坚持自主研发的同时，积极与国内外知名企业、高校和科研院所建立深度合作关系，主导和参与制订或修订超过50项国内外标准。

2018年7月9日，宁德时代签署了在德国图林根州建造锂电池工厂及智能制造技术研发中心的投资协议。2018年7月17日，宁德时代与华晨宝马签署《战略合作协议》。2019年7月17日，宁德时代与丰田汽车公司在新能源汽车动力电池稳定供给和发展进化领域建立全面合作伙伴关系，双方将在电池新技术开发及电池回收利用等多个领域开始进行广泛探讨。2019年10月18日，宁德时代位于德国图林根州的首个海外工厂正式动工，该项目建成后将成为德国最大的锂电池生产厂，预计2022年可实现14GW·h的电池产能。2019年11月，宁德时代与德国莱茵TÜV集团签订了全球框架合作协议，合作领域包括电池、储能系统、相关生产设备及生产工艺等方面。2020年2月3日，宁德时代与特斯拉（上海）有限公司签订协议，将向特斯拉供应锂离子动力电池产品。

2020年2月26日，宁德时代主导的宁德锂电新能源车里湾基地项目正式开工建设，中国福建能源器件科学与技术创新实验室举行授牌仪式。2021年7月14日，宁德时代与宜宾市签署全方位深化合作协议，双方携手共建宁德时代西南总部、生产基地、产业生态体系、国际培训中心、新能源学院和新能源产业基金。2021年7月19日，屏南时代电子科技有限公司成立，经营范围包含电子专用材料研发、电子元器件与机电组件设备制造、电池制造、电池销售、电子元器件零售和电子专用材料销售。2021年7月29日，宁德时代正式推出钠离子电池。2021年12月4日，总投资约320亿元的宁德时代邦普一体化新能源产业项目在湖北省宜昌市正式开工，该项目将助力宜昌打造"清洁能源之都"。2021年12月9日，梅州市政府与嘉元科技、宁德时代高端锂电铜箔建设项目合作协议签约，宁德时代拟在梅州市设立合资公司，主要生产锂离子电池铜箔，设计产能为年产10万吨。2021年12月24日，宁德时代贵州项目集中开工仪式在贵安新区宁德时代贵州新能源动力及储能电池生产制造基地项目现场举行。

2021年6月宁德时代获得福建省委和省政府授予"福建省优秀民营企业"称号。2021年7月宁德时代入选2021年《财富》中国500强，排名第231位。2021年9月宁德时代入选"2021年中国民营企业500强榜单"，位列190位。2021年9月25日，宁德时代入选"2021中国企业500强"榜单，排名第387位。2021年11月8日，宁德时代入选拟通过复核的第三批制造业单项冠军示范企业名单。2022年2月21日宁德时代荣获第二届"中国品牌强国盛典""十大国品之光"品牌殊荣。

2. 宁德时代智能制造模式

宁德时代根据锂电池行业和企业自身特点制订智能制造战略，通过精益化、数字化和智能化相结合的方式进行实践探索，实现提质、降本和增效的目的。在锂电池生产制造过程中，针对万米级的极片长度、亚微米级的精度控制、秒级的电芯生产速度、毫秒级的数据处理，以及多场耦合的复杂制程，率先应用孔隙自由构筑的高速双层涂敷和亚微米级智能调控卷绕等技术，开发了具备自主产权AI多级"云-边-端"联动缺陷检测系统，通过和设备互动形成加工参数的全线正反向反馈机制，使产品一致性达到了CPK2.0以上，并对全程3000多个质量控制点进行缺陷检控，缺陷率控制到9σ的PPB级水平。

（1）自研装备，协同合作，建设更适合行业特点的自动化基础

针对制程工艺的复杂性，自主研发高速分散搅拌系统、高速双层多面多层挤压式涂布机、极片辊压设备、高速模切机、极耳焊接机等关键技术装备，提高了产品性能的一致性，保证了生产率的稳定性和数据的多样性。设备研发过程中与供应商通力合作，为供应商提供技术支持，保持信息互通，实现互惠互利，达成双赢，打破国外垄断。

（2）夯实数据基础，让智能"有据可依"

针对智能生产纵向集成需求，研究工艺、设备、质量等元数据模型，研发多协议解析引擎、数据预处理和转换引擎技术，开发了多源异构数据采集平台，实现多主题数据融合；建立了电池制造生产线数据通信标准规范；打造了基于边缘智能和大数据云架构技术，实现数据分层汇聚与治理；建立了精准、高效的动力电池制造数据平台。

（3）数字孪生技术助力智能研发

在智能研发设计能力方面，宁德时代秉持先进的研发理念，构建了开发迭代体系，应用数字孪生技术，建立大量的产品仿真设计模型和工具链，打造了智能化研发设计环境，同时，对样品线的生产过程做到全系统管理，实现从需求到验证的全程打通，并通过产品生命周期管理（PLM）系统对研发数据进行全生命周期管理。

（4）AI 技术让智能制造真正智能

以机器视觉在生产过程中的姿态控制、信息追溯、质量检测等环节的大规模运用为基础，将传统的数字图像处理和人工智能检测技术相融合，在产品在线缺陷检测领域发挥了重要作用，可实现直接在设备端完成图像采集和图像处理，并通过训练后的人工智能模型完成缺陷盘点，及时发现缺陷产品，极大地提高了全过程产品质量控制水平和良品率。

3. 宁德时代智能制造项目建设

锂电池产业作为中国重点发展的新能源、新能源汽车和新材料三大产业中的交叉产业，在我国经济社会发展中发挥着重要作用。锂电池是目前动力电池的主流产品，但因行业产品本身的特点，如产品工艺复杂、制造流程长、管控点多、数据量巨大、对检测手段多样化的需求强烈、海量数据的价值没有被完全挖掘并发挥等，都是锂电池生产企业面临的主要问题。

1）制造工艺复杂，监测数据点多。高端动力锂电池制造工艺复杂，影响质量因素极多，如设备监测

手段、质量寻因方法、新品工艺优化模型欠缺；缺乏智能管控技术，导致质量一致性差，生产率低。

2）制造系统复杂，数据实时采集难度大。多源异构数据类型导致通信效率低，数据平台管理困难，所采集海量制造过程数据难以用于制造过程优化、控制和决策。

3）数据组成复杂，数据价值挖掘难度大。多物理场耦合、多尺度控形/控性工艺过程内在科学规律不清晰，上下游生产线和关键设备在连续和离散混合制造系统中的线性、非线性及随机动态机制不明确，无法快速、有效地解决新品生产线重组验证、工艺验证等问题，导致生产率低、成本高。对于可重构、大规模、定制化的制造模式，缺少有效的系统科学分析方法和系统性能特征评价手段。

锂电池行业存在的以上制造问题，无法通过传统手段优化，也没有现有样本可参照，只能通过应用智能制造的新技术、新理念，有针对性地去解决行业难题；同时，基于动力电池的安全可控性和全生命周期管理，如何实现智能服务、挖掘新业务形态，也是动力电池生产商从激烈竞争中突围，获得持续竞争优势和占领市场的重要课题。

针对上述问题，宁德时代把通过智能制造体系建设获得可持续的竞争优势作为实现企业战略目标的必然策略，以期提高产品的技术水平和附加价值，提高企业对市场和个性化需求的响应能力，提高运营效率，降低成本，提升产品和服务的质量。

4. 宁德时代智能制造实施路径

（1）宁德时代智能制造发展历程

作为动力电池龙头企业，从 2011 年发展至今，宁德时代智能制造战略已经完成了 3 个阶段的升级跃迁。宁德时代智能制造发展历程如图 6.6-21 所示。

图 6.6-21　宁德时代智能制造发展历程

1）自动化阶段（2011—2013 年）。在这一阶段，宁德时代主要在自动化水平，包括设备自动化、生产线自动化、物流自动化、仓储自动化等方面进行快速

提升，逐渐建立起工程设计、测试验证、工艺制造等制造流程完善体系。在积累专业知识、丰富实践经验的同时，培育出一批拥有先进制造潜力的自动化装备

供应商，与之共同成长。

2）自动化＋系统化阶段（2014—2017 年）。2014 年被称为"SAP 应用元年"，动力电池规模化制造需求提升。宁德时代开始陆续导入软件巨头 SAP 的企业资源计划（ERP）、供应商关系管理（SRM）和客户关系管理（CRM）系统。2015 年，"物联网应用元年"开启，大量产品生命周期管理（PLM）应用软件被动力电池企业导入应用，设备端的大量数据开始逐渐上线。同年，宁德时代开启了 CPS（CATL production system）体系建设，着手建立大数据平台，搭建物联网体系，并部署私有云和公有云平台，为后续的大数据分析和智能化导入奠定了良好的系统基础。

3）数字化＋智能化阶段（2017 年至今）。2017—2018 年，宁德时代启动与数据管理分析相关的工作，包括数据管理、数据应用、数据分析，以及切入实际的生产线和工艺优化上，这在生产过程中发挥了极大的作用。他们开始尝试使用 AI 来解决锂电池制造难题，并在 2019 年取得了成功，AI 应用开始在动力电池制造渗透。宁德时代开始关注如何基于导入的制造大数据，利用先进算法对设备进行智能维护，对生产线进行智能排程，以及对质量进行智能管控。2019 年以来，宁德时代已经尝试在生产线上推广 5G 技术、AI 技术、自学习技术、图像识别技术、视频流智能监控技术等。宁德时代实施智能制造的最终目的是探索通过产品、设备和信息化的高度结合，合理优化企业内部生产组织和管理流程，实现符合自身实际的企业可持续发展路径与方法。

（2）智能制造实施总体规划

宁德时代智能制造的总体技术路线分为 3 个部分。

第 1 部分，在研发设计方面，采用数字化三维设计、模拟仿真技术进行产品设计，并且导入 PLM 系统进行全生命周期的数据管理。

第 2 部分，在生产线智能化方面，针对设备开发和生产线建设，坚持关键技术国产化的路线，导入三维仿真、在线检测、智能化物流等技术，推动生产线的智能化水平。

第 3 部分，在信息化架构方面，通过制订标准化的设备导入规范，建立互联互通的工业网络，建立覆盖全生产要素的制造执行系统，实现全生产过程的数据采集、信息追溯、状态检测和防呆控制，确保生产过程的成本节约、安全可控、精益高效和质量一致。在此基础上，通过集成研发、设计、供应链和售后服务系统，驱动全价值链的集成和优化。

（3）自动化建设：锂电池智能装备自主研发可控

锂电池独特的电化学特性对整个制造过程提出了高一致性标准，要求每一道工序的设备都具备高精度和稳定性。

关键技术研发设备包括高速分散搅拌系统、高速双层多面多层挤压式涂布机、极片辊压设备、高速模切机、高速预分切机及分切机、极耳焊接机、激光焊接机、注液机、气密性检测机、全自动化成系统、自动干燥线、极片立体仓库、装配段物流线、烘烤炉段智能物流线、模组组件及底板涂胶机、模组侧缝冷金属焊机。

宁德时代研发了高速双面多层挤压式涂布机，该装备采用放卷及裁切机构、主牵引机构、涂布装置、真空吸附装置、气浮式烘箱、后牵引机构、收卷及裁切机构、CCD 宽度方向检测单元和智能测厚系统等结构，同时开发了相应的以太网总线运动控制系统，能够自动驱动各功能部件协调动作，将制成的浆料均匀地涂覆在金属箔的表面，并自动烘干形成正负极极片。该装备技术性能达到国际领先水平，已打破国外垄断，可替代进口。

宁德时代采用自主研发及与合作伙伴联合研发相结合的方式，不断提升生产线自动化率，将经验、工艺沉淀到自动化设备和系统中，把异常因素降到最低，铸就极高一致性的产品。

（4）系统化建设：高效的企业运作和全流程信息化管理

宁德时代制订了清晰的信息系统战略规划，通过构建信息系统来达成如下目标：

1）通过在各个层面有效地利用信息与知识促使宁德时代保持竞争优势，并实现战略目标。

2）通过业务流程创新和信息技术创新来提高市场、销售、研发、运营和售后的效率。

3）通过为员工提供知识共享和协同能力，使他们能够交付符合预期的结果。

4）通过对产品全生命周期的数据收集和分析，提供及时的、有预见性的服务以超越客户期望。

宁德时代在制造信息系统方面，重点打造了 4 个层面的集成和协同。宁德时代制造信息系统如图 6.6-22 所示。

1）物联网终端采集控制层，实现基础数据采集准确、完整。针对锂电池行业制造系统复杂、设备数量多、数据通信缺少规范标准、多源异构数据类型导致通信效率低、数据平台管理困难等问题，宁德时代研究基于 OPC UA 的多源异构数据采集技术，开发了自主知识产权的统一数据采集平台，建立了电池制造生产线数据通信标准规范，同时借鉴互联网行业数据总线技术，打造了锂电流数据总线，解决了海量生产数据高速、并发传输问题，满足了各层级信息系统对实时、时序数据进行并发处理的需求。

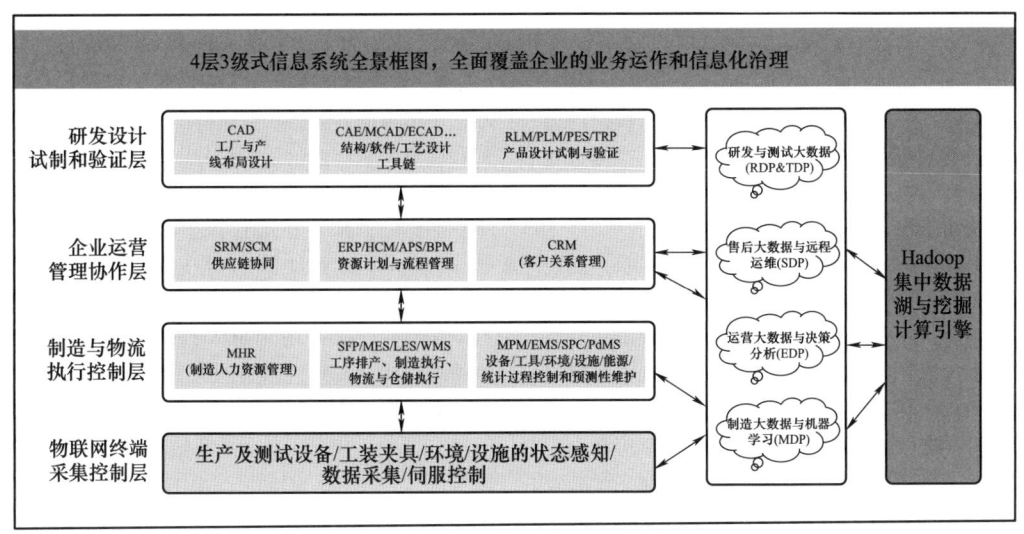

图 6.6-22　宁德时代制造信息系统

2）制造与物流执行控制层，助力制造现场各要素数据互通，以制造现场管理为核心的"人、机、具、料、法、环、能"全生产要素的集成。该层面包括制造执行系统（MES）、线性支出系统（LES）、仓库管理系统（WMS）、人力资源管理（HRM）、工厂信息系统（FIS）、能源管理体系（EMS）和工厂三维布置设计管理系统（FDMS），以及它们与制造大数据平台 MDP、E-Mail、移动 App 的集成处理。其中隐含的基础是构建在整个物联网和互联网环境下，制造过程中人、设备、物联终端和信息系统的集成和交互关系。

3）企业运营管理协作层，打通运营前后端整体价值链。以企业资源计划（ERP）为核心打造的，面向从需求、设计，一直到销售、服务的全价值链要素的集成。企业运营管理协作层是制造与物流执行控制层面向整个企业价值链的延展，在整个价值链上建立以质量、效率、成本为核心的卓越管理体系。

4）研发设计试制和验证层集成各系统，实现信息互通和资源共享。采用 CAX 软件进行产品的虚拟设计、模拟仿真和工厂的布局设计，同步产生数字化模型和设计元数据，元数据进行纵向传输，实现"研发—工程—制造—售后"各环节的闭环。

整体上来说，通过各大信息系统的有机集成，打破了"信息孤岛"，形成了全面的信息连通，使资源达到充分共享，实现集中、高效、便利的管理和运营，典型的运用场景有以下 3 个方面。

1）从研发制造一体化的角度，拉动研发端基于 PLM 实现 E-BOM（设计物料清单）到 M-BOM（制造物料清单）的转化，并直接同步到 ERP 系统，从而确保从研发到计划，从计划到制造的信息一致化。

2）从供应链制造一体化的角度，促进 ERP 仓储物流的拉动式配送和供应物流的准时生产（JIT）方式；同时，要求供应商将基于单个包装的条码打印精确化，优化仓储和上料作业。对需要进行单件追溯用的原材料（如模组用 PCBA 板、线束隔离板），还可由软件配置管理（SCM）平台直接导入数据，并最终集成到生产大数据平台。

3）从服务制造一体化的角度，促进运营和服务过程基于条码数据的一致化追溯和质量预测。

（5）数字化建设：生产全过程质量溯源

宁德时代重视数据的应用，并把数字化建设独立于系统建设，成立了专门的大数据团队，以进行数据治理和价值变现工作。

针对动力电池制造过程中海量数据整合成本高、质量差、建模困难等突出问题，宁德时代着力研究边缘侧多源异构数据采集与融合技术，攻克海量数据环境下半结构化、非结构化数据自动采集技术，重点解决多种信息的泛在感知和互联互通，实现生产现场采集、分析、管理、控制的垂直一体化集成，极大地提升了极片制造中的混料、涂布工艺、辊压-模切连续过程，以及卷绕、组装、烘烤、注液、化成等离散过程并存的复合工艺流程中的异构数据融合程度，通过在关键工艺环节实现数字化集成来实现动力电池制造的智能化改造。

针对电池制造全过程，宁德时代从原料、设备、工艺及制造环境等多个方面出发，对影响电池产品质量的各类因素进行分析，探究各类因素间的关联性及关联程度。基于分层赋时 Petri 网等方法，对电池生产过程中各类状态的变迁进行融合建模，实现对各类质量因素的跨工艺、多因素、变尺度分析，构建动力电池生产过程质量数据空间，实现对产品生产全过程的质量溯源。

（6）智能化建设：最大化技术价值

宁德时代的智能化建设立足现场实际需求，围绕智能物流、数字孪生、大数据、人工智能、高级排产（APS）、机器学习、5G 技术等的实际应用展开建设，并基于大量网络技术应用，对信息安全系统建设的关注度也同步提升至最高水平。

1）数字孪生技术实现全局产品设计与仿真。宁德时代基于三维模型的产品设计与仿真，建立产品数据管理（PDM）系统。PDM 系统集成 CAX 软件等设计工具，由各模块设计工程师同步在线进行产品的三维设计工作。从概念设计到详细设计，PDM 系统完整地保留了开发过程中所有三维模型，在统一的数字设计环境内，仿真工程师借助 CAE 软件对三维模型虚拟样机进行模拟验证，求解最优设计方案。基于三维模型驱动生成的物料清单（BOM）和技术文件自动同步到 ERP/MES 系统，支持产品生产。PDM 系统构建了研发协同管理平台，基于三维模型的产品设计和仿真，减少了产品开发过程中对物理样机的需求，从而缩短研发周期，降低研发成本，保证产品质量。

当前，宁德时代基于产品仿真技术的应用已经广泛运用在电芯极片膨胀仿真、电芯机械结构仿真、模组膨胀力仿真、电池包振动与冲击仿真、电池包挤压仿真等场景。

2）智能化物流管理提升生产率。工厂生产线的效率在很大程度上受物流系统智能化程度的制约。宁德时代根据锂电池生产的特点，使用自动导引车、机器人、立体仓库、射频识别等智能化技术，提高了物流系统的自动化、信息化、智能化水平，有效提高了生产线效率。在整个物流体系中，形成了极片车间立体仓库、装配段物流线、烘烤炉段智能物流线、原材料仓库的智能立库及成品仓库的智能立库等特色应用。

物流系统的智能化特点如下：

① 自动导引车自动获知已经分切的极片卷的位置，并智能规划路线，将极片卷运输到缓存区的空托盘上。

② 滚筒线在获知托盘装满极片卷后，自动将托

盘传输到升降机内，升降机将托盘提升到立体仓库内。

③ 立体仓库对托盘智能排配位置，并指导滚筒线和自动导引车将托盘堆放到指定的货架上。

3）基于物联网进行远程监测。产品销售出库并不代表销售的终结，从价值链的角度来看，产品的运营和服务即是产品价值的延伸，它离不开数据和流程的支撑。对新能源应用而言，无论是新能源汽车，还是储能电站，都存在运营状态监控及持续运维的问题。与之对应，就延展出远程运维监控大数据平台。

通过在制造过程中植入针对电池系统（新能源汽车和储能电站）的 T-BOX 终端，可以直接收集电池管理系统（BMS）采集到的关于电池系统的售后运行状态数据，在达到特定阈值或条件时直接触发对应的异常报警，并建立基于已知模型对电池系统的预测性维护（PDMS）；同时，也打通了制造过程和售后过程的大数据对接。

4）借力大数据和人工智能技术实现创新。无论是产品维度的制造执行系统（MES），还是设备设施和工装夹具、仪器仪表维度的全员生产维护（TPM）系统，都面临着大量数据的快速采集和存储。例如，MES 存在大量的非结构化数据（如工件的照片），在线系统存在在线数据容量的限制。

宁德时代以 MES、TPM 和 MHR 等系统为基础，引入 LAMBDA 大数据架构，打造出制造系统大数据平台（MDP）。当各个业务系统（MES、TPM、MHR）的数据通过 ETL 工具集成到制造系统大数据平台后，可根据集成的制造系统数据库进行集中式数据分析和通用数据挖掘功能的开发。在 MDP 上，通过引入典型化的人工智能技术框架（如 tensorflow），宁德时代还将其定义为公司的数据洞察和创新平台，并在产品/设备加工参数的关联分析和优化分析、基于机器视觉的产品缺陷分析、设备的预测性维护等领域展开具体和实质化的运用。

5. 宁德时代智能制造实施成效

2017 年 3 月，为了提升公司智能制造水平，探索锂电池行业智能制造之路，CATL 认真研读了工信部发布的《智能制造能力成熟度模型白皮书》，并完全参照其标准优化智能制造布局，在后续历年的成熟度评分中取得了 2017 年 3.38 分、2018 年 4.08 分、2019 年 4.56 分的优异成绩，成熟度逐步提升。

宁德时代以制造为核心，有效地驱动了研发制造一体化、制造供应链一体化、制造服务一体化，并在实践中得到了验证，取得了产品研制周期缩短 50%、运营成本下降 21%、产品不良品率下降 75%、资源

综合利用率提升 24%、生产率提升 56% 等良好效果；同时，宁德时代的智能制造实践，也对国家、社会与行业提供了有价值的参考。智能制造探索实践和整体成效见表 6.6-2。

表 6.6-2　智能制造探索实践和整体成效

探索实践	整体成效	
以制造为核心，有效地驱动了研发制造一体化、制造供应链一体化、制造服务一体化	生产率	提升 56%
	产品研制周期	缩短 50%
	运营成本	下降 21%
	产品不良品率	下降 75%
	资源综合利用率	提升 24%
	设备国产化率	实现 90% 以上

宁德时代取得了智能制造相关关键技术的一定突破，实现了工艺设备的网络化自动检测、监控，达到生产过程的可视化；针对各制造工序自主开发的多项特色工艺及设备，具有一定的技术领先性，使动力电池行业数字化车间的自动化程度和生产率大幅度提高；取得的专利、标准、软件著作权等技术成果，能够有效支撑生产线量产等方面的推广应用，为行业的数字化车间、智能工厂建设做出积极贡献。

推进锂电池行业的智能制造，有利于加快提升我国电动汽车用锂电池制造水平，解决电动汽车发展中存在的动力电池瓶颈问题，进一步提升我国锂电池及相关产业的科技创新能力和产业竞争力。此外，由于锂电池主要用于新能源（电动）汽车，推广锂电池全生命周期智能管理方案，有利于节能减排，实现经济、节能环保效益相统一，有利于我国新能源、新材料等战略性新兴产业的发展，对提升经济、节能、环保、社会效益明显。

在集中管理运营、各基地协同运作的管理模式下，各基地间信息互通，经验传递道路通畅；新项目的快速上线机制、成熟项目的执行标准化管控，是促使宁德时代智能制造应用能够高效推广的基础。

（1）新型技术建立项目推广

新型技术项目推广采用中心协调资源，进行前期开发、试点、验证；中心指导各基地专人跟进项目落地进展，项目管理办公室（PMO）集中跟踪项目进展，项目团队集体执行关键绩效指标（KPI）管理，实现了高效的推广效果。

（2）已成熟项目快速标准化

为规范已成熟的项目在新基地建设过程中的提前导入，建立了一套智能制造项目执行标准，将相关标准直接加入新基地建设参照的标准规范文件中，作为单独的智能制造数字化建设模块，并做到实时更新，使经验快速固化并定义为基础建设内容，让新建设的基地与已运营基地站在同一起跑线上。

（3）企业内部项目推广

宁德时代以智能制造实施总体规划为基础，建设了具有数字化、网络化、精益化、智能化特征的新一代锂电池智能工厂，推动了智能制造新模式应用，并在宁德时代各子公司的智能制造工厂建设中实现了模型的快速复制和迭代优化。目前已建设并推广的子公司与合资公司包括江苏时代新能源科技有限公司、青海时代新能源科技有限公司、时代上汽动力电源有限公司等，在推广与建设过程中，不断升华原有智能制造应用成果，并总结出一套可复制推广的经验理念。

1）自主化关键装备。联合优势关键设备供应商进行合作开发，设备国产化率 90% 以上。

2）数字化仿真模拟。对产品设计、工厂布局、工艺设计进行数字化模拟，从而提前预知风险，缩短研制周期。

3）标准化终端集成。规范所有人员、设备、传感器的数据采集方式，以及设备和信息系统间的通信和请求交互模型，以简单有效的方式实现生产要素间的互联互通。

4）全程化状态监测。对产品参数、状态的检查贯穿于生产全程，避免无效作业和流动，实现精益生产。

5）分级式质量管控。发挥设备和系统对质量防呆的优势，在单工序和工序间形成多重控制，保证产品质量的一致性。

6）智能化平台支撑。建立测试、制造、售后等云平台，在大数据框架下实现对设备、产品、设施的预测性维护，以及对设备工艺参数的自动调优，形成闭环生产反馈。

7）产品级远程运维。通过售后大数据平台，实时收集运行中的电池数据，实现电池实时监控、故障诊断和预防性维护。

锂电池生产是典型的离散型制造业，其中电池制造的前工序膜卷制造有部分流程行业的特点，其他的电池制造、装配、模组封装都是典型的离散制造，需要通过推进智能制造、建设智能工厂，从组织结构设计、经营管理流程、产品研发设计、生产制造、仓储物流设计、生产线设备等各方面实现自动化的系统集成、系统管理，促使企业的业务开展与生产系统相辅相成、互相促进，以取得更好的经济与社会效益。宁德时代通过智能化改造取得的效果，除了战略落地、项目实施过程中领导重视、系统谋划、全员参与、狠抓落实等具有普遍意义的经验和体会，抓住重点、难点集中突破，抓住共性要素以点带面非常重要。

同时，宁德时代智能工厂的规划和建设紧扣制造强国战略，其经验和做法具有行业典型意义，能作为智能制造技术的模板，为汽车整车和零部件行业，以及其他相关行业的智能制造实践提供有价值的参考。

(4) 大规模批量生产和小规模订制产品灵活转换

为提高排产、生产的柔性，各生产线均可以根据产品模式的不同灵活切换，充分利用现有产能生产不同工艺的产品。例如，动力锂电池生产数据化车间完成不同类型电池产品的生产和组装，可根据不同客户的要求，其生产的锂电池产品按电池容量大小、工艺规格与要求能细分为多种产品类型；生产线除了大批量制造的主流产品，还能为客户定制所需的实验类产品，从而有效满足用户的需求。

(5) 标准化的工艺流程管理和产品质量管理

在新能源行业，一般是将单个电池组装成硬壳电池（电池包）后，装载到新能源汽车整车、储能设备使用。因此，在单体电池、电池包设计生产等方面，具有实现标准化工艺流程管理的基础，能够实现标准化与个性化相统一。例如，可以围绕磷酸铁锂化学体系，实现超长循环寿命和储存寿命，或者实现高能量密度、高功率密度的需求，通过优化设计、工艺、排产，将数字化车间生产的锂离子方形电池，根据客户要求将电池组装成不同的模组，再封装成电池包。基于这一特点，可以在产品制造的不同阶段，严格明确详细的工艺路线、配方数据、工艺参数，并将生产数据自动化写入生产设备，从而在实现标准化的工艺流程管理和产品质量管理的基础上，满足不同用户的个性化需求。

(6) 数字化的仓储、物料和供应链管理

确保数据的完整性、准确性、唯一性，是实现智能工厂、智能制造的必然要求。要以数据治理为抓手，重视仓储、物料和供应链数据的源头管理。其中，在仓储与物料管理中，产品与物料应按照 ISO 体系相关文件规定的物料编码规则进行编码，产品和物料的存放过程都实现数字化管理；在供应链管理中，通过供应商关系管理/供应网络协作 SRM/SNC 等信息系统将供应商、客户等信息纳入大供应链管理体系，从而确保智能工厂、智能制造体系的高效顺畅运转。

(7) 建立高效的企业管理机制

在自动化、信息化、数字化、智能化的过程中解决研发、生产制造、企业管理的瓶颈问题，使管理与业务创新的战略目标变为可分解、可考核、可衡量的具体目标与任务，在取得提升生产率、缩短产品研制周期、降低运营成本等效果的同时，切实提高企业管理的整体水平。

6.6.5 巨石集团有限公司基于工业大数据的数字化工厂建设

1. 巨石集团有限公司简介

巨石集团有限公司（以下简称巨石集团）是中国建材股份有限公司（以下简称中国建材）玻璃纤维业务的核心企业，以玻璃纤维及制品的生产与销售为主营业务。巨石集团拥有国内的浙江桐乡、江西九江、四川成都 3 个生产基地，以及苏伊士（埃及）、南卡（美国）2 个生产基地与 12 个海外子公司，产品销往国内近 30 个省（市自治区），并远销全球近百个国家和地区，产品年产超过 200 万吨，出口占总销量的 50%。

作为世界玻璃纤维的领军企业，巨石集团多年来一直在规模、技术、市场、效益等方面处于领先地位，先后获评智能制造示范企业、制造业单项冠军企业、国家重点高新技术企业、国家创新型试点企业、中国智能制造试点企业、中国大企业集团竞争力 500 强、浙江省"五个一批"重点骨干企业和绿色企业，获评国家科学技术进步二等奖、智能制造新模式应用专项，拥有国家级企业技术中心、企业博士后科研工作站，是中国首批两化深度融合示范企业。

玻璃纤维行业虽然属于新材料行业，但生产模式相对传统，"重资产+劳动密集型"一直是该行业的标签，特别是随着玻璃纤维的应用越来越广泛，市场需求不断扩大，对玻璃纤维产量、质量的要求也越来越高，尤其是国内企业，普遍存在生产工艺流程不标准、资源配置效率低、缺乏创新能力等不足的问题。因此，玻璃纤维行业必须顺应新一轮科技革命和产业变革机遇，加快物联网、大数据等信息技术与制造业融合，加大机器人及制造执行系统（MES）等应用力度，不断提升生产流程的标准化程度，全面布局数据采集系统，构建一体化管控体系，从而进一步降低生产成本、提高生产率和生产质量，加快产业转型升级。

巨石集团依托智能制造创新驱动，引领玻璃纤维行业转型升级和高质量发展，确立了以"管控一体化、生产制造智能化、IT 服务智慧化"为基础的信息化建设体系。创新应用核心装备、工艺流程和空间布局的数字化建模，突破了高熔化率窑炉的智能化控制、物流调度系统智能化、拉丝设备智能化升级、玻纤产品自动包装物流等关键技术；建成了玻璃纤维工业大数据中心，实现了传统产业向数字化、网络化、智能化发展，在效率、质量、成本方面取得了显著收益。

2. 巨石集团智能制造模式

（1）应用数字孪生技术，提升智能化生产水平

巨石集团智能制造项目结合玻璃纤维智能制造系统架构，对窑炉、拉丝机、络纱机等核心生产设备进行三维仿真建模，在虚拟环境中重现制造工艺全过程，展现产品全生命周期，实现生产运营的数字化和智能化；搭建状态感知、嵌入式计算、网络通信和网络控制等一揽子系统工程，引入全流程物流系统、自主机器人、低延时 5G 网络等 157 项创新应用与技术，建成具有巨石特色的工业 4.0 智能工厂。

（2）推动工业大数据运营，促进企业数字化转型

巨石集团建成了玻璃纤维工业大数据中心，实时采集生产线各类管控信息 1218 项，高效率统计、评估、分析和处理超 4 万点位数据，总结生产经验算法，应用人工智能预判发展趋势，为管理决策和专家诊断提供数据支撑。巨石集团借助数据接入服务（data ingestion service，DIS），集成 ERP、MES 等系统，破解"自动化孤岛"现象，实现决策层、管理层、执行层、设备层、控制层等内部平台纵向全面贯通，与海关、银行、保险、税务、物流等外部平台无缝衔接，实现运营、制造、控制三位一体，协同制造。

（3）突出节能减排制造理念，形成可持续发展模式

巨石集团开发了碹顶燃烧节能技术，融合信息技术，建造智能控制的高熔化率窑炉，不仅提高了生产率，改善了生产质量，而且能耗水平大幅下降，每吨纱能耗仅为 0.34 吨标煤。

3. 巨石集团智能制造项目建设

首先，玻璃纤维行业整体生产方式相对粗放，产品同质化严重，行业盈利能力不均，制约了我国复合材料的发展，复合材料的应用能力与国际先进水平相比有较大差距；其次，玻璃纤维的生产特点是大池窑连续化生产，产品种类繁多、工艺复杂，而近年来市场及客户的结构性需求变化越来越快，企业生产计划与客户和市场之间缺乏灵活、高效的信息沟通机制，柔性制造能力有待提升；最后，全球化的发展既需要大量的制造、装备、研发等技术人员给予快速、及时的响应和技术支持，又需要对核心装备、控制、研发机密进行保密和掌控，传统意义上的现场服务和支持将不可能满足需求。因此，综合玻璃纤维行业迫切需要转型升级，提升行业整体竞争能力，加快生产与市场的融合，探索全球化的管控模式。智能制造的建设将是行业转型升级的重要手段和方法。

随着玻璃纤维生产全球化程度的提高，我国相关生产企业在全球建设了多条玻璃纤维生产线。巨石集团智能制造项目规划三年内完成智能工厂的建设工作，完成企业智能化水平全面提升，工厂总体设计、工程设计、工艺流程及布局均建立了较完善的系统模型，设计相关的数据进入企业核心数据库；生产工艺数据自动数采率为 95% 以上，工厂自动化投用率为 90% 以上，实时数据库平台与过程控制系统、生产管理系统实现互通集成，制造执行系统（MES）与企业资源计划（ERP）管理系统集成；安全可控的核心智能制造装备得到广泛应用，企业生产效率、能源利用率有较大提升，运营成本、不良品率及产品研制周期进一步降低和缩短，形成部分发明专利及行业相关标准草案。

4. 巨石集团智能制造实施路径

（1）五年规划，战略先行

五年来，巨石集团以打造"网络化、数字化、智能化"的智能数字化工厂为目标，引入智能制造技术和绿色发展理念，投资百亿元，在浙江桐乡建造智能制造基地，规划建设六条智能制造生产线。其中，基地在智能化方面的投资高达 5.43 亿元，于 2017 年 10 月开工建设，2019 年 9 月全部建成投产。巨石集团智能制造生产线布局如图 6.6-23 所示。

生产流程模拟图

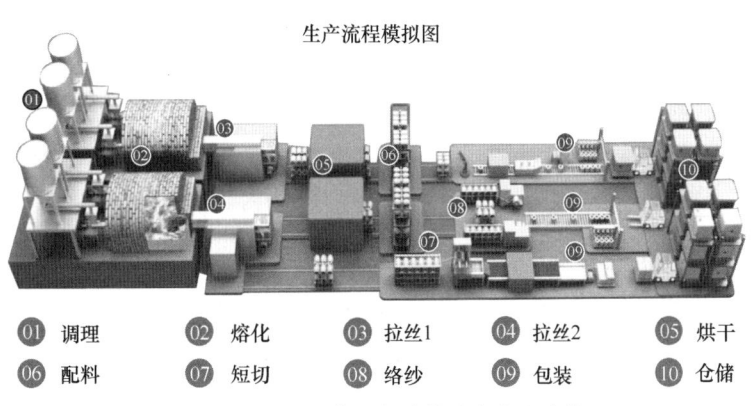

| ① 调理 | ② 熔化 | ③ 拉丝1 | ④ 拉丝2 | ⑤ 烘干 |
| ⑥ 配料 | ⑦ 短切 | ⑧ 络纱 | ⑨ 包装 | ⑩ 仓储 |

图 6.6-23 巨石集团智能制造生产线布局

（2）构建项目组织架构，保障项目有序推进

为保障项目有序、高效推进，巨石集团高度重视，成立项目领导小组，围绕项目总体目标和工作任务，研究制订总体执行计划，分解项目任务。从资金管理、管理协调、质量控制、技术研发、进度控制和跟踪总结 6 个方面建立有效的运行机制。巨石集团智能制造项目组织架构如图 6.6-24 所示。

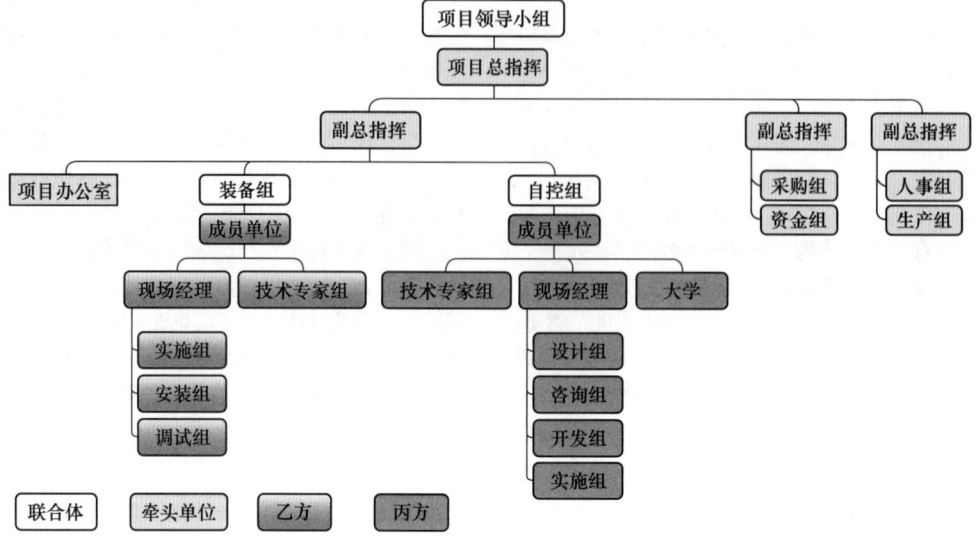

图 6.6-24　巨石集团智能制造项目组织架构

在人员配置方面，巨石集团视技术创新能力为企业发展的核心竞争力，在充分调动和培养自有技术人员的同时引进和聘用了一大批资深的技术人才，并牵头与北京机械工业自动化研究所有限公司、西门子公司等具备成熟技术的机构和厂商联合成立技术中心，实现产学研用的全面合作。

（3）依托顶层设计，构建智能制造技术架构

巨石集团玻璃纤维数字化工厂项目以二分厂 202 线为样板线，以"部署 MES 框架""多系统深度集成"和"大数据深入应用"3 个智能制造阶段为顶层设计思路，从计划源头、过程协同、设备底层、资源优化、质量控制、决策支持和持续优化 7 个方面着手实现"七维"智能制造，这 7 个方面涵盖了工业生产、经营的重要环节，实现全面的精细化、精准化、自动化、信息化、智能化管理与控制，通过底层设备的互联互通、基于大数据分析的决策支持、可视化展现等技术手段，实现生产准备过程中的透明化协同管理、生产设备智能化的互联互通、智能化的生产资源管理、智能化的决策支持、3D 建模及仿真优化，从而全方位达到智能化的管理与控制。巨石集团智能制造技术架构如图 6.6-25 所示。

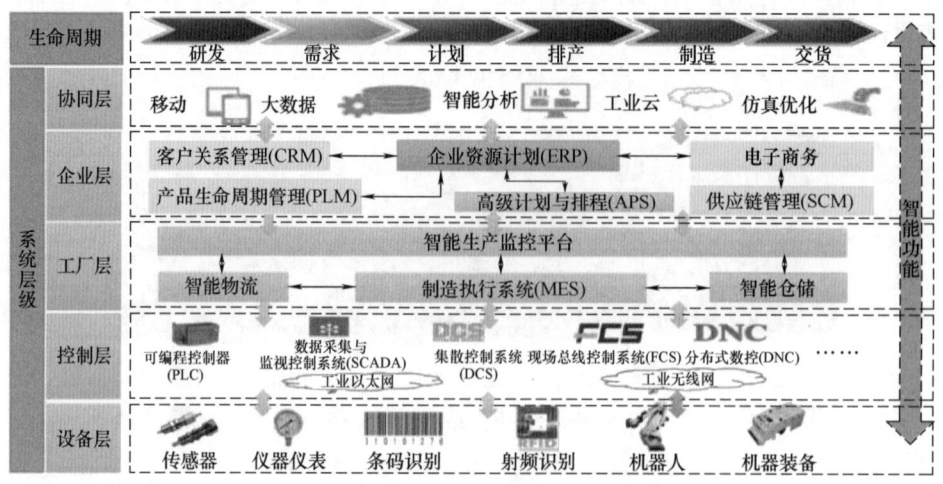

图 6.6-25　巨石集团智能制造技术架构

（4）研发玻璃纤维生产核心技术装备及系统

1）设计覆盖生产全流程的智能物流输送线。巨石集团结合自身玻璃纤维生产经验，配合生产线结构及生产工艺，自主设计并建设的智能物流输送线是贯穿整个玻璃纤维智能生产线的核心装备，通过全自动智能化调度，突破了产能扩容、效率提升、强度降低等诸多生产系统瓶颈。智能物流输送线主要由拉丝物流输送系统、原丝自动分配系统、炉前后智能小车系统、立体库存储系统、直接纱包装调度系统、小板链传送分拣系统、小车周转返空系统、智能化视觉识别系统和中央控制调度系统组成，打通各个工序，实现了产品从"原丝—烘制—络纱—检测—包装—入库"的全流程自动输送，并可根据产品工艺执行对应的生产操作，使整体运转效率提升 28.6%；同时，巨石集团在关键区域设置的人机界面及对应的

辅助操作控制终端，实现了现场故障查询处理。通过工业互联网技术的配合，维护人员可通过远程终端，在车间内的任何区域内实现对现场设备的故障监控和诊断。

2）研发基于碹顶燃烧技术的智能控制高熔化率窑炉。作为玻璃纤维生产的核心装备，传统窑炉受工艺限制，存在熔化部面积大、熔化率低、能耗极高的问题，能源成本一直在玻璃纤维生产成本中占据很大比例。巨石集团自行研发的基于碹顶燃烧技术的智能控制高熔化率窑炉（图 6.6-26），采用全新的窑炉和通路设计结构，利用增强玻璃液对流，提高燃烧效率和玻璃液质量；优化大碹角度和结构，使胸墙高度下降将近 50%、熔化部面积减少了 28.08%、熔化率提高到 3.0t/m²·d 以上；综合平衡窑炉各部位的寿命，加强保温，降低能耗，窑炉寿命提高 25%。

图 6.6-26　智能控制高熔化率窑炉

3）建立基于实时消耗的智能投料生产模式。连续性生产是玻璃纤维行业的一大特色，巨石集团智能制造项目通过自动化料库与智能配料系统的集成，配合输送管道、智能仪表，实现对窑头料仓的状态监测；根据原料消耗情况，自动完成按工艺配料、投料等工序，实现对储罐状态数据的实时监控、消耗趋势预测；通过 MES 实时反馈原丝质量检查、拉丝机开机率等数据，智能调整各原料成分比例，保证生产 24h 连续稳定运行。

4）打造基于个性化定制的工艺数字化平台。巨石集团玻璃纤维生产工艺的管理模式由集团统一管控，通过工艺数字化平台下发，各生产基地自上而下地执行管理模式，建立以拉丝、烘制、络纱、短切、检装为基础的工艺数据模板，并在此基础上进行工艺

参数和 BOM 数据填充，以不同的工艺关键字进行特点识别，打通生产制造执行与自动化的数据交互，最终确立了以产品、生产线、客户三要素为分组条件的、面向客户的定制化工艺路径模式。

针对客户的定制化工艺路径模式，巨石集团在确定产品和客户的条件下，以数字化工艺进行生产规划，在工厂、生产线、工序、生产装备、工艺参数数字化模型的基础上，由 MES 统一对产品的工艺路线、工序安排、制造设备进行数据绑定；通过数字化模型对工艺方案进行分析，统一量产与研发的多种工艺生产并存，得到最优的工艺规划方案，使工厂的生产模式向标准化的工艺建模方向发展。

（5）开展基于主数据共享的信息系统集成

巨石集团以主数据管理（MDG）系统为基础，

遵循建设原则中的五个统一标准，即"统一软件架构""统一数据平台""统一报表工具""统一编码规则"和"统一展示风格"，通过 ERP 系统、MES、WMS、质量系统、SRM 系统、CRM 系统的集成，从拉丝、短切等各工段及公用车间的控制系统中实时采集数据，以及从订单、计划、排产、质量等相关体系中采集数据、生成实时数据库和关系数据，建立工厂、产品、工艺模型，直接从这些系统中读取销售、生产、设备、能耗、质量数据，并对各控制系统进行综合组态，实现生产集中监控、销售订单全过程跟踪、生产进度全程跟踪、生产调度优化排程、产品质量管理追溯，并对生产计划、质量、产量、能耗、物耗、设备、工艺等异常情况监控报警，以提高生产管理效率，改善生产质量；全面提升企业的资源配置优化、操作自动化、实时在线优化、生产管理精细化和智能决策科学化水平。巨石系统集成架构如图 6.6-27 所示。

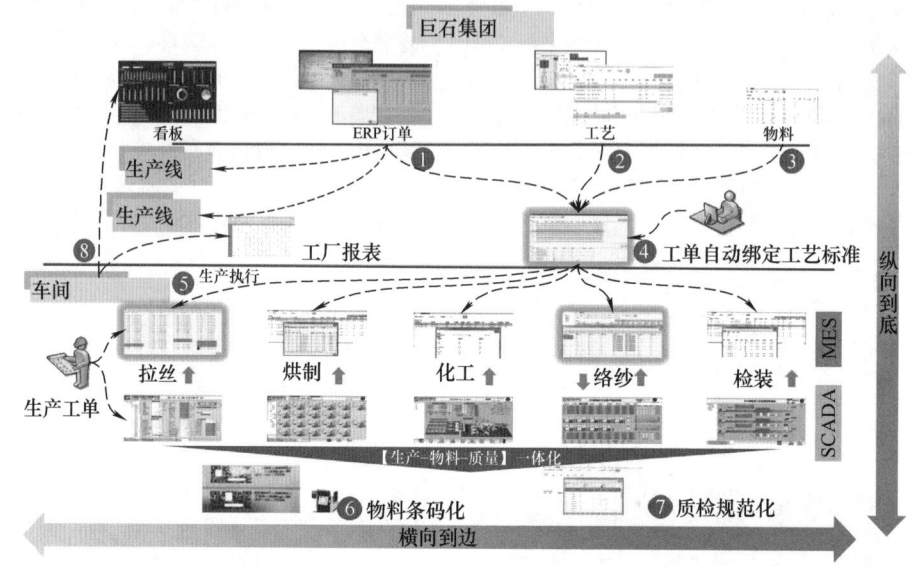

图 6.6-27　巨石系统集成架构

（6）发挥头部企业优势，开展全产业链上下游协同模式

身为玻璃纤维行业的头部企业，巨石集团一直致力于探索如何利用自身优势，促进上下游企业形成资源的流动和信息的共享，共同打造合作、开放、共赢的资源互通平台，促进全产业链的融合发展。巨石集团玻璃纤维产业链如图 6.6-28 所示。

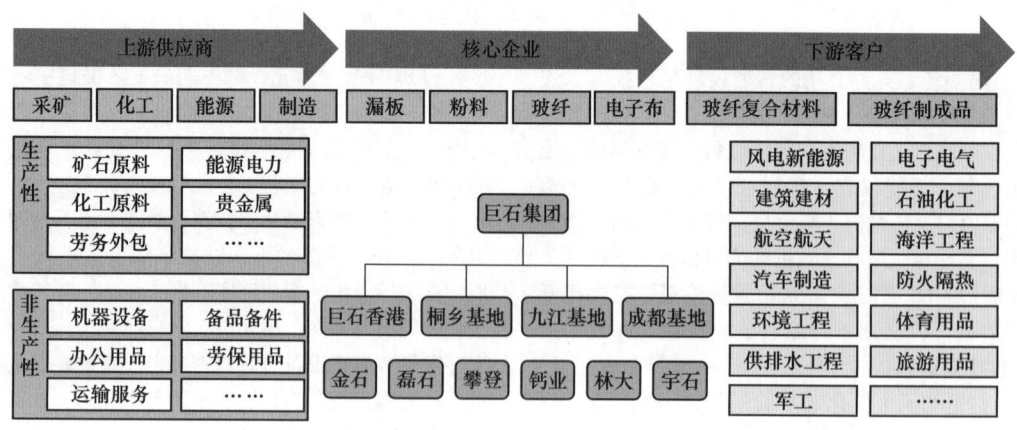

图 6.6-28　巨石集团玻璃纤维产业链

目前，巨石集团通过供应商关系管理（SRM）系统与上游核心大型工艺商开展系统对接，实现采购需求的数字化对接，采购进度实时可见，采购及时率可动态跟踪，物资到货可实时推送；同时，巨石集团配合基于国产商用密码的电子签章技术，实现采购合同的电子化，显著提高了双方的运营效率，尤其是在疫情后的复工复产期间，优势凸显。巨石集团的 SRM 系统与供应商集成流程如图 6.6-29 所示。

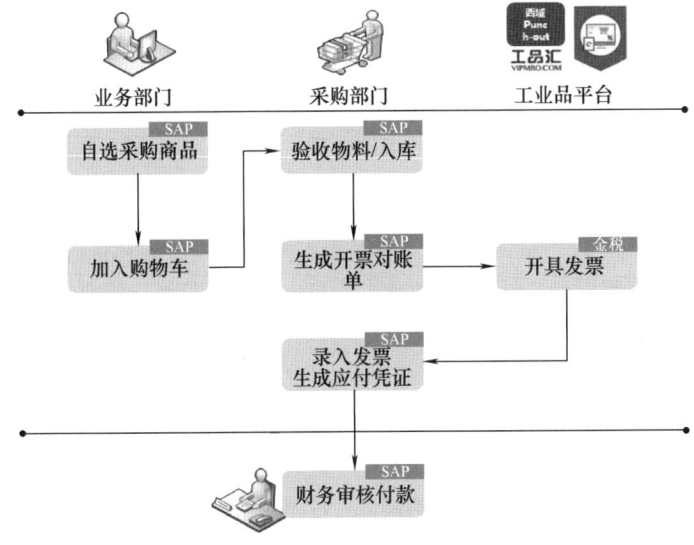

图 6.6-29　SRM 系统与供应商集成流程

SAP-SAP 公司的软件产品名称。

巨石集团向下与典型客户实现产品数据对接，客户直接扫描产品包装上的二维码即可查看该产品的批次、型号、质量等相关信息，并且形成相关标准应用程序接口（API），后续可支持客户不断接入；同时，巨石与物流公司、海关系统的数据打通，实现了物流信息实时传输、报关数据精准发送，极大地提高了业务的快速响应能力。

（7）建立基于大数据的全流程工业数据中心

巨石集团玻璃纤维工业大数据中心，是一个覆盖整个集团生产运营的监控平台，通过对生产各工序（窑炉、拉丝、化工、物流线、烘箱、立体库、络纱、短切、检装、制毡和织布）的实时采集数据进行抽取、清洗、聚类、挖掘等处理，结合数字工厂驾驶舱、生产关键数据看板等方式，形象展示企业生产、运营的关键指标，并可以对异常关键指标进行预警和进一步分析。

巨石集团通过对 ERP、MES、质量管理（QM）等系统的数据整合挖掘，直观监测企业运营情况，实现销售订单全过程跟踪，生产进度全程跟踪，产品质量全流程追溯，从而全面提升企业的资源配置优化、生产管理精细化和智能决策科学化水平，为集团各级管理层的决策提供数据支撑。

5. 巨石集团智能制造实施成效

巨石集团智能制造项目的建设包含了一系列先进的智能化新型装备的研制和应用，其信息化和大数据分析等新一代信息技术应用都是创新型应用，形成了以网络化、数字化等新技术为基础，面向订单的高效生产新模式，支撑玻璃纤维企业运营和管理模式变革，对玻璃纤维两化深度融合发展起到引领和示范作用。

巨石集团智能制造项目在生产运营方面实现了五大综合指标：生产率提高 45.04%，生产成本降低 20.37%，产品研发周期缩短 48.15%，不良品率降低 21.88%，能源利用率提高 24.25%。

巨石集团智能制造项目在技术方面完成了智能工厂总体设计、工艺流程的数字化建模，以及工厂互联互通网络架构与信息模型；实现了生产工艺仿真与优化、生产流程实时数据采集与可视化；建立了玻璃纤维工业大数据中心，现场数据与生产管理软件实现信息集成。

作为中国玻璃纤维行业领军企业，巨石集团智能制造项目的完工，对国内乃至国际玻璃纤维行业产生了深远影响。该智能制造项目研发的智能化设备、产品模型、工艺模型、工业数据中心、大数据分析、在线优化、虚拟仿真、智能协调等多种装备及系统，均为行业内其他企业树立了新的标杆，使玻璃纤维制造行业的智能能力和制造水平再上一个新台阶，成为行业内的榜样。特别是集团旗下子公司，均已参照该智能制造项目的模式和经验，积极对自身工厂进行智能化改造。其中，智能物流输送线、自动摆托机器人、自动打印贴标机等在集团子公司的应用获得使用单位广泛好评。

6.6.6　海尔集团基于大规模定制模式

1. 海尔中德冰箱互联工厂简介

海尔中德冰箱互联工厂位于青岛市中德生态园，占地面积为 10 万平方米，主要生产法式、对开、T形等超大型高端智能冰箱产品。基于卡奥斯 COSMO Plat 工业互联网平台赋能和海尔工业智能研究院的技术支持，海尔特种制冷电器围绕特种制冷冰箱的定制、研发、采购等全流程，建设信息化、数字化集成系统，实现了用户定制直达工厂、订单自动匹配和准时交付、生产全流程追溯可视、产品质量实时监控和，以及产品性能的分析优化，有效提升了用户体验、产品品质和生产率。

海尔中德冰箱互联工厂现有一条智能总装线、5个智能模块加工区、9 套智慧物流系统，可以实现 10 类场景 5G 技术应用、36 类人工智能（AI）装配及检测场景应用；柔性化生产可以快速满足 11 类个性模块 1000 多种用户定制方案；可以实现 500 个关键工序参数数字化采集全覆盖。在模块化制造、智能化制造及数字化质量管控等方面，处于行业领先地位。

海尔特种制冷电器属于电气机械和器材制造业。家电行业生产特点为小批量、多品种、装配式，大多从外部厂家采购材料和生产部件进行组装；产品系列化、多元化，注重技术创新，产品更新换代快，强调产品的序列号管理；销售渠道和方式多样化、体系化，销售业务种类较多；强调成本管理与成本控制，多采用定额法进行成本计算与控制，强化内部管理、降低耗费；存货品种多、数量大，并且变化快，材料核算复杂，库存管理任务繁重；强调售后和跟踪，多设立区域性维修服务机构等。目前，家电行业现状主要表现为产业高度集中、技术密集、产品更新快、大批量专业化生产等方面。

1）产业高度集中：随着家用电器行业的发展，逐渐形成一批产业集团，在行业中居于垄断地位，起着支配作用。

2）技术密集：家用电器是新材料、新工艺、新技术的综合体现，各相关行业的新材料、新工艺、新技术很快在家用电器产品上得到应用。

3）产品更新快：市场竞争激烈，促进企业不断开发新产品，更新换代，以新取胜。

4）大批量专业化生产：零部件实行专业化生产，总装厂实现生产连续化、自动化，生产规模一般为年产几十万台，人均生产率高。

2. 海尔集团智能制造模式

（1）根据多样化需求，打造全流程与用户零距离互联的大规模定制模式

通过智能产品收集用户体验信息并持续交互，了解前端的用户需求和用户使用过程中的体验情况，通过信息大数据的分析，对产品进行更好的升级和迭代。在海尔冰箱工厂，用户在社群交互的需求信息，如某区域用户对冰箱制冰、制水的功能需求，母婴群体对储藏温度的严苛需求等，可以直接到达设计小微、制造小微、物流、供应商等，让每个环节都和用户零距离互动，随时接收用户的需求，让用户和全流程互联，打破企业原来封闭的界限；企业的上下游及所有资源都与用户连在一起，实现企业与用户的零距离交互，满足用户的最佳体验。

（2）通过信息化驱动，实现智能工厂的全要素互联

通过数据的贯通，连接制造端的上下游，对数据和信息进行整合和分析，从而实现智能化驱动，实现整条供应链精准的生产协同，从而敏捷高效地满足多样的市场需求。运用人工智能与制造技术的结合，通过物联网对工厂内部参与产品制造的人、机、料、法、环等全要素进行互联，结合大数据、云计算、5G、虚拟制造等数字化、智能化技术，实现对生产过程的深度感知、智慧决策、精准控制等功能，达到对制造的高效、高质量的管控一体化。机器人搬运、智能运输、柔性线体、智能生产设备投入，通过智能管理系统人机互动、虚拟仿真技术应用，推进"智能生产"实施。系统通过连接每一台产品，实时获取运行参数，通过数据分析与挖掘技术，完成对设备的远程监控和预防性维护，提升设备的运行效率，可跨行业帮助企业实现从订单到生产再到交付的全流程制造管理，实现生产过程信息即时反馈和实时沟通协作。

（3）通过数字化生产模式，实现高效的生产制造

人、机、料等实现了基础信息化，通过数字化系统完成信息化的获取，从而输出指导生产的数字化模式。在协同制造方面，可以有效实现工序间的数字化效率竞比，线体可以实现数字化生产线平衡（LOB），同时各类清单信息和异常报警都可以通过数字化管控。在质量精细化方面，组建了工厂的质量实验室（TESWEB），相关过程数据在云端存储，重点关键参数异常推送。在物料输送方面，创新实现了三维立体物流模式，物料通过自动输送线和移载小车等形式进行精准智能匹配，不仅取消了线边库存，而且能够有效防错。

3. 海尔集团智能制造项目建设

随着数字工业革命的到来，先进制造技术与模式不断创新和涌现。市场已悄然从产品主导转移为用户需求主导，消费者会寻找商品间的细微差别性，并将这种差别延伸为个人的独特性。传统的大规模制造企业已经不能满足用户的需求，海尔较早地意识到在制造端要推进传统工厂的快速迭代升级，也意识到一方面要加快对传统工厂的改造、快速迭代升级；另一方面，新工厂建设要有高起点，目标是建设互联工厂，实现大规模与个性化定制相融合。海尔中德冰箱互联工厂是海尔第 12 个互联工厂样板，通过智能制造、高端工艺技术及智能互联能力（内外互联、信息互联、虚实互联）的建设，让用户定制需求在全流程可视化，海尔中德冰箱互联工厂将被打造成大批量定制化冰箱的示范生产基地，成为全球引领的冰箱工厂。

4. 海尔集团智能制造实施路径

海尔中德冰箱互联工厂是卡奥斯 COSMO Plat 工业互联网平台赋能打造的第 12 家互联工厂。对外，互联工厂是一个贯穿企业全流程的敏捷复杂系统；对

外，它构建了一个与用户交互的网络空间，通过联工厂全要素、联网器、联全流程，实现与用户的零距离互动，给予用户最佳体验，最终实现产销合一。对内，海尔特种制冷电器互联工厂作为首家智能+5G技术超大高端冰箱互联工厂，联合海尔工业智能研究院，在人工智能、5G、虚拟/增强现实等先进技术的赋能下，重新定义全球高端冰箱的制造模式，并作为海尔互联工厂样板标杆，在整个海尔集团内部广泛推广。

海尔中德冰箱互联工厂快速落地的具体实施路径可以总结为高精度指引下的高效率。它们之间的关系是相互融合、相互促进的，先抓住用户的精准需求，由精准需求驱动高效率，即用户价值越大，企业价值越大。海尔中德冰箱互联工厂的"三联""三化"如图 6.6-30 所示。

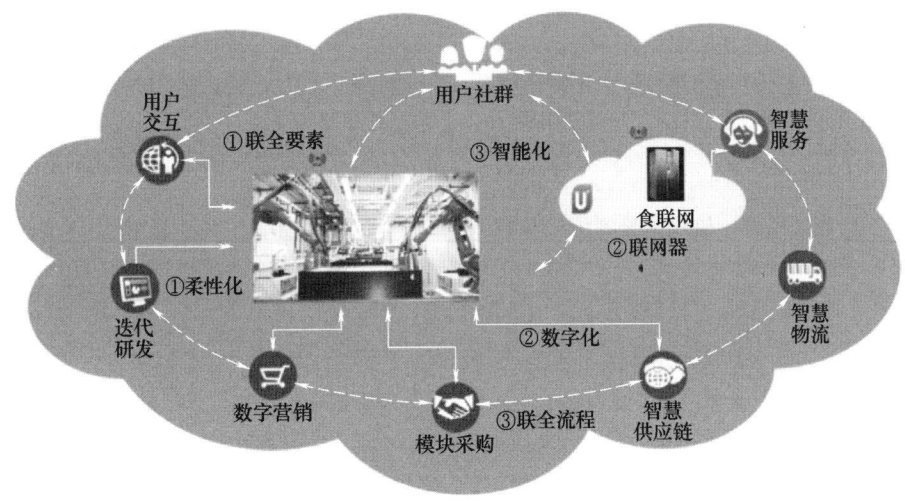

图 6.6-30　海尔中德冰箱互联工厂的"三联""三化"

（1）通过联全要素、联网器、联全流程的"三联"，实现对用户需求的精准把控

1）联全要素。即工厂的人、机、料、法、环等要素的互联互通，并能和用户零距离互联。互联工厂为了满足用户全流程参与的体验，打造了工厂全要素与用户互联的能力，即通过制造执行系统（MES）、数据采集与监控（SCADA）、企业资源计划（ERP）等系统对数据进行采集和集成，让与特种冰箱制造相关的人、机、料、法、环等要素从底层的传感器到吸附、发泡等关键设备，再到车间、网络、系统等之间实现互联互通、高效协同，并与用户订单系统互相关联。由原来的按计划生产转向为用户生产，让生产线上的每台冰箱都有用户信息。每一台定制的冰箱都知道"应该被送到哪、何时送达、如何被定制加工……"，使用户定制订单生产全过程透明可视，用户

通过 PC 端或手机端可实时查询。

2）联网器。在网络化时代，海尔让所有的家电产品都能联网，能够和用户进行直接交互。通过智能产品（网器）收集用户体验信息并持续交互，了解前端的用户需求和用户使用过程中的体验情况，通过信息大数据的分析，对产品进行更好的升级和迭代。

3）联全流程。即用户和全流程互联，通过打破企业原来封闭的界限，通过卡奥斯 COSMO Plat 平台下的各项子平台让企业的上下游所有资源都与用户连在一起，以冰箱产品为导引，实现围绕用户的全流程零距离交互，满足用户的最佳体验。用户的信息和需求可以直接到达全流程各个节点。原来的流程是串联的，信息传递周期长且传输过程中会造成信息衰减。

现在用户的信息可以实时到达每一个环节，每个环节都和用户零距离，可以随时接收用户的需求，实

现用户最佳体验。

（2）通过柔性化、数字化、智能化的"三化"，实现生产制造全流程高效运转。

1）柔性化。通过模块化设计打造柔性自动化生产线，满足多样化市场需求。一方面，产品通过模块化的设计，将零件变为模块，通过模块的自由配置组合，满足用户的多样化需求。在平台上进行通用化和标准化的工作，区分出不变模块和可变模块，开放给资源和用户进行交互定制迭代。例如，冰箱原来有312个零部件，现在归纳为23个模块，通过模块可以组合出450多种产品来满足用户需求。此外，模块化设计使得采购的方式发生变化，传统企业的采购体系是设计零部件、采购零部件，很难适应大规模定制的需求；模块化采购体系是成套设计、成套采购。海尔要求供应商从零部件供应商转化为模块供货商，事先参与到模块设计的过程中。另一方面，为了满足用户个性化需求，生产线也由原来单一的长流水线生产方式变成模块化组装线和柔性化单元线，解决了大规模生产和个性化定制的矛盾，并且工厂采用模块化布局，分为3大子模块（系统模块、电器件模块、结构模块），每个模块的加工环境资源共享。运用智能功率级（SPS）物料配送系统，使线体长度缩短50%。例如，门体加工工序采用模块化一个流布局，工序间颠覆了传统的工装车储存、人拉车模式，实现箱体、门体自动匹配，效率提升25%；又如箱体工序，通过建设U壳柔性折弯成形生产线，可同时生产8个不同型号的产品，进行智能存储、自动铆接、贴覆质量视频检测等，全程自动化、生产无人化。海尔中德冰箱互联工厂的柔性自动化生产线如图6.6-31所示。

图 6.6-31　海尔中德冰箱互联工厂的
柔性自动化生产线

互联工厂的柔性自动化不是简单的"机器换人"而是在标准化接口体系基础上进行软硬一体化集成的智能柔性自动化，它的特点是高效、柔性、集成、互联、智能；同时，互联工厂标准化的设备

接口体系支持设备可快速扩展升级，实现柔性化生产，以应对产品迭代升级对生产线柔性、效率提升的影响。

2）数字化。以COSMO-IM（智能制造）为核心，集成企业资源计划（ERP）、产品生命周期管理（PLM）、高级排产（APS）、制造执行系统（MES）、仓库管理系统（WMS）五大系统，让整个工厂变成一个智能系统，实现人-人、人-机、机-物、机-机等的互联互通，自动响应用户订单需求。用户下达订单后，会通过COSMO-IM（智能制造）自动匹配到生产线、设备等。用户订单对应的生产率不一样，传统工厂按照生产计划制订节拍，设备节拍由人工调节；互联工厂前端把用户的订单需求和工厂的生产线、设备连接起来，用户订单下达后，通过ERP、APS、MES等系统的集成，使生产线、设备自动匹配订单、自动排产，同时强化互联工厂数字化架构，打通设备层、执行层、控制层、管理层、企业层之间的信息传递，实现工厂、线体、设备、工位等订单、质量、效率等信息的透明可视；通过交互、设计、制造、物流等产品全周期的数字化，实现产品全生命周期的信息透明可视，以更快的速度、更高的效率、更好的柔性满足用户需求。例如，冰箱箱体成形，可根据用户不同需求同时生产8个不同型号的产品，进行智能存储、自动铆接、贴覆质量视频检测等；全程自动化、生产无人化；半成品采用集存运输，实现关键物料防差错，用户可全流程生产信息追溯。

3）智能化。通过新一代人工智能、5G、大数据、物联网技术的应用，实现工厂人、机、物的互联互通，实现企业端到端的信息融合，提升企业先进制造能力。基于机器视觉的智能外观检测如图6.6-32所示。

图 6.6-32　基于机器视觉的智能外观检测

作为首家智能+5G技术超大高端冰箱互联工厂，AI、5G等技术主要在以下几个场景进行了实践。

1）5G 实验基地。把生产创新中心作为工厂的一个 5G 实验基地，5G 结合增强现实（AR）与虚拟现实（VR），所实施的项目在 5G 实验基地进行验证。5G 实验基地建设在车间内，以工厂可应用范围作为实验方向，在 5G 实验基地测试、模拟工厂。在此区域验证的主要项目有 5G 结合 AR、VR，5G 机器视觉，5G 应用于 8kbit/s 视频传输，5G 应用于机器人控制、安防、远程维修和工厂大数据等，验证合格后应用于工厂。

2）智能视觉检测。在冰箱的生产过程中，外观检测工位是瓶颈工位，生产节拍达 40s/台，员工劳动强度大，检出率为 92%，使市场出现一些负面反馈。在对现场问题进行统计分析后，海尔聚集一流资源，开发了冰箱外观视觉自动检测系统。该系统通过对合格产品智能学习的方法对冰箱外观进行在线质量检测，检测内容包括印刷品、门体不平不齐、外观精细化等问题，有效提升了冰箱产品质量及效率；采用 5G+外观视觉自动检测技术替代人工后，自动检测节拍提升 50% 以上，检出率≥99.5%；不良信息可视化，不仅提高了生产质量和效率，还提升了用户满意度。

3）AR 安防。为了加强工厂的安全管控，尤其是对人员的管控，利用 5G 技术，使用 AR 安防人脸识别，对车间内人员及内外不明人员，可迅速发现可疑人员，预警报警。另外，自动识别安全帽佩戴情况，发现异常即报警提示。

4）AR 远程协作。5G 技术应用于 AR 远程协作维修，在线共享专家，出现如发泡、吸附等瓶颈设备问题后即连线专家快速处理，与国外共同讨论关键设备问题，减少出差费用，节省时间成本。

5. 海尔集团智能制造实施成效

海尔工业智能研究院将海尔在智能制造探索过程中的知识不断进行积累和沉淀，形成了 328 项标准、87 步方法论、56 本手册，并沉淀在卡奥斯 COSMO Plat 工业互联网平台上，支持互联工厂样板持续迭代。

通过智能制造的实施，能够提高生产率 26.7% 以上，缩短产品研发周期 31.6% 以上，降低单位产值能耗 12.6% 以上；有效控制生产过程中不良品的产生，降低产品不良品率 25.4% 以上，提高材料综合利用率，降低制造成本，企业综合运营成本降低 22.5% 以上。此外，项目实施后，可有效降低在库库存资金占用和在制品物资资金占用，降低库存资金占用 10%以上，有效节约财务成本。智能制造的实施成效见表 6.6-3。

智能制造的实施，形成了一套冰箱智能制造解决方案，可以有效地帮助行业解决现有问题，对冰箱行业产生良好的示范效应，提升行业数字化、智能化制造水平，带动冰箱企业升级改造以提高生产效率、提升产品质量，更好地满足冰箱行业快速发展的需求，进一步提升我国高端冰箱制造企业的国际竞争力，促进行业发展。

表 6.6-3　智能制造的实施成效

项　目	实施成效
生产率	提升 26.7%
产品研发周期	缩短 31.6%
单位产值能耗	降低 12.6%
产品不良品率	降低 25.4%
企业综合运营成本	降低 22.5%
库存资金占用	降低 10%

目前，海尔特种制冷电器作为海尔互联工厂样板标杆，不仅在冰冷、洗涤、空调、热水器、厨电等海尔国内产业间推广复制，更在美国、泰国、俄罗斯等国家及区域进行全球复制，实现由中国引领到全球引领。以用户为核心的海尔大规模定制模式不仅解决了“如何实现智能制造”，更重要的是解决了“智造为谁”的问题。通过社群交互，用户能够全流程参与设计、生产、销售全过程，产品生产前就知道用户是谁。海尔作为一个开放的平台让这种模式不仅仅局限于本行业，而是形成了可快速复制的模式和路径，能够快速实现跨区域、跨行业的复制，助力中国企业转型升级，促进中国制造业和实体经济的转型升级。

另外，作为开放的平台，卡奥斯 COSMO Plat 形成了可快速复制的模式和路径，能够快速实现跨区域、跨行业的复制，助力中国企业转型升级，促进中国制造业和实体经济的转型升级。

家电制造业的转型升级不仅仅是生产线的升级，更是智能化的变革。云计算、物联网、大数据等新的信息技术与现代制造业不断融合，以及时间敏感网络、边缘计算等新型网络技术的应用，为家电制造业的产业智能化提供了技术支撑，智能互联工厂应运而生，家电制造业踏上智能制造的进化之路。智能制造不是对某一领域的里程碑式技术进行突破，也不是简单地用信息技术改造传统制造业，是生产组织方式和商业模式的创新与变革。我们认为，在物联网时代，企业应该打造的是一个平台，这个平台不是企业独家创造出来的，它必须是自主创新和开放式创新相结合、联合产业链的合作伙伴共同打造的开放式平台。这其中，海尔的“人单合一”管理模式的组织保障是智能制造转型的根基，海尔的智能制造实践成果就是组织创新与商业模式创新相结合的集中体现。

互联工厂使"人单合一"模式在制造端的实践与创新，通过充分拉近与用户的距离，坚持以用户为中心的制造理念，实现员工的最大价值。

用户多样化、个性化、碎片化的需求给传统的家电行业带来严峻挑战，互联网、3D 打印等高科技技术也给家电行业带来了巨大冲击。建议相关家电行业企业可以借鉴本项目的经验模式，积极推进互联工厂建设，从大规模制造向大规模定制转型，提升企业敏捷性，快速响应市场多样性需求，将全球资源无障碍进入平台，吸引全球一流资源，引入更多具有竞争力的创新技术，持续创新、迭代，推动提升行业创新能力，推动产业链升级。

参 考 文 献

[1] 王先逵. 现代制造技术手册 [M]. 北京：国防工业出版社，2001.

[2] 严隽薇. 现代集成制造系统概论：理念、方法、技术、设计与实施 [M]. 北京：清华大学出版社，2004.

[3] 吴澄. 现代集成制造系统导论：概念、方法、技术和应用 [M]. 北京：清华大学出版社，2002.

[4] 李伯虎. 计算机集成制造系统（CIMS）约定、标准与实施指南 [M]. 北京：兵器工业出版社，1994.

[5] 陈禹六，谢斌，董亚南. 计算机集成制造（CIM）系统设计和实施方法论 [M]. 北京：清华大学出版社，2002.

[6] 田雨华，李勇. 信息集成、过程集成与企业间集成 [M]. 北京：北京先进柔性集成制造技术咨询中心，2000.

[7] 薛劲松，宋宏. CIMS 的总体设计 [M]. 北京：机械工业出版社，1997.

[8] 李清，陈禹六. 企业信息化总体设计 [M]. 北京：清华大学出版社，2004.

[9] 张世琪. 现代制造引论 [M]. 北京：科学出版社，2003.

[10] 熊光楞，吴祚宝，徐光明. 计算机集成制造系统的组成与实施 [M]. 北京：清华大学出版社，1996.

[11] 孙志挥，陈伟达，丁莲. 计算机集成制造技术 [M]. 南京：东南大学出版社，1997.

[12] 周凯、刘成颖. 现代制造系统 [M]. 北京：清华大学出版社，2005.

[13] 熊光楞. 并行工程的理论与实践 [M]. 清华大学出版社，2001.

[14] 刘飞、张晓冬、杨丹. 制造系统 [M]. 北京：国防工业出版社，2000.

[15] REHG J A, KRAE-BBER H W, 计算机集成制造 [M]. 夏链，韩江，译. 北京：机械工业出版社，2007.

[16] Groover, M P. 自动化、生产系统与计算机制造 [M]. 许嵩，李志忠，译. 北京：清华大学出版社，2009.

[17] 李梦奇. 复杂机械产品模块化集成制造 [M]. 北京：中国水利水电出版社，2017.

[18] 薛靖，田争，等. 机械工业常用国家标准和行业标准目录 [M]. 北京：机械科学研究总院，2020.

第7章

虚拟制造技术

主　编　刘检华（北京理工大学）

参　编　王爱民（北京理工大学）

　　　　庄存波（北京理工大学）

7.1 引言

20 世纪初，福特式大规模生产模式揭开了现代社会化大生产的序幕，该生产模式所创立的生产标准化原理、作业单纯化原理及移动装配法原理等，奠定了现代社会化大生产的基础。第二次世界大战后，福特式大规模生产模式在美国得到了充分的发展，美国的大型制造企业在全世界范围内开疆拓土，赚取了丰厚的利润，也造就了一批世界级的大公司。

但是，随着市场需求多样化发展和市场竞争的日趋激烈，制造业迅速地向多品种、小批量、个性化的模式转化，制造企业必须具有足够的柔性和敏捷性，能尽快地改变品种、更新设计，缩短生产周期、降低生产成本，从而在市场竞争中获得市场份额和利润。福特式生产模式可以获得规模效益，但为了获得规模效益，这种生产模式要求有一个最低的生产批量，低于这个批量就很难获得规模效益。如何既实现定制的要求又实现福特式生产的规模效益，是摆在当时企业家案头的难题。计算机和信息技术为解决这种难题提供了可能，计算机技术渗透到制造业设计、生产、管理等每一个领域，CAD、CAM、CAE 等技术先后出现并在制造业成功实践，制造商可以根据用户的要求在计算机上进行设计、模拟生产、模拟质量检测，直至达到用户的要求而不必完全依靠传统的试制工作，加快了响应速度，大大降低了单件产品生产的成本。在此背景下，计算机集成制造系统（CIMS）、精益生产（LP）、智能制造系统（IMS）、虚拟制造（virtual manufacturing，VM）等新技术、新理论应运而生并得到迅速发展，使定制的成本可以降低到福特式大规模生产的水平。

虚拟制造出现以来，迅速获得大家广泛关注。虚拟制造是以计算机仿真和建模技术为支撑，利用虚拟产品模型，在产品的实际加工之前对产品的性能、产品的可制造性进行评价，同时对产品的生产全过程进行仿真，以达到产品生产最优目标的一种制造模式。虚拟制造的目的是尽量降低产品的成本，缩短产品制造周期，提高产品的质量和寿命。

虚拟制造是改善企业产品研制周期、产品质量、制造成本、运维服务等的有效手段和工具。当前，制造企业面对快速变化的市场需求，对快速响应能力及优化运营水平提出了更高的要求，依靠传统的以物理样机为核心的研发试验模式已经难以适应日益激烈的市场竞争要求。当前，以数字化、网络化、智能化为特征的智能制造已经成为企业发展的必然追求，并衍生出工业互联网、数字孪生、基于模型的系统工程等一系列新型技术支撑的虚拟制造新形态。在企业转型升级需求和新技术快速发展的双重驱动下，虚拟制造技术内涵也在发生变化。

虚拟制造技术的发展主要经历了 3 个阶段：

（1）20 世纪 80 年代开始的技术验证阶段

20 世纪 80 年代以来，日趋激烈的全球化竞争，迫使制造企业必须通过不断地提高生产率，改善产品质量，降低成本，提供优良的服务，以期在市场中占有一席之地；与此同时，计算机技术、网络技术和信息处理技术也得到了迅速的发展。信息技术不断地融合到传统的制造业中，并对其进行改造。进入 20 世纪 90 年代后，先进的制造技术向着更高的水平发展，在原有的计算机集成制造（CIM）和并行工程（CE）的基础上，又出现了虚拟制造（VM）、虚拟企业（VE）等概念，并率先在航空、航天等领域得到应用验证。例如，波音 777 是世界上第一款完全以三维 CAD 绘图技术设计的民用飞机，整个设计过程中都没有采用传统绘图纸质方式，而是事先"建造"一架虚拟的 777，让工程师可以及早发现错误，以确保机上成千上万的零件在被制成昂贵实物原型前，也能清楚安放的位置是否稳妥，并在原型机建造时各种主要部件一次性成功对接，大幅缩短了研制时间，降低了研制成本。

（2）21 世纪初始阶段的体系化发展阶段

进入 21 世纪，随着计算机、自动控制技术的深入发展，虚拟制造技术也得到了广泛而深入的开发，尤其在虚拟制造的相关使能技术方面取得了较大进展，主要体现在建模、仿真和可制造性评价等方面。

1）建模。虚拟制造系统需要建立一个包容生产模型、产品模型和工艺模型（又称 3P 模型）的信息模型。

① 生产模型。生产模型可以归纳为两个重要方面：一是静态描述，即系统生产能力和生产特性的描述；二是动态描述，即系统动态行为和状态的描述。静态描述的重要性在于它能描述特定制造系统下特定产品设计方案的可行性；对于系统生产能力和特性（包括生产周期、存储水平）的了解，有助于将这些能力和设计方案下的生产需求以及与制造系统有关的工艺制造能力进行比较。动态描述能在已知系统状态和需求特性的基础上预测产品生产的全过程。

② 产品模型。产品模型描述的信息有产品结构表（BOM）、产品外形几何与拓扑、产品形状特征等静态信息，但静态信息无法达到在产品设计、制造的

各个相应阶段抽象出产品在不同层次上的完备信息，不能动态跟踪或解释产品在全制造过程中的变换准则或变换属性。对虚拟制造系统来说，要使产品实施过程中的全部活动融于一体，它就必须具有完备的产品模型，以支持上述活动的全集成。所以，虚拟制造下的产品模型不再是单一的静态特征模型，它能通过映射、抽象等方法提取产品实施中各活动所需的模型。在支持全制造过程的产品模型中，几何公差模型和功能模型的描述也是极其重要的。

③ 工艺模型。工艺模型是将工艺参数与影响制造功能的产品设计属性联系起来，以反映生产模型与产品模型间的交互作用。工艺模型必须包括以下功能，即物理和数学模型、统计模型、计算机工艺仿真、制造数据表和制造规则等。

2）仿真。虚拟制造系统中的产品开发涉及产品建模仿真、制造过程仿真等，用于对设计结果进行评价，实现设计过程的早期反馈，减少或避免实物加工出来后产生的修改、返工，但目前对以上的仿真和设计反馈的研究还较少。产品制造过程仿真可归纳为制造系统仿真和具体的加工制造过程仿真等。制造系统仿真是离散事件仿真的一个分支，其功能为首先构造车间的静态模型，然后通过输入生产计划和工艺路线，自动生成离散事件仿真模型并对该模型进行仿真，最后产生调度方案及性能分析报告。但是，这样的仿真工具不能满足虚拟制造系统对仿真的需求，这是因为：①现有制造系统仿真工具不支持对产品设计、工艺设计，以及生产计划与调度的动态反馈；②现有制造系统仿真工具不支持对下一层次的加工制造过程仿真的实时调用与控制，从而不能支持产品制造全过程的建模与仿真。具体的加工制造过程仿真包括加工过程仿真、装配过程仿真和检测过程仿真等，加工过程仿真包括切削过程仿真、焊接过程仿真、冲压过程仿真和浇注过程仿真等。产品制造过程的这两个仿真是各自独立发展起来的，无法直接集成，而虚拟制造中应建立面向制造全过程的统一仿真。

3）可制造性评价。虚拟制造中的可制造性评价的定义为，在给定的设计信息和制造资源等环境信息的计算机描述下，确定设计特性（如形状、尺寸、公差、表面精度等）是否是可制造的：①如果设计方案是可制造的，确定可制造性等级，即确定为达到设计要求所需加工的难易程度；②如果设计方案是不可制造的，判断引起这一问题的设计原因，如果可能，则给出修改方案。可制造性的评价方法可分为两类：①基于规则的方法，即直接根据评判规则，通过对设计属性的评测来对可制造性定级；②基于方案的方法，即对一个或多个制造方案，借助成本和时间等

标准来检测是否可行或寻求最佳。通过引用工艺模型和生产系统动态模型，成熟的虚拟制造系统应能精确地预测技术可行性、加工成本、工艺质量和生产周期等。

（3）近几年融合智能制造的发展新阶段

随着德国 2011 年提出的"工业 4.0"概念的兴起，引发了第四次工业革命。在新一代数字化、网络化和智能化等技术的推动下，虚拟制造技术也进入了新阶段，形成了以赛博物理系统为支撑的数字化、以工业化联网为核心的网络化、以大数据/人工智能为基础的智能化等协调发展的虚拟制造新局面。其技术特点主要体现为如下几个方面：

1）以赛博物理系统为支撑的数字化。虚拟制造从传统的离线建模与仿真，逐步走向了泛在感知、实时分析、精准执行的闭环体系，从而衍生出赛博物理系统的发展。赛博物理系统（cyber-physical systems，CPS）通过集成先进的感知、计算、通信、控制等信息技术和自动控制技术，构建了物理空间与信息空间中人、机、物、环境、信息等要素相互映射、适时交互、高效协同的复杂系统，实现系统内资源配置和运行的按需响应、快速迭代和动态优化。可以把赛博物理系统定位为支撑两化深度融合的一套综合技术体系，这套综合技术体系包含硬件、软件、网络、工业云等一系列信息通信和自动控制技术，这些技术的有机组合与应用，构建起一个能够将物实体和环境精准映射到信息空间并进行实时反馈的智能系统，并作用于生产制造全过程、全产业链、产品全生命周期，重构制造范式。

2）以工业互联网为核心的网络化。在闭环虚拟制造体系中，底层硬件装置的互联互通是基础，从而衍生出以工业互联网为核心的网络技术。工业互联网是新一代信息通信技术与现代工业技术深度融合的产物，是制造业数字化、网络化、智能化的重要载体，也是全球新一轮产业竞争的制高点。工业互联网通过构建连接机器、物料、人、信息系统的基础网络，实现工业数据的全面感知、动态传输、实时分析，形成科学决策与智能控制，提高制造资源配置效率，正成为企业竞争的新赛道、全球产业布局的新方向、制造大国竞争的新焦点。

3）以大数据/人工智能为基础的智能化。虚拟制造最核心的是分析、推理和决策，大数据和人工智能方面的发展极大地扩展了虚拟制造的技术内涵。其中，大数据（big data，BD）指无法在一定时间范围内用常规软件工具进行捕捉、管理和处理的数据集合，是需要新处理模式才能具有更强的决策力、洞察发现力和流程优化能力的海量、高增长率和多样化的

信息资产；人工智能（artificial intelligence，AI）是研究、开发用于模拟、延伸和扩展人的智能的理论、方法、技术及应用系统的一门新的技术科学。

7.2 虚拟制造技术的内涵

7.2.1 虚拟制造的定义

在虚拟制造技术的长期发展过程中，学者们一直试图给出各种形式的总结和提炼，以界定其概念和内涵。典型的有：

1）日本 Kimura。通过对制造知识进行系统化组织与分析，对整个制造过程建模，在计算机上进行设计评估和制造活动仿真。

2）佛罗里达大学 Gloria J. Wiens。与实际一样，在计算机上执行制造过程，在实际制造之前用于对产品的功能及可制造性等潜在问题进行预测。

3）美国空军 Wright 实验室。虚拟制造是仿真、建模和分析技术及工具的综合应用，以增强各层设计制造和生产决策与控制的能力。

4）Marinov。虚拟制造是一个系统，在这个系统中，制造对象、过程、活动和准则的抽象原型被建立在基于计算机的环境中，以增强制造过程的一个或多个方面的属性。

5）马里兰大学 Edward Lin。虚拟制造是一个用于增强各级决策与控制的一体化的、综合性的制造环境。

6）清华大学肖田元。虚拟制造是实际制造过程在计算机上的本质实现，即采用计算机仿真与虚拟现实技术，在计算机上实现产品开发、制造，以及管理与控制等制造的本质过程，以增强制造过程各级的决策与控制能力。

综合上述相关概念定义，结合数字化、网络化和智能化等技术的发展，在此我们给出虚拟制造在新发展阶段的定义：虚拟制造是一个在虚拟环境中利用制造系统各层次及不同侧面的数字化模型，对包括设计、制造、管理和运维等各个环节的产品全生命周期内各种技术方案和技术策略，完成评估和优化的综合过程。

7.2.2 虚拟制造的特点

虚拟制造不是原有单项制造仿真技术的简单组合，而是在相关理论和已有知识的基础上，对制造知识进行系统化组织，对工程对象和制造活动进行全面建模，在建立真实制造系统前，采用计算机仿真来评估全部设计与制造等活动，以消除设计中的不合理部分。简单地说，它是在计算机上仿真制造全过程，是

数字化建模与仿真技术对制造业的全方位改造。其突出特点是：

（1）以模型为核心

虚拟制造技术本质上还是属于仿真技术，离不开对模型的依赖，涉及的模型有产品模型、过程模型、活动模型和资源模型。产品模型是产品信息在计算机上的表示，是产品信息的载体；过程模型是产品开发过程的计算机表示，包括设计过程、工艺规划过程、加工制造过程、装配过程、性能分析过程等；活动模型主要是针对企业生产组织与经营活动建立的模型；资源模型是对企业的人力和物力等信息的描述。

（2）以模型信息的集成为根本

虚拟制造对单项仿真技术的依赖，决定了它所面临的是众多的适应各单项仿真技术的异构模型，如何合理地集成这些模型就成为虚拟制造成功的基础。这不仅包括产品模型、过程模型、活动模型和资源模型之间的信息集成，还包括它们各自的不同领域模型之间的信息集成，如产品设计模型与分析模型之间的信息集成，以及由不同建模语言描述的分析模型的集成。

（3）以高逼真度仿真为特色

包括两个方面的含义，即仿真结果的高可信度，以及人与这个虚拟制造环境交互的自然化。模型结果的可信度主要是依靠模型的 VVA 技术，即验证、确认和认可（verification、validation and accreditation）。"可视化"也是虚拟制造的显著特点，其中虚拟现实、增强现实技术等是改善人机交互自然化的普遍认可的途径。

7.2.3 虚拟制造与实际制造的关系

实际制造系统（RMS）是物质流、信息流在控制流的协调与控制下，在各个层次上进行相应的决策，实现从投入到产出的有效转变，其中物质流和信息流协调工作是其主体。制造过程的实质是在能量流的作用下，通过一定的控制机制，对物质流赋予信息流的过程，是一个动态的、自组织的过程，而虚拟制造系统（VMS）则是在分布式协同工作等多学科技术支持的虚拟环境下的实际制造系统（RMS）的映射。可以简单表示为

$$RMS = RPS + RIS + RCS$$
$$VMS = VPS + VIS + VCS$$

其中，RPS、RIS、RCS 分别是实际物理系统、实际信息系统、实际控制系统，VPS、VIS、VCS 分别是 RMS 各系统在虚拟制造环境下的映射，即在计算机上对 RPS、RIS、RCS 的仿真。

另一方面，在实际制造系统中，物质流和信息流在一定的控制机制下，生产出适销对路的产品，然后

通过对实际制造系统进行抽象、分析、综合，得到实际产品的全数字化模型；虚拟制造的最终目标是反作用于实际制造过程，用来指导制造实践。因此，虚拟制造是实际制造的抽象，实际制造是虚拟制造的实例。虚拟制造系统与实际制造系统之间各种流的关系如图 7.2-1 所示。

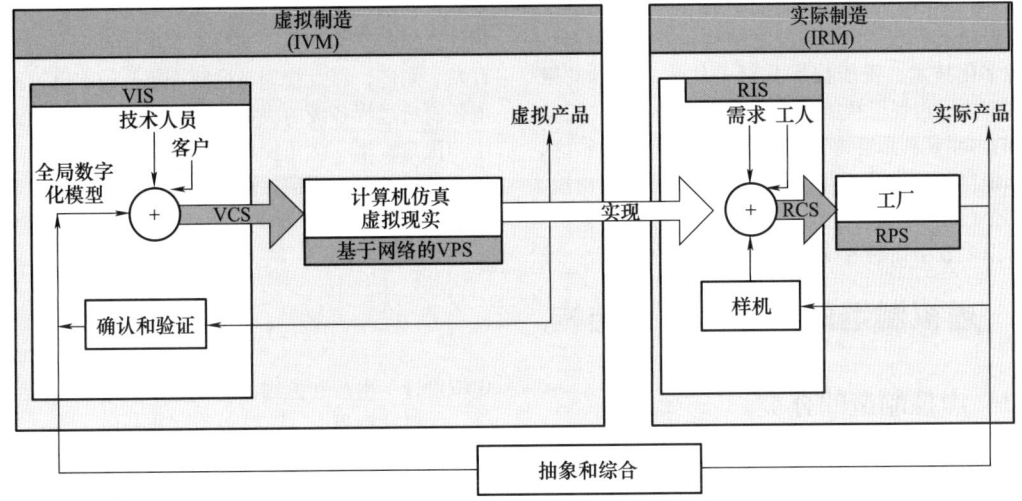

图 7.2-1　虚拟制造系统与实际制造系统之间各种流的关系

7.2.4　虚拟制造与数字化制造的异同

20 世纪中叶以来，随着微电子、自动化、计算机、通信、网络、信息、人工智能等高新技术的迅猛发展，掀起了以信息革命为核心的新技术革命浪潮，数字化制造就是在这样一个背景下应运而生。

在阐述数字化制造技术的内涵之前，可以先了解一下数字化技术。数字化技术是利用计算机软（硬）件及网络、通信技术，对描述的对象进行数字定义、建模、存储、处理、传递、分析和优化，从而达到精确描述和科学决策的过程和方法。数字化技术具有描述精确、可编程、传递迅速、便于存储、转换和集成等特点，因此数字化技术为各个领域的科技进步和创新提供了崭新的工具。数字化技术与传统制造技术的结合即数字化制造技术。

数字化制造技术内涵十分广泛，数字化制造中的"制造"是一个大制造的概念，即包括了从设计到工艺，再从加工到装配，直到产品报废和回收处理全过程，因此通常人们所理解的数字化制造是一种广义概念，是将数字化技术应用于产品设计、制造及管理等产品全生命周期中，以达到提高制造效率和质量、降低制造成本、实现快速响应市场的目的所涉及的一系列活动总称，一般包括数字化设计、数字化工艺、数字化加工、数字化装配、数字化管理、数字化检测和

数字化试验等。

从 20 世纪 50 年代的数控加工开始，可以将数字化制造技术的发展大致分为 4 个主要阶段。

1）以计算机辅助设计（CAD）、计算机辅助工艺规划（CAPP）和计算机辅助制造（CAM）等技术为代表的第一代数字化制造技术（从 20 世纪 60 年代至 20 世纪 80 年代初期）：即单项技术和局部系统的应用阶段。该阶段以数控技术、CAD、CAPP、CAM、计算机辅助工程（CAE）、计算机辅助测试（CAT）、成组技术、物料需求计划（MRP)/MRP Ⅱ 等单项技术及柔性制造系统为主要内容。在该阶段中，人们开始以计算机作为主要技术工具和手段，进行产品设计、分析、工艺规划与制造，并处理各种信息，以提高产品研发效率和质量。

2）以集成制造技术为代表的第二代数字化制造技术（20 世纪 80 年代至 20 世纪 90 年代前期）：即由信息集成、功能集成和过程集成构成的企业级集成应用阶段。该阶段以计算机集成制造（CIM）为代表，通过信息和过程集成来解决单元技术发展造成的信息孤岛问题，同时在该阶段，为减少串行设计方法带来的大量返工问题，美国国防分析研究院提出了并行工程的思路，随后出现了虚拟制造等制造模式。

3）以网络化制造技术为代表的第三代数字化制造技术（20 世纪 90 年代至 21 世纪 10 年代初期）：

该阶段以敏捷制造、供应链管理、电子商务为主要内容的企业间集成应用阶段，通过产品设计制造的协同来提高制造业的竞争力。

4）以智能制造技术为代表的第四代数字化制造技术（21世纪 10 年代至今）：以实现高效、优质、柔性、清洁、安全生产，提高企业对市场快速响应能力和国际竞争力。应该说，智能制造技术的提出和发展，已经超出了数字化制造技术的范畴，它是制造技术与数字化技术、智能技术及新一代信息技术的融合。在该阶段出现了智能制造和"工业 4.0"，"工业 4.0"的内涵是利用赛博物理系统，将生产中的供应、制造和销售等信息数据化、智慧化，最后达到快速、有效、个性化的产品供应。

从以上数字化制造技术的 4 个发展阶段来看，虚拟制造是数字化制造技术发展到一定阶段的产物；同时，数字化制造技术侧重于产品全生命周期的数字化技术应用，而虚拟制造是一种建模与仿真为核心的制造模式。虚拟制造中的建模和仿真技术，不仅仅是一种计算机辅助分析的支撑技术，而且也是企业从传统制造向可预测制造转变的一种新方法、新模式。虚拟制造强调实际制造过程在计算机上的本质实现，即采用计算机仿真与虚拟现实技术，在计算机上实现产品开发、制造，以及管理与控制等制造的本质过程，以增强制造过程各级的决策与控制能力，从而达到提高生产决策水平，优化资源结构和生产过程，缩短实物原型制造及试验周期并降低费用，加快新产品上市速度的目的。

7.3　虚拟制造的分类和体系结构

7.3.1　虚拟制造的分类

虚拟制造既涉及与产品开发制造有关的工程活动，又包含与企业组织经营有关的管理活动。因此，虚拟设计、生产和控制机制是虚拟制造的有机组成部分。按照这种思想，可将虚拟制造分成 3 类，即以设计为核心的虚拟制造、以生产为核心的虚拟制造和以控制为核心的虚拟制造，如图 7.3-1 所示。

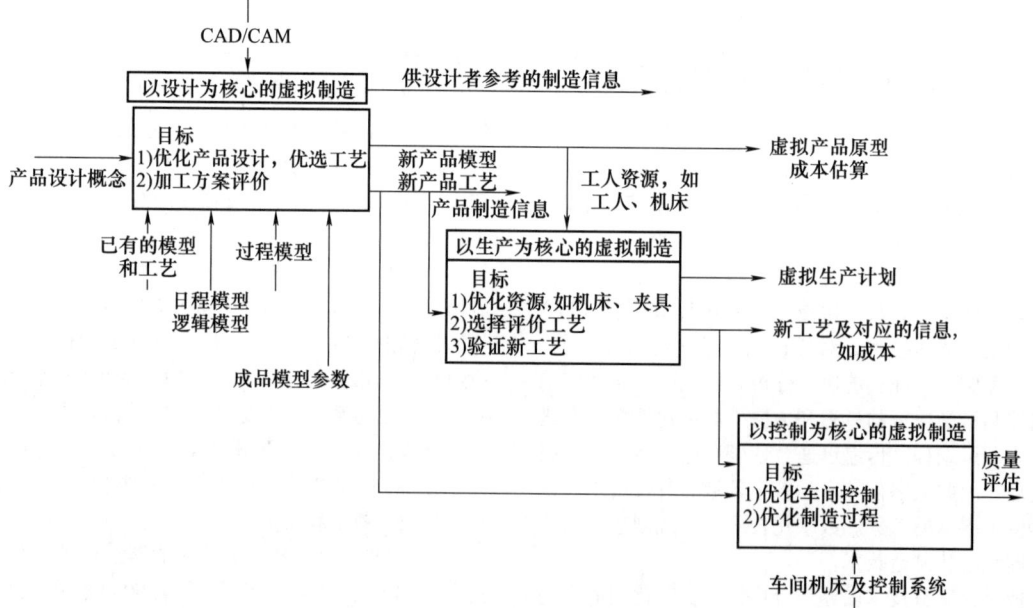

图 7.3-1　虚拟制造的分类及相互关系

1. 以设计为核心的虚拟制造

以设计为核心的虚拟制造，将制造信息引入设计过程中，利用仿真技术来优化产品设计，从而在设计阶段就可以对零件甚至整机进行可制造性分析，包括加工工艺分析、铸造过程的热力学分析、运动学分析和动力学分析等，甚至包括制造时间、制造费用、制造精度分析等。它主要是解决"设计出来的产品是怎样的"的问题。局部目标是针对设计阶段的某个关注点（如可加工性、可装配性、可维修性等）进行仿真和评估，全局目标是对整个产品的各方面性能进行综合仿真和评估。

2. 以生产为核心的虚拟制造

以生产为核心的虚拟制造，是将仿真技术融入生产过程模型，以此来评估和优化生产过程，包括快速评价不同的工艺方案、资源需求计划、生产计划等，其主要目标是评价可生产性。它主要是解决"这样组织生产是否合理"的问题。局部目标是针对生产中的某个关注点（如生产调度计划、车间生产布局等）进行仿真，全局目标是能够对整个生产过程进行仿真，对各个生产计划进行评估。

3. 以控制为核心的虚拟制造

以控制为核心的虚拟制造，是将仿真技术加入控制模型和实际处理中，实现基于仿真的最优控制。其中，虚拟仪器是当前研究的热点之一，它利用计算机软硬件的强大功能，将传统的各种控制仪表、检测仪表的功能数字化，并可灵活地进行各种功能的组合，进而对生产线或车间的优化等生产组织和管理活动进行仿真。它主要是解决"应如何去控制"的问题。

7.3.2　虚拟制造的体系结构

清华大学国家 CIMS 中心提出了一个虚拟制造体系结构，即基于产品数据管理（PDM）集成的、以 3 个虚拟平台（虚拟开发、虚拟生产、虚拟企业）为核心的框架结构（图 7.3-2），归纳出虚拟制造的目标是对产品的"可制造性""可生产性"和"可合作性"提供决策支持。

所谓"可制造性"，指所设计产品（包括零件、部件和整机）的可加工性（铸造、冲压、焊接、切削等）和可装配性等；"可生产性"指企业在已有资源（广义资源，如设备、人力、原材料等）的约束条件下，如何优化生产计划和调度，以满足市场或顾客的要求；考虑制造技术的发展，虚拟制造还应对被喻为 21 世纪的制造模式"敏捷制造"提供支持，即为企业动态联盟的"可合作性"提供支持。上述 3 个方面对一个企业来说是相互关联的，应该形成一个集成的环境。因此，应从 3 个平台，即"虚拟开发平台""虚拟生产平台""虚拟企业平台"，开展产品全过程虚拟制造技术及其集成的虚拟制造环境的研究，包括产品全信息模型、支持各层次虚拟制造的技术并开发相应的支撑平台，以及支持 3 个平台及其集成的产品数据管理技术。

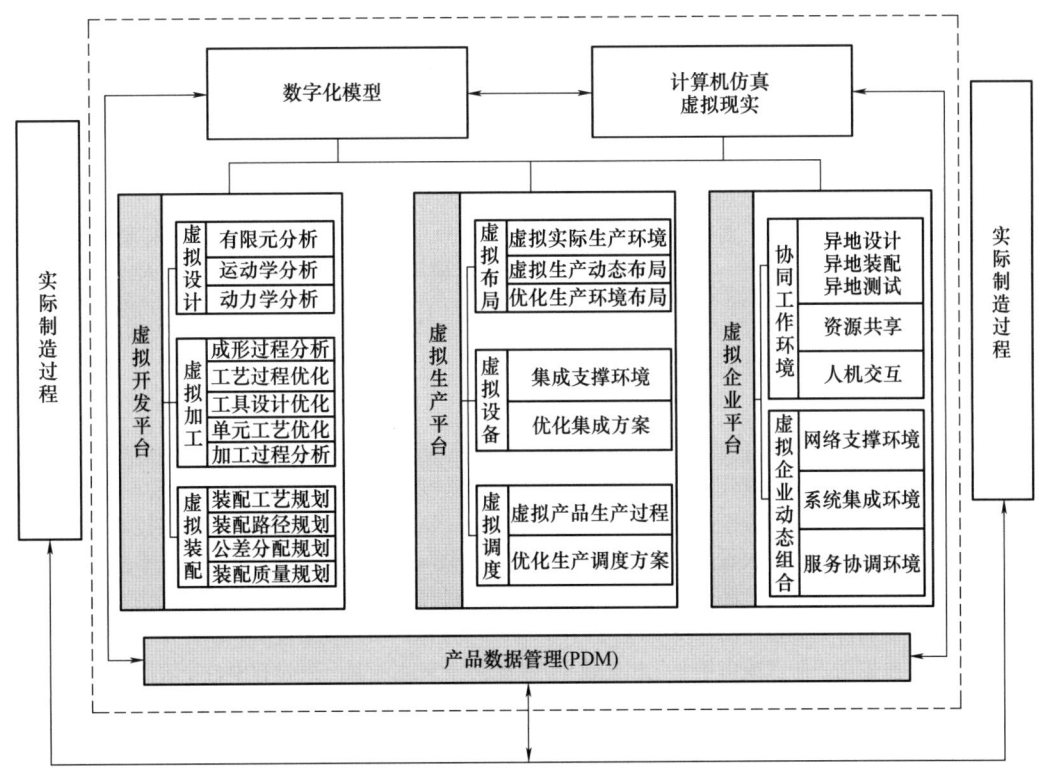

图 7.3-2　虚拟制造体系结构

1. 虚拟开发平台

该平台支持产品的并行设计、工艺规划、加工、装配及维修等过程，进行可加工性分析（包括性能分析、费用估计、工时估计等）和可装配性分析。它是以全信息模型为基础的众多仿真分析软件的集成，包括力学、热力学、运动学、动力学等可制造性分析，一般具有以下研究环境：

1）基于产品技术复合化的产品设计与分析，除了几何造型与特征造型等环境，还包括运动学、动力学、热力学模型分析环境等。

2）基于仿真的零部件制造设计与分析，包括工艺过程优化、工具设计优化、刀位轨迹优化、控制代码优化等。

3）基于仿真的制造过程中碰撞干涉检验及运动轨迹检验——虚拟加工、虚拟机器人等。

4）材料加工成形仿真，包括产品设计，加工成形过程温度场、应力场、流动场的分析，加工工艺优化等。

5）产品虚拟装配，根据产品设计的形状特征、精度特征，真实地模拟产品的装配过程，以检验产品的可装配性，并优化装配工艺。

2. 虚拟生产平台

该平台将支持虚拟生产环境的布局设计及设备集成、产品远程虚拟测试、企业生产计划及调度的优化，并进行可生产性分析。

1）虚拟生产环境布局。根据产品的工艺特征、生产场地、加工设备等信息，三维真实地模拟生产环境，并允许用户交互地修改有关布局，对生产动态过程进行模拟；统计相应评价参数，对虚拟生产环境的布局进行优化。

2）虚拟设备集成。为不同厂家制造的生产设备实现集成提供支撑环境，对不同集成方案进行比较。

3）虚拟计划与调度。根据产品的工艺特征、生产环境布局模拟产品的生产过程，并允许用户以交互方式修改生产排程和动态调度，统计有关评价参数，以找出最满意的生产作业计划与调度方案。

3. 虚拟企业平台

虚拟企业平台被预言为21世纪制造模式的敏捷制造。利用虚拟企业的形式，以实现劳动力、资源、资本、技术、管理和信息等的最优配置，给企业的运行带来了一系列新的技术要求。虚拟企业平台为敏捷制造提供可合作性分析支持。

1）虚拟企业协同工作环境，支持异地设计、装配、测试的环境，特别是基于广域网的三维图形的异地快速传送、过程控制、人机交互等环境。

2）虚拟企业动态组合及运行支持环境，特别是INTERNET与INTRANET下的系统集成与任务协调环境。

4. 基于PDM的虚拟制造集成平台

虚拟制造平台应具有统一的框架、统一的数据模型，并具有开放的体系结构。

1）支持虚拟制造的产品数据模型，包括虚拟制造环境下产品全局数据模型定义的规范，多种产品信息（设计信息、几何信息、加工信息、装配信息等）的一致组织方式。

2）基于产品数据管理（PDM）的虚拟制造集成技术，提供在PDM环境下"零件/部件虚拟开发平台""虚拟生产平台""虚拟企业平台"的集成技术研究环境。

3）基于PDM的产品开发过程集成，提供研究PDM应用接口技术及过程管理技术，实现虚拟制造环境下产品开发全生命周期的过程集成。

7.4　虚拟样机与虚拟产品开发管理

随着虚拟制造的发展，产品开发手段和方法也在不断改进，其中虚拟产品开发最具代表性。虚拟产品开发建立在用计算机完成产品开发全过程这一构想的基础之上，旨在解决产品开发三大难题，即提高产品质量、缩短产品开发周期及降低产品开发成本。相对传统的产品开发方法而言，虚拟产品开发可以大大节省费用，而且能够根据用户需求或市场变化快速改型设计，以期达到大幅度缩短新产品开发周期、提高产品质量、降低产品开发成本的目的。随着新技术和新设备的出现，虚拟产品开发也在不断发展。计算机集成制造、并行工程、价值工程、逆向工程、敏捷制造等策略的提出，从不同程度上促进了虚拟产品开发的发展。近年来，随着客户对产品的需求朝着大规模个性化、更新换代快速化的方向发展，工业物联网、大数据、人工智能、数字孪生等新兴技术均被引入产品开发领域，极大地提高了产品开发手段和方法的先进性，并使虚拟产品开发取得了飞跃式发展。

虚拟产品开发是现实产品开发在计算机环境中的数字化映射，其开发过程中各个阶段的结果统称为虚拟样机。虚拟样机主要包括产品建模、产品开发过程建模和产品性能仿真分析等，是虚拟产品开发的核心内容之一。虚拟样机通过采用数字模型替代物理原型来进行产品设计中的分析与评价，它以产品的CAD模型为基础，应用不同的分析方法检验并改进设计结果。有限元仿真、动力学仿真等 CAE 仿真，能够提供有关产品性能的详细信息，将动画和虚拟现实技术与建模和仿真方法结合，使不同的设计方案可以进行快速评价。通过虚拟样机，可以大大减少对物理原型的需求数量，并加快产品和工艺规划，进而极大地降低产品开发成本，缩短产品开发周期。伴随新兴技术被引入虚拟产品开发领域，虚拟样机也在不断演变与发展。例如，随着数字孪生和数字线程的引入与发展，传统的虚拟样机逐渐由纯虚拟模型朝着虚实同步模型发展，由阶段性开发过程朝着产品开发全过程发展，由离线仿真朝着虚实融合仿真发展。

产品开发过程是一个依附于既定经营领域、既定组织的产品开发技术和管理框架，它将工程技术、方法、工具和人员集成并付诸产品开发实践。在工程实践中，新产品的开发涉及来自不同学科的开发者，需要在一个团队环境中进行，团队的各个小组分别负责新产品的不同部件，这些小组分布在同一栋大楼或分散在世界各地。为了保证产品开发过程的顺利进行，需要为所有相关人员（从技术开发者到市场专家）提供一个综合的、合作的环境。因此，不但需要采用虚拟产品开发技术进行产品设计与开发活动，而且需要对产品开发过程进行有效的协调与管理。虚拟产品开发管理正是在这样的背景和需求下应运而生，它是建立在计算机科学技术和 CAX 技术发展的基础上逐步成熟和完善的。通过计算机网络技术实现虚拟产品开发的组织管理、数据管理、配置管理、流程管理，实现全数字化的开发管理和产品开发各阶段的有序协调的并行工作，最终以最快的速度响应市场需求，设计制造出最低成本、最优质量、最优良售后服务的产品，实现优势开发思想，提高产品的竞争力。

综上所述，虚拟产品开发是产品设计开发手段与方法不断发展的产物，它将随着新一代信息技术的发展而不断演变。虚拟样机和虚拟产品开发管理作为虚拟产品开发的核心要素，必须保持自身的发展与演变，方能起到对虚拟产品开发的支撑作用。

7.4.1 虚拟样机的内涵

虚拟样机是实际产品在计算机上的表示，它能够反映实际产品的特性，包括外观、空间关系，以及运动学和动力学特性等。虚拟样机技术是在 CAD 模型的基础上，把虚拟技术与仿真方法相结合，在虚拟环境中探索虚拟产品的功能，对产品进行几何、功能、制造等许多方面的建模、仿真与分析。因此，在产品设计开发过程中，除了完成传统的原理图形、符号方案的概念设计内容，还包括零件的三维结构设计、可装配性设计、可靠性设计、虚拟装配、三维实体仿真、运动干涉检验、空间布局等，并针对该产品在投入使用后的各种工况进行仿真分析，预测产品的整体性能，进而改进产品设计，提高产品性能。

虚拟样机的设计主要由以下部分组成，即设计方案确定、概念设计、详细设计、仿真分析和优化设计等。

确定设计方案，就是根据市场调研进行项目立项，提出新产品在结构、原理、性能、功能等方面的技术要求、技术指标及实施方案，并进行方案的评审论证。

概念设计就是进行原理性设计和计算，即依据以上技术指标构造产品的几何形状和工程关系，建立一些方程和规则，完成产品结构的初步设计。产品结构要尽可能地反映产品原理、性能和功能上所具有的一些要求和特点，并依此订制一些详细的设计准则，并确定如何描述最后的零件和装配。

详细设计就是在设计准则下进行产品结构的修改，形成产品零件最终的形状和尺寸。设计准则一般包括应改进的缺陷、干涉尺寸、装配环境、应力、加工性能等因素。在进行详细设计的同时，需要对产品零部件在制造环节和使用环节进行仿真，这包含了一系列内容和步骤，如加工过程的应力应变场的仿真，服役工况下的动态响应仿真，包括分析模型的建立、环境模型的建立、负载和约束的施加、响应考核点的设定等。仿真的真正用意不是得到几个数据，而是进行性能评估，从而达到指导设计、优化设计的目的。

在完成这些设计过程及其相关问题求解之后，在计算机上定义零部件的连接关系并对机械系统进行虚拟装配等，这个过程中得到的便是虚拟样机。

通过虚拟样机技术，产品开发过程中无须借助或少借助耗时费力的物理样机制造和测试环节，以发现产品薄弱环节并对其进行优化改进。通过虚拟样机，产品开发可以在虚拟环境下进行，并对产品设计、装配、测试检验及优化进行反复迭代，直至产品性能满足要求，从而大大缩短产品开发周期，降低产品开发成本。虚拟样机在缩短产品开发周期方面的优势如图 7.4-1 所示。

虚拟样机能够在产品设计阶段即可实现对产品的分析、检验与优化，离不开计算机和软件工程的支撑，更离不开产品建模技术和仿真的支撑。下面对虚拟样机的这两项关键技术进行详细介绍。

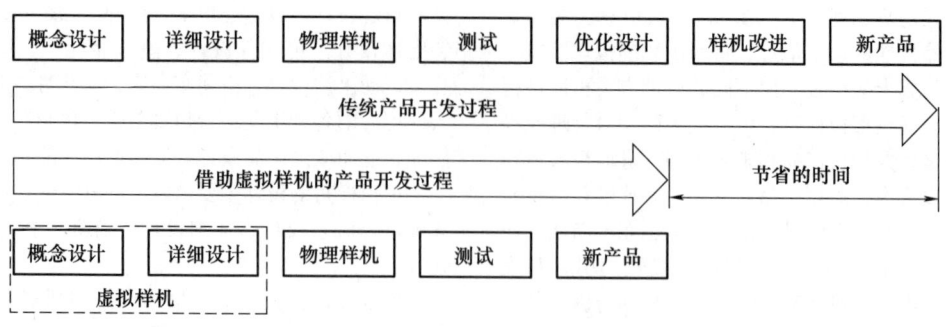

图 7.4-1　虚拟样机在缩短产品开发周期方面的优势

7.4.2　虚拟样机关键技术

1. 产品建模技术

产品建模的任务是建立产品模型，虚拟样机即是产品模型发展到一定阶段的具体表现形式。产品建模和产品模型的表达必须借助有效的方法和工具，在工程语言尚未问世前的很长一段时间，设计是艺术家的工作；在计算机辅助设计问世以前，产品模型反映在设计者的头脑中或表达在草图上。工业化推动了人类文明的进展，信息时代下的工业产品设计离不开计算机，产品模型的建立必须借助灵活有效的计算机辅助设计方法和应用软件工具。

20 世纪 60 年代初，麻省理工学院 Ivan Sutherland 博士的开创性研究，使人类通过交互式方式在计算机上进行产品设计的部分工作；20 世纪 80 年代，微型计算机和图形工作站的问世为产品的计算机辅助设计提供了日后得以普及的工作平台，计算机图形学和计算机辅助技术推动了产品建模技术的研究和实际应用。从二维绘图、三维线框到三维实体，特别是以体素构造表示（CSG）和边界表示（B-Rep）为基础的实体造型技术逐步走向成熟，计算机辅助设计软件得到了商品化、工程化发展。此后，参数化和特征技术方便了设计师对设计变更和变形设计的需求，特征参数化成为计算机辅助设计的主流。基于非均匀有理 B 样条的自由雕塑曲面造型技术极大地方便了飞行器、车体和船体等复杂形体的设计，真实感图形、三维动画乃至虚拟现实技术使设计表达充分、直观，并能预先看到甚至体验到产品的效用，及早发现并排除设计失误。

计算机绘图、几何造型和产品数据管理是计算机辅助设计的核心，但产品建模还直接与产品设计过程紧密相连，因此产品建模与工程设计方法学、系统工程及软件工程有关。产品建模技术及应用吸收了软件工程的方法学。在软件工程中，建模就是从系统分析、设计到实施建造，即编程的抽象化思维过程，20

世纪 80 年代兴起的计算机辅助软件工程实现了在计算机上进行建模工作。在软件工程和系统工程中层出不穷的建模更偏重于过程、方法，建模方法学和范式为产品建模提供了大量可借鉴的思想方法和工具，面向对象的建模即是一例。面向对象的建模从各种应用领域提升为一种普遍的系统建模方法学，广泛地吸取了问题分析和系统设计的各种技巧，其中既有计算机辅助设计中的特征和成组技术，也有关系数据库中的数据表示和处理技术，以及人工智能中知识的表示和处理技术，最直接和综合的来源自然是软件工程。

软件工程的发展和产品开发领域的有效融合，催生了 CAX 技术的发展。CAX 技术主要是指一系列的计算机辅助技术，包括计算机辅助设计（computer aided design，CAD）、计算机辅助工程（computer aided engineering，CAE）、计算机辅助制造（computer aided manufacturing，CAM）、计算机辅助工艺规划（computer aided process planning，CAPP）等，其中 CAD 技术是产品建模的核心技术。

CAD 技术是在计算机硬件与软件的支撑下，通过对产品的描述、造型和图形处理的研究和应用，使计算机辅助技术完成产品的全部设计过程，最后输出满意的设计结果和产品图形。CAD 技术领域很广，用得最为广泛的是二维、三维的几何形体建模、绘图，以及各种机械零部件的设计、电路设计、建筑结构设计等，它是 CAX 技术中最为基础和普遍的技术之一，因为它是采用计算机进行各种产品设计的第一步。CAD 的主要技术内容包括以下几个方面。

1）工程绘图：提供工程绘图的完整功能，包含图面布置，绘制各种视图，进行尺寸标注、编辑和修改，提供标准件库等。

2）曲面造型：根据给定的离散数据和工程问题的边界条件，定义、生成、控制和处理过渡曲面与非矩形域曲面的拼合能力，提供用自由曲面构造产品几何模型所需的曲面造型技术。

3）实体造型：定义和生成体素以及各类实体的

方法，提供用规则几何形体构造产品几何形体所需要的实体造型技术。

4）物性计算：根据产品几何模型计算相应物体的体积、表面积、质量、密度、重心、转动惯量、回转半径等几何特性，以便为对产品进行工程分析和数值计算提供必要的基本数据。

5）三维几何模型的显示处理：解决动态显示图形、消除隐藏线（面）、色彩浓淡处理等问题，提供视觉效果更好的产品模型，以便进行三维几何模型设计的复杂空间布局。

6）特征造型：使实体造型中的几何体被赋予较高层次（相对于几何、拓扑等较低层次信息而言）的工程信息（如定位基准、公差、表面粗糙度或其他信息等），提供参数化尺寸驱动的特征造型功能，使 CAD 系统更接近设计人员思维方式，为集成化产品信息建模提供基础。

7）二维和三维模型的关联：实现三维模型的二维显示，二维图形的轮廓线通过旋转和扫描转化为三维模型。

在 CAD 中融入人工智能和专家系统技术，可大大提高设计的自动化水平，为产品设计的全过程提供支持，进而为产品开发的各个阶段建立联系。面向产品生命周期各个环节的设计（DFX）强调的重要问题之一是在产品设计阶段尽早考虑其后续阶段的制造、装配、检测、维修等各个方面，为此形成了以下一系列技术：

1）可制造性设计（design for manufacturing，DFM）。指在设计过程中考虑如何适应企业现有的制造条件和限制。DFM 工具软件能根据存储在计算机中有关企业车间制造加工条件的数据库，自动对初步的产品设计进行可制造性检验，把检验结果反馈给设计人员，从而使他们能够不断地调整和修改设计，使其满足制造条件的要求。

2）可装配性设计（design for assembly，DFA）。DFA 主要考虑的是设计出来的各种零部件能否在现有技术设备条件下进行装配。DFA 工具软件能自动检测各个零部件之间是否可以装配，或者易于装配等。

3）可检测性设计（design for testing，DFT）。产品制造、装配完了以后，对其性能进行各项检测是十分必要的。例如，电视机下生产线之前，必须采用各种测试方法和装备，对其收视图像的清晰度、音色等进行测试；燃气热水器生产出来以后，也必须对其燃烧效率和 CO 排放量进行严格测试后才能出厂。DFT 就是采用一系列的方法和技术，来评价该设计能否在现有的设备条件下进行检测。

4）可维修性设计。该技术是为了满足用户在使用中的要求，在产品设计中就要考虑产品是否便于维修。

5）可操作性设计。该技术主要是人机工程技术，指产品不仅要满足其主要性能要求，还要考虑用户操作方便，做到可靠、舒适、经济、安全。

2. 虚拟产品仿真技术

虚拟样机中的仿真主要指在虚拟产品模型基础上进行与产品性能有关的仿真分析。利用模型对产品进行虚拟环境下的实现，以及预测产品在真实环境下的性能和特征，它包含一系列步骤，从产品建模、施加环境激励和约束条件到预测产品在真实状况下的响应。随着计算机技术和仿真技术的快速发展及向应用领域的渗透，为虚拟产品性能仿真提供了强大的技术支撑。

产品的性能指产品的功能和质量，功能是实现用户需要的某种行为的能力，质量则是指产品能实现其功能的程度和在使用期内功能的保持性。虚拟产品的性能仿真主要包括产品在服役过程中的性能变化和退化的仿真，仿真系统根据性能仿真的结果及其对应的策略，提出产品修改的方案，进行反馈设计。

产品的设计和制造，尤其是在一些复杂系统的研制开发中，仿真一直是不可缺少的工具。仿真分析是虚拟样机技术的核心，通过对开发产品进行仿真与分析，在实际产品还未制造出来之前，就能够预测所关注的产品的某些特性，通过分析与评估，修改模型相关参数，优化产品结构与性能。

在机械领域，产品不同方面的性能包括运动学特性（位移、速度、加速度、碰撞等），质量性能（结构稳定性、可靠性和安全性等），制造特性（工艺、装配和成本等），维护、服务和回收特性，美学特性（式样、颜色、尺寸等），人机功效持性（空间布局、操作范围和操作强度等）。这些不同的特性与产品基本属性相关，包括物理属性（惯量、硬度和材料强度等）、光学属性（发光、反射和漫射性等）和热属性（传导率和冷却率等）等。相应地，虚拟产品的仿真分析包含很多方面：在机械系统功能方面，包括机械系统的运动学、动力学分析；在工程分析方面，主要借助有限元或其他数值模拟手段，对产品的静力、模态、振动、冲击、接触等力学行为，产品的物理功能或物理过程，以及工艺过程，如浇注过程中的流场、温度场、应力场等进行模拟仿真；在机械加工方面，包括加工刀具轨迹仿真、工艺规划，以及加工的物理过程等进行仿真。随着计算机技术的飞速发展，人们对于客观事物的表示已经转向"景物真实、动作真实、感觉真实"的多维信息系统。

优化技术是一种以数学为基础，用于求解各种工程问题最优/次优解的应用技术，涉及工程问题的形式化描述、数学模型的定义及优化算法的创建和选用3大关键问题。目前，已有多种优化算法，如响应面法、模拟退火算法、遗传算法、禁忌搜索、神经网络优化算法、混沌优化、混合优化策略等智能优化算法。虚拟样机中的优化通常是根据仿真结果，针对不同性能目标，采用不同优化算法，对产品的结构、装配关系和性能进行最优/次优求解的过程。在虚拟样机中，仿真和优化是紧密相关的，根据仿真结果进行优化，优化结果又需要仿真来进行验证分析。虚拟样机中的仿真优化也可归类于 CAX 技术，主要包括 CAE 技术和 CAM 技术。

计算机辅助工程（CAE）技术主要指一系列对产品设计进行各种模拟、仿真、分析和优化的技术。从硬件和软件的算法看，可以概略地把 CAE 仿真"行为"分为 3 类，即隐式、用于结构力学的显式有限元分析（finite element analysis，FEA）和用于流体力学的计算流体动力学（computational fluid dynamics，CFD）。CFD 用于在一个特定环境下研究流体特性，它是在 CAE 范围内增长最快的部分之一。CAE 的主要技术内容包括以下几个方面。

1）有限元分析：构造梁单元、薄板单元和三维实体单元，以及有限元网格自动生成，特别是复杂的三维模型有限元网格的自动划分；定义各种载荷物理和材料性能及边界条件；对产品进行多种快速而精确的分析计算，如结构的静动态特性、强度、刚度、振动、热变形、势流分析等；分析结果，用深浅不同的颜色或绘制等高线来描述应力场等后处理。

2）优化设计：通过定义特性规范或约束条件（如载荷、材料强度、位移和固有频率等），把握设计的功能极限，优化设计方案，其关键是建立正确的数学模型。若研究对象可用数学描述，称之为理论数学模型，否则可用函数拟合手段建立近似模型，也可运用仿真原理建立数学模型。模型确定后，便可选择合适的优化算法，如线性规划、非线性规划、动态规划和最优控制问题等求解。优化设计功能模块可通过前、后处理器及数据库与 CAD 系统集成在一起。前处理器生成几何模型进行显示，并将参数传递到优化设计程序进行优化，优化后的结果对原参数进行修改，并将优化后的设计结果显示出来。

3）运动学和动力学分析：对由一定数量零件通过各种方式连接而成的机械系统进行运动学分析和动力学分析。动力学是在系统动力学模型的基础上，根据系统受到的外部激励和实际工作条件分析研究系统的动态特性，从而达到提高整个产品动态性能的目的。动态分析的主要理论基础是模态分析和模态综合理论，具体研究内容包括系统的固有特性分析和动态响应分析。系统固有特性包括系统各阶段固有频率、模态振型和模态阻尼比等参数，分析的目的，一方面是为了避免系统在工作时发生共振或出现有害的振型，另一方面是为了对系统进行响应分析。响应分析是计算机系统在外部激振力作用下的各种响应，包括位移响应、速度响应和加速度响应。系统对外部激振的响应导致系统内部产生动态应力和动态位移，从而影响产品的使用寿命和动作性能，或者产生较大的噪音，响应分析的目的是计算系统对各种可能受到的激振力的动力响应，并将它控制在一定范围之内。

4）流体力学分析：CFD 数字模拟是 20 世纪 70 年代以来计算流体力学、数值分析、计算传热、计算机计算技术等最新发展的结果，它已成为工程设计中强有力的工具。利用数值方法和高速计算机直接求解非线性联立的质量、动量和组分守恒偏微分方程，是 CFD 数值模拟的主要内容。使用 CFD 分析技术所需要的步骤可以概括为 4 个部分，即获得欲分析物体的几何模型、产生合适的计算网格、利用快速正确的数值技巧求得计算区域内的流场、观察计算所得的结果。用于瞬时状态的 CFD 仿真已经达到了工业化应用的水平，如用于自动推进的电力火车气缸内部燃烧仿真，用于正在转动的飞轮和正在地面滑行的飞机的空气动力学仿真，用于航行器非巡航状态的空气动力学仿真，用于燃烧室的热空气流动仿真等，CFD 几乎可应用到全部的工业部门。

5）FEA 新发展：结构 FEA 仿真目前正经历一个从确定性到不确定性的历史性转变。对单个 FEA 分析的变化不大，高度并行随机技术正被应用于更好地解决材料特性分析、测试条件、制造和装配等设计中不确定性问题。FEA 方法在特殊情况下适于不确定性仿真。使用 FEA 动力学进行高度短暂的非线性造型，如汽车等交通工具的碰撞、气囊与驾驶员的交互作用，以及飞机与飞鸟的碰撞，都呈现出实际参数的分散性。随机仿真发展表明，CAE 仿真正朝着单学科与多学科结合的方向发展。

计算机辅助制造（CAM）技术是计算机在产品制造方面有关应用的统称，可有广义 CAM 和狭义 CAM 之分。广义 CAM 指利用计算机完成从毛坯到产品制造过程中的直接和间接的活动，包含了计算机辅助工艺设计，计算机辅助工装设计与制造，计算机辅助数控编程，工时定额和材料定额的编制等内容，也包含了质量控制、生产控制等主要方面。

狭义 CAM 指工艺准备或在它的某些活动中应用计算机来进行，将已设计好的零件形成相应加工程序代码。例如，把某已设计好的轴类零件自动形成在数控机床上的加工代码，并模拟显示其走刀轨迹。通过这种技术，能及早发现刀轨不合理及干涉情况，提高数控编程的正确性。

数控编程常用的有语言编程系统（常称为自动编程系统，也称为批处理式编程）、交互图形编程系统和计算机数控手动数据输入编程系统。在语言编程系统中，编程人员根据零件图样及工艺过程，用规定的编程语言——面向加工的专用语言来编写零件源程序并作为计算机的输入，经主信息处理和后处理的结果可通过屏幕显示工具，进行走刀轨迹的图形模拟，以检查刀位数据或加工程序的正确性。在交互图形编程系统中，通过图形界面，以人与计算机实时对话的方式，在计算机内逐步生成零件图形数据和走刀轨迹数据，并在显示屏上显示其图形。在此过程中，能对实际加工过程进行计算机模拟，直观且便于修改。

工业机器人与数控机床有很多相似的属性，驱动机床操作的 NC 技术同样可用于控制机器人手臂的运动，但机器人编程的语言不同于 NC 编程语言，这些机器人指令提供了非常完备的关于位置、方向、速度及加速度的工作控制，操作人员与机器人之间的交流对话一般由一个计算机终端来完成。当然，机器人也可以通过引导方式来获得指示。一旦键入命令和指示，它们就被存入计算机的存储器里，当产品或加工过程有所变化时，还可调整或重新编辑命令。机器人作业内容可通过示教编程或离线编程来完成，前者需要实际机器人系统和工作环境，需要在实际系统上试验程序，编程的质量依赖于经验，很难实现复杂的机器人运动轨迹；后者不需要真实机器人做程序试验，通过仿真进行程序设计，优化的程序可直接导入机器人控制器中而驱动机器人作业，该方法易于实现机器人的复杂运动轨迹编程。

仿真优化技术是实现虚拟样机的通用支撑技术，在虚拟样机中利用仿真来优化产品设计，在设计阶段对零件，甚至整机进行性能、功能、成本和可制造性分析，并根据仿真分析结果，通过改变设计变量对产品进行优化改进。产品设计专业领域数目众多，在这些专业领域中，不同的仿真软件的发展具有相对的独立性；与此同时，虚拟样机中的仿真优化技术更突出人的作用，强调人机的交互和协同工作，更强调可操纵性，而这就要求将仿真优化过程进行可视化呈现，而这离不开数据可视化技术的支撑。此外，将虚拟现实技术与虚拟样机的仿真优化相融合，可使仿真结果更直观、更真实、更富灵感。

数据可视化技术指运用计算机图形学和图像处理技术，将数据转换为图形或图像，在屏幕上显示出来，并进行交互处理的理论、方法和技术。它涉及计算机图形学、图像处理、计算机辅助设计、计算机视觉及人机交互技术等多个领域。数据可视化概念首先来自科学计算可视化（visualization in scientific computing）。科学家们不仅需要通过图形、图像来分析由计算机算出的数据，而且需要了解在计算过程中数据的变化。随着计算机技术的发展，数据可视化概念已大大扩展，它不仅包括科学计算数据的可视化，而且包括工程数据和测量数据的可视化。学术界常把这种空间数据的可视化称为体视化（volume visualization）技术。随着网络技术和电子商务的发展，有人提出了信息可视化（information visualization）的要求。通过数据可视化技术，发现大量金融、通信和商业数据中隐含的规律，从而为决策提供依据。这已成为数据可视化技术中新的热点。

数据可视化技术的主要特点：

1）交互性。用户可以方便地以交互的方式管理和开发数据。

2）多维性。可以看到表示对象或事件的数据的多个属性或变量，而数据可以按每一维的值将其分类、排序、组合和显示。

3）可视性。数据可以用图像、曲线、二维图形、三维实体和动画来显示，并可对其模式和相互关系进行可视化分析。

计算机用于科学计算和数据处理已有近 50 年的历史。但是，长期以来，由于计算机技术水平的限制，数据只能批处理而不能进行交互处理；不能对计算过程进行干预和引导，只能被动地等待计算结果的输出，而大量的输出数据也只能采用人工方式处理，或者使用绘图仪输出二维图形。这样做，不仅不能及时地得到有关数据的直观、形象的整体概念，而且还有可能丢失大量信息。近年来，来自超级计算机、卫星、先进医学成像设备及地质勘探的数据与日俱增，使数据可视化日益成为迫切需要解决的问题。另一方面，近年来，由于计算机的计算速度迅速提高，内存容量和磁盘空间不断扩大，网络功能日益增强，并可用硬件来实现许多重要的图形生成及图像处理算法，这才有可能运用数据可视化技术直观、形象地显示海量的数据和信息，并进行交互处理。数据可视化的应用十分广泛，几乎可以应用于自然科学、工程技术、金融、通信和商业等各种领域。

在工程设计中常采用计算力学的手段，计算力学更离不开可视化技术。有限元分析是 20 世纪 50 年代提出的适用于计算机处理的一种结构分析的数值计算方法，它在飞机设计、水坝建造、机械产品设计、建筑结构应力分析等领域都得到了广泛应用。从数学的观点来看，有限元分析将研究对象划分为若干个子单元，并在此基础上求出偏微分方程的近似解。在有限元分析中，应用可视化技术可实现形体的网格划分及有限元分析结果数据的图形显示，即所谓有限元分析的前后处理，并根据分析结果，实现网格划分的优化，使计算结果更加可靠和精确。

3. 虚拟现实技术

"可视化"也是虚拟制造的显著特点，其中虚拟现实、增强现实技术等是改善人机交互自然化的有效途径。虚拟现实技术是 20 世纪 80 年代末诞生的，它以检测技术、控制理论、电子通讯、信息处理及机械工程等众多学科理论为基础，综合了计算机科学、多媒体技术、图像处理、人工智能和神经网络、生理学、心理物理学，以及认知科学等的最新研究成果，创造性地把人类引向了一个全新的四维世界。虚拟现实技术的基本思想虽然可以追溯到 20 世纪 60 年代，但真正意义上的技术形成，只有到了信息技术高度发展的时代才成为可能。因此，虚拟现实技术是以信息技术为代表的各技术领域最新成就交汇和融合的必然产物。它可以把人类创造的极其抽象的概念具体化；可以帮助人们揭示事物的本质，提高人们的创造性；可以实现超越一般时空观念制约的控制和通信，极大地进行人类智能的延伸和扩展。

所谓虚拟现实技术就是由计算机直接把视觉、听觉和触觉等多种信息合成，并提示给人的感觉器官，在人的周围生成一个三维的虚拟环境，从而把人、现实世界和虚拟空间结合起来融为一体，相互间进行信息的交流与反馈。人在虚拟环境中，可以以最自然的形态实时地进行操作和行动，犹如自身处在真实环境中。虚拟现实技术或由它构筑的系统，具有以下 3 个显著特点。1) 沉浸感（immersion）：指用户所感知的虚拟环境是三维的、立体的，其感知的信息是多通道的，即用户能获得视觉、听觉、触觉等多种反馈信息。2) 交互性（interactivity）：指用户可采取现实生活中习以为常的方式来操纵虚拟环境中的物体，并改变其方位、属性或当前的运动状态。不同于基于二维菜单选项和命令输入等传统的人机交互方式，在虚拟环境中，物体的界面常常就是其自身，用户可采用直接三维操作，或者以手势、语音等多通道信息来表达自己的意图。3) 实时性（real-time）：虚拟环境的最终目标是模拟真实的物理世界，因此虚拟现实系统应能按用户当前的视点位置和视线方向，实时地改变呈现在用户眼前的虚拟环境画面，并利用各种传感装置实时产生符合当前情景的听觉和触觉/力觉响应。

虚拟现实技术以其卓越而自然的人机交互方式、身临其境的非凡感受、冲击传统的思维模式而成为计算机领域的热门话题。早期的应用由于价格昂贵、技术复杂而仅限于国防训练和军事模拟等领域。随着计算机图形加速能力、浮点计算能力、实时分布处理能力、三维音效能力的大幅度提高，以及传感器和显示器技术的飞速发展，虚拟现实系统和设备开始走向成熟，其应用领域已扩展到工程（如制造、航空、石化、核能、汽车及微观的毫微级工程）、娱乐、建筑城市规划、战争防卫系统、人体功效、健康及安全、医疗（如手术、心理治疗、药理学），以及各种各样的培训、教育、市场销售、数据可视化等，不同的领域都会出现不同的虚拟现实（VR）应用软件系统。虚拟现实技术来源于三维交互式图形学，目前已发展成为一门相对独立的学科。现今科学技术的迅猛发展，已经使虚拟现实技术的应用逐步渗透到人们的社会工作和生活中，并产生巨大的经济效益和社会效益。这种强大的渗透性已经得到扩展，随着计算机技术、传感技术和控制技术的发展，多媒体和 VR 的内涵正在不断延伸和拓展。

虚拟现实系统和其他类型的计算机应用系统一样，由硬件和软件两大部分组成。在虚拟现实系统中，首先要建立一个虚拟世界，这就必须要有以计算机为中心的一系列设备；同时，为了实现用户与虚拟世界的自然交互，还必须有一批特殊的设备才能得以实现，如用户要看到立体的图像、三维的虚拟的声音，人的运动也要进行跟踪，所以要建立一个虚拟现实系统，硬件设备是基础。在虚拟现实系统中，硬件设备主要由 3 个部分组成，即输入设备、输出设备、生成设备。

(1) 虚拟现实系统的输入设备

虚拟现实系统的输入设备主要分为两大类：一类是基于自然的交互设备，用于对虚拟世界信息的输入；另一类是三维定位跟踪设备，主要用于对输入设备在三维空间中的位置进行判定，并将状态输入虚拟现实系统中。

1) 基于自然的交互设备主要包括数据手套、运动捕捉系统、三维控制器、三维扫描仪等。其中，数据手套是该类设备中最为常见的，它是美国 VPL 公司在 1987 年推出的一种传感手套的专有名称。现在数据手套已成为一种被广泛使用的输入传感设备，它是一种穿戴在用户手上，作为一只虚拟的手，用于与虚拟现实系统进行交互，可以在虚拟世界中进行物体抓取、移动、装配、操纵、控制，并把手指和手掌伸屈时的各种姿势转换成数字信号传送给计算机，计算机通过应用程序识别出用户的手在虚拟世界中操作时的姿势，执行相应的操作。在实际应用中，数据手套还必须配有空间位置跟踪器，检测手在三维空间中的实际方位。当今已有多种数据手套产品，它们之间的区别主要在于采用的传感器不同。

① 美国 VPL 公司的数据手套如图 7.4-2 所示。手套部分使用了轻质的富有弹性的莱卡材料制成，并在手套中还可附加使用 Isotrack3D 位置传感器，用于三维空间中位置检测。它采用光纤作为传感器，用于测量手指关节的弯曲和外展角度。采用光纤作为传感器，是因为光纤较轻、结构紧凑，可方便地安装在手套上，并且用户戴上手套感到很舒适。此数据手套中，手指的每个被测关节上都有一个光纤环。纤维经过塑料附件安装，使之随着手指的弯曲而弯曲。在标准的配置中，每个手指背面只安装两个传感器，以便测量主要关节的弯曲运动。在图 7.4-2 所示的数据手套中，光纤环的一端与光电子接口的一个红外发射二极管相接，作为光源端；另一端与一个红外接收二极管相接，检测经过光纤环返回的光强度。当手指伸直（光纤也呈直线状态）时，因为圆柱壁的折射率小于中心材料的折射率，传输的光线没有被衰减；当手指弯曲（光纤呈弯曲状态）时，在手指关节弯曲处光会逸出光纤，光的逸出量与手指关节的弯曲程度成比例，这样测量返回光的强度就可以间接测出手指关节的弯曲角度。

因为用户手的大小不同，导致手套戴在手上的松紧程度不一样。为了能让通过测量得到的光强数据计算出的关节弯曲程度更为准确，每次使用数据手套时，都必须进行校正。所谓手套校正，就是把原始的传感器读数变成手指关节角的过程。

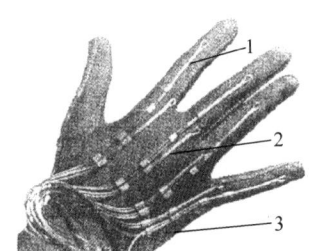

图 7.4-2 数据手套
1—光纤 2—传感器 3—手套

数据手套体积小、重量轻、用户操作简单，所以应用十分普遍。除了 VPL 公司的数据手套，还有 Vertex 公司的赛伯手套、Exos 公司的灵巧手手套、Mattel 公司的 Power Glove、5DT 公司的 Glove 16 型 14 传感器数据手套等。

② 运动捕捉系统的原理是把真实人的动作完全附加到一个三维模型或角色动画上。表演者穿着特制的表演服，在关节部位绑上闪光小球，如肩膀、肘弯和手腕 3 点各有一个小球，就能反映出手臂的运动轨迹，如图 7.4-3 所示。在运动捕捉系统中，通常并不要求捕捉表演者身上每个点的动作，而只需捕捉若干个关键点的运动轨迹，再根据造型中各部分的物理、生理约束就可以合成最终的运动画面。

Moven 惯性运动捕捉系统是一款易操作、经济实用的人体动作捕捉装置。它以独特的微型惯性运动传输传感器（MTx）和无线 Xbus 系统为基础，结合了符合生物力学设计的高效传感器等 Xscns 的最新科技。Moven 惯性运动捕捉系统在全身采用 16 个惯性传感器（最多可增加到 18 个），能实时捕捉人体六自由度的惯性运动，数据通过无线网络传输到计算机或笔记本计算机中，实时记录和查看动态捕捉效果。Moven 惯性运动捕捉系统最独特之处在于，无须外部照相机和发射器等装置，避免了多余的数据传输线或电源线对使用者的行动限制。使用者即使将系统套装随意穿在自己衣服里面，都丝毫不会影响动态捕捉的效果（外套采用莱卡材质制造而成，内部埋设传感器）。

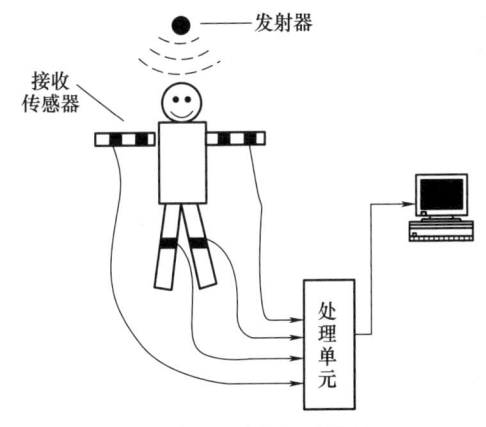

图 7.4-3 运动捕捉系统原理

运动捕捉系统提供了新的人机交互手段。对人类来说，表情和动作是情绪、愿望的重要表达形式，运动捕捉技术完成了将表情和动作数字化的工作，提供了新的人机交互手段，比传统的键盘、鼠标更直接方便，不仅可以实现"三维鼠标"和"手势识别"，还使操作者能以自然的动作和表情直接控制计算机。

③ 常见的三维控制器包括三维鼠标和力矩球。三维鼠标相对成本较低，常应用于建筑设计等领域。力矩球如图 7.4-4 所示，其优点是简单且耐用，可以操纵物理对象。但是，在选取物体时不够直观，使用前一般需要进行培训与学习。

④ 三维扫描仪，又称三维数字化仪或三维模型数字化仪，是一种较为先进的三维模型建立设备，它是当前使用的对实际物体三维建模的重要工具，能快

图 7.4-4　力矩球

速方便地将真实世界的立体彩色的物体信息转换为计算机能直接处理的数字信号，为实物数字化提供了有效的手段。

三维扫描仪与传统的平面扫描仪、摄像机、图形采集卡相比有很大不同。首先，其扫描对象不是平面图案，而是立体的实物；其次，通过扫描，可以获得物体表面每个采样点的三维空间坐标，彩色扫描还可以获得每个采样点的色彩，某些扫描设备甚至可以获得物体内部的结构数据，而摄像机只能拍摄物体的某一个侧面，而且会丢失大量的深度信息；第三，它输出的不是二维图像，而是包含物体表面每个采样点的三维空间坐标和色彩的数字模型文件，可以直接用于 CAD 或三维动画。彩色扫描仪还可以输出物体表面色彩纹理贴图。

Cyberware 公司的三维扫描仪，在 20 世纪 80 年代就被迪士尼等动画和特技公司采用，曾用于《侏罗纪公园》《终结者Ⅱ》《蝙蝠侠Ⅱ》、《机械战警》等影片，还用于快速雕塑系统。20 世纪 90 年代的扫描仪，可对人体进行全身扫描，对给定对象采用多边形、NURBS 曲面点、Spline 曲线方式进行描述，常用于动画制作、人类学研究、服装设计等方面。

3DScanner 公司的 Reversa 是采用非接触式双相机激光扫描头，基于线状结构光测距原理，采用"相机-激光源-相机"的方案实现。它制作精巧、重量轻、体积小、激光束最窄 40um，深度方向测量精度为 10um。Reversa 可以装在三坐标测量系统或Replica（3DScanner 公司 1994 年的产品）的独立扫描桌上，进行 4 轴或 5 轴的扫描运动，扫描采样速率为 1 万~1.5 万点/s。其软件提供扫描方式控制、数据格式转化、三维显示、等高线显示、比例缩放、指定点坐标显示、修补界面等功能。

其他类型的产品有 CGI 公司的自动断层扫描仪CSS-1000；Inspeck 公司的三维光学扫描装置；Digibot 公司的 Digbot Ⅱ，采用点状结构光测量深度；Steinbichler 公司的三维扫描系统有 COMET、Tricolite、AutoScan；华中科技大学的 3DLCS95 等。

2）三维定位跟踪设备是虚拟现实系统中关键的传感设备之一，它的任务是检测位置与方位，并将其数据输入给虚拟现实系统。需要指出的是，这种三维定位跟踪设备对被检测的物体必须是无干扰的，也就是说，无论这种传感器基于何种原理和应用何种技术，它都不应影响被测物体的运动，即"非接触式传感跟踪器"。常见的三维定位跟踪设备有电磁跟踪系统、声学跟踪系统、光学跟踪系统、机械跟踪系统、惯性位置跟踪系统。

（2）虚拟现实系统的输出设备

在虚拟现实系统中，人置身于虚拟世界中，要使人体得到浪漫的感觉，必须让虚拟世界提供各种模拟人在现实世界中的多种感受，如视觉、听觉、触觉、力觉、嗅觉、味觉、痛感等。然而，基于目前的技术水平，成熟和相对成熟的感知信息的产生和检测技术仅有视觉、听觉和触觉（力觉）三种。

感知设备的作用：在虚拟世界中，将各种感知信号转变为人所能接受的多通道刺激信号。在现在主要应用的是基于视觉、听觉和触觉（力觉）感知的设备，基于味觉、嗅觉等的设备有待开发研究。

1）视觉感知设备。视觉感知设备主要是向用户提供立体宽视野的场景显示，并且这种场景会实时改变。人从外界获得的信息，有 80% 以上来自视觉，视觉感知设备是最为常见的，也是这几类感知设备中最为成熟的，典型的应用产品有台式立体显示系统、头盔显示器、吊杆式显示器、洞穴式立体显示装置、响应工作台显示装置、墙式立体显示装置等。

2）听觉感知设备。听觉感知设备的主要功能是提供虚拟世界中的三维真实感声音的输入及播放，一般由耳机和专用声卡组成。通常用专用声卡将单通道或普通立体声源信号处理成具有双耳效应的三维虚拟立体声音。听觉信息是人类仅次于视觉信息的第二传感通道，它是多通道感知虚拟环境中的一个重要组成部分。它一方面接收用户与虚拟环境的语音输入，另一方面也生成虚拟世界中的立体三维声音。

一般来说，用耳机最容易达到虚拟现实的要求。当使用扬声器时，其位置远离头部，耳朵能听到每个扬声器的声音，但控制起来就比较困难。虽然商业化的高逼真电影往往声称扬声器有很好的形成声像的能力，但用户通常被限制在房中单一的收听位置，只得到固定方位声像（不补偿头部转动），而且房间的声学特性不容易处理。此外，由于耳朵完全打开，不可能排除环境中附加的声音。

虽然与耳机有关的接触感可能限制听觉临场感的效果，但由于用户有时需要在虚拟和真实环境之间来回转换，这种与耳机的接触可能更方便。当然，有时可以利用扬声器能发出很大的低频爆破声的特点，采用扬声器用于振动身体部分（如肚子等）。

3）触觉（力觉）感知设备。从本质上来说，触觉和力觉实际是两种不同的感知。力觉感知设备主要是要求能反馈力的大小和方向，而触觉感知所包含的内容要更丰富一些，如手与物体相接触，应包含一般的接触感，进一步应包含感知物体的质感（布料、海绵、橡胶、木材、金属、石头等）、纹理感（平滑、粗糙程度等）及温度感等。在实际虚拟现实系统中，目前能实现的仅仅是模拟一般的接触感。在相应设备中，基于力觉感知的力反馈装置相对成熟一些。

触觉反馈在物体辨识与操作中起重要作用，同时也检测物体的接触，所以在任何力反馈系统中都是需要的。人体具有 20 种不同类型的神经末梢，给大脑发送信息。多数感知器是热、冷、疼、压、接触等感知器。触觉反馈装置就应该给这些感知器提供高频振动、形状或压力分布、温度分布等信息。就目前技术来说，触觉反馈装置主要局限于手指触觉反馈装置。按触觉反馈的原理，手指触觉反馈装置可分为 5 类，即基于视觉、电刺激式、神经肌肉刺激式、充气式和振动式。

所谓力反馈，是运用先进的技术手段将虚拟物体的空间运动转变成周边物理设备的机械运动，使用户能够体验到真实的力度感和方向感，从而提供一个崭新的人机交互界面。力反馈技术最早被应用于尖端医学和军事领域，在实际应用中，常见的几种设备包括力反馈鼠标、力反馈手柄、力反馈手臂、力反馈的 Rutgers 轻便操纵器、LRP 手操纵器等。

（3）虚拟世界生成设备

在虚拟现实系统中，计算机是虚拟世界的主要生成设备，所以有人称之为"虚拟现实引擎"，它首先创建出虚拟世界的场景，同时还必须实时响应用户的各种方式的输入。计算机的性能在很大程度上决定了虚拟现实系统的性能优劣，由于虚拟世界本身的复杂性及实时性计算的要求，产生虚拟环境所需的计算量极为巨大，这对计算机的配置提出了极高的要求，最主要是要求计算机必须有高速的 CPU 和强有力的图形处理能力。

虚拟世界生成设备通常主要分为基于高性能个人计算机、基于高性能图形工作站和基于分布式计算机的虚拟现实系统 3 大类。基于高性能个人计算机的虚拟现实系统主要采用普通计算机配置图形加速卡，通常用于桌面式非沉浸型虚拟现实系统；基于高性能图形工作站的虚拟现实系统一般配备有 SUN 或 SGI 公司可视化工作站；基于分布式计算机的虚拟现实系统则采用网络连接的分布式结构计算机系统。

在当前计算机应用中，仅次于 PC 的最大的计算系统是工作站。与 PC 相比，工作站有更强的计算能力、更大的磁盘空间和更快的通信方式。于是，有一些公司在其工作站上开发了某些虚拟现实功能。Sun 和 SGI 采用的一种途径是用虚拟现实工具改进现有的工作站，像基于 PC 的系统那样。DivisionLtd 采用的另一种途径是设计虚拟现实专用的"总承包"系统，如 Provision100 是基于工作站的虚拟现实机器的两种发展途径。

SunGraph 系列专业虚拟现实工作站是北京黎明公司开发的国内首套应用于虚拟现实和视景仿真领域的专业虚拟现实工作站系统，根据应用领域和面向对象，虚拟现实工作站共有 3 款，即 Sun Graph lightning、Sun Graph Tonado、Sun Graph Galaxy，该系列虚拟现实工作站系统基于开放稳定的 Microsoft NT 架构和 Intel 小型机架构的高性能计算机，其所采用的通用开放的基于 NT 架构的操作系统和硬件环境，不仅极大地提高了系统本身的易用性、兼容性和可升级性，突破了传统 UNIX 工作站昂贵的价格和应用瓶颈，而且还以经济合理的价格实现配置的优越性和灵活性，实现了图形能力、稳定性、价格和高速计算性能的最佳平衡。

SunGraph 系列专业虚拟现实工作站具有强大的计算能力和卓越的虚拟现实三维图形处理速度、极高的性能价格比、开放易用、兼容性好、稳定性高、可升级性强，同时具有视景仿真和虚拟现实功能，即随机配备各种虚拟现实设备的接口，并可配套性能优越的虚拟现实和视景仿真软件开发平台；可以多人同时进行虚拟现实效果观察演示，支持高精度、高分辨力、高速逐行的三维立体图形显示输出；克服了一般图形系统因隔行显示带来的分辨力低、闪烁、清晰度差等方面的缺点。采用基于高端 PC 平台的虚拟现实和视景仿真解决方案，兼容性好、开放性强；可扩展、升级，能真正实现计算机三维图形"真三维"桌面虚拟现实效果和高清晰度、大幅面立体投影显示。

超级计算机又称巨型机，是计算机中功能最强、运算速度最快、存储容量最大和价格最贵的一类计算机，多用于高科技领域和国防尖端技术的研究，如核武器设计、核爆炸模拟、反导弹武器系统、空间技术、空气动力学、大范围气象预报、石油地质勘探等。具有代表性的产品有 1987 年由美国 Cray 公司研制的 Cray3，其计算速度可达几十亿次/s。1998 年，IBM 公司开发出被称为"蓝色太平洋"的超级计算机，每秒能进行 3.9 万亿次浮点运算；2002 年，日本研制出超级计算机"地球模拟器"，运算速度高达

40万亿次/s。目前，世界上最快的超级计算机还有蓝色基因（BlueGene/L）（美国）、哥伦比亚（Columbia）（美国）等。

在我国，"银河""曙光"和"神威"系列超级计算机相继投入使用，在超级计算机硬件技术方面已达到国际先进水平。其中，中国曙光计算机公司研制的超级计算机"曙光4000A"排名第十，这是我国超级计算机首次跻身世界十强。

超级计算机通常分为六种实际机器模型，即单指令多数据流（SIMD）机、并行向量处理机（PVP）、对称多处理机（SMP）、大规模并行处理机（MPP）、工作站群（COW）和分布共享存储器（DSM）多处理机。

在硬件结构方面，超级计算机的机身庞大。例如，"ASCI紫色"计算机重197吨，体积相当于200台电冰箱的大小；里面有250多公里长的光纤和铜制的电缆，具有超强的存储功能。微处理器也不止一个，单个的芯片的速度远远达不到超级计算机的运算速度，因为它是通过联合使用大量芯片而创造的。有些超级计算机是由一大批个人计算机组成的计算机群，如"白色"超级计算机使用了8000多个处理器，协同动作，而NEC公司研制的"地球模拟器"采用了常见的平行架构，使用了5000多个处理器，"蓝色基因"将使用13万个IBM最先进的Power5微处理器，"ASCI紫色"计算机使用大约12000个IBM新型芯片。上海超级计算中心的"曙光4000A"采用了美国芯片制造商AMD制造的2560枚Opteron芯片，运算速度可达8.061万亿次/s。

7.4.3 虚拟产品开发管理的内涵

虚拟产品开发管理以网络化技术和数据库技术为支撑，针对数字化产品，提供集成化的开发环境，通过信息的合理流动、流程的有序控制及人力资源的组织等协调运行，实现产品开发过程的和谐管理。网络基础是虚拟产品开发的依托环境，因此从内容上要求进行虚拟产品开发的组织、数据及流程方面的管理。任何产品开发管理都必须首先进行产品开发团队的组织及产品开发数据的管理。在流程管理的控制下，实现正确的数据在正确的时间以正确的方式传递到正确的人员并进行正确的操作，就是虚拟产品开发管理的核心内涵。虚拟产品开发所操作及最终获取的对象是虚拟样机，为大规模定制所要求的设计与定制分离的开发提供了支撑，在此基础上通过配置设计可以实现满足客户个性化需求的产品定制，因此需要将配置管理纳入虚拟产品开发管理当中并加以阐述。

虚拟产品开发管理以产品数据管理为基础，主要进行组织、数据、配置、流程的管理，对产品开发过程中的数据进行全面管理，通过配置管理实现产品开发初始模型的快速生成，通过流程管理协调各阶段的关系，实现并行工作。综上所述，可将虚拟产品开发管理的内涵归纳为：①实现虚拟产品开发组织管理，规范集成产品开发团队的组织；②实现虚拟产品开发数据管理，为整个开发过程提供数据的有效管理；③实现虚拟产品开发配置管理，快速配置出满足需求的产品原始模型，甚至最终产品；④实现虚拟产品开发流程管理，保证整个虚拟产品开发过程的有序和协调。

虚拟产品开发管理的各项内涵均涉及传统意义上的产品数据管理（PDM）系统的各个使能技术模块，可以说，产品的数据、配置、流程的管理是实施虚拟产品开发管理的基础。当然，在进行虚拟产品开发管理的过程中，应综合贯彻各项先进的设计开发哲理和技术。例如，在产品配置管理（PCM）中结合大规模定制（MC）的思想，在产品流程管理（PDWM）及组织模型和权限管理中渗透并行工程（CE）的思想等。

虚拟产品开发管理各项内涵的层次关系不是彼此独立的，而是彼此之间具有强烈的互相渗透的特点，是相辅相成的。总体的基础建立在计算机网络和分布式数据库技术上，而实现PCM和PDWM不仅需要相关的MC、CE等思想的支持，同样是建立在PDM的技术支撑之上。其层次关系如图7.4-5所示。

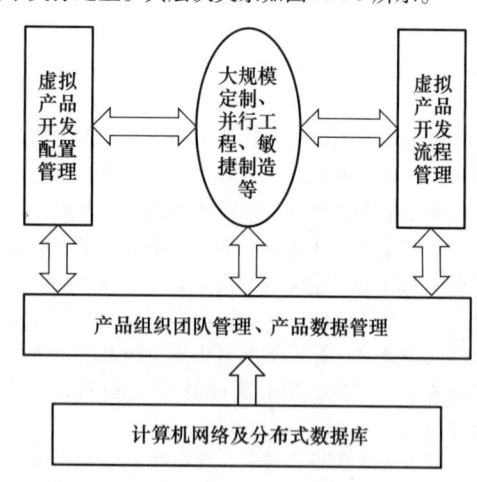

图 7.4-5 虚拟产品开发管理的层次关系

总之，所建立的虚拟产品开发管理系统应能够对整个产品的开发提供一个支撑平台，协调各项支持产品开发的使能技术，为产品开发的整个过程提供灵活的组织、数据、配置、流程管理，最终有效支持虚拟产品开发。

7.4.4　虚拟产品开发管理的关键技术

虚拟产品开发管理的关键技术与其相应的内涵息息相关。底层的支撑技术是计算机网络技术和分布式数据库技术，相当于硬的技术手段；较高层次的是各种相关的开发哲理及不同的应用系统，相当于软的技术手段。各种技术都是与虚拟产品开发管理的内涵相适应的，具体表现为：

1）虚拟产品开发组织管理，主要包括的关键技术是集成产品开发团队的组织及相关权限的管理。

2）虚拟产品开发数据管理，主要包括的关键技术是产品数据管理（product data management，PDM）技术，包括版本、版次等的管理。由于计算机辅助工艺规划（computer aided process planning，CAPP）技术在实现工艺规划的基础上，对各个阶段的工艺文件进行有效管理，因此 CAPP 技术也属于虚拟产品开发数据管理中的一项关键技术。

3）虚拟产品开发配置管理，主要包括的关键技术有产品配置管理（product configuration management，PCM）技术，大量定制生产（mass customization，MC）技术等。

4）虚拟产品开发流程管理，主要包括的关键技术有产品开发流程管理（product development workflow management，PDWM）技术，并行工程（Concurrent Engineering，CE）技术等。

1. 虚拟产品开发组织及安全权限管理

产品开发的基础是进行产品开发团队的组织和规划，组织模型是基于企业人力资源的面向虚拟产品开发管理的团队组织，由于产品数据的安全权限等措施是和人员具体相关的，所以将数据的安全权限管理和组织模型的建立放在一起综合考虑。

人员模型及安全权限管理主要考虑的是人员（person）、用户（user ID）、工作组（group）、权限（security）等方面的定义和管理。下面主要从集成产品开发团队群和集成产品开发团队内部组织两个方面进行叙述。

（1）集成产品开发团队群

集成产品开发团队是贯彻并行工程理念的一种标准组织模式，但对于大型复杂产品的开发，需要建立集成产品开发团队群，因此面临团队内部的组织、团队之间的协调、多个团队的管理、队群与已有组织框架结构之间的关系等一系列理论和实践问题，尤其对于复杂产品，整个产品的开发不可能只有一个集成产品开发团队（integrated product team，IPT），如波音公司在开发波音 777 的时候，就成立了 238 个 IPT，承担整个飞机的开发任务。这样，IPT 自身的组织结构往往包括两种，即分形组织结构和扁平网络结构。

1）分形组织结构。IPT 群最直观的组织方式是按照产品分解结构，将多个 IPT 组成一个多层次的阶梯形组织结构。在团队内部组织上，该框架是一个分形组织结构。在该类型的 IPT 群结构中，无论位于整个群体的哪一个层次和位置，每个 IPT 内部的组织方式完全相同。在大型复杂产品的开发中，每层的 IPT 提供上一层的组件。在大多数这样的多层结构中，一层的团队领导是上一层的团员。底层 IPT 由相关各个专业的人员组成，他们共同完成零部件的开发任务。上层 IPT 的成员包括来自所对应下层 IPT 的领导和相应的其他人员，其组织形式和运作方法与底层 IPT 完全相同，只是所面对的产品对象不同。在这种体系结构中，上层 IPT 对底层 IPT 具有领导和协调的作用，对底层进行初步设计和总体设计，定义底层 IPT 涉及的零部件之间的接口关系。在这种模式中，整个产品的设计工作是从上到下逐渐展开的，IPT 的成立也是从上到下逐渐形成的。

这种组织方式的缺点是没有与产品设计的过程完全吻合。虽然我们可以根据开发工作的进展逐渐展开 IPT 团队群，但有一些活动很难包容在这样一个框架中，如整个产品的总体设计活动很难单独分割出来，只能由上层的 IPT 团队来完成。

2）扁平网络结构。实现所有 IPT 的完全扁平化和网络化，建立扁平网络结构，各 IPT 之间的协调工作可以通过人员共享完成，也可以通过行政关系连接成一个有机的整体。这种模式可以实现结合产品生命周期的工作分解，形成一个通过扁平网状实现状态变迁的 IPT 小组群。这种方式的优点是可以根据问题将 IPT 团队嵌入已有的组织框架结构中，对企业的冲击比较小，但由于 IPT 之间没有固定的连接关系，从而导致需求量的增加和管理复杂性的上升，其协作效率将受到一定的影响。

以上两种结构模式各有优缺点，对于已成熟产品的改型和延伸产品的开发，阶梯形的分形组织结构具有明显的优点。当企业原有组织框架结构非常稳固时，使用扁平化的网络结构能很快提高产品开发的效率，避免对原组织结构进行调整所带来的风险和阻碍。

（2）集成产品开发团队内部组织

IPT 成员选择的基本原则，除了要求具有基本的专业素质，还要有较宽的专业知识、整体意识和系统集成的思想，以及较强的合作精神，而团队领导则要求具有多专业的协调能力，以及处理团队与其他部门关系的能力，并能够营造好的团队文化。在 IPT 中，团队成员包括团队顾问或专题顾问，他们来自各职能组织单元,不直接参与产品的开发,但提供技术和知识上的支持。

在形成IPT时,首先根据任务需要,确立IPT的工作对象和工作方式,定义IPT成员的角色,形成各角色成员的来源、权利、义务及行为规则,确定各角色成员的选拔方式和评判标准;然后通过挑选和考评,以授权的方式形成整个工作团队。

根据并行工程的理念,产品开发阶段的技术和相关经济问题应尽量在IPT的内部协调解决。行政部门使用行政手段解决IPT内部和各IPT之间的各种资源问题,技术部门对IPT小组的运作提供技术支持和仲裁。IPT一般应每周召开一次例会,由IPT组长主持,会议的主要环节包括计划布置、具体实施、检查、改进等。更重要的是,IPT的内部运作必须有一个不断协调的协同工作环境。每个组员代表本专业部门参加到IPT中来,组员之间相互了解工作进度,不断沟通和协调,出现问题随时解决。IPT可以不要求组员必须在同一个封闭的物理空间中工作,但必须有一个逻辑上的虚拟协同工作环境。组员可一方面在自己专业部门内工作,拥有良好的专业支持环境,一方面在同一个工作数据库工作,相互了解、相互协作。

由于IPT的临时性和动态的特点,以及为了能够在技术上有所积累,并为产品的维护、改进,以及后续产品的开发提供基础,IPT在整个运作过程中必须形成规范化的文档管理制度和操作方法。为了全面掌握IPT的运作情况并进行规范化管理,IPT需要建立产品的一体化文件体系,产生、积累和管理这些在产品整个生命周期内都起作用的文件。产品全生命周期数字化定义技术的成熟,为这些信息的产生、管理和使用提供了技术基础。

建立在履行多种任务、行使内部控制的工作团体基础上的企业,经常能够超越以个人、单一任务和受外部控制为基础的组织形式。人们有能力决定自己的行为方法,而且团体内部控制比主管的外部控制更加有效,这就是IPT能产生高质量、高效率的根本原因。

随着竞争的激烈,以及对工厂利益等的综合考虑,对产品数据及企业相关信息的保密工作是每一个工厂必须面对和解决的迫切问题。每一个产品数据管理(PDM)系统都提供了一定权限的安全管理,如何保证正确的信息以正确的方式在正确的时间传递到正确的人手里并做出正确的处理是PDM系统要实现的重要功能,是整个系统全面协作的结果,其中的安全权限管理是实现这种目标的重要保障环节。

安全权限的管理主要有两部分的内容,一是对操作的控制,一是对数据的控制。对操作的控制指为系统内部对象的方法或所能完成的任务提供保护操作的方式;对数据的控制指对不同角色对不同部门产生的数据的操作能力,具体的数据都是PDM系统的对象,各种操作就是对象的方法和动作。

PDM的权限控制是基于对象和动作的。阻止或授权某一个用户对某一个对象的操作必须附属于对象的方法或动作进行权限控制管理。PDM系统主要提供了功能保护和实例保护两种机制。所谓功能保护,就是授权用户对某一种类型的任何对象具有指定操作能力的管理。例如,某一个用户具有删除人员的操作能力,就可以对定义所允许的人员进行删除操作。可以说,功能保护是具有一定的通用性的,而实例保护允许用户拥有对某一个对象实例的额外的安全权限。例如,一个用户具有删除工程更改(engineering change, EC)的权限,但对于具有实例保护的EC,该用户必须同时具有删除该特定的EC实例的权限,否则不能执行该操作,即使其已经具有一定的通用性的功能授权。该用户必须具有基于权限水平和权限分类的对于该EC实例的授权删除操作才能进行相应操作。这种权限管理是功能授权和实例授权的集合。授权动作操作对象主要是永久对象,主要的动作有创建、更改、查看、删除等操作。通常各种操作都是开放的,但有时需要对非管理员的用户或某些用户隐藏某些操作的能力,因此必须对一些对象的方法进行保护管理。

下面对安全权限管理中的权限水平和权限分类的概念做一简单介绍。

权限水平是基于数据的敏感程度来限制不同用户对其的操作来区分对象的。PDM系统的权限水平是用内部的序号和说明来确定的。权限水平是具有层次结构的权限管理,具有较高权限水平授权的用户可以在满足其他权限管理的前提下,对较低权限水平序号的对象进行相应的操作。对于对象来说,不具有版本控制的对象并不继承其父对象所拥有的权限水平,反之亦然。一般来说,PDM系统默认提供的权限水平分类序号是0,说明为"未分类",用户可以修改该序号及其说明。用户可以定义的序号范围为0~9999。权限水平的使用目的是为企业的数据提供一种安全的保密级别,如一般、机密、绝密等级别。

权限分类是根据项目、部门或工作组等不同的分类标准来区分数据的。PDM系统的权限分类同样是由内部的编码和外部的说明组成的。与权限水平不同的是,权限分类不具有层次结构。这意味着对某一个权限分类数据的操作并不等同于同时具有了对任何编码不为0的其他权限分类数据的操作权限。同样地,对于不具有版本控制的子对象,不能继承其父对象所拥有的权限管理说明。反之，只有具有版本控制的子对象才能够具有这种继承关系。

2. 虚拟产品开发数据管理技术

虚拟产品开发的数据管理不同于传统的产品数据管理，不仅仅体现在海量复杂格式数据的管理，同时还是与虚拟产品开发的特点相适应的。虚拟产品开发数据管理的功能是对整个虚拟产品开发过程提供数据方面的支撑，包括数据的应用和产生的管理。具体提供的功能如下：

1）对各虚拟产品开发异构环境产生的不同格式的大量数字化产品数据的管理。

2）对支持虚拟产品开发所需的各种支撑数据库的有效管理，如对标准件、零件、工厂车间资源等的管理。

3）提供对产品开发各阶段所需的各种格式化数据的支持，包括配置和流程管理，以及与企业资源计划（ERP）的数据转换等。

各种功能的实现还要与虚拟产品开发的特点相适应，并灵活组织才可有效实现支持虚拟产品开发的数据管理。虚拟产品开发管理与产品数据管理相关的主要特点如下：

1）动态响应用户需求的特性。虚拟产品开发的一个重要目标是对市场及客户的动态响应，应该能够动态响应并满足用户的需求，这对相应的产品数据的组织管理提出了新的要求。

2）动态修改产品数据的特性。虚拟产品开发同传统产品开发相比，由于开发环境处于计算机网络中，在开发过程中会有大量的新数据产生，并对原先的产品数据提出各种修改请求。因此，应满足动态修改产品数据的特性，快速响应各种修改并保持产品数据的一致性、完整性等。

3）产品设计的反复和回溯特性。虚拟产品开发应能支持产品的动态开发所要求的设计过程的反复，并提供相应的支持此过程的产品数据的组织策略。应保证对整个设计过程的支持，不仅提供当前工作的数据支持，同时保留以前设计过程的数据，当需要时可以快速返回原先的设计状态，重新开始工作。

4）产品设计工具的支持特性。虚拟产品开发需要利用各种异构应用系统进行不同阶段的产品开发，各相关应用系统会产生各种异构格式的数据，很难使用一种统一的格式，实际当中也没有必要这么做。因此，产品数据管理需要对各种应用系统进行封装，使各应用系统与其产生的不同类型的数据相关联，数据同其操作联系起来。

虚拟产品开发数据管理（VPDDM）是实现虚拟产品开发配置管理（VPDCM）和虚拟产品开发流程管理（VPDWM）的基础，而自身同样是建立在相应的分布式数据库基础上的。VPDDM 组织的好坏直接关系到整个虚拟产品开发过程的成败。

CAPP 是根据产品设计所给出的信息进行产品的加工方法和制造过程的设计，生成用于指导制造过程执行的工艺文件。一般认为，CAPP 系统的功能包括毛坯设计、加工方法选择、工序设计、工艺路线制订和工时定额计算、材料定额计算等，其中，工序设计又包含加工余量分配、切削用量选择，以及机床、刀具和夹具的选择，必要的工序图生成等。

CAPP 系统按工艺生成方法可以分为检索式、派生式、创成式和综合式（几种方式的结合）。尽管 CAPP 系统的种类很多，但其基本结构都离不开零件信息的输入、工艺决策、工艺数据/知识库、人机界面、工艺文件管理与输出 5 大部分。

1）零件信息的输入：零件信息是系统进行工艺设计的对象和依据，计算机目前还不能像人一样识别零件图上的所有信息，所以在计算机内部必须有一个专门的数据结构来对零件信息进行描述，如何输入和描述零件信息是 CAPP 最关键的问题之一。

2）工艺决策：它是系统的控制指挥中心，作用是以零件信息为依据，按预先规定的顺序或逻辑，调用有关工艺数据或规则，进行必要的比较、计算和决策，生成零件的工艺规程。

3）工艺数据/知识库：它是系统的支撑工具，包含工艺设计要求的所有工艺数据（如加工方法、余量、切削用量、机床、刀具、夹具、量具、辅具，以及材料、工时、成本核算等多方面的信息）和规则（包括工艺决策逻辑、决策习惯、经验等众多内容，如加工方法选择规则与排序规则等）。如何组织和管理这些信息，并便于使用、扩充和维护，使之用于各种不同的企业和产品，是当今 CAPP 系统迫切需要解决的问题。

4）人机界面：它是用户的工作平台，包括系统菜单、工艺设计的界面、工艺数据/知识的输入和管理界面，以及工艺文件的显示、编辑和管理界面等。

5）工艺文件管理与输出：一个系统可能有成百上千个工艺文件，如何管理和维护这些文件，既是 CAPP 系统的重要内容，也是整个 CAD/CAPP/CAM 集成系统的重要组成部分。输出部分包括工艺文件的格式化显示、存盘、打印等。系统一般能输出各种格式的工艺文件，有些系统还允许用户自定义输出格式，有些系统还能直接输出零件的 NC 程序。

针对产品的虚拟开发，需要采取不同的数据管理策略，才可有效实现数据管理；同时，各个针对不同虚拟产品开发特点的数据管理策略不是彼此孤立的，其间具有有机的联系，因此实施虚拟产品开发数据管理时，必须综合优化利用各数据管理策略。总之，建立的产品开发数据管理策略不仅应实现目前的功能，还应具有一定的开放性，所采用的原则具有很大的普遍性，可成功应用于类似的系统；同时，数据管理还是虚拟产品开发其他方面的工作基础，不仅为其他的管理提供支持，也受其他管理的影响，需要调整相应的组织策略才能满足功能需求。虚拟产品开发数据管理的功能需求及其组织策略是同产品开发思想有关的，不同的开发哲理需要不同的组织策略，如果管理平台同时采用多种开发哲理，就需要协调不同的组织策略，以提供最大的支持。

3. 虚拟产品开发配置管理技术

产品开发配置管理是建立在产品开发数据管理的基础上的。通过中性的产品结构树及所定义的变量、条件和配置规则，可以产生待开发产品的产品结构树原型，同时通过配置可实现灵活的数据查询，实现虚拟产品开发不同阶段的相应视图的转换。通过合理组织产品结构树，可实现整个产品或某一断面层的向下配置，同时还可实现信息的查询和分类检索功能。产品开发配置管理技术实现的主要功能如下：

1）根据用户需求，分解为具体的配置规则，通过中性产品结构树及其相应定义的变量、条件和配置规则，快速配置生成待开发产品的结构树原型。

2）定制产品数据的查询和分类检索，产生符合查询条件的产品结构明细表（BOM），并包含相应的属性信息段及其数值。查询不同于配置，主要是为了实现和企业资源计划（ERP）的集成。

3）结合大规模定制的内涵，采取合适的策略，产生相应配置结果以适于大规模定制，实现产品定制和产品配置的结合。

产品开发配置管理的目的是同虚拟产品开发的特点相适应的，合理的配置策略可快速生成产品设计原型，灵活产生各种 BOM，实现产品定制和产品配置的结合。与虚拟产品开发配置管理技术有关的相应特点如下所述。

1）快速响应动态的用户需求。虚拟产品开发必须具有快速响应动态用户需求的能力，而产品配置是实现此功能的重要技术，因此所采用的配置管理策略必须充分考虑这种情况。

2）自动产生虚拟产品开发管理所需的各种 BOM 的功能需求。虚拟产品开发管理涉及对提取的各种各样 BOM 的管理，以指导相应的工作。例如，由中性 BOM 产生各个其他产品开发阶段的 BOM 的提取和转换，相应的 BOM 可以实现与其他 ERP 工具的集成或

数据交换。鉴于此，必须针对虚拟产品开发配置管理采取一定的策略，以适应灵活产生各种 BOM 的开发特点。

3）对虚拟制造的支持。由于虚拟产品开发涵盖虚拟制造的内容，应在配置管理中支持大规模定制等相关先进思想，不仅实现产品配置，还应支持实现产品定制。

4）产品开发的虚拟性特点。由于虚拟产品开发的整个环境是建立在计算机仿真基础上的，所以对于此环境下的产品配置，需集成相应的计算机辅助设计工具，以实现快速及更高层次的产品配置。

产品开发配置管理技术是实现虚拟产品开发管理的关键技术，其中结合了大规模定制等的先进思想。产品开发配置管理是在具有全生命周期的产品开发数据管理的基础上实现的功能，同时也是实现敏捷制造所必需的。高级的产品配置涉及专家系统、模糊理论等的技术支持。产品开发配置管理是面对激烈的市场竞争的企业应该重视的一项关键技术，因为该技术的实施可以大大加快产品的上市速度，符合当前个性化产品定制的需求。对于配置设计和管理，国内的研究不多，主要集中在对某些商业 PDM 软件配置模块的使用或一定程度的二次开发，但国外对此已经展开了深入的学术研究。

虚拟产品开发系统操作的对象是虚拟样机，有效地解决了物理样机所带来的资金和时间上的浪费。尤其对于计算机虚拟环境，数字化的模型可以很方便地修改，完全符合大规模定制所要求的设计与定制分离的特性。在虚拟环境下，可以面向产品族进行开发，通过配置以响应个性化的客户需求，但这个过程由于不需要进行物理部件的试制或库存，产品族的完备概念是存在于计算机化的虚拟化的计算机环境中的，可以将其称之为"虚拟库存"。由此可见，面向虚拟产品开发的配置管理技术具有一定的优势。

4. 虚拟产品开发流程管理技术

产品开发流程管理是进行虚拟产品开发的重要管理内容，产品开发数据管理是进行虚拟产品开发的基础，产品开发配置管理是进行虚拟产品开发的前期工作或称之为开发辅助工作，但真正的开发控制是属于流程管理范畴的；同时，整个虚拟产品开发流程的实现是在网络环境下实现的，形式上是模拟实际工厂运作过程，但由于整个流程的网络化特点，可在实现过程中贯彻各种先进的产品开发管理思想，以实现强有力的产品开发控制，并且具有快速、灵活等特性，从而可大大加快虚拟产品开发的进度。

虚拟产品开发流程管理的总体工作如图 7.4-6 所示。首先建立进行虚拟产品开发所应具有的一些环

境，如对应用系统的集成、数据管理策略的实施等。进行虚拟产品开发可以从不同的起点开始：第 1，如果可以通过对原有的产品结构树应用某种或某些配置管理策略配置出初始待开发产品结构树原型，就在此基础上工作；第 2，如果无法在产品库或功能例库中找到待开发产品的原始工作基础，则只能从零开始；第 3，定义产品开发的组织模型，组织模型是进行流程管理和工作的基础，其中定义了人员、角色、权限、用户、成员、开发小组等；第 4，定义流程模板，即定义具有某种共性的所有流程的一个抽象，具体实施时，可根据具体的客观情况落实其中的角色、成员等需具体化的工作；第 5，根据不同数据性质选用不同的流程模板，并具体化其中的工作，启动流程，则开始数据的流动和决策。

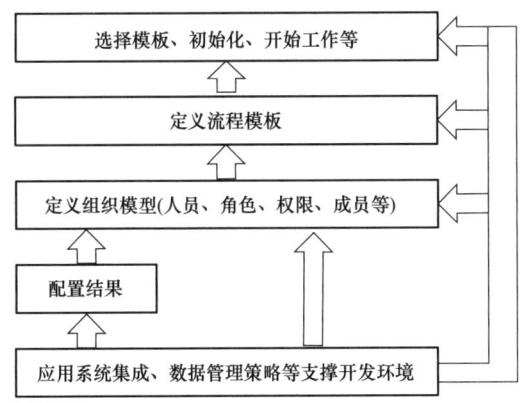

图 7.4-6　虚拟产品开发流程管理的总体工作

产品开发流程管理技术实现的主要功能如下：

1）实现产品开发的流程管理。这是进行虚拟产品开发的核心工作，实现开发信息合理有序的流动，并且在实现当中采取合理的策略或措施，保证整个工作流程的正常运行。

2）实现项目管理的功能。企业为了适应激烈的市场竞争，必须响应大量的用户需求。实施与大规模定制相关的产品开发与制造策略，需要同时对多个项目实施控制，即所谓的项目管理。项目管理不同于上文所说的流程管理，但项目管理实现的基础却是流程管理，只是项目管理面向各个项目之间协调和自身的控制，从整体把握各个项目的控制问题。

3）实现各种先进产品开发思想或哲理的功能。当前兴起的一系列产品开发新思想，如大规模定制、并行工程、敏捷制造等，都对产品的开发提出了新的思路，但最终的目标都是以最快的速度、最好的质量、最小的成本和最好的服务适应和满足市场需求。所以，当考虑流程管理时，应将各种先进的思想结合进来，落实各种先进开发思想。

4）合理配置与利用工厂的开发人员、软硬件环境等资源。在定义产品开发流程的模板时，需充分考虑和合理配置各种人力、物力资源，最大限度地发挥现有的各种资源的利用效率，提高整个工厂的运行效率和生产力。

上述是流程管理所实现的一些功能，但对于虚拟产品开发这个整体框架和环境来说，还有一些具体的特点，流程管理必须适应和利用这种环境实现虚拟产品开发流程管理。与虚拟产品开发流程管理有关的特点如下所述。

1）虚拟产品开发的网络化虚拟环境。网络化的虚拟环境一方面为流程管理提供了很多的便利，可以相对比较容易地在其中贯彻各种先进的产品开发思想，可加快产品数据的流动性和准确性等；另一方面如此依赖网络的特性，流程管理必将对网络提出更高的特性要求，同时必须考虑网络的种种问题，如带宽、网络阻塞及网络安全等问题。所以，在实施流程管理时必须考虑这种因素并采取相应的措施，尤其对于跨企业间的流程运作，必须考虑网络安全问题。

2）对加快虚拟产品开发的各种先进设计思想的体现。通过对虚拟产品开发流程管理的合理开发利用和组织，可以在产品开发中贯彻与形成先进的设计思想。例如，并行设计，可以实现不同阶段的并行化设计，同时可以通过对流程中各种角色的合理组织，实现各种 DFX，也可通过这种方法实现敏捷制造、大规模定制等先进的设计思想。

3）虚拟产品开发的协作性质。各种产品的开发需要与外界相关企业进行合作，如进行采购等各种供应链的组织。如果从广义的范围来说，这也属于流程管理的范畴，即流程管理可以贯彻产品开发的整个过程，不仅包括单纯的设计开发过程，也包括原材料采购、销售、售后服务及反馈意见等各个环节。因此，与此广义的虚拟产品开发相对应的流程管理必须对这方面做出相应的调整。

综上所述，基于虚拟产品开发的流程管理技术不同于传统的开发管理及一般的流程管理技术，需要做相应的调整以适合虚拟产品开发。这种产品开发流程管理技术并不是简单地将传统的产品开发转移到网络化环境中，它不仅提供了网络化的信息有序流动，更重要的是可以在此环境下更好地贯彻各种先进的设计思想；同时，针对产品开发的虚拟特性，流程管理需要根据这种特性进行面向网络化的调整。

7.5 虚拟加工技术

早在 20 世纪 60 年代，数控机床就已经获得了应用；20 世纪 70 年代就有了自动编程技术（APT）；20 世纪 70 年代后期，CAD 也获得了广泛的应用，但实现 CAD 和 CAM 的集成是一项十分复杂的工作。所以，在实际的制造系统中，经过 CAD/CAM 的零件，在正式加工之前一般要进行试切这一步骤。试切的过程也就是对 CAD/CAM/NC 系统生成的 NC 程序的检验过程。随着 NC 编程的复杂化，NC 代码的错误率也越来越高。如果 NC 程序生成不正确，就会造成过切、少切，或者加工出废品，也可能发生零件与刀具、刀具与夹具、刀具与工作台的干涉和碰撞，这显然是十分危险的。传统的试切是采用塑模、蜡模或木模在专用设备上进行的，这不但浪费人力、物力，而且延缓了生产周期，增加了产品开发成本，降低了生产率，极大影响了系统性能。

在 20 世纪 60 年代，计算机绘图系统和 NC 编程语言使 APT 达到了应用阶段，同时也使数控编程从面向机床指令的手工编程上升到面向几何元素的高一级编程，但由于绘图系统与 NC 编程还只能借助图纸、人工传递数据，所以应用效果不很理想。20 世纪 70 年代以来，数控图形编程作为 CAD/CAM 的应用系统，得到了迅速推广。图形编程将加工零件的几何造型、刀位计算、图形显示和后处理等结合在一起，有效地解决了编程数据来源、几何显示、走刀模拟、交互修改等问题，弥补了单一利用数控语言进行编程的不足。

进入 20 世纪 80 年代，陆续出现了一批将产品设计同图形编程相结合的 CAD/CAM 工程化商品化软件系统，其中较著名的有 CADAM、CATIA、I-DEAS、NX、Pro/ENGINEER 等，它们广泛地应用于机械、电子、航空航天、造船、汽车和模具等行业。据统计，CAD/CAM 系统在制造领域中的应用，使平均工效提高了 2~20 倍。美国国家宇航局与国家研究委员会对几家大企业的调查表明，CAD/CAM 给企业带来了明显的效益，CAD/CAM 系统的年销售额也逐年猛增。由于计算机及其外部设备的充实而使其性能价格比日益增大，因而许多中小型企业也开始使用 CAD/CAM 系统。人们预言，不采用或不投资于 CAD/CAM 系统的企业，以后将完全丧失竞争能力。

随着产品更新换代周期的缩短，市场竞争的加剧，传统的少品种、大批量自动化作业的概念已不适用当前时代的潮流，取而代之的是多品种、小批量的自动化生产。CAD/CAM 系统的应用，给新的生产自动化带来了福音。许多大公司正是看到了 CAD/CAM 的巨大潜力及其在生产力竞争中的作用，才不惜重金，大力投入。

当前，虚拟加工除了包括上述几何加工仿真，还包括物理加工仿真。几何加工仿真不考虑切削参数、切削力、切削温度及其他因素的影响，只专注于刀具和工件几何体，用以验证 NC 程序的正确性；物理加工仿真则考虑整个工艺系统的物理特性对加工过程的影响，通过仿真加工过程的动力学特性、切削力、切削温度等来优化切削参数，获得较好的加工质量。

不管是几何加工仿真还是物理加工仿真，都是在虚拟环境下对加工过程进行的仿真，离不开计算机技术和图形学技术的支撑。由于计算机性能的不断改善，以及计算机图形学技术的飞速发展，计算机仿真技术在制造系统中得到了广泛的应用。采用虚拟加工仿真来替代或减少实际的试切工作，可以大大降低产品的制造成本，提高产品的加工质量，增强整个产品的竞争能力。

7.5.1 虚拟加工技术概述

虚拟加工是实际加工在计算机上的本质实现，一般采用三维实体仿真技术。在三维实体仿真软件的支持下，以 NC 代码为驱动，数控指令翻译器对输入的 NC 代码进行语法检查、翻译。根据指令生成相应的刀具扫描体，并在指令的驱动下，对刀具扫描体与被加工零件的几何体进行求交运算、碰撞干涉检查、材料切除等，并生成指令执行后的中间结果，所有这些虚拟加工过程均可以在计算机屏幕上通过三维动画显示出来。指令不断执行，每一条指令的执行结果均可保存，以便查验，直到所有指令执行完毕，虚拟加工任务结束。这一流程如图 7.5-1 所示。

为了实现图 7.5-1 所示的虚拟加工流程，需要将机械加工领域的专业知识在三维实体仿真软件中进行定制开发，主要包括 4 个方面的核心内容，即数控机床的几何建模、数控机床的运动学模型和刀具管理、数控程序的分析处理、运动物体的碰撞检测和加工件的逐步成形。

随着技术发展和应用的深入，单纯的几何加工仿真已经无法满足虚拟加工需求，物理加工仿真对实际加工过程更有意义。目前，物理加工仿真主要包括以下几种形式：

1) 切削力仿真。切削力不仅可使刀具和工件产生弹性变形，而且过大的切削力还会破坏机床的执行

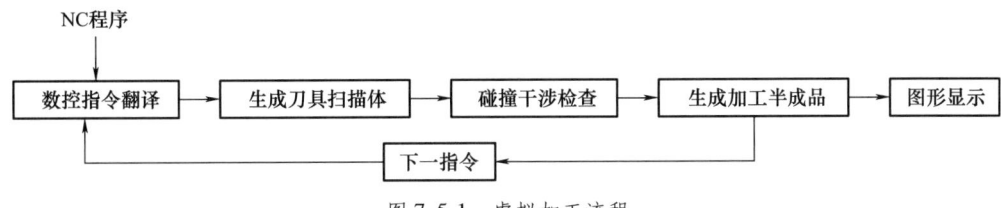

图 7.5-1　虚拟加工流程

机构，引起生产事故。

2）切削温度仿真。加工过程中刀具-切屑-工件之间的温度场直接影响加工精度。

3）切屑形态仿真。切屑形态对工件表面粗糙度有一定影响，若其形态不好，也会缠绕在工件或刀具上，造成拉伤工件表面或打坏切削刃甚至伤人的事故。

4）刀具磨损仿真。刀具磨损会引起切削前角的变化，以及刀-屑接触面的接触特性。

5）加工质量预测。表面加工质量的仿真及预测，为切削参数优化提供了理论依据。

目前，物理加工仿真的技术发展整体落后于几何加工仿真，虽然已经进行了大量的研发工作，取得了一定的进展，但现有的加工过程物理仿真系统很难实现虚拟加工过程的实时性、交互性与沉浸感。究其原因，物理加工仿真主要存在以下几个方面的不足。

1）物理仿真建模技术不完善。多数仿真模型主要采用数学模型，其描述能力有较大的局限性。基于数学模型的计算机仿真技术，主要用近似的数值解法，缺少知识推理、逻辑判断、学习训练等智能特性。

2）物理仿真模型通用性欠佳。目前，物理仿真大多是针对某一特定的加工过程，机床种类、刀具的种类和工件材料等参数都规定得很明确，当某一参数，如刀具种类发生变化时，模型必须进行很大的修改，使模型的应用范围受到限制。

3）物理仿真和几何仿真系统未充分集成。目前，几何仿真和物理仿真几乎是并行发展的，相互支撑和集成的工作还不够，只有几何仿真与物理仿真的有机结合才能构成完整的虚拟加工仿真系统。虚拟加工仿真的最终目的是保证产品质量，如何将物理仿真和几何仿真之间的数据信息进行传递与无缝集成，并通过实用、可靠的虚拟加工仿真发现由于刀具变形、磨损、加工参数、工艺规程等引起的加工误差或错误，提供高效的误差补偿方法是虚拟加工仿真的精髓。

7.5.2　虚拟加工的关键技术

虚拟加工是真实加工过程在计算机上的本质实

现，这就决定了虚拟加工的关键技术既有计算机图形学方面的技术，又有数控加工领域的专门技术。下面主要对实体碰撞和干涉检验算法、材料切除过程仿真算法，以及加工过程物理仿真技术进行详细介绍。

1. 实体碰撞和干涉检验算法

（1）形体求交算法

长期以来，世界各国的专家学者对三维运动体碰撞检测方法做了大量的研究工作。1988 年，J. Canny 提出了基于边界表示（B-rep）多面体的动态体与静态体间的碰撞检测方法，Mattew 给出了动态体与静态体、动态体及动态体间的碰撞检测算法；1989 年，H. Nobrio 等人用八叉树实体表示检测动态体与静态体间的碰撞问题；1991 年，H. Nobrio 又提出了专门用于碰撞检测的层状球实体表达模型。总结这些研究不难发现，运动碰撞检测的算法可以分为三大类：

1）离散样本检测法。对于运动物体，先取定一个时间样本，得到一个时间序列，然后求出各运动物体在每个样本时刻的空间位置和方向，最后采用静态物体干涉检测算法来检测每一样本时刻各运动物体的相对状态。

2）扫描体求交法。它用来生成运动物体的空间扫描体，用扫描体来包含时间信息，通过扫描体间或扫描体与样本物体间的碰撞检测来完成整个样本空间、物体间的碰撞检测。

3）连续检测法。把运动物体的特征数据（点、线、面）的运动轨迹表达成时间的函数，推导出满足碰撞条件的各几何元素的方程，通过求解方程来求得发生碰撞的位置和时间。

显而易见，方法 1）的关键是样本空间的选取，若样本时间间隔太长，则可能发生漏检；若时间间隔短，则计算时间就会很长；方法 2）中的扫描体构造比较复杂，需要研究利用直线和扫描体交点问题来检测实体的碰撞的方法；方法 3）随着特征数据的增加，检测方程数量将急剧增加，难以实用。

用 B-rep 表达多面体，当采用离散样本检测法检测物体间的碰撞时，因为检测的碰撞数据量大，所以可引进 Voxel（体素）表达方法来加快检测速度，快速查找有可能发生碰撞的平面对。为了同时建立实体的几何模型和运动模型，引入三种坐标系：①世界坐标系，右手系，用于定义所有待检实体的空间位置；②局部坐标系，右手系，用于定义各个实体的几何形状；③观察坐标系，左手系，用于在屏幕上显示实体。

实体的局部 Voxel+B-rep 表达的构造方法如下：给定一个实体，假设已知它的 B-rep 表达，首先求得在局部坐标系中该实体最小外接立方体，沿立方体最长边将立方体一分为二，进一步再利用同样原则将生成两个立方体一分为二，一直分割 n 次，构造成一个三维空间的 $nx \times ny \times nz = 2n$（$n = 1, 2, \cdots\cdots, 10$）的方形体阵列，具体取值视内存容量而定；然后将阵列中的每一个立方体单元构造成一个 Voxel 类指针，存储与之相关的 B-rep 信息。如果该单元类指针为无效的（NULL），则表明该单元在表达实体之内或之外，否则利用该指针，可以得到所有通过该立方单元的面表清单，这样就得到了某一实体的局部 Voxel+B-rep 表达模型。

由于机床运动而带来的实体位置关系变化，采用在每一样本空间内计算并存储其局部坐标系相对于世界坐标系的齐次变换阵的方法来解决。具体的存储结构如下：

碰撞检测对象 = <待检测的实体链>
实体 = <实体类标志><局部 Voxel 定义指针>
<实体局部 B-rep 几何定义指针>
<局部坐标系到世界坐标系的齐次变换阵>
<世界坐标系到局部坐标系的齐次变换阵>
局部 Voxel = <局部最小包围盒子><分割数量 nx, ny, nz>
<Voxel 类指针>
Voxel 类 = <所有该 Voxel 相交实体面表清单>
实体 B-rep = <实体的几何及拓扑表达>

对数控机床来说，上述表达方法还不能准确表示机床的特点。数控机床的各个部分有其独立的模块化结构，而且各模块具有层次性装配关系，所以整个数控机床的模型是层次装配模型，利用树状结构存储数控机床模型比较合理。在此基础上可以通过定义运动关系树、定义运动节点、计算运动变量表，以及建立运动轴表等步骤来建立机床的运动模型。

采用形体求交的方法进行干涉的定性检查。如果两个形体之间存在交集，就认为它们互相干涉。对于主轴、刀具、拖盘、工件和夹具，采用了完整的边界描述，而且这些描述是分散到体素级的，也就是说，它们仅仅是在体素定义时生成的。一般地，一个形体完整的边界描述包含的信息为控制信息、包围盒信息、顶点的坐标、棱边描述的链表、内环和外环描述的链表、面描述的链表。

为了提高检测速度，实体间在某一样本空间的碰撞检测可以分为 4 步完成：①实体类检测，发现要检测的实体对；②实体对间最小包围盒子的位置检测，快速查找有碰撞可能的实体对；③实体 Voxel 的对比检验，查找可能发生碰撞的 Voxel 对；④可能碰撞面的检测。

上述 4 步一步比一步慢，目的是提高整个系统的检测进度。对一台数控机床来说，有可能制造碰撞的运动有两种：一种是刀具及其组件的走刀运动（工作台运动也属此列）；另一种是刀具与毛坯间的切削运动，如机械手换刀、传送带运屑等运动不可能造成碰撞，所以在数控机床中主要检测的是刀具及组件、工作台、夹具、毛坯之间的碰撞，夹具与工作台和毛坯属于同一类，它们之间不会有相对运动，因而不会造成干涉和碰撞。所以，检测程序的第①步是进行类检查，快速排除不可能发生碰撞，或者规定不用检测的实体对。

在不同类之间进行第②步检测步骤，在世界坐标系内求得实体的包围盒子。实体 1 和实体 2 在下述 6 种状况中的任一情况下不会发生碰撞，不必进行下一步的检测。

$$\begin{cases} X_{1min} > X_{2max} \\ X_{1max} > X_{2min} \\ Y_{1min} > Y_{2max} \\ Y_{1max} > Y_{2min} \\ Z_{1min} > Z_{2max} \\ Z_{1max} > Z_{2min} \end{cases}$$

对不满足上述条件的实体对，进行第③步检测。我们计算在此样本空间实体 1 和实体 2 对应于世界坐标系的变换矩阵及其逆阵 T_1 及 T_{1-1}、T_2 及 T_{2-1}。通过变换矩阵 $T_{1 \times} T_{2-1}$，把实体 1 的包围盒子变换到实体 2 局部坐标系下，并构造实体 1 局部包围盒子的最小包围盒。利用立方体坐标剪取实体 2，得到有可能同实体 1 发生碰撞的实体 2 的 Voxel 阵列 V_2。图 7.5-2 所示为该方法的一个二维示例说明。

用同样的过程可以求出与实体 2 可能发生碰撞的实体 1 的 V 阵列 V_1。V_1、V_2 有一个为空，表明实体 1 和实体 2 没有碰撞现象（图 7.5-3）。否则，把 V_2 中的每一个非空的 Voxel 用变换矩阵 $T_{2 \times} T_{1-1}$ 变换到实体 1 的局部坐标系下，与 V_1 对应的 Voxel 进行一对一，非空单元的比较，查找有公共区域的 Voxel 对，形成碰撞 Voxel 对组。

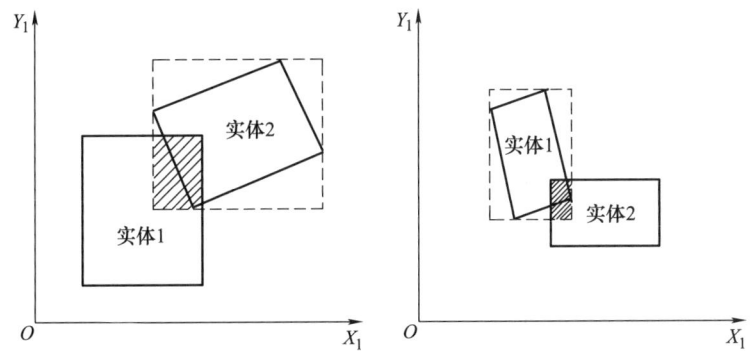

图 7.5-2　碰撞 Voxel 范围检测二维示例说明

对可能发生干涉的 Voxel 对，进行第④步检测。用 Voxel 类指针构造所有可能发生干涉的实体对所对应的实体表面对，生成涉表面链表，并对干涉表面对进行编排，去除重复的表面对，再进行 B-rep 表达的表面间的干涉检测。

局部空间 Voxel+B-rep 表达方法采用分步加速的办法，可大大减少单纯采用 B-rep 表达时运算量，明显增加运算的计算效率。

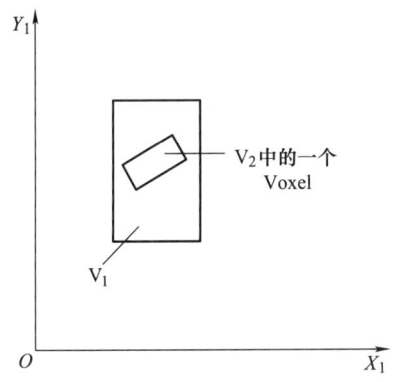

图 7.5-3　Voxel 碰撞检测

（2）基于八叉树层次球模型的干涉检验算法

碰撞和干涉检验的另一种方法是使用八叉树层次球模型的算法，它特别适用运动物体的干涉检测。该算法的核心思想是将毛坯递归地分割成立方体单元，并以树形结构组织所有单元，方便快速定位相交的区域。该算法主要用于定量的干涉计算，但在精度不高时用于定性干涉检查也具有很快的计算速度。

1）算法综述。运动物体碰撞干涉检验技术广泛用于计算机图形学、机器人运动干涉检验及轨迹规划等领域。基于各种实体表示模型，研究人员已经提出了不少实用算法。

基于边界表示（B-rep）模型的算法通常以求交方式进行检验。先以一个实体的各条边与另一个实体

的各面求交，然后以交点是否有效作为是否发生干涉的依据，而布尔运算则是另一类常用算法。

八叉树模型往往不独立用于形体描述，通常只是其他几何模型的一种转换形式。在这类算法中，通常以八叉树模型中元素的距离作为判断的依据。

另外，球模型也是干涉检验中的一种常用模型。基于球模型的形体边界表示，较之于表示形体整体的球模型有更高的效率和精确性。这类算法仍然以距离作为判断的依据。

上面提到的各种算法通常涉及比较复杂的求交运算或距离运算，难以满足实时的要求，因而有必要寻求更简洁的检验算法。八叉树模型仍然被作为算法的核心，这样做是基于两点考虑：

①八叉树模型可以由其他模型转换，因此可能找到较为通用的算法。

②八叉树模型所表示的空间比较规则，比较容易建立起两个实体模型之间的几何联系。我们将看到，这正是新算法得以实现的基础。在整个检验过程中，我们所需做的将只是编码和查表。

以下介绍一个适用快速碰撞干涉检验的混合模型，它综合了立方体的几何相关性与球体的自由变换两个特点。这个实体表达方式是建立在八叉树模型和球模型之上的，由于利用了几何相关性，新算法具有较高的检验效率，因为在整个检验过程中没有冗余的试探性计算，而这往往是八叉树算法的瓶颈问题。另外，在整个计算过程中没有乘法或除法运算。

2）算法描述。为了描述方便，我们先做以下约定。如图 7.5-4 所示，假设 nod 表示一个层次模型第 i 层划分中的一个节点，记作 nod$[i]$，此处表示划分层次。相应地，我们将该节点的中心及外接球半径分别记作 $c[i]$、$r[i]$。当讨论中涉及其子节点时，相应的记号分别为 nod$[i, j]$、$c[i, j]$、$r[i, j]$，此处 j 表示节点 i 中子节点序号。这里，序号 j 的规定以定义层次模型的坐标系为准，它可能是实体的物方坐标

系，也可能是世界坐标系。

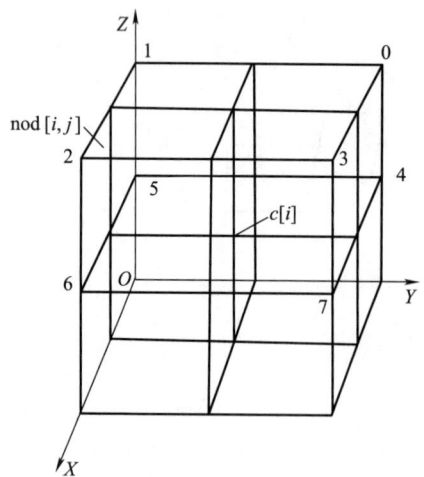

图 7.5-4　八叉树层次模型中节点 $c[i]$ 和 $\text{nod}[i,j]$

3）八叉树算法。典型的算法通常将实体的八叉树模型建立在物方坐标系中，这样做的目的是有利于从其他实体表示到八叉树表示之间的转换。采用新模型之后，这一优点仍得到保留。

假设 $\text{nod}_1[i]$、$\text{nod}_2[j]$ 分别为实体 1、2 八叉树模型上的一个节点，当下列条件满足时，就认为实体之间发生干涉：

① $|oc_1[i] = oc_2[j] \leqslant r_1[i] + r_2[j]$。

② $i = \text{maxlayer}$。

③ $j = \text{maxlayer}$。

若条件 1 不满足，则回溯到上层节点；若条件 1 满足但条件 2 或条件 3 不满足，则分别取 $\text{nod}_1[i]$、$\text{nod}_2[j]$ 的子节点进一步检验。

上述算法是一个 $O(n^2)$ 的穷尽搜索过程，整个过程中缺乏有效的控制和指导。如果能从 $\text{nod}_1[i]$ 和 $\text{nod}_2[j]$ 的运算结果中直接判断出哪些子节点所表示的空间发生了重叠，就能减少冗余运算。为了实现这一设想，需从 $\text{nod}_1[i]$ 和 $\text{nod}_2[j]$ 的运算结果中解决以下两个问题：

① $\text{nod}_1[i]$ 中哪些子节点与 $\text{nod}_2[j]$ 相交。

② 每一个相交的子节点 $\text{nod}_1[i,k]$ 又分别与 $\text{nod}_2[j]$ 中哪些子节点相交。

4）平面区域干涉情况。如前所述，由于八叉树模型和球模型干涉检验算法常以距离作为判断标准，每次运算结果只是一个数值，所以能提供的信息有限，无法指定进一步的检验过程。如果以两个实体之间的相对位置矢量来判断是否发生干涉，这个矢量将引导我们直接找到目标节点。

下面讨论一下同样的问题在平面中是如何解

决的。

假设在同一个平面中有两个平行于坐标轴的正方形 $\text{quadr}_1[i]$、$\text{quadr}_2[j]$，并且前者的边长大于后者。我们以 $\text{quadr}_1[i]$ 为中心，将平面按如图 7.5-5 所示进行特定划分，这样可以使平面中的任一区域与特定的干涉情况相对应，因此只需要根据 $\text{quadr}_1[i]$ 和 $\text{quadr}_2[j]$ 的相对位置进行编码，就可以解决问题 1）和问题 2）。

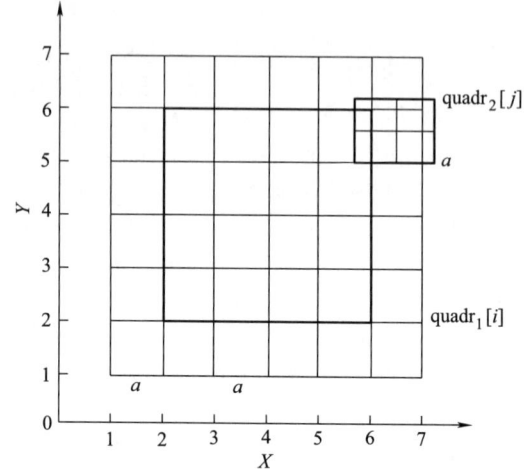

图 7.5-5　平面四叉树划分方案

问题 1）分以下三步解决：

① 在 X 轴方向上 $\text{quadr}_2[j]$ 相对于 $\text{quadr}_1[i]$ 的编码。当 $\text{quadr}_2[j]$ 的中心位于沿 X 轴的不同区域（0~7）中时，其子节点与 $\text{quadr}_1[i]$ 发生重叠的可能性是不同的。例如，在 1 号区域中，只有 $\text{quadr}_2[j,0]$ 和 $\text{quadr}_2[j,3]$ 可能与 $\text{quadr}_1[i]$ 重叠；在 2 号区域中，4 个节点均有可能；在区域 6 中，只有子节点 1 和子节点 2 有可能干涉。因此，我们可以将这种可能性以编码的方式表达出来，用编码中相应的位表示 $\text{quadr}_2[j]$ 中相应的子节点是否与 $\text{quadr}_1[i]$ 发生干涉。

② 在 Y 轴方向上 $\text{quadr}_2[j]$ 相对于 $\text{quadr}_1[i]$ 的编码。同样，当 $\text{quadr}_2[j]$ 的中心位于沿 Y 轴的不同区域（0~7）中时，其子节点与 $\text{quadr}_1[i]$ 发生重叠的可能性是不同的。

③ 编码运算。将两个编码进行位与（bitwise-and）运算，如果结果不为零，则表示两个节点 $\text{quadr}_1[i]$ 和 $\text{quadr}_2[j]$ 发生干涉，并且在结果中不为零的位所对应的 $\text{quadr}_2[j]$ 子节点与 $\text{quadr}_1[i]$ 干涉。例如，

$$\text{code}_1 \cdot x \& \text{code}_1 \cdot y = 0110 \& 1111 = 0110$$

这个结果表明，$\text{quadr}_2[j,1]$、$\text{quadr}_2[j,2]$ 与

quadr$_1$ [i] 发生干涉。

进一步应该确定 quadr$_2$ [j, 1]、quadr$_2$ [j, 2] 分别与 quadr$_1$ [i] 中的哪些子节点发生干涉 [问题 2]，所以需要分析 quadr$_1$ [i] 相对于 quadr$_2$ [j] 有关子节点的位置关系。

首先考虑 quadr$_2$ [j, 1]。我们观察到，当 quadr$_2$ [j] 的中心位于沿 X 轴的不同区域（0~7）中时，quadr$_1$ [i] 与子节点 quadr$_2$ [j, 1] 发生重叠的可能性是不一样的。例如，位于区域 0 和区域 1 时两者无干涉；在区域 2 和区域 3 中，则 quadr$_1$ [i] 的子节点 1 和子节点 2 可能与 quadr$_2$ [j, 1] 有干涉。同理，可得到沿 Y 轴方向上的编码为 0011，记为 code$_2$ · y。

最后将 code$_2$ · x 和 code$_2$ · y 进行位与运算就能知道在 quadr$_1$ [i] 中只有在节点 0 与 quadr$_2$ [j, 1] 重叠。

应该注意，即使 quadr$_2$ 的中心位于平面同一个区域中时，与其子节点相应的编码 code$_2$ · x 和 code$_2$ · y 也可能是不相同的。

5）立方体的几何联系。将平面区域干涉问题的讨论扩展到三维空间。现在回到我们的主要论题上来，看看如何找到两个空间实体的干涉部分。同样，这里先假设在同一坐标空间中存在两个平行于坐标轴的实体八叉树模型 octal$_1$、octal$_2$，并且前者的边长不小于后者。仿照平面中的处理，为了建立模型的干涉情况与模型几何位置之间的关系，我们以 octal$_1$ 为中心对三维空间进行特定划分。剩下的工作就是如何对这种关系进行编码了。由于具体的算法原理与平面情况相同，这里不再赘述。在文后提供了两个表格，它们反映了节点中心所在空间区域与各种具体干涉情况之间的对应关系。当求取 octal$_2$ 中发生干涉的子节点时，可根据 octal$_2$ 中心点在平面上的区域坐标查找 TABLE1 得到相应编码 code$_1$（x, y, z）；若求取 octal$_1$ 中发生干涉的节点，则应利用表 TABLE2 建立编码 code$_2$（x, y, z）。

下面我们通过一个示例说明如何根据 octal$_2$ 的区域坐标得到两个三维实体的交点。

以 octal$_1$ 为中心将空间划分成了若干区域，并且 octal$_2$ 的中心在空间中的区域坐标为（3，6，1）。首先要找到 octal$_2$ 中哪些子节点与 octal$_1$ 相交。可以分别以三个坐标分量为索引，从 TABLE1 找出相应的 code$_1$.x、code$_1$.y、code$_1$.z，然后进行位与运算：

$$code_1 \cdot x = 11111111$$
$$code_1 \cdot y = 01100110$$
$$\&) code_1 \cdot z = 00001111$$
$$\overline{00000110}$$

在运算结果中，位 1 和位 2 不为零，表明 octal$_2$ 中的

子节点 1 和子节点 2 同 octal$_1$ 发生相交；如果运算结果为零，则说明 octal$_1$ 和 octal$_2$ 没有交点，也就根本不会发生干涉。

对于相交的 octal$_2$ 子节点 1，需要进一步确定它具体同 octal$_1$ 中的哪些子节点相交，这个工作由 TABLE2 完成。从 TABLE2 中可以查出 code$_2$.x、code$_2$.y、code$_2$.z，并进行位与运算：

$$code_1 \cdot x = 00110011$$
$$code_1 \cdot y = 10011001$$
$$\&) code_1 \cdot z = 11110000$$
$$\overline{00010000}$$

最后结果表明，octal$_1$ 中只有子节点 4 真正同 octal$_2$ 的子节点 1 相交。

对于相交的 octal$_2$ 子节点 2 进行同样的处理，可以知道，octal$_1$ 中只有子节点 4 和子节点 7 与之相交。

至此，我们实际上在一个特定层次上解决了两个八叉树实体模型的干涉检验问题。对于本例而言，实体发生了干涉，并且 octal$_1$ 上的交点是子节点 4 和子节点 7，octal$_2$ 上的交点是子节点 1 和子节点 2。如果检验精度达不到要求，可以视 octal$_1$ 和 octal$_2$ 相应的子节点，如 octal$_1$ 的子节点 7 和 octal$_2$ 的子节点 2 为新的实体模型，采用同样的方法在更细微的层次上进行检验。

6）八叉树层次球模型的构造。上述检验算法的前提条件是两个实体的八叉树模型建立在同一坐标系中，并且模型的三条边平行于各坐标轴，从而使模型之间具有了明确几何联系，所以我们的模型需要建立在世界坐标系中。

但在前面提到过，可能难以找到有效的算法，以在世界坐标系中完成从其他模型到八叉树模型中的转换。在基于球体模型的干涉检验算法提出以后，人们进而提出了八叉树层次球模型的概念，利用了球体的自由变换特性，使实体模型不受实体空间姿态的影响。

运用这一特性，可以首先在世界坐标系中建立实体的八叉树模型，使正方体的三条边平行于坐标轴，并且边长等于实体包容盒的最长边。进一步视模型中的每个正方体为一个球体，该球体为正方体的最小外接球，从而构成八叉树层次球模型。

从实体模型到八叉树层次球模型的数值处理（如边界节点的判断），均可转换到物方坐标系中完成。这个变换实际上很简便，只需要计算层次球模型中第一层 8 个节点的物方坐标即可，其他子节点物方坐标的计算只是一个矢量叠加过程。

7）算法简述。假设已知两个实体 obj$_1$、obj$_2$ 及其各自的姿态矩阵，则具体的干涉检验算法描述如下：

1）在世界坐标系中分别建立两个实体的八叉树层次球模型，并使其中心同实体包容盒的中心重合。

2）取节点 $octal_1[i]$ 和 $octal_2[i]$，并且前者边长不小于后者，$i=0, 1, \cdots\cdots, maxlayer$。

① 以 $octal_1[i]$ 为中心，将空间进行特定划分，然后求取 $octal_2[i]$ 的中心点在这个划分中的区域坐标 (x, y, z)。

② 根据 (x, y, z) 查表 TABLE1 得到 $code_1(x, y, z)$，对编码进行位与运算，从而确定 $octal_2[i]$ 中与 $octal_1[i]$ 相交的子节点。

③ 取每个相交的子节点 $octal_2[i, j]$：

a. 如果 $octal_2[i, j]$ 不是边界节点，则转出。

b. 根据 (x, y, z) 查表 TABLE2 得到 $code_2(x, y, z)$，对编码进行位与运算，从而确定 $octal_2[i, j]$ 具体与 $octal_1[i]$ 中哪些节点相交。

c. 取每个相交的子节点 $octal_1[i, k]$：

◆如果 $i=maxlayer$，在给定的精度层次上发现交点，即两个实体干涉，则检验结束。

◆如果 $octal_1[i, k]$ 不是边界节点，则转出。

◆取 $octal_1[i, k]$、$octal_2[i, j]$ 转2），进入下一层递归运算。

◆$k++$，转 c.。

d. $j++$，转③。

④ 结论为实体之间没有发生干涉。

为了得到干涉区域的定量表示，可调整算法的步骤，在给定精度处出现干涉的节点信息被记录在一个集合中而不是退出干涉检验。干涉检验结束后，如果集合为空，则无干涉，否则由该集合表示干涉区域，由一系列实体小球组成。该表示不仅可方便地计算干涉体积，还可以计算任意方向的干涉厚度。图 7.5-6 所示为基于八叉树模型的仿真算法和经典研究结果，实现了三角网格可视化效果。

2. 材料切除过程仿真算法

材料切除过程的仿真主要有两个功能：一是检测是否过切、干涉、碰撞，以检测 NC 代码和刀位文件的正确性；二是通过逼真的三维动画来实现可视化仿真，为虚拟加工提供支撑环境。材料切除仿真结构，如图 7.5-7 所示。

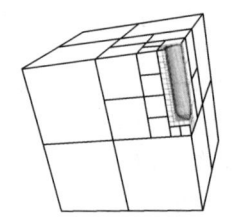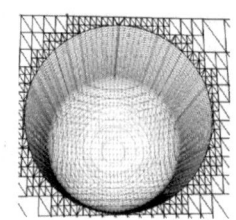

图 7.5-6　基于八叉树模型的仿真算法和经典研究结果

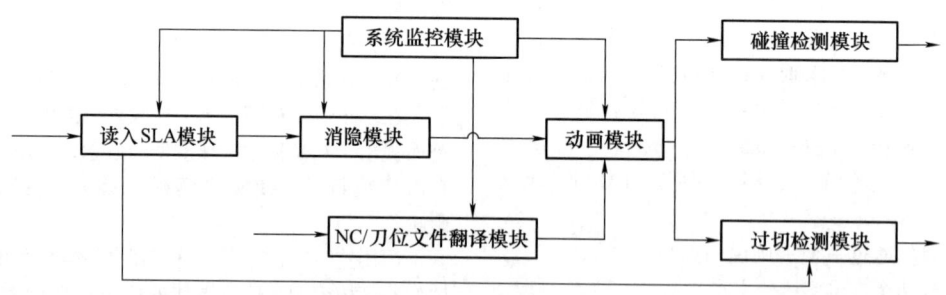

图 7.5-7　材料切除仿真结构

它由系统监控模块、NC/刀位文件翻译模块、读入标准模板库（STL）模块、消隐模块、动画模块、碰撞检测模块和过切检测模块等组成。模块的输入是 NC 代码或刀位文件，也包括带有夹具、托盘的上线毛坯，以及成形零件的 STL 模型文件。在进行材料切除仿真之前，先由消隐模块对 STL 模型进行预处理，软件采用了结合射线追踪和深度元素（dexel）模型的加速算法对 STL 模型进行消隐。在系统监控模块的控制下，NC 代码/刀位文件翻译器逐条解释加工指令，并进行毛坯与刀具的布尔差集运算。如果在加工过程中碰撞检测模块检测到干涉，则输出报警信号、碰撞干涉记录，同时发生干涉的表面将变红。过切检测模块将仿真加工完的零件与经过消隐处理后的成形零件进行比较，如果过切，则产生过切记录，并输出到过切记录文件。

（1）基于 Z-map 结构的材料切除方法

Z-map 是一种曲面非参数化表达方法，采用离散方式记录曲面的特征，用 XY 平面内一组网络点对应的 Z 坐标值来记录曲面。其核心思想是用离散的平行于刀具轴线方向的线簇表示毛坯，仿真中线的高度依据刀具位置的改变而发生变化，形成被加工后的几何形状。

空间任一曲面 $r(u, v)$ 都可以用非参数形式来表达或近似表达为 $z = f(x, y)$。把平面网格及其对应的一系列点 Z 坐标组结合到一块就是曲面的 Z-map 表达方法（图 7.5-8），即

$$\{x(i), y(i), z(i, j)\} \mid i \in [0, I]$$

$j \in [0, J]$，I、J 为 x、y 方向网格数

如果网格是均匀的且每个小正方形的边长为 d，则

$$\begin{cases} x(i) = x(0) + di \\ y(i) = y(0) + dj \\ z(i, j) = f(x(i), y(i)) \end{cases}$$

d 值越小，网格越密，网格点越多，表达的曲面也就越精确，但同样也带来了存储量猛增的问题。为了提高表达精度，又控制数据量，可以采用非均匀 Z-map 结构。Z-map 表达方法的优点是简练易行，运算方法简单，但该方法只能表达从 Z 轴上看得见的面，所以目前主要用在三坐标数控编程中。下面将介绍利用 Z-map 表达方法进行三坐标曲面加工、多坐标无遮掩曲面加工的图形检验方法。

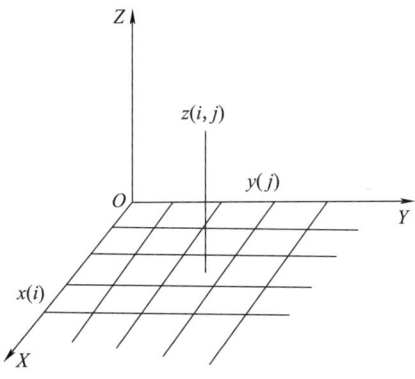

图 7.5-8　Z-map 表达方法

Z-map 表达方法是将表达的曲面离散成平面定义域并按规律分割后的各个网点对应的 Z 坐标，相当于采用平面内长出的不等长线段来代替曲面。根据 Z-map 的这一特点，我们可以用刀具采用"割韭菜"的方法来模拟切削过程。把毛坯按加工用的刀具半径的大小，在 XY 平面内分划网格（为保证表达精度，网格在部区域可以不均匀），然后生成毛坯的 Z-map

表达。对每一切削指令或每一组有效刀位，用刀具切割回扫区域内的 Z 矢量。当所有指令或刀位都执行后，就可以得到加工件的 Z-map 表达。通过图形仿真件与原定义件的对比，可有效地进行刀位和 NC 指令的检验。以下研究刀具在回扫区域内与 Z 矢量切割的主要算法。

对三坐标加工来说，主要有两种加工走刀方式：一是竖直方向上的进刀加工；另一种是三维空间的平行移动加工，圆弧插补可以近似用一组直线段来代替。所以，下面就这两种情况讨论刀具切削 Z 矢量的算法。

对于竖直进刀情况，刀具中心从 P_s 移动到 P_e（图 7.5-9），显然刀具有效切削位置在 P_e 点。在这种情况下，曲面上任一网格表示点 $P(X_w, Y_w, Z_w)$ 被刀具切割的必要条件是

$$d = \sqrt{(X_e - X_w)^2 + (Y_e - Y_w)^2} \leqslant R$$

即网点在刀具的水平投影内，此时刀具与网格点竖直线的交点为 Z'，有

$$Z' = Z_e - R \frac{d}{\sqrt{R^2 - d^2}}$$

刀具加工后对应网格点的 Z 坐标为 $Z = \min(Z', Z_w)$，$Z' > Z_w$ 表明刀具没有进行有效切削。

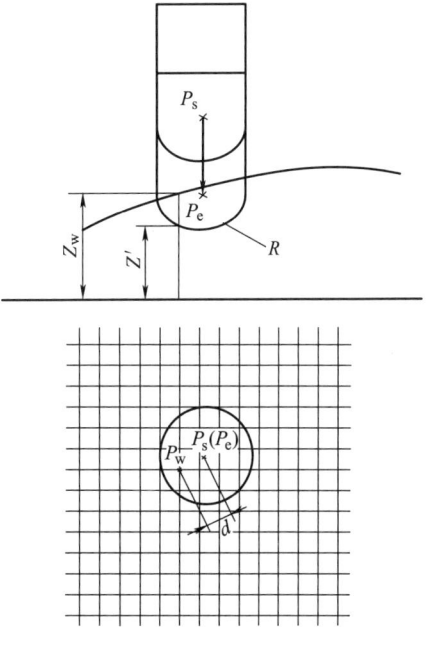

图 7.5-9　竖直方向的进刀切割

对于平行移动加工，刀具中心从空间切削位置 $P_s(X_s, Y_s, Z_s)$ 移动到 $P_e(X_e, Y_e, Z_e)$，此时的有效切削有两种：第一种是在 P_s、P_e 位置时的刀具切

削；另一种是扫描面形成的切削过程。所以，对有效切削域内的任一网点 $P_w(X_w，Y_w，Z_w)$ 都有可能得到两个或三个（当 P_s、P_e 在 XY 平面投影小于 $2R$ 时）有效切削值 Z_1、Z_2、Z_3，而最终切削后 Z 值应取最小的值。

$$Z = \min(Z_1，Z_2，Z_3，Z_w)$$

Z_1、Z_3 为网点 $(X_w，Y_w)$ 与切削刀具的交点 Z 坐标，求法参见本节前面的叙述，以下重点研究 Z_2 的求解方法。Z_2 是由 $(X_w，Y_w)$ 处竖直线与刀头扫描面相交形成的，刀头扫描面的特征线为垂直于 P_s P_e 平面上半个圆弧，网格点处的竖直线与扫描面相交，交点必在某一特征线上。显然，P_w 网点与扫描面相交的必要条件是

$$d = \frac{|(X_e - X_s)Y_w + (Y_e - Y_s)X_w + X_sY_e - X_eY_s|}{\sqrt{(X_e - X_s)^2 + (X_e - Y_s)^2}} < R$$

设交点在点 P 处的特征线上，所以有

$$h = \sqrt{R^2 - d^2} \quad C = (L - h\sin\theta)/\cos\theta$$

显然 $\qquad Z_c = Z_s + C\sin\theta$

可以得到 $\qquad Z_3 = Z_c - h\cos\theta$

对于多坐标加工，每个满足切削条件的网格点 $\mathbf{Z}$ 矢量要与五坐标刀具扫描体求交，求得有效交点 Z'，然后同样取切削的 Z 坐标为 $Z = \min(Z'，Z)$。

图 7.5-10 所示为基于 Z-map 结构的材料切除方法得到的虚拟加工结果。通过线框模型实现了毛坯的可视化，通过将 Z-map 与四叉树算法结合实现了三角网格模型的自适应动态生成。

为了提高显示图形的可读性，生成的 Z-map 加工面可以重新组合成复杂曲面片，利用真实感显示技术显示加工生成面。该方法的缺点是不便于修改显示姿态，在多坐标的计算中计算量太大，难以满足实时动画的要求。

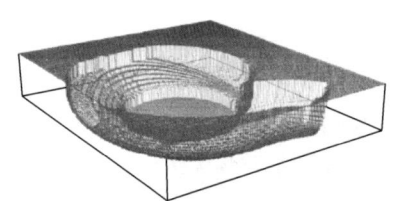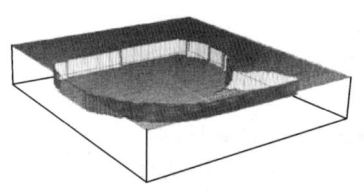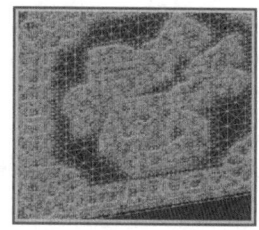

图 7.5-10　基于 Z-map 结构的材料切除方法得到的虚拟加工结果

（2）基于深度元素模型的快速材料切除方法

W. P. Wang 和 K. K. Wang 设计了一种可用于五坐标 NC 校验的仿真算法。刀具扫描体首先被计算成一个参数边界表面，从而产生一个多边形模型，再利用扫描透视的方法产生刀具扫描体的像素影像。加工过程则是待加工工件与刀具扫描体的布尔差集运算。

射线追踪方法是从屏幕每个像素向空间引射线与实体相交，它可以表示大部分的实体模型，并不限于多边形模型，但与扫描算法相比，其需要计算的像素点要大，因为它是一个一个像素点来计算的，而扫描算法则是一行一行来进行的。

以上两种算法都是基于起始视向来进行计算的，如果用户想改变观察视向，则需要重新运行整个系统；同时，由于在运行过程中无法改变视向，而使所选视向可以观察到整个工件的加工过程，故使动画显示缺乏细节。

Van Hook 提出了一种利用扩展的 Z 缓冲区数据结构来进行加工过程仿真的方法。它利用了扫描方法将表面数据转换成深度元素（Dexel）模型，并且存储了每个像素的最近和最远面的 Z 轴（观察视向）数据。这种方法需要进行实体级的布尔差集运算，在运行过程中也不能改变视向，但因为其运行速度快，重新运行成为可选方案。

以上算法都没有解决改变视向的问题，Hsu 和 Yang 设计了一种基于 Voxel 模型的等轴投影算法，但这种方法只能用于三坐标铣床。

在总结以上算法优缺点的基础上，清华大学肖田元等人提出了结合射线追踪和 Dexel 模型的换视向算法。这种算法的实质是将实体表面分割成基于像素格子的四边形表面集合，改变视向后，新的投影射线与这些四边形求交。

Dexel 采用穷举的数学方法来近似表达实体的几何形状，图 7.5-11 所示为一个二维实体的 Dexel 表达，一组等距平行线集被实体所裁剪，裁剪的一组平行线段集可以较为准确地表达该实体几何形状。显然，平行线间的距离越小，表达的实体越精确。

同理，我们可以定义三维空间的一组平行线（线的方向可以任意），利用三维实体裁剪得到的平行线段组来表达该实体。为了有效记录实体的有关信息，我们假设每条线都有固定的粗细，同时保存每一条和实体相交直线的交点信息。对任一条线，我们知道它进入和射出的实体，这些信息用两个链表来记

录。例如，

点链表：$P[1]$，$P[2]$，……，$P[n-1]$，$P[n]$

面链表：$S[1]$，$S[2]$，……，$S[n-1]$，$S[n]$

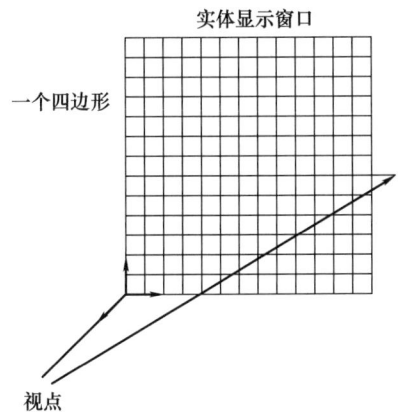

图7.5-11 二维实体的 Dexel 表达

该链表的含义是一条矩形区域沿直线从 $S[1]$ 面 $P[1]$ 点进入实体，经过线段 $P[1]$ $P[2]$，从 $S[2]$ 面 $P[2]$ 点射出实体，依次类推，可以很容易知道矩形直线中哪些线段在实体之内，哪些在实体之外。利用 Dexel 表达实体最有利的地方是把三维空间的布尔运算变成一维的布尔运算，大大减小了运算量。图 7.5-12 所示为基于 Dexel 模型的材料切除方法得到的虚拟加工结果，达到了三角网格可视化效果。

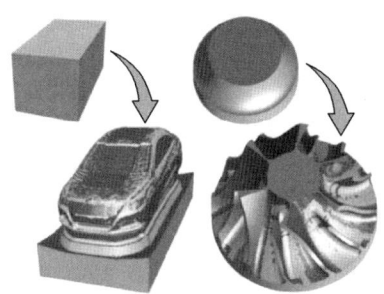

图7.5-12 基于 Dexel 模型的材料切除
方法得到的虚拟加工结果

3. 加工过程物理仿真技术

物理仿真大都针对某一具体工况，在加工形式、刀具种类及形状既定的条件下建立加工过程模型。常见的物理仿真方法有两种：一种是建立加工过程的运动/力学模型，通过数学计算，获得加工工件的表面质量；另一种是利用有限元方法，输入切削参数、工件材料特性等已知条件，通过解析计算，获得切削力、切屑形状、刀具和切屑上的温度分布、应力分布、变形分布、残余应力分布等物理特性输出结果，从而对加工精度进行预测。

早在20世纪40年代，Maretllott 就着手研究铣削力的数学表达式，后来的许多研究都是为寻求单刃正交切削条件下的切削力表达式。而实际的切削是倾斜的，切削刃往往并不垂直于刀具切削速度方向，因此正交切削下的力学模型并不能准确地描述切削力。H. S. Kim 在总结前人的研究的基础上提出了动态 NC 切削条件、刀具形状等其他诸多因素。Yang 也提出了球头刀铣削力学模型。Endres 针对车削加工建立了全面的加工过程模型，该模型综合考虑了刀具几何形状、变化的切削层参数、工件的材质及刀杆相对于工件的振动等因素，建立了车削力的动态模型和工艺系统的振动模型，同时该系统还能够对工件的微观形貌进行分析。Sata 等人模拟了正常切削状态下的刀具和工件的相对振动，同时用简化的颤振预报模型预测虚拟加工过程的颤振情况。Takata 等人开发了一套面向智能加工过程的仿真系统，他的系统中包括了检验刀具路径的几何仿真和预测切削力及加工误差的物理仿真过程，该系统可用于优化加工过程、在线自适应控制，并能对异常情况进行检测。Tarng 等人对铣削动态过程进行仿真，该系统的影响动态铣削力的参数都来源于 CAD/CAM 工作站，应用从图形系统提取的几何参数构建铣削过程模型。张智海等人使用铣削力/铣削扭矩和瞬时未变形切削厚度的关系，建立了预报工件表面误差的切削力分析模型。张大卫等人建立了圆锥螺旋铣刀的三维铣削力模型，通过对几何特征的分析，提出了非线性模型的参数识别方法，同时采用基于填充曲线刀具路径进行数控铣削加工物理仿真。徐安平等人以圆柱螺旋立铣刀铣削过程的物理特性为研究对象，考虑机床主轴偏心和刀杆静态、动态变形等因素的影响，建立了一种新的柔性螺旋立铣刀数控铣削过程表面创成物理模型。孙宏伟等人提出了建立基于加工质量预测与分析的数控铣削过程仿真系统，用于产品加工质量的预测，该系统在实际加工之前预测某具体切削参数下的零件加工质量，以选择合适的加工工艺规划，并辅助加工过程在线监测与控制。葛研军等人建立了多误差因素共同作用下的车削加工数学模型，用于车削加工的物理仿真中。黄雪梅面向数控车削加工过程，进行数控车削加工物理仿真系统的研究，建立了车削物理仿真系统模型。

通常情况下，物理仿真以加工参数优化为目的。Wang 等人通过估计每一刀具运动的切削负载和平均切削力，给每个 NC 指令分配指定"最佳进给速度"。Fuessell 在给定被加工曲面、刀具路径、加工公差等信息的前提下，自动设定复杂曲面数控加工程序的进给速度。Yazar 等人建立了模拟计算刀具路径上的最大铣削力和修调进给速度的迭代模型。Spence 等人基于体素构造表示（CSG）或 CSG 和 B-rep 混合实体造型技术，研究二轴半、三轴铣削过程的仿真，计算多约束条件下的最大进给速度，用于工件的加工工艺规划。Weinert 进一步用加工仿真方法估算因切削力引起的铣削轮廓偏差，并据之优化每一刀具路径进给速度。Lim 等人使用加工仿真程序帮助 NC 编程人员规划走刀路径和选择进给速度。Tlusty 等人通过仿真方法建立型腔数控加工质量参数数据库，根据该数据库选择变化的轴向切深和径向切深，在保证质量的同时获得最高的加工效率。

Strenowsiki 等人最早将有限元建模方法引入虚拟加工仿真中，提出了一种单元分离技术模拟切削成型

过程的物理仿真方法。Herbert 通过仿真切削过程，利用有限元法分析工件的弹塑性变形，优化加工精度。Dirikolu 等人利用有限元方法对加工过程进行了模拟仿真，并将结果与实验进行了比较，结果吻合得较好。基于有限元方法开发的加工过程物理仿真软件已经广泛应用于工程实践中，如 Deform、Abaqus、AdvantEdge 等均可以用来仿真加工过程中的切削力、切削温度、切屑等物理特性。虽然这些软件已经得到了工程应用，但有限元自身特点决定了它不适于间断加工过程的建模，对加工过程开始、结束段的仿真仍然存在困难。

7.6 虚拟装配技术

装配是产品生产过程的关键环节之一，传统装配是依靠设计手册、设计规范和试装配来实现的，是一种落后的生产方式。计算机和数字化技术的出现极大地促进了装配技术的快速发展。20 世纪 90 年代，制造业出了一个划时代的创举——波音 777 在整个设计制造过程无须实物样件和样机，直接进行了第 1 架波音 777 的首飞，一次成功。数字化预装配（digital pre-assembly）是实现这一创举、确保飞机设计制造一次成功的关键技术之一。数字化预装配技术可理解为利用数字化样机对产品可装配性、可拆卸性、可维修性进行分析、验证和优化的技术总称。早期的数字化预装配主要是设计部门进行产品装配的几何约束和干涉检验及不协调问题等分析，主要目的是获得具有良好可装配性设计的产品，虽然这些设计部门所进行的仿真在一定程度上考虑了产品装配工艺，但在很大程度上忽略了产品装配过程中的场地、工装和人员等生产现场信息。随着数字化预装配技术的推广应用，人们逐渐认识到仅从设计角度考虑产品装配性的局限性，因此面向生产现场的装配过程仿真和装配工艺规划技术也逐渐成为数字化预装配技术的主要研究内容之一。

虚拟装配技术是在虚拟现实与数字化预装配技术相互融合的基础上发展起来的。虚拟现实（virtual reality，VR）的思想最早出现在 1965 年在国际信息处理联合会（IFIP）会议上，1989 年，Jaron Lanier，正式提出了 VR 的概念，指出 VR 是综合利用计算机系统和各种特殊的软、硬件来产生一种可以替代现实世界和环境的仿真环境，这个环境从用户感官角度来说是真实的和可信的。

由于虚拟现实系统具有沉浸感、交互性和实时性等特征，能提供更好的交互性与可视化能力，提高人

机之间的和谐程度，使人机界面更加直观高效。因此，随着虚拟现实技术的成熟和发展，人们开始将虚拟现实技术引入制造领域，以解决其面临的一些难题。由于装配的复杂性高，装配操作时随意性较大，装配工艺规划及分析评价更需要人的智能参与，因此虚拟装配技术成为 VR 技术在制造业应用的一个研究焦点。

7.6.1 虚拟装配技术的内涵

自虚拟装配概念产生以来，国内外学者从不同的角度对其进行了阐述。一些学者认为，虚拟装配是利用虚拟现实技术、计算机图形学、人工智能技术和仿真技术等，通过构建产品虚拟模型和虚拟环境，从而对装配过程和装配结果进行仿真和分析，虚拟装配不仅能够检验、评价和预测产品的可装配性，并且能够面向装配过程提供直观的、经济合理的规划方法。另一部分学者从并行工程的角度认为，虚拟装配是面向装配设计（design for assembly，DFA）技术的拟实化发展，是虚拟产品开发（virtual product development，VPD）的一个组成部分；还有一部分人认为，虚拟装配是无须产品或支撑过程的物理实现，只需通过分析、先验模型、可视化和数据表达等手段，利用计算机工具来安排或辅助进行与装配有关的工程决策。从这个角度来看，虚拟装配应该涉及所有装配环节的分析与决策。

为真正理解虚拟装配的内涵，首先必须了解虚拟的含义。虚拟装配技术中的"虚拟"体现在以下 3 个方面：①虚拟原型，虚拟装配研究分析的对象不是产品的物理原型，而是计算机中的数字化模型；②虚拟环境，工作在一个计算机仿真环境中，而不是一个现实的装配环境，但计算机仿真环境是对现实环境在

一定程度上的反映；③虚拟过程，装配过程是虚拟的，而不是实际的装配过程，是实际装配过程在一个虚拟环境中的映射。因此，不妨认为，虚拟装配中的"虚拟"是分层次的，计算机仿真与VR是虚拟的两个不同层次，VR是计算机仿真的更高发展阶段。或者说，"虚拟"可以从狭义和广义的角度来理解，狭义的"虚拟"指采用了VR技术的虚拟；广义的"虚拟"指建立在实际系统前，利用计算机仿真环境和计算机数字化模型来进行相关设计和制造活动。另一方面，VR技术本身，也会因软、硬件的不同而提供不同程度的沉浸感。提供高度沉浸感的系统如CAVE系统，提供一般沉浸感的系统如三通道立体投影系统，提供较低沉浸感的如桌面虚拟现实系统等。

基于以上分析，可以从狭义和广义两个角度对虚拟装配的概念进行阐述。装配通常是增添或连接若干零件来形成一个完整产品的过程。因此，从狭义角度上说，虚拟装配是利于VR技术所构建的计算机仿真环境，对产品整个装配过程进行仿真与分析，从而达到对产品的装配顺序、装配路径、装配空间、装配方法、装配资源（工具、夹具等）、人因工程指标、装配生产线等相关问题进行辅助分析和优化的过程。但另一方面，产品的可装配性、装配质量和装配效率等并不只决定于最终的装配过程本身，设计、制造等产品生命周期中其他环节对产品可装配性也具有决定性的影响，而且在产品开发过程中，对可装配性问题考虑的越早，其所产生的成本、时间、质量效益就越明显，这就要求从产品生命周期的角度来对各种潜在的装配问题进行分析和决策。因此，从广义角度上说，虚拟装配应该体现DFA和产品生命周期的思想和要求，并从本质上加以实现。

从广义角度来看，虚拟装配技术是综合利用虚拟现实技术、计算机图形学、人工智能技术和仿真等技术，在虚拟环境下对产品的装配过程和装配结果进行仿真与分析，从而达到检验、评价和预测产品的可装配性，并对产品的装配顺序、装配路径、装配方法、装配资源、人因工程等相关问题进行辅助分析和决策的方法。

总体而言，虚拟装配技术主要实现两个方面的应用目标：

1）对设计结果进行验证，实现面向装配的设计。其研究包括产品的装配建模、装配序列自动推理、可装配/可拆卸性分析评估、装配过程干涉碰撞检查、机构运动分析、装配公差分析与综合等，这些研究内容一般是建立在三维CAD系统的基础上，并主要从几何的角度来检验产品结构设计及装配序列和装配路径制订的合理性，为面向装配的设计提供有力的工具。

2）进行虚拟装配工艺规划，用于指导实际生产。其研究包括产品装配顺序和路径的确定、装配力和装配变形分析、装配工装的使用和管理、装配过程和装配零部件的协调、装配过程的人因工程分析及装配现场的管理等，它主要基于虚拟现实环境，并利用各种人机交互手段，从过程和物理的角度来实时地模拟装配现场和装配过程中可能出现的各种问题及现象，并在此基础上进行装配工艺设计与优化决策。

7.6.2 虚拟装配技术的体系结构

基于产品全生命周期的思想，从"可装配性设计原则""可装配性分析评价"和"装配过程仿真"3个方面建立了面向产品全生命周期的虚拟装配技术体系结构（product lifecycle oriented-virtual assembly technology architecture，PLO-VATA），以便更加深入地分析和描述虚拟装配的本质特征，并指导虚拟装配系统的设计和实施。面向产品全生命周期的虚拟装配技术体系结构如图7.6-1所示。该体系结构的底层是虚拟装配模型、装配规则和知识，它是开展虚拟装配分析的数据基础，是所有相关分析活动的研究和分析对象。虚拟装配涵盖产品生命周期内与装配有关的多个环节，每个环节都有其不同的侧重点，如结构设计考虑结构可装配性，详细设计考虑装配连接关系、装配公差等，装配工艺规划考虑装配工装、装配顺序、装配路径等工艺的可行性和最优性，维修和报废则考虑产品的可拆卸性。虚拟装配为不同的环节提供了相对应的理论、方法和工具，并通过一致性、相关性实现全局产品装配性能最优。

在面向产品全生命周期的虚拟装配体系结构中，虚拟装配被划分为4个要素。

1）可装配性设计：设计思想、设计规范、设计原则和方法。

2）可装配性分析与评价：评价因素、评价方法。

3）虚拟装配模型：虚拟装配的工作对象。

4）虚拟装配支撑环境：装配过程仿真、分析的手段和工具集。

虚拟装配的这4个要素，作用于产品开发周期内与装配有关的各个环节。可装配性设计是在总结领域专家经验的基础上，形成的一套用来提高产品可装配性能的设计规范指南，通过该设计规范指南来指导产品的设计，可以从源头上有效保证产品的装配设计质量；可装配性分析与评价为评价产品及过程的可装配性提供了一套系统的评价指标集合，以及这些评价指标的计算和分析方法，实现从设计方案的评审上及时发现存在的问题；虚拟装配模型是进行虚拟装配分析

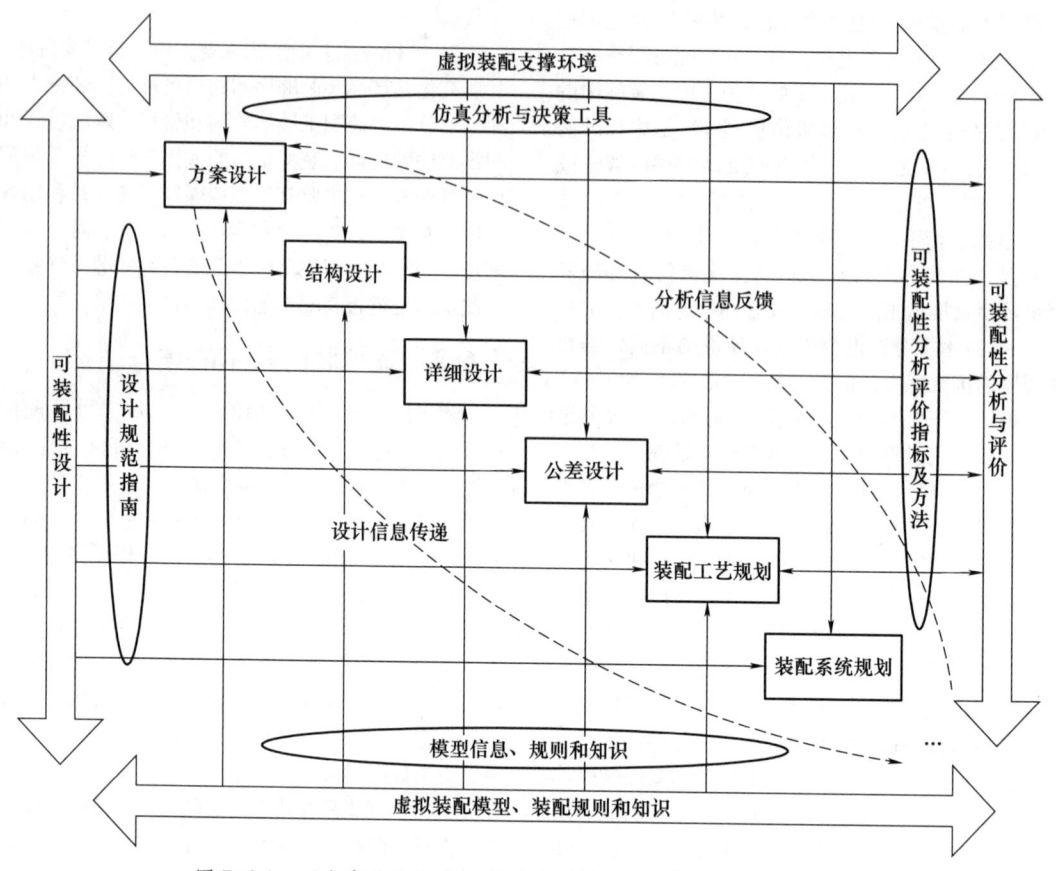

图 7.6-1　面向产品全生命周期的虚拟装配体系结构（PLO-VATA）

的数据基础，支持产品生命周期内与装配有关的活动和过程，并能有效地存取所需的各种信息；虚拟装配支撑环境则提供了一组计算机软、硬件工具，以辅助产品相关可装配性分析、优化及装配规划活动的展开。

虚拟装配的分析、评价过程与产品设计过程是并行交叉展开的：一方面，设计信息通过集成产品开发机制和工作流管理在不同设计环节之间传递；另一方面，不同环节可装配性分析的结果将不断反馈给相应的设计阶段，以进行设计修改。针对不同的环节，PLO-VATA 提供了不同类型的分析、评价和决策工具。基于并行工程（concurrent engineering, CE）理论，在集成产品开发平台（如 PDM、PLM、VPD 等）下实现协同分析和数据共享。虚拟性、并行性、集成性和协同性是面向产品全生命周期的虚拟装配技术体系结构的 4 个主要特点。

（1）虚拟性

PLO-VATA 的虚拟性，强调充分利用计算机仿真与虚拟现实技术来进行产品装配方面的决策，特别是虚拟现实技术的应用，为复杂产品的可装配性分析与评价、装配工艺规划等提供了一种直观、自然、逼真、高效的人机环境，人可以沉浸到其中，与环境中的各种虚拟物体融为一体，从而最大限度地发挥人的智慧。

（2）并行性

PLO-VATA 的并行观，强调虚拟装配是支撑 DFA 的基本手段。DFA 作为一种设计哲理，是 CE 思想的一个重要组成部分，强调在设计阶段针对装配问题进行统筹考虑，利用各种技术手段，如分析、评价、规划、仿真等充分考虑产品的装配环节，以及与其相关的各种因素的影响。在这里，设计已经超越了结构设计的范畴，是"广义设计"的概念，它包括产品的概念设计、方案设计、结构设计、详细设计、装配工艺设计、装配系统设计等产品开发过程中所有涉及装配问题的设计环节。

基于虚拟原型是虚拟装配与产品设计能够实现并行的基础。PLO-VATA 针对产品设计的不同阶段，提供与之相适应的分析评价方法和工具，通过"设计—可装配性分析—改进设计"这样一个交叉的循环迭代过程来持续支持产品设计的改进。在这一过程中，DFA 为虚拟装配分析提供理论指导和可装配性评价规范。因此，虚拟装配技术与 DFA 理论的结合，不仅为提高产品设计的可装配性提供了强有力的手段，而且为并行工程的开展提供了现实的途径。

（3）集成性

PLO-VATA 的集成性，是实现虚拟装配信息集成、功能集成和过程集成要求的体现。虚拟装配分析涵盖产品设计过程中与装配相关的多个方面，这些方面并不是孤立的，而是相互制约、相互影响的。例如，产品结构和装配关系设计得好，会使产品装配工艺过程变得简单，反之则会增加装配工艺的复杂度，并增加额外的工装、夹具等装配资源需求。因此，PLO-VATA 的集成性要求能够将这些环节统筹考虑。统筹考虑的基础是基于统一的虚拟装配模型，实现信息共享。

虚拟装配系统有输入和输出。虚拟装配分析需要相关的数字化模型，包括零部件模型，工装、夹具模型，装配生产系统模型，人体模型等，这些模型不仅包括几何属性，还包括物理属性、管理属性、运动属性等，而且这些模型来源于不同的应用系统，数据格式各异；另一方面，虚拟装配产生的装配分析结果、装配工艺、装配过程动画等信息也要反馈给相关的设计环节和工程应用系统，并与其他的 DFX 技术，如面向制造的设计（DFM）、面向维修的设计（DFS）和面向环境的设计（DFE）等协调起来，实现多目标综合优化。因此，虚拟装配系统需要与其他工程应用系统进行信息集成，在统一的集成平台，如产品数据管理（product database management，PDM）系统下，共享模型和数据；同时，作为整个产品开发过程的组成部分，虚拟装配要被纳入集成产品开发过程体系中，通过过程集成控制其相应的信息流、权限和资源等。

（4）协同性

由于计算机在信息处理能力、智能推理能力、非结构化动态随机决策能力等方面的缺陷，在装配问题的分析与求解中，人的作用是难以替代的。人的主动性、创造性、分析决策能力仍然起决定作用，这也正是虚拟装配引入 VR 技术以强化人的作用的主要原因。PLO-VATA 的协同性体现在两个方面，即人机协同和网络协同。

人机协同强调要充分发挥人的智慧、知识和经验，以人为主导和中心，计算机为人的决策和分析提供一个友好的支撑环境，以及一定的辅助决策能力，包括计算辅助、知识辅助等。VR 技术提供了一种直观、自然、逼真、高效的人机环境，人可以沉浸到其中，与环境中的各种虚拟物体融为一体，通过虚拟交互设备，如三维鼠标、数据手套、立体操纵杆等，对这些虚拟物体发出各种操作指令，计算机根据指令计算虚拟物体的响应行为，并通过视觉、触觉、听觉等感知途径反馈给用户，用户根据反馈做出决策和调整，从而创造一种类似实际装配过程的交互仿真环境。这种协同，是一种在人和机器间建立的新型的、各发挥所长的人机一体化系统的协同。所谓人机一体化系统，就是采用"以人为中心"，人机一体的技术路线，人与机器处在平等合作的地位上，共同组成一个系统，各自执行自己最擅长的工作，取长补短，共同认识、共同感知、共同思考、共同决策等。

网络协同是虚拟装配的必然趋势。随着企业设计和生产模式向虚拟企业、动态联盟方向发展，企业内部不同部门之间，不同企业之间基于网络对装配问题进行协同设计、规划和分析将变得越来越普遍，越来越重要。在动态联盟背景下，零部件的设计、制造、装配等环节可能分布于不同的国家和地区，各地的文化、经济、习惯、技术等条件不尽相同，导致在产品设计方式、采用标准、数据格式等多方面产生不同，这种不同会对产品装配，尤其是非标零部件的装配构成潜在问题。因此，如何在异地企业之间通过网络来协同地分析产品装配问题具有十分重要的研究意义。

7.6.3　虚拟装配的关键技术

虚拟装配是一个多学科交叉的研究领域，涉及产品建模、产品设计、计算机仿真、网络通信等多个技术领域。虚拟装配技术的核心，是通过数字化建模与仿真来解决装配环节的工程决策优化问题。从具体工程化应用的角度来看，虚拟装配的关键技术主要包括 4 个方面，即虚拟装配模型、虚拟装配工艺规划、虚拟环境下的装配精度预分析和柔性线缆的虚拟装配工艺规划。

1. 虚拟装配模型

虚拟装配模型的核心问题，是解决如何在计算机中表达和存储产品装配信息，使之能够全面支持产品的设计过程，并为后续的可装配性分析与评价、装配工艺规划、装配仿真等环节提供所需的信息数据。虚拟装配模型是一种集成化的信息模型，作为产品生命周期模型的子集，它应该支持广义产品设计中与装配有关的活动和过程（如可装配性分析与评价、装配工艺规划等），能有效地存取所需的各种信息。不仅要考虑装配零部件的几何特征、管理属性信息和物理特征信息，还要考虑装配工艺信息；不仅要能处理系统的输入信息，还应能处理设计过程中的中间信息和结果信息。因此，虚拟装配模型将随着设计过程的推进而逐步丰富和完善。目前，零部件物理特性和公差特性建模是虚拟装配模型研究的两个重点和难点。

零部件物理特性建模主要研究如何在虚拟环境下表达零部件的质量、重心、密度、硬度、材质、摩擦因数、速度、加速度、转动惯量等特性；如何表示变形物体，以及在外界作用下变形物体发生变化时的视觉、触觉等感知反馈内容。零部件物理特性建模是提高虚拟装配沉浸感和可操作性的关键技术。

对公差特性进行建模，建立带公差的虚拟装配模型是虚拟装配走向实用化的必然要求。目前，虚拟装配的研究对象大都是基于公称尺寸和理想形状的零部件模型，而没有考虑公差的影响，这与工程实际有很大出入。另外，目前的公差只是作为一种特性和数据存在，而没有显式地表达出来，因此人们无法直观形象地观察和分析零部件的公差大小，以及公差变化对产品装配结果的影响情况，一定程度上影响了虚拟装配分析的效果。

另外，虚拟装配模型所包括的信息来源不同，数据格式差异较大，这些信息如何组织，如何存储，一致性和完整性如何保证，虚拟装配模型与产品生命周期模型之间的关系如何建立等也都有待深入地研究。

2. 虚拟装配工艺规划

复杂产品的装配工艺规划一直是产品开发中的难点和瓶颈，作为实施装配自动化的关键技术，计算机辅助装配工艺规划（computer-aided assembly process planning，CAAPP）多年来一直是学者们研究的热点。目前的 CAAPP 方法仍存在很多局限，突出表现为，自动装配规划存在组合爆炸问题，效率低下；过分依赖几何运算，而对工程语义信息、装配知识和经验的利用有待加强。

虚拟装配工艺规划将 VR 技术引入规划过程，通过一个多模式的交互环境，将人和计算机有机结合起来，由装配规划人员在虚拟环境中对产品进行组装仿真，其交互操作过程被实时跟踪和记录下来，从而得到产品零部件的装配顺序和装配路径，以及所使用的工装、夹具和装配操作方法等，并可视化和可感知地分析各种工艺方法的优劣，最终得到一个合理、经济、实用的产品装配工艺路线。

虚拟装配工艺规划可以看成是实际装配过程在虚拟环境下的一种实现。它通过对虚拟模型的交互试装来建立产品的装配工艺，其关键技术问题包括产品装配顺序和装配路径的表达与建立方法，以及装配过程中的实时干涉检测、虚拟环境下零部件的精确定位等。

3. 虚拟环境下的装配精度预分析

随着虚拟装配技术的深入发展，缺乏精度信息逐渐成为影响其实用性的重要因素。传统虚拟装配系统大多基于具有理想尺寸的模型，没有包含重要的精度信息，虽然通过虚拟装配技术能够发现产品设计上存在的几何装配干涉，但对于装配误差累计的分析、装配顺序和零件制造误差对装配方案的影响等缺乏分析和预见的手段，导致工程中利用虚拟装配技术进行装配仿真和装配工艺优化时，不能很好地预测产品可能的精度，有可能导致在实际装配时出现装配误差过大，甚至无法装配的问题。

虚拟环境下的产品装配精度预分析，是利用虚拟现实技术，在产品设计阶段或现场装配阶段，根据产品公差设计值或零件加工后的实测值，对产品的装配精度进行预测和优化的技术。虚拟环境下的装配精度预分析主要在产品的设计阶段和装配阶段，辅助设计人员进行装配精度预测，并协助设计人员根据预测结果，提出零件公差或产品装配工艺的修改方案。因此，产品装配精度预分析不但面向生产现场的产品装配，辅助得到较优的产品装配工艺方案，同时面向产品设计，辅助得到较优的产品公差分配方案。

4. 柔性线缆的虚拟装配工艺规划

线缆是用于机电产品总装或部装中，连接电气设备或控制装置的柔性电线总称。线缆是机电产品不可缺少的组成部分之一，作为各类信号、能源等的传输通道，线缆广泛应用于各种机电产品中。线缆布线质量和装配可靠性直接影响产品的性能及可靠性。在工程实际中，机电产品的交叉装配现象普遍存在。所谓交叉装配，指在产品装配过程中，线缆的装配和结构件的装配穿插进行的现象，即当完成某一线缆的部分装配（如只插装线缆的一个接头）后，便接着安装其他结构件，之后才最终完成该线缆的装配。虚拟装配需要实现刚性结构件和柔性线缆的交叉装配工艺规划。

线缆虚拟装配工艺规划是以线缆布线设计的结果（包括线缆拓扑结构、几何形状、电连接器端接方式、捆扎和固定方案）为基础，在虚拟环境下对线缆装配工艺过程的规划、分析和仿真，从而确定线缆的装配顺序、装配路径、工具使用方案、捆扎和固定等工艺的过程。通过线缆装配工艺规划与安装仿真，一方面可以对线缆和结构件的交叉装配顺序和装配路径进行规划，以指导复杂产品的现场装配；另一方面可以对线缆的布线方案进行验证和检查，如验证其长度是否合适、走线路径是否合理，检查线缆的可装配性、工具的可达性和可操作性等。

线缆作为典型的柔性体，其几何模型与刚性结构件有很大的区别：刚性结构件在装配仿真操作过程中只发生整体的移动、旋转等位姿变换，零件自身在仿真过程中没有发生形变，不需要对几何形体本身进行修改；线缆在装配操作过程中会大量出现局部形变，包括局部弯曲、扭曲、变形等，需要实时修改线缆的几何模型。目前，商业化 CAD 软件提供的线缆模块，对线缆的建模主要是通过指定线缆关键路径点和其他几何约束信息后，使用扫掠等几何建模方法将线缆表示为刚性的 CAD 模型，而虚拟环境下的线缆布线与敷设过程仿真，需要直接、实时地对柔性线缆三维实体模型进行交互操作。

7.6.4　虚拟装配模型

虚拟装配模型是开展虚拟装配的重要基础。虚拟装配模型是在计算机内部对产品装配体描述、存储的数字化表达方法，一般由数据及其结构组成。面向虚拟装配的装配模型，不仅要考虑产品装配模型的层次结构信息、零部件之间的装配关系信息、零部件的管理属性信息和物理特征信息，还要考虑装配工艺信息；不仅要能记录装配建模的最终结果信息，还应能记录装配建模的过程和历史信息。同时，面向虚拟装配的装配模型是一个动态的模型，它随着装配工艺仿真过程的推进而逐步丰富和完善。因此，建立一个集成度高、信息完善、满足虚拟装配要求的产品装配模型具有重要的意义。

多年来，国外学者对虚拟装配模型进行了深入的研究，并做了大量富有成效的工作，提出了图结构模型、树表达的层次结构模型、基于虚链结构的混合模型和基于装配特征的混合模型等，但这些模型都是以记录装配建模的最终结果为目的，不能对以"过程"为核心的面向虚拟装配的装配建模进行完整而准确的描述。

面向虚拟装配的装配模型应该具备以下能力：

1）能够完整地反映虚拟装配工艺规划与仿真的过程和历史。

2）能够将虚拟装配工艺规划与仿真过程中形成的相关工艺信息（包括产品装配顺序、装配路径、装配资源信息等）有效地组织起来，为装配工艺的编制提供支撑和数据源。

3）支持装配过程回溯（装配过程回溯能够大大提高虚拟装配仿真的效率）。所谓装配过程回溯，就是根据设计者的意图，将虚拟装配仿真结果回退到某一装配历史状态。

4）同时也能够完整地描述装配建模的最终结果信息（包括最终装配体的层次树结构信息、装配体组成零部件之间的几何配合约束关系信息等）。

因此，提出了基于层次装配任务链的装配建模方法，采用层次装配任务链来描述面向虚拟装配的装配模型。

1. 基于层次装配任务链的装配模型

为了有效地对虚拟装配工艺规划与仿真的过程和历史数据进行保存，引入装配任务（assembly task, AT）的概念，并将装配任务作为装配模型信息保存的基本载体。

装配任务指为完成某个组件的装配所实施的连续装配操作过程。每个装配任务都有一个确定的、唯一的任务对象，即该任务所需要装配的零（部）件。一个装配任务通常包括抓取待装组件、移动组件、释放组件等一系列操作。

通常，装配任务主要包含以下 4 个方面的信息，即任务对象（组件）的装配顺序，任务对象（组件）的装配路径信息，完成该装配任务所需用到的工、夹具信息，以及其他装配工艺参数信息，如装配时间、装配力等。利用 EXPRESS-G 工具建立的装配任务模型如图 7.6-2 所示。其中，string 表示字符串的类型数据，integer 表示整数的类型数据。

在图 7.6-2 所示的装配任务模型中，根据实际需求定义了 3 类装配任务，并通过"任务类型"属性来加以标识。这 3 类装配任务分别是：

1）装配基体组件。在产品或部件的装配过程中，第一个组件的装配称为装配基体组件。装配基体组件的特点是不需要定义装配约束关系，而其他组件则需要通过装配约束关系的定义来实现装配。

2）装配普通组件。装配非基体组件。

3）装配线缆。在实际产品的装配过程中，涉及大量线缆装配的问题，因为线缆类柔性零部件的装配与刚性零部件的装配区别很大，因而将线缆的装配也作为一类装配任务。有关线缆类柔性零部件的装配建模将在 7.6.12 节予以详细论述，在本文下面的论述中所指的装配任务，主要指前两类装配任务（即装配基体组件和装配普通组件）。

在装配任务模型中，每一个装配任务都有唯一的装配对象（组件），一个组件的装配过程主要体现为该组件在设计者的操纵下从初始位置向最终装配位置运动，并最终装配到位。在虚拟装配环境下，每一个装配任务的装配路径是通过记录组件所经过的一系列离散空间点的位置信息得到的。这些点的密度取决于虚拟环境中连续两帧之间的时间间隔（虚拟环境中图形显示是以一定的频率进行刷新显示的），间隔越小，所得到点的密度就越大。组件的装配路径可以通过一个离散点序列来描述：Path = $\{ p_{t1},\ p_{t2},\ p_{t3},\ \cdots,\ p_{tn} \}$，其中 p_{ti} 表示第 i 个序列节点，可以描述为：$p_{ti} = \{ x_i,\ y_i,\ z_i,\ \alpha_i,\ \beta_i,\ \gamma_i \}$，其中 $x_i,\ y_i,\ z_i$ 表示组件在某一帧所处的空间位置信息，$\alpha_i,\ \beta_i,\ \gamma_i$ 表示其姿态信息。

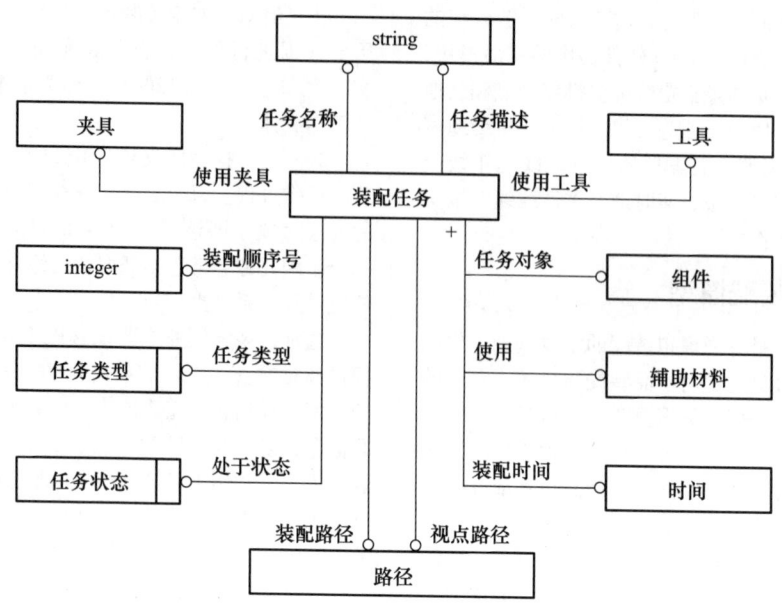

图 7.6-2 装配任务模型

　　每一个装配任务所涉及的工具操作、夹具操作、装配基体的调整（在实际的装配过程中，为了后续零部件装配的方便，经常需要对已经装配的零部件进行调整）等工艺信息，则通过一个装配操作链表来进行记录。我们将夹具调整、工具的装配空间检测、装配基体的调整等操作统称为装配操作（assembly operation，AO）。

　　装配操作是为完成某个装配任务所进行的辅助装配操作，包括装配基体的调整、使用夹具、使用工具等。装配操作可以由一个五元组进行表示，即 AsmOperation <type, object, path, status, flag>，type 表示操作类型，object 表示操作对象，path 表示操作对象的运动路径，status 表示操作的完成情况，flag 表示操作的开始与结束标志。

　　每个装配任务都是由用户来创建和结束的，当某个装配任务完成后，用户可以交互式地完善涉及完成该装配任务的其他装配信息，如完成该装配任务所需的辅助材料（如 HY914 胶、无碱纤维玻璃带 ET200 等）及所涉及的一些备注信息等。

2. 产品层次装配任务链模型

　　在面向虚拟装配工艺规划的装配建模过程中，一个产品是通过一系列装配任务来实现的。每个装配任务装配一个组件，当一个装配任务完成时，该任务对象将被放置到该产品所对应的装配任务历史链表中，装配任务在装配历史链表中的先后位置，表达了其所

装配的组件的装配顺序。另一方面，对于一个部件来说，其自身又是通过一系列针对其下一层组成零部件的装配任务来实现的。每一个装配任务，又包含一个的夹具调整、工具装配空间检测等装配操作链表。因此，对于复杂产品来说，装配任务之间的关系并不是一个简单的顺序链，而是一个包含层次结构关系的层次装配任务链（hierarchical assembly task link，HATL）。图 7.6-3 所示为产品层次装配任务链（HATL）的 EXPRESS-G 模型。

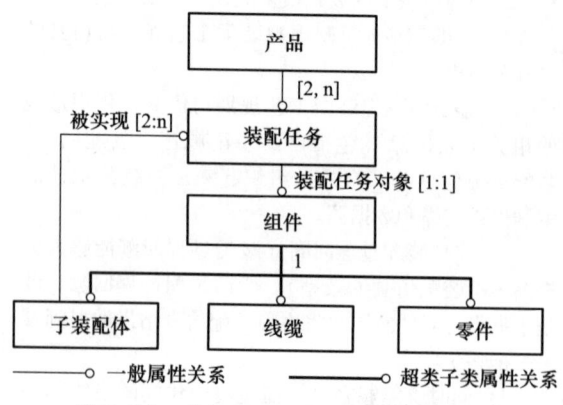

图 7.6-3　产品 HATL 的 EXPRESS-G 模型

　　在 HATL 模型中，对于一个装配体（产品），其描述与商品化三维 CAD 环境中的描述有所不同。在商品化 CAD 环境中，每个装配体被描述成由一组零

件和部件组成，它体现的是装配体的装配组成关系和层次结构关系，而在 HATL 模型中，每个装配体被描述成是由一个装配任务序列来实现的，该装配任务序列直接描述了装配体与装配任务之间的实现关系，即通过完成哪些装配任务可以最终完成该装配体的装配，并描述了这些装配任务的先后顺序。另外，由于每个装配任务都对应一个唯一的装配对象（组件），通过该装配对象，可以获得装配体的装配组成关系和层次结构关系，因此该层次任务链又间接描述了装配体的装配组成关系和层次结构关系。

对于每一个装配任务，包含一个装配操作链表，用来描述虚拟装配工艺规划过程中的使用工具、使用夹具、装配基体调整等装配工艺信息，该层次装配任务链的数据存储结构如图 7.6-4 所示。该产品由一个装配任务序列（AT_1，AT_2，AT_3，……，AT_n）组成，其中该装配任务序列中的 AT_2 所对应的任务对象

为一个子装配体，该子装配体又由一个下层装配任务链组成。而下层装配任务链中的装配任务 AT_{22} 又包含了一个装配操作链表，该操作链表表示了装配零件 22 时需要进行的工具操作、夹具操作和装配基体调整等辅助装配操作工艺信息。

3. 装配工艺信息建模

装配工艺包括产品装配操作的基本过程与步骤。面向虚拟装配的装配工艺信息建模，其核心是通过装配任务来组织装配过程中所涉及的工艺信息，装配工艺信息模型如图 7.6-5 所示。该装配工艺信息模型为装配工艺的编制提供了数据源，其中 integer 表示整数的类型数据。

对于虚拟装配过程中所用到的装配资源，可以建立相应的装配资源库，用户可以直接从装配资源库中调用装配资源。装配资源信息模型如图 7.6-6 所示，其中 string 表示字符串的类型数据。

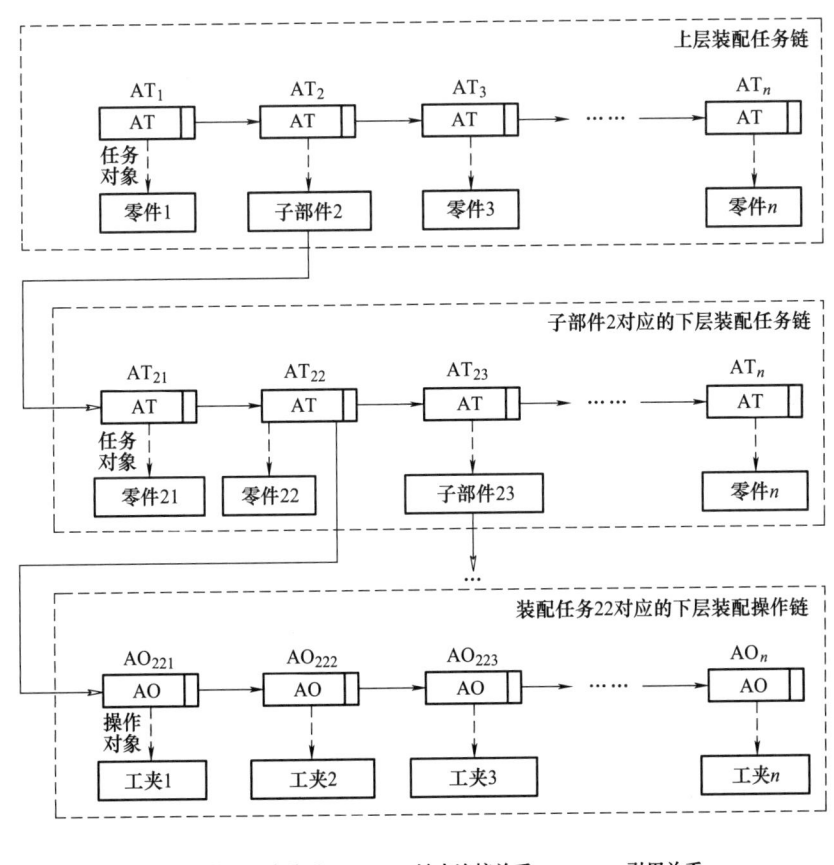

图 7.6-4　产品 HATL 模型的数据存储结构

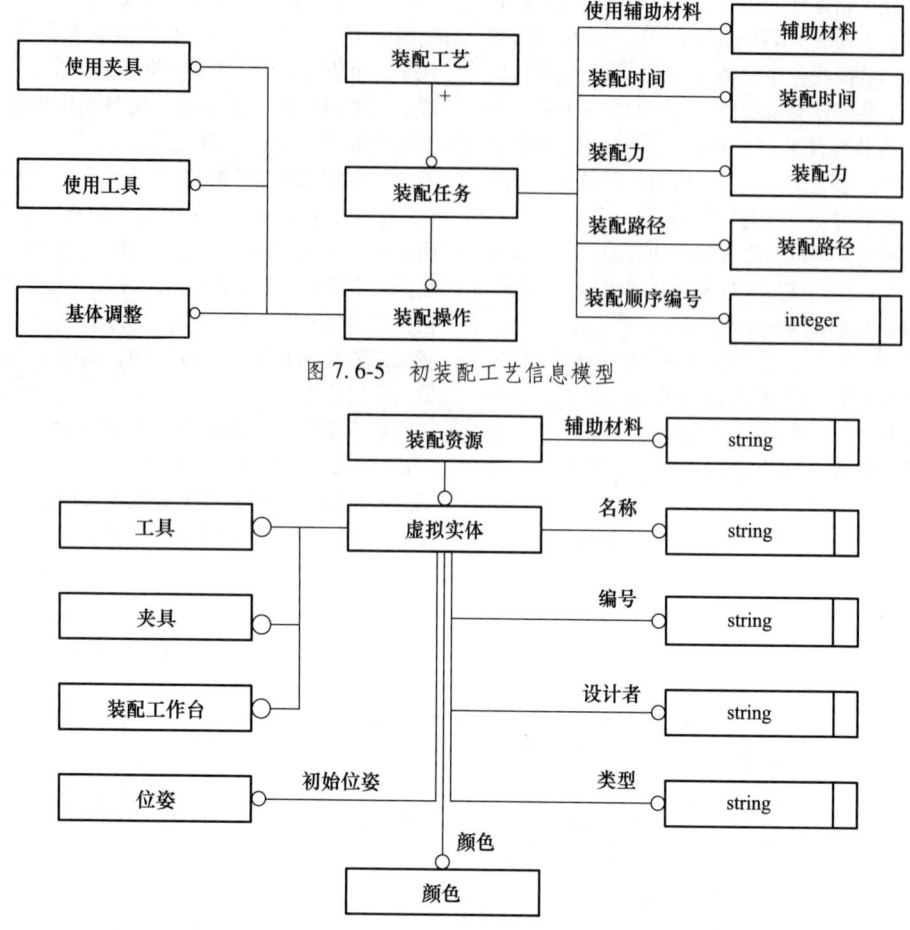

图 7.6-5 初装配工艺信息模型

图 7.6-6 装配资源信息模型

4. 装配约束关系建模

在层次装配任务链中，每个装配任务完成某个特定零部件的装配一般是通过建立该零部件与其他已装零部件之间的装配约束关系来实现的。每个装配任务对象（组件），都含有一个"装配约束链表"和一个"自由度对象"，该"装配约束链表"包含了该装配任务对象在当前状态下的所有几何约束，每个几何约束都限制了该装配任务对象相应的自由度，我们通过运动自由度归约，获得当前状态下该装配任务对象的运动自由度信息（包括组件目前的自由度和可运动方向），并保存在"自由度对象"中。

图 7.6-7 所示为装配约束关系建模。其所示的装配体共涉及 3 个装配任务：对于装配任务 AT_1，其装配任务对象的约束链表为空（装配基体零件时不定义装配约束关系）；对于装配任务 AT_2，其装配任务的完成共包含两个几何装配约束关系的定义，即轴套与基体之间的面面贴合及孔对齐；同样，装配任务 AT_3 也包含两个几何装配约束关系的定义。

在虚拟装配中，零部件之间的装配约束关系是通过装配约束对象来加以描述的，其装配约束对象的 EXPRESS-G 描述模型如图 7.6-8 所示。

在该模型中，每个几何约束对象通过一个约束 ID 加以标识。目前，几何约束类型有 6 种，通过一个"约束类型"枚举型变量来加以表示。这 6 种约束类型分别为轴孔配合、孔对齐、面面贴合、面面对齐、锥面配合和球面配合。对于每种几何约束，构成约束的双方分别称为"待装参考元素"和"基体参考元素"，"待装参考元素"属于当前装配任务所操作的物体（零件或部件），"基体参考元素"为已经装配的并对当前操作物体产生约束的零部件，每个几何元素由一系列的多边形面片组成。

每个几何约束还包括构成约束双方的几何元素所属的上层零件对（包括"待装参考零件"和"基体参考零件"），以及该零件对所属的上层子装配体对（包括"待装参考子装配体"和"基体参考子装配体"）。

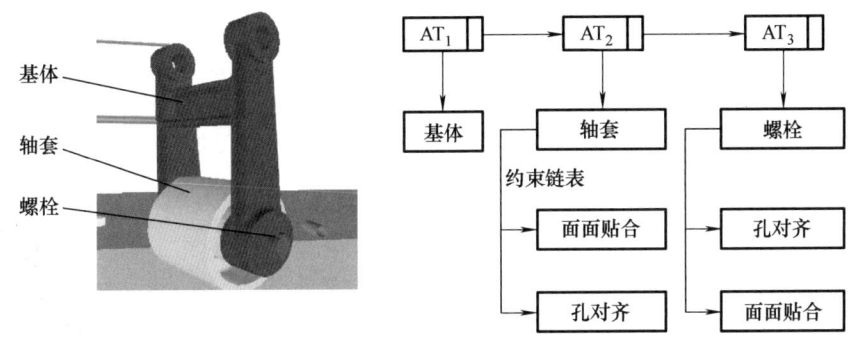

图 7.6-7　装配约束关系建模

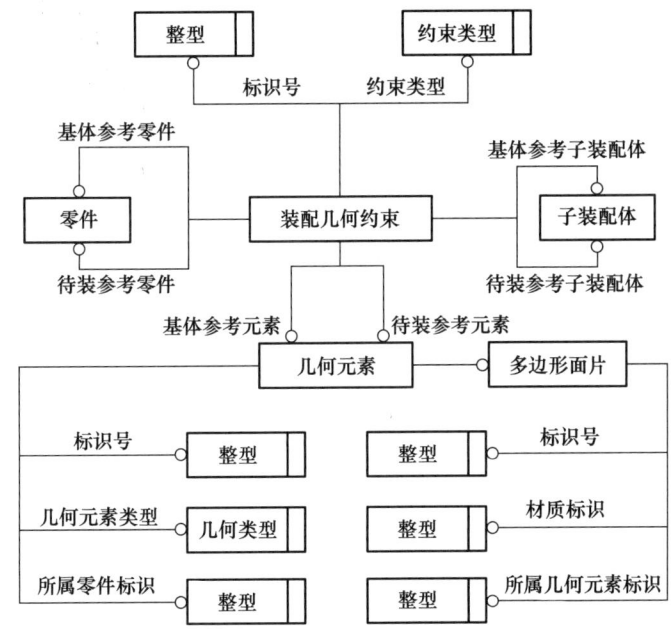

图 7.6-8　装配约束对象的 EXPRES-G 描述模型

约束方和被约束方之间的约束体现在双方组成零件（如果约束方或被约束方本身就是零件，那么就是该零件自己）的特定几何面元素之间的空间位置关系。某个装配约束一旦建立起来，就被加入被约束零部件的装配约束链表中，从而作用于该零部件，限制其相应的运动自由度。

7.6.5　零件信息模型的建立

在虚拟装配建模中，零件信息模型是开展虚拟装配的数据基础，是有关装配分析和规划的具体对象，因此构建符合虚拟装配需求的零件信息模型，是进行面向虚拟装配的装配建模的前提。

目前，现有的虚拟现实系统软件一般具有一定的建模能力，可以建立一些简单的几何形体（如球体、圆柱体、长方体等），但对于形状复杂、零部件数量多的产品，现有虚拟现实系统软件的建模工具远远不能满足实际产品的建模需求。现在通用的方法还是采用传统的三维 CAD 商品化软件（如 Pro/ENGINEER 等）进行产品的建模；然后对 CAD 模型数据进行转化，获得虚拟装配工艺规划系统所能够接受的中性信息文件，将其导入虚拟装配工艺规划系统中；最后通过模型重构建立零件信息模型。

然而，采用这种基于模型转换方式来建立零件信息模型的方式，必须解决两个方面的问题：一方面是零件模型的几何信息表达；另一方面是零件模型信息的上层语义信息的表达。其中，几何信息确定了零件模型的几何形状、尺寸信息和姿态信息等，以及零件模型在装配体中最终的位姿（位置和姿态）信息；

同时，仅有几何信息，仍然不能适应虚拟装配工艺规划的需求，还需要更高层的语义信息，这种高层的语义信息是进行装配约束关系建模的基础。

1. 零件模型的几何信息表达

虚拟环境下零件模型的几何信息通常是通过简化的多边形面片模型（通常为三角形面片模型）来描述的，而不是采用 CAD 系统的精确几何描述。采用多边形面片模型进行零件几何信息表达的原因主要在于：

1）采用多边形面片模型可以大大减少模型的数据量（通常可以缩减 60% ~ 80%）。CAD 早期的技术发展着重于产品几何信息的表示与操作，尤其参数化建模技术出现以后，产品几何表示的信息量剧增，当产品的装配规模达到一定数量时，无法对产品的几何模型信息进行正常操作。事实上，对巨型模型的交互效率已成为 CAD 产品进一步发展应用的瓶颈。

2）三角面片模型在模型显示、碰撞检测方面处理简单、计算量小，而且现有的图形硬件大多支持三角形绘制的加速，因此三角形面片模型能够很好地满足 VR 系统实时性的要求，而 CAD 系统一般采用精确的数学形式来表达模型的几何信息，难以满足虚拟现实系统实时交互性要求。

3）三角形面片模型为虚拟现实系统处理异构 CAD 系统的零件对象提供了可能，即虚拟装配系统中的零件模型可以来源于不同的 CAD 系统。

基于以上原因，虚拟装配系统一般采用多边形面片模型进行零件几何信息表达。然而，虚拟装配系统中采用多边形面片模型进行零件表达存在以下问题：

1）粗糙的多边形面片模型可能使模型显示不够精确。

2）多边形面片模型损失了零件模型的精确几何信息与拓扑信息，使设计者在虚拟环境中难以对产品模型进行精确的分析。例如，在虚拟装配系统中，设计者可以选中某个装配体或单个零部件，但不能选择零部件的某一个面，由于缺乏面的信息，零部件之间的装配约束也就缺少了基础。

3）丢失了 CAD 零件信息模型中包含的大量工程设计信息，使虚拟装配系统难以捕捉和维护产品设计意图与产品设计约束等工程信息，同时也为表达与确定零件间的装配关系带来了困难。

针对以上问题，人们提出了虚拟装配环境下零件的层次信息模型表达结构，将零件信息模型分为 4 层，即零件层、装配特征层、几何面层和面片层，同时通过建立各层之间的映射关系，形成一个虚拟装配环境下零件模型的整体描述结构。该零件的层次信息模型在满足虚拟现实系统交互实时性要求的同时，保

持了虚拟装配工艺规划对模型信息的需求。

2. 面向虚拟装配的零件层次信息模型

在虚拟装配环境中，零件被 4 层结构所描述，即零件层、装配特征层、几何面层和面片显示层，如图 7.6-9 所示。一个零件由若干个装配特征组成，这里的装配特征是以一定的具有几何拓扑关系并用于装配的形状结构为载体，包含与自身制造和装配有关的所有属性的集合，如通孔、锥孔、盲孔等。一个装配特征又由若干个几何面（或几何元素）组成，几何面包括平面、柱面、球面、锥面、环面和曲面（又分为规则曲面和不规则曲面）等，而每一个几何面由若干离散化的三角形面片组成。

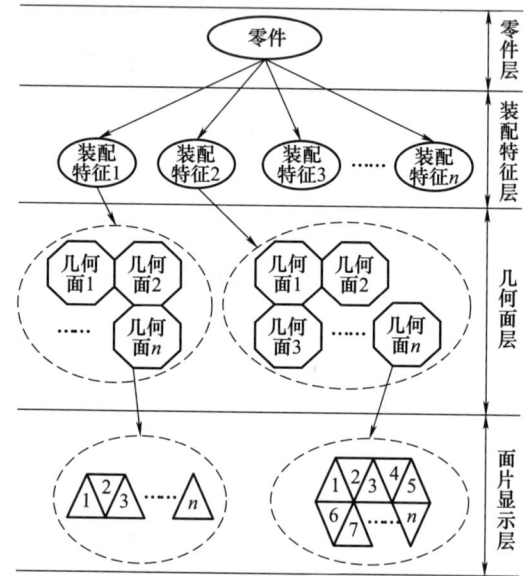

图 7.6-9 虚拟装配环境下零件模型的层次描述

上述的零件层、装配特征层和几何面层信息，可以通过对商品化 CAD 软件进行二次开发，从商品化 CAD 模型中导出，并根据导出信息中所记载的相互关系信息在虚拟装配环境中进行重构。面片显示层是根据该零件的面片模型文件产生的，目前大多数商品化 CAD 系统都提供了标准面片格式模型的创建能力，如 Render 格式、VRML 格式等，面片显示层只表达零件的空间外形。映射机制则将零件所有离散化的三角形面片与相应的几何面关联起来，从而形成一个虚拟装配环境下零件模型的整体描述结构，并可实现自上而下和自下而上的双向快速查询。通过这种映射，虚拟装配工艺规划系统在进行显示时用的是零件的三角形面片模型，以满足实时性要求，而在虚拟装配工艺设计时，又可以充分利用相关的高层工程语义信息。

按照上述虚拟装配环境下零件信息模型的层次描

述结构，从虚拟装配工艺设计的角度建立了虚拟环境下的零件信息模型，如图 7.6-10 所示。其中，几何元素是零件信息模型最底层的构造单位，是装配特征的基本要素。零件的装配特征可以通过特征建模工具（对商品化 CAD 软件进行二次开发）建模得到。

3. CAD 模型中工程语义信息的提取

零件的 CAD 模型与虚拟环境下零件模型之间的

数据转换如图 7.6-11 所示。主要分为两个部分：一部分是零件模型的面片化，这一部分可以采用标准的面片格式模型；另一部分是对零件 CAD 模型的工程语义信息的提取及映射。从面向虚拟装配的角度，从 CAD 模型中导出的工程设计信息主要包括以下两个部分。

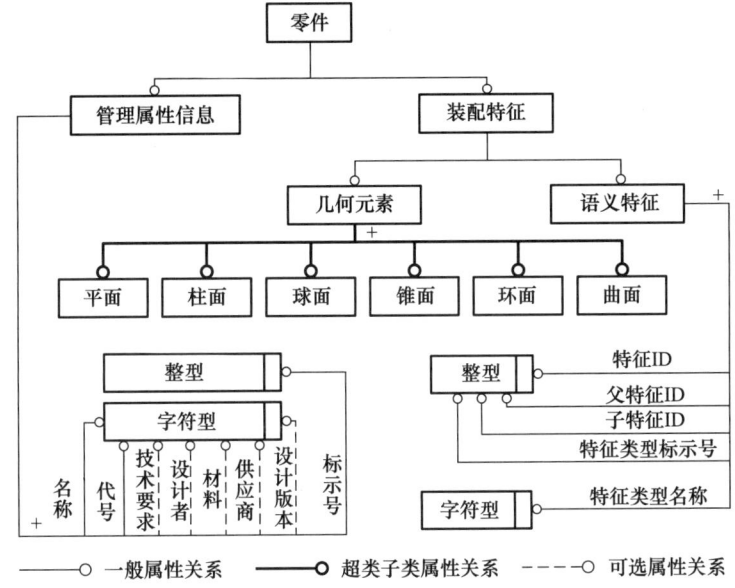

图 7.6-10　虚拟环境下的零件信息模型

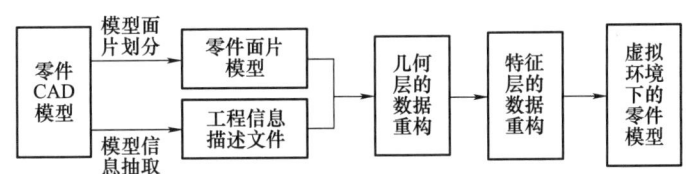

图 7.6-11　CAD 模型与虚拟环境下零件模型之间的数据转换

1）零件几何信息：包括几何特征信息、特征关系信息、几何要素（主要指平面、柱面、球面等）信息和几何要素拓扑关系信息。

2）零部件属性信息：包括设计者、代号、技术要求、设计版本、材料、颜色、零件供应商和类型等。

由于零件几何信息与零件面片模型是两个相对独立的文件，因此虚拟装配系统在装载零件模型时，需要对这两部分数据之间进行关联和映射。关联和映射的核心在于建立零件各组成几何要素与三角形面片之间的映射关系。为了实现这种映射，同时为了能够充分利用 CAD 环境中的产品设计信息和设计意图，人们建立了从零件 CAD 模型的几何要素到虚拟环境模

型的几何要素之间的映射关系。表 7.6-1 列出了从 CAD 到虚拟环境几何要素的映射关系。

通过对零件 CAD 模型中的所有几何元素、装配特征的遍历，可以获得虚拟环境下所需的几何要素及相应的装配特征的描述参数，并将这些描述参数以中性文件的形式导出。

表 7.6-1　从 CAD 到虚拟环境几何要素的映射关系

CAD 环境	虚拟装配环境
平面	以面原点 $O(x, y, z)$ 和面法向矢量 n 表示
轴线	轴线两端点 P_1、P_2 表示（相对零件局部坐标系）

（续）

CAD 环境	虚拟装配环境
圆柱面	轴线两端点 P_1、P_2；半径 r 及柱面特性（孔、轴），圆柱面的起始角 α_1 和终止角 α_2
球面	球心 O；球半径 r 和球面特性（外球面或内腔）
锥面	轴线两端点 P_1、P_2；轴线和锥面的夹角 α；锥面的起始角 α_1 和终止角 α_2；锥面特性（外锥面或内锥面）
环面	轴线两端点 P_1、P_2；圆环的原点 O；圆环的半径 r；圆环中心到轴线的距离 R；环面特性（外球面或内腔）
规则曲面	三角形面片，顶点满足曲面方程

4. 模型信息映射

利用从 CAD 模型中提取的工程语义信息，可以方便地在虚拟装配环境下对零件的工程语义信息进行重构。信息映射实现的关键，在于建立零件各组成几何要素与三角形面片之间的映射关系，即遍历零件所有的三角形面片，并判断每个三角形面片属于那个几何元素。

对于每一个三角形面片，都可以获得其法向矢量及该三角形面片三个顶点的坐标值；同时，每一种几何元素都满足一定的参数方程。我们将每一个三角形面片参数与几何元素的参数方程进行匹配，即可判断三角形面片属于那个几何元素。下面以判断一个三角形面片是否属于一个圆柱面为例进行详细说明。

如图 7.6-12 所示，圆柱面由端面 F 和柱面 C 组成，其中 O_1O_2 表示该圆柱面的轴线。

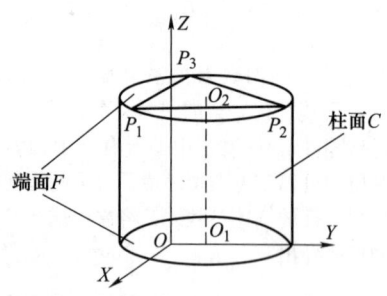

图 7.6-12　判断三角形面片是否属于圆柱面

通过对 CAD 模型工程语义信息的导出，可以获得该圆柱面的特征参数：柱面 C 的半径 r，以及圆柱面的轴线 O_1O_2（包括端点 O_1 和 O_2 的位置信息）。判断面片 L（其中 $L = <P_1、P_2、P_3>$、P_1、P_2、P_3 表

示三角形面片的顶点）是否属于该圆柱面的步骤如下所述。

步骤 1：依次判断面片 L 的 3 个顶点 P_1、P_2、P_3 是否在端点 O_1 和 O_2 之间，只要一个顶点不在端点 O_1 和 O_2 之间，则可判断面片 L 不在该圆柱面上。

步骤 2：依次判断面片 L 的顶点 P_1、P_2、P_3 到轴线 O_1O_2 的距离是否等于圆柱面的半径 r。如果不相等，则跳到步骤 4。通常只有圆柱面的端面 F 和柱面上 C 的面片满足步骤 2 的参数方程。

步骤 3：求出面片 L 的法线 n，判断该法线 n 是否与圆柱面的轴线 O_1O_2 平行。如果平行，则面片 L 在该圆柱面的端面 F 上，否则面片 L 在该圆柱面的柱面 C 上。

步骤 4：面片 L 不在该圆柱面上。

对于虚拟装配环境下的每一个几何元素（包括规则的曲面），都可以通过该几何元素特定的参数方程约束条件，对所有的三角形面片进行遍历，判断其属于哪个几何元素。

对于不规则的曲面，很难用参数方程的方式进行判断，这时，可以采用基于颜色标识的方法来实现。其基本原理如下所述。

步骤 1：在 CAD 环境下，对零件 CAD 模型所有的不规则曲面要素进行遍历，记录各几何曲面的初始颜色值，并为每个不同的几何曲面重新设定一个不同的颜色标志值（RGB 值）。

步骤 2：对 CAD 模型进行面片化和工程设计信息导出，导出时记录零件各几何曲面的初始颜色值和颜色标志值。

步骤 3：将零件模型导入虚拟装配环境的同时，根据零件面片的颜色标志值和几何曲面的颜色标志值进行匹配，将颜色标志值相同的面片关联到相应的几何曲面上。

步骤 4：根据零件各几何面的初始颜色值恢复零件各几何曲面的颜色，完成映射。

上述的整个模型重构过程，是在虚拟装配系统中加载零件时进行的，因此采用这个层次化的模型表达结构，不会在系统运行的过程中带来额外的计算量。

图 7.6-13 所示为北京理工大学开发的虚拟装配系统中模型数据导入后的软件界面。

7.6.6　虚拟装配工艺规划

虚拟装配工艺规划是针对产品的装配工艺设计问题，基于产品信息和装配资源信息，采用计算机仿真与虚拟现实技术进行产品的装配工艺设计，从而获得可行并较优的产品装配工艺，指导实际装配。虚拟装

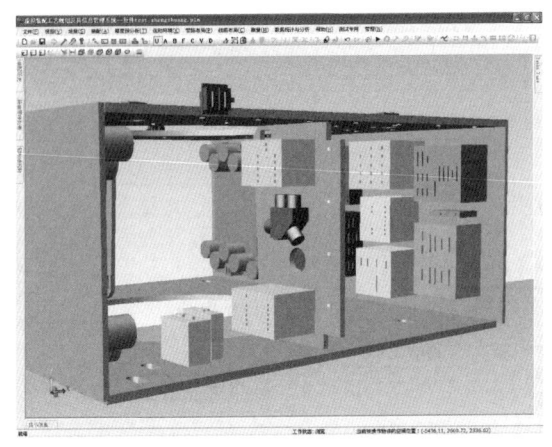

图 7.6-13　虚拟装配系统中模型数据
导入后的软件界面

配工艺规划主要包括产品装配顺序的规划、装配路径的规划、装配资源的规划、装配工艺卡片和各种装配工艺报表的生成、装配现场管理等内容。

与传统的装配工艺规划相比，虚拟装配工艺规划的主要特点是：

1) 虚拟性。虚拟装配工艺规划强调充分利用计算机仿真与虚拟现实技术来进行产品的装配规划。特别是虚拟现实技术的应用，为复杂产品的装配规划提供了一种直观、高度逼真、自然的交互环境，人们可以沉浸到其中，与环境中的各种虚拟物体融为一体，直接对虚拟原型进行交互操作，并实时地观察装配过程及其产生的效果。这种工作方式改变了传统的装配工艺规划工作模式，最大限度地发挥了人的智慧和创造力。

2) 协同性。虚拟装配工艺规划强调人机协同地进行装配规划，这种协同是在人和机器间建立的一种新型的、各发挥所长的人机一体化系统的协同。所谓人机一体化系统，就是采用"以人为中心"，人机一体的技术路线，人与机器处在平等合作的地位上，共同组成一个系统，各自执行自己最擅长的工作，取长补短，共同认识、共同感知、共同思考、共同决策等。其核心就是强调人在系统中的重要性，以及人的主导作用。

3) 集成性。虚拟装配工艺规划是一种面向装配过程的装配规划技术，实现了装配建模、装配仿真和装配工艺规划的有机集成。装配建模的结果，不但获得了产品的初始装配工艺，同时还获得了产品可装配性等方面的信息。

装配工艺规划技术涵盖范围甚广，既包括上述的装配顺序规划、装配路径规则等，也包括零部件的装

配操作过程、工夹具的使用、装配力、装配工时、装配资源的合理配置和利用等。其中，装配顺序规划是整个装配工艺规划的核心内容，而且装配路径常常作为装配顺序规划的副产品，因为装配路径是保证装配顺序可行的必要条件。

虚拟环境下的装配顺序规划和路径规划，主要是通过构建一个基于虚拟平台的可视化的人机交互式装配工艺规划环境，使装配工艺设计人员能在三维沉浸式环境下交互地对产品的计算机三维模型进行试装，以建立和分析产品各零部件的装配顺序、装配路径。

虚拟环境下交互式装配顺序规划和路径规划的基本流程如图 7.6-14 所示，其基本步骤为：

步骤 1：设计人员将所需装配的零部件和工夹具中性信息文件导入 VAPP 系统中，在虚拟环境中，零部件初始时被依次排列在虚拟货架上，用户通过交互设备可以调整自己在虚拟环境中视点位置，在环境中进行浏览。

步骤 2：确定待装配组件。

步骤 3：利用虚拟手抓取组件。

步骤 4：通过数据手套（或三维鼠标）在虚拟环境中移动待装组件，向装配目标靠近，如果该组件存在装配约束，则将运动投影到约束允许空间内，实现有约束的导航运动，并记录组件移动轨迹，从而获得装配路径。

步骤 5：检测待装组件与环境物体之间的干涉碰撞。

步骤 6：对干涉物体进行特征体素识别，并通过特征体素间的位置关系识别可能的装配约束，对识别到的约束，用户确认后，将约束加入待装零件约束链表，并实现该约束。

步骤 7：判断该组件是否装配到位，如果没有，返回步骤 4；否则释放该组件。

步骤 8：将该组件加入装配序列链表，回到步骤 2。

在上面装配操作的过程中，用户可以利用手势、菜单和键盘执行各种命令操作，包括撤销操作、重新开始、查看（隐藏）装配路径、对虚拟环境设置参数进行设置等。

从以上虚拟装配顺序规划和路径的规划过程来看，虚拟环境下的装配顺序和路径规划作为一种新的规划手段，涉及的关键技术主要包括实时碰撞检测技术、虚拟环境下的零部件精确定位技术、虚拟环境下基于约束的物体运动导航等，下面分别对其进行详细论述。

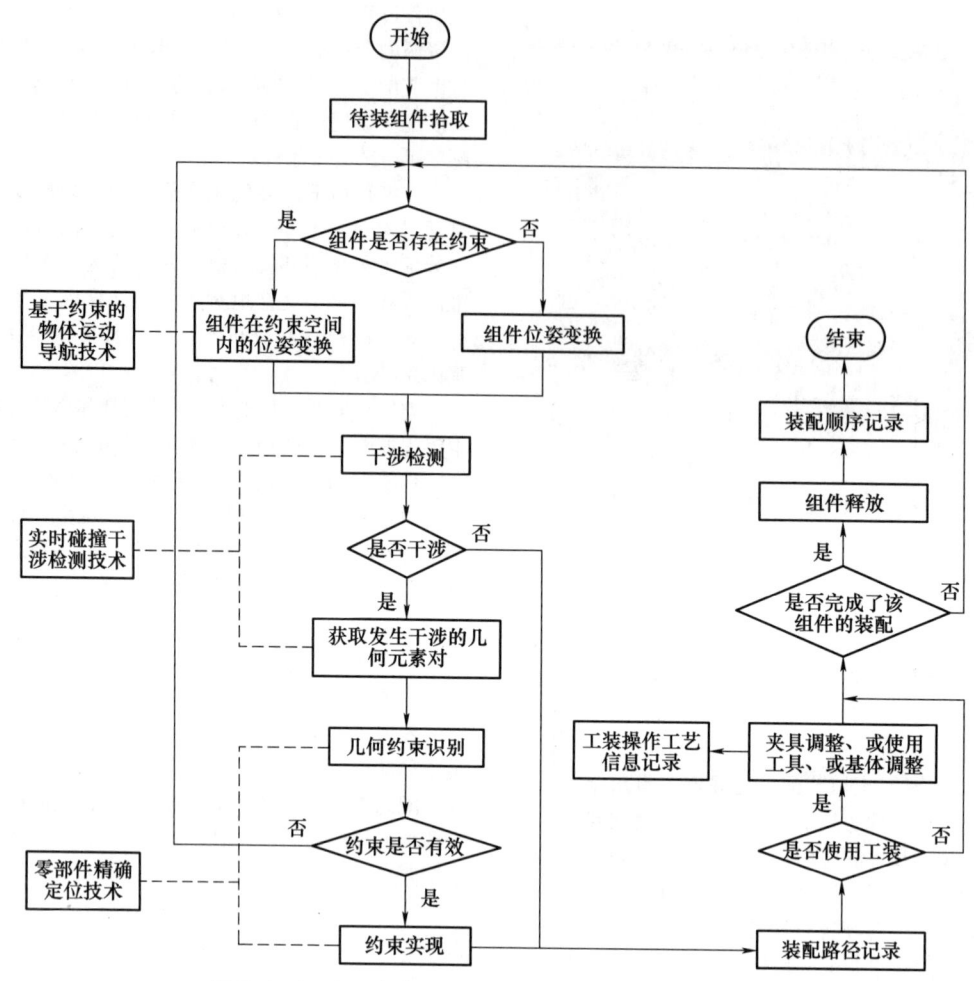

图 7.6-14　交互式装配顺序规划和路径规划的基本流程

7.6.7　实时碰撞检测技术

碰撞检测是利用虚拟环境进行交互装配过程时必须解决的一个关键问题。通过实时干涉检测机制，不仅要确保装配过程中零部件能够无干涉地装配到一起，同时还需要通过提取零部件之间发生干涉的具体几何要素（几何面），为零部件之间的自动装配约束识别提供依据。

从时间域的角度来分，碰撞检测主要有 3 种，即静态碰撞检测算法、离散碰撞检测算法和连续碰撞检测算法。其中，静态碰撞检测算法指当场景中物体在整个时间轴 t 上都不发生变化时，用来检测在这个静止状态中各物体之间是否发生碰撞的算法；离散碰撞检测算法则指在时间轴的每个离散点 t_0，t_1，……，t_n 上不断地检测场景中所有物体之间是否发生碰撞的算法；连续碰撞检测算法指在一个连续的时间间隔 $[t_0，t_n]$ 内，判断运动物体是否与其他物体相交的

算法。静态碰撞检测算法一般没有实时性的要求，在计算几何中有着广泛的研究；连续碰撞检测算法的研究一般都考虑四维时空问题或结构空间精确的建模，但通常计算速度比较慢，尤其是在大规模场景中无法实现实时的碰撞检测；离散碰撞检测算法用于检测有关时间点和运动参数之间的信息，并通过开发时空相关性获得较好的性能。目前，虚拟环境中的实时碰撞检测算法一般采用离散碰撞检测算法。

面向虚拟装配工艺规划的实时碰撞检测算法需解决以下两个方面的问题：

1）效率问题。虚拟环境的最终目标是模拟真实的物理世界，因此虚拟现实系统应能按用户当前的视点位置和视线方向，实时地改变呈现在用户眼前的虚拟环境画面。有关研究表明，哪怕是一点小小的延迟，都会降低虚拟环境的真实感和沉浸感，动摇用户参与的信心。另一方面，面向虚拟装配工艺规划的虚拟对象通常包含若干个静止的环境对象和运动着的活

动对象，每一个虚拟对象的几何模型都是由成千上万个基本几何元素（如四面形或三角形）组成的，虚拟对象的几何复杂度使碰撞检测的计算复杂度大大提高，因此如何提高实时干涉检测的效率，是保证系统实时性的重要保障。

提高实时干涉检测效率主要在于缩短干涉检测算法的时间。目前，可以从两个方面来缩短这个时间。

a）减少精确碰撞检测的物体对数。最常用的方法是包围盒检测方法，如球面包围盒和矩形包围盒检测，以此可以快速排除那些相距较远不可能发生干涉的物体。

b）缩短精确检测两个物体是否重叠的时间。最主要的方法是包围区域空间层次分割法。其主要思想是，对两个可能发生干涉的物体的空间包围区域（通常是矩形的空间包围盒）按照某种规则进行层次剖分，然后逐层对剖分形成的子空间区域进行干涉检测，从而快速定位两个物体之间的干涉区域。Octree 方法、k-d trees 方法、BSP-trees 方法和 Voxel sets 方法都是基于以上这种思想。

2）精确性问题。虚拟装配中的碰撞检测算法除了要具有实时性，还需考虑模型表达对碰撞检测的影响。虚拟现实系统中的碰撞检测算法大多针对多边形面片模型，而多边形面片模型在模型表达上仅是一种近似，这种近似虽然能够满足视觉显示的需要，但给碰撞检测带来很大的麻烦。例如，圆柱孔中插入等半径的圆柱轴时，会检测到轴孔之间发生碰撞干涉（由于多边形表达中圆柱面已近似地表达为棱柱面），这就导致等半径的轴孔在虚拟装配环境中无法进行装配。因此，基于虚拟装配的碰撞检测不仅要能实时、精确地判断虚拟物体间是否发生碰撞，同时还要对实际发生干涉的区域进行精确剔除，消除那些因为模型近似表达所带来的"不真实的干涉"。

国内外学者对虚拟环境下的碰撞检测进行了深入的研究，并做了大量富有成效的工作，提出了空间分解法和层次包围盒法等两类主流碰撞检测算法，其中层次包围盒法是当前广泛采用的方法。该方法采用能够包围虚拟物体的长方体来代替虚拟物体进行碰撞干涉检测，计算简单，容易实现快速碰撞检测。日本ATR 通信系统实验室的 A. Smith 提出了一种面向虚拟现实系统的实时干涉算法，该算法能进行面片级的干涉检测。但是，当上述方法应用于虚拟装配工艺规划系统中时，都不能很好地同时满足虚拟装配工艺规划所需实时性和精确性的要求。

在对面向虚拟装配工艺规划的碰撞检测问题进行描述的基础上，人们提出。一种分层的实时干涉检测算法。该算法采用构造层次包围盒的方法来提高实时

干涉检测算法的效率，同时通过基于几何约束配合关系的精确剔除算法来保证实时干涉检测算法的精确性。

1. 面向虚拟装配工艺规划的碰撞检测问题描述

面向虚拟装配工艺规划的碰撞检测问题描述如下：碰撞检测系统的输入模型为一个静态的环境对象（包括虚拟装配场景、已装配的零部件和待装配的零部件）和一个动态的活动对象（当前进行装配的零部件）的几何模型，它们均为基本几何元素的集合。其中，环境对象的位置和方向不会发生变化。活动对象可以在虚拟装配环境中自由运动，方向和大小完全取决于仿真过程或用户控制的输入设备，无法用关于时间的运动方程来表示，只能得到某一时间采样点相对于前一时间采样点或一固定参照物的运动信息（旋转角度和平移量）。其任务是确定在某一时刻两个几何模型是否发生干涉，即它们的交集是否不为空。若发生了碰撞，再进行面片级的精确干涉检测，确定两个几何模型是否发生精确干涉，最后获得发生干涉的面片对。对获得的面片对，还要结合零部件之间的几何配合约束，对其进行精确剔除。

2. 分层精确碰撞检测算法

在虚拟装配环境中，干涉一般发生在当前移动的物体（包括零部件、工具、夹具）与静止物体（虚拟装配场景和已装配的零部件、工具、夹具）之间。一般只对发生装配约束的零部件之间进行精确碰撞检测，对其他虚拟物体之间只进行简单的包围盒层碰撞检测，这样既可以满足整个虚拟装配工艺规划系统的需求，又能大大提高碰撞检测的效率。下面介绍的分层精确碰撞检测算法主要是针对发生装配约束的零部件之间进行精确碰撞检测。

该分层精确碰撞检测算法共分为 5 层，即包围盒层、层次包围盒层、中间层、面片层和精确层，如图7.6-15 所示。

（1）包围盒层

如果当前移动的物体 $\Phi_1 = \{P_i \mid i = 1, \cdots\cdots, n\}$ 的包围盒与静止物体 $\Phi_2 = \{P_j \mid j = 1, \cdots\cdots, m\}$ 的包围盒完全分离，则 Φ_1、Φ_2 之间不存在干涉（其中 P_i 和 P_j 分别表示物体 Φ_1 与物体 Φ_2 的组成零部件），否则进行层次包围盒层碰撞检测。

通过包围盒层检测，可以剔除很多互相分离不会产生干涉的物体，从而大大减少干涉计算的物体对数。包围盒层的碰撞检测结果是得到发生包围盒干涉的零件对。

（2）层次包围盒层

层次包围盒层碰撞检测的输入是发生包围盒干涉的零件对，我们假定这样的一对零件对分别为零件

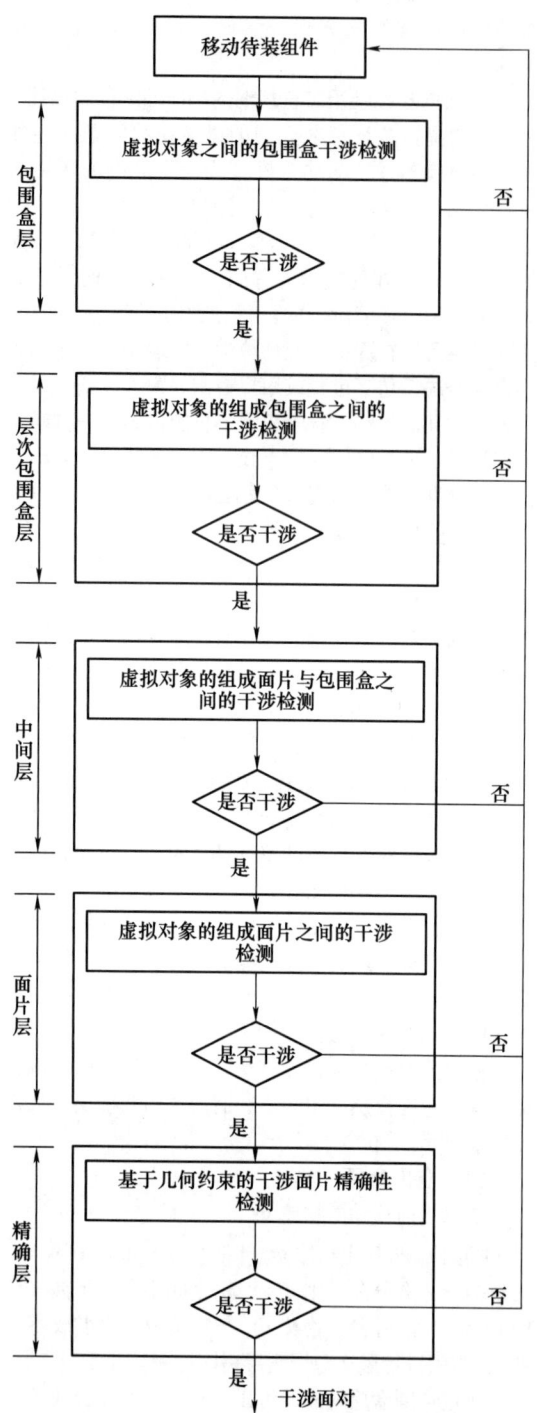

图 7.6-15　分层精确碰撞检测算法

P_1 和零件 P_2。对于该零件 P_1 和零件 P_2，首先要分别对其进行层次包围盒的剖分，剖分的主要任务是把零件 P_1 和零件 P_2 的包围盒细分为多个包容块。这样，

我们可以得到零件 $P_1 = \{K_i \mid i = 1, \cdots\cdots, n\}$ 和零件 $P_2 = \{K_j \mid j = 1, \cdots\cdots, m\}$，其中 K_i 和 K_j 分别为零件 P_1 和零件 P_2 的包容块。

层次包围盒层的碰撞检测结果是获得发生干涉的包容块对。

（3）中间层

中间层碰撞检测的输入是发生干涉的包容块对，我们假定这样的一对包容块对分别为包容块 $K_1 = \{M_i \mid i = 1, \cdots\cdots, n\}$ 和包容块 $K_2 = \{M_j \mid j = 1, \cdots\cdots, m\}$，其中 M_i 和 M_j 分别表示包容块 K_1 与包容块 K_2 的组成三角形面片。中间层碰撞检测包含两个步骤。

步骤 1：将包容块 K_1 所有的面片 M_i 与包容块 K_2 的包围盒进行碰撞检测，得到包容块 K_1 的组成面片中与包容块 K_2 的包围盒发生干涉的面片数组 $N_1 = \{L_i \mid i = 1, \cdots\cdots, n\}$，其中 $L_i \in \{M_i \mid i = 1, \cdots\cdots, n\}$。

步骤 2：将包容块 K_2 所有的面片 M_j 与包容块 K_1 的包围盒进行碰撞检测，得到包容块 K_2 的组成面片中与包容块 K_1 的包围盒发生干涉的面片数组 $N_2 = \{L_j \mid j = 1, \cdots\cdots, m\}$，其中 $L_j \in \{M_j \mid j = 1, \cdots\cdots, m\}$；

如果数组 N_1 或数组 N_2 的数目为零，则包容块 K_1 与包容块 K_2 不发生干涉，否则进行面片层碰撞检测。

层次包围盒层和中间层的碰撞检测主要为面片层的干涉做准备，通过层次包围盒层和中间层的碰撞检测，大大减少了面片层碰撞检测的计算量。

中间层的碰撞检测结果是获得面片数组 N_1 和 N_2。

（4）面片层

对面片数组 $N_1 = \{L_i \mid i = 1, \cdots\cdots, n\}$ 中所有的面片 L_i 和 $N_2 = \{L_j \mid j = 1, \cdots\cdots, m\}$ 中所有的面片 L_j 进行面片之间的碰撞检测，面片层碰撞检测的结果是得到干涉的面片对数组 $N_3 = \{D_k \mid k = 1, \cdots\cdots, n\}$，其中 $D_k = (L_i, L_j)$ 表示一个面片对。

如果数组 N_3 的数目为零，则零件 P_1 与零件 P_2 不发生面片干涉，否则进行精确层检测。

（5）精确层

结合零件之间的几何约束关系，对干涉的面片对数组 $N_3 = \{D_k \mid k = 1, \cdots\cdots, n\}$ 中所有面片对 D_k 进行精确性检测。如果某面片对所对应的几何体素之间存在着几何约束关系，则剔除该面片对。精确层的碰撞检测结果是得到经过精确化干涉的面片对数组 N_4。

在上述的碰撞检测算法中，最关键的是层次包围盒树的建立和精确层检测，下面分别对这两方面问题进行详细描述。

3. 虚拟实体层次包围盒的剖分及层次包围盒树的创建

对于一个虚拟实体（零件、工具、夹具等）层次包围盒的剖分，可以按照八叉树或二叉树的形式进行，图 7.6-16 所示为利用八叉树剖分包围盒。剖分的主要任务是把虚拟实体的包围盒细分为多个包容块。

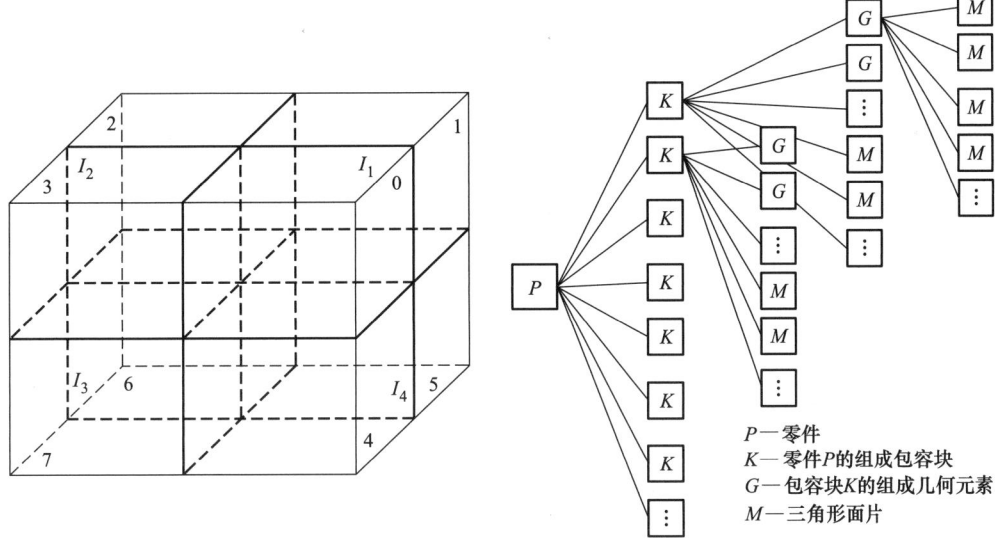

图 7.6-16　利用八叉树剖分包围盒

在虚拟装配工艺规划环境中，各虚拟实体（包括零件、环境物体、工具、夹具等）的层次包围盒树是在模型装载初始化时建立的，这样可以避免在每个离散时间点都要重复构造物体的层次包围盒树，从而提高效率。

结合面向虚拟装配工艺规划的要求，人们建立了面向虚拟装配工艺规划的虚拟实体层次包围盒树创建算法，该算法具体可以分为 3 步。

第 1 步：建立整个零件实体的包围盒，该包围盒作为该实体的包围盒树的根节点，包容了物体中所有的三角形面片。

第 2 步：利用与物体局部坐标轴垂直的平面将上述包围盒划分成左、右两个子包围盒，以形成根节点的两个子节点。包围盒中所包含的是物体的多边形集合。在划分子包围盒时，利用了一个惩罚函数，以尽可能使左、右子包围盒中的三角形面片的个数大致相当，从而为并行算法的应用提供一个好的条件。另外，尽量少地分割出需同时放入两个包围盒中处理两次的横跨切割面的三角形面片。具体的惩罚函数 $f(p)$ 定义为

$$f(p) = |n_1 - n_r| + \lambda n_c \qquad (7.6\text{-}1)$$

式中　　p——分割面；

n_1，n_r，n_c——左包围盒内、右包围盒内和横跨三角形面片的个数；

λ——n_c 的一个影响系数。

理想的分割面是在所有轴向上惩罚函数值最小的那个，即

$$\min\left\{\begin{array}{l} \min\{f(p) \mid p_x \perp x\text{ 轴}, p_x \in [x_{\min}, x_{\max}]\} \\ \min\{f(p) \mid p_y \perp y\text{ 轴}, p_y \in [y_{\min}, y_{\max}]\} \\ \min\{f(p) \mid p_z \perp z\text{ 轴}, p_z \in [z_{\min}, z_{\max}]\} \end{array}\right\}$$

$$(7.6\text{-}2)$$

第 3 步：对第 2 步中得到的两个子节点分别递归地执行上述包围盒的分割过程，以得到最终的包围盒树。创建包围盒树过程的终止条件为：

1）递归深度超过了预先给定的最大树深度，最大树深度由物体的三角形面片的个数来确定，三角形面片的数量越多，最大树深度值越大。

2）子节点所包含的三角形面片的个数少于预先给定的叶节点所包含三角形面片的个数的最小值。

3）左、右子节点至少有一个包含的三角形面片的个数接近于其父节点所包含的三角形面片的个数。

4. 精确层的检测算法

如图 7.6-17 所示，零件 A 和零件 B 存在轴孔配合，其轴径和孔径相等，但由于近似的多边形表达，当零件 B 插入零件 A 中的孔中时，会检测到轴孔之间发生干涉。精确层检测主要是对这些发生干涉的面对进行剔除。其中，$A = \{F_i^A(L_1^A, L_2^A, \cdots\cdots, L_m^A) \mid i = 1, \cdots\cdots, m\}$，$F_i^A$ 表示零件 A 的一个几何元

素（如图 7.6-17 所示的孔面 F_2^A），L_1^A，L_2^A，……，L_m^A 为该几何元素的面片集合。$B = \{F_i^B(L_1^B, L_2^B, ……, L_n^B) \mid i = 1, ……, n\}$。我们假设零件 A 上的面片 L_i^A 和零件 B 上的面片 L_i^B 是一对干涉面对 $D_k = (L_i^A, L_i^B)$，其中 $D_k \in N_3$。

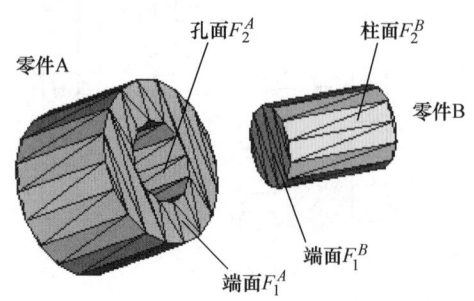

图 7.6-17　基于几何约束的干涉面片精确性

步骤 1：如果面片 L_i^A 所对应的几何元素 F_i^A 和面片 L_i^B 所对应的几何元素 F_i^B 存在轴孔配合关系，则判定干涉对 D_k 是"假"干涉面对，从数组 N_3 中剔除干涉面对 D_k。

步骤 2：如果面片 L_i^A 属于端面 F_1^A，面片 L_i^B 属于柱面 F_2^B，同时孔面 F_2^A 和柱面 F_2^B 存在轴孔配合关系，则判定干涉面对 D_k 是"假"干涉面对，从数组 N_3 中剔除干涉面对 D_k。

步骤 3：如果面片 L_i^A 属于孔面 F_2^A，面片 L_i^B 属于端面 F_1^B，同时孔面 F_2^A 和柱面 F_2^B 存在轴孔配合关系，则判定干涉面对 D_k 是"假"干涉面对，从数组 N_3 中剔除干涉面对 D_k。

步骤 4：判断干涉面对 D_k 是"真"干涉面对。

对于其他几何约束，如面面对齐、面面贴合、锥面配合等，可以按照类似的方法进行精确检测，对"假"干涉面对进行精确剔除。

7.6.8　基于几何约束自动识别的零部件精确定位技术

虚拟环境下的零部件精确定位是保证零部件能够按照其相对位置组装成装配体的前提条件。在虚拟装配工艺规划的过程中，设计者主要通过三维鼠标、键盘、数据手套、位置跟踪器等交互设备来操纵待装零部件，设计者手的运动实时地映射为虚拟环境中待装零部件位姿的改变。然而，通过三维鼠标、数据手套来操纵待装零部件的运动具有模糊性和不精确性，导致设计者在装配过程中很难精确地将零部件装配到位。

在虚拟装配过程中，实时干涉检测能够保证零部件装配路径的有效性，但不能实现零部件的精确定位。在实际装配环境中，人们是通过视觉、触觉的协同来实现对零部件运动的引导，从而实现对零部件的精确定位。在虚拟环境中，由于目前技术的限制，要完全通过触觉传感器来实现对零部件运动的引导，以达到零部件的精确装配，还不太可能。

美国 Heriot-Watt 大学的 Richard G. Dewar 等人提出用"近似捕捉"（proximity snapping）和"碰撞捕捉"（collision snapping）方法来解决虚拟环境中零部件的精确定位。"碰撞捕捉"指在虚拟环境中，待装零部件与基体零件（已经装配的零部件）发生碰撞干涉后，系统自动将待装零部件精确地调整到其目标装配位置；"近似捕捉"指在虚拟环境中，当待装零部件运动到其目标装配位置附近时，系统自动将待装零部件精确地调整到其目标装配位置。然而，无论"近似捕捉"还是"碰撞捕捉"，都是一次性将零部件调整到其目标装配位置，忽略了装配约束逐渐施加的中间过程信息，而这些过程信息往往是评价零部件可装配性的重要因素。华盛顿州立大学 Jayaram 等，提出利用装配约束信息，通过零部件受约束的运动和约束实现来实现虚拟装配过程中待装零部件的精确定位。Jayaram 在其开发的虚拟装配系统 VADE 中，通过对商用三维 CAD 系统（如 Pro/ENGINEER）中装配体装配约束的提取，以及在虚拟装配环境中捕捉该装配约束信息，局部实现了待装零部件精确装配的目的。然而，Jayaram 提出的基于约束提取的方法，要求虚拟环境中产品的装配约束关系与商品化三维 CAD 系统中的装配约束关系完全保持一致，这在实际虚拟装配过程中往往是难以做到的。

鉴于此，提出了一种基于几何约束自动识别的零部件精确定位方法。所谓几何约束自动识别，即在装配过程中通过捕捉用户的装配意图，动态地识别零部件间的几何约束关系。与 Jayaram 提出的基于约束提取的零部件精确定位方法相比，基于几何约束自动识别的零部件精确定位方法不需要提取商用三维 CAD 系统中装配体的装配约束关系，而是根据设计者的装配意图自动识别零部件间的几何约束关系，大大增强了虚拟装配过程中约束定义的灵活性和智能性。另外，由于目前零部件几何元素的种类有限（几何元素指平面、柱面、球面、锥面、环面等几何面），因此基于几何约束自动识别的零部件精确定位更加具有工程实用价值和通用性。

1. 基于几何约束自动识别的零部件精确定位原理

基于几何约束自动识别的零部件精确定位方法，主要指在虚拟装配过程中，系统根据设计者的装配意图自动识别出零部件间的几何约束关系，然后将识别到的几何约束作用于待装零部件，并通过待装零部件的受约束运动及约束作用下待装零部件的定位求解，辅助设计者完成零部件的精确装配。下面以螺栓螺母配合为例进行说明：螺栓 B 在设计者的操纵下靠近基体零件 A，系统自动识别出螺栓 B 和零件 A 之间的轴孔配合，同时将识别到的几何配合约束高亮显示（图 7.6-18a）；系统计算出螺栓 B 在轴孔配合约束作用下的位置变换矩阵，对螺栓 B 进行位姿变换，使螺栓 B 的轴线与零件 A 的轴孔处于对齐状态（图 7.6-18b）；螺栓 B 在轴孔配合约束下继续装配操作，这时螺栓 B 只能沿着轴孔对齐的方向运动（图 7.6-18c）；螺栓 B 运动到目标位置，这时系统识别出螺栓 B 的螺帽下端面与零件 A 的上表面之间的面面对齐约束，系统约束求解器求解出约束作用下螺栓 B 的位置变换矩阵，将螺栓 B 精确装配到位（图 7.6-18d）。在基于几何约束自动识别的零部件精确定位过程中，其精确定位的误差主要取决于计算机的运算误差。

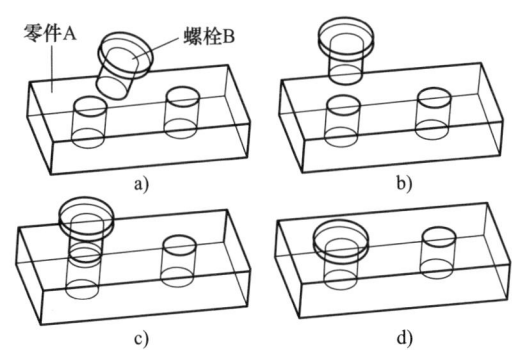

图 7.6-18　基于几何约束自动识别的
零部件精确定位流程

基于几何约束自动识别的零部件精确定位方法，关键是要解决几何约束自动识别的效率和准确性问题，随着零件形状复杂程度的增长，几何约束识别的效率和准确性将大大降低。本文提出通过装配意图、约束优先级、约束类型属性匹配、约束参数属性匹配、约束位置属性匹配、约束有效性检查等多层的几何约束自动识别方法，以提高自动约束识别的效率和准确性。

2. 面向装配过程的分层几何约束自动识别

在虚拟环境下基于几何约束自动识别的零部件精确定位流程如图 7.6-19 所示。其中，几何约束自动识别是进行零部件精确定位的基础，通过建立基于装配意图、约束优先级、约束类型属性匹配、约束位置属性匹配、约束参数属性匹配、约束有效性检查等多层的几何约束识别机制，以提高约束识别的效率和准确性。从实际问题出发，定义了六类常见基本几何约

束的自动识别，包括轴孔插入、孔对齐、面面贴合、面面对齐、球面配合和圆锥面配合约束的自动识别。

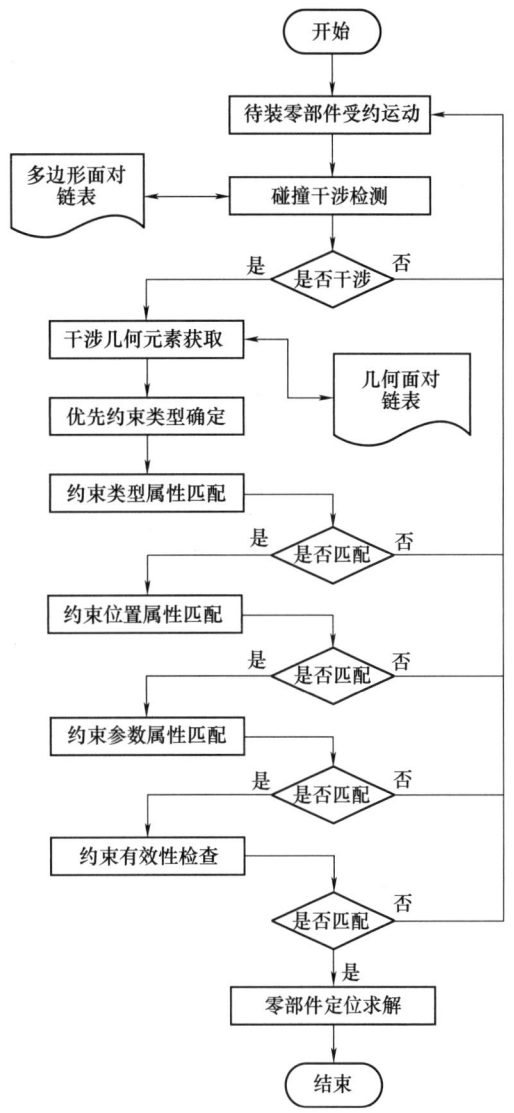

图 7.6-19　基于几何约束自动识别的
零部件精确定位流程

在虚拟装配工艺规划环境下，用户通过交互工具，如数据手套、三维鼠标或键盘等操纵虚拟环境中的物体进行装配。在装配过程中，用户的主观装配意图反映在虚拟环境中，表现为用户所抓取的待装配物体向某个装配目标靠近。当两个物体靠近到一定程度，物体之间将发生干涉，系统的干涉检测算法将能够检测出这种干涉并计算干涉区域内的干涉多边形面对。但这些干涉多边形面对缺乏装配语义信息，只是一些多边形面片，因此需要通过这些干涉多边形提取相应的几何面体素，这一过程通过虚拟装配模型提供

的分层要素映射机制来实现。根据得到的几何面信息，按照几何面之间的装配约束识别规则进行约束识别，对可能的约束进行分析，确定其可行性，并将可行约束高亮显示出来，以供用户确认；用户确认后，实现该约束，将物体调整到最终的约束位置状态，并将该约束加入零件的约束链表中。

（1）装配意图

在虚拟装配过程中，设计者通过虚拟手操纵待装零部件，其装配意图体现在待装零部件向目标装配位置靠近。当进行自动约束识别时，只对发生干涉的几何元素面对进行约束识别，对不发生干涉的几何元素则不予考虑，从而在很大程度上提高了识别效率。

（2）约束优先级确定

对轴孔插入、孔对齐、面面贴合、面面对齐、球面配合和圆锥面配合六类常见基本几何约束，根据一定的规则排列出其约束优先级。对于优先级高的配合约束，给予优先约束识别。约束优先级排序分为两个层次：

1）根据约束所限制零部件运动自由度的多少，对约束进行优先级定义。限制自由度越多的约束，其优先级越高，如锥面配合、孔轴配合优于球面配合，球面配合优于面面贴合和面面对齐。

2）对于约束自由度相同的约束，则比较参与约束的两个几何要素的空间接近程度。例如，面面贴合约束，其比较因素就是两个平面法向矢量的夹角和两个平面原点之间的距离。夹角越小，距离越近，则其优先级越高。

采用约束优先级方法在很大程度上提高了约束识别的效率和准确性。例如，当装配螺栓时，系统可能同时识别到螺栓端面与基体零件的面面贴合约束，以及螺栓的轴孔插入约束，这时约束优先级将对轴孔插入配合约束给予优先识别，这也符合我们装配螺栓时先进行的是螺栓的插入操作，然后才是螺栓端面的面面对齐操作的常理。

（3）约束类型属性匹配

对于每个几何约束，其参考元素（包括基体参考元素和待装参考元素）都具有一定的类型属性（如平面、柱面、球面、环面等），参与约束双方的参考元素必须满足一定的匹配规则，如轴孔插入配合约束要求其基体参考元素和待装参考元素的类型属性均为柱面。

（4）约束位置属性匹配

在装配的过程中，只有当待装零部件靠近目前装配位置并满足一定条件时，才能进行约束识别。以轴孔插入配合为例，令 en_1、en_2 分别表示 E_1、E_2 的轴线单位方向矢量，设 $\beta = en_1 \cdot en_2$，d 为两轴线间距

离，则只有当满足 $||\beta|-1| \leqslant \varepsilon$ 且 $d \leqslant \gamma$ 时，系统才进行约束识别。其中，ε、γ 为设定的阈值。该值可调，值越大，则识别的敏感性越高，但也会使误识率增大；值越小，误识率降低，但识别会变得困难。一般该值设定为位置传感器精度的 5~6 倍。

（5）约束参数属性匹配

对于每一种装配约束，都存在着参数匹配条件，如轴孔插入配合，其参数配合条件为：轴 E_1 和孔 E_2 两者的柱面特性相反（即一个为孔，一个为轴），同时轴 E_1 和孔 E_2 的半径相等。

（6）约束有效性检查

对于识别到的几何约束，还需要分析其有效性。约束有效性分析包含两个方面：

1）通过比较新约束与已有约束的约束方向，判断该约束是否违反了零部件现有约束的作用空间。

2）如果不违反现有约束作用空间，判断该约束是否为过约束。

3. 基于几何约束的零部件定位求解

识别出零部件之间的几何配合约束后，需要进行零部件定位求解，求出约束作用下待装零部件的位置变换矩阵，并对待装零部件进行位置变换，使零部件调整到受约束的位置状态，从而实现零部件的精确定位。基于几何约束的零部件定位求解包括两个步骤：第一步是确定待装零部件的空间姿态，使其满足当前约束作用下对待装零部件的空间姿态的约束要求，如轴线平行、面面平行等；第二步是确定待装零部件的空间位置，使其满足当前约束作用下对待装零部件的空间位置的约束要求，如面面贴合、面面对齐等。

以轴孔插入约束的实现过程为例，如图 7.6-20 所示，e_1 和 e_2 分别为轴孔插入约束的参考元素的轴向单位矢量，e_1 属于待装零部件，e_2 属于基体零部件，通过计算，可以得到待装零件的旋转矩阵 $T = A(\theta, v)$，其中，

$$v = e_1 \times e_2 \tag{7.6-3}$$

$$\theta = \arccos(|e_1 \cdot e_2|) \tag{7.6-4}$$

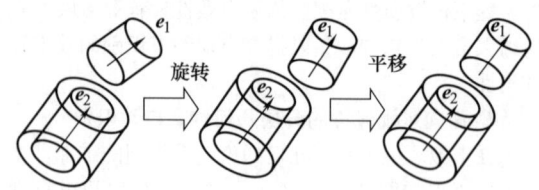

图 7.6-20　轴孔插入约束的实现过程

物体的平移矢量为待装零件约束面重心到基体零件约束面重心的矢量沿约束面法线方向的投影矢量 $N = L \cdot e_1$（其中 L 为两参考元素之间的距离）。其他

约束的约束实现过程与此类似,在此不再赘述。

7.6.9 虚拟环境中基于几何约束的虚拟物体运动导航

所谓基于几何约束的物体运动导航,是根据虚拟环境中物体所受的几何装配约束,对物体的运动进行修正,使物体在允许自由空间中运动。

1. 物体的三维空间运动自由度分析

物体在不受装配约束作用的情况下,其运动空间为完全自由空间,没有任何限制。在装配约束作用下,物体的运动空间被分成 3 个部分:

1)约束允许空间(constrain permit space, CPS)。物体在不违反装配约束的条件下的可行运动空间。

2)约束解除空间(constrain relieve space, CRS)。违反装配约束并导致约束解除的可行运动空间。

3)约束禁止空间(constrain prohibit space, CPS)。违反装配约束的不可行运动空间。

在以上 3 个空间中,约束允许空间表达了运动物体在装配约束作用下的约束运动规律。

在虚拟装配过程中,零件在三维空间内的运动受限程度可以通过其运动自由度(degree of freedom, DOF)来进行表达。零件空间运动自由度可以描述为 3 个相互垂直方向上的平移自由度(TDOFs)和绕这 3 个方向的旋转自由度(RDOFs)两部分组成:

$$DOF = (TDOFs, RDOFs) = (CA_1, CA_2, CA_3, T_1, T_2, T_3, R_1, R_2, R_3)$$

其中,CA_1、CA_2、CA_3 表示空间 3 个相互正交的方向矢量;T_1、T_2、T_3 表示 3 个方向上的平移自由度。如果某一方向上有平移自由度,则 T_i 取 1,否则为 0;R_1、R_2、R_3 表示绕三个正交方向上的转动自由度,如果有转动自由度,则 R_i 取 1,否则取 0。通过 DOF,可以获得零件在三维空间的可运动方向,从而确定零件的运动规律。

2. 装配几何约束及空间运动自由度的关系

零件的运动自由度是装配约束作用于物体的表现形式。在虚拟装配过程中,每新增加一个有效的装配约束,零件的运动自由度通常就会相应减少;同样,每撤销一个有效约束,其运动自由度就会相应增加。装配几何约束作用于零件,实际上是限制了零件在某个方向上的运动,从而减少了零件的运动自由度。装配几何约束对零件运动的这种限制作用可以用等价自由度进行表达。表 7.6-2 列出了虚拟装配环境中常见几何装配约束及其对应的约束允许空间,即在该约束作用下零件的运动自由度空间。

表 7.6-2 常见几何装配约束及其对应的约束允许空间

装配约束类型	示意图	约束自由度
孔轴配合约束(轴线对齐约束与之类似)	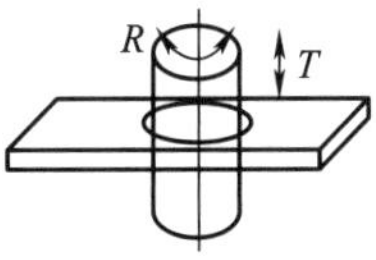	沿轴线的移动和绕轴线的转动,轴线用轴线的两端点表示
面面贴合约束(面面对齐约束与之类似)	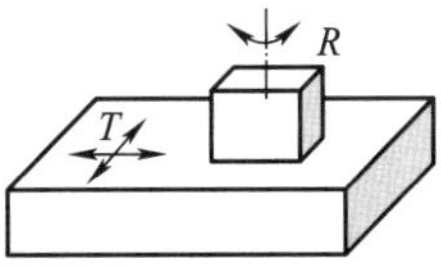	沿贴合平面的平移运动和绕贴合平面法向的旋转运动,为表示和计算方便,用贴合面的法向矢量表示其平移运动方向为与该向量垂直的方向
棱体插入约束(包含两个面面贴合垂直)	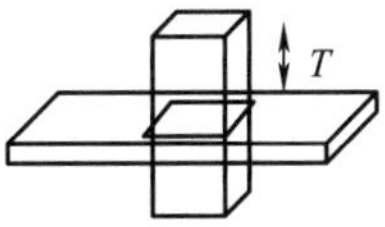	可以沿着与两个约束面法向矢量垂直的方向平动,转动自由度为零
球面贴合约束		其自由度为绕球点的转动
锥面配合约束		绕中心轴旋转

3. 运动自由度的归约

在虚拟环境下的零件装配过程中，零件一般同时受到多个装配几何约束的作用，每个有效约束都会限制零件在某些空间的运动可行性。在这些约束的综合作用下，零件的运动自由度应该是这些几何约束作用下运动自由度的交集，这一过程称为运动自由度的归约。归约的结果是得到零件在多个装配几何约束作用下的等价运动自由度。令 D_i 表示第 i 个装配几何约束作用下零件的运动自由度，则零件的等价运动自由度 D 为

$$D = \bigcap_{i=1}^{N} D_i \qquad (7.6\text{-}5)$$

其中，N 为装配几何约束的个数。由于平移自由度和旋转自由度都是闭合集，因此平移和旋转自由度可以各自独立归约。将零件的平移自由度和旋转自由度分别记为 D_t 和 D_r，设 D_{te} 表示所有几何约束联合作用下零件当前的平移运动自由度，D_{re} 表示所有几何约束联合作用下零件当前的旋转运动自由度；D_{ti} 表示第 i 个几何约束单独作用下零件的平移自由度，D_{ri} 表示第 i 个几何约束单独作用下零件的旋转自由度，则运动自由度归约方法如下：

（1）平移运动自由度归约

1）如果平动自由度 D_{te} 为 3（即零件处于可以自由平移状态），则 $D_{te} \cap D_{ti} = D_{ti}$。

2）如果 D_{te} 允许两个方向运动（自由度为 2），设与两运动方向垂直的方向矢量为 R_{te}，则

a）如果 D_{ti} 允许三个方向移动，则 $D_{te} \cap D_{ti} = D_{te}$。

b）如果 D_{ti} 允许两个方向移动，设与两个运动方向垂直的方向矢量为 R_{ti}，则 $D_{te} \cap D_{ti} = R_{te} \times R_{ti}$，即合成自由度为沿着与 R_{te}、R_{ti} 这两个方向矢量相垂直的方向。

c）如果 D_{ti} 允许一个方向移动，设该运动方向矢量为 R_{ti}，令 $\beta = R_{te} \cdot R_{ti}$。如果 $\beta = 0$，则 $D_{te} \cap D_{ti} = D_{ti}$，否则 $D_{te} \cap D_{ti} = \phi$，即零件平移自由度为零。

3）如果 D_{te} 允许一个方向移动，设此方向的方向矢量为 R_{te}，则

a）如果 D_{ti} 允许三个方向移动，则 $D_{te} \cap D_{ti} = D_{te}$。

b）如果 D_{ti} 允许两个方向移动，设与 D_{ti} 两个运动方向垂直的方向矢量为 R_{ti}，则 $\beta = R_{te} \cdot R_{ti}$。如果 $\beta = 0$，则 $D_{te} \cap D_{ti} = D_{te}$，否则 $D_{te} \cap D_{ti} = \phi$，即零件平移自由度为零；

c）如果 D_{ti} 允许一个方向移动，并且该运动方向矢量为 R_{ti}，令 $\beta = (R_{te} \cdot R_{ti})/(|R_{te}| \times |R_{ti}|)$，如果 $|\beta| = 1$，则 $D_{te} \cap D_{ti} = D_{te}$，否则 $D_{te} \cap D_{ti} = \phi$，即零件平移自由度为零；

（2）转动自由度归约

1）如果 D_{re} 允许三个方向轴的旋转（即零件的转动自由度为 3），则 $D_{re} \cap D_{ri} = D_{ri}$。

2）如果 D_{re} 允许两个方向轴的旋转，则

a）如果 D_{ri} 允许三个旋转方向，则 $D_{re} \cap D_{ri} = D_{re}$。

b）如果 D_{ri} 允许两个旋转方向，取 D_{re} 的两个旋转轴方向 T_1、T_2、D_{ri} 的两个旋转轴方向为 T_3、T_4，则 $D_{re} \cap D_{ri} = \{T_1, T_2\} \cap \{T_3, T_4\}$，取相同旋转轴方向作为最终旋转运动自由度方向，如果交集为 ϕ，则零件的旋转运动自由度为零。

c）D_{ri} 允许一个旋转方向，与 b）同，求交集。

3）如果 D_{re} 为绕特定轴（绕一给定轴旋转，如孔轴配合中绕中心轴的旋转）的旋转自由度，则

a）如果 D_{ri} 也为绕特定轴的旋转自由度，则若两轴线同轴，则 $D_{re} \cap D_{ri} = D_{re}$，否则 $D_{re} \cap D_{ri} = \phi$。

b）如果 D_{ri} 为绕特定方向（绕一给定方向的任意轴旋转，如面面贴合中绕任意轴的旋转）的旋转自由度，则如果旋转方向与 D_{re} 中特定轴线方向平行，则 $D_{re} \cap D_{ri} = D_{re}$，否则 $D_{re} \cap D_{ri} = \phi$；

4）如果 D_{re} 为绕特定方向的旋转自由度，则

a）如果 D_{ri} 为绕特定轴的旋转自由度，若轴线方向与 D_{re} 中特定方向平行，有 $D_{re} \cap D_{ri} = D_{ri}$；否则 $D_{re} \cap D_{ri} = \phi$。

b）如果 D_{ri} 为绕特定方向的旋转自由度，若两个方向平行，则 $D_{re} \cap D_{ri} = D_{re}$，否则 $D_{re} \cap D_{ri} = \phi$。

4. 虚拟环境下基于几何约束的零件三维空间运动

虚拟环境下，零件在几何装配约束作用下的运动是一种受约束运动，因此需要根据零件的运动自由度，将物理空间中用户手的运动映射为虚拟环境中零件的运动，以确保零件在允许运动自由度方向上运动。在三维空间中，零件的受约束运动是通过将零件在三维空间中的无约束运动投影到零件的剩余运动自由度方向上来实现的。为了方便解决问题，将零件的三维空间位置分解为

1）平移分量：$T = (x, y, z)$，x、y、z 为平移分量在 3 个坐标轴上的投影。

2）旋转分量：$O = (n, ang)$，n 为旋转轴单位方向矢量，ang 为旋转角度。

为了方便论述，引入两个概念，即实际目标位置和显示目标位置。

定义 1 实际目标位置：虚拟物体在虚拟手操纵下无约束运动的目标位置，是在运动位置传感器输入数据作用下的理论位置。

定义 2 显示目标位置：在装配约束作用下，显示在计算机屏幕上的物体最终位置。

记位置传感器的输入为 M($T(s)$，$R(s)$)，$T(s)$ 为平移量，$R(s)$ 为旋转量且 $R(s) = (\omega_a, \omega_e, \omega_r)$。其中，$\omega_a$、$\omega_e$、$\omega_r$ 分别表示旋转量的欧拉分量，依次为方位角（azimuth），仰角（elevation）和摆动角（roll）。

记虚拟物体的当前坐标位置为 $P_1(T, O)$，$P_2(T, O)$ 表示实际目标位置，$P_3(T, O)$ 表示显示目标位置，则

$$P_2(T, O) = P_1(T, O)M(T, (s), R(s))$$
$$P_3(T, O) = P_1(T, O)f(M(T, (s), R(s)))$$

其中，f 为约束投影算子。

常见的两种约束作用下的运动量投影方法如下：

（1）轴孔插入约束

在轴孔约束作用下，零件的平移自由度为沿孔的轴线方向，而零件的旋转运动被限定为绕轴线的旋转，因此零件的实际方位变换为

1）平移量：$dt = T(s) \cdot n$，其中 n 表示轴线的单位方向矢量，$n = (n_x, n_y, n_z)$。

2）旋转量：$dr = (n, ang)$，其中 n 表示轴线的单位方向矢量，ang 表示旋转角，并且 ang $= n_z\omega_a + n_y\omega_e + n_x\omega_r$。

（2）面面贴合约束

在面面贴合约束下，零件的运动被限定为 3 个自由度，即与平面法向垂直的两个方向上的平动和绕与平面法向平行的轴线的转动。因此零件的实际方位变换为

1）平移量：$dt = T(s) - (T(s) \cdot n)n$，其中 $n = (n_x, n_y, n_z)$，表示约束平面的法向单位矢量。

2）旋转量：$dr = (n, ang)$，n 表示约束平面的法向单位矢量，ang 表示旋转角，并且 ang $= n_z\omega_a + n_y\omega_e + n_x\omega_r$。

7.6.10　装配路径的优化

一个零部件（组件）的装配过程主要体现为该零部件在装配人员的操纵下从初始位置移动到最终装配位置所经过的空间路径。在虚拟装配环境下，零件的装配路径是通过记录装配工艺规划人员操纵零部件所经过的一系列离散的空间位姿点得到的。这些位姿点的密度取决于虚拟环境中连续两帧之间的时间间隔（虚拟环境中图形显示是以一定的频率进行刷新显示的），间隔越小，所得到的位姿点密度越大，反之越小。零部件空间装配路径可以通过一个离散点序列来描述，即 path $= \{pt_1, pt_2, pt_3, \cdots, pt_n\}$，其中 pt_i 表示第 i 个序列节点，可以描述为一个六元组，即 $pt_i = <x_i, y_i, z_i, \omega_{ia}, \omega_{ie}, \omega_{ir}>$，其中 x_i、y_i、z_i 表示零部件在某一帧所处的空间位置信息，ω_{ia}、ω_{ie}、ω_{ir} 表示其姿态信息。

装配路径反映了零部件从初始位置移动到装配位置的运动过程。规范、有序的装配路径，不仅有助于提高装配过程动画的质量，而且避免了数据的冗余。在交互式的虚拟装配操作过程中，当设计者利用三维鼠标、数据手套直接操纵虚拟物体（包括零部件、工具、夹具等）时，设计者操纵三维鼠标（或数据手套）具有相当的随意性（在满足装配路径无干涉前提下），因此有必要对装配路径进行必要的优化。

虚拟装配中的装配路径优化主要包括两方面：一是装配过程中的装配路径优化记录；二是当零部件装配完成后，对其装配路径优进行化调整。

所谓装配路径优化记录，即在装配路径进行记录前，对装配路径进行优化，并只对满足一定条件的装配路径点进行记录。本文引出有效采样点的概念，对零部件的装配路径进行优化记录。

有效采样点指满足下述条件的装配路径采样点：

1）零部件的初始位置点，即零部件在装配过程中的第一个采样点是有效采样点。

2）零部件在装配过程中的第二个采样点被强制定义为有效采样点。这是因为第一、二个采样点定义的方向即是零件的可自由移动方向，即初始装配方向。

3）零部件的最终装配位置点，即零部件的目标装配位置点，即零部件在装配过程中的最后一个采样点是有效采样点。

对于其他采样点 P，它必须满足下列方程才能成为合法采样点：

$$\text{Dot\_product}(P_1P_2, P_2P) \ >= \ 0.0 \quad (7.6\text{-}6)$$

式中　P——当前采样点；

P_1 和 P_2——位于 P 之前的合法采样点。

$$\text{Distance\_product}(P_{i-1}, P_i) \ >= \ \text{Min\_Distance}$$
$$(7.6\text{-}7)$$

式中　　　　P_i——当前采样点；

P_{i-1}——当前采样点的前一个采用点；

Min_Distance——设计者设置的最小路径采样距离。

采用装配路径优化记录技术，可以大大减少因虚拟手的抖动、装配过程中的停留所造成的局部路径点过密的情况，但该技术不能解决零部件的最优装配路径的问题，需要进一步对形成的装配路径进行优化。

所谓装配路径优化调整，就是当某个零部件装配完成后，对其形成的装配路径进行编辑和调整，形成优化后的装配路径。

7.6.11 虚拟环境下的装配精度预分析

随着虚拟装配技术的深入发展，缺乏精度信息逐渐成为影响其实用性的重要因素之一。传统虚拟装配系统大多基于具有理想尺寸的模型，而没有包含重要的精度信息，虽然通过虚拟装配技术能够发现产品设计上存在的装配干涉，但对于装配误差累计的分析，以及装配顺序和零件制造误差对装配方案的影响等缺乏分析和预见的手段。导致工程中在利用虚拟装配技术进行装配仿真和装配工艺优化时，不能很好地预测产品可能的精度，有可能导致在实际装配时出现装配误差过大，甚至无法装配的问题。一方面，离开精度的产品虚拟装配是不符合实际情况的；另一方面，由于精度对产品性能的影响看不见摸不到，使虚拟环境下装配精度的研究更有意义。因此，虚拟环境下的产品装配精度分析技术受到越来越多的关注。

虚拟环境下的产品装配精度预分析，指利用虚拟现实技术，在产品设计阶段或现场装配阶段，根据产品公差设计值或零件加工后的实测值，对产品的装配精度进行预测和优化的技术。虚拟环境下的产品装配精度预分析主要集中在产品的设计阶段和装配阶段，辅助设计人员进行装配精度预测，并协助设计人员根据预测结果，提出零件尺寸公差或产品装配工艺的修改方案。因此，产品装配精度预分析不但面向生产现场的产品装配，辅助得到较优的产品装配工艺方案，同时面向产品设计，辅助得到较优的零件尺寸公差分配方案。

欲建立产品装配精度预分析的方法体系，首先应对虚拟环境下的装配精度预分析拟解决的问题进行描述和表达。在产品研制过程中，经常存在以下两个方面问题：在设计阶段，如何对产品生产成本与产品装配精度性能进行系统优化，尽可能提高产品的装配精度、降低生产成本；在装配阶段，如何通过产品的装配工艺和装调方案的优化，使加工后的零部件在装配后获得较高装配精度，从而减少装调工作，提高一次装配成功率。为解决上述问题，人们提出了虚拟环境下的产品装配精度预分析技术方法体系，如图 7.6-21 所示。

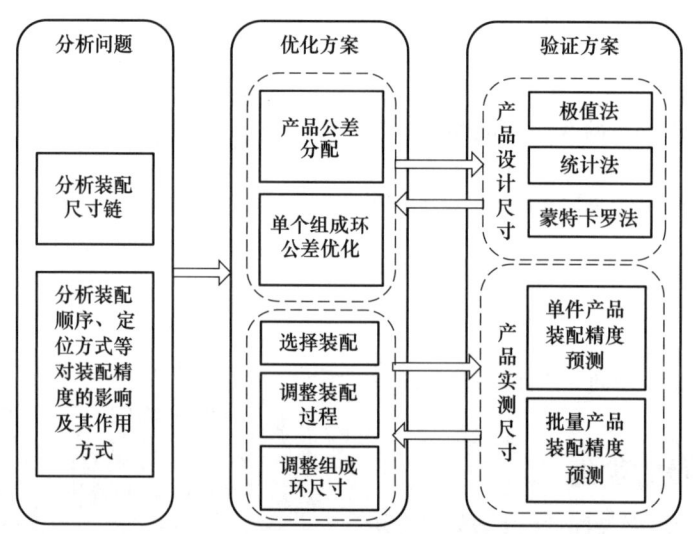

图 7.6-21 虚拟环境下的产品装配精度预分析技术方法体系

该技术体系将产品装配精度预分析技术从分析问题、优化方案和验证方案 3 个阶段进行了分解。

分析问题阶段的主要任务是将产品装配精度问题分解，以便后续阶段进行分析和解决。影响产品装配精度的因素主要有两个方面：一方面是零件加工误差对装配精度的影响，主要是装配尺寸链中的组成环（零件尺寸、形状、位置精度）对封闭环的影响，可以转化为分析装配尺寸链的问题；另一方面是产品装配顺序、定位方式等对装配精度的影响，则需要分析装配过程中的影响因素及其作用方式。针对产品结构和产品功能要求，提取产品装配尺寸链的封闭环和组成环元素，并分析在装配过程中影响产品装配精度的所有因素，及其对装配精度的作用方式；通过将提高产品装配精度问题分解为封闭环公差向组成环公差分配的问题，以及对装配过程的控制问题，为装配精度设计方案及装配工艺方案的优化和验证提供支撑。

优化方案阶段主要包括两个方面：一方面，对于产品设计阶段，将装配尺寸链中的封闭环公差分配到组成环，同时考虑产品成本、装配精度、加工能力和装配能力等方面的影响，获得组成环公差相对最优的公差设计解；另一方面，针对初步公差设计方案，根据组成环公差对封闭环公差的影响情况，以及各个组成环的加工成本、可加工性等因素，选取最适于修改的单个组成环并缩紧其公差，达到优化装配精度的目的。设计阶段装配精度优化的方法主要包括等公差法（将所有组成环分配相等公差值）、等精度法（将所有组成环按照相等精度等级分配公差值）、等比例法（按照组成环公称尺寸的比例分配公差值）、最低成本法（取成本最低设计方案）、最低成本并质量损失最小法（成本最低的同时兼顾产品质量）等。对于产品装配阶段，根据不同生产情况，通过分组装配法、多次试装法、修配法和调整组成环尺寸法等进行装配工艺的优化，得到装配工艺较优解。

验证方案阶段包括两个方面：一方面是对于产品设计阶段，对产品设计尺寸进行分析、计算，预测产品装配精度，其方法主要有极值法、统计法和蒙特卡罗法等；另一方面是产品装配阶段，根据产品生产批量，按照影响产品装配精度的因素及其作用方式，预测产品装配精度，得到单件和批量产品装配精度评价指标，验证优化设计方案是否符合产品功能要求，是否最优。

针对产品研制周期的不同阶段，提供与之相适应的精度预分析评价方法和工具，通过"设计—装配精度预测—优化设计"的循环迭代过程来持续支持产品设计的改进。这里的设计，广义上讲，包括产品结构设计、装配精度设计、产品加工工艺设计和装配工艺设计；狭义上讲，针对虚拟环境下产品装配精度预分析，仅解决与装配精度直接相关的产品装配精度设计和装配工艺设计问题。在这一过程中，产品装配精度预分析技术为提高产品装配精度及一次装配成功率提供理论指导和技术支持。

产品装配精度预分析首先应确立产品装配精度评价方法，即判断优化方案所得到装配精度结果的优劣。产品装配精度评价方法的建立，为优化方案的提出和方案的验证提供标准和依据。

在研制过程中，不同阶段的产品状态不同，因此其优化方案的评价方法也不同。针对设计阶段产品公差设计方案的评价，主要是根据产品装配精度和产品成本进行评价；针对装配阶段产品装配工艺方案的评价，由于零件已加工成型，加工成本已固定，因此仅根据产品装配精度进行评价。

1. 产品装配精度评价方法

产品装配精度评价指标是装配精度评价方法的基础，因此首先需要建立产品装配精度评价指标。本文研究的非运动几何方面产品装配精度包括尺寸精度、位置精度和配合精度等，均可以计算得到产品装配后

上述各精度的实测数值及误差值。

（1）单件产品装配精度评价指标

装配误差 δ：产品完成装配后的实际误差值。

装配精确度 ε：产品实际装配误差与理想误差的差值与设计公差之间的比值，即

$$\varepsilon = \frac{\delta - T'}{T} \times 100\% \qquad (7.6\text{-}8)$$

式中　T'——产品期望误差值，即理想误差；

　　　T——产品设计公差，即上下偏差之差。

装配误差表示产品装配实际误差数值，而装配精确度表示产品实际误差与理想误差的接近程度和偏离方向。若 ε 为正，说明产品装配误差大于理想误差；若 ε 为负，说明产品装配误差小于理想误差。$|\varepsilon|$ 越小，说明产品装配误差越接近理想误差。

（2）批量产品装配精度评价指标

平均装配误差 $\bar{\delta}$：批量生产中，所有产品装配误差的数学期望，即

$$\bar{\delta} = E(\delta) = \frac{\sum\limits_{i=1}^{n} \delta_i}{n} \qquad (7.6\text{-}9)$$

式中　n——表示有 n 套产品；

　　　δ_i——第 i 套产品的装配误差，$i \in [1, n]$。

装配误差分布系数 σ：装配误差的标准差，描述全部产品装配误差相对于平均装配误差的分散程度，即

$$\sigma(\delta) = \sqrt{E[\delta - E(\delta)]^2} = \sqrt{E(\delta - \bar{\delta})^2} \qquad (7.6\text{-}10)$$

平均装配精确度 $\bar{\varepsilon}$：批量生产中，所有产品的装配精确度的数学期望，即

$$\bar{\varepsilon} = E(\varepsilon) = \frac{\sum\limits_{i=1}^{n} \varepsilon_i}{n} \qquad (7.6\text{-}11)$$

式中　n——表示有 n 套产品；

　　　ε_i——第 i 套产品的装配精确度，$i \in [1, n]$。

装配成功率 ξ：设装配尺寸链中各环的零件数相等且均为 n，在一定的装配精度要求下，能够成功装配得到 n_1 套产品，则 n_1 与 n 的比值为装配成功率，即

$$\xi = \frac{n_1}{n} \times 100\% \qquad (7.6\text{-}12)$$

根据上述单件、批量产品的评价指标，即可对产品装配精度进行相应的评价，即单件产品的装配精度为 $A = \{\delta \quad \varepsilon\}$，批量产品的装配精度为 $A = \{\bar{\delta} \quad \sigma \quad \bar{\varepsilon} \quad \xi\}$。对于设计阶段的产品，根据零件尺寸设计值及加工误差的分布情况，利用蒙特卡罗法生

成多组模拟产品实测尺寸数据，计算每组产品的装配误差，经过统计分析得到 4 个评价指标数值；针对装配阶段产品，根据产品实测数据，单件产品计算装配误差和装配精确度，批量产品计算每组产品的装配误差并统计分析得到 4 个评价指标数值。根据上述方式得到产品的装配精度评价指标，并根据指标数值的高低评价产品装配精度优化方案的优劣。

2. 虚拟环境下产品精度建模

虚拟环境下的产品精度建模是开展装配精度预分析的基础。在传统产品公差模型的基础上，基于现有的虚拟环境下产品面片化模型，混合产品设计阶段和装配阶段的精度信息，添加产品基本几何信息、精确几何信息及工程语义信息，并将上述模型信息相互关联，构成可满足虚拟环境下产品装配精度预分析需求的产品模型。

图 7.6-22 所示为虚拟环境下产品精度混合模型

的信息组成，表达了该模型与产品公差模型的区别。产品公差模型，即为带公差的产品实物模型在计算机内部的表达方式，包括产品公差信息，即与零件和装配体相关的全部尺寸公差、几何公差和表面粗糙度信息，以及部分产品公差分析、综合和产品公差设计的模型信息。产品精度混合模型是在产品公差模型的基础上，添加了精确几何信息、产品精度信息和工程语义信息。产品精度信息包括几何精度信息和物理方面的精度信息，以及与产品装配精度相关的其他信息，如产品装配顺序、装配定位方式等信息，为产品装配精度预分析提供充足的信息，满足虚拟环境下几何精度标注、装配尺寸链获取、装配精度预测和优化的需求。

采用层次化方法表达的虚拟环境下产品精度混合模型的层次结构如图 7.6-23 所示。

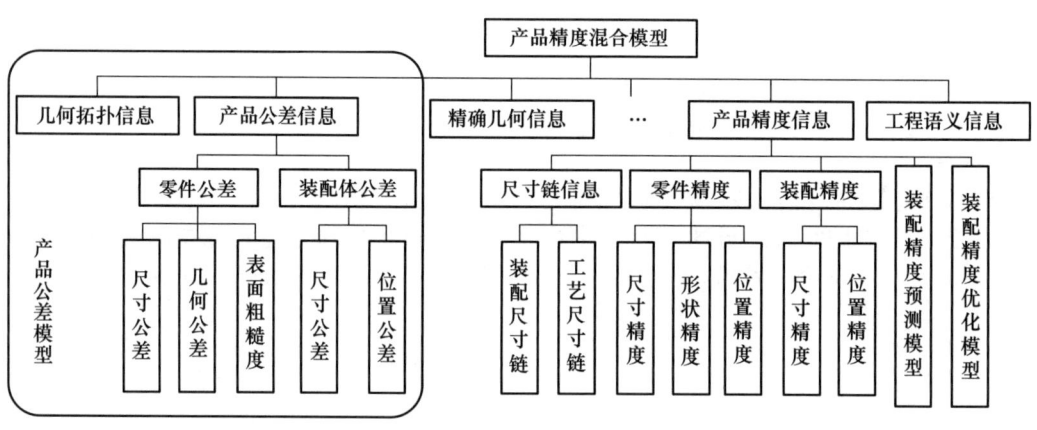

图 7.6-22　虚拟环境下产品精度混合模型信息组成

产品精度混合模型包括装配层、零件层、特征层、精度信息层、几何拓扑层及面片显示层。

装配层主要记录装配体的唯一标识 ID 号、名称、代号、版本信息等管理属性信息，装配体的组成零部件代号，以及装配工艺信息、功能尺寸设计信息、设计过程重要节点信息等工程语义信息。

零件层主要记录该装配体所包含零件的唯一标识 ID 号、名称、代号、技术要求、设计者、材料、供应商和设计版本等管理属性信息，以及零件的材料属性信息、零件技术要求信息、物理属性信息、设计过程重要节点信息等工程语义信息。

特征层主要记录零件特征的唯一标识 ID 号、特征的参数类型和参数值信息、特征之间关系类型、关联特征等信息，以及特征相应的加工工艺、检验方法等工程语义信息。

精度信息层主要记录产品的零件精度信息、装配精度信息和其他精度信息。零件精度信息记录零件尺寸、形状、位置精度信息及表面粗糙度信息，装配精度信息记录装配尺寸精度信息和装配位置精度信息；其他精度信息记录装配尺寸链信息和装配精度分析优化模型信息等，当装配顺序等装配过程中相应影响因素发生改变时，该精度信息的内容会随之发生变化。

几何拓扑层主要记录各个零件的几何元素信息，提供精度信息层的几何精度所对应的边界几何元素信息，包括基本几何信息和精确几何信息。基本几何信息主要记录零件各个特征所包含的几何元素信息（图 7.6-23 中由虚线椭圆所围的若干几何面构成了一个特征），如平面、圆柱面等；精确几何信息提供了设计者在虚拟现实环境下，面片显示模型所不能提供的精确几何信息，包括几何元素的点、线、面信

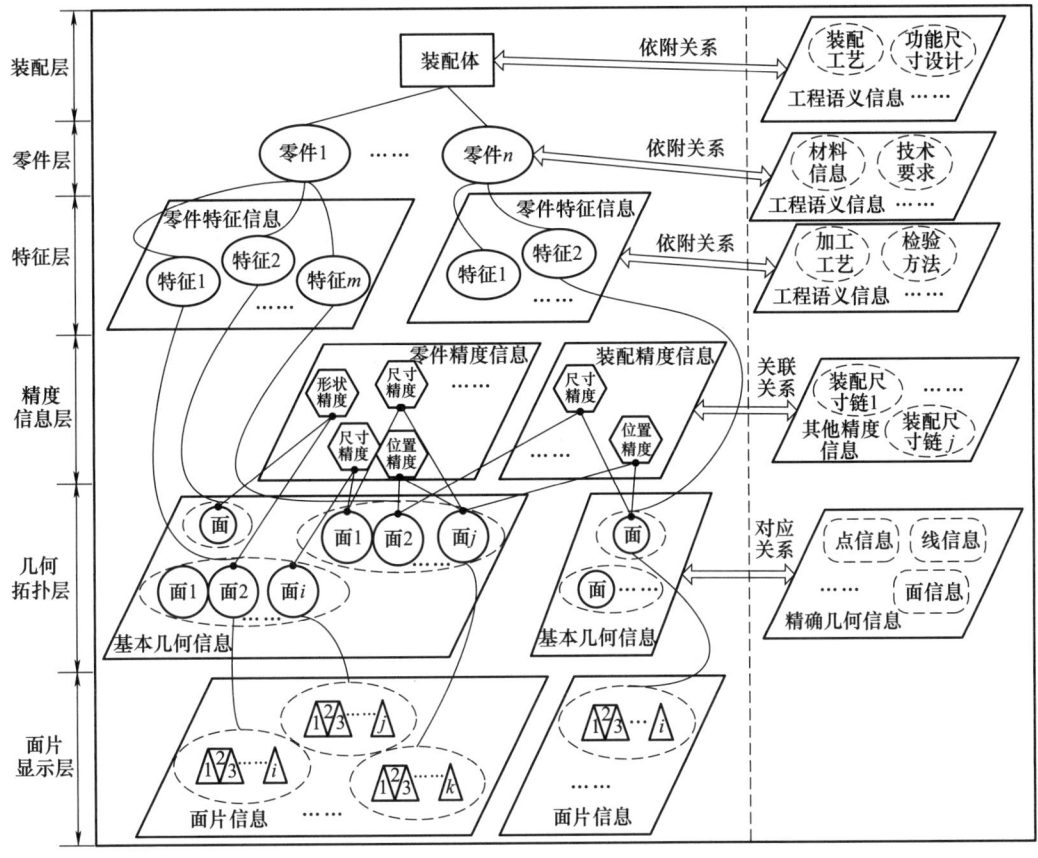

图 7.6-23　虚拟环境下产品精度混合模型的层次结构

息，以便实现几何元素布尔运算、计算零件截面和重心等操作。

面片显示层主要记录零件的三角面片信息（图7.6-23 中由虚线椭圆所围的若干三角形面片构成了一个几何面），用于虚拟环境中装配体的实时显示。

通过使用产品精度混合模型，虚拟装配系统在进行显示时，使用零件的三角形面片模型，以满足实时性要求；在进行装配操作时，关联基本几何信息，以实现几何面识别和装配约束等功能；在进行重心计算和装配精度预分析等复杂计算、分析时，则实时添加精确几何信息及精度信息。通过各个层次之间的关联，可以充分利用相关的高层工程语义信息实现虚拟环境中产品装配精度预分析。

在产品装配过程中，由于零部件自身制造偏差、各个工位上装配的定位偏差，以及由于人工、设备、环境等随机因素引起的偏差在装配过程中发生耦合、积累和传播，形成产品最终的综合偏差。因此，虚拟环境下的产品精度模型，不仅需要考虑零部件的设计精度信息（包括尺寸公差、几何公差和表面粗糙度信息）、实际制造精度信息（零件加工后的实测值），还要考虑零部件装配顺序、装配定位方式等信息。

因为涉及零部件的装配顺序与工装操作等信息，所建立的虚拟环境下的产品精度模型是一个面向装配过程的产品精度模型，如图7.6-24 所示。每个产品被描述成是由一个装配任务序列来实现的，装配任务在装配历史链表中的先后位置表达了其所装配的组件的装配顺序。每一个装配任务，又包含一个夹具调整、工具装配空间检测等装配操作链表。由于每个装配任务都对应一个唯一的装配对象（组件），通过该装配对象，可以获得产品的装配组成关系和层次结构关系。

同时，一个零件由若干个装配特征组成，一个装配特征又由若干个几何面（或几何元素）组成，几何面包括平面、柱面、球面、锥面、环面和曲面（又分为规则曲面和不规则曲面）等，每一个几何面由若干离散化的多边形面片组成。装配尺寸链包含封闭环和组成环。几何精度包括尺寸精度、形位精度和表面粗糙度，同时几何精度与相关的几何面进行关联。每个零件包含一个几何精度链表。映射机制则将零件所有几何精度信息与相应的几何元素关联起来，并可实现自上而下和自下而上的双向快速查询。

图 7.6-25 所示为虚拟装配系统中的公差信息建

模界面。界面中右侧的结构树中显示了每个几何面所包含的精度信息。

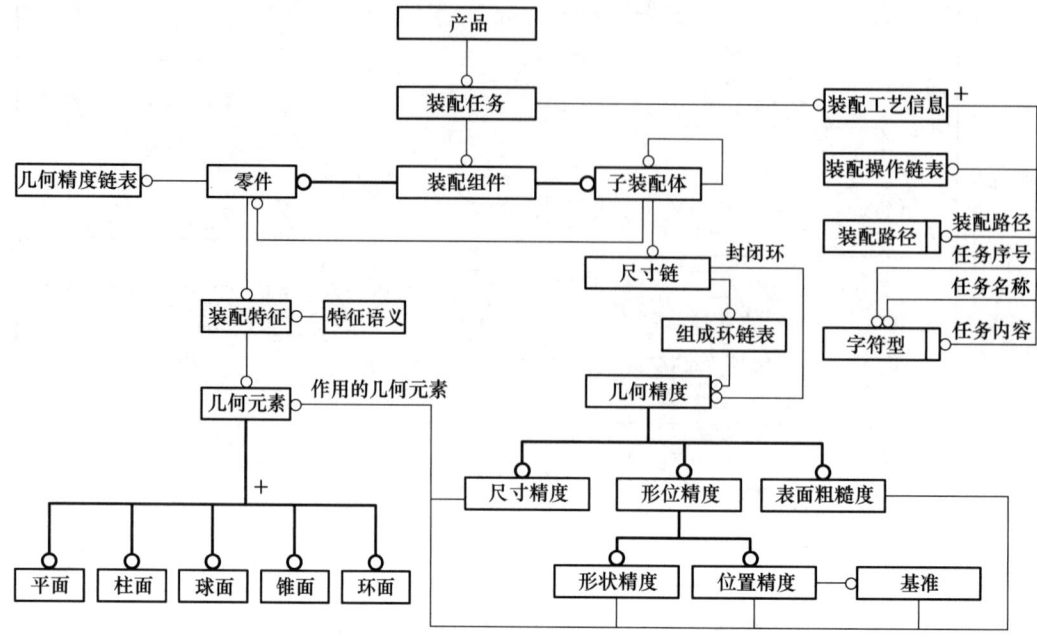

图 7.6-24　面向装配过程的产品精度模型（EXPRESS-G 模型）
──○一般属性关系　　━━○超类子类属性关系

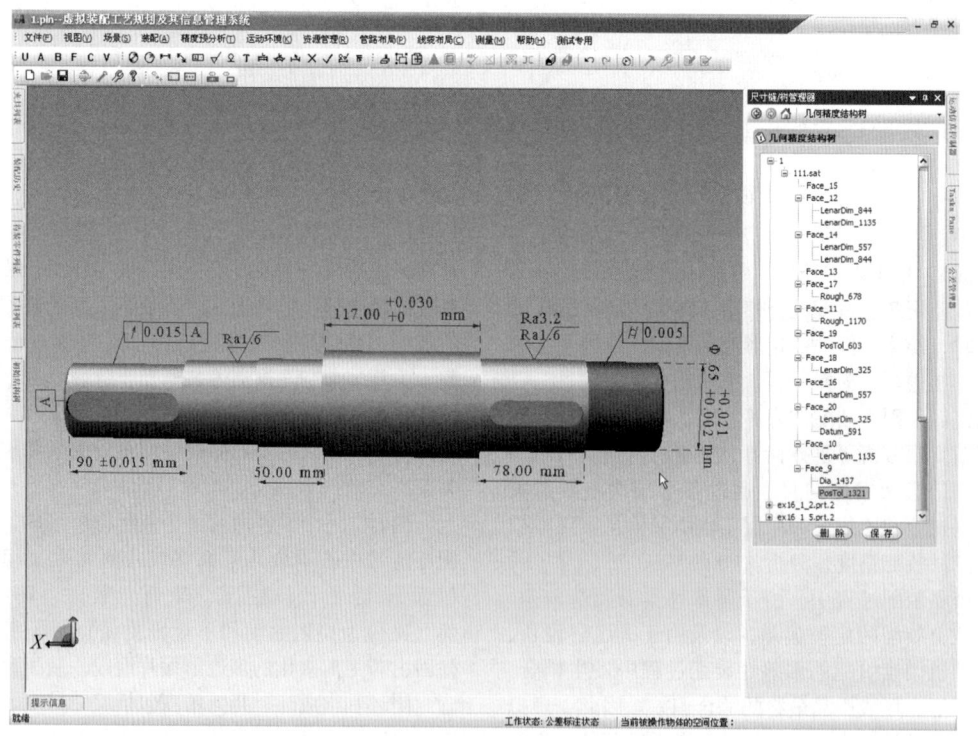

图 7.6-25　虚拟装配系统中的公差信息建模界面

图 7.6-26a 所示为某准星座的线性尺寸链软件界面，图 7.6-26b 所示为其结构。该组件由准星、准星座体、准星座连接体、准星滑座和销子组成。准星的上端和准星座体之间的距离是在组件装配后形成的，定为封闭环。

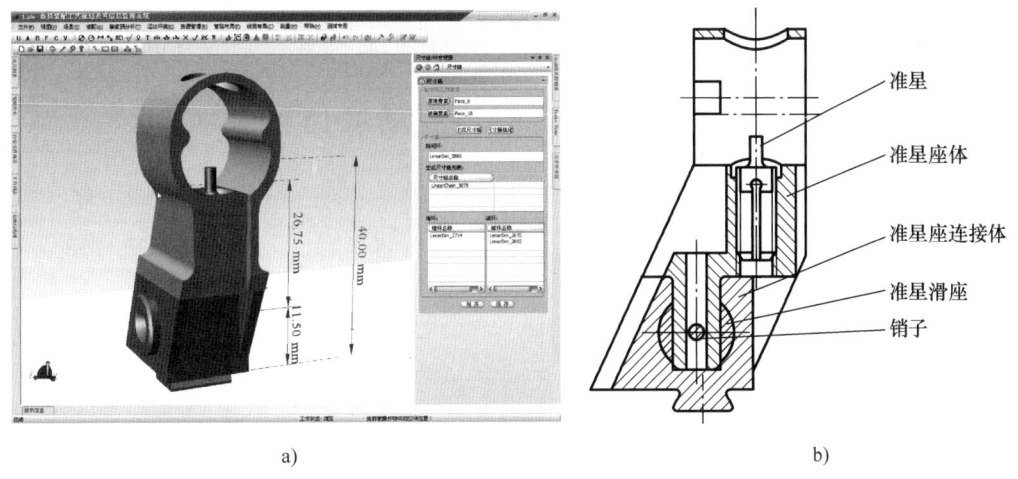

a)　　　　　　　　　　　　　　　　　　　b)

图 7.6-26　某准星座组件的线性尺寸链

a）某准星座的线性尺寸链软件界面　b）某准星座的结构

3. 面向现场装配阶段的虚拟环境下产品装配精度预分析

在工程中，如何对装配误差累计进行分析，在产品实际装配之前预测产品最终的装配精度，并提前设计出合理可靠的装调方案，是装配工艺师在装配工艺设计中需要解决的核心问题之一。产品设计阶段的装配精度预分析方法，与传统的公差分析和综合方法一致，因此虚拟环境下的装配精度预分析，重点需要解决现场装配阶段的装配精度预测与优化问题。

面向现场装配阶段的虚拟环境下产品装配精度预分析，是在复杂产品实际装配前，通过带精度信息的产品装配过程仿真，分析并预测产品最终的装配精度，并提出合理的装调优化方案。虚拟环境下的装配精度预分析方法主要包括试装法、修配法、调整法和选择装配法等。

1）试装法：在虚拟环境中，采用多种可行装配方案进行试装配，预测不同加工偏差零件组合时的产品装配精度，并进行分析比较，从而可选取获得最优装配精度的装配顺序与零件组合。图 7.6-27 所示为北京理工大学开发的特种车辆变速箱的装配精度计算。

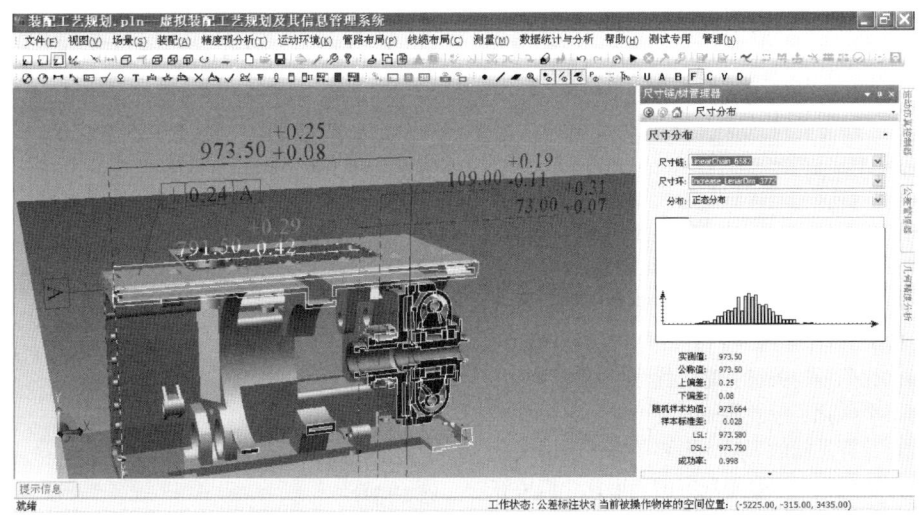

图 7.6-27　特种车辆变速箱的装配精度计算

2）修配法：现场装配时对其补偿环零件的尺寸进行修配，使封闭环达到设计要求的方法。补偿环零件一般选择易于加工且易于拆装的零件。虚拟环境下的产品装配精度预分析方法，可根据零件实测值进行试装配，实时计算分析修配量的大小，指导现场装配。

3）调整法：采用改变补偿环的实际尺寸或位置，使封闭环达到设计公差与极限偏差要求的方法。一般以螺栓、斜面、挡环、垫片或轴孔连接中的间隙等作为补偿环。虚拟环境下的产品装配精度预分析方法，可通过零件实测值的预装配分析，实时计算调整量的大小，指导现场装配。

4）选择装配法：主要针对中、小批量产品，通过对待装配零件的检测、挑选，有选择性地进行装配，以达到较高的装配精度的一种装配方法。

4. 面向实测值的装配精度多目标优化

在工程中，当采用修配法对零件进行修配时，按照修配的原则，修配目标不应定为公共环，可能有多个方向的装配功能要求与同一条传递路径相关，导致修配目标为公共环，如航天器舱段之间存在的扭转和错移方向的误差是通过同一条传递路径传递的。当产品存在多个方向的装配精度要求，使得根据零件的实时装配精度反求修配目标的修配量存在一定的困难，为此有必要提出基于零件实测值的优化方法。根据产品多方向的装配质量要求，开展面向实测值的多目标优化，确定合理的修配对象，并计算修配量，指导产品的现场装配。

（1）多目标的相关内涵

多目标优化问题通常包括多个相互冲突的优化目标。多目标优化的目的是求得一个最优解，使得多个目标函数获得最优的组合。多目标优化模型为

$$\begin{cases} \mathrm{Min}/\mathrm{Max}F(x) = [f_1(x),f_2(x),\cdots,f_m(x)] \\ s.t. \quad g_i(x) \geq 0, i=1,2,\cdots,p \\ \quad h_j(x) = 0, j=1,2,\cdots q \\ \quad x \in S \subset R^n \end{cases}$$

$$(7.6\text{-}13)$$

式中，$f_1(x)$，$f_2(x)$，$\cdots$，$f_m(x)$ 是 m 个目标函数，$x=(x_1, x_2, \cdots, x_n)$ 为 n 维决策变量；

$S \subset R^n$ 是可行解区域，且 $F(x)$ 满足 p 个不等式约束 $g_i(x)$ 和 q 个等式约束 $h_j(x)$。

多目标优化问题的关键：每个优化目标之间是相互冲突的，某个优化目标性能的改善可能导致另外一个或几个优化目标性能的下降，但要使得所有的优化目标同时达到最优值一般是不现实的。因此，需要在各个子目标之间进行协调，尽量使各优化目标尽可能地达到最优。

传统求解多目标优化问题一般采用权重系数法，将多目标优化转化为单目标优化。由于不同优化目标函数的量纲和实际意义一般不同，直接采用权重系数法进行叠加，很难与工程实际情况相符。这里采用Pareto最优解集的相关概念和方法来处理多个目标函数同时优化的问题，如图7.6-28所示。

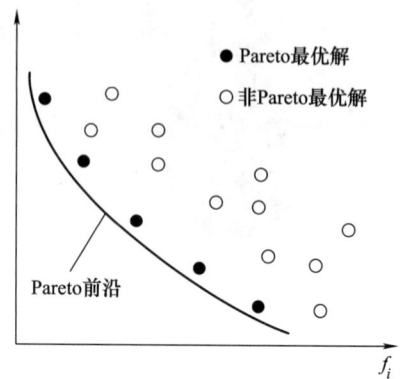

图 7.6-28　Pareto 最优解集的概念

定义 1　Pareto 支配：若向量 $u=(u_1, u_2, \cdots, u_m)$，支配向量 $v=(v_1, v_2, \cdots, v_m)$，记作 $u \succ v$，需满足：

$$\begin{cases} f_i(u) \leq f_i(v), i \in (1,2,\cdots,m) \\ f_i(u) < f_i(v), i \in (1,2,\cdots,m) \end{cases}$$

$$(7.6\text{-}14)$$

定义 2　Pareto 最优解 P^*：所有 Pareto 最优解的集合为

$$P^* = \{u \mid \exists v, f(v)ff(u)\} \quad (7.6\text{-}15)$$

式中　u——Pareto 最优解。

定义 3　Pareto 前沿：所有 Pareto 最优解对应的目标向量指向的区域 PF（pareto front），即

$$\mathrm{PF} = \{F(u) = (f_1(u),f_2(u),\cdots,f_m(u)) \mid u \in P^*\}$$

$$(7.6\text{-}16)$$

定义 4　Pareto 支配数：在数目为 N 的集合中，向量 u 所支配其他向量的个数 rank（u），即

$$\mathrm{rank}(u) = \{u \succ v \mid \forall v \in E\} \quad (7.6\text{-}17)$$

（2）修配成本函数

修配成本是产品在修配过程中一切成本的总和。在实际生产过程中，由于产品零件的形状、几何尺寸各不相同，很难用一个统一的数学模型来描述修配成本-修配量的关系。本章在借鉴成本-公差函数的基础上，建立修配成本-修配量的关系。

采用线性和指数复合公差成本模型，数学表达式如下所述。

1）外圆特征的尺寸公差成本函数为

$$c(t) = 15.1138e^{-42.2874t} + \frac{t}{0.8611t + 0.01508}$$

$$(7.6\text{-}18)$$

2）内孔特征的尺寸公差成本函数为

$$c(t) = 12.669e^{-37.5279t} + 2.486e^{\frac{0.000978}{t}}$$

$$(7.6\text{-}19)$$

3）定位尺寸的公差成本函数为

$$c(t) = \begin{cases} 8.2369e^{-35.8049t} + 1.3071e^{\frac{0.0063}{t}} (t \leqslant 0.13) \\ 1.23036 \qquad\qquad (t > 0.13) \end{cases}$$

$$(7.6\text{-}20)$$

4）平面特征的尺寸公差成本函数为

$$c(t) = 5.0261e^{-15.8903t} + \frac{t}{0.3927t + 0.1176}$$

$$(7.6\text{-}21)$$

5）轴（孔）的位置度公差成本函数为

$$c(t) = 2.784e^{-36.61t} + 1.125e^{\frac{0.0075}{t}} \quad (7.6\text{-}22)$$

6）轴对轴的跳动（同轴度）公差成本函数为

$$c(t) = 0.0373e^{-3.08t} \qquad (7.6\text{-}23)$$

在获得加工成本与公差值的函数关系后，设两种不同几何公差对应的加工成本差值为修配成本与修配量之间的函数关系，则

$$C(t_i' - t_i) = c(t_i') - c(t_i) \qquad (7.6\text{-}24)$$

式中　$t_i' - t_i$——修配量；

　　　　t_i'——修配后的几何误差值；

　　　　t_i——修配前的几何误差值。

产品总的修配成本为

$$C_l(T) = \sum_{i=1}^{n} C(t_i' - t_i) \qquad (7.6\text{-}25)$$

式中　n——产品中几何误差的数目。

（3）质量损失成本函数

对于装配体，装配精度是体现产品质量的重要指标，它与成本和产品质量息息相关。假设产品的质量特征值为 y，目标值为 m，当 $y = m$ 时质量损失最小。用 $L(y)$ 表示与特征值 y 对应的损失，如果 $L(y)$ 在 $y = m$ 处存在高阶导数，根据泰勒级数展开，有

$$L(y) = L(m) + L'(m)(y - m) + \frac{L''(m)(y - m)^2}{2!} + \cdots \quad (7.6\text{-}26)$$

根据式（7.6-26）可知，当 $y = m$ 时，$L(y) = 0$，$L(m) = 0$，同时 $L(y)$ 在 $y = m$ 处有最小值，因此省略二阶以上的高阶项，可得质量损失成本函数：

$$L(y) = k(y - m)^2 \qquad (7.6\text{-}27)$$

式中　k——与 y 无关的质量损失系数。

在面向实测值的修配过程中，以修配后的几何误差累积值与装配功能要求的理想值作为优化函数，则

$$C(y_s) = \begin{cases} k(y_s)^2 & (y_s > y_{s0}) \\ k(y_{s0} - y_2)^2 & (y_s < y_{s0}) \end{cases}$$

$$(7.6\text{-}28)$$

式中　y_{s0}——装配功能要求在 s 方向的累积值；

　　　　y_s——修配后的在 s 方向误差累积值。

当 $s = 1$、2、3 时，表示沿 x、y、z 轴的平动误差累积值；当 $s = 4$、5、6 时表示绕 x、y、z 轴的转动角度累积值。

（4）面向实测值的多目标优化模型

为了实现修配量的计算，借鉴公差优化设计中的相关设计思想，构建面向实测值的、以修配量-修配成本和质量损失成本为优化目标、以几何误差的修配能力和装配功能要求为约束条件的多目标优化模型。在减少修配成本和质量损失成本的同时，提高装配精度。面向实测值的多目标优化模型为

$$\begin{cases} \mathrm{Min}F(T) = [C_l(T), C(y_{sj})] \\ C_l(T) = \sum_{i=1}^{n} C(t_i' - t_i) \\ C(y) = \sum_{s=1}^{6} C(y_s) \\ s.t.\ t_{i\min} \leqslant t_i' \leqslant t_i \\ y_s \leqslant y_{s0} \end{cases} \quad (7.6\text{-}29)$$

式中　$t_{i\min}$——第 i 个几何误差在修配后能得到的最小误差（若第 i 个几何误差对应的零件不为修配环时，$t_{i\min} = t_i$）。

（5）多目标粒子群优化算法

粒子群算法是一种基于个体进化、种群协作与竞争机制的群集智能算法。粒子群算法可用于解决大量非线性、不可导和多极值的复杂优化问题，并且具有易于编码、计算简便和收敛快速的特点，已经被广泛应用于连续变量的优化设计中。

粒子群中每个粒子被看作一个潜在的最优解，设粒子群的搜索空间为 n 维，种群规模为 N，第 i 个粒子的位置为 $\boldsymbol{x}_i = (x_{i1}, x_{i2}, \cdots, x_{in})$，速度为 $\boldsymbol{v}_i = (v_{i1}, v_{i2}, \cdots, v_{in})$，粒子所经历的历史最优位置为 $\boldsymbol{p}_i = (p_{i1}, p_{i2}, \cdots, p_{in})$。在算法迭代过程中，粒子通过个体历史最优位置和全局最优位置的更新不断调整自己的速度和位置，从而实现种群的进化。第 i 个粒子、第 j 维的速度和位置更新公式为

$$v_{ij}^{t+1} = \omega^t v_{ij}^t + c_1 r_1 (p_{ij}^t - x_{ij}^t) + c_2 r_2 (p_{gj}^t - x_{ij}^t)$$

$$x_{ij}^{t+1} = x_{ij}^t + v_{ij}^{t+1} \qquad (7.6\text{-}30)$$

式中　t——种群的当前更新次数；

　　　c_1、c_2——加速常数，分别被称为认知参数和社会参数；

　　　r_1、r_2——$[0, 1]$ 相互独立的随机数；

ω——惯性权重系数；

p_g——群体中所有粒子经历过的最好位置。

其中，在算法迭代过程中，粒子的速度和位置范围为

$$v_{ij} = \begin{cases} v_j^{\max}(v_{ij} > v_j^{\max}) \\ v_j^{\min}(v_{ij} < v_j^{\min}) \end{cases} \quad (7.6\text{-}31)$$

$$x_{ij} = \begin{cases} x_j^{\max}(x_{ij} > x_j^{\max}) \\ x_j^{\min}(x_{ij} < x_j^{\min}) \end{cases} \quad (7.6\text{-}32)$$

基本粒子群优化算法的算法流程如下：

1）在搜索空间内对粒子群中粒子的位置和速度进行初始化，并计算当前种群中所有粒子在当前位置的适应度值，同时初始化每个粒子的个体历史最优位置和当前种群所有粒子中的全局最优位置。

2）在算法的迭代过程中，根据粒子群的标准更新公式，并进行每个粒子的速度和位置的更新。

3）更新个体历史最优位置和全局最优历史位置。

4）当最大迭代次数或计算精度达到要求时，停止计算，否则重新进行更新。

当针对低维函数的求解时，标准粒子群算法具有全局搜索能力强、收敛快速的优点，但当目标函数为多维且多峰值时，容易出现陷入局部最优、早熟的现象。采用小生境的概念对粒子群算法进行改进，是有效增加粒子群最优解多样性的方式之一。小生境技术的基本思想是，将生物学中的小生境概念应用于进化计算中，将进化计算中的每一代个体划分为若干类，每个类中选出若干适应度较大的个体作为一个类的优秀代表组成一个群，再在种群中，以及不同种群之间进行杂交，变异，产生新一代个体群。

首先，计算个体历史最优解集中每个粒子的小生境数，选择小生境数最小的粒子作为孤立粒子，对个体历史最优解集中 Pareto 优劣性劣于孤立粒子的粒子进行变异操作和选择操作；然后，计算个体历史最优解集中所有粒子的 Pareto 支配数，将支配数最大粒子的位置作为当代全局最优位置，采用基于 Pareto 支配数排序的更新策略，实现粒子群向具有全局非劣性的粒子飞行；最后，在粒子群外设置精英解集，存储每次更新的全局最优粒子。当最优解集中粒子数超过规定数目时，利用小生境数排序对精英解集进行筛选。采用基于小生境数排序的更新策略，可以删减最密集区域的多余粒子，保留分散性较好的粒子，获得分布均匀的 Pareto 前沿。

7.6.12 柔性线缆的虚拟装配工艺规划

线缆指用于机电产品总装或部装中，连接电气设备或控制装置等的柔性电线总称。线缆是机电产品不可缺少的组成部分之一，作为各类信号、能源等的传输通道，线缆广泛应用于各种机电产品中。线缆布线质量和装配可靠性直接影响产品性能及可靠性。在工程实际中，机电产品的交叉装配现象普遍存在。所谓交叉装配，指在产品装配过程中，线缆的装配和结构件的装配穿插进行的现象，即当完成某一线缆的部分装配（如只插装线缆的一个接头）后，便接着安装其他结构件，之后才最终完成该线缆的装配。虚拟装配需要实现刚性结构件和柔性线缆的交叉装配工艺规划。

线缆作为典型的柔性体，其几何模型与刚性结构件有很大的区别：刚性结构件在装配仿真操作过程中只发生整体的移动、旋转等位姿变换，自身在仿真过程中没有发生形变，不需要对几何形体本身进行修改；线缆在装配操作过程中会大量出现局部形变，包括局部弯曲、扭曲、变形等，需要实时修改线缆的几何模型。虚拟环境下的线缆布线与敷设过程仿真，需要直接、实时地对柔性线缆三维实体模型进行操作。

线缆虚拟装配工艺规划是以线缆布线设计的结果（包括线缆拓扑结构、几何形状，电连接器端接方式、捆扎和固定方案）为基础，在虚拟环境下实现对线缆装配工艺过程的规划、分析和仿真（包括装配顺序、装配路径、工具使用方案、捆扎和固定过程）。

1. 刚柔混合虚拟装配过程仿真流程

柔性线缆是产品电气系统的重要组成部分，是传递能量和信号的介质，其装配质量直接影响产品整机的性能和可靠性。

通常，产品的装配过程不仅包括对刚性结构件的装配，也包括对柔性线缆的安装与固定，而且对这两类零部件的装配操作往往是交叉协调进行，将此装配过程称为"刚-柔混合装配过程"。复杂产品的刚-柔混合装配实施是一个工程难题，问题在于：

1）复杂产品的装配密度高，装配操作空间受限。

2）线缆的结构复杂且自身会产生变形，装配实施困难。

3）线缆在装配过程中需要保证其变形不会破坏其自身结构。

4）针对线缆和结构件的装配操作需要协调和交叉进行。

5）需保证安装、固定、接头插接等各方面的可靠性。

目前在复杂产品的生产现场，主要以实物样机上反复试装的形式制订装配工艺，耗时耗力，精度低，依赖人的经验，并且信息以模拟量传递。基于产品带柔性线缆的数字样机，对产品的刚-柔混合装配过程

进行仿真，可验证产品的可装配性、可维护性，并制订装配工艺，指导生产现场的装配实施，为产品数字化装配提供支持。

产品的装配过程仿真基于产品的数字化样机，在三维环境或沉浸式虚拟环境中，对产品由零部件装配、调整形成产品整机或功能部件的过程进行模拟，替代或部分替代原有基于实物样机试装的生产方式，完成产品可装配性评价、装配工艺规划等相关工程分析与决策。

基于此，人们提出了一个同时考虑刚性结构件、柔性线缆件和工夹具使用的装配过程仿真技术框架，其核心流程如图7.6-29所示。主要内容包括：

1）三维环境中的产品数字样机的构建。其中的结构件和装配仿真中使用的工夹具模型基于 CAD 几何模型建立，而柔性线缆模型则在装配仿真之前通过人机交互或其他方式创建，并定义其拓扑结构、几何形态等各种信息，它包含两个层次：①通过线缆的数字化表达模型对线缆的信息进行表达和存储；②基于数字化表达模型生成线缆在三维环境中可视化和可交互的虚拟实体模型。

2）装配过程仿真。基于产品的数字样机，用户通过输入设备直接操作三维环境中工夹具、结构件和线缆的虚拟实体进行装配过程仿真。建立线缆的物理模型，根据线缆的数字化表达模型及其虚拟实体模型获取其几何信息、物理属性和对线缆的操作输入，实时计算其变形形态，并将结果输出和更新到线缆数字化模型和虚拟实体模型，以反馈给用户。

3）装配过程表达与存储。整个装配过程，包括用户的装配操作和操作的虚拟实体对象，将在装配过程模型中表达和存储，可用于装配工艺信息、装配过程动画等的生成。

与以往的装配仿真技术相比，该装配过程仿真流程需重点解决以下新的问题：

1）建立三维环境中完整的产品数字样机，其中同时包含刚性结构件虚拟实体模型和柔性线缆的数字化表达模型。

2）实现对结构件和柔性线缆交叉装配过程，以及装配过程中的线缆接头插装、线缆调整、工具使用等具体操作的统一合理表达。

3）需建立有效可行的线缆物理模型，实时仿真交互操作中的线缆变形情况。

4）线缆作为柔性体，在装配过程中不断发生变形，需实现装配过程中柔性线缆的碰撞干涉检测。

在柔性线缆的装配仿真过程中，包括柔性线缆的整体操作、局部调整、接头插装、卡箍固定等各种装配操作。其中，实现柔性线缆的物理建模，是实现线

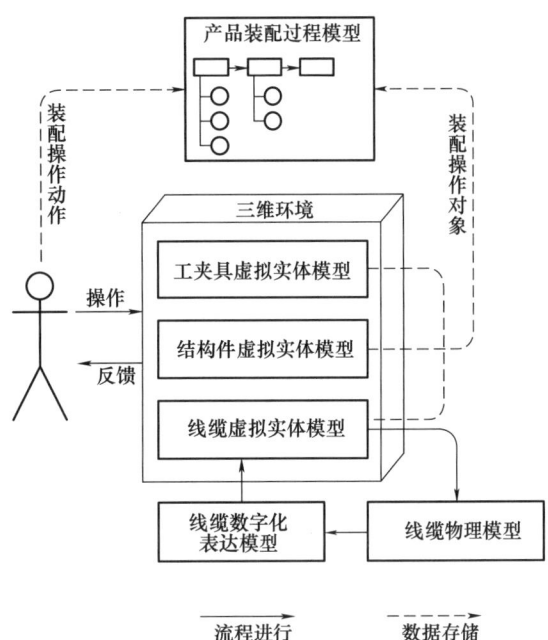

图 7.6-29　刚柔混合的机电产品虚拟装配过程仿真的核心流程

缆装配仿真的基础。下面对柔性线缆装配仿真中的各项技术展开论述。

2. 线缆的质点-弹簧模型

要实现对柔性线缆的装配操作仿真，需建立其相应的物理模型，以实时且较真实地仿真线缆的变形状态。

在线缆装配规划的过程中，要求线缆模型的长度基本不变，因此当某一控制点的位姿发生变化时，其他控制点也需做相应的位姿变化。为了实现对控制点之间"联动"规律的描述，需要从物理变形的角度展开研究。线缆的物理建模是线缆装配仿真中的关键技术。

线缆的柔性变形指在不同时间内、不同外力作用下线缆的形状和位置的改变。针对线缆的柔性变形，早期主要采用基于几何的方法，如基于控制点调整的样条形变、自由变形技术等来描述。对于某些形变需求的表达，这些方法仍然是复杂而困难的，因为形变过程缺少材质的属性信息，几何形变算法存在的问题和局限性，难以描述物理行为复杂的变形。近年来，随着物理建模技术的发展，一些学者试图将物理建模的思想引入柔性物体的变形仿真中。目前，基于物理的柔性线缆变形仿真方法主要可以分为如下几类。

1）能量优化法：能量优化法基于物理的曲线或曲面静态造型方法。与传统几何造型方法一样，它也采用样条函数描述曲线；同时，能量优化法认为，曲

线具有质量和抗变形的特性,曲线的变形符合物理定律,因此可通过施加几何约束和外力改变曲线形状。能量优化法借鉴相关的力学原理,认为在一定几何约束和外力作用下,处于稳态的曲线具有最小的物理变形能。根据这一思想,将曲线控制点视为设计变量、变形能视为目标函数、几何约束和外力条件视为约束条件,可将曲线几何建模问题转化为数学规划问题。通过以上分析,能量优化法可定义为,采用样条函数描述曲线,以数学规划为表达形式、曲线控制点为设计变量、最小物理变形能为优化目标,运用各种约束及施加外力的方式控制曲线形状的一种建模方法。

2)逆运动学法:逆运动学建模的思想来源于机器人运动学理论,它根据机器人末端需要达到的位置和姿态,求解机器人各关节的关节变量,也称机器人运动学求逆问题。对于虚拟环境下线缆的装配布线问题,当进行工艺规划时,已知的通常是某一控制点被操控后所达到的位置,需要求解的是其他控制点的空间位置。由此可见,二者具有一定的相似性,逆运动学原理对线缆运动模型的建立具有借鉴意义。下面以斯坦福机器人为例,说明逆运动学的仿真原理。

斯坦福机器人是六自由度 RRPRRR 型机器人,其外形如图 7.6-30 所示。Z_0 表示基座坐标系,Z_i 表示各关节坐标系,其中第三个关节为移动副,其他关节为转动副,关节变量分别为 θ_1、θ_2、d_3、θ_4、θ_5、θ_6。

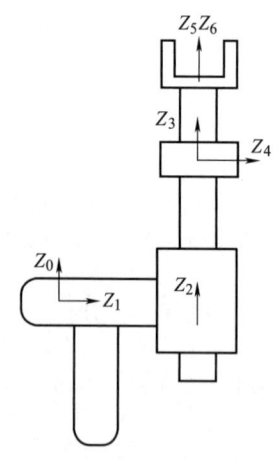

图 7.6-30 斯坦福机器人的外形

将描述一个杆件与下一个杆件之间的齐次变换矩阵记为 A 阵,如 A_1 描述第一个杆件相对于基座坐标系的位姿,A_2 描述第二个杆件相对于第一个杆件的位姿,而第二个杆件相对于基座坐标系的位姿可用 $T_2 = A_1 A_2$ 表示,第三个杆件相对于基座坐标系有 $T_3 = A_1 A_2 A_3$;依此类推,$T_6 = A_1 A_2 A_3 A_4 A_5 A_6$。逆运动学求解

就是已知末端位姿 T_6,求解各关节变量 θ_1、θ_2、d_3、θ_4、θ_5、θ_6 的过程。根据柔性线缆和空间机器人之间的相似性,模仿"蛇形机器人"的原理,将线缆离散成一串刚性杆件,相邻杆件通过转动关节连接而成,关节点就是线缆的关键路径控制点。因此,可以利用逆运动学原理求解线缆关键路径控制点之间的联动规律。

3)质点-弹簧法:其原理是将柔性物体离散成一系列质点,质点之间通过无质量弹簧相连,从而将柔性物体等效成一个质点-弹簧系统,通过建立该系统的力学控制方程进行形状仿真。这种方法常用于虚拟服装中的布匹仿真和虚拟手术中的皮肤仿真。上述领域都是将布匹或皮肤等划分成质点网格,在质点之间施加拉伸弹簧、剪切弹簧和弯曲弹簧,分别用来控制研究对象在三个方面的力学特性。相对布匹和皮肤而言,柔性线缆是线状体,而且具有较强的抗弯曲性能,因此可将柔性线缆等效成由一系列质点、线弹簧和弯曲弹簧所组成的质点-弹簧系统当进行装配仿真时,被操作的控制点获得加速度和速度并发生位姿的变化,从而使连接该控制点的弹簧长度发生变化,对与该控制点相邻的其他控制点产生弹性力的作用,并带动其他控制点一起运动,从而模拟虚拟环境下的线缆布置过程。

在以上各类建模方法中,质点-弹簧模型简单易行、计算量小,广泛用于柔性体变形实时仿真,具体包括织物仿真、虚拟手术中的组织仿真,以及柔性线缆仿真等。下面论述一种改进的线缆质点-弹簧模型,即基于线性弹簧和结构弹簧的质点-弹簧模型。

3. 基于线性弹簧和结构弹簧的质点-弹簧模型

Provot 通过在质点弹簧模型中的 i 质点和 $i+2$ 质点间增加线性弹簧(称之为 flexion springs,弯曲弹簧)的办法来仿真织物的弯曲行为,取得了良好的效果。类似地,建立柔性线缆的质点-弹簧模型,如图 7.6-31 所示。将连续的柔性线缆体抽象为一系列有序的离散质点,线缆的质量平均分布于质点上。相邻质点,如质点 i 和质点 $i+1$ 间均由线性弹簧连接。线性弹簧原长为 l,且通常设置较高的弹性系数 k_L 以限制线缆的长度变化,该弹簧称为"结构弹簧"。间隔质点,如质点 i 和质点 $i+2$ 间设置原长为 $2l$ 的线性弹簧,其弹性系数 k_R 由线缆抗弯刚度决定。当模型弯折时,该弹簧受压产生恢复弹力,用于描述线缆的弯曲行为。

设 x_i 为第 i 个质点的位置,则第 i 个质点受到结构弹簧的拉力(图 7.6-32),表示为

$$\boldsymbol{F}_{Li} = \boldsymbol{f}_{Li-1} + \boldsymbol{f}_{Li+1}$$

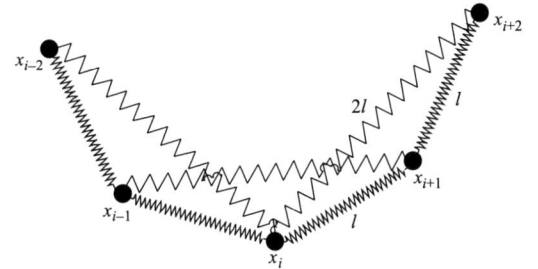

图 7.6-31　线缆的质点弹簧模型

$$= k_{\mathrm{L}}(\,|\,\boldsymbol{x}_{i-1} - \boldsymbol{x}_i\,| - l)\,\frac{\boldsymbol{x}_{i-1} - \boldsymbol{x}_i}{|\,\boldsymbol{x}_{i-1} - \boldsymbol{x}_i\,|}$$

$$+ k_{\mathrm{L}}(\,|\,\boldsymbol{x}_{i+1} - \boldsymbol{x}_i\,| - l)\,\frac{\boldsymbol{x}_{i+1} - \boldsymbol{x}_i}{|\,\boldsymbol{x}_{i+1} - \boldsymbol{x}_i\,|}$$

$$(7.6\text{-}33)$$

质点 i 受到弯曲弹簧的力（图 7.6-33），表达为

$$\boldsymbol{F}_{\mathrm{R}i} = \boldsymbol{f}_{\mathrm{R}i-2} + \boldsymbol{f}_{\mathrm{R}i+2}$$

$$= k_{\mathrm{R}}(2l - |\,\boldsymbol{x}_{i-1} - \boldsymbol{x}_{i-2}\,|)\,\frac{\boldsymbol{x}_i - \boldsymbol{x}_{i-2}}{|\,\boldsymbol{x}_i - \boldsymbol{x}_{i-2}\,|}$$

$$+ k_{\mathrm{R}}(2l - |\,\boldsymbol{x}_i - \boldsymbol{x}_{i+2}\,|)\,\frac{\boldsymbol{x}_i - \boldsymbol{x}_{i+2}}{|\,\boldsymbol{x}_i - \boldsymbol{x}_{i+2}\,|}$$

$$(7.6\text{-}34)$$

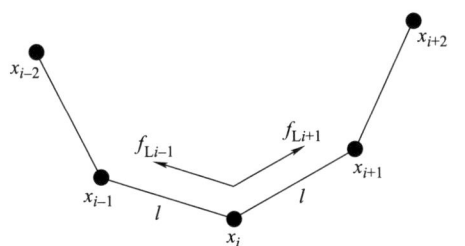

图 7.6-32　质点受到结构弹簧的拉力

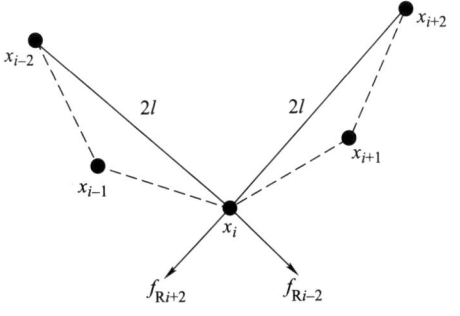

图 7.6-33　质点 i 受到弯曲弹簧的力

则质点 i 受到的合力为

$$\boldsymbol{F}_i = \boldsymbol{F}_{\mathrm{L}i} + \boldsymbol{F}_{\mathrm{R}i} + \boldsymbol{G}_i + \boldsymbol{F}_{i\_in} \qquad (7.6\text{-}35)$$

式中　G_i——质点受到的重力；

　　　F_{i_in}——质点受到的外力，如装配仿真过程中虚拟手或工具在质点上的操作力等。

质点的运动规律满足牛顿第二定律，即在力的作用下产生加速度和速度。模型的求解是在输入初始条件后，通过迭代计算，求解所有质点处于受力平衡的位置。忽略惯性作用对线缆运动的影响，则所有质点受力平衡后认为线缆整体处于稳定的状态。

线缆质点-弹簧模型的计算流程如图 7.6-34 所示。其中，当初始化质点-弹簧模型时，根据线缆段所包含的全部关键点设置等数量的质点，每个关键点对应一个质点，并将线缆段的长度平均分配到每段弹簧上；完成迭代计算后，将每个质点的位置结果更新到线缆数字化模型中对应的关键点上。

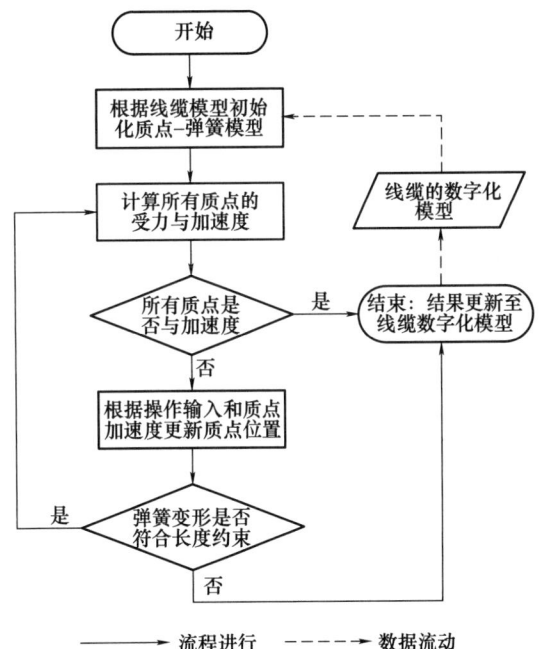

图 7.6-34　线缆质点-弹簧模型的计算流程

4. 模型长度变化约束

真实的线缆在装配过程中长度保持不变，但质点-弹簧模型本身不能实现对线缆定长特性的仿真。通常，对模型中的结构弹簧使用较大的弹性系数来限制其长度的大范围变化，以尽量真实地仿真线缆。但是，在实际的模型应用中，初始条件中可能包含对某个或某些质点位置约束，在这些约束下的求解结果会出现线缆局部或整体被大范围拉伸或压缩的情况，与真实的线缆变形差距较大。如图 7.6-35a 所示，线缆的一端接头固定，对标示出的控制点持续输入向左拖动的操作，则接头与控制点之间的一段线缆出现不真实的超长变形。

鉴于此，在模型迭代求解的过程中增加对结构弹簧长度变形的约束。在每一步迭代中，检测模型中的每段结构弹簧长度变形是否超过所设定的阈值，如5%，当弹簧被拉伸或压缩后长度变化超过阈值时停止迭代，返回当前结果并声明求解停止，从而保证线缆在交互过程中基本处于定长状态。图 7.6-35b 所示为在同样的初始条件和输入操作下，由于结构弹簧的长度约束，当弹簧变形超过设定阈值后停止求解，使最终结果保持在较为真实的范围内，避免了不真实的长度变形。

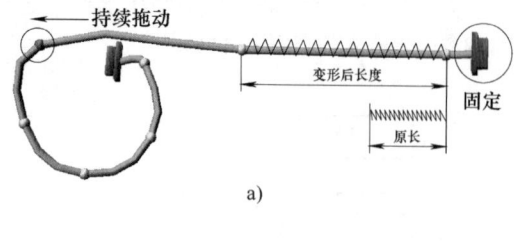

a)

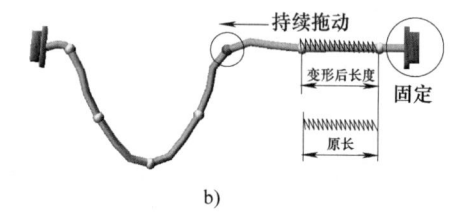

b)

图 7.6-35　通过结构弹簧长度变化约束
控制不真实的变形
a）不真实的超长变形　b）对结构弹簧长度约束

5. 典型装配操作中的模型应用

在线缆的装配仿真中，物理模型应用于当前有操作输入的线缆段，求解初始条件根据线缆虚拟实体模型的几何形态确定。在装配过程仿真中，通过对线缆的局部调整、接头插装等操作实现对线缆的安装，需要利用物理模型仿真线缆在各种操作中的变形，以及完成固定后的状态。对应地，需要对这些应用场景进行合理的假设以确定约束条件，利用建立的物理模型进行求解线缆的形态。

（1）电连接器操作仿真

在接头插装的仿真中，用户通过输入设备操作三维环境中接头的虚拟实体，与接头连接的线缆将随之

运动和变形。在此过程中，由于线缆与接头的固连，与接头连接的线缆端位置取决于接头的连接处，而从连接处伸出的线缆轴向则通常垂直于接头上的连接面。如图 7.6-36 中（1）处所示，如果待求解的线缆段包含接头，则通过接头的空间位姿和几何特征参数确定线缆质点-弹簧模型在该端的末端质点位置，并根据线缆在接头处伸出的方向确定模型中与端点相邻的质点的位置。被确定位置的两个质点由被操作的接头确定，在模型求解中认为是已知值，不参与迭代求解过程。

（2）线缆的局部调整

在三维环境中，通过输入设备抓取并操作线缆虚拟实体上的控制点，可局部改变线缆的形状，实现对线缆的调整操作。如图 7.6-36 中（2）处，通过虚拟工具抓取并拖动线缆上的控制点，调整线缆的形态。在模型计算中，假设虚拟工具抓取线缆控制点后固连而不产生相对滑动，则被抓取的控制点位置可直接由操作工具的位置决定。

（3）接头、卡箍的固定

在线缆装配中，接头插装和卡箍将线缆固定于结构件上，约束了柔性线缆的运动和变形。在仿真实现中，限制卡箍仅可以安置于线缆的关键点附近，在物理模型中对应于质点，通过限制质点的运动实现对线缆的固定。如图 7.6-36 中（3）处所示，完成接头插装和卡箍固定后，在利用质点弹簧模型计算线缆形态时，将所有被固定的质点位置设为已知值，即被固定的实际位置。

（4）线缆分支处的处理

线缆分支处的关键点比较特殊，对其操作会引起该点处相连各段线缆段的变形。为简化计算并尽量仿真现实中的线缆状态，当分支点被操作时，将质点-弹簧模型应用于该分支点所属的全部线缆段，并且假设线缆在分支处是刚性的，即线缆上分支处局部的几何形态保持不变。如图 7.6-36 中（4）所示，处理方法为：假设分支点与各线缆段上与该分支点相邻的关键点处于同一坐标系，并且相对位置保持不变，当进行物理模型计算时，获取分支点的空间位置和相邻关键点的相对位置作为已知位置，从而实现分支处局部形状不变。

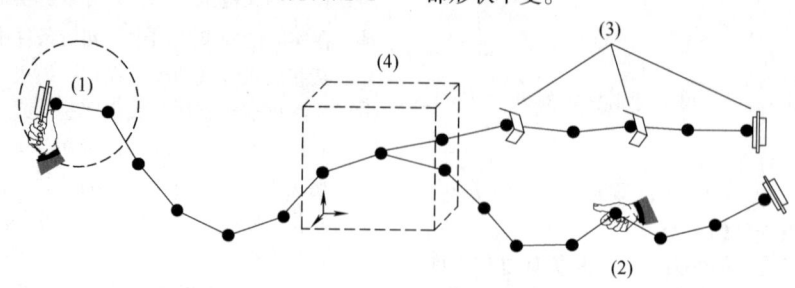

图 7.6-36　典型应用场景中的物理模型应用

通过制订以上的线缆变形计算方法，可以实现装配仿真中对线缆的典型装配操作，如接头插装、局部调整，并较真实地反映线缆的变形。

6. 柔性线缆的碰撞检测

在装配仿真过程中，需要对三维场景中的柔性线缆和结构件进行碰撞检测，以判断当前的装配操作是否使不同零部件间发生了干涉。与验证线缆的静态空间路径可行性不同，此处涉及实时的人机交互操作，对碰撞检测实现效率要求较高。目前，常用的碰撞检测算法有两种，即空间网络哈希法（grid method）和层次包围盒法（bounding volume hierarchy，BVH）。

柔性线缆在装配仿真过程中的几何形态不断发生变化，若采用多边形网格构建其碰撞检测模型，则需要在线缆每次发生形变时重新计算和构建其多边形模型，该过程会耗费大量计算资源。因此，通常采用球形包围盒层次树进行线缆的碰撞检测，线缆碰撞模型使用球形构建而不使用多边形面片。

该方法针对柔性线缆在操作交互过程中不断发生变形具有优势：①不需要重新计算和构建多边形碰撞检测模型；②可以实现自碰撞检测；③空间中球形的相交测试简单快速：对两个包围球（C_1，R_1）和（C_2，R_2），如球心距离小于半径之和，即 $|(C_1-C_2)| < (R_1+R_2)$，则两包围球相交，否则两球不相交。

（1）柔性线缆的包围球层次树模型

1）线缆包围球层次树的构建。包围球层次树，指对于一个物体，采用树的形式来存储它的包围球信息，树的叶节点对应的包围球为最小元素。线缆的包围球层次划分如图 7.6-37 所示。线缆两节点之间的每一个线段被一个最底层的叶子包围球所包围。相邻的两个包围球形成一个父节点，该父节点是包围了两个子包围球的包围球。以此类推，根节点包含了整个线缆的包围球，这样就构成了柔性线缆的包围球模型。对于底层的叶子包围球，球心坐标 C 为被包围线段的中点，半径为被包围线段长度的 1/2。通过子包围球构造父包围球的方法是：两个子包围球的球心和半径分别是 C_1、C_2 和 R_1、R_2，则父包围球的球心为 $(C_1+C_2)/2$，父包围球的半径为 R_1+R_2。当自底向上建立包围球时，每生成一个父节点只需一次向量加法和一次标量加法。以此方法自底向上直到根节点，就能快速地建立一个柔性线缆的包围球层次树。

2）包围球层次树的刷新。柔性线缆是连续介质，在它的形变过程中，最小单元的形状和位置可能改变，但邻接结构不会改变。所以，包围球层次树的层次结构不会改变，改变的只是包围球的大小及位置。因此，只需更新树种包围球大小和位置，即可确

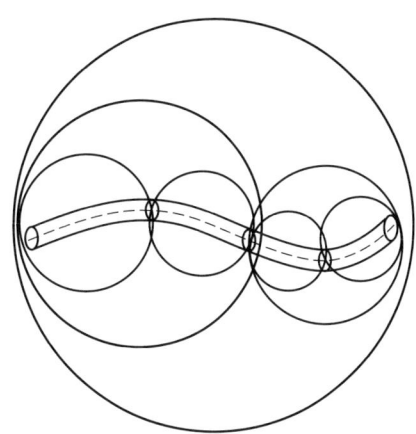

图 7.6-37　线缆的包围球层次划分

保包围球层次树与线缆形变模型的同步性。

为提高计算效率，可采用自底向上的包围球层次树的更新方式。首先判断叶节点的更新情况，查找每个叶节点包围球，判断它所包围物体的形状或位置是否改变，如果是，则更新该包围球；其次若子节点更新，父节点也需要同时更新，所以从改变状态的叶节点追溯到树的根节点都需要更新。以此方法可自底向上地确定整个包围球层次树需要更新的节点。图 7.6-38 所示为包围球层次树的更新。着色的节点表示需要更新的节点，可实现自底向上的更新。

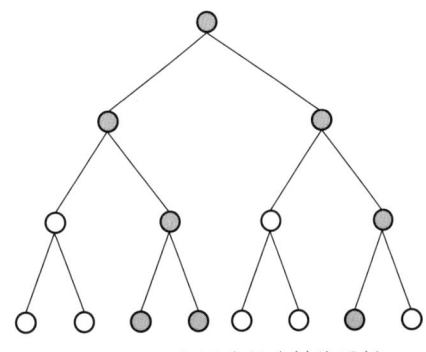

图 7.6-38　包围球层次树的更新

（2）基于包围球层次树模型的碰撞检测

在装配仿真过程中，三维环境中的虚拟实体发生碰撞干涉可能存在 3 种情况：①刚性体与刚性体，②柔性线缆与刚性体，③柔性线缆与柔性线缆。第一种情况可通过传统的碰撞检测算法实现，本文不再详细讨论。下面就柔性线缆发生干涉的两种情况来介绍基于包围球层次树模型的碰撞检测。

1）柔性线缆与柔性线缆之间的碰撞及自碰撞。

柔性线缆的包围球层次树一旦建立，模型之间的碰撞检测见下面的算法 CableCollision（S1，S2）。S1 和 S2 分别是两线缆的包围球层次树的根节点，从根节点到叶子节点逐渐定位碰撞情况。要检测物体是否碰撞，只需递归地调用直到确定叶子节点是否碰撞。对于自碰撞检测，则只需调用 CableCollision（S1，S1）即可。包围球层次树模型只能判断潜在的碰撞，为了确定物体是否发生了真正的碰撞，需要做进一步的相交测试。对于柔性线缆与柔性线缆之间的碰撞检测，通过包围球层次树定位到碰撞的包围球对之后，需要进一步检测包围球所包含的圆柱体是否真正碰撞。如果两圆柱体的中心线段之间的实际距离小于两线缆的半径之和，则可以确定发生了真正的自碰撞，反之则没有。

算法：CableCollision（S1，S2）
If（S1 和 S2 的包围球不相交）
｛
    Return 无碰撞；
｝
Else
｛
    If（S1 和 S2 都为叶子节点）
    ｛
     If（S1 和 S2 非相同点且非邻居节点）
     ｛
        Return（S1,S2）为碰撞对；
     ｝
    ｝
    Else
    ｛
     If（S1 的层次比 S2 高）
     ｛
      交换 S1 和 S2；
     ｝
    ｝
    递归检测 S1 与 S2 的左子树 CableCollision（S1,
S2 –>leftitem）；
     递归检测 S1 与 S2 的右子树 CableCollision（S1,
S2 –>rightitem）；
｝

2）柔性线缆与刚性体之间的碰撞。在狭小空间内的线缆装配过程中，柔性线缆可能与周围的刚性体发生碰撞。类似地，柔性线缆和刚性体之间的碰撞检测见下面的算法 MixCollision（S1，B1）。S1 是线缆包围球层次树的根节点，B1 是刚性体的包围盒。最后也需要进一步检测柔性线缆包围球所对应的圆柱体是否真正与刚性体几何表面发生碰撞。

算法：MixCollision（S1，B1）
If（S1 和 B1 的包围盒不相交）
｛
    Return 无碰撞；
｝
Else
｛
    For（刚性体 B1 的空间分割单元包围盒 Cell1）
    ｛
     If（发生碰撞）
     ｛
      For（Cell1 包含的几何面包围盒
Surface1）
      ｛
       If（发生碰撞）
       ｛
        If（S1 为叶子节点）
        ｛
         Return（S1,Surface1）
为碰撞对；
        ｝
       Else
       ｛
        //递归检测 B1 与 S1
的左子树
        MixCollision（B1, S1
–>leftitem）；
        //递归检测 B1 与 S1
的右子树
        MixCollision（B1, S1
–>rightitem）；
       ｝
      ｝
     ｝
    ｝
｝

图 7.6-39 所示为在北京理工大学开发的虚拟装配系统中对线缆装配过程的仿真与管理。在装配仿真过程中，可通过对线缆模型的整体操作来调整其位置和姿态到待装位置，再通过对线缆体、接头等的局部

操作实现对线缆形状的局部调整，两者结合实现线缆的安装操作。其中，线缆在局部调整操作中的变形状态由质点-弹簧模型进行计算。整个装配过程由层次链装配过程模型记录和管理，可实现撤销、重做、回放等操作，并可实现对装配过程中每一步任务的描述，以及对装配路径的调整。

结果输出：对整个装配过程仿真生成的信息，可以根据 CAPP 系统数据接口格式生成 xml 数据并导入CAPP 系统，也可以输出文本工艺卡片和装配过程动画的形式下发到装配现场，用于指导实际产品的装配。图 7.6-40 所示为装配仿真结果的不同输出形式，即文本工艺卡片、CAPP 数据和装配过程动画。

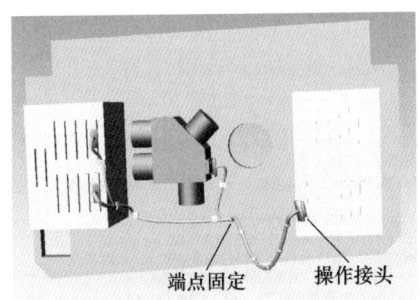
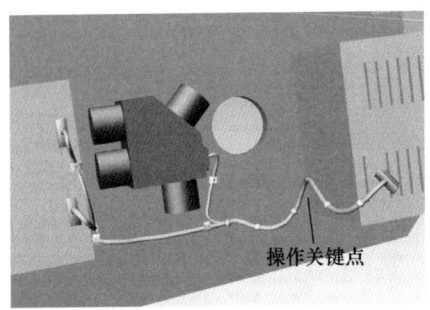
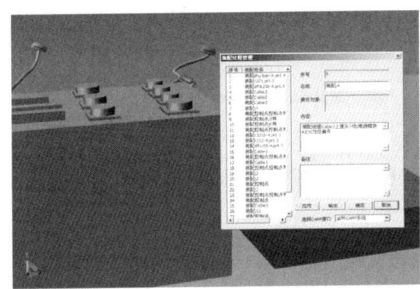
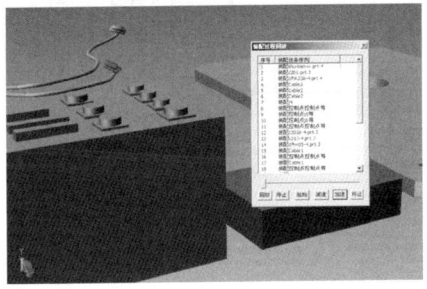

图 7.6-39　线缆装配过程的仿真与管理

装配工艺报表

装配工艺规划报表

序号	工序名称	工序内容	备注
1	装配 shu-ban-w.prt.4	装配中间板件	—
2	装配 c201.prt.3	装配电池 C201	—
3	装配 dfhk230-4.prt.4	装配电源模块 K230	—
4	装配 Cable2	装配线缆 Cable2	—
5	装配 Cable2	装配线缆 Cable2	—
6	装配 Cable2	装配线缆 Cable2	—
7	装配 j4	装配线缆 Cable2 上接头 J4 到电源模块 K230 对应编号	—
8	装配控制点控制等	调整线缆形态	—
9	装配控制点 j5 等	调整线缆形态并安装接头 J5	—
10	装配控制点 j6 等	调整线缆形态并安装接头 J6	—
11	装配控制点控制等	调整 Cable2 线缆形态	—
12	装配 c301b-4.prt.3	装配 C301b 模块	—
13	装配 k313-4.prt.3	装配 K313 模块	—
14	装配 dfhv05-4.prt.3	装配 HV05 模块	—
15	装配 Cable1	装配线缆 Cable1	调整位置
16	装配控制点控制等	局部调整线缆形状	—

a)

图 7.6-40　装配仿真结果的不同输出形式
a）文本工艺卡片

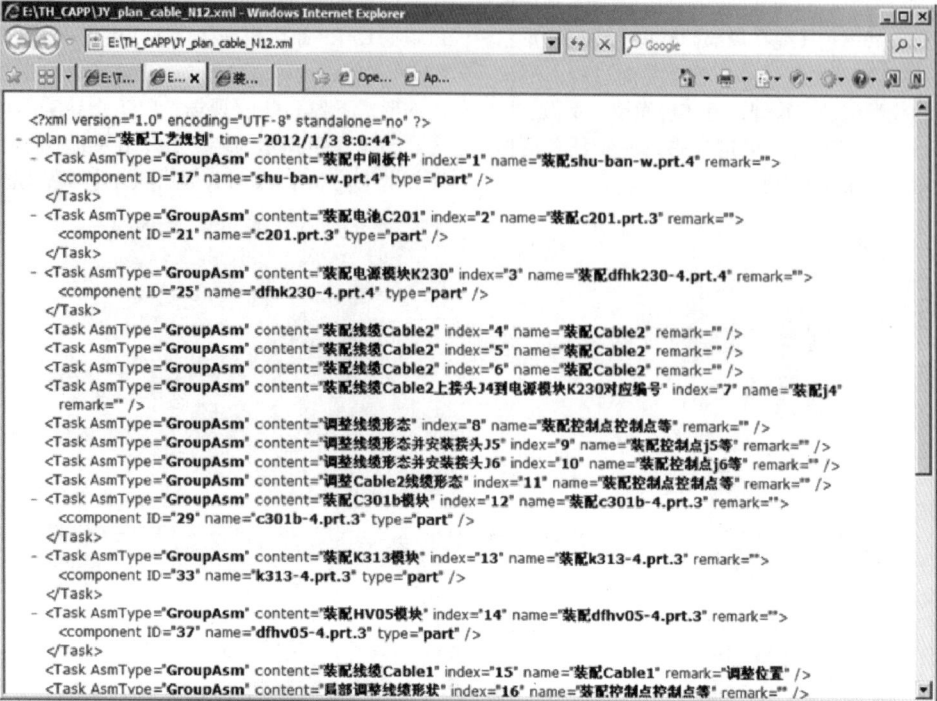

b)

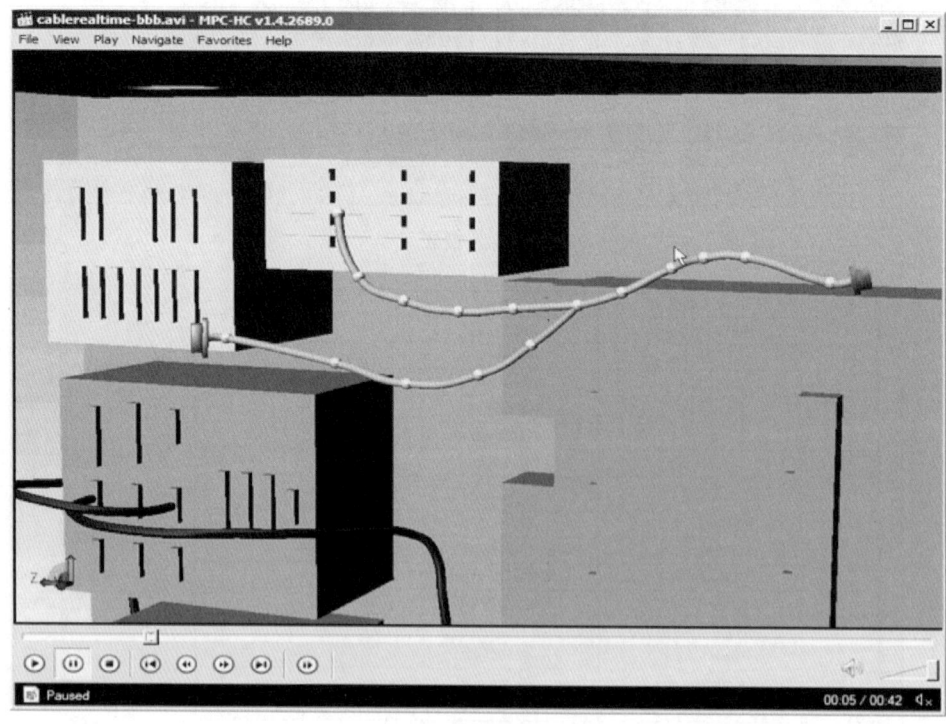

c)

图 7.6-40　装配仿真结果的不同输出形式（续）

b) CAPP 数据　c) 装配过程动画

7.7　虚拟车间技术

虚拟车间技术是虚拟制造技术的核心技术之一，它是虚拟制造技术在生产制造领域的重要应用。虚拟车间是物理车间在信息空间中的真实映射，是物理车间生产全要素、全流程、全业务的几何-物理-行为-规则-数据模型集合。虚拟车间技术就是基于所构建的虚拟车间，实现对物理车间的布局设计与优化、生产计划与控制、生产线重构与仿真等功能的技术总称。

虚拟车间技术能够可靠地预测车间制造成本、风险和进度，从而大大提高车间决策水平。通过虚拟车间技术，可以在实际生产前，在不消耗资源和能量的情况下验证生产方案。例如，在虚拟制造环境中，工程技术人员可以直接对设计出的产品进行试加工，进行各项实验，检查产品各方面的技术性能等一系列的验证工作，还可以对生产的组织和进度安排进行实验，从而确立合理的进度；同时，验证制造环境中加工单元的布局及重构对产品制造过程的影响，从中选出最优的产品计划方案。另外，通过虚拟车间技术，也可以提高工艺规划和加工过程的合理性，优化制造质量。

近年来，随着数字孪生技术的出现和快速发展，出现了数字孪生车间这种智能车间运行新模式。我们可以将数字孪生车间技术看成是虚拟车间技术新的发展方向。数字孪生车间是赛博物理系统（cyber-physical systems，CPS）在生产车间中的一个应用实例，主要包括物理车间、虚拟车间、车间服务系统和车间孪生数据等。

7.7.1　虚拟车间技术的内涵

为了准确理解虚拟车间技术的内涵，可以从虚拟车间技术和数字化车间的异同来加强对其内涵的了解。

虚拟车间技术是基于所构建的虚拟车间，利用计算机仿真技术实现对物理车间的布局设计与优化、生产计划与控制、生产线重构与仿真等。显然，该技术应用的前提是要构建一个物理车间在虚拟空间的真实映射模型，即虚拟车间，也称为虚拟车间模型，或者车间数字孪生体。因此，虚拟车间技术可以说是建模与仿真技术在生产车间应用方面的一个重要组成部分。虚拟车间是应用该技术的模型及可视化载体，其面向功能需求，涉及物理车间人、机、物、环等生产要素的几何-物理-行为-规则模型、车间工艺流程、生产物流等车间运行过程，以及生产计划控制、物流控制、能耗分析与控制等车间业务的行为-规则模型及车间数据模型等。

数字化车间是运用精益生产、精益物流、可视化管理、标准化管理、绿色制造等先进的生产管控理论和方法，设计和建造的信息化车间，是实现智能化、柔性化、敏捷化产品制造的基础。它是以生产对象所要求的工艺和设备为基础，以信息技术、自动化、测控技术等为手段，用数据连接车间不同单元，对生产运行过程进行规划、管理、诊断和优化的单元。数字化车间的主要功能包括车间计划与调度、工艺执行与管理、生产过程质量管理、生产物流管理和车间设备管理5大基本模块。

基于上述分析，虚拟车间和数字化车间在概念内涵、核心技术、主要功能、侧重点等方面均存在一些不同。在概念和内涵上，虚拟车间是一个模型和载体，用于实现对物理车间的数字化表达；数字化车间侧重数字化技术、信息技术、自动控制技术、网络通信技术等在车间的集成应用，以及所要达到的一种效果。在核心技术和主要功能方面，数字化车间涉及信息技术、自动化技术、测控技术和数据分析等多种技术的集成应用，强调制造设备和生产资源的数字化感知与通信、生产过程的数字化管理与控制等功能；虚拟车间更侧重建模与仿真技术在车间的具体应用，强调基于计算机仿真的车间运行管理与优化。在侧重点方面，数字化车间更注重数据的价值，即制造设备及生产资源相关数据的感知、采集、传输、流动、分析与管理等，其核心是制造执行系统（MES）；虚拟车间更注重模型的真实性、逼真性、准确性、完整性和全面性，其核心是建模与仿真技术。当然，在相同点上，虚拟车间和数字化车间的目的都是服务于车间生产运行过程决策，提高生产率和产品质量、降低生产成本和能耗、优化资源配置等，在功能上都包括生产计划与控制、生产线重构等。

7.7.2　虚拟车间技术的体系结构

虚拟车间技术重点涵盖产品生产制造过程，其体系结构如图7.7-1所示，分为基础层和执行层。在虚拟车间之外，还有企业管理层。

虚拟车间技术的基础层包括物理车间布局，以及生产制造所必需各种制造设备和生产资源。其中，制造设备承担执行生产、检验、物料运送等任务，大量采用数字化设备，可自动进行信息的采集或指令执行；生产资源是生产用的物料、托盘、工装辅具、人、传感器等，本身不具备数字化通信能力，但可借助条码、无线射频识别（RFID）等技术进行标识，参与生产过程并通过其数字化标识与系统进行自动或半自动交互。

虚拟车间技术的执行层主要包括布局优化与设计、生产计划与控制、生产线重构与仿真3个基础功能模块，对生产过程中的各类业务、活动或相关资产进行优化与管理，实现车间制造过程的精益化、敏捷化和透明化。

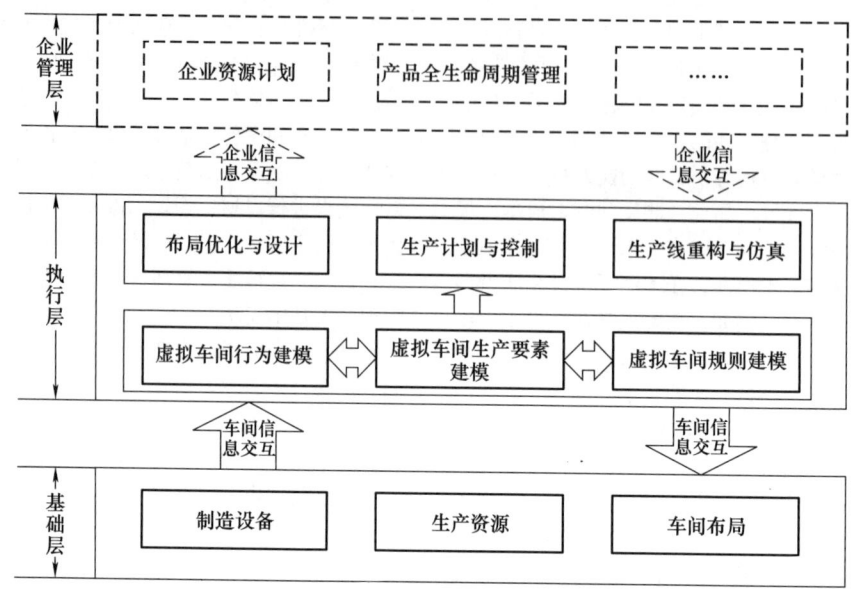

图 7.7-1　虚拟车间技术的体系结构

7.7.3　虚拟车间关键技术

基于虚拟车间技术的体系结构，虚拟车间的关键技术包括面向数字孪生的虚拟车间建模技术、虚拟车间布局优化与设计技术、虚拟车间生产计划与控制技术、虚拟车间生产线重构与仿真技术等。

1. 面向数字孪生的虚拟车间建模技术

虚拟车间是物理车间在数字空间的真实完整映射。在智能制造背景下，虚拟车间不仅仅是一个虚拟几何模型，而是一个面向车间的数字孪生模型，理论上应具备物理车间的所有属性。为此，建立面向数字孪生的虚拟车间五维建模体系，如图 7.7-2 所示。从几何、物理、行为、规则和数据 5 个维度建立虚拟车间模型，实现从物理车间各个属性到虚拟车间各个模型的建模映射。需要强调的是，工程中要获取物理车间的所有属性是不可行的，也是浪费极大的，因此在实际建模过程中，需要针对实际需求对物理车间的特定属性进行描述和建模。

1）几何维度：虚拟车间几何模型是对物理车间三维场景的真实映射，采用三维建模软件对车间生产全要素进行层次化的建模，并在虚拟现实引擎中进行可视化展示。虚拟车间既是对物理车间的真实刻画，也可以利用虚拟空间的优势更好地监控和分析物理车

间。虚拟车间的几何模型既包含了物理车间的三维场景映射，也包含了各个生产要素的状态展示看板，在实时数据的驱动下作为数字孪生车间的可视化载体与物理车间同步运行。

2）物理维度：针对物理车间的关键设备、环境等要素，需要从物理维度对其建模。以设备为例，需要同步映射设备运行时的物理参数，包括振动、磨损、扭矩、转矩、温度等因素，主要用于设备的寿命预测和健康状态管理，从而实现对关键设备的监控与预测性维护、维修，既提高了设备使用寿命，也降低了设备维护、维修或意外停机带来的成本损失。以环境为例，需要同步描述产品生产过程中必须要控制的温度、湿度、气体浓度等要素，避免出现安全事故、设备无法正常运转、产品功能性能受到影响等问题。

3）行为维度：包括车间的作业行为、故障行为、协作行为等，通过行为维度的建模实现从物理车间作业过程到虚拟车间模型动态运行的转换。行为维度使用实时数据驱动虚拟车间与物理车间同步运行，并将生产系统模型中各单元关联到各生产资源的三维模型，建立层次化的映射体系，从而以三维动画和二维看板展示车间作业过程和要素状态，实现数字孪生车间全流程、全要素运行状态的三维可视化实时

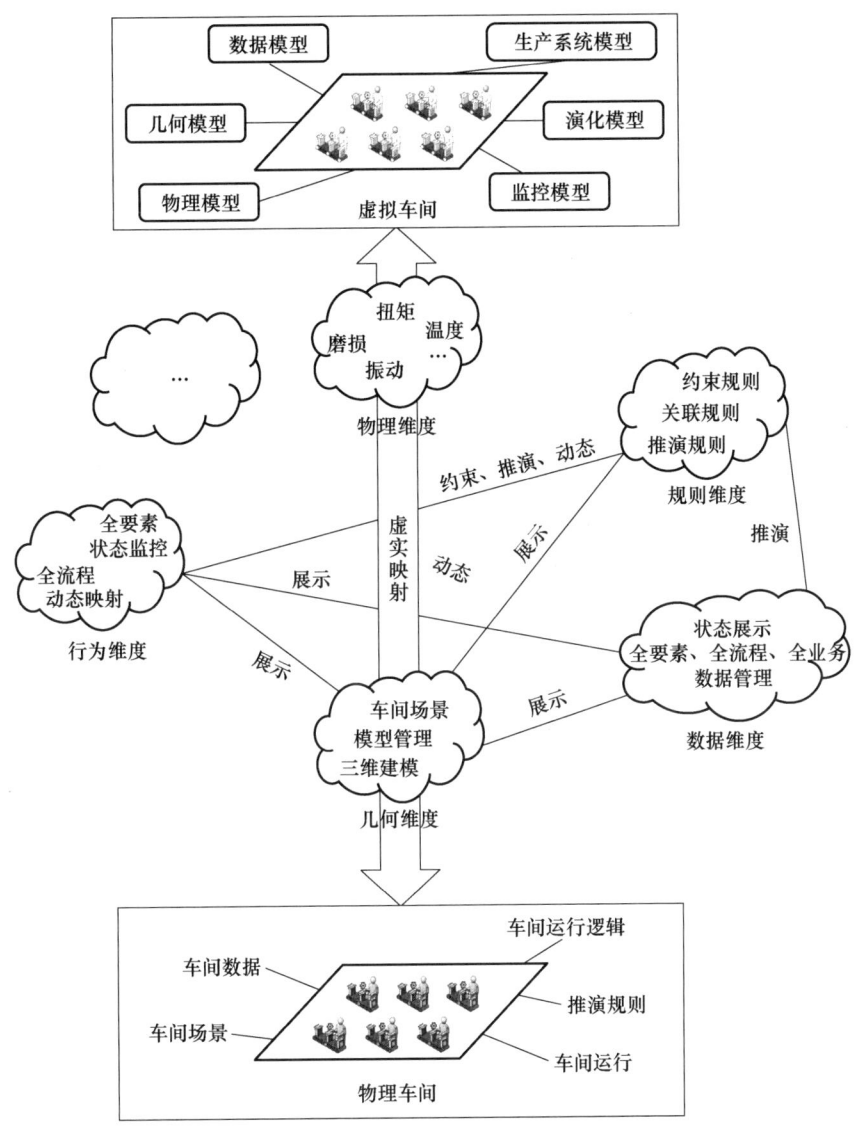

图 7.7-2　虚拟车间建模方法

监控。

4）规则维度：包括推演规则、关联规则和约束规则等。推演规则描述数据的演化规律，从而预测数据的未来值；关联规则建立数据间的关联关系，从而实现对历史数据的挖掘，如利用历史工艺数据的关联关系推送与当前产品工艺匹配的工艺、工艺顺序和工艺参数等；约束规则是对车间运行逻辑、设备参数、评价指标等车间运行状态描述对象的约束，用于发现车间中的异常和瓶颈。

5）数据维度：管理车间数据，建立信息模型。数字孪生车间是物理车间、虚拟车间、信息系统和孪生数据的集成融合，孪生数据是对前三者相关数据的

统称，而数据维度的建模是为实现虚实映射而建立的车间信息模型，方便进行车间数据管理，并为车间数据采集提供数据需求来源，为基于仿真的虚拟车间运行分析与决策提供数据基础。

2. 虚拟车间布局优化与设计技术

（1）车间布局优化与设计的实现流程

制造系统规划不仅涉及各个组成部分，还涉及各个组成部分以规范的形式进行布局设计，因此必须从人机工程、物流模式及未来可重构调整的角度进行综合考虑。随着制造技术的进步、专机装备与工控网络技术的成熟、市场需求的强劲驱动、用户个性化定制需求与大规模柔性生产之间的矛盾冲突，将推动柔性

智能整线与智能制造系统的快速发展及大范围应用。按照客户场地、产能、设备、工艺路径等方面的差异化需求，快速形成定制化的实现方案是智能制造系统搭建与部署的前提，整线或系统的快速定制设计方法已成为智能制造的迫切需求。

定制设计以满足客户的差异化需求为目标，在设计对象的基型上采用选择、配置、变型等技术与方法形成新的设计方案。智能制造系统的快速定制设计呈现出更复杂的特征：一方面，体现在静态物理配置层面，单机设备的选型、整线布局上充分考虑柔性，以适应定制化场地、产能需求；另一方面，体现在动态执行层面，配置上的差异必然引起制造执行效率的波动，执行引擎必须兼容这种差异，并以自适应的机制去进行调整与优化。在整线或系统执行过程中，潜在的下料优化、能耗控制、资源调度、生产投放等若干优化问题耦合，制约其执行效率，必须对整线或系统进行高阶抽象与建模。事实上，智能制造系统的设计与执行之间存在潜在的闭环作用机制：静态的设计方案需要动态的执行效果进行验证，动态的执行效果又需要通过静态的设计方案调整获得提升。充分利用这种作用机制，形成一种新型的智能制造系统迭代设计方法，可以获得良好的设计效果与执行效益。物理上展示执行效果存在成本高、周期长、风险大等问题，仿真的方法不失为一种可行路径，也就是基于仿真的

虚拟车间布局优化与设计技术。

典型的产品定制设计方法及理论已经成熟，而且更接近于静态设计。整线或单元的定制设计将延伸至其执行系统与引擎的自适应修正和其执行效率的整定，其关键就是对执行过程中存在若干优化问题耦合的建模与求解。然而，制造过程中存在的耦合优化问题是多离散优化问题耦合，不同于设计学中的多学科耦合优化问题，其单元优化问题特征尤为分散，呈现强烈的领域性和行业性。最具代表性的当属工艺规划问题与生产调度问题构成的耦合优化问题，这两类问题均涉及资源指派和作业排队，却追求不同的优化目标。类似地，诸如生产计划与维修保养、主生产计划与车间作业计划等构成的耦合优化问题。多重耦合关系及所追求的分散式目标显著提升了耦合优化问题的求解难度，并直接制约相关制造过程的运行效率和执行成本。由于提升执行引擎的自适应能力严格依赖于引擎对于领域关键问题的理解能力，因此需要对制造执行过程中的耦合优化问题进行高度数学建模，形成快速的求解算法。

智能制造系统的设计过程以定制参数作为输入变量，经过设备配置设计、执行和管控系统设计，最终输出整线物理模型、运动与动作方案、控制方案、执行系统原型与管控系统原型等。智能制造系统（整线与单元）的定制设计过程如图 7.7-3 所示。

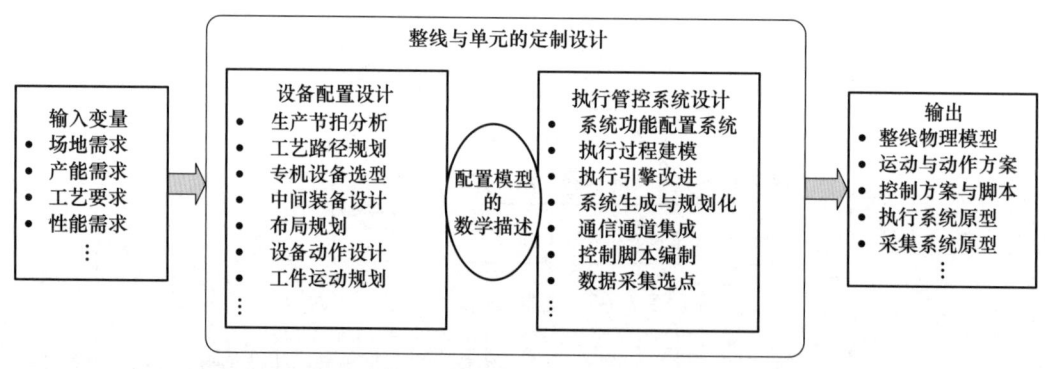

图 7.7-3　智能制造系统（整线与单元）的定制设计过程

设备配置设计与执行和管控系统设计之间存在潜在的闭环反馈关系：一旦执行效果达不到既定目标，可以通过快速调整整线或单元的配置，提升整线或单元执行效果，最终通过有限次反复的协调，搜索得到定制设计与制造执行的平衡点。这一迭代过程如图 7.7-4 所示。

在迭代过程中，对整线或单元进行实物型执行效果验证，将占用大量的时间、场地和资金，通过将半实物仿真技术和优化方法相结合是一种行之有效的方法。定制设计形成的设计方案（装配方案、运动方

案、控制方案）将进入仿真运行环节，进一步整定运行调度算法，优化运行方式。如果不能满足目标技术要求，则返回上级修正定制设计方案，进入下一轮运行优化及调度算法整定。这一过程中，定制设计修正与运行优化表面上看起来是分层执行，实质上是一个迭代执行方式：设计方案的修正，直接影响算法参数及结构的调整，经运行优化后，形成对设计方案的修正意见并返回修正设计方案，重新进入下一步调正环节。要保持这一迭代优化过程的收敛及设计方案的优良性，支撑运行的调度与优化算法引擎非常关键。

另外，随着数字孪生技术的出现，基于数字孪生的制造系统布局优化与设计技术成为国内外学者的研究热点之一。图 7.7-5 所示为典型的基于数字孪生的车间布局优化与设计实现框架。

（2）基于数字孪生的智能车间设计平台系统的组成

一般而言，基于数字孪生的智能车间设计平台的系统组成如图 7.7-6 所示。它由车间建模软件、工控软件、系统开发软件、虚拟仿真集成平台、数据中心、控制网络、虚拟和实物（平行）控制系统、车间生产线的虚拟模型与实物设备等组成，具有能够支持车间的快速定制设计，支持平台与其他（开发、设计、MES 等）软件系统集成，支持各环节系统数据的互联互通，支撑车间的近物理仿真与半实物仿真等功能。

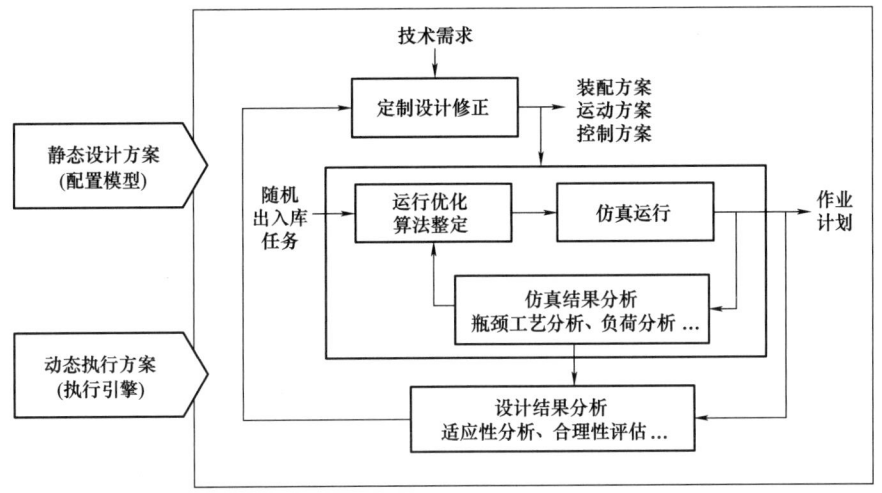

图 7.7-4　静态设计与动态运行的迭代优化

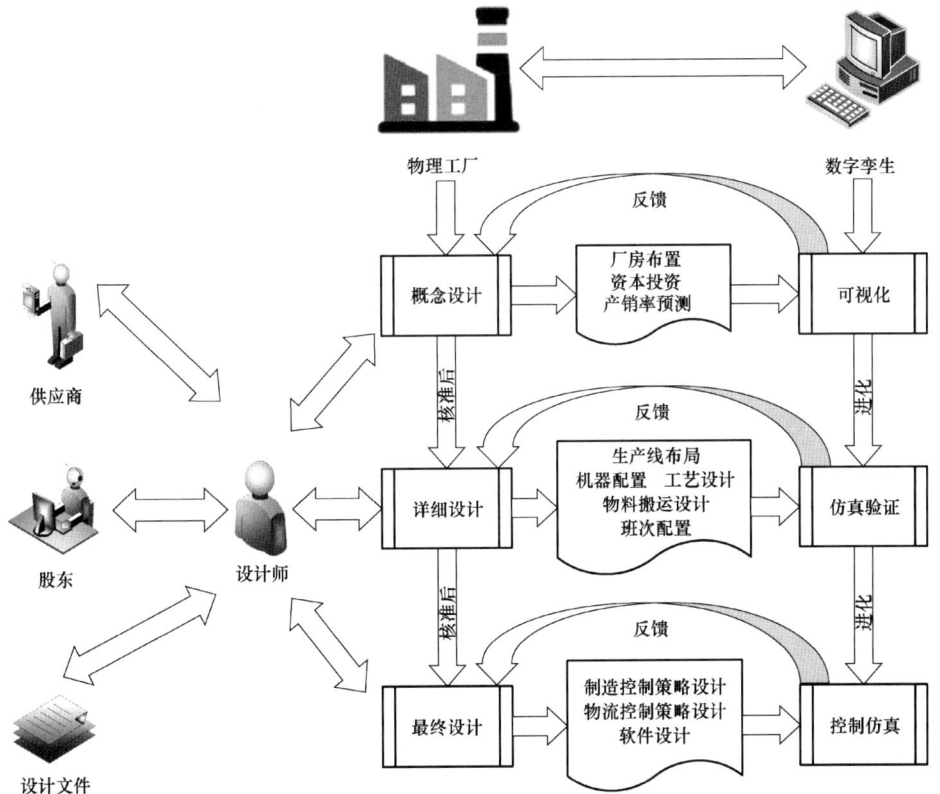

图 7.7-5　基于数字孪生的车间布局优化与设计实现框架

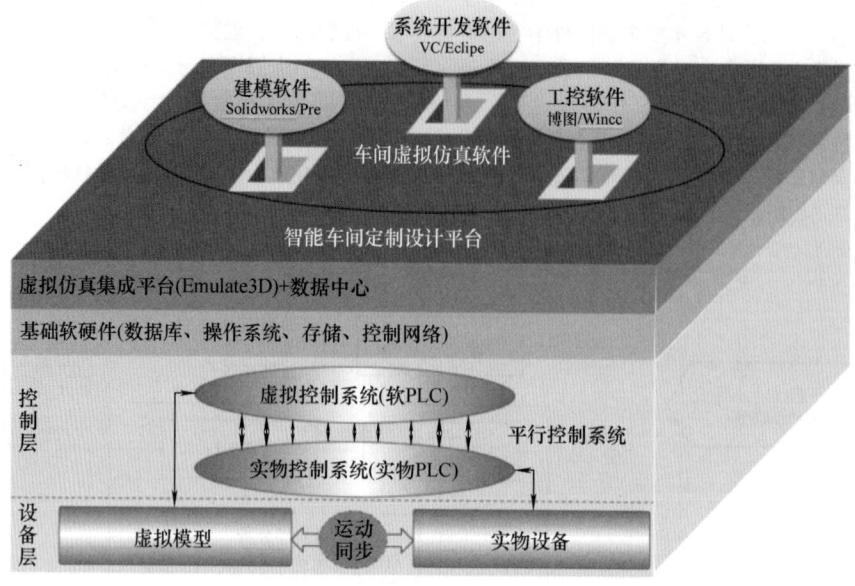

图 7.7-6　基于数字孪生的智能车间设计平台系统的组成

1）虚拟仿真集成平台：基于三维显示引擎的仿真设计平台，必须具有与多种主流建模软件设计格式关联，与主流系统开发语言相兼容，与主流工控软件通信协议互支持等功能；具有精密的细节控制能力（模型具有物理属性）、数据分析功能和虚拟电控调试等功能；同时支持开放的体系结构，具备良好的开放性和二次开发能力，能增加定制模块等功能。

2）数据中心：车间生产的所有数据，包括产品数据、生产计划数据、设备状态数据、生产指令数据、运行与监控数据等。

3）基础软硬件：包括数据库、操作系统、存储器、控制网络、通信协议、软件开发平台等。

4）控制层：搭建基于数字孪生的平行控制系统，即虚拟控制系统（软 PLC）和实物控制系统（实物 PLC）。

5）设备层：车间数字孪生模型，即仿真软件中建立的虚拟模型与车间的实物设备。

（3）智能车间定制设计平台功能与应用

利用数字孪生技术搭建的智能车间定制设计平台具有多种应用模式，包括车间的快速定制设计、系统集成测试、工厂的透明化监控、系统的智能化运维、工控虚拟调试、车间虚拟现实应用、车间大数据应用、行业化的车间知识库建设等应用，如图 7.7-7所示。

1）形成定制设计平台，支持车间快速化定制。智能车间设计需要根据客户的个性化需求，如场地限制、产能需求、成本控制、原有技术基础等，快速形

成静态的车间布局，完成车间设备的动作设计与在制品的运动设计，实现上层管控系统与车间的集成设计与优化，快速搭建符合客户个性化需求的整线设计方案。

基于数字孪生技术，提出了一种并行化的、全集成的、设计过程与执行过程互动优化的车间快速化定制设计方法，即搭建智能车间定制设计平台，实现车间的快速化定制，如图 7.7-8 所示。首先对车间装备进行三维建模，建立设备模型库，对单元设备进行模块化封装，再依据车间场地和工艺流程等对车间进行布局规划和仿真模型装配；然后对自动化生产线的每一个环节进行运动方式设计、控制方案设计、执行算法引擎设计、仿真模拟动态运行；最后对设计方案进行效率分析、负荷分析、设计修正等。在该仿真平台上，可以对设备模型进行模块化封装，对定制设计形成的设计方案（装配方案、运动方案、控制方案）可以进行动态运行、效果验证等，因此能够实现车间自动化生产整线的快速定制设计。其具体步骤如下：

第 1 步，建立三维模型库。对自动化生产线搭建需要的专机设备、传输设备、仓储设备、机器人等建立设备三维模型库。依据设备实际的功能和效率等进行动作方式、控制方式的封装，并定义标准化的数据接口和信息接口，对建立的三维模型进行模块化封装后能实现生产线的快速装配、动态运行等。

第 2 步，智能车间布局规划。依据车间的场地、产能、流程、节拍、工艺、设备、计划等，在仿真平台上进行车间的快速布局规划和模型装配。

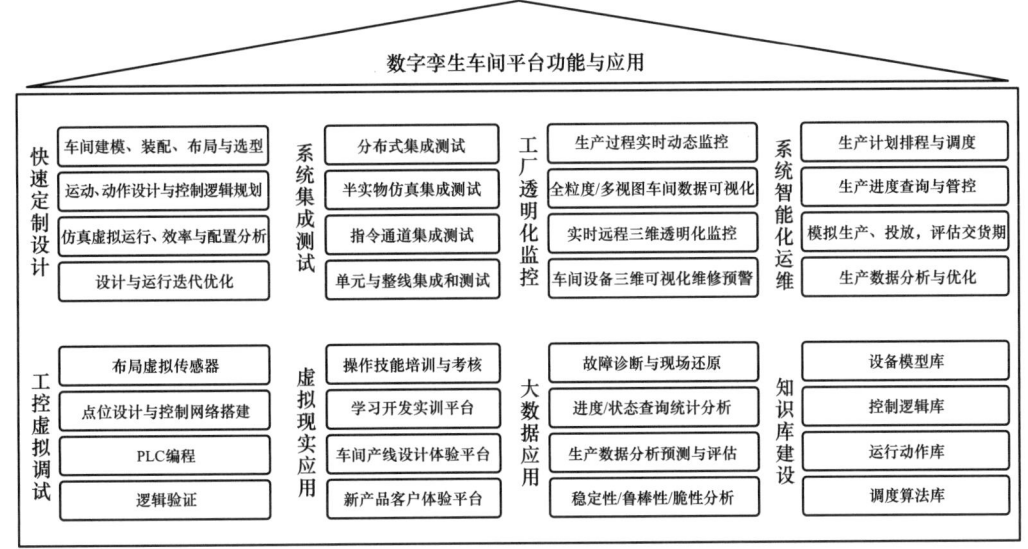

图 7.7-7　数字孪生车间平台功能与应用

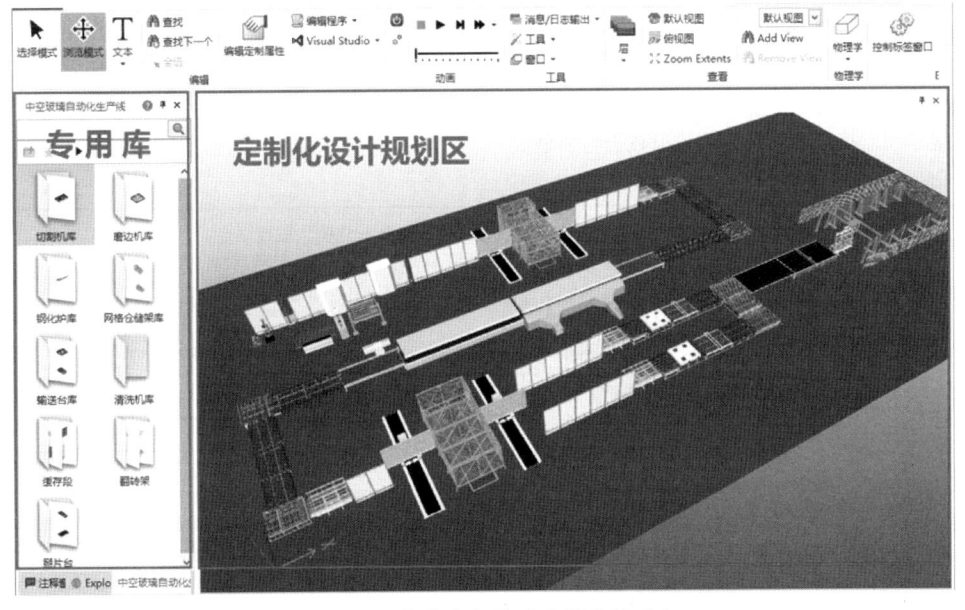

图 7.7-8　智能车间快速定制设计平台

第 3 步，整线定制设计方案。对整线的每一个环节进行运动方式设计、控制方案设计、执行算法引擎设计、仿真模拟动态运行等，最后形成一套初始整线定制设计方案（三维模型、车间布局装配方案、运动方案、控制方案等）和智能执行内核（数学建模、单元算法、整线调度算法等）。

第 4 步，定制设计方案修正。在初始设计方案的基础上，借助仿真平台进行动态模拟验证生产过程，依据运行效率和负荷分析对设计方案进行修改，形成

一套新的最合理的整线定制设计方案和智能执行内核。

2）形成集成测试平台，支持整线分布式集成。在智能车间中，自动化生产线设计方案的最终验证需要将各单元设备集成起来，架设管控系统，实行联调联试与系统集成。不同的设备由不同的厂家定制生产，通常存在异构、异型，以及控制器与通信接口不尽相同的问题。此外，专机设备之间、中间设备与专机设备之间需要协同作业，存在频繁通信的需求，这

对整线的集成与测试提出了极高的要求。整线的集成，首先需要对各单元系统进行集成，然后再进行整线的系统集成。整线的集成主要包括数据集成、过程集成和应用集成；集成过程要求信息透明、响应快速，各要素经过主动优化和选择搭配，以最合理的结构形式结合在一起，从而形成有机整体，实现整线系统的扩展与集成。依托数字孪生技术，搭建基于虚拟模型与实物设备虚实同步的整线分段、分时、分布式集成测试平台，支持每个供应商所提供的单机设备可与虚拟整线进行分时、异地集成与测试，如图 7.7-9 所示。该集成测试平台可应用于自动化生产线的研发、设计与调试阶段，以虚拟模型替代或部分替代整线实物设备的集成，既可进行单元系统的集成与测试，还可进行整线分布式集成与测试。

3）形成远程监控平台，支撑工厂透明化监控。智能车间的透明化监控，即多源数据采集与监控，主要是通过对生产现场中人、机、料、法、环等要素状态的实时采集、生产数据智能分析和生产过程实时监控等，实现车间跨粒度、全视角、透明化的车间监控。传统车间监控专注于车间信息数据、状态数据、在制品信息、设备状态、操作控制等内容，较难满足制造车间对高效、实时、准确数据交换与分析方面的要求；智能车间监控逐渐从数据监控向数据与模型混

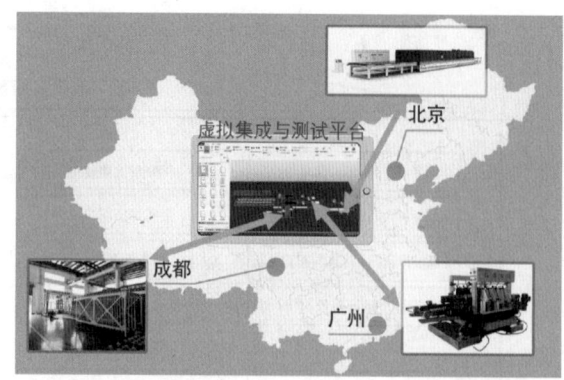

图 7.7-9 整线分时、分段、异地集成与测试平台

合的可视化监控、从平面监控向三维多视角监控发展。智能车间监控急需解决生产过程中对实时数据、设备与在制品运动过程等复合信息的三维可视化问题，迫切需要利用数字孪生技术，实现车间与其数字孪生模型之间运行状态（设备的动作、在制品的运动）的同步，并将车间实时生产信息、设备动作状态、在制品运动状态等信息汇集以可视化、动态化呈现，从而实现跨粒度、全视角、透明化的车间监控，如图 7.7-10 所示。

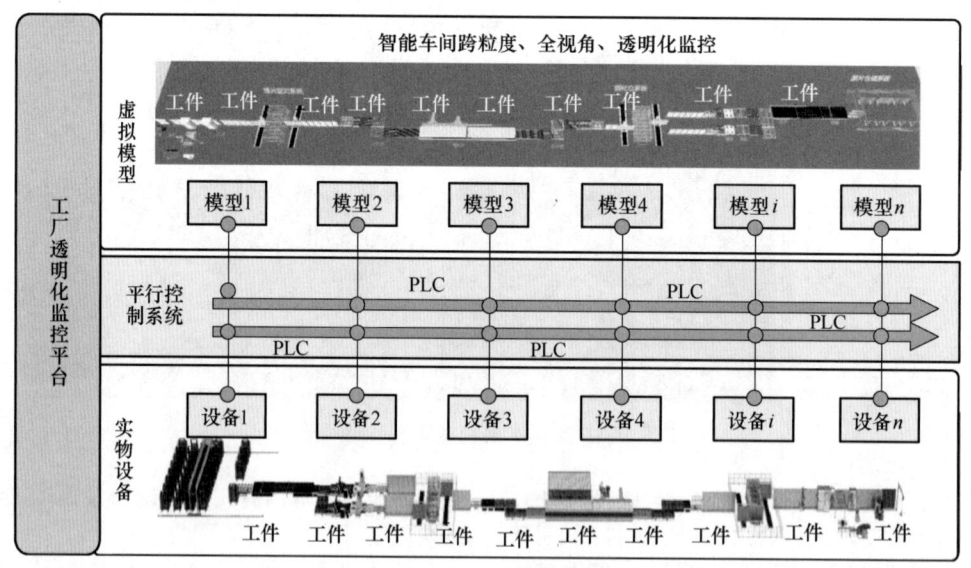

图 7.7-10 工厂透明化监控平台

基于三维可视化模块与平行控制系统，实现虚拟系统模型与实物系统模型信息的同步；利用数字孪生技术，使虚拟模型与实物设备实现运行（设备的动作、在制品的运动）同步，使虚拟车间和实物车间之间进行操作互动，从而实现虚实的交互与共融。平

行控制系统通过将传感器采集的实时数据上传到虚拟平台，虚拟平台可对车间各类设备的实时运行信息与状态进行跟踪与可视化呈现，同时融合实时指令数据与统计数据进行可视化呈现，将实物整线执行过程进行实时三维可视化展示及相关执行性能数据展示。通

过将现场信息实时反馈到模型与系统,实现整线与其三维数字孪生模型的作业同步,以此对整线进行全视角、跨粒度的实时透明化监控。将该监控平台部署到异地,再通过网络传输车间的实时数据,可实现三维远程透明化监控。

4)形成模拟运行平台,支持系统智能化管控与运维。智能车间定制设计平台能够模拟投放一批生产订单:首先将订单输入制造执行系统(MES),由MES进行优化执行后分发指令给控制系统,再由控制系统启动仿真模型虚拟运行,并将实时数据采集反馈上来并记录执行效果,借助仿真软件强大的数据分析功能,对虚拟运行过程中的设备稼动率、生产平衡率、瓶颈工序等进行统计和分析,以验证设计方案与优化设计方案,并进行迭代优化,使系统整体性能不断提高。在该平台上,整体优化方法所生成的计划与方案不仅可用于进行量化比较,还可用于进行近物理的随机扰动测试(测试其鲁棒性)。通过使用该技术,可以实现智能化的管控,不断提高系统的效率,降低投资成本。

(4) 智能车间定制设计平台典型应用案例

广东工业大学的刘强教授团队通过对数字孪生驱动的智能车间定制设计方法与应用模式的研究,搭建了面向中空玻璃行业的智能车间快速定制设计平台,如图 7.7-11 所示。该平台包括管控系统/MES、虚拟车间运行平台、平行控制系统等,管控系统采用J2EE 平台研发,虚拟车间平台集成 Demo3D 软件搭建。

该平台是一种对生产线进行设计、规划、装配、仿真、验证、调试、展示与监控的通用快速定制设计平台。通过应用该平台,并结合中空玻璃智能化生产线的定制需求,对中空玻璃行业装备(7 大作业段,总计 67 台套专机装备与中间装备)进行三维建模并搭建专用设备库;完成了定制整线动作规划与控制脚本编制;搭建了工业控制网络;形成了多套中空玻璃定制整线的设计与装配方案(包括直线形、L 形、U形、S 形布局方案);开发了仓库单元调度系统与整线智能管控系统等。针对中空玻璃智能车间搭建了集快速化定制、分布式集成、透明化监控与智能化运维于一体的智能车间定制设计平台,该平台及其相关技术目前已帮助佛山某玻璃装备生产企业搭建了"智慧母厂",面向玻璃行业开展了自动化生产线定制设计服务。基于数字孪生驱动的智能车间定制设计平台设计出的最终方案可直接移植到实物系统中,无须花费高成本来验证和调整,降低了从设计到生产制造之间的不确定性,从而缩短了产品设计到生产转化的时间,并且提高了产品的可靠性与成功率,保证了系统

的稳定性,大大缩短了产品开发和生产周期,并将整个企业的价值链有效叠加在一起,降低了成本,提高了产品质量。

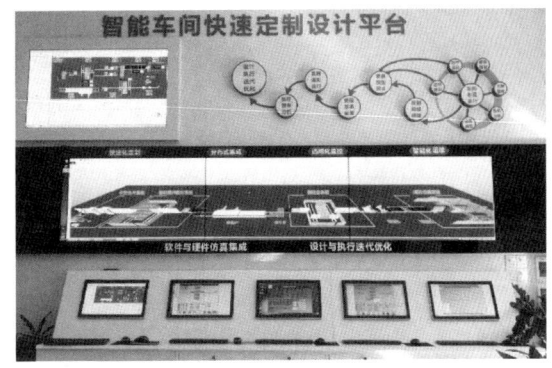

图 7.7-11 中空玻璃智能车间快速定制设计平台

基于快速定制设计平台,能够根据客户需求快速搭建出如图 7.7-12~图 7.7-14 所示的定制化生产线。

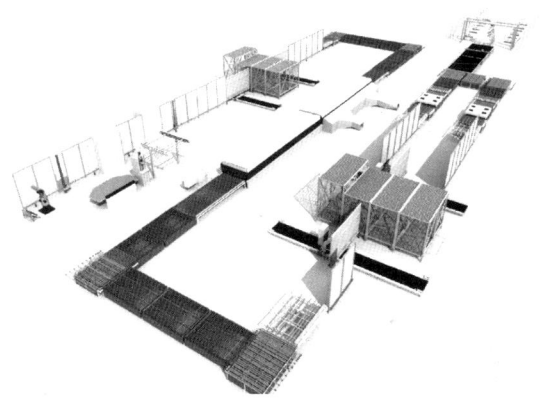

图 7.7-12 自动化整线 S 形布局

自动化整线 S 形布局,结构紧凑、空间利用率高,在较小面积内可安排较长生产线,适用于方形场地。

自动化整线 L 形布局,入口与出口分别位于建筑物的两个相邻侧面,适用于既有设施或建筑物不允许直线形物料流动的情形,设施布局与直线形相似。

U 形布局适用于入口和出口在建筑物的同一侧,生产线比实际可安排的距离长,其长度基本等于建筑物长度的两倍,外形近似于长方形。

3. 虚拟车间生产计划与控制技术

生产计划与控制是制造企业的核心内容,也是虚拟车间应用的主要功能之一。编制满足需求数量和交货期的计划,监督和控制该计划的实现,从而在满足需求的前提下,最合理地分配资源、最经济地生产是生产计划与控制的主要活动。生产计划与控制的内涵

在具体应用上体现为两个方面，即计划排产和动态调度。计划排产偏重于静态和总体的计划制订，动态调度偏重于执行过程的及时调整。随着智能制造相关需

求和技术发展的双向驱动，虚拟车间生产计划与控制技术的发展需求也日益强烈，主要表现在以下两个方面：

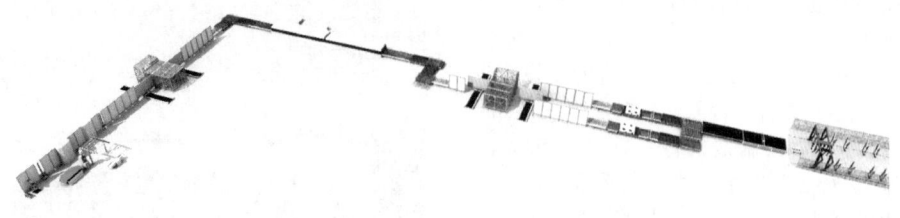

图 7.7-13　自动化整线 L 形布局

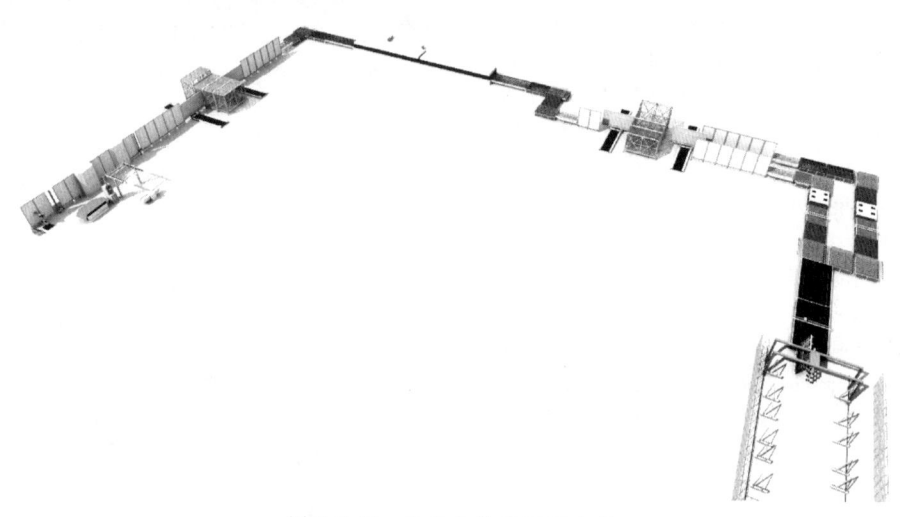

图 7.7-14　自动化整线 U 形布局

1）精益生产业务需求驱动。计划是工厂和车间运行的协调中枢，是实现各种业务协调运行的牵引中枢，尤其是作业计划。如果没有作业计划，哪个订单、哪道工序什么时间、在什么资源上需要什么样的物料逻辑联调就难以建立，物料准备和配送也就具有一定的盲目性，协调的精益性将大打折扣，更遑论对物料采购等方面的延伸和牵引了。类似地，当作业计划发生变化后，波浪式传播下相关计划和业务的及时、有效调整也就无从谈起。

2）工业物联/互连技术驱动。随着物联网技术和互连技术的快速发展及其在制造业的深入应用，高频、快速地数据采集日益得到实施与应用，传统"以人托底"的生产计划与控制运行方式也日益转向直接将生产指令下发到执行的生产资源的模式。另外，生产运行状态反馈的及时性和准确性也有了很大提高，一方面为生产计划与控制的实现提供了可行的数据基础，另一方面也增加了生产计划与控制技术的优化空间，其重要性也越发增强，开始从"奢侈品"

走向"必需品"。

(1) 车间生产计划与控制的典型应用场景

车间生产计划与控制的典型应用场景体现在交货期答复、确保交货期及快速响应调整 3 个层次，并贯穿整个生产过程的综合决策，如图 7.7-15 所示。

1）交货期答复。客户订单必然带有交货期要求，快速有效的应答是企业必须面对和解决的问题。利用生产计划与控制技术进行交货期答复时，必须综合考虑如下因素。

a）基于产线当前快照状态的排产，不能假定产线是空的。

b）如果客户订单优先级较高，则属于插入式而非追加式排产，会对当前在制的交货期产生影响，如何保证影响最小或特定追求是需要解决的问题。

c）如果为了满足新订单的交货期，原先的任务是否要拿出去外协，外协决策如何做也是需要解决的问题。

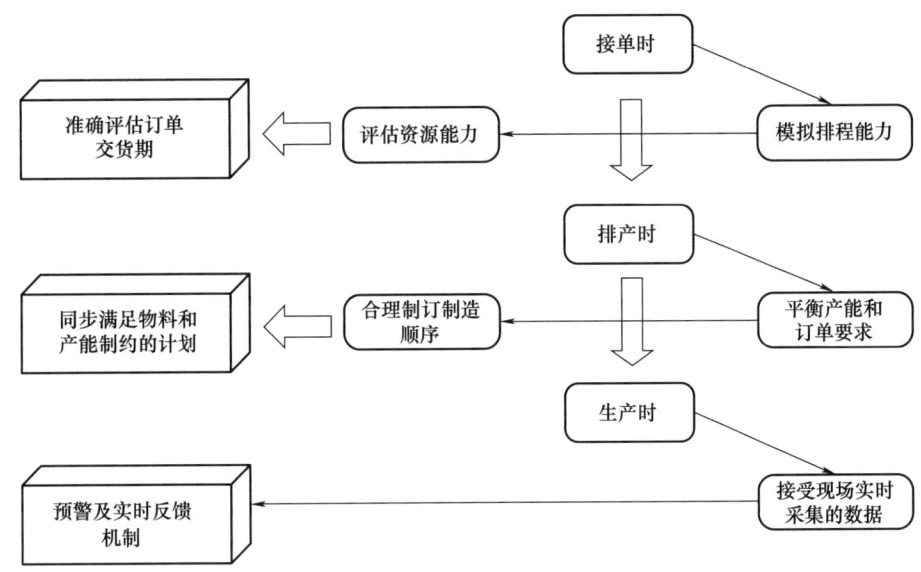

图 7.7-15　车间生产计划与控制应用的 3 个层次

d) 一旦涉及产能评估，就应该想办法提高资源利用率，分批优化、单元化运行等是需要考虑的重点。

e) 识别瓶颈设备，并让瓶颈设备或所有设备都加班，加班到什么程度，也是需要考虑的问题。

f) 现有在制订单可能相比新订单优先级更高，如何保证这个订单的交货期，也是需要解决的问题。

g) 排产或能力评估应满足物料供应的约束。

2) 确保交货期。确保交货期需综合运用多种手段，以满足当前大规模定制生产所要求的订单碎片化、短交货周期等要求，可以采取如下措施：

a) 通过对订单、工序的合理分割，以及工序间接续方式的优化设置，缩短订单的生产周期，提高订单交货期的遵守率。

b) 通过对小批量订单的组批生产，减少不必要的生产切换，实现交货期与生产经济批量的权衡优化。

c) 面向工序级配作、层次化关联订单、批处理环节组批等实际需求，支持齐套协同生产。

d) 综合考虑动态的物料供应情况，实现作业计划与物料计划的联动计划制订。

3) 快速响应调整。动态调度的目标是在实时掌握车间现场生产资源和制造设备使用情况、已有作业计划执行情况等信息的基础上，通过对作业计划的动态调整，使作业计划与车间现场的实际制造执行状态保持一致，始终保证对现场的指导性。在这个过程中，需要响应来自计划任务、生产工艺、物料资源、生产执行等各个层次的生产扰动，以实现快速响应调整。典型的生产扰动因素及其调整要求如图 7.7-16 所示。

（2）虚拟车间生产计划与控制的实现流程

虚拟车间生产计划与控制的实现主要是将离散事件系统建模与仿真的原理应用于生产计划与控制过程中。

建立可信的制造系统模型是仿真最重要的前提，也是仿真中比较困难的部分；仿真需要从实际系统收集大量的数据，仿真模型的每一个细节都以实际数据为依据。借助仿真方法优化系统时，需要对每次仿真过程反映出的现象进行深入的综合分析，提出改进建议，再仿真检验改进措施的效果。这种优化过程是很灵活的，优化路径常常是多种多样的，这就要求仿真者不仅对实际系统有深入的了解，准确把握系统的多目标，而且有综合的系统分析能力。图 7.7-17 所示为系统仿真关系。

离散事件系统指其状态变量只在某些离散时间点上发生变化的系统。离散事件系统的基本要素有：

1) 实体。构成系统的各种成分称为实体。从系统论的角度，它是系统边界内的对象。实体可分为临时实体和永久实体。只在系统内存在一段时间的实体称为临时实体，永久驻留在系统中的实体称为永久实体。

2) 属性。属性是实体所具有的每一项有效特性。例如，产品的属性有名称、重量、生产日期等。实体的状态由它的属性的集合来描述。属性用来反映实体的某些性质。

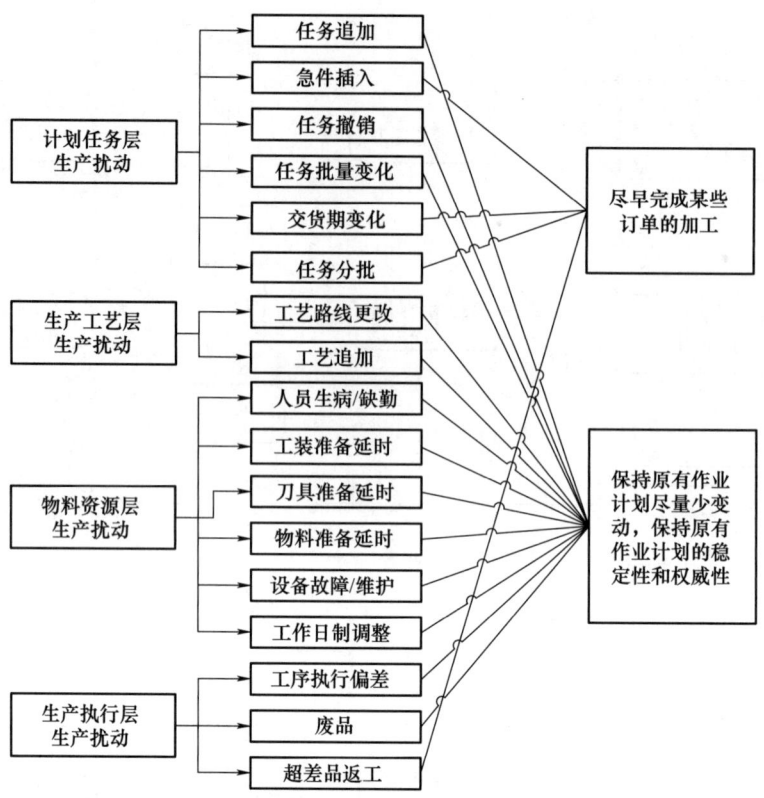

图 7.7-16　典型的生产扰动因素及其调整要求

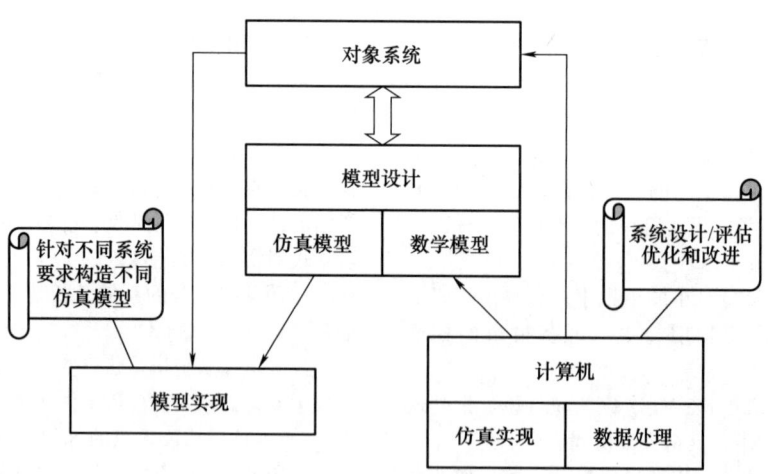

图 7.7-17　系统仿真关系

3）状态。在某一个时刻，系统的状态是系统中所有实体的属性的集合。

4）事件。事件是描述系统的另一基本要素。它是引起系统状态变化的行为，系统的动态过程是靠事件来驱动的。例如，在物流系统中，工件到达可以定义为一类事件。因为工件到达仓库并进行入库时，仓库货位的状态会从空变为满，或者引起原来等待入库的队列长度发生变化。事件一般分为两类，即必然事件和条件事件。只与时间因素有关的事件称为必然事件；如果事件发生不仅与时间因素有关，而且还与其他条件有关，则称为条件事件。系统仿真过程最主要的工作就是分析这些必然事件和条件事件。

5）活动。实体在两个事件之间保持某一状态的持续过程称为活动。活动的开始和结束都是由事件引起的。

6）进程。若干事件与若干活动组成的过程称为进程。它描述了各事件活动发生的相互逻辑关系及时序关系。例如，工件由车辆装入进货台，进入仓库，经保管、加工到配送至客户的过程。

7）仿真钟。仿真钟用于表示仿真事件的变化。在离散事件系统仿真中，由于系统状态的变化是不连续的，在相邻两个事件之间，系统状态不发生变化，而仿真钟可以跨越这些"不活动"区域，从一个事件发生时刻推进到下一个事件发生时刻。仿真钟的推进呈跳跃性，推进速度具有随机性。由于仿真实质上是对系统状态在一定时间序列的动态描述，因此仿真

钟一般是仿真的主要自变量，仿真钟的推进是系统仿真程序的核心部分。

几乎所有的制造系统都是随机的，而非确定性的。制造系统中的随机性来源于系统的生产准备时间、系统中移动的零件和原材料的到达时间；机器设备上不同零件的加工时间、无故障运行时间、出现故障后的修理时间等，因此任何一种制造系统都可以被看作是离散事件系统，需要建立其离散事件系统模型。

下面以某航天精密加工车间为例，介绍基于约束理论（theory of constraints，TOC），建立图 7.7-18 所示的基于离散事件仿真的虚拟车间生产计划与控制方法实现流程。

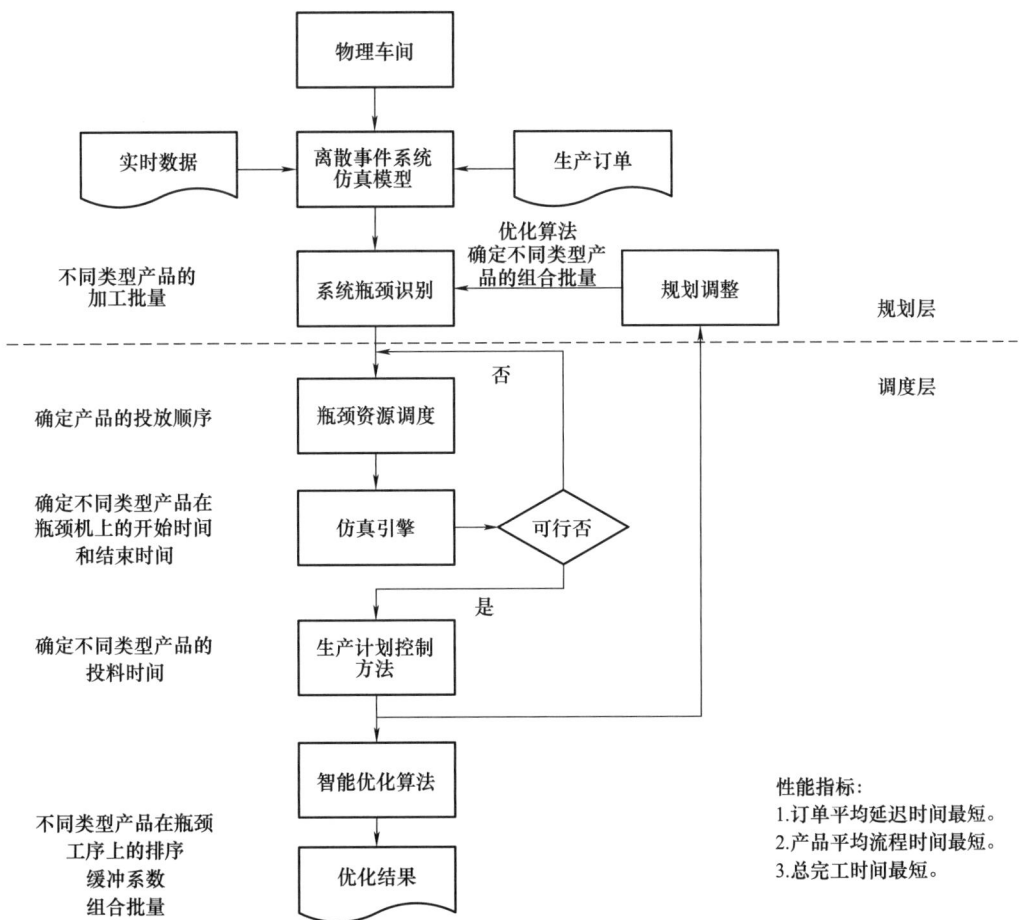

图 7.7-18 基于离散事件仿真的虚拟车间生产计划与控制方法实现流程

1）绘制产品工艺流程图。产品在车间中的流转路径是基于产品的工艺流程，因此在构建制造系统仿真模型之前需要绘制产品工艺流程图。在此案例中，产品工艺流程包括两道工序，分别是加工工序和检验

工序。

2）根据系统信息和产品工艺流程图建立系统仿真模型。收集系统信息和数据，确立系统边界，确认系统内的对象及其属性、事件等，并根据对象之间的

关系和工艺流程图建立系统的离散事件系统仿真模型。

3）系统瓶颈识别。输入订单所需的产品种类、数量和交货期等信息后，通过模型的仿真运行，可以得出系统的各方面统计数据。其中，包括各台机器的空闲、生产准备时间和加工时间占整个机器时间的比例；各台机器前缓冲区的平均长度等指标。通过仿真，可以综合比较在不同排序规则下机器的平均空闲率和缓冲区的长度，以识别系统的瓶颈。在这一步中，各台机器的加工批量等于订单所要求的产品数量，不考虑将订单分批。

4）瓶颈资源调度。确定了系统的瓶颈资源后，按照 TOC 的理念，应该决定如何充分利用瓶颈资源。由于生产过程中充满不确定性，瓶颈资源又决定了系统的有效产出，因此要设立缓冲区进行保护。当前主要是根据经验来估计各类缓冲区的大小。

确定了缓冲区大小后，需要解决不同任务争用瓶颈资源的问题。目前，决定各个订单在瓶颈上的加工次序常用的是启发式规则（表 7.7-1）。至于采用何种方法，需要企业根据实际情况来选择不同的排序法则，以排定各个订单在瓶颈工序上的作业顺序。

表 7.7-1　常用的启发式规则

启发式规则	具 体 说 明
FCFS（先到先服务）	依工件到达制造单元的先后顺序决定，最早到达者优先
EDD（最短交货期）	选择交货日期越早者，越优先加工
SPT（最短加工时间）	工件的加工时间越短者越优先处理
SLACK/OPN（工序平均剩余松弛时间）	交货日期与现在时间之差减去剩余加工时间除以剩余加工步骤数，得值越小者越优先处理
CR（临界比率）	交货日期减去现在时间的差值除以剩余加工时间，值越小者越优先处
SR（最短剩余加工时间）	剩余加工时间越短者，越优先处理
LR（最长剩余加工时间）	剩余加工时间越长者，越优先处理
COVERT（提前或拖期成本）	提早/延误成本法，Z=工件 i 期望提早/延误成本除以工件 i 在设备 j 所需的加工时间，最大 Z 值者优先处理
RANDOM（随机排序）	利用随机数选取优先加工的作业
FOPR（剩余工序作业最少）	未完成作业个数越少者，越优先处理
MOPR（剩余工序作业最多）	未完成作业个数越多者，越优先处理

5）其他的参数的设置及优化。在多品种小批量生产环境下，随着市场需求的变化，生产过程中的加工批量和转运批量也应该随着变化，以平衡企业对资源合理利用和快速满足市场需求之间的矛盾。因此，瓶颈资源和非瓶颈资源的生产批量、转运批量的大小也是通过仿真进行优化的目标之一。

6）系统的性能评价指标。针对排程的评价指标主要有平均订单延迟时间、平均流程时间、总完工时间等指标。

（3）虚拟车间生产计划与控制技术应用案例

围绕基于工业装备互连的家用电器智能工厂建设，无锡小天鹅电器有限公司建立了面向生产过程透明化的数字孪生系统，实现了柔性制造环节精细化管理，以及从需求到服务、从线上到线下、从上游到下游的全价值链数字化驱动，成功打造了"T+3"的柔性敏捷交付模式，将产品供货周期缩短 50% 以上，显著提升了企业面向市场的快速响应能力和产品交付速

度，建成了具有设备自动化、生产透明化、物流智能化、管理移动化、决策数据化、产品物联化的"六化"特征的智能制造新模式。

为了实现生产计划与控制，无锡小天鹅电器有限公司在生产过程中设置了上万个信息采集点，通过数据采集装备智联宝、射频识别、条码识别、视频采集、音频采集和传感器等，采集包括采购、生产、能源消耗、设备状态等各类数据；同时，为解决生产制造过程中的复杂问题，该公司在虚拟制造环境下，应用面向对象仿真建模方法建立了制造系统模型，利用仿真技术对制造系统的运行性能进行分析与评价。主要的实现路径是通过工厂数字孪生、生产线数字孪生（图 7.7-19）、设备数字孪生（图 7.7-20）的建设，实现了单个生产要素的仿真建模、生产状况的同步监测及生产节拍的控制优化；通过设备数字孪生，采集设备关键性能参数，实时监控设备运行，并基于运行数据进行预测性分析，降低了设备非计划停机率。

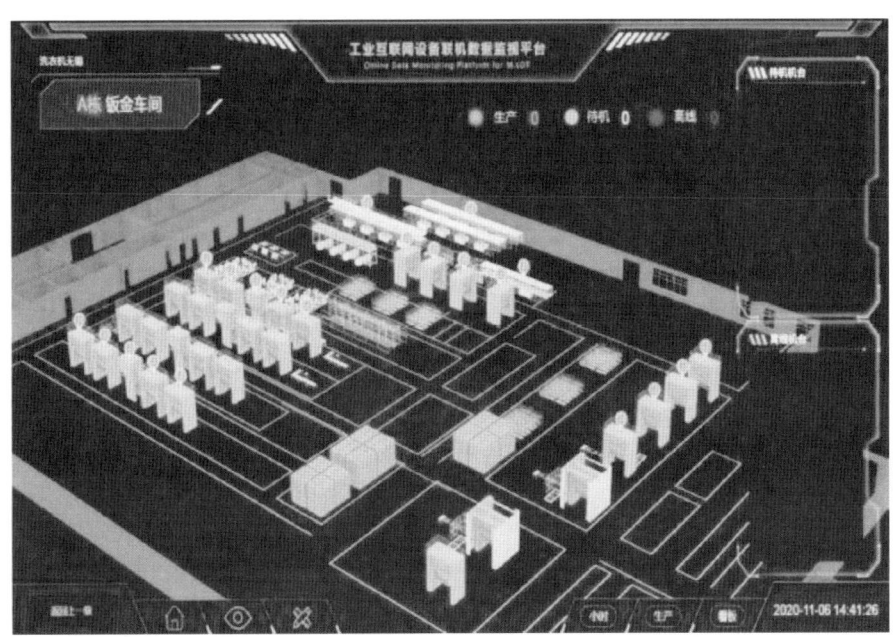

图 7.7-19　生产线数字孪生

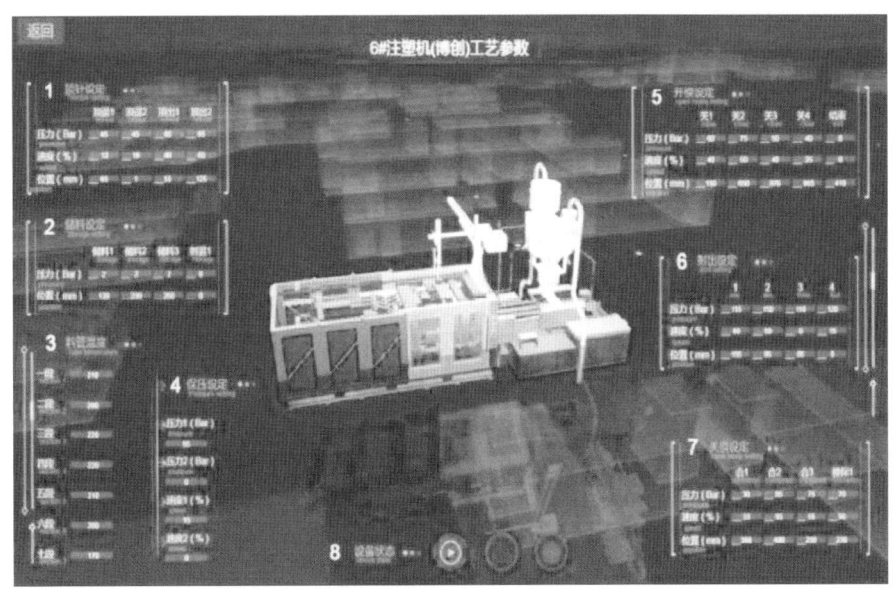

图 7.7-20　设备数字孪生

　　另外，物流控制作为生产计划与控制的一个重要方面，普洛菲斯基于虚拟车间技术，开发了物料运送系统和智能仓储协同管控系统，以满足快速换型与准确的物料供给。其工厂有 50 多条生产线，每天需完成大约 400 个订单的生产，拣配与配送超过 4000 个物料种类，对仓储协同的要求非常高。通过基于智能的路线优化算法和厂内物流模型，工厂仅需配备适量自动导引车（AGV）协助运料，就实现了物料配送零错误、98% 的及时率。

　　物料运送系统用于管理车间内的 AGV 路线和调度协同，为 AGV 找到最合适的线路，以最大效率实现物料及时、准确地配送。物料运送系统采用工业控制计算机、站点自动识别、图像识别和射频识别技术，当 AGV 通过站点时，自动读取该点的站点编号，与工业控制系统进行交互，显示当前运行站点信息；掌握 AGV 当前运行信息后发送动作指令，控制 AGV 在运行线路各站点的起停及呼叫作业。

（4）智能制造背景下虚拟车间生产计划与控制技术发展重点

结合当前智能制造需求和技术的发展，虚拟车间生产计划与控制技术及其工业软件载体——高级计划排产（advanced planning scheduling, APS）呈现出一些新的特点，有如下几个方面的发展重点值得思考。

1）智能制造对大规模定制生产模式的需求，决定了订单碎片化的特点，对大规模复杂调度问题处理提出了需求，进而对优化算法及智能性提出了更高的要求。

主要体现在以下两个方面：

① 在大规模定制生产模式下，订单呈碎片化的特点。其原因主要是在大规模柔性定制生产需求下，订单的种类日益增多，单个订单的数量日益减少，大规模混流作业控制将是制造企业运行的常态。

② 在大规模定制生产模式下，排产调度约束丰富化特性日益凸显。不仅要考虑传统的作业、机床或瓶颈资源的调度，还要考虑物流、刀具、程序、夹具等多方面约束的协调，这些资源的协同随着车间生产分解活动的增加，将呈现更加骤密、频繁的特点，也为作业排产和资源配置提出了更高的要求。

2）智能制造对精益协同化的需求，对多计划关联协调处理-管控流程的有机联动调整提出了需求，进而也对优化及其智能型提出了更高的要求。

主要体现在以下两个方面：

① 多计划关联的有机性。主要包括作业执行计划、物料准备计划、物料配送计划、作业辅具计划等，这些计划都具有复杂的协同要求，从而对计划的有序、协调控制提出了更高的要求。

② 计划协调的精细性。在碎片化订单的牵引下，车间的生产协作活动越发频繁，与作业相关的各项计划的协调频率也将愈发精细，从粗放的天、小时逐步过渡到分钟，从手工协调向自动化协调转变，从信息协调向自动执行协调转变。

3）智能制造软硬一体的控制实时化特点，对高频快速实时响应调整提出了要求，从而对 APS 动态调度及服务化处理机制提出了更高的要求。

主要体现在以下两个方面：

① 设备状态实时反馈无论从技术还是实际应用上都可以实现并得到普遍运用。在这种情况下，随着设备联网，资源状态反馈将呈现实时性的特点，对 APS 提出了及时响应的要求。

② 执行状态实时反馈也日益成为常态。随着 MES 向软硬件一体化方向发展，跨越人而直接到设备的趋势越来越明显，执行状态反馈将呈现机器自动反馈的趋势，这种快速的反馈将更为精确和实时，对 APS 提出了实时动态响应的要求。

4）智能制造对制造系统柔性化快速重构的需求，对高频快速实时重构调整提出了需求，对生产计划与控制系统提出了状态驱动及反应式调度的要求。

主要体现在以下两个方面：

① 产线/单元状态驱动将成为常态，实现技术途径也将不再成为问题。在这种情境下，将为虚拟车间生产计划仿真提供巨大的状态优化调度空间，但同时也导致了虚拟车间生产计划仿真技术复杂性的大幅提升，从而形成了状态驱动的有序协调调度控制需求。

② 重构执行一体化控制也将成为未来柔性自动线运行的常态。基于柔性自动线的离散化处理，在产线/单元构成部件赛博物理系统（CPS）的支持下，产线/单元动态运行形态呈现重构执行一体化控制特点，为"软件定义制造"提供了可能性，对反应式虚拟车间生产计划与控制（软件）技术发展提出了新要求。

5）高性能计算技术的发展，推动生产计划与控制技术发展呈现跨层次与跨车间特点

企业或车间业务本身具有有机耦合集成的特点，传统分层/分车间计划模式的技术限制正在消失，推动生产计划与控制技术向精细化作业及全局联动调度方向发展。

① 分层计划具有明显的缺陷。目前，主生产计划、物料需求计划、作业排产计划的跨计划协同调整性能力差；装配-加工的级联协调、外购物料齐套的协调性差，这些都严重影响了一体化集成计划的执行能力，在很大程度上，割裂了各级计划之间的有些协调关系。

② 计算技术的发展奠定了良好的基础。传统的分层计划控制、分车间计划控制的计算技术限制逐步消失，大企业应建立高性能计算中心，充分利用云计算、边缘计算等技术，为实现集成计划奠定技术基础。

③ 全局精细联动调度的需求日益迫切。从全局角度、作业级精细角度、跨车间角度、综合外购物料（最终或过程）-自制-装配的多级/网状关联的物料精益匹配与协调角度，实现全局精细联动调度，将是未来的一种发展趋势。

6）工业物联网技术推动 APS 发展呈现"协同社会化"特点

工业物联网和基于物联网的工业互联网的发展，

得到了国家各级部门的重视和支持。随着物联网技术的发展，车间或产线内装置及产品（任务）均具有一定的智能性，对虚拟车间生产计划与控制技术的推动也是非常明确的。主要体现在以下两个方面：

① 对于具有智能特点的车间构成，与之相适应的高级计划排序（APS）必须充分利用智能产品（任务）装置的智能性优势，否则将与传统的 APS 无异。传统的 APS 属于中央集控型的 APS，而物联网具有提升的分布智能性，这是两种完全不同的形式。这方面的 APS 发展将呈现多智能体（MA）的特点，其运行形式也将呈现出社会化协作的特点，可以参考人类历史上的不同社会构成形态及其运行机制，并贯彻到 APS 中，也可以按照一种更加合理的方式构建多智能体下 APS 的运行模式。多智能体技术，如多智能体协同控制等是自动化领域的一个重要技术方向，MA-APS 的发展应该进行借鉴。

② 基于物联网的工业互联网，乃至产业互联网的发展，将为 APS 提供一种新型的应用场景，即非面向某个具体的产线、车间或工厂，而是面向广域的多企业协同生产，或者产业链条的整体排产调度，在资源表达、能力表达、任务工艺表达等方面具有自身的特点，排产过程中的物流因素将是一个需要重点考虑的因素。

4. 虚拟车间生产线重构与仿真技术

随着信息技术和先进制造技术的发展，新一轮的工业革命悄然而至。2010 年，德国在《高技术战略2020》报告中提出工业 4.0 概念，由此掀起了以智能制造为主导的第四次工业革命的序幕。工业 4.0 的发展有三个支撑点，其中之一为"制造系统，包括机床本身，根据加工产品的差异、加工状况的改变能自动、及时做出调整，达到具有所谓的'自省'能力"。另外，多样化的市场、定制化的客户需求、柔性化的混线生产模式、动态随机的生产环境等因素，使得多品种变批量机械加工车间在生产过程中存在着大量的异常，如何提高制造系统的柔性、快速响应车间生产异常，已经成为智能制造系统研究的热点问题之一。

虚拟车间生产线重构与仿真技术的实现方式主要有两种：一种是基于可重构制造系统（reconfigurable manufacturing systems，RMS），通过调整系统级和机床级的结构实现生产线的物理重构；另一种是生产线虚拟重构，即设备位置固定不变，通过调整产品或产品族的工艺路线实现重构。可以说，虚拟车间生产线重构与仿真技术是实现智能制造系统的关键支撑。

（1）面向可重构制造系统的物理重构

RMS 是最新一代制造系统范式，其具有的重构能力能够快速适应动态多变的制造环境，能够达到智能制造系统的"自省"能力。美国国家研究委员会（NRC）在《2020 年制造挑战的设想》报告中明确将 RMS 列入 6 大挑战与 10 大关键技术中，并且名列 10 大关键技术之首。因此，RMS 在制造业中具有非常重要的作用和应用前景。

RMS 是一种围绕某一特定工件族构建的制造系统。RMS 在设计之初就必须考虑制造系统的可重构性（reconfigurability），并且集成刚性制造系统和柔性制造系统的优点，从而实现以较低的重构成本及时地、精确地提供所需的生产功能和生产产能。在 RMS 的实施过程中，重构（reconfiguration）是实现 RMS "低成本、快响应"特点的关键。当市场需求发生变动时，在最大化利用现有资源的基础上，通过对制造系统结构及组成模块的快速重构，经济地转换成新的制造系统，以定制地响应新需求。可重构性是 RMS 的重构能力，即为应对需求变动而改变制造系统结构的能力。车间作为典型的制造系统，如何利用仿真手段来实现生产线的物理重构与决策优化是提高车间可重构性的重要手段之一。

面向 RMS 的离散系统仿真流程如图 7.7-21 所示，包括系统调研，确立仿真目标，收集数据、构建系统物理模型，构建仿真模型，运行仿真模型，分析仿真数据等主要步骤。

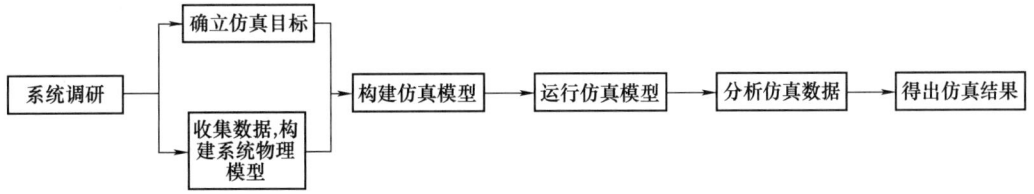

图 7.7-21　面向 RMS 的离散系统仿真流程

目前，在解决离散系统仿真问题上应用较多的软件有 Arena、Show Flow、Delmia/QUEST、eM-Plant、ROBCAD 等，这些仿真软件均具备仿真建模、运行和输出仿真运行结果，以及模型分析和数据统计等功能。可重构制造系统作为一个复杂的离散系统，其在实际运行过程中受随机因素、人为因素等的影响，加上系统本身的复杂性，传统的数学建模优化思路不能满足现代优化的需要。另外，传统制造系统优化方案的可行性验证一般是通过"磨合"来进行的，需要耗费大量的人力、物力和财力。鉴于近年来关于制造系统和系统仿真建模的研究，下面主要阐述基于 eM-Plant 的可重构制造系统仿真建模的思路与方法。利用 eM-Plant 面向对象的建模方式对可重构制造系统进行建模，一方面可以根据仿真结果对系统进行优化，使优化方案更加具有针对性；另一方面可以利用仿真模型来验证优化方案，提高优化方案的可信度。利用仿真模型对可重构制造系统进行规划，避免了传统的"磨合"方案可行性论证的烦琐过程。

下面以一个实例问题为例来说明基于 eM-Plant 的可重构制造系统仿真模型的构建流程。该可重构制造系统的制造单元布置如图 7.7-22 所示。系统包括 5 个制造单元，分别为 Cell1、Cell2、Cell3、Cell4 和 Cell5。

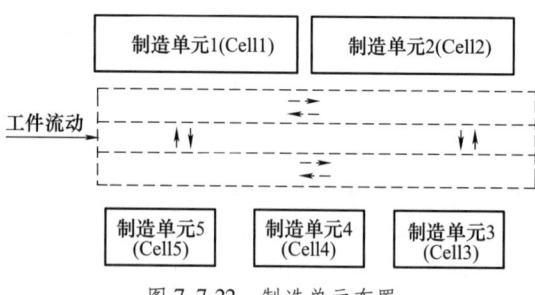

图 7.7-22　制造单元布置

待加工工件进入系统后，制造系统会按照工件的加工工序进行生产。在生产过程中，以单元为基本单位，每个单元均有独立加工一种或多种零件族的能力。通过单元的连接和信息交换可以同时完成不同零件族的加工，大大增强了系统的柔性，并且当现有条件无法满足生产任务时，可以通过单元的重构来获得不同生产能力的新单元。可重构制造系统内部的单元进行重构的过程中不会耗费大量的资源，从而通过重构之后达到满足新订单生产任务的目的。工件的工序流程见表 7.7-2。

表 7.7-2　工件的工序流程

工件	工序 1	工序 2	工序 3	工序 4	工序 5
part1	Cell1	Cell2	Cell3	Cell4	Cell5
part2	Cell1	Cell2	Cell4	Cell3	Cell2
part3	Cell2	Cell4	Cell3		
part4	Cell1	Cell3			
part5	Cell2	Cell4			

（续）

工件	工序 1	工序 2	工序 3	工序 4	工序 5
part6	Cell3	Cell5			
part7	Cell2	Cell4	Cell5		
part8	Cell1	Cell5			
part9	Cell1	Cell5	Cell3		
part10	Cell2	Cell5			

在实际生产加工过程中，各个制造单元通过传送带流水线而彼此相互关联。由于机床本身的运行，外界或内部自身的干扰，每个零件的生产时间并不能完全保持一致，可能有的部分零件会在平均加工时间上下波动。为了符合实际情况，选用 eM-Plant 的三角分布函数为 $z\_$ triangle (s, c, a, b)，s 表示生成三角分布使用的随机数流序号，c、a、b 分别表示三角分布的 3 个参数。在表 7.7-3 中也是按照 (c, a, b) 的格式给出的三角分布参数值。所以，单元格中的 $(6, 8, 10)$ 表示加工时间符合 $c = 6\min$、$a = 8\min$、$b = 10\min$ 的三角分布。

表 7.7-3　工件的加工时间　（min）

工件	工序 1	工序 2	工序 3	工序 4	工序 5
part1	6, 8, 10	5, 8, 10	15, 17, 19	10, 12, 14	6, 8, 10
part2	11, 13, 15	4, 6, 8	15, 18, 21	17, 20, 22	6, 9, 12
part3	7, 10, 13	7, 10, 13	20, 23, 25		
part4	7, 9, 11	11, 13, 15			
part5	11, 13, 15	12, 14, 16			
part6	7, 10, 13	9, 12, 13			
part7	6, 7, 9	9, 11, 13	6, 7, 10		
part8	7, 8, 10	11, 13, 15			
part9	13, 15, 17	7, 10, 13	11, 13, 15		
part10	12, 13, 14	7, 10, 13			

现在希望了解系统中各个制造单元的设备利用率，零件在各个制造单元前等待被加工的平均等待时间，系统制造一个零件（即订单从进入系统，到零件完成各个加工工序，离开系统）的平均时间等数据信息。通过分析 eM-Plant 仿真模型提供的各方面的信息，探讨当前可重构制造系统的工作状态。

1）建立模型。

① 创建模型目录。在对象浏览器中右击 Models 目录，在弹出的快捷菜单中选择 New 级联菜单的 Folder 命令，在 Models 目录中新建一个目录，命名为 MC335，作为模型的工作目录。与本例有关的命令、窗口及将使用的对象都存放在这个目录中。

② 复制 Entity 对象。复制 9 个 Entity 对象，每个复制对象分别使用不同的名称，表示一种类型的零件，将各个零件依次命名为 part1～part10。在每个零件的编辑选项卡中修改不同零件的图标颜色，以区分不同的零件，并为各个对象增加自定义参数，表示其自身属性，如图 7.7-23 所示。

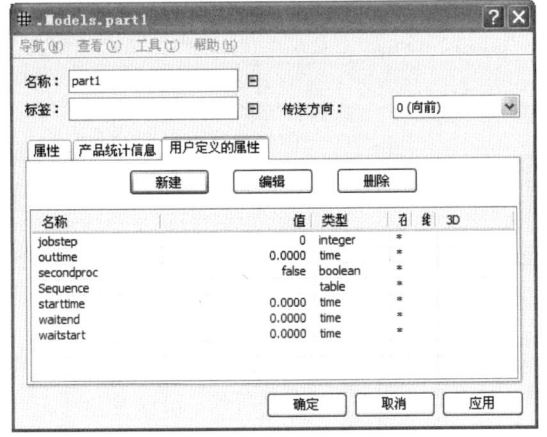

图 7.7-23　对象自定义参数

其中，Sequence 记录 part1 的完整加工工序；Jobstep 记录 part1 将进行的下一道工序；

Starttime 记录 part1 进入模型的时间；

Outtime 记录 part1 完成所有加工工序、离开模型的时间；

Secondproc 表示如果 part1 需要在同一个制造单元中进行二次加工，该参数记录 part1 是否已经完成第一次加工，如 part2 的加工工序是 1-2-4-3-2，要先后在制造单元 2 中加工 2 次；

Waitstart 记录 part1 在每个制造单元前开始等待的时间点；

Waitend 记录 part1 在每个制造单元结束等待状态，开始被制造单元加工的时间点。

2）放置对象并设置参数。在模型中放入各个对象，如图 7.7-24 所示，并将其连接起来，使其能够正常运行。

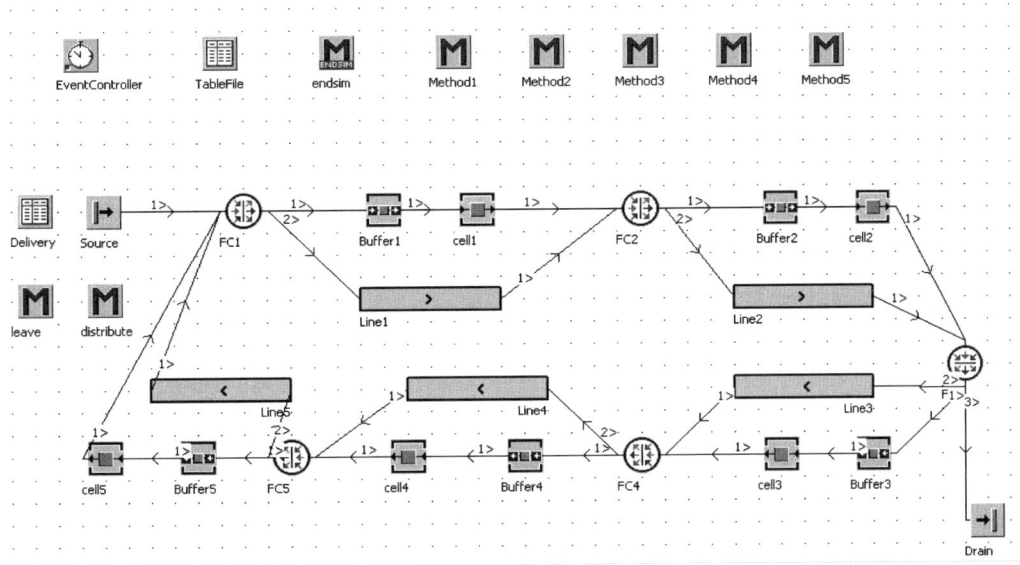

图 7.7-24　放置对象

① 在模型中，Source 对象将按照 Delivery 对象中的内容生成 10 类不同的零件（在模型中，需要某种零件的订单就使用某种零件表示，当该种零件按照加工工序经过各工序加工，就表示生产完成，可以离开模型）。

Delivery 内容，即各工件投入比例见表 7.7-4，表示将各个零件从输入端输入。

可以在 Source 对象中设置零件加工数量，如图 7.7-25 所示。

② 在模型中，FC 对象具有分流作用。当零件经过时，如果需要进入该单元进行加工，则会被 FC 对象送入相对应的单元，否则会被送入传送带，到达下一个 FC 对象。重复上述判定，直到最终零件完成所有工序加工退出模型。

表 7.7-4　各工件投入比例

	object 1	real 2	string 3	table 4
1	.Models.part1	1.00	part1	
2	.Models.part2	1.00	part2	
3	.Models.part3	1.00	part3	
4	.Models.part4	1.00	part4	
5	.Models.part5	1.00	part5	
6	.Models.part6	1.00	part6	
7	.Models.part7	1.00	part7	
8	.Models.part8	1.00	part8	
9	.Models.part9	1.00	part9	
10	.Models.part10	1.00	part10	

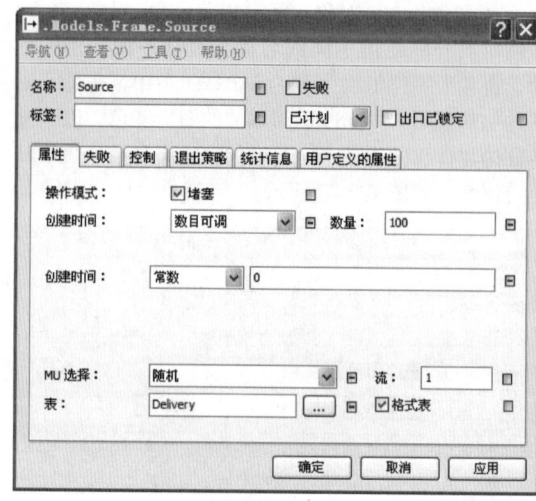

图 7.7-25　Source 参数设置

③ 一个制造单元由一个 Buffer 对象和一个 Sin-gleProc 对象构成。例如，Buffer1 对象和 Cell1 对象共同构成制造单元 1，由于 Cell1 是一个 SingleProc 对象，为避免多个零件族一起进入而产生混乱，一次只能加工一个零件族的零件，更多的到达后等待加工的零件就在 Buffer1 对象中排队等候。通过 Method 实现不同单元对不同零件的加工时间，如 Cell1 中的不同零件加工时间用 method1 来表示，如图 7.7-26 所示。

```
is
do
    @.sequence.cutrow(1);
    if@.name="part1"then
        cell1.proctime.setparam("triangle",1,8*60,6*60,10*60);
    end;
    if@.name="part2"then
        cell1.proctime.setparam("triangle",1,13*60,11*60,15*60);
    end;
    if@.name="part3"then
        cell1.proctime.setparam("triangle",1,10*60,7*60,13*60);
    end;
    if@.name="part4"then
        cell1.proctime.setparam("triangle",1,8*60,6*60,10*60);
    end;
    if@.name="part7"then
        cell1.proctime.setparam("triangle",1,7*60,6*60,9*60);
    end;
    if@.name="part8"then
        cell1.proctime.setparam("triangle",1,8*60,7*60,10*60);
    end;
    if@.name="part9"then
        cell1.proctime.setparam("triangle",1,15*60,13*60,17*60);
    end;
    if@.name="part10"then
        cell1.proctime.setparam("triangle",1,10*60,7*60,13*60);
    end;
    @.waitend:=eventcontroller.simtime;
        SumCell1Time:=SumCell1Time+@.waitend-@.waitstart;
end;
```

图 7.7-26　method1 程序内容

④ Leave 对象将被指派给 Source 对象已经各个制造单元的 Entrance 事件，当表示零件的 MU 进入当前制造单元时，将触发 Leave 对象中的程序。从 MU 的自定义参数中，读出 MU 在完成当前工序后到达下一工序需要使用的制造单元。其原理是从零件的工序表中取出下一道工序对应的制造单元，赋值给零件的 jobstep 参数。如果对象从 Source 对象离开，则记录仿真时钟当前的时间，作为零件进入模型的时间；如果零件从 Drain 对象离开，则记录仿真时钟当前的时间，作为零件离开模型的时间，如图 7.7-27 所示。

⑤ Distribute 对象将被指派给 FC1、FC2、FC3、FC4、FC5 五个对象的离去策略（exit strategy），负责根据 MU 的加工工序，判断 MU 是应该进入相邻的制造单元被加工，还是继续沿着表示传送带的 L1、L2、L3、L4 和 L5 对象流向下一个制造单元。从图 7.7-28 可以看出，除了 FC3，其余的 FC 对象都只有两个流向，即后续节点 1 是制造单元，后续节点 2 是继续沿 Line 对象移动。其代码内容如图 7.7-28 所示。

⑥ SumStayTime 对象用于记录零件在模型中的总逗留时间，AvgStaytime 对象用于记录零件在模型中的平均逗留时间；SunCell1Time 用于记录所有进入制造单元 1 的零件的总等待时间，AvgStaytime1 用于记录所有进入制造单元 1 的零件的平均等待时间。其通过 endsim 方法来实现，如图 7.7-29 所示。

⑦ Experimentmanager 对象的插入是为了使结果更加可信。当运行仿真模型时，输入数据的随机性会带来输出结果的随机性。如果仅仅运行一次仿真模型，或者仅仅试验几个随即抽出的方案，所得到的结果或据此得出的结论，其有效性、精确性和一般性显然是无法保证的。

解决这一问题的办法是重复运行 n 次仿真，取 n 次的平均值作为最终的结果。为方便对模型进行评估，窗口中共设置了 10 项待观察的参数和对象，包括 5 个单元的利用率、零件在各个制造单元的平均等待时间和零件在模型中的平均逗留时间，如图 7.7-30 所示。

3）运行模型。根据上述内容可以建立 eM-Plant 仿真模型，如图 7.7-31 所示。

```
is
do
    @.jobstep:=@.sequence[1,1];
    if?.name="source"then
        @.starttime:=eventcontroller.simtime;
        numinsystem:=source.statnumin-drain.statnumout;
    end;
    if?.name="Drain"then
        @.outtime:=eventcontroller.simtime;
        Sumstaytime:=Sumstaytime+@.outtime-@.starttime;
        numinsystem:=source.statnumin-drain.statnumout;
    end;
end;
```

图 7.7-27　Leave 程序内容

```
(r : integer) : integer
is
do
    if@.jobstep=100and?.name="FC3"then
        return 3;
    end;
    if@.jobstep=str_to_num(copy(?.name,3,1))then
        @.waitstart:=0;
        @.waitstart:=eventcontroller.simtime;
        return 1;
    else
        return 2;
    end;

end;
```

图 7.7-28　FC 对象的分流实现方法

```
is
do
    avgstaytime:=sumstaytime/drain.statnumout;
    Avgcell1time:=SumCell1Time/buffer1.statnumout;
    Avgcell2time:=SumCell2Time/buffer2.statnumout;
    Avgcell3time:=SumCell3Time/buffer3.statnumout;
    Avgcell4time:=SumCell4Time/buffer4.statnumout;
    Avgcell5time:=SumCell5Time/buffer5.statnumout;
end;
```

图 7.7-29　endsim 程序内容

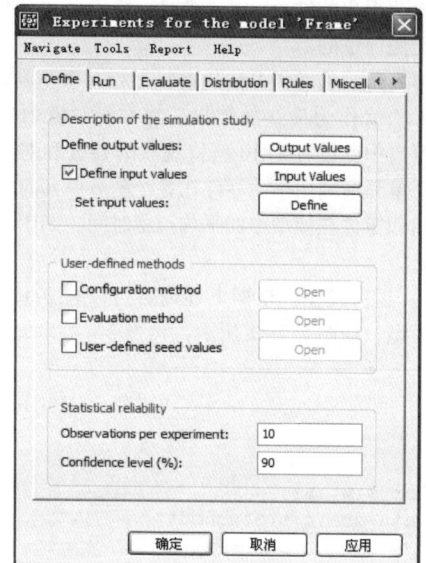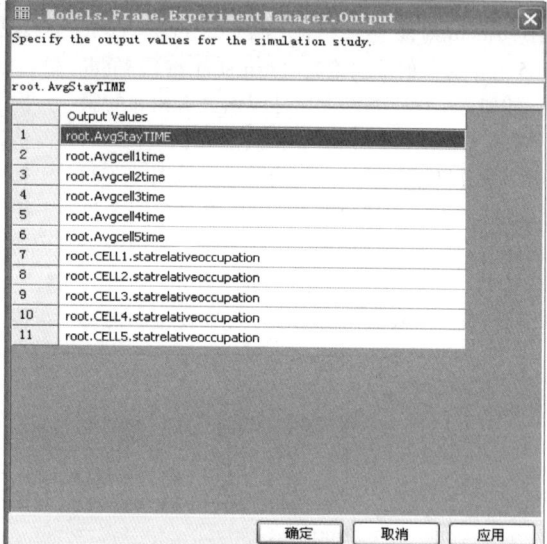

图 7.7-30　设置 Experimentmanager 对象的输出值

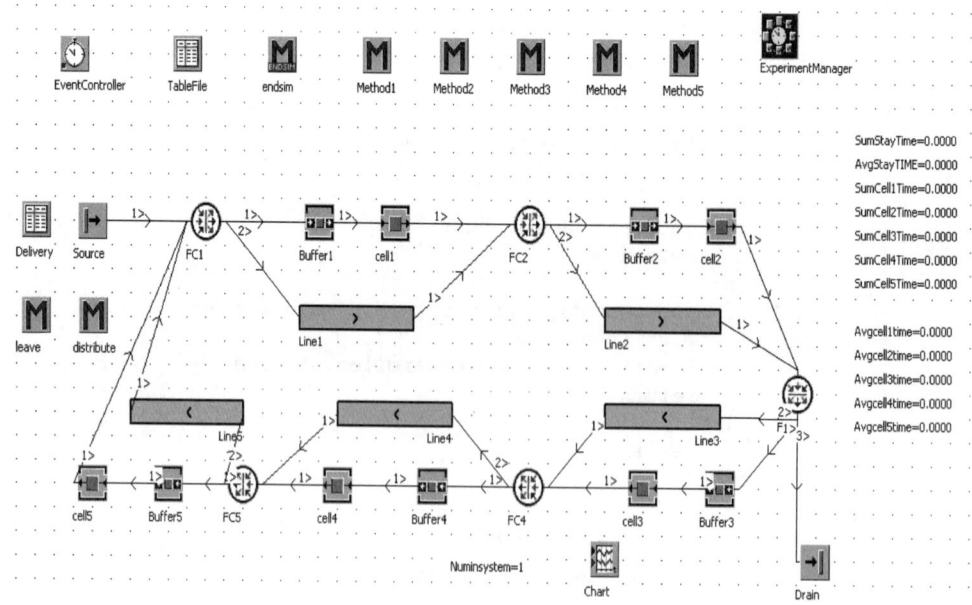

图 7.7-31　eM-Plant 仿真模型

双击 ExperimentManager 对象，选择 reset→start，开始运行，eM-Plant 会给出一份详细的输出报告，见表 7.7-5。

表 7.7-5　eM-Plant 输出报告

	零件平均逗留时间	单元 1 平均等待时间	单元 2 平均等待时间	单元 3 平均等待时间	单元 4 平均等待时间	单元 5 平均等待时间	单元 1 利用率	单元 2 利用率	单元 3 利用率	单元 4 利用率	单元 5 利用率
实验 1	6：57：05.3863	4：24：02.7589	2：36：48.5289	2：07：38.5141	15：45.7721	52：17.5513	0.565673801195385	0.635664106131061	0.966873444845791	0.652819067017965	0.629544479881679
实验 2	7：02：33.7323	4：13：14.4121	2：44：03.5052	2：19：37.2018	15：12.8838	57：20.8676	0.538106864280737	0.629775328532803	0.967005168547497	0.658299775590898	0.621114188761456
实验 3	7：01：47.1839	4：08：58.8627	2：48：54.8495	2：17：45.8272	.16：27.6196	54：58.6813	0.530070434140514	0.636321605801281	0.968063223035599	0.672896997343233	0.616910103351294
实验 4	7：06：35.3670	4：11：12.1141	2：48：14.1162	2：21：31.0772	17：08.2941	53：34.1664	0.527179356238935	0.631509822448386	0.965490885286687	0.672120586320838	0.608874041661501
实验 5	7：07：38.6974	4：11：07.9323	2：49：49.0444	2：22：05.7173	17：32.4305	51：09.7000	0.522835069630617	0.630663926026026	0.965146336093697	0.671172494309003	0.597766158561727

仿真运行时间为 0：15：21：00.0000。

由表 7.7-5 可以得出以下结论：在一天的仿真运行时间中，各个制造单元要进行加工的工件在 buffer 处的平均等待时间，除了 Cell4，其余的均过长；从各制造单元的负荷上来看，Cell3 相对来说负荷更高，利用率达到了 96%，而其余制造单元均为 50%～70%，负荷不大，还有相对足够的剩余生产能力。但是，长时间维持大负荷运转，会对制造单元的能力产生一定的影响，即会对生产设备造成一些损耗，大大降低其寿命，并且也会影响加工精度，所以根据以上仿真结果可以得出，当前系统与所要加工的生产任务匹配程度不强，不太适宜在当前 RMS 构型条件下完成生产任务。

（2）生产线虚拟重构与仿真技术

目前，多品种变批量生产型企业多采用单元制造系统（cellular manufacturing systems，CMS），按照工艺专业化原则布置设备。这种布局方式能够改善系统对品种多变需求的响应能力，提升系统运作的柔性，缩短物料的传送距离，能够较好地适应市场和客户需求的变化。然而，有些车间具有设备物理位置固定或不易移动、动态性和随机性强、离散程度高、面向订单生产等特点，单元制造系统难以进行物理重构的弱点被放大，导致设备负荷不均衡、生产计划无法按期完成等问题，难以满足车间柔性化混线生产、快速响应的需求，如航天航空复杂构件加工车间。

为了提高制造系统的柔性、突破设备物理位置不能或难以改变的瓶颈，基于可重构制造系统的虚拟制造单元（virtual manufacturing cell，VMC）/虚拟单元（virtual cell，VC）和虚拟单元制造系统（virtual cellular manufacturing system，VCMS）的概念在 20 世纪 80 年代初由美国国家标准技术研究所（National Institute of Standard and Technology，NIST）首先提出，它是在一个既定的目标下，为了完成指定任务而动态形成的制造资源虚拟集合。VMC 是一种具有分布、开放、柔性、可动态重构等特征的车间生产与管理模式，其特点是制造资源的物理位置不变，但生产组织和管理逻辑会根据车间的实际运行情况和任务情况而动态变化。VMC 能够实现混线生产模式下制造资源的动态优化配置，并对车间异常和扰动做出及时快速地响应。随着工业 4.0 和中国制造 2025 的逐步实施，以及多品种变批量定制化生产模式的不断涌现，虚拟制造单元和虚拟单元制造系统逐渐引起了国内外学者和企业的广泛关注。

针对车间运行过程中出现的或可能出现的、会对生产计划产生较大影响的异常，研究了面向异常的车间继承性虚拟动态重构模型和方法，在虚拟空间中构建任务池、资源池，基于交货期、成本、制造能力、运行状态、任务优先级等约束，通过高效的智能优化求解算法和数字孪生技术，实现对车间的快速重构和优化，并指导物理车间的生产运行，达到以虚控实的目的，从而均衡设备负荷、缩短制造周期，提高设备的平均利用率和车间生产率。具体的实现方案如图 7.7-32 所示。

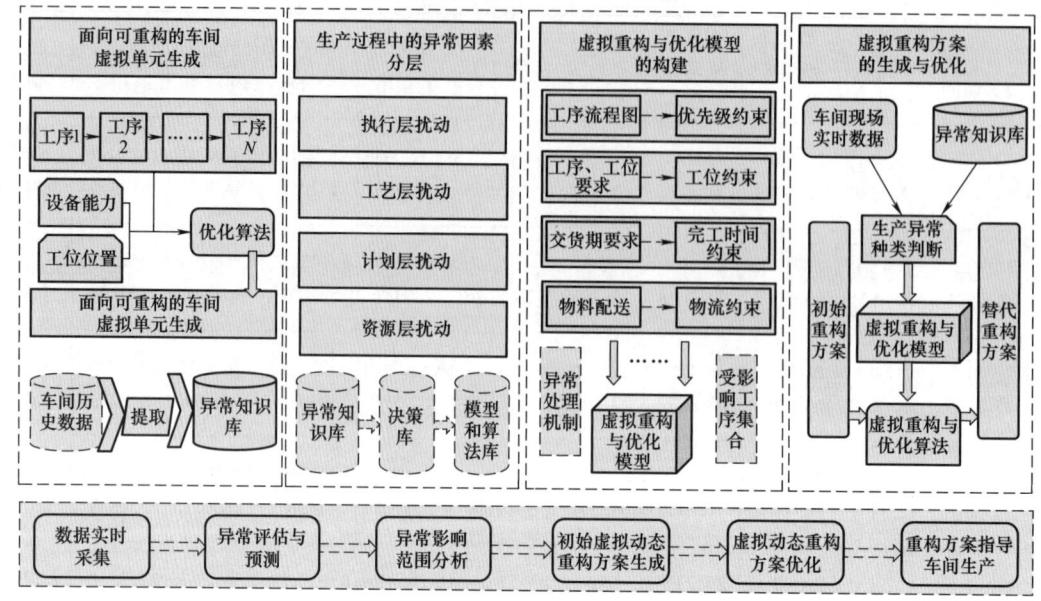

图 7.7-32　面向异常的车间虚拟动态重构实现方案

1）面向异常的车间继承性虚拟动态重构模型构建。基于历史大数据和专家经验知识，挖掘和分析车间运行过程出现的异常类型及其影响范围，确定不同异常的处理策略库，明确虚拟动态重构的触发条件（如对于影响范围较小的异常，可以通过制造单元内部微调的方式解决，则无须重构）。对于需要触发动态重构的异常，分析虚拟动态重构的目标（交货期、物流路径、继承性指标等）和约束条件（制造资源的制造能力和运行状态、工序优先级、任务/订单优先级等），建立面向异常的车间继承性虚拟动态重构数学模型。

2）基于数字孪生的车间继承性虚拟动态重构方案生成与优化。通过分析现场实时数据和异常预测结果，确定已经出现或可能会出现的异常类型，以及相对应的异常处理策略，并判断是否需要触发车间虚拟重构。若需要，可基于现场实时数据和设备、人员、物料等制造资源的实时运行状态，建立受影响工序集合和可用制造资源集合，并在所构建的重构模型基础上，采用高效智能优化算法，如改进的离散磷虾群算法，快速实现对车间的虚拟重构和制造资源的优化配置，并在数字孪生体中进行仿真迭代与优化运行，在合理的时间范围内生成最优或近似最优的重构方案，以指导物理车间的生产运行，从而完成对车间的逻辑重构，达到以虚控实的目的。

7.7.4 智能制造背景下虚拟车间技术的整体发展趋势

《制造强国战略研究·智能制造专题卷》给出的智能制造定义是，制造技术与数字化技术、智能技术及新一代信息技术的融合，是面向产品全生命周期的具有信息感知、优化决策、执行控制功能的制造系统，旨在高效、优质、柔性、清洁、安全、敏捷地制造产品。智能制造包括以下几个方面，即制造装备的智能化、设计过程的智能化、加工工艺的优化、管理的信息化、服务的敏捷化/远程化。

目前，在制造业界的实际操作中，对智能的制造的切实认识是，在制造过程中能进行智能活动，诸如分析、推理、判断、构思和决策等，通过人与智能机器的合作，去扩大、延伸和部分取代技术专家在制造过程中的脑力劳动。它把制造自动化扩展到柔性化、智能化和高度集成化。

1. 面向智能制造的车间运行特点

智能制造的内涵已经在制造业中得到了深入的体现，并呈现出一些鲜明的特点，主要体现为如下几个方面：

1）订单碎片化。订单作为制造运行的输入，呈现出面向大规模个性化定制的特点。例如，作为智能制造示范的红领，通过采集每个客户身上 18 个部位

22 个数据，根据这些数据，顾客就可以形成他独有的订单，这样的设计 7 天就可以交付，成本只比批量生产高 10%。通过这样的个性化定制，从而获得了销售收入和利润的极大增长。这个案例就是典型的类似"批量为 1"的订单碎片化的极端案例。

2）资控泛在化。随着物联网和工业互联网技术的深入发展，以及对赛博物理系统（CPS）认知和实践的逐渐深入，制造生产中各种要素资源的离散化、控制化也越发得以实现，从而为制造资源的优化配置和智能管控提供了更广泛的发展空间。

3）管理自动化。管理自动化的概念在已经装置和生产单元/产线得到了广泛的关注和发展。智能制造在订单碎片化和资控泛在化的演变下，对智能制造管控软件的需求提出了快速响应传递和调整的需求。在这个方面，可以借鉴管理自动化的思路，实现软件系统自动的规范化内容传递、规范化业务流程链条运转，使业务的执行不再受制于信息传递流程及交互的制约。管理自动化是否到位，是目前管理性工业软件实施困难甚至失败的重要原因。

4）决策智能化。随着人工智能、大数据和先进工艺技术的发展，制造生产中出现了自适应加工、机器视觉等广泛而深入的探索与应用，推动了业务决策向智能化演变。这种业务决策过程分为两种形式：一种是自动的推理分析；另一种是人、机、物有机融合下的推理分析。

2. 面向智能制造的车间人在决策回路理念

智能制造所强调的智能，在目前阶段更多的还是要依靠人来体现智能，所以在决策回路中，如何更好地实现人与机器和系统的融合就是当前发展的重点和值得探讨的问题。人、机、物一体化融合是追求的目标，但在实现过程中却不是一蹴而就的事情，必须逐步进行。人、机、物融合的内涵和路线很多，而这些分阶段展开的路线对于企业的信息化、数字化或智能制造的规划，起到了过程引领的作用，也就是如何分步规划和实施。主要体现为两个步骤：

1）基于管理自动化的数字化业务回路基础。人、机、物融合的基础是业务、流程链条和信息的规划运行，包括制造生产的要素定义、环节操作、过程衔接的数字化，并且通过连续、规范、无中断地集成在一起，其本质是实现流程信息的集成，可称之为管理自动化。数字化业务回路建设主要体现在两个方面：一是流程链条、流程网络、正常过程、异常过程业务流程的规范化；二是通过规范内容、规范格式、规范操作实现业务执行的规范化。

2）基于业务流程链条分解的智能决策提升。

人、机、物融合环境下的智能决策核心是人、机、物融合环境的形成，涉及两个方面：一是精益的信息流转，涉及正确的信息输入与输出、正确的环节、正确的操作与分析等，使决策时所需获得的信息能够顺畅无歧义地得到；二是人、机、物一体化决策融合，可以通过对业务环节细分，寻求智能化提升点并进行发力。

3. 车间智能化提升

通过上述分析，结合目前制造业关于智能制造的需求和实践，虚拟车间技术在智能化提升后具备以下几个新特征。

1）人机共同构成决策主体：智能制造中的人与"机器"共同构成决策主体，在赛博物理系统中实施交互，信息量和种类及交流的方法更加丰富，从而使人、机器的交互与融合达到前所未有的深度。此处的"机器"不仅仅是物理上的设备、机器人等硬件装置，也包括智能制造工业软件系统等。在这种状态下，机器人不再被固定在安全工作地点，而是与人一起协同工作，机器能够顺畅地捕捉人的意图并实现协同运行，将是未来一段时间智能制造的典型特征。

2）信息空间与物理系统高度融合：智能制造具有对生产过程中的制造信息进行感知、获取和分析等能力，对于物理系统中的各个实体，信息空间中均对应存在一个与其融合的模型。信息空间与物理系统之间的深度交融，可实现制造系统的自组织、自重构及资源的最优配置与利用，从而使自动化的程度与规模大幅提升。目前所开展的工业物联网、工业互联网均是对此特征的有力支持。

3）系统工程属性强烈而鲜明：智能制造具有强烈而鲜明的系统工程属性，自组织、自循环的各技术环节与单元按照功能需求组成不同规模、不同层级的系统，系统内的所有因素均是互相关联的。这种系统工程属性主要体现在智能管控方面，包括优化配置、自适应、自组织等特点。在这个方面，它与德国工业 4.0 的内涵是相一致的。

图 7.7-33 所示为德国工业 4.0 基于"服务联网"的智能管控理论。其所表达的含义是生产线中所有的硬件单元都有对应的软件形式服务，如传感器服务、控制服务、通信服务等，整个赛博物理系统就是一个服务连接网络，具有"服务联网"的概念，这些服务有层次且能够动态组合配置。所谓的智能管控，体现为硬件资源的离散化，通过服务化封装，实现业务资源链条的重构与控制，并可进一步地支持"软件定义制造"理念的落地。

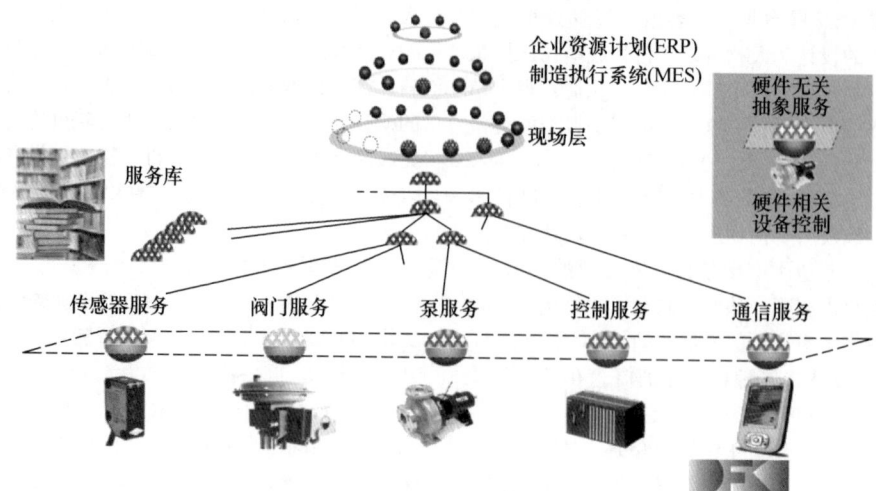

图 7.7-33　德国工业 4.0 基于"服务联网"的智能管控理念

参 考 文 献

[1] 肖田元. 虚拟制造 [M]. 北京：清华大学出版社，2004.

[2] 肖田元，韩向利，张林鍹. 虚拟制造内涵及其应用研究 [J]. 系统仿真学报，2001（01）：118-123.

[3] 肖田元，郑会永，王新龙，等. 虚拟制造体系结构研究 [J]. 计算机集成制造系统，1999（1）：33-38.

[4] 庄存波，刘检华，熊辉，等. 产品数字孪生体的内涵、体系结构及其发展趋势 [J]. 计算机集成制造系统，2017，23（04）：753-768.

[5] ALTINTAS Y, BRECHER C, WECK M, et al. Virtual Machine Tool [J]. CIRP Annals, 2005, 54 (2)：115-138.

[6] 严隽琪，范秀敏，马登哲，等. 虚拟制造的理论、技术基础与实践 [M]. 上海：上海交通大学出版社，2003.

[7] SPUR G, LOTHAR F. 虚拟产品开发技术 [M]. 宁汝新，等译. 北京：机械工业出版社，2000.

[8] 王贤坤. 虚拟现实技术与应用 [M]. 北京：清华大学出版社，2018.

[9] 胡小强. 虚拟现实技术基础与应用 [M]. 北京：北京邮电大学出版社，2009.

[10] 肖田元. 虚拟制造 [M]. 北京：清华大学出版社，2004.

[11] YAU H T, TSOU L S. Efficient NC Simulation for MultiAxis Solid Machining With a Universal APT Cutter [J]. Journal of Computing & Information Science in Engineering, 2009, 9 (2)：375-389.

[12] KOBBELT L P, BOTSCH M, SCHWANECKE U, et al. Feature sensitive surface extraction from volume data [C] //Proceedings of the 28th annual conference on Computer graphics and interactive techniques. New York, NY, USA：Association for Computing Machinery, 2001：57-66.

[13] ANDERSON, R O. Detecting and eliminating collisions in NC machining [J]. Computer-Aided Design, 1978, 10 (4)：231-237.

[14] LIU S Q, ONG S K, CHEN Y P, et al. Realtime, dynamic level-of-detail management for three-axis NC milling simulation [J]. Computer-Aided Design, 2006, 38 (4)：378-391.

[15] LEE S W, NESTLER A. Virtual workpiece：workpiece representation for material removal process [J]. International Journal of Advanced Manufacturing Technology, 2012, 58 (58)：443-463.

[16] 张臣. 数控铣削加工物理仿真关键技术研究 [D]. 南京：南京航空航天大学，2006.

[17] 毕运波. 铣削加工过程物理仿真及其在航空整体结构件加工变形预测中的应用研究 [D]. 浙江：浙江大学，2007.

[18] 刘思濛. 薄壁深腔框体零件的加工变形仿真研究 [D]. 西安：西安电子科技大学，2017.

[19] 刘检华，宁汝新，姚珺，等. 面向产品全生命周期的虚拟装配技术研究 [J]. 计算机集成制造系统，2005，11（10）：1430-1437.

[20] 刘检华，侯伟伟，张志贤，等. 基于精度和物性的虚拟装配技术 [J]. 计算机集成制造系统，

2011, 17 (03): 595-604.

[21] 刘检华, 万毕乐, 孙刚, 等. 线缆虚拟布线与敷设过程仿真技术 [J]. 计算机集成制造系统, 2012, 18 (4): 787-795.

[22] 陶飞, 张萌, 程江峰, 等. 数字孪生车间: 一种未来车间运行新模式 [J]. 计算机集成制造系统, 2017, 23 (1): 1-9.

[23] TAO F, ZHANG M. Digital Twin Shop-Floor: A New Shop-Floor Paradigm Towards Smart Manufacturing [J]. IEEE Access, 2017, 5: 20418-20427.

[24] 庄存波, 刘检华, 熊辉, 等. 产品数字孪生体的内涵, 体系结构及其发展趋势 [J]. 计算机集成制造系统, 2017, 23 (4): 753-768.

[25] 全国工业过程测量控制和自动化标准化技术委员会. 数字化车间　通用技术要求: GB/T 37393—2019 [S]. 北京: 中国标准出版社, 2009.

[26] ZHUANG C, MIAO T, Liu J H, et al. The connotation of digital twin, and the construction and application method of shop-floor digital twin [J]. Robotics and Computer-Integrated Manufacturing, 2021, 68 (4): 102075.

[27] 赵浩然, 刘检华, 熊辉, 等. 面向数字孪生车间的三维可视化实时监控方法 [J]. 计算机集成制造系统, 2019, 25 (6): 1432-1443.

[28] 谭建荣, 李涛, 戴若夷. 支持大批量定制的产品配置设计系统的研究 [J]. 计算机辅助设计与图形学学报, 2003, 15 (8): 931-937.

[29] 陆长明, 张立彬, 蒋建东, 等. 基于设计模板的产品快速配置设计方法研究 [J]. 计算机集成制造系统, 2009, 15 (3): 425-430.

[30] 徐敬华, 张树有, 李焱等. 基于多域互用的数控机床模块化配置设计 [J]. 机械工程学报, 2011, 47 (17): 127-134.

[31] TAN W, KHOSHNEVIS B. Integration of process planning and scheduling-a review [J]. Journal of Intelligent Manufacturing, 2000, 11 (1): 51-63.

[32] 张浩, 刘强, 王磊, 等. 中空玻璃智能仓储系统快速定制设计方法 [J]. 计算机集成制造系统, 2016, 22 (11): 2497-2504.

[33] ZHANG Z, WANG X, WANG X, et al. A simulation-based approach for plant layout design and production planning [J]. Journal of Ambient Intelligence and Humanized Computing, 2019, 10 (3): 1217-1230.

[34] LIU Q, LENG J, YAN D, et al. Digital twin-based designing of the configuration, motion, control, and optimization model of a flow-type smart manufacturing system [J]. Journal of Manufacturing Systems, 2020. https://doi.org/10.1016/j.jmsy.2020.04.012.

[35] LIU Q, ZHANG H, LENG J, et al. Digital twin-driven rapidindividualised designing of automated flow-shop manufacturing system [J]. International Journal of Production Research, 2019, 57 (12): 3903-3919.

[36] GUO J, ZHAO N, SUN L, et al. Modular based flexible digital twin for factory design [J]. Journal of Ambient Intelligence and Humanized Computing, 2019, 10 (3): 1189-1200.

[37] 郑力, 江平宇, 乔立红, 等. 制造系统研究的挑战和前沿 [J]. 机械工程学报, 2010 (21): 124-136.

[38] 熊光楞, 王昕. 仿真技术在制造业中的应用与发展 [J]. 系统仿真学报, 1999, 11 (3): 146-151.

[39] 顾启泰. 离散事件系统建模与仿真 [M]. 北京: 清华大学出版社, 1999: 55-56.

[40] 游海波. 多品种小批量生产方式下基于约束理论的生产计划与控制研究 [D]. 合肥: 合肥工业大学, 2009.

[41] RONEN B. STARR M K. Synchronized Manufacturing as in OPT: From Practice to Theory [J]. Computers Industrial Engineering, 1990, 18 (4): 585-600.

[42] SCHRAGENHEIM E, RONEN B. Buffer Management: A Diagnostic Tool For Production Control [J]. Production and Inventory Management Journal, 1991: 74-79.

[43] 庄存波, 刘检华, 熊辉. 分布式自主协同制造: 一种智能车间运行新模式 [J]. 计算机集成制造系统, 2019 (8): 1865-1874.

[44] KOREN Y, HEISEL U, JOVANE F, et al. Reconfigurable Manufacturing Systems [J]. Journal of Manufacturing Systems, 1999, 29 (4): 130-141.

[45] 徐翔斌, 王琦, 涂欢. 基于 eM-Plant 配送中心的流程仿真和优化 [J]. 华东交通大学学报, 2011, 28 (1): 29-33.

[46] 张如杰, 杨自建, 王伟等. eM-Plant 在机车预组装生产线建模与物流仿真中的应用 [J]. 装备制造技术, 2013 (5): 140-143.

[47] 王国新, 宁汝新, 王爱民. 面向可重构制造单

元的仿真建模技术研究 [J]. 系统仿真学报, 2007, 19 (17): 3894-3898.

[48] 陈书宏, 肖超. eM-Plant 在生产线前期规划中的应用 [J]. 控制工程, 2011, 18 (5): 748-750, 819.

[49] ALTOM R J. Costs and Savings of Group Technology [R]. Dearborn: Society of Manufacturing Engineers, 1978.

[50] MCLEAN C R, BLOOM H M, HOPP T H. The Virtual Manufacturing Cell [J]. Information Control Problems in Manufacturing Technology, 1982, 15 (8): 207-215.

[51] KO K C, EGBELU P J. Virtual cell formation [J]. International Journal of Production Research, 2003, 41 (11): 2365-2389.

第 8 章

智能制造系统

主　编　戴一帆（国防科技大学）

参　编　宋　辞（国防科技大学）

　　　　关朝亮（国防科技大学）

　　　　李圣怡（国防科技大学）

　　　　尹自强（国防科技大学）

8.1 智能制造系统（IMS）的概念及内涵

8.1.1 智能制造的概念

1. 概述

智能制造对应两种英文表述，分别是 smart manufacture 和 intelligent manufacture；在中国工程院《中国智能制造发展战略研究》报告中，将智能制造分成三种递进发展的范式，即数字化制造、数字化网络化制造和新一代智能制造。smart manufacture 主要对应数字化网络化制造，而 intelligent manufacture 则对应新一代智能制造。

在此，有必要对 smart manufacture 进行进一步解释：其字面含义是赋予企业快速响应内部和外部变化的能力；从目标上看，smart manufacture 与 flexible manufacturing（柔性制造）相似，但从手段上看，前者侧重于 ICT（信息通信技术）的应用。与传统信息化相比，smart manufacture 往往需要对设备、组织、流程、工作方式、商业模式等方面进行改造，而不是单纯的 ICT 应用。因此，smart manufacture 往往被理解为 ICT 与制造业的深度融合。一般来说，智能制造不仅涉及与制造相关的过程，智能服务和智能产品也常常被纳入智能制造的范畴。

2. 智能制造的技术内涵

（1）ICT 的深入应用是智能制造的出发点

智能制造的历史机遇是 ICT 的发展带来的，要避免把智能化与传统的自动化、信息化混淆起来，从而忽视真正的智能化工作，丧失历史的机遇。智能化相关思想并不是现在才有的，但只有在 ICT 高度发达的条件下，过去的设想才能具备技术和经济可行性。

（2）价值创造是智能制造的目的和归宿

智能制造必须服务于企业真实的业务需求，反对为技术而技术、盲目采用先进而无用的东西。很多企业对智能化的需求是隐含的。推进智能制造往往需要企业进行转型升级，改变生产经营方式，才能找到合适的场景，以便于创造价值。这就是 ICT 与工业深度融合的含义。

（3）快速响应变化是智能制造的外部特征

随着市场竞争不断加强，快速响应的重要性越来越大。例如，在手机、汽车等行业，快速响应的价值体现在新产品上市的速度上。推出新一代产品的快慢，很大程度上决定了企业的盈利情况。在另外一些对原料价格敏感的行业，快速响应供应链变化的能力决定企业的盈亏。所以，智能制造最重要的作用之一是加快响应速度。

（4）协同、共享和重用是智能制造进行价值创造的内在机制

ICT 能够显著促进人与人、机器与机器、人与机器，以及企业与企业、部门与部门之间的协同，减少时间上的耽搁和界面上的失误，还可以通过对物质、人、知识或信息的共享来降低成本，提高效率和质量。在智能制造时代，知识的重用变得越来越重要。例如，通过模块的重用，可以减少研发过程不必要的时间和资金投入，并有利于提高质量、降低成本，提高经济性，并支撑快速响应。

8.1.2 智能控制的概念

1. 智能控制的基本结构和内涵

智能控制的明确概念是由 K. S. Fu 在 1971 年提出的，即智能控制是人工智能与自动控制系统两个学科互相渗透和交集的领域。1977 年，Saridis 将上述两大学科领域的交集扩充为三大学科领域，即人工智能、自动控制系统和运筹学的交集，如图 8.1-1 所示。经过许多科学家的努力，对各种不同的思想进行了严格的定义和规格化，尽管对智能控制的定义和结构仍在争论之中，但作为一门新型交叉科学地位的确立是明确无疑的了。1985 年，IEEE（电气电子工程师学会）控制系统学会正式成立了智能控制技术委员会，并每年定期召开国际性的智能控制学习研讨会。该技术委员会的成立，对促进智能控制理论的研究和应用发挥了重要作用。

在人工智能与自动控制系统的交集中，有记忆、学习、优化、动态反馈和动力学技术；在人工智能与运筹学的交集中，有信息处理、规格化语言、启发式搜索、规划、调度和管理等技术；在自动控制系统与运筹学的交集中，有动力学、动态反馈、管理和协调等技术。被控对象通过传感器获取信息，取得感知，再通过人工智能和通信功能进行动作行为的规划与控制，最后通过执行器（电动机、液压驱动器等）对被控对象进行操控，以达到期望的目的。

2. 智能控制方法与理论

有关参考文献将智能问题求解技术和传统问题求解技术用一个三角形来表述，如图 8.1-2 所示。三角形的 3 个顶点分别表示数值处理（numeric processing）技术、符号（知识）处理 [symbolic（knowledge）processing] 技术和亚符号（适应）处理技术 [subsymbolic（adaptive）processing]。三角形内部用虚线分为 3 个部分，三角形

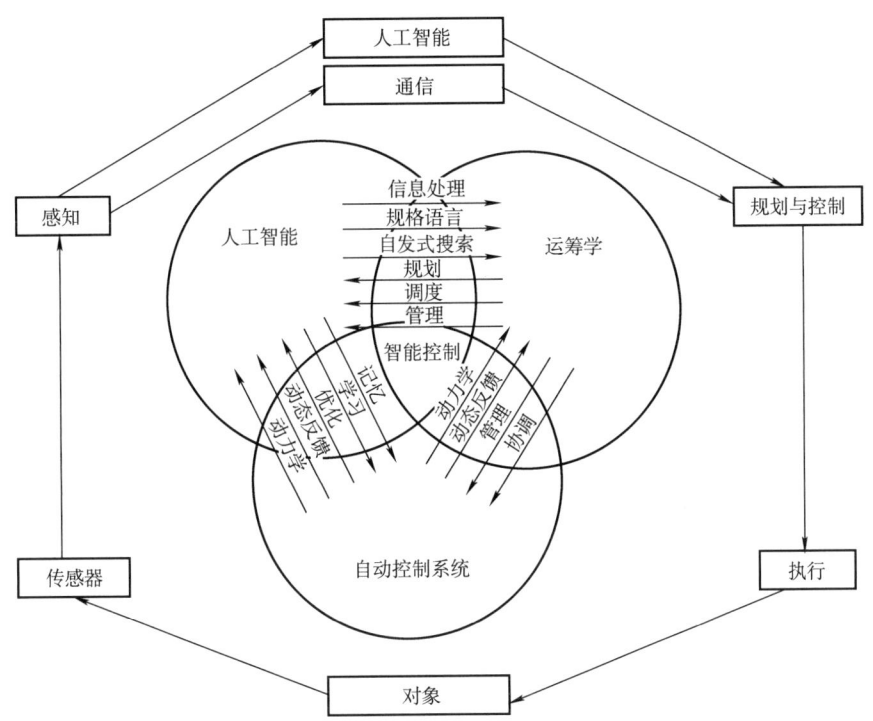

图 8.1-1　Saridis 提出的智能控制的结构

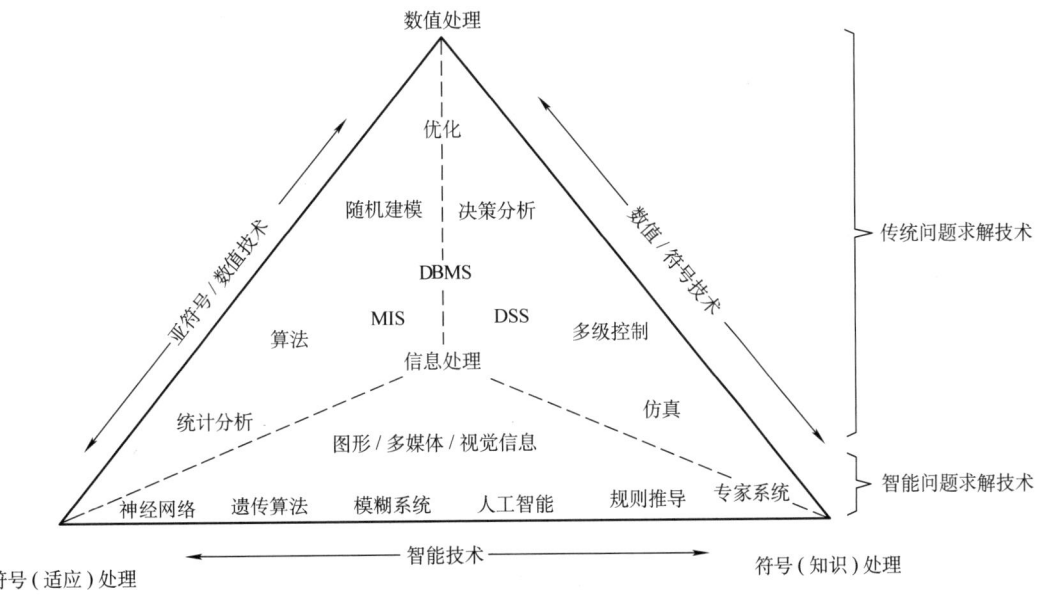

图 8.1-2　智能问题求解技术和传统问题求解技术

右部是数值/符号技术，用于数据库管理系统（DBMS）和决策支持系统（DSS），包括仿真、多级控制、决策分析和优化。三角形左部是亚符号/数值技术，用于数据库管理系统（DBMS）和管理信息系统（MIS），包括统计分析、算法随机建模和优化；靠底边部分是图形/多媒体/视觉信息处理，所使用的方法为智能处理方法，包括专家系统、规则推导、人工智能、模糊系统、遗传算法和神经网络。由此可见，智能控制方法与理论通常是指专家系统、规则推导、人工智能、模糊系统、遗传算法和神经网络等方法与理论。

8.1.3 智能制造系统（IMS）的基本概念

1. 智能制造技术与智能制造系统的定义

智能制造在国际上尚无公认的定义。1988年，P. K. Wright 和 D. A. Bourne 在其所著的《智能制造》一书中提出，智能制造的目的是通过集成知识工程、制造软件系统、机器人视觉和机器控制对制造技工的技能和专家知识进行建模，以使智能机器人在没有人工干预的情况下进行小批量生产。

日本通产省机械信息产业局元岛直树对智能制造的设想是，在具有国际可互换性基础上，使订货、销售、开发、设计、生产、物流、经营等部门分别智能化，并按照灵活适应制造环境等原则，使整个企业网络集成化。

目前比较通行的一种定义是，智能制造技术（intelligent manufacturing technology，IMT）指在制造工业的各个环节以一种高度柔性与高度集成的方式，通过计算机模拟人类专家的智能活动，进行分析、判断、推理、构思和决策，旨在取代或延伸制造环境中人的部分脑力劳动，并对人类专家的制造智能进行收集、存储、完善、共享、继承与发展。

智能制造系统（intelligent manufacturing system，IMS）是一种由智能机器和人类专家共同组成的人机一体化智能系统，它在制造过程中能以一种高度柔性与集成不高的方式，借助计算机模拟人类专家的智能活动，进行分析、推理、判断、构思和决策等，从而取代或延伸制造环境中人的部分脑力劳动；同时，收集、存储、完善、共享、集成和发展人类专家的智能。很明显，智能制造系统是智能系统在制造中的运用。

2. 智能制造系统的特点

智能制造的研究开发对象是整个制造企业。智能制造技术指在制造系统及制造过程的各个环节，通过计算机来实现人类专家的制造智能活动（分析、判断、推理、构思、决策等）的各种制造技术的总称。概略地说，智能制造技术是人工智能技术与制造技术的有机结合。

现代制造系统在产品设计、工艺规划、生产调度和过程控制等方面要求有更多的柔性，即要求具有一个能方便集成各种软件和硬件的结构，具有能积累制造经验的数据库系统和能收集制造环境信息并做出判断、决策、通信的机制，最后能通过机床、机器人、物材传送系统等完成制造的目的。但是，制造系统过于复杂，不确定因素大量存在，要完成上述任务，将

智能和智能控制技术引入制造系统就成为一个必然趋势。智能制造系统的发展反过来也成为智能和智能控制技术的主要研究领域和技术发展的推动力量。

20世纪50年代末，机械制造技术开始进入现代制造技术阶段。几十年来，机械制造技术有了长足的进展，主要表现为4个概念和形式有较大的更新。

1）直接数字控制（DNC）技术：20世纪60年代末形成了机床的数控技术，实现了机床加工过程自动化。

2）柔性制造系统（FMS）：机床装置了工件和刀具的自动更换系统，实现了计算机在线的机床加工过程调度和规划，出现了完善的加工中心（从20世纪70年代开始，至今仍在继续发展之中）。

3）计算机集成制造系统（CIMS）：CIMS的特点是CAD、CAPP和CAM技术的综合，以及管理、经营、计划等上层生产活动的集成。该项技术目前已有一些投入工厂运行。

4）智能制造系统（IMS）和智能制造技术（IMT）：这种制造系统可以在确定性受到限制或没有先验知识、不能预测的环境下，根据不完全、不精确的信息来完成拟人的制造任务。这是20世纪80年代以来由高度工业化国家首先提出的开发性技术和项目。

具体来说，IMS是要通过集成知识工程、制造软件系统、机器人视觉和机器人控制等来对制造技术的技能与专家知识进行建模，以使智能机器在没有人工干预情况下进行生产。

与CIMS比较，CIMS强调的是材料流和信息流的集成，而IMS强调的是制造系统的自组织、自学习和自适应能力。实际上，IMS是整个制造过程中贯穿智能活动，并将这种知识活动与智能机器的有机融合。

首先，智能制造系统的物理基础是智能机器，它包括具有各种程序的智能加工机床，工具和材料的传送、准备装置，检测和试验装置，以及安装、装配装置等。

在底层加工系统的智能化、集成化方面提出了智能完备制造系统（holonomic manufacturing system，HMS），又称合弄制造系统，它是由智能完备单元复合而成：其底层设备具有开放、自律、合作，适应柔性、可靠、易集成和鲁棒性好等特性。在车间级的生产管理和控制系统中，通过网络技术、多代理技术使车间生产控制系统也可以独立工作，成为并行工程中的一个"自治体"，因此可以更好地发挥其创新功能。

制造技术包括人类对制造过程的行为认识及人类

对解决制造问题各种方法的认识等。这些方法和知识还在不断地深化，新的工艺、工具和手段还在不断地出现。在智能制造系统中，如何将这些知识信息转变为机器的知识与智能，这将是 IMS 所要解决的问题。

IMS 工程将更加强调低层智能因素的存在，即需要有足够智能、可靠的自动化加工生产和辅助设备。只有在此基础上，才能形成更高超的控制技巧和分层信息处理及决策机构，使得 IMS 工程得以真正实现。一般的 CNC 机床是开环控制的，它是无智能的加工设备，它不能根据加工过程的实际情况来适当改变其控制策略。加工过程的智能化，一方面要使加工系统在保持所需精度和高生产率的前提下具有尽可能大的柔性，要求过程智能控制能够在适应于多种加工条件下以实现高效或最优化的加工控制；另一方面 IMS 还要有足够的智能，以保证机床设备和人员的安全。

根据智能控制"精度随智能降低而增加"（IPDI）的原则，高层控制的目标是知识的集成、通信、协调，层次越高，可加入的智能就越多、越容易，而对制造的精度要求越低；最低层要求精度高，信息处理快，因此加入智能的难度大、智能低。

8.2　智能制造系统理论基础

8.2.1　人工智能

1. 人工智能的概念

人工智能（artifical intelligence，AI），是计算机科学、控制论、信息论、神经生物学、心理学和语言学等多种学科互相渗透而发展起来的一门综合性新学科。

人工智能的概念由美国数学家麦卡锡（John Mc-Carthy）1955 年最先提出，1956 年在美国达特茅斯（Dartmouth）大学正式启用。

人工智能是一门知识工程学，以知识为对象，研究知识的获取、表示和使用，进而使各种人工系统达到能模拟自然智能系统的功能和行为的目的。

人工智能的发展大致可分为 4 个阶段。

（1）20 世纪 50 年代的神经网络研究阶段

20 世纪 50 年代的 AI 研究者试图通过模仿人脑来建立智能机器，认为相互紧密连接的模拟神经系统可从一无所知开始，按照一个奖励和惩罚的训练程序，让其完成建造者所希望的工作，但当时的计算机发展水平不能适应这样的需要。20 世纪八九十年代，随着计算机技术的发展，神经网络技术又进入一个新的发展期，现在它已成为近代人工智能发展的新分支。

（2）20 世纪 60 年代的启发式搜索研究阶段

这类研究的先驱者是美国卡内基·梅隆大学的 Allen Newell 和 Herbert Simen，他们的研究成果集中在 GPS，即通用问题求解程序。他们方法的中心思想是启发式搜索的概念，即认为人的思考是通过图像符号的比较、搜索和修改等简单符号管理任务的组合来完成的，而这样的简单符号管理任务计算机就可以完成。他们把问题求解看作是在帮助将搜索引向终点的启发式规则的导引下，在可能的求解空间中的搜索问题。

但是，GPS 的通用性是有局限的，它只对具有相对较小的状态集和含义明确的形式规划集的问题有效。GPS 只能在形式化的微、小型系统中起作用，它缺少高级专门知识，尚不能解决现实生活中的复杂问题。

（3）20 世纪 70 年代的专家系统的产生和发展阶段

1965 年，美国斯坦福大学的 Feigenbaum 提出，要使 AI 程序达到实际应用水平，就必须将模仿人类思维规律的解题策略与大量的专门知识相结合。基于这种思想，他与遗传学家 Lederberg、物理化学家 Cd-jerassi 等人合作研制出了根据化合物的分子式及质谱数据帮助化学家推断分子结构的计算机程序系统 DENDRAL，此系统的分析能力已达到专家水平。这个系统的出现，标志着 AI 研究开始向实用阶段过渡，同时也标志着专家系统的诞生。

人类专家具有大量的专门知识，也就是专家掌握大量有用的诀窍或经验规律。专家系统的研究吸收了这个特点，不是试图发现少数很强有力和很通用的问题求解方法，而是去对一个很窄的领域知道得很透的实际人类专家的模仿。

（4）机器学习阶段

原有的专家系统基本上是建立在经验性知识之上的，系统本身不能从领域的基本原理来理解这些知识，一个能模拟人类专家具有学习功能的系统，才能在实践中不断地丰富自身的知识库，从而具有生命力，因此机器学习是未来发展的关键。

2. 人工智能的方法

专家系统作为一种计算机系统，继承了计算机快速、准确的特点，在某些方面比人类专家更可靠、更灵活，可以不受时间、地域及人为因素的影响。专家系统可以综合多个专家的知识、经验，博采众长，提供高质量的服务。人工智能的各项基本技术主要以专家系统的方式得以实际应用。人工智能的方法主要有如下几种。

（1）知识表示技术

计算机所处理的知识，按其作用不同大致可分为描述性知识（descriptive knowledge）、判断性知识（judgmental knowledge）和过程性知识（procedural knowledge）；按其描述的对象不同大致可以分为对象级知识（object level knowledge）和元知识（mental-level knowledge）。人们已经提出许多知识表示的方法，主要有逻辑表示法、产生式规划表示法、语义网表示法、框架表示法、特征向量表示法等。知识表达是将人的知识用适当的结构形式表示出来。通常对描述性知识，运用产生式规则、语义网、逻辑表示法表达；对过程性的知识，则运用程序的形式表达。

1）逻辑表示法。如命题逻辑、谓词逻辑、计算逻辑、概率逻辑和非单调逻辑等。

2）产生式规则（production rule）表示法。产生式规则是一个具有如下形式的语句，即

　　　　如果　条件　那么　动作

在产生式规则表示知识的系统中，领域的知识被分成两部分：凡是静态的知识，如事物、事件和它们之间的关系，用所谓事实来表示；将推理和行为的过程以产生式规则表示。这类系统又称为基于规则的系统或产生式系统。

在确定完全规则后，才可以设计解释器（推理机）。

3）语义网表示法（semantic networks representation）。语义网络由结点和描述其关系的弧连接而成，其中结点表示目标、概念或事件，弧可以根据所表示的知识来定义。

4）框架表示法。框架可以看作是一种数据结构，它将有关的信息存放在一起，以便存取和处理。一个框架可以有任意数目的槽，一个槽可以看作任意侧面，一个侧面可以有任意数目值。框架中的附加过程利用系统中已有的信息解释或计算新的信息。

框架表示法和语义网表示法的侧重点不同，前者突出了状态，后者突出了关系。框架表示法对描述比较复杂的对象是很有效的。

5）特征向量表示法。特征向量包括特征和值两部分。关于某一过程的一组特征向量可以组成一个特征表，用特征表可以方便地描述缺乏内在结构联系的事物。

（2）搜索策略

试图解决问题的一个方法是由初始状态出发进行试探，以期找到一条通往目标状态的路径，这种试探称为状态图搜索，也称为状态空间搜索。状态图也称状态空间。

AI领域中已提出多种搜索策略，概括起来有两类，见表8.2-1。

表 8.2-1　搜索策略

方法	求任一解路的搜索策略	求最佳解路的搜索策略
1	回溯法（backtracking）	最佳图搜索法（A*）
2	登山法（hill climbing）	动态规划法（dynamatic programming）
3	宽度优先法（breadth-first）	分支界限法（branch and bound）
4	深度优先法（depth first）	
5	限定范围搜索法（beam search）	

（3）推理技术策略

人类的推理有演绎、类比、归纳等多种形式。演绎推理是用判断性知识由已知信息得出新信息的推理，前提与结论之间有必然的联系。实现推理的主要部件是推理机。

按照推理所得结论的可靠性不同，推理分为精确推理和非精确推理两类。精确推理的结论是肯定的，非精确推理是运用不精确规则产生的。

精确推理按其方式不同分为正向推理、反向推理和混合推理，它们都属于形式推理方法，不依赖于应用领域。

非精确推理常用确定性理论和可能性理论，结合概率论和模糊集合论。它是通过计算确定性因子（certainty factor，CF）来实现的。

（4）专家系统的建立

根据专家系统（ES）的特点，一般应从方便性、有效性、可靠性和可维护性4个方面考虑ES的性能。方便性是ES为用户使用提供的方便程度，包括系统的提示、操作方式、显示方式、解释能力和表达形式；有效性简单地讲是系统在解决实际问题时表现在时空方面的代价及所解决问题的复杂性，知识的种类、数量表示方式及使用知识的方法等都是影响系统有效性的主要因素；可靠性是ES为用户提供答案的可靠程度及系统的稳定性，知识库中知识的有效性、系统的解释能力及软件的正确性是影响可靠性的关键因素；可维护性指是否便于修改、扩充和完善。

在设计ES时一般应遵守以下原则：

1）知识库与推理机相分离。这是专家系统的基本原则。只有两者相分离，才能实现解释功能和知识获取功能。

2）尽量使用统一的知识表示方法，以便于系统

对知识进行统一的处理、解释和管理。

3）推理机应尽量简化，将启发性知识尽可能地独立出来，这样既便于推理机的实现，也便于对问题的解释。

4）合理地利用冗余。知识的冗余指重选使用不同来源的信息来描述同一概念的知识，知识的冗余表示可用于弥补知识的不完整和不精确。

建立专家系统的步骤：建立专家系统时，知识工程师（KE）的主要工作是通过和领域专家（DE）的一系列讨论，获取该领域的专业知识，再进一步概括，形成概念并建立起各种关系；然后这些知识形式化，用合适的计算机语言实现知识组织和求解问题的推理机制，建成专家系统的原型系统；最后通过测试评价，在此基础上进行改进以获得预期的效果。

3. 人工智能在智能制造中的应用实例

（1）AI 在机械设备故障诊断中的应用

机械设备的诊断内容与过程可以表述如下：

1）采用合适的观测方式。在设备的适当部位，测取与设备状态有关的特征信号。

2）采用合适的征兆提取方法与装置。从特征信号中提取有关设备状态的征兆。

3）采用合适的状态识别方法与装置。依据征兆和其他诊断信息进行推理，从而识别出设备的有关状态。显然，有关状态包括正常的与不正常的状态，当处于不正常状态时，即为故障诊断。如果诊断达到了指定的层次，则继续下一步；否则，深入系统的下一层次继续诊断，即形成上述由 1）~ 3）循环的诊断过程，直到查明故障的初始原因。

4）采用合适的状态趋势分析方法。依据征兆与状态进行推理，识别出有关状态的发展趋势。这里包括故障的早期诊断与预测。

5）采用合适的决策形成方法。根据有关状态、趋势及故障初始原因，形成正确的干预决策，即做出调整、控制、维修等干预决策。

（2）AI 用于机械加工精度控制

以精密丝杠磨削的传动链补偿控制为例，在精密丝杠磨削中，工件的回转运动和轴向运动必须满足极其严格的同步，才能达到高精度的螺距要求。当在普通螺纹磨床上加工丝杠时，这种同步运动一般靠机械传动来实现。由于丝杠在磨削过程中受环境温度、工件热变形、磨削力及传动链误差的影响，会降低被加工丝杠的螺距精度。为了提高丝杠磨削精度，可以根据机械传动链的误差测量、特征计算，结合 ES 方法，对丝杠磨削过程进行智能补偿控制。

（3）机械设计专家系统

传统的 CAD 系统仅能在具体设计、分析等阶段支持设计人员，所以仅仅局限于算法型或确定型的任务问题，而许多设计活动，如综合、评价、再设计等都是启发性、经验性较强的活动。这些活动很难归纳出数学模型，这就导致了不能用算法型的解法去处理它们，而必须依靠判断和经验，经过演绎推理，找出其启发解。

基于 AI 的计算机辅助设计具有密切、有力的人机接口，具有思维的特性，能表达和理解逻辑的、符号的、数学的和图形的信息，并能以人可理解的方式反馈给设计人员。现代 CAD 系统中应用人工智能技术，对传统 CAD 方法无能为力的创造性设计工作的各个阶段（概念设计、初始设计和再设计）提供支持。由于这几个阶段完成的任务是一个规划、综合、评价的过程，它需要依赖大量专家的经验，并对其进行理解、分析、提升和计算工程化才能完成，而 AI 和专家系统技术恰恰能够弥补这些方面的缺陷。例如，在设计方面，我国已先后推出了一批面向实用的机械设计专家系统，如组合夹具设计专家系统、弹簧设计专家系统、结构设计专家系统和减速器设计专家系统等。

8.2.2　自适应、自学习与自组织

1. 机械制造中的自适应技术

（1）自适应控制的定义

所谓"自适应"，是在新的环境或新的运行条件下，通过适当地改变系统的结构或参数，以保持系统良好运行特征的过程。一般来说，动态系统的不确定性来自 3 个方面，即系统结构和参数的不确定性、环境噪声或干扰输入的不确定性和测量的不确定性。一般的反馈控制系统实质上也起类似的作用，不过比较一致的看法是，系统增益为常数的反馈控制不能认为是自适应控制。Astrom 认为，自适应控制是一种简化的、特殊形式的非线性反馈控制，因此可以将自适应控制系统定义为：自适应控制系统是一种特殊形式的非线性控制系统，该系统在运行中能自动地获取改善系统品质的有关信息，并能修正系统的结构或参数，使系统达到所要求的状态。

根据上述定义，自适应控制系统应包括以下 4 个部分：

1）基本的调节控制反馈回路。

2）系统的准则给定，包括要求的系统性能指标或最优准则等。

3）实时在线辨识，以获取必要信息。

4）实时修正调整机构，用以改变系统的结构或参数。

（2）自适应控制方法

目前，常见的自适应控制方法大致可以分三类，即增益调度（gain scheduling）自适应控制、模型参考自适应控制（model reference adaptive control，MRAC）和自校正调节器（sefl-tuning regulator，STR）。

1）增益调度自适应控制。增益调度又可称为增益规划或增益列表。系统中某些辅助变量可以用来改变系统的动态特性。控制系统对这些变量进行测量，再用测得的变量来改变调节器的参数，从而达到改变过程增益的大小，进而改善系统特性的目的。

2）模型参考自适应控制（MRAC）。MRAC 最先是由美国麻省理工学院（MIT）的 Whimker 提出的。

参考模型作为控制系统的一部分，它的输出设计为期望得到的被控系统的理想输出，因此它是一个已知的模型。控制系统由内环和外环组成。内环是过程控制环，它由调节器来控制；调节器的参数由外环来调节。将参考模型的输出 y 与被控过程的输出 y_m 进行比较，其误差为 $e=y-y_m$。其中 y 是参考模型的输出；y_m 是被控过程的输出。将 e 输入自适应调整机构，以对调节器参数进行调整，使 $\lim_{t\to\infty} e=0$。其中 t 是时间。

3）自校正调节器（STR）。自校正调节器（STR）可以看成是两个环路的结合，内环由被控过程和初始的线性调节器组成，外环包括一个递归的参数估计器和一个设计计算环节，用以实现对调节器参数的修正。实际上，STR 可以看成是在每一个采样间隔中对过程进行一次建模和控制设计，并对该模型进行修正和过程控制的一种自动控制机构。如果对过程模型进行真实参数估计，则称之为显式 STR；有时可以对过程进行所谓"再参数化"，使其用调节器的参数来表示过程和控制系统的模型，这时设计方框和估计方框合二为一，可以简化计算，这种 STR 称为隐式 STR。对过程模型参数进行在线实时估计有许多方法，如最小二乘法、广义和改进的最小二乘法、辅助变量法、扩展 Kalman 滤波法、最大似然法等都已应用于 STR 中。

（3）机械制造中的自适应控制方式

在机床自适应控制中，常常根据不同类型的控制目标对自适应控制方式进行分类。

1）约束自适应控制（adaptive control with constraints，ACC）。约束自适应控制一般是预先给定某种约束参数或约束参数的边界条件，ACC 能自动地在各种切削环境中尽量发挥机床或刀具的效能，保证满足约束参数要求。常常用来作为约束参数进行控制的例子如切削力、主轴功、刀尖温度及机床稳定性（如振动信号等）等。

这种控制相对比较简单，比较容易实现商品化，因为往往系统只对单个预定约束条件进行检测和比较，常用修正主轴转速或进给速度来实现自适应控制。

2）优化自适应控制（adaptive control with optimization，ACO）。优化自适应控制往往是预先给定一个适应的评价函数，在加工过程中对加工参数的主要因素进行在线测量，分析与计算并修正控制参数，使评价函数成为最佳。在现代研制中，常常取评价函数为某一些加工约束条件下的经济性判据函数，因此这种控制方式往往是为了保证取得最好生产率和经济效益的最优控制。

3）几何自适应控制（geometric adaptive control，GAC）。几何自适应控制适用于一些特定场合（如精加工过程中），这时经济指标的优化问题突出表现为产品的质量要求。在这种情况下，自适应控制的评价函数反映为一些几何量指标，如尺寸精度、形状精度、表面粗糙度等。这种控制方式往往表示为尺寸在线测量及误差源的在线补偿形式，如自动调整刀具偏移量以补偿刀具磨损，自动测量机床运动误差以补偿加工几何尺寸误差，以及热变形误差补偿等。

上述三种控制方式在控制理论上并没有多大区别，选择的自适应控制方法为增益调度、模型参考适应控制或自校正调节器，但由于约束条件不同，检测参数不同，因此实际控制系统的组成及建模方法都有很大差异。

2. 机器学习的基本概念

学习无疑是人类的一种特殊本领。人类的学习过程往往表现为在完成一项任务之后，认真地对以前的结果进行抽象的总结，对前一次任务执行过程的行为进行评价，取得可以指导下一次执行任务的经验，从而改善下一次工作的效果。学习是人类智能最重要的一部分。

但是，在工程上，学习和适应的概念比起哲学上的广义概念要受限得多，因此我们将自学习、自适应的概念作为特定约束定义如下。

自适应：当运行环境或系统结构发生变化时，系统有能力获取与这些变化有关的信息，使系统能保持或达到期望的状态或要求。

由此可见，自适应控制的特点是在控制过程时间域内的某个时间点处，根据靠近该时间点过去或将来时刻系统可能发生的变化来调整控制动作的。

自学习：当系统的工作环境或本身状态是在不确定的或缺乏足够的先验信息的情况下，系统通过过去获得的经验信息来改善未来的性能。

L. Walter 和 J. A. Farrell 在 1992 年提出的学习控制的定义表述为：一个学习控制系统是具有这样一种能力的系统，它能通过与控制对象和环境的闭环交互作用，根据过去获得的经验信息，逐步改进系统自身的未来性能。

由此可见，自学习控制更注重用过去处理同一问题的经验来改善下一次处理同一问题的控制动作，以克服上述不确定性的影响，达到望期的控制目标。基于这种狭义的定义，典型的学习控制方法主要基于模式识别的学习控制和重复学习控制等。

学习控制具有以下特点：

1）有一定的自主性。学习控制系统的性能是自我改进的。

2）是一种动态过程。学习控制系统的性能不但随时间而变，而且性能的改进是在与外界反复作用的过程中进行的。

3）有记忆功能。学习控制系统需要积累经验，用以改进其性能。

4）有性能反馈。学习控制系统需要明确它的当前性能与某个目标性能之间的差距，以便施加改进操作。

很明显，学习控制的定义也可加以拓宽，很多基于模式分类决策、概率决策、神经网络理论的控制方法也都可归于学习控制的范围之中。

3. 自学习、自组织的方法与理论

学习控制涉及的问题很广，随着人工智能技术的发展，学习控制也在不断地发展，涉及最基础的学习方法理论有决策理论、可训练阈值逻辑及控制器、再励型学习控制系统、贝叶斯学习系统与贝叶斯估计、随机逼近学习系统、随机自动机模型、模糊自动机模型、基于最优化理论的数字方法、人工智能学习系统、神经网络学习系统等。

8.2.3　人工神经网络技术

1. 人工神经网络的基本概念

现代医学研究表明，人脑的工作方式与现在的计算机不同，它是由大量的基本单元——神经元构成的高度复杂、非线性、并行处理的学习处理系统。单个神经元的反应速度在毫秒级，比计算机的基本单元——逻辑门（反应时间在纳秒级）慢 5~6 个数量级，但人脑对许多问题（声音、图像等环境）的处理速度反而比计算机快得多，由此可见人脑神经网络并行处理的优势。

人工神经网络是为研究人脑神经网络而构造的网络模型，其基本特点是：

1）信息分布——存储信息容错性、全息性。由

于神经网络信息的存储与处理（计算）是合而为一的，信息的存储体在神经元的互联上，每个神经元有多个互联就可存储多种信息（权值）。网络的每部分对信息存储具有等势作用，因此具有很强的信息容错性、鲁棒性和联想记忆功能，局部损坏不会影响整体结果，即使丢失部分信息也可恢复。

2）自适应性和自组织性。由于神经元连接具有多样性，连接强度具有可塑性，使得传递信息的能力和形式可变，可以通过学习与训练进行自组织以适应不同的信息处理要求。

3）并行处理性。大量神经元并行处理可实现复杂任务的快速处理。例如，数字计算机处理速度可达纳秒级，生物神经元信息传递速度为 ms 级，但人可在 1s 内对外界复杂的声像环境做出判断和决策，而计算机处理相同的任务需要花费很长时间。神经网络采用并行处理方式，它比常规计算机采用的串行处理要优越得多。

2. 人工神经网络的基本结构

（1）神经元的数学模型——MP 模型

神经元（或称结点）的结构如图 8.2-1 所示。输入信息 θ 通过权序列 θ 进行互联，并与设定的阈值进行比较，再经过某种形式的非线性函数变换后输出。它有 3 个基本要素：

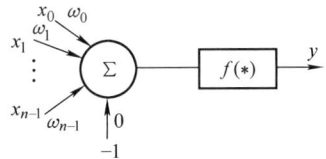

图 8.2-1　神经元的结构

1）一组连接权，连接强度由各连接上的权值表示，权值为正表示激励，为负表示抑制。

2）一个求和单元，用于求取各输入信息的加权和。

3）一个非线性激励函数，起非线性映射作用并限制神经元输出幅度在一定的范围之内（一般限制在 [0,1] 或 [-1,+1] 之间）。

此外，还有一个阈值 θ。

以上作用可以用数学式表达为

$$y = f\left(\sum_{i=1}^{N-1} w_i x_i - \theta\right) \qquad (8.2\text{-}1)$$

式中　x_i——输入信号；

　　　w_i——神经元的权值；

　$f(\cdot)$——激励函数；

　　　y——神经元的输出。

$f(\cdot)$ 常用的四类函数如下。

1）硬限值——两值离散神经模型：

$$y = f(\sum_{i=0}^{N-1} w_i x_i - \theta) = f(\alpha) = \begin{cases} +1 & \alpha > 0 \\ -1 & \alpha \leq 0 \end{cases}$$

$$或 f(\alpha) = \begin{cases} +1 & \alpha > 0 \\ 0 & \alpha \leq 0 \end{cases} \quad (8.2-2)$$

它是阶跃型、不可微非线性函数（零均值或正值逻辑）。

2）纯线性或饱和线性神经模型：

$$y = f(\alpha) = \begin{cases} 1 & \alpha \geq \alpha_1 \\ a\alpha + b & 0 < \alpha < \alpha_1 \\ 0 & \alpha \leq 0 \end{cases}$$

$$或 \begin{cases} 1 & \alpha \geq \alpha_1 \\ a\alpha + b & -\alpha_1 < \alpha < \alpha_1 \\ -1 & -\alpha_1 \geq \alpha \end{cases} \quad (8.2-3)$$

式中　α_1——阈值；

　　　a——斜率；

　　　b——截距。

3）S（Sigmoid）型或双曲正切（tanh α）型——饱和型非线性神经元模型：

$$y = f(\alpha) = \frac{1}{1 + e^{(\alpha)}} 或 \frac{1 - e^{(\alpha)}}{1 + e^{(\alpha)}} \quad (8.2-4)$$

4）径向基（高斯）型非线性神经元模型：

$$y = f(\alpha) = e^{-\alpha^2} \quad (8.2-5)$$

该模型是由美国心理学家 MeCulloeh 和数学家 Pitts 共同提出的，也称之为 MP 模型。

在 Matlab 神经网络工具箱（NN Toolbox）中，根据上述四类模型设计了 10 个函数。

（2）神经网络的交连结构

多个神经元互连可构成网络，常见的网络结构有以下四种：

1）无反馈的前向层网络。如图 8.2-2a 所示，称为前馈神经网络。

2）有反馈的前向多层网络。如图 8.2-2b 所示，称为带输出反馈的神经网络。

3）层内有互相连接的多层前馈网络。如图 8.2-2c 所示，称为层内回归神经网络。

4）任意元可能有连接的相互结合型网络，如图 8.2-2d 所示。

（3）神经网络的学习和训练

神经网络按学习方式分为有导师（或称有监督）学习和无导师（或称无监督）学习两大类。

1）有导师学习。为了使神经网络在实际应用中能够解决各种问题，必须对它进行训练，即从应用环境中选出一些样本数据，通过不断地调整权矩阵，直到获得合适的输入输出关系为止，这个过程就是对神

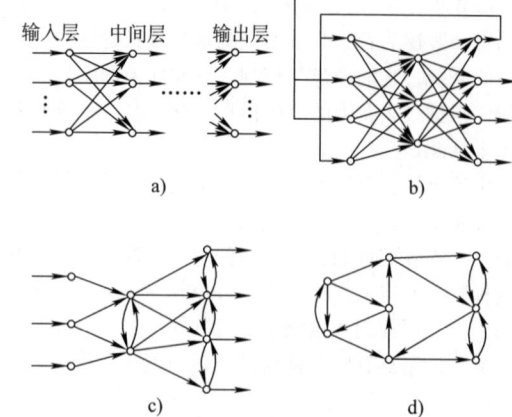

图 8.2-2　常见的网络结构

经网络的训练过程。如果训练是根据已知的训练数据进行的，该训练过程称为有导师学习或导师监督式学习，这些训练数据又称样板数据。通常在训练结束后，还应该用训练集以外的已知数据对训练好的网络进行验证，以实证网络的通用性，然后投入使用。

2）无导师学习。无导师学习指没有特定的训练数据集，或者只有已知的样本输入，没有目标输出情况下的学习方法，训练过程和应用过程是融合为一体的，即"边学边用"方式。神经网络将根据设计好的原则自动地将依次进入的输入数据按其特征进行聚类处理，因此网络的分类数和网络权的训练一直在动态地变化，直到所有的数据处理完为止。显然，无导师的训练方式可使网络具有较强的自组织和自适应的功能。

（4）神经网络的学习律

神经网络在训练中调整权矩阵依据的法则称为学习律。

1）联想式学习——Hebb 学习律。心理学家 Hebb 基于对生理学和心理学的研究，在 1949 年提出了学习行为的突触联系和神经群理论。他认为，突触前与突触后两个同时兴奋（即活性度高或称处于激发状态）的神经元之间的连接强度将得到增强。

Hebb 学习律可表示为

$$\Delta W_{jk} = \eta Y_j X_k \quad (8.2-6)$$

式中　η——学习率常数（$\eta > 0$）；

　　　Y_j——第 j 个神经元的输出；

　　　X_k——第 k 个神经元的输出或第 j 个神经元的输入；

　　　W_{jk}——第 k 个神经元和第 j 个神经元之间的连接权。

式（8.2-6）表明，对一个神经元较大的输入或该神经元活性度大的情况，它们之间的连接权重会

更大。

2）误差传播式学习——Delta 学习律。该学习律是由 Widrow 和 Hoff 在 1960 年提出的，又称 Widrow-Hoff 学习律。

Delta 学习律可表示为

$$\Delta W_{jk} = \eta(d_j - Y_j)X_k = \eta\delta X_k \qquad (8.2\text{-}7)$$

式中　η——学习率常数（$\eta > 0$）；

　　　δ——期望输出与实际输出的差值，称为 δ 律，$\delta = d_j - Y_j$。

3）梯度下降学习算法。该方法利用负梯度下降的优化方法使理想的输出与实际输出之差最小。其形式为

$$\Delta W_{jk} = -\eta\frac{\partial E}{\partial W_{jk}} \qquad (8.2\text{-}8)$$

式中　E——误差。

不难看出 δ 律就是这种算法的一种特例。

4）广义 δ 律。广义 δ 律又称误差反向传播算法（BP），是上述梯度下降学习算法在多层网中的推广，其形式为

$$\Delta W_{jk} = \eta Y_j\delta_k \qquad (8.2\text{-}9)$$

$$Y = f_s\left(\sum_k W_{jk}X_k + \theta_k\right) \qquad (8.2\text{-}10)$$

输出层：$\delta_k = Y_k(1 - Y_k)(d_k - Y_k)$

$$(8.2\text{-}11)$$

隐层：$\delta_k = Y_k(1 - Y_k)\sum\delta_j W_{kj}$　（8.2-12）

5）竞争式学习。竞争式学习是神经细胞的"侧抑制"现象，即一个神经细胞兴奋后，通过它的分支会对周围其他神经细胞产生抑制。这种侧抑制使神经细胞之间出现竞争。尽管开始阶段各个神经细胞都处于不同程度的兴奋状态，但通过竞争其最终结果是，兴奋作用最强的神经细胞所产生的抑制作用战胜了它周围所有其他细胞的抑制作用而"赢"了，周围所有其他细胞则全"输"了。

竞争式学习律是由 Rumelhart 和 Zipser 在 1985 年提出的，某一神经元在经过竞争获胜后，其权的调整学习律形式为

$$\Delta W_{ij} = \eta(P_j - W_{ij}) \qquad (8.2\text{-}13)$$

式中　η——学习率；

　　　P_j——第 i 个神经元的第 j 个输入矢量。

不难看出，通过不断反复地学习，权值 W_{ij} 将逐渐趋于输入矢量 P_j 值并使 ΔW_{ij} 逐渐趋于零，最终达到 $W_{ij} = P_j$，这样 W_{ij} 就代表了输入矢量 P_j 的特征。

3. 典型的人工神经网络和工具

Matlab NN 工具箱是人工神经网络设计和运用的很好工具。典型的人工神经网络见表 8.2-2。

表 8.2-2　典型的人工神经网络

网络名称	层数	神经元	互联权	学习律	应用
Hopfield 网	单层	硬限饱和函数	完全互联	无导师，Hebb 律	联想记忆和优化计算
Hamming 网	两层	正值纯线性函数	下层单向互联，下层完全互联	有导师，下层 δ 律，下层竞争律	分类
Kohonen 网络	两层	双曲正切函数或硬逻辑函数	完全互联	无导师，δ 律	无导师的样本分类器
单层感知器	单层	硬限逻辑函数	单向互联	有导师，δ 律	二类模式线性界面分类器
多层感知器	2~3 层 R 个输入源	Signoid 函数	单向互联（前馈神经静态网络常用于模式识别，函数逼近）	有导师，BP 算法	多类模式非线性界面分类，模仿任意复杂的非线性函数

多层感知器和 BP 算法是最重要的、用得最多的网络和算法。为了提高学习速度，BP 算法有很多改进型，如基于最优搜索的共轭梯度法和基于二阶梯度的柯西-牛顿法，可以克服最速下降法（一阶梯度）在逼近目标点时搜索收敛速度变慢的缺点。

常见的柯西-牛顿法有 DFP 法、BFG 法、Hoshino 法和 Pearson Ⅱ 法等，变尺度柯西-牛顿法有 Oren SSVM 法。

Toolbox 提供了九种效率很高的 BP 算法，分别是变学习参数的自适应方法、回弹 BP 法、四种基于共轭梯度方法、两种基于柯西、牛顿方法（二阶梯度法）和基于一阶梯度、二阶梯度混合法的 Levenberg-

Marquardt（L-M）方法。选择算法的方法也是通过训练参数设置来实现的。在一般情况下，L-M 方法效率最高。

此外，还有 Grossberg 网；自组织特征映射网，内星和外星网；自适应共振网（ART），径向基多层 BP 网等网络，这里不一一列举。

8.2.4 遗传算法与技术

1. 遗传算法的基本概念

（1）编码与基因码链

遗传算法（GA）是模拟生物自然进化的过程。假设将优化搜索空间的一群点看成一生物群体（population）。其中的每一点即为一生物个体，它可用一个二进制的代码串来表示，这个代码可以通过编码器来恢复该个体的生物特性。代码中的每位都可以看成一个基因（gene）。例如，若 X 可在 $\{0, 0.01, 0.1, 0.2, 0.3, 0.5, 0.8, 1.2, 1.8, 2, 5, 8, 12, 16, 22, 25\}$ 序列中随机取值，则可以将上述序列中的 15 种形式编码为 4bit 的二进制码串。如果解空间是多维的，如每一解为 x、y、z 三维，x、y、z 都可在上述 16 值中选取，则基因码串可以为 3×4bit。

最原始的祖先可以在一定数量（N 个）个体组成的群体中随机选取，然后通过遗传操作，培养出优秀的后代。

（2）评价个体的优劣和选种

假定遗传操作的目标函数是取 $F = f(x, y, z)$ 最大，将每一个体的基因码译码得到的自变量 x_i、y_i、z_i 代入，则可求出 F_i，显然 F_i 越大越好。定义 F_i 为第 i 个体的适合度（fitness），用于描述该个体在函数 f 描述的环境中存在的能力。

选种（selection）是遗传操作的重要手段，选种的原则是，适合度 F_i 大的个体，赋予更大的选中概率 P_i，一般令 $P_i \propto F_i$。常用的选种方法有：适合度按大小排序分类，类别的梯度作为选择压力（selection pressure），使适合度高的个体有更多的机会繁殖后代，进而使其优良种性得以保存。计算时，常将适合度与平均适合度之比进行归一化处理，用归一化的相对适合度来选择概率 P_i。

（3）杂交（crossover）

杂交是改变种性的一个重要手段，杂交的方法很多，最简单的一种方法是按概率 P_C 随机地选择双亲的基因码链，按长度 N_C 或按随机地址选取一个截断点将基因码截开，然后变换其尾部，例如，

双亲	后代
1000 10011110→	1000 11000110 （这里 $N_C = 8$）

0110 11000110→　　0110 10011110

（4）突变（mutation）

突变是模拟生物在自然的遗传环境中由于各种偶然因素引起的基因改变，其方法是按某一概率 P_m 选取群体中若干个体。对这些个体基因链中的某一位（或随机对某一位）进行翻转，如 1100 0 101110 →110011011101。

为了保证遗传过程正确进行，还有一些保证优势基因遗传、克服近亲繁殖进化停滞的措施。

一种典型的 GA 搜索算法，如 GENITPR 算法的步骤如下：

1）随机生成 N 个个体，形成初始群体。

2）计算个体的适合度。

3）将各个体按其适合度大小排序，并以其按序号代表各个体的等级。

4）用各个体的等级作为选择压力，选取两个双亲，经杂交、突变等过程，繁殖两个后代。

5）随机遗弃一个后代。

6）用另一后代替代群体中等级最低的一个个体。

7）返回步骤 2）。

其框图如图 8.2-3 所示。

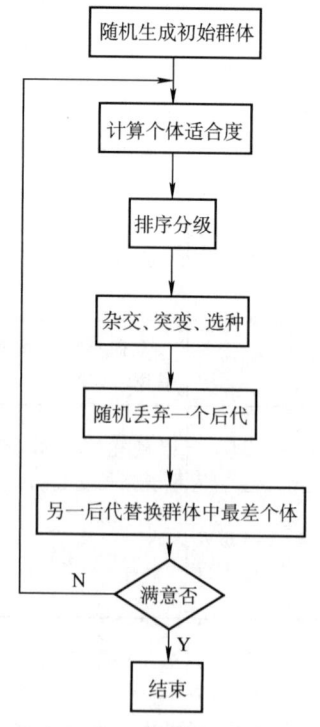

图 8.2-3　GA 搜索算法框图

2. 遗传算法在智能制造中的运用

遗传算法是一种新型的通用随机优化搜索方法，

可运用于机械优化设计、参数选择、线性辨识和智能控制等方面,也可用于神经网络的结构优化设计和权重训练。

8.2.5　模糊数学与模糊控制

20 世纪 60 年代,美国加利福尼亚大学著名的系统工程科学专家 L. A. Zadeh 教授首先提出模糊集合的概念,为模糊集合的运用和模糊数学的发展奠定了基础。近年来,模糊数学得到了极大的发展,并且渗透到社会科学和自然科学的许多分支中,在理论上和实际应用中都取得了引人注目的成果。

模糊性实际是事物的一种本来属性,它反映了事物的不确定性和不精确性。确定性和精确性也可归结为相对的概念,在某种条件或范围内是确定的和精确的,而在另一种条件或范围内则是不确定的和不精确的。另外,模糊性是独立于随机性的,也就是说,概率统计的数学方法还不足以处理模糊性的问题。

1. 模糊数学基础

(1) 模糊集合

二值逻辑表示法只能表达绝对的属于和不属于两种状态,因此二值集合的边界是清楚而严格的。但实际上,许多概念的边界并不十分清楚,而是一个模糊的概念,如高与矮、明与暗、青年人与老年人、快与慢等,都很难划分出绝对边界。Zadeh 教授于 1965 年提出了一个新的概念——模糊集合,从而打破了绝对的隶属关系的限制,拓宽了集合论的内容。

隶属函数 $\mu_{\underline{A}}(u)$ 表示元素 u 属于 $\underline{A}$ 集合的程度,当 $\mu_{\underline{A}}(u) = 1$ 时,则 μ 完全属于 $\underline{A}$。当 $\mu_{\underline{A}}(u) = 0$ 时,完全不属于 $\underline{A}$。$\mu_{\underline{A}}(u)$ 越接近 1,则 μ 属于 $\underline{A}$ 的程度越大。

模糊集的并、交、余的性质与普通集的并、交、余性质相似。除不满足互补律,其余性质全部满足。

(2) 模糊逻辑与推理

1) 语言值或语气算子。在自然语言系统中,大、小、多、少、轻、重、长、短等词与数值有密切联系,称为语言值。在自然语言系统中,有一些词可以表达语气的肯定程度,如"非常""很""极""大概""近似于"等。这些词置于表示数值大小的词的前面,使该类词变为不同程度的模糊性。

修饰词"极""非常""相当""比较""略""稍微"等可以用不同的隶属函数或一个隶属函数的幂函数来描述,如 $\mu_{极\underline{A}\%} = \mu_{\underline{A}\%}^{4}$、$\mu_{非常\underline{A}\%} = \mu_{\underline{A}\%}^{2}$、$\mu_{相当\underline{A}\%} = \mu_{\underline{A}\%}^{1.25}$、$\mu_{比较\underline{A}\%} = \mu_{\underline{A}\%}^{0.75}$、$\mu_{略\underline{A}\%} = \mu_{\underline{A}\%}^{0.5}$、$\mu_{稍微\underline{A}\%} = \mu_{\underline{A}\%}^{0.25}$。

上述"极""非常""相当""比较""略""稍微"等词若加在一个单词的前面,便调整了该词词义,通过它们构成的新词来加重或削弱原词的肯定程度。这类用于加强或减弱语气的词可视为一种模糊算子,其中"极""非常""相当"称为集中化算子,"比较""略""稍微"称为散漫化算子,二者统称为语气算子。

2) 模糊条件语句。模糊语言算法的功能:①阐明变量之间的关系;②进行模糊判断和推理。对于较简单的模糊系统而言,模糊条件语句是一种有效的算法工具。

例如,模糊条件语句可表达为

IF X is large THEN Y is small

3) 模糊语言变量的推理合成规则。推理是从一些已有的命题 A_1,A_2,……,A_n 出发,按一定的规则推出一个新命题 B 的过程。例如,已知 x 是小的,x 和 y 的关系是近似相等,则可推出 y 有点小的近似结论。

2. 模糊控制方法

无论是经典控制理论还是现代控制理论,都必须事先知道或建立起被控对象的精确数学模型,然后根据该模型和给定的性能指标来选择适当的控制方法和设计控制器。但是,在实际生产中,被控对象的模型往往过于复杂,常常难以建立准确的模型,或是模型复杂难于求解以至没有实用价值。例如,机械加工过程的因素很多,大部分的模型是非线性的,时变的、高阶多变量的和多输入、多输出交叉耦合的。模糊控制器往往采用模糊语言控制律,它提供的算法是将基于专家知识的控制策略转换为自动控制的具体策略,因此模糊控制可以划归于智能控制的范畴。

(1) 模糊控制的基本原理

模糊控制的基本原理如图 8.2-4 所示。它的核心部分为模糊控制器,主要包括数据库和规律库两部分。

模糊控制器的控制律由计算机的程序实现,实现模糊控制算法的过程:采样获取被控制量的精确值后,再与给定值比较得到误差信号 E。误差信号 E 可作为模糊控制器的一个输入量,将误差信号 E 的精确量进行模糊量化变成模糊量,误差信号 E 的模糊量可用相应的模糊语言表示形成误差 E 的模糊语言子集 e,再由 e 和模糊控制规则 R(模糊关系)根据推理的合成规则进行模糊决策,得到模糊控制量 u。

为了对被控对象施加精确地控制,还需要将模糊量转换为精确量,这一步骤称为清晰化处理(也称去模糊化)。得到了精确的数字控制量后,经数模转换变为精确的模拟量送给执行机构。

模糊控制器中的知识库由两部分组成,即数据库和规律库。数据库中包含了与模糊控制律及模糊数据处理有关的各种参数,如尺度变换参数、模糊空间分割和隶属度函数的选择等。

MATLAB 工具箱提供了 11 种可供选择的隶属函数,如梯形隶属函数、三角形隶属函数、高斯隶属函

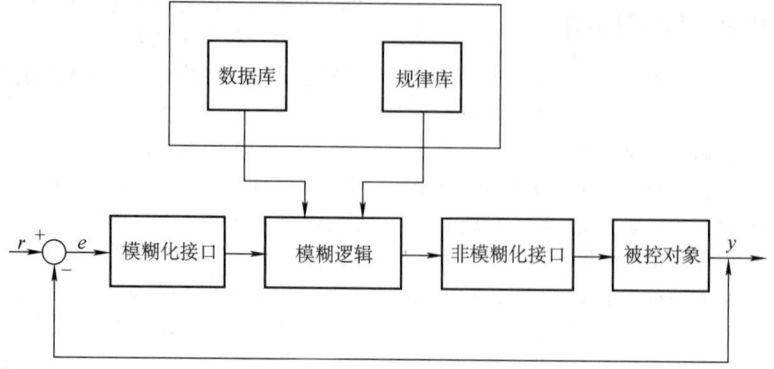

图 8.2-4　模糊控制的基本原理

数、不对称高斯边隶属函数、广义钟形隶属函数、sigmoid 形隶属函数、sigmoid 之和构成的隶属函数、两个 sigmoid 乘积构成的隶属函数、Z 形隶属函数、π 形隶属函数和 S 形隶属函数等,三角形隶属函数和高斯隶属函数用得最多。如图 8.2-5 所示。

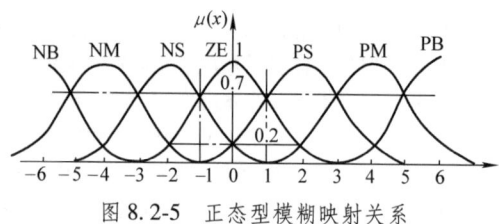

图 8.2-5　正态型模糊映射关系

(2) 模糊化处理

模糊化处理的基本功能:

1) 选择适当的比例尺,将输入变量的范围离散化为若干等级。例如,输入信号 X_0 的范围为 [-3.2, +3.2],经离散化变为 [-6, +6] 的 13 个等级。有时,为了计算方便也常常将论域进行归一化处理,即将所有的数据映射到一个归一域,如将范围 [-3.2, +3.2] 转变为 [-1.0, +1.0] 的归一域。

2) 选择一种输入变量映射的隶属函数形式,设计对应于上述测量等级的模糊论域,再按适当的度量映射关系,将测量值的离散数量段变换为模糊论域的模糊集,该模糊集是以隶属函数的形式表示的。

(3) 去模糊化处理

去模糊化接口(或称清晰化接口)的功能是实现模糊值到准确值的变换(F/C 变换)。

去模糊化的方法有三种:①选择最大隶属度法;②最大隶属度平均法;③隶属函数加权平均法(重心法)。在求得清晰值后,还需要经过选择适当的比

例尺将其变换为实际的控制量。变换的方法应该与模糊化处理过程相反,并且需要应用选择的输出映射隶属度函数关系。

(4) 模糊建模和模糊控制

模糊控制律是模糊控制器的核心。由于模糊控制器的目的是用操作人员对过程行为的认识来替代严格数学模型的方式实现其控制的,所以它的控制律设计的最大优点是容易根据经验来实现复杂的控制面而不必考虑很复杂的过程模型。一般来说,模糊控制属于非线性控制方法,但要实现控制设计的自动化相对而言就困难一些。目前常用的设计方法为:

1) 基于专家经验或专家知识的设计。

2) 基于操作人员动作观察的设计。

3) 基于过程模糊建模方法的设计。

4) 基于学习算法的设计。

模糊控制律使用"IF THEN"语句形式将专家经验或知识表达为一系列的推理语句,再根据这些语句获得一个控制表。在实际控制过程中,根据模糊量化后的输入值直接查询存入计算机的控制表,可获得其控制输出值。

8.2.6　制造过程中的信息获取、表达与处理

1. 数据挖掘与知识发现

(1) 概念

1) 数据挖掘的定义。数据库知识发现(KDD)一词首次出现在 1989 年举行的第十一届国际联合人工智能学术会议上。习惯上认为它是人工智能的一个分支。数据挖掘和知识发现可以作为同一概念来使用,但有时认为数据挖掘更倾向于工业应用。数据挖

掘被广泛认可的定义为：数据挖掘（data mining）是从大量的、不完全的、有噪声的、模糊的、随机的实际应用数据中，提取隐含在其中的、人们事先不知道的但又是潜在有用的信息和知识的过程。

与数据挖掘相近的同义词有数据融合、数据分析和决策支持等。这个定义包括好几层含义：数据源必须是真实的、大量的、有噪声的；发现的是用户感兴趣的知识；发现的知识要可接受、可理解、可运用；并不要求发现放之四海皆准的知识，仅支持特定的发现问题。

数据挖掘的目的是帮助决策者寻找数据间潜在的关联，发现被忽略的要素，而这些信息将有助于预测趋势和决策支持。作为一个跨学科的新兴领域，数据挖掘技术涉及数据库、人工智能、统计分析、可视化、并行计算和机器学习等多种技术。

2）数据挖掘分类。数据挖掘涉及的学科领域和方法很多，有多种分类法。

根据挖掘任务分，可分为分类或预测模型发现，数据总结、聚类、关联规则发现，序列模式发现，依赖关系或依赖模型发现，异常和趋势发现等。

根据挖掘对象分，有关系数据库、面向对象数据库、空间数据库、时态数据库、文本数据源、多媒体数据库、异质数据库、遗产数据库及 Web 数据库。

根据挖掘方法分，可粗分为机器学习方法、统计方法、神经网络方法和数据库方法。这几类方法下各有许多分枝，如机器学习方法中可细分为归纳学习方法（决策树、规则归纳等）、基于范例学习、遗传算法等；统计方法中可细分为回归分析（多元回归、自回归等）、判别分析（贝叶斯判别、费歇尔判别、非参数判别等）、聚类分析（系统聚类、动态聚类等）、探索性分析（主元分析法、相关分析法等）等；神经网络方法中可细分为前向神经网络（BP 算法等）、自组织神经网络（自组织特征映射、竞争学习等）；数据库方法主要是多维数据分析或 OLAP 方法，以及面向属性的归纳方法。

（2）常见的数据挖掘技术

1）关联规则发现。用于关联规则发现的主要对象是事务型数据库，其中针对的应用则是售货数据也称货篮数据。例如，"在购买面包和黄油的顾客中，有90%的人同时也买了牛奶"。一个事务一般由如下几个部分组成，即事务处理时间、一组顾客购买的物品，有时也有顾客标识号（如信用卡号）。

如果不考虑关联规则的支持度和可信度，那么在事务型数据库中存在无穷多的关联规则。事实上，人们一般只对满足一定的支持度和可信度的关联规则感兴趣。一般称满足一定要求（如较大的支持度和可

信度）的规则为强规则。

2）分类。分类的目的是学会一个分类函数或分类模型（也常常称为分类器），该模型能将数据库中的数据项映射到给定类别中的某一个。分类和回归都可用于预测。预测的目的是从历史数据纪录中自动推导出对给定数据的推广描述，从而能对未来数据进行预测。与回归方法不同的是，分类的输出是离散的类别值，而回归的输出则是连续数值。

分类器的构造方法有统计方法、机器学习方法、神经网络方法等。统计方法包括贝叶斯法和非参数法（近邻学习或基于事例的学习），对应的知识表达则为判别函数和原型事例；机器学习方法包括决策树法和规则归纳法，前者对应的表达为决策树或判别树，后者则一般为产生式规则。另外，最近又兴起了一种新的方法，即粗糙集（rough set），其知识表达是产生式规则。

分类的效果一般与数据的特点有关，有的数据噪声大，有的有缺值，有的分布稀疏，有的字段或属性间相关性强，有的属性是离散的，而有的是连续值或混合式的。目前普遍认为，不存在某种方法能适于各种特点的数据。

3）聚类。聚类是将一组个体按照相似性归成若干类别。它的目的是使属于同一类别的个体之间的距离尽可能小，而不同类别的个体间的距离尽可能大。聚类方法包括统计方法、机器学习方法、神经网络方法和面向数据库的方法。

在统计方法中，聚类称聚类分析，它是多元数据分析的三大方法之一（其他两种是回归分析和判别分析）。它主要研究基于几何距离的聚类，如欧式距离、明氏距离等。传统的聚类分析方法包括系统聚类法、分解法、加入法、动态聚类法、有序样品聚类、有重叠聚类和模糊聚类等，它是一种基于全局比较的聚类，需要考察所有的个体才能决定类的划分，因此它要求所有的数据必须预先给定，而不能动态增加新的数据对象。聚类分析方法不具有线性的计算复杂度，难以适用于数据库非常大的情况。

在神经网络中，无导师学习方法是一种自组织特征映射方法，如 Kohonen 自组织特征映射网络、竞争学习网络等。

4）数据泛化。数据挖掘主要关心从数据泛化的角度来分析数据库。数据泛化是一种将数据库中的有关数据从低层次抽象到高层次上的过程。由于数据库中的数据或对象所包含的信息是最原始、基本的信息，人们有时希望能从较高层次的视图上处理或浏览数据，因此需要对数据进行不同层次上的泛化以适应各种查询要求。数据泛化主要有两种技术，即多维数

据分析方法和面向属性的归纳方法。

多维数据分析方法是一种数据仓库技术，也称为联机分析处理（OLAP）。数据仓库是面向决策支持的、集成的、稳定的、不同时间的历史数据集合。决策的前提是数据分析，在数据分析中经常要用到求和、总计、平均、最大、最小等汇集操作，这类操作的计算量特别大。因此，一种很自然的想法是，将汇集操作结果预先计算并存储起来，以便于决策支持系统使用。存储汇集操作结果的地方称为多维数据库。

面向属性的归纳方法（attribute oriented induction，AOI）是一种面向关系数据库查询的、基于概化的、联机的数据分析处理技术，用于数据库的知识发现。面向属性的归纳方法使用概念分层，通过以高层概念替换低层数据概化训练数据，是数据挖掘的主要技术之一。为了有效地时行知识发现，使用户得到高层次、适当概括的简化信息，通常采用面向属性的归纳技术，通过属性泛化和属性约简，对原始数据进行必要的处理。

5）决策树方法。利用信息论中的互信息（信息增益）寻找数据库中具有最大信息量的字段，建立决策树的一个结点，再根据字段的不同取值建立树的分支；在每个分支子集中，重复建立树的下层结点和分支的过程，即为建立决策树。国际上最有影响和最早的决策树方法是由 Quiulan 研制的 ID3 方法，后人又发展了各种决策树方法，如 IBLE 方法，使识别率提高了10%。

6）遗传算法。即模拟生物进化过程的算法，由繁殖（选择）、交叉（重组）和变异（突变）三个基本算子组成。遗传算法已在优化计算、分类、机器学习等方面发挥了显著作用。

7）统计分析方法。在数据库字段项之间存在两种关系，即函数关系（能用函数公式表示的确定性关系）和相关关系（不能用函数公式表示，但仍是相关确定性关系），对它们的分析可采用回归分析、相关分析、主成分分析等方法。

8）模糊论方法。利用模糊集合理论，对实际问题进行模糊判断、模糊决策、模糊模式识别和模糊簇聚分析。系统的复杂性越高，精确能力就越低，模糊性就越强，这是 Zadeh 总结出的互克性原理。

另外，还有归纳逻辑编程（inductive logic programming）、Bayesian 网络等方法。

(3) 数据挖掘工具

一般而言，数据挖掘系统可分为通用数据挖掘系统和面向特定应用的数据挖掘系统。

ACM-SIGKDD 2000 年年会讨论了一些数据挖掘系统的标准。目前已存在的标准包括数据挖掘过程标

准 CRISP-DM、预言模型交换标准 PMML、微软 OLE DB For Data Mining，后两者正在制定和发展中，遵循的数据挖掘系统很少，而 CRISP-DM 过程模型已经较成熟，有许多根据这种模型开发的商业系统。数据挖掘工具可根据应用领域分为以下三类。

1）通用单任务类：仅支持 KDD 的数据挖掘步骤，并且需要大量的预处理和善后处理工作。主要采用决策树、神经网络、基于实例和规则的方法，发现任务大多属于分类范畴。

2）通用多任务类：可执行多个领域的知识发现任务，集成了分类、可视化、聚类和概括等多种策略，如 Clementine、IBM Intelligent Miner、SGI Mineset。

3）专用领域类：许多数据挖掘系统是专为特定目的开发的，用于专用领域的知识发现，对挖掘的数据库有语义要求，发现的知识较单一。例如，Explora 用于超市销售分析，仅能处理特定形式的数据，知识发现也以关联规则和趋势分析为主。另外，发现方法单一，有些系统虽然能发现多种形式的知识，但基本上以机器学习、统计分析为主，计算量较大。

数据挖掘工具系统的总体发展趋势是，使数据挖掘技术进一步为用户所接受和使用，也可以理解成以使用者的语言表达知识概念。

(4) 数据挖掘在工业中的应用

由于工业应用的种类繁多，并没有通用的数据挖掘工具，大多数据挖掘系统都是针对特定应用和数据库开发的。

数据挖掘在工业中的应用主要有以下几个方面：

1）使用数据挖掘建立工业模型。例如，对汽车设计过程中的车体静态硬度模型使用数据挖掘方法进行了优化，传统的车体结构静态硬度模型使用 CAE 模型和物理测试来确定。

2）故障诊断与状态监控。对机器的故障诊断和状态监控运用数据挖掘，所使用的技术是通过对大量实时数据进行挖掘，找出孤立点，完成故障诊断。

3）车间数据挖掘。产品制造过程中会产生大量车间数据，如通过数据采集设施得到的大量机器状态数据等，对其进行数据挖掘，除用于故障诊断，还可为制造过程提供决策支持。

例如，华南理工大学的李迪等人在流水线焊接生产已有的监测系统和信息集成基础之上，将数据挖掘技术和数据集市引入焊接生产领域，从中获得有效的决策模型；曼哈顿的 Ben-Arieh 等人通过对一个实时分布式车间控制系统的模拟数据进行挖掘，建立了一种决策树分类器，对每种机器状态都进行了建模。

2. 产品建模技术与 FX 建模技术

产品模型是产品各级物理信息在计算机内的逻辑

表达。产品建模（特征建模）技术出现于 20 世纪 70 年代，是随着 CIMS 的发展而提出的一种全新建模方法。它是在 CAD/CAM 技术的发展和应用达到一定的水平，要求进一步提高生产组织的集成化和自动化程度的历史进程中孕育成长起来的，是 CAD 建模方法中的一个里程碑。

与几何建模相比，产品建模针对的不仅仅是产品的几何信息，而是面向整个产品生命过程。在这一模型中，除了包括对现实产品的描述信息，还包括大量面向设计过程、仿真过程、生产过程的动态信息，借此完成设计、生产各阶段信息的转换，并使设计过程不断具体化和完善化。

产品建模的关键是特征的提取与描述。特征是产品开发全过程中各种相关信息的载体，包含了几何信息和相关的语义信息，在产品的整个生命周期内作为一个整体而存在。

特征可表达为

产品特征＝形状特征＋语义信息

其中，产品特征包括特征属性数据、特征功能和特征间的关系；形状特征是产品几何形状的现实表达，具有确定的内部约束和描述参数，并且与语义信息相关联。语义信息表达了产品特征的某些属性，依据不同的应用，在产品生命周期内可以对产品赋予各种不同的语义信息，主要有设计语义信息、制造语义信息、质量检查语义信息、性能语义信息和仿真语义信息等。

（1）面向装配的产品建模

产品装配模型是一个支持产品设计全过程，并能完整、正确表达装配层次和装配信息的产品模型，它为新型 CAD 系统中的装配自动化和装配工艺规划提供信息，为并行设计和 DFA 提供支持。

产品装配建模需要在产品需求、功能、结构关系等层次上描述和表达装配体组成部件及其相互关系，而不同层面的装配建模则需要不同的技术和手段。

（2）面向设计的产品建模

从设计过程来看，20 世纪 80 年代对产品设计的研究主要在自底向上的阶段；20 世纪 90 年代初期，Mantyla 提出了自顶向下的产品设计思想，将设计过程分为 3 个阶段：①概念设计，分析设计要求，如性能、功能、安全性等，寻求满足设计要求的物理解；②装配结构设计，对概念设计的结果——高级抽象的装配关系描述进行细化、具体化；③详细设计，设计零件的结构尺寸、形状、材料、零件间的连接关系，并考虑其制造装配性能。这个过程中对数据描述的要求不断变化，设计信息不仅量大、级别不同，而且数据信息呈现动态特征，这就给产品建模带来了极大困难。

1993 年，美国 Fazio 教授等人在面向制造和装配的产品设计（DFMA）系统中提出从产品装配设计到详细结构设计的动态建模原型系统。该研究代表了当今机械产品建模研究领域的前沿水平。

（3）面向集成化的产品建模

集成化产品模型是将产品生命周期理论与并行工程思想结合的产物。一般产品生命周期为：产品需求分析→产品设计→加工制造→装配→测试→销售→维护、服务、回收。产品生命周期内的每个阶段都要使用一定的产品信息，而且这些信息还要在各个阶段中交换，于是根据各个阶段的特点建立一些子模块，再由子模块通过一定的连接构成一个完整的集成化产品信息模型。集成化产品信息模型由概念模型、管理模型、设计模型、制造模型、评价模型、市场及销售模型、维护模型 7 个子模块组成。

（4）面向对象的产品建模

在面向对象建模技术中，采用分类的方法将客观世界的实体映射为对象并归纳成一个个类。对象和它们之间的关联是面向对象技术中最基本的元素。对于一个待描述的系统，其类图揭示了系统的静态逻辑结构，即系统中类及其相互关系。类图通常分为三个层次：对象/类层、特征层和关系层。其中，对象/类层反映了系统中所有的对象/类，特征层反映了对象/类的特征，包括对象/类的属性和方法；关系层反映了对象/类间的联系，包括关联关系、聚合关系、继承关系和依赖关系。

（5）基于 STEP 的产品建模

STEP 技术采用 EXPRESS 语言对产品模型进行描述，既能提供产品的几何信息，又能提供工艺等非几何信息，满足产品全生命周期的信息描述需求。STEP 的基本内容分为应用层、逻辑层和物理层 3 个层次。基于 STEP 的产品建模可分为 4 个阶段，即定义对象、确定关系及属性、完善约束和模型集成。

基于 STEP 的产品建模方法描述了产品全生命周期的交换信息，为消除信息集成过程中的数据交换壁垒提供了技术保障。STEP 技术的成熟与发展，对能否实现真正意义上的产品数据共享至关重要，它也将对下一代制造业产生深远的影响。

世界各国均致力于产品模型建模技术的研究，美国、日本、德国、法国等国在这方面尤为突出。

3. 制造过程中的传感器融合技术

多传感器融合（multisensor fusion）技术是用多个或多种传感器来完成某一个任务，或者同一个任务的多信息综合处理技术。

（1）多传感器融合技术的优点

1）增加信息系统冗余。与单个传感器系统比较，多个或多种传感器增加了信息系统冗余，即使某一个传感器发生故障仍可从其他传感器获取信息，整个系统的容错能力强，信息的可信度高。

2）增加信息系统表达维数。多个或多种传感器获取信息的角度不同，对有用信息的种类、时空范围等都可能有所覆盖、交叉和互补。增加了信息系统表达维数，特别是获得更多的与目标特征相关的独立或耦合的特征参数后，通过信息融合处理，有可能将原来无法求解的问题变成可解问题。

3）增加信息表达的分辨能力及精度。多传感器位置的优化布置，可增加对目标特征信息的观察密度，不同类型传感器的互补性可合理改变测量空间的疏密程度，增加信息表达的分辨能力及精度。

4）提高信息获取系统的效率。多传感器系统信息并行处理，缩短了信息获取的时间，提高了信息获取系统的效率。

5）复杂问题求解的途径。一些复杂问题，关联信息太多，无法用单一传感系统解决，多传感器融合技术无疑是一种好的选择。

（2）多传感器融合技术的基本方法

多传感器信息融合分为"像素"级、特征级和决策级。

1）"像素"级融合包括物理系统设计技术和数据预处理。物理系统设计指传感器品种、数量、布置方面的设计与被测目标的分析；数据预处理是在尽可能保存传感器原始信息的条件下，对原信号进行放大、预滤波、趋势项消除、去均值、预白化及去冗余处理等。

2）特征级融合是对从各个传感器的原始信息中提取的特征信息进行综合分析和处理的中间层次过程。通常所提取的特征信息应是像素信息的充分表示量或统计量，据此对多传感器信息进行分类、汇集和综合。相关分析、统计分析、信号频域分析与建模（功率谱、高价谱）、时频分析、小波分析等都是常用的方法。

3）决策级融合是在信息表示的最高层次上进行的融合处理，是直接针对具体决策目标，利用特征级提供的各类特征信息对具体决策目标建模和控制。模糊逻辑理论、统计决策理论、信任函数理论（D-S证据理论）和神经网络理论等都是常用的方法。

8.2.7 大系统控制与离散事件控制

1. 大系统与大系统控制

从20世纪70年代开始，人们在控制理论和运筹学相结合的基础上，发展了大系统理论。大系统通常指规模庞大、结构复杂、功能综合、因素繁多的系统，如生态环境大系统（人口与地球资源、海洋生态环境、大河流域等）、社会经济大系统（城市与区域发展、社会组织与国家安全、WTO与经济全球化等）和工程技术大系统（电力、水利、能源、交通等系统，大型工业联合体、跨国公司等）。

大系统理论和应用方面遇到了一系列新问题，如主动性（activity），大系统中包含了大量有主动性的"人"；不确定性（uncertainty），大系统中包含了大量不确定因素；不确知性（uncertainly-known），包含大量不完整的或病态信息；维数灾（curse of dimensionality），状态变量和维数过高；系统发展态（developing system），在控制过程中系统一直处于发展改变态；分散化（decentralization），大系统中包含众多分散子系统。

（1）大系统控制的建模技术

由于大系统非常复杂，建模时应考虑分离、因果、主次和时空四原则，采用演绎-归纳法、分解-联合法、人机结合法等方法，将大系统分割成为不同粒度的模块。对可通过数学建模的模块建立类似经典的数学模型；用人工智能知识表达的方法，建立以知识库、专家系统为代表的知识模型；根据系统中上述两类模型的相互关系，建立关系树、网格和拓扑图式的关系模型。

智能建模方法有：

1）自学习模型。在建模过程中，通过拟人学习，改进模型性能，提高被模拟对象的拟合程度。

2）自适应模型。能使模型适应环境和条件的变化，并进行修正，保持模型的拟合性能。

3）自组织模型。能够根据环境、条件、用户需求的改变自行调整结构，组建起新的模型。

（2）大系统的分析

大系统的分析包括对系统技术性能、经济指标、社会效益、生态环境的影响分析和评价，以及对未来的预测等。

1）系统技术性能影响分析：信息通道的能通性、能控性、能观性和能协调性，以及稳定性、可靠性、快速性和准确性等。

2）经济指标影响分析：投入、代价与风险；收入、产出及利润等。

3）社会效益、生态环境影响分析：社会安定性、社会有序性、生态平衡及环境污染问题等。

（3）大系统的综合

大系统的综合包括对大系统的规划、设计和控制管理。

1）最经济结构综合：在给定技术约束条件下，设计大系统的最经济控制、最经济观测结构，使代价最小、效益最大。

2）启发式优化技术：人工智能的启发式知识推理技术与大系统理论的多级动态、静态优化相结合（如启发式动态规划、线性规划、非线性规划等）。

3）多级协调控制：递阶、分散大系统多级协调控制；人体、经济多级协调控制。

4）智能控制与智能管理：多级自寻优控制、多级模糊控制、多级专家系统等。

2. 离散事件控制

柔性生产或装配线、计算机通信网络、空中或机场交通管理系统和军事上的 CI 系统等是典型的离散事件动态系统（DEDS）。DEDS 的性能层次、代数层次、逻辑层次的主要建模和分析方法包括排队网络方法、摄动分析方法、极大代数方法、Petri 网方法，以及自动机/形式语言方法等。

离散事件动态系统中事件和状态是系统的两个最基本的要素：第一个是针对事件，用事件反馈控制，即通常所说的监控。监控器是根据系统产生的事件串（自动机所产生的语言）来控制系统的。监控理论的主流工具是自动机、形式语言和 Petri 网。

另一个是状态反馈控制，它是根据系统所处状态来控制输入，使系统保持在预定的状态子集（谓词）中。由于谓词和谓词变换（谓词到谓词的映射函数）的优点在于可精确地描述具有无限状态空间的复杂系统，因此状态反馈控制理论为这类系统提供了有效的综合控制器的方法。

8.3　智能制造系统的体系设计技术

8.3.1　智能制造体系结构

任何复杂的制造系统都是由若干个制造子系统及辅助子系统组成的。其中，制造子系统又可细分为若干个制造环节及相应的辅助环节，从而形成一种层次组织模式。相应地，智能制造系统也具有这种结构上的层次性。

1. 多级递阶结构

（1）集中式和递阶式控制结构的优点

1）不依赖一个中央控制装置，可靠性高。

2）具有很强的模块性，相对比较独立，可分阶段实施。

3）信息流形式清晰，控制信息自顶向下，反馈信息自下向上，各层的控制模块同时进行信息处理，可处理大量信息，满足实时控制需求。

4）具有较好的修正性和扩展性，当生产环境或目标发生变化时，可进行局部修正和扩展。

5）功能模块之间界面分明，可并行开发，缩短实施周期。

在 Mollo 开发的一个 3 层 FMS 递阶控制系统中，最高层负责系统监控，中间层控制物流，底层进行加工控制。Savolainen 和 George 等人分别提出了 4 层 FMS 和 CIMS 递阶控制结构。其中第 1 层用于进行市场分析及需求预测，第 2 层用于进行生产管理，第 3 层用于进行物流控制，第 4 层用于进行加工实时控制。CAM-I 提出了 4 层的 AFMA 模型，美国国家标准局提出了 5 层的 AMRF 模型，ISO 提出了 6 层的 FAM 模型，Pritschow 提出一种 7 层的 CIMS 递阶控制结构。在众多递阶控制结构中，以 AMRF 模型影响最大。我国 863 计划早期的 CIMS 典型应用都采用了这种控制结构。在沈阳鼓风机厂基于 AMRF 的控制结构中，工厂层由生产管理、信息管理和设计工程等部分组成，用于制订长期的生产计划、制造资源规划及经营管理，实现产品 CAD 和工艺规划等功能；车间层主要由任务管理的资源分配等部分组成，用于完成生产能力分析、任务分解和资源分配等功能；单元层由排队管理、调度和资源能力分析等模块构成，用于进行日作业计划制订和加工路径控制；工作站层用于管理和协调一组相关设备，完成指定的加工和搬运作业的实时调度；设备层用于控制具体的加工机床和搬运设备的运动轨迹。

（2）递阶控制结构存在的问题

1）递阶控制结构存在很强的主从关系，底层控制模块缺乏足够的决策能力，系统对新变化反应缓慢。

2）递阶控制结构虽然可进行局部修正和扩展，但却不能进行全面的扩展，无法适应剧烈的环境变化。

3）递阶控制结构为提高容错性，需增加辅助设备，付出较高代价。

4）递阶控制结构中控制层过多，信息处理量大，增加了计算机等设备的投资。

5）在递阶控制结构设计过程中，确定控制层次和分配控制功能十分困难。

2. 基于 Petri 网的制造系统建模与运行

Petri 网理论起源于 1962 年 Carl Adam Petri 的博士论文《用自动机通信》，他首次用网状结构模拟通信系统。经过几十年的发展，Petri 网形成了以并发论、同步论、网逻辑、网拓扑等为主要内容的理论体系，同时凭借其强大的模拟能力和严谨、丰富的分析方法，Petri 网的应用范围远远超出了计算机科学领域，成为研究离散事件系统状态的一种有力工具，并逐渐成为各相关学科的"通用语言"。

Petri 网是一种图形化的建模工具，具有直观、易懂和易用的优点，对描述和分析并发现象有独到的优越之处；同时，Petri 网又具有精确的语义和严格的数学基础，不仅提供了对系统性能的定性分析方法，也提供了定量分析手段。基于 Petri 网的建模技术可用于模拟带有并发性、异步性、分布式、非确定性等特性的系统，是对离散事件动态系统进行描述、建模和分析的强有力工具。

对智能制造系统进行规划、设计、调度、控制、运行状态监控、故障诊断、系统维护和性能分析等都必须有相应的模型支持。Petri 网为智能制造系统建模提供了一个有效的工具。

3. Petri 网用于智能制造系统建模

Petri 网在建模方面的优越性主要体现在 Petri 网的高度抽象性，使它便于扩展，容易与其他技术结合。Petri 网和面向对象技术的结合，不仅能准确地描述智能制造过程的动态特征，而且能容纳所有制造系统的原始数据、中间数据和各种控制算法；同时，Petri 网的抽象性使得它在不同的应用领域得到不同的解释，从而起到沟通不同领域的桥梁作用。因此，Petri 网特别适合智能制造系统这样一个复杂的多学科综合应用系统模型的建立。

Petri 网模型在智能制造系统的设计、性能分析与评价、运行状态监视和故障诊断中得到了广泛的应用。智能制造系统的体系结构日益呈现出分布性的特点，用 Petri 网可以很好地解决分布式系统中的异步、并发、冲突等现象，以及消息处理机制。异步主要体现在模型的运行是由事件驱动而不是由时间驱动的，这可由 Petri 网的激活规则保证；顺序、并发、冲突等关系可以直接由 Petri 网的流关系体现，但 Petri 网并没有给出冲突消解的方法，因此，需要在 Petri 网模型上增加控制结点以消解冲突。此外，选择关系也需要增加控制结点。总之，Petri 网能为智能制造系统提供一种有效的建模手段和工具。

智能制造系统的建模过程是一个由底向上、由静向动的过程，包括以下几个步骤：

（1）确定对象的界限

在智能制造的网络环境中，一个结点就是一个完整的对象，可以用 Petri 网描述为一个对象子网（包含网络消息模型）；同时，一个结点中可能包含了若干个物理对象，因此这样的一个对象子网又可以划分为若干个小的对象子网，但这第二层的对象子网没有网络消息库所，只包含一些状态消息库所。一个对象的状态消息库所实际上是与之相关的其他对象的状态消息库所，而这正体现了制造系统的物料流和信息流。为简化模型，可以不用在图上表示状态消息库所。

（2）定义对象子网中的托肯类型和属性（静态属性或动态属性）

在规则对象的 Petri 网中，颜色令牌是设备资源和加工工件的对象属性，按照面向对象的观点，系统是由对象组成的。制造系统中的各个实体相对独立，每个实体都可作为一个对象。对系统中具有相同结构的资源设备建立对象类，每个类的属性封装在该类内。类的属性分为静态属性和动态属性，静态属性在系统执行过程中是不变的，而动态属性则随对象的条件发生变化，如机床的状态、工件的加工情况等。

（3）定义每个对象所包含的库所和变迁，以及库所与变迁的输入输出关系（用图形表示）

在制造系统中，除了过程元素（工件）的状态比较多，设备资源元素一般都只有"忙""闲""故障" 3 种状态。

（4）考察每个对象子网中的变迁激活条件

在有冲突、选择的地方加入控制结点，并规定激活规则。

（5）建立对象的网络消息模型

定义输入输出消息，消息模型实际上是体现结点与外部联系的方式，消息模型与结构行为模型之间的相互关系往往通过数据库或数据文件的方式实现。

4. 基于自主体的智能自主体统一结构

（1）自主体（agent）

一般认为，一个自主体是一个能够在非决策环境中连续、自主地执行某一任务的实体。它具有自己的知识、目标和独立的处理能力。

自主体一般包括一个与其所代表的功能实体相关的领域知识库、一个负责局部任务规划与控制的推理控制单元和一个负责对外建立联系的通信管理器。

根据这一定义模型，制造系统中的专家、技术员、智能加工中心、独立的加工车间、制造子系统或职能部门都可以看作制造系统中的一个自主体。

自主体一般都具有下列属性：

1）自治性。指自主体能在没有人或其他自主体直接干涉和指导的情况下持续运行。

2）社会性。自主体之间能够以某种自主体通信语言进行交互、协同、合作。

3）反应性。自主体能够理解它所处的环境，并与环境进行交互，对环境中发生的相关事件能及时做出理智的反应。

4）主动性。指自主体主动地产生目标，并朝目标驱动。

5）诚实性。自主体从不故意使用虚假的信息进行通信。

6）善意性。假设系统中的自主体目标没有冲突，每个自主体总是尽可能地完成其他自主体的请求。

7）理智性。自主体的动作或行为总是为了实现它的目标而进行，不会以某种方式阻止目标的实现。

8）移动性。自主体可以根据问题求解的需要，在网络或物理上改变自己的位置。

9）局部性与全局性。自主体一般分布在网络中，它们的行为既具有局部效应，又具有全局效应。

（2）多自主体系统的技术原理

多自主体系统（multi-agentsystem，MAS）是由多个可计算的自主体构成的有机集合。该系统可以协调一组自治的自主体行为（知识、目标、方法和规划），以共同的目标或动作来求解问题。各自主体可以有同一个目标，也可有多个相互作用的不同目标。多自主体系统的核心是将大的复杂系统（软件或硬件）分解成小的、彼此相互通信及协调的易于管理的自主体。它们不仅要共享有关问题求解的知识，而且要对自主体之间的协调过程进行推理。

智能制造系统（IMS）可以看成是各种智能子系统有机结合而组成的复杂大系统，各子系统间在进行大量物料、能量和信息交流的基础上完成分布式求解。智能制造系统任一层次都是由相互协同与合作的若干个自主体组成的，对应于制造子系统或制造环节的组成元素（自主体），相对于其下层组成元素而言，是同样结构的多自主体结构。不同层次之间，无论是作为个体的自主体结构及其智能行为机制，还是在系统整体的组织结构及其协同与控制机制上，都表现出其相似性。因此，智能制造系统具有一种层次自相似性系统的一般形式，是具有协同与合作机制的多自主体制造系统控制结构。

制造过程是一种典型的多自主体问题求解过程，制造系统中的每一部门（或环节）相当于该过程中的一个自主体。制造系统中的每一子任务或单元设备等都可由单个自主体或组织良好的自主体群来代理或实现，并通过它们的交互和相互协调与合作，共同完成制造任务。

传统的专家系统采用集中式结构，不能解决动态变化环境中的复杂问题，而在多自主体系统中，不存在严谨的递阶控制结构，自主体可通过交互、谈判和协商建立动态合作关系，以便完成复杂任务。自主体具有智能、自治性和学习能力，因此分布式多自主体系统成为求解复杂问题的主要途径。

将制造系统模拟成多自主体系统，可以使系统易于设计、实现与维护，降低系统的复杂性，增强系统的可重组性、可扩展性和可靠性，以及提高系统的柔性、适应性和敏捷性等。

8.3.2　合弄制造系统（HMS）

1. 合弄制造系统的基本概念

（1）合弄及其历史背景

1967 年，匈牙利作家兼哲学家 Arthur Koestler 在其 *The Ghost in the Machine* 一书中，对人类社会和生物组织的结构特点进行了深入研究，并指出，在这些系统中都存在某种递阶结构，并且系统中的每个实体都同时具有"协作"和"自治"的双重特性，即对其上层实体来讲具有部分性和协调性，而对其下属实体来讲又具有完整性和自律性。由于现成的词汇中没有一个词能描述这种实体，所以 Koestler 构造了"Holon"一词，由希腊文中的单词 Holos 和后缀 on 合成，前者是整体（whole）的意思，而后者表示部分（part）。

我国学者唐任仲将"Holon"一词译成"合弄"，既是音译又是意译，"合"解释为全部和整体（whole），"弄"即弄堂、小巷，解释为（城市的）部分（part）。合弄是复杂系统中同时具有"整体"和"部分"属性，既具有"自治性"又具有"协作性"的实体，它既是自包含的整体（self-contained whole），又是相互依存的部分（dependent part）。

HMS（holonic manufacturing system）即智能完备制造系统，是由智能完备单元复合而成；其底层设备具有开放、自律、合作、柔性、可靠、易集成和鲁棒性好等特性。

（2）合弄制造系统的基本概念

合弄制造系统（HMS）作为一项国际性的研究项目，是国际智能制造系统（IMS）研究六个项目的第五项，称为"合弄制造系统"：自治的模块化系统元件及其分布式控制。HMS 国际研究项目组由来自澳大利亚、加拿大、欧洲共同体（联邦德国、瑞典和比利时等）、日本和美国等 34 个成员组成，它们分别来自制造企业、大学和研究机构。HMS 项目组在 1994 年进行了为期一年的可行性研究，提出了合弄制造的概念，并从 1995 年起，预计花 10 年时间分两个阶段开展合弄制造技术、合弄制造系统的研究和应用工作。

国际 HMS 项目的研究旨在开发一种能用于描述高度分布的制造系统的体系结构，它采用一组标准的、自治、协作和智能的元件来构造制造系统，使得制造系统的设计与改进更快、更可靠，并赋予制造系统高度的规模可调性（scalability）与可扩展性（extendibility）；支持对制造元件的重用（reuse）；提供对产品设计和生产批量的柔性和自适应性；通过内建（build-in）的监视、诊断与质量保证能力来确保系统运行的可靠性，并确保能平稳地实现从现有制造系统向合弄制造系统过渡。与传统制造系统中所采用的"主从"式关系不同，在 HMS 系统中通过"整体—部分"的关系将系统元件组织成一种动态和柔性的合弄结构，它在系统运行过程中可以动态变化，以一种自组织的方式适应环境变化。HMS 系统能将递阶控制系统与分布式控制系统的优点结合起来，既具有递阶控制系统的可靠性和高的运行性能，又具有分布式控制系统的动态自适应性和柔性，从而在制造领域实现生物和社会组织中所具有的三个特征：①处理扰动所需的稳定性和可靠性；②处理系统变化所需的自适应性和柔性；③对资源的有效利用。

为了把 Koestler 为社会组织和生物组织发展起来的概念转换成一系列适合制造工业的概念，达到在制造中获得合弄组织提供给生物组织和社会组织那样的效益，以获得面临干扰时的稳定性、面临变化时的自适应性和柔性，并达到有效地利用可以得到的资源等目的，国际合作组织对合弄制造系统及其相关概念进行了如下定义，以帮助理解和指导将合弄概念引入制造系统中。

1）合弄（holon）：是制造系统中用于转换、运输、存储、确认信息，以及物理对象的自治的、协作的模块。合弄由信息处理部分和通常的物理处理部分组成。一个合弄可以是另一个合弄的一部分，也可以由其他合弄组成。

2）自治（utonomy）：一个实体生成自身的计划和策略并控制其实施的能力，它使合弄在不可预测的环境中可以自主地处理意外事件，增强了系统抗干扰能力。自治性使得合弄在不可预测的环境中可以自主处理问题，具有一定的稳定性。

3）协作（cooperation）：一组实体制订相互可以接受的规划，并且一起执行这些规划的过程，它将多个单独的合弄变成更大的有效的合弄，而不是松散的实体。

4）合弄体系（holarchy）：一个由合弄组成的能相互协作以达到一个目的或目标的合弄系统。合弄体系定义了合弄协作的基本规则，同时也就限制了其自治性。在合弄体系中，一个合弄可以同时属于多个层次，并且合弄所属的层次可以随着环境的改变而改变。总的说来，高层次的合弄行为更具柔性、更复杂，低层次的合弄行为更有固定性、更容易预测。某个合弄体系可以由其他的合弄体系构成。

5）合弄制造系统（HMS）：集成了所有制造活动的合弄体系结构，包括从合同签订、设计、生产、打入市场到实现敏捷制造。合弄制造系统包括硬件、软件、系统体系、信息系统、人及组织。合弄制造系统的关键属性包括体系结构、具体的合弄及合弄协作方式。

6）合弄属性（holonic attributes）：使一个实体成为合弄的那些属性。自治性和协作性是最基本的合弄属性，作为一个相对独立的整体，它有独立性和自我主张，而作为更大的整体的一部分，它则要与其他个体进行协作，行使一定的职能。

7）合弄性（holonomy）：一个实体具有合弄属性的程度。

在 HMS 中，一个合弄可以由其他合弄组成，并具有自我主张及集成趋向。自我主张是对合弄所属的动态描述，即对合弄本身做决策时的行为描述；集成趋向则是指合弄的动态表现，当不同的合弄个体产生目标冲突时，合弄之间相互协调、磋商的行为描述。这两种相对独立的属性显示了合弄的自治性及合作关系。例如，每个生产单元（如一台机床）都可以视为一个合弄，这些生产单元与其他单元共同合作——从规划、调度到实际生产和制造产品等。合弄通过它们的功能或任务而定义其组织结构，即合弄系统。

（3）合弄体系的特征

1）合弄体系的自相似性：指低层的合弄可以合成高层的合弄，而在外界看来，这个高层合弄是一个整体，内部的运作是封装起来的，外界只能看到融合后的整体能力、综合结果等信息。由合弄体系的自相似性可以看出，合弄体系具有一定的层次，这些不同层次的合弄按照相似的方式构造，就形成了有效的聚集模块。

2）合弄体系的柔性：合弄体系具有柔性。在集中控制系统（如递阶控制）中，即使是一个小的自适应调整也要对整个系统进行改动，而在合弄体系中，这主要是通过相应的合弄自主地进行小幅调整来实现的。尽管单个合弄所进行的调整可能很小，但这些调整叠加起来的效果可能使系统进行了相当大的调整。

3）合弄体系的可靠性：指在某些局部合弄失效的情况下，整个合弄体系仍将保持其系统功能。

2. 合弄系统的特性

Koestler 通过对生物体和社会系统等合弄系统的结构组成、系统元件及其相互关系的研究，发现它们作为一种开放的递阶系统（open hierarchical system），都具有如下特性：

（1）自治性与协作性（autonomy and cooperation）、**自决性与集成性**（self-assertion and integration）

1）自治性：合弄的自决趋向赋予合弄所需的稳定性，以便能够自主地对外部环境做出适当的反应。

2）协作性：合弄的集成趋向使得多个合弄可以在一起协同工作，以便实现更大的整体目标。

（2）固定的规则和柔性的策略（FRFS）

固定的规则和柔性的策略指每个合弄一方面要受一组固定规则的制约，另一方面它在完成其任务时又或多或少地可以采用一些柔性的策略。

（3）动态平衡与无序（equilibrium and disorder）

平衡与无序是指当合弄内部的自决趋向与集成趋向两者均衡时，则合弄达到某种动态平衡状态。这两种趋势中的任何一种占了上风，都将破坏这种动态平衡，从而产生无序状态。

（4）多重递阶结构（multiple hierarchies）

合弄系统中的任何合弄都可以同时属于多个不同的递阶结构，从而形成多重递阶结构。复杂系统的结构可以通过多个交叉重叠的递阶结构来描述。

（5）柔性、自学习和重构（flexibility, self-learning and reconfiguration）

系统运行的高效率与柔性和自适应性是一对矛盾。在合弄系统中，高层合弄更加复杂、更具柔性，活动模式具有更大的不可预测性，而越处于低层的合弄，其行为相对要固定和机械一些，也具有较大的可预测性。

Koestler对合弄系统的产生、生存和演化机制进行了深入研究，指出：

1）复杂系统的产生取决于一种自催化和正反馈机制。

2）复杂系统的生存取决于一种自相似机制，它通过减小系统元件间的异构性来降低系统构造和运行管理的复杂性。

3）复杂系统的演化则取决于系统的自组织性和某种分离机制的存在，它使得系统的各个部分能独立发展，进而促进整个系统不断进化。

3. 合弄系统的设计原则

为了赋予合弄系统上述讨论的各种特性，在包括现代制造系统在内的复杂系统的规划设计中应当遵循以下基本原则：

1）独立性原则。确保系统功能需求间相互独立，这样易于将这些独立的需求映射为对应的设计参数。

2）具有"即插即用"兼容性的相对独立和稳定的系统元件。系统元件间具有标准的接口和交互模式，以便系统元件能方便地添加或移去，赋予系统以柔性和运行时的重构能力，支持元件重用和系统自组织。

3）LOLA原则，即尽量少做和推迟决策选择。因为过早的决策不利于考虑系统中可能发生的变化，LOLA原则强调系统元件间的关系具有即时性，即相互间没有静态的、固定不变的关系，赋予系统运行所需的柔性，并减小设计变动成本。

4）采用非递阶交互方式。如谈判、协调、协作和协商。

5）分布式决策。系统元件有各自独立的目标并能独立决策。

6）自组织。根据外界需要，系统元件间可以通过动态交互形成某种临时组织，如企业级的"动态联盟"或"虚拟企业"。

7）冗余单元。冗余单元使得系统在遇到系统元件故障和系统需求出现波动时，提高系统的可靠性与容错性。

8）开放式系统结构。确保新的系统元件易于集成到原有系统中或撤换过时的系统元件。

4. 合弄制造系统的参考结构

PROSA是比利时的Van Brussel教授等人提出的一个HMS参考模型。他们认为，制造系统主要涉及三个相对独立的方面，即资源方面、产品和相关的工艺技术方面，以及与用户需求、交货期等时间和供货相关的方面。因此，在合弄制造系统中应有三种基本构造模块与之相对应，即资源合弄、产品合弄和订单合弄等基本合弄，以及完成辅助工作的辅助合弄。

（1）资源合弄

资源合弄包括物理部分（即生产资源）和信息处理部分（用于控制生产资源），它为其他合弄提供生产加工能力。资源合弄还保存有资源分配的方法，以及用于组织、使用和控制生产资源以驱动生产的知识和过程。资源合弄是生产设施的抽象，如工厂、车间、机床、运输小车、刀具、托盘、原材料、操作人员、材料存储、能量等。资源合弄还表示了当前资源的状况（其状态以完成的活动和尚未完成的活动表示），资源的活动可以根据制造环境的动态变化而变化，如新订单到达，其他资源损坏或任务拖延。

（2）产品合弄

它保存有工艺和产品知识，以保证加工产品的质量。产品合弄包括整个产品生命周期内的最新信息，以及用户需求、设计、工艺规划、物料表、质量保证过程等。因此，它保存的是"产品模型"，而不是"产品状态模型"。对于HMS中的其他合弄来说，产品合弄相当于信息服务器。

（3）订单合弄

它代表了制造系统中的任务，负责准确及时地分派加工订单，管理所生产的物理产品、产品状态模型及所有相关的逻辑信息处理。订单合弄可以表示用户订单、库存订单、原型制作订单，以及用于维护和修理资源的订单等。订单合弄可以看作是具有控制行为的实体，负责管理订单并通过加工系统。在此过程中，订单合弄与其他订单合弄、资源合弄之间都要协商，以得到加工。

（4）辅助合弄

辅助合弄为基本合弄提供充足的信息，使基本合弄能够正确解决问题。基本合弄具有决策权，而辅助合弄则可以看作是提供建议的外部专家。增加辅助合弄后，基本合弄应尽可能服从辅助合弄的建议，并以自治的方式完成它们建议的任务。当系统出现扰动和变化时，递阶的辅助合弄很难处理，基本合弄则不会考虑辅助合弄的建议。调度器、工艺规划器、CAD系统及CAM系统等都是辅助合弄。

8.3.3 下一代制造系统（NGMS）

下一代制造系统（NGMS）是由智能制造系统（IMS）计划发起的一个国际性合作项目，CAM-I是该项目的同等合作者。NGMS项目中的合作伙伴来自澳大利亚、欧洲、日本和美国。他们提出了下一代企业（NGE）的设想，并给出了技术议程，以描绘一系列技术和系统的研发，帮助大家对该设想有一定的认识。

1. 下一代制造系统计划第一阶段的主要内容

下一代制造系统计划的第一阶段开始于1996年1月，已于1999年12月结束。第二阶段开始于2000年1月，原定于2002年12月结束，但实际已延期完成。

第一阶段分为3个主要的工作包，每个工作包又包括多个任务或子任务。

（1）工作包1

该工作包涉及下一代制造系统计划的框架，并包含以下3个任务。

任务1.1：NGMS的描述。这个任务提出对NGMS的标准描述，并定义关键词和关键内容。

任务1.2：NGMS的规范。这个任务是保证NGMS具有及时的和完整的技术文档。

任务1.3：NGMS集成。开发和维持NGMS集成框架以评价各项工作的可集成性。

参与的合作者包括所有的日本合作者、欧洲和美国。

（2）工作包2

该工作包原计划是开发在线的知识库，以描述先进的技术、工艺、系统和材料，而制造工程师们可以将它们融入自己的工作中。由于各合作者缺乏足够的

兴趣，故该项工作没有启动。

（3）工作包3

该工作包提出了几个下一代制造系统的建模方法。包括4个建模和仿真任务，这些任务主要由各地区来完成，也包括一些区际任务，以保证下一代制造系统表述的一致性。

任务3.1：自治和分布式制造、敏捷制造的建模和仿真。这个任务集中了再生产过程的功能模块，它来源于日本国内的自治和分布式制造系统（ADMS）。

任务3.2：基于全球供给链的下一代企业的建模仿真和管理（NEXGEMMS）。这些任务的目的是开发新的企业模式，相关的方法和支撑工具用以帮助下一代企业的形成转变和管理。这项任务成为向欧洲委员会提议的基础。

任务3.3：生物制造系统的建模。建立生物制造系统（BMS）的基本模块。BMS寻求应用最近的生物学、分子生物化学、应用数学和与人工生命有关的计算机科学来实现关键的下一代制造系统特征。

任务3.4：可伸缩式柔性制造结构、虚拟企业的建模。虚拟企业是过渡的，它们将自治的分布式的工作单元联合起来以满足某种需要，当这种需要满足后，即行解散。这个任务将建立模型以为虚拟制造企业的形成和管理提供帮助，并同时考虑虚拟企业中整体和个体的需要。

任务3.5：国际合作项目。下一代制造系统的第一阶段在日本与欧洲、日本与美国之间开发了许多双边合作项目。

2. 下一代制造系统计划第二阶段的主要内容

下一代制造系统第二阶段开始于2000年1月，经IMS允许可延期完成。它包括4个工作包，每个工作包又包含多个任务。在第一阶段，每个工作包由各地区完成，而与之不同的是，第二阶段所有的任务都是由各地区之间伙伴的紧密合作完成。

工作包1是第一阶段同一工作包的继续，工作包4、5、6则扩大了第一阶段工作包3的开发成果。其中，工作包2于1998年4月后中断，工作包3已在第一阶段完成。

（1）工作包1（描述、特征、需求与信息集成）

该工作包提供下一代制造系统项目的框架结构。

任务1.1：包括对下一代制造系统的描述，以及它是如何由第一阶段发展而来的。这些描述将加入NGMS的特征和需求中。

任务1.2：包括在第二阶段将继续开发的NGMS项目的特征和需求。

任务1.3：将继续确保在工作包4、5和6中所采用指导方针（如面向目标的建模）的连续性，以及

所建立模型的一致性。

（2）工作包 4（基于知识的信息系统）

该工作包的目的是提供计算处理和通信技术，使生产工序和工艺能够采用如多媒体等虚拟技术的数字化工厂概念以进行智能通信，并且具有柔性化，能够适应生产和操作过程的变化。所开发的模型将执行基于计算模型的处理和通信，并考虑工作单元中人机的交互性。它是联系工作单元与制造系统或智能机器的设计方法。其特征包括：①开发生产/工艺知识的数据挖掘技术；②生产知识和信息的多媒体知识库；③多媒体知识和信息交流的标准结构；④采用虚拟现实技术；⑤在不同语言之间实时翻译生产特性的概念和术语；⑥基于工作模型的关于生产和生产技术的世界范围的协商策略。

任务 4.1：KPAQ 生产单元。KPAQ 来自瑞典语 knowledge（知识）、productivity（生产力）、active life（使用寿命）和 quality（质量）。该任务中的数字化工厂概念将开发基于高度柔性和快速的生产单元。这些生产单元通过合理化集成以提高生产力。

任务 4.2：复杂企业环境的基于规则律的动态信息建模。

任务 4.3：产品开发和制造过程中的知识发现。

该任务将应用现有的知识发现工具以增加数字化工厂环境中开发和制造产品时决策制订的效率。许多知识发现应用可以开发为自治系统或嵌入芯片，从而开发智能机电系统。

（3）工作包 5（有效全球价值网络的信息系统）

该工作包是开发"全球村"制造的有效集成并运作的概念和原型，特别是数字化工厂中存在的广义和虚拟的价值（供应者-生产者-消费者）网络。

任务 5.1：逆向供应链信息系统。尚未进行。

任务 5.2：后勤、分析、执行和集成的全局运算规则。该任务是研究数字化工厂的最优化和仿真模型，以减小整个团队的支出，以及在不同生产厂家之间最有效地分配原材料。

任务 5.3：制造、运输和后勤系统的全局最优化。该任务是研究数字化工厂的制造、运输和后勤的最优化方法，使其能及时满足消费者的需求。该任务将扩充 NGMS 项目第一阶段研究的应用领域，如供应链管理（SCM）的自治分布式调度系统。

任务 5.4：网络交互式制造和最优化。该任务（NET-IMO）是基于网络的交互式环境概念，它是在 NGMS 项目第一阶段的生物制造系统（BMS）任务和自治分布式制造系统（ADMS）任务上建立和开发的。

（4）工作包 6（可重构的制造系统）

该工作包是开发可重构的、柔性的计算机自动化数字工厂制造系统，它可以按照大批量和小批量生产的模块结构来定制。该工作包中的任务是开发可重构的制造系统模块，并按以下方式来运作制造企业：①系统组织和行为的翻译；②子系统行为的定制；③系统可重构的方便性和子系统模块的可重复使用；④系统规划、设计和可重构；⑤工艺和生产规划；⑥系统运行；⑦故障检测和排除。

任务 6.1：可扩展的柔性制造（scaleable flexible manufacturing，SFM）。该任务是提供手段，使印制电路板的设计和制造工程师能够在数字工厂中仿真印制电路板制造过程的可能结果。

任务 6.2：制造单元控制执行的开发和验证。该任务是力求开发、证明和确定在数字工厂环境中的可扩展的柔性制造（SFM）软件的方法和工艺规程。

任务 6.3：自治的分布式制造和资源规划。在该任务中，工艺步骤、设备布局、工人分布和生产工序的每一个规划分别定义为一个自治的自治体，并且每个自治体与其他自治体反复合作，使得对于系统的改变能达到最优的规划。另外，还要开发基于自治体的和面向插件的信息系统结构，以实现系统的柔性和敏捷性。

8.4 智能制造系统关键支撑技术

8.4.1 智能设计（ID）

1. 智能设计的概念

设计是复杂的分析、结合及决策活动，典型的设计过程是以设计师为主导完成的知识循环迭代过程，可表示为"初始设计—评价—再设计"，即设计师根据实际要求，首先进行概念构思，制定出初步的设计方案；其次利用各种技术（如有限元、优化设计、虚拟样机等分析方法）对方案进行评价和计算，实现详细的具体设计；最后对结果进行评价，当达到要求时，设计完成；当未达到要求时，修改设计方案，再进行第二轮的设计。这样循环往复，直到满足要求为止。

智能设计（intelligent design，ID）是智能工程这一决策自动化技术在设计领域中应用的结果，目的是利用计算机全部或部分辅助或代替设计师从事以上的整个设计过程，在计算机上模拟或再现设计师的创造性设计过程。它具有以下特点：

1) 以设计方法学为指导。智能设计的发展，从根本上取决于对设计本质的理解。设计方法学对设计本质、设计过程、设计思维特征及其方法学的深入研究是智能设计模拟人工设计的基本依据。

2) 以人工智能技术为实现手段。借助专家系统技术在知识处理上的强大功能，结合人工神经网络和机器学习技术，较好地支持设计过程自动化。

3) 以传统 CAD/CAE/CAM 技术为数值计算、图形处理、仿真分析工具，提供对设计对象的优化设计、有限元分析、动力学分析和图形显示输出上的支持。

4) 面向集成智能化。不但支持设计的全过程，而且考虑与 CAM 的集成，提供统一的数据模型和数据交换接口。

5) 提供强大的人机交互功能。使设计师对智能设计过程的干预，即与人工智能融合成为可能。

2. 智能设计的主要研究内容

智能设计主要研究设计知识的获取、组织、表达、集成和使用，因此智能设计包括设计知识建模、知识处理和使用两大任务。

(1) 设计知识建模

从认识论的角度分析，人类知识可分为三类，即过程性知识、叙述性知识和潜意识。

过程性知识，是对客观事物的精确描述，可以用准确的数学模型来表达。例如，传统的优化设计，首先对问题进行描述，确定设计变量、约束条件及目标函数，在此基础上选用适当的优化求解方法，通过计算机的数字迭代，求解出满足要求的设计变量值。这涉及数学模型的建立，求解速度和收敛性的分析。采用过程性知识进行问题求解的前提是待求问题的性态结构优良，易于收敛。

叙述性知识，指对客观事物的描述能够用语言文字来表达，既可方便地将人类知识显式地以明确规范化的语言表达出来，也便于计算机的实现。这种问题不能用严密的数学模型来刻画。叙述性知识大多表现为人类专家经验知识的归纳，以符号的形式存在。

潜意识，指客观事物不能或难于用明确规范化的语言表达出来，即使专家本身也很难说出他们的理由，具有很强的跳跃性和非结构性，而这种知识往往是创造性设计的关键。潜意识表现为人类专家经验知识量积累到一定程度后的一个质的飞跃。用这些经验（如以往成功的设计范例）通过联想"想当然"地做出快速的决策。

从内容方面讲，设计知识应包括设计过程知识、设计对象知识和认知知识，设计师在设计时，采用的知识并不是单一的，由于问题的复杂性，决定了知识的异构性。过程性知识、叙述性知识及潜意识为异构知识的抽象形式，更具体化的形式可以概括为过程知识、符号知识、实例知识和样本知识。

技术知识建模包括需求定义、设计说明和实施描述三个阶段。需求定义阶段包括根据现实世界的实际需求建模，它是现实世界的写实；设计说明阶段是根据计算机世界的工作特点，从需求定义出发重新合理组织模型，使之适合计算机世界的运行；实施描述阶段则是使该模型具有可操作性，适于计算机世界的实施和操作。

如前所述，由于设计知识的多层次异构的特点，需要采用多种形式来描述，主要有：①数学模型；②谓词逻辑；③产生式规则；④语义网络；⑤框架；⑥人工神经网络；⑦面向对象的方法。

(2) 设计知识处理

人工智能目前主要分两大流派，即符号主义流派和联结主义流派。符号主义流派以专家系统（expert system，ES）和基于实例推理（case based reasoning，CBR）为代表，统称为知识工程（knowledge engineering，KE）；联结主义流派以人工神经网络（artificial neural network，ANN）和遗传算法（genetic algorithm，GA）为代表，统称为计算智能（computational intelligence，CD）。四种人工智能方法的比较见表 8.4-1。

表 8.4-1 四种人工智能方法的比较

方法	优化能力	思维方式	学习能力	知识的可操作性	解释功能	知识形式	非线性能力
ES	较弱	弱	抽象思维	较差	强	过程，符号	弱
CBR	有一些	类比思维	较强	有一些	有一些	实例	有
ANN	较强	联想思维	强	无	无	样本	强
GA	强	仿自然	有	无	无	多种知识	强

（3）设计知识的利用

设计知识的利用是通过智能设计软件系统实现的。智能设计软件系统是模拟人类专家群体的复杂系统，它涉及多学科、多领域、多功能、多任务及多种描述形式的处理和使用。智能设计软件系统由元系统和外部智能系统组成，如图 8.4-1 所示。

元系统（meta-system）是一个管理型专家系统，它是关于领域专家系统的专家系统，它统筹、控制、管理整个系统，元系统有自己的知识库、推理机和数据库，具有外部环境接口、静态黑板、外部智能系统接口等模块。外部智能系统可以是数值计算程序库或领域专家系统，这些系统都是独立、并行地与元系统相连。

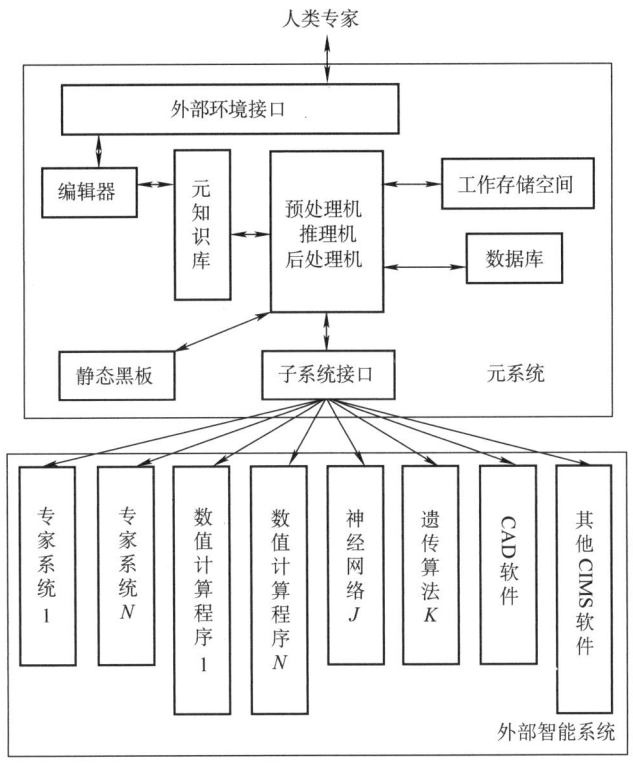

图 8.4-1 智能设计软件系统的组成

8.4.2 智能工艺规划（IPP）

1. 智能工艺规划的概念

智能水平是衡量 CAPP 系统性能的关键因素，传统的 CAPP 技术在数据存储、检索、数据计算、修改零件族标准工艺和图形绘制上扩展了人的能力，可以比较圆满地完成数据处理工作，但对基于符号性知识模型和符号处理的推理型工作往往难以胜任。由于工艺设计是人的创造力、经验与环境条件交互作用的物化过程，是一种智能行为，通常需要设计人员分析推理，运筹决策和综合评价，才能取得合理的结果。为了对工艺设计的全过程提供有效的计算机支持，传统CAPP 系统有必要扩展为智能 CAPP 系统。

智能工艺规划（intelligent process planning，IPP）是 AI（artificial intelligence）和 CAPP（computer aided process planning）技术相结合的综合性研究领域，它将 AI 的理论和技术用于 CAPP 之中，使 CAPP

系统能够在某种程度上具有工艺设计师的智慧和思维方法，能处理多意性和不确定性问题，并且可以在一定程度上模拟专家进行工艺设计，使工艺设计中的许多模糊问题得以解决。

2. 智能工艺规划系统

IPP 技术的发展，大致始于 20 世纪 80 年代，并且这一发展仍在继续。按照所采用的 AI 技术分类，IPP 系统可分为：

1）基于专家系统（expert system，ES）的 IPP 系统。20 世纪 80 年代，专家系统被引入 CAPP 中，使 CAPP 摆脱了派生式系统对成组技术的依赖，进入了知识处理的崭新阶段。但是，由于 ES 本身固有的一些缺陷，使得基于 ES 的 IPP 系统具有以下局限性：工艺知识获取的"瓶颈"；系统性能的"窄台阶效应"；迄今逻辑理论仍然很不完善，还没有一套完整的模糊推理理论、非单调推理理论等，因此 ES 的表达能力和处理能力有很大的局限性。

2）基于人工神经网络（artificial neural network，ANN）的 IPP 系统。ANN 具有自学习能力，通过样本训练，ANN 能够自动获取知识；通过知识的分布式存储和推理的并行计算，ANN 具有很强的容错能力和很快的计算速度。但是，基于 ANN 的 IPP 系统也有其根本性缺陷，如 ANN 的性能在很大程度上受所选样本的限制，样本间的正交性和完备性不好，就会使系统的性能劣化或恶化；系统的推理过程不透明，用户只能看到输入和输出。

3）基于范例推理（case based reasoning，CBR）的 IPP 系统。基于范例推理的 IPP 技术是人工智能技术中类比问题求解方法在工艺设计中的应用。范例是对工艺设计知识的一种整体性描述，不仅包括问题的求解结果，而且包括问题的求解条件，与人类工艺设计知识的记忆结构有很好的一致性。因此，范例知识的获取比规则获取要容易得多。范例推理是对过去求解结果的复用，而不是再次从头推导，具有较高的问题求解效率和实用性。基于范例推理的 IPP 系统需要解决的核心问题是案例的表达、存储、标识、检索、匹配和更新。

4）基于分布式人工智能（distributed artificial intelligence，DAI）的 IPP 系统。人类活动大部分都涉及社会群体，大型复杂问题的求解需要多个专业人员或组织协作完成。随着计算机网络、计算机通信和并行程序设计技术的发展，分布式人工智能逐渐成为一个新的研究热点。DAI 技术，特别是其中的自主体技术越来越受到 CAPP 研究者的关注，可能会成为下一代 CAPP 系统软件开发的重要突破点。基于 DAI 的 IPP 系统，可以克服原有集中式系统的弱点，极大地提高系统的性能，包括问题求解能力、求解效率，以及降低系统的复杂性。

5）基于其他智能技术的 IPP 系统。除了上述的人工智能技术，模糊推理技术、进化计算技术等也都在工艺设计的不同方面得到了应用。

IPP 系统除了具有工艺设计数据库、图形库等传统 CAPP 功能模块，还具有知识库、推理机等智能模块。所以，无论采用哪一种 AI 技术实现 IPP，一般都要解决知识表达和推理决策机制两个核心问题。

3. 人工智能技术在 CAPP 中的应用

人工智能技术在 CAPP 中的应用主要包括专家系统技术、模糊设计技术和人工神经网络技术的应用。

（1）CAPP 中的专家系统技术

专家系统指在某个领域内能起到人类专家作用的计算机软件系统，包含了有关某个特殊问题领域内的知识，并且应用这些知识去解决该领域问题的能力。它是通过推理和判断的方法模仿人类专家做出决定的

过程，一般包括知识库、推理机和用户接口 3 个部分。在一般的资料库系统中只是简单地存储答案，而专家系统存储的不是答案，而是进行推理的能力和知识。

将专家系统技术应用到 CAPP 系统中，使 CAPP 系统具备一定的智能，使其在工艺设计领域能以专家的水平和能力解决工艺设计问题，既是制造企业适应多品种小批量瞬息多变的市场需求，也是 CIMS 对工艺设计系统在集成化与智能化方面进一步发展的需求。因此，CAPP 专家系统引起了众多研究单位和生产厂家的高度重视，从而使 CAPP 专家系统成为人工智能技术应用研究中的一个最为活跃的领域。国际上早期的 CAPP 专家系统是法国的 Y. Descotte 等人开发的 GARI 系统（1981 年）和日本东京大学的 K. Matsushima 等人研制的 TOM 系统（1982 年），随后国内外许多学者又开发了一批 CAPP 专家系统，并得到了实际应用。

一般说来，一个好的 CAPP 专家系统应具备以下的特点：

1）可维护性。由于新工艺、新设备和新材料的不断发展，要求专家系统可不断补充和更新知识，以不断适应改变了的情况。

2）开放性。用户能根据自己的情况对 CAPP 专家系统进行二次开发，也便于将该系统移植到类似的企业。

3）良好的用户界面。用户界面友好，方便输入输出，提示推理和决策的理由，工艺人员还可根据需要对系统进行人工干预，以制订出高质量的工艺规程。

（2）CAPP 中的模糊设计技术

CAPP 中的模糊设计技术主要指 CAPP 模糊专家系统。该系统指在工艺知识的获取、表达（知识库）和运用（推理机）过程中全部或部分采用了模糊理论与技术的一类专家系统，通常又被称为第二代专家系统。

模糊专家系统在构造原理、系统结构和运行方式方面与传统专家系统存在较大差别。就知识获取而言，模糊专家系统所要获取的知识不要求量和结构的精确描述，即可以是一些模糊不清的知识。知识工程师们只需先将领域专家们的那些模糊知识直接记录下来，然后再选择一种合适的模糊知识表示方法将它们表示出来以供处理，而无须苛求领域专家十分准确和规范地表述。就知识的表达而言，模糊知识的合适表达是模糊专家系统建造的关键所在，它要求将从知识源获得的各种模糊知识有效地如实表达出来，这往往需要

将多种方法进行综合或修正才能逼近目的。就知识运用而言，为建立模糊专家系统而采用的各种模糊技术，包括模糊搜索、模糊匹配、模糊推理等，与传统专家系统所采用的方法是不同的，其难度也较大。

（3）CAPP 中的人工神经网络技术

应用人工神经网络（ANN）理论建立 CAPP 系统开发工具，不需要组织大量产生式规则，也不需要树搜索，计算机通过 ANN 模型的推理机制，可实现计算推理代替系统的符号推理，通过学习机制可以自学习、自组织。

传统人工智能 CAPP 与人工神经网络 CAPP 的区别见表 8.4-2。

表 8.4-2　传统人工智能 CAPP 与人工神经网络 CAPP 的区别

功能	传统人工智能 CAPP	人工神经网络 CAPP
知识表达	产生式规则、语义网络、谓词逻辑	大量神经元的互连及对各连接权值的分布来表达工艺领域知识
知识获取	人工移植，收集、整理工艺领域的知识	通过特定的学习算法对样本进行学习，从而获取知识
推理机制	采用串行基于逻辑的推理、演绎方法	在特定输入模式的基础上，通过前向计算产生输出模式，处于同一层的神经元是完全并行的，介于并行处理且不存在同时匹配多条规则的冲突问题

4. 智能工艺规划的发展趋势

从信息处理的角度来看，智能可以看成是获取、传递、处理、再生和利用信息的能力，而思维能力是整个智能活动中最复杂、最核心的部分，主要指处理和再生信息的能力。这种信息处理的过程是十分复杂和多样化的，归纳起来，大体可分为 3 种基本类型，即经验思维、逻辑思维和创造性思维。同时具有这三种思维能力的智能系统称为"全智能系统"。

IPP 技术是对工艺设计思维规律更加深入、更加全面的研究和模拟。专家系统技术对工艺设计中逻辑思维过程进行模拟；人工神经网络技术和范例推理技术对工艺设计中经验思维过程进行模拟；分布式人工智能技术对工艺设计群体思维及协作过程进行模拟。这些系统都是部分智能系统。

可见，为提高 IPP 系统的智能水平，应该将几种 AI 技术结合起来，形成功能互补的复合 IPP 系统。

例如，ES 与 ANN 系统相结合的复合 IPP 系统，从结合方式上分，有分立模型、交互模型、松耦合、紧耦合及完全集成等 5 种结合策略。图 8.4-2 所示为一个紧耦合的复合 IPP 系统结构简图。

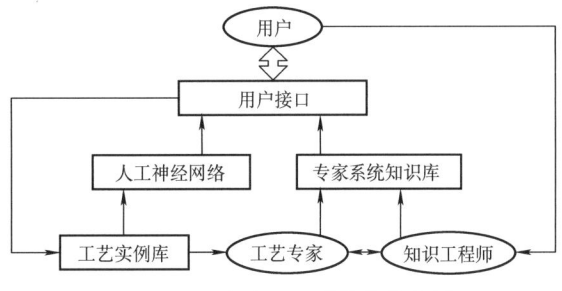

图 8.4-2　复合 IPP 系统结构简图

然而，人工智能要达到对人类智能全面模拟的道路是漫长的。按照"智能代价说"，智能系统的智能越高，系统开发的代价越大，而且这种增长几乎呈指数级。因此，试图将 IPP 的发展完全依赖于人工智能技术是不现实的。建立一种"人机一体化"的智能系统，充分发挥人的智能优势，人与机器平等合作，以合理的代价实现较高的智能，这在很长的一段时期内仍将是开发 IPP 系统的指导原则。这可以表示为

$$HI + AI + CT \rightarrow II$$

式中　HI——人的智能（auman intelligence，HI），如形象思维、模糊推理等；

　　　AI——人工智能（artificial intelligence，AI），指符号推理、ANN 计算等；

　　　CT——计算技术（computing techniques，CT），指传统计算机技术；

　　　II——综合智能（integrated intelligence，II）。

以综合集成人的智能、机器智能和计算技术为特征的人机协同 IPP 摆脱了对人工智能技术的过分依赖，形成了自己独立发展的研究道路，开辟了 IPP 研究的新途径。

8.4.3　智能数控技术

1. 分布式数控

早期的 DNC 是计算机直接数控（direct numerical control），目前我们说的 DNC 是分布式数控（distributed numerical control）。分布式数控强调信息的集成与信息流的自动化，物料流的控制与执行可大量介入人机交互。DNC 具有投资小、见效快、柔性好和可靠性高等特点，是智能制造系统的低层物理基础。

2. 数控系统开放式体系结构

20 世纪 90 年代以来，由于个人计算机（PC）技

术的飞速发展，PC 具有丰富的软硬件资源，专用数控系统也逐步过渡到基于 PC 的通用数控，推动数控机床技术更快地更新换代。

世界上许多数控系统制造商利用 PC 开发了开放式体系结构的新一代数控系统。例如，美国科学制造中心与空军共同领导的"下一代工作站/机床控制器体系结构"NGC，欧洲共同体的"自动化系统中开放式体系结构"OSACA，日本的 OSEC 计划等，其开发研究成果已得到应用，如 Cincinnati-Milacron 公司从 1995 年开始在其生产的加工中心、数控铣床、数控车床等产品中采用了开放式体系结构的 A2100 系统。

开放式体系结构可以大量采用通用微机的先进技术，如多媒体技术，实现声控自动编程、图形扫描自动编程等。数控系统继续向高集成度方向发展，每个芯片上可以集成更多个晶体管，使系统体积更小，更加小型化、微型化，可靠性大幅度提高。利用多 CPU 的优势，实现故障自动排除；增强通信功能，提高进线、联网能力。开放式体系结构的新一代数控系统，其硬件、软件和总线规范都是对外开放的，由于有充足的软、硬件资源可供利用，不仅使数控系统制造商和用户进行的系统集成得到有力的支持，而且也为用户的二次开发带来极大方便，促进了数控系统多档次、多品种的开发和广泛应用，既可通过升档或剪裁构成各种档次的数控系统，又可通过扩展构成不同类型数控机床的数控系统，开发生产周期大幅度缩短。这种数控系统可随 CPU 升级而升级，结构上不必变动。

3. 数控系统智能化

随着人工智能在计算机领域的渗透和发展，数控系统引入了自适应控制、模糊系统和神经网络的控制机理，不但具有自动编程、前馈控制、模糊控制、学习控制、自适应控制、工艺参数自动生成、三维刀具补偿、运动参数动态补偿等功能，而且人机界面极为友好，并具有故障诊断专家系统，使自诊断和故障监控功能更趋完善。伺服系统智能化的主轴交流驱动和智能化进给伺服装置，能自动识别负载并自动优化调整参数；直线电动机驱动系统已实用化。智能化的内容包括在数控系统中的各个方面。

1）为追求加工效率和加工质量方面的智能化，如自适应控制，工艺参数自动生成。

2）为提高驱动性能及方便使用连接方面的智能化，如前馈控制、电动机参数的自适应运算。

3）自动识别负载、自动选定模型、自整定等。

4）简化编程、操作方面的智能化，如智能化的自动编程、智能化的人机界面等。

5）智能诊断、智能监控方面的内容，方便系统的诊断及维修等。

8.4.4 智能质量保证、监测与诊断技术

1. 质量保证系统

质量保证系统的目的是确定产品、工艺或机器如何去满足消费者的方法。质量的内容与工业组织的机能有关，在该组织中，各部门需要紧密合作，以达到或保持质量的设计标准。

1）市场部门了解消费者的需求。

2）生产工程部门形成基本的产品设计。

3）采购部门去购买相应的材料和部件。

4）制造部门的任务是将这些原料转换为高质量的最终产品。

5）监测部门的职责是保证只有合格的产品才能离开生产线。

6）包装部门则保证产品在储存和运输过程中不会受到损害。

成功的质量保证系统依赖于各部门之间良好的信息流。当今市场的复杂性、不确定性和竞争性，使有效的信息交流变得尤为重要。先进制造技术（如先进机床、制造单元和系统）必须具备控制、监测和诊断的系统的方法，对于不可预料的情况和生产问题，往往需要根据不精确的或不完整的信息来解决。

传统的质量保证方法是通过统计过程控制（statistical process control，SPC）技术。SPC 是通过将半成品或完品与制造过程的时间历程相关联而观察产品的质量，并采取适当措施来保证产品的质量水平。然而，随着制造过程复杂性和不确定性的增加，SPC 方法变得越来越难以适应。因为必须具有丰富经验知识的 SPC 专家才能进行处理，而专家的技术经验又随着机器或生产车间的变化而变化，其中人的因素，如学习能力、态度和制订决策的能力也会产生影响。

2. 状态监测

状态监测通常可定义为在关键设备中防止严重故障的方法。

状态监测的基本内容是按照某种规则，对被测对象选择一个或多个可测参数进行连续或间断的测量。对所测得的参数通过各种各样的方法进行评价和分析，并与先前测得的参数值进行某种比较。当信号改变时，就有异常发生。在现代制造系统中，状态监测的主要目的是在早期阶段检测出设备的恶化情况，以避免任何可能发生的灾难性后果。

一般加工过程的状态监测系统主要包括信号检测、特征提取、状态识别、决策与控制 4 个部分。现代监测系统必须更可靠和更具柔性：首先，监测系统

应能够检测制造过程中任何未碰到过的故障；其次，由监测系统获得的有关工艺参数的信息可用来修改加工参数，以达到最优控制，从而降低加工成本和缩短加工时间；最后，监测系统收集到的有关加工过程的各种信息可用来建立工艺参数和设备装置的数据库。

3. 智能状态监测的关键性技术

1）智能传感器技术。信号检测直接决定监测系统的性能，加工过程常见的被检测信号有切削力、切削功率/电流、声发射（AE）、振动、切削温度、切削参数和切削扭矩等。一般要求被监测信号具有能迅速反映加工状态的变化、抗干扰能力强、便于在线测量等特点，同时安装传感器要求尽量不改变加工系统的结构。

传统单一的传感器很难准确地反映加工过程的状态，向多传感器发展是必然之路。多传感器能反映加工过程多方面的信息，以便监测系统选择决策。多传感器经信号处理融合具有决策学习能力，称为智能传感器，它主要具有自校准、信号处理、决策、融合、学习等能力。其中，信号处理主要是提取信号特征；决策能力是对信号特征做出判断，取代控制器；融合能力是对各路信号决策后的结果进行综合判断，提高系统的可靠性；学习能力主要为调整系统参数，提高系统的可靠性和鲁棒性。因此，智能传感器是集多信号处理和决策于一体。

2）信号处理技术。信号处理技术是加工过程状态监测的核心技术，通过对信号的分析处理，获取信号的特征，然后对特征进行决策分析，以达到监测的目的。智能状态监测的信号处理方法见表 8.4-3。

表 8.4-3　智能状态监测的信号处理方法

时域分析	频域分析	时频分析	统计分析	智能分析
能量分析	FFT	短时傅里叶变换	幅值	神经网络
差分	谱估计	Wigner 分布	均值	模糊分析
平滑	变阶谱分析	小波分析	方差	遗传算法
滤波	时序谱分析	—	峭度、斜度	非线性理论等

在传统加工过程状态监测系统中所采用的信号处理技术多集中于时域、频域的统计分析，目前信号处理技术向时频分析和智能分析方向发展。

3）智能学习决策技术。状态识别是通过建立合理的模型，根据所获取的特征参数对加工过程的状态进行分类判断。当前建模的主要方法有统计方法、模式识别、专家系统、模糊推理判断和神经网络等。

决策与控制是根据状态识别的结果，对加工过程中出现的故障做出判断，并且以此对加工系统进行相应的控制与调整，如改变切削参数、更换刀具、改变工艺等。

目前加工过程状态监测系统中主要采用的智能技术有模式识别、神经网络、专家系统，以及模糊系统在上述三者中的融合。

4. 加工过程传感器融合智能监测系统

加工过程传感器融合智能监测系统（IMS-SIMON）是一个工业驱动的面向加工领域的研究和竞争前期的开发项目。加工技术面向切削刀具、机床和工件的变形，如由切削力、热效应、颤振、刀具磨损和刀具失效引起的变形。该项目的目的是开发一个实用性的监测系统，能够通过传感器融合系统获得的信息可靠地辨识出实际的切削状态。

基于加工过程、机床、刀具和加工任务的知识，它能够控制机床从简单的进给、停止到自适应控制算法。由 IMS-SIMON 提供的解决方案包括铣削、钻削、磨削和硬切削等。采用通用的接口、系统和算法，能方便地适应不同的工艺、机床和数字控制。在 IMS-SIMON 中，将监测知识和智能算法介绍给用户非常重要，这将最终导致高精度、高生产率加工和减少故障。

为期 4 年的 IMS-SIMON 项目起始于 1998 年 1 月，由美国、加拿大、日本和欧洲的 19 个单位合作完成，其中包括 7 个工作包。

（1）加工过程传感器融合智能监测系统（IMS-SIMON）基本功能

1）过程注册。监测过程信息并进行预处理。

2）监测和诊断功能。执行信号分析和检测过程状态。

3）响应功能。对于每个检测到的干扰提供相应的策略并执行行动。

4）知识处理和管理功能。监控系统的在线和离线自适应和学习都需要这种功能，其目的是：①小批量生产的柔性监测系统；②充分利用数字控制信息；③开发新的传感器以满足制造的需要；④安全和可靠监控的智能信息处理与过程建模技术，以及应用于各种加工过程的通用技术。

（2）加工过程传感器融合智能监测系统（IMS-SIMON）工作计划

IMS-SIMON 工作计划包括相应原型开发的地区活动和关键的区间任务。

1）欧洲研究主题。第一步主要集中在铣削加工的应用上。主要由欧洲委员会 ESPRIT 计划资助的

EP22417 SIMON 项目所涵盖。

该项目主要集中在两种不同的铣削应用上，即方形工件的端面粗铣加工和模具曲面的精铣加工。

粗铣加工的监测系统采用内部控制信号（如数字驱动电流）的无传感器监测。该监测系统的目的是辨识切削刃的破裂、碰撞、颤振和刀具磨损。基于模块化的软件设计能完全集成到当前和将来的开放式控制系统中。由于高速铣削加工中切削力水平较小，因此有必要采用高可靠性和灵敏度的传感器来监测精密铣削过程。因此，开发了主轴集成式传感器来测量切削力，采用全面的和模块式的信号评价方法来识别碰撞、超载和刀具磨损、破损。

2）北美研究主题。加拿大和美国的 IMS-SIMON 研究主题包括：①加工过程的建模；②铣削与车削加工的智能监测；③开放式 CNC 设计的模块化工具；④智能质量控制的分级控制器；⑤非线性离散系统的自适应控制；⑥可重构机床的多传感器监测。

对于基于 PC 的开放式 CNC 自适应控制，基于参考力信息和实际测量的切削力，机床的进给速度通过 CNC 进行控制。这样机床和切削过程的潜能就可以开发出来，以达到最短的生产时间。

基于 PC 的开放式 CNC 自适应控制，在进行各种各样的立铣加工时，可通过切削力模型求得预测的切削力，这个预测的切削力是自适应控制中的力参考信息基础。

硬切削的监测系统采用各种力传感器和声发射传感器进行监测，并采用激光来确定刀具的位置。可监测的故障有：①切屑和刀具磨损；②工件粗糙度；③表面完整性；④尺寸/集合误差。

硬切削过程所需的自适应算法可基于精密铣削过程的监测方法来确定。

3）日本的研究主题：①先进传感器解决方法（如采用磁致伸缩效应和加载垫圈等）；②铣削加工过程的动态切削力建模；③智能夹紧装置；④磨削加工的监测和控制；⑤具有增量学习的循环模糊推理模块。

智能磨削系统通过智能数据库、磨削过程优化和砂轮寿命检测，磨削过程可以从初始普通状态转换到优化状态而不管故障发生与否。

基于 PC 的系统包括数据采集程序，它将需要的工艺参数送给参数决策算法和颤振检测。磨削过程通过模糊推理进行优化，同时采用神经-模糊程序预测表面粗糙度。通过串口（RS-232C）与数字控制进行通信。

（3）区域间活动

除了地区开发的全球合作和交互，区间活动主要有：

1）传感器融合智能监测系统的通用体系结构。

2）各种监测系统应用、组成、策略等成果的交互。

3）双边或多边组成特别团队，对特别研究主题的区间合作开发。

8.4.5 数字孪生技术

1. 数字孪生模型的概念

数字孪生模型指以数字化方式在虚拟空间呈现物理对象，即以数字化方式为物理对象创建虚拟模型，模拟其在现实环境中的行为特征，它是一个应用于整个产品生命周期的数据、模型及分析工具的集成系统。对于制造企业来说，它能够整合生产中的制造流程，实现从基础材料、产品设计、工艺规划、生产计划、制造执行到使用维护的全过程数字化。通过集成设计和生产，可帮助企业实现全流程可视化，规划细节，规避问题，闭合环路，优化整个系统。

数字孪生模型包括 3 个部分，即真实世界的物理产品、虚拟世界的虚拟产品，以及连接虚拟和真实空间的数据和信息。

在虚拟方面，有大量的可用信息，增加了大量的行为特征，从而不仅可以虚拟化、可视化产品，还可以对其性能进行测试，同时也具有创建轻量化虚拟模型的能力，这意味着我们可以选择所需的模型几何形状、特征及性能而去除不需要的细节。这大大减小了模型尺寸，从而加快了处理过程。这些轻量化模型使得今天的仿真产品可以虚拟化，并实时地以合适的计算成本来仿真复杂系统及系统的物理行为。这些轻量化模型同时也意味着与它们通信的时间和成本也大幅度地减少。更重要的是，我们可以仿真产品的制造环境，包括构成制造过程的大部分自动和手动操作，包括装配、机器人焊接、成形和铣削等。

在物理方面，现在可以收集更多关于物理产品特征的信息，可以从自动质量控制工位（如三坐标测量仪）获取所有类型的物理测量数据，也可以从对物理零部件实际操作的机器上收集数据，以便更加精确地理解各个操作流程，如所使用的速度和力等。

数字孪生模型不是一种全新的技术，它具有现有的虚拟制造、数字样机等技术的特征，并以这些技术为基础发展而来。现有的数字样机建立的目的是描述产品设计人员对这一产品的理想定义，用于指导产品的制造、功能性能/分析（理想状态下的），而真实产品在制造中由于加工、装配误差和使用、维护、修理等因素，并不能与数字样机保持完全一致。虚拟制造主要强调的是模拟仿真技术，因而将数字样机应用于虚拟制造中，但在这些数字化模型上进行仿真分析，并不能反映真实产品系统的准确情况，其有效性会大打折扣。

虚拟产品和物理产品的信息数量和质量均在快速进步，但真实空间和虚拟空间的双向沟通却是落后的。目前通用的方式是先构建一个全标记的三维模型，随后创建一个制造流程来实现这个模型，具体是通过一个工艺清单（bill of process，BOP）及制造物料清单（manufacturing bill of materials，MBOM）来实现的。拥有更先进技术的制造商将对生产过程进行数字化仿真，但目前只是简单地将 BOP 和 MBOM 传递给制造流程，而不是虚拟模型。在大多数情形下，甚至淡化了模型的作用，仅仅是使用模型生成制造现场的二维蓝图。

然而，数字孪生模型更加强调了物理世界和虚拟世界的连接作用，从而做到虚拟世界与真实世界的统一，实现生产和设计之间的闭环。通过三维模型连接物理产品与虚拟产品，而不只是在屏幕上进行显示，三维模型中还包括从物理产品获得的实际尺寸，这些信息可以与虚拟产品重合并将不同点高亮显示，以便于人们观察、对比。

2. 数字孪生模型在制造中的作用

（1）预见设计质量和制造过程

传统模式下，在产品设计完成后必须先制造出实体零部件，才能对设计方案的质量和可制造性进行评估，这不仅导致成本增加，并且也延长了产品研发周期，而通过建立数字孪生模型，任何零部件在被实际制造出来之前，都可以预测其成品质量，判断其是否存在设计缺陷，如零部件之间的干扰、设计是否符合规范等。通过分析工具找到产生设计缺陷的原因，并直接在数字孪生模型中修改相应的设计，再重新进行质量预测，直到问题得以解决。

在实际制造系统中，只有当全部流程都无差错时，生产才能得以顺利开展。通常在试用之前要将生产设备配置好，以实现流程验证，判断设备是否正常运转。然而，在这个时候才发现问题可能会造成生产延误，并且这时解决问题所需要的费用将远远高于流程早期。

当前自动化技术应用广泛，最具颠覆性意义的是用机器人来替代操作人员的部分工作，投入机器人的企业必须评估机器人能否在生产过程中准确地执行人的工作，机器人的大小和工作范围是否会对周围的设备产生干涉，以及它会不会伤害到附近的操作人员。机器人的投入成本较大，因此十分有必要在初期便对这些问题进行验证。

较为高效的途径是建立与制造流程对应的数字孪生模型，其具备所有制造过程细节，并可在虚拟世界中对制造过程进行验证。当验证过程中出现问题时，只需要在模型中进行修正即可。例如，机器人发生干涉时，可以通过调整工作台的高度或反转装配台、输送带的位置等来更改模型，然后再次进行仿真、确保机器人能正确完成任务目标。

通过使用数字孪生模型，在设计阶段便能预测产品性能，并能根据预测结果加以改进、优化，而且在制造流程初期就能够了解详细信息，进而展开预见，确保全部细节均无差错，这有极大的意义，因为越早知道如何制造出色的产品，就能越快地向市场推出优质的产品，进而抢占先机。

（2）推进设计和制造高效协同

随着现代产品功能复杂性的增加，其制造过程也逐渐变得复杂，对制造所涉及的所有过程均有必要进行完善的规划。一般情况下，过程规划是设计人员和制造人员基于不同的系统而独立开展工作。设计人员将产品创意传达给制造部门，再由他们去考虑应该如何合理地制造。这样容易导致产品的信息流失，使制造人员很难看到实际状况，出错的概率增大。一旦设计发生变更，制造过程将会出现一定的滞后，数据无法及时更新。

在数字孪生模型中，对需要制造的产品、制造的方式、资源及地点等各个方面可以进行系统的规划，将各方面关联起来，实现设计人员和制造人员的协同。一旦发生设计变更，可以在数字孪生模型中方便地更新制造过程，包括更新面向制造的物料清单，创建新的工序，为工序分配新的操作人员，并在此基础上进一步将完成各项任务所需的时间及所有不同的工序整合在一起，进行分析和规划，直到产生满意的制造过程方案。

除了过程规划，生产布局也是复杂制造系统中的重要工作。一般的生产布局图是用来设置生产设备和生产系统的二维原理图和纸质平面图，设计这些布局图通常需要大量的时间、精力。由于现今竞争日益激烈，企业需要不断地向产品中加入更好的功能，并以更快的速度向市场推出更多的产品，这意味着制造系统需要持续扩展和更新，但静态的二维布局图缺乏智能关联性，修改起来又会耗费大量时间，制造人员难以获得有关生产环境的最新信息，因而难以制订明确的决策和及时采取行动。

借助数字孪生模型可以设计出包含所有细节信息的生产布局图，包括机械、自动化设备、工具、资源，甚至是操作人员等各种详细信息，并将之与产品设计进行无缝关联。例如，在一个新的产品制造方案中，所引入的机器人干涉了一条传送带，布局工程师需要对传送带进行调整并发出变更申请，当发生变更时，同步执行影响分析，以了解哪些生产线设备供应商会受到影响，以及对生产调度会产生怎样的影响，这样在设置新的生产系统时，就能在需要的时间内获得正确的设备。

基于数字孪生模型，设计人员和制造人员实现协同，设计方案和生产布局实现同步，这些都大大提高了制造业务的敏捷度和效率，帮助企业应对更加复杂的产品制造挑战。

（3）确保设计和制造准确执行

如果制造系统中的所有流程都准确无误，生产便可以顺利开展，但万一生产进展不顺利，由于整个过程非常复杂，制造环节出现问题并影响产出的时候，很难迅速找出问题所在。最简单的方法是在生产系统中尝试用一种全新的生产策略，但面对众多不同的材料和设备选择，清楚地知道哪些选择将带来最佳效果又是一个难题。

针对这种情况，可以在数字孪生模型中对不同的生产策略进行模拟仿真和评估，结合大数据分析和统计学技术，快速找出有空档时间的工序。调整策略后再模拟仿真整个生产系统的绩效，进一步优化，实现所有资源利用率的最大化，确保所有工序上的所有人员都尽其所能，实现盈利能力的最大化。

为了实现卓越的制造，必须清楚了解生产规划及执行情况。企业通常难以确保规划和执行都准确无误，并满足所有设计需求，这是因为如何在规划与执行之间实现关联，如何将从生产环节收集到的有效信息反馈至产品设计环节，是一个很大的挑战。

利用数字孪生模型可以搭建规划和执行的闭合环路，将虚拟生产和现实生产结合起来，具体而言，就是集成产品生命周期管理（PLM）系统、制造运营管理系统及生产设备。在过程计划发布至制造执行系统后，利用数字孪生模型生成详细的作业指导书，并与生产设计全过程进行关联，这样一来，如果发生任何变更，整个过程都会进行相应的更新，甚至还能从生产环境中收集有关生产执行情况的信息。

此外，还可以使用大数据技术直接从生产设备中收集实时的质量数据，将这些信息覆盖在数字孪生模型上，对设计和实际制造结果进行比对，检查两者是否存在差异，找出产生差异的原因和解决方法，确保生产能完全按照规划来执行。

3. 数字孪生模型的应用

实现数字孪生模型的许多关键技术都已经开发出来，如多物理尺度和多物理量建模、结构化的健康管理、高性能计算等，但实现数字孪生模型需要集成和融合这些跨领域、跨专业的多项技术，从而对装备的

健康状况进行有效评估，这与单个技术发展的愿景有着显著的区别。

美国空军研究实验室（AFRL）2013 年发布的 Spiral 1 计划就是其中重要的一步，该实验室已与通用电气（GE）和诺思罗谱·格鲁曼公司签订了 2000 万美元的商业合同，以开展此项工作。此计划以现有美国空军装备 F15 为测试台，集成现有最先进的技术，与当前具有的实际能力为测试基准，从而标识出虚拟实体还存在的差距。GE 将其作为工业互联网的一个重要概念，力图通过大数据的分析，完整地透视物理世界中机器实际运行的情况，而激进的产品生命周期管理（PLM）厂商参数技术公司（PTC 公司），则将其作为主推的"智能互联产品"的关键性环节——智能产品的每一个动作都会重新返回给设计师，从而实现实时的反馈与革命性的优化策略。

数字孪生模型存在的重要意义在于实现了现实世界的物理系统与虚拟空间数字化系统之间的交互与反馈，从而达到在产品的全生命周期内物理世界和虚拟世界之间的协调统一，再通过基于数字孪生模型而进行的仿真、分析、决策、数据收集、存储、挖掘，以及人工智能的应用，确保它与物理系统的适用性。智能系统的"智能"首先是能感知、建模，然后才是分析推理与预测。只有具有数字孪生模型对现实生产系统的准确模型化描述，智能制造系统才能在此基础上进一步落实，这就是数字孪生模型对智能制造的意义所在。

8.4.6 工业通信技术

现代的智能制造设备需要越来越多的数据，也会产生越来越多的数据，因此在所有组件间实现快速且可靠的数据传输至关重要。工业通信为企业从现场层至管理层的数据交换提供了基础架构和网络机制，不管是使用有线的、无线的或远程的通信方式。全集成自动化（TIA）正是建立在那些经过认证的、国际化的、与制造商无关的通信标准基础之上的。TIA 与工业通信的集成，使得网络结构灵活多样、安装高效、简单且易扩展。

1. 以太网和工业以太网

在办公和商业领域，以太网是当今最流行、应用最广泛的通信技术，具有价格低、通信速率和带宽高、兼容性好、软硬件资源丰富、广泛的技术支持基础和强大的持续发展潜力等诸多优点。目前，以太网的市场份额已超过 90%，并且保持上升趋势。以太网的规范是在 20 世纪 70 年代开发出来的，后来成为国际标准 IEEE 802.3。如今，在各种速率和应用范围内，以太网仍在快速发展。

以太网规范构成了 TCP/IP 协议的基础。TCP/IP 负责局域网内的数据传输，并构成 IT 服务的基础，而且这使不同的局域网技术很容易集成，如以太网和无线局域网的集成。办公以太网的组件由大量的供应商提供，但办公以太网并不一定符合工业的要求。

工业以太网提供了一个适合工业应用的符合以太网标准（IEEE 802.3）的强大网络。这使得办公网络可以与生产网络连接在一起，最大限度地保证了应用范围。工业以太网利用以太网的技术并加强设计，以满足工业应用要求：

1）用于严苛的工业环境的网络组件（灰尘、高湿、极端温度、冲击负载、振动等）。

2）适用于现场安装的牢固且简单的连接技术。

3）-RJ45 技术的快速连接电缆系统。

4）-POF 和 PCF 光缆的现场组装。

5）利用冗余实现网络故障安全。

6）利用冗余设计和冗余供电实现设备的故障安全。

7）自动化组件（控件器和现场设备）互连并连接至 PC 和工作站。

8）优化自动化组件之间的通信，同时根据 TCP/IP 标准进行开放式通信。

9）根据 IEEE 802.11 标准，便捷连接至无线局域网和工业无线局域网。

10）专为工业自动化提供的信息安全方案。

2. 典型现场总线协议

（1）PROFINET

PROFINET 是基于工业以太网的开放式现场总线标准，它独立于供应商，用于生产自动化与过程自动化。PROFINET 由全球最大的现场总线组织 PI（PROFIB US&PROFINET International）推出。如今，PROFINET 已经成为中国推荐性国家标准 GB/T 25105。作为一项战略性的技术创新，PROFINET 为自动化通信领域提供了一个完整的网络解决方案，囊括了诸如实时以太网、运动控制、分布式 I/O、故障安全及网络安全等当前自动化领域的热点话题，并且作为跨供应商的技术，可以完全兼容工业以太网和现有的现场总线（如 PROFIBUS）技术，保护现有投资。

凭借 PROFINET，西门子将以太网标准成功地应用于自动化领域。PROFINET 在所有层级中的高速性和数据交换的安全性，为实施创新型机械和工厂解决方案提供了有力保障。基于 PROFINET 优秀的灵活性和开放性，用户可根据具体需求任意设计机械和工厂的系统架构；与此同时，PROFINET 的高效性还意味着用户资源的有效利用，以及工厂效率的显著提升。

西门子的创新型产品与 PROFINET 的卓越性能相得益彰，可确保公司生产率稳步提升。PROFINET 是开放的总线标准，它基于工业以太网，符合 IEEE 802.3 的规范。因此，它能保证 PROFINET 设备之间，以及 PROFINET 设备与其他标准以太网设备之间进行自由的通信，如基于 TCP/IP、UDP/IP 的标准 IT 服务 HTTP、SMTP、SNMP、DHCP 等。对于有严格实时要求的应用，PROFINET 机制可使得标准通信与实时通信并存。RPOFINET 通信可以应用于以下 3 种不同的性能层级。

1）工程数据及非时间苛刻的数据在标准通道基于 TCP/IP、UDP/IP 传输。

2）实时通道用于传输过程数据。

3）对于运动控制之类的等时同步应用，可使用等时实时通信（IRT），从而实现小于 1ms 的刷新速率和小于 1μs 的抖动。

PROFINET I/O 控制器与 PROFINET I/O 设备之间的循环数据通信是实时通信。I/O 控制器和 I/O 设备建立 PROFINET I/O 连接后，I/O 控制器和设备之间以固定的刷新时间交换数据。

（2）PROFIBUS（IEC 61158/61784）

PROFIBUS 用于连接现场设备到自动化系统，如将分布式 I/O 或驱动设备连接至 SIMATIC S7 或 SIMOTION 等控制器。PROFIBUS 符合 IEC 61158/61784 标准，是一种强大、开放、稳定的现场总线系统，具有很短的响应时间。PROFIB US 对于不同的应用有不同的形式。

PROFIBUS DP 用于连接有快速时间响应的分布式现场设备，如 ET 200 或驱动。传感器和执行器分布在机械设备或工厂的各处，将它们连接至分布式现场设备。可编程控制器（PLC）和分布式现场设备以主从的机制通信。

由于 PROFIBUS 的开放性，不同厂家生产的产品只要符合 PROFIBUS 标准都可以连接在一起。通过网关设备，也可以连接其他总线系统，如 AS-i 总线。

PROFIsafe 允许在同一根总线上进行标准通信和故障安全通信，是一种在标准总线上利用 PROFIBUS 服务进行安全通信的开放式解决方案。

对于等时模式，PROFIBUS DP 支持等时模式，在此模式下，CPU、I/O 和用户程序同步于 PROFIBUS 周期。许多产品都支持这一模式。驱动器则采用 PROF Idrive 进行控制。

PROFIBUS PA 将 PROFIBUS DP 的应用扩展到本质安全的场合。数据和电源在同一电缆中传输。它同样符合国际标准 IEC 61158-2，具有相同的协议，但在物理层上有不同的属性。PRFOIBUS PA 适用于过程自动化，常用于化工、石油、燃气等行业。

（3）AS-Interface

现场通常有传感器、阀、执行器、驱动器等多种器件在运行，所有这些器件必须连接到自动化系统，此时就要用到分布式 I/O 设备。作为线缆束的一种经济替代方案，AS-Interface 总线仅通过一根两芯的电缆连接现场的器件，并在这一根电缆上同时传送数据和电源，这意味着安装将变得非常容易。使用专门设计的扁平黄色电缆和绝缘穿刺技术，AS-Interface 设备可以从任意点接入，这一设计能显著降低投入，具有极高的灵活性。由于安装调试不需要专门的知识，而且电缆敷设简单、排列整洁，以及电缆的特殊设计，因此不仅可以减少出错的风险，而且减少了维护的成本。

AS-Interface 是 EN 50295/IEC 62026 标准的组成部分，受 AS-i 联盟遍布全球的会员公司的支持，其中包括一流的传感器/执行器生产厂商。AS-Interface 适用于那些传感器与执行器在机械上分开分布的场合，如灌装生产设备。

AS-Interface 是一个单主站系统。根据 AS-Interface 规范 V2.1 或 V3.0，最多可以连接 62 个从站。AS-Interface 规范 V3.0 允许最多 1000 点的数字量输入/输出。新的规范也允许扩展寻址（A/B）以用于模拟量。得益于主站中集成了模拟量处理，访问模拟量也像访问数字量一样简便。要将 AS-Interface 连接至 PROFIBUS DP，可以使用 DP/AS-i LINK Advanced、DP/AS-i F-Link 或 DP/AS-Interface LINK 20E。这使得 AS-Interface 成为 PRFOIBUS DP 的一个下属网络。IE/AS-i LINK PN IO 则允许将 AS-Interface 连接到工业以太网，从而直接嵌入 PROFINET 环境。

（4）IO-Link（IEC 61131-9）

完整的自动化系统少不了传感器和执行器。将传感器和执行器智能地连接至控制层，能确保生产精细高效地运行。IO-Link 正是这样一个用于传感器/执行器的开放式标准。它实现了至现场过程最后一米的通信。

新的通信标准位于现场总线层级之下，允许对执行器/传感器层级进行集中的故障诊断和定位，而且由于允许从应用程序直接动态调整参数，从而简化了调试和维护的工作。

现场设备智能程度的提高，以及将它们集成到整个自动化项目中，使得对数据的访问可以直达最底层，这将大大提高工厂的可用性并减少工程费用。

作为一个开放的系统，IO-Link 可以连接至通用的总线和自动化系统。一致性的操作最大限度地压缩了投资，这一点从 IO-Link 也允许已经投运的设备继续使用没有 IO-Link 接口的传感器和执行器可以看出来。IO-Link 自动集成用于能源管理系统的测量数据而不需要增加额外的投资，这可以方便地判断底层现场的能源消耗并采取措施去降低。IO-Link 使用经济的点对点连接，一个 IO-Link 系统包含以下组件：

1）IO-Link 主站。

2）IO-Link 设备，如传感器/执行器、RFID 读卡器、I/O 模块、阀。

3）非屏蔽三线制标准电缆。

3. 工业网络安全

网络安全包括对自动化系统未经授权的访问保护和对连接到其他网络（如办公网络和由于远程访问的需求连接到互联网）的所有接口的安全审查。网络安全也包括通信保护，即防止通信被拦截和操纵，如数据加密传输和通信节点间的身份认证。

（1）网络分段和单元保护概念

网络分段是把工厂网络划分成几个独立被保护的自动化单元，这样可以减小风险，更进一步地增强网络的安全性。一个网络部分（如一个 IP 子网）通过一个安全措施来保护，通过网络分段来实现网络安全。因此，"单元"中的设备可以防止来自外部未经授权的访问且不影响实时性能或其他功能。

防火墙可以控制对单元的访问，操作员可以定义哪些网络节点之间能通过哪些协议相互通信。通过此方式，不仅可拒绝未经授权人员的访问，也降低了网络的通信负载，而只允许所需要的通信数据通过。

根据网络站点的通信和保护需求，划分单元并分配设备到相应的单元。单元间的数据传输是通过安全设备的（虚拟专用网）VPN 进行加密处理的，这样有效地防止了窥探和操纵数据的行为。通过 VPN 技术认证了通信的节点，并授权它们访问某些地方。网络分段和单元保护可归纳如下：

1）"单元"和"区域"是出于安全的目的对网络进行分段隔离产生的。

2）通过设置信息安全网络组件，对"单元入口"进行访问控制。

3）将没有独立访问保护机制的设备置于安全单元内加以保护，这种方式主要是针对已经正常运行的设备进行改造。

4）划分各个单元可以防止由于带宽限制造成的网络过载，保护单元内部的数据通信不受干扰。

5）在各个单元内部不影响实时通信。

6）在网络单元内部，对功能安全设备提供保护。

7）在单元和单元之间通过建立安全通道实现安全通信。

网络分段的单元防护是防止未经授权访问的一种

防护措施。在安全单元内部的数据不受信息安全设备的控制，因此假设各分段网络内部是安全的，或者在各个单元内部部署了更进一步的安全措施，如保证交换机的端口安全。

各个安全单元的大小划分主要取决于被保护对象所包含的内容，具有相同需求的组件可能会划分在同一个安全单元内。建议根据生产流程规划网络结构，这样可以保证网络分段时各个网络单元之间的通信数据量最少，同时可以使防火墙配置的例外规则最小化。

为了保证性能需求，建议客户遵循如下针对网络规模和网络分段的规则：一个 PROFINET I/O 系统中的所有设备都规划到一个网络单元中；在设备和设备之间的通信数据量非常大的情况下，应该将它们规划到一个网络单元中；如果一台设备仅仅和一个网络单元之间存在数据通信，同时保护目标是一致的，则应该将该设备和网络单元合并到一个网络单元中。

（2）办公网络和工厂网络联网的安全

当从一种网络过渡到其他网络时，可以通过防火墙和建立隔离区（也称非军事化区）（DMZ）对工厂网络进行监控与保护。DMZ 是为了保护工厂网络增加的一道安全防线，对其他网络可以提供数据服务，同时也确保其他网络不能直接访问自动化网络。即使 DMZ 中的计算机被黑客劫持，自动化网络仍然能被保护。

（3）远程访问的安全

越来越多的工厂通过互联网连接到了一起。由于世界各地的械设备对远程服务、远程应用和实时监控的需求，远程的工厂通过移动网络（GPRS、UMTS、LTE）连接起来。在这种情形下，安全访问尤其重要。借助搜索引擎、端口扫描或自动化的脚本，黑客能够轻易发现不安全的访问节点。这就是通信节点要身份认证，数据的传输需要加密且数据的完整性必须保证的原因，特别是对于工厂的关键基础设施的访问。未经授权人员的访问、机密数据的读取和控制命令参数的修改都可能导致相当大的破坏、环境的污染及人员的伤害。

VPN 机制提供身份认证、加密和完整性保护，是可以提供有效保护的一种措施。西门子的互联网安全产品支持 VPN 连接，因此可以安全地通过互联网或移动网进行数据传输、控制和访问。

正常的情况下，设备认证证书和值得信赖的 IP 地址或域名通过防火墙的规则来阻止或允许。VPN 设备和 SCALANCE S 防火墙使用特定用户防火墙规则赋予访问用户权限。在这种情况下，用户使用他们的名字和密码登录 Web 界面，由于每个已授权的用户被分配了特殊的防火墙规则，所以该用户根据其访问权限获得相应的访问能力。使用用户防火墙规则的优势在于可以清楚地跟踪特定时间内对系统的访问情况。

4. 工业信息安全

以太网连接一路延伸到现场级的现象越来越多，这为工厂自动化提供了许多好处。然而，在过去，生产过程是安全的，而现在，由于开放性使得来自外部和内部的攻击出现了。对于工业自动化系统来说，不间断的安全监测和安全集成是必不可少的。随着数字化需求的日益增长，自动化的信息安全性变得越来越重要。工业信息安全是数字企业的核心要素，工业信息安全是数字化的一部分。

（1）工业信息安全的防护理念

为了防止从内部和外部受到网络攻击，进而确保工厂能够被全面保护，工厂的各个层级都需要被保护（从工厂管理层到工厂的现场层；从访问控制到知识产权保护）。这就是为什么要采用全面的保护机制，即"纵深防御"的概念。这个概念是来自于 ISA99 或 ISO/IEC 62443《工业自动化和控制系统安全》。"纵深防御"针对自动化系统提供了全面和深入的保护：一方面，用不同的、互补的保护机制应对各种威胁（全方位保护）；另一方面，也给攻击者设置多重阻拦。"纵深防御"所需的安全措施无缝地交织在一起，从而实现了对自动化系统完善的、可靠的保护。

（2）工厂安全

工厂安全是防止未经授权的人使用一些特殊的方法来访问关键的物理设施。工厂安全已从使用密钥卡对传统的建筑物进行访问扩展到对敏感区域的访问。

1）物理访问保护。可归纳为如下类别：①制订相关措施和流程，防止未经授权的人员访问工厂；②不同的工艺段需要采用各自的物理隔离，并制订相应的访问权限；③自动化组件的关键零部件需要采用物理访问保护，如控制箱需要加锁。使用物理访问保护措施会影响 IT 安全措施及其防护程度。例如，当一个人授权进入一个受保护的区域时，就可以操作不属于其授权范围内的网络接口或自动化系统。

2）安全管理。安全管理策略和组织措施是工业信息安全的重要组成部分。组织措施和安全管理策略必须相辅相成。要达到保护的目标必须将这两者有机结合。组织措施是建立一套完善的安全管理流程。与信息安全管理相关的策略如下：①对于可接受的风险，制订统一的规定；②对于不寻常的活动和事件，制订上报机制；③对于信息安全事件，做到交流通畅并编制文档；④规范移动 PC、智能手机和数据存储设备等在工厂范围内的使用（如禁止在工厂以外的地区使用这些设备）。安全措施的制订取决于对工厂所面临的危害和风险分析。利用严格且有持续性的安全管理策略达到并保持所需要的安全等级。

8.5 智能制造系统的典型应用

智能机器的定义为：在具有一定不确定性的环境条件下，能够自治地或与操作人员交互地实现拟人任务的机器。在智能制造系统中，智能加工中心、智能机器人、智能物流系统是系统最底层的主要设备。

智能机器的目标和特点是：

1）在制造系统中用机器智能来替代人的体力和脑力劳动，使脑力劳动自动化。

2）在制造系统中用机器智能替代熟练工人的操作技能，使制造过程不再依赖于人的"手艺"，或者在维持自动生产时，不再依赖于人的监视和决策控制，使制造系统的生产可自主地进行。

3）信息获取、存储、通信、协调能力，能与系统中其他设备及上层集成、共享制造智能资源。

8.5.1 智能加工中心及其相关技术

一般的CNC机床是开环控制的，它是按预先编写好的程序工作，能根据加工过程的实际情况来适当改变其控制策略，是无智能的加工设备。智能加工中心是将感知、判断、决策及控制加入加工中心。为了实现智能，加工中心必须采用"自治与开放系统机床"的结构，即在硬件方面，加工中心配置传感器系统、视觉系统、灵巧机器人或其他执行系统，可以方便地和各种设备、工具连接集成；在软件方面，开放性是建立在开放体系结构的控制、管理及标准化基础上的，可以方便地提供软件集成和信息交互。

（1）感知

1）工件和刀具状态：毛坯质量、毛坯安装状态、工件加工工序及工件尺寸、工件轮廓、工件表面质量，以及刀具编号、刀具磨损破损状态、刀具工件的避障及自动定位问题等。

2）机床状态：机床故障诊断与健康监视，包括对主轴和进给电动机的功率、振动、噪声、油液漏损状态、温升进行监测，对电子线路故障进行机内测试（BIT）与报告。

3）加工过程参数：切削力、振动与颤振、各种加工控制参数、刀具设备和人员安全保护控制等。

常用的仪器与传感器有CCD视觉传感器，功率、电流、应力、扭矩传感器，压电、光纤振动传感器，声发射传感器，接触式尺寸位置传感器，非接触式尺寸位置传感器。多传感器融合技术是智能感知常用的技术。

（2）智能工艺决策

与一般的CAPP不同，智能工艺决策是针对专一对象，通过CAD信息和加工中心信息的感知、判断和分析后的结果进行的工艺决策。由切削工艺专家系统、装夹工艺专家系统、加工工艺规划专家系统和故障诊断专家系统提供支持。

（3）智能控制

加工中心的智能控制主要是针对低层设备级的，为了保障安全生产，一般的数控设备通常采用保守的方法来进行工艺编程，而智能加工中心可以在加工过程中对刀具、机床、人员安全，以及加工质量、经济指标兼容考虑，实时优化，并实时地自动修正加工运行参数。智能控制的基础是各种感知信息，智能控制方法如前所述。

8.5.2 智能加工中心的应用实例

1）美国卡内基梅隆大学机器人研究所开展的智能加工工作站（IMW）研究计划，以一台立式加工中心为核心，配置了切削工艺专家系统、装夹专家系统、感知专家系统，可以接受CAD信息，自动实现特征提取、工艺决策、装夹、加工和加工过程监视。

2）S. Kanai等人构造的智能加工单元，也是以一台立式加工中心为核心，装备了视觉系统和激光测量系统，配置了集成工艺识别、工件形状测量、工艺规划和NC代码生成等智能子系统。它可根据毛坯形状和安装的位置、装夹的情况自适应在线制订工艺规划。

3）HSugishita等人在加工中心上安装温度、热变形和力传感器，构成了智能补偿系统，它可通过主动热源补偿机床的热变形，通过位置控制指令补偿机床的受力变形，使得机床长时间工作时能主动调节并保持高的加工精度不变。

8.5.3 智能机器人、智能物流系统及其相关技术

机械加工机器人通常可按功能分为加工单元专用机器人［通常完成加载、卸载、换刀、码垛等辅助性工序。物流系统，如自动导引车（AGV）和立体仓库等］、焊接机器人（包括弧焊机器人、点焊机器人）、喷漆机器人、装配机器人和检测机器人。近几十年来，工业机器人智能化在智能自检功能、视觉、人工语言识别、环境感知与决策、自适应与智能控

制、规划协调与管理等方面都做了大量的研究。

8.5.4　智能工厂

1. 智能工厂的架构与功能定义

智能工厂是实现智能制造的基础与前提，它主要由三大部分组成：在企业层对产品研发和制造准备进行统一管控，与企业资源计划（ERP）进行集成，建立统一的顶层研发制造管理系统；管理层、操作层、控制层、现场层通过工业网络（现场总线、工业以太网等）进行组网，实现从生产管理到工业网底层的网络连接，满足管理生产过程、监控生产现场执行、采集现场生产设备和物料数据的业务要求；除了要对产品开发制造过程进行建模与仿真，还要根据产品的变化对生产系统的重组和运行进行仿真，在投入运行前就要了解系统的使用性能，分析其可靠性、经济性、质量、工期等，为生产制造过程中的流程优化和大规模网络制造提供支持。

（1）企业层——基于产品全生命周期的管理层

企业层融合了产品设计生命周期和生产生命周期的全流程，对从设计到生产的流程进行统一集成式的管控，实现全生命周期的技术状态透明化管理。通过集成产品生命周期管理（PLM）系统和制造执行系统（MES）、企业资源计划（ERP）系统，企业层实现了全数字化定义，从设计到生产的全过程实现高度数字化，最终实现基于产品的、贯穿所有层级的垂直管控。通过对 PLM 和 MES 的融合，实现从设计到制造的连续数字化数据流转。

（2）管理层——生产过程管理层

管理层主要实现生产计划在制造职能部门的执行，统一分发执行计划，进行生产计划和现场信息的统一协调管理。管理层通过 MES 与底层工业网络进行生产执行层面的管控，操作人员/管理人员提供计划的执行、跟踪，以及所有资源（人、设备、物料、客户需求等）的当前状态，同时获取底层工业网络对设备工作状态、实物生产记录等信息的反馈。

（3）集成自动化系统

自动化系统的集成是从底层出发的、自下而上的，跨越设备现场层、中间控制层和操作层三个部分，基于信息物理系统（CPS）网络方法，使用全集成自动化（TIA）技术集成现场生产设备，创建底层工业网络；在中间控制层，通过 PLC 硬件和工控软件进行设备的集中控制；在操作层，由操作人员对整个物理网络层的运行状态进行监控、分析。

智能工厂架构可以实现高度智能化、自动化、柔性化和定制化，能够快速响应市场的需求，实现高度定制化的节约生产。

2. 智能工厂的雏形——安贝格数字化工厂

西门子基于工业 4.0 概念创建安贝格数字化工厂的目的是实践工业 4.0 概念并诠释未来制造业的发展，在产品的设计研发、生产制造、管理调度、物流配送等过程中，安贝格工厂都实现了数字化操作。安贝格数字化工厂突出数字化、信息化等特征，为制造业的可持续发展提供了借鉴与启迪。安贝格数字化工厂已经完全实现了生产过程的自动化，在生产过程的制造研发方面与国际化的质量标准相对接。安贝格数字化工厂的理念是将企业现实和虚拟世界结合在一起，从全局角度看待整个产品的开发与生产过程，推动每个过程步骤都实现高能效生产，覆盖从产品设计到生产规划、生产工程、生产实施及后续服务的整个过程，安贝格数字化工厂通过数字化工厂的实践来对未来工业 4.0 概念做出最佳诠释，处于制造业革命的应用前沿。

（1）建立数字化企业平台

如图 8.5-1 所示，在统一的数字化平台上进行企业资源、企业供应链、企业系统的融合管理，建立一个跨职能的层级数字化平台，实现资源、供应链、设计系统、生产系统统一的柔性协调和智能化管控，企业所有层级进行全数字化管控；通过数字化数据的层级流转实现对市场需求的高定制化要求，并实时监控企业的资源消耗、人力分配、设备应用、物流流转等生产关键要素，分析这些关键要素对产品成本和质量的影响，以达到智能控制企业研发生产状态、有效预估企业运营风险的目的。

（2）建立智能化物理网络

基于赛博物理网络基础（图 8.5-2），集成西门子的 IT 平台、工控软件、制造设备的各种软硬件技术，建立西门子的工业网络系统。在创建生产现场物理网络的同时，将生产线的制造设备连接到物理网络中，用于采集设备运行情况，记录生产物料流转等生产过程数据。

在安贝格数字化工厂中，所研发、生产的每一件新产品都会拥有自己的数据信息。这些数据信息在研发、生产、物流的各个环节中不断丰富，实时保存在数字化企业平台中。基于这些数据实现数字化工厂的柔性运行，生产中的各个产品全生命周期管理系统、车间级制造执行系统、底层设备控制系统、物流管理等全部实现了无缝信息互联，并实现智能生产。

安贝格数字化工厂在同一数据平台上对企业的各个职能和专业领域进行数字化规划，数字化工厂应用领域包括数字化产品研发、数字化制造、数字化生产、数字化企业管理、数字化维护、数字化供应链管理。通过对企业各个领域的数字化集成，实现企业精益文化的建立，实现企业的精益运营，如图 8.5-3 所示。

8.5.5 制造执行系统

1. 制造执行系统的定义及内涵

制造执行系统（manufacturing execution system, MES）作为生产形态变革的产物，其起源为工厂的内部需求。制造执行系统这一概念是在 20 世纪 90 年代出现的，目的在于试图通过实时数据采集和分析来提供最佳的车间控制和可视化。它的核心优势在于它是工厂和管理之间的接口，强调通过信息集成来实现生产层和业务层之间的信息传递，以及优化整个企业的生产流程。信息的实时传递使得管理具有最新的信息，从而可进行更全面的决定。

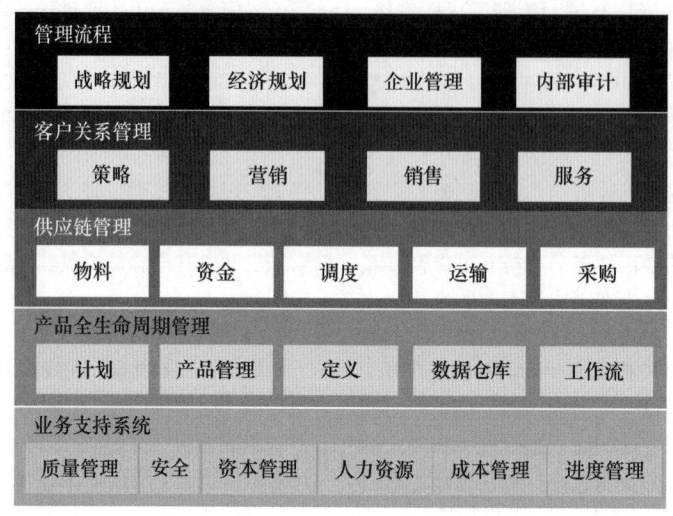

图 8.5-1 数字化企业平台

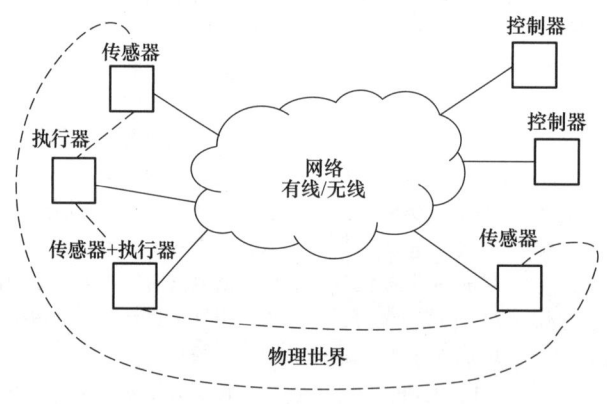

图 8.5-2 智能化物理网络

美国先进制造研究机构（Advanced Manufacturing Research，AMR）将 MES 定义为"位于上层的计划管理系统与底层的工业控制之间的面向车间层的信息管理系统"，它为操作人员/管理人员提供计划的执行、跟踪，以及所有资源（人、设备、物料、客户需求等）的当前状态。制造执行系统协会（manufacturing execution system association，MESA）对 MES 所下的定义为"能通过信息传递对从订单下达到产品完成的整个生产过程进行优化管理。当工厂发生实时事件时，MES 能对此及时做出反应、报告，并用当前的准确数据对它们进行指导和处理。这种对状态变化的迅速响应使 MES 能够减少企业内部没有附加值的活动，有效地指导工厂的生产运作过程，从而既能提高工厂的及时交货能力，改善物料的流通性能，又能提高生产回报率。MES 还通过双向的直接通信，在企业内部和整个产品供应链中提供有关产品行为的关键任务信息。"

MESA 在 MES 定义中强调了以下 3 点：

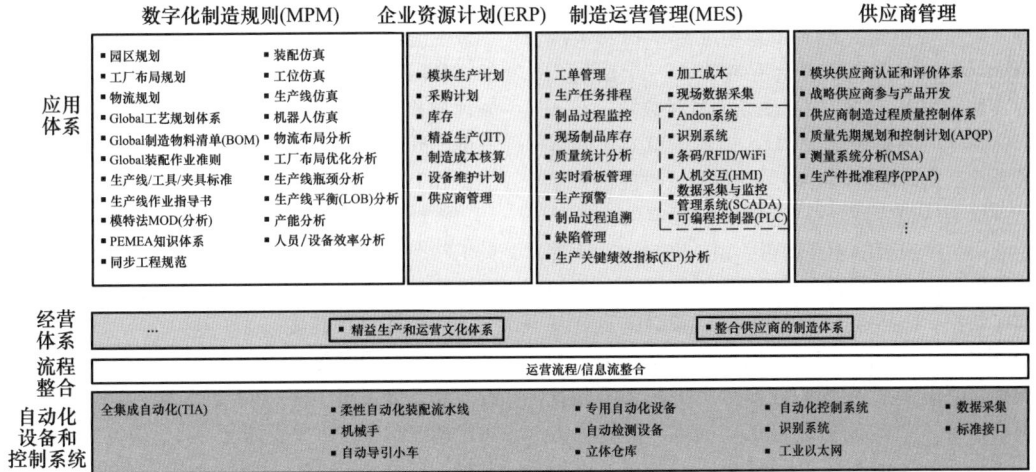

图 8.5-3　数字化规划

1）MES 是对整个车间制造过程的优化，而不是单一地解决某个生产瓶颈。

2）MES 必须具有实时收集生产过程数据的功能，并做出相应的分析和处理。

3）MES 需要与计划层和控制层进行信息交互，通过企业的连续信息流来实现企业信息全集成。

MES 是用来帮助企业在从接到订单、进行生产、流程控制一直到产品完成的过程中，主动收集及监控制造过程所产生的数据，以确保产品质量的应用程序。随着信息化技术的不断进步，MES 也在不断发展，传统的 MES（Traditional MES, T-MES）大致可分为两大类：

1）专用的 MES（point MES）。它主要是针对某个特定的领域问题而开发的系统，如车间维护、生产监控、有限能力调度或 SCADA 等。

2）集成的 MES（integrated MES）。该类系统起初是针对一个特定的、规范的环境而设计的，目前已拓展到许多领域，如航空、装配、半导体、食品和医疗等行业，在功能上它已实现了与上层事务处理和下层实时控制系统的集成。

MES 系统可为工厂带来的好处如下：

1）优化企业生产制造管理模式，强化过程管理和控制，达到精细化管理目的。加强各生产部门的协同办公能力，提高工作效率、降低生产成本。

2）提高生产数据统计分析的及时性、准确性，避免人为干扰，促使企业管理标准化。

3）为企业的产品、中间产品、原材料等质量检验提供有效、规范的管理支持。

4）实时掌控计划、调度、质量、工艺、装置运行等信息情况，使各相关部门及时发现问题和解决

问题。

5）最终可利用 MES 建立规范的生产管理信息平台，使企业内部的现场控制层与管理层之间的信息互联互通，以此提高企业的核心竞争力。

2. 制造执行系统的位置及与其他信息系统之间的关系

美国先进制造研究机构（AMR）通过对大量企业的调查，发现现有的企业生产管理系统普遍是以企业资源计划（ERP）为代表的企业管理软件，以 SCADA、人工交互（human machine interface, HMI）为代表的生产过程监控软件和以实现操作过程自动化来支持企业全面集成模型，一个制造企业的制造车间是物流与信息流的交汇点，企业的经济效益最终将在这里被物化。附着市场经济的完善，车间在制造企业中逐步向分厂制造过渡，导致其角色也由传统的企业成本中心向利润中心转化，强化了车间的作用。因此，在车间内承担执行功能的 MES 具有十分重要的作用。从这个模型可以看出，MES 在计划管理层与底层控制之间架起了一座桥梁，填补了两者之间的空隙。

一方面，MES 可以对来自 ERP 软件的生产管理信息进行细化、分解，将操作指令传递给底层控制；另一方面，MES 可以实时监控底层设备的运行状态，采集设备、仪表的状态数据，经过分析、计算与处理，触发新的事件，从而方便、可靠地将控制系统与信息系统联系在一起，并将生产状况及时反馈给计划层。

对车间实时信息的掌握与反馈是 MES 正常运行上层计划系统的保证，车间的生产管理是 MES 的根本任务，而对底层控制的支持则是 MES 的特色。

MES 作为面向制造的系统必然与企业的其他生产管理系统密切相关，MES 在其中起到了信息集线器（information hub）的作用，它相当于一个通信工具，为其他应用系统提供生产现场的实时数据。

一方面，ERP 系统需要 MES 提供的成本、制造周期和预计产出时间等实时的生产数据；供应链管理系统从 MES 中获取当前的订单状态、当前的生产能力及企业中生产换班的相互约束关系；客户关系管理的成功报价与准时交货取决于 MES 所提供的有关的生产实时数据；产品数据管理中的产品设计信息是基于 MES 的产品产出和生产质量数据进行优化的；控制模块则需要时刻从 MES 中攻取生产工艺和操作技术资料来指导人员与设备进行正确的生产。另一方面，MES 还要从其他系统中获取相关的数据，以保证 MES 在工厂中的正常运行。例如，MES 进行生产调度时的数据来自 ERP 的计划数据；供应链的主计划和调度控制着 MES 中生产活动的时间安排；产品数据管理（PDM）为 MES 提供实际生产的工艺文件和各种操作参数；由控制模块反馈的实时生产状态数据被 MES 用于进行实际生产性能评估和操作条件的判断。

MES 与其他分系统之间有功能重叠的关系，如 MES、客户关系管理（CRM）、ERP 中都有人力资源管理，MES 和 PDM 两者都具有文档控制功能，MES 和供应链管理（SCM）中也同样有调度管理等，但各自的侧重点是不同的。各系统重叠范围的大小与工厂的实际执行情况有关，而且每个系统的价值又是唯一的。

3. 制造执行系统的功能框架

制造执行系统集成了生产运营管理、产品质量管理、生产实时管控、生产动态调度、生产效能分析、物料管理、设备管理和文档管理等相互独立的功能，使这些功能之间的数据实时共享，同时 MES 起到了企业信息系统连接器的作用，使企业的计划管理层与控制执行层之间实现了数据的流通。

（1）xBOM 管理

MES 将 PLM 系统视为其重要的集成信息来源，MES 需要从 PLM 系统中提取产品的原始设计 BOM 数据，包括产品的设计 BOM 和工艺 BOM 文件，并通过 xBOM 管理，将产品的设计 BOM 数据转换成支持 MES 的各种 BOM 数据，包括产品的制造 BOM、工艺 BOM、质量 BOM 等，从而快速、准确地建立 MES 中的产品基础数据。通过 xBOM 管理，MES 实现与 PDM 系统的集成和 MES 内部的产品数据管理。

（2）计划系统

一方面，实现从企业的上层计划系统［物料需求计划/企业资源计划（MRP/ERP）］中获取车间的本月生产作业计划；另一方面，接收外协订单分解后的物料需求计划。两个方面结合起来，为车间人员编制计划和车间生产作业计划提供原始数据。通过计划系统，MES 实现与 MRP/ERP 系统的集成。

（3）人力资源管理

管理车间员工的各种基本信息，提供实时更新的员工状态信息数据。人力资源管理可以与设备资源管理模块相互作用来进行最终的优化分配。

（4）工序级调度

工序级调度是 MES 与 ERP 系统有根本差别的地方，MES 要通过工序级调度形成零部件各个工序的生产调度指令。工序级调度需要借助各种调度理论和方法，在 MES 中属于难度级别较高的问题。

（5）外协生产管理

当车间生产能力不能满足车间的生产作业计划时，生产车间为了保证按时完成客户订单，就需要考虑将部分产品或零部件的生产外协到其他企业，外协生产管理将在选择合作企业方面提供决策支持，并跟踪合作企业中外协产品或零部件的生产进度、产品质量，即将外协生产任务的管理纳入 MES 中。

另一方面，车间可能作为其他企业的外协生产加工单位，接受其他企业或客户的直接订单，订单系统管理这些订单，车间计划人员根据订单情况，可能需要进行物料需求计划计算，物料需求计划的结果是形成编制车间生产作业计划的原始数据。

（6）物料管理/物料跟踪

管理车间物料的基本信息，记录物料库存及出入库情况，管理在制品（WIP）信息。在物料管理中，最为复杂的是物料跟踪技术，即随时跟踪物料工艺状态、数量、质量和存放位置等信息，向车间调度人员和客户报告产品的生产进度等信息。

（7）统计/历史数据分析

统计系统在 MES 中有重要地位，它随时向车间管理人员提供产品及其零部件的生产数量统计、生产状态报告、生产工时统计、成本统计、质量统计等信息，以便车间管理人员更好地掌握产品的生产进度，控制产品的生产质量和产品生产成本。MES 需要完整准确的产品基础数据提供支持，如在 xBOM 管理中建立了大量的产品基础数据，但这些数据，如零部件工时定额、零部件采购成本、设备使用效率等，不可能完全与实际情况相符。因此，需要在大量历史数据统计分析的基础上不断地完善和提高 MES 基础数据的准确性，而准确的 MES 基础数据又会提高车间生产计划、调度指令的准确性和正确性。

（8）质量管理

对从制造现场收集到的数据进行实时分析，从而控制产品生产质量，并提出车间生产过程中需要注意的问题。

8.5.6　网络化集成与网络化制造

纵向集成就是解决企业内部信息孤岛的集成，工业 4.0 所追求的就是在企业内部实现所有环节信息的无缝连接，这是所有智能化的基础。纵向集成是基于未来智能工厂中网络化的制造体系，实现个性定制生产，替代传统固定式生产流程（如固化的流水线）的关键所在。

从涉及的边界来看，工业 4.0 三大集成实现的难度各不相同。目前，工业 4.0 已逐步在某些行业中得以实践，但大多数是在车间层面，即所谓的工厂或数字化工厂改造，这主要是因为目前制造业的主要价值创造过程仍然在工厂，所以企业以提升工厂的数字化水平来提升生产效益。另外，基于工厂边界的模式变革相对容易实现，产生的边界效应也容易获得领导者的认可，而端到端的集成和横向集成则涉及单一或多条价值链，协调的利益相对较多，且因缺乏相应的技术与用户基础，在短期内实现的可能性较小，而且还需要较长时间的不断试验与优化。

如果一个企业能够完成高度纵向集成，则可以完全控制从原材料到产品零售的整个生产过程，如，阿莫克石油公司。有些专家认为，纵向集成可以提高企业网络化，可以使组织在交易市场中将交易成本降到最低，同时也可以更好地控制物流，有效地交流信息及降低成本。

1. PDM 与 ERP 集成

在企业信息化中，PDM 与 ERP 被认为是涉及技术管理和信息化管理的两个不同领域。从理论上说，PDM 能够集成并管理所有与产品有关的信息和过程，能帮助企业构造一个适合异构计算机运作的集成应用平台，对"粗放型"发展的各种单项计算机辅助技术进行"集约化"管理，PDM 着眼于制造业领域内的连续计算机化管理，主要集中用于生产制造阶段的管理。ERP 是一种新型的先进企业经营管理模式，在 MRP II 基础上进一步吸取现代管理思想，对与制造相关的企业活动的所有资源、过程进行统一管理，有目标地进行成本管控、质量管控和客户服务管理等。PDM 和 ERP 在管理上的重点各不相同，但同一产品的形成周期通常涉及 PDM 和 ERP 两个领域，况且现今 PDM 和 ERP 的部分功能也出现了重叠。若能把 PDM 和 ERP 进行集成并进行研究，就可打通产品开发与生产管理，甚至仓储管理等。PDM 与 ERP 的集成模式有以下 3 种。

（1）接口交换模式

PDM 和 ERP 系统均有各自的数据库，但没有统一的数据模型，而且大多数 PDM 系统与 ERP 系统都提供了应用程序接口（API），所以接口交换模式是当前比较普遍的一种集成模式。

在接口交换模式下，PDM 与 ERP 之间的信息传递通常需要通过打包的数据文件来完成，如 PDM 系统要访问 ERP 系统中的信息，则首先要通过 ERP 系统的 API 将需要的信息提取出来，转换成数据文件，然后该数据文件通过 PDM 的 API 传递到 PDM 系统以实现访问。以这种方式实现的信息集成非常有限，难以做到整个企业信息的共享。

（2）封装集成模式

所谓"封装"是将对象的属性和操作方法同时封装在定义的对象中，用操作集来描述可见的模块外部接口，从而保证对象的界面独立于对象的内部表达。通常，对象的操作方法和结构是不可见的，对象唯一的可见部分是外部接口，是作用于对象上的操作集的说明。需要特别指出的是：通过对象管理组织（OMG）制定的《公用对象请求代理体系结构》（CORBA）规范可以增强 PDM 的可扩展性、与 ERP 系统或其他应用系统的集成能力。OMG 所制定的《PDM 使能零部件》（PDM enabler）指实现或支持一种特定的抽象处理过程的物理实体，通过提供共享产品数据的灵活方式来增强产品开发的效率。遵循《PDM 使能零部件》规范的 PDM 系统之间将能够：把一个 PDM 系统的数据转移到另一个 PDM 系统之中；实现应用系统的联邦机制，即 PDM 应用系统能够管理 ERP 系统或另一个 PDM 系统中的数据；同时，对于通过该规范定义的统一对象界面，CAD、CAM 可以调用它们定义的服务而不必关注对应的具体产品，从而极大地方便了系统的集成。目前，OMG 的《PDM 使能零部件》规范尚未最终形成。

（3）紧密集成模式

在该模式下，PDM 系统与 ERP 系统有机地结合在一起，它们使用统一的数据模型，所有的数据存放在同一个数据库中，不仅可以共享数据，还可以共享操作服务。该模型使 ERP 系统和 PDM 系统相互调用有关服务、执行相关操作成为可能，也使 ERP 与 PDM 之间的关系更为紧密，进而能够真正实现一体化。紧密集成是 PDM 系统与 ERP 系统集成的主要发展方向，但受技术等方面的限制，要实现 PDM 与 ERP 的紧密集成还有很长的路要走。

2. ERP 与 MES 集成

MES 的主要功能包括资源配置和状态模块，生产单元（以任务、订单、批次和工作命令等形式表达）调度模块，数据采集获取模块，质量管理模块，维护管理模块，性能分析、运行细节计划编制与调度模块，文件文档控制模块，劳务管理模块，过程管理模块和产品跟踪模块等。目前，大多数在同时实施ERP和MES的制造企业中，其集成企业模型呈现典型的三层结构，即最上层为管理决策层（或ERP层），中间层为计划调度层（或MES层），底层为一般控制层。

这种典型的三层结构在实际生产中也会存在一些不可忽视的问题，主要是ERP本身并不能对工厂生产的瓶颈进行分析，无法改进和控制产品的质量，无法对具体的产品进行排产。此外，MES解决方案为企业提供的是一个相对狭窄的视野，从企业的角度看，管理层在广度和深度上缺乏为进行决策支持所需要的生产执行数据。因此，对ERP和MES系统进行集成，可以不断完善ERP与MES的自身功能，同时也为制造业信息化提供有效手段。

ERP与MES集成的优点：①生产计划以实时数据为依据，能够及时准确地反映整个生产情况；②可以有效地改善信息技术基础设施，帮助企业实现内部信息和数据的集中管理，从根本上缩短信息和数据在内部流通的时间；③可以实现财务系统数据当日更新和管理报表能够即时统计的功能；④可以配合供应链管理系统，从而降低供应链成本，对顾客需求具有快速的反应能力，对客户服务进行优化，从而提高公司的整体工作效率；⑤可以改进现有的操作流程，对企业管理层和车间管理层进行一体化标准运作，有效缩短产品生产周期，大幅度提高劳动生产率。

ERP与MES的集成没有统一的最佳方案，各个企业应根据各自的实际生产情况、应用情况和目标需求等来确定最佳的解决方案。通过充分研究企业的发展目标、运营模式和业务过程，确定信息交换共享的方式与方法，以保证相关信息的准确传输。通过研究相关ERP与MES集成的实践经验，ERP与MES可能有以下几种集成模式。

（1）封装调用集成模式

和PDM与ERP集成的封装集成模式一样，ERP与MES封装后，通过接口调用就可以有效实现ERP与MES系统的集成。比较典型的调用方法有基于API的函数调用方法、Java数据库互连-开放式数据库互连（JDBC-ODBC）方法等。

（2）直接集成模式

ERP与MES的底层数据库都是关系型数据库，要想实现ERP与MES的直接集成，就需要让两个系统分别对各自的数据库进行操作并交换数据，而实现

直接集成模式的最好方法是将MES的数据存放在ERP的数据库中，从而实现两个系统数据库的真正共享。由于这种集成的紧密度较高，故将ERP与MES作为整体系统开发是较好的，但目前大多数企业一般均采用不同公司的相对成熟的ERP与MES商业软件，所以直接集成模式并不太适合这些企业，这是这种方法的局限性。在实际生产中，企业应该根据自身实际情况，选择适合自己的方法，从而实现系统的最优功能发挥。

3. PLM与MES集成

实现PLM与MES的集成后，PLM的设计数据与MES的相应管理模块可以同步进行，即可直接将产品要求、设计和制造信息与车间执行系统连接。例如，MES的工艺管理、物料管理等模块将会存储在PLM的设计数据中，以供生产执行过程使用。将PLM与MES进行集成，有效避免了两个系统中数据不同步的情况，集成系统中的数据可以实现实时连接。

PLM与MES的集成解决方案是一个无缝的途径，不仅可以提高生产灵活性，还可以加快生产速度，提供创新的产品和优化的方法，更可以不断地通过分发最新的产品设计和组装方法到更多的、更快捷、更有效的生产价值链，确保满足生产和工程领域的全面可视性转移需求。

设计系统与制造执行系统之间的业务关系不仅仅是数据的简单同步，还包括业务逻辑的互操作性。PLM与MES之间可以实现紧密的系统集成，如Teamcenter与SIMATIC IT之间的集成。两者的数据同步并非是传统意义上的通过中间文件方式实现的，而是通过底层函数互调实现的，全盘考虑了数据传输的效率和完整性，保证企业是建立在一个统一的数据源的基础上。Teamcenter与SIMATIC IT通过独有的内部数据通道，实现设计系统与制造执行系统间的紧密结合。同步的数据内容不仅仅是文字性的、静态的、局部的，还包括了结构化参数、生产指导文件和三维数字模型等全局数据的完备数据包，保证了各种主数据信息，如产品编号、物料编号、工装刀具编号及人员编号等信息在两个系统中的一致性，百分百的匹配度。

PLM将完整的产品数据包通过内部通道传递给MES，MES内部的各个模块分别负责接收和存储不同类型的产品设计数据。

MES的物料管理（MM）模块负责物料数据管理，它将存储来自PLM的产品编号、物料类型和分类、物料编号（包括零组件、刀具、工装等）和物料属性等信息。

MES 的产品定义管理（PDefM）模块负责工艺数据管理，它将存储来自 PLM 的工艺数据，并且能够与 PLM 中的工艺数据结构保持高度一致，包括完整的工艺路线信息，每道工序涉及的毛坯、刀具、设备类或指定设备、操作技能、刀具类或具体刀具，以及生产指导文件等。

MES 的人员管理（PRM）模块负责人员数据管理，它将存储来自 PLM 的人员数据信息，包括人员编号、所属部门、岗位、技能、资质、班组等信息。

MES 的维修控制信息系统（MCIS）模块负责程序传输、数据采集、在线刀具管理等，PLM 可以直接将数控机床程序通过内部通道下载至数控系统中，并且整个过程都是在系统的监控下进行的，相应的容错程序能够保证数控机床程序传输的完整性和正确性。

8.6　智能制造系统的发展展望

8.6.1　智能制造国际合作计划简介

智能制造系统（IMS）是一个以工业为导向，以下一代制造与加工技术研究开发为目的的国际性研究开发计划，于 1995 年由日本发起，基于阶段性多边国际合作协议运作。

IMS 计划的发展大体可分为协商期（1990—1992年）、试点期（1993—1995 年）和正式实施期（1995年以后）3 个阶段。

计划的进展起初并不顺利，西方普遍认为，日本提出这一设想的目的旨在获得和本土化国外先进技术。美国认为日本提出这一计划的目的是为获得美国的软件知识，欧洲各国则担心这一计划可能代替正在欧洲施行的其他一些大型研发计划，而且美国和欧洲政府都对日本在最初提出设想时联络了各国公共和私有组织，而不仅仅只是通过政府层面进行沟通的行为非常恼怒，这使得西方政界对于 IMS 的态度冷淡。1990 年 4 月，美国和欧洲委员会（EC）要求日本通产省（MITI）停止与企业和产业协会的直接接触，直到经政府间协商同意 IMS 系统的框架。在接下去的一个月内，日本通产省、美国商务部和欧洲委员会在布鲁塞尔进行了会晤，协商同意 IMS 计划的进一步发展必须要经三方在合作模式、研究主题、知识产权划分和资金分配方面达成一致后方可进行。此后，各国经过长达两年的协商谈判，才最终同意开展试点行动。

1993—1994 年间，IMS 在日本、美国、欧洲、加拿大和澳大利亚五个区域开展了 6 个试点项目，73家公司和 60 多所大学及研究机构参与了试点。这 6个试点项目清洁制造（clean manufacturing）、快速产品开发（the rapid product development）、全球并行工程（the global concurrent engineering）、全球人21（globeman21）、合弄制造（holonic manufacturing）和知识系统化（GNOSIS）。其中，前三个项目团队在试点后由于种种原因而解散，后三个项目最终试点成功正式立项。

在试点之后，IMS 国际指导委员会（ISC）认为，虽然遇到通信及差旅费过高、知识产权纠纷等问题，但试点项目总体还是成功的。于是，1995 年，IMS 计划进入正式实施阶段，为期 10 年，后又继续延期，但影响力日渐减弱。2010 年，日本退出 IMS 计划。这一计划目前仍在运转，仍然参与的国家（或地区）包括欧盟（EU）、挪威、墨西哥、韩国、瑞士和美国。为了促进 IMS 计划发展，组织方于 2010 年出台了《IMS2020-可持续制造、高能效制造和关键技术路线图》，规划了智能制造业的未来技术路线蓝图。在各国纷纷推出本国的制造业振兴项目的背景下，未来IMS 计划能否继续发展需进一步观察。

中国科协智能制造学会联合会（由中国机械工程学会、中国仪器仪表学会、中国自动化学会、中国人工智能学会等 13 家成员学会组成，以下简称"联合体"）于 2017 年 12 月发起筹备国际智能制造联盟，中国机械工程学会荣誉理事长周济院士任主席。2019 年 5 月 8 日，国际智能制造联盟启动会在北京召开。联盟旨在促进更大范围内的智能制造国际交流，共同建立开协同的创新生态，增加更多跨国界、跨领域、跨行业的合作，进而推动全球制造业的数字化、网络化、智能化。截至目前，澳大利亚、比利时、中国、丹麦、法国、德国、以色列、日本、瑞典、英国、美国等 16 个国家和地区的 60 家机构同意作为国际智能制造联盟的发起单位，并参与国际智能制造联盟筹备委员会的工作。

8.6.2　智能制造国际合作计划的九大目标

1）提高制造业技术水平。

2）改善全球环境。

3）提高可再生资源和不可再生资源的使用效率。

4）创造新的可显著提高用户生活质量的产品和条件。

5）改善制造业环境的质量。

6）建立一个公认的并可被采纳的制造业学科体

系，为未来制造业提供知识宝库。

7）有效应对制造业全球化趋势。

8）扩大和开放全球市场。

9）建立制造业学科体系，提高全球制造业专业化水平。

8.6.3 智能制造国际合作计划的技术主题

1）产品全生命周期：

- 未来制造系统的通用模式。
- 生产过程信息处理智能通信网络系统。
- 环境保护、能源和材料的节约使用。
- 再循环和利用。
- 经济合理化方法。

2）生产工艺：

- 清洁制造工艺。
- 高效节能工艺。
- 制造加工技术创新。
- 制造系统组成模块的柔性和自治性。
- 制造系统各组成部分功能的交互作用和协调。

3）策略、规划、设计工具：

- 支持加工过程重建的方法和工具。
- 用于支持制造策略分析和制定的建模工具。

4）人力、组织、社会：

- 提升制造业形象的项目开发。
- 教育和培训，提高制造业队伍素质。
- 企业技术改进。
- 新型制造范例的开发和管理措施。

5）虚拟、扩张企业：

- 信息处理。
- 支持工程合作的业务、功能、技术结构。
- 扩张型企业的并行工程。
- 债务、风险与回报。

8.6.4 智能制造国际合作计划的十大优先研发领域

1）可持续设计、产品和制造工艺。

2）可持续工作车间。

3）e 制造中知识型价值的创造。

4）智能组织。

5）具有创造价值的动态合作网络。

6）扩张型企业和供应链的管理。

7）e 商务和 e 作业的普及。

8）模拟和仿真、虚拟工程和数字工厂。

9）需求制造（e 制造）。

10）纳米技术和生物技术的开发与工业应用。

8.6.5 我国智能制造发展规划

全球新一轮科技革命和产业变革加紧孕育兴起，与我国制造业转型升级形成历史性交汇。智能制造在全球范围内的快速发展，已成为制造业重要的发展趋势，对产业发展和分工格局带来深刻影响，推动形成新的生产方式、产业形态、商业模式。世界主要工业发达国家加紧谋篇布局，纷纷推出新的重振制造业国家战略，支持和推动智能制造发展，以重塑制造业竞争新优势。为加速我国制造业转型升级、提质增效，国务院发布实施《中国制造2025》，并将智能制造作为主攻方向，加速培育我国新的经济增长动力，抢占新一轮产业竞争制高点。

当前，我国制造业尚处于机械化、电气化、自动化、信息化并存，不同地区、不同行业、不同企业发展不平衡的阶段。发展智能制造面临关键技术装备受制于人、智能制造标准/软件/网络/信息安全基础薄弱、智能制造新模式推广尚未起步、智能化集成应用缓慢等突出问题。相对工业发达国家，推动我国制造业智能转型，环境更为复杂，形势更为严峻，任务更加艰巨。

智能制造是制造强国建设的主攻方向，其发展程度直接关乎我国制造业质量水平。发展智能制造对于巩固实体经济根基，建成现代产业体系，实现新型工业化具有重要作用。为贯彻落实《中华人民共和国国民经济和社会发展第十四个五年规划和2035年远景目标纲要》，加快推动智能制造发展，编制了《"十四五"智能制造发展规划》（以下简称《规划》）。

《规划》提出智能制造发展的指导思想，以习近平新时代中国特色社会主义思想为指导，全面贯彻党的十九大和十九届二中、三中、四中、五中、六中全会精神，立足新发展阶段，完整、准确、全面贯彻新发展理念，构建新发展格局，深化改革开放，统筹发展和安全，以新一代信息技术与先进制造技术深度融合为主线，深入实施智能制造工程，着力提升创新能力、供给能力、支撑能力和应用水平，加快构建智能制造发展生态，持续推进制造业数字化转型、网络化协同、智能化变革，为促进制造业高质量发展、加快制造强国建设、发展数字经济、构筑国际竞争新优势提供有力支撑。

坚持创新驱动。把科技自立自强作为智能制造发展的战略支撑，加强用产学研协同创新，着力突破关键核心技术和系统集成技术。支持企业、高校、科研院所等组建联合体，开展技术、工艺、装备、软件和管理的模式创新，提升核心竞争力。

坚持市场主导。充分发挥市场在资源配置中的决定性作用，强化企业在发展智能制造中的主体地位。更好发挥政府在战略规划引导、标准法规制定、公共服务供给等方面的作用，营造良好环境，激发各类市场主体内生动力。

坚持融合发展。加强跨学科、跨领域合作，推动新一代信息技术与先进制造技术深度融合。发挥龙头企业牵引作用，推动产业链、供应侧深度互联和协同响应，带动上下游企业智能制造水平同步提升，实现大中小企业融通发展。

坚持安全可控。强化底线思维，将安全可控贯穿智能制造创新发展全过程。加强安全风险研判与应对，加快提升智能制造数据安全、网络安全、功能安全保障能力，着力防范化解产业链、供应链风险，实现发展与安全相统一。

坚持系统推进。聚焦新阶段新要求，立足我国实际，统筹考虑区域、行业发展差异，加强前瞻性思考、全局性谋划、战略性布局、整体性推进，充分发挥地方、行业和企业积极性，分层分类系统推动智能制造创新产发展。

"十四五"及未来相当长一段时期，推进智能制造，要立足制造本质，紧扣智能特征，以工艺、装备为核心，以数据为基础，依托制造单元、车间、工厂、供应链等载体，构建虚实融合、知识驱动、动态优化、安全高效、绿色低碳的智能制造系统，推动制造业实现数字化转型、网络化协同、智能化变革。到2025年，规模以上制造业企业大部分实现数字化、网络化，重点行业骨干企业初步应用智能化；到2035年，规模以上制造业企业全面普及数字化、网络化，重点行业骨干企业基本实现智能化。

参 考 文 献

［1］　胡虎，赵敏，宁振波，等．三体智能革命［M］.北京：机械工业出版社，2016.

［2］　ZHOU J，LI P G，ZHOU Y H，et al. Toward new-generation intelligent manufacturing［J］.Engineering，2018，4（1）：11-20.

［3］　WANG F Y. Social manufacturing and intelligent enterprises：From cyber-physical systems to cyber physical-social systems［R］.Dalian：The 25th International Conference on Industrial，Engineering and Applications of Applied Intelligent Systems，2012.

［4］　WANG F Y. From social computing to social manufacturing：A new frontier in c；yber-physical social space［R］.Xiangtan：The 2nd International Con-ference on Social Computing and Its Applications，2012.

［5］　郭朝晖，刘胜．智能制造的概念与推进策略［J］.科技导报，2018，36（21）：56-62.

［6］　FU K S．Learning control systems and intelligent control systems：An intersection of artifical intelligence and automatic control［J］.Automatic Control IEEE Transactions on，1971，16（1）：70-72.

［7］　SARIDIS G N. Self-organizing Controls of Stochastic System［M］.New York：Marcel Dekker，1997.

［8］　DAGLI C H．Artificial Neural Networks for Intelligent Manufacturing［M］.London：Springer，1994.

［9］　李圣怡．智能制造技术基础：智能控制理论、方法及应用［M］.长沙：国防科技大学出版社，1995.

［10］　Han J W，KAMBER M et al. 数据挖掘：概念与技术［M］.范明，孟晓峰，等译．北京：机械工业出版社，2001.

［11］　李飞，黄亚楼，刘丽君．数据挖掘中知识管理与表达系统的设计与实现［J］.计算机工程与应用，2001（14）：25-28.

［12］　杨杰，叶晨洲，黄欣，等．用于建模，优化，故障诊断的数据挖掘技术［J］.计算机集成制造系统，2000（05）：72-76.

［13］　田永利，邹慧君，郭为忠，等．基于Matlab-Sim Mechanics 的机电产品组成建模与仿真技术研究［J］.机械设计与研究，2003（05）：10-12+6.

［14］　祁新梅．机械产品建模技术研究现状及趋势［J］.合肥工业大学学报（自然科学版），2000（06）：1023-1027.

［15］　李圣怡，吴学忠，范大鹏．多传感器融合理论及在智能制造系统中的应用［M］.长沙：国防科技大学出版社，1998.

［16］　涂序彦．大系统控制论［M］.北京：国防工业出版社，1994.

［17］　李培根．制造系统性能分析建模：理论与方法［M］.武汉：华中理工大学出版社．1998.

［18］　ASKIN RG. Modeling and analysis of manufacturing systems［M］.New York：John Wiley & Sons，In. 1993.

［19］　林闯．随机Petri 网和系统性能评价［M］.北京：清华大学出版社，2005.

［20］　胡春华，张智勇，程涛，等．基于Petri 网的智能制造系统建模［J］.中国机械工程，2001（12）：99-103+8.

［21］唐任仲 . HMS：合弄制造系统［J］. 航空制造工程，1996，000（001）：3-4.

［22］张曙 . 全能制造系统［J］. 中国机械工程，1996，000（002）：47-48.

［23］GETULIO K A, HAMILTON P. Holonic Manufacturing System: the Holonic Revolution［J］. Journal of Business Administration Research, 2019, 2（2）13-19.

［24］BRUSSEL H V, WYNS J, Valckenaers P, et al. Reference architecture for holonic manufacturing systems: PROSA［J］. Computers in Industry, 1998, 37（3）：255-274.

［25］唐任仲，狄瑞坤 . 合弄及其在制造领域中的应用［J］. 系统工程理论与实践，1999（03）：3-5.

［26］贵忠东，刘振凯 . Holonic 制造系统：基本概念与参考结构［J］. 机械科学与技术，2000（06）：1022-1024.

［27］李孟清 . 下一代制造系统质量管理与质量保证系统建模与核心技术的研究［D］. 武汉：华中科技大学，华中理工大学，2000.

［28］周济 . 智能设计［M］. 北京：高等教育出版社，1998.

［29］欧阳渺安 . 智能设计体系结构的研究［J］. 计算机工程与科学，1999，21（002）：10-15.

［30］褚学宁 . 基于视觉形象思维的人机协同智能工艺设计系统研究［D］. 合肥：合肥工业大学，2001.

［31］王先逵，蒲建，吴丹，等 . 智能技术与智能化CAPP［J］. 中国机械工程，1995，06（06）：28-31.

［32］冯珊 . 将智能决策支持系统设计成人：机联合认知系统［J］. 系统工程理论与实践，1993，13（005）：1-5.

［33］朱小蓉 . 基于先进制造技术的 CAPP 系统研究发展探讨［J］. 机械研究与应用，2001，14（002）：48-50.

［34］肖伟跃 . CAPP 中的智能信息处理技术［M］. 长沙：国防科技大学出版社，2002.

［35］曾芬芳，景旭文 . 智能制造概论［M］. 北京：清华大学出版社，2001.

［36］董家骧 . 计算机辅助工艺过程设计系统智能开发工具［M］. 北京：国防工业出版社，1996.

［37］FOX RBEP . Reliability Improvement with Design of Experiments by Lloyd W. CONDRA［J］. Technometrics, 1994, 36（3）：316-317.

［38］PHAM D T, ÖZTEMEL E. Intelligent Quality Systems［M］. New York: Springer-Verlag, 1996.

［39］WANG K. Intelligent condition monitoring and diagnosis systems: a computational intelligence approach［M］. Ohmsha: IOS Press, 2003.

［40］李小俚 . 先进制造中的智能监控技术［M］. 北京：科学出版社，1999.

［41］AOYAMA H, OHZEKI H . IMS Program: SIMON Project［J］. Jrsj, 2010, 18：481-485.

［42］张锐 . 数字孪生：工业智能化的核心驱动［J］. 新理财（政府理财），2020（10）：32-34.

［43］杨林瑶，陈思远，王晓，等 . 数字孪生与平行系统：发展现状、对比及展望［J］. 自动化学报，2019，45（11）2001-2031.

［44］陈川，陈岳飞，曾麟，等 . 数字孪生在智能制造领域的应用及研究进展［J］. 计量科学与技术，2020（12）：20-25.

［45］姚天晓 . 智能制造生产线中各设备之间的以太网通信应用［J］. 内燃机与配件，2020，311（11）：214-216.

［46］张世琪，李迎，孙宇 . 现代制造引论［M］. 北京：科学出版社，2003.

［47］李培根 . 浅说智能制造［J］. 智慧中国，2019（05）：59-60.

［48］林捷 . 智能制造系统计划发展前景堪忧［J］. 全球科技经济瞭望，2003（11）：14-16.

［49］赵东标，朱剑英 . 智能制造技术与系统的发展与研究［J］. 中国机械工程，1999（08）：3-5.

［50］胡建军，汪叔淳 . 现代智能制造中的关键智能技术研究综述［J］. 中国机械工程，2000，11（007）：828-835.

［51］唐堂，滕琳，吴杰，等 . 全面实现数字化是通向智能制造的必由之路 解读《智能制造之路：数字化工厂》［J］. 中国机械工程，2018，29（03）：366-377.

第 9 章

绿色制造

主　编　牟　鹏（清华大学）

参　编　向　东（清华大学）

　　　　段广洪（清华大学）

　　　　潘晓勇（清华大学）

9.1 概述

9.1.1 环境问题与可持续发展

工业革命以来，科学技术突飞猛进，社会生产力极大提高，经济规模空前扩大，物质极大丰富；与此同时，环境严重恶化，资源过度开发，人口急剧膨胀。人类不得不反思和总结传统经济发展模式不可克服的矛盾，重新审视自己的社会经济行为，探索新的发展战略。越来越多的有识之士认识到，解决这场危机的关键是人类需要进行一场深刻的变革，寻求一种新的发展模式，建立一个以可持续发展为目标的人类新文明。

1972年6月5日，联合国在瑞典首都斯德哥尔摩召开了有113个国家1300名代表参加的"人类环境会议"，通过了著名的《人类环境宣言》。其中明确指出，为了这一代和将来世世代代，保护和改善人类生存环境已经成为人类一个紧迫的目标，这个目标将同争取和平、全世界的经济与社会发展这两个既定的基本目标共同协调地发展。1980年，国际自然及自然资源保护联合会（IUCN）、联合国环境规划署（UNEP）和世界自然基金会（WWF）共同发表了《世界自然资源保护大纲》，较为系统地阐述了可持续发展思想。1987年，挪威前首相布伦特兰夫人领导的联合国环境与发展委员会发表了题为《我们的共同未来》的报告，该报告根据可持续发展思想提出了公平性、可持续性、共同性三原则，对可持续发展的概念进行了科学的论述，可持续发展是在满足当代人需求的同时，不损害人类子孙后代满足其自身需求的能力。它标志着可持续发展思想逐步走向成熟和完善。1992年，在巴西里约热内卢举行的"联合国环境与发展大会"，通过了一系列贯穿可持续发展思想的重要文件：《里约宣言》《21世纪议程》《气候变化框架公约》《保护生物多样性公约》和《森林问题原则声明》等。这次会议后，世界各国根据自身情况逐步开展了对可持续发展的理论研究和实施行动，从而拉开了人类社会可持续发展的序幕。我国于1994年编制了《中国21世纪议程》，明确提出建立可持续发展的经济体系、社会体系和保持与其相适应的可持续利用的资源和环境基础的可持续发展总体目标。2012年6月1日，由国家发展和改革委员会牵头40个部门制定完成的《2012中国可持续发展国家报告》对外发布，指出要把建立资源节约型和环境友好型社会作为推进可持续发展的重要着力点，把科技创新作为推进可持续发展的不竭动力。2015年，国

务院发布的《中国制造2025》行动纲要中确立了绿色发展的基本方针，将"全面推行绿色制造"作为九大战略任务之一。

9.1.2 绿色制造的内涵

制造业是国民经济的支柱，也是主要的资源利用者和主要的污染源之一。据统计，造成全球环境污染的70%以上的排放物来自制造业，制造业每年约产生55亿吨无害废物和7亿吨有害废物。另外，随着市场竞争日益激烈，产品使用寿命的缩短，废弃产品的数量急剧增长，不仅造成了严重的资源浪费，也带来了严重的环境问题。

面对严峻的环境现状和社会各界的压力，各国政府都采取了积极的态度，提出了相应的环保措施和对策，如增大环保投资、建设污染控制和处理设施、制定污染物排放标准、实行环境立法等，以控制和改善环境污染问题，但实践表明，这种仅着眼于末端治理，即控制排污口（end-of-pipe），使排放的污染物通过治理达标排放的办法，虽能在一定时期内或在局部地区起到一定的作用，但并不能从根本上解决工业污染问题。于是，强调在产品全生命周期采取"预防为主、治理为辅"的绿色制造思想被许多国家广泛接受。科学研究和工业实践均证明，实施绿色制造是解决制造业环境污染问题的根本方法。随着未来人工智能、大数据和信息技术的高速发展，绿色制造和智能制造正在加速融合，智能化将成为发展绿色制造的重要途径。制造业的绿色发展，本质上是通过制造过程效率的提高，以更小的消耗和排放来实现同样或更大的产出价值，而智能化技术的应用有助于提升排放无害化处理过程的效率和能力。智能制造追求的是精益化、数字化和网络化，它可以通过机器人、集成电路、高端数控机床、工业物联网、云计算、大数据、3D打印、生态制造等先进技术，提高生产率，强化产品的全生命周期管理，实现资源的循环利用，这和绿色制造目标一脉相承。智能制造和绿色制造的深度融合，将在发展循环经济、促进绿色转型方面发挥越来越积极的作用，未来将成为智能绿色制造的时代。

9.1.3 绿色制造的内容体系

绿色制造作为一种先进制造模式，它强调在产品生命周期全过程中采取绿色措施，从而尽可能地减少产品在整个生命周期内对环境和人体健康的负面影

响,提高资源和能源的利用率。所谓产品生命周期全过程指从地球环境(土地、空气和海洋)中提取材料,加工制造成产品,并流通给消费者使用,产品报废后经拆卸、回收和再循环将资源重新利用的整个过程,如图9.1-1所示。由图9.1-1可以看出,绿色产品的生命周期可大致分为5个阶段,即原材料绿色制备阶段、产品绿色设计与清洁生产阶段、产品的绿色流通阶段、产品绿色使用阶段和产品再资源化阶段。

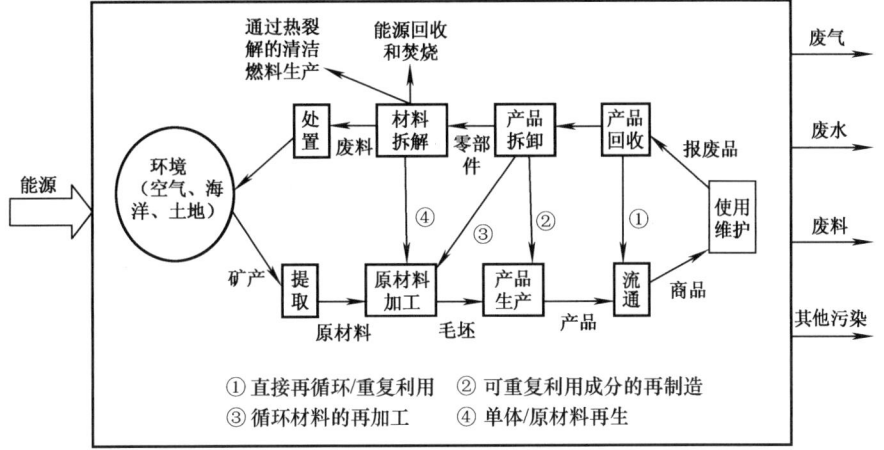

图9.1-1 产品全生命周期全过程

绿色制造谋求经济性地实现如下的产品生命周期环境协调特性:

1)节省资源与能源。通过资源与能源的综合利用、短缺资源的替代、二次能源的利用及节能降耗等措施,实现合理利用资源与能源,减缓资源与能源的枯竭危机。

2)良好的环境保护特性。在产品生命周期内力争减少甚至安全消除废物和污染物,促使产品与环境相容,减少产品整个生命周期内对人类和环境的危害。

3)良好的劳动保护特性。结合人机工程学、美学等有关原理,对产品的寿命周期进行安全性设计和宜人性设计,并采取各种安全防范措施,以实现对劳动者(包括生产者和使用者)良好的劳动保护。

绿色制造的内容及其相互关系如图9.1-2所示,包括绿色设计、清洁生产、绿色包装、绿色运输、再资源化技术和企业环境管理等内容。其中,绿色设计是绿色制造的核心,它在企业硬件、软件、组织机构、管理模式的支持下不断地同产品生命周期内的其他阶段及外部环境因素交换信息,通过信息的反馈与控制,实现产品的清洁生产、绿色消费、绿色回收处理及再利用,产品绿色特性70%的贡献来自于设计。

绿色制造各部分的主要内容可概括如下:

(1) 企业环境管理

1)企业可持续发展策略。

2)ISO 14000环境管理标准认证。

3)环境信息统计分析及综合管理。

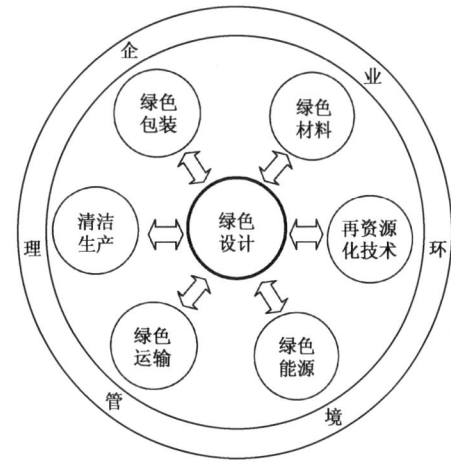

图9.1-2 绿色制造的内容及其相互关系

4)企业环境管理内审。

5)产品生命周期内的废物管理。

6)可回收件标志和管理等。

(2) 绿色设计

1)绿色产品的技术、经济、环境模型。

2)绿色设计中的材料选择技术。

3)产品均衡寿命设计。

4)产品长寿命设计。

5)节能设计。

6)面向环境的设计。

7)人机工程设计。

8)可拆卸性设计。

9）面向环境的数据库系统开发技术。

10）生命周期评价。

11）并行工程及人工智能的应用。

12）绿色设计工具与平台等。

（3）清洁生产

1）生产过程能源优化利用。

2）生产过程资源优化利用。

3）生产过程环境状况检测。

4）生产过程的劳动保护等。

（4）绿色包装

1）包装材料的选择。

2）包装结构的设计。

3）包装的清洁生产。

4）包装物的再资源化技术等。

（5）绿色运输

1）最佳运输路线及运输方案设计。

2）物料、仓储的优化设计。

3）安装调试过程的节能。

4）安装调试中的节省资源等。

（6）绿色材料

1）可降解材料的开发。

2）材料的轻量化设计。

3）材料的长寿命设计。

4）绿色材料的生命周期评价。

5）绿色材料数据库开发等。

（7）绿色能源

1）可再生能源的应用。

2）新能源的开发。

3）传统能源的清洁使用。

4）能源的生命周期评价。

5）绿色能源数据库开发等。

（8）再资源化技术

1）废物管理系统。

2）废物无公害处理。

3）废物循环利用。

4）报废产品的拆卸及分类。

5）报废产品及零件的再制造及重用等。

9.2 绿色设计

绿色设计，又指生态设计、面向环境的设计、考虑环境的设计等，指利用与产品全生命周期过程相关的各类信息（技术信息、环境信息、经济信息），采用并行设计等各种先进的设计理论和方法，使设计出的产品除了满足功能、质量、成本等一般要求，还应该具有对环境的负面影响小、资源利用率高等良好的环境协调特性。

9.2.1 绿色设计的发展现状和策略

1. 绿色设计的研究现状

绿色设计是实现产品绿色化的根本方法，因此一直受到国内外科研院所和企业的关注。表 9.2-1 列出了国内外有关绿色设计的部分科研院所及其研究内容。表 9.2-2 列出了国内外有关绿色设计的部分企业及其产品。

表 9.2-1　国内外有关绿色设计的部分科研院所及其研究内容

研究单位	研究方向	技术推广交流	教育基地建设	实验室建设	经费来源
伯克利大学	制造系统环境影响、生命周期评价、产品能耗评估	与 AT&T、IBM、Quantum、Sun、Microsystems 等建立了合作关系	在企业、政府与学术界间建立多学科交叉的研究与教育机构，培养研究生	绿色设计与制造联盟	来自政府和企业支持
荷兰 Leiden 大学	生命周期评价	提出 CML 方法	研究与教育机构	建立实验室	来自政府和企业支持
国际环境毒理和化学学会（SETAC）	生命周期评价	—	—	—	—
联合国环境规划署（UNEP）	生命周期评价	—	—	—	—
国际标准化组织（ISO）	生命周期评价	—	—	—	—

（续）

研究单位	研究方向	技术推广交流	教育基地建设	实验室建设	经费来源
斯坦福大学	面向环境的设计方法	与松下、惠普、东芝等企业合作，与荷兰 Delft 大学和日本的 MITI 实验室也有合作	培养研究生	挂靠在制造建模实验室	来自企业、美国自然科学基金委支持
卡内基梅隆大学	寿命周期分析理论及软件开发	与 Quantum、IBM、施乐公司有合作	从事绿色设计与制造教育理论研究，培养研究生	绿色设计倡议	来自企业、美国自然科学基金委支持
麻省理工学院	全球可持续发展、技术、商业与环境规划	与东京大学、瑞士技术联盟机构及企业均有合作	开设有相关课程，培养研究生	全球可持续发展联盟	来自企业、政府支持
桑迪亚（Sandia）国家实验室（美）	绿色设计与制造	技术转化	教育与培训	挂靠在国家实验室	来自企业、政府支持
得克萨斯理工大学（美）	面向拆卸回收的设计	与企业合作	培养研究生	大型电子产品回收基地	来自企业和政府支持
卡尔加里大学（University of Calgary）（加）	绿色设计	—	培养研究生	—	来自政府支持
丹麦工业大学	生命周期评价（LCA）理论及软件开发、面向回收的设计	技术转化	在研究生学习中设寿命周期分析课程	—	来自企业、政府和欧盟支持
英国曼彻斯特大学机械工程系	生态设计工具	与企业有合作项目	在研究生学生中开设有关课程，培养研究生，面向社会培训	挂靠机械工程系	来自企业、政府支持
清华大学机械系	LCA、机电产品绿色设计方法	与国内外大学、企业有合作	开设了绿色制造课程，培养研究生	—	来自国家自然科学基金重点项目、企业、863计划支持
上海交通大学机械工程学院	机电产品绿色设计方法	与国内外企业、大学有合作项目	培养研究生	汽车回收示范基地	来自企业和国家自然科学基金支持
重庆大学机械工程学院	资源优化设计、清洁工艺设计	—	开设清洁生产课程，培养研究生	—	来自863、国家自然科学基金支持
合肥工业大学机电学院	可拆卸性设计	与清华大学、上海交通大学有合作	培养研究生	—	来自国家自然科学基金支持
中国机械科学研究总院	机电产品绿色设计方法	与国内外企业、大学有合作项目	—	—	来自、国家自然科学基金支持

表 9.2-2　国内外有关绿色设计的部分企业及其产品

开发公司	绿色制造技术或绿色产品	备注
Boustead Consulting（英国）	Boustead Model	汽车行业清单分析工具
Chalmers Industriteknik（瑞典）	LCA Inventory Tool	制造、运输过程的能耗分析工具
Chem System（美国）	Lims	产品生命周期环境信息数据库
Eco Bilance（英国）	TEAM	产品 LCA 分析软件
Institute for Polymer Testing and Science. IPK（德国）	GaBi	典型工艺的环境信息分析工具
EMPA（瑞士）	Eco-Pro	包装材料的环境评价工具
Migros（瑞士）	Oeko-base	包装材料的环境评价工具
PIRA Internatioanl（英国）	DEMS	产品 LCA 分析软件
PIRA Internatioanl（英国）	EcoAssessor	环境信息数据库
Pre Consulting（荷兰）	SimaPro	复杂产品 LCA 分析工具
Instituut Voor Toegepaste Milieo — Economie（荷兰）	PIA	量化 LCA 分析软件
VTT（美国）	IDEA	量化 LCA 分析软件
Institute for Product Develoment（丹麦）	EDIP-tool	产品 LCA 分析软件
Swedish Environmental Research Institute-IVL（瑞典）	EPS-tool	产品环境影响评价工具
Daimler-Benz（德国）	CUMPAN	针对奔驰公司产品开发的 LCA 软件
AT&T（美国）	Matrix approach	半量化 LCA 软件
Battelle/Digital（美国）	Pre-LCA Tool	半量化 LCA 软件
Volvo（瑞典）	汽车	面向回收的设计 建立了 EPS 生态指数系统
Pilips（荷兰）	芯片	节能设计
Simens（德国）	手机	低辐射设计
IBM（美国）	计算机	节能设计、易拆卸回收设计
Apple Computer Inc.（美国）	计算机	节能、节省材料、减少有毒物质、易拆卸回收
HP（美国）	计算机	回收重用零部件、绿色包装，超过 400 种的产品获得 ENERGY STAR 认证，减少产品中铅、汞、镉等有害材料
Dell（美国）		回收计算机
Kodak（美国）	照相机	回收利用率可达 87%（质量分数）以上，关键零部件重复利用可达 10 次以上
Intel	芯片	无铅工艺、绿色包装
Motorola	手机	绿色采购、建立回收体系

（续）

开发公司	绿色制造技术或绿色产品	备注
丰田公司（日本）	马自达 HR-X2 型汽车	用液氢代替汽油；汽车基本结构由高碳聚纤维强化的塑料制成，均可循环利用
SONY（日本）	电视机、MD 随身听、计算机	节能、绿色包装、绿色采购、无铅焊
CANON（日本）	相机、打印机	无铅工艺、塑料回收、无铬工艺
NEC（日本）	计算机	节能、塑料回收技术、绿色采购，减少产品中铅、汞、镉等有害材料
长虹美菱股份有限公司	冷藏冷冻箱	采用环保材料，通过 $0.1kW \cdot h$ 变频的节能技术实现 1Hz 精确变频，保证冰箱始终处于最佳运行状态，降低了运行能耗
奥克斯空调股份有限公司	房间空气调节器	采用环保制冷剂，1 级能效，可再生利用率不低于 80%
TCL 家用电器（合肥）有限公司	桶中桶波轮洗衣机	节能节水，1 级能效，可再生利用率不低于 70%
青岛海尔股份有限公司	无霜冷藏冷冻箱	采用环保制冷剂、发泡剂，1 级能效，可再生利用率不低于 73%
珠海格力电器股份有限公司	吸油烟机	油脂分离度不低于 80%，1 级能效，瞬时气味降低度不低于 70%
浙江爱仕达电器股份有限公司	电饭锅	1 级能效，有害物质含量符合国家标准要求
合肥荣事达水工业设备有限责任公司	纯水机	水效标准 1 级，待机功率不超过 5W，产品全生命周期内水质安全系数高
联想（北京）有限公司	微型计算机	产品使用的材料和包装符合减量化和再利用的要求，2 级能效，产品可再生利用率不低于 55%（便携式计算机）或 75%（台式计算机）
华为技术有限公司	平板计算机	有害物质含量符合国家标准要求，充电电池在 400 次充放电周期后可保持其初始最小容量的 90% 的电池质量和寿命
重庆长安汽车股份有限公司	汽车	综合油耗比 GB 19758 的限制严 5%，可再生利用率不低于 85%，可回收利用率不低于 95%
重庆机床（集团）有限责任公司	金属切削机床	采用机床轻量化设计，有毒有害物质占比小于 8%（质量分数），可再制造大型及关键零部件占比 40% 以上
北京福田康明斯发动机有限公司	F 系列柴油发动机	排气污染物达标，内燃机绿色设计，可再利用率不低于 85%，可回收利用率不低于 95%

2. 绿色设计的实施过程

绿色设计的实施过程与方法如图 9.2-1 所示，主要包括下面的步骤：

1）根据有关理论和历史资料，用生命周期评价（life cycle assessment，LCA）方法分析待设计产品生命周期内各个阶段可能的环境影响因素。在此基础上，运用并行设计的原理，在设计中全面地考虑产品生命周期内各阶段中产品的绿色特性，并借助各种设计方法与理论，完成产品的初步设计。

2）进行产品的详细设计，并运用 LCA 模拟追踪所设计产品生命周期过程，评估设计方案的绿色特性。

3）根据评估结果，找出产品绿色特性问题所在，进行改进性设计，并从产品生命周期的角度出发，对产品绿色设计进行整体优化。

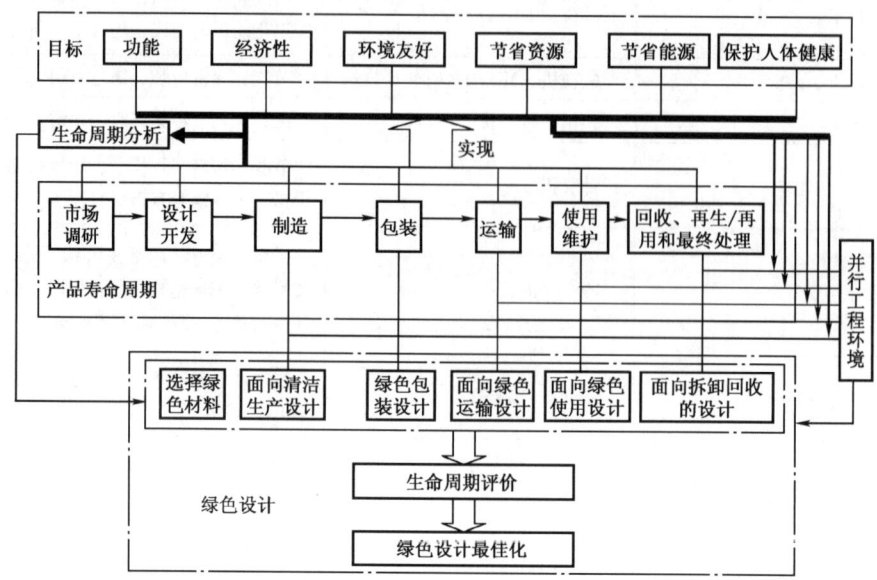

图 9.2-1　绿色设计的实施过程与方法

从上述分析可以看出，生命周期评价是绿色设计的基本评价工具。只有通过生命周期评价，才可能完整地获得绿色设计所需的产品生命周期绿色信息，实现绿色设计。在一个完整的绿色设计中，生命周期评价方法通常会运用两次：第一次是在产品初步设计中，目的是为了进行多个备选方案的比选，为产品详细设计的"绿色化"提供信息；第二次是在产品详细设计之后，目的是为了通过模拟追踪并分析所设计产品的生命周期绿色特性，实现优化。生命周期评价方法已经被列入了 ISO 14040 标准，其具体原理与方法见 9.2.4。

并行设计是绿色设计的基本设计方法。只有运用并行设计方法，才能真正实现在设计时综合考虑产品

生命周期内各个阶段的资源与能源优化利用、环境保护和人体健康保护等问题。

9.2.2　绿色设计与传统设计的区别

众所周知，产品设计过程可分成 4 个设计域，即用户域、功能域、物理域和过程域，而设计过程实际上就是求解这 4 个设计域之间的映射关系，如图 9.2-2 所示。由图 9.2-2 可知，这 4 个设计域可以建立 3 种映射关系。其中，用户域和功能域之间的映射关系建立即为产品定义阶段；功能域和物理域之间的映射关系建立即为产品设计阶段；物理域和过程域之间的映射关系建立即为工艺设计阶段。

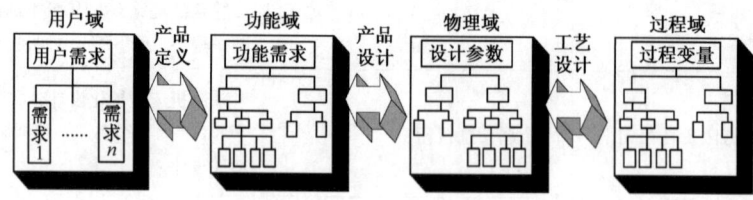

图 9.2-2　产品设计过程

传统设计主要考虑产品生命周期内的市场分析、产品设计、工艺设计、制造、销售及售后服务等几个阶段，而且整个设计也多是从企业的发展战略和经济利益角度出发做出决策的，仅仅考虑所设计产品的功能、质量和成本等基本属性，很少或者根本未考虑产

品报废后资源的再生利用，以及产品生命周期节省资源和能源及环境保护等问题，以至于按传统设计方法制造出的产品，往往在其生命终结后不能有效地实现资源的回收和再利用，以及能源的优化利用，不仅浪费了资源与能源，而且还造成了严重的环境污染。

绿色设计指借助产品生命周期内与产品相关的各类信息（技术信息、环境协调性信息、经济信息），利用并行设计等各种先进的理论，使设计出的产品具有先进的技术性、良好的环境协调性及合理的经济性的一种系统设计方法。绿色设计的内涵较传统设计丰富得多，主要表现在如下两方面：

1）绿色设计将产品的生命周期拓展为从原材料制备到产品报废后的回收处理及再利用，从而有助于真正实现产品"从摇篮到坟墓（cradle to grave）"

的绿色化。

2）绿色设计在系统论的基础上，利用并行工程的思想，将环境、安全性、能源、资源等因素集成到产品的设计活动之中，有助于实现产品生命周期内"预防为主，治理为辅"的绿色设计战略，从根本上达到保护环境、保护人体健康，以及优化利用资源与能源的目的。

当然，绿色设计与传统设计也存在较大的区别，见表 9.2-3。

表 9.2-3　绿色设计与传统设计的比较

比较因素	传统设计	绿色设计
设计依据	依据用户对产品功能、性能、质量及成本等方面的需求	依据环境效益、生态环境指标、产品功能、性能、质量及成本的需求
设计人员	设计人员很少或没有考虑所设计产品的环境协调性	要求设计人员在产品构思及设计时必须考虑产品的环境协调性
设计范围	注重生产、销售和售后服务的质量和成本，是一个开环系统	注重产品整个生命周期的技术先进性、经济合理性和环境协调性，是一个闭环系统
设计目标	质量合格、价格合理的普通产品	绿色产品或绿色标志产品

9.2.3　绿色设计的环境协调性原则

绿色设计原则是在传统产品设计中通常所采用的技术准则、成本准则和人机工程学准则基础上增加了环境协调性原则。下面主要讨论绿色设计的环境协调性原则。

绿色设计强调在设计中通过在产品生命周期的各个阶段应用各种先进的绿色技术和措施，使所设计的产品具有节能降耗、保护环境和人体健康等特性，因此要真正实现绿色设计必须遵守下列原则。

（1）资源最佳利用原则

1）在资源选用时，应充分考虑资源的再生能力，避免因资源的不合理使用而加剧资源的稀缺性和资源枯竭危机，从而制约生产的持续发展。因此，设计中应尽可能选择可再生资源。

2）在设计上应尽可能保证资源在产品的整个生命周期内得到最大限度的利用，力争使资源的回收利用和投入比率趋于 1，即

对于制造系统:产品物质含量／输入原材料质量 ⇒1

对于回收系统:（再生材料 + 回收零部件）／报废品物质含量 ⇒1

3）对于确因技术水平限制而不能回收再生重用的废弃物应能够自然降解，或者便于安全地最终处理，以免增加环境的负担。

（2）能量最佳利用原则

绿色设计的能量最佳利用原则也同样包含两层

含义。

1）在选用能源类型时，应尽可能选用太阳能、风能等清洁型可再生能源；优化能源结构，尽量减少汽油、煤油等不可再生能源的使用，以有效减缓能源危机。

2）通过设计，力求使产品全生命周期内能量消耗最少，使有效能量与总能耗之比趋于 1，以减少能源的浪费；同时，减少由于这些浪费的能量造成的振动、噪声、热辐射及电磁波等环境污染。

（3）污染极小化原则

绿色设计应彻底抛弃传统的"先污染、后治理"的末端治理方式，在设计时就充分考虑如何使产品在其全生命周期内对环境的污染最小；如何消除污染源，从根本上消除污染。确保产品在其全生命周期内产生的环境污染接近于零是绿色设计的理想目标。

（4）安全宜人性原则

绿色设计不仅要求从产品的制造和使用环境，以及产品的质量和可靠性等方面考虑如何确保生产者和使用者的安全，而且还要求产品符合人机工程学、美学等有关原理，以使产品安全可靠、操作性好、舒适宜人。也就是说，绿色设计不仅要求所设计的产品在其全生命周期内对人们的身心健康造成伤害最小，还要求给产品的生产者和使用者提供舒适宜人的作业环境。

9.2.4 生命周期评价

生命周期评价（life cycle assessment），也称生命周期分析（life cycle analysis，LCA），是绿色设计的分析基础。所谓 LCA，就是针对产品的环境协调性（如能源、资源的消耗、产品对生态环境和人体健康的影响），运用系统的观点，对产品生命周期的各个阶段（材料制备、设计开发、制造、包装、发运、安装、使用、最终处理及回收再生）进行详细的分析或评估，从而获得产品相关信息的总体情况，为产品性能的改进提供完整、准确的信息。LCA 是在 20 世纪 60 年代末和 70 年代初提出的，其主要分析评价的对象是产品的包装物。随着人们环境意识的进一步增强，产品生命周期评价逐渐受到社会各界的关注，应用范围也逐步拓宽到冰箱、汽车等复杂产品。LCA 方法一经提出，便受到各国学术界、工业界和政府的重视。自从 1993 年以来，国际标准化组织（ISO）便开始进行 LCA 的国际标准化研究。LCA 的普通标准已于 1997 年完成，并编制在 ISO 14040 中。生命周期评价的阶段如图 9.2-3 所示。

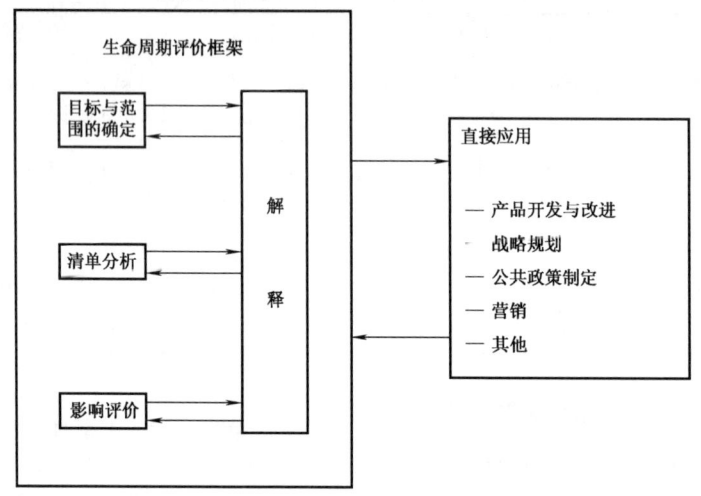

图 9.2-3 生命周期评价的阶段

1. 目标与范围的确定

确定目标和界定范围对指导产品生命周期各个阶段的分析或评估具有重要的作用。因为明确的分析目标和准确的评价范围决定了分析或评估的方向和深度，有助于大幅度减少评价的难度和工作量。生命周期评价的目标取决于进行生命周期评价的动机。通常进行生命周期评价的动机有下面 4 种：

1）建立某类产品的参考标准。采用生命周期评价方法、专业人员的判断和采集的数据来获取相关影响因素的筛选步骤，估计该类产品可能产生的影响，并制定相应的参考标准。

2）识别某类产品的改善潜力。利用生命周期评价方法，识别某类产品在环境协调性及经济性方面存在的问题，并判别对其进行改善的可能性与潜力。

3）用于概念设计时的方案比较。利用生命周期评价对各个备选方案进行预评估，实现方案初选。在该阶段，可简化产品生命周期评价方法，只考虑最关键的功能单元和过程。

4）用于详细设计时的方案比较。利用生命周期评价方法，寻找各详细设计方案的优缺点，并做出综合评判，从中寻求最优方案，并对方案进行改进。

当评价的目标确定后，就可以根据目标确定评价的范围，该阶段要考虑的内容主要包括如下几个方面。

（1）建立产品的生命周期模型。

产品的生命周期模型由描述产品功能的功能树（图 9.2-4）和描述生命周期的过程树（图 9.2-5）组成。通过产品功能树，可以分析和确定对既定目标有重要影响的主要功能单元；通过过程树，可以描述和确定对既定目标有重要影响的主要过程。通常，很难也没有必要逐一对各功能单元和过程进行生命周期评价，而应将注意力放在主要的功能单元和过程上。

（2）确定数据类型和来源

LCA 所需数据的类型取决于研究目的。这些数据主要可归纳为如下的类型。

1）产品系统信息。

① 产品及其功能零部件的属性，如功能、性能、材料组成等。

② 单元过程的属性，如功能、性能、功能单位及背景描述等。

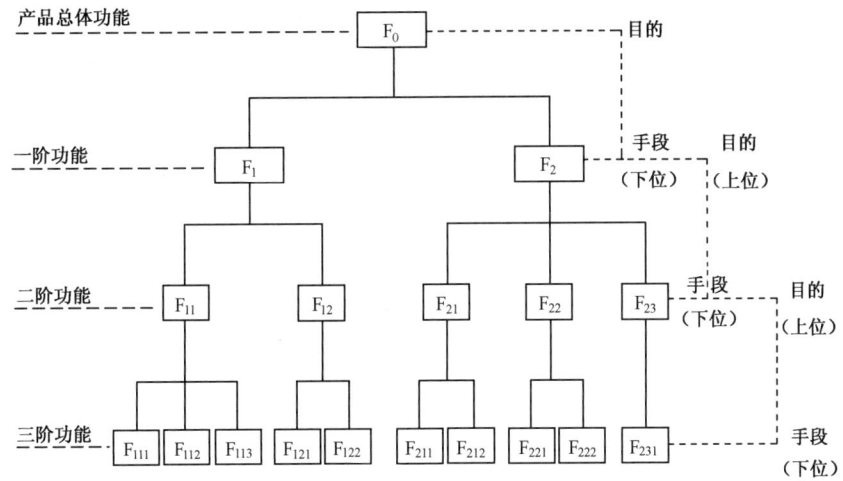

图 9.2-4 功能树

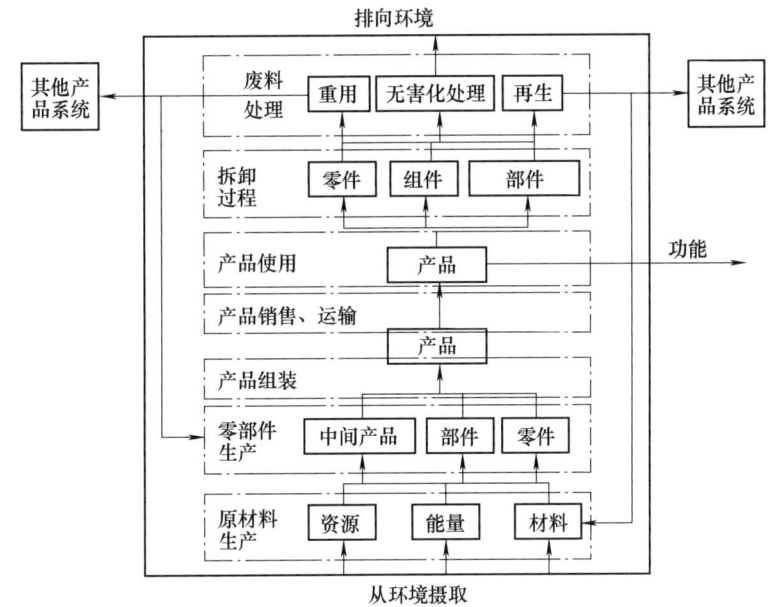

图 9.2-5 过程树

2）环境信息。

① 能源输入、原材料输入、辅助性输入及其他物理输入。

② 环境排放数据，如向大气的排放、向水体的排放、向土壤的排放、噪声与振动、土地利用、辐射、恶臭和余热，以及其他的环境因素。

3）经济性信息。

① 社会成本，如人体健康损失、生态质量损失等。

② 企业成本，产品生命周期内企业所支付的各种费用。

③ 用户成本，产品生命周期内用户所支付的费

用，如能源消耗费用、资源消耗费用、环境惩罚费用等。

这些数据可以从以下 5 大类数据源获得：

1）自行收集。结合所研究的对象、目标和评价范围，自行收集数据。这是建立生命周期数据库最主要的数据源。

2）现有生命周期评价数据库和知识库。国外许多研究机构都结合自己的研究建立了自己的数据库（如 EDIP、Lims、DEMS、IDEA 等），用于产品的生命周期评价。这些数据的可靠性都较高，可结合数据获取背景借鉴和采用。

3）文献数据。许多论文、专著、生命周期评价

研究报告等文献都要使用一些数据和方法来证明观点。这些数据和方法也是产品数据库的重要来源之一。

4）非报告性数据。非报告性数据主要来自制造商、实验室、政府，以及其他机构和组织。由于这部分数据较为分散，并且往往不会公开发布，因此较难获得。

5）测量和计算数据。由于有些数据不是现存的，因此必须采用测量的手段或通过已有的数据，利用计算的方法得到。

（3）确定输入/输出初步选择准则

产品生命周期内的输入/输出很多，因此必须对输入/输出做出初步选择，以确定产品系统中重要的输入/输出。ISO 14041 提出了一些用来识别输入/输出的准则：

1）物质准则。在运用物质准则时，当物质输入/输出的累积总量超过该产品系统物质输入/输出总量一定百分比时，就要纳入系统输入/输出。

2）能量准则。在运用能量准则时，当能量输入/输出的累积总量超过该产品系统能量输入/输出总量一定百分比时，就要纳入系统输入/输出。

3）环境关联性。在运用环境关联性准则时，当产品系统中一种数据类型超过该类型估计量一定百分比时，就要纳入系统输入/输出。例如，以二氧化硫为一个数据类型，先对产品系统二氧化硫的排放规定一个百分比，当输入/输出大于这一百分比时，则将其纳入系统输入/输出。

当研究结果是用于支持面向公众的比较性论断时，对输入和输出数据所做的最终敏感性分析必须包括上述物质、能量和环境关联性准则。这一过程所识别出的输入都应予以模型化，使之成为基本流。

另外，在报告中还应清晰地表达数据初步选择准则及其所依据的假定。

（4）确定数据质量的要求

数据质量直接关系到生命周期评价结果的正确性、可信度。数据质量应通过定性、定量及数据收集与合并方法来表征。主要的数据质量要求有如下几点：

1）时间跨度。当采用生命周期评价方法进行评价时，所采用的数据有相当一部分是在对基准产品进行清单分析时获取的，即所采用的数据是几年前（甚至更久远）的数据。因此，在生命周期评价中，应对时间进行限制，选择有效的数据，以获得正确的评价结果，帮助决策。

2）地域及其广度。产品生命周期的输入和输出对环境的影响与地域及其广度有很大关系。确定收集单元过程数据的地理范围（如局域、区域、国家、洲、全球）对于环境影响评价极其重要：一方面，选择的地域广度不同，产品生命周期评价输入/输出的选择准则往往也就不同，如假设考察硫氧化物排放，若评价区域为产品生产企业，则硫氧化物为重要输出；若考察企业处于一个环境质量很高的地区，则排放的硫氧化物对该地区的影响较小，可不记入输出。另一方面，不同地区的污染程度不一样，环境对污染物的敏感性也不一样，因此可能出现下面的情况，即同一种产品的排放可能在这个地区对环境有很大的影响，而在另一个地区则影响较小，可不记入产品生命周期评价的输入/输出。

3）技术覆盖面。技术覆盖面主要是从技术组合（如实际工艺组合、最佳可行技术、最差作业单元的加权平均）的角度考虑的，因为不同的技术组合收集到的数据往往存在较大的差异。如图 9.2-6 所示的零件毛坯选择，不同的毛坯生产工艺就会造成能源、资源消耗的较大差异，图中实线为零件形状，双点画线为毛坯形状。

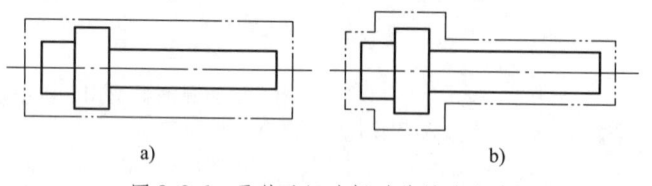

a)   b)

图 9.2-6 零件毛坯选择对节材的影响
a）棒料 b）锻件

另外，该阶段还需要确定评价基准、评价方法、假定条件及局限性等内容。

2. 清单分析

清单分析是 LCA 的核心和关键，它包括数据的收集和处理。当产品生命周期评价的目标和范围确定以后，就可以模拟（对产品设计分析）或追踪（对

产品性能评估）产品的整个生命周期，详细列出各个阶段的各种输入和输出清单，并进行分析，从而为下一阶段进行各种因素对目标性能的影响评价做准备。通常，生命周期评价清单分析程序如图 9.2-7 所示。

典型的清单分析应对产品的原材料制备、制造、

包装、运输、使用和最终处理/回收再生等几个阶段的投入产出进行分析，而且整个分析与量化过程必须遵循能量平衡和物质守恒两大原则，因为物料和能量平衡是分析物料和能量损失的依据。当进行 LCA 时，应根据物质与能量守恒定律，即"输入物料（能量）= 输出物料（能量）"，并利用测定或计算的数据建立并绘制输入和输出的物料与能量平衡图，以准确确定各种输入/输出物的组成成分、数量、去向及能量。编制平衡图时应注意，如果物料或能量流不平衡时，应仔细分析原因，并借助各种理论计算或历史资料修正数据，尽量减小平衡误差。只有这样，才能为下一步影响评价提供准确的数据。

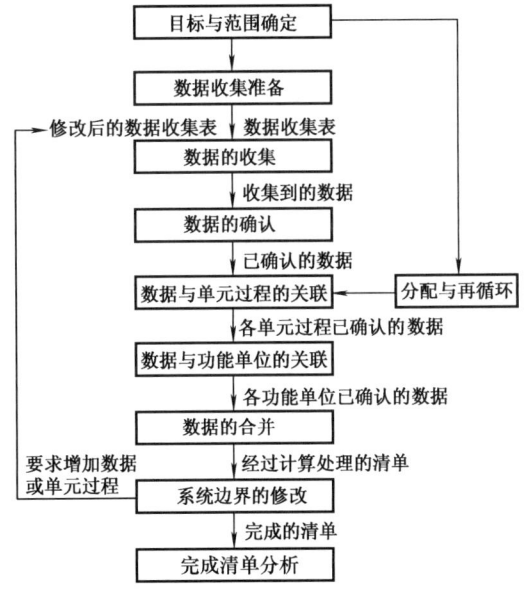

图 9.2-7　生命周期评价清单分析程序

可以做出图 9.2-8 所示的能形象描述产品环境协调特性的目标图。例如，制造阶段的液体排放在图 9.2-8 中为（2，4）所代表的射线，其分值为 3 分。显然，评估矩阵法虽然可以很直观地了解产品生命周期的各阶段中各种环境因素的影响，但它对产品评价指标的描述具有一定的模糊性和主观性。

表 9.2-4　AT&T 环境性能评估矩阵

生命周期阶段	材料	能量使用	固体排放	液体排放	气体排放
预制造	(1, 1)	(1, 2)	(1, 3)	(1, 4)	(1, 5)
制造	(2, 1)	(2, 2)	(2, 3)	(2, 4)	(2, 5)
流通	(3, 1)	(3, 2)	(3, 3)	(3, 4)	(3, 5)
使用	(4, 1)	(4, 2)	(4, 3)	(4, 4)	(4, 5)
处理/处置	(5, 1)	(5, 2)	(5, 3)	(5, 4)	(5, 5)

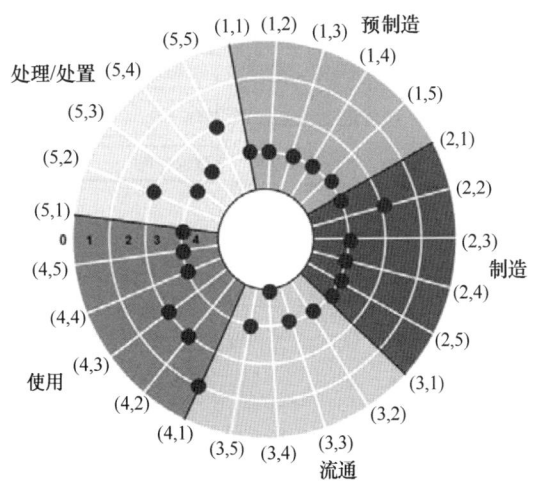

图 9.2-8　AT&T 环境影响评价目标图

3. 影响评价

影响评价是根据清单中的信息，定性或定量分析其对生态系统、人体健康、自然资源和能源消耗等产生的影响。然而，绿色产品涉及的评价指标众多，其中既有定量指标又有定性指标，这些指标都从不同侧面描述了产品的环境协调性，必须对其进行综合评价。有关影响评价的指标体系和方法很多，归纳起来主要包括以下几种。

（1）定性分析法

常用的定性分析法包括清单检查法、特尔菲法、评估矩阵法等。下面以 AT&T 公司的 Brad Allenby 和 Graedel 等人开发的一种环境性能定性评估矩阵法为例进行介绍。该方法通过给矩阵中的每项元素打分（用一个 0~4 的数值表示，0 代表差，4 代表好），对产品进行定性评估，见表 9.2-4。借助这些分值，

（2）定量分析法

影响评价的定量分析方法是使用数值来描述产品生命周期的环境协调性。目前，国际上的许多研究机构，结合 ISO 14040 标准，提出了一些产品环境影响评价方法，如 the Swiss Ecopoints 1997、the Environmental Priority Strategies in product design（简称 EPS）、the CML 2 baseline 2000、the Environmental design of industrial products（简称 EDIP）和 the Eco-indicator 99 等方法。另外，也有研究者从产品绿色设计的角度，采用价值分析法、公理性设计及模糊综合评判法进行产品设计方案的评价。下面以 Eco-indicator 99 方法为例进行介绍，其余方法可参考相关文献。

Eco-indicator 99 方法是荷兰 PRé Consultant 公司开发的一种生命周期影响评价方法，它是基于环境损害的评价方法。该方法的步骤与 ISO 14042 的要求一致，

其指标体系和评价过程如图 9.2-9 所示。由图 9.2-9 可知，Eco-indicator 99 方法的评价过程包括 4 个步骤：

步骤 1，对清单中的数据进行分析、归类。即将清单分析中获得的物质排放、能源、资源消耗等数据进行特性化归类，以确定其可能的影响类型。例如，CO_2、氢氯氟烃（HCFC）、四氯化碳等会对温室效应产生影响，可以归为一类。

步骤 2，进行暴露和影响分析。该步骤的目的是按照特性化归类的结果，进行暴露和影响分析。以人体健康为例，可以根据人体暴露环境中排放物的浓度、暴露人群的数量，以及相应的剂量-反应关系等，进行人体健康危害的暴露分析。

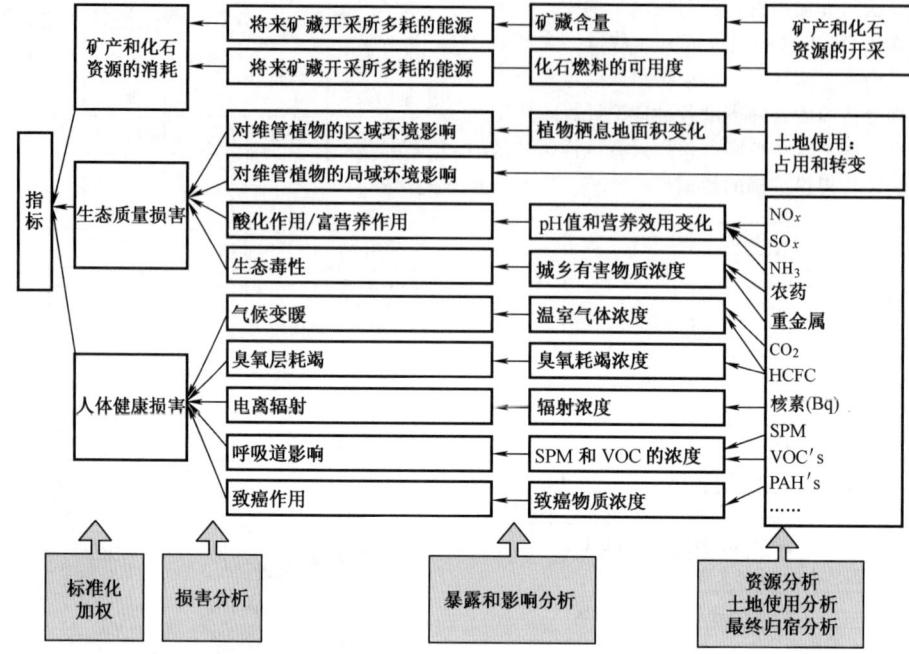

图 9.2-9　Eco-indicator 99 方法环境影响指标体系及评价过程
PAH—多环芳烃类　SPM—悬浮颗粒物　VOC—挥发性有机化合物

步骤 3，进行损害分析。将暴露和影响分析的结果转化为 Eco-indicator 99 方法中的三大环境影响类型，即矿产和化石资源的消耗、生态质量损害、人体健康损害。针对这三大环境影响类型和世界上相关领域的研究成果，Eco-indicator 99 方法提出或采用了一些国际上相对权威的衡量指标，以进行环境影响的损害分析，见表 9.2-5。有关更多环境影响的损害分析请参考相应的资料。

表 9.2-5　资源消耗、生态质量损害和人体健康损害的衡量指标

指标名称	备　注
矿产和化石资源的消耗	采用将来矿藏开采现在矿藏开采所多耗的能源来衡量资源的消耗情况
生态质量损害	用于衡量物种的潜在消失百分率（PDF）
人体健康损害	伤残调整生命年（DALY），是 1993 年美国哈佛大学公众健康学院与世界卫生组织和世界银行在《全球疾病负担》一书中提出的，目的是为了衡量某一疾病引起的全部负担。所以，DALY 健康指标可以用疾病造成的残疾（病态）引起的损失（years lived disabled，YLD）与疾病造成的过早死亡引起的损失（years of life fost，YLL）之和来表示

步骤 4，标准化和加权计算。该步骤在 ISO 14042 中是最为可选内容规定。

1）标准化。环境影响标准化是用人体健康和生态环境的潜在影响和资源消耗分别除以相应的标准化参考值，使各种不同的环境影响具有通用的比较尺度和基准。

标准化参考值是基于与产品服务相同时期的社会活动的清单计算的。如果产品系统定义为 T 年的服务期，那么标准化值被表示为 $T \cdot R(j)$，其中 $R(j)$ 为 1 年的参考标准。根据环境影响标准化的定义，可以用下式分别表示人体健康影响和生态环境的潜在影响及资源消耗。

$$NHD(j) = HD(j) \cdot \frac{1}{T \cdot NHDR(j)} \quad (9.2\text{-}1)$$

式中　HD(j)——第 j 类疾病的人体健康损害；

　　　T——产品系统的服务期；

　　　NHDR(j)——第 j 类疾病的人体健康损害的标准化参考值。

$$NEP(j) = EP(j) \cdot \frac{1}{T \cdot NEPR(j)} \quad (9.2\text{-}2)$$

式中　EP(j)——第 j 类生态环境的潜在影响；

　　　T——产品系统的服务期；

　　　NEPR(j)——第 j 类生态环境的潜在影响的标准化参考值。

$$NR(j) = RC(j) \cdot \frac{1}{T \cdot NRCR(j)} \quad (9.2\text{-}3)$$

式中　RC(j)——第 j 类资源的消耗量；

　　　T——产品系统的服务期；

　　　NRCR(j)——第 j 类资源消耗的标准化参考值。

从式（9.2-1）～式（9.2-3）可以看出，在环境影响的标准化工作中，标准化参考值的选取是关系标准化的一个关键。通常确定标准化参考值要考虑以下几个因素。

① 空间因素。产品生命周期的各个阶段有可能发生在不同的地理位置，如原材料在山西，而加工制造在北京，甚至国外；或者产品生命周期各阶段排放的各种污染物，有些对局域环境产生影响（如噪声等），有些对区域环境产生影响（如酸化作用、富营养作用等），有些则对全球造成影响（如温室效应）。因此，在标准化参考值的确定中，必须考虑典型区域的排放和排放所能引起的环境类型。对于不可再生资源及全球变暖和臭氧损耗等全球影响，应采用全球的该类环境影响确定标准化参考值，而对于像酸化作用这类的区域性影响，则可以选择该区域（国家或地区）该类影响的总值确定标准化参考。

② 时间因素。社会活动引起的环境影响值是随时间不断变化着的，即便是在较短的时间范围内，资源和能源消耗、有害气体的排放等参考值也是不同的，因此必须为所有的影响类型选择一个相同的时间作为基准，并注意标准化参考值应该及时更新。

③ 人均影响因素。由于全球影响往往远远大于某特定地区的影响，因此用全球影响作为全球影响类型的标准化参考值和用区域影响作为区域影响类型的标准化参考值将在标准化过程中造成不均衡，导致产品系统的全球影响远远小于别的影响，因为全球人数远远大于一个区域的人数。为了修正该偏差，确保一

系列标准化参考值构成所有影响类型的一个通用的尺度，可采用在参考时间内人均的环境影响作为标准化参考值，即

$$标准化参考值 = \frac{参考年某区域（或全球）的某类环境影响}{参考年该区域的人数}$$

$$(9.2\text{-}4)$$

2）加权计算。加权计算的方法很多，如德尔菲法、层次分析法等。Eco-indicator 99 基于人体健康、生态质量和资源 3 个方面的环境影响提出了三角形权重确定方法，如图 9.2-10 所示。在该方法中，三角形的边分别代表生态质量、人体健康和资源。每条边被分为 0～100% 的数值。应用该方法时，被调查者根据自己的理解和认识分别给生态质量、人体健康和资源设置权重。通过整理，可以得到一个如图所示的分布有许多×号的三角形，由图 9.2-10 可以看出，人们对生态质量和人体健康的关注，明显高于对资源的关注，中间的（·）代表所有调查者所设置权重的平均值，其对生态质量的权重为 39%，对人体健康的权重为 37%，对资源的权重为 24%。该方法实质是专家调查法的一个发展，它通过用三角形形象地描述了不同的被调查者对环境影响的看法，但这种方法建立在 Eco-indicator 99 自身的指标体系之上，存在一定的局限性。

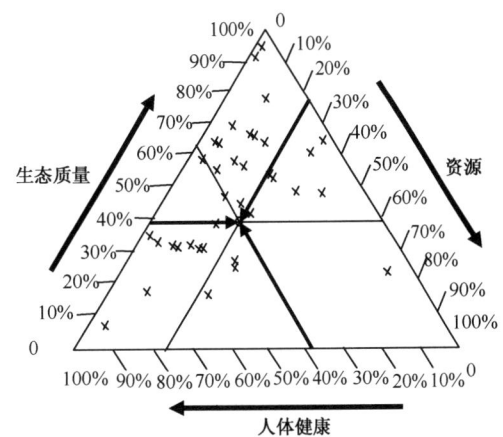

图 9.2-10　三角形权重确定方法

4. 解释

解释是对所采用的 LCA 方法进行解释，包括条件假设、方法说明、存在问题等，并在此基础上，根据清单分析过程中获得的有关产品的各类数据，以及影响评价中所获得的信息，就可以找出产品的薄弱环节，有目的、有重点地改进创新，为生产更好的绿色产品提供依据和改进措施；同时，专家组也可根据这些信息制定关于该类产品的评价标准，为以后的评价工作提供一个可靠的基准。

综上所述，产品生命周期评价过程实质上是一个动态寻优过程，是一个逐步迭代的过程。其目标是最终实现产品绿色度的最优化。

9.2.5 面向产品生命周期的设计

面向产品生命周期各/某环节的设计（design for x）的缩写是DFX。其中，X可以代表产品生命周期或其中某一环节，如装配、制造、使用、维修、拆卸和回收等，也可以代表产品竞争力或决定产品竞争力的因素，如质量、成本、时间等。DFX包括面向采购的设计（design for procurement，DFP）、面向制造的设计（design for manufacture，DFM）、面向装配的设计（design for assembly，DFA）、面向维修的设计（design for service/maintain/repair，DFS）、面向拆卸的设计（design for disassembly，DFD）、面向回收的设计（design for recovering & recycling，DFR）等。由于DFX的研究内容很广，下面主要从国内外绿色设计领域最为关注的材料选择、绿色包装设计、面向拆卸回收的设计和面向节能降耗的设计4个方面进行讨论。

1. 绿色设计中的材料选择

材料选择是绿色产品设计中的重要环节。选材的合理性在很大程度上影响着产品的功能、性能、成本及环境协调性，但在成千上万种工程材料中，有许多是有毒的或不易回收处理的，它们的使用必定会给环境和人体健康造成损害。因此，为了向市场提供绿色产品，在产品设计阶段必须认真选材。

（1）绿色设计中的材料选择过程

绿色产品设计的材料选择流程如图9.2-11所示。首先分析所要设计产品的功能和性能，以及实现方法；然后在对产品功能和性能，以及零件的工作环境分析的基础上，通过工程计算与经验判断，进行初步选择，实现材料的初选；最后对初选材料进行技术性、环境协调性、经济性等各方面的评价，其中环境协调性可采用生命周期评价（LCA）方法，通过对材料生命周期各阶段（包括原材料的获取、制造和回收处理等）与环境相关的数据进行收集和分析，为材料选择和改进提供环境影响评价的信息。影响材料选择的因素之间是相互影响、相互联系、相互制约的，因此在选择材料时要综合考虑上述因素，以实现整体最优。

（2）绿色设计中的材料选择原则

影响产品材料选择的因素很多，但按照绿色设计的设计原则，归纳起来不外乎三条，即材料的技术性、环境协调性和经济性。由于对材料技术性能的研究较多，下面主要讨论材料的环境协调性原则和经济性原则。

1）材料的环境协调性原则。材料的环境协调性

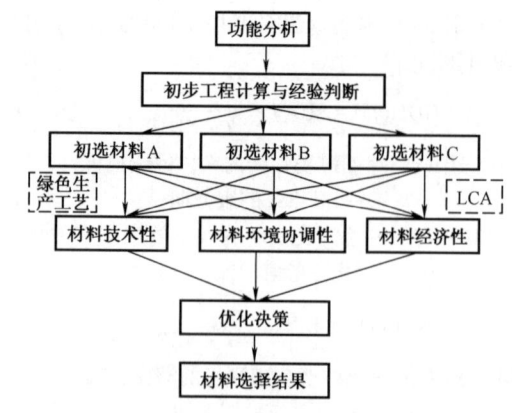

图 9.2-11　材料选择流程

原则主要包括以下几个方面。

① 材料的最佳利用原则：

• 尽量选择绿色材料、可再生材料和回收的零部件或材料，使材料的回收利用与投入比率趋于1。产品报废后的材料回收利用对解决资源枯竭问题是非常重要的。

• 尽量选择具有相容性的材料。在零部件设计时，应尽可能选择彼此相容的材料，这样即使零部件被连接在一起无法拆卸，它们也可以一起被再生。热塑性材料的兼容属性如图9.2-12所示。

• 减少使用材料的种类。减少使用材料的种类，可以避免相同材料零件之间的分离操作，简化拆卸过程。例如，为了满足电阻性能的要求，现在计算机的包装采用了复合碳酸盐，而其内部元件则经济性地选用了廉价的ABS材料，但如果用复合碳酸盐代替ABS材料，就可以大大减少拆卸时材料的分离工作。这样虽然增加了产品初期的制造成本，但降低了其寿命循环成本，因此设计选材时应综合考虑。

• 选择材料时应尽可能考虑材料的利用率。材料利用率的提高，不仅可以减少材料浪费，解决资源枯竭问题，而且可以减少排放，降低对环境的污染。

• 对不同材料进行标识。通过对材料进行标识，可以辅助拆卸者快速判别需要进行拆卸的零部件。

• 主要的标识方法有，在产品的不可见面标明对材料的描述、刻印条形码、设置颜色编码、利用化学示踪物等。

② 能源的最佳利用原则：

• 材料生命周期中应尽可能采用清洁型可再生能源（也称绿色能源），如太阳能、风能、水能、地热能等。

• 材料生命周期能量利用率最高原则，即输入与输出能量的比值最大。

③ 污染最小原则：材料生命周期内产出的环境

污染最小。选择材料时，必须考虑其对环境的影响，尽量避免选择对环境有害的材料。例如，在低压电器生产中，应避免采用含镉的银氧化镉（AgCdO）（通常氧化镉的质量分数为 9% ~ 15%）触头材料。

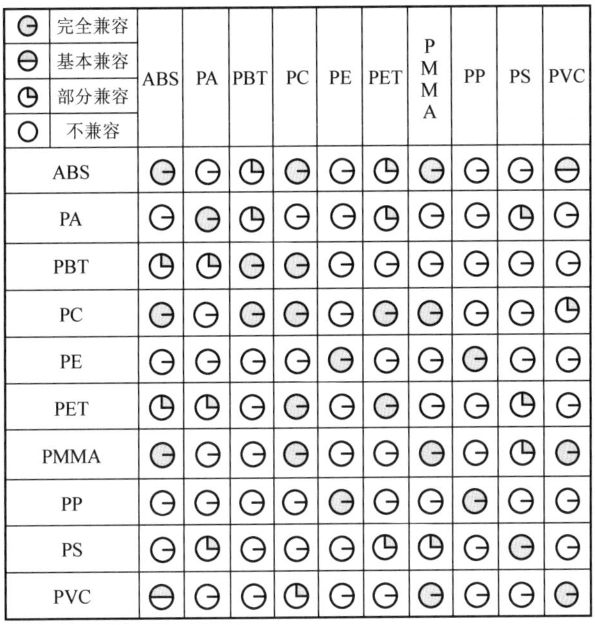

完全兼容 ⊖ 基本兼容 ⊖ 部分兼容 ◔ 不兼容 ○	ABS	PA	PBT	PC	PE	PET	PMMA	PP	PS	PVC
ABS	⊖	⊖	◔	⊖	⊖	◔	⊖	⊖	⊖	⊖
PA	⊖	⊖	⊖	⊖	⊖	⊖	⊖	◔	⊖	
PBT	◔	◔	⊖	⊖		◔		⊖	⊖	
PC	⊖	⊖	⊖	⊖		⊖	⊖	⊖	◔	
PE	⊖	⊖	⊖	⊖	⊖	⊖	⊖	⊖	⊖	
PET	◔	◔	⊖	⊖		◔		◔	⊖	
PMMA	⊖	⊖	⊖	⊖		⊖	⊖	⊖	⊖	
PP	⊖	⊖	⊖	⊖	⊖	⊖		⊖	⊖	
PS	⊖	⊖	⊖	⊖		⊖		⊖	⊖	
PVC	⊖	◔	⊖	◔		⊖		⊖	⊖	

图 9.2-12　热塑性材料的兼容属性

PA—聚酰胺　PBT—聚对苯二甲酸丁二酯　PC—聚碳酸酯　PE—聚乙烯　PET—聚对苯二甲酸乙二酯

PMMA—聚甲基丙烯酸甲酯　PP—聚丙烯　PS—聚苯乙烯　PVC—聚氯乙烯

④ 损害最小原则：材料生命周期内对人体健康的损害最小。选择材料时，必须考虑其对人体健康的损害，通常应注意材料的辐射强度、腐蚀性、毒性等。例如，在机电产品焊接中应采用无铅钎料，防止机电产品生产中、废弃后铅对人体健康的损害。

2）材料的经济性原则。材料的经济性原则不仅指优先考虑选用价格比较便宜的材料，而是要综合考虑材料对整个制造、运行使用、产品维修乃至报废后的回收处理成本等的影响，以达到最佳技术经济效益，材料的经济性原则主要表现为以下两方面：

① 材料的成本效益分析。在绿色设计中，产品的成本应该由材料生命周期成本来表示。显然，降低材料生命周期成本对制造者、使用者和回收者都是有利的，材料的成本主要包括：

● 材料本身的相对价格。当价格低廉的材料能满足使用要求时，就不应选择价格高的材料。这对于大批量制造的零件尤为重要。

● 材料的加工费用。例如，制造某些箱体类零件，虽然铸铁比钢板价廉，但在生产批量小时，选用钢板焊接则较为有利，因为这样可以省掉铸造模具的生产费用。

● 材料的利用率。例如，采用无切削和少切削毛坯（如精铸、精锻、冷拉毛坯等），可以提高材料的利用率。此外，在结构设计时也应设法提高材料的利用率。

● 采用组合结构。例如，火车车轮是在一般材料的轮芯外部热套一个硬度高、耐磨损的轮箍，这种选材原则常称为局部品质原则。

● 节约稀有材料。例如，用铝青铜代替锡青铜制造轴瓦，用锰硼系合金钢替代铬镍系合金钢等。

● 回收成本。随着产品回收的法制化，材料的回收性能和回收成本也就成了设计中必须考虑的一个重要因素。

② 材料的供应状况。选材时，还应考虑当时、当地材料的供应情况，为了简化供应和储存的材料品种，应尽可能地减少同一部机器上使用的材料品种。

2. 绿色包装设计

绿色包装设计指除了满足消费者对包装体的保护功能、视觉功能、经济、方便等性能方面的需求，更重要的是产品包装要符合绿色标准，即在包装物的整个生命周期内能有效节约资源和能源，保护环境和人体健康。绿色包装设计主要包括以下几个方面的内容。

（1）绿色包装材料选择

绿色包装材料的选择遵循绿色设计中的材料选择

准则，尽量选用易于回收的材料和无毒性材料。

（2）进行合理的包装结构设计

1）通过合理的包装结构设计，提高包装体的刚度和强度，减少包装材料的使用。包装的基本功能是保证包装体具有足够的刚度和强度，实现对产品的保护。包装体强度和刚度的提高，不仅可以保护产品质量，还可以降低对二次包装和运输包装的要求，减少包装材料的使用。例如，对于箱形薄壁容器，为了防止容器边缘变形，可以采用图 9.2-13 所示的结构；为了减小容器侧壁的翘曲变形，可以采用图 9.2-14 所示的带状增强结构；为了防止或减小容器底部和盖的变形，可以将平板状的底部和盖设计为图 9.2-15 所示的结构。

图 9.2-13　增强容器边缘刚度的结构

图 9.2-14　增强容器侧壁刚度的结构

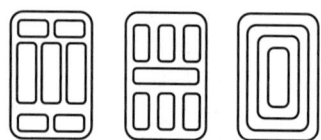

图 9.2-15　增强容器底部刚度的结构

2）通过合理的包装形态设计，减少包装材料的使用。包装形态主要指形状和样式，其设计取决于被包装物的形态、产品运输方式等因素。理论上，球体表面积最小，在包装设计时选择球体包装，可以最大限度地节约原材料，但其运输不便。因此，常见的包装形态多为长方体和圆柱体。

① 对于长方体形态的包装，应首选立方体。因为在同样体积的情况下，立方体的表面积最小。

② 对于圆柱体形态的包装，应尽量保证圆柱体的高度是半径的两倍，这样表面积最小，最节省材料。

3）了解印刷工艺，调整包装内结构，实现包装结构的省料设计。印刷过程中的切版工艺是最容易造成材料浪费的，为了节省材料，内结构设计的展开形状应尽可能呈方形。例如，设计同样大小的敞口盒，

图 9.2-16 所示为改进前设计，图 9.2-17 所示为改进后的设计。原设计的结构只能在纸上放满 6 个展开图，而改进后，可放满 8 个展开图，节省了材料。

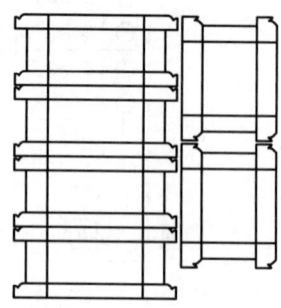

图 9.2-16　改进前设计

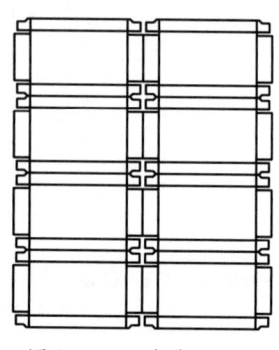

图 9.2-17　改进后设计

4）避免过度包装。所谓过度包装指超出产品包装功能要求之外的包装。"过度包装"主要出现在礼品、保健品和食品等行业。避免过度包装的方法主要是减少包装物使用数量。

① 控制单位产品包装容器数量。例如，许多化妆品和牙膏通过采用增大瓶盖的办法，使其可以直接放在货架上展示，从而省去了外面的纸壳包装。

② 利用批量包装代替单独包装，或者直接将商品运送至使用现场。例如，水泥散装，日本和美国等水泥的散装率已达 94% 和 92%，西欧大多数国家也达到 60%~90%。据统计，每销售一万吨散装水泥，可节约袋纸 60t，造纸用木材 330m³，电力 7 万 kW·h，煤炭 111.5t，减少水泥损失 500t，综合经济效益 32.1 万元，而目前我国水泥散装率只有 10% 左右。

5）通过合理的结构设计，提高运输的效率。图 9.2-18 所示为 Premier Waters 公司开发的饮料瓶，采用易压缩结构，体积可以压缩到原来的 1/5，并且用 PET 材料代替原来的 PVC 材料，减轻了重量，对容量为 2L 的瓶体，可节约 37% 的材料，由此带来的运输、储存和流通费用也将显著较少。

6）通过合理的包装结构设计，避免包装物的随

意丢弃，从而减小包装物收集和回收的难度。例如，饮料瓶的瓶体易于有效回收，而瓶盖却常因被人们随意丢弃，难以回收。针对这一问题，采用图 9.2-19 和图 9.2-20 所示的结构设计，使得瓶盖打开后，仍有拉环连接在瓶体上，从而避免了瓶盖的随意丢弃。

图 9.2-18 可压缩的饮料瓶设计

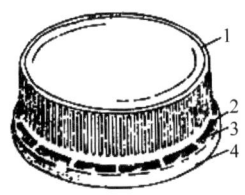

图 9.2-19 断开式塑料防盗盖
1—瓶盖 2—桥 3—棘爪 4—防盗环

图 9.2-20 撕拉箍式塑料防盗盖

7）当进行包装设计时，在产品外包装上使用各种回收标志、不同颜色或其他辅助辨识系统显著地标明其废弃方法、废弃地点、分类标识等，以增强包装物的有效回收。

8）包装的结构应避免造成对人体的伤害。例如，为了防止对儿童造成损害，在包装设计时往往会采用儿童安全盖；又如，经常与人体接触的部位，应设计为圆角，而非尖锐的棱边，避免划伤人体肌肤。

3. 面向拆卸回收的设计

传统的产品设计主要考虑的是满足产品功能、性能及易于制造等要求，很少将产品使用过程中的维护和报废后的回收处理等因素考虑进去，从而造成了大量难于处理的废弃物和垃圾。导致产品难以拆卸的主要因素有：

1）产品结构不宜于连续拆卸和回收。主要表现在以下几个方面：

① 连接结构难于拆卸。传统产品的连接方法多是为了简化装配和安全连接而选择的，因而经常使用铆接、焊接、胶接等不可拆卸连接，拆卸难度大。

② 材料多样性。为了降低成本，传统产品多采用不同种类，甚至难以回收的材料，造成拆卸分类困难，拆卸回收成本高，从经济上限制了拆卸回收的实施。

③ 产品结构设计是基于功能和装配要求进行的，很少考虑拆卸回收过程，拆卸回收难度大。例如，没有足够的拆卸操作空间、拆卸可视性差等。

2）在产品使用中，维修、污损、生锈或腐蚀等原因会造成产品及零部件形状结构发生变化，使得产品结构不确定，拆卸难度增大。

3）缺乏所拆卸产品的完整信息，如产品材料性能、零部件结构、产品的装配工艺，以及产品使用环境对产品结构造成的影响等，难以支持拆卸工作。

面对上述问题，全球跨国企业，如德国宝马汽车公司、大众汽车公司，瑞典的沃尔沃公司和美国的 IBM 公司等都纷纷针对自己的产品，开展了可拆卸设计研究。其基本思想是，以方便维修、方便更换、方便回收为目标进行可拆卸设计。

（1）面向拆卸的设计

面向拆卸设计的基本准则主要包括以下几个方面。

1）明确拆卸对象。总的来说，在技术可能的情况下，确定拆卸对象时应遵循如下原则：

① 对有毒或轻微毒性的零件，或者再生过程中会产生严重环境问题的零件应该拆卸，以便于单独处理，如焚化或填埋。

② 对于制造成本低、生产量大、由贵重材料制成的零部件，应以材料循环方式实现再生或再利用。

③ 对于制造成本高、寿命长、更新周期长的零部件，应尽可能直接重用或再制造后重用。

2）减少拆卸工作量。减少拆卸工作量直接关系到拆卸成本。其主要准则有：

① 零件功能合并，即把由多个零件完成的功能集中到一个零件或部件上，尽可能减少零部件的数量。零部件数量减少可大幅缩短拆卸时间。对于工程塑料类材料，由于容易制造复杂零件，特别适于零件功能集成。

② 提高待拆卸的零部件的可达性。设计时考虑提高待拆卸零件的可达性，可方便拆卸，减少不必要

的拆卸操作，如图 9.2-21 和图 9.2-22 所示。

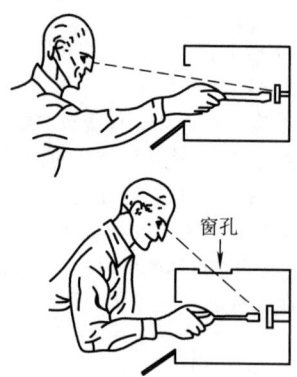

图 9.2-21 拆卸部位应看得见

图 9.2-22 拆卸部位应够得着

③ 设计时尽量减少产品材料种类，特别是同一零部件组成材料的种类。材料种类过多，会增加零件拆卸分类或材料选择分类的工作量，从而增加拆卸难度和拆卸成本。例如，Whirlpool 公司的一家德国公司的包装工程师们，应用"减少材料种类"原则，将包装材料的种类由 20 种减少到 4 种，不仅提高了包装材料的再生率，而且使废物处理成本下降了 50%，取得了明显的经济效益。

④ 设计时应尽量选用具有相容性的材料。利用相容性的多种材料制成的零部件在回收处理时能生成新材料再利用，从而减少回收工作量。

⑤ 设计时应尽可能将零部件进行归类，以缩短拆卸工具准备、更换等操作时间。

⑥ 设计时应尽可能为贵重件、易损件、可重用或再制造后重用的零部件设计方便可靠的拆卸路线，以减少不必要的拆卸工作量。

⑦ 零部件设计时应注意避免相互接触易引起老化和腐蚀等影响的材料组合，以防零部件使用后造成产品形状结构的不确定性，增大了拆卸的难度；同时，还应加强对待拆零件的保护工作，以防污损。

⑧ 采用模块化设计。尽可能采用模块化结构，便于产品拆卸、维修、系统升级和模块重用。

3）增加易拆卸性。可拆卸性设计和面向装配设计虽有着密切的联系，但也存在较大的差别。例如，铆接和焊接是很好的装配连接工艺，但从可拆卸性来看，它们却是不可拆卸连接。增强易拆卸性的方法有：

① 选择易拆卸的紧固连接方式。铆接、焊接与胶接等连接方式在拆卸时都需要较大的拆卸力，容易造成零部件损坏，属不可拆卸连接；螺纹连接是较好的零部件易拆卸连接方式。塑料件的连接方式需要根据具体情况进行权衡和选择：

● 粘接工艺通常不适合可拆卸性设计，因为在拆卸时需要很大的拆卸力，而且其表面残余物在零件回收时很难去除。但是，如果零件和黏结剂采用同一种材料，则可选用于可拆卸设计中。

● 螺纹连接是一种很好的拆卸连接工艺，可以方便省事地实现零件的更换，应多采用。

● 超声波加工和气焊加工的材料之间存在很好的相容性，故是一种较好的可拆卸性连接工艺。

● 感应焊接工艺在拆卸时会造成连接破损，并且在零部件上留下一些残余物，不利于零件回收利用，故不适用于可拆卸设计中。

② 减少紧固件数量。一般来说，连接件越少，意味着拆卸操作也越少。

③ 采用多重紧固方式，即将多个零件用尽可能少的紧固件连接，拆卸时可有效地节省时间。

④ 拆卸操作的运动方式应尽可能简化，以便于实现拆卸过程的自动化。因此，应尽可能减少零部件的拆卸运动方向，应尽量避免复杂的拆卸运动，如旋转运动。

⑤ 设计合理的拆卸基准。合理的拆卸基准有助于方便省时地拆卸各种零件，实现拆卸自动化。

⑥ 零件设计时尽量减少镶嵌物。例如，印制电路板，因其由环氧树脂、玻璃纤维、铜箔压制而成，故要对其进行回收处理时，需将金属和非金属材料分离，因而拆卸回收的难度和工作量都很大。

4）增加易处理性。即设计时要考虑工人安全操作或实现自动拆卸，主要内容有：

① 设置合理的工艺结构。例如，对于装有液体的产品，应设计排放口，以便于排除液体，方便拆卸。

② 产品设计应便于安全拆卸。例如，对于有毒零件，应进行隔离，以免对拆卸人员的健康造成伤害。

5）增加易分离性。产品拆卸后，一般都要对拆卸零部件或材料进行分类，以便于再利用。主要方法有：

① 设计便于分类的识别代码体系。例如，按材料特性和重用或再生方式可以对零件进行标记。

• 浇注代码：用浇注的方法将零件的各种特征标记在零件的不重要表面上。

• 条形代码：用浇注或光刻的方法将代表零件各种信息的条形识别码刻在零件上。

• 颜色代码：不同的材料用不同的颜色标记。

② 避免辅助操作。例如，喷漆、电镀等表面处理工艺，是在原有基材上增加涂层，回收时难以分离。因此，在没有特别要求的情况下，尽量避免使用这类工艺。

6）减少零部件的多样性。减少零部件的多样性可以有效地降低自动拆卸的成本，其设计准则如下：

① 在不同的产品中应尽量采用标准件、通用件，便于产品零部件拆卸和回收再利用。

② 使紧固方法标准化，减少拆卸工具的种类。

（2）拆卸工艺设计

拆卸工艺设计是可拆卸设计的重要内容，它通过研究拆卸规则、方法及软件工具等来决定拆卸策略（包括拆卸过程、拆卸程度、拆卸方式等）、配置人工的或自动化的拆卸系统。合理的拆卸工艺是废弃产品零部件实现经济性地拆卸回收的重要保证。目前，宝马、菲亚特、标致、大众等大型汽车公司，都在对本公司的产品进行拆卸工艺分析研究，以便为产品提供最佳的拆卸工艺。拆卸工艺设计主要需考虑下列问题。

1）拆卸类型的确定。在拆卸工艺设计中，必须根据产品的拆卸目标（哪些零部件应拆卸，以何种方式实现资源再生和再利用）确定产品零部件相应的拆卸类型。通常按照拆卸效果，可以将拆卸分为破坏性拆卸、部分破坏性拆卸和非破坏性拆卸。破坏性拆卸，即拆卸活动以使零件分离为宗旨，不管产品结构的破坏程度，主要适用于那些必须拆卸但又无回收价值的零部件；部分破坏性拆卸，则要求只损坏部分廉价零件，重要的部分要安全可靠地分离；非破坏性拆卸，即不能损坏任何零部件。产品或部件的拆卸方式主要是由被拆卸后所得资源的再生或再利用方式决定的，见表 9.2-6。

表 9.2-6　拆卸方式与再生/再利用方式

零部件 直接重用	零部件 修复重用	有害废物	材料回收
非破坏性 部分破坏性	非破坏性 部分破坏性	破坏性	非破坏性 部分破坏性 破坏性

2）拆卸信息。产品拆卸工艺设计所需主要信息如图 9.2-23 所示。总体上分为产品设计信息和产品使用信息两大类。产品设计信息主要包括产品的结构、零部件的连接情况、产品功能及所用材料等，这些信息由产品设计时决定，比较容易获得；产品使用信息主要包括使用条件、使用环境、维修方式和零部件变化等信息。相比之下，产品的使用信息具有较大的随机性，如产品使用过程中由于氧化、磨损、腐蚀等原因造成产品零部件和材料发生变化的准确信息难以获得（多采用预测的办法）。

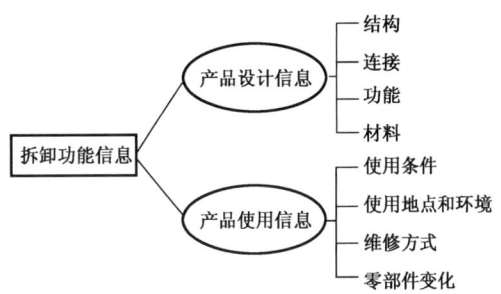

图 9.2-23　产品拆卸工艺设计所需主要信息

拆卸工艺设计所需信息类多量大，必须正确描述。现有的描述方法主要是基于图论的方法，有基于无向图的拆卸模型、基于有向图的拆卸模型、基于与或图（AND/OR 图）的拆卸模型、基于 Petri 网的拆卸模型，这些模型作为拆卸过程规划模型各有优缺点，无法完整、准确地描述产品的整个拆卸过程，如无向图模型存在组合爆炸问题等。

为此，针对拆卸过程的不同阶段，研究人员使用不同类型的图模型，充分利用各种图模型的优势，期望能够建立起尽可能完善的数学模型，并最终获得尽可能优化的产品拆卸回收方案。图 9.2-24 所示为日本北海道大学的研究人员采用回收状态图、产品配置图、产品连接图和过程图，对产品和过程（回收状态的确定、拆卸、粉碎、材料分选、回收状态的检查）进行统一建模。产品配置图是一组有向树，表示装配体和零件或粉碎体和组分之间的父子关系，根顶点代表一个装配体，或一个零件，或一堆粉碎体，叶顶点表示零件或粉碎体的组分；产品连接图是一组网络图，表示零件之间或粉碎体组分之间的连接关系；过程图是一个 Petri 网，表示拆卸、粉碎和分选活动的序列，并显示每一活动的输入/输出；回收状态图是产品配置图的简单扩展，表示零部件的重用、回收或废弃的组合，在规划过程中是不变化的，用来决定一项活动是否能够应用。

3）拆卸深度。通常，对产品进行拆卸，可以回收有价值的零部件和材料，但也得付出一定的拆卸回收费

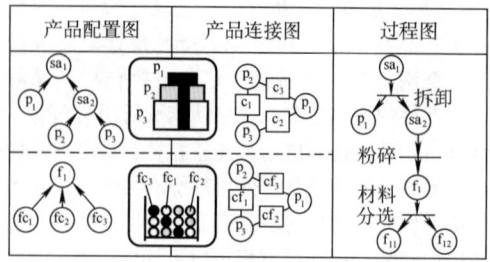

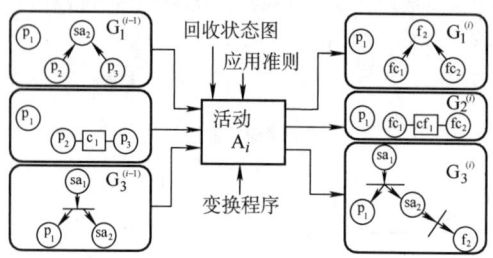

图 9.2-24 产品和过程的多视图建模

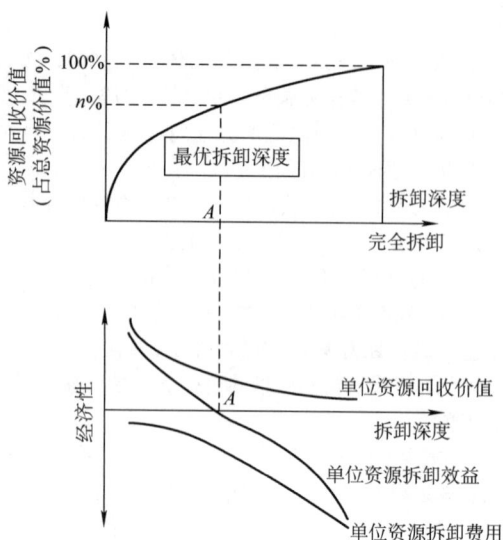

单位资源拆卸效益 = 单位资源回收价值 + 单位资源拆卸费用

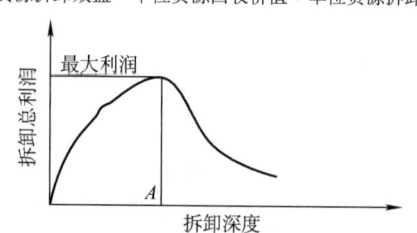

图 9.2-25 可拆卸程度经济性分析

注：n% 表示最优拆卸深度时的资源回收价值（%）。

用。拆卸深度既关系到产品报废后的资源再生率，又关系到拆卸的经济性。拆卸程度越深，资源的再生率越高，回收的资源价值越大，同时拆卸难度也随之增大，相应拆卸成本上升，因此存在一个最优拆卸深度。

拆卸时，通常遵从先拆去最有价值零部件的原则。刚开始拆卸时，所获得的资源回收价值较大，而拆卸也较容易，相应的拆卸费用也较低，即单位资源拆卸效益高。随着拆卸程度的加深，单位资源的回收价值减少，拆卸难度增加，单位资源的拆卸效益下降。当单位资源回收价值等于单位资源拆卸费用，即单位资源拆卸效益为零时，此时达到拆卸技术与经济的协调，所得拆卸总利润最大。如果继续拆卸，则拆卸效益为负，拆卸总利润减少，如图 9.2-25 所示。因此，从经济角度出发，拆卸工艺设计时应尽量寻找图中点 A 所对应的拆卸深度，即最优拆卸深度。

（3）产品可拆卸性评估

可拆卸性设计准则是定性的辅助设计手段。产品设计中还需要对设计方案进行拆卸性评估，找出影响产品拆卸性的关键点，指导产品的改进，改善产品的拆卸性。下面以美国新泽西理工学院提出的拆卸难度指标（disassembly effort index，DEI）为例，介绍机电产品的可拆卸性评估。DEI 指标认为，拆卸的难度和成本是多个因素的函数，其包含的主要因素有时间、工具、夹具、可达性、所需要的指导、危险和拆卸力。DEI 的指标值定义在 0~100 之间，指标之间的权重分配方案为：时间 25%，工具 10%，夹具 15%，可达性 15%，指导 10%，危险 5%，拆卸力 20%。对每一因素，该指标体系给出了具体的评分尺，

如图 9.2-26 所示。

时间 /s	>210	140	90	50	25	<5	分值
	25	20	15	10	5	0	
工具	临时性 特殊	OEM	机修	气动		无须	分值
	10	8	6	4	2	0	
夹具	自动夹具 绞盘	台钳	双手	单手		无须	分值
	15	12	9	6	3	0	
可达性	不可见 二轴间	从下部	6in以上	X/Y轴		Z轴	分值
	15	12	9	6	3	0	
指导	培训 与OEM联系	小组讨论	30s以上	10~20s		无须	分值
	10	8	6	4	2	0	
危险	工作套装 空气供给	防火	面罩与套轴	手套		无危险	分值
	5	4	3	2	1	0	
拆卸力 /lbf	拆卸方式	强冲击	弱冲击	杠杆作用	直角	扭转	轴向的	
	手工	>50	35	24	15	7	2	分值
	机械	>300	220	160	110	75	50	
		20	16	12	8	4	0	

图 9.2-26 DEI 评分卡

注：OEM—定牌生产，俗称代工；

1in = 25.4mm；1lbf = 4.44822N。

除了 DEI 指标体系，对拆卸性评估还常采用的一些单一的评价指标。

1）拆卸时间。拆卸时间是拆下某一零件所需的时间，标准拆卸时间指一个一般熟练的工人（手工拆卸）或一台拆卸机器人的平均拆卸时间。拆卸时间越长，说明该结构的复杂程度越高，拆卸性能也就越差。在评价标准拆卸时间方面，国外常用的是 Maynard 操作序列技术（maynard operation sequence technique, MOST）。MOST 系统对标准动作进行分析、汇总，对待评价动作进行分解，使之变成一系列标准动作，其中标准动作序列由字母加下标表示。例如，一个松开螺栓的工艺可以由下面的标准动作序列组成：

$$A_1B_0G_1A_1B_0P_3L_{6+16}A_1B_0P_1A_1 \rightarrow A_1B_0G_1A_1B_0P_1A$$

第一个序列表示拿起一个螺钉旋具，靠近螺栓，拧松螺栓，然后将螺钉旋具拿开。第二个序列表示抓住并移走松开的螺栓。每个参数标明拆卸工艺中的一个标准动作，如 A_1 表示抓取一个伸手可以触及的物体。字母底下的数字下标表明该标准动作消耗的 TMU 量（标准时间单元，1TMU = 0.036s），数字下标的值乘以 10 代表实际的拆卸时间（单位为 TMU）。当标准动作序列建立之后，就可以将每个工艺动作分解，对其进行评估。每个工艺的实际操作时间是将所有数字下标之和乘以 10，如上面松开螺栓的时间为

$$(1 + 0 + 1 + 1 + 0 + 3 + 6 + 16 +$$
$$1 + 0 + 1 + 1)\mathrm{TMU} \times 10 = 310\mathrm{TMU}$$

MOST 作为一种定量分析方法，能有效地描述产品的拆卸时间。在实际应用中，也可采用简化的方法，将拆卸时间分为两部分，即基本拆卸时间和辅助时间。基本拆卸时间指松开连接件，将待拆零件和相关连接件分离所花费的时间；辅助拆卸时间指为拆卸所做的辅助工作所花费的时间，如工具准备时间、将拆卸工具或人的手臂接近拆卸部位的时间、工具复位时间等。

2）拆卸能耗/力。拆卸能耗/力可以有效地反映拆卸操作的难易程度。产品中采用的连接方式多种多样，如螺纹连接、搭扣连接等机械连接方式，以及粘接、焊接等化学连接方式。下面以螺栓连接为例，说明拆卸能耗的计算方法。

螺栓连接是通过施加一定的拧紧力矩 M，产生相应的预紧力 Q_p 来实现紧固的。根据机械原理知识可知，对于 M10~M68 粗牙普通螺纹的钢制螺栓，拧紧力矩 $M \approx 0.2Q_p d$，其中 d 是螺栓直径。由于松开螺栓所需的力矩是拧紧力矩的 80%，因而松开螺栓的能量 $E = 0.8M\theta$，其中 θ 为螺纹的旋转角。

3）拆卸的几何约束。拆卸的几何约束可以有效地反映产品的拆卸特性，但难以量化。拆卸的几何约束与拆卸方向具有密切的关系，因此可采用拆卸方向范围来近似地描述拆卸的几何约束。拆卸方向范围指将零部件所有可能的拆卸方向映射到高斯球（单位半径的球面）上，在高斯球面上的映射面积即称为该零部件的拆卸方向范围，用 DD 表示，如图 9.2-27 所示。通常，零部件拆卸的方向范围越大，拆卸的可达性越好。拆卸方向范围可能是下列情况中的一种：

① 零件只能沿单一方向拆卸，映射到高斯球上表示为球面上的点（图 9.2-27 a 和 b）。

② 零件可沿着某个平面上的一系列方向拆卸，映射到高斯球上表示为球面上的一条弧线（图 9.2-27c）。

③ 零部件可沿着球面上的某个区域的法向方向拆卸，映射到高斯球上表示为一个局部球表面（图 9.2-27d）。

上述各种类型是以点、弧、表面来表示拆卸方向范围的，不能进行直接的比较。为了实现这一点，可将高斯球的表面离散化，将其划分为一系列面积相同的单元格。假设单元格的长、宽均为 $1/\mu(\mu>1)$，则其面积为 $1/\mu^2$。由此，图 9.2-27 中的拆卸方向范围分别是 1、2、$2\pi\mu$ 和 $2\pi\mu^2$。

4）产品回收性能分析 产品报废后，其零部件及材料能否回收，取决于其原有性能的保持性及材料

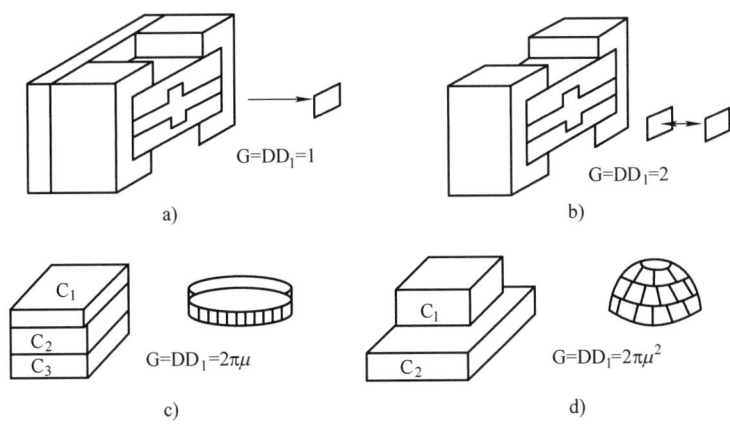

图 9.2-27 零部件可拆卸方向范围的定量描述

本身的性能。也就是说，零部件材料能否回收利用，首先取决于其性能变化情况。例如，根据德国宝马（BMW）公司的研究：由加强聚酰胺玻璃纤维制造的汽车进气管，在汽车报废后，其弹性模量和阻尼特性都几乎不变，因而该材料可100%回收重用，但一般来说，产品零部件材料在使用过程中的性能均会有所退化。假设用强度损失的百分比来衡量零部件材料性能的退化，令 d_1 和 d_2 代表加工前后的性能退化程度，则加工使材料退化了 $D\%$ ［D 为加工过程的退化率，$D=(d_2-d_1)/(1-d_1)$］。当产品首次制成时，所有材料的100%都是未使用过的，即 $d_1=0$，$d_2=D$；当第二次循环时，在加工前的材料中加入 $R\%$ 的回收后再利用的材料，此时，$d_1=DR$，$d_2=D+D(R-RD)$；在第3次循环中，$d_2=D+D(R-RD)+D(R-RD)^2$。显而易见，退化率是随重复利用次数而呈几何级数增长。在稳定状态下，退化率是项数趋于无穷时的该几何级数之和。若干次循环之后，则有

$$d_2 = \frac{D}{1-R(1-D)} \qquad (9.2\text{-}5)$$

能够使用的回收材料利用量 R 受最终产品的容许退化率 T 及加工过程中退化率 D 的限制，即

$$d_2 = \left(1-\frac{D}{T}\right)\left(\frac{1}{1-D}\right) \leqslant T \qquad (9.2\text{-}6)$$

设计标准为

$$R \leqslant \left(1-\frac{D}{T}\right)\left(\frac{1}{1-D}\right) \qquad (9.2\text{-}7)$$

退化后的材料可用于要求较低的场合，也可用化学处理使材料复原。

4. 面向节能降耗的设计

节能降耗设计是绿色设计中的重要问题，面向节能降耗的产品设计贯穿设计、制造、使用维修和回收再利用等全过程，是一个复杂的系统工程，应利用生命周期的思想进行产品能源消耗建模、分析及预测。

（1）绿色模块化设计

模块化设计是在对一定范围内的不同功能或相同功能的不同性能、不同规格的产品进行功能分析的基础上，划分并设计出一系列功能模块，通过模块的选择和组合可以构成不同的产品，以满足市场的多样化的需求。将绿色设计思想与模块化设计方法结合起来，可以同时满足产品的功能属性和环境属性：一方面，可以缩短产品研发与制造周期，增加产品系列，提高产品质量，快速应对市场变化；另一方面，可以减少或消除对环境的不利影响，方便重用、升级、维修，以及产品废弃后的拆卸、回收和处理，实现资源和能源的节约。许多国家均有不少学者对绿色模块化设计的基本原则、方法、流程和接口等进行了深入研究和分析，一个典型的绿色模块化设计流程如图9.2-28所示。

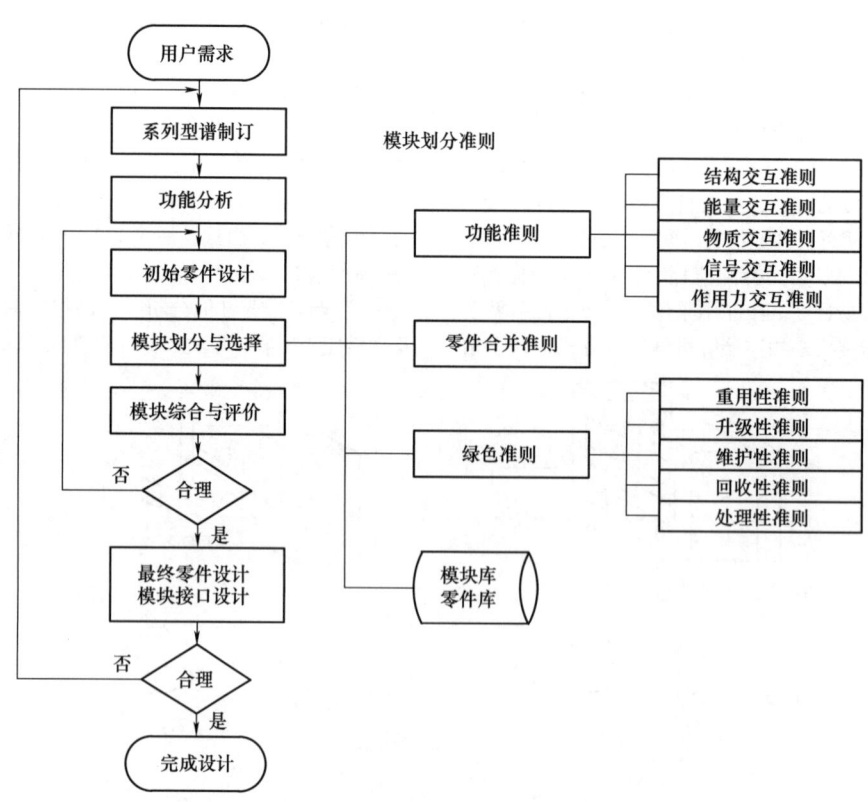

图 9.2-28　绿色模块化设计流程

目前，绿色模块化设计方法研究大多集中于准则和流程的研究，对于不同模块组合后对能耗等性能的匹配性分析方法研究相对较少。

（2）基于能量流的节能降耗设计

随着制造业的飞速发展，典型机电产品在生产和使用阶段的能源、资源消耗量日益增加，在产品设计阶段考虑节能降耗的理念虽然已经得到企业的认可，但已有的一些节能降耗设计方法和单元技术在产品详细设计阶段遇到节能降耗设计目标与产品的性能发生冲突时很难给出有效的指导，使得节能降耗设计技术得不到充分应用。能量是节能降耗设计的关键因素，同时也是机电产品性能实现的重要保证，产品性能实现过程中合理的能量流动和分配可以在充分保证产品

性能实现的基础上尽可能地减少能源资源的浪费，实现节能降耗设计目标与性能保证之间的有效平衡。近年来，针对典型机电产品开展基于能量流分析的节能降耗设计方法得到了越来越多的研究和应用。一个典型的基于能量流分析的绿色设计系统架构和功能结构如图 9.2-29 和图 9.2-30 所示。

基于能量流分析的节能降耗设计方法包括性能表达和性能约束域分解两个方面，通过能量流元（EFE）作为能量流分析的基本对象，并对其建模过程中涉及的 3 个关键环节，即能量流元划分、接口描述及能量变化状态确定进行分析。利用能量流元间的接口关系及能量变化状态可定性分析机电产品各零部件的承载能力及对性能的影响方式，为解决性能实

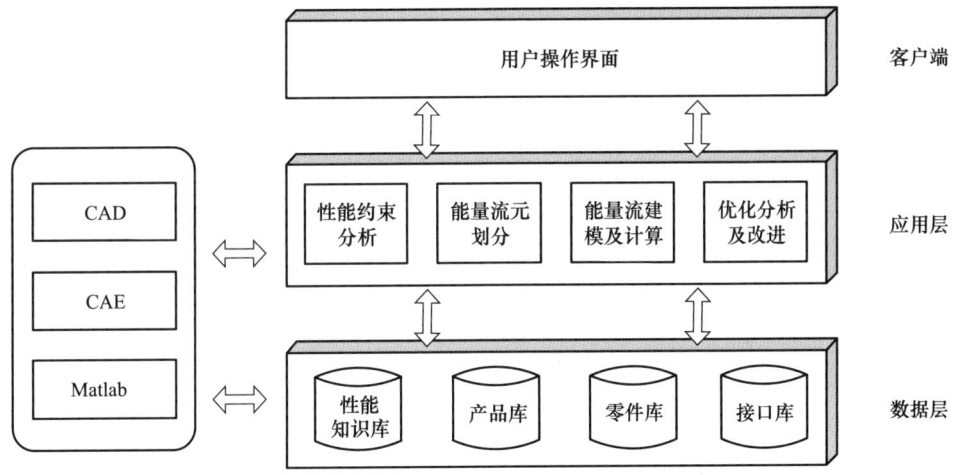

图 9.2-29 基于能量流分析的绿色设计系统架构

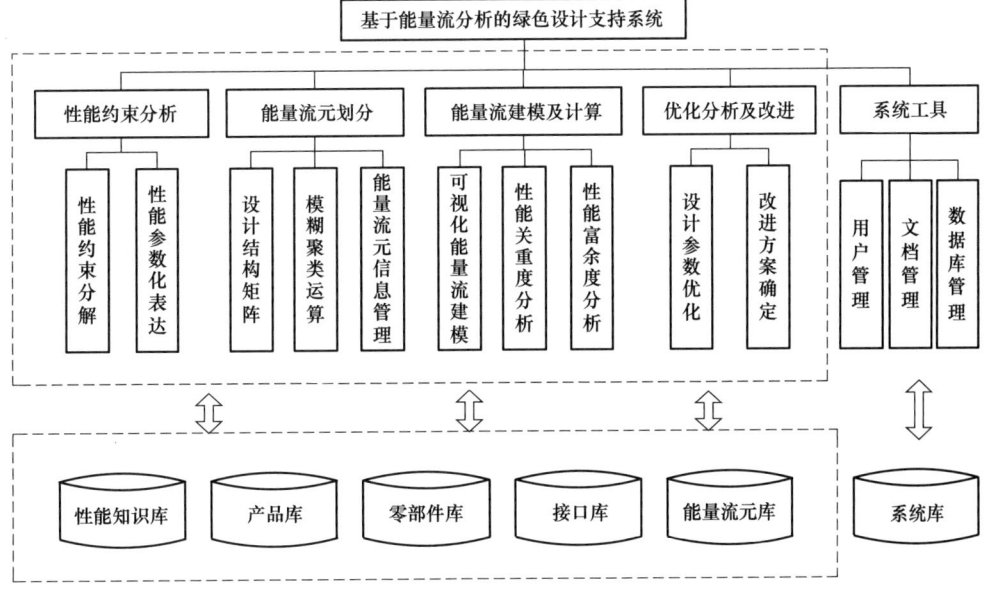

图 9.2-30 基于能量流分析的绿色设计系统功能结构树

现与节能降耗设计冲突奠定了理论基础，为实现典型机电产品节能降耗设计与性能保证之间的冲突解决提供方法保证。关于该方法的理论和应用案例，可参考相关文献。

9.3 清洁生产

9.3.1 节省材料技术

1. 节省材料技术基础

节省材料不仅可以减少资源的消耗，还可以减少废弃物排放，减小环境负荷。常用的节省材料设计准则有提高构件承载能力、合理设计机械运动方案和机械装置的轻量化设计。

（1）提高构件承载能力

1）提高构件的静强度。其准则主要有：

① 合理设计构件的截面形状。

• 对于受弯构件，应选择截面抗弯模量 W 与截面积 A 比值的大截面形状。比值 W/A 越大，截面形状越经济合理。表 9.3-1 列出了常用截面 W/A 的比值。

• 对于轴类零件，应采用空心环形截面。在相

表 9.3-1 常用截面 W/A 的比值

截面形状	矩形	圆形	环形 （内径 $d=0.8h$）	槽钢	工字钢
W/A	$0.167h$	$0.125h$	$0.205h$	$(0.27\sim0.31)h$	$(0.27\sim0.31)h$

同的变形下，相同性能和质量的空心轴比实心轴能承受更大的外力。

② 采用等强度梁，即改变截面尺寸，使截面大小和弯矩变化规律吻合，实现节省材料和减轻自重。

③ 改善构件的受力状况。改善构件受力状况，是从结构上提高构件承载能力，减小截面尺寸，降低材料消耗的一种有效措施。如图 9.3-1 所示，图 9.3-1a 所示的简支梁两端的支座均向内移动 $0.2l$ 到图 9.3-1b 所示的位置，则最大弯矩值降至原来的 $1/5$，梁的截面尺寸就可相应地减小。

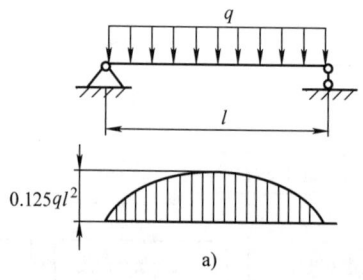 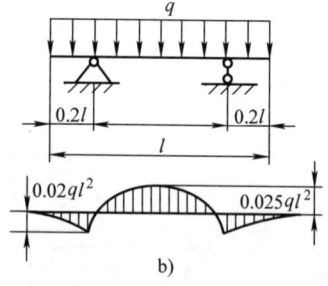

图 9.3-1 合理布置支承改善构件受力

④ 以拉、压结构替代受弯结构。以拉、压结构替代受弯构件，可以提高结构的承载能力。因为构件在承受弯矩作用时，其中性面附近的材料所受正应力小，不能得到充分利用，而拉、压构件截面上应力均匀分布，材料能充分发挥作用。桁架结构或桁架和梁的组合结构是实现以拉、压结构替代受弯结构的典型例子，图 9.3-2 所示为铁路道口的安全栏杆，细长钢管与钢丝绳组成桁架结构，有效地减少了钢管的弯曲变形。

⑤ 对构件进行弹性强化或塑性强化。弹性强化是在构件承受工作载荷前产生与载荷引起的应力反向的预应力，从而使构件受载时预应力抵消了工作载荷引起的部分应力；塑性强化是使构件由载荷引起的高

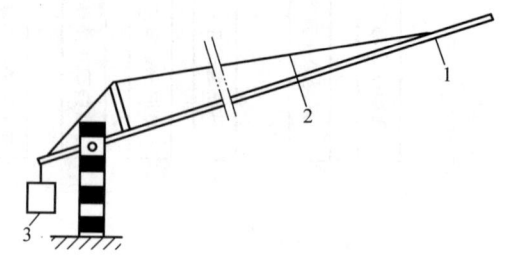

图 9.3-2 钢管与钢丝绳组成桁架结构
1—细长钢管 2—钢丝绳 3—平衡重

应力区域内的部分材料预先经塑性变形产生与工作应力方向相反的残余应力，以此来抵消部分工作应力。

2）提高构件的疲劳强度。机械零件多在交变应力下工作，机械零件失效分析表明，80%的失效属于疲劳破坏。因此，提高抗疲劳破坏的能力，可以避免材料的浪费。提高构件疲劳强度的方法有：

① 降低应力集中系数。构件形状局部急剧变化，如有槽、孔、过渡部分变化大，都会造成应力集中。如图 9.3-3 所示，对于受拉力作用的有孔平板，图 9.3-3b 和 c 所示的截面和刚度变化程度不如图 9.3-3a 的急剧，因此可降低应力集中系数。

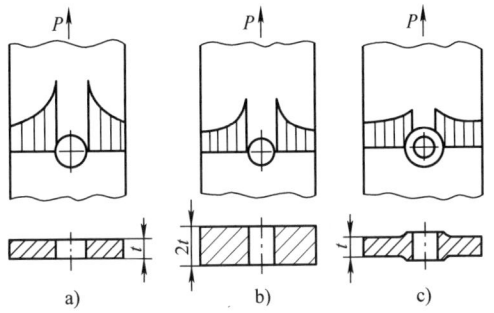

图 9.3-3　缓和截面和刚度变化降低应力集中系数

通过降低应力集中系数，有效提高疲劳强度的主要方法有：
- 变截面处尺寸变化应缓慢过渡。
- 减小构件尺寸突变。
- 减小相邻零件连接配合处的刚度差。

② 提高表面质量。表面质量对零部件疲劳破坏影响很大。当表面加工粗糙留有刀痕时，构件受力后则会形成应力集中。图 9.3-4 所示为 Niemann 实验得到的钢材疲劳强度折减因子 b（表面质量系数）、材料的抗拉强度 R_m 及表面粗糙度 Ra 之间的关系曲线。曲线以高度抛光的钢表面（$Ra = 1\mu m$）为标准，即 $b = 1$，依次画出了 $Ra = 2\mu m$，$4\mu m$，$6\mu m$，……，直至毛坯面时的 $b\text{-}R_m$ 曲线。

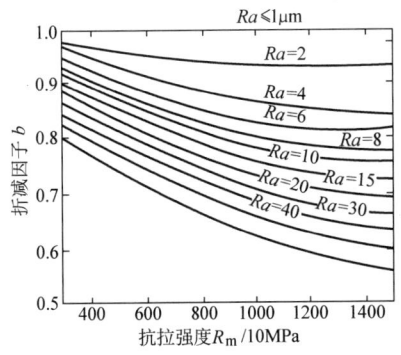

图 9.3-4　钢材的 $b\text{-}R_m$ 曲线

③ 进行表面处理。通过采用滚压、喷丸、渗碳

和氮化等表面处理方法，可使构件表面形成硬化层，并在表层形成压应力。当工作载荷在表层产生拉应力时，表面处理形成的预压应力可以抵消部分拉应力，从而提高构件的疲劳强度。通常，表面强化工艺可以提高构件疲劳强度，但某些金属镀层也会使构件的疲劳强度降低，为此引入了表面强化系数：

$$\beta = \frac{(\sigma_{-1})_i}{\sigma_{-1}} \qquad (9.3\text{-}1)$$

式中　$(\sigma_{-1})_i$——经强化工艺的试件疲劳强度；

　　　σ_{-1}——未经强化工艺的试件疲劳强度。

在一般情况下，几种强化工艺的钢材表面强化系数见表 9.3-2。

表 9.3-2　几种强化工艺的钢材表面强化系数 β

表面处理方法	心部强度 R_m /10MPa	钢材表面强化系数 β		
		无应力集中	有应力集中	
			$K_\sigma \leqslant 1.5$ 时	$K_\sigma \geqslant 2.0$ 时
高频淬火	60~80	1.3~1.5	1.4~1.5	1.8~2.2
	80~100	1.2~1.4	1.5~2.0	—
氮化	90~120	1.1~1.3	1.5~1.7	1.7~2.1
渗碳	40~60	1.8~2.0	3	
	70~80	1.4~1.5	—	
	100~120	1.2~1.3	2	
滚压	60~150	1.1~1.4	1.4~1.6	1.6~1.2
喷丸	60~150	1.1~1.4	1.4~1.6	1.6~1.2
镀铬	—	0.5~0.7		
镀镍	—	0.5~0.9		
镀铜	—	0.9		
镀锌（热浸法）	—	0.6~0.95（电镀法取 $\beta=1.0$）		

注：K_σ——有效应力集中系数。

3）提高构件的抗冲击能力。对于承受冲击载荷作用的构件，主要是降低动荷系数，从而降低构件的最大动应力值，以提高构件的抗冲击能力。

提高构件抗冲击能力的途径：

① 减小构件刚度、增大静变形 Δj。

- 对于承受冲击拉伸（压缩）或冲击扭转的杆件，可增加长度，减小刚度，以降低最大动应力。因为增加长度，静变形增大，动荷系数降低，但静应力并不增大。图 9.3-5 所示为承受冲击载荷的螺钉，图 9.3-5a、b 和 c 所示的最大静应力（螺纹部分）相同，图 9.3-5b、图 9.3-5c 全长同螺纹部分近似为等截面，刚度比图 9.3-5a 小，有助于降低动荷系数和最大动应力。

- 对于承受冲击弯曲的构件，适当增加其长度，也可以取得降低最大动应力的效果。

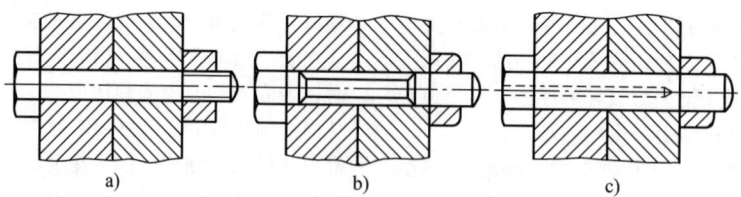

图 9.3-5　承受冲击载荷的螺钉

a）不合理　b）、c）合理

② 设计缓冲结构。对承受冲击载荷的构件和机器零部件，采用弹簧或橡胶、软塑料等作为缓冲件能明显地增大静变形，降低最大动应力。缓冲弹簧降低冲击应力的作用如图 9.3-6 所示。图中，Δj_1 为弹簧静变形，Δj_2 为梁的变形。图 9.3-6a 和 b 所示为承受冲击拉（压）的杆件，图 9.3-6c 所示为承受冲击弯曲的构件，加置弹簧后，动荷系数 K_d 中的 Δj 是杆件变形和弹簧的压缩变形量两者之和，所以 Δj 明显增大，使动荷系数降低，但杆件的静应力并未增大，这样就能有效地降低最大动应力。

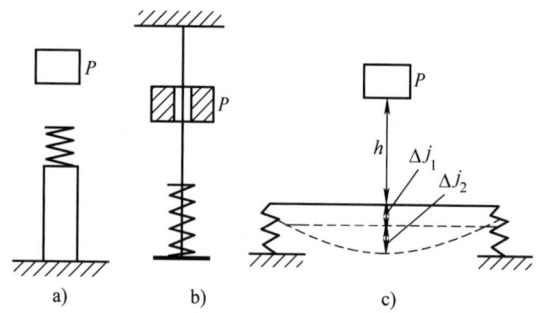

图 9-3-6　缓冲弹簧降低冲击应力的作用

③ 合理选择材料。对承受冲击载荷的构件，还应注意合理选材。对于冲击现象明显、动荷系数大，或者在低温环境下工作的构件，选材应同时注意材料的强度和抗冲击性能（冲击韧度）。对于有应力集中、缺口效应的构件，应参照带缺口标准冲击试件所得的试验数据，选择适当的材料，以保证构件具有足够的抗冲击能力。

4）提高构件的刚度。提高构件刚度的主要途径是合理配置系统的几何参数。

① 合理设计零部件的形状结构。在机械产品中，常采用的结构有设计加强筋、选择合理的箱形结构等。对于铸件，除镁合金，几乎所有铸件的抗压强度都明显高于抗拉强度。因此，当在铸件上加筋布肋时，应尽量使筋板处于受压部位，这样筋板在增强构件刚度的同时，又有较好的强度。

② 施加预变形。根据需要，可采取预变形以抵偿有害变形的措施。例如，为减小桥式起重机大梁的挠度，可对大梁制造适量的上拱度，以抵偿自重及载荷引起的向下挠度。对立式车床、龙门铣、龙门刨等框架结构的机床，为避免刀架或主轴箱移到横梁中部时，因横梁的弹性变形引起刀架或主轴箱下沉，可对横梁施加适量的上拱度。图 9.3-7 所示为横梁的预变形。1 是支撑在横梁 2 下部的补偿梁，补偿梁上面装有一排螺旋千斤顶 3，顶住横梁的顶面。调节千斤顶，使横梁顶面的导轨有适量上拱，此上拱度可抵消刀架或主轴箱重量引起的横梁弹性变形。类似方法也可以应用于镗床、铣床等其他结构上。

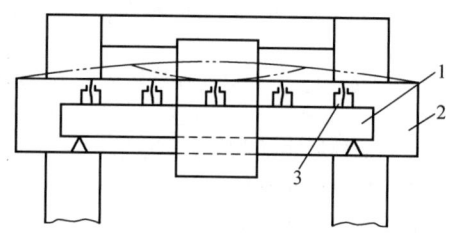

图 9.3-7　横梁的预变形

③ 提高接触刚度。零件接触表面间接触刚度的大小会影响结构整体刚度。接触刚度与宏观接触面的均匀分布及实际接触面（一块块小面积）的多少有关。为提高接触刚度，对有相对运动的接触面（如机床的导轨与滑台），其表面粗糙度应有适当要求，即对固定接触面，需施加适当的预紧载荷。为此，应合理确定固紧螺钉的数量及分布，并规定装配时螺钉应具有的预紧力等。

5）提高构件的稳定性。

① 合理的截面形状。压杆失稳的临界压力 P_{ij} 与截面惯性矩 I 成正比，因此杆件横截面应该在一定的截面积（材料消耗）下具有尽可能大的惯性矩。当杆件的支承约束状况在各方向相同，而截面形状在两个方向具有不等的惯性矩时，压杆的临界力由截面的最小惯性矩确定。所以，应使截面的最小惯性矩尽可能大，即应使最小惯性半径 i_{min} 尽可能大。引进无量纲量

$$\xi = \frac{i_{min}}{\sqrt{A}} \qquad (9.3-2)$$

式中　A——截面积；

ξ——单位惯性半径，几种截面形状的 ξ 见表 9.3-3。

表 9.3-3　几种截面形状的 ξ

截面形状		ξ
管状截面	$a = d_{内}/d_{外} = 0.95 \sim 0.80$	$2.25 \sim 1.64$
	$a = 0.70 \sim 0.80$	$1.2 \sim 1.0$
角钢		$0.5 \sim 0.3$
工字钢		$0.41 \sim 0.27$
槽钢		$0.41 \sim 0.29$
正方形截面		0.289
圆形截面		0.283
矩形截面（$h = 2b$）		0.204

② 改善杆端支承状况，减小支座系数。杆端不同的支承约束状况对临界力大小有明显影响。设计时，应尽量选择支座系数小的支承形式。

③ 等稳定性结构。如图 9.3-8a 所示的球铰支承，对杆件在垂直于杆轴各个方向上的约束状况均相同；图 9.3-8b 所示的圆柱铰（销）对杆端的约束，在图示的 x-y 面内属铰链支承，在 y-z 面内限制杆端转动，相当于固定支承，压杆在 x-y 面内和 y-z 面内的支座系数 ν 值并不相同。因此，对圆柱铰支承压杆的截面形状设计，应根据在两个互相垂直方向支座系数的不同，相应地调整截面的惯性矩。

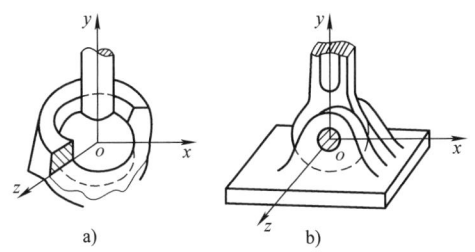

图 9.3-8　两种铰链形式
a) 球铰　b) 圆柱铰

④ 增加中间支承。应尽量减小压杆长度或增加中间约束。如图 9.3-9 所示，增加中间支座压杆后，

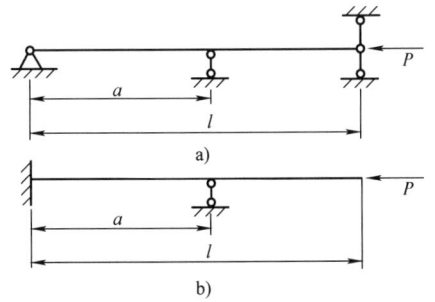

图 9.3-9　增加中间支座的压杆
a) $a = 0.5l$，$v = 0.5$
b) $a = 0.5l$，$v = 1.26$；$a = 0.9l$，$v = 0.757$

降低了支座系数 v，从而提高抵抗失稳的能力。

⑤ 改善结构，降低压杆受力。在设计中，应尽量减少细长压杆所受的轴向压力，以防止丧失稳定性（屈曲）。如图 9.3-10 所示的液压传动机床液压缸活塞杆，在工作台进刀时其承受拉力，退刀时承受压力，因为后者的作用力较前者为小。

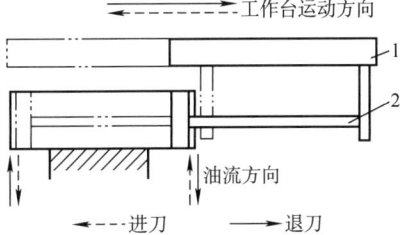

图 9.3-10　液压缸活塞杆受力的改善
1—工作台　2—活塞杆

（2）机械运动方案设计

1）按节材原则设计传动系统。

① 推广应用标准化、系列化和通用化的零部件。标准化、系列化、通用化是节省材料的重要措施之一。现在已经有越来越多的传动装置和零部件实现了标准化、系列化、通用化，如减速箱、变速器、制动器、液压气压元件、润滑密封装置等。

② 采用新型传动形式。新型传动形式有同步带、窄形 V 带、摆线针轮行星传动、谐波齿轮传动、活齿传动等。它们或结构紧凑，或传动比大，或外廓尺寸小，或重量轻等。合理选用就能收到明显的节材效果。

③ 合理改进结构。改善结构布置可以有效地减小外廓尺寸和重量。如图 9.3-11 所示，将齿形联轴器装在减速器低速级大齿轮内，不但降低了安装精度的要求，还能缩短轴向尺寸。因为这时的 l 距离较大，对同样的偏斜角，组件之间的横向移动允许偏差就可稍大。

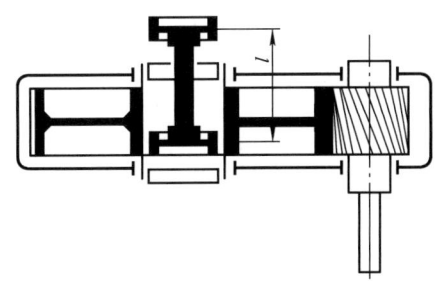

图 9.3-11　联轴器在大齿轮内的结构

2）按节材原则设计执行机构。在机电产品的设计过程中，通常原动机和传动装置大多是根据工作条件选配的，而执行机构则是需要设计者自行设计的。

因此，执行机构运动方案的设计将直接影响整机的工作性质、性能和使用效果，同时对机器的结构、外廓尺寸、重量也具有决定性的作用。图 9.3-12 所示为两种钢板叠放机构，它们都可以实现将辊道上的钢板滑送到叠放槽中的工作要求。图 9.3-12a 是用一个六杆机构来实现运动要求的，而图 9.3-12b 用的是气动高副机构。显然，若有压缩空气气源，后者的机构结构要简单得多。

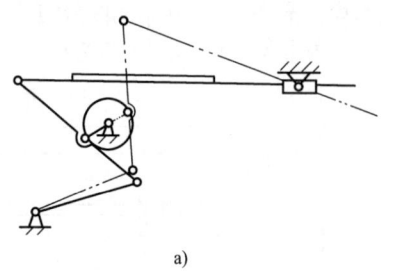 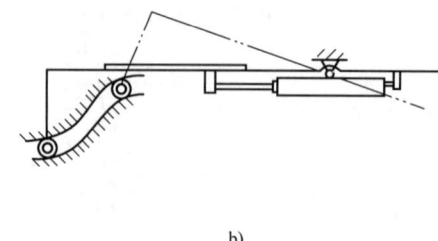

a)   b)

图 9.3-12　钢板叠放机构
a）六杆机构　b）气动高副机构

(3) 机械装置轻量化设计

在满足产品功能、性能的前提下，机械装置的轻量化不仅可以节省材料，还可以带来如下优点：

● 能减轻其他部件或构件所承受的载荷。

● 由于机器重量的减轻，能使有效载荷增加（如车辆、挖掘机等）。

● 节省能源，减小运行费用。

● 易于操作和搬运（如建筑机械、家用电器、体育设备等）。

机械装置轻量化设计的准则：

1) 改善机械装置中零件的受力状况。

① 合理地布置零件位置。例如，当同一轴上有两个斜齿轮时，设计时应充分考虑其旋向。如果都选择左旋齿，则传递扭矩时两齿轮啮合力的轴向分力方向相反，中间轴上轴向力的合力为轴向力之差，从而可以减小轴承受的轴向力。

② 合理设计零件的卸载及均载结构。

③ 减小零件的附加载荷。

2) 限制机械系统的受力。

① 设置安全联轴器。在传动系统中设置安全联轴器，可防止传动系统过载而造成某些重要零部件的损坏，起到保护电动机及传动零件的作用。设计时，可按安全联轴器所能传递的极限转矩来校核传动系统零件强度，从而避免由于考虑过载而使所设计的零件尺寸过分增大。

② 设置缓冲器。在可能碰撞的位置设置缓冲器，用来吸收碰撞时机体的动能。常用的缓冲器类型如下：

● 橡胶缓冲器。利用缓冲器的橡胶头变形吸收动能。因橡胶缓冲器弹性变形量小，吸收动能有限。

● 弹簧缓冲器。利用缓冲器中螺旋弹簧的变形来吸收动能。弹簧缓冲器的缓冲容量较大，能吸收较

大能量。因它有反弹现象，速度过大时不宜采用。

● 液压缓冲器。液压缓冲器工作原理如图 9.3-13 所示。当碰撞力作用时，工作腔中的油通过缸套上众多的小孔流入储油腔，由小孔的阻尼作用吸收动能。缓冲器利用弹簧复位，复位后，油由储油腔流回工作腔。液压缓冲器在工作过程中缓冲作用力不变，缓冲容量较大，无反弹现象，宜用于冲撞动能较大的场合。

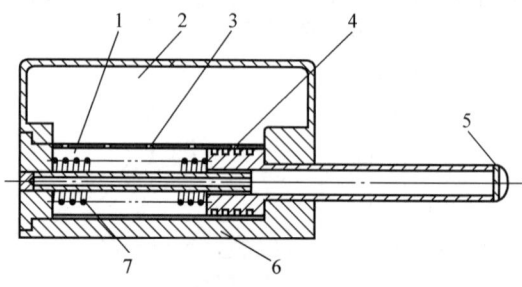

图 9.3-13　液压缓冲器工作原理
1—工作腔　2—储油腔　3—小孔　4—回油孔
5—缓冲头　6—缸套　7—弹簧

3) 提高传统装置承载能力。传动系统的结构尺寸对机械装置的机架、箱体，甚至对机器的总体尺寸均有重大影响。

① 选择和开发新型传动装置。采用诸如圆弧齿蜗杆传动、平面二次包络弧面蜗杆传动、锥蜗杆传动等传动能力强的传动系统。

② 采用强化工艺，提高传动零件的承载能力。以齿轮为例，采用渗碳、渗氮和表面淬火，可以增强齿轮表面的接触疲劳强度和轮齿的抗弯强度，同样材料的硬齿面许用接触应力比软齿面也高一倍左右。

4) 合理设计机械装置的结构。

① 提高零部件疲劳强度的结构设计。机器中大量零件承载后产生的工作应力呈交变应力状态。在交

变应力作用下的机器零件，其失效形式主要是疲劳破坏。针对各种零件的疲劳破坏形式，可采取一些相应的结构措施：

● 提高轴疲劳强度的结构措施，如对于花键轴，可以增大其直径或增加退刀槽。

● 提高承受动载荷螺栓疲劳强度的结构措施，如减小螺栓刚度，增大被连接件的刚度。

● 提高接触疲劳强度的结构措施，如增大接触点的综合半径、减小接触点的载荷，以及改善接触处的润滑状况。

② 减轻机架重量的结构设计。机架，如机器的底座、机身、箱体等的重量常占机器总重量的 70% ~ 90%。正确地确定机架的结构形状和尺寸，是减轻机器重量，节省金属材料的重要途径。表 9.3-4 列出了机架截面形状应用实例。

表 9.3-4　机架截面形状应用实例

截面形状	应用实例	截面形状	应用实例
	开式曲柄压力机机身		闭式曲柄压力机立柱
	桥式起重机桥架		单柱式机床立柱
	磨床床身		摇臂钻床立柱

2. 节省材料的实例

(1) 采用优化下料技术，提高材料利用率

1）排样优化。在冲压生产中，排样方法与材料利用率有着密切的关系。图 9.3-14 所示为相同形状的零件在落料时的各种排样方法比较。若以一个零件所占板材面积 S_1 来进行比较，则第 1 种排样方法的 S_1 为 $182.7mm^2$，第 2 种为 $117mm^2$，第 3 种为 $112.63mm^2$，而第 4 种为 $97.5mm^2$，仅为第 1 种排样方法的一半左右。

在一般情况下，排样可由图 9.3-15 所示的两个参数 ϕ 和 h 决定。参数 ϕ 和 h 的变化域为

$$G\{0 \leq \phi \leq \pi, -\beta(\phi) \leq h \leq \beta(\phi)\}$$

排样的优化即为寻找 ϕ 和 h 的最佳值，使目标函数（材料利用率 η）在 G 域内达到最大值。

对于卷材：

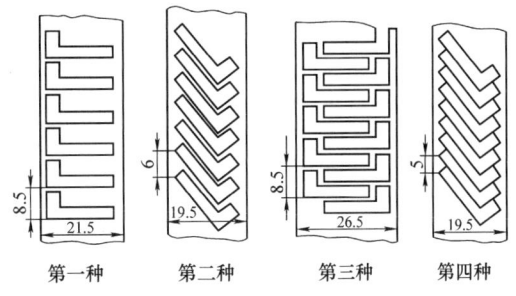

图 9.3-14　各种排样方法的比较

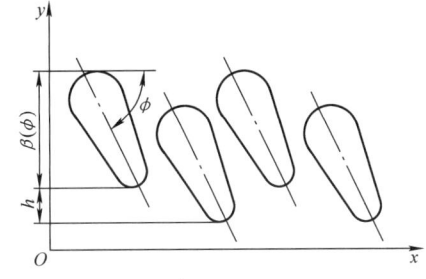

图 9.3-15　决定排样的参数

$$\eta(\phi, h) = \frac{S}{B(\phi, h)H(\phi, h)} \quad (9.3\text{-}3)$$

对于板材：

$$\eta(\phi, h) = \frac{N(\phi, h)S_1}{AB_1} \quad (9.3\text{-}4)$$

式中　S——在一个步距上所排列的零件面积；

　　　B——卷料的宽度；

　　　H——进给步距；

　　　S_1——一个零件的面积；

　　　N——由板料冲得的零件数目；

　　　A——板料的长度；

　　　B——板料的宽度。

优化下料的基本思想在于找出在板料上排放零件的最优方案。各种排样方案是通过在平面内转动和移动图形获得的，这些几何图形变换可以用计算机自动完成。

2）组合下料（套裁）。下料排样时，应特别注意边角料的结构形状和尺寸尽可能与中、小零件的毛坯相符合，以便能直接利用边角料生产尺寸相对较小的零件。例如，在图 9.3-16 中，零件 A 与零件 B 可从同一种板材上下料，但经过精优化设计，B 系列零件可由 A 系列零件的边角料制成，这样就大大地提高了材料的利用率。组合下料在板类零件生产中经常被采用。

(2) 下料方法

下料指将棒料、管材或板材分离成所需尺寸和形状的毛坯，以便进行零件后续加工的工序。下料的方法主要有 3 类：一类是切削加工，如锯切、车切、铣切、片砂轮切割等；另一类为剪切加工，包括在各种

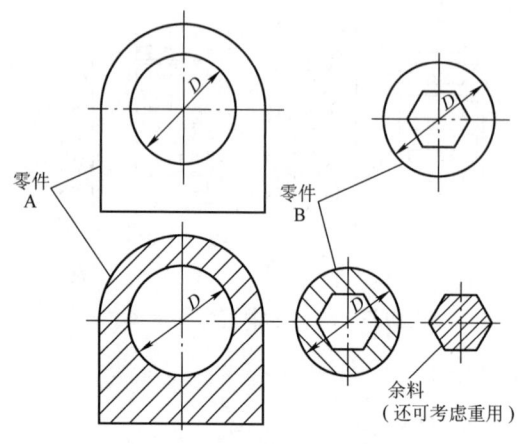

图 9.3-16　组合下料

专用剪切机上或通用压力机上配以专用模具进行的剪切加工，如高速剪切、差动夹紧剪切、轴向加压剪切、渐进剪切等；第 3 类是热切割，如氧焰切割、等离子弧切割和激光切割等。下面对剪切加工做一简单介绍。剪切加工既具有高生产率和低材料损耗的优点，又能较好地控制剪切区的几何畸变和裂纹的扩展，从而显著地提高了毛坯的精度。图 9.3-17 所示

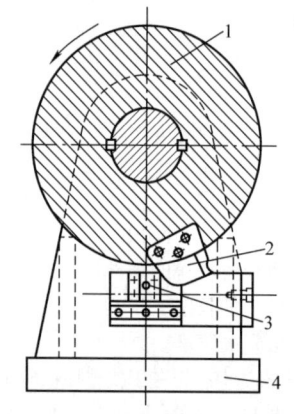

图 9.3-17　双飞轮式高速剪切机
1—飞轮　2—滚轮　3—动剪刀　4—锤杆

为双飞轮高速剪切。该剪切机的左右飞轮 1 的轮缘上各装有一个偏心滚轮 2，在飞轮旋转的过程中，滚轮撞击锤杆 4，推动两个水平配置的动剪刀 3 对向移动，以剪切棒料。该机可剪切直径为 10mm 的合金钢棒及直径为 32mm 的低碳钢棒，剪切毛坯长度为 25~500mm，平均长度极限偏差为 ±0.2mm，生产率根据棒料直径和毛坯长度的不同为 30~220 件/min。

9.3.2　节省能源技术

1. 节能技术基础

我国是能源消费大国，节能潜力巨大。过去 40 年，我国单位 GDP 能耗年均降幅超过 4%，累计降幅近 84%，节能降耗成效显著，能源利用效率提升较快。根据《新时代的中国能源发展》白皮书，2012 年以来，单位国内生产总值能耗累计降低 24.4%，相当于减少能源消费 12.7 亿吨标准煤。2012 年至 2019 年，以能源消费年均 2.8% 的增长支撑了国民经济年均 7% 的增长，但从 2020 年总体能源效率来看，我国单位 GDP 能耗仍然是世界平均水平的 1.5 倍、发达国家的 3 倍，能效提升仍存在较大空间。"十四五"规划纲将"单位 GDP 能源消耗降低 13.5%"作为经济社会发展主要约束性指标之一。当前，我国工业上先进节能技术的普及率平均不到 30%，未来随着技术节能、结构节能、管理节能的持续推进，2030 年我国单位 GDP 能耗有望较 2020 年下降 30% 左右。

(1) 能源资源

能源指能够直接或经过转换后提供能量的自然资源。像煤炭、石油、天然气、太阳能、风能、水力、地热、核能等这类没有经过加工或转换的能源称为一次能源。在生产生活中，由于工作需要或便于输送等原因，将上述一次能源经过一定的加工使其成为符合使用条件的能量来源，如煤气、电力、沼气和氢能等被称作二次能源。能源的分类见表 9.3-5。

表 9.3-5　能源的分类

类型			一次能源		二次能源
			再生能源	非再生能源	
常规能源	燃料能源	矿物质燃料		原煤（化学能）、原油（化学能）、天然气（化学能、机械能）、油页岩（化学能）、油砂（化学能）	焦炭（化学能）、型煤（化学能）、煤气（化学能）、柴油（化学能）、重油（化学能）、丙烷（化学能）、液化石油气（化学能）
		生物质燃料	植物秸秆（化学能）		木炭（化学能）
	非燃料能源		水能（机械能）		电力（电能）、热水（热能）、蒸汽（热能、机械能）、余能（热能、机械能、化学能）

（续）

类型			一次能源		二次能源
			再生能源	非再生能源	
新能源	燃料能源	生物质燃料			沼气（化学能）
		矿物质燃料			氢能（化学能）
		核燃料		铀、钍、钚、氘、氚	
	非燃料能源		太阳能（热能）、海水热能（热能）、地热能（机械能、热能）、风能（机械能）、海流动能（机械能）、海浪动能（机械能）、潮汐能（机械能）		
尚未利用能源	燃料能源				
	非燃料能源		雷电能、火山能、地震能		

（2）能的转换和储存

1）能源的转化和利用。能源在一定条件下能够转换成人们所需要的各种形式的能量。例如，煤炭燃烧释放大量的热量，热量可以直接用于取暖，也可用来生产蒸汽，推动蒸汽机转变为机械能，或者推动汽轮发电机转变成电能；电能又可通过电动机、电灯或电灶等转换为机械能、光或热。又如，太阳能照射到集热器上形成热能，照射到光电池上转换为电能。流水推动水轮机可以产生机械能，也可以通过水轮发电机转换为电能。石油制品，如汽油、柴油，在内燃机中燃烧转换为机械能，驱动汽车和拖拉机等交通工具。图 9.3-18 所示为目前各种主要能源及其转化和应用。

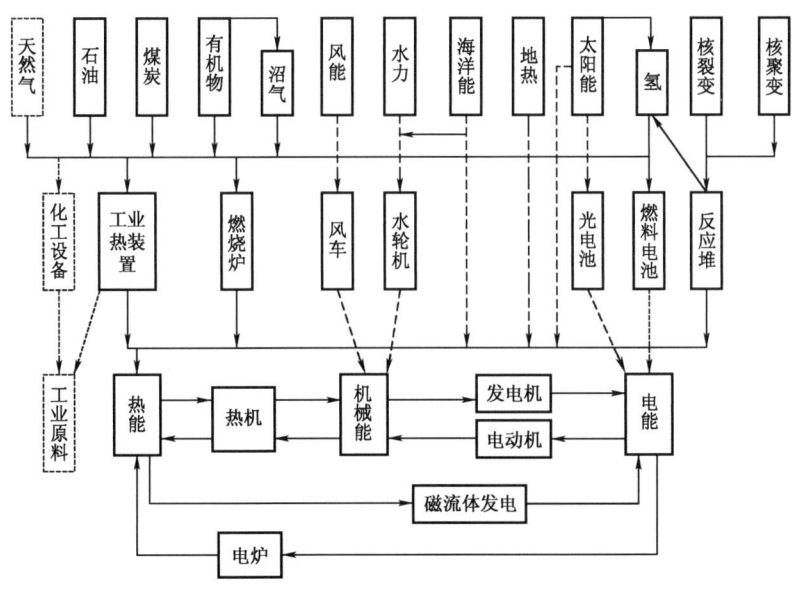

图 9.3-18 主要能源及其转化和应用

目前，实际用量最大的能量形式是热能、机械能和电能。它们可以通过一定的设备，如热机等相互转化。由于大多数一次能源都要先经过热的形式，或直接使用，或通过热机转化为机械能和电能使用，因而在能量转换系统中，各种炉子和热机是能量转换的核心。炉子主要有锅炉、工业窑炉；热机主要有蒸汽机、汽轮机和内燃机。

2）能的储存方法。目前，能够采用的储能技术主要有如下几种方式。

① 蓄电池：如铅蓄电池和碱性蓄电池等，在技术上已经成熟，是可靠、实用的储存方式，但存在价格高，充电时间比放电时间长，瞬间电能力低等缺点。

② 扬水储存水力：该方式在许多电力网都有实行，只要有大型扬水池和可逆透平发电机组就行。但由于每吨水能储存的能量小，并且需要大量水和高位落差，不适于工厂和家庭储能。

③ 用蒸汽蓄能器储存蒸汽：该方式多用作工厂用蒸汽、火力发电厂等的动力。

④ 以比热和溶解热储存热量：对低温热能采用水和岩石的比热方式，该方式尤其适合于冷、暖气。

⑤ 用可逆化学反应储存热量：如氧化钙和水反应生成氢氧化钙放热，其逆反应就是吸热。

⑥ 用氢能源系统来储能：各种能源制成氢分子后可以气瓶储存，也可以金属氢化物、碳氢化合物等的形式储存，但这些工艺效率较低，而价格过高。

⑦ 用飞轮储存动力：用旋转飞轮储存过剩的动力、电力、风力等动能，待需要时释放再用。

⑧ 浓度差能源的储存：以水溶液等的浓度差来储存热能及动能，但该方法在溶液的选择上尚需研究。

⑨ 其他：如往地下洞或钢瓶里充填压缩空气；使用弹簧、橡胶等弹性物体来储能等。

表9.3-6列出了储能形态与相应储能技术，表9.3-7列出了几种典型储能技术的比较。

表9.3-6 储能形态与相应储能技术

能的形式	储能形态	储能技术
力学能	动能（旋转体等）	飞轮
	势能	抽水蓄能电站
	弹簧能	弹簧
	压力能	空气压缩
热能	显热	显热蓄能
	潜热（蒸发、熔解、升华）	潜热蓄能
化学能	电场能	超导线圈
	电化学能	蓄电池
	化学能	合成燃料化学蓄能
	物理化学能（溶解）	浓度差发动机

表9.3-7 几种典型储能技术的比较

储能技术	飞轮储能	电池	抽水蓄能	压缩空气/气体	小型超导储能	超导储能
效率（%）	≈90	≈70	≈60	<50	≈90	≈90
储能容量	高	中	高	高	极低	高
模块性	是	是	否	否	是	否
循环寿命	无限	几百次	几千次	几千次	无限	无限
充电时间	min	h	h	h	min	h
地点可用性	极高	中	低	低	高	很低
储能测定	极好	差	极好	极好	极好	极好
建设时间	以周计	月	年	年	周	年
环境影响	良好	大	极大	极大	良好	很好
事故后果	低	中	高	中	低	高
环境控制	无	显著	一些	一些	无	无
热需求	液氮	提高	无	高	液氮	液氮

（3）绝热和绝热材料

凡存在温度差的场合都会产生热流，而隔绝有害热流可以保持特定的热状态、节约能源、防止环境热污染，因此绝热技术在工业、农业和国防等各个领域都被广泛应用。

绝热和绝热材料密不可分。所谓绝热材料，指用于减少结构物与环境热交换的一种功能材料。对于环境温度以上至1000℃以下的结构物，在其外表面或结构本身增设绝热材料，可以减少散热；对于环境温度以下的结构物，在其外表面或结构本身增设绝热材料，可以减少外部热量向内部侵入。通常的绝热材料是一种质轻、疏松、多孔、热导率小的材料。

绝热材料的分类方法很多，可按材质、使用温度、形态和结构来分类。按材质可分为有机绝热材料、无机绝热材料和金属绝热材料；按使用温度可分为高温绝热材料、中温绝热材料和低温绝热材料类；按形态可分为多孔状绝热材料、纤维状绝热材料、粉末状绝热材料和层状绝热材料；按结构可分为固体基质连续而气孔不连续（如泡沫塑料）、固体基质不连续而气孔连续（如粉末填充）、固体基质和气孔都连续（如纤维状和多层结构）。表 9.3-8 列出了绝热材料按形态的分类。

表 9.3-8 绝热材料按形态的分类

按形态分类	材料名称	制品形状
多孔状	聚苯乙烯泡沫塑料	板、块、筒
	聚氯乙烯泡沫塑料	板、块、筒
	聚氨酯泡沫塑料	板、块、筒
	酚醛泡沫塑料	板、块、筒
	脲醛泡沫塑料	板、块、筒
	泡沫玻璃	板、块、筒
	轻质耐火材料	块
	硅酸钙	板、筒
	泡沫橡塑	板、块、筒
	纳米绝热材料	块、板、管壳
	碳化软木	板、块
纤维状	石棉和岩棉	毡、筒、带、块
	玻璃棉	毡、筒、带、块
	矿渣棉	毡、筒、带、块
	陶瓷纤维	毡、筒、带、块
粉末状	硅藻土	粉粒状、块
	蛭石粉	粉粒状、块
	珍珠岩	粉粒状、块
	纳米绝热材料	粉粒状、块
层状	金属箔	夹层，蜂窝状
	金属镀膜	多层状

目前，绝热材料及其相关技术正在迅猛发展。现有产品性能、品种不断改善，如聚氨酯泡沫塑料向无氟利昂发泡及提高耐温性方向发展；硅酸盐复合绝热涂料向快速固化、憎水、提高粘接强度、降低密度、负温施工、降低成本，用于建筑节能方向发展；复合硅酸盐制品向提高弹性及强度，提高耐温性、憎水方向发展；硅酸钙绝热材料向超轻全憎水方向发展；珍珠岩制品向轻质、整体防水，改善脆性、提高强度方向发展；同时，绝热材料和技术不断拓展新的领域：

1）研制生产复合型多功能绝热材料及结构，提高绝热效率及综合效益。各种绝热材料各有特色，应扬长避短，如有机类绝热材料防水好，但不耐高温；无机类绝热材料耐高温，耐热老化，强度高，但吸水率高，复合使用则效果良好。在纤维类绝热材料中，硅酸铝纤维耐温高，岩矿棉耐温低，可复合使用，以降低成本。

2）积极开发新型绝热材料及相关技术。如低辐射传热材料及结构、高效薄层隔热防腐一体化涂料、多层热遮断结构、真空绝热结构、异型绝热、补口技术等的研制。

3）开发纳米、亚纳米绝热材料及涂层技术。

4）注重环保，利用"三废"开发绝热材料。

(4) 节能的经济性分析

节能的目的是提高能量的利用率，降低产品的单产能耗。节能工作会带来经济效益，但也需要有经济投入。节能工作要避免"节能"而没有经济效益，甚至收益不抵支出的情况发生，以便取得较好的节能经济效果。

1）节能经济分析方法分类。节能经济分析方法按分析层次划分，可以分为一般性经济分析、优化经济分析；按分析对象划分，可以分为成本经济分析和价值经济分析。将分析层次和分析对象综合起来，可得到节能经济分析方法有：

$$节能经济分析方法\begin{cases}成本经济分析方法\begin{cases}节能成本一般分析方法\\节能成本优化分析方法\end{cases}\\价值经济分析方法\begin{cases}节能价值一般分析方法\\节能价值优化分析方法\end{cases}\end{cases}$$

2）价值分析。节能工作的目的都是为了提高能量的利用率。在能量利用率提高的同时，产品生产系统的功能一般也会发生改变。因此，科学地评定节能效果应将二者紧密联系起来，即采用价值分析法。

节能价值可表示为功能与成本的比，即

$$价值 = \frac{功能}{成本（能耗）}$$

例如，若某项节能改造工程不仅提高了能量利用率，而且提高了生产率，则在进行节能分析时，就不能只考虑能量利用率提高所带来的经济效益，还应该考虑生产率提高所带来的经济效益。

3）节能经济性指标。节能经济性分析很重要的工作是将功能与能耗用经济指标加以量化，即把节能工作所引起的功能与能耗的变化折合成经济指标。

节能过程中所涉及的经济指标主要有以下几类：

① 节能投资。节能投资指用于材料设备采购、建筑施工、设计安装、管理等方面与节能有关的费用。

② 节能成本。节能成本指节能前后所发生的费用成本的差额。节能成本包括固定成本和可变成本。固定成本与可变成本之和为总成本；总成本与产量之比称为单位成本。

③ 节能收益率 $J_益$（投资回收系数）。节能收益率为节能技术措施实施后，每年节能的纯收入与节能投资之比，即

$$J_益 = \frac{S}{T} \tag{9.3-5}$$

式中 S——每年的节能纯收入（元）；
T——节能投资（元）。

④ 设备折旧。设备折旧指随着设备的使用，设

备的价值不断地消耗。消耗的价值称为折旧费。折旧费的计算方法常用的有匀速折旧法和加速折旧法。

● 匀速折旧法。在设备的使用寿命年限内，按年平均分摊设备价值的方法称为匀速折旧法。其折旧费可用下式计算：

$$d = \frac{V - V_c}{n} \qquad (9.3-6)$$

式中　d——折旧费（元/年）；

　　V、V_c——设备的原始价值和寿命终止时的残余价值（元）；

　　　　n——设备的使用寿命年限（年）。

● 加速折旧法。在设备的使用寿命年限内，如果随着使用年限的增加，设备的效率越来越低，效果越来越差，在分摊设备费用时就应使后面的年限所分摊的费用较前面的年限分摊的费用多一些。这种分摊设备费用的方法称为加速折旧法。其折旧费计算通常有以下两种方法。

年限总额法：折旧费由年限折旧总额乘以递减系数来确定，即

$$d_i = k_{dj}(V - V_c) \qquad (9.3-7)$$

式中　d_i——第 i 年的折旧费（元/年）；

　　k_{dj}——递减系数，其表达式为 $k_{dj} = \dfrac{2\,(n-i+1)}{n\,(n+1)}$。

余额递减法。每年的折旧额由固定的折旧率乘以扣除累积设备折旧额之后的设备净值来确定，其计算公式为

$$a = 1 - \sqrt[n]{\frac{V_c}{V}} \qquad (9.3-8)$$

2. 节能技术

节能就是提高能源效率，即提高有效利用能量与能源总体内含能量之比。节能问题主要考虑能源生产和消耗两方面。由于产品种类繁多，并且各种产品所消耗的能源种类、耗能结构与原理也不尽相同，因此，下面针对一些典型产品，具体分析与其相关的节能技术，以供参考。

（1）能源生产设备

以超电导发电机为例，一般来说，金属冷却到低温时，电阻就会变小，有些超电导材料在某一临界温度以下时，电阻急剧变为零。使用这种超电导材料，可以在没有电力损耗下，流过大电流产生强磁场。因此，在闭合超电导线圈中，线圈内的电流没有衰减。图 9.3-19 所示的超电导发电机线路图是其中一例，永久电流可以看作在超电导线圈内通过。图中和超电导线圈并联的开关是持恒电流开关。随着加热器的开关动作，将超电导线变换为一般导电状态和超导电状态（超电导线附近设有加热器，接通加热器，超电

导线被加热，产生电阻，加热丝断开，超电导线冷却，电阻为零的状态）。这样，当线圈励磁时，持恒电流开关的加热器一通电，就处于通常的导电状态。这时，因超电导线圈的电阻为零，所以只有由自感系数（L）、励磁速度（dI/dt）及开关的电阻 R_s 所决定的电流通过开关 [电流 $I_s = (L/R_s) \cdot (dI/dt)$]，而大部分电流通过线圈。开关的电阻大，如果励磁速度小，通过开关的电流就非常小。当线圈的电流达到额定值时，持恒电流开关的加热器就停电，持恒电流开关就处于超导电状态，电阻就为零。将电源电流减少，线圈电流就通过持恒电流开关流动，最后切断电源开关，线圈电流就全部通过持恒电流开关，这个电路的电阻为零。因此，电流没有衰减，实现了持恒电流状态。这样的超导电现象可以利用在如下几个领域，即产生强磁场，输送大电流、元件等方面。从节能和新能源开发这个观点来看，更为重要。

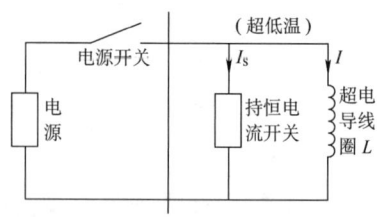

图 9.3-19　超电导发电机线路图

超电导发电机是一般发电机重量的 1/3，容积的 1/5，可节约燃料 25%，无电力损耗，可流通大电流、产生强磁场。

（2）机械设备

机械设备常常是企业中的耗能大户。节能主要可从如下几个方面着手：

1）运动部件轻量化。在保证设备运行正常的情况下，设备运动部件轻量化可以减小能耗。以汽车为例，汽车车体重量减小 10% 可以降低油耗 10%。运动部件轻量化可以通过选择高强度钢、轻质材料（如铝、树脂等）或改进结构设计（如减少厚度、使用空心结构、小型化、集成化等）来实现。

2）减少运动副之间的摩擦。在机械设备中，摩擦不仅会造成设备磨损，还会因克服摩擦力而浪费了不少能量。常用的减摩措施有：

① 摩擦副采用互溶性小的材料，减小摩擦因数。摩擦副的配偶材料性质对摩擦因数的影响主要取决于材料的互溶性。相同的金属或互溶性大的金属所组成的摩擦副易发生黏着现象，摩擦因数大。例如，机床的滑动件多选用铸铁件，如果导轨仍采用铸铁材料，就会使导轨与滑动件之间的摩擦因数增大，而采用聚四氟乙烯代替铸铁作为导轨材料，就可大大减小导轨和滑动件间的

摩擦因数，减少因克服摩擦阻力所消耗的能量。

② 选择合适的摩擦副表面粗糙度，减小摩擦因数。在干摩擦情况下，如摩擦表面较为粗糙时，则减小表面粗糙度将会使摩擦力的机械分量明显下降，而粘着分量增加不大；但当表面粗糙度减小到一定水平后，如再进一步减小时，则因实际接触面积增大，使表面间分子吸力增长胜过机械分量的下降，摩擦因数就会缓慢上升，因此选择合适的摩擦副表面粗糙度可有效地节省能源消耗。

③ 改变摩擦副性质。从节能的角度来看，应尽量采用滚动摩擦副或流体摩擦副，因为滚动摩擦和流体摩擦比滑动摩擦的摩擦因数小得多。一般流体摩擦的摩擦因数为 0.001~0.008。

④ 加强摩擦副间的润滑。良好的润滑条件可使摩擦面间形成足够厚的油膜，将摩擦副两个表面的微凸体完全分开，形成流体摩擦（此时油分子已大多不受摩擦副表面作用的支配而自由运动，摩擦是在流体内部的分子之间进行），摩擦因数极小。

3）改进传动系统，提高传动效率。提高机械设备传动系统的传动效率也是节能降耗的一个有效手段。据统计，在一般机床传动系统中，主传动系统功率损失高达 20%。传动系统传动效率的提高，可通过缩短传动链、采用新型高效传动机构，以及加强传动系统的润滑等措施来实现。

4）采用节能控制。很多产品在使用过程中并非时时都处于做有用功的状态，有很多时间处于"空载"状态。因此，设计时应尽可能采用节能控制，如变频技术、模糊控制等。

5）设备适度自动化。设备的功能不要一味追求自动化，应以实用为原则，在保证不增加操作者劳动强度和保证操作者安全的情况下，可适当采用手动机构，因为不顾实际情况的过度自动化往往会造成能耗的大量增加。

6）提高能源的转换效率。在机械设备中往往还存在一次或多次的能量转换，如电能转换为机械能、化学能转换为机械能等，在转换过程中，往往存在较大的能量损失，因此应尽可能地提高产品使用过程中的能量转换效率。

7）减少能量储备。不必要的能量储备实际上是一种浪费。例如，当设备的电动机容量选择不合理时，会出现产品功率不匹配的现象（如"大马拉小车"），造成能量损失。

（3）车辆运输设备

燃油汽车的主要能源消耗是汽油和柴油。根据国家统计局发布的数据，我国民用汽车保有量已达 2.94 亿辆（截止到 2021 年底），交通运输业消耗汽油和柴油总量分别 6244.92 万吨和 9867.31 万吨，占全部汽油和柴油消费总量的 46% 和 66%（截止到 2019 年底）。

汽车设计中的节能技术可以从三方面入手（表 9.3-9），即提高行驶效率、提高发动机的效率和合理利用能源。

表 9.3-9　汽车设计中的节能技术

提高行驶效率	减小行驶阻力	减小空气阻力	车身形状改善空气动力学性能
		减小滚动阻力	改进轮胎
	车身轻量化	使车的质量轻型化	轻型材料，轻型设计技术
		使构成部件、附属品轻型化	辅机、电器设备轻型化
	提高驱动效率	提高驱动系统的传动效率	轴承、离合器
		改进变速装置	直接式自动、无级变速
提高发动机效率	改进现有发动机	提高热效率	高温化、改善燃烧、减少冷却损失
		改善部分负荷性能	可变阀定时器，可变排气量
		提高机械效率	降低运转部件摩擦损失和驱动辅机的损失
		采用电子控制，实现最优化	微机控制
	开发替代发动机	研制高效率发动机循环	斯特林发动机、兰金循环
		利用化学能	浓度差发电机、燃料电池
		利用氢能	氢气发动机燃料电池
		利用电能	改良蓄电池、电动车
合理利用能源	能源使用合理化	回收废能	涡轮增压
		回收制动能	储能装置
		提高辅机效率	空调机、电器设备等

(4) 锅炉、炉窑

冶炼、热处理、焚烧等用的各种锅炉和窑炉等都是高能耗产品，节能潜力很大。这类产品的节能主要是从提高能源利用率和对能量进行有效回收利用这两个方面着手。

1) 采用燃烧节能技术。即采用节能型燃烧器和燃烧装置，并针对燃烧设备制定合理的燃烧工艺规范，改造燃烧设备，以增加燃料完全燃烧的程度，减少烟气带走的热量。其分类、措施和节能途径见表 9.3-10。

2) 采用绝热节能技术。即通过选择合适的轻质、超轻质绝热材料及合理的组合来减少绝热对象的散热损失和蓄热损失。其分类、措施和节能途径见表 9.3-11。

3) 采用传热节能技术。即通过选用高热导率材料和增大辐射面来提高辐射率、吸收率或提高表面传热系数以强化辐射传热。其分类、措施和节能途径见表 9.3-12。

4) 采用余热回收利用节能技术。采用余热回收装置回收的余热可以用来预热助燃空气或燃料，以提高热工设备的热效率，也可以预热炉或辅料以降低单耗，还可以产生蒸汽或热水以供生产或生活使用等。其分类、措施和节能途径见表 9.3-13。

表 9.3-10 燃烧节能技术的分类、措施和节能途径

分类	措施	节能途径
燃烧器	平焰烧嘴、油压比例烧嘴、自身预热烧嘴、高速烧嘴、低 Nx 烧嘴	采用节能燃烧型装置；制定合理的燃烧工艺规范；改造燃烧设备，以改善不完全燃烧的程度；减少烟气带走的热量；合理使用燃料，提高燃烧设备的热效率
燃烧装置	往复炉排、振动炉排、粉煤燃烧装置、下饲式加煤机、简易煤气发生装置、抽板顶煤燃烧机	
设备改造	炉体结构合理改造、水冷件合理绝热包扎、改旁热式为直热式、二氧化锆测定烟气残氧	
新燃烧技术	水煤浆混合燃烧、油掺水混合燃烧、油煤混合燃烧、煤的气化燃烧	
燃烧制度	低空气系数、低温排放烟气、富氧燃烧、预热助燃空气或燃料、合理的加热工艺曲线	

表 9.3-11 绝热节能技术的分类、措施和节能途径

分类	措施	节能途径
炉衬组合	全耐火纤维炉衬、耐火纤维贴面炉衬、间歇式加热炉炉衬优化、低辐射率外壁涂料	减少绝热对象的散热损失和蓄热损失，主要通过选择合适的轻质、超轻质绝热材料及合理的组合来实现节能
管道保温	热力管道保温优化，热力设备保温优化，热力管道的堵漏、塞冒	
其他	热工设备的合理保温绝热	

表 9.3-12 传热节能技术的分类、措施和节能途径

分类	措施	节能途径
强化辐射传热	远红外加热干燥技术、高辐射率涂料加热技术、高吸收率涂料技术	通过提高辐射率、吸收率和两者选择性匹配来强化辐射传热，提高表面传热系数，选用高热导率材料和增大辐射面，强化综合传热
强化对流传热	强制循环通风、喷流预热技术	
强化传导传热	碳化硅高导热炉膛、锅炉除垢技术、减少接触热阻技术	

表 9.3-13　余热回收利用节能技术的分类、措施和节能途径

分类	措施	节能途径
换热器	管状换热器、套管式换热器、针状换热器、辐射换热器、喷流换热器、板翅换热器	通过余热回收装置和换热器回收各种形态余热来预热助燃空气或燃料，以提高热工设备的热效率；预热炉料或辅料以降低单耗；产生蒸汽或热水供生产或生活使用；发电或驱动设备
余热回收装置	余热锅炉、蓄热室、喷流预热装置、蒸汽-余热联合装置、预热发电	
新型回收装置	热管换热器、吸收式或压缩式热泵、化学与形变换热装置	

（5）家用电器

目前，家用电器已经成为社会能源的主要消耗者。牛津大学环境变化组的研究指出：在英国，1994年家用电器和照明的用电量已占英国全部用电量的25%；在1970年，一个平均2.9人的英国家庭在使用电器和照明上每年耗电2000kW·h，而到1994年，一个每户仅2.5人的家庭却要耗电3000kW·h，短短二十余年之间上升了50%。而且，市场上同功效的家用电器能耗差距也很大（表9.3-14），如英国市场上"最好"的家用电器和"最差"者在能耗上相差一倍以上。通过对家用电器进行生命周期评价还发现，家用电器在整个生命周期内的能耗主要集中在使用阶段，约占总能耗量的3/4以上。因此，家用电器在使用阶段的节能潜力是相当巨大的。下面是几种典型家用电器使用中的节能设计分析。

表 9.3-14　英国市场上常用电器耗电范围

（kW·h/年·户）

电器名称	市场上最好的	市场上最差的
制冷设备	380	900
照明	275	750
洗碟机	360	660
烤箱	150	350
滚筒式干燥机	160	400
洗衣机	155	400
合计	1480	3460

注：资料来源于 Decade Report。

1）制冷设备（空调、冷冻机或电冰箱）。制冷设备是家用电器中最大的耗能装置。其在使用过程中的能量浪费主要是由于绝热不好和制冷系统能量利用低造成的。对于不同的制冷设备其节能方法不同。

对于空调，其节能降耗的方法主要有：

① 提高制冷系统的效率。

- 采用高效节能型压缩机，如旋转式压缩机比往复式压缩机节电10%以上，涡旋式压缩机比往复式压缩机节电20%以上。
- 采用高传热性能的内螺纹薄壁铜管。
- 高效涂亲水膜铝翅片或波纹缝隙翅片。
- 内肋强化传热管的蒸发器和冷凝器。
- 采用多折式蒸发器，如采用三段式或五段式，换热面积可增大1/3。
- 室外机采用大出风口设计，加速空气循环速度，提高换热效率。

② 采用先进的控制技术。

- 采用变频技术。变频空调器在起动时以较大功率运转，其制冷或制热速度比普通空调器快一倍。达到设定温度后，压缩机以低速运转来保持室内恒温，不需频繁开停（通常，压缩机起动的功耗是正常情况下的5~8倍），因此可以省电30%以上。
- 采用模糊逻辑控制技术。模糊逻辑控制通过传感器获得室温变化、室外温度、湿度、房间情况等大量数据，将这些实测数据与大量经验数据比较，应用模糊逻辑控制理论立即进行自动调节，模糊逻辑控制能快速感知空调器运行状态，实现节能。

对于电冰箱或冷冻机，其节能降耗的方法主要有：

① 改善制冷设备的绝热性能。制冷设备绝热不好，室外的热量会通过设备的壁和门渗入冷藏室，从而增加制冷负荷。因此可采用下面的方法：

- 合理分配发泡层厚度。
- 增加门封条气囊数量，锁住冷气、减少冷量流失。
- 改善绝热条件。

② 提高制冷系统的效率。制冷电器的制冷系统一般由空压机、冷凝器和蒸发器组成。空压机能量转换效率低，蒸发器热交换性能差，势必造成制冷系统能耗大。因此，可通过选择高效率的空压机和高热转

换效率的丝管式蒸发器来提高制冷系统能源利用效率。

2）黑色家电。黑色家电主要包括电视机、盒式录像机和组合音响等。这类家电由于存在长时间的待机状态而会造成很大能量浪费。日本商品科学研究所曾发表过"能耗和生活方式"的调查结果，通过对16户普通家庭的实际调查结果表明，具备遥控功能的电视等电器和附带时钟的电器在待机时所消耗的能量占全部能耗的 9.1%。据测算，美国每年因各类电器的待机状态而消耗的总电量高达 400 亿千瓦时，浪费的电力价值达 10 亿美元左右。

对于电子办公设备，研究表明，其所消耗的电力大部分浪费在开机后的闲置状态。因此，此类产品应设置一个低功率状态，以保证设备不用时能自动从使用的大功率状态转换到低功率状态或休眠状态。美国的能源之星计划就是一个成功的典型范例，它要求美国政府机构所使用的办公设备（主要是计算机、打印机等）必须具有不用时能自动切换到低功率状态的功能。表 9.3-15 和表 9.3-16 列出了能源之星计划中典型办公用品的能耗标准。

表 9.3-15 能源之星计划个人
计算机和显示器的能耗标准

项目	显示器	个人计算机	整机[①]
低功率状态最大瓦数/W	30	30	60
功率管理预设定时间/min	15~30	15~30	15~30

注：资料来源于美国环境保护署（EPA）。
① 只有当该计算机和显示器作为一个系统或单元发挥作用且各部件无法分离时，60W 才是最大值才是允许的。

表 9.3-16 能源之星计划打印机和传真机的能耗标准

市场段 /（页/分钟）（ppm）	低功率状态平均瓦数/W	打印机自定时间/min	传真机自定时间/min
0<ppm≤7	15	15	5
7<ppm≤14	30	30	5
>14 和最深色度	45	60	5

注：资料来源于美国环境保护署（EPA）。

综上所述，如何降低待机功率是黑色家电节能设计考虑的重点。例如，芬兰一电视机制造商通过改进电视机电源电路，成功地将电视机待机功率降低到了 0.1W（目前，电视机平均待机功率为 1~8W）。

9.3.3 环境友好的技术

环境友好是目前技术发展的一个重要内容。由于产品生命周期内与环境友好的技术很多，下面选择几个案例进行介绍。

1. 干切削加工

切削液通常是切削加工中不可缺少的生产要素，它有利于降低切削温度、延长刀具寿命、保证加工精度、提高表面质量和生产率等，但同时切削液也带来了明显的负面效应，主要表现为：

1）切削液的添加剂中含硫、氯等，润滑剂中含亚硝胺、多环芳香烃和细菌分解产物，切削加工中产生的高温使切削液形成雾状挥发物，污染环境并损害操作者的健康。

2）某些切削液及粘有该切削液的切屑必须作为有毒有害材料处理，处理费用非常高。

3）切削液的渗漏、溢出对安全生产有很大影响。

4）切削液的处理、循环、泵吸和过滤使加工系统复杂化，处理成本高。

为了满足清洁生产、保护环境和人体健康的要求，干切削加工技术应运而生。

（1）干切削加工及其特点

干切削加工是在加工过程中不采用任何切削液的工艺方法，从源头上消除了切削液带来的环境负面效应，并具有以下特点：

1）形成的切屑无污染，易于回收和处理。

2）节约了与切削液有关的传输、回收、过滤等装置及费用。

3）不会发生与切削液有关的环境污染、安全和质量事故。

然而，单纯不使用切削液，会使切削加工状态恶化，如刀具、切屑及工件表面之间的摩擦加剧，排屑不畅，刀具寿命降低，表面加工质量变差等。为此，必须从刀具材料、切削技术、刀具及机床设计技术等方面共同采取措施。

（2）实现干切削加工的措施

1）干切削加工对刀具的要求。

① 干切削加工对刀具材料的要求。干切削加工要求刀具材料应具有优良的耐热性能和耐磨性能。常用的刀具材料有金刚石、立方氮化硼、陶瓷、涂层和超细晶粒硬质合金等。图 9.3-20 所示为不同刀具材料硬度与温度之间的关系。

② 采用涂层技术。性能优良的涂层可降低刀具与工件表面之间的摩擦，减少切削力。目前所使用的刀具中 40% 采用涂层。图 9.3-21 所示为涂层的耐磨性寿命比较，图 9.3-22 所示为涂层化学稳定性和耐磨性。

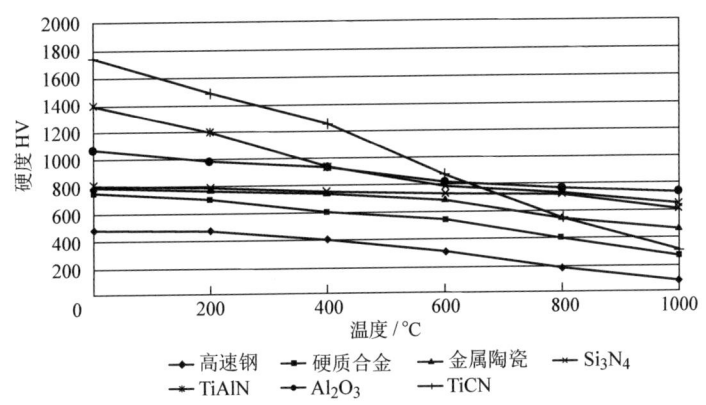

图 9.3-20　不同刀具材料硬度与温度之间的关系

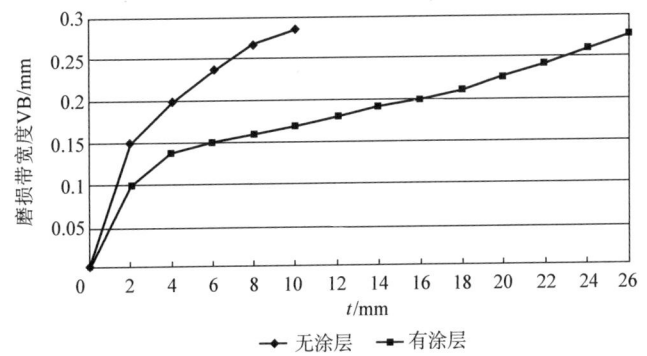

图 9.3-21　涂层的耐磨性寿命比较

注：工件材料 45 钢；$V_c = 250\text{m/min}$，$f = 0.2\text{mm/r}$，$a_p = 2.0\text{mm}$，干切削加工。

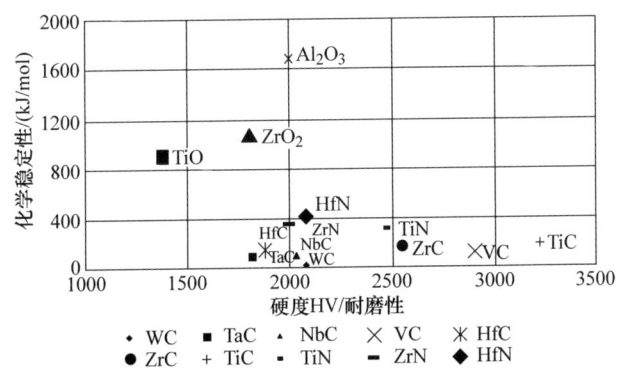

图 9.3-22　各种涂层化学稳定性和耐磨性

③ 采用合理的刀具几何形状。应选择适合干切削加工的刀具几何形状，以减少加工中刀具、切屑和工件间的摩擦。

● 基于自由切削原理设计刀具切削部分的几何形状，以减少由于流屑干涉引起的切削能耗。

● 尽量增大刀具切削部分单位表面积所包含的材料体积，提高切削刃、刀尖的瞬间受热能力。

● 使刀具为负前角或使前后刀面凸起，以延缓月牙洼对切削刃的损害。

● 增大负刃倾角，改善切削刃及刀尖的切入状态，以提高刀具抗冲击和抗热震能力。

● 增大切屑在前刀面断屑台上的变形量和增加断屑台的个数，以提高对强韧性切屑的断屑能力。

2) 选择合理的切削参数　表 9.3-17 列出了干钻削、准干钻削和高速钻削的切削参数。另外，在某些应用场合，利用激冷的气体及旋风喷雾器也可降低切削温度。

表 9.3-17　干钻削、准干钻削及高速钻削的切削参数

工件	工件材料	直径/mm	深度/mm	切削方式	速度 mm/r	进给量/（mm/r）	切削速度/（m/min）
轴承座	铸铁	8.5	60	干钻削	120	0.25	1.12
				高速钻削	400	0.4	6.0
连杆	热处理钢	6.8	20	干钻削	80	0.1	0.37
		12.6	13.5	高速钻削	320	0.3	4.5
轮毂	锻钢			干钻削	70	0.125	0.22
				高速钻削	330	0.5	4.17
	*			准高速钻削	225	0.36	2.32
汽缸盖	AlSi9	7.34	30	准高速钻削	345	1	14.97

注：刀具材料为 TiAlN 涂层硬质合金。"＊"指 TiAlN 和 MOVIC 的双涂层。

3）干切削加工机床的结构设计。研究表明，切削液的主要作用是散热和排屑，润滑作用只有 10%。因此在干切削加工中，机床的结构设计应保证快速排屑和散热，并尽量消除切屑对环境的不利影响。

① 采用快速排屑的布局。

● 借助重力排屑。通常钻削都是从上往下进行，切屑从孔中向上排出。但如果改变机床布局，将工件安装在主轴上部，从下向上钻削，在重力的作用下，切屑就会顺利从孔中排出，无须借助切削液来辅助排屑。

● 利用虹吸现象将切屑从孔中吸出，即利用干燥的空气吸出切屑，也无须切削液。

● 利用真空或喷气系统改善排屑条件，实现干切削加工。例如，日本住友公司的"洁净回收系统"，将刀具部分整个罩住，利用从内部吹出的压缩空气，使切屑顺着刀具回转的方向经螺旋管道排出。

② 采用热稳定性好的结构和适当的隔热措施。机床床身采用热稳定性好的结构和材料，将切削热的影响降到最低程度。例如，采用均衡温度的结构，将床身的左右两侧、顶部和底部设计成 4 个相通的型腔并注入油液，即可保证整个床身具有相同的温度。此外，机床立柱与底座等基础件采用对称结构，并选用热容小的材料，主轴采用恒温的水冷装置等，都能提高机床的热稳定性。

采取适当的隔热措施，如排屑槽采用绝热材料制造，切削区采用绝热罩隔热，可以减少排屑过程中通过切屑传递热量给机床。

干切削加工技术可从根本上解决切削液带来的不利因素，是一种很有前途、环境友好的机械加工方法。

2. 无铅化技术

从 2500 年前的铅币到现在，铅已经在各行各业中得到广泛应用，但由于铅对环境和人体健康具有很大的危害，被环境保护机构列入了前 17 种对人体和环境危害最大的化学物质，并已经成了全球制造业关注的焦点。无铅化已经成为机电行业的发展趋势。

（1）全球无铅化的相关提案、指令与开发计划

美国于 20 世纪 90 年代初率先提出了无铅工艺，并制定了一个标准来限制产品中的铅含量，但由于当时无铅工艺还不成熟，加上无铅化会加大生产厂商的制造成本，所以标准最终未能在议会表决中通过。不久后，欧盟提出了《欧盟关于废弃电子电器设备的指令》/《关于限制在电子电器设备中使用某些有害成分的指令》（WEEE/RoHS）法案，标志着世界范围内无铅化运动正式开展起来。之后，美日欧的一些具有代表性的公司和组织纷纷提出电子封装无铅化相关的提案、指令案与开发计划等，如图 9.3-23 所示。

在图 9.3-23 所示的电子产品类无铅化的提案和计划中，影响最大的是欧盟 1993 年提出、2003 年 2 月正式颁布的 WEEE 和 RoHS 两个指令。这两个指令明确要求其所有成员国必须在 2004 年 8 月 13 日以前，将此指令纳入其法律条文中。2003 年 12 月，欧洲委员会就明确 RoHS 规定的最大浓度值（MCV）发布了一份决议草案，明确规定，均质材料中按重量计算铅、汞、六价铬、多溴联苯（PBB）和多溴二苯醚（PBDE）的最大浓度值不得超过 0.1%，镉的最大浓度值不得超过 0.01%。其中，均质材料指无法机械地分为更单纯材料的单元。

在欧盟 RoHS 指令出台前，日本、美国和欧洲几个电器公司对无铅化技术已经开展了多年的研究，见表 9.3-18。

（2）无铅化技术体系

无铅化技术体系的建立是一个复杂的系统工程，如图 9.3-24 所示。开发无铅技术，首先必须有被工

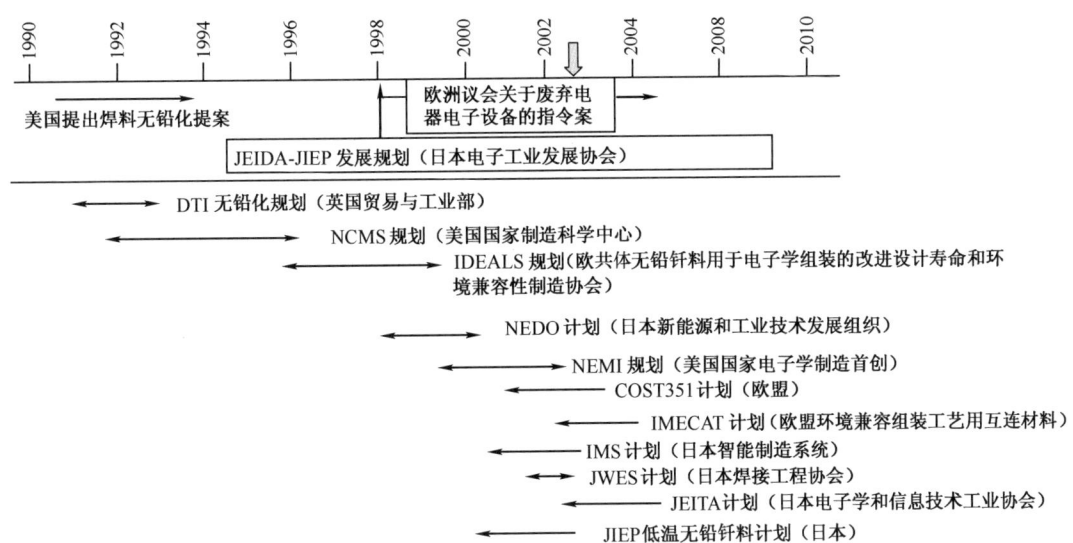

图 9.3-23 世界范围内与无铅钎料相关的主要提案、指令案与开发计划

表 9.3-18 日本、美国和欧洲几大电子电器公司的无铅化进程

公司名称	使用范围	期限	备注
松下	小型数码摄像机（MD）	1998 年 10 月	回流焊：Sn-Ag-Bi-In 熔焊：Sn-Cu（Ni）
	摄像机	1999 年末	
	盒式录音机	2000 年 1 月	
	全部产品	2002 年末	
日本电气（NEC）	1997 年基础上减少 50%	2001 年 3 月	部分产品 Sn-Ag-Cu 为主
	全部产品	2002 年 12 月	
日立	盒式录像机（VCR）、冷藏箱部分	1999 年 10 月	日本国内生产减 50% 国外生产和购入的除外
	1997 年基础上减少 50%	2000 年 3 月	
	公司内部	2000 年 3 月	
	日立集团	2004 年 3 月	
索尼	盒式录像机	2001 年 3 月	Sn-2.5Ag-1Bi-0.5Cu、Sn-Ag-Cu
	全部产品	2001 年	熔焊；同时采用无卤化基板
东芝	便携式手机	2000 年	
三菱	50%	2004 年	4 种家用产品
	全部产品	2005 年	
英特尔	全部产品	2006 年	
爱立信	手机	2001 年末	以 Sn-3.5Ag-0.5Cu 钎料为主
	新产品 80% 实现无铅化，与此同时采用无卤化基板	2002 年	
飞利浦	灯具用基板	1999 年 12 月	熔焊：Sn-1Ag-5Bi
摩托罗拉	通信产品 5% 以上无铅化	2003 年	以 Sn-Ag-Cu 钎料为中心
	全部产品	2010 年	

（续）

公司名称	使用范围	期限	备注
夏普	洗衣机、打印机、空调机、空气清洁机	2001 年末	以 Sn-Ag-Cu 钎料为中心
富士通	全部大规模集成电路实现无铅化	2000 年 10 月	以 Sn-Ag-Cu 钎料为中心
	印制电路板中的 50%实现无铅化	2001 年 12 月	
	笔记本计算机、手机等	2001 年 12 月	
	全部停产含铅产品的生产	2002 年 12 月	
日产汽车	无键输入系统 （Keyless-Entry-System）	2000 年 8 月	流焊：Sn-Ag-Cu 系

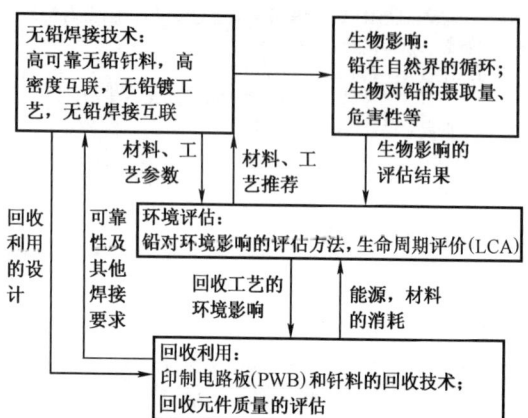

图 9.3-24　无铅化技术体系

业界认可的可靠钎料、相适应的设备及工艺、无铅的标准和评估手段等，其次必须分析无铅钎料的相关组分和无铅焊接本身对环境的作用，最后考虑产品使用后的回收、循环利用等问题。在无铅技术体系中，关注最多的是无铅钎料、元器件、设备/焊接技术、成本、可靠性和标准等相关问题。

1）无铅钎料。从 1991 年起，美国国家电子制造协会（NEMI）、美国国家制造科学中心（NCMS）、美国国家标准与技术研究院（NIST）、英国国家物理实验室（NPL）、日本电子封装协会（JIEP）等组织就相继开展了关于无铅钎料的专题研究，耗资超过2000 万美元，至今仍在继续。目前，关于无铅钎料使用的选择还没有一个统一的标准。无铅钎料的开发和选择必须保证新钎料能够提供与 Sn/Pb 共晶合金相似的物质、机械、温度和电气性能，同时必须考虑合金元素的成本和原料来源的充足程度。

无铅钎料大体上分为 3 个类别，即高温的锡-银系、锡-铜系等；中温的锡-锌系等，以及低温的锡-铋系等。表 9.3-19 列出了各种已经实用化的无铅钎料的组分及其性能特点等。表 9.3-20 和表9.3-21 列出了主要电子设备公司正在使用的无铅钎料及无铅钎料的候选合金及使用中的注意事项。各种无铅钎料主要是在锡元素中添加银、铜、铋、锌等各种第二金属元素组合而成的合金，并通过微量添加第三、第四种金属元素来调整无铅钎料的熔点和机械物理性能等。

表 9.3-19　无铅焊料的组分及其性能特点

组分			性能特点	
主体元素	第二元素	添加元素	优点	缺点
Sn	Ag、Cu	Bi、Cu、In、Ni 等	热疲劳性能优良，接合强度高，熔融温度范围狭窄，蠕变特性大	熔点比较高，价格高（特别是 Sn-Ag 系）
	Zn	Bi、In 等	熔点与 Sn-Pb 系相近，熔融温度范围狭窄，比较便宜，接合强度高	浸润性差，会产生电腐蚀
	Bi	Ag、Cu 等	熔点较低	熔融温度范围宽，硬度高，连接强度、热疲劳性能低下

表 9.3-20　各主要电子设备公司正在使用的无铅钎料

无铅钎料组成	熔焊系	回流焊系	已实用化
Sn-0.7Cu-0.3Ag	√		
Sn-0.75Cu（微量添加 Ni）	√		√
Sn-3.5Ag-0.75Cu	√		√
Sn-3Ag-0.5Cu	√	√	√
Sn-3Ag-2.5Bi-2.5In		√	√
Sn-2Ag-3Bi-0.75Cu		√	
Sn-2Ag-4Bi-0.5Cu-0.1Ge		√	
Sn-3.5Ag-5Bi-0.7Cu		√	
Sn-3.5Ag-6Bi		√	
Sn-57Bi-1Ag		√	√
Sn-8Zn-3Bi		√	√

表 9.3-21　无铅钎料的候选合金及使用中的注意事项

工艺		合金种类	使用中的注意事项
流焊		Sn-Ag 系	元器件上有 Sn-Pb 电镀层时，可能发生脱焊现象，也可能造成焊盘剥离等基板的损伤，需要在工艺上加以控制 若采用单面流焊，也可添加 Bi（但要杜绝 Pb 的存在）
		Sn-3.5Ag，Sn-3Ag-0.5Cu	
		Sn-Cu 系	
		Sn-0.7Cu（-1.2Ag）	
		在上述合金中添加微量元素（Ag，Au，Ge，In 等）	
回流焊	高温系	Sn-Ag 系	由于钎料熔点高，对回流焊的温度控制提出更高的要求 需要注意 Bi 与 Sn-Pb 电镀层的相容性
		Sn-3.5Ag，Sn-3Ag-0.5Cu	
		Sn-(2~4)Ag-(1~6)Bi	
		在上述合金中添加 1%~3% 的 In	
	中温系	Sn-Zn 系	能否适用于特殊的腐蚀环境，需要试验验证 为了确保与 Cu 所形成界面的耐热性，最好采用 Ni/Au 电镀层
		Sn-9Zn，Sn-8Zn-3Bi	
		Sn-Ag-In 系	
		Sn-3Ag-(6~8)In	
	低温系	Sn-Bi 系	需要注意钎料与 Sn-Pb 电镀层的相容性
		Sn-57Bi-(0.5-1)Ag	
人工焊、机器人焊		Sn-Ag 系	当返修时，需要注意不同钎料组成的适用性
		Sn-3Ag-0.5Cu	
		Sn-Cu 系、Sn-Bi 系	

2）无铅设备/工艺。由于无铅钎料的熔点普遍比 Pb/Sn 共晶钎料的温度高约 30℃，无铅焊接工艺参数操作空间更窄，因此传统的波峰焊机和回流焊机都必须进行无铅化改造，通过提供精确、稳定的温度控制技术，实现对元器件和线路板保护，保证可靠性。日本、美国的波峰焊、回流焊接设备生产厂家，如 ANTOM、HELLER、VITRONICS、SPEEDLINE OHMIFLO、BTU、Cookson、ERSA SEHO、德日国际有限公司、古河电气工业株式会社等已经开始提供无铅焊接设备，我国一些设备制造商，如日东、劲拓、

科隆威等公司在无铅焊设备的开发方面也取得了重要进展。

① 无铅回流焊设备。由于无铅钎料的熔点偏高，焊件在通过回流炉的整个过程中，对其表面温度变化的控制比传统的要求更高。因此，无铅回流焊改造主要是扩大预热温区的范围，提高加热控制精度。无铅回流焊通常需要 8 个温区（加温区 4 个、回流区 2 个、冷却区 2 个），而且为了改善钎料的流动性和润湿性能，在焊接过程中需要氮气保护系统。另外，在无铅充氮炉内，氮气必须循环使用，因此带有助焊剂挥发物的气体进入冷却区后，即冷凝在冷却模块上，逐步将冷却模块堵塞，降低了冷却效率。为了最大限度保持机器的清洁，减少维护停机时间，无铅充氮炉必须具备助焊剂收集和分离系统。

② 无铅波峰焊设备。无铅波峰焊工艺过程包括助焊剂涂覆系统、预热系统、波峰焊接系统、冷却系统、轨道传输系统和氮气保护系统。

a. 助焊剂涂覆系统。助焊剂是保证焊接质量的一个重要因素。传统的助焊剂焊后印制电路板（PCB）表面会残留导电物质或其他污染物，因此采用氟氯烃（CFC）产品及 1，1，1-三氯乙烷等作为PCB 焊后的清洗剂，但 CFC 等清洗剂中含有臭氧耗竭物质（ODS），会破坏生态环境，危害人体健康。

无铅波峰焊一般采用免清洗助焊剂，其固体含量比较低，约为 2%（质量分数），这就对助焊剂涂覆系统提出了更高的要求。目前，波峰焊助焊剂的涂覆方法主要有发泡和喷雾两种。发泡法是借助浸在助焊剂液体中的鼓风机，喷出低压清洁的空气发泡，并沿着烟囱型的喷管吹向表面；通过喷嘴，使焊接面接触泡沫，涂上一层均匀的助焊剂；另一种助焊剂涂覆方式是喷雾法，即利用喷雾装置，将焊剂雾化后喷到PCB 上，预热后进行波峰焊。影响助焊剂量的参数有4 个，即基板传送速度、空气压力、喷嘴摆速和助焊剂浓度。通过这些参数的控制，可使喷射的层厚控制在 $1 \sim 10\mu m$ 之间。由于免清洗助焊剂活性较低，焊接时需要均匀涂覆，而且涂覆的助焊剂的量要求适中。当助焊剂的涂覆量过大时，就会使 PCB 焊后残留物过多，影响外观，并且对 PCB 造成一定腐蚀；当助焊剂涂覆量不足或涂覆不均匀时，就可能造成漏焊、虚焊或连焊。

b. 预热系统。在基板涂覆助焊剂之后，需要预热基板，以达到如下目的：

• 提升焊接表面的温度，加快助焊剂表面的反应速度和焊接速度。

• 减少波峰对元器件的热冲击，避免元器件损坏。

• 加快 PCB 上挥发性物质的蒸发速度，避免挥发物在波峰上出现引起焊锡飞溅和 PCB 上的锡球。

目前，最常用的波峰焊预热方法有强制热风对流、电热板对流、电热棒加热及红外线加热等。控制预热温度梯度、预热温度和预热时间对于达到良好的焊接接头是关键的。

波峰焊预热长度由产量和传送带速度来决定。产量越高，传送带的速度越快，为使 PCB 达到所需的浸润温度就需要更长的预热区。另外，多层板的热容量较大，它们的预热温度比单/双面板更高。

c. 波峰焊接系统。波峰焊的焊接机理是将熔融的液态钎料，借助动力泵的作用，在钎料槽液面形成特定形状的钎料波，插装了元器件的 PCB 置于传送带上，经过某一特定的角度和一定的浸入深度穿过钎料波峰而实现焊点焊接的过程。

钎料波的表面被一层均匀的氧化皮覆盖，它在钎料波的整个长度方向上几乎都保持静态，在波峰焊接过程中，PCB 接触到钎料波的前沿表面，氧化皮破裂，PCB 前面的钎料波无皱褶地推向前进，这说明整个氧化皮与 PCB 以同样的速度移动。

当 PCB 进入波峰面前端时，基板与引脚被加热，并在未离开波峰面之前，整个 PCB 浸在钎料中，即被钎料所桥联，但在离开波峰尾端的瞬间，少量的钎料由于润湿力的作用，黏附在焊盘上，并由于表面张力的原因，会出现以引线为中心收缩至最小状态，此时钎料与焊盘之间的润湿力大于两焊盘之间钎料的内聚力，因此会形成饱满、圆整的焊点，而离开波峰尾部的多余钎料，由于重力的原因回落到锡锅中。

• 无铅钎料的氧化性问题。同 Sn-Pb 合金钎料相比，高 Sn 含量的无铅钎料在高温焊接中更容易氧化，从而在锡炉液面形成氧化物残渣（SnO_2），影响焊接质量，同时也造成浪费。典型的锡渣结构是由90% 的可用金属在中心、外面包含 10% 的氧化物组成。为了防止无铅钎料的氧化，解决办法是改善锡炉喷口，并加氮气保护。当氮气保护中氧气的含量（体积分数）在 50×10^{-6} 或以下时，无铅钎料基本上不产生氧化，氮气流量为 $16 m^3/h$ 是降低氧气含量的临界值。

• 锡炉的腐蚀性问题。由于无铅钎料的焊接温度比 Sn-Pb 合金钎料高 $30 \sim 50℃$，加上无铅钎料中锡含量大幅度提高，一般都在 95%（质量分数）以上，造成了波峰焊时无铅钎料对锡炉和喷口的腐蚀性加强。国内一般锡炉采用的材料是 06Cr19Ni10 和06Cr17Ni12Mo2 型不锈钢。实验表明，不锈钢材料在高温条件下 6 个月就被高提无铅钎料明显腐蚀。最容易受到腐蚀的是与流动钎料接触的部位，如泵的叶轮、输送管和喷口。

不锈钢具有防腐蚀性能的原因是合金元素 Cr 的作用，对大多数材料，包括普通的 Sn-Pb 钎料合金，不锈钢都具有很好的耐腐蚀性能，但对于高锡无铅焊料，高温下其在不锈钢表面具有良好的铺展能力，容易产生浸润现象，从而腐蚀不锈钢。另外，由于在波峰焊过程中，液态合金钎料是在不断流动的，冲刷与之接触的表面，导致冲刷腐蚀，造成泵的叶轮、输送管和喷口处的腐蚀更为严重。为了防止高锡无铅钎料对波峰焊设备的腐蚀作用，提高设备的使用寿命，对于无铅波峰焊设备的关键部件多采用表 9.3-22 列出的材料：

表 9.3-22　无铅波峰焊设备关键部件的材料选择

部件名称	所选材料
锡炉中的叶轮、输送管和喷口	钛及其合金结构、表面渗氮不锈钢、表面陶瓷喷涂不锈钢
锡炉	钛及其合金、铸铁、表面陶瓷喷涂不锈钢、表面渗氮不锈钢

● 锡炉温度。波峰焊锡炉的温度对焊接的质量影响很大。若温度偏低，焊接波峰流动性变差，表面张力大，易造成虚焊和拉尖等焊接缺陷；若温度偏高，既可能造成元器件受高温而损坏，也会加速无铅钎料的表面氧化。焊接温度并不等于锡炉温度，在线测试表明，一般焊接温度要比锡炉温度低 5℃ 左右，也就是 250℃ 测量的润湿性能参数大致对应于 255℃ 的锡炉温度。试验研究表明，对于多数无铅钎料合金，最适当的锡炉温度为 271℃，此时 Sn/Ag、Sn/Cu、Sn/Ag/Cu 合金存在最小的湿润时间和最大的湿润力。当采用不同的助焊剂时，无铅钎料润湿性能最佳的锡炉温度有所不同，但差别不是很大。对于采用低固免清洗助焊剂的波峰焊，ALPHA 公司推荐的锡炉温度见表 9.3-23。

表 9.3-23　ALPHA 公司推荐的锡炉温度

所用无铅钎料	锡炉温度/℃
Sn99.2-Cu0.7（Sn-Cu）	276
Sn96.5-Ag3.0-Cu0.5（SAC305）	270
Sn95.5-Ag4.0-Cu0.5（SAC405）	276
Sn96.5-Ag3.5（Sn-Ag）	270
Sn63-Ag37（Sn-Pb）	260

● 波峰高度。波峰高度的升高和降低直接影响波峰的平稳程度及波峰表面焊锡的流动性。适当的波峰高度可以保证 PCB 有良好的压锡深度，使焊点能充分与焊锡接触。平稳的波峰可使整块 PCB 在焊接时间内都得到均匀的焊接。当波峰偏高时，表明泵内液态钎料的流速加快。雷诺数值增大，将使流体为湍流（紊流）状态，易导致波峰不稳定，造成 PCB 漫锡，损坏 PCB 上的电子元器件；当波峰偏低时，泵内液态钎料流速低并为层流态，因而波峰跳动小、平稳，但焊锡的流动性变差，容易产生吃锡量不够，锡点不饱满等缺陷。波峰高度通常控制在 PCB 板厚度的 1/2~2/3，此时焊点的外观和可靠性达到最好。

● 浸锡时间。被焊表面浸入和退出熔化钎料波峰的速度，对润湿质量、焊点的均匀性和厚度影响很大。钎料被吸收到 PCB 焊盘通孔内，立即产生热交换。当 PCB 离开波峰时，放出潜热，钎料由液相变为固相。当锡炉温度为 250~260℃，焊接温度为 245℃ 左右，焊接时间应为 3~5s。也就是说，PCB 某一引线脚与波峰的接触时间为 3~5s，但室内温度的变化、助焊剂的性能和焊料的温度不同，浸锡时间也有所不同。

d. 冷却系统。在无铅焊接工艺过程中，通孔基板波峰焊接时常常会发生剥离缺陷，产生的原因是，在冷却过程中，钎料合金的冷却速率与 PCB 的冷却速率不同。目前，最好的解决方法是在波峰焊出口处加冷却系统，至于冷却方式及冷却速率的要求须根据具体情况而定，因为当冷却速率超过 6℃/s 时，设备冷却系统要采用冷源方式，大多数采用冷水机或冷风机，国外的研究有提到用冷液方式，可达到 20℃/s 以上的冷却效果，但成本很高。

焊后的冷却速度对钎焊焊点可靠性的影响主要有：

● 影响焊点的晶粒度。当低于合金熔点时，液相的自由能高于固相晶体的自由能。液相与固相间的自由能差是结晶的驱动力。液态金属的冷却速度越快，结晶的过冷度越大，自由能差越大，结晶倾向就越大，同时形核数目越多，晶粒越细小。晶粒大小直接影响合金的性能。一般晶粒越细小，金属的强度越高，塑性和韧性也越好。

● 影响界面金属间化合物的形态和厚度。在波峰焊接过程中，由于钎料与母材之间存在溶解、扩散和化学反应等相互作用，使焊接接头的成分与组织与钎料原始成分和组织差别很大。焊接接头由 3 个区域组成，即母材上靠近界面的扩散区、焊缝界面区和焊缝中心区。为了提高焊点的可靠性，就是需要控制界面区形成的固溶体或金属间化合物（IMC）的厚度。从焊接工艺角度，可以通过焊后快速冷却，降低基板金属原子 Cu 的扩散能力，抑制 Cu_3Sn 生成及 IMC 层厚度。

● 影响低熔点共晶的偏析。在焊接冷却过程中，由于无铅钎料成分的不同，焊点在冷却过程中，合金内部尤其是固相内部的原子扩散不均匀，会使先结晶相与后结晶相的溶质含量不同，形成枝晶偏析，导致焊接缺陷的产生。为了减少焊接缺陷的产生，日本大多数厂家采用全无铅化方案（钎料/元器件/基板等全部无铅化），设备冷却结构采用强制自然风冷却。对于我国电子产品生产厂家，建议钎料采用 Sn-Ag-Cu 合金或 Sn-Cu 合金，快速冷却速率控制在6~8℃/s 或 8~12℃/s，冷却方式采用自然风强制冷却或带冷水机冷源的方式。

e. 轨道传输系统。传输带是一条安放在滚轴上的金属传送带，它支撑 PCB 移动并通过波峰焊接区域。在该类传输带上，PCB 组件通过金属机械手予以支撑。托架能够进行调整，以满足不同尺寸类型的 PCB 需求，或者按特殊规格尺寸进行制造。传输带的速度和倾角可以进行控制。轨道倾角应控制在 5~7℃ 之间，焊接效果最好，这样有助于液态钎料与 PCB 更快地脱离，使之返回锡炉内；当倾角太小时，容易出现桥连等焊接缺陷，而倾角过大，焊点吃锡量太少，容易产生虚焊。

轨道传输速度将影响整个焊接温度曲线。当传输速度太快时，PCB 上助焊剂的涂覆量不足，以及预热温度不够，在焊接过程中容易产生润湿不良，导致上锡量不足、漏焊、拉尖等缺陷；当传输速度太慢时，预热时间太长，导致助焊剂过度挥发，同样导致上锡量不足、漏焊，而且浸锡时间过长，容易导致桥连，甚至导致电子元器件的损坏。一般轨道传输速度的范围为 1.2~1.4m/min。

f. 氮气保护系统。无铅钎料中锡含量（质量分数）高达 95% 以上，在高温环境下很容易氧化，产生锡渣，而且无铅钎料的润湿性相对于 Sn-Pb 钎料较差，影响焊点的成形。为了解决无铅钎料带来的一系列问题，主要的解决办法是无铅焊接时采用惰性气体保护。氮气能保护显著降低钎料的润湿角，而小的润湿角是提高钎料良好润湿性和保证良好焊接接头的重要因素，因此氮气可以提高钎料的润湿力。试验研究表明：随着氧气含量的增加，波峰焊中总的缺陷率是增加的，空气中总的缺陷率是体积分数为 10×10^{-6} 氧气下缺陷率的 4 倍，是 1000×10^{-6} 和 10000×10^{-6} 氧气下缺陷率的 2.2~2.5 倍。另外，氮气保护可以使助焊剂的用量降低 60%。

3. 无铬工艺

六价铬及其化合物对人体的皮肤、黏膜和呼吸系统有很大的刺激性和腐蚀性，对中枢神经系统有毒害作用，并且有强致癌性，毒性是三价铬的 100 倍。欧盟的 RoHS/WEEE 和我国《电子信息产品污染防治管理办法》明确规定，禁止包括六价铬等有毒、有害物质的使用。

大多数工业应用的金属及镀层金属（如铁、锌、铝、锡、铅、镁等及其合金）均可形成化学转化膜，用于提高耐蚀性的化学转化膜主要有磷化和铬酸盐钝化等。其中，铬酸盐钝化处理可形成铬/基体金属的混合氧化物膜层，膜层中铬主要以三价铬和六价铬形式存在，三价铬作为骨架，而六价铬则有自修复作用，因而耐蚀性很好。铬酸盐成本低廉，使用方便，铬酸盐钝化处理已经在航空、电子和其他行业得到了广泛的应用。然而，铬酸盐毒性高且易致癌，随着环保标准要求日益严格，铬酸盐的使用受到严格限制，急需开发低毒性的铬酸盐替代品。

无铬钝化工艺分为无机物钝化和有机物钝化两大类。无机物钝化研究较多的是钼酸盐、钛酸盐、钒酸盐、铝酸盐、硅酸盐和稀土盐钝化等，具体分类见表 9.3-24。其中，钼酸盐钝化处理的方法主要有阳极极化处理、阴极极化处理和化学浸泡处理等。尽管钼酸盐钝化的效果不如铬酸盐钝化，但可以明显提高锌、锡等金属的耐蚀性。

表 9.3-24　无机物钝化类别

对比指标	主要成分	处理方式	缺陷与不足	膜的耐蚀性能
钼/钨酸盐	铝酸钠或钼酸盐/磷酸/过氧化氢	阴极极化化学浸渍	化学浸渍法处理费时；膜的颜色较暗	一般
硅酸盐	硅酸盐/过氧化氢/有机氮、磷类化合物	化学浸渍	处理液稳定性差；膜无彩	较好（与铬酸盐白色钝化相比）
钛/铝/钒酸盐	钛/铝/钒酸盐/过氧化氢/磷酸	化学浸渍	处理液稳定性差；操作温度低	较差
稀土盐	稀土盐/氧化剂/缓蚀剂	阴极极化化学浸泡	成膜速度慢；颜色单一	一般

有机物钝化主要包括有机酸加缓蚀剂钝化方法和树脂类钝化方法。

有机酸加缓蚀剂钝化方法中常用的是植酸和单宁酸，缓蚀剂一般是含氮或含磷的杂环类化合物，如羟乙叉基二膦酸（HEDP）、二氨基三氮杂茂（BAT4）及其衍生物、苯骈三氮唑（BTA）、有机季铵类化合物等。其耐蚀机理一般认为是，有机酸和缓蚀剂对锌层有协同缓蚀效应，钝化过程中在界面形成一层不溶性有机复合薄膜，膜内分子以螯合形式与金属基体相结合，构成屏蔽层，起到缓蚀作用。不过，这种方法获得的钝化膜颜色单一、耐蚀性不佳。

树脂类钝化膜类似于清漆涂层，常用丙烯酸树脂和环氧树脂。与单纯涂层不同的是，配方中添加了非铬类无机盐，如铈和镧的草酸盐或乙酸盐、碱和碱土金属的矾酸盐、碱金属的硼酸盐等。有机聚合物成分构成连续相，即胶凝态相，而无机盐散布于连续相中成为分散相。在有机树脂和无机盐共同的作用下，膜层表现出很好的耐蚀性，但树脂钝化成分复杂、可操作性差、颜色单调，生产成本高且不适合紧固件的处理。

9.4 再资源化技术

再资源化技术作为绿色制造的重要内容，不仅有助于从技术上解决资源短缺的问题，还可以减少废弃产品中的有害物质对环境的污染。再资源化技术主要有拆卸工艺及工具，再制造技术和材料再资源化技术等。

9.4.1 拆卸工艺与工具

选择合理的拆卸工艺与工具是实现产品和零部件再资源化的前期工作，也是必要的工作。

1. 拆卸工艺制订步骤

对于一组给定的产品，制订拆卸工艺通常可采用如图 9.4-1 所示的步骤。

(1) 产品分析

在先拆卸最有价值零部件的总体原则下，结合设计信息，对产品可回收再利用的零件与材料进行分析，以获得再生、再利用程度与可能性，以及最佳可拆卸程度等信息，为制订正确的拆卸路线，选择适当的拆卸方式做好准备。

(2) 产品装配分析

产品的装配关系对拆卸有极大的影响，因为拆卸在多数情况下是装配的逆过程。因此，必须准确掌握产品装配的有关信息，对产品中各零部件的紧固连接元件、连接方式，以及产品生产时装配顺序等进行详尽地分析，为产品的拆卸提供技术参考。

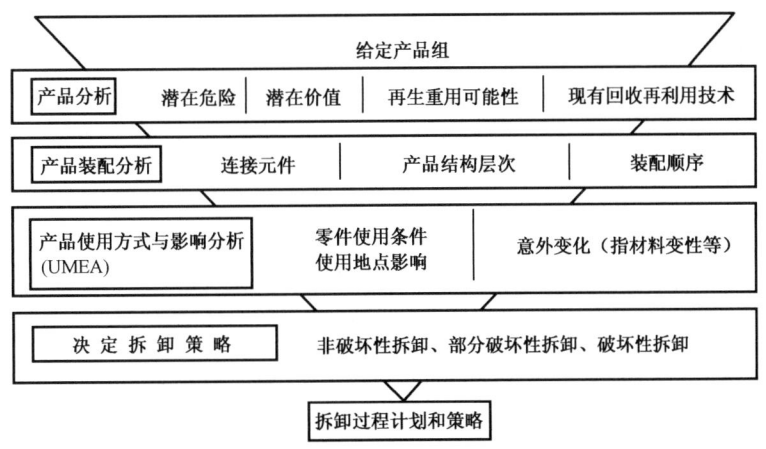

图 9.4-1 拆卸工艺制订步骤

(3) 产品使用方式和影响分析

主要是对产品的使用过程与环境进行分析，以考虑产品在使用过程中，因使用环境或维护等原因对拆卸造成的不确定因素。

(4) 决定拆卸策略

根据所获得的信息，决定产品零部件的拆卸方式，是进行破坏性拆卸、非破坏性拆卸，还是部分破坏性拆卸。

在上述步骤基础上，确定拆卸深度，优化拆卸路线，细化拆卸工艺（如决定拆卸方式、选择拆卸工具、确定拆卸运动等）和制订拆卸工艺书等。

2. 拆卸技术

产品报废后，必须采取一定的拆卸手段才能实现零部件的拆卸。选择合理的拆卸技术对产品能否拆卸成功和拆卸的经济性至关重要。

拆卸技术按其自动化程度可分为手动拆卸和自动拆卸两类。手动拆卸主要依靠手动工具（见表9.4-1）和工人的拆卸技艺来完成拆卸工作，具有对产品类型变化适应能力强等优点，但拆卸效率低，拆卸质量也受工人技术水平、精神状态等人为因素影响，多见于各种小型或个人的拆卸企业。

表 9.4-1　常用的拆卸工具

拆卸工具	用途
呆扳手、套筒扳手、活扳手、梅花扳手	拆除螺栓，螺母等
台虎钳	拆除螺栓，螺母等
一字螺钉旋具	拆除一字螺钉等
十字螺钉旋具	拆除十字螺钉等
电动螺丝刀、气动冲击扳手	拆除螺钉等
气动棘轮扳手	拆除发动机盖，火花塞等
气动螺丝刀、风动螺丝刀	拆除螺丝等
焊枪	去焊

自动拆卸更受大企业、大公司的青睐。拆卸系统的规模及自动化程度应根据被拆卸产品要求、技术条件和企业自身的实际情况决定。图9.4-2所示为一个典型的自动化拆卸系统示意图。该拆卸系统通过人机界面交互地实现形状识别、工艺计划制订和程序模块的卸载等操作。系统将代表拆卸顺序的操作宏和所有必要的操作数据作为程序模块储存在机器人控制单元中，能快速处理来自三维传感器和收集在形状识别系统的数据信息，并产生控制信号，实现对机器人的控制，从而完成自动拆卸过程。图9.4-3所示为西班牙阿利坎特大学开发的个人计算机自动拆卸设备。该设备包含：视觉系统用于对产品及其配件进行识别和定位；建模系统用于对产品及其配件建模，以生成拆卸序列和拆卸动作；拆卸机器人用来执行拆卸操作。

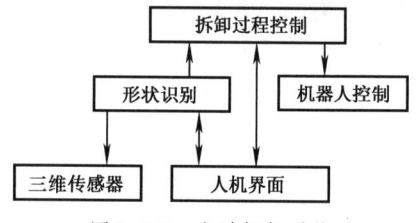

图 9.4-2　自动拆卸系统

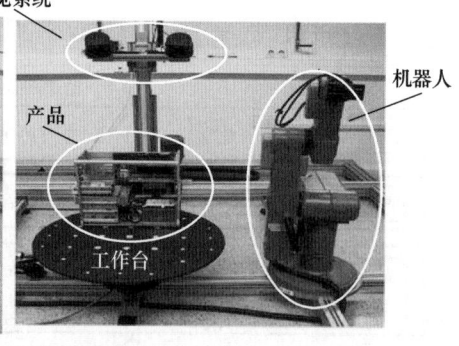

图 9.4-3　个人计算机自动拆卸设备

相比手动拆卸，自动拆卸能够代替长时间、重复性体力劳动，也能更好地应对危险工作环境中的安全拆卸问题，在未来的动力电池、电动汽车和3C产品（计算机、通信和消费类电子产品三者的结合）等拆解中具有广阔的应用前景。

另外，主动拆卸也是目前拆卸领域提出的新概念和新技术。主动拆卸（active disassembly）是通过外界环境剧烈变化（如温度、电流等）的激励，废旧产品可以自行分解。为实现主动拆卸，产品在制造时需要嵌入执行元件。执行元件可以是肉眼看得见的，也可以是微小精细的，甚至是材料自身。

英国布鲁奈尔大学利用形状记忆聚合物（shape memory polymer，SMP）进行主动拆卸。利用形状记忆聚合物制造螺钉，并把它们放置到电子产品中。通过水浴加热，使螺钉的弹性模量阶跃性地显著降低，以实现电子产品的主动拆卸，如图9.4-4所示。

日本东京大学采用贮氢合金连接件实现主动拆卸，如图9.4-5所示。贮氢合金吸收氢后，就会膨胀，最终变成粉末。利用贮氢合金的可逆连接，可以从多个结合在一起的零件中有选择性地分离特定的零件。贮氢合金吸收氢的反应受温度和氢压力的影响。

图 9.4-4　形状记忆聚合物螺钉和电子产品的主动拆卸

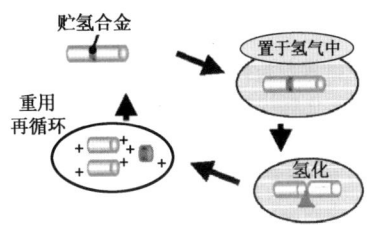

图 9.4-5　利用贮氢合金的主动拆卸

随着机电产品复杂度、多样性的增加，非结构化的拆解环境和拆解过程的不确定性一直是拆解自动化面临的最大挑战。例如，苹果公司在 2016 年开发了一条 iPhone6 自动化拆解线，年拆解能力达 120 万部，但该拆解线不适用于其他手机机型。在 20 世纪末，有学者提出了柔性模块化智能拆解单元的概念，提出了包括具有感知、规划、控制功能的机器人，以及能够适应不同形状、尺寸物品的夹具、拆卸工具和输运设备的拆卸系统。

近年来，随着人工智能、数字孪生和大数据等技术的兴起，为解决拆解的不确定问题提供了新的思路和技术手段，未来的拆解将从现在的自动化迈向智能化阶段。智能化拆解系统将通过对拆解对象的信息感知、推理、学习，形成决策、控制和规划流，以基于大数据的智能决策解决拆卸过程的不确定性问题，以适应未来复杂、多品种产品的高度自适应性拆卸。

9.4.2　再制造技术

再制造工程是针对废弃产品及其零部件，采用高新表面工程技术等再制造成形技术，使零部件恢复尺寸、形状和性能，从而提高资源利用率，减小环境污染，节约成本。以装甲兵工程学院关于坦克行星框架再制造为例，制造一个行星框架的毛坯质量为 71.3kg，而零件质量只有 19.4kg，价格 1200 元，使用寿命为 6000km，再制造一个行星框架只需消耗铁基合金药末 0.25kg，费用只有新品的 1/10，而使用寿命可以延长一倍，达 12000km，节约材料率为 99.65%。再制造工程被认为是先进制造技术的补充和发展，是 21 世纪极

具潜力的新型产业。目前，欧、美、日等发达国家都特别重视再制造工程。据美国波士顿大学罗伯特·伦德教授收集的 1996 年资料表明，美国再制造部件公司构成了一个价值 530 亿美元的产业，雇佣 48 万人。我国起步相对较晚，成规模的企业主要有从事发动机再制造生产的济南复强动力有限公司、上海大众联合发展有限公司，主要的研究机构有装甲兵工程学院。

1. 再制造过程

产品的再制造过程一般包括图 9.4-6 所示的 7 个步骤，即产品清洗，目标对象拆卸、清洗、检测，以及再制造零部件分类、再制造技术选择、再制造和检验等。

(1) 产品清洗

产品清洗对于产品性能检测、再制造目标的确定等非常重要，其目的是清除产品上的尘土、油污、泥沙等脏物。外部清洗一般采用 1~10MPa 压力的冷水进行冲洗。对于密度较大的厚层污物，可加入适量的化学清洗剂，并提高喷射压力和温度。常用的清洗设备包括单枪射流清洗机、多喷嘴射流清洗机等。

(2) 目标对象拆卸

通过分析产品零部件之间的约束关系，确定目标对象的拆卸路径，完成目标对象拆卸。

(3) 目标对象清洗

目标对象的清洗是根据目标对象的材质、精密程度、污染物性质不同，以及零件清洁度的要求，选择合适的设备、工具、工艺和清洗介质进行清洗。目标对象清洗有助于发现目标对象的问题和缺陷。

(4) 目标对象检测

目标对象检测目的是为了确定目标对象的技术、性能状态。常用的检测内容和方法有：

① 零件几何形状精度。检验项目有圆度、圆柱度、平面度、直线度、线轮廓度和面轮廓度等。检验时一般采用通用量具，如游标量具、螺旋测微量具、量规和指示表。

② 零件表面位置精度。检验项目有同轴度、对称度、位置度、平行度、垂直度、斜度及跳动等，检验一般采用心轴、量规和指示表等通用量具相互配合进行测量。

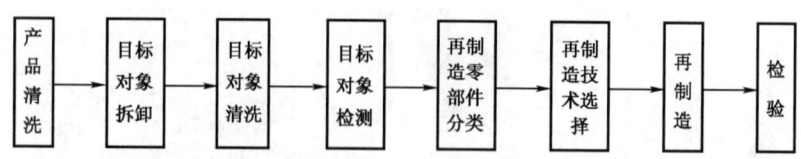

图 9.4-6　再制造过程

③ 零件表面质量。检验项目有疲劳剥落、腐蚀麻点、裂纹与刮痕等，裂纹可采用渗透探伤、磁粉探伤、涡流探伤及超声波探伤等。

④ 零件内部缺陷。内部缺陷包括裂纹、气孔、疏松和夹杂等，主要采用射线及超声波探伤检测。对于近表面的缺陷，也可用磁粉探伤和涡流探伤等进行检测。

⑤ 零件机械物理性能。零件硬度可采用电磁感应、超声和剩磁等方法进行无损检测，硬化层深度、磁导率等可采用电磁感应法进行无损检验，表面应力状态可采用 X 射线、光弹、磁性和超声波等方法测量。

⑥ 零件重量与平衡。有些零件，如活塞、活塞连杆组的重量差需要检测；有些高速零件，如曲轴飞轮组、汽车传动轴等需要进行动平衡检查。动平衡需要在专门的动平衡机上进行。

（5）再制造零部件分类

再制造零部件应根据其几何形状、损坏性质和工艺特性的共同性分类。再制造零件的分类为再制造企业采用大批量或批量方法实现再制造提供了条件。以汽车为例，根据其表面耗损情况，可将再制造零件分为 14 类，即圆柱外表面磨损，圆锥面和球面磨损，键磨损，槽、沟、座口磨损，孔磨损，平面磨损和翘曲，侧面和曲面磨损，圆柱齿轮齿牙磨损，圆锥齿轮齿牙磨损，蜗杆表面磨损，螺纹磨损及损坏，裂纹、破裂，扭曲，弯曲。图 9.4-7 所示为汽车基础件缺陷出现状况图。

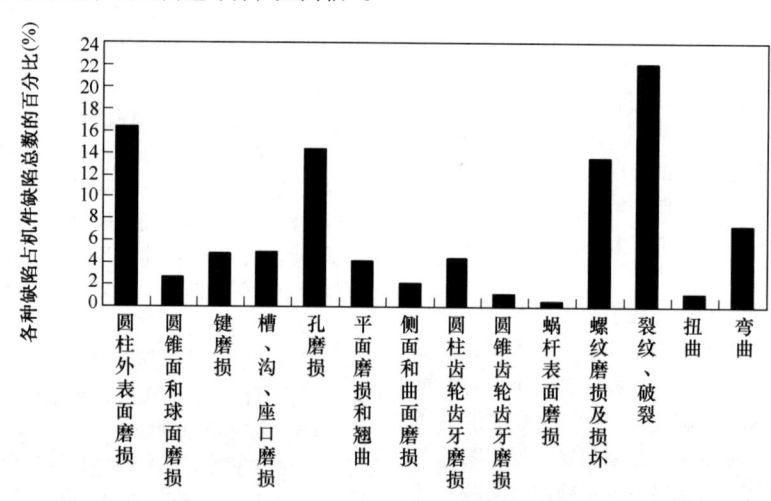

图 9.4-7　汽车基础件缺陷出现状况图

（6）再制造技术选择

根据再制造企业的技术水平、目标对象的损坏情况，以及各种再制造技术的技术、经济和环境特性选择适宜的再制造技术。

（7）再制造

根据所选的再制造技术，进行目标对象的再制造。

（8）检验

对再制造后的目标零件进行检验，看是否达到技术要求。具体内容和方法同步骤（4）。

2. 再制造技术分类

废旧零部件的再制造技术很多，如图 9.4-8 所示。主要包括喷涂法、胶接法、焊修法、电镀法、熔敷法、塑性变形法和机械加工修理法等。下面只对这些方法中的部分技术进行阐述。

（1）热喷涂技术

热喷涂技术是一种利用专用设备将某种固体材料熔化并加速喷射到零部件表面上，形成一特制薄层，以提高零部件耐蚀、耐磨和耐高温等性能的新兴材料表面技术。热喷涂法是一种通称，除了热喷涂法，还有冷喷涂法。这里的再制造技术主要采用的是热喷涂法。图 9.4-9 所示为热喷涂方法分类，表 9.4-2 列了几种常用热喷涂方法的特性比较。

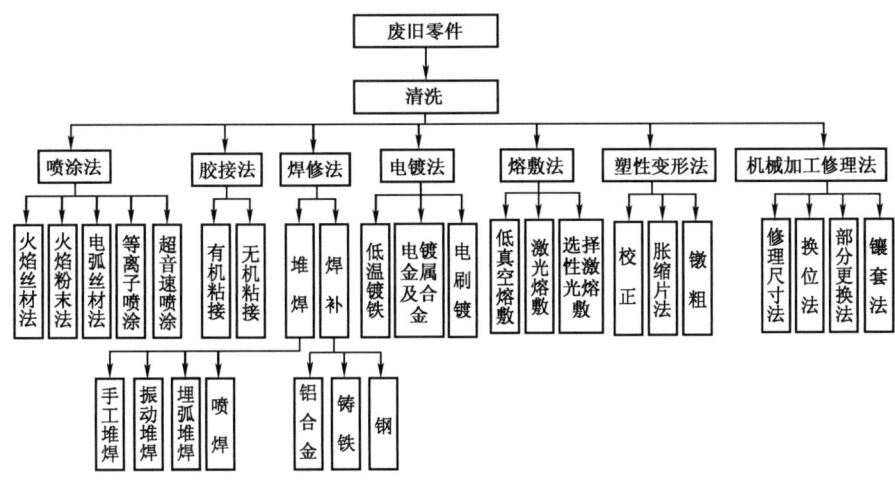

图 9.4-8　废旧零部件常用再制造技术分类

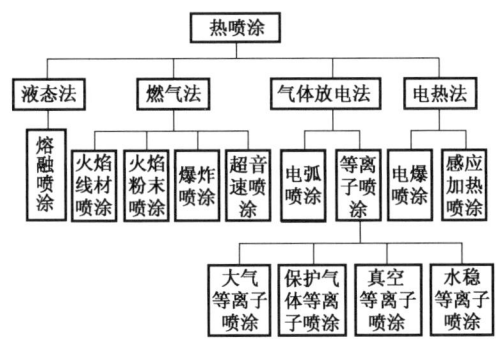

图 9.4-9　热喷涂方法分类

（2）堆焊修复技术

堆焊修复技术是借用焊接手段对金属材料表面进行厚膜改质，即在零件上堆覆一层或几层具有希望性能的材料。这些材料可以是合金，也可以是陶瓷。堆焊就其物理本质和冶金过程而言，具有焊接的一般规律。堆焊可以在零件工作表面上取得任意厚度和化学成分的焊层，可以取得各种高硬度和耐磨特性的堆焊层。表 9.4-3 列出了几种常用堆焊工艺的性能指标。

（3）特种电镀技术

电镀是一种用电化学方法在工件表面上沉积所需形态的金属覆层工艺。电镀的目的是改善材料的外

表 9.4-2　几种常用热喷涂方法的特性比较

特性	火焰线材喷涂（气体熔线式）	火焰粉末喷涂（气体熔粉式）	电弧喷涂	等离子喷涂	电爆喷涂	爆炸喷涂	超音速喷涂
热源	$O_2+C_2H_4$	$O_2+C_2H_4$	电能	电能及 N_2、Ar、H_2、He	电能	$O_2+C_2H_4$	$O_2+C_2H_4$ O_2+H_2
喷涂材料	金属、合金	金属、合金、高分子、部分陶瓷	金属、合金	几乎全部金属、合金及陶瓷	金属、合金	金属、合金、部分陶瓷	金属、合金、部分陶瓷
最高火焰温度/℃	2760~3260	2760~3260	7400	≈-16000		5000	2550~2924
离子速度/(m/s)	150~200	50	150~200	300~350	400~600	720	986
喷涂材料形态	线	粉	线	粉	线	粉	粉
基体材料	几乎全部固体材料	几乎全部固体材料	几乎全部固体材料	几乎全部固体材料	主要固体金属	主要固体金属	几乎全部固体材料
基体温度/℃	<200	<200	<200	<200	<200	<200	<200
结合强度/MPa	>10	>10	>10	>20	>20	>20	>50

（续）

特性	火焰线材喷涂（气体熔线式）	火焰粉末喷涂（气体熔粉式）	电弧喷涂	等离子喷涂	电爆喷涂	爆炸喷涂	超音速喷涂
气孔率（%）	<6	<8	<6	<5	<1	<1	<1
涂层厚度/mm	0.3~1.0	0.2~1.0	0.1~3.0	0.05~0.5	0.05~0.1	0.1~1.0	—
成本	低	低	低	高	较高	高	较高
特点	设备简单	可用于高分子	设备简单，层厚	适于高熔点材料	仅用于内孔	小面积	可得高质量膜层

观，提高材料的各种物理化学性能，如耐蚀性、耐磨性、装饰性、焊接性及电、磁、光学性能等。

表 9.4-3　各种堆焊工艺的性能指标

工艺名称	堆焊层厚度/mm	结合力/(N/mm²)	工件变形量/mm	生产率/(kg/h)
手工电弧堆焊	0.1~3.0	392~785	0.09~1.32	0.4~4.0
埋弧堆焊	0.5~20.0			1.8~45.0
气体保护焊	0.8~4.0	392~686	0.05~1.00	1.56~4.4
管状焊丝堆焊	2.5~3.0			2.0~20.0
振动堆焊	0.5~5.0	392~932	0.02~0.58	0.6~4.4
等离子堆焊	0.1~12.0	392~932	0.08~1.00	2.0~18.0
电脉冲堆焊	0.4~0.75			1.0~1.5

镀层的种类很多，不同成分和不同组合方式的镀层具有不同的性能。按照使用性能可分为防护性镀层、防护-装饰性镀层、装饰性镀层、耐磨和减摩镀层、电性能镀层、磁性电镀层、可焊性镀层、耐热镀层和修复用镀层等。选择镀层时，首先要了解基材和各种镀层的性能，然后按照零件的服役条件及使用性能要求，选用相匹配的镀层。例如，阳极性或阴极性镀层，特别是当镀层与不同金属零件接触时，更要考虑镀层与接触金属的电极电位差对耐蚀性的影响，或者摩擦副是否匹配。其次，要依据零件加工工艺选用适当的镀层。例如，铝合金镀镍层，镀后常需通过热处理提高结合力，若为时效强化铝合金，镀后热处理将会造成过时效。

电镀工艺设备简单，操作条件容易控制，镀层材料广泛，成本较低，因而在工业中广泛应用，也是零部件表面修复的重要方法。

（4）激光修复技术

激光的强度高、方向性好，颜色单纯，激光束可以通过光学系统聚焦成直径仅有几微米到几十微米的光斑，获得 108~1010W/cm² 的能量密度及 10000℃

以上的高温，从而能在千分之几秒甚至更短的时间内使各种物质熔化和气化。常用的激光修复技术有：

1）激光焊接。激光焊接是将零件的加工区"烧熔"，使其黏合在一起。因此，激光焊接所需要的能量密度较低，通常可用减小激光输出功率来实现。如果加工区域不需限制在微米级的小范围内，也可以通过调节焦点位置减小零件被加工点的能量密度。

2）激光表面熔敷。激光表面熔敷是在金属基体上预涂一层金属、合金或陶瓷粉末，当进行激光重熔时，控制能量输入参数，使添加层熔化，并使基体表面层微熔，从而得到一外加的熔敷层。显然，该法的特点是基体微熔，而添加物全熔，避免了基体熔化对添加层的稀释，可获得具有原来特性和功能的强化层。

3）激光相变硬化。激光相变硬化也称激光淬火。当高能量的激光束照射到材料表面时，表面很薄的一层吸收能量，温度急剧上升，达到相变温度以上，而内部材料则保持冷态并能迅速传热，使表层急剧冷却，以自身淬火实现工件表面相变硬化。

（5）胶接修复技术

胶接就是通过胶黏剂将两个或两个以上的同质或不同质的物体连接在一起，它是通过物理或化学的作用来实现的。胶黏剂的种类很多，按照基本成分可分为有机胶黏剂和无机胶黏剂两类。

1）有机胶黏剂。由高分子有机化合物为基础组成的胶黏剂称为有机胶黏剂，包括天然胶黏剂和合成胶黏剂两类。天然胶黏剂黏附性能较差，通常不适合金属部件的胶接，如虫胶、天然橡胶等；合成胶黏剂一般由胶料、固化剂、增韧剂、增塑剂及填料等组成。通常采用以环氧树脂和热固性酚醛树脂为主要胶料的胶黏剂。

2）无机胶黏剂。机械维修中应用的无机胶黏剂主要是磷酸-氧化铜胶黏剂。这种胶黏剂能承受较高的温度（600~850℃），黏附性好，抗压强度达90MPa，套接抗拉强度达 50~80MPa，平面粘接抗拉强度为 8~30MPa，制造工艺简单，成本低，但脆性大，耐酸、碱性能差，可用于粘接内燃机缸盖进排气门座的裂纹、硬质合金刀头、套接折断钻头等。

随着胶接材料和胶接工艺的进步，胶接在再制造中的应用越来越被人们重视。

9.4.3 材料再资源化技术

材料的再资源化技术主要包括粉碎技术、材料的物理及化学分选技术、高分子材料热分解技术等。

1. 粉碎技术

粉碎是破碎和磨碎的统称。其中，破碎指产品粒度大部分在 5mm 以上的作业，磨碎指产品的粒度大部分在 5mm 以下的作业。粉碎的方法有包括常温机械粉碎、低温冷冻粉碎、半湿式粉碎、湿式粉碎等物理粉碎方法和包括爆破粉碎等化学粉碎方法。

常温机械粉碎是在一般的条件下，使用机械进行碎解的作业。

低温冷冻粉碎是利用低温或超低温技术使某些固体废物脆化粉碎的作业，在某些场合，特别是对橡胶、塑料及一些有毒有害固体废物的粉碎，这一技术十分有效。

半湿式粉碎是利用水来减少固体废物中某些组分的凝聚力，使通过机械更容易地进行破解的作业。一般当被粉碎物料的含水量大于 50%时，具有流动性的粉碎，称为湿式粉碎。

爆破粉碎指利用爆炸释放的能量破碎物料的作业。

上述粉碎方法中最常用的是常温机械粉碎。机械粉碎机的分类如图 9.4-10 所示。

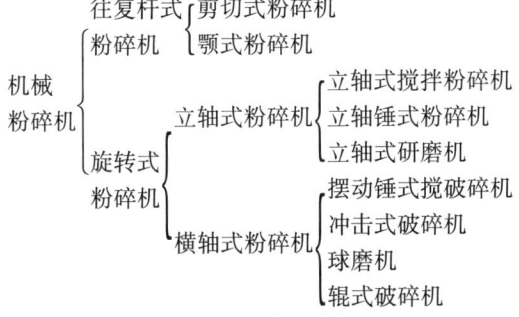

图 9.4-10 机械粉碎机的分类

（1）破碎设备

破碎设备主要分为颚式和锤式破碎机。图 9.4-11 所示为立轴锤式破碎机——托尔马什破碎机。固体废物从入料口送入，由于立轴的旋转，依靠撞击、剪切等切断作用，使固体废物碎解。破碎过程是在锤与箱内坚硬的衬板之间完成的，因此产品的尺寸取决于锤与衬板之间的空隙。大尺寸的物料、重金属及轮箍等顺着两侧的溜槽排出。

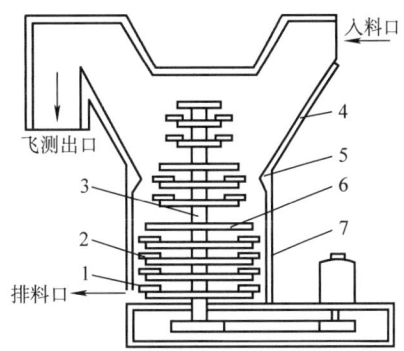

图 9.4-11 托尔马什破碎机
1—卸料盘 2—锤头 3—主轴 4—承料斗
5—颈口 6—转子 7—壳体

（2）磨碎设备

磨碎设备可分为横轴球磨机、立轴研磨机和立轴搅拌球磨机。其中球磨机如图 9.4-12 所示。当筒体转动时，介质（钢球）随着筒体转速变化，运动轨迹也发生变化。根据磨碎机的转速高低，可分为泻落、抛落、离心 3 种状态。在泻落和抛落状态时，钢球与物料之间产生研磨，使物料粉碎。

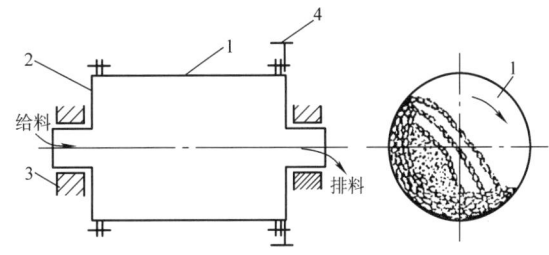

图 9.4-12 球磨机
1—筒体 2—端盖 3—轴承 4—大齿圈

2. 材料分选技术

为了有效、经济合理地利用资源，就需要对破碎后的物料进行分选。对固体物料的分选主要是根据物料不同组分之间的物理及化学性质差异而进行的。表 9.4-4 列出了分选可利用的物料性质和常用的分选方法。

表 9.4-4 分选可利用的物料性质和常用的分选方法

物料性质	分选方法	工艺
密度	重力分选	洗矿、分级、重介质分选、跳汰分选、摇床分选、溜槽分选、风力分选、磁流体分选等
磁性	磁力分选	弱磁场磁选机分选、强磁场磁选机分选、超导磁选机分选
导电性	电选	高压电选

（续）

物料性质	分选方法	工艺
湿润性	浮游分选	泡沫浮选、表层浮选、油浮选、油球团分选、粒浮、液-液分离、离子浮选、油膏分选等
颜色、光泽、放射性等	拣选	手选、测光拣选、X 射线激光检测拣选、放射性检测拣选、中子吸收检测拣选、光中子检测拣选、红外扫描热体拣选等

（1）重力分选

重力分选是借助于多种力的作用，实现按密度分离。在分选过程中，颗粒的粒度和形状也会对分选效果产生一定的影响。因此，最大限度地发挥密度的作用，限制颗粒的粒度和形状的影响，一直是重力分选理论研究的核心。重力分选过程必须在某种流体介质中进行，常用的介质有水、空气、重液或重悬浮液。重力分选主要有以下几种：

1）重介质分选。在密度大于 1000kg/m³ 的介质中进行的分选过程称为重介质分选。分选时，介质密度常选择在两种待分开的组分的密度之间，密度大于介质密度的颗粒将向下沉降，成为高密度产物，而密度小于介质密度的颗粒则向上浮起，成为低密度产物。工业生产中使用的重介质是由密度比较大的固体微粒分散在水中构成的重悬浮液，其中的高密度固体微粒起到了加大介质密度的作用，称为加重质。

重介质分选设备主要有鼓形重介质分选机（图9.4-13）、圆锥形重介质分选机、重介质振动溜槽、重介质旋流器和重介质涡流旋流器等。

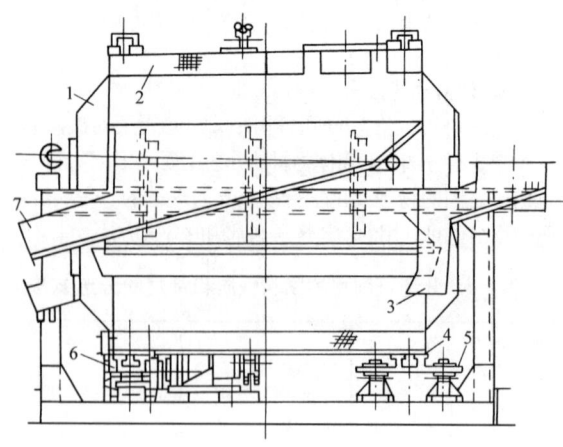

图 9.4-13　鼓形重介质分选机
1—转鼓　2—扬板　3—给料漏斗　4—托辊
5—挡辊　6—传动系统　7—高密度产物漏斗

2）跳汰分选。跳汰分选是在交变介质流中按密度分选固体物料的过程。跳汰分选是处理粗、中粒级固体物料的最有效方法，它的工艺简单，设备处理能力大，分选效率高，可经一次分选得到最终产品（成品产物或抛弃产物），所以应用范围十分广泛。按照推动水流在跳汰机内交变运动的方法，跳汰机可分为隔膜跳汰机、无活塞跳汰机和动筛跳汰机。图9.4-14所示为隔膜跳汰机的结构。跳汰机是利用偏心连杆机构或凸轮杠杆机构推动橡胶隔膜往复运动，迫使水流在跳汰室内产生脉动运动。当采用这种设备分选固体物料时，物料被送至跳汰室筛板上，形成一个比较密集的物料层，称作床层。水流上升时，床层被推动松散，使颗粒获得发生相对位移的空间条件；水流下降时，床层又逐渐恢复紧密。经过床层反复地松散和紧密，高密度颗粒进入下层，低密度颗粒进入上层。上层的低密度物料被水平流动的介质流带到设备之外，形成低密度产物；下层的高密度物料或者透过筛板，或者通过特殊的排料装置排出，成为高密度产物。

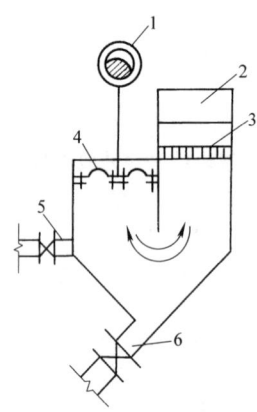

图 9.4-14　隔膜跳汰机的结构
1—偏心轮　2—跳汰室　3—筛板　4—橡胶隔膜
5—筛下给水管　6—筛下高密度产物排出管

3）摇床分选。摇床分选是在倾斜摇动的平面上，借助机械力与水流冲洗力的作用使颗粒产生运动，从而实现物料按密度分离。摇床的基本结构如图9.4-15所示。平面摇床的床面近似呈矩形或菱形，横向有 0.5°～5° 的倾斜，在倾斜的上方设有给料槽和冲水槽，习惯上把这一侧称为给料侧，与之相对应的一侧称为低密度产物侧；床面与传动机构连接的那一端称为传动端，与之相对应的那一端称为高密度产物端。床面上沿纵向布置有床条，其高度自传动端向高密度产物端逐渐降低，但自给料侧到低密度产物侧却是逐渐增高，而且在高密度产物端沿一条或两条斜线尖灭。摇床按照机械结构可分为 6-S 摇床、云锡式摇床、弹簧摇床和悬挂式多层摇床等。

当采用摇床分选密度较大的物料时，有效选别粒

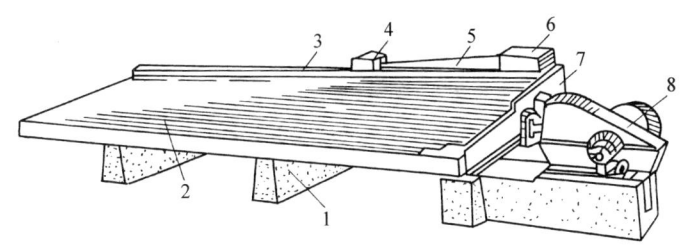

图 9.4-15 摇床的基本结构

1—机座 2—床面 3—冲水槽 4—冲水 5—给料槽 6—给料 7—传动端 8—传动装置

度范围为 3~0.02mm；当分选煤炭等密度较小的物料时，给料粒度上限可达 10mm。摇床的突出优点是分选精确度高，富集比高（最大可达 300 左右）；主要缺点是占地面积大，处理能力低。

4）溜槽分选。溜槽分选是借助在斜槽中流动的水流进行物料分选的方法。根据处理物料的粒度，可将溜槽分为粗粒溜槽和细粒溜槽两种。粗粒溜槽用于处理粒度为 2mm 以上的物料，选煤时给料最大粒度可达 100mm 以上。粗粒溜槽主要用于选别含金、铂、锡及其他稀有金属的砂矿。分选时，溜槽内的水层厚度为 10~100mm，水流速度较快，给料最大粒度可达数十毫米，槽底装有挡板或设置粗糙的铺物。细粒溜槽常用来处理粒度<2mm 的物料，其中用于处理粒度 0.074~2mm 物料的称为矿砂溜槽，用于处理粒度 <0.074mm 物料的称为矿泥溜槽。细粒溜槽的槽底一般不设挡板，仅有少数情况下铺设粗糙的纺织物或带格的橡胶板。槽内水层厚度大者为数毫米，小者仅有 1mm 左右。浆体以比较小的速度呈薄层流过设备表面，是处理细粒和微细粒级物料的有效手段，因而目前在生产中应用得非常广泛。溜槽分选设备的突出优点是结构简单，生产费用低，操作简便，特别适合处理高密度组分含量较低的物料。典型的溜槽分选设备有扇形溜槽、圆锥分选机、带式溜槽、40 层摇动翻床、横流带式溜槽、振摆带式溜槽、卧式离心分选机、离心盘选机、离心选金锥、螺旋分选机（图 9.4-16）等。

5）风力分选。以空气为介质的重力分选过程称为风力分选，主要用于干物料的分级、分选和除尘等。常用的风力分选设备有沉降箱、离心式分离器、风力跳汰机、风力摇床和风力尖缩溜槽等。其中，最简单的沉降箱结构如图 9.4-17 所示。这种设备设在风力运输管道的中途，借助沉降箱内过流断面的扩大，气流速度降低，使粗颗粒在箱中沉降下来。

（2）磁力分选

磁力分选是基于待分选物料中，不同组分磁性之间的差异而进行的。磁选过程如图 9.4-18 所示。物

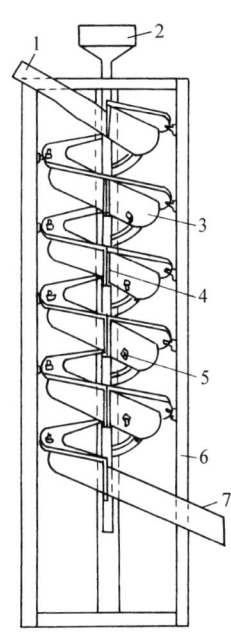

图 9.4-16 螺旋分选机

1—给料槽 2—冲洗水导管 3—螺旋槽 4—连接用法兰 5—高密度产物排出管 6—机架 7—低密度产物槽

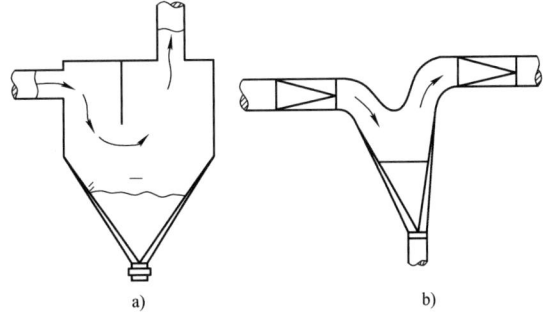

a) b)

图 9.4-17 最简单的沉降箱结构

a）带拦截板 b）不带拦截板

料中的磁性颗粒与非磁性颗粒分开，必须满足的条件是

$$F_m > \sum F_{机} \qquad (9.4\text{-}1)$$

式中　F_m——作用在磁性颗粒上的磁力；

　　　$\sum F_{机}$——作用在颗粒上的与磁力方向相反的所有机械力的合力。

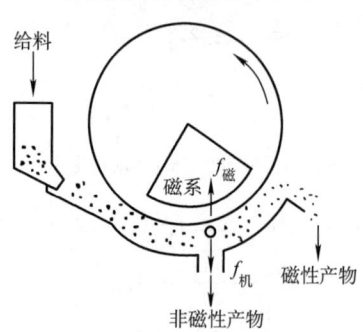

图 9.4-18　磁选过程

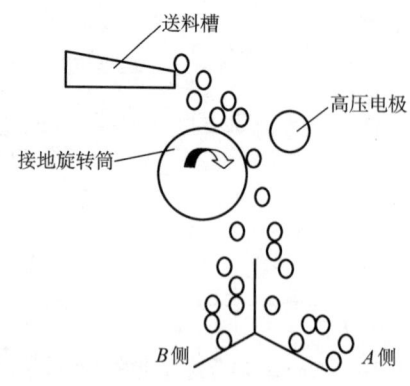

图 9.4-19　电选的原理

因此，磁力分选是利用磁力和机械力对不同磁性颗粒产生的作用不同而实现的。两种颗粒（或矿物）的磁性差别越大，越容易分离。

（3）电选

电选是利用物料电导率的差异，在高压电场的作用下达到分离目的。电选的原理如图 9.4-19 所示。物料经振动送料机均匀分散地投到接地旋转圆筒上，由于高压电极与接地旋转圆筒之间形成静电场，电导率大的被分离到 A 侧，电导率小的被分离到 B 侧，从而达到分离目的。

对某些细粒级或超细粒级的固体废物分选，如果要求分离出某些组分且分离纯度很高时，采用风力分选、重力分选等往往很困难。但是，利用混合组分电导率的差异，使用电选，就可以达到组分分离的目的，同时纯度很高。

（4）浮游分选

浮游分选，简称浮选，是以各种颗粒或粒子表面的物理化学性质的差别为基础，在气-液-固三相流体中进行分离的技术。浮游分选过程的结构框图如图 9.4-20 所示。首先使希望上浮的颗粒表面疏水，并与气泡（运载工具）一起在水中悬浮、弥散并相互作用，最终形成泡沫层，排出泡沫产品（疏水性产物）和槽中产品（亲水性产物），完成分离过程。

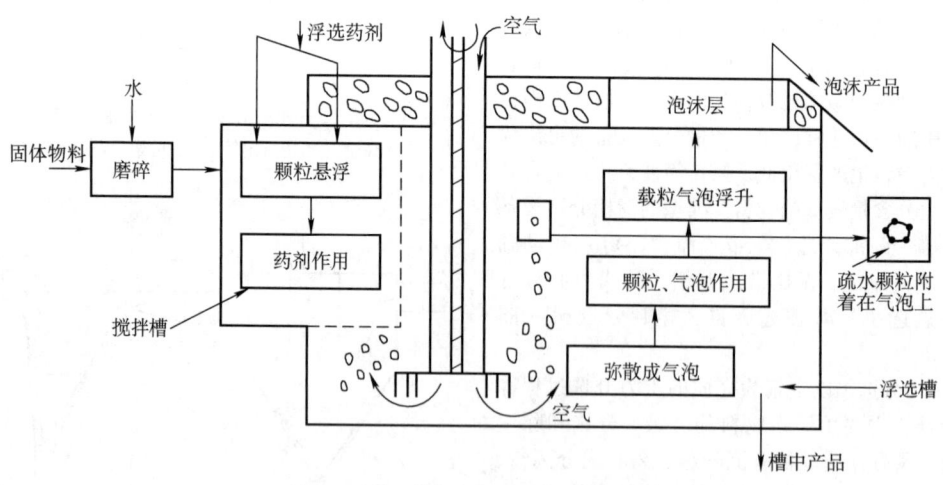

图 9.4-20　浮游分选过程的结构框图

浮选应用广泛，既可用于铜、锌、铅、铁、锰等金属矿物及石墨、重晶石、萤石、磷灰石等非金属矿物的分选，也可用于冶金工业中分离冶金中间产品或炉渣，从造纸废液中回收纤维，回收肥皂厂的油脂及分选染料等。

（5）拣选

拣选是利用各种物料（矿石）表面光性、磁性、电性、放射性等特性差异，使被分选物料呈单层（行）排列，逐一受检测器件的检测，检测信号经放大处理，驱动执行机构，使目的颗粒从主流中偏离出来，从而实现物料分选的一种方法。根据拣选所依据的物料物理特性，可以将其分为表面光性拣选、发光性拣选、磁性拣选、放射性拣选、射线吸收特性拣选和电性拣选等。图 9.4-21 所示为基于颜色不同进行拣选的光电拣选机。拣选主要用于分选块状和粒状物料，如非金属矿石和金属矿石、含放射性元素的矿石，以及煤、建筑材料、粮食、种子、食品等。其分选粒度上限可达 300mm，下限可小至 0.5mm。

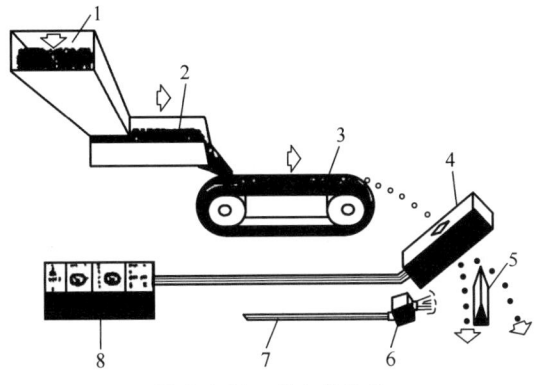

图 9.4-21　光电拣选机
1—给料漏斗　2—电振给料机　3—槽形给料带
4—光检测箱　5—产品分隔板　6—高速气阀
7—压缩空气管　8—电子控制箱

除了上述常用的分选方法，还有摩擦与弹跳分选。摩擦与弹跳分选是根据不同物料的摩擦因数和碰撞恢复系数之间的差异进行分选的一种方法。颗粒的摩擦因数是摩擦分选所依据的物料性质，其大小主要取决于物料的颗粒形状、粒度、温度及分选设备工作面的表面性质。表 9.4-5 列出了不同形状的颗粒沿覆有橡胶斜面的摩擦角；表 9.4-6 列出了几种矿物颗粒沿不同材料做的斜面的滑动摩擦因数。

表 9.4-5　不同形状颗粒沿覆有橡胶斜面的摩擦角

矿物名称	摩擦角/(°)	
	球形颗粒	片状颗粒
黑钨矿	28~36	44~47
石榴石	26~32	42~46
锡石	25~29	42~44
磁铁矿	24~27	40~42
石英	19~28	28~41

表 9.4-6　几种矿物颗粒沿不同材料
做的斜面的滑动摩擦因数

矿物名称	斜面材料			
	铁板	玻璃	木材	油漆布
赤铜矿	0.53	0.46	0.67	0.73
白钨矿	0.53	0.51	0.70	0.71
赤铁矿	0.54	0.47	0.67	0.74
石英	0.37	0.72	0.75	0.78
石棉	0.75			
蛇纹石	0.40			

3. 热分解技术

热分解又称热裂解，是利用有机物的热不稳定性，在缺氧条件下加热，使分子量大的有机物产生热裂解，转化为分子量小的燃料气、液体（油，油脂等）及残渣等。热分解与焚烧不同，焚烧只能回收热能，而热分解可从废物中回收可以储存、输送的能源（油或燃气等）。但是，由于废物的种类多、变化大、成分复杂，要稳定连续地进行热分解，在技术和运转操作上要求都必须十分严格。适于热分解和焚烧的废物见表 9.4-7。

表 9.4-7　适于热分解和焚烧的废物

适于热分解的废物	适于焚烧的废物
废塑料（含氟的除外）、废橡胶、废轮胎、废油及油泥（渣）、废有机污泥	纸、木材、纤维素、动物性残渣、无机污泥、有机粉尘、含氟有机废物、城市垃圾、其他各种混合废物

（1）热分解分类

根据加热方式不同，热分解可分为外热式分解和内热式分解两大类；根据操作温度可分为高温热分解和低温热分解；按目的产物可分为产气技术和产油技术；按热解炉的形式可分为回转炉、竖窑、移动床热解炉和流化床热解炉等方式。

（2）热分解设备

热分解设备主要有外热式回转炉、外热式竖井炉（竖窑）、外热式双塔流化炉、内热式单塔流化床炉、竖井式熔融热解炉、内热式气流热分解炉和内热式回转炉等。其中，外热式回转炉型热分解炉如图 9.4-22 所示。废物由螺旋加料器加人回转窑，回转窑外有加热炉，加热炉内部配置了喷嘴，由炉壁利用热辐射对窑加热。加热炉和窑完全隔开，窑稍向下倾斜，废物在窑内被间接加热而分解。燃气化的有机成分呈逆流由窑内排出，残留固形物（结炭）在窑下端由螺旋出料机排出。

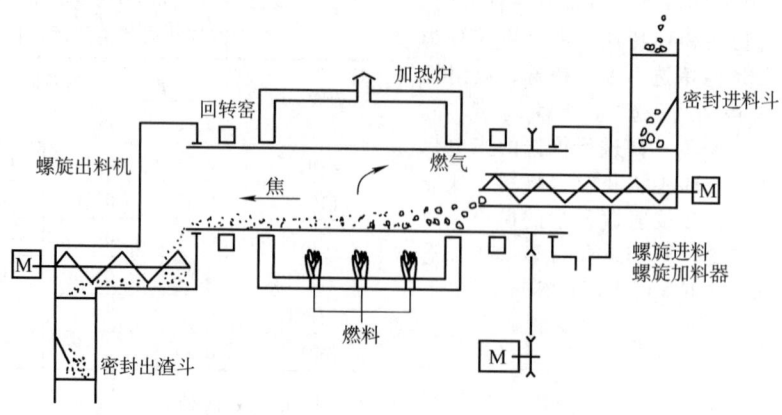

图 9.4-22　外热式回转炉型热分解炉

9.4.4　逆向物流简介

1. 逆向物流的驱动因素

随着废弃产品的迅猛增加，社会、企业和公众不得不面对废旧产品的回收处理问题。这种从消费者到生产者的新型的、与传统物流方向相反的物流就是现今各国广为关注的逆向物流问题。逆向物流的形成主要有 4 个方面的原因。

（1）法规强制

许多发达国家已经立法，强制生产商对其生产的产品的整个生命周期负责，要求他们回收处理所生产的产品和包装。欧共体在 1985 年就颁布了法令，要求其成员国回收饮料包装物。1991 年，德国颁布了包装回收法令，要求厂商回收所有销售物品的包装材料；1992 年 10 月 15 日，德国颁布了《电子废料法令》，要求生产商和零售商回收电子废料；2003 年 2 月 13 日，欧盟公布的《废弃电子电气设备指令》（WEEE）更是影响巨大。WEEE 指令要求，在欧盟成员国内，电子电气设备生产商在 2005 年 8 月 13 日以后，负责回收、处理废弃的产品，进口产品则须缴纳相应的回收费用。

我国是电子产品的生产和消费大国，国家有关部门从 2002 年左右开始进行相关规范的制定工作。2006 年 2 月，信息产业部牵头制定的《电子信息产品污染控制管理办法》正式发布，旨在从电子信息产品生产源头抓起，逐步实现整个产业链的污染防治；同年 4 月，环保总局发布了《废弃家用电器与电子产品污染防治技术政策》，以减少家用电器与电子产品的废弃量，提高资源再利用率，控制其在再利用和处置过程中的环境污染。2008 年，国务院发布了《废弃电器电子产品回收处理管理条例》，进一步规范废弃电器电子产品的回收处理活动，促进资源综合利用和循环经济发展。2010 年，环境保护部、工商

总局，质检总局发布了《家电以旧换新实施办法》，进一步促进扩大消费需求，提高资源能源利用效率，减少环境污染，促进节能减排和循环经济发展；同年，国家发展改革委、环境保护部、工业和信息化部发布了《废弃电器电子产品处理目录（第一批）》，将"四机一脑"列入处理目录；2015 年，国家发展改革委修订了处理目录，在"四机一脑"的基础上增加了 9 类电子产品。

（2）经济效益驱动

回收行为的产生最初是因为经济利益的吸引，如对废铁、废纸、饮料包装容器、废弃线路板等电子废料的回收等。废弃产品中的很多部件可以直接重用，或者经过检测和修理后作为备件或配件使用。因此，对企业的来说，通过废旧物品回收再利用，可以降低生产的成本，减少物料的消耗，直接增加企业的经济效益。

（3）生态效益驱动

废弃物处理的传统工艺主要包括填埋和焚烧两种，但这两种方法都会在一定程度上造成资源浪费和环境污染，特别是随着废弃物数量的迅猛增长，填埋场地远不能满足要求，迫切需要对废弃产品进行环境友好的回收和再利用。

（4）社会效益驱动

生产商通过回收利用废弃产品，迎了日益增长的环境保护的呼声，也符合了社会可持续发展的思路，这有利于企业树立良好的公众形象，获得巨大的社会效益。

此外，新的分销渠道的产生和日益宽松的退货政策也是逆向物流的重要驱动因素。目前，企业非常重视开发利用新的分销渠道，如电视购物、互联网和电子商务的直销。消费者在通过多种直销渠道购买商品的同时，也增加了退货的可能性，因为商品可能在运输过程中被损坏，或者由于实际物品与在电视或互联

网上看到的商品不同。直销给逆向物流增加了很大的压力。1997 年，Eisenhuth 的一份研究报告指出，一般零售商品的退货率在 5% ~ 10% 之间，而通过电视、互联网等直销的商品的退货率则高达 35%。

2. 逆向物流的定义

"逆向物流"的概念是 1992 年南佛罗里达大学工商管理学院的 J. R. Stock 教授在给美国物流管理协会（council of logistics management，CLM）的一份研究报告中提出的，他认为，逆向物流是一种包含了产品退回、物料替代、物品再利用、废弃处理、维修与再制造等过程的物流活动。之后，逆向物流经过 Stock、Kostechi 和 Rogers 等众多学者的研究和产业界的实践，已经成为供应链中一个独特的领域。

1999 年，美国逆向物流执行委员会主任、内华达州立大学物流管理中心的 Rogers 和 Tibben Lembke 博士出版了第一本逆向物流著作，即 *Going Backwards: Reverse Logistics Trends and Practices*，将逆向物流定义为，产品从消费地到获取产品价值或进行正确处置的地方的规划、执行和控制的过程。

2003 年，美国物流管理协会在对物流的最新定义中，认为，"物流是供应链的一部分，是为了满足客户的需求，而对产品、服务及相关信息进行的从产地到消费地的正向和逆向的高效低成本的规划、执行和控制过程。"该定义已经明确包含了"正向和逆向"的物流活动；同时，CLM 也给出了逆向物流的专门定义，"逆向物流是物流中一个特殊的环节，它关注于对消费者手中的产品和资源的流动和管理，包括产品的返修等。"

在（GB/T 18354—2021）《物流术语》中对逆向物流进行了专门的定义，逆向物流指为恢复物品价值、循环利用或合理处置，对原材料、零部件、在制品及产成品从供应链下游节点向上游节点反向流动，或者按特定的渠道或方式归集到指定地点所进行的物流活动。

狭义的逆向物流仅指对产品、零部件、运输容器、包装材料等回流物品的回收处理过程；广义的逆向物流包含从不再被消费者需求的废旧产品变成可重新使用的商品或材料的整个过程的所有活动，涉及企业的生产、销售及售后服务等方面，其作用是将消费者不再需求的废弃物运回到生产和制造领域，重新变成产品和材料，对资源实现最大限度地重复利用，从而构建一种循环的可持续经济。

3. 逆向物流的研究现状

逆向物流本身虽然不是一种新的事物，但最近 10 多年才真正受到重视并开展研究。对逆向物流问题的研究主要集中在以下 4 个方面。

（1）逆向物流概念和整体框架的探讨

美国阿肯色州立大学经管学院的 Peter M. Ginter（1978）很早就注意到了资源和能源短缺，以及大量固体废弃物所带来的环境污染问题。Peter 指出，未来企业要继续在这种环境下生存，必须调整他们的生产策略，如减少能耗、减少原材料消耗，以及重用回收的材料等。基于对这种情况的分析，Peter 提出了逆向分配渠道（reverse channel of distribution）的概念。在逆向分配渠道中，产品的使用者将变成"生产者"，而传统的制造商将变成"消费者"。北美 A. T. Kearney 咨询公司的副主席 M. Byrne（1993 年）在研究欧洲和美国的包装材料回收时，提出了逆向物流广义上的概念，Byrne 认为，逆向物流是为了避免对产品和包装材料进行填埋和焚烧处理而进行的连续的"回收"过程。美国 Cattan 集团物流与管理咨询组负责人 Giuntini 和 Andel（1995 年 2 月）发文讨论了逆向物流的多种概念和形式，Giuntini 认为，逆向物流正在影响用户的消费方式，社会正在进入一个"租赁"的时代，人们将购买产品的功能，而不是产品的所有权；同年 3 月，Giuntini 和 Andel 续文讨论了"6R"对逆向物流管理的重要性，认为"6R"是逆向物流能否成功实施的关键。这"6R"是认可（recognition）、修复/恢复（recovery）、检查与评审（review）、再利用的方式（renewal）、转卖或下线（removal）和对产品的再设计（Re-engineering）。通过对"6R"的讨论，Giuntini 认为，逆向物流管理正处在成形阶段的婴儿期。

（2）关于逆向物流系统建模的研究

荷兰鹿特丹伊拉兹马斯大学的 Kroon、Leo 和 Vrijens 等人（1995）研究了荷兰包装材料的逆向物流问题，建立了一个有五方参与的包装逆向物流系统，参与者分别是中央管理机构、物流服务机构、货物/包装配送者、接收者和运输者。Kroon 通过建立一个混合整数模型来解决系统的 4 个主要问题，即系统所需要的包装容器的数量；需要多少个包装容器仓库，这些仓库的位置如何规划；对配送、收集过程的组织；确定合理的配送和收集费用。美国罗德艾兰州立大学工业与制造工程所的 Sodhi 和 Reimer（2001）研究了电子废物的逆向物流问题，并从废物产生者、回收者和最终处理者 3 种不同的视角来建模，分析电子废物回收的经济性。美国堪萨斯州立大学经管学院的 Dennis 和 Chwen（2002）通过建立一个决策支持模型，研究了第三方物流提供者进入逆向物流领域的可行性问题。

（3）逆向物流中的配送、库存和运输问题的研究

荷兰鹿特丹伊拉兹马斯大学的 Kroon、Leo 和 Vrijens 等人（1995）对包装材料逆向物流研究的核心部分是逆向配送网络的规划问题，其逆向配送网络包括运输、维护和空包装容器的存储。Kroon 通过建立经典的选址模型来确定系统所需的包装容器数量、存储点的数量和位置；鹿特丹伊拉兹马斯大学的 Barros 和 Dekker 等人（1998）研究了从建筑废物中回收沙子的逆向配送网络问题；Del Castillo 和 Cochran（1996）研究了采用可重用包装来运送产品的配送网络规划问题。

在逆向物流系统中，产品配送、仓储、物料处理、运输路线选择、物流管理等都具有十分重要的意义，这些环节与逆向物流系统的运作成本和时间息息相关。

（4）企业逆向物流的实践

随着逆向物流的发展，逆向物流在钢铁、飞机、汽车、计算机、化学用品和医疗器械等行业开始应用。大众汽车公司（Cairncross. F，1992）建立了自己的汽车回收工厂，拆解一辆汽车耗时约 20min，同时还制订了回收玻璃和电子部件的计划。Giuntini 和 Andel（1995 年 4 月）指出，逆向物流将从 4 个方面对企业产生重要影响，即用户的满意度、原材料的投资与作业成本、材料的库存与配送成本、产品的设计。逆向物流不仅仅受到生产企业的重视，对于一些传统的运输公司，他们也在不断改变着自己的角色，有些公司发现逆向物流才是真正适合他们生存的空间。例如，Genco 公司原本是成立于 1898 年的老牌卡车货运公司，如今 Genco 公司已经成为了逆向物流业务的专业第三方服务提供商，它的转变来自越来越多的客户要求 Genco 公司来帮助处理返还的产品。

然而，逆向物流也并非受到所有企业的重视（Znne Zieger，2003），美国内华达州大学的两位教授曾对 100 多家公司进行了调查。调查结果显示，有接近 40% 的公司认为逆向物流和公司的其他事务相比并不重要；34.3% 的公司认为这是因为公司技术方面的原因，剩下的约 1/3 的公司认为这只是公司的策略问题。

4. 逆向物流的发展展望

从当前对逆向物流的研究来看，虽然取得了一些成果，但主要以定性和个案研究为主，并且限于独立的逆向物流系统，没有将逆向物流系统与传统的正向物流系统结合起来，尚未形成完整的理论体系。

此外，由于受到逆向物流中不确定因素的干扰，以及信息制约等，现有的文献大多限于对问题的静态、单一运作情况的考虑，而对系统的信息结构和决策结构涉及较少。随着信息技术和网络技术的发展，新的经营方式的不断引入，为构建逆向物流系统，以及实现逆向物流与传统物流系统的结合提供了条件。从逆向物流的发展来看，有以下几个方面可以做进一步的研究。

1）从个案中总结出逆向物流系统设计的一般性原则，从理论上建立完整的系统结构框架。

2）逆向物流系统中信息的管理与共享，正逆向物流系统的整合、通信与优化。

3）逆向物流系统中成员的关系，包括决策权力的调配和利润的分配。

4）网络环境下逆向物流系统的重构及业务流程的优化重组等。

我国对逆向物流的研究起步较晚，逆向物流的发展还处于早期阶段，而对逆向物流的研究将成为以后一个研究热点问题。

9.5 有关绿色制造的国际标准

9.5.1 ISO 14000 系列标准的形成背景

面对日益严重的环境污染问题，世界各国及许多有识之士都在不断地探索协调环境与发展的对策。从 20 世纪 80 年代起，美国和西欧的一些公司为了响应持续发展的号召，减少污染，提高在公众中的形象以获得经营支持，开始建立各自的环境管理方式，这是环境管理体系的雏形。1985 年，荷兰率先提出建立企业环境管理体系的概念，1988 年试行，1990 年开展标准化和许可制度。1990 年，欧盟在慕尼黑的环境圆桌会议上专门讨论了环境审核问题。英国也在 BS 5750《质量体系》标准基础上制定了 BS 7750《环境管理体系规范》。英国的 BS7750 和欧盟的环境审核实施后，欧洲的许多国家纷纷开展认证活动，由第三方认证企业的环境绩效。这些实践活动奠定了 ISO 14000 系列标准产生的基础。1993 年 6 月，国际标准化组织（ISO）成立了 ISO/TC 207 环境管理技术委员会，正式开展环境管理系列标准的制定工作，以规范企业和社会团体等所有组织的活动、产品和服务的环境行为，支持全球的环境保护工作。

9.5.2 ISO 14000 系列标准的内容及特点

1. ISO 14000 的内容

ISO 14000 系列标准是个庞大的标准体系。ISO 环境管理技术委员给 14000 系列标准共预留了 100

个标准号。该系列标准共分 7 个系列，其编号为 ISO 14001-14100，见表 9.5-1。已经颁布的 ISO 14000 系列标准见表 9.5-2。

表 9.5-1　ISO 14000 系列标准的标准号分配表

标准号	标准内容
14001～14009	环境管理体系（EMS）
14010～14019	环境审核（EA）
14020～14029	环境标志（EL）
14030～14039	环境行为评价（EPE）
14040～14049	生命周期评价（LCA）
14050～14059	术语和定义（T&D）
14060	产品标准中的环境因素（ESAPS）
14061～14100	备用

表 9.5-2　已经颁布的 ISO 14000 系列标准

标准号	颁布时间	标准名称
ISO 14001	1996	环境管理体系—规范及使用指南
ISO 14004	1996	环境管理体系—原则、体系和支持技术通用指南
ISO 14010	1996	环境审核指南—通用原则
ISO 14011	1996	环境审核指南—审核程序—环境管理体系审核
ISO 14012	1996	环境审核指南—审核员资格要求
ISO 14015	2001	环境管理—组织和现场的环境评价
ISO 14020	1998	环境标志和声明—通用原则
ISO 14021	1999	环境标志和声明—自行声明的环境申诉（Ⅱ型环境标志）
ISO 14024	1999	环境标志和声明—Ⅰ型环境标志和声明—原则与程序
ISO/TR14025	2000	环境标志和声明—Ⅲ型环境声明
ISO 14031	1999	环境管理—环境绩效评估—指导纲要
ISO/TR14032	1999	环境管理—环境绩效评估案例（EPE）
ISO 14040	1997	环境管理—生命周期评价—原则与框架
ISO 14041	1998	环境管理—生命周期分析—目标和范围的界定及清单分析

（续）

标准号	颁布时间	标准名称
ISO 14042	2000	环境管理—生命周期分析—生命周期影响评价
ISO 14043	2000	环境管理—生命周期分析—解释
ISO/TR14049	2000	ISO 14041 目标、范围、定义和清单分析的应用实例
ISO 14050	1998	环境管理—术语和概念
ISO/TR14061	1998	帮助林业组织应用 ISO 14001 和 ISO 14004 环境管理体系标准的信息
ISO/TR14062	2002	环境管理—在设计产品过程中考虑环境因素

ISO 14000 作为一个多标准组合系统，按标准性质可分为以下 3 类。

第 1 类：基础标准—术语标准。

第 2 类：基本标准—环境管理体系、规范、原理、应用指南。

第 3 类：支持技术类标准（工具），包括环境审核、环境标志、环境行为评价、生命周期评价。

如果按标准的功能，可以分为以下两类。

第 1 类：评价组织，包括环境管理体系、环境行为评价、环境审核。

第 2 类：评价产品，包括生命周期评价、环境标志、产品标准中的环境因素。

ISO 14001 是 ISO 14000 系列标准中的主体标准，它规定了组织建立环境管理体系的要求，明确了环境管理体系的诸要素，根据组织确定的环境方针、目标、活动性质和运行条件，将本标准的所有要求纳入组织的环境管理体系中。该项标准向组织提供的体系要素或要求适用于任何类型和规模的组织。该标准要求组织建立环境管理体系，必须据此建立一套程序来确立环境方针和目标，实现并向外界证明其环境管理体系的合理性，以达到支持环境保护和预防污染的目的。

2. ISO 14000 系列标准的特点

作为国际标准，ISO 14000 的一个重要特点是，它从制订开始到表决通过、公布，要经历一个严格的过程，并至少须取得 75% 参加表决的成员团体同意才能正式通过。它所具有的基本特点如下：

1）广泛适用。ISO 14001 系列标准适用于任何类型与规模的组织，并适用于各种地理、文化和社会条件。具体地说，它不但适用于发达国家和发展中国家，而且适用于第一产业、第二产业、第三产业、科研机构、学校、机关、团体等各行各业，也适用于大、中、小型企业。各类组织都可以按标准所要求的内容建立并实施环境管理体系，也可向认证机构申请认证。

ISO 14000 系列标准涵盖了企业的各个管理层次：生命周期评价（ISO 14040 ~ ISO 14049）可用于产品及包装的设计开发，绿色产品的优选；环境行为评价（ISO 14030 ~ ISO 14039）可用于企业决策，以选择有利于环境和市场风险更小的方案；环境标志（ISO 14020 ~ ISO 14029）有助于企业树立环境形象；环境管理体系（ISO 14001 ~ ISO 14009）则直接作用企业深层管理，全面提高其环境意识。因此，ISO 14000 系列标准实际上构成了整个企业的环境管理构架。

2）自愿性原则。ISO 14000 系列标准的应用是基于自愿原则。国际标准只能转化为各国国家标准而不等同于各国法律法规，不可能要求组织强制实施，因而也不会增加或改变一个组织的法律责任。组织可根据自己的经济、技术等条件选择采用。自愿性是对政府实现环境目标的一种补充。

3）预防污染。ISO 14000 系列标准从头到尾一直贯穿"预防为主"的思想，强调在生产全过程中控制污染，实施以节能、降耗、减污为目标的清洁生产、环境标志和产品生命周期评价等制度。

4）持续改进。ISO 14000 系列标准没有对最高限值提出要求，而主要是强调企业的环境保护与污染预防要不断完善与改进，做到开放式地螺旋上升，因此 ISO 14000 系列标准是一种自评自比的改进模式。

5）管理型标准。ISO 14000 系列标准对污染因子的标准数值不做定量规定，也不对环境行为做具体要求，而只对环境方针、目标、措施、审核、检查、纠正，以及运行机制等管理方面的问题提出要求。

6）注重体系功能。ISO 14000 系列标准不只以单一的环境要素和污染因子为对象，而更为注重整个企业环境管理体系的功能、作用，自始至终强调体系（法律、法规、标准和企业的实际情况）的合理性、完整性和持续适应性。

7）强调文件的系统化、程序化和规范化。ISO 14000 系列标准要求所有要素都要形成系统化、程序化和规范化的文件，并传达到有关职工，以便于实施、检查、评估、可追溯（查找原因、追究责任）。

8）第三方认证。所谓第三方认证是除申请认证的企业和与其有关的相关方的且具有资格的其他非官方机构，依据 ISO 14001 标准对企业环境管理体系所进行的认证。它是为实施环境标志制度而提出的审核认证制度；它要求企业自愿申请，不受行政干预。

9.6　有关绿色制造的国家标准

9.6.1　我国绿色制造标准体系的形成背景

我国是制造业大国，经过几十年的努力，已建成了门类较为齐全、结构较为完整的产业体系，制造业规模稳居世界第一，转型升级初见成效，但与世界先进水平相比，我国制造业的资源环境问题仍较为突出，尚未进入可持续发展的良性循环阶段。特别是在产业深度融合背景下，生产制造过程的连续性、相关性特征在不断增强，制造业绿色发展模式朝着系统性、综合性方向发展，需要建立相应的综合性标准体系以支撑绿色制造。

在这样的背景之下，工业和信息化部、国家标准化管理委员会于 2016 年 9 月 7 日共同组织和发布了《绿色制造标准体系建设指南》，以贯彻落实《中国制造 2025》战略部署，全面推行绿色制造，进一步发挥标准的规范和引领作用，以推进绿色制造标准化工作。

9.6.2　我国绿色制造标准体系的概况

工业和信息化部、国家标准化管理委员会发布的《绿色制造标准体系建设指南》是为落实《中国制造 2025》和《装备制造业标准化和质量提升规划》，全面推行绿色制造战略任务，实施绿色制造标准化提升工程而建立的综合标准化体系，具有明确的目标导向性，与《工业和通信业节能与综合利用领域技术标准体系建设方案》（工信厅节〔2014〕149 号）相互补充。

绿色制造标准体系的构建应坚持"引导性、协调性、系统性、创新性、国际性"五项基本原则，由综合基础、绿色产品、绿色工厂、绿色企业、绿色园区、绿色供应链和绿色评价与服务 7 部分构成。综合基础是绿色制造实施的基础与保障，产品是绿色制造的成果输出，工厂是绿色制造的实施主体和最小单元，企业是绿色制造的顶层设计主体，园区是绿色制造的综合体，供应链是绿色制造各环节的链接，评服务是绿色制造的持续改进手段。绿色制造标准体系构建模型如图 9.6-1 所示。

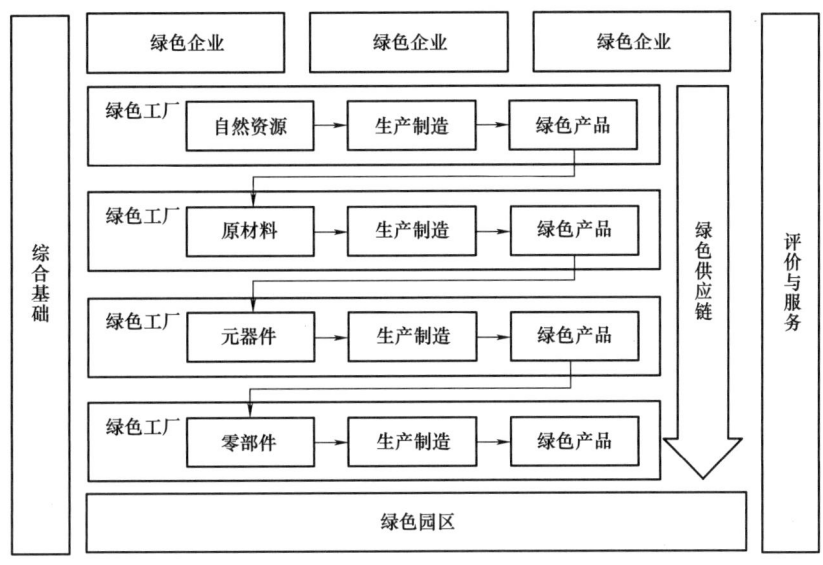

图 9.6-1 绿色制造标准体系构建模型

在绿色产品领域,标准化工作经历了从单一维度到多维度、定性与定量逐步融合的发展过程。在产品能效方面,美国能源之星(energy star)在国际上产生了广泛的影响力,并得到多国政府采购的采信,我国制定的 GB 21520—2015《计算机显示器能效限定值及能效等级》等 60 余项产品能效限定值及能效等级强制性国家标准也得到了国内普遍认可;在有害物质限制使用方面,欧盟关于电子电器设备中限制使用有害物质的指令(RoHS)及配套标准是有害物质管控的引领者,我国也制定了 GB/T 26572—2011《电子电气产品中限用物质的限量要求》等有害物质限量要求、测试、标识、管理等国家和行业推荐性标准,在国内国外均形成了较强的影响力。

在综合管控方面,IEEE 1680 系列标准从定性角度综合评价了绿色产品,并得到美国电子产品环境评价工具(EPEAT)12 的采用,欧盟产品环境足迹(PEF)基于生命周期评价方法从定量角度综合规范了绿色产品。我国发布的 GB/T 32161—2015《生态设计产品评价通则》、GB/T 32162—2015《生态设计产品标识》及 GB/T 32163.1—2015《生态设计产品评价规范 第 1 部分:家用洗涤剂》等系列的具体产品生态设计评价技术规范,从定性和定量两个角度综合评价产品全生命周期的资源环境影响,指导我国绿色产品的设计制造。

参 考 文 献

[1] 联合国环境规划署(UNEP).全球环境展望报告 5 企业版:不断变化的环境对企业的影响 [R].内罗毕:UNEF,2015.

[2] 联合国开发计划署.2014 年人类发展报告:促进人类持续进步 降低脆弱性,增强抗逆力 [R].内罗毕:UNDP,2015.

[3] 刘光复,刘志峰.绿色制造 [M].北京:中国科学文化出版社,1999.

[4] 张根保等.清洁化生产的原理与方法 [M].四川:四川科技出版社,2001.

[5] 刘志峰.干切削加工技术及应用 [M].北京:机械工业出版社,2005.

[6] 武军,李和平.绿色包装 [M].北京:中国轻工业出版社,2000.

[7] 吴波.包装容器结构设计 [M].北京:化学工业出版社,2001.

[8] 曹华军,李洪丞,曾丹,等.绿色制造研究现状及未来发展策略 [J].中国机械工,2020,31(02):135-144.

[9] 吴彤彤,吴金卓,王卉,等.缓冲包装材料经济性与环境影响评价研究进展 [J].包装工程.2021,42(09):17-24.

[10] 邓南圣,王小兵.生命周期评价 [M].北京:化学工业出版社环境科学与工程出版中心,2003.

[11] 顾新建,顾复.产品生命周期设计 [M].北京:机械工业出版社,2017.8.

[12] 山本良一.环境材料 [M].王天民,译.北京:化学工业出版社,1997.

[13] 刘爽,梁瀚颖,刘雪松,等.2020 年环境材料

与技术热点回眸［J］．科技导报，2021，39（01）：174-184.

［14］顾海澄，何家文．节约金属材料手册［M］.北京：机械工业出版社，1995.

［15］江红辉．节能技术实用全书：上［M］.北京：科学技术文献出版社，1993.

［16］徐烈．绝热技术［M］.北京：国防工业出版社，1990.

［17］菅沼克昭．无铅焊接技术［M］.宁晓山，译．北京：科学出版社，2004.

［18］张庆荣，李太杰．工程机械修理学［M］.北京：人民交通出版社，1979.

［19］DOWLATSHAHI S. Developing a Theory of Reverse Logistics［J］.Interfaces：May/Jun 2000：30，3.

［20］GIUNTINI R，ANDEL T. Master the six R's of reverse logistics：Part2［J］.Transportation and Distribution，1995，36（3）：93-98.

［21］魏德洲．固体物料分选学［M］.北京：冶金工业出版社，2000.

［22］维西林德．资源回收工程原理［M］.赖莫，吴柏青，等译．北京：机械工业出版社，1985.

［23］徐滨士.21世纪的再制造工程［J］.中国机械工程，2000，11（1-2）：36-38.

［24］张利民，姜伟立，吴海锁．清洁生产与ISO 14000［M］.北京：中国环境科学出版社，2003.

［25］张昆．基于绿色设计的产品模块化研究［J］.机械设计，2002，19（09）：5-6.

［26］唐涛，刘志峰，刘光复，等．绿色模块化设计方法研究［J］.机械工程学报，2003，39（11）：149-154.

［27］王洪磊．基于能量流分析的典型机电产品节能降耗设计方法研究［D］.北京：清华大学，2011.

［28］华为投资控股有限公司.2020年可持续发展报告［R］.（2020-01-01）[2020-12-31].http：//www.huawei.com. 2020.

［29］Apple公司.2020年环境进展报告：对2019财年的全面回顾［R］.加利福尼亚：Apple Inc.，2020.

［30］Apple公司.2021年环境进展报告：对2020财年的全面回顾［R］.加利福尼亚：Apple Inc.，2021.

［31］中国家用电器研究院．中国废弃电器电子产品回收处理及综合利用行业白皮书2019［R］.（2019-05-08）[2020-05].http：//www.weee-epr.org.

第 10 章

常用标准与资料

主　编　王永泉（湖北汽车工业学院）
参　编　何　理（湖北汽车工业学院）
　　　　曹占龙（湖北汽车工业学院）
　　　　宋　俊（湖北汽车工业学院）
　　　　张　荻（湖北汽车工业学院）

10. 1　一般资料

10.1.1　希腊字母（表 10.1-1）

表 10.1-1　希腊字母（摘自 GB/T 3101—1993）

近似读音	正 体		斜 体		近似读音	正 体		斜 体	
	大写	小写	大写	小写		大写	小写	大写	小写
啊耳发	A	α	A	α	纽	N	ν	N	ν
贝塔	B	β	B	β	克西	Ξ	ξ	Ξ	ξ
嘎马	Γ	γ	Γ	γ	奥密克戎	O	o	O	o
得耳塔	Δ	δ	Δ	δ	派	Π	π	Π	π
艾普西龙	E	ε, ϵ	E	ε, ϵ	柔	P	ρ	P	ρ
截塔	Z	ζ	Z	ζ	西格马	Σ	σ	Σ	σ
衣塔	H	η	H	η	滔	T	τ	T	τ
西塔	Θ	θ, ϑ	Θ	θ, ϑ	依普西龙	Υ	υ	Υ	υ
约塔	I	ι	I	ι	费衣	Φ	ϕ, φ	Φ	ϕ, φ
卡帕	K	κ	K	κ	喜	X	χ	X	χ
兰姆达	Λ	λ	Λ	λ	普西	Ψ	ψ	Ψ	ψ
谬	M	μ	M	μ	欧米嘎	Ω	ω	Ω	ω

10.1.2　国内标准现行代号和标准化技术工作机构（表 10.1-2～表 10.1-4）

1. 国家标准代号（表 10.1-2）

表 10.1-2　国家标准代号

序号	代号	含义	管理部门
1	GB	中华人民共和国强制性国家标准	国家标准化管理委员会
2	GB/T	中华人民共和国推荐性国家标准	国家标准化管理委员会
3	GB/Z	中华人民共和国国家标准化指导性技术文件	国家标准化管理委员会

2. 行业标准代号（表 10.1-3）

表 10.1-3　行业标准代号

序号	代号	行业标准类别	管理部门	序号	代号	行业标准类别	管理部门
1	AQ	安全生产	应急管理部	10	DZ	地质矿产	自然资源部
2	BB	包装	工业和信息化部	11	EJ	核工业	国家国防科技工业局
3	CB	船舶	国家国防科技工业局	12	FZ	纺织	工业和信息化部
4	CH	测绘	国家测绘局	13	GA	公共安全	公安部
5	CJ	城镇建设	住房和城乡建设部	14	GH	供销	中华全国供销合作总社
6	CY	新闻出版	国家新闻出版广电总局	15	GJB	国军标	军委装备发展部
7	DA	档案	国家档案局	16	GY	广播电视电影	国家广播电视总局
8	DB	地震	中国地震局	17	HB	航空	国家国防科技工业局
9	DL	电力	国家能源局	18	HG	化工	工业和信息化部

（续）

序号	代号	行业标准类别	管理部门	序号	代号	行业标准类别	管理部门
19	HJ	环境保护	生态环保部	44	SH	石油化工	工业和信息化部
20	HS	海关	海关总署	45	SJ	电子	工业和信息化部
21	HY	海洋	自然资源部	46	SL	水利	水利部
22	JB	机械	工业和信息化部	47	SN	进出口商检	海关总署
23	JC	建材	工业和信息化部	48	SY	石油天然气	国家能源局
24	JG	建筑工业	住房和城乡建设部	49	SY（1000号后）	海洋石油天然气	国家能源局
25	JGJ	建工行标	住房和城乡建设部				
26	JR	金融	人民银行	50	TB	铁道	国家铁路局
27	JT	交通	交通运输部	51	TD	土地管理	国土资源部
28	JY	教育	教育部	52	TY	体育	国家体育总局
29	LB	旅游	文化和旅游部	53	WB	物资管理	国家发展和改革委员会
30	LD	劳动和劳动安全	人力资源和社会保障部	54	WH	文化	文化和旅游部
31	LS	粮食	国家粮食和物资储备局	55	WJ	兵工民品	国家国防科技工业局
32	LY	林业	国家林业和草原局	56	WM	外经贸	商务部
33	MH	民用航空	中国民用航空局	57	WS	卫生	国家卫生健康委员会
34	MT	煤炭	国家煤矿安全监察局	58	WW	文物保护	国家文物局
35	MZ	民政	民政部	59	XB	稀土	工业和信息化部
36	NB	能源	国家能源局	60	YB	黑色冶金	工业和信息化部
37	NY	农业	农业农村部	61	YC	烟草	国家烟草专卖局
38	QB	轻工	工业和信息化部	62	YD	邮电通信	工业和信息化部
39	QC	汽车	工业和信息化部	63	YS	有色金属	工业和信息化部
40	QJ	航天	国家国防科技工业局	64	YY	医药	国家药品监督管理局
41	QX	气象	中国气象局	65	YZ	邮政	国家邮政局
42	SB	商业	商务部	66	ZY	中医药	国家中医药管理局
43	SC	水产	农业农村部				

3. 地方和企业标准代号（表 10.1-4）

表 10.1-4　地方和企业标准代号

序号	代号	含　义	管理部门
1	DB+省级行政区划代码前两位	中华人民共和国强制性地方标准	省级市场监督管理局
2	DB+省级行政区划代码前两位/T	中华人民共和国推荐性地方标准	省级市场监督管理局
3	Q+企业代号	中华人民共和国企业标准	企业

4. 全国专业标准化技术委员会名录（表 10.1-5，来自全国标准信息公共服务平台）

表 10.1-5　全国专业标准化技术委员会名录

序号	标委会编号	名称	分标委数量	秘书处挂靠单位	地址和邮编
1	TC1	电压电流等级和频率		中机生产力促进中心	北京市海淀区首体南路 2 号，100044

（续）

序号	标委会 编号	名称	分标委 数量	秘书处挂靠单位	地址和邮编
2	TC2	微电机		西安微电机研究所	西安市高新区上林苑四路 36 号，710117
3	TC3	液压气动	4	北京机械工业自动化研究所有限公司	北京市西城区德胜门外教场口一号 9 号楼，100120
4	TC4	信息与文献	4	中国科学技术信息研究所	北京市复兴路 15 号，100038
5	TC5	涂料和颜料	7	中海油常州涂料化工研究院有限公司	北京市海淀区西土城路 8 号，100088
6	TC6	集装箱		交通运输部水运科学研究院	北京市海淀区西土城路 8 号，100088
7	TC7	人类工效学		中国标准化研究院	北京市海淀区知春路 4 号，100191
8	TC8	电工电子产品环境条件与环境试验	2	中国电器科学研究院股份有限公司	广州市科学城开泰大道天泰一路 3 号，510663
9	TC9	防爆电气设备	7	南阳防爆电气研究所有限公司	南阳市仲景北路 20 号，473008
10	TC10	医用电器	5	上海市医疗器械检测所	上海市浦东新区国际医学园区金银花路 1 号，201321
11	TC12	海洋船	7	中国船舶工业集团公司第 708 研究所	上海市西藏南路 1688 号，200011
12	TC15	塑料	8	中蓝晨光成都检测技术有限公司	成都市人民南路四段 30 号，610041
13	TC16	量和单位	8	中国计量科学研究院国际合作办公室	北京市北三环东路 18 号，100013
14	TC17	声学	4	中国科学院声学研究所	北京市北四环西路 21 号，100190
15	TC18	真空技术		沈阳真空技术研究所有限公司	沈阳市大东区万柳塘路 2 号，110042
16	TC19	轮胎轮辋	4	北京橡胶工业研究设计院	北京市海淀区阜石路甲 19 号，100143
17	TC20	能源基础与管理	10	中国标准化研究院	北京市海淀区知春路 4 号，100191
18	TC21	统计方法应用	7	中国标准化研究院	北京市海淀区知春路 4 号，100191
19	TC22	金属切削机床	13	北京机床研究所	北京市朝阳区望京路 4 号，100102
20	TC23	电声学		中国电子科技集团公司第三研究所	北京市朝阳区酒仙桥北路乙 7 号，100015
21	TC24	电工电子产品可靠性与维修性		工业和信息化部电子第五研究所	广州市天河区东莞庄路 110 号可标委秘书处，510610
22	TC25	电气安全		中国电器工业协会	北京市丰台区南四环西路 188 号 12 区 30 号楼，100070
23	TC26	旋转电机	3	上海电器科学研究院	上海市普陀区武宁路 505 号 9 号楼 6 楼，200063

（续）

序号	标委会编号	名称	分标委数量	秘书处挂靠单位	地址和邮编
24	TC27	电气信息结构、文件编制和图形符号	2	中机生产力促进中心	北京市海淀区首体南路 2 号，100044
25	TC28	信息技术	19	中国电子技术标准化研究院	北京市东城区安定门东大街 1 号，100007
26	TC30	核仪器仪表	3	核工业标准化研究所	北京市阜成路 43 号，100048
27	TC31	气瓶	8	北京天海工业有限公司	北京市朝阳区北四环中路 6 号华亭嘉园 A 座 5E，100029
28	TC33	模具	1	桂林电器科学研究院有限公司	桂林市七星区东城路 8 号，541004
29	TC34	电工电子设备结构综合		机械工业北京电工技术经济研究所	北京市丰台区南四环西路 188 号 12 区 30 号楼，100070
30	TC35	橡胶与橡胶制品	13	沈阳橡胶研究设计院有限公司	沈阳市铁西区兴顺街九号，110021
31	TC36	带电作业		中国电力科学研究院有限公司	武汉市洪山区珞喻路 143 号，430074
32	TC37	农作物种子	4	全国农业技术推广服务中心	北京市朝阳区麦子店街 20 号，100026
33	TC38	微束分析	1	中国科学院化学研究所	北京中关村北一街 2 号，100190
34	TC39	纤维增强塑料	1	北京玻璃钢研究设计院有限公司	北京市延庆县康庄镇南 261 信箱，102101
35	TC41	木材	3	中国林业科学研究院木材工业研究所	北京市海淀区香山路中国林科院木材所，100091
36	TC42	煤炭	5	煤炭科学技术研究院有限公司	北京市和平里青年沟路 5 号，100013
37	TC43	导航设备		中国电子科技集团公司第二十研究所	西安市雁塔区白沙路 1 号二十所，710068
38	TC44	变压器		沈阳变压器研究院股份有限公司	沈阳市沈北新区虎石台南大街 20 号，110122
39	TC45	电力电容器		西安高压电器研究院有限责任公司	西安市西二环北段 18 号，710077
40	TC46	家用电器	19	中国家用电器研究院	北京市西城区月坛北小街 6 号，100053
41	TC47	印制电路		中国电子技术标准化研究院	北京市安定门东大街 1 号，100007
42	TC48	塑料制品	3	轻工业塑料加工应用研究所	北京市海淀区阜成路 11 号北京工商大学（东校区）耕耘楼 9907 室，100048
43	TC49	包装	4	中国包装联合会	北京市朝阳区建国路 99 号中服大厦 10 层，100020
44	TC50	风力机械		中国农业机械化科学研究院呼和浩特分院有限公司	呼和浩特市赛罕区山丹街 2 号农机院科研楼，010000

（续）

序号	标委会编号	名称	分标委数量	秘书处挂靠单位	地址和邮编
45	TC51	绝缘材料	2	桂林电器科学研究院有限公司	桂林市七星区东城路 8 号，541004
46	TC52	齿轮		郑州机械研究所有限公司	郑州市嵩山南路 81 号，450052
47	TC53	机械振动、冲击与状态监测	3	郑州机械研究所有限公司	郑州市嵩山南路 81 号，450052
48	TC54	铸造	8	沈阳铸造研究所有限公司	沈阳市铁西区云峰南街 17 号，110022
49	TC55	焊接	3	哈尔滨焊接研究院有限公司	哈尔滨市松北区创新路 2077 号，150028
50	TC56	无损检测		上海材料研究所	上海市邯郸路 99 号，200437
51	TC57	金属与非金属覆盖层	6	武汉材料保护研究所有限公司	武汉市宝丰二路 126 号，430030
52	TC58	核能	4	核工业标准化研究所	北京市 982 信箱，100091
53	TC59	图形符号	1	中国标准化研究院	北京市海淀区知春路 4 号，100191
54	TC60	电力电子系统和设备	6	西安电力电子技术研究所	西安市朱雀大街 94 号，710061
55	TC61	林业机械		国家林业局哈尔滨林业机械研究所	哈尔滨市南岗区学府路 374 号，150086
56	TC62	语言与术语	4	中国标准化研究院	北京市海淀区知春路 4 号，100191
57	TC63	化学	10	中国石油和化学工业联合会	北京市朝阳区安慧里四区 16 号楼，100723
58	TC64	食品工业	3	中轻食品工业管理中心	北京市西城区阜外大街乙 22 号，100833
59	TC65	高压开关设备		西安高压电器研究院有限责任公司	西安市西二环北段 18 号，710077
60	TC66	人造板机械		国家林业局北京林业机械研究所	北京市朝阳区安苑路 20 号世纪兴源大厦，100029
61	TC67	电器附件	2	中国电器科学研究院股份有限公司	广州市科学城开泰大道天泰一路 3 号，510663
62	TC68	电动工具	1	上海电动工具研究所（集团）有限公司	上海市徐汇区桂箐路 19 号，200233
63	TC69	铅酸蓄电池		沈阳蓄电池研究所	沈阳市经济技术开发区二十三号路 197 号，110178
64	TC70	电焊机		成都三方电气有限公司	成都市东三环路二段龙潭工业园区航天路 24 号，610052
65	TC71	橡胶塑料机械	2	北京橡胶工业研究设计院	北京市海淀区阜石路甲 19 号，100143
66	TC72	搪玻璃设备		天华化工机械及自动化研究设计院	甘肃兰州市西固区合水北路 3 号，730060
67	TC74	锻压		北京机电研究所有限公司	北京海淀区学清路 18 号，100083
68	TC75	热处理	1	北京机电研究所有限公司	北京海淀区学清路 18 号，100083

（续）

序号	标委会编号	名称	分标委数量	秘书处挂靠单位	地址和邮编
69	TC76	饲料工业	1	中国饲料工业协会	北京市朝阳区麦子店街 20 号楼 527 室，100026
70	TC77	碱性蓄电池		中国电子科技集团公司第十八研究所	天津市西青区华苑产业园区（环外）海泰华科七路 6 号，300384
71	TC78	半导体器件	2	中国电子科技集团公司第十三研究所	石家庄市 179 信箱 79 分箱，050051
72	TC79	无线电干扰	6	上海电器科学研究院	上海市普陀区武宁路 505 号 9 号楼 6 楼，200063
73	TC80	绝缘子		西安高压电器研究院有限责任公司	西安市西二环北段 18 号，710077
74	TC81	避雷器		西安高压电器研究院有限责任公司	西安市西二环北段 18 号，710077
75	TC82	电力系统管理及其信息交换		国网电力科学研究院	南京市江宁区诚信大道 19 号，210006
76	TC83	电子业务		中国标准化研究院	北京市海淀区知春路 4 号，100191
77	TC84	木工机床与刀具	3	福州木工机床研究所	福州市六一中路 115 号，350005
78	TC85	紧固件		中机生产力促进中心	北京市海淀区首体南路 2 号，100044
79	TC86	文献影像技术	5	国家图书馆	北京市海淀区中关村南大街 33 号，100081
80	TC88	矿山机械	3	洛阳矿山机械工程设计研究院有限责任公司	洛阳市建设路 206 号，471039
81	TC89	磁性元件与铁氧体材料		中国电子科技集团公司第九研究所	绵阳市高新区滨河北路西段 268 号，621000
82	TC90	太阳光伏能源系统		中国电子技术标准化研究院	北京市安定门东大街 1 号，100007
83	TC91	刀具	4	成都工具研究所有限公司	成都市新都区工业大道东段 601 号，610500
84	TC92	分离机械		合肥通用机械研究院有限公司	合肥市蜀山区长江西路 888 号，230031
85	TC93	自然资源与国土空间规划	10	中国自然资源经济研究院	北京市 259 信箱，101149
86	TC94	外科器械		上海市医疗器械检测所	上海市浦东新区国际医学园区金银花路 1 号，201321
87	TC95	医用注射器（针）		上海市医疗器械检测所	上海市浦东新区国际医学园区金银花路 1 号，201321
88	TC96	石油钻采设备和工具		中国石油天然气股份有限公司勘探开发研究院石油工业标准化研究所	北京市海淀区学院路 20 号院 910 信箱，100083
89	TC97	衡器		山东金钟科技集团股份有限公司	济南市英雄山路 147 号，250002

（续）

序号	标委会编号	名称	分标委数量	秘书处挂靠单位	地址和邮编
90	TC98	滚动轴承	3	洛阳轴承研究所有限公司	洛阳市吉林路 1 号，471039
91	TC99	口腔材料和器械设备	1	北京大学口腔医学院	北京市海淀区中关村南大街 22 号，100081
92	TC100	安全防范报警系统	2	公安部第一研究所	北京市海淀区首体南路 1 号，100048
93	TC101	轻工机械	2	轻工业杭州机电设计研究院	杭州市余杭区高教路 970 号西溪联合科技广场 4 号楼，310004
94	TC102	感光材料		乐凯胶片股份有限公司	保定市乐凯南大街 6 号，71054
95	TC103	光学和光子学	6	上海理工大学	上海市军工路 516 号，200093
96	TC104	电工仪器仪表	3	哈尔滨电工仪表研究所有限公司	哈尔滨市松北区创新路 2000 号，150028
97	TC105	肥料和土壤调理剂	6	上海化工研究院	上海市云岭东路 345 号，200062
98	TC106	医用输液器具		山东省医疗器械产品质量检验中心	济南市高新区世纪大道 15166 号，250101
99	TC107	照相机械	2	杭州照相机械研究所有限公司	杭州市西溪路 560 号，310013
100	TC108	螺纹	1	中机生产力促进中心	北京市海淀区首体南路 2 号，100044
101	TC109	机器轴与附件	2	中机生产力促进中心	北京市海淀区首体南路 2 号，100044
102	TC110	外科植入物和矫形器械	4	天津市医疗器械质量监督检验中心	天津市西青区海泰华科大街 5 号，300384
103	TC112	个体防护装备	7	应急管理部国际交流合作中心	北京市东城区和平里北街 21 号，100013
104	TC113	消防	15	应急管理部消防救援局	北京市西城区广安门南街 70 号，100054
105	TC114	汽车	30	中国汽车技术研究中心有限公司	天津市先锋东路 68 号，300300
106	TC115	林木种子		南京林业大学	江苏南京市龙蟠路 159 号，210037
107	TC116	麻醉和呼吸设备		上海市医疗器械检测所	上海市浦东新区国际医学园区金银花路 1 号，201321
108	TC118	标准样品	7	中国标准化协会	北京市海淀区增光路 33 号中国标协写字楼，100037
109	TC119	制冷	2	中国制冷学会	北京市海淀区阜成路 67 号银都大厦 10 层，100142
110	TC120	颜色		深圳市海川实业股份有限公司	深圳市福田区车公庙天安数码城 F3.8 栋，518040
111	TC121	工业电热设备		西安电炉研究所有限公司	西安市朱雀大街南段 222 号，710061
112	TC122	试验机	2	中机试验装备股份有限公司	长春市高新区越达路 1118 号，130103

（续）

序号	标委会编号	名称	分标委数量	秘书处挂靠单位	地址和邮编
113	TC124	工业过程测量控制和自动化	10	机械工业仪器仪表综合技术经济研究所	北京市广外大街甲 397 号，100055
114	TC125	教育装备	6	教育部教育装备研究与发展中心	北京市海淀区中关村大街 35 号，100080
115	TC126	服装洗涤机械		中国轻工业机械总公司上海公司	上海市杨树浦路 2300 号 A715，200090
116	TC127	油墨		上海油墨厂有限公司	上海市杨浦区杨树浦路 2310 号，200090
117	TC129	船舶舾装	2	江南造船（集团）有限责任公司	上海市崇明县长兴岛长兴江南大道 988 号，201913
118	TC130	内河船	1	长江船舶设计院	武汉市武昌临江大道 387 号，430062
119	TC131	劳动定额定员	2	中国劳动和社会保障科学研究院	北京市朝阳区惠新西街 17 号，100029
120	TC132	量具量仪	3	成都工具检测所	成都市新都区新都镇工业大道东段 601 号 3 栋，610500
121	TC133	农药	1	沈阳化工研究院有限公司	沈阳市铁西区沈辽东路 8 号，110021
122	TC134	染料	1	沈阳化工研究院有限公司	沈阳市铁西区沈辽东路 8 号，110021
123	TC136	医用临床检验实验室和体外诊断系统		北京市医疗器械检验所	北京市通州区光机电一体化产业基地兴光二街 7 号，101111
124	TC137	船用机械	5	中国船舶工业综合技术经济研究院	北京市海淀区学院南路 70 号，100081
125	TC139	磨料磨具	4	郑州磨料磨具磨削研究所有限公司	郑州市高新区梧桐街 121 号，450001
126	TC140	拖拉机		洛阳拖拉机研究所有限公司	洛阳市涧西区西苑路 39 号，471039
127	TC141	造纸工业	8	中国制浆造纸研究院有限公司	北京市朝阳区望京启阳路 4 号中轻大厦，100102
128	TC143	暖通空调及净化设备	2	中国建筑科学研究院有限公司	北京市北三环东路 30 号空调所，100013
129	TC144	烟草	6	中国烟草标准化研究中心	郑州市高新技术产业开发区枫杨街 2 号，450001
130	TC145	压缩机	1	合肥通用机械研究院有限公司	合肥市蜀山区长江西路 888 号，230031
131	TC146	技术产品文件	3	机械科学研究院	北京市海淀区首体南路 2 号，100044
132	TC147	复印机械		天津复印技术有限公司	天津市红桥区昌图道 7 号，300131
133	TC148	残疾人康复和专用设备	1	中国康复辅助器具协会	北京市朝阳区广渠路 42 号院 3 号楼，100022

（续）

序号	标委会编号	名称	分标委数量	秘书处挂靠单位	地址和邮编
134	TC149	烟花爆竹		湖南烟花爆竹产品安全质量监督检测中心	浏阳市北正北路 425 号，410300
135	TC150	地毯		天津市地毯研究所和中国工艺美术协会	天津市河西区新围堤道 5 号，300211
136	TC151	质量管理和质量保证		中国标准化研究院	北京市海淀区知春路 4 号，100191
137	TC152	缝制机械		中国缝制机械协会	北京市朝阳区百子湾路 16 号百子园 5C-706，100022
138	TC153	电子测量仪器		中国电子技术标准化研究院	北京市安定门东大街 1 号，100007
139	TC154	量度继电器和保护设备	1	许昌开普电气研究院有限公司	许昌市尚德路 17 号，461000
140	TC155	自行车	2	中国自行车协会	北京市丰台区顺三条 21 号嘉业大厦二期 1 号楼 16 层，100079
141	TC156	水产	8	中国水产科学研究院	北京市丰台区永定路南里青塔村 150 号，100141
142	TC157	渔船		农业部渔业船舶检验局	北京朝阳区东三环南路 96 号，100122
143	TC158	医用体外循环设备		广东省医疗器械质量监督检验所	广州市黄埔区科学城光谱西路 1 号，510663
144	TC159	自动化系统与集成	4	北京机械工业自动化研究所有限公司	北京市西城区德胜门外教场口一号 9 号楼，100120
145	TC160	钟表	1	西安轻工业钟表研究所有限公司	西安市翠华路 60 号，710061
146	TC161	特种加工机床		苏州电加工机床研究所有限公司	苏州市虎丘（高新）区金山路 180 号，215011
147	TC162	非金属化工设备		天华化工机械及自动化研究设计院有限公司	兰州市西固区合水北路 3 号，730060
148	TC163	高电压试验技术和绝缘配合	2	西安高压电器研究院有限责任公司	西安市西二环北段 18 号，710077
149	TC164	链传动		吉林大学链传动研究所	长春市人民大街 5988 号，130022
150	TC165	电子设备用阻容元件		中国电子技术标准化研究院	北京市安定门东大街 1 号，100007
151	TC166	电子设备用机电元件	1	中国电子技术标准化研究院	北京市安定门东大街 1 号，100007
152	TC167	电真空器件		中国电子技术标准化研究院	北京市安定门东大街 1 号，100007
153	TC168	颗粒表征与分检及筛网	1	中机生产力促进中心	北京市海淀区首体南路 2 号，100044
154	TC169	计划生育器械		上海市医疗器械检测所	上海市浦东新区国际医学园区金银花路 1 号，201321
155	TC170	印刷	3	中国印刷技术协会	北京市西城区太平街 6 号富力摩根中心 E817，100050
156	TC172	汽轮机		上海发电设备成套设计研究院有限责任公司	上海市闵行区剑川路 1115 号，200240

（续）

序号	标委会编号	名称	分标委数量	秘书处挂靠单位	地址和邮编
157	TC173	凿岩机械与气动工具		天水凿岩机械气动工具研究所	天水市麦积区社棠路 16 号，741020
158	TC174	五金制品	5	中国五金制品协会	北京市朝阳区天辰东路 7 号国家会议中心 805 室，100105
159	TC175	水轮机	1	哈尔滨大电机研究所	哈尔滨市香坊区三大动力路 51 号，150040
160	TC176	原电池		轻工业化学电源研究所	张家港市沙洲湖科创园 B-4 幢，215006
161	TC177	内燃机	4	上海内燃机研究所有限责任公司	上海市军工路 2500 号，200438
162	TC178	玻璃仪器		北京市药品包装材料检验所	北京市西城区水车胡同 13 号，100035
163	TC179	刑事技术	10	公安部物证鉴定中心	北京市西城区木樨地南里 17 号公安部物证鉴定中心，100038
164	TC180	金融	3	中国人民银行科技司	北京市西城区成方街 32 号，100800
165	TC181	动物卫生		中国动物卫生与流行病学中心	青岛市南京路 369 号，266032
166	TC182	频率控制和选择用压电器件		中国电子元件行业协会	北京市石景山路 23 号中础大厦 B 座 710 室，100049
167	TC183	钢	19	冶金工业信息标准研究院	北京市东城区灯市口大街 74 号，100730
168	TC184	水泥		中国建筑材料科学研究总院	北京市朝阳区管庄东里 1 号中国建材研究院东楼 215，100024
169	TC185	胶粘剂	1	上海橡胶制品研究所	上海青浦区徐泾镇诸陆西路 1251 号 1 号楼 201 室，201702
170	TC186	铸造机械	4	济南铸锻所检验检测科技有限公司	济南市长清区凤凰路 500 号，250306
171	TC187	风机		沈阳鼓风机研究所（有限公司）	沈阳经济技术开发区开发大路 16 号甲，110869
172	TC188	阀门	1	合肥通用机械研究院有限公司	合肥市蜀山区长江西路 888 号，230031
173	TC189	低压电器	2	上海电器科学研究院	上海市普陀区武宁路 505 号 9 号楼 6 楼，200063
174	TC190	电子设备用高频电缆及连接器	2	信息产业部电子第二十三研究所	上海市铁山路 230 号，201900
175	TC191	绝热材料		南京玻璃纤维研究设计院有限公司	南京市雨花西路安德里 30 号，210012
176	TC192	印刷机械	1	北京高科印刷机械研究所有限公司	北京市丰台区造甲街南里 5 号，100070
177	TC193	耐火材料	3	中钢集团洛阳耐火材料研究院有限公司	洛阳市涧西区西苑路 43 号，471039

（续）

序号	标委会编号	名称	分标委数量	秘书处挂靠单位	地址和邮编
178	TC194	工业陶瓷	3	山东工业陶瓷研究设计院有限公司	淄博市张店区裕民路 128 号，255031
179	TC195	轻质与装饰装修建筑材料	3	中国新型建材设计研究院	杭州市华中路 208 号，310022
180	TC196	电梯		中国建筑科学研究院建筑机械化研究分院	廊坊市金光道 61 号主楼 310 室，65000
181	TC197	水泥制品	1	苏州混凝土水泥制品研究院	苏州市姑苏区三香路 718 号，215004
182	TC198	人造板	1	中国林业科学研究院木材工业研究所	北京市海淀区香山路中国林科院木材所，100091
183	TC199	水文	3	水利部水文局科教处	北京西城区白广路二条二号，100053
184	TC200	消毒技术与设备		广东省医疗器械质量监督检验所	广州市黄埔区光谱西路 1 号，510663
185	TC201	农业机械	6	中国农业机械化科学研究院	北京市德胜门外北沙滩 1 号，100083
186	TC202	架空线路	1	中国电力科学研究院	武汉市洪山区珞喻路 143 号，430074
187	TC203	半导体设备和材料	4	中国电子技术标准化研究院	北京市安定门东大街 1 号，100007
188	TC205	建筑物电气装置		中机中电设计研究院有限公司	北京市海淀区首都体育馆南路 9 号中国电工大厦 8 楼 809 室，100048
189	TC206	气体	3	西南化工研究设计院有限公司	成都市双流航空港机场路 87 号，610225
190	TC207	环境管理	3	中国标准化研究院	北京市海淀区知春路 4 号，100191
191	TC208	机械安全	2	中机生产力促进中心	北京市海淀区首体南路 2 号，100044
192	TC209	纺织品	10	纺织工业标准化研究所	北京市朝阳区延静里中街 3 号纺科院东侧小三楼 206 室，100025
193	TC210	旅游		文化和旅游部旅游质量监督管理所	北京市建国门内大街甲 9 号，100740
194	TC211	泵	2	沈阳水泵研究所	沈阳经济技术开发区开发大路 16 号甲，110869
195	TC212	家用自动控制器	1	中国电器科学研究院股份有限公司	广州市科学城开泰大道天泰一路 3 号，510663
196	TC213	电线电缆	1	上海电缆研究所有限公司	上海市军工路 1000 号，200093
197	TC214	饮食服务业		中国饭店协会	北京市西城区车公庄大街五栋大楼 A2-601，100834
198	TC215	纺织机械与附件	3	中国纺织机械协会	北京市朝阳区曙光西里甲 1 号东域大厦（第三置业）A 座 601 室，100028

（续）

序号	标委会编号	名称	分标委数量	秘书处挂靠单位	地址和邮编
199	TC217	有或无电气继电器		中国电子技术标准化研究院	北京市安定门东大街 1 号，100007
200	TC218	防伪		中国防伪行业协会	No18，North 3rd Ringroad，Beijing，China，100045
201	TC219	服装	2	上海纺织集团检测标准有限公司	上海市杨浦区平凉路 988 号 9 号楼 5 楼，200082
202	TC220	锻压机械	4	济南铸锻所检验检测科技有限公司	济南市长清区凤凰路 500 号，250022
203	TC221	医疗器械质量管理和通用要求		中国食品药品检定研究院、北京国医械华光认证有限公司	北京市大兴区生物医药产业基地华佗路 31 号院（西区）医疗器械标准管理研究所/北京市东城区安定门外大街甲 88 号中联大厦第五层，100011
204	TC222	互感器		沈阳变压器研究院股份有限公司	沈阳市沈北新区虎石台南大街 20 号，110122
205	TC223	交通工程设施（公路）		交通运输部公路科学研究院	北京市海淀区西土城路 8 号，100088
206	TC224	照明电器	4	北京电光源研究所	北京市朝阳区大北窑厂坡村甲 3 号，100022
207	TC225	地震		中国地震局地球物理研究所	北京市海淀区民族学院南路 5 号，100081
208	TC226	高压电气安全		中国电力科学研究院有限公司	武汉市洪山区珞喻路 143 号，430074
209	TC227	起重机械	5	北京起重运输机械设计研究院有限公司	北京市东城区雍和宫大街 52 号，100007
210	TC228	电工合金		桂林电器科学研究院有限公司	桂林市七星区东城路 8 号，541004
211	TC229	稀土		中国有色金属工业标准计量质量研究所	北京海淀区苏州街 31 号 8 层，100080
212	TC230	地理信息	3	国家基础地理信息中心	北京市海淀区莲花池西路 28 号中国测绘创新基地 1219 室，100830
213	TC231	工业机械电气系统	4	北京机床研究所有限公司	北京市朝阳区望京路 4 号，100102
214	TC232	电工术语		中机生产力促进中心	北京市海淀区首体南路 2 号，100044
215	TC233	地名		民政部地名研究所	北京市西城区广安门南街 48 号中彩大厦 408 室，100054
216	TC234	低速汽车		中国农业机械化科学研究院	北京市朝阳区德外北沙滩一号 37 信箱，100083
217	TC235	弹簧		中机生产力促进中心	北京市海淀区首体南路 2 号，100044
218	TC236	滑动轴承	1	中机生产力促进中心	北京市海淀区首体南路 2 号，100044

（续）

序号	标委会编号	名称	分标委数量	秘书处挂靠单位	地址和邮编
219	TC237	管路附件	1	中机生产力促进中心	北京市海淀区首体南路 2 号，100044
220	TC238	冷冻空调设备		合肥通用机械研究院有限公司	合肥市蜀山区长江西路 888 号，230031
221	TC239	广播电影电视	4	国家广播电影电视总局广播电视规划院	北京市复兴门外大街 2 号，100866
222	TC240	产品几何技术规范		中机生产力促进中心	北京市海淀区首体南路 2 号，100044
223	TC241	小艇		中国船舶工业集团公司第七〇八研究所	上海市西藏南路 1688 号，200011
224	TC242	音频、视频及多媒体系统与设备		中国电子技术标准化研究院	北京市安定门东大街 1 号，100007
225	TC243	有色金属	5	中国有色金属工业标准计量质量研究所	北京市海淀区苏州街 31 号 8 层，100080
226	TC244	天然气		中国石油天然气股份公司西南油气田分公司天然气研究院	成都市天府新区华阳街道天研路 218 号，610213
227	TC245	玻璃纤维		南京玻璃纤维研究设计院	南京市雨花台区雨花西路安德里 30 号，210012
228	TC246	电磁兼容	3	中国电力科学研究院	武汉市洪山区珞喻路 143 号，430074
229	TC247	汽车维修		交通运输部公路科学研究院	北京市海淀区西土城路 8 号，100088
230	TC248	医疗器械生物学评价	1	山东省医疗器械产品质量检验中心	济南市高新区世纪大道 15166 号，250101
231	TC249	建筑卫生陶瓷		咸阳陶瓷研究设计院	咸阳市玉泉西路 210 号，712000
232	TC250	索道与游乐设施		中国特种设备检测研究院	北京市朝阳区和平街西苑 2 号楼 A717，100029
233	TC251	危险化学品管理	1	中国石油和化学工业联合会	北京市朝阳区亚运村安慧里 4 区 16 号化工大厦 907，100723
234	TC252	皮革工业	2	中国皮革制鞋研究院有限公司	北京市朝阳区将台西路 18 号，100015
235	TC253	玩具		北京中轻联认证中心	北京市西城区阜外大街乙 22 号，100833
236	TC254	商业自动化		中商流通生产力促进中心有限公司	北京市朝阳区科学园南里中街西奥中心 B 座 20 层，100010
237	TC255	建筑用玻璃	3	秦皇岛玻璃工业研究设计院有限公司	秦皇岛市河北大街西 91 号，66004
238	TC256	首饰	4	北京国首珠宝首饰检测有限公司	北京市朝阳区大屯路甲 2 号，100101
239	TC257	香料香精化妆品	2	上海香料研究所	上海市徐汇区南宁路 480 号 1 号楼 316 室，200232

（续）

序号	标委会编号	名称	分标委数量	秘书处挂靠单位	地址和邮编
240	TC258	雷电防护		中国标准化协会	北京市海淀区增光路 33 号中国标协写字楼，100037
241	TC259	燃气轮机	1	南京燃气轮机研究所	南京市鼓楼区中央北路 80 号，210037
242	TC260	信息安全		中国电子技术标准化研究院	北京市安定门东大街 1 号，100007
243	TC261	认证认可	1	中国认证认可协会	北京市朝阳区朝外大街甲 10 号，100020
244	TC262	锅炉压力容器	7	中国特种设备检测研究院	北京市朝阳区北三环东路 26 号三层，100029
245	TC263	竹藤		国际竹藤中心	北京市朝阳区望京阜通东大街 8 号，100102
246	TC264	服务	4	中国标准化研究院	北京市海淀区知春路 4 号，100191
247	TC265	超导		中科院物理所	北京市海淀区中关村南三街 8 号，100190
248	TC266	低压成套开关设备和控制设备		天津电气科学研究院有限公司	天津市东丽开发区信通路 6 号，300300
249	TC267	物流信息管理		中国物品编码中心	北京市东城区安定门外大街 138 号皇城国际 B 座，100011
250	TC268	智能运输系统		交通运输部公路科学研究院	北京市海淀区西土城路 8 号，100088
251	TC269	物流	6	中国物流与采购联合会	北京市丰台区菜户营南路 139 号院 1 号楼亿达丽泽中心三层 311 室，100036
252	TC270	粮油	4	国家粮食和物资储备局标准质量中心	北京市西城区百万庄大街 11 号，100037
253	TC271	植物检疫	3	中国检验检疫科学研究院植物检疫研究所	北京市大兴区亦庄经济技术开发区荣华南路 11 号，100176
254	TC272	表面活性剂和洗涤用品	2	中国日用化学工业研究院	太原市文源巷 34 号，30001
255	TC273	环境监测方法	3	中国环境监测总站	北京市朝阳区安外大羊坊 8 号院乙，100012
256	TC274	畜牧业		全国畜牧总站	北京朝阳区麦子店街 20 号 527 室，100125
257	TC275	环保产业	2	中国标准化研究院	北京市海淀区知春路 4 号，100191
258	TC277	植物新品种测试		农业部科技发展中心	北京市朝阳区东三环北路 96 号农丰大厦 709 室，100122
259	TC278	牵引电气设备与系统		中车株洲电力机车研究所有限公司	株洲市石峰区时代路 169 号，412001
260	TC279	纳米技术	1	国家纳米科学中心	北京中关村北一条 11 号，100080
261	TC280	石油产品和润滑剂	6	中国石油化工股份有限公司石油化工科学研究院	北京市海淀区学院路 18 号 21 分箱，100083

（续）

序号	标委会编号	名称	分标委数量	秘书处挂靠单位	地址和邮编
262	TC281	实验动物		中国医学科学院医学实验动物研究所	北京市朝阳区潘家园南里五号，100021
263	TC282	花卉	1	中国花卉协会	北京市东城区和平里东街 18 号，100714
264	TC283	海洋	7	国家海洋标准计量中心	天津市南开区芥园西道 219 号，300112
265	TC284	光辐射安全和激光设备	3	中国电子科技集团公司第十一研究所	北京市朝阳区酒仙桥路 4 号 798 艺术区（11 所西门），100015
266	TC285	墙体屋面及道路用建筑材料		中国建材西安墙体材料研究设计院	西安市长安南路 6 号，710061
267	TC286	标准化原理与方法	1	中国标准化研究院	北京市海淀区知春路 4 号，100191
268	TC287	物品编码	2	中国物品编码中心	北京市东城区安定门外大街 138 号皇城国际 B 座 501 室，100011
269	TC288	安全生产	9	中国安全生产科学研究院	北京市北苑路 32 号，100012
270	TC289	文物保护	1	中国文化遗产研究院	北京市朝阳区北四环东路高原街 2 号，100029
271	TC290	城市轨道交通		中国城市规划设计研究院	北京市海淀区三里河路 9 号建设部北配楼 409，100037
272	TC291	体育用品	1	中国体育用品业联合会	北京东城区法华南里 17 号楼 A 座四层，100763
273	TC292	人力资源服务		全国人才流动中心	北京市海淀区西三环北路 87 号国际财经中心商业四层，100089
274	TC294	废弃化学品处置		中海油天津化工研究设计院有限公司	天津市红桥区丁字沽三号路 85 号，300131
275	TC295	盐业	1	中国盐业集团有限公司	北京市丰台区莲花池南里 25 号中盐大厦，100055
276	TC296	电力监管		中国电力企业联合会	北京市宣武区白广路二条一号，100761
277	TC297	电工电子产品与系统的环境	5	中国质量认证中心	北京南四环西路 188 号 9 区中国质量认证中心产品六部，100070
278	TC298	珠宝玉石		自然资源部珠宝玉石首饰管理中心	北京市东城区北三环东路 36 号环球贸易中心 C 座 21-22 层，100013
279	TC299	紫外线消毒		深圳市海川实业股份有限公司	深圳市福田区车公庙天安数码城 F3.8 栋 CD 座八楼，518040
280	TC300	电工电子产品着火危险试验		中国电器科学研究院股份有限公司	广州市科学城开泰大道天泰一路 3 号，510663
281	TC301	电气绝缘材料与绝缘系统评定		机械工业北京电工技术经济研究所	北京市丰台区南四环西路 188 号 12 区 30 号楼，100070
282	TC302	家用纺织品	3	江苏省纺织产品质量监督检验研究院	南京市光华东街 3 号，210007

（续）

序号	标委会编号	名称	分标委数量	秘书处挂靠单位	地址和邮编
283	TC304	发制品		河南瑞贝卡发制品股份有限公司、即发集团有限公司	许昌市建安区瑞贝卡大道 666 号瑞贝卡科技大楼四楼，461100
284	TC305	制鞋	1	中国皮革制鞋研究院有限公司	北京市朝阳区将台西路 18 号皮革大厦 517，100015
285	TC306	潜水器		中国船舶重工集团公司第七○二研究所	无锡市滨湖区山水东路 222 号，214082
286	TC307	应急管理与减灾救灾		民政部国家减灾中心	北京市朝阳区广百东路 6 号院，100124
287	TC309	氢能		中国标准化研究院	北京市海淀区知春路 4 号，100191
288	TC310	风险管理		中国标准化研究院	北京市海淀区知春路 4 号，100191
289	TC311	家用卫生杀虫用品	1	北京市轻工产品质量监督检验一站	北京市丰台区角门东里 79 号，100068
290	TC312	空间科学及其应用		中国科学院空间应用工程与技术中心	北京市海淀区邓庄南路 9 号，100094
291	TC313	食品质量控制与管理	1	中国标准化研究院	北京市海淀区知春路 4 号，100191
292	TC314	城市临时性社会救助		民政部社会事务司	北京东城区北河沿大街 147 号，100721
293	TC315	社会福利服务		民政部社会福利中心	北京市西城区白广路七号院民政部社会福利中心 3410 室，100053
294	TC316	民用装饰镜		北京市轻工产品质量监督检验一站	北京市丰台区角门东里 79 号，100068
295	TC317	铁矿石与直接还原铁		冶金工业信息标准研究院	北京市东城区灯市口大街 74 号，100730
296	TC318	生铁及铁合金	2	冶金工业信息标准研究院	北京市东城区灯市口大街 74 号，100730
297	TC319	洁净室及相关受控环境	1	中国标准化协会	北京市海淀区增光路 33 号中国标协写字楼，100037
298	TC320	市场、民意和社会调查		中国标准化研究院	北京市海淀区知春路 4 号，100191
299	TC321	电力设备状态维修与在线监测		中国电力科学研究院	武汉市洪山区珞喻路 143 号，430074
300	TC322	电气化学		西安热工研究院有限公司	西安雁翔路 99 号博源科技广场 A 座，710054
301	TC323	电磁屏蔽材料		上海市计量测试技术研究院	上海市张衡路 1500 号，201203
302	TC324	高压直流输电工程		中国电力科学研究院	武汉市洪山区珞喻路 143 号，430074
303	TC327	遥感技术		中国科学院空天信息创新研究院	北京市海淀区邓庄南路 9 号，100094
304	TC328	建筑施工机械与设备	2	北京建筑机械化研究院有限公司	北京市东城区安定门内大街方家胡同 21 号，100007
305	TC329	移动电站		兰州电源车辆研究所有限公司	兰州市七里河区民乐路 64 号，730050

（续）

序号	标委会编号	名称	分标委数量	秘书处挂靠单位	地址和邮编
306	TC330	高原电工产品环境技术		昆明电器科学研究所	昆明市五华区龙泉路上马村五台路2号，650221
307	TC331	连续搬运机械		北京起重运输机械设计研究院有限公司	北京市东城区雍和宫大街52号，100007
308	TC332	工业车辆		北京起重运输机械设计研究院有限公司	北京市东城区雍和宫大街52号，100007
309	TC333	高压直流输电设备		西安高压电器研究院有限责任公司	西安市西二环北段18号，710077
310	TC334	土方机械	1	天津工程机械研究院有限公司	天津北辰科技园区华实道91号，300409
311	TC335	升降工作平台		北京建筑机械化研究院有限公司	北京市东城区安定门内大街方家胡同21号，100007
312	TC336	微机电技术		中机生产力促进中心	北京市海淀区首体南路2号，100044
313	TC337	绿色制造技术	1	中机生产力促进中心	北京市海淀区首体南路2号，100044
314	TC338	测量、控制和实验室电器设备安全	1	机械工业仪器仪表综合技术经济研究所	北京市广外大街甲397号，100055
315	TC339	茶叶		中华全国供销合作总社杭州茶叶研究院	杭州市采荷路41号杭州茶叶茶叶研究院，310016
316	TC340	熔断器	3	上海电器科学研究院	上海市普陀区武宁路505号9号楼6楼，200063
317	TC341	审计信息化		审计署计算机技术中心	北京市丰台区金中都南街17号，100073
318	TC342	燃料电池及液流电池		机械工业北京电工技术经济研究所	北京市丰台区南四环西路188号12区30号楼，100070
319	TC343	项目管理	1	中国标准化协会	北京市海淀区增光路33号中国标协写字楼，100037
320	TC344	四轮全地形车		上海机动车检测认证技术研究中心有限公司	上海市嘉定区安亭于田南路68号，201805
321	TC345	气象防灾减灾	1	国家气象中心	北京中关村南大街46号国家气象中心，100081
322	TC346	气象基本信息		国家气象信息中心	北京市海淀区中关村南大街46号，100081
323	TC347	卫星气象与空间天气	3	国家卫星气象中心	北京市海淀区中关村南大街46号，100081
324	TC348	会展业		上海市质量和标准化研究院	上海市长乐路1227号，200031
325	TC349	变性燃料乙醇和燃料乙醇		河南天冠企业集团有限公司	南阳市宛城区天冠大道1号，473000

（续）

序号	标委会编号	名称	分标委数量	秘书处挂靠单位	地址和邮编
326	TC350	填料与静密封		合肥通用机械研究院有限公司	合肥市蜀山区长江西路 888 号，230031
327	TC351	公共安全基础	1	中国标准化研究院	北京市海淀区知春路 4 号，100191
328	TC352	中文新闻信息		新华通讯社通信技术局	北京市宣武门西大街 57 号，100803
329	TC353	信息分类与编码		中国标准化研究院	北京市海淀区知春路 4 号，100191
330	TC354	殡葬		中国殡葬协会	北京市西城区白广路 7 号东楼 3219，100053
331	TC355	石油天然气	11	中国石油天然气股份有限公司勘探开发研究院	北京市海淀区学院路 20 号，100083
332	TC356	制药装备	1	中国制药装备行业协会	北京市丰台区草桥欣园一区 4 号，100068
333	TC357	减速机		江苏泰隆减速机股份有限公司	泰兴市大庆东路 88 号
334	TC358	白酒	10	中国食品发酵工业研究院	北京市朝阳区酒仙桥中路 24 号院 6 号楼，225400
335	TC359	航空货运及地面设备		中国民航科学技术研究院	北京市朝阳区西坝河北里甲 24 号，100028
336	TC360	森林可持续经营与森林认证		国家林业局科技发展中心	北京市东城区和平里东街 18 号，100714
337	TC364	机动车运行安全技术检测设备		中国测试技术研究院	成都市玉双路 10 号，610021
338	TC365	防沙治沙		中国林业科学研究院	北京市海淀区颐和园后中国林科院荒漠化研究所，100091
339	TC366	拍卖		中国拍卖协会	北京市朝阳区北辰东路 8 号院北辰汇园大厦 H 座 A2511 室，100101
340	TC367	机床数控系统		武汉华中数控股份有限公司	武汉市珞瑜路 1037 号华中科技大学制造装备大楼东楼 B403，430074
341	TC368	刷类		北京市轻工产品质量监督检验一站	北京市丰台区角门东里 79 号，100068
342	TC369	野生动物保护管理与经营利用		黑龙江省野生动物研究所	哈尔滨市南岗区哈平路 134 号，150081
343	TC370	森林资源		国家林业和草原局调查规划设计院	北京市东城区和平里东街 18 号，100714
344	TC371	乐器		北京乐器研究所	北京市朝阳区南新园西路甲 6 号，100122
345	TC372	往复式内燃燃气发电设备		中国石油集团济柴动力有限公司	济南市经十西路 11966 号，250306
346	TC373	制糖		广州甘蔗糖业研究所	广州市海珠区石榴岗路 10 号东大院 3 楼检测中心，510316
347	TC374	质量监管重点产品检验方法		中检华纳质量技术中心	北京市北京经济技术开发区荣华南路 15 号院 2 号楼 506，100176

（续）

序号	标委会编号	名称	分标委数量	秘书处挂靠单位	地址和邮编
348	TC375	糖果和巧克力		中国商业联合会	北京市西城区复兴门内大街45号，100801
349	TC376	电站过程监控及信息		西安热工研究院有限公司	西安市雁翔路99号博源科技广场A座，710054
350	TC377	日用玻璃	1	东华大学	上海市松江区人民北路2999号东华大学5号学院楼C区二层，201620
351	TC378	制笔		上海制笔技术服务有限公司/贝发集团股份有限公司	上海市松江区九亭镇研展路455号3幢1201室，201612
352	TC379	黄金		长春黄金研究院有限公司	长春市南湖大路6760号，130012
353	TC380	生物基材料及降解制品		轻工业塑料加工应用研究所	北京海淀区阜成路11号耕耘楼10层，100048
354	TC381	腐蚀控制		中国工业防腐蚀技术协会	北京市朝阳区亚运村小营路9号亚运豪庭C座509，100101
355	TC382	分离膜		天津膜天膜工程技术有限公司	天津市和平区西藏路1号天津工业大学，300387
356	TC383	饮食加工设备		北京市服务机械研究所	北京市昌平区沙河镇路庄村（于善街西口），102206
357	TC384	饲料机械		江苏牧羊集团有限公司	扬州市牧羊路1号，225127
358	TC385	营造林		国家林业和草原局调查规划设计院	北京市东城区和平里东街18号，100714
359	TC386	林业信息数据		国家林业和草原局调查规划设计院	北京市东城区和平里东街18号，100714
360	TC387	生化检测		中国测试技术研究院	成都市玉双路10号，610021
361	TC388	剧场	1	中国艺术科技研究所	北京市东城区雍和宫大街戏楼胡同1号柏林寺院内，100007
362	TC389	图书馆		国家图书馆	北京市海淀区中关村南大街33号，100081
363	TC390	文化馆		中国文化馆协会	北京市西城区文津街7号临琼楼，100034
364	TC391	网络文化		中国互联网上网服务行业协会	北京市东城区青龙胡同1号歌华大厦A1102，100007
365	TC392	文化娱乐场所		中国文化娱乐行业协会	北京市朝阳区朝外大街26号朝阳MEN大厦B座1603室，100010
366	TC393	社会艺术水平考级服务		中央音乐学院	北京市西城区鲍家街43号办公楼625，100007
367	TC394	文化艺术资源		文化部民族民间文艺发展中心	北京市东城区雍和宫大街戏楼胡同一号柏林寺，100012
368	TC395	食品用洗涤消毒产品		中国日用化学研究院有限公司	太原市文源巷34号，30001
369	TC396	燃料喷射系统		无锡油泵油嘴研究所	无锡市钱荣路15号，214063

（续）

序号	标委会编号	名称	分标委数量	秘书处挂靠单位	地址和邮编
370	TC397	食品直接接触材料及制品	4	中国轻工业联合会综合业务部	北京市西城区阜外大街乙 22 号，100833
371	TC398	调味品	2	中国调味品协会	北京市海淀区复兴路 47 号天行建商务大厦 605，100036
372	TC399	肉禽蛋制品	1	中国商业联合会	北京市西城区复兴门内大街 45 号，100801
373	TC400	钮扣		浙江嘉善华亿达服装辅料有限公司	嘉兴市嘉善县大舜钮扣路 138 号，314100
374	TC401	丝绸		浙江丝绸科技有限公司	杭州市临安青山湖科技城大园路创业街 159 号，311305
375	TC402	太阳能		中国标准化研究院/湖北省产品质量监督研究院/江苏省产品质量监督检验研究院/佛山市顺德区质量技术监督标准与编码所/中国科学院广州能源研究所/北京鉴衡认证中心有限公司	北京市海淀区知春路 4 号，100191
376	TC403	参茸产品		国家参茸产品质量监督检验中心	延吉市长白山西路 8229 号，133000
377	TC404	土壤质量		中国科学院南京土壤研究所、江苏省质量和标准化研究院	南京市玄武区北京东路 71 号，210008
378	TC405	日用陶瓷		中国轻工业陶瓷研究所	景德镇市新厂西路 556 号，333001
379	TC406	非金属矿产品及制品	4	咸阳非金属矿研究设计院有限公司	咸阳市秦都区滨河路 5 号，712021
380	TC407	棉花加工		中国棉花协会棉花加工分会	西城区宣武门外大街甲 1 号环球财讯中心 B 座 6 层，100052
381	TC408	辛香料		南京野生植物综合利用研究院	南京市江宁区秣陵街道江云路 7 号，211111
382	TC409	冶金设备		中国重型机械研究院股份公司	西安市未央区东元路 209 号，710032
383	TC410	金属餐饮及烹饪器具	1	中国日用五金技术开发中心	沈阳市皇姑区宁山东路 7 号，110032
384	TC411	电器设备网络通信接口		上海电器科学研究院	上海市普陀区武宁路 505 号 9 号楼 6 楼，200063
385	TC414	醇醚燃料		山西省醇醚清洁燃料行业技术中心/中润油新能源股份有限公司	山西省高新技术开发区晋阳街发展路 88 号华顿大厦 A1205 室，30006
386	TC415	产品回收利用基础与管理		中国标准化研究院	北京市海淀区知春路 4 号，100191
387	TC416	林业生物质材料		中国林业科学研究院木材工业研究所	北京市海淀区香山路中国林科院木材所，100091

（续）

序号	标委会编号	名称	分标委数量	秘书处挂靠单位	地址和邮编
388	TC417	低压设备绝缘配合		上海电器科学研究院	上海市普陀区武宁路 505 号 9 号楼 6 楼，200063
389	TC418	小型电力变压器、电抗器、电源装置及类似产品		沈阳变压器研究院股份有限公司	沈阳市沈北新区虎石台南大街 20 号，110122
390	TC419	仪表功能材料		重庆材料研究院有限公司	重庆市北碚区蔡家工业园嘉德大道 8 号，400707
391	TC421	生物芯片		生物芯片北京国家工程研究中心	北京市昌平区生命科学园路 18 号，102206
392	TC422	裸电线		上海电缆研究所有限公司	上海市杨浦区军工路 1000 号高压大楼 414 室，200093
393	TC423	设备监理工程咨询		中国设备监理协会	北京市朝阳区北三环东路 18 号院 6 号楼 3 层，100045
394	TC424	短路电流计算		中国电力科学研究院有限公司	武汉市洪山区珞喻路 143 号，430074
395	TC425	宇航技术及其应用	6	中国航天标准化研究所	北京市丰台区小屯路 89 号，100071
396	TC426	智能建筑及居住区数字化	1	中外建设信息有限责任公司/机械工业仪器仪表综合技术经济研究所	北京海淀区三里河路 7 号新疆大厦 B 座 12 层，100044
397	TC427	航空电子过程管理		中国航空综合技术研究所	北京市朝阳区京顺路 7 号，100028
398	TC428	带轮与带	3	中机生产力促进中心	北京市海淀区首体南路 2 号，100044
399	TC429	化工机械与设备		天华化工机械及自动化研究设计院有限公司	兰州市西固区合水北路 3 号，730060
400	TC431	光学功能薄膜材料		合肥乐凯科技产业有限公司	合肥市新站区新站工业园 A 区乐凯工业园，230001
401	TC432	数码影像材料与数字印刷材料		乐凯华光印刷科技有限公司	南阳市车站南路 718 号，473003
402	TC434	城镇给水排水	2	中国建筑金属结构协会给水排水设备分会	北京市海淀区车公庄西路 8 号，100037
403	TC435	航空器	2	中国航空综合技术研究所	北京市朝阳区京顺路 7 号，100028
404	TC436	包装机械	1	合肥通用机械研究院有限公司	合肥市蜀山区长江西路 888 号，230031
405	TC437	桑蚕业		中国农业科学院蚕业研究所	镇江市四摆渡中国农业科学院蚕业研究所，212018
406	TC439	连锁经营		中国连锁经营协会	北京市西城区阜外大街 22 号外经贸大厦 811 室，100037
407	TC440	二手货		中国旧货业协会	北京市西城区月坛北小街 4 号，100834
408	TC441	燃烧节能净化		中国科学技术大学	合肥市中科大西区力学一楼，230026

（续）

序号	标委会编号	名称	分标委数量	秘书处挂靠单位	地址和邮编
409	TC442	节水	1	中国标准化研究院	北京市海淀区知春路 4 号，100191
410	TC443	教育服务		中国标准化研究院	北京市海淀区知春路 4 号，100191
411	TC446	电网运行与控制		国家电力调度通信中心	北京市西长安街 86 号国家电网公司国家电力调度控制中心，100031
412	TC447	工业玻璃和特种玻璃	2	中国建筑材料科学研究总院	北京市朝阳区管庄东里 1 号，100024
413	TC448	建筑幕墙门窗		中国建筑科学研究院/中国建筑标准设计研究院有限公司	北京市朝阳区北三环东路 30 号，100013
414	TC449	城镇风景园林		中国城市建设研究院有限公司	北京市西城区德胜门外大街 36 号凯旋大厦 A 座，100120
415	TC451	城镇环境卫生		上海市环境工程设计科学研究院有限公司	上海市徐汇区石龙路 345 弄 11 号，200232
416	TC452	建筑节能		中国建筑科学研究院	北京市朝阳区北三环东路 30 号，100013
417	TC453	建筑节水产品		上海市建筑科学研究院（集团）有限公司	上海市闵行区申富路 568 号 12 号楼 3 楼，201108
418	TC454	建筑构配件		中国建筑标准设计研究院有限公司	北京海淀首体南路 9 号主语国际 5 号楼 7 层，100048
419	TC455	城镇供热		中国城市建设研究院有限公司	北京市西城区德胜门外大街 36 号德胜凯旋大厦 C 座，100120
420	TC456	体育	1	国家体育总局体育器材装备中心	北京市东城区体育馆路 3 号，100763
421	TC458	混凝土	1	中国建筑科学研究院建筑材料研究所	北京市北三环东路 30 号，100013
422	TC459	能量系统		中国标准化研究院	北京市海淀区知春路 4 号，100191
423	TC460	石材	4	北京中材人工晶体有限公司/中材人工晶体研究院	北京市朝阳区东坝红松园 1 号，100018
424	TC461	人工晶体		中材人工晶体有限公司/东海县产品质量监督检验所/中材人工晶体研究院	北京 733 信箱，100018
425	TC462	邮政业		国家邮政局发展研究中心	北京市西城区北礼士路甲 8 号，100868
426	TC463	产品缺陷与安全管理		中国标准化研究院	北京市海淀区知春路 4 号，100191
427	TC464	航空运输		中国航空运输协会	北京市朝阳区芳草地西街 15 号经质商务酒店 2 层，100028
428	TC465	建材装备	1	中材装备集团有限公司	北京朝阳区望京北路 16 号中材国际大厦 5 层中国建材机械工业协会，100102
429	TC466	特殊膳食		中国食品发酵工业研究院有限公司	北京市朝阳区酒仙桥中路 24 号院 6 号楼，100015

（续）

序号	标委会编号	名称	分标委数量	秘书处挂靠单位	地址和邮编
430	TC467	蔬菜		中国农业科学研究院蔬菜研究所	北京中关村南大街 12 号，100081
431	TC468	湿地保护	2	国家林业和草原局调查规划设计院	北京市东城区和平里东街 18 号，100714
432	TC469	煤化工	4	煤炭科学技术研究院有限公司、国家煤及煤化工产品质量监督检验中心、西南化工研究设计院有限公司、冶金工业信息标准研究院	北京朝阳和平里青年沟路 5 号煤科院 1 号楼 307，100013
433	TC470	社会信用	2	中国标准化研究院	北京市海淀区知春路 4 号，100191
434	TC471	酿酒	2	中国食品发酵工业研究院	北京市朝阳区酒仙桥中路 24 号院 6 号楼，100015
435	TC472	饮料		中国食品发酵工业研究院	北京市朝阳区酒仙桥中路 24 号院 6 号楼，100015
436	TC474	社会保险		社会保险事业管理中心	北京市东城区安定门外大街 138 号皇城国际社保中心，100011
437	TC475	针灸		中国中医科学院针灸研究所	北京市东城区东直门内南小街 16 号，100700
438	TC476	中西医结合		中国中西医结合学会	北京市东直门内南小街 16 号中国中医科学院内，100700
439	TC477	中药		中国中药协会	北京市东城区夕照寺街东玖大厦 B 座三层，100061
440	TC478	中医		中华中医药学会	北京市朝阳区樱花园东街甲 4 号，100029
441	TC479	中药材种子（种苗）		中国中医科学院中药研究所（中药资源中心）	北京市东城区东直门内南小街 16 号，100700
442	TC480	家具		上海市质量监督检验技术研究院/广东产品质量监督检验研究院	上海市闵行区江月路 900 号，201114
443	TC481	仪器分析测试	1	中国计量科学研究院	北京市朝阳区北三环东路 18 号，100013
444	TC482	激光修复技术		沈阳大陆激光技术有限公司	沈阳市沈北新区道义经济开发区沈北路 29 号，110136
445	TC483	保健服务		北京国康健康服务研究院	北京市石景山区老山南路甲 11 号院，100049
446	TC485	通信		中国通信标准化协会	北京市海淀区花园北路 52 号，100191
447	TC486	科技平台		国家科技基础条件平台中心	北京市海淀区北蜂窝中路 3 号国家科技基础条件平台中心，100038
448	TC487	光电测量		中国科学院空天信息创新研究院	北京市海淀区邓庄南路 9 号，100094

（续）

序号	标委会编号	名称	分标委数量	秘书处挂靠单位	地址和邮编
449	TC488	焙烤制品		广州质量监督检测研究院/青岛市产品质量监督检验所	广州市番禺区石楼镇潮田工业区珠江路 1-2 号，511447
450	TC438	批发与零售市场	1	中国商业联合会	北京市西城区复兴门内大街 45 号，100801
451	TC489	国际货运代理		中国国际货运代理协会	北京市朝阳区安慧里四区 15 号楼中国五矿大厦 8 层 820，100101
452	TC490	休闲食品		浙江方圆检测集团股份有限公司	杭州市江干区下沙路 300 号 1 号楼 A 座，310018
453	TC491	机械密封		合肥通用机械研究院有限公司	合肥市蜀山区长江西路 888 号，230031
454	TC492	口腔护理用品	3	江苏省产品质量监督检验研究院	南京市光华东街 5 号，210007
455	TC493	喷射设备	1	合肥通用机械研究院有限公司	合肥市蜀山区长江西路 888 号，230031
456	TC494	食品包装机械		合肥通用机械研究院有限公司	合肥市蜀山区长江西路 888 号，230031
457	TC497	冷冻饮品		内蒙古伊利实业集团股份有限公司	呼和浩特市金山开发区金山大道 8 号，010000
458	TC498	休闲		北京同和时代旅游规划设计院	北京市海淀区西三环北路 50 号院 6 号楼 8 层 907A，100086
459	TC499	物流仓储设备		北京起重运输机械设计研究院有限公司/南京市产品质量监督检验院/南京音飞储存设备（集团）股份有限公司/江苏六维智能物流装备股份有限公司	北京市东城区雍和宫大街 52 号，100007
460	TC500	语言文字		教育部语言文字信息管理司	北京市西单大木仓胡同 37 号，100816
461	TC501	果品	1	全国农业技术推广服务中心	北京市朝阳区麦子店街 20 号楼，100125
462	TC502	职业经理人考试测评		职业经理研究中心	北京市西城区百万庄北街 6 号经易大厦，100037
463	TC503	安全泄压装置		合肥通用机械研究院有限公司	合肥市蜀山区长江西路 888 号，230031
464	TC504	气体分离与液化设备		杭州制氧机研究所有限公司	杭州市中山北路 592 号 710 室，310014
465	TC505	出版物发行		中国书刊发行业协会	北京市东城区先晓胡同 10 号，100010
466	TC506	大型铸锻件		二重（德阳）重型装备有限公司	德阳市珠江西路 460 号，618000

序号	标委会编号	名称	分标委数量	秘书处挂靠单位	地址和邮编
467	TC507	气象仪器与观测方法		中国气象局气象探测中心	北京海淀中关村南大街 46 号，100081
468	TC508	消费品安全		中国标准化研究院	北京市海淀区知春路 4 号，100191
469	TC509	移动实验室		沈阳产品质量监督检验院、沈阳汽车工业协会	沈阳市沈河区沈洲路 195 号 313 室，110015
470	TC511	大型发电机		哈尔滨大电机研究所	哈尔滨市香坊区三大动力路 51 号，150040
471	TC512	螺杆膨胀机		江西华电电力有限责任公司	新余市赛维大道 398 号，338004
472	TC513	纤维	1	中国纤维质量监测中心	北京市东城区安定门东大街 5 号，100007
473	TC514	文具		上海文教体育用品研究所有限公司/国家文教产品质量监督检验中心	上海市徐汇区中山南二路 595 号四楼，200032
474	TC515	沼气		农业部农业生态与资源保护总站	北京市朝阳区麦子店街 24 号楼 5 层，100125
475	TC516	屠宰加工		中国动物疫病预防控制中心（农业部屠宰技术中心）	北京市朝阳区麦子店街 20 号楼 421 室，100125
476	TC517	农产品购销		全国城市农贸中心联合会	北京市西城区白纸坊东街 6 号楼 701 室，100054
477	TC518	变频调速设备		天津电气科学研究院有限公司	天津市东丽区信通路 6 号，300300
478	TC519	白蚁防治		全国白蚁防治中心	杭州莫干山路 695 号，310011
479	TC520	洗染	1	中国商业联合会	北京市西城区复兴门内大街 45 号，100801
480	TC521	道路运输		交通运输部公路科学研究院	北京市海淀区西土城路 8 号，100088
481	TC522	林业有害生物防治		国家林业局森防总站	沈阳市黄河北大街 58 号，110034
482	TC523	森林消防		南京森林警察学院	南京市栖霞区文澜路 28 号，210023
483	TC524	会计信息化		财政部会计准则委员会	北京市西城区三里河南三巷 3 号，100820
484	TC525	计量器具管理		中国计量协会	北京市朝阳区农展馆北路农业部北办公区 22 号楼 5 层，100125
485	TC526	实验室仪器及设备		机械工业仪器仪表综合技术经济研究所	北京市广外大街甲 397 号，100055
486	TC527	新闻出版		中国新闻出版研究院	北京市丰台区三路居路 97 号，100073
487	TC528	信息产业用微特电机及组件		中国电子科技集团公司第二十一研究所	上海市虹漕路 30 号，200233
488	TC529	城市客运		交通运输部科学研究院	北京市朝阳区惠新里 240 号，100029

（续）

序号	标委会编号	名称	分标委数量	秘书处挂靠单位	地址和邮编
489	TC530	港口	1	交通运输部水运科学研究院	北京市海淀区西土城路 8 号院，100088
490	TC531	船舶电气及电子设备	2	中国船舶重工集团公司第七〇四研究所	上海市衡山路 10 号，200031
491	TC532	品牌评价		中国品牌建设促进会	北京市朝阳区北三环东路 18 号 6 号楼，100013
492	TC533	家政服务		济南阳光大姐服务有限责任公司	济南市市中区马鞍山路 62 号，250002
493	TC534	社会工作		北京社会管理职业学院	北京东燕郊燕灵路 2 号北京社会管理职业学院，101601
494	TC535	劳动管理与保护		人力资源和社会保障部社会保障能力建设中心	北京市朝阳区双桥中路 1 号，100121
495	TC536	动漫游戏产业		北京邮电大学	北京市海淀区西土城路 10 号，100876
496	TC537	城市公共设施服务		北京市标准化研究院	北京市东城区和平里东街 20 号院标准大厦 409，100013
497	TC538	人工影响天气		中国气象科学研究院	北京海淀中关村南大街 46 号，100081
498	TC539	农业气象		国家气象中心	北京海淀中关村南大街 46 号，100081
499	TC540	气候与气候变化	2	中国气象局国家气候中心	北京海淀中关村南大街 46 号气候科技大楼 701 房间，100081
500	TC541	伴侣动物（宠物）		北京市动物疫病预防控制中心	北京市大兴区生物医药基地祥瑞大街 19 号 406 室，100107
501	TC542	创新方法		创新方法研究会/中国标准化研究院	北京市海淀区知春路 4 号，100191
502	TC543	通信服务		中国通信标准化协会	北京市海淀区花园北路 52 号，100191
503	TC544	北斗卫星导航		中国卫星导航工程中心/中国航天标准化研究所	北京市 5131 信箱 11 号/北京市丰台区小屯路 89 号，100094
504	TC545	电磁超材料技术及制品		深圳光启高等理工研究院	深圳市南山区高新区中区高新中一道 9 号，518057
505	TC546	海洋能转换设备		哈尔滨大电机研究所	哈尔滨市香坊区三大动力路 51 号，150040
506	TC547	平板显示器件	1	中国电子技术标准化研究院	北京市安定门东大街 1 号，100007
507	TC548	碳排放管理		中国标准化研究院/中国质量认证中心	北京市海淀区知春路 4 号，100191
508	TC549	智能电网用户接口		中国电力科学研究院有限公司	武汉市洪山区珞喻路 143 号，430074
509	TC550	电力储能		中国电力科学研究院有限公司	武汉市洪山区珞喻路 143 号，430074
510	TC551	食品加工机械		轻工业杭州机电设计研究院	杭州市余杭区高教路 970 号西溪联合科技广场 4 号楼 813 室，310004

（续）

序号	标委会编号	名称	分标委数量	秘书处挂靠单位	地址和邮编
511	TC552	食用淀粉及淀粉衍生物		江南大学	江苏无锡蠡湖大道 1800 号江南大学，214122
512	TC553	新闻出版信息		新闻出版总署信息中心	北京市西城区西长安街 5 号，100806
513	TC554	知识管理	1	中国标准化研究院、国家知识产权局专利管理司	北京市海淀区知春路 4 号、北京市西土城路 6 号，100088
514	TC555	蜡制品		黑龙江省轻工科学研究院	哈尔滨市道里区端街 43 号，150010
515	TC556	制伞		北京市轻工产品质量监督检验一站	北京市丰台区角门东里 79 号，100068
516	TC557	经济林产品		中国林业科学研究院亚热带林业研究所	杭州市富阳区大桥路 73 号，311400
517	TC558	林化产品		中国林业科学研究院林产化学工业研究所	南京市锁金 5 村 16 号，210042
518	TC559	生物样本		生物芯片上海国家工程研究中心	上海市浦东新区张江高科技园区李冰路 151 号，201203
519	TC560	物业服务		中航物业管理有限公司	深圳市福田区振华路 163 号飞亚达大厦西座 9 楼，518031
520	TC561	警用装备		公安部第一研究所	北京市首体南路 1 号，100048
521	TC562	增材制造	1	中机生产力促进中心	北京市海淀区首体南路 2 号，100044
522	TC563	电子商务质量管理		杭州国家电子商务产品质量监测处置中心	杭州市西湖区之江路 138 号国家标准园，310006
523	TC564	微电网与分布式电源并网		中国电力科学研究院	武汉市洪山区珞喻路 143 号，430074
524	TC565	太阳能光热发电		中国大唐集团新能源科学技术研究院有限公司	北京市石景山区银河大街 6 号院 1 号楼 B 座，100040
525	TC566	感官分析		中国标准化研究院	北京市海淀区知春路 4 号，100191
526	TC567	城市可持续发展		中国标准化研究院	北京市海淀区知春路 4 号，100191
527	TC568	科普服务		中国科学技术馆	北京市朝阳区北辰东路 5 号，100012
528	TC569	特高压交流输电		中国电力科学研究院	武汉市洪山区珞喻路 143 号，430074
529	TC570	载人航天		中国航天科技集团有限公司第五研究院第五一二研究所	北京市海淀区友谊路 104 号，100094
530	TC571	综合交通运输		交通运输部科学研究院	北京市朝阳区惠新里 240 号，100029
531	TC572	碳纤维		南京玻璃纤维研究设计院有限公司	南京市雨花台区雨花西路安德里 30 号，210012
532	TC573	信息化和工业化融合管理		国家工业信息安全发展研究中心	北京市石景山区鲁谷路 35 号，100040
533	TC575	电力需求侧管理		南方电网科学研究院有限责任公司	广州市黄埔区科翔路 11 号南网科研基地 2 号门，510000

（续）

序号	标委会编号	名称	分标委数量	秘书处挂靠单位	地址和邮编
534	TC576	道路交通管理		公安部交通管理科学研究所	无锡市钱荣路 88 号，214151
535	TC577	爆炸物品公共安全管理		公安部治安管理局	北京市东城区东长安街 14 号，100741
536	TC578	量子计算与测量		济南量子技术研究院	济南市高新区舜华路 747 号，250001
537	TC579	钒钛磁铁矿综合利用		攀西钒钛检验检测院	攀枝花市东区机场路 106 号，617000
538	TC580	科技评估		科技部科技评估中心	北京市海淀区皂君庙乙 7 号，100081
539	TC581	设施管理		中机生产力促进中心	北京市海淀区首体南路 2 号，100044
540	TC582	卫生检疫		广州国际旅行卫生保健中心	广州天河区龙口西路 207 号，510635
541	TC583	资产管理		中国标准化研究院	北京市海淀区知春路 4 号，100191
542	TC584	微细气泡技术		中国科学院过程工程研究所	北京市海淀区中关村北二街 1 号中科院过程所，100190
543	TC585	少数民族服饰保护传承		内蒙古自治区标准化院	呼和浩特市金桥开发区石化路内蒙古质监大楼，010000
544	TC586	化学纤维		中国化学纤维工业协会	北京市朝阳区朝阳门北大街 18 号 7 层 709 室，100020
545	TC587	共享经济		国家市场监督管理总局发展研究中心	北京市海淀区马甸东路 9 号，100088
546	TC588	电子产品安全		工业和信息化部电子工业标准化研究院	北京市东城区安定门东大街 1 号，100010
547	SWG20	财政信息化		财政部信息网络中心	北京市丰台区西四环南路 27 号，100071
548	SWG16	惯性技术与产品		北京航天控制仪器研究所	北京市海淀区永定路 52 号，100854
549	SWG14	行政审批		中国标准化研究院	北京市海淀区知春路 4 号，100191
550	SWG2	蜂产品		南京老山药业股份有限公司/中国蜂产品协会/中国农业科学院蜜蜂研究所	南京市浦口经济开发区天浦路 18 号，211800
551	SWG3	工程材料		江苏省产品质量监督检验院/中国建筑材料检验认证中心	南京市光华东街 5 号，210007
552	SWG4	原产地域产品		中国标准化协会	北京市海淀区增光路 33 号中国标协写字楼，100037
553	SWG5	白度标准样品		建筑材料工业技术监督研究中心	北京市 861 信箱，100024
554	SWG9	银耳		福建省古田县食用菌产业管理局	宁德市古田县和平路 2 号，352200
555	SWG11	工具酶		福建南生科技有限公司	三明市三元区荆东工业园 32 号，365004
556	SWG12	磁力材料及设备		湖南省磁力设备质量监督检验中心	岳阳市经开区巴陵东路 362 号岳阳市质量计量检验检测中心，414000

（续）

序号	标委会编号	名称	分标委数量	秘书处挂靠单位	地址和邮编
557	SWG13	特种作业机器人		北京邮电大学、福建省特种设备检验研究院	北京市海淀区马甸东路 9 号 A 座 2310 房间/福建省福州市仓山区卢滨路 370 号，100088
558	SWG15	政务大厅服务		中国行政体制改革研究会、新泰市公共行政服务中心	北京市海淀区长春桥路 6 号，100089
559	SWG19	律师服务		中华全国律师协会	北京市东城区东四十条 24 号青蓝大厦五层，100007
560	SWG18	婴童用品		广州海关技术中心、北京中轻联认证中心	广州市天河区花城大道 66 号、北京市西城区阜外大街乙 22 号，510623
561	SWG17	机关事务管理		中国标准化研究院、国家机关事务管理局政策法规司	北京市海淀区知春路 4 号，100191

10.1.3　国际标准代号及部分外国标准代号（表 10.1-6～表 10.1-7）

1. 国际标准代号（表 10.1-6）

表 10.1-6　国际标准代号

序号	代号	含　义	负责机构
1	BISFA	国际人造纤维标准化局标准	国际人造纤维标准化局
2	CAC	食品法典委员会标准	食品法典委员会
3	CCC	关税合作理事会标准	关税合作理事会
4	CIE	国际照明委员会标准	国际照明委员会
5	CISPR	国际无线电干扰特别委员会标准	国际无线电干扰特别委员会
6	IAEA	国际原子能机构标准	国际原子能机构
7	IATA	国际航空运输协会标准	国际航空运输协会
8	ICAO	国际民航组织标准	国际民航组织
9	ICRP	国际辐射保护委员会标准	国际辐射保护委员会
10	ICRU	国际辐射单位和测量委员会标准	国际辐射单位和测量委员会
11	IDF	国际乳制品联合会标准	国际乳制品联合会
12	IEC	国际电工委员会标准	国际电工委员会
13	IFLA	国际签书馆协会和学会联合会标准	国际签书馆协会和学会联合会
14	IIR	国际制冷学会标准	国际制冷学会
15	ILO	国际劳工组织标准	国际劳工组织
16	IMO	国际海事组织标准	国际海事组织
17	IOOC	国际橄榄油理事会标准	国际橄榄油理事会
18	ISO	国际标准化组织标准	国际标准化组织
19	ITU	国际电信联盟标准	国际电信联盟
20	OIE	国际兽疫局标准	国际兽疫局
21	OIML	国际法制计量组织标准	国际法制计量组织
22	OIV	国际葡萄和葡萄酒标准	国际葡萄和葡萄酒组织
23	UIC	国际铁路联盟标准	国际铁路联盟
24	UNESCO	联合国教科文组织标准	联合国教科文组织
25	WHO	世界卫生组织标准	世界卫生组织
26	WIPO	世界知识产权组织标准	世界知识产权组织

2. 部分外国标准代号（表 10.1-7）

表 10.1-7　部分外国标准代号

序号	代号	含　义	序号	代号	含　义
1	ANSI	美国国家学会标准（1970 年后）	19	JIS	日本工业标准
2	AGMA	美国齿轮制造者协会标准	20	JES	日本工业产品标准统一调查会标准
3	AISI	美国钢铁学会标准	21	JGMA	日本齿轮工业协会标准
4	ASAE	美国农业工程师协会标准	22	JSME	日本机械学会标准
5	ASME	美国机械工程师协会标准	23	MSZ	匈牙利标准
6	ASTM	美国材料与试验协会标准	24	NBN	比利时标准
7	IEEE	美国电气电子工程师学会标准	25	NEN	荷兰标准
8	IFI	美国工业紧固件学会标准	26	NF	法国标准
9	NEMA	美国电气制造商协会标准	27	NS	挪威标准化协会审批的标准
10	SAE	美国汽车工程师协会标准	28	NZS	新西兰标准
11	ABC	英、美、加联合标准（军工标准）	29	PN	波兰标准
12	AS	澳大利亚标准	30	PS	巴基斯坦标准
13	BS	英国标准	31	SIS	瑞典标准
14	CSA	加拿大标准	32	SNV	瑞士标准
15	DIN	德国工业标准	33	STAS	罗马尼亚国家标准
16	VDI	德国工程师协会标准	34	UNI	意大利标准
17	DS	丹麦标准	35	ГОСТ	俄罗斯国家标准
18	IS	印度国家标准			

10.1.4　计量单位和单位换算

1. 国际单位制（SI）单位（表 10.1-8）

国际单位制的构成如下：

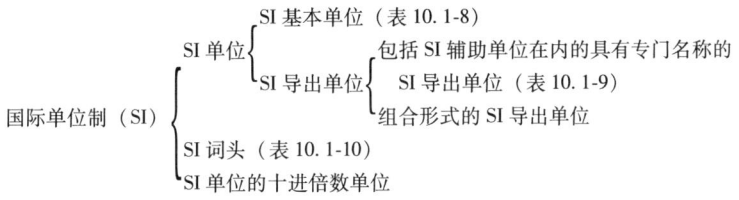

表 10.1-8　SI 基本单位

量的名称	单位名称	单位符号	量的名称	单位名称	单位符号
长度	米	m	热力学温度	开〔尔文〕	K
质量	千克（公斤）	kg	物质的量	摩〔尔〕	mol
时间	秒	s	发光强度	坎〔德拉〕	cd
电流	安〔培〕	A			

注：1. 圆括号中的名称是它前面名称的同义词，下同。

　　2. 方括号中的字，在不致引起混淆、误解的情况下，可以省略。去掉方括号中的字即其简称。无方括号的单位名称、简称与全称同，下同。

　　3. 本标准所称的符号，除特殊指明，均指我国法定计量单位中所规定的符号，下同。

　　4. 人民生活和贸易中，质量习惯称为重量。

表 10.1-9 包括 SI 辅助单位在内的具有专门名称的 SI 导出单位

量 的 名 称	SI 导 出 单 位		
	名　称	符　号	用 SI 基本单位和 SI 导出单位表示
［平面］角	弧　度	rad	$1rad = 1m/m = 1$
立体角	球面度	sr	$1sr = 1m^2/m^2 = 1$
频率	赫［兹］	Hz	$1Hz = 1s^{-1}$
力	牛［顿］	N	$1N = 1kg \cdot m/s^2$
压力、压强、应力	帕［斯卡］	Pa	$1Pa = 1N/m^2$
能［量］、功、热量	焦［耳］	J	$1J = 1N \cdot m$
功率、辐［射能］通量	瓦［特］	W	$1W = 1J/s$
电荷［量］	库［仑］	C	$1C = 1A \cdot s$
电压、电动势、电位、（电势）	伏［特］	V	$1V = 1W/A$
电容	法［拉］	F	$1F = 1C/V$
电阻	欧［姆］	Ω	$1\Omega = 1V/A$
电导	西［门子］	S	$1S = 1\Omega^{-1}$
磁通［量］	韦［伯］	Wb	$1Wb = 1V \cdot s$
磁通［量］密度、磁感应强度	特［斯拉］	T	$1T = 1Wb/m^2$
电感	亨［利］	H	$1H = 1Wb/A$
摄氏温度	摄氏度	℃	$1℃ = 1K$
光通量	流［明］	lm	$1lm = 1cd \cdot sr$
［光］照度	勒［克斯］	lx	$1lx = 1lm/m^2$

表 10.1-10 SI 词头

因　数	词 头 名 称		符　号	因　数	词 头 名 称		符　号
	英　文	中　文			英　文	中　文	
10^{24}	yotta	尧［它］	Y	10^{-1}	deci	分	d
10^{21}	zétta	泽［它］	Z	10^{-2}	centi	厘	c
10^{18}	exa	艾［可萨］	E	10^{-3}	milli	毫	m
10^{15}	peta	拍［它］	P	10^{-6}	micro	微	μ
10^{12}	tera	太［拉］	T	10^{-9}	nano	纳［诺］	n
10^{9}	gega	吉［咖］	G	10^{-12}	pico	皮［可］	p
10^{6}	mega	兆	M	10^{-15}	femto	飞［母托］	f
10^{3}	kilo	千	k	10^{-18}	atto	阿［托］	a
10^{2}	hecto	百	h	10^{-21}	zepto	仄［普托］	z
10^{1}	deca	十	da	10^{-24}	yocto	幺［科托］	y

2. 可与国际单位制单位并用的中国法定计量单位(表 10.1-11,GB3100—1993)

表 10.1-11　可与国际单位制单位并用的中国法定计量单位

量 的 名 称	单 位 名 称	单 位 符 号	与 SI 单位的关系
时间	分	min	$1min=60s$
	[小]时	h	$1h=60min=3600s$
	日,(天)	d	$1d=24h=86400s$
[平面]角	度	°	$1°=(\pi/180)rad$
	[角]分	′	$1′=(1/60)°=(\pi/10800)rad$
	[角]秒	″	$1″=(1/60)′=(\pi/648000)rad$
体积、容积	升	L,(l)	$1L=1dm^3=10^{-3}m^3$
质量	吨	t	$1t=10^3kg$
	原子质量单位	u	$1u≈1.66054055×10^{-27}kg$
旋转速度	转每分	r/min	$1r/min=(1/60)s^{-1}$
长度	海里	n mile	$1n\ mile=1852m$(只用于航程)
速度	节	kn	$1kn=1n\ mile/h=(1852/3600)m/s$ (只用于航行)
能	电子伏	eV	$1eV≈1.602177×10^{-19}J$
级差	分贝	dB	
线密度	特[克斯]	tex	$1tex=10^{-6}kg/m$
面积	公顷	hm^2	$1hm^2=10^4m^2$

注:1. 平面角单位度、分、秒的符号,在组合单位中应采用(°)(′)(″)的形式。例如,不用°/s 而用(°)/s。

2. 升的两个符号属同等地位,可任意选用。

3. 公顷的国际通用符号为 ha。

3. 计量单位换算(表 10.1-12)

表 10.1-12　常用计量单位换算表

单位名称及符号		单位换算	单位名称及符号		单位换算
长 度			**面 积**		
·米	m		·平方米	m^2	
·海里	n mile	1852m	公顷	ha	$10000m^2$
英里	mile	1609.344m	公亩	a	$100m^2$
英尺	ft	0.3048m	平方英里	$mile^2$	$2.58999×10^6m^2$
英寸	in	0.0254m	平方英尺	ft^2	$0.0929030m^2$
码	yd	0.9144m	平方英寸	in^2	$6.4516×10^{-4}m^2$
密耳	mil	$25.4×10^{-6}m$	**体积,容积**		
埃	Ù	$10^{-10}m$	·立方米	m^3	
费密		$10^{-15}m$	·升	L,(l)	$10^{-3}m^3$

（续）

单位名称及符号		单位换算	单位名称及符号		单位换算
体积,容积			**密度**		
立方英尺	ft³	0.0283168m³	·吨每立方米	t/m³	1000kg/m³
立方英寸	in³	1.63871×10⁻⁵m³	·千克每升	kg/L	1000kg/m³
英加仑	UKgal	4.54609dm³	磅每立方英尺	lb/ft³	16.0185kg/m³
美加仑	USgal	3.78541dm³	磅每立方英寸	lb/in³	27679.9kg/m³
平面角			**质量体积,（比体积）**		
·弧度	rad		·立方米每千克	m³/kg	
·度	(°)	(π/180)rad	立方英尺每磅	ft³/lb	0.0624280m³/kg
·[角]分	(′)	(π/10800)rad	立方英寸每磅	in³/lb	3.61273×10⁻⁵m³/kg
·[角]秒	(″)	(π/648000)rad	**力;重力**		
时间			·牛[顿]	N	
·秒	s		千克力	kgf	9.80665N
·分	min	60s	磅力	lbf	4.44822N
·[小]时	h	3600s	达因	dyn	10⁻⁵N
·天,（日）	d	86400s	吨力	tf	9.80665×10³N
速度			**压力,压强;应力**		
·米每秒	m/s		·帕[斯卡]	Pa	
·节	kn	0.514444m/s	巴	bar	10⁵Pa
·千米每小时	km/h	0.277778m/s	托	Torr	133.322Pa
·米每分	m/min	0.0166667m/s	毫米汞柱	mmHg	133.322Pa
英里每小时	mile/h	0.44704m/s	毫米水柱	mmH₂O	9.80665Pa
英尺每秒	ft/s	0.3048m/s	工程大气压	al	98066.5Pa
英寸每秒	in/s	0.0254m/s	标准大气压	atm	101325Pa
加速度			**力矩;转矩;力偶矩**		
·米每二次方秒	m/s²		·牛[顿]米	N·m	
英尺每二次方秒	ft/s²		公斤力米	kgf·m	9.80665N·m
伽	Gal	10⁻²m/s²	克力厘米	gf·cm	9.80665×10⁻⁵N·m
角速度			达因厘米	dyn·cm	10⁻⁷N·m
·弧度每秒	rad/s		磅力英尺	lbf·ft	1.35582N·m
·转每分	r/min	(π/30)rad/s	**转动惯量**		
度每分	(°)/min	0.00029rad/s	·千克二次方米	kg·m²	
度每秒	(°)/s	0.01745rad/s	磅二次方英尺	lb·ft²	0.0421401kg·m²
质量			磅二次方英寸	lb·in²	2.92640×10⁻⁴kg·m²
·千克,（公斤）	kg		**能量;功;热**		
·吨	t	1000kg	·焦[耳]	J	
·原子质量单位	u	1.6605655×10⁻²⁷kg	·电子伏	eV	1.60210892×10⁻¹⁹J
英吨	ton	1016.05kg	·千瓦小时	kW·h	3.6×10⁶J
英担	cwt	50.8023kg	千克力米	kgf·m	9.80665J
磅	lb	0.45359237kg	卡	cal	4.1868J
夸特	qr,qtr	12.7006kg	尔格	erg	10⁻⁷J
盎司	oz	28.3495g	英热单位	Btu	1055.06J
格令	gr,gn	0.06479891g	**功率;辐射通量**		
线密度,纤度			·瓦[特]	W	
·千克每米	kg/m		乏	var	1W
·特[克斯]	tex	10⁻⁶kg/m	伏安	VA	1W
旦尼尔		0.111112×10⁻⁶kg/m	马力	PS	735.499W
磅每英尺	lb/ft	1.48816kg/m	英马力	HP	745.7W
磅每英寸	lb/in	17.8580kg/m	电工马力		746W
密度			卡每秒	cal/s	4.1868W
·千克每立方米	kg/m³		千卡每小时	kcal/h	1.163W

（续）

单位名称及符号		单位换算	单位名称及符号		单位换算
质量流量			**动力黏度**		
·千克每秒	kg/s		千克力秒每平方米		
磅每秒	lb/s	0.453592kg/s	$kgf \cdot s/m^2$		$9.80665Pa \cdot s$
磅每小时	lb/h	$1.25998 \times 10^{-4} kg/s$	磅力秒每平方英尺		
体积流量			$lbf \cdot s/ft^2$		$47.8803Pa \cdot s$
·立方米每秒	m^3/s		磅力秒每平方英寸		
立方英尺每秒	ft^3/s	$0.0283168m^3/s$	$lbf \cdot s/in^2$		$6894.76Pa \cdot s$
立方英寸每小时	in^3/h	$4.55196 \times 10^{-6} L/s$	**运动黏度**		
动力黏度			·二次方米每秒	m^2/s	
·帕[斯卡]秒	$Pa \cdot s$		斯[托克斯]	St	$10^{-4}m^2/s$
泊	P,Po	$0.1Pa \cdot s$	厘斯[托克斯]	cSt	$10^{-6}m^2/s$
厘泊	cP	$10^{-3}Pa \cdot s$	二次方英尺每秒	ft^2/s	$9.29030 \times 10^{-2}m^2/s$
			二次方英寸每秒	in^2/s	$6.4516 \times 10^{-4}m^2/s$

注:1. 表中前面加点的词为法定计量单位的名称。

　　2. 单位名称中带方括号的字可省略。

　　3. 圆括号中的字为前者的同义语。

10.1.5　常用材料的密度（表 10.1-13）

表 10.1-13　常用材料密度　　　　　　　　　　　　　　　（t/m³）

材　料	密　度	材　料	密　度
灰铸铁	6.6~7.8	钨	19.3
白口铸铁	7.4~7.7	钴	8.9
可锻铸铁	7.2~7.6	钛	4.51
铸　钢	7.8	汞	13.6
钢　材	7.85	锰	7.43
高速钢　钨9%（质量分数）	8.3	铬	7.19
高速钢　钨18%（质量分数）	8.7	钒	6.11
不锈钢（铬13%,质量分数）	7.75	钼	10.2
钨钴类硬质合金	14.4~14.9	铌	8.57
钨钛钴类硬质合金	9.5~12.4	锇	22.5
紫铜（含铜99.5%,质量分数）	8.9	锑	6.62
H90	8.8	镉	8.64
H80	8.65	钡	3.5
H62	8.5	铍	1.85
锡青铜	8.65~9.3	铋	9.84
铝铁青铜	7.5~8.0	铱	22.4
硬铝（杜拉铝）	2.85	铈	6.9
铝　板	2.73	钽	16.6
铸造铝合金	2.55~2.95	碲	6.24
锡（灰色）	5.7	钍	11.5
锡（白色）	7.3	银	10.5
铸　锌	6.86	金	19.30
锌　板	7.2	铂	21.4
铸　铅	11.3	钾	0.86
铅　板	11.37	钠	0.97
工业镁	1.74	钙	1.55
工业镍	8.8	硼	2.34
锡基轴承合金	7.34~7.75	硅	2.33
铅基轴承合金	9.33~10.67	硒	4.84

（续）

材　料	密　度	材　料	密　度
砷	5.7	聚氯乙烯	1.35～1.4
红　松	0.44	聚苯乙烯	1.05～1.08
马尾松	0.533	聚乙烯	0.92～0.95
兴安落叶松	0.625	赛璐珞（硝化纤维塑料）	1.35～1.4
铁　杉	0.5	电木（胶木）	1.3～1.4
杉　木	0.376	有机玻璃	1.18
柏　木	0.588	泡沫塑料	0.2
水曲柳（栲木）	0.686	酚醛层压塑料（夹布胶木）	1.3～1.4
大叶榆（榆木）	0.548	胶木石棉布带（制动带）	2.0
桦　木	0.615	石棉板	1～1.3
楠　木	0.61	石棉线	0.45～0.55
柞木（柞栎）	0.766	石　棉	2.1～2.8
软　木	0.1～0.4	石棉橡胶纸	2
胶合板	0.5	皮　革	0.86～1.02
刨合板	0.4	石　墨	1.9～2.3
竹　材	0.9	盐　酸	1.2
木　炭	0.3～0.5	硫酸（87%，质量分数）	1.8
石　膏	2.3～2.4	磷　酸	1.78
生石灰	1.1	硝　酸	1.54
熟石灰	1.2	蓄电池电液（充足电）	1.27～1.285
混凝土	2.2	乙　醚	0.714
三合土	1.9～2.5	阿莫尼亚	0.89
普通黏土砖	1.79	石　蜡	0.9
黏土耐火砖	2.2～2.4	碳化钙（电石）	2.22
橡胶制品	1～2	乙　醇	0.8～0.81
平胶板	1.6～1.8	汽　油	0.66～0.75
纤维纸板	1.3	煤　油	0.78～0.82
大理石	2.6～2.7	石油（原油）	0.82
花岗岩	2.6～3	轻柴油	0.83
石灰石、滑石	2.6～2.8	中柴油	0.86
石板石	2.7～2.9	重柴油	0.92
砂　岩	2.2～2.5	冬用机油	0.93
石　英	2.5～2.8	夏用机油	0.945
天然浮石	0.4～0.9	通用机油	0.94
金刚石	3.5～3.6	压缩机油	0.93
普通刚玉	3.85～3.9	齿轮油	0.95
白刚石	3.9	变压器油	0.89
碳化硅	3.1	涡轮机油	0.935
地　蜡	0.96	电机油	0.9
地沥青	0.9～1.5	气缸油	0.94
陶　瓷	2.2	开关机油	0.95
常用玻璃	2.5～2.75	大豆油	0.926
云　母	2.8	花生油	0.919
金刚砂	4.0	棉籽油	0.926
尼　龙	1.05～1.14	胡麻子油	0.94
聚甲醛	1.4	橄榄油	0.92
聚四氟乙烯	2.1～2.3	水（4℃）	1

注：木料、竹材含水质量分数为15%。

10.1.6　常用材料的线胀系数、熔点、热导率和比热容（表 10.1-14、表 10.1-15）

表 10.1-14　材料线胀系数 α_l （$10^{-6}℃^{-1}$）

材料	温度范围/℃							
	20	20~100	20~200	20~300	20~400	20~600	20~700	70~1000
工程用铜		16.6~17.1	17.1~17.2	17.6	18~18.1	18.6		
紫　铜		17.2	17.5	17.9				
黄　铜		17.8	18.8	20.9				
锡青铜		17.6	17.9	18.2				
铝青铜		17.6	17.9	19.2				
碳　钢		10.6~12.2	11.3~13	12.1~13.5	12.9~13.9	13.5~14.3	14.7~15	
铬　钢		11.2	11.8	12.4	13	13.6		
40CrSi		11.7						
30CrMnSiA		11						
30Cr13		10.2	11.1	11.6	11.9	12.3	12.8	
铸　铁		8.7~11.1	8.5~11.6	10.1~12.2	11.5~12.7	12.9~13.2		17.6
镍铬合金		14.5						
铝		23.9						
砖	9.5							
水泥、混凝土	10~14							
胶木、硬橡皮	64~77							
玻璃		4~11.5						
赛璐珞		100						
有机玻璃		130						

表 10.1-15　常用材料熔点、热导率及比热容

名　　称	熔点/℃	热导率		比热容	
		W/(m·K)	cal/(cm·s·℃)	J/(kg·K)	cal/(g·℃)
灰铸铁	1200	46~93	0.11~0.22	544	0.13
铸　钢	1425			490	0.117
软　钢	1400~1500	46	0.11	502	0.12
黄　铜	950	93	0.22	394	0.094
青　铜	995	64	0.15	385	0.092
紫　铜	1083	393	0.94	377	0.09
铝	658	203	0.49	904	0.216
铅	327	35	0.083	130	0.031
锡	232	63	0.15	234	0.056
锌	419	110	0.26	394	0.094
镍	1452	59	0.14	452	0.108

注：1. 表中的热导率值指 0~100℃ 的范围内。

2. cal/(cm·s·℃)、cal/(g·℃) 已取消，数据供参考。

10.1.7　摩擦因数（表 10.1-16~表 10.1-19）

1. 滑动摩擦因数（表 10.1-16）

表 10.1-16　滑动摩擦因数

摩擦材料	滑动摩擦因数（μ 或 μ'）		摩擦材料	滑动摩擦因数（μ 或 μ'）	
	无润滑	有润滑		无润滑	有润滑
钢-钢	0.1(0.15)	0.05~0.1 (0.1~0.12)	钢-不淬火的 T8 钢	0.15	0.03
钢-软钢	0.2	0.1~0.2	钢-铸铁	0.16~0.18 (0.2~0.3)	0.05~0.15

（续）

摩擦材料	滑动摩擦因数（μ 或 μ'）		摩擦材料	滑动摩擦因数（μ 或 μ'）	
	无润滑	有润滑		无润滑	有润滑
钢-黄铜	0.19	0.03	黄铜-绝缘物	0.27	—
钢-青铜	0.15~0.18	0.07 (0.1~0.15)	青铜-不淬火 T8 钢	0.16	—
			青铜-黄铜	0.16	—
钢-铝	0.17	0.02	青铜-青铜	0.15~0.2	0.04~0.10
钢-轴承合金	0.2	0.04	青铜-钢	0.16	
钢-夹布胶木	0.22	—	青铜-夹布胶木	0.23	
钢-钢纸	0.22	—	青铜-钢纸	0.24	
皮革-铸铁或钢	0.3~0.5	0.12~0.15	青铜-树脂	0.21	
硬木-铸铁或钢	0.2~0.35	0.12~0.16	青铜-硬橡皮	0.36	
软木-铸铁或钢	0.3~0.5	0.15~0.25	青铜-石板	0.33	
钢纸-铸铁或钢	0.3~0.5	0.12~0.17	青铜-绝缘物	0.26	—
毛毡-铸铁或钢	0.22	0.18	铝-不淬火 T8 钢	0.18	0.03
软钢-铸铁	0.18(0.2)	0.05~0.15	铝-淬火 T8 钢	0.17	0.02
软钢-青铜	0.18(0.2)	0.07~0.15	铝-黄铜	0.27	0.02
铸铁-铸铁	0.15	0.07~0.12 (0.15~0.16)	铝-青铜	0.22	
			铝-钢	0.30	0.02
铸铁-青铜	0.15~0.21 (0.28)	0.07~0.15 (0.16)	铝-夹布胶木	0.26	—
			硅铝合金-夹布胶木	0.34	
铸铁-皮革	0.28(0.55)	0.12(0.15)	硅铝合金-钢纸	0.32	
铸铁-橡皮	0.8	0.5	硅铝合金-树脂	0.28	
皮革-木料	0.03~0.05 (0.4~0.5)	—	硅铝合金-硬橡胶	0.25	
			硅铝合金-绝缘物	0.26	
铜-T8 钢	0.15	0.03	硅铝合金-石板	0.26	
黄铜-不淬火 T8 钢	0.19	0.03	钢-粉末冶金	(0.35~0.55)	—
黄铜-淬火 T8 钢	0.14	0.02	木材-木材 纹路平行时	0.48(0.62)	0.07~0.10
黄铜-黄铜	0.17	0.02	木材-木材 纹路垂直时	0.32(0.54)	(0.10)
黄铜-钢	0.30	0.02	麻绳-木材	0.5 (0.5~0.8)	—
黄铜-硬橡皮	0.25	—			
黄铜-石板	0.25	—			

注：括号内为静滑动摩擦因数 μ，其余为动滑动摩擦因数 μ'。

2. 滚动摩擦因数（表 10.1-17）

表 10.1-17　滚动摩擦因数

相摩擦或相接触的物体	滚动摩擦因数 μ	相摩擦或相接触的物体	滚动摩擦因数 μ
铸铁-铸铁	0.5	软钢-钢	0.05
钢质车轮-钢轨	0.5	有滚珠轴承的料车-钢轨	0.09
木-钢	0.3~0.4	无滚珠轴承的料车-钢轨	0.21
木-木	0.5~0.8	钢质车轮-木面	1.5~2.5
软木-软木	1.5	轮胎-路面	2~1

3. 常用摩擦副间的摩擦因数（表 10.1-18）

表 10.1-18　常用摩擦副间的摩擦因数

摩擦物体名称			摩擦因数 μ	摩擦物体名称		摩擦因数 μ
滚动轴承	单列向心球轴承	径向载荷	0.002	滚动轴承	双列向心球面球轴承	0.0015
		轴向载荷	0.004		短圆柱滚子轴承	0.002
	单列向心推力球轴承	径向载荷	0.003		长圆柱或螺旋滚子轴承	0.006
		轴向载荷	0.005		滚针轴承	0.008
	单列圆锥滚子轴承	径向载荷	0.008		推力球轴承	0.003
		轴向载荷	0.02		双列向心球面滚子轴承	0.004

（续）

摩擦物体名称		摩擦因数 μ	摩擦物体名称		摩擦因数 μ
加热炉内	金属在管子或金属条上	0.4~0.6	轧辊轴承	特殊密封的液体摩擦轴承	0.003~0.005
	金属在炉底砖上	0.6~1		特殊密封半液体摩擦轴承	0.005~0.01
滑动轴承	液体摩擦	0.001~0.008	密封软填料盒中填料与轴的摩擦		0.2
	半液体摩擦	0.008~0.08	热钢在辊道上摩擦		0.3
	半干摩擦	0.1~0.5	冷钢在辊道上摩擦		0.15~0.18
轧辊轴承	滚动轴承（滚子）	0.002~0.005	制动器普通石棉制动带（无润滑）p = 196.133~588.4kPa		0.35~0.46
	层压胶木轴瓦	0.004~0.006			
	青铜轴瓦（用于热轧辊）	0.07~0.1	离合器装有黄铜丝的压制石棉带 p = 196.133~1176.8kPa		0.43~0.40
	青铜轴瓦（用于冷轧辊）	0.04~0.08			

4. 工程塑料的摩擦因数（表 10.1-19）

表 10.1-19　工程塑料的摩擦因数

下试样的塑料名称	上试样（钢）		上试样（塑料）	
	静滑动摩擦因数 μ	动滑动摩擦因数 μ'	静滑动摩擦因数 μ	动滑动摩擦因数 μ'
聚四氟乙烯	0.10	0.05	0.04	0.04
聚全氟乙丙烯	0.25	0.18	—	—
低密度聚乙烯	0.27	0.26	0.33	0.33
高密度聚乙烯	0.18	0.08~0.12	0.12	0.11
聚甲醛	0.14	0.13	—	—
聚偏二氟乙烯	0.33	0.25	—	—
聚碳酸酯	0.60	0.53	—	—
聚苯二甲酸乙二醇酯	0.29	0.28	0.27[①]	0.20[①]
聚酰胺（尼龙 66）	0.37	0.34	0.42[①]	0.35[①]
聚三氟氯乙烯	0.45[①]	0.33[①]	0.43[①]	0.32[①]
聚氯乙烯	0.45[①]	0.40[①]	0.50[①]	0.40[①]
聚偏二氯乙烯	0.68[①]	0.45[①]	0.90[①]	0.52[①]

① 黏滑运动。

10.1.8　金属硬度与强度换算（表 10.1-20~表 10.1-24）

1. 黑色金属硬度与强度换算（表 10.1-20~表 10.1-22）

表 10.1-20　碳钢及合金钢硬度与强度换算（摘自 GB/T 1172—1999）

硬度								抗拉强度 R_m/MPa								
洛氏		表面洛氏			维氏	布氏 ($F/D^2=30$)										
HRC	HRA	HR 15N	HR 30N	HR 45N	HV	HBS	HBW	碳钢	铬钢	铬钒钢	铬镍钢	铬钼钢	铬镍钼钢	铬锰硅钢	超高强度钢	不锈钢
20.0	60.2	68.8	40.7	19.2	226	225		774	742	736	782	747		781		740
20.5	60.4	69.0	41.2	19.8	228	227		784	751	744	787	753		788		749
21.0	60.7	69.3	41.7	20.4	230	229		793	760	753	792	760		794		758
21.5	61.0	69.5	42.2	21.0	233	232		803	769	761	797	767		801		767
22.0	61.2	69.8	42.6	21.5	235	234		813	779	770	803	774		809		777
22.5	61.5	70.0	43.1	22.1	238	237		823	788	779	809	781		816		786
23.0	61.7	70.3	43.6	22.7	241	240		833	798	788	815	789		824		796
23.5	62.0	70.6	44.0	23.3	244	242		843	808	797	822	797		832		806
24.0	62.2	70.8	44.5	23.9	247	245		854	818	807	829	805		840		816
24.5	62.5	71.1	45.0	24.5	250	248		864	828	816	836	813		848		826
25.0	62.8	71.4	45.5	25.1	253	251		875	838	826	843	822		856		837

（续）

硬 度								抗拉强度 R_m/MPa								
洛氏		表面洛氏			维氏	布氏 $(F/D^2=30)$		碳钢	铬钢	铬钒钢	铬镍钢	铬钼钢	铬镍钼钢	铬锰硅钢	超高强度钢	不锈钢
HRC	HRA	HR 15N	HR 30N	HR 45N	HV	HBS	HBW									
25.5	63.0	71.6	45.9	25.7	256	254		886	848	837	851	831	850	865		847
26.0	63.3	71.9	46.4	26.3	259	257		897	859	847	859	840	859	874		858
26.5	63.5	72.2	46.9	26.9	262	260		908	870	858	867	850	869	883		868
27.0	63.8	72.4	47.3	27.5	266	263		919	880	869	876	860	879	893		879
27.5	64.0	72.7	47.8	28.1	269	266		930	891	880	885	870	890	902		890
28.0	64.3	73.0	48.3	28.7	273	269		942	902	892	894	880	901	912		901
28.5	64.6	73.3	48.7	29.3	276	273		954	914	903	904	891	912	922		913
29.0	64.8	73.5	49.2	29.9	280	276		965	925	915	914	902	923	933		924
29.5	65.1	73.8	49.7	30.5	284	280		977	937	928	924	913	935	943		936
30.0	65.3	74.1	50.2	31.1	288	283		989	948	940	935	924	947	954		947
30.5	65.6	74.4	50.6	31.7	292	287		1002	960	953	946	936	959	965		959
31.0	65.8	74.7	51.1	32.3	296	291		1014	972	966	957	948	972	977		971
31.5	66.1	74.9	51.6	32.9	300	294		1027	984	980	969	961	985	989		983
32.0	66.4	75.2	52.0	33.5	304	298		1039	996	993	981	974	999	1001		996
32.5	66.6	75.5	52.5	34.1	308	302		1052	1009	1007	994	987	1012	1013		1008
33.0	66.9	75.8	53.0	34.7	313	306		1065	1022	1022	1007	1001	1027	1026		1021
33.5	67.1	76.1	53.4	35.3	317	310		1078	1034	1036	1020	1015	1041	1039		1034
34.0	67.4	76.4	53.9	35.9	321	314		1092	1048	1051	1034	1029	1056	1052		1047
34.5	67.7	76.7	54.4	36.5	326	318		1105	1061	1067	1048	1043	1071	1066		1060
35.0	67.9	77.0	54.8	37.0	331	323		1119	1074	1082	1063	1058	1087	1079		1074
35.5	68.2	77.2	55.3	37.6	335	327		1133	1088	1098	1078	1074	1103	1094		1087
36.0	68.4	77.5	55.8	38.2	340	332		1147	1102	1114	1093	1090	1119	1108		1101
36.5	68.7	77.8	56.2	38.8	345	336		1162	1116	1131	1109	1106	1136	1123		1116
37.0	69.0	78.1	56.7	39.4	350	341		1177	1131	1148	1125	1122	1153	1139		1130
37.5	69.2	78.4	57.2	40.0	355	345		1192	1146	1165	1142	1139	1171	1155		1145
38.0	69.5	78.7	57.6	40.6	360	350		1207	1161	1183	1159	1157	1189	1171		1161
38.5	69.7	79.0	58.1	41.2	365	355		1222	1176	1201	1177	1174	1207	1187	1170	1176
39.0	70.0	79.3	58.6	41.8	371	360		1238	1192	1219	1195	1192	1226	1204	1195	1193
39.5	70.3	79.6	59.0	42.4	376	365		1254	1208	1238	1214	1211	1245	1222	1219	1209
40.0	70.5	79.9	59.5	43.0	381	370	370	1271	1225	1257	1233	1230	1265	1240	1243	1226
40.5	70.8	80.2	60.0	43.6	387	375	375	1288	1242	1276	1252	1249	1285	1258	1267	1244
41.0	71.1	80.5	60.4	44.2	393	380	381	1305	1260	1296	1273	1269	1306	1277	1290	1262
41.5	71.3	80.8	60.9	44.8	398	385	386	1322	1278	1317	1293	1289	1327	1296	1313	1280
42.0	71.6	81.1	61.3	45.4	404	391	392	1340	1296	1337	1314	1310	1348	1316	1336	1299
42.5	71.8	81.4	61.8	45.9	410	396	397	1359	1315	1358	1336	1331	1370	1336	1359	1319
43.0	72.1	81.7	62.3	46.5	416	401	403	1378	1335	1380	1358	1353	1392	1357	1381	1339
43.5	72.4	82.0	62.7	47.1	422	407	409	1397	1355	1401	1380	1375	1415	1378	1404	1361
44.0	72.6	82.3	63.2	47.7	428	413	415	1417	1376	1424	1404	1397	1439	1400	1427	1383
44.5	72.9	82.6	63.6	48.3	435	418	422	1438	1398	1446	1427	1420	1462	1422	1450	1405

（续）

硬度								抗拉强度 R_m/MPa								
洛氏		表面洛氏			维氏	布氏 $(F/D^2=30)$		碳钢	铬钢	铬钒钢	铬镍钢	铬钼钢	铬镍钼钢	铬锰硅钢	超高强度钢	不锈钢
HRC	HRA	HR 15N	HR 30N	HR 45N	HV	HBS	HBW									
45.0	73.2	82.9	64.1	48.9	441	424	428	1459	1420	1469	1451	1444	1487	1445	1473	1429
45.5	73.4	83.2	64.6	49.5	448	430	435	1481	1444	1493	1476	1468	1512	1469	1496	1453
46.0	73.7	83.5	65.0	50.1	454	436	441	1503	1468	1517	1502	1492	1537	1493	1520	1479
46.5	73.9	83.7	65.5	50.7	461	442	448	1526	1493	1541	1527	1517	1563	1517	1544	1505
47.0	74.2	84.0	65.9	51.2	468	449	455	1550	1519	1566	1554	1542	1589	1543	1569	1533
47.5	74.5	84.3	66.4	51.8	475		463	1575	1546	1591	1581	1568	1616	1569	1594	1562
48.0	74.7	84.6	66.8	52.4	482		470	1600	1574	1617	1608	1595	1643	1595	1620	1592
48.5	75.0	84.9	67.3	53.0	489		478	1626	1603	1643	1636	1622	1671	1623	1646	1623
49.0	75.3	85.2	67.7	53.6	497		486	1653	1633	1670	1665	1649	1699	1651	1674	1655
49.5	75.5	85.5	68.2	54.2	504		494	1681	1665	1697	1695	1677	1728	1679	1702	1689
50.0	75.8	85.7	68.6	54.7	512		502	1710	1698	1724	1724	1706	1758	1709	1731	1725
50.5	76.1	86.0	69.1	55.3	520		510		1732	1752	1755	1735	1788	1739	1761	1809
51.0	76.3	86.3	69.5	55.9	527		518		1768	1780	1786	1764	1819	1770	1792	1839
51.5	76.6	86.6	70.0	56.5	535		527		1806	1809	1818	1794	1850	1801	1824	1869
52.0	76.9	86.8	70.4	57.1	544		535		1845	1839	1850	1825	1881	1834	1857	1899
52.5	77.1	87.1	70.9	57.6	552		544			1869	1883	1856	1914	1867	1892	1930
53.0	77.4	87.4	71.3	58.2	561		552			1899	1917	1888	1947	1901	1929	1961
53.5	77.7	87.6	71.8	58.8	569		561			1930	1951			1936	1966	1993
54.0	77.9	87.9	72.2	59.4	578		569			1961	1986			1971	2006	2026
54.5	78.2	88.1	72.6	59.9	587		577			1993	2022			2008	2047	
55.0	78.5	88.4	73.1	60.5	596		585			2026				2045	2090	
55.5	78.7	88.6	73.5	61.1	606		593								2135	
56.0	79.0	88.9	73.9	61.7	615		601								2181	
56.5	79.3	89.1	74.4	62.2	625		608								2230	
57.0	79.5	89.4	74.8	62.8	635		616								2281	
57.5	79.8	89.6	75.2	63.4	645		622								2334	
58.0	80.1	89.8	75.6	63.9	655		628								2390	
58.5	80.3	90.0	76.1	64.5	666		634								2448	
59.0	80.6	90.2	76.5	65.1	676		639								2509	
59.5	80.9	90.4	76.9	65.6	687		643								2572	
60.0	81.2	90.6	77.3	66.2	698		647								2639	
60.5	81.4	90.8	77.7	66.8	710		650									
61.0	81.7	91.0	78.1	67.3	721											
62.0	82.2	91.4	79.0	68.4	745											
63.0	82.8	91.7	79.8	69.5	770											
64.0	83.3	91.9	80.6	70.6	795											
65.0	83.9	92.2	81.3	71.7	822											
66.0	84.4				850											
67.0	85.0				879											
68.0	85.5				909											

表 10.1-21　碳钢硬度与强度换算（摘自 GB/T 1172—1999）

洛氏	表面洛氏			维氏	布氏 HBS		抗拉强度 R_m	洛氏	表面洛氏			维氏	布氏 HBS		抗拉强度 R_m
HRB	HR 15T	HR 30T	HR 45T	HV	$F/D^2=10$	$F/D^2=30$	/MPa	HRB	HR 15T	HR 30T	HR 45T	HV	$F/D^2=10$	$F/D^2=30$	/MPa
60.0	80.4	56.1	30.4	105	102		375	80.5	86.1	69.2	51.6	148	134		503
60.5	80.5	56.4	30.9	105	102		377	81.0	86.2	69.5	52.1	149	136		508
61.0	80.7	56.7	31.4	106	103		379	81.5	86.3	69.8	52.6	151	137		513
61.5	80.8	57.1	31.9	107	103		381	82.0	86.5	70.2	53.1	152	138		518
62.0	80.9	57.4	32.4	108	104		382	82.5	86.6	70.5	53.6	154	140		523
62.5	81.1	57.7	32.9	108	104		384	83.0	86.8	70.8	54.1	156		152	529
63.0	81.2	58.0	33.5	109	105		386	83.5	86.9	71.1	54.7	157		154	534
63.5	81.4	58.3	34.0	110	105		388	84.0	87.0	71.4	55.2	159		155	540
64.0	81.5	58.7	34.5	110	106		390	84.5	87.2	71.8	55.7	161		156	546
64.5	81.6	59.0	35.0	111	106		393	85.0	87.3	72.1	56.2	163		158	551
65.0	81.8	59.3	35.5	112	107		395	85.5	87.5	72.4	56.7	165		159	557
65.5	81.9	59.6	36.1	113	107		397	86.0	87.6	72.7	57.2	166		161	563
66.0	82.1	59.9	36.6	114	108		399	86.5	87.7	73.0	57.8	168		163	570
66.5	82.2	60.3	37.1	115	108		402	87.0	87.9	73.4	58.3	170		164	576
67.0	82.3	60.6	37.6	115	109		404	87.5	88.0	73.7	58.8	172		166	582
67.5	82.5	60.9	38.1	116	110		407	88.0	88.1	74.0	59.3	174		168	589
68.0	82.6	61.2	38.6	117	110		409	88.5	88.3	74.3	59.8	176		170	596
68.5	82.7	61.5	39.2	118	111		412	89.0	88.4	74.6	60.3	178		172	603
69.0	82.9	61.9	39.7	119	112		415	89.5	88.6	75.0	60.9	180		174	609
69.5	83.0	62.2	40.2	120	112		418	90.0	88.7	75.3	61.4	183		176	617
70.0	83.2	62.5	40.7	121	113		421	90.5	88.8	75.6	61.9	185		178	624
70.5	83.3	62.8	41.2	122	114		424	91.0	89.0	75.9	62.4	187		180	631
71.0	83.4	63.1	41.7	123	115		427	91.5	89.1	76.2	62.9	189		182	639
71.5	83.6	63.5	42.3	124	115		430	92.0	89.3	76.6	63.4	191		184	646
72.0	83.7	63.8	42.8	125	116		433	92.5	89.4	76.9	64.0	194		187	654
72.5	83.9	64.1	43.3	126	117		437	93.0	89.5	77.2	64.5	196		189	662
73.0	84.0	64.4	43.8	128	118		440	93.5	89.7	77.5	65.0	199		192	670
73.5	84.1	64.7	44.3	129	119		444	94.0	89.8	77.8	65.5	201		195	678
74.0	84.3	65.1	44.8	130	120		447	94.5	89.9	78.2	66.0	203		197	686
74.5	84.4	65.4	45.4	131	121		451	95.0	90.1	78.5	66.5	206		200	695
75.0	84.5	65.7	45.9	132	122		455	95.5	90.2	78.8	67.1	208		203	703
75.5	84.7	66.0	46.4	134	123		459	96.0	90.4	79.1	67.6	211		206	712
76.0	84.8	66.3	46.9	135	124		463	96.5	90.5	79.4	68.1	214		209	721
76.5	85.0	66.6	47.4	136	125		467	97.0	90.6	79.8	68.6	216		212	730
77.0	85.1	67.0	47.9	138	126		471	97.5	90.8	80.1	69.1	219		215	739
77.5	85.2	67.3	48.5	139	127		475	98.0	90.9	80.4	69.6	222		218	749
78.0	85.4	67.6	49.0	140	128		480	98.5	91.1	80.7	70.2	225		222	758
78.5	85.5	67.9	49.5	142	129		484	99.0	91.2	81.0	70.7	227		226	768
79.0	85.7	68.2	50.0	143	130		489	99.5	91.3	81.4	71.2	230		229	778
79.5	85.8	68.6	50.5	145	132		493	100.0	91.5	81.7	71.7	233		232	788
80.0	85.9	68.9	51.0	146	133		498								

注：本表主要适用于低碳钢。

表 10.1-22　钢铁洛氏与肖氏硬度对照

肖氏 HS	96.6	95.6	94.6	93.5	92.6	91.5	90.5	89.4	88.4	87.6	86.5	85.7
洛氏 HRC	68	67.5	67	66.5	66	65.5	65	64.5	64	63.5	63	62.5

肖氏 HS	74.9	74.2	73.5	72.6	71.9	71.2	70.5	69.8	69.1	68.5	67.7	67.0
洛氏 HRC	56	55.5	55	54.5	54	53.5	53	52.5	52	51.5	51	50.5

肖氏 HS	51.1	50.0	48.8	47.8	46.6	45.6	44.5	43.5	42.5	41.6	40.6	39.7
洛氏 HRC	38	37	36	35	34	33	32	31	30	29	28	27

肖氏 HS	84.8	84.0	83.1	82.2	81.4	80.6	79.7	78.9	78.1	77.2	76.5	75.6
洛氏 HRC	62	61.5	61	60.5	60	59.5	59	58.5	58	57.5	57	56.5

肖氏 HS	66.3	65.0	63.7	62.3	61.0	59.7	58.4	57.1	55.9	54.7	53.5	52.3
洛氏 HRC	50	49	48	47	46	45	44	43	42	41	40	39

肖氏 HS	38.8	37.9	37.0	36.3	35.5	34.7	34.0	33.2	32.6	31.9	31.4	30.7	30.1	29.6
洛氏 HRC	26	25	24	23	22	21	20	19	18	17	16	15	14	13

2. 铜合金硬度与强度换算（表10.1-23）

表10.1-23　铜合金硬度与强度换算（摘自 GB/T 3771—1983）

布氏 HB30D²	布氏 d_{10}、$2d_5$、$4d_{2.5}$/mm	维氏 HV	洛氏 HRC	HRA	HRB	HRF	表面洛氏 HR15N	HR30N	HR45N	HR15T	HR30T	HR45T	黄铜 板材 R_m	黄铜 棒材 R_m	铍青铜 板材 R_m	$R_{p0.2}$	$R_{p0.01}$	铍青铜 棒材 R_m	$R_{p0.2}$	$R_{p0.01}$
90.0	6.159	90.5	—	—	53.7	87.1	—	—	—	77.2	50.8	26.7	—	—	—	—	—	—	—	—
92.0	6.100	92.6	—	—	54.2	87.4	—	—	—	77.4	51.2	27.2	—	—	—	—	—	—	—	—
94.0	6.042	94.7	—	—	54.8	87.7	—	—	—	77.6	51.6	27.7	—	—	—	—	—	—	—	—
96.0	5.986	96.8	—	—	55.5	88.1	—	—	—	77.8	52.0	28.4	—	—	—	—	—	—	—	—
98.0	5.931	98.9	—	—	56.2	88.5	—	—	—	78.0	52.5	29.1	—	—	—	—	—	—	—	—
100.0	5.878	101.0	—	—	57.1	89.1	—	—	—	78.3	53.2	30.1	—	—	—	—	—	—	—	—
102.0	5.826	103.1	—	—	58.0	89.6	—	—	—	78.6	53.8	31.0	—	—	—	—	—	—	—	—
104.0	5.775	105.1	—	—	58.9	90.1	—	—	—	78.9	54.4	31.9	—	—	—	—	—	—	—	—
106.0	5.726	107.2	—	—	60.0	90.7	—	—	—	79.2	55.1	32.9	—	—	—	—	—	—	—	—
108.0	5.678	109.3	—	—	61.0	91.3	—	—	—	79.6	55.8	33.9	—	—	—	—	—	—	—	—
110.0	5.631	111.4	—	—	62.1	91.9	—	—	—	79.9	56.5	35.0	379	392	—	—	—	—	—	—
112.0	5.585	113.5	—	—	63.2	92.6	—	—	—	80.3	57.4	36.2	382	397	—	—	—	—	—	—
114.0	5.541	115.6	—	—	64.3	93.2	—	—	—	80.6	58.1	37.2	386	403	—	—	—	—	—	—
116.0	5.497	117.7	—	—	65.4	93.8	—	—	—	81.0	58.8	38.2	390	408	—	—	—	—	—	—
118.0	5.454	119.8	—	—	66.6	94.5	—	—	—	81.4	59.6	39.4	394	414	—	—	—	—	—	—
120.0	5.413	121.9	—	—	67.7	95.1	—	—	—	81.7	60.3	40.5	398	420	—	—	—	—	—	—
122.0	5.372	124.0	—	—	68.8	95.8	—	—	—	82.1	61.2	41.7	402	425	—	—	—	—	—	—
124.0	5.332	126.1	—	—	69.9	96.4	—	—	—	82.5	61.9	42.7	407	431	—	—	—	—	—	—
126.0	5.293	128.2	—	—	71.0	97.0	—	—	—	82.8	62.6	43.7	412	437	—	—	—	—	—	—
128.0	5.255	130.3	—	—	72.1	97.7	—	—	—	83.2	63.4	44.9	417	443	—	—	—	—	—	—
130.0	5.218	132.4	—	—	73.1	98.2	—	—	—	83.5	64.0	45.8	422	449	—	—	—	—	—	—
132.0	5.181	134.5	—	—	74.1	98.8	—	—	—	83.8	64.7	46.8	428	456	—	—	—	—	—	—
134.0	5.145	136.6	—	—	75.1	99.4	—	—	—	84.1	65.5	47.9	434	462	—	—	—	—	—	—
136.0	5.110	138.6	—	—	76.1	100.0	—	—	—	84.5	66.2	48.9	440	468	—	—	—	—	—	—
138.0	5.076	140.7	—	—	77.0	100.5	—	—	—	84.8	66.8	49.8	446	475	—	—	—	—	—	—
140.0	5.042	142.8	—	—	77.9	101.0	—	—	—	85.0	67.4	50.6	453	481	—	—	—	—	—	—
142.0	5.009	144.9	—	—	78.8	101.5	—	—	—	85.3	67.9	51.5	460	488	—	—	—	—	—	—
144.0	4.977	147.0	—	—	79.7	102.0	—	—	—	85.6	68.5	52.3	467	495	—	—	—	—	—	—
146.0	4.945	149.1	—	—	80.5	102.5	—	—	—	85.8	69.1	53.2	474	502	—	—	—	—	—	—
148.0	4.914	151.2	—	—	81.2	102.9	—	—	—	86.1	69.6	53.9	482	509	—	—	—	—	—	—
150.0	4.883	153.3	—	—	82.0	103.3	—	—	—	86.3	70.1	54.6	489	516	—	—	—	—	—	—
152.0	4.853	155.4	—	—	82.7	103.7	—	—	—	86.6	70.6	55.3	498	523	—	—	—	—	—	—
154.0	4.823	157.5	—	—	83.3	104.1	—	—	—	86.8	71.0	56.0	506	530	—	—	—	—	—	—

（续）

硬 度 ｜ 拉伸性能/MPa

布氏 HB30D^2	布氏 d_{10}、$2d_5$、$4d_{2.5}$/mm	维氏 HV	洛氏 HRC	洛氏 HRA	洛氏 HRB	洛氏 HRF	表面洛氏 HR15N	表面洛氏 HR30N	表面洛氏 HR45N	表面洛氏 HR15T	表面洛氏 HR30T	表面洛氏 HR45T	黄铜 板材 R_m	黄铜 棒材 R_m	铍青铜 板材 R_m	铍青铜 板材 $R_{p0.2}$	铍青铜 板材 $R_{p0.01}$	铍青铜 棒材 R_m	铍青铜 棒材 $R_{p0.2}$	铍青铜 棒材 $R_{p0.01}$
156.0	4.794	159.6	—	—	84.0	104.5	—	—	—	87.0	71.5	56.6	514	537	—	—	—	—	—	—
158.0	4.766	161.7	—	—	84.6	104.8	—	—	—	87.2	71.9	57.2	523	545	—	—	—	—	—	—
160.0	4.738	163.8	—	—	85.2	105.2	—	—	—	87.4	72.3	57.9	532	552	—	—	—	—	—	—
162.0	4.710	165.9	—	—	85.8	105.5	—	—	—	87.6	72.7	58.4	541	560	—	—	—	—	—	—
164.0	4.683	168.0	—	—	86.3	105.8	—	—	—	87.7	73.1	58.9	551	567	—	—	—	—	—	—
166.0	4.657	170.1	—	—	86.8	106.1	—	—	—	87.9	73.4	59.4	561	575	—	—	—	—	—	—
168.0	4.631	172.1	—	—	87.4	106.4	—	—	—	88.1	73.8	59.9	571	583	—	—	—	—	—	—
170.0	4.605	174.2	—	—	87.9	106.7	—	—	—	88.2	74.1	60.4	581	591	556	476	332	662	374	291
172.0	4.580	176.3	—	—	88.4	107.0	—	—	—	88.4	74.5	61.0	591	599	562	482	337	667	382	297
174.0	4.555	178.4	—	—	88.8	107.2	—	—	—	88.5	74.7	61.3	602	607	569	489	342	673	390	303
176.0	4.530	180.5	—	—	89.3	107.5	—	—	—	88.7	75.1	61.8	613	615	576	496	347	678	398	309
178.0	4.506	182.6	—	—	89.8	107.8	—	—	—	88.9	75.4	62.3	624	624	582	503	352	683	406	314
180.0	4.483	184.7	—	—	90.3	108.1	—	—	—	89.0	75.8	62.8	636	632	589	509	356	689	414	320
182.0	4.459	186.8	—	—	90.8	108.4	—	—	—	89.2	76.1	63.4	648	640	596	516	361	694	422	326
184.0	4.436	188.9	—	—	91.3	108.7	—	—	—	89.4	76.5	63.9	659	649	603	523	366	700	430	332
186.0	4.414	191.0	—	—	91.8	109.0	—	—	—	89.5	76.9	64.4	672	658	609	530	371	705	438	337
188.0	4.392	193.1	—	—	92.3	109.2	—	—	—	89.7	77.1	64.7	684	666	616	537	376	711	446	343
190.0	4.370	195.2	—	—	92.8	109.5	—	—	—	89.8	77.5	65.3	697	675	623	543	380	717	454	349
192.0	4.348	197.3	—	—	93.3	109.8	—	—	—	90.0	77.8	65.8	710	684	630	550	385	722	462	355
194.0	4.327	199.4	—	—	93.9	110.2	—	—	—	90.2	78.3	66.5	723	693	637	557	390	728	470	360
196.0	4.306	201.5	—	—	94.4	110.4	—	—	—	90.3	78.5	66.8	736	702	643	564	395	734	478	366
198.0	4.285	203.5	—	—	95.0	110.8	—	—	—	90.6	79.0	67.5	750	712	650	570	400	740	486	372
200.0	4.265	205.6	—	—	95.6	111.1	—	—	—	90.7	79.4	68.0	764	721	657	577	404	746	494	378
202.0	4.244	207.7	—	—	96.2	111.5	—	—	—	90.9	79.8	68.7	—	—	664	584	409	752	502	383
204.0	4.225	209.8	—	—	96.8	111.8	—	—	—	91.2	80.2	69.2	—	—	671	591	414	758	510	389
206.0	4.205	211.9	—	—	97.5	112.2	—	—	—	91.4	80.7	69.9	—	—	678	598	419	764	518	395
208.0	4.186	214.0	—	—	98.1	112.6	—	—	—	91.6	81.1	70.6	—	—	685	604	424	770	526	401
210.0	4.167	216.1	—	—	98.8	113.0	—	—	—	91.8	81.6	71.3	—	—	692	611	428	776	534	406
212.0	4.148	218.2	18.0	59.2	—	—	67.9	38.9	17.3	—	—	—	—	—	699	618	433	782	542	412
214.0	4.129	220.3	18.4	59.4	—	—	68.2	39.2	17.8	—	—	—	—	—	706	625	438	789	550	418
216.0	4.111	222.4	18.8	59.6	—	—	68.4	39.6	18.3	—	—	—	—	—	713	631	443	795	558	424
218.0	4.093	224.5	19.1	59.8	—	—	68.5	39.9	18.6	—	—	—	—	—	720	638	447	801	566	429
220.0	4.075	226.6	19.5	60.0	—	—	68.8	40.3	19.1	—	—	—	—	—	727	645	452	808	574	435

（续）

	布氏	维氏	洛	氏			表面洛氏						拉伸性能/MPa							
					硬	度							黄铜		铍青铜					
													板材	棒材	板材			棒材		
HB30D²	d_{10}、$2d_5$、$4d_{2.5}$/mm	HV	HRC	HRA	HRB	HRF	HR15N	HR30N	HR45N	HR15T	HR30T	HR45T	R_m	R_m	R_m	$R_{p0.2}$	$R_{p0.01}$	R_m	$R_{p0.2}$	$R_{p0.01}$
222.0	4.058	228.7	19.9	60.2	—	—	69.0	40.7	19.6	—	—	—	—	—	734	652	457	814	582	441
224.0	4.040	230.8	20.2	60.3	—	—	69.2	40.9	19.9	—	—	—	—	—	741	658	462	820	590	447
226.0	4.023	232.9	20.6	60.5	—	—	69.4	41.3	20.4	—	—	—	—	—	748	665	467	827	598	452
228.0	4.006	235.0	20.9	60.7	—	—	69.6	41.6	20.7	—	—	—	—	—	755	672	471	833	606	458
230.0	3.990	237.0	21.3	60.9	—	—	69.8	42.0	21.2	—	—	—	—	—	762	679	476	840	613	464
232.0	3.973	239.1	21.7	61.1	—	—	70.0	42.4	21.6	—	—	—	—	—	769	686	481	847	621	470
234.0	3.957	241.2	22.0	61.3	—	—	70.2	42.6	22.0	—	—	—	—	—	776	692	786	853	629	475
236.0	3.941	243.3	22.4	61.5	—	—	70.4	43.0	22.5	—	—	—	—	—	783	699	491	860	637	481
238.0	3.925	245.4	22.7	61.6	—	—	70.6	43.3	22.8	—	—	—	—	—	790	706	495	867	645	487
240.0	3.909	247.5	23.0	61.8	—	—	70.8	43.6	23.2	—	—	—	—	—	797	713	500	874	653	493
242.0	3.894	249.6	23.4	62.0	—	—	71.0	44.0	23.7	—	—	—	—	—	804	719	505	880	661	498
244.0	3.878	251.7	23.7	62.1	—	—	71.1	44.3	24.0	—	—	—	—	—	812	726	510	887	669	504
246.0	3.863	253.8	24.1	62.3	—	—	71.3	44.6	24.4	—	—	—	—	—	819	733	515	894	677	510
248.0	3.848	255.9	24.4	62.5	—	—	71.5	44.9	24.8	—	—	—	—	—	826	740	519	901	685	516
250.0	3.833	258.0	24.7	62.6	—	—	71.7	45.2	25.1	—	—	—	—	—	833	747	524	908	693	521
252.0	3.819	260.1	25.1	62.8	—	—	71.9	45.6	25.6	—	—	—	—	—	840	753	529	915	701	527
254.0	3.804	262.2	25.4	63.0	—	—	72.1	45.9	26.0	—	—	—	—	—	848	760	534	922	709	533
256.0	3.790	264.3	25.7	63.1	—	—	72.3	46.2	26.3	—	—	—	—	—	855	767	539	929	717	539
258.0	3.776	266.4	26.0	63.3	—	—	72.4	46.4	26.7	—	—	—	—	—	862	774	543	936	725	544
260.0	3.762	268.5	26.4	63.5	—	—	72.6	46.8	27.1	—	—	—	—	—	869	780	548	943	733	550
262.0	3.748	270.5	26.7	63.6	—	—	72.8	47.1	27.4	—	—	—	—	—	877	787	553	951	741	556
264.0	3.734	272.6	27.0	63.8	—	—	73.0	47.4	27.8	—	—	—	—	—	884	794	558	958	749	562
266.0	3.721	274.7	27.3	64.0	—	—	73.2	47.7	28.2	—	—	—	—	—	891	801	562	965	757	567
268.0	3.707	276.8	27.6	64.1	—	—	73.3	48.0	28.6	—	—	—	—	—	899	808	567	972	765	573
270.0	3.694	278.9	27.9	64.3	—	—	73.5	48.2	28.9	—	—	—	—	—	906	814	572	980	773	579
272.0	3.681	281.0	28.2	64.4	—	—	73.7	48.5	29.2	—	—	—	—	—	913	821	577	987	781	585
274.0	3.668	283.1	28.6	64.6	—	—	73.9	48.9	29.6	—	—	—	—	—	921	828	582	994	789	591
276.0	3.655	285.2	28.9	64.8	—	—	74.1	49.2	30.0	—	—	—	—	—	928	835	586	1002	797	596
278.0	3.643	287.3	29.2	64.9	—	—	74.2	49.5	30.3	—	—	—	—	—	936	841	591	1009	805	602
280.0	3.630	289.4	29.5	65.1	—	—	71.4	49.8	30.7	—	—	—	—	—	943	848	596	1017	813	608
282.0	3.618	291.5	29.8	65.2	—	—	74.6	50.0	31.1	—	—	—	—	—	950	855	601	1024	821	614
284.0	3.605	293.6	30.1	65.4	—	—	74.7	50.3	31.4	—	—	—	—	—	958	862	606	1032	829	619
286.0	3.593	295.7	30.4	65.5	—	—	74.9	50.6	31.8	—	—	—	—	—	965	868	610	1039	837	625

（续）

	硬度												拉伸性能/MPa							
布氏		维氏	洛氏				表面洛氏						黄铜		铍青铜					
													板材	棒材	板材			棒材		
$HB30D^2$	d_{10}、$2d_5$、$4d_{2.5}$/mm	HV	HRC	HRA	HRB	HRF	HR15N	HR30N	HR45N	HR15T	HR30T	HR45T	R_m	R_m	R_m	$R_{p0.2}$	$R_{p0.01}$	R_m	$R_{p0.2}$	$R_{p0.01}$
288.0	3.581	297.8	30.7	65.7	—	—	75.1	50.9	32.1	—	—	—	—	—	973	875	615	1047	845	631
290.0	3.569	299.9	31.0	65.8	—	—	75.2	51.2	32.5	—	—	—	—	—	980	882	620	1054	852	637
292.0	3.557	301.9	31.2	65.9	—	—	75.4	51.4	32.7	—	—	—	—	—	988	889	625	1062	860	642
294.0	3.545	304.0	31.5	66.1	—	—	75.5	51.7	33.1	—	—	—	—	—	995	896	630	1070	868	648
296.0	3.534	306.1	31.8	66.2	—	—	75.7	51.9	33.4	—	—	—	—	—	1003	902	634	1077	876	654
298.0	3.522	308.2	32.1	66.4	—	—	75.9	52.2	33.8	—	—	—	—	—	1010	909	639	1085	884	660
300.0	3.511	310.3	32.4	66.5	—	—	76.0	52.5	34.1	—	—	—	—	—	1018	916	644	1093	892	665
302.0	3.500	312.4	32.7	66.7	—	—	76.2	52.8	34.4	—	—	—	—	—	1026	923	649	1100	900	671
304.0	3.489	314.5	33.0	66.9	—	—	76.4	53.1	34.8	—	—	—	—	—	1033	929	654	1108	908	677
306.0	3.478	316.6	33.2	67.0	—	—	76.5	53.3	35.0	—	—	—	—	—	1041	936	658	1116	916	683
308.0	3.467	318.7	33.5	67.1	—	—	76.7	53.6	35.4	—	—	—	—	—	1048	943	663	1124	924	688
310.0	3.456	320.8	33.8	67.3	—	—	76.8	53.8	35.7	—	—	—	—	—	1056	950	668	1131	932	694
312.0	3.445	322.9	34.1	67.4	—	—	77.0	54.1	36.1	—	—	—	—	—	1064	957	673	1139	940	700
314.0	3.434	325.0	34.3	67.5	—	—	77.1	54.3	36.3	—	—	—	—	—	1071	963	677	1147	948	706
316.0	3.424	327.1	34.6	67.7	—	—	77.3	54.6	36.7	—	—	—	—	—	1079	970	682	1155	956	711
318.0	3.413	329.2	34.9	67.8	—	—	77.4	54.9	37.0	—	—	—	—	—	1087	977	687	1163	964	717
320.0	3.403	331.3	35.2	68.0	—	—	77.6	55.2	37.4	—	—	—	—	—	1094	984	692	1171	972	723
322.0	3.393	333.4	35.4	68.1	—	—	77.7	55.4	37.6	—	—	—	—	—	1102	990	697	1179	980	729
324.0	3.383	335.4	35.7	68.2	—	—	77.9	55.6	38.0	—	—	—	—	—	1110	997	701	1187	988	734
326.0	3.372	337.5	36.0	68.4	—	—	78.1	55.9	38.3	—	—	—	—	—	1117	1004	706	1195	996	740
328.0	3.636	339.6	36.2	68.5	—	—	78.2	56.1	38.5	—	—	—	—	—	1125	1011	711	1203	1004	746
330.0	3.353	341.7	36.5	68.6	—	—	78.3	56.4	38.9	—	—	—	—	—	1133	1018	716	1210	1012	752
332.0	3.343	343.8	36.7	68.7	—	—	78.5	56.6	39.1	—	—	—	—	—	1141	1024	721	1218	1020	757
334.0	3.333	345.9	37.0	68.9	—	—	78.6	56.9	39.5	—	—	—	—	—	1149	1031	725	1227	1028	763
336.0	3.323	348.0	37.3	69.0	—	—	78.8	57.1	39.8	—	—	—	—	—	1156	1038	730	1235	1036	769
338.0	3.314	350.1	37.5	69.1	—	—	78.9	57.3	40.1	—	—	—	—	—	1164	1045	735	1243	1044	775
340.0	3.304	352.2	37.8	69.3	—	—	79.1	57.6	40.4	—	—	—	—	—	1172	1051	740	1251	1052	780
342.0	3.295	354.3	38.0	69.4	—	—	79.2	57.8	40.6	—	—	—	—	—	1180	1058	745	1259	1060	786
344.0	3.286	356.4	38.3	69.5	—	—	79.3	58.1	41.0	—	—	—	—	—	1188	1065	749	1267	1068	792
346.0	3.276	358.5	38.5	69.7	—	—	79.5	58.3	41.2	—	—	—	—	—	1196	1072	754	1275	1076	798
348.0	3.267	360.6	38.8	69.8	—	—	79.6	58.6	41.6	—	—	—	—	—	1204	1079	759	1283	1084	803
350.0	3.258	362.7	39.0	69.9	—	—	79.8	58.8	41.8	—	—	—	—	—	1211	1085	764	1291	1091	809
352.0	3.249	364.8	39.3	70.1	—	—	79.9	59.0	42.2	—	—	—	—	—	1219	1092	769	1299	1099	815

（续）

布氏 HB30D²	d₁₀、2d₅、4d₂.₅/mm	维氏 HV	洛氏 HRC	HRA	HRB	HRF	表面洛氏 HR15N	HR30N	HR45N	HR15T	HR30T	HR45T	黄铜 板材 R_m	黄铜 棒材 R_m	铍青铜 板材 R_m	板材 $R_{p0.2}$	板材 $R_{p0.01}$	铍青铜 棒材 R_m	棒材 $R_{p0.2}$	棒材 $R_{p0.01}$
354.0	3.240	366.9	39.5	70.2	—	—	80.1	59.2	42.4	—	—	—	—	—	1227	1099	773	1307	1107	821
356.0	3.231	368.9	39.9	70.4	—	—	80.2	59.6	42.9	—	—	—	—	—	1235	1106	778	1316	1115	826
358.0	3.223	371.0	40.2	70.5	—	—	80.4	59.9	43.2	—	—	—	—	—	1243	1112	783	1324	1123	832
360.0	3.214	373.1	40.4	70.6	—	—	80.5	60.1	43.4	—	—	—	—	—	1251	1119	788	1332	1131	838
362.0	3.205	375.2	40.6	70.7	—	—	80.7	60.3	43.7	—	—	—	—	—	1259	1126	792	1340	1139	844
364.0	3.197	377.3	40.9	70.9	—	—	80.8	60.6	44.0	—	—	—	—	—	1267	1133	797	1348	1147	849
366.0	3.188	379.4	41.1	71.0	—	—	80.9	60.8	44.2	—	—	—	—	—	1275	1139	802	1356	1155	855
368.0	3.180	381.5	41.3	71.1	—	—	81.0	60.9	44.5	—	—	—	—	—	1283	1146	807	1365	1163	861
370.0	3.171	383.6	41.5	71.2	—	—	81.1	61.1	44.7	—	—	—	—	—	1291	1153	812	1373	1171	867
372.0	3.163	385.7	41.7	71.3	—	—	81.3	61.3	44.9	—	—	—	—	—	1299	1160	816	1381	1179	872
374.0	3.155	387.8	42.0	71.4	—	—	81.4	61.6	45.3	—	—	—	—	—	1307	1167	821	1389	1187	878
376.0	3.147	389.9	42.2	71.5	—	—	81.5	61.8	45.5	—	—	—	—	—	1315	1173	826	1397	1195	884
378.0	3.138	392.0	42.4	71.6	—	—	81.7	62.0	45.8	—	—	—	—	—	1324	1180	831	1406	1203	890
380.0	3.130	394.1	42.7	71.8	—	—	81.8	62.3	46.1	—	—	—	—	—	1332	1187	836	1414	1211	895
382.0	3.122	396.2	42.9	71.9	—	—	81.9	62.5	46.3	—	—	—	—	—	1340	1194	840	1422	—	—
384.0	3.114	398.3	43.2	72.0	—	—	82.1	62.7	46.7	—	—	—	—	—	1348	1200	845	1430	—	—
386.0	3.107	400.3	43.4	72.1	—	—	82.2	62.9	46.9	—	—	—	—	—	1356	1207	850	1438	—	—
388.0	3.099	402.4	43.6	72.2	—	—	82.3	63.1	47.2	—	—	—	—	—	1364	1214	855	1447	—	—
390.0	3.091	404.5	43.9	72.4	—	—	82.5	63.4	47.5	—	—	—	—	—	1372	1221	860	1455	—	—
392.0	3.083	406.6	44.1	72.5	—	—	82.6	63.6	47.7	—	—	—	—	—	1381	1228	864	1463	—	—
394.0	3.076	408.7	44.3	72.6	—	—	82.7	63.8	48.0	—	—	—	—	—	1389	1234	869	1471	—	—
396.0	3.068	410.8	44.6	72.8	—	—	82.9	64.1	48.3	—	—	—	—	—	1397	1241	874	1480	—	—
398.0	3.061	412.9	44.8	72.9	—	—	83.0	64.3	48.6	—	—	—	—	—	1405	1248	879	1488	—	—
400.0	3.053	415.0	45.0	73.0	—	—	83.1	64.4	48.8	—	—	—	—	—	1413	1255	884	1496	—	—
402.0	3.046	417.1	45.3	73.1	—	—	83.3	64.7	49.1	—	—	—	—	—	1422	—	—	1504	—	—
404.0	3.038	419.2	45.5	73.2	—	—	83.4	64.9	49.4	—	—	—	—	—	1430	—	—	1512	—	—
406.0	3.031	421.3	45.7	73.3	—	—	83.5	65.1	49.6	—	—	—	—	—	1438	—	—	1521	—	—
408.0	3.024	423.4	45.9	73.4	—	—	83.6	65.3	49.8	—	—	—	—	—	1447	—	—	1529	—	—
410.0	3.017	425.5	46.2	73.6	—	—	83.8	65.6	50.2	—	—	—	—	—	1455	—	—	1537	—	—
412.0	3.009	427.6	46.4	73.7	—	—	83.9	65.8	50.4	—	—	—	—	—	1463	—	—	1545	—	—
414.0	3.002	429.7	46.6	73.8	—	—	84.0	66.0	50.7	—	—	—	—	—	1472	—	—	1553	—	—
416.0	2.995	431.8	46.8	73.9	—	—	84.1	66.2	50.9	—	—	—	—	—	1480	—	—	1562	—	—
418.0	2.988	433.8	47.0	74.0	—	—	84.3	66.4	51.1	—	—	—	—	—	1488	—	—	1570	—	—
420.0	2.981	435.9	47.3	74.1	—	—	84.4	66.6	51.5	—	—	—	—	—	1497	—	—	1578	—	—

3. 铝合金硬度与强度换算（表 10.1-24）

表 10.1-24　铝合金硬度与强度换算之一

硬　度							抗 拉 强 度 R_m/MPa						
布氏		维氏	洛氏		表面洛氏			退火、淬火+人工时效				淬火+自然时效	变形铝合金
$P=10D^2$													
HB	d_{10}、$2d_5$、$4d_{2.5}$/mm	HV	HRB	HRF	HR15T	HR30T	HR45T	2A11 2A12	7A04	2A50	2A14	2A11 2A12 / 2A50 2A14	
55.0	4.670	56.1	—	52.5	62.3	17.6	—	197	207	208	207	— —	215
56.0	4.631	57.1	—	53.7	62.9	18.8	—	201	209	209	209	— —	218
57.0	4.592	58.2	—	55.0	63.5	20.2	—	204	212	211	211	— —	221
58.0	4.555	59.8	—	56.2	64.1	21.5	—	208	216	215	215	— —	224
59.0	4.518	60.4	—	57.4	64.7	22.8	—	211	220	219	219	— —	227
60.0	4.483	61.5	—	58.6	65.3	24.1	—	215	225	223	223	— —	230
61.0	4.448	62.6	—	59.7	65.9	25.2	—	218	230	228	229	— —	233
62.0	4.414	63.6	—	60.9	66.4	26.5	—	222	235	233	234	— —	235
63.0	4.381	64.7	—	62.0	67.0	27.7	—	225	240	239	240	— —	238
64.0	4.348	65.8	—	63.1	67.5	28.9	—	229	246	245	246	— —	241
65.0	4.316	66.9	6.9	64.2	68.1	30.0	—	232	252	251	252	— —	244
66.0	4.285	68.0	8.8	65.2	68.6	31.5	—	236	257	257	258	— —	247
67.0	4.254	69.1	10.8	66.3	69.1	32.3	—	239	263	263	263	— —	250
68.0	4.225	70.1	12.7	67.3	69.6	33.4	—	243	269	269	269	— —	253
69.0	4.195	71.2	14.6	68.3	70.1	34.4	—	246	274	274	275	— —	256
70.0	4.167	72.3	16.5	69.3	70.6	35.5	—	250	279	280	280	— —	259
71.0	4.139	73.4	18.2	70.2	71.0	36.5	0.8	253	284	285	285	— —	263
72.0	4.111	74.5	20.0	71.1	71.5	37.4	2.3	257	289	291	290	— —	266
73.0	4.084	75.6	21.9	72.1	72.0	38.5	3.9	260	294	295	295	— —	269
74.0	4.058	76.7	23.4	72.9	72.3	39.3	5.2	264	298	300	299	— —	272
75.0	4.032	77.7	25.1	73.8	72.8	40.3	6.7	267	302	305	303	— —	275
76.0	4.006	78.8	26.8	74.7	73.2	41.3	8.2	271	306	309	307	— —	278
77.0	3.981	79.9	28.3	75.5	73.6	42.1	9.5	274	310	312	310	— —	281
78.0	3.957	81.0	29.8	76.3	74.0	43.0	10.8	278	313	316	314	— —	285
79.0	3.933	82.1	31.3	77.1	74.4	73.8	12.1	281	316	319	317	— —	288
80.0	3.909	83.2	32.9	77.9	74.8	44.7	13.4	285	319	322	319	— —	291
81.0	3.886	84.2	34.2	78.6	75.2	45.4	14.6	288	322	325	322	— —	294
82.0	3.863	85.3	35.5	79.3	75.5	46.2	15.7	292	325	327	324	— —	298
83.0	3.841	86.4	36.9	80.0	75.8	46.9	16.9	295	327	329	326	— —	301
84.0	3.819	87.5	38.2	80.7	76.2	47.7	18.0	299	330	331	328	— —	304
85.0	3.797	88.6	39.5	81.4	76.5	48.4	19.2	302	332	333	330	— —	307
86.0	3.776	89.7	40.8	82.1	76.9	49.2	20.3	306	334	334	332	— —	311
87.0	3.755	90.7	42.0	82.7	77.2	49.8	21.3	309	336	336	334	— —	314
88.0	3.734	91.8	43.1	83.3	77.5	50.4	22.3	313	337	337	335	— —	317
89.0	3.714	92.9	44.3	83.9	77.8	51.1	23.3	316	339	338	337	— —	321
90.0	3.694	94.0	45.4	84.5	78.1	51.7	24.2	320	341	339	338	351	414	324
91.0	3.675	95.1	46.5	85.1	78.3	52.4	25.2	323	342	340	340	357	417	328

(续)

硬　度								抗 拉 强 度 R_m/MPa						
布氏		维氏	洛氏		表面洛氏			退火、淬火+人工时效				淬火+自然时效		
$P=10D^2$								2A11 2A12	7A04	2A50	2A14	2A11 2A12	2A50 2A14	变形铝合金
HB	d_{10}、$2d_5$、$4d_{2.5}$/mm	HV	HRB	HRF	HR15T	HR30T	HR45T							
92.0	3.655	96.2	47.7	85.7	78.6	53.0	26.2	327	344	341	341	363	421	331
93.0	3.636	97.2	48.6	86.2	78.9	53.5	27.0	330	346	342	343	368	425	335
94.0	3.618	98.3	49.6	86.7	79.1	54.1	27.9	334	347	343	345	374	429	338
95.0	3.599	99.4	50.7	87.3	79.4	54.7	28.8	337	349	345	346	379	433	341
96.0	3.581	100.5	51.7	87.8	79.7	55.2	29.7	341	350	346	348	385	436	345
97.0	3.563	101.6	52.6	88.3	79.9	55.8	30.5	344	352	347	350	390	440	349
98.0	3.545	102.7	53.4	88.7	80.1	56.2	31.1	348	354	349	352	396	444	352
99.0	3.528	103.7	54.3	89.2	80.4	56.7	32.0	351	356	351	354	402	448	356
100.0	3.511	104.8	55.3	89.7	80.6	57.3	32.8	355	358	353	357	407	451	359
101.0	3.494	105.9	56.0	90.1	80.8	57.7	33.4	358	360	355	359	413	455	363
102.0	3.478	107.0	57.0	90.6	81.1	58.2	34.3	362	362	357	362	418	459	366
103.0	3.461	108.1	57.7	91.0	81.2	58.6	34.9	365	365	360	364	424	463	370
104.0	3.445	109.2	58.5	91.4	81.4	59.1	35.6	369	367	363	367	429	466	374
105.0	3.429	110.2	59.3	91.8	81.6	59.5	36.2	372	370	366	370	435	470	377
106.0	3.413	111.1	60.0	92.2	81.8	59.9	36.9	376	372	370	373	441	474	381
107.0	3.398	112.4	60.8	92.6	82.0	60.4	37.5	379	375	373	376	446	479	385
108.0	3.383	113.5	61.5	93.0	82.2	60.8	38.2	383	378	377	379	452	482	388
109.0	3.367	114.6	62.3	93.4	82.4	61.2	38.8	386	381	382	383	457	485	392
110.0	3.353	115.7	63.1	93.8	82.6	61.6	39.5	390	385	386	386	463	489	396
111.0	3.338	116.7	63.6	94.1	82.8	62.0	40.0	393	388	391	390	468	493	400
112.0	3.323	117.8	64.4	94.5	83.0	62.4	40.7	397	391	396	394	474	497	403
113.0	3.309	118.9	65.0	94.8	83.1	62.7	41.1	400	395	402	397	480	500	407
114.0	3.295	120.0	65.7	95.2	83.3	63.1	41.8	404	399	407	401	485	504	411
115.0	3.281	121.1	66.3	95.5	83.5	63.5	42.3	407	403	413	405	491	508	415
116.0	3.267	122.2	67.0	95.9	83.7	63.9	43.0	411	407	419	409	496	512	419
117.0	3.254	123.2	67.6	96.2	83.8	64.2	43.4	414	411	425	413	502	516	422
118.0	3.240	124.3	68.2	96.5	84.0	64.5	43.9	418	415	432	417	507	519	426
119.0	3.227	125.4	68.8	96.8	84.1	64.8	44.4	421	419	438	421	513	523	430
120.0	3.214	126.5	69.3	97.1	84.2	65.2	44.9	425	423	444	425	519	527	434
121.0	3.201	127.6	69.9	97.4	84.4	65.5	45.4	428	427	451	429	524	531	438
122.0	3.188	128.7	70.6	97.8	84.6	65.9	46.1	432	431	457	432	530	534	442
123.0	3.175	129.7	71.2	98.1	84.7	66.2	46.4	435	435	464	436	535	538	446
124.0	3.163	130.8	71.6	98.3	84.8	66.4	46.9	439	440	470	440	540	542	450
125.0	3.151	131.9	72.2	98.6	85.0	66.8	47.4	442	444	476	444	546	546	454
126.0	3.138	133.0	72.7	98.9	85.1	67.1	47.9	446	448	482	448	552	550	458
127.0	3.126	134.1	73.3	99.2	85.3	67.4	48.4	449	452	488	452	558	553	462
128.0	3.114	135.2	73.9	99.5	85.4	67.7	48.9	453	457	493	455	563	557	466

（续）

硬 度								抗 拉 强 度 R_m/MPa						
布氏		维氏	洛氏		表面洛氏			退火、淬火+人工时效				淬火+自然时效		
$P=10D^2$														变形铝合金
HB	d_{10}、$2d_5$、$4d_{2.5}$/mm	HV	HRB	HRF	HR15T	HR30T	HR45T	2A11 2A12	7A04	2A50	2A14	2A11 2A12	2A50 2A14	
129.0	3.103	136.2	74.4	99.8	85.6	68.0	49.3	456	461	498	459	569	561	470
130.0	3.091	137.3	74.8	100.0	85.7	68.3	49.7	460	465	503	463	574	565	474
131.0	3.079	138.4	75.4	100.3	85.8	68.6	50.2	463	469	507	467	580	—	478
132.0	3.068	139.5	76.0	100.6	86.0	68.9	50.7	467	473	511	471	585	—	482
133.0	3.057	140.6	76.3	100.8	86.1	69.1	51.0	470	477	514	474	591	—	486
134.0	3.046	141.7	76.9	101.1	86.2	69.4	51.5	474	480	517	478	597	—	491
135.0	3.035	142.7	77.3	101.3	86.3	69.6	51.8	477	484	519	483	602	—	495
136.0	3.024	143.8	77.9	101.6	86.5	70.0	52.3	481	488	521	487	608	—	499
137.0	3.013	144.9	78.2	101.8	86.6	70.2	52.6	484	491	522	491	613	—	503
138.0	3.002	146.0	78.8	102.1	86.7	70.5	53.1	488	495	523	496	619	—	507
139.0	2.992	147.1	79.2	102.3	86.8	70.7	53.5	491	498	—	501	—	—	512
140.0	2.981	148.2	79.8	102.6	87.0	71.0	53.9	495	502	—	506	—	—	516
141.0	2.971	149.2	80.1	102.8	87.1	71.2	54.3	498	505	—	511	—	—	520
142.0	2.961	150.3	80.5	103.0	87.2	71.5	54.6	502	509	—	517	—	—	524
143.0	2.951	151.4	81.1	103.3	87.3	71.8	55.1	505	512	—	524	—	—	529
144.0	2.940	152.5	81.5	103.5	87.4	72.0	55.4	509	515	—	530	—	—	533
145.0	2.931	153.6	81.9	103.7	87.5	72.2	55.7	512	519	—	538	—	—	537
146.0	2.921	154.7	82.2	103.9	87.6	72.4	56.1	516	522	—	546	—	—	542
147.0	2.911	155.7	82.6	104.1	87.7	72.6	56.4	519	526	—	555	—	—	546
148.0	2.901	156.8	83.0	104.3	87.8	72.8	56.7	523	529	—	564	—	—	550
149.0	2.892	157.9	83.4	104.5	87.9	73.1	57.1	526	533	—	575	—	—	555
150.0	2.882	159.0	83.9	104.8	88.0	73.4	57.6	530	537	—	586	—	—	559
151.0	2.873	160.1	84.3	105.0	88.1	73.6	57.9	533	541	—	—	—	—	—
152.0	2.864	161.2	84.7	105.2	88.2	73.8	58.2	537	545	—	—	—	—	—
153.0	2.855	162.2	85.1	105.4	88.3	74.0	58.5	540	550	—	—	—	—	—
154.0	2.846	163.3	85.5	105.6	88.4	74.2	58.9	544	554	—	—	—	—	—
155.0	2.837	164.4	85.8	105.8	88.5	74.4	59.2	547	559	—	—	—	—	—
156.0	2.828	165.5	86.2	106.0	88.6	74.7	59.5	551	564	—	—	—	—	—
157.0	2.819	166.6	86.6	106.2	88.7	74.9	59.9	554	570	—	—	—	—	—
158.0	2.810	167.7	86.8	106.3	88.8	75.0	60.0	558	576	—	—	—	—	—
159.0	2.801	168.7	87.2	106.5	88.9	75.2	60.3	561	582	—	—	—	—	—
160.0	2.793	169.8	87.5	106.7	89.0	75.4	60.7	565	588	—	—	—	—	—
161.0	2.784	170.9	87.9	106.9	89.1	75.6	61.0	—	595	—	—	—	—	—
162.0	2.776	172.0	88.3	107.1	89.2	75.8	61.3	—	602	—	—	—	—	—
163.0	2.767	173.1	88.7	107.3	89.3	76.0	61.7	—	610	—	—	—	—	—
164.0	2.759	174.2	89.3	107.6	89.4	76.4	62.1	—	617	—	—	—	—	—
165.0	4.670	169.7	87.5	106.7	89.0	75.4	60.7	587	—	—	—	—	—	—

(续)

硬　度							抗　拉　强　度 R_m/MPa				
布氏		维氏	洛氏		表面洛氏			退火、淬火+人工时效		淬火+自然时效	
$P=10D^2$											
HB	d_{10}、$2d_5$、$4d_{2.5}$/mm	HV	HRB	HRF	HR15T	HR30T	HR45T	7A04	2A50	2A14	2A11 2A12	2A50 2A14
166.0	4.657	170.8	87.9	106.9	89.1	75.6	61.0	594	—	—	—	—
167.0	4.644	171.9	88.3	107.1	89.2	75.8	61.3	601	—	—	—	—
168.0	4.631	172.9	88.7	107.3	89.3	76.0	61.7	608	—	—	—	—
169.0	4.618	173.9	89.1	107.5	89.4	76.3	62.0	616	—	—	—	—
170.0	4.605	175.0	89.4	107.7	89.5	76.5	62.3	624	—	—	—	—
171.0	4.592	176.0	89.8	107.9	89.6	76.7	62.6	631	—	—	—	—
172.0	4.580	177.1	90.2	108.1	89.7	76.9	63.0	640	—	—	—	—
173.0	4.567	178.2	90.8	108.4	89.8	77.2	63.5	649	—	—	—	—
174.0	4.555	179.3	91.2	108.6	89.9	77.4	63.8	658	—	—	—	—
175.0	4.543	180.2	91.5	108.8	90.0	77.6	64.1	666	—	—	—	—

10.1.9　金属切削机床型号的编制方法
（摘自 GB/T 15375—2008）

该标准适用于新设计的各种通用及专用金属切削机床（以下简称机床）、自动线，不适用于组合机床、特种加工机床。

1. 通用机床型号

（1）机床型号的表示方法

机床型号由基本部分和辅助部分组成，中间用"/"隔开，读作"之"。前者需要统一管理，后者纳入型号与否由企业自定。型号构成如下：

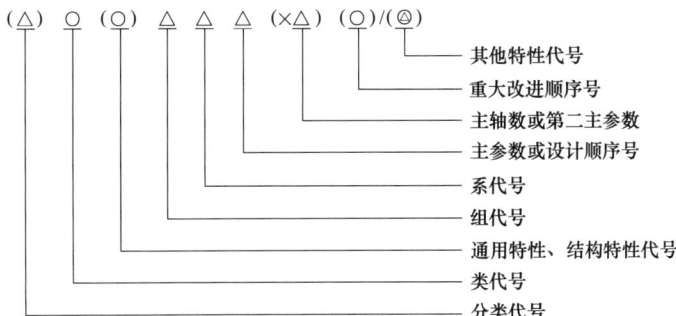

注：1.有"（）"的代号或数字，当无内容时，则不表示，若有内容则不带括号。
2.有"○"符号的，为大写的汉语拼音字母。
3.有"△"符号的，为阿拉伯数字。
4.有"◎"符号的，为大写的汉语拼音字母，或阿拉伯数字，或两者兼有之。

（2）机床的分类及分类代号（表 10.1-25）

机床的类代号，用大写的汉语拼音字母表示。必要时，每类可分为若干分类。分类代号在类代号之前，作为型号的首位，并用阿拉伯数字表示。第一分类代号前的"1"省略，第"2""3"分类代号则应予以表示。

机床的类代号，按其相应的汉字字意读音。例如，铣床类代号"X"，读作"铣"。

表 10.1-25　机床的分类及分类代号

类别	车床	钻床	镗床	磨床			齿轮加工机床	螺纹加工机床	铣床	刨插床	拉床	锯床	其他机床
代号	C	Z	T	M	2M	3M	Y	S	X	B	L	G	Q
读音	车	钻	镗	磨	二磨	三磨	牙	丝	铣	刨	拉	割	其

（3）通用特性代号（表 10.1-26）**和结构特性代号**

这两种特性代号，用大写的汉语拼音字母表示，位于类代号之后。

通用特性代号有统一的固定含义，它在各类机床的型号中表示的意义相同。

当某类型机床，除有普通型，还有表 10.1-26 中某种通用特性时，则在类代号之后加通用特性代号予以区分。如果某类型机床仅有某种通用特性而无普通型式，则通用特性不予表示。

当在一个型号中需同时使用两至三个通用特性代号时，一般按重要程度排列顺序。

通用特性代号按其相应的汉字字意读音。

表 10.1-26 机床通用特性代号

通用特性	高精度	精密	自动	半自动	数控	加工中心（自动换刀）	仿形	轻型	加重型	柔性加工单元	数显	高速
代号	G	M	Z	B	K	H	F	Q	C	R	X	S
读音	高	密	自	半	控	换	仿	轻	重	柔	显	速

对主参数值相同而结构、性能不同的机床，在型号中加结构特性代号予以区分。根据各类机床的具体情况，对某些结构特性代号，可以赋予一定含义。但是，结构特性代号与通用特性代号不同，它在型号中没有统一的含义，只在同类机床中起区分机床结构、性能的作用。当型号中有通用特性代号时，结构特性代号应排在通用特性代号之后。结构特性代号，用汉语拼音字母（通用特性代号已用的字母和"I、O"两个字母不能用）表示，当单个字母不够用时，可将两个字母组合起来使用，如 AD、AE 或 DA、EA 等。

（4）机床组、系的划分原则及其代号

将每类机床划分为十个组，每个组又划分为十个系（系列）。组、系划分的原则是，在同一类机床中，主要布局或使用范围基本相同的机床，即为同一组；在同一组机床中，其主参数相同、主要结构及布局型式相同的机床，即为同一系。

机床的组用一位阿拉伯数字表示，位于类代号或通用特性代号、结构特性代号之后。

机床的系用一位阿拉伯数字表示，位于组代号之后。

（5）主参数的表示方法

机床型号中主参数用折算值表示，位于系代号之后。当折算值大于 1 时，取整数，前面不加"0"；当折算值小于 1 时，则取小数点后第一位数，并在前面加"0"。

（6）通用机床的设计顺序号

对于某些通用机床，当无法用一个主参数表示时，则在型号中用设计顺序号表示。设计顺序号由 1 起始，当设计顺序号小于 10 时，由 01 开始编号。

（7）主轴数和第二主参数的表示方法

对于多轴车床、多轴钻床、排式钻床等，其主轴数应以实际数值列入型号，置于主参数之后，用"×"分开，读做"乘"。单轴省略，不予表示。

第二主参数（多轴机床的主轴数除外），一般不予表示，若有特殊情况，需在型号中表示，应按一定手续审批。在型号中表示的第二主参数，一般以折算成两位数为宜，最多不超过三位数。以长度、深度值等表示的，其折算系数为 1/100；以厚度、最大模数值等表示的，其折算系数为 1。当折算值大于 1 时，取整数；当折算值小于 1 时，则取小数点后第一位数，并在前面加"0"。

（8）机床的重大改进顺序号

当机床的结构、性能有更高的要求，并需按新产品重新设计、试制和鉴定时，才按改进的先后顺序选用 A、B、C 等汉语拼音字母（但"I、O"两个字母不得选用），加在型号基本部分的尾部，以区别原机床型号。

重大改进设计不同于完全的新设计，它是在原有机床的基础上进行改进设计。因此，重大改进后的产品与原型号的产品是一种取代关系。

凡属局部的小改进，或者增减某些部件、测量装置及改变装夹工件的方法等，因对原机床的结构、性能没有进行重大的改变，故不属于重大改进，其型号不变。

（9）其他特性代号及其表示方法

其他特性代号置于辅助部分之首。其中，同一型号机床的变型代号一般应放在其他特性代号之首位。

其他特性代号主要用以反映各类机床的特性，如对于数控机床，可用来反映不同的控制系统等；对于加工中心，可用以反映控制系统、自动交换主轴头、自动交换工作台等；对于柔性加工单元，可用以反映自动交换主轴箱；对于一机多能机床，可用以补充表示某些功能；对于一般机床，可以反映同一型号机床的变型等。

其他特性代号可用汉语拼音字母（"I、O"两个字母除外）表示。当单个字母不够用时，可将两个字母组合起来使用。用汉语拼音字母读音，如有需要也可用相对应的汉字字意读音。

其他特性代号也可用阿拉伯数字表示，还可用阿拉伯数字和汉语拼音字母组合表示。

2. 专用机床的型号

专用机床的型号一般由设计单位代号和设计顺序号组成。型号结构如下：

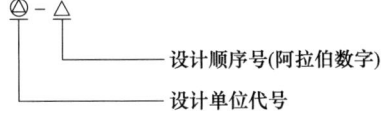

设计单位代号包括机床生产厂和机床研究单位代号（位于型号之首）。

专用机床的设计顺序号按该单位的设计顺序号排列，由 001 起始，位于设计单位代号之后，并用"-"隔开，读作"至"。

3. 机床自动线的型号

由通用机床或（和）专用机床组成的机床自动线，其代号为"ZX"（读作"自线"），位于设计单位代号之后，并用"-"隔开，读作"至"。

机床自动线设计顺序号的排列与专用机床的设计顺序号相同，位于机床自动线代号之后。机床自动线的型号表示方法如下：

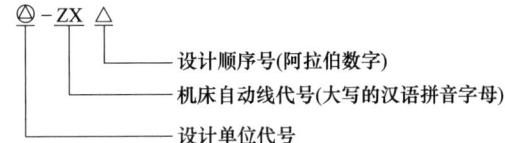

10.1.10　机械传动效率的概略值（表 10.1-27）

表 10.1-27　机械传动效率的概略值

类别	传动型式	效率 η	类别	传动型式	效率 η
圆柱齿轮传动	很好跑合的 6 级精度和 7 级精度齿轮传动（稀油润滑）	0.98~0.995	联轴器	浮动联轴器	0.97~0.99
	8 级精度的一般齿轮传动（稀油润滑）	0.97		齿式联轴器	0.99
	9 级精度的齿轮传动（稀油润滑）	0.96		弹性联轴器	0.99~0.995
	加工齿的开式齿轮传动（干油润滑）	0.94~0.96		万向联轴器（$\alpha \le 3°$）	0.97~0.98
	铸造齿的开式齿轮传动	0.90~0.93		万向联轴器（$\alpha > 3°$）	0.95~0.97
锥齿轮传动	很好跑合的 6 级和 7 级精度齿轮传动（稀油润滑）	0.97~0.98		梅花接轴	0.97~0.98
	8 级精度的一般齿轮传动（稀油润滑）	0.94~0.97	复合轮组	滑动轴承（$i = 2~6$）	0.98~0.90
	加工齿的开式齿轮传动（干油润滑）	0.92~0.95		滚动轴承（$i = 2~6$）	0.99~0.95
	铸造齿开式齿轮传动	0.88~0.92	运输滚筒		0.96
蜗杆传动	自锁蜗杆	0.40~0.45	带传动	平带无压紧轮的开式传动	0.98
	单头蜗杆	0.70~0.75		平带有压紧轮的开式传动	0.97
	双头蜗杆	0.75~0.82		平带交叉传动	0.90
	三头和四头蜗杆	0.82~0.92		V 带传动	0.95
	环面蜗杆传动	0.85~0.95		同步带传动	0.96~0.98
			链传动	焊接链	0.93
				片式关节链	0.95
				滚子链	0.96
				齿形链	0.98

（续）

类别	传动型式	效率 η	类别	传动型式	效率 η
滑动轴承	润滑不良	0.94	减（变）速器①	单级圆柱齿轮减速器	0.97~0.98
	润滑正常	0.97		双级圆柱齿轮减速器	0.95~0.96
	润滑特好（压力润滑）	0.98		单级行星圆柱齿轮减速器（NGW类型负号机构）	0.95~0.98
	液体摩擦	0.99		单级行星摆线针轮减速器	0.90~0.97
滚动轴承	滚珠轴承（稀油润滑）	0.99		单级圆锥齿轮减速器	0.95~0.96
	滚柱轴承（稀油润滑）	0.98		双级圆锥-圆柱齿轮减速器	0.94~0.95
				无级变速器	0.92~0.95
摩擦轮传动	平摩擦轮传动	0.85~9.96		轧机人字齿轮座（滑动轴承）	0.93~0.95
	槽摩擦轮传动	0.98~0.90		轧机人字齿轮座（滚动轴承）	0.94~0.96
				轧机主减速器（包括主接手和电动机接手）	0.93~0.96
	卷绳轮	0.95	丝杠传动	滑动丝杠	0.30~0.60
				滚动丝杠	0.85~0.9

① 滚动轴承的损耗考虑在内。

10.2 常用力学

10.2.1 静力学、运动学及动力学的基本计算公式

1. 静力学的基本计算公式（表 10.2-1~表 10.2-3）

表 10.2-1 力的分解及在直角坐标轴上的投影

序号	分解类型	图 例	计 算 公 式	说 明
1	力沿两非正交方向的分解		$F=F_1+F_2$ $F_1=\dfrac{F}{\sin(\varphi_1+\varphi_2)}\sin\varphi_2$ $F_2=\dfrac{F}{\sin(\varphi_1+\varphi_2)}\sin\varphi_1$	分力 F_1、F_2 与力 F 作用点相同
2	力沿平面直角坐标轴方向的分解与投影		$F=F_x+F_y=F_x i+F_y j$ 式中，$\begin{cases}F_x=F\cos\alpha\\F_y=F\cos\beta\end{cases}$分别称为力 F 在 x、y 轴上的投影 $F=\sqrt{F_x^2+F_y^2}$	分力 F_x、F_y 与力 F 作用点相同
3	力沿空间直角坐标轴的分解与投影		$F=F_x+F_y+F_z=F_x i+F_y j+F_z k$ 式中，$\begin{cases}F_x=F\cos\alpha\\F_y=F\cos\beta\\F_z=F\cos\gamma\end{cases}$分别称为力 F 在 x、y 和 z 轴上的投影 $F=\sqrt{F_x^2+F_y^2+F_z^2}$	分力 F_x、F_y、F_z 与力 F 作用点相同

注：1. i、j、k 分别为沿坐标轴 x、y 和 z 的单位矢量。

2. 规定，若力的始末端在坐标轴上的投影指向与坐标轴正向一致，则力在该轴上的投影为正，反之为负。

3. 表中力的分解与投影的计算方法也适用于其他力学矢量，如后面提到的力矩、动量和动量矩矢量等。

表 10.2-2　力矩和力偶矩的计算公式

类型	图　例	计　算　公　式	说　明
平面力矩		$\begin{aligned} m_O(F) &= r \times F \\ &= (xi + yj) \times (F_x i + F_y j) \\ &= (xF_y - yF_x)k \\ &= m_x(F)k \end{aligned}$	力 F 在作用面内对任一点 O 的矩 $m_O(F)$ 等于其分力对该点的矩的代数和 力对点的矩就是力通过该点且垂直于作用面的 x 轴的矩
空间力矩		$\begin{aligned} m_O(F) = r \times F = \begin{vmatrix} i & j & k \\ x & y & z \\ F_x & F_y & F_z \end{vmatrix} \end{aligned}$ $= (yF_x - zF_y)i + (zF_x - xF_z)j + (xF_y - yF_z)k$ $= m_x(F)i + m_y(F)j + m_z(F)k$ 式中，$m_x(F) = yF_x - zF_y$ $\qquad m_y(F) = zF_x - xF_z$ $\qquad m_z(F) = xF_y - yF_z$	力 F 对空间任一点 O 的矩 $m_O(F)$ 等于其分力对该点的矩之矢量和 力 F 对空间任一点 O 的矩 $m_O(F)$ 沿通过该点的坐标轴方向的分量，等于力 F 对坐标轴 x、y、z 的矩 $m_x(F)$、$m_y(F)$、$m_z(F)$
力对特定方向的轴的矩		$m_\lambda(F) = (r \times F) \cdot n = \begin{vmatrix} x & y & z \\ F_x & F_y & F_z \\ \alpha & \beta & \gamma \end{vmatrix}$ $= (yF_x - zF_y)\alpha + (zF_x - xF_z)\beta + (xF_y - yF_z)\gamma$	力 F 对 λ 轴的矩等于力矩 $m_O(F)$ 沿 λ 方向的投影 式中，$n = \alpha i + \beta j + \gamma k$—$\lambda$ 方向的单位矢量； α、β、γ 是单位矢量 n 的方向余弦
若干汇交力对点的矩		$m_O(F_1) + m_O(F_2) + m_O(F_3) + \cdots$ $\qquad = r \times F_1 + r \times F_2 + r \times F_3 + \cdots$ $\qquad = r \times \sum F$ 即 $\qquad \sum m_O(F_i) = m_O(R)$	空间汇交力系中各力对任一点 O 的矩的矢量和，等于合力对同一点的矩 平面汇交力系中各力对任一点 O 的矩的代数和，等于合力对同一点的矩
合力偶矩		$M = \sum m_i$	空间合力偶矩为各力偶矩的矢量和；平面合力偶矩为各力偶矩的代数和

表 10.2-3　力系的简化与合成及平衡条件（平衡方程）

序号	力系类型	图　例	简化与合成	平衡条件（平衡方程）
1	两同向平行力		合力大小 $\qquad F_R = F_1 + F_2$ 合力作用线位置 $\qquad \dfrac{AC}{CB} = \dfrac{F_2}{F_1}$ （F_R 与两力平行）	不能平衡

（续）

序号	力系类型	图　例	简化与合成	平衡条件（平衡方程）
2	两反向平行力	（$F_2 > F_1$）	合力大小 $$F_R = F_2 - F_1$$ 合力作用线位置（在大力 F_2 外侧） $$\frac{BC}{AB} = \frac{F_1}{F_R}$$（F_R 与两力平行）	不能平衡
3	平面汇交力系		合成为过力系汇交点的合力 $$F_R = F_{Rx}i + F_{Ry}j$$ 式中，合力在 x、y 轴上的投影 $\left.\begin{array}{l}F_{Rx}=\sum F_x\\F_{Ry}=\sum F_y\end{array}\right\}$称合力投影定理 合力大小 $$F_R = \sqrt{F_{Rx}^2 + F_{Ry}^2} = \sqrt{(\sum F_x)^2 + (\sum F_y)^2}$$ 合力与 x 轴夹角 $$\tan(F_R,\ i) = \frac{\sum F_y}{\sum F_x}$$	$\begin{cases}\sum F_x = 0\\\sum F_y = 0\end{cases}$
4	平面一般力系（图a）		向任一点 O 简化得主矢和主矩（图b）。 主矢 $F_R' = F_{Rx}'i + F_{Ry}'j$（与简化中心位置无关） 其中 $F_{Rx}' = \sum F_x$ $F_{Ry}' = \sum F_y$ $F_R' = \sqrt{(\sum F_x)^2 + (\sum F_y)^2}$ $\tan(F_R',\ i) = \dfrac{\sum F_y}{\sum F_x}$ 主矩 $M_O' = \sum M_O(F_i)$（与简化中心位置有关） 1）$F_R' = 0$，$M_O' \neq 0$，即力系合成为一个合力偶，合力偶矩即为 M_O'（此时与简化中心的位置无关） 2）$F_R' \neq 0$，$M_O' = 0$，即力系合成一个合力 $F_R = F_R'$，作用线通过 O 点 3）$F_R' \neq 0$，$M_O' \neq 0$，力系也合成为一个合力 F_R（图c），大小、方向与主矢相同，其作用线到 O 点的垂直距离为 $$d = \frac{M_O'}{F_R'}$$，且 F_R 对 O 的转矩与 M_O' 相同	基本形式 $\begin{cases}\sum F_x = 0\\\sum F_y = 0\\\sum M_O(F_i) = 0\end{cases}$ 两矩式 $\begin{cases}\sum F_x = 0\\\sum M_A(F_i) = 0\\\sum M_B(F_i) = 0\end{cases}$ 两矩心 A、B 的连线不能与 x 轴垂直 三矩式 $\begin{cases}\sum M_A(F_i) = 0\\\sum M_B(F_i) = 0\\\sum M_C(F_i) = 0\end{cases}$ 三矩心 A、B、C 不能在一条直线上
			若为平行力系，并取 x 轴与力作用线垂直（图d） 主矢 $F_R = F_{Ry}'j$ $F_R = F_{Ry}' = \sum F_y$ 主矩 $M_O' = \sum M_O(F_i)$	基本形式 $\begin{cases}\sum F_y = 0\\\sum M_O(F_i) = 0\end{cases}$ 两矩式 $\begin{cases}\sum M_A(F_i) = 0\\\sum M_B(F_i) = 0\end{cases}$ 矩心 A、B 连线不能与力作用线平行

（续）

序号	力系类型	图　例	简化与合成	平衡条件（平衡方程）
5	空间汇交力系（图 a）	 a) b)	可合成为过力系汇交点的合力（图 b） $F_R = F_{Rx}\boldsymbol{i} + F_{Ry}\boldsymbol{j} + F_{Rz}\boldsymbol{k}$ 式中　合力 F_R 在三坐标轴上的投影为 $F_{Rx} = \sum F_x$，$F_{Ry} = \sum F_y$，$F_{Rz} = \sum F_z$ 合力大小为 $F_R = \sqrt{F_{Rx}^2 + F_{Ry}^2 + F_{Rz}^2}$ $\quad = \sqrt{(\sum F_x)^2 + (\sum F_y)^2 + (\sum F_z)^2}$ 合力方位为 $\cos(F_R, \boldsymbol{i}) = \dfrac{\sum F_x}{F_R}$， $\cos(F_R, \boldsymbol{j}) = \dfrac{\sum F_y}{F_R}$，$\cos(F_R, \boldsymbol{k}) = \dfrac{\sum F_z}{F_R}$	$\begin{cases} \sum F_x = 0 \\ \sum F_y = 0 \\ \sum F_z = 0 \end{cases}$
6	空间一般力系（图 a）	 a) b) c) d) $F_R'' = F_R' + F_R$	向任一点 O 简化得主矢和主矩矢（图 b）。 主矢为 $F_R' = F_{Rx}'\boldsymbol{i} + F_{Ry}'\boldsymbol{j} + F_{Rz}'\boldsymbol{k}$（与 O 点位置无关） 式中　主矢在坐标轴上的投影为 $F_{Rx}' = \sum F_x$，$F_{Ry}' = \sum F_y$，$F_{Rz}' = \sum F_z$ 主矢大小为 $F_R' = \sqrt{F_{Rx}'^2 + F_{Ry}'^2 + F_{Rz}'^2}$ $\quad = \sqrt{(\sum F_x)^2 + (\sum F_y)^2 + (\sum F_z)^2}$ 主矢方位为 $\cos(F_R, \boldsymbol{i}) = \dfrac{\sum F_x}{F_R'}$， $\cos(F_R, \boldsymbol{j}) = \dfrac{\sum F_y}{F_R'}$，$\cos(F_R, \boldsymbol{k}) = \dfrac{\sum F_z}{F_R'}$ 主矩矢为 $M_O' = \sum M_O(\boldsymbol{F}_i) = \sum M_x(\boldsymbol{F}_i)\boldsymbol{i} + \sum M_y(\boldsymbol{F}_i)\boldsymbol{j} + \sum M_z(\boldsymbol{F}_i)\boldsymbol{k}$（与 O 点位置有关） 主矩矢大小为 $M_O' = \sqrt{[\sum M_x(\boldsymbol{F}_i)]^2 + [\sum M_y(\boldsymbol{F}_i)]^2 + [\sum M_z(\boldsymbol{F}_i)]^2}$ 主矩矢方位 $\cos(M_O', \boldsymbol{i}) = \dfrac{\sum M_x(\boldsymbol{F}_i)}{M_O'}$ $\cos(M_O', \boldsymbol{j}) = \dfrac{\sum M_y(\boldsymbol{F}_i)}{M_O'}$ $\cos(M_O', \boldsymbol{k}) = \dfrac{\sum M_z(\boldsymbol{F}_i)}{M_O'}$ 若 1）$F_R' \neq 0$、$M_O' = 0$，则力系合成为一个合力 $F_R = F_R'$（图 c） 2）若 $F_R' \neq 0$，$M_O' \neq 0$，但 F_R' 与 M_O' 垂直，仍可合成为一个合力 F_R（图 d），其大小和方向与 F_R' 同，并且 F_R 与 F_R' 确定的平面与 M_O' 垂直，F_R 作用线到 O 点垂直距离 $d = \dfrac{M_O'}{F_R'}$ 3）$F_R' = 0$，$M_O' \neq 0$，即力系合成为一个合力偶，$M_O = M_O'$ 4）$F_R' \neq 0$，$M_O' \neq 0$，并且 F_R' 不与 M_O 垂直，则为一般情况	$\begin{cases} \sum F_x = 0 \\ \sum F_y = 0 \\ \sum F_z = 0 \\ \sum M_x(\boldsymbol{F}_i) = 0 \\ \sum M_y(\boldsymbol{F}_i) = 0 \\ \sum M_z(\boldsymbol{F}_i) = 0 \end{cases}$ 特例 　若为空间平行力系，取 z 轴与各力作用线平行 $\begin{cases} \sum F_x = 0 \\ \sum M_x(\boldsymbol{F}_i) = 0 \\ \sum M_y(\boldsymbol{F}_i) = 0 \end{cases}$

2. 运动学的基本计算公式（表 10.2-4）

表 10.2-4　运动学的基本计算公式

运动形式	直线运动	曲线运动	物体绕定轴转动	符号说明
运动方程	$s=f(t)$	$s=f(t)$	$\varphi=f(t)$	s_0—运动开始已经走过的路程（m） s—运动的距离（m） v—运动速度（m/s） v_0—初速度（m/s） t—运动时间（s） a—加速度（m/s²） a_r—切向加速度（m/s²） a_n—法向加速度（m/s²） ρ—曲率半径（cm） φ—角位移（rad） φ_0—运动开始时相对某一基线的角位移 ω—角速度（rad/s） ω_0—初角速度（rad/s） ε—角加速度（rad/s²） r—转动半径（m） β—加速度 a 与转动半径的夹角（°） g—重力加速度（9.81m/s²） n—每分钟转数（r/min） ω_j—圆频率（rad/s） r_j—简谐运动转动半径或振幅（m） x—简谐运动动点离中间原点的位移（m） x'—简谐运动动点离死点的位移（m） v_x—简谐运动动点速度（m/s） a_x—简谐运动动点加速度（m/s²） T—运动周期（s） f—频率（s⁻¹） θ—抛射角（°）
速度	$v=\dfrac{ds}{dt}$	$v=\dfrac{ds}{dt}$	$\omega=\dfrac{d\varphi}{dt}$ $v=r\omega$	
加速度	$a=\dfrac{dv}{dt}=\dfrac{d^2s}{dt^2}$	$a_r=\dfrac{dv}{dt}=\dfrac{d^2s}{dt^2}$ $a_n=\dfrac{v^2}{\rho}$ $a=\sqrt{a_r^2+a_n^2}$ $\tan\alpha=\left\|\dfrac{a_r}{a_n}\right\|$	$\varepsilon=\dfrac{d\omega}{dt}=\dfrac{d^2\varphi}{dt^2}$ $a_r=r\varepsilon$ $a_n=\dfrac{v^2}{r}=r\omega^2$ $a=\sqrt{a_r^2+a_n^2}$ $\tan\beta=\left\|\dfrac{a_r}{a_n}\right\|=\left\|\dfrac{\varepsilon}{\omega^2}\right\|$	
匀速运动	$s=s_0+vt$ （v 为常量）	$s=s_0+vt$ （v 为常量）	$\varphi=\varphi_0+\omega t$ $\omega=\dfrac{\pi n}{30}$ $v=\dfrac{\pi nr}{30}$ （ω 为常量）	
匀变速运动	$v=v_0+at$ $s=s_0+v_0t+\dfrac{1}{2}at^2$ $v^2=v_0^2+2a(s-s_0)$ （a 为常量）	$v=v_0+at$ $s=s_0+vt+\dfrac{1}{2}a_rt^2$ $v^2=v_0^2+2a_r(s-s_0)$ （a_r 为常量）	$\omega=\omega_0+\varepsilon t$ $\varphi=\varphi_0+\omega_0t+\dfrac{1}{2}\varepsilon t^2$ $\omega=\omega_0^2+2\varepsilon(\varphi-\varphi_0)$ （ε 为常量）	
一般变速运动	$s=s_0+\displaystyle\int_0^t v\,dt$ $v=v_0+\displaystyle\int_0^t a\,dt$ （a 为变量）	$s=s+\displaystyle\int_0^t v\,dt$ $v=v_0+\displaystyle\int_0^t a_r\,dt$ （a_r 为变量）	$\varphi=\varphi_0+\displaystyle\int_0^t \omega\,dt$ $\omega=\omega_0+\displaystyle\int_0^t \varepsilon\,dt$ （ε 为变量）	

自由落体运动	抛射运动	简谐运动
$v=v_0+gt$ $h=v_0t+\dfrac{1}{2}gt$ $v^2=v_0^2+2gh$ 当 $v_0=0$ 时 $v=gt$ $h=\dfrac{1}{2}gt$ $v=\sqrt{2gh}$	轨迹 $y=x\tan\theta-\dfrac{gx^2}{2v_0^2\cos^2\theta}$ 射程 $s=\dfrac{v_0^2\sin2\theta}{g}$ 最大高度 $h=\dfrac{v_0^2\sin^2\theta}{2g}$ 物体达最大高度的时间 $t=\dfrac{v_0\sin\theta}{g}$	$\varphi=\varphi_0+\omega t$ $x=r_j\cos\varphi$ $x'=r_j(1-\cos\varphi)$ $v_x=-r_j\omega_j\sin\varphi$ $a_x=-r_j\omega_j^2\cos\varphi$ $T=\dfrac{2\pi}{\omega_j}$ $f=\dfrac{1}{T}=\dfrac{\omega_j}{2\pi}$

3. 动力学的基本计算公式（表 10.2-5）

表 10.2-5　动力学的基本计算公式

类型	直线运动	定轴转动	符　号　说　明
力/N	$F=ma$		m—质量（kg） G—重量（kN） s—移动距离（m） h—移动高度（m） α—力与位移间的夹角（°） C—弹簧常数（N/m） λ_0—弹簧的初伸长或初缩短量（m） λ—弹簧的末伸长或末缩短量（m） v_t—末速度（m/s） v_c—物体重心速度（m/s） ω_t—末角速度（rad/s） r—质点的转动半径（m） I_z—物体对 z 轴的转动惯量 I_c—物体对平行于 z 轴并通过物体重心轴的转动惯量 k—z 轴与重心轴之间的距离（m） i—惯性半径（m） $$i=\sqrt{\frac{I}{m}}$$1）对小直径杆件 ①对杆端回转时 $$i^2=\frac{l^2}{3}$$②对杆中央回转时 $$i^2=\frac{l^2}{12}$$2）圆盘或圆柱对圆心回转时 $$i^2=\frac{1}{2}R^2$$3）圆环对圆心纵轴回转时 $$i^2=\frac{1}{2}(R^2+r^2)$$4）一般飞轮常取 $$i^2=R^2$$式中　l—杆长（m） R—外圆半径（m） r—内圆半径（m） 其他符号说明同表 10.2-4
力矩/N·m		$M=I\varepsilon$	
惯性力/N	$F_g=-m\bar{a}$	法向惯性力（离心力） $F_{gn}=-m\omega^2 r$ 切向惯性力 $F_{g\tau}=-m\varepsilon r$	
转动惯量/kg·m²		$I=mi^2$	
惯量平行轴定理		$I_z=I_c mk^2$	
功/J	恒力功 $W=FS\cos\alpha$ 变力功 $W=\int_{s_1}^{s_2}F\cos\alpha\,ds$ 重力功 $W=Gh=mgh$ 弹性力功 $W=\frac{1}{2}C(\lambda_0^2-\lambda^2)$	$W=M\varphi$	
功率/W（kW）	$P=Fv\cos\alpha$	$P=M\omega$ $P=\dfrac{Mn}{9549}$	
动量定理	$m(v_t-v_0)=Ft$		
动量矩定理		$I(\omega_t-\omega_0)=Mt$	
动能	$T=\frac{1}{2}m(v_t^2-v_0^2)$	$T=\frac{1}{2}I\omega^2$	
动能定理	$W=\frac{1}{2}m(v_t^2-v_0^2)$	$W=\frac{1}{2}I(\omega_t^2-\omega_0^2)$	
总动能 （物体既有直线运动，又有回转运动）	$T=\frac{1}{2}mv_c^2+\frac{1}{2}I_c\omega^2$		

4. 物体转动惯量的计算公式（表 10.2-6）

表 10.2-6　物体转动惯量的计算公式

物体形状	计算公式	物体形状	计算公式
细直杆 	$I_z=\frac{1}{12}ml^2$ $\rho=\frac{l}{2\sqrt{3}}$ $I_{z'}=\frac{1}{3}ml^2$ $\rho=\frac{l}{\sqrt{3}}$	薄板 	$I_x=\frac{1}{12}mb^2$ $\rho=\frac{b}{2\sqrt{3}}$ $I_y=\frac{1}{12}ma^2$ $\rho=\frac{a}{2\sqrt{3}}$ $I_z=\frac{1}{12}m(a^2+b^2)$ $\rho=\sqrt{(a^2+b^2)/12}$

（续）

物体形状	计算公式	物体形状	计算公式
长方体	$I_z = \dfrac{1}{12}m\ (a^2+b^2)$ $\rho = \sqrt{(a^2+b^2)/12}$	圆环	$I_z = m\left(R^2+\dfrac{3}{4}r^2\right)$ $\rho = \dfrac{1}{2}\sqrt{4R^2+3r^2}$
圆柱体	$I_x = I_z = \dfrac{1}{4}mR^2+\dfrac{1}{12}ml^2$ $\rho = \sqrt{(3R^2+l^2)/12}$ $I_y = \dfrac{1}{2}mR^2$ $\rho = \dfrac{R}{\sqrt{2}}$ $I_{z'} = \dfrac{1}{4}mR^2+\dfrac{1}{3}ml^2$ $\rho = \sqrt{(3R^2+4l^2)/12}$	薄圆板	$I_x = I_y = \dfrac{1}{4}mR^2$ $\rho = \dfrac{1}{2}R$ $I_z = \dfrac{1}{2}mR^2$ $\rho = \dfrac{R}{\sqrt{2}}$
空心圆柱体	$I_y = \dfrac{1}{2}m(R^2+r^2)$ $\rho = \sqrt{(R^2+r^2)/2}$ $I_x = I_z$ $= \dfrac{1}{12}m\left[\,l^2+3(R^2+r^2)\,\right]$ $\rho = \sqrt{[\,l^2+3(R^2+r^2)\,]/12}$	球体	$I_z = \dfrac{2}{5}mR^2$ $\rho = \sqrt{\dfrac{2}{5}}R$
薄圆环	$I_x = I_y = \dfrac{1}{12}mR^2$ $\rho = R/\sqrt{2}$ $I_z = mR^2$ $\rho = R$	圆锥体	$I_z = \dfrac{3}{10}mR^2$ $\rho = \sqrt{\dfrac{3}{10}}R$

注：I—转动惯量（kg·m^2）；m—物体的质量（kg）；ρ—回转半径（m）。

10.2.2　材料力学的基本计算公式

1. 杆件的强度与刚度计算公式（表 10.2-7）

表 10.2-7　杆件的强度与刚度计算公式

杆件的变形形式	计 算 公 式
轴向拉伸（压缩） 	1）任意横截面上任意点的应力 $$\sigma = \frac{F}{A}$$ 2）绝对伸长或缩短（胡克定律） $$\Delta l = \frac{Fl}{EA}$$ 3）纵向线应变 $$\varepsilon = \frac{\Delta l}{l} = \frac{l_1 - l}{l} = \frac{\sigma}{E}$$ 4）横向线应变 $$\varepsilon_1 = -\mu\varepsilon$$ 5）强度条件 $$\sigma_{\max} = \frac{N_{\max}}{A} \leqslant [\sigma]$$ 6）刚度条件 $$\Delta l \leqslant [\Delta l]$$ 式中　F—杆件横截面上的轴向力 　　　A—横截面面积 　　　E—材料拉压弹性模量 　　　μ—泊松比 　　　$[\sigma]$—材料的许用应力 　　　$[\Delta l]$—轴向许可变形
剪切 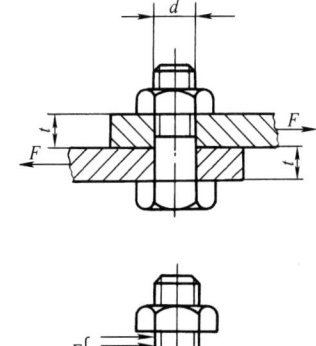	1）剪切面上的应力 $$\tau_q = \frac{4F}{\pi d^2}$$ 2）挤压面上的应力 $$\sigma_{jy} = \frac{F}{dt}$$ 3）剪切强度条件 $$\tau_q \leqslant [\tau_q]$$ 4）挤压强度条件 $$\sigma_{jy} \leqslant [\sigma_{jy}]$$ 式中　t—钢板厚度 　　　d—螺栓直径 　　　$[\tau_q]$—剪切许用应力 　　　$[\sigma_{jy}]$—挤压许用应力

（续）

杆件的变形形式	计 算 公 式

圆轴扭转
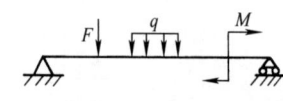
	1）任意横截面上任意点的剪应力
	
	$$\tau_\rho = \frac{M_n\rho}{I_n}$$
	
	2）危险截面上危险点的剪应力
	
	$$\tau_{max} = \frac{(M_n)_{max}R}{I_n} = \frac{(M_n)_{max}}{W_n}$$
	
	3）相距为 l 的两横截面的相对扭转角（rad）
	
	$$\varphi = \frac{M_n l}{GI_n}$$
	
	4）强度条件
	
	$$\tau_{max} = \frac{(M_n)_{max}}{W_n} \leqslant [\tau]$$
	
	5）刚度条件
	
	$$\theta_{max} = 5730\frac{(M_n)_{max}}{GI_n} \leqslant [\theta]$$
	
	式中 M_n—横截面上的扭矩（N·m）
	     ρ—所求点至圆心的距离（m）
	     G—材料的剪切弹性模量（GPa）
	     R—圆轴半径（m）
	     I_n—横截面对圆心的极惯性矩
	     W_n—抗扭截面模量
	     $[\tau]$—许用剪应力（MPa）
	     $[\theta]$—许用单位长度扭转角 $[(°)/m]$

平面弯曲
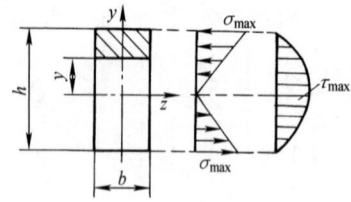
	1）任意横截面上任意点的正应力 $\sigma = \dfrac{My}{I_z}$
	
	2）任意横截面上任意点的剪应力 $\tau = \dfrac{QS_z}{bI_z}$
	
	3）正应力强度条件 $\sigma_{max} = \dfrac{M_{max}y_{max}}{I_z} = \dfrac{M_{max}}{W_z} \leqslant [\sigma]$
	
	4）剪应力强度条件 $\tau_{max} = \dfrac{Q_{max}S_{zmax}}{bI_z} \leqslant [\tau]$
	
	5）刚度条件 $f_{max} \leqslant [f]$；$\theta_{max} \leqslant [\theta]$
	式中 M—横截面上的弯矩
	     y—所求点至中性轴 z 的垂直距离
	     Q—横截面上的剪力
	     S_z—所求点所在横线以外面积对中性轴 z 的静面矩
	     b—所求点处的截面宽度
	     I_z—截面对中性轴 z 的惯性矩（见表 10.2-6）
	     W_z—抗弯截面模量
	     f_{max}—最大挠度
	     θ_{max}—最大转角
	     $[f]$—许用挠度
	     $[\theta]$—许用转角

（续）

杆件的变形形式	计 算 公 式
斜弯曲 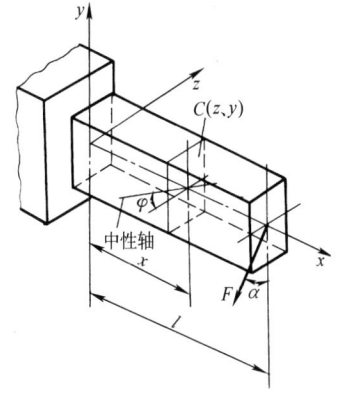	1）任意截面上任意点的应力 $$\sigma = \pm \frac{M_y Z}{I_y} \pm \frac{M_z y}{I_z} = \pm M\left(\frac{\sin\alpha}{I_y}z + \frac{\cos\alpha}{I_z}y\right)$$ 式中，M_y、M_z、y、z 均用绝对值代入，应力正负根据所求点的位置而定， 　　　受拉区为正，受压区为负 $$M = Fl$$ 2）中性轴的位置　　　$\tan\varphi = -\dfrac{I_y}{I_z}\tan\alpha$ 3）强度条件　　　$\sigma_{max} = \pm\dfrac{M_y}{W_y} \pm \dfrac{M_z}{W_z} \leqslant [\sigma]$ 在具有棱角的对称截面中，σ_{max} 恒发生在距中性轴最远的棱角上 4）圆截面受两向弯曲时仍为平面弯曲，即按平面弯曲公式计算 5）挠度　　　　$f = \sqrt{f_y^2 + f_z^2}$ 6）刚度条件　　　$f \leqslant [f]$ 式中，f_y、f_z 分别为 y、z 方向分力引起的挠度
弯曲与拉伸（压缩）组合 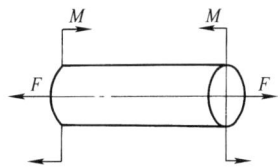	1）任意截面上任意点的应力 弯拉组合　　　　　$\sigma = \pm\dfrac{My}{I_z} + \dfrac{F}{A}$ 弯压组合　　　　　$\sigma = \pm\dfrac{My}{I_z} - \dfrac{F}{A}$ 2）强度条件 ①对于抗拉强度和抗压强度相等的材料，应按正应力绝对值最大的一边进行强度校核 $$\sigma_{max} = \left|\pm\dfrac{M_{max}}{W_z} \pm \dfrac{F}{A}\right| \leqslant [\sigma]$$ ②对于抗拉强度、抗压强度不等的材料，则应分别进行拉伸与压缩的强度校核 $$\sigma_{lmax} = \dfrac{M_{max}}{W_z} + \dfrac{F}{A} \leqslant [\sigma_l]$$ $$\sigma_{ymax} = \left|-\dfrac{M_{max}}{W_z} + \dfrac{F}{A}\right| \leqslant [\sigma_y]$$ （弯压组合时，式中第二项取负号） 式中，$[\sigma_l]$、$[\sigma_y]$ 是许用拉应力与许用压应力
圆轴弯曲与扭转组合 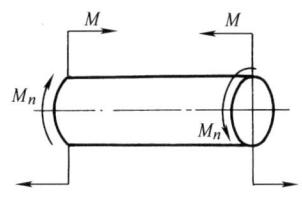	1）横截面上危险点的弯曲正应力 $$\sigma_W = \dfrac{M}{W}$$ 2）横截面上危险点的扭转剪应力 $$\tau_n = \dfrac{M_n}{W_n}$$ 3）强度条件 ① 第一强度理论 $$\sigma_1 = \dfrac{1}{2W}\left(M + \sqrt{M^2 + M_n^2}\right) \leqslant [\sigma]$$

（续）

杆件的变形形式	计 算 公 式
圆轴弯曲与扭转组合 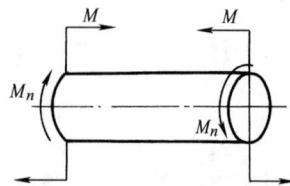	② 第二强度理论 $$\sigma_{\text{II}} = \frac{1}{2W}\left[(1-\mu)M + (1+\mu)\sqrt{M^2 + M_n^2}\right] \leqslant [\sigma]$$ ③ 第三强度理论 $$\sigma_{\text{III}} = \frac{1}{W}\sqrt{M^2 + M_n^2} \leqslant [\sigma]$$ ④ 第四强度理论 $$\sigma_{\text{IV}} = \frac{1}{W}\sqrt{M^2 + 0.75M_n^2} \leqslant [\sigma]$$ 式中　　　M、M_n—危险截面上的弯矩和扭矩 σ_{I}、σ_{II}、σ_{III}、σ_{IV}—第一、第二、第三及第四强度理论的相当应力 　　　　　W、W_n—抗弯与抗扭截面模量，对于圆轴 $W_n = 2W$

曲杆弯曲

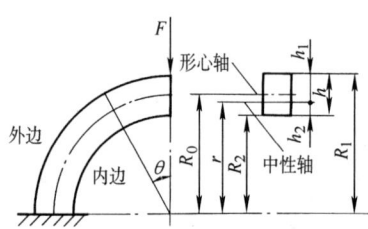

$$\left(\text{用于}\frac{R_0}{h}\left(\text{或}\frac{R_0}{d}\right) \leqslant 6；\text{当}\frac{R_0}{h} \geqslant 6\text{时，仍按}\right.$$

直杆弯曲计算

1) 曲杆任意截面 m-n 上的内力

法向力　　　　　　　　　$F_N = F\sin\theta$

弯矩　　　　　　　　　　$M = FR_0\sin\theta$

2) 曲杆内边缘的正应力　　$\sigma = -\dfrac{Mh_2}{A(R_0-r)R_2} - \dfrac{F_N}{A}$

3) 曲杆外边缘的正应力　　$\sigma = \dfrac{Mh_1}{A(R_0-r)R_1} - \dfrac{F_N}{A}$

若力 F 方向与图示相反，式中前后二项的正负号应相反，括号中符号不变

4) 圆形截面和矩形截面曲杆的 σ 的近似计算公式为

内边缘　　　　　　　　　$\sigma = -k_1\dfrac{M}{W} - \dfrac{F_N}{A}$

外边缘　　　　　　　　　$\sigma = k_2\dfrac{M}{W} - \dfrac{F_N}{A}$

式中　r—中性轴曲率半径，可按表 10.2-8 中的公式计算

　　　R_0—截面形心轴曲率半径

　　　R_1—截面外边缘曲率半径

　　　R_2—截面内边缘曲率半径

k_1、k_2—最大应力修正系数，可由下表查出

截　　面	系数	R_0/d 及 R_0/h						
		1	1.5	2	3	4	5	6
圆形截面	k_1	0.73	0.82	0.86	0.91	0.93	0.95	0.96
	k_2	1.6	1.36	1.26	1.17	1.12	1.09	1.08
矩形截面	k_1	0.75	0.82	0.86	0.92	0.96	0.97	0.98
	k_2	1.53	1.29	1.21	1.12	1.09	1.06	1.05

2. 曲杆中性轴曲率半径计算公式（表 10.2-8）

表 10.2-8　曲杆中性轴曲率半径计算公式

截面形状	中性轴曲率半径的计算公式
 K—厚壁容器外壁直径与内壁直径的比值，下同	$$r=\dfrac{h}{\ln\dfrac{R_2}{R_1}}$$
	$$r=\dfrac{d^2}{8R_0\left[1-\sqrt{1-\left(\dfrac{d_1}{2R_0}\right)^2}\right]}$$
	$$r=\dfrac{\dfrac{1}{2}(b_1+b_2)h}{\dfrac{b_1R_2-b_2R_1}{h}\ln\dfrac{R_2}{R_1}-(b_1-b_2)}$$ 对于三角形截面取 $b_2=0$
	$$r=\dfrac{d_2^2-d_1^2}{8R_0\left[\sqrt{1-\left(\dfrac{d_1}{2R_0}\right)^2}-\sqrt{1-\left(\dfrac{d_2}{2R_0}\right)^2}\right]}$$
	$$r=\dfrac{b_1h_1+b_2h_2}{b_1\ln\dfrac{a}{R_1}+b_2\ln\dfrac{R_2}{a}}$$
	$$r=\dfrac{2b_1h_1+b_2h_2}{b_1\left(\ln\dfrac{a}{R_1}+\ln\dfrac{R_2}{e}\right)+b_2\ln\dfrac{e}{a}}$$

3. 常用截面的几何形状与力学特性（表 10.2-9）

表 10.2-9　常用截面的几何形状与力学特性

截面几何形状	力学特性
	$A=\dfrac{\pi d^2}{4}$ $\qquad$ $I_n=\dfrac{\pi d^4}{32}$ $I_x=I_y=\dfrac{\pi d^4}{64}$ $\qquad$ $W_n=\dfrac{\pi d^3}{16}$ $W_x=W_y=\dfrac{\pi d^3}{32}$
	$A=\dfrac{\pi ab}{4}$ $\qquad$ $W_x=\dfrac{\pi a^2 b}{32}$ $I_x=\dfrac{\pi a^3 b}{64}$ $\qquad$ $W_y=\dfrac{\pi ab^2}{32}$ $I_y=\dfrac{\pi ab^3}{64}$ $\qquad$ $I_n=\dfrac{\pi a^3 b^3}{16\ (a^2+b^2)}$ $\qquad$ $W_n=\dfrac{\pi a^2 b}{6}$
	$A=0.3925d^2$ $I_x=0.00686d^4$ $I_y=0.0245d^4$ $W_x=0.0239d^3$ $W_y=0.049d^3$ $e_{y1}=0.2122d$
	$A=3.464r^2$ $r=0.866R$ $I_x=I_y=0.5413R^4$ $W_x=0.625R^3$ $W_y=0.5413R^3$ $I_n=0.184r^4$ $W_n=0.15r^3$
	$A=\dfrac{\pi}{4}\ (D^2-d^2)$ $I_x=I_y=\dfrac{\pi D^4}{64}\ (1-a^4)$ $W_x=W_y=\dfrac{\pi D^3}{32}\ (1-a^4)$ $I_n=\dfrac{\pi D^4}{32}\ (1-a^4)$ $W_n=\dfrac{\pi D^3}{16}\ (1-a^4)$ 式中，$a=\dfrac{d}{D}$

（续）

截面几何形状	力学特性
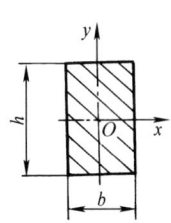	$$A = \frac{\pi D^2}{4} - bt$$ $$I_x = \frac{\pi D^4}{64} - \frac{bt}{4}(d-t)^2$$ $$I_y = \frac{\pi D^4}{64} - \frac{tb^3}{12}$$ $$W_x = \frac{\pi D^3}{32} - \frac{bt(d-t)^2}{2d}$$ $$W_y = \frac{\pi D^3}{32} - \frac{tb^3}{6d}$$ $$I_n = \frac{\pi D^4}{32} - \frac{bt}{4}(d-t)^2$$ $$W_n = \frac{\pi D^3}{16} - \frac{bt}{2d}(d-t)^2$$

$$A = bh$$
$$I_x = \frac{bh^3}{12}$$
$$I_y = \frac{b^3 h}{12}$$
$$W_x = \frac{bh^2}{6}; \quad W_y = \frac{b^2 h}{6}$$
$$I_n = K b^3 h$$
$$W_{n1} = K_1 b^2 h$$
$$\left(\tau_{max} = \frac{M_n}{W_{n1}} \text{发生在长边中点处} \right)$$
$$W_{n2} = \frac{W_{n1}}{K_2}$$
$$\left(\text{短边中点处}, \ \tau = \frac{M_n}{W_{n2}} \right)$$

$\dfrac{h}{b}$	1	2	3	4	6	8	10	>10
K	0.141	0.229	0.263	0.281	0.299	0.307	0.312	0.333
K_1	0.208	0.246	0.267	0.282	0.299	0.307	0.312	0.333
K_2	1.0	0.79	0.75	0.74	0.74	0.74	0.74	0.74

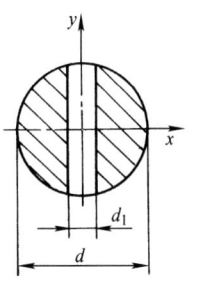

$$A = \frac{\pi d^2}{4} - d d_1$$
$$I_x = \frac{\pi d^4}{64} - \frac{d_1 d^3}{12}$$
$$I_y = \frac{\pi d^4}{64} - \frac{d d_1^3}{12}$$
$$W_x = 2 I_x / d$$
$$W_y = 2 I_y / d$$

（续）

截面几何形状	力学特性
	$A = a^2$ $I_x = I_y = \dfrac{a^4}{12}$ $W_x = W_y = \dfrac{a^3}{6}$
	$A = BH - bh$ $I_x = \dfrac{BH^3 - bh^3}{12}$ $W_x = \dfrac{BH^3 - bh^3}{6H}$
	$A = \dfrac{h}{2}(a+b)$ $\qquad$ $W_x = \dfrac{h^2(a^2+4ab+b^2)}{12(a+2b)}$ $I_x = \dfrac{h^3(a^2+4ab+b^2)}{36(a+b)}$ $\qquad$ $e_y = \dfrac{h(a+2b)}{3(a+b)}$
	$A = a^2 - \dfrac{\pi d^2}{4}$ $I_x = I_y = \dfrac{a^4}{12} - \dfrac{\pi d^4}{64}$ $W_x = W_y = 2I_x / a$
	$e_{y1} = \dfrac{aH^2 + bd^2}{2(aH+bd)}$ $e_{y2} = H - e_{y1}$ $A = BH - b\,(e_{y2}+h)$ $I_x = \dfrac{Be_{y1}^3 + ae_{y2}^3 - bh^3}{3}$ $W_{x1} = \dfrac{I_x}{e_{y1}}$ $W_{x2} = \dfrac{I_x}{e_{y2}}$

注：A—截面面积；O—截面的形心；I_x、I_y—截面对 x、y 轴的惯性矩；W_x、W_y—截面对 x、y 轴的抗弯截面模量；I_n—极惯性矩；W_n—抗扭截面模量；R—正六角形截面的外切圆半径；r—正六角形截面的内切圆半径。

4. 各类弹簧的应力与变形计算公式（表 10.2-10）

表 10.2-10　各类弹簧的应力与变形计算公式

类别	弹簧形状	簧丝截面	应力计算公式	变形计算公式
圆柱形拉压螺旋弹簧		（圆形截面 d）	$\tau_{max}=\dfrac{16FR}{\pi d^3}\left(1+\dfrac{d}{4R}\right)$	$\lambda=\dfrac{64FR^3n}{Gd^4}$
		（方形截面 b）	$\tau_{max}=\dfrac{FR}{b^3}\left(4.8+\dfrac{b}{R}\right)$	$\lambda=\dfrac{44.5FR^3n}{Gb^4}$
圆锥形拉压螺旋弹簧		（圆形截面 d）	$\tau_{max}=\dfrac{16FR_2}{\pi d^3}$	$\lambda=\dfrac{16Fn}{Gd^4}\left(R_1^2+R_2^2\right)\left(R_1+R_2\right)$
		（方形截面 b）	$\tau_{max}=\dfrac{FR_2}{0.208b^3}$	$\lambda=\dfrac{\pi Fn}{0.282Gb^4}\times\left(R_1^2+R_2^2\right)\left(R_1+R_2\right)$
螺旋扭转弹簧		（圆形截面 d）	$\sigma_{max}=\dfrac{32M}{\pi d^3}$	$\phi=\dfrac{128MRn}{Ed^4}$
		（矩形截面 $b\times h$）	$\sigma_{max}=\dfrac{6M}{bh^2}$	$\phi=\dfrac{24\pi MRn}{Ebh^3}$

（续）

类别	弹簧形状	簧丝截面	应力计算公式	变形计算公式
钢板弹簧	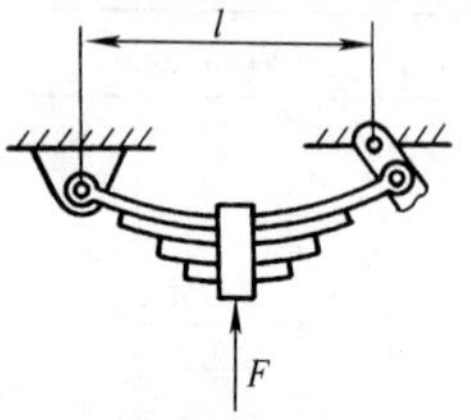	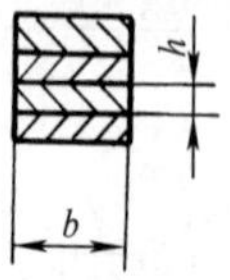	$\sigma_{max}=\dfrac{1.5Fl}{ibh^2}$	$f=\dfrac{0.375Fl^3}{iEbh^3}$

注：λ—弹簧的伸长或缩短；n—弹簧的有效圈数；E—拉压弹性模量；G—剪切弹性模量；ϕ—扭角；f—板簧中点的挠度；i—簧板的层数。

5. 应力状态种类及主应力计算公式（表 10.2-11）

表 10.2-11　应力状态种类及主应力计算公式

种类	示　例	应力状态的图示	主应力计算公式
单向应力状态	拉杆 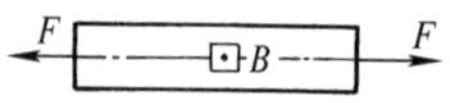	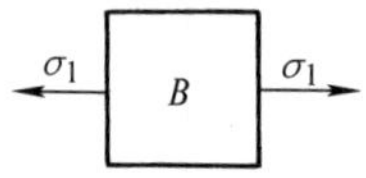	$\sigma_1=\dfrac{F}{A}$ $\sigma_2=0 \quad \sigma_3=0$
双向（平面）应力状态	高压气瓶 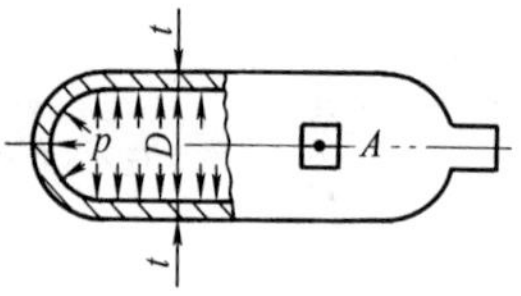	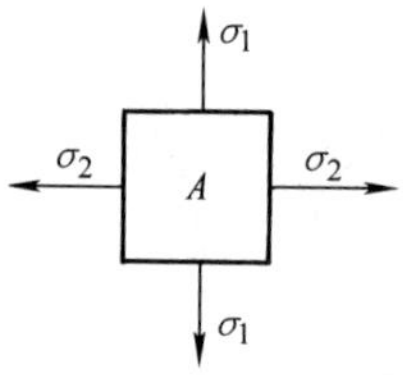	$\sigma_1=\dfrac{pD}{2t}$ $\sigma_2=\dfrac{pD}{4t}$ $\sigma_3=0$
	转轴 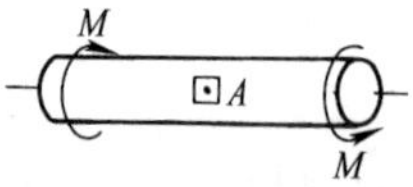	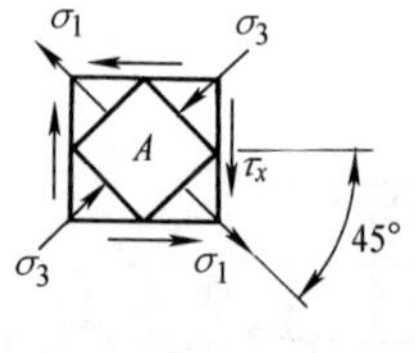	$\sigma_1=\tau_x$ $\sigma_2=0$ $\sigma_3=-\tau_x$
	带轮轴 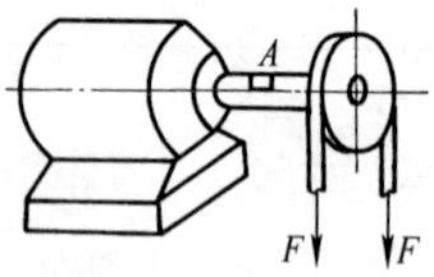	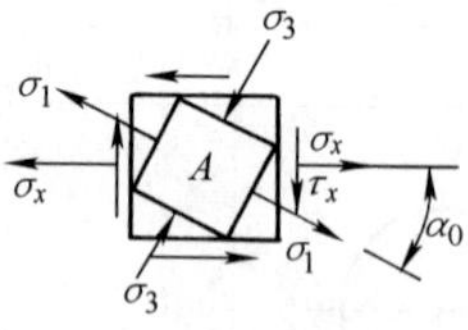	$\sigma_1=\dfrac{\sigma_x}{2}+\sqrt{\left(\dfrac{\sigma_x}{2}\right)^2+\tau_x^2}$ $\sigma_2=0$ $\sigma_3=\dfrac{\sigma_x}{2}-\sqrt{\left(\dfrac{\sigma_x}{2}\right)^2+\tau_x^2}$ $\tan2\alpha_0=-\dfrac{2\tau_x}{\sigma_x}$
三向应力状态	厚壁容器 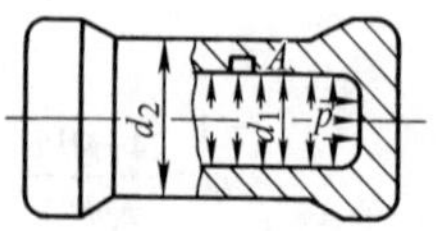	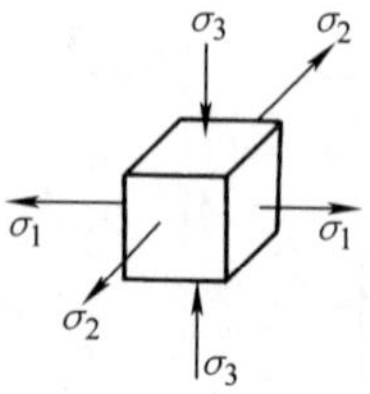	内壁上任意点 A 的主应力为 $\sigma_1=p\dfrac{K^2+1}{K^2-1}$ $\sigma_2=p\dfrac{1}{K^2-1}$ $\sigma_3=-p$ 式中　$K=\dfrac{d_2}{d_1}$

6. 强度理论及适用参考范围（表 10.2-12）

表 10.2-12　强度理论及适用参考范围

强度理论名称	强度条件	适用参考范围
第一强度理论 （最大正应力理论）	$\sigma_{\text{I}}=\sigma_1\leqslant[\sigma]$	适用于脆性材料（铸铁、石料、混凝土、玻璃等），与试验结果大致符合，但三向等值受压情况下任何材料都不适用。对脆性材料，第一强度理论比第二强度理论更适用些
第二强度理论 （最大线变形理论）	$\sigma_{\text{II}}=\sigma_1-\mu(\sigma_2+\sigma_3)\leqslant[\sigma]$	仅与少数脆性材料在某些情况下破坏符合
第三强度理论 （最大剪应力理论）	$\sigma_{\text{III}}=\sigma_1-\sigma_3\leqslant[\sigma]$	适用塑性材料（钢、铜等），与试验结果相当符合，但三向等值受拉情况不适用，抗拉和抗压的能力不相等时不适用（即对脆性材料）
第四强度理论 （形状改变比能理论）	$\sigma_{\text{IV}}=\sqrt{\dfrac{1}{2}\left[(\sigma_1-\sigma_2)^2+(\sigma_2-\sigma_3)^2+(\sigma_3-\sigma_1)^2\right]}$ $\leqslant[\sigma]$	适用塑性材料，比第三强度理论更能相当准确地说明材料的流动情况
莫尔强度理论 （修正后的第三强度理论）	$\sigma_{\text{M}}=\sigma_1-\nu\sigma_3\leqslant[\sigma]$ $\nu=\dfrac{R_{\text{m}}\ (\text{拉伸强度极限})}{R_{\text{mc}}\ (\text{压缩强度极限})}$	适用第一强度理论的情况且要求精确计算时

7. 压杆稳定计算的基本公式（表10.2-13）

表 10.2-13 压杆稳定计算的基本公式

临界力计算公式

欧拉公式（λ≥λp）	抛物线公式（λ<λp）
$P_{cr} = \dfrac{\pi^2 E I_{min}}{(\mu l)^2}$	$P_{cr} = A(a - b\lambda^2)$

$\mu=0.5$ $\mu=0.7$ $\mu=1$ $\mu=2$

材料	E（GPa）	a（MPa）	b（MPa）	抛物线公式适用范围
Q235	206	235	0.00668	λ=0~124
Q275	206	275	0.00853	λ=0~96
Q355	206	343	0.0142	λ=0~102
铸铁	108	$R_m = 392$	0.0361	λ=0~74

中心压杆稳定条件 $P=\varphi[\sigma]A$ φ 值

λ	Q235	Q355	铸铁	木材
0	1.000	1.000	1.00	1.000
10	0.995	0.993	0.97	0.971
20	0.981	0.973	0.91	0.932
30	0.958	0.940	0.81	0.883
40	0.927	0.895	0.69	0.822
50	0.888	0.840	0.57	0.757
60	0.842	0.776	0.44	0.668
70	0.789	0.705	0.34	0.575
80	0.731	0.627	0.26	0.470
90	0.669	0.546	0.20	0.370
100	0.604	0.462	0.16	0.300
110	0.536	0.384	—	0.248
120	0.466	0.325	—	0.208
130	0.401	0.279	—	0.178
140	0.349	0.242	—	0.153
150	0.306	0.213	—	0.133
160	0.272	0.188	—	0.117
170	0.243	0.168	—	0.104
180	0.218	0.151	—	0.093
190	0.197	0.136	—	0.083
200	0.180	0.124	—	0.075

注：P_{cr}—压杆临界力；E—材料弹性模量；I_{min}—截面最小惯性矩；μ—长度系数；λ—压杆柔度；$\lambda = \dfrac{\mu l}{i_{min}}$；$i_{min}$—最小惯性半径；$i_{min} = \sqrt{\dfrac{I_{min}}{A}}$；A—压杆截面面积；$\lambda_p = \pi\sqrt{\dfrac{E}{\sigma_p}}$；$\sigma_p$—比例极限；$[\sigma]$—材料许用应力；$\varphi$—压杆折减系数；P—工作载荷。

8. 常用冲击应力的计算公式（表10.2-14）

表 10.2-14　常用冲击应力的计算公式

示例	冲击应力计算公式	示例	冲击应力计算公式
纵向冲击	$\sigma_{d} = \dfrac{P}{A} + \sqrt{\left(\dfrac{P}{A}\right)^{2} + \dfrac{2HPE}{Al}}$	横向冲击	$\sigma_{dmax} = \dfrac{Pl}{4W} + \sqrt{\left(\dfrac{Pl}{W}\right)^{2} + \dfrac{6PEHI}{lW^{2}}}$
纵向冲击	$\sigma_{d} = \dfrac{P}{A} + \sqrt{\left(R\omega\right)^{2}\dfrac{PE}{glA}}$	水平冲击	$\sigma_{d} = \sqrt{\dfrac{3v^{2}EPI}{glW^{2}}}$
横向冲击	$\sigma_{dmax} = \dfrac{Pl}{4W} + \sqrt{\left(\dfrac{Pl}{4W}\right)^{2} + \dfrac{6PEH}{4l}\dfrac{AI}{W^{2}}}$	冲击扭转（突然刹车）	$\tau_{d} = \sqrt{\dfrac{2\omega^{2}GI_{0}}{Al}}$

注：1. 表中公式未考虑被冲击物质量。

2. P—重力；A—杆件横截面面积；E—材料弹性模量；I—截面惯性矩；W—抗弯截面模量；G—剪切弹性模量；I_0—转动惯量。

9. 常用静定梁的约束力、弯矩和变形计算公式（表 10.2-15）

表 10.2-15　常用静定梁的约束力、弯矩和变形计算公式

序号	载荷情况及剪力图、弯矩图	约束、弯矩	弯矩方程	挠度曲线方程	最大挠度	梁端转角
1		$F_A = F_B = \dfrac{F}{2}$	$0 \leqslant x \leqslant l/2$ $M(x) = \dfrac{Fx}{2}$	$0 \leqslant x \leqslant l/2$ $y = \dfrac{-Fl^3}{48EI}\left(\dfrac{3x}{l} - \dfrac{4x^3}{l^3}\right)$	在 $x = l/2$ 处 $y_{\max} = \dfrac{-Fl^3}{48EI}$	$\theta_A = -\theta_B = \dfrac{-Fl^2}{16EI}$
2		$F_A = \dfrac{Fb}{l}$ $F_B = \dfrac{Fa}{l}$	$0 \leqslant x \leqslant a$ $M(x) = \dfrac{Fbx}{l}$ $a \leqslant x \leqslant l$ $M(x) = \dfrac{Fbx}{l} - F(x-a)$	$0 \leqslant x \leqslant a$ $y = \dfrac{-Fbx}{6EIl}(l^2 - x^2 - b^2)$ $0 \leqslant x \leqslant l$ $y = \dfrac{-Fb}{6EIl} \times$ $\left[(l^2-b^2)x - x^3 + \dfrac{(x-a)^3}{b}\right]$	若 $a > b$，在 $x =$ $\sqrt{\dfrac{l^2-b^2}{3}}$ 处 $y_{\max} = \dfrac{-Fb(l^2-b^2)^{3/2}}{9\sqrt{3}EIl}$ 在 $x = l/2$ 处 $y = \dfrac{-Fb(3l^2-4b^2)}{48EI}$	$\theta_A = \dfrac{-Fab(l+b)}{6EIl}$ $\theta_B = \dfrac{Fab(l+a)}{6EIl}$
3		$F_A = F_B = F$	$0 \leqslant x \leqslant a$ $M(x) = Fx$ $a \leqslant x \leqslant l-a$ $M = Fa$	$0 \leqslant x \leqslant l$ $y = \dfrac{-Fx}{6EI}[3a(l-a) - x^2]$ $0 \leqslant x \leqslant l-a$ $y = \dfrac{-Fa}{6EI}[3x(l-x) - a^2]$	在 $x = l/2$ 处 $y_{\max} = \dfrac{-Fa}{24EI}(3l^2-4a^2)$	$\theta_A = -\theta_B$ $= \dfrac{-Fa}{2EI}(l-a)$
4		$F_A = F_B = \dfrac{M}{l}$	$M(x) = M\left(1 - \dfrac{x}{l}\right)$	$y = \dfrac{-Ml^2}{6EI}\left(\dfrac{2x}{l} - \dfrac{3x^2}{l^2} + \dfrac{x^3}{l^3}\right)$	在 $x = \left(1 - \dfrac{1}{\sqrt{3}}\right)l$ 处 $y_{\max} = \dfrac{-Ml^2}{9\sqrt{3}EI}$ 在 $x = l/2$ 处 $y = \dfrac{-Ml^2}{16EI}$	$\theta_A = \dfrac{-Ml}{3EI}$ $\theta_B = \dfrac{Ml}{6EI}$

（续）

序号	载荷情况及剪力图、弯矩图	约束、弯矩	弯矩方程	挠度曲线方程	最大挠度	梁端转角
5	（图：梁受力偶 M，A、B端，F_A、F_B，M/l）	$F_A = F_B = \dfrac{M}{l}$	$M(x) = \dfrac{Mx}{l}$	$y = \dfrac{-Ml^2}{6EI}\left(\dfrac{x}{l} - \dfrac{x^3}{l^3}\right)$	在 $x = \dfrac{1}{\sqrt3}$ 处 $y_{max} = \dfrac{-Ml^2}{9\sqrt3 EI}$	$\theta_A = \dfrac{-Ml}{6EI}$ $\theta_B = \dfrac{Ml}{3EI}$
6	（图：梁中间受力偶 M 于 C 点，a、b，Mb/l、Ma/l）	$F_A = F_B = \dfrac{M}{l}$	$0 \le x \le a$ $M(x) = \dfrac{-Mx}{l}$ $a \le x \le l$ $M(x) = M\left(1 - \dfrac{x}{l}\right)$	$0 \le x \le a$ $y = \dfrac{Mx}{6EIl}(l^2 - 3b^2 - x^2)$ $a \le x \le l$ $y = \dfrac{-M(l-x)}{6EIl}\big[l^2 - 3a^2 - (l-x)^2\big]$	在 $x = \sqrt{(l^2-3b^2)/3}$ 处 $y_{1max} = \dfrac{M(l^2-3b^2)^{3/2}}{9\sqrt3 EIl}$ 在 $x = \sqrt{(l^2-3a^2)/3}$ 处 $y_{2max} = \dfrac{-M(l^2-3a^2)^{3/2}}{9\sqrt3 EIl}$	$\theta_A = \dfrac{M(l^2-3b^2)}{6EIl}$ $\theta_B = \dfrac{M(l^2-3a^2)}{6EIl}$ $\theta_C = \dfrac{-M}{6EIl}(3a^2+3b^2-l^2)$
7	（图：均布载荷 q，A、B端，$ql/2$、$ql/2$，$ql^2/8$）	$F_A = F_B = \dfrac{ql}{2}$	$M(x) = \dfrac{qx}{2}(l-x)$	$y = \dfrac{-qx}{24EI}(l^3 - 2lx^2 + x^3)$	在 $x = l/2$ 处 $y_{max} = \dfrac{-5ql^4}{384EI}$	$\theta_A = -\theta_B = \dfrac{-ql^3}{24EI}$
8	（图：三角形分布载荷 q_0，A、B端，$q_0 l/6$、$q_0 l/3$，$0.577l$，$q_0 l^2/q\sqrt3$）	$F_A = \dfrac{q_0 l}{6}$ $F_B = \dfrac{q_0 l}{3}$	$M(x) = \dfrac{q_0 lx}{6}\left(1 - \dfrac{x^2}{l^2}\right)$	$y = \dfrac{-q_0 l^4}{360EI} \times$ $\left(\dfrac{7x}{l} - \dfrac{10x^3}{l^3} + \dfrac{3x^5}{l^5}\right)$	在 $x = 0.519l$ 处 $y_{max} = -0.00652\dfrac{q_0 l^4}{EI}$	$\theta_A = \dfrac{-7q_0 l^3}{360EI}$ $\theta_B = \dfrac{q_0 l^3}{45EI}$

（续）

序号	载荷情况及剪力图、弯矩图	约束、弯矩	弯矩方程	挠度曲线方程	最大挠度	梁端转角
9		$F_A = \dfrac{qb}{l}\left(\dfrac{b}{2}+c\right)$ $F_B = \dfrac{qb}{l}\left(\dfrac{b}{2}+c\right)$	$0 \leq x \leq a$ $M(x)=\dfrac{qb}{l}\left(\dfrac{b}{2}+c\right)x$ $a \leq x \leq a+b$ $M(x)=\dfrac{qb}{l}\left(\dfrac{b}{2}+c\right)x-\dfrac{q}{2}(x-a)^2$ 在 $x=a+\dfrac{b}{l}\left(\dfrac{b}{2}+c\right)$ 处 $M_{max}=\dfrac{qb}{l}\left(\dfrac{b}{2}+c\right)\times\left[a+\dfrac{b}{2l}\left(\dfrac{b}{2}+c\right)\right]$	$0 \leq x \leq a$ $y=\dfrac{-qbx}{6EIl}\left(\dfrac{b}{2}+c\right)\times\left[l^2-\left(\dfrac{b}{2}+c\right)^2-\dfrac{b^2}{4}-x^2\right]$ $a \leq x \leq a+b$ $y=\dfrac{-qb}{6EIl}\left\{\left(\dfrac{b}{2}+c\right)x\times\left[l^2-\left(\dfrac{b}{2}+c\right)^2-\dfrac{b^2}{4}-x^2\right]+\dfrac{l}{4b}(x-a)^4\right\}$ $a+b \leq x \leq l$ $y=\dfrac{-qb}{6EIl}(a+b)(l-x)\times\left[l^2-\left(a+\dfrac{b}{2}\right)^2-\dfrac{b^2}{4}-(l-x)^2\right]$	在 $a \leq x \leq a+b$ 处，令 $y'=0$，求出 x 的数值解，代入 y 方程即得 y_{max}	$\theta_A=\dfrac{-qb}{6EIl}\left(\dfrac{b}{2}+c\right)\times\left[l^2-\left(\dfrac{b}{2}+c\right)^2-\dfrac{b^2}{4}\right]$ $\theta_B=\dfrac{qb}{6EIl}(a+b)\times\left[l^2-\left(a+\dfrac{b}{2}\right)^2-\dfrac{b^2}{4}\right]$
10		$F_A=F_B=\dfrac{q_0 l}{4}$	$0 \leq x \leq l/2$ $M(x)=\dfrac{q_0 lx}{12}\left(3-\dfrac{4x^2}{l^2}\right)$	$0 \leq x \leq l/2$ $y=\dfrac{-q_0 l^4}{960EI}\left(\dfrac{25x}{l}-\dfrac{40x^3}{l^3}+\dfrac{16x^5}{l^5}\right)$	在 $x=l/2$ 处 $y_{max}=\dfrac{-q_0 l^4}{120EI}$	$\theta_A=\theta_B=\dfrac{-5q_0 l}{192EI}$

（续）

序号	载荷情况及剪力图、弯矩图	约束、弯矩	弯矩方程	挠度曲线方程	最大挠度	梁端转角
11		$F_A = \dfrac{Fa}{l}$ $F_B = \dfrac{F(a+l)}{l}$	$0 \le x \le l$ $M(x) = \dfrac{-Fax}{l}$ $l \le x \le l+a$ $M(x) = -F(l+a-x)$	$0 \le x \le l$ $y = \dfrac{Fal^2}{6EI}\left(\dfrac{x}{l} - \dfrac{x^3}{l^3}\right)$ $l \le x \le l+a$ $y = \dfrac{F}{6EI}[al^2x - ax^3 + (a+l)(x-l)^3]$	在 $x=l+a$ 处 $y_{max} = \dfrac{-Fa^2}{3EI}(l+a)$ 在 $x=l/2$ 处 $y = \dfrac{Fal^2}{16EI}$	$\theta_A = \dfrac{Fal}{6EI}$ $\theta_B = \dfrac{-Fal}{3EI}$ $\theta_D = \dfrac{-Fa}{6EI}(2l+3a)$
12		$F_A = \dfrac{qa^2}{2l}$ $F_B = qa\left(1+\dfrac{a}{2l}\right)$	$0 \le x \le l$ $M(x) = \dfrac{-qa^2}{2l}x$ $l \le x \le l+a$ $M(x) = \dfrac{-q}{2}(l+a-x)^2$	$0 \le x \le l$ $y = \dfrac{qa^2 l^2}{12EI}\left(\dfrac{x}{l} - \dfrac{x^3}{l^3}\right)$ $l \le x \le l+a$ $y = \dfrac{-qa^2}{12EIl}\left[-l^2x + x^3 - \dfrac{l}{2a^2}(x-l)^4 - \dfrac{(a+2l)(x-l)^3}{a}\right]$	在 $x=l/2$ 处 $y = \dfrac{qa^2 l^2}{32EI}$ 在 $x=l+a$ 处 $y_{max} = \dfrac{-qa^3}{24EI}(3a+4l)$	$\theta_A = \dfrac{qa^2 l}{12EI}$ $\theta_B = \dfrac{-qa^2 l}{6EI}$ $\theta_D = \dfrac{-qa^2}{6EI}(l+a)$
13		$F_A = F_B = F$	$0 \le x \le a$ $M(x) = -Fx$ $a \le x \le l+a$ $M = -Fa$	$0 \le x \le a$ $y = \dfrac{-F}{6EI}\left[a^2(2a+3l) - 3a(a+l)x + x^2\right]$ $a \le x \le l+a$ $y = \dfrac{F}{6EI}\left[3a(a+l)x - a^2 (2a+3l) - x^3 + (x-a)^3\right]$	$y_D = y_E = \dfrac{-Fa^2(2a+3l)}{6EI}$ 在 $x=a+l/2$ 处 $y_C = \dfrac{Fal^2}{8EI}$	$\theta_A = -\theta_B = \dfrac{Fal}{2EI}$ $\theta_E = -\theta_D = \dfrac{Fa(l+a)}{2EI}$
14		$F_A = F_B = \dfrac{M}{l}$	$0 \le x \le l$ $M(x) = \dfrac{M}{l}x$ $l \le x \le l+a$ $M_{max} = M$	$0 \le x \le l$ $y = \dfrac{-Ml^2}{6EI}\left[\dfrac{x}{l} - \dfrac{x^3}{l^3}\right]$ $l \le x \le l+a$ $y = \dfrac{M}{6EI}(l-3x)(l-x)$	在 $x=l/2$ 处 $y = \dfrac{-Ml^2}{16EI}$ $y_D = \dfrac{M}{6EI}(2la+3a^2)$	$\theta_A = \dfrac{-Ml}{6EI}$ $\theta_B = \dfrac{Ml}{3EI}$ $\theta_D = \dfrac{M}{3EI}(l+3a)$

（续）

序号	载荷情况及剪力图、弯矩图	约束、弯矩	弯矩方程	挠度曲线方程	最大挠度	梁端转角
15		$F_A = F$ $M_A = Fl$	$M(x) = F(x-l)$	$y = \dfrac{-Fl^3}{6EI}\left(\dfrac{3x^2}{l^2} - \dfrac{x^3}{l^3}\right)$	在 $x=l$ 处 $y_{max} = \dfrac{-Fl^3}{3EI}$	$\theta_B = \dfrac{-Fl^2}{2EI}$
16		$M_A = M$	$M(x) = -M$	$y = \dfrac{-Mx^2}{2EI}$	在 $x=l$ 处 $y_{max} = \dfrac{-Ml^2}{2EI}$	$\theta_B = \dfrac{-Ml}{EI}$
17		$F_A = ql$ $M_A = \dfrac{ql^2}{2}$	$M(x) = q\left(lx - \dfrac{l^2+x^2}{2}\right)$	$y = \dfrac{-ql^4}{24EI}\left(\dfrac{6x^2}{l^2} - \dfrac{4x^3}{l^3} + \dfrac{x^4}{l^4}\right)$	在 $x=l$ 处 $y_{max} = \dfrac{-ql^4}{8EI}$	$\theta_B = \dfrac{-ql^3}{6EI}$
18		$F_A = \dfrac{q_0 l}{2}$ $M_A = \dfrac{q_0 l^2}{6}$	$M(x) = \dfrac{q_0 l}{6}\left(\dfrac{3x}{l} - \dfrac{3x^2}{l^2}\,\dfrac{x^3}{l^3} - 1\right)$	$y = \dfrac{-q_0 l^4}{120EI}\left(\dfrac{10x^2}{l^2} - \dfrac{10x^3}{l^3} + \dfrac{5x^4}{l^4} - \dfrac{x^5}{l^5}\right)$	在 $x=l$ 处 $y_{max} = \dfrac{-q_0 l^4}{30EI}$	$\theta_B = \dfrac{-q_0 l^3}{24EI}$

注：式中 x 为从梁左端起量的坐标（参见序号 15 图），E 为材料弹性模量，I 为惯性矩，下同。

10. 常用零件的接触应力和接触变形计算公式（表 10.2-16）

表 10.2-16　常用零件的接触应力和接触变形计算公式

序号	接触类型	椭圆方程系数 A	椭圆方程系数 B	接触面尺寸	最大接触应力 σ_{max}	接触物体相对位移 δ
1	球与平面	$\dfrac{1}{2R}$	$\dfrac{1}{2R}$	$a=b=0.909\sqrt[3]{FR\left(\dfrac{1-\nu_1^2}{E_1}+\dfrac{1-\nu_2^2}{E_2}\right)}$ 若 $E_1=E_2=E,\nu_1=\nu_2=0.3$，则 $a=b=1.109\sqrt[3]{\dfrac{FR}{E}}$	$0.578\sqrt[3]{\dfrac{F}{R^2\left(\dfrac{1-\nu_1^2}{E_1}+\dfrac{1-\nu_2^2}{E_2}\right)^2}}$ 若 $E_1=E_2=E,\nu_1=\nu_2=0.3$，则 $0.388\sqrt[3]{\dfrac{FE^2}{R^2}}$	$0.826\sqrt[3]{\dfrac{F^2}{R}\left(\dfrac{1-\nu_1^2}{E_1}+\dfrac{1-\nu_2^2}{E_2}\right)^2}$ 若 $E_1=E_2=E,\nu_1=\nu_2=0.3$，则 $1.231\sqrt[3]{\left(\dfrac{F}{E}\right)^2\dfrac{1}{R}}$
2	球与球	$\dfrac{R_1+R_2}{2R_1R_2}$	$\dfrac{R_1+R_2}{2R_1R_2}$	$a=b=0.909\times$ $\sqrt[3]{F\dfrac{R_1R_2}{(R_1+R_2)}\left(\dfrac{1-\nu_1^2}{E_1}+\dfrac{1-\nu_2^2}{E_2}\right)}$ 若 $E_1=E_2=E,\nu_1=\nu_2=0.3$，则 $a=b=1.109\sqrt[3]{\dfrac{F}{E}\dfrac{R_1R_2}{(R_1+R_2)}}$	$0.578\sqrt[3]{\dfrac{F\left(\dfrac{R_1+R_2}{R_1R_2}\right)^2}{\left(\dfrac{1-\nu_1^2}{E_1}+\dfrac{1-\nu_2^2}{E_2}\right)^2}}$ 若 $E_1=E_2=E,\nu_1=\nu_2=0.3$，则 $0.388\sqrt[3]{FE^2\left(\dfrac{R_1+R_2}{R_1R_2}\right)^2}$	$0.826\sqrt[3]{F^2\dfrac{(R_1+R_2)}{R_1R_2}\left(\dfrac{1-\nu_1^2}{E_1}+\dfrac{1-\nu_2^2}{E_2}\right)^2}$ 若 $E_1=E_2=E,\nu_1=\nu_2=0.3$，则 $1.231\sqrt[3]{\left(\dfrac{F}{E}\right)^2\dfrac{(R_1+R_2)}{R_1R_2}}$
3	球与凹形球面 $R_2>R_1$	$\dfrac{R_2-R_1}{2R_1R_2}$	$\dfrac{R_2-R_1}{2R_1R_2}$	$a=b=0.909\times$ $\sqrt[3]{F\dfrac{R_1R_2}{(R_2-R_1)}\left(\dfrac{1-\nu_1^2}{E_1}+\dfrac{1-\nu_2^2}{E_2}\right)}$ 若 $E_1=E_2=E,\nu_1=\nu_2=0.3$，则 $a=b=1.109\sqrt[3]{\dfrac{F}{E}\dfrac{R_1R_2}{(R_2-R_1)}}$	$0.578\sqrt[3]{\dfrac{F\left(\dfrac{R_2-R_1}{R_1R_2}\right)^2}{\left(\dfrac{1-\nu_1^2}{E_1}+\dfrac{1-\nu_2^2}{E_2}\right)^2}}$ 若 $E_1=E_2=E,\nu_1=\nu_2=0.3$，则 $0.388\sqrt[3]{FE^2\left(\dfrac{R_2-R_1}{R_1R_2}\right)^2}$	$0.826\sqrt[3]{F^2\dfrac{(R_2-R_1)}{R_1R_2}\left(\dfrac{1-\nu_1^2}{E_1}+\dfrac{1-\nu_2^2}{E_2}\right)^2}$ 若 $E_1=E_2=E,\nu_1=\nu_2=0.3$，则 $1.231\sqrt[3]{\left(\dfrac{F}{E}\right)^2\dfrac{(R_2-R_1)}{R_1R_2}}$

（续）

序号	接触类型	椭圆方程系数 A	椭圆方程系数 B	接触面尺寸	最大接触应力 σ_{max}	接触物体相对位移 δ
4	圆柱与平面	—	$\dfrac{1}{2R}$	$b=1.131\sqrt{\dfrac{FR}{l}\left(\dfrac{1-\nu_1^2}{E_1}+\dfrac{1-\nu_2^2}{E_2}\right)}$ 若 $E_1=E_2=E,\nu_1=\nu_2=0.3$，则 $b=1.526\sqrt{\dfrac{FR}{lE}}$	$0.564\sqrt{\dfrac{\dfrac{F}{lR}}{\dfrac{1-\nu_1^2}{E_1}+\dfrac{1-\nu_2^2}{E_2}}}$ 若 $E_1=E_2=E,\nu_1=\nu_2=0.3$，则 $0.418\sqrt{\dfrac{FE}{Rl}}$	圆柱体两个受压边界之间直径减小量 若 $E_1=E_2=E,\nu_1=\nu_2=0.3$，则 $\Delta D=1.159\dfrac{F}{lE}\left(0.41+\ln\dfrac{4R}{b}\right)$
5	圆柱与圆柱	—	$\dfrac{1}{2}\left(\dfrac{1}{R_1}+\dfrac{1}{R_2}\right)$	$b=1.128\sqrt{\dfrac{F}{l}\dfrac{R_1R_2}{(R_1+R_2)}\left(\dfrac{1-\nu_1^2}{E_1}+\dfrac{1-\nu_2^2}{E_2}\right)}$ 若 $E_1=E_2=E,\nu_1=\nu_2=0.3$，则 $b=1.522\sqrt{\dfrac{F}{l}\dfrac{R_1R_2}{lE(R_1+R_2)}}$	$0.564\sqrt{\dfrac{\dfrac{F}{l}\dfrac{(R_1+R_2)}{R_1R_2}}{\dfrac{1-\nu_1^2}{E_1}+\dfrac{1-\nu_2^2}{E_2}}}$ 若 $E_1=E_2=E,\nu_1=\nu_2=0.3$，则 $0.418\sqrt{\dfrac{FE}{l}\dfrac{(R_1+R_2)}{R_1R_2}}$	两个圆柱中心距减小量 $\dfrac{2F}{\pi l}\left[\dfrac{1-\nu_1^2}{E_1}\left(\ln\dfrac{2R_1}{b}+0.407\right)+\dfrac{1-\nu_2^2}{E_2}\left(\ln\dfrac{2R_2}{b}+0.407\right)\right]$ 若 $E_1=E_2=E,\nu_1=\nu_2=0.3$，则 $0.580\dfrac{F}{lE}\left(\ln\dfrac{4R_1R_2}{b^2}+0.814\right)$
6	圆柱与凹形圆柱	—	$\dfrac{1}{2}\left(\dfrac{1}{R_1}-\dfrac{1}{R_2}\right)$	$b=1.128\sqrt{\dfrac{F}{l}\dfrac{R_1R_2}{(R_2-R_1)}\left(\dfrac{1-\nu_1^2}{E_1}+\dfrac{1-\nu_2^2}{E_2}\right)}$ 若 $E_1=E_2=E,\nu_1=\nu_2=0.3$，则 $b=1.522\sqrt{\dfrac{F}{l}\dfrac{R_1R_2}{lE(R_2-R_1)}}$	$0.564\sqrt{\dfrac{\dfrac{F}{l}\dfrac{(R_2-R_1)}{R_1R_2}}{\dfrac{1-\nu_1^2}{E_1}+\dfrac{1-\nu_2^2}{E_2}}}$ 若 $E_1=E_2=E,\nu_1=\nu_2=0.3$，则 $0.418\sqrt{\dfrac{FE}{l}\dfrac{(R_2-R_1)}{R_1R_2}}$	若 $E_1=E_2=E,\nu_1=\nu_2=0.3$，则 $1.82\dfrac{F}{lE}(1-\ln b)$

（续）

序号	接触类型	椭圆方程系数 A	椭圆方程系数 B	接触面尺寸	最大接触应力 σ_{max}	接触物体相对位移 δ
7	正交圆柱	$\dfrac{1}{2R_2}$	$\dfrac{1}{2R_1}$	$a = 1.145n_1\sqrt[3]{F\dfrac{R_1R_2}{(R_1+R_2)}\left(\dfrac{1-\nu_1^2}{E_1}+\dfrac{1-\nu_2^2}{E_2}\right)}$ $b = 1.145n_2\sqrt[3]{F\dfrac{R_1R_2}{(R_1+R_2)}\left(\dfrac{1-\nu_1^2}{E_1}+\dfrac{1-\nu_2^2}{E_2}\right)}$ 若 $E_1=E_2=E,\nu_1=\nu_2=0.3$,则 $a = 1.397n_1\sqrt[3]{\dfrac{F}{E}\dfrac{R_1R_2}{(R_1+R_2)}}$ $b = 1.397n_2\sqrt[3]{\dfrac{F}{E}\dfrac{R_1R_2}{(R_1+R_2)}}$	$0.365n_3\sqrt[3]{\dfrac{F\left(\dfrac{R_1+R_2}{R_1R_2}\right)^2}{\left(\dfrac{1-\nu_1^2}{E_1}+\dfrac{1-\nu_2^2}{E_2}\right)^2}}$ 若 $E_1=E_2=E,\nu_1=\nu_2=0.3$,则 $0.245n_3\sqrt[3]{FE^2\left(\dfrac{R_1+R_2}{R_1R_2}\right)^2}$	$0.655n_4\sqrt[3]{F^2\dfrac{(R_1+R_2)}{R_1R_2}\left(\dfrac{1-\nu_1^2}{E_1}+\dfrac{1-\nu_2^2}{E_2}\right)^2}$ 若 $E_1=E_2=E,\nu_1=\nu_2=0.3$,则 $0.977n_4\sqrt[3]{\left(\dfrac{F}{E}\right)^2\dfrac{(R_1+R_2)}{R_1R_2}}$
8	球与圆柱	$\dfrac{1}{2R_1}$	$\dfrac{1}{2}\left(\dfrac{1}{R_1}+\dfrac{1}{R_2}\right)$	$a = 1.145n_1\sqrt[3]{F\dfrac{R_1R_2}{(R_1+2R_2)}\left(\dfrac{1-\nu_1^2}{E_1}+\dfrac{1-\nu_2^2}{E_2}\right)}$ $b = 1.145n_2\sqrt[3]{F\dfrac{R_1R_2}{(R_1+2R_2)}\left(\dfrac{1-\nu_1^2}{E_1}+\dfrac{1-\nu_2^2}{E_2}\right)}$ 若 $E_1=E_2=E,\nu_1=\nu_2=0.3$,则 $a = 1.397n_1\sqrt[3]{\dfrac{F}{E}\dfrac{R_1R_2}{(R_1+2R_2)}}$ $b = 1.397n_2\sqrt[3]{\dfrac{F}{E}\dfrac{R_1R_2}{(R_1+2R_2)}}$	$0.365n_3\sqrt[3]{\dfrac{F\left(\dfrac{R_1+2R_2}{R_1R_2}\right)^2}{\left(\dfrac{1-\nu_1^2}{E_1}+\dfrac{1-\nu_2^2}{E_2}\right)^2}}$ 若 $E_1=E_2=E,\nu_1=\nu_2=0.3$,则 $0.245n_3\sqrt[3]{FE^2\left(\dfrac{R_1+2R_2}{R_1R_2}\right)^2}$	$0.655n_4\sqrt[3]{F^2\dfrac{(R_1+2R_2)}{R_1R_2}\left(\dfrac{1-\nu_1^2}{E_1}+\dfrac{1-\nu_2^2}{E_2}\right)^2}$ 若 $E_1=E_2=E,\nu_1=\nu_2=0.3$,则 $0.977n_4\sqrt[3]{\left(\dfrac{F}{E}\right)^2\dfrac{(R_1+2R_2)}{R_1R_2}}$
9	球与圆柱形凹面	$\dfrac{1}{2}\left(\dfrac{1}{R_1}-\dfrac{1}{R_2}\right)$	$\dfrac{1}{2R_1}$	$a = 1.145n_1\sqrt[3]{F\dfrac{R_1R_2}{(2R_2-R_1)}\left(\dfrac{1-\nu_1^2}{E_1}+\dfrac{1-\nu_2^2}{E_2}\right)}$ $b = 1.145n_2\sqrt[3]{F\dfrac{R_1R_2}{(2R_2-R_1)}\left(\dfrac{1-\nu_1^2}{E_1}+\dfrac{1-\nu_2^2}{E_2}\right)}$ 若 $E_1=E_2=E,\nu_1=\nu_2=0.3$,则 $a = 1.397n_1\sqrt[3]{\dfrac{F}{E}\dfrac{R_1R_2}{(2R_2-R_1)}}$ $b = 1.397n_2\sqrt[3]{\dfrac{F}{E}\dfrac{R_1R_2}{(2R_2-R_1)}}$	$0.365n_3\sqrt[3]{\dfrac{F\left(\dfrac{2R_2-R_1}{R_1R_2}\right)^2}{\left(\dfrac{1-\nu_1^2}{E_1}+\dfrac{1-\nu_2^2}{E_2}\right)^2}}$ 若 $E_1=E_2=E,\nu_1=\nu_2=0.3$,则 $0.245n_3\sqrt[3]{FE^2\left(\dfrac{2R_2-R_1}{R_1R_2}\right)^2}$	$0.655n_4\sqrt[3]{F^2\dfrac{(2R_2-R_1)}{R_1R_2}\left(\dfrac{1-\nu_1^2}{E_1}+\dfrac{1-\nu_2^2}{E_2}\right)^2}$ 若 $E_1=E_2=E,\nu_1=\nu_2=0.3$,则 $0.977n_4\sqrt[3]{\left(\dfrac{F}{E}\right)^2\dfrac{(2R_2-R_1)}{R_1R_2}}$

（续）

序号	接触类型	椭圆方程系数 A	椭圆方程系数 B	接触面尺寸	最大接触应力 σ_{max}	接触物体相对位移 δ
10	球与圆弧形凹面	$\dfrac{1}{2}\left(\dfrac{1}{R_1}-\dfrac{1}{R_2}\right)$	$\dfrac{1}{2}\left(\dfrac{1}{R_1}+\dfrac{1}{R_3}\right)$	$a=1.145n_1\sqrt[3]{\dfrac{F\left(\dfrac{1-\nu_1^2}{E_1}+\dfrac{1-\nu_2^2}{E_2}\right)}{\dfrac{2}{R_1}-\dfrac{1}{R_2}+\dfrac{1}{R_3}}}$ $b=1.145n_2\sqrt[3]{\dfrac{F\left(\dfrac{1-\nu_1^2}{E_1}+\dfrac{1-\nu_2^2}{E_2}\right)}{\dfrac{2}{R_1}-\dfrac{1}{R_2}+\dfrac{1}{R_3}}}$ 若 $E_1=E_2=E$, $\nu_1=\nu_2=0.3$, 则 $a=1.397n_1\sqrt[3]{\dfrac{F/E}{2/R_1-1/R_2+1/R_3}}$ $b=1.397n_2\sqrt[3]{\dfrac{F/E}{2/R_1-1/R_2+1/R_3}}$	$0.365n_3\sqrt[3]{\dfrac{F\left(2/R_1-1/R_2+1/R_3\right)^2}{\left(\dfrac{1-\nu_1^2}{E_1}+\dfrac{1-\nu_2^2}{E_2}\right)^2}}$ 若 $E_1=E_2=E$, $\nu_1=\nu_2=0.3$, 则 $0.245n_3\sqrt[3]{FE^2\left(\dfrac{2}{R_1}-\dfrac{1}{R_2}+\dfrac{1}{R_3}\right)^2}$	$0.655n_4\sqrt[3]{F^2\left(\dfrac{2}{R_1}-\dfrac{1}{R_2}+\dfrac{1}{R_3}\right)\left(\dfrac{1-\nu_1^2}{E_1}+\dfrac{1-\nu_2^2}{E_2}\right)^2}\times$ 若 $E_1=E_2=E$, $\nu_1=\nu_2=0.3$, 则 $0.977n_4\sqrt[3]{\left(\dfrac{F}{E}\right)^2\left(\dfrac{2}{R_1}-\dfrac{1}{R_2}+\dfrac{1}{R_3}\right)}$
11	滚柱与圆弧形凹面	$\dfrac{1}{2}\left(\dfrac{1}{R_2}-\dfrac{1}{R_4}\right)$	$\dfrac{1}{2}\left(\dfrac{1}{R_1}+\dfrac{1}{R_3}\right)$	$a=1.145n_1\sqrt[3]{\dfrac{F\left(\dfrac{1-\nu_1^2}{E_1}+\dfrac{1-\nu_2^2}{E_2}\right)}{1/R_1+1/R_2+1/R_3-1/R_4}}$ $b=1.145n_2\sqrt[3]{\dfrac{F\left(\dfrac{1-\nu_1^2}{E_1}+\dfrac{1-\nu_2^2}{E_2}\right)}{1/R_1+1/R_2+1/R_3-1/R_4}}$ 若 $E_1=E_2=E$, $\nu_1=\nu_2=0.3$, 则 $a=1.397n_1\sqrt[3]{\dfrac{F/E}{1/R_1+1/R_2+1/R_3-1/R_4}}$ $b=1.397n_2\sqrt[3]{\dfrac{F/E}{1/R_1+1/R_2+1/R_3-1/R_4}}$	$0.365n_3\sqrt[3]{\dfrac{F\left(1/R_1+1/R_2+1/R_3-1/R_4\right)^2}{\left(\dfrac{1-\nu_1^2}{E_1}+\dfrac{1-\nu_2^2}{E_2}\right)^2}}$ 若 $E_1=E_2=E$, $\nu_1=\nu_2=0.3$, 则 $0.245n_3\sqrt[3]{FE^2\left(\dfrac{1}{R_1}+\dfrac{1}{R_2}+\dfrac{1}{R_3}-\dfrac{1}{R_4}\right)^2}$	$0.655n_4\sqrt[3]{F^2\left(\dfrac{1}{R_1}+\dfrac{1}{R_2}+\dfrac{1}{R_3}-\dfrac{1}{R_4}\right)\left(\dfrac{1-\nu_1^2}{E_1}+\dfrac{1-\nu_2^2}{E_2}\right)^2}\times$ 若 $E_1=E_2=E$, $\nu_1=\nu_2=0.3$, 则 $0.977n_4\times\sqrt[3]{\left(\dfrac{F}{E}\right)^2\left(\dfrac{1}{R_1}+\dfrac{1}{R_2}+\dfrac{1}{R_3}-\dfrac{1}{R_4}\right)}$

注：a、b—椭圆形接触面（当点接触时）的长、短半轴；b—矩形接触面（当线接触时）的半长；n_1、n_2、n_3、n_4—系数，见表 10.2-17。

表 10.2-17　系数 n_1、n_2、n_3 和 n_4 的数值

A/B	n_1	n_2	n_3	n_4	A/B	n_1	n_2	n_3	n_4
1.0000	1.0000	1.0000	1.00000	1.0000	0.1603	1.979	0.5938	0.8504	0.8451
0.9623	1.013	0.9873	0.9999	0.9999	0.1462	2.053	0.5808	0.8386	0.8320
0.9240	1.027	0.9742	0.9997	0.9997	0.1317	2.141	0.5665	0.8246	0.8168
0.8852	1.042	0.9606	0.9992	0.9992	0.1166	2.248	0.5505	0.8082	0.7990
0.8459	1.058	0.9465	0.9985	0.9985	0.1010	2.381	0.5325	0.7887	0.7775
0.8059	1.076	0.9318	0.9974	0.9974	0.09287	2.463	0.5224	0.7774	0.7650
0.7652	1.095	0.9165	0.9960	0.9960	0.08456	2.557	0.5114	0.7647	0.7509
0.7238	1.117	0.9005	0.9942	0.9942	0.07600	2.669	0.4993	0.7504	0.7349
0.6816	1.141	0.8837	0.9919	0.9919	0.06715	2.805	0.4858	0.7338	0.7163
0.6384	1.168	0.8660	0.9890	0.9889	0.05797	2.975	0.4704	0.7144	0.6943
0.5942	1.198	0.8472	0.9853	0.9852	0.04838	3.199	0.4524	0.6909	0.6675
0.5489	1.233	0.8271	0.9805	0.9804	0.04639	3.253	0.4484	0.6856	0.6613
0.5022	1.274	0.8056	0.9746	0.9744	0.04439	3.311	0.4442	0.6799	0.6549
0.4540	1.322	0.7822	0.9669	0.9667	0.04237	3.373	0.4398	0.6740	0.6481
0.4040	1.381	0.7565	0.9571	0.9566	0.04032	3.441	0.4352	0.6678	0.6409
0.3518	1.456	0.7278	0.9440	0.9432	0.03823	3.514	0.4304	0.6612	0.6333
0.3410	1.473	0.7216	0.9409	0.9400	0.03613	3.594	0.4253	0.6542	0.6251
0.3301	1.491	0.7152	0.9376	0.9366	0.03400	3.683	0.4199	0.6467	0.6164
0.3191	1.511	0.7086	0.9340	0.9329	0.03183	3.781	0.4142	0.6387	0.6071
0.3080	1.532	0.7019	0.9302	0.9290	0.02962	3.890	0.4080	0.6300	0.5970
0.2967	1.554	0.6949	0.9262	0.9248	0.02737	4.014	0.4014	0.6206	0.5860
0.2853	1.578	0.6876	0.9219	0.9203	0.02508	4.156	0.3942	0.6104	0.5741
0.2738	1.603	0.6801	0.9172	0.9155	0.02273	4.320	0.3864	0.5990	0.5608
0.2620	1.631	0.6723	0.9121	0.9102	0.02033	4.515	0.3777	0.5864	0.5460
0.2501	1.660	0.6642	0.9067	0.9045	0.01787	4.750	0.3680	0.5721	0.5292
0.2380	1.693	0.6557	0.9008	0.8983	0.01533	5.046	0.3568	0.5555	0.5096
0.2257	1.729	0.6468	0.8944	0.8916	0.01269	5.432	0.3436	0.5358	0.4864
0.2132	1.768	0.6374	0.8873	0.8841	0.00993	5.976	0.3273	0.5112	0.4574
0.2004	1.812	0.6276	0.8766	0.8759	0.00702	6.837	0.3058	0.4783	0.4186
0.1873	1.861	0.6171	0.8710	0.8668	0.00385	8.609	0.2722	0.4267	0.3579
0.1739	1.916	0.6059	0.8614	0.8566					

10.3 工厂常用计算

10.3.1 外圆锥与内圆锥计算（表 10.3-1）

表 10.3-1 外圆锥与内圆锥计算

名称	图例	计算公式	应用举例
外圆锥		$$\tan\alpha=\frac{L-l}{2H}$$	［例］ 已知游标卡尺读数，$L=32.7\text{mm}$，$l=28.5\text{mm}$，$H=15\text{mm}$，求斜角 α？ ［解］ $\tan\alpha=\dfrac{32.7-28.5}{2\times15}=0.1400$ $\alpha=7°58'11''$
内圆锥		$$\sin\alpha=\frac{R-r}{L}=\frac{R-r}{H+r-R-h}$$	［例］ 已知大钢球半径 $R=10\text{mm}$，小钢球半径 $r=6\text{mm}$，深度尺读数 $H=24.5\text{mm}$，$h=2.2\text{mm}$，求斜角 α？ ［解］ $\sin\alpha=\dfrac{10-6}{24.5+6-10-2.2}\approx0.2186$ $\alpha=12°38''$
		$$\sin\alpha=\frac{R-r}{L}=\frac{R-r}{H+h-R+r}$$	［例］ 已知大钢球半径 $R=10\text{mm}$，小钢球半径 $r=6\text{mm}$，深度尺读数 $H=18\text{mm}$，$h=1.8\text{mm}$，求斜角 α？ ［解］ $\sin\alpha=\dfrac{10-6}{18+1.8-10+6}\approx0.2532$ $\alpha=14°40''$

10.3.2　圆的内接、外切正多边形的几何尺寸（表 10.3-2）

表 10.3-2　圆的内接、外切正多边形的几何尺寸

图例与算式

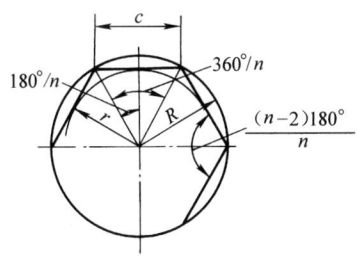

$$c = 2R\sin\frac{180°}{n} = 2r\tan\frac{180°}{n}$$

$$R = \frac{c}{2\sin\frac{180°}{n}} = \frac{r}{\cos\frac{180°}{n}}$$

$$r = \frac{c}{2}\cot\frac{180°}{n} = R\cos\frac{180°}{n}$$

$$S = \frac{n}{2}R^2\sin\frac{360°}{n} = nr^2\tan\frac{180°}{n} = \frac{n}{4}c^2\cot\frac{180°}{n}$$

式中　n—正多边形的边数
R—外接圆半径
c—正多边形的边长
r—内切圆半径
S—正多边形的面积

n	c		R		r		S		
3	$1.732R$	$3.464r$	$0.577c$	$2.000r$	$0.289c$	$0.500R$	$0.433c^2$	$1.299R^2$	$5.196r^2$
4	$1.414R$	$2.000r$	$0.707c$	$1.414r$	$0.500c$	$0.707R$	$1.000c^2$	$2.000R^2$	$4.000r^2$
5	$1.176R$	$1.453r$	$0.851c$	$1.236r$	$0.688c$	$0.809R$	$1.720c^2$	$2.378R^2$	$3.633r^2$
6	$1.000R$	$1.155r$	$1.000c$	$1.155r$	$0.866c$	$0.866R$	$2.598c^2$	$2.598R^2$	$3.464r^2$
7	$0.868R$	$0.963r$	$1.152c$	$1.110r$	$1.038c$	$0.901R$	$3.634c^2$	$2.736R^2$	$3.371r^2$
8	$0.765R$	$0.828r$	$1.307c$	$1.082r$	$1.207c$	$0.924R$	$4.828c^2$	$2.828R^2$	$3.314r^2$
9	$0.684R$	$0.728r$	$1.462c$	$1.064r$	$1.374c$	$0.940R$	$6.182c^2$	$2.893R^2$	$3.276r^2$
10	$0.618R$	$0.650r$	$1.618c$	$1.051r$	$1.539c$	$0.951R$	$7.694c^2$	$2.939R^2$	$3.249r^2$
11	$0.563R$	$0.587r$	$1.775c$	$1.042r$	$1.703c$	$0.959R$	$9.366c^2$	$2.974R^2$	$3.230r^2$
12	$0.518R$	$0.536r$	$1.932c$	$1.035r$	$1.866c$	$0.966R$	$11.196c^2$	$3.000R^2$	$3.215r^2$
16	$0.390R$	$0.398r$	$2.563c$	$1.020r$	$2.514c$	$0.981R$	$20.109c^2$	$3.061R^2$	$3.183r^2$
20	$0.313R$	$0.317r$	$3.196c$	$1.012r$	$3.157c$	$0.988R$	$31.569c^2$	$3.090R^2$	$3.168r^2$
24	$0.261R$	$0.263r$	$3.831c$	$1.009r$	$3.798c$	$0.991R$	$45.575c^2$	$3.106R^2$	$3.160r^2$
32	$0.196R$	$0.197r$	$5.101c$	$1.005r$	$5.077c$	$0.995R$	$81.225c^2$	$3.121R^2$	$3.152r^2$
48	$0.131R$	$0.131r$	$7.645c$	$1.002r$	$7.629c$	$0.998R$	$183.08c^2$	$3.133R^2$	$3.146r^2$
64	$0.098R$	$0.098r$	$10.190c$	$1.001r$	$10.178c$	$0.999R$	$325.69c^2$	$3.137R^2$	$3.144r^2$

10. 3. 3　圆周等分及其系数表（表 10. 3-3）

表 10.3-3　圆周等分及其系数表

图例与算式

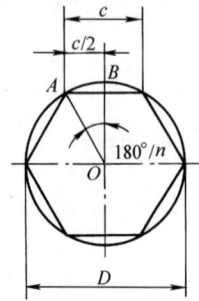

$$c = D\sin\frac{180°}{n} = DK$$

$$K = \sin\frac{180°}{n}$$

式中　c—— 两孔中心距

n——等分数

K——圆周等分系数

n	K	n	K	n	K	n	K
3	0.86603	15	0.20791	27	0.11609	39	0.080467
4	70711	16	19509	28	11196	40	078460
5	58779	17	18375	29	10812	41	076549
6	50000	18	17365	30	10453	42	074730
7	43388	19	16459	31	10117	43	072995
8	38268	20	15643	32	098017	44	071339
9	34202	21	14904	33	095056	45	069757
10	30902	22	14231	34	092268	46	068242
11	28173	23	13617	35	089640	47	066793
12	25882	24	13053	36	087156	48	065403
13	23932	25	12533	37	084806	49	064070
14	22252	26	12054	38	082579	50	062791

　　[例]　在直径 $D = 80$mm 的圆周上，要钻 27 个等距离的小孔，求两孔的中心距 c。

　　[解]　查上表，等分数 $n = 27$ 时，系数

$K = 0.11609$

$c = DK = 80 \times 0.11609 = 9.2872$mm

10. 3. 4　圆周均布孔中心坐标尺寸表（表 10. 3-4）

表 10.3-4　圆周均布孔的中心坐标尺寸表

图例与算式

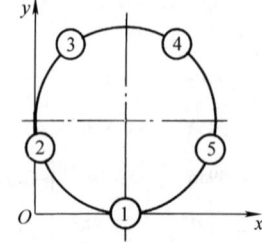

$$x_k = D\left[\frac{1}{2} - \frac{1}{2}\sin\left(\frac{k-1}{n}\right)360°\right]$$

$$y_k = D\left[\frac{1}{2} - \frac{1}{2}\cos\left(\frac{k-1}{n}\right)360°\right]$$

式中　n—等分数

D—圆周的直径

k—均布孔的编号（按顺时针方向，如图）$k = 1, 2, \cdots, n$

(x_k, y_k)—第 k 号孔的中心坐标尺寸

（续）

3 孔	7 孔	9 孔	11 孔	13 孔
x_1 0.50000	x_1 0.50000	x_5 0.32899	x_6 0.35913	x_3 0.08851
y_1 0.0000	y_1 0.00000	y_5 0.96985	y_6 0.97975	y_3 0.21597
x_2 0.06699	x_2 0.10908	x_6 0.67101	x_7 0.64087	x_4 0.00365
	y_2 0.18826	y_6 0.96985	y_7 0.97975	y_4 0.43973
y_2 0.75000		x_7 0.93301	x_8 0.87787	
x_3 0.93301	x_3 0.01254	y_7 0.75000	y_8 0.82743	x_5 0.03249
y_3 0.75000	y_3 0.61126	x_8 0.99240	x_9 0.99491	y_5 0.67730
4 孔	x_4 0.28306	y_8 0.41318	y_9 0.57116	x_6 0.16844
x_1 0.50000	y_4 0.95048			y_6 0.87426
y_1 0.00000		x_9 0.82139	x_{10} 0.95482	x_7 0.38034
x_2 0.00000	x_5 0.71694	y_9 0.11698	y_{10} 0.29229	y_7 0.98547
y_2 0.50000	y_5 0.95048	**10 孔**	x_{11} 0.77032	x_8 0.61966
	x_6 0.98746	x_1 0.50000	y_{11} 0.07937	y_8 0.98547
x_3 0.50000	y_6 0.61126	y_1 0.00000	**12 孔**	
y_3 1.00000		x_2 0.20611	x_1 0.50000	x_9 0.83156
x_4 1.00000	x_7 0.89092	y_2 0.09549	y_1 0.00000	y_9 0.87426
y_4 0.50000	y_7 0.18826		x_2 0.25000	x_{10} 0.96751
5 孔	**8 孔**	x_3 0.02447	y_2 0.06699	y_{10} 0.67730
x_1 0.50000	x_1 0.50000	y_3 0.34549		
y_1 0.00000	y_1 0.00000	x_4 0.02447	x_3 0.06699	x_{11} 0.99635
x_2 0.02447	x_2 0.14645	y_4 0.65451	y_3 0.25000	y_{11} 0.43973
y_2 0.34549	y_2 0.14645		x_4 0.00000	x_{12} 0.91149
		x_5 0.20611	y_4 0.50000	y_{12} 0.21597
x_3 0.20611	x_3 0.00000	y_5 0.90451		
y_3 0.90451	y_3 0.50000	x_6 0.50000	x_5 0.06699	x_{13} 0.73236
x_4 0.79389	x_4 0.14645	y_6 1.00000	y_5 0.75000	y_{13} 0.05727
y_4 0.90451	y_4 0.85355		x_6 0.25000	**14 孔**
		x_7 0.79389	y_6 0.93301	x_1 0.50000
x_5 0.97553	x_5 0.50000	y_7 0.90451		y_1 0.00000
y_5 0.34549	y_5 1.00000	x_8 0.97553	x_7 0.50000	x_2 0.28306
6 孔	x_6 0.85355	y_8 0.65451	y_7 1.00000	y_2 0.04952
x_1 0.50000	y_6 0.85355		x_8 0.75000	
y_1 0.00000		x_9 0.97553	y_8 0.93301	x_3 0.10908
x_2 0.06699	x_7 1.00000	y_9 0.34549		y_3 0.18826
y_2 0.25000	y_7 0.50000	x_{10} 0.79389	x_9 0.93301	x_4 0.01254
	x_8 0.85355	y_{10} 0.09549	y_9 0.75000	y_4 0.38874
x_3 0.06699	y_8 0.14645	**11 孔**	x_{10} 1.00000	
y_3 0.75000	**9 孔**	x_1 0.50000	y_{10} 0.50000	x_5 0.01254
x_4 0.50000	x_1 0.50000	y_1 0.00000		y_5 0.61126
y_4 1.00000	y_1 0.00000	x_2 0.22968	x_{11} 0.93301	x_6 0.10908
	x_2 0.17861	y_2 0.07937	y_{11} 0.25000	y_6 0.81174
x_5 0.93301	y_2 0.11698		x_{12} 0.75000	
y_5 0.75000		x_3 0.04518	y_{12} 0.06699	x_7 0.28306
x_6 0.93301	x_3 0.00760	y_3 0.29229	**13 孔**	y_7 0.95048
y_6 0.25000	y_3 0.41318	x_4 0.00509	x_1 0.50000	x_8 0.50000
	x_4 0.06699	y_4 0.57116	y_1 0.00000	y_8 1.00000
	y_4 0.75000	x_5 0.12213	x_2 0.26764	x_9 0.71694
		y_5 0.82743	y_2 0.05727	y_9 0.95048
				x_{10} 0.89092
				y_{10} 0.81174

（续）

本表为单位直径圆周（$D=1$）均布孔的中心坐标尺寸（续表），按孔数分组列出。

14孔（续）

k	x_k	y_k
11	0.98746	0.61126
12	0.98746	0.38874
13	0.89092	0.18826
14	0.71694	0.04952

15孔

k	x_k	y_k
1	0.50000	0.00000
2	0.29663	0.04323
3	0.12843	0.16543
4	0.02447	0.34549
5	0.00274	0.55226
6	0.06699	0.75000
7	0.20611	0.90451
8	0.39604	0.98907
9	0.60396	0.98907
10	0.79389	0.90451
11	0.93301	0.75000
12	0.99726	0.55226
13	0.97553	0.34549
14	0.87157	0.16543
15	0.70337	0.04323

16孔

k	x_k	y_k
1	0.50000	0.00000
2	0.30866	0.03806
3	0.14645	0.14645
4	0.03806	0.30866
5	0.00000	0.50000
6	0.03806	0.69134
7	0.14645	0.85355
8	0.30866	0.96194
9	0.50000	1.00000
10	0.69134	0.96194
11	0.85355	0.85355
12	0.96194	0.69134
13	1.00000	0.50000
14	0.96194	0.30866
15	0.85355	0.14645
16	0.69134	0.03806

17孔

k	x_k	y_k
1	0.50000	0.00000
2	0.31938	0.03376
3	0.16315	0.13050
4	0.05242	0.27713
5	0.00213	0.45387
6	0.01909	0.63683
7	0.10099	0.80132
8	0.23678	0.92511
9	0.40813	0.99149
10	0.59187	0.99149
11	0.76322	0.92511
12	0.89901	0.80132
13	0.98091	0.63683
14	0.99787	0.45387
15	0.94758	0.27713
16	0.83685	0.13050
17	0.68062	0.03376

18孔

k	x_k	y_k
1	0.50000	0.00000
2	0.32899	0.03015
3	0.17861	0.11698
4	0.06699	0.25000
5	0.00760	0.41318
6	0.00760	0.58682
7	0.06699	0.75000
8	0.17861	0.88302
9	0.32899	0.96985
10	0.50000	1.00000
11	0.67101	0.96985
12	0.82139	0.88302
13	0.93301	0.75000
14	0.99240	0.58682
15	0.99240	0.41318
16	0.93301	0.25000
17	0.82139	0.11698
18	0.67101	0.03015

19孔

k	x_k	y_k
1	0.50000	0.00000
2	0.33765	0.02709
3	0.19289	0.10543
4	0.08142	0.22653
5	0.01530	0.37726
6	0.00171	0.54129
7	0.04211	0.70085
8	0.13214	0.83864
9	0.26203	0.93974
10	0.41770	0.99318
11	0.58230	0.99318
12	0.73797	0.93974
13	0.86786	0.83864
14	0.95789	0.70085
15	0.99829	0.54129
16	0.98470	0.37726
17	0.91858	0.22653
18	0.80711	0.10543
19	0.66235	0.02709

20孔

k	x_k	y_k
1	0.50000	0.00000
2	0.34549	0.02447
3	0.20611	0.09549
4	0.09549	0.20611
5	0.02447	0.34549
6	0.00000	0.50000
7	0.02447	0.65451
8	0.09549	0.79389
9	0.20611	0.90451
10	0.34549	0.97553
11	0.50000	1.00000
12	0.65451	0.97553
13	0.79389	0.90451
14	0.90451	0.79389
15	0.97553	0.65451
16	1.00000	0.50000
17	0.97553	0.34549
18	0.90451	0.20611
19	0.79389	0.09549
20	0.65451	0.02447

注：1. 为了讨论方便，表中给出了单位直径圆周（$D=1$）均布孔的中心坐标尺寸。

2. 如果要把原点 O 建立在圆周的中心，只需将表中之值代入下列平移公式

$$\begin{cases} x'_k = x_k - 0.5 \\ y'_k = y_k - 0.5 \end{cases}$$

即得各均布孔的中心坐标尺寸。

[例] 在直径 $D = 160$mm 的圆周上,要镗 5 个等距离的小孔,求各孔的中心坐标尺寸。

[解] $n = 5$,由上表各孔的中心坐标尺寸计算如下:

$x_1 = (160 \times 0.50000)$mm $= 80$mm

$y_1 = (160 \times 0.00000)$mm $= 0$mm

$x_2 = (160 \times 0.02447)$mm $= 3.9152$mm

$y_2 = (160 \times 0.34549)$mm $= 55.2784$mm

$x_3 = (160 \times 0.20611)$mm $= 32.9776$mm

$y_3 = (160 \times 0.90451)$mm $= 144.7216$mm

$x_4 = (160 \times 0.79389)$mm $= 127.0224$mm

$y_4 = (160 \times 0.90451)$mm $= 144.7216$mm

$x_5 = (160 \times 0.97553)$mm $= 156.0848$mm

$y_5 = (160 \times 0.34549)$mm $= 55.2784$mm

10.3.5 圆的弓形尺寸系数表(表 10.3-5)

[例] 求半径 $r = 20$mm、中心角 $\alpha = 117°$ 时的 l、h、c 及面积 S。

[解] 查表知,当中心角 $\alpha = 117°$ 时,有 $K_1 = 2.0420$,$K_h = 0.4775$,$K_c = 1.7053$,$K_S = 0.57551$ 则

$l = K_1 r = 2.0420 \times 20$mm $= 40.84$mm

$h = K_h r = 0.4775 \times 20$mm $= 9.55$mm

$c = K_c r = 1.7053 \times 20$mm $= 34.106$mm

$S = K_S r^2 = 0.57551 \times 20^2mm^2 = 230.204$mm^2

表 10.3-5 圆的弓形尺寸系数表

图例与算式

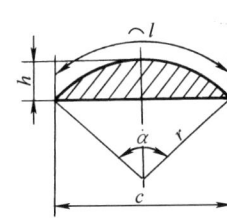

$$l = \frac{\pi}{180}\alpha r = K_1 r, \quad K_1 = \frac{\pi}{180}\alpha$$

$$h = r - \frac{1}{2}\sqrt{4r^2 - c^2} = K_h r, \quad K_h = 1 - \cos\frac{\alpha}{2}$$

$$c = 2\sqrt{h(2r - h)} = K_c r, \quad K_c = 2\sin\frac{\alpha}{2}$$

$$S = \frac{1}{2}[rl - c(r - h)] = K_S r^2$$

$$K_S = \frac{1}{2}(K_1 - \sin\alpha), \quad r = \frac{c^2 + 4h^2}{8h}$$

中心角 / (°)	K_1	K_h	K_c	K_S	中心角 / (°)	K_1	K_h	K_c	K_S
1	0.0175	0.0000	0.0175	0.00000	18	0.3142	0.0123	0.3129	0.00257
2	0.0349	0.0002	0.0349	0.00000	19	0.3316	0.0137	0.3301	0.00302
3	0.0524	0.0003	0.0524	0.00001	20	0.3491	0.0152	0.3473	0.00352
					21	0.3665	0.0167	0.3645	0.00408
4	0.0698	0.0006	0.0698	0.00003					
5	0.0873	0.0010	0.0872	0.00006	22	0.3840	0.0184	0.3816	0.00468
6	0.1047	0.0014	0.1047	0.00010	23	0.4014	0.0201	0.3987	0.00535
					24	0.4189	0.0219	0.4158	0.00607
7	0.1222	0.0019	0.1221	0.00015	25	0.4363	0.0237	0.4329	0.00686
8	0.1396	0.0024	0.1395	0.00023	26	0.4538	0.0256	0.4499	0.00771
9	0.1571	0.0031	0.1569	0.00032	27	0.4712	0.0276	0.4669	0.00862
10	0.1745	0.0038	0.1743	0.00044	28	0.4887	0.0297	0.4838	0.00961
11	0.1920	0.0046	0.1917	0.00059	29	0.5061	0.0319	0.5008	0.01067
12	0.2094	0.0055	0.2091	0.00076	30	0.5236	0.0341	0.5176	0.01180
13	0.2269	0.0064	0.2264	0.00097					
					31	0.5411	0.0364	0.5345	0.01301
14	0.2443	0.0075	0.2437	0.00121	32	0.5585	0.0387	0.5513	0.01429
15	0.2618	0.0086	0.2611	0.00149	33	0.5760	0.0412	0.5680	0.01566
16	0.2793	0.0097	0.2783	0.00181	34	0.5934	0.0437	0.5847	0.01711
17	0.2967	0.0110	0.2956	0.00217					

（续）

中心角 / (°)	K_l	K_h	K_c	K_S	中心角 / (°)	K_l	K_h	K_c	K_S
35	0.6109	0.0463	0.6014	0.01864	76	1.3265	0.2120	1.2313	0.17808
36	0.6283	0.0489	0.6180	0.02027	77	1.3439	0.2174	1.2450	0.18477
37	0.6458	0.0517	0.6346	0.02198	78	1.3614	0.2229	1.2586	0.19160
38	0.6632	0.0545	0.6511	0.02378	79	1.3788	0.2284	1.2722	0.19859
					80	1.3963	0.2340	1.2856	0.20573
39	0.6807	0.0574	0.6676	0.02568					
40	0.6981	0.0603	0.6840	0.02767	81	1.4137	0.2396	1.2989	0.21301
41	0.7156	0.0633	0.7004	0.02976	82	1.4312	0.2453	1.3121	0.22045
42	0.7330	0.0664	0.7167	0.03195	83	1.4486	0.2510	1.3252	0.22804
					84	1.4661	0.2569	1.3383	0.23578
43	0.7505	0.0696	0.7330	0.03425	85	1.4835	0.2627	1.3512	0.24367
44	0.7679	0.0728	0.7492	0.03664					
45	0.7854	0.0761	0.7654	0.03915	86	1.5010	0.2686	1.3640	0.25171
					87	1.5184	0.2746	1.3767	0.25990
46	0.8029	0.0795	0.7815	0.04176	88	1.5359	0.2807	1.3893	0.26825
47	0.8203	0.0829	0.7975	0.04448	89	1.5533	0.2867	1.4018	0.27675
48	0.8378	0.0865	0.8135	0.04731	90	1.5708	0.2929	1.4142	0.28540
49	0.8552	0.0900	0.8294	0.05025					
50	0.8727	0.0937	0.8452	0.05331	91	1.5882	0.2991	1.4265	0.29420
					92	1.6057	0.3053	1.4387	0.30316
51	0.8901	0.0974	0.8610	0.05649	93	1.6232	0.3116	1.4507	0.31226
52	0.9076	0.1012	0.8767	0.05978	94	1.6406	0.3180	1.4627	0.32152
53	0.9250	0.1051	0.8924	0.06319	95	1.6581	0.3244	1.4746	0.33093
54	0.9425	0.1090	0.9080	0.06673					
55	0.9599	0.1130	0.9235	0.07039	96	1.6755	0.3309	1.4863	0.34050
					97	1.6930	0.3374	1.4979	0.35021
56	0.9774	0.1171	0.9389	0.07417	98	1.7104	0.3439	1.5094	0.36008
57	0.9948	0.1212	0.9543	0.07808	99	1.7279	0.3506	1.5208	0.37009
58	1.0123	0.1254	0.9696	0.08212	100	1.7453	0.3572	1.5321	0.38026
59	1.0297	0.1296	0.9848	0.08629					
60	1.0472	0.1340	1.0000	0.09059	101	1.7628	0.3639	1.5432	0.39058
					102	1.7802	0.3707	1.5543	0.40104
61	1.0647	0.1384	1.0151	0.09502	103	1.7977	0.3775	1.5652	0.41166
62	1.0821	0.1428	1.0301	0.09958	104	1.8151	0.3843	1.5760	0.42242
63	1.0996	0.1474	1.0450	0.10428	105	1.8326	0.3912	1.5867	0.43333
64	1.1170	0.1520	1.0598	0.10911					
65	1.1345	0.1566	1.0746	0.11408	106	1.8500	0.3982	1.5973	0.44439
					107	1.8675	0.4052	1.6077	0.45560
66	1.1519	0.1613	1.0893	0.11919	108	1.8850	0.4122	1.6180	0.46695
67	1.1694	0.1661	1.1039	0.12443	109	1.9024	0.4193	1.6282	0.47845
68	1.1868	0.1710	1.1184	0.12982	110	1.9199	0.4264	1.6383	0.49008
69	1.2043	0.1759	1.1328	0.13535					
70	1.2217	0.1808	1.1472	0.14102	111	1.9373	0.4336	1.6483	0.50187
					112	1.9548	0.4408	1.6581	0.51379
71	1.2392	0.1859	1.1614	0.14683	113	1.9722	0.4481	1.6678	0.52586
72	1.2566	0.1910	1.1756	0.15279	114	1.9897	0.4554	1.6773	0.53806
73	1.2741	0.1961	1.1896	0.15889	115	2.0071	0.4627	1.6868	0.55041
74	1.2915	0.2014	1.2036	0.16514					
75	1.3090	0.2066	1.2175	0.17154	116	2.0246	0.4701	1.6961	0.56289

（续）

中心角 / (°)	K_l	K_h	K_c	K_S	中心角 / (°)	K_l	K_h	K_c	K_S
117	2.0420	0.4775	1.7053	0.57551	149	2.6005	0.7328	1.9273	1.04275
118	2.0595	0.4850	1.7143	0.58827	150	2.6180	0.7412	1.9319	1.05900
119	2.0769	0.4925	1.7233	0.60116					
120	2.0944	0.5000	1.7321	0.61418	151	2.6354	0.7496	1.9363	1.07532
					152	2.6529	0.7581	1.9406	1.09171
121	2.1118	0.5076	1.7407	0.62734	153	2.6704	0.7666	1.9447	1.10818
122	2.1293	0.5152	1.7492	0.64063	154	2.6878	0.7750	1.9487	1.12472
123	2.1468	0.5228	1.7576	0.65404	155	2.7053	0.7836	1.9526	1.14132
124	2.1642	0.5305	1.7659	0.66759					
125	2.1817	0.5383	1.7740	0.68125	156	2.7227	0.7921	1.9563	1.15799
					157	2.7402	0.8006	1.9598	1.17472
126	2.1991	0.5460	1.7820	0.69505	158	2.7576	0.8092	1.9633	1.19151
127	2.2166	0.5538	1.7899	0.70897	159	2.7751	0.8178	1.9665	1.20835
128	2.2340	0.5616	1.7976	0.72301	160	2.7925	0.8264	1.9696	1.22525
129	2.2515	0.5695	1.8052	0.73716	161	2.8100	0.8350	1.9726	1.24221
130	2.2689	0.5774	1.8126	0.75144					
					162	2.8274	0.8436	1.9754	1.25921
131	2.2864	0.5853	1.8199	0.76584	163	2.8449	0.8522	1.9780	1.27626
132	2.3038	0.5933	1.8271	0.78034	164	2.8623	0.8608	1.9805	1.29335
133	2.3213	0.6013	1.8341	0.79497	165	2.8798	0.8695	1.9829	1.31049
134	2.3387	0.6093	1.8410	0.80970					
135	2.3562	0.6173	1.8478	0.82454	166	2.8972	0.8781	1.9851	1.32766
					167	2.9147	0.8868	1.9871	1.34487
136	2.3736	0.6254	1.8544	0.83949	168	2.9322	0.8955	1.9890	1.36212
137	2.3911	0.6335	1.8608	0.85455	169	2.9496	0.9042	1.9908	1.37940
138	2.4086	0.6416	1.8672	0.86971	170	2.9671	0.9128	1.9924	1.39671
139	2.4260	0.6498	1.8733	0.88497	171	2.9845	0.9215	1.9938	1.41404
140	2.4435	0.6580	1.8794	0.90034	172	3.0020	0.9302	1.9951	1.43140
141	2.4609	0.6662	1.8853	0.91580	173	3.0194	0.9390	1.9963	1.44878
142	2.4784	0.6744	1.8910	0.93135	174	3.0369	0.9477	1.9973	1.46617
143	2.4958	0.6827	1.8966	0.94700	175	3.0543	0.9564	1.9981	1.48359
144	2.5133	0.6910	1.9021	0.96274	176	3.0718	0.9651	1.9988	1.50101
145	2.5307	0.6993	1.9074	0.97858					
					177	3.0892	0.9738	1.9993	1.51845
146	2.5482	0.7076	1.9126	0.99449	178	3.1067	0.9825	1.9997	1.53589
147	2.5656	0.7160	1.9176	1.01050	179	3.1241	0.9913	1.9999	1.55334
148	2.5831	0.7244	1.9225	1.02658	180	3.1416	1.0000	2.0000	1.57080

10.3.6　内圆弧与外圆弧计算（表 10.3-6）

表 10.3-6　内圆弧与外圆弧计算

名称	图例	计算公式	应用举例
内圆弧	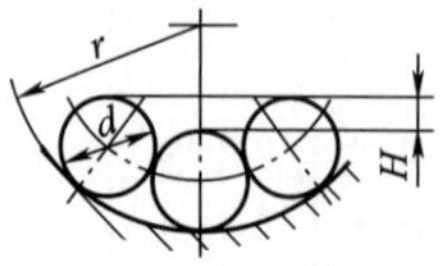	$r=\dfrac{d\ (d+H)}{2H}$ $H=\dfrac{d^2}{2\left(r-\dfrac{d}{2}\right)}$	[例]　已知钢柱直径 $d=20$mm，深度尺读数 $H=2.3$mm，求圆弧工件的半径 r [解]　$r=\dfrac{20\ (20+2.3)}{2\times2.3}mm\approx96.96$mm
外圆弧	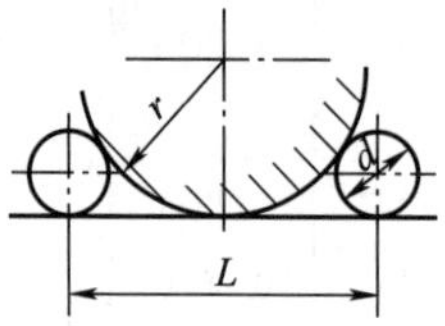	$r=\dfrac{(L-d)^2}{8d}$	[例]　已知钢柱直径 $d=25.4$mm，$L=158.699$mm，求外圆弧半径 r [解]　$r=(L-d)^2/8d=(158.699-25.4)^2mm/(8\times25.4)$ $=87.444$mm

10.3.7　V 形槽宽度和角度计算（表 10.3-7）

表 10.3-7　V 形槽宽度和角度计算

名称	图例	计算公式	应用举例
V 形槽宽度	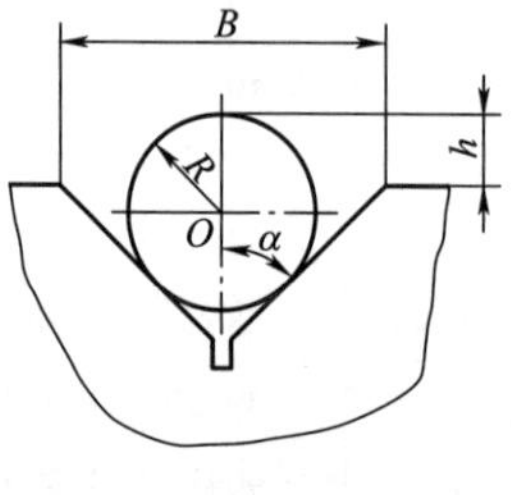	$B=2\tan\alpha\times$ $\left(\dfrac{R}{\sin\alpha}+R-h\right)$	[例]　已知钢柱半径 $R=12.5$mm，$\alpha=30°$量得 $H=9.52$mm，求槽宽度 [解]　$B=2\tan30°\times\left(\dfrac{12.5}{\sin30°}+12.5-9.52\right)$mm ≈32.309mm
V 形槽角度	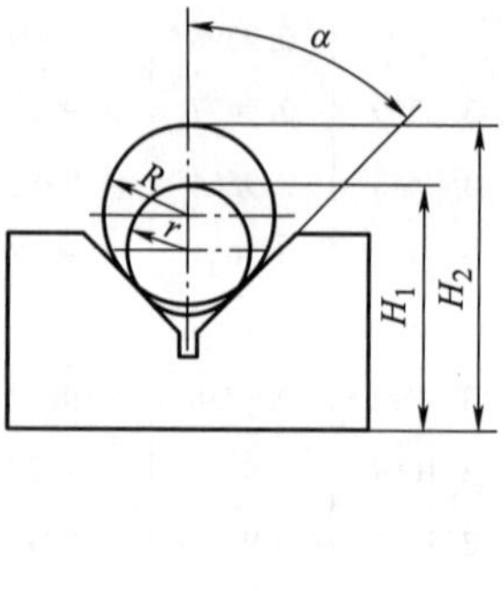	$\sin\alpha=$ $\dfrac{R-r}{(H_2-R)-(H_1-r)}$	[例]　已知大钢柱半径 $R=15$mm，小钢柱半径 $r=10$mm，高度尺读数 $H_2=55.6$mm，$H_1=43.53$mm 求 V 形槽斜角 α [解]　$\sin\alpha=\dfrac{15-10}{(55.6-15)-(43.53-10)}\approx0.7072$ $\alpha=45°0'27''$

10.3.8　燕尾与燕尾槽宽度计算（表 10.3-8）

表 10.3-8　燕尾与燕尾槽宽度计算

图　例	计算公式	应　用　举　例
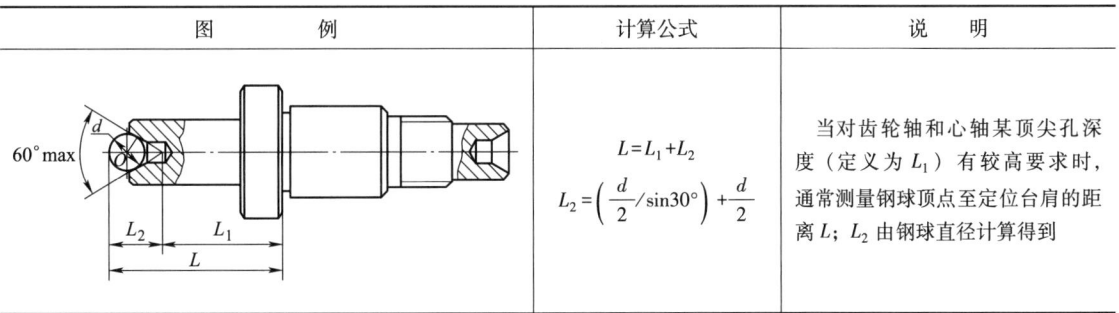	$l=b+d\left(1+\cot\dfrac{\alpha}{2}\right)$ $b=l-d\left(1+\cot\dfrac{\alpha}{2}\right)$	[例]　已知钢柱直径 $d=10$mm，$b=60$mm，$\alpha=55°$，求 l 读数 [解]　$l=60$mm$+10$（$1+1.9210$）mm≈89.21mm
	$l=b-d\left(1+\cot\dfrac{\alpha}{2}\right)$ $b=l+d\left(1+\cot\dfrac{\alpha}{2}\right)$	[例]　已知钢柱直径 $d=10$mm，$b=72$mm，$\alpha=55°$，求 l 读数 [解]　$l=72$mm-10（$1+1.9210$）mm$=42.79$mm

10.3.9　中心孔深度计算（表 10.3-9）

表 10.3-9　中心孔深度计算

图　例	计算公式	说　明
$60°\ max$ 图示	$L=L_1+L_2$ $L_2=\left(\dfrac{d}{2}/\sin30°\right)+\dfrac{d}{2}$	当对齿轮轴和心轴某顶尖孔深度（定义为 L_1）有较高要求时，通常测量钢球顶点至定位台肩的距离 L；L_2 由钢球直径计算得到

10.4　机械制图

10.4.1　图纸幅面及格式（表 10.4-1）

表 10.4-1　图纸幅面及格式（摘自 GB/T 14689—2008）　　　　　（mm）

尺寸	端面代号					说　明
	A0	A1	A2	A3	A4	
$B\times L$	841×1189	594×841	420×594	297×420	210×297	有装订边的图纸（图 a）尺寸
a	25					
c	10			5		
e	20		10			无装订边的图纸（图 b）尺寸

（续）

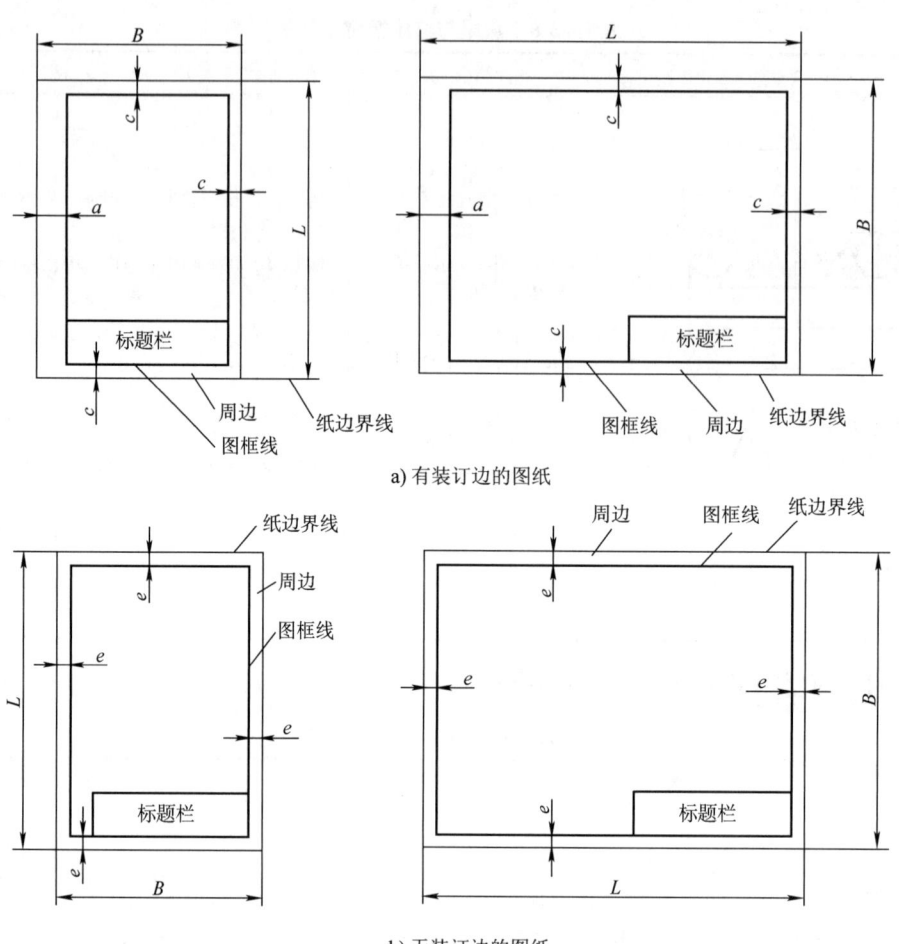

a) 有装订边的图纸

b) 无装订边的图纸

10.4.2　比例（表 10.4-2）

表 10.4-2　比例（摘自 GB/T 14690—1993）

原值比例	1 : 1							
缩小比例	$(1:1.5)$	$1:2$	$(1:2.5)$	$(1:3)$	$(1:4)$	$1:5$	$(1:6)$	$1:10$
	$(1:1.5\times10^n)$	$1:2\times10^n$	$(1:2.5\times10^n)$	$(1:3\times10^n)$	$(1:4\times10^n)$	$1:5\times10^n$	$(1:6\times10^n)$	$1:1\times10^n$
放大比例	$5:1$　$(4:1)$　$(2.5:1)$　$2:1$		$5\times10^n:1$		$(4\times10^n:1)$	$(2.5\times10^n:1)$	$2\times10^n:1$	$1\times10^n:1$

注：n 为正整数。应优先选取不带括号的比例，必要时，也允许选取带括号的比例。

10.4.3　字体（摘自 GB/T 14691—1993）

1）图样中书写的字体必须做到：字体工整、笔画清楚、排列整齐、间隔均匀。

2）字体高度（用 h 表示）的公称尺寸（mm）系列为 20、14、10、7、5、3.5、2.5、1.8，字体宽度一般为 $h/\sqrt{2}$。

3）汉字应写成长仿宋体，高度不应小于 3.5mm，采用直体书写。

4）字母和数字可写成斜体和直体。斜体字字头向右倾斜，与水平基准成 75°。

10.4.4 图线（表10.4-3）

表 10.4-3 图线（根据 GB/T 4457.4—2002）

图线名称	线型	图线宽度	一 般 用 途
粗实线	——————	$d=0.5\sim0.7mm$	可见轮廓线；可见过渡线；螺纹长度终止线
细实线	——————	$d/2$	尺寸线及尺寸界线；剖面线；重合剖面的轮廓线；螺纹的牙底线及齿轮的齿根线；引出线；分界线；弯折线；辅助线；不连续的同一表面的连线；成规律分布的相同要素的连线
波浪线	～～～～	$d/2$	断裂处的边界线；视图与剖视图的分界线
双折线	——⌇——⌇——	$d/2$	断裂处的边界线
细虚线	- - - - - -	$d/2$	不可见轮廓线；不可见过渡线
细点画线	—·—·—·—	$d/2$	轴线；对称中心线；轨迹线；节圆及节线
双点画线	—··—··—	$d/2$	相邻辅助零件的轮廓线；可动零件极限位置轮廓线
粗点画线	—·—·—·—	d	限定范围表示线
粗虚线	— — — — —	d	限定范围表示线

10.4.5 剖面符号（表10.4-4）

表 10.4-4 剖面符号（摘自 GB/T 4457.5—2013）

材料名称	剖面符号	材料名称		剖面符号
金属材料（已有规定剖面符号者除外）		木材	纵剖面	
线圈绕组元件			横剖面	
转子、电枢、变压器和电抗器等的叠钢片		木质胶合板（不分层数）		
		基础周围的泥土		
非金属材料（已有规定剖面符号者除外）		混凝土		
		钢筋混凝土		
型砂、填砂、粉末冶金、砂轮、陶瓷刀片、硬质合金刀片等		砖		
		格网（筛网、过滤网等）		
玻璃及供观察用的其他透明材料		液体		

注：1. 剖面符号仅表示材料的类别，材料的名称和代号必须另行说明。

2. 叠钢片的剖面线方向，应与束装中叠钢片的方向一致。

3. 液面用细实线绘制。

10.4.6 图样画法

1. 视图 (表 10.4-5)

视图用于表达机件的外形,不可见部分画虚线。
视图分为基本视图、向视图、局部视图和斜视图。

表 **10.4-5** 视图 (根据 GB/T 17451—1998)

名称	说　　明	图　　例
基本视图	将机件向六个基本投影面投射所得到的图形:主视图、俯视图、左视图、右视图、仰视图、后视图,各视图在同一张图样上不需加注视图名称	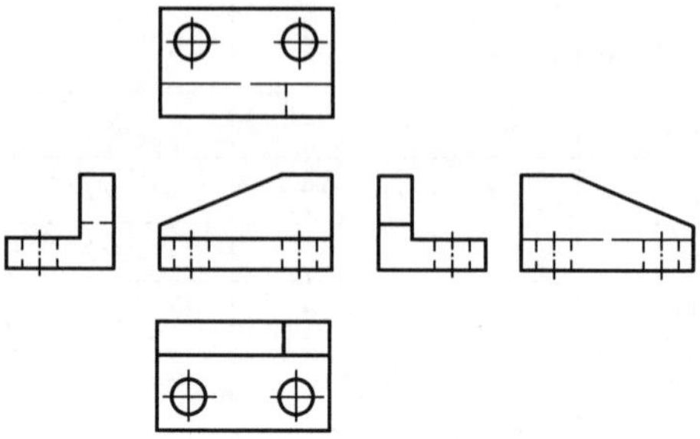
向视图	视图未按投影关系配置,可按向视图绘制。向视图的图形上方中间位置处注出视图名称"X"("X"为大写的拉丁字母),按 A、B、C 顺次使用,在相应的视图附近用箭头指明投射方向,同时注出视图名称"X"	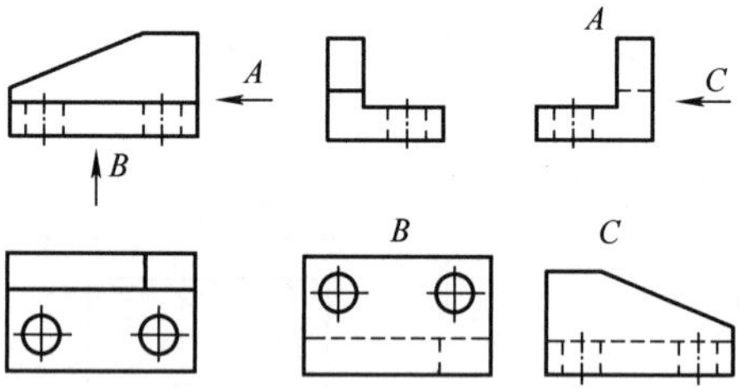
局部视图	将机件的一部分向基本投影面投射所得到的视图,一般在局部视图的上方中间位置处注出视图名称"X"("X"为大写的拉丁字母),并在相应的视图附近用箭头指明投影方向,同时注出视图的名称"X"	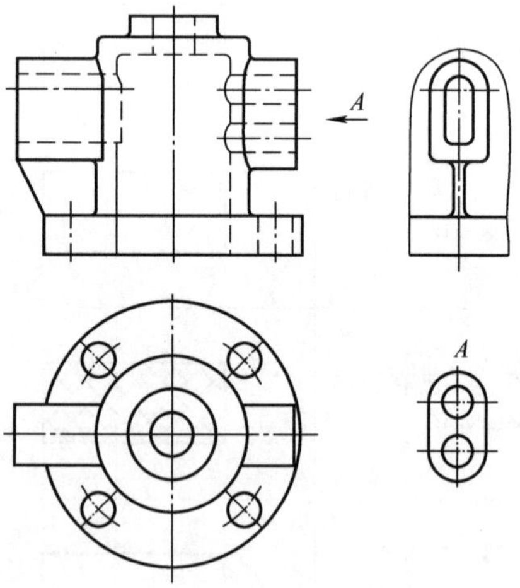
斜视图	将机件向不平行于任何基本投影面投射所得到的视图 斜视图按投射方向配置时,如图 a 所示 必要时,允许将斜视图旋转配置,在视图名称附近加旋转箭头,如图 b 所示	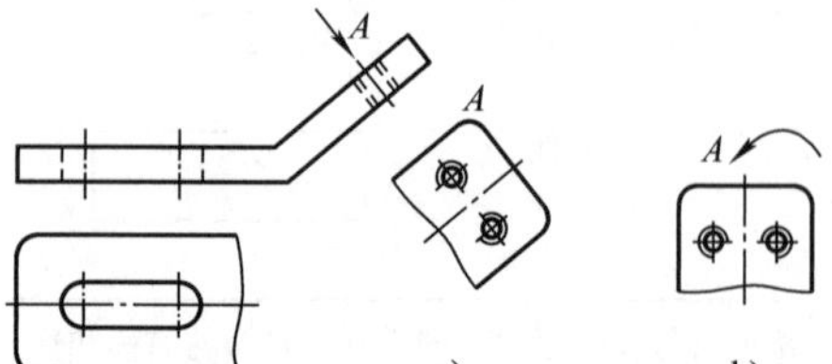

机械图样采用正投影法绘制，并优先采用第一角画法。必要时（如按合同规定等），也允许使用第三角画法（表 10.4-6）。

表 10.4-6　第一角画法和第三角画法比较（根据 GB/T 14692—2008）

画法	视图配置	画法识别符号
第一角画法		
第三角画法		

2. 剖视图（表 10.4-7）

表 10.4-7　剖视图（根据 GB/T 4458.6—2002）

名称	说　明	图　例
剖视图	假想用剖切面剖开机件，把处在观察者和剖切之间的部分移去后，将其余部分向投影面投射所得到的图形 一般用平面剖切机件（A—A），也可以用柱面剖切机件（B—B）	

（续）

名称	说　　明	图　　例
单一剖切平面	一般情况下，单一剖切平面平行于投影面。当剖切平面不平行投影面时，得到斜剖视图 　　用于全剖视图和斜剖视图	
	用于半剖视图和局部剖视图	
几个相交的剖切平面	用两个相交的剖切平面（交线垂直于一基本投影面）剖开机件所获得的剖视图 　　用此法画剖视图时，先假想按剖切位置剖开机件，然后将剖切平面剖开的结构及其有关部分旋转到与选定的投影面平行再进行投影 　　在剖切平面后的其他结构一般按原来的位置投影（图 a 中的油孔）。当剖切后产生不完整要素时，应将此部分按不剖绘制（图 b 中的中间杆）	

（续）

名称	说　明	图　例
几个平行的剖切平面	采用此法可以绘制全剖视图、半剖视图和局部剖视图。图形中不应出现不完整要素，仅当图形中具有公共对称中心线或轴线时，才可以中心线为界各画一半	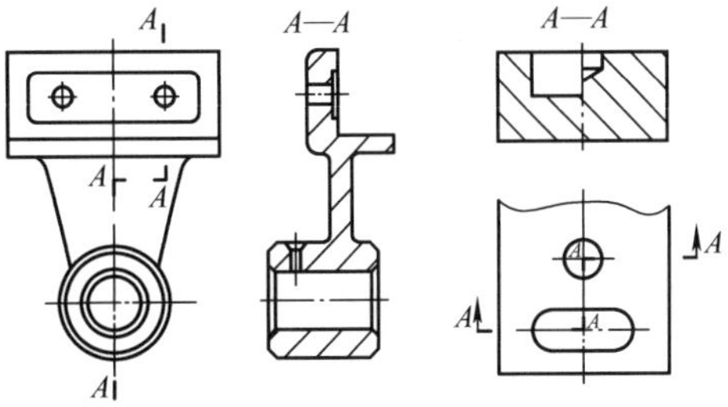
几种剖切平面组合剖切机件	各种剖切平面可以组合起来使用	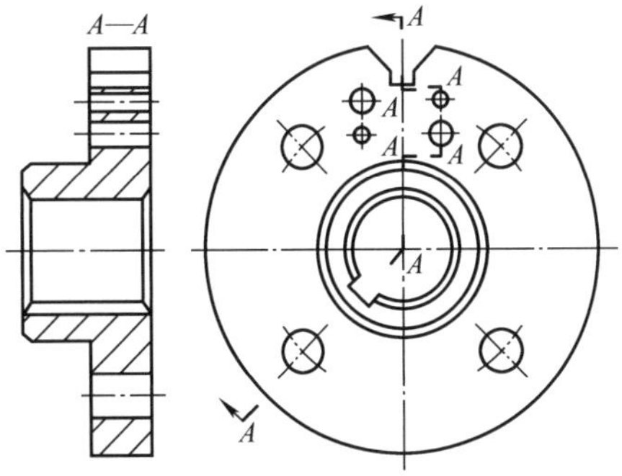

3. 断面图（表 10.4-8）

表 10.4-8　**断面图**（摘自 GB/T 4458.6—2002）

名称	说　明	图　例
移出断面图	移出断面图用粗实线画出，一般布置在剖切线的延长线上，也可以按照投影关系配置	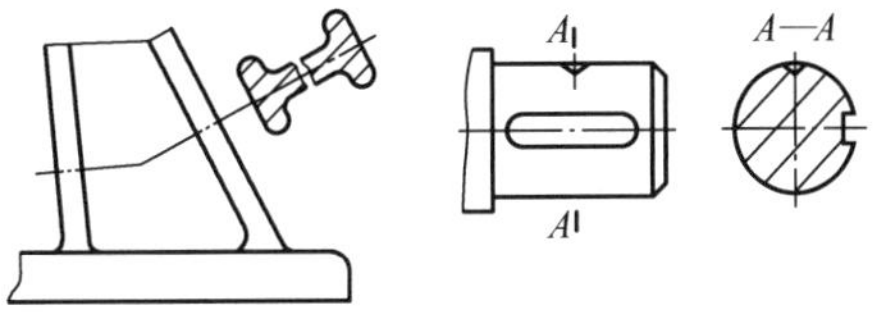
	对于自由配置的移出断面，必须标注断面图的名称	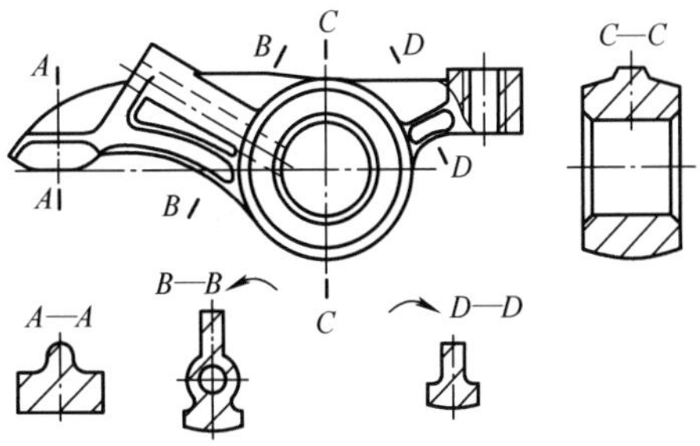

（续）

名称	说　明	图　例
移出断面图	当断面图形对称时，移出断面图可配置在视图的中断处	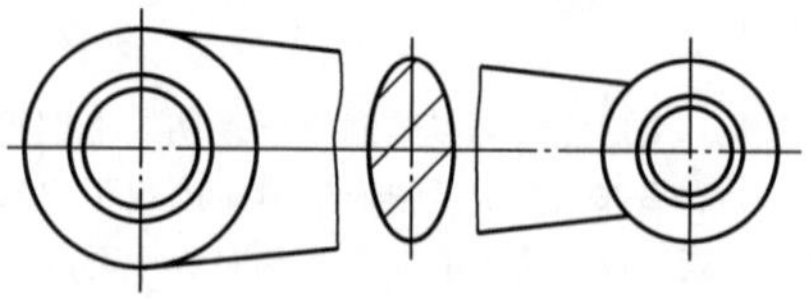
重合断面图	重合断面图的轮廓线用细实线绘制。当视图中的轮廓线与重合断面的图形重叠时，视图应连续画出，不可间断	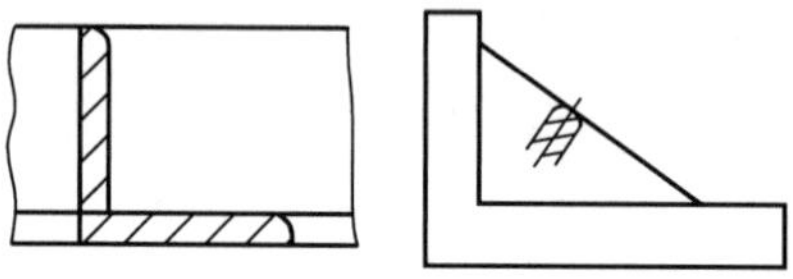

4. 局部放大图和简化画法（表 10.4-9 和表 10.4-10）

表 10.4-9　局部放大图（摘自 GB/T 4458.1—2002）

说　明	图　例
局部放大图是将机件的部分结构，用大于原图所采用的比例画出的图形，可画成视图、剖视图或断面图。应尽量配置在放大部位的附近，并应用细实线圈出被放大的部位。当同一机件上有几个被放大的部位时，必须用罗马数字依次标明被放大的部位，并在局部放大图的上方标出相应的罗马数字和所采用的比例	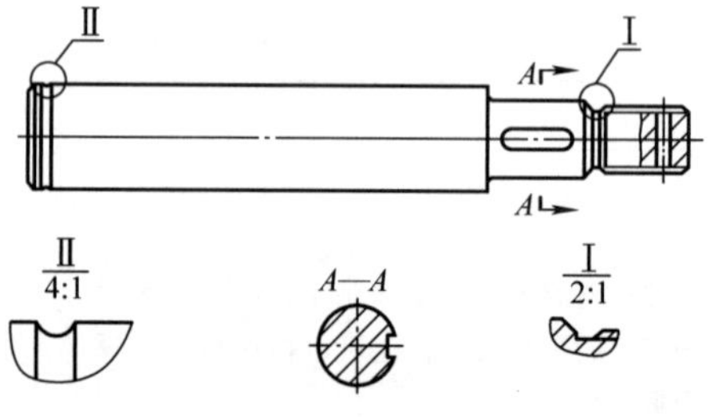
必要时，有些机件的结构形状还可采用几个视图来表达同一部位	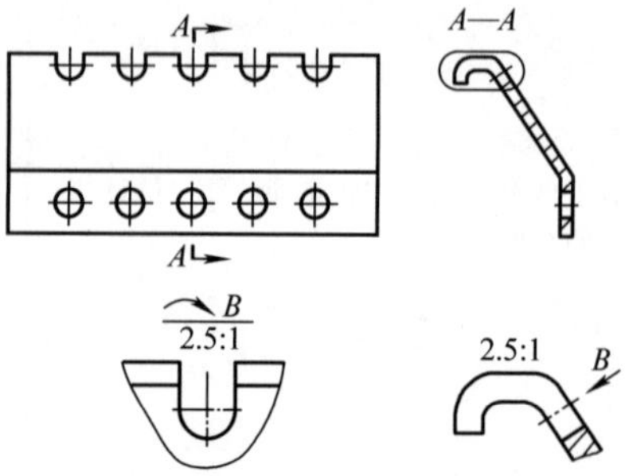

表 10.4-10　简化画法（摘自 GB/T 16675.1—2012）

说明与图例

1）当机件具有若干相同结构（齿、槽等），并按一定规律分布时，只需画出几个完整的结构，其余用细实线连接，在零件图中则必须注明该结构的总数

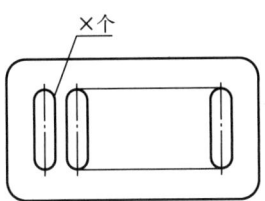

2）对若干直径相同且成规律分布的孔（圆孔、螺孔、沉孔等），可以仅画出一个或几个，其余只需用点画线表示中心位置，在零件图中应注明孔的总数

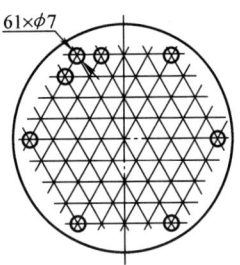

3）对于机件的肋、轮辐及薄壁等，如按纵向剖切，这些结构都不画剖面符号，而用粗实线将它与其相邻部分分开

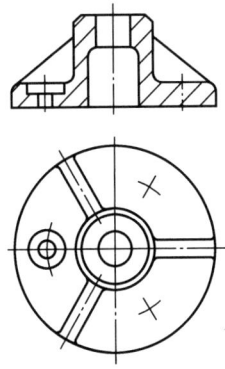

4）当回转体零件上均匀分布的肋、轮辐、孔等结构不处于剖切平面上时，可将这些结构旋转到剖切平面上画出

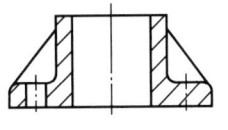

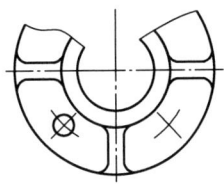

5）与投影面倾斜角度小于或等于 30° 的圆或圆弧，当采用手工绘制时，其投影可用圆或圆弧代替

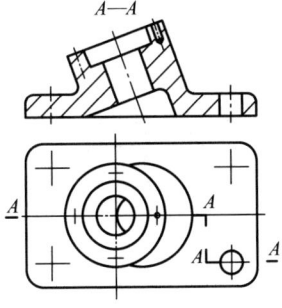

6）零件图的小圆角或 45° 的小倒角允许省略不画，但必须注明尺寸。零件小结构所产生的交线可以简化或省略

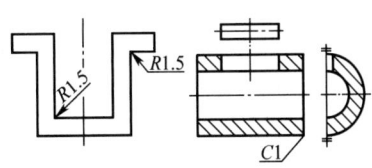

（续）

说明与图例

7）在装配图中，零件的工艺结构，如小圆角、倒角、退刀槽等可不画出

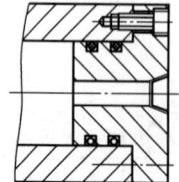

8）对于装配图中若干相同的零件组，如螺栓连接等，可仅详细画出一组，其余只需表示装配位置

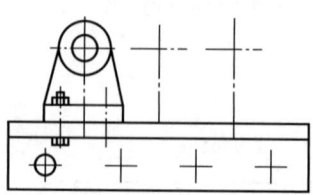

5. 装配图中的零部件序号及其编排方法（表10.4-11）

1）装配图中所有零部件都必须编写序号。

2）装配图中一个零部件只可编写一个序号；同

一装配图中相同的零部件应编写同样的序号。

3）装配图中零部件的序号应与明细栏（表）中的序号一致。

表 10.4-11　装配图中零部件序号及其编排方法（摘自 GB/T 4458.2—2003）

类别	说　　明	图　　例
序号和指引线的标注形式	在指引线的水平线（细实线）上或圆（细实线）内注写序号，序号字高比该装配图中所注尺寸数字高度大一号 　序号应写在视图和尺寸的范围之外，指引线在轮廓内的末端画一小圆点；对于涂黑的剖面，可用箭头指向其轮廓线 　当标注螺纹紧固件或其他装配关系清楚的组件时，可采用公共指引线	
序号编排方法	序号按顺时针或逆时针方向顺次排列，在整个图上无法连续时，只可在每个水平或垂直方向顺次排列	

6. 尺寸标注（表 10.4-12～表 10.4-14）

表 10.4-12　尺寸标注（根据 GB/T 4458.4—2003）

类别		说　明	图　例
线性尺寸	尺寸数字	线性尺寸的数字一般应注写在尺寸线的上方或中断处 　　数字应尽可能避免在图示 30° 范围内标注尺寸，当无法避免时可按图中形式标注	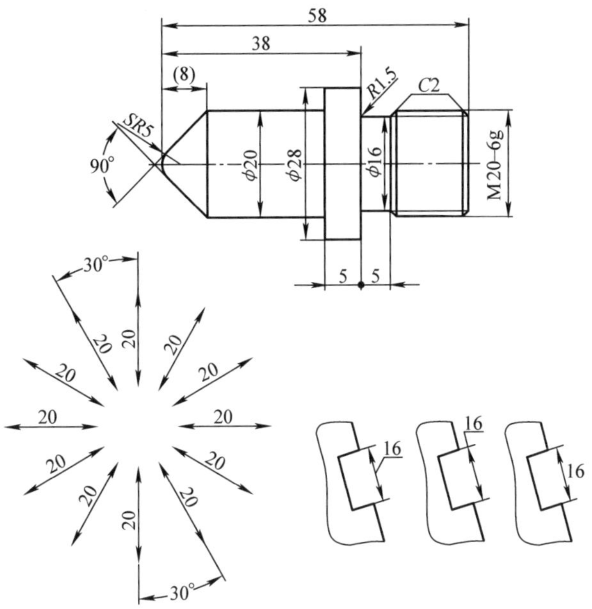
	尺寸线	尺寸线用细实线绘制，终端可以有两种，即箭头或斜线。箭头形式适用于各种图样，斜线用细实线绘制，其方向须与尺寸线成 45°，尺寸线和尺寸界线必须相互垂直。同一张图样上尽量采用一种尺寸终端形式	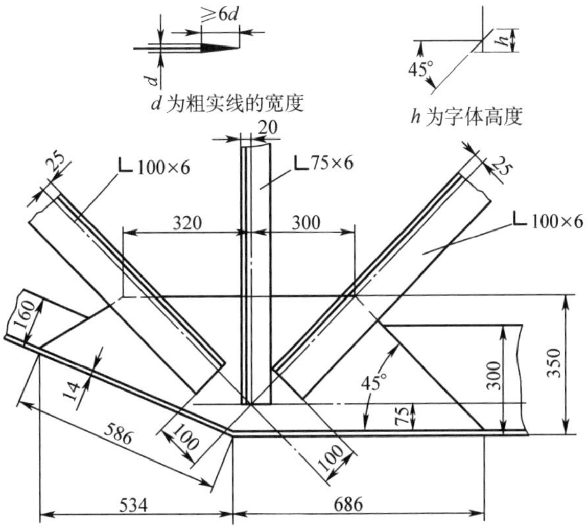

（续）

类别	说　明	图　　例
直径与半径	圆的直径和圆弧半径的尺寸线终端应画成箭头。当圆弧的半径过大或在图纸范围内无法标注其圆心位置时，按图b和图c的形式	 a) b)　　　　　c)
角度与弧长	标注角度的尺寸界线应沿径向引出。标注弦长或弧长的尺寸界线应平行于该弦的垂直平分线；当弧度较大时，可沿径向引出	
斜度	标注斜度时，符号的方向应与斜度的方向一致	

（续）

类别	说　明	图　　例
锥度	标注锥度时，符号的方向应与锥度的方向一致，必要时可在标注锥度的同时，在括号中注出其角度值	$1:7$ $(\alpha/2=4°5'8.2'')$ $1:20$
曲线	当表示曲线轮廓上各点的坐标时，可将尺寸线或其延长线作为尺寸界线	8.5 9.8 11 12 12.7 13.3 14　5 5 5 5 5 8　10　100
	在光滑过渡处标注尺寸时，必须用细实线将轮廓线延长，从它们的交点处引出尺寸界线	12　18

表 10.4-13　简化符号与缩写词（摘自 GB/T 16675.2—2012）

符号与缩写词	含　义	符号与缩写词	含　义
□	正方形	⊤	深度
⊔	沉孔或锪平	C	45°倒角
∨	埋头孔	t	厚度
⌀⟶	展开	EQS	均布

表 10.4-14　简化注法（根据 GB/T 16675.2—2012）

注法	图　例
成组要素尺寸注法	均匀分布
	间隔相等
标记或字母注法	标记的方法
	标记字母的方法
间隔相等的链式尺寸	长度与角度
	梯式尺寸注法

（续）

注法		图　　　　例
特定结构注法	倒角和退刀槽	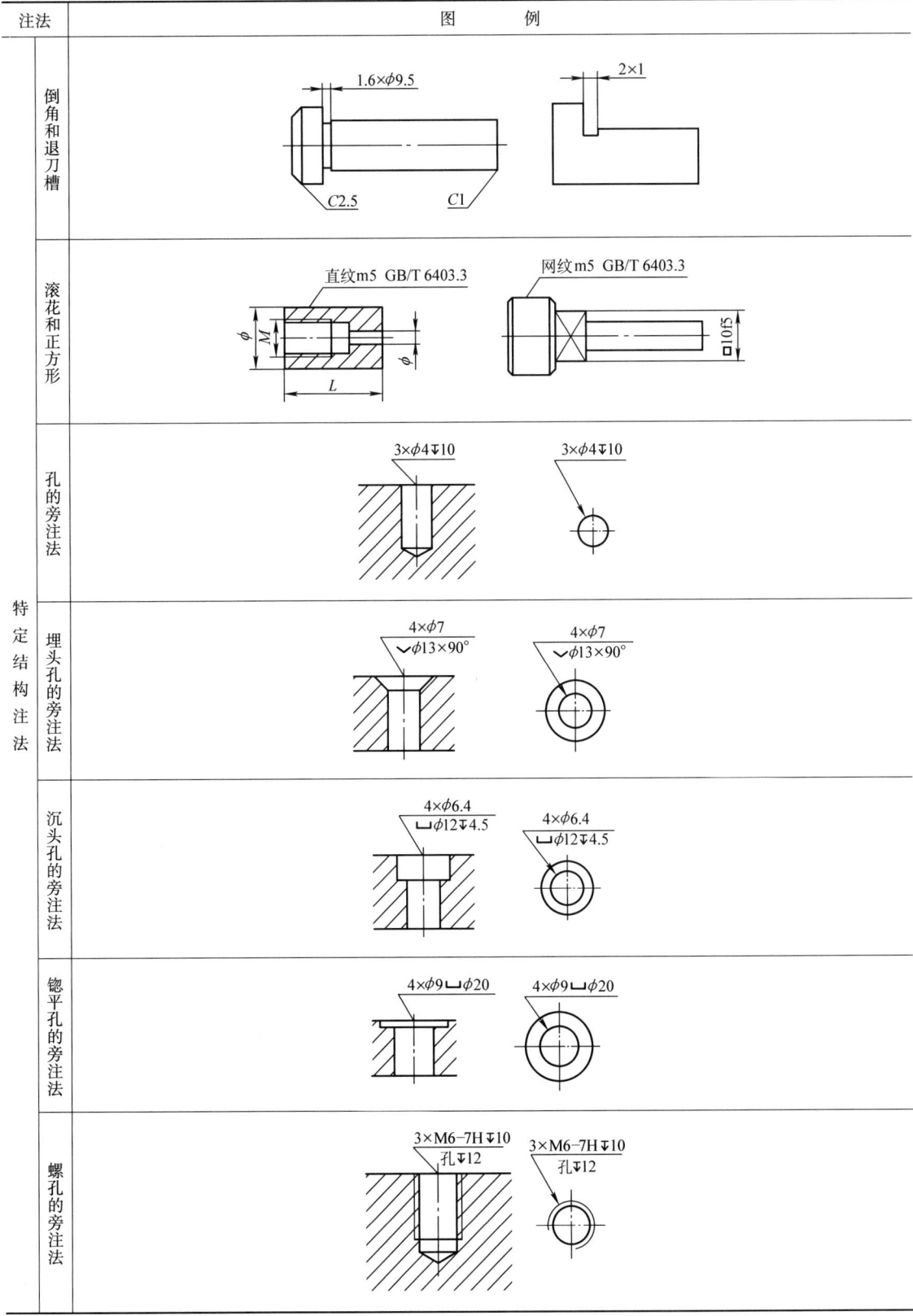
	滚花和正方形	
	孔的旁注法	
	埋头孔的旁注法	
	沉头孔的旁注法	
	锪平孔的旁注法	
	螺孔的旁注法	

7. 尺寸公差与配合注法（表 10.4-15）

表 10.4-15　尺寸公差与配合注法（根据 GB/T 4458.5—2003）

形式		说　明	图　例
零件图	线性尺寸公差的三种形式	当采用公差带代号标注线性公差时，代号应注在基本尺寸的后边	$\phi65k6$　　$\phi65H7$
		当采用极限偏差标注线性尺寸的公差时，上偏差应注在基本尺寸的右上方，下偏差应与基本尺寸注在同一底线上 　上下偏差的小数点必须对齐，小数点后的位数也必须相同 　当上偏差或下偏差为"零"时，用数字"0"标出，并与下偏差或上偏差的小数点前的个位数对齐	$\phi65^{+0.021}_{+0.002}$　　$\phi65^{+0.03}_{0}$ $\phi50^{+0.015}_{-0.010}$　　$\phi60^{-0.06}_{-0.09}$ $\phi15^{0}_{-0.011}$　　$\phi125^{+0.1}_{0}$
		当要求同时标注公差带代号和相应极限偏差时，则后者应加上圆括号	$\phi65k6\left(^{+0.021}_{+0.002}\right)$　　$\phi65H7\left(^{+0.03}_{0}\right)$
	对称偏差	当公差带相对基本尺寸对称地配置，偏差数字只需注写一次，并应在偏差数字之前注出符号"±"，且两者数字高度相同	50 ± 0.31
	线性尺寸公差的附加符号	当尺寸仅需要限制单个方向的极限时，应在该极限尺寸的右边加注"max"或"min"	$R5\max$　　$30\min$
		若同一基本尺寸的表面具有不同的公差时，应用细实线分开，并按线性尺寸公差的同一种标注形式分别标注其公差	$\phi60^{0}_{-0.046}$　$\phi60^{-0.039}_{-0.020}$ 70

（续）

形式	说　明	图　例
零件图	线性尺寸公差的附加符号	若要素的尺寸公差和形状公差的关系遵循包容要求，应在尺寸公差后边加注符号 ⓔ	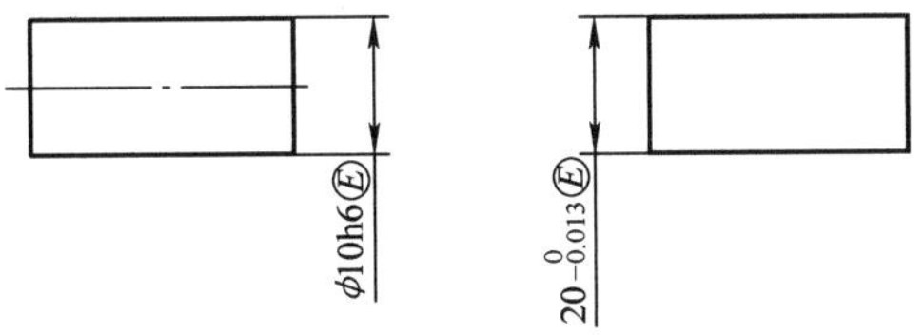
装配图		在装配图中标注线性尺寸的配合代号时，必须在基本尺寸的右边用分数的形式注出，分子为孔的公差带代号，分母为轴的公差带代号	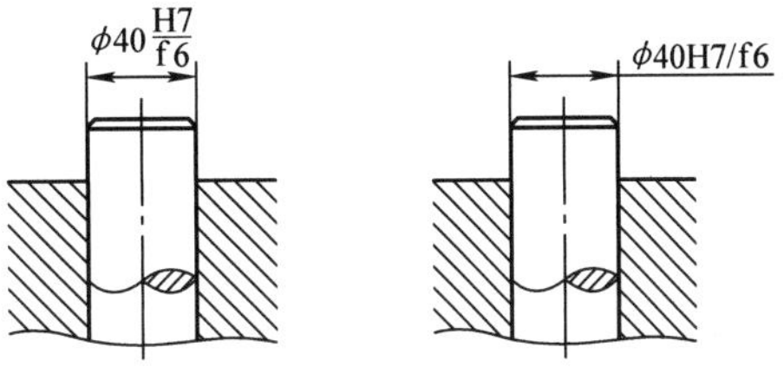
		标注标准件、外购件与零件（轴或孔）的配合代号时，可以仅注出相配零件的公差带代号	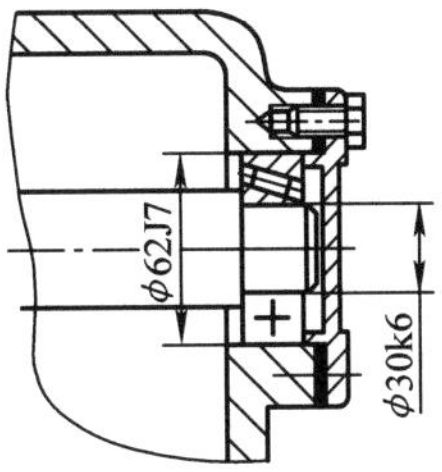
角度公差		角度公差的标注基本规则与线性尺寸公差的标注相同	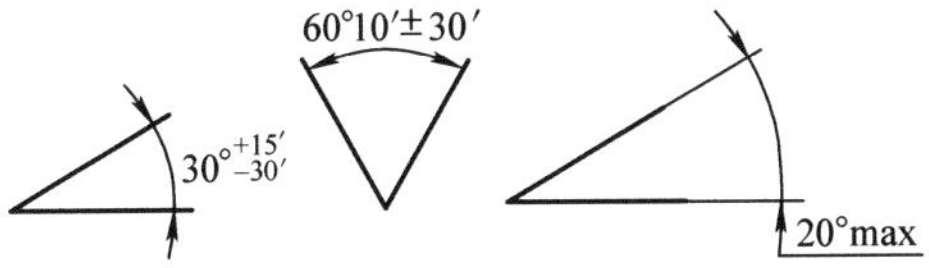

8. 螺纹及螺纹紧固件画法（表 10.4-16）

表 10.4-16　螺纹及螺纹紧固件画法（根据 GB/T 4459.1—1995）

类别	规定画法	图　例
一般规定	外螺纹的大径用粗实线绘制，小径用细实线绘制，在垂直于轴线的投影面视图中，小径画 3/4 圈圆。螺纹终止线用粗实线表示 螺杆上的倒角或倒圆部分应画出，但它们在垂直于轴线的投影面视图中不应画出 内螺纹一般应将钻孔深度与螺纹部分深度分别画出。其大径为细实线，小径为粗实线，终止线为粗实线，大径圆的投影为 3/4 细实线 当需要表示螺尾时，用和轴线成 30° 的细实线画出 无论是外螺纹或内螺纹，在剖视图、断面图中，剖面线都应画到粗实线 不可见螺纹所有的图线用虚线绘制	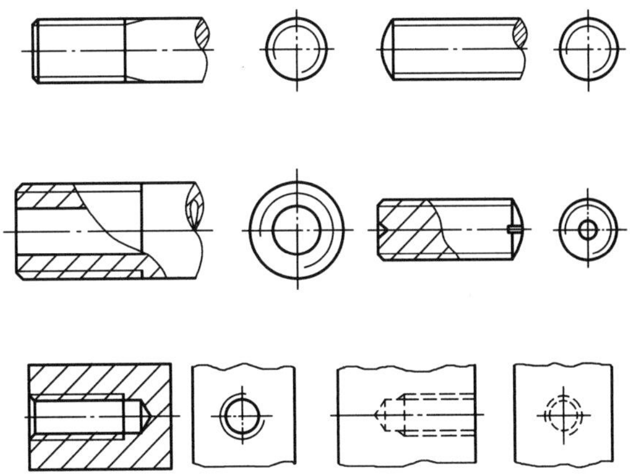

（续）

类别	规定画法	图　例
一般规定	当需要表示螺纹牙型时，可采用图中的表示方法 非标准牙型的螺纹，除应画出螺纹牙型外，应标注出所需的尺寸及相关的要求	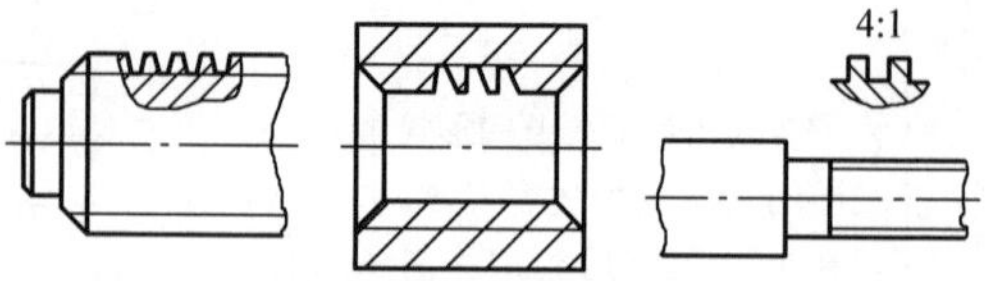
螺纹紧固件简化画法	具有圆锥形螺纹的机件	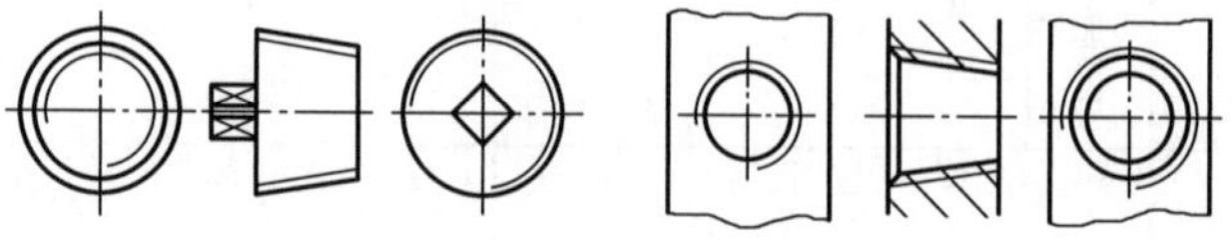
	木螺钉	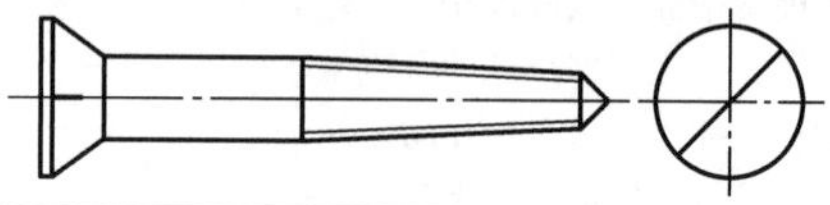
	自攻螺钉	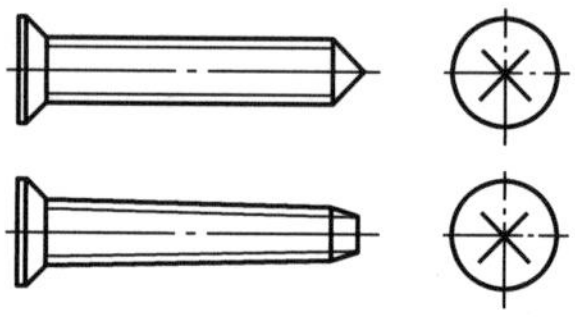
螺纹的标注	对于标准的螺纹，应注出相应标准所规定的螺纹代号或标记	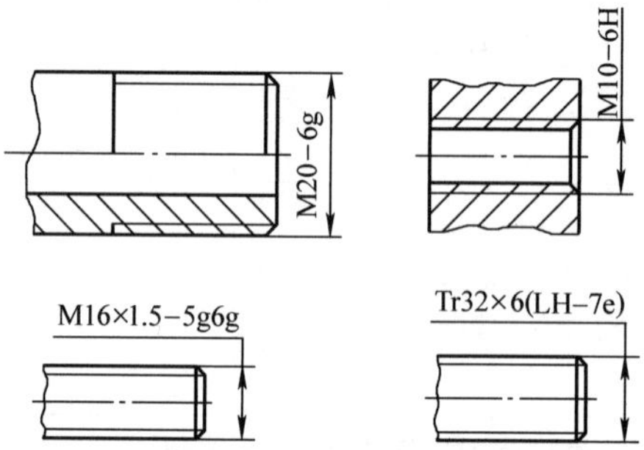
	管螺纹中，G 为 55°非密封管螺纹；R 为 55°密封圆锥外螺纹；Rc 为圆锥内螺纹；Rp 为圆柱内螺纹	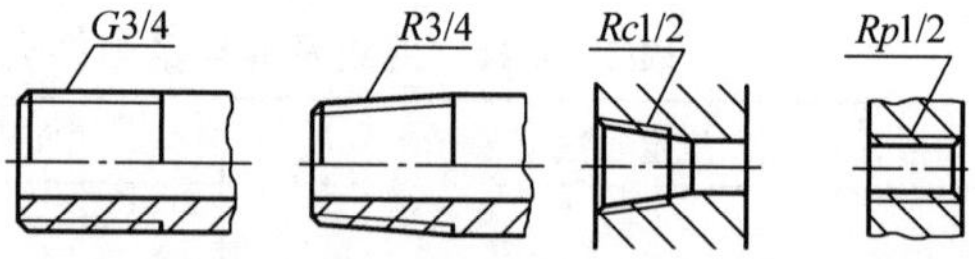
	图样中标注的螺纹长度为不包括螺尾的有效螺纹长度，当需要标注螺尾时，可以单独标出其长度	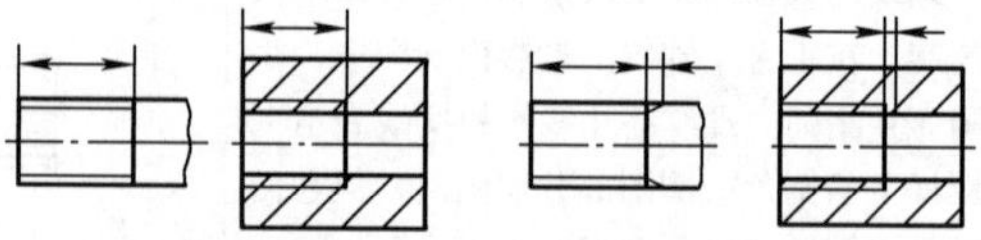
螺纹连接	以剖视图表示内、外螺纹的连接时，其旋合部分应按外螺纹的画法绘制，其余部分仍按各自的画法绘制	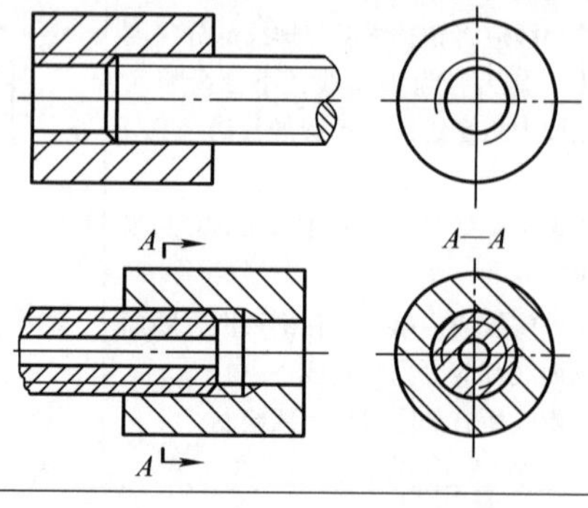

（续）

类别	规定画法	图　　例
螺纹连接	在装配图中，当剖切平面通过螺杆的轴线时，螺柱、螺栓、螺钉、螺母和垫圈按未剖切绘制，其倒角可采用简化画法	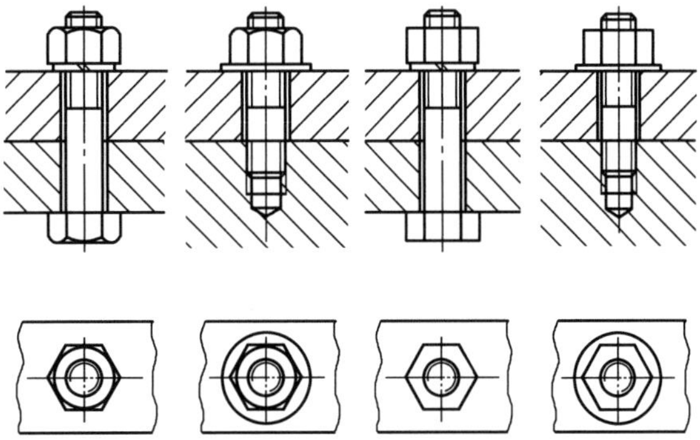
	在装配图中，对于不穿通的螺纹孔，可不画出钻孔深度，仅按螺纹部分的深度画出	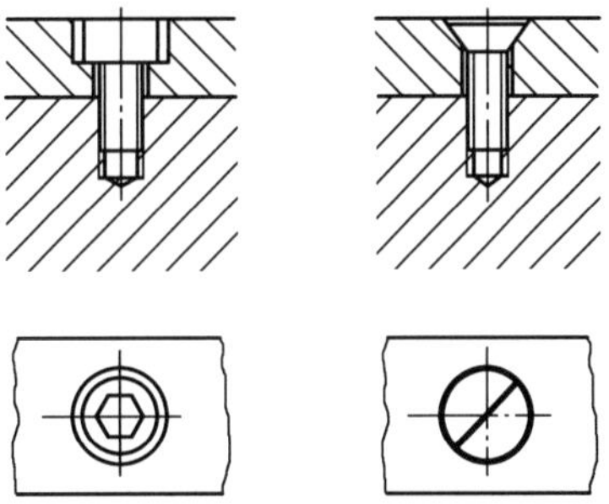

9. 中心孔表示法（表 10.4-17）

表 10.4-17　中心孔表示法（根据 GB/T 4459.5—1999）

中心孔符号	图　　例	解　　释
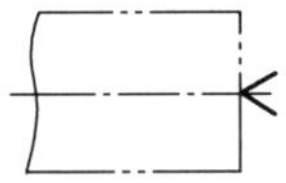	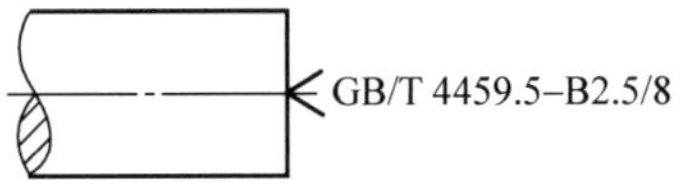 GB/T 4459.5-B2.5/8	采用 B 型中心孔 $D=2.5\mathrm{mm}$　$D_1=8\mathrm{mm}$ 在完工的零件上要求保留
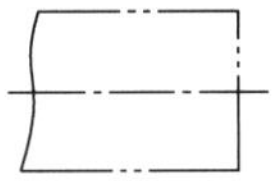	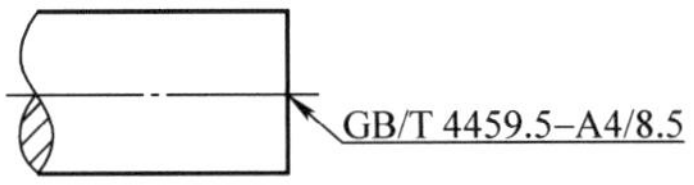 GB/T 4459.5-A4/8.5	采用 A 型中心孔 $D=4\mathrm{mm}$　$D_1=8.5\mathrm{mm}$ 在完工的零件上是否保留都可以
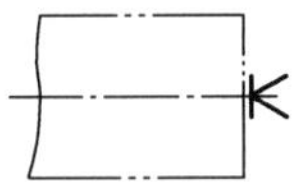	 GB/T 4459.5-A1.6/3.35	采用 A 型中心孔 $D=1.6\mathrm{mm}$　$D_1=3.35\mathrm{mm}$ 在完工的零件上不允许保留

图样上的标注	图　　例	解　　释
	2×A4/8.5 GB/T 4459.5	同一轴的两端中心孔相同，在一端标出，并注出数量 若需指明中心孔的标准代号，标注在中心孔型号的下方

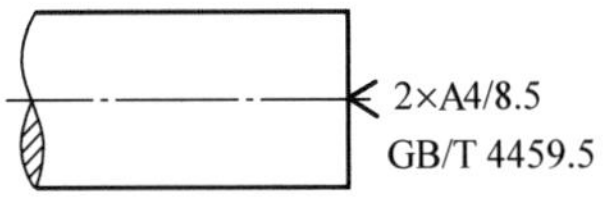

注：D—导向孔直径；D_1—锥形孔端面直径；A 型—不带护锥的中心孔；B 型—带护锥的中心孔。另外，R 型—弧形中心孔。

10. 几何公差代号及其标注（表 10.4-18~表 10.4-20）

表 10.4-18　几何特征符号及其他有关符号（摘自 GB/T 1182—2018）

公差	特征项目	符号	公差	特征项目	符号
形状公差	直线度	—	位置公差	位置度	⊕
	平面度	▱		同心度（对中心点）	◎
	圆度	○		同轴度（对中心线）	◎
	圆柱度	⌀		对称度	═
	线轮廓度	⌒			
	面轮廓度	⌓		线轮廓度	⌒
方向公差	平行度	∥		面轮廓度	⌓
	垂直度	⊥	跳动公差	圆跳动	↗
	倾斜度	∠		全跳动	↗↗
	线轮廓度	⌒			
	面轮廓度	⌓			

符号	意义	符号	意义
Ⓒ	最小区域要素	Ⓖ	最小二乘（高斯）要素
Ⓝ	最小外接要素	Ⓣ	贴切要素
Ⓧ	最大内切要素	Ⓐ	中心要素
Ⓟ	延伸公差带	50	理论正确尺寸（TED）
Ⓜ	最大实体要求	Ⓛ	最小实体要求
Ⓡ	可逆要求	Ⓕ	自由状态（非刚性零件）
⌀4／A1	基准目标标识	><	仅方向
Ⓔ	包容要求		

表 10.4-19　几何公差的标注（根据 GB/T 1182—2018）

类别	说　明	图　例
公差框格和指引线	公差框格用矩形方框表示，尽量水平放置，允许竖直放置。对于水平放置的公差框格，应由左向右依次填写几何特征符号、公差值及有关符号。基准字母及有关符号。基准可多至三个，基准字母前后排列不同将有不同的含义。竖直放置的公差框格由下向上填写有关内容 　　公差框格一般用指引线与被测要素联系起来。指引线由细实线和箭头构成，从框格的一端引出，并保持引线段与框格边垂直。指引线允许弯折，但不得多于两次	— | 0.1　　⊥ | 0.1 | A ⊕ | ⌀0.1 Ⓜ | A | B Ⓜ | C

（续）

类别	说　明	图　例
基准要素	基准代号由涂黑的或空的三角形、细实线、矩形框和大写字母组成。无论基准代号方向如何，字母均应水平书写	
被测要素的标注	被测要素为轮廓要素时，指引线箭头指在可见轮廓线或其延长线上，必须与尺寸线明显错开	
	被测要素为中心要素时，指引线箭头应与该中心要素的轮廓要素的尺寸线对齐	
	被测要素遵守包容要求时，在尺寸公差后面加注符号 Ⓔ 　　被测要素遵守最大实体要求时，在公差值后面加注符号 Ⓜ	
	同一要素有多项几何公差要求时，可在一条指引线的末端画出多个框格	
基准要素的标注	当基准要素是轮廓要素时，基准代号应置于轮廓线上或在它的延长线上，并与尺寸线明显错开	
	当基准要素是中心要素时，基准代号上的连线应与该要素的尺寸线对齐	
	当基准为公共基准时，基准代号字母置于同一格中并用短横线隔开	

（续）

类别	说　明	图　例
基准要素的标注	被测要素和基准要素均采用最大实体要求时，在公差值和基准代号后加注符号Ⓜ	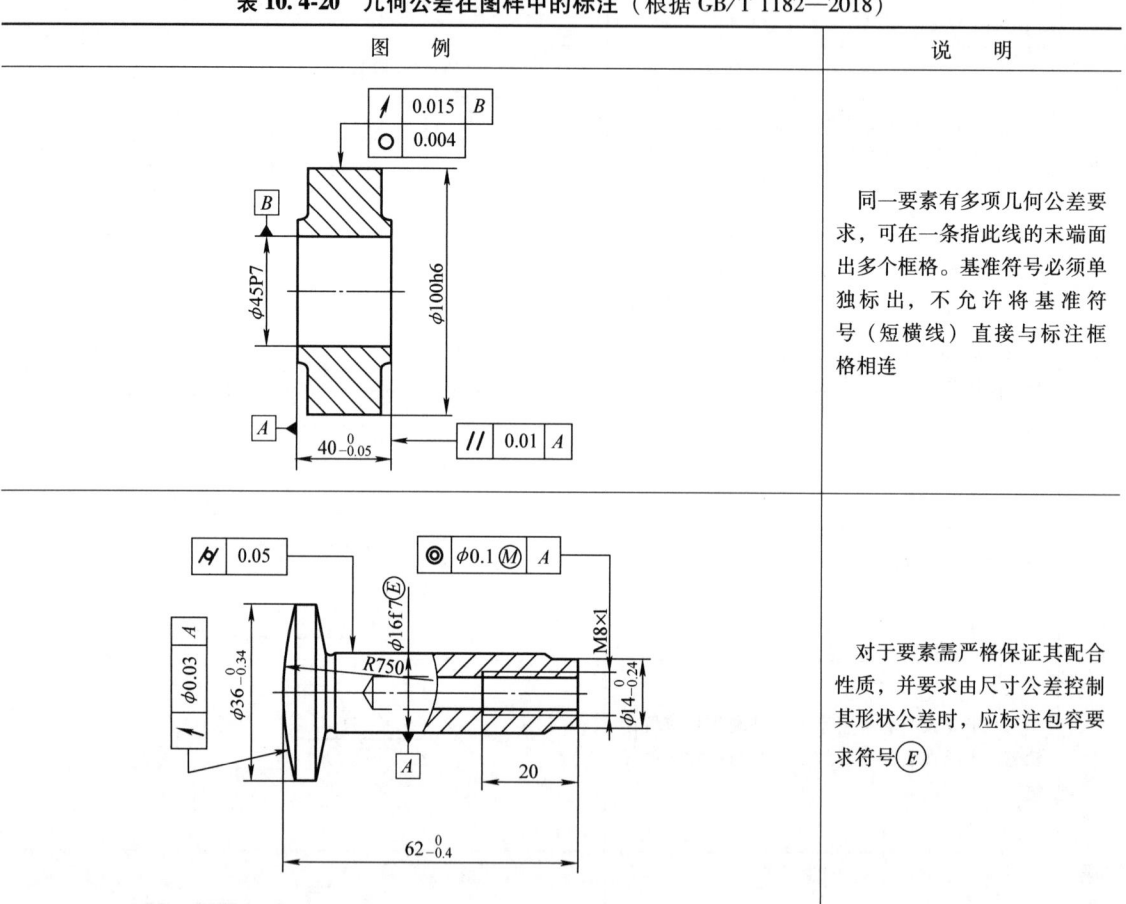

表 10.4-20　几何公差在图样中的标注（根据 GB/T 1182—2018）

图　例	说　明
	同一要素有多项几何公差要求，可在一条指此线的末端面出多个框格。基准符号必须单独标出，不允许将基准符号（短横线）直接与标注框格相连
	对于要素需严格保证其配合性质，并要求由尺寸公差控制其形状公差时，应标注包容要求符号Ⓔ

11. 表面结构代号及其标注（表 10.4-21~表 10.4-23）

表 10.4-21　标注表面结构的图形符号（根据 GB/T 131—2006）

符号	含义及说明
√	基本图形符号，未指定工艺方法的表面，没有补充说明时不能单独使用。当通过一个注释解释时可单独使用
▽	扩展图形符号，在基本图形符号上加短横，表示指定表面是用去除材料的方法获得，如车、铣、钻、磨、剪切、抛光、腐蚀、电火花加工等，仅当其含义是"被加工表面时可单独使用"

（续）

符号	含义及说明
	扩展图形符号，在基本图形符号上加一小圆，表示指定表面是用不去除材料的方法获得，如铸、锻、冲压、热轧、冷轧、粉末冶金等，或者用于表示保持原供应状况的表面（包括保持上道工序的状况）
	完整图形符号，在上述三个图形符号的长边上加一横线，用于标注有关参数和说明
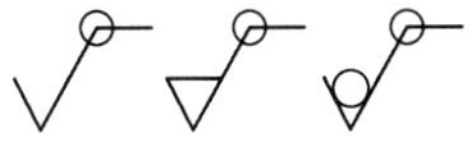	工件轮廓各表面的图形符号，在完整符号上可加一小圆，表示构成封闭轮廓的各表面具有相同的表面结构要求

表 10.4-22　表面结构完整图形符号及有关规定的标注（摘自 GB/T 131—2006）

其他参数在符号中的注写位置	标注方法				
	代号	说明	代号	说明	
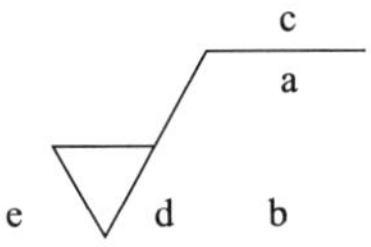	U	上限符号	max	极限判断规则：16%默认不标，最大（max）	
	L	下限符号			
	"X"	滤波器类型	3.2	极限值	
	0.08-0.8	传输带	铣	加工工艺	
	R	轮廓类型	⊥	表面结构纹理	
	a	轮廓特征	5	加工余量 5mm	
	8	评定长度			

a—注写表面结构的单一要求
a、b—注写两个或多个表面结构要求
c—注写加工方法
d—注写表面纹理和方向
e—注写加工余量（mm）

例

铣
U "X" 0.08-0.8/Ra 8 max 3.2
5 ⊥ L

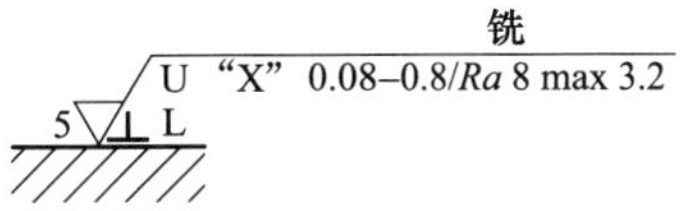

表 10.4-23　表面结构代号示例（根据 GB/T 131—2006）

代号	含义	代号	含义
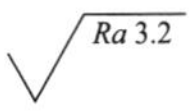 $Ra\ 3.2$	—未指定工艺方法 —单向上限值 —默认传输带 —评定轮廓的算数平均偏差 Ra =3.2μm —16%规则（默认） —评定长度为 5 个取样长度（默认）	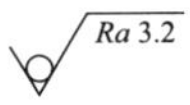 $Ra\ 3.2$	—不去除材料 —单向上限值 —默认传输带 —评定轮廓的算数平均偏差 Ra =3.2μm —16%规则（默认） —评定长度为 5 个取样长度（默认）
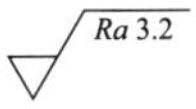 $Ra\ 3.2$	—去除材料 —单向上限值 —默认传输带 —评定轮廓的算数平均偏差 Ra =3.2μm —16%规则（默认） —评定长度为 5 个取样长度（默认）	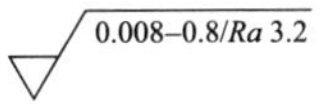 $0.008\text{--}0.8/Ra\ 3.2$	—去除材料 —单向上限 —传输带：0.008~0.8mm —评定轮廓的算数平均偏差 Ra =3.2μm —16%规则（默认） —评定长度为 5 个取样长度（默认）

（续）

代号	含义	代号	含义
$\sqrt{}$ −0.8/*Ra* 3.2	—去除材料 —单向上限值 —传输带：取样长度 0.8mm $\lambda s = 2.5$um（默认） —评定轮廓的算数平均偏差 *Ra* = 3.2μm —16% 规则（默认） —评定长度为 3 个取样长度	$\sqrt{}$ *Ra* max 3.2	—去除材料 —单向上限值 —默认传输带 —评定轮廓的算数平均偏差 *Ra* = 3.2μm —最大规则 —评定长度为 5 个取样长度（默认）
$\sqrt{}$ *Ra* 3.2 *Ra* 1.6	—去除材料 —双向极限值 —上限值：评定轮廓的算数平均偏差 *Ra* = 3.2μm，16% 规则（默认） —下限值：评定轮廓的算数平均偏差 *Ra* = 1.6μm，16% 规则（默认） —评定长度为 5 个取样长度（默认）	$\sqrt{}$ *Ra* max 3.2	—不去除材料 —单向上限值 —默认传输带 —评定轮廓的算数平均偏差 *Ra* = 3.2μm —最大规则 —评定长度为 5 个取样长度（默认）
$\sqrt{}$ *Rz* 3.2	—未指定工艺方法 —单向上限值 —默认传输带 —评定轮廓的最大高度 *Rz* = 3.2μm —16% 规则（默认） —评定长度为 5 个取样长度（默认）	$\sqrt{}$ 0.008−0.8/*Ra* max 3.2	—去除材料 —单向上限值 —传输带：0.008−0.8mm —评定轮廓的算数平均偏差 *Ra* = 3.2μm —最大规则 —评定长度为 5 个取样长度（默认）
$\sqrt{}$ *Rz* 3.2	—去除材料 —单向上限值 —默认传输带 —评定轮廓的最大高度 *Rz* = 3.2μm —16% 规则（默认） —评定长度为 5 个取样长度（默认）	$\sqrt{}$ −0.8/*Ra* max 3 3.2	—去除材料 —单向上限值 —传输带：取样长度 0.8mm $\lambda s = 2.5$μm（默认） —评定轮廓的算数平均偏差 *Ra* = 3.2μm —最大规则 —评定长度为 3 个取样长度
$\sqrt{}$ *Rz* 3.2	—不去除材料 —单向上限值 —默认传输带 —评定轮廓的最大高度 *Rz* = 3.2μm —16% 规则（默认） —评定长度为 5 个取样长度（默认）	$\sqrt{}$ U *Ra* max 3.2 L *Ra* 1.6	—去除材料 —双向极限值 —上限值：评定轮廓的算数平均偏差 *Ra* = 3.2μm，最大规则 —下限值：评定轮廓的算数平均偏差 *Ra* = 1.6μm，16% 规则（默认） —评定长度为 5 个取样长度（默认）
$\sqrt{}$ *Ra* max 3.2	—未指定工艺方法 —单向上限值 —默认传输带 —评定轮廓的算数平均偏差 *Ra* = 3.2μm —最大规则 —评定长度为 5 个取样长度（默认）	$\sqrt{}$ *Rz* max 3.2	—未指定工艺方法 —单向上限值 —默认传输带 —评定轮廓的最大高度 *Rz* = 3.2μm —最大规则 —评定长度为 5 个取样长度（默认）

（续）

代号	含义	代号	含义
$\sqrt{\quad}$ Rz max 3.2	—去除材料 —单向上限值 —默认传输带 —评定轮廓的最大高度 $Rz=3.2\mu m$ —最大规则 —评定长度为 5 个取样长度（默认）	$\sqrt{\quad}$ Rz max 3.2	—不去除材料 —单向上限值 —默认传输带 —评定轮廓的最大高度 $Rz=3.2\mu m$ —最大规则 —评定长度为 5 个取样长度（默认）

12. 机构运动简图图形符号（表 10.4-24～表 10.4-30）

表 10.4-24　机构构件运动的简图图形符号（摘自 GB/T 4460—2013）

名称		基本符号	名称		基本符号
运动轨迹	直线运动	———	运动指向		——→
	曲线运动	⌒			
中间位置的瞬时停顿	直线运动	—⊥—	中间位置的停留		⌐
	回转运动	⌒			
极限位置的停留		⊐	局部反向运动	直线运动	Z
				回转运动	⌒
停止		—⊥	单向运动	直线运动	——→
具有瞬时停顿的单向运动	直线运动	—→		曲线运动	⌒→
	回转运动	⌒→	具有停留的单向运动	直线运动	⌐→
具有局部反向的单向运动	直线运动	Z→		回转运动	⌒→
	回转运动	⌒→	具有局部反向及停留的单向运动	直线运动	Z→
往复运动	直线运动	←—→		回转运动	⌒→
	回转运动	⌒	在一个极限位置停留的往复运动	直线运动	⌐→
在两个极限位置停留的往复运动	直线运动	▭		回转运动	⌒
	回转运动	⌒	在两个极限位置停留的往复运动	直线运动	⌐
运动终止	直线运动	—→⊥		回转运动	⌒→
	回转运动	⌒→⊥			

表 10.4-25　运动副的简图图形符号（摘自 GB/T 4460—2013）

名称		基本符号	名称	基本符号
回转副 （一个自由度）	平面机构		棱柱副（移动副） （一个自由度）	
	空间机构			
螺旋副 （一个自由度）			圆柱副 （两个自由度）	
球销副 （两个自由度）			球面副 （三个自由度）	
平面副 （三个自由度）			球与圆柱副 （四个自由度）	
球与圆柱副 （五个自由度）				

表 10.4-26　构件及其组成部分连接、多杆构件及其组成部分的简图图形符号（摘自 GB/T 4460—2013）

类别	名称	基本符号	类别	名称	基本符号
构件	机架		双副元素构件	连杆 1）平面机构 2）空间机构	
	轴、杆			偏心轮	
连接	构件组成部分的永久连接			连接两个棱柱副的构件	
	组成部分与轴（杆）的固定连接			导杆	
	构件组成部分的可调连接				
单副元素构件	机架是回转副的一部分 1）平面机构 2）空间机构				
	构件是棱柱副一部分			滑块	
	构件是球面副的一部分				
双副元素构件	曲柄（或摇杆） 1）平面机构 2）空间机构		三副元素构件	三副元素构件	

表 10.4-27　摩擦机构与齿轮机构的简图图形符号（摘自 GB/T 4460—2013）

类别	名称	基本符号	类别	名称	基本符号
摩擦机构	摩擦轮 1）圆柱轮 2）圆锥轮 3）曲线轮 4）冕状轮 5）挠性轮		齿轮机构	齿线符号 （1）圆柱齿轮 1）直齿 2）斜齿 3）人字齿 （2）圆锥齿轮 1）直齿 2）斜齿 3）弧齿	
	摩擦传动 1）圆柱轮 2）圆锥轮 3）可调圆锥轮 4）可调冕状轮			齿轮传动（不指明齿线） 1）圆柱齿轮 2）非圆齿轮 3）圆锥齿轮	
齿轮机构	齿轮（不指明齿线） 1）圆柱齿轮 2）圆锥齿轮 3）挠性齿轮				

（续）

类别	名称	基本符号	类别	名称	基本符号
齿轮机构	4）蜗轮与圆柱蜗杆 5）交错轴斜齿轮		齿轮机构	齿条传动一般表示	
				扇形齿轮传动	

表 10.4-28　凸轮机构、槽轮机构和棘轮机构的简图图形符号（摘自 GB/T 4460—2013）

类别	名称	基本符号	类别	名称	基本符号
凸轮机构	盘形凸轮		凸轮机构	凸轮从动杆 1）尖顶从动杆 2）滚子从动杆	
	移动凸轮		槽轮机构	槽轮机构 1）外啮合	
	空间凸轮 1）圆柱凸轮			2）内啮合	
	2）圆锥凸轮		棘轮机构	棘轮机构 1）外啮合	
	3）双曲面凸轮			2）内啮合	

表 10.4-29　联轴器、离合器和制动器的简图图形符号（摘自 GB/T 4460—2013）

类别	名称	基本符号	类别	名称	基本符号
联轴器	联轴器（一般符号）		离合器	单向式摩擦离合器	
	固定联轴器			双向式摩擦离合器	
	可移式联轴器			液压离合器（一般符号）	
	弹性联轴器			电磁离合器	
离合器	可控离合器		制动器	制动器（一般符号）	
	啮合式离合器 （单向式）				

表 10.4-30　其他机构及其组件的简图图形符号（摘自 GB/T 4460—2013）

类别	名称	基本符号	类别	名称	基本符号
传动	带传动的一般符号（不指明类型）		弹簧	压缩弹簧	
	轴上的宝塔轮			拉伸弹簧	
	链传动的一般符号（不指明类型）			扭转弹簧	
	整体螺母螺杆传动			碟形弹簧	
	开合螺母螺杆传动			涡卷弹簧	
轴承	普通向心轴承			板状弹簧	
	滚动向心轴承		原动机[①]	通用符号（不指明类型）	
	单向推力普通轴承				
	双向推力普通轴承			电动机（一般符号）	
	推力滚动轴承				
	单向向心推力普通轴承				
	双向向心推力普通轴承			装在支架上的电动机	
	向心推力滚动轴承				

① 不在 GB/T 4460—2013 内。

13. 流体传动元件图形符号（表 10.4-31~表 10.4-34）

表 10.4-31　液压阀和气动阀的类别及图形符号（摘自 GB/T 786.1—2021）

类别	名称	图形符号	备注	类别	名称	图形符号	备注
控制机构	带有可拆卸把手和锁定要素的控制机构		液压和气动	控制机构	带有一个线圈的电磁铁（动作指向阀芯，连续控制）		液压和气动
	具有可调行程限制装置的推杆		液压和气动		带有一个线圈的电磁铁（动作背离阀芯，连续控制）		液压和气动
	带有定位的推/拉控制机构		液压和气动		带两个线圈的电气控制装置（一个动作指向阀芯，另一个动作背离阀芯，连续控制）		液压和气动
	带有手动越板锁定的控制机构		液压和气动		电控气动先导控制机构		气动
	带有5个锁定位置的旋转控制机构		液压和气动		外部供油的电液先导控制机构		液压
	用于单向行程控制的滚轮杠杆		液压和气动		机械反馈		液压
	使用步进电机的控制机构		液压和气动		外部供油的带有两个线圈的电液两级先导控制机构（双向工作，连续控制）		液压
	气压复位（从阀进气口提供内部压力）		气动	方向控制阀	二位二通方向控制阀（双向流动，推压控制弹簧复位，常闭）		液压和气动
	气压复位（从先导口提供内部压力）		气动		二位二通方向控制阀（电磁铁控制，弹簧复位，常开）		液压和气动
	气压复位（外部压力源）		气动		二位四通方向控制阀（电磁铁控制，弹簧复位）		液压和气动
	带有一个线圈的电磁铁（动作指向阀芯）		液压和气动		气动软启动阀（电磁铁控制内部先导控制）		气动
	带有一个线圈的电磁铁（动作背离阀芯）		液压和气动		延时控制气动阀（其入口接一个系统使得气体低速流入，直至达到预设压力使阀口全开）		气动
	带有两个线圈的电气控制装置（一个动作指向阀芯，另一个动作背离阀芯）		液压和气动				

（续）

类别	名称	图形符号	备注	类别	名称	图形符号	备注
方向控制阀	二位三通方向控制阀（带有挂锁）		液压和气动	方向控制阀	三位四通方向控制阀（双电磁铁控制，弹簧对中）		液压和气动
	二位三通方向控制阀（单向行程的滚轮杠杆控制，弹簧复位）		液压和气动		二位四通方向控制阀（液压控制，弹簧复位）		液压
	二位三通方向控制阀（单电磁铁控制，弹簧复位）		液压和气动		三位四通方向控制阀（液压控制，弹簧对中）		液压
	二位三通方向控制阀（单电磁铁控制，弹簧复位，手动越权锁定）		液压和气动		二位五通方向控制阀（双向踏板控制）		液压和气动
	脉冲计数器（带有气动输出信号）		气动		二位五通气动方向控制阀（先导式压电控制，气压复位）		气动
	二位三通方向控制阀（差动先导控制）		气动		三位五通方向控制阀（手柄控制，带有定位机构）		液压和气动
	二位四通方向控制阀（单电磁铁控制，弹簧复位，手动越权锁定）		液压和气动		二位五通方向控制阀（单电磁铁控制，外部先导供气，手动辅助控制，弹簧复位）		气动
	二位四通方向控制阀（双电磁铁控制，带有锁定机构，也称脉冲阀）		液压和气动		二位五通气动方向控制阀（电磁铁气动先导控制，外部先导供气，气压复位，手动辅助控制）气压复位供压具有如下可能：从阀进气口提供内部压力（X10440）；从先导口提供内部压力（X10441）；外部压力源（X10442）		气动
	二位三通方向控制阀（气动先导和扭力杆控制，弹簧复位）		气动				
	二位四通方向控制阀（电液先导控制，弹簧复位）		液压				
	三位四通方向控制阀（电液先导控制，先导级电气控制，主级液压控制，先导级和主级弹簧对中，外部先导供油，外部先导回油）		液压		三位五通气动方向控制阀（中位断开，两侧电磁铁与内部气动先导和手动辅助控制，弹簧复位至中位）		气动

（续）

类别	名称	图形符号	备注	类别	名称	图形符号	备注
方向控制阀	二位五通直动式气动方向控制阀（机械弹簧与气压复位）		气动	压力控制阀	防气蚀溢流阀（用来保护两条供压管路）		液压
	三位五通直动式气动方向控制阀（弹簧对中，中位时两出口都排气）		气动		蓄能器充液阀		液压
	二位三通方向控制阀（电磁控制，无泄漏，带有位置开关）		液压		电磁溢流阀（由先导式溢流阀与电磁换向阀组成，通电建立压力，断电卸荷）		液压
	二位三通方向控制阀（电磁控制，无泄漏）		液压		三通减压阀（越过设定压力时，通向油箱的出口开启）		液压
压力控制阀	溢流阀（直动式，开启压力由弹簧调节）		液压和气动		双压阀（逻辑为"与"，两进气口同时有压力时，低压力输出）		气动
	顺序阀（直动式，手动调节设定值）		液压	流量控制阀	节流阀		液压和气动
	顺序阀（带有旁通单向阀）		液压		单向节流阀		液压和气动
	顺序阀（外部控制）		气动		流量控制阀（滚轮连杆控制，弹簧复位）		液压和气动
	减压阀（内部流向可逆）		气动		二通流量控制阀（开口度预设置，单向流动，流量特性基本与压降和黏度无关，带有旁路单向阀）		液压
	减压阀（远程先导可调，只能向前流动）		气动				
	二通减压阀（直动式，外泄型）		液压				
	二通减压阀（先导式，外泄型）		液压				

（续）

类别	名称	图形符号	备注	类别	名称	图形符号	备注
流量控制阀	三通流量控制阀（开口度可调节，将输入流量分成固定流量和剩余流量）		液压	比例方向控制阀	比例方向控制阀（主级和先导级位置闭环控制，集成电子器件）		液压
	分流阀（将输入流量分成两路输出流量）		液压		伺服阀（主级和先导级位置闭环控制，集成电子器件）		液压
	集流阀（将两路输入流量合成一路输出流量）		液压		伺服阀（先导级带双线圈电气控制机构，双向连续控制，阀芯位置机械反馈到先导级，集成电子器件）		液压
单向阀和梭阀	单向阀（只能在一个方向自由流动）		液压和气动		伺服阀控制缸（伺服阀由步进电机控制，液压缸带有机械位置反馈）		液压
	单向阀（带有弹簧，只能在一个方向自由流动，常闭）		液压和气压				
	液压：液控单向阀（带有弹簧，先导压力控制，双向流动） 气动：先导式单向阀（带有弹簧，先导压力控制，双向流动）		液压和气动		伺服阀（带有电源失效情况下的预留位置，电反馈，集成电子器件）		液压
	液压：双液控单向阀 气动：气压锁（双气控单向阀组）		液压和气动	比例压力控制阀	比例溢流阀（直动式，通过电磁铁控制弹簧来控制）		液压和气压
	梭阀（逻辑为"或"，压力高的入口自动与出口接通）		液压和气动		比例溢流阀（直动式，电磁铁直接控制，集成电子器件）		液压和气动
	快速排气阀（带消音器）		气动		比例溢流阀（直动式，带有电磁铁位置闭环控制，集成电子器件）		液压和气动
比例方向控制阀	比例方向控制阀（直动式）		液压和气动		比例溢流阀（带有电磁铁位置反馈的先导控制，外泄型）		液压
					三通比例减压阀（带有电磁铁位置闭环控制，集成电子器件）		液压
	比例方向控制阀（直动式）		液压		比例溢流阀（先导式外泄型，带有集成电子器件，附加先导级以实现手动调节压力或最高压力下溢流功能）		液压

（续）

类别	名称	图形符号	备注	类别	名称	图形符号	备注
比例流量控制阀	比例流量控制阀（直动式）		液压和气动	二通盖板式插装阀	主动方向控制插装阀插件（锥阀结构，先导压力控制）		液压
	比例流量控制阀（直动式，带有电磁铁位置闭环控制，集成电子器件）		液压和气动		主动方向控制插装阀插件（B端无面积差）		液压
	比例流量控制阀（先导式，主级和先导级位置控制，集成电子器件）		液压		方向控制插装阀插件（单向流动锥阀结构，内部先导供油，带有可替换的节流孔）		液压
	比例节流阀（不受黏度变化影响）		液压		溢流插装阀插件（滑阀结构，常闭）		液压
二通盖板式插装阀	压力控制和方向控制插装阀插件（锥阀结构，面积比1:1）		液压		减压插装阀插件（滑阀结构，常闭，带有集成的单向阀）		液压
	压力控制和方向控制插装阀插件（锥阀结构，常开，面积比1:1）		液压		减压插装阀插件（滑阀结构，常开，带有集成的单向阀）		液压
	方向控制插装阀插件（带节流端的锥阀结构，面积比≤0.7）		液压		无端口控制盖板		液压
	方向控制插装阀插件（带节流端的锥阀结构，面积比>0.7）		液压		带有先导端口的控制盖板		液压
	方向控制插装阀插件（锥阀结构，面积比≤0.7）		液压		带有先导端口的控制盖板（带有可调行程限制装置和遥控端口）		液压
					可安装附加元件的控制盖板		液压
	方向控制插装阀插件（锥阀结构，面积比>0.7）		液压		带有梭阀的控制盖板，梭阀液压控制		液压
					带有梭阀的控制盖板		液压

（续）

类别	名称	图形符号	备注	类别	名称	图形符号	备注
二通盖板式插装阀	带有梭阀的控制盖板（可安装附加元件）		液压	二通盖板式插装阀	二通插装阀（带有溢流功能）		液压
	带有溢流功能的控制盖板		液压		二通插装阀（带有溢流功能，两种调节压力可选择）		液压
	带有溢流功能和液压卸荷的控制盖板		液压		二通插装阀（带有比例压力调节和手动最高压力设定功能）		液压
	带有溢流功能的控制盖板（带有流量控制阀，用来限制先导级流量）		液压				
	二通插装阀（带有行程限制装置）		液压		二通插装阀（带有减压功能，先导流量控制，高压控制）		液压
	二通插装阀（带有内置方向控制阀）		液压				
	二通插装阀（带有内置方向控制阀，主动控制）		液压		二通插装阀（带有减压功能，低压控制）		液压

表 10.4-32　液压泵和马达/空气压缩机和马达的类别及图形符号（摘自 GB/T 786.1—2021）

类别	名称	图形符号	备注	类别	名称	图形符号	备注
液压泵和马达	变量泵（顺时针单向旋转）		液压	液压泵和马达	变量泵（带有电液伺服控制，外泄油路，逆时针单向驱动）		液压
	变量泵（双向流动，带有外泄油路，顺时针单向旋转）		液压		变量泵（带有功率控制，外泄油路，顺时针单向驱动）		液压
	变量泵/马达（双向流动，带有外泄油中，双向旋转）		液压		变量泵（带有两级可调限行程压力/流量控制，内置先导控制，外泄油路，顺时针单向驱动）		液压
	定量泵/马达（顺时针单向旋转）		液压		变量泵（带有两级可调限行程压力/流量控制，电气切换，外泄油路，顺时针单向驱动）		液压
	手动泵（限制旋转角度，手柄控制）		液压		静液压传动装置（简化表达）泵控马达闭式回路驱动单元（由一个单向旋转输入的双向变量泵和一个双向旋转输出的定量马达组成）		液压
	摆动执行器/旋转驱动装置（带有限制旋转角度功能，双作用）		液压		变量泵（带有控制机构和调节元件，顺时针单向驱动，箭头尾端方框表示调节能力可扩展，控制机构和元件可连接箭头的任一端，＊＊＊＊＊＊是复杂控制器的简化标志）		液压
	摆动执行器/旋转驱动装置（单作用）		液压				
	变量泵（先导控制，带有压力补偿功能，外泄油路，顺时针单向旋转）		液压				
	变量泵（带有复合压力/流量控制，负载敏感型，外泄油路，顺时针单向驱动）		液压				
	变量泵（带有机械/液压伺服控制，外泄油路，逆时针单向驱动）		液压		连续增压器（将气体压力 p1 转换为较高的液体压力 p2）		液压

（续）

类别	名称	图形符号	备注	类别	名称	图形符号	备注
空气压缩机和马达	摆动执行器/旋转驱动装置（带有限制旋转角度功能，双作用）		气动	空气压缩机和马达	气马达（双向流通，固定排量，双向旋转）		气动
	摆动执行器/旋转驱动装置（单作用）		气动		真空泵		气动
	气马达		气动		连续气液增压器（将气体压力 p1 转换为较高的液体压力 p2）		气动
	空气压缩机		气动				

表 10.4-33　液压缸和气压缸的图形符号（摘自 GB/T 786.1—2021）

名称	图形符号	备注	名称	图形符号	备注
单作用单杆缸（靠弹簧力回程，弹簧腔带连接油口）		液压和气动	双作用带式无杆缸（活塞两端带有位置缓冲）		液压和气动
双作用单杆缸		液压和气动	双作用绳索式无杆缸（活塞两端带有可调节位置缓冲）		液压和气动
双作用双杆缸（活塞杆直径不同，双侧缓冲，右侧缓冲带调节）		液压和气动	双作用磁性无杆缸（仅右边终端带有位置开关）		液压和气动
双作用膜片缸（带有预定行程限位器）		液压和气动	行程两端带有定位的双作用缸		液压和气动
单作用膜片缸（活塞杆终端带有缓冲，带排气口）		液压和气动	双作用双杆缸（左终点带有内部限位开关，内部机械控制，右终点带有外部限位开关，由活塞杆触发）		液压和气动
单作用柱塞缸		液压	双作用单出杆缸（带有用于锁定活塞杆并通过在预定位置加压解锁的机构）		气动
单作用多级缸		液压	单作用气-液压力转换器（将气体压力转换为等值的液体压力）		液压和气动
双作用多级缸		液压	单作用增压器（将气体压力 p1 转换为更高的液体压力 p2）		液压和气动

（续）

名称	图形符号	备注	名称	图形符号	备注
波纹管缸		气动	永磁活塞双作用夹具		气动
软管缸		气动	永磁活塞单作用夹具		气动
半回转线性驱动（永磁活塞双作用缸）		气动	永磁活塞单作用夹具		气动
永磁活塞双作用夹具		气动	双作用气缸（带有可在任意位置加压解锁活塞杆的锁定机构）		气动

表 10.4-34 附件的类别及图形符号（摘自 GB/T 786.1—2021）

类别	名称	图形符号	备注	类别	名称	图形符号	备注
连接和管接头	软管总成		液压和气动	测量仪和指示器	光学指示器		液压和气动
	三通旋转式接头		液压和气动		数字显示器		液压和气动
	快换接头（不带有单向阀，断开状态）		液压和气动		声音指示器		液压和气动
	快换接头（带有一个单向阀，断开状态）		液压和气动		压力表		液压和气动
	快换接头（带有两个单向阀，断开状态）		液压和气动		压差表		液压和气动
	快换接头（不带有单向阀，连接状态）		液压和气动		带有选择功能的多点压力表		液压和气动
	快换接头（带有一个单向阀，连接状态）		液压和气动		温度计		液压
	快换接头（带有两个单向阀，连接状态）		液压和气动		电接点温度计（带有两个可调电气常闭触点）		液压

（续）

类别	名称	图形符号	备注	类别	名称	图形符号	备注
测量仪和指示器	液位指示器（油标）		液压	过滤器和分离器	过滤器		液压和气动
	液位开关（带有四个常闭触点）		液压		通气过滤器		液压
	电子液位监控器（带有模拟信号输出和数字显示功能）		液压		带有磁性滤芯的过滤器		液压
	流量指示器		液压		带有光学阻塞指示器的过滤器		液压和气动
	流量计		液压		带有压力表的过滤器		液压和气动
	数字流量计		液压		带有旁路节流的过滤器		液压和气动
	转速计		液压				
	扭矩仪		液压		带有旁路单向阀的过滤器		液压和气动
	定时开关		液压				
	计数器		液压				
	在线颗粒计数器		液压		带有旁路单向阀和数字显示器的过滤器		液压和气动
	定时开关		气压				
	计数器		气压				
电气装置	压力开关（机械电子控制，可调节）		液压和气动		带有旁路单向阀、光学阻塞指示器和压力开关的过滤器		液压和气动
	电调节压力开关（输出开关信号）		液压和气动				
	压力传感器（输出模拟信号）		液压和气动		带有光学压差指示器的过滤器		液压和气动
	压电控制机构		气动				

（续）

类别	名称	图形符号	备注	类别	名称	图形符号	备注
过滤器和分离器	带有压差指示器和压力开关的过滤器	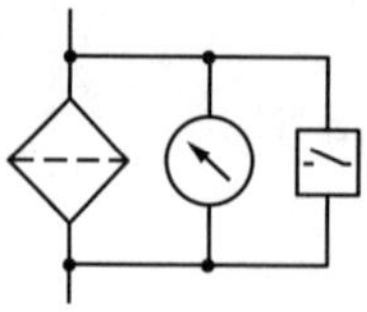	液压和气动	过滤器和分离器	手动排水分离器		气动
	离心式分离器	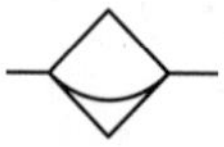	液压和气动		带有手动排水分离器的过滤器		气动
	带有自动排水的聚结式过滤器		气动		自动排水分离器	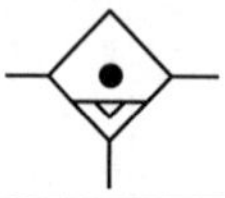	气动
	过滤器（带有手动排水和光学阻塞指示器，聚结式）	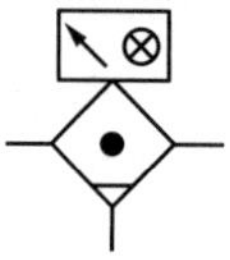	气动		吸附式过滤器		气动
	双相分离器		气动		油雾分离器		气动
	真空分离器		气动		空气干燥器		气动
	静电分离器		气动		油雾器		气动
	手动排水过滤器与减压阀的组合元件（通常与油雾器组成气动三联件，手动调节，不带有压力表）		气动		手动排水式油雾器		气动
	气源处理装置包括手动排水过滤器、手动调节式溢流减压阀、压力表和油雾器 上图为详细示意图，下图为简化图		气动		手动排水式精分离器		气动
				热交换器	不带有冷却方式指示的冷却器		液压
					采用液体冷却的冷却器	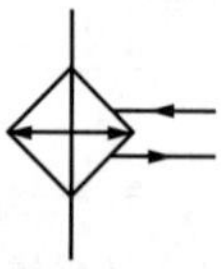	液压
					采用电动风扇冷却的冷却器	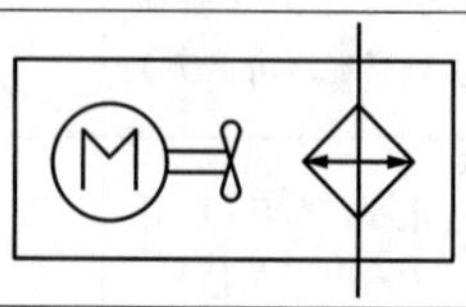	液压
	带有手动切换功能的双过滤器		液压和气动		加热器		液压
					温度调节器	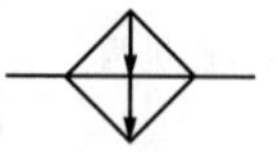	液压

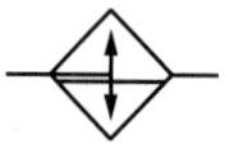

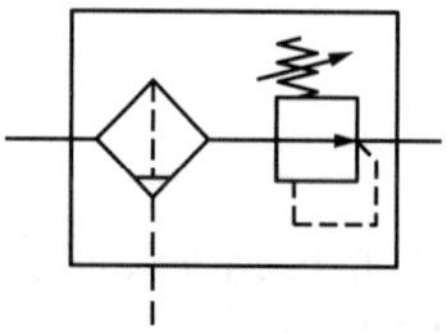

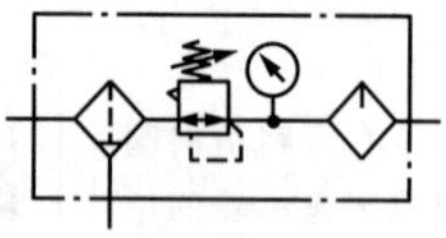

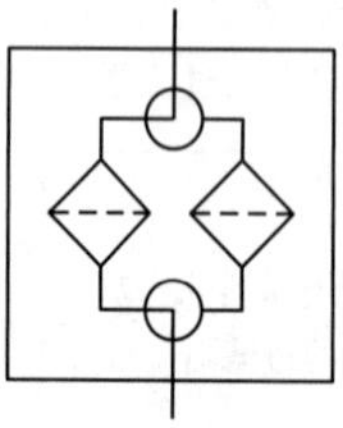

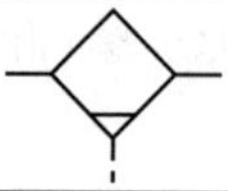

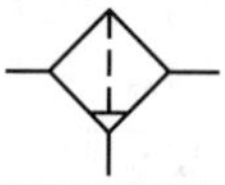

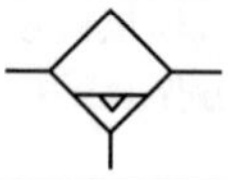

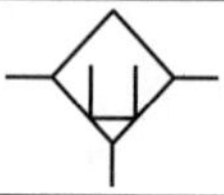

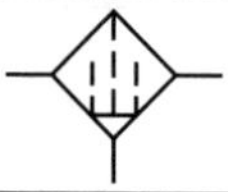

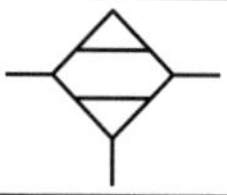

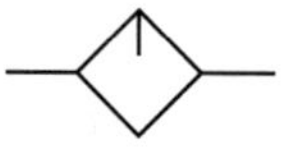

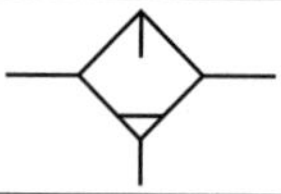

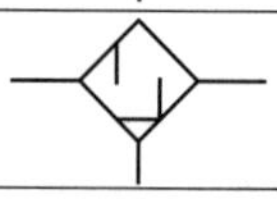

（续）

类别	名称	图形符号	备注	类别	名称	图形符号	备注
蓄能器	隔膜式蓄能器		液压	真空发生器	真空发生器		气动
	囊式蓄能器		液压		带有集成单向阀的单级真空发生器	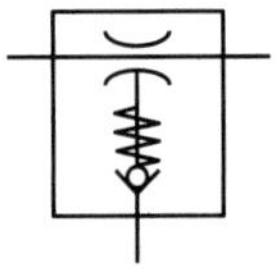	气动
	活塞式蓄能器		液压		带有集成单向阀的三级真空发生器	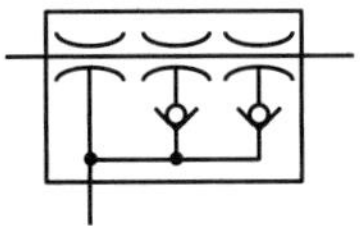	气动
	气瓶		液压		带有放气阀的单级真空发生器	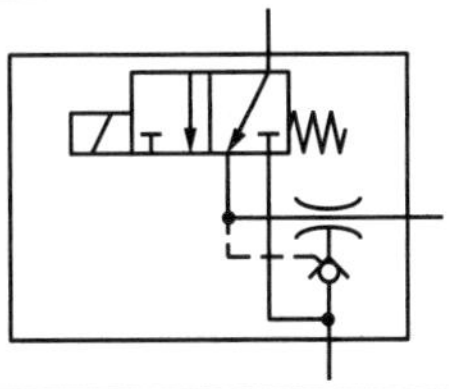	气动
	带有气瓶的活塞式蓄能器		液压	吸盘	吸盘		气动
	气罐		气压		带有弹簧加载杆和单向阀的吸盘		气动
润滑点	润滑点	■	液压				

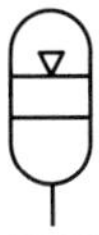

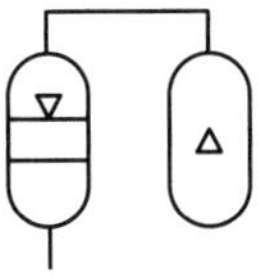

14. 焊缝符号表示法（表 10.4-35）

表 10.4-35　焊缝符号表示法（根据 GB/T 324—2008）

焊缝名称	符号	示意图	标注示例	焊缝名称	符号	示意图	标注示例
卷边焊缝	八			单边 V 形焊缝	V		
I 形焊缝	‖			带钝边 V 形焊缝	Y		
V 形焊缝	∨			带钝边单边 V 形焊缝	ᐺ		

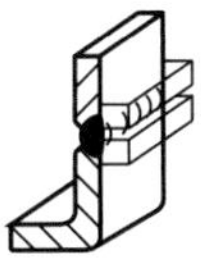

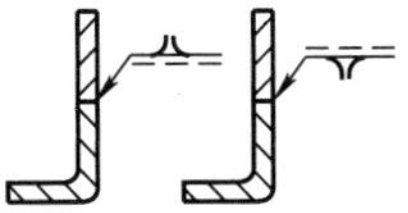

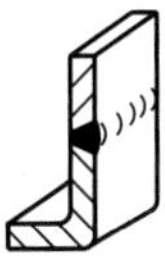

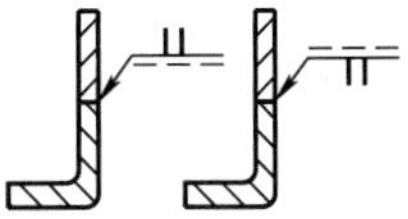

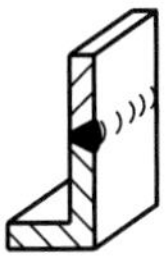

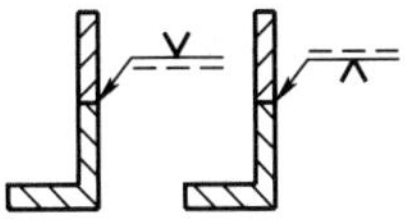

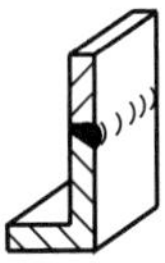

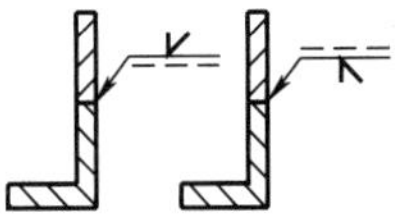

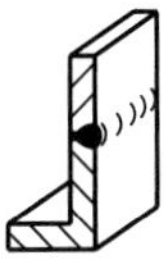

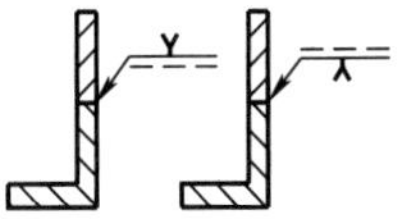

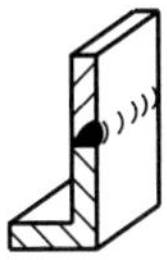

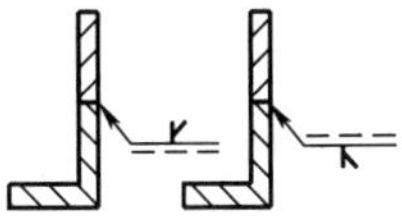

（续）

焊缝名称	符号	示意图	标注示例	焊缝名称	符号	示意图	标注示例
带钝边 U 形焊缝	⋃			缝焊缝	⊖		
带钝边 J 形焊缝	Ⴑ						
封底焊缝	⌣			陡边 V 形焊缝	⋁		
角度缝	◺			陡边单 V 形焊缝	⋁		
				双面 V 形焊缝	✕		
				双面单 V 形焊缝	Ⱪ		
塞焊缝或槽焊缝	⊓			带钝边的双面 V 形焊缝	✕		
				带钝边的双面单 V 形焊缝	Ⱪ		
点焊缝	○			双面 U 形焊缝	⋊⋉		

10.5　常用规范

10.5.1　标准尺寸（表 10.5-1）

表 10.5-1　标准尺寸（摘自 GB/T 2822—2005）　　　　　　（mm）

0.1~1.0				10~100					
R		R′		R			R′		
R10	R20	R′10	R′20	R10	R20	R40	R′10	R′20	R′40
0.100	0.100	0.10	0.10	10.0	10.0		10	10	
	0.112		**0.11**		11.2			**11**	
0.125	0.125	**0.12**	**0.12**	12.5	12.5	12.5	**12**	**12**	**12**
	0.140		0.14		13.2				13
0.160	0.160	0.16	0.16		14.0	14.0		14	14
	0.180		0.18			15.0			15
0.200	0.200	0.20	0.20	16.0	16.0	16.0	16	16	16
	0.224		**0.22**			17.0			17
0.250	0.250	0.25	0.25		18.0	18.0		18	18
	0.280		0.28			19.0			19
0.315	0.315	**0.30**	**0.30**	20.0	20.0	20.0	20	20	20
	0.355		**0.35**			21.2			**21**
0.400	0.400	0.40	0.40		22.4	22.4		22	**22**
	0.450		0.45			23.6			**24**
0.500	0.500	0.50	0.50	25.0	25.0	25.0	25	25	25
	0.560		**0.55**			26.5			26
0.630	0.630	**0.60**	**0.60**		28.0	28.0		28	28
	0.710		**0.70**			30.0			30
0.800	0.800	0.80	0.80	31.5	31.5	31.5	**32**	**32**	**32**
	0.900		0.90			33.5			**34**
1.000	1.000	1.00	1.00		35.5	35.5		**36**	**36**
1.0~10						37.5			**38**
R		R′		40.0	40.0	40.0	40	40	40
R10	R20	R′10	R′20			42.5			**42**
1.00	1.00	1.0	**1.0**		45.0	45.0		45	45
	1.12		**1.1**			47.5			**48**
1.25	1.25	**1.2**	**1.2**	50.0	50.0	50.0	50	50	50
	1.40		1.4			53.0			53
1.60	1.60	1.6	1.6		56.0	56.0		56	56
	1.80		1.8			60.0			60
2.00	2.00	2.0	2.0	63.0	63.0	63.0	63	63	63
	2.24		2.2			67.0			67
2.50	2.50	2.5	2.5		71.0	71.0		71	71
	2.80		2.8			75.0			75
3.15	3.15	**3.0**	**3.0**	80.0	80.0	80.0	80	80	80
	3.55		**3.5**			85.0			85
4.00	4.00	4.0	4.0		90.0	90.0		90	90
	4.50		4.5			95.0			95
5.00	5.00	5.0	5.0	100.0	100.0	100.0	100	100	100
	5.60		**5.5**						
6.30	6.30	**6.0**	**6.0**						
	7.10		**7.0**						
8.00	8.00	8.0	8.0						
	9.00		9.0						
10.00	10.00	10.0	10.0						

（续）

100~1000						1000~10000		
R			R′			R		
R10	R20	R40	R′10	R′20	R′40	R10	R20	R40
100	100	100	100	100	100	1000	1000	1000
		106			**105**			1060
	112	112		**110**	**110**		1120	1120
		118			**120**			1180
125	125	125	125	125	125	1250	1250	1250
		132			**130**			1320
	140	140		140	140		1400	1400
		150			150			1500
160	160	160	160	160	160	1600	1600	1600
		170			170			1700
	180	180		180	180		1800	1800
		190			190			1900
200	200	200	200	200	200	2000	2000	2000
		212			**210**			2120
	224	224		**220**	220		2240	2240
		236			**240**			2360
250	250	250	250	250	250	2500	2500	2500
		265			**260**			2650
	280	280		280	280		2800	2800
		300			300			3000
315	315	315	**320**	320	**320**	3150	3150	3150
		335			**340**			3350
	355	355		**360**	360		3550	3550
		375			**380**			3750
400	400	400	400	400	400	4000	4000	4000
		425			420			4250
	450	450		450	450		4500	4500
		475			480			4750
500	500	500	500	500	500	5000	5000	5000
		530			530			5300
	560	560		560	560		5600	5600
		600			600			6000
630	630	630	630	630	630	6300	6300	6300
		670			670			6700
	710	710		710	710		7100	7100
		750			750			7500
800	800	800	800	800	800		8000	8000
		850			850			8500
	900	900		900	900		9000	9000
		950			950			9500
1000	1000	1000	1000	1000	1000	10000	10000	10000

注：1. 该标准规定了 0.01~20000mm 范围内机械制造业中常用的标准尺寸（直径、长度、高度等）系列（本表仅摘录 0.1~10000mm），适用于有互换性或系列化要求的主要尺寸（如安装、连接尺寸，有公差要求的配合尺寸，决定产品系列的公称尺寸）。其他结构尺寸也应尽量采用。对已有专用标准规定的尺寸，可按专用标准选用。

2. 选择系列与单个尺寸时，应首先在优先数系 R 系列中选用，并按照 R10、R20、R40 的顺序，优先选用公比较大的基本系列及其单值。如果必须将数位圆整，可在相应的 R′系列（选用优先数化整值系列制订的标准尺寸系列）中选用标准尺寸，其优选顺序为 R′10、R′20、R′40。

3. R′系列中的黑体字，为 R 系列相应各项优先数化整值。

10.5.2　锥度与锥角系列（表 10.5-2~表 10.5-4）

表 10.5-2　一般用途圆锥的锥度与锥角系列（摘自 GB/T 157—2001）

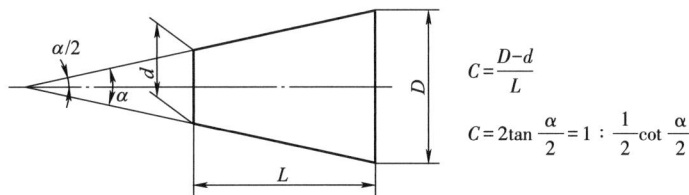

$$C = \frac{D-d}{L}$$

$$C = 2\tan\frac{\alpha}{2} = 1 : \frac{1}{2}\cot\frac{\alpha}{2}$$

基本值		推算值			
系列 1	系列 2	圆锥角 α			锥度 C
		(°) (′) (″)	(°)	rad	
120°		—	—	2.09439510	1 : 0.2886751
90°		—	—	1.57079633	1 : 0.5000000
	75°			1.30899694	1 : 0.6516127
60°		—	—	1.04719755	1 : 0.8660254
45°		—	—	0.78539816	1 : 1.2071068
30°		—	—	0.52359878	1 : 1.8660254
1 : 3		18°55′28.7199″	18.92464442°	0.33029735	—
	1 : 4	14°15′0.1177″	14.25003270°	0.24870999	
1 : 5		11°25′16.2706″	11.42118627°	0.19933730	—
	1 : 6	9°31′38.2202″	9.52728338°	0.16628246	
	1 : 7	8°10′16.4408″	8.17123356°	0.14261493	
	1 : 8	7°9′9.6075″	7.15266875°	0.12483762	
1 : 10		5°43′29.3176″	5.72481045°	0.099 91679	—
	1 : 12	4°46′18.7970″	4.77188806°	0.08328516	
	1 : 15	3°49′5.8975″	3.81830487°	0.06664199	
1 : 20		2°51′51.0925″	2.86419237°	0.04998959	—
1 : 30		1°54′34.8570″	1.90968251°	0.08833025	—
1 : 50		1°8′45.1586″	1.14587740°	0.01999933	—
1 : 100		34′22.6309″	0.57295302°	0.00999992	—
1 : 200		17′11.3219″	0.28647830°	0.00499999	—
1 : 500		6′52.5295″	0.11459152°	0.00200000	—

注：1. 优先选用系列 1。在设计、生产和控制中，可按需要确定推算值的有效位数。

　　2. 系列 1 中 120°~1 : 3 的数值近似按 R10/2 优先数系列，1 : 5~1 : 500 按 R10/3 优先数系列（见 GB/T 321）。

表 10.5-3　特定用途圆锥及其用途（摘自 GB/T 157—2001）

基本值	推算值				用途
	圆锥角 α			锥度 C	
	(°) (′) (″)	(°)	rad		
11°54′	—	—	0.20769418	1：4.7974511	纺织机械和附件
8°40′	—	—	0.15126187	1：6.5984415	
7°	—	—	0.12217305	1：8.1749277	
1：38	1°30′27.7080″	1.50769667°	0.02631427	—	
1：64	0°53′42.8220″	0.89522834°	0.01562468	—	
7：24	16°35′39.4443″	16.59429008°	0.28962500	1：3.4285714	机床主轴工具配合
1：12.262	4°40′12.1514″	4.67004205°	0.08150761	—	贾各锥度 No.2
1：12.972	4°24′52.9039″	4.41469552°	0.07705097	—	贾各维度 No.1
1：15.748	3°38′13.4429″	3.63706747°	0.06347880	—	贾各锥度 No.33
6：100	3°26′12.1776″	3.43671600°	0.05998201	1：16.6666667	医疗设备
1：18.779	3°3′1.2070″	3.05033527°	0.05323839	—	贾各锥度 No.3
1：19.002	3°0′52.3956″	3.01455434°	0.05261390	—	莫氏锥度 No.5
1：19.180	2°59′11.7258″	2.98659050°	0.05212584	—	莫氏锥度 No.6
1：19.212	2°58′53.8255″	2.98161820°	0.05203905	—	莫氏锥度 No.0
1：19.254	2°58′30.4217″	2.97511713°	0.05192559	—	莫氏锥度 No.4
1：19.264	2°58′24.8644″	2.97357343°	0.05189865	—	贾各锥度 No.6
1：19.922	2°52′31.4463″	2.87540176°	0.05018523	—	莫氏锥度 No.3
1：20.020	2°51′40.7960″	2.86133223°	0.04993967	—	莫氏锥度 No.2
1：20.047	2°51′26.9283″	2.85748008°	0.04987244	—	莫氏锥度 No.1
1：20.288	2°49′24.7802″	2.82355006°	0.04928025	—	贾各维度 No.0
1：23.904	2°23′47.6244″	2.39656232°	0.04182790	—	布朗夏普锥度 No.1~No.3
1：28	2°2′45.8174″	2.04606038°	0.03571049	—	复苏器（医用）
1：36	1°35′29.2096″	1.59144711°	0.02777599	—	麻醉器具
1：40	1°25′56.3516″	1.43231989°	0.02499870	—	

表 10.5-4　标准锥度和专用锥度应用

分类	基本值	圆锥角 α	锥度 C	应用
标准锥度	1：200	0°17′11″	—	承受振动与冲击交变载荷连接的零件
	1：100	0°34′23″	—	承受振动与交变载荷连接的零件
	1：50	1°8′45″	—	圆锥销、定位销、圆锥销孔的铰刀、镶条
	1：30	1°54′35″	—	锥形主轴颈、铰刀及扩孔钻锥柄的锥度
	1：20	2°51′51″	—	米制工具圆锥、锥形主轴颈、圆锥螺栓
	1：15	3° 49′6″	—	受轴向力的锥形零件的接合面，主轴与齿轮的配合面
	1：12	4°46′19″	—	部分滚动轴承内环的锥孔

（续）

分类	基本值	圆锥角 α	锥度 C	应　　用
标准锥度	1：10	5°43′29″	—	主轴滑动轴承的调整衬套，受轴向力、径向力及扭矩的接合面，弹性圆柱销联轴器的圆柱销接合面
	1：8	7°9′10″	—	受径向力、轴向力的锥形零件的接合面
	1：7	8°10′16″	—	管件的开关旋塞
	1：5	11°25′16″	—	锥形摩擦离合器，磨床砂轮主轴端部外锥
	1：3	18°55′29″	—	易于拆开的结合，具有极限扭矩的摩擦离合器
	30°	—	1：1.866	传动用摩擦离合器，弹簧卡头
	45°	—	1：1.207	管路连接中轻型螺旋管接口的锥形密合
	60°	—	1：0.866	机床顶尖、工件中心孔
	75°	—	1：0.652	直径小于（或等于）8mm 的丝锥及铰刀的反顶尖
	90°	—	1：0.500	沉头螺钉、沉头铆钉、阀的锥度，重型工件的顶尖孔，重型机床顶尖，外螺纹、轴及孔的倒角
	120°	—	1：0.280	螺纹的内倒角，中心孔的护锥
专用锥度	1：16	3°34′47″	1：16	圆锥管螺纹
	7：64	6°15′38″	7：64	刨（插）齿机工作台的心轴孔
	1：4	14°15′	1：4	车床主轴法兰的定心锥面
	7：24	16°35′39″	7：24	铣床主轴孔与刀杆的锥度
	68°	68°	1：0.741	管接头锥形接合面

10.5.3　莫氏锥度（表 10.5-5）

表 10.5-5　莫氏锥度

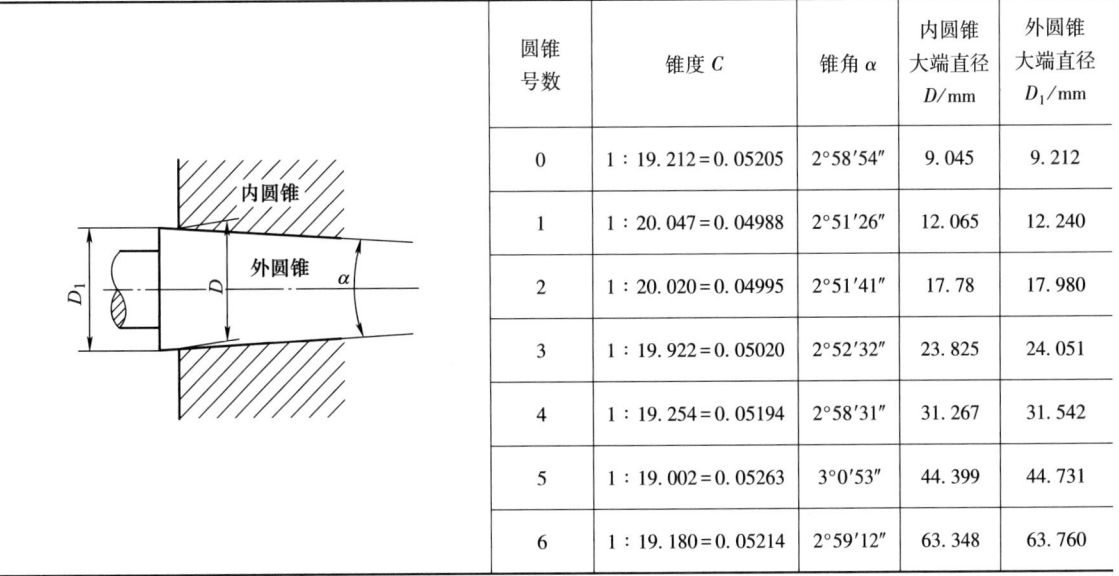

圆锥号数	锥度 C	锥角 α	内圆锥大端直径 D/mm	外圆锥大端直径 D₁/mm
0	1：19.212 = 0.05205	2°58′54″	9.045	9.212
1	1：20.047 = 0.04988	2°51′26″	12.065	12.240
2	1：20.020 = 0.04995	2°51′41″	17.78	17.980
3	1：19.922 = 0.05020	2°52′32″	23.825	24.051
4	1：19.254 = 0.05194	2°58′31″	31.267	31.542
5	1：19.002 = 0.05263	3°0′53″	44.399	44.731
6	1：19.180 = 0.05214	2°59′12″	63.348	63.760

注：莫氏锥度在钻头与铰刀的锥柄、车床零件中应用较多。

10.5.4 棱体的角度与斜度系列（表 10.5-6 和表 10.5-7）

表 10.5-6 一般用途棱体的角度与斜度（摘自 GB/T 4096—2001）

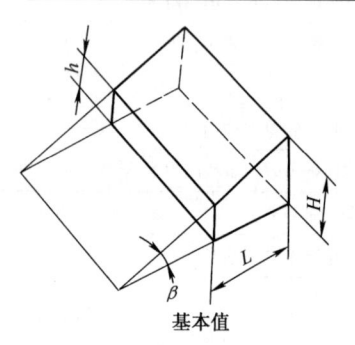

基本值

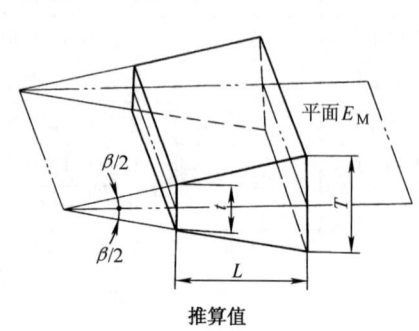

推算值

棱体斜度（S）：

$$S = \frac{H-h}{L}$$

棱体斜度与棱体角（β）的关系：

$$S = \tan\beta = 1 : \cot\beta$$

棱体比率（C_p）：

$$C_p = \frac{T-t}{L}$$

棱体比率与棱体角的关系：

$$C_p = 2\tan\frac{\beta}{2} = 1 : \frac{1}{2}\cot\frac{\beta}{2}$$

基本值			推算值		
β（系列 1）	β（系列 2）	S	C_p	S	β
120°	—	—	1 : 0.288675	—	—
90°	—	—	1 : 0.500000	—	—
—	75°	—	1 : 0.651613	1 : 0.267949	—
60°	—	—	1 : 0.866025	1 : 0.577350	—
45°	—	—	1 : 1.207107	1 : 1.000000	—
—	40°	—	1 : 1.373739	1 : 1.191754	—
30°	—	—	1 : 1.866025	1 : 1.732051	—
20°	—	—	1 : 2.835641	1 : 2.747477	—
15°	—	—	1 : 3.797877	1 : 3.732051	—
—	10°	—	1 : 5.715026	1 : 5.671282	—
—	8°	—	1 : 7.150333	1 : 7.115370	—
—	7°	—	1 : 8.174928	1 : 8.144346	—
—	6°	—	1 : 9.540568	1 : 9.514364	—
—	—	1 : 10	—	—	5°42′38″
5°	—	—	1 : 11.451883	1 : 11.430052	—
—	4°	—	1 : 14.318127	1 : 14.300666	—
—	3°	—	1 : 19.094230	1 : 19.081137	—
—	—	1 : 20	—	—	2°51′44.7″
—	2°	—	1 : 28.644982	1 : 28.636253	—
—	—	1 : 50	—	—	1°8′44.7″
—	1°	—	1 : 57.294327	1 : 57.289962	—

（续）

基本值			推算值		
β（系列 1）	β（系列 2）	S	C_{p}	S	β
—	—	1：100	—	—	0°34′25.5″
—	0°30′	—	1：114.590832	1：114.588650	—
—	—	1：200	—	—	0°17′11.3″
—	—	1：500	—	—	0°6′52.5″

注：优先选用系列 1。在设计、生产和控制中，可按需要确定推算值的有效位数。

表 10.5-7　特定用途棱体及其应用（摘自 GB/T 4096—2001）

棱体角		推算值		应用
β	$\beta/2$	C_{p}	S	
108°	54°	1：0.363271	—	V 形体
72°	36°	1：0.688191	—	
55°	27°30′	1：0.960491	1：0.700207	燕尾体
50°	25°	1：1.072253	1：0.839100	

10.5.5　未注公差角度的极限偏差（表 10.5-8）

表 10.5-8　未注公差角度的极限偏差（摘自 GB/T 1804—2000）

公差等级	长度分段/mm				
	~10	>10~50	>50~120	>120~400	>400
精密 f	±1°	±30′	±20′	±10′	±5′
中等 m					
粗糙 c	±1°30′	±1°	±30′	±15′	±10′
最粗 v	±3°	±2°	±1°	±30′	±20′

注：1. 该表适用于金属切削加工和一般冲压加工的角度。

　　2. 极限偏差值按角度短边长度确定，圆锥角按圆锥素线长度确定。

　　3. 若采用该表，应在图样标题栏附近或技术要求、技术文件（如企业标准）中注出标准号及公差等级代号。例如，选用中等级时，标注为 GB/T 1804—m。

　　4. 除另有规定，超出一般公差的工件，若未达到损害其功能，通常不拒收。

10.5.6　紧固件用通孔和沉孔（表 10.5-9~表 10.5-14）

表 10.5-9　螺栓和螺钉用通孔（摘自 GB/T 5277—1985）　　　　（mm）

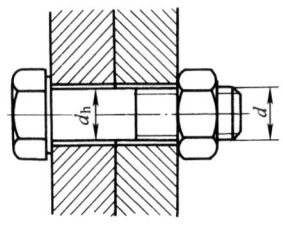

（续）

螺纹规格 d	通孔 d_h 系列			螺纹规格 d	通孔 d_h 系列			螺纹规格 d	通孔 d_h 系列		
	精装配	中等装配	粗装配		精装配	中等装配	粗装配		精装配	中等装配	粗装配
M1	1.1	1.2	1.3	M16	17	17.5	18.5	M76	78	82	86
M1.2	1.3	1.4	1.5	M18	19	20	21	M80	82	86	91
M1.4	1.5	1.6	1.8	M20	21	22	24	M85	87	91	96
M1.6	1.7	1.8	2	M22	23	24	26	M90	93	96	101
M1.8	2	2.1	2.2	M24	25	26	28	M195	98	101	107
M2	2.2	2.4	2.6	M27	28	30	32	M100	104	107	112
M2.5	2.7	2.9	3.1	M30	31	33	35	M105	109	112	117
M3	3.2	3.4	3.6	M33	34	36	38	M110	114	117	122
M3.5	3.7	3.9	4.2	M36	37	39	42	M115	119	122	127
				M39	40	42	45				
M4	4.3	4.5	4.8	M42	43	45	48	M120	124	127	132
M4.5	4.8	5	5.3	M45	46	48	52	M125	129	132	137
M5	5.3	5.5	5.8	M48	50	52	56	M130	134	137	144
M6	6.4	6.6	7	M52	54	56	62	M140	144	147	155
M7	7.4	7.6	8	M56	58	62	66	M150	155	158	165
M8	8.4	9	10	M60	62	66	70				
M10	10.5	11	12	M64	66	70	74				
M12	13	13.5	14.5	M68	70	74	78	—	—	—	—
M14	15	15.5	16.5	M72	74	78	82				

表 10.5-10　铆钉用通孔（摘自 GB/T 152.1—1988）　　　　　　　　（mm）

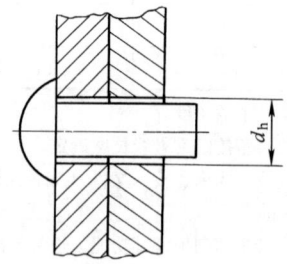

铆钉公称直径 d		0.6	0.7	0.8	1	1.2	1.4	1.6	2	2.5	3	3.5	4	5	6	8
d_h 精装配		0.7	0.8	0.9	1.1	1.3	1.5	1.7	2.1	2.6	3.1	3.6	4.1	5.2	6.2	8.2
铆钉公称直径 d		10	12	14	16	18	20	22	24	27	30	36				
d_h	精装配	10.3	12.4	14.5	16.5	—	—	—	—	—	—	—				
	粗装配	11	13	15	17	19	21.5	23.5	25.5	28.5	32	38				

表 10.5-11　沉头螺钉用沉孔（摘自 GB/T 152.2—2014）　　　　（mm）

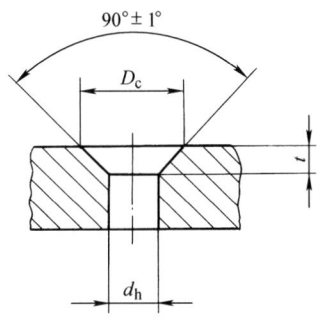

		\multicolumn{10}{c}{沉头螺钉及半沉头螺钉用沉孔}
\multicolumn{2}{c}{公称规格}	1.6	2	2.5	3	3.5	4	5	6	8	10
\multicolumn{2}{c}{螺纹规格}	M1.6	M2	M2.5	M3	M3.5	M4	M5	M6	M8	M10
d_hH13	min（公称）	1.80	2.40	2.90	3.40	3.90	4.50	5.50	6.60	9.00	11.00
	max	1.94	2.51	3.04	3.58	4.08	4.68	5.68	6.82	9.22	11.27
D_c	min（公称）	3.60	4.40	5.50	6.30	8.20	9.40	10.40	12.60	17.30	20.00
	max	3.70	4.50	5.60	6.50	8.40	9.60	10.60	12.85	17.55	20.30
\multicolumn{2}{c}{$t\approx$}	0.95	1.05	1.35	1.55	2.25	2.55	2.58	3.13	4.28	4.65

		\multicolumn{9}{c}{沉头自攻螺钉及半沉头自攻螺钉用沉孔}	
\multicolumn{2}{c}{公称规格}	2	3	3.5	4	5	5.5	6	8	10	
\multicolumn{2}{c}{螺纹规格}	ST2.2	ST2.9	ST3.5	ST4.2	ST4.8	ST5.5	ST6.3	ST8	ST9.5	
d_hH13	min（公称）	2.40	3.40	3.90	4.50	5.50	6.00	6.60	9.00	11.00	
	max	2.51	3.58	4.08	4.68	5.68	6.18	6.82	9.22	11.27	
D_c	min（公称）	4.40	6.30	8.20	9.40	10.40	11.50	12.60	17.30	20.00	
	max	4.50	6.50	8.40	9.60	10.60	11.75	12.85	17.55	20.30	
\multicolumn{2}{c}{$t\approx$}	1.05	1.55	2.25	2.55	2.58	2.88	3.13	4.28	4.65	

表 10.5-12　沉头木螺钉用沉孔（摘自 GB/T 152.2—2014）　　　　（mm）

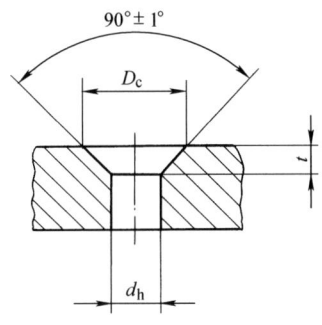

（续）

公称规格		1.6	2	2.5	3	3.5	4	4.5	5	5.5	6	7	8	10
d_h H13	min（公称）	1.8	2.4	2.9	3.4	3.9	4.5	5.0	5.5	6.0	6.6	7.6	9.0	11.0
	max	1.94	2.54	3.04	3.58	4.08	4.68	5.18	5.68	6.18	6.82	7.82	9.22	11.27
D_c	min（公称）	3.7	4.5	5.4	6.6	7.7	8.6	10.1	11.2	12.1	13.2	15.3	17.3	21.9
	max	3.88	4.68	5.58	6.82	7.92	8.82	10.37	11.47	12.37	13.47	15.57	17.57	22.23
$t \approx$		1.0	1.2	1.4	1.7	2	2.2	2.7	3.0	3.2	3.5	4.0	4.5	5.8

表 10.5-13 圆柱头紧固件用沉孔（摘自 GB/T 152.3—1988）　　　　（mm）

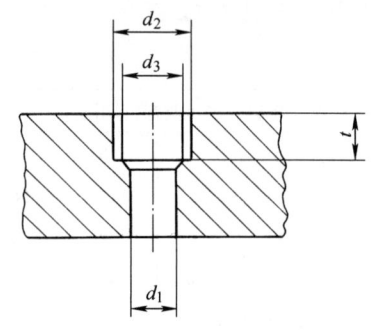

内六角圆柱头螺钉用沉孔																
螺纹规格	M1.6	M2	M2.5	M3	M4	M5	M6	M8	M10	M12	M14	M16	M20	M24	M30	M36
d_2	3.3	4.3	5.0	6.0	8.0	10.0	11.0	15.0	18.0	20.0	24.0	26.0	33.0	40.0	48.0	57.0
t	1.8	2.3	2.9	3.4	4.5	5.7	6.8	9.0	11.0	13.0	15.0	17.5	21.5	25.5	32.0	38.0
d_3	—	—	—	—	—	—	—	—	—	16	18	20	24	28	36	42
d_1	1.8	2.4	2.9	3.4	4.5	5.5	6.6	9.0	11.0	13.5	15.5	17.5	22.0	26.0	33.0	39.0

内六角花形圆柱头螺钉及开槽圆柱头螺钉用沉孔									
螺纹规格	M4	M5	M6	M8	M10	M12	M14	M16	M20
d_2 H13	8	10	11	15	18	20	24	26	33
t H13	3.2	4.0	4.7	6.0	7.0	8.0	9.0	10.5	12.5
d_3	—	—	—	—	—	16	18	20	24
d_1 H13	4.5	5.5	6.6	9.0	11.0	13.5	15.5	17.5	22.0

表 10.5-14 六角头螺栓和六角螺母用沉孔（摘自 GB/T 152.4—1988）　　　　（mm）

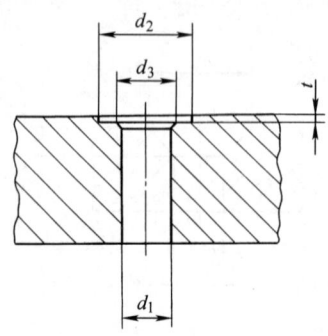

（续）

螺纹规格	M1.6	M2	M2.5	M3	M4	M5	M6	M8	M10	M12	M14	M16	M18	M20
d_2H15	5	6	8	9	10	11	13	18	22	26	30	33	36	40
d_3	—	—	—	—	—	—	—	—	16	18	20	22	24
d_1 H13	1.8	2.4	2.9	3.4	4.5	5.5	6.6	9.0	11.0	13.5	15.5	17.5	20.0	22.0
螺纹规格	M22	M24	M27	M30	M33	M36	M39	M42	M45	M48	M52	M56	M60	M64
d_2H15	43	48	53	61	66	71	76	82	89	98	107	112	118	125
d_3	26	28	33	36	39	42	45	48	51	56	60	68	72	76
d_1 H13	24	26	30	33	36	39	42	45	48	52	56	62	66	70

注：对尺寸 t，只要能制出与通孔轴线垂直的圆平面即可。

10.5.7　螺纹件的结构要素

1. 普通螺纹的收尾、肩距、退刀槽和倒角（表 10.5-15 和表 10.5-16）

GB/T 3—1997 规定了一般紧固连接用普通螺纹的收尾、肩距、退刀槽和倒角尺寸。与普通螺纹牙型相同或相近的螺纹，如过渡配合螺纹、大间隙螺纹、小螺纹，可参照采用该标准的数值。

外螺纹始端端面倒角一般为 45°，也可采用 60° 或 30° 倒角，倒角深度应不小于螺纹牙型高度。内螺纹入口端面的倒角一般为 120°，也可采用 90° 倒角；端面倒角直径为（1.05~1.0）D。

表 10.5-15　外螺纹的收尾、肩距和退刀槽（摘自 GB/T 3—1997）　（mm）

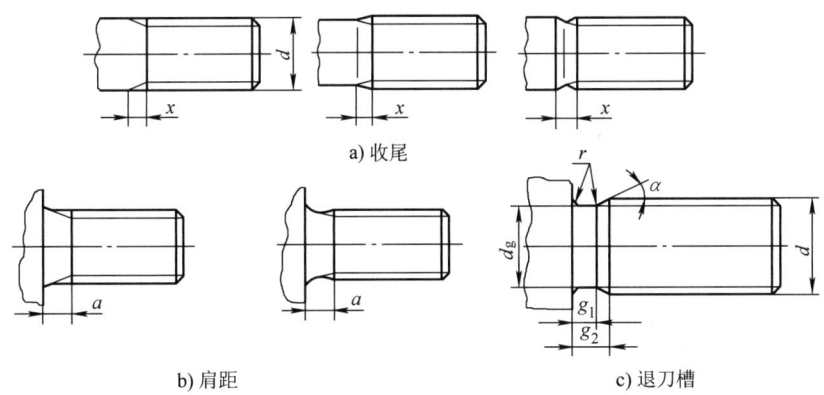

a) 收尾

b) 肩距　　　c) 退刀槽

螺距 P	收尾 x（max）		肩距 a（max）			退刀槽			
	一般	短的	一般	长的	短的	g_1（min）	g_2（max）	d_g	r ≈
0.2	0.5	0.25	0.6	0.8	0.4	—	—	—	—
0.25	0.6	0.3	0.75	1	0.5	0.4	0.75	d-0.4	0.12
0.3	0.75	0.4	0.9	1.2	0.6	0.5	0.9	d-0.5	0.16
0.35	0.9	0.45	1.05	1.4	0.7	0.6	1.05	d-0.6	0.16
0.4	1	0.5	1.2	1.6	0.8	0.6	1.2	d-0.7	0.2
0.45	1.1	0.6	1.35	1.8	0.9	0.7	1.35	d-0.7	0.2
0.5	1.25	0.7	1.5	2	1	0.8	1.5	d-0.8	0.2
0.6	1.5	0.75	1.8	2.4	1.2	0.9	1.8	d-1	0.4
0.7	1.75	0.9	2.1	2.8	1.4	1.1	2.1	d-1.1	0.4

（续）

螺距 P	收尾 x (max) 一般	短的	肩距 a (max) 一般	长的	短的	退刀槽 g_1 (min)	g_2 (max)	d_g	r ≈
0.75	1.9	1	2.25	3	1.5	1.2	2.25	$d-1.2$	0.4
0.8	2	1	2.4	3.2	1.6	1.3	2.4	$d-1.3$	0.4
1	2.5	1.25	3	4	2	1.6	3	$d-1.6$	0.6
1.25	3.2	1.6	4	5	2.5	2	3.75	$d-2$	0.6
1.5	3.8	1.9	4.5	6	3	2.5	4.5	$d-2.3$	0.8
1.75	4.3	2.2	5.3	7	3.5	3	5.25	$d-2.6$	1
2	5	2.5	6	8	4	3.4	6	$d-3$	1
2.5	6.3	3.2	7.5	10	5	4.4	7.5	$d-3.6$	1.2
3	7.5	3.8	9	12	6	5.2	9	$d-4.4$	1.6
3.5	9	4.5	10.5	14	7	6.2	10.5	$d-5$	1.6
4	10	5	12	16	8	7	12	$d-5.7$	2
4.5	11	5.5	13.5	18	9	8	13.5	$d-6.4$	2.5
5	12.5	6.3	15	20	10	9	15	$d-7$	2.5
5.5	14	7	16.5	22	11	11	17.5	$d-7.7$	3.2
6	15	7.5	18	24	12	11	18	$d-8.3$	3.2
参考值	≈2.5P	≈1.25P	=3P	=4P	=2P	—	≈3P	—	—

注：应优先选用"一般长度"的收尾和肩距；"短的"收尾和肩距仅用于结构受限的螺纹件上；产品等级为 B 或 C 级的螺纹紧固件可采用"长的"肩距。

表 10.5-16　内螺纹的收尾、肩距和退刀槽（摘自 GB/T 3—1997）　　　　（mm）

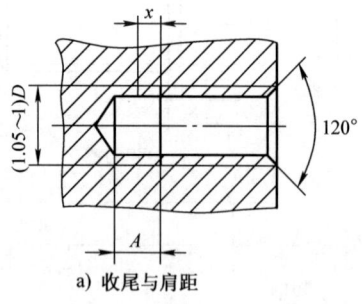

a) 收尾与肩距

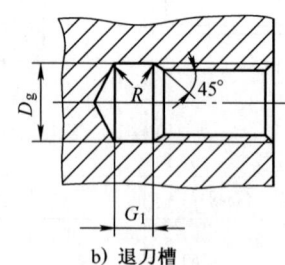

b) 退刀槽

螺距 P	收尾 x (max) 一般	短的	肩距 A 一般	长的	退刀槽 G_1 一般	短的	D_g	R ≈
0.25	1	0.5	1.5	2				
0.3	1.2	0.6	1.8	2.4				
0.35	1.4	0.7	2.2	2.8				
0.4	1.6	0.8	2.5	3.2				
0.45	1.8	0.9	2.8	3.6				

（续）

螺距 P	收尾 x（max）		肩距 A		退刀槽			
					G_1		D_g	R $\approx$
	一般	短的	一般	长的	一般	短的		
0.5	2	1	3	4	2	1		0.2
0.6	2.4	1.2	3.2	4.8	2.4	1.2		0.3
0.7	2.8	1.4	3.5	5.6	2.8	1.4	$D+0.3$	0.4
0.75	3	1.5	3.8	6	3	1.5		0.4
0.8	3.2	1.6	4	6.4	3.2	1.6		0.4
1	4	2	5	8	4	2		0.5
1.25	5	2.5	6	10	5	2.5		0.6
1.5	6	3	7	12	6	3		0.8
1.75	7	3.5	9	14	7	3.5		0.9
2	8	4	10	16	8	4		1
2.5	10	5	12	18	10	5		1.2
3	12	6	14	22	12	6	$D+0.5$	1.5
3.5	14	7	16	24	14	7		1.8
4	16	8	18	26	16	8		2
4.5	18	9	21	29	18	9		2.2
5	20	10	23	32	20	10		2.5
5.5	22	11	25	35	22	11		1.8
6	24	12	28	38	24	12		3
参考值	$4P$	$=2P$	$\approx(6\sim5)P$	$\approx(8\sim6.5)P$	$=4P$	$=2P$	—	$\approx0.5P$

注：1. 应优先选用"一般"长度的收尾和肩距；容屑需要较大空间时可选用"长的"肩距；结构限制时可选用"短的"收尾。

　　2. "短的"退刀槽仅在结构受限制时采用。

　　3. D_g 公差为 H13。

　　4. D 为螺纹公称直径代号。

2. 普通螺纹的内外螺纹余留长度、钻孔余留深度、螺栓凸出螺母的末端长度（表 10.5-17）

表 10.5-17　普通螺纹的内外螺纹余留长度、钻孔余留深度、螺栓凸出螺母的末端长度　（mm）

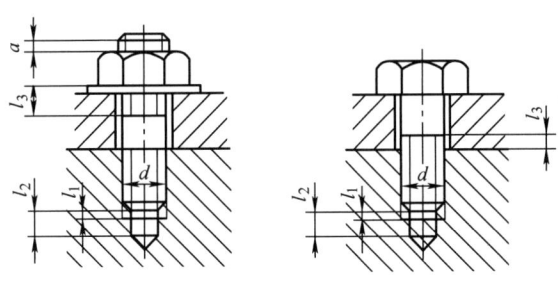

（续）

螺距P	螺纹直径d		余留长度			末端长度
	粗牙	细牙	内螺纹 l_1	钻孔 l_2	外螺纹 l_3	a
0.5	3	5	1	4	2	1~2
0.7	4	—	1.5	5	2.5	2~3
0.75	—	6	1.5	6	2.5	2~3
0.8	5	—	—	—	—	—
1	6	8、10、14、16、18	2	7	3.5	2.5~4
1.25	8	12	2.5	9	4	2.5~4
1.5	10	14、16、18、20、22、24、27、30、33	3	10	4.5	3.5~5
1.75	12	—	3.5	13	5.5	3.5~5
2	14、16	24、27、30、33、36、39、45、48、52	4	14	6	4.5~6.5
2.5	18、20、22	—	5	17	7	4.5~6.5
3	24、27	36、39、42、45、48、56、60、64、72、76	6	20	8	5.5~8
3.5	30	—	7	23	9	5.5~8
4	36	56、60、64、68、72、76	8	26	10	7~11
4.5	42	—	9	30	11	7~11
5	48	—	10	33	13	7~11
5.5	56	—	11	36	16	10~15
6	64、72、76	—	12	40	18	10~15

注：表中数据摘自原 JB/ZQ 4247—2006。

3. 粗牙螺栓螺钉的拧入深度、攻丝深度和钻孔深度（表10.5-18）

表 10.5-18　粗牙螺栓螺钉的拧入深度、攻丝深度和钻孔深度　　　　（mm）

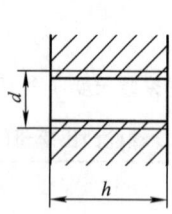 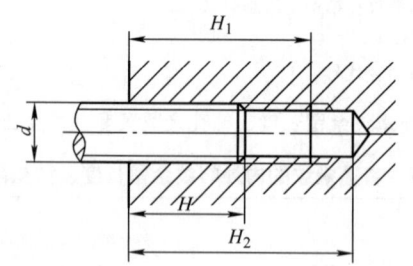

公称直径d	钢和青铜				铸铁				铝			
	通孔拧入深度 h	盲孔拧入深度 H	攻丝深度 H_1	钻孔深度 H_2	通孔拧入深度 h	盲孔拧入深度 H	攻丝深度 H_1	钻孔深度 H_2	通孔拧入深度 h	盲孔拧入深度 H	攻丝深度 H_1	钻孔深度 H_2
3	4	3	4	7	6	5	6	9	8	6	7	10
4	5.5	4	5.5	9	8	6	7.5	11	10	8	10	14
5	7	5	7	11	10	8	10	14	12	10	12	16

（续）

公称直径 d	钢和青铜				铸 铁				铝			
	通孔拧入深度 h	盲孔拧入深度 H	攻丝深度 H_1	钻孔深度 H_2	通孔拧入深度 h	盲孔拧入深度 H	攻丝深度 H_1	钻孔深度 H_2	通孔拧入深度 h	盲孔拧入深度 H	攻丝深度 H_1	钻孔深度 H_2
6	8	6	8	13	12	10	12	17	I5	12	15	20
8	10	8	10	16	15	12	14	20	20	16	18	24
10	12	10	13	20	18	15	18	25	24	20	23	30
12	15	12	15	24	22	18	21	30	28	24	27	36
16	20	16	20	30	28	24	28	33	36	32	36	46
20	26	20	24	36	35	30	35	47	45	40	45	57
24	30	24	30	44	42	35	42	55	55	48	54	68
30	36	30	36	52	50	45	52	68	70	60	67	84
36	45	36	44	62	65	55	64	82	80	72	80	98
42	50	42	50	72	75	65	74	95	95	85	94	115
48	60	48	58	82	85	75	85	108	105	95	105	128

注：表中数据摘自原 JB/GQ 0126—1980，仅供参考。

10.5.8　放扳手处对边和对角宽度尺寸（表 10.5-19）

表 10.5-19　放扳手处对边和对角宽度尺寸　　　　　　　　　　（mm）

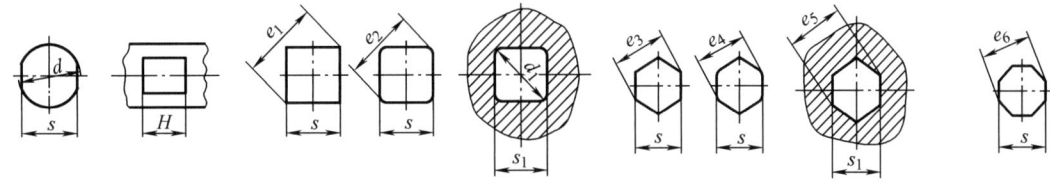

对边基本宽度 S、S_1	偏差		d	H	四边形			六边形			八边形
	ΔS	$ΔS_1$			e_1	e_2 (h11)	d_1 min	e_3 min	e_4	e_5 min	e_6 min
5			6	7	7.1	6.5	6.6	5.45	—	5.75	—
5.5			7	8	7.8	7	7.2	6.01	—	6.32	—
6			7	8	8.5	8	8.1	6.58	—	6.90	—
7			8	8	9.9	9	9.1	7.71	—	8.10	—
8			9	8	11.3	10	10.1	8.84	—	9.21	—
9	h14	E12	10	8	12.7	12	12.1	9.92	—	10.32	—
10			12	10	14.1	13	13.1	11.05	—	11.51	—
11			13	10	15.6	14	14.1	12.12	—	12.63	—
12			14	10	17	16	16.1	13.25	—	13.75	—
13			15	10	18.4	17	17.1	14.38	—	14.96	—

（续）

对边基本宽度 S、S_1	偏差		d	H	四边形			六边形			八边形
	ΔS	ΔS_1			e_1	e_2 (h11)	d_1 min	e_3 min	e_4	e_5 min	e_6 min
14		E12	16	12	19. 8	18	18. 1	15. 51	—	16. 10	—
15			17	12	21. 2	20	20. 2	16. 64	—	17. 22	—
16	h14		18	12	22. 6	21	21. 2	17. 77	—	18. 32	—
17			19	12	24	22	22. 2	18. 90	—	19. 53	—
18			21	12	25. 4	23. 5	23. 7	20. 03	—	21. 10	—
19			22	14	26. 9	25	25. 2	21. 10	—	21. 85	—
20			23	14	28. 3	26	26. 2	22. 23	—	23. 05	—
21			24	14	29. 7	27	27. 2	23. 36	—	24. 20	22.7
22			25	14	31. 1	28	28. 2	24. 49	—	25. 35	23. 8
23			26	14	32. 5	30. 5	30. 7	25. 62	—	26. 32	24. 9
24			28	14	33. 9	32	32. 2	26. 75	—	27. 65	26
25			29	16	35. 5	33. 5	33. 7	27. 88	—	28. 82	27
26			31	16	36. 8	34. 5	34. 7	29. 01	—	29. 96	28. 1
27			32	16	38. 2	36	36. 2	30. 14	—	31. 12	29. 1
28	h15		33	18	39. 6	37. 5	37. 7	31. 27	—	32. 44	30. 2
30			35	18	42. 4	40	40. 2	33. 53	—	34. 52	32. 5
32			38	20	45. 3	42	42. 2	35. 20	—	36. 81	34. 6
34		D12	40	20	48	46	46. 2	37. 72	—	39. 10	36. 7
36			42	22	50. 9	48	48. 2	39. 98	—	41. 61	39
41			48	22	58	54	54. 2	45. 63	—	46. 95	44. 4
46			52	25	65. 1	60	60. 2	51. 28	—	52. 80	49. 8
50			58	25	70. 7	65	65. 2	55. 80	—	57. 20	54. 1
55			65	28	77. 8	72	72. 2	61. 31	—	62. 98	59. 5
60			70	30	84. 8	80	80. 2	66. 96	—	68. 80	64. 9
65			75	32	91. 9	85	85. 2	72. 61	—	74. 42	70. 3
70			82	35	99	92	92. 2	78. 26	—	80. 01	75. 7
75			88	35	106	98	98. 2	83. 91	—	85. 70	81. 2
80			92	38	113	105	105. 2	89. 56	—	91. 45	86. 6
85			98	40	120	112	112. 2	95. 07	—	97. 10	92
90	h16		105	42	127	18	118. 2	100. 72	—	102. 80	97. 4
95			110	45	134	125	125. 2	106. 37	—	108. 50	103
100			115	45	141	132	132. 2	112. 02	—	114. 20	108
105			122	48	148	138	138. 2	117. 67	—	119. 90	114
110			128	50	156	145	145. 2	123. 32	—	125. 60	119
115			132	52	163	152	152. 2	128. 97	—	131. 40	124

（续）

对边基本宽度 S、S_1	偏差		d	H	四边形			六边形			八边形
	ΔS	ΔS_1			e_1	e_2 (h11)	d_1 min	e_3 min	e_4	e_5 min	e_6 min
120	h16		140	55	170	160	160.2	134.62	—	137.00	130
130			150	58	184	170	170.2	145.77	—	148.50	141
135			158	62	191	178	178.2	151.42	—	154.15	146
145			168	66	205	190	190.2	162.72	—	165.50	157
150			—	—	—	—	—	168.37	165	171.22	162
155			—	—	—	—	—	174.02	170	176.90	168
165			—	—	—	—	—	185.32	180	188.32	179
170			—	—	—	—	—	190.97	186	194.00	184
175			—	—	—	—	—	196.62	192	199.80	189
180			—	—	—	—	—	202.27	198	205.50	195
185	h17	D12	—	—	—	—	—	207.75	205	211.12	200
190			—	—	—	—	—	213.40	210	216.85	206
200			—	—	—	—	—	224.70	220	228.21	216
210			—	—	—	—	—	236.00	232	239.62	227
220			—	—	—	—	—	247.30	242	251.00	238
230			—	—	—	—	—	258.60	255	262.42	249
235			—	—	—	—	—	264.25	260	268.15	254
245			—	—	—	—	—	275.55	270	279.52	265
255			—	—	—	—	—	286.68	280	291.10	276
265			—	—	—	—	—	297.98	290	302.40	287
270			—	—	—	—	—	303.63	298	308.20	292
280			—	—	—	—	—	314.93	308	319.50	303
290			—	—	—	—	—	326.23	320	330.90	314
300			—	—	—	—	—	337.53	330	342.42	−325
310			—	—	—	—	—	348.83	340	353.80	335
320			—	—	—	—	—	360.02	352	365.10	346
330			—	—	—	—	—	371.32	362	376.50	357
340			—	—	—	—	—	382.62	375	388.00	368
350			—	—	—	—	—	393.92	385	399.40	379
365			—	—	—	—	—	410.87	400	416.50	395
380			—	—	—	—	—	427.82	420	433.00	411
395			—	—	—	—	—	444.77	435	450.60	427
410			—	—	—	—	—	461.55	452	467.80	444
425			—	—	—	—	—	478.50	470	484.80	460
440			—	—	—	—	—	495.45	485	502.00	476

（续）

对边基本宽度 S、S_1	偏差		d	H	四边形			六边形			八边形
	ΔS	ΔS_1			e_1	e_2 (h11)	d_1 min	e_3 min	e_4	e_5 min	e_6 min
455			—	—	—	—	—	512.40	500	519.00	492
470			—	—	—	—	—	529.35	518	536.20	509
480	h17	D12	—	—	—	—	—	540.65	528	547.52	519
495			—	—	—	—	—	557.60	545	564.60	536
510			—	—	—	—	—	—	560	—	552
525			—	—	—	—	—	—	580	—	568

注：表中数据摘自原 JB/ZQ 4263—2006。

10.5.9 扳手空间（表 10.5-20）

表 10.5-20 扳手空间 （mm）

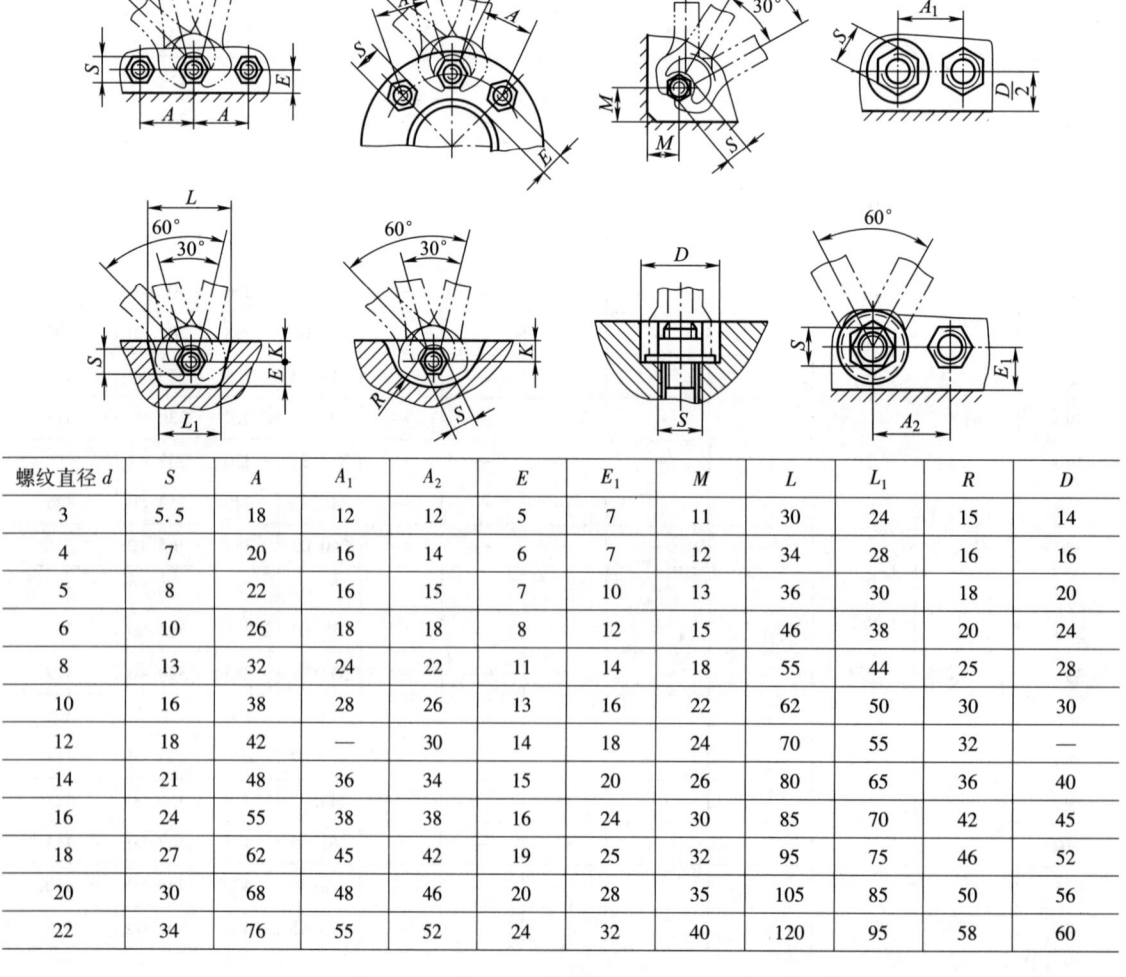

螺纹直径 d	S	A	A_1	A_2	E	E_1	M	L	L_1	R	D
3	5.5	18	12	12	5	7	11	30	24	15	14
4	7	20	16	14	6	7	12	34	28	16	16
5	8	22	16	15	7	10	13	36	30	18	20
6	10	26	18	18	8	12	15	46	38	20	24
8	13	32	24	22	11	14	18	55	44	25	28
10	16	38	28	26	13	16	22	62	50	30	30
12	18	42	—	30	14	18	24	70	55	32	—
14	21	48	36	34	15	20	26	80	65	36	40
16	24	55	38	38	16	24	30	85	70	42	45
18	27	62	45	42	19	25	32	95	75	46	52
20	30	68	48	46	20	28	35	105	85	50	56
22	34	76	55	52	24	32	40	120	95	58	60

（续）

螺纹直径 d	S	A	A_1	A_2	E	E_1	M	L	L_1	R	D
24	36	80	58	55	24	34	42	125	100	60	70
27	41	90	65	62	26	36	46	135	110	65	76
30	46	100	72	70	30	40	50	155	125	75	82
33	50	108	76	75	32	44	55	165	130	80	88
36	55	118	85	82	36	48	60	180	145	88	95
39	60	125	90	88	38	52	65	190	155	92	100
42	65	135	96	96	42	55	70	205	165	100	106
45	70	145	105	102	45	60	75	220	175	105	112
48	75	160	115	112	48	65	80	235	185	115	126
52	80	170	120	120	48	70	84	245	195	125	132
56	85	180	126	—	52	—	90	260	205	130	138
60	90	185	134	—	58	—	95	275	215	135	145
64	95	195	140	—	58	—	100	285	225	140	152
68	100	205	145	—	65	—	105	300	235	150	158
72	105	215	155	—	68	—	110	320	250	160	168
76	110	225	—	—	70	—	115	335	265	165	—
80	115	235	165	—	72	—	120	345	275	170	178
85	120	245	175	—	75	—	125	360	285	180	188
90	130	260	190	—	80	—	135	390	310	190	208
95	135	270	—	—	85	—	140	405	320	200	—
100	145	290	215	—	95	—	150	435	340	215	238

注：表中数据摘自原 JB/ZQ 4005—2006。

10.5.10　中心孔的型式和尺寸（表 10.5-21）

表 10.5-21　中心孔的型式和尺寸（摘自 GB/T 145—2001）

A 型	d	D	l_2	t（参考）	d	D	l_2	t（参考）
	(0.50)	1.06	0.48	0.5	2.50	5.30	2.42	2.2
	(0.63)	1.32	0.60	0.6	3.15	6.70	3.07	2.8
	(0.80)	1.70	0.78	0.7	4.00	8.50	3.90	3.5
	1.00	2.12	0.97	0.9	(5.00)	10.60	4.85	4.4
	(1.25)	2.65	1.21	1.1	6.30	13.20	5.98	5.5
	1.60	3.35	1.52	1.4	(8.00)	17.00	7.79	7.0
	2.00	4.25	1.95	1.8	10.00	21.20	9.70	8.7

注：1. 尺寸 l_1 取决于中心钻的长度 l_1，即使中心钻重磨后再使用，此值也不应小于 t 值。

　　2. 表中同时列出了 D 和 l_2 尺寸，制造厂可任选其中一个尺寸。

　　3. 括号内的尺寸尽量不采用。

（续）

型	图	d	D_1	D_2	l_2	t(参考)	d	D_1	D_2	l_2	t(参考)
B型		1.00	2.12	3.15	1.27	0.9	4.00	8.50	12.50	5.05	3.50
		(1.25)	2.65	4.00	1.60	1.1	(5.00)	10.60	16.00	6.41	4.40
		1.60	3.35	5.00	1.99	1.4	6.30	13.20	18.00	7.36	5.50
		2.00	4.25	6.30	2.54	1.8	(8.00)	17.00	22.40	9.36	7.00
		2.50	5.30	8.00	3.20	2.2	10.00	21.20	28.00	11.66	8.70
		3.15	6.70	10.00	4.03	2.8	—	—	—	—	—

注：1. 尺寸 l_1 取决于中心钻的长度 l_1，即使中心钻重磨后再使用，此值也不应小于 t 值。
2. 表中同时列出了 D_2 和 l_2 尺寸，制造厂可任选其中一个尺寸。
3. 尺寸 d 和 D_1 与中心钻的尺寸一致。
4. 括号内的尺寸尽量不采用。

型	图	d	D_1	D_2	D_3	l	l_1(参考)	d	D_1	D_2	D_3	l	l_1(参考)
C型		M3	3.2	5.3	5.8	2.6	1.8	M10	10.5	14.9	16.3	7.5	3.8
		M4	4.3	6.7	7.4	3.2	2.1	M12	13.0	18.1	19.8	9.5	4.4
		M5	5.3	8.1	8.8	4.0	2.4	M16	17.0	23.0	25.3	12.0	5.2
		M6	6.4	9.6	10.5	5.0	2.8	M20	21.0	28.4	31.3	15.0	6.4
		M8	8.4	12.2	13.2	6.0	3.3	M24	26.0	34.2	38.0	18.0	8.0

型	图	d	D	l_{min}	r max	r min	d	D	l_{min}	r max	r min
R型		1.00	2.12	2.3	3.15	2.50	4.00	8.50	8.9	12.50	10.00
		(1.25)	2.65	2.8	4.00	3.15	(5.00)	10.60	10.2	16.00	12.50
		1.60	3.35	3.5	5.00	4.00	6.30	13.20	14.0	20.00	16.00
		2.00	4.25	4.4	6.30	5.00	(8.00)	17.00	17.9	25.00	20.00
		2.50	5.30	5.5	8.00	6.30	10.00	21.20	22.5	31.50	25.00
		3.15	6.70	7.0	10.00	8.00	—	—	—	—	—

注：括号内的尺寸尽量不采用。

10.5.11 　零件倒圆与倒角（表 10.5-22）

表 10.5-22 　零件倒圆与倒角（摘自 GB/T 6403.4—2008） 　　　　　　　（mm）

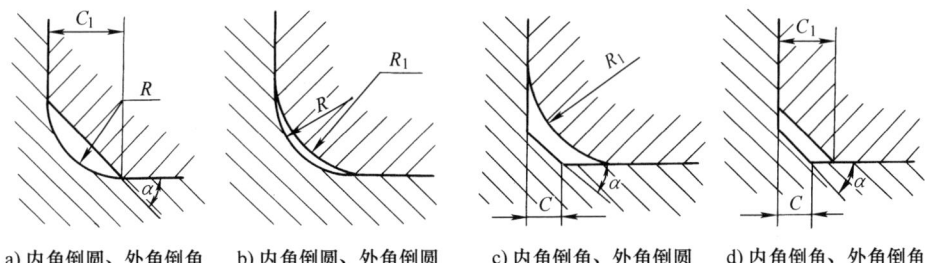

a) 内角倒圆、外角倒角　　b) 内角倒圆、外角倒圆　　c) 内角倒角、外角倒圆　　d) 内角倒角、外角倒角

倒圆、倒角尺寸 R、C 系列值

0.1、0.2、0.3、0.4、0.5、0.6、0.8、1.0、1.2、1.6、2.0、2.5、3.0、4.0、5.0、6.0、8.0、10、12、16、20、25、32、40、50

内角倒角、外角倒圆时 C 的最大值（C_{max}）与 R_1 的关系

R_1	0.1	0.2	0.3	0.4	0.5	0.6	0.8	1.0	1.2	1.6	2.0	2.5	3.0	4.0	5.0	6.0	8.0	10	12	16	20	25
C_{max}	—	0.1	0.1	0.2	0.2	0.3	0.4	0.5	0.6	0.8	1.0	1.2	1.6	2.0	2.5	3.0	4.0	5.0	6.0	8.0	10	12

与直径 ϕ 相应的倒角 C、倒圆 R 的推荐值

ϕ	~3	>3~6	>6~10	>10~18	>18~30	>30~50	>50~80	>80~120	>120~180
C 或 R	0.2	0.4	0.6	0.8	1.0	1.6	2.0	2.5	3.0

ϕ	>180~250	>250~320	>320~400	>400~500	>500~630	>630~800	>800~1000	>1000~1250	>1250~1600
C 或 R	4.0	5.0	6.0	8.0	10	12	16	20	25

注：1. α 一般采用 45°，也可采用 30° 或 60°。

　　2. 四种装配方式中，R_1、C_1 的偏差为正，R、C 的偏差为负。

　　3. 本标准适用于一般情况，不适用于有特殊要求的倒圆倒角。

10.5.12 　球面半径（表 10.5-23）

表 10.5-23 　球面半径（摘自 GB/T 6403.1—2008） 　　　　　　　（mm）

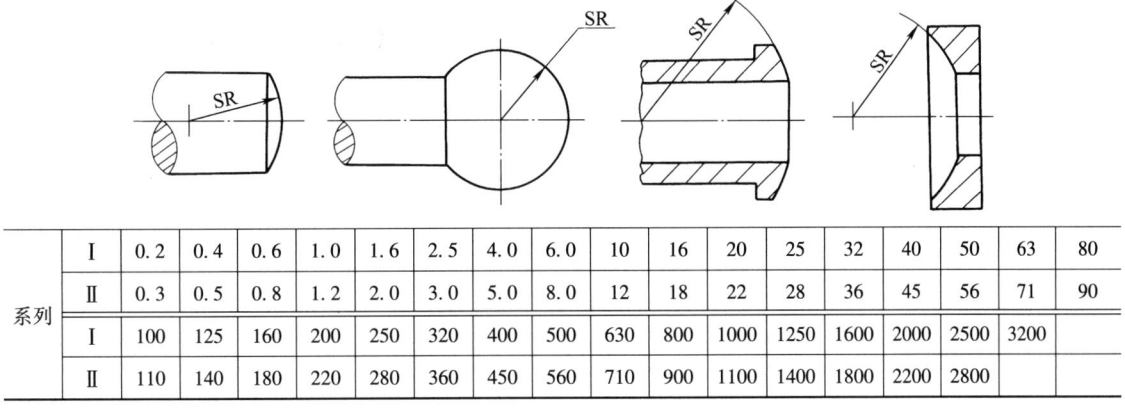

系列	Ⅰ	0.2	0.4	0.6	1.0	1.6	2.5	4.0	6.0	10	16	20	25	32	40	50	63	80
	Ⅱ	0.3	0.5	0.8	1.2	2.0	3.0	5.0	8.0	12	18	22	28	36	45	56	71	90
	Ⅰ	100	125	160	200	250	320	400	500	630	800	1000	1250	1600	2000	2500	3200	
	Ⅱ	110	140	180	220	280	360	450	560	710	900	1100	1400	1800	2200	2800		

注：优先选用表中第Ⅰ系列。

10.5.13　圆形零件表面过渡圆角半径和过盈配合连接轴用倒角（表 10.5-24）

表 10.5-24　圆形零件表面过渡圆角半径和过盈配合连接轴用倒角　　　　（mm）

<table>
<tr><td rowspan="4">圆
角
半
径</td><td rowspan="4">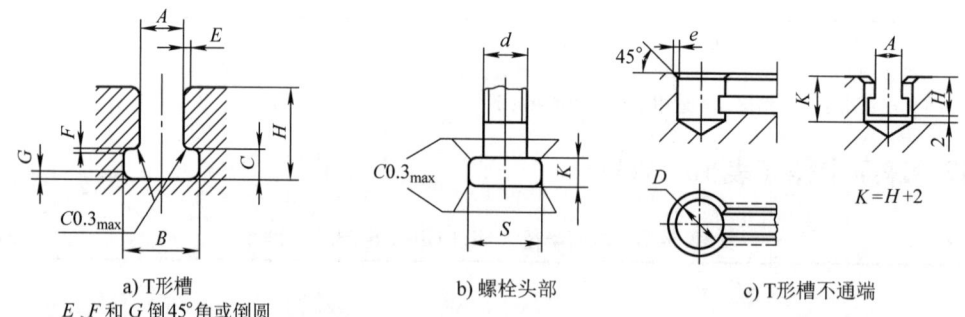</td><td>$D-d$</td><td>2</td><td>5</td><td>8</td><td>10</td><td>15</td><td>20</td><td>25</td><td>30</td><td>35</td><td>40</td><td>50</td><td>55</td><td>65</td><td>70</td><td>90</td><td>100</td><td>130</td></tr>
<tr><td>R</td><td>1</td><td>2</td><td>3</td><td>4</td><td>5</td><td>8</td><td>10</td><td>12</td><td>12</td><td>16</td><td>16</td><td>20</td><td>20</td><td>25</td><td>25</td><td>30</td><td>30</td></tr>
<tr><td>$D-d$</td><td>140</td><td>170</td><td>180</td><td>220</td><td>230</td><td>290</td><td>300</td><td>360</td><td>370</td><td>450</td><td>460</td><td>540</td><td>550</td><td>650</td><td>660</td><td>760</td><td>—</td></tr>
<tr><td>R</td><td>40</td><td>40</td><td>50</td><td>50</td><td>60</td><td>60</td><td>80</td><td>80</td><td>100</td><td>100</td><td>125</td><td>125</td><td>160</td><td>160</td><td>200</td><td>200</td><td></td></tr>
</table>

<table>
<tr><td rowspan="3">过
盈
配
合
连
接
轴
用
倒
角</td><td rowspan="3"></td><td>D</td><td>≤10</td><td>>10
~18</td><td>>18
~30</td><td>>30
~50</td><td>>50
~80</td><td>>80
~120</td><td>>120
~180</td><td>>180
~260</td><td>>260
~360</td><td>>360
~500</td></tr>
<tr><td>a</td><td>1</td><td>1.5</td><td>2</td><td>3</td><td>5</td><td>5</td><td>8</td><td>10</td><td>10</td><td>12</td></tr>
<tr><td>α</td><td colspan="4">30°</td><td colspan="6">10°</td></tr>
</table>

注：1. 尺寸 $D-d$ 是表中数值的中间值时，则按较小尺寸来选取 R。例如 $D-d=98$mm，则按 90 选 $R=25$mm。

　　2. 表中数据摘自 Q/ZB 138—1973，仅供参考。

10.5.14　T 形槽和 T 形槽螺栓（表 10.5-25～表 10.5-27）

表 10.5-25　T 形槽和 T 形槽螺栓头部尺寸（摘自 GB/T 158—1996）　　　（mm）

a) T形槽
E、F 和 G 倒45°角或倒圆　　　　b) 螺栓头部　　　　c) T形槽不通端

T形槽											螺栓头部		
A	B		C		H		E	F	G	D			d	S	K
基本尺寸 (T形槽 宽度)	最小尺寸	最大尺寸	最小尺寸	最大尺寸	最小尺寸	最大尺寸	最大尺寸	最大尺寸	最大尺寸	基本尺寸	极限偏差	e	公称尺寸	最大尺寸	最大尺寸
5	10	11	3.5	4.5	8	10	1	0.6	1	15	+1 0	0.5	M4	9	3
6	11	12.5	5	6	11	13				16			M5	10	4

（续）

T 形槽												螺栓头部		
A	B		C		H		E	F	G	D		e	d	S	K
基本尺寸（T 形槽宽度）	最小尺寸	最大尺寸	最小尺寸	最大尺寸	最小尺寸	最大尺寸	最大尺寸	最大尺寸	最大尺寸	基本尺寸	极限偏差		公称尺寸	最大尺寸	最大尺寸
8	14.5	16	7	8	15	18	1	0.6	1	20	+1.5 0	1	M6	13	6
10	16	18	7	8	17	21	1	0.6	1	22	+1.5 0	1	M8	15	6
12	19	21	8	9	20	25	1	0.6	1	28	+1.5 0	1	M10	18	7
14	23	25	9	11	23	28	1	0.6	1.6	32	+1.5 0	1	M12	22	8
18	30	32	12	14	30	36	1.6	1	1.6	42	+1.5 0	1.5	M16	28	10
22	37	40	16	18	38	45	1.6	1	1.6	50	+1.5 0	1.5	M20	34	14
28	46	50	20	22	48	56	1.6	1	2.5	62	+1.5 0	1.5	M24	43	18
36	56	60	25	28	61	71	1.6	1	2.5	76	+2 0	1.5	M30	53	23
42	68	72	32	35	74	85	2.5	1.6	4	92	+2 0	2	M36	64	28
48	80	85	36	40	84	95	2.5	2	6	108	+2 0	2	M42	75	32
54	90	95	40	44	94	106	2.5	2	6	122	+2 0	2	M48	85	36

表 10.5-26　T 形槽间距尺寸（GB/T 158—1996）　　　（mm）

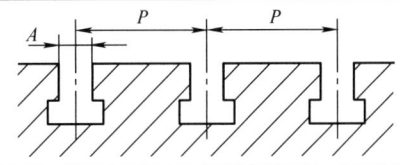

T 形槽宽度 A	T 形槽间距 P				T 形槽宽度 A	T 形槽间距 P			
5	—	20	25	32	22	(80)	100	125	160
6	—	25	32	40	28	100	125	160	200
8	—	32	40	50	36	125	160	200	250
10	—	40	50	63	42	160	200	250	320
12	(40)	50	63	80	48	200	250	320	400
14	(50)	63	80	100	54	250	320	400	500
18	(63)	80	100	125	—	—	—	—	—

注：括号内的数值与 T 形槽槽底宽度最大值的差值可能较小，应避免采用。

表 10.5-27　T 形槽间距极限偏差（摘自 GB/T 158—1996）　　　（mm）

T 形槽间距 P	极限偏差	说明
20	±0.2	不相邻槽间距累积误差不受该表限制
25	±0.2	
32~100	±0.3	
125~250	±0.5	
320~500	±0.8	

注：任一 T 形槽间距的极限偏差都不是累计误差。

10.5.15　燕尾槽（表 10.5-28）

表 10.5-28　燕尾槽　　　　　　　　　　　　　　　　（mm）

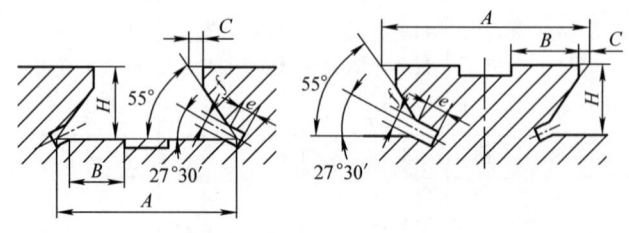

A	40~65	50~70	60~90	80~125	100~160	125~200	160~250	200~320	250~400	320~500
B	12	16	20	25	32	40	50	65	80	100
C	1.5~5									
e	2		3				4			
f	2		3				4			
H	8	10	12	16	20	25	32	40	50	65

注：1. A（mm）的系列为 40、45、50、55、60、65、70、80、90、100、110、125、140、160、180、200、225、250、280、320、360、400、450、500。

2. C 为推荐值。

3. 表中数据摘自原 JB/ZQ 4241—2006。

10.5.16　砂轮越程槽（表 10.5-29~表 10.5-32）

表 10.5-29　回转面及端面砂轮越程槽（摘自 GB/T 6403.5—2008）　　　　　（mm）

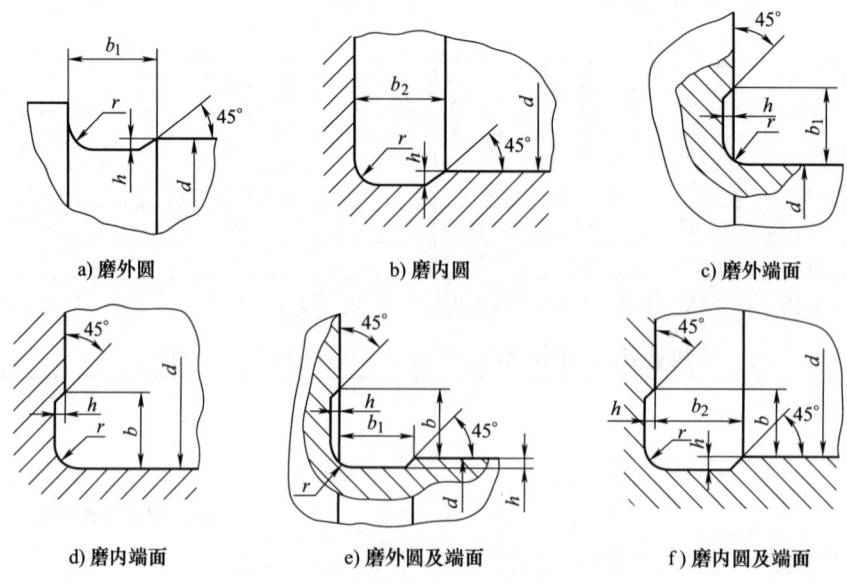

（续）

b_1	0.6	1.0	1.6	2.0	3.0	4.0	5.0	8.0	10
b_2	2.0	3.0		4.0		5.0		8.0	10
h	0.1	0.2		0.3	0.4		0.6	0.8	1.2
r	0.2	0.5		0.8	1.0		1.6	2.0	3.0
d	≤10			>10~50		>50~100		>100	

注：1. 越程槽内与直线相交处，不允许产生尖角。
　　2. 越程槽深度 h 与圆弧半径 r 要满足 $r < 3h$。
　　3. 磨削具有数个直径的工件时，可使用同一规格的越程槽。
　　4. 直径 d 值大的零件，允许选择小规格的砂轮越程槽。
　　5. 砂轮越程槽的尺寸公差和表面粗糙度根据该零件的结构性能确定。

表 10.5-30　平面砂轮、V 形砂轮越程槽（摘自 GB/T 6403.5—2008）　　（mm）

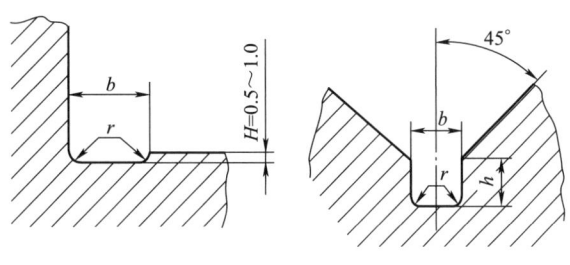

a) 平面砂轮越程槽　　　　　b) V形砂轮越程槽

b	2	3	4	5
h	1.6	2.0	2.5	3.0
r	0.5	1.0	1.2	1.6

表 10.5-31　燕尾导轨砂轮越程槽（摘自 GB/T 6403.5—2008）　　（mm）

	H	5	6	8	10	12	16	20	25	32	40	50	63	80
$\alpha=30°\sim60°$	b													
		1	2		3			4			5			6
	h													
	r	0.5	0.5		1.0			1.6			1.6			2.0

表 10.5-32　矩形导轨砂轮越程槽（摘自 GB/T 6403.5—2008）　　　　　（mm）

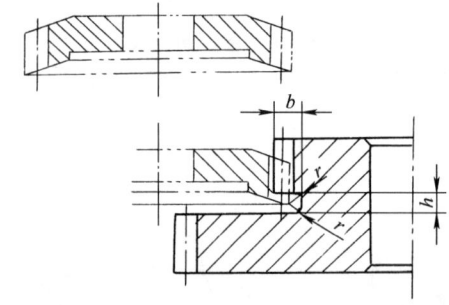

H	8	10	12	16	20	25	32	40	50	63	80	100
b	2				3				5		8	
h	1.6				2.0				3.0		5.0	
r	0.5				1.0				1.6		2.0	

10.5.17　插齿退刀槽（表 10.5-33）

表 10.5-33　插齿退刀槽　　　　　（mm）

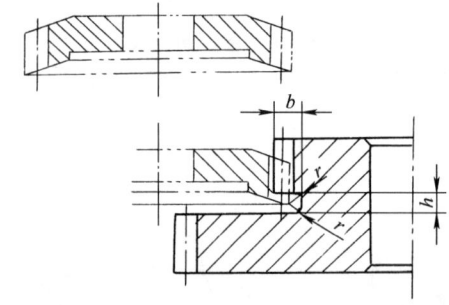

模数	2	2.5	3	4	5	6	7	8	9	10	12	14	16	18	20	22	25
h_{min}	5	6	6	6	7	7	7	8	8	8	9	9	9	10	10	10	12
b_{min}	5	6	7.5	10.5	13	15	16	19	22	24	28	33	38	42	46	51	58
r	0.5			1.0													

注：表中数据摘自原 JB/ZQ 4239—1986。

10.6　极限与配合

10.6.1　极限与配合标准数值表

1. 标准公差数值表（表 10.6-1）。

表 10.6-1　公称尺寸至 3150mm 的标准公差数值表（摘自 GB/T 1800.1—2020）

公称尺寸 /mm		标准公差等级																	
		IT1	IT2	IT3	IT4	IT5	IT6	IT7	IT8	IT9	IT10	IT11	IT12	IT13	IT14	IT15	IT16	IT17	IT18
大于	至	标准公差数值																	
		μm											mm						
—	3	0.8	1.2	2	3	4	6	10	14	25	40	60	0.1	0.14	0.25	0.4	0.6	1	1.4
3	6	1	1.5	2.5	4	5	8	12	18	30	48	75	0.12	0.18	0.3	0.48	0.75	1.2	1.8
6	10	1	1.5	2.5	4	6	9	15	22	36	58	90	0.15	0.22	0.36	0.58	0.9	1.5	2.2

（续）

公称尺寸 /mm		标准公差等级																	
		IT1	IT2	IT3	IT4	IT5	IT6	IT7	IT8	IT9	IT10	IT11	IT12	IT13	IT14	IT15	IT16	IT17	IT18
大于	至	标准公差数值																	
		μm											mm						
10	18	1.2	2	3	5	8	11	18	27	43	70	110	0.18	0.27	0.43	0.7	1.1	1.8	2.7
18	30	1.5	2.5	4	6	9	13	21	33	52	84	130	0.21	0.33	0.52	0.84	1.3	2.1	3.3
30	50	1.5	2.5	4	7	11	16	25	39	62	100	160	0.25	0.39	0.62	1	1.6	2.5	3.9
50	80	2	3	5	8	13	19	30	46	74	120	190	0.3	0.46	0.74	1.2	1.9	3	4.6
80	120	2.5	4	6	10	15	22	35	54	87	140	220	0.35	0.54	0.87	1.4	2.2	3.5	5.4
120	180	3.5	5	8	12	18	25	40	63	100	160	250	0.4	0.63	1	1.6	2.5	4	6.3
180	250	4.5	7	10	14	20	29	46	72	115	185	290	0.46	0.72	1.15	1.85	2.9	4.6	7.2
250	315	6	8	12	16	23	32	52	81	130	210	320	0.52	0.81	1.3	2.1	3.2	5.2	8.1
315	400	7	9	13	18	25	36	57	89	140	230	360	0.57	0.89	1.4	2.3	3.6	5.7	8.9
400	500	8	10	15	20	27	40	63	97	155	250	400	0.63	0.97	1.55	2.5	4	6.3	9.7
500	630	9	11	16	22	32	44	70	110	175	280	440	0.7	1.1	1.75	2.8	4.4	7	11
630	800	10	13	18	25	36	50	80	125	200	320	500	0.8	1.25	2	3.2	5	8	12.5
800	1000	11	15	21	28	40	56	90	140	230	360	560	0.9	1.4	2.3	3.6	5.6	9	14
1000	1250	13	18	24	33	47	66	105	165	260	420	660	1.05	1.65	2.6	4.2	6.6	10.5	16.5
1250	1600	15	21	29	39	55	78	125	195	310	500	780	1.25	1.95	3.1	5	7.8	12.5	19.5
1600	2000	18	25	35	46	65	92	150	230	370	600	920	1.5	2.3	3.7	6	9.2	15	23
2000	2500	22	30	41	55	78	110	175	280	440	700	1100	1.75	2.8	4.4	7	11	17.5	28
2500	3150	26	36	50	68	96	135	210	330	540	860	1350	2.1	3.3	5.4	8.6	13.5	21	33

2. 尺寸至 500mm 孔、轴的极限偏差（表 10.6-2 和表 10.6-3）

表 10.6-2 和表 10.6-3 中的公差带根据 GB/T 1800.1—2020 的推荐录入，孔、轴的极限偏差数值摘自 GB/T 1800.2—2020。选用时，应优先选用标注▲的公差，其次选用黑方框中的公差带，最后选用其他的公差带。

表 10.6-2　孔的极限偏差（摘自 GB/T 1800.1—2020）　　　　　　　　　　（μm）

公称尺寸 /mm		基本偏差												
		A				B				C				
大于	至	9	10	▲11	12	9	10	▲11	12	8	9	10	▲11	12
—	3	+295 +270	+310 +270	+330 +270	+370 +270	+165 +140	+180 +140	+200 +140	+240 +140	+74 +60	+85 +60	+100 +60	+120 +60	+160 +60
3	6	+300 +270	+318 +270	+345 +270	+390 +270	+170 +140	+188 +140	+215 +140	+260 +140	+88 +70	+100 +70	+118 +70	+145 +70	+190 +70
6	10	+316 +280	+338 +280	+370 +280	+430 +280	+186 +150	+208 +150	+240 +150	+300 +150	+102 +80	+116 +80	+138 +80	+170 +80	+230 +80
10	14	+333 +290	+360 +290	+400 +290	+470 +290	+193 +150	+220 +150	+260 +150	+330 +151	+122 +95	+138 +95	+165 +95	+205 +95	+275 +95
14	18													
18	30	+352 +300	+384 +300	+430 +300	+510 +300	+212 +160	+244 +160	+290 +160	+370 +160	+143 +110	+162 +110	+194 +110	+240 +110	+320 +110
30	40	+372 +310	+410 +310	+470 +310	+560 +310	+232 +170	+270 +170	+330 +170	+420 +170	+159 +120	+182 +120	+220 +120	+280 +120	+370 +120
40	50	+382 +320	+420 +320	+480 +320	+570 +320	+242 +180	+280 +180	+340 +180	+430 +180	+169 +130	+192 +130	+230 +130	+290 +130	+380 +130
50	65	+414 +340	+460 +340	+530 +340	+640 +340	+264 +190	+310 +190	+380 +190	+490 +190	+186 +140	+214 +140	+260 +140	+330 +140	+440 +140
65	80	+434 +360	+480 +360	+550 +360	+660 +360	+274 +200	+320 +200	+390 +200	+500 +200	+196 +150	+224 +150	+270 +150	+340 +150	+450 +150
80	100	+467 +380	+520 +380	+600 +380	+730 +380	+307 +220	+360 +220	+440 +220	+570 +220	+224 +170	+257 +170	+310 +170	+390 +170	+520 +170
100	120	+497 +410	+550 +410	+630 +410	+760 +410	+327 +240	+380 +240	+460 +240	+590 +240	+234 +180	+267 +180	+320 +180	+400 +180	+530 +180
120	140	+560 +460	+620 +460	+710 +460	+860 +460	+360 +260	+420 +260	+510 +260	+660 +260	+263 +200	+300 +200	+360 +200	+450 +200	+600 +200
140	160	+620 +520	+680 +520	+770 +520	+920 +520	+380 +280	+440 +280	+530 +280	+680 +280	+273 +210	+310 +210	+370 +210	+460 +210	+610 +210
160	180	+680 +580	+740 +580	+830 +580	+980 +580	+410 +310	+470 +310	+560 +310	+710 +310	+293 +230	+330 +230	+390 +230	+480 +230	+630 +230
180	200	+680 +580	+740 +580	+830 +580	+980 +580	+410 +310	+470 +310	+560 +310	+710 +310	+293 +230	+330 +230	+390 +230	+480 +230	+700 +240
200	225	+775 +660	+845 +660	+950 +660	+1120 +660	+455 +340	+525 +340	+630 +340	+800 +340	+312 +240	+355 +240	+425 +240	+530 +240	+720 +260
225	250	+855 +740	+925 +740	+1030 +740	+1200 +740	+495 +380	+565 +380	+670 +380	+840 +380	+332 +260	+375 +260	+445 +260	+550 +260	+740 +280
250	280	+1050 +920	+1130 +920	+1240 +920	+1440 +920	+610 +480	+690 +480	+800 +480	+1000 +480	+381 +300	+430 +309	+510 +300	+620 +300	+820 +300
280	315	+1180 +1050	+1260 +1050	+1370 +1050	+1570 +1050	+670 +540	+750 +540	+860 +540	+1060 +540	+411 +330	+460 +330	+540 +330	+650 +330	+850 +330
315	355	+1340 +1200	+1430 +1200	+1560 +1200	+1770 +1200	+740 +600	+830 +600	+960 +600	+1170 +600	+449 +360	+500 +360	+590 +360	+720 +360	+930 +360
355	400	+1490 +1350	+1580 +1350	+1710 +1350	+1920 +1350	+820 +680	+910 +680	+1040 +680	+1250 +680	+489 +400	+540 +400	+630 +400	+760 +400	+970 +400
400	450	+1655 +1500	+1750 +1500	+1900 +1500	+2130 +1500	+915 +760	+1010 +760	+1160 +760	+1390 +760	+537 +440	+595 +440	+690 +440	+80 +440	+1070 +440
450	500	+1805 +1650	+1900 +1650	+2050 +1650	+2280 +1650	+995 +840	+1090 +840	+1240 +840	+1470 +840	+577 +480	+635 +480	+730 +480	+880 +480	+1110 +480

（续）

公称尺寸 /mm		基本偏差												
		D					E				F			
大于	至	7	8	9	▲10	11	7	8	▲9	10	6	7	▲8	9
—	3	+30 +20	+34 +20	+45 +20	+60 +20	+80 +20	+24 +14	+28 +14	+39 +14	+54 +14	+12 +6	+16 +6	+20 +6	+31 +6
3	6	+42 +30	+48 +30	+60 +30	+78 +30	+105 +30	+32 +20	+38 +20	+50 +20	+68 +20	+18 +10	+22 +10	+28 +10	+40 +10
6	10	+55 +40	+62 +40	+76 +40	+98 +40	+130 +40	+40 +25	+47 +25	+61 +25	+83 +25	+22 +13	+28 +13	+35 +13	+49 +13
10	18	+68 +50	+77 +50	+93 +50	+120 +50	+160 +50	+50 +32	+59 +32	+75 +32	+102 +32	+27 +16	+34 +16	+43 +16	+59 +16
18	30	+86 +65	+98 +65	+117 +65	+149 +65	+195 +65	+61 +40	+73 +40	+92 +40	+124 +40	+33 +20	+41 +20	+53 +20	+72 +20
30	50	+105 +80	+119 +80	+142 +80	+180 +80	+240 +80	+75 +50	+89 +50	+112 +50	+150 +50	+41 +25	+50 +25	+64 +25	+87 +25
50	80	+130 +100	+146 +100	+174 +100	+220 +100	+290 +100	+90 +60	+106 +60	+134 +60	+180 +60	+49 +30	+60 +30	+76 +30	+104 +30
80	120	+155 +120	+174 +120	+207 +120	+260 +120	+340 +120	+107 +72	+126 +72	+159 +72	+212 +72	+58 +36	+71 +36	+90 +36	+123 +36
120	180	+185 +145	+208 +145	+245 +145	+305 +145	+395 +145	+125 +85	+148 +85	+185 +85	+245 +85	+68 +43	+83 +43	+106 +43	+143 +43
180	250	+216 +170	+242 +170	+285 +170	+355 +170	+460 +170	+146 +100	+172 +100	+215 +100	+285 +100	+79 +50	+96 +50	+122 +50	+165 +50
250	315	+242 +190	+271 +190	+320 +190	+400 +190	+510 +190	+162 +110	+191 +110	+240 +110	+320 +110	+88 +56	+108 +56	+137 +56	+186 +56
315	400	+267 +210	+299 +210	+350 +210	+440 +210	+570 +210	+182 +125	+214 +125	+265 +125	+355 +125	+98 +62	+119 +62	+151 +62	+202 +62
400	500	+293 +230	+327 +230	+385 +230	+480 +230	+630 +230	+198 +135	+232 +135	+290 +135	+385 +135	+108 +68	+131 +68	+165 +68	+223 +68

（续）

公称尺寸 /mm		基本偏差												
		G				H								
大于	至	5	6	▲7	8	1	2	3	4	5	6	▲7	▲8	▲9
—	3	+6 +2	+8 +2	+12 +2	+16 +2	+0.8 0	+1.2 0	+2 0	+3 0	+4 0	+6 0	+10 0	+14 0	+25 0
3	6	+9 +4	+12 +4	+16 +4	+22 +4	+1 0	+1.5 0	+2.5 0	+4 0	+5 0	+8 0	+12 0	+18 0	+30 0
6	10	+11 +5	+14 +5	+20 +5	+27 +5	+1 0	+1.5 0	+2.5 0	+4 0	+6 0	+9 0	+15 0	+22 0	+36 0
10	18	+14 +6	+17 +6	+24 +6	+33 +6	+1.2 0	+2 0	+3 0	+5 0	+8 0	+11 0	+18 0	+27 0	+43 0
18	30	+16 +7	+20 +7	+28 +7	+40 +7	+1.5 0	+2.5 0	+4 0	+6 0	+9 0	+13 0	+21 0	+33 0	+52 0
30	50	+20 +9	+25 +9	+34 +9	+48 +9	+1.5 0	+2.5 0	+4 0	+7 0	+11 0	+16 0	+25 0	+39 0	+62 0
50	80	+23 +10	+29 +10	+40 +10	+56 +10	+2 0	+3 0	+5 0	+8 0	+13 0	+19 0	+30 0	+46 0	+74 0
80	120	+27 +12	+34 +12	+47 +12	+66 +12	+2.5 0	+4 0	+6 0	+10 0	+15 0	+22 0	+35 0	+54 0	+87 0
120	180	+32 +14	+39 +14	+54 +14	+77 +14	+3.5 0	+5 0	+8 0	+12 0	+18 0	+25 0	+40 0	+63 0	+100 0
180	250	+35 +15	+44 +15	+61 +15	+87 +15	+4.5 0	+7 0	+10 0	+14 0	+20 0	+29 0	+46 0	+72 0	+115 0
250	315	+40 +17	+49 +17	+69 +17	+98 +17	+6 0	+8 0	+12 0	+16 0	+23 0	+32 0	+52 0	+81 0	+130 0
315	400	+43 +18	+54 +18	+75 +18	+107 +18	+7 0	+9 0	+13 0	+18 0	+25 0	+36 0	+57 0	+89 0	+140 0
400	500	+47 +20	+60 +20	+83 +20	+117 +20	+8 0	+10 0	+15 0	+20 0	+27 0	+40 0	+63 0	+97 0	+155 0

（续）

公称尺寸 /mm		基本偏差											
		H				J			JS					
大于	至	10	▲11	12	13	6	7	8	1	2	3	4	5	6
—	3	+40 0	+60 0	+100 0	+140 0	+2 −4	+4 +6	+6 −8	±0.4	±0.6	±1	±1.5	±2	±3
3	6	+48 0	+75 0	+120 0	+180 0	+5 −3	±0.6	+10 −8	±0.5	±0.75	±1.25	±2	±2.5	±4
6	10	+58 0	+90 0	+150 0	+220 0	+5 −4	+8 −7	+12 −10	±0.5	±0.75	±1.25	±2	±3	±4.5
10	18	+70 0	+110 0	+180 0	+270 0	+6 −5	+10 −8	+15 +12	±0.6	±1	±1.5	±2.5	±4	±5.5
18	30	+84 0	+130 0	+210 0	+330 0	+8 −5	+12 −9	+20 −13	±0.75	±1.25	±2	±3	±4.5	±6.5
30	50	+100 0	+160 0	+250 0	+390 0	+10 −6	+14 −11	+24 −15	±0.75	±1.25	±2	±3.5	±5.5	±8
50	80	+120 0	+190 0	+300 0	+460 0	+13 −6	+18 −12	+28 −18	±1	±1.5	±2.5	±4	±6.5	±9.5
80	120	+140 0	+220 0	+350 0	+540 0	+16 −6	+22 −13	+34 −20	±1.25	±2	±3	±5	±7.5	±11
120	180	+160 0	+250 0	+400 0	+630 0	+18 −7	+26 −14	+41 −22	±1.75	±2.5	±4	±6	±9	±12.5
180	250	+185 0	+290 0	+460 0	+720 0	+22 −7	+30 −16	+47 −25	±2.25	±3.5	±5	±7	±10	±14.5
250	315	+210 0	+320 0	+520 0	+810 0	+25 −7	+36 −16	+55 −26	±3	±4	±6	±8	±11.5	±16
315	400	+230 0	+360 0	+570 0	+890 0	+29 −7	+39 −18	+60 −29	±3.5	±4.5	±6.5	±9	±12.5	±18
400	500	+250 0	+400 0	+630 0	+970 0	+33 −7	+43 −20	+66 −31	±4	±5	±7.5	±10	±13.5	±20

（续）

公称尺寸 /mm		基本偏差												
		JS							K					M
大于	至	▲7	8	9	10	11	12	13	4	5	6	▲7	8	4
—	3	±5	±7	±12	±20	±30	±50	±70	0 −3	0 −4	0 −6	0 −10	0 −14	−2 −5
3	6	±6	±9	±15	±24	±37	±60	±90	+0.5 −3.5	0 −5	+2 −6	+3 −9	+5 −13	−2.5 −6.5
6	10	±7	±11	±18	±29	±45	±75	±110	+0.5 −3.5	+1 −5	+2 −7	+5 −10	+6 −16	−4.5 −8.5
10	18	±9	±13	±21	±35	±55	±90	±135	+1 −4	+2 −6	+2 −9	+6 −12	+8 −19	−5 −10
18	30	±10	±16	±26	±42	±65	±105	±165	0 −6	+1 −8	+2 −11	+6 −15	+10 −23	−6 −12
30	50	±12	±19	±31	±50	±80	±125	±195	+1 −6	+2 −9	+3 −13	+7 −18	+12 −27	−6 −13
50	80	±15	±23	±37	±60	±95	±150	±230		−3 −10	+4 −15	+9 −21	+14 −32	
80	120	±17	±27	±43	±70	±110	±175	±270		+2 −13	+4 −18	+10 −25	+16 −38	
120	180	±20	±31	±50	±80	±125	±200	±315		+3 −15	+4 −21	+12 −28	+20 −43	
180	250	±23	±36	±57	±92	±145	±230	±360		+2 −18	+5 −24	+13 −33	+22 −50	
250	315	±26	±40	±65	±105	±160	±260	±405		+3 −20	+5 −27	+16 −36	+25 −56	
315	400	±28	±44	±70	±115	±180	±285	±445		+3 −22	+7 −29	+17 −40	+28 −61	
400	500	±31	±48	±77	±125	±200	±315	±485		+2 −25	+8 −32	+18 −45	+29 −68	

（续）

公称尺寸 /mm		基本偏差												
		M				N					P			
大于	至	5	6	7	8	5	6	▲7	8	9	5	6	▲7	8
—	3	−2 −6	−2 −8	−2 −12	−2 −16	−4 −8	−4 −10	−4 −14	−4 −18	−4 −29	−6 −10	−6 −12	−6 −16	−6 −20
3	6	−3 −8	−1 −9	0 −12	+2 −16	−7 −12	−5 −13	−4 −16	−2 −20	0 −30	−11 −16	−9 −17	−8 −20	−12 −30
6	10	−4 −10	−3 −12	0 −15	+1 −21	−8 −14	−7 −16	−4 −19	−3 −25	0 −36	−13 −19	−12 −21	−9 −24	−15 −37
10	18	−4 −12	−4 −15	0 −18	+2 −25	−9 −17	−9 −20	−5 −23	−3 −30	0 −43	−15 −23	−15 −26	−11 −29	−18 −45
18	30	−5 −14	−4 −17	0 −21	+4 −29	−12 −21	−11 −24	−7 −28	−3 −36	0 −52	−19 −28	−18 −31	−14 −35	−22 −55
30	50	−5 −16	−4 −20	0 −25	+5 −34	−13 −24	−12 −28	−8 −33	−3 −42	0 −62	−22 −33	−21 −37	−17 −42	−26 −65
50	80	−6 −19	−5 −24	0 −30	+5 −41	−15 −28	−14 −33	−9 −39	−4 −50	0 −74	−27 −40	−26 −45	−21 −51	−32 −78
80	120	−8 −23	−6 −28	0 −35	+6 −48	−18 −33	−16 −38	−10 −45	−4 −58	0 −87	−32 −47	−30 −52	−24 −59	−37 −91
120	180	−9 −27	−8 −33	0 −40	+8 −55	−21 −39	−20 −45	−12 −52	−4 −67	0 −100	−37 −55	−36 −61	−28 −68	−43 −106
180	250	−11 −31	−8 −37	0 −46	+9 −63	−25 −45	−22 −51	−14 −60	−5 −77	0 −115	−44 −64	−41 −70	−33 −79	−50 −122
250	315	−13 −36	−9 −41	0 −52	+9 −72	−27 −50	−25 −57	−14 −66	−5 −86	0 −130	−49 −72	−47 −79	−36 −88	−56 −137
315	400	−14 −39	−10 −46	0 −57	+11 −78	−30 −55	−26 −62	−16 −73	−5 −94	0 −140	−55 −80	−51 −87	−41 −98	−62 −151
400	500	−16 −43	−10 −50	0 −63	+11 −86	−33 −60	−27 −67	−17 −80	−6 −103	0 −155	−61 −88	−55 −95	−45 −108	−68 −165

（续）

公称尺寸/mm		基本偏差												
		P	R				S				T			U
大于	至	9	5	6	7	8	5	6	▲7	8	6	7	8	6
—	3	-6 -31	-10 -14	-10 -16	-10 -20	-10 -24	-14 -18	-14 -20	-14 -24	-14 -28				-18 -24
3	6	-12 -42	-14 -19	-12 -20	-11 -23	-15 -33	-18 -23	-16 -24	-15 -27	-19 -37				-20 -28
6	10	-15 -51	-17 -23	-16 -25	-13 -28	-19 -41	-21 -27	-20 -29	-17 -32	-23 -45				-25 -34
10	18	-18 -61	-20 -28	-20 -31	-16 -34	-23 -50	-25 -33	-25 -36	-21 -39	-28 -55				-30 -41
18	24	-22 -74	-25 -34	-24 -37	-20 -41	-28 -61	-32 -41	-31 -44	-27 -48	-35 -68				-37 -50
24	30										-37 -50	-33 -54	-41 -74	-44 -57
30	40	-26 -88	-30 -41	-29 -45	-25 -50	-34 -73	-39 -50	-38 -54	-34 -59	-43 -82	-43 -59	-39 -64	-48 -87	-55 -71
40	50										-49 -65	-45 -70	-54 -93	-65 -81
50	65	-32 -106	-36 -49	-35 -54	-30 -60	-41 -87	-48 -61	-47 -66	-42 -72	-53 -99	-60 -79	-55 -85	-66 -112	-81 -100
65	80		-38 -51	-37 -56	-32 -62	-43 -89	-54 -67	-53 -72	-48 -78	-59 -105	-69 -88	-64 -94	-75 -121	-96 -115
80	100	-37 -124	-46 -61	-44 -66	-38 -73	-51 -105	-66 -81	-64 -86	-58 -93	-85 -125	-84 -106	-78 -113	-91 -145	-117 -139
100	120		-49 -64	-47 -69	-41 -76	-54 -108	-74 -89	-72 -94	-66 -101	-79 -133	-97 -119	-91 -126	-104 -158	-137 -159
120	140	-43 -143	-57 -75	-56 -81	-48 -88	-63 -126	-86 -104	-85 -110	-77 -117	-92 -155	-115 -140	-107 -147	-122 -185	-163 -188
140	160		-59 -77	-58 -83	-50 -90	-65 -128	-94 -112	-93 -118	-85 -125	-100 -163	-127 -152	-119 -159	-134 -197	-183 -208
160	180		-62 -80	-61 -86	-53 -93	-68 -131	-102 -120	-101 -126	-93 -133	-108 -171	-139 -164	-131 -171	-146 -209	-203 -228
180	200	-50 -165	-71 -91	-68 -97	-60 -106	-77 -149	-116 -136	-113 -142	-105 -151	-122 -194	-157 -186	-149 -195	-166 -238	-227 -256
200	225		-74 -94	-71 -100	-63 -109	-80 -152	-124 -144	-121 -150	-113 -159	-130 -202	-171 -200	-163 -209	-180 -252	-249 -278
225	250		-78 -98	-75 -104	-67 -113	-84 -156	-134 -154	-131 -160	-123 -169	-140 -212	-187 -216	-179 -225	-196 -268	-275 -304
250	280	-56 -186	-87 -110	-85 -117	-74 -126	-94 -175	-151 -174	-149 -181	-138 -190	-158 -239	-209 -241	-198 -250	-218 -299	-306 -338
280	315		-91 -114	-89 -121	-78 -130	-98 -179	-163 -186	-161 -193	-150 -202	-170 -251	-231 -263	-220 -272	-240 -321	-341 -373
315	355	-62 -202	-101 -126	-97 -133	-87 -144	-108 -197	-183 -208	-179 -215	-169 -226	-190 -279	-257 -293	-247 -304	-268 -357	-379 -415
355	400		-107 -132	-103 -139	-93 -150	-114 -203	-201 -226	-197 -233	-187 -244	-208 -297	-283 -319	-273 -330	-294 -383	-424 -460
400	450	-68 -223	-119 -146	-113 -153	-103 -166	-126 -223	-225 -252	-219 -259	-209 -272	-232 -329	-317 -357	-307 -370	-330 -427	-477 -517
450	500		-125 -152	-119 -159	-109 -172	-132 -229	-245 -272	-239 -279	-229 -292	-252 -349	-347 -387	-337 -400	-360 -457	-527 -567

（续）

公称尺寸/mm		基本偏差													
		U		V			X			Y			Z		
大于	至	▲7	8	6	7	8	6	▲7	8	6	7	8	6	7	8
—	3	-18 / -28	-18 / -32				-20 / -26	-20 / -30	-20 / -34				-26 / -32	-26 / -36	-26 / -40
3	6	-19 / -31	-23 / -41				-25 / -33	-24 / -36	-28 / -46				-32 / -40	-31 / -43	-35 / -53
6	10	-22 / -37	-28 / -50				-31 / -40	-28 / -43	-34 / -56				-39 / -48	-36 / -51	-42 / -64
10	14	-26 / -44	-33 / -60				-37 / -48	-33 / -51	-40 / -67				-47 / -58	-43 / -61	-50 / -77
14	18	-26 / -44	-33 / -60	-36 / -47	-32 / -50	-39 / -66	-42 / -53	-38 / -56	-45 / -72				-57 / -68	-53 / -71	-60 / -87
18	24	-33 / -54	-41 / -74	-43 / -56	-39 / -60	-47 / -80	-50 / -63	-46 / -67	-54 / -87	-59 / -72	-55 / -76	-63 / -96	-69 / -82	-65 / -86	-73 / -106
24	30	-40 / -61	-48 / -81	-51 / -64	-47 / -68	-55 / -88	-60 / -73	-56 / -77	-64 / -97	-71 / -84	-67 / -88	-75 / -108	-84 / -97	-80 / -101	-88 / -121
30	40	-51 / -76	-60 / -99	-63 / -79	-59 / -84	-68 / -107	-75 / -91	-71 / -96	-80 / -119	-89 / -105	-85 / -110	-94 / -133	-107 / -123	-103 / -128	-112 / -151
40	50	-61 / -86	-70 / -109	-76 / -92	-72 / -97	-81 / -120	-92 / -108	-88 / -113	-97 / -136	-109 / -125	-105 / -130	-114 / -153	-131 / -147	-127 / -152	-136 / -175
50	65	-76 / -106	-87 / -133	-96 / -115	-91 / -121	-102 / -148	-116 / -135	-111 / -141	-122 / -168	-138 / -157	-133 / -163	-144 / -190	-166 / -185	-161 / -191	-172 / -218
65	80	-91 / -121	-102 / -148	-114 / -133	-109 / -139	-120 / -166	-140 / -159	-135 / -165	-146 / -192	-168 / -187	-163 / -193	-174 / -220	-204 / -223	-199 / -229	-210 / -256
80	100	-111 / -146	-124 / -178	-139 / -161	-133 / -168	-146 / -200	-171 / -193	-165 / -200	-178 / -232	-207 / -229	-201 / -236	-214 / -268	-251 / -273	-245 / -280	-258 / -312
100	120	-131 / -166	-144 / -198	-165 / -187	-159 / -194	-172 / -226	-203 / -225	-197 / -232	-210 / -264	-247 / -269	-241 / -276	-254 / -308	-303 / -325	-297 / -332	-310 / -364
120	140	-155 / -195	-170 / -233	-195 / -220	-187 / -227	-202 / -265	-241 / -266	-233 / -273	-248 / -311	-293 / -318	-285 / -325	-300 / -363	-358 / -383	-350 / -390	-365 / -428
140	160	-175 / -215	-190 / -253	-221 / -246	-213 / -253	-228 / -291	-273 / -298	-265 / -305	-280 / -343	-333 / -358	-325 / -365	-340 / -403	-408 / -433	-400 / -440	-415 / -478
160	180	-195 / -235	-210 / -273	-245 / -270	-237 / -277	-252 / -315	-303 / -328	-295 / -335	-310 / -373	-373 / -398	-365 / -405	-380 / -443	-458 / -483	-450 / -490	-465 / -528
180	200	-219 / -265	-236 / -308	-275 / -304	-267 / -313	-284 / -356	-341 / -370	-333 / -379	-350 / -422	-416 / -445	-408 / -454	-425 / -497	-511 / -540	-503 / -549	-520 / -592
200	225	-214 / -287	-258 / -330	-301 / -330	-293 / -339	-310 / -382	-376 / -405	-368 / -414	-385 / -457	-461 / -490	-453 / -499	-470 / -542	-566 / -595	-558 / -604	-575 / -647
225	250	-267 / -313	-284 / -356	-331 / -360	-323 / -369	-340 / -412	-416 / -445	-408 / -454	-425 / -497	-511 / -540	-503 / -549	-520 / -592	-631 / -660	-623 / -669	-640 / -712
250	280	-295 / -347	-315 / -396	-376 / -408	-365 / -417	-385 / -466	-466 / -498	-455 / -507	-475 / -556	-571 / -603	-560 / -612	-580 / -661	-701 / -733	-690 / -742	-710 / -791
280	315	-330 / -382	-350 / -431	-416 / -448	-405 / -457	-425 / -506	-516 / -548	-505 / -557	-525 / -606	-641 / -673	-630 / -682	-650 / -731	-781 / -813	-770 / -822	-790 / -871
315	355	-369 / -426	-390 / -479	-464 / -500	-454 / -511	-475 / -564	-579 / -615	-569 / -626	-590 / -679	-719 / -755	-709 / -766	-730 / -819	-889 / -925	-879 / -936	-900 / -989
355	400	-414 / -471	-435 / -524	-519 / -555	-509 / -566	-530 / -619	-649 / -685	-639 / -696	-660 / -749	-809 / -845	-799 / -856	-820 / -909	-989 / -1025	-979 / -1036	-1000 / -1089
400	450	-467 / -530	-490 / -587	-582 / -622	-572 / -635	-595 / -692	-727 / -767	-717 / -780	-740 / -837	-907 / -947	-897 / -960	-920 / -1017	-1087 / -1127	-1077 / -1140	-1100 / -1197
450	500	-517 / -580	-540 / -637	-647 / -687	-637 / -700	-660 / -757	-807 / -847	-797 / -860	-820 / -917	-987 / -1027	-977 / -1040	-1000 / -1097	-1237 / -1277	-1227 / -1290	-1250 / -1347

表 10.6-3　轴的极限偏差（摘自 GB/T 1800.2—2020）　　　　　　（μm）

公称尺寸 /mm		基本偏差														
		a					b					c				
大于	至	9	10	▲11	12	13	9	10	▲11	12	13	8	9	10	▲11	12
—	3	-270 -295	-270 -310	-270 -330	-270 -370	-270 -410	-140 -165	-140 -180	-140 -200	-140 -240	-140 -280	-60 -74	-60 -85	-60 -100	-60 -120	-60 -160
3	6	-270 -300	-270 -318	-270 -345	-270 -390	-270 -450	-140 -170	-140 -188	-140 -215	-140 -260	-140 -320	-70 -88	-70 -100	-70 -148	-70 -145	-70 -190
6	10	-280 -316	-280 -338	-280 -370	-280 -430	-280 -500	-150 -186	-150 -208	-150 -240	-150 -300	-150 -370	-80 -102	-80 -116	-80 -138	-80 -170	-80 -230
10	14	-290 -333	-290 -360	-290 -400	-290 -470	-290 -560	-150 -193	-150 -220	-150 -260	-150 -330	-150 -420	-95 -122	-95 -138	-95 -165	-95 -205	-95 -275
14	18	-290 -333	-290 -360	-290 -400	-290 -470	-290 -560	-150 -193	-150 -220	-150 -260	-150 -330	-150 -420	-95 -122	-95 -138	-95 -165	-95 -205	-95 -275
18	30	-300 -352	-300 -384	-300 -430	-300 -510	-300 -630	-160 -212	-160 -244	-160 -290	-160 -370	-160 -490	-110 -143	-110 -162	-110 -194	-110 -240	-110 -320
30	40	-310 -372	-310 -410	-310 -470	-310 -560	-310 -700	-170 -232	-170 -270	-170 -330	-170 -420	-170 -560	-120 -159	-120 -182	-120 -220	-120 -280	-120 -370
40	50	-320 -382	-320 -420	-320 -480	-320 -570	-320 -710	-180 -242	-180 -280	-180 -340	-180 -430	-180 -570	-130 -169	-130 -192	-130 -230	-130 -290	-130 -380
50	65	-340 -414	-340 -460	-340 -530	-340 -640	-340 -800	-190 -264	-190 -310	-190 -380	-190 -490	-190 -650	-140 -186	-140 -214	-140 -260	-140 -330	-140 -331
65	80	-360 -434	-360 -480	-360 -550	-360 -660	-360 -820	-200 -274	-200 -320	-200 -390	-200 -500	-200 -660	-150 -196	-150 -224	-150 -270	-150 -340	-150 -450
80	100	-380 -467	-380 -520	-380 -600	-380 -730	-380 -920	-920 -307	-220 -360	-220 -440	-220 -570	-220 -760	-170 -224	-170 -257	-170 -310	-170 -390	-170 -520
100	120	-410 -497	-410 -550	-410 -630	-410 -760	-410 -950	-950 -327	-240 -380	-240 -460	-240 -590	-240 -780	-180 -234	-180 -267	-180 -320	-180 -400	-180 -530
120	140	-460 -560	-460 -620	-460 -710	-460 -860	-460 -1090	-1090 -360	-260 -420	-260 -510	-260 -660	-260 -890	-200 -263	-200 -300	-200 -360	-200 -450	-200 -600
140	160	-220 -620	-520 -680	-520 -770	-520 -920	-520 -1150	-280 -380	-280 -440	-280 -530	-280 -680	-280 -910	-210 -273	-210 -310	-210 -370	-210 -460	-210 -610
160	180	-580 -680	-580 -740	-580 -830	-580 -980	-580 -1210	-310 -410	-310 -470	-310 -560	-310 -710	-310 -940	-230 -293	-230 -330	-230 -390	-230 -480	-230 -630
180	200	-660 -775	-660 -845	-660 -950	-660 -1120	-660 -1380	-340 -455	-340 -525	-340 -630	-340 -800	-340 -1060	-240 -312	-240 -355	-240 -425	-240 -530	-240 -700
200	225	-740 -855	-740 -925	-740 -1030	-740 -1200	-740 -1460	-380 -495	-380 -565	-380 -670	-380 -840	-380 -1100	-260 -332	-260 -375	-260 -445	-260 -550	-260 -720
225	250	-820 -935	-820 -1005	-820 -1110	-820 -1280	-820 -1540	-420 -535	-420 -605	-420 -710	-420 -880	-420 -1140	-280 -352	-280 -395	-280 -465	-280 -570	-280 -740
250	280	-920 -1050	-920 -1130	-920 -1240	-920 -1440	-920 -1730	-480 -610	-480 -690	-480 -800	-480 -1000	-480 -1290	-300 -381	-300 -430	-300 -510	-300 -620	-300 -820
280	315	-1050 -1180	-1050 -1260	-1050 -1370	-1050 -1570	-1050 -1860	-540 -670	-540 -750	-540 -860	-540 -1060	-540 -1350	-330 -411	-330 -460	-330 -540	-330 -650	-330 -850
315	355	-1200 -1340	-1200 -1430	-1200 -1560	-1200 -1770	-1200 -2090	-600 -740	-600 -830	-600 -960	-600 -1170	-600 -1490	-360 -449	-360 -500	-360 -590	-360 -720	-360 -930
355	400	-1350 -1490	-1350 -1580	-1350 -1710	-1350 -1920	-1350 -2240	-680 -820	-680 -910	-680 -1040	-680 -1250	-680 -1570	-400 -489	-400 -540	-400 -630	-400 -760	-400 -970
400	450	-1500 -1655	-1500 -1750	-1500 -1900	-1500 -2130	-1500 -2470	-760 -915	-760 -1010	-760 -1160	-760 -1390	-760 -1730	-440 -537	-440 -595	-440 -690	-440 -840	-440 -1070
450	500	-1650 -1805	-1650 -1900	-1650 -2050	-1650 -2280	-1650 -2620	-840 -995	-840 -1090	-840 -1240	-840 -1470	-840 -1810	-480 -577	-480 -635	-480 -730	-480 -880	-480 -1110

（续）

公称尺寸 /mm		基本偏差												
		d					e					f		
大于	至	7	8	▲9	10	11	6	7	▲8	9	10	5	6	▲7
—	3	−20 −30	−20 −34	−20 −45	−20 −60	−20 −80	−14 −20	−14 −24	−14 −28	−14 −39	−14 −54	−6 −10	−6 −12	−6 −16
3	6	−30 −42	−30 −48	−30 −60	−30 −78	−30 −105	−20 −28	−20 −32	−20 −38	−20 −50	−20 −68	−10 −15	−10 −18	−10 −22
6	10	−40 −55	−40 −62	−40 −76	−40 −98	−40 −130	−25 −34	−25 −40	−25 −47	−25 −61	−25 −83	−13 −19	−13 −22	−13 −28
10	18	−50 −68	−50 −77	−50 −93	−50 −120	−50 −160	−32 −43	−32 −50	−32 −59	−32 −75	−32 −102	−16 −24	−16 −27	−16 −34
18	30	−65 −86	−65 −98	−65 −117	−65 −149	−65 −195	−40 −53	−40 −61	−40 −73	−40 −92	−40 −124	−20 −29	−20 −33	−20 −41
30	50	−80 −105	−80 −119	−80 −142	−80 −180	−80 −240	−50 −66	−50 −75	−50 −89	−50 −112	−50 −150	−25 −36	−25 −41	−25 −50
50	80	−100 −130	−100 −146	−100 −174	−100 −220	−100 −290	−60 −79	−60 −90	−60 −106	−60 −134	−60 −180	−30 −43	−30 −49	−30 −60
80	120	−120 −155	−120 −174	−120 −207	−120 −260	−120 −340	−72 −94	−72 −107	−72 −126	−72 −159	−72 −212	−36 −51	−36 −58	−36 −71
120	180	−145 −185	−145 −208	−145 −245	−145 −305	−145 −395	−85 −110	−85 −125	−85 −148	−85 −185	−85 −245	−43 −61	−43 −68	−43 −69
180	250	−170 −216	−170 −242	−170 −285	−170 −355	−170 −460	−100 −129	−100 −146	−100 −172	−100 −215	−100 −285	−50 −70	−50 −79	−50 −96
250	315	−190 −242	−190 −271	−190 −320	−190 −400	−190 −510	−110 −142	−110 −162	−110 −191	−110 −240	−110 −320	−56 −79	−56 −88	−56 −108
315	400	−210 −267	−210 −299	−210 −350	−210 −440	−210 −570	−125 −161	−125 −182	−125 −214	−125 −265	−125 −355	−62 −87	−62 −98	−62 −119
400	500	−230 −293	−230 −327	−230 −385	−230 −480	−230 −630	−135 −175	−135 −198	−135 −232	−135 −290	−135 −385	−68 −95	−68 −108	−68 −131

（续）

公称尺寸 /mm		基本偏差												
		f		g					h					
大于	至	8	9	4	5	▲6	7	8	1	2	3	4	5	▲6
—	3	−6 / −20	−6 / −31	−2 / −5	−2 / −6	−2 / −8	−2 / −12	−2 / −16	0 / −0.8	0 / −1.2	0 / −2	0 / −3	0 / −4	0 / −6
3	6	−10 / −28	−10 / −40	−4 / −8	−4 / −9	−4 / −12	−4 / −16	−4 / −22	0 / −1	0 / −1.5	0 / −2.5	0 / −4	0 / −5	0 / −8
6	10	−13 / −35	−13 / −49	−5 / −9	−5 / −11	−5 / −14	−5 / −20	−5 / −27	0 / −1	0 / −1.5	0 / −2.5	0 / −4	0 / −6	0 / −9
10	18	−16 / −43	−16 / −59	−6 / −11	−6 / −14	−6 / −17	−6 / −24	−6 / −33	0 / −1.2	0 / −2	0 / −3	0 / −5	0 / −8	0 / −11
18	30	−20 / −53	−20 / −72	−7 / −13	−7 / −16	−7 / −20	−7 / −28	−7 / −40	0 / −1.5	0 / −2.5	0 / −4	0 / −6	0 / −9	0 / −13
30	50	−25 / −64	−25 / −87	−9 / −16	−9 / −20	−9 / −25	−9 / −34	−9 / −48	0 / −1.5	0 / −2.5	0 / −4	0 / −7	0 / −11	0 / −16
50	80	−30 / −76	−30 / −104	−10 / −18	−10 / −23	−10 / −29	−10 / −40	−10 / −56	0 / −2	0 / −3	0 / −5	0 / −8	0 / −13	0 / −19
80	120	−36 / −90	−36 / −123	−12 / −22	−12 / −27	−12 / −34	−12 / −47	−12 / −66	0 / −25	0 / −4	0 / −6	0 / −10	0 / −15	0 / −22
120	180	−43 / −106	−43 / −143	−14 / −26	−14 / −32	−14 / −39	−14 / −54	−14 / −77	0 / −3.5	0 / −5	0 / −8	0 / −12	0 / −18	0 / −25
180	250	−50 / −122	−50 / −165	−15 / −29	−15 / −35	−15 / −44	−15 / −61	−15 / −87	0 / −4.5	0 / −7	0 / −10	0 / −14	0 / −20	0 / −29
250	315	−56 / −137	−56 / −186	−17 / −33	−17 / −40	−17 / −49	−17 / −69	−17 / −98	0 / −6	0 / −8	0 / −12	0 / −16	0 / −23	0 / −32
315	400	−62 / −151	−62 / −202	−18 / −36	−18 / −43	−18 / −54	−18 / −75	−18 / −107	0 / −7	0 / −9	0 / −13	0 / −18	0 / −25	0 / −36
400	500	−68 / −165	−68 / −223	−20 / −40	−20 / −47	−20 / −60	−20 / −83	−20 / −117	0 / −8	0 / −10	0 / −15	0 / −20	0 / −27	0 / −40

（续）

公称尺寸 /mm		基本偏差												
		h							j			js		
大于	至	▲7	8	▲9	10	▲11	12	13	5	6	7	1	2	3
—	3	0 −10	0 −14	0 −25	0 −40	0 −60	0 −100	0 −140	±2	+4 −2	+6 −4	±0.4	±0.6	±1
3	6	0 −12	0 −18	0 −30	0 −48	0 −75	0 −120	0 −180	+3 −2	+6 −2	+8 −4	±0.5	±0.75	±1.25
6	10	0 −15	0 −22	0 −36	0 −58	0 −90	0 −150	0 −220	+4 −2	+7 −2	+10 −5	±0.5	±0.75	±1.25
10	18	0 −18	0 −27	0 −43	0 −70	0 −110	0 −180	0 −270	+5 −3	+8 −3	+12 −6	±0.6	±1	±1.5
18	30	0 −21	0 −33	0 −52	0 −84	0 −130	0 −210	0 −330	+5 −4	+9 −4	+13 −8	±0.75	±1.25	±2
30	50	0 −25	0 −39	0 −62	0 −100	0 −160	0 −250	0 −390	+6 −5	+11 −5	+15 −10	±0.75	±1.25	±2
50	80	0 −30	0 −46	0 −74	0 −120	0 −190	0 −300	0 −460	+6 −7	+12 −7	+18 −12	±1	±1.5	±2.5
80	120	0 −35	0 −54	0 −87	0 −140	0 −220	0 −350	0 −540	+6 −9	+13 −9	+20 −15	±1.25	±2	±3
120	180	0 −40	0 −63	0 −100	0 −160	0 −250	0 −400	0 −630	+7 +11	+14 +11	+22 −18	±1.75	±2.5	±4
180	250	0 −46	0 −72	0 −115	0 −185	0 −290	0 −460	+6 −7	+7 −13	+16 −13	+25 −21	±2.25	±3.5	±5
250	315	0 −52	0 −81	0 −130	0 −210	0 −320	0 −520	0 −810	+7 −16	±16	±26	±3	±4	±6
315	400	0 −57	0 −89	0 −140	0 −230	0 −360	0 −570	0 −890	+7 −18	±18	+29 −28	±3.5	±4.5	±6.5
400	500	0 −63	0 −97	0 −155	0 −250	0 −400	0 −630	0 −970	+7 −20	±20	+31 −32	±4	±5	±7.5

（续）

公称尺寸 /mm		基本偏差											
		js										k	
大于	至	4	5	▲6	7	8	9	10	11	12	13	4	5
—	3	±1.5	±2	±3	±5	±7	±12.5	±20	±30	±50	±70	+3 0	+4 0
3	6	±2	±2.5	±4	±6	±9	±15	±24	±37.5	±60	±90	+5 +1	+6 +1
6	10	±2	±3	±4.5	±7.5	±11	±18	±29	±45	±75	±110	+5 +1	+7 +1
10	18	±2.5	±4	±5.5	±9	±13.5	±21.5	±35	±55	±90	±135	+6 +1	+9 +1
18	30	±3	±4.5	±6.5	±10.5	±16.5	±26	±42	±65	±105	±165	+8 +2	+11 +2
30	50	±3.5	±5.5	±8	±12.5	±19.5	±31	±50	±80	±125	±195	+9 +2	+13 +2
50	80	±4	±6.5	±9.5	±15	±23	±37	±60	±95	±150	±230	+10 +2	+15 +2
80	120	±5	±7.5	±11	±17.5	±27	±43.5	±70	±110	±175	±270	+13 +3	+18 +3
120	180	±6	±9	±12.5	±20	±31.5	±50	±80	±125	±200	±315	+15 +3	+21 +3
180	250	±7	±10	±14.5	±23	±36	±57.5	±92.5	±145	±230	±360	+18 +4	+24 +4
250	315	±8	±11.5	±16	±26	±40.5	±65	±105	±160	±260	±405	+20 +4	+27 +4
315	400	±9	±12.5	±18	±28.5	±44.5	±70	±115	±180	±285	±445	+22 +4	+29 +4
400	500	±10	±13.5	±20	±31.5	±48.5	±77.5	±125	±200	±315	±485	+25 +5	+32 +5

（续）

公称尺寸 /mm		基本偏差											
		k			m					n				
大于	至	▲6	7	8	4	5	6	7	8	4	5	▲6	7	8
—	3	+6 0	+10 0	+14 0	+5 +2	+6 +2	+8 +2	+12 +2	+16 +2	+7 +4	+8 +4	+10 +4	+14 +4	+18 +4
3	6	+9 +1	+13 +1	+18 0	+8 +4	+9 +4	+12 +4	+16 +4	+22 +4	+12 +8	+13 +8	+16 +8	+20 +8	+26 +8
6	10	+10 +1	+16 +1	+22 0	+10 +6	+12 +6	+15 +6	+21 +6	+28 +6	+14 +10	+16 +10	+19 +10	+25 +10	+32 +10
10	14	+12 +1	+19 +1	+27 0	+12 +7	+15 +7	+18 +7	+25 +7	+34 +7	+17 +12	+20 +12	+23 +12	+30 +12	+39 +12
14	18													
18	24	+15 +2	+23 +2	+33 0	+14 +8	+17 +8	+21 +8	+29 +8	+41 +8	+21 +15	+24 +15	+28 +15	+36 +15	+48 +15
24	30													
30	40	+18 +2	+27 +2	+39 0	+16 +9	+20 +9	+25 +9	+34 +9	+48 +9	+24 +17	+28 +17	+33 +17	+42 +17	+56 +17
40	50													
50	65	+21 +2	+32 +2	+46 0	+24 +11	+19 +11	+30 +11	+41 +11		+28 +20	+33 +20	+39 +20	+50 +20	
65	80													
80	100	+25 +3	+38 +3	+54 0	+23 +13	+28 +13	+35 +13	+48 +13		+33 +23	+38 +23	+45 +23	+58 +23	
100	120													
120	140	+28 +3	+43 +3	+63 0	+27 +15	+33 +15	+40 +15	+55 +15		+39 +27	+45 +27	+52 +27	+67 +27	
140	160													
160	180													
180	200	+33 +4	+50 +4	+72 0	+31 +17	+37 +17	+46 +17	+63 +17		+45 +31	+51 +31	+60 +31	+77 +31	
200	225													
225	250													
250	280	+36 +4	+56 +4	+81 0	+36 +20	+43 +20	+52 +20	+72 +20		+50 +34	+57 +34	+66 +34	+86 +34	
280	315													
315	355	+40 +4	+61 +4	+89 0	+39 +21	+46 +21	+57 +21	+78 +21		+55 +37	+62 +37	+73 +37	+94 +37	
355	400													
400	450	+45 +5	+68 +5	+97 0	+43 +23	+50 +23	+63 +23	+86 +23		+60 +40	+67 +40	+80 +40	+103 +40	
450	500													

（续）

公称尺寸/mm		基本偏差												
		p					r					s		
大于	至	4	5	▲6	7	8	4	5	▲6	7	8	4	5	▲6
—	3	+9/+6	+10/+6	+12/+6	+16/+6	+20/+6	+13/+10	+14/+10	+16/+10	+20/+10	+24/+10	+17/+14	+18/+14	+20/+14
3	6	+16/+12	+17/+12	+20/+12	+24/+12	+30/+12	+19/+15	+20/+15	+23/+15	+27/+15	+33/+15	+23/+19	+24/+19	+27/+19
6	10	+19/+15	+21/+15	+24/+15	+30/+15	+37/+15	+23/+19	+25/+19	+28/+19	+34/+19	+41/+19	+27/+23	+29/+23	+32/+23
10	14	+23/+18	+26/+18	+29/+18	+36/+18	+45/+18	+28/+23	+31/+23	+34/+23	+41/+23	+50/+23	+33/+28	+36/+28	+39/+28
14	18													
18	24	+28/+22	+31/+22	+35/+22	+43/+22	+55/+22	+34/+28	+37/+28	+41/+28	+49/+28	+61/+28	+41/+35	+44/+35	+48/+35
24	30													
30	40	+33/+26	+37/+26	+42/+26	+51/+26	+65/+26	+41/+34	+45/+34	+50/+34	+59/+34	+73/+34	+50/+43	+54/+43	+59/+43
40	50													
50	65	+40/+32	+45/+32	+51/+32	+62/+32	+78/+32	+49/+41	+54/+41	+60/+41	+71/+41	+87/+41	+61/+53	+66/+53	+72/+53
65	80						+51/+43	+56/+43	+62/+43	+73/+43	+89/+43	+67/+59	+72/+59	+78/+59
80	100	+47/+37	+52/+37	+59/+37	+72/+37	+91/+37	+61/+51	+66/+51	+73/+51	+86/+51	+105/+51	+81/+71	+86/+71	+93/+71
100	120						+64/+54	+69/+54	+76/+54	+89/+54	+108/+54	+89/+79	+94/+79	+101/+79
120	140	+55/+43	+61/+43	+68/+43	+83/+43	+106/+43	+75/+63	+81/+63	+88/+63	+103/+63	+126/+63	+104/+92	+110/+92	+117/+92
140	160						+77/+65	+83/+65	+90/+65	+105/+65	+128/+65	+112/+100	+118/+100	+125/+100
160	180						+80/+68	+86/+68	+93/+68	+108/+68	+131/+68	+120/+108	+126/+108	+133/+108
180	200	+64/+50	+70/+50	+79/+50	+96/+50	+122/+50	+91/+77	+97/+77	+106/+77	+123/+77	+149/+77	+136/+122	+142/+122	+151/+122
200	225						+94/+80	+100/+80	+109/+80	+126/+80	+152/+80	+144/+130	+150/+130	+159/+130
225	250						+98/+84	+104/+84	+113/+84	+130/+84	+156/+84	+154/+140	+160/+140	+169/+140
250	280	+72/+56	+79/+56	+88/+56	+108/+56	+137/+56	+110/+94	+117/+94	+126/+94	+146/+94	+175/+94	+174/+158	+181/+158	+190/+158
280	315						+114/+98	+121/+98	+130/+98	+150/+98	+179/+98	+186/+170	+193/+170	+202/+170
315	355	+80/+62	+87/+62	+98/+62	+119/+62	+151/+62	+126/+108	+133/+108	+144/+108	+165/+108	+197/+108	+208/+190	+215/+190	+226/+190
355	400						+132/+114	+139/+114	+150/+114	+171/+114	+203/+114	+226/+208	+233/+208	+244/+208
400	450	+88/+68	+95/+68	+108/+68	+131/+68	+165/+68	+146/+126	+153/+126	+166/+126	+189/+126	+223/+126	+252/+232	+259/+232	+272/+232
450	500						+152/+132	+159/+132	+172/+132	+195/+132	+229/+132	+272/+252	+279/+252	+292/+252

（续）

公称尺寸 /mm		基本偏差											
		s		t				u				v		
大于	至	7	8	5	6	7	8	5	▲6	7	8	5	6	7
—	3	+24 +14	+28 +14					+22 +18	+24 +18	+28 +18	+32 +18			
3	6	+31 +19	+37 +19					+28 +23	+31 +23	+35 +23	+41 +23			
6	10	+38 +23	+45 +23					+34 +28	+37 +28	+43 +28	+50 +28			
10	14	+46 +28	+55 +28					+41 +33	+44 +33	+51 +33	+60 +33			
14	18											+47 +39	+50 +39	+57 +39
18	24	+56 +35	+68 +35					+50 +41	+54 +41	+62 +41	+74 +41	+56 +47	+60 +47	+68 +47
24	30			+50 +41	+54 +41	+62 +41	+74 +41	+57 +48	+61 +48	+69 +48	+81 +48	+64 +55	+68 +55	+76 +55
30	40	+68 +43	+82 +43	+59 +48	+64 +48	+73 +48	+87 +48	+71 +60	+76 +60	+85 +60	+99 +60	+79 +68	+84 +68	+93 +68
40	50			+65 +54	+70 +54	+79 +54	+93 +54	+81 +70	+86 +70	+95 +70	+109 +70	+92 +81	+97 +81	+106 +81
50	65	+83 +53	+99 +53	+79 +66	+85 +66	+96 +66	+112 +66	+100 +87	+106 +87	+117 +87	+133 +87	+115 +102	+121 +102	+132 +102
65	80	+89 +59	+105 +59	+88 +75	+94 +75	+105 +75	+121 +75	+115 +102	+121 +102	+132 +102	+148 +102	+133 +120	+139 +120	+150 +120
80	100	+106 +71	+125 +71	+106 +91	+113 +91	+126 +91	+145 +91	+139 +124	+146 +124	+159 +124	+178 +124	+161 +146	+168 +146	+181 +146
100	120	+114 +79	+133 +79	+119 +104	+126 +104	+139 +104	+158 +104	+159 +144	+166 +144	+179 +144	+198 +144	+187 +172	+194 +172	+207 +172
120	140	+132 +92	+155 +92	+140 +122	+147 +122	+162 +122	+185 +122	+188 +170	+195 +170	+210 +170	+233 +170	+220 +202	+227 +202	+242 +202
140	160	+140 +100	+163 +100	+152 +134	+159 +134	+174 +134	+197 +134	+208 +190	+215 +190	+230 +190	+253 +190	+246 +228	+253 +228	+268 +228
160	180	+148 +108	+171 +108	+164 +146	+171 +146	+186 +146	+209 +146	+228 +210	+235 +210	+250 +20	+273 +210	+270 +252	+277 +252	+292 +252
180	200	+168 +122	+194 +122	+186 +166	+195 +166	+212 +166	+238 +166	+256 +236	+265 +236	+282 +236	+308 +236	+304 +284	+313 +284	+330 +284
200	225	+176 +130	+202 +130	+200 +180	+209 +180	+226 +180	+252 +180	+278 +258	+287 +258	+304 +258	+330 +258	+330 +310	+339 +310	+356 +310
225	250	+186 +140	+212 +140	+216 +196	+225 +196	+242 +196	+268 +196	+304 +284	+313 +284	+330 +284	+356 +284	+360 +340	+369 +340	+386 +340
250	280	+210 +158	+239 +158	+241 +218	+250 +218	+270 +218	+299 +218	+338 +315	+347 +315	+367 +315	+396 +315	+408 +385	+417 +385	+437 +385
280	315	+222 +170	+251 +170	+263 +240	+272 +240	+292 +240	+321 +240	+373 +350	+382 +350	+402 +350	+431 +350	+448 +425	+457 +425	+477 +425
315	355	+247 +190	+279 +190	+293 +268	+304 +268	+325 +268	+357 +268	+415 +390	+426 +390	+447 +390	+479 +390	+500 +475	+511 +475	+532 +475
355	400	+265 +208	+297 +208	+319 +294	+330 +294	+351 +294	+383 +294	+460 +435	+471 +435	+492 +435	+524 +435	+555 +530	+566 +530	+587 +530
400	450	+295 +232	+329 +232	+357 +330	+370 +330	+393 +330	+427 +330	+517 +490	+530 +490	+553 +490	+587 +490	+622 +595	+635 +595	+658 +595
450	500	+315 +252	+349 +252	+387 +360	+400 +360	+423 +360	+457 +360	+567 +540	+580 +540	+603 +540	+637 +540	+687 +660	+700 +660	+723 +660

（续）

公称尺寸 /mm		基本偏差										
		v	x				y			z		
大于	至	8	5	6	7	8	6	7	8	6	7	8
—	3		+24 +20	+26 +20	+30 +20	+34 +20				+32 +26	+36 +26	+40 +26
3	6		+33 +28	+36 +28	+40 +28	+46 +28				+43 +35	+47 +35	+53 +35
6	10		+40 +34	+43 +34	+49 +34	+56 +34				+51 +42	+57 +42	+64 +42
10	14		+48 +40	+51 +40	+58 +40	+67 +40				+61 +50	+68 +50	+77 +50
14	18	+66 +39	+53 +45	+56 +45	+63 +45	+72 +45				+71 +60	+78 +60	+87 +60
18	24	+80 +47	+63 +54	+67 +54	+75 +54	+87 +54	+76 +63	+84 +63	+96 +63	+86 +73	+94 +73	+106 +73
24	30	+88 +55	+73 +64	+77 +64	+85 +64	+97 +64	+88 +75	+96 +75	+108 +75	+101 +88	+109 +88	+121 +88
30	40	+107 +68	+91 +80	+96 +80	+105 +80	+119 +80	+110 +94	+119 +94	+133 +94	+128 +112	+137 +112	+151 +112
40	50	+120 +81	+108 +97	+113 +97	+122 +97	+136 +97	+130 +114	+139 +114	+153 +114	+152 +136	+161 +136	+175 +136
50	65	+148 +102	+135 +122	+141 +122	+152 +122	+168 +122	+163 +144	+174 +144	+190 +144	+191 +172	+202 +172	+218 +172
65	80	+166 +120	+159 +146	+165 +146	+176 +146	+192 +146	+193 +174	+204 +174	+220 +174	+229 +210	+240 +210	+256 +210
80	100	+200 +146	+193 +178	+200 +178	+213 +178	+232 +178	+236 +214	+249 +214	+268 +214	+280 +258	+293 +258	+312 +258
100	120	+226 +172	+225 +210	+232 +210	+245 +210	+264 +210	+276 +254	+289 +254	+308 +254	+332 +310	+345 +310	+364 +310
120	140	+265 +202	+266 +248	+273 +248	+288 +248	+311 +248	+325 +300	+340 +300	+363 +300	+390 +365	+405 +365	+428 +365
140	160	+291 +228	+298 +280	+305 +280	+320 +280	+343 +280	+365 +340	+380 +340	+403 +340	+440 +415	+455 +415	+478 +415
160	180	+315 +252	+328 +310	+335 +310	+350 +310	+373 +310	+405 +380	+420 +380	+443 +380	+490 +465	+505 +465	+528 +465
180	200	+356 +284	+370 +350	+379 +350	+396 +350	+422 +350	+454 +425	+471 +425	+497 +425	+549 +520	+566 +520	+592 +520
200	225	+382 +310	+405 +385	+414 +385	+431 +385	+457 +385	+499 +470	+516 +470	+542 +470	+604 +575	+621 +575	+647 +575
225	250	+412 +340	+445 +425	+454 +425	+471 +425	+497 +425	+549 +520	+566 +520	+592 +520	+669 +640	+686 +640	+712 +640
250	280	+466 +385	+498 +475	+507 +475	+527 +475	+556 +475	+612 +580	+632 +580	+661 +580	+742 +710	+762 +710	+791 +710
280	315	+506 +425	+548 +525	+557 +525	+577 +525	+606 +525	+682 +650	+702 +650	+731 +650	+822 +790	+842 +790	+871 +790
315	355	+564 +475	+615 +590	+626 +590	+647 +590	+679 +590	+766 +730	+787 +730	+819 +730	+936 +900	+957 +900	+989 +900
355	400	+619 +530	+685 +660	+696 +660	+717 +660	+749 +660	+856 +820	+877 +820	+909 +820	+1036 +1000	+1057 +1000	+1089 +1000
400	450	+692 +595	+767 +740	+780 +740	+803 +740	+837 +740	+960 +920	+983 +920	+1017 +920	+1140 +1100	+1163 +1100	+1197 +1100
450	500	+757 +660	+847 +820	+860 +820	+883 +820	+917 +820	+1040 +1000	+1063 +1000	+1097 +1000	+1290 +1250	+1313 +1250	+1347 +1250

注：1. 公称尺寸小于 1mm 时，各级的 a 和 h 均不采用。

2. 公称尺寸至 24mm 的 t5~t8、至 14mm 的 v5~v8、至 18mm 的 y6~y8 的偏差值未列入表内，建议分别以 u5~u8、x5~x8、z6~z8 代替。

3. 基孔制和基轴制的优先常用配合（表 10.6-4 和表 10.6-5）

基于决策的考虑，对于孔和轴的公差等级和基本偏差（公差带的位置）的选择，应能够以给出最满足所要求使用条件对应的最小和最大间隙或过盈。对于通常的工程目的，只需要许多可能的配合中的少数配合。基于经济因素，如有可能，配合应优先选择表 10.6-4 和表 10.6-5 框中所示的公差带代号。

表 10.6-4　基孔制配合的优先配合（摘自 GB/T 1800.1—2020）

基准孔	轴公差带代号											
	间隙配合					过渡配合				过盈配合		
H6				g5	h5	js5	k5	m5		n5	p5	
H7			f6	g6	h6	js6	k6	m6	n6	p6　r6　s6	t6　u6　x6	
H8		e7	f7		h7	js7	k7	m7		s7	u7	
		d8	e8	f8	h8							
H9		d8	e8	f8	h8							
H10	b9	c9	d9	e9	h9							
H11	b11	c11	d10		h10							

表 10.6-5　基轴制配合的优先配合（摘自 GB/T 1800.1—2020）

基准轴	孔公差带代号											
	间隙配合					过渡配合				过盈配合		
h5				G6	H6	JS6	K6	M6		N6	P6	
h6			F7	G7	H7	JS7	K7	M7	N7	P7　R7　S7	T7　U7　X7	
h7		E8	F8		H8							
h8		D9	E9	F9	H9							
		E8	F8		H8							
h9		D9	E9	F9	H9							
	B11	C10	D10		H10							

4. 线性尺寸一般公差的公差等级和极限偏差数值（表 10.6-6 和表 10.6-7）

一般公差分精密 f、中等 m、粗糙 c、最粗 v 4 个公差等级，表 10.6-6 和表 10.6-7 按未注公差的线性尺寸给出了各公差等级的极限偏差数值。

表 10.6-6　线性尺寸的极限偏差数值（摘自 GB/T 1804—2000）　　　　（mm）

公差等级	基本尺寸分段							
	0.5~3	>3~6	>6~30	>30~120	>120~400	>400~1000	>1000~2000	>2000~4000
精密 f	±0.05	±0.05	±0.1	±0.15	±0.2	±0.3	±0.5	—
中等 m	±0.1	±0.1	±0.2	±0.3	±0.5	±0.8	±1.2	±2
粗糙 c	±0.2	±0.3	±0.5	±0.8	±1.2	±2	±3	±4
最粗 v	—	±0.5	±1	±1.5	±2.5	±4	±6	±8

表 10.6-7　倒圆半径和倒角高度尺寸的极限偏差数值（摘自 GB/T 1804—2000）　　　（mm）

公差等级	基本尺寸分段			
	0.5~3	>3~6	>6~30	>30
精密 f	±0.2	±0.5	±1	±2
中等 m				
粗糙 c	±0.4	±1	±2	±4
最粗 v				

当采用标准规定的一般公差时，应在图样标题栏附近或技术要求、技术文件（如企业标准）中注出标准号及公差等级代号。例如，选取中等级时，标注为 GB/T 1804—m。

10.6.2　极限与配合的选用

1. 基本偏差的选用（表 10.6-8）

表 10.6-8　基本偏差的选用

配合	基本偏差	配合特性与应用
间隙配合	a(A)、b(B)	可得到特别大的间隙，应用很少。
	c(C)	可得到很大间隙，一般适用于缓慢、松弛的动配合。用于工作条件较差（如农业机械）、工作时受力变形大，或者为了便于装配而必须有较大间隙时。推荐配合为 H11/c11。其较高等级的配合，如 H8/c7，适用于轴在高温工作的紧密动配合
	d(D)	一般用于 IT7~IT11 级，适用于松的转动配合，如密封盖、滑轮、空转带轮等与轴的配合，也适用于大直径滑动轴承配合
	e(E)	多用于 IT7~II9 级，适用于要求有明显间隙、易于转动的支承配合，如大跨距支点支承等配合。高等级 e 偏差的轴适用于大尺寸、高速、重载支承的配合
	f(F)	多用于 IT6~IT8 级的一般转动配合。当温度差别不大，对配合基本上没影响时；被广泛用于普通润滑油（或润滑脂）润滑的支承，如齿轮箱、小电动机、泵等的转轴与滑动支承配合；在机床夹具中，也常用于滑动钳口、V 形块、分度插销等与夹具上有关孔的配合
	g(G)	多用于 IT5~IT7 级，配合间隙很小，除很轻负荷的精密装置，不推荐用于转动配合，最适合不回转的精密滑动配合，也用于插销等定位配合，如精密连杆轴承、活塞及滑阀销等，以及夹具中定位销和工件基准孔配合等
	h(H)	多用于 IT4~IT11 级，广泛用于无相对转动的零件，作为一般的定位配合。若没变形影响，也用于精密滑动配合
过渡配合	js(JS)	完全对称偏差（±IT/2），总体为稍有间隙的配合。多用于 IT4~IT7 级，允许略有过盈的定位配合，如联轴器、齿圈与钢制轮毂的配合，一般可用手或木锤装配
	k(K)	平均间隙接近于零的配合，适用于 IT4~IT7 级。推荐用于要求稍有过盈的定位配合，如为了消除振动用的定位配合。一般用木锤装配
	m(M)	平均过盈较小配合，适用于 IT4~IT7 级，如对刀块、固定 V 形块与夹具体的配合。一般可用木锤装配，但在最大过盈时，要求相当的压入力
	n(N)	平均过盈较大的配合，很少得到间隙。适用于 IT4~IT7 级，加键可传递较大的转矩，用锤或压力机装配。通常推荐用于紧密的组件配合，如固定钻套与夹具体的配合。H6/n5 为过渡配合

（续）

配合	基本偏差	配合特性与应用
过盈配合	p(P)	与 H6 或 H7 配合时是过盈配合，而与 H8 配合时为过渡配合。对非钢铁类零件，为较轻的压入配合，当需要时易于拆卸；对钢、铸铁或铜-钢组件装配是标准压入配合；对弹性材料，如轻合金等，往往要求很小的过盈，可采用 p 偏差的轴配合
	r(R)	对钢铁类零件，为中等压入配合；对非钢铁类零件，为轻的压入配合，当需要时，可以拆卸。与 H8 配合，直径在 100mm 以上时为过盈配合，直径小时为过渡配合
	s(S)	用于钢和铸铁零件的永久性和半永久性结合，过盈量充分，可产生相当大的结合力。当用弹性材料，如轻合金时，配合性质与铸铁类零件 p 偏差相当，如套环压在轴上、阀座处的配合；当尺寸较大时，为了避免损伤零件表面，需用热套法或冷轴法装配
	t(T)	用于钢和铸铁零件的永久性结合，不用键可传递转矩，需用热套法或冷轴法装配，如联轴器和轴的配合为 H7/16
	u(U)	用于过盈大的配合，最大过盈需验算，用热套法进行装配，如火车轮毂和轴的配合为 H6/u5
	v(V)、x(X)、y(Y)、z(Z)	过盈量依次增大，一般不推荐

2. 优先配合的选用（表 10.6-9）

表 10.6-9　优先配合的选用

优先配合		说　明
基孔制	基轴制	
H11/c11	C11/h11	间隙非常大，用于很松的、转动很慢的动配合；要求大公差与大间隙的外露组件，要求装配方便的很松的配合
H9/d9	D9/h9	间隙很大的自由转动配合，用于旋转精度非主要要求时。适用于有大的温度变化、高转速或大的轴颈压力
H8/h7	F8/h7	间隙不大的转动配合。用于中等转速与中等轴颈压力的精确转动，也用于装配较易的中等精度定位配合
H7/h6	G7/h6	间隙很小的滑动配合。用于不希望自由旋转，但可自由移动和转动并精密定位，也可用于定位配合
H7/h6，H8/h7 H9/h9，H11/h11		均为间隙定位配合，零件可自由装拆，而工作时一般相对静止不动
H7/k6	K7/h6	过渡配合，用于精密定位
H7/n6	N7/h6	过渡配合，允许有较大过盈的更精密定位
H7/p6	P7/h6	过盈定位配合，即小过盈配合。用于定位精度特别重要时，能以最好的定位精度达到部件的刚度及同轴度要求，不依靠结合力传递负荷
H7/s6	S7/h6	中等压入配合，适用于一般钢件，或者用于薄壁件的冷缩配合；用于铸铁件时，可得到很大的结合力
H7/u6	U7/h6	压入配合，适于可以承受高压力的零件

10.7 几何公差

10.7.1 形状和位置公差的公差带

形状和位置公差是实际被测要素对图样上给定的理想形状、理想方位的允许变动量。形状和位置公差带是用来限制实际被测要素变动的区域。在没有进一步要求的情况下，实际被测要素在公差带内可以具有任何形状和方向；只要实际被测要素能全部落在给定的公差带内，就表明该实际被测要素合格。形状和位置公差带具有形状、大小和方位等特性。其形状取决于被测要素的理想形状、给定的形状和位置公差特征项目和标注形式。形状和位置公差带的大小用它的宽度或直径来表示，由给定的公差值决定形状和位置公差带的方位则由给定的形状和位置公差特征项目和标注形式确定。

10.7.2 形状和位置公差值与应用

1. 形状和位置公差值

1）直线度、平面度公差值（表 10.7-1）。

2）圆度、圆柱度公差值（表 10.7-2）。

3）平行度、垂直度、倾斜度公差值（表 10.7-3）。

4）同轴度、对称度、圆跳动和全跳动公差值（表 10.7-4）。

2. 形状和位置公差等级应用

1）直线度、平面度公差等级应用（表 10.7-5）。

2）圆度、圆柱度公差等级应用（表 10.7-6）。

3）平行度、垂直度、端面圆跳动公差等级应用（表 10.7-7）。

4）同轴度、对称度、径向圆跳动和全跳动公差等级应用（表 10.7-8）。

表 10.7-1 直线度、平面度公差值（摘自 GB/T 1184—1996） （μm）

主参数 /mm	公差等级											
	1	2	3	4	5	6	7	8	9	10	11	12
≤10	0.2	0.4	0.8	1.2	2	3	5	8	12	20	30	60
>10~16	0.25	0.5	1	1.5	2.5	4	6	10	15	25	40	80
>16~25	0.3	0.6	1.2	2	3	5	8	12	20	30	50	100
>25~40	0.4	0.8	1.5	2.5	4	6	10	15	25	40	60	120
>40~63	0.5	1	2	3	5	8	12	20	30	50	80	150
>63~100	0.6	1.2	2.5	4	6	10	15	25	40	60	100	200
>100~160	0.8	1.5	3	5	8	12	20	30	50	80	120	250
>160~250	1	2	4	6	10	15	25	40	60	100	150	300
>250~400	1.2	2.5	5	8	12	20	30	50	80	120	200	400
>400~630	1.5	3	6	10	15	25	40	60	100	150	250	500
>630~1000	2	4	8	12	20	30	50	80	120	200	300	600

注：棱线和回转表面的轴线、素线以其长度的公称尺寸作为主参数，矩形平面以其较长边、圆平面以其直径的公称尺寸作为主要参数。

表 10.7-2 圆度、圆柱度公差值（摘自 GB/T 1184—1996） （μm）

主参数 /mm	公差等级											
	1	2	3	4	5	6	7	8	9	10	11	12
≤3	0.1	0.2	0.5	0.8	1.2	2	3	4	6	10	14	25
>3~6	0.1	0.2	0.6	1	1.5	2.5	4	5	8	12	18	30
>6~10	0.12	0.25	0.6	1	1.5	2.5	4	6	9	15	22	36

（续）

主参数 /mm	公差等级											
	1	2	3	4	5	6	7	8	9	10	11	12
>10~18	0.15	0.25	0.8	1.2	2	3	5	8	11	18	27	43
>18~30	0.2	0.3	1	1.5	2.5	4	6	9	13	21	33	52
>30~50	0.25	0.4	1	1.5	2.5	4	7	11	16	25	39	62
>50~80	0.3	0.5	1.2	2	3	5	8	13	19	30	46	74
>80~120	0.4	0.6	1.5	2.5	4	6	10	15	22	35	54	87
>120~180	0.6	0.8	2	3.5	5	8	12	18	25	40	63	100
>180~250	0.8	1	3	4.5	7	10	14	20	29	46	72	115
>250~315	1	1.2	4	6	8	12	16	23	32	52	81	130
>315~400	1.2	1.6	5	7	9	13	18	25	36	57	89	140
>400~500	1.5	2.5	6	8	10	15	20	27	40	63	97	155

注：回转表面、球、圆以其直径的公称尺寸作为主参数。

表 10.7-3　平行度、垂直度、倾斜度公差值（摘自 GB/T 1184—1996）　　　　（μm）

主参数 /mm	公差等级											
	1	2	3	4	5	6	7	8	9	10	11	12
≤10	0.4	0.8	1.5	3	5	8	12	20	30	50	80	120
>10~16	0.5	1	2	4	6	10	15	25	40	60	100	150
>16~25	0.6	1.2	2.5	5	8	12	20	30	50	80	120	200
>25~40	0.8	1.5	3	6	10	15	25	40	60	100	150	250
>40~63	1	2	4	8	12	20	30	50	80	120	200	300
>63~100	1.2	2.5	5	10	15	25	40	60	100	150	250	400
>100~160	1.5	3	6	12	20	30	50	80	120	200	300	500
>160~250	2	4	8	15	25	40	60	100	150	250	400	600
>250~400	2.5	5	10	20	30	50	80	120	200	300	500	800
>400~630	3	6	12	25	40	60	100	150	250	400	600	1000
>630~1000	4	8	15	30	50	80	120	200	300	500	800	1200

注：被测要素以其长度或直径的公称尺寸作为主参数。

表 10.7-4　同轴度、对称度、圆跳动和全跳动公差值（摘自 GB/T 1184—1996）　　　　（μm）

主参数 /mm	公差等级											
	1	2	3	4	5	6	7	8	9	10	11	12
≤1	0.4	0.6	1.0	1.5	2.5	4	6	10	15	25	40	60
>1~3	0.4	0.6	1.0	1.5	2.5	4	6	10	20	40	60	120
>3~6	0.5	0.8	1.2	2	3	5	8	12	25	50	80	150
>6~10	0.6	1	1.5	2.5	4	6	10	15	30	60	100	200
>10~18	0.8	1.2	2	3	5	8	12	20	40	80	120	250
>18~30	1	1.5	2.5	4	6	10	15	25	50	100	150	300

（续）

主参数 /mm	公差等级											
	1	2	3	4	5	6	7	8	9	10	11	12
>30~50	1.2	2	3	5	8	12	20	30	60	120	200	400
>50~120	1.5	2.5	4	6	10	15	25	40	80	150	250	500
>120~250	2	3	5	8	12	20	30	50	100	200	300	600
>250~500	2.5	4	6	10	15	25	40	60	120	250	400	800

注：被测要素以其直径或宽度的公称尺寸作为主参数。

表 10.7-5　直线度、平面度公差等级应用

公差等级	应用（参考）
1 2	精密量具、测量仪器，以及对精度要求高的精密机械零件，如零级样板、平尺、零级宽平尺、工具显微镜等精密测量仪器的导轨面，喷油嘴针阀体和液压泵柱塞套端面等
3	零级与1级宽平尺工作面、1级样板平尺的工作面、测量仪器圆弧导轨和测量仪器的测杆等
4	量具、测量仪器和高精度机床的导轨，如1级宽平尺、零级平板、测量仪器的V形导轨、高精度平面磨床的V形导轨和滚动导轨等
5	1级平板，2级宽平尺，平面磨床的纵导轨、垂直导轨、立柱导轨及工件台，液压龙门刨床和六角车床床身导轨，柴油机进、排气门导杆
6	普通机床导轨面，如普通车床、龙门刨床、滚齿机、自动车床等的床身导轨和立柱导轨
7	2级平板，普通机床台面及较重要的结合面，如机床主轴箱、工作台、液压泵盖、减速器壳体等
8	一般工作台面和结合面，如机床传动箱体、交换齿轮箱体、车床溜板箱体、柴油机气缸体、连杆分离面、缸盖、液压管件和法兰连接面
9	3级平板，非重要壳体的结合面，如自动车床床身底面、摩托车曲轴箱体、汽车变速器壳体、手动机械的支承面
10	用于易变形的薄片、薄壳零件等

表 10.7-6　圆度、圆柱度公差等级应用

公差等级	应用（参考）
1	高精度量仪主轴、高精度机床主轴、滚动轴承的滚珠和滚柱等
2	精密量仪主轴、外套、阀套，高压油泵柱塞及套，高速柴油机进、排气门，精密机床主轴轴颈，针阀圆柱面等
3	工具显微镜套管外圆，高精度外圆磨床轴承，磨床砂轮主轴套筒，喷油嘴针、阀体，高精度微型轴承内、外圈
4	较精密机床主轴，精密机床主轴箱孔，高压阀门活塞、活塞销、阀体孔，工具显微镜顶针，高压液压泵柱塞，较高精度轴承配合轴，铣削动力头箱体孔等
5	一般量仪主轴、测杆外圆，陀螺仪轴颈，一般机床主轴轴颈及主轴轴承孔，柴油机、汽油机活塞销、活塞销孔
6	一般机床主轴及前轴承孔，中等压力液压装置工作面，汽油发动机凸轮轴，纺机锭子，通用减速器转轴轴颈，高速船用发动机曲轴，拖拉机曲轴主轴颈
7	大功率低速柴油机曲轴轴颈、活塞销、活塞销孔、连杆孔、气缸孔，高速柴油机箱体轴承孔，千斤顶或油缸活塞，机车传动轴，水泵及通用减速器转轴轴颈

（续）

公差等级	应用（参考）
8	大功率低速发动机曲轴轴颈，压气机连杆盖、连杆体，拖拉机气缸体、活塞，炼胶机冷铸轴辊，印刷机辊，内燃机曲轴轴颈，柴油机凸轮轴承孔、凸轮轴，拖拉机、小型船用柴油机气缸套等
9	空气压缩机缸体，液压传动筒，通用机械杠杆与拉杆用套筒销子，拖拉机活塞环、套筒孔
10	印染机导布辊、绞车、起重机等滑动轴承轴颈

表 10.7-7　平行度、垂直度、端面圆跳动公差等级应用

公差等级	应用（参考）
1	高精度机床、测度仪器，以及量具等主要基准面和工作面
2、3	精密机床、测量仪器、精密刀具、量具及模具的基准面和工作面，精密机床上重要箱体主轴孔对基准面的要求：尾座孔对基准面，精密机床导轨及主轴轴肩端面，普通机床主要导轨及主轴轴向定位面，滚动轴承座圈端面，齿轮测量仪的心轴，涡轮轴端面
4、5	普通机床导轨、机床重要支承面、机床主轴孔及重要轴承座孔对基准面的要求；普通机床主轴端面圆跳动：精密机床重要零件、计量仪器、量具、模具的基准面和工件面，主轴箱重要孔间要求，一般减速器壳体孔、齿轮泵的轴、孔端面，发动机轴和离合器的凸缘，气缸的支承端面
6、7、8	一般机床的工作面和基准面，压力机和锻锤的工作面，中等精度钻模的工作面；机床一般轴孔对基准面的要求：床头箱一般孔间，主轴花键对定心表面轴线的平行度；重型机械滚动轴承端盖：卷扬机、手动传动装置中传动轴，一般导轨，主轴箱体孔，刀架、砂轮架及工作台回转中心；机床轴肩，气缸配合面对其轴线，活塞销孔对活塞轴线
9、10	低精度零件的工作面，重型机械滚动轴承端盖，柴油机箱体曲轴孔、曲轴轴颈，花键轴轴肩端面，输机法兰等端面对轴线，手动卷扬机及传动装置中轴承端面，减速器壳体平面等

表 10.7-8　同轴度、对称度、径向圆跳动和全跳动公差等级应用

公差等级	应用（参考）
1、2、3、4	用于同轴度或旋转精度要求很高的零件，一般需要按尺寸公差等级 IT6 或高于 IT6 制造。例如，1，2 级用于精密测量仪器的主轴和顶尖；3，4 级用于机床主轴轴颈、砂轮轴轴颈、汽轮机主轴、测量仪器的小齿轮轴、高精度滚动轴承内外圈及齿轮精度为 4~5 级的轴颈等
5、6、7	应用范围较广的公差等级，用于对几何精度要求较高，一般按尺寸公差等级 IT6~IT8 制造的零件。例如，5 级常用在机床主轴轴颈；测量仪器的测杆，汽轮机主轴，柱塞油泵转子，高精度滚动轴承外圈，一般精度轴承内圈；6~7 级用于内燃机曲轴、凸轮轴轴颈、齿轮轴、汽车后桥输出轴，印刷机传墨辊的轴颈、键槽等
8、9、10	用于一般精度要求，通常按尺寸公差等级 IT9~IT11 制造的零件。例如，8 级用于拖拉机发动机分配轴轴颈，与 9 级精度以下齿轮相配的轴、水泵叶轮、离心泵体、棉花精梳机前后滚子、键槽等；9 级用于内燃机气缸套配合面、自行车中轴；10 级用于内燃机活塞环槽底径对活塞中心，气缸套外圆对内孔工作面等

3. 位置度系数和位置度公差值计算

螺栓连接、螺钉连接或其他类似连接，孔位置的偏移是依靠孔与连接件之间的配合间隙来补偿的。配合的最小间隙和连接特性是位置度公差值计算的主要依据。其计算公式见表 10.7-9。经计算确定的位置度公差，经圆整后按表 10.7-10 选用数系中的值。

表 10.7-9　位置度公差值计算公式

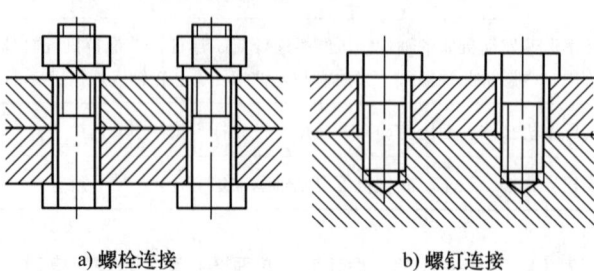

a) 螺栓连接　　　　　　　　　　　b) 螺钉连接

被连接件上孔的位置公差	螺栓连接	螺钉连接
$T_1 = T_2 = T$ 或 $T_1 \neq T_2$ 但 $T_1 + T_2 = 2T$	$T \leqslant K\,(D_{min} - d_{max})$	$T \leqslant 0.5K\,(D_{min} - d_{max})$

注：T 是被连接件位置度公差平均值（公差带直径或宽度）；T_1 是被连接件 1 的位置公差值；T_2 是被连接件 2 的位置度公差值；D_{min} 是光孔的最小孔径；d_{max} 是螺栓或螺钉的最大直径；K 是间隙利用系数推荐值；不需调补的固定连接 $K=1$，需要调补的固定连接 $K=0.8$ 或 $K=0.6$。

表 10.7-10　位置度系数（摘自 GB/T 1184—1996）

位置度系数	1	1.2	1.5	2	2.5	3	4	5	6	8
位置度公差/μm	1×10^n	1.2×10^n	1.5×10^n	2×10^n	2.5×10^n	3×10^n	4×10^n	5×10^n	6×10^n	8×10^n

注：n 为正整数。

当采用螺栓连接三个或更多零件而采用不相等的位置度公差时，则任意两个零件的位置度公差组合必须满足 $T_1 + T_2 \leqslant 2T$。

当采用螺钉连接时，若螺孔（或过盈配合孔）的垂直度误差影响较大，则表 10.7-9 所列公式不能保证自由地装配。此时，为了保证自由装配，螺孔（或过盈配合孔）的位置度公差可采用"延伸公差带"。

10.7.3　形状和位置公差的未注公差

图样上没有注出形状和位置公差的要素也有形状和位置精度要求，但要求偏低，称为形状和位置公差的未注公差。GB/T 1184—1996 规定，直线度、平面度、垂直度、对称度和圆跳动的公差等级分为 H、K、L 三级，其中 H 级最高，L 级最低（表 10.7-11～表 10.7-14），其他项目未注公差值的规定见表 10.7-15。

标准所规定的公差等级考虑了各类工厂的一般制造精度，若由于功能要求需对某个要素提出更高的公差要求时，应按照 GB/T 1182—2018 的规定在图样上直接标注；更粗的公差要求只有对工厂有经济效益时才需注出。

采用标准规定的未注公差值，应在标题栏附近或技术要求、技术文件（如企业标准）中注出标准号及公差等级代号，如未注形状和位置公差按 GB/T 1184-K。

表 10.7-11　直线度和平面度的未注公差值（摘自 GB/T 1184—1996）　　　　（mm）

公差等级	基本长度范围					
	≤10	>10～30	>30～100	>100～300	>300～1000	>1000～3000
H	0.02	0.05	0.1	0.2	0.3	0.4
L	0.05	0.1	0.2	0.4	0.6	0.8
K	0.1	0.2	0.4	0.8	1.2	1.6

注：当选择公差值时，对于直线度，应按其相应线的长度选择；对于平面度，应按其表面的较长一侧或圆表面的直径选择。

表 10.7-12　垂直度的未注公差值（摘自 GB/T 1184—1996）　（mm）

公差等级	基本长度范围			
	≤100	>100~300	>300~1000	>1000~3000
H	0.2	0.3	0.4	0.5
L	0.4	0.6	0.8	1
K	0.6	1	1.5	2

注：当选择公差值时，取形成直角的两边中较长的一边作为基准，较短的一边作为被测要素；若两边的长度相等，则可取其中的任意一边作为基准。

表 10.7-13　对称度的未注公差值（摘自 GB/T 1184—1996）　（mm）

公差等级	基本长度范围			
	≤100	>100~300	>300~1000	>1000~3000
H	0.5			
L	0.6		0.8	1
K	0.6	1	1.5	2

注：应取两要素中较长者作为基准，较短者作为被测要素；若两要素长度相等，则可选任一要素为基准。

表 10.7-14　圆跳动的未注公差值（摘自 GB/T 1184—1996）　（mm）

公差等级	圆跳动公差
H	0.1
L	0.2
K	0.5

注：对于圆跳动的未注公差值，应以设计或工艺给出的支承面作为基准，否则应取两要素中较长的一个作为基准；若两要素的长度相等，则可选任一要素为基准。

表 10.7-15　其他项目未注公差值的规定

几何公差项目		未注公差值的规定
圆度		圆度的未注公差值等于直径的公差值，但不能大于径向圆跳动的未注公差值
圆柱度	标有Ⓔ的圆柱面	遵守包容要求的规定
	不标Ⓔ的圆柱面	圆柱度的未注公差可由圆柱面的圆度、直线度和相对素线的平行度的注出公差或未注公差三者综合控制
平行度		平行度的未注公差值等于给出的尺寸公差值，或者直线度和平面度未注公差值中较大者
同轴度		同轴度的未注公差值极限可以和径向圆跳动的未注公差值相等

注：线轮廓度、面轮廓度、倾斜度、位置度和全跳动未注公差值由各要素的注出或未注几何公差、线性尺寸公差或角度公差控制。

10.7.4　公差原则

公差原则是确定尺寸（线性尺寸和角度尺寸）公差和几何公差之间相互关系的原则。

1. 独立原则

图样上给定的要素尺寸和形状、位置要求均是独立的，应分别满足要求。独立原则是尺寸公差和几何公差相互关系遵循的基本原则。

2. 相关要求

图样上给定要素的尺寸公差和几何公差相互有关的公差要求，指包容要求、最大实体要求（包括可逆要求应用于最大实体要求）和最小实体要求（包括可逆要求应用于最小实体要求）。相关要求用给定的综合边界来控制被测要素的实际尺寸及形状和位置误差的综合结果。

1）包容要求。包容要求适用于单一要素，如圆柱表面或两平行表面。

包容要求表示实际要素应遵守最大实体边界，其局部实际尺寸不得超出最小实体尺寸。采用包容要求的单一要素应在尺寸极限偏差或公差带代号之后加注符号Ⓔ。

2）最大实体要求。最大实体要求适用于中心要素，可用于被测要素和基准要素。

最大实体要求是控制被测要素的实际轮廓处于最大实体实效边界之内的一种公差要求。当其实际尺寸偏离最大实体尺寸时，允许其形状和位置误差值超过给出的几何公差值，此时应在几何公差框格中标注符号Ⓜ。

当其形状和位置误差小于给出的几何公差，又允许其实际尺寸超出最大实体尺寸时，可将可逆要求应用于最大实体要求，此时应在几何公差框格中Ⓜ后标注符号Ⓡ。

3）最小实体要求。最小实体要求适用于中心要素。

最小实体要求是控制被测要素的实际轮廓处于最小实体实效边界之内的一种公差要求。当其实际尺寸偏离最小实体尺寸时，允许其形状和位置误差值超过给出的几何公差值，此时应在几何公差框格中标注符号Ⓛ。

当其形状和位置误差小于给出的几何公差，又允许其实际尺寸超出最小实体尺寸时，可将可逆要求应用于最小实体要求，此时应在几何公差框格中Ⓛ后标注符号Ⓡ。

3. 公差原则及其应用（表 10.7-16）

表 10.7-16　公差原则及其应用

公差原则	独立原则	相关要求						
		包容要求	最大实体要求			最小实体要求		
图样标注	无	Ⓔ	0Ⓜ 或 ϕ0Ⓜ	Ⓜ	ⓂⓇ	0Ⓛ 或 ϕ0Ⓛ	Ⓛ	ⓁⓇ
适用要素	适用于一切要素	适用于圆柱面和两平行平面组成的单一要素	适用于中心要素					
被测要素遵守的理想边界及边界尺寸	—	最大实体边界（MMB） 内尺寸 $D_M = D_{min}$ 外尺寸 $d_M = d_{max}$	最大实体实效边界（MMVB） 内尺寸 $D_{MV} = D_M$ $=D_{min}$ 外尺寸 $d_{MV}=d_M=d_{min}$	最大实体实效边界（MMVB） 内尺寸 $D_{MV} = D_M -$ 带Ⓜ的 T_g 外尺寸 $d_{MV} = d_M +$ 带Ⓜ的 T_g		最小实体实效边界（MMVC） 内尺寸 $D_{LV}=D_{max}$ 外尺寸 $d_{LV}=d_{min}$	最小实体实效边界（MMVC） 内尺寸 $D_{LV}=D_{max}+$带Ⓛ的 T_g 外尺寸 $d_{LV}=d_{min}-$带Ⓛ的 T_g	
要求	尺寸公差与几何公差分别满足要求	被测要素的实际轮廓在给定长度上不超越 MMB；实际尺寸不超越最小实体尺寸 对于孔 $D_{fe} \geqslant D_{min}$ $D_a \leqslant D_{max}$ 对于轴 $d_{fe} \leqslant d_{min}$ $d_a \geqslant d_{max}$	被测要素的实际轮廓在给定长度上不超越最大实体实效边界 对于孔 $D_{fe} \geqslant D_{MV}$ $D_{min} \leqslant D_a$ $\leqslant D_{max}$ 对于轴 $d_{fe} \leqslant d_{MV}$ $d_{min} \leqslant d_a$ $\leqslant d_{max}$	对于孔 $D_{fe} \geqslant D_{MV}$ $D_a \leqslant D_{max}$ 对于轴 $d_{fe} \leqslant d_{MV}$ $d_a \geqslant d_{min}$		被测要素的实际轮廓在给定长度上不得超越最小实体实效边界 对于孔 $D_{fi} \leqslant D_{LV}$ $D_{min} \leqslant D_a$ $\leqslant D_{max}$ 对于轴 $d_{fi} \geqslant d_{LV}$ $d_{min} \leqslant d_a$ $\leqslant d_{max}$	对于孔 $D_{fi} \leqslant D_{LV}$ $D_a \geqslant D_{min}$ 对于轴 $d_{fi} \geqslant d_{LV}$ $d_a \leqslant d_{max}$	

（续）

公差原则	独立原则	相关要求		
		包容要求	最大实体要求	最小实体要求
适用范围	用于几何公差与尺寸公差无关的要素，如要求单项特殊功能的要素，没有配合要求的结构尺寸和未注尺寸公差的要素，对形状和位置精度要求很严的配合尺寸（如分组配合）等	常用于保证孔轴的配合性质，特别是配合公差较小的精密配合用，采用最大实体边界保证所需的最小间隙或最大过盈有最大实体边界要求的其他场合（如量规）	用于有较高间隙配合精度要求的关联要素	只要求装置互换的要素	用于保证最小壁厚和控制表面至中心要素的最大距离等功能要求

注：D_a—内表面的实际尺寸；d_a—外表面的实际尺寸；D_{fe}—内表面的体外作用尺寸；d_{fe}—外表面的体外作用尺寸；D_{fi}—内表面的体内作用尺寸；d_{fi}—外表面的体内作用尺寸；D_M—内表面的最大实体边界尺寸；d_M—外表面的最大实体边界尺寸；D_{MV}—内表面的最大实体实效尺寸；d_{MV}—外表面的最大实体实效尺寸；D_{LV}—内表面的最小实体实效尺寸；d_{LV}—外表面的最小实体实效尺寸；D_{max}—内表面的最大极限尺寸；d_{max}—外表面的最大极限尺寸；D_{min}—内表面的最小极限尺寸；d_{min}—外表面的最小极限尺寸；T_g—被测要素的几何公差。

10.8　表面结构

10.8.1　表面结构要求的术语、参数（表 10.8-1~表 10.8-4）

表 10.8-1　表面粗糙度术语和参数（摘自 GB/T 3505—2009）

术语及代号		定义及说明
评定表面粗糙度的基本规定	坐标系	确定表面结构参数的右旋笛卡儿坐标系。X 轴与中线方向一致，Y 轴也处于实际表面上，而 Z 轴则在从材料到周围介质的外延方向上
	取样长度 lr	用于判别被评定轮廓的不规则特征在 X 轴向上的长度。其目的是限制或削弱波纹度和形状误差对表面粗糙度测量结果的影响
	评定长度 ln	为了更可靠地反映表面粗糙度轮廓特性，应连续测量的几个取样长度
	中线	用以评定表面粗糙度参数值的给定线称为中线，它是具有几何轮廓形状并划分轮廓的基准线，常用的有最小二乘中线和算术平均中线

（续）

术语及代号		定义及说明
表面粗糙度幅度参数	轮廓的算术平均偏差 Ra	在一个取样长度内，被评定轮廓上各点至中线的纵坐标 $Z(x)$ 绝对值的算术平均值（与 GB/T 1031—2009 的评定参数 Ra 相同） $$Ra = \frac{1}{l}\int_0^l |Z(x)|\mathrm{d}x \text{ 或近似为 } Ra = \frac{1}{n}\sum_{i=1}^{n}|Z(x_i)|$$ 式中，$l=lr$
	轮廓的最大高度 Rz	在一个取样长度内，最大轮廓峰高 Rp 和最大轮廓谷深 Rv 之和的高度（即 GB/T 1031—2009 的评定参数 Ry） $$Rz = Rp + Rv$$ 式中，$Rp = Zp_6$，$Rv = Zv_2$

注：1. 在 GB/T 3505—1983 中，Rz 符号曾用于表示"不平度的十点高度"。

2. GB/T 3505—2009 规定的评定参数分为峰、谷参数、纵坐标平均值参数、间距参数、混合参数四类，各有若干个评定指标。

表 10.8-2　轮廓算术平均偏差 Ra 的数值（摘自 GB/T 1031—2009） （μm）

列值	补充系列值	列值	补充系列值	列值	补充系列值	列值	补充系列值
	0.008						
	0.010						
0.012			0.125		1.25	12.5	
	0.016		0.160	1.6			16
	0.020	0.2			2.0		20
0.025			0.25		2.5	25	
	0.032		0.32	3.2			32
	0.040	0.4			4.0		40
0.05			0.50		5.0	50	
	0.063		0.63	6.3			63
	0.080	0.8			8.0		80
0.1			1.00		10.0	100	

表 10.8-3 轮廓最大高度 Rz 的数值（摘自 GB/T 1031—2009） （μm）

列值	补充系列值	列值	补充系列值	列值	补充系列值	列值	补充系列值	列值	补充系列值
0.025			0.25		2.5	25			250
	0.032		0.32	3.2			32		320
	0.040	0.4			4.0		40	400	
0.05			0.50		5.0	50			500
	0.063		0.63	6.3			63		630
	0.080	0.8			8.0		80	800	
0.1			1.0		10.0	100			1000
	0.125		1.25	12.5			125		1250
	0.160	1.6			16		160	1600	
0.2			2.0		20	200			

表 10.8-4 Ra、Rz 参数值与取样长度 lr 和评定长度 ln 的关系（摘自 GB/T 1031—2009）

$Ra/\mu m$	$Rz/\mu m$	取样长度 lr/mm	评定长度 $ln(ln=5lr)/mm$
≥0.008~0.02	≥0.025~0.1	0.08	0.4
>0.02~0.1	>0.1~0.50	0.25	1.25
>0.1~2.0	>0.50~10.0	0.8	4.0
>2.0~10.0	>10.0~50	2.5	12.5
>10.0~80	>50~320	8.0	40.0

注：测量 Ra 和 Rz 值时，推荐按此表选用 lr 值，lr 值的标注在图样或技术文件中可省略。当有特殊要求时，应给出相应的 lr 值，并在图样或技术文件中注出。

10.8.2 表面粗糙度评定参数值的选用

1. 表面粗糙度评定参数值选用的一般原则

表面粗糙度评定参数值的选用，不仅要根据零件的工作条件和使用要求，而且应该考虑生产的经济性。在选用时，应优先选用 GB/T 1031—2009 中规定的系列值。选用的一般原则：

1) 在同一零件上，工作表面的表面粗糙度幅度参数值应比非工作表面要小。

2) 对于摩擦表面，相对运动速度越高，单位面积压力越大，则表面粗糙度幅度参数值应越小，尤其是对滚动摩擦表面，表面粗糙度幅度参数值应更小。

3) 对承受交变载荷作用的零件，在容易产生应力集中的部位，如圆角、沟槽处，表面粗糙度幅度参数值应小。

4) 对要求配合性质稳定可靠，如间隙较小的间隙配合和承受重载荷的过盈配合，孔、轴的表面粗糙度幅度参数值应小。

5) 当确定表面粗糙度幅度参数值时，应与其尺寸公差和形状公差相协调。

6) 一般情况下，当轴与孔的尺寸公差等级相同时，轴的表面粗糙度幅度参数值应比孔的要小。

7) 对要求防腐蚀、密封性能好或外表面美观的表面，其表面粗糙度幅度参数值应小。

8) 凡有关标准已经对表面粗糙度要求做出具体规定的，则应按该标准的规定确定表面粗糙度幅度参数值的大小。

2. 表面粗糙度 Ra 值应用示例（表 10.8-5）

3. 表面粗糙度与尺寸公差、几何公差的对应关系（表 10.8-6）

表 10.8-5　表面粗糙度 *Ra* 值应用示例

Ra 值/μm	表面形状视觉特征	应用示例
>40~80	明显可见刀痕	粗加工表面,用于焊接前焊缝、粗钻孔壁等,一般很少采用
>20~40	可见刀痕	
>10~20	微见刀痕	多用于粗加工的非结合表面,如轴的端面、倒角、穿螺钉孔和铆钉孔的表面,键槽的非工作表面,减重孔眼表面等
>5~10	可见加工痕迹	半精加工表面,如轴、盖等的端面;用于不重要零件的非配合表面,如支柱、支架、外壳、衬套、紧固件的自由表面;不要求定心及配合特性的表面,通孔表面、心表面;带轮、联轴器、凸轮、偏心轮侧面,平键及键槽上、下面,花键非定心表面,所有轴和孔的退刀槽,不作为计量基准的齿轮顶圆表面,不重要的铰接配合表面等
>2.5~5	微见加工痕迹	半精加工表面,用于和其他零件连接而不形成配合的表面,如箱体、外壳、端盖、套筒等零件的端面;扳手和手轮的外圆表面;要求有定心及配合特性的固定支承表面,如定心的轴肩,键和键槽的工作表面;不重要的紧固螺纹的表面、燕尾槽的表面;需要滚花的预加工表面和发蓝处理的表面;低速下工作的滑动轴承和轴的摩擦表面;张紧链轮、导向滚轮孔和轴的配合表面;止推滑动轴承及中间垫片的工作表面,滑块及导向面(速度 20~50m/min)等
>1.25~2.5	看不清加工痕迹	要求有定心及配合特性的固定支承,衬套、轴承和定位销的压入孔表面;不要求定心及配合特性的活动支承面、活动关节及花键结合面;低速转动的轴颈,楔形键及键槽上、下面,轴承盖定中心用的凸肩表面,传动螺纹工作面,V 带轮槽表面,电镀前金属表面等
>0.63~1.25	可辨加工痕迹方向	要求保证定心及配合特性的表面,如锥销与圆柱销的表面;中转速的轴颈,过盈配合的孔(H7),间隙配合的孔(H8、H9);花键轴上的定心表面;滑动导轨面 不要求保证定心及配合特性的活动支承面,如高精度的活动球状接头表面、支承垫圈、套齿叉形件、磨削的轮齿等
>0.32~0.63	微辨加工痕迹方向	要求能长期保持所规定的配合特性的孔(H7、H6),要求保证定心及配合特性的表面,滑动轴承轴瓦的工作表面;分度盘表面,导杆及推杆表面;工作时受反复应力作用的重要零件,在不破坏配合特性下工作,要求保证其耐久性和疲劳强度所要求的表面;受力螺栓的圆柱表面,与橡胶油封相配合的轴表面等
>0.16~0.32	不可辨加工痕迹方向	工作时承受反复应力作用的重要零件表面,保证零件的疲劳强度、防腐性和耐久性,并在工作时不破坏配合特性的表面;轴颈表面,活塞表面,要求气密的表面和支承面,精密机床主轴锥孔,顶尖圆锥表面精确配合的孔(H6、H5)
>0.08~0.16	暗光泽面	工作时承受较大交变应力作用的重要零件表面;保证零件的疲劳强度、耐蚀性及工作中耐久性的一些表面;精密机床主轴箱与套筒配合的孔;保证精确定心的锥体表面,液压传动用孔的表面,阀的工作面,气缸内表面,仪器中承受摩擦的表面,如导轨、槽面尺寸小于 120mm 的 IT10~IT12 级、大于 120~315mm 的 IT7~IT9 级轴和孔用量规测量表面等
>0.04~0.08	亮光泽面	特别精密的滚动轴承套圈滚道、钢球及滚子表面;摩擦离合器的摩擦表面;工作量规测量表面;保证高度气密性的结合表面,如活塞、柱塞和气缸内表面

（续）

Ra 值/μm	表面形状视觉特征	应用示例
>0.02~0.04	镜状光泽面	特别精密的滚动轴承套圈滚道、钢球及滚子表面；高压柱塞泵中柱塞和柱塞套的配合表面；量仪中的中等精度间隙配合零件的工作表面；保证高度气密的结合面等
>0.01~0.02	雾状光泽面	仪器的测量表面，量仪中高精度间隙配合零件的工作表面；尺寸超过 100mm 的量块工作表面等
≯0.01	镜面	量块的工作表面；高精度测量仪器的测量面；光学测量仪器中金属镜面；高精度仪器摩擦机构的支承面等

表 10.8-6　表面粗糙度与尺寸公差、几何公差的对应关系

尺寸公差等级	IT5			IT6			IT7			IT8		
相应的几何公差	A	B	C	A	B	C	A	B	C	A	B	C
公称尺寸/mm	表面粗糙度参数值 Ra/μm											
≤18	0.20	0.10	0.05	0.40	0.20	0.10	0.80	0.40	0.20	0.80	0.40	0.20
>18~50	0.40	0.20	0.10	0.80	0.40	0.20	1.60	0.80	0.40	1.60	0.80	0.40
>50~120	0.80	0.40	0.20	0.80	0.40	0.20	1.60	0.80	0.40	1.60	1.60	0.80
>120~500	0.80	0.40	0.20	1.60	0.80	0.40	1.60	1.60	0.80	1.60	1.60	0.80

尺寸公差等级	IT9			IT10			IT11			IT12、IT13		IT14、IT15	
相应的几何公差	A、B	C	D	A、B	C	D	A、B	C	D	A、B	C	A、B	C
公称尺寸/mm	表面粗糙度参数值 Ra/μm												
≤18	1.60	0.80	0.40	1.60	0.80	0.40	3.20	1.60	0.80	6.30	3.20	6.30	6.30
>18~50	1.60	1.60	0.80	3.20	1.60	0.80	3.20	1.60	0.80	6.30	3.20	12.5	6.30
>50~120	3.20	1.60	0.80	3.20	1.60	0.80	6.30	3.20	1.60	12.5	6.30	25	12.5
>120~500	3.20	3.20	1.60	3.20	3.20	1.60	6.30	3.20	1.60	12.5	6.30	25	12.5

注：A 为几何公差在尺寸极限之内；B 为几何公差相当于尺寸公差的 60%；C 为几何公差相当于尺寸公差的 40%；D 为几何公差相当于尺寸公差的 25%。

4. 常用结合面的表面粗糙度 Ra 推荐值（表 10.8-7）

表 10.8-7　常用结合面的表面粗糙度 Ra 推荐值　　　　　　　（μm）

	公差等级	表面	公称尺寸/mm	
			≤50	>50~500
一般配合表面	5	轴	0.2	0.4
		孔	0.4	0.8
	6	轴	0.4	0.8
		孔	0.4~0.8	0.8~1.6
	7	轴	0.4~0.8	0.8~1.6
		孔	0.8	
	8	轴	0.8	
		孔	0.8~1.6	

（续）

		公差等级	表面	公称尺寸/mm		
				≤50	>50~120	>120~500
过盈配合表面	压入配合	5	轴	0.1~0.2	0.4	0.4
			孔	0.2~0.4	0.8	0.8
		6~7	轴	0.4	0.8	1.6
			孔	0.8	1.6	1.6
		8	轴	0.8	0.8~1.6	1.6~3.2
			孔			
	热装	—	轴	1.6		
			孔	1.6~3.2		

	表面	分组公差/μm				
分组装配的零件表面		<2.5	2.5	5	10	20
	轴	0.05	0.1	0.2	0.4	0.8
	孔	0.1	0.2	0.4	0.8	1.6

	表面	分组公差/μm					
定心精度高的配合表面		2.5	4	6	10	16	20
	轴	0.05	0.1	0.1	0.2	0.4	0.8
	孔	0.1	0.2	0.2	0.4	0.8	1.6

	表面	公差等级		流体润滑
滑动轴承表面		IT6~IT9	IT10~IT12	
	轴	0.4~0.8	0.8~3.2	0.1~0.4
	孔	0.8~1.6	1.6~3.2	0.2~0.8

	性质	速度/(m/s)	平面度/(μm/100mm)				
			6	10	20	60	>60
导轨面	滑动	≈0.5	0.2	0.4	0.8	1.6	3.2
		>0.5	0.1	0.2	0.4	0.8	1.6
	滚动	~0.5	0.1	0.2	0.4	0.8	1.6
		>0.5	0.05	0.1	0.2	0.4	0.8

注：某些典型零件，如螺纹、齿轮等，有关标准已对表面粗糙度做出了具体规定，本表不再列入。

10.9　螺纹、齿轮、花键

10.9.1　螺纹

1. 普通螺纹

(1) 普通螺纹基本尺寸（表 10.9-1）

表 10.9-1　普通螺纹基本尺寸（摘自 GB/T 196—2003）　　　　　　　　（mm）

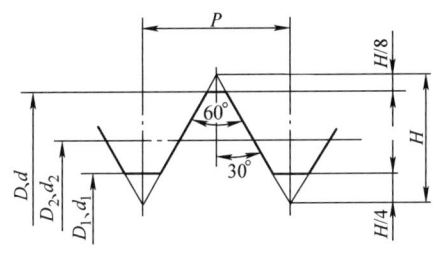

内螺纹 大径　d —外螺纹 大径
内螺纹 中径　d_2 —外螺纹 中径
内螺纹 小径　d_1 —外螺纹 小径
螺距　H —原始三角形高度

公称直径 D、d			螺距 P	中径 D_2 或 d_2	小径 D_1 或 d_1
第 1 系列	第 2 系列	第 3 系列			
3			0.5	2.675	2.459
			0.35	2.773	2.621
	3.5		0.6	3.110	2.850
			0.35	3.273	3.121
4			0.7	3.545	3.242
			0.5	3.675	3.459
	4.5		0.75	4.013	3.688
			0.5	4.175	3.959
5			0.8	4.480	4.134
			0.5	4.675	4.459
		5.5	0.5	5.175	4.959
6			1	5.350	4.917
			0.75	5.513	5.188
		7	1	6.350	5.917
			0.75	6.513	6.188
8			1.25	7.188	6.647
			1	7.350	6.917
			0.75	7.513	7.188
		9	1.25	8.188	7.647
			1	8.350	7.917
			0.75	8.513	8.188
10			1.5	9.026	8.376
			1.25	9.188	8.647
			1	9.350	8.917
			0.75	9.513	9.188
		11	1.5	10.026	9.376
			1	10.350	9.917
			0.75	10.513	10.188

· 973 ·

（续）

公称直径 D、d			螺 距 P	中 径 D_2 或 d_2	小 径 D_1 或 d_1
第 1 系列	第 2 系列	第 3 系列			
12			1.75	10.863	10.106
			1.5	11.026	10.376
			1.25	11.188	10.647
			1	11.350	10.917
	14		2	12.701	11.835
			1.5	13.026	12.376
			1.25	13.188	12.647
			1	13.350	12.917
		15	1.5	14.026	13.376
			1	14.350	13.917
16			2	14.701	13.835
			1.5	15.026	14.376
			1	15.350	14.917
		17	1.5	16.026	15.376
			1	16.350	15.817
	18		2.5	16.376	15.294
			2	16.701	15.835
			1.5	17.026	16.376
			1	17.350	16.917
20			2.5	18.376	17.294
			2	18.701	17.835
			1.5	19.026	18.376
			1	19.350	18.917
	22		2.5	20.376	19.294
			2	20.701	19.835
			1.5	21.026	20.376
			1	21.350	20.917
24			3	22.051	20.752
			2	22.701	21.835
			1.5	23.026	22.376
			1	23.305	22.917
		25	2	23.701	22.835
			1.5	24.026	23.376
			1	24.350	23.917
		26	1.5	25.026	24.376
	27		3	25.051	23.752
			2	25.701	24.835
			1.5	26.026	25.376
			1	26.350	25.917
		28	2	26.701	25.835
			1.5	27.026	26.376
			1	27.350	26.917
30			3.5	27.727	26.211
			3	28.051	26.752
			2	28.701	27.835
			1.5	29.026	28.376
			1	29.350	28.917

（续）

公称直径 D、d			螺　距 P	中　径 D_2 或 d_2	小　径 D_1 或 d_1
第 1 系列	第 2 系列	第 3 系列			
		32	2	30. 701	29. 835
			1. 5	31. 026	30. 376
	33		3. 5	30. 727	29. 211
			3	31. 051	29. 752
			2	31. 701	30. 835
			1. 5	32. 026	31. 376
		35	1. 5	34. 026	33. 376
36			4	33. 402	31. 670
			3	34. 051	32. 752
			2	34. 701	33. 835
			1. 5	35. 026	34. 376
		38	1. 5	37. 026	36. 376
	39		4	36. 402	34. 670
			3	37. 051	35. 752
			2	37. 701	36. 835
			1. 5	38. 026	37. 376
		40	3	38. 051	36. 752
			2	38. 701	37. 835
			1. 5	39. 026	38. 376
42			4. 5	39. 077	37. 129
			4	39. 042	37. 670
			3	40. 051	38. 752
			2	40. 701	39. 835
			1. 5	41. 026	40. 376
	45		4. 5	42. 077	40. 129
			4	42. 402	40. 670
			3	43. 051	41. 752
			2	43. 701	42. 835
			1. 5	44. 026	43. 376
48			5	44. 752	42. 587
			4	45. 402	43. 670
			3	46. 051	44. 752
			2	46. 701	45. 835
			1. 5	47. 026	46. 376
		50	3	48. 051	46. 752
			2	48. 701	47. 835
			1. 5	49. 026	48. 376
	52		5	48. 752	46. 587
			4	49. 402	47. 670
			3	50. 051	48. 752
			2	50. 701	49. 835
			1. 5	51. 026	50. 376

（续）

公称直径 D、d			螺 距 P	中 径 D_2 或 d_2	小 径 D_1 或 d_1
第 1 系列	第 2 系列	第 3 系列			
		55	4	52.402	50.670
			3	53.051	51.752
			2	53.701	52.835
			1.5	54.026	53.376
56			5.5	52.428	50.046
			4	53.402	51.670
			3	54.051	52.752
			2	54.701	53.835
			1.5	55.026	54.376
		58	4	55.402	53.670
			3	56.051	54.752
			2	56.701	55.835
			1.5	57.026	56.376
	60		5.5	56.428	54.046
			4	57.402	55.670
			3	58.051	56.752
			2	58.701	57.835
			1.5	59.026	58.376
		62	4	59.402	57.670
			3	60.051	58.752
			2	60.701	59.835
			1.5	61.026	60.376
64			6	60.103	57.505
			4	61.402	59.670
			3	62.051	60.752
			2	62.701	61.835
			1.5	63.026	62.376
		65	4	62.402	60.670
			3	63.051	61.752
			2	63.701	62.835
			1.5	64.026	63.376
	68		6	64.103	61.505
			4	65.402	63.670
			3	66.051	64.752
			2	66.701	65.835
			1.5	67.026	66.376
		70	6	66.103	63.505
			4	67.402	65.670
			3	68.051	66.752
			2	68.701	67.835
			1.5	69.026	68.376

（续）

公称直径 D、d			螺　距 P	中　径 D_2 或 d_2	小　径 D_1 或 d_1
第 1 系列	第 2 系列	第 3 系列			
72			6	68.103	65.505
			4	69.402	67.670
			3	70.051	68.752
			2	70.701	69.835
			1.5	71.026	70.376
		75	4	72.402	70.670
			3	73.051	71.752
			2	73.701	72.835
			1.5	74.026	73.376
	76		6	72.103	69.505
			4	73.402	71.670
			3	74.051	72.752
			2	74.701	73.835
			1.5	75.026	74.376
		78	2	76.701	75.835
80			6	76.103	73.505
			4	77.402	75.670
			3	78.051	76.752
			2	78.701	77.835
			1.5	79.026	78.376
		82	2	80.701	79.835
	85		6	81.103	78.505
			4	82.402	80.670
			3	83.051	81.752
			2	83.701	82.835
90			6	86.103	83.505
			4	87.402	85.670
			3	88.051	86.752
			2	88.701	87.835
	95		6	91.103	88.505
			4	92.402	90.670
			3	93.051	91.752
			2	93.701	92.835

(2)普通螺纹极限与配合

1)螺纹旋合长度(表 10.9-2)。

表 10.9-2 螺纹旋合长度(摘自 GB/T 197—2018) （mm）

基本大径 D、d	螺距 P	旋合长度			
		S		N	L
		≤	>	≤	>
>0.99~1.4	0.2	0.5	0.5	1.4	1.4
	0.25	0.6	0.6	1.7	1.7
	0.3	0.7	0.7	2	2
>1.4~2.8	0.2	0.5	0.5	1.5	1.5
	0.25	0.6	0.6	1.9	1.9
	0.35	0.8	0.8	2.6	2.6
	0.4	1	1	3	3
	0.45	1.3	1.3	3.8	3.8
>2.8~5.6	0.35	1	1	3	3
	0.5	1.5	1.5	4.5	4.5
	0.6	1.7	1.7	5	5
	0.7	2	2	6	6
	0.75	2.2	2.2	6.7	6.7
	0.8	2.5	2.5	7.5	7.5
>5.6~11.2	0.75	2.4	2.4	7.1	7.1
	1	3	3	9	9
	1.25	4	4	12	12
	1.5	5	5	15	15
>11.2~22.4	1	3.8	3.8	11	11
	1.25	4.5	4.5	13	13
	1.5	5.6	5.6	16	16
	1.75	6	6	18	18
	2	8	8	24	24
	2.5	10	10	30	30
>22.4~45	1	4	4	12	12
	1.5	6.3	6.3	19	19
	2	8.5	8.5	25	25
	3	12	12	36	36
	3.5	15	15	45	45
	4	18	18	53	53
	4.5	21	21	63	63
>45~90	1.5	7.5	7.5	22	22
	2	9.5	9.5	28	28
	3	15	15	45	45
	4	19	19	56	56
	5	24	24	71	71
	5.5	28	28	85	85
	6	32	32	95	95
>90~180	2	12	12	36	36
	3	18	18	53	53
	4	24	24	71	71
	6	36	36	106	106
	8	45	45	132	132
>180~355	3	20	20	60	60
	4	26	26	80	80
	6	40	40	118	118
	8	50	50	150	150

注:旋合长度分为三组,分别为短旋合长度组(S)、中等旋合长度组(N)和长旋合长度组(L)。

2) 螺纹推荐公差带(表 10.9-3)。

表 10.9-3　螺纹推荐公差带(摘自 GB/T 197—2018)

内螺纹						
公差	公差带位置 G			公差带位置 H		
精度	S	N	L	S	N	L
精密	—	—	—	4H	5H	6H
中等	(5G)	**6G**	(7G)	**5H**	<u>**6H**</u>	**7H**
粗糙	—	(7G)	(8G)	—	7H	8H

外螺纹												
公差	公差带位置 e			公差带位置 f			公差带位置 g			公差带位置 h		
精度	S	N	L	S	N	L	S	N	L	S	N	L
精密	—	—	—	—	—	—	(4g)	(5g4g)	(3h4h)	**4h**	(5h4h)
中等	—	**6e**	(7e6e)	—	**6f**	—	(5g6g)	<u>**6g**</u>	(7g6g)	(5h6h)	6h	(7h6h)
粗糙	—	(8e)	(9e8e)	—	—	—	—	8g	(9g8g)	—	—	—

注:1. 公差带优先选用顺序为粗体字公差带、一般字体公差带、括号内公差带。
2. 完工后的螺纹件最好组合成 H/g、H/h 或 G/h 的配合。对公称直径小于和等于 1.4mm 的螺纹,应选用 5H/6h、4H/6h 或更精密的配合。
3. 大量生产的紧固件螺纹推荐采用带方框的公差带。
4. 括号内的公差带尽可能不用。
5. S、N、L 表示螺纹旋合长度为短组、中等组、长组。

标注示例及解释:

示例 1

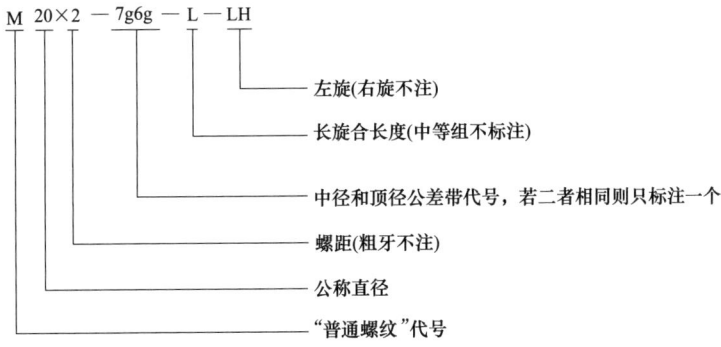

示例 2

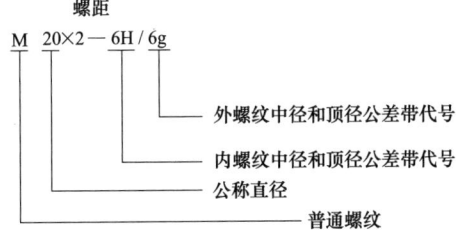

示例 3

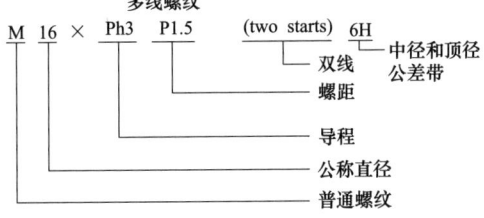

3) 内外螺纹中径和顶径的极限偏差(表 10.9-4)。

表 10.9-4　内外螺纹中径和顶径的极限偏差(摘自 GB/T 2516—2003)　　　　(μm)

基本大径/ mm	螺距/ mm	内螺纹						外螺纹					
		公差带	中径		小径		公差带	中径		大径		小径
			ES	EI	ES	EI		es	ei	es	ei	用于计算应力的偏差
>2.8~5.6	0.5	—	—	—	—	—	3h4h	0	−38	0	−67	−72
		4H	+63	0	+90	0	4h	0	−48	0	−67	−72
		5G	+100	+20	+132	+20	5g6g	−20	−80	−20	−126	−92
		5H	+80	0	+112	0	5h4h	0	−60	0	−67	−72
		—	—	—	—	—	5h6h	0	−60	0	−106	−72
		—	—	—	—	—	6e	−50	−125	−50	−156	−122
		—	—	—	—	—	6f	−36	−111	−36	−142	−108
		6G	+120	+20	+160	+20	6g	−20	−95	−20	−126	−92
		6H	+100	0	+140	0	6h	0	−75	0	−106	−72
		—	—	—	—	—	7e6e	−50	−145	−50	−156	−122
		7G	+145	+20	+200	+20	7g6g	−20	−115	−20	−126	−92
		7H	+125	0	+180	0	7h6h	0	−95	0	−106	−72
		8G	—	—	—	—	8g	—	—	—	—	—
		8H	—	—	—	—	9g8g	—	—	—	—	—
	0.6	—	—	—	—	—	3h4h	0	−42	0	−80	−87
		4h	+71	0	+100	0	4h	0	−53	0	−80	−87
		5G	+111	+21	+146	+21	5g6g	−21	−88	−21	−146	−108
		5H	+90	0	+125	0	5h4h	0	−67	0	−80	−87
		—	—	—	—	—	5h6h	0	−67	0	−125	−87
		—	—	—	—	—	6e	−53	−138	−53	−178	−140
		—	—	—	—	—	6f	−36	−121	−36	−161	−123
		6G	+133	+21	+181	+21	6g	−21	−106	−21	−146	−108
		6H	+112	0	+160	0	6h	0	−85	0	−125	−87
		—	—	—	—	—	7e6e	−53	−159	−53	−178	−140
		7G	+161	+21	+221	+21	7g6g	−21	−127	−21	−146	−108
		7H	+140	0	+200	0	7h6h	0	−106	0	−125	−87
		8G	—	—	—	—	8g	—	—	—	—	—
		8H	—	—	—	—	9g8g	—	—	—	—	—
	0.7	—	—	—	—	—	3h4h	0	−45	0	−90	−101
		4H	+75	0	+112	0	4h	0	−56	0	−90	−101
		5G	+117	+22	+162	+22	5g6g	−22	−93	−22	−162	−123
		5H	+95	0	+140	0	5h4h	0	−71	0	−90	−101
		—	—	—	—	—	5h6h	0	−71	0	−140	−101
		—	—	—	—	—	6e	−56	−146	−56	−196	−157
		—	—	—	—	—	6f	−38	−128	−38	−178	−139
		6G	+140	+22	+202	+22	6g	−22	−112	−22	−162	−123
		6H	+118	0	+180	0	6h	0	−90	0	−140	−101
		—	—	—	—	—	7e6e	−56	−168	−56	−196	−157
		7G	+172	+22	+246	+22	7g6g	−22	−134	−22	−162	−123
		7H	+150	0	+224	0	7h6h	0	−112	0	−140	−101
		8G	—	—	—	—	8g	—	—	—	—	—
		8H	—	—	—	—	9g8g	—	—	—	—	—

（续）

基本大径/mm	螺距/mm	内螺纹 公差带	中径 ES	中径 EI	小径 ES	小径 EI	外螺纹 公差带	中径 es	中径 ei	大径 es	大径 ei	小径 用于计算应力的偏差
>2.8~5.6	0.75	—	—	—	—	—	3h4h	0	−45	0	−90	−108
		4H	+75	0	+118	0	4h	0	−56	0	−90	−108
		5G	+117	+22	+172	+22	5g6g	−22	−93	−22	−162	−130
		5H	+95	0	+150	0	5h4h	0	−71	0	−90	−108
		—	—	—	—	—	5h6h	0	−71	0	−140	−108
		—	—	—	—	—	6e	−56	−146	−56	−196	−164
		—	—	—	—	—	6f	−38	−128	−38	−178	−146
		6G	+140	+22	+212	+22	6g	−22	−112	−22	−162	−130
		6H	+118	0	+190	0	6h	0	−90	0	−140	−108
		—	—	—	—	—	7e6e	−56	−168	−56	−196	−164
		7G	+172	+22	+258	+22	7g6g	−22	−134	−22	−162	−130
		7H	+150	0	+236	0	7h6h	0	−112	0	−140	−108
		8G	—	—	—	—	8g	—	—	—	—	—
		8H	—	—	—	—	9g8g	—	—	—	—	—
	0.8	—	—	—	—	—	3h4h	0	−48	0	−95	−115
		4H	+80	0	+125	0	4h	0	−60	0	−95	−115
		5G	+124	+24	+184	+24	5g6g	−24	−99	−24	−174	−140
		5H	+100	0	+160	0	5h4h	0	−75	0	−95	−115
		—	—	—	—	—	5h6h	0	−75	0	−150	−115
		—	—	—	—	—	6e	−60	−155	−60	−210	−176
		—	+149	—	—	—	6f	−38	−133	−38	−188	−153
		6G	+125	+24	+224	+24	6g	−24	−119	−24	−174	−140
		6H	—	0	+200	0	6h	0	−95	0	−150	−115
		—	+184	—	—	—	7e6e	−60	−178	−60	−210	−176
		7G	+160	+24	+274	+24	7g6g	−24	−142	−24	−174	−140
		7H	+224	0	+250	0	7h6h	0	−118	0	−150	−115
		8G	+200	+24	+339	+24	8g	−24	−174	−24	−260	−140
		8H	—	0	+315	0	9g8g	−24	−214	−24	−260	−140
>5.6~11.2	0.75	—	—	—	—	—	3h4h	0	−50	0	−90	−108
		4H	+85	0	+118	0	4h	0	−63	0	−90	−108
		5G	+128	+22	+172	+22	5g6g	−22	−102	−22	−162	−130
		5H	+106	0	+150	0	5h4h	0	−80	0	−90	−108
		—	—	—	—	—	5h6h	0	−80	0	−140	−108
		—	—	—	—	—	6e	−56	−156	−56	−196	−164
		—	—	—	—	—	6f	−38	−138	−38	−178	−146
		6G	+154	+22	+212	+22	6g	−22	−122	−22	−162	−130
		6H	+132	0	+190	0	6h	0	−100	0	−140	−108
		—	—	—	—	—	7e6e	−56	−181	−56	−196	−164
		7G	+192	+22	+258	+22	7g6g	−22	−147	−22	−162	−130
		7H	+170	0	+236	0	7h6h	0	−125	0	−140	−108
		8G	—	—	—	—	8g	—	—	—	—	—
		8H	—	—	—	—	9g8g	—	—	—	—	—

（续）

基本大径/mm	螺距/mm	内螺纹 公差带	中径 ES	中径 EI	小径 ES	小径 EI	外螺纹 公差带	中径 es	中径 ei	大径 es	大径 ei	小径 用于计算应力的偏差
	1	—	—	—	—	—	3h4h	0	−56	0	−112	−144
		4H	+95	0	+150	0	4h	0	−71	0	−112	−144
		5G	+144	+26	+216	+26	5g6g	−26	−116	−26	−206	−170
		5H	+118	0	+190	0	5h4h	0	−90	0	−112	−144
		—	—	—	—	—	5h6h	0	−90	0	−180	−144
		—	—	—	—	—	6e	−60	−172	−60	−240	−204
		—	—	—	—	—	6f	−40	−152	−40	−220	−184
		6G	+176	+26	+262	+26	6g	−26	−138	−26	−206	−170
		6H	+150	0	+236	0	6h	0	−112	0	−180	−144
		—	—	—	—	—	7e6e	−60	−200	−60	−240	−204
		7G	+216	+26	+326	+26	7g6g	−26	−166	26	−206	−170
		7H	+190	0	+300	0	7h6h	0	−140	0	−180	−144
		8G	+262	+26	+401	+26	8g	−26	−206	−26	−306	−170
		8H	+236	0	+375	0	9g8g	−26	−250	−26	−306	−170
>5.6~11.2	1.25	—	—	—	—	—	3h4h	0	−60	0	−132	−180
		4H	+100	0	+170	0	4h	0	−75	0	−132	−180
		5G	+153	+28	+250	+28	5g6g	−28	−123	−28	−240	−208
		5H	+125	0	+212	0	5h4h	0	−95	0	−132	−180
		—	—	—	—	—	5h6h	0	−95	0	−212	−180
		—	—	—	—	—	6e	−63	−181	−63	−275	−243
		—	—	—	—	—	6f	−42	−160	−42	−254	−222
		6G	+188	+28	3	+28	6g	−28	−146	−28	−240	−208
		6H	+160	0	265	0	6h	0	−118	0	−212	−180
		—	—	—	—	—	7e6e	−63	−213	−63	−275	−243
		7G	+228	+28	+363	+28	7g6g	−28	−178	−28	−240	−208
		7H	+200	0	+335	0	7h6h	0	−150	0	−212	−180
		8G	+278	+28	+453	+28	8g	−28	−218	−28	−363	−208
		8H	+250	0	5	0	9g8g	−28	−264	−28	−363	−208
	1.5	—	—	—	—	—	3h4h	0	−67	0	−150	−217
		4H	+112	—	+190	—	4h	0	−85	0	−150	−217
		5G	+172	+32	+268	+32	5g6g	−32	−138	−32	−268	−249
		5H	+140	0	+236	0	5h4h	0	−106	0	−150	−217
		—	—	—	—	—	5h6h	0	−106	0	−236	−217
		—	—	—	—	—	6e	−67	−199	−67	−303	−284
		—	—	—	—	—	6f	−45	−177	−45	−281	−262
		6G	+212	+32	+332	+32	6g	−32	−164	−32	−268	−249
		6H	+180	0	+300	0	6h	0	−132	0	−236	−217
		—	—	—	—	—	7e6e	−67	−237	−67	−303	−284
		7G	+256	+32	+407	+32	7g6g	−32	−202	−32	−268	−249
		7H	+224	0	+375	0	7h6h	0	−170	0	−236	−217
		8G	+312	+32	+507	+32	8g	−32	−244	−32	−407	−249
		8H	+280	0	+475	0	9g8g	−32	−297	−32	−407	−249

（续）

基本大径/mm	螺距/mm	内螺纹					外螺纹					
		公差带	中径		小径		公差带	中径		大径		小径
			ES	EI	ES	EI		es	ei	es	ei	用于计算应力的偏差
>11.2~22.4	1	—	—	—	—	—	3h4h	0	−60	0	−112	−144
		4H	+100	0	+150	0	4h	0	−75	0	−112	−144
		5G	+151	+26	+216	+26	5g6g	−26	−121	−26	−206	−170
		5H	+125	0	+190	0	5h4h	0	−95	0	−112	−144
		—	—	—	—	—	5h6h	0	−95	0	−180	−144
		—	—	—	—	—	6e	−60	−178	−60	−240	−204
		—	—	—	—	—	6f	−40	−158	−40	−220	−184
		6G	+186	+26	+262	+26	6g	−26	−144	−26	−206	−170
		6H	+160	0	+236	0	6h	0	−118	0	−180	−144
		—	—	—	—	—	7e6e	−60	−210	−60	−240	−204
		7G	+226	+26	+326	+26	7g6g	−26	−176	−26	−206	−170
		7H	+200	0	+300	0	7h6h	0	−150	0	−180	−144
		8G	+276	+26	+401	+26	8g	−26	−216	−26	−306	−170
		8H	+250	0	+375	0	9g8g	−26	−262	−26	−306	−170
	1.25	—	—	—	—	—	3h4h	0	−67	0	−132	−180
		4H	+112	0	+170	0	4h	0	−85	0	−132	−180
		5G	+168	+28	+240	+28	5g6g	−28	−134	−28	−240	−208
		5H	+140	0	+212	0	5h4h	0	−106	0	−132	−180
		—	—	—	—	—	5h6h	0	−106	0	−212	−180
		—	—	—	—	—	6e	−63	−195	−63	−275	−243
		—	—	—	—	—	6f	−42	−174	−42	−254	−222
		6G	+208	+28	+293	+28	6g	−28	−160	−28	−240	−208
		6H	+180	0	+265	0	6h	0	−132	0	−212	−180
		—	—	—	—	—	7e6e	−63	−233	−63	−275	−243
		7G	+252	+28	+363	+28	7g6g	−28	−198	−28	−240	−208
		7H	+224	0	+335	0	7h6h	0	−170	0	−212	−180
		8G	+308	+28	+453	+28	8g	−28	−240	−28	−363	−208
		8H	+280	0	+425	0	9g8g	−28	−293	−28	−363	−208
	1.5	—	—	—	—	—	3h4h	0	−71	0	−150	−217
		4H	+118	0	+190	0	4h	0	−90	0	−150	−217
		5G	+182	+32	+268	+32	5g6g	−32	−144	−32	−268	−249
		5H	+150	0	+236	0	5h4h	0	−112	0	−150	−217
		—	—	—	—	—	5h6h	0	−112	0	−236	−217
		—	—	—	—	—	6e	−67	−207	−67	−303	−284
		—	—	—	—	—	6f	−45	−185	−45	−281	−262
		6G	+222	+32	+332	+32	6g	−32	−172	−32	−268	−249
		6H	+190	0	+300	0	6h	0	−140	0	−236	−217
		—	—	—	—	—	7e6e	−67	−247	−67	−303	−284
		7G	+268	+32	+407	+32	7g6g	−32	−212	−32	−268	−249
		7H	+236	0	+375	0	7h6h	0	−180	0	−236	−217
		8G	+332	+32	+507	+32	8g	−32	−256	−32	−407	−249
		8H	+300	0	+475	0	9g8g	−32	−312	−32	−407	−249

（续）

基本大径/mm	螺距/mm	内螺纹 公差带	中径 ES	中径 EI	小径 ES	小径 EI	外螺纹 公差带	中径 es	中径 ei	大径 es	大径 ei	小径 用于计算应力的偏差
		—	—	—	—	—	3h4h	0	−75	0	−170	−253
		4H	+125	0	+212	0	4h	0	−95	0	−170	−253
		5G	+194	+34	+299	+34	5g6g	−34	−152	−34	−299	−287
		5H	+160	0	+265	0	5h4h	0	−118	0	−170	−253
		—	—	—	—	—	5h6h	0	−118	0	−265	−253
		—	—	—	—	—	6e	−71	−221	−71	−336	−324
	1.75	—	—	—	—	—	6f	−48	−198	−48	−313	−301
		6G	+234	+34	+369	+34	6g	−34	−184	−34	−299	−287
		6H	+200	0	+335	0	6h	0	−150	0	−265	−253
		—	—	—	—	—	7e6e	−71	−261	−71	−336	−324
		7G	+284	+34	+459	+34	7g6g	−34	−224	−34	−299	−287
		7H	+250	0	+425	0	7h6h	0	−190	0	−265	−253
		8G	+349	+34	+564	+34	8g	−34	−270	−34	−459	−287
		8H	+315	0	+530	0	9g8g	−34	−334	−34	−459	−287
		—	—	—	—	—	3h4h	0	−80	0	−180	−289
		4H	+132	0	+236	0	4h	0	−100	0	−180	−289
		5G	+208	+38	+338	+38	5g6g	−38	−163	−38	−318	−327
		5H	+170	0	+300	0	5h4h	0	−125	0	−180	−289
		—	—	—	—	—	5h6h	0	−125	0	−280	−289
		—	—	—	—	—	6e	−71	−231	−71	−351	−360
>11.2~22.4	2	—	—	—	—	—	6f	−52	−212	−52	−332	−341
		6G	+250	+38	+413	+38	6g	−38	−198	−38	−318	−327
		6H	+212	0	+375	0	6h	0	−160	0	−280	−289
		—	—	—	—	—	7e6e	−71	−271	−71	−351	−360
		7G	+303	+38	+513	+38	7g6g	−38	−238	−38	−318	−327
		7H	+265	0	+475	0	7h6h	0	−200	0	−280	−289
		8G	+373	+38	+638	+38	8g	−38	−288	−38	−488	−327
		8H	+335	0	+600	0	9g8g	−38	−353	−38	−448	−327
		—	—	—	—	—	3h4h	0	−85	0	−212	−361
		4H	+140	0	+280	0	4h	0	−106	0	−212	−361
		5G	+222	+42	+397	+42	5g6g	−42	−174	−42	−377	−403
		5H	+180	0	+355	0	5h4h	0	−132	0	−212	−361
		—	—	—	—	—	5h6h	0	−132	0	−335	−361
		—	—	—	—	—	6e	−80	−250	−80	−415	−441
	2.5	—	—	—	—	—	6f	−58	−228	−58	−393	−419
		6G	+266	+42	+492	+42	6g	−42	−212	−42	−377	−403
		6H	+224	0	+450	0	6h	0	−170	0	−335	−361
		—	—	—	—	—	7e6e	−80	−292	−80	−415	−441
		7G	+322	+42	+602	+42	7g6g	−42	−254	−42	−377	−403
		7H	+280	0	+560	0	7h6h	0	−212	0	−335	−361
		8G	+397	+42	+752	+42	8g	−42	−307	−42	−572	−403
		8H	+355	0	+710	0	9g8g	−42	−377	−42	−572	−403

（续）

基本大径/mm	螺距/mm	内螺纹					外螺纹					
		公差带	中径		小径		公差带	中径		大径		小径
			ES	EI	ES	EI		es	ei	es	ei	用于计算应力的偏差
>22.4~45	1	—	—	—	—	—	3h4h	0	−63	0	−112	−144
		4H	+106	0	+150	0	4h	0	−80	0	−112	−144
		5G	+158	+26	+218	+26	5g6g	−26	−126	−26	−206	−170
		5H	+132	0	+190	0	5h4h	0	−100	0	−112	−144
		—	—	—	—	—	5h6h	0	−100	0	−180	−144
		—	—	—	—	—	6e	−60	−185	−60	−240	−204
		—	—	—	—	—	6f	−40	−165	−40	−220	−184
		6G	+196	+26	+262	+26	6g	−26	−151	−26	−206	−170
		6H	+170	0	+236	0	6h	0	−125	0	−180	−144
		—	—	—	—	—	7e6e	−60	−220	−60	−240	−204
		7G	+238	+26	+326	+26	7g6g	−26	−186	−26	−206	−170
		7H	+212	0	+300	0	7h6h	0	−160	0	−180	−144
		8G	—	—	—	—	8g	−26	−226	−26	−306	−170
		8H	—	—	—	—	9g8g	−26	−276	−26	−306	−170
	1.5	—	—	—	—	—	3h4h	0	−75	0	−150	−217
		4H	+125	0	+190	0	4h	0	−95	0	−150	−217
		5G	+192	+32	+268	+32	5g6g	−32	−150	−32	−268	−249
		5H	+160	0	+236	0	5h4h	0	−118	0	−150	−217
		—	—	—	—	—	5h6h	0	−118	0	−236	−217
		—	—	—	—	—	6e	−67	−217	−67	−303	−284
		—	—	—	—	—	6f	−45	−195	−45	−281	−262
		6G	+232	+32	+332	+32	6g	−32	−182	−32	−268	−249
		6H	+200	0	+300	0	6h	0	−150	0	−236	−217
		—	—	—	—	—	7e6e	−67	−257	−67	−303	−284
		7G	+282	+32	+407	+32	7g6g	−32	−222	−32	−268	−249
		7H	+250	0	+375	0	7h6h	0	−190	0	−236	−217
		8G	+347	+32	+507	+32	8g	−32	−268	−32	−407	−249
		8H	+315	0	475	0	9g8g	−32	−332	−32	−407	−249
	2	—	—	—	—	—	3h4h	0	−85	0	−180	−289
		4H	+140	0	+236	0	4h	0	−106	0	−180	−289
		5G	+218	+38	+338	+38	5g6g	−38	−170	−38	−318	−327
		5H	+180	0	+300	0	5h4h	0	−132	0	−180	−289
		—	—	—	—	—	5h6h	0	−132	0	−280	−289
		—	—	—	—	—	6e	−71	−241	−71	−351	−360
		—	—	—	—	—	6f	−52	−222	−52	−332	−341
		6G	+262	+38	+413	+38	6g	−38	−208	−38	−318	−327
		6H	+224	0	+375	0	6h	0	−170	0	−280	−289
		—	—	—	—	—	7e6e	−71	−283	−71	−351	−360
		7G	+318	+38	+513	+38	7g6g	−38	−250	−38	−318	−327
		7H	+280	0	+475	0	7h6h	0	−212	0	−280	−289
		8G	+393	+38	+638	+38	8g	−38	−307	−38	−488	−327
		8H	+355	0	+600	0	9g8g	−38	−373	−38	−488	−327

（续）

基本大径/mm	螺距/mm	内螺纹				外螺纹					
		公差带	中径		小径		公差带	中径		大径		小径
			ES	EI	ES	EI		es	ei	es	ei	用于计算应力的偏差
>22.4~45	3	—	—	—	—	—	3h4h	0	−100	0	−236	−433
		4H	+170	0	+315	0	4h	0	−125	0	−236	−433
		5G	+260	+48	+448	+48	5g6g	−48	−208	−48	−423	−481
		5H	+212	0	+400	0	5h4h	0	−160	0	−236	−433
		—	—	—	—	—	5h6h	0	−160	0	−375	−433
		—	—	—	—	—	6e	−85	−285	−85	−460	−518
		—	—	—	—	—	6f	−63	−263	−63	−438	−496
		6G	+313	+48	+548	+48	6g	−48	−248	−48	−423	−481
		6H	+265	0	+500	0	6h	0	−200	0	−375	−433
		—	—	—	—	—	7e6e	−85	−335	−85	−460	−518
		7G	+383	+48	+678	+48	7g6g	−48	−298	−48	−423	−481
		7H	+335	0	+630	0	7h6h	0	−250	0	−375	−433
		8G	+473	+48	+848	+48	8g	−48	−363	−48	−648	−481
		8H	+425	0	+800	0	9g8g	−48	−448	−48	−648	−481
	3.5	—	—	—	—	—	3h4h	0	−106	0	−265	−505
		4H	+180	0	+355	0	4h	0	−132	0	−265	−505
		5G	+277	+53	+503	+53	5g6g	−53	−223	−53	−478	−558
		5H	+224	0	+450	0	5h4h	0	−170	0	−265	−505
		—	—	—	—	—	5h6h	0	−170	0	−425	−505
		—	—	—	—	—	6e	−90	−302	−90	−515	−595
		—	—	—	—	—	6f	−70	−282	−70	−495	−575
		6G	+333	+53	+613	+53	6g	−53	−265	−53	−478	−558
		6H	+280	0	+560	0	6h	0	−212	0	−425	−505
		—	—	—	—	—	7e6e	−90	−355	−90	−515	−595
		7G	+408	+53	+763	+53	7g6g	−53	−318	−53	−478	−558
		7H	355	0	+710	0	7h6h	0	−265	0	−425	−505
		8G	+503	+53	+953	+53	8g	−53	−388	−53	−723	−558
		8H	+450	0	+900	0	9g8g	−53	−478	−53	−723	−558
	4	—	—	—	—	—	3h4h	0	−112	0	−300	−577
		4H	+190	0	+375	0	4h	0	−140	0	−300	−577
		5G	+296	+60	+535	+60	5g6g	−60	−240	−60	−535	−637
		5H	+236	0	+475	0	5h4h	0	−180	0	−300	−577
		—	—	—	—	—	5h6h	0	−180	0	−475	−577
		—	—	—	—	—	6e	−95	−319	−95	−570	−672
		—	—	—	—	—	6f	−75	−299	−75	−550	−652
		6G	+360	+60	+660	+60	6g	−60	−284	−60	−535	−637
		6H	+300	0	+600	0	6h	0	−224	0	−475	−577
		—	—	—	—	—	7e6e	−95	−375	−95	−570	−672
		7G	+435	+60	+810	+60	7g6g	−60	−340	−60	−535	−637
		7H	+375	0	+750	0	7h6h	0	−280	0	−475	−577
		8G	+535	+60	+1010	+60	8g	−60	−415	−60	−810	−637
		8H	+475	0	+950	0	9g8g	−60	−510	−60	−810	−637

（续）

基本大径/mm	螺距/mm	内螺纹 中径 公差带	ES	EI	小径 ES	小径 EI	外螺纹 中径 公差带	es	ei	大径 es	大径 ei	小径 用于计算应力的偏差
>22.4~45	4.5	—	—	—	—	—	3h4h	0	−118	0	−315	−650
		4H	+200	0	+425	0	4h	0	−150	0	−315	−650
		5G	+313	+63	+593	+63	5g6g	−63	−253	−63	−563	−713
		5H	+250	0	+530	0	5h4h	0	−190	0	−315	−650
		—	—	—	—	—	5h6h	0	−190	0	−500	−650
		—	—	—	—	—	6e	−100	−336	−100	−600	−750
		—	—	—	—	—	6f	−80	−316	−80	−580	−730
		6G	+378	+63	+733	+63	6g	−63	−299	−63	−563	−713
		6H	+315	0	+670	0	6h	0	−236	0	−500	−650
		—	—	—	—	—	7e6e	−100	−400	−100	−600	−750
		7G	+463	+63	+913	+63	7g6g	−63	−363	−63	−563	−713
		7H	+400	0	+850	0	7h6h	0	−300	0	−500	−650
		8G	+563	+63	+1123	+63	8g	−63	−438	−63	−863	−713
		8H	+500	0	+1060	0	9g8g	−63	−538	−63	−863	−713
>45~90	1.5	—	—	—	—	—	3h4h	0	−80	0	−150	−217
		4H	+132	0	+190	0	4h	0	−100	0	−150	−217
		5G	+202	+32	+268	+32	5g6g	−32	−157	−32	−268	−249
		5H	+170	0	+236	0	5h4h	0	−125	0	−150	−217
		—	—	—	—	—	5h6h	0	−125	0	−236	−217
		—	—	—	—	—	6e	−67	−227	−67	−303	−284
		—	—	—	—	—	6f	−45	−205	−45	−281	−262
		6G	+244	+32	+332	+32	6g	−32	−192	−32	−268	−249
		6H	+212	0	+300	0	6h	0	−160	0	−236	−217
		—	—	—	—	—	7e6e	−67	−267	−67	−303	−284
		7G	+297	+32	+407	+32	7g6g	−32	−232	−32	−268	−249
		7H	+265	0	+375	0	7h6h	0	−200	0	−236	−217
		8G	+367	+32	+507	+32	8g	−32	−282	−32	−407	−249
		8H	+335	0	+475	0	9g8g	−32	−347	−32	−407	−249
	2	—	—	—	—	—	3h4h	0	−90	0	−180	−289
		4H	+150	0	+236	0	4h	0	−112	0	−180	−289
		5G	+228	+38	+338	+38	5g6g	−38	−178	−38	−318	−327
		5H	+190	0	+300	0	5h4h	0	−140	0	−180	−289
		—	—	—	—	—	5h6h	0	−140	0	−280	−289
		—	—	—	—	—	6e	−71	−251	−71	−351	−360
		—	—	—	—	—	6f	−52	−232	−52	−332	−341
		6G	+274	+38	+413	+38	6g	−38	−218	−38	−318	−327
		6H	+236	0	+375	0	6h	0	−180	0	−280	−289
		—	—	—	—	—	7e6e	−71	−295	−71	−351	−360
		7G	+338	+38	+513	+38	7g6g	−38	−262	−38	−318	−327
		7H	+300	0	+475	0	7h6h	0	−224	0	−280	−289
		8G	+413	+38	+638	+38	8g	−38	−318	−38	−488	−327
		8H	+375	0	+600	0	9g8g	−38	−393	−38	−488	−327

（续）

基本大径/mm	螺距/mm	内螺纹					外螺纹					
		公差带	中径		小径		公差带	中径		大径		小径
			ES	EI	ES	EI		es	ei	es	ei	用于计算应力的偏差
>45~90	3	—	—	—	—	—	3h4h	0	−106	0	−236	−433
		4H	+180	0	+315	0	4h	0	−132	0	−236	−433
		5G	+272	+48	+448	+48	5g6g	−48	−218	−48	−423	−481
		5H	+224	0	+400	0	5h4h	0	−170	0	−236	−433
		—	—	—	—	—	5h6h	0	−170	0	−375	−433
		—	—	—	—	—	6e	−85	−297	−85	−460	−518
		—	—	—	—	—	6f	−63	−275	−63	−438	−496
		6G	+328	+48	+548	+48	6g	−48	−260	−48	−423	−481
		6H	+280	0	+500	0	6h	0	−212	0	−375	−433
		—	+—	—	—	—	7e6e	−85	−350	−85	−460	−518
		7G	+403	+48	+678	+48	7g6g	−48	−313	−48	−423	−481
		7H	+355	0	+630	0	7h6h	0	−265	0	−375	−433
		8G	+498	+48	+848	+48	8g	−48	−383	−48	−648	−481
		8H	+450	0	+800	0	9g8g	−48	−473	−48	−648	−481
	4	—	—	—	—	—	3h4h	0	−118	0	−300	−577
		4H	+200	0	+375	0	4h	0	−150	0	−300	−577
		5G	+310	+60	+535	+60	5g6g	−60	−250	−60	−535	−637
		5H	+250	0	+475	0	5h4h	0	−190	0	−300	−577
		—	—	—	—	—	5h6h	0	−190	0	−475	−577
		—	—	—	—	—	6e	−95	−331	−95	−570	−672
		—	—	—	—	—	6f	−75	−311	−75	−550	−652
		6G	+375	+60	+660	+60	6g	−60	−296	−60	−535	−637
		6H	+315	0	+600	0	6h	0	−236	0	−475	−577
		—	—	—	—	—	7e6e	−95	−395	−95	−570	−672
		7G	+460	+60	+810	+60	7g6g	−60	−360	−60	−535	−637
		7H	+400	0	+750	0	7h6h	0	−300	0	−475	−577
		8G	+560	+60	+1010	+60	8g	−60	−435	−60	−810	−637
		8H	+500	0	+950	0	9g8g	−60	−535	−60	−810	−637
	5	—	—	—	—	—	3h4h	0	−125	0	−335	−722
		4H	+212	0	+450	0	4h	0	−160	0	−335	−722
		5G	+336	+71	+631	+71	5g6g	−71	−271	−71	−601	−793
		5H	+265	0	+560	0	5h4h	0	−200	0	−335	−722
		—	—	—	—	—	5h6h	0	−200	0	−530	−722
		—	—	—	—	—	6e	−106	−356	−106	−636	−828
		—	—	—	—	—	6f	−85	−335	−85	−615	−807
		6G	+406	+71	+781	+71	6g	−71	−321	−71	−601	−793
		6H	+335	0	+710	0	6h	0	−250	0	−530	−722
		—	—	—	—	—	7e6e	−106	−421	−106	−636	−828
		7G	+496	+71	+971	+71	7g6g	−71	−386	−71	−601	−793
		7H	+425	0	+900	0	7h6h	0	−315	0	−530	−722
		8G	+601	+71	+1191	+71	8g	−71	−471	−71	−921	−793
		8H	+530	0	+1120	0	9g8g	−71	−571	−71	−921	−793

2. 梯形螺纹
(1)梯形螺纹基本尺寸(表 10.9-5)

表 10.9-5　梯形螺纹基本尺寸(摘自 GB/T 5796.1—2005)　　　　　　(mm)

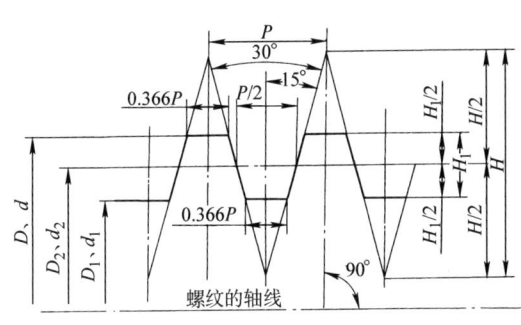

a) 基本牙型

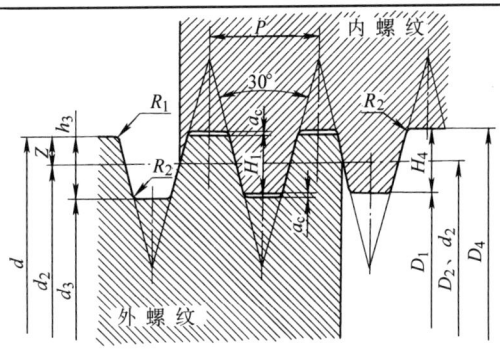

b) 设计牙型

D—内螺纹大径

d—外螺纹大径(公称直径)

D_2—内螺纹中径

d_2—外螺纹中径

D_1—内螺纹小径

d_1—外螺纹小径

P—螺距

H—原始三角形高度

H_1—基本牙型高度

d—外螺纹大径

P—螺距

a_c—牙顶间隙

H_1—基本牙型高度，$H_1 = 0.5P$

h_3—外螺纹牙高，$h_3 = 0.5P + a_c$

H_4—内螺纹牙高，$H_4 = 0.5P + a_c$

Z—牙顶高，$Z = 0.25P = H_1/2$

d_2—外螺纹中径，$d_2 = d - 0.5P$

D_2—内螺纹中径，$D_2 = d - 0.5P$

d_3—外螺纹小径，$d_3 = d - 2h_3$

D_1—内螺纹小径，$D_1 = d - P$

D_4—内螺纹大径，$D_4 = d + 2a_c$

R_1—外螺纹牙顶倒角圆弧半径，

　$R_{1max} = 0.5a_c$

R_2—牙底倒角圆弧半径，$R_{2max} = a_c$

公称直径 d			螺 距	中 径	大 径	小 径	
第 1 系列	第 2 系列	第 3 系列	P	$d_2 = D_2$	D_4	d_3	D_1
8			1.5	7.250	8.300	6.200	6.500
	9		1.5	8.250	9.300	7.200	7.500
			2	8.000	9.500	6.500	7.000
10			1.5	9.250	10.300	8.200	8.500
			2	9.000	10.500	7.500	8.000
	11		2	10.000	11.500	8.500	9.000
			3	9.500	11.500	7.500	8.000
12			2	11.000	12.500	9.500	10.000
			3	10.500	12.500	8.500	9.000
	14		2	13.000	14.500	11.500	12.000
			3	12.500	14.500	10.500	11.000
16			2	15.000	16.500	13.500	14.000
			4	14.000	16.500	11.500	12.000
	18		2	17.000	18.500	15.500	16.000
			4	16.000	18.500	13.500	14.000
20			2	19.000	20.500	17.500	18.000
			4	18.000	20.500	15.500	16.000
	22		3	20.500	22.500	18.500	19.000
			5	19.500	22.500	16.500	17.000
			8	18.000	23.000	13.000	14.000

（续）

公称直径 d			螺 距	中 径	大 径	小 径	
第1系列	第2系列	第3系列	P	$d_2 = D_2$	D_4	d_3	D_1
24			3	22.500	24.500	20.500	21.000
			5	21.500	24.500	18.500	19.000
			8	20.000	25.000	15.000	16.000
	26		3	24.500	26.500	22.500	23.000
			5	23.500	26.500	20.500	21.000
			8	22.000	27.000	17.000	18.000
28			3	26.500	28.500	24.500	25.000
			5	25.500	28.500	22.500	23.000
			8	24.000	29.000	19.000	20.000
	30		3	28.500	30.500	26.500	27.000
			6	27.000	31.000	23.000	24.000
			10	25.000	31.000	19.000	20.000
32			3	30.500	32.500	28.500	29.000
			6	29.000	33.000	25.000	26.000
			10	27.000	33.000	21.000	22.000
	34		3	32.500	34.500	30.500	31.000
			6	31.000	35.000	27.000	28.000
			10	29.000	35.000	23.000	24.000
36			3	34.500	36.500	32.500	33.000
			6	33.000	37.000	29.000	30.000
			10	31.000	37.000	25.000	26.000
	38		3	36.500	38.500	34.500	35.000
			7	34.500	39.000	30.000	31.000
			10	33.000	39.000	27.000	28.000
40			3	38.500	40.500	36.500	37.000
			7	36.500	41.000	32.000	33.000
			10	35.000	41.000	29.000	30.000
	42		3	40.500	42.500	38.500	39.000
			7	38.500	43.000	34.000	35.000
			10	37.000	43.000	31.000	32.000
44			3	42.500	44.500	40.500	41.000
			7	40.500	45.000	36.000	37.000
			12	38.000	45.000	31.000	32.000
	46		3	44.500	46.500	42.500	43.000
			8	42.000	47.000	37.000	38.000
			12	40.000	47.000	33.000	34.000
48			3	46.500	48.500	44.500	45.000
			8	44.000	49.000	39.000	40.000
			12	42.000	49.000	35.000	36.000
	50		3	48.500	50.500	46.500	47.000
			8	46.000	51.000	41.000	42.000
			12	44.000	51.000	37.000	38.000

（续）

公称直径 d			螺　距	中　径	大　径	小　径	
第 1 系列	第 2 系列	第 3 系列	P	$d_2 = D_2$	D_4	d_3	D_1
52			3	50.500	52.500	48.500	49.000
			8	48.000	53.000	43.000	44.000
			12	46.000	53.000	39.000	40.000
	55		3	53.500	55.500	51.500	52.000
			9	50.500	56.000	45.000	46.000
			14	48.000	57.000	39.000	41.000
60			3	58.500	60.500	56.500	57.000
			9	55.500	61.000	50.000	51.000
			14	53.000	62.000	44.000	46.000
	65		4	63.000	65.500	60.500	61.000
			10	60.000	66.000	54.000	55.000
			16	57.000	67.000	47.000	49.000
70			4	68.000	70.500	65.500	66.000
			10	65.000	71.000	59.000	60.000
			16	62.000	72.000	52.000	54.000
	75		4	73.000	75.500	70.500	71.000
			10	70.000	76.000	64.000	65.000
			16	67.000	77.000	57.000	59.000
80			4	78.000	80.500	75.500	76.000
			10	75.000	81.000	69.000	70.000
			16	72.000	82.000	62.000	64.000
	85		4	83.000	85.500	80.500	81.000
			12	79.000	86.000	72.000	73.000
			18	76.000	87.000	65.000	67.000
90			4	88.000	90.500	85.500	86.000
			12	84.000	91.000	77.000	78.000
			18	81.000	92.000	70.000	72.000
	95		4	93.000	95.500	90.500	91.000
			12	89.000	96.000	82.000	83.000
			18	86.000	97.000	75.000	77.000
100			4	98.000	100.500	95.500	96.000
			12	94.000	101.000	87.000	88.000
			20	90.000	102.000	78.000	80.000
		105	4	103.000	105.500	100.500	101.000
			12	99.000	106.000	92.000	93.000
			20	95.000	107.000	83.000	85.000
	110		4	108.000	110.500	105.500	106.000
			12	104.000	111.000	97.000	98.000
			20	100.000	112.000	88.000	90.000
		115	6	112.000	116.000	108.000	109.000
			14	108.000	117.000	99.000	101.000
			22	104.000	117.000	91.000	93.500

注:优先选用第 1 系列直径。

(2) 梯形螺纹公差（摘自 GB/T 5796.4—2005）

1) 梯形螺纹的选用公差带（表 10.9-6）。

2) 梯形螺纹旋合长度（表 10.9-7）。

3) 梯形螺纹基本偏差和公差（表 10.9-8 ~ 表 10.9-12）。

表 10.9-6 梯形螺纹的选用公差带

精 度	内 螺 纹		外 螺 纹	
	N	L	N	L
中等	7H	8H	7e	8e
粗糙	8H	9H	8c	9c

注：一般情况下应按此表规定选用中径公差带。

标注示例与解释：

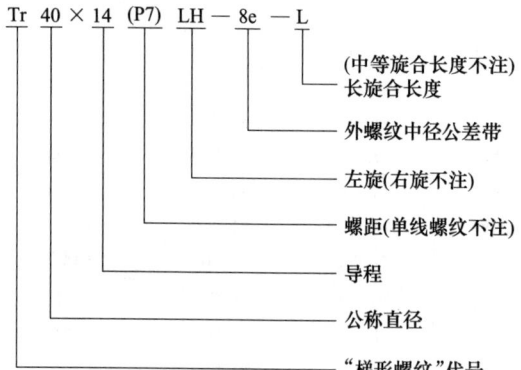

Tr 40 × 14 (P7) LH — 8e — L

- (中等旋合长度不注)
- 长旋合长度
- 外螺纹中径公差带
- 左旋(右旋不注)
- 螺距(单线螺纹不注)
- 导程
- 公称直径
- "梯形螺纹"代号

表 10.9-7 梯形螺纹旋合长度（部分）

（mm）

公称直径 d	螺距 P	旋合长度组	
		N	L
>5.6~11.2	1.5	>5~15	>15
	2	>6~19	>19
	3	>10~28	>28
>11.2~22.4	2	>8~24	>24
	3	>11~32	>32
	4	>15~43	>43
	5	>18~53	>53
	8	>30~85	>85
>22.4~45	3	>12~36	>36
	5	>21~63	>63
	6	>25~75	>75
	7	>30~85	>85
	8	>34~100	>100
	10	>42~125	>125
	12	>50~150	>150

注：N 代表中等旋合长度组；L 代表长旋合长度组。

表 10.9-8 梯形螺纹基本偏差（部分）

（μm）

螺距 P /mm	基 本 偏 差				
	内螺纹 (EI)	外螺纹(es)			
	小径、中径、大径	大径、小径	中 径		
	H	h	c	e	h
1.5	0	0	−140	−67	0
2	0	0	−150	−71	0
3	0	0	−170	−85	0
4	0	0	−190	−95	0
5	0	0	−212	−106	0
6	0	0	−236	−118	0
7	0	0	−250	−125	0
8	0	0	−265	−132	0
9	0	0	−280	−140	0
10	0	0	−300	−150	0
12	0	0	−335	−160	0

表 10.9-9 梯形内螺纹小径、外螺纹大径公差（部分）

（μm）

螺距 P/mm	内螺纹	外螺纹
	4 级公差	4 级公差
1.5	190	150
2	236	180
3	315	236
4	375	300
5	450	335
6	500	375
7	560	425
8	630	450
9	670	500
10	710	530
12	800	600

注：多线螺纹与单线螺纹顶径公差相同。

表 10.9-10 梯形内、外螺纹中径公差（部分）

（μm）

公称直径 d /mm	螺距 P /mm	内螺纹			外螺纹		
		公差等级			公差等级		
		7	8	9	7	8	9
>5.6~11.2	1.5	224	280	355	170	212	265
	2	250	315	400	190	236	300
	3	280	355	450	212	265	335

（续）

公称直径 d /mm	螺距 P /mm	内螺纹 公差等级			外螺纹 公差等级		
		7	8	9	7	8	9
>11.2~ 22.4	2	265	335	425	200	250	315
	3	300	375	475	224	280	355
	4	355	450	560	265	335	425
	5	375	475	600	280	355	450
	8	475	600	750	355	450	560

（续）

公称直径 d /mm	螺距 P /mm	内螺纹 公差等级			外螺纹 公差等级		
		7	8	9	7	8	9
>22.4~ 45	3	335	425	530	250	315	400
	5	400	500	630	300	375	475
	6	450	560	710	335	425	530
	7	475	600	750	355	450	560
	8	500	630	800	375	475	600
	10	530	670	850	400	500	630
	12	560	710	900	425	530	670

注：多线螺纹的中径公差是在此表基础上按线数不同乘以系数而得。系数见表 10.9-12。

表 10.9-11　梯形外螺纹小径公差（部分）　　　　　（μm）

公称直径 d /mm	螺距 P /mm	中径公差带位置为 c 公差等级			中径公差带位置为 e 公差等级		
		7	8	9	7	8	9
>5.6~11.2	1.5	352	405	471	279	332	398
	2	388	445	525	309	366	446
	3	435	501	589	350	416	504
>11.2~22.4	2	400	462	544	321	383	465
	3	450	520	614	365	435	529
	4	521	609	690	426	514	595
	5	562	656	775	456	550	669
	8	709	828	965	576	695	832
>22.4~45	3	482	564	670	397	479	585
	5	587	681	806	481	575	700
	6	655	767	899	537	649	781
	7	694	813	950	569	688	825
	8	734	859	1015	601	726	882
	10	800	925	1087	650	775	937
	12	866	998	1223	691	823	1048
>45~90	3	501	589	701	416	504	616
	4	565	659	784	470	564	689
	8	765	890	1052	632	757	919
	9	811	943	1118	671	803	978
	10	831	963	1138	681	813	988
	12	929	1085	1273	754	910	1098
	14	970	1142	1355	805	967	1180
	16	1038	1213	1438	853	1028	1253
	18	1100	1288	1525	900	1088	1320

注：多线外螺纹小径公差与单线外螺纹小径公差相同。

表 10.9-12　梯形螺纹中径系数

线数	2	3	4	≥5
系数	1.12	1.25	1.4	1.6

3. 55°非密封管螺纹基本尺寸和公差（表 10.9-13）

标准规定了牙型角为 55°、螺纹副本身不具有密封性的圆柱管螺纹的牙型、尺寸、公差和标记,适用于管子、阀门、管接头、旋塞及其他管路附件的螺纹连接。

4. 55°密封管螺纹基本尺寸和公差（表 10.9-14）

GB/T 7306—2000 分为两部分,即分别规定了两种连接形式的牙型角为 55°、螺纹副本身具有密封性的圆柱内螺纹和圆锥外螺纹（标准的第 1 部分）以及圆锥内螺纹和圆锥外螺纹（标准的第 2 部分）的牙型、尺寸、公差和标记,适用于管子、阀门、管接头、旋塞及其他管路附件的螺纹连接。

5. 60°密封管螺纹基本尺寸和公差（表 10.9-15~表 10.9-17）

6. 米制密封螺纹基本尺寸和公差（表 10.9-18 和表 10.9-19）

表 10.9-13　55°非密封管螺纹基本尺寸和公差（摘自 GB/T 7307—2001）　　　（mm）

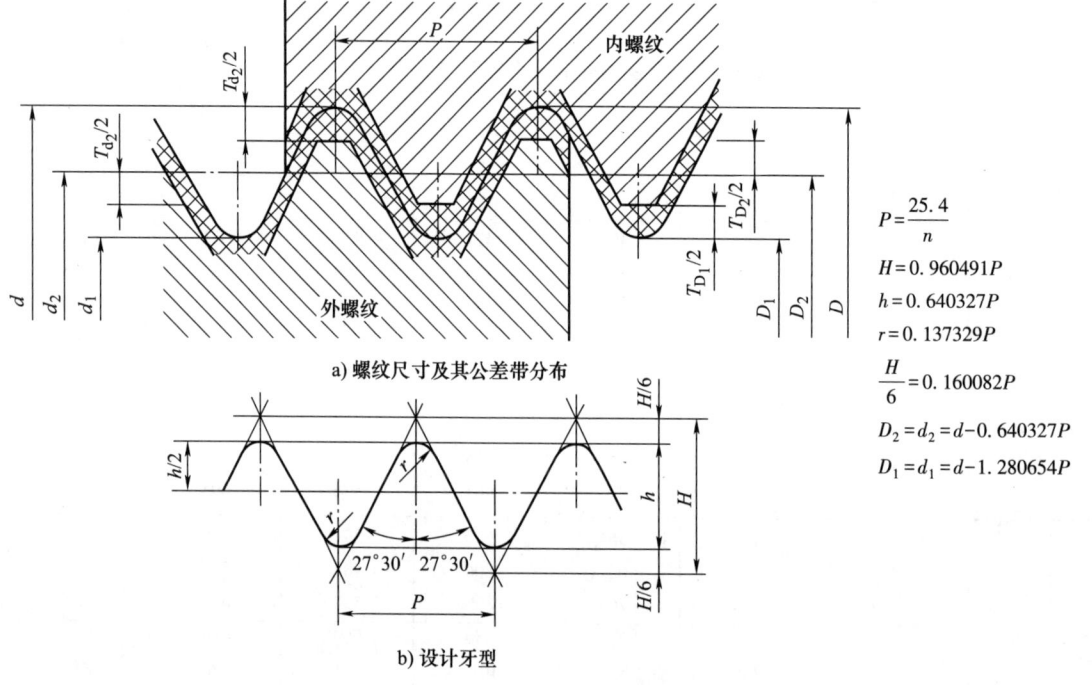

$$P = \frac{25.4}{n}$$
$$H = 0.960491P$$
$$h = 0.640327P$$
$$r = 0.137329P$$
$$\frac{H}{6} = 0.160082P$$
$$D_2 = d_2 = d - 0.640327P$$
$$D_1 = d_1 = d - 1.280654P$$

a) 螺纹尺寸及其公差带分布

b) 设计牙型

标记示例:
1½ 左旋内螺纹　G1½-LH(右旋不标),(内螺纹不标记公差等级代号)
1½A 级外螺纹　G1½A
1½B 级外螺纹　G1½B
内外螺纹装配　G1½A(仅需标注外螺纹的标记代号)

尺寸代号	每25.4mm内的牙数 n	螺距 P	牙高 h	圆弧半径 $r \approx$	基本直径 大径 $d=D$	基本直径 中径 $d_2=D_2$	基本直径 小径 $d_1=D_1$	外螺纹 大径公差 T_d 下偏差	外螺纹 大径公差 T_d 上偏差	外螺纹 中径公差 T_{d_2}① 下偏差 A级	外螺纹 中径公差 T_{d_2}① 下偏差 B级	外螺纹 中径公差 T_{d_2}① 上偏差	内螺纹 中径公差 T_{D_2}① 下偏差	内螺纹 中径公差 T_{D_2}① 上偏差	内螺纹 小径公差 T_{D_1} 下偏差	内螺纹 小径公差 T_{D_1} 上偏差
1/16	28	0.907	0.581	0.125	7.723	7.142	6.561	-0.214	0	-0.107	-0.214	0	0	+0.107	0	+0.282
1/8	28	0.907	0.581	0.125	9.728	9.147	8.566	-0.214	0	-0.107	-0.214	0	0	+0.107	0	+0.282
1/4	19	1.337	0.856	0.184	13.157	12.301	11.445	-0.250	0	-0.125	-0.250	0	0	+0.125	0	+0.445

（续）

尺寸代号	每25.4mm内的牙数n	螺距P	牙高h	圆弧半径r≈	大径 d=D	中径 d₂=D₂	小径 d₁=D₁	外螺纹大径公差Td 下偏差	上偏差	中径公差Td₂ 下偏差 A级	B级	上偏差	内螺纹中径公差TD₂ 下偏差	上偏差	小径公差TD₁ 下偏差	上偏差
3/8	19	1.337	0.856	0.184	16.662	15.806	14.950	-0.250	0	-0.125	-0.250	0	0	+0.125	0	+0.445
1/2	14	1.814	1.162	0.249	20.955	19.793	18.631	-0.284	0	-0.142	-0.284	0	0	+0.142	0	+0.541
5/8	14	1.814	1.162	0.249	22.911	21.749	20.587	-0.284	0	-0.142	-0.284	0	0	+0.142	0	+0.541
3/4	14	1.814	1.162	0.249	26.441	25.279	24.117	-0.284	0	-0.142	-0.284	0	0	+0.142	0	+0.541
7/8	14	1.814	1.162	0.249	30.201	29.039	27.877	-0.284	0	-0.142	-0.284	0	0	+0.142	0	+0.541
1	11	2.309	1.479	0.317	33.249	31.770	30.291	-0.360	0	-0.180	-0.360	0	0	+0.180	0	+0.640
1⅛	11	2.309	1.479	0.317	37.897	36.418	34.939	-0.360	0	-0.180	-0.360	0	0	+0.180	0	+0.640
1¼	11	2.309	1.479	0.317	41.910	40.431	38.952	-0.360	0	-0.180	-0.360	0	0	+0.180	0	+0.640
1½	11	2.309	1.479	0.317	47.803	46.324	44.845	-0.360	0	-0.180	-0.360	0	0	+0.180	0	+0.640
1¾	11	2.309	1.479	0.317	53.746	52.267	50.788	-0.360	0	-0.180	-0.360	0	0	+0.180	0	+0.640
2	11	2.309	1.479	0.317	59.614	58.135	56.656	-0.360	0	-0.180	-0.360	0	0	+0.180	0	+0.640
2¼	11	2.309	1.479	0.317	65.710	64.231	62.752	-0.434	0	-0.217	-0.434	0	0	+0.217	0	+0.640
2½	11	2.309	1.479	0.317	75.184	73.705	72.226	-0.434	0	-0.217	-0.434	0	0	+0.217	0	+0.640
2¾	11	2.309	1.479	0.317	81.534	80.055	78.576	-0.434	0	-0.217	-0.434	0	0	+0.217	0	+0.640
3	11	2.309	1.479	0.317	87.884	86.405	84.926	-0.434	0	-0.217	-0.434	0	0	+0.217	0	+0.640
3½	11	2.309	1.479	0.317	100.330	98.851	97.372	-0.434	0	-0.217	-0.434	0	0	+0.217	0	+0.640
4	11	2.309	1.479	0.317	113.030	111.551	110.072	-0.434	0	-0.217	-0.434	0	0	+0.217	0	+0.640
4½	11	2.309	1.479	0.317	125.730	124.251	122.772	-0.434	0	-0.217	-0.434	0	0	+0.217	0	+0.640
5	11	2.309	1.479	0.317	138.430	136.951	135.472	-0.434	0	-0.217	-0.434	0	0	+0.217	0	+0.640
5½	11	2.309	1.479	0.317	151.130	149.651	148.172	-0.434	0	-0.217	-0.434	0	0	+0.217	0	+0.640
6	11	2.309	1.479	0.317	163.830	162.351	160.872	-0.434	0	-0.217	-0.434	0	0	+0.217	0	+0.640

① 对薄壁管件,此公差适用于平均中径,该中径是测量两个互相垂直直径的算术平均值。

表 10.9-14　55°密封管螺纹基本尺寸和公差（摘自 GB/T 7306—2000）

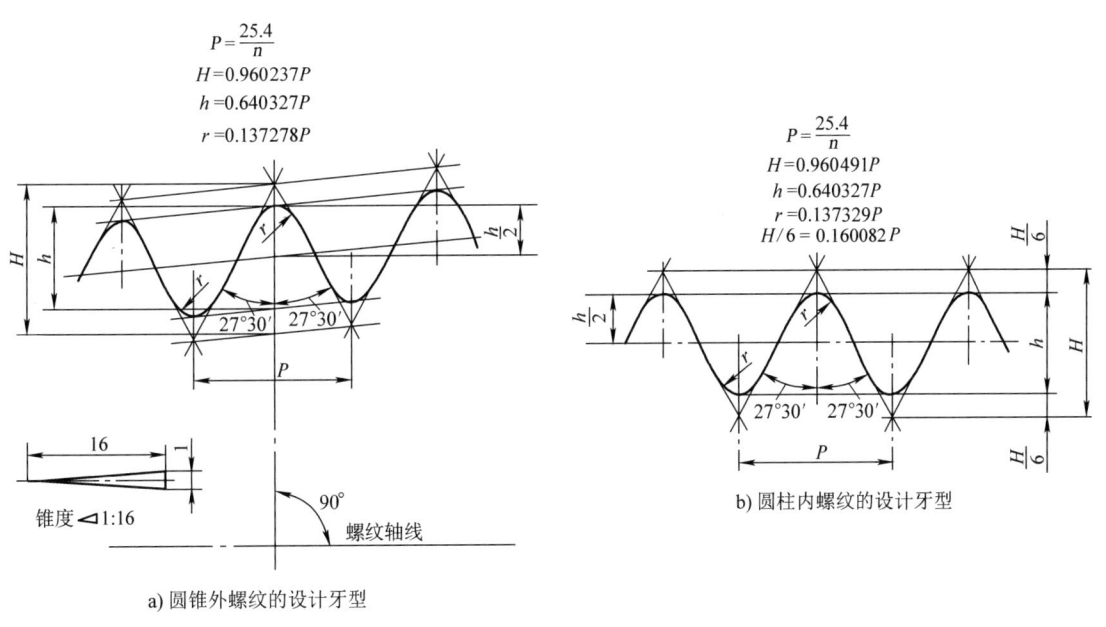

$P=\dfrac{25.4}{n}$
$H=0.960237P$
$h=0.640327P$
$r=0.137278P$

$P=\dfrac{25.4}{n}$
$H=0.960491P$
$h=0.640327P$
$r=0.137329P$
$H/6=0.160082P$

27°30′　27°30′

锥度◁1:16

90°　螺纹轴线

a) 圆锥外螺纹的设计牙型

b) 圆柱内螺纹的设计牙型

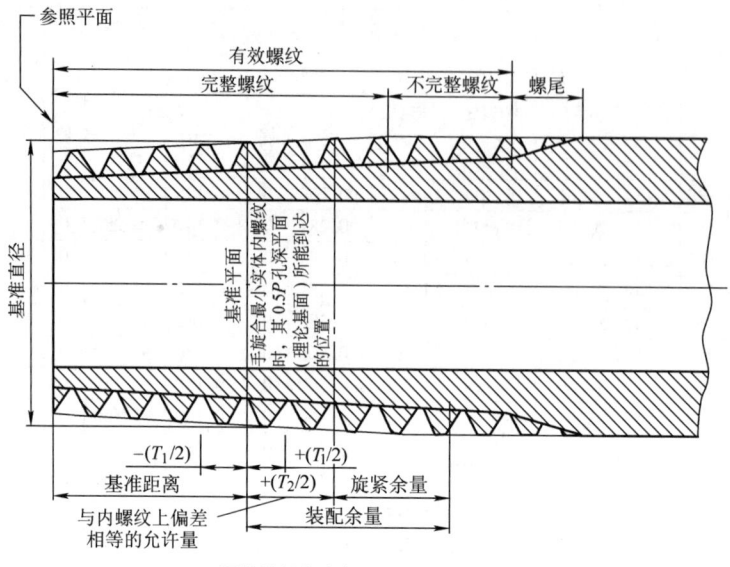

c) 圆锥外螺纹上各主要尺寸的分布位置

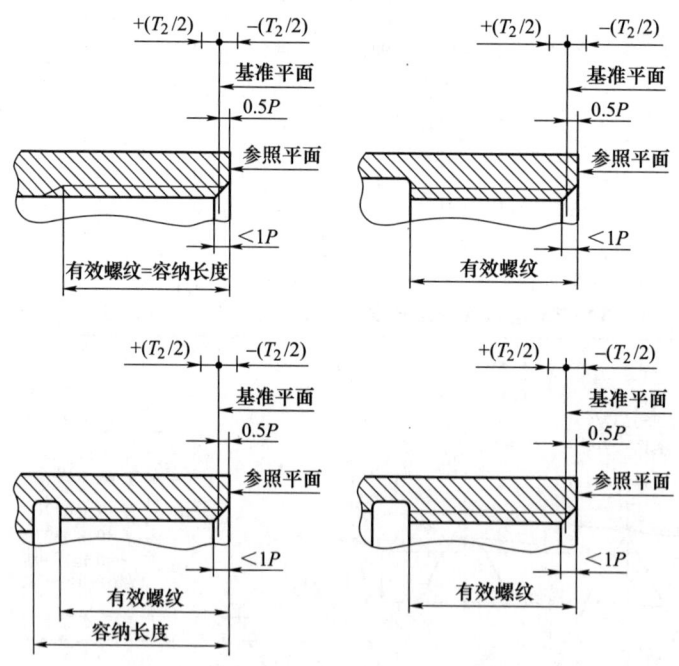

d) 圆锥内螺纹上各主要尺寸的分布位置

标记示例：

圆锥内螺纹　　$Rc1\frac{1}{2}$

圆柱内螺纹　　$R_p1\frac{1}{2}$

圆锥外螺纹　　$R_21\frac{1}{2}$

圆锥内螺纹与圆锥外螺纹的配合　　$Rc/R_21\frac{1}{2}$

圆柱内螺纹与圆锥外螺纹的配合　　$R_p/R_11\frac{1}{2}$

当螺纹为左旋时，$Rc/R_21\frac{1}{2}$LH。

（续）

尺寸代号	每25.4mm内所包含的牙数 n	螺距 P /mm	牙高 h /mm	基准平面内的基本直径			基准距离					装配余量		外螺纹的有效螺纹不小于 基准距离分别为			圆锥内螺纹基准平面轴向位置的极限偏差 ±T_2/2		圆柱内螺纹直径的极限偏差 ±	
				大径（基准直径）d=D /mm	中径 $d_2=D_2$ /mm	小径 $d_1=D_1$ /mm	基本 /mm	极限偏差 ±$T_1/2$		最大 /mm	最小 /mm	/mm	圈数	基本 /mm	最大 /mm	最小 /mm	/mm	圈数	径向 /mm	轴向圈数 $T_2/2$
								/mm	圈数											
1/16	28	0.907	0.581	7.723	7.142	6.561	4	0.9	1	4.9	3.1		2¾	6.5	7.4	5.6	1.1	1¼	0.071	1¼
1/8	28	0.907	0.581	9.728	9.147	8.566	4	0.9	1	4.9	3.1	2.5	2¾	6.5	7.4	5.6	1.1	1¼	0.071	1¼
1/4	19	1.337	0.856	13.157	12.301	11.445	6	1.3	1	7.3	4.7	3.7	2¾	9.7	11	8.4	1.7	1¼	0.104	1¼
3/8	19	1.337	0.856	16.662	15.806	14.950	6.4	1.3	1	7.7	5.1	3.7	2¾	10.1	11.4	8.8	1.7	1¼	0.104	1¼
1/2	14	1.814	1.162	20.955	19.793	18.631	8.2	1.8	1	10.0	6.4	5.0	2¾	13.2	15	11.4	2.3	1¼	0.142	1¼
3/4	14	1.814	1.162	26.441	25.279	24.117	9.5	1.8	1	11.3	7.7	5.0	2¾	14.5	16.3	12.7	2.3	1¼	0.142	1¼
1	11	2.309	1.479	33.249	31.770	30.291	10.4	2.3	1	12.7	8.1	6.4	2¾	16.8	19.1	14.5	2.9	1¼	0.180	1¼
1¼	11	2.309	1.479	41.910	40.431	38.952	12.7	2.3	1	15.0	10.4	6.4	2¾	19.1	21.4	16.8	2.9	1¼	0.180	1¼
1½	11	2.309	1.479	47.803	46.324	44.845	12.7	2.3	1	15.0	10.4	6.4	2¾	19.1	21.4	16.8	2.9	1¼	0.180	1¼
2	11	2.309	1.479	59.614	58.135	56.656	15.9	2.3	1	18.2	13.6	7.5	3¼	23.4	25.7	21.1	2.9	1¼	0.180	1¼
2½	11	2.309	1.479	75.184	73.705	72.226	17.5	3.5	1½	21.0	14.0	9.2	4	26.7	30.2	23.2	3.5	1½	0.216	1½
3	11	2.309	1.479	87.884	86.405	84.926	20.6	3.5	1½	24.1	17.1	9.2	4	29.8	33.3	26.3	3.5	1½	0.216	1½
4	11	2.309	1.479	113.030	111.551	110.072	25.4	3.5	1½	28.9	21.9	10.4	4½	35.8	39.3	32.3	3.5	1½	0.216	1½
5	11	2.309	1.479	138.430	136.951	135.472	28.6	3.5	1½	32.1	25.1	11.5	5	40.1	43.6	36.6	3.5	1½	0.216	1½
6	11	2.309	1.479	163.830	162.351	160.872	28.6	3.5	1½	32.1	25.1	11.5	5	40.1	43.6	36.6	3.5	1½	0.216	1½

表 10.9-15　60°密封管螺纹基本尺寸（摘自 GB/T 12716—2011）

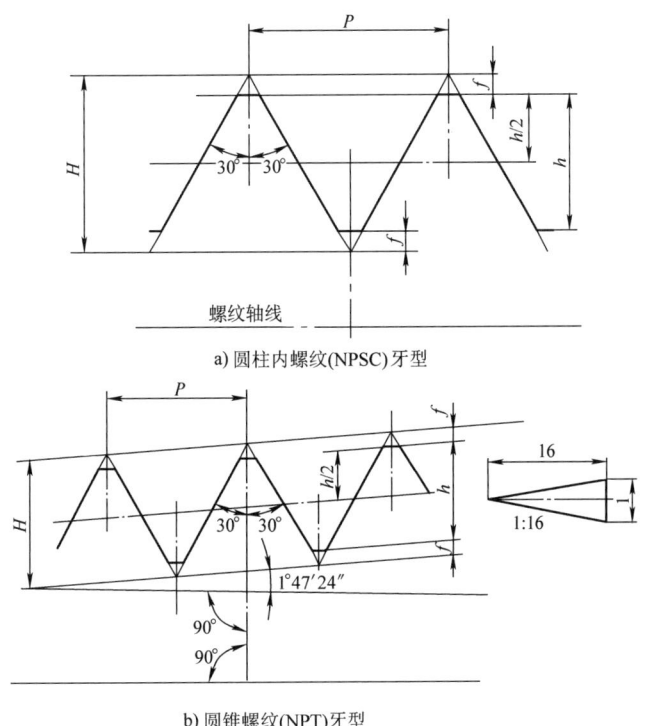

a) 圆柱内螺纹(NPSC)牙型

b) 圆锥螺纹(NPT)牙型

（续）

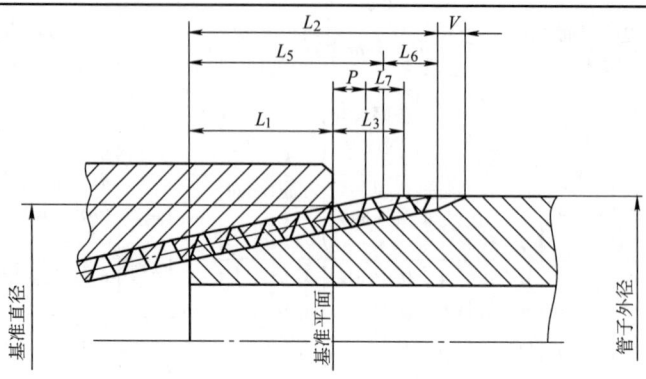

c) 圆锥外螺纹 (NPT) 上各主要尺寸的分布位置

标记示例:尺寸为 3/4 的右旋圆柱内螺纹　NPSC 3/4

尺寸为 6 的右旋圆锥内螺纹或圆锥外螺纹　NPT 6

当螺纹为左旋时,应在尺寸代号后面加注"LH"

标记示例:尺寸为 14 O. D. 的左旋圆锥内螺纹或圆锥外螺纹　NPT 14 O. D. -LH

螺纹的尺寸代号	25.4mm内包含的牙数 n	螺距 P	牙型高度 h	基准平面内的基本直径			基准距离 L_2		装配余量 L_3		外螺纹小端面内的基本小径
				大径 $d=D$	中径 $d_2=D_2$	小径 $d_1=D_1$					
				mm			圈数	mm	圈数	mm	mm
1/16	27	0.941	0.753	7.895	7.142	6.389	4.32	4.064	3	2.822	6.137
1/8	27	0.941	0.753	10.242	9.489	8.736	4.36	4.102	3	2.822	8.481
1/4	18	1.411	1.129	13.616	12.487	11.358	4.10	5.786	3	4.234	10.996
3/8	18	1.411	1.129	17.055	15.926	14.797	4.32	6.096	3	4.234	14.417
1/2	14	1.814	1.451	21.223	19.772	18.321	4.48	8.128	3	5.443	17.813
3/4	14	1.814	1.451	26.568	25.117	23.666	4.75	8.611	3	5.443	23.127
1	11.5	2.209	1.767	33.228	31.461	29.694	4.60	10.160	3	6.627	29.060
1¼	11.5	2.209	1.767	41.985	40.218	38.451	4.83	10.668	3	6.627	37.785
1½	11.5	2.209	1.767	48.054	46.287	44.520	4.83	10.668	3	6.627	43.853
2	11.5	2.209	1.767	60.092	58.325	56.558	5.01	11.074	3	6.627	55.867
2½	8	3.175	2.540	72.699	70.159	67.619	5.46	17.323	2	6.350	66.535
3	8	3.175	2.540	88.608	86.068	83.528	6.13	19.456	2	6.350	82.311
3½	8	3.175	2.540	101.316	98.776	96.236	6.57	20.853	2	6.350	94.933
4	8	3.175	2.540	113.973	111.433	108.893	6.75	21.438	2	6.350	107.554
5	8	3.175	2.540	140.952	138.412	135.872	7.50	23.800	2	6.350	134.384
6	8	3.175	2.540	167.792	165.252	162.712	7.66	24.333	2	6.350	161.191
8	8	3.175	2.540	218.441	215.901	213.361	8.50	27.000	2	6.350	211.673
10	8	3.175	2.540	272.312	269.772	267.232	9.68	30.734	2	6.350	265.311
12	8	3.175	2.540	323.032	320.492	317.952	10.88	34.544	2	6.350	315.793
14	8	3.175	2.540	354.905	352.365	349.825	12.50	39.675	2	6.350	347.345
16	8	3.175	2.540	405.784	403.244	400.704	14.50	46.025	2	6.350	397.828
18	8	3.175	2.540	456.565	454.025	451.485	16.00	50.800	2	6.350	448.310
20	8	3.175	2.540	507.246	504.706	502.166	17.00	53.975	2	6.350	498.793
24	8	3.175	2.540	608.608	606.068	603.528	19.00	60.325	2	6.350	599.758

注:1. 可参照表中第 12 栏数据选择攻螺纹前的麻花钻直径。

2. 螺纹收尾长度 (V) 为 3.47P。

表 10.9-16　60°圆锥管螺纹的单项要素极限偏差(摘自 GB/T 12716—2011)

在 25.4mm 轴向长度 内所包含的牙数 n	中径线锥度(1/16) 的极限偏差/mm	有效螺纹的导程 累积偏差/mm	牙侧角极限偏差/(°)
27	+1/96 −1/192	±0.076	±1.25
18、14			±1
11.5、8			±0.75

注:对有效螺纹长度大于 25.4mm 的螺纹,其导程累积误差的最大测量跨度为 25.4mm。

表 10.9-17　60°圆柱内螺纹的极限尺寸(摘自 GB/T 12716—2011)

螺纹的尺寸代号	在 25.4mm 轴向长度内 所包含的牙数 n	中径/mm		小径/mm
		max	min	min
1/8	27	9.578	9.401	8.636
1/4	18	12.619	12.355	11.227
3/8	18	16.058	15.794	14.656
1/2	14	19.942	19.601	18.161
3/4	14	25.288	24.948	23.495
1	11.5	31.669	31.255	29.489
1¼	11.5	40.424	40.010	38.252
1½	11.5	46.495	46.081	44.323
2	11.5	58.532	58.118	56.363
2½	8	70.457	69.860	67.310
3	8	86.365	85.771	83.236
3½	8	99.073	98.478	95.936
4	8	111.730	111.135	108.585

注:可参照最小小径数据选择攻螺纹前的麻花钻直径。

表 10.9-18　米制密封螺纹的基本牙型和基本尺寸(摘自 GB/T 1415—2008)　　　　(mm)

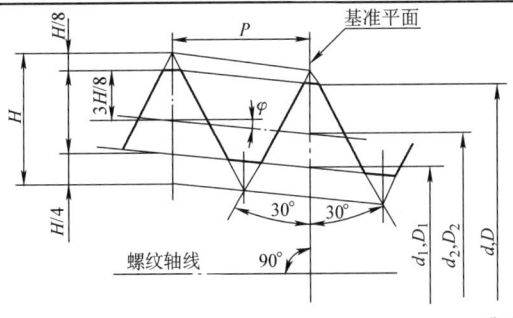

$\varphi = 1°17'24''$
锥度:$2\tan\varphi = 1{:}16$

a) 圆锥螺纹的基本牙型

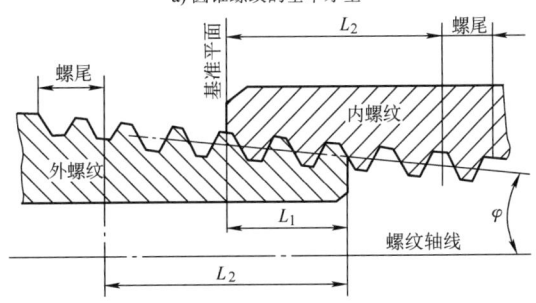

b) 米制密封螺纹上各主要尺寸的分布位置

标记示例:
公称直径为 12mm、螺距为 1mm、标准型基准距离、右旋的圆锥螺纹副:Mc12×1
公称直径为 20mm、螺距为 1.5mm、短型基准距离、右旋的圆柱内螺纹与圆锥外螺纹副:Mp/Mc20×1.5-S

（续）

公称直径 D,d	螺距 P	基准平面内的直径[1]			基准距离[2]		最小有效螺纹长度[2]	
		大径 D,d	中径 D_2,d_2	小径 D_1,d_1	标准型 L_1	短型 $L_{1短}$	标准型 L_2	短型 $L_{2短}$
8	1	8.000	7.350	6.917	5.500	2.500	8.000	5.500
10	1	10.000	9.350	8.917	5.500	2.500	8.000	5.500
12	1	12.000	11.350	10.917	5.500	2.500	8.000	5.500
14	1.5	14.000	13.026	12.376	7.500	3.500	11.000	8.500
16	1	16.000	15.350	14.917	5.500	2.500	8.000	5.500
	1.5	16.000	15.026	14.376	7.500	3.500	11.000	8.500
20	1.5	20.000	19.026	18.376	7.500	3.500	11.000	8.500
27	2	27.000	25.701	24.835	11.000	5.000	16.000	12.000
33	2	33.000	31.701	30.835	11.000	5.000	16.000	12.000
42	2	42.000	40.701	39.835	11.000	5.000	16.000	12.000
48	2	48.000	46.701	45.835	11.000	5.000	16.000	12.000
60	2	60.000	58.701	57.835	11.000	5.000	16.000	12.000
72	3	72.000	70.051	68.752	16.500	7.500	24.000	18.000
76	2	76.000	74.701	73.835	11.000	5.000	16.000	12.000
90	2	90.000	88.701	87.835	11.000	5.000	16.000	12.000
	3	90.000	88.051	86.752	16.500	7.500	24.000	18.000
115	2	115.000	113.701	112.835	11.000	5.000	16.000	12.000
	3	115.000	113.051	111.752	16.500	7.500	24.000	18.000
140	2	140.000	138.701	137.835	11.000	5.000	16.000	12.000
	3	140.000	138.051	136.752	16.500	7.500	24.000	18.000
170	3	170.000	168.051	166.752	16.500	7.500	24.000	18.000

① 对圆锥螺纹,不同轴向位置平面内的螺纹直径数值是不同的。要注意各直径的轴向位置。

② 基准距离有两种型式:标准型和短型。两种基准距离分别对应两种型式的最小有效螺纹长度。标准型基准距离 L_1 和标准型最小有效螺纹长度 L_2 适用于由圆锥内螺纹与圆锥外螺纹组成的"锥/锥"配合螺纹;短型基准距离 $L_{1短}$ 和短型最小有效螺纹长度 $L_{2短}$ 适用于由圆柱内螺纹与圆锥外螺纹组成的"柱/锥"配合螺纹。选择时要注意两种配合形式对应两组不同的基准距离和最小有效螺纹长度,避免选择错误。

表 10.9-19　米制圆锥螺纹各公差项目极限偏差（GB/T 1415—2008）　　　　（mm）

螺距 P	外螺纹极限偏差		内螺纹极限偏差		圆锥外螺纹基准平面的极限偏差（$\pm T_1/2$）	圆锥内螺纹基准平面的极限偏差（$\pm T_2/2$）
	牙顶高	牙底高	牙顶高	牙底高		
1	0	−0.015	±0.030	±0.030	0.7	1.2
	−0.032	−0.050				
1.5	0	−0.020	±0.040	±0.040	1	1.5
	−0.048	−0.065				
2	0	−0.025	±0.045	±0.045	1.4	1.8
	−0.050	−0.075				
3	0	−0.030	±0.050	±0.050	2	3
	−0.055	−0.085				

10.9.2　渐开线圆柱齿轮精度

1. 适用范围

1) GB/T 10095.1—2008 适用于基本齿廓符合 GB/T 1356—2001《通用机械和重型机用圆柱齿轮标准基本齿条齿廓》规定,法向模数 $m_n \geqslant 0.5 \sim 70$mm,分度圆直径 $d \geqslant 5 \sim 10000$mm,齿宽 $b \geqslant 4 \sim 1000$mm 的单个渐开线圆柱齿轮。

2) GB/T 10095.2—2008 适用于基本齿廓符合 GB/T 1356—2001《通用机械和重型机用圆柱齿轮标准基本齿条齿廓》规定,法向模数 $m_n \geqslant 0.2 \sim 10$mm,分度圆直径 $d \geqslant 5 \sim 1000$mm,齿宽 $b \geqslant 4 \sim 1000$mm 的单个渐开线圆柱齿轮。

2. 齿轮各项偏差的定义与代号(表 10.9-20)

3. 精度等级及其选择

1) 在 GB/T 10095.1—2008 中,对齿轮的各项目,共规定了 13 个精度等级,用 0、1、2、…、11、12 等表示。其中,0 级是最高的精度等级,而 12 级是最低的精度等级。

2) 在 GB/T 10095.2—2008 中,除与上述规定相同,对径向综合偏差 F_i'' 与一齿径向综合偏差 f_i'' 两个项目,仅给出了 9 个精度等级,从 4 级到 12 级。其中,4 级精度最高,12 级精度最低。

3) 渐开线圆柱齿轮的标准含 GB/T 10095.1—2008 和 GB/T 10095.2—2008 两个部分。在技术文件中叙述齿轮精度等级的要求时,应注明标准代号 GB/T 10095.1—2008 与 GB/T 10095.2—2008。

表 10.9-20　齿轮各项偏差的定义与代号(摘自 GB/T 10095.1~2—2008)

序号	名称	代号	定　义	图　例
1	切向综合总偏差	F_i'	被测齿轮与测量齿轮单面啮合检验时,被测齿轮一转内,齿轮分度圆上实际圆周位移与理论圆周位移的最大差值	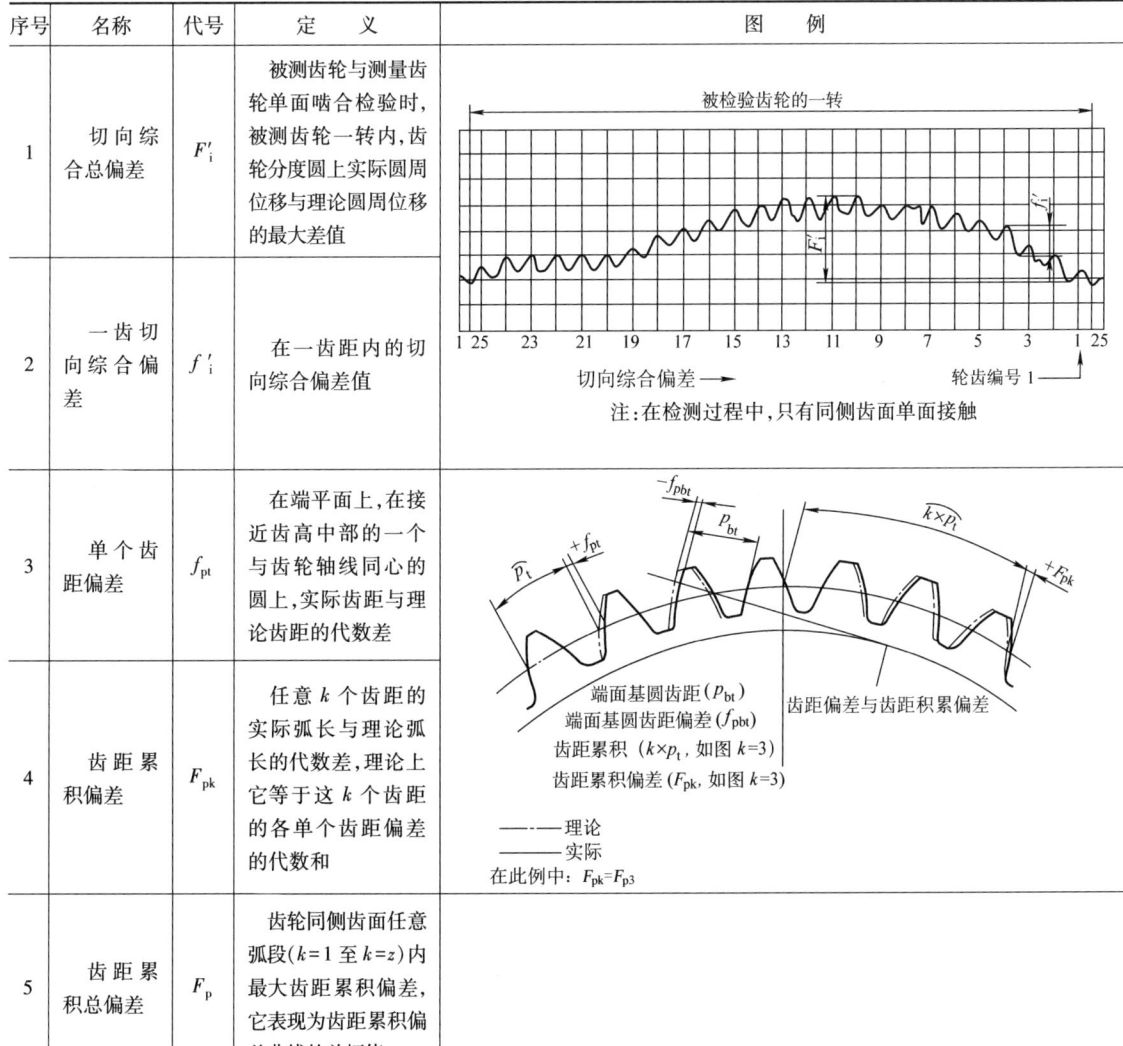
2	一齿切向综合偏差	f_i'	在一齿距内的切向综合偏差值	
3	单个齿距偏差	f_{pt}	在端平面上,在接近齿高中部的一个与齿轮轴线同心的圆上,实际齿距与理论齿距的代数差	
4	齿距累积偏差	F_{pk}	任意 k 个齿距的实际弧长与理论弧长的代数差,理论上它等于这 k 个齿距的各单个齿距偏差的代数和	
5	齿距累积总偏差	F_p	齿轮同侧齿面任意弧段($k=1$ 至 $k=z$)内最大齿距累积偏差,它表现为齿距累积偏差曲线的总幅值	

（续）

序号	名称	代号	定 义	图 例
6	齿廓总偏差（图a）	F_α	在计算范围 L_α 内，包容实际齿廓的两条设计齿廓迹线间的距离，在端平面内且垂直于渐开线齿廓的方向计值	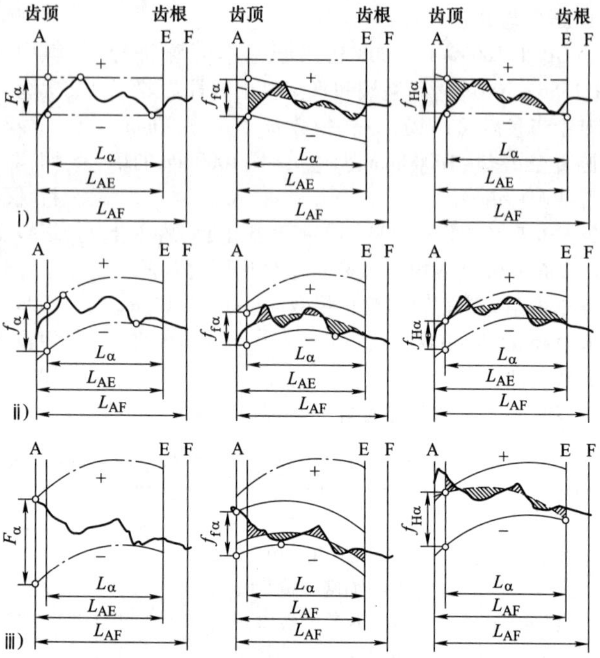
	齿廓形状偏差（图b）	$f_{f\alpha}$	在计算范围 L_α 内，包容实际齿廓迹线的，与平均齿廓迹线完全相同的两条迹线间的距离，且两条曲线与平均齿廓迹线的距离为常数	
	齿廓倾斜偏差（图c）	$f_{H\alpha}$	在计算范围 L_α 内两端与平均齿廓迹线相交的两条设计齿廓迹线间的距离	
	齿廓总公差	F_α		
	齿廓形状公差	$f_{f\alpha}$		
	齿廓倾斜极限偏差	$\pm f_{H\alpha}$		
7	螺旋线总偏差（图a）	F_β	在计值范围 L_β 内，包容实际螺旋线迹线的两条设计螺旋线迹线间的距离，在端面基圆切线方向测得	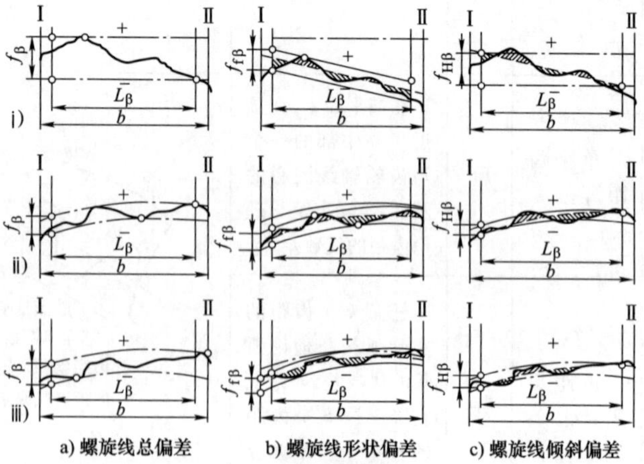
	螺旋线形状偏差（图b）	$f_{f\beta}$	在计值范围 L_β 内，包容实际螺旋线迹线的，与平均螺旋线迹线完全相同的两条曲线间的距离，且两条曲线与平均螺旋线迹线的距离为常数	

图例说明（序号6）：

a) 齿廓总偏差　　b) 齿廓形状偏差　　c) 齿廓倾斜偏差
齿廓偏差

—— 设计齿廓　　⌇⌇⌇ 实际齿廓　　----- 平均齿廓

i) 设计齿廓，未修形的渐开线　实际齿廓：在减薄区偏向体内。
ii) 设计齿廓，修形的渐开线（举例）　实际齿廓：在减薄区偏向体内。
iii) 设计齿廓，修形的渐开线（举例）　实际齿廓：在减薄区偏向体外。

图例说明（序号7）：

a) 螺旋线总偏差　　b) 螺旋线形状偏差　　c) 螺旋线倾斜偏差
螺旋线偏差

—— 设计螺旋线　　⌇⌇⌇ 实际螺旋线　　----- 平均螺旋线

i) 设计螺旋线，未修形的螺旋线　实际螺旋线：在减薄区偏向体内。
ii) 设计螺旋线，修形的螺旋线（举例）　实际螺旋线：在减薄区偏向体内。
iii) 设计螺旋线，修形的螺旋线（举例）　实际螺旋线：在减薄区偏向体外。

（续）

序号	名称	代号	定　义	图　例
7	螺旋线 倾斜偏差	$f_{H\beta}$	在计值范围 L_β 的两端处与平均螺旋线迹线相交的两条设计螺旋线迹线间的距离。	 a) 螺旋线总偏差　　b) 螺旋线形状偏差　　c) 螺旋线倾斜偏差 螺旋线偏差 ——— 设计螺旋线　〰️ 实际螺旋线　- - - - - 平均螺旋线 i) 设计螺旋线,未修形的螺旋线　实际螺旋线:在减薄区偏向体内。 ii) 设计螺旋线,修形的螺旋线(举例)　实际螺旋线:在减薄区偏向体内。 iii) 设计螺旋线,修形的螺旋线(举例)　实际螺旋线:在减薄区偏向体外。 注:平均螺旋线是用来确定 $f_{f\beta}$(图 b)和 $f_{H\beta}$(图 c)的一条辅助螺旋线。
	螺旋线 总公差	F_β		
	螺旋线 形状公差	$f_{f\beta}$		
	螺旋线 倾斜极限 偏差	$\pm f_{H\beta}$		
8	径向综合 总偏差	F_i''	径向(双面)综合检验时,产品齿轮的左右齿面同时与测量齿轮接触,并转过一整圈时出现的中心距最大值和最小值之差	 径向综合偏差
9	一齿径 向综合 偏差	f_i''	当产品齿轮啮合一整圈时,对应一个齿距(360°/z)的径向综合偏差值	
10	径向 跳动	F_r	当测头(球形,圆柱形,砧形)相继置于每个齿槽时,从它到齿轮轴线的最大和最小径向距离之差。检查中,测头在近似齿高中部与左右齿面接触	 齿槽编号 一个齿轮(16齿)的径向跳动

4）在技术文件中，当规定齿轮为 GB/T 10095.1—2008 的某个精度等级时，若无其他说明，则表示下述五项偏差均为该同一等级，这五项偏差分别为：单个齿距偏差 f_{pt}、k 个齿距累积偏差 F_{pk}、齿距累积总偏差 F_p、齿廓总偏差 F_α 及螺旋线总偏差 F_β。

5）径向综合偏差 F_i'' 与一齿径向综合偏差 f_i'' 的精度等级不一定与上述偏差的精度等级相同，可按供需双方的协议增减或更换所需偏差项目和做出其他规定。

6）精度等级的选择。

① 计算法，根据齿轮传动精度要求、传动平稳性振动要求及齿轮强度要求等，通过理论计算来确定齿轮精度等级。

② 经验法，根据本人或前人的成熟经验新设计的齿轮，可以参照相似的精度等级。

③ 查表法，根据实际使用效果，以表格形式总结归纳了圆柱齿轮传动各级精度的应用范围，供设计参考（表 10.9-21 和表 10.9-22）。

表 10.9-21 各种机器的传动所应用的精度等级

应用范围	精度等级	应用范围	精度等级
测量齿轮	2~5	航空发动机	4~7
透平减速器	3~6	拖拉机	6~9
金属切削机床	3~8	通用减速器	6~8
内燃机车	6~7	轧钢机	5~10
电气机车	6~7	矿用绞车	8~10
轻型汽车	5~8	起重机械	6~10
载重汽车	6~9	农业机器	8~10

表 10.9-22 圆柱齿轮传动各级精度等级的应用范围

要素		精度等级				
		4	5	6	7	8	9
切齿方法		在周期误差很小的精密机床上用展成法加工	在周期误差小的精密机床上用展成法加工	在精密机床上用展成法加工	在较精密机床上用展成法加工	在展成法机床上加工	在展成法机床上或分度法机床上精细加工
齿面最后加工		精密磨齿；对软或中硬齿面的大齿轮，精密滚齿后研齿或剃齿		磨齿、精密滚齿或剃齿	高精度滚齿、插齿和剃齿，对渗碳淬火齿轮必须最后加工（磨齿、精刮齿、有修正能力的珩齿等）	滚齿、插齿，必要时剃齿或刮齿或珩齿	一般滚齿、插齿工艺
工作条件及应用范围	动力传动	用于速度很高的透平传动齿轮 圆周速度 $v>70$m/s 的斜齿轮	用于高速的透平传动齿轮、重型机械进给机构和高速重载齿轮 圆周速度 $v>30$m/s 的斜齿轮	用于高速传动的齿轮，工业机器有高可靠性要求的齿轮，重型机械的功率传动齿轮，作业率很高的起重运输机械齿轮 圆周速度 $v<30$m/s 的斜齿轮	用于高速和适度功率或大功率和适度速度条件下的齿轮，冶金、矿山、石油、林业、轻工、工程机械和小型工业齿轮箱（普通减速器）有可靠性要求的齿轮 圆周速度 $v<25$m/s 的斜齿轮	用于中等速度、较平稳传动的齿轮，冶金、矿山、石油、林业、轻工、工程机械、起重运输机械和小型工业齿轮箱（普通减速器）的齿轮 圆周速度 $v<15$m/s 的斜齿轮 圆周速度 $v<10$m/s 的直齿轮	用于一般性工作和噪声要求不高的齿轮，受载低于计算载荷的传动齿轮，速度大于 1m/s 的开式齿轮传动和转盘的齿轮 圆周速度 $v\leqslant4$m/s 的直齿轮 圆周速度 $v\leqslant6$m/s 的斜齿轮

（续）

要素		公差等级					
		4	5	6	7	8	9
工作条件及应用范围	机床	高精度和精度的分度链末端齿轮 圆周速度 $v>$ 30m/s 的直齿轮 圆周速度 $v>$ 50m/s 的斜齿轮	一般精度的分度链末端齿轮 高精度和精密的分度链中间齿轮 圆周速度 $v>$ 15~30m/s 的直齿轮 圆周速度 $v>$ 30~50m/s 的斜齿轮	V 级精度机床主传动的重要齿轮 一般精度的分度链的中间齿轮 Ⅱ级和Ⅱ级以上精度等级机床的进给齿轮 油泵齿轮 圆周速度 $v>$ 10~15m/s 的直齿轮 圆周速度 $v>$ 15~30m/s 的斜齿轮	Ⅳ级和Ⅳ级以上精度等级机床的进给齿轮 圆周速度 $v>$ 6~10m/s 的直齿轮 圆周速度 $v>$ 8~15m/s 的斜齿轮	一般精度的机床齿轮 圆周速度 $v<$ 6m/s 的直齿轮 圆周速度 $v<$ 8m/s 的斜齿轮	没有传动精度要求的手动齿轮
	航空、船舶和车辆	需要很高的平稳性、低噪声的船用和航空齿轮 圆周速度 $v>$ 35m/s 的直齿轮 圆周速度 $v>$ 70m/s 的斜齿轮	需要高的平稳性、低噪声的船用和航空齿轮 圆周速度 $v>$ 20m/s 的直齿轮 圆周速度 $v>$ 35m/s 的斜齿轮	用于高速传动，并有平稳性、低噪声要求的机车、航空、船舶和轿车的齿轮 圆周速度 $v\leqslant$ 20m/s 的直齿轮 圆周速度 $v\leqslant$ 35m/s 的斜齿轮	用于有平稳性和低噪声要求的航空、船舶和轿车的齿轮 圆周速度 $v\leqslant$ 15m/s 的直齿轮 圆周速度 $v\leqslant$ 25m/s 的斜齿轮	用于中等速度、较平稳传动的载重汽车和拖拉机的齿轮 圆周速度 $v\leqslant$ 10m/s 的直齿轮 圆周速度 $v\leqslant$ 15m/s 的斜齿轮	用于较低速和噪声要求不高的载重汽车第一档与倒档、拖拉机和联合收割机齿轮 圆周速度 $v\leqslant$ 4m/s 的直齿轮 圆周速度 $v\leqslant$ 6m/s 的斜齿轮
	其他	检验 7 级精度齿轮的测量齿轮	检验 8~9 级精度齿轮的测量齿轮、印刷机印刷辊子用的齿轮	读数装置中特别精密传动的齿轮	读数装置的传动及具有非直齿的速度传动齿轮、印刷机传动齿轮	普通印刷机传动齿轮	
单级传动效率		不低于 0.99（包括轴承不低于 0.985）			不低于 0.98（包括轴承不低于 0.975）	不低于 0.97（包括轴承不低于 0.965）	不低于 0.96（包括轴承不低于 0.95）

4. 齿坯精度

齿坯精度涉及对基准轴线、用来确定基准轴线的基准面，以及其他相关的安装面的选择和给定公差；涉及齿轮轮齿精度参数（齿廓偏差、相邻齿距偏差等）的数值，在测量时，齿轮的旋转轴线（基准轴线）若有改变，上述参数的测量数值将会随之改变。因此，在齿轮图样上必须把规定轮齿公差的基准轴线明确表示出来。

① 基准轴线。基准轴线通常与齿轮的工作轴线（指齿轮在运行时绕其旋转的轴线，是确定工作安装面的中心）重合，即将安装面作为基准面。

一般情况下，先确定一个基准轴线，然后将其他所有轴线（包括工作轴线及可能的一些制造轴线）用适当的公差与之相联系。此时，应考虑公差链中所增加的链环的影响。

② 基准面与安装面的形状公差见表 10.9-23。

③ 安装面的跳动公差见表 10.9-24。

表 10.9-23　基准面与安装面的形状公差

（摘自 GB/Z 18620.3—2008）

确定轴线的基准面	公差项目		
	圆度	圆柱度	平面度
两个"短的"圆柱或圆锥形基准面	$0.04(L/b)F_\beta$ 或 $0.1F_p$，取两者中之小值		
一个"长的"圆柱或圆锥形基准面		$0.04(L/b)F_\beta$ 或 $0.1F_p$，取两者中之小值	
一个短的圆柱面和一个端面	$0.06F_p$		$0.06(D_d/b)F_\beta$

注：1. 齿轮坯的公差应减至能经济地制造的最小值。
　　2. L—较大的轴承跨距；D_d—基准面直径；b—齿宽。

表 10.9-24　安装面的跳动公差

（摘自 GB/Z 18620.3—2008）

确定轴线的基准面	跳动量（总的指示精度）	
	径向	轴向
仅单一圆柱或圆锥形基准面	$0.15(L/b)F_\beta$ 或 $0.3F_p$，取两者中之大值	
一圆柱基准面和一端面基准面	$0.3F_p$	$0.2(D_d/b)F_\beta$

注：1. 齿轮坯的公差应减至能经济地制造的最小值。
　　2. 当安装面不作为基准面时的跳动公差。

5. 齿轮检验项目

1）测量项目。齿轮检验项目众多，需要多种测量操作。所以，在检验中既不经济也没有必要测量全部的偏差项目，因为其中有些要素对于特定齿轮的功能并没有明显的影响。另外，有些测量项目可以代替别的一些项目，以提高测量效率。例如，径向综合偏差 F_i'' 代替齿圈径向跳动 F_r 的测量；切向综合偏差 F_i' 可作为齿距累积总偏差 F_p 的替代指标。

2）必检项目。衡量齿轮精度最基本的项目是齿距（单个齿距偏差 f_{pt}、k 个齿距累积偏差 F_{pk} 齿距累积总偏差 F_p）和齿廓与螺旋线（齿廓总偏差 F_α 及螺旋线总偏差 F_β），其余指标可不用详细地检查。选择的指标要满足正确评估齿轮的质量水平与精度等级，保证齿轮最基本的使用要求。

3）齿廓与螺旋线。对于齿轮质量分等，在齿廓偏差（F_α、$f_{H\alpha}$、$f_{f\alpha}$）与螺旋线偏差（F_β、$f_{H\beta}$、$f_{f\beta}$）中只需检验齿廓总偏差 F_α 与螺旋线总偏差 F_β 即可。在某些场合，分别确定齿廓倾斜率偏差 $f_{H\alpha}$ 和齿廓形状偏差 $f_{f\alpha}$ 及螺纹线倾斜偏差 $f_{H\beta}$ 和螺旋线形状偏差 $f_{f\beta}$ 也是有用处的。

6. 齿面结构

指导性技术文件 GB/Z 18620.4—2008《圆柱齿轮　检验实施规范　第4部分：表面结构和轮齿接触斑点的检验》提供了关于齿轮齿面表面粗糙度和轮齿接触斑点的检验方法。

1）齿面表面粗糙度（表 10.9-25 和表 10.9-26）。

表 10.9-25　4~9 级精度齿面 *Ra* 的推荐值　　　　　　（μm）

齿轮精度等级	4		5		6		7		8		9	
齿面	硬	软	硬	软	硬	软	硬	软	硬	软	硬	软
齿面 *Ra*	≤0.4		≤0.8		≤1.6	≤0.8	≤1.6	≤1.6	≤3.2		≤6.3	

表 10.9-26　算术平均偏差 *Ra* 的推荐极限值（摘自 GB/Z 18620.4—2008）　（μm）

公差等级	Ra			公差等级	Ra		
	模数/mm				模数/mm		
	$m\leqslant6$	$6<m\leqslant25$	$m>25$		$m\leqslant6$	$6<m\leqslant25$	$m>25$
1		0.04		7	1.25	1.6	2.0
2		0.08		8	2.0	2.5	3.2
3		0.16		9	3.2	4.0	5.0
4		0.32		10	5.0	6.3	8.0
5	0.5	0.63	0.80	11	10.0	12.5	16
6	0.8	1.00	1.25	12	20	25	32

2）轮齿的接触斑点（表 10.9-27 和表 10.9-28）。

表 10.9-27　斜齿轮装配后的接触斑点（摘自 GB/Z 18620.4—2008）

精度等级按 GB/T 10095	b_{c1} 占齿宽的百分比（%）	h_{c1} 占有效齿面高度的百分比（%）	b_{c2} 占齿宽的百分比（%）	h_{c2} 占有效齿面高度的百分比（%）
4 级及更高	50	50	40	30
5 和 6	45	40	35	20
7 和 8	35	40	35	20
9 至 12	25	40	25	20

注：b_{c1}—接触斑点的较大长度；b_{c2}—接触斑点的较小长度；h_{c1}—接触斑点的较大高度；h_{c2}—接触斑点的较小高度（下同）。

表 10.9-28　直齿轮装配后的接触斑点（摘自 GB/Z 18620.4—2008）

精度等级按 GB/T 10095	b_{c1} 占齿宽的百分比（%）	h_{c1} 占有效齿面高度的百分比（%）	b_{c2} 占齿宽的百分比（%）	h_{c2} 占有效齿面高度的百分比（%）
4 级及更高	50	70	40	50
5 和 6	45	50	35	30
7 和 8	35	50	35	30
9 至 12	25	50	25	30

7. 中心距和轴线平行度

设计者应对中心距 *a* 和轴线平行度两项偏差选择适当的公差，以满足相啮合轮齿间的侧隙和齿长方向正确使用要求。

1）中心距公差。中心距公差是设计者规定的允许公差。公称中心距是在考虑了最小侧隙及两齿轮的齿顶和其相啮合的非渐开线齿廓齿根部分的干涉后确定的。

设计者可以借鉴某些成熟产品的设计来确定中心距公差。

2）轴线平行度。由于轴线平行度与其向量方向有关，所以规定了"轴线平面内的偏差" $f_{\Sigma\delta}$ 和"垂直平面上的偏差" $f_{\Sigma\beta}$。（图 10.9-1）。

3）平行度公差的最大推荐值。

① 垂直平面上，轴线平行度公差的最大推荐值为

$$f_{\Sigma\beta} = 0.5(L/b)F_\beta \qquad (10.9\text{-}1)$$

② 轴线平面内，轴线平行度公差的最大推荐值为

$$f_{\Sigma\delta} = 2f_{\Sigma\beta} \qquad (10.9\text{-}2)$$

8. 侧隙

在一对装配好的齿轮副中，侧隙 *j* 是相啮合齿轮齿间的间隙，它是在节圆上齿槽宽度超过相啮合轮齿齿厚的量。

侧隙受一对齿轮运行时的中心距及每个齿轮的实际齿厚所控制。运行时，还受速度、温度、负载等的变动而变化。在静态可测量的条件下，必须有足够的

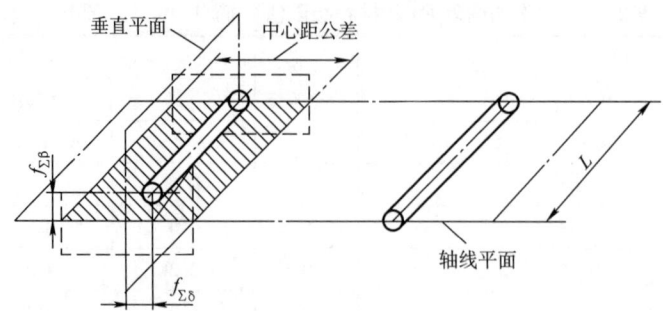

图 10.9-1　轴线的平行度

侧隙，以保证在带负载运行最不利的工作条件下仍有足够的侧隙。

1）最小侧隙 j_{bnmin}（表 10.9-29）。j_{bnmin} 是当一个齿轮的齿以最大允许实效齿厚（实效齿厚指测量所得的齿厚加上轮齿各要素偏差及安装所产生的综合影响在齿厚方向上的量）与一个也具有最大允许实效齿厚的相配齿在最紧的允许中心距相啮合时，在静态条件下存在的最小允许侧隙。影响 j_{bnmin} 的因素有：

① 箱体、轴和轴承的偏斜。

② 因箱体的偏差和轴的间隙导致齿轮轴线的不对准和歪斜。

③ 安装误差。

④ 轴承径向跳动。

⑤ 温度影响（随箱体与齿轮的温差、中心距和材料差异而变化）。

⑥ 旋转零件的离心胀大。

⑦ 其他因素，如由于润滑剂的允许污染，以及非金属齿轮材料的熔胀。

如果上述因素均能很好地控制，则最小侧隙值可以很小，每一个因素均可用分析其公差来进行估计，然后可计算最小的要求量。在估计最小期望要求值时，也需要用判断和经验，因为在最坏情况时的公差不大可能都叠加起来。

表 10.9-29 列出了工业传动装置推荐的最小侧隙。传动装置是用黑色金属齿轮和箱体制造的，工作时节圆线速度小于 15m/s，其箱体、轴和轴承都采用常用的商业制造公差。

表 10.9-29　中、大模数齿轮传动装置推荐的最小侧隙 j_{bnmin}（摘自 GB/Z 18620.2—2008）（mm）

m_n	最小中心距 a_i					
	50	100	200	400	800	1600
1.5	0.09	0.11	—	—	—	—
2	0.10	0.12	0.15	—	—	—
3	0.12	0.14	0.17	0.24	—	—
5	—	0.18	0.21	0.28	—	—
8	—	0.24	0.27	0.34	0.47	—
12	—	—	0.35	0.42	0.55	—
18	—	—	—	0.54	0.67	0.94

2）齿厚偏差与公差。

① 齿厚上偏差 E_{sns} 主要取决于分度圆直径和允许差，其选择大体上与齿轮精度无关。

② 齿厚下偏差 E_{sni} 是在综合了齿厚上偏差及齿厚公差后得到的。

③ 齿厚公差 T_{sn} 的选择，主要由制造精度来控制。

$$T_{sn} = E_{sns} - E_{sni}$$

E_{sni}、E_{sns} 应有正负号。

9. 齿轮各项公差或极限偏差（表 10.9-30～表 10.9-36）

表 10.9-30　齿距累积总偏差 F_p（部分）（摘自 GB/T 10095.1—2008）　（μm）

分度圆直径 d/mm	模数 m/mm	公差等级											
		0	1	2	3	4	5	6	7	8	9	10	11	12
$5 \leqslant d \leqslant 20$	$0.5 \leqslant m \leqslant 2$	2.0	2.8	4.0	5.5	8.0	11.0	16.0	23.0	32.0	45.0	64.0	90.0	127.0
	$2 < m \leqslant 3.5$	2.1	2.9	4.2	6.0	8.5	12.0	17.0	23.0	33.0	47.0	66.0	94.0	133.0
$20 < d \leqslant 50$	$0.5 \leqslant m \leqslant 2$	2.5	3.6	5.0	7.0	10.0	14.0	20.0	29.0	41.0	57.0	81.0	115.0	162.0
	$2 < m \leqslant 3.5$	2.6	3.7	5.0	7.5	10.0	15.0	21.0	30.0	42.0	59.0	84.0	119.0	168.0
	$3.5 < m \leqslant 6$	2.7	3.9	5.5	7.5	11.0	15.0	22.0	31.0	44.0	62.0	87.0	123.0	174.0
	$6 < m \leqslant 10$	2.9	4.1	6.0	8.0	12.0	16.0	23.0	33.0	46.0	65.0	93.0	131.0	185.0
$50 < d \leqslant 125$	$0.5 \leqslant m \leqslant 2$	3.3	4.6	6.5	9.0	13.0	18.0	26.0	37.0	52.0	74.0	104.0	147.0	208.0
	$2 < m \leqslant 3.5$	3.3	4.7	6.5	9.5	13.0	19.0	27.0	38.0	53.0	76.0	107.0	151.0	214.0
	$3.5 < m \leqslant 6$	3.4	4.9	7.0	9.5	14.0	19.0	28.0	39.0	55.0	78.0	110.0	156.0	220.0
	$6 < m \leqslant 10$	3.6	5.0	7.0	10.0	14.0	20.0	29.0	41.0	58.0	82.0	116.0	164.0	231.0
	$10 < m \leqslant 16$	3.9	5.5	7.5	11.0	15.0	22.0	31.0	44.0	62.0	88.0	124.0	175.0	248.0
	$16 < m \leqslant 25$	4.3	6.0	8.5	12.0	17.0	24.0	34.0	48.0	68.0	96.0	136.0	193.0	273.0
$125 < d \leqslant 280$	$0.5 \leqslant m \leqslant 2$	4.3	6.0	8.5	12.0	17.0	24.0	35.0	49.0	69.0	98.0	138.0	195.0	276.0
	$2 < m \leqslant 3.5$	4.4	6.0	9.0	12.0	18.0	25.0	35.0	50.0	70.0	100.0	141.0	199.0	282.0
	$3.5 < m \leqslant 6$	4.5	6.5	9.0	13.0	18.0	25.0	36.0	51.0	72.0	102.0	144.0	204.0	288.0
	$6 < m \leqslant 10$	4.7	6.5	9.5	13.0	19.0	26.0	37.0	53.0	75.0	106.0	149.0	211.0	299.0
	$10 < m \leqslant 16$	4.9	7.0	10.0	14.0	20.0	28.0	39.0	56.0	79.0	112.0	158.0	223.0	316.0
	$16 < m \leqslant 25$	5.5	7.5	11.0	15.0	21.0	30.0	43.0	60.0	85.0	120.0	170.0	241.0	341.0
	$25 < m \leqslant 40$	6.0	8.5	12.0	17.0	24.0	34.0	47.0	67.0	95.0	134.0	190.0	269.0	380.0
$280 < d \leqslant 560$	$0.5 \leqslant m \leqslant 2$	5.5	8.0	11.0	16.0	23.0	32.0	46.0	64.0	91.0	129.0	182.0	257.0	364.0
	$2 < m \leqslant 3.5$	6.0	8.0	12.0	16.0	23.0	33.0	46.0	65.0	92.0	131.0	185.0	261.0	370.0
	$3.5 < m \leqslant 6$	6.0	8.5	12.0	17.0	24.0	33.0	47.0	66.0	94.0	133.0	188.0	266.0	376.0
	$6 < m \leqslant 10$	6.0	8.5	12.0	17.0	24.0	34.0	48.0	68.0	97.0	137.0	193.0	274.0	387.0
	$10 < m \leqslant 16$	6.5	9.0	13.0	18.0	25.0	36.0	50.0	71.0	101.0	143.0	202.0	285.0	404.0
	$16 < m \leqslant 25$	6.5	9.5	13.0	19.0	27.0	38.0	54.0	76.0	107.0	151.0	214.0	303.0	428.0
	$25 < m \leqslant 40$	7.5	10.0	15.0	21.0	29.0	41.0	58.0	83.0	117.0	165.0	234.0	331.0	468.0
	$40 < m \leqslant 70$	8.5	12.0	17.0	24.0	34.0	48.0	68.0	95.0	135.0	191.0	270.0	382.0	540.0

表 10.9-31　单个齿距极限偏差 $\pm f_{pt}$（部分）（摘自 GB/T 10095.1—2008）　　　　　（μm）

分度圆直径 d/mm	法向模数 m_n/mm	精度等级											
		0	1	2	3	4	5	6	7	8	9	10	11	12
$5 \leqslant d \leqslant 20$	$0.5 \leqslant m_n \leqslant 2$	0.8	1.2	1.7	2.3	3.3	4.7	6.5	9.5	13.0	19.0	26.0	37.0	53.0
	$2 < m_n \leqslant 3.5$	0.9	1.3	1.8	2.6	3.7	5.0	7.5	10.0	15.0	21.0	29.0	41.0	59.0
$20 < d \leqslant 50$	$0.5 \leqslant m_n \leqslant 2$	0.9	1.2	1.8	2.5	3.5	5.0	7.0	10.0	14.0	20.0	28.0	40.0	56.0
	$2 < m_n \leqslant 3.5$	1.0	1.4	1.9	2.7	3.9	5.5	7.5	11.0	15.0	22.0	31.0	44.0	62.0
	$3.5 < m_n \leqslant 6$	1.1	1.5	2.1	3.0	4.3	6.0	8.5	12.0	17.0	24.0	34.0	48.0	68.0
	$6 < m_n \leqslant 10$	1.2	1.7	2.5	3.5	4.9	7.0	10.0	14.0	20.0	28.0	40.0	56.0	79.0
$50 < d \leqslant 125$	$0.5 \leqslant m_n \leqslant 2$	0.9	1.3	1.9	2.7	3.8	5.5	7.5	11.0	15.0	21.0	30.0	43.0	61.0
	$2 < m_n \leqslant 3.5$	1.0	1.5	2.1	2.9	4.1	6.0	8.5	12.0	17.0	23.0	33.0	47.0	66.0
	$3.5 < m_n \leqslant 6$	1.1	1.6	2.3	3.2	4.6	6.5	9.0	13.0	18.0	26.0	36.0	52.0	73.0
	$6 < m_n \leqslant 10$	1.3	1.8	2.6	3.7	5.0	7.5	10.0	15.0	21.0	30.0	42.0	59.0	84.0
	$10 < m_n \leqslant 16$	1.6	2.2	3.1	4.4	6.5	9.0	13.0	18.0	25.0	35.0	50.0	71.0	100.0
	$16 < m_n \leqslant 25$	2.0	2.8	3.9	5.5	8.0	11.0	16.0	22.0	31.0	44.0	63.0	89.0	125.0
$125 < d \leqslant 280$	$0.5 \leqslant m_n \leqslant 2$	1.1	1.5	2.1	3.0	4.2	6.0	8.5	12.0	17.0	24.0	34.0	48.0	67.0
	$2 < m_n \leqslant 3.5$	1.1	1.6	2.3	3.2	4.6	6.5	9.0	13.0	18.0	26.0	36.0	51.0	73.0
	$3.5 < m_n \leqslant 6$	1.2	1.8	2.5	3.5	5.0	7.0	10.0	14.0	20.0	28.0	40.0	56.0	79.0
	$6 < m_n \leqslant 10$	1.4	2.0	2.8	4.0	5.5	8.0	11.0	16.0	23.0	32.0	45.0	64.0	90.0
	$10 < m_n \leqslant 16$	1.7	2.4	3.3	4.7	6.5	9.5	13.0	19.0	27.0	38.0	53.0	75.0	107.0
	$16 < m_n \leqslant 25$	2.1	2.9	4.1	6.0	8.0	12.0	16.0	23.0	33.0	47.0	66.0	93.0	132.0
	$25 < m_n \leqslant 40$	2.7	3.8	5.5	7.5	11.0	15.0	21.0	30.0	43.0	61.0	86.0	121.0	171.0
$280 < d \leqslant 560$	$0.5 \leqslant m_n \leqslant 2$	1.2	1.7	2.4	3.3	4.7	6.5	9.5	13.0	19.0	27.0	38.0	54.0	76.0
	$2 < m_n \leqslant 3.5$	1.3	1.8	2.5	3.6	5.0	7.0	10.0	14.0	20.0	29.0	41.0	57.0	81.0
	$3.5 < m_n \leqslant 6$	1.4	1.9	2.7	3.9	5.5	8.0	11.0	16.0	22.0	31.0	44.0	62.0	88.0
	$6 < m_n \leqslant 10$	1.5	2.2	3.1	4.4	6.0	8.5	12.0	17.0	25.0	35.0	49.0	70.0	99.0
	$10 < m_n \leqslant 16$	1.8	2.5	3.6	5.0	7.0	10.0	14.0	20.0	29.0	41.0	58.0	81.0	115.0
	$16 < m_n \leqslant 25$	2.2	3.1	4.4	6.0	9.0	12.0	18.0	25.0	35.0	50.0	70.0	99.0	140.0
	$25 < m_n \leqslant 40$	2.8	4.0	5.5	8.0	11.0	16.0	22.0	32.0	45.0	63.0	90.0	127.0	180.0
	$40 < m_n \leqslant 70$	3.9	5.5	8.0	11.0	16.0	22.0	31.0	45.0	63.0	89.0	126.0	178.0	252.0

表 10.9-32　齿廓总偏差 F_α（部分）（摘自 GB/T 10095.1—2008）　　　　　（μm）

分度圆直径 d/mm	模数 m/mm	精度等级												
		0	1	2	3	4	5	6	7	8	9	10	11	12
$5 \leqslant d \leqslant 20$	$0.5 \leqslant m \leqslant 2$	0.8	1.1	1.6	2.3	3.2	4.6	6.5	9.0	13.0	18.0	26.0	37.0	52.0
	$2 < m \leqslant 3.5$	1.2	1.7	2.3	3.3	4.7	6.5	9.5	13.0	19.0	26.0	37.0	53.0	75.0
$20 < d \leqslant 50$	$0.5 \leqslant m \leqslant 2$	0.9	1.3	1.8	2.6	3.6	5.0	7.5	10.0	15.0	21.0	29.0	41.0	58.0
	$2 < m \leqslant 3.5$	1.3	1.8	2.5	3.6	5.0	7.0	10.0	14.0	20.0	29.0	40.0	57.0	81.0
	$3.5 < m \leqslant 6$	1.6	2.2	3.1	4.4	6.0	9.0	12.0	18.0	25.0	35.0	50.0	70.0	99.0
	$6 < m \leqslant 10$	1.9	2.7	3.8	5.5	7.5	11.0	15.0	22.0	31.0	43.0	61.0	87.0	123.0
$50 < d \leqslant 125$	$0.5 \leqslant m \leqslant 2$	1.0	1.5	2.1	2.9	4.1	6.0	8.5	12.0	17.0	23.0	33.0	47.0	66.0
	$2 < m \leqslant 3.5$	1.4	2.0	2.8	3.9	5.5	8.0	11.0	16.0	22.0	31.0	44.0	63.0	89.0
	$3.5 < m \leqslant 6$	1.7	2.4	3.4	4.8	6.5	9.5	13.0	19.0	27.0	38.0	54.0	76.0	108.0
	$6 < m \leqslant 10$	2.0	2.9	4.1	6.0	8.0	12.0	16.0	23.0	33.0	46.0	65.0	92.0	131.0
	$10 < m \leqslant 16$	2.5	3.5	5.0	7.0	10.0	14.0	20.0	28.0	40.0	56.0	79.0	112.0	159.0
	$16 < m \leqslant 25$	3.0	4.2	6.0	8.5	12.0	17.0	24.0	34.0	48.0	68.0	96.0	136.0	192.0
$125 < d \leqslant 280$	$0.5 \leqslant m \leqslant 2$	1.2	1.7	2.4	3.5	4.9	7.0	10.0	14.0	20.0	28.0	39.0	55.0	78.0
	$2 < m \leqslant 3.5$	1.6	2.2	3.2	4.5	6.5	9.0	13.0	18.0	25.0	36.0	50.0	71.0	101.0
	$3.5 < m \leqslant 6$	1.9	2.6	3.7	5.5	7.5	11.0	15.0	21.0	30.0	42.0	60.0	84.0	119.0
	$6 < m \leqslant 10$	2.2	3.2	4.5	6.5	9.0	13.0	18.0	25.0	36.0	50.0	71.0	101.0	143.0
	$10 < m \leqslant 16$	2.7	3.8	5.5	7.5	11.0	15.0	21.0	30.0	43.0	60.0	85.0	121.0	171.0
	$16 < m \leqslant 25$	3.2	4.5	6.5	9.0	13.0	18.0	25.0	36.0	51.0	72.0	102.0	144.0	204.0
	$25 < m \leqslant 40$	3.8	5.5	7.5	11.0	15.0	22.0	31.0	43.0	61.0	87.0	123.0	174.0	246.0
$280 < d \leqslant 560$	$0.5 \leqslant m \leqslant 2$	1.5	2.1	2.9	4.1	6.0	8.5	12.0	17.0	23.0	33.0	47.0	66.0	94.0
	$2 < m \leqslant 3.5$	1.8	2.6	3.6	5.0	7.5	10.0	15.0	21.0	29.0	41.0	58.0	82.0	116.0
	$3.5 < m \leqslant 6$	2.1	3.0	4.2	6.0	8.5	12.0	17.0	24.0	34.0	48.0	67.0	95.0	135.0
	$6 < m \leqslant 10$	2.5	3.5	4.9	7.0	10.0	14.0	20.0	28.0	40.0	56.0	79.0	112.0	158.0
	$10 < m \leqslant 16$	2.9	4.1	6.0	8.0	12.0	16.0	23.0	33.0	47.0	66.0	93.0	132.0	186.0
	$16 < m \leqslant 25$	3.4	4.8	7.0	9.5	14.0	19.0	27.0	39.0	55.0	78.0	110.0	155.0	219.0
	$25 < m \leqslant 40$	4.1	6.0	8.0	12.0	16.0	23.0	33.0	46.0	65.0	92.0	131.0	185.0	261.0
	$40 < m \leqslant 70$	5.0	7.0	10.0	14.0	20.0	28.0	40.0	57.0	80.0	113.0	160.0	227.0	321.0

表 10.9-33　螺旋线总偏差 F_β（部分）（摘自 GB/T 10095.1—2008）　　　　　（μm）

分度圆直径 d/mm	齿宽 b/mm	精度等级												
		0	1	2	3	4	5	6	7	8	9	10	11	12
$5 \leqslant d \leqslant 20$	$4 \leqslant b \leqslant 10$	1.1	1.5	2.2	3.1	4.3	6.0	8.5	12.0	17.0	24.0	35.0	49.0	69.0
	$10 < b \leqslant 20$	1.2	1.7	2.4	3.4	4.9	7.0	9.5	14.0	19.0	28.0	39.0	55.0	78.0
	$20 < b \leqslant 40$	1.4	2.0	2.8	3.9	5.5	8.0	11.0	16.0	22.0	31.0	45.0	63.0	89.0
	$40 < b \leqslant 80$	1.6	2.3	3.3	4.6	6.5	9.5	13.0	19.0	26.0	37.0	52.0	74.0	105.0

（续）

分度圆直径 d/mm	齿宽 b/mm	精度等级												
		0	1	2	3	4	5	6	7	8	9	10	11	12
20<d≤50	4≤b≤10	1.1	1.6	2.2	3.2	4.5	6.5	9.0	13.0	18.0	25.0	36.0	51.0	72.0
	10<b≤20	1.3	1.8	2.5	3.6	5.0	7.0	10.0	14.0	20.0	29.0	40.0	57.0	81.0
	20<b≤40	1.4	2.0	2.9	4.1	5.5	8.0	11.0	16.0	23.0	32.0	46.0	65.0	92.0
	40<b≤80	1.7	2.4	3.4	4.8	6.5	9.5	13.0	19.0	27.0	38.0	54.0	76.0	107.0
	80<b≤160	2.0	2.9	4.1	5.5	8.0	11.0	16.0	23.0	32.0	46.0	65.0	92.0	130.0
50<d≤125	4≤b≤10	1.2	1.7	2.4	3.3	4.7	6.5	9.5	13.0	19.0	27.0	38.0	53.0	76.0
	10<b≤20	1.3	1.9	2.6	3.7	5.5	7.5	11.0	15.0	21.0	30.0	42.0	60.0	84.0
	20<b≤40	1.5	2.1	3.0	4.2	6.0	8.5	12.0	17.0	24.0	34.0	48.0	68.0	95.0
	40<b≤80	1.7	2.5	3.5	4.9	7.0	10.0	14.0	20.0	28.0	39.0	56.0	79.0	111.0
	80<b≤160	2.1	2.9	4.2	6.0	8.5	12.0	17.0	24.0	33.0	47.0	67.0	94.0	133.0
	160<b≤250	2.5	3.5	4.9	7.0	10.0	14.0	20.0	28.0	40.0	56.0	79.0	112.0	158.0
	250<b≤400	2.9	4.1	6.0	8.0	12.0	16.0	23.0	33.0	46.0	65.0	92.0	130.0	184.0
125<d≤280	4≤b≤10	1.3	1.8	2.5	3.6	5.0	7.0	10.0	14.0	20.0	29.0	40.0	57.0	81.0
	10<b≤20	1.4	2.0	2.8	4.0	5.5	8.0	11.0	16.0	22.0	32.0	45.0	63.0	90.0
	20<b≤40	1.6	2.2	3.2	4.5	6.5	9.0	13.0	18.0	25.0	36.0	50.0	71.0	101.0
	40<b≤80	1.8	2.6	3.6	5.0	7.5	10.0	15.0	21.0	29.0	41.0	58.0	82.0	117.0
	80<b≤160	2.2	3.1	4.3	6.0	8.5	12.0	17.0	25.0	35.0	49.0	69.0	98.0	139.0
	160<b≤250	2.6	3.6	5.0	7.0	10.0	14.0	20.0	29.0	41.0	58.0	82.0	116.0	164.0
	250<b≤400	3.0	4.2	6.0	8.5	12.0	17.0	24.0	34.0	47.0	67.0	95.0	134.0	190.0
	400<b≤650	3.5	4.9	7.0	10.0	14.0	20.0	28.0	40.0	56.0	79.0	112.0	158.0	224.0
280<d≤560	10≤b≤20	1.5	2.1	3.0	4.3	6.0	8.5	12.0	17.0	24.0	34.0	48.0	68.0	97.0
	20<b≤40	1.7	2.4	3.4	4.8	6.5	9.5	13.0	19.0	27.0	38.0	54.0	76.0	108.0
	40<b≤80	1.9	2.7	3.9	5.5	7.5	11.0	15.0	22.0	31.0	44.0	62.0	87.0	124.0
	80<b≤160	2.3	3.2	4.6	6.5	9.0	13.0	18.0	26.0	36.0	52.0	73.0	103.0	146.0
	160<b≤250	2.7	3.8	5.5	7.5	11.0	15.0	21.0	30.0	43.0	60.0	85.0	121.0	171.0
	250<b≤400	3.1	4.3	6.0	8.5	12.0	17.0	25.0	35.0	49.0	70.0	98.0	139.0	197.0
	400<b≤650	3.6	5.0	7.0	10.0	14.0	20.0	29.0	41.0	58.0	82.0	115.0	163.0	231.0
	650<b≤1000	4.3	6.0	8.5	12.0	17.0	24.0	34.0	48.0	68.0	96.0	136.0	193.0	272.0

表 10.9-34　径向综合总偏差 F_i''（部分）（摘自 GB/T 10095.2—2008） （μm）

分度圆直径 d/mm	法向模数 m_n/mm	精度等级								
		4	5	6	7	8	9	10	11	12
5≤d≤20	0.2≤m_n≤0.5	7.5	11	15	21	30	42	60	85	120
	0.5<m_n≤0.8	8.0	12	16	23	33	46	66	93	131
	0.8<m_n≤1.0	9.0	12	18	25	35	50	70	100	141
	1.0<m_n≤1.5	10	14	19	27	38	54	76	108	153
	1.5<m_n≤2.5	11	16	22	32	45	63	89	126	179
	2.5<m_n≤4.0	14	20	28	39	56	79	112	158	223

（续）

分度圆直径	法向模数	精　度　等　级								
d/mm	m_n/mm	4	5	6	7	8	9	10	11	12
$20<d\leqslant50$	$0.2\leqslant m_n\leqslant0.5$	9.0	13	19	26	37	52	74	105	148
	$0.5<m_n\leqslant0.8$	10	14	20	28	40	56	80	113	160
	$0.8<m_n\leqslant1.0$	11	15	21	30	42	60	85	120	169
	$1.0<m_n\leqslant1.5$	11	16	23	32	45	64	91	128	181
	$1.5<m_n\leqslant2.5$	13	18	26	37	52	73	103	146	207
	$2.5<m_n\leqslant4.0$	16	22	31	44	63	89	126	178	251
	$4.0<m_n\leqslant6.0$	20	28	39	56	79	111	157	222	314
	$6.0<m_n\leqslant10$	26	37	52	74	104	147	209	295	417
$50<d\leqslant125$	$0.2\leqslant m_n\leqslant0.5$	12	16	23	33	46	66	93	131	185
	$0.5<m_n\leqslant0.8$	12	17	25	35	49	70	98	139	197
	$0.8<m_n\leqslant1.0$	13	18	26	36	52	73	103	146	206
	$1.0<m_n\leqslant1.5$	14	19	27	39	55	77	109	154	218
	$1.5<m_n\leqslant2.5$	15	22	31	43	61	86	122	173	244
	$2.5<m_n\leqslant4.0$	18	25	36	51	72	102	144	204	288
	$4.0<m_n\leqslant6.0$	22	31	44	62	88	124	176	248	351
	$6.0<m_n\leqslant10$	28	40	57	80	114	161	227	321	454
$125<d\leqslant280$	$0.2\leqslant m_n\leqslant0.5$	15	21	30	42	60	85	120	170	240
	$0.5<m_n\leqslant0.8$	16	22	31	44	63	89	126	178	252
	$0.8<m_n\leqslant1.0$	16	23	33	46	65	92	131	185	261
	$1.0<m_n\leqslant1.5$	17	24	34	48	68	97	137	193	273
	$1.5<m_n\leqslant2.5$	19	26	37	53	75	106	149	211	299
	$2.5<m_n\leqslant4.0$	21	30	43	61	86	121	172	243	343
	$4.0<m_n\leqslant6.0$	25	36	51	72	102	144	203	287	406
	$6.0<m_n\leqslant10$	32	45	64	90	127	180	255	360	509
$280<d\leqslant560$	$0.2\leqslant m_n\leqslant0.5$	19	28	39	55	78	110	156	220	311
	$0.5<m_n\leqslant0.8$	20	29	40	57	81	114	161	228	323
	$0.8<m_n\leqslant1.0$	21	29	42	59	83	117	166	235	332
	$1.0<m_n\leqslant1.5$	22	30	43	61	86	122	172	243	344
	$1.5<m_n\leqslant2.5$	23	33	46	65	92	131	185	262	370
	$2.5<m_n\leqslant4.0$	26	37	52	73	104	146	207	293	414
	$4.0<m_n\leqslant6.0$	30	42	60	84	119	169	239	337	477
	$6.0<m_n\leqslant10$	36	51	73	103	145	205	290	410	580

表 10.9-35　一齿径向综合偏差 f_i''（部分）（摘自 GB/T 10095.2—2008）　（μm）

分度圆直径 d/mm	法向模数 m_n/mm	精 度 等 级								
		4	5	6	7	8	9	10	11	12
5≤d≤20	0.2≤m_n≤0.5	1.0	2.0	2.5	3.5	5.0	7.0	10	14	20
	0.5<m_n≤0.8	2.0	2.5	4.0	5.5	7.5	11	15	22	31
	0.8<m_n≤1.0	2.5	3.5	5.0	7.0	10	14	20	28	39
	1.0<m_n≤1.5	3.0	4.5	6.5	9.0	13	18	25	36	50
	1.5<m_n≤2.5	4.5	6.5	9.5	13	19	26	37	53	74
	2.5<m_n≤4.0	7.0	10	14	20	29	41	58	82	115
20<d≤50	0.2≤m_n≤0.5	1.5	2.0	2.5	3.5	5.0	7.0	10	14	20
	0.5<m_n≤0.8	2.0	2.5	4.0	5.5	7.5	11	15	22	31
	0.8<m_n≤1.0	2.5	3.5	5.0	7.0	10	14	20	28	40
	1.0<m_n≤1.5	3.0	4.5	6.5	9.0	13	18	25	36	51
	1.5<m_n≤2.5	4.5	6.5	9.5	13	19	26	37	53	75
	2.5<m_n≤4.0	7.0	10	14	20	29	41	58	82	116
	4.0<m_n≤6.0	11	15	22	31	43	61	87	123	174
	6.0<m_n≤10	17	24	34	48	67	95	135	190	269
50<d≤125	0.2≤m_n≤0.5	1.5	2.0	2.5	3.5	5.0	7.5	10	15	21
	0.5<m_n≤0.8	2.0	3.0	4.0	5.5	8.0	11	16	22	31
	0.8<m_n≤1.0	2.5	3.5	5.0	7.0	10	14	20	28	40
	1.0<m_n≤1.5	3.0	4.5	6.5	9.0	13	18	26	36	51
	1.5<m_n≤2.5	4.5	6.5	9.5	13	19	26	37	53	75
	2.5<m_n≤4.0	7.0	10	14	20	29	41	58	82	116
	4.0<m_n≤6.0	11	15	22	31	44	62	87	123	174
	6.0<m_n≤10	17	24	34	48	67	95	135	191	269
125<d≤280	0.2≤m_n≤0.5	1.5	2.0	2.5	3.5	5.5	7.5	11	15	21
	0.5<m_n≤0.8	2.0	3.0	4.0	5.5	8.0	11	16	22	32
	0.8<m_n≤1.0	2.5	3.5	5.0	7.0	10	14	20	29	41
	1.0<m_n≤1.5	3.0	4.5	6.5	9.0	13	18	26	36	52
	1.5<m_n≤2.5	4.5	6.5	9.5	13	19	27	38	53	75
	2.5<m_n≤4.0	7.5	10	15	21	29	41	58	82	116
	4.0<m_n≤6.0	11	15	22	31	44	62	87	124	175
	6.0<m_n≤10	17	24	34	48	67	95	135	191	270
280<d≤560	0.2≤m_n≤0.5	1.5	2.0	2.5	4.0	5.5	7.5	11	15	22
	0.5<m_n≤0.8	2.0	3.0	4.0	5.5	8.0	11	16	28	32
	0.8<m_n≤1.0	2.5	3.5	5.0	7.5	10	15	21	29	41
	1.0<m_n≤1.5	3.5	4.5	6.5	9.0	13	18	26	37	52
	1.5<m_n≤2.5	5.0	6.5	9.5	13	19	27	38	54	76
	2.5<m_n≤4.0	7.5	10	15	21	29	41	59	83	117
	4.0<m_n≤6.0	11	15	22	31	44	62	88	124	175
	6.0<m_n≤10	17	24	34	48	68	96	135	191	271

表 10.9-36　径向跳动公差 F_r（部分）（摘自 GB/T 10095.2—2008） （μm）

分度圆直径 d/mm	法向模数 m_n/mm	精度等级												
		0	1	2	3	4	5	6	7	8	9	10	11	12
$5 \leqslant d \leqslant 20$	$0.5 \leqslant m_n \leqslant 2.0$	1.5	2.5	3.0	4.5	6.5	9.0	13	18	25	36	51	72	102
	$2.0 < m_n \leqslant 3.5$	1.5	2.5	3.5	4.5	6.5	9.5	13	19	27	38	53	75	106
$20 < d \leqslant 50$	$0.5 \leqslant m_n \leqslant 2.0$	2.0	3.0	4.0	5.5	8.0	11	16	23	32	46	65	92	130
	$2.0 < m_n \leqslant 3.5$	2.0	3.0	4.0	6.0	8.5	12	17	24	34	47	67	95	134
	$3.5 < m_n \leqslant 6.0$	2.0	3.0	4.5	6.0	8.5	12	17	25	35	49	70	99	139
	$6.0 < m_n \leqslant 10$	2.5	3.5	4.5	6.5	9.5	13	19	26	37	52	74	105	148
$50 < d \leqslant 125$	$0.5 \leqslant m_n \leqslant 2.0$	2.5	3.5	5.0	7.5	10	15	21	29	42	59	83	118	167
	$2.0 < m_n \leqslant 3.5$	2.5	4.0	5.5	7.5	11	15	21	30	43	61	86	121	171
	$3.5 < m_n \leqslant 6.0$	3.0	4.0	5.5	8.0	11	16	22	31	44	62	88	125	176
	$6.0 < m_n \leqslant 10$	3.0	4.0	6.0	8.0	12	16	23	33	46	65	92	131	185
	$10 < m_n \leqslant 16$	3.0	4.5	6.0	9.0	12	18	25	35	50	70	99	140	198
	$16 < m_n \leqslant 25$	3.5	5.0	7.0	9.5	14	19	27	39	55	77	109	154	218
$125 < d \leqslant 280$	$0.5 \leqslant m_n \leqslant 2.0$	3.5	5.0	7.0	10	14	20	28	39	55	78	110	156	221
	$2.0 < m_n \leqslant 3.5$	3.5	5.0	7.0	10	14	20	28	40	56	80	113	159	225
	$3.5 < m_n \leqslant 6.0$	3.5	5.0	7.0	10	14	20	29	41	58	82	115	163	231
	$6.0 < m_n \leqslant 10$	3.5	5.5	7.5	11	15	21	30	42	60	85	120	169	239
	$10 < m_n \leqslant 16$	4.0	5.5	8.0	11	16	22	32	45	63	89	126	179	252
	$16 < m_n \leqslant 25$	4.5	6.0	8.5	12	17	24	34	48	68	96	136	193	272
	$25 < m_n \leqslant 40$	4.5	6.5	9.5	13	19	27	36	54	76	107	152	215	304
$280 < d \leqslant 560$	$0.5 \leqslant m_n \leqslant 2.0$	4.5	6.5	9.0	13	18	26	36	51	73	103	146	206	291
	$2.0 < m_n \leqslant 3.5$	4.5	6.5	9.0	13	18	26	37	52	74	105	148	209	296
	$3.5 < m_n \leqslant 6.0$	4.5	6.5	9.5	13	19	27	38	53	75	106	150	213	301
	$6.0 < m_n \leqslant 10$	5.0	7.0	9.5	14	19	27	39	55	77	109	155	219	310
	$10 < m_n \leqslant 16$	5.0	7.0	10	14	20	29	40	57	81	114	161	228	323
	$16 < m_n \leqslant 25$	5.5	7.5	11	15	21	30	43	61	86	121	171	242	343
	$25 < m_n \leqslant 40$	6.0	8.5	12	17	23	33	47	66	94	132	187	265	374
	$40 < m_n \leqslant 70$	7.0	9.5	14	19	27	38	54	76	108	153	216	306	432

10.9.3 花键与花键联接

1. 矩形花键

(1) 矩形花键基本尺寸（表 10.9-37 和表 10.9-38）

表 10.9-37 矩形花键基本尺寸系列（摘自 GB/T 1144—2001） （mm）

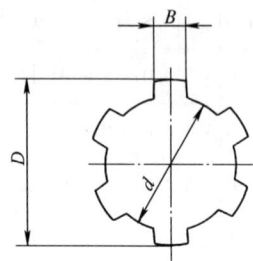

小径 d	轻系列				中系列			
	规格 $N×d×D×B$	键数 N	大径 D/mm	键宽 B/mm	规格 $N×d×D×B$	键数 N	大径 D/mm	键宽 B/mm
11					6×11×14×3		14	3
13					6×13×16×3.5		16	3.5
16	—	—	—	—	6×16×20×4	6	20	4
18					6×18×22×5		22	5
21					6×21×25×5		25	5
23	6×23×26×6		26	6	6×23×28×6		28	6
26	6×26×30×6	6	30	6	6×26×32×6		32	6
28	6×28×32×7		32	7	6×28×34×7		34	7
32	6×32×36×6		36	6	8×32×38×6		38	6
36	8×36×40×7		40	7	8×36×42×7		42	7
42	8×42×46×8		46	8	8×42×48×8		48	8
46	8×46×50×9	8	50	9	8×46×54×9	8	54	9
52	8×52×58×10		58	10	8×52×60×10		60	10
56	8×56×62×10		62	10	8×56×65×10		65	10
62	8×62×68×12		68	12	8×62×72×12		72	12
72	10×72×78×12		78	12	10×72×82×12		82	12
82	10×82×88×12		88	12	10×82×92×12		92	12
92	10×92×98×14	10	98	14	10×92×102×14	10	102	14
102	10×102×108×16		108	16	10×102×112×16		112	16
112	10×112×120×18		120	18	10×112×125×18		125	18

注：适用小径定心矩形花键的基本尺寸。

表 10.9-38　矩形花键键槽的截面尺寸（摘自 GB/T 1144—2001）　　　　　　　（mm）

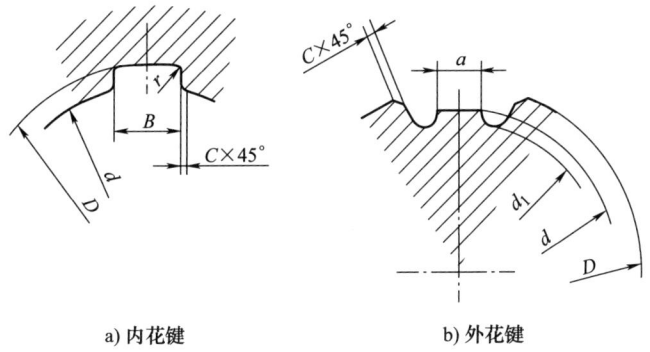

a) 内花键　　　　　　　　　　　b) 外花键

轻 系 列					中 系 列				
规格 $N \times d \times D \times B$	C	r	参考		规格 $N \times d \times D \times B$	C	r	参考	
			d_{1min}	a_{min}				d_{1min}	a_{min}
—	—	—	—	—	6×11×14×3	0.2	0.1	—	—
					6×13×16×3.5				
					6×16×20×4	0.3	0.2	14.4	1.0
					6×18×22×5			16.6	1.0
					6×21×25×5			19.5	2.0
6×23×26×6	0.2	0.1	22	3.5	6×23×28×6			21.2	1.2
6×26×30×6			24.5	3.8	6×26×32×6			23.6	1.2
6×28×32×7			26.6	4.0	6×28×34×7	0.4	0.3	25.8	1.4
8×32×36×6	0.3	0.2	30.3	2.7	8×32×38×6			29.4	1.0
8×36×40×7			34.4	3.5	8×36×42×7			33.4	1.0
8×42×46×8			40.5	5.0	8×42×48×8			39.4	2.5
8×46×50×9			44.6	5.7	8×46×54×9			42.6	1.4
8×52×58×10			49.6	4.8	8×52×60×10	0.5	0.4	48.6	2.5
8×56×62×10			53.5	6.5	8×56×65×10			52.0	2.5
8×62×68×12			59.7	7.3	8×62×72×12			57.7	2.4
10×72×78×12	0.4	0.3	69.6	5.4	10×72×82×12			67.4	1.0
10×82×88×12			79.3	8.5	10×82×92×12			77.0	2.9
10×92×98×14			89.6	9.9	10×92×102×14	0.6	0.5	87.3	4.5
10×102×108×16			99.6	11.3	10×102×112×16			97.7	6.2
10×112×120×18	0.5	0.4	108.8	10.5	10×112×125×18			106.2	4.1

注：d_1 和 a 值仅适用于展成法加工。

（2）矩形花键的尺寸公差带

1）内、外花键的尺寸公差带（表 10.9-39）

2）小径的极限尺寸遵守 GB/T 4249—2018 规定

的包容要求。

（3）矩形花键的形状和位置公差（表 10.9-40 和表 10.9-41）

表 10.9-39　内、外花键的尺寸公差带（摘自 GB/T 1144—2001）

内　花　键				外　花　键			装配形式
d	D	B		d	D	B	
		拉削后不热处理	拉削后热处理				
一　般　用							
H7	H10	H9	H11	f7	a11	d10	滑动
				g7		f9	紧滑动
				h7		h10	固定
精　密　传　动　用							
H5	H10	H7、H9		f5	a11	d8	滑动
				g5		f7	紧滑动
				h5		h8	固定
H6				f6		d8	滑动
				g6		f7	紧滑动
				h6		h8	固定

注：1. 对精密传动用的内花键，当需要控制键侧配合间隙时，槽宽可选 H7，一般情况下可选 H9。

　　2. d 为 H6 和 H7 的内花键，允许与提高一级的外花键配合。

1）采用综合检验时，花键的位置度 t_1 公差见表 10.9-40。

2）对较长的花键，可根据产品性能自行规定键侧对轴线的平行度。

3）花键的对称度一般适用于单项检验方法。对称度 t_2 公差见表 10.9-41。

表 10.9-40　花键的位置度公差 t_1（摘自 GB/T 1144—2001）　　　　　　（mm）

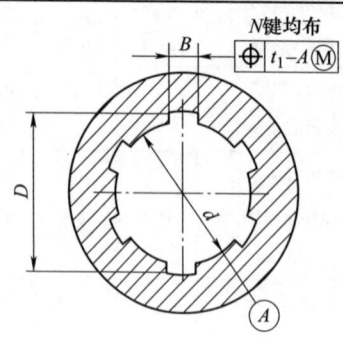

a) 内花键　　　　　　　　　b) 外花键

t_1	键槽宽或键宽 B		3	3.5~6	7~10	12~18
	键槽宽		0.010	0.015	0.020	0.025
	键宽	滑动、固定	0.010	0.015	0.020	0.025
		紧滑动	0.006	0.010	0.013	0.016

表 10.9-41 对称度公差 t_2（摘自 GB/T 1144—2001）　（mm）

键槽宽或键宽 B		3	3.5~6	7~10	12~18
t_2	一般用	0.010	0.012	0.015	0.018
	精密传动用	0.006	0.008	0.009	0.011

注：花键的等分度公差值等于键宽的对称度公差。

（4）矩形花键的标记

标记示例：

花键 $N=6$；$d=23\dfrac{\text{H7}}{\text{f7}}$；$D=26\dfrac{\text{H10}}{\text{a11}}$；$B=6\dfrac{\text{H11}}{\text{d10}}$ 的

标记为

花键规格：$N \times d \times D \times B$

$6 \times 23 \times 26 \times 6$

花键副：$6 \times 23\dfrac{\text{H7}}{\text{f7}} \times 26\dfrac{\text{H10}}{\text{a11}} \times 6\dfrac{\text{H11}}{\text{d10}}$　GB/T 1144—2001

内花键：$6 \times 23\text{H7} \times 26\text{H10} \times 6\text{H11}$　GB/T 1144—2001

外花键：6×23f7×26a11×6d10　GB/T 1144—2001

2. 圆柱直齿渐开线花键

GB/T 3478.1—2008 规定了圆柱直齿渐开线花键的模数系列、基本齿廓、公差和齿侧配合类别等内容，适用于标准压力角为 30° 和 37.5°（模数从 0.5 至 10mm）及 45°（模数从 0.25 至 2.5mm）齿侧配合的圆柱直齿渐开线花键。

（1）圆柱直齿渐开线花键的基本参数（表 10.9-42~表 10.9-45）

表 10.9-42 渐开线花键基本参数（摘自 GB/T 3478.1—2008）　（mm）

齿[1]	模数 m		齿距 p	基本齿槽宽 E 或基本齿厚 S	
	第 1 系列	第 2 系列		α_D	
				30°，37.5°	45°
	0.25	—	0.785		0.393
	0.5	—	1.571	0.785	0.785
	—	0.75	2.356	1.178	1.178
	1	—	3.142	1.571	1.571
	—	1.25	3.927	1.963	1.963
	1.5	—	4.712	2.356	2.356
	—	1.75	5.498	2.749	2.749
	2	—	6.283	3.142	3.142
	2.5	—	7.851	3.927	3.927
	3	—	9.425	4.712	—
	—	4	12.566	6.283	—
	5	—	15.708	7.854	—
	—	6	18.850	9.425	—
	—	8	25.133	12.566	—
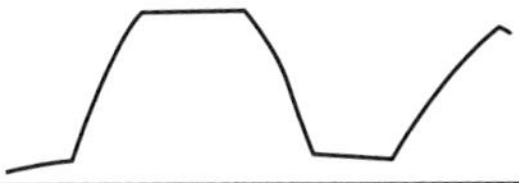	10	—	31.416	15.708	—

① 为便于对比，给出标准压力角 α_D 为 30°、齿数为 30 时，不同模数、比例为 1:1 的花键齿的大小。

表 10.9-43　30°外花键大径基本尺寸系列（部分）（摘自 GB/T 3478.1—2008）

$$D_{ee}=m\ (z+1)$$

（mm）

齿数 z	模 数 m												
	0.5	(0.75)	1	(1.25)	1.5	(1.75)	2	2.5	3	(4)	5	(6)	(8)	10
10	5.5	8.25	11	13.75	16.5	19.25	22	27.5	33	44	55	66	88	110
11	6.0	9.00	12	15.00	18.0	21.00	24	30.0	36	48	60	72	96	120
12	6.5	9.75	13	16.25	19.5	22.75	26	32.5	39	52	65	78	104	130
13	7.0	10.50	14	17.50	21.0	24.50	28	35.0	42	56	70	84	112	140
14	7.5	11.25	15	18.75	22.5	26.25	30	37.5	45	60	75	90	120	150
15	8.0	12.00	16	20.00	24.0	28.00	32	40.0	48	64	80	96	128	160
16	8.5	12.75	17	21.25	25.5	29.75	34	42.5	51	68	85	102	136	170
17	9.0	13.50	18	22.50	27.0	31.50	36	45.0	54	72	90	108	144	180
18	9.5	14.25	19	23.75	28.5	33.25	38	47.5	57	76	95	114	152	190
19	10.0	15.00	20	25.00	30.0	35.00	40	50.0	60	80	100	120	160	200
20	10.5	15.75	21	26.25	31.5	36.75	42	52.5	63	84	105	126	168	210
21	11.0	16.50	22	27.50	33.0	38.50	44	55.0	66	88	110	132	176	220
22	11.5	17.25	23	28.75	34.5	40.25	46	57.5	69	92	115	138	184	230
23	12.0	18.00	24	30.00	36.0	42.00	48	60.0	72	96	120	144	192	240
24	12.5	18.75	25	31.25	37.5	43.75	50	62.5	75	100	125	150	200	250
25	13.0	19.50	26	32.50	39.0	45.50	52	65.0	78	104	130	156	208	260
26	13.50	20.25	27	33.75	40.5	47.25	54	67.5	81	108	135	162	216	270
27	14.0	21.00	28	35.00	42.0	49.00	56	70.0	84	112	140	168	224	280
28	14.5	21.75	29	36.25	43.5	50.75	58	72.5	87	116	145	174	232	290
29	15.0	22.50	30	37.50	45.0	52.50	60	75.0	90	120	150	180	240	300
30	15.5	23.25	31	38.75	46.5	54.25	62	77.5	93	124	155	186	248	310
31	16.0	24.00	32	40.00	48.0	56.00	64	80.0	96	128	160	192	256	320
32	16.5	24.75	33	41.25	49.5	57.75	66	82.5	99	132	165	198	264	330
33	17.0	25.50	34	42.50	51.0	59.50	68	85.0	102	136	170	204	272	340
34	17.5	26.25	35	43.75	52.5	61.25	70	87.5	105	140	175	210	280	350
35	18.0	27.00	36	45.00	54.0	63.00	72	90.0	108	144	180	216	288	360
36	18.5	27.75	37	46.25	55.5	64.75	74	92.5	111	148	185	222	296	370
37	19.0	28.50	38	47.50	57.0	66.50	76	95.0	114	152	190	228	304	380
38	19.5	29.25	39	48.75	58.5	68.25	78	97.5	117	156	195	234	312	390
39	20.0	30.00	40	49.00	60.0	70.00	80	100.0	120	160	200	240	320	400
40	20.5	30.75	41	51.25	61.5	71.75	82	102.5	123	164	205	246	328	410

（续）

齿数 z	模　数　m													
	0.5	(0.75)	1	(1.25)	1.5	(1.75)	2	2.5	3	(4)	5	(6)	(8)	10
41	21.0	31.50	42	52.50	63.0	73.50	84	105.0	126	168	210	252	336	420
42	21.5	32.25	43	53.75	64.5	75.25	86	107.5	129	172	215	258	344	430
43	22.0	33.00	44	55.00	66.0	77.00	88	110.0	132	176	220	264	352	440
44	22.5	33.75	45	56.25	67.5	78.75	90	112.5	135	180	225	270	360	450
45	23.0	34.50	46	57.50	69.0	80.50	92	115.0	138	184	230	276	368	460
46	23.5	35.25	47	58.75	70.5	82.25	94	117.5	141	188	235	282	376	470
47	24.0	36.00	48	60.00	72.0	84.00	96	120.0	144	192	240	288	384	480
48	24.5	36.75	49	61.25	73.5	85.75	98	122.5	147	196	245	294	392	490
49	25.0	37.50	50	62.50	75.0	87.50	100	125.0	150	200	250	300	400	500
50	25.5	38.25	51	63.75	76.5	89.25	102	127.5	153	204	255	306	408	510
51	26.0	39.00	52	65.00	78.0	91.00	104	130.0	156	208	260	312	416	520
52	26.5	39.75	53	66.25	79.5	92.75	106	132.5	159	212	265	318	424	530
53	27.0	40.50	54	67.50	81.0	94.50	108	135.0	162	216	270	324	432	540
54	27.5	41.25	55	68.75	82.5	96.25	110	137.5	165	220	275	330	440	550
55	28.0	42.00	56	70.00	84.0	98.00	112	140.0	168	224	280	336	448	560

表 10.9-44　37.5°外花键大径基本尺寸系列（部分）（摘自 GB/T 3478.1—2008）

$$D_{ee} = m\,(z+0.9)$$ 　　　　　（mm）

齿数 z	模　数　m													
	0.5	(0.75)	1	(1.25)	1.5	(1.75)	2	2.5	3	(4)	5	(6)	(8)	10
10	5.45	8.18	10.9	13.63	16.35	19.08	21.8	27.25	32.7	43.6	54.5	65.4	87.2	109
11	5.95	8.93	11.9	14.88	17.85	20.83	23.8	29.75	35.7	47.6	59.5	71.4	95.2	119
12	6.45	9.68	12.9	16.13	19.35	22.58	25.8	32.25	38.7	51.6	64.5	77.4	103.2	129
13	6.95	10.43	13.9	17.38	20.85	24.33	27.8	34.75	41.7	55.6	69.5	83.4	111.2	139
14	7.45	11.18	14.9	18.63	22.35	26.08	29.8	37.25	44.7	59.6	74.5	89.4	119.2	149
15	7.95	11.93	15.9	19.88	23.85	27.83	31.8	39.75	47.7	63.6	79.5	95.4	127.2	159
16	8.45	12.68	16.9	21.13	25.35	29.58	33.8	42.25	50.7	67.6	84.5	101.4	135.2	169
17	8.95	13.43	17.9	22.38	26.85	31.33	35.8	44.75	53.7	71.6	89.5	107.4	143.2	179
18	9.45	14.18	18.9	23.63	28.35	33.08	37.8	47.25	56.7	75.6	94.5	113.4	151.2	189
19	9.95	14.93	19.9	24.88	29.85	34.83	39.8	49.75	59.7	79.6	99.5	119.4	159.2	199
20	10.45	15.68	20.9	26.13	31.35	36.58	41.8	52.25	62.7	83.6	104.5	125.4	167.2	209
21	10.95	16.43	21.9	27.38	32.85	38.33	43.8	54.75	65.7	87.6	109.5	131.4	175.2	219
22	11.45	17.18	22.9	28.63	34.35	40.08	45.8	57.25	68.7	91.6	114.5	137.4	183.2	229
23	11.95	17.93	23.9	29.88	35.85	41.83	47.8	59.75	71.7	95.6	119.5	143.4	191.2	239

（续）

齿数 z	模 数 m													
	0.5	(0.75)	1	(1.25)	1.5	(1.75)	2	2.5	3	(4)	5	(6)	(8)	10
24	12.45	18.68	24.9	31.13	37.35	43.58	49.8	62.25	74.7	99.6	124.5	149.4	199.2	249
25	12.95	19.43	25.9	32.38	38.85	45.33	51.8	64.75	77.7	103.6	129.5	155.4	207.2	259
26	13.45	20.18	26.9	33.63	40.35	47.08	53.8	67.25	80.7	107.6	134.5	161.4	215.2	269
27	13.95	20.93	27.9	34.88	41.85	48.83	55.8	69.75	83.7	111.6	139.5	167.4	223.2	279
28	14.45	21.68	28.9	36.13	43.35	50.58	57.8	72.25	86.7	115.6	144.5	173.4	231.2	289
29	14.95	22.43	29.9	37.38	44.85	52.33	59.8	74.75	89.7	119.6	149.5	179.4	239.2	299
30	15.45	23.18	30.9	38.63	46.35	54.08	61.8	77.25	92.7	123.6	154.5	185.4	247.2	309
31	15.95	23.93	31.9	39.88	47.85	55.83	63.8	79.75	95.7	127.6	159.5	191.4	255.2	319
32	16.45	24.68	32.9	41.13	49.35	57.58	65.8	82.25	98.7	131.6	164.5	197.4	263.2	329
33	16.95	25.43	33.9	42.38	50.85	59.33	67.8	84.75	101.7	135.6	169.5	203.4	271.2	339
34	17.45	26.18	34.9	43.63	52.35	61.08	69.8	87.25	104.7	139.6	174.5	209.4	279.2	349
35	17.95	26.93	35.9	44.88	53.85	62.83	71.8	89.75	107.7	143.6	179.5	215.4	287.2	359
36	18.45	27.68	36.9	46.13	55.35	64.58	73.8	92.25	110.7	147.6	184.5	221.4	295.2	369
37	18.95	28.43	37.9	47.38	56.85	66.33	75.8	94.75	113.7	151.6	189.5	227.4	303.2	379
38	19.45	29.18	38.9	48.63	58.35	68.08	77.8	97.25	116.7	155.6	194.5	233.4	311.2	389
39	19.95	29.93	39.9	49.88	59.85	69.83	79.8	99.75	119.7	159.6	199.5	239.4	319.2	399
40	20.45	30.68	40.9	51.13	61.35	71.58	81.8	102.30	122.7	163.6	204.5	245.4	327.2	409
41	20.95	31.43	41.9	52.38	62.85	73.33	83.8	104.80	125.7	167.6	209.5	251.4	335.2	419
42	21.45	32.18	42.9	53.63	64.35	75.08	85.8	107.30	128.7	171.6	214.5	257.4	343.2	429
43	21.95	32.93	43.9	54.88	65.85	76.83	87.8	109.80	131.7	175.6	219.5	263.4	351.2	439
44	22.45	33.68	44.9	56.13	67.35	78.58	89.8	112.30	134.7	179.6	224.5	269.4	359.2	449
45	22.95	34.43	45.9	57.38	68.85	80.33	91.8	114.80	137.7	183.6	229.5	275.4	367.2	459
46	23.45	35.18	46.9	58.63	70.35	82.08	93.8	117.30	140.7	187.6	234.5	281.4	375.2	469
47	23.95	35.93	47.9	59.88	71.85	83.83	95.8	119.80	143.7	191.6	239.5	287.4	383.2	479
48	24.45	36.68	48.9	61.13	73.35	85.58	97.8	122.30	146.7	195.6	244.5	293.4	391.2	489
49	24.95	37.43	49.9	62.38	74.85	87.33	99.8	124.80	149.7	199.6	249.5	299.4	399.2	499
50	25.45	38.18	50.9	63.63	76.35	89.08	101.8	127.30	152.7	203.6	254.5	305.4	407.2	509
51	25.95	38.93	51.9	64.88	77.85	90.83	103.8	129.80	155.7	207.6	259.5	311.4	415.2	519
52	26.45	39.68	52.9	66.13	79.35	92.58	105.8	132.30	158.7	211.6	264.5	317.4	423.2	529
53	26.95	40.43	53.9	67.38	80.85	94.33	107.8	134.80	161.7	215.6	269.5	323.4	431.2	539
54	27.45	41.18	54.9	68.63	82.35	96.08	109.8	137.30	164.7	219.6	274.5	329.4	439.2	549
55	27.95	41.93	55.9	69.88	83.85	97.83	111.8	139.80	167.7	223.6	279.5	335.4	447.2	559

表 10.9-45　45°外花键大径基本尺寸系列（部分）（摘自 GB/T 3478.1—2008）

$$D_{ee}=m\ (z+0.8)$$　　　　　　　　（mm）

齿数 z	模数 m								
	0.25	0.5	(0.75)	1	(1.25)	1.5	(1.75)	2	2.5
10	2.70	5.40	8.10	10.80	13.50	16.20	18.90	21.60	27.00
11	2.95	5.90	8.85	11.80	14.75	17.70	20.65	23.60	29.50
12	3.20	6.40	9.60	12.80	16.00	19.20	22.40	25.60	32.00
13	3.45	6.90	10.35	13.80	17.25	20.70	24.15	27.60	34.50
14	3.70	7.40	11.10	14.80	18.50	22.20	25.90	29.60	37.00
15	3.95	7.90	11.85	15.80	19.75	23.70	27.65	31.60	39.50
16	4.20	8.40	12.60	16.80	21.00	25.20	29.40	33.60	42.00
17	4.45	8.90	13.35	17.80	22.25	26.70	31.15	35.60	44.50
18	4.70	9.40	14.10	18.80	23.50	28.20	32.90	37.60	47.00
19	4.95	9.90	14.85	19.80	24.75	29.70	34.65	39.60	49.50
20	5.20	10.40	15.60	20.80	26.00	31.20	36.40	41.60	52.00
21	5.45	10.90	16.35	21.80	27.25	32.70	38.15	43.60	54.50
22	5.70	11.40	17.10	22.80	28.50	34.20	39.90	45.60	57.00
23	5.95	11.90	17.85	23.80	29.75	35.70	41.65	47.60	59.50
24	6.20	12.40	18.60	24.80	31.00	37.20	43.40	49.60	62.00
25	6.45	12.90	19.35	25.80	32.25	38.70	45.15	51.60	64.50
26	6.70	13.40	20.10	26.80	33.50	40.20	46.90	53.60	67.00
27	6.95	13.90	20.85	27.80	34.75	41.70	48.65	55.60	69.50
28	7.20	14.40	21.60	28.80	36.00	43.20	50.40	57.60	72.00
29	7.45	14.90	22.35	29.80	37.25	44.70	52.15	59.60	74.50
30	7.70	15.40	23.10	30.80	38.50	46.20	53.90	61.60	77.00
31	7.95	15.90	23.85	31.80	39.75	47.70	55.65	63.60	79.50
32	8.20	16.40	24.60	32.80	41.00	49.20	57.40	65.60	82.00
33	8.45	16.90	25.35	33.80	42.25	50.70	59.15	67.60	84.50
34	8.70	17.40	26.10	34.80	43.50	52.20	60.90	69.60	87.00
35	8.95	17.90	26.85	35.80	44.75	53.70	62.65	71.60	89.50
36	9.20	18.40	27.60	36.80	46.00	55.20	64.40	73.60	92.00
37	9.45	18.90	28.35	37.80	47.25	56.70	66.15	75.60	94.50
38	9.70	19.40	29.10	38.80	48.50	58.20	67.90	77.60	97.00
39	9.95	19.90	29.85	39.80	49.75	59.70	69.65	79.60	99.50
40	10.20	20.40	30.60	40.80	51.00	61.20	71.40	81.60	102.00
41	10.45	20.90	31.35	41.80	52.25	62.70	73.15	83.60	104.50
42	10.70	21.40	32.10	42.80	53.50	64.20	74.90	85.60	107.00
43	10.95	21.90	32.85	43.80	54.75	65.70	76.65	87.60	109.50
44	11.20	22.40	33.60	44.80	56.00	67.20	78.40	89.60	112.00
45	11.45	22.90	34.35	45.80	57.25	68.70	80.15	91.60	114.50
46	11.70	23.40	35.10	46.80	58.50	70.20	81.90	93.60	117.00
47	11.95	23.90	35.85	47.80	59.75	71.70	83.65	95.60	119.50
48	12.20	24.40	36.60	48.80	61.00	73.20	85.40	97.60	122.00
49	12.45	24.90	37.35	49.80	62.25	74.70	87.15	99.60	124.50
50	12.70	25.40	38.10	50.80	63.50	76.20	88.90	101.60	127.00
51	12.95	25.90	38.85	51.80	64.75	77.70	90.65	103.60	129.50
52	13.20	26.40	39.60	52.80	66.00	79.20	92.40	105.60	132.00
53	13.45	26.90	40.35	53.80	67.25	80.70	94.15	107.60	134.50
54	13.70	27.40	41.10	54.80	68.50	82.20	95.90	109.60	137.00
55	13.95	27.90	41.85	55.80	69.75	83.70	97.65	111.60	139.50

(2) 有关极限与配合的术语定义（表 10.9-46）

表 10.9-46　术语、代号和定义（摘自 GB 3478.1—2008）

	术　语	代　号	定义与说明
内花键	基本齿槽宽	E	内花键分度圆上弧齿槽宽，其值为齿距之半，即 $E = 0.5\pi m$
	实际齿槽宽		内花键在分度圆上实际测得的单个齿槽的弧齿槽宽
	实际齿槽宽最大值	E_{max}	$E_{max} = E_{vmin} + (T+\lambda)$
	实际齿槽宽最小值	E_{min}	$E_{min} = E_{vmin} + \lambda$
	作用齿槽宽	E_v	作用齿槽宽等于一与之在全长上配合（无间隙且无过盈）的理想全齿外花键分度圆弧齿厚的齿槽宽
	作用齿槽宽下偏差		0
	作用齿槽宽最大值	E_{vmax}	$E_{vmax} = E_{max} - \lambda$
	作用齿槽宽最小值	E_{vmin}	$E_{vmin} = 0.5\pi m$
	内花键大径下偏差		0
	内花键大径公差		从 IT12、IT13 或 IT14 中选取
	内花键小径极限偏差		见 GB/T 3478.1—2008 中表 25
外花键	基本齿厚	S	外花键分度圆上弧齿厚，其值为齿距之半，即 $S = 0.5\pi m$
	实际齿厚		外花键在分度圆上实际测得的单个花键齿的弧齿厚
	实际齿厚最大值	S_{max}	$S_{max} = S_{vmax} - \lambda$
	实际齿厚最小值	S_{min}	$S_{min} = S_{vmax} - (T+\lambda)$
	作用齿厚	S_v	作用齿厚等于一与之在全长上配合（无间隙且无过盈）的理想全齿内花键分度圆弧齿槽宽的齿厚
	作用齿厚最大值	S_{vmax}	$S_{vmax} = S + es_v$
	作用齿厚最小值	S_{vmin}	$S_{vmin} = S_{min} + \lambda$
作用侧隙（全齿侧隙）		C_v	内花键作用齿槽宽减去与之相配合的外花键作用齿厚。正值为间隙；负值为过盈
理论侧隙（单齿侧隙）		C	内花键实际齿槽宽减去与之相配合的外花键实际齿厚。理论侧隙不能确定花键联结的配合，因未考虑综合误差 $\Delta\lambda$ 的影响
齿形裕度		C_F	在花键联结中，渐开线齿形超过结合部分的径向距离。用于补偿内花键小圆相对于分度圆和外花键大圆相对于分度圆的同轴度误差。$C_F = 0.1m$
总公差		$T+\lambda$	加工公差与综合公差之和，是以分度圆直径和基本齿槽宽（或基本齿厚）为基础的公差
加工公差		T	实际齿槽宽或实际齿厚的允许变动量
综合公差		λ	花键齿（或齿槽）的形状和位置误差的允许范围：$\lambda = 0.6$
综合误差		$\Delta\lambda$	$\sqrt{(F_p)^2 + (F_\alpha)^2 + (F_\beta)^2}$
齿距累积公差		F_p	在分度圆上任意两个同侧齿面间的实际弧长与理论弧长之差的最大绝对值的允许范围
齿距累积误差		ΔF_p	允许的周节累积误差限制分度误差和齿圈径向跳动误差
齿形公差		F_α	在齿形工作部分（包括齿形裕度、不包括齿顶倒棱）包容实际齿形的两条理论齿形之间的法向距离的允许范围
齿形误差		ΔF_α	允许的齿形误差限制了齿形的压力角误差和渐开线形状误差
齿向公差		F_β	在花键配合长度范围内，包容实际齿线的两条理论齿线之间的分度圆弧长。齿线是分度圆柱面与齿面的交线
齿向误差		ΔF_β	允许的齿向误差限制齿向误差，键齿平行度误差和实际分度圆柱轴线与理论分度圆柱轴线的同轴度误差

注：ΔF_p 和 ΔF_β 允许在分度圆附近测量。

（3）公差等级

GB/T 3478.1—2008 给出了 4、5、6 和 7 四个公差等级。

（4）齿侧配合（图 10.9-2）

1）花键齿侧配合的性质取决于最小作用侧隙，

图 10.9-2 中有六种齿侧配合类别。对 45°标准压力角的花键联结，应优先选用 H/k、H/h 和 H/f。

2）渐开线花键联接的齿侧配合采用基孔制，即仅用改变外花键作用齿厚上偏差的方法实现不同的配合。

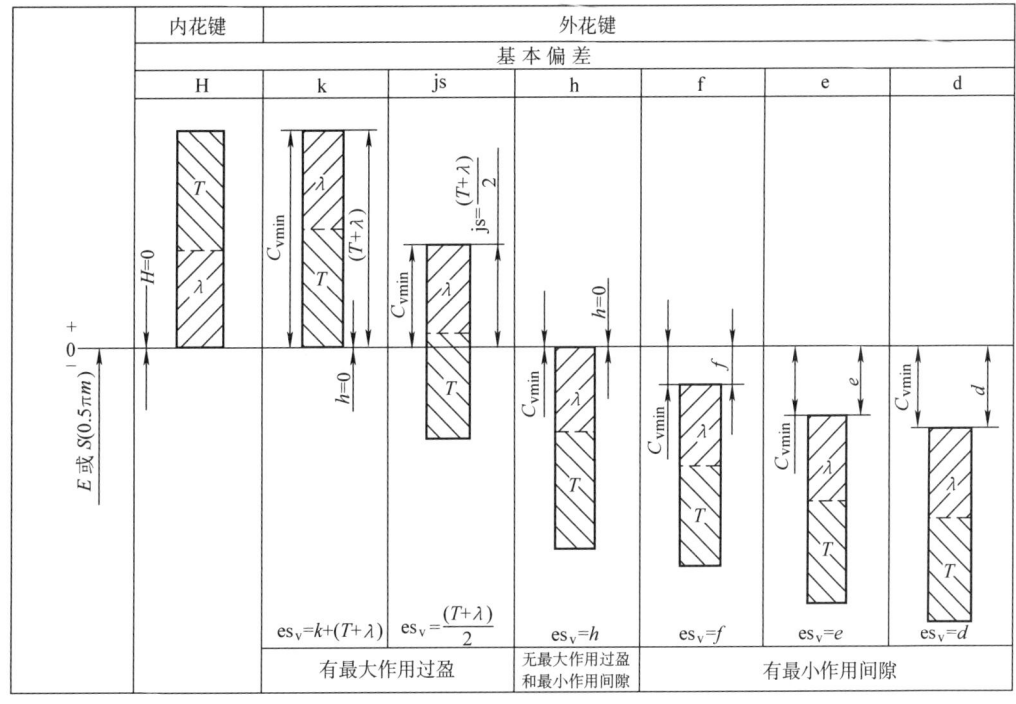

图 10.9-2　齿侧配合的公差带分布图（摘自 GB/T 3478.1—2008）

3）在渐开线花键联结中，键侧既起驱动作用，又有自动定中心作用，在结构设计时应考虑这一特点。当内、外花键对其安装基准有同轴度误差时，将减小花键副的作用间隙或增大作用过盈，因此必要时用调整齿侧配合类别予以补偿。

4）允许不同公差等级的内、外花键相互配合。

5）齿距累积误差、齿形误差和齿向误差都会减小作用侧隙或增大作用过盈。因此 GB/T 3478.1—2008 给出了综合公差 λ 予以补偿。

（5）内花键齿形为直线的渐开线花键（图 10.9-3）

为了便于加工，在产品设计允许的情况下，对 45°标准压力角内花键，允许用直线齿形代替渐开线齿形。

（6）图样标注

示例1：花键副，齿数 24、模数 2.5、30°圆齿根、公差等级为 5 级、配合类别为 H/h。

花键副：INT/EXT 24z×2.5m×30R×5H/5h GB/T 3478.1—2008

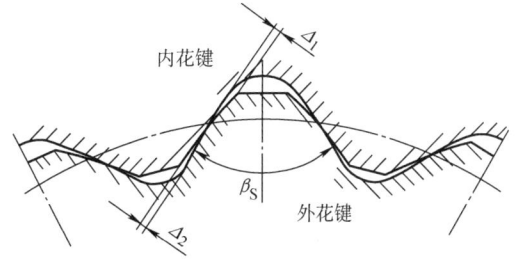

图 10.9-3　内花键齿形为直线的渐开线花键配合时差值 Δ_1，Δ_2

内花键：INT　24z × 2.5m × 30R × 5H　　GB/T 3478.1—2008

外花键：EXT　24z × 2.5m × 30R × 5h　　GB/T 3478.1—2008

示例2：花键副，齿数 24、模数 2.5、内花键为 30°平齿根、其公差等级为 6 级、外花键为 30°圆齿根、其公差等级为 5 级、配合类别为 H/h。

花键副：INT/EXT 24z×2.5m×30P/R×6H/5h

GB/T 3478.1—2008

内花键：INT $24z \times 2.5m \times 30P \times 6H$　　GB/T 3478.1—2008

外花键：EXT $24z \times 2.5m \times 30R \times 5h$　　GB/T 3478.1—2008

示例3：花键副，齿数24、模数2.5、45°压力角圆齿根、内花键公差等级为6级、外花键公差等级为7级、配合类别为H/h。

花键副：INT/EXT $24z \times 2.5m \times 45 \times 6H/7h$　GB/T 3478.1—2008

内花键：INT $24z \times 2.5m \times 45 \times 6H$　GB/T 3478.1—2008

外花键：EXT $24z \times 2.5m \times 45 \times 7h$　GB/T 3478.1—2008

（7）公差数值表（表10.9-47~表10.9-58）

表 10.9-47　总公差 ($T+\lambda$)、综合公差 λ、齿距累积公差 F_p 和齿形公差 F_α（部分）

（摘自 GB/T 3478.1—2008）　$m = 0.25$mm　　　　　　　　　　（μm）

齿数 z	公 差 等 级								齿数 z
	6				7				
	$T+\lambda$	λ	F_p	F_α	$T+\lambda$	λ	F_p	F_α	
16	51	22	25	26	82	34	36	42	16
17	51	22	25	26	82	34	36	42	17
20	52	23	27	26	84	35	38	42	20
21	53	23	27	26	84	35	38	42	21
24	54	24	28	26	86	36	40	42	24
25	54	24	28	26	86	36	40	42	25
28	55	24	29	26	87	36	42	42	28
29	55	24	29	26	88	37	42	42	29
32	56	25	30	26	89	37	43	42	32
33	56	25	30	26	89	37	44	42	33
36	57	25	31	26	91	38	45	42	36
37	57	25	32	26	91	38	45	42	37
40	57	26	32	27	92	39	45	42	40
41	58	26	33	27	92	39	46	42	41
44	58	26	33	27	93	39	48	42	44
45	58	26	34	27	94	39	48	42	45
48	59	27	34	27	94	40	49	43	48
49	59	27	34	27	95	40	49	43	49
52	60	27	35	27	96	40	50	43	52
53	60	27	35	27	96	41	50	43	53
56	60	27	36	27	97	41	51	43	56
57	61	28	36	27	97	41	52	43	57
60	61	28	37	27	98	42	52	43	60
61	61	28	37	27	98	42	53	43	61
64	62	28	38	27	99	42	54	43	64
65	62	28	38	27	99	42	54	43	65

注：$m = 0.25$ 适用于 45°标准压力角的花键联结。常用尺寸为 $z = 24 \sim 24+4n$，其中 $n = 1 \sim 5$。

表 10.9-48　总公差 ($T+\lambda$)、综合公差 λ、齿距累积公差 F_p 和齿形公差 F_α

（部分）（摘自 GB/T 3478.1—2008）　$m = 0.5$mm　　　　　　　（μm）

齿数 z	公 差 等 级																齿数 z
	4				5				6				7				
	$T+\lambda$	λ	F_p	F_α	$T+\lambda$	λ	F_p	F_α	$T+\lambda$	λ	F_p	F_α	$T+\lambda$	λ	F_p	F_α	
10	24	11	13	11	39	16	19	17	61	23	27	27	98	36	38	44	10
11	25	11	14	11	39	16	19	17	62	24	27	27	99	36	39	44	11
12	25	11	14	11	40	16	20	17	62	24	28	27	99	36	40	44	12
13	25	11	14	11	40	17	20	17	63	24	28	27	100	37	41	44	13

（续）

齿数 z	公 差 等 级																齿数 z
	4				5				6				7				
	$T+\lambda$	λ	F_p	F_α	$T+\lambda$	λ	F_p	F_α	$T+\lambda$	λ	F_p	F_α	$T+\lambda$	λ	F_p	F_α	
14	25	11	15	11	41	17	21	17	63	25	29	27	101	37	42	44	14
15	26	12	15	11	41	17	21	17	64	25	30	27	102	37	42	44	15
16	26	12	15	11	41	17	22	18	64	25	30	27	103	38	43	44	16
17	26	12	15	11	41	17	22	18	65	25	31	27	104	38	44	44	17
18	26	12	16	11	42	18	22	18	65	26	31	27	104	39	45	44	18
19	26	12	16	11	42	18	23	18	66	26	32	27	105	39	45	44	19
20	26	12	16	11	42	18	23	18	66	26	32	28	106	39	46	44	20
21	27	12	16	11	43	18	23	18	66	26	33	28	106	40	47	44	21
22	27	13	17	11	43	18	24	18	67	27	33	28	107	40	48	44	22
23	27	13	17	11	43	18	24	18	67	27	34	28	108	40	48	44	23
24	27	13	17	11	43	19	24	18	68	27	34	28	108	40	49	44	24
25	27	13	17	11	44	19	25	18	68	27	35	28	109	41	49	44	25
26	27	13	18	11	44	19	25	18	68	27	35	28	109	41	50	44	26
27	27	13	18	11	44	19	25	18	69	28	36	28	110	41	51	44	27
28	28	13	18	11	44	19	26	18	69	28	36	28	110	42	51	44	28
29	28	13	18	11	44	19	26	18	69	28	36	28	111	42	52	44	29
30	28	13	18	11	45	20	26	18	70	28	37	28	112	42	52	44	30
31	28	14	19	11	45	20	27	18	70	28	37	28	112	43	53	44	31
32	28	14	19	11	45	20	27	18	70	29	38	28	113	43	54	44	32
33	28	14	19	11	45	20	27	18	71	29	38	28	113	43	54	44	33
34	28	14	19	11	45	20	27	18	71	29	38	28	113	43	55	44	34
35	28	14	19	11	46	20	28	18	71	29	39	28	114	44	55	45	35
36	29	14	20	11	46	20	28	18	72	29	39	28	114	44	56	45	36
37	29	14	20	11	46	21	28	18	72	30	39	28	115	44	56	45	37
38	29	14	20	11	46	21	28	18	72	30	40	28	115	44	57	45	38
39	29	14	20	11	46	21	29	18	72	30	40	28	116	45	57	45	39
40	29	14	20	11	46	21	29	18	73	30	41	28	116	45	58	45	40
41	29	15	20	11	47	21	29	18	73	30	41	28	117	45	58	45	41
42	29	15	21	11	47	21	29	18	73	31	41	28	117	45	59	45	42
43	29	15	21	11	47	21	30	18	73	31	42	28	117	46	59	45	43
44	29	15	21	11	47	21	30	18	74	31	42	28	118	46	60	45	44
45	30	15	21	11	47	22	30	18	74	31	42	28	118	46	60	45	45
46	30	15	21	11	47	22	30	18	74	31	43	28	119	46	61	45	46
47	30	15	21	11	48	22	31	18	74	31	43	28	119	47	61	45	47
48	30	15	22	11	48	22	31	18	75	32	43	28	119	47	62	45	48
49	30	15	22	11	48	22	31	18	75	32	44	28	120	47	62	45	49
50	30	15	22	11	48	22	31	18	75	32	44	28	120	47	62	45	50

注：常用尺寸，30°标准压力角花键为 $z=11\sim20$；45°标准压力角花键为 $z=20\sim20+4n$，其中 $n=1\sim7$。

表 10.9-49　总公差（$T+\lambda$）、综合公差 λ、齿距累积公差 F_p 和齿形公差 F_α（部分）（摘自 GB/T 3478.1—2008）

$m=1\text{mm}$ （μm）

齿数 z	公 差 等 级																齿数 z
	4				5				6				7				
	$T+\lambda$	λ	F_p	F_α	$T+\lambda$	λ	F_p	F_α	$T+\lambda$	λ	F_p	F_α	$T+\lambda$	λ	F_p	F_α	
10	31	13	16	12	49	18	23	19	77	27	32	30	123	40	46	47	10
11	31	13	17	12	50	19	24	19	78	27	33	30	124	41	48	47	11
12	31	13	17	12	50	19	24	19	78	28	34	30	126	42	49	47	12
13	32	13	18	12	51	19	25	19	79	28	35	30	127	42	50	47	13
14	32	13	18	12	51	20	26	19	80	29	36	30	128	43	51	47	14
15	32	14	18	12	52	20	26	19	81	29	37	30	129	43	52	47	15
16	32	14	19	12	52	20	27	19	81	29	38	30	130	44	54	48	16

（续）

| 齿数 z | 公差 等 级 | | | | | | | | | | | | | | | | 齿数 z |
| | 4 | | | | 5 | | | | 6 | | | | 7 | | | | |
	$T+\lambda$	λ	F_p	F_α	$T+\lambda$	λ	F_p	F_α	$T+\lambda$	λ	F_p	F_α	$T+\lambda$	λ	F_p	F_α	
17	33	14	19	12	52	21	27	19	82	30	38	30	131	45	55	48	17
18	33	14	20	12	53	21	28	19	82	30	39	30	132	45	56	48	18
19	33	14	20	12	53	21	28	19	83	31	40	30	133	46	57	48	19
20	33	15	20	12	53	21	28	19	83	31	41	30	134	46	58	48	20
21	34	15	21	12	54	22	29	19	84	31	41	30	134	47	59	48	21
22	34	15	21	12	54	22	30	19	85	32	42	30	135	47	60	48	22
23	34	15	21	12	54	22	30	19	85	32	43	30	136	48	61	48	23
24	34	15	22	12	55	22	31	19	85	32	43	30	137	48	62	48	24
25	34	16	22	12	55	23	31	19	86	33	44	30	138	48	62	48	25
26	35	16	22	12	55	23	32	19	86	33	44	30	138	49	63	48	26
27	35	16	23	12	56	23	32	19	87	33	45	30	139	49	64	48	27
28	35	16	23	12	56	23	33	19	87	34	46	30	140	50	65	49	28
29	35	16	23	12	56	24	33	19	88	34	46	30	140	50	66	49	29
30	35	16	23	12	56	24	33	19	88	34	47	31	141	51	67	49	30
31	35	17	24	12	57	24	34	19	89	34	47	31	142	51	68	49	31
32	36	17	24	12	57	24	34	20	89	35	48	31	142	52	68	49	32
33	36	17	24	12	57	24	35	20	89	35	48	31	143	52	69	49	33
34	36	17	25	12	57	25	35	20	90	35	49	31	144	52	70	49	34
35	36	17	25	12	58	25	35	20	90	36	50	31	144	53	71	49	35
36	36	17	25	12	58	25	36	20	90	36	50	31	145	53	71	49	36
37	36	18	25	12	58	25	36	20	91	36	51	31	145	54	72	49	37
38	36	18	26	12	58	25	36	20	91	37	51	31	146	54	73	49	38
39	37	18	26	12	59	26	37	20	92	37	52	31	146	54	74	49	39
40	37	18	26	12	59	26	37	20	92	37	52	31	147	55	74	49	40
41	37	18	26	12	59	26	37	20	92	37	53	31	148	55	75	50	41
42	37	18	27	12	59	26	38	20	93	38	53	31	148	55	76	50	42
43	37	18	27	12	59	26	38	20	93	38	54	31	149	56	76	50	43
44	37	18	27	12	60	27	39	20	93	38	54	31	149	56	77	50	44
45	37	19	27	13	60	27	39	20	94	38	55	31	150	57	78	50	45
46	38	19	28	13	60	27	39	20	94	39	55	31	150	57	78	50	46
47	38	19	28	13	60	27	40	20	94	39	55	31	151	57	79	50	47
48	38	19	28	13	61	27	40	20	94	39	56	31	151	58	80	50	48
49	38	19	28	13	61	28	40	20	95	39	56	31	152	58	80	50	49
50	38	19	28	13	61	28	40	20	95	40	57	32	152	58	81	50	50

注：常用尺寸，30°标准压力角花键为 $z=11\sim40$，其中 $z=14$、18、24 为优先选用；45°标准压力角花键为 $z=20\sim20+4n$，其中 $n=1\sim11$。

表 10.9-50 总公差（$T+\lambda$）、综合公差 λ、齿距累积公差 F_p 和齿形公差 F_α
（部分）（摘自 GB/T 3478.1—2008）$m=1.5\text{mm}$ （μm）

| 齿数 z | 公差 等 级 | | | | | | | | | | | | | | | | 齿数 z |
| | 4 | | | | 5 | | | | 6 | | | | 7 | | | | |
	$T+\lambda$	λ	F_p	F_α	$T+\lambda$	λ	F_p	F_α	$T+\lambda$	λ	F_p	F_α	$T+\lambda$	λ	F_p	F_α	
10	35	14	18	13	56	20	26	20	88	30	37	32	141	45	52	51	10
11	36	14	19	13	57	21	27	20	89	30	38	32	143	46	54	51	11

（续）

齿数 z	公差等级 4				5				6				7				齿数 z
	$T+\lambda$	λ	F_p	F_α	$T+\lambda$	λ	F_p	F_α	$T+\lambda$	λ	F_p	F_α	$T+\lambda$	λ	F_p	F_α	
12	36	15	20	13	58	21	28	20	90	31	39	32	144	46	56	51	12
13	36	15	20	13	58	22	29	20	91	31	40	32	145	47	57	51	13
14	37	15	21	13	59	22	29	20	92	32	41	32	147	48	59	51	14
15	37	15	21	13	59	22	30	20	92	32	42	32	148	48	60	51	15
16	37	16	22	13	60	23	31	21	93	33	43	32	149	49	62	51	16
17	38	16	22	13	60	23	31	21	94	33	44	32	150	50	63	51	17
18	38	16	23	13	60	23	32	21	94	34	45	32	151	51	64	52	18
19	38	16	23	13	61	24	33	21	95	34	46	32	152	51	66	52	19
20	38	17	23	13	61	24	33	21	96	35	47	33	153	52	67	52	20
21	39	17	24	13	62	24	34	21	96	35	48	33	154	52	68	52	21
22	39	17	24	13	62	25	35	21	97	36	48	33	155	53	69	52	22
23	39	17	25	13	62	25	35	21	98	36	49	33	156	54	70	52	23
24	39	18	25	13	63	25	36	21	98	37	50	33	157	54	71	52	24
25	39	18	25	13	63	26	36	21	99	37	51	33	158	55	72	52	25
26	40	18	26	13	63	26	37	21	99	37	52	33	159	55	74	53	26
27	40	18	26	13	64	26	37	21	100	38	52	33	160	56	75	53	27
28	40	18	27	13	64	27	38	21	100	38	53	33	160	57	76	53	28
29	40	19	27	13	64	27	38	21	101	39	54	33	161	57	77	53	29
30	40	19	27	13	65	27	39	21	101	39	55	33	162	58	78	53	30
31	41	19	28	13	65	27	39	21	102	39	55	33	163	58	79	53	31
32	41	19	28	13	65	28	40	21	102	40	56	33	163	59	80	53	32
33	41	19	28	13	66	28	40	21	103	40	57	33	164	59	81	53	33
34	41	20	29	13	66	28	41	21	103	41	57	34	165	60	82	53	34
35	41	20	29	13	66	29	41	21	103	41	58	34	166	60	82	54	35
36	42	20	29	13	67	29	42	21	104	41	59	34	166	61	83	54	36
37	42	20	30	14	67	29	42	21	104	42	59	34	167	61	84	54	37
38	42	20	30	14	67	29	43	22	105	42	60	34	168	62	85	54	38
39	42	21	30	14	67	30	43	22	105	42	60	34	168	62	86	54	39
40	42	21	31	14	68	30	43	22	106	43	61	34	169	63	87	54	40
41	42	21	31	14	68	30	44	22	106	43	62	34	170	63	88	54	41
42	43	21	31	14	68	30	44	22	106	43	62	34	170	64	89	54	42
43	43	21	31	14	68	31	45	22	107	44	63	34	171	64	89	55	43
44	43	21	32	14	69	31	45	22	107	44	63	34	171	65	90	55	44
45	43	22	32	14	69	31	46	22	108	44	64	34	172	65	91	55	45
46	43	22	32	14	69	31	46	22	108	45	65	34	173	66	92	55	46
47	43	22	33	14	69	31	46	22	108	45	65	35	173	66	93	55	47
48	43	22	33	14	70	32	47	22	109	45	66	35	174	66	94	55	48
49	44	22	33	14	70	32	47	22	109	46	66	35	174	67	94	55	49
50	44	22	33	14	70	32	48	22	109	46	67	35	175	67	95	55	50

注：常用尺寸，30°标准压力角花键为 $z=12\sim40$；45°标准压力角花键为 $z=28\sim28+4n$，其中 $n=1\sim9$。

表 10.9-51　总公差（$T+\lambda$）、综合公差 λ、齿距累积公差 F_p 和齿形公差 F_α（部分）

（摘自 GB/T 3478.1—2008）　$m=2mm$　　　　　　（μm）

| 齿数 z | 公 差 等 级 | | | | | | | | | | | | | | | | 齿数 z |
| | 4 | | | | 5 | | | | 6 | | | | 7 | | | | |
	$T+\lambda$	λ	F_p	F_α	$T+\lambda$	λ	F_p	F_α	$T+\lambda$	λ	F_p	F_α	$T+\lambda$	λ	F_p	F_α	
10	39	15	20	14	62	22	29	22	97	32	41	34	156	49	58	54	10
11	39	16	21	14	63	23	30	22	98	33	42	34	157	49	60	54	11
12	40	16	22	14	63	23	31	22	99	34	43	34	159	50	62	54	12
13	40	16	22	14	64	24	32	22	100	34	44	34	160	51	63	55	13
14	40	17	23	14	65	24	33	22	101	35	46	34	162	52	65	55	14
15	41	17	23	14	65	25	33	22	102	36	47	35	163	53	67	55	15
16	41	17	24	14	66	25	34	22	103	36	48	35	164	54	68	55	16
17	41	17	25	14	66	25	35	22	103	37	49	35	166	55	70	55	17
18	42	18	25	14	67	26	36	22	104	37	50	35	167	55	71	55	18
19	42	18	26	14	67	26	36	22	105	38	51	35	168	56	73	56	19
20	42	18	26	14	68	27	37	22	106	38	52	35	169	57	74	56	20
21	43	19	27	14	68	27	38	22	106	39	53	35	170	58	76	56	21
22	43	19	27	14	68	27	39	22	107	39	54	35	171	58	77	56	22
23	43	19	28	14	69	28	39	22	108	40	55	35	172	59	78	56	23
24	43	19	28	14	69	28	40	23	108	40	56	35	173	60	80	56	24
25	44	20	28	14	70	28	40	23	109	41	57	36	174	60	81	57	25
26	44	20	29	14	70	29	41	23	109	41	58	36	175	61	82	57	26
27	44	20	29	14	70	29	42	23	110	42	59	36	176	62	83	57	27
28	44	20	30	14	71	29	42	23	111	42	59	36	177	62	85	57	28
29	44	21	30	14	71	30	43	23	111	43	60	36	178	63	86	57	29
30	45	21	31	14	71	30	43	23	112	43	61	36	179	64	87	57	30
31	45	21	31	14	72	30	44	23	112	44	62	36	180	64	88	57	31
32	45	21	31	14	72	31	45	23	113	44	63	36	180	65	89	58	32
33	45	22	32	15	72	31	45	23	113	45	63	36	181	66	90	58	33
34	46	22	32	15	73	31	46	23	114	45	64	36	182	66	91	58	34
35	46	22	33	15	73	32	46	23	114	45	65	37	183	67	92	58	35
36	46	22	33	15	73	32	47	23	115	46	66	37	184	67	94	58	36
37	46	22	33	15	74	32	47	23	115	46	66	37	184	68	95	58	37
38	46	23	34	15	74	33	48	23	116	47	67	37	185	69	96	59	38
39	46	23	34	15	74	33	48	23	116	47	68	37	186	69	97	59	39
40	47	23	34	15	75	33	49	24	117	48	69	37	187	70	98	59	40
41	47	23	35	15	75	33	49	24	117	48	69	37	187	70	99	59	41
42	47	23	35	15	75	34	50	24	117	48	70	37	188	71	100	59	42
43	47	24	35	15	75	34	50	24	118	49	71	37	189	71	101	59	43
44	47	24	36	15	76	34	51	24	118	49	71	37	189	72	101	60	44
45	48	24	36	15	76	35	51	24	119	49	72	38	190	73	102	60	45
46	48	24	36	15	76	35	52	24	119	50	73	38	191	73	103	60	46
47	48	24	37	15	77	35	52	24	120	50	73	38	191	74	104	60	47
48	48	25	37	15	77	35	53	24	120	51	74	38	192	74	105	60	48
49	48	25	37	15	77	36	53	24	120	51	75	38	193	75	106	60	49
50	48	25	38	15	77	36	53	24	121	51	75	38	193	75	107	60	50

注：常用尺寸，30°标准压力角花键为 $z=12\sim40$，其中 $z=12$、14、16、18、20、24、30 为优先选用；45°标准压力角花键为 $z=32\sim32+4n$，其中 $n=1\sim8$。

表 10.9-52 总公差（$T+\lambda$）、综合公差 λ、齿距累积公差 F_p 和齿形公差 F_α（部分）

（摘自 GB/T 3478.1—2008） $m = 2.5$mm （μm）

齿数 z	公差 等 级																齿数 z
	4				5				6				7				
	$T+\lambda$	λ	F_p	F_α	$T+\lambda$	λ	F_p	F_α	$T+\lambda$	λ	F_p	F_α	$T+\lambda$	λ	F_p	F_α	
10	42	16	22	15	67	24	31	23	105	35	44	36	168	52	62	58	10
11	42	17	23	15	68	24	32	23	106	35	45	36	170	53	65	58	11
12	43	17	23	15	68	25	33	23	107	36	47	37	171	54	67	58	12
13	43	18	24	15	69	25	34	23	108	37	48	37	173	55	69	58	13
14	44	18	25	15	70	26	35	23	109	38	50	37	174	56	71	59	14
15	44	18	25	15	70	26	36	23	110	38	51	37	176	57	72	59	15
16	44	19	26	15	71	27	37	24	111	39	52	37	177	58	74	59	16
17	45	19	27	15	71	27	38	24	112	40	53	37	179	59	76	59	17
18	45	19	27	15	72	28	39	24	112	40	55	37	180	60	78	59	18
19	45	20	28	15	72	28	40	24	113	41	56	37	181	61	79	59	19
20	46	20	28	15	73	29	40	24	114	42	57	38	182	62	81	60	20
21	46	20	29	15	73	29	41	24	115	42	58	38	184	62	82	60	21
22	46	21	30	15	74	30	42	24	115	43	59	38	185	63	84	60	22
23	46	21	30	15	74	30	43	24	116	43	60	38	186	64	85	60	23
24	47	21	31	15	75	30	43	24	117	44	61	38	187	65	87	60	24
25	47	21	31	15	75	31	44	24	118	44	62	38	188	66	88	61	25
26	47	22	32	15	76	31	45	24	118	45	63	38	189	66	90	61	26
27	48	22	32	15	76	32	46	24	119	46	64	38	190	67	91	61	27
28	48	22	33	15	76	32	46	24	119	46	65	39	191	68	92	61	28
29	48	22	33	15	77	32	47	25	120	47	66	39	192	69	94	61	29
30	48	23	33	16	77	33	48	25	121	47	67	39	193	69	95	62	30
31	48	23	34	16	78	33	48	25	121	48	68	39	194	70	96	62	31
32	49	23	34	16	78	34	49	25	122	48	69	39	195	71	98	62	32
33	49	24	35	16	78	34	49	25	122	49	69	39	196	71	99	62	33
34	49	24	35	16	79	34	50	25	123	49	70	39	197	72	100	62	34
35	49	24	36	16	79	35	51	25	123	50	71	39	197	73	101	63	35
36	50	24	36	16	79	35	51	25	124	50	72	40	198	73	102	63	36
37	50	25	36	16	80	35	52	25	124	51	73	40	199	74	104	63	37
38	50	25	37	16	80	36	52	25	125	51	74	40	200	75	105	63	38
39	50	25	37	16	80	36	53	25	126	51	74	40	201	75	106	63	39
40	50	25	38	16	81	36	53	25	126	52	75	40	202	76	107	64	40
41	51	25	38	16	81	37	54	25	126	52	76	40	202	77	108	64	41
42	51	26	38	16	81	37	55	26	127	53	77	40	203	77	109	64	42
43	51	26	39	16	82	37	55	26	127	53	77	40	204	78	110	64	43
44	51	26	39	16	82	38	56	26	128	54	78	41	205	79	111	64	44
45	51	26	40	16	82	38	56	26	128	54	79	41	205	79	112	65	45
46	52	27	40	16	82	38	57	26	129	55	80	41	206	80	113	65	46
47	52	27	40	16	83	38	57	26	129	55	80	41	207	80	114	65	47
48	52	27	41	16	83	39	58	26	130	55	81	41	208	81	115	65	48
49	52	27	41	16	83	39	58	26	130	56	82	41	208	82	116	65	49
50	52	27	41	17	84	39	59	26	131	56	83	41	209	82	117	66	50

注：常用尺寸，30°标准压力角花键为 $z = 12 \sim 40$，其中 $z = 14$、16、18、20、22、24 为优先选用；45°标准压力角花键为 $z = 32 \sim 32+4n$，其中 $n = 1 \sim 8$。

表 10.9-53 总公差（$T+\lambda$）、综合公差 λ、齿距累积公差 F_p 和齿形公差 F_α（部分）
（摘自 GB/T 3478.1—2008） $m=3$mm （μm）

齿数 z	公差等级																齿数 z
	4				5				6				7				
	$T+\lambda$	λ	F_p	F_α	$T+\lambda$	λ	F_p	F_α	$T+\lambda$	λ	F_p	F_α	$T+\lambda$	λ	F_p	F_α	
10	45	17	23	15	71	25	33	24	112	37	47	39	178	55	67	61	10
11	45	18	24	15	72	26	35	25	113	38	48	39	180	57	69	61	11
12	46	18	25	16	73	27	36	25	114	39	50	39	182	58	71	62	12
13	46	19	26	16	74	27	37	25	115	39	52	39	184	59	74	62	13
14	46	19	27	16	74	28	38	25	116	40	53	39	186	60	76	62	14
15	47	19	27	16	75	28	39	25	117	41	55	39	187	61	78	62	15
16	47	20	28	16	75	29	40	25	118	42	56	39	189	62	80	63	16
17	48	20	29	16	76	29	41	25	119	42	57	40	190	63	82	63	17
18	48	21	29	16	77	30	42	25	120	43	59	40	192	64	83	63	18
19	48	21	30	16	77	30	43	25	121	44	60	40	193	65	85	63	19
20	49	21	31	16	78	31	43	25	121	44	61	40	195	66	87	64	20
21	49	22	31	16	78	31	44	25	122	45	62	40	195	67	89	64	21
22	49	22	32	16	79	32	45	26	123	46	63	40	197	68	90	64	22
23	49	22	32	16	79	32	46	26	124	46	65	40	198	69	92	64	23
24	50	23	33	16	80	33	47	26	124	47	66	41	199	69	94	65	24
25	50	23	33	16	80	33	47	26	125	48	67	41	200	70	95	65	25
26	50	23	34	16	81	34	48	26	126	48	68	41	201	71	97	65	26
27	51	24	35	16	81	34	49	26	127	49	69	41	202	72	98	65	27
28	51	24	35	16	81	34	50	26	127	49	70	41	203	73	100	66	28
29	51	24	36	17	82	35	51	26	128	50	71	41	205	74	101	66	29
30	51	24	36	17	82	35	51	26	128	51	72	42	206	74	102	66	30
31	52	25	37	17	83	36	52	26	129	51	73	42	207	75	104	66	31
32	52	25	37	17	83	36	53	27	130	52	74	42	208	76	105	66	32
33	52	25	37	17	83	36	53	27	130	52	75	42	209	77	107	67	33
34	52	26	38	17	84	37	54	27	131	53	76	42	209	78	108	67	34
35	53	26	38	17	84	37	55	27	131	53	77	42	210	78	109	67	35
36	53	26	38	17	85	38	55	27	132	54	78	42	211	79	110	67	36
37	53	26	39	17	85	38	56	27	133	54	79	43	212	80	112	68	37
38	53	27	40	17	85	38	57	27	133	55	79	43	213	81	113	68	38
39	53	27	40	17	86	38	57	27	134	55	80	43	214	81	114	68	39
40	54	27	41	17	86	39	58	27	134	56	81	43	215	82	115	68	40
41	54	27	41	17	86	39	58	27	135	56	82	43	216	83	117	69	41
42	54	28	41	17	87	40	59	27	135	57	83	43	217	83	118	69	42
43	54	28	42	17	87	40	60	28	136	57	84	43	217	84	119	69	43
44	55	28	42	17	87	40	60	28	136	58	84	44	218	85	120	69	44
45	55	28	43	18	88	41	61	28	137	58	85	44	219	85	121	70	45
46	55	29	43	18	88	41	61	28	137	59	86	44	220	86	123	70	46
47	55	29	44	18	88	41	62	28	138	59	87	44	221	87	124	70	47
48	55	29	44	18	89	42	62	28	138	60	88	44	221	87	125	70	48
49	56	29	44	18	89	42	63	28	139	60	88	44	222	88	126	70	49
50	56	30	45	18	89	42	63	28	139	61	89	45	223	89	127	71	50

注：常用尺寸，30°标准压力角花键为 $z=12\sim50$，其中 $z=12$、14、16、20、22、24 为优先选用。

表 10.9-54　总公差（$T+\lambda$）、综合公差 λ、齿距累积公差 F_p 和齿形公差 F_α（部分）
（摘自 GB/T 3478.1—2008）　$m=5\text{mm}$　　　　　　　　　（μm）

| 齿数 z | 公差等级 | | | | | | | | | | | | | | | | 齿数 z |
| | 4 | | | | 5 | | | | 6 | | | | 7 | | | | |
	$T+\lambda$	λ	F_p	F_α	$T+\lambda$	λ	F_p	F_α	$T+\lambda$	λ	F_p	F_α	$T+\lambda$	λ	F_p	F_α	
10	53	21	28	19	85	31	40	30	133	45	57	48	213	67	81	75	10
11	54	22	30	19	86	32	42	30	134	46	59	48	215	69	84	76	11
12	54	22	31	19	87	32	43	30	136	47	61	48	217	70	87	76	12
13	55	23	32	19	88	33	45	31	137	48	63	48	219	72	90	77	13
14	55	23	33	19	88	34	46	31	138	49	65	49	221	73	92	77	14
15	56	24	33	20	89	35	48	31	139	50	67	49	223	75	95	77	15
16	56	24	34	20	90	35	49	31	141	51	69	49	225	76	98	78	16
17	57	25	35	20	91	36	50	31	142	52	70	49	227	77	100	78	17
18	57	25	36	20	91	37	51	31	143	53	72	50	228	79	102	79	18
19	58	26	37	20	92	37	52	31	144	54	74	50	230	80	105	79	19
20	58	26	38	20	93	38	53	32	145	55	75	50	232	81	107	79	20
21	58	27	38	20	93	39	55	32	146	56	77	50	233	82	109	80	21
22	59	27	39	20	94	39	56	32	147	57	78	51	235	84	111	80	22
23	59	28	40	20	95	40	57	32	148	57	80	51	236	85	113	81	23
24	59	28	41	20	95	40	58	32	149	58	81	51	238	86	115	81	24
25	60	28	41	21	96	41	59	32	149	59	83	51	239	87	117	81	25
26	60	29	42	21	96	42	60	33	150	60	84	52	241	88	119	82	26
27	60	29	43	21	97	42	61	33	151	61	85	52	242	89	121	82	27
28	61	30	43	21	97	43	62	33	152	61	87	52	243	91	123	83	28
29	61	30	44	21	98	43	63	33	153	62	88	52	244	92	125	83	29
30	61	30	45	21	98	44	63	33	154	63	89	53	246	93	127	83	30
31	62	31	45	21	99	44	64	33	154	64	90	53	247	94	129	84	31
32	62	31	46	21	99	45	65	34	155	64	92	53	248	95	131	84	32
33	62	31	47	21	100	45	66	34	156	65	93	53	249	96	132	84	33
34	63	32	47	21	100	46	67	34	157	66	94	54	251	97	134	85	34
35	63	32	48	22	101	46	68	34	157	67	95	54	252	98	136	85	35
36	63	33	48	22	101	47	69	34	158	67	97	54	253	99	137	86	36
37	64	33	49	22	102	47	70	34	159	68	98	54	254	100	139	86	37
38	64	33	49	22	102	48	70	34	159	69	99	55	255	101	141	86	38
39	64	34	50	22	103	48	71	35	160	69	100	55	256	102	142	87	39
40	64	34	51	22	103	49	72	35	161	70	101	55	257	103	144	87	40
41	65	34	51	22	103	49	73	35	162	71	102	55	258	103	145	88	41
42	65	35	52	22	104	50	73	35	162	71	103	56	259	104	147	88	42
43	65	35	52	22	104	50	74	35	163	72	104	56	261	105	148	88	43
44	65	35	53	22	105	51	75	35	163	73	105	56	262	106	150	89	44
45	66	36	53	23	105	51	76	36	164	73	106	56	263	107	151	89	45
46	66	36	54	23	105	52	76	36	165	74	108	57	264	108	153	90	46
47	66	36	54	23	106	52	77	36	165	74	109	57	265	109	154	90	47
48	66	36	55	23	106	52	78	36	166	75	110	57	266	110	156	90	48
49	67	37	55	23	107	53	79	36	167	76	111	57	267	111	157	91	49
50	67	37	56	23	107	53	79	36	167	76	112	58	267	112	159	91	50

注：常用尺寸，30°标准压力角花键为 $z=12\sim50$，其中 $z=14$、16、18、20、22、24 为优先选用。

表 10.9-55　齿向公差 F_β（摘自 GB/T 3478.1—2008）　　　　（μm）

花键配合 长度 g/mm	≤5	>5 ~10	>10 ~15	>15 ~20	>20 ~25	>25 ~30	>30 ~35	>35 ~40	>40 ~45	>45 ~50	>50 ~55	>55 ~60	>60 ~70	>70 ~80	>80 ~90	>90 ~100
公差等级 4	6	7	7	8	8	8	9	9	9	10	10	10	11	11	12	12
5	7	8	9	9	10	10	11	11	12	12	12	13	13	14	14	15
6	9	10	11	12	13	13	14	14	15	15	16	16	17	17	18	19
7	14	16	18	19	20	21	22	23	23	24	25	25	27	28	29	30

表 10.9-56　齿根圆弧最小曲率半径 $R_{i\,min}$ 和 $R_{e\,min}$（摘自 GB/T 3478.1—2008）　　（mm）

模数 m	标准压力角 α_D/(°)			
	30		37.5	45
	平齿根 0.2m	圆齿根 0.4m	圆齿根 0.3m	圆齿根 0.25m
0.25	—	—	—	0.06
0.5	0.10	0.20	0.15	0.12
0.75	0.15	0.30	0.22	0.19
1	0.20	0.40	0.30	0.25
1.25	0.25	0.50	0.38	0.31
1.5	0.30	0.60	0.45	0.38
1.75	0.35	0.70	0.52	0.44
2	0.40	0.80	0.60	0.50
2.5	0.50	1.00	0.75	0.62
3	0.60	1.20	0.90	
4	0.80	1.60	1.20	
5	1.00	2.00	1.50	
6	1.20	2.40	1.80	—
8	1.60	3.20	2.40	
10	2.00	4.00	3.00	

注：在产品设计允许的情况下，对平齿根花键，齿根圆弧曲率半径可小于表中数值。

表 10.9-57　外花键小径 D_{ie} 和大径 D_{ee} 的上偏差 $es_v/\tan\alpha_D$（摘自 GB/T 3478.1—2008）

分度圆直径 D/mm	d			e			f			h	js	k
	标准压力角 α_D/(°)										30、37.5、45	
	30	37.5	45	30	37.5	45	30	37.5	45			
	$(es_v/\tan\alpha_D)$ /μm											
≤6	−52	−39	−30	−35	−26	−20	−17	−13	−10			
>6~10	−69	−52	−40	−43	−33	−25	−23	−17	−13			
>10~18	−87	−65	−50	−55	−42	−32	−28	−21	−16			
>18~30	−113	−85	−65	−69	−52	−40	−35	−26	−20			
>30~50	−139	−104	−80	−87	−65	−50	−43	−33	−25			
>50~80	−173	−130	−100	−104	−78	−60	−52	−39	−30	0	$+(T+\lambda)$ $/2\tan\alpha_D$[1]	$+(T+\lambda)$ $/\tan\alpha_D$[1]
>80~120	−208	−156	−120	−125	−94	−72	−62	−47	−36			
>120~180	−251	−198	−145	−147	−111	−85	−74	−56	−43			
>180~250	−294	−222	−170	−170	−130	−100	−87	−65	−50			
>250~315	−329	−248	−190	−190	−143	−110	−97	−73	−56			
>315~400	−364	−274	−210	−210	−163	−125	−107	−81	−62			
>400~500	−398	−300	−230	−230	−176	−135	−118	−89	−68			
>500~630	−450	−339	−260	−260	−189	−145	−132	−99	−76			
>630~800	−502	−378	−290	−290	−209	−160	−139	−104	−80			
>800~1000	−554	−417	−320	−320	−222	−170	−149	−112	−86			

① 对于大径，取值为零。

表 10.9-58　内花键小径 D_{ii} 极限偏差和外花键大径 D_{ee} 公差（摘自 GB/T 3478.1—2008）（μm）

直径 D_{ii} 和 D_{ee}/mm	内花键小径 D_{ii} 极限偏差			外花键大径 D_{ee} 公差		
	模数 m/mm					
	0.25~0.75 H10	1~1.75 H11	2~10 H12	0.25~0.75 IT10	1~1.75 IT11	2~10 IT12
≤6	+48 0	—	—	48	—	—
>6~10	+58 0	+90 0	—	58	—	—
>10~18	+70 0	+110 0	+180 0	70	110	—
>18~30	+84 0	+130 0	+210 0	84	130	210
>30~50	+100 0	+160 0	+250 0	100	160	250
>50~80	+120 0	+190 0	+300 0	120	190	300
>80~120	—	+220 0	+350 0	—	220	350
>120~180	—	+250 0	+400 0	—	250	400
>180~250	—	—	+460 0	—	—	460
>250~315	—	—	+520 0	—	—	520

参 考 文 献

［1］成大先．机械设计手册［M］.北京：化学工业出版社，2002.

［2］吴宗泽．机械设计师手册［M］.北京：机械工业出版社，2002.

［3］徐　灏．机械设计手册［M］.北京：机械工业出版社，2001.

［4］陈宏钧．实用机械加工工艺手册［M］.北京：机械工业出版社，2000.

［5］李春田．中国标准化基础知识［M］.北京：中国标准出版社，2003.

［6］全国产品尺寸和几何技术规范标准化技术委员会．中国机械工业标准汇编：极限与配合卷［M］.北京：中国标准出版社，2002.

［7］王槐德．机械制图新旧标准代换教程［M］.3 版．北京：中国标准出版社，2017.6.

［8］中国计量科学研究院．黑色金属硬度及强度换算值：GB/T 1172—1999［S］.北京：中国标准出版社，2005.

［9］全国金属切削机床标准化技术委员会．金属切削机床型号编制方法：GB/T 15375—2008［S］.北京：中国标准出版社，2009.

［10］机械工程标准手册编委会．机械工程标准手册技术制图卷［M］.北京：中国标准出版社，2003.

［11］全国产品尺寸和几何技术规范标准化技术委员会．产品几何量技术规范（GPS）棱体的角度与斜度系列：GB/T 4096—2001［S］.北京：中国标准出版社，2004.

［12］全国刀具标准化技术委员会．中心孔：GB/T 145—2001［S］.北京：中国标准出版社，2004.

［13］全国产品几何技术规范标准化技术委员会．产品几何技术规范（GPS）几何公差形状、方向、位置和跳动公差标注：GB/T 1182—2018［S］.北京：中国标准出版社，2018.

［14］全国产品几何技术规范标准化技术委员会．产品几何技术规范（GPS）基础　概念、原则和规则：GB/T 4249—2018［S］.北京：中国标准出版社，2018.

［15］全国产品几何技术规范标准化技术委员会．产品几何技术规范（GPS）几何公差　最大实体要求（MMR）、最小实体要求（LMR）和可逆要求（RPR）：GB/T 16671—2018［S］.北京：中国标准出版社，2018.

[16] 全国产品几何技术规范标准化技术委员会. 产品几何技术规范（GPS） 几何公差 基准和基准体系：GB/T 17851—2010 ［S］. 北京：中国标准出版社, 2011.

[17] 全国形状和位置公差标准化技术委员会. 形状和位置公差未注公差值：GB/T 1184—1996 ［S］. 北京：中国标准出版社, 1997.

[18] 全国产品几何技术规范标准化技术委员会. 产品几何技术规范（GPS）几何公差 成组（要素）与组合几何规范：GB/T 13319—2020 ［S］. 北京：中国标准出版社, 2020.

[19] 全国产品尺寸和几何技术规范标准化技术委员会. 产品几何技术规范（GPS）表面结构 轮廓法 术语、定义及表面结构参数：GB/T 3505—2009 ［S］. 北京：中国标准出版社, 2009.

[20] 全国螺纹标准化技术委员会. 普通螺纹 基本尺寸：GB/T 196—2003 ［S］. 北京：中国标准出版社, 2004.

[21] 全国螺纹标准化技术委员会. 普通螺纹 极限偏差：GB/T 2516—2003 ［S］. 北京：中国标准出版社, 2004.

[22] 全国液压气动标准化技术委员会. 流体传动系统及元件 图形符号和回路图 第1部分：图形符号：GB/T 786.1—2021 ［S］. 北京：中国标准出版社, 2021.

[23] 全国螺纹标准化技术委员会. 55°非密封管螺纹：GB/T 7307—2001 ［S］. 北京：中国标准出版社, 2004.

[24] 全国螺纹标准化技术委员会. 55°密封管螺纹 第1部分：圆柱内螺纹与圆锥外螺纹：GB/T 7306.1—2000 ［S］. 北京：中国标准出版社, 2004.

[25] 全国螺纹标准化技术委员会, 全国量具量仪标准化技术委员会. 60°密封管螺纹：GB/T 12716—2011 ［S］. 北京：中国标准出版社, 2012.

[26] 全国螺纹标准化技术委员会. 米制密封螺纹：GB/T 1415—2008 ［S］. 北京：中国标准出版社, 2009.

[27] 齿轮手册编写组. 齿轮手册 ［M］. 北京：机械工业出版社, 2002.

[28] 全国齿轮标准化技术委员会. 圆柱齿轮 精度制 第1部分：轮齿同侧齿面偏差的定义和允许值：GB/T 10095.1—2008 ［S］. 北京：机械工业出版社, 2008.

[29] 全国齿轮标准化技术委员会. 圆柱齿轮 精度制 第2部分：径向综合偏差与径向跳动的定义和允许值：GB/T 10095.2—2008 ［S］. 北京：机械工业出版社, 2008.

[30] 全国齿轮标准化技术委员会. 圆柱齿轮 检验实施规范 第1部分：轮齿同侧齿面的检验：GB/Z 18620.1—2008 ［S］. 北京：机械工业出版社, 2008.

[31] 全国齿轮标准化技术委员会. 圆柱齿轮 检验实施规范 第2部分：径向综合偏差、径向跳动、齿厚和侧隙的检验：GB/Z 18620.2—2008 ［S］. 北京：机械工业出版社, 2008.

[32] 全国齿轮标准化技术委员会. 圆柱齿轮 检验实施规范 第3部分：齿轮坯、轴中心距和轴线平行度的检验：GB/Z 18620.3—2008 ［S］. 北京：机械工业出版社, 2008.

[33] 全国齿轮标准化技术委员会. 圆柱齿轮 检验实施规范 第4部分：表面结构和轮齿接触斑点的检验：GB/Z 18620.4—2008 ［S］. 北京：机械工业出版社, 2008.

[34] 全国机器轴与附件标准化技术委员会. 矩形花键 尺寸、公差和检验：GB/T 1144—2001 ［S］. 北京：中国标准出版社, 2004.

[35] 全国机器轴与附件标准化技术委员会. 圆柱直齿渐开线花键（米制模数 齿侧配合）第1部分：总论 GB/T 3478.1—2008 ［S］. 北京：中国标准出版社, 2009.

《机械加工工艺手册》（第3版）总目录